Krause/Krause

Die Prüfung der Industriemeister Elektrotechnik

Die Prüfung der Industriemeister Elektrotechnik

Handlungsspezifische Qualifikationen

4., aktualisierte Auflage

Von
Dipl.-Sozialwirt Günter Krause und
Dipl.-Soziologin Bärbel Krause

Unter Mitarbeit von
Dipl.-Ing. Hans Freyert
Dipl.-Ing. Thomas Kraeft
Dipl.-Ing. Armin Liebelt
Thomas Lierath
Dipl.-Gew.-StR Gunnar Mühlenstädt
Dipl.-Ing. Axel Pollaczek
Dr. Ingenieur Bernd Singer

kiehl

Bildnachweis Umschlag: © Binksi – Fotolia.com

ISBN 978-3-470-**57694**-7 · 4., aktualisierte Auflage 2016

Kiehl ist eine Marke des NWB Verlags

Satz: K&M Satz und Repro, Wiesbaden
Druck: Hubert & Co., Göttingen

Vorwort

Dieses Buch wendet sich an alle Kursteilnehmer, die eine Weiterbildung zum Geprüften Industriemeister bzw. zur Geprüften Industriemeisterin der Fachrichtung Elektrotechnik absolvieren. Es soll sie während des gesamten Lehrgangs begleiten und gezielt und umfassend auf die Prüfung vor der Industrie- und Handelskammer vorbereiten. Außerdem eignet es sich als übersichtliches Nachschlagewerk für die Praxis.

Das Werk deckt alle Lerninhalte der Handlungsspezifischen Qualifikationen ab und orientiert sich in seiner Gliederung eng am Rahmenplan des DIHK sowie der aktuellen Prüfungsordnung.

Die Hauptkapitel sind:

Handlungsbereich Technik
1. Infrastruktursysteme und Betriebstechnik
2. Automatisierungs- und Informationstechnik

Handlungsbereich Organisation
3. Betriebliches Kostenwesen
4. Planungs-, Steuerungs- und Kommunikationssysteme
5. Arbeits-, Umwelt- und Gesundheitsschutz

Handlungsbereich Führung und Personal
6. Personalführung
7. Personalentwicklung
8. Qualitätsmanagement

Der erste Teil des Buches bereitet den gesamten Prüfungsstoff zur Wiederholung kompakt in Frage und Antwort auf. Zahlreiche Grafiken und Schaubilder strukturieren und veranschaulichen die Lerninhalte. Mehr als 100 Praxisbeispiele erleichtern das Verständnis. Die Querverweise fördern das Erkennen von Zusammenhängen und Schnittstellen.

Im zweiten Teil werden die Prüfungsanforderungen ausführlich erläutert. Dabei ist dem Fachgespräch ein eigener Abschnitt gewidmet. Tipps und Techniken zum Bestehen der schriftlichen und mündlichen Prüfung runden das Kapitel ab.

Der dritte Teil enthält eine komplexe integrierte Musterklausur, wie sie durch die Rechtsverordnung vorgeschrieben ist. Der Aufgabensatz enthält jeweils eine Klausur mit den Schwerpunkten Technik 1, Technik 2 und Organisation sowie Handlungsaufträge für das Fachgespräch. Durch die Bearbeitung können die Leser ihre Kenntnisse unter „echten Prüfungsbedingungen“ testen und mithilfe der ausführlichen Musterlösung die Ergebnisse sofort kontrollieren. Ein umfangreiches Stichwortverzeichnis unterstützt die selektive Bearbeitung einzelner Themen.

Die Vorauflage wurde gründlich durchgesehen und aktualisiert. Alle DIN-Angaben haben wir auf den neusten Stand gebracht. Im Text wurden einige Beispiele und Hinweise ergänzt.

Wir wünschen allen Leserinnen und Lesern viel Erfolg in der Prüfung.

Anregungen und konstruktive Kritik sind gerne willkommen und erreichen uns über den Verlag.

Neustrelitz, im September 2016

Diplom-Sozialwirt Günter Krause
Diplom-Soziologin Bärbel Krause

Hinweis: Wenn im Text von Industriemeistern die Rede ist, umfasst diese maskuline Bezeichnung auch immer die angehenden Industriemeisterinnen. Die vereinfachte Bezeichnung soll lediglich den sprachlichen Ausdruck vereinfachen.

Hinweise für den Leser

Das Werk enthält zahlreiche **Querverweise**, die sich aus der Überschneidung der Handlungsbereiche bzw. der Qualifikationselemente ergeben. Sie sind mit einem Pfeil → gekennzeichnet und nennen nachfolgend die Ziffer der entsprechenden Fundstelle bzw. des Rahmenplans.

Dabei sind *Hinweise auf den Inhalt der Basisqualifikationen* mit einem vorangestellten „A" gekennzeichnet und zeigen gleichzeitig an, dass dieses Thema Inhalt des Grundlagenbandes „Die Prüfung der Industriemeister - Basisqualifikationen" ist. Beispielsweise verweist → A 3.5 auf das Thema „Projektmanagementmethoden" im **Grundlagenband**. Wir empfehlen die Inhalte der Basisqualifikationen nicht zu vernachlässigen. Sie werden im zweiten Teil der Prüfung als bekannt vorausgesetzt.

Querverweise innerhalb des handlungsspezifischen Teils der Prüfung enthalten nur die Angabe der Ziffer. Beispielsweise wird die Thematik „Gefährdungsbeurteilung" unter 1.4.2, 2.3.2 und 5.1.1 behandelt. Zum Teil überschneiden sich die Inhalte lt. Rahmenplan, zum Teil werden auch unterschiedliche Schwerpunkte gesetzt. Daher enthalten im Buch alle drei genannten Abschnitte jeweils einen Querverweis. Dies soll dem Leser die Komplexität der Stoffbehandlung zeigen, die Handlungsorientierung unterstützen, andererseits aber auch „Doppellernen" vermeiden.

Die Vorbereitung auf die Prüfung im Handlungsbereich Technik ist ohne die Unterstützung eines geeigneten **Tabellenwerkes** nicht möglich. Das Werk gibt bei der Stoffbearbeitung jeweils entsprechende Angaben (z. B. Friedrich Tabellenbuch, Elektrotechnik/Elektronik). Die Literaturhinweise enthalten weitere Angaben zu Tabellenwerken mit ähnlichem Inhalt. In der Prüfung sollten Sie mit einem Tabellenwerk arbeiten, das Ihnen vertraut ist. Ähnliches lässt sich zum Thema „**Gesetzestexte**" sagen; z. B. empfehlen wir die Anschaffung der Arbeitsschutzgesetze.

Das Buch enthält Hinweise auf Internet-Adressen. Für Inhalt und Aktualität der Links können Verlag und Autoren keine Haftung übernehmen.

In diesem Werk wurden die bei Redaktionsschluss vorliegenden, aktuellen Ausgaben der DIN-Normen, VDE-Bestimmungen und des Regelwerks der Berufsgenossenschaften berücksichtigt. Wir weisen darauf hin, dass jeweils nur die neuesten Ausgaben und Bestimmungen verbindlich sind. Trotz sorgfältiger Bearbeitung durch die Autoren muss auch hier eine Haftung ausgeschlossen werden.

Inhaltsverzeichnis

Verzeichnis der Abkürzungen

AC	Assessmentcenter
AEVO	Ausbildereignungsverordnung
AFBG	Aufstiegsfortbildungsgesetz (sog. Meister-Bafög)
AG	Arbeitgeber; auch: Aktiengesetz
AGB	Allgemeine Geschäftsbedingungen
AGG	Allgemeines Gleichbehandlungsgesetz
AN	Arbeitnehmer
ArbPlSchG	Arbeitsplatzschutzgesetz
ArbSchG	Arbeitsschutzgesetz
ArbStättV	Arbeitsstättenverordnung
ArbZG	Arbeitszeitgesetz
ASiG	Arbeitssicherheitsgesetz
AT-Angestellter	Außertariflicher Angestellter
AÜG	Arbeitnehmerüberlassungsgesetz
AuS	Arbeiten unter Spannung
AV	Arbeitslosenversicherung
AWbG	Arbeitnehmerweiterbildungsgesetz
BA	Bundesagentur für Arbeit
BAB	Betriebsabrechnungsbogen
BAT	Beste für die Umwelt verfügbare Technik
BaföG	Bundesausbildungsförderungsgesetz
BAG	Bundesarbeitsgericht
BBiG	Berufsbildungsgesetz
BDSG	Bundesdatenschutzgesetz
BEEG	Bundeselterngeld- und Elternzeitgesetz
BeschSchG	Beschäftigtenschutzgesetz
BetrVG	Betriebsverfassungsgesetz
BG	Berufsgenossenschaft
BGB	Bürgerliches Gesetzbuch
BGBl	Bundesgesetzblatt
BGHM	Berufsgenossenschaft Holz und Metall
BR	Betriebsrat
BUrlG	Bundesurlaubsgesetz
BVW	Betriebliches Vorschlagswesen
CAD	Computer Aided Design
CBT	Computer Based Training
CE	Communautes Européennes
DIN	Deutsche Industrie-Norm
DGUV	Deutsche gesetzliche Unfallversicherung
DrittelbG	Drittelbeteiligungsgesetz
DV	Datenverarbeitung
EDV	Elektronische Datenverarbeitung
EFZG	Entgeltfortzahlungsgesetz
EFQM	European Foundation of Quality Management
EG	Europäische Gemeinschaft
EGV	Vertrag zur Gründung der Europäischen Gemeinschaft (EG-Vertrag)
EMV	Elektromagnetische Verträglichkeit
EN	Europäische Norm
EU	Europäische Union
EuGH	Europäischer Gerichtshof
EWIV	Europäische Wirtschaftliche Interessenvereinigung
EX	Explosionsschutz
FCKW	Fluor-Chlor-Kohlenwasserstoff
FMEA	Fehlermöglichkeiten- und Einflussanalyse
GewO	Gewerbeordnung
GG	Grundgesetz
GHS	Global harmonisiertes System zur Einstufung und Kennzeichnung von Chemikalien
GmbH	Gesellschaft mit beschränkter Haftung
GuV	Gewinn und Verlust
GWB	Gesetz gegen Wettbewerbsbeschränkungen
HAG	Heimarbeitsgesetz
HGB	Handelsgesetzbuch
HMI	Human Machine Interface
HWO	Handwerksordnung
IEC	International Electrotechnical Commission
IEV	International Electrotechnical Vocabulary
IKR	Institut für Kerntechnik und Reaktorsicherheit: auch Industriekontenrahmen
IMS	Integrierte Managementsysteme

ISO	International Organisation for Standardization
IT	Informationstechnologie
JArbSchG	Jugendarbeitsschutzgesetz
JAV	Jugend- und Auszubildenden-vertretung
JiT	Just in time
KG	Kommanditgesellschaft
KSchG	Kündigungsschutzgesetz
KSt	Kirchensteuer
KV	Krankenversicherung
KVP	Kontinuierlicher Verbesserungsprozess
LadSchlG	Ladenschlussgesetz
LE	Leistungseinheiten
LStDV	Lohnsteuer-Durchführungs-verordnung
MA	Mitarbeiter
MBR	Mitbestimmungsrechte
MIS	Management-Informations-system
MOB	Make or Buy
MPLS	Multi-Protocol Label-Switching
MRP	Materials and Resources Planning
MSR	Messen, Steuern, Regeln
MTM	Methods-Time-Measurement
MuSchG	Mutterschutzgesetz
MWR	Mitwirkungsrechte
NachwG	Nachweisgesetz
NC	Numerical Control
OE	Organisationsentwicklung
OECD	Organisation für wirtschaftliche Zusammenarbeit und Entwicklung
OHG	Offene Handelsgesellschaft
P	Planungsfaktor
PE	Personalentwicklung
PIS	Personalinformationssystem
PLC	Programmable Logic Control
PLS	Prozessleitsystem
ProdSG	Produktsicherheitsgesetz
PPS	Produktionsplanung und -steuerung
PSA	Persönliche Schutzausrüstung
PV	Pflegeversicherung
QM	Qualitätsmanagement
RCD	Residual Current Protective Device
REFA	Verband für Arbeitsstudien und Betriebsorganisation
RFiD	Radiofrequenz-Identifikation
ROI	Return on Investment
RV	Rentenversicherung
RVO	Reichsversicherungsordnung
SchwarzArbG	Schwarzarbeitsgesetz
SGB III	Sozialgesetzbuch Drittes Buch - Arbeitsförderung
SGB IX	Sozialgesetzbuch Neuntes Buch - Rehabilitation und Teilhabe behinderter Menschen
SMED	Single Minute Exchange of Die
SolZ	Solidaritätszuschlag
SprAuG	Sprecherausschussgesetz
SPS	Speicherprogrammierbare Steuerung
SV	Sozialversicherung
Teilzeit-RL	Teilzeitrichtlinie
TRbF	Technische Regeln für brennbare Flüssigkeiten
TRGS	Technische Regeln für Gefahrstoffe
TUL	Transfer-, Umschlag-, Lagerprozesse
TVG	Tarifvertragsgesetz
TzBfG	Teilzeit- und Befristungsgesetz
USV	Unterbrechungsfreie Stromversorgung
UV	Unfallversicherung
UWG	Gesetz gegen den unlauteren Wettbewerb
VBG	Vorschriften der Berufsgenossenschaften
VDE	Verband der Elektrotechnik, Elektronik und Informationstechnik e.V.
VDI	Verband Deutscher Ingenieure
WF	Work Factor
WHG	Wasserhaushaltsgesetz

I. Handlungsbereiche

1. Infrastruktursysteme und Betriebstechnik

Prüfungsanforderungen

Im Qualifikationsschwerpunkt Infrastruktursysteme und Betriebstechnik soll die Fähigkeit nachgewiesen werden,

- unter Berücksichtigung der einschlägigen Vorschriften, elektrotechnische Anlagen und Systeme funktionsgerecht zu installieren und deren Instandhaltung zu planen, zu organisieren und zu überwachen,
- die Energieversorgung im Betrieb sicherzustellen und
- beim Einsatz neuer Maschinen, Anlagen und Systeme sowie bei der Be- und Verarbeitung neuer Baugruppen und Bauelemente die Auswirkungen auf den Fertigungsprozess erkennen und berücksichtigen zu können.

Qualifikationsschwerpunkt Infrastruktursysteme und Betriebstechnik
- Überblick -

- 1.1 Projektieren von elektrotechnischen Systemen, insbesondere von Energieversorgungssystemen sowie Systemen der elektrotechnischen Ausstattung von Gebäuden, Anlagen und anderen Infrastruktursystemen
- 1.2 Errichten von elektrotechnischen Systemen, insbesondere von Energieversorgungssystemen sowie Systemen der elektrotechnischen Ausstattung von Gebäuden, Anlagen und anderen Infrastruktursystemen
- 1.3 Erstellen von Vorgaben zur Konfiguration von Komponenten, Geräten und elektrotechnischen Systemen
- 1.4 Planen, Durchführen und Dokumentieren von Funktions- und Sicherheitsprüfungen
- 1.5 Inbetriebnehmen und Abnehmen von Anlagen und Einrichtungen, insbesondere unter Beachtung sicherheitstechnischer und anlagenspezifischer Vorschriften
- 1.6 Inbetriebnehmen und Einrichten von Maschinen und Fertigungssystemen
- 1.7 Planen und Einleiten von Instandhaltungsmaßnahmen sowie Überwachen und Gewährleisten der Instandhaltungsqualität
- 1.8 Aufrechterhalten der elektrischen Energieversorgung

1.1 Projektierung von elektrotechnischen Systemen

1.1.1 Systemanalyse für die Entscheidung zum Bau, der Erweiterung oder Modernisierung

1.1.1.1 Systemanalyse

01. Was ist ein System und was versteht man unter der Systemanalyse? **→ A 3.2.4, 4.3.2**

- Als *System* bezeichnet man eine Menge von Elementen, die durch bestimmte Relationen verknüpft sind (z. B. Arbeitssystem: Input + Kombination von Mensch und Arbeitsmittel + Output). Die Menge und die Art und Weise der Relationen zwischen den Elementen ergibt die Struktur des Systems.
- *Analyse* ist das Erkennen von Strukturen, Gesetzmäßigkeiten und Zusammenhängen in real existierenden Daten durch subjektive Wahrnehmung und Bewertung.
- Die *Systemanalyse* ist ein Verfahren zur Ermittlung und Beurteilung des Ist-Zustandes von Systemen.

02. Was ist unter elektrotechnischen Systemen zu verstehen?

Elektrotechnische Systeme sind komplexe Systeme, die aus einer Vielzahl technischer und elektrischer/elektronischer Anlagen, Geräten, Baugruppen und Bauelementen bestehen können.

Elektrotechnische Systeme lassen sich aus Gründen der Dokumentation darstellen

a) nach der Hierarchie:

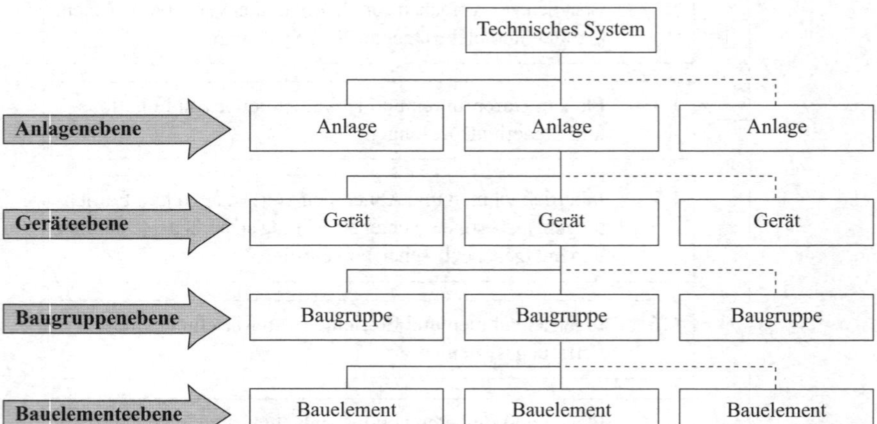

b) nach dem Prozess:

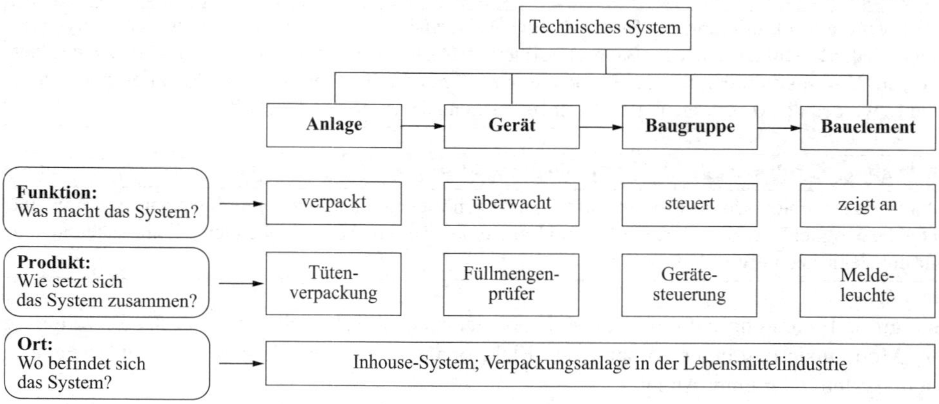

03. Welchen Zweck verfolgt die Analyse elektrotechnischer Systeme?

Bei der Projektierung elektrotechnischer Systeme muss der Projektant oder Fachplaner sehr gut und genau überlegen, wie die Projektierungsaufgabe unter Beachtung der anerkannten Regeln der Technik (z. B. DIN/VDE Vorschriften) umgesetzt werden kann. Folgende Punkte müssen berücksichtigt werden (VDE 0100, Teil 100):

- der Schutz und die Sicherheit von Personen, Nutztieren und Sachwerten hinsichtlich der Gefahren und Schäden, die bei üblichem Gebrauch elektrischer Anlagen entstehen können und
- die richtige Funktion der elektrischen Anlage für die beabsichtigte Verwendung.

Für das bessere Verständnis bei der Betrachtung eines Systems, einer Anlage, eines Gerätes, einer Baugruppe oder eines Bauelements *steht am Anfang die Analyse* (Untersuchung/Zergliederung) *des Systems oder der Anlage.* Mit der Zerlegung des Projekts für ein elektrotechnisches System oder eine Anlage in überschaubare und handhabbare Teilaufgaben wird die Übersichtlichkeit und die Steuerbarkeit wesentlich verbessert. Unter dem Aspekt der Wirtschaftlichkeit muss der Projektant immer bestrebt sein, mit dem geringsten Aufwand an Zeit und Material ein effektives Ergebnis in sehr guter Qualität zu erreichen. Da es sehr schwierig sein kann, ein elektrotechnisches System in seiner Komplexität mit der sehr hohen Vernetzung der einzelnen Anlagensysteme und -funktionen sowie der übergreifenden Informationswege zu verstehen und die technischen und technologischen Prozesse zwischen den Anlagen, Geräten usw. zu erkennen und vor allem zu beherrschen, ist es notwendig die Projektierungsaufgabe und damit das elektrotechnische System zu analysieren. Bedingt durch unterschiedliche Anforderungen und Sichtweisen kann die Zerlegung in eine *Projektstruktur,* eine *Produktstruktur* oder sogar eine *Kontenstruktur* (kaufmännisch) erfolgen. Es muss eine Spezialisierung stattfinden.

Für die *Produktstruktur* kann dies nach folgender Gliederung geschehen:

1. Analyse (Zergliederung) der Anlagen- und Gerätestruktur:
Jede Baugruppe oder jedes Gerät ist eindeutig einer Teilanlage zugeordnet. Seine jeweilige Funktion wird festgelegt. Mit dieser Gliederung erhält man ein Abbild des Systems/der Anlage.

2. Analyse (Zergliederung) der Funktionsstruktur:

Eine weitere Strukturierung des Systems- oder Anlagenablaufs wird durch die Funktionsanalyse erreicht. Jeder Teilanlage und jeder Baugruppe oder Gerät kann jetzt eine eindeutige Funktion zugeordnet werden. Die Auswahl der geeigneten Geräte wird durch die Bestimmung ihrer Funktion erleichtert, und es werden die Voraussetzungen für einen anlagennahen Entwurf geschaffen.

3. Analyse (Zergliederung) der Technologiestruktur:

Durch die technologische Gliederung und der dazugehörigen Funktionsbeschreibung hat der Projektant jetzt die Möglichkeit, geeignete Geräte und Bauelemente mit den entsprechenden Leistungskenndaten für die elektrotechnische Anlage auszulegen.

Eine große Bedeutung hat die Analyse eines elektrotechnischen Systems bei der Erweiterung oder Modernisierung einer vorhandenen Elektroanlage und vor allem bei der Fehlersuche in einem System oder einer Anlage.

04. Was kann die Analyse eines elektrotechnischen Systems leisten?

Die Systemanalyse unterstützt z. B.

- das Verständnis für die Funktion der Gesamtanlage bzw. ihre Aufgabe innerhalb des betrieblichen Leistungsprozesses (z. B. automatische Getränkeverpackung)
- die Einordnung eines Bauteils in die Gesamtfunktion der Anlage
- die Fehleranalyse und das Erkennen von Schwachstellen der Anlage
- das Erkennen von Lösungsansätzen zur Modernisierung und Verbesserung der Wirtschaftlichkeit der Anlage.

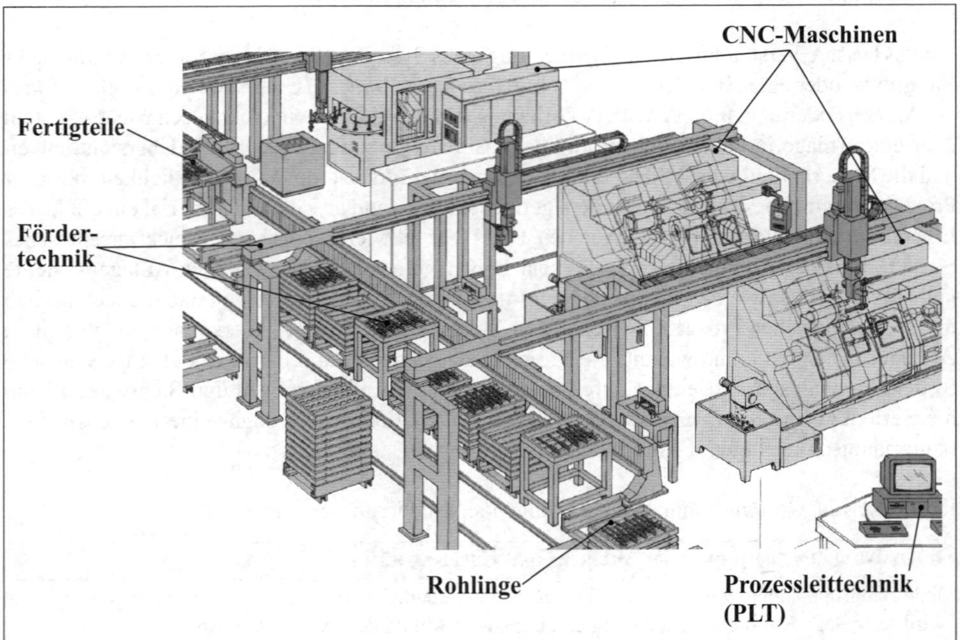

05. Wie analysiert man Aufbau und Funktionsweise eines Gerätes als Teil eines elektrotechnischen Systems?

Viele Baugruppen, Geräte und Bauelemente der Energieverteilungsanlagen, der Anlagenautomatisierung und der Gebäudetechnik lassen sich heute nicht mehr in ihre einzelnen Elemente zerlegen, um dann nach der Methode der Analyse von elektrotechnischen Systemen und Anlagen den Aufbau, die Funktionsweise oder das Betriebsverhalten zu ermitteln.

Bei der Analyse eines Gerätes als Teil eines elektrotechnischen Systems oder einer Anlage spielen die Arbeitsplanung und die Informationsbeschaffung eine wichtige Rolle. Bei der Arbeitsplanung sind dabei die Elemente Zielplanung, Arbeitsauftrag, Arbeitsplan und die Prioritäten zu berücksichtigen. Für die Informationsbeschaffung sind alle erforderlichen Informationsquellen (z. B. Dokumentationen, Produktdatenblätter, Messen, Produktpräsentationen, Datenbanken von Herstellern, Lieferanten, Fachhändlern und Fachverbänden sowie Fachbücher) oder die Recherche im Internet und die Nutzung sonstiger Medien (z. B. Zeitschriften, Rundfunk, Fernsehen – öffentlich und privat) zu nutzen. Auch Behörden, Fachverbände, Akademien, Institute und Forschungseinrichtungen können potenzielle Informationsquellen sein. Bei der Auswahl der Informationsquelle sollte immer auf ein angemessenes Verhältnis von aufgewendeter Zeit und dem Informationsgehalt geachtet werden.

Folgende Arbeitsschritte sind für die Analyse eines Gerätes als Teil eines elektrotechnischen Systems oder einer Anlage erforderlich:

1. Analyse der Zielsetzung:
Durch die Verwendung von Datenblättern der Hersteller oder durch den Einsatz von Betriebs- und Bedienungsanleitungen kann die Analyse der Zielsetzung vorgenommen werden. Daraus werden die einzusetzenden Eingangsgrößen und die zu erwartenden Ausgangsgrößen ermittelt.

2. Schalt-, Prüf- und messtechnische Untersuchung des Gerätes (Prüflings):
• Planung der Schaltungen, Prüfungen und Messungen: Aus der Technologiestruktur (Technologieschema) des Systems/der Anlage können die Leistungskenndaten ermittelt werden. • Durchführung der Schaltungen, Prüfungen und Messungen: Die im ersten Schritt theoretisch ermittelten Werte gilt es jetzt, mithilfe eines elektrischen Versuchsaufbaus messtechnisch zu untersuchen.

3. Dokumentation des Prüf- und Messergebnisses:
Im Vergleich der errechneten Werte mit den Messergebnissen muss eine Schlussfolgerung für das Gerät (Prüfling) erfolgen. Es ist die Entscheidung zu treffen, ob das Gerät die im Prüf- und Arbeitsauftrag gestellten Anforderungen erfüllt und für die geplante Aufgabe eingesetzt werden kann oder nicht.

06. Welche spezifischen Anforderungen des Kunden sind zu beachten?

Für die Planung und Bemessung eines elektrotechnischen Systems, einer Anlage, eines Gerätes, einer Baugruppe oder eines Bauelements sind die Eigenschaften aller Komponenten auf die Anforderungen des Kunden, des Netzes und der Umgebungsbedingungen abzustimmen.

Unter Kundenanforderungen sind die Bedingungen eines Kunden oder Kundengruppe an ein Produkt oder eine Dienstleistung zu verstehen. Die Kundenanforderungen sind (mehr oder weniger) genaue Bedingungen, die erfüllt sein oder werden müssen – im Gegensatz zu Kundenwünschen.

Bei den *Kundenanforderungen* geht es um die Artikulationen der aus Kundensicht subjektiv empfundenen Wichtigkeit, dass ein Produkt oder die Dienstleistung gewisse Eigenschaften in bestimmten Ausprägungen erfüllen sollte. Der Kunde als z. B. elektrotechnischer Laie stellt seine spezifischen Anforderungen an sein System, seine Anlage, sein Gerät, seine Baugruppe oder sein Bauelement. Diese Anforderungen können z. B. sein:

- sicherheitstechnische Forderungen sowie spezifische Betriebsbedingungen
- Wirtschaftlichkeit, z. B. bezogen auf die laufenden Betriebskosten über die gesamte Nutzungsdauer
- Leistungsreserven, z. B. bei „Stoßzeiten" für eine höhere Produktion (Maximalkapazität)
- Spannungsstabilität und Spannungssicherheit (eventuell Einsatz von Notstromaggregaten zur Sicherung des Produktionsablaufs)
- Betriebsarten der Anlagesysteme oder einzelner Komponenten
- Übertragungsleistungen (Bemessungen von Kabeln, Leitungen und Automatisierungssystemen)
- Leistungsfaktor cos φ des Systems oder der Anlage
- Ökologie (z. B. Entsorgung der Materialien nach Ablauf der Nutzungsdauer).

Um den Kundenanforderungen zu entsprechen und diese auch zu erfüllen, sind in der Planung weitere Einflussgrößen, die in den Kundenanforderungen nicht immer eindeutig formuliert sind und für den Kunden eine eher untergeordnete Rolle spielen können, jedoch für die Auslegung und Dimensionierung der Komponenten und Betriebsmittel von entscheidender Bedeutung sind, zu berücksichtigen.

Beispiele:

- Das einspeisende Netz mit seiner Betriebsspannung, Abschaltleistung, Abschaltzeit, Art der Erdung und Art der Sternpunkterdung
- die Umgebungsbedingungen mit Temperatur, Freiluft/Innenraumaufstellung, Bauweise, Häufungen, behinderte Wärmeabgabe, Schutzgrad der Kapselung, Kriechstrecken, Schlagweiten, Korrosionsschutz, Erdbebensicherheit
- die Eigenschaften der Komponenten und Betriebsmittel mit der Strombelastbarkeit, Kurzschlussfestigkeit, Spannungsfall, zulässigen Betriebstemperatur, zulässigen Kurzschlusstemperatur, Verluste, Wirkwiderstand, Induktivität, Kapazitivität, Auslastung und Jahreskosten.

Zur Auswahl der Komponenten für eine, den Kundenanforderungen entsprechende und bestimmte Verwendung ist die Kenntnis aller Einflussgrößen und Rahmenbedingungen erforderlich (vgl. auch Ziffer 1.1.1.3, interne und externe Einflussgrößen). Diese bilden die Kriterien für die Bemessung und Auswahl von Geräten, Baugruppen oder Bauelementen in elektrotechnischen

Systemen und Anlagen zur Erfüllung der Kundenanforderungen. Je genauer die Einflussgrößen[1] und Rahmenbedingungen[1] erfasst werden, desto präziser ist das Ergebnis für den Kunden.

Erkennbare größere Veränderungen an und in dem System oder der Anlage sind bereits im Stadium der Planung zu berücksichtigen, z. B.:

- Laststeigerungen
- Veränderungen im Tageslastspiel der Anlage
- zusätzlich geplante und möglicherweise im System/in der Anlage festzulegende Reserven.

Wer verstehen will, warum „etwas" für den Kunden wichtig ist, muss sich eingehend und umfassend mit dem *Nutzen für den Kunden* befassen. Solche „Nutzenelemente" können z. B. sein:

- Steigerung der Produktion
- Reduzierung der Kosten/der Bearbeitungszeiten („Ersparnisse")
- höhere Qualität und Quantität.

1.1.1.2 Netze, Netzformen, Netzsysteme und Netzbetreiber

01. Wie wird elektrische Energie erzeugt?

Eine Voraussetzung für eine hochentwickelte industrielle Wirtschaft ist die Versorgung mit elektrischer Energie. In Kraftwerken erfolgt die Umwandlung von Rohenergie in Elektroenergie in der Regel durch rotierende Elektroenergieerzeuger (Generatoren). Generatoren können je nach Bauart Elektroenergie mit einer Spannung von 6 kV, 10 kV bis 20 kV abgeben. Die vom Kraftwerk gelieferte Energie wird meistens nicht in einer einzigen Maschine erzeugt. Aus verschiedenen Gründen wird die Gesamtleistung auf mehrere Maschinen aufgeteilt. Ein Grund ist, dass bei Ausfall einer Maschine, bei Störung oder Generalüberholung nicht das ganze Werk ausfällt. Nach der Art der im Kraftwerk eingesetzten Energieträger kann man zwischen Wärmekraftwerke (Dampfkraftwerke, Kernkraftwerke), Wasserkraftwerke (Laufwasserkraftwerke, Speicherwasserkraftwerke, Pumpspeicherkraftwerke) und klimatologische Kraftwerke (Gezeitenkraftwerke, Sonnenkraftwerke, Windkraftwerke) unterscheiden.

02. Wie erfolgt die Versorgung der Endverbraucher mit elektrischer Energie?

Zur Übertragung hoher Leistungen über große Entfernungen wird die in den Großkraftwerken erzeugte Elektroenergie auf 220 oder 380 kV transformiert. Die Verteilung der durch Übertragungsanlagen zu den Großumspannwerken transportierten Elektroenergie erfolgt mit

---

[1] **Beispiele:**
- Bauart
- Spannung
- Erdungsbedingungen
- Sternpunktbehandlung
- Betriebsbedingungen für den ungestörten Betrieb
- thermische und mechanische Beanspruchung der Bauteile im Kurzschlussfall
- Spannungsfall
- Ergebnis der Wirtschaftlichkeitsbetrachtung.

einer Spannung 110 kV auf Gebietsumspannwerke und von diesen mittels 10 bis 20 kV auf die Ortsnetzstationen. Von diesen Stationen aus, werden die Haushalte, kommunale Einrichtungen, Handel, Handwerk usw. über die Ortsnetze mit Niederspannung 400/230 V versorgt.

Noch bis in die 50er-Jahre des 20. Jahrhunderts wurden viele Haushalte in Deutschland mit Gleichstrom versorgt, weil die begonnene Umstellung durch den Zweiten Weltkrieg unterbrochen wurde. In anderen Ländern sind auch andere Spannungen oder Frequenzen möglich. Weit verbreitet ist auch das System mit 117 V (Effektivwert) Netzspannung und einer Frequenz von 60 Hz (insbesondere in Nordamerika).

Um die Versorgung der Endverbraucher mit elektrischer Energie zu gewährleisten, ist es erforderlich, die in den Kraftwerken erzeugte Energie über Leitungen zu den Abnehmern und Verbrauchern zu transportieren. Dazu dienen Stromnetze mit verschiedenen, aber festgelegten Spannungen und bei Wechselstrom auch mit festgelegten Frequenzen. In Deutschland wird die Energie über weite Distanzen mittels Dreiphasenwechselstrom mit einer Netzfrequenz von 50 Hz und einer Netzspannung von bis zu 400 kV und Leistungen von mehreren Hundert Megawatt (bis zu 600 MW) übertragen.

Die Übertragung der elektrischen Energie in diesen Größenordnungen kann nur drahtgebunden über Hochspannungsleitungen als Freileitung oder als Erdkabel erfolgen.

Beide Verteilsysteme haben jedoch ihre Vor- und Nachteile.

Verteilsysteme	Vorteile	Nachteile
Freileitung	• geringere Kosten • leichtere Lokalisierbarkeit und Behebbarkeit von Fehlern	• größeren Umwelteinflüssen ausgesetzt • störend für das Landschaftsbild • Gefahrenquelle für Menschen, Tiere und Maschinen (z. B. Klettern auf Strommasten)
Erdkabel	• geringerer Platzbedarf • vor Umwelteinflüssen besser geschützt • bei der Bevölkerung besser akzeptiert	• höhere Kosten • hoher Reparaturaufwand bei Defekten

- Bei *Freileitungen* werden verschiedene Typen von Masten eingesetzt, z. B. Tragmasten, Winkeltragmasten, Abspannmasten, Weitabspannmasten und Endmasten. Eine besondere Problematik im Freileitungsbau entsteht bei der Überquerung von Hindernissen.

- Bei *Erdkabeln* gibt es weitere technische Probleme, wenn unterirdische Hochspannungsleitungen gewisse Kabellängen überschreiten, beispielsweise bei der Wärmeabfuhr, die bei Freileitungen durch die umgebende Luft gewährleistet ist, bei Erdkabeln hingegen nicht.

Damit diese hohen Leistungen übertragen werden können, ist entweder ein *hoher Strom oder eine hohe Spannung* erforderlich. Aus folgenden Gründen hat sich die *Übertragung mit Hochspannung* durchgesetzt:

- Hohe Spannungen sind technisch leichter zu kontrollieren als hohe Ströme.
- Sie gewährleistet eine hohe Übertragungsleistung.

- Es treten geringere Übertragungsverluste auf.
- Es können große Entfernungen überbrückt werden.
- Es müssen geringere Investitionen getätigt werden.

Erst in der Nähe des Verbrauchers wird die elektrische Energie auf die Niederspannung von 400 V Dreiphasenwechselstrom als Effektivwert bzw. 230 V Einphasenwechselstrom transformiert.

03. Welche Netze werden unterschieden?

Die Stromnetze unterscheidet man nach der Spannung, bei der sie den Strom übertragen:

Höchstspannung	220 kV oder 380 kV
Hochspannung	50 kV bis 150 kV
Mittelspannung	6 kV bis 30 kV
Niederspannung	400 V oder 230 V

Man unterteilt Netze weiterhin nach ihren Aufgaben in *Übertragungsnetze* mit unterschiedlichen Übertragungsarten und in *Verteilungsnetze.*

Übertragungsnetz	
Höchstspannungsnetz	Das Höchstspannungsnetz ist ein Übertragungsnetz. Es verteilt die größtenteils von Wärmekraftwerken (Kern- und Kohlekraftwerken), aber auch Wasserkraftwerken (Laufwasserkraftwerke, Speicherwasserkraftwerke, Pumpspeicherkraftwerke) eingespeiste Energie landesweit an Transformatoren, die nahe an den Verbrauchsschwerpunkten liegen. In ihrer Funktionalität übernehmen diese Kraftwerke die nationale Grundlastversorgung und sind zusätzlich über so genannte Verbund- oder Kupplungsleitungen und Übergabestellen in das internationale Verbundnetz eingebunden.

Verteilungsnetze	
Hochspannungsnetz	Das Hochspannungsnetz ist ein Verteilungsnetz von elektrischer Energie für die Versorgung verschiedener Regionen, Ballungszentren und großer Industriebetriebe mit einem Leistungsbedarf von 10 bis 100 MW.
Mittelspannungsnetz	Das Mittelspannungsnetz ist ebenfalls ein Verteilungsnetz, das den Strom an die Transformatorstationen des Niederspannungsnetzes und direkt an Einrichtungen mit einem hohen Elektroenergiebedarf, wie zum Beispiel Behörden, Schulen oder Betriebe überträgt. Dezentrale Elektroenergieversorger, wie zum Beispiel Regionale Stadtwerke, die ebenfalls Kraftwerke, oft auch mit Kraft-Wärme-Kopplung die zum Teil auch auf der Basis regenerativer Energien (Biogas oder Holzhackschnitzel) betrieben werden, speisen ihren Strom in dieses Netz.
Niederspannungsnetz	Ein weiteres Verteilungsnetz ist das Niederspannungsnetz. Es ist für die Feinverteilung an Industrie, Gewerbe, Verwaltungen und Haushalte zuständig. Die Mittelspannung wird auf unter 1 kV auf 400 V bzw. 230 V transformiert.

04. Welche Funktion erfüllen Transformatoren?

Die Stromnetze mit den unterschiedlichen Spannungsebenen werden über Transformatoren, die in Umspannanlagen installiert sind, verbunden. *Hochspannungs-Transformatoren* (z.B. 110 kV) versorgen über Kabel und Freileitungen die Mittelspannungsebene (z.B. 20 kV), die wiederum die Niederspannungs-Transformatoren primärseitig versorgt.

Die Transformatoren im Niederspannungsnetz haben im Allgemeinen ein festes Übersetzungsverhältnis. Um trotz der im Laufe eines Tages auftretenden großen Lastschwankungen die Netzspannung beim Verbraucher in etwa konstant halten zu können, kann das Übersetzungsverhältnis vieler Mittelspannungstransformatoren in Grenzen variiert werden. Dazu werden von der Primärwicklung mehrere Anzapfungen nach außen geführt. Ein extra dafür gebauter Schalter, ein so genannter *Stufenschalter,* erlaubt das Umschalten zwischen den Anzapfungen, ohne den Transformator dazu abschalten zu müssen. Dieser Vorgang wird *Spannungsregelung* genannt. Für die einwandfreie Funktion vieler Geräte muss die Netzspannung innerhalb enger Grenzen gehalten werden. Zu hohe oder zu niedrige Spannungen können durch Störungen verursacht werden. Der Stromfluss durch die Netze und zu Netzen mit gleicher Spannungsebene erfolgt über Schaltanlagen.

05. Welche Netzsysteme existieren im Ausland?

Beispiele:

In Kanada und in den USA werden z. B. Höchstspannungsnetze mit 735 kV und 765 kV verwendet. In Russland existiert ein ausgedehntes 750 kV-Netz, von dem einzelne Leitungen auch nach Polen, Ungarn, Rumänien und Bulgarien führen. Eine 1.150-kV-Leitung führt vom Kohlekraftwerk in Ekibastus (Kasachstan) zur Stadt Elektrostal (Russland). Sie wird heute jedoch mit 400 kV betrieben. In Mittelspannungsnetzen mit hohem Freileitungsanteil ist ein Spannungswert von 20 kV weit verbreitet. In der Industrie sind auch Niederspannungen von 500 V oder 690 V in IT-Netzen üblich.

Die Höchst-, Hoch- und Niederspannungen sind für Westeuropa weitgehend standardisiert. Bei der Mittelspannung ist das zu aufwändig, da man sehr viele alte Erdkabel uneinheitlicher Spannung austauschen müsste.

06. Welche Netzformen werden nach IEC 364-3/VDE 0100 unterschieden?

Durch die Netzform (Netzsystem) und die gewählte Schutzeinrichtung werden die Abschaltbedingungen bestimmt.

Netzformen nach IEC 364-3 (1977) VDE 0100 Teil 310 (1983)		
TN-Netz (TN-System)	T direkte Erdung eines Punktes (Betriebserde) N Körper direkt mit dem Betriebserder verbunden	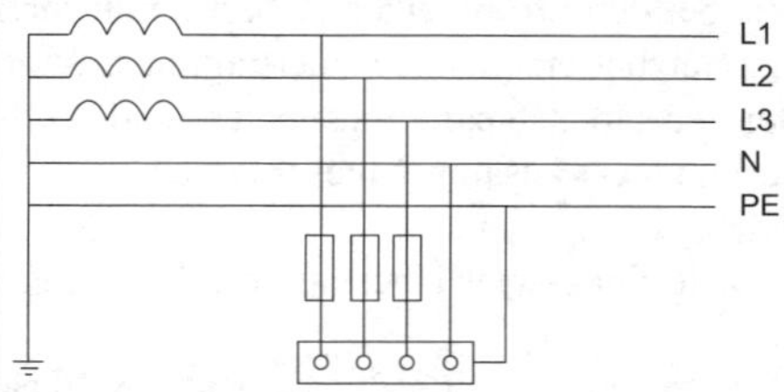 Abschaltbedingung: $Z_s \cdot I_a \leq U_0$
TT-Netz (TT-System)	T direkte Erdung eines Punktes (Betriebserde) T Körper direkt geerdet, unabhängig von der Erdung der Stromquelle (Betriebserde)	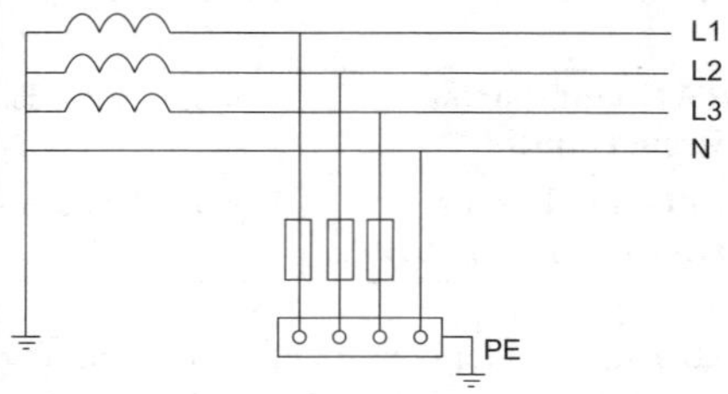 Abschaltbedingung: $R_A \cdot I_a \leq 50\ V$
IT-Netz (IT-System)	I Isolierung aller aktiven Teile von Erde oder Verbindung eines Punktes mit Erde über eine Impedanz T Körper direkt geerdet, unabhängig von der Erdung der Stromquelle (Betriebserde)	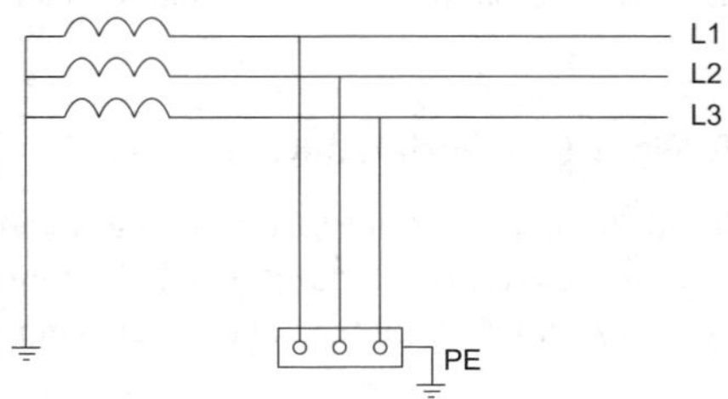 Abschaltbedingung: $R_A \cdot I_d \leq 50\ V$

Vgl. dazu auch: Lipsmeier, A. (Hrsg.), Friedrich Tabellenbuch, Elektrotechnik/Elektronik, S. 9 - 21 ff.

07. Welche Besonderheit hat das Stromnetz der Bahn AG?

Ein weiteres Energieversorgungsnetz in Deutschland betreibt die Bahn AG. Die DB Energie betreibt das größte zusammengeschaltete 110-kV-Netz in Deutschland. Das Freileitungsnetz hat eine Länge von ca. 7.600 km. Im Gegensatz zum nationalen Verbundnetz beträgt die Netzfrequenz 16,7 Hz und es wird Einphasenwechselstrom verwendet. In 175 Unterwerken wird die Spannung auf 15 kV transformiert und in die Oberleitung eingespeist. Die DB Energie betreibt eigene Kraftwerke zur Abdeckung der Grund- und Mittellast. Die Energie für die Spitzenlast wird aus dem nationalen 50 Hz-Energienetz bezogen.

08. Welche Netzbetreiber gibt es in Deutschland?

Wie bei den Stromnetzen (Übertragungsnetz und Verteilungsnetz) unterscheidet man auch bei den Netzbetreibern nach Übertragungsnetzbetreiber (ÜNB) und Verteilungsnetzbetreiber (VNB). Bei den Höchstspannungsnetzen sind die Netze der einzelnen nationalen Betreiber in einem Verbundnetz zusammengeschlossen.

Zurzeit gibt es vier Übertragungsnetzbetreiber in Deutschland:

Deutsche Übertragungsnetzbetreiber	
EnBW Transportnetze AG	Umfasst das Netz der früheren Badenwerk AG und der EVS Energie-Versorgung Schwaben AG
E.ON Netz GmbH	Umfasst heute das frühere Netz von Preussen Elektra und der Bayernwerk AG
RWE Transportnetz Strom GmbH	Umfasst heute das frühere Netz der RWE und der VEW
Vattenfall Europe Transmission GmbH	Umfasst heute das frühere Netz der VEAG, der BEWAG und der HEW

Neben diesen vier Übertragungsnetzbetreibern gibt es noch weitere, verschiedene Netzbetreiber, deren Arbeit sich auf die regionale Verteilung der elektrischen Energie zu den Endverbrauchern konzentriert (Verteilungsnetzbetreiber; VNB). In Deutschland sind die vier Elektroenergiesysteme (EnBW, RWE, E.ON, Vattenfall) im Verbund Deutscher Netzbetreiber VDN, einer Unterorganisation des Verbands der Elektrizitätswirtschaft (VDEW) zusammengeschlossen.

09. Was ist ein Verbundnetz und welche Vorteile bietet dieses Netzsystem?

Grundsätzlich arbeiten Elektroenergiesysteme wirtschaftlich und technisch autark, sie sind aber in der Regel zusätzlich durch Kuppelleitungen und Übergabestellen mit benachbarten Elektroenergiesystemen verbunden und bilden dann mit diesem ein Verbundnetz bzw. ein *Verbundsystem.*

In einem Verbundnetz werden Kraftwerke und Abnehmerzentren zusammengefasst. Sie stellen somit den Gegenpol zu Inselnetzen dar. Ein Verbundnetz ist dadurch gekennzeichnet, dass im gesamten System eine einheitliche Frequenz herrscht. Man spricht in solchen Fällen auch vom *Verbundbetrieb bzw. Synchronbetrieb.* Eine Optimierung der Strombeschaffungskosten, etwa durch Zukauf billigerer elektrischer Energie von benachbarten Elektroenergiesystemen, die Bereitstellung einer Sekundenreserve beim Ausfall eines oder mehrerer großer Kraftwerksblöcke und schnellere Reaktionszeiten bei Havarien sind die entscheidenden Vorteile eines solchen Verbundsystems.

Ein *Verbundnetz/Verbundsystem* bietet darüber hinaus weitere *Vorteile:*

- Steigerung der Betriebszuverlässigkeit und Verfügbarkeit des Netzes.
- Lastschwankungen können durch den Energieaustausch minimiert werden.
- Das Energiesystem ist stabiler (Überkapazitäten und Unterkapazitäten können abgefangen werden).
- Die Auslastung der Kraftwerke wird besser und effektiver (es müssen weniger Kraftwerke bereitgestellt werden).
- Die Kraftwerke können an produktionsgünstigen Orten der Rohenergievorkommen errichtet werden und nicht an den Orten des Verbrauchs.

10. Welcher Unterschied besteht zwischen einem synchronen und einem asynchronen Verbundsystem?

- Bei einem *synchronen Verbundnetz* wird Drehstrom übertragen. Dabei müssen alle Kraftwerke in Phase laufen, sonst wirken einige als Verbraucher. Aufgrund der endlichen Lichtgeschwindigkeit sind solche Netze auf 3.000 km Durchmesser beschränkt. Drehstrom führt zu höheren Verlusten in den Kabeln, sodass er zum Beispiel bei einem Seekabel von über 30 Kilometer Länge nicht verwendet wird. Im synchronen Verband führen leichte und kurzfristige Überlastungen zu großflächigen und langzeitigen Stromausfällen. In Mittel- und Westeuropa werden die Vorschriften im Rahmen der UCTE festgelegt, wobei für Deutschland die Deutsche Verbundgesellschaft im Auftrag der UCTE die entsprechenden Vorschriften festlegt. In Nordeuropa heißt der entsprechende Zusammenschluss NORDEL.

- Bei einem *asynchronen Verbundnetz* wird Gleichstrom übertragen und für die Transformatoren werden teure Stromrichter mit im Verhältnis zu anderen Betriebsmitteln nur geringer Überlastbarkeit verwendet. Bei Belastung der Kraftwerke wird die Spannung geringer, es muss nicht geregelt werden. Kabel müssen durch Stromregelungen an dem Quell- oder Ziel-Transformator abgesichert werden. Bei einer Kurzkupplung ist das Kabel sehr kurz.

11. Welche Netzstrukturen gibt es?

Netze haben spezielle Netzstrukturen. Man unterscheidet unvermaschte, vermaschte Netze und Transformatorenketten:

Unvermaschte Netze	
Unvermaschte Netze haben keine Maschen; ihre Grundformen sind Stichleitungen und Strahlen.	
Stichleitung	Die *Stichleitung* ist die einfachste Verbindung eines Netzes. Sie führt von einem geschlossenen Netz zu einem Versorgungspunkt und hat keine Verbindung in der gleichen Spannungsebene zu anderen Netzen.
Strahlennetz (auch: Sternnetz)	Das *Strahlennetz*, auch Sternnetz, verläuft strahlenförmig und wird einseitig eingespeist. Es hat einen einfachen Aufbau, ist übersichtlich und Fehler lassen sich leicht finden. Es wird z. B. bei elektrischen Schiffsanlagen verwendet.

Ringnetz	Vermaschte Netze sind Ring- und Maschennetz. Das *Ringnetz* wird von einer ringförmigen Leitungsanordnung (Ringleitung), der an verschiedenen Ringeinspeisungsabzweigen Energie zugeführt oder entnommen werden kann, gebildet. Meist haben Ringnetze nur eine, manchmal bei Auftrennung des Rings zwei Stellen zur Einspeisung. Das Ringnetz hat eine größere Betriebssicherheit gegenüber Strahlennetzen.
Maschennetz	Das Maschennetz ist ein geschlossenes Netzgebilde aus mehreren sich kreuzenden Leitungen, die in den Kreuzungspunkten (Knotenpunkten) miteinander verbunden und gesichert sind. Das geschlossene Gebilde zwischen den Knotenpunkten ist eine Masche und jedes Leitungsstück eine Maschenleitung.
Transformatoren-kette	Die Transformatorenkette ermöglicht die größte Dezentralisierung des Verteilungsnetzes bei Sticheinspeisung.

Im Überblick:

		Art der Einspeisung		
		Stich 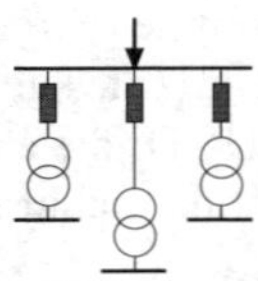	**Ring** 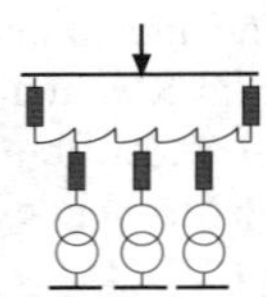	**Transforma-torenkette** 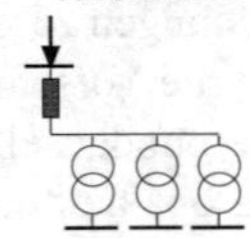
Netzstruktur innerhalb der Verteilungsebene	**Strahlennetz** 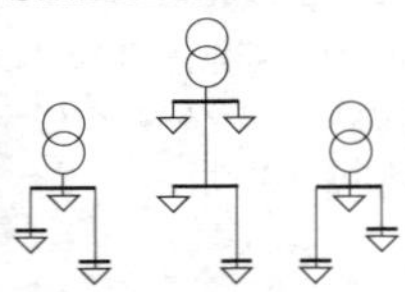	stichgespeistes Strahlennetz	ringgespeistes Strahlennetz	durch Trans-formatorenkette gespeistes Strahlennetz
	Ringnnetz 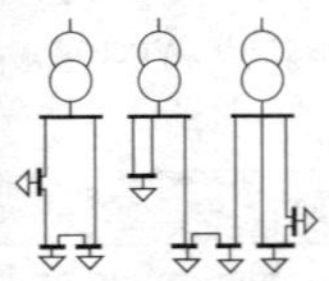	stichgespeistes Strahlennetz	ringgespeistes Strahlennetz	durch Trans-formatorenkette gespeistes Strahlennetz
	Maschennetz 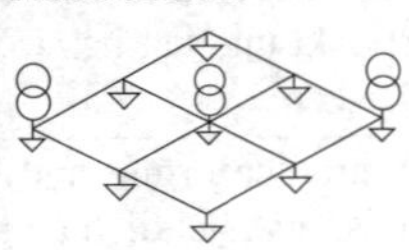	stichgespeistes Strahlennetz	ringgespeistes Strahlennetz	durch Trans-formatorenkette gespeistes Strahlennetz

1.1.1.3 Interne und externe Einflussgrößen (Rahmenbedingungen)

01. Welche Rahmenbedingungen sind bei der Projektierung elektrotechnischer Anlagen zu berücksichtigen?

Die Projektierung von elektrotechnischen Anlagen aller Spannungsebenen umfasst die Sammlung der Rahmenbedingungen, die Festlegung der Anlagenkonzeption sowie der anzuwendenden Planungsgrundsätze für die Ausführung.

Die Projektierungsphase stellt einen Zeitraum intensiver Zusammenarbeit zwischen dem Auftraggeber, dessen Ingenieurberater für den Fachbereich Elektrotechnik und dem Auftragnehmer dar.

Die Rahmenbedingungen ergeben sich aus den Umweltbedingungen (Aufstellungsort, lokale Klimafaktoren, Umweltbeeinflussung), dem übergeordneten Netz (Spannungsebene, Kurzschlussleistung und Sternpunktbehandlung), der Schalthäufigkeit, der erforderlichen Verfügbarkeit, den sicherheitstechnischen Anforderungen sowie den spezifischen Betriebsbedingungen.

Beispiele zur Wahl von Anlagenkonzeptionen und Maßnahmen unter Beachtung der vorgegebenen Rahmenbedingungen:

Rahmenbedingungen	Konzeption und Maßnahmen	
Umwelt, Klima, Aufstellungsort	• Freiluft/Innenraum • Konventionell-GIS-Hybrid • Auslastung der Betriebsmittel • Bauweise	• Schutzgrad der Kapselung • Kriechstrecken, Schlagweiten • Korrosionsschutz • Erdbebensicherheit
Netzdaten, Netzform	• Kurzschlussbeanspruchung • Schutzkonzept • Blitzschutz	• Sternpunktbehandlung • Isolationskoordination
Verfügbarkeit und Redundanz der Energieversorgung	• SS-Konzeption • Mehrfacheinspeisung • Abzweigschaltung • Notaggregate	• Sofortbereitschaftsanlagen • Festeinbau-/Ausziehtechnik • Betriebsmittelwahl • Netzform
Leistungsbilanz	• Erweiterungsfähigkeit • Auslastung der Betriebsmittel • Wandlerauslegung	
Bedienungskomfort	• Leittechnik/konventionelle Steuerung	• Fern-/Vorortsteuerung • Bauweise/Schaltung
Sicherheitstechnische Anforderungen	• Netzform • Störlichtbogensicherheit • Blitzschutz • Erdung	• Brandschutz • Berührungsschutz • Ex-Schutz • Zugriffs-/Einbruchsschutz

Mit Rücksicht auf die Betriebsmittel und die Anlagenkosten muss jede Maßnahme auf ihre Notwendigkeit auch aus wirtschaftlicher Sicht betrachtet werden. Weiterhin sind alle Einflussgrößen mit ihren möglichen Auswirkungen und Störungen auf ein elektrotechnisches System oder eine Anlage zu berücksichtigen, z. B.:

• *Fremde Einwirkungen:*
- Personen
- Tiere
- Bäume
- Erd- und Baggerarbeiten
- Erdrutsch, Erdbeben, Bergschaden
- Erschütterungen, Schwingungen, Hitze, Brand
- sonstige fremde Einwirkungen.

• *Rückwirkungen* aus
- eigenem Netz (andere Spannung)
- eigenen Kraftwerken
- fremdem Netz (gleicher Spannung/andere Spannung)
- Anlagen und Netze von Abnehmern.

• *Sonstige Auswirkungen:*
- Betätigung bei Schalteinrichtungen mit mechanischem Versagen
- Schalten von Betriebsmitteln
- Fehlbedienung
- Überlastung von Betriebsmitteln, Hilfseinrichtungen.

• *Gesetze, EN/VDE-Vorschriften, Auflagen:*
- Netzqualität
- Netzverfügbarkeit.

• *Wirtschaftliche Größen:*
- Gesetzliche Auflagen
- Umweltaspekte
- Standortbedingungen
- Infrastruktur, Verkehrsanbindungen (Bahn, Autobahn, Flugplatz, Hafen).

• *Gesetzliche Auflagen:*
- Baugenehmigungsverfahren lt. Bauordnung der Länder
- Einbeziehung der Träger öffentlicher Belange (TÖB), z. B.: Energieversorger, Versorgungsnetzbetreiber von Gas-, Wasser-, Abwasser- und Elektroanlagen (Hoch-, Mittel- und Niederspannungsanlagen); Fernmelde- und Telekommunikationsanlagen; Antennenanlagen- bzw. Kabelnetz-Betreiber; Straßenbauamt, Umweltamt, Ämter der Städte und Gemeinden.

• *Umweltaspekte:*
- Naturschutzbehörden
- Nationalparkamt.

• *Eintragungen von Dienstbarkeiten:*
Je nach Bedeutung des öffentlichen Interesses.

- *VDE-Bestimmungen für die Energieversorgung* – insbesondere:
  - DIN VDE 0100-100: Diese Norm gilt für das Errichten von Starkstromanlagen bis 1000 Volt Nennspannung.
  - DIN VDE 0101 (ersetzt durch DIN EN 50522, DIN EN 61936-1): Diese Norm gilt für das Errichten von Starkstromanlagen mit Nennwechselspannung über 1 kV und Nennfrequenzen unter 100 Hz. Sie gilt sinngemäß für Gleichstromanlagen mit Nennspannungen über 1,5 kV.
  - DIN VDE 0105-103: Diese Norm gilt für das Bedienen von elektrischen Anlagen und für alle Arbeiten an, mit oder in der Nähe von elektrischen Anlagen aller Spannungsebenen (von Kleinspannung bis Hochspannung, wobei der Begriff Hochspannung die Spannungsebenen Mittelspannung und Höchstspannung einschließt).

1.1.1.4 Vergleich technischer Komponenten

In diesem Abschnitt werden behandelt (vgl. Rahmenplan Ziffer 1.1.1):

Technische Komponenten (Überblick)			
1.1.1.4.1 Kabel und Leitungen	1.1.1.4.2 Transformatoren	1.1.1.4.3 Verteilerstationen	1.1.1.4.4 Schaltgeräte
1.1.1.4.5 Fernwirksysteme	1.1.1.4.6 Steuerungsarten	1.1.1.4.7 Antriebssysteme	1.1.1.4.8 Beleuchtungstechnik
1.1.1.4.9 Bus-Systeme	1.1.1.4.10 Visualisierungssysteme	1.1.1.4.11 Softwarelösungen	

1.1.1.4.1 Kabel und Leitungen

01. Was ist ein Kabel?

Ein Kabel ist ein Betriebsmittel zur Übertragung von Elektroenergie, das – im Gegensatz zur Leitung – fest in Luft, Erde und Wasser gelegt werden kann (*Kabellegung*). Das Kabel besteht aus einem oder mehreren elektrisch isolierten Leitern (Ader) und zusätzlichen Aufbauelementen, wie Mantel, Bewehrung, Tragorganen, Druckschutzbandagen und Verseilelementen, die es betriebssicher und für den jeweiligen Verwendungszweck geeignet machen.

02. Welche Kabelbauarten lassen sich unterscheiden?

Nach der Art der übertragenen Ströme unterscheidet man z. B.:	
Hochfrequenzkabel	
Fernmeldekabel	
Starkstromkabel	Starkstromkabel dienen zur Energieversorgung, zur Steuerung und Regelung elektrischer Anlagen und Fertigungsprozesse und zur Übertragung von Informationen, z. B. in der Messtechnik (bei Leiterquerschnitten < 2,5 mm²).

Starkstromkabel unterscheidet man nach der konstruktiven Ausführung z. B. in ...	
Kunststoff-kabel	haben Isolierhüllen aus Kunststoff, vorwiegend PVC. Die meisten Kunststoffkabel haben auch einen Kunststoffmantel.
Massekabel	haben eine mit einer Kabelimprägniermasse satt getränkte Papierisolierung. Die Kabelimprägniermasse besteht aus Öl und einem kleinen Anteil Harz (Kolophonium). Wenn die Kabelimprägniermasse nur kapillar gebunden ist und auch bei Niveaudifferenzen nicht abfließt, spricht man von einem massearmen Kabel.
Ölkabel	haben eine mit Isolieröl getränkte Papierisolierung. Das Öl befindet sich unter Überdruck im Kabel. Dadurch werden gegebenenfalls vorhandene Hohlräume unterhalb des Metallmantels mit Öl ausgefüllt, sodass für die notwendige elektrische Durchschlagfestigkeit der Isolierhülle eine höhere stabilisierende Wirkung gegenüber anderen Starkstromkabeln mit imprägnierter Papierisolierung besteht.
Bei **Gaskabeln**	– auch SF6-Kabel genannt (nach dem Füllgas Schwefelhexafluorid SF6) – werden Koronaentladungen bei Hochspannungskabeln vermieden und das Kabelvolumen wird wesentlich verringert. Bei diesen Kabeln sind die Adern von einer in einem Rohr eingeschlossenen Schicht des Isoliergases umgeben. SF6 ist wegen seines großen Betriebstemperaturbereichs von -40 bis +1.000 °C, wegen seiner ausgezeichneten Isoliereigenschaften sowie seiner fehlenden chemischen Aktivität besonders geeignet.
Kryoresistive Kabel	arbeiten bei Temperaturen um etwa 70 K. Hier wird die Abnahme des spezifischen elektrischen Widerstandes mit abnehmender Temperatur bei den meisten Leiterwerkstoffen ausgenutzt. Schwierigkeiten beim Einsatz im größeren Maßstab bereitet die auf die gesamte Kabellänge erforderliche Kühlung zur Abführung der noch entstehenden Jouleschen Wärme.
Kryokabel	In supraleitenden Kabeln (auch: Kryokabel) können hohe elektrische Leistungen unter Ausnutzung der Supraleitung verlustarm übertragen werden. Große Stromstärken im Kabel sind mit magnetischen Feldern großer Feldstärke und hohe Spannungen mit elektrischen Feldern großer Feldstärke verbunden. Die Stärke des magnetischen Feldes kann bei Wechselstromkabeln durch die in Wechselfeldsupraleitern auftretenden Verluste begrenzt werden. Die höchsten elektrischen Feldstärken lassen sich mit Feststoffisolierungen erreichen, die aber gegenüber der Isolierung mit Vakuum oder überkritischem Helium höhere dielektrische Verluste haben. Mit abnehmender Energiestromdichte nehmen der Umfang und damit die durch die Unvollkommenheit der thermischen Isolierung entstehenden Verluste zu. Probleme bieten die Fertigung großer Längen, die Verbindung der Kabelstücke und die Beherrschung der beim Abkühlen auftretenden Längenkontraktion. Solche Kabel werden großtechnisch noch nicht eingesetzt.

Weitere Unterscheidungsmerkmale:

Verwendung	Nach Verwendung der Starkstromkabel unterscheidet man z. B. Verbindungskabel, Hilfskabel, Messkabel und Heizkabel.
	Das **Lichtleitkabel** (auch: Lichtwellenleiter, LWL) ist ein Kabel zur Übertragung von Licht. Das Kabel besteht aus einer Vielzahl glasklarer, synthetischer Fasern aus Hochpolymeren. Jede Faser hat einen Kern mit höherem Brechungsindex, der von einem Mantel mit geringerem Brechungsindex umgeben ist. Lichtstrahlen, die innerhalb eines bestimmten Winkels zur Längsachse eintreten, werden an der Grenzfläche der beiden Schichten wiederholt totalreflektiert und auf einem Zickzackweg durch das Lichtleitkabel übertragen. Die Einzelfäden sind zu einem Fadenbündel zusammengefasst und von einem undurchsichtigen Schutzmantel umgeben. Lichtleitkabel können wie elektrische Leitungen oder Kabel gelegt werden. Sie dienen zum Signalisieren, Überwachen und Abtasten sowie zum Beleuchten unzugänglicher oder explosionsgefährdeter Stellen. *Vorteile* gegenüber der Kupfertechnik, z. B.: • keine Signaleinstreuung auf benachbarte Fasern (sog. Nebensprechen) • hohe Übertragungsraten und Reichweiten • keine Erdung erforderlich • keine Funkenbildung (Verlegung in explosionsgefährdetem Umfeld möglich). *Nachteile* gegenüber der Kupfertechnik, z. B.: • empfindlich gegenüber mechanischer Belastung • hoher Aufwand der Konfektionierung.
Verlegeart	**Luftkabel** können mittels eines Tragorgans (Stahlseil) an Masten, Gebäuden und anderen Befestigungspunkten über eine begrenzte Länge frei in Luft hängend betrieben werden.
	Kabel mit Erderwirkung liegen in der für Erder erforderlichen Tiefe. Ihr Metallmantel ist mit dem Erdreich leitend verbunden.

03. Was ist eine Leitung?

Eine Leitung ist ebenfalls ein für die Übertragung von Elektroenergie bestimmtes Verbindungselement in elektrotechnischen Anlagen, das im Gegensatz zum Kabel in der Regel nicht für eine ständige Verlegung in Erde oder Wasser zugelassen ist. Außerdem ermöglichen bestimmte Leitungstypen eine ständige Ortsveränderung, z. B. an transportablen Geräten, Elektrowerkzeugen, Aufzügen und Förderanlagen.

Leitungen bestehen aus einem oder mehreren Leitern, dazu meist auch aus zusätzlichen Aufbauelementen, z. B. dem Mantel zum Schutz vor Beeinträchtigung der elektrischen Sicherheit unter den jeweiligen Verlegungsbedingungen, den Adern mit der Aderumhüllung und ggf. Verseilelementen sowie Tragorganen.

04. Welche Leitungsarten werden unterschieden?

Nach dem Verwendungszweck unterscheidet man z. B. folgende Leitungen:	
Starkstrom-leitungen	sind zum ständigen Betrieb in einer Starkstromanlage bestimmt. Es gibt Starkstromleitungen mit Leiterquerschnitten von 0,5 bis 185 mm^2, mit bis zu 37 Adern und Nennspannungen von 80 V bis 35 kV, in besonderen Fällen sogar bis 125 kV (Leitungen für Röntgengeräte).
Fernmelde-leitungen	sind zur ständigen Verlegung in Informationsanlagen bestimmt. Im Vergleich zu Starkstromleitungen haben sie meist dünnere Isolierhüllen und Mäntel und somit insgesamt geringere Abmessungen. Übliche Leiterquerschnitte liegen im Bereich 0,02 bis 2,5 mm^2. Die Anzahl der Adern beträgt 1 bis 300 (150 Paare). Fernmeldeleitungen werden manchmal auch im Steuer- und Informationsteil von Starkstromanlagen verwendet, z. B. als Schaltdraht und Schaltlitze.
Erdungs-leitungen	verbinden einen Anlagenteil mit einem Erder und sind außerhalb des Erdreiches oder isoliert im Erdreich gelegt. Ist in die Verbindung zwischen einem Sternpunkt- oder Außenleiter und dem Erder eine Trennstelle, eine Erdschlussdrossel oder ein anderes Gerät eingebaut, so gilt nur die Verbindung zwischen der erdseitigen Klemme des Gerätes und dem Erder als Erdungsleitung. Für Erdungsleitungen sind bestimmte Mindestquerschnitte vorgeschrieben. Hilfserdungsleitungen sind Erdungsleitungen, die den Fehlerspannungsauslöser eines FU-Schutzschalters mit einem Hilfserder verbinden. Erdungsleitungen können gegebenenfalls zu Erdungssammelleitungen zusammengeschlossen sein. Sie tragen eine standardisierte Leiterkennzeichnung.
Anschluss-leitungen	verbinden meist eine Verbraucheranlage mit einer Verteilungsanlage oder mit einem Speisepunkt. Es gibt auch Anschlussleitungen für den Blitzschutz, die Auffangeinrichtungen untereinander und Ableitungen mit vorhandenen Metallteilen verbinden.
Steuer-leitungen	Über Steuerleitungen wird einem Betriebsmittel Energie zur Betätigung dieses Betriebsmittels zugeführt.
Heiz-leitungen	sind Starkstromleitungen mit einem oder zwei Leitern aus Widerstandsdraht zur Wärmeerzeugung. Sie haben Drahtlitzenleiter oder Wendelleiter. Man verwendet sie in Heizkissen und -decken, zur Rohr-, Dachrinnen-, Fußboden-, Auffahrten- und Frühbeetbeheizung.
Schweiß-leitungen	sind einadrige, flexible Starkstromleitungen mit Gummimantel zur Verbindung von Schweißgeneratoren oder -transformatoren mit den Schweißelektroden.
Melde-leitungen	führen einem Betriebsmittel Energie zur Meldung eines Schalt- oder Stellungszustandes zu.

Nach der Art der Verlegung unterscheidet man Leitungen für feste Verlegung, die so genannte ortsfeste Leitung sowie die Freileitungen, Leitungen für ortsveränderliche Betriebsmittel (z. B. Trommelleitungen) und Leitungen für besondere Zwecke.

Nach dem konstruktiven Aufbau unterscheidet man z. B. folgende Leitungen:	
Ader-leitungen	sind einadrige Starkstromleitungen für feste Verlegung. Die Aderleitung kann im Aufbau entweder einer Ader entsprechen oder zusätzliche Aufbauelemente (Schutzhülle, Schirm, Mantel) enthalten. Man unterscheidet Kunststoff- und Sonderkunststoffaderleitungen, Gummi- und Sondergummiaderleitungen. Diese gibt es in unterschiedlichem Aufbau der Leiter und teilweise auch für unterschiedliche Nennspannungen. Während früher die Gummiaderleitung weit verbreitet war, die neben dem Leiter und einer Gummiisolierung eine Aderumhüllung aus Textilband sowie eine Textilumflechtung hatte, die mit einer bitumenhaltigen Masse getränkt wurde, wird heute die Kunststoffaderleitung verwendet.
Mantel-leitungen	gibt es sowohl als mehradrige Starkstromleitung für feste Verlegung in Installationsanlagen, gekennzeichnet durch eindrähtige, isolierte Leiter und einen Mantel (Kunststoffmantelleitung und Gummimantelleitung), aber auch als Fernmelde-Mantelleitung für Informationsanlagen mit bis zu 100 Paaren und gegebenenfalls einem Schirm oder einem Tragorgan.
Steg-leitungen	sind mehradrige Starkstromleitungen für feste Verlegung mit parallel liegenden Adern für Installationszwecke. Die Stegleitung enthält einen Steg zwischen zwei Adern, der zur Befestigung der Leitung durch Nageln bestimmt ist. Sie ist nur noch in alten Bestandsanlagen zu finden. *Die Installation von Stegleitungen in Neuanlagen ist verboten!*
Zwillings- und Drillings-leitungen	sind Starkstromleitungen für ortsveränderliche Betriebsmittel ohne Mantel, bei denen zwei bzw. drei Adern parallel nebeneinander liegen und miteinander verbunden sind. Diese Leitungen sind nur für geringe mechanische Beanspruchungen in trockenen Räumen geeignet.
Schlauch-leitungen	sind Starkstrom- oder Fernmeldeleitungen für ortsveränderliche Betriebsmittel mit fein- oder feinstdrähtigen, isolierten Litzenleitern (Adern) und einem Mantel oder zwei Mänteln. Man unterscheidet hauptsächlich Kunststoffschlauchleitungen und Gummischlauchleitungen.
Leitungs-trossen	sind meist mehradrige Starkstrom-Hochspannungsleitungen für ortsveränderliche Betriebsmittel, besonders zur Energieversorgung von Förderanlagen im Bergbau. Sie haben feindrähtige Leiter sowie Isolierhüllen und Mäntel aus Gummi. Leitungstrossen können hohen mechanischen Beanspruchungen unterworfen werden, die besonders bei ständigem Auf- und Abtrommeln entstehen. Eine häufig verwendete Ausführungsart hat drei Hauptleiter mit je 70 mm^2 Nennquerschnitt, einen in drei Teile gegliederten Schutzleiter (3 x 16,7 mm^2) und ist für eine Nennspannung bis 35 kV vorgesehen. Die Hauptadern sind von leitfähigem Gummi umgeben, der über den nichtisolierten Schutzleiter geerdet wird. Diese Feldbegrenzungsschichten homogenisieren das elektrische Feld und vermindern die elektrische Beanspruchung des Isolierstoffes.
Blanke Leitungen	sind Leitungen für besondere Zwecke, bei denen keine Isolierung erforderlich oder gewünscht ist. Dies sind z. B. Freileitungen, Erder, Schienen (Stromschienen, insbesondere Sammelschienen und Fahrleitungen). Zu diesen Leitungen werden auch Schaltdrähte und -litzen, Schalt-, Anschluss- und Apparateleitungen gerechnet.

05. Was sind konfektionierte Leitungen?

Leitungen, die für die Verwendung an den Enden bereits vorbereitet sind, nennt man konfektionierte Leitungen. Sie haben z. B. Steckverbinder, Kabelschuhe, entmantelte, abisolierte Leitungsenden oder deren Kombinationen. Gebräuchliche Arten konfektionierter Leitungen sind z. B. Anschlussleitungen, Geräteanschlussleitungen, Verlängerungsleitungen, Verbindungsleitungen und Kraftfahrzeug-Leitungssätze.

- Die *Anschlussleitung*
  (umgangssprachlich: Anschlussschnur) trägt einen Kupplungsstecker (Netzstecker) an einer Seite und ein freies Leitungsende für den festen Anschluss an elektrischen Geräten an der anderen Seite.
- Die *Geräteanschlussleitung*
  (umgangssprachlich: Geräteanschlussschnur, Geräteschnur) trägt einen Kupplungsstecker (Netzstecker) an der einen Seite und eine Gerätesteckdose zum lösbaren Anschluss an einen fest in einen eingebauten Gerätestecker an der anderen Seite.
- Die *Verlängerungsleitung*
  (umgangssprachlich: Verlängerungsschnur) trägt einen Kupplungsstecker (Netzstecker) an einer Seite und eine Kupplungssteckdose an der anderen Seite. Sie dient zur Verlängerung einer Anschluss- oder Geräteanschlussleitung. Solche Leitungen können zweiadrig oder dreiadrig (mit Schukokupplungen) ausgeführt sein.

06. Wie erfolgt die Berechnung von Kabeln und Leitungen?

Die Berechnung von Kabeln und Leitungen erfolgt entweder nach der zu erwartenden *Erwärmung,* (bei Kabel und Leitungen, die zur Übertragung von Energie innerhalb des Netzes verwendet werden) oder nach dem *Spannungsabfall* (Kabel und Leitungen beim Verbraucher). Dabei muss einerseits die Funktion der angeschlossenen Betriebsmittel gesichert sein, andererseits aber der Bedarf an Kupfer oder Aluminium möglichst gering gehalten werden. Ausgehend von der maximalen Stromstärke, wird der erforderliche Querschnitt des Kabels oder der Leitung bestimmt. Die zulässige Belastbarkeit eines Kabels/einer Leitung ist auch von der Art der Verlegung abhängig.

07. Welche Änderungen haben sich in der Normung von Nieder- und Mittelspannungskabeln ergeben?

Im Zuge der Realisierung des europäischen Binnenmarktes haben sich Änderungen in der Normung von Nieder- und Mittelspannungskabeln ergeben. Die nach Inkrafttreten des entsprechenden europäischen Harmonisierungsdokuments (HD) für Deutschland relevanten Teile werden *in der neuen DIN VDE 276* zusammengefasst:

Produktgruppe	Frühere Normung DIN VDE	Spannungsreihe (kV)	Neue VDE Bestimmung DIN VDE
PVC-Kabel	0271	1	0276 Teil 603 (Aderzahl ≤ 4) 0276 Teil 627 (Aderzahl > 4)
VPE-Kabel	0272	1	0276 Teil 603
VPE-Kabel	0273	10, 20, 30	0276 Teil 621
VPE-Kabel	0255	10, 20, 30	0276 Teil 621

08. Welche Bestimmungen und Größen sind bei der Auswahl von Leitungen und Kabeln zu beachten?

Kabel und Leitungen unterliegen entlang ihren Verlegungsstrecken oft sehr unterschiedlichen Anforderungen. Deshalb müssen vor der Auswahl von Bauart und Querschnitt die elektrische *Funktion* sowie die *klimatischen und betrieblichen Umwelteinflüsse* im Hinblick auf die Betriebssicherheit der Anlagen und die Lebensdauer der Betriebsmittel objektbezogen untersucht werden. Kritische Beanspruchungen in Teilbereichen der Trasse können die gesamte Verbindung gefährden. Besondere Bedeutung kommt der definierten *Wärmeabführung* zu.

Im VDE-Vorschriftenwerk sind die Bestimmungen über Aufbau, Eigenschaften und Strombelastbarkeit von Starkstromkabeln und -leitungen in der Gruppe 2 „Energieleiter", für Kabel und Leitungen für Fernmelde- und Informationsverarbeitungsanlagen in Gruppe 8 „Informationstechnik" enthalten.

Die Bauartenkurzzeichen für Kabel ergeben sich durch Anfügen der Kurzzeichen gemäß Tabelle an den Anfangsbuchstaben „N" (Normtypen) in der Reihenfolge des Aufbaus vom Leiter ausgehend. Leiter aus Kupfer werden in der Typenbezeichnung nicht genannt; die Isolierung bei papierisolierten Kabeln tritt im Kurzzeichen ebenfalls nicht auf.

Empfehlungen für die Verwendung, die Lieferung und den Transport sowie für die Verlegung und die Strombelastbarkeit von Kabeln sind in den jeweils relevanten Teilen der VDE-Bestimmungen DIN VDE 0276 sowie den VDE-Errichtungsbestimmungen enthalten. Anwendungshinweise für Leitungen werden in DIN VDE 0298-3 gegeben. In den Errichtungsbestimmungen bis 1000 V sind ferner Festlegungen für die Auswahl der Schutzeinrichtungen für den Überlast- und Kurzschlussschutz enthalten.

09. Wie sind die Bauartenkurzzeichen für Kabel festgelegt?

Kurzzeichen für Kabel mit Kunststoffisolierung:	
A	Aluminiumleiter
I	Installationskabel
Y	Isolierung aus thermoplastischem Polyvinylchlorid (PVC)
2X	Isolierung aus vernetztem Polyethylen (VPE)
HX	Isolierung aus vernetztem halogenfreiem Polymer
C	konzentrischer Leiter aus Kupfer
CW	konzentrischer Leiter aus Kupfer, wellenförmig aufgebracht
S	Schirm aus Kupfer
SE	Schirm aus Kupfer bei dreiadrigen Kabeln, über jeder einzelnen Ader aufgebracht
(F)	Schirmbereich längswasserdicht
Y	PVC-Schutzhülle zwischen Kupferschirm bzw. konzentrischem Leiter und Bewehrung
F	Bewehrung aus verzinkten Stahlflachdrähten
R	Bewehrung aus verzinkten Stahlrunddrähten
G	Gegen- oder Haltewendel aus verzinktem Stahlband
Y	PVC-Mantel
2Y	PE-Mantel
H	Mantel aus thermoplastischem halogenfreiem Polymer
HX	Mantel aus vernetztem halogenfreiem Polymer
–FE	Isolationserhalt im Brandfall

Kurzzeichen für Kabel mit Papierisolierung:	
A	Aluminiumleiter
H	Schirmung beim Höchstädter Kabel
E	Metallmantel über jeder Ader (Dreimantelkabel)
K	Bleimantel
E	Schutzhülle mit eingebetteter Schicht aus Elastomerband oder Kunststofffolie
Y	innere PVC-Schutzhülle
B	Bewehrung aus Stahlband
F	Bewehrung aus Stahlflachdraht
FO	Bewehrung aus Stahlflachdraht, offen
G	Gegen- oder Haltewendel aus Stahlband
A	Schutzhülle aus Faserstoffen
Y	PVC-Mantel
YV	verstärkter PVC-Mantel

Kurzzeichen für Kabel U_0/U 0,6/1 kV ohne konzentrischen Leiter:	
–J	Kabel mit grün-gelb gekennzeichneter Ader
–O	Kabel ohne grün-gelb gekennzeichneter Ader

Kurzzeichen für Leiterform und -art:			
RE	eindrähtiger Rundleiter	SM	mehrdrähtiger Sektorleiter
RM	mehrdrähtiger Rundleiter	RF	feindrähtiger Rundleiter
SE	eindrähtiger Sektorleiter		

10. Welche Kriterien sind für die Bemessung des Leiterquerschnitts maßgebend?

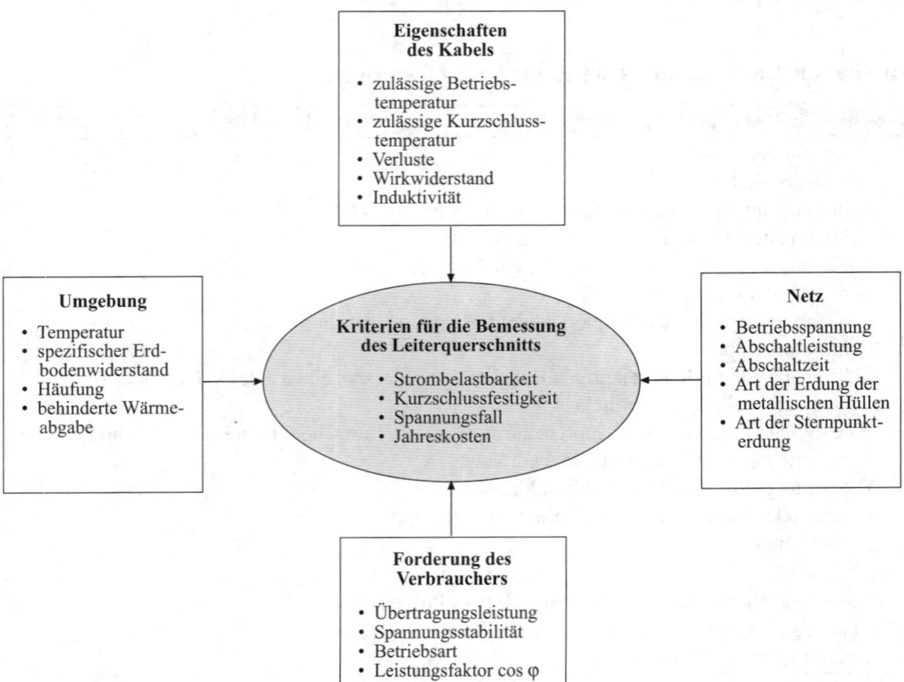

Übungsbeispiel: Kabelquerschnitt /Spannungsabfall

Aufgabe:

Eine Drehstromwirkleistung von 50 kW mit cos φ = 0,8 soll bei 400 V über ein 100 m langes Kabel übertragen werden. Berücksichtigen Sie den Wirkungsgrad von η = 0,91 und eine Verlegung im Erdreich. Der Spannungsabfall darf höchstens 2 % betragen. Als Leitermaterial ist Kupfer vorzusehen. Welcher Querschnitt ist für den Leiter zu wählen?

Gegeben:	U_N	=	400 V	Gesucht:	A	Leiterquerschnitt
	P	=	50 kW		ΔU	Spannungsabfall
	η	=	0,91			
	L	=	100 m			
	cos φ	=	0,8			
	$\Delta u_{zulässig}$	=	2 %			

Lösung: *Leiterquerschnitt:*

$$\Delta U = \frac{\Delta u}{100\,\%} \cdot U_N = \frac{2\,\%}{100\,\%} \cdot 400\text{ V} = 8{,}0\text{ V}$$

$$I = \frac{P}{\sqrt{3} \cdot U \cdot \eta \cdot \cos\varphi} = \frac{50.000\text{ W}}{\sqrt{3} \cdot 400\text{ V} \cdot 0{,}91 \cdot 0{,}8} = 99{,}13\text{ A}$$

$$A = \frac{\sqrt{3} \cdot l \cdot \cos\varphi \cdot I}{\gamma \cdot \Delta U} = \frac{\sqrt{3} \cdot 100\text{ m} \cdot 0{,}8 \cdot 99\text{ A}}{56 \frac{\text{m}}{\Omega\text{mm}^2} \cdot 8\text{ V}} = 30{,}62\text{ mm}^2$$

gewählt: $A = 35\text{ mm}^2$

Der gewählte Leiterquerschnitt von 35 mm² darf lt. Tabelle (DIN VDE 0276-603) mit 129 A belastet werden. Unter Berücksichtigung der Verlegung in Erde (mit Abdeckhauben) mit bis zu 5 belasteten Leitern ergibt sich ein Minderungsfaktor von f = 0,7; dieser mindert die zulässige Strombelastbarkeit:

$$129\text{ A} \cdot 0{,}7 = 90{,}3\text{ A}$$

Es ist der nächste höhere Leiterquerschnitt von 50 mm² auszuwählen. Zulässige Strombelastbarkeit lt. Tabelle: 157 A

$$157\text{ A} \cdot 0{,}7 = 110\text{ A} \qquad |\ 110\text{ A} > 99\text{ A}$$

Hinweis: In Drehstromnetzen sind für größere Leiterquerschnitte der üblichen Kabel und Leitungen die wirksamen Widerstandsbeläge die in Tabellen der DIN VDE 0276-603 aufgeführt sind für die Querschnittsermittlung heranzuziehen. Danach ist ein 50 mm² Kabel mit einem wirksamen Widerstandsbelag von 0,42 Ω/km zu verwenden.

Im Ergebnis: Es ist ein Kabel mit dem Leiterquerschnitt von 50 mm² einzusetzen.

Spannungsabfall:

$$\Delta U = \sqrt{3} \cdot I \cdot l\,(R_i \cdot \cos\varphi + X_L^{i} \cdot \sin\varphi)$$

$$\Delta U = \sqrt{3} \cdot 99\ A \cdot 0{,}1\ km \cdot 0{,}42\ \Omega/km = 4{,}84\ V$$

oder

$$\Delta U = \sqrt{3} \cdot I \cdot \frac{l \cdot \cos\varphi}{\gamma \cdot A} = \sqrt{3} \cdot 99\ A \cdot \frac{100\ m \cdot 0{,}8}{56 \frac{m}{\Omega\ mm^2} \cdot 50\ mm^2} = 4{,}89\ V$$

$$\Delta u = \frac{\Delta U}{U_N} \cdot 100\ \% = \frac{4{,}89\ V}{400\ V} \cdot 100\ \% = 1{,}22\ \%$$

Der Spannungsabfall an der Leitung liegt im zulässigen Bereich.

1.1.1.4.2 Transformatoren

01. Wie ist der Aufbau eines Transformators?

Der Transformator besteht aus zwei Spulen, die einen gemeinsamen Eisenkern aus Transformatorenblechen besitzen.

Die Spule, die an der umzuformenden Eingangsspannung liegt, ist die *Primärspule*. Die Spule, an der die gewünschte Ausgangsspannung abgegriffen wird, nennt man *Sekundärspule*. Die an die Primärspule angeschlossene Wechselspannung erzeugt ein sich ständig änderndes Magnetfeld. Es induziert in der Sekundärspule eine Wechselspannung.

Schematischer Aufbau eines Transformators:

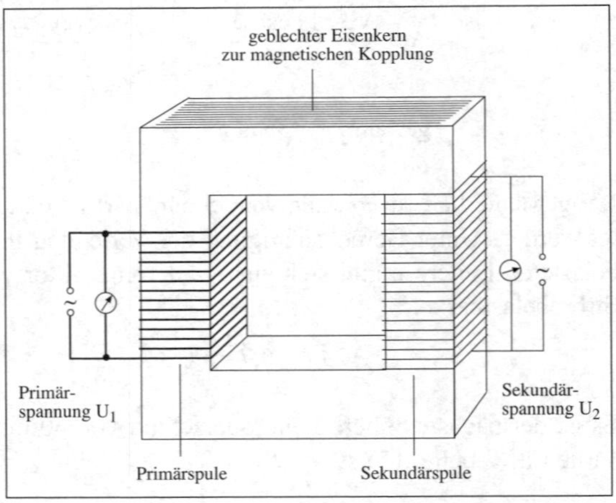

Transformatoren gehören zu den ruhenden elektrischen Maschinen. Die Hauptbestandteile des Transformators können in die Teile untergliedert werden, die die Wirkungsweise ermöglichen, und in die Teile, die die Betriebsfähigkeit gewährleisten. Erstere bezeichnet man als Aktivteile und letztere als Passivteile.

Hauptbestandteile des Transformators		
Aktivteile		**Passivteile**
Magnetischer Kreis	**Elektrischer Kreis**	• Stütz- und Presskonstruktionen • Kessel, Gehäuse • Schutzeinrichtungen
• Kern • Schenkel • Joche und Rückschlussschenkel	• Wicklungen	

02. Welche Anwendungsbereiche gibt es?

Der Transformator dient zur Umformung von Wechselspannungen. Eine Verwendung findet er z. B. in Schweißgeräten, um die Netzspannung von 230 V bzw. 400 V in die benötigte Schweißspannung von ca. 60 V umzuformen.

Bei einem Transformator verhalten sich die Spannungen gleich den Windungszahlen und die Stromstärken umgekehrt wie die Windungszahlen (bzw. Spannungen):

$$\frac{\text{Primärspannung}}{\text{Sekundärspannung}} = \frac{\text{Windungszahl der Primärspule}}{\text{Windungszahl der Sekundärspule}}$$

$$\frac{U_1}{U_2} = \frac{N_1}{N_2} \qquad \frac{I_1}{I_2} = \frac{N_2}{N_1}$$

$U_{1,2}$	Spannung, Eingang/Ausgang
$N_{1,2}$	Windungszahl, Eingang/Ausgang
$I_{1,2}$	Stromstärke, Eingang/Ausgang

Nachfolgend sind sechs Beispiele für klausurtypische Fragestellungen dargestellt (häufig Gegenstand der Prüfung):

Übungsbeispiel 1:
Ein Einphasentransformator mit einer Nennleistung von 5 kVA hat eine Übersetzung von 500 V/230 V (50 Hz). Berechnen Sie die Windungszahlen und die Drahtquerschnitte der Wicklungen, wenn der Eisenkern bei einem effektiven Schenkelquerschnitt von 56 cm² eine maximale Flussdichte von 1,2 T aufweisen soll und die Stromdichte 2,8 A · mm⁻² nicht überschreiten darf.

Gegeben:
$S = 5\ \text{kVA}$
$U_1 = 500\ \text{V}$
$U_2 = 230\ \text{V}$;
$f = 50\ \text{Hz}$
$A_{Fe} = 56\ \text{cm}^2$;
$\hat{B} = 1{,}2\ \text{T} = 1{,}2\ \text{V} \cdot \text{s} \cdot \text{m}^{-2}$;
$G = 2{,}8\ \text{A} \cdot \text{mm}^{-2}$

Gesucht: N_1; N_2; A_1; A_2

Lösung:

$$U_2 = 4{,}44\ f\ N_2\ \hat{\Phi} \qquad \hat{\Phi} = \hat{B} A_{Fe}$$

$$N_2 = \frac{U_2}{4{,}44\ f\ \hat{B} A_{Fe}} \qquad N_2 = \frac{230\ \text{V}}{4{,}44 \cdot 50\text{s}^{-1} \cdot 1{,}2\ \text{V} \cdot \text{s} \cdot \text{m}^{-2} \cdot 56 \cdot 10^{-4}\text{m}^2}$$

$$N_2 = 154$$

$$\frac{U_1}{U_2} = \frac{N_1}{N_2}$$

$$N_1 = \frac{U_1}{U_2} N_2 \qquad N_1 = \frac{500\ \text{V}}{230\ \text{V}} \cdot 154 \qquad N_1 = 335$$

$$S = U \cdot I$$

$I_1 = \frac{S}{U_1}$ $\qquad I_1 = \frac{5000 \text{ V} \cdot \text{A}}{500 \text{ V}}$ $\qquad I_1 = 10 \text{ A}$

$S = U_2 \, I_2$ oder $\qquad \frac{U_1}{U_2} = \frac{I_2}{I_1}$ oder $\qquad \frac{I_1}{I_2} = \frac{N_2}{N_1}$

$I_2 = \frac{S}{U_2}$ $\qquad I_2 = \frac{5000 \text{ V} \cdot \text{A}}{230 \text{ V}}$ $\qquad I_2 = 21{,}7 \text{ A}$

$G = \frac{I_1}{A_1} \qquad A_1 = \frac{I_1}{G}$ $\qquad A_1 = \frac{10 \text{ A}}{2{,}8 \text{ A} \cdot \text{mm}^{-2}}$ $\qquad A_1 = 3{,}57 \text{ mm}^2$

$A_2 = \frac{I_2}{G}$ $\qquad A_2 = \frac{21{,}7 \text{ A}}{2{,}8 \text{ A} \cdot \text{mm}^{-2}}$ $\qquad A_2 = 7{,}75 \text{ mm}^2$

Zusammenstellung der Ergebnisse:

	Spannung	Windungszahl	Stromstärke	Drahtquerschnitt
OS	500 V	335	10,0 A	3,57 mm²
US	230 V	154	21,7 A	7,75 mm²

Übungsbeispiel 2:
Ein Transformator mit einer Übersetzung von 6 kV/400 V hat eine Nennleistung von 400 kVA und eine Kurzschlussspannung von 6 %. Seine Kurzschlussverluste betragen 7800 W. Wie groß ist die sekundäre Klemmenspannung bei einem Leistungsfaktor von 0,8 (induktiv)?

Gegeben: $S = 400 \text{ kVA}$ Gesucht: U_2
$U_1 = 6 \text{ kV}$
$U_{20} = 400 \text{ V}$
$u_k = 6 \%$
$P_k = 7800 \text{ W}$
$\cos \varphi_2 = 0{,}8$

Lösung:

$u_R = \frac{P_k}{S} \cdot 100$ $\qquad u_R = \frac{7{,}8 \text{ kW}}{400 \text{ kV} \cdot \text{A}} \cdot 100$ $\qquad u_R = 1{,}95 \%$

$u_k = \sqrt{u_R^2 + u_S^2}$

$u_S = \sqrt{u_k^2 - u_R^2}$ $\qquad u_S = \sqrt{(6 \%)^2 - (1{,}95 \%)^2}$ $\qquad u_S = 5{,}7 \%$

$u_\varphi \approx u_R \cos\varphi_2 + u_S \sin \varphi_2$

$u_\varphi \approx 1{,}95 \% \cdot 0{,}8 + 5{,}7 \% \cdot 0{,}6$ $\qquad u_\varphi \approx 4{,}98 \%$

$U_2 = U_{20} \left(1 - \frac{u_\varphi}{100}\right)$ $\qquad U_2 = 400 \text{ V} \left(1 - \frac{4{,}98}{100}\right)$ $\qquad U_2 = 380 \text{ V}$

Wird der Transformator induktiv bei einem Leistungsfaktor von 0,8 mit Nennlast belastet, sinkt die sekundäre Klemmenspannung auf 380 V.

Übungsbeispiel 3:

Ein 100-kVA-Transformator hat nach den Angaben des Herstellers 570 W Leerlaufverluste und 2100 W Kurzschlussverluste. Wie groß ist der Wirkungsgrad, wenn er bei einem Leistungsfaktor von 0,85 mit 80 % seiner Nennleistung belastet wird?

Gegeben: $S = 100\ \text{kVA}$ Gesucht: η

$P_0 = 570\ \text{W}$

$P_k = 2100\ \text{W}$

$n = 80\ \%$

$\cos\varphi_2 = 0{,}85$

Lösung:

$$\eta = \frac{P_{ab}}{P_{ab} + P_v}$$

$$P_{ab} = n\,S\cos\varphi_2$$

$$P_{ab} = 0{,}8 \cdot 100\ \text{kV} \cdot \text{A} \cdot 0{,}85$$

$$P_{ab} = 68\ \text{kW}$$

$$P_v = P_0 + n^2 P_k$$

$$P_v = 570\ \text{W} + 0{,}8^2 \cdot 2100\ \text{W}$$

$$P_v = 1915\ \text{W}$$

$$\eta = \frac{68\ \text{kW}}{68\ \text{kW} + 1{,}915\ \text{kW}}$$

$$\eta = 0{,}972$$

$$\eta = 97{,}2\ \%$$

Bei 80%iger Belastung beträgt der Wirkungsgrad des Transformators 97,8 %.

Übungsbeispiel 4:

In einer Station stehen zwei gleiche Transformatoren von je 500 kVA, deren Leerlaufverluste 1,9 und Kurzschlussverluste 8,0 kW betragen. Die Gesamtbelastung beträgt 500 kVA. Wie groß ist die Verlustarbeit je Stunde, wenn

a) nur ein Transformator eingeschaltet ist?

b) beide Transformatoren mit Halblast betrieben werden?

Gegeben: $t = 1\ \text{h}$ Gesucht: W_v

$P_0 = 1{,}9\ \text{kW}$

$P_k = 8{,}0\ \text{kW}$

a) $n = 1$;

b) $n = 0{,}5$

Lösung:

$$W_v = P_v t$$

$$P_v = P_0 + n^2 P_k$$

$$W_v = (P_0 + n^2 P_k)t$$

a) ein Transformator $W_v = (1{,}9\ \text{kW} + 1^2 \cdot 8{,}0\ \text{kW}) \cdot 1\ \text{h}$ $W_v = 9{,}9\ \text{kW} \cdot \text{h}$

b) zwei Transformatoren $W_v = 2 \cdot (1{,}9\ \text{kW} + 0{,}5^2 \cdot 8\ \text{kW}) \cdot 1\ \text{h}$

$$W_v = 7{,}8\ \text{kW} \cdot \text{h}$$

Es entsteht im Parallelbetrieb je Stunde eine um $9{,}9\ \text{kW} \cdot \text{h} - 7{,}8\ \text{kW} \cdot \text{h} = 2{,}1\ \text{kW}$ kleinere Verlustarbeit.

Lösungshinweis:
Das Beispiel zeigt, dass es nicht unbedingt vorteilhaft ist, einen Transformator bis zur Nennlast zu belasten, um die Leerlaufverluste für einen zweiten zu sparen. Transformatoren haben nämlich nicht ihren höchsten Wirkungsgrad bei Volllast, sondern bei Teillast.

Im praktischen Betrieb eines Netzes sind Transformatoren das ganze Jahr – 365 Tage · 24 Stunden = 8.760 Stunden – eingeschaltet. Die Energieversorgungsbetriebe sind interessiert, die im Jahr entstehenden Umspannverluste zu erfahren. Neben dem oben genannten Wirkungsgrad wird deshalb der Jahreswirkungsgrad oder Arbeitswirkungsgrad eingeführt. Er wird durch das Verhältnis der Wirkarbeit zum gesamten Arbeitsaufwand des Transformators im Jahr definiert.

η_w Jahreswirkungsgrad; W Wirkarbeit;
W_0 Leerlaufverlustarbeit; W_k Kurzschlussverlustarbeit

$$\boxed{\eta_w = \frac{W}{W + W_0 + W_k}}$$

W_0 ergibt sich aus den Leerlaufverlusten · Einschaltzeit (t_E = 8.700 h). Da nie dauernder Volllastbetrieb herrscht, wird die schwankende Belastung durch den Volllastbetrieb über eine bestimmte Zeitdauer, die zu gleichen Wicklungsverlusten führt, ersetzt. Es können auch die Wicklungsverluste, die der mittleren Belastung entsprechen, in die Rechnung eingesetzt werden.

Übungsbeispiel 5:
Wie groß ist der Jahreswirkungsgrad eines 500-kVA-Transformators (P_0 = 1,9 kW; P_k = 8,0 kW), der 2.400 Stunden im Jahr im Mittel mit 250 kVA bei einem Leistungsfaktor von 0,8 belastet wird?

Gegeben:
t_E = 8.760 h
t = 2.400 h
S = 250 kV · A
$\cos \varphi_2$ = 0,8
P_0 = 1,9 kW
P_k = 8,0 kW

Gesucht: η_w

Lösung:

Wirkarbeit $W = S \cos \varphi t$ $\quad W = 250\ \text{kVA} \cdot 0{,}8 \cdot 2.400\ \text{h}$ $\quad W = 480.000\ \text{kW} \cdot \text{h}$
Leerlaufverlustarbeit, wenn das ganze Jahr eingeschaltet ist

$W_0 = P_0 t_E$ $\quad W_0 = 1{,}9\ \text{kW} \cdot 8.760\ \text{h}$ $\quad W_0 = 16.650\ \text{kW} \cdot \text{h}$

Kurzschlussverlustarbeit bei einer 50 %igen Auslastung

$$n = \frac{250\ \text{kVA}}{500\ \text{kVA}} \qquad n = 0{,}5$$

$$W_k = n^2 P_k t \qquad W_k = 0{,}5^2 \cdot 8\ \text{kW} \cdot 2.400\ \text{h}$$

$$W_k = 4.800\ \text{kW} \cdot \text{h}$$

Jahreswirkungsgrad

$$\eta_w = \frac{W}{W + W_0 + W_k} \qquad \eta_w = \frac{480.000\ \text{kW} \cdot \text{h}}{480.000\ \text{kW} \cdot \text{h} + 16.650\ \text{kW} \cdot \text{h} + 4.800\ \text{kW} \cdot \text{h}}$$

$$\eta_w = 0{,}957$$

Der Jahreswirkungsgrad beträgt 95,6 %.

Übungsbeispiel 6:
Drei Transformatoren mit folgenden Angaben sind parallel geschaltet:

Tr 1	$S_{n1} = 160$ kVA	$u_{k1} = 4{,}8$ %
Tr 2	$S_{n2} = 250$ kVA	$u_{k2} = 5{,}2$ %
Tr 3	$S_{n3} = 400$ kVA	$u_{k3} = 6$ %

Wie groß ist die Leistungsaufnahme der Transformatoren, wenn die Gesamtbelastung gleich der Gesamtnennleistung ist?

Gegeben: Angaben der Transformatoren; $S = S_n$ Gesucht: S_1; S_2; S_3

Lösung:

$$S = S_n = S_{n1} + S_{n2} + S_{n3} \qquad S = S_n = 810\ \text{kVA}$$

$$u_k = \frac{S_n}{\frac{S_{n1}}{u_{k1}} + \frac{S_{n2}}{u_{k2}} + \frac{S_{n3}}{u_{k3}}} \qquad u_k = 5{,}48\ \%$$

Tr 1: $S_1 = \frac{S_{uk} S_{n1}}{S_n u_{k1}}$, da $S = S_n$

$$S_1 = u_k \frac{S_{n1}}{u_{k1}} \qquad S_1 = 182\ \text{kVA}$$ überlastet

Tr 2: $$S_2 = u_k \frac{S_{n2}}{u_{k2}} \qquad S_2 = 263\ \text{kVA}$$

Tr 3: $$S_3 = u_k \frac{S_{n3}}{u_{k3}} \qquad S_3 = 365\ \text{kVA}$$ nicht ausgelastet

Kontrolle: $S = \sum_{i=1}^{m} S_i \qquad S = 810\ \text{kVA}$

03. Nach welchen Merkmalen lassen sich Transformatoren einteilen?

Transformatoren können nach den verschiedensten Gesichtspunkten unterschieden werden, z. B. nach der Bauart, dem Kühlmittel, der Arbeitsweise, dem speziellen Verwendungszweck usw.:

Unterscheidung nach ...		Arten
Transformatoren, allgemein	Bauart:	Kern-, Ringkern- und Manteltransformatoren
	Kühlmittel:	• Öltransformator • Trockentransformator
	Leistungsübertragung:	• Volltransformator (VT) • Spartransformator (SpT)
Umspanner	Arbeitsweise:	• Leistungstransformator (LT) (Zwei- und Mehrwicklungstransformator) • Zusatztransformator (ZT) • Erregertransformator (ET)
	Einstellbarkeit der Übersetzung:	• Stelltransformator: - Transformator mit Stufenschalter (StT) - Windungsstelltransformator (WT) - Drehtransformator (DT) - Schubtransformator (ST) • Transformator mit Umsteller
	Aufstellungsort:	• Innenraumtransformator • Freilufttransformator
	Einsatzart bei der Energieübertragung:	• Aufspanntransformator (Maschinen-, Blocktransformator) • Abspanntransformator (Verteilungs-, Ortsnetz- Netzkuppeltransformator) • Längs-, Quertransformator
Klein-transformatoren	Schutzfunktion:	• Schutztransformator (Klingel-, Spielzeug-, Auftau-, Handlampentransformator) • Trenntransformator
	Spezieller Verwendungszweck:	• Netzanschlusstransformator • Steuertransformator • Zündtransformator • Streufeldtransformator • Generatorschutztransformator • Transformator mit Umsteller
Sonder-transformatoren	Einsatzgebiet:	Ofen-, Schweiß-, Bahn-, Schiffs-, Stromrichter-, Lokomotivtransformator
	Beanspruchung:	• schlagwettergeschützter Transformator • explosionsgeschützter Transformator

04. Welche Einrichtungen zum Schutz von Transformatoren gibt es?

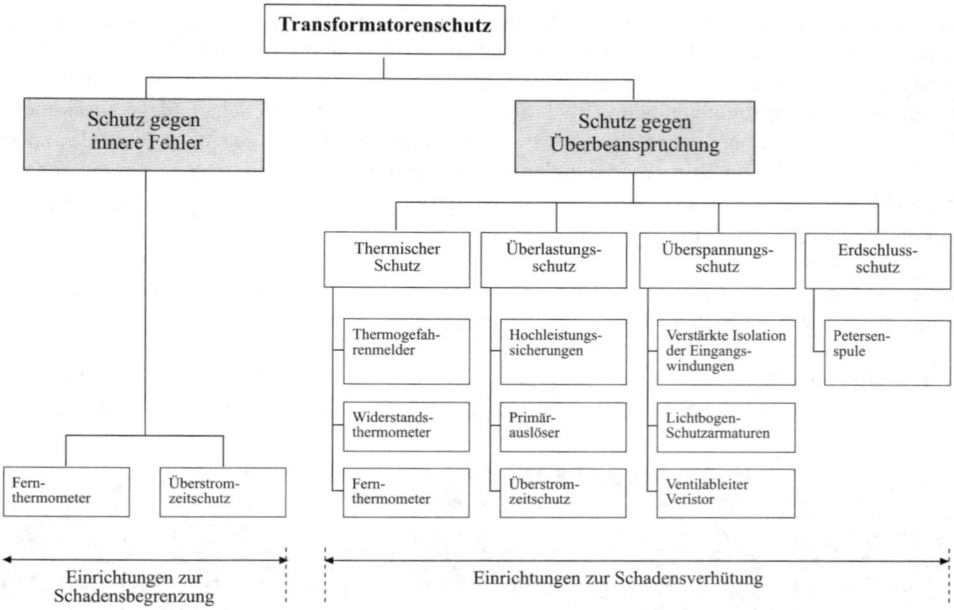

1.1.1.4.3 Verteilerstationen

01. Was sind Verteilerstationen?

Als Verteilerstationen werden im weiteren Sinne *Räume oder Gebäudeteile* bezeichnet, die der *Unterbringung einer oder mehrerer elektrotechnischer Anlagen* oder Anlagenteile und deren Nebenanlagen zum Zwecke des Verteilens oder Umsetzens von elektrischer Energie dienen. In der Hochspannungstechnik sind Verteilerstationen häufig Freiluftstationen.

Zwischen Transport- und Übertragungsnetzen sowie zwischen Übertragungs- und Mittelspannungsnetzen bestehen Verteilerstationen grundsätzlich aus einer ober- und unterspannungsseitigen Schaltanlage und zwischengeschalteten Transformatoren.

02. Aus welchen Bauteilen besteht eine Umspannstation?

Im engeren Sinne ist eine Verteilerstation eine Umspannstation. Eine Umspannstation, Netzstation oder Transformatorenstation (Kurzbezeichnung: *Trafostation*) besteht im Wesentlichen aus

- dem Gebäude,
- mindestens einem Transformator,
- einer Mittelspannungsschaltanlage und
- mindestens einer Niederspannungsverteilung.

03. Was sind Schaltwerke bzw. Umspannwerke?

Bei einfachen Trafostationen kann die Mittelspannungsschaltanlage auch nur aus einem Mittelspannungsschalter mit Trafosicherungen und die Niederspannungsverteilung aus nur einem niederspannungsseitigen Trafoschalter bestehen. In diesen Verteiler- oder Umspannstationen laufen mehrere Freileitungen oder Kabel oft in einer fernbedienbaren Schaltanlage zusammen. Diese Umspannstationen werden auch als *Schaltstation oder Schaltwerk* bezeichnet. In ihnen wird die elektrische Energie des regionalen Mittelspannungsnetzes mit einer Spannung von 10 bis 36 kV auf die im Ortsnetz verwendeten Niederspannungen 400/230 Volt zur Versorgung der Niederspannungskunden transformiert.

Große Umspannstationen mit zahlreichen Abzweigen, Transformatoren und mehreren Spannungsebenen werden auch als *Umspannwerke* bezeichnet.

Trafostationen in Deutschland müssen mindestens entsprechend den Forderungen der DIN VDE 0101 (ersetzt durch DIN EN 50522 und DIN EN 61639-1) (Anlagen über 1 kV) errichtet werden.

Quelle: Schlabbach/Metz, a. a. O., CD-ROM

04. Welche Funktion haben Mittelspannungsverteiler?

Mittelspannungsverteiler werden von den Versorgungsnetzbetreibern (VNB) dort errichtet, wo die Versorgung aus dem Niederspannungsnetz aufgrund des sehr hohen Bedarfs an elektrischer Energie der Kunden nicht mehr möglich ist (z. B. Gewerbegebiete). Vom VNB werden die Mittelspannungsverteiler ein- oder mehrseitig eingespeist. Ist es technisch notwendig oder wirtschaftlich den erforderlichen Bedarf an elektrischer Energie aus dem Mittelspannungsnetz zu decken, wird nach Rücksprache mit dem VNB eine *kundeneigene Transformatorenstation* errichtet und eingespeist. In der Regel ist ab einem ermittelten Leistungsbedarf von 250 kW ein Mittelspannungsanschluss mit einer abnehmereigenen Trafostation vorzusehen. In Einzelfällen kann jedoch bereits ab ca. 100 kW eine Trafostation wirtschaftlicher als ein Niederspannungsanschluss sein. Die Entscheidung ist auf Grund einer Wirtschaftlichkeitsbetrachtung im Einvernehmen mit dem zuständigen VNB zu treffen.

Die Anlagen für die Mittelspannungsverteiler und Trafostationen werden heute industriell vorgefertigt. Die Betriebsmittel in solchen vorgefertigten Anlagen sind fast immer gleich und sie sind standardisiert:

- Trennschalter
- Leistungsschalter
- Erdungstrenner
- Lasttrennschalter
- entsprechende Sammelschienensysteme.

Auf der Niederspannungsseite sind in der Niederspannungsschaltanlage der Niederspannungshauptschalter und die einzelnen Stromkreisabgänge installiert. Bei kundeneigenen Mittelspannungsanlagen sind die Messeinrichtungen und Tarifsteuergeräte in einem separaten Raum installiert.

Für die Errichtung von Mittelspannungsverteileranlagen sind die DIN VDE 0101 (ersetzt durch DIN EN 50522 und DIN EN 61639-1), DIN VDE 0670 und die DIN EN 62271 (VDE 0671) zu beachten.

05. Welche Funktion haben Niederspannungs-Verteiler und -Schaltanlagen?

Niederspannungs-Verteiler und -Schaltschränke werden zur Stromverteilung, zur Motorstromversorgung und zur Einspeisung von Gebäudeinstallationen eingesetzt.

Der Aufgabenstellung des Projekts entsprechend enthalten sie die Betriebsmittel zum Schalten, Schützen, Umformen, Steuern, Regeln, Überwachen und Messen. Aufgrund der sehr unterschiedlichen Anwendungen und Anforderungen – von der Bedienung der Verteiler durch Laien bis zur Handhabung durch eine Elektrofachkraft in abgeschlossenen elektrischen Betriebsräumen – sind unterschiedliche Gehäusebauformen und auf den Bedarfsfall zugeschnittene Betriebsmittelkombinationen erforderlich. In zahlreichen Normen und Ausführungsbestimmungen sind diese Anwendungsfälle berücksichtigt.

Die nachfolgende Übersicht zeigt *Bau- und Ausführungsbestimmungen für Niederspannungs-Schaltanlagen und Verteiler:*

Bau- und Ausführungsbestimmungen für Niederspannungs-Schaltanlagen und Verteiler

VDE 0100	Errichten von Starkstromanlagen mit Nennspannungen bis 1000 V

↓

VDE 0100 Teil 729	Aufstellen und Anschließen von Schaltanlagen und Verteilern

↓

Bau- und Ausführungsbestimmungen		
VDE 0603 Installationskleinverteiler und Zählerplätze	DIN EN 61439-1 (VDE 0660 Teil 500) Niederspannungs-Schaltgerätekombination (SK)	IEC 60439-1

↓ ↓ ↓ ↓ ↓

Teil 501 IEC 60439-4 Baustromverteiler, BV	Teil 502 IEC 60439-2 Schienenverteiler, SV	Teil 503 IEC 60439-5 Kabelverteilerschränke, KVS	Teil 504 IEC 60439-3 SK für Laienbedienung, TSKL	Teil 505 Hausanschluss- und Sicherungskasten, HA/SK
Teil 506 Verdrahtungskanäle, VK	Teil 507 IEC 60890 Ermittlung der Erwärmung, PTSK	Teil 509 IEC 61117 Ermittlung der Kurzschlussfestigkeit, PTSK	Teil 512 NS-Verteilungen in Netzstationen, SK/NS	Teil 500 Beiblatt 2 IEC 61641 Verfahren für die Prüfung unter Störlichtbogenbedingungen

↓

VDE 0107/0100-718	Bestimmungen für Betriebsstätten, Räume und Anlagen besonderer Art

↓

VDE 0106 Teil 100	Anordnung von Betätigungselementen in der Nähe berührungsgefährlicher Teile (Schutz gegen elektrischen Schlag)

↓

Schutz gegen direktes Berühren	**Zusätzlicher Schutz bei indirektem Berühren**	**Schutz bei direktem Berühren**
• Vollständig durch Isolierung • Abdeckung/Hülle (Schrank- und Gehäusesysteme) • Schutzart mind. IP 2X	• Schutzklasse I: durch Abschalten oder Meldung über Schutzleiter • Schutzklasse II: durch Schutzisolierung • Schutzklasse III: durch Schutztrennung	durch FI-Schutzeinrichtung (RCD) $I_{\Delta n} \leq 30$ mA

06. Welche Funktion hat der Niederspannungshauptverteiler (NSHV)?

Der Niederspannungshauptverteiler (NSHV) oder auch Hauptverteilung genannt, ist in der Elektroinstallation von Industrie-, Gesellschafts- und Wohnbauten nach dem Hausanschlusskasten die erste Verteilungsstation (Aufteilungsstelle) im Gebäude. Sie befindet sich vorwiegend in einem separaten Raum z. B. Kellerraum des Gebäudes. In der Hauptverteilung können auch die Verrechnungsmesseinrichtungen (Stromzähler) und die Rundsteuerempfänger untergebracht sein (Haupt-/Zählerverteilung). In kleineren Gebäuden ist die Hauptverteilung meistens die einzige Verteilerstelle. In größeren Objekten werden zusätzlich zur Hauptverteilung noch Unterverteilungen (Unterverteiler) vorgesehen.

07. Welche Funktion haben Niederspannungsunterverteilungen (NSUV)?

Die Unterverteiler, auch Niederspannungsunterverteilung (NSUV) genannt, dienen der dezentralen Verteilung und Einspeisung der Beleuchtungs-, Steckdosen- und Gerätestromkreise in den jeweiligen Räumen und Fluren. In den Unterverteilern befinden sich neben einem Hauptschalter, die Leitungsschutzschalter für die Beleuchtungsstromkreise mit einem Nennstrom von 10 A, die Leitungsschutzschalter für die Steckdosenstromkreise mit einem Nennstrom von 16 A, die die Leitungen vor Überlast und Kurzschluss schützen, Schütze, die Fl-Schutzschalter (RCD), die für die Beleuchtung evt. erforderlichen Fernschalter, Dämmerungsschalter und Treppenlicht-Zeitschalter.

Die Niederspannungsverteiler gibt es in verschiedenen Ausführungen. Je nach Einsatzzweck und -ort können Verteilergehäuse aus lackiertem Stahlblech, Aluminium, Edelstahl oder Isolierstoffgehäuse, in Aufputz- oder Unterputzausführung, mit und ohne Fenster und mit bestimmter Schutzart eingesetzt werden bzw. erforderlich sein.

1.1.1.4.4 Schaltgeräte

01. Was ist ein Schaltgerät?

Ein Schaltgerät ist ein Gerät zum Öffnen und Schließen (Herstellen und/oder Unterbrechen) von Stromkreisen (Strompfaden).

02. Welche Bedeutung haben Schaltgeräte für eine optimale Elektroenergieversorgung?

Die Schaltgeräte in ihrer großen Vielfalt bilden eine wichtige Voraussetzung, um die *Versorgungszuverlässigkeit und Elektroenergiequalität* für eine optimale Elektroenergieversorgung zu gewährleisten. Das bedingt, dass vor allem die Schaltgerätekonstrukteure, die Projektanten und die Betreiber von Elektroenergieanlagen die theoretischen Grundlagen der Schaltgerätetechnik beherrschen, weil diese für die konstruktive Gestaltung und auch für die richtige Auswahl und den Einsatz der Schaltgeräte von großer Bedeutung sind.

03. Nach welchen Merkmalen lassen sich Schaltgeräte gliedern?

- Man unterscheidet *ein- und mehrpolige Schaltgeräte:*
  Mehrpolige Schaltgeräte haben mehrere voneinander isolierte und im Allgemeinen gleichwertige Strombahnen.
- *Hinsichtlich ihres Einsatzes* in elektrischen Anlagen unterscheidet man:
  - Freiluftschaltgeräte für Anlagen im Freien (ungeschützt)
  - Außenraumschaltgeräte für Außenanlagen (teilweise geschützt, z. B. durch Überdachung)
  - Innenraumschaltgeräte für Innenanlagen und gekapselte Schaltgeräte für Anlagen, deren spannungsführende Teile allseitig gegen Berührung geschützt sind
  - Schlagwetter- und explosionsgeschützte Schaltgeräte sind z. B. Paketschalter, Wand-, Kupplungs- und Gerätesteckvorrichtungen sowie Transformatorenverteilerkästen, bei denen funken- und lichtbogenbildende Schaltelemente in einer druckfesten Kapselung untergebracht sind. Die Anschlussklemmen befinden sich in einem offenen Raum der Schutzart „erhöhte

Sicherheit“, der hinsichtlich Fremdkörper-, Berührungs- und Wasserschutz mindestens IP 54 entspricht.

- *Schaltgeräte, die zum mehrmaligen Ein- und Ausschalten* von belasteten und unbelasteten Strompfaden dienen, sind z. B. *Schalter, Schütze und Relais.*
- *Schaltgeräte, die nur zum einmaligen Unterbrechen* von Strompfaden dienen, sind z. B. *Sicherungen.*
- *Nach der zulässigen Schaltgerätenennspannung* unterscheidet man:
  - Schaltgeräte für Nennspannungen bis 1000 V Wechselspannung und 3000 V Gleichspannung sind Niederspannungsschaltgeräte (kontaktgebundene Niederspannungsgeräte), z. B. Schalter, Relais, Auslöser, Anlasser, Steller, Steckverbinder, Sicherungen, Fassungen und Klemmen.
  - Schaltgeräte für Nennspannungen über 1000 V Wechselspannung bezeichnet man als Hochspannungsschaltgeräte, z. B. Schalter und Sicherungen.
- Bei der *konstruktiven Gestaltung* der Schaltgeräte bestimmen die Reihenspannung, die erforderliche Isolation, der Nennstrom und die Betriebsart, die Querschnitte der Schaltglieder und das Schaltvermögen (als Nennschaltvermögen, Nenndaten) unter Berücksichtigung der Nennspannung den Aufwand für die Lichtbogenlöschung (Schaltlichtbogen).
- Schaltgeräte werden auch durch *Strom- und Spannungskenngrößen* gekennzeichnet. Man unterscheidet neben den Nenndaten:
  - die *Schaltspannung* als die beim Schalten durch den Schaltvorgang hervorgerufene Spannung zwischen den Leitern und Erde auf derselben Seite des Schaltgeräts
  - den *Überspannungsfaktor* als Verhältnis des Höchstwertes der Schaltspannung zum Scheitelwert der Nennspannung des Schaltgeräts
  - die *Betätigungsspannung* als die Spannung, die zum Betätigen von Schalterantrieben und Auslösern dient
  - den *Einschaltstrom* als größten Augenblickswert des Stromes beim Schalten auf einen Kurzschluss unmittelbar hinter dem Schaltgerät
  - den *Ausschaltstrom.*
- *Betriebsarten:*
  Für Schaltgeräte sind ähnlich wie bei elektrischen Maschinen Betriebsarten auf der Grundlage des Zusammenhanges zwischen Einschaltdauer, Belastung und Endübertemperatur festgelegt. Darüber hinaus sind für die einzelnen Betriebsarten die Spieldauer und die relative Einschaltdauer definiert (Spiel). Schaltgeräte werden einer Typprüfung und einer Abnahmeprüfung unterzogen.

04. Was ist ein Schalter?

Ein Schalter ist ein Schaltgerät zum mehrmaligen Ein- und Ausschalten von belasteten und unbelasteten Strompfaden, bei dem sämtliche zum Verbinden oder Unterbrechen dienenden Teile auf einem gemeinsamen Sockel aufgebaut sind.

05. Welche Bedeutung haben Schalter in elektrischen Energieanlagen?

Schalter sind ihrer Bedeutung nach die wichtigsten Schaltgeräte. Sie werden in elektrischen Energieanlagen sowohl zum betriebsmäßigen *Schalten* als auch zum *Schutz* der Leitungen, Betriebsmittel und Verbraucher von Hauptstromkreisen eingesetzt. Außerdem verwendet man sie in Hilfsstromkreisen als Steuer-, Wahl-, Befehls-, Grenz- und Hilfsschalter.

06. Nach welchen Merkmalen lassen sich Schalter systematisieren?

- *Nach der Spannung* werden Schalter wie alle Schaltgeräte in Niederspannungs- und Hochspannungsschalter eingeteilt.

<table>
<tr><th>Niederspannungsschalter unterteilt man zunächst nach ...</th></tr>
<tr><td>• der Wirkungsweise in Rastschalter, Tastschalter und Schlossschalter
• der Antriebsart in Handschalter und Fernschalter
• dem Schaltvermögen in Leerschalter, Lastschalter, Überlastschalter, Leistungsschalter und für kleinste Leistungen Mikroschalter
• nach der Art der Lichtbogenlöschung in Luftschalter, Ölschalter (einschließlich ölarmer Schalter), Druckgasschalter und Vakuumschalter
• dem Verwendungszweck in Netzschalter, Schutzschalter (z. B. Leitungsschutzschalter und Schalter mit Freiauslösung als FI-Schutzschalter), Steuerschalter, Trennschalter, Wahlschalter, Befehlsschalter, Meldeschalter, Bereichsschalter, Grenz- und Hilfsschalter.</td></tr>
<tr><td>Für den Betreiber elektrotechnischer Anlagen ist dabei besonders die Einteilung nach dem Schaltvermögen von Bedeutung.</td></tr>
</table>

<table>
<tr><th colspan="2">Niederspannungsschalter lassen sich weiterhin unterteilen ...</th></tr>
<tr><td rowspan="2">nach dem Anwendungsbereich</td><td>Industrieschalter haben spezielle, festgelegte Kriech- und Luftstrecken. Sie sind für Anlagen in Räumen von Industrie-, Energieübertragungs- und Energieversorgungsbauten bestimmt.</td></tr>
<tr><td>Installationsschalter sind für Anlagen in Räumen von Wohn-, Gewerbe- und Folgebauten bestimmt. Entsprechend diesen Einsatzgebieten müssen spezielle, in Standardvorschriften festgelegte Kriech- und Luftstrecken garantiert sein. Zu den Installationsschaltern rechnet man auch die Installationsfernschalter, obwohl es sich hier von der Funktionsweise um ein Relais handelt.</td></tr>
<tr><td>in Verwendungsklassen ...</td><td>hinsichtlich der Schaltstücklebensdauer und des Schaltvermögens; dafür bestehen standardisierte, technische Forderungen für die Prüfung, z. B. Prüfstrom, wiederkehrende Spannung, Phasenwinkel bzw. das Verhältnis „Induktivität/Ohmscher Widerstand“, Anzahl der Ein- und Ausschaltungen und Pausenzeit.</td></tr>
<tr><td>in Geräteklassen</td><td>basierend auf den technischen Forderungen an die Gerätelebensdauer.</td></tr>
<tr><td>nach standardisierten Gebrauchskategorien</td><td>entsprechend ihrem Verwendungszweck.</td></tr>
<tr><td colspan="2">nach der Nennbetriebsart</td></tr>
<tr><td>nach der zur Schalthandlung erforderlichen Bewegung in ...</td><td>Wippenschalter, Kippschalter, Zugschalter, Schiebeschalter und Drehschalter</td></tr>
<tr><td>nach der Bauform in ...</td><td>runde und quadratische Ausführungen, Ausführungen für trockene und für feuchte Räume sowie für Sonderräume (explosionsgefährdete Räume u. Ä.). Es gibt auch Ausführungen für Aufbau (auf Putz) und für Einbau (unter Putz).</td></tr>
</table>

nach der **Anordnung** in ...	• ortsfeste Schalter, die mit festverlegten Leitungen montiert werden und die Möglichkeit einer zuverlässigen Befestigung auf ihrer Unterlage haben • nichtortsfeste Schalter, die zum Einbau in bewegliche Leitungszüge bestimmt sind und nicht zusätzlich befestigt werden • gerätegebundene Schalter, die für die vorwiegende Verwendung in oder an elektrischen Geräten bestimmt sind.

Hochspannungsschalter werden nur unterteilt in ...
• Leistungsschalter und Leistungstrennschalter • Lastschalter und Lasttrennschalter • Trennschalter und Erdungstrennschalter.

• *Weitere Baumerkmale:*
Unabhängig von seinem Schaltvermögen hat jeder Schalter Strombahnen mit Anschlüssen und Schaltstücken, einen Antrieb zum Betätigen der Schaltstücke in die Schaltstellungen und einen Bauteil, das als Sockel, Grundplatte oder Grundrahmen ausgebildet sein kann und auf dem die einzelnen Teile des Schalters aufgebaut sind.

Zur Begrenzung und Löschung des Schaltlichtbogens können Schalter mit einer Lichtbogenlöschkammer oder einer Schaltkammer ausgerüstet sein.

Zum unmittelbaren Zubehör der Schalter gehören Auslöser zur selbsttätigen Auslösung von Schlossschaltern, Relais für die Auslösung elektromagnetisch betätigter Schalter (z. B. Schütz), weiterhin Hilfsschalter, Schaltstellungsgeber und Steckverbinder, die bei einschieb- oder steckbaren Schaltgeräten benötigt werden.

07. Was ist ein Schütz?

Ein Schütz (Schaltschütz) ist ein *Niederspannungsschalter,* der hinsichtlich der Wirkungsweise zu den Tastschaltern gezählt wird. Das Schütz ist ein unverklinkter, elektromagnetisch betätigter Schalter (Fernschalter), dessen Schaltglieder infolge der Rückzugskraft in die Ruhestellung zurückfallen, sobald der Betätigungsstromkreis unterbrochen wird.

Bezüglich ihres Verwendungszweckes gehören Schütze zu den *Steuerschaltern* und den *Hilfsschaltern.* Da die Kontaktstücke so ausgelegt sind, dass sie kurzzeitig höhere Ströme als Nennströme führen können, eignen sich Schütze als *Überlastschalter,* wobei sie vorwiegend als Motorschutzglieder bei gleichzeitiger Steuerung elektromotorischer Antriebe eingesetzt werden. Die Kontaktstücke sind im Allgemeinen einem hohen Verschleiß ausgesetzt und müssen daher leicht auswechselbar sein.

Hinsichtlich der konstruktiven Gestaltung unterscheidet man als Antriebsformen für die beweglichen Schaltstücke

• die Ausführung mit einseitig gelagertem Klappanker des Elektromagneten
• die Ausführung mit Gleitanker.

Während bei Verwendung eines Klappankers die Schaltglieder nur eine Einfachunterbrechung ermöglichen, kann bei der Ausführung mit Gleitanker das bewegliche Schaltstück auch als Kontaktbrücke ausgebildet sein, sodass sich eine Zweifachunterbrechung je Pol realisieren lässt. Letztere Ausführung bietet Vorteile wegen des Fehlens flexibler Stromzuführungsbänder zum beweglichen Schaltstück und infolge der Erleichterung der Lichtbogenlöschung (Schaltlichtbogen).

Schütze haben außer den drei Hauptkontakten eine Anzahl Hilfskontakte (Öffner, Schließer), um komplizierte Steuerungen ohne zusätzliche Hilfsschalter aufbauen zu können. Beim Einsatz eines Schützes in einem Gleichstromkreis werden alle Hauptkontakte hintereinandergeschaltet.

Für den Antrieb eines Schützes eignen sich sowohl Gleichstrom- als auch Wechselstrommagnete. Meistens (ausgenommen bei reinen Gleichstromschützen) werden die Wechselstrommagnete bevorzugt. In besonderen Fällen, z. B. auf elektrischen Lokomotiven oder Triebwagen, verwendet man Druckluftantriebe. Obwohl diese Antriebsart im Gegensatz zur Definition als Tastschalter steht, werden derartige Schaltgeräte auch als Schütze bezeichnet.

Nach der Ausführung der Schütze unterscheidet man Öl- und Luftschütze:

- *Ölschütze,* bei denen das Kontaktsystem (ähnlich wie beim Ölschalter) und der Magnet unterhalb des Ölspiegels liegen, wurden früher dort verwendet, wo Metallteile, insbesondere die Schaltstücke, dem Angriff aggressiver Gase entzogen werden sollen. Dank geeigneter Gerätekapselung und dem Einsatz widerstandsfähiger Kontaktsysteme übertrifft die Lebensdauer moderner Luftschütze heute die von Ölschützen.

- Deshalb und wegen anderer Nachteile der Ölschütze (z. B. stärkerer Kontaktabbrand als in Luft, Zersetzung des Öls bei Gleichstrombetrieb), werden heute überwiegend *Luftschütze* angewendet.

- Außerdem gibt es noch *Vakuumschütze* (mit Vakuumschaltlichtbogen) für Einsatzfälle, wo in einer chemisch besonders aggressiven Atmosphäre eine hohe Lebensdauer verlangt wird. Für Nennströme bis etwa 200 A haben Luftschütze im Allgemeinen einen Tauchankerantrieb. Zur Lichtbogenlöschung dienen dabei einfache Kühlbleche und – bevorzugt bei höheren Strömen – Deionkammern (Lichtbogenlöschkammern).

Die hauptsächlich für schwerste Betriebsbedingungen eingesetzten Schütze ab 200 A haben des einfacheren Aufbaus wegen meist einen Klappankerantrieb. Der beim Ausschaltvorgang entstehende Lichtbogen wird z. B. durch ein Blasfeld in eine Mäanderkammer gelenkt, sodass infolge Kühlung und Verlängerung eine schnelle Lichtbogenlöschung eintritt.

Schütze werden nicht nur in Steuerstromkreisen, sondern vor allem auch zum Schalten von Motoren verwendet. Dafür werden am Schütz spezielle Bimetallrelais für den Überlastschutz der Motoren angebracht. In dieser Kombination ist ein Schütz ein Überlastschalter, wobei der Kurzschlussstrom des Motors von einer Sicherung übernommen werden muss.

08. Was ist ein Relais?

Ein Relais ist ein als Fernschalter verwendetes Niederspannungsschaltgerät, das durch Änderung einer physikalischen, vorwiegend elektrischen Wirkungsgröße (z. B. Strom, Spannung) in einem Triebwerksystem (Auslöser) beeinflusst wird und Schaltglieder betätigt, wodurch weitere Einrichtungen elektrisch gesteuert werden.

Das Schaltsystem eines Relais umfasst dabei die Teile, die von der Wirkverbindung übertragene Bewegung in elektrische Schaltvorgänge umwandeln. Im Gegensatz zum Schütz werden von einem Relais vorzugsweise Steuerströme geschaltet, die von dem eigentlichen Steuergerät (Hilfsschalter, z. B. Kontaktthermometer) nicht mehr bewältigt werden. Das Relais zeichnet sich durch eine besonders große Anzahl von Ausgangskreisen (Öffner, Schließer oder Wechsler) bei meist nur einem Eingang und durch eine hohe Lebensdauer aus.

09. Wie werden die Kontaktbahnen eines Relais gekennzeichnet und welche Bedeutung haben die Ziffernangaben?

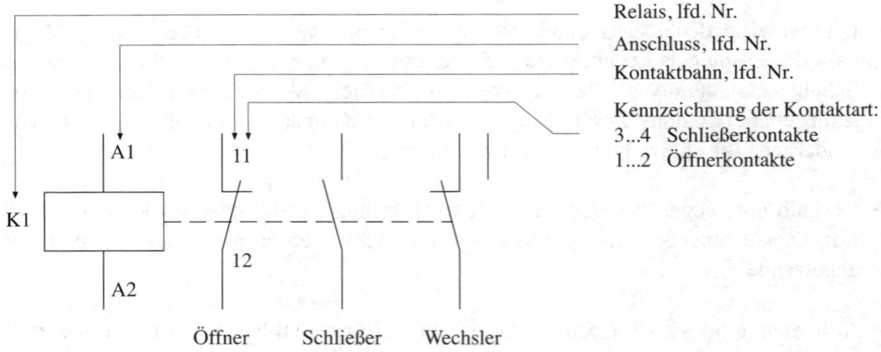

10. Welche Stellungen werden beim Relais unterschieden?

Man unterscheidet bei einem Relais mehrere Stellungen:

- In der Ausgangsstellung ist das Relais im Sinne der gestellten Aufgabe nicht wirksam.
- Die Ruhestellung ist die Ausgangsstellung, in der die Wirkungsgröße den Wert Null hat.
- In der Anlaufstellung beginnen mechanische Zeitglieder zu wirken.
- In der Wirkstellung wird das Relais im Sinne der gestellten Aufgabe wirksam.

11. Welche Größen unterscheidet man beim Relais bezüglich der Funktionsweise?

Zur Systematisierung der Funktionsweise eines Relais unterscheidet man folgende Größen:

- Wirkungsgrößen bzw. deren Werte:
  Einstellwert, Ansprechwert, Fehlwert, Haltewert, Rückgangswert

- Zeitkenngrößen:
  Ansprechzeit, Ansprechverzugszeit, Umschlagzeit, Einschaltzeit, Kontaktzeit, Rückgangszeit, Ausschaltzeit, Rückgangsverzugszeit, Öffnungszeit, Ablaufzeit, Nachlaufzeit, Rücklaufzeit, Kommandozeit, Schnellzeit, Endzeit, Stufenzeit, Impulszeit, Impulsverzögerungszeit, Bezugsverzögerungszeit
- Betriebsarten:
  statischer und dynamischer Betrieb

12. Welcher Unterschied besteht zwischen nichtmessenden und messenden Relais?

- *Nichtmessende Relais* (Schaltrelais)
  sind Relais, die bei der Betätigung des Schaltgliedes die Wirkungsgröße nicht überwachen. Typische Beispiele sind Quecksilberschaltrelais, Zwischenrelais, Zeitrelais sowie Verzögerungsrelais.

- *Messende Relais* (Messrelais)
  überwachen eine oder mehrere Wirkungsgrößen und betätigen die Schaltglieder beim Über- oder Unterschreiten eines bestimmten Wertes. Messende Relais sind z. B. Schutzrelais und Überwachungsrelais, die bestimmte Schutzaufgaben (Relaisschutzsystem) bzw. Überwachungsaufgaben haben, wie Überstromschutz, Unterspannungsschutz, Distanzschutz (Distanzrelais beim Staffelschutzsystem), Differentialschutz (Differentialrelais beim Vergleichsschutzsystem), Fehlerstromrelais und Richtungsrelais. Messende Relais können z. B. nach dem Verlauf ihrer Ansprechkennlinie, die die Ansprechzeit in Abhängigkeit von der Wirkungsgröße zeigt, unterschieden werden.

13. Wie unterscheiden sich elektromagnetische und thermische Relais von Drehspulrelais?

- Man verwendet vor allem *Relais mit elektromagnetischem Triebsystem* (elektromagnetische Relais) und *thermische Triebsysteme,* (thermische Relais, Bimetallrelais), Relais mit Auslöser aus Thermobimetall sowie mit Induktionsmesswerk, z. B. Drehspulrelais. Die elektromagnetischen Relais können z. B. mit Klapp-, Dreh- oder Tauchanker ausgeführt sein, wobei das Drehankersystem, z. B. für Melderelais, vorzugsweise eingesetzt wird.

- *Drehspulrelais* (Drehspulmessglied) mit hochempfindlichen Drehspulmesswerken haben gegenüber elektromagnetischen Relais bei der Wechselstrommessung als Vorteile eine geringere Leistungsaufnahme, höhere Empfindlichkeit, Verwendung nur eines einheitlichen Messwerkes (für Wechselstrommessung mit Gleichrichterbeschaltung) und eine geringe Baugröße.

14. Wie unterscheiden sich neutrale und gepolte Relais?

- Nach der Wirkung, die die Wirkungsgröße hervorruft, unterscheidet man *neutrale Relais,* bei denen die Schaltstellung von der Richtung der Wirkungsgröße unabhängig ist, und

- *gepolte Relais* (polarisierte Relais), bei denen die Schaltstellung von der Richtung der Wirkungsgröße abhängig ist. Diese verwendet man vorzugsweise in Steuerkreisen mit Gleichspannungsbetätigung und in besonders energieschwachen Stromkreisen.

15. Wie unterscheiden sich monostabile, bistabile und astabile Relais?

- *Monostabile Relais* gehen beim Ausschalten der Wirkungsgröße in eine immer gleiche Ausgangsstellung zurück (die meisten Relais sind monostabile Relais).
- *Bistabile Relais* verbleiben in der zuletzt erreichten Wirkstellung (z. B. Installationsfernschalter).
- *Astabile Relais* wechseln beim Einschalten der Wirkungsgröße von einer Wirkstellung in die andere und kehren beim Abschalten der Wirkungsgröße in die Ausgangsstellung zurück, die sie vor dem Einschalten der Wirkungsgröße innehatten.

16. Was ist eine Sicherung?

Eine Sicherung (Schmelzsicherung) ist ein als Überstromschutzgerät wirkendes Schaltgerät. Die Sicherung dient zum einmaligen Unterbrechen (Fehlerabschaltung) von Strompfaden durch Abschmelzen eines definierten Leiterstückes unter der Wirkung eigener Stromwärme, wenn der hindurchfließende Strom während einer hinreichenden Zeit einen vorgegebenen Wert überschreitet.

Schraubsicherung mit Schmelzeinsatz

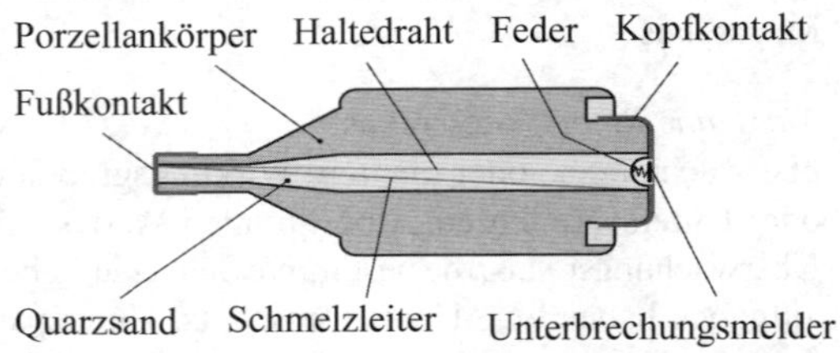

Quelle: Fachkunde Metall, a. a. O., S. 558

Zweck einer Sicherung ist der Schutz von Kabeln, Leitungen und Geräten. Man unterscheidet einpolige und mehrpolige Sicherungen, wobei letztere aus mehreren einpoligen Sicherungen bestehen können, von denen jede für sich eine bauliche Einheit bildet.

17. Welche Sicherungsarten werden beispielsweise unterschieden?

- Strombegrenzende Sicherungen begrenzen den Kurzschlussstrom auf einen Wert wesentlich unter dem unbeeinflussten Scheitelwert.
- Strombegrenzende Sicherungen, die vom Nennausschaltstrom (Nennstrom, Nenndaten) bis zum Einstundenstrom alle Ströme unterbrechen können, nennt man Allzwecksicherungen. Der Einstundenstrom ist dabei der Strom, bei dem die Sicherung innerhalb einer Stunde anspricht.
- Strombegrenzende Sicherungen, die alle Ströme vom Nennausschaltstrom bis zum kleinsten Ausschaltstrom, der größer als der Einstundenstrom ist, unterbrechen können, nennt man Kurzschlusssicherungen.

18. Welcher Unterschied besteht zwischen Niederspannungs- und Hochspannungssicherungen?

Das eigentliche Schutzorgan der Sicherung ist der Sicherungseinsatz (Schmelzeinsatz). Er ist je nach Einsatzgebiet bezüglich Nennspannung und Nennstrom ausgelegt. Man unterscheidet deshalb Niederspannungs- und Hochspannungssicherungen.

- *Niederspannungssicherungen* werden weiter unterteilt in D-, G- und NH-Sicherungen:

Das **D-Sicherungssystem** umfasst die Leitungsschutzsicherungen mit geschlossenem Sicherungseinsatz. Sie werden überwiegend in Steuerungs- und Installationsanlagen eingesetzt.
Bei **G-Sicherungen** („Glasröhrchen"-Sicherungen, Geräteschutzsicherungen, Gerätefeinsicherungen, Feinsicherungen) befindet sich der Schmelzleiter in einem Glasröhrchen, das an den Stirnseiten mit Kontaktkappen abgeschlossen ist. Diese Sicherungen sind auswechselbar. Sie werden mit einer Schraubkappe oder in einem besonderen Sicherungshalter gehalten und meist am Eingang von elektrischen Haushaltgeräten, Geräten der Heimelektrik, Ladegeräten u. dgl. angeordnet.
NH-Sicherungen (Niederspannungs-Hochleistungs-Sicherungen) gibt es bis 1000 A, 500 V. Sie werden ebenfalls zum Schutz von Leitungen und Kabeln (vor allem in größeren Verteilungsanlagen) verwendet, ferner als Vorsicherungen vor nicht kurzschlussfesten Leitungsschutzschaltern und als sichtbare Trennstelle vor diesen. Die Sicherungseinsätze lassen sich mittels eines abnehmbaren Aufsteckgriffes auswechseln. Durch Ziehen der NH-Sicherung (im stromlosen Zustand!) wird die sichtbare Trennstelle geschaffen. Ihr besonderer Vorteil besteht darin, dass sie kurzschlussstrombegrenzend wirken, d. h., der Kurzschlussstrom wird unterbrochen, ehe er den Wert des Stoßkurzschlussstromes erreicht hat.

Nicht zu den Sicherungen gehören definitionsgemäß die Leitungsschutzschalter, die aber an Stelle von Leitungsschutzsicherungen eingesetzt werden können.

- *Hochspannungssicherungen* unterteilt man
  - in Sicherungen für Wechselspannung (Nennspannung von 3 bis 30 kV)
  - in Sicherungen für Gleichspannung (Nennspannung im Allgemeinen nicht über 3 kV).

Wegen ihrer großen Ausschaltleistungen, z. B. 1000 MVA bei 30 kV Nennspannung (Wechselspannung), werden Hochspannungssicherungen auch als Hochspannungs-Hochleistungs-Sicherungen (*HH-Sicherungen*) bezeichnet. HH-Sicherungen (Wechselspannung) werden vorrangig als Überstromschutz in Mittelspannungsanlagen, besonders aber auch zum Kurzschlussschutz in Verbindung mit Lasttrennschaltern eingesetzt.

19. Wie ist die Funktionsweise des Leitungsschutzschalters?

Der Leitungsschutzschalter (auch: Leitungsschutzautomat; umgangssprachlich falsch auch: Sicherungsautomat, kurz Automat genannt) ist ein Schutzschalter zum thermischen Schutz installierter Leitungen.

Der Leitungsschutzschalter löst bei kleineren Überströmen zeitlich verzögert aus und bewirkt ab dem 6- bis 8-fachen Wert des Nennstromes eine elektromagnetische Schnellauslösung zur Fehlerabschaltung.

Dazu hat der Leitungsschutzschalter für den Überlastschutz einen thermisch verzögerten *Überlastauslöser* (Überstromauslöser) und für den Kurzschlussschutz einen unverzögerten oder kurzverzögerten elektromagnetischen *Schnellauslöser.*

Leitungsschutzschalter:

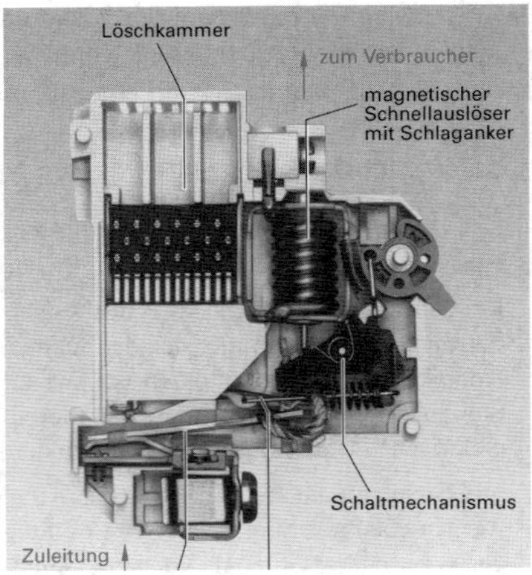

Quelle: Fachkunde Metall, a. a. O., S. 558

Wegen des geforderten hohen Schaltvermögens gehören Leitungsschutzschalter zur Kategorie der *Leistungsschalter* und werden wegen des selbsttätigen Ausschaltens der als Schlossschalter ausgeführten Leitungsschutzschalter auch *Selbstschalter* genannt. Durch die unterschiedlichen Auslösecharakteristiken können diese auf die Erwärmungskurve der Leitungen so abgestimmt werden, dass der Leiterquerschnitt optimal ausgenutzt wird. Leitungsschutzschalter sind sofort wieder einschaltbar. Sie dienen der Brand- und Unfallverhütung in Elektroanlagen. Da das Strom-Zeit-Verhalten eines Leitungsschutzschalters dem einer Sicherung entspricht, werden diese Schalter auch anstelle von Sicherungseinsätzen verwendet.

1.1.1.4.5 Fernwirksysteme

01. Welcher Unterschied besteht zwischen Fernmelden und Fernwirken?

- *Fernmelden*
  ist die Übertragung aller für den Betrieb einer fernüberwachten elektrischen Anlage oder eines elektrotechnischen Systems wichtigen Betriebszustände und Störungen zu einer Leitstelle. Die Anzahl der zu übertragenen Meldungen wird optimiert. Bestimmte Meldungen werden zusammengefasst.

- *Fernwirken*
  ist die Übertragung und die damit verkettete Verarbeitung systemgebundener steuerungstechnischer, regelungstechnischer oder sicherungstechnischer Aufgaben, also nicht willkürlich änderbarer technischer Informationen von Personen zu technischen Einrichtungen oder umgekehrt oder auch zwischen den technischen Einrichtungen untereinander. Zur Übertragung dienen Fernwirkanlagen (Fernwirksysteme).

02. Was sind Fernwirksysteme?

Fernwirksysteme dienen zur Überwachung und Steuerung geografisch ausgedehnter Prozesse unabhängig von den jeweils lokal ablaufenden Prozessen. Es gibt z. B. folgende Einsatzgebiete:

- Steuern in Versorgungsnetzen (Strom, Gas, Wasser, Fernwärme)
- Wasser-/Abwasseraufbereitungsanlagen
- Gefahrenmeldungen (Einbruch, Feuer)
- Steuern in der Verkehrstechnik (Ampeln, Straßenbeleuchtung)
- Pipelineüberwachung
- Gebäudemanagement.

03. Wie ist die Struktur von Fernwirksystemen[1)]?

Fernwirksysteme bestehen aus *Unterstationen* (Fernwirkkopf) und mindestens einer *Leitzentrale,* die mit einem oder mehreren Bedienplätzen ausgerüstet sind. Die Unterstationen sind über Kommunikationsverbindungen mit der Leitzentrale verbunden. Eingesetzte *Übertragungsmedien* sind u. a.

- Kupferleitungen (analoges oder digitales Telefonnetz, GSM)
- Lichtwellenleiter
- Funkstrecken (Richtfunk, Radialfunk).

04. Welche Anforderungen werden an Fernwirksysteme gestellt[1)]?

1. Zur Sicherstellung eines ungestörten Betriebes muss die Informationsübertragung mit
   - hoher Datensicherheit,
   - hoher Verfügbarkeit und
   - kurzer Übertragungszeit

   erfolgen.

2. Die Festlegung der zu verwendenden Protokolle für die Übertragung muss u. a. den Einfluss schwieriger Umgebungsbedingungen wie z. B.
   - elektromagnetische Beeinflussungen,
   - Erdpotenzialdifferenzen,
   - Stör- und Rauschquellen auf den Leitungen

   berücksichtigen.

3. Schutzmaßnahmen für die zu übertragenden Daten sind u. a. zu treffen gegen
   - unerkannten Informationsverlust
   - Entstehen von ungewollten Informationen
   - unerkannte Bitfehler
   - Trennung oder Störung zusammenhängender Informationen.

[1)] Quelle: Informatik, Tabellen, Geräte- und Systemtechnik, S. 232

4. Für die Datenübertragung werden drei unterschiedliche Daten-Integritätsklassen (I1 bis I3) festgelegt, wobei die Anwendung jeder Klasse von der Art der Daten abhängt. Um die Prozessdaten sicher über Weitbereichsnetze geringer Bandbreite und in entsprechender Übertragungsqualität zu übertragen, werden spezielle Datenübertragungsprotokolle genutzt.

05. Welche Aufgabe hat die Rundsteuertechnik in Energieversorgungsnetzen?

Beispiel für ein Fernwirksystem ist die Rundsteuertechnik und deren Lastführung in Energieversorgungsnetzen.

Durch die Rundsteuertechnik können Energieversorgungsunternehmen ihre flächenmäßig verteilten Stromabnehmer zentral steuern. Sie nutzen dafür ihr Energieversorgungsnetz als Übertragungsweg zur Fernsteuerung. Das Steuern dient im Wesentlichen der Lastführung, d. h. die Versorgungsnetzbetreiber (VNB) können den Verbrauch elektrischer Energie durch Zu- und Abschalten geeigneter Objekte z. B. Speicherheizungen, Warmwasserboiler, Freigeben und Sperren von Wärmepumpen usw. beeinflussen. Durch Zuschalten von Stromabnehmern in Lasttälern – nachmittags, nachts – und Abschalten in Lastspitzenzeiten – vormittags, abends – wird ein ganztägig gleichmäßigerer Elektrizitätsverbrauch eingestellt. Kraftwerke und Übertragungs-Verteilnetze werden besser ausgelastet. Je nach Art der Betriebsführungsphilosophie kann das System dabei – bestehend aus den Komponenten Lastführungsleitstelle, Rundsteueranlage (Sender und Ankopplung) und Rundsteuerempfänger – als Steuer- oder Regelkreis betrieben werden.

1.1.1.4.6 Steuerungsarten

01. Was versteht man nach DIN 19226 unter Steuern?

Nach DIN 19226 ist Steuern ein Vorgang in einem System, bei dem bestimmte Größen (Eingangsgrößen) andere Größen (Ausgangsgrößen) beeinflussen. Kennzeichnend für das Steuern ist der offene Wirkungsablauf der Signale: Sie können nicht selbsttätig eingreifen, um Störungen auszugleichen.

02. Wie unterscheidet sich die Steuerung von der Regelung hinsichtlich ihres Wirkungsablaufs?

Nach DIN 19226-1 unterscheidet man zwei grundsätzliche Wirkungsabläufe:

- *Steuerung → offener Wirkungsablauf:*
  Die Steuerung hat einen offenen Wirkungsablauf, d. h. es existiert keine Rückmeldung. Man bezeichnet diesen Wirkungsablauf als *Steuerkette*.

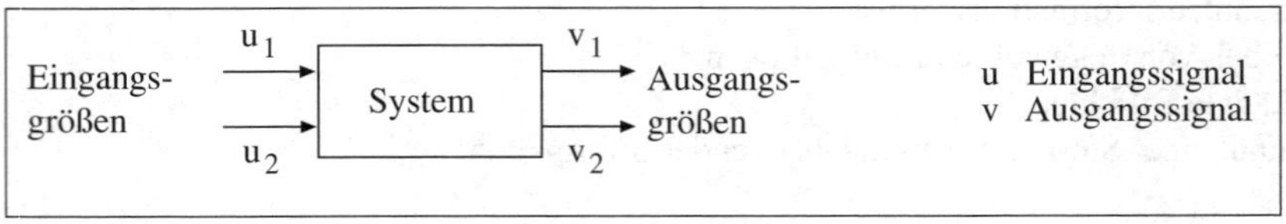

- *Regelung → geschlossener Wirkungsablauf:*
  Die Regelung hat einen geschlossenen Wirkungsablauf, d. h. zwischen System 1 und System 2 findet eine Rückmeldung statt. Man bezeichnet diesen Wirkungsablauf als *Regelkreis.*

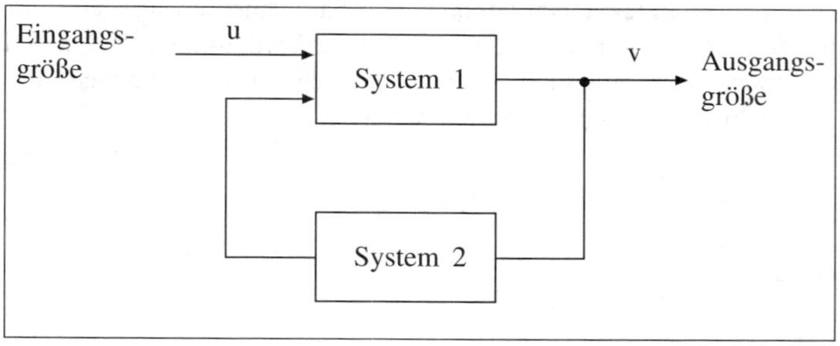

03. Welche Steuerungsarten gibt es?

Grundsätzlich wird unterschieden zwischen *Handsteuerung* und *automatischer Steuerung.*

Handsteuerung	Hier ist der Mensch notwendiges Element der Steuerkette. Aufgrund bestimmter Vorgaben betätigt er Stellglieder und löst damit Steuerungsvorgänge aus.

Die *automatische Steuerung* lässt sich unterteilen in:

Haltegliedsteuerung	Das Eingangssignal wird gespeichert bis zum Eintritt eines neuen Signals.
Führungssteuerung	Ausgangsgrößen sind Eingangsgrößen fest zugeordnet, jedoch abhängig von Störgrößen.
Programmsteuerung	**Zeitplansteuerung:** Die Führungsgröße wird zeitabhängig durch einen Programmspeicher beeinflusst.
	Wegplansteuerung: Die Führungsgröße wird wegabhängig beeinflusst.
	Bei **Ablaufsteuerungen** erfolgen die Einzelprozesse zwangsläufig schrittweise. Ein definierter Gesamtprozess wird in Teilschritte zerlegt und logisch strukturiert. Die Durchführung eines Teilschrittes ist von *Weiterschaltbedingungen* (Transitionen) abhängig. Diese sind entweder *zeitabhängig* oder *prozessabhängig.*
	Bei der **speicherprogrammierten Steuerung** ist das Steuerungsprogramm in einem Programmspeicher hinterlegt.
Informationssteuerung	Steuerungsabhängige Informationen werden von einem Prozessor weiterverarbeitet. Am Ende der Informationskette ist das Stellglied, das bei Ansprechen direkt die Steuerstrecke (z. B. Motor) beeinflusst.

Beispiel: Steuerung einer Ampelanlage mithilfe der Zeitplansteuerung.

04. Welcher Unterschied besteht zwischen verbindungsprogrammierten und speicherprogrammierten Steuerungen?

- Bei der *verbindungsprogrammierten Steuerung* (VPS)
  ist der Programmablauf durch fest miteinander verbundene Schaltelemente vorgegeben. Zum Beispiel erfolgt dies bei einer Relaissteuerung durch die Art der Verdrahtung. Will man den Programmablauf ändern, muss die Verdrahtung neu erstellt werden. Nachteil bei der VPS ist der erhebliche Änderungsaufwand bei neuen Programmabläufen.

  Beispiele für VPS:
  - Relaissteuerungen
  - Schützsteuerungen
  - pneumatische Steuerungen.

- Bei der *speicherprogrammierten Steuerung* (SPS)
  wird der Programmablauf in einem Softwareprogramm festgelegt. Die Verdrahtung der Bauteile ist steuerungsunabhängig. Änderungen in der Steuerungslogik können ohne großen Aufwand durch Programmänderungen durchgeführt werden.

05. Welche Vorteile hat die SPS gegenüber der VPS?

Vor- und Nachteile der SPS gegenüber der VPS	
Vorteile	**Nachteile**
• kann mit Rechnern und anderen EDV-Anlagen vernetzt werden • weniger Platzbedarf • zuverlässiger • flexibler • geringer Stromverbrauch • Änderungen schnell durchführbar • schnelle Fehleranalyse möglich	• zusätzliche Infrastruktur erforderlich, z. B. Programmiergerät (PG), Datensicherung • Personal muss ausreichend qualifiziert sein • kostenintensiver

06. Welche Einsatzgebiete gibt es für SPS?

Hauptaufgabe der SPS ist die Steuerung, Verriegelung und Verknüpfung von Maschinenfunktionen. Die SPS wird überall dort eingesetzt, wo im Rahmen der Automatisierung Fertigungsprozesse gesteuert, überwacht und beeinflusst werden sollen.

07. Aus welchen Funktionseinheiten besteht eine SPS?

1. Die *Spannungsversorgung* der elektronischen Baugruppen erfolgt über ein Netzgerät.

2. Die *Zentraleinheit* (CPU) der SPS verarbeitet die Eingangssignale nach Vorgabe der Programmanweisung. Sie enthält folgende Speicher:

   a) Den *Systemspeicher* für die Arbeitsweise der SPS (Betriebssystem)
   - als ROM-Speicher (Read Only Memory): Festwertspeicher, dessen Inhalt nur gelesen werden kann und unveränderbar ist;

   oder

   - als EPROM-Speicher (Electrically Programmable Read Only Memory) bzw. EEPROM-Speicher (Electrically Erassable Programmable Read Only Memory); dies sind elektronische Nur-Lese-Speicher. Sie benötigen keine Stromversorgung. Die Daten von EPROM-Speichern können durch Bestrahlen mit UV-Licht, die von EEPROM durch elektrische Impulse gelöscht werden.

   b) Der *Programmspeicher* als RAM-Speicher (Random Access Memory) ist ein Schreib-Lese-Speicher, der die Anweisungen für den steuerungstechnischen Ablauf enthält. Er kann programmiert, geändert und gelöscht werden und muss mit Strom versorgt werden. Wird die Stromversorgung unterbrochen, gehen die gespeicherten Daten verloren. Man vermeidet dies durch den Einbau einer Pufferbatterie.

   c) Der *Zwischenspeicher* ist ebenfalls ein RAM-Speicher, der Merkerfunktionen und Verknüpfungsergebnisse enthält.

3. Die *Eingabegruppe* nimmt Signale auf, die *Ausgabegruppe* gibt Signale an Stellgeräte ab.

4. Über das *Programmiergerät* können Anweisungen in einer bestimmten Programmiersprache eingegeben werden. Ein *Kompiler* (Übersetzer) wandelt das Anwenderprogramm in die Maschinensprache um.

Die einfachen SPS mit nur wenigen Ein-/Ausgängen werden als Steckkarten in einen Rechner (z. B. PC-Bus) eingesteckt. Für kleine Steuerungsaufgaben werden alle vier Baugruppen aus Kostengründen in einem gemeinsamen Gehäuse in Form einer *Kompakt-SPS* untergebracht. Kompakt-SPS werden immer leistungsfähiger, sind vernetzbar, über Bus-Systeme programmierbar und können erweitert werden.

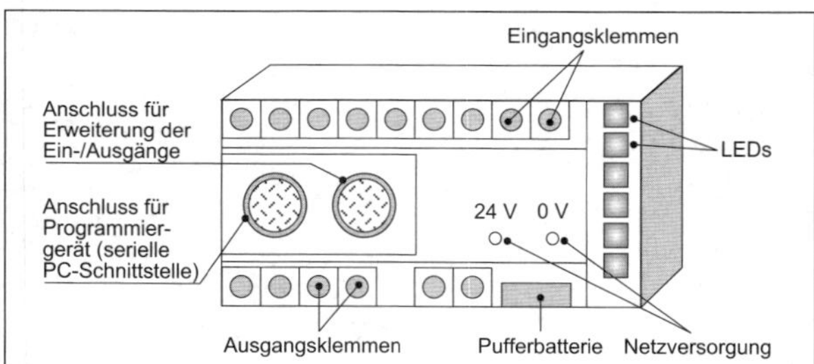

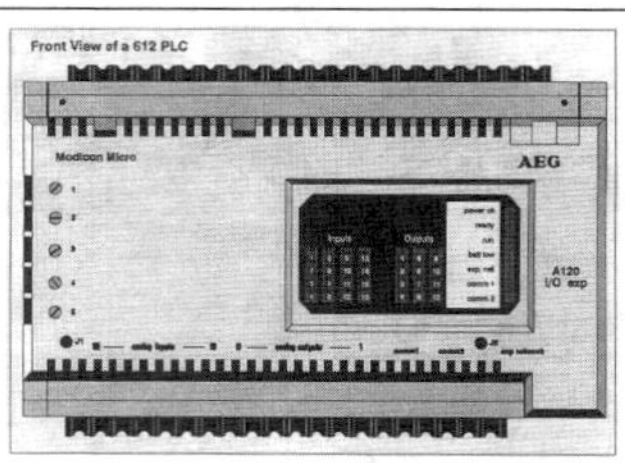

08. Welche Steuerungstechnik ist in der Praxis der elektrischen Energieversorgung vorherrschend?

Aufgabe der Steuerungseinrichtung ist es, in einer Schaltanlage die Veränderung eines bestimmten Ist-Zustandes in einen gewünschten Soll-Zustand zu bewirken. Die Funktionsabläufe Steuern, Verriegeln, Melden können sowohl mit einfachen kontaktbehafteten elektromechanischen und elektronmagnetischen Betriebsmitteln (z. B. Steuerquittierschalter, Hilfsschütze und Hilfsrelais) als auch mit kontaktlosen elektronischen Komponenten gelöst werden. Bei beiden Lösungsvarianten sind Einzelschalthandlungen und programmierte Schaltungsabläufe bis hin zu vollautomatisierten Schaltprogrammen möglich.

Der konventionellen, verbindungsprogrammierten Steuerung sind hinsichtlich der Automatisierung Grenzen gesetzt. Wegen des großen Platzbedarfs, des hohen Eigenverbrauchs der Betriebsmittel, des Verschleißes bei vielfacher Betätigung und der festen Verdrahtung verliert diese Technik an Bedeutung. Ihr Haupteinsatzgebiet liegt heute im Wesentlichen bei der örtlichen Steuerung innerhalb der Schaltanlage. Dort kann man zwischen folgenden Einrichtungen unterscheiden:

Die **schaltgeräteeigene** Einrichtung	ist in einem Schaltkasten am Leistungs- oder Trennschalter untergebracht.
Die **abzweigbezogene** Einrichtung	befindet sich in Regel in einem Steuerschrank oder in einem Relaishaus vor Ort.
Anlagenbezogene Einrichtungen	sind in zentralen Relaishäusern oder im Betriebsgebäude untergebracht.

Es zeichnet sich der Trend ab, dass bei zunehmender Sicherheit elektronischer Bauteile auch in Bezug auf Beeinflussungsfragen die kontaktbehaftete Technik künftig nur noch der schaltgeräteeigenen Einrichtung vorbehalten bleibt und dass abzweigbezogene und anlagenbezogene Einrichtungen weitestgehend mit elektronischen Bauteilen ausgeführt werden.

Beim Entwurf des Konzepts der Steuerung ist zu berücksichtigen, ob eine Schaltanlage überwiegend besetzt oder unbesetzt betrieben wird, ob sie fernüberwacht oder ferngesteuert werden soll.

09. Welche Steuerarten lassen sich nach dem Aspekt der „örtlichen Nähe zum Schaltgerät" unterscheiden?

Vorortsteuerung	Damit ist die Steuerung in der Nähe der Schaltgeräte gemeint. Sie dient vor allem Inbetriebnahme- und Wartungsarbeiten, manchmal auch dem Notbetrieb. Sie ist z. B. an Hochspannungsgeräten oder im Abzweigsteuerschrank vorgesehen und ist unabhängig von der Ausführung nachgeschalteter Steuerungen.
Direkt-Steuerung	Hierunter versteht man die Nahsteuerung einer Schaltanlage von der Anlagenwarte aus, bei der jedes einzelne Betriebsmittel sein eigenes Steuerelement hat. Sie kann mit der Steuerspannung des Betriebsmittels erfolgen oder in Schwachstromsteuerung mittels Umsetzrelais. Verbunden mit der Wartensteuerung ist immer auch eine Rückmeldung der Schaltgerätestellungen.
Anwahlsteuerung	Diese Steuerungsart wird sowohl in örtlichen Warten als auch in zentralen Leitstellen eingesetzt. Sie wird mehrstufig ausgeführt, wobei von einem Bedienplatz aus z. B. zunächst die Anlage, dann der Abzweig und weiter das Schaltgerät angewählt werden bevor über die Betätigungstaste der eigentliche Schaltvorgang ausgelöst wird. Sowohl bei der modernen Stations- als auch in der Netzleittechnik stehen dafür zwei gegenseitig verriegelte Bedienplätze zur Verfügung. Sie bestehen aus je einem Bedientableau und je einem Bildschirm. Die Verriegelung verhindert ein gleichzeitiges Steuern in einer Anlage bzw. einem Abzweig von beiden Bedienplätzen aus. Wo notwendig, können bestimmte Steuerungsabläufe auch vorprogrammiert werden. Die Steuerung wird in Schwachstromtechnik ausgeführt. Die Rückmeldung bzw. Schalterstellungsanzeige erfolgt auf dem Bildschirm. Parallel zur Bildschirmanzeige kann noch eine Rückmeldetafel in Mosaiktechnik zum Einsatz kommen.
Fernsteuerung	Hierunter versteht man die Steuerung der Schaltanlage von regionalen und zentralen Warten, vorwiegend über Fernwirklinien. Die Nahtstelle Anlagen-/Fernsteuerung erweitert sich immer mehr zur Fernüberwachung; ihr ist deshalb besondere Beachtung zu schenken. Die Fernwirktechnik ist neben der Datenverarbeitung eine weitere Voraussetzung für die zentrale Netzführung. Sie ist die Nachrichtentechnik für technische Prozesse. Ihre Aufgabe ist die adernsparende und gesicherte Übertragung technischer Informationen – wie Schalt- und Stellbefehle, Meldungen und Messwerte – zwischen den dezentralen Unterstellen (z. B. Schaltanlagen) und der zentralen Leitstelle. Auf der Sendeseite der Fernwirkanlage werden die anstehenden Informationen zur Fernübertragung aufbereitet, d. h. codiert und mit einer zusätzlichen Redundanz gesichert, um Fehler durch Störbeeinflussungen auf dem Übertragungsweg sofort erkennen zu können und Falschausgaben zu verhindern. Auf der Empfangsseite werden die einlaufenden Informationen entschlüsselt, überprüft und bei Fehlerfreiheit als Befehl, Meldung oder Messwert an die Prozesselemente oder den Leitrechner ausgegeben oder weitergeleitet.

1.1.1.4.7 Antriebssysteme

01. Welche Bedeutung haben elektrische Antriebe?

Die Automatisierung industrieller Prozesse verlangt unter anderem Antriebssysteme, die in der Lage sind, die notwendigen Bewegungsabläufe des jeweiligen technologischen Verfahrens zu realisieren.

Bild: Elektrischer Antrieb eines Aufzugs

Die dazu erforderliche mechanische Energie wird heute in den meisten Fällen durch Umformung elektrischer Energie gewonnen, da sich diese Energieform durch eine relativ einfache Transportierbarkeit über große Entfernungen und Umweltfreundlichkeit auszeichnet.

Darüber hinaus lässt sich elektrische Energie mit gutem Wirkungsgrad in mechanische umwandeln. Außerdem gestattet die elektrische Signalverarbeitung mit den Mitteln der modernen Informationselektronik eine schnelle Verarbeitung einer großen Zahl von Messwerten und Befehlen und damit eine exakte Steuerung der Bewegungsabläufe.

02. Aus welchen Komponenten besteht ein Antriebssystem?

Ein Antriebssystem umfasst immer die *Gesamtheit* aller Baugruppen und Elemente in Arbeits- und Werkzeugmaschinen oder in elektrischen Triebfahrzeugen:

- Antriebselemente
- Übertragungselemente
- Arbeitselemente
- Steuerelemente
- Trägerelemente.

Werkzeugmaschinen und Anlagen können mit elektrischen, elektrohydraulischen oder hydraulischen Antriebssystemen ausgerüstet sein.

03. Welche Schnittstellen hat ein Antriebssystem?

Ein Antriebssystem hat drei Schnittstellen:

Gerät ⇕ **Antriebssystem**	**Energiequelle (Netz, Batterie)** ⇕ **Antriebssystem**	**Bedienebene** ⇕ **Antriebssystem**

04. Welche Störgrößen und unerwünschten Nebenwirkungen können in Antriebssystemen auftreten?

- *Störgrößen* in Antriebssystemen können sein:
  - Kräfte, Drehmomente, Trägheitsmomente der anzutreibenden Arbeitsmaschine
  - Spannung und Frequenz der Energiequelle
  - äußere elektrische und magnetische Felder
  - Umwelteinflüsse, wie Temperatur, Luftfeuchtigkeit.

- Als *unerwünschte Nebenwirkungen* können in Antriebssystemen auftreten:
  - mechanische Schwingungen
  - Geräusche
  - Wärmeentwicklung
  - Abstrahlung magnetischer und elektrischer Felder.

05. Wie ist die Funktionsweise eines Elektroantriebssystems?

Ein Elektroantriebssystem ist ein System aus elektrischem Stellglied, elektrischer Maschine und Arbeitsmaschine. Jedes Elektroantriebssystem verfügt über einen Informations- und einen Leistungsteil, denen der Signal- bzw. der Energiefluss zugeordnet sind. Man unterscheidet *gesteuerte* und *geregelte* Elektroantriebssysteme. Für die im Elektroantriebssystem gespeicherte mechanische Energie ist das *Trägheitsmoment* kennzeichnend.

Bild 1 zeigt die Schaltung eines einfachen Antriebs, wie er in großer Zahl für die verschiedenen Anwendungen gebraucht wird. Die wesentlichen Funktionseinheiten des Energieflusses vom Netz zur Arbeitsmaschine sind daraus zu erkennen. Durch Verallgemeinerung ergibt sich daraus die im Bild 2 gegebene schematische Darstellung:

w Führungsgröße
r Rückmeldegröße
x gesteuerte Größe bzw. Regelgröße
y Stellgröße
z Störgröße

Bild 1

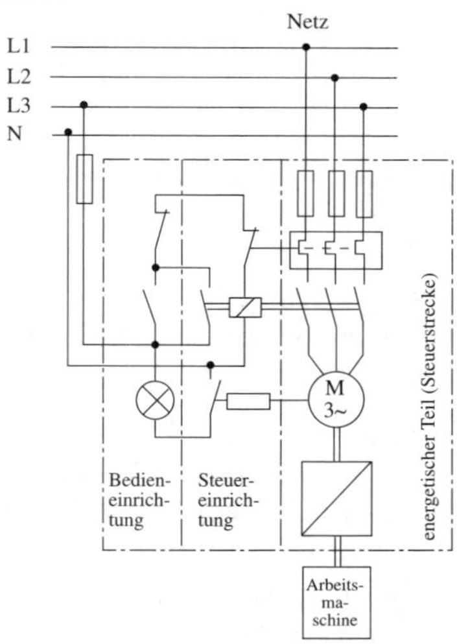

Bild 2

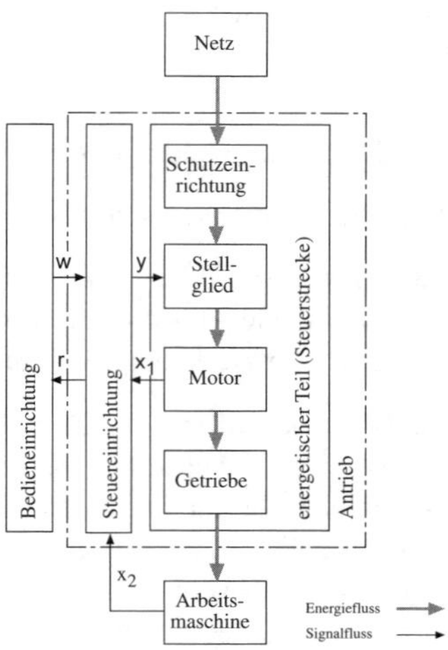

Elektrische Antriebssysteme haben die Aufgabe, durch Wandlung elektrischer Energie in mechanische Energie Bewegungsvorgänge zu realisieren. Diese Aufgabe der Energiewandlung übernimmt die elektrische Maschine (der *Elektromotor*), der die *Arbeitsmaschine* häufig unter Zwischenschaltung mechanischer *Antriebselemente* (Getriebe und Kupplungen) in Bewegung setzt und die dafür notwendige mechanische Energie bereitstellt. Der Elektromotor entnimmt die erforderliche elektrische Energie dem Netz über einen *Leistungsschalter.* Dieser hat neben seiner Schalterfunktion eine Schutzfunktion, d. h. er trennt im Störfall den Motor vom Netz. Dem Motor ist ein *Stellglied* vorgeschaltet. Dieses steuert den Motor, zum Beispiel seine Drehzahl, durch Eingriff in den Energiefluss vom Netz zum Motor.

06. Wie ist ein Antriebssystem hierarchisch strukturiert?

Moderne Bearbeitungsprozesse erfordern zu ihrer Realisierung mehrere elektrische Antriebe, die koordiniert gesteuert werden müssen. Das geschieht dadurch, dass die Führungsgrößen von übergeordneten Steuereinrichtungen vorgegeben werden.

So entsteht eine hierarchische Struktur des Antriebssystems:

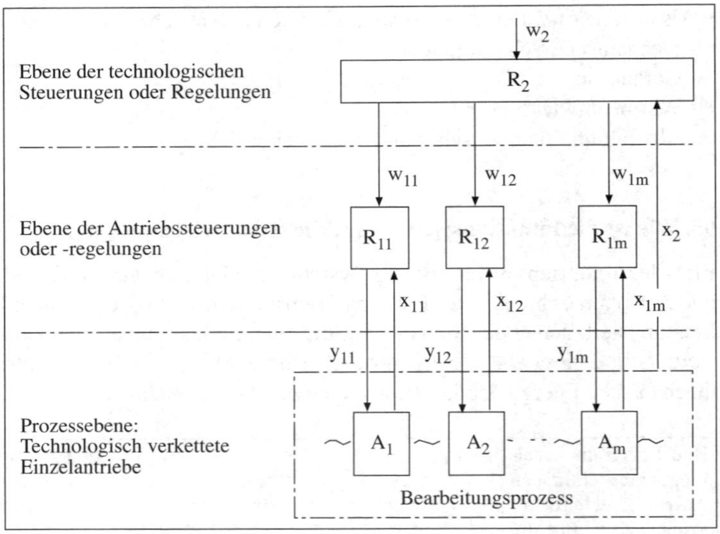

07. Wie können elektrische Antriebssysteme unterschieden werden?

Elektrische Antriebssysteme können sein:

1. *Elektrischer Antrieb für kreisende Hauptbewegung:*
   Die kreisende Antriebsbewegung eines Elektromotors wird über ein mechanisches Getriebe z. B. auf die Werkzeugträger übertragen.

2. *Elektrischer Antrieb für geradlinige Hauptbewegung:*
   Die kreisende Antriebsbewegung z. B. eines Asynchron-Elektromotors muss durch geeignete Getriebe in die geradlinige Bewegung z. B. eines Werkzeugträgers umgewandelt werden. Dabei wird die über einen nur kurzen Weg zu leistende verfahrensbedingte Arbeit der kinetischen Energie eines schnell umlaufenden Schwungrades entnommen, die vom Elektromotor bis jeweils zum Beginn der nächsten Arbeitsabgabe wieder aufzuladen ist.

3. *Elektrohydraulischer Antrieb:*
   Das Antriebselement besteht aus dem Elektromotor und einer Pumpe mit Ölbehälter. Die Zu- und Rückleitung des Hydrauliköls von dem Schubkolbengetriebe wird durch Schieber und Ventile gesteuert. Der Öldruck stellt sich nach dem jeweiligen auftretenden Formänderungswiderstand ein.

Bei den elektrischen bzw. elektrohydraulischen Antrieben werden Drehstrommotoren mit konstanter Drehzahl, polumschaltbare Motoren mit zwei, im Verhältnis 1:2 stehenden konstanten Drehzahlen oder Gleichstrommotoren mit stufenloser Drehzahlregelung verwendet. Zunehmend werden auch über Frequenzumrichter gesteuerte Drehstrommotoren eingesetzt. Zur Vollständigkeit von Antriebssystemen sei auch der dieselelektrische Antrieb und der Hybridantrieb genannt.

08. Welche Anforderungen werden an das mechanische Antriebssystem gestellt?

Das mechanische Antriebssystem muss so gestaltet werden, dass es in der Lage ist, die geforderten rotatorischen bzw. translatorischen Bewegungen vom elektrischen Antriebssystem abzuleiten. Soweit Getriebe Anwendung finden, ist es notwendig die Kenngrößen des Bewegungsvorgangs oder -ablaufs der Arbeitsmaschine auf den Elektromotor zu beziehen. Getriebelose Antriebe erfordern dagegen häufig Spezialmotoren.

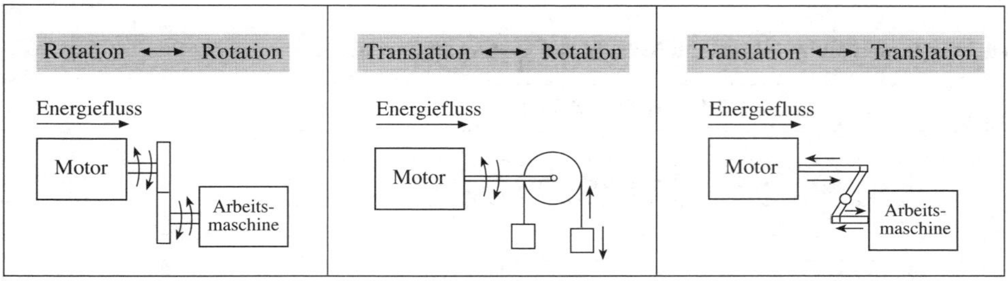

Hinweis: Im Folgenden werden nur die elektrischen Maschinen als Teil eines Elektroantriebssystems und als eine Möglichkeit eines Antriebselements in einem Antriebssystem behandelt.

09. Wie lassen sich rotierende, elektrische Maschinen systematisieren?

Systematik der rotierenden elektrischen Maschinen		
1. Synchronmaschinen	• Schenkelpolmaschinen • Vollpolmaschinen	
2. Asynchronmaschinen	• Kurzschlussläufer (Käfigläufermaschine) • Schleifringläufer	
3. Kommutatormaschinen	Gleichsstrommaschinen	• fremderregte Gleichstrommaschinen • Gleichstromnebenschlussmaschinen • Scheibenläufermaschinen
	Einphasenkommutator-maschinen	• Universalmaschinen • Kondensatormaschinen
	Dreiphasenkommutator-maschinen	• eigenerregte Drehstromerregermaschine • Frequenzwandler • ständergespeister Drehstrom-Nebenschlusskommutatormotor • läufergespeister Drehstrom-Nebenschlusskommutatormotor • Drehstromreihenschlussmotor

Die elektrische Maschine ist ein elektromechanischer Energiewandler zwischen elektrischer Energie und mechanischer Energie, die motorisch und generatorisch, d. h. *treibend und bremsend,* arbeiten können. Von beiden Möglichkeiten macht man in der Praxis Gebrauch.

Beim Motorbetrieb fließt die Energie von der elektrischen Seite zur mechanischen, beim Generatorbetrieb von der mechanischen zur elektrischen. Eine für Motorbetrieb vorgesehene elektrische Maschine wird als Motor (Elektromotor), eine für Generatorbetrieb vorgesehene elektrische Maschine als Generator (Dynamomaschine, kurz Dynamo) bezeichnet. Da einerseits elektrische Energiesysteme mit unterschiedlicher Spannung, Frequenz und Phasenzahl existieren (Gleichstrom-, Wechselstrom- und Drehstromsysteme) und andererseits die mechanische Energie hinsichtlich ihrer Parameter wie Drehzahl, Drehmoment, Kraft und Geschwindigkeit in vielen Formen bereitgestellt werden muss, gibt es eine relativ große Anzahl spezieller Ausführungen von Motoren und Generatoren.

10. Wie lassen sich elektrische Maschinen systematisieren?

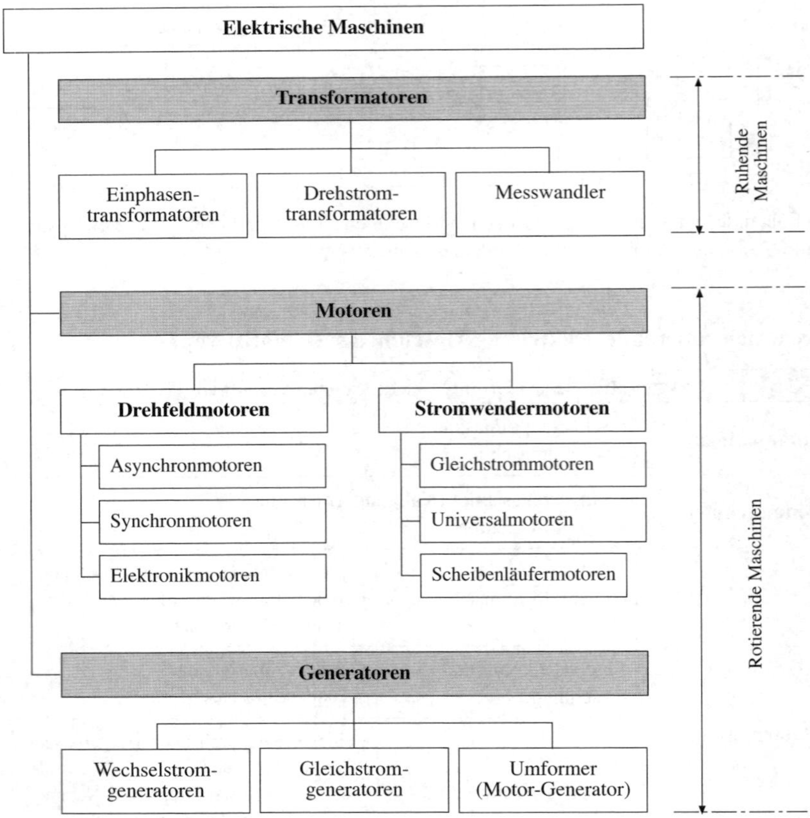

- Nach der *Spannungsversorgung* unterscheidet man:
  - Drehstrommaschinen
  - Wechselstrommaschinen
  - Gleichstrommaschinen.

Aufbau eines Gleichstrommotors

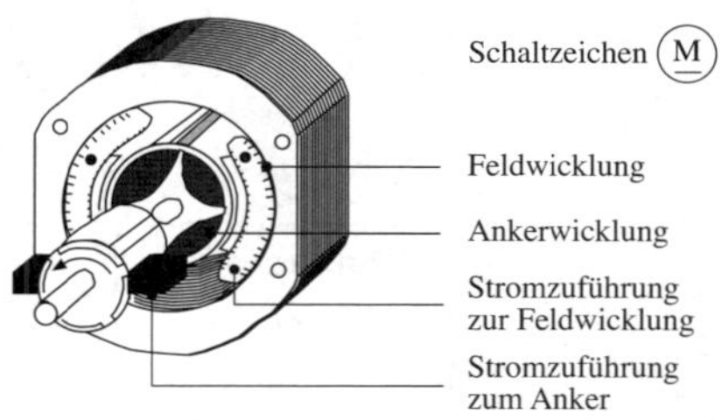

- Nach der *Art der Antriebsbewegung* unterscheidet man zwischen Motoren für Rotations- und für Translationsbewegungen. Die zu erfüllenden Bewegungsaufgaben lassen sich in rotatorische und translatorische Bewegungen aufteilen, wobei beide kontinuierlich oder diskontinuierlich verlaufen können.

- Nach *Bewegungsmerkmalen* geordnet stehen insgesamt vier Gruppen von Antriebsmitteln zur Verfügung:

Motoren für ...	
kontinuierliche Drehbewegungen[1]	
diskontinuierliche Drehbewegungen	**Schrittmotoren**
kontinuierliche Längsbewegungen	**Linearmotoren**
diskontinuierliche Längsbewegungen	**Linearschrittmotoren**

- Nach der *Nennleistung* unterscheidet man:

Kleinstmaschinen	≤ 10 W
Kleinmaschinen	> 10 W; < 750 W
Mittelmaschinen	$\geq 0{,}75$ kW; < 1 MW
Großmaschinen	≥ 1 MW

- Nach der *Art der Erregung* unterscheidet man:
  - Reihenschlussmaschinen
  - Nebenschlussmaschinen.

- Eine Reihe von elektrischen Maschinen, insbesondere fast alle Drehstrommaschinen, lassen sich unter dem Begriff *Drehfeldmaschinen* zusammenfassen.

- Eine Sondergruppe bilden die *rotierenden Umformer.*

- Eine andere Sondergruppe sind elektrische Maschinen, die nur von ihrem Strom-Spannungs-Verhalten her interessieren und mechanisch leerlaufen, z. B. *Blindleistungsmaschinen* und *Dämpfungsmaschinen.*

- Eine weitere Sondergruppe sind die *Verstärkermaschinen.*

[1] Motoren für kontinuierliche Drehbewegungen bilden gegenwärtig die Mehrzahl der im Einsatz und im Angebot befindlichen elektrischen Maschinen.

Im Überblick: *Einteilung der Elektromotoren nach Bewegungsmerkmalen*

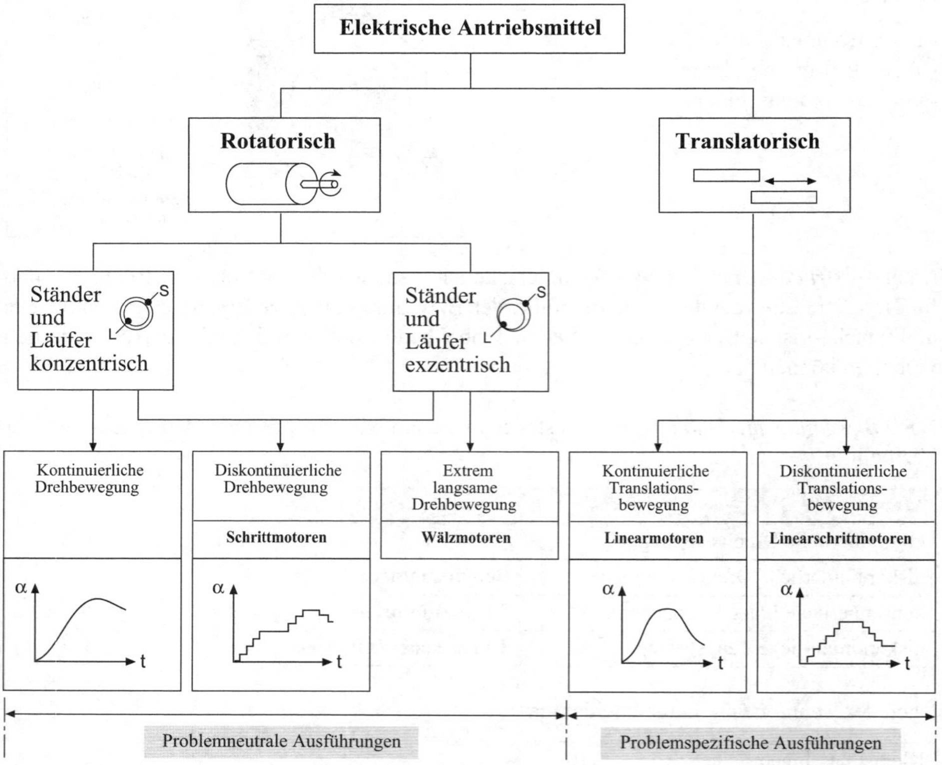

11. Wie ist die Arbeitsweise elektrischer Maschinen?

Prinzipiell kann jede elektrische Maschine sowohl in der einen als auch in der anderen Energieflussrichtung arbeiten. Die praktische Auslegung einer bestimmten elektrischen Maschine wird jedoch durch die vorgesehene Energieflussrichtung bestimmt.

Der Umwandlungsprozess erfolgt in der Praxis ausschließlich unter Ausnutzung elektromagnetischer Erscheinungen: Auf der elektrischen Seite werden vom magnetischen Feld Spannungen induziert, während auf der mechanischen Seite Kräfte im magnetischen Feld als Kräfte an Trennflächen bzw. als Kräfte auf stromdurchflossene Leiter entstehen. Wenn diese Kräfte bzw. die zugeordneten Drehmomente auftreten, ändern sich die Selbst- und Gegeninduktivitäten der Spulen der elektrischen Maschine mit der von den Kräften ausgelösten Bewegung.

Die Mehrzahl der Ausführungsformen von elektrischen Maschinen beruht, hinsichtlich des dominierenden Effekts, auf der mit der Bewegung verbundenen *Änderung der Gegeninduktivitäten* zwischen Spulen auf einem feststehenden Teil (Ständer) und solchen auf einem bewegten Teil (Läufer). Eine Ausnahme bilden Reluktanzmaschinen.

Daneben gibt es elektrische Maschinen auf der Grundlage elektromagnetischer Erscheinungen, die den *Hystereseeffekt* ausnutzen (elektrische Maschinen mit Dauermagneterregung, Hysteresemotoren). Vom energetischen Standpunkt her ist der Umwandlungsprozess in der Maschine dadurch möglich, dass die im Wandler gespeicherte, magnetische Energie sowohl von der elektrischen als auch von der mechanischen Seite her geändert werden kann. Ein stationärer Energieumsatz (d. h. alle Leistungen sowie Drehzahl und Drehmoment sind zeitlich konstant oder haben einen konstanten Mittelwert) erfordert, dass zwischen den Frequenzen der Ströme in den feststehenden und jenen in den beweglichen Wicklungen und der Bewegungsgeschwindigkeit eine Frequenzbedingung erfüllt ist.

Prinzipiell sind auch elektrische Maschinen ausführbar, die *dielektrische Erscheinungen* ausnutzen (z. B. *Van-de-Graaff-Generator*). In diesem Fall ist der Umwandlungsprozess dadurch möglich, dass die im Wandler gespeicherte elektrische Energie sowohl von der elektrischen als auch von der mechanischen Seite her geändert werden kann. Dabei treten jedoch wesentlich kleinere Energiedichten auf als in einem Energiewandler auf elektromagnetischer Basis, sodass ein „dielektrischer“ Wandler wesentlich größer sein würde als ein vergleichbarer elektromagnetischer.

In einer elektrischen Maschine wirken außer jenen Kräften, die für den Umwandlungsprozess erforderlich sind, weitere, die von den Konstruktionselementen aufgenommen werden müssen. Beim Umwandlungsprozess tritt außerdem eine *Verlustleistung* auf. Diese bewirkt, dass die abgegebene Leistung stets kleiner als die aufgenommene bzw. der *Wirkungsgrad kleiner als 1* ist.

Die Verlustleistung hat außerdem die *Erwärmung* der elektrischen Maschine zur Folge. Um diese in zulässigen Grenzen zu halten, ist eine Kühlung erforderlich. Dabei wird die zulässige Erwärmung in erster Linie durch die endliche Wärmebeständigkeit der *Isolierstoffe* begrenzt. Die Beherrschung der Erwärmung und der mechanischen Kräfte bestimmt die Baugröße einer Maschine zur Realisierung eines gegebenen Umwandlungsprozesses.

12. Wie ist der Aufbau elektrischer Maschinen?

Die Hauptelemente elektrischer Maschinen sind der Ständer (*Stator*), der feststehende Teil, und der *Läufer*, der bewegliche (meist rotierende oder drehbare) Teil. Ständer und/oder Läufer tragen gegebenenfalls Wicklungen, die Ständer- bzw. die Läuferwicklung. Beide sind durch einen Luftspalt voneinander getrennt. Bei rotierenden elektrischen Maschinen ist normalerweise das außen liegende Hauptelement als Ständer, das innen liegende Hauptelement als Läufer ausgebildet (Innenläufermaschine), seltener (bei der Außenläufermaschine) umgekehrt. Bei der Mehrzahl der rotierenden elektrischen Maschinen greifen Ständer und Läufer radial ineinander. Sie haben einen axial verlaufenden Luftspalt.

Wenn die beiden Hauptelemente axial nebeneinander angeordnet sind, erhält man einen radial verlaufenden Luftspalt. Eine derartige Anordnung findet sich z. B. bei manchen Unipolarmaschinen sowie bei Scheibenläufermaschinen.

Allgemein unterscheidet man *Außen- und Innenpolmaschinen* – je nachdem, ob der Ständer oder der Läufer ein Polsystem hat, das eine Erregerwicklung trägt.

In Bezug auf die prinzipielle konstruktive Gestaltung können elektrische Maschinen als *Innenläufer-, Außenläufer-, Glockenläufer- oder als Scheibenläufermotoren* ausgeführt sein. Die Innenläuferausführung entspricht der üblichen Normalausführung. Die Außenläufermotoren haben ein sehr großes Läuferträgheitsmoment und gewährleisten aufgrund dessen speziell in Kleinantrieben eine besonders gute Laufruhe bzw. einen besonders kleinen Ungleichförmigkeitsgrad. Glockenläufer- und Scheibenläufermotoren haben ein sehr kleines Läuferträgheitsmoment und dadurch bedingt sehr gute dynamische Eigenschaften. Sie werden daher vorzugsweise in schnellen Folgesystemen als Stellmotoren zum Einsatz gebracht.

Von der Funktion her unterscheidet man *aktive und inaktive Bauteile*. In den aktiven Bauteilen finden die elektromagnetischen Vorgänge statt; sie führen die Ströme bzw. das Magnetfeld. Aktive Bauteile sind die den magnetischen Kreis bildenden Bauteile, Wicklungen, Schleifringe und Kommutatoren sowie Bürsten. Die Aufgabe der inaktiven Bauteile ist in erster Linie, Kräfte und Momente aufzunehmen oder zu übertragen. Sie dienen außerdem zum Teil zur Verkleidung bzw. Abdeckung der aktiven Bauteile. Die inaktiven Bauteile des Ständers sind das Gehäuse und die Lagerträger mit den Lagergehäusen und Lagern. Die hauptsächlichen Bauformen von elektrischen Maschinen sind standardisiert.

13. Welche Bedeutung hat das Drehzahl-Drehmoment-Verhalten von rotierenden Maschinen?

Bei rotierenden elektrischen Maschinen entscheidet die Art des elektromagnetischen Mechanismus über die jeweilige, prinzipielle Art des Drehzahl-Drehmoment-Verhaltens, das sich in der *Drehzahl-Drehmoment-Kennlinie* zeigt. Diese wird für den stationären Betrieb eines Motors (Motorkennlinie) meist in der Form $\Omega = f(M)$ mit $\Omega = 2$ n dargestellt.

Man unterscheidet nach der Drehzahländerung (oder auch nach der Fähigkeit, die Drehzahl beizubehalten, der Drehzahlsteifigkeit) beim Übergang von der Nennbelastung auf Leerlauf nach Abklingen der Ausgleichsvorgänge, wobei Spannung, Frequenz und Erregung konstant bleiben:

Synchronverhalten	Die Drehzahl ist unabhängig von der Belastung.
Nebenschlussverhalten	Die Drehzahl ändert sich zwischen Leerlauf und Volllast um weniger als 10 %.
Verbundverhalten	(auch: Kompoundverhalten, Doppelschlussverhalten) Die Drehzahl ändert sich zwischen Leerlauf und Volllast um mehr als 10 % und weniger als 25 %.
Reihenschlussverhalten	Die Drehzahl ändert sich zwischen Leerlauf und Volllast um mehr als 25 %.

Die Drehzahl-Drehmoment-Kennlinie kann mittels Frequenz-, Spannungs-, Widerstands- oder Feldsteuerung verändert werden. Je nach der Stromart, für die sie ausgelegt sind, und je nach den Besonderheiten der Ständer- und Läuferausführung lassen sich bei Motoren für kontinuierliche Drehbewegungen im Wesentlichen vier natürliche Drehzahl-Drehmomentsverhaltensweisen unterscheiden. „Natürlich" bedeutet dabei, dass die Kennlinien für die Nennwerte der elektrischen Eingangsgrößen (Spannung, Frequenz) gelten.

Das stationär erzeugte Drehmoment ist bei diesen Motoren ebenso wie bei Gas-, Wasser- oder Dampfturbinen zeitlich konstant. Lediglich einige Kleinmaschinen, z. B. Einphasen-Asynchronmotoren erzeugen ein pulsierendes Drehmoment, das um einen zeitlichen Mittelwert pendelt.

Natürliche Kennlinien	Typisch für ...	Hinweise
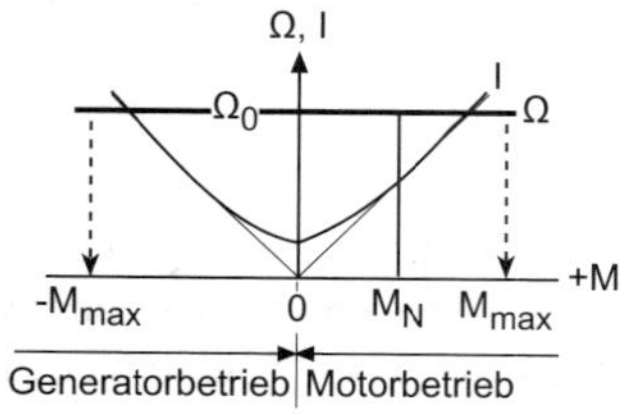	**Synchronmotoren**	Beim Überschreiten von M_{max} fällt die Maschine außer Tritt und bleibt stehen.
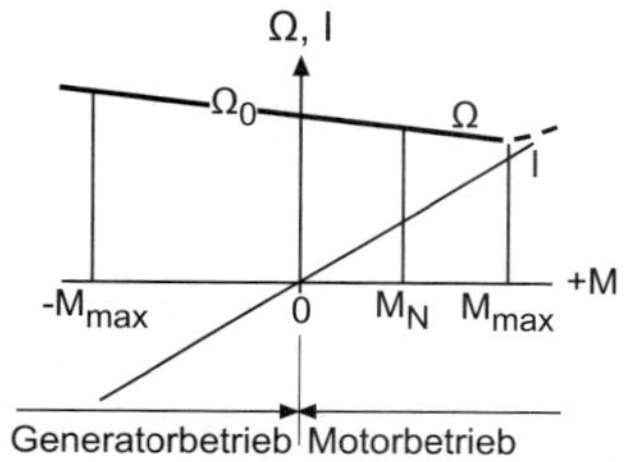	**Nebenschlussmotoren**	Beim Überschreiten von M_{max} ist die Drehzahlstabilität nicht mehr gewährleistet.
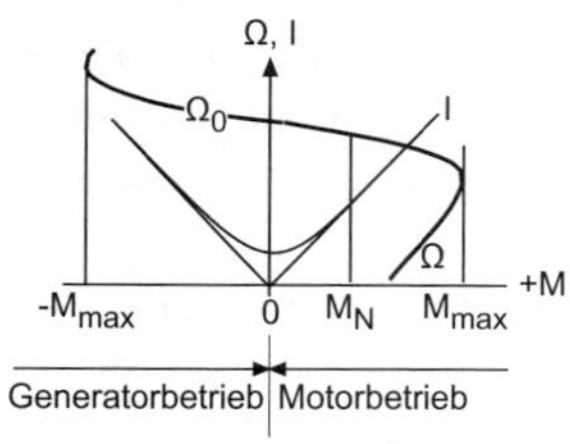	**Asynchronmotoren**	Beim Überschreiten von M_{max} bleibt der Motor unter hoher Stromaufnahme stehen.
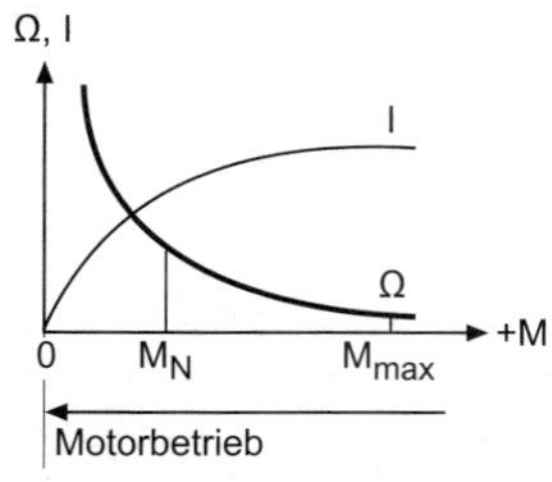	**Reihenschlussmotoren**	Beim Überschreiten von M_{max} arbeitet die Kommutierung nicht mehr einwandfrei.

14. Welche Grenzwerte gelten für die Drehmomentüberlastung?

Grundsätzlich sind alle Motoren in Bezug auf das Drehmoment M überlastbar. Das heißt, sie können *kurzzeitig* Drehmomente abgeben, die größer als das Motornennmoment M_N sind, jedoch das für die betreffende Maschine maximal zulässige Drehmoment M_{max} nicht überschreiten.

Für das Verhältnis M_{max}/M_N sind bei Elektromotoren folgende Werte üblich:

Motorenart:	**$M_{max} : M_N$**
Normale Motoren	1,6 bis 2,5
Stellmotoren	5,0 bis 20,0

15. Welche Nennbetriebsarten werden unterschieden?

Da bei den Arbeitsmaschinen in Bezug auf den Drehmomentbedarf in Abhängigkeit von der Zeit sowie hinsichtlich der geforderten Fahrweise sehr starke Unterschiede bestehen, werden Elektromotoren für verschiedene Nennbetriebsarten gebaut, die diesen unterschiedlichen Erfordernissen Rechnung tragen. Nach DIN EN 60034-1 (VDE 0530 Teil 1) unterscheidet man die Nennbetriebsarten von S1 bis S10:

Betriebsart	Beschreibung
S1	Dauerbetrieb
S2	Kurzzeitiger Betrieb mit konstanter Belastung
S3	Periodischer Aussetzbetrieb ohne Einfluss des Anlaufvorgangs; liegt vor, wenn der Anlaufstrom die Erwärmung unerheblich beeinflusst.
S4	Periodischer Aussetzbetrieb mit Einfluss des Anlaufvorgangs; liegt vor, wenn der Anlaufvorgang die Erwärmung beeinflusst.
S5	Periodischer Aussetzbetrieb mit Einfluss des Anlaufvorganges und elektrischer Bremsung; liegt vor, wenn eine Maschinenerwärmung durch Anlaufstrom und Bremsstrom erfolgt.
S6	Ununterbrochener periodischer Betrieb; es tritt kein stromloser Motorstillstand auf.
S7	Ununterbrochener periodischer Betrieb mit elektrischer Bremsung; hier liegt keine Stillstandzeit vor; der Motor läuft bei jedem Spiel mit konstanter Last an und wird elektrisch abgebremst.
S8	Ununterbrochener periodischer Betrieb mit Last-/Drehzahländerungen
S9	Nichtperiodischer Betrieb mit Last-/Drehzahländerungen
S10	Betrieb mit einzelnen, konstanten Belastungen

16. Welche Möglichkeiten der Ansteuerung elektrischer Maschinen gibt es?

Ansteuerung elektrischer Maschinen		
Drehstrommaschinen	**Wechselstrommaschinen**	**Gleichstrommaschinen**
• Phasenanschnittssteuerung • Frequenzumrichtung • Polumschaltung	• Phasenanschnittssteuerung • Frequenzumrichtung	• Phasenanschnittssteuerung • Frequenzsteuerung • Pulsbreitensteuerung • H-Schaltung

17. Welche Merkmale sind maßgebend bei der Auswahl elektrischer Maschinen?

Die Auswahl der elektrischen Maschinen, besonders der Elektromotoren, richtet sich nach dem vorgesehenen *Verwendungszweck,* z. B. als Fahrmotor oder als Antriebsmotor für Arbeitsmaschinen. Sie wird von den Anforderungen des Stell- und Bewegungsablaufs bestimmt. Wesentliche Einflüsse haben dabei die Art der zur Verfügung stehenden *Energiequelle* (Drehstrom-, Wechselstrom- oder Gleichstromnetz), die *Kennlinie* der anzutreibenden Arbeitsmaschine, der *Drehzahlstellbereich* und die Genauigkeit der Einhaltung des geforderten *Bewegungsablaufs.*

Weitere Entscheidungskriterien sind das maximale Drehmoment, die maximale Drehzahl und die Grenzleistung, zu erwartende HF-Störungen (bei Kommutatormaschinen), Explosionsschutz, Umwelteinflüsse und Umweltbeeinflussung. Daraus ergeben sich die geforderten Nenndaten und die geforderte Betriebsart.

Die folgende Aufzählung enthält die wichtigsten Angaben, die für die *Auswahl elektrischer Maschinen,* besonders Antriebsmaschinen, maßgebend sind:

Auswahlkriterien	Beispiele
Energetische Angaben	Spannungsart, Nennspannung, Spannungsstellbereich, Nennfrequenz, Frequenzstellbereich, Oberwellengehalt der Spannung, Stromwelligkeit
Maschinentyp	Asynchronmotor mit Kurzschlussläufer, Asynchronmotor mit Schleifringläufer, Synchronmotor, Gleichstrom-Nebenschlussmotor, Gleichstrom-Reihenschlussmotor
Antriebstechnische Angaben	Verlauf des Gegenmoments, Verlauf der Drehzahl, Trägheitsmoment der Arbeitsmaschine bzw. zeitlicher Verlauf
Typenleistung mit Betriebsart und Bestimmungsgrößen	Nenndrehzahl, Drehzahlstellbereich, Drehsinn, Drehzahl-Drehmoment-Kennlinie der Arbeitsmaschine, gefordertes Anzugsmoment, geforderte Drehmomentenüberlastbarkeit, maximale oder minimale Hochlaufzeit
Betriebsbedingte Angaben	Art der Einschaltung (direkt, mit Anlasser usw.), Art der Bremsung, Art der Reversierung, Anzahl der Ein- und Bremsschaltungen bzw. Reversierungen je Stunde, Tag, Monat, Schaltvorgänge bei Restspannung, kürzeste Schaltpause
Schutztechnische Angaben	thermischer Wicklungsschutz, Überlastschutz, Unterspannungsschutz, Anlaufzeitüberwachung, sonstige Überwachung (Lagertemperatur, Kühlmittel, Drehzahl u. a.)
Umgebungsbedingte Angaben	Schutzgrad, Sonderschutz (Feuchtigkeit, Säuren, Laugen, Schlagwetter, Explosion), Gehäuse, Klimaschutz, Umgebungstemperatur, Aufstellungshöhe, Schwinggüte, Geräuschgüte, Funkentstörungsgrad
Konstruktionsbedingte Angaben	Bauform, Kühlungsart/Kühlmittel, Schmierungsart/Schmiermittel, Art der Kupplung, Zahnrad oder Riemenscheibe mit Angaben, Lage der Klemmanschlüsse, Reserveteile

18. Welche Angaben können dem Leistungsschild eines Elektromotors entnommen werden?

Leistungsschild		
Hersteller		
Typ		Gütezeichen
Stromart, Arbeitsweise		Fertigungsnummer
Schaltart, Nennspannung		Nennstrom
Nennleistung	Betriebsart	Nennleistungsfaktor
Nenndrehzahl		Nennfrequenz
Erregung, Nennerregerspannung		Erregerstrom bei Nennbetrieb
Isolierklasse	Schutzgrad	Masse
Zusätzliche Vermerke		

Beispiel:

1.1.1.4.8 Beleuchtungstechnik

01. Welche Bedeutung hat die Beleuchtungstechnik?

Die Ansprüche an das Leistungsvermögen des Menschen steigen ständig. Die Sehaufgaben im Handwerk und in der Industrie werden schwieriger, im Bereich der Verwaltungen werden durch das Anwachsen der Arbeitsplätze mit Bildschirmgeräten erhöhte Anforderungen an die Beleuchtung gestellt.

Der Wettbewerbsdruck zwingt z. B. Ladeninhaber dazu, effektvolle, wirtschaftliche Lösungen für die Beleuchtung ihrer Verkaufsräume und Schaufenster zu finden. Die Ansprüche an das Licht im Wohnbereich werden vielfältiger und der zunehmende Wunsch beim Sport einen körperlichen Ausgleich zu erhalten, verlangt Beleuchtungsanlagen, die eine Nutzung der Sportstätten auch bei Dunkelheit zulassen. Darüber hinaus werden die Anforderungen an die Sicherheit auf beleuchteten Straßen und in künstlich erhellten Betriebsstätten immer größer.

Die Qualität der Beleuchtung wirkt sich auf das visuelle Leistungsvermögen des Menschen aus. Sie ist entscheidend dafür, wie genau und wie schnell Formen, Details und Farben erkannt werden. Durch schlechte Beleuchtung kann es auch zu Fehlbeanspruchungen des Menschen kommen. Darüber hinaus beeinflusst die Beleuchtung Aktivität und Wohlbefinden des Menschen und wirkt sich somit auf seine Leistungsfähigkeit und Leistungsbereitschaft aus.

02. Wie lautet die Definition für „Licht"?

Licht ist die sichtbare, elektromagnetische Strahlung sehr hoher Frequenzen, die von einer Lichtquelle ausgeht.

Mithilfe des Lichts konnten sich die Menschheit sowie Flora und Fauna entwickeln.

„Licht ist Leben!" „Lux vita est!" (lat.)

03. Welche Aufgaben erfüllt Licht?

- Licht überträgt Informationen (80 % aller Informationen erreichen den Menschen über das Auge).
- Licht schafft humane Lebensbedingungen (es beeinflusst Wohlbefinden und Stimmung).
- Licht sorgt für Sicherheit (Vermeidung von Unfällen).

04. Welche Beleuchtungstechnik wird unterschieden?

<table>
<tr><th colspan="3">Beleuchtungstechnik</th></tr>
<tr><td colspan="3">1. Innenbeleuchtung</td></tr>
<tr><td rowspan="3"></td><td>1.1 Allgemeinbeleuchtung</td><td>DIN EN 12464-1:2011-8</td></tr>
<tr><td rowspan="2">1.2 Notbeleuchtung</td><td>DIN VDE 0100-560</td></tr>
<tr><td>• Sicherheitsbeleuchtung DIN EN 50172
Deutsche Fassung EN 50172:2004
• Beleuchtung für Rettungswege
• Beleuchtung für Arbeitsplätze mit besonderer Gefährdung
• Anti-Panik-Beleuchtung
• Ersatzbeleuchtung</td></tr>
<tr><td colspan="2">2. Außenbeleuchtung</td><td>Beleuchtung von Straßen, Wegen und Plätzen nach DIN EN 13201</td></tr>
</table>

05. Welche Vorschriften sind bei der Beleuchtung von Arbeitsstätten im Innenraum maßgeblich?

Der Einfluss einer guten Beleuchtung von Arbeitsstätten auf die Sicherheit und auf die Qualität der Arbeit ist allgemein bekannt.

DIN EN 12464-1:2003-03	Mit Erscheinen der DIN EN 12464-1:2003-03 „Licht und Beleuchtung - Beleuchtung von Arbeitsstätten, Teil 1: Arbeitsstätten in Innenräumen" als deutsche Fassung der EN 12464-1 im März 2003 gilt in Deutschland und in den übrigen CEN-Mitgliedsländern ein einheitlicher Standard für die Beleuchtung von Arbeitsstätten.

Hinweis: Mit der Veröffentlichung der DIN EN 12464-1:2003-03 sind entsprechende DIN-Normen (z. B. DIN 5035 „Beleuchtung mit künstlichem Licht") bzw. Teile davon ungültig geworden. Inhalte nationaler Normen, die nicht durch DIN EN 12464-1,2 abgedeckt sind, gelten jedoch weiterhin in Deutschland als allgemein anerkannter Stand der Technik.

ASR 7/3 **GaV**	Für die Beleuchtung von Arbeitstätten in Innenräumen haben neben der neuen DIN EN 12464-1 die Arbeitstättenrichtlinie (ASR) und die Garagenverordnung (GaV) weiterhin Gültigkeit. In der Praxis kann sich also bis zur Veröffentlichung einer überarbeiteten ASR 7/3 die Frage stellen, welche Werte der Beleuchtungsstärke den Planungen von Beleuchtungsanlagen in Arbeitsstätten zugrunde zu legen sind – die Nennwerte nach ASR 7/3 oder die Wartungswerte nach DIN EN 12464-1. In den meisten Anwendungsfällen kann man die Beleuchtungsstärken nach DIN EN 12464-1 schon deswegen als gleichwertig ansehen, weil diese Wartungswerte gleich bzw. höher liegen als die entsprechenden Wartungswerte nach DIN 5035-2 (veraltet), die das 0,8-fache der Nennwerte betragen, und die in ASR 7/3 zitiert sind.

06. Welche lichttechnischen Gütemerkmale bestimmen die Qualität der Beleuchtung?

Eine Reihe von Merkmalen, die sich gegenseitig beeinflussen, bestimmen die Qualität der Beleuchtung. Um unter Berücksichtigung des Sehvermögens der Mitarbeiter angemessene Lichtverhältnisse für die Sehaufgaben in Büroräumen zu erzielen, müssen insbesondere die folgenden, lichttechnischen Gütemerkmale beachtet werden:

Gütemerkmale der Beleuchtung von Arbeitsstätten nach DIN EN 12464-1	
• Beleuchtungsniveau (Leuchtdichteverteilung, Beleuchtungsstärke) • Direkt- und Reflexblendung (Begrenzung der Direkt- und der Reflexblendung) • Lichtrichtung und Schattigkeit • Lichtfarbe und Farbwiedergabe	• Flimmern und stroboskopischer Effekt (Flimmerfreiheit) • Wartungsfaktoren • Energiebetrachtungen • Tageslicht

Die Kennzeichnung der Lampen hinsichtlich **Lichtfarbe** und **Farbwiedergabe** erfolgt durch einen **3-ziffrigen Code**, bei dem die erste Ziffer die Farbwiedergabeeigenschaft und die beiden folgenden Ziffern die Lichtfarbe kennzeichnen.

Beispiel: 2700 K: x 27 (Lichtfarbe „Warmweiß", ww)

Beim Austausch der Lampen ist darauf zu achten, dass Lampen mit der gleichen Leistungsaufnahme sowie der gleichen Lichtfarbe und Farbwiedergabeeigenschaft eingesetzt werden.

Quelle: BGI 856

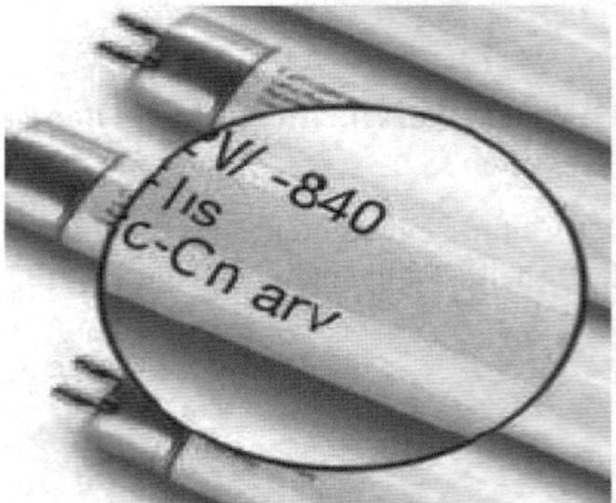

07. Welche drei Beleuchtungskonzepte unterscheidet man bei der Innenraumbeleuchtung?

1. Raumbezogene Beleuchtung

Unter dem Beleuchtungskonzept „Raumbezogene Beleuchtung" wird eine gleichmäßige Beleuchtung über den gesamten Raum verstanden. Hierbei wird die erforderliche Anzahl von Leuchten gleichmäßig über den Raum verteilt. Dieses Konzept schafft an allen Stellen etwa gleiche Sehbedingungen. Der Bereich der Sehaufgabe nach DIN EN 12464-1 entspricht damit dem kompletten Raum. Die raumbezogene Beleuchtung wird in großen Räumen, bei denen eine örtliche Zuordnung der Sehbereiche nicht bekannt ist oder nicht auf Dauer festgelegt werden kann, angewendet (z. B. Sitzungsräume, Großraumbüros, Klassenräume, Hör- und Lehr- und Lesesäle, Sporthallen, Werkstätten).

2. Arbeitsbereichbezogene Beleuchtung

Unter dem Beleuchtungskonzept „Arbeitsbereichsbezogene Beleuchtung" wird eine Beleuchtung verstanden, bei der die Anordnung der Beleuchtungskörper hinsichtlich der Lage des Arbeitsbereichs oder, bei mehreren Arbeitsbereichen innerhalb eines Raumes, der Arbeitsbereiche hin optimiert wird. Der Bereich der Sehaufgabe nach DIN 12464-1 entspricht damit den Arbeitsbereichen. Dieses Konzept hat sich in öffentlichen Gebäuden hinsichtlich Sehbedingungen, Tageslichtnutzung, Wirtschaftlichkeit und Energieeinsparung am besten bewährt und ist das am häufigsten angewandte Beleuchtungskonzept in verwaltungstypischen Büroräumen mit fensternahen Arbeitsplätzen. Es wird grundsätzlich empfohlen, falls nicht im begründeten Sonderfall spezielle Anforderungen an die Anordnung der Arbeitsbereiche festgelegt werden.

3. Teilflächenbezogene Beleuchtung

Die teilflächenbezogene Beleuchtung ist eine Beleuchtung, mit der einzelne Zonen innerhalb des Arbeitsbereichs individuell beleuchtet werden. Sie ist besonderen Sehaufgaben zuzuordnen und wird zusätzlich zur Beleuchtung des Arbeitsbereichs empfohlen, wenn

- die Beleuchtung an unterschiedliche Sehaufgaben innerhalb des Arbeitsbereichs anzupassen ist
- sehr hohe Beleuchtungsstärken oder eine gerichtete Beleuchtung erforderlich sind, z. B. bei Zeichenarbeiten, feinmechanischen Tätigkeiten
- hohe Einbauten die Beleuchtung abschatten, z. B. Verteilplätze bei Briefverteilung, Arbeitsplätze unter Fördereinrichtungen
- Registraturen.

Beim Konzept einer teilflächenbezogenen Beleuchtung entspricht der Bereich der Sehaufgabe nach DIN 12464-1 dem Arbeitsbereich; die Teilfläche wird mit einem erhöhten Beleuchtungsniveau ausgeleuchtet.

08. Welche Beleuchtungsarten gibt es?

Je nach der Lichtstromverteilung der Leuchten werden folgende Beleuchtungsarten unterschieden:

Beleuchtungsarten

- ↓ **Direkt-beleuchtung**
- ↓ **Indirekt-beleuchtung**
- ↓ **Direkt-/Indirekt-beleuchtung**

1. Direktbeleuchtung
Bei einer Direktbeleuchtung wird der Lichtstrom der Leuchten direkt in den Raum unterhalb der Leuchte gelenkt und dadurch wird ein hoher Beleuchtungswirkungsgrad erzielt. Je nachdem, in welchen Räumen, Bereichen, Aufgaben und Tätigkeiten direktstrahlende Leuchten eingesetzt werden, sind diese Leuchten in unterschiedlichen Variationen als Wannen-, Reflektor- oder Rasterleuchten ausgelegt. Bei dieser Beleuchtungsart fällt kein direktes Licht an die Decke, und die Decke erscheint deshalb meist relativ dunkel. Diese Leuchten sind meist als Deckenanbauleuchten, Deckeneinbauleuchten oder als Pendelleuchten ausgeführt.

2. Indirektbeleuchtung
Bei einer Indirektbeleuchtung wird der Lichtstrom der Leuchten unmittelbar an die Decke, an Wände oder andere geeignete Reflexionsflächen (z. B. Lichtsegel) gelenkt und von dort in den Raum und auf die relevanten Arbeitsflächen reflektiert. Die Lichtstärkeverteilung der Leuchten sollte breitstrahlend sein und es ist darauf zu achten, dass an den Raumbegrenzungsflächen keine hellen Lichtflecken mit zu hohen Leuchtdichten entstehen. Bei ausschließlich indirekter Beleuchtung wird das räumliche Sehen aufgrund fehlender Kontraste beeinträchtigt. Bei der Indirektbeleuchtung bestehen ein erhöhter Instandhaltungsaufwand bei den Leuchten und kürzere Instandhaltungsintervalle bei den Anstricharbeiten. Aufgrund der Reflexionseigenschaften der reflektierenden Flächen im Vergleich zu direkter bzw. direkt/indirekter Beleuchtung erfordert die Indirektbeleuchtung einen wesentlich höheren Energieeinsatz. Sie ist daher vom wirtschaftlichen Aspekt nur in Ausnahmefällen vorzusehen. Diese Leuchten sind meist als Pendel-, Steh- oder Wandleuchten ausgeführt.

3. Direkt-/Indirektbeleuchtung
Bei einer Direkt-/Indirekt-Beleuchtung wird der Lichtstrom der Leuchten sowohl direkt als auch indirekt in den Raum und auf die relevanten Arbeitsflächen gelenkt. Durch die Aufhellung des Deckenbereichs wird der Eindruck des Raumes verbessert. Es lässt sich hierdurch der diffuse Lichtanteil erhöhen und so eine gleichmäßigere Ausleuchtung erreichen, und es entsteht eine angenehme Schattigkeit. Es ist auf eine breitstrahlende Charakteristik für den Indirekt-Anteil der Leuchte und eine Abpendelung von mindestens 40 cm bei oben offenen Leuchten bzw. 20 cm bei Leuchten mit Prismenabdeckungen zu achten, um helle Lichtflecken mit zu hohen Leuchtdichten an der Decke zu vermeiden. Dies reduziert die Gefahr von Reflexblendung. Diese Leuchten sind ebenfalls meist als Pendel-, Steh- oder Wandleuchten ausgeführt.

09. Welche Angaben enthält die DIN EN 12464-1 bezüglich der Beleuchtungsstärke?

„Die Beleuchtungsstärke und ihre Verteilung im Bereich der Sehaufgabe und im Umgebungsbereich haben große Einfluss darauf, wie schnell, wie sicher und wie leicht eine Person die Sehaufgabe erfasst und ausführt. Alle in dieser Norm festgelegten Beleuchtungsstärkewerte sind Wartungswerte der Beleuchtungsstärke und dienen der Sehleistung und dem Sehkomfort.“ (Quelle: DIN EN 12464-1)

Eine Übersicht über die empfohlenen Nennbeleuchtungsstärken und Wartungswerte der Beleuchtungsstärke in Bezug auf die Beleuchtungsanforderungen für Räume (Bereiche) Aufgaben und Tätigkeiten auf der Bewertungsfläche des Bereiches der Sehaufgabe, die horizontal oder vertikal geneigt sein kann, gibt die DIN EN 12464-1, Abschnitt 5. Die mittlere Beleuchtungsstärke für die jeweilige Aufgabe darf unabhängig vom Alter und Zustand der Beleuchtungsanlage nicht unter den im Abschnitt 5 der DIN EN 12464-1 genannten Wert sinken.

Einen Auszug zeigt die nachfolgende Tabelle, die um die Farbwiedergabestufe, die Blendungsbegrenzungsklasse sowie die Lichtfarbe ergänzt wurde:

Lichtfarbe	**Beleuchtungsstärke in lx**	**Farbwiedergabestufe**	**Güteklasse der Blendungsbegrenzung**	**Art der Tätigkeit – Art des Raumes**
ww	200	1	–	Speiseräume
nw	300	2	1	Auslesen von Gemüse/Obst in der Nahrungsmittelindustrie
			2	Arbeitsplätze in Metzgereien, Molkereien, Mühlen
	500	2	1	Kontrolle von Gläsern, Produktionskontrolle, Dekorieren
			2	Arbeit in Küchen, Herstellung von Feinkost und Zigarren
ww, nw	50	3	–	Abstell-/Lagerräume mit großem, gleichartigem Lagergut
			3	Fernbediente Anlagen, Produktion ohne manuelle Eingriffe
	100	2	1	Empfangsräume
			2	Umkleideräume, Waschräume, Toilettenanlagen
		3	2	Geneigte Wege in Gebäuden, Treppen, Rolltreppen
			3	Lagerräume mit Suchaufgaben, Verladerampen, Maschinenräume, Wege in Gebäuden für Personen/Fahrzeuge
	200	2	1	Kantinen, Räume mit Publikumsverkehr
			2	Arbeiten an der Hobelbank, Leimen, Zusammenbau
			3	Arbeitsplätze in Brauereien und Zuckerfabriken, Reinigen und Abfüllen von Fässern, Sieben, Schälen, Kochen
		3	2	Lagerräume mit Leseaufgaben, Versand, Schmieden kleiner Teile, Verarbeiten schwerer Bleche, Grobmontage
			3	ständig besetzte Arbeitsplätze in Verfahrenstechnik und in Produktion
	300	2	1	Telefonvermittlung, Büroarbeitsplätze am Fenster, Verkaufsräume, Selbstbedienungsgaststätten
			2	Messstände, Steuerbühnen, Warten, Laboratorien, Packereien
		3	1	Mittelfeinmontage, Kabel- und Leitungsherstellung, Lackieren und Tränken von Spulen, Spulenwicklung mit grobem Draht
	500	1	1	Sanitätsräume und Räume für ärztliche Betreuung, Modelltischlerei
		2	1	Fernschreibstelle, Poststelle, Büroräume, auch für Datenverarbeitung, Arbeiten mit erhöhter Sehaufgabe, Kassenarbeitsplätze
		3	1	feine Maschinenarbeiten, Feinmontage, Modellbau
			2	Schweißen, spanendes Verarbeiten, Drahtziehereien, Handformerei
	750	1	1	Fehlerkontrolle
		2	1	Großraumbüros mit hoher Reflexion, Technisches Zeichnen
		3	1	Messplätze, Plätze für Anreißen und Kontrolle
	1000	2	1	Großraumbüros mit mittlerer Reflexion

ww, nw, tw	500	1	1	Haarpflege
		2	1	Prüf- und Kontrollplätze
		3	1	Montage von Telefonen, Spulenwickeln mit mittlerem Draht
			2	Karosseriebau und -oberflächenbehandlung
	750	1	1	Kosmetik
		3	1	Lackiererei[1)], Schleifplätze und Inspektion
	1000	2	1	Herstellung von Schmuck
		3	1	Lackiererei[1)], Nacharbeit, Montage feiner Geräte, Wickeln feiner Drahtspulen, Justieren, Prüfen, Eichen
	1500	2	1	Montage feinster Teile, Elektronik, Optiker und Uhrmacherwerkstatt

Legende: ww = Warmweiß; nw = Neutralweiß; tw = Tageslichtweiß

Quelle: Erwig, L., Elektroberufe, Lernfeld 10, a. a. O., S. 13

[1)] Die Wartungsbeleuchtungsstärke sollte im Arbeitsbereich des Lackierers mindestens 600 Lux betragen.

Empfehlenswert sind mindestens 750 Lux; dadurch können auch Lackfehler besser und rechtzeitig erkannt werden.

Quelle: BGI 740

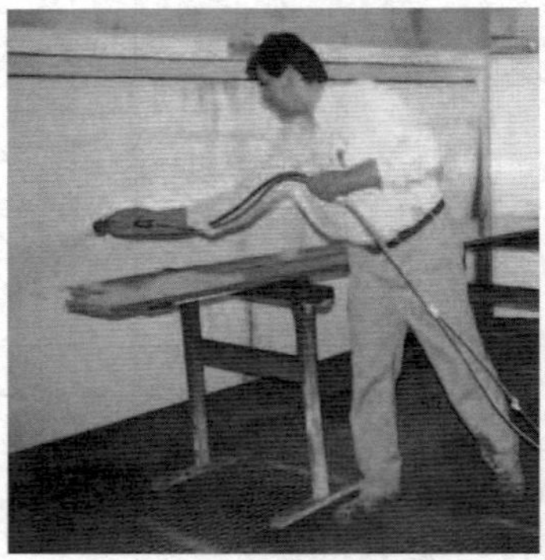

10. Welche Aspekte sind bei der Planung von Beleuchtungsanlagen zu beachten?

Ziel der Planung einer Beleuchtungsanlage ist es, eine *wirtschaftliche* und *zweckmäßige* Beleuchtungsanlage unter Berücksichtigung der raumgestalterischen Belange zu entwerfen. Auf einen hohen *Leuchtenbetriebswirkungsgrad* sowie auf *Montage- und Wartungsfreundlichkeit* ist zu achten.

- Bei der Planung von Beleuchtungsanlagen sind zunächst die *Anforderungen und Gegebenheiten des zu planenden Raumes* festzustellen – insbesondere:

  - Art der Raumnutzung und der Sehaufgabe
  - Bereich oder Bereiche der Sehaufgabe
  - Abmessungen
  - Reflexionsgrade der Raumbegrenzungsflächen
  - Hauptlichtrichtung.

  Die Beleuchtungsplanung sollte auf der Basis einer verbindlichen Einrichtungsplanung erfolgen, denn nur so sind optimale Lösungen möglich. Auf der Grundlage dieser Anforderungen ist zu entscheiden, welches *Beleuchtungskonzept* und welche *Beleuchtungsart* gewählt werden sollen.

- *Im nächsten Planungsschritt* sind die sich aus der Art der Raumnutzung ergebenden notwendigen *lichttechnischen Gütemerkmale* zu ermitteln:

  - Leuchtdichteverteilung entsprechend DIN EN 12464-1; Pkt. 4.2; Tabelle 1
  - Beleuchtungsstärke:
    · im Bereich der Sehaufgabe entsprechend DIN EN 12464-1; Tabelle 5
    · im unmittelbaren Umgebungsbereich entsprechend DIN 12464-1; Tabelle 1
  - Blendungsbegrenzung:
    · Direktblendung entsprechend DIN EN 12464-1; Pkt. 4.4 Tabelle 5
    · Reflexblendung entsprechend DIN EN 12464
  - Lichtfarbe entsprechend DIN EN 12464-1; Pkt. 4.6, Tabelle 3
  - Farbwiedergabe entsprechend DIN EN 12464-1; Pkt. 4.6, Tabelle 5.

- Nach diesen Merkmalen muss eine Beleuchtungsanlage projektiert oder bewertet werden. Ferner muss die örtliche *Gleichmäßigkeit der Beleuchtung,* z. B. Beleuchtungsstärkegleichmäßigkeit im Raum, zur Erzielung guter Sehleistungen gewährleistet sein. Die Bewertung der zeitlichen Gleichmäßigkeit der Beleuchtung ist durch die Pulsation (Welligkeit) des Lichtes infolge von Wechselspannungsbetrieb erforderlich. So kann die Lichtstrompulsation zur Täuschung über den Bewegungszustand bewegter Teile führen (stroboskopischer Effekt). Diese Pulsation kann sich aber auch nachteilig auf die Sehleistung auswirken. Deshalb sind entsprechende Maßnahmen zur Verringerung der Pulsation notwendig, z. B. mittels der Dreiphasenschaltung oder der Duoschaltung.

- Im Weiteren werden die entsprechend den Vorgaben zweckmäßigen Leuchten und Lampen ausgewählt. Entsprechend der Vielzahl von Leuchtmitteln, der Sehaufgaben sowie der architektonischen Aspekte ist die Vielfalt auf dem Leuchtenmarkt sehr groß. Wesentliche Unterscheidungskriterien sind:

  - Leuchtengeometrie (z. B. Langfeldleuchte, quadratische Leuchte, Einzelleuchte)
  - Führung des Lichtstromes (z. B. Ausstrahlungswinkel, Strahlungssymmetrie, direkte/indirekte Beleuchtung)
  - Montageart (z. B. Einbauleuchte, Anbauleuchte, Pendelleuchte)
  - Verwendungszweck (z. B. Feuchtraum, explosionsgeschützt, Sporthallenbeleuchtung).

- Die *Anordnung der Leuchten* richtet sich nach dem gewählten Beleuchtungskonzept. Dabei soll die Gestaltung des Arbeitsplatzes so erfolgen, dass störende Blendwirkungen, Reflexionen oder Spiegelungen vermieden werden. Die Leuchten sollen parallel zur Hauptblickrichtung und somit parallel zur Hauptfensterfront angeordnet werden. Zur Vermeidung der Reflexblendung z. B. auf den Schreibflächen sind im Allgemeinen keine Leuchten direkt über den Arbeitsplätzen anzuordnen. Die Aufgabe der Leuchte besteht darin, den Lichtstrom des Leuchtmittels den Sehanforderungen entsprechend mit möglichst hohem Wirkungsrad auf die Nutzebene zu lenken. Darüber hinaus schützt die Leuchte das Leuchtmittel gegen äußere Einflüsse und enthält die technisch notwendigen Teile zur Aufnahme und Funktion des Leuchtmittels (z. B. Sockel, Starter, Vorschaltgerät).

11. Welche Vorschaltgeräte werden eingesetzt?

Leuchten mit Leuchtstofflampen benötigen zum Betrieb ein Vorschaltgerät. Gängig sind:

VVG	**Verlustarmes Vorschaltgerät**
EVG	**Elektronisches Vorschaltgerät:** Bei den EVGs wird zwischen Warmstart- und Kaltstart-EVGs unterschieden. Warmstart-EVGs führen zu einer höheren Lampenlebensdauer. Neben dem wirtschaftlichen Betrieb sind die Vorteile der EVGs u. a.: • geringe Wärmeentwicklung • flackerfreier Start • flimmerfreier Betrieb • längere Lampenlebensdauer. Aus den genannten Gründen sollten in der Regel immer EVGs zum Einsatz kommen.
[KVG]	**Konventionelles Vorschaltgerät:** In Altanlagen sind auch noch KVGs im Einsatz. Diese dürfen jedoch gemäß EU-Richtlinie 2000/55/EG nicht mehr in Umlauf gebracht werden.

12. Welche Schutzbestimmungen sind bei der Auswahl der Leuchten zu beachten?

Die eingesetzten Leuchten müssen der Niederspannungsrichtlinie und den VDE-Bestimmungen, insbesondere der DIN EN 60598-1, genügen; dies betrifft besonders:

- die Maßnahmen zum Schutz bei direktem Berühren
- den Schutz gegen Einfluss von Staub und Wasser
- den Explosions- und Schlagwetterschutz
- den Schutz gegen unzulässige Erwärmung (Brände)
- die elektromagnetische Verträglichkeit
- die Ballwurfsicherheit
- die Korrosionsbeständigkeit und den Schutz gegen aggressive Atmosphäre (Isolation).

13. Wie wird die Ermittlung der Leuchtenanzahl durchgeführt?

Die voraussichtliche Anzahl der notwendigen Leuchten ist festzulegen:

1. *Vorplanung:*
   Die Berechnung der Leuchtenanzahl kann in der Vorplanung von Beleuchtungsanlagen mithilfe des *Wirkungsgradverfahrens* erfolgen.

2. *Feinplanung:*
   In den weiteren Planungsphasen ist die Einhaltung der lichttechnischen Gütemerkmale bei der Leuchtenauswahl (Anzahl und Anordnung) mithilfe Dv-gestützter Berechnungsprogramme zu überprüfen. Man unterscheidet:

   - firmenunabhängige Berechnungsprogramme → z. B. DIALux, ReLux
   - firmeneigene Berechnungsprogramme → Leuchtenhersteller.

3. Für die Berechnung der *Beleuchtungsstärkeverteilung* hat sich hierbei ein *Rastermaß* in Anlehnung an die DIN EN 12193 bewährt. Gegebenenfalls müssen die Leuchten und ihre Anordnung so lange verändert werden, bis alle Anforderungen erfüllt sind.

14. Wie erfolgt die Berechnung der erforderlichen Lampenanzahl im Innenraum nach dem Wirkungsgradverfahren?

Das Wirkungsgradverfahren ist ein verhältnismäßig einfaches Berechnungsverfahren. Es wird angewendet, um Anhaltspunkte zu erlangen, wie viele Leuchten/Lampen voraussichtlich eingesetzt werden müssen. *Das Verfahren dient in erster Linie der Orientierung und der Kostenveranschlagung.*

Die Anzahl der Lampen ergibt sich durch den ermittelten, benötigten Gesamtlichtstrom, geteilt durch den Lichtstrom einer Lampe. Je höher die notwendige Beleuchtungsstärke E ist und je größer der zu beleuchtende Raum ist, desto höher ist der erforderliche Lichtstrom. Den Wert für die Wartungsbeleuchtungsstärke, entnimmt man der DIN E 12464-1 bzw. der Arbeitsstätten-Richtlinie ASR 7/3.

Zur Berechnung des Lichtstrombedarfs bzw. der Anzahl der Lampen wird wie folgt vorgegangen:

1. Nach Vorgabe eines Wartungswertes der Beleuchtungsstärke E_m in Lux (lx) kann die *Anzahl der erforderlichen Leuchtmittel* Z mit folgender Gleichung ermittelt werden:

$$Z = \frac{\overline{E}_m \cdot A}{WF \cdot \eta_B \cdot \Phi_{Lp}}$$

Z	=	Anzahl der Lampen
WF	=	Wartungsfaktor (z. B. 0,8 bei sehr sauberen Büros)
$\overline{E}_m$	=	Wartungswert der Beleuchtungsstärke in Lux (lx)
A	=	Grundfläche des Raumes im m²
η_B	=	Beleuchtungswirkungsgrad
Φ_{LP}	=	Nennlichtstrom der Lampe in Lumen (lm)

2. Der *Wartungsfaktor* WF berücksichtigt den im Laufe der Zeit eintretenden Beleuchtungsstärkerückgang infolge von Alterung der Lampen sowie der Verschmutzung der Lampen, Leuchten und Raumoberflächen. Ihm liegt eine bedarfsgerechte Reinigung der Beleuchtungsanlage zugrunde. In Sonderfällen, z. B. bei Räumen mit hohem Staubanfall, ist im Allgemeinen kein kleinerer Wartungsfaktor zu verwenden, sondern die Reinigungsperiode entsprechend zu verkürzen.

3. Der *Beleuchtungswirkungsgrad* η_B beinhaltet den Raumwirkungsgrad und den Leuchtenbetriebswirkungsgrad. Für charakteristische Leuchtenarten kann der Beleuchtungswirkungsgrad aus den Unterlagen der Leuchtenhersteller entnommen werden.

4. Weiterhin muss der *Raumindex* k errechnet werden. Er dient zur Kennzeichnung der Raumabmessungsverhältnisse und wird wie folgt berechnet:

$$k = \frac{a \cdot b}{h \cdot (a + b)}$$

k = Raumindex
a = Raumbreite (Fenster- oder Außenwand) in m
b = Raumtiefe in m
h = Höhe der Leuchten über der Nutzebene; Lichtpunkthöhe in m

5. Als *Nutzebene* gilt die tatsächliche Arbeitshöhe, in der Regel eine horizontale Arbeitsfläche in 0,75 m Höhe. Bei Verkehrsflächen und Sportstätten wird als Nutzebene der Fußboden angenommen.

Beispiel:

Wartungswert der Beleuchtungsstärke $E_m = 300$ lx
Raumbreite: a = 3,60 m
Raumtiefe: b = 4,80 m
Raumhöhe: H = 3,00 m
Raumgrundfläche: A = 17,30 m^2
Gewählte Leuchte: Anbauleuchte mit Spiegelraster seidenmatt (A50)
Lichtpunkthöhe: h = 3,00 m – 0,75 m = 2,25 m
Raumart: hell

Raumindex $k = \frac{3{,}6\ m \cdot 4{,}8\ m}{2{,}25\ m \cdot (3{,}6\ m + 4{,}8\ m)} = 0{,}91$

Beleuchtungswirkungsgrad $\eta_B = 50\ \%$

Erforderlicher Gesamtlichtstrom $\Phi = \frac{300 \cdot 17{,}3}{0{,}8 \cdot 0{,}5} = 12.975$ lm

Erforderliche Lampenzahl bei EVG-Betrieb
N = 2,60 T 26/58 W (5.000 lm)
N = 4,05 T 26/36 W (3.200 lm)

gewählt: N = drei Leuchten mit je 1 T 26/58 W

15. Was ist eine Notbeleuchtung? → 1.8.4

Eine Notbeleuchtung ist eine netzunabhängige Beleuchtung, die bei Störung der elektrischen Versorgung der allgemeinen künstlichen Beleuchtung rechtzeitig wirksam wird. Es wird zwischen der *Sicherheitsbeleuchtung* und der *Ersatzbeleuchtung* unterschieden. Die Anforderungen an die Notbeleuchtung enthalten u. a. die DIN EN 1838, DIN EN 50172, DIN EN 60598-2-22 und die DIN EN 50622.

Notbeleuchtung

1. Sicherheitsbeleuchtung

Eine Sicherheitsbeleuchtung ist in Gebäuden besonderer Art und Nutzung erforderlich. Näheres regeln die jeweiligen Landesbauordnungen. Darüber hinaus gelten die Arbeitsstättenrichtlinien und die DGUV Vorschrift 1.

Die **Sicherheitsbeleuchtung für Rettungswege** ist eine Beleuchtung, die Rettungswege mit einer vorgeschriebenen Mindestbeleuchtungsstärke ausstattet, um das gefahrlose Verlassen der Räume oder Anlagen zu ermöglichen.

Die **Sicherheitsbeleuchtung für Arbeitsplätze mit besonderer Gefährdung** ist eine Beleuchtung, die das gefahrlose Beenden notwendiger Tätigkeiten und das Verlassen des Arbeitsplatzes ermöglicht. Arbeitsplätze mit besonderer Gefährdung sind solche, an denen bei Ausfall der Beleuchtung eine unmittelbare Unfallgefahr besteht oder von denen Gefahren für Dritte ausgehen können. Bühnen, Szenenflächen, Rennbahnen, Manegen werden im Sinne dieser Norm wie Arbeitsplätze mit besonderer Gefährdung behandelt.

Ziel einer **Anti-Panik-Beleuchtung** ist es, die Wahrscheinlichkeit einer Panik zu reduzieren, sowie den Personen ein sicheres Erreichen der Rettungswege zu ermöglichen.

2. Ersatzbeleuchtung

Die Ersatzbeleuchtung ist eine Notbeleuchtung, die für die Weiterführung des Betriebes über einen begrenzten Zeitraum ersatzweise die Aufgabe der raumbezogenen Beleuchtung übernimmt, um notwendige Tätigkeiten im Wesentlichen fortsetzen zu können (z. B. Schaltwerk, EDV-Raum). Liegt das Beleuchtungsniveau unter dem Minimum der raumbezogenen Beleuchtung, darf sie nur benutzt werden, um einen Arbeitsprozess herunter zu fahren oder zu beenden. Wird sie eingesetzt, um auch die Aufgaben der Sicherheitsbeleuchtung zu übernehmen, so müssen alle entsprechenden Anforderungen erfüllt werden.

Besonderheit: Beleuchtung bei Arbeiten in engen Räumen

Zur Beleuchtung bei Arbeiten in engen Räumen aus elektrisch leitfähigen Materialien (z. B. Kesselbau oder in Doppelböden von Schiffen) werden im Allgemeinen ortsveränderliche elektrische Leuchten eingesetzt. Vorübergehend ortsfest angebrachte und über bewegliche Zuleitungen angeschlossene Leuchten dürfen nur unter Anwendung der Schutztrennung oder Schutzkleinspannung bis 50 Volt Wechselspannung oder 120 Volt Gleichspannung verwendet werden. Die Kleinspannungs- oder Trenntransformatoren müssen außerhalb des engen Raumes aufgestellt sein. Handleuchten dürfen nur mit den Schutzmaßahmen Schutzkleinspannung oder Schutztrennung verwendet werden.

16. Welche Leuchtmittel werden am Markt angeboten?

Übersicht über die gängigsten Leuchtmittel:

- Glühlampen (Allgebrauchsglühlampen/AGL, Halogenglühlampen, Niedervolt-Halogenglühlampen)
- Leuchtstofflampen (Stabförmige, U- und Ringform, Kompaktleuchtstofflampen)
- Quecksilberdampf-Hochdrucklampen (HME)
- Halogen-Metalldampflampen (HIE, HIT)
- Natriumdampflampen (HST), als Natriumdampf-Niederdrucklampen und Natriumdampf-Hochdrucklampen
- Leuchtdioden (LED).

Ergänzende Ausführungen zur Beleuchtungstechnik finden sich z. B. in: Lipsmeier, A. (Hrsg.), Friedrich Tabellenbuch, Elektrotechnik/Elektronik, S. 11 - 55 bis 11 - 73; Erwig, L., Elektroberufe, Lernfeld 10, a. a. O., S. 5 bis 26.

1.1.1.4.9 Bussysteme

01. Was sind Feldbusse und welche Vorteile bieten sie in der Automatisierungstechnik?

Feldbusse sind seriell arbeitende Bussysteme. Sie haben die Aufgabe, alle Geräte einer Anlage (Sensoren, Aktoren, Eingabe-/Ausgabeeinheiten, Regler, Antriebe) zu verbinden und die automatisierte Datenübertragung vom Feldbereich zum übergeordneten Automatisierungssystem zu sichern (vgl. VDI/VDE 3687:99-11).

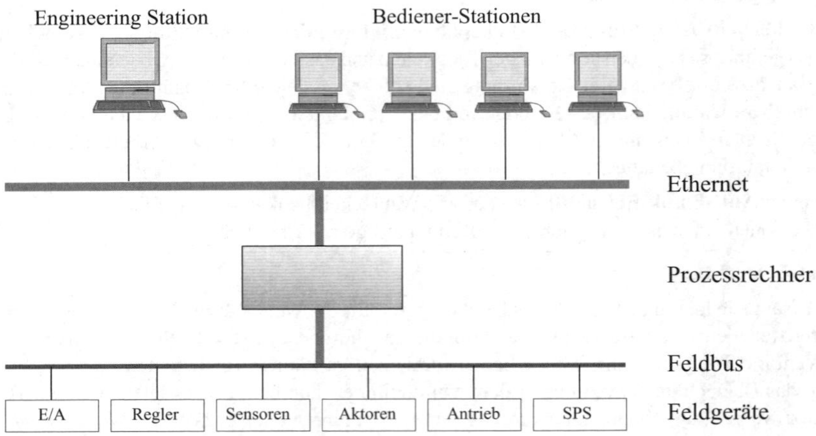

Vorteile: Der Einsatz von Feldbussystemen ermöglicht:

- eine Dezentralisierung in der Automatisierungstechnik
- die Reduzierung der Installationskosten
- die Einbindung aller Peripheriegeräte in die Prozessüberwachung und -steuerung
- die Flexibilität bei der Wahl des Ortes für Peripheriegeräte.

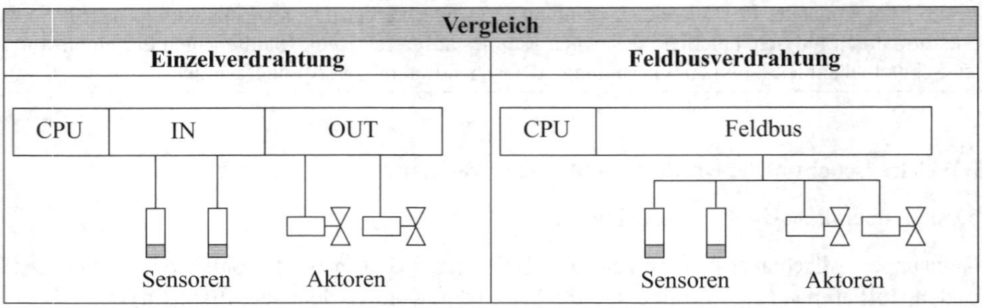

02. Welche Strukturen unterscheidet man bei Feldbussystemen?

Master-Slave-Struktur 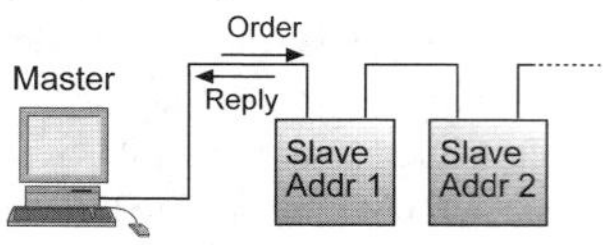	Diese Struktur wird bei Sensor-Aktor-Bussen verwendet. Die Reaktionszeit ist berechenbar (Echtzeitsystem). Der Datenaustausch zwischen der Steuerung (Master) und den dezentralen Peripheriegeräten (Slaves) erfolgt vorwiegend zyklisch.
Multi-Master-Struktur 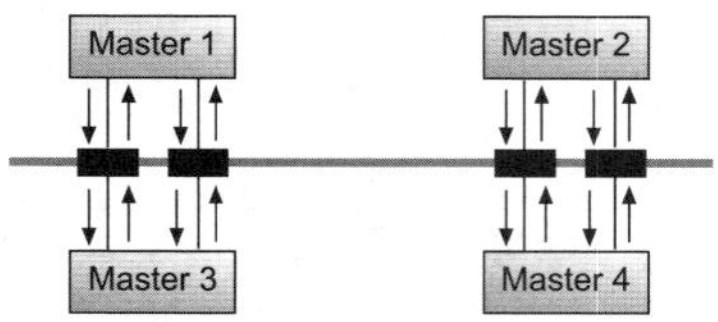	Diese Struktur wird überwiegend bei Prozessbussen eingesetzt. Die Master sind direkt mit den Steuerungsgeräten und übergeordneten Zellrechnern verbunden. Die Daten können direkt zwischen beliebig vielen Teilnehmern vermittelt werden.

03. Welche Auswahlkriterien sind für den Einsatz von Feldbussystemen maßgebend?

Merkmale		*Beispiele*
Technische Merkmale	• geografische	Ausdehnung, Teilnehmerzahl, Topologie
	• zeitliche	Übertragungsrate, Reaktionszeit
	• sonstige	Buszugriffsverfahren, Übertragungssicherheit
Strategische Merkmale	• Standards	ISO/OSI Ebene, Zertifizierung
	• Verfügbarkeit	Software, Wartung, Service
	• sonstige	Einsatzbereiche, zukünftige Entwicklung

Eine ausführliche Darstellung der Auswahlkriterien findet sich z. B. in: Lipsmeier, A. (Hrsg.), Friedrich Tabellenbuch, Elektrotechnik/Elektronik, a. a. O., S. 7 - 37 f. Zu netzspezifische Begriffen (ISO/OSI, Hub, LAN, Topologien usw.) vgl. 4.4.2.

04. Welche Feldbussysteme werden in der Automatisierungstechnik vorrangig eingesetzt?

Feldbussysteme (Überblick)			
INTERBUS-S®	**PROFIBUS®** Process Field Bus	**AS-I** Aktuator-Sensor-Interface	**CAN** Controller Area Network

↓ (PROFIBUS)

Varianten: FMS, DP, PA

In Deutschland kommen in der industriellen Automatisierungstechnik vornehmlich die beiden erstgenannten Systeme zum Einsatz.

INTERBUS®	
Eigentlich ist der Interbus® eine firmenspezifische Lösung aus dem Hause Phoenix Contact. Er wurde 1985 mit dem Ziel entwickelt, aufwändige Parallelverkabelung in der SPS-Peripherie zu vermeiden. Durch den Einsatz von SPS-Systemen für alle gängigen Fabrikate und der großen Verbreitung wird dieser Bus wieder für andere Fabrikanten interessant. Er soll SPSen, CNC-Steuerungen oder Prozessautomatisierungssysteme mit ihrer Peripherie verbinden. Viele Hersteller liefern heute schon diverse Interbus-kompatible Geräte. Die Stärke des Interbus-S® liegt in einer sehr hohen Übertragungseffizienz bei sehr kleinen Datenmengen pro Teilnehmer. Der Interbus-S eignet sich somit nur für die unterste Hierarchieebene. Er verbindet Sensoren und Aktoren mit den dazugehörigen Steuerungen. Zur Vernetzung der Steuerungen untereinander ist er nicht vorgesehen.	
Steuerungskonzept	Master Slave Bussystem
Anzahl Busteilnehmer	maximal 512 Slaves, aber 4.096 Ein-/Ausgabe-Punkte
Ausdehnung	Bei Kupferkabeln 12,8 km; RS 485-Schnittstelle bei Fernbus (Erzeugung von Differenzsignalen, daher sehr störunanfällig)
Maximaler Teilnehmerabstand	400 m
Übertragungsmedium	Twisted Pair (geschirmt oder ungeschirmt) sowie Lichtwellenleiter
Topologie	Ring bzw. Linie, Baumstrukturen sind auch zu realisieren
Anwendungen	System-/Zellbus, Sensor-Aktor-Bus, Prozess-/Fertigungstechnik, Gebäudeautomation
Merkmale	für größere und große Objekte gut geeignet
Internetadresse	www.interbus.com

PROFIBUS®	
Auch der PROFI-BUS® ist eine firmenübergreifende Lösung. Er eignet sich dank seines Multimasterprotokolls gut zum Vernetzen von komplexeren Geräten. Der PROFIBUS® kann von der Feldebene bis zur Leitebene angewendet werden. Dabei ist er mit seinem Protokollprofil PROFIBUS-DP (Dezentrale Peripherie) prinzipiell bis hinunter zur Sensor-Aktor-Ebene einsetzbar. Der PROFIBUS® ist nach DIN EN 61158 genormt und es steht für dieses System sogar eine Europäische Norm zur Verfügung. Diese Lösung ist für eine Vielzahl von Geräten und Anwendungen besonders im Bereich der Gebäudeautomation verfügbar. Für die kostengünstigere Anschaltung einer größeren Anzahl von Sensoren und Aktoren bietet sich jedoch die Einbindung eines Busses auf niedriger Ebene, wie z. B. dem AS-I an.	
Steuerungskonzept	Bussystem mit einer oder mehreren Zentralen Steuerungen. Der Buszugriff erfolgt nach dem Master-Slave-Verfahren oder über ein Token-Passing Verfahren, also eine Art „umlaufendes Rederecht" (Ringnetz).
Anzahl Busteilnehmer	maximal 127 Busteilnehmer. Erfahrungsgemäß ist ein Busteilnehmer kein Einzelgerät, sondern meist ein konzentrierter Ein- und Ausgabeknoten, vergleichbar einem Etagenverteiler.
Ausdehnung	Je nach Medium, Geschwindigkeit und Netzverteilern kann die Netzausdehnung von einigen hundert Metern bis hin zu mehreren Kilometern betragen.
Übertragungsmedium	Twisted Pair (geschirmt oder ungeschirmt) sowie Lichtwellenleiter
Topologie	gestreckte Linie, mit Repeatern auch freie Busstruktur
Anwendungen	System-/Zellbus, Sensor-Aktor-Bus, Prozess-/Fertigungstechnik, Gebäudeautomation
Merkmale	für größere und große Objekte gut geeignet
Internetadresse	www.profibus.com

AS-I (Aktuator-Sensor-Interface)
Der AS-I ist ein offener Standard und auf die Anforderungen in der untersten Ebene abgestimmt. Es bieten mittlerweile auch viele Hersteller intelligente, AS-I kompatible Sensoren und Aktoren an, um mehr Informationen übertragen zu können als nur 1/0. AS-I verknüpft Aktoren und Sensoren mit der ersten Steuerungsebene und ersetzt damit Kabelbäume, Verteilerschränke und Klemmleisten.

CAN (Controller Area Network)
Das CAN-Bussystem wurde ursprünglich entwickelt, um im Automobilbau die Kabelbäume zu reduzieren. Vergleicht man jedoch die Anforderungen an KFZ-Bussysteme mit den Anforderungen an industrielle Feldbussysteme, so gibt es deutliche Parallelen: • geringe Kosten • Funktionssicherheit unter schwierigen Umgebungsbedingungen • hohe Echtzeitfähigkeit • einfache Handhabung. Demzufolge eignet sich CAN bestens zur Vernetzung von intelligenten Sensoren und Aktoren innerhalb von Maschinen.

05. Wie lässt sich der Bereich lokaler Netzwerke untergliedern?

Ethernet	Lokales Basisband-Netz, das gemeinsam von XEROX Digital Equipment Corporation und Intel entwickelt wurde.	vgl. Frage 06.
Token Ring	Das Token Ring Netz wurde von IBM in den 70er-Jahren entwickelt und ist neben Ethernet die wichtigste LAN-Technologie. Token = „Zeichen" ist bei Token Ring ein spezieller Rahmen, der den Zugriff auf das gemeinsame Kabel gewährt.	
Strukturierte Verkabelung	• Primärverkabelung (gebäudeübergreifend) • Sekundärverkabelung (Verbindung der Etagenverteiler) • Tertiärverkabelung (Verbindung der Arbeitsplatzrechner)	
Kopplungs-elemente	Repeater, Hub, Switch, Bridge, Router	vgl. 4.4.2
Firewalls	(dt.: Feuerwand) Ein System, das den unauthorisierten Zugang zu einem Netzwerk verhindern soll. Firewalls werden insbesondere als Gateway-Rechner zwischen Inter- und Intranet eingesetzt, aber auch von Onlinediensten verwendet. Der Firewall-Rechner überprüft jedes ein- und ausgehende Kommando und blockiert unberechtigte Zugriffe, aber u.U. auch zerstörerische Software wie Viren oder trojanische Pferde.	vgl. 4.4.2
VPN	Ein „Virtual Private Network" ist ein Netzwerk, das aus virtuellen Verbindungen besteht über die nichtöffentliche Daten übertragen werden. Unabhängig von der Infrastruktur sorgen VPNs für eine angemessene Sicherheit der Daten. VPN-Lösungen ermöglichen zudem die kostengünstige und sichere Anbindung von Außenstellen, Niederlassungen, kleinen LANs, mobilen Benutzern (Außendienst). Im Vordergrund steht dabei der geringe technische und finanzielle Aufwand für die sichere Anbindung an die unternehmensweite IT-Infrastruktur.	

06. Was ist Ethernet (IEEE 802.3)?

Ethernet ist die Bezeichnung für einen Netzwerkstandard, der vorrangig in lokalen Netzwerken verwendet wird. Die Ethernet-Technologie wurde ursprünglich von XEROX entwickelt und ist inzwischen von der IEEE standardisiert unter der Bezeichnung IEEE 802.3 (Institute of Electrical and Electronics Engineers; Berufsvereinigung, die E/A-Standards und LAN-Standards entwickelt). Die Standards spezifizieren das *Zugriffsverfahren* (MAC, Media Access Controll) und geben Empfehlungen für Übertragungsmedien. Je nach Übertragungsmedium wird Ethernet als Bustopologie (Koaxialkabel) oder Sterntopologie (Twisted Pair, Glasfaser) realisiert. Das Zugriffsverfahren CSMA/CD (Carrier sensing for multiple access with collision detection; dt.: Träger abhören für mehrfachen Zugriff mit Kollisionserkennung) berücksichtigt, dass bei der Bustopologie viele Stationen einen einzigen Kommunikationskanal nutzen, ohne dass eine zentrale Station den Zugang kontrolliert. Das Zugriffsverfahren CSMA/CD (auch: „listen before talk") arbeitet nach folgendem Prinzip:

- die sendewillige Station hört das Medium ab
- falls belegt, wird das Senden zurückgestellt
- falls frei, wird mit dem Senden begonnen
- zusätzlich gibt es eine Spezialregelung für sog. „Kollisionen".

07. Wie unterscheiden sich Ethernet- und Internet-Adresse?

Ethernet-Adresse	ist eine weltweit eindeutige physikalische Geräteadresse (Herstellercode und laufende Nummer, 6-Byte-Wert).
Internet-Adresse	ist netzweit eindeutig (Netz-ID und Host-ID, 32-bit-Wert).

08. Welche Unterschiede bestehen zwischen Profibus und Ethernet?

Beispiele:

Merkmale	**Profibus**	**Ethernet**
Anzahl der Busteilnehmer	≤ 127 Teilnehmer	> 127 Teilnehmer
Übertragungsgeschwindigkeit	≤ 12 Mbits/s	> 12 Mbits/s
Zugriffsverfahren	Token Prinzip Kollisionsverhinderung: Verwende ein zirkulierendes Token (Sendeberechtigungsrahmen), um den Zugriff auf das Medium zu steuern.	CSMA/CD Prinzip Kollisionsentdeckung: Lasse Kollisionen stattfinden, entdecke sie und wiederhole Übertragung.
Übertragungsart	Halbduplex	Vollduplex
	Ein Kommunikationsverfahren, das zwischen zwei Teilnehmern die Kommunikation in beide Richtungen erlaubt. Ist die Kommunikation zwischen beiden Seiten *gleichzeitig möglich,* so spricht man von *Vollduplex (z. B. Telefon).* Kann jeweils nur in eine Richtung kommuniziert werden, so handelt es sich um *Halbduplex.*	

Hinweis: Der nachfolgende Text behandelt Besonderheiten der Bussysteme in der Gebäudeautomation.

09. Welche Bedeutung hat die Gebäudesystemtechnik gewonnen?

Die gestiegenen Anforderungen an Sicherheit, Flexibilität und Komfort in der Elektroinstallation, verbunden mit der Forderung nach Minimierung des Energiebedarfs haben zur Entwicklung der Gebäudesystemtechnik (Gebäudeautomation) geführt.

Die betriebstechnischen Anlagen in Gebäuden werden immer umfangreicher. Zum Schalten, Steuern, Regeln, Messen, Melden und Überwachen dieser Anlagen bieten sich Installationsbussysteme an: Die Informationsübertragung erfolgt hier über ein separates Netz (den Bus). Die über den Bus gegebenen Informationen können von den angeschlossenen Geräten, die mit einer zusätzlichen Steuerelektronik ausgerüstet sind, verarbeitet werden. Statt vieler Leitungen zum Schalten, Steuern, Regeln, Melden oder Überwachen wird bei einem solchen System nur noch die Busleitung benötigt.

10. Welchen DIN VDE-Vorschriften gelten für Bussysteme?

Als Busleitungen eignen sich 2-adrige abgeschirmte und verdrillte Fernmeldeleitungen z. B. J-Y (St) Y. Busleitungen müssen bis 4 kV geprüft sein und können zur Unterscheidung von anderen Systemen einen farblichen Außenmantel z. B. grün (EIB-Busleitung) haben. Die Busspannung beträgt bei den meisten Systemen 24 V DC. Es gibt jedoch auch Systeme die sich ohne Netzteile direkt aus dem 230 V AC Netz versorgen.

Für die Installation von Bussystemen gelten die DIN EN 50090, die DIN VDE 0800 und die Reihe der DIN VDE 0829 (Elektrische Systemtechnik für Heim und Gebäude – ESHG). Der Leistungsteil ist vom Steuerteil sicher galvanisch getrennt. Für die Energieversorgung der Betriebsmittel gelten somit die üblichen Anforderungen der DIN EN 50622. Als Schutzmaßnahme gegen gefährliche Körperströme ist für das Busnetz Sicherheitskleinspannung (SELV) oder Schutzkleinspannung (PELV) anzuwenden. Dies erfordert eine sichere Trennung zwischen Kleinspannungsstromkreisen und den anderen Stromkreisen. Die sichere Trennung ist nach VDE 0106 Teil 101 durchzuführen.

11. Welchen Vorteil bieten programmgesteuerte Verteiler?

In Ergänzung zum Installationsbussystem bieten Hersteller programmgesteuerte Verteiler an. In diesen Verteilern sind die herkömmlichen Schutzeinrichtungen mit den Schalt- und Steuerkomponenten des Bussystems installiert. Die Schalt- und Steuergeräte werden dabei über eine Datenverbindungsschiene, die in die Tragschiene (Hutschiene) eingelegt ist, miteinander verbunden.

12. Welche Übertragungsmedien[1] können bei Installationsbussystemen genutzt werden?

- *Übertragung über Busleitung:*
  Das bei den meisten Bussystemen am weitesten verbreitete Übertragungsmedium ist die verdrillte Zweidrahtleitung (Twisted Pair = TP). Als Leitung wird der Typ J-Y (St) Y 2 x 2

[1] Quelle: in Anlehnung an: Busch, P., a. a. O., S. 52

x 0,8 empfohlen. Die verwendete TP-Leitung ist zwar mit vier Adern bestückt, es werden aber nur zwei (rot und schwarz) für den Bus benötigt. Das andere Adernpaar (weiß und gelb) dient als Reserve. Die maximalen Leitungslängen für eine Linie betragen je nach Bussystem zwischen 1.000 und 1.500 m. Die Betriebspannung auf dem Bus beträgt 24 V DC. Dies ist die Versorgungsspannung der einzelnen Geräte und dient außerdem der Datenübertragung. Mit TP-Leitungen sind Übertragungsraten von 9,6 bis 38,4 kbit/s möglich.

- *Übertragung über das Niederspannungsnetz* 400/230 V AC (Power-Line = PL)
  Bei Power-Line wird für die Datenübertragung (hochfrequente Signale) das Kabel- und Leitungssystem des Niederspannungsnetzes genutzt (Signalübertragung auf elektrischen Niederspannungsnetzen im Frequenzbereich 3 kHz bis 148,5 kHz). Vorteil ist der geringe Installationsaufwand; die Verlegung separater Busleitungen entfällt. Alle PL-Geräte benötigen lediglich den Anschluss des Außen- und Neutralleiters. *Dies vereinfacht den nachträglichen Einbau eines Bussystems in ein bereits fertig installiertes Gebäude.* Es sind jedoch spezielle Geräte notwendig, um die Teilnehmer an die Leitungen anzukoppeln und um bestimmte Bereiche wie z. B. den öffentlichen Bereich hinter dem Stromzähler von der Übertragung der Bus-Daten abzukoppeln. Der Einsatz zwischen mehreren Gebäuden ist nicht möglich. Es gibt keine Koppler, deshalb ist keine physikalische Trennung gegeben. Der Datenaustausch ist sehr hoch. Von Nachteil ist weiterhin, dass die Datenübertragungsrate bei dieser Technik nur einen Wert von 1,2 kbit/s erreicht. Diese Technik eignet sich bei Beachtung der Herstellervorschriften nur für kleinere Anlagen.

- *Übertragung über Funk:*
  Bei der Verbindung von Geräten und Anlagen über Funk sind die Reichweiten der Funksignale und je nach Anwendungsfall das Funksignal störende Betriebsmittel zu beachten. Besonders geeignet ist die Funkübertragung bei der Nachrüstung in Gebäuden mit konventioneller Elektroinstallation. Nach dem heutigen Stand der Technik ist die Anzahl der Bereiche (max. 15), die Anzahl der Linien je Bereich (max. 6) und die Anzahl der Teilnehmer je Linie (max. 64) begrenzt. Die Reichweite zwischen zwei Geräten beträgt im Freien 300 m, innerhalb von Gebäuden abhängig von der Bausubstanz entsprechend weniger.

13. Welche Anwendungsgebiete sind für Installationsbussysteme denkbar?

- Beleuchtungssteuerungen
- Jalousie-, Rolladen- und Markisensteuerung
- Heizungs-, Klima- und Lüftungsregelung
- Lastmanagement
- Überwachen, Anzeigen, Melden und Bedienen
- Kommunikation mit anderen Systemen
- Sonderanwendungen, z. B. Einbindung konventioneller Geräte, bestimmungsgemäßes Verhalten bei Busspannungsausfall und -wiederkehr, Blitz- und Überspannungsschutz.

14. Welche firmenübergreifenden Bussysteme in der Elektroinstallation gibt es?

In der Elektroinstallation haben sich diverse Bussysteme etabliert, die miteinander konkurrieren. Derzeit gibt es nur eine gemeinsame Basis, den Europäischen Installations-Bus, EIB. Nachfolgend werden der EIB sowie einige bekannte, firmenübergreifende Bussysteme beschrieben:

EIB, Europäischer Installations-Bus	
Das bekannteste Bussystem ist der EIB. Er wurde ursprünglich für die Gebäudeautomation entwickelt. Europaweit haben sich Hersteller von Bussystemen zur EIBA (European Installation Bus Association) zusammengeschlossen, deren Ziel es ist, ein gemeinsames europäisches Konzept einer Bustechnik des EIB zu erarbeiten. Die EIBA erstellt und überwacht alle relevanten Normen und vertritt die Hersteller auch in den entsprechenden nationalen und internationalen Gremien. Dadurch wird sichergestellt, dass Produkte unterschiedlicher Hersteller korrekt miteinander funktionieren. Ziel der deutschen Mitgliedsfirmen der EIBA ist u. a., buskompatible Produkte herzustellen, sodass die Verwendung von Komponenten sowie die Erweiterung und Änderung eines Gebäudesystems ohne Komplikationen möglich ist.	
Steuerungskonzept:	dezentrales Bussystem mit zufälligem Buszugriff
Anzahl Busteilnehmer:	Theoretisch 58.384 Teilnehmer, wobei viele Teilnehmer zudem noch mehrere Ein- und Ausgabepunkte realisieren können.
Ausdehnung:	700 m (je galvanischer Einheit). Unter Verwendung anderer Medien (LWL) sind zusammen damit viele Kilometer möglich.
Übertragungsmedium:	Twisted Pair (verdrillte Zweidrahtleitung), Powerline, Lichtwellenleiter und Funkstrecken
Topologie:	freie Baumstruktur (Twisted Pair)
Anwendungen:	Lastmanagement, Beleuchtung, Jalousie, Heizung, Lüftung, Zugangskontrolle, Überwachung sowie Visualisierung.
Merkmale:	Feste Nutzung vorgefertigter Produkte erleichtert den Einbau, machen aber relativ unflexibel, da keine eigenen Programme integriert werden können.
Internetadressen:	www.eiba.de; www.eib-userclub.de

LON, Local Operating Network	
Der LON ist wie der EIB recht verbreitet. Größter Unterschied zum EIB ist, dass der Anwender selbst Programme für den Prozessor (Neuronchip) schreiben kann. Damit ist der Anwender etwas flexibler. Nachteilig bei solchen Systemen ist, dass sie aufwändiger sind und gute Profis zur Installation benötigen. Heute werden diese Systeme vermehrt bei größeren Bauprojekten eingesetzt. Wann sich auch bei kleineren Projekten der Einsatz lohnt, ist eine Frage von Angebot und Nachfrage.	
Steuerungskonzept:	dezentrales Bussystem mit zufälligem Buszugriff
Anzahl Busteilnehmer:	Theoretisch 32.385 Teilnehmer, wobei viele Teilnehmer zudem noch mehrere Ein- und Ausgabepunkte realisieren können.
Ausdehnung:	in etwa vergleichbar mit dem EIB
Übertragungsmedium:	Twisted Pair, Powerline, Koaxialkabel, Lichtwellenleiter, Infrarot und Funkstrecken
Topologie:	je nach eingesetzter Übertragungsart
Anwendungen:	fertige Anwendungen für Beleuchtung, Jalousie, Heizung, Lüftung, Zugangskontrolle, Lastmanagement, Überwachung sowie Visualisierung.
Merkmale:	Feste Nutzung vorgefertigter Produkte erleichtert den Einbau; die Verwendung eigener Programme macht recht flexibel; hoher Sachverstand nötig.
Internetadressen:	www.echelon.com; www.lonmark.org

Bati-BUS	
Aus Frankreich stammt das dort sehr verbreitete Gebäudebussystem. In Deutschland ist es bisher noch recht unbekannt. Durch die Zusammenarbeit mit dem EIB-System dürfte der Bekanntheitsgrad aber steigen.	
Steuerungskonzept:	dezentrales Bussystem mit zufälligem Buszugriff
Anzahl Busteilnehmer:	beliebige Anzahl
Ausdehnung:	maximal 2.500 m
Übertragungsmedium:	Twisted Pair und Infrarot
Topologie:	Bus, Ring, Stern, Linie und freie Topologie
Anwendungen:	Beleuchtung, Jalousie, Heizung, Lüftung, Zugangskontrolle, Lastmanagement, Überwachung und Visualisierung.
Merkmale:	noch recht unbekannt in Deutschland
Internetadressen:	www.itwissen.info

15. Welche firmeneigenen Bussysteme in der Elektroinstallation gibt es?

Viele Firmen aus dem Gebäudeinstallationssektor haben Eigenentwicklungen am Markt platziert, die oft für spezielle Ansprüche und Bedürfnisse erstellt wurden. Dadurch, dass diese Lösungen firmenspezifisch sind, ist das Preisgefüge natürlich auch günstiger als bei den firmenübergreifenden Lösungen. Eine vollständige Auflistung ist nicht möglich, da diese Varianten auch schnell wieder vom Markt verschwinden. Zu den firmenspezifischen Bussystemen im deutschsprachigen Bereich gehören hauptsächlich die nachfolgenden Entwicklung – ausführlich nachzulesen z. B. unter http://www.netzwerkgrundlagen.de/bussysteme_8.htm.

- ISYGLT
- Elso IHC
- E-Bus 1
- LCN (Local Control Network)
- PEHA
- Nikobus
- tebis TS
- Dupline
- Z-Bus.

1.1.1.4.10 Visualisierungssysteme

01. Welchen Zweck haben Visualisierungssysteme?

Die *Visualisierung* beschreibt den Prozess, sprachlich und logisch schwer formulierbare Zusammenhänge mit anschaulichen Medien (Bilder, Grafiken, Diagramme usw.) verständlich zu machen. Für die Visualisierung von Prozessabläufen im industriellen, technischen und technologischen Bereich gibt es spezielle Software – *Visualisierungssysteme.*

- Durch den Einsatz von Visualisierungssystemen werden bestimmte Zusammenhänge verdeutlicht und veranschaulicht, die sich aus den vorliegenden Daten ergeben, die aber nicht unmittelbar zu erkennen sind. Mit Visualisierungssystemen (Visualisierungsprogrammen) werden im Allgemeinen diese nichtfassbaren Daten, technologischen Zusammenhängen oder Anlagenzustände in einer bildhaften und anschaulich erfassbaren Form dargestellt.

- Das einfachste Visualisierungssystem in der Elektrotechnik ist durch ihre optische Wahrnehmung eine Meldeleuchte. Der Mensch nimmt 80 % aller Informationen aus seiner direkten

Umgebung mit dem Auge (visuell) auf. Das ist auch der Grund, warum visuelle Informationen komplexe Inhalte einfacher vermitteln können als die Aneinanderreihung von Texten und Zahlen.

- In Visualisierungssystemen werden wesentliche Informationen über Teilbereiche und Gesamtbereiche einer Anlage und deren Betriebszustände in den Darstellungsebenen in mehreren aussagekräftigen Einzelanzeigen erarbeitet. Diese vermitteln dem Betriebspersonal höherwertige Informationen zu den einzelnen Bereichen, die oftmals die Grundlage für Entscheidungen in der weiteren Betriebsführung darstellen.

- Bei der Prozessvisualisierung können elektronische, elektrische oder auch technologische Wirkungen, Abhängigkeiten und Zusammenhänge dargestellt werden.

  Beispiel:
  Veranschaulichung des technologischen Ablaufs in einem Wasserwerk mit seinen technischen Komponenten und Anlagenteilen, z. B. Anzeige
  - der Füllstände in den Roh- und den Reinwasserbehältern
  - aus welchem Brunnen zurzeit das Rohwasser in welcher Menge (Durchfluss) gefördert wird
  - wie viele Pumpen der Druckerhöhungsstation zurzeit laufen, um das Wasser in das Versorgungsnetz zu speisen u. Ä.

- Eine genaue Visualisierung aller technischen Zusammenhänge erleichtert hierbei das Verständnis für das System, die Anlage und das einzelne Gerät enorm. („Ein Bild sagt mehr als tausend Worte.“). Mit den so genannten Informations- und Aktionsvisualisierungssystemen kann das Bedienpersonal durch bewusste Schalthandlungen in den Prozess des Systems oder der Anlagen eingreifen, um rechtzeitig auf kritische oder ganz normale Prozessabläufe zu reagieren.

02. Welche Funktionen bieten moderne Visualisierungssysteme für den Bediener?

Visualisierungssysteme ...
vereinen verschiedene angeschlossene Systeme unter einer Bedienoberfläche. Damit wird die Bedienung und Beobachtung der einzelnen Komponenten stark vereinfacht. Es sind keine Detailkenntnisse über die angeschlossene Komponente erforderlich. Durch individuelle Konfiguration der Steuerprogramme kann auf die verschiedensten Benutzerwünsche eingegangen werden. Alle Komponenten können im Zusammenhang betrachtet und bedient werden.
zeigen Meldungen individuell an. Die eingehenden Meldungen können individuell dargestellt werden. Abhängig von den Benutzerwünschen können Texte, Grafiken mit symbolischer Darstellung, Tabellen oder Mischformen angezeigt werden. Die Anzeigeprogramme können interaktiv aufgebaut werden, sodass weitergehende Informationen oder Funktionen während des Ablaufs angewählt werden können. Der Meldungsort kann über individuell konfigurierbare Symbole in Grafiken exakt ermittelt werden. Dabei können jedem Symbol zwei konfigurierbare Aktionen zugewiesen werden. Eine Aktion kann sich aus einer Vielzahl von Befehlen zusammensetzen.
unterstützen den Bediener. Durch die konfigurierbaren Abläufe kann optimal auf die Bedürfnisse des Bedieners eingegangen werden. Von einfachsten, selbsterklärenden Abläufen bis hin zu komplexen interaktiven Prozessen kann das System individuell konfiguriert werden. Je nach angemeldetem Bediener können unterschiedliche Bearbeitungen ablaufen. Damit wird eine optimale Unterstützung des Bedieners mit niveaugerechten Anweisungen erreicht.

steuern und können auf die angeschlossenen Komponenten einwirken. Dabei können die Steuerungsmöglichkeiten bediener- oder zeitabhängig eingeschränkt werden. Beispiele für Steuerungen: • Melder ein- und ausschalten • Kameras auf Monitore schalten • Alarme zurückstellen • angeschlossene Komponenten über potenzialfreie Kontakte steuern (Hardware erforderlich) • Bus-Systeme steuern, z. B. EIB-Bus (Koppler erforderlich). Die Steuerungen können interaktiv oder automatisch ausgeführt werden.
überwachen und prüfen, ob die Einstellungen den Anforderungen entsprechen und reagieren.
sammeln Daten und legen Daten zu allen Bearbeitungen und Aktionen am Managementsystem ab. Diese Daten können über definierte Zeiträume ausgewertet werden.
verteilen Daten und können als Mehrplatzsystem Meldungen auf andere Rechner weitergeben bzw. als Internet-Server Meldungen an Clients weiterleiten.

03. Welche Leistungsmerkmale hat das Visualisierungssystem WINMAG?

Das Visualisierungssystem WINMAG ist ein modulares, individuell konfigurierbares Sicherheits-Managementsystem auf PC-Basis. Es ermöglicht eine komfortable, einheitliche, PC-gestützte Bedienung und Steuerung unterschiedlicher Systeme mit individueller Meldungsauswertung, Alarmierung und Meldungsbearbeitung. Es ist lauffähig unter den Betriebssystemen Windows 2000 und Windows XP-Professional.

1.1.1.4.11 Softwarelösungen → 4.4.2

Hinweis: Grundsätzliche Ausführungen zum Thema „Software“ (z. B. Individual-/Standardsoftware, CA-Techniken, Softwareergonomie) finden sich unter 4.4.2 und werden hier nicht erneut behandelt.

01. Welche Aspekte sind bei der Auswahl von Softwarelösungen zur Automatisierung zu beachten?

• *Grundsätzliche Auswahlkriterien:*
Für den Vergleich geeigneter Softwarelösungen sind zunächst die generell bei der Softwareauswahl gültigen Merkmale zu beachten, wie sie ausführlich unter 4.4.2 behandelt werden, z. B.
- Standard- oder Individualsoftware
- Problem der Integration neuer Software in die bestehende IT-Landschaft (z. B. Verknüpfung mit PPS-Systemen, CA*X*-Systemen, Vermeidung von Insellösungen u. Ä.)
- Leistungsmerkmale, z. B. Preis, Ergonomie, Hardware-Voraussetzungen usw.

Eine vergleichende Übersicht findet sich auch in: Informatik, Tabellen, a. a. O., S. 344 ff.

- *Spezielle Auswahlkriterien:*
  Spezielle Softwarelösungen im Rahmen der Erweiterung/Modernisierung/Automation einer Anlage können mithilfe besonderer Software auf der Basis von Programmiersprachen wie FORTRAN, C oder Java oder über geeignete Automatisierungssprachen (STEP 5, STEP 7, Graph 7 o. Ä.) gestaltet werden. Dabei stehen heute zunehmend die Softwarekosten stärker im Vordergrund als die der Hardwareausstattung. Bei der Entscheidung für einen zentral angeordneten Prozessrechner muss die notwendige Verarbeitungsgeschwindigkeit besonders beachtet werden, um einen schnellstmöglichen Prozessablauf sicherzustellen.

02. Welche Planungssoftware für den Bereich der Elektro- und Informationstechnik wird in der Praxis eingesetzt?

Im praktischen Einsatz haben sich Zeichen- und Berechnungsprogramme für den Bereich der Elektro- und Informationstechnik mit modularem Programmaufbau bewährt. Das gemeinsame Merkmal dieser Planungstools (z. B. Elaplan® und elcoSystem®) ist eine datenbankbasierte Anwendung, d. h. alle Projektdaten werden in einer Projektdatenbank verwaltet und stehen hier zentral für alle Systemmodule zur Verfügung. Die Art und Anzahl der einzelnen Module sind in den Programmen unterschiedlich. Sie sollten jedoch an die jeweilige Planungsaufgabe angepasst werden können.

Bei der Dv-gestützten Realisierung elektrotechnischer Anlagen kommen Planungsprogramme bzw. Module für folgende *Aufgabenbereiche* infrage:

- Anlagenkonfiguration: Festlegung verschiedener Netzarten und Versorgungen
- Beleuchtung: Berechnung von Beleuchtungsstärken und Blendungswerten
- Stromkreisdimensionierung: Auslegung elektrischer Zu- und Versorgungsleitungen
- Netzbetrachtung/-berechnung: Lastverteilung und Kurzschlussberechnung für Niederspannung/ Mittelspannung (NS/MS)
- Erdung/Blitzschutz: Berechnung von Erdungsanlagen und Blitzschutzerfordernis
- Gebäudeautomation: Auslegung der Gebäudeleittechnik
- Kommunikation: Auslegung komplexer Netze für die Informations- und Kommunikationstechnik (IuK)
- Kosten/Wirtschaftlichkeit: Betrachtung unterschiedlicher Ausführungsvarianten
- Mengenauswertung (automatisch generierte Mengenermittlung, Erstellung Leistungsverzeichnis (LV)
- Planung, Ergebnisdarstellung und Dokumentation im CAD-Modell.

1.1.1.5 Bedienung und Überwachung

01. Welche Bedeutung hat das Bedien- und Sicherheitskonzept einer Anlage?

Der Betreiber einer Anlage unterliegt einem hohen Wettbewerbs- und Kostendruck. Die Maschinenbediener tragen deutlich Verantwortung für gestiegene Sach- und Prozesskosten und haben dabei den laufenden Produktionsdruck zu bewältigen. Umso mehr muss das Bedien- und Sicherheitskonzept sorgfältig ausgewählt und an der Komplexität der Anlage sowie den möglichen Gefährdungen ausgerichtet sein (vgl. dazu ausführlich unter 2.3.2.2).

Modern gestaltete Bedien- und Sicherheitskonzepte

- schützen Personen und Sachwerte (bis auf ein unvermeidbares Restrisiko),
- behindern nicht den Fertigungsprozess,
- erlauben eine praxisgerechte Benutzung der Anlage durch den Bediener und
- sind akzeptiert und eröffnen keine Möglichkeiten der Manipulation.

Diese Anforderungen spiegeln sich auch wieder in dem Vortrag von Herrn Dipl.-Ing. Ronald Hauf, Siemens AG, anlässlich eines VMBG (BGHM) Kolloquiums zum Thema „Benutzerfreundlichkeit und Akzeptanz von Schutzeinrichtungen durch neue Technologien in der Maschinen- und Anlagensicherheit“:

Quellentext:

Zum Schutz von Personen vor gefahrbringender Bewegung müssen an Maschinen entsprechende Sicherheitsmaßnahmen vorgesehen werden. Diese dienen dazu, vor allem bei geöffneten Schutzeinrichtungen, gefährliche Maschinenbewegungen zu verhindern. Zu diesen Funktionen zählen das Überwachen von Positionen (z. B. Endlagen), Geschwindigkeiten und Stillstand sowie das Stillsetzen der Maschine in Gefahrensituationen.

Zur technischen Umsetzung der Sicherheitsmaßnahmen wurden bisher überwiegend externe, hardwarebasierte Einrichtungen verwendet wie z. B. Sicherheitsschaltgeräte und Stillstandswächter. Bei der Integration von Sicherheitsfunktionen übernehmen Antrieb und CNC-Steuerung zusätzlich zu ihren Grundfunktionen diese Sicherheitsaufgaben. Aufgrund der schnellen Datenwege, von der Erfassung der sicherheitsrelevanten Information über die Auswertung bis zur eigentlichen Aktion, sind somit sehr kurze Reaktionszeiten möglich.

Systeme mit integrierter, elektronischer Sicherheitstechnik reagieren, im Vergleich zu kontaktbehafteten, sehr schnell auf die Überschreitung zulässiger Grenzwerte wie z. B. für Position oder Geschwindigkeit. Dadurch kann der Nachlauf (Bremsweg) des Antriebes entscheidend verkürzt werden. *Diese hohe Wirksamkeit lässt sich nur durch den Einsatz von Elektronik und Software in sicherer Technik erreichen.* Der Mensch ist mit seiner Reaktionsfähigkeit hochdynamischen Antrieben weit unterlegen. Die innovative, integrierte Sicherheitstechnik eröffnet auch *völlig neue Bedienkonzepte an Maschinen und Anlagen.* Es lassen sich damit sowohl die Schutzziele der EG-Maschinenrichtlinie als auch die Anforderungen aus dem Prozess optimal umsetzen.

Bedienerfreundlichkeit im Zusammenhang mit Sicherheitstechnik meint, dass die bestimmungsgemäße Verwendung der Maschine gewährleistet ist und damit praxisgerecht gearbeitet werden kann. Der Bediener hat durch seine Ausbildung und Erfahrung eine bestimmte Erwartungshaltung beim Arbeiten mit der Maschine. Die damit verbundenen Gefahren sind für ihn transparent – er kann damit umgehen. Bei unerwarteten, hochdynamischen und damit gefahrbringenden Bewegungen der Maschine braucht er jedoch einen zusätzlichen Schutz durch wirksame Sicherheitstechnik. Auch bei komplexen, verketteten Anlagen ist der Bediener gegen das Einwirken von Nachbarmaschinen in den aktuellen Schutzraum geschützt, ohne dass er dies selbst aktivieren muss. Die Akzeptanz solcher Konzepte stellt sich damit automatisch ein, da sie die Arbeit erheblich erleichtern und das Restrisiko auf ein Minimum reduzieren. Manipulationen wie z. B. das Überbrücken von Schutztürverriegelungen sind damit nicht mehr zu befürchten.

Mit Fokus auf das Thema „Manipulation“ bedeutet dies, dass der Hersteller eine Maschine mit für den Betreiber ausreichendem Sicherheits- und Bedienkonzept bauen muss, und dass der Betreiber die Maschine in allen Lebensphasen dann auch bestimmungsgemäß – ohne Manipulation – betreiben muss.

Quelle: Beiträge zur Verhütung arbeitsbedingter Gesundheitsgefahren aus der Vereinigung der Metall-Berufsgenossenschaften, in: 2 CD Prävention 2014/15, vortraeg.pdf

1.1.2 Auswahlkriterien für Baugruppen und Geräte

01. Welche Informationen müssen beim Einkauf von Baugruppen und Betriebsmitteln beschafft werden?

Die Beschaffung von Materialien und Betriebsmitteln für den Fertigungsprozess bzw. für den Bau und die Errichtung von Anlagen ist ein komplexer Vorgang und innerhalb der Materialwirtschaft ein eigenständiges Fachgebiet (vgl. 4.5.2, Beschaffungslogistik). Wir beschränken uns daher auf ausgewählte Aspekte des Beschaffungsprozesses:

Nachdem eine Bedarfsmeldung generiert wurde, stellt sich die Frage, auf welche Art und Weise der Bedarf gedeckt werden kann und soll. Dazu sind Informationen auf dem Beschaffungsmarkt einzuholen. Der *Informationsbedarf* ist u. a. abhängig von den *Anforderungen* an das zu beschaffende Gut, seiner *Bedeutung* im Fertigungsprozess und dem *Warenwert* (vgl. ABC-Analyse). Im Einzelfall können folgende Informationen bei der Beschaffung eines Gutes von Bedeutung sein:

Aspekte der Informationsbeschaffung • Anforderungen an das Beschaffungsgut				
Ökonomische Daten	**Technische Daten**	**Sicherheits-technische Daten**	**Qualitäts-daten**	**Ökologische Daten**
Beispiele (ohne Anspruch auf Vollständigkeit)				
• Preis • Zahlungs- und Lieferbedingungen • Transport • Bestellmenge • Bestellwert • Service, Support • Lieferantenmerkmale • Garantie • Kulanz • AGB • Kosten der Wartung • Betriebskosten • Folgekosten • Fehlerkosten • Energiekosten	• Stand der Technik • Materialart • Gewicht • Abmessungen • Anschlüsse • Passungen • Einbaudaten • produktspezifische Leistungsdaten • Verwendungshinweise • Lebensdauerabnutzungsvorrat • Instandhaltung • Dokumentation • Erweiterungsoptionen • Oberfläche • Härte • Toleranzen	• Ergonomie • Sicherheitsauflagen • DIN, VDE, DGUV • MRL • EG-Richtlinien • GS-Zeichen • CE-Kennzeichnung • Zugang zu Maschinen, z. B. Mindestmaße für Ganzkörperzugang • Arbeitsplatzmaße • Schutzeinrichtungen: - Trennende - Ortsbindende - Abweisende - Annäherungsreaktion - Fangende • EMV	• Normen • Richtlinien • Ausfallrate • Qualitätssicherungsvereinbarung • DIN EN ISO 9000:2015 ff. • Lieferantenzertifizierung • Qualitätskosten • Fehlerart • Kundenanforderungen	• Gesetze • Umweltschutz • Entsorgung • Rücknahme • Recycling • Wiederverwendung • Abfallwirtschaft • Emissionen: - Stäube - Dämpfe - Nebel - Späne • Umweltmanagement nach DIN ISO 14001

---

[1] Vgl. dazu: Lieferantenbeurteilung, 1.2.1.

[2] Je nach Beschaffungsgut sind produktspezifische Auswahlkriterien von Bedeutung; vgl. dazu Frage 04.

[3] Vgl. dazu die umfangreiche Checkliste der BG: „Ergonomische Maschinengestaltung" (BGAI: checklis-Ergonomie.pdf, CD 1 Prävention).

[4] Die DIN 9000:2005 enthält einen umfangreichen Katalog von Anforderungsmerkmalen; vgl. 8.1/Frage 10.

02. Wie kann die Informationsbeschaffung durchgeführt werden?

Der *Prozess der Marktinformationsbeschaffung* muss systematisch erfolgen und lässt sich in folgende Phasen gliedern:

Informationsbedarf
↓
Informationsbeschaffung
↓
Informationsverarbeitung
↓
Informationsaufbereitung
↓
Informationsverwendung

Die Informationsbeschaffung kann auf zwei sich voneinander wesentlich unterscheidende Arten erfolgen:

Prinzipien der Informationsbeschaffung (Einkauf)	
Pull-Prinzip[1]	Produktspezifische Anfragen bei potenziellen oder bestehenden Lieferanten.
Push-Prinzip[1]	Auswertung produktspezifischer Informationen, die potenzielle Lieferanten in Listen, Katalogen, dem Internet usw. veröffentlichen.

03. Welches sind die geläufigsten Informationsquellen der Beschaffungsmarktforschung?

Vor dem Hintergrund der heutigen Informationsüberfrachtung durch Internet und Werbung im Printformat, ist es nicht immer leicht, eine Marktübersicht zu dem infrage kommenden Bauteil zu erhalten. Grundsätzlich können folgende Informationsquellen genutzt werden:

- Bezugsquellenverzeichnisse
- Industrie- und Handelskammern
- Messekataloge
- Erfahrungen aus Projekten
- Internet, Internetdienste
- Produktdatenbanken
- Dokumentationen
- Forschungsergebnisse
- Kataloge
- Bibliotheken
- Fachzeitschriften
- Innungen
- Auskunfteien
- Banken
- Mailboxen
- Betriebsbesichtigungen
- Hausmessen
- Werbung, Produktpräsentationen
- Gewerkschaften
- Branchenfernsprechbuch
- Handwerkskammern
- Erfahrung des Einkäufers
- Einsatz neuer Bauteile in Anlagen
- Testinstallationen
- Datenbanken der Lieferanten
- Gesprächsprotokolle (Lieferantenkontakt)
- Öffentliche Medien (Radio, TV)
- Tageszeitungen
- Buchhandel
- Behörden, Verbände
- Vertreterbesuche
- Geschäftsberichte
- Datenbanken
- Messebesuche
- Quality Audits
- Preislisten
- Stellenanzeigen
- Marktforschungsinstitute

[1] Vgl. dazu auch: Primär-/Sekundärforschung unter 2.7, S. 507.

- Marktberichte
- Wirtschaftsministerien
- Probelieferungen
- alte Einkaufsvorgänge
- Botschaften
- Börsennotierungen
- Handelsmissionen
- Referenzen
- Konsulate
- Anfragen.

- *Elektronische Kataloge:*
  Zahlreiche Hersteller unterstützen heute die Materialbeschaffung ihrer Kunden, indem sie elektronische Kataloge online oder auf Datenträgern (CD, DVD) zur Verfügung stellen.

- *Online-Marktplätze*
  sind virtuelle Plätze, auf denen eine beliebige Anzahl Käufer und Verkäufer Waren und Dienstleistungen (offen) handeln und Informationen tauschen können.

Bei der Auswahl und Nutzung dieser Medien zur Informationsbeschaffung sind der zeitliche Aufwand sowie Kosten, Aktualität und Informationsgehalt zu beachten.

Vgl. dazu auch ausführlich unter 2.7, S. 507 ff.

04. Welche speziellen Auswahlkriterien sind bei Bauteilen, Baugruppen und Betriebsmitteln von Bedeutung?

Neben den unter Frage 01. dargestellten Merkmalen sind die *produktspezifischen Leistungsdaten* einer Baugruppe/Maschine von Bedeutung (Einsatzbereiche, Funktion, Handhabung, die Umgebungsbedingungen u. Ä.). Diese Merkmale sind im Einzelfall sehr unterschiedlich und verlangen vom Beschaffer eine spezielle Produktkenntnis. Die nachfolgende Übersicht gibt dazu einige Beispiele:

Leistungsdaten/Auswahlkriterien von Komponenten/Betriebsmitteln (Beispiele)

Elektromotoren	Elektronische Komponenten	Prozessleittechnik (PLT)	Regler
• Bezeichnung • Motorleistung • Betriebs-spannung • Drehfrequenz • Schutzart • Drehrichtung • Einschaltart	• Normreihe • Nomenklatur nach DIN/IEC • Bauform • Chip-Aufbau-technik • Steckkontakte • Kontakt-sicherheit	• Anzahl Bildschirme • Anzahl Tastaturen • Busverbindung • CPU • Schnittstellen/Interface • Datentransfer • Protokollierung	• P-Regler • PI-Regler • PID-Regler • Zweipunkt-Regler • Dreipunkt-Regler • digitale Regler • analoge Regler

Selbstverständlich sind bei der konkreten Einkaufsentscheidung Aspekte wie Verfügbarkeit am Markt sowie Preis- und Lieferantenvergleiche, Zusatzkosten u. Ä. relevant (vgl. Frage 01.). Im Regelfall sollte berücksichtigt werden, dass Baugruppen und Betriebsmittel so beschaffen sind, dass Optionen für spätere Erweiterungen der Anlage ohne wesentliche Umstellungskosten möglich sind.

05. Welche Kriterien sind für die Auswahl von Software maßgeblich?

Für die Auswahl von Software gibt es eine Reihe von Kriterien, die für die Entscheidung bedeutsam sind. Welche Merkmale im Einzelnen herangezogen und wie sie bewertet werden, hängt von der betrieblichen Situation, der zu lösenden Problemstellung und dem Umfeld des Unternehmens ab. Die Kriterien gelten mehr oder weniger gleichermaßen für die Auswahl von Individual-, Standard- und Systemsoftware:

Kriterien für die Auswahl von Software		
Lieferanten-Merkmale	**Software-Merkmale**	
• Erfahrung • Marktposition • wirtschaftliche Situation	Kosten, z. B.: • Preise, Preisstaffeln • Lizenzen	Erfüllung der Leistungsanforderungen
• Referenzen • Kundenbeurteilungen	• Online-Support • Lernsoftware	Entwicklungsversion (Reifegrad)
Service, z. B.: • Hotline • Update	Anpassungs- und Testphase (Zeit, Aufwand)	• Netzwerkfähigkeit • Anzahl der User
Schulungsangebot: • Leistungen • Kosten	Verständlichkeit der Programmdokumentation	• Datenschutz • Datensicherheit • Programmstabilität
Pflege, Wartung	Ergonomie	Hardwarevoraussetzungen
• Entfernung • Standort	• Verfügbarkeit • Lieferzeit	Beurteilung der Software: • Fachpresse • Anwender
Konditionen, z. B.: • Installation, Anpassung • Stundensätze, Fahrtkosten • Gewährleistung, Kulanz	Aufwand, z. B.: • Installation • Einarbeitung • Schulung	• Arbeitsgeschwindigkeit • Effizienz

06. Welche Merkmale sind beim Kauf einer NC/CNC-Maschine entscheidend?

Die technischen Leistungsmerkmale der heute am Markt angebotenen Systeme haben sich deutlich angenähert. Kaufentscheidend sind im Regelfall vier zentrale Merkmale:

Universalität	der programmierbaren Bearbeitungsverfahren
Bedienerführung	über Dialog und grafische Darstellungen beim Programmieren
Werkzeug- und Werkzeugdatenverwaltung	mit automatischer Datenübernahme vom Einstellgerät und von der Maschine
Systempflege	durch den Hersteller inkl. der Ausbaufähigkeit für zukünftige Aufgaben oder Bearbeitungsverfahren

Quelle: Kief, H. B., a. a. O., S. 340

07. Welche Abhängigkeit besteht zwischen dem Abnutzungsvorrat und der Lebensdauer einer Anlage?

Der *Abnutzungsvorrat* eines Bauteils ist der konstruktiv vorgesehene Vorrat an Abnutzungsmöglichkeiten, der während des Betriebs nicht verhindert werden kann (z. B. Abnutzung von Bremsscheiben, Lagern). Damit wird erreicht, dass auch bei einer Abweichung vom Sollzustand das Bauteil funktionsfähig bleibt.

Der Abnutzungsvorrat lässt sich grafisch darstellen. Der Kurvenverlauf kann je nach Bauteil sehr unterschiedlich sein. Für mechanische Bauteile ist der nachfolgende Kurvenverlauf häufig zu beobachten:

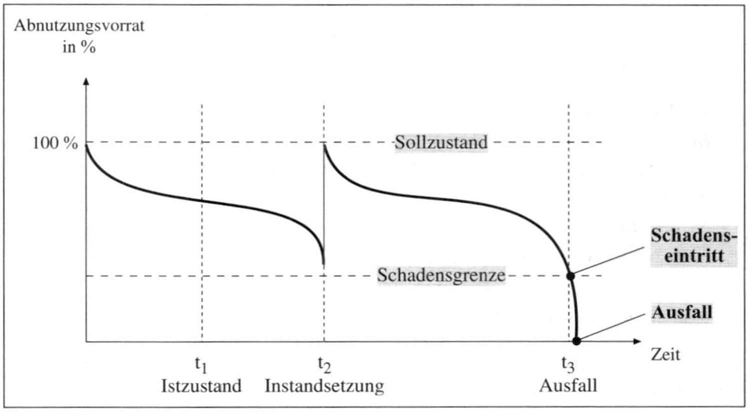

Beispiel „Gleitlager“:
Ein bestimmtes Lagerspiel ist vorgeschrieben; ein Grenzlagerspiel wird als äußerster Wert festgelegt. Die Differenz beider Werte ist der Abnutzungsvorrat. Ist er verbraucht, so ist eine Instandsetzung notwendig.

08. Welcher Zusammenhang besteht zwischen der Anlagenverfügbarkeit und der Verfügbarkeit einzelner Anlagenkomponenten?

- Die *Anlagenverfügbarkeit* ist die Wahrscheinlichkeit, dass das System zu einem vorgegebenen Zeitpunkt in einem funktionsfähigen Zustand ist. Der Richtwert wird im Allgemeinen mit 80 % angegeben; bei verketteten Anlagen liegt er meist unter 80 %.

- Jede Verschlechterung der Anlagenverfügbarkeit hat nachhaltige Folgen: Terminüberschreitung bei der Auftragserfüllung (Verärgerung des Kunden, ggf. Konventionalstrafe), Verschlechterung der Wirtschaftlichkeit der Fertigung der Anlagenrentabilität.

Im Rahmen der Modernisierung oder Instandhaltung von Anlagen ist daher eine *rechtzeitige Verfügbarkeit der erforderlichen Komponenten* sicher zu stellen. Zu beachten sind dabei:

- Termin-/Ablaufpläne im Rahmen der Modernisierung
- Fertigungspläne
- Instandhaltungspläne in Abhängigkeit von der notwendigen Instandhaltungsstrategie (Abnutzungsvorrat von Bauteilen, präventive/störungsabhängige Instandhaltung; vgl. 1.7.2)
- Beschaffungszeiten (Bedarfsrechnungszeit + Bestellabwicklungszeit + Übermittlungszeit zum Lieferanten + Lieferzeit + Ein-, Ab- und Auslagerungszeit)
- Lieferfähigkeit und Zuverlässigkeit des Lieferanten (Einhaltung der vereinbarten Termine und Qualitäten).

09. Welche Bedeutung hat die Entsorgung bei der Beschaffung von Baugruppen und Betriebsmitteln?

Die Umweltschutzthematik wird an dieser Stelle nicht erneut eingehend behandelt (vgl. dazu ausführlich unter 4.5.5, 5.4.7), sondern es geht um die präventive Beachtung von Aspekten der Entsorgung und des Umweltschutzes beim Einkauf von Bauteilen und Betriebsmitteln. Dabei sollten bereits bei der Einkaufsentscheidung berücksichtigt werden:

- Betriebsmittel und Bauteile sollten so konstruiert sein, dass sie nicht nur montage- und instandhaltungsgerecht sind, sondern ebenfalls entsorgungsgerechte Prinzipien berücksichtigen, z. B.:
  - leichte Trennung der einzelnen Stoffarten (Wertstoffe) bei der Verschrottung
  - problemloses Abklemmen von Energieleitungen (Strom, Luft, Wasser, Öl)
  - Öle und Schmierstoffe müssen vollständig abgelassen und fachgerecht entsorgt werden können
  - Möglichkeit der einfachen Zerlegung von Maschinen und ggf. Verwendung brauchbarer Komponenten als Ersatzteile
  - Möglichkeit des sortengerechten Ausbaus der Elektrobauteile (Kabel, Relais etc.) als Elektroschrott (vgl. ElektroG).
- Vermeidung schadstoffhaltiger Bauteile und weitgehende Substitution durch weniger umweltgefährdende Materialien
- Reduzierung von Gewicht und Energieverbrauch
- Einsatz abbaubarer Kunststoffe bei Schaltern und Isolationsmaterialien.

1.1.3 Notwendige interne und externe Genehmigungsverfahren

Hinweis: Der Rahmenplan nennt in diesem Abschnitt völlig willkürlich, unsystematisch, fragmentarisch und ohne jede Priorität wahllos Richtlinien, Gesetze und Verordnungen mit unterschiedlichem Themenbezug (Arbeits- und Gesundheitsschutz, Umweltschutz, Qualitätssicherung, Baurecht). Im Übrigen stehen Überschrift und Inhalte der Ziffer 1.1.3 im Widerspruch zueinander: Der Teilnehmer soll Genehmigungsverfahren kennen (Anm.: nicht jede der subsummierten Normen beinhaltet ein Genehmigungsverfahren). Weiterhin: Das GPSG wurde 2011 durch das ProdSG abgelöst. Den Autoren erscheint die Taxonomie „kennen" überfrachtet: Allein eine „halbwegs" präzise Darstellung der Genehmigungsverfahren nach dem BImSchG würde mehrere Seiten umfassen. Es wäre wünschenswert gewesen, wenn die Verfasser des Rahmenplans an dieser Stelle „ihre Hausarbeiten" besser erledigt hätten, indem die Qualifikationsinhalte für Dozenten und Teilnehmer „einigermaßen messbar" formuliert worden wären, um einen wirklichen Beitrag zur Vorbereitung der Teilnehmer auf Praxis und Prüfung zu ermöglichen.

Aus den genannten Gründen wird der Abschnitt 2.1.3 von den Autoren wie folgt gegliedert:

Klassifizierung internationaler und nationaler Gesetze, Normen und Regelwerke

↓

Gesetze, Normen und Regelwerke zur Qualitätssicherung[1]

↓

Gesetze, Normen und Regelwerke zum Umweltschutz[1]

↓

Gesetze, Normen und Regelwerke zum Arbeitsschutz und zur Arbeitssicherheit[1)]

↓

Externe Genehmigungsverfahren (Ausgewählte Beispiele)

↓

Internes Genehmigungsverfahren (Projektantrag)

↓

Finanzierung von Investitionsprojekten (Überblick)

↓

Leistungsabrechnung (Vor- und Nachkalkulation)

01. Welche Normen, Regelwerke und Organisationen sollte der Unternehmer grundsätzlich beachten (Klassifizierung, Überblick)?

Normen • Regelwerke • Organisationen (Allgemeiner Überblick)		
Kurzzeichen	*Beschreibung*	*Ziel*
ISO	Internationale Normen (ISO-Normen); International Organisation for Standardization, Genf	Harmonisierung der Bestimmungen auf wissenschaftlichem, technischem und ökonomischem Bereich
EN	Europäische Normen (EN-Normen); Europäische Normungsorganisation CEN (Comité Européen de Normalisation, Brüssel)	Harmonisierung der Bestimmungen im EWR und Abbau von Handelshemmnissen
IEC	International Electrotechnical Commission, Genf; Internationale Elektrotechnische Kommission; Mitglieder sind die nationalen Komitees von über 50 Ländern.	Neben der allgemeinen elektrotechnischen Normung ist es Aufgabe der IEC, die Sicherheit elektrischer Betriebsmittel und deren Kompatibilität zu gewährleisten.
CENELEC	Comité Européen de Normalisation Electrotechnique, Brüssel; Europäisches Komitee für elektrotechnische Normung	Hauptaufgabe ist es, Handelshemmnisse, die im grenzüberschreitenden Warenverkehr bestehen, abzubauen, d.h. die nationalen Normen und Vorschriften zu vereinheitlichen.
CECC	CECC ist eine Unterorganisation des CENELEC	Harmonisierung und Standardisierung elektronischer Bauelemente
DKE	Deutsche Elektrotechnische Kommission im DIN und VDE; die DKE wird vom VDE getragen und vertritt die deutschen Interessen in den internationalen Organisationen.	Die Ergebnisse der elektrotechnischen Normungsarbeit werden in DIN-Normen niedergelegt und, wenn sie gleichzeitig sicherheitstechnische Festlegungen enthalten, auch als VDE-Bestimmungen oder als VDE-Leitlinien in das VDE-Vorschriftenwerk aufgenommen.

[1)] Bei einigen Gesetzen und Verordnungen gibt es Überschneidungen: Sie sind z.B. für den Umweltschutz bzw. den Arbeitsschutz gleichermaßen relevant (vgl. z.B. ProdSG). Für die Vollständigkeit der Auflistung wird keine Gewähr übernommen.

DIN	Deutsches Institut für Normung	Die deutsche Normungsarbeit dient der Rationalisierung, der Qualitätssicherung, der Arbeitssicherheit und dem Umweltschutz.
DIN EN	Europäische Norm mit dem Status einer deutschen Norm	
DIN ISO	Deutsche Norm, in die eine internationale Norm unverändert übernommen wurde.	
DIN EN ISO	Europäische Norm, in die eine internationale Norm unverändert übernommen wurde mit dem Status einer deutschen Norm.	
DIN VDE	Druckschrift des VDE, die den Status einer deutschen Norm hat.	
VDI	VDI-Richtlinien; Verein Deutscher Ingenieure e. V., Düsseldorf	Die Richtlinien geben den aktuellen Stand der Technik wieder und enthalten Handlungsanleitungen für Berechnungen und Prozesse.
VDE	VDE-Druckschriften; Verband Deutscher Elektrotechniker e. V., Frankfurt	
DVGW	DVGW-Arbeitsblätter; Deutscher Verein des Gas- und Wasserfaches e. V.	Technische Regeln für Gas- und Wassernetze
DGQ	DGQ-Schriften; Deutsche Gesellschaft für Qualität e. V., Frankfurt a. M.	Empfehlungen zur Qualitätssicherung
REFA	REFA-Blätter; Verband für Arbeitsstudien e. V., Darmstadt	Empfehlungen zur Fertigung und Arbeitsplanung
DGUV	Berufsgenossenschaftliche Vorschriften (z. T. alt: UVVn, BGVn, VBGn); Veröffentlichungen der Berufsgenossenschaften	Vorschriften und Empfehlungen der Berufsgenossenschaften zur Arbeitssicherheit und zum Arbeitsschutz

02. Welche Gesetze, Normen und Regelwerke gibt es im Bereich der Qualitätssicherung?

Qualitätssicherung • Gesetze, Normen und Regelwerke	
Abkürzung	*Kurzbeschreibung*
ProdHaftG	Regelung der verschuldensunabhängigen Haftung der Produzenten für Personen und Sachschäden (Gefährdungshaftung) für das Inverkehrbringen von Produkten.
ProdSG	Das Produktsicherheitsgesetz (ProdSG) löste im Dez. 2011 das Geräte- und Produktsicherheitsgesetz (GPSG) ab. Technische Arbeitsmittel und Verbraucherprodukte müssen so beschaffen sein, dass sie bei bestimmungsgemäßer Verwendung den Benutzer nicht gefährden. In die Pflicht genommen werden Hersteller, Inverkehrbringer und Aussteller der Produkte. Auf der Grundlage des neuen Gesetzes hat der Bund inzwischen eine ganze Reihe spezieller Verordnungen zum ProdSG erlassen.
BGB	Deliktische Haftung nach § 823 Abs. 1 BGB
DIN EN ISO 9000:2015 ff.	• *DIN EN ISO 9000:2015* Grundlagen und Begriffe von QM-Systemen, Leitfaden für die Anwendung von Computer-Software • *DIN EN ISO 9001:2015* Anforderungen an die QM-Systeme • *DIN EN ISO 9004:2009* Leitfaden zur Verbesserung von QM-Systemen und für Dienstleistungen
DIN 55350	Beschreibung der Qualitätskosten; in Anlehnung an DGQ.

DIN 40 080	Beschreibung der Fehlerarten
DIN 24524 Teil 1	Fehlerbaumanalyse
DIN 13191	Definition: Kalibrieren eines Systems
DIN EN ISO 14001	International gültiger Forderungskatalog für ein systematisches Umweltmanagement (UM). Wird im Rahmen des TQM voll in das Qualitätsmanagement integriert.
ISO 4802, DGQ	Definition der Qualitätssicherung
DGQ-Schriften	Definition von TQM
ISO/TR 10017	Auswahl und Anwendung statistischer Methoden
ISO/IEC 17000	Anforderungen an Stellen, die QM-Systeme begutachten und zertifizieren.
EN 45012	
ISO/TS 16949:2002	Weltweit einheitlicher technischer Standard (TS) zur Realisierung einheitlicher QM-Systeme in der Automobilindustrie. Er basiert auf der DIN EN ISO 9001:2015.
QS 9000	Qualitätsstandard der amerikanischen und europäischen Automobilindustrie
TE 9000	Leitfaden zur Anwendung der QS 9000 für Organisationen, die Maschinen, Anlagen und Werkzeuge bauen.
TL 9000	QM-System für die globale Telekommunikationsindustrie
VDA 6.1, 6.2	Deutsches Regelwerk der Automobilindustrie. Es basiert auf der Norm QS 9000 und bezieht sich auf die Zulieferer der Branche (Verband der Automobilindustrie). Richtlinie 6.1: materielle Produkte; Richtlinie 6.2: Dienstleistungen.
HACCP	Methode der Risikoanalyse in der Lebensmittelindustrie (Hazard Analysis and Critical Control Point). Anerkanntes Verfahren, das Schwachstellen im Herstellungsprozess erkennt und durch geeignete Maßnahmen beseitigt.
IFS	International Food Standard: Von der METRO Group mit anderen deutschen Händlern gemeinsam entwickeltes System zur Auditierung von Lieferanten, das auf den HACCP-Regeln basiert.

03. Welche Gesetze, Normen und Regelwerke bestimmen den Umweltschutz?

Umweltschutz • Gesetze, Normen und Regelwerke	
Abkürzung	*Kurzbeschreibung*
BGB	§§ 906, 907 BGB Beeinträchtigungen in Form von Gasen, Dämpfen, Gerüchen, Rauch, Ruß, Geräusch, Erschütterungen usw.
StGB	Strafgesetzbuch, 28. Abschnitt: Straftaten gegen die Umwelt
BImSchG	Das Bundesimmissionsschutzgesetz ist das bedeutendste Recht auf dem Gebiet des Umweltschutzes. Es bestimmt den Schutz vor Immissionen und regelt den Betrieb genehmigungsbedürftiger Anlagen sowie die Pflichten der Betreiber von nicht genehmigungsbedürftigen Anlagen. Zweck ist es, Menschen, Tiere und Pflanzen, den Boden, das Wasser, die Atmosphäre sowie Kultur und Sachgüter vor schädlichen Umwelteinwirkungen zu schützen sowie vor den Gefahren und Belästigungen von Anlagen.

TA Luft, TA Lärm, TA Abfall, Störfallverordnung	Durchführungsverordnungen zum BImSchG
BbodSchG	Zielsetzung: Die Beschaffenheit des Bodens nachhaltig zu sichern bzw. wiederherzustellen.
KrWG	Förderung der Kreislaufwirtschaft, Vermeidung von Abfällen bzw. Sicherung der umweltverträglichen Verwertung
UmweltHG	Umwelthaftungsgesetz
WHG	Vermeidung von Schadstoffeinleitungen in Gewässer
WRMG	Gesetz über die Umweltverträglichkeit von Wasch- und Reinigungsmitteln
ENWG	Gesetz zur Förderung der Energiewirtschaft, Energiewirtschaftsgesetz
ChemG	Gesetz zum Schutz vor gefährlichen Stoffen; regelt die Vermarktung umweltgefährdender Stoffe.
ElexV	Verordnung über elektrische Anlagen in explosionsgefährdeten Betriebsstätten
NAV	Verordnung über Allgemeine Bedingungen für den Netzanschluss und dessen Nutzung für die Elektrizitätsversorgung in Niederspannung (Niederspannungsanschlussverordnung)
StromGVO	Verordnung über Allgemeine Bedingungen für die Grundversorgung von Haushaltskunden mit Elektrizität aus dem Niederspannungsnetz (Stromgrundversorgungsverordnung)
Verpackungsverordnung	Reduzierung der Verpackungsmengen und Rückführung in den Stoffkreislauf (Wieder-/Weiter-/-verwendung/-verwertung).
DIN EN ISO 14001	International gültiger Forderungskatalog für ein systematisches Umweltmanagement (UM). Wird im Rahmen des TQM voll in das Qualitätsmanagement integriert.
Öko-Audit-Verordnung EMAS	Die Verordnung geht über die DIN EN ISO 14001 hinaus. Die Zertifizierung nach EMAS (Eco-Management and Audit Scheme) ist im Gegensatz zur DIN EN ISO 14001 öffentlich-rechtlich geregelt.
REACH	1907/2006/EG „Registrierung, Bewertung, Zulassung und Beschränkung chemischer Stoffe (REACH) und Schaffung einer Europäischen Agentur für chemische Stoffe“

04. Welche Gesetze, Normen, Richtlinien und Regelwerke bestimmen den Arbeitsschutz und die Arbeitssicherheit?

Arbeitsschutz und Arbeitssicherheit • Gesetze, Normen, Richtlinien und Regelwerke	
Abkürzung	*Kurzbeschreibung*
EG-Richtlinie	EG-Niederspannungsrichtlinie
	CE-Kennzeichnung
	2006/42/EG „Maschinenrichtlinie“ (Richtlinie über Maschinen; Neufassung der RL 98/37/EG)
	2006/95/EG „Angleichung der Rechtsvorschriften der Mitgliedsstaaten betreffend elektrische Betriebsmittel zur Verwendung innerhalb bestimmter Spannungsgrenzen“ (kodifizierte Fassung)
ATEX-Richtlinie	Sie gilt nur für Geräte und Schutzsysteme, die zur Verwendung in explosionsgefährdeten Bereichen vorgesehen sind. Diese Richtlinie gilt auch für Sicherheits-, Kontroll- und Einstellvorrichtungen, die nicht in explosionsgefährdeten Bereichen betrieben werden, jedoch zum sicheren Betrieb der in explosionsgefährdeten Bereichen eingesetzten Geräte und Schutzsysteme beitragen.
ArbSchG	Arbeitsschutzgesetz
ArbZG	Arbeitszeitgesetz
ASiG	Arbeitssicherheitsgesetz; Gesetz über Betriebsärzte, Sicherheitsingenieure und andere Fachkräfte für Arbeitssicherheit
BetrSichV	Betriebssicherheitsverordnung
	Handlungsanleitung zur Beurteilung von überwachungsbedürftigen Anlagen nach § 1 Abs. 2 Satz 1 Nr. 4 Betriebssicherheitsverordnung für entzündliche wasserlösliche Flüssigkeiten (LV 44)
GewO	Gewerbeordnung
ArbStättV	Arbeitsstättenverordnung
	Handlungsanleitung zur Beleuchtung von Arbeitsstätten (LV 41)
ASR	Arbeitsstättenrichtlinie
DruckbehV	Druckbehälterverordnung
GefStoffV	Gefahrstoffverordnung
PSA-BV	PSA-Benutzungsverordnung (Persönliche Schutzausrüstung)
EMVG	Gesetz über elektromagnetische Verträglichkeit von Geräten
ProdSG	Produktsicherheitsgesetz
ChemG	Chemikaliengesetz
BildscharbV	Bildschirmarbeitsverordnung (integriert in ArbStättV)
AMBV	Arbeitsmittelbenutzungsverordnung
BImSchG	Bundesimmissionsschutzgesetz
JArbSchG	Jugendarbeitsschutzgesetz
MuSchG	Mutterschutzgesetz
BetrVG	Betriebsverfassungsgesetz
SGB VII	Sozialgesetzbuch Siebtes Buch; Gesetzliche Unfallversicherung

SGB IX	Sozialgesetzbuch Neuntes Buch; Rehabilitation und Teilhabe behinderter Menschen
BGV	Berufsgenossenschaftliche Vorschriften; Unfallverhütungsvorschriften gem. § 15 SGB VII (neu: DGUV, Deutsche Gesetze zur Unfallversicherung)
DGUV	Berufsgenossenschaftliche Regeln (BGR)
BGI	Berufsgenossenschaftliche Informationen
BGG	Berufsgenossenschaftliche Grundsätze
VdTÜV	Merkblätter der Vereinigung der Technischen Überwachungsvereine
GDV	Merkblätter vom Gesamtverband der Deutschen Versicherungswirtschaft e. V.
TRB	Technische Regeln für Druckbehälter
TRbF	Technische Regeln für brennbare Flüssigkeiten
TRG	Technische Regeln für Druckgase
TRGS	Technische Regeln für Gefahrstoffe
VbF	Verordnung über brennbare Flüssigkeiten

Öffentlich-rechtliche Vorschriften der Länder:

1. Landesbauordnung (LBO)
2. Verordnungen bzw. Richtlinien der Länder zur LBO über:
   - Bau von Betriebsräumen für elektrische Anlagen (z. B. EltBauVO)
   - Garagen
   - Gast- und Beherbergungsstätten
   - Hochhäuser
   - Waren- und Geschäftshäuser
   - Versammlungsstätten
   - Krankenhäuser
   - Schulen.

Regeln der Technik (VDE-Bestimmungen für die Energieversorgung):

DIN EN 50522 Bestimmungen für das Errichten von Starkstromanlagen mit Nennspannungen bis 1000 V

DIN EN 50522 Errichten von Niederspannungsanlagen: Schutzmaßnahmen - Schutz gegen Überspannungen und Maßnahmen gegen elektromagnetische Einflüsse Hauptabschnitt 444: Schutz gegen elektromagnetische Einflüsse

DIN EN 50522 Errichten von Niederspannungsanlagen: Auswahl und Errichtung elektrischer Betriebsmittel Kapitel 52: Kabel- und Leitungsanlagen

DIN VDE 0100-710 Errichten von Niederspannungsanlagen - Anforderungen für Betriebsstätten, Räume und Anlagen besonderer Art - Teil 710: Medizinisch genutzte Bereiche

DIN VDE 0100-712 Errichten von Niederspannungsanlagen - Teil 7-712: Anforderungen für Betriebsstätten, Räume und Anlagen besonderer Art - Solar-Photovoltaik-(PV)-Stromversorgungssysteme

DIN VDE 01 00-718 Errichten von Niederspannungsanlagen - Anforderungen für Betriebsstätten, Räume und Anlagen besonderer Art - Teil 718: Bauliche Anlagen für Menschenansammlungen

DIN VDE 0100-729 Errichten von Starkstromanlagen mit Nennspannungen bis 1000 V Teil 729: Aufstellen und Anschließen von Schaltanlagen und Verteilern

DIN VDE 01 00-731 Errichten von Starkstromanlagen mit Nennspannungen bis 1000 V Teil 731: Elektrische Betriebsstätten und abgeschlossene elektrische Betriebsstätten

DIN VDE 0101 (ersetzt durch DIN EN 50522 und DIN EN 61536-1) Starkstromanlagen mit Nennwechselspannungen über 1 kV und Nennfrequenzen unter 100 Hz. Sie gilt sinngemäß für Gleichstromanlagen mit Nennspannungen über 1,5 kV.

DIN VDE 0105-103: Bedienen von elektrischen Anlagen und für alle Arbeiten an, mit oder in der Nähe von elektrischen Anlagen aller Spannungsebenen (von Kleinspannung bis Hochspannung, wobei der Begriff Hochspannung die Spannungsebenen Mittelspannung und Höchstspannung einschließt)

DIN 4102 Brandverhalten von Baustoffen und Bauteilen - Teil 11 Rohrummantelungen, Installationsschächte und -kanäle sowie Abschlüsse von Revisionsöffnungen - Teil 12 Funktionserhalt elektrischer Kabelanlagen

IEC 62305, DIN EN 62305 (VDE 0185-305) Blitzschutz

DIN EN 62305-1 (VDE 01 85-305-1) Blitzschutz Teil 1: Allgemeine Grundsätze

DIN EN 62305-2 (VDE 0185-305-2) Blitzschutz Teil 2: Risiko-Management

DIN EN 62305-3 (VDE 0185-305-3) Blitzschutz Teil 3: Schutz von baulichen Anlagen und Personen

DIN EN 62305-4 (VDE 01 85-305-4) Blitzschutz Teil 4: Elektrische und elektronische Systeme in baulichen Anlagen

Unfallverhütungsvorschrift:
DGUV Vorschrift 3 - Elektrische Anlagen und Betriebsmittel

*Richtlinien des VdS Schadenverhütung GmbH (VdS: **V**erband **d**er **S**achversicherer):*
- VdS 2010 Risikoorientierter Blitz- und Überspannungsschutz, Richtlinien zur Schadenverhütung
- VdS 2025 Kabel- und Leitungsanlagen
- VdS 2046 Sicherheitsvorschriften für Starkstromanlagen bis 1000 V
- VdS 2134 Verbrennungswärme der Isolierstoffe von Kabeln und Leitungen.

AMEV-Broschüren:
- Hinweise für die Planung und den Bau von Elektroanlagen in öffentlichen Gebäuden (Elt-Anlagen 2007)
- Hinweise für die Innenraumbeleuchtung mit künstlichem Licht in öffentlichen Gebäuden (Beleuchtung 2006)
- Hinweise zur Ausführung von Ersatzstromversorgungsanlagen in öffentlichen Gebäuden (Ersatzstrom 2006)
- Empfehlungen über den Einbau von Messgeräten zum Erfassen des Energie- und Medienverbrauchs (EnMess 2001)
- Wartung, Inspektion und damit verbundene kleine Instandsetzungsarbeiten von technischen Anlagen und Einrichtungen in öffentlichen Gebäuden (Wartung 2006).

05. Welche externen Genehmigungsverfahren können im Einzelfall von Bedeutung sein?

Nachfolgend werden zentrale Genehmigungsverfahren beschrieben, die im Allgemeinen bei der Errichtung und dem Betrieb von Anlagen – insbesondere verfahrenstechnischer Anlagen – zu beachten sind (ohne Anspruch auf Vollständigkeit):

Genehmigungsverfahren nach dem Bundesimmissionsschutzgesetz • BImSchG
§ 4 Die Errichtung und der Betrieb von Anlagen, die auf Grund ihrer Beschaffenheit oder ihres Betriebs in besonderem Maße geeignet sind, schädliche Umwelteinwirkungen hervorzurufen oder in anderer Weise die Allgemeinheit oder die Nachbarschaft zu gefährden, erheblich zu benachteiligen oder erheblich zu belästigen, sowie von ortsfesten Abfallentsorgungsanlagen zur Lagerung oder Behandlung von Abfällen bedürfen einer Genehmigung.

Anmerkung: Für den Großteil verfahrenstechnischer Anlagen ist das Genehmigungsverfahren nach dem BImSchG Fällen relevant.

Genehmigungsverfahren nach dem Wasserhaushaltsgesetz • WHG
§ 2 Erlaubnis- und Bewilligungserfordernis (1) Eine Benutzung der Gewässer bedarf der behördlichen Erlaubnis (§ 7) oder Bewilligung (§ 8), soweit sich nicht aus den Bestimmungen dieses Gesetzes oder aus den im Rahmen dieses Gesetzes erlassenen landesrechtlichen Bestimmungen etwas anderes ergibt.
§ 3 Benutzungen (1) Benutzungen im Sinne dieses Gesetzes sind 1. Entnehmen und Ableiten von Wasser aus oberirdischen Gewässern, 2. Aufstauen und Absenken von oberirdischen Gewässern, 3. Entnehmen fester Stoffe aus oberirdischen Gewässern, soweit dies auf den Zustand des Gewässers oder auf den Wasserabfluss einwirkt, 4. Einbringen und Einleiten von Stoffen in oberirdische Gewässer, 4a. Einbringen und Einleiten von Stoffen in Küstengewässer, 5. Einleiten von Stoffen in das Grundwasser, 6. Entnehmen, Zutagefördern, Zutageleiten und Ableiten von Grundwasser.
Das WHG enthält daneben Regelungen zum Umgang mit wassergefährdenden Flüssigkeiten und Gasen in Rohrleitungen. Es sind verschiedene Verfahren vorgesehen: Erlaubnis, Bewilligung, Genehmigung. Ergänzend sind landesrechtliche und kommunale Vorschriften zu beachten.

Genehmigungsverfahren nach dem Kreislaufwirtschaftsgesetz • KrwG
Die Errichtung und der Betrieb von Abfallentsorgungsanlagen ist genehmigungspflichtig.
Abfälle aus Betrieben, die gesundheits-, luft- und wassergefährdend, explosibel oder brennbar sind, unterliegen der besonderen Überwachung und bedürfen eines Nachweisverfahrens.

Genehmigungsverfahren nach dem Baugesetzbuch • BauGB
Die bauplanungsrechtlichen Grundlagen regelt das Baugesetzbuch (BauGB) und die auf seiner Grundlage erlassene Baunutzungsverordnung (BauNVO). Da beides Rechtsnormen des Bundes sind, gelten sie bundesweit einheitlich.
Gemäß der Systematik des BauGB hinsichtlich der Zulässigkeit von Bauvorhaben ist zur Klärung, ob bzw. inwieweit ein Betrieb auf einem konkreten Standort errichtet werden kann, zunächst die Existenz eines Bebauungsplans (B-Plans) zu prüfen (§ 30 BauGB). Ein derartiger Plan entfaltet als gemeindliche Satzung Allgemeinverbindlichkeit (= verbindlicher Bauleitplan), d. h. er stellt bindendes Recht für jedermann dar. In ihm werden (in Verbindung mit der BauNVO) u. a. Festsetzungen zur Art der Bebauung (Baugebiet, Regelungen zu zulässigen bzw. nicht zulässigen Nutzungen), zum Maß der Bebauung (insbesondere Grundflächen, Höhen, Anzahl der Vollgeschosse) und zu überbaubaren Grundstücksflächen (so genannte „Baufelder") dargestellt. Dies erfolgt sowohl in Form von zeichnerischen als auch textlichen Regelungen. Dem B-Plan muss eine Begründung beigefügt sein, aus dem Hintergründe für die getroffenen wesentlichen Festsetzungen ersichtlich sein müssen.
Bei der Errichtung und dem Betrieb von Anlagen sind in diesem Zusammenhang weiterhin zu beachten: • wirtschaftliche Größen, z. B. Infrastruktur, Verkehrsanbindungen (Bahn, Autobahn, Flugplatz, Hafen) Abwasser-/Elektroanlagen (Hoch-, Mittel- und Niederspannungsanlagen, Fernmelde- und Telekommunikationsanlagen; Antennenanlagen-/Kabelnetz-Betreiber, Straßenbauamt, Ämter der Städte und Gemeinde, Naturschutzbehörden, Nationalparkamt) sowie • ggf. Eintragungen von Dienstbarkeiten; Wichtigkeit des öffentlichen Interesses.

06. Welche Bestimmungen gelten hinsichtlich der CE-Kennzeichnung?

Vgl. ausführlich unter 2.3.1/Frage 04., S. 359 (Wiederholung lt. Rahmenplan).

07. Welche Bestimmungen gelten hinsichtlich der GS-Kennzeichnung?

Bestimmungen zur GS-Kennzeichnung
(1) Soweit Rechtsverordnungen nach § 3 nichts anderes bestimmen, dürfen technische Arbeitsmittel und verwendungsfertige Gebrauchsgegenstände mit dem vom Bundesministerium für Wirtschaft und Arbeit amtlich bekannt gemachten Zeichen „GS = geprüfte Sicherheit" (GS-Zeichen) versehen werden, wenn es von einer GS-Stelle nach § 11 Abs. 2 auf Antrag des Herstellers oder seines Bevollmächtigten zuerkannt worden ist. Das GS-Zeichen darf nur zuerkannt werden, wenn der GS-Stelle 1. ein Nachweis der Übereinstimmung des geprüften Baumusters mit den Anforderungen nach § 4 Abs. 1 bis 3 sowie anderer Rechtsvorschriften hinsichtlich der Gewährleistung von Sicherheit und Gesundheit durch eine Baumusterprüfung sowie 2. ein Nachweis, dass die Voraussetzungen eingehalten werden, die bei der Herstellung der technischen Arbeitsmittel und verwendungsfertigen Gebrauchsgegenstände zu beachten sind, um ihre Übereinstimmung mit dem geprüften Baumuster zu gewährleisten, vorliegt. Über die Zuerkennung des GS-Zeichens ist eine Bescheinigung auszustellen. Die Geltungsdauer der Zuerkennung ist auf die Dauer von höchstens fünf Jahre zu befristen. (2) Die GS-Stelle nach § 11 Abs. 2 hat Kontrollmaßnahmen zur Überwachung der Herstellung der technischen Arbeitsmittel und verwendungsfertigen Gebrauchsgegenstände und der rechtmäßigen Verwendung des GS-Zeichens durchzuführen. Liegen die Voraussetzungen für die Zuerkennung des GS-Zeichens nicht mehr vor, so hat die GS-Stelle die Zuerkennung zu entziehen. Sie unterrichtet in diesen Fällen die anderen GS-Stellen und die zuständige Behörde über die Entziehung. (3) Der Hersteller hat zu gewährleisten, dass die von ihm hergestellten technischen Arbeitsmittel und verwendungsfertigen Gebrauchsgegenstände mit dem geprüften Baumuster übereinstimmen. Er hat die Kontrollmaßnahmen nach Absatz 2 zu dulden. Er darf das GS-Zeichen nur verwenden und mit ihm werben, solange die Voraussetzungen nach Absatz 1 Satz 2 erfüllt sind. (4) Der Hersteller darf kein Zeichen verwenden oder mit ihm werben, das mit dem GS-Zeichen verwechselt werden kann.

Quelle: www.vbg.de

08. Welche Bestimmungen enthält die Explosionsschutzverordnung?

Explosionsschutzverordnung – 11. ProdSV
§ 1 Anwendungsbereich (1) Diese Verordnung gilt für das Inverkehrbringen von neuen 1. Geräten und Schutzsystemen zur bestimmungsgemäßen Verwendung in explosionsgefährdeten Bereichen, 2. Sicherheits-, Kontroll- und Regelvorrichtungen für den Einsatz außerhalb von explosionsgefährdeten Bereichen, die im Hinblick auf Explosionsgefahren jedoch für den sicheren Betrieb von Geräten und Schutzsystemen im Sinne der Nummer 1 erforderlich sind oder dazu beitragen, und 3. Komponenten, die in Geräte und Schutzsysteme im Sinne der Nummer 1 eingebaut werden sollen.
vgl. ATEX-Richtlinie

Beispiel:
Mit großer Sorgfalt muss also ermittelt und angegeben werden, in welchem Umfeld die Maschine/Anlage betrieben werden kann und unter welchen Bedingungen sie nicht betrieben werden darf. Ein Hersteller,

der ein Rührgerät für eine Großküche verkauft, braucht dieses nicht explosionsgeschützt auszuführen. Das gleiche Gerät müsste jedoch dann explosionsgeschützt sein, wenn es in einem Chemielabor in explosiver Atmosphäre eingesetzt wird.

09. Welchen Inhalt hat der Begriff „Anerkannte Regeln der Technik"?

Vgl. ausführlich unter 2.3.2.1/Frage 12., S. 374 f. (Wiederholung lt. Rahmenplan).

10. Welche Grundsätze enthält die Maschinenrichtline?

Beispiele:

- Beurteilung der Anlage/Maschine im Hinblick auf Gefahrenstellen/Gefährdungen bei bestimmungsgemäßer Verwendung.
- Für jede identifizierte Gefährdung ist eine Restrisikobewertung durchzuführen.
- Formulierung der Schutzziele.

11. Wie kann das betriebsinterne Verfahren zum Bau bzw. zur Erweiterung einer Anlage gestaltet sein (Internes Genehmigungsverfahren/Projektantrag)

→ DIN 69901, A 3.5

Die Projektierung elektrotechnischer Systeme unterliegt betriebsintern den Gestaltungsregeln des Projektmanagements (vgl. DIN 69901; A 3.5). Die Planung, Durchführung, Steuerung sowie der Abschluss derartiger Projekte lässt sich in Phasen einteilen (3-Phasen-, 6-Phasen-Modelle; vgl. dazu A 3.5). Ein Teilergebnis der Planungsphase ist der *Projektantrag:*

Teilergebnisse der Projektplanung

↓ ↓ ↓ ↓

Projektplan → **Projektantrag** → Projektauftrag → Projektfreigabe

In größeren Unternehmen ist der Projektantrag standardisiert und meist existiert ein schriftlich geregeltes Projektantragsverfahren.

Wichtige *Inhalte des Projektantrags* sind z. B.:

Projektantrag	Projekt:	***Erweiterung der Fertigungslinie 3***
Beschreibung des Problems:		
Projektaufgaben:		
Projektziele:		
Umfeldbedingungen:		
Projektnutzen:		
Projektkosten (Budget):	Personalkosten:	
	Material:	
	Fremdleistungen lt. Leistungsverzeichnis:	
	Sonstige Kosten:	
Projektabschluss:		

Bei positiver Entscheidung über den Projektantrag (Projektfreigabe) erfolgt anschließend die Formulierung des *Projektauftrags* – in der Regel ebenfalls in standardisierter Form (vgl. A 3.5). Dabei ist zu klären, welcher Leistungsumfang extern vergeben wird (Stichworte: Fremdvergabe; *Leistungsverzeichnis*, Lastenheft, Pflichtenheft) und welche Projektleistungen intern erbracht werden.

12. Wie können Anlagen und größere Systemerweiterungen finanziert werden?

Der Kapitalbedarf für größere Investitionen muss finanziert werden und lässt sich nicht „aus der Portokasse“ bezahlen. Infrage kommen dabei grundsätzlich folgende Finanzierungsformen (die Darstellung ist vereinfacht, um dem Industriemeister einen groben Überblick zu vermitteln):

Finanzierungsformen		
	Erläuterung	*Ausgewählte Beispiele*
Außen-finanzierung	Das Kapital stammt von außen – also nicht aus dem betrieblichen Leistungsprozess.	• Beteiligungsfinanzierung • Neuaufnahme von Gesellschafter
Innen-finanzierung	Das Kapital stammt von innen – also aus dem betrieblichen Leistungsprozess.	• Finanzierung aus Umsatzerlösen • Finanzierung aus Abschreibungsgegenwerten • Finanzierung aus Rückstellungen
Fremd-finanzierung	Kreditfinanzierung: Das Kapital wird durch außenstehende Gläubiger aufgebracht.	• langfristiges Bankdarlehen
Eigen-finanzierung	Das Kapital wird durch Eigentümer aufgebracht.	z. B. Unternehmer, Gesellschafter, Aktionäre
Fristigkeit	kurzfristig:	bis Jahr
	mittelfristig:	1 bis 4 Jahre
	langfristig:	mehr als 4 Jahre

Bei der Entscheidung über die Form der Finanzierung stehen folgende Merkmale im Mittelpunkt:

Betrags-höhe	Kosten	Fristigkeit	Flexibilität, Zinsbindung	Einflussnahme des Kapitalgebers	Sicherheiten

Weiterhin sind Möglichkeiten der Investitionsförderung zu prüfen (Bund, Länder, KfW-Mittel, EU-Fördermittel) und das *Prinzip der Fristenkongruenz* ist einzuhalten (vereinfacht: Laufzeit des Kredits = Lebenszyklus der Anlage).

Die Erweiterung oder Modernisierung von Fertigungssystemen liegt oft in Größenordnungen von 500.000 € und mehr, z. B. bei der Anschaffung eines Bearbeitungszentrums. Die klassischen Finanzierungsformen für Investitionen in maschinelle Anlagen sind in der Praxis:

- Finanzierung aus Umsatzerlösen
- Finanzierung aus Abschreibungsgegenwerten
- langfristiges Bankdarlehen (Investitionskredit)
- Anlagenleasing.

13. Mit welchen Risiken ist die Projektierung verbunden?

Für beide Beteiligten, Auftraggeber und Auftragnehmer, ist der Bau und die Inbetriebnahme von Anlagen mit nicht unbeträchtlichen Risiken verbunden. Wie in jedem Fall der Produktentwicklung gilt auch hier die *Zehnerregel* (nach Pfeifer; vgl. 8.1.1/Frage 27.): Fehler in der Planung führen zu überproportionalen Fehlerkosten bei der Inbetriebnahme; in dem Bemühen, die Anlage möglichst schnell in den Dauerbetrieb zu überführen, werden nicht selten notwendige Testläufe oder Simulationen umgangen, die dann ebenfalls zu kostspieligen Nachbesserungen im Probebetrieb führen können. Die „teuersten" Fehler sind die, die durch den Endkunden entdeckt werden. Weitere Risiken liegen in einem ungenauen Leistungsverzeichnis verbunden mit den Problemen, die sich daraus bei der Leistungsabrechnung ergeben. Ein gewisses Restrisiko lässt sich i. d. R. bei keiner Projektierung ausschließen.

14. Welche Bedeutung hat die Leistungsabrechnung?

Die Erfolgsvariablen von Projekten sind (verkürzte Darstellung; vgl. ausführlich A 3.5):

- Realisierung der Mengenvorgaben (Arbeiten, Leistungen)
- Realisierung der qualitativen Vorgaben (Funktionalität, Nutzen)
- Einhaltung der Termine
- Einhaltung der Kosten (Budgetvorgaben).

Diese Vorgaben sind nur dann zu realisieren, wenn die Planung hinreichend exakt vorgenommen wurde (z. B. ausreichende Ressourcenzuteilung: Personal, Finanzmittel) und die Ausführung der internen und externen Leistungen bestimmungsgemäß erfüllt werden (lt. *Leistungsverzeichnis*).

Nach Implementierung, Inbetriebnahme und Abnahme der Anlage wird ein *Abnahmeprotokoll* erstellt (vgl. 1.5.5). Hat die Abnahme keine Einschränkungen ergeben, kann der Auftragnehmer (Fremdfirma) die *Leistungsabrechnung* erstellen. Der Auftraggeber wird diese mit dem Leistungsverzeichnis Position für Position vergleichen (formale und inhaltliche Rechnungsprüfung).

Für den Auftragnehmer der Projektierung (Fremdfirma) ist es erforderlich, einen Vergleich seines Angebots (*Vorkalkulation*) mit der abschließenden Rechnungslegung (*Nachkalkulation*) durchzuführen. Er kann auf diese Weise ermitteln, ob seine Planansätze im Angebot (Plankosten) mit den Istkosten im Wesentlichen übereinstimmen, und er damit seine geplante Gewinnmarge realisieren konnte.

1.1.4 Leistungsverzeichnis → 1.5.3

01. Was ist ein Lastenheft?

Lastenheft	Die DIN 69901 und VDA 6.1 definieren das Lastenheft als „Beschreibung der Gesamtheit der *Forderungen* an die Lieferungen und Leistungen *eines Auftragnehmers"*.
	Damit beinhaltet das Lastenheft mindestens die zu erreichenden technischen und funktionellen Parameter eines Produktes, spezielle Kundenforderungen und Aussagen über Ersatzteil- und Servicepflicht.

- *Erstellung:*
  Grundsätzlich sollte der Auftraggeber das Lastenheft formulieren. Ist er dazu selbst nicht in der Lage, kann er seine unmittelbaren Anforderungen, Erwartungen und Wünsche an die zu planende elektrotechnische Anlage (System, Produkt oder Dienstleistung) in natürlicher Sprache als Aufgabenstellung formulieren und ein *Ingenieurbüro für Elektrotechnische Anlagen* mit der Erstellung des Lastenheftes (Leistungsverzeichnis) beauftragen.

- *Rechtsverbindlichkeit:*
  Für die Vertragsparteien ist das Lastenheft *ein für alle Beteiligten bindendes Dokument.* Es legt die vertragliche Regelung zwischen Auftraggeber und Auftragnehmer bzw. Kunde und Lieferanten fest und dient als Grundlage für den Erfolg des Projektes. Für alle späteren Ausführungen und Montagen hat nur das im Lastenheft explizit Festgeschriebene rechtsverbindliche Gültigkeit. Es ist also von sehr großer Bedeutung für den Auftragnehmer oder Lieferanten, dass Anforderungen, Aufwand und zu erwartende Schwierigkeiten in einer abschätzbaren bzw. messbaren Form aufbereitet werden und in dieses Vertragsdokument einfließen.

- *Funktion:*
  Das Lastenheft nennt in seinen Leistungsbeschreibungen die Anforderungen und Rahmenbedingungen an Geräte, Installationen, Montagen, Maschinen, Anlagen und an das gesamte elektrotechnische System. Ziel des allgemeinen Lastenheftes ist die Zusammenstellung der Anforderungen von aktuellen oder zukünftigen Anwendern an Geräte, Maschinen und elektrotechnischen Anlagen. Damit ist das Lastenheft sowohl ein Forderungskatalog auf dem heutigen Stand der Technik als auch eine Trendanalyse für zukünftige Anforderungen an Bauelemente sowie an Fertigungstechnologien und -strategien. Dabei kommen technische wie auch wirtschaftliche Aspekte zur Geltung. Damit kann das Lastenheft als ein Leitfaden zur Beschreibung aller Anforderungen und Leistungskennzahlen aus gesamtheitlicher, betrieblicher Sicht angesehen werden, sodass Unternehmen eine zeit- und kostensparende Hilfestellung bei der Werksplanung und Werksprojektierung von Geräten, Maschinen und elektrotechnischen Anlagen haben.

  Zusätzlich sollte das Lastenheft als Verständigungsplattform zwischen mehreren an einem Projekt beteiligten Partnern genutzt werden, wie es heute durch das Outsourcing von Entwicklungs-, Design- und Fertigungsdienstleistungen vielfach praktiziert wird. Zusätzlich kann es noch eine gewisse Vermittlerfunktion zwischen den an dem Projekt beteiligten Geräte-, Maschinen-, Anlagen- und Automatisierungssystemanbietern bzw. -anwendern übernehmen.

  Das Lastenheft (Leistungsverzeichnis mit seinen Leistungsbeschreibungen) mit den Formblättern des Vergabehandbuches für das jeweilige Ausschreibungsverfahren dient dann als Grundlage zur Einholung von Angeboten (Anfragen).

- *Inhalt und Gliederung:*
  Die Gliederung eines Lastenhefts kann – je nach Produkt bzw. Projekt – sehr unterschiedlich sein. Es sollte jedoch mindestens folgende Punkte enthalten:

1.	**Spezifikation des zu erstellenden Produkts bzw. Projekts:** Darstellung der Ausgangssituation und Zielsetzung: die „Last“, z. B der Bau eines Wohn- und Geschäftshauses, eines Verwaltungsgebäudes, eines Wasserwerks oder die Erweiterung innerhalb eines Industriebetriebes (weitere Fertigungsstraße)
2.	**Rahmenbedingungen für Produkt und Leistungserbringung:** z. B. Vorschriften, Normen, Richtlinien, bereits vorhandene Leistungsbestandteile, Materialien, Lieferumfang usw.
3.	**Funktionale Anforderungen an das Produkt/Projekt in seiner späteren Verwendung:** z. B. Ausstattungsmerkmale, Akzente, Leistungs- und Qualitätsparameter, Sicherheitsbedürfnisse, Gefahrenabwehr, Temperatur-, Druck- und Volumenbereiche, Förderleistungen usw.
4.	**Nichtfunktionale Anforderungen an das Produkt/Projekt:** einzuhaltende Gesetze und Normen
5.	**Vertragliche Konditionen:** z. B. Erbringen von Teilleistungen, Gewährleistungsanforderungen, Risikomanagement usw.
6.	**Anforderungen an den Auftragnehmer:** z. B. Zertifizierungen, Abnahmekriterien
7.	**Anforderungen an das Projektmanagement des Auftragnehmers:** z. B. Projektdokumentation, Controlling-Methoden, Wartung

02. Was ist ein (technisches) Pflichtenheft?

Pflichtenheft	Nach DIN 69901 und VDA 6.1 sind in einem Pflichtenheft die vom „Auftraggeber erarbeiteten Realisierungsvorgaben“ niedergelegt.
	Es geht also beim Pflichtenheft um die Beschreibung der *Umsetzung des* vom Auftraggeber vorgegebenen *Lastenhefts*.

- *Rechtsverbindlichkeit:*
Während das Lastenheft als Kernbestandteil die Spezifikation der technischen Anlage, des Produkts sowie den Anlagen- /Produktstrukturplan enthält, beschreibt das Pflichtenheft wie der Auftragnehmer die Leistung zu erbringen gedenkt. Es ist als Sollkonzept, Fachfeinkonzept oder fachliche Spezifikation die vertraglich bindende, detaillierte Beschreibung der zu erfüllenden Leistung (z. B. Aufbau der elektrotechnischen Anlage für ein Wasserwerk).

- *Erstellung und Prüfung:*
Das Pflichtenheft wird vom Auftragnehmer (Montagefirma, Entwicklungsabteilung/-firma) erarbeitet. Die Inhalte sind präzise, vollständig und nachvollziehbar sowie mit technischen Festlegungen der Betriebs- und Wartungsumgebung formuliert. Bei der Erstellung des Pflichtenheftes wird meistens das *Ein-* sowie das *Ausschlussprinzip* verwendet, d. h. konkrete Fälle werden explizit ein- oder ausgeschlossen; dies ist bewährte und gängige Praxis.

  Durch den Auftraggeber wird das Pflichtenheft geprüft und dann für die Ausführung der Leistung bestätigt. Erst nach dieser Bestätigung sollten idealerweise die eigentlichen Entwicklungs- und Implementierungsarbeiten beginnen.

  Nach Lieferung und Ausführung der elektrotechnischen Anlage (z. B für das Wasserwerk) wird über einen *Akzeptanztest* (Probelauf/Probezeit) festgestellt, ob die Anlage die Forderungen des Pflichtenheftes erfüllt (z. B. in Bezug auf die technologische Abfolge der Aufbereitung des Rohwassers bis zum Trinkwasser).

  Ein ausführliches Pflichtenheft kann z. B. bei Funktionalausschreibungen durch Generalunternehmer (GU) auch die vollständige Projektplanung umfassen, einschließlich der Termin- und Ressourcenpläne.

- *Inhalt und Gliederung:*
Ein ganzheitliches Pflichtenheft besteht nicht nur aus technischen, sondern auch aus wirtschaftlichen und ökologischen Anforderungen. Dabei sind Herstellung, Gebrauch und Beseitigung des Produktes einzubeziehen, einschließlich der Auswirkungen auf Boden, Wasser und Luft.

Ein Pflichtenheft sollte wie folgt gegliedert sein:

1.	**Zielbestimmung:** *Musskriterien:* Für die Anlage/das Produkt unabdingbare Leistungen, die in jedem Fall erfüllt werden müssen. *Wunschkriterien:* Die Erfüllung dieser Kriterien wird angestrebt. *Abgrenzungskriterien:* Diese Kriterien sollen bewusst nicht erreicht werden.
2.	**Anlagen-/Produkteinsatz:** Anwendungsbereiche Zielgruppen Betriebsbedingungen: physikalische Umgebung des Systems, tägliche Betriebszeit, ständige Beobachtung des Systems durch Bediener oder unbeaufsichtigter Betrieb u. Ä.
3.	**Anlagen-/Produktübersicht:** kurze Übersicht über die Anlage/das Produkt
4.	**Anlagen-/Produktfunktionen:** genaue und detaillierte Beschreibung der einzelnen Anlagen-/Produktfunktionen
5.	**Anlagen-/Produktdaten:** langfristig zu speichernde Daten aus Benutzersicht
6.	**Anlagen-/Produktleistungen:** Anforderungen bezüglich Zeit und Genauigkeit
7.	**Qualitätsanforderungen**
8.	**Benutzungsoberfläche:** grundlegende Anforderungen, Zugriffsrechte
9.	**Nichtfunktionale Anforderungen:** einzuhaltende Gesetze und Normen, Sicherheitsanforderungen, Plattformabhängigkeiten
10.	**Technische Anlagen-/Produktumgebung:** *Software:* für Server und Clients, falls vorhanden *Hardware:* für Server und Clients getrennt *Orgware:* organisatorische Rahmenbedingungen Produktschnittstellen
11.	**Anforderungen an die Entwicklungsumgebung**
12.	**Gliederung in Teilprodukte**
13.	**Ergänzungen**

03. Worin unterscheiden sich Lastenheft und Pflichtenheft?

Lastenheft

- wird vom *Auftraggeber* erstellt
- bildet die Grundlage für die vom *Auftragnehmer* zu erbringende Leistung (*Last*)
- *enthält alle Forderungen* einschließlich aller Randbedingungen

Pflichtenheft

- wird vom *Auftragnehmer* erstellt auf der Grundlage des Lastenheftes
- enthält die Detaillierung der Anwenderforderungen aus dem Lastenheft und die Beschreibung, wie sie durch den *Auftragnehmer* realisiert werden sollen

04. Wie ist der weitere Ablauf nach Erstellung des Pflichtenheftes?

Die Erarbeitung des Pflichtenheftes erfolgt in enger Zusammenarbeit mit dem Auftraggeber. Das Pflichtenheft wird nach seiner Erstellung einer *internen Prüfung* unterzogen und sozusagen intern freigegeben. Abschließend erfolgt die Abnahme und *Freigabe* des Pflichtenheftes *durch den Auftraggeber*. Erst dann ist es verbindlich und bildet die offizielle Grundlage für den weiteren Ablauf.

05. Was ist ein Leistungsverzeichnis (LV)?

Im Wettbewerb dienen Leistungsverzeichnisse (LV) mit ihrer klaren Darstellung des gesamten Vertrags-Solls als Grundlage für die Einholung mehrerer vergleichbarer Angebote. Es werden also die benötigten Komponenten einer Anlage quantitativ und qualitativ so beschrieben, dass auf dieser Basis Ausschreibungen erfolgen können.

Insbesondere bei Bauprojekten wird das Leistungsverzeichnis auch als *Lastenheft* bezeichnet.

Nach dem Vergabeverfahren und der Auftragserteilung wird vom Auftragnehmer auf Grundlage des Leistungsverzeichnisses (Lastenheft) das Pflichtenheft erstellt.

Muster: Leistungsverzeichnis-Deckblatt:

<<<< Bauherr/Auftraggeber >>>>

Datum: 08.2008
Objekt-Nr.: xx.2008

LEISTUNGSVERZEICHNIS

Bauvorhaben:	<<<< Objekt-/Projektbeschreibung (Bauvorhaben) >>>> <<<< Straße >>>> <<<< Ort >>>>
Gewerk:	Elektrotechnik/Fernmeldetechnik
Leistungsumfang:	Niederspannungsverteilungen und Gebäudeinstallation, Innen-, Außen- und Sicherheitsbeleuchtung, Kommunikations- und Gefahrenmeldeanlagen, passives Datennetz
Auftraggeber:	<<<< Bauherr/Auftraggeber >>>>
Bauplanung:	<<<< Architekturbüro >>>> <<<< Strasse >>>> <<<< Ort >>>>
Fachplanung:	<<<< Ingenieur-/Fachplanungsbüro >>>> <<<< Strasse >>>> <<<< Ort >>>>

	Bieter	Prüfer
Nettosumme €:	....	....
Mehrwertsteuer 19 %:	....	....
Bruttosumme €:	....	....
Datum:	....	....
Unterschrift:	....	....
Stempel:	....	....

Durch seinen Stempel mit der rechtsverbindlichen Unterschrift bestätigt der Bieter, die zum LV gehörigen Vorbemerkungen gelesen und in seiner Kalkulation berücksichtigt zu haben. Außerdem wird garantiert, dass der Bieter über die maschinellen und personellen Voraussetzungen verfügt, um die nachfolgend beschriebene Leistung in der vorgesehenen Form zu realisieren.

06. Welche Festlegungen enthält die Honorarordnung für Architekten und Ingenieure (HOAI) bezüglich des Leistungsverzeichnisses?

- Die vertragliche Grundlage für Planungsleistungen bildet die Honorarordnung für Architekten und Ingenieure (HOAI).

- *Die Aufstellung eines Leistungsverzeichnisses ist Bestandteil der Leistungsphase 6 der HOAI.*

- Die nachfolgende Übersicht zeigt auszugsweise den Anwendungsbereich (§ 1) und das Leistungsbild der Technischen Ausrüstung (§ 73) in den Leistungsphasen 1 bis 8:

Anwendungsbereich, § 1 HOAI
Die Bestimmungen dieser Verordnung gelten für die Berechnung der Entgelte für Leistungen der Architekten und der Ingenieure (Auftragnehmer), soweit sie durch Leistungsbilder oder anderer Bestimmungen dieser Verordnung erfasst werden.

Leistungsbild Technische Ausrüstung, § 73 (1) HOAI
Das Leistungsbild Technische Ausrüstung umfasst Leistungen der Auftragnehmer für Neuanlagen, Wiederaufbauten, Erweiterungsbauten, Umbauten, Modernisierungen, Instandhaltungen und Instandsetzungen. Die Grundleistungen sind in den in *Absatz 3* aufgeführten Leistungsphasen 1 bis 9 zusammengefasst.

- Das *Leistungsbild* setzt sich nach § 73 Abs. 3 HOAI wie folgt zusammen:

Grundleistungen:	Besondere Leistungen:
1. Grundlagenermittlung: Klären der Aufgabenstellung der Technischen Ausrüstung im Benehmen mit dem Auftraggeber und dem Objektplaner, insbesondere in technischen und wirtschaftlichen Grundsatzfragen; Zusammenfassen der Ergebnisse.	Systemanalyse (Klären der möglichen Systeme nach Nutzen, Aufwand, Wirtschaftlichkeit und Durchführbarkeit); Datenerfassung, Analysen und Optimierungsprozesse für energiesparendes und umweltverträgliches Bauen.
2. Vorplanung (Projekt- und Planungsvorbereitung): Analyse der Grundlagen, Erarbeiten eines Planungskonzepts mit überschlägiger Auslegung der wichtigen Systeme und Anlagenteile einschließlich Untersuchung der alternativen Lösungsmöglichkeiten nach gleichen Anforderungen mit skizzenhafter Darstellung zur Integrierung in die Objektplanung einschließlich Wirtschaftlichkeitsvorbetrachtung, Aufstellen eines Funktionsschemas beziehungsweise Prinzipschaltbildes für jede Anlage. Klären und Erläutern der wesentlichen fachspezifischen Zusammenhänge, Vorgänge und Bedingungen. Mitwirken bei Vorverhandlungen mit Behörden und anderen an der Planung fachlich Beteiligten über die Genehmigungsfähigkeit. Mitwirken bei der Kostenschätzung; bei Anlagen in Gebäuden: nach DIN 276; Zusammenstellen der Vorplanungs-Ergebnisse.	Durchführen von Versuchen und Modellversuchen, Untersuchung zur Gebäude- und Anlagenoptimierung hinsichtlich Energieverbrauch und Schadstoffemission (z. B. $S0_2$, NO_x), Erarbeiten optimierter Energiekonzepte.

3. Entwurfsplanung (System- und Integrationsplanung): Durcharbeiten des Planungskonzepts (stufenweise Erarbeitung einer zeichnerischen Lösung) unter Berücksichtigung aller fachspezifischen Anforderungen sowie unter Beachtung der durch die Objektplanung integrierten Fachplanungen bis zum vollständigen Entwurf, Festlegen aller Systeme und Anlagenteile, Berechnung und Bemessung sowie zeichnerische Darstellung und Anlagenbeschreibung, Angabe und Abstimmung der für die Tragwerksplanung notwendigen Durchführungen und Lastangaben (ohne Anfertigen von Schlitz- und Durchbruchsplänen), Mitwirken bei Verhandlungen mit Behörden und anderen an der Planung fachlich Beteiligten über die Genehmigungsfähigkeit, Mitwirken bei der Kostenberechnung, bei Anlagen in Gebäuden: nach DIN 276, Mitwirken bei der Kostenkontrolle durch Vergleich der Kostenberechnung mit der Kostenschätzung.	Erarbeiten von Daten für die Planung Dritter, zum Beispiel für die Zentrale Leittechnik, detaillierter Wirtschaftlichkeitsnachweis, detaillierter Vergleich von Schadstoffemissionen, Betriebskostenberechnungen, Schadstoffemissionsberechnungen, Erstellen des technischen Teils eines Raumbuchs als Beitrag zur Leistungsbeschreibung mit Leistungsprogramm des Objektplaners.
4. Genehmigungsplanung: Erarbeiten der Vorlagen für die nach den öffentlich-rechtlichen Vorschriften erforderlichen Genehmigungen oder Zustimmungen einschließlich der Anträge auf Ausnahmen und Befreiungen sowie noch notwendiger Verhandlungen mit Behörden, Zusammenstellen dieser Unterlagen, Vervollständigen und Anpassen der Planungsunterlagen, Beschreibungen und Berechnungen.	
5. Ausführungsplanung: Durcharbeiten der Ergebnisse der Leistungsphasen 3 und 4 (stufenweise Erarbeitung und Darstellung der Lösung) unter Berücksichtigung aller fachspezifischen Anforderungen sowie unter Beachtung der durch die Objektplanung integrierten Fachleistungen bis zur ausführungsreifen Lösung, zeichnerische Darstellung der Anlagen mit Dimensionen (keine Montage- und Werkstattzeichnung), Anfertigen von Schlitz- und Durchbruchsplänen, Fortschreibung der Ausführungsplanung auf den Stand der Ausschreibungsergebnisse.	Prüfen und Anerkennen von Schaltplänen des Tragwerksplaners und von Montage- und Werkstattzeichnungen auf Übereinstimmung mit der Planung, Anfertigen von Plänen für Anschlüsse von beigestellten Betriebsmitteln und Maschinen, Anfertigen von Stromlaufplänen.
6. Vorbereitung der Vergabe: Ermitteln von Mengen als Grundlage für das Aufstellen von **Leistungsverzeichnissen** in Abstimmung mit Beiträgen anderer an der Planung fachlich Beteiligter, Aufstellen von Leistungsbeschreibungen mit Leistungsverzeichnissen nach Leistungsbereichen.	Anfertigen von Ausschreibungszeichnungen bei Leistungsbeschreibung mit Leistungsprogramm.
7. Mitwirken bei der Vergabe: Prüfen und Werten der Angebote einschließlich Aufstellen eines Preisspiegels nach Teilleistungen, Mitwirken bei der Verhandlung mit Bietern und Erstellen eines Vergabevorschlages, Mitwirken beim Kostenanschlag aus Einheits- oder Pauschalpreisen der Angebote, bei Anlagen in Gebäuden: nach DIN 276, Mitwirken bei der Kostenkontrolle durch Vergleich des Kostenanschlags mit der Kostenberechnung, Mitwirken bei der Auftragserteilung.	

8. Objektüberwachung (Bauüberwachung): Überwachen der Ausführung des Objekts auf Übereinstimmung mit der Baugenehmigung oder Zustimmung, den Ausführungsplänen, den Leistungsbeschreibungen oder Leistungsverzeichnissen sowie mit den allgemein anerkannten Regeln der Technik und den einschlägigen Vorschriften, Mitwirken bei dem Aufstellen und Überwachen eines Zeitplanes (Balkendiagramm), Mitwirken bei dem Führen eines Bautagebuches, Mitwirken beim Aufmaß mit den ausführenden Unternehmen, fachtechnische Abnahme der Leistungen und Feststellen der Mängel, Rechnungsprüfung, Mitwirken bei der Kostenfeststellung, bei Anlagen in Gebäuden: nach DIN 276, Antrag auf behördliche Abnahmen und Teilnahme daran, Zusammenstellen und Übergeben der Revisionsunterlagen, Bedienungsanleitungen und Prüfprotokolle, Mitwirken beim Auflisten der Verjährungsfristen der Gewährleistungsansprüche, Überwachen der Beseitigung der bei der Abnahme der Leistungen festgestellten Mängel, Mitwirken bei der Kostenkontrolle durch Überprüfen der Leistungsabrechnung der bauausführenden Unternehmen im Vergleich zu den Vertragspreisen und dem Kostenanschlag.	Durchführen von Leistungs- und Funktionsmessungen, Ausbilden und Einweisen von Bedienungspersonal, Überwachen und Detailkorrektur beim Hersteller, Aufstellen, Fortschreiben und Überwachen von Ablaufplänen (Netzplantechnik für EDV).
9. Objektbetreuung und Dokumentation: Objektbegehung zur Mängelfeststellung vor Ablauf der Verjährungsfristen der Gewährleistungsansprüche gegenüber den ausführenden Unternehmen, Überwachen der Beseitigung von Mängeln, die innerhalb der Verjährungsfristen der Gewährleistungsansprüche, längstens jedoch bis zum Ablauf von fünf Jahren seit Abnahme der Leistungen auftreten, Mitwirken bei der Freigabe von Sicherheitsleistungen, Mitwirken bei der systematischen Zusammenstellung der zeichnerischen Darstellungen und rechnerischen Ergebnisse des Objekts.	Erarbeiten der Wartungsplanung und -organisation, ingenieurtechnische Kontrolle des Energieverbrauchs und der Schadstoffemission.

07. Welche Bedeutung hat die Verdingungsordnung für Bauleistungen (VOB) bei der Erstellung eines Angebots?

- Die Vorbereitung der Vergabe (vgl. Leistungsphase 6 der HOAI) beinhaltet die Erstellung eines Leistungsverzeichnisses mit Leistungsbeschreibungen.

- Das Leistungsverzeichnis bildet die Grundlage für die Ausschreibung und die Erstellung eines Angebots durch ein Vergabeverfahren nach der Verdingungsordnung für Bauleistungen (VOB), die 1926 erstmals erschienen ist. Mit dem Erscheinen der Ausgabe VOB 2002 erhielt diese Norm einen neuen Namen:

VOB, Vergabe- und Vertragsordnung für Bauleistungen

Die Vergabe- und Vertragsordnung für Bauleistungen ist zurzeit in ihrer Ausgabe VOB 2012 gültig und wird laufend aktualisiert.

08. Welche Inhalte hat die VOB?

- Die VOB ist in die Teile A, B und C unterteilt – mit folgendem *Inhalt:*

VOB Teil A	Allgemeine Bestimmungen für die Vergabe von Bauleistungen
VOB Teil B	Allgemeine Vertragsbedingungen für die Ausführung von Bauleistungen
VOB Teil C	Allgemeine Technische Vertragsbedingungen für Bauleistungen (ATV)

- Bestandteil der VOB Teil C und der Technischen Vertragsbedingungen für Bauleistungen sind die Hinweise für das Aufstellen der Leistungsbeschreibungen nach der Deutschen Industrienorm (DIN) für die einzelnen Fachgewerke, so z. B. für die *Errichtung elektrotechnischer Anlagen:*

DIN 18382	Nieder- und Mittelspannungsanlagen mit Nennspannungen bis 36 kV
DIN 18384	Blitzschutzanlagen
DIN 18386	Gebäudeautomation

09. Was sind AVA-Systeme?

Für bestimmte Leistungen – zum Beispiel im Baugewerbe, Baunebengewerbe und in der Haustechnik, zu der auch die Elektrotechnischen Anlagen zählen – gibt es standardisierte Textbausteine (STLB, Standardleistungsbuch) als Leistungspositionen. Ein Leistungsverzeichnis wird hierarchisch gegliedert, z. B. Los, Gewerk, Abschnitt, Titel; in jeder Ebene sind dann die einzelnen Positionen aufgeführt.

Mithilfe spezieller Computerprogramme, so genannter AVA-Systeme (Ausschreibung, Vergabe, Abrechnung), werden die Leistungsverzeichnisse vor allem für Ausschreibungen von Bauleistungen im Hoch- und Tiefbauwesen sowie in den Fachbereichen Heizung, Lüftung, Sanitär und Elektro erstellt.

1.2 Errichten von elektrotechnischen Systemen

1.2.1 Beschaffung von Komponenten

01. Wie ist der generelle Ablauf bei der Beschaffung von Komponenten für elektrotechnische Systeme (Beschaffungsprozess)?

Nachdem der Auftrag für die Errichtung der elektrotechnischen Anlage auf der Grundlage des Lastenheftes (Leistungsverzeichnis) und dem vorliegenden Ausschreibungsangebot erteilt wurde, wird durch den Auftragnehmer das Pflichtenheft erarbeitet. Beide Unterlagen, Lasten- und Pflichtenheft bilden die Basis für die Beschaffung der Materialien.

Grundsätzlich lässt sich der Beschaffungsprozess in folgende Phasen gliedern:

Bedarfsanalyse	→ Verfahren der Bedarfsermittlung Vgl. 4.2.2/4.3.3, S. 706 f./736 f.
↓	
Lieferantenauswahl	→ Lieferantenbeurteilung Zusammenarbeit mit anderen Abteilungen (Einkauf, Materialwirtschaft, Qualitätswesen)
↓	
Angebotseinholung	→ Anfragen
↓	
Angebotsprüfung	→ formelle/materielle Prüfung
↓	
Angebotsauswahl, Vergabeverhandlung	→ Angebotsvergleich
↓	
Bestellung	
↓	
Kontrolle der Abwicklung	→ z. B. Terminverfolgung
↓	
Wareneingangsprüfung, Rechnungsprüfung	→ Quantitäts-/Qualitätskontrollen Herstellerbescheinigung
↓	
Einlagerung, Bereitstellung, Verwendung	

Hinweis: Die nachfolgende Stoffbearbeitung orientiert sich an diesen Prozessschritten, da die Gliederung im Rahmenplan sehr rudimentär ist.

02. Welche Verfahren der Materialbedarfsermittlung gibt es? **→ 4.2.2, 4.3.3**

Man unterscheidet zwei grundsätzliche Verfahren:

Verfahren der Materialbedarfsermittlung	
Stochastische Bedarfsermittlung	**Deterministische Bedarfsermittlung**
↓	↓
verbrauchsorientiert (auftragsunabhängig)	**auftragsorientiert**
↓	↓
• für lagermäßig geführte Waren • anhand von Vergangenheitswerten • auf der Basis von Lagerstatistiken • bestellt wird bei Erreichen des Meldebestandes	Wird jeweils neu ermittelt aufgrund des Bedarfs für bestimmte Aufträge.
Methoden	
• Mittelwertbildung • exponentielle Glättung • Regressionsanalyse	**Analytische Disposition auf der Basis von Stücklisten** Synthetische Disposition auf der Basis von Teileverwendungsnachweisen

Unternehmen der Elektrotechnik, z. B. Elektromontage- oder Elektroinstallationsbetriebe, *nutzen vorwiegend das Stücklistenverfahren.* Hierfür sind Artikelnummer, Bezugsquelle, Hersteller, Preis und Liefermöglichkeit der einzelnen Materialien teilweise in Datenbänken der Fachgroßhändler und der Fachverbände zugänglich.

Vgl. dazu ausführlich unter 4.2.2, 4.3.3.

03. Wie erfolgt die Lieferantenbeurteilung?

Beim Bezug hochwertiger und/oder sicherheitstechnisch relevanter Komponenten ist die Beurteilung potenzieller Lieferanten vor der Auftragsvergabe erforderlich, falls für diese Ware keine „gewachsene" Kunden-Lieferantenbeziehung existiert.

Die Lieferantenbeurteilung kann in drei Schritten erfolgen:

1	**Segmentierung der Lieferanten**	→	Der Kreis der potenziellen Lieferanten wird vorab grundsätzlich festgelegt anhand geeigneter Kriterien, z. B.:
		→	• Betriebsgröße • Standort • Qualitätsaspekte (z. B. Zertifizierung) • Flexibilität (z. B. Eingehen auf Sonderwünsche)
			Dieser Schritt der Bewertung erfolgt im Regelfall durch den Einkauf/die Materialwirtschaft in Abstimmung mit anderen Fachabteilungen: Fertigung, Qualitätssicherung, Vertrieb und Controlling; involviert können ebenfalls Beauftragte sein (Arbeits- und Umweltschutz, Betriebsrat).

2	**Beurteilung und Vergleich der *Hard-Facts***	→	Listenpreis
		→	Zahlungsbedingungen (Rabatte, Skonti, Boni)
		→	Regelung der Transportkosten
		→	Liefertermin
		→	quantifizierbare Nebenleistungen
		→	Qualitätsvereinbarungen
3	**Beurteilung und Vergleich der *Soft-Facts***	→	Neben dem Vergleich der quantifizierbaren Fakten ist eine Beurteilung der qualitativen Daten ergänzend vorzunehmen; relevante Merkmale sind z. B.:
			Rechtsform (Finanzsituation)
			Marktanteil
			Kostenstruktur
			Qualitätsmanagementsystem
			Stand der Forschung & Entwicklung
			Kundendienst, Support, Notdienst
			Image
			Bereitschaft zu Gegengeschäften
			Zuverlässigkeit
			... usw.

Bei wichtigen Beschaffungsaktionen kann die Auswahl neuer Lieferanten über eine *Nutzwertanalyse* durchgeführt werden (vgl. dazu ausführlich unter A 3.2.2):

- Merkmale festlegen
- Merkmale gewichten
- Skalierung festlegen (z. B. Skala von „5 = sehr hoch" bis „1 = sehr niedrig")
- Ausprägung der Merkmale je Lieferant ermitteln
- Summe der gewichteten Merkmale je Lieferant ermitteln.

04. Was ist eine Anfrage aus rechtlicher Sicht?

Die Anfrage ist eine Aufforderung zur Abgabe eines verbindlichen Angebots, mit dem Ziel, durch einfache Annahme den Vertragsschluss herbeizuführen.

05. Wann sollten Anfragen erfolgen?

- bei konkretem Bedarf
- bei neuen Produkten
- in größeren Abständen bei häufig benötigtem Material
- in kürzeren Abständen bei Produkten mit hohem Innovationscharakter (z. B.: Elektronikmaterial, PCs)
- zu wertanalytischen Zwecken bei Make-or-Buy-Entscheidungen (MOB).

06. Wie oft sollte angefragt werden?

Bei der Betrachtung der Häufigkeit von Anfragen ist das oberste Gebot die Zweckmäßigkeit und Wirtschaftlichkeit. Auf eine starre Festlegung sollte verzichtet werden. Mit steigendem Warenwert sollte allerdings die Anzahl der Anfragen zunehmen.

07. Welchen Inhalt sollte eine Anfrage haben?

1. Präzise Bedarfs- bzw. Problembeschreibung
2. genaue Mengenangaben (ggf. Toleranzen angeben)
3. Materialart (möglichst präzise Beschreibung)
4. gewünschter Liefertermin
5. Angebotstermin
6. Richtlinie für verspätete Angebote
7. alle preisbeeinflussenden Bedingungen
8. ggf. Hinweis auf Zeichnungen und Muster
9. allgemeine Einkaufsbedingungen beifügen
10. Vertreterbesuche erwünscht: Ja/Nein
11. Hinweis auf Verbindlichkeit und Kostenneutralität des Angebotes

Der Angebotseingang ist zu überwachen.

08. Welche Formen der und -bewertung gibt es?

1. Angebote sollten zunächst *formell geprüft* werden. Hierbei wird unmittelbar nach Eingang der Angebote geprüft, ob das Angebot mit der Anfrage übereinstimmt.

2. Daran schließt sich die *materielle Prüfung* an. In ihr werden die eingegangenen Angebote analysiert und bewertet.

09. Was ist bei der formellen Prüfung von Angeboten zu beachten?

Die zu prüfenden Kriterien sind:

- Qualität
- Lieferzeit
- Menge
- Einkaufs- und Verkaufsbedingungen.

Muster und Proben sind sofort zu prüfen. Weiterhin ist festzulegen, wie mit abweichenden Angeboten (z. B.: Alternativen oder Substitutionsgüter) zu verfahren ist.

10. Welche Merkmale sind bei der materiellen Prüfung von Angeboten zu beachten?

1.	**Angebotsverbindlichkeit**	
2.	**Preise:**	• Festpreise • Preisgleitklausel • Preisvorbehalte, wie z. B.: - freibleibend - unverbindlich - am Tag der Lieferung - Richtpreis - Schätzpreis
3.	**Zuschläge:**	• Legierungszuschlag • Teuerungszuschlag • Mindermengenzuschlag • Schnittkosten • Rüstkosten • Modellkosten • Werkzeugkosten • Altölabgabe • GGVS-Zuschläge
4.	**Nachlässe:**	• Rabatte • Boni
5.	**Zahlungsbedingungen:**	• Fristen • Skonti • Vorauszahlungen
6.	**Transportklauseln,** z. B.:	• ab Werk, Bahnstation, Grenze, Flughafen, Seehafen • frei Werk, Empfangsstation, Haus, Verwendungsstelle, Grenze, Frachtbasis
7.	**Verpackungsklauseln:**	• einschließlich/ausschließlich Verpackung • Leihverpackung • Gutschrift bei Rücksendung
8.	**Nebenkosten:**	• Zölle • Abnahmekosten • Versicherungen • Schulungskosten • Garantie
9.	**Betriebskosten:**	• Strom • Gas • Wasser • Öl • Druckluft
10.	**Folgekosten:**	• Wartung • Reparaturen • Ersatzteildienst • Entsorgung
11.	**Lieferzeit:**	Möglichst genau fixiert (nicht schnellstens, sofort usw.)

11. Wie wird der Nettoeinstandspreis errechnet?

Für einen (einfachen) Angebotsvergleich werden die quantifizierbaren Daten der infrage kommenden Lieferanten in einer Matrix gegenübergestellt und der (Netto)Einstandspreis ermittelt:

	Bruttoeinkaufspreis
+	Zuschläge
–	Abschläge
=	**Nettoeinkaufspreis**
+	Frachtkosten
+	Rollgelder
+	Verpackungskosten
+	Versicherungskosten
+	Werkzeugkosten
+	Modellkosten
+	Klischeekosten
+	Verpackungsrücksendungskosten
+	Zollgebühren und Einfuhrspesen
–	Gutschriften für zurückgesandte Verpackung
=	**Nettoeinstandspreis frei Verwendungsstelle**

Vereinfacht man die oben dargestellte Berechnung ergibt sich für den *Angebotsvergleich* (teilweise auch als Lieferantenvergleich bezeichnet) folgende Matrix:

Beispiel (vorgegebene Lieferfrist ist 4 Wochen):

		Lieferant 1	**Lieferant 2**	**Lieferant 3**
	Listeneinkaufspreis	3.840,00	3.600,00	4.160,00
–	Rabatt	0,00	0,00	0,00
=	Zieleinkaufspreis	3.840,00	3.600,00	4.160,00
–	Skonto	(2 %) 76,80	0,00	(3 %) 124,80
=	Bareinkaufspreis	3.763,20	3.600,00	4.035,20
+	Bezugskosten	0,00	150,00	0,00
=	Einstandspreis	**3.763,20**	3.750,00	4.035,20
Lieferfrist:		14 Tage	6 Wochen	4 Wochen

Berücksichtigt man nur die vorliegenden quantifizierbaren Daten, würde man Lieferant 1 beauftragen (Anm.: Lieferant 2 überschreitet die Lieferfrist). In der Praxis erfolgt jedoch keine alleinige, unkritische Ausrichtung „nur am Preis“, sondern es kommen auch die „Soft-Facts“ zum Tragen (vgl. Frage 03.).

12. Welche Ziele werden mit der Vergabeverhandlung (Abschlussverhandlung) verfolgt?

- Konditionsverbesserung (Preise und Bedingungen)
- Unklarheiten des Angebotes beseitigen
- Einholen von erforderlichen Ergänzungen
- kennen lernen von neuen Lieferanten.

13. Wann sollte keine Vergabeverhandlung durchgeführt werden?

- wenn keine Angebotsverbesserung in Aussicht ist
- bei Kleinbedarf (ausgenommen Verhandlung über wirtschaftliche Abwicklungsverfahren oder Rahmenabkommen)
- aus Grundsatzüberlegungen.

14. Welche Punkte sollte eine Checkliste zur Vorbereitung einer Vergabeverhandlung enthalten?

- Terminabstimmung (Datum, Zeit, Dauer)
- Teilnehmerkreis
- Verhandlungsort
- Thematik vorbereiten
- Bewirtung abklären
- Hilfsmittel planen (Beamer, Laptop, Overhead usw.)
- zeitlicher Ablauf (Pausen gezielt planen)
- Lieferantenbewertung
- Umsatzentwicklung
- Unterlagen zusammenstellen (Angebot, Zeichnungen usw.)
- Verhandlungsargumente formulieren (Wettbewerb, Werbung usw.)
- Verhandlungsschwerpunkte festlegen (Strategie)
- Sitzordnung

15. Was ist unabdingbarer Bestandteil einer Bestellung?

• Hinweis „Bestellung" • Vertragsgegenstand • Preise (Festpreise/Gleitpreise) • Auftragswert • Hinweis auf die „Allgemeinen Geschäftsbedingungen" (AGB) • Zahlungsbedingungen • Vorauszahlungen • Rechtsverbindliche Unterschrift	• Allgemeine Daten • Mengen • Zu-/Abschläge • Liefertermin • Lieferbedingungen • Gewährleistung • allgemeine Hinweise (Lieferadresse usw.)

16. Was ist der Zweck von allgemeinen Einkaufsbedingungen (AGB)?

- Sie geben eine höhere Sicherheit bei Vertragsabschluss.
- Sie dienen der Rationalisierung von Beschaffungsabläufen.
- Sie verhindern bereits im Vorfeld Einigungsmängel.

17. Welche besonderen Einkaufsverträge gibt es zum Beispiel?

Abrufvertrag	Preise und Mengen sind in der Regel festgelegt. Ein Zeitraum ist festgelegt. Einzelne Abrufe gegen den Vertrag erfolgen individuell.
Sukzessivliefervertrag	Preise, Mengen, Zeitraum sind fest. Genaue Anliefertermine sind ebenfalls fest.
Spezifikationskauf	Der Spezifikationskauf ist eine Rahmenvereinbarung über Art, Menge und Grundpreis der Waren. Erst beim Abruf werden alle weiteren Einzelheiten festgelegt.
Rahmenvertrag	Beim Rahmenvertrag sind die Vertragspartner bereit, einen Abschluss in dem alle Vertragspunkte bis auf die Mengen festgelegt sind, zu tätigen. Sollten dennoch Mengenangaben gemacht werden, sind diese als bloße Absichtserklärung zu sehen.
Bedarfsdeckungsvertrag	Der Bedarfsdeckungsvertrag ist ein Bindungsvertrag an einen Lieferanten über einen Gesamt- oder Teilbedarf eines bestimmten Gutes.

18. Wie kann eine Lieferterminüberwachung sichergestellt werden?

1. Aufgrund *Dv-gestützter Überwachung:*
   Die erteilten Bestellungen werden Dv-gestützt in festgelegten Abständen überwacht und den entsprechenden Stellen per Ausdruck oder Bildschirmausgabe zur Kenntnis gebracht.

2. Aufgrund *manueller Überwachung* durch den Einkäufer/Besteller:
   • Führen eines Terminkalenders,
   • terminliches Ordnen der Bestelldurchschläge oder
   • Führen einer Lieferterminkartei.

19. Wie ist der organisatorische Ablauf bei der Warenannahme?

Annahme des Materials → Prüfen der Lieferberechtigung (Identifikation) → Prüfen des Materials: Art, Menge, Zeit, Qualität → Erstellen der Materialeingangspapiere

• *Prüfung der Lieferberechtigung:*
  - Nach Identifizierung des Materials (meist anhand der Begleitpapiere) erfolgt die Prüfung, ob die gelieferte Ware auch bestellt wurde.
  - Diese Prüfung erfolgt in der Regel anhand des Bestellsatzes.
    Bei Fehlen von Bestellsätzen oder Lieferpapieren sind die zuständigen Beschaffungs- bzw. Verbrauchsstellen zu informieren.

• *Art- und Mengenprüfung:*
  - Stimmt die Art der gelieferten Ware
    · mit der auf den Lieferpapieren angegebenen Art überein?
    · mit der auf der Bestellung angegebenen Art überein?
  - Stimmt die Menge der gelieferten Ware
    · mit der auf den Lieferpapieren angegebenen Menge überein?
    · mit der auf der Bestellung angegebenen Menge überein?
  - Bei Abweichungen sind die Beschaffungsstellen zu informieren.

• *Qualitätsprüfung:*
Man unterscheidet folgende, grundlegende Arten der Qualitätsprüfung:

Arten der Qualitätsprüfung	
Vergleichende Prüfung	**Messende Prüfung**
Prüfen von Anforderungen durch Beurteilung, Lehren, Vergleichen, teilweise unter Verwendung von Prüfmitteln (Grenzlehrdorn, Vergleichsnormale, Checklisten) nach dem Gut-Schlecht-Prinzip.	Prüfen von numerisch definierten Anforderungen (Durchmesser, Gewicht, Druck) mittels Messmittel (Messschieber, Feinwaage, Kraftmessdose) auf ihre Einhaltung innerhalb vorgegebener Toleranzen.

Vgl. dazu auch: Annahme-Stichprobenprüfung, Annehmbare Qualitätslage (AQL) unter Ziffer 8.3.4/ Frage 26., S. 1177 ff.

20. Warum muss die Prüfung der Ware unmittelbar nach deren Eingang erfolgen?

1. Nach § 377 Abs. 1 HGB hat bei einem zweiseitigen Handelskauf der Käufer die Ware unverzüglich nach der Ablieferung zu prüfen und wenn sich ein Mangel zeigt, dem Verkäufer unverzüglich Anzeige zu machen (bitte Gesetzestext lesen!).

   Unterlässt der Käufer die Anzeige, so gilt die Ware als genehmigt, es sei denn, dass der Mangel bei der Untersuchung nicht erkennbar war (§ 377 Abs. 2 HGB).

2. Bei erkennbaren Beschädigungen ist mit den Beschaffungs- oder Fertigungsstellen die weitere Vorgehensweise abzustimmen.

21. Welche Funktion hat die Herstellerbescheinigung?

Unternehmen, die entsprechend dem Qualitätsmanagement nach ISO 9000 oder 9001 zertifiziert sind, lassen sich als Nachweis für die Qualitätssicherung der gelieferten Komponenten vom Hersteller, z. B. für Schaltgeräte, eine *Herstellerbescheinigung* übergeben.

Eine Herstellerbescheinigung wird aber auch vom Auftraggeber der elektrotechnischen Anlage gegenüber dem Errichter der elektrotechnischen Anlage, der ausführenden Elektromontagefirma abverlangt:

In dieser **Herstellerbescheinigung** gibt der Elektromontagebetrieb gegenüber dem Auftraggeber die Erklärung ab, dass er die elektrotechnische Anlage entsprechend den zurzeit gültigen DIN/VDE-Vorschriften, nach den Richtlinien der Berufsgenossenschaft und den anerkannten Regeln der Technik errichtet hat.

22. Was ist Aufgabe der Rechnungsprüfung?

Bei der Rechnungsprüfung (im Einkauf) wird die Lieferantenrechnung mit den entsprechenden Bestellpapieren, Auftragsbestätigungen, Lieferscheinen und Prüfberichten verglichen. Die Prüfung erfolgt in der Regel sachlich, preislich und rechnerisch.

1.2.2 Personalplanung und Unterweisung

01. Auf welcher Basis erfolgt die Personalplanung bei der Errichtung elektrotechnischer Systeme? → 6.1, 6.2

Ausgangspunkt für die Personalplanung ist der vom Pflichtenheft, von Kundenaufträgen oder Projekten abgeleitete Aufgabeninhalt und Umfang. Im Rahmen der Präzisierung dieser Anforderungen erfolgt die quantitative und qualitative Ermittlung des Personalbedarfes unter Beachtung der Terminvorgaben (vgl. zur Personalbedarfsermittlung Ziffer 6.1).

02. Welche Besonderheiten sind bei der Personaleinsatzplanung zu berücksichtigen?

Das zur Verfügung stehende Montagepersonal ist häufig unterschiedlich qualifiziert, hat unterschiedliche Fähigkeiten, Fertigkeiten, Kenntnisse und berufliche Erfahrung. Für einen prozesssicheren und qualitativen Errichtungs-/Montageablauf sind diese Besonderheiten zu berücksichtigen.

Bei einer flexiblen Montageorganisation, bei Auftragsschwankungen oder Störungen ist es zeitweise erforderlich, das Personal innerhalb eines Projektes oder einer Schicht mit unterschiedlichen Arbeitsaufgaben zu betrauen. Das setzt eine hinreichende Anzahl geeigneter Mitarbeiter voraus, d. h. es müssen die Qualifikationen vorhanden sein, die für das anstehende Aufgabenspektrum/Teilprojekt erforderlich sind. Eine schnelle Übersicht über die Einsetzbarkeit der Mitarbeiter bietet eine Qualifikationsmatrix nach folgendem **Beispiel**:

Qualifikationsmatrix				
	Arbeitsplatz 1	Arbeitsplatz 2	Aufgabe 1	Aufgabe 2
Mitarbeiter K.	x	x		x
Mitarbeiter T.	x	x		
Mitarbeiter D.			x	x
Mitarbeiter N.	x			

Das Beispiel zeigt, dass Aufgabe 1 nur von einem Mitarbeiter ausgeführt werden kann. Es kann daher erforderlich sein, ein oder zwei Mitarbeiter für diese Aufgabe zu qualifizieren, um die „Monopolisierung von Wissen/Erfahrung" zu vermeiden. Wenn z. B. Mitarbeiter K und T zu einer externen Schulung entsandt werden (Qualifizierung für Aufgabe 1), muss für diesen Zeitraum ein *geeigneter Einsatzplan* erstellt werden, damit die verbleibenden Arbeitskräfte das anstehende Aufgabenspektrum quantitativ und qualitativ bewältigen können. Geeignete Maßnahmen sind z. B.:

- Qualifikation der in der Abteilung verbleibenden Mitarbeiter prüfen
- ggf. interne Unterweisung der verbleibenden Mitarbeiter für andere Aufgaben
- ggf. kurzfristige Versetzung entsprechend qualifizierter Mitarbeiter aus einer anderen Abteilung
- ggf. Mehrarbeit anordnen unter Beachtung der Mitbestimmung des Betriebsrats.

Bei dieser Einsatzplanung sind die Interessen, Vorkenntnisse sowie das Engagement und die Zuverlässigkeit der Mitarbeiter zu berücksichtigen.

03. Was sind geeignete Formen zur Qualifizierung des Personals?

- Zielgerichtete Mitarbeiterschulung
- spezielle Teamschulungen
- Training durch „Learning By Doing“ (Training on the job)
- Teilnahme an Bedienerlehrgängen
- Teilnahme an Qualitätslehrgängen
- zielgerichtete Teilnahme an Herstellerschulungen und -unterweisungen
- aufgabenbezogene Unterweisungen.

04. Worin unterscheiden sich Anweisungen, Einweisungen und Unterweisungen?

Anweisungen	sind Anordnungen an einen Mitarbeiter, eine Arbeitsaufgabe, die er grundsätzlich beherrscht, auszuführen. Die Ausführung kann in einer ihm überlassenen Art und Weise erfolgen.
	Anweisungen bilden die Grundlage der Unterweisung.

Einweisung	Sie ist das Vertrautmachen eines Mitarbeiters mit einer bestimmten (neuen) Arbeitsaufgabe, Arbeitsumgebung oder Arbeitsbedingung.
	Die Einweisung setzt im Allgemeinen die Beherrschung bestimmter Tätigkeiten voraus.
	Ziel der Einweisung ist die Verkürzung der Einarbeitungszeit.

Unterweisung	Sie ist die (systematische) Befähigung eines Mitarbeiters, einen definierten Arbeitsablauf oder Aufgabenbereich zu beherrschen.
	Ziel der Unterweisung ist die Befähigung der Mitarbeiter dahingehend, eine bestimmte Arbeitsaufgabe oder Tätigkeit so zu beherrschen, dass sie innerhalb eines bestimmten Zeitrahmens erfüllt werden kann. Bemessungsgrundlage ist hierbei die Erreichung der erforderlichen Qualität und Quantität unter Beachtung der betreffenden Arbeitsschutz- und Sicherheitsvorschriften.

05. Welche Arten der Unterweisungen gibt es?

Arbeits-unterweisung	Sie ist die detaillierte und präzisierte Darstellung zur Ausführung eines Arbeitsvorganges. Sie kann eine detaillierte Vorgabe des Ablaufes der einzelnen Handlungen beinhalten.
	Arbeitsunterweisungen sind möglichst in schriftlicher Form niederzulegen und erleichtern somit ein später erforderliches Wieder-Einarbeiten.

Arbeits-sicherheits-unterweisung	Sie ist die Unterweisung in Bezug auf geltende Arbeitssicherheitsvorschriften, die Anwendung von Vorschriften zum Arbeitsschutz und zur Unfallverhütung entsprechend den betrieblichen Verhältnissen. Diese Unterweisungen sind aktenkundig zu dokumentieren und jeder unterwiesene Mitarbeiter hat sie mit Unterschrift zu bestätigen.
	Ziel ist, eine möglichst hohe Wirkung der Maßnahmen zum Arbeitsschutz und zur Unfallverhütung zu erreichen.

Sicherheits-unterweisung	Sie bezieht sich auf die Beachtung, Anwendung und Umsetzung von gesetzlichen, branchenüblichen, berufsgenossenschaftlichen und herstellergegeben Sicherheitsvorschriften. Die Sicherheitsunterweisung ist aktenkundig zu dokumentieren.

Qualitäts-unterweisung	Sie dient der Unterweisung bezüglich der Einhaltung der betreffenden Qualitätsstandards, zur Umsetzung der Anforderungen aus dem Qualitätsmanagementhandbuch und zur Fehlervermeidung.

06. Was ist ein Unterweisungsplan?

Der Unterweisungsplan gliedert sich in drei Abschnitte:

Was soll gemacht werden?	Beschreibung der Teilvorgänge
Wie soll es gemacht werden?	Ablaufhinweise zu den einzelnen Arbeitsverrichtungen
Warum soll es so gemacht werden?	Begründung, warum die Arbeitsverrichtung so und nicht anders ausgeführt werden soll.

07. Nach welcher Methodik sollte eine Unterweisung erfolgen? → REFA, AEVO

Nach REFA bzw. AEVO sollte eine Unterweisung nach der Vier-Stufen-Methode erfolgen:

Stufe 4 Abschluss	Der Unterwiesene arbeitet allein bis zur Selbstständigkeit.
Stufe 3 Ausführung	Der Unterwiesene macht die Arbeitsaufgabe nach; ggf. mehrfache Wiederholung.
Stufe 2 Vorführung	Der Unterweiser führt die Arbeitsaufgabe vor.
Stufe 1 Vorbereitung	Der zu unterweisende Mitarbeiter wird durch den Unterweiser (z. B. Meister, Vorarbeiter, Einrichter) auf die Unterweisung vorbereitet.

08. Warum ist eine Einweisung in spezifische Herstellervorgaben erforderlich?

Die Vielzahl der am Markt befindlichen elektrotechnischen Materialien, Bauelemente, Baugruppen und Anlagen mit ihren unterschiedlichen Anwendungs- und Einsatzbedingungen macht eine *detaillierte und aussagekräftige Produktbeschreibung* erforderlich. Diese Beschreibung, vergleichbar mit einer erweiterten Bedienungsanleitung, hat durch den Hersteller zu erfolgen.

Um eine qualitätsgerechte und sicherheitstechnisch fehlerfreie Arbeitsausführung zu gewährleisten, ist die Kenntnis der vom Hersteller vorgegebenen *Prämissen und Einsatzbedingungen* erforderlich. Diese Kenntnis erreicht der Mitarbeiter unter anderem durch die Einweisung in die Handhabung, Anwendung oder die Besonderheiten des betreffenden Produktes. Die Einweisung erfolgt durch einen bereits eingewiesenen oder geschulten und erfahrenen Mitarbeiter. Sie kann aber auch durch den Hersteller selbst im Rahmen von Anwenderschulungen vorgenommen werden.

Beispiel:
Auszug aus der Montageanleitung eines Potenzialausgleiches von Ableitblechen innerhalb eines Gebäudes

> **Achtung:**
> Durch das Aufbringen von leitfähigen Materialien wird im elektrotechnischen Sinn der „Charakter" des Raumes verändert. Abschirmmaterialien, die an elektrische Anlagen angeschlossen werden, gelten als „fremde leitfähige Teile" (IEV 826-03-03). Hinsichtlich der Anforderungen zum Schutz gegen elektrischen Schlag, dem Brandschutz und zur elektromagnetischen Verträglichkeit müssen daher folgende Anforderungen berücksichtigt werden:
>
> - Schutz- und Potenzialausgleichleiter müssen geeignete Querschnitte haben. Für den Potenzialausgleichleiter empfehlen wir den Leitungstyp PVC-Aderleitung HÜ7V-K 4 qmm grün-gelb.
> - Wegen möglicher Streuströme können Abschirmmaßnahmen nur in Gebäuden mit elektrischen Anlagen mit TN-S-, TT- bzw. IT-Systemen durchgeführt werden.
> - Metallene Rohrsysteme eignen sich i. d. R. nicht als Potenzialausgleichsleiter, daher sollte die Abschirmmaßnahme dort nicht „geerdet" werden.
> - Auch der Anschluss der Abschirmmaßnahme an einen separaten Erder, der nicht in den Gebäudenpotenzialausgleich eingebunden ist, muss aus Gründen unterschiedlicher Potenziale unterbleiben.
> - Wegen möglicher Ausgleichsströme und der damit verbundenen Brandgefahr ist der Kontakt der Abschirmmaßnahme zu geerdeten Metallteilen des Gebäudes und metallischen Versorgungsleitungen auszuschließen.
> - Wird der Potenzialausgleichsleiter im Stromkreisverteiler angeklemmt, sollte ein Hinweis auf die „Erdung" der Abschirmmaßnahme gegeben werden.
> - Die Anwendung des Fehlerstromschutzschalters (FI, RCD) wird zur Einhaltung der Abschaltebedingungen dringend empfohlen.
> - Gibt es Näherungen zu Blitzschutzanlagen, ist die Reihe der Norm DIN VENV 61024-1 zu beachten.

1.2.3 Errichtung elektrotechnischer Systeme

01. Was ist unter elektrotechnischen Systemen zu verstehen?

Elektrotechnische Systeme sind komplexe Systeme, die aus einer Vielzahl technischer und elektrischer/elektronischer Anlagen, Geräten, Baugruppen und Bauelementen bestehen können. Sie lassen sich aus Gründen der Dokumentation nach drei Gesichtspunkten ordnen.

Prinzip-Beispiel:

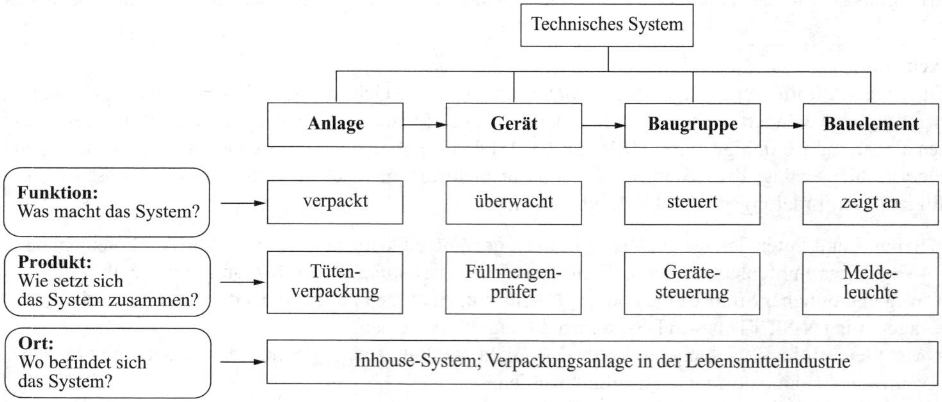

Die Systeme bestehen aus Objekten, die untereinander in funktioneller und organisatorischer Beziehung stehen. Hierbei wird die Organisationsbasis durch eine Anwendungssoftware geschaffen, die systemintern arbeitet oder wiederum in ein komplexes Informationssystem (z. B. ERP, MES) eingebunden ist.

02. Was sind die Einsatzgebiete elektrotechnischer Systeme?

Antriebstechnik	→	elektrische Maschinen, Elektromotoren
Automatisierungstechnik	→	Messtechnik, Sensortechnik, Robotik, Steuer- und Regeltechnik
Elektronik	→	Leistungselektronik, Digital- und Analogtechnik, EMV
Energietechnik	→	Energieübertragung, Photovoltaik, Hochspannungstechnik
Informationstechnik	→	Telekommunikation, Hochfrequenztechnik, Datenverarbeitung

03. In welcher Art können elektrotechnische Systeme errichtet werden?

Die Errichtung elektrotechnischer Systeme besteht in technologischer Hinsicht aus komplexen Montagevorgänge. Nach dem *Ort der Auftragserfüllung* lassen sich folgende Montagearten ableiten:

Baugruppenmontage	Auch als Vormontage bezeichnet; Herstellung von Unter- bzw. Vorbaugruppen. Die Baugruppenmontage kann intern, vor der Endmontage, oder extern, auf der Baustelle, erfolgen.
	Beispiele: Kabelbaum, Schaltschrank-Vorinstallation.
Endmontage	Montage zum Endprodukt erfolgt beim Hersteller.
	Beispiele: Elektroinstallation in eine Maschine, Einbau und Programmierung von elektrischer/elektronischer Steuerungstechnik in eine Anlage.
Baustellenmontage	Montage zum Endprodukt erfolgt beim Kunden bzw. auf einem vom Kunden vorgegebenen Areal.
	Beispiele: Energieversorgungssysteme, elektrische Anlagen in Gebäuden.

04. Welche Besonderheiten unterscheiden eine interne von einer externen Montage?

Interne Montage	Auch: innerbetriebliche Montage. Sie wird durch die Organisation, die Regeln und das Qualitätsmanagement des Herstellers/Betreibers der Anlage bestimmt. Die Arbeitsorganisation ist sehr detailliert und die technologischen Ablauffolgen sind straff vorgegeben. Innerbetriebliche Montagen unterliegen nicht selten genauen Vorgabezeiten, deren Einhaltung direkte Auswirkung auf die Entlohnung der ausführenden Mitarbeiter haben kann (Normzeitvorgabe je Arbeitsverrichtung). Die *Montagekoordination* erfolgt im Rahmen der Montageablaufplanung innerhalb des Montageprozesses. Die Vorgesetzten der Mitarbeiter sind in der Regel der Meister, der Bereichsleiter und/oder der Fertigungsleiter.
Externe Montage	ist die **Baustellenmontage.** Sie unterscheidet sich in
	die **Anlagenmontage** im Sinne einer Maschinenaufstellung beim Kunden. Hier arbeitet das Monteurteam unter Leitung eines Vorarbeiters, Meisters oder Ingenieurs autark bis zur Übergabe der Anlage an den Kunden.
	die **klassische Baustellenmontage.** Hier liegt die Besonderheit in der meist großen Zahl der beteiligten Unternehmen (Gewerke) mit den unterschiedlichsten technologischen Abläufen und Bedingungen. Bereits bei der Bauplanung sind die Planungs-, Koordinierungs- und Ausführungsaufgaben der verschiedenen Gewerke zu beachten. Die Koordinierung der Montageaufgaben hat hier also eine ganz andere Dimension. Spezielle Unfallschutz- und bauphysikalische Vorgaben sind weitere, zu beachtende Besonderheiten. Die Vorgesetzten der Mitarbeiter sind hier der Polier/Vorarbeiter, Meister, Bauleiter und/oder Projektant.

05. Welche Aufgaben umfasst die Montagekoordination?

Sie ist die Abstimmung zur organisatorischen, ablauforientierten und terminlich geplanten Ausführung eines Auftrages zur Errichtung eines elektrotechnischen Systems. Die Montagekoordination einer internen Montage unterscheidet sich wesentlich von der einer Baustellenmontage.

06. Wie erfolgt die Montagekoordination bei der internen Montage?

Die Montageabläufe für die Elektromontage sind innerhalb einer sehr detaillierten Arbeitsplanung eingeordnet. Die einzelnen Arbeitsvorgänge sind in ihrer technologischen Folge exakt vorgegeben und können durch „technische“ Montagefolgen unterbrochen sein.

Beispiel *eines Arbeitsplans:*

Arbeitsgang	Abteilung	Beschreibung	t_e [min]
10	M1	Verbindungseinheit auf Ständer montieren	8
20	EM	Kabelbaum vorbereiten und in Verbindungseinheit verlegen	12
30	M1	Montage der Antriebseinheit	9
40	EM	Kabelbaum an Motor 1 und an Taster 3 und 4 anschließen Durchgangsprüfung	10
50	M1	Verkleidungsblech montieren	8

Die *Vorgabezeiten* t_e werden nach REFA ermittelt. Sie bilden als wesentlicher Bestandteil der Auftragszeit (vgl. 3.7.1/Frage 10., S. 631 f.) auch die Grundlage für die Terminierung im Rahmen der Durchlaufzeitplanung.

Die Montagekoordination erfolgt also durch Auftragsplanung und Fertigungssteuerung des Herstellers/Betreibers der Anlage. Alle dazu erforderlichen Fachabteilungen, z. B. Einkauf, Disposition, Logistik und Versand, sind in diesen Prozess direkt eingebunden.

07. Wie erfolgt die Montagekoordination bei der Baustellenmontage von Anlagen?

Handelt es sich um eine Anlagenmontage im Sinne einer Maschinenaufstellung (vgl. Ziffer 1.2.3/ Frage 04.) erfolgt die Koordinierung der Aufstellung bzw. die Montage durch direkte Abstimmung mit dem Kunden. Ist der Liefertermin benannt, wird festgelegt, welche Voraussetzungen durch den Lieferanten sowie durch den Kunden als Montagevorbereitung zu schaffen sind.

Beispiele der *Montagevorbereitung durch den Lieferanten* der Anlage:

- Anlieferung von Hilfsmaterial vorab
- Anlieferung der Montageausrüstung vorab (z. B. Gerüste, Hebebühnen, Kräne).

Beispiele der *Montagevorbereitung durch den Kunden:*

- Schaffung von Montagefreiheit (ausreichend Platz am Aufstellort)
- Innerbetriebliche Transportwege festlegen oder frei räumen
- Transportmittel bereitstellen (Gabelstapler, Hallenkran)
- Versorgungsanschlüsse bereitstellen (Elektrizität, Druckluft, Wasser)
- Hilfspersonal bereitstellen
- Produktionszeit verlegen (Schichtverlagerung, Sonderschichten).

08. Wie erfolgt die Montagekoordination bei der „klassischen" Baustellenmontage?

Die Koordinierung, u. a. auch der Elektro-Installationsarbeiten, obliegt hier dem Objektplaner. Diese Aufgabenzuordnung leitet sich aus der HOAI ab.

Auszug aus der HOAI (Honorarordnung für Architekten und Ingenieure, in der Fassung von 2012):

8. Objektüberwachung (Bauüberwachung)

- Überwachen der Ausführung des Objekts auf Übereinstimmung mit der Baugenehmigung oder Zustimmung, den Ausführungsplänen und den Leistungsbeschreibungen sowie den anerkannten Regeln der Technik und den einschlägigen Vorschriften
- Überwachen der Ausführung von Tragwerken nach § 63 Abs. 1 Nr. 1 und 2 auf Übereinstimmung mit dem Sicherheitsnachweis
- Koordinieren der an der Objektüberwachung fachlich Beteiligten
- Überwachung und Detailkorrektur von Fertigteilen
- Aufstellen und Überwachen eines Zeitplanes (Balkendiagramm)
- Führen eines Bautagebuches

Zu diesen Aufgaben gehört neben der Fachplaner-Koordination (sie sind für die Abläufe innerhalb der jeweiligen Fachbereiche/Gewerke, z. B. Elektroinstallation, verantwortlich) auch die Feinkoordination der Arbeiten auf der Baustelle. Hierzu gehört die Abstimmung, wann welche Montagekolonnen eingesetzt werden. Diese Tätigkeit ist vergleichbar mit der Technischen Produktionsleitung in der Industrie (vgl. Ziffer 1.2.3/Frage 04.).

Grundlagen für die Montagekoordination auf der Baustelle sind

- die aktuellen, freigegebenen Pläne
- die Vorgaben (Auflagen, Leistungen, Bauteilqualitäten usw.)
- der Arbeitsablauf von Vor- und Folgegewerken
- die erforderlichen Schutz- und Sicherheitsmaßnahmen
- die örtlichen Gegebenheiten
- die Umwelteinflüsse.

Besonders zu beachten ist die Einrichtung der Baustelle; insbesondere ist darauf zu achten:

Einrichten der Baustelle • Beispiele	
Versorgung der Baustelle mit Elektroenergie	Die DIN VDE 0100-704 schreibt vor, dass auf Baustellen alle Betriebsmittel von besonderen Speisepunkten aus zu versorgen sind, z. B.: • Baustromverteiler • Abzweige mit ortsfesten Verteilern • Ersatzstromaggregate und steckbare Verteiler
Aufenthalts- und Sanitärräume	in ausreichender Anzahl, nach Geschlechtern getrennt (siehe ArbStättV)
Material, Werkzeug	bezogen auf die auszuführenden Arbeiten, einschließlich der notwendigen Reserve-Arbeitsmittel bei Verschleißteilen
Entsorgung	Bereitstellen von Containern für die unterschiedlichen Abfallarten (Metall, Bauschutt, Verbundstoffe usw.); getrennte Entsorgung und Entsorgungsnachweis

Beispiel *eines Bauablaufplans:*

Leistungen	Mai	Juni	Juli	Aug.	Sept.	Okt.	Nov.	Dez.	Jan.	Feb.	März
Erdarbeiten	-----	KW23									
Stahlbetonarbeiten		KW24	-----	-----	-----	KW40					
Montagearbeiten		KW23	-----	-----	-----	KW39					
Mauererarbeiten		KW24	-----	-----	-----	KW41					
Zimmererarbeiten					KW37	-----	KW47				
Dachdeckerarbeiten					KW38	-----	KW46				
Elektroinstallation						KW42	-----	-----	-----	-----	KW16
Sanitärinstallation						KW42	-----	-----	-----	-----	KW16
Verputzarbeiten									KW11	-----	KW17
Malerarbeiten										KW12	-----

09. Wann ist eine Terminplananpassung erforderlich? → 4.2.2

Jede Terminplananpassung ist Ausdruck einer Störung im geplanten Ablauf. Lassen sich vorgegebene *Termine, Meilensteine oder Planzielpunkte nicht erreichen,* werden sie unter- oder überschritten, ist eine Änderung des Terminplanes unvermeidbar. Zur Erkennung dieser Störungen sind *Kontrollmechanismen* zu schaffen, die eine Terminveränderung möglichst frühzeitig erkennen lassen. Eine seit langem erprobte Methode der Terminplanung ist die *Netzplantechnik.*

10. In welchen Fällen ist die Anwendung der Netzplantechnik sinnvoll?

- bei Neuplanungen von Montageabläufen
- bei Umplanungen bestehender Montageabläufe
- bei der Bildung von Montageabschnitten
- für Untersuchungen zur Automatisierung von Montageabläufen.

11. Welche Ursachen können für eine Terminplananpassung vorliegen?

Die Ursachen können im eigenen Verantwortungsbereich liegen, aber auch nicht (direkt) beeinflussbar sein.

Beeinflussbare Ursachen	• Ausschuss und Nacharbeit • Ausfall der Montageausrüstung oder Arbeitsmittel durch mangelhafte Wartung und Instandhaltung • ungenügende Qualifikation der Mitarbeiter • Nichteinhaltung der Vorgabezeiten, sie liegen außerhalb des geplanten Limits • Änderungen der Konstruktion oder des Projektes • mangelhafte Abstimmung zwischen beteiligten Bereichen • Schnittstellen sind diffus oder lückenhaft definiert • Nichtbeachtung von Sicherheitsvorschriften

Unbeeinflussbare Ursachen	• Lieferausfälle oder -verzögerungen • Transportverzögerungen • Witterungseinflüsse • Kundenwünsche • Terminverzug nicht beeinflussbarer Auftragnehmer • Materialprobleme durch falsche Anlieferqualität • Anliefermenge entspricht nicht dem erforderlichen Bedarf (Fehlmengen)

12. Durch welche Maßnahmen lassen sich Terminabweichungen reduzieren?

- Erkennbare Terminprobleme sind frühzeitig den verantwortlichen Stellen mitzuteilen.
- Lieferanten haben bei erkennbaren Liefer- oder Qualitätsproblemen eine Selbstanzeigepflicht.
- Die erkannten Ursachen, die zur Terminverschiebung führen, sind durch geeignete Maßnahmenfestlegungen dauerhaft zu vermeiden.
- Die Maßnahmenvorschläge sind zusammen mit allen Beteiligten zu erarbeiten und im Ergebnis zu kontrollieren.

13. In welcher Form lassen sich Arbeitssicherheitsmaßnahmen während des Montageprozesses überwachen?

Für die Kontrolle der Einhaltung der Arbeitsschutz- und Sicherheitsvorschriften ist vor Ort in erster Linie der Vorgesetzte des Montageteams oder der Kolonne verantwortlich. Gelten doch gerade für den Elektrobereich neben den allgemeinen Vorschriften (UVV, DIN) die speziellen DIN-Normen und Normen des VDE-Vorschriftenwerkes.

Die Durchführung der Unterweisungen in die betreffenden Sicherheitsvorschriften ist von den unterwiesenen Mitarbeitern unterschriftlich zu bestätigen. Bei Nichteinhaltung oder Verletzung der Vorschriften hat der weisungsbefugte Vorgesetzte die entsprechende Einhaltung anzuweisen bzw. geeignete Maßnahmen zur Einhaltung zu veranlassen, z. B. Beschaffung von Sicherheitsausrüstung. Es sind während der Montageprozesse *Stichprobenkontrollen* durch eine *Sicherheitsfachkraft* oder andere zuständige Personen durchzuführen. Dies ist vor allem für die Baustellenmontage von besonderer Bedeutung, da hier die Elektromonteure teilweise einzeln und räumlich getrennt voneinander arbeiten. Diese Kontrollen sind ebenfalls zu dokumentieren.

14. Welche Bedeutung hat die Qualitätsüberwachung während des Montageprozesses?

Während der Errichtung elektrotechnischer Systeme oder den Prozessen der Elektromontage ist eine permanente Qualitätsüberwachung erforderlich. Die Nichteinhaltung der Kunden- und der Sicherheitsanforderungen kann von einfachen Qualitätsmängeln bis hin zur strafrechtlichen Relevanz führen. Es ist erforderlich, eine *aktive Fehlerverhütung zu betreiben und die Fehlerentdeckung als Sekundärmaßnahme zu betrachten.*

15. Wodurch unterscheiden sich Fehlerverhütung und Fehlerentdeckung?

- Die *Fehlerverhütung* beinhaltet alle Maßnahmen, die Fehlerursachen von vorn herein ausschließen und eine Fehlerentstehung verhindern. Sie wird vorrangig bei der Produktplanung und Entwicklung sowie im Rahmen der Vorbereitung und Umsetzung des Produkt-Realisierungsprozesses betrieben.

- Die *Fehlerentdeckung* ist das Erkennen oder Bemerken eines bereits vorhandenen Fehlers. Damit ist die Fehlerentdeckung die letzte Möglichkeit, die sich für eine Fehlerbeseitigung bietet. Der schlimmste Fall ist hierbei die Fehlerentdeckung durch den Kunden.

16. Welche Elemente des Qualitätsmanagements sind für den Montageprozess von vorrangiger Bedeutung? → 8.3.3

Qualitätsplanung	ist die grundlegende Festlegung der qualitativen Produkteigenschaften durch Spezifizierung der Qualitätsmerkmale und deren Realisierungsprozesse.
	Sie bezieht sich auf drei Komplexe: 1. das QM-System 2. die Produkte 3. die Abläufe und technischen Prozesse.
Qualitätsprüfung	ist die Feststellung der Übereinstimmung der Anforderungen mit dem realisierten Zustand einer Einheit.
Qualitätslenkung	wird nach DIN EN ISO 8402 realisiert durch „die Arbeitstechniken und Tätigkeiten, die zur Erfüllung der Qualitätsforderungen angewendet werden“.
Qualitätssicherung	beinhaltet im umgangssprachlichen Sinne alle Maßnahmen, um eine dauerhafte Erfüllung der Qualitätsforderungen einer Einheit zu erzielen.
	Gemäß DIN EN ISO 8402 und DGQ ist unter Qualitätssicherung die „Qualitätsmanagementdarlegung“ zu verstehen. Es sind „alle geplanten und systematischen Tätigkeiten“ darzulegen, die ein „angemessenes Vertrauen schaffen, dass eine Einheit die Qualitätsforderungen erfüllen wird“.

17. Wie lautet der oberste Grundsatz der Qualitätsprüfung?

Für die Qualitätsprüfung gilt der oberste Grundsatz:

Qualität wird nicht erprüft sondern hergestellt.

18. Was sind Branchenstandards?

Branchenstandards sind Normen mit branchenbezogener Anwendung, die nationale oder internationale Gültigkeit besitzen können. Sie wirken häufig in Verbindung mit oder auf der Grundlage der allgemeingültigen Qualitätsnormen.

Beispiel *Elektrobranche:*

Norm	Erläuterung
DIN EN ISO 9000:5000	Internationaler Qualitätsstandard der Industrie
DIN EN 60073 (VDE 0199):2000-08	Deutsches und europäisches Regelwerk der Elektrobranche; beinhaltet „Grund- und Sicherheitsregeln für die Mensch-Maschine-Schnittstelle“.
VDE 0100-300 01-96	Deutsche VDE-Norm; beinhaltet die Forderung, dass die Verfügbarkeit der elektrischen Anlage jederzeit gesichert werden muss, um Gefahren zu vermeiden und die Folgen von Fehlern zu begrenzen.

19. Was ist bei der Qualitätssicherung während der Montage elektrotechnischer Systeme von besonderer Bedeutung?

Die technische oder räumliche Dimension eines elektrotechnischen Systems oder einer Anlage kann dazu führen, dass die Übersichtlichkeit sehr stark eingeschränkt oder nicht mehr gegeben ist. Um verdeckte Mängel auszuschließen und die Einhaltung der Qualitätsanforderungen festzustellen, *ist eine Qualitätsprüfung bereits während der Errichtung/Montage der Teilsysteme erforderlich.* Somit können diese Teilsysteme gegebenenfalls auch vorabgenommen werden und eine *Teilfreigabe* erhalten.

20. Was ist bei der Qualitätsprüfung der Teilsysteme zu beachten?

Die Qualitätsprüfung der Teilsysteme beinhaltet natürlich die Funktionseinschränkung der Gesamtanlage. Somit bezieht sich die Prüfung auf die mögliche Funktionsfähigkeit kompletter Untersysteme, Baugruppen oder Bauteilen sowie Teilvernetzungen oder -kreisläufe. Auch die Anwendung von Simulationen (hard- oder softwaremäßig) ist ein probates Verfahren zur Qualitätsprüfung.

21. Auf welcher Grundlage erfolgt die Qualitätskontrolle von Teilsystemen?

Die Qualitätsprüfung erfolgt auf der Grundlage von *Prüfplänen oder Prüfanweisungen.* Sie enthalten den genauen Prüfumfang, den Prüfablauf, die zu verwendenden Prüfmittel sowie gegebenenfalls die zu erreichenden Kennwerte mit ihren Toleranzbereichen. Weitere Angaben können sich auf zusätzliche Prüfmedien (z. B. Druckluft, Prüföl oder die Einsatzmedien) oder anzuwendende Testsoftware beziehen.

1.2.4 Gesamtkostenüberwachung

→ 3.1.7, 3.5.4

01. Wie kann die Kontrolle der Gesamtkosten überwacht werden?

Wir unterscheiden zwei Fälle:

A. *Anlagenerrichtung bei einem Kunden; die eigene Firma ist Auftragnehmer:*
Der Auftragnehmer muss sich zum Ziel setzen, seine Leistung entsprechend seiner Kalkula-

tionsprämissen (Vor- bzw. Angebotskalkulation) auszuführen und den Kunden zufrieden zu stellen. In der Ausführung des Auftrages kann es zu Abweichungen vom Plan kommen: ungeplante Mehrarbeit/Nacharbeit, ungeplanter Materialmehrverbrauch, ungeplante Wegezeiten, Planungsfehler u. Ä. Verfügt das eigene Unternehmen über eine differenzierte Kostenrechnung kann im Wege der Nachkalkulation des Auftrags eine Soll-Ist-Abweichung durchgeführt werden. Für jede Kostenart (lt. Angebot/Leistungsverzeichnis) kann die Abweichung ermittelt werden:

Kostenart	**Angebotskalkulation (Vorkalkulation)** **- auf Normalkostenbasis -**	**Nachkalkulation** **- auf Istkostenbasis -**	**Abweichung**	
			absolut	in %
MEK	100.000,00	105.000,00	5.000,00	5
MGK	50.000,00 [50,00 %]	53.000,00 [60,00 %]	3.000,00	6
...	...	...	...	...

Vgl. ausführlich Ziffer 3.5.4/Frage 03.

Eine Kostenunterdeckung, das heißt, dass dem Kunden (planmäßig, lt. Angebot) weniger Kosten in Rechnung gestellt wurden als tatsächlich entstanden sind, führt regelmäßig zu einer Gewinnschmälerung; für die Kostenüberdeckung gilt die Umkehrung der Aussage.

B. *Errichtung eines elektrotechnischen Systems im eigenen Betrieb:*
Die (interne) Errichtung eines elektrotechnischen Systems ist ein Projekt, bei dem sich die Projektkosten (Gesamtkosten) im Wesentlichen aus folgenden Kostenarten zusammensetzen:

Projektkosten/Budget (Beispiel)			
Kostenart	*Beispiel*		*Erläuterung*
Interne Kosten:		**212.000,00**	
Personalkosten:	120.000,00		Selbstkosten bzw. interne Verrechnungssätze
Materialkosten:	60.000,00		
Energiekosten:	12.000,00		Schätzung bzw. Erfassung durch Messeinrichtungen
Sonstige Kosten:	20.000,00		
Externe Kosten:		**730.000,00**	
Fremdleistungskosten lt. Leistungsverzeichnis:	650.000,00		Festbetrag lt. Auftrag/Leistungsverzeichnis
Beratungskosten:	45.000,00		Plankosten entsprechend den geltenden Kostensätzen (z. B. HOAI)
Prüfkosten:	18.000,00		
Genehmigungen:	7.000,00		
Sonstige Kosten:	10.000,00		lt. Einzelrechnungen
Summe:		**942.000,00**	

Die Schwierigkeiten bei der Überwachung der Gesamtkosten eines Projekts sind in folgenden Aspekten zu sehen:

- Während der Errichtung und Inbetriebnahme elektrotechnischer Systeme sind Nachträge in einem Gesamtumfang von 5 - 10 % zur ursprünglichen Investitionssumme „normal". Sie ergeben sich z. B. aus notwendigen Änderungen/Ergänzungen in technischer und baulicher Hinsicht. Wichtig ist für den Kostenverantwortlichen (Meister oder Projektcontroller), derartige Nachträge gegenüber der Geschäftsleitung als erforderlich zu begründen, sich genehmigen zu lassen und nachvollziehbar als Abweichung zum ursprünglichen Budget auszuweisen. Im Verhältnis zum Auftragnehmer (Fremdfirma) müssen Nachträge eindeutig vertraglich dokumentiert und in der Schlussabrechnung gesondert ausgewiesen werden.

- Ein zusätzlicher Aspekt sind z. B. Nachbesserungen, die im Rahmen der Inbetriebnahme durch den Auftragnehmer vertraglich geleistet werden müssen (Gewährleistung) und in diesem Fall noch keine Begleichung der entsprechenden Teilrechnung erfolgt. Auch derartige Abrechnungsvorgänge müssen dokumentiert und buchhalterisch nachgehalten werden.

- Weiterhin wird im Regelfall von der Geschäftsleitung gefordert, dass pro Gewerk, Arbeitspaket usw. erkennbar ist,

  - welche Leistungen bereits erbracht und abgerechnet wurden,
  - welche Leistungen erbracht und noch nicht abgerechnet wurden (offene Rechnungen/ aktueller Kontostand je Teilprojekt),

  sodass die aktuellen Kosten (je Teilprojekt und insgesamt) auf den Endzeitpunkt hochgerechnet werden können und damit eine Unter- oder Überschreitung der Gesamtkosten (möglichst) jederzeit prognostiziert werden kann. Diese Form des Controllings der Gesamtkosten liegt auch im Interesse der Liquiditätssicherung des Unternehmens.

- Eine derart detaillierte Überwachung der Gesamtkosten (umfassendes Projektcontrolling) ist nur Dv-gestützt mit einer geeigneten Software und in Zusammenarbeit mit dem internen Rechnungswesen zu realisieren (z. B. Festlegung von Projektnummern, Kostenstellen, Kostenträgern, Kostenarten, Belegwesen, Zeichnungsberechtigte usw.).

1.3 Erstellen von Vorgaben zur Konfiguration von Komponenten, Geräten und elektrotechnischen Systemen

1.3.1 Informationsbeschaffung

→ 1.1.1, 1.1.4, 1.4.1

01. Welche Daten sind bei der Konfiguration und Parametrierung von elektrotechnischen Systemen zu beachten?

- Es sind die *Vorgaben aus der Planung und Projektierung* einzuhalten (vgl. Pflichten-/Lastenheft; ausführlich unter 1.1.4). Diese müssen alle Anforderungen und Sicherheitsvorgaben berücksichtigen, um eine sichere Inbetriebnahme sowie einen sicheren und wirtschaftlichen Dauerbetrieb zu gewährleisten.

- Alle gewählten Konfigurationen und vorgenommenen Einstellungen sind mittels Parameterdateien und -datenblättern, Checklisten o. Ä. geeignet zu dokumentieren und in die *Projektdokumentation* zu übernehmen.

- Alle *gültigen gesetzlichen Auflagen, Normen und Richtlinien* sind zu beachten (z. B. MRL, DGUV Vorschriften, DIN/VDE-Vorschriften; vgl. ausführlich unter 1.1.1, 1.4.1).

02. Wie kann die Informationsbeschaffung durchgeführt werden?

Der *Prozess der Marktinformationsbeschaffung* muss systematisch erfolgen und lässt sich in Phasen gliedern.

Informationsbedarf
↓
Informationsbeschaffung
↓
Informationsverarbeitung
↓
Informationsaufbereitung
↓
Informationsverwendung

Als Datenquellen dienen z. B. gesetzliche Vorschriften/Normen, Vorgaben aus der Planung und Projektierung (Kundenvorgaben) sowie Herstellerinformationen und Produktinformationen.

03. Welche Instrumente lassen sich im Rahmen des E-Procurement nutzen?

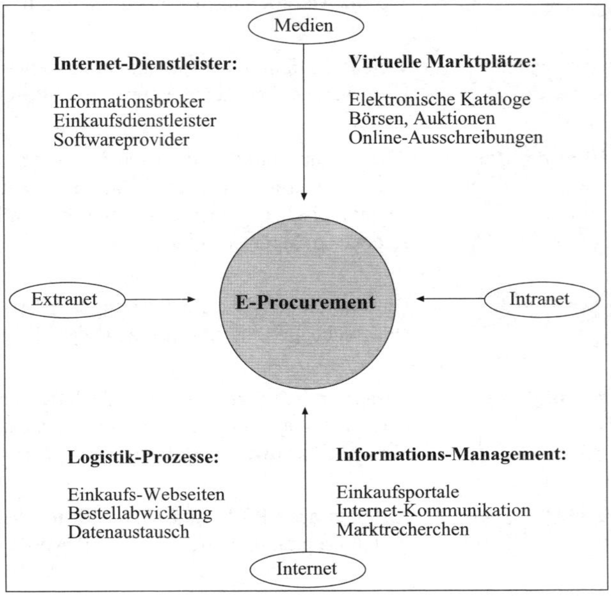

1.3.2 Konfigurationsvorgaben

01. In welchen systematischen Schritten erfolgt die Konfiguration von Systemelementen?

Der Planungsprozess führt im Ergebnis zu einem Systemkonzept, das beim Kunden installiert werden kann. Im weiteren Schritt müssen Überlegungen zur Konfiguration der Systemelemente angestellt werden. Dies kann die Auswahl der Einzelkomponente sowie deren Parametrierung umfassen. Die Einstellung der einzelnen Komponente erfolgt zum Teil von Hand am Gerät selbst (Einstellen von Parametern, z. B. Stationsadresse, Gerätenummer usw.). Ergänzend können Konfigurationen Dv-gestützt mithilfe von Parametriersoftware durchgeführt werden. Es gibt auch Systemkomponenten, die über integrierte Web-Browser-fähige Zugänge verfügen, sodass eine Fernparametrierung mittels Internet möglich ist.

Bei der Auswahl, Konfiguration bzw. Parametrierung einer Systemkomponente empfiehlt sich eine *systematische Vorgehensweise* – hier am *Beispiel einer „Anlagensteuerung mittels SPS"* dargestellt:

1 Aufgabenbeschreibung	Welche Aufgabe muss die Steuerung im System erfüllen? Welche Anforderungen werden gestellt (lt. Pflichtenheft)?
↓	
2 Funktionsplan erstellen	Welche Teilfunktionen enthält der zu steuernde Prozess? Über welche Eigenschaften muss die SPS verfügen?
↓	
3 Zusammenstellung der SPS-Station	Aus den am Markt verfügbaren Angebot an SPS ist die „passende Steuerung“ auszuwählen; dabei sind die geforderten technologischen, sicherheitstechnischen und wirtschaftlichen Aspekte zu berücksichtigen.
↓	
4 Beschaltung der SPS	Die Zuordnungsliste weist den Signalgebern und Stellgeräten entsprechende Ein- und Ausgänge der SPS zu.
↓	
5 SPS montieren und verdrahten	Zusammenbau aller SPS-Teile – nach Herstellervorgaben (Betriebsanleitung) und unter Beachtung der sicherheitstechnischen Vorschriften sowie der geltenden Normen.
↓	
6 Programmentwurf	Erstellen des SPS-Programms, z. B. im Wege einer strukturierten Programmierung (FUP, KOP, AWL).
↓	
7 Inbetriebnahme	Erkennen und Beseitigen von Fehlern; Last- und Steuerkreise werden vor dem Probebetrieb getrennt geprüft.
↓	
8 Probebetrieb	Überprüfung der Gesamtanlage
↓	
9 Dokumentation	Funktionsbeschreibung, Technologieschema, Beschaltungsplan, Funktionsplan

Die nachfolgende Abbildung zeigt (verkürzt) die Konfiguration der SPS-Hardware und die SPS-Programmierung:

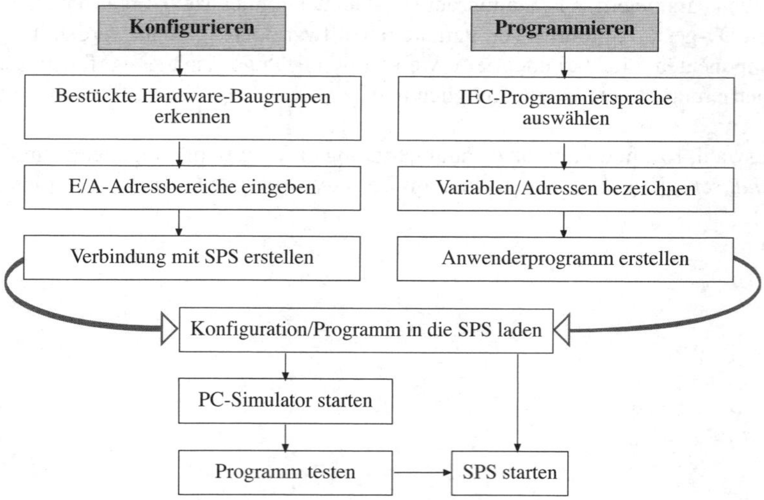

02. Welche Komponenten müssen vor ihrem Einsatz konfiguriert werden?

Der Trend geht bei allen Komponenten zu einer *höheren Integration* (höhere Funktionalität) und *universelleren Einsetzbarkeit. Diese Komponenten werden durch Konfigurieren und Parametrieren an die jeweilige Anwendung angepasst.* Im Einzelnen:

Sensoren	• Einstellung von Messbereichen, Grenzwerten, Warn- und Alarmschwellen • Einstellung des Ausgangssignals (Strom oder Spannung, live/dead zero) • Adresseinstellung bei sog. intelligenten Sensoren mit Feldbusanbindung
Automatisierungs-systeme, SPS	• Konfigurierung und Beschaltung der Baugruppen (z. B. bei E/A-Kanälen einstellen, ob Eingang oder Ausgang mit Strom- oder Spannungssignal) • Einstellung der Kommunikations- und Feldbusschnittstellen
Bussysteme und Netzwerke	• Vergabe der Adressbereiche und Adressen
HMI, Bedienen und Beobachten	• Einrichten der Anbindungen an die unterlagerten Automatisierungssysteme und die übergeordneten Produktionsleitsysteme

03. Welche drei Grundtypen von MSR-Systemen lassen sich bezüglich der Systemeigenschaften unterscheiden?

1. Für steuerungstechnische Aufgaben optimierte Systeme (klassische SPS):

- skalierbares, abgestuftes Konzept: anforderungsabhängige Auswahl der Systemkomponenten
- kleinste Einheiten mit einfachen Anzeige- und Bedienelementen
- Installation autark mit kleinem Aufwand
- kleine Verarbeitungszyklen, d. h. schnelle Reaktionen möglich
- optimierte Binärsignalverarbeitung
- für analoge Regelungsaufgaben oft zusätzliche, leistungsfähigere CPUs notwendig
- oft keine Geräte für den Betrieb in explosionsgefährdeten Bereichen verfügbar
- niedrige Einstiegskosten
- Programme werden in speziellen Programmiersprachen erstellt
- spezielle Programmierhard- und -software notwendig.

2. Für regelungstechnische Aufgaben optimierte Systeme:

- Diese Systeme beinhalten prozessnahe, intelligente Komponenten, die über einen schnellen Feldbus mit den Stationen verbunden sind.
- Die Stationen kommunizieren über einen gemeinsamen Bus (Netzwerk). Die Anzeige und Bedieneinheiten (HMI) sind entweder Bestandteil dieses Netzwerks oder über einen separaten Bus mit einem gemeinsamen Datenserver verbunden.
- sehr hohe Leistungsfähigkeit (viele Regelkreise mit kurzen Abtastzeiten können gleichzeitig realisiert werden), integrierte Steuerungsfunktionen und eine sehr große Anzahl möglicher digitaler und analoger Ein-/Ausgänge

- durch Funktionsplanprogrammierung und umfangreiche Funktionsblock-Bibliotheken leicht zu programmieren
- Feldgeräte für EX-Bereich fast immer verfügbar
- hohe Einstiegskosten, da schon die Minimalkonfiguration aus vielen Komponenten besteht.

3. Optimierte Systeme (klassische Prozessrechner) für Aufgaben, die hohe Rechenleistung und großen Datendurchsatz erfordern:

- hohe Leistungsfähigkeit und hohe Flexibilität
- abgestuftes Konzept, jedoch teilweise keine skalierbaren Mehrprozessorsysteme verfügbar
- als prozessnahe Komponente sehr leistungsfähig, allerdings hohen Kosten
- meist durchgängige Softwareumgebung mit Hochsprachenprogrammierung
- meist komfortable Dokumentationswerkzeuge.

04. Welche Aspekte sind generell bei der Auswahl von Komponenten und Geräten für eine Systemlösung zu beachten (Überblick)?

Beispiele im Überblick:

- Wirtschaftlichkeit der Lösung
- Vorgaben durch unternehmensinterne Standards
- Integrierbarkeit in die bestehende Systemumgebung
- Schnittstellen
- Verfügbarkeit der Komponenten und ggf. Dienstleistungen (z. B. Engineering) am Markt
- Bewertung des Lieferanten
- Langzeitverfügbarkeit der Komponenten
- alternative Bezugsquellen
- Ersatzteilhaltung
- Umweltbedingungen am Einsatzort
- Sicherheitsanforderungen
- notwendige Zulassungen und Zertifizierungen.

Im Einzelfall können folgende Informationen bei der Beschaffung von Komponenten und Geräten von Bedeutung sein:

Aspekte der Informationsbeschaffung • Anforderungen an das Beschaffungsgut				
Ökonomische Daten	**Technische Daten**	**Sicherheitstechnische Daten**	**Qualitätsdaten**	**Ökologische Daten**
Beispiele (ohne Anspruch auf Vollständigkeit)				
• Preis • Zahlungs- und Lieferbedingungen • Transport • Bestellmenge • Bestellwert • Service, Support • Lieferantenmerkmale • Garantie • Kulanz • AGB • Kosten der Wartung • Betriebskosten • Folgekosten • Fehlerkosten • Energiekosten	• Stand der Technik • Materialart • Gewicht • Abmessungen • Anschlüsse • Passungen • Einbaudaten • produktspezifische Leistungsdaten • Verwendungshinweise • Lebensdauerabnutzungsvorrat • Instandhaltung • Dokumentation • Erweiterungsoptionen • Oberfläche • Härte • Toleranzen	• Ergonomie • Sicherheitsauflagen • DIN, VDE, DGUV • MRL • EG-Richtlinien • GS-Zeichen • CE-Kennzeichnung • Zugang zu Maschinen, z. B. Mindestmaße für Ganzkörperzugang • Arbeitsplatzmaße • Schutzeinrichtungen: - Trennende - Ortsbindende - Abweisende - Annäherungsreaktion - Fangende • EMV	• Normen • Richtlinien • Ausfallrate • Qualitätssicherungsvereinbarung • DIN EN ISO 9000:2015 ff. • Lieferantenzertifizierung • Qualitätskosten • Fehlerart • Kundenanforderungen	• Gesetze • Umweltschutz • Entsorgung • Rücknahme • Recycling • Wiederverwendung • Abfallwirtschaft • Emissionen: - Stäube - Dämpfe - Nebel - Späne • Umweltmanagement nach DIN ISO 14001

05. Welche speziellen Auswahlkriterien sind bei Bauteilen, Baugruppen und Geräten von Bedeutung?

Neben den unter Frage 04. dargestellten Merkmalen sind die *produktspezifischen Leistungsdaten* einer Baugruppe/eines Geräts von Bedeutung (Einsatzbereiche, Funktion, Handhabung, die Umgebungsbedingungen u. Ä.). Diese Merkmale sind im Einzelfall sehr unterschiedlich und verlangen vom Beschaffer eine spezielle Produktkenntnis. Die nachfolgende Übersicht gibt dazu einige Beispiele:

Leistungsdaten/Auswahlkriterien von Komponenten/Geräten (Beispiele)

Elektromotoren	Elektronische Komponenten	Prozessleittechnik (PLT)	Regler
• Bezeichnung • Bauform • Betriebsart • Motorleistung • Anlaufverhalten • Betriebs-spannung • Drehfrequenz • Schutzart • Drehrichtung • Einschaltart • Isolierstoff-klasse	• Normreihe • Nomenklatur nach DIN/IEC • Bauform • Chip-Aufbau-technik • Steckkontakte • Kontaktsicher-heit	• Anzahl Bildschirme • Anzahl Tastaturen • Busverbindung • CPU • Schnittstellen/Interface • Datentransfer • Protokollierung	• Regelbarkeit der Strecke • Streckenparameter bekannt/bestimm-bar? • P-Regler • PI-Regler • PID-Regler • Zweipunkt-Regler • Dreipunkt-Regler • digitale Regler • analoge Regler

06. Welche Kriterien sind für die Auswahl von Software maßgeblich?

Für die Auswahl von Software gibt es eine Reihe von Kriterien, die für die Entscheidung bedeutsam sind. Welche Merkmale im Einzelnen herangezogen und wie sie bewertet werden, hängt von der betrieblichen Situation, der zu lösenden Problemstellung und dem Umfeld des Unternehmens ab. Die Kriterien gelten mehr oder weniger gleichermaßen für die Auswahl von Individual-, Standard- und Systemsoftware:

Kriterien für die Auswahl von Software		
Lieferanten-Merkmale	**Software-Merkmale**	
• Erfahrung • Marktposition • wirtschaftliche Situation	Kosten, z. B.: • Preise, Preisstaffeln • Lizenzen	Erfüllung der Leistungs-anforderungen
• Referenzen • Kundenbeurteilungen	• Online-Support • Lernsoftware	Entwicklungsversion (Reifegrad)
Service, z. B.: • Hotline • Update	Anpassungs- und Test-phase (Zeit, Aufwand)	• Netzwerkfähigkeit • Anzahl der User
Schulungsangebot: • Leistungen • Kosten	Verständlichkeit der Programmdokumentation	• Datenschutz • Datensicherheit • Programmstabilität
Pflege, Wartung	Ergonomie	Hardwarevoraussetzungen
• Entfernung • Standort	• Verfügbarkeit • Lieferzeit	Beurteilung der Software: • Fachpresse • Anwender
Konditionen, z. B.: • Installation, Anpassung • Stundensätze, Fahrtkosten • Gewährleistung, Kulanz	Aufwand, z. B.: • Installation • Einarbeitung • Schulung	• Arbeitsgeschwindigkeit • Effizienz

07. Welche Merkmale sind beim Kauf einer NC/CNC-Maschine entscheidend?

Die technischen Leistungsmerkmale der heute am Markt angebotenen Systeme haben sich deutlich angenähert. Kaufentscheidend sind im Regelfall vier zentrale Merkmale:

Universalität	der programmierbaren Bearbeitungsverfahren
Bedienerführung	über Dialog und grafische Darstellungen beim Programmieren
Werkzeug- und Werkzeugdatenverwaltung	mit automatischer Datenübernahme vom Einstellgerät und von der Maschine
Systempflege	durch den Hersteller inkl. der Ausbaufähigkeit für zukünftige Aufgaben oder Bearbeitungsverfahren

Quelle: Kief, H. B., a. a. O., S. 340

08. Welche Kriterien sind bei der Auswahl des Messverfahrens bzw. der Messeinrichtung für eine spezifische Messaufgabe zu beachten?

Die Auswahl des einzusetzenden Systems wird bestimmt durch

- den abzubildenden Messbereich
- den zulässigen Fehler
- die notwendige untere und obere Grenzfrequenz
- den Anforderungen an das Ausgangssignal (Signal/Rausch-Verhältnis, zeitliches Übertragungsverhalten)
- die zulässigen Rückwirkungen auf den Prozess
- die Entfernung zwischen Messort und Automatisierungssystem (Reglereingang)
- die minimal notwendige Abtastfrequenz
- die Umgebungsbedingungen
- die Kosten.

09. Welche Komponenten enthält ein elektrisches Antriebssystem?

- Motorschutz
- Anlassart
- Bremsen von Motoren
- Drehzahleinrichtung
- Änderung der Drehrichtung.

10. Wie kann der Motorschutz konfiguriert sein?

(1) Motorschutzschalter

Schutzschalter sind selbsttätig abschaltende Geräte, die den Stromkreis bei Überlastung und/oder Kurzschluss unterbrechen. Ihre Wirkung beruht auf einem Bimetallstreifen und/oder auf einem elektromagnetischen Auslöser, der bei Kurzschluss sofort wirksam wird. Das Ausschaltvermögen eines Schutzschalters endet bei 6 ... 10 kA. Größere Ströme sind durch die Kontakte nicht mehr schaltbar. Da jedoch größere Kurzschlussströme auftreten können, sind zusätzlich Sicherungen vorzuschalten. Sie unterbrechen den Stromkreis bevor die Kontakte des Schutzschalters „verschmoren" können.

- *Thermischer Überlastschutz:*
  Ein Bimetallauslöser F2, der auf den Nennstrom des Motors einstellbar ist, wird in Reihe zu den zu schützenden Motorwicklungen geschaltet. Im Falle der Überlastung wird der Motor durch den Schalter Y1 allpolig vom Netz getrennt.

- *Schutz gegen Kurzschluss:*
  Die Schmelzsicherungen F1 sind auch dann vorhanden, wenn zusätzlich im Schutzschalter ein elektromagnetischer Schnellauslöser vorhanden ist.

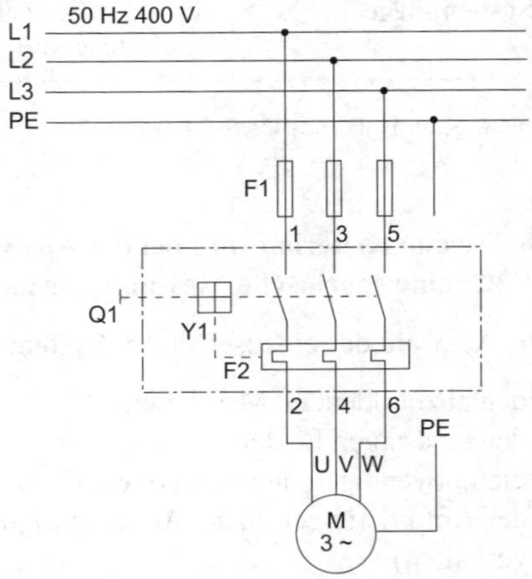

(2) Motorschutzrelais

Die Aufgabe des Motorschutzschalters kann auch durch thermische *Motorschutzrelais* in Verbindung mit *Lastschützen* realisiert werden.

Beim Motorschutzschalter bzw. Motorschutzrelais wird indirekt durch die Überwachung der Stromstärke der Motor vor unzulässig hohen Temperaturen geschützt. Besonders empfindlich gegen unzulässige Temperaturerhöhungen sind die Motorwicklungen und hierbei speziell die Wicklungsisolation.

(3) Motorvollschutz (Motorschutz mit Thermistoren)

In den Motoren sind Thermistoren eingebaut, mit denen die Temperatur der Wicklungen überwacht wird (thermische Überwachung). Eine Überschreitung der zugelassenen Temperatur führt dann zur Meldung bzw. zur Abschaltung des Motors. Der Motorvollschutz ist als weitergehender lt. Lastenheft als ein Motor mit Motorschutzschalter.

Beim Motorschutzschalter bzw. Motorschutzrelais wird indirekt durch die Überwachung der Stromstärke der Motor vor unzulässig hohen Temperaturen geschützt. Besonders empfindlich gegen unzulässige Temperaturerhöhungen sind die Motorwicklungen und hierbei speziell die Wicklungsisolation.

Weitere Konfigurationen zum Motorschutz vgl. Franz/Preißler/Sandrock/Spanneberg, a. a. O., S. 347 ff.

11. Wie kann die Anlassart von Elektromotoren gestaltet sein?

Als Anlassen bezeichnet man alle Maßnahmen zur Verringerung des beim Anlauf von Elektromotoren fließenden Stroms. Häufig verwendete Anlassarten sind:

Motorart	Anlassart	Anwendung
Kurzschlussläufermotor	**Vorwiderstände**	Anlauf im Leerlauf
	Stern-Dreieck-Schaltung	• Anlauf bei geringer Anlaufschwere • überlanger Anlauf • Schweranlauf
	Ständeranlasser	Widerstände verringern die Spannung an den Strängen der Ständerwicklung. Dadurch nehmen Stromaufnahme und Drehmoment ab. Nachteil: hohe Verluste, insbesondere bei Wirkwiderständen.
	Anlasstransformator	Hochspannungstransformatoren
	Kusa-Schaltung	Verminderung des Drehmoments (Sanftanlauf) z. B. bei Textilmaschinen; die Kusa-Schaltung verringert nicht den Anlaufstrom sondern nur das Anlaufmoment.
	Anlasser/Gleichstrommotor	Verringerung des Anlaufstroms durch Anlasser, die je nach Schaltungsart des Motors unterschiedlich ausgeführt sind.
Schleifringläufermotor	**Läuferanlasser**	• niedriger Anzugsstrom • hohes Anzugsmoment • Drehzahlsteuerung mit Widerständen möglich
		Beispiele: Werkzeugmaschinen mit großer Leistung, Pumpen, Hebezeuge

Quelle: in Anlehnung an: Franz/Preißel/Sandrock/Spanneberg, a. a. O., S. 338 f.

Eine häufig verwendete Möglichkeit den Einschaltstrom zu reduzieren besteht in der *Stern-Dreieck-Umschaltung*. Bei Anwendungen, in denen der Motor im Leerlauf oder nur mit geringer Belastung hoch gefahren werden kann, wird zum Anlaufen in Stern- und wenn die nötige Drehzahl erreicht ist in Dreieckschaltung gewechselt. Auf Grund der in Sternschaltung um den Faktor 3 geringeren Leistung kann somit der Anlassstrom ebenfalls um den Faktor 3 reduziert werden.

Merke: Kurzschlussläufermotoren, die in Stern-Dreickschaltung angelassen werden sollen, müssen stets für die Netzspannung in Dreieckschaltung ausgelegt sein. Die niedrigste Spannungsangabe auf dem Leistungsschild des Motors muss der Netzspannung entsprechen.

12. Wie kann die Bremsart bei elektrischen Motoren gestaltet sein?

<table>
<tr><th>Bremsart</th><th>Maschinenart</th><th>Eigenschaften</th><th>Anwendung</th></tr>
<tr><td rowspan="2">Mechanische Bremsung</td><td>Bremslüfter</td><td>Motor wird durch Bremsung thermisch nicht beansprucht.</td><td>Werkzeugmaschinen (kleine bis mittlere Leistung)</td></tr>
<tr><td>Bremsmotoren</td><td>Motor wird durch Bremsung thermisch nicht beansprucht; hohe Schalthäufigkeit.</td><td>Werkzeugmaschinen, Hebezeuge</td></tr>
<tr><td>Nutzbremsung</td><td rowspan="3">Wechsel- und Drehstrommotoren</td><td>keine Haltbremsung</td><td>Bahnen bei Talfahrten</td></tr>
<tr><td>Gegenstrombremsung</td><td>sehr hohe thermische Beanspruchung des Motors; große Kräfte auf Lager und Befestigung; keine Haltbremsung</td><td>Hebezeuge, Tippbetrieb</td></tr>
<tr><td>Gleichstrombremsung</td><td>hohe thermische Beanspruchung des Motors; keine Haltbremsung</td><td>Hebezeuge, Bahnen</td></tr>
</table>

Quelle: in Anlehnung an: Franz/Preißel/Sandrock/Spanneberg, a. a. O., S. 340 f.

13. Wie lässt sich die Drehrichtung bei Gleichstrommotoren ändern?

Bei Gleichstrommotoren ist die Drehrichtungsänderung des Ankers von der Magnetisierungsrichtung und somit der Stromrichtung im Anker und in der Feldwicklung abhängig.

Möglichkeiten zur Drehrichtungsänderung sind daher:

- Umkehr der Stromrichtung im Anker (= Umkehrung des Ankerstroms[1])
- Umkehr der Stromrichtung in der Feldwicklung (= Feldschwächung[1])
- meist wird die Stromrichtung im Anker geändert.

14. Welche Möglichkeiten der Drehzahlsteuerung bei elektrischen Motoren gibt es?

- *Gleichstrommotoren:*
  Die Änderung der Umdrehungsfrequenz kann durch Änderungen der *Ankerspannung* oder Änderung der *Erregerspannung* erfolgen.

- *Kurzschlussläufermotor:*
  Grundsätzlich ist eine Steuerung der Drehzahl n durch Veränderung der Frequenz f, der Zahl der Polpaare p und des Schlupfes s möglich.

---

[1] Merke:
- Durch Änderung der Ankerspannung kann die Drehzahl von Null bis zur Nenndrehzahl verändert werden.
- Durch Feldschwächung kann die Drehzahl nur über die Nenndrehzahl hinausgehend gesteuert werden.

$\mathbf{n_2}$	$= (1 - s) \cdot n_1$

n_2 : Läuferdrehzahl

$\mathbf{n_1}$	$= f \cdot 60 : p$

n_1: Drehfelddrehzahl

- Zur Drehzahlsteuerung über die Frequenz f verwendet man heute Umrichterschaltungen (auch: *Frequenzumrichter*). Durch eine entsprechende Parametrierung kann der Frequenzumrichter an jeden Motor angepasst werden. Über einen BOP (Basic Operator Panel) gelangt man in eine Menüstruktur. Auch über eine entsprechende Schnittstelle können Datensätze in den Umrichter geladen werden.

Ein Frequenzumrichter besteht in der Regel aus einem Gleichrichter, einem Zwischenkreis und einem Wechselrichter:

- Der Gleichrichter wandelt die angelegte Wechselspannung in eine Gleichspannung um.
- Der Zwischenkreis glättet und puffert die Gleichspannung.
- Der Wechselrichter regelt Spannung und Frequenz in einem konstanten Verhältnis.
  - Eine Möglichkeit, die Drehzahl über den Schlupf s zu steuern, bieten bei kleineren Motoren die *Schleifringläufer*.

1.3.3 Dokumentation der Voreinstellungen von Systemen

01. Wozu wird die Projekt-/Anlagendokumentation benötigt?

1. als Basis für eine zeit- und kosteneffiziente Planung und Abwicklung
2. als wesentliche Unterlage bei Zertifizierungs- und Freigabeverfahren (z. B. CE-Kennzeichnung bzw. CE-Konformitätserklärung)
3. für Wartung und Instandhaltung während der Lebensdauer der Anlage
4. als Basis für Veränderungen/Modernisierungen.

02. Welche grundsätzlichen Möglichkeiten zur Erstellung von Konstruktions- und Schaltungsunterlagen gibt es? **→ A 3.4.2, 4.4.2, 4.5.3**

Manuelle Erstellung	Handskizzen oder Bleistift-/Tuschezeichnungen am Zeichenbrett
Mechanische Erstellung	Erstellen der Textdokumentation mit Schreibmaschine. Hierzu zählt letztlich auch die Verwendung eines Textverarbeitungssystems als reines Schreibwerkzeug (ohne die Verwendung von spezifischen Textbausteinbibliotheken, Dokumenten- und Versionsmanagementfunktionen u. Ä.) sowie die Verwendung eines Zeichenprogramms ohne Benutzung von Bauteilbibliotheken und Konstruktionshilfsmitteln (z. B. Design Rule Check o. Ä.).
Rechnergestützte Erstellung	mit CAD (Computer Aided Design) und CAE (Computer Aided Engineering); vgl. dazu ausführlich unter 4.4.2, 4.5.3.

03. Welche Dokumente kann eine Projekt-/Anlagendokumentation enthalten bzw. welche Unterlagen „entstehen" bei der Auftragsabwicklung im Rahmen der Elektroplanung?

Wichtige Dokumentenarten sind z. B.:

Elektrotechnische Dokumente	
	Beispiele
Übersichtspläne	**Übersichtsschaltplan:** Vereinfachte Darstellung einer Schaltung, die Gliederung und Arbeitsweise einer elektrischen Einheit zeigt.
	Blockschaltplan: Übersichtsplan mit Blocksymbolen
	Anlagenübersichtsplan: Darstellung der Einspeisepunkte der Anlage, der Messeinrichtungen, der Verbindungsleitungen zu Unterverteilungen u. Ä.
	Übersichtspläne von **Unterverteilungen**
Funktionsbeschreibende Dokumente	**Stromlaufplan:** Ausführliche Darstellung der Funktionsweise einer Schaltung
	Funktionsschaltplan: Prozessorientierte Darstellung (z. B. Steuerung)
	Ersatzschaltplan: Funktionsschaltplan als äquivalente Schaltung
	Logik-Funktionsschaltplan: Funktionsschaltplan mit binären Schaltzeichen
	Funktionsplan: Steuerungs-/Regelungssystem als Diagramm
Konstruktionspläne	der Mechanik, Hydraulik, Mengen- und Stücklisten, Montage- und Aufbauzeichnungen
Listen	für Verdrahtung, Parameter, Signale, Programmlistings
Strukturdarstellungen	Struktur- und Bedienbäume (Struktogramme), Bildschirmmasken
Beschreibungen, Handbücher	Bedienungsanleitung, Betriebsanweisung, Wartungshandbuch/Wartungsunterlagen des Herstellers, Funktionsbeschreibungen; Prüfeinrichtungen von Sicherheitssystemen
Ortbezogene Dokumente	• Lagepläne (z. B. Betriebsmittellagepläne) • Installationspläne • Anordnungspläne • Kabelwegepläne • Kabel- und Verbindungspläne • Klemmenpläne/Klemmleisten (beschriftet)

04. Welche Änderungen an Maschinen oder Anlagen müssen in den Konstruktions- und Schaltungsunterlagen dokumentiert werden?

Grundsätzlich müssen alle Änderungen an Maschinen oder Anlagen dokumentiert werden.

Um sicherzustellen, dass jeder, der zukünftig an der betreffenden Maschine oder Anlage arbeitet, den aktuellen Zustand in der Dokumentation vorfindet, *ist jede Änderung* an der Anlage, den zugehörigen Steuerungs- und Automatisierungssystemen sowie den entsprechenden Programmen *umgehend* in den entsprechenden Teilen der Dokumentation *nachzuführen.*

05. Welche Unterschiede gibt es zwischen der (üblichen) Vorgehensweise bei der Dokumentation kleiner Änderungen und der Dokumentation umfangreicher Umbauten?

In beiden Fällen ist es erforderlich, dass *die Dokumentation stets den exakten Zustand der Anlage wiedergibt.*

Um bei kleineren Änderungen (z. B. Umverdrahten einer Klemmleiste oder Verwenden eines anderen Eingangs auf einer Baugruppe) nicht den Aufwand der Neuerstellung aller relevanten Dokumente betreiben zu müssen, ist es legitim und in der Praxis üblich, mit so genannten *Rot-Einträgen* zu arbeiten: Dabei werden Änderungen *von Hand in Rot* in die Vor-Ort-Dokumentation der Maschine eingetragen. Bei der nächsten Revision der Dokumentation werden alle Rot-Einträge in die Originalpläne übernommen und als neuer Versionsstand gekennzeichnet.

06. Welche Aufgabe hat das Qualitätsmanagement im Rahmen der Dokumentation von Änderungen an Maschinen und Anlagen?

Das Qualitätsmanagementsystem muss sicherstellen, dass *nur aktuelle Pläne in Umlauf sind* und für Arbeiten an den Maschinen oder Anlagen herangezogen werden. Dies bedeutet, dass bei jeder Versionsänderung im Zuge einer Revision alle Vorversionsstände einzuziehen und zu vernichten sind.

Wird mit Rot-Einträgen gearbeitet, so ist über entsprechende Verfahrensanweisungen sicherzustellen, dass als Basis für Arbeiten bzw. Änderungen an der Anlage nur die Vor-Ort-Pläne verwendet werden; nur sie zeigen eventuelle Unterschiede zum letzten Revisionsstand.

07. Welche Anforderungen werden an die Archivierung von Konstruktions- und Schaltungsunterlagen gestellt?

Im Wesentlichen sind dies folgende Anforderungen:

Vollständigkeit	Es muss sichergestellt sein, dass *alle relevanten Unterlagen* archiviert sind.
Konsistenz (Aktualität)	Es muss sichergestellt sein, dass von allen Dokumenten der letzte (*aktuelle*) *Revisionsstand* archiviert ist.
Verfügbarkeit (Zugreifbarkeit)	Die Dokumentation muss so archiviert sein, dass die Unterlagen auch nach einer langen Zeit *noch lesbar* sind. Auch bei einer Langzeitarchivierung in digitaler Form ist daher dafür Sorge zu tragen, dass die *Systeme und Programme* zur Verarbeitung der entsprechenden Datenformate noch *zur Verfügung stehen* oder jeweils eine Portierung auf das Nachfolgesystem erfolgt.

08. Wie sollte der Zugriff auf die Dokumentation erfolgen können?

Der Zugriff auf die Dokumentation sollte *nach Möglichkeit zentral* erfolgen können. Dies erleichtert die Forderung, dass stets mit aktuellen (konsistenten) Dokumenten gearbeitet wird. Die Konsistenz wird bei modernen Systemen automatisch sichergestellt: Ein Dokument kann nur einmal mit Vollzugriff, d. h. editierbar, geöffnet werden; andere Nutzer können gleichzeitig nur eine schreibgeschützte Kopie öffnen und erhalten eine entsprechende Meldung.

In gleicher Weise erfolgt das Revisionsmanagement in solchen Systemen automatisch: „Wer hat was wann geändert?" Moderne Systeme verwenden darüber hinaus (Web-)Browser-Technologien, sodass der Zugriff nicht nur innerhalb eines Firmennetzwerks möglich ist, sondern mit der entsprechenden Berechtigung über das Internet jederzeit und von jedem Ort erfolgen kann.

09. In welcher Form können Konstruktions- und Schaltungsunterlagen archiviert werden (Medienauswahl)?

1	**Papierdokumente, einzelne Datenträger**	Dokumente werden in Papierform (Schaltpläne, Zeichnungen) oder auf einzelnen Datenträgern (Disketten, Magnetbänder z. B. für Programme) eingelagert (früher üblich).
		Nachteile sind neben dem hohen Platzbedarf und einer teilweise schlechten Haltbarkeit (Verblassen von Kopien, Datenverlust bei Magnetbändern) vor allem der hohe Aufwand beim Zugriff und bei der Sicherstellung der Konsistenz und Aktualität.
2	**Mikrofilme**	Mikroverfilmung der Dokumente bzw. der Ausdrucke (z. B. Programmlistings). Dies hat die gleichen Nachteile wie unter (1); es wird lediglich der Platzbedarf reduziert und die Langzeitstabilität ist gewährleistet.
3	**Digital bzw. digitalisiert**	Digital bzw. digitalisiert im jeweiligen Format auf speziellen Festplattenlaufwerken oder Servern.
		Vorteile: Geringer Platzbedarf und hohe Langzeitstabilität – bei Verwendung redundanter Hardware (z. B. gespiegelten Festplatten) und entsprechenden Datensicherungssystemen. Über entsprechende Zugriffsberechtigungen ist innerhalb des Firmennetzwerks ein zentraler Zugriff möglich.
4	**Dokumenten-managementsysteme**	Vorteile wie unter (3), weiterhin: Vollautomatisches Revisionsmanagement, Sicherstellung der Konsistenz über entsprechende Zugriffsverwaltung, Retrieval (Suche nach Dokumenten) und – bei den modernen Systemen – zentraler Zugriff.

1.4 Planen, Durchführen und Dokumentieren von Funktions- und Sicherheitsprüfungen

Besonderer Hinweis:

Die Qualifikationsinhalte von Ziffer 1.4 (Schwerpunkt T1) sind identisch mit denen von **Ziffer 2.3** (Schwerpunkt T2) und werden hier nicht erneut dargestellt sondern im 2. Qualifikationsschwerpunkt behandelt. Bitte bearbeiten Sie daher **Ziffer 2.3, S. 357 ff.**

1.4 Planen, Durchführen und Dokumentieren von Funktions- und Sicherheitsprüfungen = **2.3** Planen, Durchführen und Dokumentieren von Funktions- und Sicherheitsprüfungen

1.5 Inbetriebnehmen und Abnehmen von Anlagen und Einrichtungen, insbesondere unter Beachtung sicherheitstechnischer und anlagenspezifischer Vorschriften

1.5.1 Vorbereitung der Inbetriebnahme

→ 1.6.1, 4.1.4, 6.1.2

01. Wie ist der Begriff „Inbetriebnahme" definiert?

Unter Inbetriebnahme ist die erstmalige Verwendung einer Maschine bzw. eines Produkts durch ihren Endbenutzer im Gebiet des Europäischen Wirtschaftsraums zu verstehen.

Quelle: Fachausschuss-Informationsblatt Nr. 016, 08/2005

Maschinen und Anlagen müssen daher bei der Inbetriebnahme bereits alle anzuwendenden Richtlinien erfüllen! Die Inbetriebnahme durch den Betreiber ist nicht mit dem Probebetrieb zu verwechseln.

02. Welche Informationen liefert der Hersteller zur Inbetriebnahme von Anlagen und Einrichtungen?

Der Hersteller muss eine umfassende *Betriebsanleitung* in der Sprache des Verwenderlandes beifügen.

Die Betriebsanleitung ist Teil der Technischen Dokumentation.

03. Mit welchen Angaben muss jede Anlage mindestens gekennzeichnet sein?

An jeder Maschine müssen deutlich lesbar und unverwischbar folgende Mindestangaben angebracht sein:

- Name und Anschrift des Herstellers
- CE-Kennzeichnung
- Bezeichnung der Serie/des Typs
- ggf. Seriennummer
- Baujahr.

04. Welche Zielsetzung muss die Inbetriebnahme erfüllen?

An die Planung und Montage einer Anlage schließt sich die Phase der Inbetriebnahme an. Dabei sind anlagenspezifische und sicherheitstechnische Vorgaben zu beachten. Zielsetzung ist es, die Anlage technisch und funktionell in den vereinbarten Zustand zu bringen (vgl. Pflichten-/Lastenheft), sodass vom System die definierten Leistungsdaten erreicht werden.

Lebenszyklus einer Maschine/Anlage

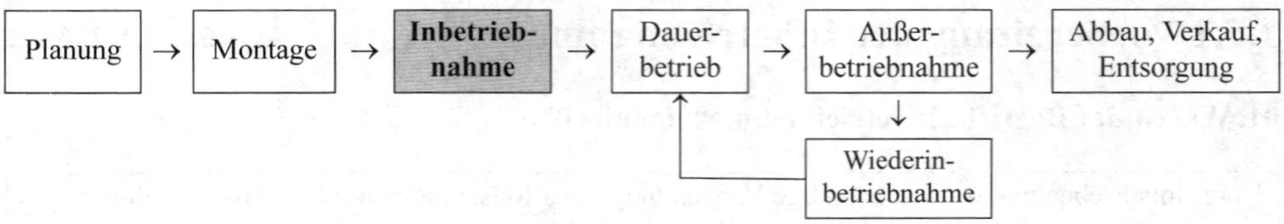

05. Welche Variablen (Faktoren) beeinflussen den Prozess der Inbetriebnahme?

Im Vordergrund stehen dabei die der Inbetriebnahme der Anlage vorgelagerten Teilprozesse: Fehler in der Planung (z. B. Auswahl ungeeigneter Komponenten) und Qualitätsmängel in der Montage zeigen ihre Wirkung spätestens bei der Inbetriebnahme der Anlage:

Variablen, die den Prozess der Inbetriebnahme beeinflussen					
↑	↑	↑	↑	↑	↑
Qualität der Planung	**Qualität der Montage**	**Qualität des Bedienpersonals**	**Aufstell-bedingungen**	**Bedingungen des Standorts**	**Kopplung der Subsysteme**
			Gestaltung der Schnittstellen: Energie, Betriebsstoffe, Werkzeuge, Material, Logistik, EDC/IT, Mensch-Maschine, Emissionen, Sicherheit		

06. Wie ist die Inbetriebnahme vorzubereiten?

Die Vorbereitung der Inbetriebnahme von Anlagen umfasst folgende Planungsarbeiten (die Darstellung enthält wesentliche Beispiele ohne Anspruch auf Vollständigkeit):

1.	**Planung der Prüfungen:**	
	Berücksichtigen der technischen Bedingungen	
	Planung der Termine	
	Planung der Ressourcen:	
		Betriebsmittel, Reservebauteile
		Personal (Vorgabezeiten, Tätigkeitsfolgen)
		Materialversorgung
	ggf. erforderliche Genehmigung einholen	
	Planung des Soll-Ablaufs der Inbetriebnahme (z. B. Netzplan erstellen)	

2.	**Planung der Dokumentation der Inbetriebnahme:**
	Berücksichtigung der geltenden Vorschriften und Vorgaben, z. B.: • Pflichtenheft • Betriebsanleitung • Anlagenbegleitbuch • VDI/VDE-Richtlinien

3.	**Planung der Funktionskontrolle:**
	• Grundfunktionen • sicherheitsrelevante Funktionen • Schnittstellen zu Subsystemen
	freier Zugang zu allen Messpunkten und Justiereinrichtungen

4.	**Planung der sicherheitstechnischen Maßnahmen:**
	Bereitstellen aller Hilfsmittel und Vorschriften
	vorbereitende Maßnahmen für den Notfall, z. B.: • Brandschutz • Sanitätsdienst, Erste Hilfe • Notfallplan, Rettungswege
	Absperrung und Kennzeichnung der Maschine/Anlage: Einzäunung als Baustelle und ggf. Sperrung benachbarter Verkehrswege
	Ordnung und Sauberkeit an der Anlage
	Vorbegehung hinsichtlich möglicher Gefahrenquellen

07. Welche Arbeiten umfasst die Inbetriebnahme von Anlagen?

Bei der Inbetriebnahme von Maschinen und Anlagen sowie bei der Wiederinbetriebnahme empfiehlt sich eine systematische Verfahrensweise. Die nachfolgende Aufstellung enthält wesentliche Arbeiten in systematischer Reihenfolge (ohne Anspruch auf Vollständigkeit):

01	**Überprüfen der Anlage sowie der Komponenten im energielosen Zustand anhand der vorliegenden technischen Dokumentation (Kaltcheck)**
	Beispiele für Komponenten: • Schaltschränke • Sensorik, Aktorik • Feld-, Rangier-, Bus- und Systemverkabelung
02	**Einschalten der Steuerspannungen und Signaltest der Ein- und Ausgänge**
03	**Installieren der Visualisierungskomponenten**
04	**Einschalten der Lastspannung und Systemtest**
05	**Schrittweise Inbetriebnahme der Anlagenprogramme**
06	**Anfahren der Anlage nach Herstellervorgaben**
	Maschinen und Anlagen dürfen nur von den für ihre Bedienung ausgebildeten Personen in Gang gesetzt werden; diese müssen sich vorher davon überzeugen, dass sich niemand im Gefahrenbereich aufhält, keine Schutzvorrichtungen fehlen und die Anlage keine sichtbaren Mängel aufweist.
	Laufende Kontrolle der Anzeigegeräte: Druck, Temperatur, Drehzahl, Spannung, Durchflussmenge u. Ä.
	Einhalten der vorgeschriebenen Energiebelastung.
	Die kontinuierliche Überwachung ist auch im Hinblick auf die Gewährleistungspflicht des Herstellers von Bedeutung.
07	**Durchführung des Probelaufs unter Betriebsbedingungen (nach Herstellervorgaben)**
	Beispiele: Dauer, Belastung, Kontrollzeit, Kontrollarbeiten
	Quellentext: Der Probebetrieb von Maschinen und Anlagen dient der Überprüfung von Funktionen und Eigenschaften sowie der Erkennung und Beseitigung von Fehlern. Der Probebetrieb entspricht der Endprüfungsphase einer Maschine oder Anlage und liegt daher, auch in den Betriebsräumen des Betreibers, in der Verantwortung des Herstellers. Nach Möglichkeit werden zunächst Probeläufe der einzelnen Aggregate und Einrichtungen durchgeführt. Wenn diese ihre Vorgaben erfüllen, wird die gesamte Anlage getestet. Die durch den Probebetrieb ermittelten Zustände und Kennwerte können mit den geplanten Eigenschaften verglichen werden. Auf dieser Grundlage können Änderungen und Optimierungen vorgenommen werden, um die Zielvorgaben zu erreichen. Quelle: Probebetrieb von Maschinen und maschinellen Anlagen; Fachausschuss-Informationsblatt Nr. 016, Ausgabe 01/2011; finfo16.pdf

08	**Abschließende Dokumentation**
	Über die Inbetriebnahme ist ein **Protokoll** zu erstellen; vgl. 1.5.5.
	Bei der Inbetriebnahme auftretende Fehler sind sofort zu beheben bzw. ihre Behebung ist innerhalb einer festgelegten Frist zu veranlassen. Generell ist jeder Fehler in einer Mängelliste zu dokumentieren. Jeder Fehler ist im Hinblick auf seine Ursache zu analysieren. Dies ist ebenfalls zu dokumentieren
	Um bei **kleinen Änderungen** (z.B. Umverdrahten einer Klemmleiste oder Verwenden eines anderen Eingangs auf einer Baugruppe) nicht den Aufwand der Neuerstellung aller relevanten Dokumente betreiben zu müssen, ist es legitim und in der Praxis üblich, mit so genannten *Rot-Einträgen* zu arbeiten: Dabei werden Änderungen **von Hand in Rot** in die Vor-Ort-Dokumentation der Maschine eingetragen. Bei der nächsten Revision der Dokumentation werden alle Rot-Einträge in die Originalpläne übernommen und als neuer Versionsstand gekennzeichnet.
	Über die **Abnahme** der Anlage ist ein **Protokoll** anzufertigen.
	Dokumentation der **Gefährdungsanalyse** (Risikoanalyse)
	Für die Anlage ist eine **Betriebsanweisung** zu verfassen (vgl. 5.4/02.). Die Formblätter für Betriebsanweisungen der BG für das Betreiben von Maschinen und Anlagen sind blau gerändert.

09	**Einweisung und Schulung des Bedien- und Instandhaltungspersonals**
	Vgl. dazu unten, Ziffer 1.5.6.

10	**Räumen der Baustelle und Freigabe der Anlage**
	Ordnung, Sauberkeit, Sicherheit

1.5.2 Funktionskontrolle nach Hersteller- und Projektierungsvorgaben

→ 1.4.4, 1.6.2

1.5.2.1 Sicherheitsrelevante Funktionen

1.5.2.1.1 Brandschutz

01. Was versteht man unter Brandschutz?

Unter Brandschutz versteht man die Einheit aller Maßnahmen von Brandverhütung und Brandbekämpfung. Oft bezeichnet man die Brandverhütung auch als *vorbeugenden Brandschutz,* die Brandbekämpfung als *abwehrenden Brandschutz.*

Brandschutz	
Vorbeugender Brandschutz	**Abwehrender Brandschutz**

02. Was ist vorbeugender Brandschutz (Brandverhütung)? → **DIN EN ISO 13943**

Zum vorbeugenden Brandschutz gehören alle Vorkehrungen, die der Brandverhütung sowie der Verhinderung der Ausbreitung von Bränden dienen. Im Normalfall sind 5 % der Beschäftigten als Brandschutzhelfer zu stellen (ASR A2.2). Auch alle Vorbereitungen zum Löschen von Bränden und zum Retten von Menschen und Tieren gehören dazu. Im Einzelnen sind dies:

Vorbeugender Brandschutz		
Bauliche Brandschutzmaßnahmen	**Technische Anlagen für den betrieblichen Brandschutz**	**Organisatorische Vorkehrungen**

Die Terminologie der Brandsicherheit ist international genormt (DIN EN ISO 13943).

03. Welche baulichen Brandschutzmaßnahmen sind wesentlich?

- Bauliche Brandschutzmaßnahmen erfassen alle dem Brandschutz dienenden *Anforderungen* an:
  - *Baustoffe*
  - *Bauteile*
  - *Bauarten.*
- Ebenfalls zum baulichen Brandschutz zählen die Bildung von Brandabschnitten und die Schaffung von *Rettungswegen.*

Baulicher Brandschutz		
Anforderungen an Baustoffe	**Bildung von Brandabschnitten**	**Schaffung von Rettungswegen**

Der bauliche Brandschutz ist in den Bauordnungen der Länder genau geregelt und mit einer Fülle nationaler Normen und EU-Normen unterlegt.

04. Welche Anforderungen werden an Baustoffe und Bauteile gestellt?
→ DIN 4102, Teil 2, → DIN EN 1363 - 1366, → DIN EN 13501

- *Brandverhalten der Baustoffe:*
  Die *Baustoffe* werden nach ihrem *Brandverhalten* in Klassen eingeteilt. Die bauaufsichtliche Benennung der Baustoffklassen sind entweder
  - *nicht brennbare* Baustoffe (A, A1, A2) oder
  - *brennbare* Baustoffe (B, B1, B2, B3).

  Die *brennbaren Baustoffe* unterteilen sich in schwer entflammbare (B1), normal entflammbare (B2) und leicht entflammbare Baustoffe (B3). Die Zuordnung der einzelnen Baustoffe zu den Baustoffklassen ist in der Normenreihe DIN 4102 genormt, eine Zusammenstellung findet man im Teil 4 der Norm.

- *Feuerwiderstandsdauer der Bauteile:*
  Bauteile sind hinsichtlich ihrer Feuerwiderstandsdauer klassifiziert. Die bauaufsichtliche Benennung der Bauteile ist entweder
  - feuerhemmend (F30, F60) oder
  - feuerbeständig (F90, F120, F180).

  Die Zahlangabe hinter dem *„F" ist die Feuerwiderstandsdauer in Minuten*. In der Norm DIN 4102, Teil 2, findet man die Klassifizierung vieler gebräuchlicher Baustoffe. Die *Prüfung* der

Bauteile erfolgt nach EU-Normen für die Feuerwiderstandsprüfung (DIN EN 1363 - 1366, DIN EN 13501).

Im Überblick:

<table>
<tr><th colspan="5">Anforderungen an Baustoffe und Bauteile</th></tr>
<tr><th colspan="3">1. Brandverhalten der Baustoffe</th><th colspan="2">→ Einteilung in Brandklassen</th></tr>
<tr><td rowspan="2"></td><td>nicht brennbar</td><td colspan="3">brennbar</td></tr>
<tr><td>A, A1, A2</td><td>schwer entflammbar
B1</td><td>normal entflammbar
B2</td><td>leicht entflammbar
B3</td></tr>
<tr><th colspan="3">2. Brandverhalten der Bauteile</th><th colspan="2">→ Klassifizierung der Feuerwiderstandsdauer</th></tr>
<tr><td rowspan="2"></td><td colspan="2">feuerhemmend</td><td colspan="2">feuerbeständig</td></tr>
<tr><td colspan="2">F30, F60</td><td colspan="2">F90, F120, F180</td></tr>
</table>

05. Welche technischen Anlagen dienen der Abwehr von Brandgefahren?

Technische Anlagen für den betrieblichen Brandschutz				
Löschwasser-versorgung	**Feuerlöschgeräte und -anlagen**	**Rauch- und Wärme-abzugsanlagen**	**Feuermelde-einrichtungen**	**Feuermelde- und Alarmanlagen**

Zu den technischen Brandschutzmaßnahmen zählt die *Löschwasserversorgung*. Sie umfasst die Gewinnung, Bereitstellung und Förderung von Löschwasser. Sehr wichtig ist die Bereitstellung von geeigneten *Feuerlöschern* in der erforderlichen Anzahl. Spezielle technische Anlagen für den Brandschutz sind *ortsfeste Feuerlöschanlagen*. Sie sollen ermöglichen, Brände in *besonders gefährdeten Räumen* sofort nach dem Ausbruch sicher zu löschen. Die *Auslösung* kann von *Hand* oder *automatisch* erfolgen.

06. Welchen Anwendungsbereich haben tragbare Feuerlöscher?

→ ArbStättV, → ArbSchG

Tragbare Feuerlöscher dienen der Bekämpfung von *Entstehungsbränden*. Sie sind als technische Einrichtung zur Selbsthilfe von den im Betrieb anwesenden Personen zu sehen. Nur Brände in der Entstehungsphase sollen mit tragbaren Feuerlöschern bekämpft werden. Ausgedehnte Brandereignisse überschreiten die Einsatzgrenzen von Selbsthilfekräften bei weitem und gefährden die Sicherheit dieser Menschen, die ja nicht zur Brandbekämpfung ausgebildet sind und auch im Moment des Brandes nicht entsprechend ausgerüstet sind. Ausgedehnte Brände zu bekämpfen ist der Feuerwehr vorbehalten.

- § 4 Abs. 3 ArbStättV fordert in allen Betrieben tragbare Feuerlöscheinrichtungen.
- Aus den §§ 9 f. ArbSchG leitet sich ab, dass die Mitarbeiter über die Benutzung der tragbaren Feuerlöscher unterwiesen sein müssen. Hierfür bietet sich unbedingt an, die Handhabung der Löscher im Rahmen einer Unterweisung zu trainieren (siehe auch 6.3.2).

07. Welche Feuerlöscherarten müssen im Betrieb vorhanden sein? Welche Brandklassen gibt es? **→ DIN EN 2, BGI 560**

Feuerlöscher sind tragbare Kleinlöschgeräte, deren Gewicht 20 kg im Allgemeinen nicht überschreitet. Sie sind aufgrund ihrer *Löschwirkung*, die im Wesentlichen vom *Löschmittel* abhängig ist, nur zum Löschen ganz *bestimmter Arten von Bränden* geeignet. Um dem Anwender im Ernstfall die richtige Wahl zu erleichtern, hat man die *Arten* der möglichen Brände in Brandklassen eingeteilt. Die *Brandklassen*, für die ein *Feuerlöscher* geeignet ist, sind *auf jedem Feuerlöscher abgebildet*. Zusätzlich ist ein *Piktogramm* angebracht, aus dem die Verwendbarkeit einfach abzuleiten ist. Normiert sind europaweit die Brandklassen A, B, C, D und F. Den Brandklassen nach DIN EN 2 sind folgende Löschmittel zugeordnet:

Brandklasse		Beispiele	Löschmittel
A	**Feste Stoffe/Glutbildung**	Holz, Kohle, Papier, Textilien	Wasser, ABC-Pulver, Schwerschaum
B	**Flüssige Stoffe** (auch flüssig werdende Stoffe)	Benzin, Alkohol, Teer, z. T. Kunststoffe, Wachs	Schaum, ABC-Pulver, BC-Pulver, CO_2
C	**Gase**	Ethin, Wasserstoff, Erdgas	ABC-Pulver, BC-Pulver
D	**Metalle**	Aluminium, Magnesium, Natrium	Metallbrand-Pulver (D-Pulver), Sand, Gussspäne
F	**Speisefette und -öle in Frittier- und Fettbackgeräten**	Speiseöl, Speisefett	Topfdeckel, Spezialllöschmittel (F-Handfeuerlöscher)

Die Brandklasse E gibt es mit dem Erscheinen der DIN EN 2 nicht mehr. Sie war früher für Brände an elektrischen Anlagen bis 1000 V vorgesehen. Mit den heute verwendeten Feuerlöschern und modernen Löschmitteln sind Brandbekämpfungen an elektrischen Anlagen möglich, wenn die Mindestabstände eingehalten werden. Insofern wurde die Brandklasse E entbehrlich.

08. Wie wird die erforderliche Anzahl der Feuerlöscher für eine Betriebsstätte ermittelt? **→ BGR 133**

Jeder Feuerlöscher hat ein ganz bestimmtes *Löschvermögen*; es ist nicht immer abhängig von der Löschmittelmenge im Löscher. Deswegen und aus anderen Gründen wurde für die Ermittlung des Bedarfs eine *Rechenhilfsgröße*, die *Löschmitteleinheit* LF, eingeführt. In die Berechnung der erforderlichen Anzahl geht die *Brandgefährdung* des Betriebsbereiches, der bestückt werden soll, ein. Sie wird in zwei *Brandgefährdungsklassen* eingeteilt:

- geringe Brandgefährdung (z. B. mechanische Werkstatt) und
- große (hohe) Brandgefährdung (z. B. Materiallager mit hoher Brandlast).

Als weitere Rechengröße dient die *Grundfläche* des Betriebsbereiches. Wenn diese drei Rechengrößen bestimmt sind, kann man mithilfe der Berufsgenossenschaftlichen Regel BGR 133 sehr einfach den Bedarf errechnen. Ergeben sich spezielle Fragen, hilft die örtliche Feuerwehr gerne weiter; auch bei den Landesfeuerwehrverbänden ist fast jede gewünschte Information zum Thema erhältlich.

09. Welches sind die richtigen Aufstellungsorte für Feuerlöscher?

- Feuerlöscher sollen
  - *gut sichtbar* an Stellen, die auch im Brandfall gut erreichbar sind sowie
  - *an zentralen Punkten* der Rettungswege positioniert werden.

  Als zentrale Punkte der Rettungswege gelten:
  - Ausgänge ins Freie
  - Zugänge zu Treppenräumen/-häusern
  - Kreuzungspunkte von Fluren.

  Wichtige Aufstellungsorte sind besonders brandgefährdete Arbeitsplätze.
- Die Aufstellungsorte müssen durch das Schild mit dem genormten Feuerlöscher-Piktogramm gekennzeichnet werden.

Quelle: BGI 740, S. 13

- Innerhalb der Betriebsstätten sollte der nächstgelegene Feuerlöscher möglichst in 25 m Entfernung erreicht werden können. Dies entspricht der in den Bauordnungen der meisten Länder vorgesehenen sog. „halben Rettungsweglänge" in Industriebauten.
- Die Feuerlöscher sollten in einer Höhe angebracht sein, die ein bequemes und schnelles Benutzen erleichtert. Die Hersteller bieten gut geeignete Wandhalterungen an.

10. Wie oft müssen Feuerlöscher geprüft werden?

- Feuerlöscher müssen alle zwei Jahre geprüft werden. Dies regelt die berufsgenossenschaftliche Sicherheitsregel BGR 133 „Ausrüstung von Arbeitsstätten mit Feuerlöschern".
- Die Prüfung sichert die Funktionsfähigkeit im Notfall und muss durch einen Fachmann (befähigte Person) erfolgen. In der Regel übernehmen dies örtliche Service-Unternehmen der Löschgerätehersteller und/oder deren Vertriebsorganisationen bzw. Partner.
- Erkennbar ist die letzte Prüfung an einer Prüfplakette, die der Prüfer am Löscher anbringt.
- Die Prüfung eines Löschers selbst dauert etwa 15 Minuten. Kontrolliert werden die Qualität des Löschmittels, der innen – oder außen liegenden Treibmittelbehälter, Dichtungen und der Stahlmantel.

11. Welche Arten von ortsfesten Löschanlagen sind gebräuchlich?

Am häufigsten werden *Sprinkleranlagen* verwendet. Daneben gibt es ortsfeste Schaumlöschanlagen, Pulverlöschanlagen und CO_2-Löschanlagen (werden manchmal auch als Kohlensäure-Löschanlagen bezeichnet).

Wenn die ortsfesten Löschanlagen im Gefahrfall selbsttätig (automatisch) wirken und Arbeitnehmer dadurch gefährdet werden können, müssen die Anlagen mit ebenfalls selbsttätig wirkenden *Warneinrichtungen* versehen sein. Die Vorwarnzeit muss so bemessen sein, dass die Arbeitnehmer den gefährdeten Bereich ohne Hast verlassen können, bevor der Raum geflutet wird. Sehr wichtig ist diese technische Schutzmaßnahme bei CO_2-Löschanlagen und besonders dann, wenn tiefer gelegene Räume, z. B. Ölkeller die zu schützenden Objekte sind.

12. Welche Checkliste eignet sich für den vorbeugenden Brandschutz?

Vorbeugender Brandschutz • Checkliste	
1.	Ist die vorhandene Anzahl an Feuerlöschern für die einzelnen Arbeitsbereiche ausreichend? Sind die Feuerlöscher schnell und leicht erreichbar?
2.	Sind die im Betrieb verwendeten Feuerlöscher für die jeweiligen brennbaren Stoffe geeignet?
3.	Befinden sich die Feuerlöscheinrichtungen in einem ordnungsgemäßen Zustand und wurde die Handhabung von den Mitarbeitern geübt?
4.	Haben die Rettungswege und Notausgänge die nach der Arbeitsstättenverordnung und den zugehörigen Richtlinien geforderten Abmessungen? Sind die Notausgänge von innen ohne Schlüssel zu öffnen?
5.	Sind die Rettungswege und Notausgänge gekennzeichnet (auch im Dunkeln erkennbar) und werden sie nicht verstellt?
6.	Sind die feuer- und explosionsgefährdeten Bereiche deutlich und dauerhaft gekennzeichnet (auch die Zugänge)?
7.	Werden nur die unmittelbar für den Arbeitsprozess notwendigen Mengen brennbarer Stoffe an den Arbeitsplätzen bereitgehalten (max. Schichtbedarf)?
8.	Werden alle brennbaren Flüssigkeiten stets in dafür geeigneten und verschlossenen Behältern aufbewahrt?
9.	Wie wird sichergestellt, dass brennbare Abfälle, Reste und gebrauchte Putzmaterialien umgehend aus dem Arbeitsbereich entfernt werden?
10.	Wird regelmäßig überprüft, ob brennbare Stoffe durch weniger gefährliche ersetzt werden können?
11.	Wurden die Mitarbeiter über die Gefahren und die Schutzmaßnahmen beim Umgang mit brennbaren Stoffen unterwiesen?
12.	Werden Feuerarbeiten in brand- und explosionsgefährdeten Bereichen nur nach Durchführung und Überprüfung der festgelegten Maßnahmen und Erteilung der Genehmigung durchgeführt?
13.	Werden regelmäßig nicht angekündigte Brandschutzübungen durchgeführt, um das Verhalten in Notfällen zu üben?
14.	Wurde ein Alarmplan ausgearbeitet, und sind die Mitarbeiter mit den notwendigen Maßnahmen und Verhaltensregeln vertraut?

Quelle: BGI 560, Prävention 2014/15, DVD der BGHM

13. Welche beim Betrieb elektrischer Anlagen und Betriebsmittel auftretenden Zündquellen sind besonders zu beachten?

Zündquellen	Beispiele
Elektrische Zündfunken	Öffnen und Schließen von elektrischen Stromkreisen, Trennen und Verbinden von Anlagenteilen, in denen elektrische Ausgleichsströme fließen.
Heiße Oberflächen	Lampenoberflächen, Leuchtengehäuse, Motorengehäuse.

14. Welche Anforderungen werden an elektrische Anlagen in explosionsgefährdeten Bereichen gestellt?

Elektrische Anlagen in explosionsgefährdeten Bereichen müssen insbesondere den DIN-VDE-Normen entsprechen.

Explosionsgefährdete Bereiche werden in Zonen mit unterschiedlichen Anforderungen eingeteilt.

Die elektrischen Anlagen müssen entsprechend den Anforderungen dieser Zonen errichtet sein. Diese Anforderungen sind auch Inhalt der Betriebssicherheitsverordnung und der Explosionsschutz-Richtlinie.

In feuer- und explosionsgefährdeten Bereichen müssen die Elektroinstallationen besonderen Anforderungen genügen (vgl. Abbildungen rechts).

Leuchtkörper

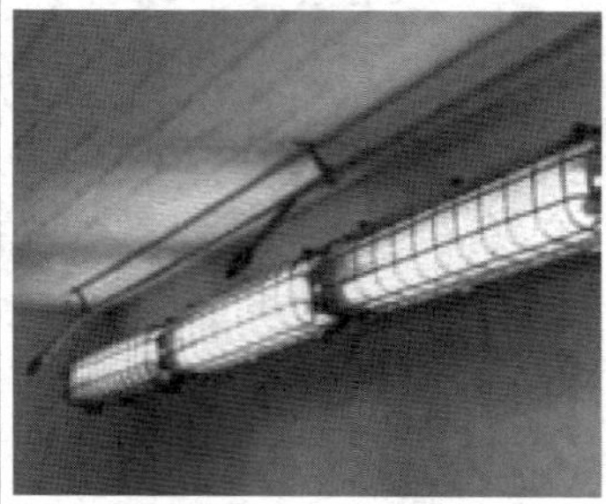

Schalter

15. Welche Vorkehrung ist zur Vermeidung elektrostatischer Aufladung zu treffen?

Als Folge von Trennvorgängen, an denen mindestens ein elektrisch aufladbarer Stoff beteiligt ist, können unter bestimmten Bedingungen zündfähige Entladungen statischer Elektrizität entstehen. Wichtigste Schutzmaßnahme ist das Erden aller leitfähigen Teile, die sich gefährlich aufladen können.

Vgl. dazu insbesondere:

- BGR 132 „Vermeidung von Zündgefahren infolge elektrostatischer Aufladungen“
- DIN VDE 0165 (ersetzt durch DIN EN 50281/60079/61241)
- DIN VDE 0170/0171
- DIN VDE 0745 (ersetzt durch DIN EN 50050)
- DIN VDE 0147 (ersetzt durch DIN EN 50176).

16. Welche Maßnahmen gehören zum organisatorischen Brandschutz?

- Ernennung von Brandschutzbeauftragten
- Erarbeitung und Aushang von Alarm- und Brandschutzplänen
- Unterweisung der Mitarbeiter (in angemessenen Zeitabständen, mindestens jedoch einmal jährlich): Maßnahmen gegen Entstehungsbrände und Explosionen, Umgang mit gefährlichen Stoffen, Verhalten im Gefahrfall.

Bild: Brandschutz-Orientierungsplan

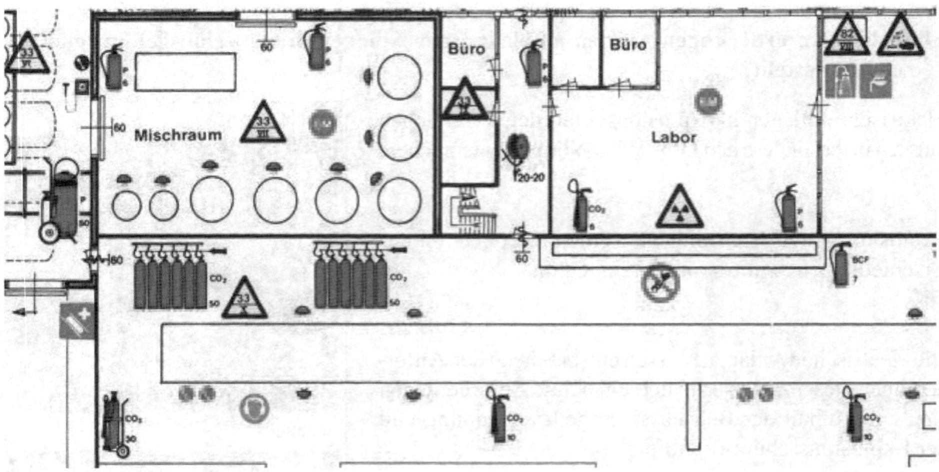

Quelle: BGI 560

Bild: Aufbau eines Brandmeldesystems

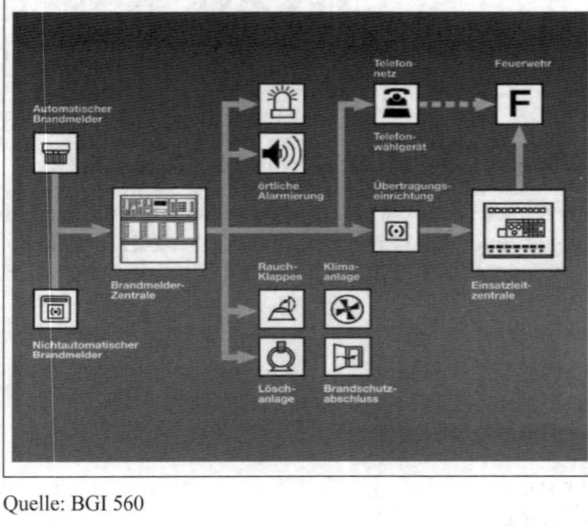

Bild: Brandschutzordnung nach DIN 14096 (Musterentwurf)

Quelle: BGI 560

1.5.2.1.2 Explosionsschutz (Ex-Schutz)

01. Was versteht man unter Explosionsschutz?

Alle Maßnahmen zum Schutz vor Gefahren durch Explosionen werden als Explosionsschutz bezeichnet. Die wichtigsten Maßnahmen sind:

- Verhinderung oder Einschränkung der Bildung von explosionsfähigen Atmosphären
- Verhinderung der Entzündung von gefährlichen explosionsfähigen Atmosphären
- Beschränkung der Auswirkungen von möglichen Explosionen auf ein ungefährliches Maß.

Zur Anwendung gelangen diese Maßnahmen in der betrieblichen Praxis sowohl einzeln als auch in Kombination miteinander.

02. Was ist eine Explosion?

Als Explosionen werden sehr schnell verlaufende Oxidations- oder Zerfallsreaktionen bezeichnet. Diese Reaktionen sind stets mit einem ebenfalls extrem schnellen Temperatur- und Druckanstieg verbunden. Die Volumenausdehnung der Explosionsgase setzt sehr kurzfristig hohe Energiemengen frei und verursacht eine Druck- oder Detonationswelle. Der Ausgangspunkt sind explosionsfähige Atmosphären, die von einer Zündquelle gezündet werden.

Technische Zündquellen sind in der Metallindustrie in sehr mannigfaltiger Form vorhanden, z.B. heiße Oberflächen, durch elektrische Entladungen ausgelöste Funken, Funken reißende Werkzeuge und offene Flammen.

03. Was sind explosionsfähige Atmosphären?

Explosionsfähige Atmosphären umfassen *Gemische* von Gasen, Nebeln, Dämpfen oder Stäuben *mit Luft* (einschließlich der üblichen Beimengungen, wie z. B. Luftfeuchte), die unter atmosphärischen Bedingungen explosionsfähig sind.

04. Welche sicherheitstechnischen Kennzahlen beschreiben die Explosionsfähigkeit der Arbeitsstoffe?

Sicherheitstechnische Kennzahlen		
Explosionsgrenze	**Flammpunkt**	**Zündtemperatur**

- Die *untere* und die *obere Explosionsgrenze* (auch Zündgrenzen genannt) geben den Bereich an, in dem ein Gemisch explosionsfähig ist. Diesen Bereich nennt man *Explosionsbereich*. Unterhalb der unteren und oberhalb der oberen Explosionsgrenze ist eine Explosion nicht möglich (Gemisch zu mager/zu fett). Einen sehr großen Zünd- oder Explosionsbereich, das sollte der Industriemeister wissen, hat Acetylen, das wichtigste Schweiß- und Brennschneidgas.

- Der *Flammpunkt* von brennbaren Flüssigkeiten ist die *niedrigste Temperatur,* bei der eine brennbare Flüssigkeit ein *entflammbares Gemisch* bildet.

- Die *Zündtemperatur* eines brennbaren *Gases oder einer Flüssigkeit* gibt die *niedrigste Temperatur* einer *heißen Fläche* an, die gerade noch in der Lage ist, eine Flammerscheinung anzuregen.

- Die *Zündtemperatur* eines *Staub-/Luftgemisches* gibt die *niedrigste Temperatur* an, an der das Gemisch entzündet und zur Verbrennung oder Explosion gebracht werden kann.

Mit diesen Größen besitzt der betriebliche Praktiker genügend Informationen, um gemeinsam mit den Fachleuten die richtigen Maßnahmen zur Gefahrenabwehr konzipieren zu können.

05. Was sind explosionsgefährdete Bereiche?

Explosionsgefährdete Bereiche sind Betriebsbereiche, in denen eine explosionsfähige Atmosphäre auftreten kann. Dies ist z. B. der Fall im Inneren von Apparaturen, in engen Räumen, Gruben oder Kanälen.

In der Metallindustrie sind explosionsgefährdete Bereiche besonders dort anzutreffen, wo Beschichtungsstoffe zerstäubt werden (Lackiererei, Farbgebung), wo mit Kraftstoffen oder technischen Gasen umgegangen wird, aber auch dort, wo explosive Metallstäube erzeugt werden (z. B. Schleifen von Aluminium, Bearbeitung von Magnesium und entsprechenden Legierungen).

06. Wie werden explosionsgefährdete Bereiche in Zonen eingeteilt? → § 5 BetrSichV

Gemäß § 5 der Betriebssicherheitsverordnung (BetrSichV) muss der Unternehmer die in seinem Betrieb vorhandenen explosionsgefährdeten Bereiche in so genannte *Zonen* einteilen. Im Anhang 3 der Betriebssicherheitsverordnung sind diese Zonen genau definiert:

- Handelt es sich bei den Atmosphären um Gemische aus *Luft und brennbaren Gasen*, Nebeln oder Dämpfen, wird in die Zonen 0, 1 und 2 eingeteilt.

- Handelt es sich bei den Atmosphären um Luftgemische von *brennbaren Stäuben*, heißen die Zonen 20, 21, 22.

Atmosphäre	Zone	Bereich	Zone	Atmosphäre
Gemische aus Luft und brennbaren Gasen, Nebeln oder Dämpfen	0	Eine explosionsgefährdete Atmosphäre ist ständig (über Langzeiträume) oder häufig vorhanden.	20	Luftgemische aus brennbaren Stäuben
	1	Im Normalbetrieb bildet sich gelegentlich eine explosionsgefährdete Atmosphäre.	21	
	2	Im Normalbetrieb tritt eine explosionsgefährdete Atmosphäre normalerweise nicht oder nur kurzfristig auf.	22	

Entsprechend der Zoneneinteilung sind Explosionsschutzmaßnahmen zu treffen und gemäß § 6 der Betriebssicherheitsverordnung im *Explosionsschutzdokument* zu dokumentieren.

07. Welche Checkliste eignet sich für den vorbeugenden Explosionsschutz?

	Vorbeugender Explosionsschutz • Checkliste
1.	Wurde ermittelt, ob und wo im Betrieb leicht entzündliche oder entzündliche Stoffe verwendet werden?
2.	Ist ermittelt, bei welchen Tätigkeiten und in welchen Bereichen mit gefährlicher explosionsfähiger Atmosphäre durch Lösemitteldämpfe, Aerosole, Gase oder Stäube zu rechnen ist?
3.	Sind explosionsgefährdete Bereiche deutlich sichtbar gekennzeichnet?
4.	Sind die Mitarbeiter über Maßnahmen bei Betriebsstörungen unterwiesen?
5.	Ist den Mitarbeitern bekannt, dass die Dämpfe brennbarer Flüssigkeiten und der meisten brennbaren Gase schwerer sind als Luft? Ausnahmen hiervon sind insbesondere Wasserstoff und Acetylen, die beide nach oben entweichen.
6.	Werden in explosionsgefährdeten Bereichen nur zugelassene Werkzeuge und Geräte eingesetzt?
7.	Werden Gasflaschen und brennbare Flüssigkeiten in gesonderten, belüfteten Bereichen gelagert?
8.	Sind Materialien und ggf. Geräte zum Aufnehmen und sicheren Entsorgen von ausgelaufener brennbarer Flüssigkeit vorhanden?
9.	Wird daran gedacht, dass beim Betreten explosionsgefährdeter Bereiche persönliche Schutzausrüstungen erforderlich sein können?
10.	Ist das Explosionsschutz-Dokument gemäß Betriebssicherheitsverordnung vorhanden?
11.	Ist den Mitarbeitern bekannt, dass auch Flüssigkeiten mit hohem Flammpunkt explosionsfähige Atmosphäre bilden können, wenn sie erhitzt oder versprüht werden?
12.	Ist den Mitarbeitern bekannt, dass brennende Öle und Fette sowie Metallbrände (z. B. brennende Magnesiumspäne) nicht mit Wasser gelöscht werden dürfen?
13.	Werden Gasanlagen und Sicherheitseinrichtungen regelmäßig geprüft und wird dies dokumentiert?
14.	Werden Bereiche, in denen brennbare Stäube entstehen, regelmäßig gereinigt?

Quelle: Prävention 2014/15, DVD der BGHM

08. Welche Gesetze, Normen, Vorschriften und Regeln zum Brand- und Explosionsschutz sind zu beachten?

Es gelten im Wesentlichen folgende Gesetze, Normen, Vorschriften und Regeln (Überblick; ohne Anspruch auf Vollständigkeit):

Unfallverhütungsvorschriften	
DGUV Vorschrift 1	Grundsätze der Prävention
DGUV Vorschrift 8	Sicherheits- und Gesundheitsschutzkennzeichnung am Arbeitsplatz

BGR, BGI, BGG	
BGR 500	Gase, Sauerstoff, Arbeiten an Gasleitungen (alt: BGV B 6, 7; BGV D 2)
BGR 104	Explosionsschutz – Regeln (EX-RL); evtl. Ersatz durch TRBS 2152 Gefährliche explosionsfähige Atmosphäre – Allgemeines
BGR 132	Vermeidung von Zündgefahren infolge elektrostatischer Aufladungen
BGR 133	Ausrüstung von Arbeitsstätten mit Feuerlöschern
BGR 232	Kraftbetätigte Fenster, Türen und Tore
BGR 500	Betreiben von Arbeitsmitteln
BGI 518	Gaswarneinrichtungen für den Explosionsschutz
BGI 847	Qualifikation und Ausbildung von Brandschutzbeauftragten

DIN-Normen	
DIN 4066	Hinweisschilder für die Feuerwehr
DIN 4102	Brandverhalten von Baustoffen und Bauteilen
DIN 4844	Sicherheitskennzeichnung; Begriffe, Grundsätze und Sicherheitszeichen
DIN 14 096	Brandschutzordnung
DIN 14 675	Brandmeldeanlagen; Aufbau
DIN 18 230	Baulicher Brandschutz im Industriebau
DIN EN 2	Brandklassen
DIN EN 1127-1	Maschinensicherheit; Explosionsschutz
DIN EN 13 478	Sicherheit von Maschinen – Brandschutz

VDE-Bestimmungen	
DIN VDE 0100-100	Bestimmungen für das Errichten von Starkstromanlagen mit Nennspannungen bis 1000 V
DIN VDE 0100-560	Elektrische Anlagen für Sicherheitszwecke
DIN VDE 0100-482	Feuergefährdete Betriebsstätten
DIN VDE 0165[1)]	Errichten elektrischer Anlagen in explosionsgefährdeten Bereichen
DIN EN 61 241-T14	Elektrische Betriebsmittel zur Verwendung in Bereichen mit brennbarem Staub; Ausgabe: 2005-06
DIN EN 50 110	Betrieb von elektrischen Anlagen
DIN EN 60598	Leuchten mit Betriebsspannungen unter 1000 V
VDI 2263	Staubbrände und Staubexplosionen

[1)] Ersetzt durch DIN EN 50281/60079/61241.

Gesetze, Verordnungen, Leitlinien und Technische Regeln	
ASiG	Arbeitssicherheitsgesetz
ArbSchG	Arbeitsschutzgesetz
ArbStättV	Arbeitsstättenverordnung
GefStoffV	Verordnung über Gefahrstoffe
BetrSichV	Betriebssicherheitsverordnung
ProdSG	Produktsicherheitsgesetz
TRBF	Technische Regeln für brennbare Flüssigkeiten
TRB	Technische Regeln zur Druckbehälterverordnung
TRG	Technische Regeln Druckgase
TRAC	Technische Regeln für Acetylenanlagen und Calciumcarbidlager
TRBS	Technische Regeln für Betriebssicherheit

Richtlinien der Europäischen Gemeinschaft	
76/117/EWG	Richtlinie betreffend elektrische Betriebsmittel zur Verwendung in explosibler Atmosphäre
79/196/EWG	Richtlinie betreffend elektrische Betriebsmittel in explosibler Atmosphäre, die mit bestimmten Schutzarten versehen sind
2006/42/EG	Maschinenrichtlinie (MRL)
1999/92/EG	Richtlinie zur Verbesserung der Sicherheit der Arbeitnehmer, die durch explosionsfähige Atmosphäre gefährdet werden können
89/106/EWG	Bauprodukte-Richtlinie

1.5.2.1.3 Gesundheitsschutz

01. Welche Maßnahmen des Gesundheitsschutzes sind bei der Funktionskontrolle von Anlagen und Einrichtungen zu beachten?

Beispiele (ohne Anspruch auf Vollständigkeit; vgl. ausführlich Handlungsbereich 5. AUG):

- Aufenthalt an Arbeitsplätzen ist nur befugten Personen erlaubt.
- Die Inbetriebnahme/Nutzung/Funktionskontrolle der Maschinen und Geräte ist nur den hierfür ausgebildeten Personen erlaubt (z. B. Elektrofachkraft).
- Vorgeschriebene Schutzkleidung (z. B. Augenschutz, Sicherheitsschuhe) ist zu tragen, gefährdende Schmuckgegenstände (z. B. Ringe, Uhren) sind abzulegen.
- Alle Sicherheitshinweise müssen lesbar und alle Sicherheitseinrichtungen müssen betriebsbereit sein.
- Gefahrenstellen müssen abgeschirmt und gesichert sein.
- Einrichtearbeiten sind mit Ausnahme der Arbeiten, die den Betrieb der Maschine erfordern, grundsätzlich bei ausgeschalteter Maschine durchzuführen.
- Die speziellen sicherheitstechnischen Auflagen des Maschinenherstellers sind einzuhalten.

- Kein Aufenthalt des Bedieners im Arbeits- und Schwenkbereich der Maschine.
- Die Ergebnisse der Gefährdungsbeurteilung sind zu beachten.
- Die Vorschriften der BGV A1 sind einzuhalten (neu: DGUV Vorschrift 1, 2 usw.).

1.5.2.1.4 Umweltschutz

01. Welche Maßnahmen des Umweltschutzes sind bei der Funktionskontrolle von Anlagen und Einrichtungen zu beachten?

Beispiele (ohne Anspruch auf Vollständigkeit; vgl. ausführlich Ziffer 5. AUG):

Beachtung der Bestimmungen über:

- Abluft (Dämpfe, Gase)
- Emissionen (Schwermetalle, Gase, SO_2, NO_x, CO)
- Abwasserreinigung, -wiederaufbereitung
- Abfall (-entstehung, -vermeidung, -entsorgung, -aufbereitung)
- Lärm
- Altölverordnung
- Energiemanagement.

1.5.2.1.5 Not-Aus[1]

01. Welche Bestimmungen gelten hinsichtlich der Not-Aus-Schaltung?

1.	Kraftbetriebene Arbeitsmittel müssen gemäß BetrSichV mit mindestens einer Notbefehlseinrichtung versehen sein, mit der gefahrbringende Bewegungen oder Prozesse möglichst schnell stillgesetzt werden, ohne zusätzliche Gefährdungen zu erzeugen. Es sind folgende Methoden anzuwenden: 1. Unterbrechung des Stromkreises durch Not-Aus-Schalter 2. Entsprechende Anordnung in den Steuerstromkreisen (durch einen Befehl werden alle Stromverbraucher abgeschaltet, die zu einer Gefährdung führen können).	
2.	Die Betätigung der Not-Aus-Einrichtung darf weder den Bedienenden noch die Maschine gefährden.	
3.	Es dürfen nicht solche Hilfseinrichtungen abgeschaltet werden, die im Notfall weiter arbeiten müssen (z. B. Sicherheitsbeleuchtung, SPS).	
4.	Das Rückstellen der Not-Aus-Einrichtung darf nicht den Wiederanlauf der Maschine/Anlage bewirken.	
5.	Not-Aus-Schalter müssen schnell, leicht und gefahrlos erreichbar und auffällig gekennzeichnet sein (vgl. DIN EN ISO 13850). Die Anforderungen im Einzelnen: • NOT-AUS-Befehlsgerät mit roter Handhabe auf gelben Hintergrund • selbst rastend oder durch Drehen entsperren • Kontakt muss direkt betätigt werden.	Bild: Ortsbewegliche Steuerung eines Fertigungszentrums 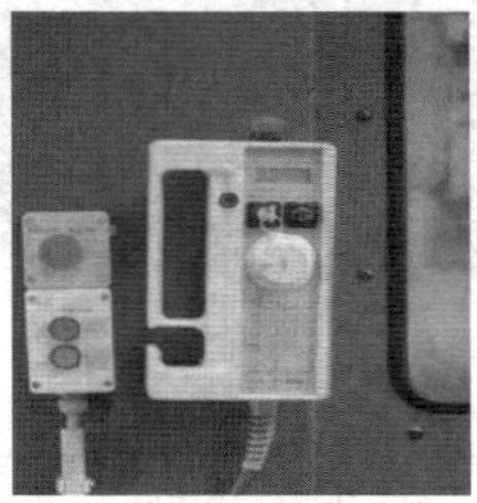 Quelle: BGI 577, S. 13

02. Müssen alle gebrauchten Maschinen eine Not-Aus-Einrichtung vorweisen?

Ja, alle – entsprechend der BetrSichV. Die Ausnahme besteht, wenn die Notbefehlseinrichtung keinerlei Nutzen für das schnelle Stillsetzen der Gefahr bringenden Bewegungen hat, z. B. bei großen Ständerbohrmaschinen und großen Drehmaschinen. Hier ist der Nachlauf der Gefahr bringenden Bewegung (der drehenden Walzen) infolge hohen Drehmoments zeitlich so lang, dass sie keine Wirkung zeigen würde. In solchen Fällen sind andere Maßnahmen einzurichten (z. B. die Möglichkeit des schnellen Aufkurbelns bei mechanisch zugestellten Walzen).

1) Neuere Bezeichnung: Stopp-Funktion

03. Welche Bestimmungen gelten für Not-Aus-Einrichtungen an Prüfplätzen?

Bild: Motorenprüffeld

Quelle: BGI 891

1.	Bei einem Prüfplatz *mit zwangläufigem Berührungsschutz* darf auf Not-Aus-Einrichtungen und Abgrenzungen verzichtet werden.
2.	Prüfplätze *ohne zwangsläufigen Berührungsschutz* sind mit Not-Aus-Einrichtungen geeigneter Anzahl zu versehen, die alle elektrischen Energien, die Gefährdungen hervorrufen können, ausschalten. Mindestens ein Not-Aus-Befehlsgerät muss sich außerhalb des Prüfbereiches befinden.
3.	Not-Aus-Befehlsgeräte und ihre Stellteile müssen so gestaltet und angeordnet sein, dass sie durch die Bedienperson und andere Personen, für die es notwendig sein kann sie zu betätigen, leicht zu erreichen und gefahrlos zu betätigen sind.
4.	Elektrische Anschlussstellen, die nicht in den Betätigungskreis der Not-Aus-Einrichtung einbezogen sind, müssen besonders gekennzeichnet werden.

Quelle: BGI 891

04. Was ist bei Not-Aus-Einrichtungen an Pressen zu beachten?

Außer den Sicherheitsanforderungen nach europäischen Typ-B-Normen (Sicherheits-Gruppennormen) ist bei Pressen nach EN 692:2009 „Mechanische Pressen - Sicherheit“ oder EN 693:2011 „Werkzeugmaschinen - Sicherheit - Hydraulische Pressen“ insbesondere zu beachten, *dass steckbare Steuerpulte, die entfernt werden können, keine Not-Aus-Schalter beinhalten dürfen.*

Pressen können zu folgenden Gefährdungen führen, z. B.:

- Quetschungen
- Schneiden
- Fangen
- Einziehen.

1.5.2.2 Grundfunktionen

01. Welche Grundfunktionen einer Maschine werden unterschieden und sind zu kontrollieren?

Grundfunktionen	Verwendete Bauelemente (Beispiele)
Leiten, Transportieren	Flüssigkeiten werden über Rohre transportiert.
	Elektrische Energie wird über Kabel geleitet.
Wandeln, Umformen	Mithilfe eines Elektromotors wird elektrische Energie in mechanische Energie umgewandelt.
	Mithilfe eines Getriebes kann das Drehmoment umgeformt werden.
Fügen, Verbinden	Die Verbindung elektrischer Leitungen erfolgt z. B. über Stecker, Steckdose und Klemmen.
	Bauteile werden z. B. durch Schrauben oder Nieten miteinander verbunden.
Trennen, Teilen	Der Energiefluss kann durch einen Schalter getrennt werden.
	Teilen ist das Spanen eines Werkstücks.
Speichern	Mechanische Energie kann in Federn gespeichert werden.
	Elektrische Energie lässt sich in Akkumulatoren speichern.

Im Rahmen der Funktionskontrolle einer Maschine/Anlage muss geprüft werden, ob die betreffenden Bauelemente die ihnen zugewiesene Grundfunktion erfüllen (z. B. Bauelemente der Mechanik, Pneumatik, Hydraulik, Elektrik sowie der Mess-, Steuer- und Regeltechnik).

Beispiel: Überprüfen der Funktionsweise hydraulischer/pneumatischer Bauteile:

- Vorhub und Rückhub der Zylinder
- Funktionsweise der Wege- und Stromventile
- Geschwindigkeit und Stetigkeit der Arbeitsbewegungen
- Reihenfolge und Richtung der Arbeitsbewegungen.

Treten im Rahmen der Inbetriebnahme bei einzelnen Bauelementen Fehler auf, so ist eine systematische Vorgehensweise erforderlich:

1.	**Fehlererkennung**	→	2.	**Fehlereingrenzung (Analyse)**	→	3.	**Fehlerbehebung**

Die Mehrzahl der Fehler lässt sich auf folgende Ursachen zurückführen:

- fehlerhafte Bauteile
- fehlerhafte Montage
- Fehler in der Bedienung während der Inbetriebnahme.

Insgesamt umfasst die Funktionskontrolle einer Maschine/Anlage im Wesentlichen folgende Arbeiten:

1. Überprüfen der Grundfunktionen (vgl. oben)
2. Überprüfen der Ablauffunktionen (Zusammenspiel der Baugruppen; Kontrolle der Schnittstellen)
3. Überprüfen der sicherheitstechnischen Funktionen (Gewährleisten der technischen Sicherheit)
4. Überprüfen der Visualisierung
5. Einhalten gesetzlicher Vorschriften des Arbeits- und Umweltschutzes
6. Instandhaltungsfreundlichkeit der Anlage
7. Optimierung der Anlage (z. B. Sicherstellung einer wirtschaftlichen Energieverwendung).

1.5.2.3 Grundkonfigurationen

1.5.2.3.1 Sensoren

01. Was sind Sensoren?

Sensoren liefern Informationen zur Steuerung und Regelung von Prozessen. Sie erfassen nichtelektrische Größen (Länge, Abstand, Zeit, Dehnung usw.) und wandeln sie (meist) in elektrische Größen um (Spannung, Widerstand, Kapazität usw.).

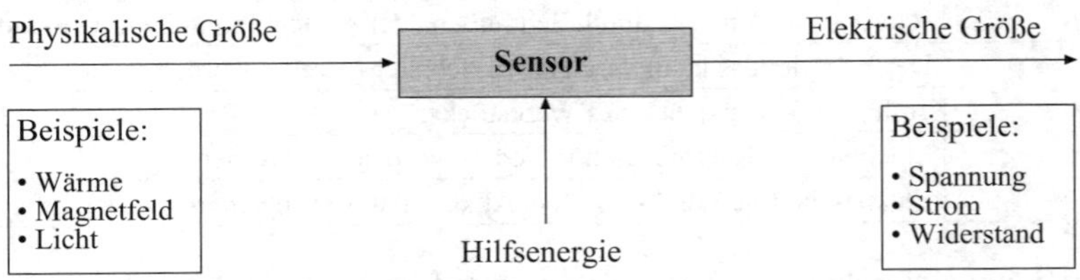

02. Nach welchen Merkmalen lassen sich Sensoren unterteilen?

1. Einteilung von Sensoren nach der gemessenen Größe (Beispiele)	
Sensoren für ...	**Beispiele**
geometrische Größen:	Abstände, Positionen, Richtung, Füllstand
Bewegungsgrößen:	Weg, Geschwindigkeit, Beschleunigung
elektrische und magnetische Größen:	elektrisches Potenzial, magnetische Induktion
chemische Größen:	Feuchtegehalt, ph-Wert, Leitfähigkeit
Kräfte und daraus resultierende Größen:	Kraft, Druck, Spannung, Drehmoment
thermometrische/kaloriemetrische Größen:	Wärmemenge, Temperatur, Leitfähigkeit
hydrostatische/hydrodynamische Größen:	Druck, Durchfluss, Viskosität

2. Einteilung von Sensoren nach der Energiequelle (Beispiele)		
Aktive Sensoren	erzeugen aus dem Messprozess die Energie, die sie für die Weiterleitung der Information benötigen.	
Passive Sensoren	muss eine Hilfsenergie zugeführt werden. Der Sensor verändert durch äußere Beeinflussung seinen Widerstand bzw. seine Impedanz und moduliert dadurch eine bestimmte Größe der Energie.	
	• Resistive Sensoren, z. B.:	Dehnungsmessstreifen (DMS)
	• Kapazitive Sensoren, z. B.:	Flächengrößenänderung
	• Induktive Sensoren, z. B.:	Querschnittsänderung

03. Welche Anforderungen werden an Sensoren gestellt?

Beispiele: kurze Messzeit, Stabilität, Zuverlässigkeit, lange Lebensdauer, Unabhängigkeit von z. B. Temperatur/Erschütterung, einfache Austauschbarkeit, Dynamik der abgebenden Signale.

Bauarten (im Vergleich)	Vorteile, z. B.	Nachteile, z. B.
Induktiver Sensor	geringe Kosten, Zuverlässigkeit	Anwendung: nur Metalle
Kapazitiver Sensor	Anwendung: alle Werkstoffe	Schaltabstand, empfindlich
Optischer Sensor	Reichweite: 0 ... 500 mm	Verschmutzung
Transponder RFID	größere Abstände, Datenmenge	aufwändiger (Kosten, Peripherie)

04. Welche Merkmale sind bei der Auswahl eines Sensors zu beachten?

Beispiele:

- Umgebungseinflüsse (z. B. Schutzart, mechanische Festigkeit)
- Sensortyp (z. B Schalteigenschaften, Schaltabstände zwischen Sensor und Betätiger)
- Einbaubedingungen
- Bauform.

05. Wie ist die Funktionsweise von Näherungsschaltern?

Näherungsschalter bestehen aus dem eigentlichen Sensor als Signalgeber und einer elektronischen Schaltung, die ein analoges, binäres oder digitales Signal erzeugt. Man unterscheidet vor allem folgende Bauarten: induktive, kapazitive, optoelektrische, magnetische, Ultraschall.

Induktiver Näherungsschalter	Er enthält einen Oszillator, dessen Schwingkreisspule an der aktiven Stirnfläche des Sensorkörpers ein magnetisches Wechselfeld erzeugt. Taucht ein Metallkörper in dieses Wechselfeld, so wird der Oszillator bedämpft und die Schwingung reist ab. Diese Änderung lässt sich mithilfe der Triggerstufe in ein digitales Signal umformen. Vorteile des Näherungsschalters: schnelles Schalten (ohne Prellen), Schaltung ohne Kraftübertragung, kein Verschleiß aufgrund von mechanischer oder umweltbedingter Einwirkung.
Kapazitiver Näherungsschalter	Der Sensor erzeugt ein elektrisches Streufeld (Kondensator eines RC-Oszillators). Gelangt ein Objekt in das Streufeld ändert sich die Kapazität des Sensorelements. Dadurch wird der Schaltvorgang ausgelöst. Der Sensor erkennt metallische und nicht metallische Objekte (z. B. Metalle, Kunststoffe, Gas).

06. Wie ist die Funktionsweise von optoelektronischen Sensoren?

Einweg-Lichtschranke [1] 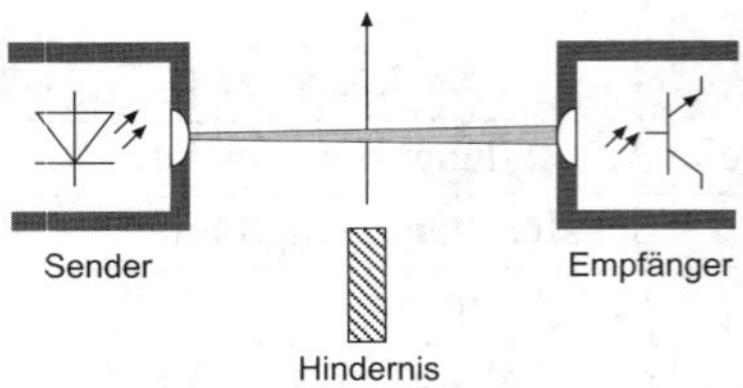	Sender und Empfänger sind räumlich getrennt und gegenüberliegend angeordnet. Das Signal wird ausgelöst, wenn der Lichtstrahl unterbrochen wird. Nachteil: Montageaufwand von Sender und Empfänger; Vorteil: große Rechweite (> 100 m). Anwendung: Positionierung und Erfassung kleiner Objekte.

Reflexions-Lichtschranke [2] 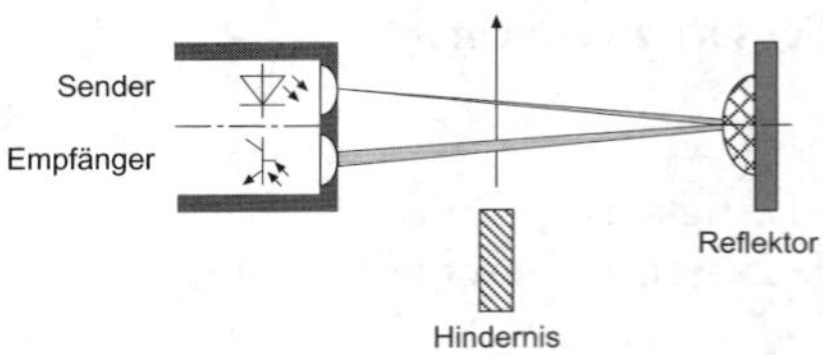	Sender und Empfänger sind in einem Gerät angeordnet. Der Lichtstrahl des Senders wird von einem Reflektor zurück auf den Empfänger umgeleitet. Das Signal wird ausgelöst, wenn der Lichtstrahl unterbrochen wird; vgl. [1]. Vorteil: geringerer Installationsaufwand; Nachteil: geringere Reichweite im Vergleich zu [1]. Anwendung: wenn Objekterfassung nur von einer Seite möglich.

Reflexions-Lichttaster [3] 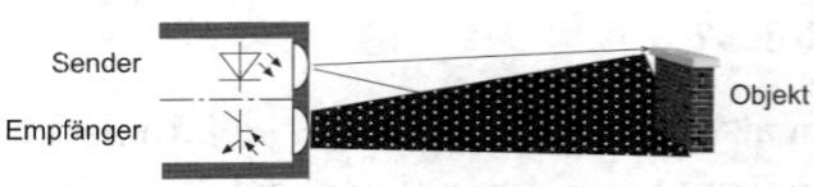	Aufbau wie [2]. Das zu erfassende Objekt wirkt als Reflektor. Vorteil: kein Empfänger/Reflektor; Nachteil: Reichweite ist abhängig von Farbe, Oberfläche und Größe des Objekts. Anwendung: Erfassung durchsichtiger Objekte/Markierungen, Zählen von Gegenständen.

1.5.2.3.2 Standardmessverfahren zur Erfassung nichtelektrischer Größen

01. Welche Messprinzipien werden zur Druckmessung in verfahrenstechnischen Anlagen eingesetzt?

Bezüglich der Messaufgabe kann zwischen Überdruck- und Unterdruckmessung unterschieden werden. Für beide Aufgaben kommen im Wesentlichen folgende Verfahren zum Einsatz:

Messprinzipien	
Überdruckmessung	**Unterdruckmessung**

↓

Messverfahren		
Messgeräte mit Sperrflüssigkeit	**Federelastische Druckmessung**	**Druckmessumformer**

Messgeräte mit Sperrflüssigkeit	Diese Geräte werden zur Messung kleiner Drücke oder Druckdifferenzen eingesetzt. Das Messelement ist eine Säule der Sperrflüssigkeit. Aus ihrer Höhe lässt sich die Druckdifferenz zwischen beiden Oberflächen der Sperrflüssigkeit bestimmen.

Federelastische Druckmessung	Federelastische Druckmessgeräte besitzen elastische Messglieder, die bei Beaufschlagung mit (Differenz-)Druck ausgelenkt werden. Diese Verformung wird (auf einen Zeiger übertragen) zur Anzeige verwendet. Am verbreitetsten sind Rohr- sowie Platten- bzw. Kapselfedermanometer.

Druckmess-umformer	liefern als Ausgang ein elektrisches Messsignal. Je nach Messprinzip wird dabei zunächst bei Druckbeaufschlagung eine Auslenkung erzeugt und diese kapazitiv, induktiv, piezoresistiv oder über Dehnungsmessstreifen in eine Spannung umgewandelt oder direkt piezoelektrisch eine Spannung erzeugt.

02. Welche unterschiedlichen Messverfahren finden in Druckmessumformern ihre Anwendung?

- Hall-Sensoren
- Metallmembranen
- Siliziummembranen
- Kapazitive Aufnehmer
- Balgfedern
- Wellrohre
- Membrankapseln
- Piezoresistive Aufnehmer.

03. Wie ist das Funktionsprinzip eines Hall-Sensors und wie kann er in Druckmessumformern eingesetzt werden?

Der Hall-Effekt tritt in einem stromdurchflossenen elektrischen Leiter auf, der sich in einem Magnetfeld befindet. Hierbei baut sich ein elektrisches Feld (d. h. eine messbare Spannung) auf, das zur Stromrichtung und zum Magnetfeld senkrecht steht. Die entstehende Spannung ist u. a. proportional zur Stärke des Magnetfelds.

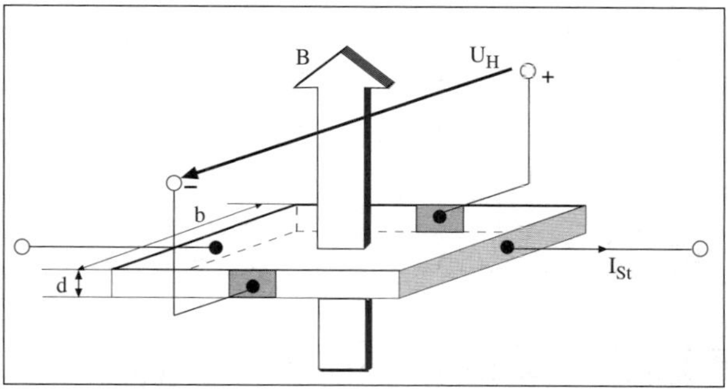

Zur Druckmessung kann dieses Prinzip in Kombination mit einem auslenkungserzeugenden Primäreffekt verwendet werden. Bewegt man z. B. in einem Rohr- oder Plattenfedermanometer anstelle eines Zeigers einen Permanentmagneten relativ zu einem Hallsensor, so steht die gemessene Hallspannung in direkter Beziehung zum beaufschlagten Druck.

04. Wie funktioniert ein piezoresistiver Druckaufnehmer?

Die über die Druckbeaufschlagung auf den Sensor wirkende Kraft, erzeugt eine Widerstandsänderung. Der Sensor besteht meist aus Silizium.

Vergleichbar mit Dehnungsmessstreifen[1] werden piezoresistive Druckaufnehmer in einer Messbrücke verschaltet. Diese wird von einer Konstantstromquelle gespeist und die Brückenspannung wird, um ein belastbares Ausgangssignal zu erhalten, über einen Instrumentenverstärker verstärkt.

Aufgrund der Temperaturabhängigkeit des Sensors ist ein Netzwerk zur Temperaturkompensation notwendig. Durch Toleranzen bei der Herstellung hat jeder Geber eine individuelle Kennlinie und muss daher einzeln kalibriert werden.

05. Wie funktioniert ein piezoelektrischer Druckaufnehmer?

Bei einem piezoelektrischen Sensor wird mittels des beaufschlagten Drucks durch Ladungstrennung *eine elektrische Spannung in einem Kristall erzeugt.* Durch den Druck verschieben sich im Inneren des Kristalls Ionen, wodurch sich die Ladung proportional zum Druck verändert.

- *Vorteile:*
  Piezoelektrischer Sensoren sind unempfindlich gegenüber Temperaturschwankungen, benötigen keine Hilfsenergie, erzeugen eine vergleichsweise hohe Ausgangsspannung und sind auch mechanisch sehr robust.

- *Nachteile:*
  Nachteilig ist, dass piezoelektrische Sensoren sehr hochohmig sind und nur sehr kleine Ladungsmengen erzeugen können. Dadurch benötigt man zur Weiterverarbeitung eine sehr hohe Isolation und Signalverstärkung.

[1] Zu Dehnungsmessstreifen (DMS) vgl. Lipsmeier, A. (Hrsg.), Friedrich Tabellenbuch, Elektrotechnik/Elektronik, a. a. O., S. 8 - 15.

06. Welche Arten von Durchflussmessumformern werden in der Prozessmesstechnik eingesetzt?

Grundsätzlich muss zunächst zwischen Volumenstrom- und Massenstrommessung unterschieden werden:

Volumenstrommessung	Massenstrommessung
↓	↓
Einfache Volumenstrommessverfahren arbeiten indirekt über die Messung der Strömungsgeschwindigkeit.	Die Massenstrommessung hat eine besondere Bedeutung in der industriellen Anwendung, da die Masse als einzige Größe unabhängig von Änderungen anderer Größen (Druck, Temperatur, Viskosität, Dichte) ist. Die Beschreibung und damit auch die Steuerung von chemischen Reaktionen basiert immer auf masse- bzw. mol-massebezogenen Gleichungen. Bekanntes Beispiel ist die Luftmengenmessung zur Verbrennungssteuerung bei Einspritzanlagen im Auto.

Im Einzelnen gibt es folgende *Durchflusssensoren:*

Unmittelbare Volumenzähler
• Zähler mit konstantem Messkammervolumen (z. B. Trommelmesser) • Zähler mit variablem Messkammervolumen (z. B. Gaszähler)

Mittelbare Volumenzähler
• Flügelrad-Anemometer; → vgl. Frage 07. • Woltmannzähler • Ovalradzähler • Ringkolbenzähler

Schwebekörper-Durchflussmesser; → vgl. Frage 08.

Magnetisch-induktiver Durchflussmesser (MID); → vgl. Frage 09.

Ultraschall-Durchflusssensor (USD); → vgl. Frage 10.

Coriolis-Massendurchflussmesser; → vgl. Frage 11.

Wirbeldurchflussmesser (Vortex)
Messverfahren, das die Strömungsgeschwindigkeit anhand der Häufigkeit der Wirbel hinter einem umströmten Körper bestimmt. Häufig eingesetztes Verfahren, mit dem Volumenströme von Flüssigkeiten und Gasen bestimmt werden können.

Korrelationsdurchflussmesser
Mittels zweier, geeigneter Sensoren in einem bestimmten Abstand werden mit der Strömung mitgetragene Schwankungen gemessen (z. B. Wirbel, Dichteänderungen, Luftblasen). Aus der Laufzeit und dem Abstand der Sensoren lässt sich die Strömungsgeschwindigkeit und damit der Durchfluss bestimmen.

Laminardurchflussmesser
Der Volumenstrom in einem Rohr ist nach dem Hagen/Poiseuilleschen Gesetz proportional dem Druckabfall über eine Rohrlänge I. Sind Zähigkeit, Druckabfall und Temperatur konstant, so lässt sich der Volumenstrom berechnen.

Durchflussmesser mit Strömungsmesssonden

Durchflussmessung mit Drosselgeräten (Staudruck)

Messverfahren für offene Anlagen
Wehrmessung/Gerinnemessung, bei der mittels der gemessenen Überfallhöhe und der Wehrbreite b aus der gemessenen Strömungsgeschwindigkeit der Volumenstrom ermittelt wird.

Thermische Massedurchflussmessung
Ein Sensor wird erhitzt. Fließt das Medium, so wird die Wärme im Sensor durch das Medium abgeführt. Der Sensor kühlt sich ab. Der Abkühlvorgang ist ein Maß für die Fließgeschwindigkeit des Mediums.

07. Wie funktioniert ein Flügelrad-Durchflussmessumformer?

Die Drehzahl eines im Volumenstrom befindlichen Flügelrades ist in erster Näherung proportional zu diesem Volumenstrom. Im Flügelrad ist ein Ringmagnet hermetisch abgeschlossen eingelagert. Über einen, außen am Rohr befindlichen, Hall-Sensor erhält man ein drehzahlproportionales Signal, welches in einer Auswerteelektronik in ein Standardmesssignal gewandelt wird (10 V, 20 mA, o. Ä.). Handelsübliche Geräte enthalten meist noch ein Grenzwertrelais zur direkten Erfassung von Grenzwertüber- oder -unterschreitungen (anwenderseitig einstellbar).

08. Wie funktioniert ein Schwebekörper-Durchflussmessumformer?

Mit Schwebekörper-Durchflussmessern kann der Volumenstrom von Flüssigkeiten und Gasen bestimmt werden. In einem konischen Rohrabschnitt befindet sich ein Schwebekörper, der vom Medium umströmt wird.

Am weitesten verbreitet sind Messgeräte zum senkrechten Einbau und mit einer Strömungsrichtung von unten nach oben. Abhängig von der Strömungsgeschwindigkeit stellt sich ein Gleichgewicht zwischen Auftrieb und Schwerkraft ein, sodass die Position des Schwebekörpers proportional zum Durchfluss ist.

Es gibt auch Messgeräteausführungen für andere Einbaulagen, bei denen anstelle der Gewichtskraft des Schwebekörpers, z. B. eine Feder, die Gegenkraft erzeugt.

Die Position des Schwebekörpers kann entweder

- direkt abgelesen werden (bei Ausführungen mit Glaskonus),
- wird mechanisch auf ein Zeigerinstrument übertragen oder
- sie wird magnetisch übertragen und ein elektrisches Messsignal wird erzeugt.

09. Wann kann ein magnetisch-induktiver Durchflussmessumformer eingesetzt werden und wie arbeitet er?

Magnetisch-induktive Durchflussmessumformer sind *ausschließlich zur Messung des Volumenstroms elektrisch leitfähiger Flüssigkeiten geeignet.*

Die Wirkung des Messverfahrens dieses Durchflussmessumformers basiert auf dem Induktionsgesetz: An einem Rohr aus einem nicht magnetischen Werkstoff wird ein Magnetfeld angelegt. Dadurch wird in der bewegten Flüssigkeit eine Spannung induziert, die senkrecht zur Fließrichtung und senkrecht zum Magnetfeld ist (Vektorprodukt).

Damit die Spannung nicht von der Rohrwand kurzgeschlossen wird, ist das Messrohr aus elektrisch isolierendem Material hergestellt oder innen isolierend ausgekleidet. Ein Messumformer verstärkt das Signal und formt es in ein Einheitssignal um.

Die magnetische Induktion B (Stärke des Magnetfeldes) und der Elektrodenabstand D (Rohrnennweite) sind konstant. Dadurch ist die induzierte Spannung direkt proportional zur mittleren Fließgeschwindigkeit. Das Spannungssignal kann dabei entweder über zwei Messelektroden, die in leitendem Kontakt mit dem Messstoff stehen, oder berührungslos kapazitiv abgegriffen werden.

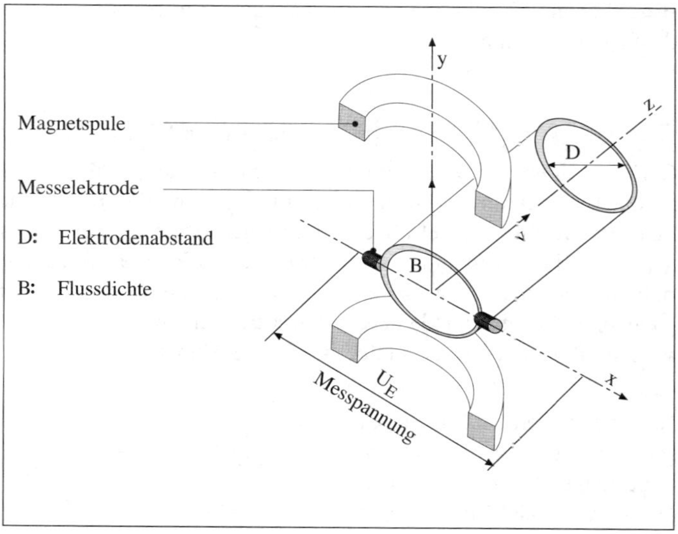

Magnetisch-induktiver Durchflussmessumformer[1]	
Vorteile:	konstanter Rohrquerschnitt durch Fehlen störender Einbauten und damit sehr geringer Druckabfall
	keine beweglichen Teile
	lineares Ausgangssignal
	Messungen nahezu unabhängig von Strömungsart (laminar, turbulent), Viskosität, Dichte, Temperatur, Druck, Konzentration
	auch für aggressive und korrosive Produkte möglich
	kein Einfluss der Leitfähigkeit, wenn sie größer als rund 5 µS/cm (allerdings steigt der Innenwiderstand mit sinkender Leitfähigkeit)
Nachteile:	hoher Anschaffungspreis
	die Forderung nach einer Mindestleitfähigkeit (Gas- und Dampfmessungen sind daher nicht möglich)
	maximale Messstofftemperatur etwa 200 °C
	bei Gaseinschlüssen wird zuviel Durchfluss gemessen, da nur die Geschwindigkeit gemessen wird
	Ablagerungen verfälschen das Messergebnis

10. Welche Ausführungen von Ultraschall-Durchflussmessumformern gibt es und wie ist deren Funktionsweise?

Bezüglich des physikalischen Prinzips unterscheidet man Geräte nach dem Laufzeit- und nach dem Dopplerverfahren:

Laufzeitverfahren

Geräte nach dem Laufzeitverfahren eignen sich für die Messung von Flüssigkeitsströmen mit geringem Anteil an Feststoffen und Luftblasen in voll durchströmten Rohren. Zwischen zwei Sensoren werden wechselweise mit und gegen die Strömungsrichtung Ultraschallimpulse gesendet. Anhand der Laufzeitunterschiede und des bekannten Versatzes der Sensoren in Strömungsrichtung lässt sich die Strömungsgeschwindigkeit ermitteln. Die Sensoren können dabei auf der gleichen Rohrseite (bei kleineren Rohrquerschnitten, über Reflexion an der gegenüberliegenden Wandung) oder schräg gegenüberliegend angebracht werden

Neben den Geräten mit Einbausensoren gibt es auch solche mit so genannten Aufschnallsensoren. Diese eignen sich auch für nicht stationäre Messungen.

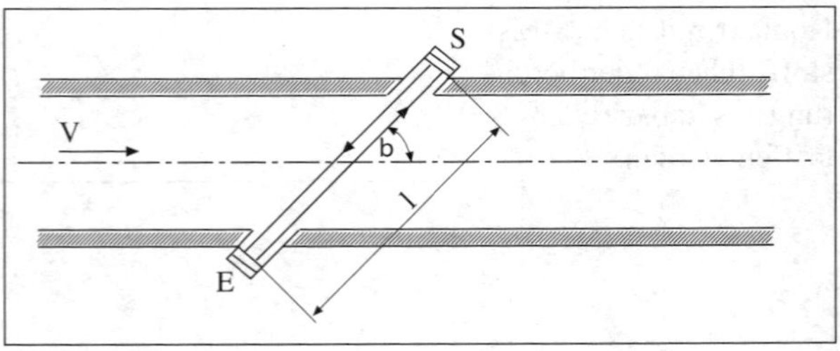

[1] Vgl. Lipsmeier, A. (Hrsg.), Friedrich Tabellenbuch, Elektrotechnik/Elektronik, a. a. O., S. 8 - 13.

Dopplerverfahren

Geräte nach dem Dopplerverfahren benötigen prinzipbedingt einen Mindestanteil von Feststoffen oder Luftblasen in der Flüssigkeit. Ein Ultraschallsignal bekannter Frequenz wird an diesen Partikeln oder Luftblasen reflektiert. Die gemessene Frequenzverschiebung des reflektierten Signals aufgrund der Bewegung der Partikel ist ein Maß für deren Geschwindigkeit (und damit der Fließgeschwindigkeit des Mediums).

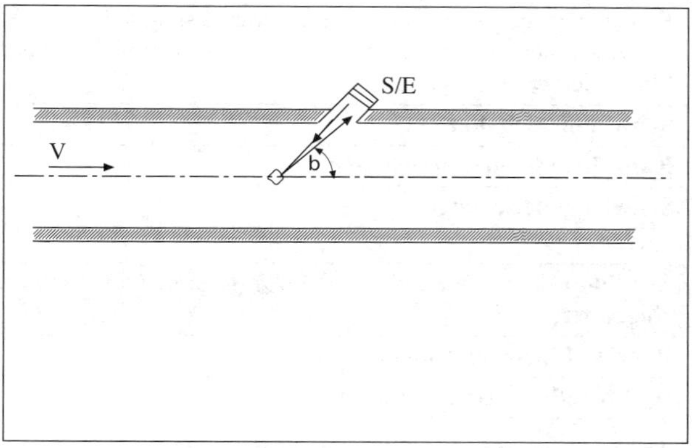

11. Wie ist die Funktionsweise von Coriolis-Durchflussmessumformern und welche Einsatzbereiche gibt es?

Coriolis-Durchflussmesser messen direkt den *Massenstrom* und sind unempfindlich gegenüber Änderungen von Dichte, Temperatur, Druck und Viskosität der Flüssigkeit. Bei diesem Messverfahren durchströmt das Medium eine oder mehrere Rohrschleifen. Die Schleifen des Messrohrs werden elektromechanisch bis zur Resonanzfrequenz in Schwingung versetzt, sodass dieses Messrohr ohne Durchfluss sinusförmig schwingt. Bei Durchströmung verformt sich das Messrohr proportional zum Massenstrom. Diese Verformung wird mit Piezosensoren erfasst.

Die Resonanzfrequenz des Rohrs ist abhängig von der *Dichte* der Mediums, wodurch diese direkt mitgemessen werden kann. Als dritte Information steht bei allen heute auf dem Markt befindlichen Geräten die *Temperatur* des Mediums zur Verfügung. Coriolis-Durchflussmesser erzielen Genauigkeiten im Bereich von 0,1 %.

12. Welche Arten von Füllstandsmessumformern werden in der Prozessmesstechnik eingesetzt?

Zunächst ist zwischen der *Grenzwerterfassung* und der *kontinuierlichen Füllstandsmessung* zu unterscheiden:

Zur Grenzwerterfassung werden folgende Verfahren eingesetzt:
Konduktive Elektroden: Kostengünstige Methode zur Grenzwerterfassung in leitfähigen Flüssigkeiten. Die Widerstandsänderung zwischen zwei (oder mehreren, verschieden hoch endenden) Elektroden bei Eintauchen in die Flüssigkeit wird erfasst.
Schwimmerschalter
Kapazitive Grenzwertschalter
Schwinggabelschalter

Zur kontinuierlichen Füllstandsmessung werden in industriellen Prozessen folgende Verfahren eingesetzt:	
Bypass-Höhenstandsmessumformer	
Hydrostatische Druckmessung	
Abstandsmessung (zur Flüssigkeitsoberfläche)	• Ultraschall • Mikrowellen
Wägezellen	

13. Wie ist die Funktionsweise eines Bypass-Höhenstandsmessumformers?

An dem Behälter, dessen Füllstand erfasst werden soll, ist ein Bypassrohr angeflanscht, in dem sich ein Schwimmer befindet. In dem Schwimmer ist ein Magnet, der eine außen am Bypassrohr befindliche Reedkontakt-Widerstandskette betätigt. Über den veränderlichen Widerstand (durch die, von den Reedkontakten kurzgeschlossenen Teilwiderstände der Kette) lässt sich der Füllstand bestimmen.

14. Welche Verfahren zur Temperaturmessung werden unterschieden?

- Man unterscheidet zwischen den Messverfahren durch *thermischen Kontakt* (Wärmekontakt) und den Methoden, die anhand der *Temperaturstrahlung* (berührungslos) arbeiten.
- Die *Temperaturmessung durch Wärmekontakt* kann wiederum in drei Methoden unterteilt werden:

  1. Die *mechanische Erfassung* unter Ausnutzung der unterschiedlichen thermischen Ausdehnung verschiedener Materialien:
     - Gas- oder Flüssigkeitsthermometer
     - Bimetallthermometer.
  2. Die *elektrische Erfassung:*
     - Thermoelemente (→ 2.2.1.5.1)
     - Widerstandsthermometer (PT100, NTC, PTC; → 2.2.1.5.2).
  3. Die *indirekte Messung* über temperaturabhängige Zustandsänderung von Stoffen:
     - Anlauffarben
     - Temperaturmessfarben
     - Beobachten von Schmelzen oder Sieden.

Im *Überblick:*

Temperaturmessverfahren

→ **Berührungslose Messung der Temperaturstrahlung mit Pyrometern**

→ **Messung durch Wärmekontakt:**

1. Mechanische Erfassung	• Gas- oder Flüssigkeitsthermometer • Bimetallthermometer
2. Elektrische Erfassung:	• Thermoelemente • Widerstandsthermometer
3. Indirekte Messung:	• Anlauffarben • Temperaturmessfarben • Beobachten von Schmelzen oder Sieden

15. Auf welchem physikalischen Prinzip beruhen Thermoelemente?

Eine Temperaturdifferenz erzeugt in einem metallischen Leiter eine Spannung. Diese Spannung ist abhängig vom Material des Leiters und dem Temperaturunterschied zwischen den beiden Messstellen. Verbindet man (durch Löten oder Schweißen) zwei Leiter aus unterschiedlichen Materialien an einem Ende, so misst man am offenen Ende die Differenz der beiden Thermospannungen, welche wiederum (in kleinen Temperaturbereichen; vgl. unten) proportional zu der Temperaturdifferenz zwischen dem verbundenen Ende (Messstelle) und dem offenen Ende (Vergleichsstelle) ist.

16. In welchem Temperaturbereich können Thermoelemente zur Messung eingesetzt werden?

- Technisch werden *Thermoelemente* für Temperaturmessungen zwischen -200 °C und etwa +1.800 °C eingesetzt.

- Für höhere Temperaturen (bis über 2.000 °C) werden meist *Pyrometer* eingesetzt.

17. Welche allgemeinen Regeln gelten für die Anwendung von Thermoelementen?

- Thermoelemente messen immer Temperaturdifferenzen.

- Thermoelemente messen nur richtig, wenn die Leiter in Bereichen mit Temperaturgradienten keinen Materialübergang aufweisen.

- Die Messung muss hochohmig („stromlos“) erfolgen, da ansonsten durch Spannungsabfälle die gemessene Spannung und durch den Peltier-Effekt die Temperatur verfälscht wird.

18. Welche Vorgehensweise ist anzuwenden, wenn Thermoelemente zur Messung an weit entfernten Stellen eingesetzt werden?

Eine einfache Verlängerung der Anschlüsse des Thermoelements mit einer Kupferleitung ist nicht möglich. Hierdurch entstehen weitere Thermopaare, die die Messung verfälschen. Es bieten sich daher folgende Möglichkeiten an:

- Verlängerung mit Thermoleitungen aus dem gleichen Werkstoff.
- Verlängerung mit Ausgleichsleitungen aus einem billigeren Sonderwerkstoff, der im Umgebungstemperaturbereich der Leitung (meist max. 200 °C) die gleichen thermoelektrischen Eigenschaften und einen möglichst geringen Widerstand hat.
- Auswertung vor Ort und Übertragung des gewandelten Messsignals (vgl. 2.2.1.3/Frage 04.).

19. Welche Thermoelemente sind für den industriellen Einsatz genormt?

In der DIN IEC 584 sind folgende Thermoelemente genormt:

Typ	Leiter (Material)	Positiver Schenkel	Negativer Schenkel	Anwendung/Messbereich		
B	Pt30Rh-Pt6Rh	Platin 30 % + Rhodium	Platin 6 % + Rhodium	1.100 °C	...	1.700 °C
E	NiCr-CuNi	Nickel + Chrom	Kupfer + Nickel	-200 °C	...	900 °C
J	FeCu-Ni	Eisen + Kupfer	Nickel	-180 °C	...	750 °C
K	NiCr-NiAl	Nickel + Chrom	Nickel + Aluminium	-270 °C	...	1.372 °C
N	NiCrSi-NiSi	Nickel + Chrom + Silizium	Nickel + Silizium	-270 °C	...	1.300 °C
R	Pt13Rh-Pt	Platin 13 % + Rhodium	Platin	-50 °C	...	1.768 °C
S	Pt10Rh-Pt	Platin 10 % + Rhodium	Platin	-50 °C	...	1.768 °C
T	Cu-CuNi	Kupfer	Kupfer + Nickel	-270 °C	...	400 °C

Vgl. auch: Lipsmeier, A. (Hrsg.), Friedrich Tabellenbuch, Elektrotechnik/Elektronik, a. a. O., S. 8-17.

20. Wann werden Thermoleitungen und wann werden Ausgleichsleitungen eingesetzt?

- Unter dem Begriff *Thermoleitung*[1] versteht man eine Anschlussleitung, die aus *den selben Materialien* wie das anzuschließende Thermoelement besteht. Die Bezeichnung für solche Leitungen besteht aus dem Buchstaben des zugehörigen Thermoelements und dem Buchstaben X (engl.: Extension).
- *Ausgleichsleitungen*[1] (vgl. oben/Frage 04.) tragen als zweiten Buchstaben der Bezeichnung C (engl.: Compensation).
- Entscheidend für die Frage, ob Thermoleitungen oder Ausgleichsleitungen eingesetzt werden, sind die *Materialkosten:*
  - So kommen bei Thermoelementen vom *Typ T* (Kupfer/Kupfer-Nickel-Legierung) ausschließlich *Thermoleitungen* zum Einsatz,
  - während bei *Typ R* (Platin und Rhodium) nur Ausgleichsleitungen eingesetzt werden.

---

[1] Vgl. Lipsmeier, A. (Hrsg.), Friedrich Tabellenbuch, Elektrotechnik/Elektronik, a. a. O., S. 8-18.

21. Welches sind die wesentlichen Anforderungen an Thermoelemente im industriellen Einsatz?

Entscheidend für einen wirtschaftlichen Einsatz sind folgende Merkmale:

- großer Temperaturbereich
- günstiger Preis
- möglichst „lineare" Kennlinie, zumindest im angewendeten Messbereich
- hohe Messempfindlichkeit (großer Seebeck-Koeffizient[1] im angewendeten Messbereich)
- Korrosionsbeständigkeit für die zu messenden Medien
- hohe Lebensdauer.

22. Welches Thermoelement wird am Häufigsten eingesetzt und warum?

Bei allen Thermoelementen ist die *Kennlinie*[1], d. h. der Zusammenhang zwischen der Temperatur an der Messstelle und der resultierenden Thermospannung, nichtlinear.

Die Paarung NiCr-Ni hat unter allen üblichen Thermoelementen über einen weiten Temperaturbereich die größte Linearität. Daher (und aufgrund der Wirtschaftlichkeit) werden diese Thermoelemente vom Typ K am häufigsten eingesetzt.

23. Was versteht man bei Thermoelementen unter der Vergleichsstelle?

Bei der messtechnischen Erfassung der Thermospannung entstehen zusätzliche Thermoelemente, sodass der Messwert nicht mehr eine Funktion der Messstellentemperatur, sondern der Differenz zwischen dieser und der Temperatur an den zusätzlichen Übergängen ist. Zur Bestimmung der Messstellentemperatur muss die Temperatur der zusätzlichen Übergänge an der sog. Vergleichsstelle gleich und bekannt sein.

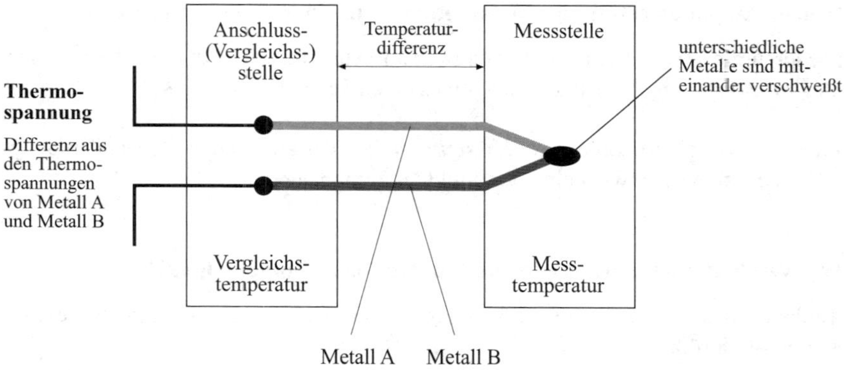

Aufgrund der Nähe zur Messstelle schwankt die Temperatur an den Enden der Drähte der Thermoelemente, sodass diese als Vergleichsstelle ungeeignet sind.

[1] Vgl. Lipsmeier, A. (Hrsg.), Friedrich Tabellenbuch, Elektrotechnik/Elektronik, a. a. O., S. 8 - 17.

24. Welche Möglichkeiten zur Bestimmung der Vergleichsstellentemperatur finden praktische Anwendung?

Die früher häufig eingesetzte Eisflasche, mit einem Eis-Wasser-Gemisch von 0 °C, ist für die automatisierte Daueranwendung ungeeignet. Auch thermostatisch auf eine Temperatur von z. B. 50 °C geregelte Vergleichsstellen werden heute nicht mehr eingesetzt.

Üblich ist es, die Anschlüsse der Messeinrichtung als Vergleichsstelle zu verwenden. Deren Temperatur wird, z. B. mit einem Thermistor, gemessen und rechnerisch (analog oder digital) korrigiert. Bei günstigen Geräten ist die gesamte Auswertung einschließlich der Messung der Vergleichsstellentemperatur in einem IC (Integrated Circurt; dt.: Integrierter Schaltkreis) integriert, dessen Temperatur in erster Näherung der Temperatur an den Anschlüssen entspricht.

25. Nach welchem Prinzip arbeitet ein Widerstandsthermometer und welche Ausführungen werden in der Prozessmesstechnik eingesetzt?

Bei einem Widerstandsthermometer ist das *Messprinzip die Temperaturabhängigkeit des* (ohmschen) *Widerstands eines Materials.* Als Materialien kommen dabei zum einen reine Metalle zur Anwendung (z. B. PT100), zum anderen Halbleitermaterialien oder Sinterkeramiken (Heißleiter/NTC, Kaltleiter/PTC).

26. Was ist ein PT100-Element und in welchem Temperaturbereich wird es eingesetzt?

Ein PT100-Element ist ein genormter Platin-Kaltleiter, mit einem Widerstand von genau 100 Ω bei 0 °C. Die Kennlinie ist nicht linear mit einer Empfindlichkeit von etwa 40 Ω je 100 °C. Diese Elemente werden in einem Messbereich von –220 °C bis +750 °C eingesetzt.

27. Welche Aufgaben erfüllt der Messumformer in einer Temperaturmesskette?

- Der Messumformer *liefert* bei passiven Messaufnehmern, wie z. B. dem Widerstandsthermometer, *die Hilfsenergie* zur Erzeugung eines elektrischen Messsignals.

- Weiterhin hat er die Aufgabe, *das Messsignal zu linearisieren* und in ein Standardausgangssignal (Einheitssignal) zu wandeln oder direkt zu digitalisieren.

28. Was versteht man in der Leittechnik unter einem Einheitssignal?

Ein Einheitssignal ist ein normiertes, analoges, elektrisches (auch pneumatisches) Signal für Mess- und Stellgrößen.

Bei den elektrischen Signalen unterscheidet man:

Stromsignale:	0 mA ... 20 mA
	4 mA ... 20 mA (engl.: live zero)
Spannungssignale:	0 V ... 10 V
	2 V ... 10 V (engl.: live zero)

Im industriellen Einsatz werden fast ausschließlich die live zero-Signale verwendet, da mit ihnen gleichzeitig eine Drahtbruchüberwachung realisiert ist. Oft wird gerade bei größeren Leitungslängen dabei dem Stromsignal der Vorzug gegeben, da es unempfindlicher gegen elektromagnetische Störungen ist und Spannungsabfälle auf der Leitung keinen Fehler erzeugen.

29. Welche Schaltungen werden zur Temperaturmessung mit Widerstandsthermometern häufig eingesetzt?

- Wheatstone-Brücke[1] mit Widerstandsthermometer in einem Brückenzweig in
  - Zwei-Leiter-Schaltung
  - Drei-Leiter-Schaltung
- Vier-Leiter-Schaltung.

30. Was ist bei der Brückenschaltung[2] mit Zwei-Leiter-Anschluss des Messaufnehmers zu beachten?

Bei dieser Schaltung ist ein *Leitungsabgleich notwendig,* da eine Änderung des Widerstandswerts der Anschlussleitung direkt das Messergebnis beeinflusst. Dieser Leitungsabgleich kann auf zwei Arten erfolgen:

- Ein Kurzschluss direkt am Messaufnehmer ermöglicht die Bestimmung des Leitungswiderstands.
- Anschluss eines Prüfwiderstands anstelle des Thermometers.

31. Welchen Vorteil bietet die Drei-Leiter-Schaltung[2]?

Verwendet man in einer Brückenschaltung ein Widerstandsthermometer mit drei Anschlussleitungen und speist die Brücke über die dritte Leitung, so befinden sich die Anschlussleitungen in gegenüber liegenden Brückenzweigen. *Dadurch hebt sich der Einfluss ihrer Widerstände auf* (sie sind in erster Näherung gleich).

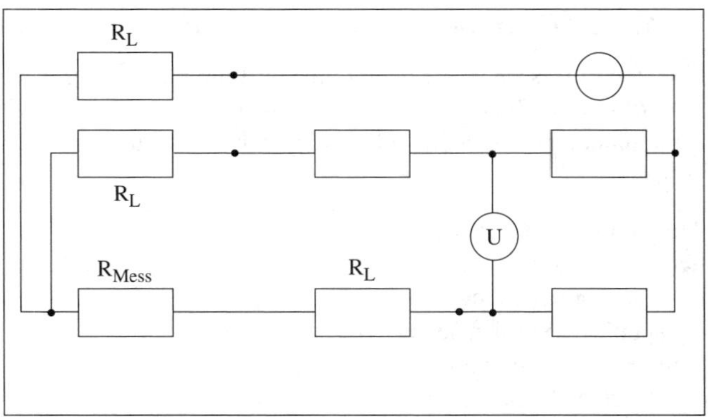

[1] Vgl. auch Lipsmeier, A. (Hrsg.), Friedrich Tabellenbuch, Elektrotechnik/Elektronik, a. a. O., S. 8 - 10.
[2] Vgl. auch Lipsmeier, A. (Hrsg.), Friedrich Tabellenbuch, Elektrotechnik/Elektronik, a. a. O., S. 8 - 19.

32. Welches sind die Vorteile der Vier-Leiter-Schaltung[1] und wann wird sie bevorzugt eingesetzt?

Die wesentlichen *Vorteile* sind:

- Es ist kein Leitungsabgleich notwendig.
- Änderungen der Leitungswiderstände (z. B. temperaturbedingt) haben keinen Einfluss auf das Messergebnis.

Aufgrund ihrer hohen Messgenauigkeit wird die Vier-Leiter-Schaltung, in Kombination mit modernen Spannungsmessern mit sehr hohem Eingangswiderstand, *bevorzugt zur Realisierung kleiner Messbereiche und bei großen Leitungslängen eingesetzt.* Bei dieser Schaltung wird das Widerstandsthermometer – über ein Leitungspaar – durch eine Konstantstromquelle gespeist.

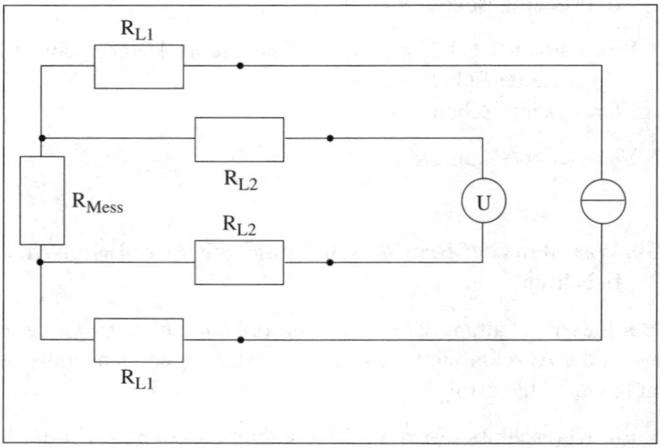

Über ein zweites Leitungspaar wird die Spannung über dem Aufnehmer gemessen. Da in diesem Leitungspaar nur der sehr geringe Messstrom fließt, kann der Fehler durch den Spannungsabfall vernachlässigt werden.

33. Was ist bei der Messung von Temperaturdifferenzen zu beachten?

In vielen Prozessen ist die Erfassung von Temperaturdifferenzen von Bedeutung. Da sowohl *die Kennlinien von Thermoelementen als auch die von Widerstandsthermometern nichtlinear sind,* kann man hierzu nicht einfach zwei gleiche Messaufnehmer einsetzen und das Differenzsignal verwenden.

Aufgrund der unterschiedlichen Steigung der Kennlinie an verschiedenen Arbeitspunkten, würden schon kleinere Änderungen einer der beiden Temperaturen einen nicht zu vernachlässigenden Messfehler ergeben. Daher ist es zwingend notwendig je Messstelle einen Messumformer einzusetzen, der das Messsignal linearisiert und normiert.

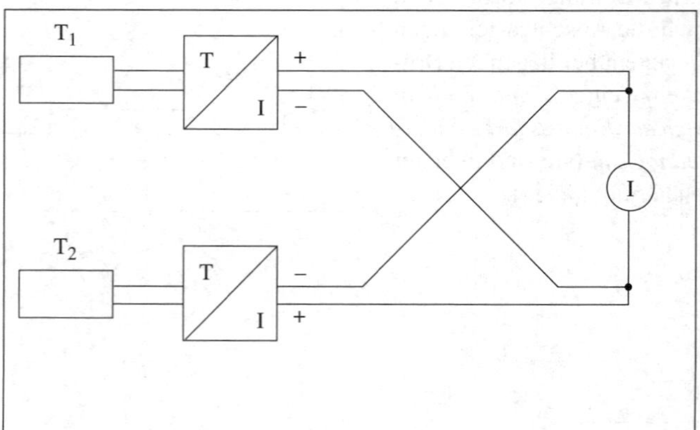

[1] Vgl. auch Lipsmeier, A. (Hrsg.), Friedrich Tabellenbuch, Elektrotechnik/Elektronik, a. a. O., S. 8 - 19.

Verwendet man Messumformer mit Stromausgang, so kann das Differenzsignal z. B. für eine Vorortanzeige direkt verwendet werden.

1.5.2.3.3 Aktoren

01. Was sind Aktoren?

Aktoren (auch: Aktuatoren) sind das Stellglied in der Steuerungs- und Regelungstechnik. Sie sind das wandlerbezogene Gegenstück zu Sensoren und setzen Signale in (meist) mechanische Arbeit um (z. B. Ventil öffnen/schließen).

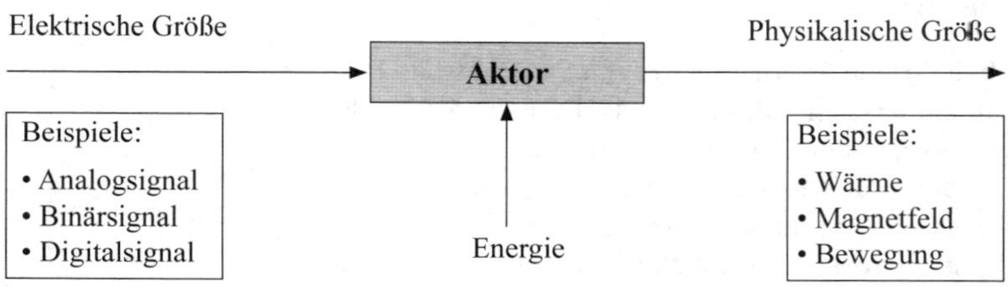

In der Robotik wird gleichbedeutend auch der Begriff Effektor verwendet (vgl. 2.6.4.4, S. 501).

02. Nach welchen Merkmalen können Aktoren unterschieden werden?

Typische Beispiele:

Aktoren • Unterscheidung nach der Arbeitsweise			
Stetige Aktoren	**Schaltende Aktoren**	**Aktoren mit Speicher**	**Aktoren ohne Speicher**
verstellen den Energiefluss stetig.	verstellen den Energiefluss stufenweise.	verharren in der zuletzt eingenommenen Stellung – nach dem Ausbleiben der Steuersignale.	nehmen eine definierte Stellung ein – nach dem Ausbleiben der Steuersignale.

Aktoren • Unterscheidung nach der Erzeugung von Bewegung/Leistung				
Erzeugung von Bewegung		**Erzeugung von Leistung**		
↓	↓	↓	↓	↓
Linearbewegung	Drehbewegung	Elektrische Leistung	Mechanische Leistung	Thermische Leistung
• Pneumatikzylinder • Hydraulikzylinder • piezoelektrische Aktoren	• Elektromotoren • Hydraulikmotoren	• Spannung • Magnetfeld • Strom	• Bewegung	• Wärme • Kälte

03. Was ist ein Thyristor?

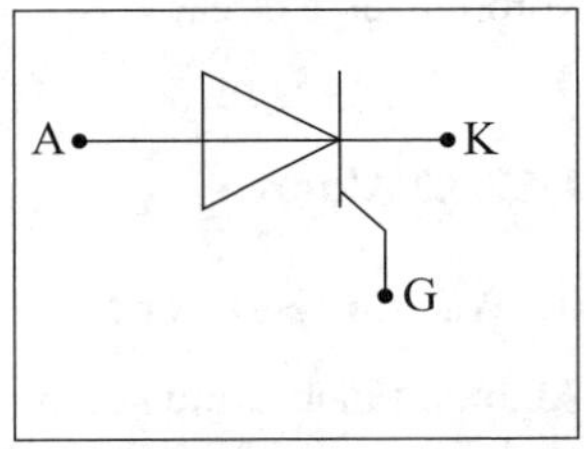

Ein *Thyristor* ist ein steuerbarer Siliziumgleichrichter. Er hat zunächst in beiden Richtungen Sperrverhalten, lässt sich aber in Vorwärtsrichtung mit einem Steuerimpuls in den leitenden Zustand schalten. Im gezündeten Zustand fließt der Strom von der Anode A zur Kathode K. Zur Zündung eines Thyristors muss die Steuerspannung so angelegt werden, dass der positive Pol am Gitteranschluss G und der negative Pol an der Kathode liegt.

04. Was ist ein Triac?

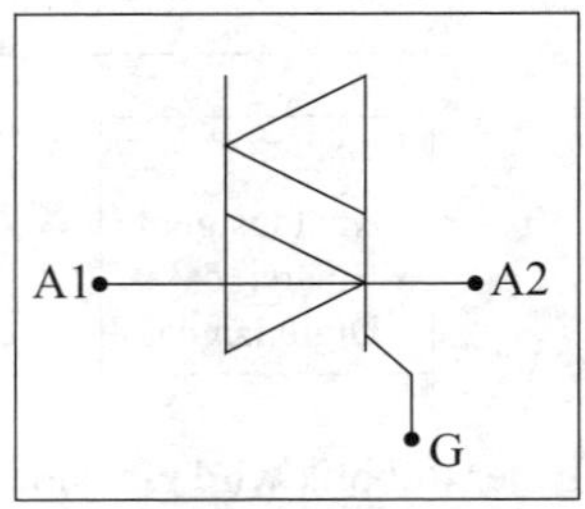

Ein *Triac* (engl.: Triode Alternating Current Switch) ist im Prinzip eine Antiparallelschaltung von zwei Thyristoren. Um den Beschaltungsaufwand durch die zwei Gate-Anschlüsse zu verringern wurde der Triac entwickelt, der zwei Anoden und einen (gemeinsamen) Gate-Anschluss aufweist. Der Halbleiter ist mit zwei Zündthyristorstrecken ausgestattet, sodass er in beide Richtungen sowohl über positive als auch über negative Gate-Impulse gezündet werden kann.

Überwiegend wird zur Zündung der positiven Halbwelle ein positiver und zum Durchsteuern der negativen Halbwelle ein negativer Gate-Impuls verwendet. Diese so genannten I^+- oder III^--Steuerung entspricht der „natürlichen" Ansteuerung von antiparallelen Thyristoren und hat gegenüber der Alternative mit umgekehrten Polaritäten (I- oder III+) den deutlich geringeren Steuerungsbedarf.

Eingesetzt wird der Triac überwiegend in ein- und dreiphasigen Phasenanschnittsteuerungen zur verlustarmen Leistungssteuerung. Durch die dabei erzeugten Oberwellen müssen solche Geräte zwingend durch den Einsatz von entsprechend dimensionierten LC-Filtern entstört werden.

Anwendungen sind z. B.:

- Lichtsteuerungen (Dimmer)
- elektronische Relais
- Steuerung elektrischer Heizelemente
- Drehzahlsteuerungen von Universalmotoren.

Weitere Einzelheiten vgl. z. B. Lipsmeier, A. (Hrsg.), Friedrich Tabellenbuch, Elektrotechnik/Elektronik, a. a. O., S. 6-29 ff.

1.5.2.3.4 Regelungen

01. Was sind die Merkmale des Regelns?

Merkmale des Regelns:
- fortlaufende Erfassung der zu regelnden Größe
- Vergleich mit der Führungsgröße
- Angleichen an die Führungsgröße
- geschlossener Wirkungsablauf (Regelkreis).

02. Welche Struktur, Elemente und Größen hat der Regelkreis?

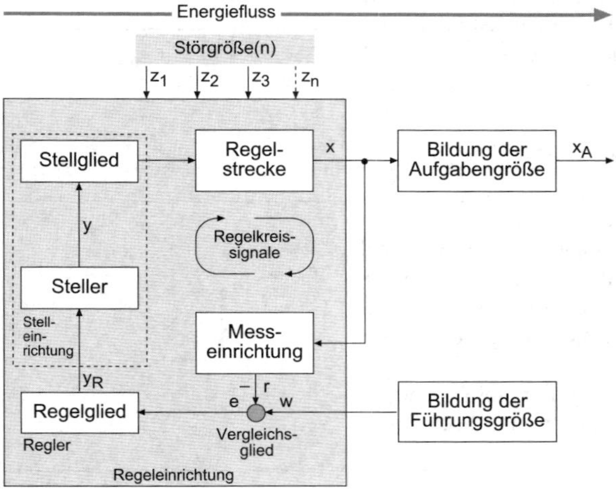

Größen:

- x Regelgröße
- x_A Aufgabengröße
- r Rückführgröße
- w Führungsgröße
- e Regeldifferenz
- y_R Reglerausgangsgröße
- y Stellgröße
- z Störgröße
- W_h Führungsbereich
- X_h Regelbereich
- X_{Ah} Aufgabenbereich
- Y_h Stellbereich
- Z_h Störbereich

03. Welches Zeitverhalten haben stetige Regler?

Stetige Regler
Die Stellgröße y_R kann innerhalb des Stellbereichs y_H jeden Wert annehmen.

P-Regler	Proportional wirkender Regler: Die Stellgröße y ist proportional zur Regeldifferenz e. Der Proportionalbeiwert K_{PR} ist einstellbar. P-Regler sind schnell, einfach und billig. P-Regler können eine Regeldifferenz nicht völlig ausregeln. Bei zu großen K_{PR}-Werten kommt es zu Regelschwingungen.	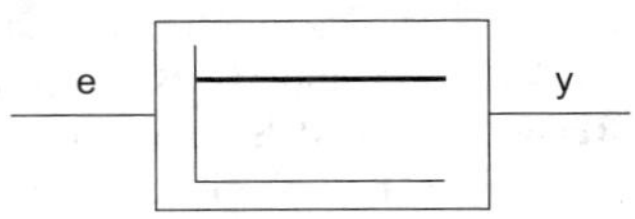

I-Regler	Integral wirkender Regler: Die Geschwindigkeit der Stellgrößenänderung ist proportional der Regeldifferenz: Die Integralzeit T_I ist einstellbar.	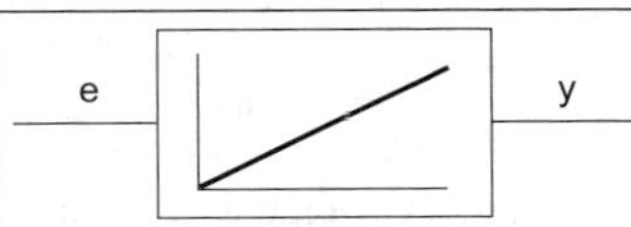
	Vorteil: Es tritt keine bleibende Regeldifferenz auf. Nachteile: I-Regler sind langsam, haben höheren Aufwand. An I-Strecken kann der I-Regler nicht eingesetzt werden, weil so ein Regelkreis stets instabil wird.	

PI-Regler	Hier werden die Vorteile des P-Reglers und des I-Reglers genutzt. Einstellbar sind der Proportionalbeiwert K_{PR} und die Nachstellzeit T_n.	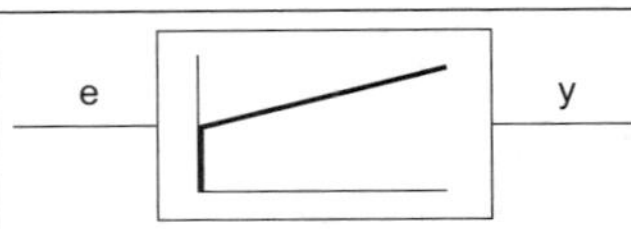

PD-Regler	Ein PD-Regler ist durch einen Proportionalbeiwert K_{PR} und eine Vorhaltezeit T_V gekennzeichnet. Im Beharrungszustand ist der D-Anteil ohne Einfluss. Der PD-Regler hat also wie der P-Regler eine bleibende Regeldifferenz[1]. Die Schwingungsneigung ist geringer als beim P-Regler. [1] Gilt nur, wenn Strecke keinen I-Anteil hat.	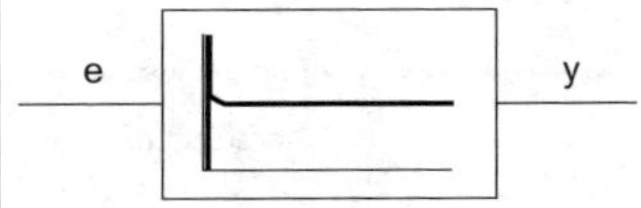

PID-Regler	Dieser Regler kombiniert die Eigenschaften des PI- und PD-Reglers: Störungen wird sehr schnell entgegengewirkt. Regeldifferenzen werden völlig abgebaut. Die Änderung der Stellgröße setzt sich also aus einem proportionalen, integralen und differenzialen Teil zusammen. Die Reglereinstellung erfolgt mit drei Parametern: K_{PR}, T_n und T_V (die sich gegenseitig beeinflussen und schwierig zu ermitteln sind).	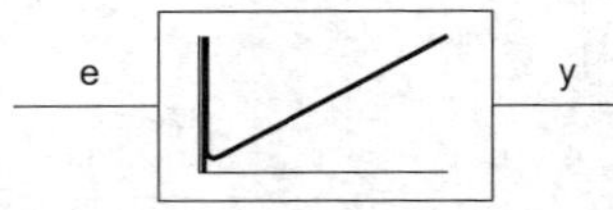

Die Berechnungsmodalitäten (Einstellregeln) der Kenngrößen (Proportionalbeiwert, Vorhaltezeit, Nachstellzeit usw.) können den Tabellenwerken entnommen werden (vgl. z. B. Lipsmeier, A. (Hrsg.), Friedrich Tabellenbuch, Elektrotechnik/Elektronik, a. a. O., S. 7 - 50 ff.).

04. Welche Merkmale kennzeichnen unstetige Regler?

Unstetige Regler		
Die Stellgröße y_R kann innerhalb des Stellbereichs y_H nur zwei oder mehrere fixe Werte annehmen.		
Zwei-punkt-Regler	Die Stellgröße kann nur 2 diskrete Zustände (z. B. y = 0 und y = 1; EIN/AUS) annehmen. Nur geeignet, wenn die Regelstrecke zeitlich verzögert reagiert • Wenn $e(t) = w(t) - x(t)$ positiv ($e > 0$), dann schaltet der Zweipunktregler ein: $y = y_{max}$; • Wenn $e \leq 0$, dann schaltet der Zweipunktregler ab: $y = 0$. **Beispiele:** Thermostat im Bügeleisen, Raumtemperatur-Regelung	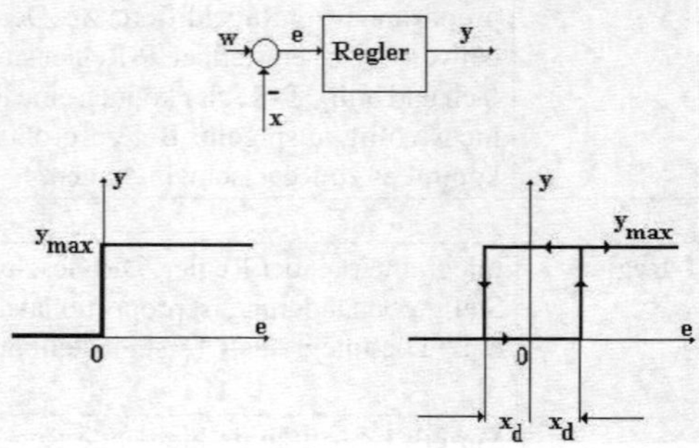

Zwei-punkt-Regler **(Fort-setzung)**	Beispiel eines Zweipunkt-Reglers: $T_U = 1$ $w = 70$ $T = T_{ON} + T_{OFF} = 2 + 2 = 4$	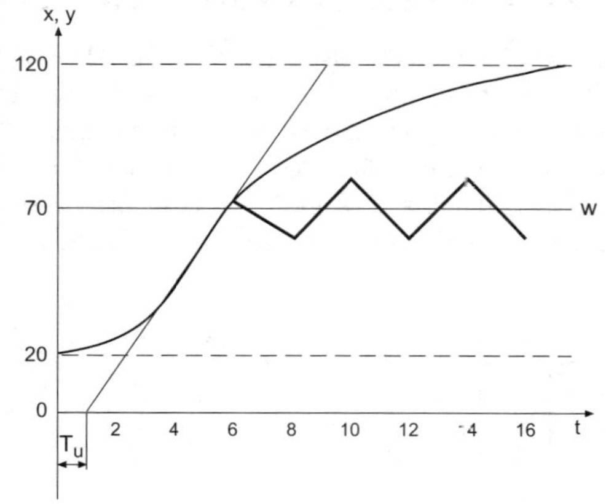
Drei-punkt-Regler	Die Stellgröße kann 3 Zustände annehmen (I, Aus, II); zu den Eigenschaften: vgl. Zweipunkt-Regler.	

05. Welche Merkmale kennzeichnen digitale Regler?

Bei digitalen Regelungen werden die Systemgrößen (Sollwert, Regel- und Zustandsgrößen) in regelmäßigen Zeitabständen (mit der sog. Abtastzeit T) abgetastet und über A/D-Wandler digitalisiert. Sie liegen somit zeit- und wertdiskret vor. Der Regler berechnet zu jedem Zeitschritt daraus die Stellgröße(n), die über D/A-Wandler mit Haltegliedern an den Prozess ausgegeben wird/werden. In digitalen Regelungen sind die Regel- und Steueralgorithmen als Software realisiert. Derartige Regelungen können nicht nur einen oder mehrere analoge Regler ersetzen, sondern auch Zusatzaufgaben, wie z. B. Grenzwertüberwachung, Zeitprogrammierung von Sollwerten (Rezeptursteuerung), selbsttätiges Umschalten von Stell- und Regelgrößen usw., übernehmen.

Auch die Analyse des Prozesses und die Synthese des Reglers kann von derartigen Systemen selbst durchgeführt werden (Adaptive/selbsteinstellende sowie selbst in Betrieb nehmende Regler). Digitale Regler können analoge Regel- und Steueralgorithmen approximieren. Bei geeigneter Wahl der Abtastzeit (klein genug), kann daher mit den bekannten Entwurfsverfahren und Einstellregeln z. B. für PID-Regler gearbeitet werden. Dies bietet dem Praktiker den Vorteil, bei der Inbetriebnahme und Optimierung mit vertrauten Parametern wie Proportionalfaktor, Vorhalte- und Nachstellzeit zu arbeiten, die intern in die entsprechenden Faktoren der Regelalgorithmen umgerechnet werden. Darüber hinaus können aber auch Regler realisiert werden, zu denen es keine analoge Entsprechung gibt (z. B. Deadbeat-Regler) bzw. höherwertige Regelalgorithmen angewendet werden, deren Parameter z. B. von Hand nicht mehr eingestellt werden können.

06. Wie ist die Funktionsweise einer Kaskadenregelung?

Bei komplizierten Regelstrecken (Tg : Tu < 2 bis 3) versucht man die Regelstrecke zu unterteilen: Der Regelkreis wird in Teilkreise zerlegt, die nur einen Teil der Gesamtverzugszeit haben. Neben der Hauptregelgröße x_2 entsteht eine Hilfsregelgröße x_1, der ein eigener Regler zugeordnet wird. Der übergeordnete Führungsregler gibt dem Folgeregler die Führungsgröße vor. Zuerst wird der innerste Hilfsregler an seine Teilstrecke angepasst; entsprechend verfährt man mit dem nächsten Hilfsregler. Am Schluss wird der Führungsregler eingestellt.

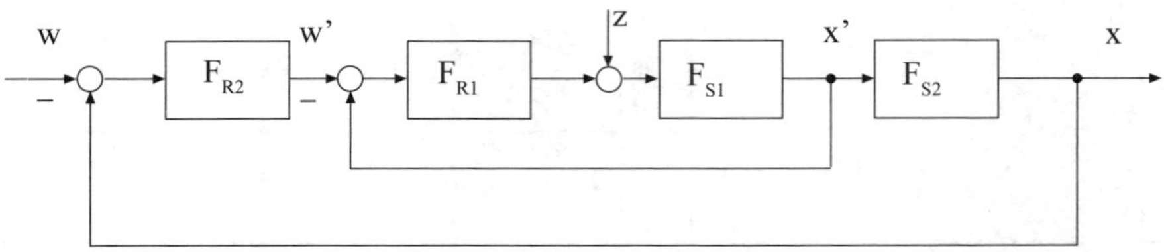

07. Welche Regler sind für wichtige Regelgrößen geeignet?

<table>
<tr><th>Regelgröße</th><th>P-Regler</th><th>I-Regler</th><th>PI-Regler</th><th>PID-Regler</th></tr>
<tr><td>Temperatur</td><td>++</td><td>–</td><td rowspan="5">+++</td><td rowspan="2">++++</td></tr>
<tr><td>Druck</td><td>+</td><td rowspan="2">+++</td></tr>
<tr><td>Durchfluss</td><td>–</td><td rowspan="2">+++</td></tr>
<tr><td>Niveau</td><td rowspan="2">+++</td><td>–</td></tr>
<tr><td>Drehzahl</td><td>++</td><td>++++</td></tr>
</table>

Legende:
- ++++ sehr gut
- +++ gut
- ++ befriedigend
- + ausreichend
- – ungeeignet

Ergänzende Ausführungen zur Reglerwahl in Abhängigkeit von der zu regelnden Strecke sind den Tabellenwerken zu entnehmen; vgl. z. B. Lipsmeier, A. (Hrsg.), Friedrich Tabellenbuch, Elektrotechnik/Elektronik, a. a. O., S. 7-49.

08. Was bezeichnet man als Stabilität des Regelkreises?

- *Stabilität* ist eine Eigenschaft des Regelkreises, nach Änderung der Eingangsgröße einen Beharrungszustand zu erreichen.

- *Ein Regelkreis ist instabil,* wenn die Regelgröße nach einem Eingangssprung oder nach Abklingen eines (auch kleinen) Eingangsimpulses mit zunehmendem t entweder wächst (monotone Instabilität) oder Schwingungen ausführt, die sich zu immer größeren Amplituden aufschaukeln. Diese Erscheinung ist unerwünscht und führt meist zu kritischen Prozesszuständen. Bei der Reglereinstellung ist daher stets darauf zu achten, dass ein ausreichender „Abstand“ zur so genannten „Stabilitätsgrenze“ eingehalten wird.

09. Wie wird die Reglereinrichtung optimal eingestellt?

Dazu wird in der Regel die Sprungantwort benutzt: Die Reglereinrichtung ist umso besser eingestellt,

- je kürzer die Einschwingzeit,
- je kleiner die Überschwingweite Ü und
- je kleiner die bleibende Regelabweichung ist.

T_t Totzeit
T_u Verzugszeit
T_g Ausgleichszeit

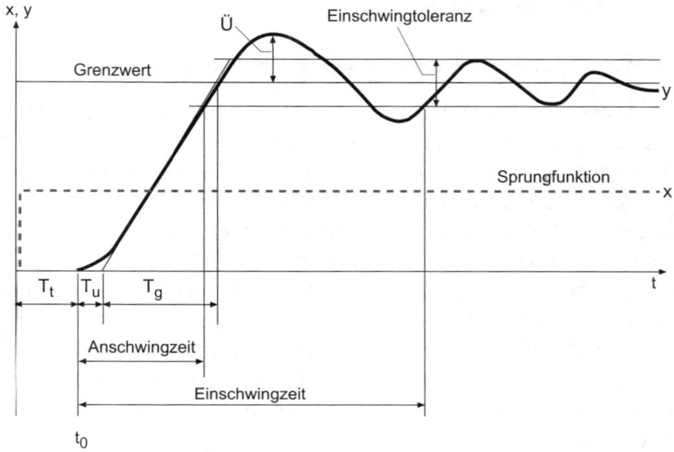

10. Wie werden Regler nach dem Ziegler-Nichols-Verfahren eingestellt?[1)]

Das Verfahren gilt für P-T_1-Regelstrecken mit Totzeitglied T_t und P-T_n-Strecken. Die Einstellung des Reglers kann folgendermaßen gewählt werden:

- Regler als P-Regler einstellen. Das bedeutet bei einem PID-Regler sind $T_n = \infty$ und $T_v = 0$.
- Den Proportionalbeiwert des Reglers K_{PR} solange vergrößern, bis der Regelkreis eine Dauerschwingung ausführt, also an die Stabilitätsgrenze gelangt.
- Den entsprechenden Wert K_{PRkrit} am Regler ablesen.
- Die Schwingungsdauer T_k dieser Dauerschwingung ermitteln.
- Den gewählten Reglertyp nach der folgenden Tabelle einstellen:

Parameter	P-Regler	PI-Regler	PD-Regler	PID-Regler
K_{PR}	$0{,}50 \cdot K_{PRkrit}$	$0{,}45 \cdot K_{PRkrit}$	$0{,}80 \cdot K_{PRkrit}$	$0{,}60 \cdot K_{PRkrit}$
T_n	–	$0{,}85 \cdot T_k$	–	$0{,}50 \cdot T_k$
T_V	–	–	$0{,}12 \cdot T_k$	$0{,}12 \cdot T_k$

Die Einstellung der Regelkennwerte nach Chien, Hrones und Reswik können den Tabellenwerken entnommen werden, vgl. z. B. Lipsmeier, A. (Hrsg.), Friedrich Tabellenbuch, Elektrotechnik/Elektronik, a. a. O., S. 7 - 57.

Hinweis: Zu den Aspekten „Antriebssysteme und Beleuchtungsanlagen" vgl. ausführlich Ziffer 1.1.1.4.7 f., S. 74 f. (Wiederholung im Rahmenplan).

[1)] Achtung: häufiges Prüfungsthema

1.5.3 Überprüfen der Funktionen im zusammenhängenden Betrieb der Gesamtanlage

→ 1.6.3, 1.1.4, 5.1.1

01. Was versteht man unter einem Probebetrieb?

Der Probebetrieb von Anlagen und Einrichtungen dient der Überprüfung von Funktionen und Eigenschaften sowie der Erkennung und Beseitigung von Fehlern. *Der Probebetrieb* entspricht der Endprüfungsphase einer Einrichtung oder Anlage und *liegt daher in der Verantwortung des Herstellers.* In der Regel werden zunächst Probeläufe der einzelnen Aggregate und Einrichtungen durchgeführt. Wenn diese ihre Vorgaben erfüllen, wird die gesamte Anlage getestet. Die durch den Probebetrieb ermittelten Zustände und Kennwerte werden mit den zugesicherten Eigenschaften lt. Lastenheft/Pflichtenheft verglichen. Auf dieser Grundlage können Änderungen und Optimierungen vorgenommen werden, um die Zielvorgaben endgültig zu erreichen. Die Inbetriebnahme bzw. der Probebetrieb kann in Zusammenarbeit mit externen Prüfinstitutionen vorgenommen werden. Für Anlagen, die nach der BetrSichV von zugelassenen Überwachungsstellen geprüft werden müssen, ist der Probebetrieb unter Aufsicht zugelassener Prüfpersonen bzw. -institutionen durchzuführen (vgl. § 3 ProdSG).

Der Probebetrieb ist eine Teilphase der Inbetriebnahme. Auch wenn jeder Probebetrieb anlagenspezifische Besonderheiten aufweist, so lässt sich der Ablauf in folgende (idealtypische) Vorgänge gliedern:

Probebetrieb	
Anfahren ↓	→ Start des Probebetriebs
Stabilisieren ↓	→ Funktionsprüfungen kleinere Mängel beheben
Hochfahren ↓	→ Durchsatz auf Nennlast steigern Parameter auf Normalbetrieb einstellen
Einfahren ↓	→ Anlage voll in den geplanten Nennzustand fahren PLT in Betrieb nehmen Produktqualität einstellen Einarbeiten des Bedienpersonals
Abfahren ↓	→ Zwischenabstellung ggf. reparaturfrei machen
Vorbereitung des Garantieversuchs ↓	→ festgestellte Mängel beheben (z. B. Hydraulik, Ventile, Dichtungen) Einarbeitung des Instandhaltungspersonals
Wiederanfahren ↓	→ Anlage zügig in den Nennlastbereich fahren

Optimieren	→	Erfolg der in der Zwischenabstellung durchgeführten Maßnahmen überprüfen Anlage voll in den vertraglich geforderten Zustand fahren **Ende des Probebetriebs**
↓		
[Garantieversuch/Leistungsnachweis]	→	Durchführung des Garantieversuchs (Leistungsnachweis) Übergabe-Übernahme-Verhandlung **Ende der Inbetriebnahme**
↓		
[Dauerbetrieb]	→	**Normalbetrieb** in der Verantwortung des Käufers

Quelle: in Anlehnung an: Weber, K. H., a. a. O., S. 274 ff.

Die nachfolgende Abbildung zeigt den *idealtypischen Verlauf des Probebetriebs* als Teil der Inbetriebnahme:

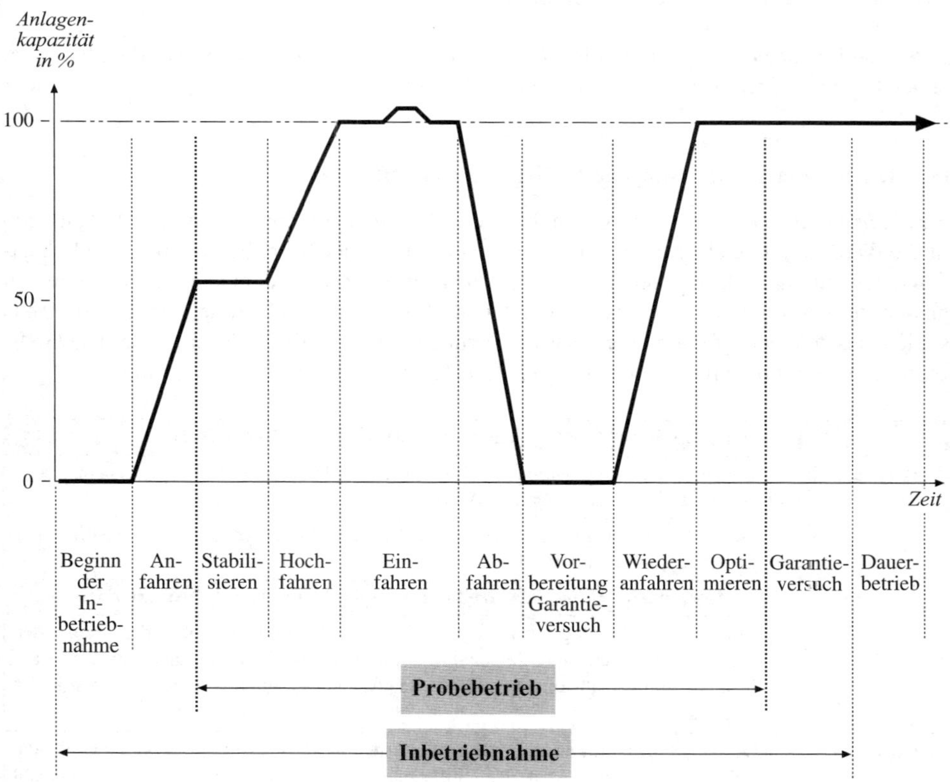

Quelle: in Anlehnung an: Weber, K. H., a. a. O., S. 276

02. Wie wird der Durchsatztest bei einer Anlage durchgeführt?

Der Durchsatztest ist Teil einer Reihe von Tests zur Bewertung bzw. Überprüfung von Anlagen, Netzwerken oder Bussystemen.

Beim Durchsatztest wird die Performance der Testkomponente gemäß RFC 1242 (Request for Comment) ermittelt. Hierzu wird eine definierte Anzahl an Datenpaketen über die Testkomponente übertragen und am Ausgangsport die *Durchsatzzahl* (Anzahl der empfangenen Pakete pro Sekunde) berechnet:

- Entspricht die Anzahl der empfangenen Datenpakete der Anzahl der gesendeten Datenpakete gingen auf dem Durchgang durch die Testkomponente keine Pakete verloren.
- Entspricht die Anzahl der empfangenen Datenpakete nicht der Anzahl der gesendeten Datenpakete gingen auf dem Durchgang durch die Testkomponente einige Pakete verloren.
- Übersteigt die Anzahl der empfangenen Datenpakete die Anzahl der gesendeten Datenpakete, gingen auf dem Durchgang durch die Testkomponente einige Pakete verloren, die vom Retransmit-Mechanismus erneut übertragen wurden.

In den beiden letzen Fällen sollte die *Eingangsdatenrate* so weit reduziert werden, bis es zu keinen Paketverlusten bzw. Retransmissions mehr kommt.

03. Wie kann die Gesamtanlageneffektivität überprüft werden?

Die *Gesamtanlageneffektivität* (GAE; engl.: Overall Equipment Effectiveness, OEE) ist ein Maß für die Wertschöpfung einer Anlage. Die Kennzahl ist in keiner Norm beschrieben, sondern dahinter steht ein individueller, unternehmensspezifischer Prozess, in dem alle Beteiligten lernen müssen, in den Kategorien „Wertschöpfung" und „Verschwendung" zu denken. In der Praxis ist die Erfassung der erforderlichen Basisdaten zur Beurteilung der GAE schwierig. Die GAE-Kennzahl umfasst die drei Größen *Verfügbarkeit*, *Leistung* und *Qualität* einer Anlage.

Beschreibung der GAE-Faktoren (Gesamtanlageneffektivität)	
Verfügbarkeit	Geplante *Stillstandszeiten* müssen definiert werden und können beispielsweise sein: Anlage außer Einsatz, geplante Wartung
	Der Verfügbarkeitsfaktor ist ein Maß für Verluste durch ungeplante Anlagenstillstände. Er ist wie folgt definiert:
	Verfügbarkeitsfaktor = Laufzeit der Anlage : (Laufzeit + Stillstandszeit)
	Eine Verschlechterung des Verfügbarkeitsfaktors liegt z. B. bei folgenden Ereignissen vor: Kurzfristig fehlendes Personal/Material; fehlender Fertigungsauftrag; Warten auf Instandhaltungsmaßnahmen, auf Qualitätsfreigaben; Unterbrechung der Energieversorgung.
Leistung	Der Leistungsfaktor ist ein Maß für Verluste durch Abweichungen von der geplanten Stückzahl, kleineren Ausfällen (Stillstände, die nicht in die Verfügbarkeitskennzahl eingehen) und Leerläufen. Er wird bezogen auf die Laufzeit der Anlage (nicht auf die Betriebszeit).
	Leistungsfaktor = Istleistung : Sollleistung [z. B. in Stk. je Std.]

Qualität	Der Qualitätsfaktor ist ein Maß für den Verlust aufgrund defekter oder zu überarbeitender Teile.
	Qualitätsfaktor = (∑ prod. Teile - ∑ Nacharbeitsteile - ∑ Ausschussteile): Anzahl prod. Teile
	oder vereinfacht: = i. O.-Menge : produzierte Menge
Gesamtanlagen-effektivität	**GAE = Verfügbarkeitsfaktor · Leistungsfaktor · Qualitätsfaktor**
	Es ergibt sich ein Prozentwert, der darstellt in wie viel Prozent der geplanten Maschinenlaufzeit tatsächlich effektiv produziert wurde. Der Wert wird im Regelfall unter 100 % liegen.

Der GAE-Ansatz ist eines der Ergebnisse der laufenden Fortentwicklung des *TPM-Konzepts*:

In der Vergangenheit wurde die Anlageneffektivität kapitalintensiver und hochautomatisierter Produktionsanlagen zu einem immer wichtigeren Engpass für die Produktivität. Dies führte zu dem Gedankengut von Total Productive Maintenance (TPM):

TPM beinhaltet das Bestimmen und Analysieren der Ursachen der verringerten Anlageneffektivität, um daraus Maßnahmen zur Steigerung der Verfügbarkeit und Zuverlässigkeit der Produktionsanlagen abzuleiten. Neben der Maximierung der Effektivität bestehender Anlagen hat TPM das Ziel, zukünftige Anlagengenerationen *unter Beachtung der Lebenszykluskosten* präventiv zu verbessern. Dafür ist ein Konzept notwendig, das Erfahrungswissen aus dem Betreiben der bestehenden Anlagen quantifiziert und daraus Ansatzpunkte für die Neuplanung von Anlagensystemen ableitet.

04. Welche betrieblichen und gesetzlichen Umweltschutzmaßnahmen sind beim Probebetrieb einzuhalten?

Beim Probebetrieb von Maschinen und Anlagen sind selbstverständlich ebenso wie beim Dauerbetrieb die betrieblichen und gesetzlichen Bestimmungen des Umweltschutzes einzuhalten – insbesondere:

- Arbeitsanweisungen, Betriebsanweisungen, betriebliche Richtlinien, Umweltschutzmanagementhandbuch
- Gesetze, z. B. BImSchG, TA Luft/Lärm/Abfall, KrwG, WHG, ChemG, EMAS, DIN EN ISO 14001
- Verordnungen, z. B. GefStoffV, NAV.

In der täglichen Praxis sind die jedem Meister bekannten Maßnahmen des Umweltschutzes sicher zu stellen; die Stoffe sind möglichst der Kreislaufwirtschaft erneut zuzuführen, z. B.:

- *Verölte Metallspäne:*
  - das Öl ausschleudern und die getrockneten Späne als Schrott verwenden,
  - das abgetrennte Öl als Rohstoffe verwenden.
- *Metallabfallstücke:*
  - Verwertung als Schrott; Sortieren als Messing, Aluminium, Eisen usw.
- *Verbrauchtes Öl* (Entfettungs- und Reinigungsmittel):
  - Aufbereitung,

- bei Bodenverschmutzungen durch Öl: Ölbindemittel einsetzen (Umweltschutz und Rutschgefahr).

• *Lappen:*
- verölte Lappen ggf. waschen
- verbrauchte Lappen zu Putzwolle verarbeiten (lassen).

05. Wie kann der Probebetrieb einzelner Anlagenkomponenten durchgeführt werden?

Vor dem Probebetrieb der Gesamtanlage werden bei komplexen System in der Regel zunächst Probeläufe der einzelnen Anlagenkomponenten durchgeführt. Durch frühzeitiges Erkennen von Fehlern und Fehlfunktionen einzelner Einrichtungen lassen sich die Gesamtkosten der Inbetriebnahme reduzieren. Die Überprüfung der Funktionsfähigkeit von Subsystemen ist komponentenspezifisch durchzuführen (vgl. Vorgaben des Lastenhefts, Herstellerhinweise). Beispielhaft wird nachfolgend die Überprüfung der Subsysteme „Antriebstechnik" und „Beleuchtungstechnik" genannt (vgl. auch: 1.1.1.4.7 f.).

Antriebstechnik
Überprüfung z. B. • der Motorauswahl (lt. Anforderungen) • der Motorbefestigung • der Motorsteuerung • der Leerlaufeigenschaften • der Leistungseigenschaften unter Last • der sicherheitsrelevanten Funktionen

Beleuchtungstechnik
Überprüfung z. B. • der Anforderungen lt. Lastenheft • der baulichen Anforderungen • der Auswahl der Beleuchtungskörper • der Anordnung der Beleuchtungskörper • der Blendfreiheit, der Lichtfarbe • der Beleuchtungsstärke

1.5.4 Dokumentation

01. Welche Unterlagen gehören zur Dokumentation der Inbetriebnahme? → 1.5.5, 1.6.1

Ist eine Anlage erstellt und in Betrieb genommen worden, muss der Betreiber sicherstellen, dass die zur Anlage zugehörige Dokumentation lückenlos, vollständig und aktuell ist. Zur Anlagendokumentation gehören im Wesentlichen folgende Unterlagen:

1.	**Betriebsanleitung:** Der Hersteller muss eine umfassende Betriebsanleitung in der Sprache des Verwenderlandes beifügen. Die Betriebsanleitung ist Teil der Technischen Dokumentation.
2.	Beschreibung der **Leistungsdaten** der Maschine/Anlage sowie der Komponenten
3.	Für die Maschine/Anlage ist eine **Betriebsanweisung** zu verfassen.
4.	**Gefährdungsbeurteilung**
5.	Erstellung der **Wartungspläne** in der Sprache des Verwenderlandes; unterscheide: • sicherheitsrelevante Wartung • zustandsabhängige Wartung → vgl. 1.7.4
6.	**Inbetriebnahmeprotokoll**, Mängelliste
7.	Dokumentation der **Änderungen** und Ergänzungen
8.	**Abnahmeprotokoll**

02. Welche Dokumente kann eine Projekt-/Anlagendokumentation enthalten bzw. welche Unterlagen „entstehen" bei der Auftragsabwicklung im Rahmen der Elektroplanung?

Wichtige Dokumentenarten sind z. B.:

Elektrotechnische Dokumente	
	Beispiele
Übersichtspläne	**Übersichtsschaltplan:** Vereinfachte Darstellung einer Schaltung, die Gliederung und Arbeitsweise einer elektrischen Einheit zeigt.
	Blockschaltplan: Übersichtsplan mit Blocksymbolen
	Anlagenübersichtsplan: Darstellung der Einspeisepunkte der Anlage, der Messeinrichtungen, der Verbindungsleitungen zu Unterverteilungen u. Ä.
	Übersichtspläne von Unterverteilungen
Funktions-beschreibende Dokumente	**Stromlaufplan:** Ausführliche Darstellung der Funktionsweise einer Schaltung
	Funktionsschaltplan: Prozessorientierte Darstellung (z. B. Steuerung)
	Ersatzschaltplan: Funktionsschaltplan als äquivalente Schaltung
	Logik-Funktionsschaltplan: Funktionsschaltplan mit binären Schaltzeichen
	Funktionsplan: Steuerungs-/Regelungssystem als Diagramm
Konstruktionspläne	der Mechanik, Hydraulik; Mengen- und Stücklisten; Montage- und Aufbauzeichnungen
Listen	für Verdrahtung, Parameter, Signale; Programmlistings
Strukturdarstellungen	Struktur- und Bedienbäume (Struktogramme), Bildschirmmasken
Beschreibungen, Handbücher	Bedienungsanleitung, Betriebsanweisung, Wartungshandbuch/Wartungsunterlagen des Herstellers, Funktionsbeschreibungen; Prüfeinrichtungen von Sicherheitssystemen
Ortsbezogene Dokumente	• Lagepläne (z. B. Betriebsmittellagepläne) • Installationspläne • Anordnungspläne • Kabelwegepläne • Kabel- und Verbindungspläne • Klemmenpläne/Klemmleisten (beschriftet)

03. Wozu wird die Projekt-/Anlagendokumentation benötigt?

1. als Basis für eine zeit- und kosteneffiziente Planung und Abwicklung
2. als wesentliche Unterlage bei Zertifizierungs- und Freigabeverfahren (z. B. CE-Kennzeichnung bzw. CE-Konformitätserklärung)
3. für Wartung und Instandhaltung während der Lebensdauer der Anlage
4. als Basis für Veränderungen/Modernisierungen.

04. Welche Dokumente (der Elektrodokumentation) benötigt der Betreiber vorrangig bei der Störungssuche?

Der **Stromlaufplan**	zeigt alle die Funktion einer Schaltung darstellenden Einzelheiten. Es sind jedoch keine gerätetechnischen oder räumlichen Zusammenhänge angegeben.
Der **Klemmenplan**	dokumentiert in jedem Schaltschrank die Belegung der Klemmleisten und beschreibt damit die Schnittstelle zur Peripherie (Anlage).
Der **Kabelplan**	ist oft Bestandteil des Klemmenplans.
Softwarelisting	z. B. Programmdokumentation einer SPS

05. Welche Darstellungsarten für Stromlaufpläne gibt es?

Einpolige Darstellung	Wird bevorzugt zur Darstellung einfacher Schaltungsverläufe und für Systeme mit zahlreichen drei- bis fünfpoligen Drehstromleitungen oder auch parallelen Datenbussen verwendet. Hierbei werden funktional zusammengehörende Strompfade (z. B. die drei Außenleiter bei einem Drehstrommotor) als eine Linie dargestellt. Die tatsächliche Anzahl der parallel laufenden Stränge wird über eine entsprechende Anzahl kurzer Schrägstriche oder alternativ durch einen Schrägstrich mit der entsprechenden Zahl visualisiert.
Mehrpolige Darstellung	Zur Darstellung umfangreicher Schaltungsverläufe. Jede Verbindung bzw. jeder Strompfad wird einzeln dargestellt.
Zusammenhängende Darstellung	Die Schaltung wird so dargestellt, dass der Wirkungszusammenhang sichtbar wird, beispielsweise durch benachbarte Positionierung der Symbole funktionell zusammengehöriger Bauteile und zusätzliche Symboldarstellung mechanischer Wirkungslinien. Alle Komponenten der Schaltung sind in Anlehnung an den realen Aufbau in den Plan eingebunden.
Aufgelöste Darstellung	Die Schaltung wird streng nach der einzelnen Stromdurchlauffolge der Bauteile dargestellt. Der Wirkzusammenhang ergibt sich nur durch die Verfolgung der alphanumerischen Kennzeichnungen zusammengehöriger Teile eines Geräts.

06. Welche zusätzlichen Angaben enthält der Stromlaufplan?

- Hinweisbezeichnungen von Zielorten
- Koordinationsfeldnummern
- Typenbezeichnungen von Betriebsmitteln und Leitungen (DIN EN 81346)
- Darstellung von Klemmen, Messpunkten und Anschlussstellen
- Spannungs-, Strom-, Bauteil- und Einstellwerte, z. B. Angaben über Auslösebereiche.

07. Welche grundsätzlichen Möglichkeiten zur Erstellung von Konstruktions- und Schaltungsunterlagen gibt es? **→ A 3.4.2, 4.4.2, 4.5.3**

Manuelle Erstellung	Handskizzen oder Bleistift-/Tuschezeichnungen am Zeichenbrett
Mechanische Erstellung	Erstellen der Textdokumentation mit Schreibmaschine. Hierzu zählt letztlich auch die Verwendung eines Textverarbeitungssystems als reines Schreibwerkzeug (ohne die Verwendung von spezifischen Textbausteinbibliotheken, Dokumenten- und Versionsmanagementfunktionen u. Ä.) sowie die Verwendung eines Zeichenprogramms ohne Benutzung von Bauteilbibliotheken und Konstruktionshilfsmitteln (z. B. Design Rule Check o. Ä.).
Rechnergestützte Erstellung	mit CAD (Computer Aided Design) und CAE (Computer Aided Engineering); vgl. dazu ausführlich unter 4.4.2, 4.5.3.

08. Wann empfiehlt sich eine manuelle oder mechanische Erstellung von Konstruktions- oder Schaltungsunterlagen?

Die manuelle oder mechanische Erstellung ist nur in der Frühphase eines Projektes sinnvoll (Projektdefinition, Brainstorming, Vorskizzen).

Schon im Hinblick auf die Notwendigkeit einer CE- bzw. DIN-konformen Dokumentation ist auch bei Kleinprojekten das frühzeitige Einsetzen eines CAD-Konstruktionssystems zu empfehlen.

Selbst für ältere Maschinen und Anlagen, deren Dokumentation nur in „analoger" Form (Transparente, Blaupausen) vorliegt, ist es mittlerweile üblich, sie durch Einscannen zu digitalisieren.

Dadurch steht die Information überall im System konsistent zur Verfügung (Stichworte: Dokumentenmanagement, Versionskontrolle).

Lediglich bei Anlagen, die in der betrieblichen Planung kurz vor dem Ende ihrer Lebensdauer stehen, macht die nachträgliche Digitalisierung u. U. keinen Sinn mehr. In diesem Fall ist es angeraten, erforderliche Änderungen und Ergänzungen manuell zu dokumentieren (*Roteintragungen*).

09. Welche Möglichkeiten der rechnergestützten Erstellung von Konstruktions- und Schaltungsunterlagen gibt es?

Einsatz eines klassischen CAD-Programms:
Die Elektroplanung wird mit dem Standardleistungsumfang erstellt (z. B. AutoCad). Bauteilsymbole müssen selbst gestaltet werden. Es stehen keine Konstruktionshilfen zur Verfügung (z. B. Aktualisieren von Klemmenbelegungen, Leitungslängenoptimierung usw.).

Einsatz eines klassischen CAD-Programms mit Verwendung von Bauteilbibliotheken:
Durch die Verwendung von Bauteilbibliotheken wird nicht nur der Aufwand zur Erstellung der benötigten Bauteilsymbole vermieden; es ist auch sichergestellt, dass die verwendeten Symbole den jeweils geltenden Normen entsprechen. Es stehen auch hier keine Konstruktionshilfen zur Verfügung.

Verwendung eines speziellen Elektro-CAD Systems zur Elektroplanung:
Derartige hochspezialisierte Softwarepakete (z. B. EPLAN, WS-CAD) decken den gesamten Umfang der Elektroplanung ab. Es stehen umfangreiche Bauteilbibliotheken aller namhaften Hersteller zur Verfügung. Umfassende Funktionen zum automatischen Aktualisieren, z. B. von Klemmenbelegungen, vereinfachen die Arbeit ebenso wie Konstruktionshilfen, z. B. zur Platzierung der Bauelemente im Schaltschrank, zur Kabellängenoptimierung u. Ä.

10. Welche Vorteile bietet der Einsatz eines speziellen Elektro-CAD-Systems?

Beispiele:

- *Unterstützung aller Projektstadien:*
  Vorplanung → Ausführungsplanung → Fertigung/Montage → Inbetriebnahme/Betrieb

- *Direkte Nutzung von Bauteilkatalogen:*
  Diese werden von allen wesentlichen Herstellern (meist kostenlos und regelmäßig aktualisiert) zur Verfügung gestellt. Die Definition von Vorzugstypen ermöglicht die Standardisierung zwischen verschiedenen Projekten.

- *Automatische Revisions-/Änderungsverwaltung:*
  Durch automatisches Aktualisieren von z. B. Klemmenbelegungen bei Änderungen im Stromlaufplan ist sichergestellt, dass die Projektinformationen jederzeit konsistent und aktuell sind. Änderungen werden automatisch dokumentiert, sodass die „Historie" jederzeit nachvollzogen werden kann (Wer hat Was Wann geändert?).

11. Welche Optimierungspotenziale bietet der Einsatz eines speziellen Elektro-CAD-Systems?

- *Standardisierung:*
  Aus bereits existierenden Projekten lassen sich wieder verwendbare Anlagenteile als Bausteine für neue Projekte generieren (Stromlaufplan-Makros, SPS-Module usw). Dadurch wird bei gleichzeitiger Erhöhung der Engineering-Qualität (Vermeidung potenzieller Fehlerquellen) der Projektierungsaufwand erheblich reduziert.

- *Automatisierung:*
  Werkzeuge zur automatischen Erstellung von Stromlauf- und Klemmenplänen, zum automatischem Schaltschrankausbau in 3D, zur Optimierung von Kabelwegen und Leitungslängen u. Ä. beschleunigen den Engineering-Prozess erheblich.

- *Kopplung/Integration:*
  Durch die Kopplung mit anderen Disziplinen können erhebliche Synergieeffekte erzielt werden: So kann z. B. über entsprechende Schnittstellen die Softwareentwicklung/SPS-Programmierung auf der Zuordnungsliste der Elektroplanung aufsetzen und Änderungen rückübertragen. Durch die Integration von z. B. Softwaremodulen für die Fertigung entstehen „quasi auf Tastendruck" direkt aus der Schaltschrankplanung Bohr- und Biegeschablonen für die manuelle Fertigung sowie Dateien zur Steuerung von NC-Werkzeugmaschinen.

12. Welche Darstellungsmöglichkeiten von Konstruktions- und Schaltungsunterlagen werden unterschieden?

Konstruktions- und Schaltungsunterlagen • Darstellungsvarianten				
Beschreibender Text	**Listen**	**Übersichtsdarstellung (Kombination von Grafik + Text**	**Grafiken**	**Programm-listings**
Beispiele				
Funktions-beschreibung	Betriebs-mittelliste	Baugruppen-trägerbestückung	• Schaltpläne, • Betriebsmittel-lagepläne	• AWL • FUP • KOP
				↑ vgl. 2.5.3.1

13. Welche Aufgabe erfüllt die Funktionsbeschreibung einer Anlage bzw. eines Anlagenteils?

Die Funktionsbeschreibung dient der vollständigen Darstellung der Funktions- bzw. Prozessabläufe einer Anlage oder Maschine. Es werden die einzelnen Abläufe beschrieben und die eingesetzten Technologien dargestellt. Die Funktionsbeschreibung ersetzt nicht eine Bedienungsanleitung sondern ist meist Teil einer solchen.

14. Welche Darstellungs- bzw. Ausführungsform hat die Funktionsbeschreibung?

Es gibt *keine genormte Darstellungsform* für eine Funktionsbeschreibung. Sinnvoll ist eine Kombination aus Text, eingebundenen Grafiken und Tabellen, mit der sich die Aufgabenstellung möglichst optimal erfüllen lässt.

Im Rahmen der CE-Vorschriften ist allerdings geregelt, dass die Funktionsbeschreibung (wie die gesamte Hauptdokumentation) in der Landessprache des Bestimmungslandes der jeweiligen Anlage auszuführen ist – sofern es keine anderen vertraglichen Regelungen gibt.

15. Was ist eine Betriebsmittelliste?

Die Betriebsmittelliste enthält in tabellarischer Form alle in einem Projekt verwendeten Betriebsmittel (SPS-Baugruppen, Sensoren, Aktoren u. Ä.). Neben der jeweiligen Bezeichnung enthält sie weitere Informationen: Art des Bauteils, Lieferant, Typ und Position im Schaltplan/Stromlaufplan.

16. Welche Funktion hat die Baugruppenträgerbestückung?

Die Baugruppenträgerbestückung ist zentrales Element zur Dokumentation der Hardware von SPS und Automatisierungssystemen. Sie ist eine Übersichtsdarstellung der Systembelegung eines Baugruppenträgers und der Busanbindung (Systembus und Anlagenbusse/Feldbusse).

17. Warum ist es notwendig, bei der Erstellung von Dokumentationen die geltenden Normen einzuhalten?

Bei größeren Projekten sind immer mehrere Bearbeiter bzw. verschiedene Fachabteilungen involviert (Mechanik, Hydraulik, Instandhaltung usw.); zum Teil werden Arbeitspakete extern bearbeitet und/oder fertige Anlagenteile zugekauft. Dies führt insgesamt nur dann zu dem gewünschten Ergebnis, wenn alle Beteiligten identische Symbole und Darstellungsweisen, gleiche Bezeichnungen für die Instrumentierung sowie die Mess- und Regeleinrichtungen usw. verwenden. *Alle Beteiligten müssen also die gleiche „Planungssprache“ verwenden.*

18. Welche Normen sind für den Elektroplaner im Bereich der Automatisierungs- und Informationstechnik von besonderer Bedeutung?

DIN IEC 60050[1]	Leittechnik, Begriffe
DIN 19226	Regelungstechnik und Steuerungstechnik, Begriffe und Benennungen
DIN EN 62424	Sinnbilder und Kennbuchstaben für Messen, Steuern und Regeln in der Verfahrenstechnik
DIN EN ISO 10628	Fließbilder verfahrenstechnischer Anlagen Teil 1 bis 4
DIN 66001	Informationsverarbeitung, Sinnbilder und ihre Verwendung
DIN EN 61082	Schaltpläne, Schaltungsunterlagen Teil 1 bis 11

19. Welche Arten von Fließbildern sind im Bereich der Automatisierungs- und Informationstechnik von besonderer Bedeutung?

- Blockschaltbilder
- Schematische Fließbilder
- Apparative Fließbilder
- Mengenstrombilder
- MSR-Pläne
- Technologische Einzelpläne
- Projektierungspläne.

20. Die DIN EN 62424 definiert Sinnbilder und Kennbuchstaben für Messen, Steuern und Regeln in der Verfahrenstechnik. Welche Teile enthält sie im Einzelnen?

DIN EN 62424	
Teil 1	Bildzeichen und Kennbuchstaben für Messen, Steuern und Regeln in der Verfahrenstechnik
Teil 2	Sinnbilder für die Verfahrenstechnik, Zeichen für die gerätetechnische Darstellung
Teil 3	Sinnbilder für die Verfahrenstechnik, Zeichen für die funktionelle Darstellung
Teil 4	Zeichen für die funktionelle Darstellung beim Einsatz von Prozessrechnern

[1] Ersetzt durch: IEV 101, 102, 111, 121, 141, 151, 161, 191, 212, 221, 393, 395, 411, 421, 426, 436, 466, 471, 482, 521, 551, 617 ff.

21. Welche Darstellungsmöglichkeiten gibt es für Einrichtungen der Prozessleittechnik?

- *Lösungsbezogene Darstellung* mit gerätetechnischen Symbolen:

Beispiel:

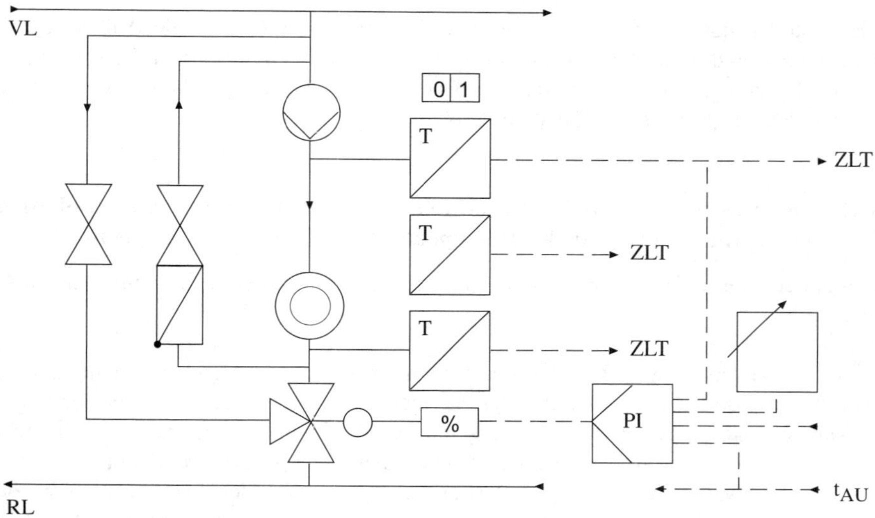

- *Aufgabenbezogene* Darstellung mit EMSR-Stellen (Elektro-, Mess-, Steuerungs- und Regelungstechnik):

Beispiel:

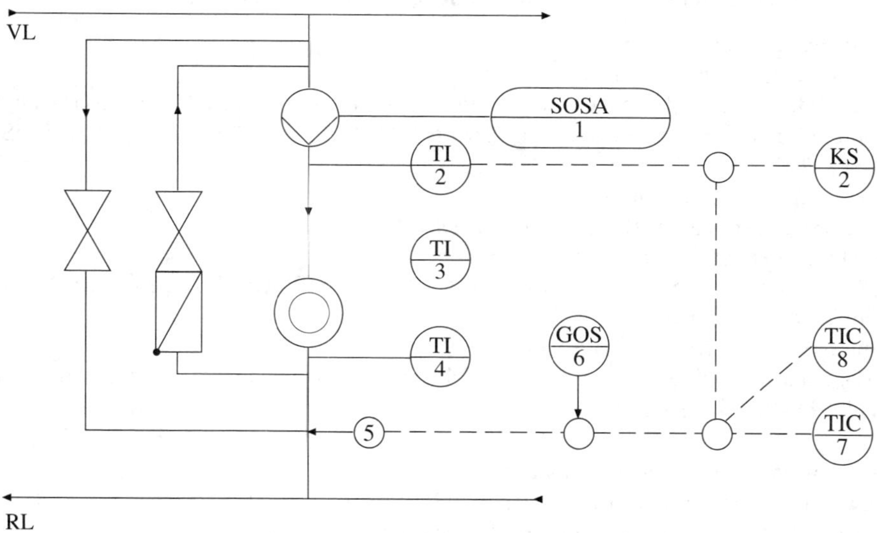

22. Welche Änderungen an Maschinen oder Anlagen müssen in den Konstruktions- und Schaltungsunterlagen dokumentiert werden?

Grundsätzlich müssen alle Änderungen an Maschinen oder Anlagen dokumentiert werden.

Um sicherzustellen, dass jeder, der zukünftig an der betreffenden Maschine oder Anlage arbeitet, den aktuellen Zustand in der Dokumentation vorfindet, *ist jede Änderung* an der Anlage, den zugehörigen Steuerungs- und Automatisierungssystemen sowie den entsprechenden Programmen *umgehend* in den entsprechenden Teilen der Dokumentation *nachzuführen.*

23. Welche Unterschiede gibt es zwischen der (üblichen) Vorgehensweise bei der Dokumentation kleiner Änderungen und der Dokumentation umfangreicher Umbauten?

In beiden Fällen ist es erforderlich, dass *die Dokumentation stets den exakten Zustand der Anlage wiedergibt.*

Um bei kleinen Änderungen (z. B. Umverdrahten einer Klemmleiste, Verwenden eines anderen Eingangs auf einer Baugruppe, Änderung der Parameter) nicht den Aufwand der Neuerstellung aller relevanten Dokumente betreiben zu müssen, ist es legitim und in der Praxis üblich, mit so genannten *Rot-Einträgen* zu arbeiten: Dabei werden Änderungen *von Hand in Rot* in die Vor-Ort-Dokumentation der Maschine eingetragen. Bei der nächsten Revision der Dokumentation werden alle Rot-Einträge in die Originalpläne übernommen und als neuer Versionsstand gekennzeichnet.

1.5.5 Kundenabnahme und Abnahmeprotokoll

01. Welche Anforderungen müssen Anlagen bei der Abnahme erfüllen?

1. Inbetriebnahme von *Anlagen*:
   - Kontrolle des Montageablaufs:
     Fließbilder (ARI, RUI) stellen in schematisierter Form die einzelnen Verfahrensabschnitte dar; die Darstellung ist geregelt nach DIN EN ISO 10628 in Verbindung mit DIN EN ISO 10628, 2429 und 19227.
   - Messtechnische Überprüfung
   - Überprüfen der vereinbarten Funktionssicherheit
   - Nachweis der Betriebssicherheit
   - Nachweis der vereinbarten kundenspezifischen Vorgaben (Pflichten-/Lastenheft, z. B. Rüstzeit, Taktzeit, Qualität)
   - Optimierung des technischen Ablaufs
   - Erfassen und Beseitigen von Störungen, Fehlern und Mängeln (Störanalyse/Schadensanalyse; VDI-Richtlinie 3822).

2. Inbetriebnahme von *Anlagenkomponenten*:
   - Druck- und Steuersysteme (z. B. Hydraulik, Pneumatik)
   - Stickstoff-, Kühlwasser-, Dampf-, Heißwasser- und Abwassersysteme
   - Messtechnische Überprüfung.

3. Inbetriebnahme von *verfahrenstechnischen Anlagen*:
   - Anfahren, Stabilisieren, Hochfahren, Einfahren und Abfahren
   - Garantieversuch/Dauerbetrieb
   - Sicherheitsaspekte (z. B. Verhalten der Anlage, wenn Sicherheitssysteme ausfallen).

02. Welche Arbeiten umfasst die Abnahme von Anlagen?

- Umsetzen der Funktions- bzw. Prozessprüfung
- Überprüfen zugesicherter Eigenschaften, z. B. Leistungsdaten
- Abnahmeprüfungen:
  - Nachweis der sicheren und beanspruchungsgerechten Konstruktion und der drucktragenden Ausrüstungen
  - Nachweis der einwandfreien Funktion aller technischen Systeme, z. B. Antriebseinheiten, Pumpen, Verdichter, Dampferzeuger, Wärmeübertragungseinheiten
  - Nachweis der Leistungsfähigkeit aller Anlagenkomponenten im Dauertest
- Abnahmeprotokoll und ggf. Vermerk, innerhalb welcher Frist kleinere Mängel behoben werden.

03. Welche rechtliche Bedeutung hat die Endabnahme der Anlage?

Nach deutschem Recht ist der Auftraggeber verpflichtet, die Anlage nach erfolgreichem Leistungsnachweis abzunehmen. Wegen unwesentlicher Mängel kann die Abnahme nicht verweigert werden (§ 640 BGB). Die Abnahmeverhandlungen werden mit der beiderseitigen Unterzeichnung des Abnahmeprotokolls beendet. Für Gewährleistungen und Garantiepflichten des Auftragnehmers stellt das Abnahmeprotokoll einen wichtigen Nachweis dar.

04. Welchen Inhalt kann das Abnahmeprotokoll haben?

LOGO
Auftraggeber

LOGO
Auftragnehmer

Protokoll

über die Abnahme der Anlage nach § 640 BGB

Projekt:

Auftraggeber:

Auftrags-Nr. des Auftraggebers:

Auftragnehmer:

Auftrags-Nr. des Auftragnehmers:

Kurzbeschreibung der Lieferungen und/oder Leistungen:

❒ Der Nachweis über die Einhaltung der vereinbarten Beschaffenheit der Anlage ist durch Leistungsnachweise erbracht und in dem Protokoll über die Durchführung von Leistungsnachweisen vom ... dokumentiert.[1)]

❒ Die im Anhang zum „Protokoll über die Durchführung von Leistungsnachweisen“ vom ... aufgeführten Mängel/Restarbeiten sind beseitigt worden.[1)]

❐ Es sind noch die im Anhang zu diesem Protokoll aufgeführten Mängel/Restarbeiten vorhanden bzw. geringfügige Ingenieurleistungen noch nicht erbracht worden.

Die Abnahme wird dadurch jedoch nicht gehindert. Die Mängel/Restarbeiten werden innerhalb der angegebenen Fristen nachgeleistet.[1)]

Hiermit wird die Abnahme im Rechtssinn (§ 640 BGB) ausgesprochen.

Der Auftraggeber behält sich die Geltendmachung etwa verwirkter Vertragsstrafen oder entsprechender Zahlungen hiermit vor.

Ort: Datum:

Unterschriften

Auftragnehmer: Auftraggeber:

[1)] Zutreffendes ankreuzen

Quelle: Weber, K. H., a.a.O., S. 350

1.5.6 Anlageneinweisung des Betreiberpersonals → 1.6.6, 6.4.1

01. Welche Bedeutung hat die Einweisung des Betreiberpersonals?

Der Betreiber verfolgt mit der Anschaffung bzw. Modernisierung einer Anlage wirtschaftliche Ziele (Kapazitätserweiterung, Rationalisierung, Qualitätsverbesserung, Ersatzinvestition u. Ä.). Diese Ziele wird er nur dann erreichen, wenn er – neben der sachgerechten Auswahl und Inbetriebnahme der neuen/veränderten Anlage – das Bedienungs- sowie das Instandhaltungspersonal sorgfältig auswählt (Zuverlässigkeit, Fachkunde), einweist und die ggf. erforderlichen Schulungsmaßnahmen rechtzeitig und methodisch durchführt.

Neben den technischen Bedingungen ist die sachgerechte Bedienung und Instandhaltung der zentrale Faktor für eine langfristig angelegte sichere und wirtschaftliche Funktion der Anlage. Nachlässigkeiten und Versäumnisse auf diesem Gebiet führen zu Bedienungsfehlern, Anlagenstillständen, zu Unfällen/Beinaheunfällen und ggf. zum Verlust der gesetzlichen bzw. vertraglich vereinbarten Gewährleistung.

02. Welche Einzelmaßnahmen muss der Unternehmer/Betreiber bei der Einweisung des Bedienungs- und Instandhaltungspersonals durchführen?

→ A 4.5.6, 1.5.6, 5.1.1, 5.4.2, 6.2.1, 7., BetrVG

Im Mittelpunkt stehen folgende Einzelmaßnahmen:

1.	**Überprüfung der Anzeige- und Warnvorrichtungen sowie der Warnung vor Restgefahren:**
	Vor der Inbetriebnahme der Anlage muss der Betreiber/Unternehmer prüfen, ob die Anzeige-, Warnvorrichtungen sowie die Warnung vor Restgefahren ordnungsgemäß vorhanden sind. Im Einzelnen:
	Anzeigevorrichtungen: Die für die Bedienung einer Anlage erforderliche Information muss eindeutig und leicht zu verstehen sein. Die Personen dürfen nicht mit Informationen überlastet werden. Wird eine Anlage nicht laufend überwacht, muss eine akustische oder optische Warnvorrichtung vorhanden sein.
	Warnvorrichtungen müssen eindeutig zu verstehen und leicht wahrnehmbar sein. Es müssen Vorkehrungen getroffen werden, dass das Bedienpersonal die Funktionsbereitschaft der Warnvorrichtung überprüfen kann. Die Vorschriften über Sicherheitsfarben und -zeichen sind einzuhalten.
	Warnung vor Restgefahren: Bestehen trotz aller getroffenen Vorkehrungen Restgefahren oder potenzielle Risiken, so muss der Hersteller darauf hinweisen; z. B. bei Schaltschränken, radioaktiven Quellen, Strahlungsquellen: Hinweise durch Piktogramme oder in der Sprache des Verwenderlandes.

2.	**Auswahl, Information und Einweisung des Bedienungspersonals:**
	Zu Beginn des Maßnahmenkatalogs steht die Auswahl der Mitarbeiter, die zukünftig die Anlage bedienen werden. Die Auswahlkriterien sind Eignung, Neigung und ggf. organisatorische Aspekte (Fachwissen, Erfahrung, Motivation, Verfügbarkeit u. Ä.; vgl. A 4.5.6 sowie 6.2.1). Bei der Auswahl ist das Mindestalter von Bedienpersonen zu beachten (z. B. Pressen, Holzbearbeitungsmaschinen; vgl. JArbSchG).
	Die Mitarbeiter müssen rechtzeitig über die Handhabung der Anlage, mögliche Gefahren für Sicherheit und Gesundheitsschutz und zu ergreifende Schutzmaßnahmen angemessen und praxisbezogen unterwiesen werden. Verantwortlich ist dafür der Unternehmer. Er kann die Unterweisung auf geeignete Führungskräfte übertragen und/oder die Unterstützung durch den Lieferanten in Anspruch nehmen. Die Unterweisung ist zu dokumentieren. Die erforderliche persönliche Schutzausrüstung (PSA) ist zur Verfügung zu stellen.
	Bei hochwertigen und komplexen Anlagen wird die Einarbeitung des Bedienungspersonals durch den Lieferanten meist bereits im Kaufvertrag fest vereinbart; hier muss die aufwändige Einweisung rechtzeitig geplant und mit der Inbetriebnahme organisatorisch abgestimmt werden; ausführliche Beispiele für die Konzeption von Qualifizierungsmaßnahmen finden Sie in Kapitel 6., Personalentwicklung – insbesondere im Anhang zu dem Kapitel.
	Bei ausländischen Mitarbeitern ist zu prüfen, ob die Kenntnisse der deutschen Sprache ausreichend sind; dies gilt nicht nur bezogen auf das „Verstehen der Einweisung“, sondern auch für die spätere Kommunikation mit Kollegen/Vorgesetzten beim Dauerbetrieb der Anlage. Ggf. ist eine angemessene Sprachschulung durchzuführen und Betriebsanweisungen sind zusätzlich in der Muttersprache des Bedieners zur Verfügung zu stellen.

3.	**Information und Einweisung des Instandhaltungspersonals:**	
	Nach der Arbeitsmittelbenutzungsverordnung (AMBV) muss der Betreiber einer Anlage durch geeignete Maßnahmen (Instandhaltung) sicherstellen, dass die Anlage über ihre gesamte Lebensdauer sicher und gesundheitsgerecht benutzt werden kann. Dies gilt unabhängig von der Notwendigkeit einer Instandhaltungsplanung aus wirtschaftlichen Gesichtspunkten (vgl. 1.7).	
	Dazu sind u. a. folgende **Maßnahmen** einzuleiten:	
		Auswahl und Einweisung des Instandhaltungspersonals: Der Unternehmer muss Mitarbeiter, die Anlagen reinigen, warten oder instandsetzen, über die mit dieser Tätigkeit verbundenen besonderen Gefahren und deren Abwehr eingehend unterrichten.
		Durchführung und **Dokumentation** der Instandhaltungsplanung (vgl. 1.7).
		Festlegung, welche **Wartungsmaßnahmen** vom Bedienungspersonal und welche vom Instandhaltungspersonal ausgeführt werden.
		Kennzeichnung der Bedienungselemente, Armaturen, Messinstrumente und Wartungsstellen. Stillsetzungsvorrichtungen müssen leicht erkennbar sein und gefahrlos bedient werden können.
		Überprüfung, ob die **Bezeichnungen/Beschriftungen** an der Anlage mit den Darstellungen in der technischen Zeichnung und den Schaltplänen übereinstimmt.

4.	**Beteiligung des Betriebsrates, der Sicherheitsfachkraft, des Sicherheitsbeauftragten und des Betriebsarztes:**
	Bei der Aufstellung und Inbetriebnahme neuer Anlagen hat der Betriebsrat Mitwirkungs- und Mitbestimmungsrechte (§§ 80, 87, 89, 90 f. BetrVG; vgl. A 1.2.1, A 1.4.4, 5.1.1). In angemessenem Umfang muss der Unternehmer Sicherheitsfachkraft, Sicherheitsbeauftragte und Betriebsarzt sowie die betroffenen Mitarbeiter bei der Gestaltung der Arbeitsabläufe und Fragen der Sicherheit mit einbeziehen.

5.	**Gefährdungsbeurteilung (Risikobeurteilung lt. neuer Maschinenrichtlinie 2006/42/EG):**
	Der Unternehmer hat bei der Aufstellung und Inbetriebnahme neuer Einrichtungen/Anlagen eine Gefährdungsbeurteilung durchzuführen (§§ 5 f. ArbSchG, § 3 BetrSichV).

6.	**Betriebsanweisungen:**
	Der Unternehmer muss den Beschäftigten geeignete Anweisungen z. B. in Form von Betriebsanweisungen erteilen, die darlegen wie die Arbeiten an der neuen Anlage sicher und gesundheitsgerecht durchzuführen sind (vgl. 5.4.2/02.). Dabei sind die Hinweise aus der Betriebsanleitung des Herstellers zu beachten.

1.6 Inbetriebnehmen und Einrichten von Maschinen und Fertigungssystemen

Hinweis: In diesem Abschnitt gibt es zahlreiche Überschneidungen und Wiederholungen zu Ziff. 1.5 (lt. Rahmenplan).

1.6.1 Vorbereitung der Inbetriebnahme

→ 1.5.1, 4.1.4, 6.1.2

01. Wie ist der Begriff „Inbetriebnahme" definiert?

Unter Inbetriebnahme ist die erstmalige Verwendung einer Maschine bzw. eines Produkts durch ihren Endbenutzer im Gebiet des Europäischen Wirtschaftsraums zu verstehen.

Quelle: Fachausschuss-Informationsblatt Nr. 016, 08/2005

Maschinen und Anlagen müssen daher bei der Inbetriebnahme bereits alle anzuwendenden Richtlinien erfüllen! Die Inbetriebnahme durch den Betreiber ist nicht mit dem Probebetrieb zu verwechseln.

02. Welche Informationen liefert der Hersteller zur Inbetriebnahme von Maschinen und Anlagen?

Der Hersteller muss eine umfassende *Betriebsanleitung* in der Sprache des Verwenderlandes beifügen.

Die Betriebsanleitung ist Teil der Technischen Dokumentation.

03. Mit welchen Angaben muss jede Maschine mindestens gekennzeichnet sein?

An jeder Maschine müssen deutlich lesbar und unverwischbar folgende Mindestangaben angebracht sein:

- Name und Anschrift des Herstellers
- CE-Kennzeichnung
- Bezeichnung der Serie/des Typs
- ggf. Seriennummer
- Baujahr.

04. Welche Zielsetzung muss die Inbetriebnahme erfüllen?

An die Planung und Montage einer Maschine/Anlage schließt sich die Phase der Inbetriebnahme an. Dabei sind anlagenspezifische und sicherheitstechnische Vorgaben zu beachten. Zielsetzung ist es, die Maschine/Anlage technisch und funktionell in den vereinbarten Zustand zu bringen (vgl. Pflichten-/Lastenheft), sodass vom System die definierten Leistungsdaten erreicht werden.

Lebenszyklus einer Maschine/Anlage

Planung	→	Montage	→	**Inbetriebnahme**	→	Dauerbetrieb	→	Außerbetriebnahme	→	Abbau, Verkauf, Entsorgung
						↑		↓		
						└──	──	Wiederinbetriebnahme		

05. Welche Variablen (Faktoren) beeinflussen den Prozess der Inbetriebnahme?

Im Vordergrund stehen dabei die der Inbetriebnahme der Anlage vorgelagerten Teilprozesse: Fehler in der Planung (z. B. Auswahl ungeeigneter Komponenten) und Qualitätsmängel in der Montage zeigen ihre Wirkung spätestens bei der Inbetriebnahme der Anlage:

Variablen, die den Prozess der Inbetriebnahme beeinflussen

Qualität der Planung	Qualität der Montage	Qualität des Bedienpersonals	Aufstellbedingungen	Bedingungen des Standorts	Kopplung der Subsysteme
			Gestaltung der Schnittstellen: Energie, Betriebsstoffe, Werkzeuge, Material, Logistik, EDV/IT, Mensch-Maschine, Emissionen, Sicherheit		

06. Wie ist die Inbetriebnahme vorzubereiten?

Die Vorbereitung der Inbetriebnahme von Maschinen/Anlagen umfasst folgende Planungsarbeiten (die Darstellung enthält wesentliche Beispiele ohne Anspruch auf Vollständigkeit):

1.	**Planung der Prüfungen:**	
	Berücksichtigen der technischen Bedingungen	
	Planung der Termine	
	Planung der Ressourcen:	
		Betriebsmittel, Reservebauteile
		Personal (Vorgabezeiten, Tätigkeitsfolgen)
		Materialversorgung
	ggf. erforderliche Genehmigung einholen	
	Planung des Soll-Ablaufs der Inbetriebnahme (z. B. Netzplan erstellen)	

2.	**Planung der Dokumentation der Inbetriebnahme:**
	Berücksichtigung der geltenden Vorschriften und Vorgaben, z. B.: • Pflichtenheft • Betriebsanleitung • Maschinenbegleitbuch • VDI/VDE-Richtlinien

3.	**Planung der Funktionskontrolle:**
	• Grundfunktionen • sicherheitsrelevante Funktionen • Schnittstellen zu Subsystemen
	freier Zugang zu allen Messpunkten und Justiereinrichtungen

4.	**Planung der sicherheitstechnischen Maßnahmen:**
	Bereitstellen aller Hilfsmittel und Vorschriften
	vorbereitende Maßnahmen für den Notfall, z. B.: • Brandschutz • Sanitätsdienst, Erste Hilfe • Notfallplan, Rettungswege
	Absperrung und Kennzeichnung der Maschine/Anlage: Einzäunung als Baustelle und ggf. Sperrung benachbarter Verkehrswege
	Ordnung und Sauberkeit an der Anlage
	Vorbegehung hinsichtlich möglicher Gefahrenquellen

07. Welche Arbeiten umfasst die Inbetriebnahme von Maschinen und Anlagen?

Bei der Inbetriebnahme von Maschinen und Anlagen empfiehlt sich eine systematische Verfahrensweise. Die nachfolgende Aufstellung enthält wesentliche Arbeiten (ohne Anspruch auf Vollständigkeit):

01	**Überprüfen der Maschine/Anlage sowie der Komponenten im energielosen Zustand anhand der vorliegenden technischen Dokumentation (Kaltcheck)**
	Beispiele für Komponenten: • Schaltschränke • Sensorik, Aktorik • Feld-, Rangier-, Bus- und Systemverkabelung

02	**Einschalten der Steuerspannungen und Signaltest der Ein- und Ausgänge**

03	**Installieren der Visualisierungskomponenten**

04	**Einschalten der Lastspannung und Systemtest**

05	**Schrittweise Inbetriebnahme der Anlagenprogramme**

06	**Anfahren der Maschine nach Herstellervorgaben**
	Maschinen dürfen nur von den für ihre Bedienung ausgebildeten Personen in Gang gesetzt werden; diese müssen sich vorher davon überzeugen, dass sich niemand im Gefahrenbereich aufhält, keine Schutzvorrichtungen fehlen und die Anlage keine sichtbaren Mängel aufweist.
	Laufende Kontrolle der Anzeigegeräte: Druck, Temperatur, Drehzahl, Spannung, Durchflussmenge u. Ä.
	Einhalten der vorgeschriebenen Energiebelastung.
	Die kontinuierliche Überwachung ist auch im Hinblick auf die Gewährleistungspflicht des Herstellers von Bedeutung.

07	**Durchführung des Probelaufs unter Betriebsbedingungen (nach Herstellervorgaben)**
	Beispiele: Dauer, Belastung, Kontrollzeit, Kontrollarbeiten
	Quellentext: Der Probebetrieb von Maschinen und Anlagen dient der Überprüfung von Funktionen und Eigenschaften sowie der Erkennung und Beseitigung von Fehlern. Der Probebetrieb entspricht der Endprüfungsphase einer Maschine oder Anlage und liegt daher, auch in den Betriebsräumen des Betreibers, in der Verantwortung des Herstellers. Nach Möglichkeit werden zunächst Probeläufe der einzelnen Aggregate und Einrichtungen durchgeführt. Wenn diese ihre Vorgaben erfüllen, wird die gesamte Anlage getestet. Die durch den Probebetrieb ermittelten Zustände und Kennwerte können mit den geplanten Eigenschaften verglichen werden. Auf dieser Grundlage können Änderungen und Optimierungen vorgenommen werden, um die Zielvorgaben zu erreichen. Quelle: Probebetrieb von Maschinen und maschinellen Anlagen; Fachausschuss-Informationsblatt Nr. 016, Entwurf 08/2005; finfo16.pdf, CD 1 Prävention 2007/08 · Arbeitssicherheit und Gesundheitsschutz

08	**Abschließende Dokumentation**
	Über die *Inbetriebnahme* ist ein *Protokoll* zu erstellen; vgl. 1.6.5.
	Bei der Inbetriebnahme auftretende *Fehler* sind sofort zu beheben bzw. ihre Behebung ist innerhalb einer festgelegten Frist zu veranlassen. Generell ist jeder Fehler in einer *Mängelliste* zu dokumentieren. Jeder Fehler ist im Hinblick auf seine Ursache zu analysieren. Dies ist ebenfalls zu dokumentieren
	Um bei *kleinen Änderungen* (z. B. Umverdrahten einer Klemmleiste oder Verwenden eines anderen Eingangs auf einer Baugruppe) nicht den Aufwand der Neuerstellung aller relevanten Dokumente betreiben zu müssen, ist es legitim und in der Praxis üblich, mit so genannten *Rot-Einträgen* zu arbeiten: Dabei werden Änderungen *von Hand in Rot* in die Vor-Ort-Dokumentation der Maschine eingetragen. Bei der nächsten Revision der Dokumentation werden alle Rot-Einträge in die Originalpläne übernommen und als neuer Versionsstand gekennzeichnet.
	Über die *Abnahme* der Maschine/Anlage ist ein *Protokoll* anzufertigen.
	Dokumentation der *Gefährdungsbeurteilung*
	Für die Maschine/Anlage ist eine *Betriebsanweisung* zu verfassen (vgl. 5.4/02.). Die Formblätter für Betriebsanweisungen der BG für das Betreiben von Maschinen und Anlagen sind blau geändert.

09	**Einweisung und Schulung des Bedien- und Instandhaltungspersonals**
	Vgl. dazu unten, Ziffer 1.6.6.

10	**Räumen der Baustelle und Freigabe der Anlage**
	Ordnung, Sauberkeit, Sicherheit

1.6.2 Funktionskontrolle der Komponenten nach Herstellervorgaben und Einstellung der Parameter

01. Welche Bedeutung hat die Funktionskontrolle einzelner Komponenten im Rahmen der Inbetriebnahme?

Die Funktionskontrolle einzelner Komponenten einer Anlage ist ein zentraler Baustein im Prozess der Inbetriebnahme. Gerade bei komplexen Anlagen soll die Prüfung von Anlagenkomponenten oder Package-Units Frühausfälle vor der eigentlichen Inbetriebnahme verhindern. Fehler und Schwachstellen einzelner Baugruppen können noch behoben werden. Die Inbetriebnahme der Gesamtanlage kann dadurch kostengünstiger gestaltet werden. Außerdem kann nur durch die Einzelprüfung von Anlagenkomponenten sichergestellt werden, dass für einzelne Aggregate die speziellen Prüfvorschriften herangezogen und beachtet werden (vgl. z. B. Notbeleuchtung: DIN VDE 0100-560, T1; Rohrleitungen: Rohrleitungen-TRR; Elektrische Anlagen und Betriebsmittel). Grundsätzlich gilt:

Alle Komponenten einer Anlage sind einer Funktionsprüfung zu unterziehen.

02. Welche Einzelprüfungen umfasst die Funktionskontrolle?

Wesentliche Ebenen der Funktionskontrolle im Rahmen der Inbetriebnahme sind:

01 **Sicherheitstechnische Überprüfung**

↓

02 **Grundfunktionen von Maschinen**

↓

03 **Funktionskontrolle der Anlagenkomponenten**

↓

04 **Kontrolle der Schnittstellen**

↓

05 **Kontrolle der Prozessleittechnik (PLT) und der Visualisierung**

↓

06 **Optimierung der Anlage**

Hinweis: Die nachfolgenden Fragestellungen zeigen beispielhaft Prüflisten für einzelne Ebenen der Funktionskontrolle (ohne Anspruch auf Vollständigkeit). Zusätzlich sind bestehende Einzelprüfvorschriften des Gesetzgebers, der BG sowie nach DIN/VDE heranzuziehen.

03. Welche Merkmale sind bei der sicherheitstechnischen Prüfung zu kontrollieren?

Beispiele (ohne Anspruch auf Vollständigkeit):

01 Sicherheitstechnische Überprüfung • Prüfliste

01.1	**Allgemein:** • Prüfliste im Betrieb bereits vorhanden? • Prüfzeugnis bereits vorhanden? • Sind Prüfzeugnis und Typenschild identisch? • Bedienungsanleitung in der Sprache des Betreiber? • Schutzeinrichtungen in Übereinstimmung mit der Betriebsanleitung? • Gibt es für heiße oder sehr kalte Stellen Schutzeinrichtungen? • Ausreichender Schutz für Einrichtarbeiten? • Gibt es für jede Energieart einen abschließbaren Hauptschalter? ...
01.2	**Mechanik:** • Gibt es mechanische Gefahrenstellen (z. B. Quetsch-/Fangstellen)? • Sind die Schutzeinrichtungen fest montiert, nicht zu umgehen u. Ä.? • Beeinträchtigen die Schutzeinrichtungen nicht die Beobachtung des Arbeitszyklusses? • Sind Stellteile leicht und gefahrlos erreichbar? • Sind Stellteile gegen unbeabsichtigtes Betätigen gesichert? ...
01.3	**Elektrik:** • Sind alle elektrischen Betriebsmittel ausreichend gekennzeichnet? • Sind die Angaben vollständig und eindeutig (z. B. Nennspannung/-betriebsstrom, Stromart, Frequenz)? • Ist das Gehäuse nur mit Werkzeug zu öffnen? • Sind die Einbauhöhen korrekt? • Stimmt die Kennzeichnung mit dem Schaltplan überein? • Schutzleiter- und Mittelleiterklemme vorhanden? • Hat der Hauptschalter nur zwei Stellungen? • Ist ein Schutz bei Spannungsabfall vorhanden? • Not-Aus-Einrichtung vorhanden? • Gibt es äußerlich erkennbare Mängel? • Sind Grenztaster gegen unbeabsichtigtes Betätigen gesichert? • Gibt es Piktogramme zur Warnung vor Restgefahren? ...
01.4	**Hydraulik, Pneumatik:** • Kennzeichnung des zulässigen Betriebsdrucks? • Sind die Sicherheitseinrichtungen ausreichend (Ablass-/Absperrventile, Druckentlastung, Druckanzeige u. Ä.)? • Sind Förderleitungen ausreichend bemessen und geschützt verlegt? • Können bei Druckabfall Gefahren durch Bewegungen entstehen? ...
01.5	**Bedingungen am Arbeitsplatz:** • Sind Arbeits- und Bewegungsräume ausreichend bemessen? • Ausreichender Abstand zu Verkehrswegen? • Erforderliche und geeignete Hebe- und Transportmittel vorhanden? • Beleuchtung ausreichend (Allgemein-/Arbeitsbeleuchtung)? • Sicherheitskennzeichnung vorhanden und richtig? • Treten Emissionen auf (Stäube, Dämpfe, Gase, Lärm)? • Sind Schutzmaßnahmen gegen Emissionen erforderlich? ...

Quelle: in Anlehnung an: DIN EN ISO 12 100-2; BGR 223.

Bei der Sicherheitsprüfung sind die speziellen sicherheitstechnischen Auflagen des Maschinenherstellers einzuhalten; ebenso sind besondere Prüfvorschriften zu beachten (vgl. z. B. Prüfnachweis nach der Druckbehälterverordnung).

04. Welche Funktionseinheiten einer Maschine/Anlage sind zu überprüfen?

Im Wesentlichen lassen sich die Baugruppen von Maschinen in folgende Funktionseinheiten gliedern:

<table>
<tr><th colspan="4">Gliederung der Baugruppen von Maschinen nach Funktionseinheiten</th></tr>
<tr><td>Antriebseinheiten</td><td>Übertragungseinheiten</td><td>Arbeitseinheiten</td><td>Verbindungseinheiten</td></tr>
<tr><td>Stütz- und Trageeinheiten</td><td>Mess-, Steuer- und Regeleinheiten</td><td colspan="2">Einheiten für Umweltschutz und Arbeitssicherheit</td></tr>
</table>

05. Welche Grundfunktionen einer Maschine werden unterschieden und sind zu kontrollieren?

Grundfunktionen	Verwendete Bauelemente (Beispiele)
Leiten, Transportieren	Flüssigkeiten werden über Rohre transportiert.
	Elektrische Energie wird über Kabel geleitet.
Wandeln, Umformen	Mithilfe eines Elektromotors wird elektrische Energie in mechanische Energie umgewandelt.
	Mithilfe eines Getriebes kann das Drehmoment umgeformt werden.
Fügen, Verbinden	Die Verbindung elektrischer Leitungen erfolgt z. B. über Stecker, Steckdose und Klemmen.
	Bauteile werden z. B. durch Schrauben oder Nieten miteinander verbunden.
Trennen, Teilen	Der Energiefluss kann durch einen Schalter getrennt werden.
	Teilen ist z. B. das Spanen eines Werkstücks.
Speichern	Mechanische Energie kann in Federn gespeichert werden.
	Elektrische Energie lässt sich in Akkumulatoren speichern.

Im Rahmen der Funktionskontrolle einer Maschine/Anlage muss geprüft werden, ob die betreffenden Bauelemente die ihnen zugewiesene Grundfunktion erfüllen (z. B. Bauelemente der Mechanik, Pneumatik, Hydraulik, Elektrik sowie der Mess-, Steuer- und Regeltechnik).

Beispiel: Überprüfen der Funktionsweise hydraulischer/pneumatischer Bauteile:

- Vorhub und Rückhub der Zylinder
- Funktionsweise der Wege- und Stromventile
- Geschwindigkeit und Stetigkeit der Arbeitsbewegungen
- Reihenfolge und Richtung der Arbeitsbewegungen.

Treten im Rahmen der Inbetriebnahme bei einzelnen Bauelementen Fehler auf, so ist eine systematische Vorgehensweise erforderlich:

1.	**Fehlererkennung**	→	**2.**	**Fehlereingrenzung (Analyse)**	→	**3.**	**Fehlerbehebung**

Die Mehrzahl der Fehler lässt sich auf folgende Ursachen zurückführen:

- fehlerhafte Bauteile
- fehlerhafte Montage
- Fehler in der Bedienung während der Inbetriebnahme.

Insgesamt umfasst die Funktionskontrolle einer Maschine/Anlage im Wesentlichen folgende Arbeiten:

1. Überprüfen der Grundfunktionen (vgl. oben)
2. Überprüfen der Ablauffunktionen (Zusammenspiel der Baugruppen; Kontrolle der Schnittstellen)
3. Überprüfen der sicherheitstechnischen Funktionen (Gewährleisten der technischen Sicherheit)
4. Überprüfen der Visualisierung
5. Einhalten gesetzlicher Vorschriften des Arbeits- und Umweltschutzes
6. Instandhaltungsfreundlichkeit der Anlage
7. Optimierung der Anlage (z. B. Sicherstellung einer wirtschaftlichen Energieverwendung).

06. Wie ist die Funktionskontrolle einzelner Anlagekomponenten durchzuführen?

Für Maschinen oder Teilanlagen gibt es meist spezielle Prüfpläne/-programme sowie besondere Richtlinien (Hersteller, VDE/VDI, DGUV); nachfolgend ist der Auszug aus einem Prüfprogramm für Pumpen dargestellt (Quelle: Weber, K. H., a. a. O., S. 233 ff.):

03	**Vorgangsliste zur systematischen Inbetriebnahme von Kreiselpumpen (Beispiel)**
03.1	Start
03.2	Kontrolle der Werkstoffauswahl, der Kugellager, der Welle, des Laufrades, der Stoffbuchspackung bzw. Gleitringdichtung
03.3	Ausrichten der Pumpe
03.4	Kontrolle der Saug- und Druckleitung, der Filter/Siebe, der Dichtungen, der PLT-Anlage, der Armaturen
03.5	Schmierung der Pumpe
03.6	Reinigen und Spülen der Leitung und der Pumpe; anschließend: Trocknen
03.7	Kontrolle des Pumpenantriebs, der Ersatzpumpe
03.8	Kontrolle des Kühl- und Heizungskreislaufs
03.9	Bypasskontrolle
03.10	Kontrolle der Sicherheitsschaltung, der Auffangräume
03.11	Ende

Quelle: Weber, K. H., a. a. O., S. 236

07. Welche Schnittstellen einer Anlage sind zu überprüfen?

Bei vernetzten Systemen kann die Übergabe von Daten, Informationen, Kräften und Medien von einer Komponente zur nächsten eine besondere Fehlerquelle sein.

Bei der Analyse und Kontrolle von komplexen Anlagen sind im Wesentlichen folgende Schnittstellen bei der Inbetriebnahme von Bedeutung (Beispiele; ohne Anspruch auf Vollständigkeit):

04	**Kontrolle der Schnittstellen • Prüfliste**
04.1	**Umgebungsschnittstellen:** • Elektrik: Abstimmung und Harmonisierung der Anschlussarten, der Spannung usw.? • Mechanik: Abstimmung der Maße, der Statik, der Kraftübertragung usw.? • Thermik: Abstimmung der Umgebungs- und Systemtemperaturen usw.? • Materialbeschaffenheit: Abstimmung der Materialeigenschaften, Reaktionseigenschaften usw.? ...
04.2	**Hard- und Softwareschnittstellen:** • Kompatibilität vorhanden (alt/neu; analog/digital; Hersteller 1/Hersteller 2 usw.)? ...
04.3	**Mensch-Maschine:** • Bedienungsvorrichtungen verständlich und ergonomisch? ...
04.4	**Mensch-Mensch:** • Kommunikation gewährleistet zwischen Bedienpersonal, Einrichter, Instandhalter usw.? • Kommunikation gewährleistet zwischen Bedienpersonal und Fachpersonal (Sicherheitsfachkraft, Elektrofachkraft usw.)? ...

08. Welche Aspekte der Visualisierung der Anlagensteuerung sind zu überprüfen?

Beispiele:

05	**Kontrolle der Prozessleittechnik (PLT) und der Visualisierung • Prüfliste**
05.1	Ist die Visualisierung (Aufbau und Funktionseinheiten) der Anlage verständlich und mit der Betriebsanleitung übereinstimmend?
05.2	Sind die Betriebsarten der Anlagen klar erkennbar?
05.3	Werden alle Störungsarten angezeigt und sind Hilfen zur Schwachstellenanalyse vorhanden?
05.4	Sind die Kennzeichnungen der Bedien- und Meldeleuchten nach Vorschrift (z. B. Farbkennzeichnung nach DIN 0113 Tabelle 1)?
05.6	Sind die Bedienelemente deutlich erkennbar und außerhalb von Gefahrenbereichen?
05.7	Sind die Anzeigevorrichtungen vom Bedienstand erkennbar?
05.8	Sichtprüfung des Prozessleitsystems ohne Beanstandung?
	Prüfung der PLT, z. B. • Signalübertragung vom Prozess zur Warte o.k.? • Signalübertragung von der Warte zum Prozess o.k.? • Komplexe Funktionsprüfung o.k. (PLT und Feldtechnik)?

09. Welche Maßnahmen sind zur Optimierung der Anlage während der Inbetriebnahme erforderlich?

Beispiele:

- Anlagenkomponenten werden im Regelfall vom Hersteller standardmäßig mit Werkseinstellungen geliefert. Im Zuge der Inbetriebnahme müssen die Parametereinstellungen einzelner Bauelemente so eingestellt werden, dass der Anlagenprozess optimiert wird. Dazu ist ggf. ein mehrmaliges Anfahren, Hochfahren und Abfahren der Anlage erforderlich.

- Bei modernen Prozessleitsystemen können dazu die einzelnen Bausteine einer Anlage aufgerufen werden: Nach Auswahl von „Parametrieren" wird ein Parametrierdialog aufgeschaltet, der alle Parameter eines Bausteins mit seinen Min- und Maxwerten anzeigt.

- Denkbar ist ebenfalls, dass während des Testbetriebs der Anlage einige Prozessparameter unzulässig schwanken oder Regelabweichungen zeigen. In diesem Fall ist eine Überprüfung der Aktoren und Sensoren vorzunehmen. Unter Umständen müssen Veränderungen im Reglertyp vorgenommen werden (vgl. P-, PI-, PID-Regler). Weiterhin gehört zur Anlagenoptimierung die Überprüfung und Anpassung sicherheitsgerichteter Steuererungen (Schließzeiten, Not-Aus-Schaltungen).

- Die Parametrierung und Regleroptimierung wird in der Praxis von Ingenieuren mit langjähriger Berufserfahrung ausgeführt.

1.6.3 Überprüfen der Funktionen

01. Welche Bedeutung haben die Betriebsarten der Maschine/Anlage?

Automatische Maschinen und Anlagen sind *beim Automatikbetrieb* (Betriebsart 1) mit einem hohen Risiko für das Bedienpersonal verbunden. Zur Vorbereitung für den Automatikbetrieb ist das Einrichten der Maschine/Anlage erforderlich. Der *Einrichtbetrieb* (Betriebsart 2) ist an definierte Vorgaben gebunden. In Einzelfällen kann ein *manuelles Eingreifen* in den Fertigungsprozess unter eingeschränkten Betriebsbedingungen erforderlich sein (Betriebsart 3).

Damit für das Bedienpersonal bei jeder Betriebsart ein größtmöglicher Schutz gewährleistet ist, legen DIN-Normen *Verfahrensanweisungen* für den Hersteller der Maschine/Anlage fest:

1. Der Betreiber muss den *Nachweis* führen, dass die betreffende Betriebsart unvermeidbar ist und für den reibungslosen Fertigungsablauf zur Verfügung gestellt werden muss. Die Notwendigkeit ist schriftlich zu dokumentieren.

2. Der Hersteller hat für jede Betriebsart ein *Sicherheitskonzept* zu erarbeiten, das Schutzmaßnahmen und Verhaltensregeln festlegt, um den optimale Schutz des Bedienpersonal nach dem gegenwärtigen Stand der Technik gewährleist. Dazu gehört z. B. die Festlegung von Geschwindigkeiten der Achsen/Antriebe auf das notwendige Maß bzw. die Vermeidung unnötiger Bewegungen.

3. Das Sicherheitskonzept muss so beschaffen sein, dass eine missbräuchliche Benutzung ausgeschlossen ist (z. B. Manipulation der definierten Geschwindigkeiten bzw. der zulässigen Bewegungen von Anlagenteilen).

02. Welche Normen konkretisieren die Ausrüstungsmerkmale sowie die Anforderungen einer Maschine/Anlage bezüglich der Betriebsarten 1 bis 3? **→ finfo 10**

Für das Inverkehrbringen von neuen Werkzeugmaschinen gilt in Deutschland das Produktsicherheitsgesetz (ProdSG) und dessen 9. Verordnung (9. ProdSV). Für einige Maschinengattungen gibt es bereits europäisch harmonisierte Normen, die grundlegende Sicherheits- und Gesundheitsanforderungen enthalten, die vom Inverkehrbringer einer neuen Maschine mindestens zu beachten sind:

DIN EN 13128	Fräs- und Bohr-Fräsmaschinen (07/2001)
DIN EN 12417	Bearbeitungszentren (12/2001)

Betriebsart			**Anforderungen/Ausrüstungsmerkmale der Maschine/Anlage** **Auszug aus der DIN EN 12417 (Erläuterungen in kursiv)**
1	**Automatikbetrieb**		*In dieser Betriebsart stehen alle Funktionen der Maschine/Anlage zur Verfügung. Es besteht eine hohe Gefährdung des Bedienpersonals. Ein Betreten des Bearbeitungsraum muss ausgeschlossen sein. Türen, die zum Bearbeitungsraum führen, müssen so verriegelt sein, dass sie sich in dieser Betriebsart nicht öffnen lassen.*
			Trennende Schutzeinrichtungen müssen geschlossen sein.
2	**Einrichtbetrieb**		*In dieser Betriebsart ist die Anzahl der Maschinenfunktionen erheblich eingeschränkt. Arbeiten dürfen nur von speziell geschultem Personal ausgeführt werden (Einrichter; vgl. bgi 5003, MRL). Die Wahl dieser Betriebsart muss über einen Schlüsselschalter erfolgen. Beim Loslassen des Tippschalters/Zustimmtasters müssen die Antriebe sofort ausschalten. Der automatische Werkzeugwechsel ist außer Funktion. Der Späneförderer kann nur über Tippschalter in Funktion gesetzt werden.*
			Einrichten bei geöffneter Schutzeinrichtung:
		a)	Achsbewegung mit max. 2m/min oder in Schritten von max.10 mm ausgelöst durch Tippschalter, elektronisches Handrad oder MDE gefolgt von Zyklusstartbefehl in Verbindung mit Zustimmeinrichtung
		b)	Spindeldrehzahl so begrenzt, dass Spindel innerhalb von 2 Umdrehungen gestoppt werden kann; Auslösung der Spindel nur durch Tippschalter oder mit Zustimmschalter
		c)	Ungeschützte Bewegungen des Späneförderers nur mittels Tippschalter

3	**Manuelles Eingreifen**	*Diese Betriebsart ist im Ausnahmefall nur dann zulässig, wenn bei komplexen Werkstücken bestimmte Bereiche nicht einsehbar sind bzw. ein bestimmter Fertigungsvorgang nur manuell ausgeführt werden kann. Die Bearbeitung erfolgt bei geöffneten trennenden Schutzeinrichtungen. Ein Handbediengerät mit Not-Aus-Taster und Zustimmtaste wird vom Bediener mit in den Bearbeitungsraum genommen. Das Loslassen der Zustimmtaste muss sicherstellen, dass alle Bewegungen der Maschine gestoppt werden.*	
		Manuelles Eingreifen unter eingeschränkten Betriebsbedingungen (wahlweise, und nur bei der genauen Kenntnis der Einzelheiten der bestimmungsgemäßen Verwendung und der Festlegung des Ausbildungsniveaus des Bedienpersonals).	
		a)	Vektorgeschwindigkeiten max. 5m/min
		b)	Spindeldrehzahl so begrenzt, dass Spindel innerhalb von 5 Umdrehungen gestoppt werden kann
		c)	Zustimmeinrichtung für Start der nicht programmierten Spindeldrehung

03. Welche gesetzlichen und betrieblichen Umweltschutzrichtlinien sind bei der Inbetriebnahme zu beachten?

Es sind die unter Ziffer 1.1.3 dargestellten gesetzlichen Umweltbestimmungen (z. B. KrwG, BImSchG, TA Luft/Lärm/Abfall usw.) zu beachten. Ebenso sind Anweisungen des innerbetrieblichen Umweltschutzmanagements – soweit vorhanden – zu befolgen.

Beispiel: Auszug aus der Altölverordnung (AltölV)

§ 2 Vorrang der Aufbereitung

(1) Der Aufbereitung von Altölen wird Vorrang vor sonstigen Entsorgungsverfahren eingeräumt, sofern keine technischen und wirtschaftlichen einschließlich organisatorischer Sachzwänge entgegenstehen. Es ist verboten, Altöle im Sinne des § 1a Abs. 1 mit anderen Abfällen zu vermischen.

(2) Öle auf der Basis von PCB, die insbesondere in Transformatoren, Kondensatoren und Hydraulikanlagen enthalten sein können, müssen von Besitzern, Einsammlern und Beförderern getrennt von anderen Altölen gehalten, getrennt eingesammelt, getrennt befördert und getrennt einer Entsorgung zugeführt werden.

1.6.4 Einrichten von Maschinen und Fertigungssystemen

01. Welche Anpassungen sind beim Einrichten von Maschinen und Anlagen vorzunehmen?

Beim Einrichten von Maschinen und Fertigungssystemen sind während der Inbetriebnahme produkt- und betriebsspezifische Anpassungen vorzunehmen bzw. es sind die Standortbedingungen zu berücksichtigen, z. B.:

Einflüsse	*Mögliche Auswirkungen (Beispiele)*
Temperaturen am Standort der Anlage	Temperatur von Flüssigkeiten und Gasen (Fließ- und Fördereigenschaften, z. B. von Hydraulikflüssigkeiten; Sättigung der Druckluft)
	Festigkeitskennwerte von Werkstoffen
	Energieverluste
	Zündwilligkeit brennbarer Stoffe
Umweltschutz	Entsorgung/Vermeidung von Emissionen (Lärm, Schmutz, Stäube, Gase, Vibration)
Infrastruktur am Standort der Anlage	Versorgungssicherheit mit RHB-Stoffen
	Entsorgungssicherheit (Abfälle, Gefahrstoffe)
Produktspezifische Erfordernisse	Verarbeitungseigenschaften des Rohmaterials

Das Einrichten von Anlagen verlangt sehr viel maschinenspezifische Erfahrung. Die Sicherheitsbestimmungen für den Einrichtbetrieb sowie Herstellerhinweise und Betriebsanleitungen sind zu beachten.

Beispiel: Vorgangsliste beim Einrichten einer Spritzgussmaschine (Auszug)

1. Berechnen und Einstellen des Dosierweges
2. Festlegen weiterer Parameter wie z. B.:
   - Einspritzgeschwindigkeit
   - Zeitpunkt des Nachdrucks
   - Toleranz der Werkzeugsicherung.
3. Schrittweise werden „leichte" Anpassungen vorgenommen bis ein Füllungsgrad von 98 % erreicht wird.
4. Endgültige Einstellung des Nachdrucks
5. Ggf. geringfügige Korrekturen (bei Gratbildung, Fließbildung oder eingefallenen Stellen des Spritzgussteils)

02. Welche Gefährdungen und Belastungen können beim Einricht- und Rüstbetrieb auftreten?

Wertvolle Hinweise gibt dazu die Checkliste 203 aus 07/2006 (Quellentext BGHM):

Für die Herstellung unterschiedlicher Teile ist es immer wieder notwendig, Maschinen und Anlagen neu einzurichten. Der betriebswirtschaftliche Zwang, diese Arbeiten in möglichst kurzer Zeit durchzuführen, um den Nutzungsgrad der Produktionsanlagen hoch zu halten, wird in den letzten Jahren durch immer kürzere Lieferzeiten und kleinere Losgrößen weiter verstärkt. Dabei können Fehler beim Einrichten und Rüsten, z. B. bei der Festlegung von Schutzmaßnahmen oder der Einstellung von Werkzeugen, weitreichende Auswirkungen haben.

Mögliche Gefährdungen/Belastungen?

- mechanische Gefährdungen, z. B. Quetsch- und Scherstellen, scharfe Kanten, Schneiden, drehende Teile mit Einzug-/Fangstellen, gespeicherte Restenergien (z. B. Federn, Druckluft)
- Herabfallen oder Wegfliegen des Werkzeuges oder Werkstückes
- Fehler bei Einbau und Einstellung, z. B. Hubhöhe, Ausrichtung, Befestigung (Aufspannen)
- Manipulationen an sicherheitsrelevanten Bauteilen
- Lärm, Strahlung (Laser), heiße Oberflächen
- Kontakt mit Kühlschmierstoffen, Ölen oder anderen Gefahrstoffen
- Absturz, Heben und Tragen schwerer Teile
- beengte Platzverhältnisse, Zwangshaltungen
- unzureichende Beleuchtung
- unzureichende Koordination beim Einrichten und Rüsten mit mehr als einem Mitarbeiter.

Was kann passieren?

- arbeitsbedingte Gesundheitsgefahren
- Haut- und Atemwegserkrankungen, Gehörschäden
- Körperschäden, tödliche Verletzungen
- Fehlzeiten
- Sachschäden, Ausfall von Produktionsanlagen.

Was ist zu tun?

- Gefährdungen bei Einricht- und Rüstarbeiten ermitteln, notwendige Schutzmaßnahmen festlegen.
- Nur für die jeweilige Maschine ausgebildete, erfahrene Mitarbeiter für Einricht- und Rüstarbeiten einsetzen.
- Betriebsanleitung und Sicherheitshinweise des Herstellers der Maschine beachten.
- Betriebsanweisung für Einricht- und Rüstarbeiten erstellen, Mitarbeiter regelmäßig unterweisen.
- Realistische Zeitvorgaben für die Einricht- und Rüstarbeiten festlegen (keine Hektik).
- Sicheren Standplatz, Zugang und ausreichenden Bewegungsraum schaffen.
- Für den Transport von schweren Teilen technische Hilfsmittel zur Verfügung stellen, z. B. Hebezeuge.
- Auch für das Einrichten müssen Schutzmaßnahmen vorgesehen werden.
- Einrichtarbeiten bei stillgesetztem Antrieb, ausgeschaltetem Hauptschalter und abgebauten oder gesicherten Restenergien durchführen.
- Sind Teile der Einrichtarbeiten bei Stillstand nicht möglich, muss mindestens eine Betriebsart „Einrichten" vom Hersteller an der Maschine vorgesehen sein.
- Bereits bei der Beschaffung von Maschinen ist darauf zu achten, dass die erforderlichen Betriebsarten für das Einrichten vorhanden sind.
- Ersatzmaßnahmen mit höheren Gefährdungen dürfen nur über eine spezielle Schließung (Schlüsselschalter/Zugangscode) aktivierbar sein: Automatiksteuerung gesperrt, Bewegungen nur möglich mit einer Befehlseinrichtung mit selbstständiger Rückstellung, gefährliche Bewegungen nur unter verschärften Sicherheitsbedingungen, z. B. reduzierte Geschwindigkeiten/Drehzahlen.
- Sind technische Ersatzmaßnahmen nicht ausreichend, zusätzliche organisatorische und personelle Maßnahmen treffen, z. B. Ausbildung.
- Alle demontierten Verdeckungen und Verkleidungen wieder montieren.
- Alle montierten Hochhaltungen/Werkzeugdistanzstücke/Unterbauteile usw. wieder demontieren.
- Probelauf durchführen.
- Nach Abschluss der Arbeiten für die Produktion festgelegte Betriebsart einstellen, sichern und freigeben.

1.6.5 Dokumentation

01. Welche Unterlagen gehören zur Dokumentation der Inbetriebnahme? → 1.5.5, 1.6.1

Ist eine Anlage erstellt und in Betrieb genommen worden, muss der Betreiber sicherstellen, dass die zur Anlage zugehörige Dokumentation lückenlos, vollständig und aktuell ist. Zur Anlagendokumentation gehören im Wesentlichen folgende Unterlagen:

1.	**Betriebsanleitung:** Der Hersteller muss eine umfassende Betriebsanleitung in der Sprache des Verwenderlandes beifügen. Die Betriebsanleitung ist Teil der Technischen Dokumentation.
2.	Beschreibung der **Leistungsdaten** der Maschine/Anlage sowie der Komponenten
3.	Für die Maschine/Anlage ist eine **Betriebsanweisung** zu verfassen
4.	**Gefährdungsanalyse** (Risikoanalyse)
5.	Erstellung der **Wartungspläne** in der Sprache des Verwenderlandes
6.	Inbetriebnahmeprotokoll, Mängelliste
7.	Dokumentation der **Änderungen** und Ergänzungen
8.	**Anahmeprotokoll**

02. Welche Änderungen an Maschinen oder Anlagen müssen in den Konstruktions- und Schaltungsunterlagen dokumentiert werden?

Grundsätzlich müssen alle Änderungen an Maschinen oder Anlagen dokumentiert werden.

Um sicherzustellen, dass jeder, der zukünftig an der betreffenden Maschine oder Anlage arbeitet, den aktuellen Zustand in der Dokumentation vorfindet, *ist jede Änderung* an der Anlage, den zugehörigen Steuerungs- und Automatisierungssystemen sowie den entsprechenden Programmen *umgehend* in den entsprechenden Teilen der Dokumentation *nachzuführen.*

03. Welche Unterschiede gibt es zwischen der (üblichen) Vorgehensweise bei der Dokumentation kleiner Änderungen und der Dokumentation umfangreicher Umbauten?

In beiden Fällen ist es erforderlich, dass *die Dokumentation stets den exakten Zustand der Anlage wiedergibt.*

Um bei kleinen Änderungen (z. B. Umverdrahten einer Klemmleiste, Verwenden eines anderen Eingangs auf einer Baugruppe, Änderung der Parameter) nicht den Aufwand der Neuerstellung aller relevanten Dokumente betreiben zu müssen, ist es legitim und in der Praxis üblich, mit so genannten *Rot-Einträgen* zu arbeiten: Dabei werden Änderungen *von Hand in Rot* in die Vor-Ort-Dokumentation der Maschine eingetragen. Bei der nächsten Revision der Dokumentation werden alle Rot-Einträge in die Originalpläne übernommen und als neuer Versionsstand gekennzeichnet.

1.6.6 Einweisung des Betreiberpersonals → 1.5.6

Vgl. ausführlich unter Ziffer 1.5.6, S. 235 ff.

1.7 Planen und Einleiten von Instandhaltungsmaßnahmen sowie Überwachen und Gewährleisten der Instandhaltungsqualität

1.7.1 Wirtschaftliche Bedeutung der Instandhaltung

→ 8.1.1

01. Welche Definitionen enthält die DIN 31051?

→ DIN 31051

- *Instandhaltung* (IH; Oberbegriff) umfasst alle Maßnahmen der Störungsvorbeugung und der Störungsbeseitigung.

  Nach der DIN 31051 versteht man darunter „alle Maßnahmen zur Bewahrung und Wiederherstellung des Soll-Zustandes sowie zur Feststellung und Beurteilung des Ist-Zustandes von technischen Mitteln eines Systems". Die Instandhaltung wird in vier Teilbereiche gegliedert:

Maßnahmen der Instandhaltung nach DIN 31051			
Inspektion	**Wartung**	**Instandsetzung**	**Verbesserung**
Tätigkeiten			
Planen Messen Prüfen Diagnostizieren	Reinigen Schmieren Nachstellen Nachfüllen	Austauschen Ausbessern Reparieren Funktionsprüfung	Verschleißfestigkeit erhöhen Bauteilsubstitution

- *Inspektion*
  ist die „Feststellung des Ist-Zustandes von technischen Einrichtungen durch Sichten, Messen, Prüfen". Inspektion ist die Überwachung der Anlagen durch periodisch regelmäßige Begehung und Überprüfung auf den äußeren Zustand, ihre Funktionsfähigkeit und Arbeitsweise sowie auf allgemeine Verschleißerscheinungen. Das Ergebnis wird in einem *Prüfbericht* niedergelegt. Aus dem Prüfbericht werden Prognosen über die weitere Verwendungsfähigkeit der jeweiligen Anlage abgeleitet.

- *Wartung*
  ist die „Bewahrung des Soll-Zustandes durch Reinigen, Schmieren, Auswechseln, Justieren". Wartung umfasst routinemäßige Instandhaltungsarbeiten, die meistens vom Bedienungspersonal selbst durchgeführt werden und häufig in *Betriebsanweisungen* festgelegt sind und auf den *Wartungsplänen des Herstellers* basieren.

- *Instandsetzung* (Reparatur)
  ist die „Wiederherstellung des Soll-Zustandes durch Ausbessern und Ersetzen". Instandsetzung umfasst die Wiederherstellung der Nutzungsfähigkeit einer Anlage durch Austausch bzw. Nacharbeit von Bauteilen oder Aggregaten.

- *Verbesserung*
  ist die Steigerung der Funktionssicherheit, ohne die geforderte Funktion zu verändern.

- *Störung*
  ist eine „unbeabsichtigte Unterbrechung oder Beeinträchtigung der Funktionserfüllung einer Betrachtungseinheit".

- *Schaden*
  ist der „Zustand nach Überschreiten eines bestimmten (festzulegenden) Grenzwertes, der eine unzulässige Beeinträchtigung der Funktionsfähigkeit bedingt".

- *Ausfall*
  ist die „unbeabsichtigte Unterbrechung der Funktionsfähigkeit einer Betrachtungseinheit". Von Bedeutung sind Dauer und Häufigkeit der Ausfallzeit.

02. Warum unterliegen Maschinen und Anlagen einem Verschleiß?

Anlagen unterliegen einem ständigen Verschleiß: Bewegliche Teile, sich berührende Teile werden im Laufe der Zeit abgenutzt. Der Verschleiß erstreckt sich über die gesamte Nutzungsdauer – meist in einem unterschiedlichen Ausmaß.

Im Allgemeinen *nimmt die Stör- und Reparaturanfälligkeit einer Anlage mit zunehmendem Alter progressiv zu* und führt zu einem bestimmten Zeitpunkt zur völligen Unbrauchbarkeit. Der Verschleiß tritt aber sehr häufig auch bei nur geringer oder keiner Nutzung ein: Auch ein Stillstand der Anlage kann zur technischen Funktionsuntüchtigkeit führen (Rost, mangelnde Pflege, Dickflüssigkeit von Ölen/Fetten usw.). Die Störanfälligkeit steigt meist mit der technischen Komplexität der Anlagen.

Generelle Ursachen für Störungen an technischen Anlagen und Maschinen können sein:

- Konstruktions-/Qualitätsfehler
- mechanische Abnutzung
- Materialermüdung, Korrosion
- fehlerhafte Bedienung, unsachgemäßer Gebrauch
- fehlende/unzureichende Instandhaltung
- äußere Einwirkungen der Natur: Feuer, Wasser, Sturm.

03. Welche Folgen können mit Betriebsmittelstörungen verbunden sein?

Betriebsmittelstörungen – insbesondere längerfristige – können zu nicht unerheblichen *Folgen* führen:

- nicht vorhandene Betriebsbereitschaft der Anlagen
- Rückgang der Kapazitätsauslastung/Verschlechterung der Kostensituation
- Unfälle
- Terminverzögerungen/Verärgerung des Kunden mit der evt. Folge von Konventionalstrafen
- Werkzeugschäden durch übermäßigen Verschleiß
- Einbußen in der Qualität.

04. Warum hat die Bedeutung der Instandhaltung zugenommen?

Dazu ausgewählte Beispiele:

Zunahme der Bedeutung der Instandhaltung (IH)		
Beispiele		
Rückgang der Energiereserven, verschärfte Umweltbedingungen	zunehmender Wettbewerbsdruck	Altersstruktur und Anlagentechnologie
Total Productive Maintenance (TPM)	Verknüpfung der Fertigungssysteme	Entwicklung der Investitions- und Instandhaltungskosten

1. *Weltweiter Rückgang der Energiereserven, verschärfte Umweltbedingungen, Umweltmanagement:*
   Mangelnde/unzureichende Instandhaltung kann zu einem Funktionsausfall/zu einer Funktionsbeeinträchtigung der Anlagen führen. Damit kann ein erhöhter Energieverbrauch verbunden sein bzw. vorgehaltene (und bezahlte) Energien werden nicht entsprechend genutzt.

   Instandhaltung hat ebenfalls die Aufgabe, den Energieverbrauch der Anlagen zu überwachen und frühzeitig Entscheidungen herbeizuführen, wann neue, energieschonende Anlagen zu beschaffen sind (wirtschaftliche Entscheidung: Investitionskosten versus Energiekosten und Instandhaltungskosten).

   Die Schonung der Umwelt aufgrund nationaler und europäischer Gesetze sowie im Rahmen der Umweltauditierung stellen auch weitergehende Anforderungen an die Instandhaltung: Es sind so weit wie möglich wiederverwendbare, weiterverwertbare und umweltschonende Materialien und Ersatzteile zu verwenden (z. B. generalüberholte Aggregate statt Neuteile, Wiederaufbereitung von Kühlemulsionen; Verwendung umweltschonender Reinigungsflüssigkeiten u. Ä.); die Entsorgung nicht mehr verwendbarer Materialien muss umweltgerecht erfolgen und ggf. nachgewiesen werden (Öle, Fette, Laugen, Lacke, Emulsionen, Wasch- und Reinigungsmittel, Schrott; Entsorgungskette).

2. *Wettbewerbsdruck, Sättigung der Absatzmärkte, Bestandssicherung des Unternehmens und der Arbeitsplätze:*
   Die Absatzmärkte sind überwiegend gesättigt. Dies führt global zu einem zunehmenden Wettbewerb der Unternehmen. *Qualitäts- und Termintreue gewinnen damit einen hohen Stellenwert.* Vor diesem Hintergrund hat die Gewährleistung der Maschinenverfügbarkeit eine sehr hohe Priorität gewonnen. Der Ausfall maschineller Anlagen aufgrund einer falschen Instandhaltungsstrategie hat unmittelbar negative Folgen am Absatzmarkt: Verlust von Kundenbeziehungen, Verlust von Marktanteilen, Wettbewerbsnachteile.

   Eine ausgewogene Instandhaltungsstrategie – im Spannungsfeld der Minimierung von Instandhaltungskosten und maximaler Verfügbarkeit der Anlagen – ist zu einem Wettbewerbsfaktor geworden, der über die Sicherung des Unternehmens am Markt und der Existenzsicherung der beschäftigten Arbeitnehmer mit entscheidet.

3. *Altersstruktur und Technologie von Maschinen und Anlagen:*
   Die technologische Entwicklung führt laufend zu einem verbesserten Angebot der Maschinenhersteller und Anlagenbauer. Die Produktzyklen verkürzen sich; die technische Komplexität der Anlagen steigt; die Wartungsintervalle und der Wartungsaufwand verändert sich. Dies führt dazu, dass heute die Wirtschaftlichkeit von Anlagen (Input-Output-Relation; Leistungen: Kos-

ten) häufiger überprüft werden muss als in früheren Zeiten. Der optimale Ersetzungszeitpunkt in Abhängigkeit von den Wartungs- und Reparaturkosten ist zeitnah zu bestimmen.

4. *Verknüpfung der Fertigungssysteme:*
   Die Realisierung der Fertigungsziele (Verkürzung der Durchlaufzeiten, Senkung der Stückkosten, hohe Qualitätsanforderungen usw.) hat zu einer komplexen Vernetzung der Material-, Informations- und Fertigungsprozesse geführt. Dies hat zur Konsequenz, dass Störungen in einem Teilprozess zu Ausfällen ganzer Prozessketten führen kann. Aus diesem Grunde ist die Planung der Instandhaltung noch stärker als bisher mit der Fertigungs- und der Ressourcenplanung zu verknüpfen.

5. *Progressive Entwicklung der Investitions- und Instandhaltungskosten, Total Productive Maintenance (TPM):*
   In den Unternehmen der Investitionsgüterindustrie wurden in den zurückliegenden Jahren in der Regel einseitig technologieorientierte Rationalisierungsstrategien zur Verbesserung der Produktion verfolgt. Man konzentrierte sich vor allem in der Automobilindustrie auf die Mechanisierung und Automation der Produktionsanlagen.

   Die Folgen waren eine Zunahme der technischen Komplexität, eine erhöhte Störanfälligkeit und mangelnde Zuverlässigkeit der Anlagensysteme. Dies wiederum führte zu steigenden Kosten und einer Verschlechterung der Rentabilität. Die Anlageneffektivität kapitalintensiver und hochautomatisierter Produktionsanlagen wurde damit zu einem immer wichtigeren Engpass für die Produktivität. Dies führte zu dem Gedankengut von *Total Productive Maintenance*:

   TPM beinhaltet das Bestimmen und Analysieren der Ursachen der verringerten Anlageneffektivität, um daraus Maßnahmen zur Steigerung der Verfügbarkeit und Zuverlässigkeit der Produktionsanlagen abzuleiten. Neben der Maximierung der Effektivität bestehender Anlagen hat TPM das Ziel, zukünftige Anlagengenerationen unter Beachtung der Lebenszykluskosten präventiv zu verbessern. Dafür ist ein Konzept notwendig, das Erfahrungswissen aus dem Betreiben der bestehenden Anlagen quantifiziert und daraus Ansatzpunkte für die Neuplanung von Anlagensystemen ableitet.

   TPM bedeutet eine Abkehr der früheren Trennung von Produktion und Instandhaltung und führt beide Bereiche auf allen Ebenen des Unternehmens *zu einem integrierten Instandhaltungs- und Verbesserungssystem.* Eine zentrale Rolle spielt dabei die gesamte Belegschaft, vom Montagemitarbeiter über den Instandhalter bis hin zum Topmanager. Der Systemansatz ist damit ähnlich wie beim Konzept „Total Quality Management“ (TQM).

6. *Entwicklung der Investitions- und Instandhaltungskosten, qualitative Anforderungen an die Instandhaltungsdurchführung:*
   Der Ausfall maschineller Anlagen kann dazu führen, dass geplante Ressourcen (Personal, Energie usw.) für eine bestimmte Zeit nicht genutzt werden. Dies kann z. B. bei den Arbeitskräften zu Leerlauf führen, weil für die Gesamtdauer der Stillstandszeiten nicht sofort eine alternative Einsatzmöglichkeit erfolgen kann. Die Folgen: Personalkosten entstehen, ohne dass diesen produktive Leistungen gegenüberstehen; die Produktivität sinkt; die Ausbringungskosten pro Stück steigen.

   Die zunehmende technische Komplexität der Anlagen kann zu höheren Personalkosten beim Wartungspersonal führen (gestiegene Anforderungen/höhere Entlohnung). Während in früheren Zeiten einfache Wartungsarbeiten vom Bedienungspersonal ausgeführt werden konnten, nimmt heute die Tendenz zu, speziell ausgebildetes und permanent geschultes Wartungspersonal einzusetzen; neben den Grundlagen der Mechanik müssen heute die Mitarbeiter bei der Wartung der Anlagen auch über Kenntnisse der Elektrik/Elektronik, Hydraulik, Pneumatik, Mess- und Regeltechnik, SPS-Programmierung usw. verfügen (vgl. auch die Entwicklung neuer Berufsbilder: Anlagenmechaniker, Mechatroniker, Industriemechaniker). Analog können bei der Fremdvergabe der Instandhaltung die Kosten je vereinbarter Instandhaltungsleistung steigen.

Die zunehmende Kapitalintensität im Maschinen- und Anlagenbereich (Substitution des Faktors Arbeit) *verlangt eine Maximierung der Maschinenlaufzeiten.* Die Gründe liegen in der Notwendigkeit einer angemessenen Kapitalverzinsung (Kapitalrentabilität) und der Reduzierung der Durchlaufzeiten.

Als Folge ist tendenziell eine *Abkehr von der ausfallbedingten Instandhaltung zur vorbeugenden Instandhaltungsstrategie* zu verzeichnen. Damit verbunden ist i. d. R. ein Anstieg der Instandhaltungskosten. Das Optimum liegt dort, wo die Summe aus Produktionsausfallkosten und Instandhaltungskosten ihr Minimum erreichen:

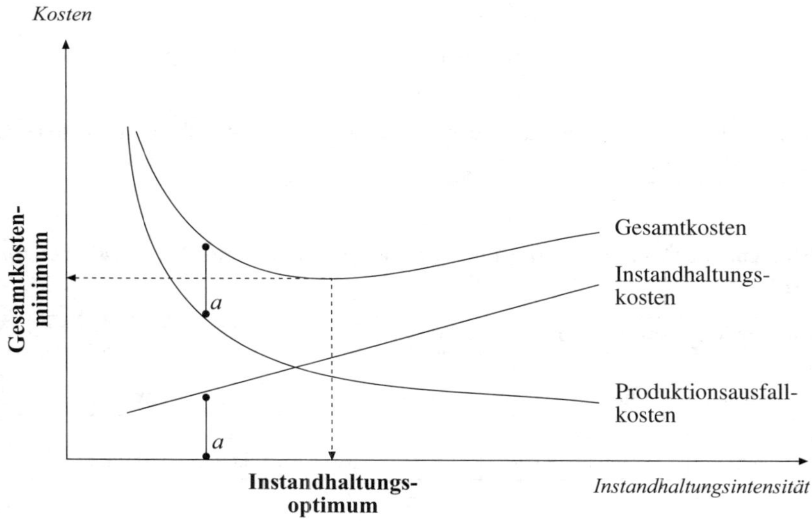

Erläuterung zur Abbildung:

- Die Instandhaltungskosten steigen (idealtypisch) linear an.
- Mit zunehmender Instandhaltungsintensität sind die Produktionsausfallkosten geringer.
- Die Gesamtkostenkurve ergibt sich als grafische Addition der Werte der Instandhaltungskosten und der Produktionsausfallkosten (vgl. beispielhaft Linie *a*).
- Das Instandhaltungsoptimum liegt im Minimum der Gesamtkostenkurve (x-Achse). Jede weitere Ausdehnung der Instandhaltungsintensität führt zu einem Anstieg der Gesamtkosten.

Bei intensiver Wartung steigen die Wartungskosten, die Reparaturkosten sinken und umgekehrt. Das Optimum ist die Wartungsintensität, bei der die Summe aus Wartungs- und Reparaturkosten ihr Minimum erreichen:

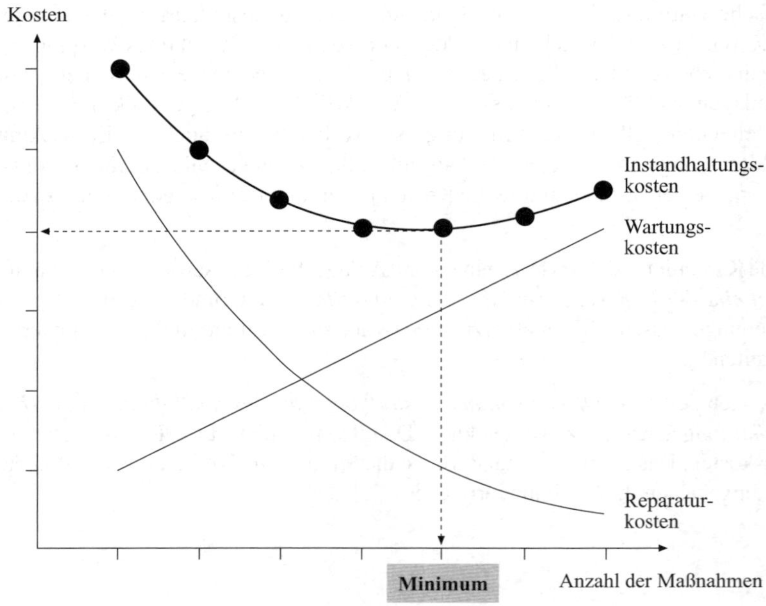

> Ziel der Instandhaltung ist es, die Summe der schadensbedingten Instandhaltungskosten und der Anlagenausfallkosten zu minimieren.

05. Welche Elemente der Wertschöpfungskette werden von der Instandhaltung unmittelbar beeinflusst?

Die Instandhaltung hat unmittelbaren Einfluss auf ...			
die Sicherheit der Anlagen	den Kundenservice	den Umweltschutz	die Anlagenverfügbarkeit
die Energieeffizienz	die Produktqualität	die Wirtschaftlichkeit der Fertigung	

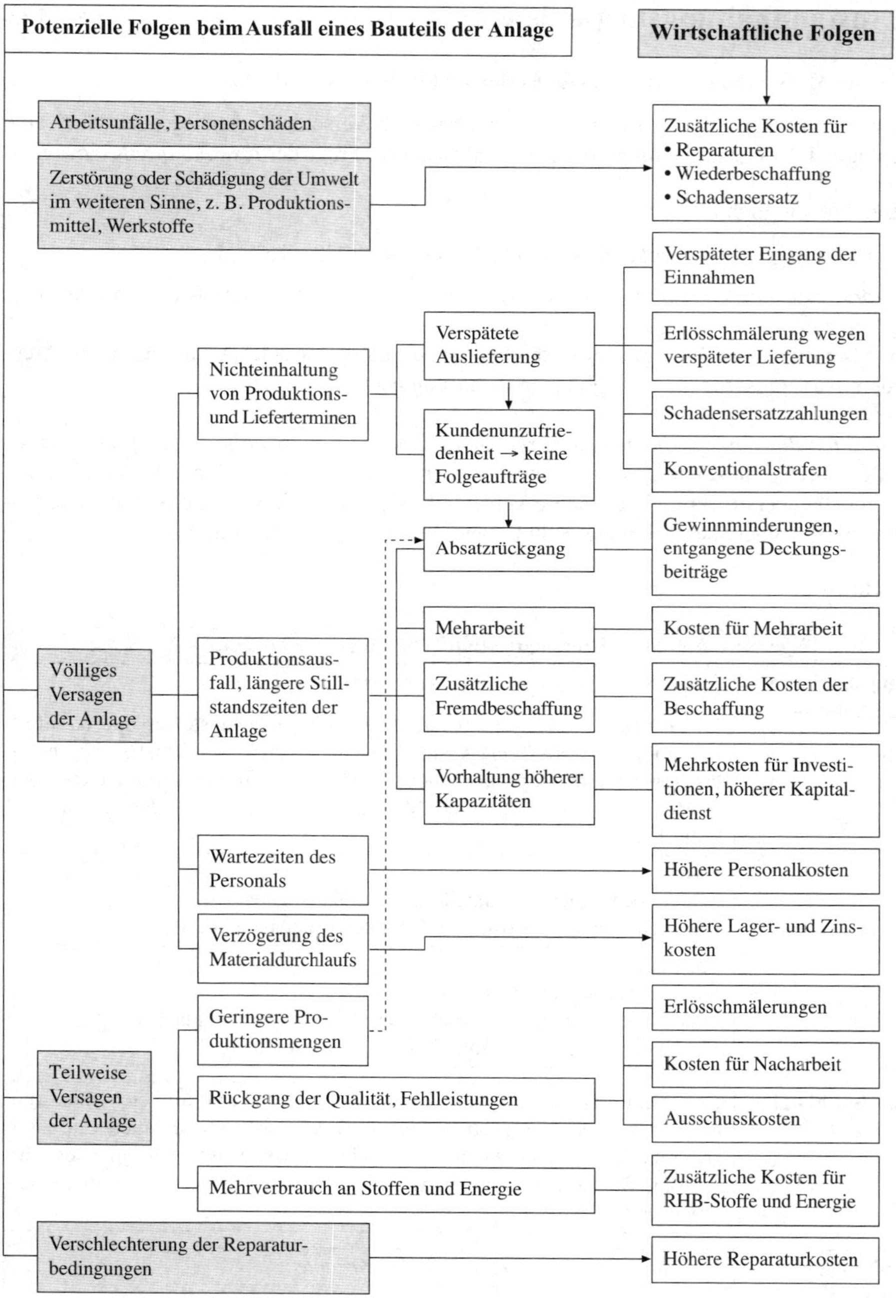
Potenzielle Folgen beim Ausfall eines Bauteils der Anlage
Wirtschaftliche Folgen
Arbeitsunfälle, Personenschäden
Zerstörung oder Schädigung der Umwelt im weiteren Sinne, z. B. Produktionsmittel, Werkstoffe
Zusätzliche Kosten für
• Reparaturen
• Wiederbeschaffung
• Schadensersatz
Verspäteter Eingang der Einnahmen
Verspätete Auslieferung
Erlösschmälerung wegen verspäteter Lieferung
Nichteinhaltung von Produktions- und Lieferterminen
Schadensersatzzahlungen
Kundenunzufriedenheit → keine Folgeaufträge
Konventionalstrafen
Absatzrückgang
Gewinnminderungen, entgangene Deckungsbeiträge
Mehrarbeit
Kosten für Mehrarbeit
Völliges Versagen der Anlage
Produktionsausfall, längere Stillstandszeiten der Anlage
Zusätzliche Fremdbeschaffung
Zusätzliche Kosten der Beschaffung
Vorhaltung höherer Kapazitäten
Mehrkosten für Investitionen, höherer Kapitaldienst
Wartezeiten des Personals
Höhere Personalkosten
Verzögerung des Materialdurchlaufs
Höhere Lager- und Zinskosten
Geringere Produktionsmengen
Erlösschmälerungen
Teilweise Versagen der Anlage
Rückgang der Qualität, Fehlleistungen
Kosten für Nacharbeit
Ausschusskosten
Mehrverbrauch an Stoffen und Energie
Zusätzliche Kosten für RHB-Stoffe und Energie
Verschlechterung der Reparaturbedingungen
Höhere Reparaturkosten

1.7.2 Instandhaltungsmethoden

→ A 5.2.6

01. Welche Methoden (auch: Strategien) der Instandhaltung gibt es?

Die Tatsache, dass maschinelle Anlagen einem permanenten Verschleiß unterliegen, begründet die Notwendigkeit der Instandhaltung. Im Mittelpunkt steht die Frage der *Instandhaltungsstrategie:*

Grundsätzlich möglich ist eine

- *Präventivstrategie* (= vorbeugender Austausch von Verschleißteilen) oder
- eine *störungsbedingte Instandhaltung* (= Austausch der Teile bei Funktionsuntüchtigkeit).

Die jeweils notwendige Strategie der Instandhaltung ergibt sich aus der Art der Anlagen, ihrem Alter, dem Nutzungsgrad, der betrieblichen Erfahrung usw.

In den meisten Betrieben ist heute eine vorbeugende Instandhaltung üblich, die zu festgelegten Intervallen durchgeführt wird, sich auf eine Wartung und Kontrolle der Funktionsfähigkeit der gesamten Anlage erstreckt und besondere Verschleißteile vorsorglich ersetzt. Notwendige Dokumente, z. B. Anlagenbeschreibung, Schultpläne, Wartungspläne, Schmierpläne.

Im Überblick:

Instandhaltungsmethoden (auch: Strategien, Konzepte)	
Störungsbedingte Instandhaltung	*Instandsetzung nach Ausfall* (Feuerwehrstrategie): Eine Instandsetzung nach Ausfall ist meist die ungünstigste Variante, da sofort nach Eintreten der Störung Ausfallzeiten und Kosten entstehen. Der Austausch der Verschleißteile erfolgt immer zu spät. Dies sollte nur dann angewendet werden, wenn die Funktion der Maschine/Anlage aus der Erfahrung her unkritisch ist.
	Vorteile: • Die Lebensdauer der Bauteile wird vollständig genutzt. • Es entstehen keine Kosten für Kontrollmaßnahmen und Wartung.
	Nachteile: • ungeplante Ausfallzeiten • Personaleinsatz und Ausweichen der Produktion nicht planbar • Instandsetzung unter Termindruck (Qualitätsproblem).
Zustandsabhängige Instandhaltung	Es erfolgt eine *vorbeugende Instandhaltungsstrategie,* die sich exakt am konkreten *Abnutzungsgrad des Instandhaltungsobjekts* orientiert. Sie lässt sich mithilfe von Einrichtungen zur Anlagenüberwachung und -diagnose für kritische Stellen durchführen (Anwendung der technische Diagnostik, Condition Monitoring).
Zeitabhängige, periodische Instandhaltung	*Vorbeugende Instandhaltung mit den Varianten:*
	Präventiver Austausch einzelner Bauteile, wenn sich zum Beispiel Verschleißgeräusche, Ermüdungserscheinungen oder Spielvergrößerungen zeigen.
	Vorbeugender Austausch von Bauteilen und Baugruppen basierend auf Erfahrungen, Schadensanalysen oder aufgrund von Herstellervorgaben bzw. gesetzlichen Auflagen u. Ä.; Nachteil: Austausch erfolgt zu früh oder ggf. zu spät.

02. Welche Abhängigkeit besteht zwischen dem Abnutzungsvorrat und der Lebensdauer einer Anlage?

Der *Abnutzungsvorrat* eines Bauteils ist der konstruktiv vorgesehene Vorrat an Abnutzungsmöglichkeiten, der während des Betriebs nicht verhindert werden kann (z. B. Abnutzung von Bremsscheiben, Lagern). Damit wird erreicht, dass auch bei einer Abweichung vom Sollzustand das Bauteil funktionsfähig bleibt.

Beispiel „Gleitlager“:
Ein bestimmtes Lagerspiel ist vorgeschrieben; ein Grenzlagerspiel wird als äußerster Wert festgelegt. Die Differenz beider Werte ist der Abnutzungsvorrat. Ist er verbraucht, so ist eine Instandsetzung notwendig (zustandsabhängige Instandsetzung).

Der Abnutzungsvorrat lässt sich grafisch darstellen. Der Kurvenverlauf kann je nach Bauteil sehr unterschiedlich sein. Für mechanische Bauteile ist der nachfolgende Kurvenverlauf häufig zu beobachten:

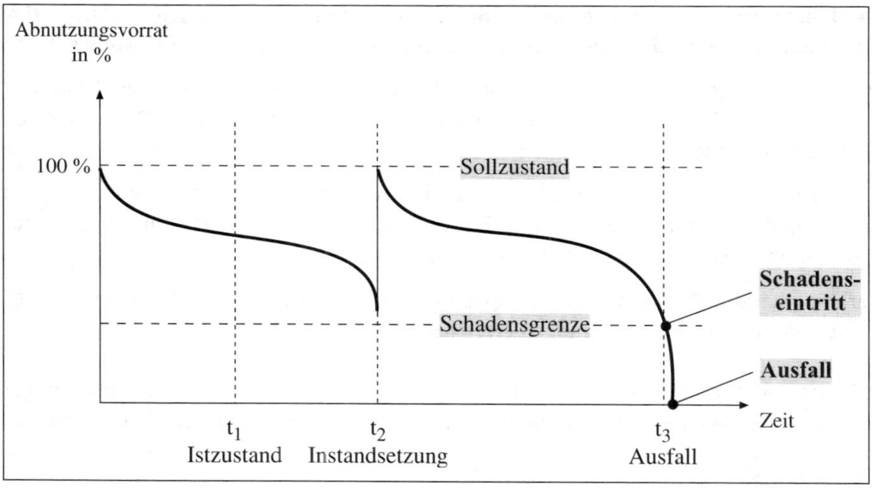

03. Wie wird die Zustandsüberwachung (Condition Monitoring) durchgeführt?

Vorbemerkung:
Eine einfache, subjektive aber ungenaue Methode ist die Zustandsüberwachung der Anlage durch den Menschen auf der Basis akustischer Wahrnehmung (→ Analyse des charakteristischen Maschinengeräusches durch das menschliche Ohr). Der Vorteil liegt darin, dass man schnell und ohne Messapparaturen bestimmte Zustände der Maschine erkennen kann (z. B. Lagergeräusche).

Durch den Einsatz objektiver Überwachungseinrichtungen lässt sich gerade bei komplexen Maschinen und Anlagen die Zuverlässigkeit erhöhen. Bei der objektiven Messmethode versucht man, aufgrund der Veränderung der Messgrößen auf Veränderungen der Bauteile zu schließen (z. B. Verschleiß, Temperatur):

Mithilfe mechanischer, thermischer und elektrischer Größen, die über Sensoren erfasst werden, lassen sich Aussagen über die Zuverlässigkeit und Verfügbarkeit der Anlage treffen. Der Zustand der Bauteile wird dabei permanent erfasst und auf Abweichungen von ihren Sollparametern überprüft. Über eine entsprechende Hard- und Software erfolgt eine Erfassung, Analyse und Auswertung der Messdaten und Schwingungssignale.

Die Zustandsüberwachung kann auf zwei Arten erfolgen:

Condition Monitoring (Arten)	
Offline-Betrieb	**Online-Betrieb**
Erfassung der Diagnosedaten (für einen festgelegten Zeitraum) über einen tragbaren Datensammler mit anschließender Analyse und Auswertung.	Erfassung der Daten als Festinstallationssystem **Beispiel:** Schwingungsüberwachung zur Verhinderung größerer Schäden

04. Mit welchen organisatorischen und technischen Lösungen können Kosten und Stillstandszeiten von Maschinen und Anlagen zukünftig weiter verringert werden?

- Mithilfe der *Echtzeitübertragung* von Maschinendaten über das Internet werden im Störungsfall Fehler schneller diagnostiziert. Dabei können zeitgleich beim Hersteller Diagnosedaten kontrolliert und analysiert werden.

  Durch Freischaltung und Zugriff auf die Steuerung können so Kosten reduziert und Stillstandszeiten verringert werden. Die Störungsbeseitigung erfolgt schneller, da der Kundendienst über die Störung genauer informiert ist.

  Damit erhöht sich die Verfügbarkeit der Anlage und durch nachfolgende Software-Updates lassen sich weitere Prozessoptimierungen erreichen.

- Auch mithilfe der *Video-Übertragung* (Videodiagnose, z. B. online) lassen sich vor allem bei mechanischen Problemen Kosten reduzieren und Schadensursachen schneller beurteilen.

1.7.3 Planung und Organisation der Abläufe

01. Wie erfolgt die Planung der Instandhaltung (IH)?

Die Planung der Instandhaltung muss sich an den *Kostenverläufen* orientieren. Sie muss sowohl *Schadensfolgekosten* durch Abschalten, Stillstand und Wiederanlauf als auch *Zusatzkosten* durch Verlagerung der Produktion auf andere Anlagen, Überstundenlöhne und andere Zusatzkosten berücksichtigen. Diesen Kosten sind die *Vorbeugekosten* durch entsprechende Wartung und Inspektion gegenüberzustellen.

Es müssen ferner die Ausfallursachen analysiert werden (*Schwachstellenanalyse*); sie müssen sich in einem Ablaufplan niederschlagen: Hier werden die für jede Anlage notwendigen *Überwachungszeiten* und der Umfang der auszuführenden Tätigkeiten festgelegt. Diese Zeiten müssen mit den Produktionsterminen und der jeweiligen Kapazitätsauslastung abgestimmt sein.

Spezielle *Wartungspläne* legen den Umfang der einzelnen Maßnahmen je Anlage fest, bestimmen die Termine und gewährleisten damit die notwendige Kontrolle. Parallel zum Ablauf der Instandhaltung müssen das erforderliche Instandhaltungsmaterial, die Personaldisposition der Mitarbeiter der Instandhaltung sowie die Betriebsmittel geplant werden. *Die Instandhaltungsplanung ist also eng mit der Betriebsmittelplanung verknüpft.* Die nachfolgende Abbildung zeigt die notwendigen Arbeiten im Rahmen der Instandhaltungsplanung:

Teilgebiete der Instandhaltungsplanung		
Planung der Instandhaltungsstrategie	**Planung der Bereitstellung (Versorgung)**	**Planung der Arbeitsabläufe**
vorbeugende Instandhaltung	Instandhaltungs-personal	Wartungspläne
störungsbedingte Instandhaltung	Instandhaltungs-betriebsmittel	Termine, Zeiten
	Instandhaltungs-material	Abstimmung mit der Fertigungsplanung

Die Versorgung der Instandhaltung mit den erforderlichen Ressourcen ist planerisch zu gewährleisten:

1. Die *Personalbereitstellung* für IH-Aufgaben ist mit der Personaleinsatzplanung der Fertigung abzustimmen; das IH-Personal ist nach erforderlicher Quantität und Qualifikation auszuwählen (z. B. notwendige spezifische Qualifikationen für bestimmte Anlagen, Qualifikation als Elektrofachkraft).

2. IH-Betriebsmittel und -material sind rechtzeitig zu disponieren bzw. der Lagerbestand von Ersatzteilen ist zu prüfen. Beschaffung und Transport der IH-Materialien/-Betriebsmittel sind in die Beschaffungslogistik zu integrieren. Die Beschaffung der Ersatzteile richtet sich nach der Häufigkeit von Störungen (Aufrechterhalten der Betriebssicherheit), Lagermenge (Ausfallwahrscheinlichkeit der Komponenten), Lieferzeiten und Kosten.

02. Wer ist im Betrieb für die Anlagenüberwachung/Instandhaltung zuständig? → 4.1.3

Die Anlagenüberwachung kann vom „Technischen Dienst" verantwortlich übernommen werden (zentrale Organisation der Anlagenüberwachung). Er kann dabei Fremdleistungen heranziehen oder die gesamte Instandhaltung selbst durchführen (*Make-or-Buy-Überlegung, MOB*).

Bei dezentraler Organisation der Anlagenüberwachung übernehmen *die Mitarbeiter in der Fertigung* die erforderlichen Arbeiten. Der Vorteil liegt in der Einbindung/Motivation der unmittelbar Betroffenen und der Chance zur laufenden Weiterqualifizierung. In der Praxis existiert häufig eine Mischform: Instandsetzung und Inspektion übernimmt der technische Dienst; Wartung und Pflege werden vom Mitarbeiter der Fertigung durchgeführt.

Eine Ausnahme bildet dabei selbstverständlich die Kontrolle, Wartung und ggf. Instandsetzung elektrischer Anlagen wegen des Gefährdungspotenzials und der existierenden Sicherheitsvorschriften; hier ist ausschließlich Fachpersonal einzusetzen.

Im Überblick:

Organisation der Instandhaltung	
Eingliederung	**MOB-Entscheidung**
zentral	interne Ausführung
dezentral	externes Personal
– Mischformen –	

Instandhaltung (IH) in Eigenregie (interne Gliederung)			
Zentrale IH	**Dezentrale IH**	**IH nach dem Objektprinzip**	**IH nach dem Verrichtungsprinzip**
Beispiele			
Zentraler technischer Dienst	Mitarbeiter der Fertigung	Funktionsbereiche	Elektrik/Elektronik
	Stützpunktwerkstätten	Maschinentypen	Mechanik/Pneumatik

03. Welche Anforderungen werden an Schadens- und Schwachstellenanalysen gestellt?

Da Maschinen und Anlagen beim Anwender unterschiedlichen Beanspruchungen unterliegen können und zunehmend standardisierte Baugruppen eingesetzt werden, sind *Schadens- und Schwachstellenanalysen* für den jeweiligen Anwendungsfall unbedingt *notwendig*.

Prozesssicherheit und Verfügbarkeit bei höchsten Ansprüchen an die erzeugte Produktqualität bei gleichzeitigem Sinken der Instandhaltungskosten sind heute die Aufgaben, die moderne Maschinen und Anlagen auszeichnen. Das kann man nur dadurch erreichen, dass man Ausfälle vermeidet, *gezielt Schadens- und Schwachstellenanalysen* betreibt und die Erkenntnisse daraus für weitere Gegenmaßnahmen nutzt.

Diese Erkenntnisse und Daten sind insbesondere für die Konstruktion, aber auch für den Anwender wichtig; sie können in neue Entwicklungen einfließen und permanente Verbesserungen ermöglichen. Analysen haben ergeben, dass bei vielen Investitionen die Folgekosten nach vier Jahren bereits so hoch sind, dass die Anlagen teilweise nicht mehr rentabel arbeiten. Deshalb ist es umso notwendiger, Schwachstellen ständig zu erfassen und sie dauerhaft zu beseitigen.

Unter der Bedingung, dass die Schwachstellenanalyse sorgfältig geplant und mit hoher Qualität erfasst und ausgewertet wird, ist es möglich, Ausfälle und Instandhaltungskosten zu verringern, indem der Austausch des entsprechenden Teils erst kurz vor Schadenseintritt erfolgt. Die entsprechende Instandhaltungsstrategie kann auf diese Weise kostengünstig dem tatsächlichen Maschinen- und Anlagenzustand angepasst werden, das heißt sich möglichst exakt am konkreten Abnutzungsgrad des Instandhaltungsobjekts ausrichten (*Zustandsorientierte Instandhaltung)*.

Für die *Schwachstellenanalyse* gibt es anerkannte Verfahren, z. B.:

- FMEA (Fehler-Möglichkeits- und Einflussanalyse; DIN EN 60812; vgl. ausführlich unter 8.3.3)
- Fehlerbaumanalyse
- Ishikawa-Diagramm (Ursache-Wirkungsdiagramm)
- Poka Yoke (vgl. ausführlich unter 8.4.3).

04. In welchen Schritten ist eine Schadensanalyse durchzuführen?

Nach VDI-Richtlinie 3822 muss die Schadensanalyse systematisch und schrittweise erfolgen, um eine Vermeidung und Wiederholung des Schadens zu erreichen. Sie wird in folgenden Schritten durchgeführt:

<table>
<tr><th colspan="4">Schadensanalyse</th></tr>
<tr><td colspan="2">Arbeitsschritte</td><td colspan="2">Beispiele</td></tr>
<tr><td>1.</td><td>Beurteilung und Klassifizierung des Schadens</td><td colspan="2"></td></tr>
<tr><td>2.</td><td>Ermittlung der Schadensursache</td><td colspan="2">Schmiedefehler, Gießfehler, Risse beim Umformen, Schweißfehler, Mischungsverhältnis bei Kunststoffen (Füllstoff – Kunststoff) Wirkprinzipien, Belastungsvorgänge, elektrische Kontakte, Überspannungsschäden</td></tr>
<tr><td rowspan="14">3.</td><td rowspan="14">Auswertung der Ergebnisse und Maßnahmen zur Beseitigung des Schadens</td><td rowspan="3">Werkstoffuntersuchungen an Bauteilen und Materialien:</td><td>• chemische Zusammensetzung</td></tr>
<tr><td>• Gefüge (Bruchbild)</td></tr>
<tr><td>• mechanisch-technologische Prüfung</td></tr>
<tr><td rowspan="2">Konstruktive Gestaltung von Anlagen und Maschinen:</td><td>• Materialauswahl</td></tr>
<tr><td>• Werkstoffpaarung</td></tr>
<tr><td rowspan="4">Äußere Umgebungseinflüsse:</td><td>• Bewegungsabläufe</td></tr>
<tr><td>• Medien</td></tr>
<tr><td>• Temperatur</td></tr>
<tr><td>• Schadensbegünstigung</td></tr>
<tr><td colspan="2">Auswertung technischer Regelwerke und Gesetze</td></tr>
<tr><td colspan="2">Simulationsrechnungen am Computer</td></tr>
<tr><td colspan="2">Auswertung von Schadenskatalogen und Schadensanalysen</td></tr>
<tr><td colspan="2">Maßnahmen zur Abhilfe erarbeiten und einleiten</td></tr>
<tr><td colspan="2">Schadensbericht erstellen</td></tr>
<tr><td>4.</td><td>Kontrolle der Maßnahmen in Bezug auf ihre Wirksamkeit</td><td colspan="2"></td></tr>
</table>

05. Wie können die charakteristischen Phasen der Lebensdauer eines Bauteils beschrieben werden?

Die Komplexität von Maschinen- und Anlagen vergrößert die Gefahr von Ausfällen einzelner Baugruppen mit unterschiedlicher Lebensdauer ihrer Komponenten. Die Ausfälle treten dabei in Kombination verschiedener Schädigungsprozesse auf und machen sich oft erst nach unterschiedlichen Beanspruchungszeiten bemerkbar.

Mithilfe des Verlaufs der *Ausfallrate* können die charakteristischen Phasen der Lebensdauer eines Bauteils beschrieben werden. Sie werden durch die so genannte *„Badewannenkurve"* bildlich dargestellt. Die *Ausfallrate* gibt dabei die zeitliche Entwicklung der Ausfallwahrscheinlichkeit für die jeweilige Betriebszeit an. Die Badewannenkurve gilt für alle Maschinen- und Anlagenteile, die einem direktem Verschleiß unterliegen. Es gibt *drei Phasen* der Ausfallrate in Abhängigkeit von der Betriebszeit:

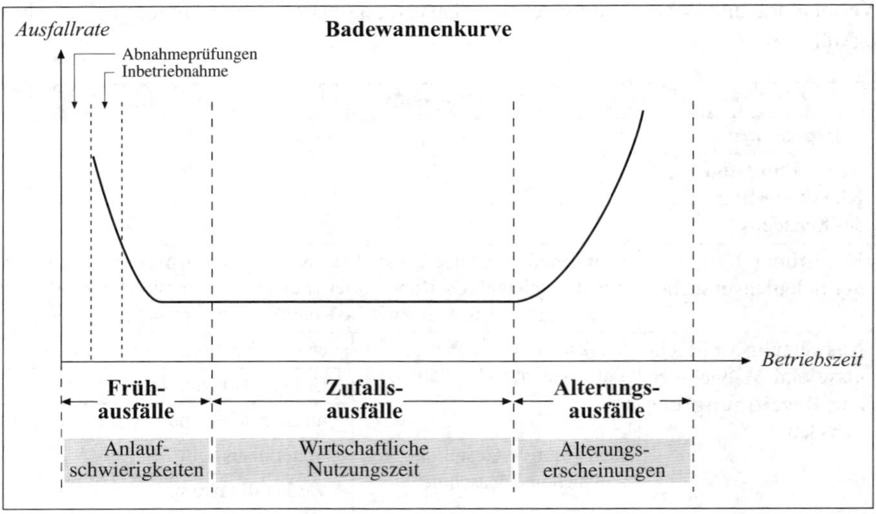

Es hat sich gezeigt, dass bei komplexen Anlagen der Verlauf der Ausfallrate vom klassischen Verlauf deutlich abweichen kann.

- *Frühausfälle* sind zu Beginn der Betriebszeit vorhanden und werden mit fortschreitender Betriebszeit immer seltener. Sie beruhen auf Fehlern in der Konstruktion und im Herstellungprozess. Ihre Ursachen werden also beim Hersteller gesetzt und sind nur nachträglich durch Nachbesserung des Auslieferungszustandes zu beseitigen.

- *Zufallsausfälle* sind nicht vorhersehbar und treten unabhängig vom Alter des Bauteils auf. Die Ausfallursache bleibt zunächst unbekannt. Nur mithilfe von Inspektion und Diagnose kann bei Zustandsverschlechterung (Maschinendiagnose) bei rechtzeitiger Erkennung und Maßnahmeeinleitung ein Ausfall noch verhindert werden (*Zustandsorientierte Instandhaltung)*.

- *Alterungsausfälle* sind solche, die durch Verschleiß und Alterung bedingt sind und mit der Lebensdauer des Bauteils zunehmen. Sie sind zum Beispiel ein typisches Erscheinungsbild an mechanischen Bauteilen.

  Alterungsausfälle lassen sich durch Maßnahmen der *vorbeugenden Instandhaltung* verhindern. Es ist dabei zu beachten, dass die Kosten der *vorbeugenden Instandhaltung* einschließlich der Folgekosten immer kleiner sein sollten, als die Kosten und Folgekosten einer nachträglichen Instandsetzung.

06. Was sind die Hauptursachen von Störungen und Ausfällen an Maschinen und Anlagen?

Achtung: Häufig Gegenstand der Prüfung!

Ursachen für Maschinen- und Anlagenstörungen können sein:

- der *Mensch* (z. B. Qualifikation, Fehlbedienung, Motivation)
- die *Maschine* (z. B. Konstruktion, Verkettung, Betriebsstunden)
- das *Management* (z. B. Organisation, Motivation, Mittelbereitstellung)
- die *Umwelt* (z. B. Temperatur, Staub, Feuchtigkeit)
- das eingesetzte *Material* (z. B. Verschleiß, Korrosion, Ermüdung, Belastung, Dehnung, Schrumpfung, Betriebsstoff, Alterung)
- die *Methode* (z. B. Inspektion, Wartung, Instandsetzung, Schwachstellenanalyse)
- die *Messtechnik* (z. B. Sensorik, Signalverarbeitung, Signalauswertung) sowie andere Einflüsse.

07. Was sind die Hauptursachen für den Ausfall elektrischer und elektronischer Bauelemente?

Typische Ursachen für den Ausfall elektrischer und elektronischer Bauelemente sind:

- Stromunterbrechungen
- Isolationsdurchschlag, Überspannungen (z. B. Blitzeinschlag)
- Kontaktschäden
- Differenzen von Spannung, Stromstärke und Widerstand gegenüber dem Sollzustand
- Ausfall kompletter elektronischer Bauelemente
- mechanische Schäden an Leitungen: Quetschung, Leitungsbruch, thermische Beanspruchung.

Besonders äußere Einflussfaktoren wie *Schwingungen* und *Feuchtigkeit* sind häufig die Ursache für elektrische Störungen.

Bei der Störungssuche können folgende Fragen hilfreich sein, z. B.:

- Welche Maschine und welches Bauteil sind betroffen?
- Wann ist die Störung aufgetreten?
- Welche Tätigkeiten an der Maschine erfolgten vor der Störung?
- Ist die Störung bereits von früher bekannt (Ursache?).

1.7.4 Durchführung → BGI 577

01. Wie lässt sich die Durchführung der Instandhaltung als Prozess darstellen?

Planung der Instandhaltung (IH)

→ Personal: Fachkunde, Verantwortung
→ Beschaffung und Teilelagerung:
- Material
- Betriebsmittel

→ Sicherheitsanforderungen

↓

Planung des Arbeitseinsatzes, Maßnahmen der Instandhaltung (Wartung, Inspektion, Instandsetzung)	→ Information, Koordination → Abstimmung mit anderen Betriebseinheiten → Verantwortung → Arbeitsschutz
↓	
Instandhaltungsauftrag	→ Instandhaltungsanweisung
↓	
Überwachung und Steuerung der IH-Arbeiten	→ Arbeitssicherheit → Qualität nach DIN EN ISO 9000:2015
↓	
Änderungseingriff	
↓	
Abschluss der IH-Arbeiten	→ Durchführungskontrolle (quantitative und qualitative Bewertung der Arbeiten) → Funktionskontrolle → Aufhebung der Sicherheitsmaßnahmen → Übergabe, Freigabe

Quelle: in Anlehnung an: BGI 577 Instandhaltung, S. 16

02. Welche Maßnahmen sind vor, während und nach der Instandhaltung zu beachten?

Für Maßnahmen vor, während und nach der Beendigung der Instandhaltung von Maschinen und Anlagen empfiehlt die BGI 577 folgende Prüfliste:

Prüfliste zur Sicherheit bei der Instandhaltung von Maschinen und Anlagen

1. Organisatorische Maßnahmen

Werden Ablauf der Instandhaltungsarbeiten und zugehörige Sicherheitsmaßnahmen mit allen Beteiligten besprochen und abgestimmt?
Werden bei umfangreichen oder gefährlichen Arbeiten Instandhaltungsanweisungen erstellt?
Wird ein Verantwortlicher bestimmt, der die Einhaltung der Sicherheitsmaßnahmen überwacht?
Werden alle Beteiligten unterwiesen?
Ist ein Koordinator erforderlich?
Werden geeignete Werkzeuge, Hilfsmittel und persönliche Schutzausrüstungen zur Verfügung gestellt?
Sind die eingesetzten Personen für die Instandhaltungsarbeiten geeignet?
Sind Maßnahmen für die Befreiung erfasster oder eingeklemmter Personen und für die erste Hilfe notwendig?

2. Maßnahmen vor Beginn der Instandhaltungsarbeiten

Wurden Maschinen und Anlagen vor Beginn der Arbeiten stillgesetzt?
Wird ein unbefugtes oder irrtümliches Ingangsetzen durch Abschließen des Hauptschalters oder Trennen von Energieanschlüssen (z. B. Elektrik, Hydraulik, Pneumatik) vermieden?
Sind an automatischen Maschinen und Anlagen Maßnahmen gegen das unbefugte oder irrtümliche Einschalten des Automatikbetriebes getroffen (z. B. Abziehen des Schlüssels Hand-Automatik, Einhängen von Schlössern in überwachte Türen)?
Wird das Ingangkommen Gefahr bringender Bewegungen infolge gespeicherter Energie (z. B. Druckbehälter, Federn, angehobene Maschinenteile) verhindert?
Werden besondere Sicherheitsmaßnahmen bei Instandhaltungsarbeiten an laufenden Maschinen eingehalten (z. B. trennende oder ortsbindende Schutzeinrichtungen, ortsbewegliche Steuereinrichtungen mit Not-Aus-Schaltern, Zustimmungsschalter, reduzierte Geschwindigkeit)?

Werden in verketteten Anlagen besondere Schutzmaßnahmen getroffen, wenn einzelne Komponenten oder Teilbereiche weiter betrieben werden müssen (bewegliche Absperrungen, Lichtschranken, Schaltmatten)?

3. Maßnahmen nach Beendigung der Instandhaltungsarbeiten

Werden vor der Wiederinbetriebnahme alle Schutzeinrichtungen wieder angebracht oder eingeschaltet?
Wird die Funktion von Maschinen und Anlagen einschließlich ihrer Schutzeinrichtungen vor der Freigabe für den Normalbetrieb überprüft?
Ist vor dem Anlauf von Maschinen und Anlagen – besonders bei Automatikbetrieb – sichergestellt, dass alle Personen die Gefahrenbereiche verlassen haben?
Werden an unübersichtlichen Maschinen und Anlagen vor dem Ingangsetzen unerwarteter, Gefahr bringender Bewegungen deutlich wahrnehmbare Warnanlagen betätigt?

Für alle Mitarbeiter gelten grundsätzlich folgende *Sicherheitsregeln für den Umgang mit elektrischen Betriebsmitteln* (Quelle: BGI 577):

- Überzeugen Sie sich vor der Benutzung vom einwandfreien Zustand.
- Benutzen Sie keine nassen elektrischen Geräte, bis auf besondere Ausnahmen.
- Bedienen Sie keine elektrischen Betriebsmittel mit nassen Händen oder Füßen.
- Schalten Sie bei Störungen sofort die Spannung ab.
- Melden Sie Schäden sofort den zuständigen Elektrofachkräften.
- Führen Sie keine Reparaturen an elektrischen Betriebsmitteln aus.
- Informieren Sie sich über die erforderlichen Sicherheitsmaßnahmen beim Einsatz von elektrischen Geräten unter besonderen Bedingungen (Hitze, Nässe, brand- und explosionsgefährdete Bereiche, enge Räume).
- Öffnen Sie nie Schutzeinrichtungen und Abdeckungen elektrischer Betriebsmittel.
- Achten Sie auf die Kennzeichnung und Absperrung unter Spannung stehender elektrischer Einrichtungen.
- Informieren Sie die zuständigen Elektrofachkräfte, wenn Sie in der Nähe von Kabeln, Leitungen oder elektrischen Betriebsmitteln Wartungs- und Instandsetzungsarbeiten durchführen müssen.
- Führen Sie keine Arbeiten an elektrischen Betriebsmitteln durch. Ausnahmen sind nur dann zulässig, wenn Sie ausreichende Kenntnisse über die mit der Arbeit verbundenen Gefahren und die Sicherheitsmaßnahmen besitzen und von einer Elektrofachkraft unterwiesen worden sind.

03. Wie ist die zeitliche Einordnung qualitätssichernder Aufgaben und Maßnahmen der Instandhaltung vorzunehmen?

Maßnahmen der Instandhaltung müssen zeitlich angepasst in den Fertigungsprozess integriert werden. Instandhaltungsabläufe und Fertigungsprozesse sind im Planungsstadium miteinander „zu verzahnen“. In welcher Form dies geschieht hängt wesentlich von folgenden Faktoren ab:

- *Fertigungsstruktur* (auch: Fertigungsorganisation)
- *Instandhaltungsstrategie* (vorbeugende/störungsbedingte Strategie)
- *Form der Instandhaltung* (Wartung, Inspektion, Instandsetzung)
- *Koordination der Instandhaltung* (isoliert an einzelnen Maschinen oder „en bloc“ = gleiche Instandhaltungsmaßnahme für mehrere Maschinen).

Im Ergebnis kann die Verzahnung von Fertigungs- und Instandhaltungsplanung zu folgenden *Formen der zeitlichen Einordnung der Instandhaltung* führen:

- kontinuierlich
- periodisch:
  - kurzperiodisch
  - langperiodisch
- auf Anforderung.

04. Wie sind die Maßnahmen der Instandhaltung unter dem Aspekt der Arbeitssicherheit und des Arbeitsschutzes zu koordinieren? Wer trägt die Verantwortung für die Arbeitssicherheit?

Die BGI 577 führt dazu aus:

Instandhaltungsarbeiten werden jeweils nach Umfang und Anforderung von Einzelpersonen, Gruppen aus einer Abteilung/mehreren Abteilungen durchgeführt. In vielen Fällen werden auch Mitarbeiter aus der Produktion oder von Fremdfirmen an Instandhaltungsarbeiten beteiligt. Eine gegenseitige Gefährdung durch mangelhafte Absprache ist dann nicht auszuschließen. Die Instandhaltungsarbeiten müssen daher abgestimmt oder koordiniert werden.

Die Unfallverhütungsvorschrift „Allgemeine Vorschriften" (DGUV Vorschrift 1) verlangt vom Unternehmer, dass er die Verantwortungsbereiche der von ihm zu bestellenden Aufsichtspersonen abgrenzt und dafür sorgt, dass diese ihren Pflichten auf dem Gebiet der Unfallverhütung nachkommen und sich untereinander abstimmen. Werden Arbeiten nur von Mitarbeitern der Instandhaltungsabteilung durchgeführt und andere Personen bei der Durchführung nicht gefährdet, liegt die Verpflichtung zur Koordination beim Leiter der Instandhaltung. Er hat auch für jeden Instandhaltungsauftrag festzulegen, wer die Verantwortung für die Arbeiten übernimmt.
Die Koordination von Maßnahmen und eine besondere Regelung der Verantwortung sind dann nötig, wenn Mitarbeiter aus der Produktion oder aus anderen Abteilungen an Instandhaltungsarbeiten beteiligt werden oder durch diese Arbeiten gefährdet werden können. In Abhängigkeit vom Umfang der Arbeiten empfiehlt es sich, dabei die Schriftform zu wählen. Es wird oft so sein, dass beim Ausfall einer Maschine oder Anlage dort beschäftigte Mitarbeiter der Produktion bei Instandhaltungsarbeiten und Probeläufen eingesetzt werden. Die Verantwortung kann sowohl Mitarbeitern aus der Produktion als auch Instandhaltern übertragen werden.

Instandhaltungsarbeiten werden in zunehmendem Umfang Fremdfirmen übertragen. Müssen diese Arbeiten während der allgemeinen Arbeitszeit durchgeführt werden und können dabei eigene Mitarbeiter (z. B. bei Instandhaltungsarbeiten an Kranen) oder Fremdfirmenangehörige durch die weiterlaufende Produktion gefährdet werden, muss ein Koordinator bestellt werden. Der Koordinator ist den Fremdfirmenangehörigen und den gefährdeten eigenen Mitarbeitern bekannt zu geben. Dem Koordinator ist eine besondere Weisungsbefugnis gegenüber den Fremdfirmen und deren Beschäftigten zu übertragen. Werden firmeneigene Mitarbeiter während der Dauer von Instandhaltungsarbeiten Fremdfirmenangehörigen beigestellt, verbleibt die Verantwortung für Arbeitssicherheit beim weisungsbefugten, firmeneigenen Vorgesetzten, obwohl üblicherweise die abgestellten Mitarbeiter Anweisungen von den Fremdfirmenangehörigen erhalten. Das geschieht besonders oft bei Instandhaltungsarbeiten durch Kundendienstmonteure, aber auch bei Prüfvorgängen durch befähigte Personen. Es wird sich vielfach nicht vermeiden lassen, eine weisungsbefugte Aufsichtsperson für diese Instandhaltungsarbeiten abzustellen oder eine ständige Absprache zwischen Fremdfirmenangehörigen und eigenen Vorgesetzten herzustellen. Auch die Verantwortung für den sicherheitstechnisch einwandfreien Zustand von Maschinen und Geräten (Werkzeuge, Hebebühnen, Gabelstapler), die Fremdfirmen überlassen werden, verbleibt beim auftraggebenden Unternehmen.

Werden Leiharbeiter bei Instandhaltungsarbeiten eingesetzt, wird den Vorgesetzten des Stammpersonals Weisungsbefugnis über die eingesetzten Leiharbeiter übertragen. Sie tragen daher die Verantwortung sowohl für das Stammpersonal als auch für die ihnen unterstellten Leiharbeiter.

05. Welche Maßnahmen sind im Rahmen der Wartung zu planen und durchzuführen?

Ausgehend von den dazu erforderlichen Dokumenten (z. B. Beschreibung der Anlage, Bedienungsanleitung, Schaltpläne des Herstellers, Wartungs- und Schmierpläne nach Vorgaben des Herstellers, ggf. Hinweise der Maschinenbedienung) sind bei der Wartung folgende Arbeiten auszuführen:

1. *Erstellung der Wartungspläne:*

   Zu beachten sind dabei folgende Gesichtspunkte, z. B.
   - Umfang der Wartung
   - Einzelmaßnahmen
   - Festlegung der Maschinenteile
   - Grenzwerte für Austausch der Teile
   - Ablauf
   - Wartungstermine
   - erforderliches Werkzeug
   - erforderliches Material (z. B. Schmierstoffe, Öle)
   - Erfordernisse der Arbeitssicherheit
   - Vorgaben des Herstellers.

2. *Feststellen des Abnutzungsvorrats*:

   Im Rahmen der Wartung ist der Abnutzungsvorrat von Verschleißteilen zu erfassen und für zukünftige Wartungsarbeiten vorzumerken (z. B. Abnutzung von Kohlebürsten bei Elektromotoren, Abnutzung keramischer Scheiben bei der Garnführung).

3. *Rückmeldung der durchgeführten Wartung und ggf. Bericht über Erschwernisse bei der Wartungsdurchführung:*

   Die Durchführung der Wartung ist zu dokumentieren; ggf. sind Erschwernisse zu melden und geeignete Folgemaßnahmen zu veranlassen (z. B.: ein Verschleißteil lässt sich korrosionsbedingt nur mit höherem Arbeitsaufwand auswechseln; Einrichtungen zur Justierung zeigen eine Materialermüdung, sind nur noch schwierig einzurichten und müssen mittelfristig ersetzt werden).

06. Welche Einzelmaßnahmen der Wartung gibt es?

Reinigen	=	Entfernen von Fremd- und Hilfsstoffen
Konservieren	=	Schutzmaßnahmen gegen Fremdeinflüsse
Schmieren	=	Schmierstoffe zuführen zur Erhaltung der Gleitfähigkeit und Verminderung der Reibung
Ergänzen	=	Nachfüllen von Schmierstoffen
Justieren	=	Beseitigung einer Abweichung mithilfe einer dafür vorgesehenen Vorrichtung (Feststellen der Abweichung nach Art, Größe und Richtung und Einstellen auf den Sollwert)
Auswechseln	=	Austausch von Kleinteilen und Hilfsstoffen

07. Aufgrund welcher Datenbasis können Wartungsmaßnahmen ausgelöst werden?

Auslösung von Wartungsmaßnahmen auf der Basis ...		
von Zählerständen	der Häufigkeit der Nutzung	festgelegter Zeiten (Herstellervorgaben)

08. Welche Maßnahmen sind im Rahmen der Inspektion zu planen und durchzuführen?

In der Praxis erfolgt die Inspektion der Anlagen durch periodisch regelmäßige Begehung und Überprüfung auf den äußeren Zustand, ihre Funktionsfähigkeit und Arbeitsweise sowie auf allgemeine Verschleißerscheinungen.

Maßnahmen der Inspektion:

1. *Inspektionsintervalle planen* nach Vorgaben des Herstellers
2. *Ist-Zustand feststellen durch Sichten, Messen, Prüfen*:
   (vgl. Kapitel 8., Qualitätsmanagement, z. B. vergleichende/messende Prüfung, Fähigkeitskennwerte)
   - messbare Größen vergleichen
   - kritische Zustände erkennen
   - Ergebnisse der Betriebsdatenerfassung (BDE) auswerten
   - Betriebsüberwachungsgeräte einsetzen und nutzen (Sensoren)
   - Qualitätsregelkarten auswerten
   - Fähigkeitskennwerte ermitteln und berücksichtigen
   - Checklisten einsetzen

3. *Inspektion durchführen* nach einer Checkliste:
   Angabe der Prüfpunkte, der Grenzwerte und der Prüfschärfe
4. *Inspektions-/Prüfbericht erstellen*:
   - Prognosen über die weitere Verwendungsfähigkeit der Anlage ableiten
   - ggf. Folgemaßnahmen (z. B. Austausch von Teilen, Reparatur) ableiten.

09. Wie können Diagnosesysteme im Rahmen der Inspektion genutzt werden?

Mithilfe von Diagnosesystemen kann eine Überwachung/Unterstützung der Inspektionstätigkeit vorgenommen werden – im Online- oder Offlinebetrieb. Zum Beispiel haben Werkzeugmaschinen und Bearbeitungszentren ein eingebautes Fehlerdiagnosesystem zur rechtzeitigen Fehlererkennung, um Schäden und Produktionsstörungen zu vermeiden. Vielfach gelingt es dadurch, Fehler zu erkennen, bevor sie den Produktionsprozess nachhaltig negativ beeinflussen.

Diese Überwachung kann sich z. B. beziehen auf:

- Abnutzung
- Schadensüberwachung
- technologische Prozessführung
- Überwachung der Beanspruchung.

Beispiel:
Bei modernen CNC-Maschinen kann der Verschleiß des Werkzeuges mithilfe folgender Verfahren gemessen werden: Wirkleistungsverfahren, Drehmomentmessung, Körperschallverfahren und Laserlichtschranke.

10. Welche Vorteile ergeben sich aus der Zusammenfassung von Wartungs- und Inspektionsmaßnahmen?

Fasst man Wartungs- und Inspektionsarbeiten in geeigneter Weise zu einer geplanten Instandhaltungsmaßnahme zusammen, ergeben sich Vorteile, z. B.:

- Durchführung von Wartungs- und Inspektionsarbeiten in einem Arbeitsgang
- Vermeidung von Doppelarbeiten
- Minimierung der Rüst- und Wegezeiten.

11. Welche Maßnahmen sind im Rahmen der Instandsetzung zu planen und durchzuführen?

Planung von Instandsetzungsmaßnahmen:

- Instandsetzungsmaßnahmen müssen je nach Größe und Komplexität der Anlage mittel- bis langfristig geplant werden, da oft die Maschine/Anlage für eine größere Dauer für den Fertigungsprozess nicht zur Verfügung steht.
- Ebenso erwartet der Fertigungsbereich, dass die voraussichtliche Dauer der Reparaturmaßnahme exakt geplant wird. Eine Forderung, die sich in der Praxis nicht immer erfüllen lässt.

Beispiel zur Inspektion, Wartung und Instandsetzung eines Wälzlagers

1. *Inspektion* des Wälzlagers (äußerer/innerer Rollbahnring, Käfig, Wälzkörper) durch Sichtkontrolle, Abhören des Laufgeräusches und Messen der Lagertemperatur.
2. *Wartung*:
   - *Schmieren* bei Bedarf oder nach vorgegebenen Betriebsstunden mit geeignetem Schmiermittel laut Herstellervorgabe; Kennzeichnung z. B.: KP4E (KP = Schmierfett für hohe Druckbelastung, 4 = Konsistenzzahl, E = Gebrauchstemperatur - 20 °C ... + 80 °C).
   - *Reinigen* bei Bedarf oder in Verbindung mit einer Reparatur der Anlage: Mit geeignetem Reinigungsmittel (z. B. Waschbenzin oder einem alkalischen Reiniger), Trocknen und Einölen (Korrosion).
3. *Instandsetzung*: Austausch des Lagers bei Bedarf oder bei hochbelasteten Lagern nach vorgegebenen Betriebsstunden.

12. Wie sind Instandhaltungsarbeiten zu dokumentieren?

Die Dokumentation hat in allen Phasen der Instandhaltung einen hohen Stellenwert. Sie ist das Bindeglied zwischen den einzelnen Stufen der Instandhaltung (Planung, Ausführung, Ergebnis, Kontrolle). Man verwendet dafür betriebsbezogene Wartungspläne, Inspektionsberichte und Protokolle der Instandsetzung – als Kartei oder Datei, manuell oder mithilfe von Software. Notiert werden z. B.:

- Zeitpunkt/Dauer der Störung, Fehlerart
- ausgeführte Arbeiten
- Folgemaßnahmen (z. B. Austausch von Teilen, Reparatur) ableiten
- Bemerkungen/Kommentare:
  - Prognosen über die weitere Verwendungsfähigkeit der Anlage
  - Erschwernisse bei der Wartungsdurchführung
- Name und Unterschrift des ausführenden Mitarbeiters.

Instandhaltungsdokumentationen sind periodisch auszuwerten – zum Beispiel nach folgenden Aspekten:

- typische Schwachstellen bestimmter Maschinen/Anlagen
- Maschinenberichte: Übersichten über den Status einer Maschine (Normalbetrieb, Stillstand wegen Instandhaltung, Ausfall, kein Einsatz),
- Ableitung und Fortschreibung interessierender IH-Kennzahlen, z. B.:

Ausfallgrad der Anlage [in %]	Ausfallzeit · 100 : Soll-Arbeitszeit
Personalanteil IH	Anzahl IH-Mitarbeiter : Anzahl aller Fertigungsmitarbeiter
Instandhaltungsintensität	IH-Kosten der Anlage p.a. : Wiederbeschaffungswert/Anlage

- Überprüfung der Instandhaltungsstrategie (Wartungsintervalle, Inspektionshäufigkeit usw.).

Insgesamt erfolgt die Auswertung der Dokumentation mit dem Ziel, die Anlagenverfügbarkeit zu optimieren, die Instandhaltungskosten zu senken und damit die Wirtschaftlichkeit der Anlagen zu steigern.

Struktur eines Prüf- und Wartungsplans
Quelle: Leitfaden zur Überprüfung von Werkzeugen und Maschinen nach der Betriebssicherheitsverordnung

Prüf- und Wartungsplan						
Erstellt am:			Erstellt von:			
Bezeichnung	Art der Prüfung	Prüfintervall	Prüfer-Qualifikation	Durchführung: Firma/Name	Letzte Prüfung: stattgefunden am:	Dokumentation, wo?

Inspektionsplan (Generator; Beispiel):

Inspektionsplan Generator						
Bezeichnung	**Hinweis**	**Hilfsmittel**	**Prüfintervall**	**Wer?**	**Ausgeführt?**	**Datum**
Allgemeinzustand	Allgemeine Prüfung	Sichtprüfung	monatlich	Hr. Müller	*Müller*	15.01.20..
Generatorlager	• Geräusche • Schwingungen	Schwingungsmessgerät	Quartal	Hr. Müller	*Müller*	30.04.20..
Kabelanschlüsse	Prüfung auf festen Sitz	Sichtprüfung	Quartal	Hr. Müller	*Müller*	30.04.20..
Kupplung	Prüfung der Gummielemente	Sichtprüfung	jährlich	Hr. Müller	*Müller*	30.12.20..

13. Welche Ziele hat ein Instandhaltungsmanagement?

Beispiele:

- Ermittlung des Instandhaltungsaufwands (Mitarbeiter; Umfang von Wartung, Inspektion und Instandsetzung, Materialaufwand)
- Erhöhung und optimale Nutzung der Lebensdauer von Anlagen und Maschinen
- Verbesserung der Betriebssicherheit
- Erhöhung der Anlagenverfügbarkeit
- Verbesserung der Betriebsabläufe
- Reduzierung der Störungen
- Planung der Instandhaltungskosten
- optimale Instandhaltungsstrategie ermitteln.

1.8 Aufrechterhalten der elektrischen Energieversorgung

1.8.1 Elektrische Energieversorgung durch Netzbetreiber

01. Was versteht man unter dem Begriff „Stromerzeugung"?

Stromerzeugung ist die Bereitstellung von elektrischer Energie in Form von elektrischem Strom.

Merke: Dieser Prozess wird oft auch als „Energieerzeugung" bezeichnet. Die Ausdrucksweise ist im Grunde genommen falsch, da lediglich eine Energieform in eine andere umgewandelt wird.

02. Welche Besonderheiten gelten für die Stromversorgung?

1. Strom ist kaum speicherbar und leitungsgebunden (Stromnetz).

2. Auch kurzfristige Leistungsspitzen müssen i. d. R. abgedeckt werden.

3. Störungen müssen i. d. R. kompensiert werden können (Ersatzstromaggregate).

4. Es gibt Niederspannungs-, Mittelspannungs-, Hochspannungs- und Höchstspannungssysteme.

5. Übertragungsmittel der Stromverteilung sind Leitungsnetze, Transformatoren, Kabel, Umspann- und Übergabestationen.

6. Das Versorgungsnetz umfasst z. B. Strangspannung 230 V, Außenleiterspannung 400 V, Spannung für besondere Anlagen (660 V/690 V).

7. Sicherheitsvorschriften sind zu beachten (z. B. VDE, DIN).

03. Wie wird elektrische Energie bereit gestellt?

Die großtechnische Bereitstellung von elektrischer Energie erfolgt in Kraftwerken, die Verteilung zu den Abnehmern über Stromnetze.

Merke: Die ausreichende Versorgung mit elektrischer Energie ist eine Grundvoraussetzung für die Produktion und Leistungserstellung in der Wirtschaft.

04. Wie erfolgt die Umwandlung in elektrische Energie?

1. *Mechanische Bewegungs- oder Lageenergie* wird mittels eines Generators in elektrische Energie umgewandelt.

   Beispiele: Wasser-, Wind-, Gezeiten-, Wellenkraftwerk.

2. *Thermische Energie* wird zunächst durch eine Wärmekraftmaschine in mechanische Energie und anschließend mittels eines Generators in elektrische Energie umgewandelt.

   Beispiele: Gas- und Dampfturbinen.

3. *Spezielle Energieformen* werden direkt in elektrische Energie umgewandelt.

   Beispiele: Solarzellen, Brennstoffzellen.

05. Wie erfolgt der Transport elektrischer Energie zum Abnehmer?

Das Elektroenergienetz ist ein *Verbundnetz*. Es ist grenzüberschreitend und transportiert große Elektroenergiemengen als Dreiphasenwechselspannung. Kraftwerke, Umspannwerke, Transformatoren und Abnehmeranlagen bilden dabei die *Knotenpunkte*:

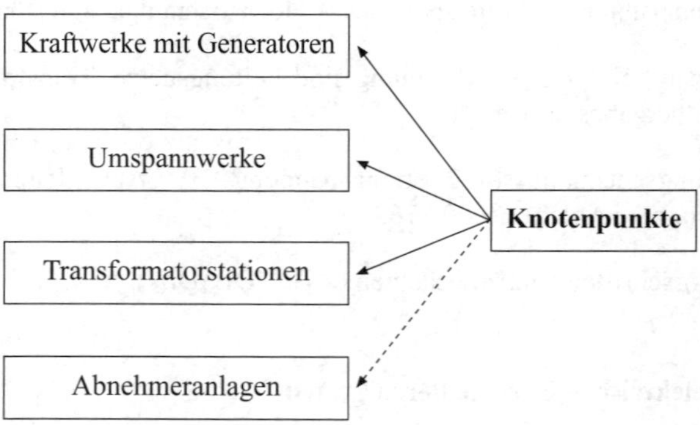

- *Kraftwerke mit Generatoren*:
  In den Kraftwerken entsteht als Ergebnis verschiedener Wandlungsprozesse aus den Primärenergieträgern (z. B. Kohle, Wasser, Gas, Öl) Elektroenergie. Von den Generatoren wird die Elektroenergie mit Spannungen zwischen 6 kV und 24 kV abgegeben.

  Merke: Zur Übertragung hoher Leistungen über große Entfernungen wird die in den Großkraftwerken erzeugte Elektroenergie auf 220 oder 380 kV transformiert. → Verringerung der Stromwärmeabgabe über die nachfolgenden Leitungen.

- *Umspannwerke*
  verbinden Netze verschiedener Spannungen und bestehen deshalb mindestens aus einem Transformator und zwei Schaltanlagen, die meistens an zentrale Schaltwarten zur Überwachung des Energieflusses angeschlossen sind. Ihre kleinste primäre Netzspannung beträgt 30 kV.

- *Transformatorstationen*
  sind elektrische Anlagen zur Energieumformung. Sie sind der letzte Knotenpunkt des Elektroenergiesystems vor der Abnehmeranlage. Auch die Transformatorstationen verbinden Netze verschiedener Spannungsebenen. Ihre kleinste primäre Netzspannung ist 6 kV. Das *Übersetzungsverhältnis* Ü wird von ihren Windungszahlen N_1 und N_2 bestimmt. Es gilt:

$$Ü = \frac{N_1}{N_2} = \frac{U_1}{U_2} = \frac{I_2}{I_1}$$

- *Abnehmeranlagen*:
  Dies sind z. B. Industriebetriebe mit eigenen Industrietransformatorstationen. Sie werden von eigenem Personal betrieben (→ *Fachpersonal* nach VDE 0100-100). Spannungsebenen von 6 kV, 500 V und 690 V sind gebräuchlich.

06. Welche Aufgabe haben die Stromnetze?

Um die Verbraucher mit elektrischer Energie zu versorgen ist es notwendig, Leitungen von den Kraftwerken zum Verbraucher zu verlegen. Über weite Distanzen wird in Deutschland die Energie mittels Dreiphasenwechselspannung mit einer Frequenz von 50 Hz und einer Spannung von bis zu 400 kV übertragen. Erst kurz vor dem Verbraucher wird die Spannung auf die bekannte Niederspannung von 230 V Einphasenwechselspannung bzw. 400 V Dreiphasenwechselspannung übertragen.

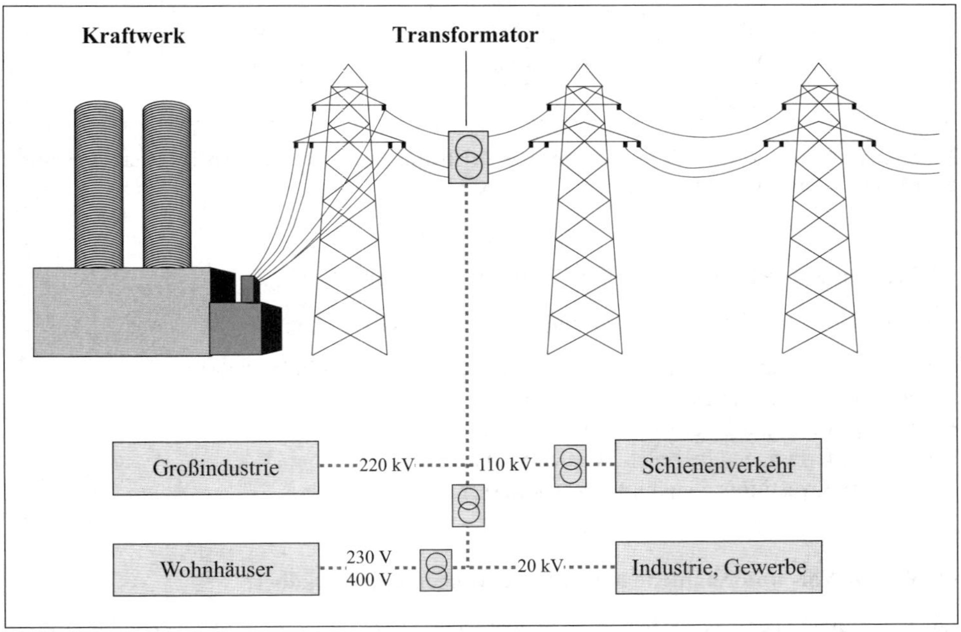

07. Wie kann man die Stromnetze nach der anliegenden Spannung unterscheiden?

Anliegende Spannung		*Strom-erzeuger*	*Verteilung*	*Anwendung, z. B.:*
Höchst-spannung	> 150 kV	Größt-kraftwerke	Freiluft-Schaltanlagen mit Umspannwerken 440/230 kV	Hochspannungs-Gleichstromübertragung (HGÜ) bis 750 kV DC, Balticcable nach Nord-europa
Hoch-spannung	60 kV – 150 kV	Großkraft-werke	Umspannwerke 230 kV/115 kV Überregionales Verteilungsnetz	• Großindustrie • Forschung • Flughafen • Eisenbahn, S-/U-Bahn
Mittel-spannung	1 kV – 60 kV	Klein-kraftwerke	Umspannwerke 115 kV/11 – 35 kV Regionales Verteilungsnetz	• Abnehmereigener Trafo • Industrie • Gewerbe • Büro-/Warenhäuser
Nieder-spannung	< 1 kV	Private Kleinst-kraftwerke	Umspannwerke 1 – 11 kV/400 - 230 V Örtliches Versorgungsnetz	• Gewerbe • Industrie • Schulen • Krankenhäuser

Stromkreislängen in Deutschland in km (gesamt; Stand: 2009)		
NS	Niederspannung	1.039.500
MS	Mittelspannung	490.600
HS	Hochspannung	75.400
HÖS	Höchstspannung	36.000
Gesamt		1.641.500

Weitere Ausführungen zum Thema „Stromnetze“ (Übertragungs-/Verteilungsnetze, Netzformen und Schutzeinrichtung) vgl. ausführlich unter 1.1.1.2, S. 27 ff.

08. Warum werden Stromnetze mit Hochspannung betrieben?

Die Stromnetze werden mit Hochspannung betrieben, weil

- hohe Spannungen technisch leichter zu kontrollieren sind als hohe Ströme,
- eine hohe Übertragungsleistung gesichert ist,
- geringe Übertragungsverluste auftreten,
- große Entfernungen überbrückt werden können und
- geringere Investitionen getätigt werden müssen.

09. Welche Vor- und Nachteile haben Freileitungen und Erdkabel?

Die Übertragung der elektrischen Energie über weite Strecke kann drahtgebunden über Freileitungen oder über Erdkabel erfolgen. Die Wahl zwischen diesen beiden Verteilsystemen ist mit Vor- und Nachteilen verbunden:

	Vorteile, z. B.:	**Nachteile, z. B.:**
Freileitungen	geringere Kosten	störend für das Landschaftsbild
	leichtere Lokalisierbarkeit und Behebung von Fehlern	größeren Umwelteinflüssen ausgesetzt
		Gefahrenquelle für Menschen, Tiere und Maschinen
Erdkabel	geringerer Platzbedarf	höhere Kosten
	vor Umwelteinflüssen besser geschützt	hoher Wartungsaufwand bei Defekten
	bei der Bevölkerung besser akzeptiert	

Bei *Freileitungen* werden verschiedene Typen Freileitungsmasten eingesetzt, z. B.

- Tragmasten
- Winkeltragmasten
- Abspannmasten
- Weitabspannmasten
- Eckmasten
- Endmasten.

Eine Problematik im *Freileitungsbau* besteht bei der Überquerung von Hindernissen. Bei *Erdkabeln* kann es technische Probleme geben, wenn unterirdische Hochspannungsleitungen bestimmte Kabellängen überschreiten (Stichwort: Wärmeabfuhr).

Abbildung: 110 kV-Freileitung

Quelle: Schlabbach/Metz, CD Netzsystemtechnik

10. Welche Netzbetreiber gibt es in Deutschland?

Wie bei den Stromnetzen (Übertragungs-/Verteilungsnetz) unterscheidet man bei den Netzbetreibern nach *Übertragungsnetzbetreibern* (ÜNB) und *Verteilungsnetzbetreibern* (VNB). Bei den Höchstspannungsnetzen sind die Netze der einzelnen nationalen Betreiber in einem Verbundnetz zusammengeschlossen.

Derzeit gibt es in Deutschland vier Übertragungsnetzbetreiber:

Netzbetreiber	*Umfasst das Netz der früheren ...*
EnBW Transportnetze AG	Badenwerk AG und der EVS (Energie-Versorgung Schwaben AG)
E.ON Netz GmbH	Preussen Elektra und der Bayernwerk AG
RWE Transportnetz Strom GmbH	RWE und der VEW (Vereinigte Elektrizitätswerke Westfalen)
Vattenfall Europe Transmission GmbH	VEAG (Vereinigte Energiewerke AG), der BEWAG (Berlin) und der HEW (Hamburgische Elektrizitäts-Werke)
Die vier Elektroenergiesysteme sind in Deutschland im VDN (Verbund Deutscher Netzbetreiber), einer Unterorganisation des VDEW (Verbands der Elektrizitätswirtschaft), zusammengeschlossen.	

Neben den genannten Übertragungsnetzbetreibern gibt es noch *Verteilungsnetzbetreiber*, deren Leistung in der regionalen Verteilung der elektrischen Energie an den Endverbraucher besteht.

11. Was ist ein Verbundnetz und welche Vorteile bietet es?

Obwohl Elektroenergiesysteme wirtschaftlich und technisch autark arbeiten, sind sie in der Regel durch Kuppelleitungen und Übergabestellen mit benachbarten Elektroenergiesystemen verbunden und bilden dadurch ein Verbundnetz (Zusammenfassung von Kraftwerken und Abnehmerzentren). In einem Verbundnetz besteht eine einheitliche Frequenz von 50 Hz (Synchronbetrieb).

Ein Verbundnetz bietet deutliche Vorteile:

- Optimierung der Strombeschaffungskosten (z. B. Zukauf billiger elektrischer Energie von benachbarten Elektroenergiesystemen)
- Sicherung einer Sekundenreserve bei Ausfall von Kraftwerksblöcken)
- Verbesserung der Betriebszuverlässigkeit und Verfügbarkeit des Netzes
- Minimierung von Lastschwankungen durch den Energieaustausch
- Stabilisierung des Energiesystems
- verbesserte Auslastung der Kraftwerke
- Standortvorteile: aufgrund der Verbundnetzlösung können Kraftwerke an produktionsgünstigen Orten (Rohenergie) errichtet werden.

Im europäischen Verbundsystem gibt es vier Verbundnetze:

- UCPTE: Westeuropäisches Verbundnetz
- NORDEL: Skandinavisches Verbundnetz
- Britisches Verbundnetz
- OsteuropäischesVerbundnetz.

12. Welche Netzstrukturen unterscheidet man?

Man unterscheidet unvermaschte, vermaschte Netze und Transformatorenketten.

<table>
<tr><th colspan="3">Unvermaschte Netze</th></tr>
<tr><td colspan="3">haben keine Maschen, ihre Grundformen sind Stichleitungen und Strahlen. Die Stichleitung ist die einfachste Verbindung eines Netzes. Sie führt von einem geschlossenen Netz zu einem Versorgungspunkt und hat keine Verbindung in der gleichen Spannungsebene zu anderen Netzen.</td></tr>
<tr><td>Das Strahlennetz</td><td>(auch Sternnetz) verläuft strahlenförmig und wird einseitig eingespeist. Es hat einen einfachen Aufbau, ist übersichtlich und Fehler lassen sich leicht finden.</td><td>Weitere Merkmale:
geringe Versorgungssicherheit,
Spannungsabfall am Leitungsende (begrenzte Belastbarkeit),
kleiner Kurzschlussstrom,
große Spannungsschwankungen möglich.</td></tr>
</table>

<table>
<tr><th colspan="3">Vermaschte Netze</th></tr>
<tr><td>Das Ringnetz</td><td>wird von einer ringförmigen Leitungsanordnung (Ringleitung), der an verschiedenen Ringeinspeisungsabzweigen Energie zugeführt oder entnommen werden kann, gebildet. Meist haben Ringnetze nur eine, manchmal bei Auftrennung des Rings zwei Stellen zur Einspeisung. Das Ringnetz hat eine größere Betriebssicherheit gegenüber Strahlennetzen.</td><td rowspan="2">Weitere Merkmale:
hohe/höchste Versorgungssicherheit,
Netzaufbau aufwändig,
gute Erweiterungsmöglichkeit,
kaum Leitungsverluste,
hoher Kurzschlussstrom,
kaum Spannungsschwankungen.</td></tr>
<tr><td>Das Maschennetz</td><td>ist ein geschlossenes Netzgebilde aus mehreren sich kreuzenden Leitungen, die in den Kreuzungspunkten (Knotenpunkten) miteinander verbunden und gesichert sind. Das geschlossene Gebilde zwischen den Knotenpunkten ist eine Masche und jedes Leitungsstück eine Maschenleitung.</td></tr>
</table>

Die Transformatorenkette
ermöglicht die größte Dezentralisierung des Verteilungsnetzes bei Sticheinspeisung.

Strahlennetz	Ringnetz	Maschennetz

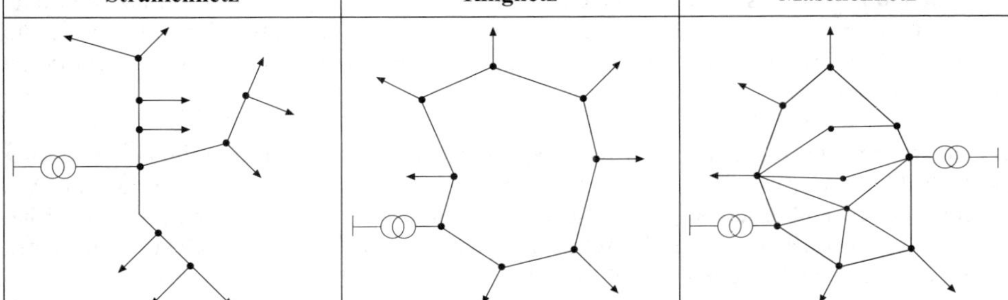

13. Wie kann die interne Netzversorgung gestaltet sein?

Möglich sind z. B. folgende Grundvarianten:

Internes Mittelspannungsnetz mit 20 kV-Übergabestation
Kunden, die elektrische Energie in großen Mengen dauerhaft benötigen, wird an einer Übergabestation die Energie zur Verfügung gestellt. Schäden an der Kundenanlage dürfen nicht zu Störungen im Netz des Netzbetreibers führen. Daher sind umfangreiche Sicherungsmaßnahmen erforderlich (Lasttrennschalter, Erdungstrenner, Mess- und Schutzeinrichtungen) und der Netzbetreiber muss jederzeit Zugang zur Übergabestation haben.

Internes Niederspannungsnetz
Der Versorgungsnetzbetreiber (VNB) speist aus seinem Niederspannungsnetz bis zum Übergabepunkt (z. B. Hausanschlusskasten, Lastschalter, Lasttrennschalter) ein.

Internes Mittelspannungsnetz

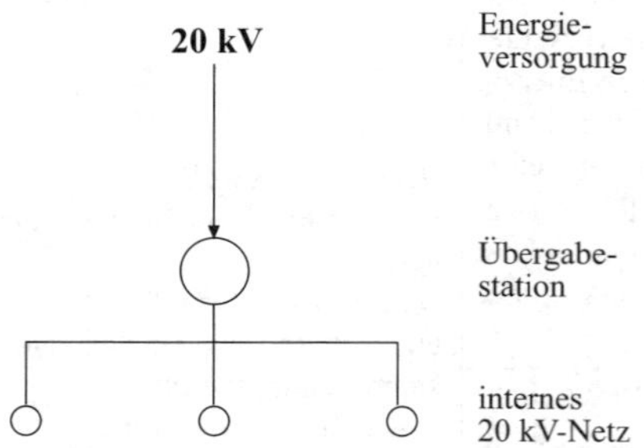

Internes Niederspannungsnetz

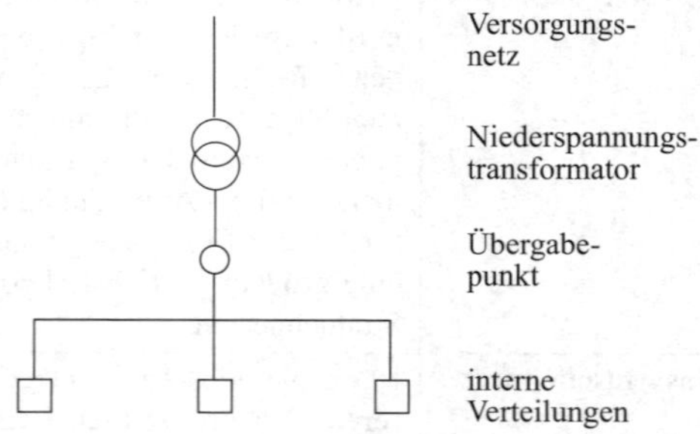

14. Wer ist Elektrofachkraft? → BGI 548

Im Sinne der DGUV Vorschrift 3 gilt als *Elektrofachkraft*, wer aufgrund seiner fachlichen Ausbildung, Kenntnisse und Erfahrungen sowie Kenntnis der einschlägigen Bestimmungen, die ihm übertragenen Arbeiten beurteilen und mögliche Gefahren erkennen kann.

Die fachliche Qualifikation als Elektrofachkraft wird im Regelfall durch den Abschluss einer Ausbildung, z. B. als Elektroingenieur, Elektrotechniker, Elektromeister, Elektrogeselle, nachgewiesen. Sie kann auch durch eine mehrjährige Tätigkeit mit Ausbildung in Theorie und Praxis nach Überprüfung durch eine Elektrofachkraft nachgewiesen werden. *Der Nachweis ist zu dokumentieren.*

Der Unternehmer hat dafür zu sorgen, dass elektrische Anlagen und Betriebsmittel nur von einer Elektrofachkraft oder unter Leitung und Aufsicht einer Elektrofachkraft den elektrotechnischen Regeln entsprechend errichtet, geändert und in Stand gehalten werden. Der Unternehmer hat ferner dafür zu sorgen, dass die elektrischen Anlagen und Betriebsmittel den elektrotechnischen Regeln entsprechend betrieben werden.

Achtung: häufig Gegenstand der Prüfung

15. Welche Führungs- und Fachaufgaben nimmt eine Elektrofachkraft wahr?

- das Überwachen der ordnungsgemäßen Errichtung, Änderung und Instandhaltung elektrischer Anlagen und Betriebsmittel
- das Anordnen, Durchführen und Kontrollieren der zur jeweiligen Arbeit erforderlichen Sicherheitsmaßnahmen einschließlich des Bereitstellens von Sicherheitseinrichtungen
- das Unterrichten elektrotechnisch unterwiesener Personen
- das Unterweisen von elektrotechnischen Laien über sicherheitsgerechtes Verhalten, erforderlichenfalls das Einweisen
- das Überwachen, erforderlichenfalls das Beaufsichtigen, der Arbeiten und der Arbeitskräfte, z. B. bei nichtelektrotechnischen Arbeiten in der Nähe unter Spannung stehender Teile.

16. Wer gilt als elektrotechnisch unterwiesene Person?

Als elektrotechnisch unterwiesene Person (EUP) gilt nach DGUV Vorschrift 3 bzw. DIN VDE 0105-103 ein Mitarbeiter, wenn er von einer Elektrofachkraft unterrichtet und angelernt worden ist. Er muss die Gefährdungen, die notwendigen Schutzmaßnahmen und Schutzeinrichtungen kennen. Außerdem müssen ihm geeignete Werkzeuge, Messgeräte und PSA zur Verfügung gestellt sein.

17. Welches Fachpersonal erhält eine Schaltberechtigung?

Die Ausführung von Schalthandlungen (Schaltberechtigung) ist mit einem hohen Gefahrenpotenzial verbunden und darf nur von fachlich geeigneten Personen ausgeführt werden, die aufgrund ihrer Ausbildung, Erfahrung und der Kenntnis der Arbeitsschutzvorschriften dafür befähigt sind. Der Personenkreis muss sich in umfassenden Schulungen das erforderliche Wissen aneignen, z. B. Kenntnisse des Netzaufbaus, der Betriebsmittel, der Sicherheitsvorschriften und Gefahren bei Schalthandlungen. Im Regelfall wird diese Befähigung durch die Teilnahme an „Lehrgängen zur Schaltberechtigung“ erworben. Zum Teil erfolgt die Ausbildung und Übung an einem Trainingssimulator. Nach erfolgreicher Kursteilnahme kann der Unternehmer die Schaltberechtigung an diese Person übertragen (schriftlich). Die Schaltberechtigung kann auf verschiedene Spannungsebenen oder Anlagen/-teile beschränkt sein. Der „Lehrgang zur Schaltberechtigung“ muss alle zwei Jahre wiederholt werden.

18. Welche fünf Sicherheitsregeln gelten beim Arbeiten in elektrischen Anlagen?

Quellentext:

Sicherheitsregeln beim Arbeiten in elektrischen Anlagen
(2) Vor Beginn der Arbeiten an aktiven Teilen elektrischer Anlagen und Betriebsmittel *muss der spannungsfreie Zustand hergestellt und für die Dauer der Arbeiten sichergestellt werden.*
Durchführungsanweisungen zu § 6 Abs. 2: Das Arbeiten in spannungsfreiem Zustand setzt voraus, dass die betroffenen Anlagenteile festgelegt und die Beschäftigten entsprechend auf den zulässigen Arbeitsbereich hingewiesen werden. Dazu gehört die Kennzeichnung der Arbeitsstelle bzw. des Arbeitsbereiches und, falls erforderlich, des Weges zur Arbeitsstelle innerhalb der elektrischen Anlage. Das Herstellen des spannungsfreien Zustandes vor Beginn der Arbeiten und dessen Sicherstellen an der Arbeitsstelle für die Dauer der Arbeiten geschieht unter Beachtung der nachfolgenden *fünf Sicherheitsregeln, deren Anwendung der Regelfall sein muss:*

1. **Freischalten,**
2. **Gegen Wiedereinschalten sichern,**
3. **Spannungsfreiheit feststellen,**
4. **Erden und Kurzschließen,**
5. **Benachbarte, unter Spannung stehende Teile abdecken oder abschranken.**

Quelle: DGUV Vorschrift 3, § 6 Abs. 2

19. Welche Grundregel gilt für Arbeiten unter Spannung (AuS)?

Bei Arbeiten an aktiven Teilen elektrischer Anlagen, deren spannungsfreier Zustand für die Dauer der Arbeiten nicht hergestellt und sichergestellt ist (Arbeiten unter Spannung, AuS), sowie beim Arbeiten in der Nähe unter Spannung stehender aktiver Teile gemäß § 7 DGKV Vorschrift 3 kann es sich um gefährliche Arbeiten im Sinne des § 8 der Unfallverhütungsvorschrift „Grundsätze der Prävention“ (DGUV Vorschrift 1) sowie des § 22 Abs. 1 Nr. 3 „Jugendarbeitsschutzgesetz“ handeln.

Grundsätzlich gilt:

An unter Spannung stehenden aktiven Teilen elektrischer Anlagen und Betriebsmittel darf, abgesehen von den Festlegungen in § 8 DGUV Vorschrift 3, nicht gearbeitet werden.

20. In welchen Fällen sind Arbeiten unter Spannung (ausnahmsweise) zulässig?

Quellentext:

Zwingende Gründe für Arbeiten unter Spannung können vorliegen, wenn durch Wegfall der Spannung ...	
1.	eine Gefährdung von Leben und Gesundheit von Personen zu befürchten ist,
2.	in Betrieben ein erheblicher wirtschaftlicher Schaden entstehen würde,
3.	bei Arbeiten in Netzen der Stromversorgung, besonders beim Herstellen von Anschlüssen, Umschalten von Leitungen oder beim Auswechseln von Zählern, Rundsteuerempfängern oder Schaltuhren die Stromversorgung unterbrochen würde,
4.	bei Arbeiten an oder in der Nähe von Fahrleitungen der Bahnbetrieb behindert oder unterbrochen würde,
5.	Fernmeldeanlagen einschließlich Informations-Verarbeitungsanlagen oder wesentliche Teile davon wegen Arbeiten an der Stromversorgung stillgesetzt werden müssten und dadurch Gefahr für Leben und Gesundheit von Personen hervorgerufen werden könnte oder
6.	Störungen in Verkehrssignalanlagen hervorgerufen werden, die zu einer Gefahr für Leben und Gesundheit von Personen sowie Schäden an Sachwerten führen könnten.

Quelle: Durchführungsanweisungen zu § 8 Nr. 2 DGUV Vorschrift 3

21. Welche besonderen Sicherheitsvorkehrungen sind beim Arbeiten unter Spannung vorgeschrieben?

Bei Arbeiten unter Spannung besteht eine erhöhte Gefahr der Körperdurchströmung und der Lichtbogenbildung. Dieses erfordert besondere technische und organisatorische Maßnahmen. Das verbleibende Risiko (Eintrittswahrscheinlichkeit und Verletzungsschwere, siehe DIN VDE 31 000-2) muss damit auf ein zulässiges Maß reduziert werden. Dies wird erreicht, wenn die nachfolgenden Anforderungen erfüllt und die elektrotechnischen Regeln eingehalten werden:

Sicherheitsvorkehrungen bei Arbeiten unter Spannung	
1.	Sollen Arbeiten unter Spannung durchgeführt werden, ist vom Unternehmer *schriftlich für jede der vorgesehenen Arbeiten festzulegen,* welche Gründe als zwingend angesehen werden. Hierbei muss das jeweilige gewählte Arbeitsverfahren, die Häufigkeit der Arbeiten und die Qualifikation der mit der Durchführung der Arbeiten betrauten Personen berücksichtigt werden.
2.	Für die Durchführung der Arbeiten ist eine *Arbeitsanweisung zu erstellen;* geeignete Schutz- und Hilfsmittel für das Arbeiten unter Spannung sind zur Verfügung zu stellen.

3.	Beim Herausnehmen und Einsetzen von unter Spannung stehenden Sicherungseinsätzen des NH-Systems ohne Berührungsschutz und ohne Lastschalteigenschaften wird eine Gefährdung durch Körperdurchströmung und durch Lichtbogen weitgehend ausgeschlossen, wenn NH-Sicherungs-Aufsteckgriffe mit fest angebrachter Stulpe verwendet werden sowie Gesichtsschutz (Schutzschirm) getragen wird.	Abbildung: Elektrofachkraft beim Herausnehmen eines NH-Sicherungseinsatzes  Quelle: BGI 548

Quelle: BGI 548

4.	Isolierte Werkzeuge und isolierende Hilfsmittel zum Arbeiten an unter Spannung stehenden Teilen sind geeignet, wenn sie mit dem Symbol des Isolators oder mit einem Doppeldreieck und der zugeordneten Spannungs- oder Spannungsbereichsangabe oder der Klasse gekennzeichnet sind.	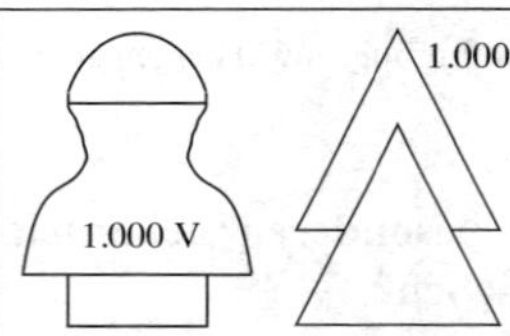

5.	Die Forderungen hinsichtlich der fachlichen Eignung für Arbeiten an unter Spannung stehenden aktiven Teilen sind z. B. erfüllt, wenn die Festlegungen in Tabelle 5 der DGUV Vorschrift 3 (vgl. S. 23) beachtet werden und eine Ausbildung für die unter Spannung durchzuführenden Arbeiten erfolgt ist.
6.	Die Kenntnisse und Fertigkeiten müssen in regelmäßigen Abständen (ca. 1 Jahr) überprüft werden und, wenn erforderlich, muss die Ausbildung wiederholt oder ergänzt werden.
7.	Im Rahmen der organisatorischen Sicherheitsmaßnahmen sollen die Arbeiten von einer in der Ersten Hilfe ausgebildeten und mindestens elektrotechnisch unterwiesenen Person überwacht werden (siehe § 26 der DGUV Vorschrift 1).
8.	Die Sicherheitsmaßnahmen sind für den Einzelfall oder für bestimmte, regelmäßig wiederkehrende Fälle schriftlich festzulegen. Dabei sind die Festlegungen in den elektrotechnischen Regeln zu beachten.

Quelle: § 8 DGUV Vorschrift 3

1.8.2 Wiederholungsprüfungen

→ 1.4.3, 1.7.4, DGUV Vorschrift 3, DIN VDE 0701/2, DIN VDE 0105-103

01. Welche Vorschriften enthält die DGUV Vorschrift 3 über Prüfungen elektrischer Anlagen und Betriebsmittel?

§ 5 Abs. 1 DGUV Vorschrift 3	Der Unternehmer hat dafür zu sorgen, dass die elektrischen Anlagen und Betriebsmittel auf ihren ordnungsgemäßen Zustand geprüft werden	
	1.	vor der **ersten Inbetriebnahme** und nach einer Änderung oder Instandsetzung vor der Wiederinbetriebnahme durch eine Elektrofachkraft oder unter Leitung und Aufsicht einer Elektrofachkraft und
		Durchführungsanweisungen zu § 5 Abs. 1 Nr. 1: Elektrische Anlagen und Betriebsmittel dürfen nur in ordnungsgemäßem Zustand in Betrieb genommen werden und müssen in diesem Zustand erhalten werden. Diese Forderung ist z. B. erfüllt, wenn vor Inbetriebnahme, nach Änderung oder Instandsetzung (**Erstprüfung**) sichergestellt wird, dass die Anforderungen der elektrotechnischen Regeln eingehalten werden. Hierzu sind Prüfungen nach Art und Umfang der in den elektrotechnischen Regeln festgelegten Maßnahmen durchzuführen. Nur unter bestimmten Voraussetzungen dürfen Erstprüfungen elektrischer Anlagen und Betriebsmittel entfallen (siehe Durchführungsanweisungen zu § 5 Abs. 4).
	2.	in **bestimmten Zeitabständen (Wiederholungsprüfungen).** Die Fristen sind so zu bemessen, dass entstehende Mängel, mit denen gerechnet werden muss, rechtzeitig festgestellt werden.
		Durchführungsanweisungen zu § 5 Abs. 1 Nr. 2: Zur Erhaltung des ordnungsgemäßen Zustandes sind elektrische Anlagen und Betriebsmittel wiederholt zu prüfen. Anhand der Tabellen können Prüffristen festgelegt werden, wenn die elektrischen Anlagen und Betriebsmittel normalen Beanspruchungen durch Umgebungstemperatur, Staub, Feuchtigkeit oder dergleichen ausgesetzt sind. Dabei wird unterschieden zwischen ortsveränderlichen und ortsfesten elektrischen Betriebsmitteln und stationären und nichtstationären Anlagen.

Quelle: DGUV Vorschrift 3 Elektrische Anlagen und Betriebsmittel

02. Was sind ortsveränderliche bzw. ortsfeste elektrische Betriebsmittel?

→ DIN VDE 0100-200

Ortsveränderliche elektrische Betriebsmittel	sind solche, die während des Betriebes bewegt werden oder die leicht von einem Platz zum anderen gebracht werden können, während sie an den Versorgungsstromkreis angeschlossen sind (siehe auch Abschnitte 2.7.4 und 2.7.5 der DIN VDE 0100-200).
Ortsfeste elektrische Betriebsmittel	sind fest angebrachte Betriebsmittel oder Betriebsmittel, die keine Tragevorrichtung haben und deren Masse so groß ist, dass sie nicht leicht bewegt werden können. Dazu gehören auch elektrische Betriebsmittel, die vorübergehend fest angebracht sind und über bewegliche Anschlussleitungen betrieben werden (siehe auch Abschnitte 2.7.6 und 2.7.7 der DIN VDE 0100-200).

Quelle: DGUV Vorschrift 3, S. 11

03. Was sind stationäre bzw. nichtstationäre Anlagen?

Stationäre Anlagen	sind solche, die mit ihrer Umgebung fest verbunden sind, z. B. Installationen in Gebäuden, Baustellenwagen, Containern und auf Fahrzeugen.
Nichtstationäre Anlagen	sind dadurch gekennzeichnet, dass sie entsprechend ihrem bestimmungsgemäßen Gebrauch nach dem Einsatz wieder abgebaut (zerlegt) und am neuen Einsatzort wieder aufgebaut (zusammengeschaltet) werden. Hierzu gehören z. B. Anlagen auf Bau- und Montagestellen, fliegende Bauten.

Quelle: DGUV Vorschrift 3, S. 11

04. Welche Forderungen (Prüffrist/Prüfer) gelten für Wiederholungsprüfungen?

1. Ortsfeste elektrische Anlagen			
Anlage/Betriebsmittel	*Prüffrist*	*Art der Prüfung*	*Prüfer*
Elektrische Anlagen und ortsfeste Betriebsmittel	**4 Jahre**	auf ordnungsgemäßen Zustand	**Elektrofachkraft**
Elektrische Anlagen und ortsfeste elektrische Betriebsmittel in „Betriebsstätten, Räumen und Anlagen besonderer Art" (DIN VDE 0100 Gruppe 700)	**1 Jahr**		
Schutzmaßnahmen mit Fehlerstrom-Schutzeinrichtungen in nichtstationären Anlagen	**1 Monat**	auf Wirksamkeit	**Elektrofachkraft** oder **elektrotechnisch unterwiesene Person** bei Verwendung geeigneter Mess- und Prüfgeräte
Fehlerstrom-, Differenzstrom und Fehlerspannungs-Schutzschalter • in stationären Anlagen → • in nichtstationären Anlagen →	 **6 Monate** **arbeitstäglich**	auf einwandfreie Funktion durch Betätigen der Prüfeinrichtung	Benutzer

Quelle: DGUV Vorschrift 3

2. Ortsveränderliche elektrische Betriebsmittel			
Anlage/Betriebsmittel	*Prüffrist*	*Art der Prüfung*	*Prüfer*
Ortsveränderliche elektrische Betriebsmittel (soweit benutzt) Verlängerungs- und Geräteanschlussleitungen mit Steckvorrichtungen Anschlussleitungen mit Stecker bewegliche Leitungen mit Stecker und Festanschluss	**Richtwert sechs Monate**, auf Baustellen drei Monate. Wird bei den Prüfungen eine Fehlerquote < 2 % erreicht, kann die Prüffrist entsprechend verlängert werden. Maximalwerte: Auf Baustellen, in **Fertigungsstätten** und Werkstätten oder unter ähnlichen Bedingungen **ein Jahr**, in **Büros** oder unter ähnlichen Bedingungen **zwei Jahre.**	auf ordnungsgemäßen Zustand	**Elektrofachkraft,** bei Verwendung geeigneter Mess- und Prüfgeräte auch **elektrotechnisch unterwiesene Person**

Quelle: DGUV Vorschrift 3

3. Schutz- und Hilfsmittel			
Anlage/Betriebsmittel	*Prüffrist*	*Art der Prüfung*	*Prüfer*
Isolierende Schutzbekleidung (soweit benutzt)	**vor jeder Benutzung**	auf augenfällige Mängel	Benutzer
	12 Monate **6 Monate** für isolierende Handschuhe	auf Einhaltung der in den elektrotechnischen Regeln vorgegebenen Grenzwerte	**Elektrofachkraft**
Isolierte Werkzeuge, Kabelschneidgeräte, isolierende Schutzvorrichtungen sowie Betätigungs- und Erdungsstangen	**vor jeder Benutzung**	auf äußerlich erkennbare Schäden und Mängel	Benutzer
Spannungsprüfer, Phasenvergleicher		auf einwandfreie Funktion	
Spannungsprüfer, Phasenvergleicher und Spannungsprüfsysteme (kapazitive Anzeigesysteme) für Nennspannungen über 1 kV	**6 Jahre**	auf Einhaltung der in den elektrotechnischen Regeln vorgegebenen Grenzwerte	**Elektrofachkraft**

Quelle: DGUV Vorschrift 3

Bei der Prüfung sind die sich hierauf beziehenden elektrotechnischen Regeln zu beachten. Auf Verlangen der Berufsgenossenschaft ist ein Prüfbuch mit bestimmten Eintragungen zu führen. Die Messgeräte sind ebensfalls regelmäßig nach Herstellerangaben zu prüfen und zu kalibrieren.

Es gelten insbesondere folgende Technische Regeln und Merkblätter:

VDE 0100-100	Errichten von Starkstromanlagen mit Nennspannungen bis 1000 Volt
VDE 0101	Starkstromanlagen mit Nennwechselspannungen über 1 kV
VDE 0104	Errichten und Betreiben elektrischer Prüfanlagen
VDE 0105-100	Betrieb von elektrischen Anlagen
VDE 0702-1	Wiederholungsprüfungen an elektrischen Geräten
VDE 0701-1	Instandsetzung, Änderung und Prüfung elektrischer Geräte; Allgemeine Anforderungen
ZH 1/257	Sicherheitsregeln für die Wiederholungsprüfung elektrischer Betriebsmittel
VDE 0683-200	Arbeiten unter Spannung – Erdungs- oder Erdungs- und Kurzschließvorrichtung mit Stäben als kurzschließendes Gerät, Staberdung
DIN EN ISO 12100-1	Sicherheit von Maschinen – Grundbegriffe, allgemeine Gestaltungsleitsätze – Teil 1: Grundsätzliche Terminologie, Methodologie
DIN EN ISO 13849	Sicherheit von Maschinen; Sicherheitsbezogene Teile von Steuerungen; Teil 1: Allgemeine Gestaltungsleitsätze
VDE 0470-1	Schutzarten durch Gehäuse (IP-Code)
BGI 818	Sicherheitstechnische Anforderungen an Handgelenkserdung

05. Welche Teilprüfungen nennt die VDE 0702?

Die Wiederholungsprüfung umfasst die nachfolgenden Teilprüfungen in der angegebenen Reihenfolge:

1.	**Besichtigung**	Gehäuseschäden, äußere Mängel der Anschlussleitung, unzulässige Eingriffe/Änderungen
2.	**Messen des Schutzleiterwiderstandes**	Geräte der Schutzklasse 1
3.	**Messen des Isolationswiderstandes**	Geräte der Schutzklasse 1 bis 3
4.	**Messen des Schutzleiterstroms**	Geräte, mit Schutzleiter, bei denen keine Isolationsmessung durchgeführt werden konnte bzw. keine Ersatzleiterstrommessung durchgeführt wurde.
5.	**Messen des Berührungsstroms**	Geräten ohne Schutzleiter, bei denen keine Isolationsmessung durchgeführt wurde.
6.	**Messen des Ersatzleiterstroms**	Geräte mit Schutzleiter und Heizelementen, bei denen die Isolationsmessung nicht bestanden worden ist.

06. Wie sind Wiederholungsprüfungen zu dokumentieren?

Die Wiederholungsprüfung gilt nur dann als bestanden, wenn alle Teilprüfungen nach VDE 0702 bestanden sind. Bei Mängeln ist die weitere Verwendung des Geräts unzulässig.

Das **Prüfprotokoll** der Wiederholungsprüfung enthält:

- Messergebnisse der Teilprüfungen
- ggf. Beschreibung der Mängel
- Datum, Unterschrift, Name des Prüfers.

Das Prüfprotokoll ist geordnet aufzubewahren. Bei bestandener Prüfung wird am Gerät eine Prüfplakette mit dem Termin der nächsten Wiederholungsprüfung am Gerät angebracht. Vielfach erfolgt die Dokumentation auch Dv-gestützt mit „automatischer" Wiedervorlage des nächsten Termins der Wiederholungsprüfung.

1.8.3 Ersatzstromversorgung

→ 1.8.4

01. Welche Ersatzstromversorgungsanlagen sind möglich?

Für die Ersatzstromversorgung (auch: Notstromversorgung) sind folgende Varianten denkbar (vgl. auch Arbeitsstättenverordnung):

1	**Speisen aus einem Stromerzeugungsaggregat (Notstromaggregat)**	z. B. Generator mit Dieselkraftmaschine, leichte Turbinen-Bauarten (Leistung von 100 kW und mehr)
2	**Speisen aus einem besonders gesicherten Netz, das über zwei voneinander unabhängige Einspeisungen verfügt.**	z. B. öffentliche Stromversorgung und eigene Kraftwerksanlage oder zwei voneinander unabhängige öffentliche Stromversorgungen oder zwei voneinander unabhängige Kraftwerke

3	**Speisung durch Umschalten auf ein zweites unabhängiges Netz**
4	**Ersatzstromversorgung durch Gleichrichteranlagen mit Batterien, Akkumulatoren**

- Man unterscheidet zwischen *Ersatzstromanlagen, die betrieblich bedingt sind* (z. B. Aufrechterhalten der Fertigung bei Ausfall der Hauptversorgung) und *Ersatzstromanlagen, die aus Gründen der Sicherheit eingerichtet werden* (Gefährdung von Menschen und Anlagen bei Ausfall der Hauptstromversorgung).
- Für Ersatzstromversorgungsanlagen gilt die DIN VDE 0100-560.
- Ersatzstromversorgungen für Feuerwehraufzüge müssen so ausgelegt und geschaltet sein, dass ein sicherer Betrieb der zu versorgenden Anlagen gewährleistet ist (vgl. TRA 200, Technische Richtlinie für Aufzüge).

02. Was ist ein Notstromaggregat?

- Ein Notstromaggregat ist ein mithilfe eines Verbrennungsmotors (Zweitakt-, Viertakt- oder Dieselmotoren) betriebenes Elektrizitätswerk (Stromerzeuger), das nicht zur ständigen Stromversorgung (Versorgung mit elektrischer Energie) dient, sondern nur für zeitlich begrenzte Dauer eingerichtet wird.
- Es ist eine Anlage, die aus Gründen der Sicherheit von Personen, zum Weiterbetreiben von Maschinen, Notbeleuchtungen, Aufzügen und anderen kritischen Anlagen bei Stromausfall ihre Anwendung findet.
- Es gibt kleine Stromerzeuger mit einer Leistung von unter 1 kW bis zu großen mit mehreren 100 kW.
- Durch das Anlaufen des Motors und den Umschaltvorgang dauert es eine gewisse Zeit, bis das Notstromaggregat das Netz versorgt.
- Bei einer Umschaltung der Anlage auf das Notstromaggregat muss eine allpolige Trennung vom allgemeinen Netz erfolgen. Die Rückschaltung sollte erst nach einer angemessenen Zeit erfolgen (frühestens nach einer Minute).

Merke: Für eine Vollversorgung sind Notstromaggregate aus Kostengründen (Anschaffungskosten) meist zu schwach dimensioniert.

03. Welche Anforderungen müssen Notstromaggregate erfüllen?

Sie müssen

- die geforderte Leistung über eine festgelegte Zeit (Versorgungsdauer) liefern und
- innerhalb kürzester Zeit in Betrieb gehen.

Merke: Mit Notstromaggregaten kann man Gleichstrom, Wechselstrom und Drehstrom nach Bedarf bereit stellen.

04. Wie ist der Aufbau eines Notstromaggregates?

- Antriebsaggregat (kraftbetriebener Motor)
- Übertragungseinheit (Welle)
- Stromerzeuger (Generator mit Rotor und Stator)
- vorgeschriebene Einspeiseeinrichtung mit Netzabfallrelais.

05. Nach welchen Kriterien werden Notstromaggregate unterschieden?

- Spannungsgleichheit zwischen Generator, Notstromaggregat und benötigter Spannung der Maschinen
- Schutzklassebezeichnungen (z. B. IP 23 spritzwassergeschützt)
- *Synchron-Notstromaggregate*
  sind für den Betrieb induktiver Maschinen vorgesehen (die zum Anlaufen einen höheren Strombedarf haben).
- *Asynchron-Notstromaggregate*
  reichen für den Betrieb von „normalen" elektrischen Geräten, da diese keinen hohen Anlaufstrom benötigen, um die gewünschte Leistung zu erbringen.

06. Was sind die Leistungskriterien für Notstromaggregate?

Wirkleistung	ist die Leistung, die vom Notstromaggregat abgenommen werden kann
	wird in W oder kW angegeben
Scheinleistung	ist die Leistung, die vom Generator erzeugt wird
	wird in VA oder kVA angegeben
Blindleistung	ist die Leistung, die für einen eventuell benötigten Anlaufstrom einer Maschine verwendet werden kann
	errechnet sich aus der Differenz der Wirk- und der Scheinleistung

Weiterhin sind zu berücksichtigen:

- Anlaufströme, Laststöße
- Aufstellung in besonderen Räumen mit ausreichender Be- und Endlüftung
- Schutz gegen Überlast und Kurzschluss
- kurz- und erdschlusssichere Verlegung der Kabel und Leitungen
- anwendungsnahe Aufstellung.

07. Was ist eine unterbrechungsfreie Stromversorgung (USV)?

- Bei betrieblichen Einrichtungen, bei denen keine oder nur eine sehr kurze Unterbrechung der Stromversorgung erfolgen darf, werden unterbrechungsfreie Stromversorgungsanlagen (USV-Anlagen) eingesetzt (z. B. bei der Datenverarbeitung, bei Kommunikationseinrichtungen sowie sicherheitsrelevanten Anlagen, z. B. Notbeleuchtung).

- Die USV übernimmt beim Netzausfall die Stromversorgung und kann auch Spannungsschwankungen im Netz des VNB ausgleichen.
- Man unterscheidet:

USV-Anlagen	
Offline-USV	**Online-USV**
sehr *kurze Umschaltzeit* (2 – 4 ms)	*keine Umschaltzeit;* USV-Anlage ist direkt mit dem Verbraucher verbunden.
Bei der Umschaltung vom Netz auf die Akkuversorgung muss der Wandler erst hochgefahren werden.	Bei Netzausfall erfolgt die Speisung des Wandlers unmittelbar durch den Akkumulator.
Blockschaltbild (Prinzipskizze): 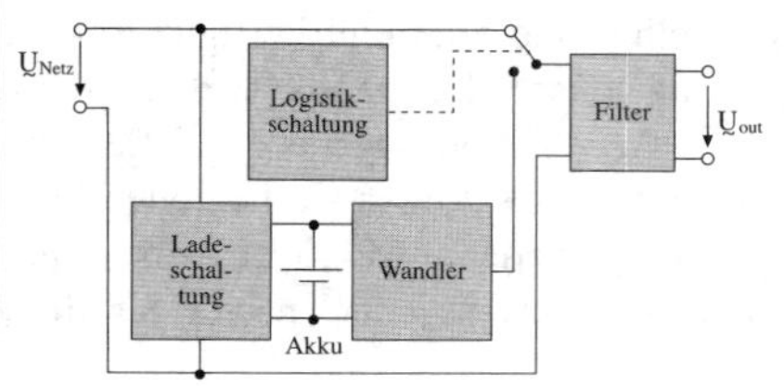	**Blockschaltbild (Prinzipskizze):** 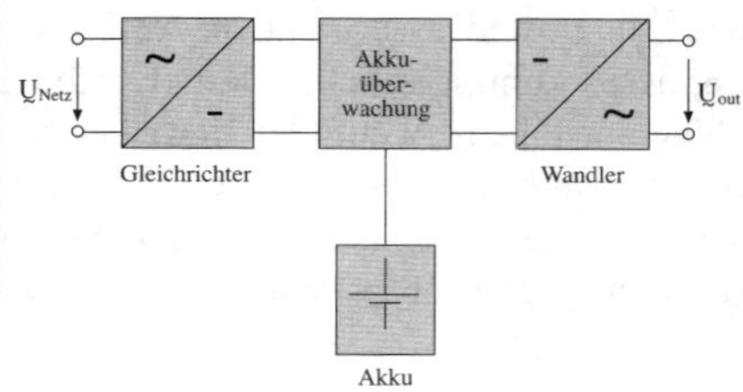

08. Welche Kriterien sind bei der Auswahl von USV-Anlagen maßgebend?

Beispiele:

Auswahlkriterien für USV-Anlagen			
benötigte Leistung (Batteriekapazität)	Pufferzeit	Umstellzeit	Wirkungsgrad
	Recyclingfähigkeit	Abmessungen	Wartungsaufwand[1]

09. Welche Bestimmungen sind beim Betrieb von Notstromaggregaten zu beachten?

VDE 0100 - 100	Bestimmungen für das Errichten von Starkstromanlagen bis 1000 V
DIN VDE 0100 - 718:	Starkstromanlagen mit Sicherheitsstromversorgung in baulichen Anlagen mit Menschenansammlungen
VDEW	Richtlinien für Planung, Errichtung und Betrieb von Anlagen mit Notstromaggregaten
TAB 2000	Technische Anschlussbedingungen für den Anschluss an das Niederspannungsnetz
TRA 200	Technische Richtlinie für Aufzüge
TÜV	Bestimmungen der Technischen Überwachungsvereine
DGUV	Unfallverhütungsvorschriften der Berufsgenossenschaften
ASR	Arbeitsstättenrichtlinie
ProdSG	Produktsicherheitsgesetz

[1] Wartungsaufwand, z. B.: regelmäßiger Funktionstest, Kapazität der Batterien prüfen, Raum staubfrei halten.

1.8.4 Energieversorgung im Störfall

01. Wie ist die elektrische Energieversorgung im Störfall zu sichern?

An geeigneten Stellen des innerbetrieblichen Stromnetzes (z. B. an den Einspeisepunkten) sollten Betriebsmittel installiert werden, die im Störfall Aufschluss über den Betriebszustand der Anlage geben. Geeignet sind dafür z. B. *Linienschreiber* für Strom, Spannung und Blindleistung. Anhand der Dokumentation im Störfall können dann geeignete Maßnahmen eingeleitet werden.

Das interne Stromnetz sollte so ausgelegt sein, dass der Betreiber im Störungsfall eine *Trennung in einen notstromberechtigen und einen nicht notstromberechtigten Teil* vornehmen kann. Die Ersatzstromversorgung muss auf das zu versorgende Netz ausgelegt sein (z. B. elektrisches Netz für Notbeleuchtung; Notstrom-Kraftnetz für unbedingt funktionsfähige Stromverbraucher, z. B. Motoren für Löschwasserpumpen, Aufzugs- und Kesselhausmotoren und Fertigungseinrichtungen, deren kontinuierlicher Betrieb erforderlich ist, da sonst Schäden am Produkt oder der Maschine entstehen). Wenn der Betreiber seine Anlage vom Versorgungsnetz auf die Ersatzstromanlage umschaltet, muss eine allpolige Trennung vom Netz erfolgen (Außenleiter L1, L2, L3 und Neutralleiter N). Ist die allgemeine Stromversorgung wieder gewährleistet, so sollte die Rückschaltung erst nach einer angemessenen Zeit erfolgen – frühestens jedoch nach einer Minute.

02. Welche Vorschriften gelten für die Sicherheits- bzw. Notbeleuchtung?

→ DGUV Vorschrift 1, ArbStättV, BGI 560, DIN VDE 0100-560, DIN EN 12464

Zum vorbeugenden Brandschutz gehört auch die Planung und die Installation einer *Sicherheitsbeleuchtung*. Sie ist nach der DGUV Vorschrift 1 und der ArbStättV eine *Notbeleuchtung*, die bei Störung der Stromversorgung der allgemeinen Beleuchtung Rettungswege, Räume und Arbeitsplätze während der betrieblich erforderlichen Zeiten mit einer vorgegebenen Mindestbeleuchtungsstärke beleuchtet und rechtzeitig wirksam wird (vgl. BGI 560). Einzelheiten für die Planung und Installation der Sicherheitsbeleuchtung können der DIN VDE 0100-560 „Errichten und Betreiben von Starkstromanlagen in baulichen Anlagen für Menschenansammlungen sowie von Sicherheitsbeleuchtung in Arbeitsstätten" und der DIN EN 12464 „Innenraumbeleuchtung mit künstlichem Licht; Notbeleuchtung" entnommen werden.

Zum vorbeugenden Brandschutz gehört auch die Planung und die Installation einer *Sicherheitsbeleuchtung*. Sie ist nach der DGUV Vorschrift 1 und der ArbStättV eine *Notbeleuchtung*, die bei Störung der Stromversorgung der allgemeinen Beleuchtung Rettungswege, Räume und Arbeitsplätze während der betrieblich erforderlichen Zeiten mit einer vorgegebenen Mindestbeleuchtungsstärke beleuchtet und rechtzeitig wirksam wird (vgl. BGI 560). Einzelheiten für die Planung und Installation der Sicherheitsbeleuchtung können der DIN VDE 0100-718 „Errichten und Betreiben von Starkstromanlagen in baulichen Anlagen für Menschenansammlungen sowie von Sicherheitsbeleuchtung in Arbeitsstätten" und der DIN EN 12464 „Innenraumbeleuchtung mit künstlichem Licht; Notbeleuchtung" entnommen werden. Die *Sicherheitsbeleuchtung* kann ausgeführt werden als

- Beleuchtung mit Batteriestromversorgung (Zentral-, Gruppen- oder Einzelbatterie) und/oder
- Beleuchtung mit Ersatzstromversorgung.

Abbildung: Sicherheitsbeleuchtung und Rettungszeichenleuchte

Quelle: BGI 560

1.8.5 Vorbeugende Maßnahmen zur Optimierung und Modernisierung der Energieversorgung

01. Was heißt „Energiesparen"?

Energiesparen (nicht: Einsparen) umfasst alle Aktivitäten zur Verringerung des Energieverbrauchs je Leistungs- oder Produktionseinheit.

02. Welche Möglichkeiten gibt es, den Energieverbrauch planmäßig zu steuern und ggf. zu senken? → 1.7.2

Die permanente Beachtung und Steuerung des Energieverbrauchs ist heute aus *ökologischer* und *ökonomischer Sicht* eine Selbstverständlichkeit. Eine wichtige Voraussetzung ist dazu, dass *der Verbrauch* der unterschiedlichen Energiearten im Betrieb *mengen- und wertmäßig erfasst und dokumentiert wird.*

Die nachfolgende *Übersicht* zeigt generelle Beispiele zur Steuerung und Senkung des Energieverbrauchs bzw. der Energiekosten:

Generelle Maßnahmen zur Steuerung und Senkung des Energieverbrauchs (Rationelle Energieverwendung)	
Wirkungsgrad	Es sollten nur Anlagen und Energiearten mit einem hohen Wirkungsgrad eingesetz werden (Wahl der Energieart, fachgerechte Dimensionierung; z. B. GuD-Kraftwerk).
	Eine planmäßige Instandhaltung der Energieversorger sichert die Erhaltung des Wirkungsgrades der Anlage (regelmäßige Wartung, Austausch von Verschleißteilen, Maßnahmen der Einstellung der Energieanlage; vgl. 1.7.2)
Blindleistungs-kompensation	Durch Kompensation der Blindleistung (in der Regel durch Parallelschalten eines Kondensators zum induktiven Verbraucher) kann eine Reduzierung des Blindstroms erreicht werden (→ Senkung der Betriebskosten und des Energiebedarfs).
Optimierung der Energienutzung	Vermeidung/Reduzierung der (technisch bedingten) ungenutzten Energie, z. B.: • Wärmerückgewinnung • keine „Verluste" beim Energietransport (z. B. Isolierung der Leitungen) • Vermeidung von Druck- und Substanzverlusten • Gebäudewärmeschutz • Vermeidung diskontinuierlicher Energieabnahme
Energiesparen	bei Wasser, Strom, Wärme usw. durch geeignete Maßnahmen unter Einbeziehung des Verhaltens der Mitarbeiter, z. B.: • bewusster Umgang mit Energie • kein Leerlauf von Maschinen • kein unnötiger Licht- und Wärmeverbrauch • Einsatz von technischen Möglichkeiten (z. B. Regelungstechnik) • betriebliche Verbesserungsvorschläge • Ökobilanz
Alternative Energieerzeugung	**Beispiele:** Solarenergie, Wärmepumpe, Wärmetauscher, Brennstoffzelle, Kraft-Wärmekopplung, Gezeiten-, Wind-, Meereswärme- und Bioenergie

03. Welche Vor- und Nachteile bietet die dezentrale Stromversorgung?

Begriff	Dezentrale Stromerzeugung ist die Erzeugung von elektrischem Strom durch mehrere kleine Anlagen, die in räumlicher Nähe zum Verbraucher liegen.
Vorteile	Verkürzung der Übertragungswege und damit geringere Verluste im Verteilungsnetz
	Möglichkeit zur Nutzung regenerativer Energien und der Kraft-Wärme-Kopplung (KWK) (z. B. Blockheizkraftwerke)
Nachteile	Die Effizienz kleinerer Anlagen ist geringer als die von Großanlagen (höhere Transportkosten, geringerer Wirkungsgrad).
	Bei kleineren Anlagen wird aus Kostengründen z. T. auf aufwändige Rauchgasfilter verzichtet (Feinstaubbelastung).

04. Wie erfolgt die Energieumwandlung bei der Kraft-Wärme-Kopplung?

Bei Anlagen der Kraft-Wärme-Kopplung (KWK-Anlagen) wird gleichzeitig elektrischer Strom und Wärme abgegeben. Der Nutzungsgrad ist damit höher (bis zu 90 %) als bei einem konventionellen Kraftwerk. Der Brennstoffeinsatz zur Energieumwandlung kann durch KWK-Anlagen reduziert werden.

KWK-Anlagen • Technische Bedingungen	
Brennstoffe	Brennstoffe und Energiequellen mit einem Temperaturniveau ≥ 200 °C, z. B. fossile Brennstoffe und erneuerbare Energiequellen (Holz, Biogas, Pflanzenöle, Geothermie und Kernenergie)
Anlagen	Je nach Priorität der Energieform unterscheidet man strom- bzw. wärmegeführte KWK-Anlagen. Varianten: als Dampf- oder Gasturbine, Gas- und Dampfturbine (GuD), Verbrennungsmotor, Brennstoffzelle
Verwendung	Zunehmende Verbreitung finden kleine bis mittlere KWK-Anlagen als so genannte Blockheizkraftwerke (BHKW) zur Versorgung begrenzter „Blöcke" (Wohnblock oder Industrieanlage). Die gewonnene Wärme wird hier als warmes Wasser oder als Wasserdampf über isolierte Leitungen zur Gebäudeheizung oder als Prozesswärme genutzt.
KWK-Gesetz	Das Gesetz für die Erhaltung, Modernisierung und den Ausbau der Kraft-Wärme-Kopplung aus dem Jahr 2002 fördert die Modernisierung und den Ausbau von KWK-Anlagen, die mit fossilen Brennstoffen betrieben werden. Damit soll ein Beitrag zur Verminderung der Kohlendioxid-Emission geleistet werden; vgl. ergänzend: Ökosteuer, EEG (Erneuerbare Energien-Gesetz).

05. Wie ist die Wirkungsweise einer Brennstoffzelle und welche Arten gibt es?

Eine Brennstoffzelle (Fuel Cell) ist ein technisches System, in dem z. B. aus Wasserstoff (Energieträger) und Sauerstoff durch elektrochemische Reaktion (Oxidation) Gleichstrom gewonnen wird. Die Brennstoffzelle ist kein Energiespeicher sondern ein -wandler.

Wirkungsweise der Wasserstoff-Sauerstoff-Brennstoffzelle

1 Sauerstoff O_2 (Luft) und Wasserstoff H_2 werden dem System zugeführt.

↓

2 Der Wasserstoff H_2 gibt seine Elektronen an die Anode ab (Betriebstemperatur 80 °C); es entstehen Wasserstoffionen H^+.

↓

3 Die frei gewordenen Elektronen fließen durch den Verbraucher zur Kathode und werden vom Sauerstoff aufgenommen. Es entstehen Sauerstoffionen O^{2-}.

↓

4 Die Sauerstoffionen O^{2-} transportieren die Elektronen durch den Elektrolyten zur Anode zurück und vereinigen sich dort mit je zwei Wasserstoffionen 2 H^+ zu Wassermolekülen H_2O.

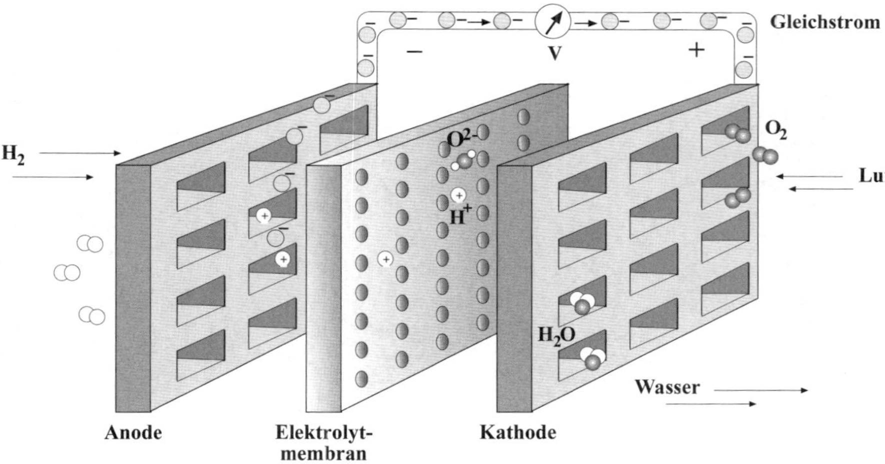

Brennstoffzellen gelten u. a. wegen hoher erreichbarer Wirkungsgrade und sehr geringer Emissionen als elektrochemische Energieumwandler mit Zukunft. Es gibt folgende Arten:

Brennstoffzellen (Fuel Cell) • Arten

Niedertemperaturzellen; bis 200 °C	
AFC	Alkaline Fuel Cell alkalische Brennstoffzelle
PAFC	Phosphoric Acid Fuel Cell phosphorsaure Brennstoffzelle
PEMFC	Proton Exchange Membrane Fuel Cell polymerelektrolyte Membran-Brennstoffzelle
DMFC	Direct Methanol Fuel Cell Methanol-Brennstoffzelle

Hochtemperaturzellen; 650 °C bis 1000 °C	
MCFC	Molton Carbonate Fuel Cell Schmelzkarbonat-Brennstoffzelle
SOFC	Solid Oxide Fuel Cell festoxidkeramische Brennstoffzelle

Die Probleme in der Brennstoffzellentechnik werden heute überwiegend in der kostengünstigen und umweltschonenden Gewinnung von Wasserstoff (als Energieträger) gesehen.

2. Automatisierungs- und Informationstechnik

Prüfungsanforderungen

Im Qualifikationsschwerpunkt Automatisierungs- und Informationstechnik soll die Fähigkeit nachgewiesen werden,

- unter Berücksichtigung einschlägiger Vorschriften Automatisierungs- und Informationssysteme zu projektieren, in Betrieb zu nehmen und in Stand zu halten,
- erforderliche Änderungen der Automatisierungsabläufe durchzuführen sowie entsprechende Maßnahmen einzuleiten,
- Automatisierungs- und Informationssysteme in übergeordnete Systeme einbinden zu können.
- Dazu gehört, beim Einsatz neuer Maschinen, Anlagen und Systeme sowie bei der Be- und Verarbeitung neuer Baugruppen und Bauelemente die Auswirkungen auf den Fertigungsprozess erkennen und berücksichtigen zu können.

Qualifikationsschwerpunkt Automatisierungs- und Informationstechnik
- Überblick -

- 2.1 Projektieren sowie Erweitern und Instandhalten von automatisierten Anlagen und Informationssystemen, auch bei laufender Produktion
- 2.2 Auswählen und Konfigurieren von Systemen der Mess-, Steuerungs- und Regeltechnik sowie Komponenten der Sensorik und Aktorik
- 2.3 Planen, Durchführen und Dokumentieren von Funktions- und Sicherheitseinrichtungen
- 2.4 Inbetriebnehmen und Abnehmen von automatisierten Anlagen und Systemen
- 2.5 Erstellen und Dokumentieren von Konstruktions- und Schaltungsunterlagen
- 2.6 Einleiten, Steuern, Überwachen und Optimieren von Fertigungsprozessen
- 2.7 Beurteilen von Auswirkungen des Einsatzes neuer Bauelemente, Baugruppen, Verfahren und Betriebsmittel auf den Fertigungsprozess und Einleiten von Optimierungsprozessen

2.1 Projektieren sowie Erweitern und Instandhalten von automatisierten Anlagen und Informationssystemen, auch bei laufender Produktion

2.1.1 Systemanalyse für die Entscheidung zum Bau, zur Erweiterung oder Modernisierung

2.1.1.1 Systemanalyse

01. Was ist ein System und was versteht man unter der Systemanalyse? → A 3.2.4, 4.3.2

- Als *System* bezeichnet man eine Menge von Elementen, die durch bestimmte Relationen verknüpft sind (z. B. Arbeitssystem: Input + Kombination von Mensch und Arbeitsmittel + Output). Die Menge und die Art und Weise der Relationen zwischen den Elementen ergibt die Struktur des Systems.
- *Analyse* ist das Erkennen von Strukturen, Gesetzmäßigkeiten und Zusammenhängen in real existierenden Daten durch subjektive Wahrnehmung und Bewertung.
- Die *Systemanalyse* ist ein Verfahren zur Ermittlung und Beurteilung des Ist-Zustandes von Systemen.

02. Was ist unter elektrotechnischen Systemen zu verstehen?

Elektrotechnische Systeme sind komplexe Systeme, die aus einer Vielzahl technischer und elektrischer/elektronischer Anlagen, Geräten, Baugruppen und Bauelementen bestehen können.

Elektrotechnische Systeme lassen sich aus Gründen der Dokumentation darstellen

a) nach der *Hierarchie:*

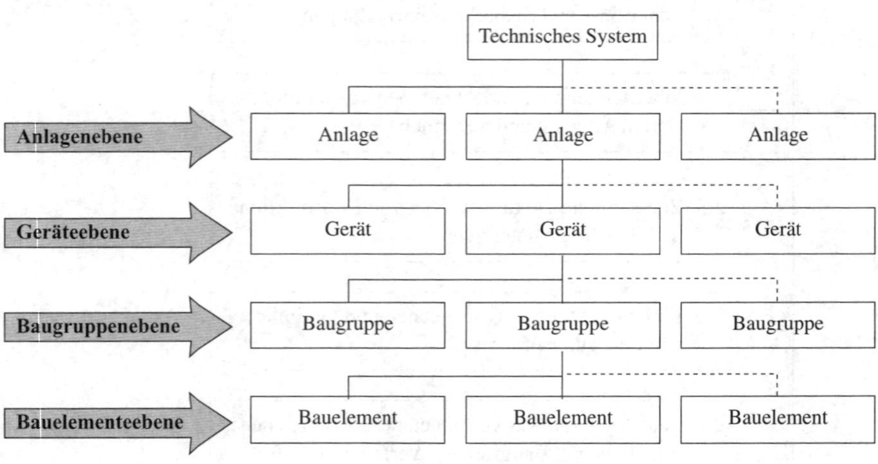

b) nach dem *Prozess:*

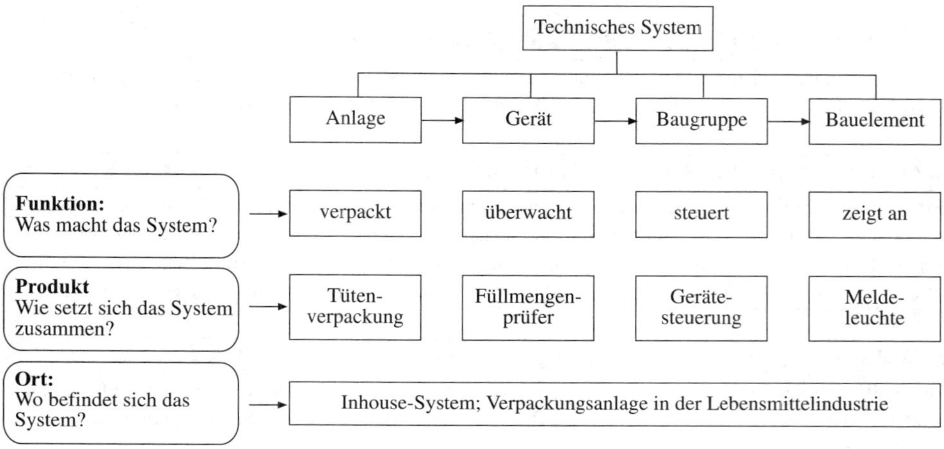

03. Welchen Zweck verfolgt die Analyse elektrotechnischer Systeme?

Bei der Projektierung elektrotechnischer Systeme muss der Projektant oder Fachplaner sehr genau überlegen, wie die Projektierungsaufgabe unter Beachtung der anerkannten Regeln der Technik (z. B. DIN/VDE Vorschriften) umgesetzt werden kann. Folgende Punkte müssen berücksichtigt werden (VDE 0100, Teil 100):

- der Schutz und die Sicherheit von Personen, Nutztieren und Sachwerten hinsichtlich der Gefahren und Schäden, die bei üblichem Gebrauch elektrischer Anlagen entstehen können
- die richtige Funktion der elektrischen Anlage für die beabsichtigte Verwendung.

Für das bessere Verständnis bei der Betrachtung eines Systems, einer Anlage, eines Gerätes, einer Baugruppe oder eines Bauelements *steht am Anfang die Analyse* (Untersuchung/Zergliederung) *des Systems oder der Anlage.* Mit der Zerlegung des Projekts für ein elektrotechnisches System oder eine Anlage in überschaubare und handhabbare Teilaufgaben wird die Übersichtlichkeit und die Steuerbarkeit wesentlich verbessert. Unter dem Aspekt der Wirtschaftlichkeit muss der Projektant immer bestrebt sein, mit dem geringsten Aufwand an Zeit und Material ein effektives Ergebnis in sehr guter Qualität zu erreichen.

Da es sehr schwierig sein kann, ein elektrotechnisches System in seiner Komplexität mit der sehr hohen Vernetzung der einzelnen Anlagensysteme und -funktionen sowie der übergreifenden Informationswege zu verstehen und die technischen und technologischen Prozesse zwischen den Anlagen, Geräten usw. zu erkennen und vor allem zu beherrschen, ist es notwendig die Projektierungsaufgabe und damit das elektrotechnische System zu analysieren. Bedingt durch unterschiedliche Anforderungen und Sichtweisen kann die Zerlegung in eine *Projektstruktur,* eine *Produktstruktur* oder sogar eine *Kontenstruktur* (kaufmännisch) erfolgen. Es muss eine Spezialisierung stattfinden.

Für die *Produktstruktur* kann dies nach folgender Gliederung geschehen:

1. Analyse (Zergliederung) der Anlagen- und Gerätestruktur:
Jede Baugruppe oder jedes Gerät ist eindeutig einer Teilanlage zugeordnet. Seine jeweilige Funktion wird festgelegt. Mit dieser Gliederung erhält man ein Abbild des Systems/der Anlage.

2. Analyse (Zergliederung) der Funktionsstruktur:
Eine weitere Strukturierung des Systems- oder Anlagenablaufs wird durch die Funktionsanalyse erreicht. Jeder Teilanlage und jeder Baugruppe oder jedem Gerät kann jetzt eine eindeutige Funktion zugeordnet werden. Die Auswahl der geeigneten Geräte wird durch die Bestimmung ihrer Funktion erleichtert, und es werden die Voraussetzungen für einen anlagennahen Entwurf geschaffen.

3. Analyse (Zergliederung) der Technologiestruktur:
Durch die technologische Gliederung und der dazugehörigen Funktionsbeschreibung hat der Projektant jetzt die Möglichkeit, geeignete Geräte und Bauelemente mit den entsprechenden Leistungskenndaten für die elektrotechnische Anlage auszulegen.

Eine große Bedeutung hat die Analyse eines elektrotechnischen Systems bei der Erweiterung oder Modernisierung einer vorhandenen Elektroanlage und vor allem bei der Fehlersuche in einem System oder einer Anlage.

04. Was kann die Analyse eines elektrotechnischen Systems leisten?

Die Systemanalyse unterstützt z. B.:

- das Verständnis für die Funktion der Gesamtanlage bzw. ihre Aufgabe innerhalb des betrieblichen Leistungsprozesses (z. B. automatische Getränkeverpackung)
- die Einordnung eines Bauteils in die Gesamtfunktion der Anlage
- die Fehleranalyse und das Erkennen von Schwachstellen der Anlage
- das Erkennen von Lösungsansätzen zur Modernisierung und Verbesserung der Wirtschaftlichkeit der Anlage.

05. Wie analysiert man Aufbau und Funktionsweise eines Gerätes als Teil eines elektrotechnischen Systems?

Viele Baugruppen, Geräte und Bauelemente der Energieverteilungsanlagen, der Anlagenautomatisierung und der Gebäudetechnik lassen sich heute nicht mehr in ihre einzelnen Elemente zerlegen, um dann nach der Methode der Analyse von elektrotechnischen Systemen und Anlagen den Aufbau, die Funktionsweise oder das Betriebsverhalten zu ermitteln.

Bei der Analyse eines Gerätes als Teil eines elektrotechnischen Systems oder einer Anlage spielen die Arbeitsplanung und die Informationsbeschaffung eine wichtige Rolle. Bei der Arbeitsplanung sind dabei die Elemente Zielplanung, Arbeitsauftrag, Arbeitsplan und die Prioritäten zu berücksichtigen. Für die Informationsbeschaffung sind alle erforderlichen Informationsquellen (z. B. Dokumentationen, Produktdatenblätter, Messen, Produktpräsentationen, Datenbanken von Herstellern, Lieferanten, Fachhändlern und Fachverbänden sowie Fachbücher) oder die

Recherche im Internet und die Nutzung sonstiger Medien (z. B. Zeitschriften, Rundfunk, Fernsehen – öffentlich und privat) zu nutzen. Auch Behörden, Fachverbände, Akademien, Institute und Forschungseinrichtungen können potenzielle Informationsquellen sein. Bei der Auswahl der Informationsquelle sollte immer auf ein angemessenes Verhältnis von aufgewendeter Zeit und dem Informationsgehalt geachtet werden.

Folgende Arbeitsschritte sind für die Analyse eines Gerätes als Teil eines elektrotechnischen Systems oder einer Anlage erforderlich:

1. Analyse der Zielsetzung:
Durch die Verwendung von Datenblättern der Hersteller oder durch den Einsatz von Betriebs- und Bedienungsanleitungen kann die Analyse der Zielsetzung vorgenommen werden. Daraus werden die einzusetzenden Eingangsgrößen und die zu erwartenden Ausgangsgrößen ermittelt.

2. Schalt-, Prüf- und messtechnische Untersuchung des Gerätes (Prüflings):
• Planung der Schaltungen, Prüfungen und Messungen: Aus der Technologiestruktur (Technologieschema) des Systems/der Anlage können die Leistungskenndaten ermittelt werden. • Durchführung der Schaltungen, Prüfungen und Messungen: Die im ersten Schritt theoretisch ermittelten Werte gilt es jetzt mithilfe eines elektrischen Versuchsaufbaus messtechnisch zu untersuchen.

3. Dokumentation des Prüf- und Messergebnisses:
Im Vergleich der errechneten Werte mit den Messergebnissen muss eine Schlussfolgerung für das Gerät (Prüfling) erfolgen. Es ist die Entscheidung zu treffen, ob das Gerät die im Prüf- und Arbeitsauftrag gestellten Anforderungen erfüllt und für die geplante Aufgabe eingesetzt werden kann oder nicht.

2.1.1.2 Spezifische Anforderungen des Kunden

01. Welche spezifischen Anforderungen des Kunden sind zu beachten?

Für die Planung und Bemessung eines Systems, einer Anlage, eines Gerätes, einer Baugruppe oder eines Bauelements sind die Eigenschaften aller Komponenten auf die Anforderungen des Kunden, des Netzes und der Umgebungsbedingungen abzustimmen.

Unter Kundenanforderungen sind die Bedingungen eines Kunden oder einer Kundengruppe an ein Produkt oder eine Dienstleistung zu verstehen. Die Kundenanforderungen sind (mehr oder weniger) genaue Bedingungen, die erfüllt sein oder werden müssen – im Gegensatz zu Kundenwünschen.

Bei den *Kundenanforderungen* geht es um die Artikulationen der aus Kundensicht subjektiv empfundenen Wichtigkeit, dass ein Produkt oder die Dienstleistung gewisse Eigenschaften in bestimmten Ausprägungen erfüllen sollte. Der Kunde als z. B. elektrotechnischer Laie stellt seine spezifischen Anforderungen an sein System, seine Anlage, sein Gerät, seine Baugruppe oder sein Bauelement. Diese Anforderungen können z. B. sein:

- sicherheitstechnische Forderungen sowie spezifische Betriebsbedingungen
- Wirtschaftlichkeit, z. B. bezogen auf die laufenden Betriebskosten über die gesamte Nutzungsdauer
- Leistungsreserven z. B. bei „Stoßzeiten“ für eine höhere Produktion (Maximalkapazität)
- Spannungsstabilität und Spannungssicherheit (eventuell Einsatz von Notstromaggregaten zur Sicherung des Produktionsablaufs)
- Betriebsarten der Anlagensysteme oder einzelner Komponenten
- Übertragungsleistungen (Bemessungen von Kabeln, Leitungen und Automatisierungssystemen)
- Leistungsfaktor cos φ des Systems oder der Anlage
- Ökologie (Entsorgung der Materialien nach Ablauf der Nutzungsdauer).

Um den Kundenanforderungen zu entsprechen und diese auch zu erfüllen, sind in der Planung weitere Einflussgrößen, die in den Kundenanforderungen nicht immer eindeutig formuliert sind und für den Kunden eine eher untergeordnete Rolle spielen können, jedoch für die Auslegung und Dimensionierung der Komponenten und Betriebsmittel von entscheidender Bedeutung sind, zu berücksichtigen.

Beispiele:

- das einspeisende Netz mit seiner Betriebsspannung, Abschaltleistung, Abschaltzeit, Art der Erdung und Art der Sternpunkterdung
- die Umgebungsbedingungen mit Temperatur, Freiluft-/Innenraumaufstellung, Bauweise, Häufungen, behinderte Wärmeabgabe, Schutzgrad der Kapselung, Kriechstrecken, Schlagweiten, Korrosionsschutz, Erdbebensicherheit
- die Eigenschaften der Komponenten und Betriebsmittel mit der Strombelastbarkeit, Kurzschlussfestigkeit, Spanungsfall, zulässigen Betriebstemperatur, zulässigen Kurzschlusstemperatur, Verluste, Wirkwiderstand, Induktivität, Kapazitivität, Auslastung und Jahreskosten.

Zur Auswahl der Komponenten für eine, den Kundenanforderungen entsprechende und bestimmte Verwendung ist die Kenntnis aller Einflussgrößen und Rahmenbedingungen erforderlich. (vgl. auch Ziffer 2.1.1.3, interne und externe Einflussgrößen). Diese bilden die Kriterien für die Bemessung und Auswahl von Geräten, Baugruppen oder Bauelementen in elektrotechnischen Systemen und Anlagen zur Erfüllung der Kundenanforderungen. Je genauer die Einflussgrößen[1)] und Rahmenbedingungen[1)] erfasst werden, desto präziser ist das Ergebnis für den Kunden.

Erkennbare größere Veränderungen an und in dem System oder der Anlage sind bereits im Stadium der Planung zu berücksichtigen, z. B.

- Laststeigerungen
- Veränderungen im Tageslastspiel der Anlage
- zusätzlich geplante und möglicherweise im System/in der Anlage festzulegende Reserven.

---

1) **Beispiele:** Bauart, Spannung, Erdungsbedingungen, Sternpunktbehandlung, Betriebsbedingungen für den ungestörten Betrieb, thermische und mechanische Beanspruchung der Bauteile im Kurzschlussfall, Spannungsfall, Ergebnis der Wirtschaftlichkeitsbetrachtung.

Wer verstehen will, warum „etwas“ für den Kunden wichtig ist, muss sich eingehend und umfassend mit dem *Nutzen für den Kunden* befassen. Solche „Nutzenelemente“ können z. B. sein:

- Steigerung der Produktion
- Reduzierung der Kosten/der Bearbeitungszeiten („Ersparnisse“)
- höhere Qualität und Quantität.

02. Wie lässt sich der Kundennutzen im Zusammenhang grafisch darstellen?

Die nachfolgende Abbildung zeigt am Beispiel „Druckmaschine” die *Hierarchical Value Map* (dt.: Hierarchische Wert(igkeits)-Darstellung):

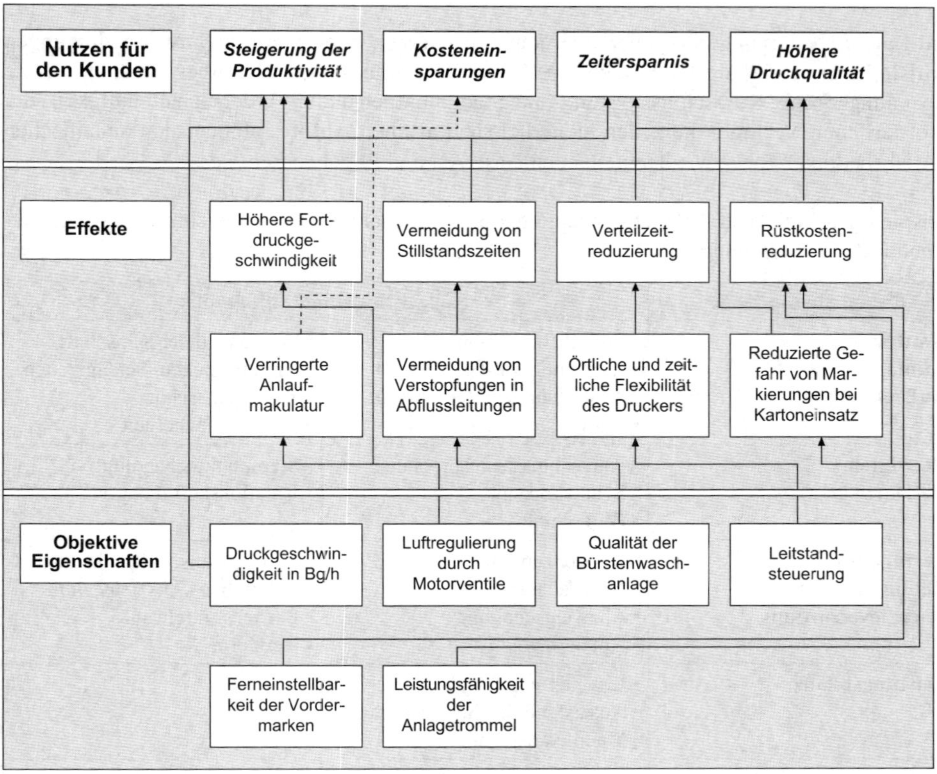

Quelle: Sonderforschungsbericht 361, Modelle und Methoden zur integrierten Produkt- und Prozessgestaltung; Prof. Dr. Hartwig Steffenhagen, Vortragskonzept vom 25. November 2004, RWTH Aachen

2.1.1.3 Interne und externe Einflussgrößen (Rahmenbedingungen)

01. Welche Rahmenbedingungen sind bei der Projektierung automatischer Anlagen zu berücksichtigen?

Die Projektierung automatischer Anlagen umfasst die Sammlung der Rahmenbedingungen, die Festlegung der Anlagenkonzeption sowie der anzuwendenden Planungsgrundsätze für die Ausführung.

Die Projektierungsphase stellt einen Zeitraum intensiver Zusammenarbeit zwischen dem Auftraggeber, dessen Ingenieurberater für den Fachbereich Elektrotechnik/Elektronik/Automatisierungstechnik und dem Auftragnehmer dar.

Die Rahmenbedingungen ergeben sich aus den internen und externen Umweltbedingungen (Aufstellungsort, lokale Klimafaktoren, Umweltbeeinflussung), dem übergeordneten Netz (Spannungsebene, Kurzschlussleistung und Sternpunktbehandlung), der Schalthäufigkeit, der erforderlichen Verfügbarkeit, den sicherheitstechnischen Anforderungen, den spezifischen Betriebsbedingungen sowie den geltenden Gesetzen und Regelwerken.

Beispiele zur Wahl von Anlagenkonzeptionen und Maßnahmen unter Beachtung der vorgegebenen Rahmenbedingungen:

Rahmenbedingungen	Konzeption und Maßnahmen	
Umwelt, Klima, Aufstellungsort	• Freiluft/Innenraum • Konventionell-GIS-Hybrid • Auslastung der Betriebsmittel • Bauweise	• Schutzgrad der Kapselung • Kriechstrecken, Schlagweiten • Korrosionsschutz • Erdbebensicherheit
Netzdaten, Netzform	• Kurzschlussbeanspruchung • Schutzkonzept • Blitzschutz	• Sternpunktbehandlung • Isolationskoordination
Verfügbarkeit und Redundanz der Energieversorgung	• SS-Konzeption • Mehrfacheinspeisung • Abzweigschaltung • Notaggregate	• Sofortbereitschaftsanlagen • Festeinbau-/Ausziehtechnik • Betriebsmittelwahl • Netzform
Leistungsbilanz	• Erweiterungsfähigkeit • Auslastung der Betriebsmittel • Wandlerauslegung	
Bedienungskomfort	• Leittechnik/konventionelle Steuerung	• Fern-/Vorortsteuerung • Bauweise/Schaltung
Sicherheitstechnische Anforderungen	• Netzform • Störlichtbogensicherheit • Blitzschutz • Erdung	• Brandschutz • Berührungsschutz • Ex-Schutz • Zugriffs-/Einbruchschutz

Mit Rücksicht auf die Betriebsmittel- und Anlagenkosten muss jede Maßnahme auf ihre Notwendigkeit auch *aus wirtschaftlicher Sicht* betrachtet werden.

02. Welche Gesetze, Auflagen, Regelwerke, Organe/Träger und welche wirtschaftlichen Größen sind bei der Projektierung zu berücksichtigen?

Beispiele:

Gesetzliche Auflagen	Baugenehmigungsverfahren lt. Bauordnung der Länder,
	Einbeziehung der Träger öffentlicher Belange (TÖB), z. B. Energieversorger, Versorgungsnetzbetreiber von Gas, Wasser, Abwasser, Elektroanlagen (Hoch-, Mittel- und Niederspannungsanlagen), Fernmelde- und Telekommunikationsanlagen, Antennenanlagen-/Kabelnetz-Betreiber, Straßenbauamt, Umweltamt, Ämter der Städte und Gemeinden; Eintragungen von Dienstbarkeiten (Bedeutung des öffentlichen Interesses)
Umweltaspekte	Naturschutzbehörden, Nationalparkamt
Wirtschaftliche Größen	Gesetzliche Auflagen
	Umweltaspekte
	Standortbedingungen (z. B. Netzqualität, Netzverfügbarkeit)
	Infrastruktur, Verkehrsanbindungen (Bahn, Autobahn, Flugplatz, Hafen)
VDE-Bestimmungen	DIN VDE 0100-100: Diese Norm gilt für das Errichten von Starkstromanlagen bis 1000 Volt-Nennspannung.
	DIN EN 50522: Diese Norm gilt für das Errichten von Starkstromanlagen mit Nennwechselspannung über 1 kV und Nennfrequenzen unter 100 Hz. Sie gilt sinngemäß für Gleichstromanlagen mit Nennspannungen über 1,5 kV.
	DIN VDE 0105: Diese Norm gilt für das Bedienen von elektrischen Anlagen und für alle Arbeiten an, mit oder in der Nähe von elektrischen Anlagen aller Spannungsebenen (von Kleinspannung bis Hochspannung, wobei der Begriff Hochspannung die Spannungsebenen Mittelspannung und Höchstspannung einschließt).

2.1.1.4 Technische Komponenten

In diesem Abschnitt werden behandelt (lt. Rahmenplan):

Vergleich technischer Komponenten					
Steuerungs-arten	**Bus-systeme**	**Visualisierungs-systeme**	**Antriebs-systeme**	**Software-lösungen**	**Handhabungs-technik**

2.1.1.4.1 Steuerungsarten

Das Thema wird ausführlich bearbeitet unter 2.5.3.1 und 2.6.4.2.4/Frage 23.; vgl. auch: Lipsmeier, A. (Hrsg.), Friedrich Tabellenbuch, Metall- und Maschinentechnik, Troisdorf 2008, S. 7 - 12, 9 - 3.

2.1.1.4.2 Bussysteme

Bitte lesen Sie dazu:

- **1.1.1.4.9**
- Frage 01. - 08. (S. 98 - 102)

T 1 und T2 sind hier identisch (lt. Rahmenplan).

2.1.1.4.3 Visualisierungssysteme

Bitte lesen Sie dazu:

1.1.1.4.10 (S. 106 - 108)

T 1 und T2 sind hier identisch (lt. Rahmenplan).

2.1.1.4.4 Antriebssysteme

01. Welche Bedeutung haben elektrische Antriebe?

Die Automatisierung industrieller Prozesse verlangt unter anderem Antriebssysteme, die in der Lage sind, die notwendigen Bewegungsabläufe des jeweiligen technologischen Verfahrens zu realisieren.

Bild: Elektrischer Antrieb eines Aufzugs

Die dazu erforderliche mechanische Energie wird heute in den meisten Fällen durch Umformung elektrischer Energie gewonnen, da sich diese Energieform durch eine relativ einfache Transportierbarkeit über große Entfernungen und Umweltfreundlichkeit auszeichnet.

Darüber hinaus lässt sich elektrische Energie mit gutem Wirkungsgrad in mechanische umwandeln. Außerdem gestattet die elektrische Signalverarbeitung mit den Mitteln der modernen Informationselektronik eine schnelle Verarbeitung einer großen Zahl von Messwerten und Befehlen und damit eine exakte Steuerung der Bewegungsabläufe.

02. Aus welchen Komponenten besteht ein Antriebssystem?

Ein Antriebssystem umfasst immer die *Gesamtheit* aller Baugruppen und Elemente in Arbeits- und Werkzeugmaschinen oder in elektrischen Triebfahrzeugen:

- Antriebselemente
- Übertragungselemente
- Arbeitselemente
- Steuerelemente
- Trägerelemente.

Werkzeugmaschinen und Anlagen können mit elektrischen, elektrohydraulischen oder hydraulischen Antriebssystemen ausgerüstet sein.

03. Welche Schnittstellen hat ein Antriebssystem?

Ein Antriebssystem hat drei Schnittstellen:

Gerät ⇕ **Antriebssystem**	**Energiequelle (Netz, Batterie)** ⇕ **Antriebssystem**	**Bedienebene** ⇕ **Antriebssystem**

04. Welche Störgrößen und unerwünschten Nebenwirkungen können in Antriebssystemen auftreten?

- *Störgrößen* in Antriebssystemen können sein:
  - Kräfte, Drehmomente, Trägheitsmomente der anzutreibenden Arbeitsmaschine
  - Spannung und Frequenz der Energiequelle
  - äußere elektrische und magnetische Felder
  - Umwelteinflüsse, wie Temperatur, Luftfeuchtigkeit.

- Als *unerwünschte Nebenwirkungen* können in Antriebssystemen auftreten:
  - mechanische Schwingungen
  - Geräusche
  - Wärmeentwicklung
  - Abstrahlung magnetischer und elektrischer Felder.

05. Wie ist die Funktionsweise eines Elektroantriebssystems?

Ein Elektroantriebssystem ist ein System aus elektrischem Stellglied, elektrischer Maschine und Arbeitsmaschine. Jedes Elektroantriebssystem verfügt über einen Informations- und einen Leistungsteil, denen der Signal- bzw. der Energiefluss zugeordnet sind. Man unterscheidet *gesteuerte* und *geregelte* Elektroantriebssysteme. Für die im Elektroantriebssystem gespeicherte mechanische Energie ist das *Trägheitsmoment* kennzeichnend.

Bild 1 zeigt die Schaltung eines einfachen Antriebs, wie er in großer Zahl für die verschiedenen Anwendungen gebraucht wird. Die wesentlichen Funktionseinheiten des Energieflusses vom Netz zur Arbeitsmaschine sind daraus zu erkennen. Durch Verallgemeinerung ergibt sich daraus die im Bild 2 gegebene schematische Darstellung:

w Führungsgröße
r Rückmeldegröße
x gesteuerte Größe bzw. Regelgröße
y Stellgröße
z Störgröße

Bild 1

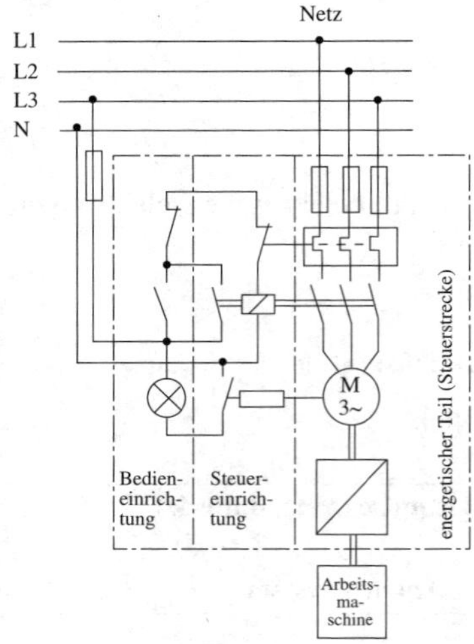

Bild 2

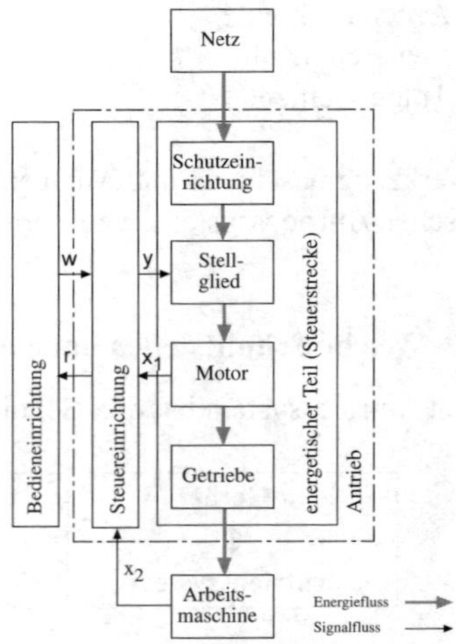

Elektrische Antriebssysteme haben die Aufgabe, durch Wandlung elektrischer Energie in mechanische Energie Bewegungsvorgänge zu realisieren. Diese Aufgabe der Energiewandlung übernimmt die elektrische Maschine (der *Elektromotor*), der die *Arbeitsmaschine* häufig unter Zwischenschaltung mechanischer *Antriebselemente* (Getriebe und Kupplungen) in Bewegung setzt und die dafür notwendige mechanische Energie bereitstellt. Der Elektromotor entnimmt die erforderliche elektrische Energie dem Netz über einen *Leistungsschalter.* Er hat neben seiner Schalterfunktion eine Schutzfunktion, d. h. er trennt im Störfall den Motor vom Netz. Dem Motor ist ein *Stellglied* vorgeschaltet. Dieses steuert den Motor, zum Beispiel seine Drehzahl, durch Eingriff in den Energiefluss vom Netz zum Motor.

06. Wie ist ein Antriebssystem hierarchisch strukturiert?

Moderne Bearbeitungsprozesse erfordern zu ihrer Realisierung mehrere elektrische Antriebe, die koordiniert gesteuert werden müssen. Das geschieht dadurch, dass die Führungsgrößen von übergeordneten Steuereinrichtungen vorgegeben werden.

So entsteht eine hierarchische Struktur des Antriebssystems:

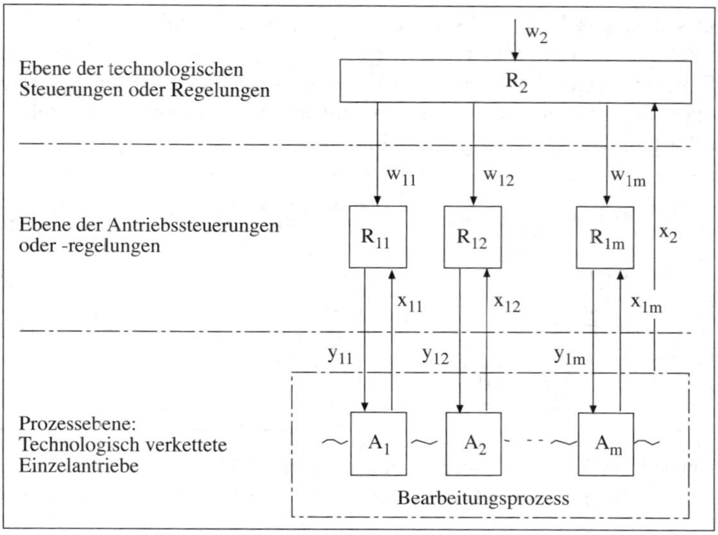

07. Wie können elektrische Antriebssysteme unterschieden werden?

Elektrische Antriebssysteme können sein:

1. *Elektrischer Antrieb für kreisende Hauptbewegung:*
   Die kreisende Antriebsbewegung eines Elektromotors wird über ein mechanisches Getriebe z. B. auf die Werkzeugträger übertragen.

2. *Elektrischer Antrieb für geradlinige Hauptbewegung:*
   Die kreisende Antriebsbewegung z. B. eines Asynchron-Elektromotors muss durch geeignete Getriebe in die geradlinige Bewegung z. B. eines Werkzeugträgers umgewandelt werden. Dabei wird die über einen nur kurzen Weg zu leistende, verfahrensbedingte Arbeit der kinetischen Energie eines schnell umlaufenden Schwungrades entnommen, die vom Elektromotor bis jeweils zum Beginn der nächsten Arbeitsabgabe wieder aufzuladen ist.

3. *Elektrohydraulischer Antrieb:*
   Das Antriebselement besteht aus dem Elektromotor und einer Pumpe mit Ölbehälter. Die Zu- und Rückleitung des Hydrauliköls von dem Schubkolbengetriebe wird durch Schieber und Ventile gesteuert. Der Öldruck stellt sich nach dem jeweiligen auftretenden Formänderungswiderstand ein.

Bei den elektrischen bzw. elektrohydraulischen Antrieben werden Drehstrommotoren mit konstanter Drehzahl, polumschaltbare Motoren mit zwei, im Verhältnis 1:2 stehenden konstanten Drehzahlen oder Gleichstrommotoren mit stufenloser Drehzahlregelung verwendet. Zunehmend werden auch über Frequenzumrichter gesteuerte Drehstrommotoren eingesetzt. Zur Vollständigkeit von Antriebssystemen sei auch der dieselelektrische Antrieb und der Hybridantrieb genannt.

08. Welche Anforderungen werden an das mechanische Antriebssystem gestellt?

Das mechanische Antriebssystem muss so gestaltet werden, das es in der Lage ist, die geforderten rotatorischen bzw. translatorischen Bewegungen vom elektrischen Antriebssystem abzuleiten. Soweit Getriebe Anwendung finden, ist es notwendig die Kenngrößen des Bewegungsvorgangs oder -ablaufs der Arbeitsmaschine auf den Elektromotor zu beziehen. Getriebelose Antriebe erfordern dagegen häufig Spezialmotoren.

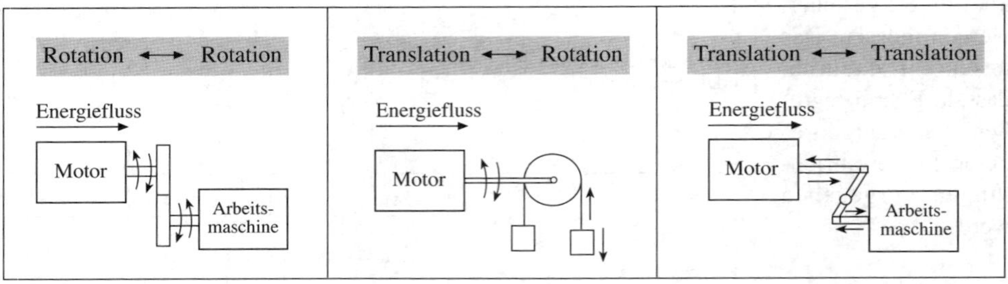

Hinweis: Im Folgenden werden nur die elektrischen Maschinen als Teil eines Elektroantriebssystems und als eine Möglichkeit eines Antriebselements in einem Antriebssystem behandelt.

09. Wie lassen sich elektrische Maschinen systematisieren?

<table>
<tr><th colspan="3">Systematik der rotierenden elektrischen Maschinen</th></tr>
<tr><td>1. Synchronmaschinen</td><td colspan="2">• Schenkelpolmaschinen
• Vollpolmaschinen</td></tr>
<tr><td>2. Asynchronmaschinen</td><td colspan="2">• Kurzschlussläufer (Käfigläufermaschine)
• Schleifringläufer</td></tr>
<tr><td rowspan="3">3. Kommutatormaschinen</td><td>Gleichsstrommaschinen</td><td>• fremderregte Gleichstrommaschinen
• Gleichstromnebenschlussmaschinen
• Scheibenläufermaschinen</td></tr>
<tr><td>Einphasenkommutator-maschinen</td><td>• Universalmaschinen
• Kondensatormaschinen</td></tr>
<tr><td>Dreiphasenkommutator-maschinen</td><td>• eigenerregte Drehstromerregermaschine
• Frequenzwandler
• ständergespeister Drehstrom-Nebenschluss-kommutatormotor
• läufergespeister Drehstrom-Nebenschluss-kommutatormotor
• Drehstromreihenschlussmotor</td></tr>
</table>

Die elektrische Maschine ist ein elektromechanischer Energiewandler zwischen elektrischer Energie und mechanischer Energie, die motorisch und generatorisch, d. h. *treibend und bremsend,* arbeiten können. Von beiden Möglichkeiten macht man in der Praxis Gebrauch.

Beim Motorbetrieb fließt die Energie von der elektrischen Seite zur mechanischen, beim Generatorbetrieb von der mechanischen zur elektrischen. Eine für Motorbetrieb vorgesehene elektrische Maschine wird als Motor (Elektromotor), eine für Generatorbetrieb vorgesehene elektrische Maschine als Generator (Dynamomaschine, kurz Dynamo) bezeichnet. Da einerseits elektrische Energiesysteme mit unterschiedlicher Spannung, Frequenz und Phasenzahl existieren (Gleichstrom-, Wechselstrom- und Drehstromsysteme) und andererseits die mechanische Energie hinsichtlich ihrer Parameter wie Drehzahl, Drehmoment, Kraft und Geschwindigkeit in vielen Formen bereitgestellt werden muss, gibt es eine relativ große Anzahl spezieller Ausführungen von Motoren und Generatoren.

10. Wie lassen sich elektrische Maschinen weiterhin systematisieren?

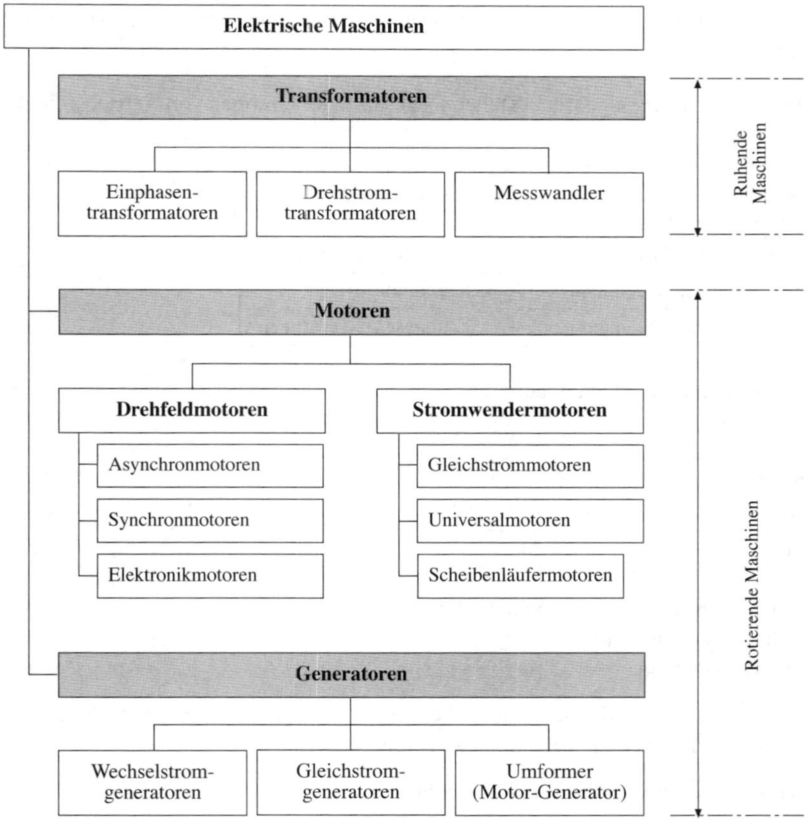

- Nach der *Spannungsversorgung* unterscheidet man:
  - Drehstrommaschinen
  - Wechselstrommaschinen und
  - Gleichstrommaschinen.

Aufbau eines Gleichstrommotors

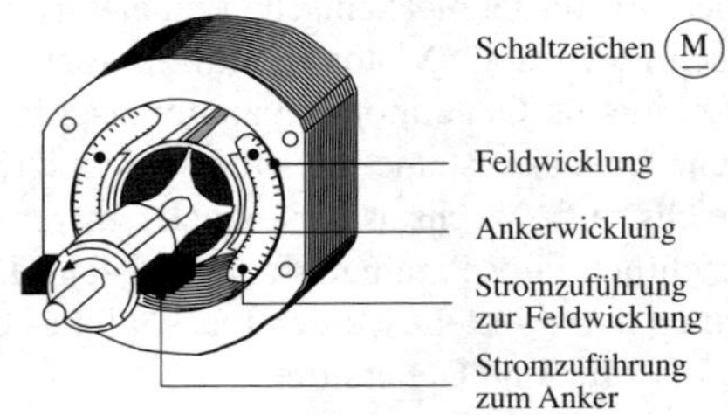

- Nach der *Art der Antriebsbewegung* unterscheidet man zwischen Motoren für Rotations- und für Translationsbewegungen. Die zu erfüllenden Bewegungsaufgaben lassen sich in rotatorische und translatorische Bewegungen aufteilen, wobei beide kontinuierlich oder diskontinuierlich verlaufen können.

- Nach *Bewegungsmerkmalen* geordnet stehen insgesamt vier Gruppen von Antriebsmitteln zur Verfügung:

Motoren für ...	
kontinuierliche Drehbewegungen[1]	
diskontinuierliche Drehbewegungen	**Schrittmotoren**
kontinuierliche Längsbewegungen	**Linearmotoren**
diskontinuierliche Längsbewegungen	**Linearschrittmotoren**

- Nach der *Nennleistung* unterscheidet man:

Kleinstmaschinen	≤ 10 W
Kleinmaschinen	> 10 W; < 750 W
Mittelmaschinen	$\geq 0{,}75$ kW; < 1 MW
Großmaschinen	≥ 1 MW

- Nach der *Art der Erregung* unterscheidet man:
  - Reihenschlussmaschinen und
  - Nebenschlussmaschinen.

- Eine Reihe von elektrischen Maschinen, insbesondere fast alle Drehstrommaschinen, lassen sich unter dem Begriff *Drehfeldmaschinen* zusammenfassen.

- Eine Sondergruppe bilden die *rotierenden Umformer.*

- Eine andere Sondergruppe sind elektrische Maschinen, die nur von ihrem Strom-Spannungs-Verhalten her interessieren und mechanisch leerlaufen, z. B. *Blindleistungsmaschinen* und *Dämpfungsmaschinen.*

- Eine weitere Sondergruppe sind die *Verstärkermaschinen.*

[1] Motoren für kontinuierliche Drehbewegungen bilden gegenwärtig die Mehrzahl der im Einsatz und im Angebot befindlichen elektrischen Maschinen.

Im Überblick: *Einteilung der Elektromotoren nach Bewegungsmerkmalen*

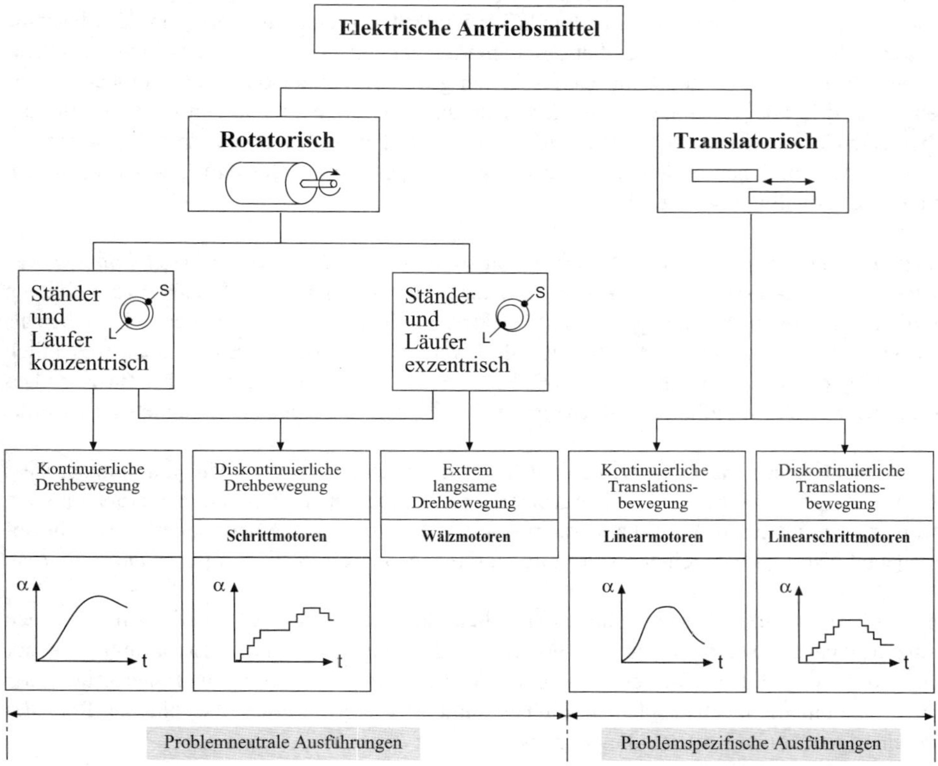

11. Wie ist die Arbeitsweise elektrischer Maschinen?

Prinzipiell kann jede elektrische Maschine sowohl in der einen als auch in der anderen Energieflussrichtung arbeiten. Die praktische Auslegung einer bestimmten elektrischen Maschine wird jedoch durch die vorgesehene Energieflussrichtung bestimmt.

Der Umwandlungsprozess erfolgt in der Praxis ausschließlich unter Ausnutzung elektromagnetischer Erscheinungen: Auf der elektrischen Seite werden vom magnetischen Feld Spannungen induziert, während auf der mechanischen Seite Kräfte im magnetischen Feld als Kräfte an Trennflächen bzw. als Kräfte auf stromdurchflossene Leiter entstehen. Wenn diese Kräfte bzw. die zugeordneten Drehmomente auftreten, ändern sich die Selbst- und Gegeninduktivitäten der Spulen der elektrischen Maschine mit der von den Kräften ausgelösten Bewegung.

Die Mehrzahl der Ausführungsformen von elektrischen Maschinen beruht, hinsichtlich des dominierenden Effekts, auf der mit der Bewegung verbundenen *Änderung der Gegeninduktivitäten* zwischen Spulen auf einem feststehenden Teil (Ständer) und solchen auf einem bewegten Teil (Läufer). Eine Ausnahme bilden Reluktanzmaschinen.

Daneben gibt es elektrische Maschinen auf der Grundlage elektromagnetischer Erscheinungen, die den *Hystereseeffekt* ausnutzen (elektrische Maschinen mit Dauermagneterregung, Hysteresemotoren). Vom energetischen Standpunkt her ist der Umwandlungsprozess in der Maschine dadurch möglich, dass die im Wandler gespeicherte, magnetische Energie sowohl von der elektrischen als auch von der mechanischen Seite her geändert werden kann. Ein stationärer Energieumsatz (d. h. alle Leistungen sowie Drehzahl und Drehmoment sind zeitlich konstant oder haben einen konstanten Mittelwert) erfordert, dass zwischen den Frequenzen der Ströme in den feststehenden und jenen in den beweglichen Wicklungen und der Bewegungsgeschwindigkeit eine Frequenzbedingung erfüllt ist.

Prinzipiell sind auch elektrische Maschinen ausführbar, die *dielektrische Erscheinungen* ausnutzen (z. B. *Van-de-Graaff-Generator*). In diesem Fall ist der Umwandlungsprozess dadurch möglich, dass die im Wandler gespeicherte elektrische Energie sowohl von der elektrischen als auch von der mechanischen Seite her geändert werden kann. Dabei treten jedoch wesentlich kleinere Energiedichten auf als in einem Energiewandler auf elektromagnetischer Basis, sodass ein „dielektrischer" Wandler wesentlich größer als ein vergleichbarer elektromagnetischer würde.

In einer elektrischen Maschine wirken außer jenen Kräften, die für den Umwandlungsprozess erforderlich sind, weitere, die von den Konstruktionselementen aufgenommen werden müssen. Beim Umwandlungsprozess tritt außerdem eine *Verlustleistung* auf. Diese bewirkt, dass die abgegebene Leistung stets kleiner als die aufgenommene bzw. der *Wirkungsgrad kleiner als 1* ist.

Sie hat außerdem die *Erwärmung* der elektrischen Maschine zur Folge. Um diese in zulässigen Grenzen zu halten, ist eine Kühlung erforderlich. Dabei wird die zulässige Erwärmung in erster Linie durch die endliche Wärmebeständigkeit der *Isolierstoffe* begrenzt. Die Beherrschung der Erwärmung und der mechanischen Kräfte bestimmt die Baugröße einer Maschine zur Realisierung eines gegebenen Umwandlungsprozesses.

12. Wie ist der Aufbau elektrischer Maschinen?

Die Hauptelemente elektrischer Maschinen sind der Ständer (*Stator*), der feststehende Teil, und der *Läufer,* der bewegliche (meist rotierende oder drehbare) Teil. Ständer und/oder Läufer tragen gegebenenfalls Wicklungen, die Ständer- bzw. die Läuferwicklung. Beide sind durch einen Luftspalt voneinander getrennt. Bei rotierenden elektrischen Maschinen ist normalerweise das außen liegende Hauptelement als Ständer, das innen liegende Hauptelement als Läufer ausgebildet (Innenläufermaschine), seltener (bei der Außenläufermaschine) umgekehrt. Bei der Mehrzahl der rotierenden elektrischen Maschinen greifen Ständer und Läufer radial ineinander. Sie haben einen axial verlaufenden Luftspalt.

Wenn die beiden Hauptelemente axial nebeneinander angeordnet sind, erhält man einen radial verlaufenden Luftspalt. Eine derartige Anordnung findet sich z. B. bei manchen Unipolarmaschinen sowie bei Scheibenläufermaschinen.

Allgemein unterscheidet man *Außen- und Innenpolmaschinen* – je nachdem, ob der Ständer oder der Läufer ein Polsystem hat, das eine Erregerwicklung trägt.

In Bezug auf die prinzipielle konstruktive Gestaltung können elektrische Maschinen als *Innenläufer-, Außenläufer-, Glockenläufer- oder als Scheibenläufermotoren* ausgeführt sein. Die Innenläuferausführung entspricht der üblichen Normalausführung. Die Außenläufermotoren haben ein sehr großes Läuferträgheitsmoment und gewährleisten aufgrund dessen speziell in Kleinantrieben eine besonders gute Laufruhe bzw. einen besonders kleinen Ungleichförmigkeitsgrad. Glockenläufer- und Scheibenläufermotoren haben ein sehr kleines Läuferträgheitsmoment und dadurch bedingt sehr gute dynamische Eigenschaften. Sie werden daher vorzugsweise in schnellen Folgesystemen als Stellmotoren zum Einsatz gebracht.

Von der Funktion her unterscheidet man *aktive und inaktive Bauteile*. In den aktiven Bauteilen finden die elektromagnetischen Vorgänge statt; sie führen die Ströme bzw. das Magnetfeld. Aktive Bauteile sind die den magnetischen Kreis bildenden Bauteile, Wicklungen, Schleifringe und Kommutatoren sowie Bürsten. Die Aufgabe der inaktiven Bauteile ist in erster Linie, Kräfte und Momente aufzunehmen oder zu übertragen. Sie dienen außerdem zum Teil zur Verkleidung bzw. Abdeckung der aktiven Bauteile. Die inaktiven Bauteile des Ständers sind das Gehäuse und die Lagerträger mit den Lagergehäusen und Lagern. Die hauptsächlichen Bauformen von elektrischen Maschinen sind standardisiert.

13. Welche Bedeutung hat das Drehzahl-Drehmoment-Verhalten von rotierenden Maschinen?

Bei rotierenden elektrischen Maschinen entscheidet die Art des elektromagnetischen Mechanismus über die jeweilige, prinzipielle Art des Drehzahl-Drehmoment-Verhaltens, das sich in der *Drehzahl-Drehmoment-Kennlinie* zeigt. Diese wird für den stationären Betrieb eines Motors (Motorkennlinie) meist in der Form $Q = f(M)$ mit $Q = 2\ n$ dargestellt.

Man unterscheidet nach der Drehzahländerung (oder auch nach der Fähigkeit, die Drehzahl beizubehalten, der Drehzahlsteifigkeit) beim Übergang von der Nennbelastung auf Leerlauf nach Abklingen der Ausgleichsvorgänge, wobei Spannung, Frequenz und Erregung konstant bleiben:

Synchronverhalten	Die Drehzahl ist unabhängig von der Belastung.
Nebenschlussverhalten	Die Drehzahl ändert sich zwischen Leerlauf und Volllast um weniger als 10 %.
Verbundverhalten	(auch: Kompoundverhalten, Doppelschlussverhalten) Die Drehzahl ändert sich zwischen Leerlauf und Volllast um mehr als 10 % und weniger als 25 %.
Reihenschlussverhalten	Die Drehzahl ändert sich zwischen Leerlauf und Volllast um mehr als 25 %.

Die Drehzahl-Drehmoment-Kennlinie kann mittels Frequenz-, Spannungs-, Widerstands- oder Feldsteuerung verändert werden. Je nach der Stromart, für die sie ausgelegt sind, und je nach den Besonderheiten der Ständer- und Läuferausführung lassen sich bei Motoren für kontinuierliche Drehbewegungen im Wesentlichen vier natürliche Drehzahl-Drehmomentsverhaltensweisen unterscheiden. „Natürlich" bedeutet dabei, dass die Kennlinien für die Nennwerte der elektrischen Eingangsgrößen (Spannung, Frequenz) gelten. Das stationär erzeugte Drehmoment ist bei diesen Motoren ebenso wie bei Gas-, Wasser- oder Dampfturbinen zeitlich konstant. Lediglich einige Kleinmaschinen, z. B. Einphasen-Asynchronmotoren erzeugen ein pulsierendes Drehmoment, das um einen zeitlichen Mittelwert pendelt.

Natürliche Kennlinien	Typisch für ...	Hinweise
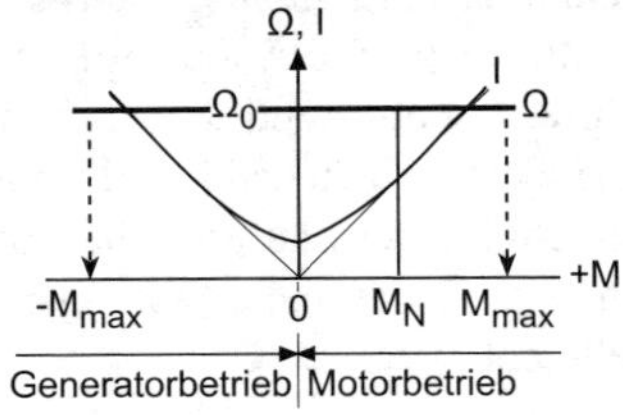	**Synchronmotoren**	Beim Überschreiten von M_{max} fällt die Maschine außer Tritt und bleibt stehen.
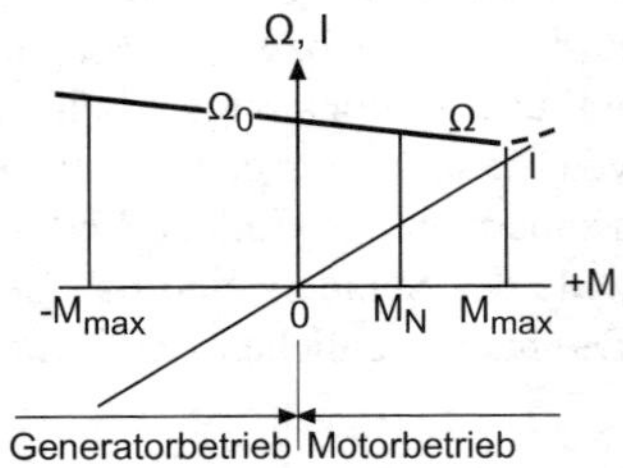	**Nebenschlussmotoren**	Beim Überschreiten von M_{max} ist die Drehzahlstabilität nicht mehr gewährleistet.
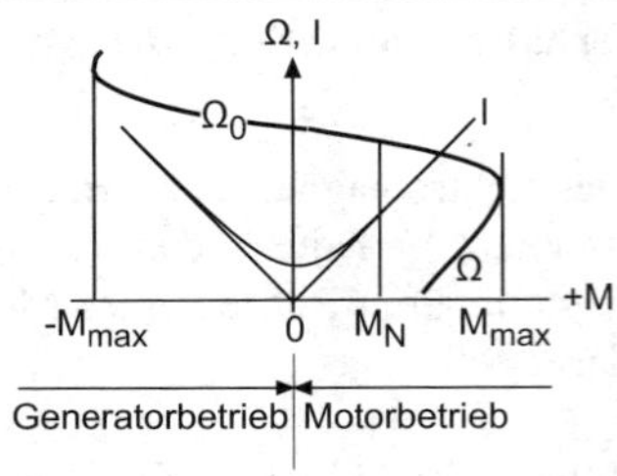	**Asynchronmotoren**[1)]	Beim Überschreiten von M_{max} bleibt der Motor unter hoher Stromaufnahme stehen.
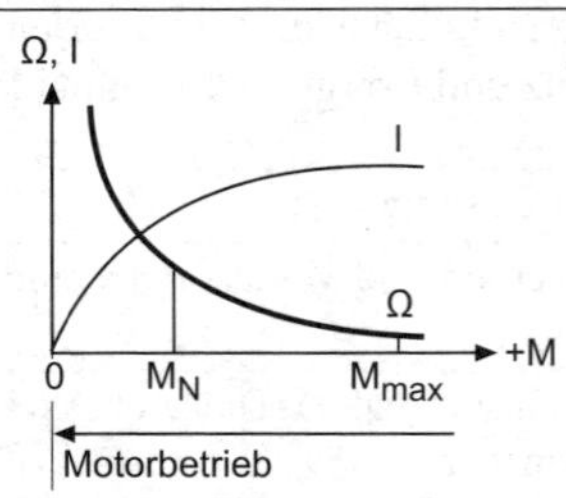	**Reihenschlussmotoren**	Beim Überschreiten von M_{max} arbeitet die Kommutierung nicht mehr einwandfrei.

14. Welche Grenzwerte gelten für die Drehmomentüberlastung?

Grundsätzlich sind alle Motoren in Bezug auf das Drehmoment M überlastbar. Das heißt, sie können *kurzzeitig* Drehmomente abgeben, die größer als das Motornennmoment M_N sind, jedoch das für die betreffende Maschine maximal zulässige Drehmoment M_{max} nicht überschreiten.

[1)] Asynchronmotoren haben viele Vorteile, z. B.: wartungsfreundlich, betriebssicher, Richtungsumkehr einfach zu gestalten, preiswert.

Für das Verhältnis M_{max}/M_N sind bei Elektromotoren folgende Werte üblich:

Motorenart:	$M_{max} : M_N$
Normale Motoren	1,6 bis 2,5
Stellmotoren	5,0 bis 20,0

15. Welche Nennbetriebsarten werden unterschieden?

Da bei den Arbeitsmaschinen in Bezug auf den Drehmomentbedarf in Abhängigkeit von der Zeit sowie hinsichtlich der geforderten Fahrweise sehr starke Unterschiede bestehen, werden Elektromotoren für verschiedene Nennbetriebsarten gebaut, die diesen unterschiedlichen Erfordernissen Rechnung tragen. Nach DIN EN 60034-1 (VDE 0530 Teil 1) unterscheidet man die Nennbetriebsarten von S1 bis S10:

Betriebsart	**Beschreibung**
S1	Dauerbetrieb
S2	Kurzzeitiger Betrieb mit konstanter Belastung
S3	Periodischer Aussetzbetrieb ohne Einfluss des Anlaufvorgangs; liegt vor, wenn der Anlaufstrom die Erwärmung unerheblich beeinflusst.
S4	Periodischer Aussetzbetrieb mit Einfluss des Anlaufvorgangs; liegt vor, wenn der Anlaufvorgang die Erwärmung beeinflusst.
S5	Periodischer Aussetzbetrieb mit Einfluss des Anlaufvorganges und elektrischer Bremsung; liegt vor, wenn eine Maschinenerwärmung durch Anlaufstrom und Bremsstrom erfolgt.
S6	Ununterbrochener periodischer Betrieb; es tritt kein stromloser Motorstillstand auf.
S7	Ununterbrochener periodischer Betrieb mit elektrischer Bremsung. Hier liegt keine Stillstandzeit vor; der Motor läuft bei jedem Spiel mit konstanter Last an und wird elektrisch abgebremst.
S8	Ununterbrochener periodischer Betrieb mit Last-/Drehzahländerungen
S9	Nichtperiodischer Betrieb mit Last-/Drehzahländerungen
S10	Betrieb mit einzelnen, konstanten Belastungen

16. Welche Möglichkeiten der Ansteuerung elektrischer Maschinen gibt es?

Ansteuerung elektrischer Maschinen		
Drehstrommaschinen	**Wechselstrommaschinen**	**Gleichstrommaschinen**
• Phasenanschnittssteuerung • Frequenzumrichtung • Polumschaltung	• Phasenanschnittssteuerung • Frequenzumrichtung	• Phasenanschnittssteuerung • Frequenzsteuerung • Pulsbreitensteuerung • H-Schaltung

17. Welche Merkmale sind maßgebend bei der Auswahl elektrischer Maschinen?

Die Auswahl der elektrischen Maschinen, besonders der Elektromotoren, richtet sich nach dem vorgesehenen *Verwendungszweck,* z. B. als Fahrmotor oder als Antriebsmotor für Arbeitsmaschinen. Sie wird von den Anforderungen des Stell- und Bewegungsablaufs bestimmt. Wesentliche Einflüsse haben dabei die Art der zur Verfügung stehenden *Energiequelle* (Drehstrom-, Wechselstrom- oder Gleichstromnetz), die *Kennlinie* der anzutreibenden Arbeitsmaschine, der *Drehzahlstellbereich* und die Genauigkeit der Einhaltung des geforderten *Bewegungsablaufs.*

Weitere Entscheidungskriterien sind das maximale Drehmoment, die maximale Drehzahl und die Grenzleistung, zu erwartende HF-Störungen (bei Kommutatormaschinen), Explosionsschutz, Umwelteinflüsse und Umweltbeeinflussung. Daraus ergeben sich die geforderten Nenndaten und die geforderte Betriebsart.

Die folgende Aufzählung enthält die wichtigsten Angaben, die für die *Auswahl elektrischer Maschinen,* besonders Antriebsmaschinen, maßgebend sind:

Auswahlkriterien	Beispiele
Energetische Angaben	Spannungsart, Nennspannung, Spannungsstellbereich, Nennfrequenz, Frequenzstellbereich, Oberwellengehalt der Spannung, Stromwelligkeit;
Maschinentyp	Asynchronmotor mit Kurzschlussläufer, Asynchronmotor mit Schleifringläufer, Synchronmotor, Gleichstrom-Nebenschlussmotor, Gleichstrom-Reihenschlussmotor;
Antriebstechnische Angaben	Verlauf des Gegenmoments, Verlauf der Drehzahl, Trägheitsmoment der Arbeitsmaschine bzw. zeitlicher Verlauf;
Typenleistung mit Betriebsart und Bestimmungsgrößen	Nenndrehzahl, Drehzahlstellbereich, Drehsinn, Drehzahl-Drehmoment Kennlinie der Arbeitsmaschine, gefordertes Anzugsmoment, geforderte Drehmomentenüberlastbarkeit, maximale oder minimale Hochlaufzeit;
Betriebsbedingte Angaben	Art der Einschaltung (direkt, mit Anlasser usw..), Art der Bremsung, Art der Reversierung, Anzahl der Ein- und Bremsschaltungen bzw. Reversierungen je Stunde, Tag, Monat, Schaltvorgänge bei Restspannung, kürzeste Schaltpause;
Schutztechnische Angaben	thermischer Wicklungsschutz, Überlastschutz, Unterspannungsschutz, Anlaufzeitüberwachung, sonstige Überwachung (Lagertemperatur, Kühlmittel, Drehzahl u. a.);
Umgebungsbedingte Angaben	Schutzgrad, Sonderschutz (Feuchtigkeit, Säuren, Laugen, Schlagwetter, Explosion), Gehäuse, Klimaschutz, Umgebungstemperatur, Aufstellungshöhe, Schwinggüte, Geräuschgüte, Funkentstörungsgrad;
Konstruktionsbedingte Angaben	Bauform, Kühlungsart/Kühlmittel, Schmierungsart/Schmiermittel, Art der Kupplung, Zahnrad oder Riemenscheibe mit Angaben, Lage der Klemmanschlüsse, Reserveteile.

18. Welche Angaben können dem Leistungsschild eines Elektromotors entnommen werden?

Hersteller		
Typ		Gütezeichen
Stromart, Arbeitsweise		Fertigungsnummer
Schaltart, Nennspannung		Nennstrom
Nennleistung	Betriebsart	Nennleistungsfaktor
Nenndrehzahl		Nennfrequenz
Erregung, Nennerregerspannung		Erregerstrom bei Nennbetrieb
Isolierklasse	Schutzgrad	Masse
Zusätzliche Vermerke		

Beispiel:

2.1.1.4.5 Softwarelösungen

01. Welche Aspekte sind bei der Auswahl von Softwarelösungen zur Automatisierung zu beachten? **→ 4.4.2**

- *Grundsätzliche Auswahlkriterien:*
  Für den Vergleich geeigneter Softwarelösungen sind zunächst die generell bei der Softwareauswahl gültigen Merkmale zu beachten, wie sie ausführlich unter 4.4.2 behandelt werden. Z. B.
  - Standard- oder Individualsoftware
  - Problem der Integration neuer Software in die bestehende IT-Landschaft (z. B. Verknüpfung mit PPS-Systemen, CAX-Systemen, Vermeidung von Insellösungen u. Ä.)
  - Leistungsmerkmale, z. B. Preis, Ergonomie, Hardware-Voraussetzungen usw.

  Eine vergleichende Übersicht findet sich auch in: Informatik, a. a. O., S. 344 ff.

- *Spezielle Auswahlkriterien:*
  Spezielle Softwarelösungen im Rahmen der Erweiterung/Modernisierung/Automation einer Anlage können mithilfe besonderer Software auf der Basis von Programmiersprachen wie FORTRAN, C oder Java oder über geeignete Automatisierungssprachen (STEP 5, STEP 7, Graph 7 o. Ä.) gestaltet werden. Dabei stehen heute zunehmend die Softwarekosten stärker im Vordergrund als die der Hardwareausstattung. Bei der Entscheidung für einen zentral angeordneten Prozessrechner muss die notwendige Verarbeitungsgeschwindigkeit besonders beachtet werden, um einen schnellstmöglichen Prozessablauf sicherzustellen.

2.1.1.4.6 Handhabungstechnik

01. Welche Bedeutung hat die Handhabungstechnik im Rahmen der Automatisierung?

Handhaben ist das Schaffen, das definierte Verändern oder das vorübergehende Aufrechterhalten einer vorgegebenen räumlichen Anordnung von geometrisch bestimmten Körpern (VDI-Richtlinie 2860). Man unterscheidet beim Handhaben fünf Teilfunktionen (Speichern, Verändern der Menge, Bewegen, Sichern und Kontrollieren) sowie spezielle Handhabungseinrichtungen (z. B. Balancer, Manipulatoren).

Vgl. dazu ausführlich unter 2.6.4.2.4/Frage 28. ff., S. 573 ff.

2.1.1.5 Bedienung und Überwachung

01. Welche Bedeutung hat das Bedien- und Sicherheitskonzept einer Anlage?

Der Betreiber einer Anlage unterliegt einem hohen Wettbewerbs- und Kostendruck. Die Maschinenbediener tragen deutlich Verantwortung für gestiegene Sach- und Prozesskosten und haben dabei den laufenden Produktionsdruck zu bewältigen. Umso mehr muss das Bedien- und Sicherheitskonzept sorgfältig ausgewählt und an der Komplexität der Anlage sowie den möglichen Gefährdungen ausgerichtet sein (vgl. dazu ausführlich unter 2.3.2.2).

Modern gestaltete Bedien- und Sicherheitskonzepte

- schützen Personen und Sachwerte (bis auf ein unvermeidbares Restrisiko)
- behindern nicht den Fertigungsprozess
- erlauben eine praxisgerechte Benutzung der Anlage durch den Bediener
- sind akzeptiert und eröffnen keine Möglichkeiten der Manipulation.

Diese Anforderungen spiegeln sich auch wieder in dem Vortrag von Herrn Dipl.-Ing. Ronald Hauf, Siemens AG, anlässlich eines VMBG Kolloquiums zum Thema „Benutzerfreundlichkeit und Akzeptanz von Schutzeinrichtungen durch neue Technologien in der Maschinen- und Anlagensicherheit“:

Quellentext:

Zum Schutz von Personen vor gefahrbringender Bewegung müssen an Maschinen entsprechende Sicherheitsmaßnahmen vorgesehen werden. Diese dienen dazu, vor allem bei geöffneten Schutzeinrichtungen, gefährliche Maschinenbewegungen zu verhindern. Zu diesen Funktionen zählen das Überwachen von Positionen (z. B. Endlagen), Geschwindigkeiten und Stillstand sowie das Stillsetzen der Maschine in Gefahrensituationen.

Zur technischen Umsetzung der Sicherheitsmaßnahmen wurden bisher überwiegend externe, hardwarebasierte Einrichtungen verwendet wie z. B. Sicherheitsschaltgeräte und Stillstandswächter. Bei der Integration von Sicherheitsfunktionen übernehmen Antrieb und CNC-Steuerung zusätzlich zu ihren Grundfunktionen diese Sicherheitsaufgaben. Aufgrund der schnellen Datenwege, von der Erfassung der sicherheitsrelevanten Information über die Auswertung bis zur eigentlichen Aktion, sind somit sehr kurze Reaktionszeiten möglich.

Systeme mit integrierter, elektronischer Sicherheitstechnik reagieren, im Vergleich zu kontaktbehafteten, sehr schnell auf die Überschreitung zulässiger Grenzwerte wie z. B. für Position oder Geschwindigkeit. Dadurch kann der Nachlauf (Bremsweg) des Antriebes entscheidend verkürzt werden. *Diese hohe Wirksamkeit lässt sich nur durch den Einsatz von Elektronik und Software in sicherer Technik erreichen.* Der Mensch ist mit seiner Reaktionsfähigkeit hochdynamischen Antrieben weit unterlegen. Die innovative, integrierte Sicherheitstechnik eröffnet auch *völlig neue Bedienkonzepte an Maschinen und Anlagen.* Es lassen sich damit sowohl die Schutzziele der EG-Maschinenrichtlinie als auch die Anforderungen aus dem Prozess optimal umsetzen.

Bedienerfreundlichkeit im Zusammenhang mit Sicherheitstechnik meint, dass die bestimmungsgemäße Verwendung der Maschine gewährleistet ist und damit praxisgerecht gearbeitet werden kann. Der Bediener hat durch seine Ausbildung und Erfahrung eine bestimmte Erwartungshaltung beim Arbeiten mit der Maschine. Die damit verbundenen Gefahren sind für ihn transparent – er kann damit umgehen. Bei unerwarteten, hochdynamischen und damit gefahrbringenden Bewegungen der Maschine braucht er jedoch einen zusätzlichen Schutz durch wirksame Sicherheitstechnik. Auch bei komplexen, verketteten Anlagen ist der Bediener gegen das Einwirken von Nachbarmaschinen in den aktuellen Schutzraum geschützt, ohne dass er dies selbst aktivieren muss. Die Akzeptanz solcher Konzepte stellt sich damit automatisch ein, da sie die Arbeit erheblich erleichtern und das Restrisiko auf ein Minimum reduzieren. Manipulationen wie z. B. das Überbrücken von Schutztürverriegelungen sind damit nicht mehr zu befürchten.

Mit Fokus auf das Thema „Manipulation“ bedeutet dies, dass der Hersteller eine Maschine mit für den Betreiber ausreichendem Sicherheits- und Bedienkonzept bauen muss, und dass der Betreiber die Maschine in allen Lebensphasen dann auch bestimmungsgemäß – ohne Manipulation – betreiben muss.

Quelle: Beiträge zur Verhütung arbeitsbedingter Gesundheitsgefahren aus der Vereinigung der Metall-Berufsgenossenschaften, in: DVD 2014/15, vortraeg.pdf

2.1.2 Auswahlkriterien für Baugruppen und Geräte

Bitte lesen Sie dazu:

1.1.2 (S. 111 - 116)

T1 und T2 sind hier identisch (lt. Rahmenplan).

2.1.3 Notwendige interne und externe Genehmigungsverfahren

Hinweis: Der Rahmenplan nennt in diesem Abschnitt völlig willkürlich, unsystematisch, fragmentarisch und ohne jede Priorität wahllos Richtlinien, Gesetze und Verordnungen mit unterschiedlichem Themenbezug (Arbeits- und Gesundheitsschutz, Umweltschutz, Qualitätssicherung, Baurecht). Im Übrigen stehen Überschrift und Inhalte der Ziffer 1.1.3 im Widerspruch zueinander: Der Teilnehmer soll Genehmigungsverfahren kennen (Anm.: nicht jede der subsummierten Normen beinhaltet ein Genehmigungsverfahren). Außerdem erscheint den Autoren die Taxonomie „kennen" überfrachtet: Allein eine „halbwegs" präzise Darstellung der Genehmigungsverfahren nach dem BImSchG würde mehrere Seiten umfassen. Es wäre wünschenwert gewesen, wenn die Verfasser des Rahmenplans an dieser Stelle „ihre Hausarbeiten" besser erledigt hätten, indem die Qualifikationsinhalte für Dozenten und Teilnehmer „einigermaßen messbar" formuliert worden wären, um einen wirklichen Beitrag zur Vorbereitung der Teilnehmer auf Praxis und Prüfung zu ermöglichen.

Aus den genannten Gründen wird der Abschnitt 2.1.3 von den Autoren wie folgt gegliedert:

Klassifizierung internationaler und nationaler Gesetze, Normen und Regelwerke

↓

Gesetze, Normen und Regelwerke zur Qualitätssicherung[1]

↓

Gesetze, Normen und Regelwerke zum Umweltschutz[1]

↓

Gesetze, Normen und Regelwerke zum Arbeitsschutz und zur Arbeitssicherheit[1]

↓

Externe Genehmigungsverfahren (Ausgewählte Beispiele)

↓

Internes Genehmigungsverfahren (Projektantrag)

↓

Finanzierung von Investitionsprojekten (Überblick)

↓

Leistungsabrechnung (Vor- und Nachkalkulation)

Bitte lesen Sie dazu:

1.1.3 (S. 116 - 129)

T1 und T2 sind hier identisch (lt. Rahmenplan).

Nach Implementierung, Inbetriebnahme und Abnahme der Anlage wird ein *Abnahmeprotokoll* erstellt (vgl. 1.5.5). Hat die Abnahme keine Einschränkungen ergeben, kann der Auftragnehmer (Fremdfirma) die *Leistungsabrechnung* erstellen. Der Auftraggeber wird diese mit dem Leistungsverzeichnis Position für Position vergleichen (formale und inhaltliche Rechnungsprüfung).

---

[1] Bei einigen Gesetzen und Verordnungen gibt es Überschneidungen: Sie sind z. B. für den Umweltschutz bzw. den Arbeitsschutz gleichermaßen relevant (vgl. z. B. ProdSG). Für die Vollständigkeit der Auflistung wird keine Gewähr übernommen.

Für den Auftragnehmer der Projektierung (Fremdfirma) ist es erforderlich, einen Vergleich seines Angebots (*Vorkalkulation*) mit der abschließenden Rechnungslegung (*Nachkalkulation*) durchzuführen. Er kann auf diese Weise ermitteln, ob seine Planansätze im Angebot (Plankosten) mit den Istkosten im Wesentlichen übereinstimmen und er damit seine geplante Gewinnmarge realisieren konnte.

2.1.4 Leistungsverzeichnis

→ 2.4.4

Bitte lesen Sie dazu:

1.1.4 (S. 129 - 138)

T1 und T2 sind hier identisch (lt. Rahmenplan).

2.1.5 Planen und Einleiten von Instandhaltungsmaßnahmen sowie Überwachen und Gewährleisten der Instandhaltungsqualität

Bitte lesen Sie dazu:

1.7 (S. 255 - 274)

T1 und T2 sind hier identisch (lt. Rahmenplan).

2.2 Auswählen und Konfigurieren von Systemen der Mess-, Steuerungs- und Regelungstechnik sowie Komponenten der Sensorik und Aktorik

2.2.1 Analyse der zu messenden, steuernden und zu regelnden Größen

01. Welche (notwendige) Bedingung muss eine Prozessgröße erfüllen, damit sie geregelt werden kann?

Die Größe muss erfasst werden können. Dies erfolgt entweder

- durch *direktes Messen* (vgl. 2.2.1.3) oder
- durch *indirektes Erfassen.*

Beim direkten Messen kann aus den zur Verfügung stehenden Messwerten eine rechnerische Größe gebildet werden. Beispiel hierfür ist die Bestimmung der elektrischen Leistung als (Vektor-)Produkt der messbaren Größen Strom und Spannung.

02. Wie unterscheidet man Prozesse bezüglich ihrer regelungstechnischen Beschreibbarkeit?

- Bei *technischen Prozessen* sind die so genannten *Zustandsgrößen* (Größen, die den Prozess beschreiben) überwiegend physikalischer oder chemischer Natur. Können diese Größen erfasst werden und lässt sich der Prozess mit ihrer Hilfe über *parametrische Modelle* (Differenzialgleichungssysteme) hinreichend genau beschreiben, *so sind die Vorgänge in diesem Prozess im zeitlichen Ablauf bestimmbar* (sie können determiniert werden). Derartige Prozesse sind in aller Regel gut steuer- und/oder regelbar.

- Sind die Wirkungsmechanismen, d. h. die inneren *Zusammenhänge* eines Prozesses *unbekannt* und/oder ist die Zahl der einwirkenden Größen sehr hoch, so lässt sich dieser Prozess oft nur mithilfe *statistischer Modelle* beschreiben. Ein (einfaches) Beispiel ist die Wetterprognose.

Es werden anschließend folgende *Einzelthemen* behandelt:

Überblick zu 2.2.1	
2.2.1.1 Messen (Definition)	2.2.1.4 Standardmessverfahren (nichtelektrische Größen[1])
2.2.1.2 Messsignale	2.2.1.5 Temperaturmessverfahren
2.2.1.3 Messeinrichtung	2.2.1.5.1 Thermoelemente
	2.2.1.5.2 Widerstandsthermometer

[1] Auf die Darstellung der Messverfahren elektrischer Größen wird aufgrund der Vorbildung der Teilnehmer verzichtet.

2.2.1.1 Definition des Messens

01. Was versteht man unter Messen?

Messen ist das Ermitteln einer zu bestimmenden (physikalischen) Messgröße nach Zahlenwert und Einheit. Dies erfolgt durch Vergleichen der zu bestimmenden Messgröße mit einer bekannten *Referenzgröße* bzw. Einheit (E).

Die Anwendung eines entsprechenden Messverfahrens (d. h. die praktische Durchführung dieses Vergleichens, also die Messung) liefert als Ergebnis den Messwert. Dieser ist das technisch verwendbare Abbild der Messgröße und unterscheidet sich von ihr durch den Messfehler.

Ein Messwert ist immer das Produkt aus dem ermittelten Zahlenwert X und der Einheit [E]:

Messwert = X · [E]

Technologisch fallen unter den Vorgang des Messens auch:

- Kalibrieren
- Prüfen
- Zählen
- Klassifizieren
- Eichen
- Justieren
- Sortieren
- Graduieren.

02. Welche Bedeutung hat das internationale Einheitensystem (SI)?

Im internationalen Einheitensystem (frz.: SI, Système International d'Unités) sind die Basiseinheiten festgelegt, deren Gebrauch im geschäftlichen und amtlichen Verkehr in Europa und in vielen anderen Ländern vorgeschrieben ist.

Diese Basiseinheiten sind:

Einheit	Abkürzung	Größe	Formelzeichen
Meter	m	Länge	l
Sekunde	s	Zeit	t
Kilogramm	kg	Masse	m
Ampere	A	elektrische Stromstärke	I
Kelvin	K	Temperatur	T
Mol	mol	Stoffmenge	n
Candela	cd	Lichtstärke	lv

Vgl. auch: Lipsmeier, A. (Hrsg.), Friedrich Tabellenbuch, Elektrotechnik/Elektronik, a. a. O., S. 8 - 1.

SI-Einheiten sind alle aus diesen Basiseinheiten nur unter Verwendung von dezimalen Vielfachen (10^n, n: ganzzahlig) gebildete Einheiten (z. B. 1 Volt = 1 m^2 kg s^{-3} A^{-1}).

03. Welche Anforderungen werden in der Prozessmesstechnik an die eingesetzten Verfahren gestellt?

Wesentliche Aufgabe der Verfahren ist die Erfassung der Zustandsgrößen, die zur Steuerung, Regelung und/oder Protokollierung des Prozesses benötigt werden. Im Gegensatz z. B. zur Labormesstechnik kommt es daher meist nicht auf höchst mögliche Genauigkeit an.

Vielmehr sollten Verfahren eingesetzt werden, die es erlauben

- die entsprechenden Größen,
- bei vertretbaren Kosten,
- mit höchst möglicher Zuverlässigkeit (Ausfallsicherheit),
- ausreichend genau,
- kontinuierlich bzw. mit einer für die Weiterverarbeitung ausreichend hohen Abtastrate

zu messen.

2.2.1.2 Messsignale

01. Welche Arten von (Mess-)Größen haben in der Prozessmesstechnik eine hohe Bedeutung?

Bei technischen Prozessen sind die Zustandsgrößen, die zur Prozessführung verwendet werden in der Regel physikalische oder chemische Größen. Sie lassen sich z. B. folgendermaßen gliedern:

- *Akustische Größen:*
  Schall, Schwingungen
- *Größen von chemischen/physikalischen Analyseverfahren:*
  Stoffnachweis, Konzentration, Dichte, Feuchte, Staubgehalt, ph-Wert, Viskosität
- *Dimensionale Größen:*
  Längen, Abstände, Entfernungen, Flächen und Volumina, ebene Winkel und Raumwinkel, Geschwindigkeit, Beschleunigung, Durchfluss, Füllstand
- *Elektrische Größen:*
  Spannung, Strom, Feldstärke
- *Kraft:*
  Kraft, Druck, Gewicht, mechanische Spannungen
- *Optische Größen:*
  Intensität, Verteilung, Strahlungsdichte, Fluss
- *Temperatur*
- *Zeit.*

02. Wie unterscheidet man Messsignale nach ihrem zeitlichen und wertmäßigen Verlauf?

Messsignale • Arten	
Analogsignale	Das Signal kann, innerhalb physikalischer Grenzen, *jeden Wert annehmen* (z. B. Widerstandswert eines PT100 Temperaturfühlers).
Zeitdiskrete Signale	Das Signal *ändert sich nur zu bestimmten Zeitpunkten* (z. B. das Signal hinter dem Abtast/Halte-Glied bei einem Analog/Digital-Wandler-Modul) oder *steht nur zu bestimmten Zeitpunkten zur Verfügung* (Multiplexer).
Wertdiskrete Signale	Das Signal kann nur eine *endliche Anzahl* verschiedener Werte annehmen (Quantisierung bei der Analog/Digital-Wandlung).
Zeit- und wertdiskrete Signale	(oft allgemein: Digitalsignale) Bei der Verarbeitung innerhalb des Prozessrechners bzw. der SPS sind alle Signale zeitdiskret (ändern sich nur „im Takt" der Reglerabtastzeit) und wertdiskret (Binär mit 2^n verschiedenen Werten).

03. Welche Arten der Darstellung bzw. Übertragung von Analogsignalen unterscheidet man?

Man unterscheidet nach der Modulation, d. h. nach der Größe, mit der die Information übertragen wird, folgende Arten der Darstellung/Übertragung:

Analogsignale	
Amplitude	Ein dem Messwert proportionaler Gleichspannungs- oder Gleichstrompegel oder eine entsprechende proportionale Amplitude eines Wechselspannungs- oder Wechselstromsignals fester Frequenz.
Frequenz	Die Frequenz eines Signals (feste Amplitude) ändert sich proportional mit dem Messwert.
Phasenlage	Die Phasenlage eines Signals (feste Amplitude und Frequenz) ändert sich proportional mit dem Messwert.
Impulsdauer	Die Impulsdauer eines Rechtecksignals mit fester Frequenz und Amplitude wird proportional zum Messwert verändert.
Impulsamplitude	Die Impulsamplitude eines Rechtecksignals mit fester Frequenz und Impulsdauer wird proportional zum Messwert verändert.

2.2.1.3 Messeinrichtung

01. Was ist eine Messeinrichtung?

Eine Messeinrichtung bzw. ein Messsystem ist gem. DIN 1319 die *Gesamtheit aller Messgeräte und zusätzlicher Einrichtungen zur Erzielung eines Messergebnisses.*

Im einfachsten Fall handelt es sich nur um ein Messgerät (z. B. ein Endmaß, um festzustellen ob eine Bohrung innerhalb der gewünschten Toleranz ist).

Da in der Prozessleittechnik (PLT) jedoch meist nichtelektrische Größen in elektrische (analoge oder digitale) Messwerte umgewandelt werden müssen, *besteht hier eine Messeinrichtung in der Regel aus mehreren Geräten und Hilfseinrichtungen:*

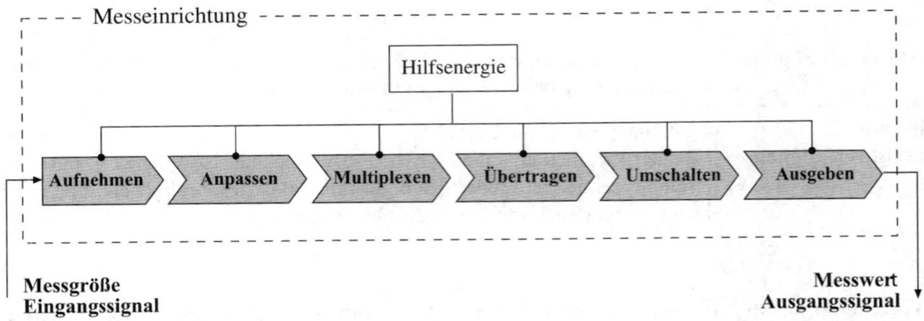

Messwert aufnehmen	Umformung der zu messenden physikalischen Größe in ein elektrisches Signal. Aktive Messaufnehmer können direkt ein übertragbares Signal (Spannung oder Strom) erzeugen (z. B. Piezodruckgeber), passive benötigen hierzu Hilfsenergie, um z. B. aus einem Widerstandswert ein Spannungs- oder Stromsignal zu erzeugen (z. B. Dehnungsmessstreifen).
Anpassen	Hierunter versteht man die Signalaufbereitung zwischen dem Aufnehmen und der Weiterverarbeitung (Begrenzen, Verstärken, Impedanzwandeln usw.).
Multiplexen	Soll eine größere Anzahl Signale verarbeitet oder übertragen werden und steht dafür nur ein Eingang bzw. eine Übertragungsleitung zur Verfügung, so müssen die Signale zyklisch nacheinander verarbeitet („gemultiplext") werden. Im Fall der Signalübertragung bietet sich neben diesem zeitlichen Multiplexen noch die Möglichkeit des Frequenzmultiplex. Hierbei werden die Signale gleichzeitig auf verschiedenen Frequenzbändern übertragen.
Übertragen	Nachdem die Messgrößen als analoge oder digitale elektrische Signale vorliegen, müssen sie oft über große Distanzen zu den Mess-, Steuer- und Regelgeräten übertragen werden.
Umschalten	Bei der Erfassung mehrerer gleichartiger, zeitlich sich nur langsam ändernder Messwerte (z. B. Temperaturmessstellen an Öfen) können durch die Verwendung von Messstellenumschaltern Ausgabegeräte (oder Eingangskanäle eines Leitsystems) eingespart werden. Die Funktionsweise ist vergleichbar dem oben beschriebenen Multiplexen.
Ausgeben	Der gemessene Wert einer Prozessgröße kann auf unterschiedliche Arten dargestellt werden. Die wesentlichen Methoden sind: Anzeigen, Vergleichen, Registrieren und Zählen. Innerhalb dieser Methoden gibt es jeweils unterschiedliche Möglichkeiten, bei Anzeigen z. B. Analoginstrumente (Zeiger, Balken o. Ä.) oder Digitalanzeigen. Das Vergleichen kann z. B. in Form von Grenzwertmeldern oder Grenzsignalgebern mit z. B. optischer (Warnlampe) oder akustischer (Hupe) Ausgabe erfolgen.

02. Welche Kriterien sind bei der Auswahl des Messverfahrens bzw. der Messeinrichtung für eine spezifische Messaufgabe zu beachten?

Die Auswahl des einzusetzenden Systems wird bestimmt durch

- den abzubildenden Messbereich
- den zulässigen Fehler
- die notwendige untere und obere Grenzfrequenz
- den Anforderungen an das Ausgangssignal (Signal/Rausch-Verhältnis, zeitliches Übertragungsverhalten)
- die zulässigen Rückwirkungen auf den Prozess
- die Entfernung zwischen Messort und Automatisierungssystem (Reglereingang)
- die minimal notwendige Abtastfrequenz
- die Umgebungsbedingungen
- die Kosten.

03. Welche verschiedenen Geräte werden unter dem Oberbegriff „Signalanpassung" geführt?

1. Messumformer:
Ein **Messumformer** ist gemäß DIN 1319 ein Messmittel (Messgerät, Messeinrichtung, Normal o. Ä.), das eine Eingangsgröße entsprechend einer festen Beziehung in eine Ausgangsgröße umformt.
Unter einem **Messwandler** versteht man einen Messumformer, der am Eingang und Ausgang dieselbe physikalische Größe aufweist und passiv, d. h. ohne Hilfsenergie arbeitet (z. B. Übertrager, die ein Wechselstromsignal transformieren).
Als **Messverstärker** bezeichnet man Messumformer, wenn sie am Eingang und Ausgang dieselbe physikalische Größe aufweisen, aber mit Hilfsenergie arbeiten. Dies ist z. B. notwendig, um das Signal/Rausch-Verhältnis zu verbessern oder die Belastbarkeit des Signals zu erhöhen.
Messumformer werden **Messumsetzer** genannt, wenn sie in eine andere Signalstruktur (Analog → Digital oder Digital → Analog) oder von einer digitalen Kodierung in eine andere umsetzen.

2. Rechengeräte:
Rechengeräte werden benötigt, wenn die zu erfassende Größe rechnerisch aus zwei oder mehr Eingangssignalen gebildet wird (z. B. elektrische Leistung: $P = U \cdot I$).
Neben den Grundoperationen Addieren, Subtrahieren, Multiplizieren und Dividieren gibt es auch Geräte zum (analogen) Integrieren, Potenzieren, Radizieren usw.
Im Allgemeinen ist dem Erfassen und Übertragen der Einzelsignale und der (digitalen) Ausführung der Berechnung in der SPS oder im Prozessrechner (und ggf. der Rückübertragung des Werts zur Visualisierung vor Ort) der Vorzug zu geben. Nur dort, wo dies aus technologischen Gründen nicht möglich ist, haben analoge Rechengeräte noch ihre Bedeutung.
Intelligente Sensoren, die derartige Rechenoperationen (digital) im eingebauten Mikrorechner ausführen und direkt über einen Feldbus mit den Automatisierungssystemen kommunizieren, setzen sich immer mehr durch.

04. Welche grundsätzlichen Möglichkeiten der Messgrößenübertragung vom Messort zum Automatisierungssystem gibt es?

- Die (in ihrem Ursprung) meist analogen Signale können entweder direkt analog, analog mit verschiedenen Modulationsverfahren oder digitalisiert (und ggf. kodiert) übertragen werden.

- Die Übertragung kann direkt (drahtgebunden), umgesetzt (z. B. über Lichtwellenleiter) oder drahtlos (Telemetrie) erfolgen.

- In der modernen Prozessautomatisierung setzt sich der Einsatz von intelligenten Feldgeräten durch, die direkt den Messwert anpassen, analog/digital wandeln und (digital in sog. Telegrammen kodiert) über einen schnellen Feldbus an die Automatisierungsstationen übertragen.

05. Warum setzt man Modulationsverfahren zur Übertragung analoger Signale ein?

Modulationsverfahren dienen im Wesentlichen zur

- Erhöhung der Störsicherheit
- Mehrfachausnutzung des Übertragungsmediums
- Frequenzanpassung.

06. Welche Modulationsarten werden zur Übertragung analoger Signale verwendet?

Modulationsarten	
PAM	Pulsamplitudenmodulation
PWM	Pulsweitenmodulation auch: Pulsbreitenmodulation (PBM) Pulsdauermodulation (PDM)
FM	Frequenzmodulation
PCM	Pulscodemodulation

2.2.1.4 Standardmessverfahren zur Erfassung nichtelektrischer Größen

01. Welche Messprinzipien werden zur Druckmessung in verfahrenstechnischen Anlagen eingesetzt?

Bezüglich der Messaufgabe kann zwischen Überdruck- und Unterdruckmessung unterschieden werden. Für beide Aufgaben kommen im Wesentlichen folgende Verfahren zum Einsatz:

Messprinzipien	
Überdruckmessung	**Unterdruckmessung**

↓

Messverfahren		
Messgeräte mit Sperrflüssigkeit	**Federelastische Druckmessung**	**Druckmessumformer**

Messgeräte mit Sperrflüssigkeit	Diese Geräte werden zur Messung kleiner Drücke oder Druckdifferenzen eingesetzt. Das Messelement ist eine Säule der Sperrflüssigkeit. Aus ihrer Höhe lässt sich die Druckdifferenz zwischen beiden Oberflächen der Sperrflüssigkeit bestimmen.

Federelastische Druckmessung	Federelastische Druckmessgeräte besitzen elastische Messglieder, die bei Beaufschlagung mit (Differenz-)Druck ausgelenkt werden. Diese Verformung wird (auf einen Zeiger übertragen) zur Anzeige verwendet. Am verbreitetsten sind Rohr- sowie Platten- bzw. Kapselfedermanometer.

Druckmessumformer	Druckmessumformer liefern als Ausgang ein elektrisches Messsignal. Je nach Messprinzip wird dabei zunächst bei Druckbeaufschlagung eine Auslenkung erzeugt und diese kapazitiv, induktiv, piezoresistiv oder über Dehnungsmessstreifen in eine Spannung umgewandelt oder direkt piezoelektrisch eine Spannung erzeugt.

02. Welche unterschiedlichen Messverfahren finden in Druckmessumformern ihre Anwendung?

- Hall-Sensoren
- Metallmembranen
- Siliziummembranen
- Kapazitive Aufnehmer
- Balgfedern
- Wellrohre
- Membrankapseln
- Piezoresistive Aufnehmer.

03. Wie ist das Funktionsprinzip eines Hall-Sensors und wie kann er in Druckmessumformern eingesetzt werden?

Der Hall-Effekt tritt in einem stromdurchflossenen elektrischen Leiter auf, der sich in einem Magnetfeld befindet. Hierbei baut sich ein elektrisches Feld (d. h. eine messbare Spannung) auf, das zur Stromrichtung und zum Magnetfeld senkrecht steht. Die entstehende Spannung ist u. a. proportional zur Stärke des Magnetfelds.

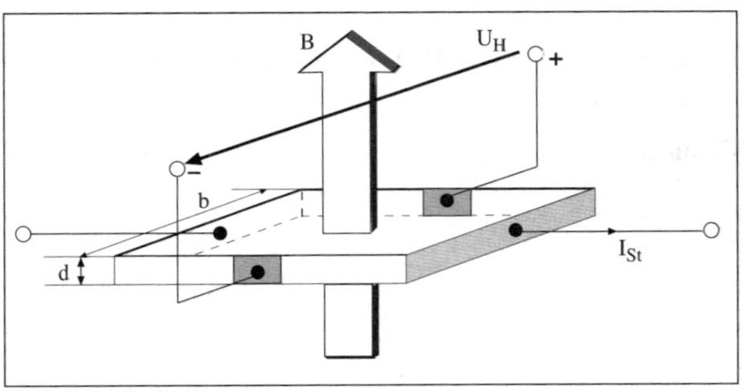

Zur Druckmessung kann dieses Prinzip in Kombination mit einem auslenkungserzeugenden Primäreffekt verwendet werden. Bewegt man z. B. in einem Rohr- oder Plattenfedermanometer anstelle eines Zeigers einen Permanentmagneten relativ zu einem Hallsensor, so steht die gemessene Hallspannung in direkter Beziehung zum beaufschlagten Druck.

04. Wie funktioniert ein piezoresistiver Druckaufnehmer?

Die über die Druckbeaufschlagung auf den Sensor wirkende Kraft erzeugt eine Widerstandsänderung. Der Sensor besteht meist aus Silizium.

Vergleichbar mit Dehnungsmessstreifen[1] werden piezoresistive Druckaufnehmer in einer Messbrücke verschaltet. Diese wird von einer Konstantstromquelle gespeist und die Brückenspannung wird, um ein belastbares Ausgangssignal zu erhalten, über einen Instrumentenverstärker verstärkt.

Aufgrund der Temperaturabhängigkeit des Sensors ist ein Netzwerk zur Temperaturkompensation notwendig. Durch Toleranzen bei der Herstellung hat jeder Geber eine individuelle Kennlinie und muss daher einzeln kalibriert werden.

05. Wie funktioniert ein piezoelektrischer Druckaufnehmer?

Bei einem piezoelektrischen Sensor wird mittels des beaufschlagten Drucks durch Ladungstrennung *eine elektrische Spannung in einem Kristall erzeugt.* Durch den Druck verschieben sich im Inneren des Kristalls Ionen, wodurch sich die Ladung proportional zum Druck verändert.

- *Vorteile:*
  Piezoelektrische Sensoren sind unempfindlich gegenüber Temperaturschwankungen, benötigen keine Hilfsenergie, erzeugen eine vergleichsweise hohe Ausgangsspannung und sind auch mechanisch sehr robust.

- *Nachteile:*
  Nachteilig ist, dass piezoelektrische Sensoren sehr hochohmig sind und nur sehr kleine Ladungsmengen erzeugen können. Dadurch benötigt man zur Weiterverarbeitung eine sehr hohe Isolation und Signalverstärkung.

06. Welche Arten von Durchflussmessumformern werden in der Prozessmesstechnik eingesetzt?

Grundsätzlich muss zunächst zwischen Volumenstrom- und Massenstrommessung unterschieden werden:

---

[1] Zu Dehnungsmessstreifen (DMS) vgl. Lipsmeier, A. (Hrsg.), Friedrich Tabellenbuch, Elektrotechnik/Elektronik, a. a. O., S. 8 - 15.

Volumenstrommessung	**Massenstrommessung**
↓	↓
Einfache Volumenstrommessverfahren arbeiten indirekt über die Messung der Strömungsgeschwindigkeit.	Die Massenstrommessung hat eine besondere Bedeutung in der industriellen Anwendung, da die Masse als einzige Größe unabhängig von Änderungen anderer Größen (Druck, Temperatur, Viskosität, Dichte) ist. Die Beschreibung und damit auch die Steuerung von chemischen Reaktionen basiert immer auf masse- bzw. mol-massebezogenen Gleichungen. Bekanntes Beispiel ist die Luftmengenmessung zur Verbrennungssteuerung bei Einspritzanlagen im Auto.

Im Einzelnen gibt es folgende *Durchflusssensoren:*

Unmittelbare Volumenzähler:

- Zähler mit konstantem Messkammervolumen (z. B. Trommelmesser)
- Zähler mit variablem Messkammervolumen (z. B. Gaszähler)

Mittelbare Volumenzähler:

- Flügelrad-Anemometer; → vgl. Frage 07.
- Woltmannzähler
- Ovalradzähler
- Ringkolbenzähler

Schwebekörper-Durchflussmesser; → vgl. Frage 08.

Magnetisch-induktiver Durchflussmesser(MID); → vgl. Frage 09.

Ultraschall-Durchflusssensor (USD); → vgl. Frage 10.

Coriolis-Massendurchflussmesser; → vgl. Frage 11.

Wirbeldurchflussmesser (Vortex):

Messverfahren, das die Strömungsgeschwindigkeit anhand der Häufigkeit der Wirbel hinter einem umströmten Körper bestimmt. Häufig eingesetztes Verfahren, mit dem Volumenströme von Flüssigkeiten und Gasen bestimmt werden können.

Korrelationsdurchflussmesser:

Mittels zweier, geeigneter Sensoren in einem bestimmten Abstand werden mit der Strömung mitgetragene Schwankungen gemessen (z. B. Wirbel, Dichteänderungen, Luftblasen). Aus der Laufzeit und dem Abstand der Sensoren lässt sich die Strömungsgeschwindigkeit und damit der Durchfluss bestimmen.

Laminardurchflussmesser:
Der Volumenstrom in einem Rohr ist nach dem Hagen/Poiseuilleschen Gesetz proportional dem Druckabfall über eine Rohrlänge l. Sind Zähigkeit, Druckabfall und Temperatur konstant, so lässt sich der Volumenstrom berechnen.

Durchflussmesser mit Strömungsmesssonden

Durchflussmessung mit Drosselgeräten (Staudruck)

Messverfahren für offene Anlagen:
Wehrmessung/Gerinnemessung, bei der mittels der gemessenen Überfallhöhe und der Wehrbreite b aus der gemessenen Strömungsgeschwindigkeit der Volumenstrom ermittelt wird.

Thermische Massendurchflussmessung

07. Wie funktioniert ein Flügelrad-Durchflussmessumformer?

Die Drehzahl eines im Volumenstrom befindlichen Flügelrades ist in erster Näherung proportional zu diesem Volumenstrom. Im Flügelrad ist ein Ringmagnet hermetisch abgeschlossen eingelagert. Über einen, außen am Rohr befindlichen, Hall-Sensor erhält man ein drehzahlproportionales Signal, welches in einer Auswerteelektronik in ein Standardmesssignal gewandelt wird (10 V, 20 mA, o. Ä.). Handelsübliche Geräte enthalten meist noch ein Grenzwertrelais zur direkten Erfassung von Grenzwertüber- oder -unterschreitungen (anwenderseitig einstellbar).

08. Wie funktioniert ein Schwebekörper-Durchflussmessumformer?

Mit Schwebekörper-Durchflussmessern kann der Volumenstrom von Flüssigkeiten und Gasen bestimmt werden. In einem konischen Rohrabschnitt befindet sich ein Schwebekörper, der vom Medium umströmt wird.

Am weitesten verbreitet sind Messgeräte zum senkrechten Einbau und mit einer Strömungsrichtung von unten nach oben. Abhängig von der Strömungsgeschwindigkeit stellt sich ein Gleichgewicht zwischen Auftrieb und Schwerkraft ein, sodass die Position des Schwebekörpers proportional zum Durchfluss ist.

Es gibt auch Messgeräteausführungen für andere Einbaulagen, bei denen anstelle der Gewichtskraft des Schwebekörpers z. B. eine Feder die Gegenkraft erzeugt.

Die Position des Schwebekörpers kann entweder

- direkt abgelesen werden (bei Ausführungen mit Glaskonus),
- wird mechanisch auf ein Zeigerinstrument übertragen oder
- sie wird magnetisch übertragen und ein elektrisches Messsignal wird erzeugt.

09. Wann kann ein magnetisch-induktiver Durchflussmessumformer eingesetzt werden und wie arbeitet er?

Magnetisch-induktive Durchflussmessumformer sind *ausschließlich zur Messung des Volumenstroms elektrisch leitfähiger Flüssigkeiten geeignet.*

Die Wirkung des Messverfahrens dieses Durchflussmessumformers basiert auf dem Induktionsgesetz: An einem Rohr aus einem nicht magnetischen Werkstoff wird ein Magnetfeld angelegt. Dadurch wird in der bewegten Flüssigkeit eine Spannung induziert, die senkrecht zur Fließrichtung und senkrecht zum Magnetfeld ist (Vektorprodukt).

Damit die Spannung nicht von der Rohrwand kurzgeschlossen wird, ist das Messrohr aus elektrisch isolierendem Material hergestellt oder innen isolierend ausgekleidet. Ein Messumformer verstärkt das Signal und formt es in ein Einheitssignal um.

Die magnetische Induktion B (Stärke des Magnetfeldes) und der Elektrodenabstand D (Rohrnennweite) sind konstant. Dadurch ist die induzierte Spannung direkt proportional zur mittleren Fließgeschwindigkeit. Das Spannungssignal kann dabei entweder über zwei Messelektroden, die in leitendem Kontakt mit dem Messstoff stehen, oder berührungslos kapazitiv abgegriffen werden.

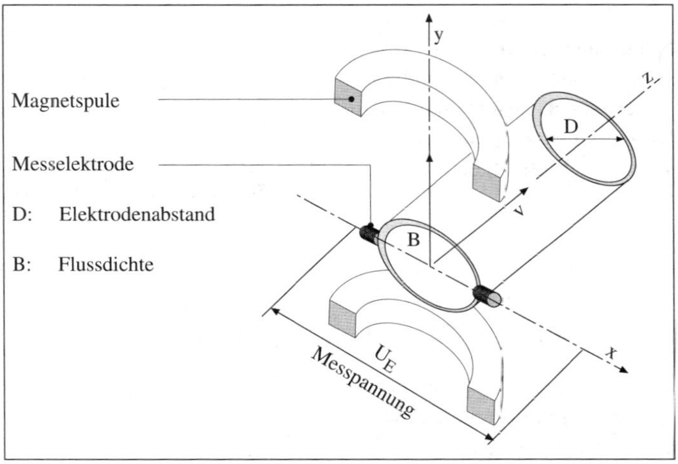

Magnetisch-induktiver Durchflussmessumformer[1]	
Vorteile:	konstanter Rohrquerschnitt durch Fehlen störender Einbauten und damit sehr geringer Druckabfall
	keine beweglichen Teile
	lineares Ausgangssignal
	Messungen nahezu unabhängig von Strömungsart (laminar, turbulent), Viskosität, Dichte, Temperatur, Druck, Konzentration
	auch für aggressive und korrosive Produkte möglich
	kein Einfluss der Leitfähigkeit, wenn sie größer als rund 5 µS/cm (allerdings steigt der Innenwiderstand mit sinkender Leitfähigkeit)
Nachteile:	hoher Anschaffungspreis
	die Forderung nach einer Mindestleitfähigkeit (Gas- und Dampfmessungen sind daher nicht möglich)
	maximale Messstofftemperatur etwa 200 °C
	bei Gaseinschlüssen wird zuviel Durchfluss gemessen, da nur die Geschwindigkeit gemessen wird
	Ablagerungen verfälschen das Messergebnis

[1] Vgl. Lipsmeier, A. (Hrsg.), Friedrich Tabellenbuch, Elektrotechnik/Elektronik, a. a. O., S. 8 - 13.

10. Welche Ausführungen von Ultraschall-Durchflussmessumformern gibt es und wie ist deren Funktionsweise?

Bezüglich des physikalischen Prinzips unterscheidet man Geräte nach dem Laufzeit- und nach dem Dopplerverfahren:

Laufzeitverfahren

Geräte nach dem Laufzeitverfahren eignen sich für die Messung von Flüssigkeitsströmen mit geringem Anteil an Feststoffen und Luftblasen in voll durchströmten Rohren. Zwischen zwei Sensoren werden wechselweise mit und gegen die Strömungsrichtung Ultraschallimpulse gesendet. Anhand der Laufzeitunterschiede und des bekannten Versatzes der Sensoren in Strömungsrichtung lässt sich die Strömungsgeschwindigkeit ermitteln. Die Sensoren können dabei auf der gleichen Rohrseite (bei kleineren Rohrquerschnitten, über Reflexion an der gegenüberliegenden Wandung) oder schräg gegenüberliegend angebracht werden

Neben den Geräten mit Einbausensoren gibt es auch solche mit so genannten Aufschnallsensoren. Diese eignen sich auch für nicht stationäre Messungen.

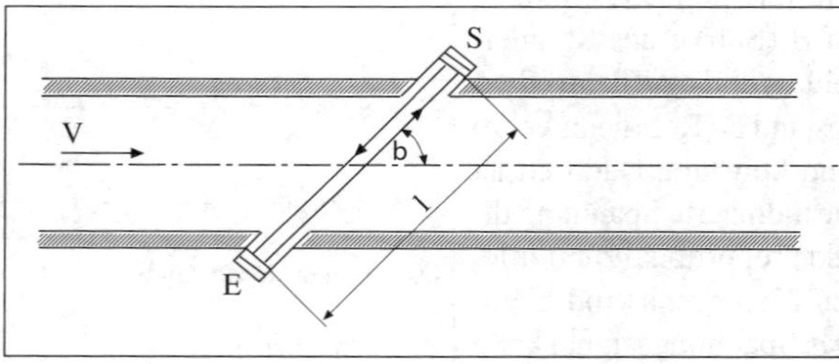

Dopplerverfahren

Geräte nach dem Dopplerverfahren benötigen prinzipbedingt einen Mindestanteil von Feststoffen oder Luftblasen in der Flüssigkeit. Ein Ultraschallsignal bekannter Frequenz wird an diesen Partikeln oder Luftblasen reflektiert. Die gemessene Frequenzverschiebung des reflektierten Signals aufgrund der Bewegung der Partikel ist ein Maß für deren Geschwindigkeit (und damit der Fließgeschwindigkeit des Mediums).

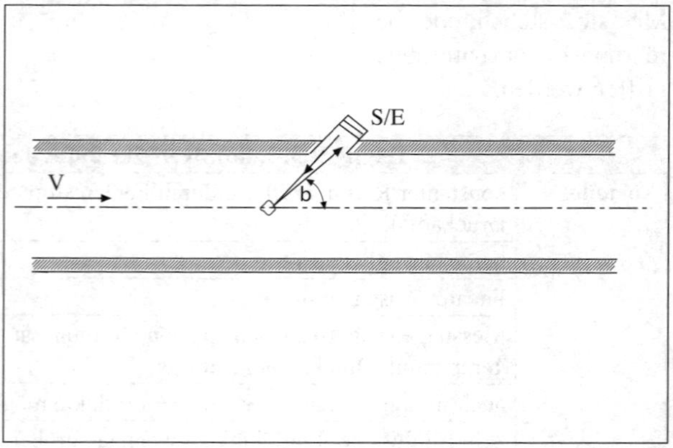

11. Wie ist die Funktionsweise von Coriolis-Durchflussmessumformern und welche Einsatzbereiche gibt es?

Coriolis-Durchflussmesser messen direkt den *Massenstrom* und sind unempfindlich gegenüber Änderungen von Dichte, Temperatur, Druck und Viskosität der Flüssigkeit. Bei diesem Messverfahren durchströmt das Medium eine oder mehrere Rohrschleifen. Die Schleifen des Messrohrs werden elektromechanisch bis zur Resonanzfrequenz in Schwingung versetzt, sodass dieses Messrohr ohne Durchfluss sinusförmig schwingt. Bei Durchströmung verformt sich das Messrohr proportional zum Massenstrom. Diese Verformung wird mit Piezosensoren erfasst.

Die Resonanzfrequenz des Rohrs ist abhängig von der *Dichte* des Mediums, wodurch diese direkt mitgemessen werden kann. Als dritte Information steht bei allen heute auf dem Markt befindlichen Geräten die *Temperatur* des Mediums zur Verfügung. Coriolis-Durchflussmesser erzielen Genauigkeiten im Bereich von 0,1 %.

12. Welche Arten von Füllstandsmessumformern werden in der Prozessmesstechnik eingesetzt?

Zunächst ist zwischen der *Grenzwerterfassung* und der *kontinuierlichen Füllstandsmessung* zu unterscheiden:

Zur Grenzwerterfassung werden folgende Verfahren eingesetzt:
Konduktive Elektroden: Kostengünstige Methode zur Grenzwerterfassung in leitfähigen Flüssigkeiten. Die Widerstandsänderung zwischen zwei (oder mehreren, verschieden hoch endenden) Elektroden bei Eintauchen in die Flüssigkeit wird erfasst.
Schwimmerschalter
Kapazitive Grenzwertschalter
Schwinggabelschalter

Zur kontinuierlichen Füllstandsmessung werden in industriellen Prozessen folgende Verfahren eingesetzt:	
Bypass-Höhenstandsmessumformer	
Hydrostatische Druckmessung	
Abstandsmessung (zur Flüssigkeitsoberfläche)	• Ultraschall • Mikrowellen
Wägezellen	

13. Wie ist die Funktionsweise eines Bypass-Höhenstandmessumformers?

An dem Behälter, dessen Füllstand erfasst werden soll, ist ein Bypassrohr angeflanscht, in dem sich ein Schwimmer befindet. In dem Schwimmer ist ein Magnet, der eine außen am Bypassrohr befindliche Reedkontakt-Widerstandskette betätigt. Über den veränderlichen Widerstand (durch die von den Reedkontakten kurzgeschlossenen Teilwiderstände der Kette) lässt sich der Füllstand bestimmen.

2.2.1.5 Temperaturmessverfahren

01. Welche Verfahren zur Temperaturmessung werden unterschieden?

- Man unterscheidet zwischen den Messverfahren durch *thermischen Kontakt* (Wärmekontakt) und den Methoden, die anhand der *Temperaturstrahlung* (berührungslos) arbeiten.

- Die *Temperaturmessung durch Wärmekontakt* kann in drei Methoden unterteilt werden:
  1. Die *mechanische Erfassung* unter Ausnutzung der unterschiedlichen thermischen Ausdehnung verschiedener Materialien:
     - Gas- oder Flüssigkeitsthermometer
     - Bimetallthermometer.
  2. Die *elektrische Erfassung:*
     - Thermoelemente (→ unten: 2.2.1.5.1)
     - Widerstandsthermometer (PT100, NTC, PTC; → unten: 2.2.1.5.2).
  3. Die *indirekte Messung* über temperaturabhängige Zustandsänderung von Stoffen:
     - Anlauffarben
     - Temperaturmessfarben
     - Beobachten von Schmelzen oder Sieden.

Im *Überblick:*

Temperatur-messverfahren

→ **Berührungslose Messung der Temperaturstrahlung mit Pyrometern**

→ **Messung durch Wärmekontakt:**

1.	Mechanische Erfassung	• Gas- oder Flüssigkeitsthermometer • Bimetallthermometer
2.	Elektrische Erfassung:	• Thermoelemente • Widerstandsthermometer
3.	Indirekte Messung:	• Anlauffarben • Temperaturmessfarben • Beobachten von Schmelzen oder Sieden

2.2.1.5.1 Thermoelemente

01. Auf welchem physikalischen Prinzip beruhen Thermoelemente?

Eine Temperaturdifferenz erzeugt in einem metallischen Leiter eine Spannung. Diese Spannung ist abhängig vom Material des Leiters und dem Temperaturunterschied zwischen den beiden Messstellen. Verbindet man (durch Löten oder Schweißen) zwei Leiter aus unterschiedlichen Materialien an einem Ende, so misst man am offenen Ende die Differenz der beiden Thermospannungen, welche wiederum (in kleinen Temperaturbereichen; vgl. unten) proportional zu der Temperaturdifferenz zwischen dem verbundenen Ende (Messstelle) und dem offenen Ende (Vergleichsstelle) ist.

02. In welchem Temperaturbereich können Thermoelemente zur Messung eingesetzt werden?

- Technisch werden *Thermoelemente* für Temperaturmessungen zwischen -200 °C und etwa +1.800 °C eingesetzt.
- Für höhere Temperaturen (bis über 2.000 °C) werden meist *Pyrometer* eingesetzt.

03. Welche allgemeinen Regeln gelten für die Anwendung von Thermoelementen?

- Thermoelemente messen immer Temperaturdifferenzen.
- Thermoelemente messen nur richtig, wenn die Leiter in Bereichen mit Temperaturgradienten keinen Materialübergang aufweisen.
- Die Messung muss hochohmig („stromlos") erfolgen, da ansonsten durch Spannungsabfälle die gemessene Spannung und durch den Peltier-Effekt die Temperatur verfälscht wird.

04. Welche Vorgehensweise ist anzuwenden, wenn Thermoelemente zur Messung an weit entfernten Stellen eingesetzt werden?

Eine einfache Verlängerung der Anschlüsse des Thermoelements mit einer Kupferleitung ist nicht möglich. Hierdurch entstehen weitere Thermopaare, die die Messung verfälschen. Es bieten sich daher folgende Möglichkeiten an:

- Verlängerung mit Thermoleitungen aus dem gleichen Werkstoff,
- Verlängerung mit Ausgleichsleitungen aus einem billigeren Sonderwerkstoff, der im Umgebungstemperaturbereich der Leitung (meist max. 200 °C) die gleichen thermoelektrischen Eigenschaften und einen möglichst geringen Widerstand hat.
- Auswertung vor Ort und Übertragung des gewandelten Messsignals (vgl. 2.2.1.3/Frage 04.).

05. Welche Thermoelemente sind für den industriellen Einsatz genormt?

In der DIN IEC 584 sind folgende Thermoelemente genormt:

Typ	Leiter (Material)	Positiver Schenkel	Negativer Schenkel	Anwendung/Messbereich		
B	Pt30Rh-Pt6Rh	Platin 30 % + Rhodium	Platin 6 % + Rhodium	1.100 °C	...	1.700 °C
E	NiCr-CuNi	Nickel + Chrom	Kupfer + Nickel	-200 °C	...	900 °C
J	FeCu-Ni	Eisen + Kupfer	Nickel	-180 °C	...	750 °C
K	NiCr-NiAl	Nickel + Chrom	Nickel + Aluminium	-270 °C	...	1.372 °C
N	NiCrSi-NiSi	Nickel + Chrom + Silizium	Nickel + Silizium	-270 °C	...	1.300 °C
R	Pt13Rh-Pt	Platin 13 % + Rhodium	Platin	-50 °C	...	1.768 °C
S	Pt10Rh-Pt	Platin 10 % + Rhodium	Platin	-50 °C	...	1.768 °C
T	Cu-CuNi	Kupfer	Kupfer + Nickel	-270 °C	...	400 °C

Vgl. auch Lipsmeier, A. (Hrsg.), Friedrich Tabellenbuch, Elektrotechnik/Elektronik, a. a. O., S. 8 - 17.

06. Wann werden Thermoleitungen und wann werden Ausgleichsleitungen eingesetzt?

- Unter dem Begriff *Thermoleitung*[1] versteht man eine Anschlussleitung, die aus *den selben Materialien* wie das anzuschließende Thermoelement besteht. Die Bezeichnung für solche

[1] Vgl. Lipsmeier, A. (Hrsg.), Friedrich Tabellenbuch, Elektrotechnik/Elektronik, a. a. O., S. 8 - 18.

Leitungen besteht aus dem Buchstaben des zugehörigen Thermoelements und dem Buchstaben X (engl.: Extension).

- *Ausgleichsleitungen*[1] (vgl. Frage 04.) tragen als zweiten Buchstaben der Bezeichnung C (engl.: Compensation).
- Entscheidend für die Frage, ob Thermoleitungen oder Ausgleichsleitungen eingesetzt werden, sind die *Materialkosten:*
  - So kommen bei Thermoelementen vom *Typ T* (Kupfer/Kupfer-Nickel-Legierung) ausschließlich *Thermoleitungen* zum Einsatz
  - während bei *Typ R* (Platin und Rhodium) nur Ausgleichsleitungen eingesetzt werden.

07. Welches sind die wesentlichen Anforderungen an Thermoelemente im industriellen Einsatz?

Entscheidend für einen wirtschaftlichen Einsatz sind folgende Merkmale:

- großer Temperaturbereich
- günstiger Preis
- möglichst „lineare" Kennlinie, zumindest im angewendeten Messbereich
- hohe Messempfindlichkeit (großer Seebeck-Koeffizient[1] im angewendeten Messbereich)
- Korrosionsbeständigkeit für die zu messenden Medien
- hohe Lebensdauer.

08. Welches Thermoelement wird am häufigsten eingesetzt und warum?

Bei allen Thermoelementen ist die *Kennlinie*[1], d. h. der Zusammenhang zwischen der Temperatur an der Messstelle und der resultierenden Thermospannung, nichtlinear.

Die Paarung NiCr-NiAl hat unter allen üblichen Thermoelementen über einen weiten Temperaturbereich die größte Linearität. Daher (und aufgrund der Wirtschaftlichkeit) werden diese Thermoelemente vom Typ K am häufigsten eingesetzt.

09. Was versteht man bei Thermoelementen unter der Vergleichsstelle?

Bei der messtechnischen Erfassung der Thermospannung entstehen zusätzliche Thermoelemente, sodass der Messwert nicht mehr eine Funktion der Messstellentemperatur, sondern der Differenz zwischen dieser und der Temperatur an den zusätzlichen Übergängen ist. Zur Bestimmung der Messstellentemperatur muss die Temperatur der zusätzlichen Übergänge an der sog. Vergleichsstelle gleich und bekannt sein.

---

[1] Vgl. Lipsmeier, A. (Hrsg.), Friedrich Tabellenbuch, Elektrotechnik/Elektronik, a. a. O., S. 8-17.

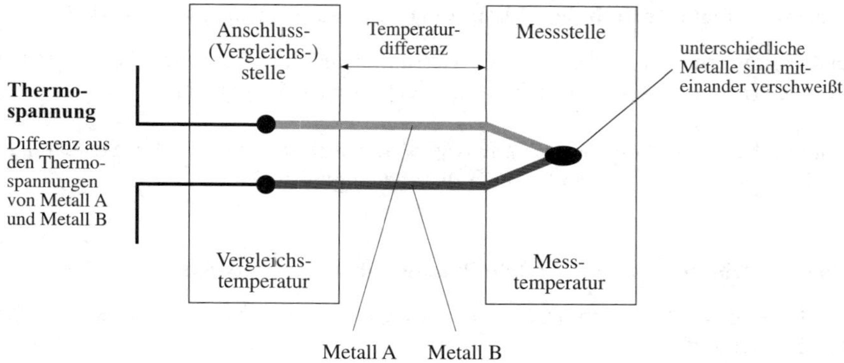

Aufgrund der Nähe zur Messstelle schwankt die Temperatur an den Enden der Drähte der Thermoelemente, sodass diese als Vergleichsstelle ungeeignet sind.

10. Welche Möglichkeiten zur Bestimmung der Vergleichsstellentemperatur finden praktische Anwendung?

Die früher häufig eingesetzte Eisflasche mit einem Eis-Wasser-Gemisch von 0 °C ist für die automatisierte Daueranwendung ungeeignet. Auch thermostatisch auf eine Temperatur von z. B. 50 °C geregelte Vergleichsstellen werden heute nicht mehr eingesetzt.

Üblich ist es, die Anschlüsse der Messeinrichtung als Vergleichsstelle zu verwenden. Deren Temperatur wird, z. B. mit einem Thermistor, gemessen und rechnerisch (analog oder digital) korrigiert. Bei günstigen Geräten ist die gesamte Auswertung einschließlich der Messung der Vergleichsstellentemperatur in einem IC (Integrated Circurt; dt.: Integrierter Schaltkreis) integriert, dessen Temperatur in erster Näherung der Temperatur an den Anschlüssen entspricht.

2.2.1.5.2 Widerstandsthermometer

01. Nach welchem Prinzip arbeitet ein Widerstandsthermometer und welche Ausführungen werden in der Prozessmesstechnik eingesetzt?

Bei einem Widerstandsthermometer ist das *Messprinzip die Temperaturabhängigkeit des* (ohmschen) *Widerstands eines Materials.* Als Materialien kommen dabei zum einen reine Metalle zur Anwendung (z. B. PT100), zum anderen Halbleitermaterialien oder Sinterkeramiken (Heißleiter/NTC, Kaltleiter/PTC).

02. Was ist ein PT100-Element und in welchem Temperaturbereich wird es eingesetzt?

Ein PT100-Element ist ein genormter Platin-Kaltleiter, mit einem Widerstand von genau 100 Ω bei 0 °C. Die Kennlinie ist nicht linear mit einer Empfindlichkeit von etwa 40 Ω je 100 °C. Diese Elemente werden in einem Messbereich von - 220 °C bis +750 °C eingesetzt.

03. Welche Aufgaben erfüllt der Messumformer in einer Temperaturmesskette?

- Der Messumformer *liefert* bei passiven Messaufnehmern, wie z. B. dem Widerstandsthermometer, *die Hilfsenergie* zur Erzeugung eines elektrischen Messsignals.

- Weiterhin hat er die Aufgabe, *das Messsignal zu linearisieren* und in ein Standardausgangssignal (Einheitssignal) zu wandeln oder direkt zu digitalisieren.

04. Was versteht man in der Leittechnik unter einem Einheitssignal?

Ein Einheitssignal ist ein normiertes, analoges, elektrisches (auch pneumatisches) Signal für Mess- und Stellgrößen.

Bei den elektrischen Signalen unterscheidet man:

Stromsignale:	0 mA ... 20 mA
	4 mA ... 20 mA (engl.: live zero)
Spannungssignale:	0 V ... 10 V
	2 V ... 10 V (engl.: live zero)

Im industriellen Einsatz werden fast ausschließlich die live zero-Signale verwendet, da mit ihnen gleichzeitig eine Drahtbruchüberwachung realisiert ist. Oft wird gerade bei größeren Leitungslängen dabei dem Stromsignal der Vorzug gegeben, da es unempfindlicher gegen elektromagnetische Störungen ist und Spannungsabfälle auf der Leitung keinen Fehler erzeugen.

05. Welche Schaltungen werden zur Temperaturmessung mit Widerstandsthermometern häufig eingesetzt?

- Wheatstone-Brücke[1] mit Widerstandsthermometer in einem Brückenzweig in
  - Zwei-Leiter-Schaltung
  - Drei-Leiter-Schaltung.

- Vier-Leiter-Schaltung.

06. Was ist bei der Brückenschaltung mit Zwei-Leiter-Anschluss des Messaufnehmers zu beachten?

Bei dieser Schaltung ist ein *Leitungsabgleich notwendig,* da eine Änderung des Widerstandswerts der Anschlussleitung direkt das Messergebnis beeinflusst. Dieser Leitungsabgleich kann auf zwei Arten erfolgen:

- Ein Kurzschluss direkt am Messaufnehmer ermöglicht die Bestimmung des Leitungswiderstands.
- Anschluss eines Prüfwiderstands anstelle des Thermometers.

[1] Vgl. Lipsmeier, A. (Hrsg.), Friedrich Tabellenbuch, Elektrotechnik/Elektronik, a. a. O., S. 8 - 10.

07. Welchen Vorteil bietet die Drei-Leiter-Schaltung[1])?

Verwendet man in einer Brückenschaltung ein Widerstandsthermometer mit drei Anschlussleitungen und speist die Brücke über die dritte Leitung, so befinden sich die Anschlussleitungen in gegenüber liegenden Brückenzweigen. *Dadurch hebt sich der Einfluss ihrer Widerstände auf* (sie sind in erster Näherung gleich).

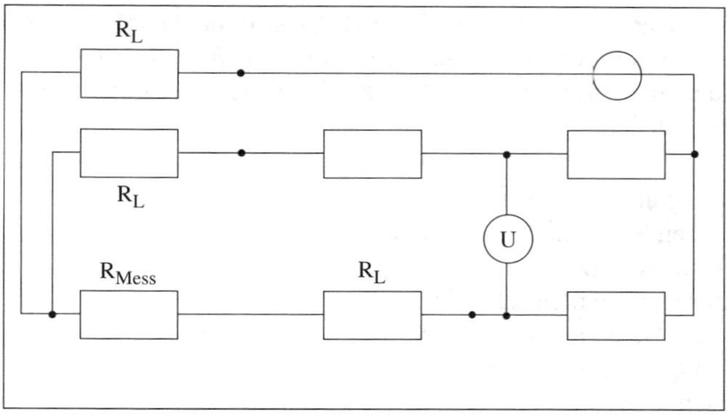

08. Welches sind die Vorteile der Vier-Leiter-Schaltung und wann wird sie bevorzugt eingesetzt?

Die wesentlichen *Vorteile* sind:

- Es ist kein Leitungsabgleich notwendig.
- Änderungen der Leitungswiderstände (z. B. temperaturbedingt) haben keinen Einfluss auf das Messergebnis.

Aufgrund ihrer hohen Messgenauigkeit wird die Vier-Leiter-Schaltung, in Kombination mit modernen Spannungsmessern mit sehr hohem Eingangswiderstand, *bevorzugt zur Realisierung kleiner Messbereiche und bei großen Leitungslängen eingesetzt.* Bei dieser Schaltung wird das Widerstandsthermometer – über ein Leitungspaar – durch eine Konstantstromquelle gespeist.

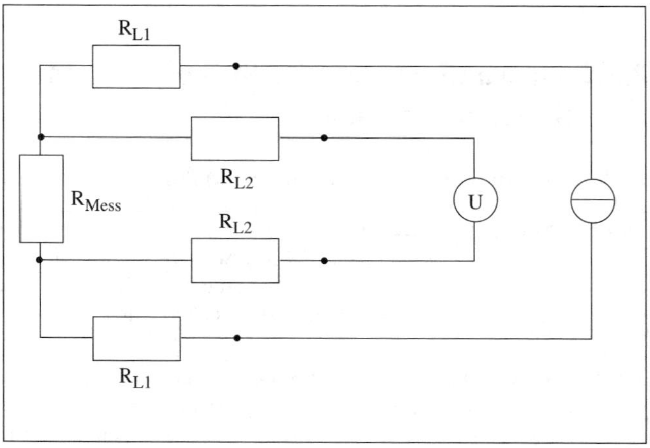

Über ein zweites Leitungspaar wird die Spannung über dem Aufnehmer gemessen. Da in diesem Leitungspaar nur der sehr geringe Messstrom fließt, kann der Fehler durch den Spannungsabfall vernachlässigt werden.

1) Vgl. auch: Lipsmeier, A. (Hrsg.), Friedrich Tabellenbuch, Elektrotechnik/Elektronik, a. a. O., S. 8 - 19.

09. Was ist bei der Messung von Temperaturdifferenzen zu beachten?

In vielen Prozessen ist die Erfassung von Temperaturdifferenzen von Bedeutung. Da sowohl *die Kennlinien von Thermoelementen als auch die von Widerstandsthermometern nichtlinear sind,* kann man hierzu nicht einfach zwei gleiche Messaufnehmer einsetzen und das Differenzsignal verwenden.

Aufgrund der unterschiedlichen Steigung der Kennlinie an verschiedenen Arbeitspunkten, würden schon kleinere Änderungen einer der beiden Temperaturen einen nicht zu vernachlässigenden Messfehler ergeben. Daher ist es zwingend notwendig, je Messstelle einen Messumformer einzusetzen, der das Messsignal linearisiert und normiert.

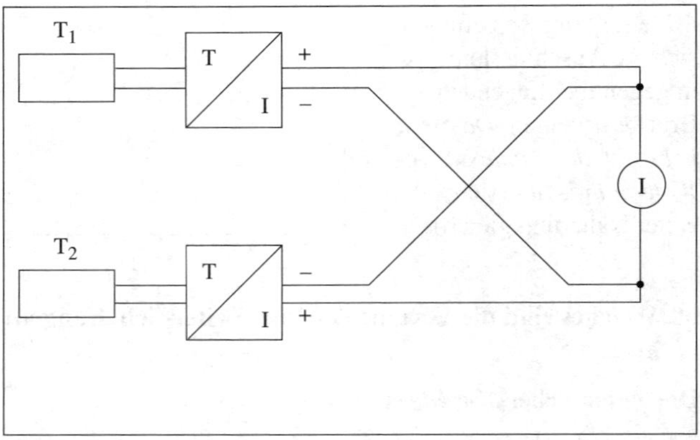

Verwendet man Messumformer mit Stromausgang, so kann das Differenzsignal z. B. für eine Vorortanzeige direkt verwendet werden.

2.2.2 Auswahlkriterien für Systeme der Mess-, Steuerungs- und Regelungstechnik

01. Welches sind die wesentlichen Gründe für eine Prozessautomatisierung?

Rationalisierung	Durch den Einsatz moderner Automatisierungstechnik kann in vielen Bereichen die *Produktivität* gesteigert werden. Dies ist zunächst meist mit einer Arbeitsplatzreduzierung verbunden, die jedoch bei einem Fachkräftemangel letztlich auch die Produktion sichern kann.
Qualitätssicherung	Ziel jeder Produktion sind möglichst konstante Ergebnisse. Durch den Einsatz moderner Regelsysteme kann zum einen der tagesformabhängige Regler „Mensch" ersetzt werden und zum anderen können Regelkreise und Störgrößenaufschaltungen implementiert werden, die durch menschliches Eingreifen nicht beherrschbar sind.
Sicherheit	Automatisierung von Abläufen in Arbeitsbereichen mit großem Sicherheitsrisiko für den Menschen oder zumindest Verlagerung in sichere Bereiche durch den Einsatz von Fernwirktechnik.
Humanisierung	Einsatz von Automatisierungstechnik, um Arbeitsplätze mit Gesundheitsrisiken oder eintönigen Abläufen zu vermeiden.

02. Was versteht man im technisch-industriellen Zusammenhang unter einem Prozess?

Nach DIN IEC 60500 ist ein Prozess die Gesamtheit von aufeinander einwirkenden Vorgängen in einem System, durch die Materie, Energie und Information umgeformt, transportiert oder auch gespeichert wird.

Ein technischer Prozess zeichnet sich dadurch aus, dass seine Zustände mit technischen Mitteln gemessen, gesteuert und geregelt werden können.

03. Welche Grundtypen von technischen Prozessen unterscheidet man?

- *Fließprozesse* bzw. *kontinuierliche Prozesse:*
  Überwiegend kontinuierlicher Prozessablauf, fließfähige Prozessobjekte mit (überwiegend) kontinuierlichen Prozessgrößen.

  Beispiel: Energieerzeugung, Ölförderung

- *Chargenprozesse* bzw. *Batchprozesse:*
  Diskontinuierlicher Prozessablauf mit unterlagerten kontinuierlichen Teilprozessen, fließfähige Prozessobjekte mit stetigen und diskreten Prozessgrößen.

  Beispiel: Chemische Chargenproduktion, d. h. abwechselndes Produzieren verschiedener Stoffe auf einer Anlage.

- *Stückprozess* (diskontinuierlich):
  Diskontinuierlicher Prozessablauf mit unterlagerten kontinuierlichen Teilprozessen, diskrete Prozessobjekte mit stetigen und diskreten Prozessgrößen.

  Beispiel: Bearbeitung von Maschinenteilen

04. Was versteht man im technisch-industriellen Zusammenhang unter Leiten und welche Funktionalitäten umfasst die so genannte Leittechnik?

Leiten	Nach DIN IEC 60500 ist Leiten die Gesamtheit aller Maßnahmen, die vorwiegend unter Mitwirkung des Menschen den erwünschten Ablauf, im Wesentlichen bei Produktionsprozessen, bewirken.

Leittechnik	Die Leittechnik umfasst alle für die Aufgaben des Leitens notwendigen Geräte und Systeme. In ihr werden die Informationen der unterlagerten Ebenen, z. B. MSR-Signale, die zur Steuerung und Überwachung des Prozesses notwendig sind, zusammengefasst.
	Im Wesentlichen sind das: • Stellglieder • Signalgeber und Messwertaufnehmer (zur Erfassung von Informationen über Prozesszustände und Produkteigenschaften) • Energieversorgungseinrichtungen • Sicherheitseinrichtungen • Systeme und Geräte zur Informationsverknüpfung und -übertragung.

Vgl. auch: Informatik, Tabellen, Geräte- und Systemtechnik, a. a. O., S. 395.

05. Welche Ebenen unterscheidet man üblicherweise in der Prozessleit- und Automatisierungstechnik?

Man unterscheidet in der Regel fünf Ebenen (Level 0 ... Level 4), die oft in der sog. *Automatisierungspyramide*[2] dargestellt werden (in der Praxis weist nicht jedes System alle Ebenen auf):

Level 4	**Unternehmensleitebene**	**ERP** (Enterprice Resource Planning)
Level 3	**Betriebsleitebene**	**MES** (Manufactoring Execution System)
Level 2[1]	**(Prozess-)Leitebene**	**SCADA** (Supervisory Control and Data Aquisition)
Level 1[1]	**Steuerungsebene**	**SPS** (Speicherprogrammierbare Steuerung)
Level 0	**Feldebene**	**Ein-/Ausgabesignale**

06. Welche Aufgaben werden in den einzelnen Ebenen bearbeitet?

Unternehmensleitebene	Möglichst effizienter Einsatz der Unternehmensressourcen (Betriebsmittel, Personal, Kapital).
Betriebsleitebene	Fertigungsablaufplanung und –steuerung, einschließlich der Verwaltung von Produktionsmitteln sowie der Erfassung und statistischen Auswertung von Produkt- und Produktionsdaten.
Prozessleitebene	Prozessführung, d. h. Steuerung, Regelung und Sicherheitsfunktionen; Informationsaufarbeitung, d. h. Protokollieren, Überwachen und Melden.

07. Welches sind die wesentlichen Kriterien für die Auswahl passender Systeme für eine Automatisierungsaufgabe?

Da es meist mehrere Möglichkeiten zur Lösung einer Prozessautomatisierungsaufgabe gibt, erfolgt die Entscheidung anhand von *wirtschaftlichen, ergonomischen und sicherheitstechnischen* Überlegungen. Dabei spielen folgende Aspekte eine Rolle, z. B.:

- Leistungsdaten
- Wirtschaftlichkeit
- Handhabung
- Fehlerdiagnosemöglichkeiten
- unternehmensinterne Standards
- Integrierbarkeit in die bestehende Systemumgebung
- Umgebungsbedingungen
- vorgesehene Lebensdauer bzw. Nutzungszeit
- Verfügbarkeit
- Marktpräsenz (Quasi-Standard oder exotisches Nischenprodukt?)
- Bewertung des Lieferanten, Langzeitverfügbarkeit der Komponenten

---

1) Teilweise werden Level 1 und Level 2 auch unter dem Begriff „Prozessleitebene" zusammengefasst.

2) Vgl. auch: Informatik, Tabellen, Geräte- und Systemtechnik, a. a. O., S. 395.

- alternative Bezugsquellen (Second Source)
- Kosten für Anschaffung und Unterhalt (Life Cycle Costs)
- Ersatzteilhaltung
- vorhandene und notwendige Qualifikation von Bedien- und Wartungspersonal.

08. Welche drei Grundtypen von MSR-Systemen lassen sich bezüglich der Systemeigenschaften unterscheiden?

1. Für steuerungstechnische Aufgaben optimierte Systeme (klassische SPS):

- skalierbares, abgestuftes Konzept: anforderungsabhängige Auswahl der Systemkomponenten
- kleinste Einheiten mit einfachen Anzeige- und Bedienelementen
- Installation autark mit kleinem Aufwand
- kleine Verarbeitungszyklen, d. h. schnelle Reaktionen möglich
- optimierte Binärsignalverarbeitung
- für analoge Regelungsaufgaben oft zusätzliche, leistungsfähigere CPUs notwendig
- oft keine Geräte für den Betrieb in explosionsgefährdeten Bereichen verfügbar
- niedrige Einstiegskosten
- Programme werden in speziellen Programmiersprachen erstellt
- spezielle Programmierhard- und -software notwendig.

2. Für regelungstechnische Aufgaben optimierte Systeme:

- Diese Systeme beinhalten prozessnahe, intelligente Komponenten, die über einen schnellen Feldbus mit den Stationen verbunden sind.
- Die Stationen kommunizieren über einen gemeinsamen Bus (Netzwerk). Die Anzeige- und Bedieneinheiten (HMI) sind entweder Bestandteil dieses Netzwerks oder über einen separaten Bus mit einem gemeinsamen Datenserver verbunden.
- Sehr hohe Leistungsfähigkeit (viele Regelkreise mit kurzen Abtastzeiten können gleichzeitig realisiert werden), integrierte Steuerungsfunktionen und eine sehr große Anzahl möglicher digitaler und analoger Ein-/Ausgänge.
- Durch Funktionsplanprogrammierung und umfangreiche Funktionsblock-Bibliotheken leicht zu programmieren.
- Feldgeräte für EX-Bereich fast immer verfügbar.
- Hohe Einstiegskosten, da schon die Minimalkonfiguration aus vielen Komponenten besteht.

3. Optimierte Systeme (klassische Prozessrechner) für Aufgaben, die hohe Rechenleistung und großen Datendurchsatz erfordern:

- hohe Leistungsfähigkeit und hohe Flexibilität
- abgestuftes Konzept, jedoch teilweise keine skalierbaren Mehrprozessorsysteme verfügbar
- als prozessnahe Komponente sehr leistungsfähig, allerdings hohe Kosten
- meist durchgängige Softwareumgebung mit Hochsprachenprogrammierung
- meist komfortable Dokumentationswerkzeuge.

09. Was ist unabhängig von der gewählten Lösung bei der Planung und Auslegung eines Leitsystems zu beachten?

Für spätere Änderungen und Erweiterungen sollte jedes System 20 - 25 % freie Ein-/Ausgänge (sowohl analog als auch digital) besitzen. Jede CPU (Prozessorkarte) sollte mindestens 20 % Reserve bezüglich Prozessorauslastung und Speicherplatz aufweisen.

2.2.3 Vergleich/Auswahl

01. Welches ist der nächste Schritt, nachdem im Planungsprozess der grundsätzliche Lösungsansatz (Leitsystemstruktur) für eine Automatisierungsaufgabe bestimmt wurde?

Als nächstes muss die *Auswahl der einzelnen Systemkomponenten* erfolgen, z. B.:

- Sensoren
- Automatisierungssysteme, SPS
- Bussysteme
- HMI, Bedienen und Beobachten
- Netzwerke.

02. Welche Aspekte sollten bei der Auswahl der Lösung für eine Automatisierungsaufgabe beachtet werden?

- Wirtschaftlichkeit der Lösung
- Vorgaben durch unternehmensinterne Standards
- Integrierbarkeit in die bestehende Systemumgebung, Schnittstellen
- Verfügbarkeit der Komponenten und ggf. Dienstleistungen (z. B. Engineering) am Markt
- Bewertung des Lieferanten, Langzeitverfügbarkeit der Komponenten
- alternative Bezugsquellen
- Ersatzteilhaltung
- Umweltbedingungen am Einsatzor
- Sicherheitsanforderungen
- notwendige Zulassungen und Zertifizierungen.

2.2.4 Konfiguration von Sensoren/Aktoren und MSR-Systemen

01. Welche Komponenten müssen in modernen Automatisierungssystemen vor ihrem Einsatz konfiguriert werden?

Der Trend geht bei allen Komponenten zu einer *höheren Integration* (höhere Funktionalität) und *universelleren Einsetzbarkeit. Diese Komponenten werden durch Konfigurieren und Parametrieren an die jeweilige Anwendung angepasst.* Im Einzelnen:

Sensoren	Einstellung von Messbereichen, Grenzwerten, Warn- und Alarmschwellen
	Einstellung des Ausgangssignals (Strom oder Spannung, live/dead zero)
	Adresseinstellung bei sog. intelligenten Sensoren mit Feldbusanbindung
Automatisierungssysteme, SPS	Konfigurierung und Beschaltung der Baugruppen (z. B. bei E/A-Kanälen einstellen, ob Eingang oder Ausgang mit Strom- oder Spannungssignal)
	Einstellung der Kommunikations- und Feldbusschnittstellen
Bussysteme und Netzwerke	Vergabe der Adressbereiche und Adressen
HMI, Bedienen und Beobachten	Einrichten der Anbindungen an die unterlagerten Automatisierungssysteme und die übergeordneten Produktionsleitsysteme

02. Was ist weiterhin bei der Konfiguration der Komponenten zu beachten?

- Es sind die Vorgaben aus der Planung und Projektierung einzuhalten. Diese müssen alle verfahrenstechnischen Anforderungen und Sicherheitsvorgaben berücksichtigen, um eine sichere Inbetriebnahme zu gewährleisten.

- Alle vorgenommenen Einstellungen sind mittels Parameterdateien und -datenblättern, Checklisten o. Ä. geeignet zu dokumentieren und in die Projektdokumentation zu übernehmen.

03. Was können Einrichtungen der Prozessleittechnik (PLT) unter Sicherheitsaspekten leisten?

- Allgemein können PLT-Einrichtungen zur Verhinderung des Auftretens von gefährlicher explosionsfähiger Atmosphäre, zum Vermeiden von Zündquellen oder zur Abschwächung der schädlichen Auswirkungen einer Explosion genutzt werden.

- Potenzielle Zündquellen, wie beispielweise eine heiße Oberfläche, können durch PLT-Einrichtungen überwacht und durch eine entsprechende Steuerung auf einen ungefährlichen Wert begrenzt werden.

- Eine Abschaltung potenzieller Zündquellen beim Auftreten von gefährlicher explosionsfähiger Atmosphäre ist ebenfalls möglich. So können beispielweise nicht explosionsgeschützte elektrische Betriebsmittel beim Ansprechen einer Gaswarnanlage spannungsfrei geschaltet werden, wenn dadurch die Abschaltung der dem Gerät innewohnenden potenziellen Zündquellen möglich ist.

- Das Auftreten von gefährlicher explosionsfähiger Atmosphäre lässt sich beispielsweise durch die Zuschaltung eines Lüfters vor Erreichen der höchstzulässigen Gaskonzentration verhindern.

- Durch solche PLT-Einrichtungen können die explosionsgefährdeten Bereiche (Zonen) verkleinert, die Wahrscheinlichkeit des Auftretens von gefährlicher explosionsfähiger Atmosphäre verringert oder deren Auftreten ganz verhindert werden.

- Die erforderliche Zuverlässigkeit der PLT-Einrichtungen muss sich an der Beurteilung der Explosionsrisiken orientieren. Die Zuverlässigkeit der sicherheitstechnischen Funktion der PLT-Einrichtungen und ihrer Teilkomponenten wird erreicht durch Fehlervermeidung und Fehlerbeherrschung (unter Beachtung aller Betriebsbedingungen und vorgesehenen Wartungs- und/oder Prüfmaßnahmen).

Beispiel:
Führen die Beurteilung der Explosionsrisiken und das Explosionsschutzkonzept zu dem Schluss, dass ohne PLT-Einrichtungen ein hohes Risiko herrscht, z. B. dass gefährliche explosionsfähige Atmosphäre ständig, langzeitig oder häufig vorhanden ist (Zone 0, Zone 20) und dass mit dem Wirksamwerden einer Zündquelle bei einer Betriebsstörung zu rechnen ist, müssen die PLT-Einrichtungen so ausgeführt sein, dass eine einzige Störung in der PLT-Einrichtung das Sicherheitskonzept nicht außer Kraft setzen kann. Dies kann z. B. durch redundanten Einsatz von PLT-Einrichtungen erreicht werden. Vergleichbares ist erreichbar, indem eine einzelne PLT-Einrichtung zur Vermeidung des Auftretens gefährlicher explosionsfähiger Atmosphäre mit einer davon unabhängigen einzelnen PLT-Einrichtung zur Vermeidung des Wirksamwerdens von Zündquellen kombiniert wird.

Quelle: Nicht verbindlicher Leitfaden für bewährte Verfahren im Hinblick auf die Durchführung der Richtlinie 1999/92/EG über Mindestvorschriften zur Verbesserung des Gesundheitsschutzes und der Sicherheit der Arbeitnehmer, die durch explosionsfähige Atmosphären gefährdet werden können.

Europäische Kommission, GD BESCHÄFTIGUNG UND SOZIALES, Sicherheit und Gesundheitsschutz am Arbeitsplatz, Endfassung: April 2003; in: DVD Prävention 2014/15, BG Holz und Metall

2.3 Planen, Durchführen und Dokumentieren von Funktions- und Sicherheitsprüfungen

→ 1.4, S. 177

2.3.1 Systemanalyse zur Feststellung der Sicherheit an elektrischen Geräten, Maschinen und Anlagen

01. Welche Bedeutung hat der Europäische Binnenmarkt für die grundlegenden Sicherheitsanforderungen in Bezug auf Bau und Ausrüstung von Maschinen und Anlagen?

Mit dem 01.01.1993 ist der Europäische Binnenmarkt Wirklichkeit geworden. Das Territorium, das vom EG-Vertrag erfasst wird, umfasst derzeit die so genannten „alten" EU-Länder, die „neuen" EU-Länder im Osten Europas sowie die sich in einer Sonderstellung befindlichen drei Länder der Europäischen Freihandelszone EFTA – Liechtenstein, Island und Norwegen.

Der freie ungehinderte Verkehr von Waren schließt Maschinen, Geräte, Anlagen u. Ä. natürlich mit ein. Insofern stand die Gemeinschaft insbesondere im Markt für Maschinen vor dem Problem, dass in all den vorstehend genannten Nationalstaaten z. T. sehr unterschiedliche Rechtssysteme und auch sehr unterschiedliche Sicherheitsbestimmungen mit sehr verschiedenen Schutzniveaus galten. Diese stellten naturgemäß Handelshemmnisse dar. Die Gemeinschaft beschloss deshalb, Handelshemmnisse durch eine Angleichung der nationalstaatlichen Vorschriften zu beseitigen ohne jedoch die bestehenden Schutzniveaus zu senken. Diese sehr komplizierte Aufgabenstellung wurde dadurch gelöst, dass die Sicherheitsanforderungen in Bezug auf Bau und Ausrüstung von Maschinen im Rahmen eines Konzeptes zur technischen Harmonisierung von Produkten verbindlich formuliert wurden.

> Das **Harmonisierungskonzept** basiert darauf, dass lediglich die grundlegenden Sicherheitsanforderungen in so genannten Binnenmarktrichtlinien für alle Mitgliedsstaaten verbindlich beschrieben sind. Die Konkretisierung erfolgt dagegen überwiegend durch harmonisierte europäische Normen.

Alle Binnenmarktrichtlinien, die wohl bekannteste ist die so genannte *EG-Maschinenrichtlinie,* müssen in jedem EWR-Land unverändert in nationales Recht umgesetzt werden und gelten insbesondere für die Hersteller von Maschinen und Anlagen aber auch für die Vertreiber und Importeure. Dabei muss sichergestellt werden, dass Unfallrisiken während der gesamten voraussichtlichen Lebensdauer ausgeschlossen sein müssen.

02. Welche Richtlinien bilden die Grundlage der Sicherheit von Maschinen und Anlagen im Europäischen Wirtschaftsraum (EWR)?

Dies sind im Wesentlichen folgende Richtlinien:

Zentrale Richtlinien zur Sicherheit von Maschinen und Anlagen im EWR			
EG-Maschinenrichtlinie (MRL)	**EG-Niederspannungsrichtlinie**	**EMV-Richtlinie**	**Arbeitsschutz-Richtlinien** gem. Art. 153 EG-Vertrag
↓	↓		↓
CE-Kennzeichnung ProdSG	Adressat ist der Hersteller		Adressat ist der Benutzer
Bau und Ausrüstung			**Sicherheitsgerechter Betrieb**

03. Welche zentralen Bestimmungen enthält die EG-Maschinenrichtlinie (MRL)?

Die wichtigste Richtlinie für den Industriesektor des Maschinenbaus ist die Richtlinie 98/37/EG des Europäischen Parlamentes und Rates vom 22.06.1998 zur Angleichung der Rechtsvorschriften der Mitgliedsstaaten für Maschinen. Diese Richtlinie wird im normalen Sprachgebrauch „EG-Maschinenrichtlinie", kurz MRL, genannt. Sie zählt zu den wichtigsten sog. „Binnenmarktrichtlinien" im EWR und soll dafür sorgen, dass Maschinen und Anlagen im EWR frei gehandelt werden können. Die MRL hat sich im Laufe der Jahre durchaus bewährt. Teilweise zeigte sich jedoch, dass Änderungen und Ergänzungen notwendig waren. Diese Diskussionen haben dazu geführt, dass zum 17. Mai 2006 die *neue Maschinenrichtlinie 2006/42/EG* mit umfangreichen Änderungen unterzeichnet und am 09. Juni 2006 im Amtsblatt der Europäischen Union veröffentlicht wurde. Sie *muss* ohne Übergangsfrist *bis zum 29. Juni 2008 in nationales Recht umgesetzt werden.*

Ab 29.12.2009 müssen alle Produkte die Anforderungen der neuen MRL 2006/42/EG erfüllen.

- Die neue Maschinenrichtlinie 2006/42/EG hat d*en Begriff der „Gefahrenanalyse" durch den Begriff „Risikobeurteilung" ersetzt.*
- *Für alle Phasen der Lebensdauer* einer Maschine oder Anlage müssen
  - die möglichen Gefahrstellen und die dort vorhandenen Gefährdungen bei bestimmungsgemäßer Verwendung ermittelt werden,
  - für jede identifizierte Gefährdung eine Risikobeurteilung durchgeführt werden und
  - Schutzziele formuliert, Schutzmaßnahmen ausgewählt und Restrisiken ermittelt werden.
- Die voraussichtliche *Lebensdauer einer Maschine* umfasst:

1. Bau und Herstellung		
2. Transport und Inbetriebnahme	• Aufbau, Installation • Tests, Messungen	• Einstellungen, Versuche, Probeläufe
3. Einsatz/Gebrauch (Verwendung)	• Einrichten, Umrüsten, Einstellen, Programmieren, Testen	• Betrieb • Fehlersuche, Störungsbeseitigung • Reinigung, Instandhaltung
4. Außerbetriebnahme, Demontage, ggf. Entsorgung		

- Der Gesetzgeber führt dabei im Anhang I der Maschinenrichtlinie (in Deutschland Maschinenverordnung) genau aus, was er vom Hersteller (Vertreiber, Importeur) hinsichtlich der Berücksichtigung der Risikobeurteilung bei Konstruktion und Bau der Maschine verlangt:

Der Hersteller (Vertreiber, Importeur) muss	
die Grenzen der Maschine bestimmen	Dies schließt die Definition der bestimmungsgemäßen Verwendung und auch die vernünftigerweise vorhersehbare Fehlanwendung ein.
die Gefährdungen ermitteln	inkl. möglicher Gefährdungssituationen, die von der Maschine ausgehen können
die Risiken abschätzen	unter Berücksichtigung der möglichen Schwere der Verletzungen, Gesundheitsschäden und Wahrscheinlichkeit des Eintritts
die Risiken bewerten	Stimmen sie mit den Zielen der Maschinenrichtlinie überein oder ist eine Minderung der Risiken erforderlich?

die Gefährdungen ausschalten	durch Anwendung probater Schutzmaßnahmen; dabei gilt ein Vorrangprinzip für die technischen, vom Konstrukteur mit der sicheren Konstruktion zu schaffenden Maßnahmen.

04. Welche Aussage ist mit der CE-Kennzeichnung von Maschinen/Anlagen verbunden?

Abb.: Typenschild einer Maschine mit CE-Kennzeichnung

Äußeres Zeichen dafür, dass eine Maschine den grundlegenden Forderungen der Maschinenrichtlinie entspricht, ist die gut sichtbare dauerhaft angebrachte und leserliche CE-Kennzeichnung. Der Anhang III der Richtlinie beschreibt genau, wie die vorschriftsmäßige Kennzeichnung aussehen muss.

Ist die CE-Kennzeichnung vorhanden, muss der Richtlinie folgend eine ausführliche Dokumentation zur Maschine vorhanden sein, die auch die Angaben zur Risikobeurteilung enthält.

Zur Maschine gehört stets die technische Dokumentation und eine Betriebsanleitung.

Die Konformitätserklärung muss folgende Angaben enthalten:

- Name und Anschrift des Herstellers, der die Erklärung ausstellt
- Produktdetails (Fabrikat, Typ, Los-, Chargen oder Seriennummer, Ursprung)
- alle angewandten Richtlinien, präzise und vollständige Angaben über technische Normen und Spezifikationen, die angewandt wurden
- Datum der Ausstellung der Konformitätserklärung, Unterschrift und Funktion oder eine gleichwertige Kennzeichnung des Bevollmächtigten
- Erklärung, dass der Hersteller und ggf. sein Bevollmächtigter die alleinige Verantwortung für die Ausstellung der Konformitätserklärung trägt
- ggf. Angaben zur benannten Stelle
- ggf. Name und Anschrift der Person, die die technische Dokumentation aufbewahrt.

> Wer eine Maschine ohne CE-Kennzeichnung in Verkehr bringt oder ein CE-Kennzeichen anbringt, ohne die Durchführung einer Risikobeurteilung nachweisen zu können, handelt grundsätzlich rechtswidrig. Wer die Konformitätsverantwortung trägt, muss in diesen Fällen mit Rechtsfolgen rechnen. Dies gilt immer besonders dann, wenn ein Sicherheitsmangel die Ursache für einen schweren Unfall ist.

Es sollte immer daran gedacht werden, dass die Inbetriebnahme einer Eigenbaumaschine überall im Europäischen Wirtschaftsraum (EWR) ein Inverkehrbringen im Sinne der Maschinenrichtlinie ist.

Abb.: Eigenbaumaschine

Insofern kann es durchaus möglich sein, dass dem Industriemeister Elektrotechnik in der Praxis grundlegende Kenntnisse über die Bestimmungen der Maschinenrichtlinie abverlangt werden könnten bzw. seine persönlichen Kenntnisse bei der Ermittlung und Bewertung insbesondere elektrischer Risiken sehr gefragt sein könnten.

Weitere Ausführungen finden sich dazu z. B. in der BGI 5003. Ausgenommen von der Kennzeichnungspflicht CE sind z. B. Lebensmittel, Gefahrstoffe und Fahrzeuge (die verkehrsrechtlichen Vorschriften unterliegen); zum Unterschied CE-Kennzeichnung/GS-Zeichen vgl. 2.1.3/07.).

05. Welchen Inhalt hat das Produktsicherheitsgesetz (ProdSG)?

Binnenmarktrichtlinien müssen national unverändert umgesetzt werden. Die EG-Maschinenrichtlinie ist in Deutschland mit der 9. Verordnung zum ProdSG umgesetzt. Sie sorgt als nationalstaatliche Umsetzung der EG-Maschinenrichtlinie dafür, dass in Deutschland die grundlegenden Sicherheits- und Gesundheitsanforderungen bei Konzipierung und Bau von Maschinen und Sicherheitsbauteilen am nationalen Maschinenmarkt eingehalten werden. Das ProdSG gilt in Deutschland seit 2011.

Das Produktsicherheitsgesetz selbst stellt ebenfalls die Umsetzung einer europäischen Richtlinie dar. Es setzt u. a. die Produktsicherheitsrichtlinie 2001/95/EG in nationales deutsches Recht um.

06. Welche Bestimmungen enthält die EG-Niederspannungsrichtlinie?

- *Zielsetzung*
  dieser im Jahr 2006 umfassend überarbeiteten Richtlinie des Parlamentes und des Rates 2006/95/EG *über elektrische Betriebsmittel zur Verwendung innerhalb bestimmter Spannungsgrenzen* ist es ebenfalls, alle technischen Handelshemmnisse abzubauen, die den freien Warenfluss von elektrischen Betriebsmitteln im EWR behindern könnten (Harmonisierungskonzept). An alle Erzeugnisse innerhalb des EWR werden verbindlich einheitliche Grundanforderungen gestellt, die die Sicherheit von Personen, Haustieren und Sachen gewährleisten sollen. Darüber hinaus hat die EG-Niederspannungsrichtlinie zusätzlich den Schutz von Funkdiensten und Verteilernetzen für elektrische Energie zum Ziel.

- *Geltungsbereich:*
  Die Niederspannungsrichtlinie 2006/95/EG gilt für elektrische Betriebsmittel, die mit einer Nennspannung zwischen *50 und 1000 V Wechselstrom bzw. 75 und 1500 V Gleichstrom* betrieben werden. Batteriebetriebene Geräte außerhalb dieser Grenzen werden also von der Richtlinie nicht erfasst. Entscheidende Kriterien sind die Ein- und Ausgangsspannungen des Gerätes; in seinem Inneren können z. B. höhere Spannungen als die Nennspannung möglich sein.

Weiterhin regelt sie die *einheitlichen Grundanforderungen für Maschinen mit überwiegend elektrischen Gefahren sowie die elektrische Ausrüstung aller anderen Maschinen.* Viele andere Binnenmarktregeln verweisen hinsichtlich der elektrischen Gefahren auf die EG-Niederspannungsrichtlinie.

- Die *Konformität*
  des Betriebsmittels mit der Niederspannungsrichtlinie wird, genau wie es bei Maschinen nach der Maschinenrichtlinie üblich ist, mit der *CE-Kennzeichnung* am elektrischen Betriebsmittel bestätigt.

- Von der Richtlinie *ausgenommen sind*
  - elektrische Betriebsmittel zur Verwendung in explosionsfähiger Atmosphäre
  - radiologische und medizinische elektrische Betriebsmittel
  - elektrische Teile von Aufzügen
  - Zähler für Elektrizität.

  Diese Betriebsmittel sind Gegenstand anderer spezieller Richtlinien.

- Bislang gelten noch *keine Gemeinschaftsrichtlinien* für
  - Haushaltssteckvorrichtungen
  - Einrichtungen zur Stromversorgung von elektrischen Weidezäunen
  - spezielle Betriebsmittel zur Verwendung auf Schiffen, in Flugzeugen oder in Schienenfahrzeugen.

  An diesen darf keine CE-Kennzeichnung angebracht sein.

- *Sicherheitsziele, Anforderungen:*
  Die Niederspannungsrichtlinie deckt alle Risiken ab, die bei der Verwendung elektrischer Betriebsmittel auftreten können. Dabei behandelt sie nicht nur die elektrischen Gefährdungen, sondern auch mechanische, chemische (z. B. Emissionen), Gesundheitsmerkmale und ergonomische Aspekte. Artikel 2 sowie der Anhang I der Niederspannungsrichtlinie enthalten die 11 wesentlichen „Sicherheitsziele", die die Anforderungen der Richtlinie darstellen. Nicht Gegenstand der Richtlinie ist die elektromagnetische Verträglichkeit (EMV).

  Die Niederspannungsrichtlinie nennt eine *Rangfolge der Normen:*

EN	Europäische Normen, die als harmonisierte Normen bezeichnet werden (ausgearbeitet von CENELEC).
IEC	Falls noch keine harmonisierten Normen ausgearbeitet sind, können Regeln der Internationalen Elektrotechnischen Kommission angewendet werden.
Nationale Normen	Soweit noch keine harmonisierten Normen erarbeitet worden sind und auch IEC-Regeln nicht existieren, können auch nationale Normen angewendet werden.

07. In welchen Fällen ist die MRL und wann ist die Niederspannungsrichtlinie maßgebend?

Eine Reihe von elektrischen Betriebsmitteln sind auch Maschinen im Sinne der Maschinenrichtlinie (MRL). Daher kann es bei bestimmten elektrischen Betriebsmitteln zu Überschneidungen kommen (Geltungsbereich der MRL bzw. der Niederspannungsrichtlinie).

Deswegen ist folgende Regelung getroffen worden:

1. Eine Maschine kann grundsätzlich in den Geltungsbereich der Maschinenrichtlinie allein, in den Geltungsbereich der Niederspannungsrichtlinie allein oder auch in den Geltungsbereich beider Richtlinien fallen.

2. Gehen von einer Maschine jedoch in der Hauptsache elektrische Gefährdungen aus (treten also mechanische u. a. deutlich in den Hintergrund), so fällt diese Maschine ausschließlich in den Geltungsbereich der Niederspannungsrichtlinie.

3. Entscheidend für die Einordnung ist die Risikobeurteilung und -bewertung durch den Hersteller. Die Entscheidung ist deshalb wichtig, weil letztlich stets entschieden werden muss, nach welchen Normen gefertigt werden soll.

4. Mit Ausnahme der in Artikel 1, Absatz 5 der Richtlinie genannten Maschinen fallen jedoch fast alle elektrisch betriebenen Maschinen mit einer Betriebsspannung zwischen 50 und 100 V AC bzw. 75 und 1500 V DC *in den Geltungsbereich beider Richtlinien.*

5. Ein Beispiel für elektrische Betriebsmittel, die *ausschließlich unter die Maschinenrichtlinie fallen,* sind die handgeführten und transportablen motorgetriebenen Elektrowerkzeuge.

6. Einige Arten von elektrischen Betriebsmitteln sind dazu bestimmt, dauerhaft in Gebäude eingebaut zu werden. Diese Betriebsmittel müssen die Gebrauchstauglichkeit im Sinne der *Bauproduktrichtlinie* 89/106/EWG (neu: 93/68/EWG) nachweisen.

08. Welchen Inhalt hat die EMV-Richtlinie (2004/108/EG)?

EMV ist die Abkürzung für „Elektromagnetische Verträglichkeit von Geräten". Hauptziel der EMV-Richtlinie ist es, gleichzeitig den

- freien Verkehr von elektrischen/elektronischen Geräten zu gewährleisten und
- eine weitgehend risikofreie elektromagnetische Umgebung zu schaffen.

Das harmonisierte und annehmbare Schutzniveau wird durch die Schutzziele der Richtlinie näher beschrieben und diese sollten sicherstellen,

- dass die von elektrischen und elektronischen Geräten erzeugten elektromagnetischen Störungen das korrekte Funktionieren anderer Geräte nicht beeinträchtigt und
- dass Geräte aber auch selbst ein angemessenes Störfestigkeitsniveau aufweisen müssen, um sie bestimmungsgemäß betreiben zu können.

Als elektromagnetische Störung ist jede elektromagnetische Erscheinung zu betrachten, die die Funktion eines Gerätes beeinträchtigen kann. Dies können z. B. elektromagnetisches Rauschen oder auch ganz allgemein unerwünschte Signale sein. Die Richtlinie verfolgt nicht das Ziel, elektromagnetische Emissionen von Geräten fast vollständig zu verhindern oder sie vollständig störresistent zu bauen. Ziel ist, dass das Schutzniveau stets verhältnismäßig bleibt und die Störfestigkeit eines Gerätes so gut ist, dass es während einer elektromagnetischen Störung gemäß den für das Gerät festgelegten Leistungsmerkmalen zufrieden stellend arbeitet. Die EMV-Richtlinie bezieht sich streng auf die Funktion von elektrischen und elektronischen Geräten und *tangiert den Arbeitnehmerschutz deswegen nur mittelbar.* Die Richtlinie ist in Deutschland mit dem *Gesetz über die elektromagnetische Verträglichkeit von Geräten* (EMVG) umgesetzt und schließt eine ganze Reihe elektrischer Betriebsmittel und auch Maschinen ein. Weitere Einzelheiten erteilt die Bundesnetzagentur.

09. Welche Bedeutung haben die Arbeitsschutz-Richtlinien gemäß Artikel 137 EG-Vertrag?

Der Artikel 137 sieht vor, dass der Rat Mindestvorschriften festlegt, die die Verbesserung der Arbeitsumwelt fördern und das Ziel verfolgen, die Gesundheit der Arbeitnehmer verstärkt zu schützen.

Es ist in Europa schon sehr lange akzeptiert, dass die Verbesserung von Sicherheit, Arbeitshygiene und Gesundheitsschutz der Arbeitnehmer am Arbeitsplatz Ziele sind, die nicht rein wirtschaftlichen Erwägungen untergeordnet werden dürfen. Vor dem Hintergrund der zügigen Entwicklung des europäischen Binnenmarktes stellte sich natürlich auch dessen soziale Dimension dar. Mit dem europäischen Binnenmarkt, der hinsichtlich der Harmonisierung der Maschinensicherheit durch die Wirkung der bereits beschriebenen Binnenmarktrichtlinien reguliert wird, *hat sich zeitgleich in Europa ein „Richtlinien-Paket" des Arbeitsschutzes mit europaweit geltenden Mindeststandards des Arbeitsschutzes entwickeln und etablieren können.*

Mit den Arbeitsschutzrichtlinien wurde innerhalb Europas ein wichtiger Schritt hin zum *Gleichgewicht von wirtschaftlichen und sozialen Belangen* getan. Die Arbeitsschutzrichtlinien ergänzen die Binnenmarktrichtlinien und sorgen dafür, dass die Rechtsvorschriften zum Arbeitsschutz der einzelnen Mitgliedsstaaten angeglichen werden und mit der maschinentechnischen Harmonisierung Schritt halten können.

Die EG-Richtlinien für den Binnenmarkt und die Arbeitsschutz-Richtlinien haben ganz verschiedene Adressaten:

- Die Binnenmarktrichtlinien richten sich an die *Hersteller* der Produkte, während sich die Arbeitsschutz-Richtlinien an die *Benutzer* dieser Produkte, also Arbeitgeber und Arbeitnehmer, wenden.
- Sie stellen im Wesentlichen ganz „einfach" sicher, dass der Maschinenbenutzer nicht nur die sichere Maschine auf dem gesamten gemeinsamen Markt unkompliziert erhält, sondern auch vom Gesetzgeber dazu angehalten ist, die Maschine sicher zu betreiben.
- Die Arbeitsbedingungen und die Wettbewerbsvoraussetzungen sollen in ganz Europa gleich sein.

Das „Paket" der EG-Arbeitsschutzrichtlinien besteht aus der EG-Arbeitsschutz-*Rahmen*richtlinie und einer ganzen Reihe von *Einzel*richtlinien. Alle Arbeitsschutzrichtlinien der EG enthalten Mindestvorschriften. Diese Mindestvorschriften sollen das Grundniveau des Schutzes der Gesundheit der Arbeitnehmer in Europas Betrieben sichern. Die einzelnen Nationalstaaten *können* die nationalen Vorschriften, die *den Arbeits- und Gesundheitsschutz* über das Grundniveau der Gemeinschaft hinaus in den Ländern selbst regeln, *durchaus mit höheren Forderungen ausstatten.* Diese Möglichkeit besteht aus verständlichen Gründen bei den Binnenmarktrichtlinien nicht. Hieran zeigt sich ein weiterer wichtiger Unterschied zwischen Binnenmarkt- und Arbeitsschutzrichtlinien. Das Verständnis der Richtlinie von „Gesundheit" ist sehr weit. Die menschengerechte Gestaltung der Arbeit wird mit einbezogen. Die Gefahrenverhütung soll schon in der Planung berücksichtigt werden. Organisation, Arbeitsbedingungen, Technik, Umwelt und soziale Beziehungen sollen kohärent miteinander verknüpft werden. Die EG-Arbeitsschutz-Rahmenrichtlinie bildet den allgemeinen gesetzgeberischen Rahmen für eine ganze Reihe spezieller Einzelrichtlinien zum Arbeitsschutz der Gemeinschaft, wie z. B. die EG-Arbeitsmittel-Benutzungsrichtlinie, die EG-Arbeitsstättenrichtlinie, die Richtlinie zur Handhabung von schweren Lasten, zur Arbeit an Bildschirmgeräten oder zum Benutzen von Arbeitsmitteln. Die Arbeitsschutzrahmenrichtlinie der EG und weitere 19 Arbeitsschutzrichtlinien werden in Deutschland durch das *Arbeitsschutzgesetz* national umgesetzt.

2.3.2 Gefährdungsbeurteilung an elektrischen Geräten, Maschinen und Anlagen

2.3.2.1 Gesetzliche Grundlagen der Gefährdungsbeurteilung in Deutschland

Dieser Abschnitt gibt einen Überblick zu folgenden Gesetzen und Regelwerken:

Grundlagen der Gefährdungsbeurteilung (Überblick)			
ArbSchG	**BetrSichV**	**GefStoffV**	**ArbStättV**
BGn, UVVn	**DGUV Vorschrift 1**	**DGUV Vorschrift 3**	**BGV B11**
BGRn	**Anerkannte elektrotechnische Regeln**		

01. Welche Zielsetzung hat das Arbeitsschutzgesetz (ArbSchG) im Rahmen der Gefährdungsbeurteilung?

Seit 1996 gilt in Deutschland das Arbeitsschutzgesetz als neue Rechtsgrundlage für den Arbeitsschutz in Betrieben und Verwaltungen. Es ist die Leitvorschrift für alle Durchführungsverordnungen zum Thema Arbeitsschutz. *Grundprinzip des Gesetzes ist die Prävention.* Der Gesetzgeber fordert deutlich mehr vorbeugendes, geplantes Verhalten bei der Gestaltung der Arbeitsbedingungen mit dem Ziel, Unfälle, Berufskrankheiten und arbeitsbedingte Gesundheitsgefahren zu verhindern.

§ 5 Arbeitsschutzgesetz verpflichtet den Arbeitgeber zur regelmäßigen Beurteilung der Arbeitsbedingungen, zur Gefährdungsanalyse und deren Dokumentation (§ 6). Die Verpflichtung für den Arbeitgeber, die Arbeitsbedingungen regelmäßig in angemessenen Abständen einer *Gefährdungsbeurteilung* zu unterziehen, korrespondiert mit dem Begriff der *Risikobeurteilung,* der aus der Produktsicherheit (Maschinenrichtlinie, Maschinenverordnung) bekannt ist.

Der Unternehmer delegiert seine gesetzliche Verpflichtung zur Gefährdungsbeurteilung in der Regel an seine Führungskräfte. Auf diese Weise sind auch die Industriemeister häufig in den Prozess der Identifizierung von Gefährdungen, der Beurteilung der Risiken und der Findung geeigneter Schutzmaßnahmen eingebunden.

Das Spezialgebiet der Industriemeister Elektrotechnik in diesem Prozess sind ganz klar die Gefahren des elektrischen Stromes, aber auch mechanische, technische, chemische, physikalische und andere Gefährdungen sollten ihnen geläufig sein.

Weitere Ausführungen zum Arbeitsschutzgesetz (lt. Rahmenplan) finden Sie unter 5.1.1.

02. Welche zentralen Verordnungen zum Arbeitsschutz gibt es?

Die für den Industriemeister Elektrotechnik wichtigen, dem Arbeitsschutzgesetz als Leitvorschrift nachgeordneten, *Verordnungen* sind die

- Arbeitsstättenverordnung (mit Arbeitsstättenregeln ASR, früher: Arbeitsstättenrichtlinien)
- Betriebssicherheitsverordnung (mit Technischen Regeln für die Betriebssicherheit TRBS)
- Baustellenverordnung
- Bildschirmarbeitsverordnung
- Lastenhandhabungsverordnung
- Lärm- und Vibrations-Arbeitsschutzverordnung.

Alle Verordnungen setzen, wie das Arbeitsschutzgesetz auch, europäische Arbeitsschutz-Richtlinien um. Die Verordnungen werden ergänzt durch sog. amtlich anerkannte technische Regeln und Richtlinien. Diese Regeln beschreiben im Einzelnen beispielhaft, wie es technisch sicher möglich ist, verordnungskonform zu handeln.

03. Welche Bestimmungen sind in der Betriebssicherheitsverordnung (BetrSichV) sowie in den Technischen Regeln zur Betriebssicherheitsverordnung (TRBS) enthalten?

Die Betriebssicherheitsverordnung hat sich inzwischen zu einer Schlüssel-Rechtsvorschrift des deutschen Arbeitsschutzrechts entwickelt. Sie ist für Vorgesetzte, die den Prozess der Bereitstellung und Benutzung von Arbeitsmitteln mittelbar oder unmittelbar steuern, von zentraler Bedeutung.

Die Industriemeister Elektrotechnik sind naturgemäß sehr stark in die betrieblichen Prozesse und Abläufe eingebunden, die im engen und weiteren Sinne mit der Bereitstellung und Benutzung von Arbeitsmitteln zu tun haben. Insofern sollten sie die Betriebssicherheitsverordnung und die wichtigsten Technischen Regeln zur Betriebssicherheitsverordnung (TRBS) kennen:

TRBS 1111	Sie ist die Regel für die Durchführung der Gefährdungsbeurteilung und sicherheitstechnische Bewertung.
TRBS 1201	Sie regelt die Prüfungen von Arbeitsmitteln und überwachungsbedürftigen Anlagen.
TRBS 1203	Sie beschreibt die allgemeinen Anforderungen an befähigte Personen.
TRBS 1203	Sie beschreibt in Teil 3 die Anforderungen an befähigte Personen – elektrische Gefährdungen.

Auch die Betriebssicherheitsverordnung stellt die Gefährdungsbeurteilung in den Mittelpunkt. Schon im § 3 sind die Pflichten des Arbeitgebers dazu beschrieben. Wesentlich für den Industriemeister Elektrotechnik sind auch die Regelungen der Betriebssicherheitsverordnung zur Prüfung der Arbeitsmittel. Hier steht der Industriemeister Elektrotechnik häufig vor der Aufgabe, Art, Umfang und Fristen erforderlicher Prüfungen an elektrischen Anlagen und Betriebsmitteln zu ermitteln, weil gerade ihn der Arbeitgeber wegen seiner besonderen Kenntnisse mit der Prüfung von Arbeitsmitteln oder deren Erprobung beauftragt.

Die Betriebssicherheitsverordnung behandelt darüber hinaus

- Anforderungen an die Bereitstellung und Benutzung von Arbeitsmitteln
- explosionsgefährdete Bereiche

- Explosionsschutzdokument
- Anforderungen an die Beschaffenheit von Arbeitsmitteln
- sonstige Schutzmaßnahmen
- Unterrichtung und Unterweisung
- Prüfung von Arbeitsmitteln und Aufzeichnungen darüber.

Ein spezieller Abschnitt der Betriebssicherheitsverordnung ist den besonderen Vorschriften für *überwachungsbedürftige Anlagen* vorbehalten. Auch die Prüfung besonderer Druckgeräte ist nach § 17 geregelt. Die Betriebssicherheitsverordnung sorgt für ein in sich geschlossenes Regelungssystem für den sicheren Betrieb von Arbeitsmitteln in Deutschland. Sie ist als Verordnung relativ kurz gehalten und formuliert wesentliche Schutzziele. Die Erreichung dieser Ziele legt die Verordnung in die Hände der Betreiber, denen aufgegeben ist

- Gefährdungen zu ermitteln
- Risiken zu beurteilen
- die betrieblichen Maßnahmen daran auszurichten.

04. Welches Konzept verfolgt die überarbeitete Gefahrstoffverordnung?

Achtung! Die Gefahrstoffverordnung ist völlig überarbeitet und neu gestaltet worden. Sie gehört damit zu den jüngsten Gesetzen im Themenkreis Arbeits- und Umweltschutz und ist Anfang 2010 in Kraft getreten. Die (neue) GefStoffV setzt die Gefahrstoffrichtlinie der EU für Deutschland um. Sie ergänzt das Arbeitsschutzgesetz und baut auf dessen Schutzzielen auf. Die Verordnung enthält *Maßnahmen in gefährdungsorientierter Abstufung und schließt in das Schutzkonzept auch Stoffe ohne Grenzwert ein.* Im Gegensatz zur alten Verordnung beruht das Grenzwertkonzept nur noch auf gesundheitsbasierenden Luftgrenzwerten. Vorsorgeuntersuchungen auf Wunsch der Beschäftigten werden möglich. Ausgangspunkt aller Schutzkonzepte und Schutzmaßnahmen ist die Gefährdungsbeurteilung gem. § 6 GefStoffV und § 5 ArbSchG.

Die Beurteilung der Gefährdungen wird im Betrieb nach folgenden Gesichtspunkten durchgeführt:

1. Gefährliche Eigenschaften der Stoffe (auch Zubereitungen physikalisch-chemische Wirkungen)
2. Informationen des Herstellers (auch Inverkehrbringers) zum Gesundheitsschutz (Sicherheitsdatenblatt)
3. Art und Ausmaß der Exposition Expositionswege, Messwerte, andere Ermittlungen
4. Möglichkeit des Ersatzes von Gefahrstoffen durch weniger gefährliche oder ungefährliche Stoffe
5. Arbeitsbedingungen, Arbeitsmittel, Menge der Gefahrstoffe
6. Grenzwerte
7. Wirksamkeit der Schutzmaßnahmen
8. Medizinische Erkenntnisse, Ergebnisse der medizinischen Vorsorge.

Grundlage aller Handlungen, die der Unternehmer in Gang setzen muss, ist, wie im Arbeitsschutzgesetz gefordert, die *Gefährdungsbeurteilung*. Sie muss *dokumentiert werden*. Die anzuwendenden Schutzmaßnahmen ergeben sich aus dem Gefährdungsgrad, der im Rahmen der Gefährdungsbeurteilung ermittelt wurde.

Die Schutzstufen umfassen

- *allgemeine* Schutzmaßnahmen (§ 8 GefStoffV)
- *zusätzliche* Schutzmaßnahmen (§ 9 GefStoffV)
- *besondere* Schutzmaßnahmen (§ 10 GefStoffV).

- *Allgemeine Schutzmaßnahmen:*

  § 8 GefStoffV beschreibt die Grundmaßnahmen, die in jedem Fall ergriffen werden müssen. Die Reihenfolge der Maßnahmen gliedert sich in

  - Beseitigung der Gefährdung
  - Verringerung der Gefährdung auf ein Mindestmaß
  - Substitution des Stoffes durch weniger gefährliche Stoffe.

  Greifen diese Maßnahmen nicht oder nicht ausreichend, müssen

  - technische oder verfahrenstechnische Maßnahmen nach dem Stand der Technik ergriffen werden
  - kollektive Schutzmaßnahmen in Gang gesetzt werden und organisatorische Maßnahmen als Ergänzung umgesetzt werden
  - individuelle Schutzmaßnahmen (persönliche Schutzausrüstungen, PSA) ergänzen die vorstehend aufgeführten.

  Die Schutzmaßnahmen umfassen:

  - Arbeitsplatzgestaltung, Organisation
  - Bereitstellung geeigneter Arbeitsmittel
  - Begrenzung der Anzahl der Mitarbeiter
  - Begrenzung der Dauer und Höhe der Exposition
  - Hygienemaßnahmen, Reinigung der Arbeitsplätze
  - Begrenzung der Menge des Gefahrstoffs am Arbeitsplatz
  - Anwendung geeigneter Arbeitsmethoden und -verfahren (Gefährdung so gering wie möglich)
  - Vorkehrungen zur sicheren Handhabung, Lagerung und sicherem Transport (inkl. der Abfälle).

  Es besteht die Pflicht zu ermitteln, ob die Arbeitsplatzgrenzwerte eingehalten werden. In Arbeitsbereichen, in denen eine Kontamination besteht, darf nicht gegessen, getrunken oder geraucht werden. Es müssen besondere Maßnahmen ergriffen werden, wenn Arbeiten mit Gefahrstoffen von Mitarbeitern allein ausgeführt werden müssen.

- *Zusätzliche Schutzmaßnahmen:*

  Sie geht von *Tätigkeiten mit hoher Gefährdung* aus. Hier sind zusätzliche Schutzmaßnahmen notwendig wie

  - Verwendung in geschlossenen Anlagen und Systemen
  - technische Maßnahmen der Luftreinhaltung

- besondere Entsorgungstechniken
- Messen von Gefahrstoffkonzentrationen
- Bereitstellung von besonders geeigneter PSA
- Evt. müssen getrennte Aufbewahrungsmöglichkeiten für Arbeits- bzw. Schutzkleidung und Straßenkleidung bereitgestellt werden.
- Reinigung der kontaminierten Kleidung muss durch den Arbeitgeber zu seinen Lasten veranlasst werden.
- wirksame Zutrittsbeschränkungen zu gefährdeten Arbeitsbereichen
- Aufsicht (auch Aufsicht unter Zuhilfenahme technischer Mittel).

Insbesondere Tätigkeiten, bei denen mit Überschreitungen von Grenzwerten zu rechnen ist, erfordern *zusätzliche* Schutzmaßnahmen.

• *Besondere Schutzmaßnahmen* bei Tätigkeiten mit krebserzeugenden, erbgutverändernden und fruchtbarkeitsgefährdenden Gefahrstoffen:

Hier werden zusätzlich sehr wirksame technische Lösungen, besondere Schutzkleidungen usw. notwendig und die Dauer der Exposition für die Beschäftigten darf nur ein absolutes Minimum darstellen. Abgesaugte Luft darf unabhängig von ihrem Reinigungsgrad nicht wieder an den Arbeitsplatz zurückgeführt werden.

Besondere Schutzmaßnahmen sind im Einzelnen:

- exakte Ermittlung der Exposition (schnelle Erkennbarkeit von erhöhten Expositionen muss möglich sein, z. B. bei unvorhersehbaren Ereignissen, Unfällen)
- Gefahrbereiche sicher begrenzen (z. B. Verbotszeichen für Zutritt, Rauchverbot)
- Beschränkung der Expositionsdauer
- PSA mit besonders hoher Schutzwirkung (Tragepflicht für die Mitarbeiter während der gesamten Expositionsdauer)
- keine Rückführung abgesaugter Luft an den Arbeitsplatz
- Aufbewahrung der genannten Stoffe unter Verschluss.

• *Besondere Schutzmaßnahmen* gegen physikalische und chemische Einwirkungen – insbesondere Brand- und Explosionsgefährdungen:

Ergibt sich aus der Gefährdungsbeurteilung, dass besondere Schutzmaßnahmen gegen physikalische und chemische Einwirkungen – insbesondere Brand- und Explosionsgefährdungen – notwendig sind, eignen sich folgende Schutzmaßnahmen:

- Tätigkeiten vermeiden und verringern
- gefährliche Mengen und Konzentrationen vermeiden
- Zündquellen vermeiden
- schädliche Auswirkungen von Bränden und Explosionen auf die Sicherheit der Mitarbeiter und anderer Personen verringern. Dies geschieht i. d. R. durch besondere technische Einrichtungen, die durch organisatorische Maßnahmen unterstützt werden.

Im Überblick: *Die Schutzmaßnahmen der neuen GefStoffV 2010:*

§ 7	**Grundpflichten bei der Durchführung von Schutzmaßnahmen**
§ 8	**+ Allgemeine Schutzmaßnahmen, die bei geringer und „normaler" Gefährdung ausreichen**
§ 9	**+ Zusätzliche Schutzmaßnahmen bei „erhöhter" Gefährdung**
§ 10	**+ Besondere Schutzmaßnahmen bei Tätigkeiten mit krebserzeugenden, erbgutverändernden und fruchtbarkeitsgefährdenden Gefahrstoffen der Kategorie 1 oder 2** **+ Besondere Schutzmaßnahmen gegen physikalische und chemische Einwirkungen – insbesondere Brand- und Explosionsgefährdungen.**

Vgl. zur GefStoffV ergänzend unter 5.4.1 ff.

05. Welchen Inhalt hat die Arbeitsstättenverordnung (ArbStättV)?

Die Arbeitsstättenverordnung gliedert sich im Wesentlichen in vier Teilgebiete und den Anhang:

Verordnung über Arbeitsstätten (Arbeitsstättenverordnung – ArbStättV)				
§ 3	§ 4	§ 5	§ 6	Anhang:
Einrichten und Betreiben von Arbeitsstätten	Besondere Anforderungen an das Betreiben von Arbeitsstätten	Nichtraucherschutz	Arbeits-, Sanitär-, Pausen-, Bereitschafts-, Erste-Hilfe-Räume, Unterkünfte	Anforderungen an Arbeitsstätten gem. § 3 Abs. 1

Für den Industriemeister der Elektrotechnik können eine Vielzahl der Regelungen der Arbeitsstättenverordnung von Bedeutung sein, weil er sich stets maßgeblich mit der elektrischen Ausrüstung der Arbeitsstätten befassen muss. Er sollte daher die Grundsätze der Arbeitsstättenverordnung kennen.

- Nicht nur der Anhang 1.4, Energieverteilungsanlagen in Arbeitsstätten, tangiert die Elektrofachkräfte, auch andere Bestimmungen können wichtig sein.
- Genauere Regelungen zu einzelnen Sachverhalten, die in Arbeitsstätten Beachtung finden sollten, finden sich im Regelwerk zur Arbeitsstättenverordnung, den sog. Arbeitsstättenregeln. Sie treffen Aussagen zur Lüftung, geben Anhaltswerte zu Raumtemperaturen, zur Beleuchtung, beschreiben Anforderungen an Fußböden, lichtdurchlässige Wände, Türen und Tore, um nur einige wenige zu nennen.
- Eine der Regeln befasst sich z. B. mit Steigeisen, Steigeisengängen und Steigleitern an Bauwerken und den dazugehörigen Absturzsicherungen. Die Regel kann für die Elektrofachkraft wichtig werden, weil sie gelegentlich im Rahmen elektrischer Instandsetzungs- oder Wartungsaufgaben solche Aufstiege benutzen muss.
- Die *Novellierung der ArbStättV* mit Wirkung zum 01.01.2015 brachte folgende Änderungen:
  - Anpassung an andere Arbeitsschutz-Verordnungen (z. B. Gefahrstoffverordnung, Biostoffverordnung) um Doppelregelungen zu vermeiden.
  - Die BildscharbV fließt komplett in die ArbStättV ein und tritt mit Inkrafttreten der neuen ArbStättV außer Kraft.
  - Die Regelungen für Telearbeitsplätze werden mit in die neue ArbStättV aufgenommen.

06. Welche Aufgaben übernehmen die Berufsgenossenschaften?

- Die Berufsgenossenschaften sind die Träger der gesetzlichen Unfallversicherung für die Unternehmen der deutschen Privatwirtschaft. Sie haben die vordringliche Aufgabe, Arbeitsunfälle, Berufskrankheiten und arbeitsbedingte Gesundheitsgefahren mit allen geeigneten Mitteln zu verhüten.

- Die Berufsgenossenschaften sorgen für die medizinische, berufliche und soziale Rehabilitation der Opfer von Arbeitsunfällen und Berufskrankheiten und helfen, die Unfall- und Krankheitsfolgen durch Geldzahlungen finanziell auszugleichen. Sie zahlen in sehr schweren Fällen Renten an die Versicherten oder die Hinterbliebenen.

- Die Berufsgenossenschaften arbeiten streng nach folgenden einfachen *Prinzipien:*

Prävention geht vor Rehabilitation! **Rehabilitation geht vor Rente!**

- Die Tatsache, dass die Berufsgenossenschaft die Unfallversicherung und die Prävention aus einer Hand liefern, sichert diese Priorität zusätzlich durch ein starkes inneres Interesse ab. Die Berufsgenossenschaften sind selbstverwaltete Körperschaften öffentlichen Rechts. Mitglieder sind die per Pflichtmitgliedschaft zugeordneten Unternehmen, versichert sind die Arbeitnehmer (vgl. dazu auch 5.1.1).

- Ihren Präventionsauftrag erledigen die Berufsgenossenschaften, indem sie mit hoheitlichen Befugnissen ausgestattete Außendienstmitarbeiter ihrer Präventionsdienste in die Mitgliedsunternehmen entsenden. In erster Linie beraten diese Damen und Herren die Unternehmen in allen Fragen des Arbeits- und Gesundheitsschutzes. Jedoch überwachen die Aufsichtspersonen der Berufsgenossenschaften auch die Einhaltung der Vorschriften.

- Die Berufsgenossenschaften sind darüber hinaus ein wichtiger Bildungsträger und schulen jährlich mehrere tausend Führungskräfte, Sicherheitsbeauftragte, Fachkräfte für Arbeitssicherheit und eine ganze Reihe von Mitarbeitern der Mitgliedsunternehmen in Spezialthemen des Arbeits- und Gesundheitsschutzes.

07. Welchen Inhalt und welchen Rechtscharakter haben die Unfallverhütungsvorschriften?

Die Berufsgenossenschaften erlassen eigene, autonome und für alle Mitglieder *verbindliche Rechtsvorschriften.* Sie sind als Unfallverhütungsvorschriften bekannt und tragen heute die Bezeichnung BGV (DGUV) – Berufsgenossenschaftliche Vorschriften. In ihnen spiegelt sich die enorme Breite der Erfahrungen der Berufsgenossenschaft auf dem Gebiet der Unfallverhütung sowie des Arbeits- und Gesundheitsschutzes wieder.

Die Berufsgenossenschaftlichen Vorschriften sind in vier Themenfelder oder Kategorien geordnet:

- Kategorie A → Allgemeine Vorschriften, Betriebsorganisation
- Kategorie B → Einwirkungen
- Kategorie C → Betriebsarten und Tätigkeiten
- Kategorie D → Arbeitsplätze, Arbeitsverfahren

Die Aufsichtspersonen der Berufsgenossenschaften beschränken sich hinsichtlich ihrer Aufsicht nicht nur auf das autonome Recht der Berufsgenossenschaften, sondern achten auch auf die Einhaltung der staatlichen Vorschriften.

08. Warum ist die Unfallverhütungsvorschrift DGUV Vorschrift 1 „Grundsätze der Prävention" von zentraler Bedeutung für jeden Vorgesetzten?

Die DGUV Vorschrift 1 „Grundsätze der Prävention" ist wichtigste allgemeine Vorschrift der Berufsgenossenschaften. In ihr sind die grundlegenden Pflichten für Unternehmer und Arbeitnehmer – also Mitglieder und Versicherte – festgeschrieben. Die DGUV Vorschrift 1 stellt die Präventionsstrategien der Berufsgenossenschaften klar in den Mittelpunk.

Die DGUV Vorschrift 1 legt fest, dass

- Arbeits- und Gesundheitsschutz in den Betrieben verpflichtend zu gewährleisten ist und dass die Berufsgenossenschaft Unternehmer und Versicherte mit allen geeigneten Mitteln unterstützt,
- Präventionsmaßnahmen sich an den Kriterien Wirtschaftlichkeit und Wirksamkeit messen lassen müssen,
- Präventionsmaßnahmen den Innovationsprozessen und dem Strukturwandel Rechnung tragen müssen,
- Präventionsmaßnahmen neue Technologien, neue Belastungsformen und neue Arbeitsformen berücksichtigen müssen und
- die konkrete Beurteilung der Arbeitsbedingungen den Präventionsmaßnahmen zu Grunde liegen muss.

Dabei verzichtet die DGUV Vorschrift 1 auf Detailregelungen. Sie ist die Basisvorschrift des neu gestalteten berufsgenossenschaftlichen Regelwerkes für die Prävention und verzahnt das berufsgenossenschaftliche Satzungsrecht mit dem staatlichen Arbeitsschutzrecht. Mit Inkrafttreten der neuen DGUV Vorschrift 1 ist es den Berufsgenossenschaften gelungen, ihr Regelwerk nachhaltig zu modernisieren und zu verschlanken. Bundesweit konnten 47 andere Unfallverhütungsvorschriften außer Kraft gesetzt werden, ohne Substanzverluste in der Prävention zu riskieren. Die Berufsgenossenschaften zeigten mit diesem wichtigen Reformschnitt, dass es sehr wohl möglich ist, überflüssige Bürokratie abzuschaffen. Die von Politik und Verbänden aktuell geforderte höhere Eigenverantwortung des Unternehmens für den betrieblichen Arbeitsschutz wird gestärkt und die Versicherten – die Arbeitnehmer – werden unmittelbar in die Pflicht genommen, den Unternehmer bei seinen Vorkehrungen für Sicherheit und Gesundheit zu unterstützen.

Die BGR A1 (BG-Regel) erläutert und konkretisiert die Unfallverhütungsvorschrift DGUV Vorschrift 1. Neben BG-Vorschriften und BG-Regeln geben die gewerblichen Berufsgenossenschaften in großer thematischer Breite BG-Informationen (BGI) heraus. In ihnen werden sehr spezielle, auf die praktische Arbeit abgestellte, reich bebilderte und mit vielen Beispielen versehene Broschüren angeboten.

09. Warum ist die Kenntnis der DGUV Vorschrift 3 „Elektrische Anlagen und Betriebsmittel“ für den Industriemeister Elektrotechnik zwingend?

Die für den Industriemeister Elektrotechnik wichtigste Unfallverhütungsvorschrift stammt ebenfalls aus der Kategorie A „Allgemeine Vorschriften“. Es handelt sich dabei um die DGUV Vorschrift 3 „Elektrische Anlagen und Betriebsmittel“. Diese Unfallverhütungsvorschrift trat am 1. April 1979 in Kraft, liegt derzeit in der Fassung vom 30. März 2007 vor.

Die Kenntnis der DGUV Vorschrift 3 (BGV A3) ist für den Industriemeister Elektrotechnik zwingend!

- Die DGUV Vorschrift 3 ist *eine sehr alte Unfallverhütungsvorschrift,* die sich in ihrer allgemeinen, aber umfassenden Form als Richtschnur für die sichere Arbeit der Elektrofachleute bewährt hat und mit leichten Korrekturen stets eine moderne Vorschrift geblieben ist.

- Die DGUV Vorschrift 3 gilt für elektrische Anlagen und Betriebsmittel, aber auch für nicht elektrotechnische Arbeiten in der Nähe elektrischer Anlagen und Betriebsmittel. Sie erklärt die für die Elektrotechnik wesentlichen Begriffe und nimmt sehr geschickt Bezug auf die allgemein anerkannten elektrotechnischen Regeln, die in den VDE-Regeln, also einem Normenwerk, enthalten sind.

- Es werden wichtige Grundsätze festgelegt, um die Sicherheit beim Betrieb elektrischer Anlagen und Betriebsmittel zu garantieren. Zu diesen *Grundsätzen* gehören:
  - Elektrische Anlagen und Betriebsmittel dürfen nur von Elektrofachkräften bzw. unter deren Aufsicht den elektrotechnischen Regeln entsprechend errichtet, geändert und instand gehalten werden.
  - Sie dürfen auch nur den elektrotechnischen Regeln entsprechend betrieben werden.
  - Ist ein Mangel festgestellt worden oder entspricht die Anlage bzw. das Betriebsmittel nicht mehr den Regeln, so muss der Mangel unverzüglich behoben werden.

- Die Vorschrift formuliert auch Grundsätze für die Fälle, bei denen elektrotechnische Regeln einfach fehlen. Sie regelt die erforderlichen Prüfungen und gibt Hinweise darauf, wie die Fristen und der Umfang festgelegt werden können.

- Grundsätzlich verbietet die DGUV Vorschrift 3 Arbeiten an aktiven, also unter Spannung stehenden Teilen und beschreibt die erforderlichen Schutzziele, aber auch Schutzmaßnahmen für Arbeiten in der Nähe aktiver Teile. Der § 8 der BGV A3 regelt zulässige Abweichungen von dieser Grundregel.

- Sie beschreibt die Unterschiede zwischen *Elektrofachkräften, elektrotechnisch unterwiesenen Personen und elektrotechnischen Laien* und definiert in den Durchführungsanweisungen, welche Personen welche Art von Arbeiten durchführen dürfen. Die DGUV Vorschrift 3 ist sehr nutzerfreundlich aufgebaut. Die elektrotechnische Regel für das Spezialproblem, an dem der Verwender der Vorschrift gerade arbeitet, ist stets im Anhang zu finden.

10. Welchen Inhalt hat die Unfallverhütungsvorschrift BGV B11 „Elektromagnetische Felder"?

In einigen Industriezweigen sind elektrische Anlagen und Betriebsmittel im Einsatz, bei denen Mitarbeiter möglicherweise unmittelbar oder mittelbar den Wirkungen *elektromagnetischer Felder* ausgesetzt sind. Überschreiten diese Feldgrößen bestimmte zulässige Werte, ergeben sich unter Umständen Gesundheitsgefahren für diese Mitarbeiter.

Oft ist dies der Fall, wenn Mitarbeiter in direkter Nähe von Anlagen und Betriebsmitteln arbeiten, die betriebsmäßig mit hohen Stromstärken arbeiten, z. B. Induktionserwärmungsanlagen, Punktschweißmaschinen, von Hand geführte Punktschweißzangen oder Entmagnetisierungsanlagen.

Die BGV B11	definiert die zulässigen *Grenzwerte* als Basisgrößen oder abgeleitete Werte sowie die unzulässige Exposition des Menschen.
	unterscheidet dabei die *Expositionsbereiche* 1 und 2, Bereiche höherer Exposition und Gefahrbereiche und beschreibt diese näher.
	nennt ebenfalls *Schutzeinrichtungen,* die unzulässige Exposition verhindern (elektrische und mechanische).
	gibt Unternehmern und Mitarbeitern auf, die Expositionsbereiche zu ermitteln und zu beurteilen und legt fest, welche Wirkungen die *Schutzmaßnahmen* erreichen müssen.
Konkrete Hinweise für den Einzelfall in der betrieblichen Praxis finden sich in der BG-Regel BGR B11.	

Im Gegensatz zum EMVG (vgl. 2.3.1/Frage 08.) bezieht sich die BGV B11 streng auf die Verhinderung von möglichen gesundheitlichen *Wirkungen elektromagnetischer Felder auf den menschlichen Körper.* Die Wirkung von elektromagnetischen Feldern auf Geräte und Beeinflussung derer Funktion regelt die Vorschrift nicht.

Eine der wirksamsten Schutzmaßnahmen ist die Einhaltung von bestimmten Abständen zur Quelle der elektromagnetischen Felder. Extrem wichtig ist, dafür Sorge zu tragen, dass Mitarbeiter mit implantierten elektronischen Körperhilfsmitteln (z. B. Herzschrittmacher) nicht in Bereiche gelangen können, in denen die Funktion der Implantate gestört werden kann.

11. Welche Regeln und Informationen der Berufsgenossenschaften sind für den Industriemeister Elektrotechnik relevant?

- *Berufsgenossenschaftliche Regeln* (BGR) untersetzen die Unfallverhütungsvorschriften und geben an, wie der Unternehmer sicherstellen kann, dass er die in der Unfallverhütungsvorschrift geforderten Sicherheitsziele auch wirklich erreichen kann. Für den Elektromeister sind folgende Beispiele wichtig:

BGR A3	„Arbeiten unter Spannung an elektrischen Anlagen und Betriebsmitteln". Diese UVV verbietet grundsätzlich die Arbeit an aktiven Teilen elektrischer Anlagen und Betriebsmittel, sofern sie unter Spannung stehen.
	In der betrieblichen Praxis gibt es jedoch auch Fälle, in denen es nicht möglich ist, diese Vorschrift einhalten zu können. Deshalb lässt die Regel einige wenige Ausnahmen zu.
	Die BGR A3 beschreibt genauer, welche Maßnahmen zu ergreifen sind, um die Sicherheit der Elektrofachkräfte, die an den unter Spannung stehenden aktiven Teilen arbeiten müssen, zu gewährleisten.
BGR B11	Sie erläutert, wie zu verfahren ist, um die Sicherheit und Gesundheit der Mitarbeiter zu schützen, die möglicherweise Gefährdungen durch elektromagnetische Felder ausgesetzt sind.

- *Informationen der Berufsgenossenschaften* (BGI) enthalten branchenorientierte Informationen (reich bebildert und mit Grafiken versehen) über den aktuellen Stand von Unfallverhütung und Gesundheitsschutz. Publikationen, die für den Industriemeister Elektrotechnik sehr interessant sind, findet man besonders bei den Metall-Berufsgenossenschaften und bei der Berufsgenossenschaft für Feinmechanik, Textil und Elektrotechnik, z. B.:

BGI 548	„Elektrofachkräfte"
BGI 5090	„Wiederholungsprüfung ortsveränderlicher elektrischer Betriebsmittel"
BGI 600	„Auswahl und Betrieb ortsveränderlicher Betriebsmittel nach Einsatzbereichen"
BGI 5011	„Beurteilung von elektromagnetischen Feldern von Widerstandsschweißeinrichtungen"

12. Welche Bedeutung haben die allgemein anerkannten elektrotechnischen Regeln (VDE)?

Die Erstellung von Normen auf dem Gebiet der Elektrotechnik hat eine sehr lange Tradition: Die Gründung des VDE und die rasante Entwicklung der Erarbeitung von Normen zu einem der Haupttätigkeitsfelder des VDE fiel genau in die Zeit, in der sich Dreh- und Wechselstrommotoren als Antriebsquelle für Maschinen und Anlagen die gesamte Industrie Europas eroberten und sich die Stromverteilung über größere Entfernungen mit hohen Spannungen zu etablieren begann. Die Normung und Typisierung elektrotechnischer Produkte war die Voraussetzung dafür, dass die Fließbandfertigung elektrotechnischer Gebrauchsgegenstände, aber auch von Installationsmaterialien sowie Schalt- und Messapparaturen möglich wurde.

1935	Im Jahre 1935 wurde das erste Energiewirtschaftsgesetz Deutschlands erlassen.
	Die Durchführungsverordnung zu diesem Gesetz bestimmte, dass die VDE-Bestimmungen den Status von „anerkannten Regeln der Technik" erhielten. Damit wurde der Grundstein dafür gelegt, dass aus dem Begriff „VDE-Vorschriften" von 1893 der heutige Begriff „VDE-Bestimmungen" im Sinne von Regeln bzw. Normen wurde.
1970	wurde von DIN und VDE die gemeinsame „Deutsche Elektrotechnische Kommission" gegründet, die sicherstellt, dass es in Deutschland nur noch eine Stelle für die elektrotechnische Normung gibt.
	Somit war gewährleistet, dass die Bundesrepublik Deutschland einen kompetenten starken Vertreter im Europäischen Komitee für elektrotechnische Normung CENELEC hat, dessen Aufgabe es ist, die Harmonisierung der nationalen Normen voranzutreiben.
	Die außerordentlich fundierten Ergebnisse der langjährigen Normungsarbeit des VDE bewogen die Berufsgenossenschaften dazu, eine *logische Verbindung zwischen dem VDE-Regelwerk und den Unfallverhütungsvorschriften zu schaffen.* **Beispiel:** Der § 3 „Grundsätze" der Unfallverhütungsvorschrift DGUV Vorschrift 3 gibt dem Unternehmer auf, dafür zu sorgen, dass elektrotechnische Anlagen und Betriebsmittel den elektrotechnischen Regeln entsprechend errichtet, geändert und instandgehalten werden müssen. Ferner muss der Unternehmer auch dafür sorgen, dass der Betrieb elektrischer Anlagen und Betriebsmittel den elektrotechnischen Regeln entsprechend erfolgt. Welche Regeln die Berufsgenossenschaften dabei genau meinen, besagt der § 2 der Unfallverhütungsvorschrift DGUV Vorschrift 3 „Elektrische Anlagen und Betriebsmittel". Genannt werden im § 2 wörtlich die **„allgemein anerkannten Regeln der Elektrotechnik,** die in den VDE-Bestimmungen enthalten sind".

Die Regeln des VDE-Regelwerkes *sind* ihrem Wesen nach *regulative Dokumente aus dem nichtgesetzlichen Bereich; sie besitzen also keine unmittelbare Gesetzeskraft.* Sie sind wie Normen ein wesentliches Mittel der Ordnung technischer, wissenschaftlichen und gesamtwirtschaftlicher Gegebenheiten. In der modernen industriellen Welt ermöglichen es Normen, national und international den Handel mit Waren zu fördern und Handelshemmnisse zu beseitigen.

Sie erreichen dies durch die Vereinheitlichung von materiellen, aber auch immateriellen Gütern. Die VDE-Bestimmungen besitzen demzufolge nicht die Verbindlichkeit von Gesetzen und Verordnungen. Dies ist kein Nachteil, sondern einer der größten Vorzüge von Norm- und Regelwerken. Es ist jedermann freigestellt, andere gleich wirksame oder bessere Lösungen zu finden. Damit wird ein ganz wesentliches Merkmal erreicht, nämlich dass die Regelwerke niemals den Fortschritt behindern sollen.

Durch Rechtsakte Dritter können Normen jedoch einen juristisch höheren Verbindlichkeitsgrad erreichen, wie z. B. durch die Einbindung in das berufsgenossenschaftliche Vorschriftenwerk (siehe §§ 2 und 3 der Unfallverhütungsvorschrift DGUV Vorschrift 3 „Elektrische Anlagen und Betriebsmittel").

Eine ganze Reihe von VDE-Bestimmungen ist im europäischen Raum harmonisiert, d. h. in ganz Europa sind die Inhalte völlig gleich. Man erkennt diese an den Buchstaben EN. International harmonisierte elektrotechnische Regeln sind an den Buchstaben IEC zu erkennen.

2.3.2.2 Gefährdungsbeurteilung im Betrieb

Vorbemerkung: Der Begriff „Gefährdungsbeurteilung" wird in allen nationalen und europäischen Regelwerken, die Sicherheit und Gesundheitsschutz bewirken sollen, als *zentraler Begriff* verwendet. Er wird allerdings wenig erläutert; gesetzliche Vorgaben fehlen und die Form der Dokumentation ist nicht vorgeschrieben. Von daher soll an dieser Stelle erreicht werden, bei den angehenden Industriemeistern Elektrotechnik ein grundlegendes Verständnis für die Gefährdungsbeurteilung und ihre Umsetzung in der betrieblichen Praxis zu entwickeln.

01. Wie ist die Gefährdungsbeurteilung definiert?

Der Begriff „Gefährdungsbeurteilung" ist durch Zusammenfassung von zwei, zunächst eigenständigen, Bezeichnungen entstanden: Er setzt sich aus der „Gefährdungsanalyse" und der „Risikobeurteilung" zusammen.

Gefährdungsbeurteilung

↑ ↑

Gefährdungsanalyse
Gefährdungsbeurteilung[1]

Risikobeurteilung

02. Welche Formen der Gefährdungsbeurteilung gibt es?

§ 5 Abs. 2 ArbSchG lässt zu, dass bei gleichartigen Arbeitsbedingungen die Beurteilung für einen Arbeitsplatz als ausreichend angesehen wird. Daraus ergeben sich verschiedene *Formen der Gefährdungsbeurteilung:*

Formen der Gefährdungsbeurteilung	
arbeitsplatz-bezogen	Die arbeitsplatzbezogene Variante ist sehr vorteilhaft anzuwenden, wenn ein Arbeitsplatz von mehreren Arbeitnehmern benutzt wird und alle gleichen Gefährdungen ausgesetzt sind. **Beispiel:** Arbeitsplätze, die in Schichtarbeit genutzt werden.
personen-bezogen	Personenbezogene Gefährdungsbeurteilungen sind gut anzuwenden, wenn einzelne Mitarbeiter ständig ihren Arbeitsplatz wechseln und besondere Arbeitsaufträge abwickeln. **Beispiel:** Betriebselektriker eines Industriebetriebes.
arbeitsbereichs-bezogen	Die arbeitsbereichsbezogene Gefährdungsbeurteilung ist sinnvoll, wenn z. B. alle Mitarbeiter einer Werkstatt gleichen Gefährdungen ausgesetzt sind. **Beispiel:** Mechanische Werkstatt eines Industriebetriebes, in der mehrere Mitarbeiter täglich an verschiedenen Werkzeugmaschinen arbeiten.
tätigkeits-bezogen	Die tätigkeitsbezogene Gefährdungsbeurteilung findet sinnvolle Anwendung auf Personengruppen, die der gleichen Tätigkeit nachgehen, keinen fest zugewiesenen Arbeitsplatz haben, aber völlig gleichen Gefährdungen ausgesetzt sind. **Beispiel:** Kraftfahrer oder Außendienstmitarbeiter.

[1] Der Begriff „Gefährdungsanalyse" wird zunehmend weniger verwendet und ist weitgehend dem Begriff *Gefährdungsbeurteilung* gewichen. Dieser Begriff Gefährdungsbeurteilung trifft die auszuführende Handlung, die der Gesetzgeber vom Ausführenden erwartet, eigentlich auch viel genauer.

03. In welchen Schritten ist die Gefährdungsbeurteilung durchzuführen?

Die Handlungsschritte der Gefährdungsbeurteilung werden häufig als Kreislaufprozess dargestellt:

Die Einzelschritte des Handlungskreislaufs sind prinzipiell immer gleich und müssen im Einzelfall der Betriebsstruktur angepasst werden, sodass alle Tätigkeiten sowie Mitarbeiter erfasst werden. Die Anpassung der Art der Gefährdungsbeurteilung an die Betriebsstruktur sorgt dafür, dass die Forderung des Gesetzgebers erfüllt wird, alle Mitarbeiter und Tätigkeiten zu erfassen (§ 5 ArbSchG) und gleichzeitig der Aufwand minimiert wird.

Abb.: Handlungskreislauf der Gefährdungsbeurteilung

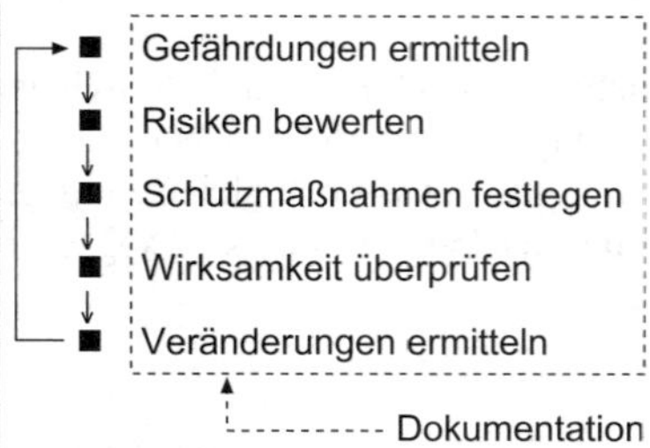

04. Wie werden Gefährdungen ermittelt?

→ Handlungsschritt 1

Der Begriff Gefährdung ist im deutschen Sprachraum schon sehr lange gebräuchlich und fand bereits im sprachlichen Zeitraum des Mittelhochdeutschen Verwendung. Im modernen Sprachgebrauch ist noch sehr vieles von der damaligen Bedeutung erhalten geblieben.[1)]

Die Sicherheitswissenschaften ordnen dem Begriff Gefährdung darüber hinaus eine ganz bestimmte Stellung im so genannten Unfall(Schadens-)-Ursachen-Modell zu:

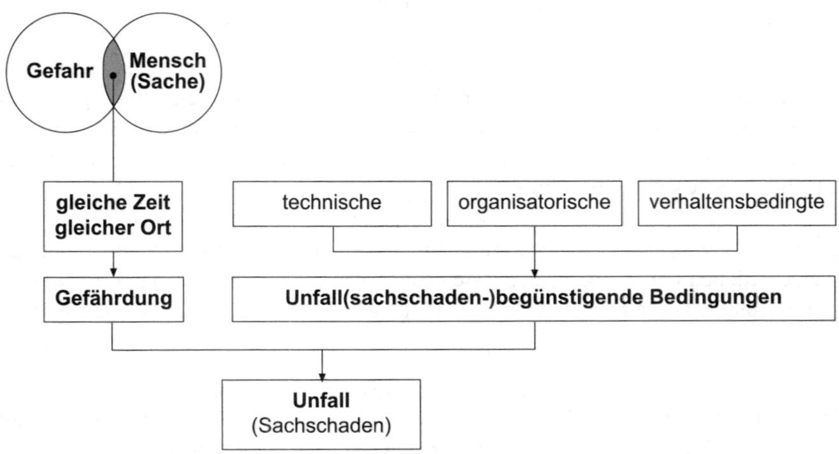

1. Eine *Gefährdung* ist eine der *notwendigen Bedingungen* dafür, dass ein Unfall geschieht oder ein Sachschaden eintreten kann. Eine *hinreichende Bedingung* ist die Gefährdung aber *nicht.*

---

1) Der mittelhochdeutsche Wortstamm „gevāre" hatte die Bedeutung von
- drohendem Unheil,
- Hinterhalt, Betrug bzw.
- Bedrohung der Sicherheit.

Eine Gefährdung ist immer dann gegeben, wenn Menschen (Sachwerte) mit einer Gefahr räumlich und zeitlich in eine Überschneidung geraten. Das bloße Vorhandensein der Gefährdung führt jedoch nicht zwingend zu einem Unfall (Sachschaden).

Beispiel 1:
An der Bahnsteigkante einer beliebigen Station der U-Bahn in einer beliebigen Großstadt steht eine Gruppe Menschen, während der Zug einfährt.

2. Deutlich befinden sich Gefahr und Mensch in dieser Situation zeitlich und räumlich in engem Zusammenhang, ohne dass es zu einem Unfall kommen muss. Erst eine *weitere unfallbegünstigende Bedingung* muss noch gleichzeitig gegeben sein, dass ein Unfall überhaupt möglich wird und eintreten kann. Häufig sind sogar mehrere unfallbegünstigende Bedingungen erforderlich.

Beispiel 2:
Ein Mensch aus der im Beispiel 1 genannten Gruppe tritt so nahe an die Bahnsteigkante, dass er beim Einfahren der Bahn von einem hervorstehenden Karosserieteil der Bahn erfasst und im günstigsten Fall zu Boden geworfen wird und sich die Glieder prellt.

In diesem Fall sind *zwei unfallbegünstigende Bedingungen* zur Grundbedingung „Gefährdung“ hinzugekommen. Zum einen war der Mensch zu nahe an die Bahnsteigkante getreten (verhaltensbedingte, unfallbegünstigende Bedingung), zum anderen stand ein Bauteil der Bahn zu weit vor (technische, unfallbegünstigende Bedingung) – die Außenhaut des Bahnwaggons hatte ein ungünstig geformtes gefährliches Konstruktionselement.

Es ist leicht zu erkennen, dass das Fehlen auch nur einer der beiden unfallbegünstigenden Bedingungen ausgereicht hätte, um den Unfall zu verhindern.

Die hohe Anzahl der notwendigen und hinreichenden Bedingungen, die am gleichen Ort zur gleichen Zeit vorliegen müssen, sorgt im Allgemeinen dafür, dass ein Unfall glücklicherweise ein sehr seltenes Ereignis ist. Aus diesem Grunde nennen ihn die Menschen im deutschen Sprachraum auch „Unfall“, eben den „Un“-„Fall“, der wenn er auch nicht unmöglich ist, doch eben relativ selten vorkommt.

3. *Unfälle und Sachschäden* sind eng miteinander „verwandt“ und treten häufig gemeinsam auf. In verschiedenen Fällen bedingen sie sich sogar, wie z. B. bei Bränden und Explosionen, bei denen neben Sachschäden oft Verletzte und manchmal auch Tote zu beklagen sind.

Beispiel 3:
Der Mantel des zu Boden gerissenen Menschen aus Beispiel 2 wird beim Sturz zerrissen. Ein glücklicheres Szenario wäre es natürlich gewesen, wenn das hervorstehende Teil der U-Bahn-Karosse nur den Mantel des Menschen aus der Gruppe zerrissen und ihn nicht zum Sturz gebracht hätte.

4. Während die Begriffe Mensch und Sache aus dem Unfall(Schadens-)-Ursachen-Modell nicht weiter erklärungsbedürftig sind, ist das der Begriff *Gefahr* durchaus.

   Das Wort *Gefahr* hat natürlich den gleichen mittelhochdeutschen Wortstamm, wie das Wort Gefährdung. Im umgänglichen Sprachgebrauch wird der Begriff Gefahr auch oft mit demselben Inhalt versehen wie der Begriff Gefährdung. Das ist eigentlich falsch. Die modernen Sicherheitswissenschaften deuten den Begriff Gefahr nicht als eine Situation ,sondern als ein Synonym für die Energie, die einem Prozess bzw. der gefahrbedingten Bewegung eines Maschinenteils oder auch eines natürlichen Gegenstandes innewohnt.

   Nur für die Situation, die von einer Gefahr sowie der gleichzeitigen Anwesenheit von Menschen (Sachwerten) am gleichen Ort bestimmt wird, wird in der modernen Sicherheitswissenschaft der Begriff „Gefährdung“ verwendet. Wie groß die Gefahr ist, bestimmt der Energieinhalt. Um einen Unfall herbeiführen zu können, also ein körperschädigendes Ereignis zu verursachen, muss die Energie vom Betrag her höher sein, als der Widerstand, den der menschliche Körper ihr entgegensetzen kann. Ob es sich letztlich wirklich um eine Gefahr für eine Person oder Sache handelt, bestimmt nicht zuletzt auch die Richtung, in die die Energie wirkt.

   Beispiel 4:
   Erfahrene Elektrofachkräfte wissen, dass die isolierenden Eigenschaften von Hornhaut an den menschlichen Gliedmaßen (z. B. Fingerkuppen) durchaus bewirken können, gefährliche Körperdurchströmungen zu verhindern. In solchen Fällen ist der Widerstand der Hornhaut der anliegenden Wirkenergie gewachsen. Waghalsige „Elektrofachkräfte“ fühlen sich mitunter besonders „unverletzlich“ und führen eine Spannungsprüfung mit den bloßen Fingern durch. Sie verspüren nur ein leichtes Kribbeln beim Berühren spannungsführender Teile. Mensch und Gefahr befinden sich in diesem Fall zur selben Zeit am selben Ort. Die Elektrofachkraft berührt mit den Fingern direkt die spannungsführende Kontaktstelle. Es kommt trotzdem nicht zu einem Unfall. Vorliegende Verletzungen der Hornschicht an den Fingerkuppen oder eine feuchte, aufgeweichte Haut wären nach den heute gültigen Modellvorstellungen unfallbegünstigende Bedingungen, die dazu führen können, dass die Elektrofachkraft bei einer solchen „Handhabung“ verletzt oder sogar getötet werden kann.

   Erfahrene Elektrofachkräfte wissen genau, dass schon eine kleine Verletzung der Hornhautschicht oder eine durch Feuchtigkeit verursachte Aufweichung der Haut in der gleichen Situation zu schweren Verletzungen führen kann und unterlassen solche „Scherze“ grundsätzlich.

05. Wie werden Gefährdungen klassifiziert?

Die Definition des Begriffs Gefahr als Synonym für Energie führt dazu, dass es genau so viele verschiedene Formen der Gefahr gibt wie es Energieformen gibt. *Die Gefährdung wird durch die Form der Gefahr maßgeblich bestimmt.*

Meist werden die Gefährdungen daher nach den wirkenden Energien (Gefahren) klassifiziert (vgl. Überblick, nächste Seite).

Klassifizierung der Gefährdungen

1. **Mechanische Gefährdungen durch**
   - 1.1 bewegte Teile
   - 1.2 Teile mit gefährlichen Oberflächen
   - 1.3 bewegte Transport- und Arbeitsmittel
   - 1.4 unkontrolliert bewegte Teile
   - 1.5 Stolpern, Rutschen, Stürzen
   - 1.6 Absturz

2. **Elektrische Gefährdungen durch**
   - 2.1 Körperdurchströmung
   - 2.2 Lichtbögen

3. **Gefährdungen durch Stoffe durch**
   - 3.1 Gase
   - 3.2 Dämpfe
   - 3.3 Aerosole
   - 3.4 Flüssigkeiten
   - 3.5 Feststoffe
   - 3.6 durchgehende Reaktionen

4. **Biologische Gefährdungen durch**
   - 4.1 durch Mikroorganismen, Viren oder biologische Arbeitsstoffe
   - 4.2 durch gentechnisch veränderte Organismen
   - 4.3 durch allergene und toxische Stoffe von Mikroorganismen u. Ä.

5. **Brand- und Explosionsgefährdungen durch**
   - 5.1 Feststoffe, Flüssigkeiten, Gase
   - 5.2 explosionsfähige Atmosphäre
   - 5.3 den Umgang mit Explosivstoffen
   - 5.4 elektrostatische Aufladung

6. **Thermische Gefährdungen durch**
   - 6.1 Kontakt mit heißen Medien
   - 6.2 Kontakt mit kalten Medien

7. **Physikalische Gefährdungen durch**
   - 7.1 Lärm
   - 7.2 Ultraschall
   - 7.3 Ganzkörperschwingungen
   - 7.4 Hand-Arm-Schwingungen
   - 7.5 nichtionisierende Strahlung
   - 7.6 ionisierende Strahlung
   - 7.7 elektromagnetische Felder
   - 7.8 Arbeiten in Unter- oder Überdruck

8. **Gefährdungen in der Arbeitsumgebung**
   - 8.1 Klima
   - 8.2 Beleuchtung
   - 8.3 Raumbedarf/Verkehrswege

9. **Gefährdungen durch physische Belastungen, Arbeitsschwere, Ergonomie**
   - 9.1 Schwere körperliche Arbeit
   - 9.2 Einseitige belastende Arbeit
   - 9.3 Ergonomische Gestaltungsmängel
   - 9.4 Bildschirmarbeit

10. **Gefährdungen durch Organisationsmängel im Erste-Hilfe-Bereich, beim Brandschutz, bei Notfallmaßnahmen**
    - 10.1 Technische und organisatorische Anforderungen
    - 10.2 Notfallmaterial
    - 10.3 Personal

11. **Psychische Belastungen**
    - 11.1 Über-/Unterforderung
    - 11.2 Handlungsspielraum, Verantwortung
    - 11.3 Sozialbedingungen
    - 11.4 Arbeitszeitregelungen

12. **Gefährdungen durch mangelhafte Organisation, Information und Kooperation**
    - 12.1 Persönliche Schutzausrüstung
    - 12.2 Unterweisung
    - 12.3 Betriebsanweisungen
    - 12.4 Überwachung von Prüfpflichten
    - 12.5 Koordination von Arbeiten
    - 12.6 Anschaffung von Arbeitsmitteln
    - 12.7 Sicherstellung der Fort- und Weiterbildung

13. **Sonstige Gefährdungen und Belastungen durch**
    - 13.1 Menschen
    - 13.2 Tiere
    - 13.3 Pflanzen und pflanzliche Produkte

Die dargestellte Gliederung nach Gefährdungsfaktoren ist sehr weit gefasst; trotzdem kann sie keinen Anspruch auf Vollständigkeit erheben. Man erkennt, dass neben dem Begriff der klassischen *Gefährdung* auch der Begriff *Belastung* eingeführt wurde.

Gefährdungen durch physische Belastungen folgen dem Gefahr-Energie-Modell noch recht gut. Bei psychischen Belastungen des arbeitenden Menschen versagt dieses Modell. Trotzdem erzeugen die psychischen Belastungen des Menschen am Arbeitsplatz eine ganze Reihe von Gefährdungen, die in der modernen Wirtschaftswelt mehr und mehr Beachtung finden.

Gesundheitsstörungen als Folge psychischer Belastungen am Arbeitsplatz haben in der modernen Industrie eine Dimension erreicht, die von hoher wirtschaftlicher Bedeutung ist.

06. Wie werden Gefährdungen bewertet?

→ Handlungsschritt 2

Das Bewerten einer identifizierten Gefährdung ist unerlässlich. Nur so kann eine richtige und wirksame Schutzmaßnahme ausgewählt werden. Um eine Gefährdung umfassend bewerten zu können, ist es notwendig, dass man das Risiko so genau wie erforderlich beurteilen kann. Der Begriff Risiko stammt aus dem Italienischen (risco, risico) und bedeutete ursprünglich eine „Klippe, die zu umschiffen ist" oder ein Wagnis. Heute gilt der Begriff als Darstellung der Möglichkeit, dass ein Ereignis, eine Handlung bzw. Aktivität einen körperlichen oder materiellen Verlust zur Folge hat.

Das Risiko ist eine Funktion der Größen Schadensausmaß und Wahrscheinlichkeit des Eintritts des Schadens.

Risiko	= f (Schadensausmaß, Wahrscheinlichkeit des Schadenseintritts)

Die Größen Schadensausmaß und Wahrscheinlichkeit des Schadenseintritts werden oft als *Risikoelemente* bezeichnet. Die Risikoelemente werden über die Gleichung

Risiko	= Schadensausmaß · Wahrscheinlichkeit des Schadenseintritts
R	**= S · W**

in Beziehung gesetzt. Das Risiko ist umso größer, je größer das mögliche Schadensmaß und je größer die Wahrscheinlichkeit des Schadenseintritts ist.

Das *Bewerten des Risikos* von Gefährdungssituationen ist in den meisten Praxisfällen *ein rein subjektiver Vorgang.* Er hängt maßgeblich von den Erfahrungen der Personen ab, die diese Bewertung vornehmen. Insofern reicht die Bandbreite bei der Bewertung von *Abschätzen bis hin zu komplizierten Berechnungsverfahren.* Es gibt verschiedene Methoden, diesen subjektiven Prozess tendenziell zu objektivieren. Dazu werden z. B. Kennzahlen zu Grunde gelegt, mit denen man das Risiko berechnen kann:

Kennzahlen zur Risikobewertung			
Häufigkeit der Gefährdungsexposition	**Dauer der Gefährdungsexposition**	**Eintrittswahrscheinlichkeit des Gefährdungsereignisses**	**Möglichkeiten zur Vermeidung oder Begrenzung des Schadens**

Eine allgemein akzeptierte Methode zur Bewertung von Risiken ist beispielsweise die Risikoeinschätzung nach der Norm DIN EN 1050. Sie nimmt die vorstehend beschriebenen Risikoelemente auf und führt sie mit weiteren *Faktoren* zusammen:

- Exponierte Personen/Gruppen
- Art, Häufigkeit, Dauer der Exposition
- Zusammenhang von Gefährdungsexposition und Auswirkungen
- Menschliche Faktoren
- Zuverlässigkeit von Schutzfunktionen
- Möglichkeit zur Ausschaltung oder Umgehung von Schutzfunktionen
- Erhaltung von Schutzmaßnahmen

Die Methode der Risikobewertung nach DIN EN 1050 basiert auf *Wichtungszahlen* (WZ) für die Risikoelemente, aus denen sich nach mathematischer Verknüpfung eine Risikozahl ergibt.

Wichtungszahlen für das Risikoelement ...			
... Schadensausmaß (S)		**... Wahrscheinlichkeit (W)**	
Ausmaß des Schadens	**WZ**	**Betrachtungselement**	**WZ**
S 1 = keine Folgen	1	Häufigkeit und Dauer der Gefährdungen (W_1): W 1 = selten W 2 = häufig (mehr als 1 x pro Schicht)	1 2
S 2 = Bagatellfolgen	2 - 3[1]	Eintrittswahrscheinlichkeit (W_2): W 3 = gering (kaum möglich) W 4 = mittel W 5 = groß, sehr wahrscheinlich	1 3 5
S 3 = schwere Folgen, ohne Dauerschäden	4 - 6[1]	Möglichkeit der Vermeidung des Schadens durch die gefährdete Person (W_3): W 6 = möglich W 7 = möglich unter bestimmten Bedingungen W 8 = unmöglich	1 2 3
S 4 = schwere Folgen, mit Dauerschäden	7 - 8[1]		
S 5 = Tödliche Folgen	9 - 10[1]		

Eingesetzt in die Formel

Risiko	= Schadensausmaß · Wahrscheinlichkeit des Schadenseintritts
R	**= S · W**

ergibt sich – bei Verwendung der jeweils höchstmöglichen Wichtungszahlen – die Risikozahl

R	$= 10 \cdot (2 + 5 + 3)$
	$= 100$

als höchste mögliche Risikozahl.

Beispiel:
Eine Maschine wird von einer Bedienperson bedient. Die Bedienperson muss mehr als einmal in einen abgegrenzten Bereich der Maschine hineingehen, in dem ungesicherte Quetsch- und Scherstellen wirken. Die Berechnung der Risikozahl ergibt sich aus folgenden Einzelwerten:

[1] Ist mehr als eine Person gefährdet, wird die höhere Wichtungszahl (WZ) verwendet.

Schadensausmaß	Wichtungszahl 8	weil schwere Verletzungen möglich sind
Eintritts-wahrscheinlichkeit	Wichtungszahl 2	für häufigen Zutritt
	Wichtungszahl 3	für mögliche Verletzungen
	Wichtungszahl 3	für Unmöglichkeit der Gefahrenabwehr

Daraus folgt:

R	$= 8 \cdot (2 + 3 + 3)$
	$= 64$

Die ermittelte Risikozahl beträgt in diesem Beispiel 64.

Aufgrund des ermittelten Wertes „64" lässt sich das Risiko mithilfe folgender Tabelle (Risikokategorien) bewerten:

Risikokategorien			
Risikozahl	0 - 24	25 - 42	43 - 100
Risikobewertung	geringes Risiko	mittleres Risiko	hohes Risiko

Mit der Risikozahl 64 aus dem Beispiel ist also ein hohes Risiko verbunden.

Die Methode der Risikobewertung nach DIN EN 1050 wird sehr häufig verwendet, um *Sicherheitskonzepte* für Maschinen und Anlagen zu erarbeiten. Bei Anwendung der harmonisierten Europanorm DIN EN ISO 12100 Teil 1 auf die Ergebnisse einer Risikobewertung nach DIN EN 1050 ist es möglich, geeignete Schutzmaßnahmen festzulegen (vgl. dazu die Auswahlhinweise in Teil 2 der DIN EN ISO 12100 „Sicherheit von Maschinen-, Grundbegriffe, allgemeine Gestaltungsleitsätze").

07. Wie werden Risikoeinschätzungen für sicherheitsbezogene Teile von Maschinensteuerungen durchgeführt?

Risikoeinschätzungen für sicherheitsbezogene Teile von Maschinensteuerungen werden häufig nach der harmonisierten europäischen Norm DIN EN ISO 13849 durchgeführt. Diese Norm enthält einen so genannten *Risikographen,* mit dessen Hilfe Risiken eingeschätzt werden können. Aus der Risikobewertung ergibt sich anhand des Risikographen die erforderliche *Sicherheitskategorie der Maschinensteuerung.* Auch diese Norm dient in der Praxis vornehmlich dem *Hersteller* von Maschinen/Anlagen.

Häufig muss aber auch der Industriemeister „auf der Herstellerseite tätig werden", wenn er in seiner Firma an der Konzeption oder Einrichtung einer Selbstbaumaschine beteiligt wird. In der Regel wird das Sicherheitskonzept einer Maschine von ingenieurtechnischem Personal entworfen.

Maschinenhersteller (Übersicht)	
Hersteller im eigentlichen Sinne	**Betreiber, der wie ein „Hersteller" tätig wird**
ist derjenige, der die Verantwortung für den Entwurf und die Herstellung einer Maschine trägt, die in seinem Namen im EWR in Verkehr gebracht werden soll.	ist derjenige, der in eigener Verantwortung Maschinen für den Eigengebrauch herstellt, Maschinen miteinander verkettet, unfertig gelieferte Maschinen komplettiert oder Maschinen umbaut und dabei wesentlich verändert.

Die Details in der Ausführung verlangen jedoch auch von den ausführenden Meistern grundlegende Kenntnisse der Erarbeitung und Umsetzung von Sicherheitskonzepten. Nicht immer vereinen die angewendeten Schutzmaßnahmen gleichzeitig die Aspekte Sicherheit, gute Bedienbarkeit, einwandfreie Funktion und Wirtschaftlichkeit der Maschinen. In der Folge ist dann der Industriemeister mit den Problemen dieser Maschinen konfrontiert, da er laufende Störungen beseitigen muss.

Risikograph zur Risikoeinschätzung und Auswahl der Kategorien für sicherheitsbezogene Teile von Steuerungen gemäß DIN EN ISO 13849:

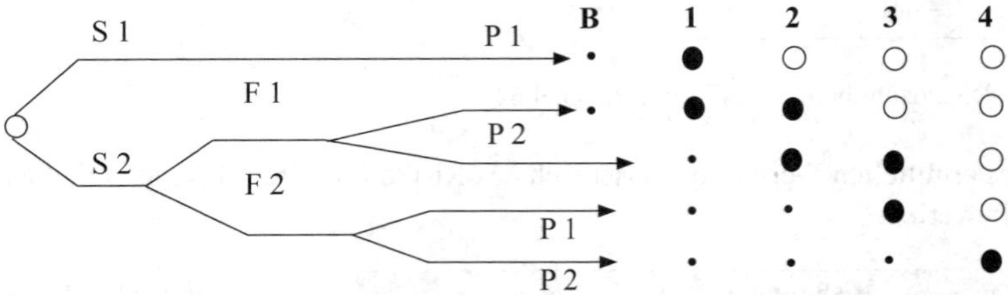

S = Schwere der Verletzung
- S 1 = leichte Verletzung (reversibel)
- S 2 = schwere Verletzung (irreversibel oder Tod)

F = Häufigkeit der Gefährdungsexposition
- F 1 = selten, kurze Dauer
- F 2 = häufig, lange Dauer

P = Möglichkeiten zur Vermeidung der Gefährdung
- P 1 = unter best. Bedingungen möglich
- P 2 = kaum möglich

Kategorien
- ● = bevorzugte Kategorie
- • = Kategorie möglich, aber zusätzliche Maßnahmen erforderlich
- ⌖ = überdimensionierte Kategorie

Beispiel:
Eine Presse der Metallverarbeitung benötigt eine Steuerung. An der Presse sollen Einlegearbeiten von Hand erfolgen.

Ergebnis der Risikoeinschätzung (Beispiel)			
Schwere der Verletzung	Finger- oder Handverletzung möglich	S 2	Aus dem Risikographen ergibt sich die **Steuerungskategorie 4** (höchste Sicherheitsanforderungen, aufwändige Gestaltung)
Häufigkeit der Aufenthaltsdauer	häufig, sehr oft in der Arbeitsschicht	F 2	
Möglichkeit zur Vermeidung	unmöglich an einer Presse, Gefahr bringende Bewegung bei jedem Pressenhub	P 2	

Die Anforderungen an die einzelnen Kategorien sind in DIN EN ISO 13849 enthalten und durch Beschreibung des Systemverhaltens und der Prinzipien ergänzt.

08. Welche Aussagekraft hat das definierte Grenzrisiko?

Der Leser wird bei der Lektüre der vorangegangenen Abschnitte festgestellt haben, dass die Risikobewertung zwar tendenziell objektivierbar ist, aber dennoch subjektiven Bewertungen unterliegt und daher maßgeblich von den persönlichen Erfahrungen der Mitarbeiter bestimmt wird, die eine Risikobeurteilung durchführen.

Ein vollständiger Ausschluss bestimmter Risiken ist aufgrund technischer, wissenschaftlicher und wirtschaftlicher Grenzen nicht möglich. Es ist daher notwendig, *ein Risiko festzulegen, das toleriert werden kann.* Dieses so genannte *Grenzrisiko* bestimmt, ob (weitere) Maßnahmen zur Risikoreduzierung notwendig sind oder nicht.

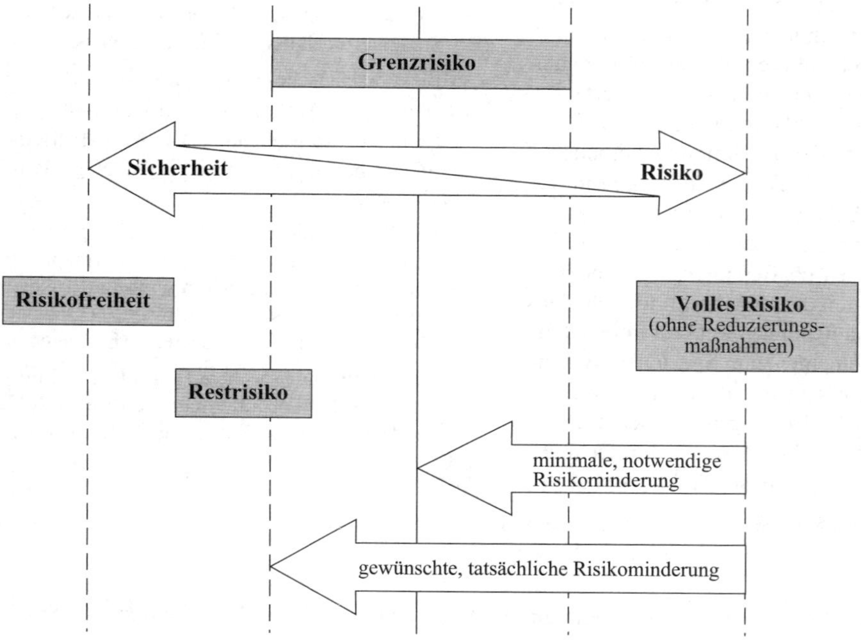

Liegt das real existierende Risiko über dem definierten Grenzrisiko, so müssen (weitere) Maßnahmen zur Risikoreduzierung getroffen werden.

In jedem Fall muss ein Risikomaß unter dem definierten vertretbaren Grenzrisiko realisiert werden.

09. Welche Schutzmaßnahmen sind festzulegen? **→ Handlungsschritt 3**

Nach der Bewertung des Risikos sind entsprechende Schutzmaßnahmen zu treffen, damit das gewünschte, angestrebte Risikomaß mit einem (noch) vertretbaren Restrisiko erreicht wird (vgl. dazu die Verpflichtung des Arbeitgebers nach § 4 ArbSchG; siehe 2.3.2.1/Frage 01.).

Welche Schutzmaßnahmen ergriffen werden können und welche geeignet sind, ergibt sich zum Teil unmittelbar aus den Erfahrungswerten der handelnden Personen. Insofern ist es vorteilhaft, die Ermittlung geeigneter Schutzmaßnahmen als Teamarbeit durchzuführen. Weiterhin sollte der Industriemeister sein gesamtes erlerntes Repertoire der klassischen Schutzmaßnahmen und der bewährten Sicherheitstechniken der Elektrotechnik zum Einsatz bringen. Außerdem sollte er die Vielzahl der Arbeitsunterlagen der gewerblichen Berufsgenossenschaften intensiv nutzen. Die Arbeitshilfen der BGn bauen im Schwierigkeitsgrad aufeinander auf und führen dabei vom Allgemeinen zum Speziellen. Besonderes interessant sind dabei die Veröffentlichungen der Berufsgenossenschaft für Feinmechanik, Textil und Elektrotechnik (ein Internetupdate ist ständig möglich).

Übersicht: Risikobeurteilung und Schutzmaßnahmen (Beispiele für Arbeitshilfen und Fundstellen)

- Erfahrungswerte der handelnden Personen
- Klassische Schutzmaßnahmen und bewährte Sicherheitstechniken der Elektrotechnik
- Elektrotechnisches Regelwerk (vgl. 2.3.4)
- UVVn und Arbeitsunterlagen der gewerblichen Berufsgenossenschaften (DGUV, BGR, BGI, BGG, Checklisten, Gefährdungskataloge, Praxislösungen)
- Veröffentlichungen der BG für Feinmechanik, Textil und Elektrotechnik (z. B. Informationsschrift „Gefährdungsbeurteilung und Belastungen am Arbeitsplatz", Software zur Gefährdungsbeurteilung: „Praxisgerechte Lösungen")
- Veröffentlichung „Sichere Maschinen in Europa, Teil 3, Risikobeurteilung" von Herrn Rolf Reudenbach, Verlag Technik und Information.

Vgl. dazu ausführlich unter Ziffer 2.3.4 Überprüfung der Schutzmaßnahmen.

10. Wie ist die Wirksamkeit der Schutzmaßnahmen zu überprüfen? → Handlungsschritt 4

Der Prozess der Gefährdungsbeurteilung ist mit der Festlegung bzw. Installation von Schutzmaßnahmen nicht abgeschlossen. Die Wirksamkeit der Maßnahmen muss natürlich überprüft werden. Nur so lässt sich feststellen, ob die ermittelten Gefährdungen durch die gewählten Schutzmaßnahmen soweit minimiert worden sind, dass genau das Restrisiko erreicht wurde, das mit den gewählten Maßnahmen realisiert werden sollte.

Im schlechtesten Fall ist es sogar möglich, dass durch die ausgewählten Maßnahmen neue oder zusätzliche Gefährdungen geschaffen werden. Hier muss sehr häufig eine andere Schutzmaßnahme gewählt werden. Denkbar wäre auch die Variante, die neu geschaffene Gefährdung ebenfalls mit Schutzmaßnahmen zu minimieren. In der Regel ist dies jedoch als sehr unvernünftig abzulehnen.

Beispiel:
In Betrieben der Schwerindustrie wird in den Werkhallen häufig mit großen Brückenkranen hoher Tragfähigkeit gearbeitet. Die Kabinen für den Kranführer, aber auch die Kranbrücken und die Laufkatzen der Krane, sind für das Bedienpersonal aber auch das Instandhaltungspersonal über Kranbahnlaufstege erreichbar. Die Kranbahnlaufstege besitzen im Allgemeinen keine Absturzsicherung zur Halle hin. Die Verantwortlichen der Betriebe erkannten das häufig (auch sehr richtig) als eine *Absturzgefährdung.* In der Folge wurden als Maßnahme zwischen Laufsteg und Kranbahnschienen Geländer angebracht. Da-

mit wurde dann die Absturzgefährdung gebannt, aber unbemerkt eine neue Gefährdung geschaffen: Zwischen den Stützen des Geländers entstehen in diesem Fall sehr gefährliche Quetschstellen zwischen den Kopfträgern des Krans und den Geländerstützen. Häufig geben die Aufsichtsbehörden in solchen Fällen den Unternehmen auf, die Geländer wieder zu entfernen. Das ist natürlich für die Betriebe sehr teuer und unangenehm. Die Maßnahme „Geländer" zur Verhinderung von Absturzunfällen ist hier also die falsche Lösung. Der Fehler tritt regelmäßig auf. Der zu erwartende Grad der Verletzung wurde zwar richtig eingeschätzt, nicht aber die Häufigkeit, in der solche Verletzungen überhaupt vorkommen.

Extrem schwere und tödliche Verletzungen durch Quetschstellen kommen in der Industrie sehr häufig vor, Abstürze von Kranbedienpersonal von Kranbahnlaufstegen sehr selten. Insofern ist die Absturzgefahr der Quetschgefahr nachrangig und das Geländer zur Halleninnenseite ist in der betrieblichen Praxis vollständig entbehrlich.

Das Beispiel zeigt, dass in die Überlegungen zur Maßnahmenfindung viel Denkarbeit investiert werden sollte und es sehr wohl dringend notwendig ist, die Wirksamkeit der Maßnahmen zu prüfen. Welchen Zeitraum man am günstigsten nach Treffen der Maßnahmen verstreichen lässt, um die Wirksamkeit zu prüfen, hängt vom konkreten Einzelfall ab. Es gibt keine einheitliche Regelung. Man muss also für jeden Einzelfall prüfen, welcher Zeitraum angemessen ist.

11. Wie sind Veränderungen zu ermitteln?

→ Handlungsschritt 5

Die Bedingungen in Industrieunternehmen verändern sich laufend, z. B.

- werden neue Arbeitsmittel beschafft und geänderte Arbeitsstoffe verwendet
- Arbeitsverfahren sowie Arbeits- und Verkehrsbereiche verändert
- Tätigkeitsabläufe umgestellt.

Auch außerhalb des Unternehmens ändern sich z. B. Gesetze und Verordnungen sowie der Stand der Technik. *In jedem dieser Fälle ist eine Überarbeitung der Gefährdungsbeurteilung notwendig.* Modern geführte Industriebetriebe besitzen eine Organisationsstruktur (z. B. Arbeitsschutzmanagementsysteme), die all diese Veränderungen erfasst und die notwendigen Schritte der Gefährdungsbeurteilung initiiert und z. T. auch begleitet.

12. Wie ist die Gefährdungsbeurteilung zu dokumentieren?

→ Handlungsschritt 6

§ 6 des Arbeitsschutzgesetzes verlangt eine Dokumentation der Gefährdungsbeurteilung. Inhaltlich müssen in dieser (mitlaufenden) Dokumentation enthalten sein:

- Ergebnis der (direkten) Gefährdungsbeurteilung
- Maßnahmen
- Wirksamkeitskontrolle in Bezug auf die Maßnahmen
- Unfälle im Betrieb, bei denen ein Mitarbeiter so verletzt wurde, dass er mehr als drei Kalendertage arbeitsunfähig ist oder so schwer verletzt wird, dass er stirbt (indirekte Gefährdungsbeurteilung).

Es gibt keine vom Gesetzgeber vorgeschriebene Form für die Gefährdungsbeurteilung. Es ist dem Arbeitgeber selbst überlassen, wie er diese Dokumentation gestaltet.

Moderne Industrieunternehmen führen die Dokumentation häufig mithilfe der EDV durch. Auf diese Weise kann ein akzeptabler, zeitlicher Aufwand sichergestellt werden. Die Berufsgenossenschaften halten unterschiedliche Hilfen in Form von Software zur Unterstützung der betrieblichen Gefährdungsbeurteilung bereit und stellen diese ihren Mitgliedsunternehmen gerne zur Verfügung (www.bghm.de).

13. Mit welchen Maßnahmen ist dem Restrisiko zu begegnen?

Mit der Anwendung von Schutzmaßnahmen wird die gewünschte Risikominderung so eingestellt, dass ein akzeptables Restrisiko erreicht wird.

Die Rangfolge der Schutzmaßnahmen misst sich am Grad ihrer Wirksamkeit. Diese ist immer dann am höchsten, wenn keine Abhängigkeit vom Wissen, Wollen oder Handeln der Mitarbeiter vorliegt.

Daher sind die *technischen Maßnahmen* stets die wirksamsten. Organisatorische Schutzmaßnahmen sind den technischen Schutzmaßnahmen nachrangig, personelle Maßnahmen wiederum den organisatorischen. Die Rangfolge der Wirksamkeit von Schutzmaßnahmen lässt sich daher gut als Buchstabenfolge T-O-P einprägen.

T
O
P

Ein Restrisiko verbleibt bei fast jedem Fertigungsprozess. Insofern muss dafür gesorgt werden, dass die Arbeitnehmer die bestehenden Restrisiken gut kennen und ihr Verhalten den Gefahren am Arbeitsplatz entsprechend so einrichten, *dass die Restrisiken keine Körperschäden hervorrufen können:*

- Ergänzenden Schutz vor bestehenden Restrisiken liefern persönliche Schutzausrüstungen (PSA: vgl. ausführlich unter 5.5.2).
- Die berufsgenossenschaftlichen, aber auch die staatlichen Gesetzes- und Regelwerke verpflichten den Arbeitgeber dazu, die Mitarbeiter regelmäßig zu unterweisen. Bei einer ganzen Reihe von speziellen Anlagen, Maschinen, Prozessen, Fertigungen sowie für die Be- und Verarbeitung von Stoffen mit gefährlichen Eigenschaften muss der Arbeitgeber *schriftliche Betriebsanweisungen erlassen* und die Mitarbeiter damit vertraut machen. Betriebsanweisungen werden im Rahmen von Unterweisungen bekannt gemacht und müssen den Mitarbeitern in verständlicher Form am Arbeitsplatz zur Verfügung stehen (vgl. ausführlich unter 5.4.2).

2.3.3 Planung von Prüfungen an Geräten, Maschinen und Anlagen

2.3.3.1 Gefährdungen durch elektrischen Strom (Erkenntnisse, Rechtsgrundlagen)

01. Welche zentralen Bestimmungen enthält die BetrSichV über die Prüfung der Arbeitsmittel?

§ 3 Abs. 3	Der Gesetzgeber gibt dem Arbeitgeber mit § 3 (3) der Betriebssicherheitsverordnung auf, für alle Arbeitsmittel, Art, Umfang und Fristen erforderlicher Prüfungen zu ermitteln. Dem Ergebnis seiner Ermittlungen folgend, muss er Personen, die über die notwendigen Voraussetzungen verfügen, mit der Prüfung bzw. Erprobung der Arbeitsmittel beauftragen.

§ 10 Abs. 2	der Betriebssicherheitsverordnung regelt Prüfungen und Überprüfungen von Arbeitsmitteln, die Schäden verursachenden Einflüssen unterliegen, die wiederum zu gefährlichen Situationen beim Betrieb bzw. bei der Benutzung/Handhabung führen können.
	Prüfungen und Überprüfungen haben das Ziel, Schäden rechtzeitig zu entdecken und zeitnah zu beheben, so dass stets ein sicherer Betrieb gewährleistet ist. Dabei wird die Bezeichnung *Prüfung* für in regelmäßigen Abständen durchgeführte zielgerichtete Inspektionen benutzt.
	Die Bezeichnung *Überprüfung* verwendet man eher für Prüfungen von Arbeitsmitteln nach außergewöhnlichen Ereignissen. Dazu zählen z. B. Veränderungen am Arbeitsmittel, Unfälle, sehr lange Zeiten, in denen das Arbeitsmittel nicht benutzt wurde oder Naturereignisse, die das Arbeitsmittel nachhaltig so beeinflusst haben, dass der sichere Betrieb beeinträchtigt sein könnte.

§ 10 Abs. 3	bestimmt, dass Arbeitsmittel nach Instandsetzungsarbeiten, die die Sicherheit beeinträchtigen können, geprüft werden müssen. Alle Prüfungen müssen den Ergebnissen der Gefährdungsbeurteilung entsprechen.

§ 11	legt fest, dass die Ergebnisse der Prüfungen aufgezeichnet werden müssen.

Handelt es sich bei den Arbeitsmitteln um überwachungsbedürftige Anlagen, verschärfen sich die Anforderungen an Prüfungsumfang, Gestaltung sowie Inhalt der Dokumentation und natürlich an den Prüfer.

02. Welche Arten von Elektrounfällen gibt es?

Gemäß der Regel „Gefahr = Energie" sind die maßgeblichen elektrischen Größen bei einem Elektrounfall

- die *Spannung am Unfallort*
- *Gleichstrom, Wechselstrom*
- *Frequenz des Wechselstroms*
- *Widerstand des Körpers* bzw. einzelner Körperteile (Körperbau, Hautbeschaffenheit, nass, trocken)

- *Dauer der Körperdurchströmung*
- *Weg des elektrischen Stroms* (Herz einbezogen oder nicht).

Die wesentlichen Arten von Elektrounfällen sind:

Unfälle mit Körperdurchströmung	(auch: elektrischer Schlag) sind die häufigste Art der Elektrounfälle.
Lichtbogenunfälle	werden häufig beim Arbeiten an unter Spannung stehenden Teilen verursacht. Lichtbögen entstehen z. B. bei Kurzschlüssen, die bei elektrotechnischen Arbeiten meist ungewollt herbeigeführt werden. Im Kurzschlusslichtbogen werden Temperaturen über 4.000 °C erreicht. Es verdampfen im Kurzschlusslichtbogen sogar Metallteile.
	Augenverletzungen, Verblitzen der Augen, Hautschädigungen durch die UV-Strahlung des Lichtbogens sowie z. T. schwere Hautverbrennungen sind die zu erwartenden Unfallverletzungen.
Sekundärunfälle	Als Sekundärwirkungen bezeichnet man Folgen von Elektrounfällen, die nicht direkte Folgen einer Körperdurchströmung oder Lichtbogeneinwirkung sind. Die Unfallfolge ist dabei eine indirekte. Zum Beispiel führen leichte Stromschläge zu unkontrollierten Bewegungen und können dann z. B. Stürze von Leitern auslösen.

03. Welche organischen Schäden können bei der Körperdurchströmung entstehen?

Fließt ein genügend hoher Strom durch den menschlichen Körper, ist mit einer ganzen Reihe von Körperschäden zu rechnen, die im Einzelfall jeweils einzeln für sich oder auch in Kombination miteinander entstehen können:

Haut- und Gewebeschädigungen	Störungen der Herztätigkeit	Störungen des Nervensystems
• Strommarken an den Ein- und Austrittsstellen des elektrischen Stroms • Verbrennungen und z. T. Verkochungen des Gewebes	• Kammerflimmern • Herzstillstand	• Krämpfe der Muskulatur, „Hängenbleiben an der Leitung“, Krämpfe der Atemmuskulatur • Hirnödeme, Lähmungen

Bei Wechselstrom verkrampfen Muskeln, wenn Stromstärken ab etwa 0,01 A oder 10 mA fließen. *Ab 20 mA ist ein selbsttätiges Loslassen kaum noch möglich.* Erreicht die Stromstärke die so genannte *Loslassgrenze,* ist der Betroffene nicht mehr in der Lage loszulassen, d. h. er „bleibt kleben“. Dies liegt daran, dass die Muskeln der Hände verkrampfen. Die Beugemuskeln, die das Schließen der Hand bewirken, sind von Natur aus sehr viel stärker als die Streckmuskeln und auf diese Weise ist es nicht mehr möglich, die Hand zu öffnen.

Bei einer Betriebsspannung von 230 V fließt beim Menschen nach der Beziehung $I = \frac{U}{R}$ ein Strom von etwa 230 mA. Das ist das 23-fache der Stromstärke, ab der mit Muskelverkrampfungen gerechnet werden muss.

Ab 80 mA muss sogar mit dem sog. Herzkammerflimmern gerechnet werden. Es besteht akute Lebensgefahr, weil das menschliche Herz seiner Pumpfunktion in diesem Fall nicht mehr nachkommen kann. Gleichzeitig muss mit Lähmung der Atemmuskulatur gerechnet werden.

Der Stromfluss durch den menschlichen Körper ist von der anliegenden Spannung, die den Strom durch den Körper treibt und dem Widerstand des menschlichen Körpers abhängig.

Der elektrische Widerstand des Menschen wird u. a. vom Stromweg durch den Körper, vom Zustand der Haut (trocken, feucht, unverletzt, verletzt) und von der Frequenz bestimmt.

Abb: Nur unbeschädigtes, trockenes Schuhwerk mit Gummisohle isoliert Füße ausreichend gegen eine leitfähige Standfläche

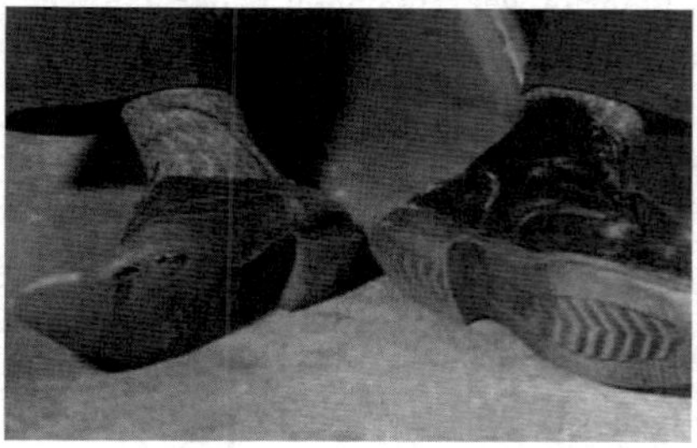

Bei einem Wechselstrom von 230 V bei 50 Hz ergibt sich als *Widerstand*[1] bei

Längsdurchströmung		**Querdurchströmung**		**Teildurchströmung**	
Hand/Fuß	1.000 Ω	Hand/Rumpf	1.000 Ω	Hand/Rumpf	500 Ω
Hand/beide Füße	750 Ω			beide Hände/Rumpf	250 Ω
beide Hände/beide Füße	500 Ω				

- Beim Weg des Stromes durch den Körper hängt die Schwere der Verletzung davon ab, wie hoch der Anteil des Stroms ist, der durch das Herz oder/und die Atemmuskulatur fließt. Stromstärke und Einwirkdauer sind dafür ausschlaggebend, wie stark die Atmung bzw. die Herztätigkeit beeinträchtigt werden.
- Gleichzeitig ist von hoher Bedeutung, wie lange der Stromfluß durch den Körper andauert. Bei sehr geringen Einwirkzeiten verursachen z. B. vergleichsweise hohe Stromstärken häufig nur geringe oder keine schädlichen Wirkungen. Stromstärken über 500 mA können jedoch auch schon bei sehr kurzen Einwirkzeiten zum Tode führen.
- Auch Gleichstrom ist gefährlich. Seine physiologischen Wirkungen sind lediglich bei gleicher Stromstärke weniger stark als die des Wechselstroms.
- Weil ein Stromfluss nur in einem geschlossenen Stromkreis erfolgen kann, besteht für den Menschen immer dann Gefahr, wenn er selbst durch Körperberührung in den Stromkreis einbezogen ist.

Der „Einbau“ des Menschen in einen geschlossenen Stromkreis ist auf verschiedene Art und Weise möglich:

- Der Strom kann auf verschiedenen Wegen abhängig vom Verteilungssystem (TN, TT, IT-System) von Außenleitern über den Körper zur Erde fließen. Ein Stromfluss über den menschlichen Körper ist auch bei der Berührung von zwei Außenleitern möglich. Er fließt dann über den Körper von Außenleiter zu Außenleiter.
- Häufig geschieht eine Einbindung des Körpers in einen Stromkreis auch beim indirekten Berühren eines schadhaften Betriebsmittels mit Isolationsfehler. Schwere Folgen können hier eintreten, wenn gleichzeitig der PE-Leiter eine Unterbrechung aufweist.

[1] Ca.-Angaben in Ω.

04. Welche Ursachen für Elektrounfälle bei Niederspannung sind vorherrschend?

Eine Arbeitsgruppe der Kommission Arbeitsschutz und Normung hat die Ursachen für Elektrounfälle in jüngster Vergangenheit näher untersucht, so dass sehr aktuelle Erkenntnisse vorliegen. Generell ergibt die Untersuchung folgendes Bild:

1. Unfälle mit Elektrohandwerkzeugen
Beim überwiegenden Teil aller Unfälle mit Elektrohandwerkzeugen waren Schäden oder Fehler am Werkzeug einschließlich seiner Zuleitung die Unfallursache.

2. Unfälle im Zusammenhang mit Installationsfehlern und Fehlern der Anschlussleitung
Die Unfälle traten ein, ohne dass das Elektrohandwerkzeug fehlerhaft war. Es handelte sich u. a. um Schutzleiterfehler und Isolationsfehler in Steckdosen, Isolations- oder Schutzleiterfehler in Verlängerungsleitungen, oder es wurden mit dem Werkzeug unter Spannung stehende Leitungen angebohrt, angesägt oder angeschliffen. Ein hoher Prozentsatz aller Schäden oder Fehler am Elektrohandwerkzeug waren Defekte an der Isolierung der beweglichen Anschlussleitung innerhalb der freien Leitungslänge und an der Kabeleinführung, am Knickschutz oder der Zugentlastung. Neben den Gerätefehlern sind auch Fehler in der festen Elektroinstallation, insbesondere schadhafte Steckdosen, nennenswert.

3. Unfälle durch Gerätefehler (Sachfehler)
Gerätefehler, die zu Unfällen führten, werden als Sachfehler bezeichnet. Gerätefehler und häufig auch Fehler in der festen Elektroinstallation, z. B. defekte Steckdosen, hätten jedoch von den Verunglückten vor der Benutzung durch einfache Sichtprüfung erkannt werden können. Eine wesentliche Unfallursache liegt also auch in der Unachtsamkeit und im Leichtsinn der Verunglückten begründet. Häufig stellen sie jedoch Führungsmängel der für die Arbeitssicherheit verantwortlichen Personen dar, da notwendige Prüfungen nicht oder zu selten veranlasst wurden.

4. Unfälle durch fehlerhafte Reparaturen
Die Untersuchung der Fehlerquellen ergab eine Häufung von fehlerhaften Reparaturen und Montagen vornehmlich in Steckern, Kupplungssteckdosen, Abzweigdosen, Steckdosen und an beweglichen Anschlussleitungen. Diese fehlerhaften Montagen und Reparaturen haben vorwiegend Laien durchgeführt. Hervorzuheben ist das Vertauschen der Leiter- mit den Schutzleiterkontakten und das Unterbrechen des Schutzleiters. Reparatur und Erweiterung vorhandener Anlagen und vor allem von beweglichen Betriebsmitteln sind ebenfalls Ursache für Unfälle.

Vergleiche zwischen regelmäßig und nicht regelmäßig geprüften elektrischen Anlagen und Betriebsmitteln haben ergeben, dass das Sicherheitsniveau derer, die keiner Prüfpflicht unterliegen, wesentlich schlechter ist.

05. Welche Arten von Isolationsfehlern (Schlussarten) werden nach DIN EN 50522 unterschieden?

Körperschluss ist eine durch einen Fehler entstandene leitende Verbindung zwischen Körpern und aktiven Teilen des Betriebsmittels.
Kurzschluss ist eine durch einen Fehler entstandene leitende Verbindung zwischen betriebsmäßig unter Spannung stehenden Leitern, wenn im Fehlerstromkreis kein Nutzwiderstand liegt.
Leiterschluss ist eine durch einen Fehler entstandene leitende Verbindung zwischen betriebsmäßig unter Spannung stehenden Teilen, wenn im Fehlerstromkreis ein Nutzwiderstand liegt.
Erdschluss ist eine durch einen Fehler entstandene leitende Verbindung eines Außenleiters oder eines betriebsmäßig isolierten Neutralleiters mit Erde oder geerdeten Teilen.

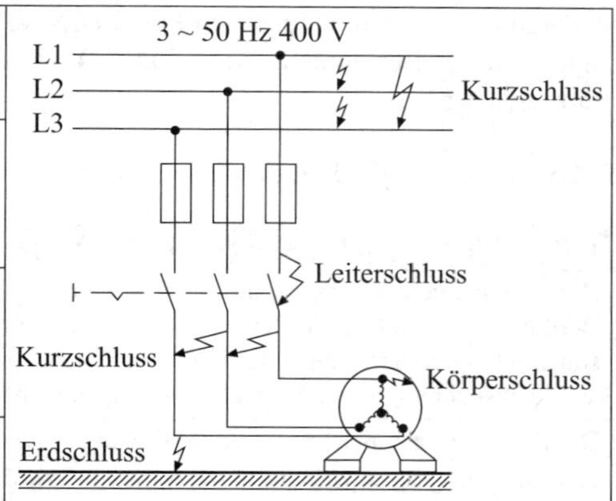

2.3.3.2 Schutzmaßnahmen

In diesem Abschnitt werden behandelt:

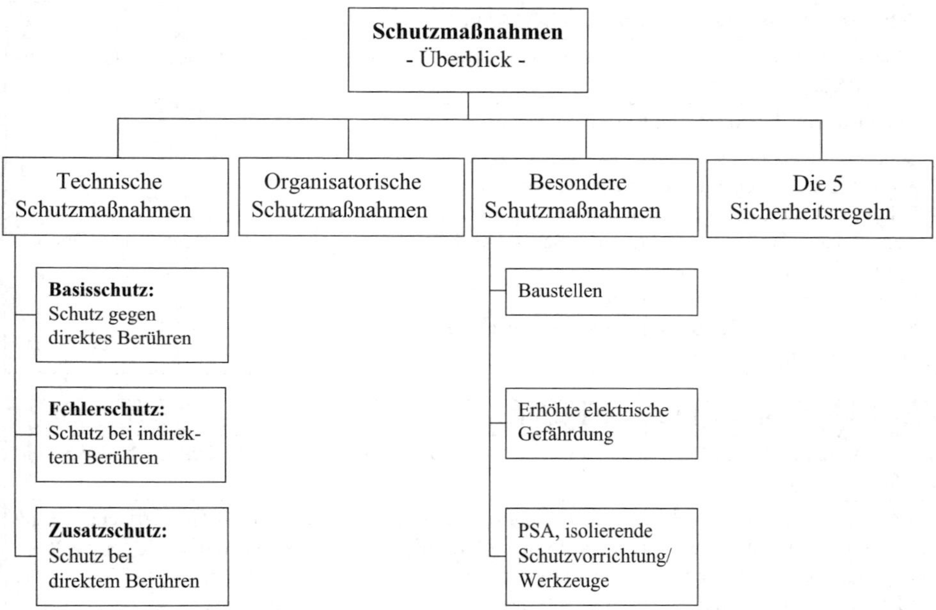

01. Welche technischen Schutzmaßnahmen muss der Industriemeister beherrschen?

Die grundlegenden Schutzmaßnahmen zum Schutz gegen gefährliche Körperströme sind Bestandteil der „Elektrotechnischen Regel DIN VDE 0100 - Teil 410". Diese VDE-Bestimmung trägt auch die Bezeichnung IEC 60364-4-41, sodass der Inhalt als international anerkannte Norm vorliegt.

Die Maßnahmen gliedern sich in

1. Basisschutz: Schutz gegen direktes Berühren
Die Maßnahmen des Basisschutzes zielen auf den Schutz vor Gefahren, die sich aus einer direkten Berührung von aktiven Teilen ergeben können, ab (Schutzarten IPxx). Sie stellen sicher, dass Personen oder Nutztiere aktive Teile mit einer Nennspannung von mehr als 25 V Wechselstrom bzw. 60 V Gleichspannung unter Normalbedingungen nicht berühren können.
Die Basisschutzmaßnahmen sind im Einzelnen: • Schutz durch Kleinspannung (ELV) – max. 50 V Wechselspannung oder 120 V Gleichstrom - Schutzkleinspannung (SELV) - Funktionskleinspannung mit sicherer Trennung (PELV) • Isolierung • Abdeckung • Umhüllung • Hindernisse • Abstand.

2. Fehlerschutz: Schutz bei indirektem Berühren
Der Fehlerschutz zielt auf den Schutz beim indirekten Berühren, also auf einen *Fehlerfall des Basisschutzes* (Schutzklassen I, II, III).
Die Schutzmaßnahmen sind im Einzelnen: • Schutzkleinspannung • automatische Abschaltung der Stromversorgung • Schutz durch Meldung (Isolationsüberwachung) • Verwendung von Betriebsmitteln der Schutzklasse II; die Betriebsmittel sind mit einem Doppelquadrat ⧈ gekennzeichnet. • Schutz durch nichtleitende Räume • Schutz durch erdfreien örtlichen Potenzialausgleich • Schutztrennung.

3. Zusatzschutz: Schutz bei direktem Berühren
Der Zusatzschutz zielt auf den Schutz bei direkter Berührung und sorgt für Sicherheit, falls der Fehlerschutz versagt.
Der Zusatzschutz wird gewöhnlich mit Fehlerstromschutzeinrichtungen, sog. RCDs erreicht, die gewöhnlich mit Ausnahme besonderer Bauformen ohne Hilfsenergie funktionieren. (RCD, engl.: Residual Current protective Device; in der Europäischen Union genormte Bezeichnung). In Deutschland wurden Fehlerstrom-Schutzeinrichtungen früher als FI-Schutzschalter bezeichnet.
Die Fehlerstrom-Schutzeinrichtungen werden einerseits *als Fehlerschutz* (Nennfehlerstrom $I_{\Delta n} \leq 300$ mA), andererseits *als Zusatzschutz* bei direkter Berührung ($I_{\Delta n} \leq 30$ mA) eingesetzt. Nur Fehlerstrom-Schutzeinrichtungen mit Nennfehlerströmen ≤ 30 mA werden zum Schutz von Personen eingesetzt.

02. Wie ist die Funktionsweise von Fehlerstrom-Schutzeinrichtungen (RCD)?

Fehlerstrom-Schutzeinrichtungen (RCDs) überwachen den zu- und abfließenden Strom im Stromkreis. Im fehlerfreien Stromkreis sind diese Ströme gleich groß. Im Fehlerfall differieren sie. Der RCD erkennt die Differenz und schaltet den Stromkreis, den er überwacht, automatisch ab, wenn der Nennfehlerstrom erreicht wird.

Fehlstrom-Schutzeinrichtungen gewährleisten nicht nur den Schutz von Personen, sondern vermeiden z. B. auch Brände und damit hohe Sachschäden. Fehlerströme sind auch häufig Ursache für lokale Korrosionserscheinungen an metallischen Baugruppen und Konstruktionselementen. In den Staaten der EU werden RCDs in aller Regel in die Sicherungskästen zusätzlich zu den bekannten Überstrom-Schutzeinrichtungen (Sicherungen) installiert.

Fehlerstrom-Schutzeinrichtungen sollen grundsätzlich so dicht als möglich am Beginn der elektrischen Versorgungskette eingesetzt werden, das heißt, sie sind vorzugsweise in der festen Installation anzubringen.

03. Wann werden PRCDs eingesetzt?

Eine besondere Bauform von Fehlerstrom-Schutzeinrichtungen sind die sog. PRCDs, also portable Fehlerstrom-Schutzeinrichtungen, die als zusätzlicher Schutz bei der Verwendung von ortsveränderlichen elektrischen Betriebsmitteln eingesetzt werden.

Die PRCDs stellen keine Schutzmaßnahme im eigentlichen Sinne dar. Sie sind eher als zusätzliche Schutzpegelerhöhung zu sehen und senken das verbleibende Restrisiko bei der Nutzung von ortsveränderlichen elektrischen Betriebsmitteln an Steckdosen.

Es werden *drei Typen* von PRCDs unterschieden:

- PRCD mit nicht geschaltetem Schutzleiter (IEC 61540), im Fehlerfall wird nur Phase und Neutralleiter abgeschaltet.
- PRCD mit geschaltetem Schutzleiter (DIN VDE 0661)
- PRCD mit geschaltetem Schutzleiter und Prüffunktion (Berufsgenossenschaftliche Information BGI 608). Diese Schalter lassen sich bei Schutzleiterfehlern gar nicht einschalten.

Abb.: Ortsveränderliche Schutzeinrichtung mit RCD

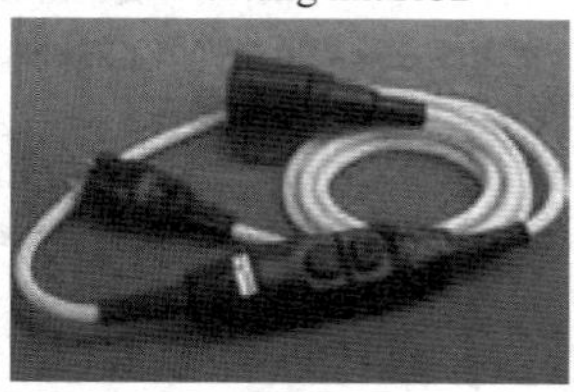

04. Welche organisatorischen Schutzmaßnahmen sind zu treffen und wer trägt dafür die Verantwortung?

Die Sicherheit elektrischer Anlagen und Betriebsmittel wird bestimmt durch das

Herstellen + Errichten + Betreiben + Instandhalten

der Anlagen und Betriebsmittel.

- Handelt es sich um den *gewerblichen Einsatz* von festen Elektroinstallationen, liegt die Verantwortung *beim Unternehmer,* der die Anlage betreibt.
- Die Verantwortung für die Beschaffenheit der Anlage liegt beim Inverkehrbringer bzw. Hersteller (vgl. 2.3.1/Frage 03.).
- Anders ist dies im *Privatbereich* geregelt, dort liegt die Verantwortung gemäß der Niederspannungsanschlussverordnung (NAV) gemeinsam bei den EVUn und dem Hausbesitzer.
- Die Verantwortung für das korrekte *Betreiben und die Instandhaltung* von Installationen und Betriebsmitteln liegt für alle Arbeitsstätten *beim Unternehmer.*
- Im *Privatbereich* dagegen gibt es außer der NAV keine gesetzlichen Vorschriften, die dem Bürger das korrekte Betreiben und Instandhalten seiner Betriebsmittel und festen Installation vorschreiben. Zudem besteht kein Zwang zur Nachrüstung auf den jeweiligen Stand der Technik.

Die Sicherheitsmaßnahmen beim Herstellen und Errichten der elektrischen Anlagen und Betriebsmittel sind im Wesentlichen darauf gerichtet, mithilfe der Sicherheitstechnik die ermittelten elektrischen Gefährdungen so zu beherrschen, dass das erreichte Risikomaß so weit wie gewünscht abgesenkt wird.

Beim Betreiben der Anlagen und Betriebsmittel konzentrieren sich die Maßnahmen darauf:

- Die ortsveränderlichen Betriebsmittel sind nur so einzusetzen, dass sie unter Berücksichtigung der Einsatzbedingungen in der Einsatzumgebung sicher betrieben werden können.
- Die Funktion der beim Herstellen und Errichten „eingebauten" technischen Schutzmaßnahmen genau so zu erhalten, wie sie zum Zeitpunkt der Inbetriebnahme installiert worden sind. Voraussetzung ist, dass die Maschine/Anlage, das Betriebsmittel richtlinienkonform und somit im Allgemeinen normgerecht errichtet bzw. hergestellt worden ist.
- Die Instandhaltung der Anlagen und Betriebsmittel dient dem vorstehend beschriebenen Ziel. Sie ist so zu organisieren, dass Personenschäden bei der Instandhaltung durch eine straffe Organisation des Arbeitsschutzes während der Instandsetzungsarbeiten ausgeschlossen sind.

In § 3 „Grundsätze" der *Unfallverhütungsvorschrift DGUV Vorschrift 3* „Elektrische Anlagen und Betriebsmittel" wird dem Betreiber von elektrischen Anlagen und Betriebsmitteln auferlegt,

- diese nur von einer Elektrofachkraft oder unter Leitung und Aufsicht einer Elektrofachkraft errichten, ändern und instand halten zu lassen,
- sie den elektrotechnischen Regeln entsprechend zu betreiben und
- Anlagen, bei denen ein Mangel festgestellt wird, unverzüglich reparieren zu lassen und, falls bis zur Behebung des Mangels eine dringende Gefahr besteht, den Betrieb sofort einzustellen.

Aus dieser grundsätzlichen Forderung ergibt sich die wichtigste organisatorische Schutzmaßnahme beim Betrieb elektrischer Anlagen und Betriebsmittel. Die Forderungen des § 3 der DGUV Vorschrift 3 bedeuten klar, dass die Wahrnehmung von Führungs- und Fachverantwortung bei elektrotechnischen Arbeiten an die Elektrofachkraft gebunden ist.

Die Verantwortung einer Elektrofachkraft in einer Führungsposition umfasst dabei

- die Überwachung der ordnungsgemäßen Errichtung, Änderung und Instandhaltung elektrischer Betriebsmittel und Anlagen,
- das Anordnen, Durchführen und Kontrollieren der Sicherheitsmaßnahmen incl. Bereitstellung an Sicherheitseinrichtung,
- das Unterrichten elektrotechnisch unterwiesener Personen,
- im Einzelfall Unterweisen und Einweisen von elektrotechnischen Laien sowie
- das Überwachen bzw. Beaufsichtigen der Arbeiten und der Arbeitskräfte, z. B. bei nichtelektrischen Arbeiten, in der Nähe spannungsführender Teile.

Der § 3 der DGUV Vorschrift 3 umreißt somit ganz klar die Anforderungen an den Industriemeister Elektrotechnik hinsichtlich der Sicherstellung des Arbeitsschutzes in seinem Verantwortungsbereich.

05. Welche besonderen Schutzmaßnahmen sind auf Baustellen zu treffen?

Besondere Schutzmaßnahmen kommen immer dort zum Einsatz, wo die elektrischen Anlagen und Betriebsmittel unter besonderen Bedingungen betrieben werden. Dies ist ganz besonders auf Baustellen der Fall. Alle elektrischen Anlagen und Betriebsmittel auf Hoch- und Tiefbaustellen sowie bei Metallbaumontagen müssen den Regelungen der Norm DIN VDE 0100-560 genügen. Die *Versorgung* von elektrischen Betriebsmitteln auf Baustellen darf *nur von besonderen Speisequellen aus* erfolgen. Dies sind im Einzelnen

Versorgung von elektrischen Betriebsmitteln auf Baustellen	
Baustromverteiler nach DIN VDE 0660-501 • mit Fehlerstromschutzeinrichtung – Nennfehlerstrom max. 0,5 A • Steckdosen bis 32 A für Einphasenbetrieb sind zusätzlich mit RCD mit einem Nennfehlerstrom von max. 30 mA abzusichern	Steckbare Verteilereinrichtungen mit Schutzart mind. IP 43 • max. zwei Steckdosen bis 32 A, RCD mit Nennfehlerstrom max. 30 mA • eigener Erder
Besonders zugeordnete Abzweige vorhandener ortsfester Verteilungen für die Baustelle	Ersatzstromversorgungsanlagen gem. DIN VDE 0100-718
	Transformatoren mit getrennten Wicklungen
Hinter den Speisepunkten auf Baustellen sind als *Verteilungssystem* zulässig:	• TT-System • TN-S-System oder • IT-System mit Isolationsüberwachung

- Stromkreise mit Steckdosen müssen bei Verwendung von TT- und TN-S-Systemen bis 32 A mit Fehlerstromschutzeinrichtungen (Nennfehlerstrom max. 30 mA) geschützt werden.

  Stromkreise mit Steckdosen im IT-System benötigen keine Fehlerstromschutzeinrichtung, wenn eine Isolationsüberwachung gegeben ist. Die Anlagen müssen durch Schaltgeräte freischaltbar sein (gleichzeitige Trennung aller nicht geerdeten Leiter).

- Anlagen auf Baustellen verlangen kürzere Prüfintervalle.

- Als flexible Leitungen kommen nur Gummischlauchleitungen HO7RN-F oder AO7RN-F in Betracht. Leitungsroller sollten, Gehäuse von Steckvorrichtungen müssen aus Isolierstoff bestehen.

- Schalt- und Steuergeräte außerhalb von Schaltanlagen und Verteilungen müssen mindestens in der Schutzart IP44 ausgeführt sein. Die Fehlerstromschutzeinrichtungen müssen tiefe Temperaturen aushalten können. Schutzeinrichtungen für Temperaturen bis -25 °C tragen eine Schneeflocke als Kennzeichen.
- Handgeführte Elektrowerkzeuge müssen mit Anschlussleitungen der Bauart HO7RN-F oder AO7RN-F ausgerüstet sein. Für leichte Elektrowerkzeuge ist auch HO5RN-F bzw. AO5RN-F, jedoch nur bis zu max. 4 m Länge zulässig.
- Leuchten auf Baustellen müssen mechanisch sehr stabil sein und mindestens ausrüstungsmäßig der Schutzart IPX 3 genügen. Die Bauart muss DIN VDE 0711 Teil 1 entsprechen. Handleuchten müssen mind. der Schutzart IPX 5 entsprechen und gemäß DIN EN 50598 entsprechen. Der Industriemeister Elektrotechnik leitet unter Umständen Bauarbeiten im Betrieb, wenn mit eigenen Kräften Umbauten in der Fertigung vorgenommen werden. Insofern sollte er genau Bescheid wissen, welche Maßnahmen zu treffen sind, wenn eine innerbetriebliche Baustelle eingerichtet wird.

06. Bei welchen Arbeiten liegt eine erhöhte elektrische Gefährdung vor und welche Schutzmaßnahmen sind zu treffen?

Von erhöhter elektrischer Gefährdung spricht man bei Arbeiten:

- in leitfähiger Umgebung
- bei begrenzter Raumhöhe
- unter Zwangshaltung.

Die erhöhten elektrischen Gefährdungen können einzeln aber auch kombiniert vorliegen.

Ein **leitfähiger Bereich mit begrenzter Bewegungsfreiheit** liegt gem. DIN VDE 0100 Teil 796 vor, wenn der Bereich ringsum aus Metallteilen oder anderen leitfähigen Teilen besteht, eine Person mit ihrem Körper die Teile der Umgebung großflächig berühren kann und die Möglichkeit nicht gegeben ist, diese Berührung schnell zu unterbrechen.
Derartige Tätigkeiten sind z. B. • Arbeiten in Kesseln und Tanks • Reparaturarbeiten oder Montagen in engen Räumen • Arbeiten in Bohrungen und Rohrschächten.

Als **sonstige Bereiche mit leitfähiger Umgebung** werden Bereiche bezeichnet, die zwar ringsherum aus elektrisch leitfähigen Teilen bestehen, die großflächige Berührung jedoch nicht zwingend gegeben ist, aber doch auf Grund der Arbeitshaltung vorkommen kann.
Beispiele: • Stahlkonstruktionen, Gittermasten, Armierungen für Stahlbeton; Schaltzellen • Arbeitsplätze an/in Fahrzeugen, in Stahlschornsteine.

Wird in leitfähigen Bereichen mit begrenzter Bewegungsfreiheit gearbeitet und werden ortsveränderliche Betriebsmittel verwendet, muss eine der folgenden Schutzmaßnahmen angewendet werden:

- Schutzkleinspannung (SELV) gem. DIN VDE 0100-410:2007-06 Abschnitt 411.1, Betriebsmittel der Schutzklasse III

- Schutztrennung gem. DIN VDE 0100-410:2007-06
  - *Wichtig:* Nur einen Verbraucher anschließen!
  - .Handleuchten dürfen nur mit SELV betrieben werden.
  - Stromquellen müssen außerhalb des leitfähigen Bereichs aufgestellt werden.
  - Ortsveränderliche Betriebsmittel sollten vorzugsweise der Schutzklasse II (Schutzisolierung) entsprechen.
  - Ortsveränderliche Trenntrafos müssen schutzisoliert sein.
  - Bei Verwendung von Geräten der Schutzklasse I ist ein Potenzialausgleich mit der leitfähigen Umgebung herzustellen.

Werden ortsfeste Betriebsmittel betrieben, ist neben Schutzkleinspannung oder Schutztrennung auch Schutz durch automatische Abschaltung gemäß DIN VDE 0100-410:2007-06 Abschnitt 413.1 als Schutzmaßnahme möglich. Beim Einsatz von Betriebsmitteln der Schutzklasse I ist ein zusätzlicher örtlicher Potenzialausgleich erforderlich. Für die automatische Abschaltung sind Fehlerstromschutzeinrichtungen mit einem Nennfehlerstrom bis zu 30 mA zu verwenden.

Als Schutzmaßnahmen bei Arbeiten in sonstigen Räumen mit leitfähiger Umgebung gelten für ortsveränderliche elektrische Betriebsmittel prinzipiell die gleichen Maßnahmen wie für die Verwendung von ortsfesten Betriebsmitteln in leitfähigen Räumen mit begrenzter Bewegungsfreiheit.

Ortsfeste Betriebsmittel in sonstigen Räumen mit leitfähiger Umgebung können gemäß DIN VDE 0100-410:2007-06 betrieben werden. Dringend empfohlen wird jedoch die zusätzliche Verwendung von RCDs.

Steckdosen mit einem Nennstrom bis 16 A müssen durch Fehlerstromschutzeinrichtungen mit einem Nennfehlerstrom bis zu 30 mA geschützt sein. Es ist aber auch ein IT-Netz mit Isolationsüberwachung zulässig.

07. Welche speziellen persönlichen Schutzausrüstungen sowie Schutzmittel und Werkzeuge sind bei Arbeiten unter Spannung einzusetzen?

Grundsätzlich ist die Arbeit am oder in der Nähe unter Spannung stehender Teile nicht erlaubt (Unfallverhütungsvorschrift DGUV Vorschrift 3). Ist dies ausnahmsweise unter bestimmten Umständen nicht möglich, ist die Arbeit unter diesen Bedingungen nur dann erlaubt, wenn eine ganze Reihe bestimmter zusätzlicher Schutzvorkehrungen getroffen wird. Zu diesen Schutzvorrichtungen gehören u. a. auch persönliche Schutzausrüstungen, isolierende Schutzvorrichtungen und isolierte Werkzeuge.

- Zu den *speziellen persönlichen Schutzausrüstungen* für Elektrofachkräfte gehören z. B.:
  - Industrieschutzhelme nach DIN 4840 mit Gesichtsschutzschirm zum Schutz gegen Störlichtbögen (UV-Filterung) gemäß DIN EN 397
  - NH-Sicherungsaufsteckgriffe mit Stulpen gemäß DIN VDE 0680-4
  - isolierende Schutzkleidung
  - Elektrikerstiefel.

Abb.: Elektrikerstiefel

- *Isolierende Schutzvorrichtungen* werden auch als *Schutzmittel* bezeichnet. Sie tragen immer das Herkunftszeichen des Herstellers und als Sonderkennzeichnung ein Isolatorsymbol mit der Aufschrift „1000 V". Isolierende Schutzvorrichtungen sind z. B.
  - Kunststofftücher mit Klettverschluss zum Abdecken von Isolatoren und Leitungen
  - Kunststofflappen für Isolatoren
  - Weichgummiprofilstücke zum Abdecken von Freileitungen
  - isolierende Matten zur Körperunterlage, z. B. beim Schweißen in engen Räumen mit leitfähiger Umgebung.
- Als *isolierte Werkzeuge* sind
  - Schraubwerkzeuge inkl. Gegenhalter,
  - Zangen,
  - Kabelscheren,
  - Kabelschneider und
  - Kabelmesser

  gebräuchlich. Auch sie sind mit dem Isolatorsymbol und der Aufschrift „1000 V" gekennzeichnet. Es gibt voll- und teilisoliertes Werkzeug.
- Als *vollisoliert* gelten
  - aus Isolierstoff gefertigte Werkzeuge und
  - mit Isolierstoff überzogene Werkzeuge.

Abb.: Vollisolierter Einmaulschlüssel nach DIN VDE 0682 Teil 201 für Arbeiten bis 1000 V Wechselstrom bzw. 1500 V Gleichstrom

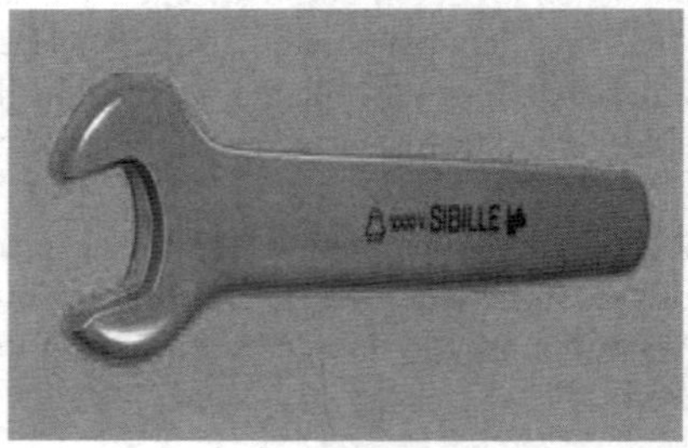

08. Welche Vorschriften enthielt die TRBS 2131?

An aktiven Teilen elektrischer Anlagen und Betriebsmittel, die unter Spannung stehen, darf im Regelfall nicht gearbeitet werden. Vor Beginn der Arbeiten muss der spannungsfreie Zustand hergestellt werden. Der spannungsfreie Zustand muss für die gesamte Dauer der Arbeiten sichergestellt sein. § 6 der Unfallverhütungsvorschrift DGUV Vorschrift 3 verbietet die Arbeit an spannungsführenden aktiven Teilen grundsätzlich. Es gibt jedoch einige spezielle Ausnahmefälle von diesem Grundsatz. Im § 8 dieser Unfallverhütungsvorschrift sind diese genau beschrieben.

Die Technische Regel für Betriebssicherheit (TRBS) 2131 (aufgehoben 2010; Ersatz durch DGUV Vorschrift 3) „Elektrische Gefährdungen" fasste die dem Stand der Technik, Arbeitsmedizin und Hygiene entsprechenden Erkenntnisse für die Bereitstellung und den Betrieb elektrischer Anlagen und Betriebsmittel zusammen. Sie gab der Elektrofachkraft eine brauchbare Richtschnur vor, um die Vorschriften der Betriebssicherheitsverordnung einhalten zu können.

Es galt die **Regel:**
„Werden die ermittelten Gefährdungen der TRBS 2131 entsprechend bewertet und werden die beispielhaft genannten Maßnahmen zur Anwendung gebracht, gilt die Vermutung, dass die Vorschriften der Betriebssicherheitsverordnung eingehalten werden."

Die **TRBS 2131** behandelte die
- Ermittlung der Gefährdungen durch elektrischen Schlag oder Störlichtbogen
- beispielhafte Maßnahmen bei Gefährdungen durch elektrischen Schlag oder Störlichtbogen
- Ermittlung der Gefährdungen durch elektrische, magnetische und elektromagnetische Felder
- Bewertung der Gefährdungen durch elektrische, magnetische und elektromagnetische Felder
- beispielhafte Maßnahmen bei Gefährdungen durch elektrische, magnetische und elektromagnetische Felder.

Gleiches ist in der Regel für die Gefährdungen durch statische Elektrizität enthalten. Den Schwerpunkt der Regel stellen jedoch die Gefährdungen durch elektrischen Schlag oder Störlichtbögen dar. Besonders für die betrieblichen *Handlungsfelder*

- Arbeiten an aktiven Teilen,
- Arbeiten in der Nähe von aktiven Teilen,
- Benutzen von elektrischen Betriebsmitteln auf Bau- und Montagestellen und
- Benutzen von Elektroschweißgeräten

werden beispielhaft Maßnahmen beschrieben.

Die TRBS 2131 definierte, wann elektrische Gefährdungen vorliegen: Dies ist immer dann der Fall, wenn aktive Teile direkt berührt oder unterschiedliche Potenziale überbrückt werden können und

- die Spannung zwischen einem aktiven Teil und Erde oder zwischen zwei aktiven Teilen höher als 25 V (effektiv) oder 60 V Gleichspannung ist und
- der Kurzschlussstrom an der Arbeitsstelle größer als 3 mA Wechselstrom (effektiv) oder 12 mA Gleichstrom und
- die Energie mehr als 350 mJ beträgt (1 J = 1 Nm = 1 Ws).

Die TRBS 2131 sah eine *Gefährdungssituation auch dann,* wenn die o. a. Werte im Normalbetrieb eingehalten sind, im Fehlerfall aber überschritten werden. Darüber hinaus wird eine Gefährdung auch als gegeben angesehen, wenn folgende *Schutzabstände* zu direkt berührbaren aktiven Teilen überschritten werden:

Nennspannung $Ü_N$ (effektiv) in KV	Äußere Grenze der Annäherungszone DV (Luft)
bis 1	1,0 m
1 - 110	3,0 m
111 - 220	4,0 m
221 - 380	5,0 m

Die Annäherungszone im Bereich spannungsführender Teile ergibt sich aus dem Zonenmodell:

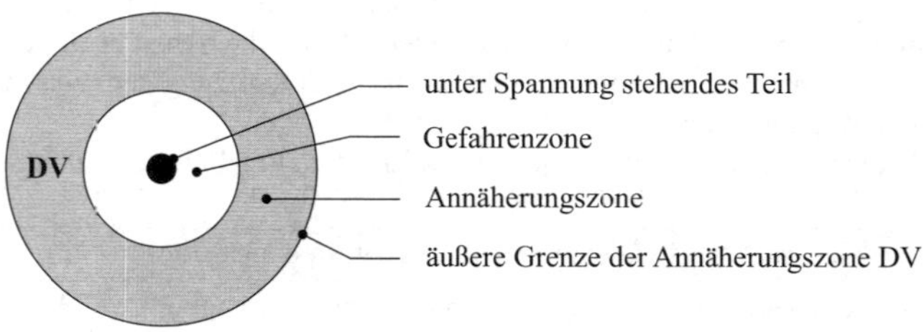

Als Gefahrenzone gilt der Bereich um unter Spannung führende Teile herum. In der Gefahrenzone ist beim Eindringen ohne Schutzmaßnahme zur Vermeidung der elektrischen Gefährdung der erforderliche Isolationspegel nicht sichergestellt.

Die TRBS 2131 forderte, dass

- zum Gefährdungsbereich elektrischer Anlagen nur Elektrofachkräfte Zugang haben und
- andere Personen nur in Begleitung von Elektrofachkräften in diese Bereiche gelangen dürfen und
- nur solche elektrischen Anlagen und Betriebsmittel benutzt werden, die sich für die Beanspruchung am konkreten Arbeitsplatz als geeignet erwiesen haben.

Folgende *Maßnahmen* müssen in der erarbeiteten Gefährdungsbeurteilung entsprechend festgelegt werden:

- Betriebsanweisungen, Unterweisungen
- Arbeitsmittel, Schutzmittel, Hilfsmittel regelmäßig prüfen
- Kommunikationsmöglichkeiten festlegen
- Arbeitsbereich eindeutig festlegen, kennzeichnen, wenn nötig abgrenzen
- freier Zugang zur Arbeitsstelle, freie Fluchtwege, ausreichende Bewegungsfreiheit
- verantwortliche Personen benennen
- festlegen, mit wem und wie die Arbeit abzustimmen ist und wie sie dokumentiert werden muss.

09. Wie sind die „5 Sicherheitsregeln" anzuwenden?

Die Arbeiten an aktiven Teilen können erst beginnen, wenn der spannungsfreie Zustand hergestellt ist. Der spannungsfreie Zustand gilt als hergestellt, wenn die sog. „5 Sicherheitsregeln" angewendet sind.

Die 5 Sicherheitsregeln sind:

- ❑ Freischalten
- ❑ gegen Wiedereinschalten sichern
- ❑ Spannungsfreiheit feststellen
- ❑ Erden und Kurzschließen
- ❑ Benachbarte Teile, die unter Spannung stehen, abdecken oder abschranken.

Die „5 Sicherheitsregeln" kennt jede Elektrofachkraft. Sie sind untrennbarer Bestandteil jeder Ausbildung zur Elektrofachkraft und werden sowohl in der TRBS 2131 als auch in der Unfallverhütungsvorschrift DGUV Vorschrift 3 zitiert. Die Durchführungsanweisung zu § 6 Abs. 2 der DGUV Vorschrift 3 nennt die „5 Sicherheitsregeln" und legt fest, dass deren Anwendung der Regelfall sein muss.

Für die Sicherheitsregel **Freischalten** gilt:

- Alle Teile der Elektroanlage, an der gearbeitet wird, müssen spannungsfrei sein, alle Einspeisungen müssen getrennt werden.
- Die Trennstrecken müssen so groß sein, dass Überschläge wirksam unterbunden sind.
- Teile, die sich nach dem Freischalten nicht selbstständig entladen (z. B. Kondensatoren) müssen mit Entladevorrichtungen entladen werden, bevor die Arbeit beginnen kann.
- Hat man nicht selbst freigeschaltet, muss die Bestätigung der Freischaltung vom Freischaltenden abgewartet werden.
- Ob die Freischaltung zu dokumentieren ist, ist im Ergebnis der Gefährdungsbeurteilung festzulegen.

Für die Sicherheitsregel **Gegen Wiedereinschalten sichern** gilt:

- Die Betriebsmittel, mit denen die Freischaltung durchgeführt wurde, sind gegen Wiedereinschalten zu sichern. Gegebenenfalls ist durch Hinweisschild vor unbefugtem Betätigen zu warnen.
- Die Sicherung gegen Wiedereinschalten ist vorzugsweise durch Sperren des Betätigungsmechanismus zu realisieren.
- Wenn für die Betätigung der Schaltgeräte Hilfsenergie (z. B. Druckluft, Federkraft, Strom) erforderlich ist, muss diese unwirksam gemacht werden.
- Werden zur Freischaltung Sicherungseinsätze entfernt, sind diese vor unbefugtem Zugriff zu schützen.
- Wird die Sicherung gegen Wiedereinschalten mittels Fernsteuerung durchgeführt, so muss gegen Einschalten auch vor Ort gesichert werden.

Abb.: Leitungsschutzschalter mit Abschließvorrichtung sichert gegen Wiedereinschalten

Für die Sicherheitsregel **Spannungsfreiheit feststellen** gilt:

- Die Spannungsfreiheit muss direkt an der Arbeitsstelle oder in unmittelbarer Nähe dazu allpolig festgestellt werden.
- Spannungsprüfgeräte sind direkt vor dem Benutzen auf ihre Funktionssicherheit zu prüfen.
- Wenn freigeschaltete Kabel an der Arbeitsstelle nicht eindeutig ermittelt werden können, sind bewährte Sicherheitsmaßnahmen zu treffen. Dazu kann zum Beispiel die Anwendung geeigneter Kabelschneidgeräte gehören.
- Wenn bei Freileitungen mit Nennspannungen über 1 kV geerdet und kurzgeschlossen wird, ist zuvor die Spannungsfreiheit zusätzlich an allen Ausschaltstellen allpolig festzustellen.

Für die Sicherheitsregel **Erden und Kurzschließen** gilt:

- In Hochspannungsanlagen und Niederspannungsanlagen müssen alle Teile, an denen gearbeitet werden soll, sichtbar an der Arbeitsstelle geerdet und kurzgeschlossen werden. Zusätzlich sind Freileitungen mit einer Nennspannung über 30 kV an jeder Ausschaltstelle und Freileitungen über 1 kV bis 30 kV mindestens an einer Ausschaltstelle zu erden und kurzzuschließen.
- Es ist immer zuerst eine Verbindung zur Erde und erst dann die Verbindung zu aktiven Teilen herzustellen.
- Transformatoren mit Nennspannung < 1 kV sind sowohl an der Oberspannungs- als auch an der Unterspannungsseite zu erden und kurzzuschließen.
- In Niederspannungsanlagen (bis 1 kV) darf auf Erden und Kurzschließen verzichtet werden, wenn sichergestellt ist, dass die Anlage nicht unter Spannung gesetzt werden kann.

- Beim Parallelschalten von Kurzschließgeräten mit Seilen müssen folgende Bedingungen erfüllt sein:
  - gleiche Seillänge
  - gleiche Seilquerschnitte
  - gleiche Anschließteile und Anschlussstücke
  - Einbau der Geräte dicht nebeneinander mit Parallelführung der Seile.
- Beim Parallelschalten mehrerer Seile sind für jedes Seil 75 % der zulässigen Strombelastbarkeit anzunehmen.
- Die Querschnitte parallel geschalteter Seile dürfen voll belastet werden, wenn sichergestellt ist, dass die Kurzschließseile nur einmal mit dem vollen Kurzschlussstrom beansprucht werden. Dies trifft im Allgemeinen für Anlagen mit Nennspannung ab 100 kV zu.

Abb.: Erden und Kurzschließen nur mit ausreichend kurzschlussstromfester Leitungsgarnitur

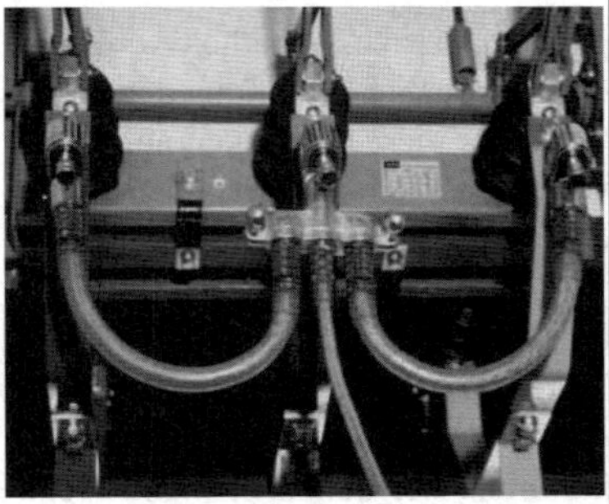

- Bei Arbeiten an Kabeln und isolierten Leitungen mit Nennspannungen über 1 kV, z. B. an Endverschlüssen und Muffen, und bei Arbeiten an elektrischen Betriebsmitteln mit Nennspannungen über 1 kV, die über Stichkabel oder isolierte Stichleitungen angeschlossen sind, z. B. Motoren, darf vom Erden und Kurzschließen an der Arbeitsstelle abgesehen werden, jedoch muss an allen Ausschaltstellen geerdet und kurzgeschlossen werden. Bei Übergang von Kabelanlagen auf Freileitungen ist bei Kabelarbeiten an der Übergangsstelle zu erden und kurz zu schließen.

Für die Sicherheitsregel **benachbarte, unter Spannung stehende Teile abdecken oder abschranken** gilt:

- Alle unter Spannung stehenden Anlagenteile müssen abgedeckt sein.
- Es gelten die gleichen Vorsichtsmaßregeln wie für das Arbeiten in der Nähe Spannung führender Teile.
- Die Gefahrenbereiche sind ausreichend und eindeutig zu kennzeichnen.
- Auf unter Spannung stehende Schaltfelder neben der Arbeitsstelle muss deutlich hingewiesen werden (vor den Türen befestigte Bretter, eingehängte Warnkreuze).
- In offenen Innenraum-Schaltanlagen, die keine Zwischenwände besitzen, sind die Schaltfelder, in denen gearbeitet wird, von den Nachbarzellen zu trennen (Einschiebewände, Platten, Gitter).
- Abdeckungen müssen den Beanspruchungen gewachsen sein (mechanisch, elektrisch).
- Die Mindestabstände gemäß DIN EN 50522 müssen eingehalten werden.
- Gummimatten oder isolierende Formstücke dürfen nicht verrutschen und der DIN VDE 0680 entsprechen.

2.3.3.3 Prüfungen an Geräten, Maschinen und Anlagen

01. Was sind die Ziele und Rechtsquellen elektrotechnischer Prüfungen an Geräten, Maschinen und Anlagen?

Defekte elektrische Arbeitsmittel sind ohne Zweifel z. T. sehr ernste Gefahrenquellen für die Personen, die mit ihnen arbeiten. Sie können darüber hinaus zu schweren Störungen des Betriebsablaufes führen.

Übersicht: Ziele und Rechtsquellen

- ❑ Vermeidung von Personenschäden
- ❑ Vermeidung von Störungen im Betriebsablauf
- ❑ BetrSichV, TRBS 1201, DGUV Vorschrift 3, DIN VDE

Mit der Betriebssicherheitsverordnung (BetrSichV) nimmt der Gesetzgeber diese Gedanken auf und verpflichtet den Unternehmer bzw. Betreiber elektrischer Arbeitsmittel im Zusammenhang mit den Technischen Regeln für Betriebssicherheit, insbesondere der Regel TRBS 1201 *Prüfungen von Arbeitsmitteln und überwachungsbedürftigen Anlagen* zur regelmäßigen Prüfung der Arbeitsmittel. Er will damit sicherstellen, dass nur Geräte zum Einsatz kommen, bei denen die vom Hersteller „eingebaute" Sicherheit in vollem Umfang erhalten ist und erhalten bleibt. Nur so kann gewährleistet werden, dass von den Arbeitsmitteln bei der Benutzung keine Gefährdungen ausgehen.

Ein ganz spezieller Prüfumfang ergibt sich daraus für die elektrischen Betriebsmittel und Anlagen. Sie sind auf vielfältige Art und Weise herstellerseitig mit verschiedenen Schutzmaßnahmen konstruktiv ausgerüstet. Unterschiedliche Arten der Beanspruchung während des Betriebes sorgen regelmäßig dafür, dass Defekte und Fehler am Gerät entstehen, die zu Elektrounfällen mit schwerwiegenden Folgen führen können. Insofern ist auf dem Gebiet der Elektrotechnik ein enges Netz von Regeln entstanden, das die Prüfung von elektrischem Gerät thematisiert, um dafür zu sorgen, dass die elektrische Sicherheit ständig gewährleistet ist.

Die Unfallverhütungsvorschrift *Elektrische Anlagen und Betriebsmittel* (DGUV Vorschrift 3) ist eine der zentralen Vorschriften, die das Thema „Prüfungen von elektrischen Anlagen und

Betriebsmitteln" umfassend regelt. Die Durchführungsanweisungen zum § 5 dieser Unfallverhütungsvorschrift nennen darüber hinaus auch Richtwerte für Prüffristen, die für normale Betriebs- und Umgebungsbedingungen Geltung haben.

Grundsätzlich ist es so, dass der Betreiber unter Berücksichtigung der betrieblichen Gegebenheiten und seiner Erfahrungen aber natürlich ganz besonders der Ergebnisse seiner Gefährdungsbeurteilungen *die Prüffristen selbst festlegt,* wie es die Betriebssicherheitsverordnung vorschreibt.

Um dem betrieblichen Praktiker diese Aufgaben wesentlich zu vereinfachen, haben die Berufsgenossenschaften die in der DGUV Vorschrift 3 enthaltenen Richtwerte erarbeitet. Diese Richtwerte basieren auf der mehr als 100-jährigen Erfahrung der Berufsgenossenschaften auf dem Gebiet der Verhinderung von Elektrounfällen.

02. Was sind Prüfungen an elektrischen Anlagen und Betriebsmitteln?

Prüfungen sind regelmäßige *Vergleiche von Soll-Zustand und Ist-Zustand* am elektrischen Gerät, mit denen durch regelmäßiges, normgerechtes Prüfen der ordnungsgemäße Zustand sichergestellt wird. Die Prüfung gehört im weitesten Sinne zur vorbeugenden Instandhaltung und erhöht (nebenbei) die Verfügbarkeit der Arbeitsmittel. Auf das konsequente regelmäßige Prüfen der elektrischen Geräte und Anlagen darf nicht verzichtet werden, wenn Unfälle und Schäden vermieden werden sollen.

03. Wie sind die Prüfungen durchzuführen?

Die Prüfungen müssen normgerecht durchgeführt werden. DIN VDE 0702 führt dazu aus:

- Die Prüfung soll sicherstellen, dass bei bestimmungsgemäßem Gebrauch von den Geräten *keine Gefahr* für den Benutzer oder die Umgebung ausgeht.
- Ist einer der in der Norm vorgegebenen Prüfgänge aus technischen Gründen nicht ausführbar, *ist vom Prüfer zu entscheiden,* ob die Sicherheit trotzdem bescheinigt werden kann. Die Entscheidung ist zu begründen und zu dokumentieren.
- Von besonderer Wichtigkeit ist die *Prüfung ortsveränderlicher elektrischer Geräte* wegen ihrer besonders hohen Beanspruchung im mobilen Betrieb.

04. Wann sind die Prüfungen durchzuführen?

§ 5 der DGUV Vorschrift 3 „Elektrische Anlagen und Betriebsmittel" gibt dem Unternehmer auf, dass er dafür zu sorgen hat, dass die elektrischen Anlagen und Betriebsmittel auf ihren ordnungsgemäßen Zustand hin geprüft werden (auch DIN VDE 0113):

Übersicht: Prüfungen an elektrischen Anlagen

- ❑ Erstinbetriebnahme
- ❑ Wiederinbetriebnahme
- ❑ Wiederholungsprüfungen

Die Vorschrift verlangt dies

- *vor der ersten Inbetriebnahme,*
- *nach Änderung oder Instandsetzung* vor der Wiederinbetriebnahme und
- *in bestimmten Zeitabständen,* die so zu bemessen sind, dass entstehende Mängel, mit denen gerechnet werden muss, rechtzeitig festgestellt werden (Gefährdungsbeurteilung).

→ Bei der Prüfung sind die *elektrotechnischen Regeln* zu beachten.
→ Auf Verlangen der Berufsgenossenschaften muss ein *Prüfbuch* geführt werden.

Die Planung der Prüfungen und Festlegung der Prüffristen muss berücksichtigen, ob es sich beim Prüfling um ortsveränderliche elektrische Betriebsmittel, ortsfeste elektrische Betriebsmittel stationäre Anlagen oder nichtstationäre Anlagen handelt.

Übersicht: Prüfling

- ❑ Ortsveränderliche elektrische Betriebsmittel
- ❑ Ortsfeste elektrische Betriebsmittel
- ❑ Stationäre Anlagen
- ❑ Nichtstationäre Anlagen

05. Was sind ortsveränderliche bzw. ortsfeste elektrische Betriebsmittel?

→ DIN VDE 0100-200, DGUV Vorschrift 3

Ortsveränderliche elektrische Betriebsmittel	sind solche, die während des Betriebes bewegt werden oder die leicht von einem Platz zum anderen gebracht werden können, während sie an den Versorgungsstromkreis angeschlossen sind (Abschnitte 2.7.4 und 2.7.5 DIN VDE 0100-200).
Ortsfeste elektrische Betriebsmittel	sind fest angebrachte Betriebsmittel oder Betriebsmittel, die keine Tragevorrichtung haben und deren Masse so groß ist, dass sie nicht leicht bewegt werden können. Dazu gehören auch elektrische Betriebsmittel, die vorübergehend fest angebracht sind und über bewegliche Anschlussleitungen betrieben werden (Abschnitte 2.7.6 und 2.7.7 DIN VDE 0100-200).

Quelle: DGUV Vorschrift 3, S. 11

06. Was sind stationäre bzw. nichtstationäre Anlagen?

Stationäre Anlagen	sind solche, die mit ihrer Umgebung fest verbunden sind, z. B. Installationen in Gebäuden, Baustellenwagen, Containern und auf Fahrzeugen.
Nichtstationäre Anlagen	sind dadurch gekennzeichnet, dass sie entsprechend ihrem bestimmungsgemäßen Gebrauch nach dem Einsatz wieder abgebaut (zerlegt) und am neuen Einsatzort wieder aufgebaut (zusammengeschaltet) werden. Hierzu gehören z. B. Anlagen auf Bau- und Montagestellen, fliegende Bauten.

Quelle: DGUV Vorschrift 3, S. 11

07. Wer führt die Prüfungen durch?

Prüfungen führt grundsätzlich eine Elektrofachkraft aus. Stehen geeignete Mess- und Prüfgeräte zur Verfügung, dürfen auch elektrotechnisch unterwiesene Personen unter Leitung und Aufsicht einer Elektrofachkraft prüfen.

Übersicht: Prüfer

- ❑ Elektrofachkraft
- ❑ Elektrotechnisch unterwiesene Person
- ❑ Benutzer

08. Welche Forderungen (Prüffrist/Prüfer) gelten für Wiederholungsprüfungen?

Für *ortsfeste* Anlagen und Betriebsmittel gelten für die Prüffristen und die Anforderungen an die Qualifikation der Prüfer folgende Regeln (Durchführungsanweisungen zu § 5 Abs. 1 Nr. 2 der DGUV Vorschrift 3):

1. Ortsfeste elektrische Anlagen		**Wiederholungsprüfungen**	
Anlage/Betriebsmittel	*Prüffrist*	*Art der Prüfung*	*Prüfer*
Elektrische Anlagen und ortsfeste Betriebsmittel	**4 Jahre**	auf ordnungsgemäßen Zustand	**Elektrofachkraft**
Elektrische Anlagen und ortsfeste elektrische Betriebsmittel in „Betriebsstätten, Räumen und Anlagen besonderer Art" (DIN VDE 0100 Gruppe 700)	**1 Jahr**		
Schutzmaßnahmen mit Fehlerstrom-Schutzeinrichtungen in nichtstationären Anlagen	**1 Monat**	auf Wirksamkeit	**Elektrofachkraft** oder **elektrotechnisch unterwiesene Person** bei Verwendung geeigneter Mess- und Prüfgeräte
Fehlerstrom-, Differenzstrom- und Fehlerspannungs-Schutzschalter • in stationären Anlagen → • in nichtstationären Anlagen →	 **6 Monate** **arbeitstäglich**	auf einwandfreie Funktion durch Betätigen der Prüfeinrichtung	Benutzer

Quelle: DGUV Vorschrift 3

Die Forderungen sind für ortsfeste elektrische Anlagen und Betriebsmittel z. B. auch erfüllt, wenn diese *von einer Elektrofachkraft ständig überwacht werden.*

Ortsfeste elektrische Anlagen und Betriebsmittel gelten als ständig überwacht, wenn sie kontinuierlich von Elektrofachkräften in Ordnung gehalten und durch messtechnische Maßnahmen im Rahmen des Betreibens geprüft werden.

Folgende zeitlichen Richtwerte gelten für die Wiederholungsprüfungen *ortsveränderlicher* Betriebsmittel:

2. Ortsveränderliche elektrische Betriebsmittel		**Wiederholungsprüfungen**	
Anlage/Betriebsmittel	*Prüffrist*	*Art der Prüfung*	*Prüfer*
Ortsveränderliche elektrische Betriebsmittel (soweit benutzt) Verlängerungs- und Geräteanschlussleitungen mit Steckvorrichtungen Anschlussleitungen mit Stecker bewegliche Leitungen mit Stecker und Festanschluss	**Richtwert sechs Monate**, auf Baustellen drei Monate. Wird bei den Prüfungen eine Fehlerquote < 2 % erreicht, kann die Prüffrist entsprechend verlängert werden. Maximalwerte: Auf Baustellen, in **Fertigungsstätten** und Werkstätten oder unter ähnlichen Bedingungen **ein Jahr**, in **Büros** oder unter ähnlichen Bedingungen **zwei Jahre.**	auf ordnungsgemäßen Zustand	**Elektrofachkraft,** bei Verwendung geeigneter Mess- und Prüfgeräte auch **elektrotechnisch unterwiesene Person**

Quelle: DGUV Vorschrift 3

Schutz- und Hilfsmittel sind ebenfalls prüfbedürftig; es gelten folgende Richtwerte:

3. Schutz- und Hilfsmittel		**Wiederholungsprüfungen**	
Anlage/Betriebsmittel	*Prüffrist*	*Art der Prüfung*	*Prüfer*
Isolierende Schutzbekleidung (soweit benutzt)	**vor jeder Benutzung**	auf augenfällige Mängel	Benutzer
	12 Monate **6 Monate** für isolierende Handschuhe	auf Einhaltung der in den elektrotechnischen Regeln vorgegebenen Grenzwerte	**Elektrofachkraft**
Isolierte Werkzeuge, Kabelschneidgeräte, isolierende Schutzvorrichtungen sowie Betätigungs- und Erdungsstangen	**vor jeder Benutzung**	auf äußerlich erkennbare Schäden und Mängel	Benutzer
Spannungsprüfer, Phasenvergleicher		auf einwandfreie Funktion	
Spannungsprüfer, Phasenvergleicher und Spannungsprüfsysteme (kapazitive Anzeigesysteme) für Nennspannungen über 1 kV	**6 Jahre**	auf Einhaltung der in den elektrotechnischen Regeln vorgegebenen Grenzwerte	**Elektrofachkraft**

Quelle: DGUV Vorschrift 3

Bei der Prüfung sind die sich hierauf beziehenden elektrotechnischen Regeln zu beachten. Auf Verlangen der Berufsgenossenschaft ist ein Prüfbuch mit bestimmten Eintragungen zu führen. Die Messgeräte sind ebensfalls regelmäßig nach Herstellerangaben zu prüfen und zu kalibrieren.

09. Welche Bedeutung hat die Schutzklasse bei der Prüfung elektrischer Betriebsmittel?

Bevor an einem elektrischen Betriebsmittel die Prüfung durchgeführt wird, muss die Schutzklasse des Gerätes ermittelt werden. Dabei ist zu beachten, dass ein Betriebsmittel möglicherweise herstellerseitig mit mehreren Schutzmaßnahmen versehen worden ist. Es kann jedoch in seltenen Fällen auch vorkommen, dass der Hersteller die Kennzeichnung vergessen hat.

Ist keine Kennzeichnung für die Schutzklasse am Gerät angebracht, muss Schutzklasse I angenommen werden. Die Schutzklasse I muss am Typenschild nicht gekennzeichnet werden, die Schutzklasse II und III dagegen immer!

Schutzklasse I	**Schutzmaßnahme: Schutzleiter**
	Es handelt sich um Geräte mit einem Schutzleiter. An den Schutzleiter sind leitende berührbare oder leitende Teile im Inneren des Gerätes angeschlossen. Die Schutzmaßnahme gegen elektrischen Schlag wird durch die Verbindung des Geräte-Schutzleiters mit dem Schutzleiter der Versorgungsanlage realisiert. Die Geräte tragen keine besondere Kennzeichnung. Schutzklasse I ist typisch für Geräte mit leitfähigem Gehäuse.

Schutzklasse II	**Schutzmaßnahme: Schutzisolierung**
	Die Geräte besitzen ringsum eine isolierende Hülle. Diese Hüllen haben entweder eine doppelte oder verstärkte Isolierung und gewährleisten so Schutz gegen einen elektrischen Schlag. Geräte der Schutzklasse II sind normalerweise immer mit „Doppelquadratsymbol" ⧈ gekennzeichnet. Sie stellen die Mehrzahl der ortsveränderlichen Geräte.

Schutzklasse III	**Schutzmaßnahme: Schutzkleinspannung (SELV[1])**
	Zur Anwendung kommen ausschließlich Schutzkleinspannungen („SELV"). Die Schutzkleinspannungen betragen in der Praxis meist 24 oder 42 V. Bei bestimmungsgemäßer Verwendung ist die Verbindung mit Versorgungsanlagen anderer Spannungsniveaus aufgrund der speziellen Steckverbinder nicht möglich. Die Gerätekörper sind nicht mit einem Schutzleiter verbunden.Die Geräte sind durch das Symbol „Raute mit III" ◇III gekennzeichnet.

[1] Internationale Bezeichnungen:

SELV	Safety Extra Low Voltage
FELV	Function Extra Low Voltage
PELV	Protection Extra Low Voltage
MSELV	Medical Safety Extra Low Voltage

2.3.4 Überprüfung der Schutzmaßnahmen

→ 2.4.2

01. In welcher Reihenfolge ist die Prüfung an elektrotechnischen Anlagen durchzuführen?

Zu jeder Prüfung gehören folgende Prüfschritte:

Regel:
Jeder Einzelschritt muss mit positivem Ergebnis abgeschlossen werden. Erst dann darf der nächste Prüfschritt erfolgen.

Übersicht: Prüfumfang (Reihenfolge)

- ❑ Besichtigen
- ❑ Messen
- ❑ Erproben (Funktionsproben)
- ❑ Auswertung, Dokumentation

Prüfumfang	
Schutzklasse I	**Schutzklasse II oder III**
• Sichtprüfung • Schutzleiterwiderstandsmessung • Isolationswiderstandsmessung • Schutzleitermessung • Berührungsstrommessung (die Ersatzableitstrom-Messmethode ist nicht erlaubt)	• Sichtprüfung • Isolationswiderstandsmessung • Berührungsstrommessung (außer Schutzklasse III)

Bei Geräten der Schutzklasse I, II und III mit einer *sekundären Ausgangsspannung,* wie z. B. Ladegeräte, Wandler oder Netzteile, muss eine Isolationswiderstandsmessung von der Sekundärseite gegen Körper und gegen die Primärseite und die Messung der Leerlauf-/Ausgangsspannung vorgenommen werden.

An Miniatursteckern von Kleinstnetzteilen oder Ladegeräten mit Kleinspannungsausgängen kann auf die Messung verzichtet werden. Die Berührungsflächen sind sehr klein und die Körperdurchströmung ist erwartungsgemäß sehr niedrig.

02. Welcher Prüfumfang und welche Grenzwerte gelten in den einzelnen Schutzklassen?

Prüfumfang und die Grenzwerte für die Messverfahren sind in der folgenden Übersicht zusammengefasst:

Prüfumfang und Grenzwerte			
Prüfumfang	**Betriebsmittel der Schutzklasse ...**		
	I	II □	III ◇
Sichtprüfung	äußerlich erkennbare Mängel und Eignung für den Einsatzbereich		
Messen			
Messen des Schutzleiterwiderstandes	bis 5 m: ≤ 0,3 Ω, je weitere 7,5 m: ≤ 0,1 Ω; max. 1 Ω	–	–
Messen des Isolationswiderstandes	≥ 1 MΩ; ≥ 2 MΩ für den Nachweis der sicheren Trennung (Trafo); ≥ 0,3 MΩ bei Geräten mit Heizelementen P ≥ 3,5 kW	≥ 2 MΩ;	≥ 0,25 MΩ;
Messen des Schutzleiterstromes	≤ 3,5 mA, an leitfähigen Bauteilen mit PE-Verbindung; 1 mA/kW bei Geräten mit Heizelementen P ≤ 3,5 kW	–	–
Messen des Berührungsstromes	≤ 0,5 mA an leitfähigen Bauteilen ohne PE-Verbindung	≤ 0,5 mA, an leitfähigen Bauteilen	–
Messen der Ausgangsspannung	berührbare aktive Teile, Leerlaufspannung an Ladegeräten, Netzteilen (ggf. PELV), Stromerzeugern, Kleinspannungserzeugern (SELV) usw.		
Erproben	Funktionen von Sicherheitseinrichtungen und Funktionsprobe		
Dokumentation			

03. Welche Bestimmungen gelten für den Prüfschritt „Besichtigen"?

Das Besichtigen des Prüfgegenstandes ist der wichtigste Bestandteil der Prüfung und ist als erster Prüfschritt durchzuführen. Er erfolgt, um äußerlich erkennbare Mängel und Schäden sowie die Eignung für seinen Einsatzort festzustellen. Mit ihm können die meisten Mängel (über 80 %) bereits erkannt werden. Hierbei sind typische Feststellungen: Beschädigte oder ungeeignete Leitungen, fehlender Knickschutz, defekte Steckvorrichtungen und beschädigte Gehäuse. Auch während des Messens und Erprobens ist der Prüfling zu besichtigen, um sein Verhalten „unter Last" beurteilen zu können.

- Das Gerät ist bei einer Wiederholungsprüfung nur dann zum Besichtigen zu öffnen, wenn dies vom Hersteller in der Gebrauchsanweisung o. Ä. ausdrücklich gefordert wird oder ein begründeter Verdacht auf einen Sicherheitsmangel nur auf diese Weise geklärt werden kann.
- Eine vereinfachte Besichtigung auf augenscheinliche Mängel hat jeder Benutzer vor dem Einsatz, z. B. arbeitstäglich, durchzuführen.
- Darüber hinaus sind auch Schutzvorrichtungen, die vor mechanischen Gefahren schützen, z. B. fehlende Abdeckhauben an Winkelschleifern, zu betrachten.
- Besonderes Augenmerk ist auf Anschlussleitungen elektrischer Betriebsmittel zu richten. Häufig ist eine für den gewerblichen Einsatz ungeeignete PVC-Leitung (HO5VV-F o. Ä.)

vom Hersteller montiert. Bei elektrischen Handwerkszeugen, die überwiegend im gewerblichen Einsatz betrieben werden, muss die Anschlussleitung mindestens die Qualität einer leichten Gummischlauchleitung vom Typ H05RN-F oder gleichwertig (z. B. H05BQ-F) besitzen. Eine Verlängerungsleitung sollte mindestens die Qualität einer mittelschweren Gummischlauchleitung H07RN-F oder gleichwertig (z. B. H07BQ.-f) aufweisen.

Die Metallberufsgenossenschaften haben eine *Checkliste für den Prüfschritt „Besichtigen"* erarbeitet, die die wesentlichen zu prüfenden Merkmale des Prüflings auf Mängel und Schäden enthält:

Checkliste „Besichtigen"
Zu besichtigende Merkmale des Prüflings auf Mängel und Schäden:
Am Stecker, an Kupplungsdose: ❑ Stecker-, Kupplungsgehäuse ohne Deformierung oder Beschädigung ❑ Keine Abnutzungen, Lockerungen, Brüche oder thermische Schäden an Steckerstiften ❑ Schutzkontakte frei von Korrosion, Verbiegungen oder Brüchen
An der Anschlussleitung (auch Handprobe): ❑ Wirksamkeit der Zugentlastungen ❑ Biege- und Knickschutzteile vorhanden und unbeschädigt ❑ Übereinstimmung von Schutzklasse und Anschlussleitung, Stecker, ggf. Kupplung ❑ Querschnittsbemessung ausreichend ❑ Geeignet für den Einsatzbereich
Am Gehäuse, Körper: ❑ Wirksamer Berührungsschutz, Schutzart mindestens IP 2X oder höherwertig ❑ Keine unzulässigen Eingriffe und Änderungen, Einritzungen, Abnutzung ❑ Schutzart der Gehäuse oder Verkleidungen nicht durch Zerstörung oder Einbeulung beeinträchtigt ❑ Gehäuse ohne Bruchschäden ❑ Unbeschädigte Isolierungen oder Isolierteile, z. B. von außen zugängliche Schleifkohlenhalter ❑ Anzeichen von Überlastung oder unsachgemäßem Gebrauch nicht erkennbar ❑ Keine übermäßige Verschmutzung, Korrosion, Feuchtigkeit, leitfähigen Ablagerungen ❑ Kühlöffnungen frei, erforderliche Luftfilter vorhanden ❑ Keine Schäden an Schaltern, Schalterarretierungen, Stellteilen, Betätigungseinrichtungen, Meldeleuchten usw. ❑ Ordnungsgemäße Bestückung mit Sicherungen, Lampen oder dergleichen ❑ Mängelfreiheit von Sicherheitseinrichtungen (z. B. Hauptschalter, Schlüsselschalter, Not-Aus-Befehlseinrichtungen, Verkleidungen, Schutzvorrichtungen usw.) ❑ Keine Mängel am Schlauchpaket, Zentralstecker, Stabelektrodenhalter oder Lichtbogenbrenner, falls vorhanden ❑ Ordnungsgemäß montierte und funktionstüchtige mechanische Schutzvorrichtungen ❑ Keine sonstigen mechanischen, chemischen oder thermischen Beschädigungen ❑ Lesbarkeit von Aufschriften, die der Sicherheit dienen (z. B. Warnsymbole, Schutzklasse, Schutzart, Kenndaten von Sicherungen, Schalterstellungen an Trenn- und Wahlschaltern, Kategorie-Kennzeichnungen K1/K2 für Einsatzbereiche usw.)

04. Welche Bestimmungen gelten für den Prüfschritt „Messen"?

Nachfolgend werden behandelt:

05. Was ist Messen?

Die Wirksamkeit der Schutzmaßnahme gegen elektrischen Schlag wird messtechnisch erfasst und überprüft, ob die festgelegten Grenzwerte eingehalten sind. Die Prüf- und Messtechniken sind in DIN VDE 0702/29 ausführlich beschrieben.

06. Wie wird der Schutzleiterwiderstand (SK I) gemessen?

An Betriebsmitteln der Schutzklasse I (SK I) wird der Schutzleiterwiderstand zwischen dem Schutzkontakt des Steckers und den berührbaren leitfähigen Teilen, die zu Schutzzwecken mit dem Schutzleiter verbunden sind, gemessen. Der Mess-Strom eines geeigneten Prüfgerätes muss mindestens 0,2 A betragen. Bei der Anwendung eines Prüfgleichstroms ist während der Messung entsprechend den Angaben des Prüfgeräte-Herstellers umzupolen.

Der Prüfstrom muss nach dem Einschalten der Messfunktion als Dauerstrom oder über eine hinreichend lange Zeit fließen. *Während der Messung ist die Leitung in Abschnitten über ihre ganze Länge zu bewegen,* besonders an den Leitungseinführungen. Dabei muss die Anzeige des Prüfgerätes beobachtet werden.

Auch ein nur kurzzeitig vom Prüfgerät angezeigter hoher Schutzleiterwiderstand weist auf eine Unterbrechung des Schutzleiters oder Störung in der Schutzleiterbahn hin. Der zulässige Schutzleiterwiderstand ist von der Leitungslänge und dem Querschnitt abhängig. Es gelten daher folgende max. *Grenzwerte:*

0,3 Ω	für Betriebsmittel mit Anschlussleitungen bis 5 m Länge sowie Verlängerungsleitungen, Leitungsroller
0,1 Ω	je weitere 7,5 m Leitungslänge.

Das Bild zeigt die Messung der PE-Verbindung an einem Prüfling der SK I, der mit dem Netz verbunden ist, zwischen dem Schutzleitersystem der Anlage (Steckdosen-PE) und dem Gehäuse des Prüflings.

Die typischerweise ermittelten Widerstandswerte liegen bei üblichen Geräten, mit kurzen Anschlussleitungen bis 2,5 m und einem Leiterquerschnitt von mindestens 1,0 mm² Cu bei 0,06 mm² bis 0,12 Ω.

Ein höherer Messwert kann bereits auf eine korrosionsbefallene, schlechte Kontaktstelle hinweisen.

Hier ist der Praktiker mit seinen Kenntnissen und Erfahrungen aus vielen vorausgegangenen Prüfungen zur fachspezifisch richtigen Beurteilung gefragt.

Abb.: Schutzleiterwiderstandsmessung, Prüfling vom Netz getrennt

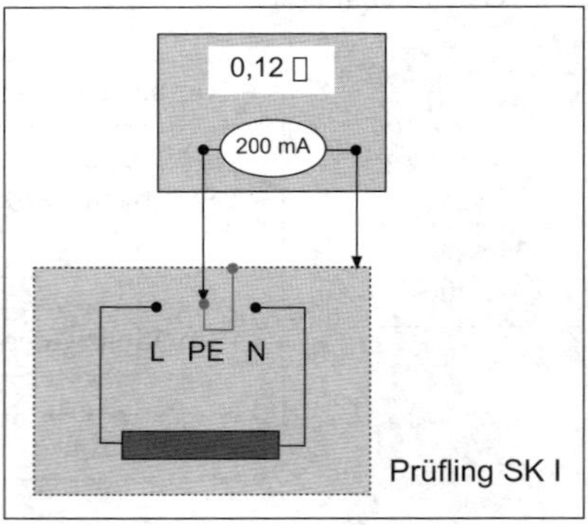

Abb.: Schutzleiterwiderstandsmessung, Prüfling mit Netz verbunden

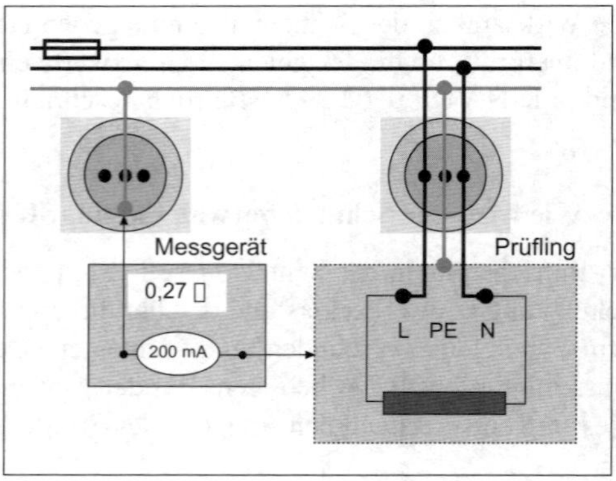

07. Wie ist die Isolationswiderstandsmessung durchzuführen?

Durch die Isolationswiderstandsmessung soll der Nachweis des ordnungsgemäßen Zustands der Isolierungen zwischen den kurzgeschlossenen, aktiven Teilen (L_1-L_3+N) und den leitfähigen berührbaren Teilen,

- die mit dem Schutzleiter verbunden sind und
- die nicht mit dem Schutzleiter verbunden sind,

erbracht werden.

Enthält das Betriebsmittel berührbare, aktive Teile von Kleinspannungsstromkreisen (z. B. die nicht isolierten Polklemmen an Ladegeräten, den großflächig berührbaren Stecker eines Netzteiles usw.), muss der Isolationswiderstand zwischen

- Eingangsstromkreis und Ausgangsstromkreis,
- Eingangsstromkreis und leitfähigen berührbaren Teilen und
- Ausgangsstromkreis und leitfähigen berührbaren Teilen

gemessen werden.

Abb.: Isolationswiderstandmessung SK I

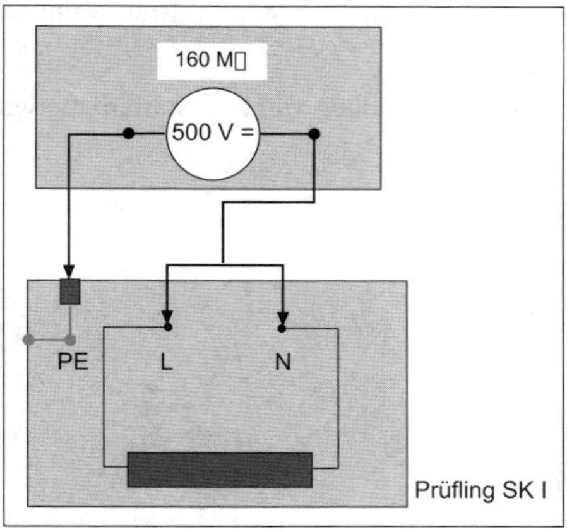

Abb.: Isolationswiderstandsmessung SK II

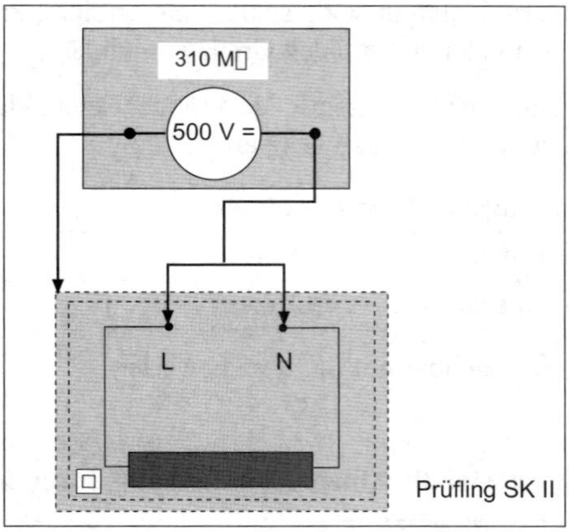

- Die Prüfung muss eine *Gleichspannung* sein. Sie beträgt:

500 V DC	bei Nennspannung ≤ 500 V
1000 V DC	bei Nennspannung > 500 V

- Vor der Messung ist darauf zu achten, dass Schalter und ähnliche Einrichtungen geschlossen sind, um möglichst alle durch Netzspannung beanspruchten Isolierungen zu erfassen.
- Hinweis: An offensichtlich stark verschmutzen Betriebsmitteln, z. B. durch leitfähige Schleifstaubablagerungen, Abrieb von den Kohlebürsten und ggf. Feuchtigkeit, wird auch an Stellen mit Ablagerungen (Gehäuseöffnungen, Kühlöffnungen, -schlitze, Gehäusenahtstellen) der Isolationswiderstand ermittelt.

- Vor der Messung sind die Geräte jedoch grundsätzlich zu reinigen.
- *Der Isolationswiderstand darf die folgenden Grenzwerte nicht unterschreiten:*

Bei Betriebsmitteln der Schutzklasse I	1 MΩ
Bei Betriebsmitteln der SK I mit Heizelementen P ≤ 3,5 kW	0,3 MΩ
Bei Betriebsmitteln der Schutzklasse II	2 mΩ
Bei Betriebsmitteln mit bedenkenlos berührbaren Ausgangskreisen (z. B. Trafo) zwischen Eingangs- und Ausgangstromkreis	2 MΩ
Bei Betriebsmitteln der Schutzklasse III	0,25 mΩ

- Werden nicht alle von der Netzspannung beanspruchten Teile von der Isolations-Prüfspannung erfasst, muss bei

SK I	eine Schutzleiterstrommessung
SK I mit leitfähigen – nicht mit dem PE verbundenen – und berührbaren Teilen	eine Berührungsstrommessung
SK II	eine Berührungsstrommessung

durchgeführt werden.

- Wird bei Geräten der Schutzklasse I mit Heizelementen > 3,5 kW Gesamtleistung der geforderte Isolationswiderstand nicht erreicht, gilt das Gerät dennoch als einwandfrei, wenn der Schutzleiterstrom den Grenzwert einhält.
- Hinweis: Bei einem Ladegerät der Schutzklasse I, z. B. zur Ladung von Kfz-Starterbatterien, ist der Isolationswiderstand

Eingangsstrom ↔ Körper	≥ 1 MΩ
Eingangsstrom ↔ Ausgang	≥ 2 MΩ
Ausgangsstrom ↔ Körper	≥ 2 MΩ

vergleichbar mit SK II zu bewerten.

08. Wie ist die Ableitstrommessung durchzuführen?

Die Ableitstrommessung kann durchgeführt werden als	
Schutzleiterstrommessung	**Berührungsstrommessung**

Ist das Gerät mit einem ungepolten Netzstecker ausgerüstet, sind die Messungen in beiden Positionen des Netzsteckers – soweit vertauschbar – durchzuführen. Als Messwert gilt der größere der beiden gemessenen Werte.

Bei der Berührungsstrommessung gilt bei nicht möglicher Unterbrechung des Betriebs der Messwert in der vorhandenen Steckerposition. Es muss bei nächstmöglicher Unterbrechung vom Netz eine vollständige Prüfung durchgeführt werden.

Die Schutzleiter- und Berührungsstrommessung kann

1. im direkten Verfahren oder
2. im Differenzstromverfahren oder
3. mit dem Ersatzableitstrom-Messverfahren

durchgeführt werden.

Schutzleiter- und Berührungsstrommessung • Verfahren	
Direktes Verfahren	Bei der Anwendung des direkten Verfahrens zur Schutzleiterstrommessung wird ein Milliamperemeter in den PE geschaltet. Während des Zwischenschaltens ist der PE nicht direkt (niederohmig) mit dem Netz-PE verbunden.
	Im Fehlerfall kann der Körper eines Prüflings ggf. eine zu hohe Berührungsspannung (U_B) annehmen, deshalb sind besondere Maßnahmen anzuwenden.
	Weiterhin ist der Prüfling isoliert aufzustellen, um eine Parallelableitung, die das Messergebnis verfälscht, und eine Spannungsverschleppung zu verhindern.

Ersatzableitstrommessung	Die Ersatzableitstrommessung darf nur nach vollständig durchgeführter und bestandener Isolationswiderstandsmessung als ein alternatives Messverfahren zur Messung des Schutzleiterstromes bzw. des Berührungsstromes angewendet werden.
	Dieses Messverfahren dient dem Nachweis des ordnungsgemäßen Zustandes der Isolierungen. Defekte am Isoliervermögen können durch die Messung des Schutzleiterstromes ermittelt werden. Dabei sind die nachfolgend beschriebenen Messverfahren möglich. Diese Messung erfolgt an Geräten der SK I.

Differenzstromverfahren	Das Differenzstromverfahren entspricht der gleichen physikalischen Grundlage wie bei einem Fehlerstromschutzschalter. Es wird der Summen- oder Differenzstrom aller hin- und rückfließenden Ströme des Betriebsmittels gemessen. Ein über Erde oder den PE abfließender Strom ergibt eine Differenz zwischen dem hin- und rückfließenden Strom, der in einem Differenzstromwandler (Summenstromwandler) gemessen werden kann. Der PE bleibt bei diesem Verfahren mit dem Netz-PE verbunden. Bei korrekter Anwendung entsteht während dieser Messung kein erhöhtes Risiko für den Prüfer oder Dritte. Dadurch müssen keine zusätzlichen Schutzmaßnahmen getroffen werden.
	Vor der Messung ist darauf zu achten, dass Schalter und ähnliche Einrichtungen geschlossen sind, um möglichst alle mit Netzspannung beanspruchten Isolierungen zu erfassen.

09. Welchen Zweck hat die Messung des Schutzleiterstroms und welche Messverfahren gibt es?

Die Messung des Schutzleiterstroms dient dem Nachweis des ordnungsgemäßen Zustandes der *Isolierungen.* Es sind zwei Messverfahren möglich:

Direkte Messung
Messen des Schutzleiterstromes an einem Betriebsmittel der SK I, direkt gemessen an einem Strommesser zwischen dem Schutzleiteranschluss und dem Körper des Prüflings, während das Gerät mit Netzspannung in den typischen Funktionen betrieben wird. Der Prüfling muss während der Messung isoliert aufgestellt sein. Vorzugsweise sollte ein Prüfgerät gemäß VDE 0404/18/, /19/ und /20/ benutzt werden.

Abb.: Schutzleiterstrommessung als Direktmessung

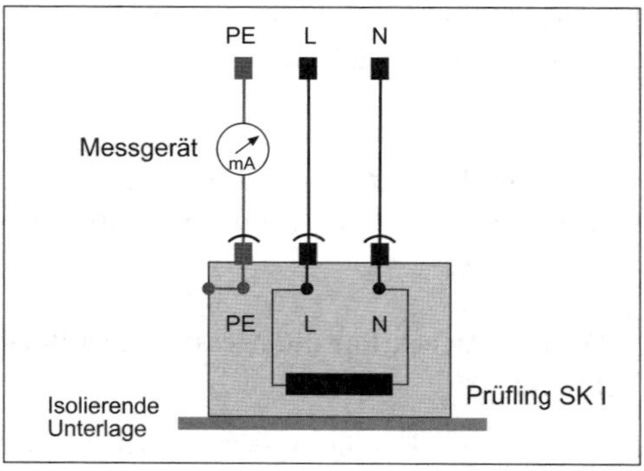

Differenzstrommessung
Beim Differenzstromverfahren wird der PE, im Gegensatz zur direkten Messung, nicht aufgetrennt.

Der Prüfling ist während der Messung mit Nennspannung in den typischen Betriebsarten und Funktionen zu betreiben.

Der Schutzleiterstrom darf 3,5 mA nicht übersteigen, mit folgenden Ausnahmen:

- Bei Geräten mit Heizelementen mit einer Gesamtanschlussleistung größer 3,5 kW darf der Schutzleiterstrom nicht größer als 1 mA/kW Heizleistung sein.
- Bei fest angeschlossenen Geräten oder bei Geräten mit Anschlüssen nach IEC 60309 (z. B. CEE-Steckvorrichtungen) können besondere Installationsbedingungen und abweichende Werte für den Ableitstrom gelten.
- Bei Geräten mit entsprechend den Gerätenormen zulässigen Schutzleiterströmen größer 3,5 mA ist auf die besondere Schutzleiterverbindung und auf das Vorhandensein des ggf. vorgeschriebenen Warnhinweises „Hoher Ableitstrom! – Vor Netzanschluss Schutzleiterverbindung herstellen" zu achten.

Abb.: Schutzleiterstrommessung nach dem Differenzstromverfahren

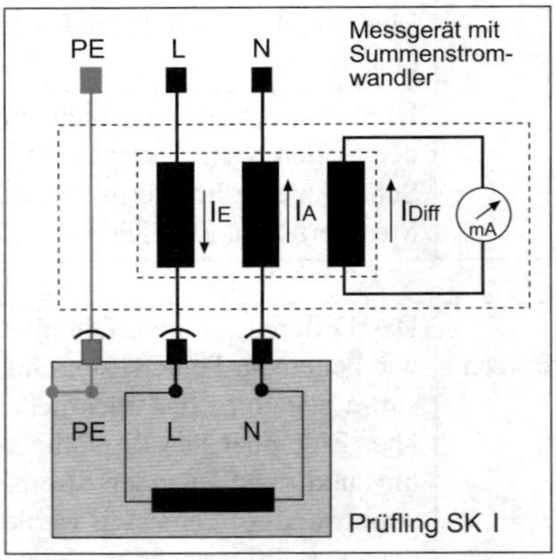

Abb.: Schutzleiterstrommessung mit einer Ableitstrommesszange (Leckstrommessung)

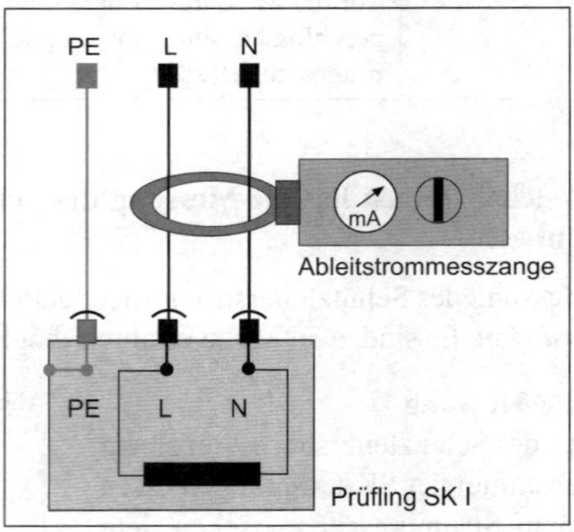

Hinweis: Wird bei Geräten mit Heizelementen der Isolationswiderstand 0,3 mΩ erheblich unterschritten, besteht bei der Schutzleiterstrommessung die Gefahr eines Kurzschlusses.

10. Welchen Zweck hat die Messung des Berührungsstroms und welche Messverfahren gibt es?

Die Messung des Berührungsstromes dient gleichermaßen dem Nachweis des ordnungsgemäßen Zustands der *Isolierungen.* Die Messung erfolgt zwischen einem PE und den leitfähigen berührbaren Teilen, die nicht mit einem Schutzleiter verbunden sind, sowohl bei SK I als auch bei SK II.

Der Prüfling ist während der Messung in allen Betriebsarten und Funktionen mit Nennspannung zu betreiben. Der Berührungsstrom darf den Grenzwert 0,5 mA nicht überschreiten.

Auch bei der Berührungsstrommessung sind zwei Messverfahren möglich:

Direkte Messung	Der Prüfling wird isoliert aufgestellt, um Ableitströme über den Standort zu verhindern. Die Messung muss in beiden Positionen des Netzsteckers durchgeführt werden.
	Der Berührungsstrom kann z. B. mit einem Milliamperemeter (Multimeter) an berührbaren leitfähigen Teilen gegen Erde (z. B. gegen Schutzkontakt einer vorher geprüften Steckdose) gemessen werden. Der Berührungsstrom an berührbaren leitfähigen Teilen, z. B. an Ausgangsklemmen und -buchsen (Kleinspannung) sollte im direkten Verfahren durchgeführt werden.
	Vorzugsweise sollte allerdings ein Prüfgerät gemäß VDE 0404/18/, /19/ und /20/ genutzt werden.
	Betriebsmittel der Schutzklasse II werden ausschließlich aus einer Schutzkleinspannungsquelle (SELV) versorgt. Somit ist eine galvanische Trennung vom geerdeten Netz sichergestellt und eine Ableitstrommessung grundsätzlich entbehrlich.

An Betriebsmitteln, die mit einer Kleinspannung ohne sichere Trennung (PELV/FELV) betrieben werden, wie beispielsweise Schweißelektroden-Vorwärmgeräte, Werkstück-Drehvorrichtungen usw., ist eine *Ableitstrommessung* durchzuführen.

Abb.: Berührungsstrommessung als Direktmessung an leitfähigen Teilen, die nicht mit dem Schutzleiter verbunden sind

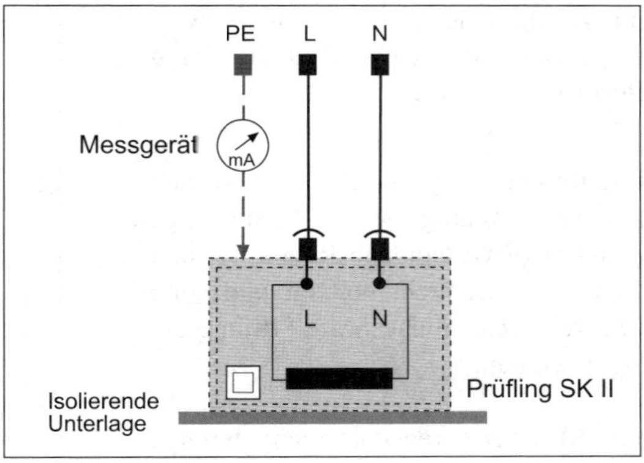

Differenzstromverfahren	Bei einem Betriebsmittel der SK I nach dem Differenzstromverfahren wird der PE, im Gegensatz zur direkten Messung, nicht aufgetrennt.

Abb.: Berührungsstrommessung nach dem Differenzstromverfahren an leitfähigen Teilen, die nicht mit dem Schutzleiter verbunden sind

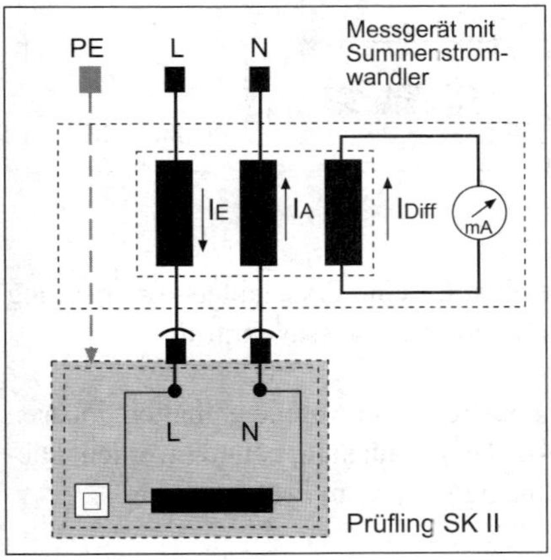

Abb.: Berührungsstrommessung mit einer Ableitstrommesszange (Leckstrommessung) an leitfähigen Teilen, die nicht mit dem Schutzleiter verbunden sind

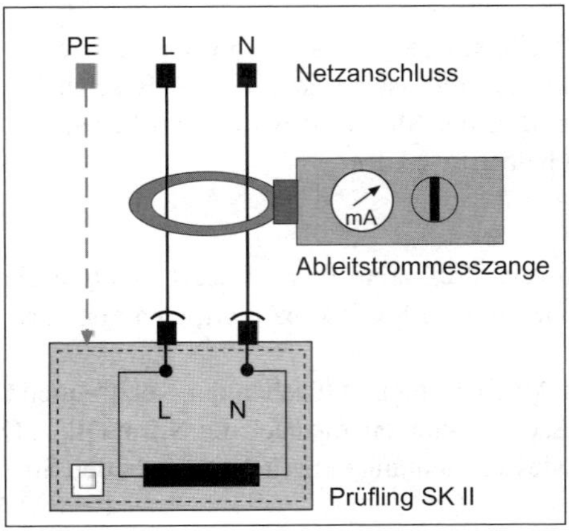

11. Welchen Zweck verfolgt die Messung des Ersatzableitstroms und wie wird die Messung durchgeführt?

Die Ersatzableitstrommessung ist nach bestandener Isolationswiderstandsmessung *ein alternatives Messverfahren* zur Messung des Schutzleiterstromes bzw. des Berührungsstromes.

Die Abbildungen zeigen die Ersatzableitstrom-Messverfahren für die Schutzleiterstrommessung sowie die Berührungsstrommessung:

Die Messung im Ersatzableitstromverfahren wird mit einer Prüfwechselspannung durchgeführt. Der Schaltungsaufbau mit verbundenem L- und N-Leiter ist mit der Isolationswiderstandsmessung vergleichbar und damit gleichermaßen unvollständig, wenn eine Iso-Messung nicht vollständig durchgeführt werden konnte.

Das Gerät wird aufgrund der nicht vorhandenen Netzspannung nicht in Funktion gesetzt, da etwa vorhandene Relais, Halbleiter-Schalter usw. nicht betätigt und somit diese Stromkreise nicht in die Prüfung einbezogen werden.

Dieses Messverfahren darf nicht durchgeführt werden, wenn die Isolationswiderstandsmessung technisch nicht möglich ist oder diese bei Geräten mit Heizelementen mit einem negativen Ergebnis abgeschlossen wurde.

Es gelten die Grenzwerte der Schutzleiter- bzw. Berührungsstrommessung.

Bei einphasigen Geräten mit nachgewiesener symmetrischer kapazitiver Beschaltung darf der Messwert bei diesem Verfahren halbiert werden.

Abb.: Schutzleiterstrommessung im Ersatzableitstrom-Messverfahren bei SK I

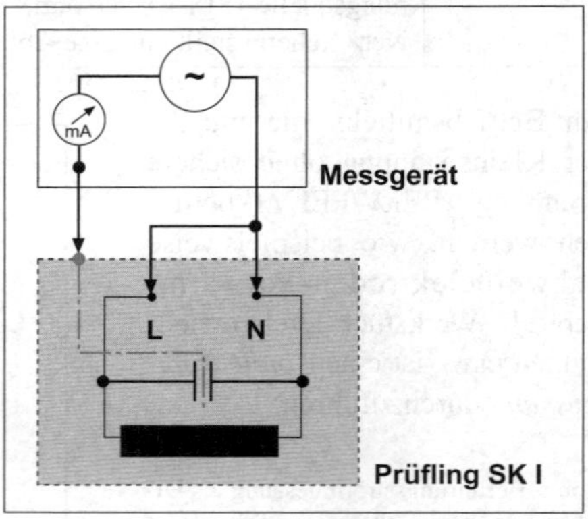

Abb.: Berührungsstrommessung im Ersatzableitstrom-Messverfahren bei SK II

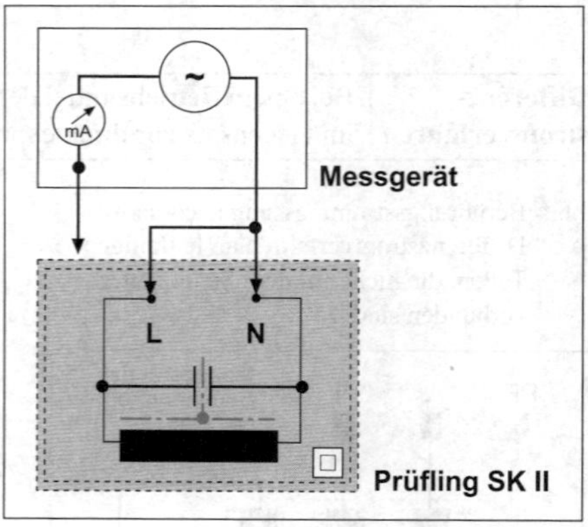

Hinweis: Prüfgeräte älterer Bauart sind typischerweise nicht für eine Ersatzableistrommessung an Geräten der SK II konzipiert; somit ist diese Messung ggf. nicht aussagekräftig.

Bei Ableitströmen, die neben der Netzfrequenz auch höherfrequente Anteile enthalten, müssen Messeinrichtungen, die nach der Norm DIN VDE 0404-2/19/ gebaut sind, benutzt werden. Diese Messeinrichtungen berücksichtigen den Strom in Abhängigkeit vom Frequenzgang.

12. Welche Bestimmungen gelten hinsichtlich der Messung der Ausgangsspannung?

Enthält ein Betriebsmittel der Schutzklassen I oder II Kleinspannungsstromkreise (SELV, PELV) mit berührbaren aktiven Teilen, wie Ladegeräte, Netzteile, Stromerzeuger, Kleinspannungserzeuger usw., *sind die Spannungen zu messen.* Diese Spannungen dürfen die Angaben auf dem Typenschild und bei SELV die Grenzwerte der Schutzkleinspannung von ≤ 25 V AC oder ≤ 60 V DC nicht überschreiten.

13. Was bezeichnet man als Schleifenimpedanz?

Die Schleifenimpedanz (auch: Schleifenwiderstand) ist die Summe aller Scheinwiderstände in einer Netzschleife. Sie setzt sich zusammen aus

- den Leitungswiderständen des Außenleiters und des Schutzleiters (Rückleiter)
- den Übergangswiderständen an den Klemmstellen
- dem Innenwiderstand der Spannungsquelle (Leiterschleife).

14. Wann ist die Schleifenimpedanzmessung durchzuführen?

Eingesetzt wird die Schleifenimpedanzmessung zur Prüfung der Schutzmaßnahme *Schutz durch automatische Abschaltung mit Überstromschutzeinrichtungen.* Im Falle eines Kurzschlusses begrenzt die Schleifenimpedanz den Kurzschlussstrom (ist die Schleifenimpedanz zu hoch, kann sie die Sicherung nicht auslösen, da trotz Kurzschluss der Auslösestrom nicht erreicht wird).

Die Einhaltung des Schleifenwiderstandes muss nach der Errichtung einer elektrischen Anlage nachgewiesen werden (Messung nach DIN VDE 0100 Teil 610 mit VDE-Messgeräten). Gemessen wird die Schleifenimpedanz zwischen Außenleiter und PE- oder PEN-Leiter. Die Messung muss je Stromkreis an der messtechnisch ungünstigsten Stelle durchgeführt werden.

15. Wie wird die höchstzulässige Schleifenimpedanz Z_s berechnet?

- Berechnung im *TN-System:*

$$\mathbf{Z_s \leq U_0 : I_a}$$

mit

U_0 – Nennwechselspannungs-Effektivwert gegen Erde

I_a – Abschaltstrom, der das automatische Ausschalten der jeweiligen Schutzeinrichtung innerhalb der nach DIN VDE 0100-410:2007-06 geforderten Zeit bewirkt (Errichten von Starkstromanlagen mit Nennspannung bis 1000 V; Schutzmaßnahmen; Schutz gegen elektrischen Schlag). Bei Verwendung von Fehlerstromschutzeinrichtungen (RCD) entspricht I_a dem Bemessungsdifferenzstrom $I_\Delta N$ des zum Einsatz kommenden RCD.

- Berechnung im *IT-System:*

$$\mathbf{Z_s \leq U : 2I_a}$$

mit

U – Nennwechselspannung (Effektivwert) zwischen den Außenleitern. In IT-Systemen mit einem Neutralleiter ist anstelle U die Spannung U_0 zwischen Außenleiter und Neutralleiter zu verwenden.

Ia – Abschaltstrom, der das automatische Ausschalten der jeweiligen Schutzeinrichtung innerhalb der nach DIN VDE 0100-410:2007-06 geforderten Zeit bewirkt.

Die neuen Abschaltzeiten bezogen auf Endstromkreise (Festanschluss, Steckdosen) bis einschließlich 32 A								
System	$50\ V < U_0 \leq 120\ V$		$120\ V < U_0 \leq 230\ V$		$230\ V < U_0 \leq 400\ V$		$U_0 > 400\ V$	
	AC	DC	AC	DC	AC	DC	AC	DC
TN	0,8 s	[1]Anm.	0,4 s	0,5 s	0,2 s	0,4 s	0,1 s	0,1 s
TT	0,3 s		0,2 s	0,4 s	0,07 s	0,2 s	0,04 s	0,1 s

2.3.5 Dokumentation der Prüfungen (nach Vorschriften)

01. Wie ist das Ergebnis der Prüfungen zu dokumentieren?

Die Dokumentation der Prüfungen ist unerlässlich. Eine Dokumentation ist so zu gestalten, dass eine hinreichende Aussagekraft gegeben ist. Hierzu kann die Wiedergabe von Messergebnissen und Messverfahren beitragen.

Der Nachweis kann z. B. durch Registrierung in einer *Gerätekartei,* in einem *Prüfprotokoll,* in einer *PC-Datei* oder in einem *Prüfbuch* erfolgen.

Die Dokumentation z. B. in Prüfprotokollen ist recht sinnvoll, weil die Ergebnisse der zurückliegenden mit der jetzigen Prüfung vergleichbar sind und eine Übersicht von sich verändernden Zuständen ermöglicht wird.

Eine Dokumentation sollte zumindest folgende Informationen beinhalten:

Prüfung elektrischer Anlagen • Prüfprotokoll	
Identifikation des Betriebsmittels (Typ, Hersteller, u. Ä.)	
Standort	
Datum und Umfang der Prüfung	
Prüfergebnis	
Prüffrist	
Prüfperson	
Verwendetes Prüf- bzw. Messgerät	

Zusätzlich ist es möglich, Prüfplaketten oder Prüfbanderolen an den Geräten anzubringen. Dabei ist es sehr zweckmäßig, den Zeitpunkt der nächsten Prüfung auf der Plakette anzubringen.

[1] Anmerkung: Eine Abschaltung kann aus anderen Gründen als dem Schutz gegen elektrischen Schlag verlangt sein.

2.3.6 Erprobung der geprüften Geräte (Funktionskontrolle/-prüfung)

01. Wie ist die Erprobung durchzuführen?

Ein Erproben der Funktion(en) des Prüflings bzw. seiner Teile ist nur insoweit vorzunehmen, wie es zum Nachweis der Sicherheit erforderlich ist.

Die Funktion der Sicherheitseinrichtungen und deren Schutzwirkung sind *durch Betätigen* zu erproben, z. B.:

1. Sicherheitseinrichtungen	2. Funktionsprobe
• Hauptschalter	• Melde- und Kontrolleuchten
• Not-Aus-Einrichtungen	• Wahlschalter
• Grenztaster	• Befehlsgeräte
• Verriegelungen usw.	• Fehlerstrom-Schutzeinrichtungen (RCDs) durch Betätigen der Prüfeinrichtungen (z. B. Prüftaste)
	• Drehsinn/-richtung
	• Regeleinrichtungen usw.

02. Welche Anforderungen werden an Mess- und Prüfgeräte gestellt?

Es sind ausschließlich Mess- und Prüfgeräte zu verwenden, von denen

- keine Gefährdungen für Prüfer und Dritte ausgehen und
- zu erwarten ist, dass Mängel eindeutig und präzise angezeigt werden.

Geeignete Mess- und Prüfgeräte (Überblick)	
Messgröße	**Messgeräte, Messeinrichtung**
Schutzleiterwiderstand (R_{PE})	Niederohm-Messgerät nach DIN EN 61557-1 und -4, VDE 0413-1 und -4
Isolationswiderstand (R_{ISO})	Isolationswiderstands-Messgerät nach DIN EN 61557-1 und -2, VDE 0413-1 und -2
Schutzleiterstrom (I_{PE})	Messgerät nach DIN VDE 0404-4 (Ableitstrommesszange) und DIN EN 61010, VDE 0411 (Ampere-/Multimeter)
Berührungsstrom (I_{BER})	Messgerät nach DIN VDE 0404-4 (Ableitstrommesszange) und DIN EN 61010, VDE 0411 (Ampere-/Multimeter)
Spannungsmessung (U_O)	Messanordnung nach DIN EN 61010, VDE 0144 (Spannungsmesser, Multimeter)
Auslösestrom (I_A) oder Berührungsspannung (U_B)	FI-Prüfgerät (RCD) nach DIN EN 61557-1 und -6, VDE 0413-1 und -6

Prüfgeräte oder Gerätetester für Prüfungen nach DIN VDE 0701/0702 werden von verschiedensten Herstellern angeboten. Die Produktpalette ist dabei relativ breit. Sie unterscheiden sich in einer ganzen Reihe von Merkmalen. Insofern muss das passende Gerät nach bestimmten Auswahlkriterien ermittelt werden.

Der Industriemeister Elektrotechnik wird in der Betriebspraxis häufig im Vorfeld der Beschaffung von Prüfartikeln einbezogen. Insofern sollte er sich mit den Merkmalen der wichtigsten Gerätetypen am Markt vertraut machen.

Abb.: Prüf-/Netzkupplungsdose je nach Prüfabschnitt, Anzeige der Grenzwertabweichung durch LED, Differenzstrommessung integriert

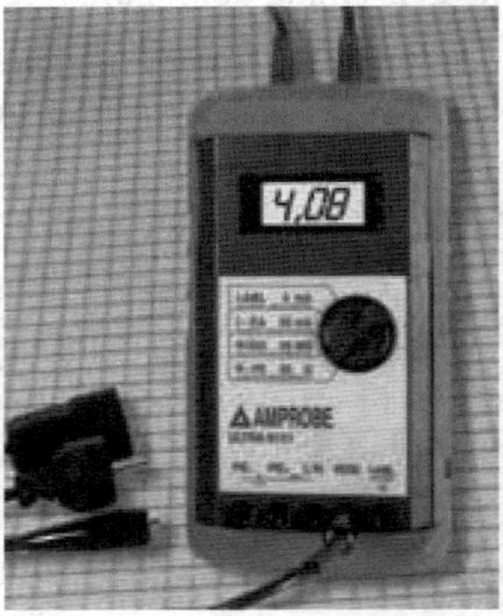

03. Welche Anforderungen werden an die Prüfer gestellt?

Um ein besonderes Auswahlkriterium handelt es sich bei der „Qualifikation des Prüfers".

Elektrotechnische Prüfungen dürfen unter bestimmten Voraussetzungen auch von Mitarbeitern durchgeführt werden, die nicht als Elektrofachkraft im Sinne von § 2 Abs. 3 der DGUV Vorschrift 3 gelten.

> Als *Elektrofachkraft* gilt, wer auf Grund seiner fachlichen Ausbildung, Kenntnisse und Erfahrungen sowie Kenntnis der einschlägigen Bestimmungen die ihm übertragenen Aufgaben beurteilen kann und in der Lage ist, mögliche Gefahren zu erkennen. Dies sind im Regelfall Elektroingenieure, Elektrotechniker, Elektromeister und Elektrogesellen.

Mitarbeiter, die diese Voraussetzungen nicht erfüllen, können jedoch für festgelegte Tätigkeiten elektrotechnisch ausgebildet werden. Die Ausbildung umfasst dann alle die Kenntnisse und Fähigkeiten, die genau für die festgelegte Tätigkeit benötigt werden. Diese Tätigkeiten dürfen nur im Spannungsbereich bis 1000 V Wechselstrom bzw. 1500 V Gleichstrom ausgeführt werden.

Dass die Ausbildung trotz des klar umrissenen „Tätigkeitsausschnitts" sehr sorgfältig durchgeführt werden muss, ist dabei selbstverständlich.

Ein solcher Mitarbeiter, die „Elektrofachkraft für festgelegte Tätigkeiten", kann natürlich an Prüfgeräten ausgebildet sein und Prüfungen in einem festgelegten Rahmen ausführen.

Am Markt ist eine breite Palette von Prüfgeräten vorhanden, die es von ihrer Bauart her gestatten, bestimmte elektrotechnische Prüfungen auch von sog. *elektrotechnisch unterwiesenen Personen* (EUP) ausführen zu lassen.

Diese Geräte müssen

- den Anschluss des zu prüfenden Betriebsmittels mit der fest angebrachten Steckvorrichtung gestatten
- einen zwangsläufigen Prüfablauf gewährleisten
- die leichte Erkennbarkeit des Prüfergebnisses erlauben („Gut-Schlecht", farbige Skalen, Signalleuchten, Akustiksignale)
- eine leichte Auswertung des Prüfergebnisses ermöglichen.

Als *elektrotechnisch unterwiesen* gilt ein Mitarbeiter, wenn er von einer Elektrofachkraft unterrichtet und angelernt worden ist. Er muss die Gefährdungen, die notwendigen Schutzmaßnahmen und Schutzeinrichtungen kennen.

04. Welche besonderen Gefährdungen bestehen an Prüfplätzen bzw. elektrischen Prüfanlagen?

Eine Gefährdung der Prüfperson entsteht fast immer, wenn ein fehlerhafter Prüfling einer Messung unterzogen wird. Besonders gefährlich ist dies deswegen, weil der Fehler dem Prüfer zunächst nicht bekannt ist. Wird an einen Prüfling mit einem Isolationsfehler oder Körperschluss oder einer Schutzleiterunterbrechung (ggf. durch die Messmethode) Netzspannung angelegt, muss damit gerechnet werden, dass bei diesen Messungen der Körper eines Prüflings lebensgefährliche Spannung führen kann. Bei allen Messverfahren treten solche Gefährdungen auf.

Beim Arbeiten mit Sicherheitsprüfspitzen bestehen z. B. besondere Risiken, weil kein vollständiger Berührungsschutz besteht. Die Schutzmaßnahmen sind nur zum Teil mit technischen Mitteln herzustellen; häufig sind organisatorische Schutzmaßnahmen notwendig.

05. Welche Gefährdungen sind bei der Ableitstrommessung zu beachten?

Das Messen eines Ableitstromes kann zu einer Gefährdung führen, wenn der Prüfling mit Netzspannung betrieben wird und das zu prüfende Gerät einen Mangel besitzt.

Bei der direkten Schutzleiterstrommessung wird der PE aufgetrennt, um einen Strommesser zwischenzuschalten. Dadurch ist eine Gefährdung bei einer Berührung des Prüflings möglich (berührbare leitfähige Teile können eine zu hohe Berührungsspannung annehmen).

Solche Risiken sind zu vermeiden, z. B. durch die Auswahl von geeigneten Prüfgeräten, damit der PE nicht unterbrochen werden muss. Anderenfalls ist die Prüfung in einer „elektrischen Prüfanlage" nach VDE 0104/14/ durchzuführen, z. B. an einem Prüfplatz ohne zwangläufigen Berührungsschutz (Werkstattprüfplatz).

06. Welche Gefährdungen sind beim Messen der Ausgangsspannung zu beachten?

In elektrischen Versorgungssystemen können bei Schalthandlungen mit induktiven Lasten oder Blitzeinschlägen hohe Spannungsspitzen (Transienten) erzeugt werden, von denen eine hohe Gefährdung ausgehen kann.

Betriebsmittel mit Transformator (z. B. Lichtbogenschweißeinrichtungen, fest verbunden mit der elektrischen Anlage) werden äquivalent auf der Sekundärseite Spannungsspitzen erzeugen. Messgeräte, die zum Einsatz kommen, müssen deshalb für die jeweilige Spannungskategorie (CAT II, CAT IV) geeignet sein.

Muss zum Zweck der Messung der Berührungsschutz an einem Prüfling entfernt werden, sind technische und organisatorische Maßnahmen durchzuführen.

07. Welche Gefährdungen können vom Prüfzubehör ausgehen?

Gefährdungen können auch von dem eingesetzten Prüfzubehör ausgehen:

- Es werden Prüfadapter hergestellt und verwendet, die eine Unterbrechung des Schutzleiters gestatten. Mit ihnen wird es z. B. ermöglicht, einen Strommesser in den Schutzleiter einzuschleifen oder mittels Ableitstrommesszange (Leckstromzange) die eingebrachte Schleife einer Einzelader zu umgreifen. Dadurch besteht für die Prüfperson und andere Personen die Gefahr, dass ein Gerät mit Körperschluss an den Adapter angeschlossen werden kann.
- Wenn vom Fachpersonal die Benutzung solcher Adapter als notwendig und zulässig angesehen wird, ist dies in der Gefährdungsbeurteilung zu berücksichtigen. Die verantwortliche Elektrofachkraft muss die Prüfperson(en) entsprechend unterweisen.

2.3.7 Ergebnisse und Maßnahmen

01. Welche Maßnahmen sind nach Beendigung von Prüfungen auszuführen?

Nach Beendigung von Prüfungen ist vor dem Berühren der abgeschalteten Prüfobjekte dafür zu sorgen, dass an berührbaren Teilen keine gefährlichen Spannungen vorhanden sind (Sicherstellen des spannungsfreien Zustandes, Erden und Kurzschließen, ggf. technische Maßnahmen mit Entladeschaltungen und Zuhaltungen; Quelle BGI 891).

02. Welchen Vorteil bietet die Kennzeichnung geprüfter Betriebsmittel?

Aufzeichnungen über die Prüfergebnisse geben Aufschluss, welche Mängel im Betrachtungszeitraum aufgetreten sind und liefern damit wichtige Hinweise für die Durchführung einer vorbeugenden Instandhaltung. Werden Betriebsmittel nach durchgeführter Prüfung z. B. mit Prüfplaketten gekennzeichnet, wird dem Benutzer signalisiert, dass sich das Betriebsmittel in ordnungsgemäßem Zustand befindet. Es ist deshalb darauf zu achten, dass die Vergabe der Prüfplakette erst erfolgt, wenn etwaige Mängel behoben sind.

Abb.: Prüfbanderole zur Befestigung an der Anschlussleitung

2.3.8 Überprüfung von Einrichtungen nach Sicherheitskategorien

01. Welche Klassifizierungen enthält die Norm DIN EN ISO 13849?

Die Norm EN ISO 13849 klassifiziert die Leistungs- bzw. die Widerstandsfähigkeit eines sicherheitsgerichteten Bauteils einer Steuerung beim Auftreten eines Fehlers in fünf Kategorien auf (B, 1, 2, 3, 4; vgl. unten: Kurzfassung der Tabelle). Diese Kategorien können auf jede Art von Maschine oder Anlage angewendet werden. Die Auswahl der erforderlichen Kategorie ist abhängig von der Art der Maschine und dem Umfang, in dem Steuerungsmittel für die Schutzmaßnahmen eingesetzt werden.

Im Ergebnis einer Risikobetrachtung kann die erforderliche Steuerungskategorie zur allgemeinen Maschinensicherheit ausgewählt werden.

Beispiel:
Aus der nachfolgenden Tabelle und der geforderten Fehlersicherheit der DIN EN 50191 (VDE 0104:2001-01) ergibt sich z. B., dass die Steuerung einer Prüfanlage mit zwangläufigem Berührungsschutz nach Kategorie 3 auszuführen ist. Die Anwendung der Kategorie 4 gewährleistet eine noch höhere Sicherheit bei unwesentlich höherem materiellen Aufwand und wird deshalb empfohlen.

Kategorien nach DIN EN ISO 13849 (Kurzfassung)			
Kategorie	**Anforderungen (Kurzfassung)**	**Systemverhalten**	**Prinzip**
B	Die sicherheitsbezogenen Teile von Steuerungen müssen den zu erwartenden Einflüssen standhalten können.	Das Auftreten eines Fehlers kann zum Verlust der Sicherheitsfunktion führen.	überwiegend durch die Auswahl von Bauteilen charakterisiert
1	Die Anforderungen von B müssen erfüllt sein. Bewährte Bauteile und bewährte Sicherheitsprinzipien müssen angewendet werden.	Das Auftreten eines Fehlers kann zum Verlust der Sicherheitsfunktion führen, aber die Wahrscheinlichkeit des Auftretens ist geringer als in Kategorie B.	
2	Die Anforderungen von B und die Verwendung bewährter Sicherheitsprinzipien müssen erfüllt sein. Die Sicherheitsfunktion muss in geeigneten Zeitabständen durch die Maschinensteuerung geprüft werden.	Das Auftreten eines Fehlers kann zum Verlust der Sicherheitsfunktion zwischen den Prüfungsabständen führen. Einige, aber nicht alle Fehler werden erkannt. Eine Anhäufung unerkannter Fehler kann zum Verlust der Sicherheitsfunktion führen.	überwiegend durch die Struktur charakterisiert
3	Die Anforderungen B und die Verwendung bewährter Sicherheitsprinzipien müssen erfüllt sein. Sicherheitsbezogene Teile müssen so gestaltet sein, dass • ein einzelner Fehler in jedem dieser Teile nicht zum Verlust der Sicherheitsfunktion führt und, • wann immer in angemessener Weise durchführbar, der einzelne Fehler erkannt wird.	Wenn der einzelne Fehler auftritt, bleibt die Sicherheitsfunktion immer erhalten. Einige, aber nicht alle Fehler werden erkannt. Eine Anhäufung unerkannter Fehler kann zum Verlust der Sicherheitsfunktion führen.	überwiegend durch die Struktur charakterisiert
4	Die Anforderungen von B und die Verwendung bewährter Sicherheitsprinzipien müssen erfüllt sein. Sicherheitsbezogene Teile müssen so gestaltet sein, dass 1. ein einzelner Fehler in jedem dieser Teile nicht zum Verlust der Sicherheitsfunktion führt und 2. der einzelne Fehler bei oder vor der nächsten Anforderung an die Sicherheitsfunktion erkannt wird oder, wenn dies nicht möglich ist, darf eine Anhäufung von Fehlern dann nicht zum Verlust der Sicherheitsfunktion führen.	Wenn Fehler auftreten, bleibt die Sicherheitsfunktion immer erhalten. Die Fehler werden rechtzeitig erkannt, um einen Verlust der Sicherheitsfunktion zu verhindern.	überwiegend durch die Struktur charakterisiert

02. Welchen Inhalt hat die BGI 670?

Die BGI 670 enthält Hinweise zur Auswahl und Anbringung von Näherungsschaltern für Sicherheitsfunktionen.

Beispiele (Quelle: BGI 670):

Abb.: Näherungsschalter an einer abnehmbaren Schutzeinrichtung	Abb.: Näherungsschalter mit Sensor (1), Sicherheitsausgängen (2) und Auswertegerät (3)
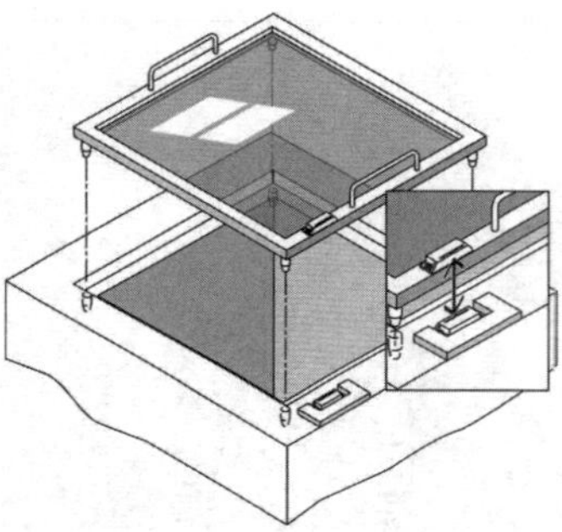	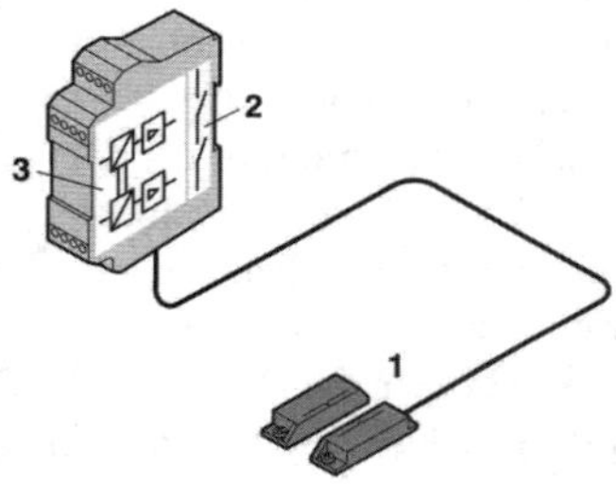

03. Was sind Sicherheitsbussysteme?

Sicherheitsbussysteme sind entweder *speziell für Sicherheitsaufgaben entwickelte autarke Bussysteme* oder speziell ertüchtigte Standardbussysteme. Das „normale" AS-I Interface erfüllt diese Anforderungen nicht.

04. Welche Anforderungen muss ein sicheres Kamerasystem zur Personendetektion erfüllen?

Bei der bisherigen Absicherung von Gefahrstellen an Maschinen und Anlagen werden in der Sicherheitstechnik derzeit die bekannten Systeme wie *trennende verriegelte Schutzeinrichtungen* (z. B. Umzäunung mit steuerungstechnisch abgesicherten Zugängen) sowie *nicht trennende Schutzeinrichtungen optischer Art* (wie Lichtgitter oder Laserscanner) verwendet.

Damit sich Kamerasysteme auch in der Maschinen- und Anlagentechnik zur Absicherung von Gefahrstellen einsetzen lassen, müssen sie drei *Voraussetzungen* erfüllen:

- sichere Bilderfassung
- automatisches sicheres Erkennen von Menschen in einem definierten Gefahrenbereich
- sicherheitsgerichtete Einbindung in die Steuerung einer Maschine oder Produktionsanlage
- Kennzeichnung der Kameraüberwachung (lt. Datenschutzgesetz).

Das Sicherheitsniveau des Kamerasystems muss für einen Einsatz in Maschinensteuerungen geeignet sein, in denen Steuerungsfunktionen die Anforderungen der Kategorie 3 gem. DIN EN ISO 13849 erfüllen.

Ein derartiges Kamerasystem hat die besondere Aufgabe, Bilder sicher zu erfassen, auszuwerten und sicherheitsbezogen zu verarbeiten, sodass hieraus notwendige Reaktionen in der nachgeordneten Maschinensteuerung erfolgen können. Die elektronischen Anforderungen unterscheiden sich dabei nicht von den Anforderungen eines *Sicherheitsbussystems* oder einer *Sicherheits-SPS.*

Die Optik sowie die notwendige Bildauswertung und -verarbeitung erfordern jedoch den Einsatz von Algorithmen, die bisher noch nicht in der Sicherheitstechnik verwendet wurden. Darüber hinaus sind die optischen Umwelteinflüsse einer Produktionsanlage derart zu berücksichtigen, dass Sicherheit und Verfügbarkeit gleichermaßen gewährleist werden. Neben den beschriebenen Anforderungen darf *ein sicheres Kamerasystem* nicht ein zweidimensionales, sondern *muss* – wie bei einer Käseglocke – *ein dreidimensionales Schutzfeld überwachen können.*

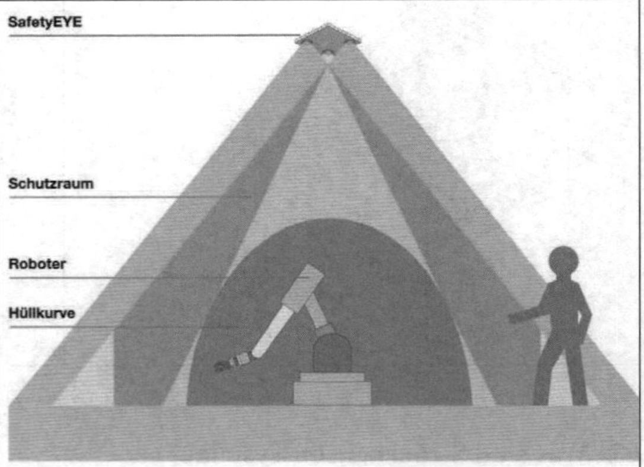

Quelle: VMBG Mitteilungen 02/2007, mitt207.pdf, S. 14 ff.

05. Wie unterscheiden sich die Maßnahmen der unmittelbaren, mittelbaren und hinweisenden Sicherheitstechnik?

Sicherheitstechnik		
		Beispiele
Unmittelbare Sicherheitstechnik	ist konstruktiv integrierte Sicherheitstechnik, die Gefährdungen ausschließt.	konstruktiv vermiedene Scher- und Klemmstellen; Einsatz möglichst geringer Kräfte und Energien.
Mittelbare Sicherheitstechnik	Es besteht eine Gefährdung, aber durch technische Einrichtungen wird das Unfallereignis vermieden.	mechanische Schutzabdeckung, Auffangen wegfliegender Teile durch Schutzvorrichtungen; räumliche Absperrung.
Hinweisende Sicherheitstechnik	gilt für Restgefährdungen und beinhaltet die Sicherheits- oder Gesundheitsschutzkennzeichnung mithilfe eines Schildes, einer Farbe eines Leucht- oder Schallzeichens, aber auch der Sprache oder eines Handzeichens.	Gefahrstoffsymbole, Verbotszeichen, Warnzeichen, Piktogramme, Betriebs-/Bedienungsanweisung usw.

2.4 Inbetriebnehmen und Abnehmen von automatisierten Anlagen und Systemen

2.4.1 Vorbereitung der Inbetriebnahme

→ 4.1.4, 6.1.2

Bitte lesen Sie dazu:
1.5.1 (S. 177 - 181)

T 1 und T2 sind hier identisch (lt. Rahmenplan).

2.4.2 Teilfunktionskontrolle der Komponenten nach Herstellervorgaben

2.4.2.1 Bedeutung und Umfang der Funktionskontrolle

01. Welche Bedeutung hat die Funktionskontrolle einzelner Komponenten im Rahmen der Inbetriebnahme?

Die Funktionskontrolle einzelner Komponenten einer Anlage ist ein zentraler Baustein im Prozess der Inbetriebnahme. Gerade bei komplexen Anlagen soll die Prüfung von Anlagenkomponenten oder Package-Units Frühausfälle vor der eigentlichen Inbetriebnahme verhindern. Fehler und Schwachstellen einzelner Baugruppen können noch behoben werden. Die Inbetriebnahme der Gesamtanlage kann dadurch kostengünstiger gestaltet werden. Außerdem kann nur durch die Einzelprüfung von Anlagenkomponenten sichergestellt werden, dass für einzelne Aggregate die speziellen Prüfvorschriften herangezogen und beachtet werden (vgl. z. B. Notbeleuchtung: VDE 0108, T1; Rohrleitungen: Rohrleitungen-TRR; Elektrische Anlagen und Betriebsmittel: DGUV Vorschrift 3). Grundsätzlich gilt:

Alle Komponenten einer Anlage sind einer Funktionsprüfung zu unterziehen.

02. Welche Einzelprüfungen umfasst die Funktionskontrolle?

Wesentliche Ebenen der Funktionskontrolle im Rahmen der Inbetriebnahme sind:

01 **Sicherheitstechnische Überprüfung**
↓
02 **Grundfunktionen von Maschinen**
↓
03 **(Teil-)Funktionskontrolle der Anlagenkomponenten**
↓
04 **Kontrolle der Schnittstellen**
↓

05 **Kontrolle der Prozessleittechnik (PLT) und der Anlagenvisualisierung**

↓

06 **Optimierung der Anlage**

Hinweis: Die nachfolgenden Fragestellungen zeigen beispielhaft Prüflisten für einzelne Ebenen der Funktionskontrolle (ohne Anspruch auf Vollständigkeit). Zusätzlich sind bestehende Einzelprüfvorschriften des Gesetzgebers, der BG sowie nach DIN/VDE heranzuziehen.

2.4.2.2 Sicherheitsrelevante Funktionen

01. Welche Merkmale sind bei der sicherheitstechnischen Prüfung zu kontrollieren?

Beispiele (ohne Anspruch auf Vollständigkeit):

01 **Sicherheitstechnische Überprüfung • Prüfliste**

01.1	**Allgemein:** • Prüfliste im Betrieb bereits vorhanden? • Prüfzeugnis bereits vorhanden? • Sind Prüfzeugnis und Typenschild identisch? • Bedienungsanleitung in der Sprache des Betreiber? • Schutzeinrichtungen in Übereinstimmung mit der Betriebsanleitung? • Gibt es für heiße oder sehr kalte Stellen Schutzeinrichtungen? • Ausreichender Schutz für Einrichtarbeiten? • Gibt es für jede Energieart einen abschließbaren Hauptschalter? ...
01.2	**Mechanik:** • Gibt es mechanische Gefahrenstellen (z. B. Quetsch-/Fangstellen)? • Sind die Schutzeinrichtungen fest montiert, nicht zu umgehen u. Ä.? • Beeinträchtigen die Schutzeinrichtungen nicht die Beobachtung des Arbeitszyklusses? • Sind Stellteile leicht und gefahrlos erreichbar? • Sind Stellteile gegen unbeabsichtigtes Betätigen gesichert? ...
01.3	**Elektrik:** • Sind alle elektrischen Betriebsmittel ausreichend gekennzeichnet? • Sind die Angaben vollständig und eindeutig (z. B. Nennspannung/-betriebsstrom, Stromart, Frequenz)? • Ist das Gehäuse nur mit Werkzeug zu öffnen? • Sind die Einbauhöhen korrekt? • Stimmt die Kennzeichnung mit dem Schaltplan überein? • Sind Schutzleiter- und Mittelleiterklemme vorhanden? • Hat der Hauptschalter nur zwei Stellungen? • Ist ein Schutz bei Spannungsabfall vorhanden? • Ist die Not-Aus-Einrichtung vorhanden? • Gibt es äußerlich erkennbare Mängel? • Sind Grenztaster gegen unbeabsichtigtes Betätigen gesichert? • Gibt es Piktogramme zur Warnung vor Restgefahren? ...

01.4	**Hydraulik, Pneumatik:** • Kennzeichnung des zulässigen Betriebsdrucks? • Sind die Sicherheitseinrichtungen ausreichend (Ablass-/Absperrventile, Druckentlastung, Druckanzeige u. Ä.)? • Sind Förderleitungen ausreichend bemessen und geschützt verlegt? • Können bei Druckabfall Gefahren durch Bewegungen entstehen? ...
01.5	**Bedingungen am Arbeitsplatz:** • Sind Arbeits- und Bewegungsräume ausreichend bemessen? • Ist ausreichend Abstand zu Verkehrswegen? • Sind erforderliche und geeignete Hebe- und Transportmittel vorhanden? • Ist die Beleuchtung ausreichend (Allgemein-/Arbeitsbeleuchtung)? • Ist die Sicherheitskennzeichnung vorhanden und richtig? • Sind die Bedienelemente deutlich sichtbar, ergonomisch, zweckmäßig gekennzeichnet und außerhalb der Gefahrenbereiche angebracht? Ist die jeweilige Steuerwirkung unmissverständlich erkennbar? • Gibt es Hinweise auf die erforderliche PSA? • Sind die Anzeigevorrichtungen vom Bedienstand erkennbar? • Sind zusätzlich akustische/optische Warnsignale notwendig und vorhanden? • Treten Emissionen auf (Stäube, Dämpfe, Gase, Lärm)? • Sind Schutzmaßnahmen gegen Emissionen erforderlich? ...

Quelle: in Anlehnung an: DIN EN ISO 12 100-2; BGR 223; DGUV Vorschrift 3

Bei der Sicherheitsprüfung sind die speziellen, sicherheitstechnischen Auflagen des Maschinenherstellers einzuhalten; ebenso sind besondere Prüfvorschriften zu beachten (vgl. z. B. Prüfnachweis nach der Druckbehälterverordnung).

02. Welche sicherheitstechnischen Vorgaben bestehen für die Betriebsarten einer Anlage?

Betriebsarten		
Betriebsart 1 ↓ **Automatikbetrieb**	**Betriebsart 2** ↓ **Einrichtbetrieb**	**Betriebsart 3** ↓ **Manuelles Eingreifen**

Automatische Maschinen und Anlagen sind *beim Automatikbetrieb* (Betriebsart 1) mit einem hohen Risiko für das Bedienpersonal verbunden. Zur Vorbereitung für den Automatikbetrieb ist das Einrichten der Maschine/Anlage erforderlich. Der *Einrichtbetrieb* (Betriebsart 2) ist an definierte Vorgaben gebunden. In Einzelfällen kann ein *manuelles Eingreifen* in der Fertigungsprozess unter eingeschränkten Betriebsbedingungen erforderlich sein (Betriebsart 3).

Damit für das Bedienenpersonal bei jeder Betriebsart ein größtmöglicher Schutz gewährleistet ist, legen DIN-Normen *Verfahrensanweisungen* fest:

1. Der Betreiber muss den *Nachweis* führen, dass die betreffende Betriebsart unvermeidbar ist und für den reibungslosen Fertigungsablauf zur Verfügung gestellt werden muss. Die Notwendigkeit ist schriftlich zu dokumentieren.

2. Der Hersteller hat für jede Betriebsart ein *Sicherheitskonzept* zu erarbeiten, das Schutzmaßnahmen und Verhaltensregeln festlegt, um den optimale Schutz des Bedienpersonal nach dem gegenwärtigen Stand der Technik zu gewährleisten. Dazu gehört z. B. die Festlegung von Geschwindigkeiten der Achsen/Antriebe auf das notwendige Maß bzw. die Vermeidung unnötiger Bewegungen.

3. Das Sicherheitskonzept muss so beschaffen sein, dass eine missbräuchliche Benutzung ausgeschlossen ist (z. B. Manipulation der definierten Geschwindigkeiten bzw. der zulässigen Bewegungen von Anlagenteilen).

03. Welche Normen konkretisieren die Ausrüstungsmerkmale sowie die Anforderungen einer Maschine/Anlage bezüglich der Betriebsarten 1 bis 3? → finfo 10

Für das Inverkehrbringen von neuen Werkzeugmaschinen gilt in Deutschland das Produktsicherheitsgesetz (ProdSG). Für einige Maschinengattungen gibt es bereits europäisch harmonisierte Normen, die grundlegende Sicherheits- und Gesundheitsanforderungen enthalten, die vor dem Inverkehrbringer einer neuen Maschine mindestens zu beachten sind:

DIN EN 13128	Fräs- und Bohr-Fräsmaschinen (07/2001)
DIN EN 12417	Bearbeitungszentren (12/2001)

Vgl. ergänzend: finfo 10 (Fachausschuss-Informationsblatt Nr. 10).

Betriebsart		**Anforderungen/Ausrüstungsmerkmale der Maschine/Anlage** **Auszug aus der DIN EN 12417 (Erläuterungen in kursiv)**	
1	**Automatikbetrieb**	*In dieser Betriebsart stehen alle Funktionen der Maschine/Anlage zur Verfügung. Es besteht eine hohe Gefährdung des Bedienpersonals. Ein Betreten des Bearbeitungsraum muss ausgeschlossen sein. Türen, die zum Bearbeitungsraum führen, müssen so verriegelt sein, dass sie sich in dieser Betriebsart nicht öffnen lassen.*	
		Trennende Schutzeinrichtungen müssen geschlossen sein.	
2	**Einrichtbetrieb**	*In dieser Betriebsart ist die Anzahl der Maschinenfunktionen erheblich eingeschränkt. Arbeiten dürfen nur von speziell geschultem Personal ausgeführt werden (Einrichter; vgl. bgi 5003, MRL). Die Wahl dieser Betriebsart muss über einen Schlüsselschalter erfolgen. Beim Loslassen des Tippschalters/Zustimmtasters müssen die Antriebe sofort ausschalten. Der automatische Werkzeugwechsel ist außer Funktion. Der Späneförderer kann nur über Tippschalter in Funktion gesetzt werden.*	
		Einrichten bei geöffneter Schutzeinrichtung:	
		a)	Achsbewegung mit max. 2 m/min oder in Schritten von max. 10 mm ausgelöst durch Tippschalter, elektronisches Handrad oder MDE gefolgt von Zyklusstartbefehl in Verbindung mit Zustimmeinrichtung.
		b)	Spindeldrehzahl so begrenzt, dass Spindel innerhalb von 2 Umdrehungen gestoppt werden kann; Auslösung der Spindel nur durch Tippschalter oder mit Zustimmschalter.
		c)	Ungeschützt Bewegungen des Späneförderers nur mittels Tippschalter.

3	**Manuelles Eingreifen**	*Diese Betriebsart ist im Ausnahmefall nur dann zulässig, wenn bei komplexen Werkstücken bestimmte Bereiche nicht einsehbar sind bzw. ein bestimmter Fertigungsvorgang nur manuell ausgeführt werden kann. Die Bearbeitung erfolgt bei geöffneten trennenden Schutzeinrichtungen. Ein Handbediengerät mit Not-Aus-Taster und Zustimmtaste wird vom Bediener mit in den Bearbeitungsraum genommen. Das Loslassen der Zustimmtaste muss sicherstellen, dass alle Bewegungen der Maschine gestoppt werden.*	
		Manuelles Eingreifen unter eingeschränkten Betriebsbedingungen (wahlweise, und nur bei der genauen Kenntnis der Einzelheiten der bestimmungsgemäßen Verwendung und der Festlegung des Ausbildungsniveaus des Bedienpersonals).	
		a)	Vektorgeschwindigkeiten max. 5 m/min.
		b)	Spindeldrehzahl so begrenzt, dass Spindel innerhalb von 5 Umdrehungen gestoppt werden kann.
		c)	Zustimmeinrichtung für Start der nicht programmierten Spindeldrehung.

04. Was versteht man unter Explosionsschutz? → 5.5.3

Alle Maßnahmen zum Schutz vor Gefahren durch Explosionen werden als Explosionsschutz bezeichnet. Die wichtigsten Maßnahmen sind

- Verhinderung oder Einschränkung der Bildung von explosionsfähigen Atmosphären,
- Verhinderung der Entzündung von gefährlichen explosionsfähigen Atmosphären und
- Beschränkung der Auswirkungen von möglichen Explosionen auf ein ungefährliches Maß.

Zur Anwendung gelangen diese Maßnahmen in der betrieblichen Praxis sowohl einzeln als auch in Kombination miteinander.

Vgl. dazu ausführlich unter 5.5.3.

05. Welche Checkliste eignet sich für den vorbeugenden Explosionsschutz?

Vorbeugender Explosionsschutz • Checkliste	
1.	Wurde ermittelt, ob und wo im Betrieb leicht entzündliche oder entzündliche Stoffe verwendet worden sind?
2.	Ist ermittelt, bei welchen Tätigkeiten und in welchen Bereichen mit gefährlicher explosionsfähiger Atmosphäre durch Lösemitteldämpfe, Aerosole, Gase oder Stäube zu rechnen ist?
3.	Sind explosionsgefährdete Bereiche deutlich sichtbar gekennzeichnet?
4.	Sind die Mitarbeiter über Maßnahmen bei Betriebsstörungen unterwiesen?
5.	Ist den Mitarbeitern bekannt, dass die Dämpfe brennbarer Flüssigkeiten und der meisten brennbaren Gase schwerer sind als Luft? Ausnahmen hiervon sind insbesondere Wasserstoff und Acetylen, die beide nach oben entweichen.
6.	Werden in explosionsgefährdeten Bereichen nur zugelassene Werkzeuge und Geräte eingesetzt?
7.	Werden Gasflaschen und brennbare Flüssigkeiten in gesonderten, belüfteten Bereichen gelagert?
8.	Sind Materialien und ggf. Geräte zum Aufnehmen und sicheren Entsorgen von ausgelaufener brennbarer Flüssigkeit vorhanden?

9.	Wird daran gedacht, dass beim Betreten explosionsgefährdeter Bereiche persönliche Schutzausrüstungen erforderlich sein können?
10.	Ist das Explosionsschutz-Dokument gemäß Betriebssicherheitsverordnung vorhanden?
11.	Ist den Mitarbeitern bekannt, dass auch Flüssigkeiten mit hohem Flammpunkt explosionsfähige Atmosphäre bilden können, wenn sie erhitzt oder versprüht werden?
12.	Ist den Mitarbeitern bekannt, dass brennende Öle und Fette sowie Metallbrände (z. B. brennende Magnesiumspäne) nicht mit Wasser gelöscht werden dürfen?
13.	Werden Gasanlagen und Sicherheitseinrichtungen regelmäßig geprüft und wird dies dokumentiert?
14.	Werden Bereiche, in denen brennbare Stäube entstehen, regelmäßig gereinigt?

Quelle: Prävention 2014/15, DVD der BGHM

2.4.2.3 Grundfunktionen

Bitte lesen Sie dazu:

1.5.2.3.1 (S. 197 - 200)

T 1 und T2 sind hier identisch (lt. Rahmenplan).

2.4.2.4 Grundkonfigurationen

01. Wie ist die Funktionsweise von Temperatursensoren? **→ 2.2**

Bei Temperatursensoren ändert sich der elektrische Widerstand oder die Ausgangsspannung des Sensors in Abhängigkeit von der Temperatur.

Metall-Widerstands-Temperatursensoren	bestehen aus Wicklungen oder strukturierten Dünnschichten. Neben Kupfer, Nickel und Nickel-Eisen wird vor allem Platin als Widerstandsmaterial verwendet, da es sich durch seine Linearität, großen Temperaturmessbereich und seine Langzeitstabilität auszeichnet.

Heißleiter	(NTC-Widerstände, Thermistoren). In einem Halbleiter (Metall-Oxid-Keramik) wächst die Zahl der freien Ladungsträger mit der Temperatur. Hierdurch sinkt der Widerstand mit wachsender Temperatur (NTC = Negativ Temperature Coefficient).

Kaltleiter	(PTC-Widerstände) bestehen aus halbleitendem ferroelektrischem Material (z. B. Bariumtitanat) und haben bei niedrigen Temperaturen NTC- Eigenschaften. Oberhalb der materialabhängigen Curie-Temperatur nimmt der Widerstand jedoch in einem kleinen Bereich sehr stark mit der Temperatur zu (PTC-Widerstand). Der Betrag des Temperaturkoeffizienten ist in diesem Bereich deutlich höher als der von Heißleitern. Wegen der mäßigen Reproduzierbarkeit werden sie meist nur für einfache Überwachungsaufgaben eingesetzt.

Silizium-Widerstands-temperatur-sensoren	Bei einer bestimmten Dotierung und im Temperaturbereich von etwa -50 °C bis +150 °C sind im Si alle Störstellen besetzt, d. h. die Zahl der Ladungsträger ist weitgehend temperaturunabhängig. Mit steigender Temperatur sinkt die Beweglichkeit der Ladungsträger und damit steigt der Widerstand leicht parabelförmig an. Der Temperaturkoeffizient ist etwa doppelt so hoch wie bei Platin und die Kennlinien lassen sich gut reproduzieren, sodass Sensoren leicht gegen einander austauschbar sind. Die kleinen Bauformen ermöglichen eine kurze Ansprechzeit.

Integrierter Sperrschicht-Temperatur-sensor	Ausgangsgröße ist eine weitgehend lineare Spannung oder ein linearer Strom. Im Prinzip wird die Temperaturabhängigkeit eines pn-Übergangs (Diodenkennlinie) genutzt.

Thermo-element	Es liefert eine kleine temperaturabhängige Ausgangsspannung. An der Berührungsstelle von zwei Metallen treten Elektronen von einem Metall in das andere ein und umgekehrt. Maßgeblich für die jeweiligen Vorgänge sind die Elektronendichte und die Austrittsarbeit der Elektronen. Aus dem Metall mit der geringeren Austrittsarbeit (gleiche Dichte vorausgesetzt) treten mehr Elektronen aus und es lädt sich positiv auf, wodurch ein Driftstrom entsteht, der den Diffusionsstrom kompensiert.

02. Wie ist die Funktionsweise beim Hallsensor? → 2.2

Hallsensor	Mit dem Hallsensor kann die magnetische Flussdichte B in eine vorzeichenrichtige Hallspannung U_H umgeformt werden. Er besteht aus einem Halbleiterplättchen (Breite b; Dicke d; Ladungsträgerdichte n), das senkrecht von der Messgröße B durchsetzt wird und durch das der Steuerstrom I_{St} fließt.

03. Wie ist die Funktionsweise bei Kraftaufnehmern?

Hauptsächlich werden Verfahren mit Dehnungsmessstreifen (DMS) und piezoelektrische Verfahren eingesetzt. Als piezoelektrische Materialien kommen Einkristalle wie z. B. Quarz (SiO_2), polykristalline Keramiken wie z. B. Bariumtitanat ($BaTiO_3$) oder auch organische Piezofolie (PVDF) in Betracht. In diesen Materialien treten bei Dehnungen, die durch eine Kraft F verursacht werden, Veränderungen der Polarisation aufgrund der Verschiebung von Ladungsschwerpunkten auf.

04. Wie ist die Funktionsweise bei Beschleunigungsaufnehmern?

Beschleunigungsaufnehmer können ausgehend von Kraftaufnehmern konzipiert werden. Der Kraftaufnehmer wird auf der einen Seite fest mit dem beschleunigten Teil und auf der anderen fest mit einer so genannten seismischen Masse m verbunden. Ist die Masse des Kraftaufnehmers vernachlässigbar gegenüber der seismischen Masse, so gilt nach dem Newtonschen Gesetz:

$$F = m \cdot a$$ a = Beschleunigung

Diese Kraft wird mit dem oben beschriebenen Verfahren in eine elektrische Größe gewandelt.

05. Wie ist die Funktionsweise bei Weg- und Winkelaufnehmern?

Aus der Vielzahl von analogen und digitalen Aufnehmern werden hier einige kurz beschrieben:

Ohmsche Weg- und Winkel-aufnehmer	Der Schleifer eines linearen Potenziometers ist mit dem bewegten Objekt verbunden. Der Weg kann z. B. mittels einer Brückenschaltung in eine proportionale Spannung umgeformt werden. Eigenschaften: einfach, verschleißanfällig, Stellkräfte durch Reibung.

Kapazitive Wegauf-nehmer	Prinzipiell wird durch die zu messende Bewegung entweder die Elektrodenfläche oder der Elektrodenabstand verändert. Eigenschaften: robust und verschleißarm, temperaturbeständig, geringe Stellkräfte (kaum Reibung, wenig Masse).

Induktive Wegauf-nehmer	Prinzipiell wird der Luftanteil des magnetischen Widerstandes und somit die Induktivität durch die Bewegung eines ferromagnetischen Kernmaterials verändert. Eigenschaften: robust und verschleißarm, nur eingeschränkt temperaturbeständig, mäßige Stellkräfte (kaum Reibung, mehr Masse als beim kapazitiven Aufnehmer).

2.4.2.4.2 Aktoren

01. Was sind Aktoren?

Aktoren (auch: Aktuatoren) sind das Stellglied in der Steuerungs- und Regelungstechnik. Sie sind das wandlerbezogene Gegenstück zu Sensoren und setzen Signale in (meist) mechanische Arbeit um (z. B. Ventil öffnen/schließen).

In der Robotik wird gleichbedeutend auch der Begriff Effektor verwendet (vgl. 2.6.4.4).

02. Nach welchen Wirkprinzipien werden Aktoren unterschieden?

Typische Beispiele:
- Hydraulik-/Pneumatik-Aktoren
- induktiv wirkende Elektromotoren
- Bimetall-Aktoren
- Zylinder
- elektrochemische/-mechanische Aktoren.

2.4.2.4.3 Regelungen

Bitte lesen Sie dazu:

1.5.2.3.4 (S. 216 - 222)

T 1 und T2 sind hier identisch (lt. Rahmenplan).

2.4.3 Gesamtfunktionsprüfung und Einstellung der Parameter

01. Welche Schnittstellen einer Anlage sind zu überprüfen?

Bei vernetzten Systemen kann die Übergabe von Daten, Informationen, Kräften und Medien von einer Komponente zur nächsten eine besondere Fehlerquelle sein.

Bei der Analyse und Kontrolle von komplexen Anlagen sind im Wesentlichen folgende Schnittstellen bei der Inbetriebnahmevon Bedeutung (Beispiele; ohne Anspruch auf Vollständigkeit):

04	Kontrolle der Schnittstellen • Prüfliste
04.1	**Umgebungsschnittstellen:** • Elektrik: Abstimmung und Harmonisierung der Anschlussarten, der Spannung usw.? • Mechanik: Abstimmung der Maße, der Statik, der Kraftübertragung usw.? • Thermik: Abstimmung der Umgebungs- und Systemtemperaturen usw.? • Materialbeschaffenheit: Abstimmung der Materialeigenschaften, Reaktionseigenschaften usw.? ...
04.2	**Hard- und Softwareschnittstellen:** • Kompatibilität vorhanden (alt/neu; analog/digital; Hersteller 1/Hersteller 2 usw.)? ...
04.3	**Mensch-Maschine:** • Bedienungsvorrichtungen verständlich und ergonomisch? ...
04.4	**Mensch-Mensch:** • Kommunikation gewährleistet zwischen Bedienpersonal, Einrichter, Instandhalter usw.? • Kommunikation gewährleistet zwischen Bedienpersonal und Fachpersonal (Sicherheitsfachkraft, Elektrofachkraft usw.)? ...

02. Welche Aspekte der Visualisierung der Anlagensteuerung sind zu überprüfen?

Beispiele:

05	**Kontrolle der Prozessleittechnik (PLT) und der Visualisierung • Prüfliste**	
05.1	Ist die Visualisierung (Aufbau und Funktionseinheiten) der Anlage verständlich und mit der Betriebsanleitung übereinstimmend?	
05.2	Sind die Betriebsarten der Anlagen klar erkennbar?	
05.3	Werden alle Störungsarten angezeigt und sind Hilfen zur Schwachstellenanalyse vorhanden?	
05.4	Sind die Kennzeichnungen der Bedien- und Meldeleuchten nach Vorschrift (z. B. Farbkennzeichnung nach DIN 0113 Tabelle 1)?	
05.6	Sind die Bedienelemente deutlich erkennbar und außerhalb von Gefahrenbereichen?	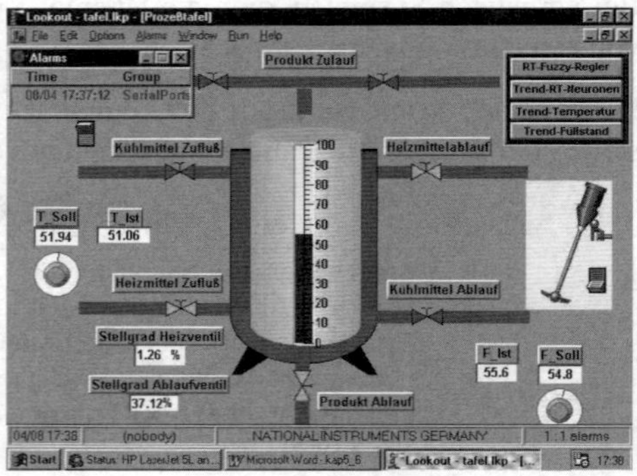
05.7	Sind die Anzeigevorrichtungen vom Bedienstand erkennbar?	
05.8	Sichtprüfung des Prozessleitsystems (PLS) ohne Beanstandung?	
	Prüfung der PLT, z. B. • Signalübertragung vom Prozess zur Warte o. k.? • Signalübertragung von der Warte zum Prozess o. k.? • Komplexe Funktionsprüfung o. k. (PLT und Feldtechnik)?	

03. Welche Maßnahmen sind zur Optimierung der Anlage während der Inbetriebnahme erforderlich?

Beispiele:

Anlagenkomponenten werden im Regelfall vom Hersteller standardmäßig mit Werkseinstellungen geliefert. Im Zuge der Inbetriebnahme müssen die Parametereinstellungen einzelner Bauelemente so eingestellt werden, dass der Anlagenprozess optimiert wird. Dazu ist ggf. ein mehrmaliges Anfahren, Hochfahren und Abfahren der Anlage erforderlich.

Bei modernen Prozessleitsystemen können dazu die einzelnen Bausteine einer Anlage aufgerufen werden: Nach Auswahl von „Parametrieren" wird ein Parametrierdialog aufgeschaltet, der alle Parameter eines Bausteins mit seinen Min- und Maxwerten anzeigt.

Denkbar ist ebenfalls, dass während des Testbetriebs der Anlage einige Prozessparameter unzulässig schwanken oder Regelabweichungen zeigen. In diesem Fall ist eine Überprüfung der Aktoren und Sensoren vorzunehmen. Unter Umständen müssen Veränderungen im Reglertyp vorgenommen werden (vgl. P-, PI-, PID-Regler). Weiterhin gehört zur Anlagenoptimierung die Überprüfung und Anpassung sicherheitsgerichteter Steuererungen (Schließzeiten, Not-Aus-Schaltungen). Die Parametrierung und Regleroptimierung wird in der Praxis von Ingenieuren mit langjähriger Berufserfahrung ausgeführt.

2.4.4 Überprüfen der Funktionen im zusammenhängenden Betrieb der Gesamtanlage

→ 2.1.4

Bitte lesen Sie dazu:

1.5.3 (S. 222 - 226)

T 1 und T2 sind hier identisch (lt. Rahmenplan).

01. Welche betrieblichen und gesetzlichen Umweltschutzmaßnahmen sind beim Probebetrieb einzuhalten?

Beim Probebetrieb von Maschinen und Anlagen sind selbstverständlich ebenso wie beim Dauerbetrieb die betrieblichen und gesetzlichen Bestimmungen des Umweltschutzes einzuhalten – insbesondere:

- Arbeitsanweisungen, Betriebsanweisungen, betriebliche Richtlinien, Umweltschutzmanagementhandbuch
- Gesetze, z. B.: BImSchG, TA Luft/Lärm/Abfall, Krw-/AbfG, WHG, ChemG, EMAS, DIN EN ISO 14001
- Verordnungen, z. B. GefStoffV, NAV

In der täglichen Praxis sind die jedem Meister bekannten Maßnahmen des Umweltschutzes sicherzustellen; die Stoffe sind möglichst der Kreislaufwirtschaft erneut zuzuführen, z. B.:

- *Verölte Metallspäne:*
  - das Öl ausschleudern und die getrockneten Späne als Schrott verwenden
  - das abgetrennte Öl als Rohstoff verwenden
- *Metallabfallstücke:*
  - Verwertung als Schrott; Sortieren von z. B. Messing, Aluminium, Eisen
- *Verbrauchtes Öl* (Entfettungs- und Reinigungsmittel):
  - Aufbereitung
  - bei Bodenverschmutzungen durch Öl: Ölbindemittel einsetzen (Umweltschutz und Rutschgefahr)
- *Lappen:*
  - verölte Lappen ggf. waschen
  - verbrauchte Lappen zu Putzwolle verarbeiten (lassen)

2.4.5 Dokumentation

01. Welche Unterlagen gehören zur Dokumentation der Inbetriebnahme? → 1.5.5, 1.6.1

Ist eine Anlage erstellt und in Betrieb genommen worden, muss der Betreiber sicherstellen, dass die zur Anlage zugehörige Dokumentation lückenlos, vollständig und aktuell ist. Zur Anlagendokumentation gehören im Wesentlichen folgende *Unterlagen:*

1. **Betriebsanleitung:**
   Der Hersteller muss eine umfassende Betriebsanleitung in der Sprache des Verwenderlandes beifügen. Die Betriebsanleitung ist Teil der Technischen Dokumentation.
2. Beschreibung der **Leistungsdaten** der Maschine/Anlage sowie der Komponenten.
3. Für die Maschine/Anlage ist eine **Betriebsanweisung**[1)] zu verfassen.
4. **Gefährdungsanalyse** (Risikoanalyse).
5. Erstellung der **Wartungspläne** in der Sprache des Verwenderlandes.
6. **Inbetriebnahmeprotokoll,** Mängelliste.
7. Dokumentation der **Änderungen** und Ergänzungen.
8. **Abnahmeprotokoll.**

[1)] **Betriebsanweisungen:**
Der Unternehmer muss den Beschäftigten geeignete Anweisungen z. B. in Form von Betriebsanweisungen erteilen, die darlegen, wie die Arbeiten an der neuen Maschine/Anlage sicher und gesundheitsgerecht durchzuführen sind (vgl. 5.4.2/02.).

Muster einer Betriebsanweisung
Firma: Betriebsanweisung Nummer: 12.17

Arbeiten an Bearbeitungszentren – Betriebsart 1: Automatikbetrieb
• vollständig eingehauste Maschine (zugriffsicher)
• Kühlmittel mit Ölanteilen < 15 % (Emulsion) oder Minimalmengenschmierung
• bei Magnesiumlegierungen: Mg-Anteil < 80 % oder Spänegröße > 0,5 mm Ø.

Beim Handhaben der Werkstücke:
• Fußverletzungen durch herabfallende Werkstücke
• Schnittverletzungen durch scharfkantige Werkstücke und Späne
• Hauterkrankungen durch kühlmittelbenetzte Werkstücke.

Schutzmaßnahmen/Schutzeinrichtungen:
• Betriebsartenwahlschalter (abschließbar) zur Vorwahl der Betriebsart
• Arbeiten nur bei geschlossener Maschine (überwachte Schutztüren)
• Schutzhandschuhe oder Hautschutzcreme (Hautschutzplan)
• Entfernen von Spänen nur mit Spänehaken oder Besen
• Mängel nur vom Sachkundigen beseitigen lassen.

Instandhaltungsarbeiten werden durchgeführt von: ______________________
Vor Wiederinbetriebnahme prüfen, ob Schutzeinrichtungen wieder montiert wurden und funktionieren; Wartungs- und Prüffristen, z. B. für Verschleißteile, Schutzeinrichtungen, Kühlmittel, Filter einhalten.
Für die Entsorgung ist zuständig: ______________________

Verhalten bei Störungen und im Gefahrfall: Notruf: ....
• Maschine abschalten (NOT-AUS, Hauptschalter)
• Vorgesetzten verständigen
• Unfallstelle sichern
• Ersthelfer und Vorgesetzten verständigen
• Verletzte betreuen.

Datum: Unterschrift: ....

02. Welche Dokumentenarten sind ggf. im Rahmen der Anlagendokumentation zu erstellen?
→ A 3.4.1, 2.1.5, 2.5.1

Wichtige *Dokumentenarten* sind z. B.:

Übersichtspläne,
z. B. Übersichtsschaltplan. Vereinfachte, übersichtliche Darstellung einer Schaltung mit ihren wesentlichen Teilen in funktioneller Anordnung.

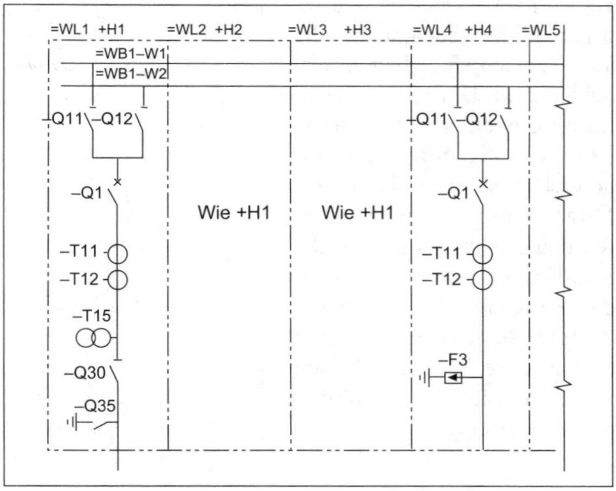

Stromlaufpläne
zeigen alle die Funktion einer Schaltung darstellenden Einzelheiten. Es sind jedoch keine gerätetechnischen oder räumlichen Zusammenhänge angegeben.

Abb. rechts: Stromlaufplan (Ausschnitt)

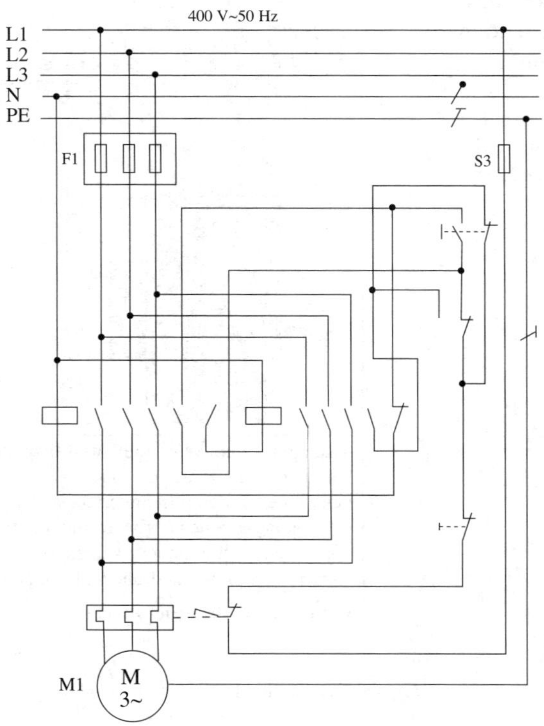

Struktogramme

Strukturen werden z. B. in der Messtechnik anhand von Struktogrammen (Blockschaltbildern) verdeutlicht. Es handelt sich dabei um Wirkungsdiagramme, die aus einzelnen Messgliedern aufgebaut sind. Die Verbindungslinien einzelner Messglieder sind Wirkungslinien und keine elektrischen Verbindungen. Messtechnische Strukturen dürfen daher nicht als elektrische Schaltungen interpretiert werden. Strukturen können beliebig komplex sein, lassen sich aber stets auf drei Grundstrukturen zurückführen: Ketten-, Parallel- und Kreisstruktur.

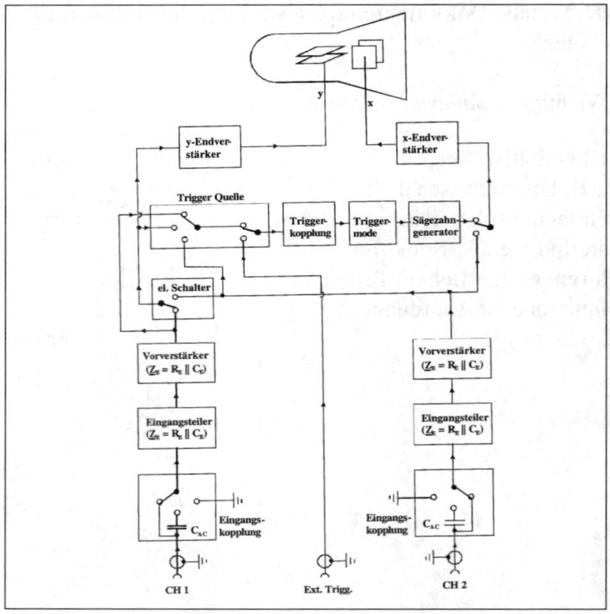

Wartungs-/Inspektionspläne

Vgl. dazu ausführlich unter 2.1.5.

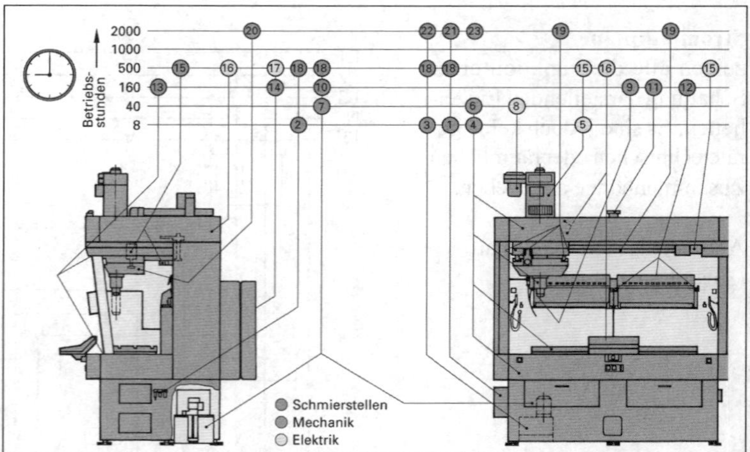

Auszug aus dem Wartungs- und Inspektionsplan für ein Bearbeitungszentrum:
Wartung nach 8 Betriebsstunden:
- Ölstände der Zentralschmierung, der Pneumatik, der Hydraulik
- Reinigungsarbeiten (Arbeitsraum, Führungsbahnen)
- Späne und Kühlschmierstoffreste entfernen
- Antriebsmotoren: Laufruhe und Temperatur prüfen

Wartung nach 40 Betriebsstunden:
...

Quelle: Fachkunde Metall, a. a. O., S. 441

Softwarelistings, z. B. Programmdokumentation einer SPS
Vgl. ausführlich unter 2.5.1, S. 514.

Bestückungspläne
Die Baugruppenträgerbestückung ist zentrales Element zur Dokumentation der Hardware von SPS und Automatisierungssystemen. Sie ist eine Übersichtsdarstellung der Systembelegung eines Baugruppenträgers und der Busanbindung (Systembus und Anlagenbusse/Feldbusse).

Funktionspläne
Der Funktionsplan (FUP) stellt Steuerungsabläufe mithilfe genormter Symbolen dar. Die Programmierung ist einfach und übersichtlich (DIN 40 719).

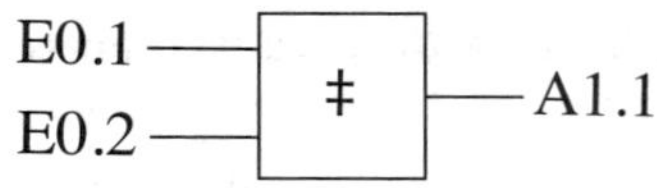

Vgl. ausführlich zur Symbolik des FUP: Lipsmeier, A. (Hrsg.), Friedrich Tabellenbuch, Metall, a. a. O., S. 9 - 9

03. Welche Änderungen an Maschinen oder Anlagen müssen in den Konstruktions- und Schaltungsunterlagen dokumentiert werden?

Grundsätzlich müssen alle Änderungen an Maschinen oder Anlagen dokumentiert werden.

Um sicherzustellen, dass jeder, der zukünftig an der betreffenden Maschine oder Anlage arbeitet, den aktuellen Zustand in der Dokumentation vorfindet, *ist jede Änderung* an der Anlage, den zugehörigen Steuerungs- und Automatisierungssystemen sowie den entsprechenden Programmen *umgehend* in den entsprechenden Teilen der Dokumentation *nachzuführen.*

04. Welche Unterschiede gibt es zwischen der (üblichen) Vorgehensweise bei der Dokumentation kleiner Änderungen und der Dokumentation umfangreicher Umbauten?

In beiden Fällen ist es erforderlich, dass *die Dokumentation stets den exakten Zustand der Anlage wiedergibt.*

Um bei kleinen Änderungen (z. B. Umverdrahten einer Klemmleiste, Verwenden eines anderen Eingangs auf einer Baugruppe, Änderung der Parameter) nicht den Aufwand der Neuerstellung aller relevanten Dokumente betreiben zu müssen, ist es legitim und in der Praxis üblich, mit so genannten *Rot-Einträgen* zu arbeiten: Dabei werden Änderungen *von Hand in Rot* in die Vor-Ort-Dokumentation der Maschine eingetragen. Bei der nächsten Revision der Dokumentation werden alle Rot-Einträge in die Originalpläne übernommen und als neuer Versionsstand gekennzeichnet.

2.4.6 Kundenabnahme und Abnahmeprotokoll

Bitte lesen Sie dazu:

1.5.5 - 1.5.6 (S. 234 - 238)

T 1 und T2 sind hier identisch (lt. Rahmenplan).

2.5 Erstellen und Dokumentieren von Konstruktions- und Schaltungsunterlagen

2.5.1 Voraussetzungen

01. Welche wesentlichen Anforderungen muss die Dokumentation einer Maschine oder Anlage erfüllen?

Eine gute Maschinen- oder Anlagendokumentation liefert alle für die Erstellung, die Modifikation/Modernisierung, den Betrieb, die Wartung und die Reparatur/Fehlersuche notwendigen Informationen in einer möglichst übersichtlichen und leicht zugänglichen Struktur.

Die Dokumentation muss

- eindeutig,
- durchgängig,
- funktionsorientiert und
- aktuell

sein.

Oft fallen Unzulänglichkeiten in der Dokumentation erst nach längerer Betriebszeit auf, wenn sich unvorhergesehene Betriebszustände einstellen oder Defekte auftreten, und man dann feststellt, dass diese mit der vorhandenen Dokumentation nicht beherrschbar sind.

02. Welcher Ablauf ist für die Planung einer Maschinen- oder Anlagendokumentation sinnvoll?

Bei der Planung der Maschinen-/Anlagendokumentation müssen *Art und Umfang der Dokumentation* festgelegt werden. Folgender Ablauf empfiehlt sich:

1. *Strukturierung der Maschine* oder Anlage (Teilanlagen, Funktionsgruppen)
2. Ableitung der *Dokumentationsstruktur* aus den Strukturen der Anlage
3. Festlegung, für welche Elemente *Standards* bzw. bereits konstruierte Elemente verwendet werden können oder welche als zukünftiger Standard konstruiert werden sollen.
4. Definition des *Kennzeichnungssystems*
5. Festlegung des *Dokumentationsumfangs* für die einzelnen Elemente

03. Welche Norm befasst sich mit der Strukturierung und Referenzkennzeichnung der Dokumentation industrieller Anlagen und welche Aspekte der Strukturierung werden dort behandelt?

Es ist die **IEC 61346 (national: DIN EN 81346)**

Es wird zwischen folgenden Strukturen unterschieden:

Funktionsbezogene Struktur	Sie berücksichtigt die in einem Prozess auszuführenden *Aufgaben und Teilaufgaben.*
Produktbezogene Struktur	Sie berücksichtigt die verwendeten *Systeme, Geräte, Ausrüstungen* usw.
Ortsbezogene Struktur	Sie berücksichtigt die *räumliche Lage* eines Objekts in der Anlage, im Schaltschrank usw.

Zu Beginn der Planung ist im Wesentlichen die funktionsbezogene Struktur verfügbar, während die produktbezogene und vor allem die ortsbezogene Struktur erst nach dem *Detail Engineering* endgültig feststehen.

04. In welcher Phase eines Neubaus oder Umbaus einer Maschine oder Anlage werden die Konstruktions- und Schaltungsunterlagen erstellt?

Idealerweise erstreckt sich die Erstellung der Dokumentation über den gesamten Zeitraum des Neubaus oder Umbaus. Bereits zu Beginn der Planung sollten Art und Umfang der Dokumentation definiert werden (vgl. Frage 02.) und es werden Dokumente wie z. B. Pflichtenhefte oder Funktionsbeschreibungen benötigt.

Kontinuierlich während der Planung und Ausführung werden die entsprechenden Pläne und Dokumente erstellt bzw. angepasst. Nach der Inbetriebnahme bzw. Abnahme werden die letzten Dokumente (Test- und Abnahmeprotokolle) erstellt.

05. Welche Unterlagen sind Basis einer Maschinen-/Anlagendokumentation? → A. 3.4.1

- *Kunden- bzw. Betreiberwünsche,*
  z. B. in Form von Lasten- und Pflichtenheften

- *Projektierungsvorgaben,*
  z. B. Standards, Vorzugskomponenten, Richtlinien und Normen

- *Vorhandene Dokumente:*
  In der Serienfertigung, aber zum Teil auch im Sondermaschinen- und Anlagenbau, enthalten neue Projekte bereits vorliegende Maschinen- und Anlagenteile. Die dazu existierenden Dokumente können oft mit geringen Modifikationen verwendet werden; vgl. auch: A 3.4.1.

- *Herstellerunterlagen,*
  z. B. Dokumente und Pläne von Zukaufelementen (Sensoren, Antrieben u. Ä.).

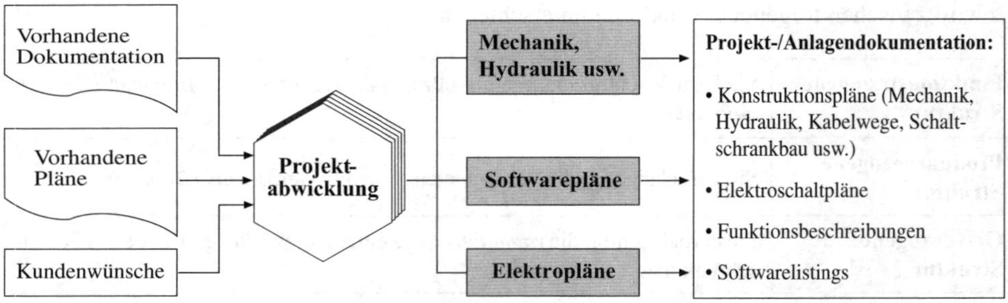

06. Was ist ein technisches Pflichtenheft?

Nach DIN 69901 und VDA 6.1 sind in einem *Pflichtenheft* die vom „Auftraggeber erarbeiteten Realisierungsvorgaben" niedergelegt. Es geht hierbei um die Beschreibung der „Umsetzung des vom Auftraggebers vorgegebenen Lastenhefts".

07. Was ist ein Lastenheft?

Die DIN 69901 und VDA 6.1 definiert das *Lastenheft* als Beschreibung der „Gesamtheit der Forderungen an die Lieferungen und Leistungen eines Auftragnehmers".

08. Worin unterscheiden sich Lastenheft und Pflichtenheft?

Lastenheft	Pflichtenheft
• wird vom *Auftraggeber* erstellt • bildet die Grundlage für die vom *Auftragnehmer* zu erbringende Leistung (*Last*) • *enthält alle Forderungen* einschließlich aller Randbedingungen	• wird vom *Auftragnehmer* erstellt auf der Grundlage des Lastenheftes • enthält die Detaillierung der Anwenderforderungen aus dem Lastenheft und die Beschreibung, wie sie durch den *Auftragnehmer* realisiert werden sollen

09. Wofür werden Lastenhefte und Pflichtenhefte erstellt?

Der *Kunde* erstellt ein *Lastenheft* für die Entwicklung eines von ihm gewünschten *Erzeugnisses*. Der ausgewählte *Auftragnehmer* erstellt auf dieser Basis das *Pflichtenheft* zur Realisierung des *Erzeugnisses*. Daraus ergeben sich für den Auftragnehmer notwendige Investitionen für eine Montageanlage.

Der *Auftragnehmer* erstellt entsprechend seinen Anforderungen ein *Lastenheft* für die benötigte *Montageanlage*. Er wird zum *Auftraggeber* (Kunde) gegenüber dem Hersteller der Montageanlage, der als *Auftragnehmer* (Lieferant) wiederum das *Pflichtenheft* für die Montageanlage daraus ableitet.

10. Was sind wesentliche Inhalte eines Pflichtenheftes?

- detaillierte Beschreibung der Produktanforderungen
- Beschreibung der technischen Randbedingungen und der Schnittstellen
- Produktstruktur
- Beschreibung von Softwareanforderungen
- Abnahme- und Inbetriebnahmebedingungen
- zulässige Fehlerhäufigkeiten (ppm) für definierte Einlaufabschnitte (Vorserie, Serienanlauf, Serie).

11. Wie ist der weitere Ablauf nach Erstellung des Pflichtenheftes?

Die Erarbeitung des Pflichtenheftes erfolgt in enger Zusammenarbeit mit dem Auftraggeber. Das Pflichtenheft wird nach seiner Erstellung einer *internen Prüfung* unterzogen und sozusagen intern freigegeben. Abschließend erfolgt die Abnahme und *Freigabe* des Pflichtenheftes *durch den Auftraggeber*. Erst dann ist es verbindlich und bildet die offizielle Grundlage für den weiteren Ablauf.

12. Welche Dokumentenarten enthält eine Projekt-/Anlagendokumentation?

Wichtige Dokumentenarten sind z. B.:

Dokumentenarten	*Beispiele*
Übersichtspläne	Übersichtsschaltplan
Konstruktions-, Lage- und Anordnungspläne	Mechanik, Hydraulik, Kabelwege, Schaltschrankbau
Funktionsbeschreibende Dokumente	Stromlaufpläne, Funktionsbeschreibungen, Programmlistings
Listen	für Verdrahtung, Parameter, Signale
Beschreibungen, Handbücher	Bedienungsanleitung, Wartungshandbuch
Darstellungen	Struktur- und Bedienbäume, Bildschirmmasken

13. Welche Unterlagen „entstehen" bei der Auftragsabwicklung im Rahmen der Elektroplanung?

Art und Umfang der Elektrodokumentation können von Projekt zu Projekt leicht variieren, z. B. aufgrund von Kundenvorgaben. Wesentliche Unterlagen, die bei der Auftragabwicklung erstellt werden, sind:

- Montage- und Aufbauzeichnungen
- Kabelwegepläne
- Betriebsmittellagepläne
- Mengen- und Stücklisten
- Kabel- und Verbindungspläne
- Schaltpläne/Stromlaufpläne
- Klemmenpläne
- Funktionsbeschreibungen
- Softwarelistings.

14. Wozu wird die Projekt-/Anlagendokumentation benötigt?

1. als Basis für eine zeit- und kosteneffiziente Planung und Abwicklung
2. als wesentliche Unterlage bei Zertifizierungs- und Freigabeverfahren (z. B. CE-Kennzeichnung bzw. CE-Konformitätserklärung)
3. für Wartung und Instandhaltung während der Lebensdauer der Anlage
4. als Basis für Veränderungen/Modernisierungen.

15. Welche Dokumente (der Elektrodokumentation) benötigt der Betreiber vorrangig bei der Störungssuche?

Der **Stromlaufplan**	zeigt alle die Funktion einer Schaltung darstellenden Einzelheiten. Es sind jedoch keine gerätetechnischen oder räumlichen Zusammenhänge angegeben.
Der **Klemmenplan**	dokumentiert in jedem Schaltschrank die Belegung der Klemmleisten und beschreibt damit die Schnittstelle zur Peripherie (Anlage).
Der **Kabelplan**	ist oft Bestandteil des Klemmenplans.
Softwarelisting	z. B. Programmdokumentation einer SPS

16. Welche Darstellungsarten für Stromlaufpläne gibt es?

Einpolige Darstellung	Wird bevorzugt zur Darstellung einfacher Schaltungsverläufe und für Systeme mit zahlreichen drei- bis fünfpoligen Drehstromleitungen oder auch parallelen Datenbussen verwendet. Hierbei werden funktional zusammengehörende Strompfade (z. B. die drei Außenleiter bei einem Drehstrommotor) als eine Linie dargestellt. Die tatsächliche Anzahl der parallel laufenden Stränge wird über eine entsprechende Anzahl kurzer Schrägstriche oder alternativ durch einen Schrägstrich mit der entsprechenden Zahl visualisiert.
Mehrpolige Darstellung	Zur Darstellung umfangreicher Schaltungsverläufe. Jede Verbindung bzw. jeder Strompfad wird einzeln dargestellt.
Zusammenhängende Darstellung	Die Schaltung wird so dargestellt, dass der Wirkungszusammenhang sichtbar wird, beispielsweise durch benachbarte Positionierung der Symbole funktionell zusammengehöriger Bauteile und zusätzliche Symboldarstellung mechanischer Wirkungslinien. Alle Komponenten der Schaltung sind in Anlehnung an den realen Aufbau in den Plan eingebunden.
Aufgelöste Darstellung	Die Schaltung wird streng nach der einzelnen Stromdurchlauffolge der Bauteile dargestellt. Der Wirkzusammenhang ergibt sich nur durch die Verfolgung der alphanumerischen Kennzeichnungen zusammengehöriger Teile eines Geräts.

17. Welche zusätzlichen Angaben enthält der Stromlaufplan?

- Hinweisbezeichnungen von Zielorten
- Koordinationsfeldnummern
- Typenbezeichnungen von Betriebsmitteln und Leitungen (DIN EN 81346)
- Darstellung von Klemmen, Messpunkten und Anschlussstellen
- Spannungs-, Strom-, Bauteil- und Einstellwerte, z. B. Angaben über Auslösebereiche.

2.5.2 Zeichen- und Textsysteme

01. Welche grundsätzlichen Möglichkeiten zur Erstellung von Konstruktions- und Schaltungsunterlagen gibt es? → A 3.4.2, 4.4.2, 4.5.3

Manuelle Erstellung	Handskizzen oder Bleistift-/Tuschezeichnungen am Zeichenbrett
Mechanische Erstellung	Erstellen der Textdokumentation mit Schreibmaschine. Hierzu zählt letztlich auch die Verwendung eines Textverarbeitungssystems als reines Schreibwerkzeug (ohne die Verwendung von spezifischen Textbausteinbibliotheken, Dokumenten- und Versionsmanagementfunktionen u. Ä.) sowie die Verwendung eines Zeichenprogramms ohne Benutzung von Bauteilbibliotheken und Konstruktionshilfsmitteln (z. B. Design Rule Check o. Ä.).
Rechnergestützte Erstellung	mit CAD (Computer Aided Design) und CAE (Computer Aided Engineering); vgl. dazu ausführlich unter 4.4.2, 4.5.3.

02. Wann empfiehlt sich eine manuelle oder mechanische Erstellung von Konstruktions- oder Schaltungsunterlagen?

Die manuelle oder mechanische Erstellung ist nur in der Frühphase eines Projektes sinnvoll (Projektdefinition, Brainstorming, Vorskizzen).

Schon im Hinblick auf die Notwendigkeit einer CE- bzw. DIN-konformen Dokumentation ist auch bei Kleinprojekten das frühzeitige Einsetzen eines CAD-Konstruktionssystems zu empfehlen.

Selbst für ältere Maschinen und Anlagen, deren Dokumentation nur in „analoger" Form vorliegt (Transparente, Blaupausen), ist es mittlerweile üblich, sie durch Einscannen zu digitalisieren. Dadurch steht die Information überall im System konsistent zur Verfügung (Stichworte: Dokumentenmanagement, Versionskontrolle).

Lediglich bei Anlagen, die in der betrieblichen Planung kurz vor dem Ende ihrer Lebensdauer stehen, macht die nachträgliche Digitalisierung u. U. keinen Sinn mehr. In diesem Fall ist es angeraten, erforderliche Änderungen und Ergänzungen manuell zu dokumentieren (*Roteintragungen*).

03. Welche Möglichkeiten der rechnergestützten Erstellung von Konstruktions- und Schaltungsunterlagen gibt es?

Einsatz eines klassischen CAD-Programms:
Die Elektroplanung wird mit dem Standardleistungsumfang erstellt (z. B. AutoCad). Bauteilsymbole müssen selbst gestaltet werden. Es stehen keine Konstruktionshilfen zur Verfügung (z. B. Aktualisieren von Klemmenbelegungen, Leitungslängenoptimierung usw.).

Einsatz eines klassischen CAD-Programms mit Verwendung von Bauteilbibliotheken:
Durch die Verwendung von Bauteilbibliotheken wird nicht nur der Aufwand zur Erstellung der benötigten Bauteilsymbole vermieden; es ist auch sichergestellt, dass die verwendeten Symbole den jeweils geltenden Normen entsprechen. Es stehen auch hier keine Konstruktionshilfen zur Verfügung.

Verwendung eines speziellen Elektro-CAD Systems zur Elektroplanung:
Derartige hochspezialisierte Softwarepakete (z. B. EPLAN, WS-CAD) decken den gesamten Umfang der Elektroplanung ab. Es stehen umfangreiche Bauteilbibliotheken aller namhaften Hersteller zur Verfügung. Umfassende Funktionen zum automatischen Aktualisieren, z. B. von Klemmenbelegungen, vereinfachen die Arbeit ebenso wie Konstruktionshilfen, z. B. zur Platzierung der Bauelemente im Schaltschrank, zur Kabellängenoptimierung u. Ä.

04. Welche Vorteile bietet der Einsatz eines speziellen Elektro-CAD-Systems?

Beispiele:

- *Unterstützung aller Projektstadien:*
  Vorplanung → Ausführungsplanung → Fertigung/Montage → Inbetriebnahme/Betrieb
- *Direkte Nutzung von Bauteilkatalogen:*
  Diese werden von allen wesentlichen Herstellern (meist kostenlos und regelmäßig aktualisiert) zur Verfügung gestellt. Die Definition von Vorzugstypen ermöglicht die Standardisierung zwischen verschiedenen Projekten.
- *Automatische Revisions-/Änderungsverwaltung:*
  Durch automatisches Aktualisieren von z. B. Klemmenbelegungen bei Änderungen im Stromlaufplan ist sichergestellt, dass die Projektinformationen jederzeit konsistent und aktuell sind. Änderungen werden automatisch dokumentiert, sodass die „Historie" jederzeit nachvollzogen werden kann (Wer hat Was Wann geändert?).

05. Welche Optimierungspotenziale bietet der Einsatz eines speziellen Elektro-CAD-Systems?

- *Standardisierung:*
  Aus bereits existierenden Projekten lassen sich wieder verwendbare Anlagenteile als Bausteine für neue Projekte generieren (Stromlaufplan-Makros, SPS-Module usw.). Dadurch wird bei gleichzeitiger Erhöhung der Engineering-Qualität (Vermeidung potenzieller Fehlerquellen) der Projektierungsaufwand erheblich reduziert.

- *Automatisierung:*
  Werkzeuge zur automatischen Erstellung von Stromlauf- und Klemmenplänen, zum automatischem Schaltschrankausbau in 3D, zur Optimierung von Kabelwegen und Leitungslängen u. Ä. beschleunigen den Engineering-Prozess erheblich.

- *Kopplung/Integration:*
  Durch die Kopplung mit anderen Disziplinen können erhebliche Synergieeffekte erzielt werden: So kann z. B. über entsprechende Schnittstellen die Softwareentwicklung/SPS-Programmierung auf der Zuordnungsliste der Elektroplanung aufsetzen und Änderungen rückübertragen. Durch die Integration von z. B. Softwaremodulen für die Fertigung entstehen „quasi auf Tastendruck" direkt aus der Schaltschrankplanung Bohr- und Biegeschablonen für die manuelle Fertigung sowie Dateien zur Steuerung von NC-Werkzeugmaschinen.

2.5.3 Konstruktionszeichnungen und Schaltungsunterlagen

2.5.3.1 Steuerungsarten, Programmiersprachen (Exkurs) → 2.1.1, 2.2.4

01. Welcher Unterschied besteht zwischen Verknüpfungs- und Ablaufsteuerungen?

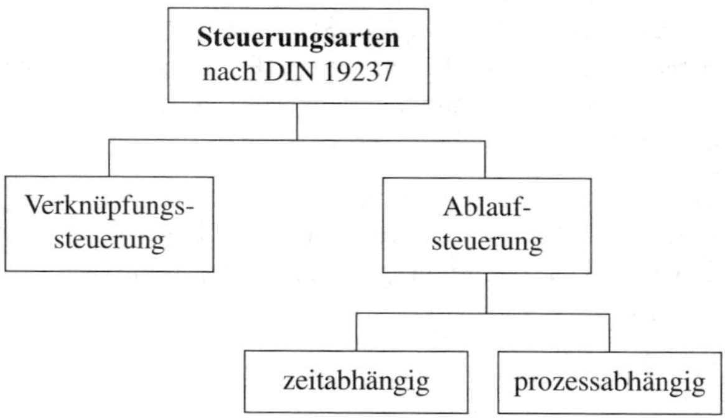

Der Unterschied zwischen beiden Steuerungsarten liegt in der Form der Signalverarbeitung:

- Bei den *Verknüpfungssteuerungen*
  resultiert die Steuergröße durch die Verknüpfung mehrerer Signale. Ein schrittweiser Ablauf ist nicht erforderlich.

  Beispiel:
  Eine Maschine verrichtet erst dann Arbeit, wenn die Schutzvorrichtung geschlossen ist und beide Handtaster gleichzeitig betätigt werden.

- Bei *Ablaufsteuerungen*
  erfolgen die Einzelprozesse zwangsläufig schrittweise. Ein definierter Gesamtprozess wird in Teilschritte zerlegt und logisch strukturiert. Die Durchführung eines Teilschrittes ist von *Weiterschaltbedingungen* (Transitionen) abhängig. Diese sind entweder *zeitabhängig* oder *prozessabhängig*.

  Beispiel (Ausschnitt):
  - Ein Bearbeitungsteil wird an einer Maschine per Hand eingelegt.
  - Es wird per Hand der Startimpuls gegeben.

- Das Werkstück wird von Zylinder 1 gespannt.
- Der Start soll nur möglich sein, wenn Zylinder 1 eingefahren ist.
- Der nächste Bearbeitungsschritt erfolgt durch Zylinder 2 und 3.
- Zylinder 2 fährt aus und verharrt 15 Sekunden, während Zylinder 3 nach dem Bearbeitungsvorgang wieder einfährt.

02. Welcher Unterschied besteht zwischen verbindungsprogrammierten und speicherprogrammierten Steuerungen?

- Bei der *verbindungsprogrammierten Steuerung* (VPS) ist der Programmablauf durch fest miteinander verbundene Schaltelemente vorgegeben. Zum Beispiel erfolgt dies bei einer Relaissteuerung durch die Art der Verdrahtung. Will man den Programmablauf ändern, muss die Verdrahtung neu erstellt werden. Nachteil bei der VPS ist der erhebliche Änderungsaufwand bei neuen Programmabläufen.

  Beispiele für VPS:
  - Relaissteuerungen
  - Schützsteuerungen
  - pneumatische Steuerungen.

- Bei der *speicherprogrammierten Steuerung* (SPS) wird der Programmablauf in einem Softwareprogramm festgelegt. Die Verdrahtung der Bauteile ist steuerungsunabhängig. Änderungen in der Steuerungslogik können ohne großen Aufwand durch Programmänderungen durchgeführt werden.

  Eine SPS besteht aus folgenden vier Baugruppen:
  - Mikroprozessor mit seinen Speichern (Zentraleinheit, CPU)
  - Ein-/ Ausgabeeinheiten (Wandler, Filter, galvanische Trennung usw.)
  - Daten- und Adressbus
  - Netzversorgung.

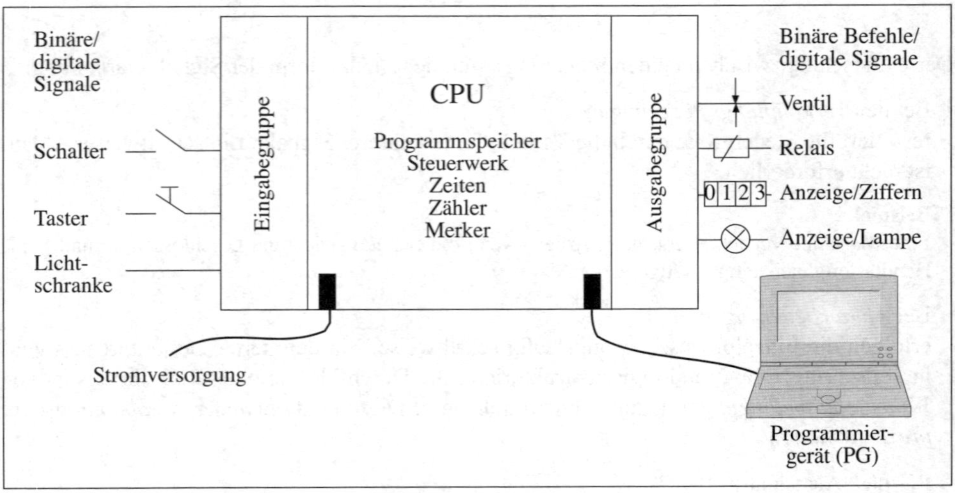

Die einfachsten SPS mit nur wenigen Ein-/Ausgängen werden als Steckkarten in einen Rechner (z. B. PC-Bus) eingesteckt. Für kleine Steuerungsaufgaben werden alle vier Baugruppen aus Kostengründen in einem gemeinsamen Gehäuse in Form einer *Kompakt-SPS* untergebracht.

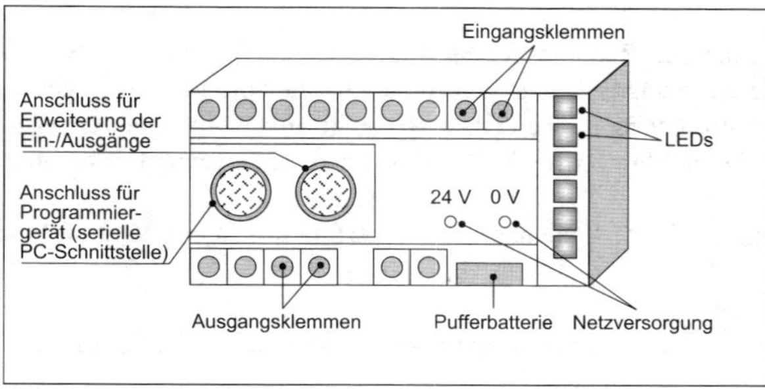

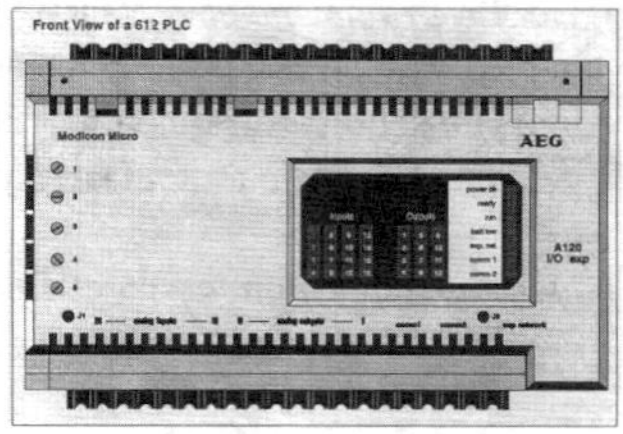

03. Welche Vorteile hat die SPS gegenüber der VPS?

Vor- und Nachteile der SPS (gegenüber der VPS)	
Vorteile:	**Nachteile:**
• kann mit Rechnern und anderen EDV-Anlagen vernetzt werden • weniger Platzbedarf • zuverlässiger • flexibler • geringer Stromverbrauch • Änderungen sind schnell durchführbar • eine schnelle Fehleranalyse ist möglich	• zusätzliche Infrastruktur erforderlich, z. B. Programmiergerät (PG), Datensicherung • Personal muss ausreichend qualifiziert sein • kostenintensiver

04. Welche Einsatzgebiete gibt es für die SPS?

Hauptaufgabe der SPS ist die Steuerung, Verriegelung und Verknüpfung von Maschinenfunktionen. Die SPS wird überall dort eingesetzt, wo im Rahmen der Automatisierung Fertigungsprozesse gesteuert, überwacht und beeinflusst werden sollen.

1. Die *Spannungsversorgung* der elektronischen Baugruppen erfolgt über ein Netzgerät.

2. Die *Zentraleinheit* (CPU) der SPS verarbeitet die Eingangssignale nach Vorgabe der Programmanweisung. Sie enthält folgende Speicher:

   a) Den *Systemspeicher* für die Arbeitsweise der SPS (Betriebssystem)
      - als ROM-Speicher (Read Only Memory): Festwertspeicher, dessen Inhalt nur gelesen werden kann und unveränderbar ist;

      oder

- als EPROM-Speicher (Electrically Programmable Read Only Memory) bzw. EEPROM-Speicher (Electrically Erassable Programmable Read Only Memory); dies sind elektronische Nur-Lese-Speicher. Sie benötigen keine Stromversorgung. Die Daten von EPROM-Speichern können durch Bestrahlen mit UV-Licht, die von EEPROM durch elektrische Impulse gelöscht werden.

b) Der *Programmspeicher* als RAM-Speicher (Random Access Memory) ist ein Schreib-Lese-Speicher, der die Anweisungen für den steuerungstechnischen Ablauf enthält. Er kann programmiert, geändert und gelöscht werden und muss mit Strom versorgt werden. Wird die Stromversorgung unterbrochen, gehen die gespeicherten Daten verloren. Man vermeidet dies durch den Einbau einer Pufferbatterie.

c) Der *Zwischenspeicher* ist ebenfalls ein RAM-Speicher, der Merkerfunktionen und Verknüpfungsergebnisse enthält.

3. Die *Eingabegruppe* nimmt Signale auf, die *Ausgabegruppe* gibt Signale an Stellgeräte ab.

4. Über das *Programmiergerät* können Anweisungen in einer bestimmten Programmiersprache (vgl. unten/Frage 06.) eingegeben werden. Ein *Kompiler* (Übersetzer) wandelt das Anwenderprogramm in die Maschinensprache um.

05. Welche Programmierarten gibt es?

Die bekanntesten Programmierarten sind:

SPS · Programmierarten				
AWL **Anweisungsliste**	**FUP** **Funktionsplan**	**KOP** **Kontaktplan**	**AS (SFC)** **Ablaufsprache**	**ST** **Strukturierter Text**

In der einfachen Ausbaustufe ist die SPS nur für logische Operationen programmierbar. Derartige Operationen basieren auf Einbitinformationen (Binärzahlen: 0 oder 1). Das Programm der SPS besteht aus einer Folge von Steueranweisungen, die der Prozessor in der vorgegebenen Reihenfolge abarbeitet.

06. Welche Norm legt die Syntax einer vereinheitlichten Reihe von Programmiersprachen für die SPS fest?

National (europäisch):	**DIN EN 661131-3**
International:	**IEC 61131-3**

07. Wie erfolgt die AWL-Programmierung?

Die AWL-Programmierung bedient sich einer Textsprache. Eine Steueranweisung hat zwei Bestandteile:

<table>
<tr><th colspan="5">AWL-Programmierung
Bestandteile der Programmanweisung</th></tr>
<tr><td colspan="2">Befehlsteil = Operationsteil
Er enthält logische Verknüpfungen und sonstige Anweisungen</td><td></td><td colspan="2">Zuordnungsteil = Operandenteil
Er enthält Eingänge, Ausgänge, Zähler und Merker, mit denen die Operationen durchgeführt werden sollen.</td></tr>
<tr><td colspan="5">Beispiele</td></tr>
<tr><td>Laden</td><td>L</td><td></td><td>Eingang</td><td>E</td></tr>
<tr><td>UND</td><td>U</td><td></td><td>Ausgang</td><td>A</td></tr>
<tr><td>ODER</td><td>O</td><td></td><td>Merker</td><td>M</td></tr>
<tr><td>NICHT</td><td>N</td><td></td><td>Zeitglied</td><td>T</td></tr>
<tr><td>UND-NICHT</td><td>UN</td><td></td><td></td><td></td></tr>
<tr><td>Klammer auf, in Kombination mit U/O, Klammer zu</td><td>(<br>)</td><td></td><td></td><td></td></tr>
<tr><td>SETZEN</td><td>S</td><td></td><td></td><td></td></tr>
<tr><td>RÜCKSETZEN</td><td>R</td><td></td><td></td><td></td></tr>
<tr><td>Zuweisung</td><td>=</td><td></td><td></td><td></td></tr>
<tr><td>Zählen, vorwärts</td><td>ZV</td><td></td><td></td><td></td></tr>
</table>

Beispiel (Ausschnitt):
Bei der Inbetriebnahme einer Maschine muss ein Starttaster (E 0.1) betätigt werden. Das Betriebssignal (A 1.1) ertönt, gleichgültig ob der Schalter E 0.2 den Zustand „0" oder „1" meldet. Die Anweisungsliste kann ohne oder mit Merker erstellt werden.

Anweisungsliste ohne Merker:	Anweisungsliste mit Merker:
O (U E0.1 U E0.2) O (U E0.1 UN E0.2) S A1.1	U E0.1 U E0.2 = M9.1 U E0.1 UN E0.2 = M9.2 O M9.1 O M9.2 S A1.1

08. Welche Aufgabe haben Funktionsdiagramme (FUP)?

Funktionsdiagramme (veraltet) zeigen grafisch den zeitlichen und funktionellen Ablauf der Steuerung (Schrittfolge). Damit können Zustände und Zustandsänderungen von Anlagen verdeutlicht werden. Hinweis: Seit April 2005 ist die DIN 40719 Teil Funktionsplan (FUP) *nicht mehr gültig.* Daher wird auf Funktionsdiagramme hier nicht weiter eingegangen. Stattdessen gilt die DIN EN 60484 GRAFCET.

Übungsaufgabe: Elektropneumatische Steuerung (mit Ablaufbeschreibung nach Grafcet)

Von einem Rollengang ankommende Paletten werden von einem Pneumatikzylinder 1A1 angehoben und von einem zweiten Pneumatikzylinder 2A1 in eine andere Ebene weiter geschoben. Zylinder 1A1 darf erst einfahren, wenn Zylinder 2A2 die hintere Endlage erreicht hat. Das Startsignal nach Ablauf eines Zyklus wird durch die jeweils neu ankommende Palette über 1S3 ausgelöst. Es ist die Ablaufbeschreibung nach Grafcet darzustellen.

Lösung:

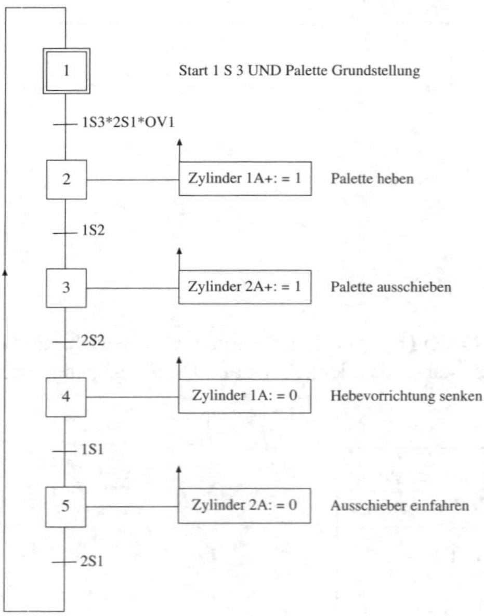

09. Wie erfolgt die KOP-Programmierung?

Der Kontaktplan (KOP) hat Ähnlichkeit mit dem Stromlaufplan. Die Ablaufschritte werden von links nach rechts dargestellt. Es wurden nach der DIN EN 61131 neue Symbole eingeführt. Nachfolgend ist eine Auswahl dieser Symbole dargestellt (vgl. ausführlich in den Tabellenwerken, z. B. Lipsmeier, A. (Hrsg.), Friedrich Tabellenbuch, Metall, a. a. O., S. 9-25):

Symbol	Bedeutung
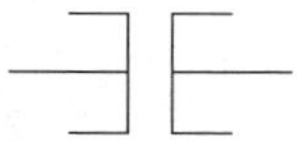	Eingangssignal ohne Umkehrung
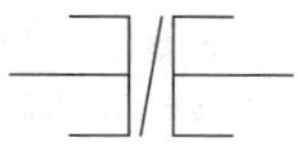	Eingangssignal mit Umkehrung
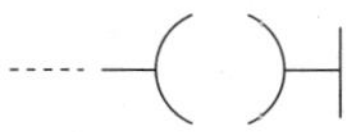	Ausgang
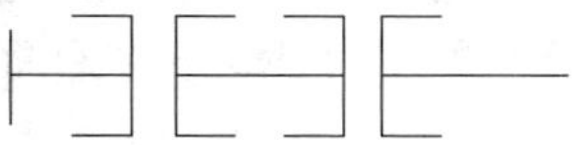	UND-Verknüpfung
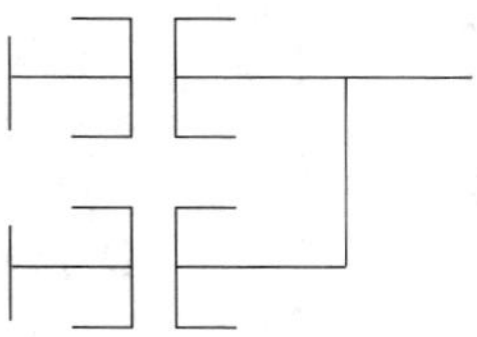	ODER-Verknüpfung

Beispiel:

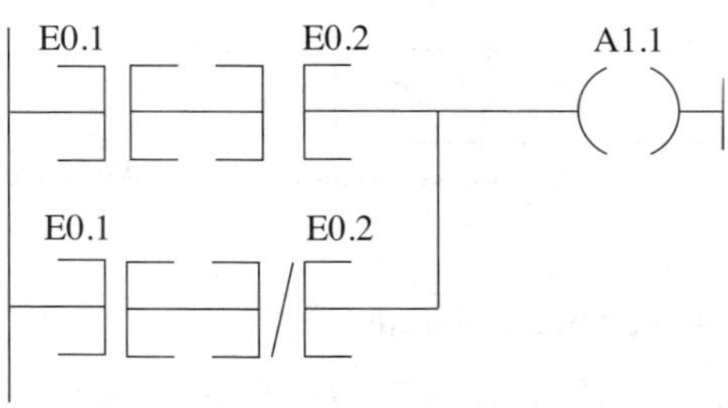

10. Welche Funktion hat ein Optokoppler in der SPS?

Der Optokoppler ist ein zusätzliches Bauelement in der SPS. Er ist ein Wandler zwischen den optischen und elektrischen Signalen. Seine Aufgabe ist die Absicherung der Eingänge gegen zu hohe Eingangsspannungen.

11. Warum verwendet man Merker bei der Programmierung einer SPS?

Merker sind Operanden in einem Programm, in denen Informationen abgelegt sind. Sie vereinfachen die Programmierung (vgl. Frage 07./AWL-Programmierung).

12. Was ist die Zykluszeit einer SPS?

Das Programm einer SPS wird vom Prozessor in einer sich permanent wiederholenden Schleife vom Zyklusanfang bis zum Zyklusende bearbeitet. In jeder Schleife erfolgen durch den Prozessor drei Arbeitsschritte:

1. Abfragen der Eingänge
2. Verarbeitung der Eingangssignale entsprechend dem Programm
3. Belegung der Ausgänge.

Die *Zykluszeit* ist die Dauer, die der Prozessor benötigt, um die Bearbeitungsschleife einmal zu durchlaufen. Sie ist abhängig von der Anzahl der Befehle sowie der Arbeitsgeschwindigkeit des Prozessors und liegt im ms-Bereich.

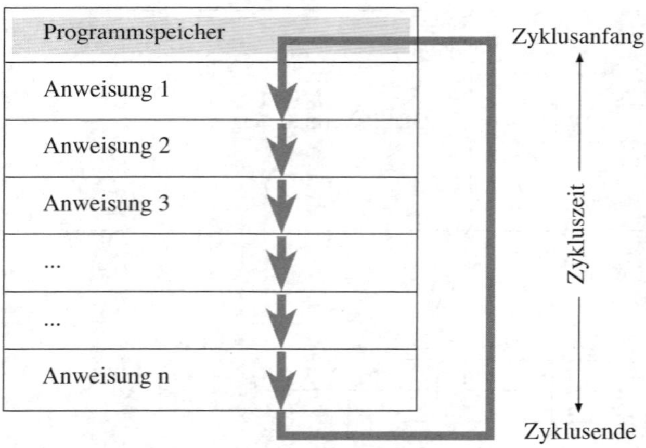

13. Was sind die Merkmale der Ablaufsprache (AS)?

Die Ablaufsprache (AS; engl.: SFC, Sequential Function Chart) dient zur Darstellung von Schrittketten, d. h. der Abfolge von Schritten, zu denen jeweils eine Menge von Aktionen gehört (z. B. das Setzen oder Rücksetzen eines Ausgangs) und die über Transitionen mit entsprechenden Transitionsbedingungen (z. B. Aktivwerden eines Eingangs) verbunden sind.

Die Transitionsbedingungen können in AWL, FUP, KOP oder ST definiert werden. Schrittketten sind in modernen Anlagen mit automatischen Abläufen sehr häufig zu finden, z. B. das Referenzpunktfahren bei einer Werkzeugmaschine oder das Aufbringen eines Bunds auf einen Walzwerkshaspel.

Beispiel Ausschnitt aus einer AS:

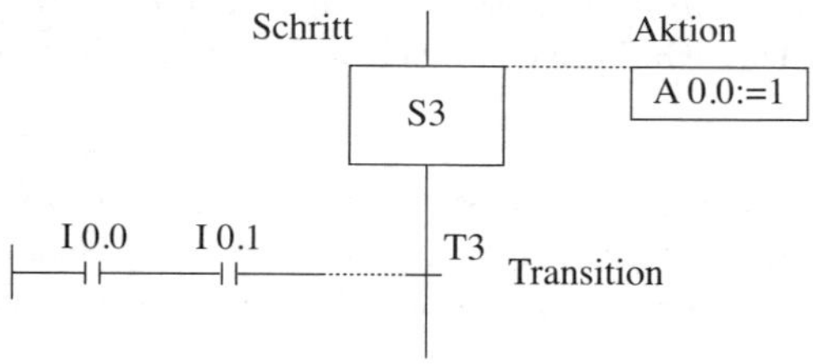

14. Was sind die Merkmale der Programmiersprache ST?

Im ST (Strukturierter Text) ist das Programm eine Abfolge von Ausdrücken, Zuweisungen sowie Anweisungen und vergleichbar mit einer klassischen Programmier-(Hoch)Sprache (z. B. Pascal oder C).

Beispiel: UND-Verknüpfung als strukturierter Text:

```
Q4.0 := I0.0 AND I0.1
```

2.5.3.2 Darstellungsmöglichkeiten

01. Welche Darstellungsmöglichkeiten von Konstruktions- und Schaltungsunterlagen werden unterschieden?

Konstruktions- und Schaltungsunterlagen • Darstellungsvarianten				
Beschreibender Text	**Listen**	**Übersichtsdarstellung (Kombination von Grafik + Text)**	**Grafiken**	**Programm-listings**
Beispiele				
Funktions-beschreibung	Betriebs-mittelliste	Baugruppen-trägerbestückung	• Schaltpläne, • Betriebsmittel-lagepläne	• AWL • FUP • KOP
				↑ Vgl. 2.5.3.1

02. Welche Aufgabe erfüllt die Funktionsbeschreibung einer Anlage bzw. eines Anlagenteils?

Die Funktionsbeschreibung dient der vollständigen Darstellung der Funktions- bzw. Prozessabläufe einer Anlage oder Maschine. Es werden die einzelnen Abläufe beschrieben und die eingesetzten Technologien dargestellt. Die Funktionsbeschreibung *ersetzt nicht eine Bedienungsanleitung* sondern ist meist Teil einer solchen.

03. Welche Darstellungs- bzw. Ausführungsform hat die Funktionsbeschreibung?

Es gibt *keine genormte Darstellungsform* für eine Funktionsbeschreibung. Sinnvoll ist eine Kombination aus Text, eingebundenen Grafiken und Tabellen, mit der sich die Aufgabenstellung möglichst optimal erfüllen lässt.

Im Rahmen der CE-Vorschriften ist allerdings geregelt, dass die Funktionsbeschreibung (wie die gesamte Hauptdokumentation) in der Landessprache des Bestimmungslandes der jeweiligen Anlage auszuführen ist – sofern es keine anderen vertraglichen Regelungen gibt.

04. Was ist eine Betriebsmittelliste?

Die Betriebsmittelliste enthält in tabellarischer Form alle in einem Projekt verwendeten Betriebsmittel (SPS-Baugruppen, Sensoren, Aktoren u. Ä.). Neben der jeweiligen Bezeichnung enthält sie weitere Informationen: Art des Bauteils, Lieferant, Typ und Position im Schaltplan/Stromlaufplan.

05. Welche Funktion hat die Baugruppenträgerbestückung?

Die Baugruppenträgerbestückung ist zentrales Element zur Dokumentation der Hardware von SPS und Automatisierungssystemen. Sie ist eine Übersichtsdarstellung der Systembelegung eines Baugruppenträgers und der Busanbindung (Systembus und Anlagenbusse/Feldbusse).

2.5.3.3 Dokumentation nach Normen

01. Warum ist es notwendig, bei der Erstellung von Dokumentationen die geltenden Normen einzuhalten?

Bei größeren Projekten sind immer mehrere Bearbeiter bzw. verschiedene Fachabteilungen involviert (Mechanik, Hydraulik, Instandhaltung usw.); zum Teil werden Arbeitspakete extern bearbeitet und/oder fertige Anlagenteile zugekauft. Dies führt insgesamt nur dann zu dem gewünschten Ergebnis, wenn alle Beteiligten identische Symbole und Darstellungsweisen, gleiche Bezeichnungen für die Instrumentierung sowie die Mess- und Regeleinrichtungen usw. verwenden. *Alle Beteiligten müssen also die gleiche „Planungssprache" verwenden.*

02. Welche Normen sind für den Elektroplaner im Bereich der Automatisierungs- und Informationstechnik von besonderer Bedeutung?

DIN IEC 60050	Leittechnik, Begriffe
DIN 19226	Regelungstechnik und Steuerungstechnik, Begriffe und Benennungen
DIN EN 62424	Sinnbilder und Kennbuchstaben für Messen, Steuern und Regeln in der Verfahrenstechnik
DIN EN ISO 10628	Fließbilder verfahrenstechnischer Anlagen Teil 1 bis 4
DIN 66001	Informationsverarbeitung, Sinnbilder und ihre Verwendung
DIN EN 61028	Schaltpläne, Schaltungsunterlagen Teil 1 bis 11

03. Welche Arten von Fließbildern sind im Bereich der Automatisierungs- und Informationstechnik von besonderer Bedeutung?

- Blockschaltbilder
- Schematische Fließbilder
- Apparative Fließbilder
- Mengenstrombilder
- MSR-Pläne
- Technologische Einzelpläne
- Projektierungspläne.

04. Die DIN EN 62424 definiert Sinnbilder und Kennbuchstaben für Messen, Steuern und Regeln in der Verfahrenstechnik. Welche Teile enthält sie im Einzelnen?

DIN EN 62424	
Teil 1	Bildzeichen und Kennbuchstaben für Messen, Steuern und Regeln in der Verfahrenstechnik
Teil 2	Sinnbilder für die Verfahrenstechnik, Zeichen für die gerätetechnische Darstellung
Teil 3	Sinnbilder für die Verfahrenstechnik, Zeichen für die funktionelle Darstellung
Teil 4	Zeichen für die funktionelle Darstellung beim Einsatz von Prozessrechnern

05. Welche Darstellungsmöglichkeiten gibt es für Einrichtungen der Prozessleittechnik?

- *Lösungsbezogene Darstellung* mit gerätetechnischen Symbolen:

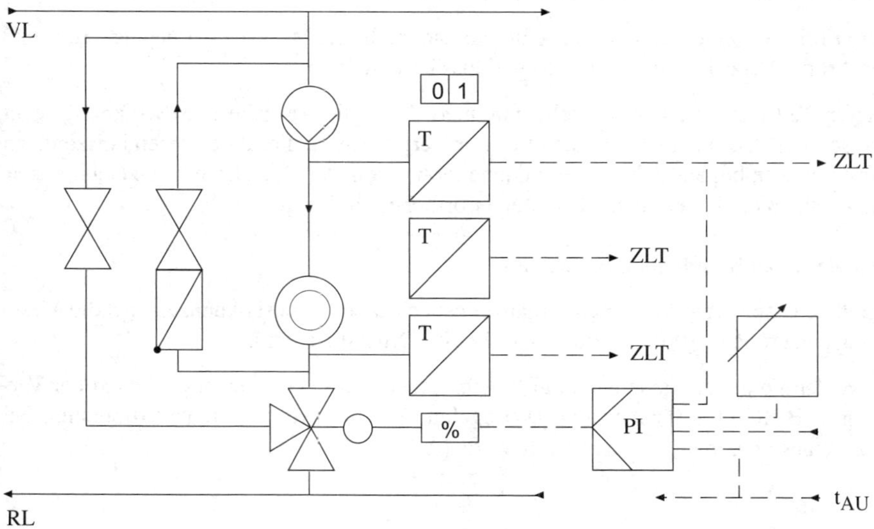

- *Aufgabenbezogene Darstellung* mit EMSR-Stellen (Elektro-, Mess, Steuerungs- und Regelungstechnik):

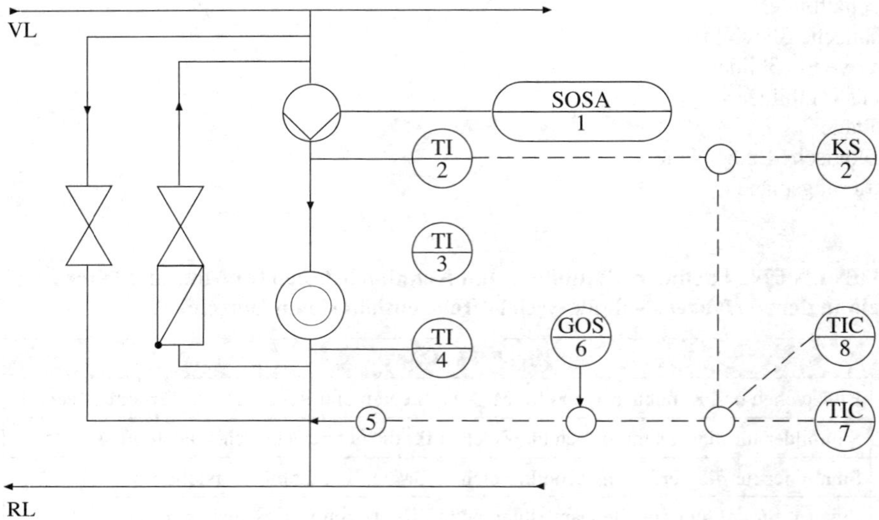

06. Wie erfolgt die Kennzeichnung von EMSR-Stellen im Einzelnen?

- EMSR-Stellen werden durch einen *Kreis* gekennzeichnet. Erfordert die Kennzeichnung mehr Platz, so ist entsprechend ein *Langrund* zu verwenden.
- Im oberen Teil steht eine Kennbuchstabenkombination, die die Mess- bzw. Eingangsgröße und ggf. die Art der Verarbeitung und den Signalfluss beschreibt.
- Im unteren Teil steht die EMSR-Stellennummer. Wenn die Ausgabe und Bedienung nicht vor Ort, sondern z. B. in einer zentralen Leitwarte erfolgt, wird dies durch einen horizontalen Querstrich im Symbol ausgedrückt. Ein doppelter horizontaler Querstrich kennzeichnet eine Bedienung an einem Unterleitstand oder einer örtlichen Bedientafel.

Die *Kennbuchstabenkombination* besteht aus:

- Dem Erstbuchstaben (ggf. mit einem Ergänzungsbuchstaben): Dieser kennzeichnet die Mess- bzw. Eingangsgröße (z. B. P für Druck bzw. PD für Druckdifferenz).
- Dem oder den Folgebuchstaben und ggf. Folgezeichen: Diese kennzeichnen die Art der Verarbeitung (z. B. ICA+ – für Anzeige (I), Regelung (C) und Alarm-/Grenzwertmeldung bei Erreichen eines oberen und unteren Grenzwerts (A+ –).

Kennbuchstaben gem. DIN EN 62424:

Buchstabe	*Bedeutung*	*Buchstabe*	*Bedeutung*
Erstbuchstabe		**Ergänzungsbuchstabe**	
D	Dichte	D	Differenz
E	elektrische Größen	F	Verhältnis
F	Durchfluss	J	Messstellen-Abfrage
G	Abstand, Länge, Stellung	Q	Summe
H	Handhabe, Handeingriff	**Folgebuchstabe**	
K	Zeit	A	Störungsmeldung, Alarm
L	Stand	C	Regelung
M	Feuchte	E	Aufnehmer
N	frei verfügbar	H	oberer Grenzwert
O	frei verfügbar	I	Anzeige
P	Druck	L	unterer Grenzwert
Q	Qualitätsgrößen, Analyse (Stoffeigenschaften)	O	Sichtanzeige, Ja/Nein-Anzeige (ohne Alarm)
R	Strahlungsgrößen	R	Registrierung
S	Geschwindigkeit	S	Schaltung, Ablauf-/Verknüpfungssteuerung
T	Temperatur	Z	Noteingriff, Schutz durch Auslösung
U	zusammengesetzte Größen	**Folgezeichen**	
V	Viskosität	+	oberer Grenzwert
W	Gewichtskraft, Masse	–	unterer Grenzwert
X	sonstige Größen	/	Zwischenwert

Beispiele:

Druckregelung vor Ort:	PC 3009
Druck, Anzeige und Regelung, Grenzwertmeldung oberer Grenzwert in örtlichem Leitstand:	PICA+ 3008
Durchfluss, Registrierung und Regelung, Noteingriff unterer Grenzwert im zentralen Leitstand:	FRCZ– 3007

2.5.4 Dokumentationen bei Änderungen → 8.3.3

01. Welche Änderungen an Maschinen oder Anlagen müssen in den Konstruktions- und Schaltungsunterlagen dokumentiert werden?

Grundsätzlich müssen alle Änderungen an Maschinen oder Anlagen dokumentiert werden.

Um sicherzustellen, dass jeder, der zukünftig an der betreffenden Maschine oder Anlage arbeitet, den aktuellen Zustand in der Dokumentation vorfindet, *ist jede Änderung* an der Anlage, den zugehörigen Steuerungs- und Automatisierungssystemen sowie den entsprechenden Programmen *umgehend* in den entsprechenden Teilen der Dokumentation *nachzuführen.*

02. Welche Unterschiede gibt es zwischen der (üblichen) Vorgehensweise bei der Dokumentation kleiner Änderungen und der Dokumentation umfangreicher Umbauten?

In beiden Fällen ist es erforderlich, dass *die Dokumentation stets den exakten Zustand der Anlage wiedergibt.*

Um bei kleineren Änderungen (z. B. Umverdrahten einer Klemmleiste oder Verwenden eines anderen Eingangs auf einer Baugruppe) nicht den Aufwand der Neuerstellung aller relevanten Dokumente betreiben zu müssen, ist es legitim und in der Praxis üblich, mit so genannten *Rot-Einträgen* zu arbeiten: Dabei werden Änderungen *von Hand in Rot* in die Vor-Ort-Dokumentation der Maschine eingetragen. Bei der nächsten Revision der Dokumentation werden alle Rot-Einträge in die Originalpläne übernommen und als neuer Versionsstand gekennzeichnet.

03. Welche Aufgabe hat das Qualitätsmanagement im Rahmen der Dokumentation von Änderungen an Maschinen und Anlagen?

Das Qualitätsmanagementsystem muss sicherstellen, dass *nur aktuelle Pläne in Umlauf sind* und für Arbeiten an den Maschinen oder Anlagen herangezogen werden. Dies bedeutet, dass bei jeder Versionsänderung im Zuge einer Revision alle Vorversionsstände einzuziehen und zu vernichten sind.

Wird mit Rot-Einträgen gearbeitet (vgl. Frage 02.), so ist über entsprechende Verfahrensanweisungen sicherzustellen, dass als Basis für Arbeiten bzw. Änderungen an der Anlage nur die Vor-Ort-Pläne verwendet werden; nur sie zeigen eventuelle Unterschiede zum letzten Revisionsstand.

2.5.5 Archivierung der Dokumentation

01. Welche Anforderungen werden an die Archivierung von Konstruktions- und Schaltungsunterlagen gestellt?

Im Wesentlichen sind dies folgende Anforderungen:

Vollständigkeit	Es muss sichergestellt sein, dass *alle relevanten Unterlagen* archiviert sind.
Konsistenz (Aktualität)	Es muss sichergestellt sein, dass von allen Dokumenten der letzte (*aktuelle*) *Revisionsstand* archiviert ist.
Verfügbarkeit (Zugreifbarkeit)	Die Dokumentation muss so archiviert sein, dass die Unterlagen auch nach einer langen Zeit *noch lesbar* sind. Auch bei einer Langzeitarchivierung in digitaler Form ist daher dafür Sorge zu tragen, dass die *Systeme und Programme* zur Verarbeitung der entsprechenden Datenformate noch *zur Verfügung stehen* oder jeweils eine Portierung auf das Nachfolgesystem erfolgt.

02. Wie sollte der Zugriff auf die Dokumentation erfolgen können?

Der Zugriff auf die Dokumentation sollte *nach Möglichkeit zentral* erfolgen können. Dies erleichtert die Forderung, dass stets mit aktuellen (konsistenten) Dokumenten gearbeitet wird. Die Konsistenz wird bei modernen Systemen automatisch sichergestellt: Ein Dokument kann nur einmal mit Vollzugriff, d. h. editierbar, geöffnet werden; andere Nutzer können gleichzeitig nur eine schreibgeschützte Kopie öffnen und erhalten eine entsprechende Meldung.

In gleicher Weise erfolgt das Revisionsmanagement in solchen Systemen automatisch: „Wer hat was wann geändert?“ Moderne Systeme verwenden darüber hinaus (Web-)Browser-Technologien, sodass der Zugriff nicht nur innerhalb eines Firmennetzwerks möglich ist, sondern mit der entsprechenden Berechtigung über das Internet jederzeit und von jedem Ort erfolgen kann.

03. In welcher Form können Konstruktions- und Schaltungsunterlagen archiviert werden?

1	**Papierdokumente, einzelne Datenträger**	Dokumente werden in Papierform (Schaltpläne, Zeichnungen) oder auf einzelnen Datenträgern (Disketten, Magnetbänder z. B. für Programme) eingelagert (früher üblich).
		Nachteile sind neben dem hohen Platzbedarf und einer teilweise schlechten Haltbarkeit (Verblassen von Kopien, Datenverlust bei Magnetbändern) vor allem der hohe Aufwand beim Zugriff und bei der Sicherstellung der Konsistenz und Aktualität.
2	**Mikrofilme**	Mikroverfilmung der Dokumente bzw. der Ausdrucke (z. B. Programmlistings). Dies hat die gleichen Nachteile wie unter (1); es wird lediglich der Platzbedarf reduziert und die Langzeitstabilität ist gewährleistet.
3	**Digital bzw. digitalisiert**	Digital bzw. digitalisiert im jeweiligen Format auf speziellen Festplattenlaufwerken oder Servern.
		Vorteile: Geringer Platzbedarf und hohe Langzeitstabilität – bei Verwendung redundanter Hardware (z. B. gespiegelten Festplatten) und entsprechenden Datensicherungssystemen. Über entsprechende Zugriffsberechtigungen ist innerhalb des Firmennetzwerks ein zentraler Zugriff möglich.
4	**Dokumenten-managementsysteme**	Vorteile wie unter (3), weiterhin: Vollautomatisches Revisionsmanagement, Sicherstellung der Konsistenz über entsprechende Zugriffsverwaltung, Retrieval (Suche nach Dokumenten) und – bei den modernen Systemen – zentraler Zugriff.

2.6 Einleiten, Steuern, Überwachen und Optimieren des Fertigungsprozesses

Hinweis: Das Thema wird umfassend im 4. Kapitel „Planungs-, Steuerungs- und Kommunikationssysteme“ behandelt. In diesem Abschnitt 2.6 werden konkrete Arbeitsschritte herausgestellt, die der Meister in seinem unmittelbaren Verantwortungsbereich im Rahmen der Einleitung, Steuerung und Optimierung des Fertigungsprozesses beherrschen muss. Da der Rahmenplan in diesem Abschnitt nur wenig gliedert und komplexe Sachverhalte unter einer Ziffer zusammenfasst, weicht hier die Gliederungssystematik ab und ist differenzierter gestaltet.

2.6.1 Einleiten des Fertigungsprozesses

01. Wie erfolgt der Fertigungsprozess aus technischer Sicht?

Aus technischer Sicht ist der Fertigungsprozess (auch: Produktionsprozess[1]) die schrittweise Veränderung der Werkstücke vom Ausgangszustand in den marktfähigen Zustand unter Einsatz verschiedener Fertigungsverfahren. Dazu müssen die notwendigen Produktionsfaktoren in geeigneter Weise bereitgestellt und kombiniert werden.

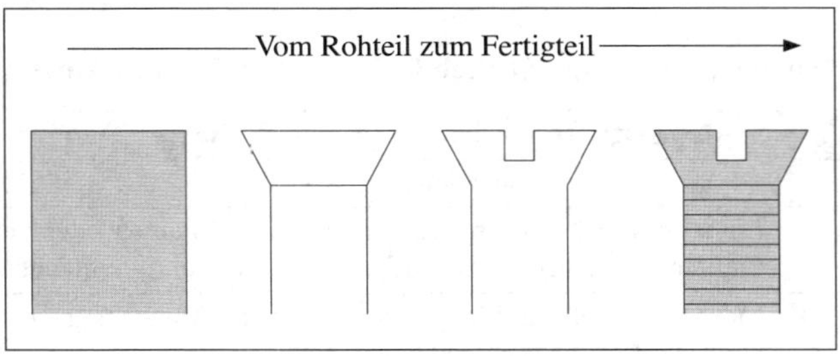

Für die Herstellung von Einzelteilen müssen beispielsweise bereitgestellt werden:

Finanzen	Eigen-, Fremdkapital (Kapitalbedarf, Verfügbarkeit)	
Material	Roh-, Hilfs-, Betriebsstoffe (RHB-Stoffe)	
Personal	eigenes Personal, Leiharbeiter, Fremdfirmen	
Betriebsmittel	Anlagen, Maschinen, Werkzeuge	
Informationen/Daten	• Materialdaten • Produktdaten • Betriebsmitteldaten • Auftragsdaten, Stammdaten • Leistungsdaten der Mitarbeiter	• Sollzeiten • Termine/Kapazitäten • Wertdaten • Zeichnungen/Stücklisten

[1] Auf die Unterscheidung der Begriffe „Produktion“ und „Fertigung“ wird hier verzichtet.

02. Welche Aufgaben hat die Fertigungsplanung?

1. Abläufe planen und dokumentieren		
Arbeitsabläufe planen:	Reihenfolge der Arbeitsvorgänge	
	Ablaufalternativen	Durchlaufzeiten (DLZ)
Arbeitsvorgänge planen:	Arbeitsvorgänge festlegen und dokumentieren	
	Vorgabezeiten (Sollzeiten) planen	
Ergebnisse der Planung dokumentieren:	Fertigungs-, Montagestücklisten	Betriebsmittelzeichnungen
	Arbeitspläne	Fertigungszeichnungen
2. Einsatz der Mittel planen		
Materialplanung:	Materialbedarf	Materialbestand
	Materialbeschaffung	
Informationsbedarf planen:	Zeichnungen/Stücklisten?	Arbeitspläne?
3. Kapazitäten planen		
Personalbedarfsplanung	Personalbestand	
	Personalbedarf (quantitativ, qualitativ)	
Betriebsmittelplanung	Betriebsmittelbestand	Betriebsmittelbedarf
	Kapazitätsanpassung	

03. Welche Kriterien entscheiden maßgeblich über den Erfolg eines Auftrags?

Messkriterien für den Erfolg eines Auftrags		
Messkriterien	*Beschreibung, Hinweise*	*Fundstelle*
Termin	Einhaltung der Terminvorgaben: interne Vorgaben oder vertragliche Vorgaben des Kunden; Termingrob- und -feinplanung	4.2.2
Menge	Menge pro Auftrag, Menge pro Zeiteinheit, Mengengerüst für die Kalkulation; Mengenplanung, Kalkulation	4.2 3.6
Qualität	Einhaltung der Qualitätsstandards nach Normen und Kundenvorgaben; DIN EN ISO 9000:2015	8.4
Kosten	Einhaltung der Kosten: Material-, Energie-, Personalkosten usw.; Vor-, Mit- und Nachkalkulation; Beeinflussung der Kosten durch den Meister unter Einbeziehung der Mitarbeiter	3.3 bis 3.6
Wirtschaftlichkeit	= Leistungen : Kosten	A 2.5.8
Rendite	= Erfolg (Return) : Kapitaleinsatz · 100	
Produktivität	Arbeitsproduktivität = Menge : Arbeitsstunden	
	Maschinenproduktivität = Menge : Maschinenstunden	
Deckungsbeitrag	= Erlöse – variable Kosten	A 2.5.7 3.6.2

04. Mit welchen konkreten Arbeiten wird der Fertigungsprozess eingeleitet?

1.	Voraussetzung für das Einleiten des Fertigungsprozesses ist das Vorliegen eines (Fertigungs-) *Auftrags*.	
2.	Im nächsten Schritt erfolgt die *Auftragsbildung*; dazu gehören:	
2.1	Festlegen der *Auftragsart* (z. B. Fertigungsauftrag, Werkstattauftrag, Kundenauftrag).	Vgl. 4.3.5: Auftragsarten, Auftragsauslösungsarten Vgl. 2.2.6: Elemente des Arbeitsplans
2.2	Ermittlung der *Auftragsdaten* und Zusammenstellen der *Auftragspapiere* (auftragsabhängige Daten, Stücklisten, Zeichnungen, Arbeitspläne, Anlagendokumentation, Schaltpläne, Stromlaufpläne, Funktionspläne, Aufbaupläne, Arbeitsplatzdaten, Laufkarte, Werkzeugvorgabeblätter, Lohnscheine/Zeitsummenkarte); Abstimmung mit der Konstruktion/Entwicklung und der Arbeitsvorbereitung; Übernehmen der Informationen aus Dv-gestützten Systemen.	Vgl. 4.4.1: Informations-/ Kommunikationssysteme Vgl. A 3.4.1 Technische Unterlagen, Dokumentationen
2.3	*Losgrößenfestlegung* auf der Basis einer wirtschaftlichen Auftragsmenge	
3.	Vor der *Freigabe des Auftrags* sind weiterhin folgende Arbeiten erforderlich:	
3.1	Festlegen des *Starttermins*	Vgl. 4.2.2: Terminplanung
3.2	*Verfügbarkeitsprüfung:* Prüfung der *Kapazitäten:* Sind die benötigten Betriebsmittel/Anlagen auch tatsächlich verfügbar? Dies betrifft z. B.: • Bestückungsautomaten • automatische Lötanlagen • Prüffelder • Transport- und Handhabungssysteme • Systeme der Verfahrenstechnik. *Materialverfügbarkeit:* Sind die erforderlichen Materialien und Hilfsmittel auch tatsächlich verfügbar oder haben sich gegenüber der Planung Abweichungen aufgrund von Lieferverzug, Fehlplanungen usw. ergeben. Dies betrifft z. B.: • RHB-Stoffe • Werkzeuge, Spezialwerkzeuge • Hilfsmittel, Mess- und Prüfmittel • Lagerfläche, Lagerart, Lagerbedingungen • Funktionsfähigkeit der Teile nach Lagerung *Personalverfügbarkeit:* Stehen der/die Mitarbeiter für diesen Auftrag auch tatsächlich zur Verfügung oder haben sich Abweichungen zur Planung ergeben? Dies betrifft z. B.: • verfügbares Stundenvolumen • Arbeitsunfähigkeit • kurzfristige Versetzung u. Ä.	Vgl. 4.2.2: Kapazitätsplanung, Planungsfaktor Vgl. 4.2.2: Mengenplanung, JiT, Kanban Vgl. 6.1.1 ff.: Personalbedarfsermittlung
3.3	*Betriebs- und Hilfsmittelvorgaben:* Zu beachten sind z. B.: • Temperaturverläufe (vgl. z. B. Temperatur-Zeit-Folge bei Wärmebehandlung des Werkstücks) • künstliche Voralterung (vgl. z. B. künstliche Alterung durch Anlassen oder Tiefkühlen in flüssiger Luft oder durch Glühen von Gussstücken) • Parametrierung (Einstellen der Maschinenparameter).	
4.	Die *Auftragsfreigabe* überführt den Auftrag vom Planungsstadium in den Ausführungsstatus: Der Auftrag erhält eine Kennzeichnung (Auftragsnummer) und ggf. werden noch benötigte Werkstattpapiere erstellt.	
5.	Die *Auftragsauslösung* ist der Beginn der Fertigungsausführung und -steuerung.	

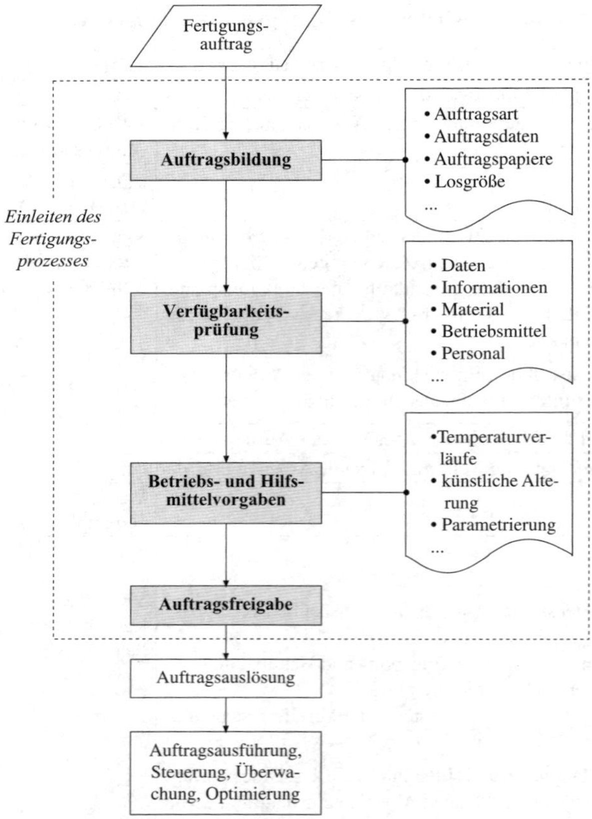

2.6.2 Fertigungsaufträge und Fertigungsunterlagen

01. Welche Arten von Fertigungsaufträgen lassen sich unterscheiden?

- *Nach dem Aspekt „Komplexität"* kann man folgende Auftragsarten unterscheiden:

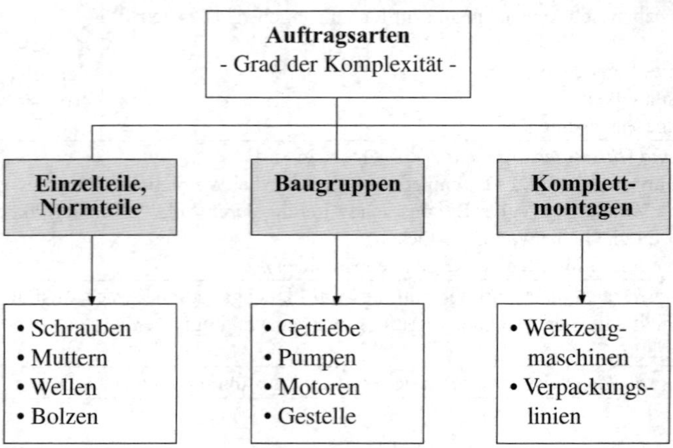

• *Nach dem Aspekt „Auftraggeber“* gibt es folgende Auftragsarten:

Auftragsart	Beschreibung	Anfallende Daten, z. B.
Kundenauftrag	Zuordnung eines Auftrags zu der Bestellung eines Kunden	• Kundenstammdaten • Bestellnummer • Termin • Menge • Sachnummer
Lagerauftrag	Kundenanonymer Auftrag zur Auffüllung des Lagerbestandes	• Lagerstammdaten • Ersatzteilnummer • Artikelnummer
Beschaffungsauftrag	Bestellung an Lieferanten zur Beschaffung von RHB-Stoffen	• Lieferantenstammdaten • Artikelnummer • Termine
Fertigungsauftrag	Ausführung eines Auftrags in der eigenen Fertigung	• Erzeugnisnummer • Arbeitsplan-Nr. ... • Auftragsnummer
Fremdfertigungsauftrag	Bestellung an Lieferanten zur Herstellung eines bestimmten Produkts	• Lieferantenstammdaten • Artikelnummer • Termine
Innerbetriebliche Aufträge	Aufträge an innerbetriebliche Werkstätten zur Erstellung oder Instandhaltung eigener Anlagen, Werkzeuge oder Vorrichtungen	• Auftragsnummer • Kostenstelle • Termine • Artikelnummer • Erzeugnisnummer

02. Welchen Umfang kann ein Fertigungsauftrag haben?

1. *Technische Zeichnung + Stückliste:*
   Die einfachste Form eines Fertigungsauftrages ist die technische Zeichnung ggf. in Verbindung mit einer Stückliste, die alle für die Herstellung des Produktes erforderlichen Daten enthält.

2. *Arbeitsplan:*
   Umfangreiche und detaillierte Fertigungsaufträge werden in Form von Arbeitsplänen erstellt. Sie enthalten u. a. (vgl. ausführlich 04.)
   • die einzelnen Arbeitsstufen
   • die erforderlichen Arbeitsmittel
   • die Werkzeuge und Vorrichtungen
   • die Maschineneinstellwerte
   • die Fertigungsdaten.

03. Was ist Gegenstand der Arbeitsplanung? → **4.2.2**

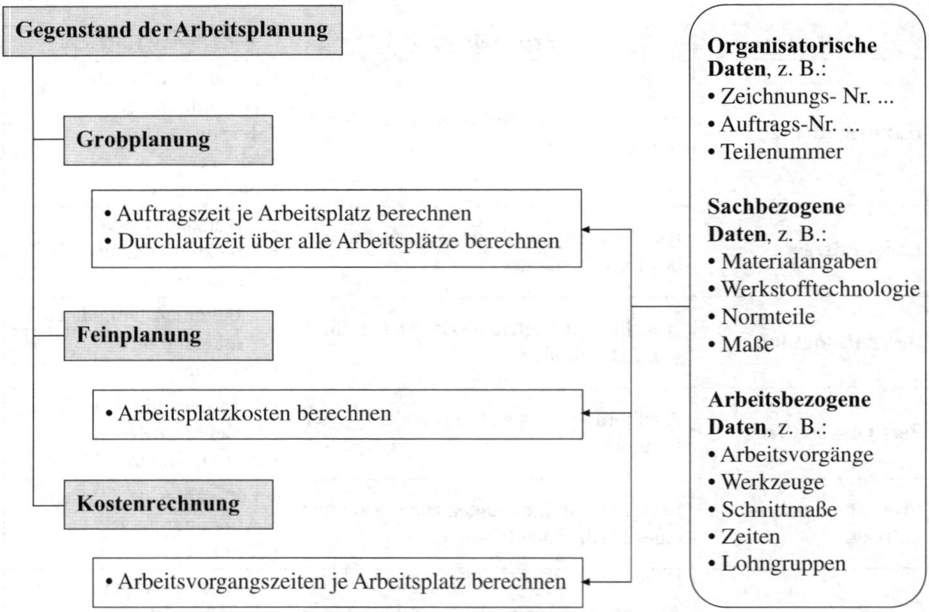

Die Arbeitsplanung kann sich auf einen konkreten Auftrag beziehen oder auftragsneutral sein. Man unterscheidet also

- auftragsabhängige Arbeitsplanung und
- Standard-Arbeitsplanung.

Gegenstand der Arbeitsplanung ist die Ermittlung der Auftrags- und Durchlaufzeit. Die Auftragszeit ist durch die Rüstzeiten und die Zeiten je Einheit bestimmt. Bei der Durchlaufzeit werden zusätzlich Transport- und Liegezeiten erfasst. Im Rahmen der Feinplanung werden die Einzelzeiten je Arbeitsplatz und Arbeitsvorgang bestimmt. Die so ermittelten Zeiten sowie die Festlegung der Lohngruppen bzw. Maschinenstundensätze werden von der Kostenrechnung übernommen.

04. Welche Elemente enthält der Arbeitsplan? → **4.3**

Kopfdaten, z. B.	Auftragsnummer	Jahresbedarf
	Werkstück	Liefertermin
	Losgröße	DLZ = Durchlaufzeit
	Datum der Planerstellung/Änderung	
Positionsdaten, z. B.	Fertigungsort	lfd. Nr. des Arbeitsgangs
	LG = Lohngruppe	APL = Arbeitsplatznummer
	E = Einheiten	L = Lohnart (A = Akkordlohn; R = Zeitlohn)

Vgl. ausführlich unter 4.3.

05. Was ist der Inhalt technischer Zeichnungen?

In technischen Zeichnungen wird das Erzeugnis nach DIN-Zeichnungsnormen oder anderen Symbolen unter Angabe von Maßen, Toleranzen, der Oberflächengüte und -behandlung, der Werkstoffe und Werkstoffbehandlungen *grafisch* dargestellt.

06. Welche Arten von technischen Zeichnungen werden unterschieden?

- *Zusammenstellungszeichnungen:* Sie zeigen die Größenverhältnisse, die Lage und das Zusammenwirken der verschiedenen Teile.
- *Gruppenzeichnungen:* Sie zeigen die verschiedenen Teilkomplexe auf.
- *Einzelteilzeichnungen:* Sie enthalten die vollständigen und genauen Angaben für die Fertigung des einzelnen Erzeugnisses.
- Die *Fertigungszeichnung* wird von der Konstruktionsabteilung meist als Einzelteil- oder Baugruppenzeichnung erstellt. Man kann ihr folgende Angaben zu dem Werkstück entnehmen:
  - Form und Abmaße
  - Maße und Toleranzen
  - Oberflächenqualität
  - Form- und Lagetoleranzen
  - ggf. Angaben zur Wärmebehandlung
  - ggf. Angaben für Schweißverfahren.

07. Welche Arten von Stücklisten werden unterschieden?

Stücklisten • Arten			
Baukastenstücklisten	**Strukturstücklisten**	**Mengenstücklisten**	**Variantenstücklisten**

1. Im Hinblick auf den *Aufbau:*
   - *Baukastenstückliste*: Sie ist in der Zusammenstellungszeichnung enthalten und zeigt, aus welchen Teilen sich ein Erzeugnis zusammensetzt. Die Mengenangaben beziehen sich auf eine Einheit des zusammengesetzten Produkts.
   - *Struktur-Stücklisten*: Sie geben Aufschluss über den Produktionsaufbau und zeigen, auf welcher Produktionsstufe das jeweilige Teil innerhalb des Produkts vorkommt.
   - *Mengen-Stücklisten*: In ihr sind alle Teile aufgelistet, aus denen ein Produkt besteht und zwar mit der Menge, mit der sie jeweils insgesamt in eine Einheit eines Erzeugnisses eingehen.
   - *Variantenstücklisten* werden eingesetzt, um geringfügig unterschiedliche Produkte in wirtschaftlicher Form aufzulisten (als: Baukasten-, Struktur- oder Mengenstückliste).

2. Im Hinblick auf die *Anwendung* im Betrieb:
   - *Konstruktionsstückliste*: Sie gibt Aufschluss über alle zu einem Erzeugnis gehörenden Gegenstände.

- *Fertigungsstückliste*: Sie zeigt, welche Erzeugnisse im eigenen Betrieb gefertigt werden müssen und welche von Zulieferern beschafft werden müssen.
- *Einkaufsstücklisten*: Sie zeigen, welche Teile die Beschaffungsabteilung einkaufen muss.
- *Terminstückliste*: Sie zeigt, zu welchem Termin bestimmte Teile beschafft werden müssen.

08. Aus welchen Zeitarten besteht die Durchlaufzeit?

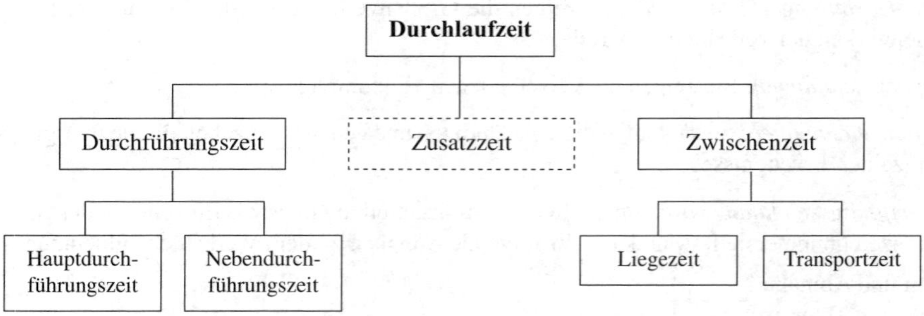

Die Zusatzzeit beinhaltet hierbei alle angefallenen Zeiten, die *nicht zur planmäßigen Durchführung* der Arbeitsaufgabe gehören.

09. Wie gliedert sich die Auftragszeit nach REFA? **→ 3.7**

Auftragszeit T					
Rüstzeit t_r			**Ausführungszeit $t_a = m \cdot t_e$**		
			t_e = Zeit je Einheit		
Rüstgrundzeit t_{rg}	Rüsterholzeit t_{rer}	Rüstverteilzeit t_{rv}	Grundzeit t_g	Erholzeit t_{er}	Verteilzeit t_v

Vgl. ausführlich unter 3.7.1 ff.

10. Welche Merkmale bestimmen über die Zuordnung der Fertigungsaufgabe?

Die Voraussetzung für das Einleiten des Fertigungsprozesses ist der Fertigungsauftrag. Nach Art und Umfang des Fertigungsauftrages und der weiteren Fertigungsunterlagen erfolgt die *Zuordnung der Fertigungsaufgabe* nach folgenden Kriterien:

Zuordnung der Fertigungsaufgabe	
Merkmale	**Beispiele**
organisatorische	• Art der Materialbereitstellung • Form und Zustand der Rohteile • erforderliche Werkstoffe, Hilfsstoffe • sonstige Fertigungshilfsmittel • Gewährleisten der Qualitätssicherung
fertigungstechnische	Auswahl des geeigneten • Fertigungsverfahrens, z. B. nach Qualitätskriterien • Betriebsmittels, z. B. nach Maschinenleistung • Fertigungsmittels, z. B. Werkzeuge, Spezialwerkzeuge • Fertigungshilfsstoffes, z. B. nach Eigenschaften
wirtschaftliche	Auslastung der Produktionskapazitäten unter Beachtung der Maschinenbelegung und der Durchlaufzeiten
	Zuordnung nach Lohngruppenkriterien unter Beachtung der erforderlichen Mitarbeiterqualifikation
	Entscheidung über den Automatisierungsgrad, z. B. konventionelle Fertigung, Bearbeitungszentrum (BZ), flexibles Fertigungssystem (FFS)

2.6.3 Prozesssteuerung und -überwachung

→ 4.2.2

01. Was versteht man unter „Fertigungssteuerung“?

Fertigungssteuerung (auch: Prozesssteuerung in der Fertigung) ist die mengen- und termingemäße Veranlassung, Überwachung und Sicherung der *Fertigungsdurchführung*. Dabei sind menschliche Arbeit, Anlagen und Materialien aufgrund der Vorgaben des Fertigungsprogramms und der Arbeitsplanung miteinander zu kombinieren.

Fertigungssteuerung		
Veranlassen	**Überwachen**	**Sichern**
↓	↓	↓
Programm-/Auftragsbildung Terminermittlung Bedarfsermittlung Bereitstellung Arbeitsverteilung	Datenerfassung Mengenüberwachung Terminüberwachung Kostenüberwachung Qualitätsprüfung/-überwachung Arbeitsbedingungen überwachen	Störungen beheben Eingreifen Plankorrektur Qualitätssicherung

02. Was sind die Ziele der Fertigungssteuerung?

Minimierung	der Rüstkosten und der Durchlaufzeiten
Maximierung	der Materialausnutzung
Optimierung	der Lagerbestände und der Nutzung vorhandener Fertigungskapazitäten
Einhaltung	der Termin- und Qualitätsvorgaben
Humanisierung	der Arbeit

03. Welche Variablen des Fertigungsprozesses sind im Rahmen der Fertigungssteuerung besonders zu beachten?

1.	**Beachten der Kapazitätsgrenzen** (→ vgl. 4.2.2 Kapazitätsplanung):
	Ist die verfügbare Kapazität auf Dauer höher als die erforderliche Kapazität, so führt dies zu einer Minderauslastung. Es werden mehr Ressourcen zur Verfügung gestellt als notwendig. Die Folge ist u. a. eine hohe Kapitalbindung mit entsprechenden Kapitalkosten (Wettbewerbsnachteil). Im umgekehrten Fall besteht die Gefahr, dass die Kapazität nicht ausreichend ist, um die Aufträge termingerecht fertigen zu können (Gefährdung der Aufträge und der Kundenbeziehung). Durch Maßnahmen der *Kapazitätsabstimmung* (Kapazitätsabgleich/-anpassung) können Engpässe vermieden werden.

2.	**Nutzung von Fertigungsalternativen:**
	Infrage kommen z. B.: • Wechsel von automatischer Fertigung zu konventioneller Fertigung • Wechsel der Betriebsmittel/des Arbeitsplatzes • Losteilung • Fremdvergabe/Outsourcing

3.	**Fehler und Störungen im Fertigungsprozess:**
	Sie sind zu analysieren und kurzfristig zu beheben; neben der Störungsbeseitigung ist grundsätzlich die Ursachenquelle zu betrachten. Störungen können z. B. folgenden Bereichen zugeordnet werden: • Planungssektor • Personalsektor • Betriebsmittelsektor • Materialsektor • Informationssektor. Werden derartige Störungen nicht rechtzeitig behoben, sind die Ziele der Fertigungssteuerung gefährdet. Es kann z. B. zu Terminüberschreitungen, Qualitätseinbußen oder unwirtschaftlicher Fertigung kommen; ggf. sind Vertragsstrafen wegen Terminüberschreitung zu zahlen.

4.	**Überwachung der Termineinhaltung:**
	Die *Termingrobplanung* ermöglicht es, Engpässe und Überkapazitäten zu erkennen und entsprechende Maßnahmen zu ihrer Beseitigung zu treffen. Zentrales Thema ist die Durchlaufterminierung und die Kapazitätsanpassung (vgl. 2.6.4.2.1, 4.2.2). Aufgabe der *Terminfeinplanung* ist die Ermittlung der frühesten und spätesten Anfangs- und Endtermine der Aufträge bzw. Arbeitsgänge. Die Terminüberwachung erfordert eine sorgfältige Auswertung der Rückmeldungen, um weitere Steuerungsaktivitäten einzuleiten. Bei drohender Terminüberschreitung sind z. B. Fertigungsalternativen zur Reduzierung der Durchlaufzeit zu prüfen.

04. Welche Arbeiten sind im Rahmen der Endprüfung durchzuführen?

Bei der Endprüfung (auch: Endkontrolle) steht die Kontrolle der Komplettierung im Vordergrund (Check auf Vollständigkeit). Funktionseinzelprüfungen sollten in der Regel bereits auf vorgelagerten Prozessstufen durchgeführt werden. Es ist zu empfehlen, die Endprüfung soweit wie möglich durch Mitarbeiter der Fertigung ausführen zu lassen (Stichwort: Selbstprüfung; vgl. 8.2.2).

Die konkreten Prüfmaßnahmen im Rahmen der Endprüfung sind produktabhängig. Infrage kommen zum Beispiel folgende Arbeiten:

- Isolations- und Impedanzmessung
- EMV
- Überprüfung der korrekten CE-Kennzeichnung.

Dabei sind die produktspezifischen Prüfvorschriften zu beachten und die Zuverlässigkeit der Prüfmittel ist zu gewährleisten. Ggf. müssen besondere Prüfmittel konstruiert werden, falls diese am Markt nicht erhältlich sind.

05. Welche Bedeutung hat die Rückmeldung?

Die Rückmeldung sagt aus, in welcher Weise die Aufträge erledigt worden sind. Sie muss jeweils kurzfristig, fehlerfrei und vollständig erfolgen, um im Zustand der Planung noch Änderungen berücksichtigen zu können, um bei Erledigung des Auftrages aus der Auftragsnummer die weiteren kaufmännischen Schritte abzuleiten und aus der aufgewandten Zeit die Löhne zu errechnen. Die Rückmeldung signalisiert zugleich, dass über die Maschinen neu verfügt und andere Aufträge bearbeitet werden können.

Immer dann, wenn die Fertigungsdurchführung vom Plan abweicht (Termine, Qualitäten, Mengen usw.) – wenn also Störungen im Prozess erkennbar sind – müssen über Korrekturmaßnahmen/Maßnahmenbündel die Störungen beseitigt und (möglichst) zukünftig vermieden werden; mitunter kommt es aufgrund von Soll-Ist-Abweichungen auch zu Änderungen in der (ursprünglichen) Planung (vgl. dazu ausführlich unter 4.2.2, Fertigungsplanung und -steuerung).

Die Abbildung zeigt schematisch den *Prozess der Fertigungssteuerung* und *-kontrolle* (auch: Fertigungsüberwachung):

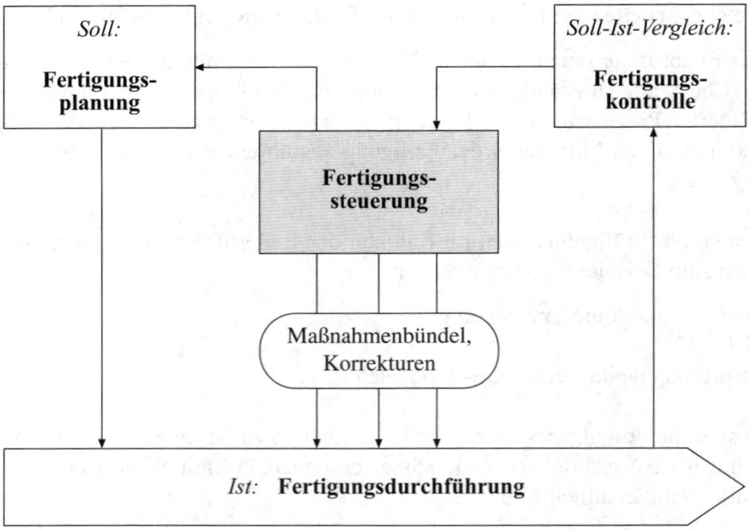

06. Wie kann der Fertigungsablauf (-fortschritt) gesichert und überwacht werden?

Vorrangig sind über geeignete Methoden (Prozessdatenauswertung, Soll-Ist-Vergleiche, SPC) zu überwachen:

- Mengenvorgaben
- Qualitätsvorgaben
- Terminvorgaben
- Durchlaufzeit
- Kalkulationsvorgaben (Einhaltung der Kosten)
- Betriebsmittel (Kapazitätsplanungen, Vorgabezeiten)
- Arbeitsbedingungen, Personaleinsatz (Lohnkosten, Arbeitssicherheit).

2.6.4 Optimierung von Fertigungsprozessen

2.6.4.1 Grundlagen, Überblick

01. Welche Maßnahmen sind grundsätzlich geeignet, um den Fertigungsprozess zu optimieren (Überblick)?

Hinweis: Die nachfolgende Tabelle enthält einen Überblick über die grundsätzlichen Möglichkeiten zur Optimierung des Fertigungsprozesses. Die Übersicht kann nicht erschöpfend sein, zum Teil gibt es Überschneidungen; die Fundstellen beziehen sich auf die Gliederungspunkte dieses Buches bzw. auf den Band Krause/Krause, Die Prüfung der Industriemeister - Basisqualifikationen, 11. Aufl., Herne 2016:

Maßnahmen zur Optimierung des Fertigungsprozesses		
Faktoren	*Beschreibung, Beispiele*	*Fundstelle*
1	**Mitarbeiter:**	
	Optimierung der persönlichen Arbeitstechniken: Ablagesysteme, PC-Einsatz für Terminplanung und -überwachung u. Ä.	A 3.2.1
	Optimierung der Arbeitszeiten: KAPOVAZ/Arbeit auf Abruf, Rufbereitschaft, Schichtmodelle, Jahresarbeitszeit, Telearbeit/Telependel usw.	A 1.1.2
2	**Arbeitsmittel:**	
	Vereinheitlichung, ergonomische Gestaltung, Sicherheit usw.	A 4.2.2
	Optimierung der Beschaffung, Lieferantenauswahl/-wechsel usw.	4.2
3	**Arbeitsstoffe (RHB-Stoffe):**	
	Optimierung der Lagerbestände Optimierung der Beschaffungsstrategie Begrenzung der Ersatzteilevielfalt	4.3.3
4	**Optimierung der Energienutzung:**	
	Energierückgewinnung, alternative Energien, regenerative Energien, Verbesserung des Wirkungsgrades von Kraft- und Arbeitsmaschinen usw.	A 5.2.6 1.8
5	**Informationen:**	
	Vernetzung der Informationen; Optimierung der Hard- und Software, z. B. Einsatz von CAX-Systemen, CIM, PPS-Systeme usw.	4.5.3
	Erhöhung der Prozesssicherheit: Einsatz von DNC-Rechnern, Prozessleitrechnern, SPC u. Ä.	8.3
6	**Arbeitsplatz:**	
	Optimierung der Arbeits-, Art- und Mengenteilung Optimierung der Arbeitsplatzgestaltung: Greifräume, Ergonomie usw.	A 2.1.3
7	**Arbeitsumgebung, Arbeitsbedingungen:**	
	Optimierung der Arbeitsumgebung, -mittel und -bedingungen	A 4.2.2, 2.4.1 3.3.1
8	**Produkt:**	
	Technische Rationalisierungsverfahren: Normung, Typung, Baukastensystem, Teilefamilien, Spezialisierung	A 3.2.1
	Optimierung der Werkstofftechnologie: Werkstoffsubstitution, Recycling, Entsorgung, Umweltschutz	5.1
9	**Arbeitsstrukturen, -abläufe und -zeiten:**	
	Anwenden von REFA-Studien, z. B. Arbeitsablauf-, Arbeitszeitstudien	A 2.4.1, 3.7
	Optimierung der Fertigungslogistik: JiT, Kanban	4.5
	Optimierung der Haupt- und Nebenzeiten	2.6.4.2
	Optimierung der Prozesse unter Einbindung der Mitarbeiter: KVP, TQM, BVW	8.2
	Verkürzung der Durchlaufzeit (DLZ): Losteilung, Arbeitsgangsplittung, Überlappung, Verkürzung der Übergangszeit	4.2.2
10	**Fertigungsstrukturen:**	
	Optimierung der Fertigungstiefe: Insourcing, Outsourcing Lean Production-Prinzip	4.2.2

11	**Optimierung des Fertigungsprozesses durch den Einsatz von Prozessleittechnik (PLT)**	2.5
12	**Fertigungstechnik, -verfahren, -technologie:**	
	Optimierung der Fertigungstechniken: Umformen, Urformen, Fügen usw.	–
	Optimierung der Fertigungsverfahren: Werkstättenfertigung, Fließfertigung usw.	A 2.2.5
		–
	Optimierung der Fertigungstechnologie: Flexible Fertigungssysteme (FFS), flexible Fertigungszellen (FFZ), Montagesysteme, Handhabungs-, Förder- und Speichersysteme	–
	Optimierung der Werkzeugtechnologie: Begrenzung der Werkzeug- und Maschinenvielfalt Optimierung der Verfahrenstechnik	2.6.4.2

2.6.4.2 Ausgewählte Beispiele zur Optimierung des Fertigungsprozesses

Hinweis: Im Folgenden werden ausgewählte Verfahren zur Optimierung von Fertigungsprozessen eingehender behandelt. Diese Themen sind im Rahmenplan nicht explizit als eigenständige Fachgebiete dargestellt, sondern werden als Begriffe an verschiedenen Stellen in unterschiedlichen Zusammenhängen genannt.

2.6.4.2.1 Optimierung der Durchlaufzeit

01. Welche Maßnahmen sind zur Optimierung der Haupt- und Nebenzeiten geeignet?

Maßnahmen zur Optimierung der Haupt- und Nebenzeiten	
Maßnahme	*Wirkung*
Veränderung der Werkstofftechnologie	Werkstoffe mit günstigeren Bearbeitungseigenschaften ermöglichen ggf. eine Erhöhung der Vorschubgeschwindigkeit, der Schnittgeschwindigkeit bzw. der Drehfrequenz.
Reduzierung der Rüstzeiten	Laufzeitparalleles Rüsten von Maschinen; Fertigung gleicher Bauteile zur gleichen Zeit (Vermeidung von Umrüstarbeiten)
	Werkzeugwechsel im einstelligen Minutenbereich (SMED: Single Minute Exchange of Die)
Veränderung des Fertigungsverfahrens	Verkürzung der Ausführungszeit, z. B. Schweißen statt Sägen, Stirnfräsen statt Umfangsfräsen, Außenrundschleifen statt Innenrundschleifen o. Ä.
Veränderung der Fertigungsdaten	Reduzierung der Ausführungszeit durch Optimieren von Vorschub, Eindringtiefe, Spanleistung, Erwärmung und Werkzeugverschleiß
Vermeidung von Brachzeiten	Optimierung und Koordination der Fertigungsabläufe und der Instandhaltung

02. Welche Ereignisse können zu einer Verlängerung der (geplanten) Durchlaufzeit (DLZ) führen und sind daher zu vermeiden?

DLZ =	Durchführungszeit			+	[Zusatzzeit]	+	Zwischenzeit		
	Hauptdurchführungszeit	+	Nebendurchführungszeit	+	[Zusatzzeit]	+	Liegezeit	+	Transportzeit

- ungeplanter Ausfall einer Arbeitsstation
- Abweichung der Durchführungszeit vom Sollwert
- Transportzeit weicht vom Sollwert ab
- Qualitätsmängel der Zukaufteile
- ungeplanter, zusätzlicher Prüfaufwand
- verspätete Versorgung der Fertigung mit Material.

03. Wie lässt sich die Rüstzeit mit dem Verfahren SMED verkürzen?

SMED bedeutet *Single Minute Exchange of Die* (dt.: Werkzeugwechsel im einstelligen Minutenbereich) und ist ein Verfahren, das die Rüstzeit einer Fertigungslinie reduzieren soll. Der Begriff „Werkzeugwechsel" steht stellvertretend für „Produktionswechsel": Gemeint ist die Verkürzung der gesamten Zeit, die zur Umstellung der Anlage für die Fertigung eines neuen Auftrags erforderlich ist. Dies umschließt also nicht nur die Zeit für den Werkzeugwechsel sondern auch Zeiten der Parametrierung der Anlage, der Materialversorgung usw. Das Verfahren wurde von Shigeo Shingo entworfen, einem Berater bei der Entwicklung des Toyota Produktionssystems (TPS).

Die Umsetzung des Verfahrens erfolgt in fünf Schritten:

1. Organisation: Trennung von internen und externen Rüstvorgängen
2. Überführen der internen Rüstvorgänge in externe
3 Optimierung und Standardisierung der internen und externen Rüstvorgängen
4. Beseitigen der Justierungsvorgänge
5. Parallelisierung der Rüstvorgänge.

Die Einzelschritte werden iterativ so lange wiederholt (erst Organisation, dann Technik), bis die Rüstzeit im einstelligen Minutenbereich liegt. Zentraler Gedanke ist dabei, interne Rüstvorgänge in externe zu verlagern, da hierbei kein Maschinenstillstand erforderlich wird.

Zur Optimierung werden z. B. folgende Techniken eingesetzt:

- Vorbereitung des Produktionswechsels bei laufender Fertigung (z. B. vorbereitende Fertigungsversorgung)
- Klemmen statt Schrauben; Schiebetische statt Kräne
- separates Vorheizen
- Einsatz von Zwischenspannvorrichtungen zum Justieren außerhalb der Maschine
- Parallelisierung von Rüstvorgängen (Einsatz mehrerer Mitarbeiter)
- Standardisierung der Rüstaktivitäten und der Werkzeugabmessungen.

Weiterentwicklungen des SMED-Verfahrens sind:

- Zero-Changeover: Umrüstung innerhalb von drei Minuten
- OTED: One Touch Exchange of Die; Umrüsten durch eine Armbewegung.

04. Wie lässt sich die optimale Fertigungslosgröße ermitteln?

- *Rechnerische Ermittlung* der optimalen Fertigungslosgröße x_{opt}:

$$x_{opt} = \sqrt{\frac{200 \cdot B \cdot R}{Z \cdot H}}$$

mit B = Nettobedarf der Planperiode
R = Losgrößenfixe Rüstkosten
Z = Zins- und Lagerhaltungskosten
H = Herstellungskosten (ohne Rüstkosten) pro Einheit

- *Grafische Ermittlung* der optimalen Fertigungslosgröße x_{opt}:

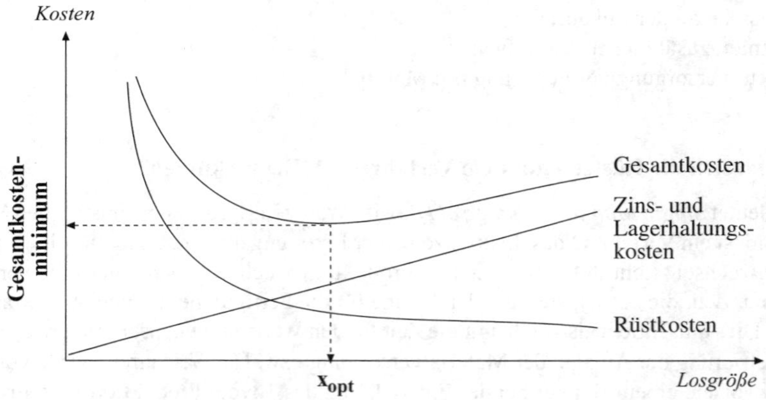

2.6.4.2.2 Werkstoffsubstitution

01. Welche Bedeutung hat die Werkstoffsubstitution für den Fertigungsprozess?

Die Entscheidung für die in einem Fertigungsprozess einzusetzenden Werkstoffe ist komplex und orientiert sich an einer Vielzahl von Faktoren, z. B.:

1. *Technologische Eigenschaften* des Werkstoffs, z. B.:
   Umformbarkeit, Spanbarkeit, Gießbarkeit
2. *Mechanische Eigenschaften* des Werkstoffs, z. B.:
   Härte, Festigkeit
3. *Chemische Eigenschaften* des Werkstoffs, z. B.:
   Hitze- und Korrosionsbeständigkeit
4. *Physikalische Eigenschaften* des Werkstoffs, z. B.:
   Dichte, Schmelzpunkt, Leitfähigkeit
5. *Kosten* des Werkstoffs, z. B.:
   Beschaffungskosten (Rohstoffmärkte), Kosten der Be- und Verarbeitung (z. B. Energiekosten → Energiebilanz des Unternehmens), Entsorgungskosten
6. *Ökologische Aspekte*, z. B.:
   Verknappung der Ressourcen, Abhängigkeit von Lieferanten, Belastung der Umwelt mit Abfällen, Emissionen u. Ä., Möglichkeiten und Kosten der Entsorgung bzw. Aufbereitung (Stichworte: Ökobilanz des Unternehmens, Umweltzertifizierung)

7. *Gesellschaftliche Aspekte*, z. B.:
   Meinung der Verbraucher, Gefahren der gesundheitlichen Schädigung bei der Herstellung und beim Gebrauch von Produkten (Stichwort: Kontaminierung).

02. Welche Möglichkeiten der Werkstoffsubstitution sind denkbar?

Möglichkeiten der Werkstoffsubstitution	
1.	**Konstruktionswerkstoffe im Fahrzeugbau:**
	Stähle und Gusslegierung sind nach wie vor dominierend. Ihr Einsatz wird durch legierungs- und fertigungstechnische Maßnahmen laufend verbessert. Trotzdem finden alternative Werkstoffe ihre Verwendung. Im Gegensatz zu früher wird heute ein Pkw nur noch zu rd. 50 % aus Stahl gefertigt. Unter dem Aspekt der Leichtbauweise (Gewicht, Komfort, Sicherheit, Energieverbrauch des Fahrzeugs) bieten Leichtmetalle, Polymere, thermoplastische Kunststoffe, Magnesiumlegierungen, Faser- und Schichtverbundwerkstoffe deutliche Vorteile. Dem stehen zum Teil Probleme der Entsorgung und des Recyclings gegenüber. Der Versuch, keramische Werkstoff im Motorenbereich einzusetzen, scheiterte bisher nicht an den Eigenschaften des Werkstoff, sondern an der Wirtschaftlichkeit der Herstellung.

2.	**Konstruktionswerkstoffe im Flugzeugbau:**
	Statt metallischer Komponenten werden zunehmend langfaserverstärkte Polymer Compositen und Metall-Polymer-Schichtverbunde eingesetzt (Gewichtsreduktion).

3.	**Konstruktionswerkstoffe im Maschinenbau:**
	PZT (Blei-Zirkon-Titanat) ist ein multifunktioneller Werkstoff, der über den piezoelektrischen Effekt mechanische Verformung in elektrische Signale umwandelt und umgekehrt. Daher lässt er sich ebenso als Sensor wie als Aktor einsetzen (Beispiel: Feinsteuerung der Kraftstoffeinspritzung bei Dieselmotoren).

4.	**Konstruktionswerkstoffe für Produkte des täglichen Bedarfs:**
	Seit vielen Jahren bekannt ist der „Siegeszug“ der Kunststoffe als Werkstoffbasis für Gegenstände des täglichen Bedarfs. Im Bereich der Haushaltsgeräte, der Motorengehäuse bei Elektrogeräten sowie in der Elektroindustrie haben z. B. Kunststoffe die traditionellen Werkstoffe wie Holz, Keramik und Stahl verdrängt. Ursache dafür sind die hervorragenden Bearbeitungseigenschaften sowie günstige Kostenrelationen. Nicht immer trifft diese Entwicklung auf den uneingeschränkten Zuspruch der Verbraucher (z. B. Gleichförmigkeit und stereotypes Aussehen der Produkte, mangelhafte Festigkeit und übermäßiger Verschleiß z. B. beim Ersatz von Metallzahnrädern durch Kunststoffe usw.).

Insgesamt ist jede Entscheidung des Einsatzes alternativer Werkstoffe unter dem Aspekt der Verarbeitungs- und Gebrauchseigenschaften, der Wirtschaftlichkeit und der Ökologie zu sehen. Dabei spielt der Gesichtspunkt der „Nachhaltigkeit“ eine zunehmende Rolle: Es sind nicht nur die kurzfristig entstehenden Fertigungskosten substituierbarer Werkstoffe zu betrachten, sondern der Gesamtaufwand zur Herstellung, zum Betrieb und zur Entsorgung eines Produkts ist zu berücksichtigen. Vor diesem Hintergrund ist auch die Einführung des ElektroG durch den Gesetzgeber zu sehen.

2.6.4.2.3 Einsatz rechnergestützte Systeme der Konstruktion, Fertigung und Qualitätssicherung

→ 4.4

01. Wie werden rechnergestützte Systeme in der Konstruktion, der Fertigung und in der Qualitätssicherung eingesetzt?

Die Anwendung von rechnergestützten Systemen in der Konstruktion, in der Fertigung und bei anderen technischen Fragestellungen ist seit langem verbreitet. In der *ersten Phase des Computereinsatzes* wurden manuelle Tätigkeiten durch geeignete Rechnerprogramme unterstützt bzw. ersetzt. Nachteilig war zu diesem Zeitpunkt, dass unterschiedliche Datenbestände in verschiedenen Arbeitsbereichen der Fertigung als Insellösung vorlagen; *es fehlte die Verknüpfung der Informationen über eine gemeinsame Datenbank. Die höchstentwickelte Form der Prozessanalyse und -steuerung existiert heute als sog. computerintegrierte Fertigung (CIM,* Computer Integrated Manufactoring). Vor Einführung eines solchen Systems müssen Aufwand und Nutzen sorgfältig abgewogen werden. CIM ist ein Konzept zur informationstechnischen Vernetzung der rechnergestützten Systeme der Konstruktion, der Fertigung und der Qualitätssicherung; daneben gibt es weitere CIM-Komponenten (z. B. CIP, CAO). Die technische Seite des CIM-Konzepts bilden die CA-Systeme (CAD, CAM, CAQ, CAP); der betriebswirtschaftliche Bereich wird durch die Produktionsplanung und -steuerung (PPS) repräsentiert.

02. Welche Vor- und Nachteile können mit der Einführung eines CIM-Konzeptes verbunden sein?

<table>
<tr><th colspan="2">CIM-Konzept</th></tr>
<tr><th>Mögliche Vorteile, z. B.:</th><th>Mögliche Nachteile, z. B.:</th></tr>
<tr><td>Reduzierung
• der Entwicklungszeiten/-kosten
• der Rüst- und Liegezeiten/-kosten
• der Lagerbestände/-kosten
• des Personalbestandes/der Personalkosten.</td><td>Der Einsatz vernetzter, rechnergestützter Systeme führt nur dann zur Realisierung der angestrebten Ziele, wenn
• die Systeme laufende Updates erfahren
• die Teilsysteme kompatibel sind
• die Datenbestände aktuell gehalten werden.</td></tr>
<tr><td>Verbesserung der
• Fertigungsflexibilität
• Produktqualität
• Produktivität.</td><td rowspan="2">Der Einsatz vernetzter, rechnergestützter Systeme verlangt vom Mitarbeiter
• die Bereitschaft, die Anwendung der Systeme zu lernen und zu nutzen
• die Bereitschaft zu laufender Weiterbildung
• Flexibilität im Umgang mit den Systemen
• die Bereitschaft zur Tätigkeit im Rahmen flexibler Schichtsysteme.</td></tr>
<tr><td rowspan="3">Abbau monotoner Arbeiten, z. B.:
Wiederkehrende und zum Teil doppelte Dateneingabe und -pflege wird reduziert.
Aufgrund der Systemunterstützung kann die manuelle Überwachungstätigkeit vermindert werden.</td></tr>
<tr><td>Hohe Investitionskosten für
• Hardware
• Software (Kompatibilität, Update).</td></tr>
<tr><td>Hohe Anlaufkosten für
• Implementierung des CIM-Konzepts
• Eingabe der Datenbestände
• Einarbeitung der Mitarbeiter.</td></tr>
</table>

03. Welche Aufgaben kann ein PPS-System übernehmen?

Produktionsplanung und -steuerung (PPS) umfasst die computergestützte Planung, Steuerung und Überwachung von Produktionsabläufen hinsichtlich Terminen, Mengen, Kapazitäten und Material sowie Auftragsfreigabe und -überwachung. *PPS-Systeme übernehmen die betriebswirtschaftlichen Aufgaben des CIM-Konzeptes.* Im Gegensatz zum CAP-System erfolgt hier nicht nur eine einmalige, statische Planung, sondern eine laufende, dynamische Kontrolle und Korrektur der Planungsergebnisse entsprechend dem Realisierungsfortschritt der Aufträge. Die meisten PPS-Systeme sind in ihren Funktionen nahezu identisch; sie unterscheiden sich nur in der Bedienerführung, der Übersichtlichkeit und dem Zusammenwirken der einzelnen Funktionen.

Die Aufgaben der PPS lassen sich einteilen in die *auftragsneutrale* Fertigungsplanung und die *auftragsabhängige* Fertigungssteuerung:

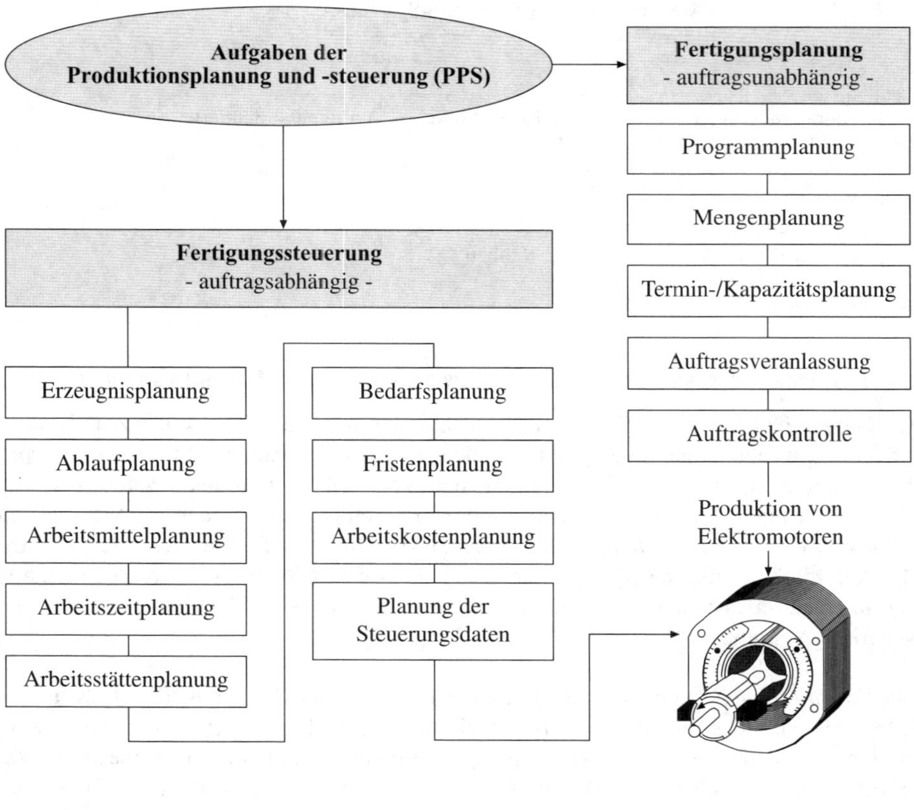

Die Hauptaufgaben von PPS-Systemen sind:

- Grunddatenverwaltung:
  Stammdaten der Arbeitsplätze, der Artikel, der Fertigungsaufträge, der Materialbestände, des Personals usw.
- Produktionsprogrammplanung
- Mengenplanung/Bestellrechnung

- Termin- und Kapazitätsplanung (Durchlaufterminierung)
- Kalkulation
- Auftragsfreigabe und Auftragsüberwachung
- Werkstattsteuerung.

Ein PPS-System ist also in seiner Hauptfunktion eine Programmoberfläche zur Ein- und Ausgabe von Fertigungsdaten mit einer strukturierten Verknüpfung und dem gemeinsamen Zugriff zu einer Datenbank. Das PPS-System nutzt die Stammdaten und Arbeitsergebnisse des CAD-/CAP-Systems und übergibt seinerseits produktspezifische Arbeitspläne für den Fertigungsprozess bzw. für die Auftragskalkulation (Mengen-, Zeit- und Wertparameter).

04. Welche Steuerungskonzepte für PPS-Systeme gibt es?

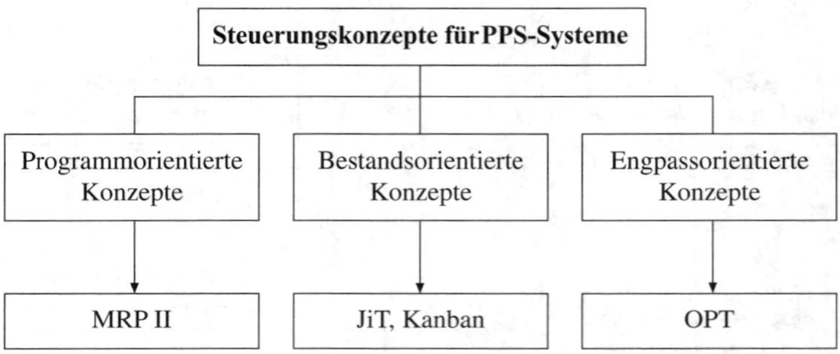

05. Wie ist der Ansatz bei den bestandsorientierten Konzepten JiT und Kanban?

- *Just in time* (JiT) verfolgt als Hauptziel, alle nicht-wertschöpfenden Tätigkeiten zu reduzieren. Jede Verschwendung und Verzögerung auf dem Weg „vom Rohmaterial bis zum Fertigprodukt an den Kunden" ist auf ein Minimum zu senken. Teile und Produkte werden erst dann gefertigt, wenn sie – intern oder extern – nachgefragt werden. Das erforderliche Material wird fertigungs*synchron beschafft*. Damit sind innerhalb der Produktion nur noch kleine Zwischenläger erforderlich; auf Eingangslager kann verzichtet werden. Realisiert wird eine Produktion mit minimalen Beständen und möglichst geringen Steuerungs- und Handlingkosten bei der Materialversorgung.

- Das *Kanban-System* ist eine von mehreren Möglichkeiten zur Umsetzung des JiT-Konzepts: Jede Fertigungsstelle hat kleine Pufferlager mit sog. Kanban-Behältern (jap. Kanban = Karte), in denen die benötigten Teile/Materialien liegen. Wird ein bestimmter Mindestbestand unterschritten wird eine Identifikationskarte (Kanban) an dem Behälter angebracht. Dies ist das Signal für die vorgelagerte Produktionsstufe, die erforderlichen Teile zu fertigen. Die Abholung der Teile erfolgt nach dem Hol-Prinzip, d. h. die verbrauchende Stelle muss die Teile von der vorgelagerten Stelle abholen. Auf diese Weise *werden die Bestände in den Pufferlagern minimiert bei gleichzeitig hoher Servicebereitschaft.*

06. Welche Fertigungstechnologie wird mit CIM umschrieben?

CIM (= Computer Integrated Manufactoring) bedeutet computerintegrierte Fertigung. In dieser höchsten Automationsstufe sind alle Fertigungs- und Materialbereiche untereinander sowie mit der Verwaltung durch ein einheitliches Computersystem verbunden, dem eine zentrale Datenbank angeschlossen ist. Jeder berechtigte Benutzer kann die von ihm benötigten Daten aus der Datenbank abrufen und verwerten. CIM umfasst folglich ein Informationsnetz, das die durchgängige Nutzung von einmal gewonnenen Datenbeständen ohne erneute Erfassung zulässt. CIM ist kein fertiges Konzept, sondern es besteht aus einzelnen Bausteinen, die miteinander zu einem Ganzen kombiniert werden müssen.

<table>
<tr><th colspan="5">CIM-Konzept</th></tr>
<tr><th>PPS</th><td rowspan="9"></td><th colspan="3">CAD/CAM</th></tr>
<tr><td>Grunddatenverwaltung</td><td>CAE</td><td>Produktentwurf</td><td rowspan="8">CAQ

Qualitäts-
sicherung

(Schnittstellen-
funktion)</td></tr>
<tr><td>Produktionsprogrammplanung</td><td>CAD</td><td>Konstruktion</td></tr>
<tr><td>Materialwirtschaft</td><td>CAP</td><td>• Arbeitspläne und
• NC-Programmierung</td></tr>
<tr><td>Mengen-, Terminplanung</td><td rowspan="5">CAM</td><td rowspan="5">• Steuerung von NC-Maschinen
• Transportsteuerung
• Lagersteuerung
• Montagesteuerung
• Steuerung der Instandhaltung</td></tr>
<tr><td>Kapazitätsplanung</td></tr>
<tr><td>Auftragsfreigabe</td></tr>
<tr><td>Auftragsüberwachung</td></tr>
<tr><td>Kalkulation</td></tr>
</table>

Jedes Unternehmen muss – in Abhängigkeit von Größe, Produktprogramm, Art der Fertigung usw. – entscheiden, welche der CIM-Bausteine eingesetzt und verknüpft werden. Der Implementierungsaufwand ist beträchtlich. Obwohl Unternehmen und Institute an der Entwicklung von CIM arbeiten, gibt es bisher keine in sich geschlossenen CIM-Software-Systeme.

07. Welche Ebenen der computerintegrierten Fertigung werden unterschieden?

1. Unterscheidung nach Gestaltungsebenen bei der CIM-Planung:

- Auf der *Strategieebene* ist aufgrund der Produktionsstruktur u. a. zu klären:
  - Welche CIM-Bausteine sollen eingesetzt werden?
  - Welcher Grad der Integration ist wirtschaftlich vertretbar?
- Auf der *Organisationsebene* ist u. a. zu beantworten:
  Wie muss die Aufbau- und Ablauforganisation so modifiziert werden, dass die reale Unternehmensstruktur der „Rechnerwelt" entspricht?
- Auf der *Ebene der Informationstechnik* ist z. B. zu entscheiden:
  - Welche Hardware?
    - · Zentralrechner?
    - · Peripheriegeräte?
  - Welche Software?
    - · PPS-System/-Konzept?
    - · CA-Systeme?
    - · Datenbanksystem?

2. Unterscheidung in Planungs-, Leit- und Realisationsebene:

- Auf der *Planungsebene* wird ein durchgängiger Informationsfluss sichergestellt durch die Vernetzung von PPS, CAD/CAE und CAP (gemeinsame Datenbank, LAN).
- Die *Leitebene* ist die Schnittstelle zwischen Planungsebene und Realisationsebene: Mithilfe des CAM-Systems werden die Geometriedaten des CAD-Systems, die Technologiedaten aus dem CAP-System und die betriebswirtschaftlichen Informationen aus dem PPS-System zusammengefasst. Über Leitstände, Server und DNC-Rechner erfolgt eine Verbindung zur Realisationsebene.

Komponenten der computerintegrierten Fertigung sind im Wesentlichen:

- Datenverarbeitungs- und Steuerungstechnik
- Leitrechner
- Maschinen/Anlagen mit CNC-Steuerung (CNC = Computerized Numeric Control – computerausgeführte Steuerung von Maschinen/Anlagen)
- entsprechende Robotertechnik zur Be- und Entschickung von Maschinen mit Werkstücken (DNC-Technik; Direct Numeric Control – direkte numerische Steuerung von Maschinen)
- computergesteuerte, fahrerlose Transportsysteme
- lokales Netzwerk zur Verknüpfung der Systeme (LAN).

Die Struktur der CIM-Bausteine unter einem „Dach" zeigt in der Regel eine gleichgewichtige Darstellung von PPS (betriebswirtschaftlicher Bereich) und CA-Techniken (technischer Bereich):

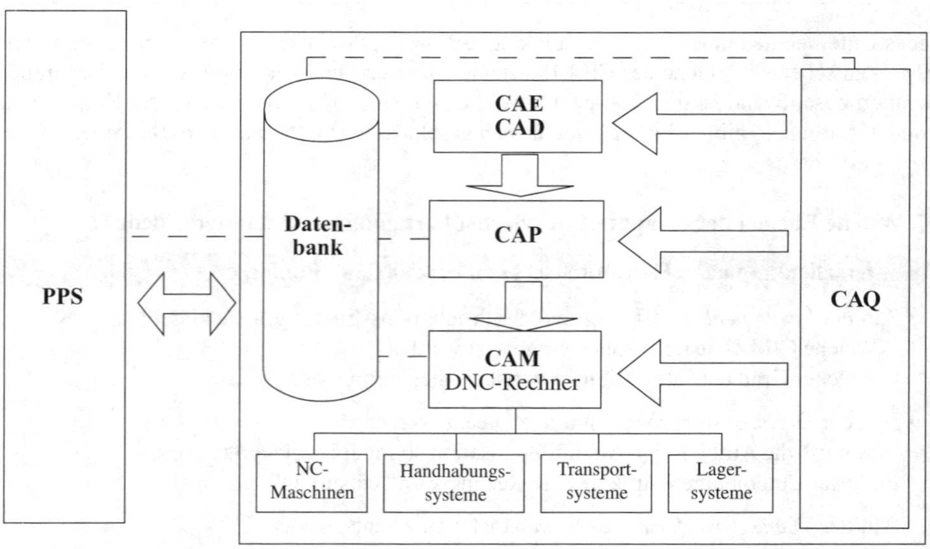

2.6.4.2.4 Einsatz von Automatisierungs-, Handhabungs-, Förder- und Speichersystemen

01. Welche Zusammenhänge bestehen zwischen der menschlichen Tätigkeit und der Automatisierung in der Fertigung?

Um ein Betriebsmittel fertigungstechnisch nutzen zu können, müssen folgende *Funktionen/ Tätigkeiten* ausgeführt werden:

Information	→	Arbeitsplan, technische Zeichnung, Stückliste usw.
Bedienung	→	Rüsten, Einspannen, Anstellen usw.
Steuerung	→	Auslösen und Beenden, Abläufe gestalten usw.
Materialver- und -entsorgung	→	Normteile, Bauteile, Baugruppen usw.
Kontrolle	→	Überwachung der Maschine und der Fertigungsqualität

Beim Übergang von konventioneller zu automatisierter Fertigung lassen sich folgende Veränderungen feststellen:

Funktion	Konventionelle Fertigung	Automatisierte Fertigung
Information	• mündlich, schriftlich • Unterlagen in Papierform • für jeden Einzelfall	• durchgängiger Informationsfluss • Verknüpfung der Daten • gemeinsame Datenbank • Einmal-Eingabe, Mehrfachnutzung
Fertigungs-konzept	• Einzelmaschinen • Bearbeitungszentren • Sondermaschinen • Fließfertigung	• flexible Fertigungsanlagen durch Kombination anpassungsfähiger Maschinen und Montagezellen • flexibler, automatisierter Werkstück- und Werkzeugwechsel
Fertigungs-ablauf	• Automation nur bei gleichen Teilen mit hoher Stückzahl • hohe Arbeitsteile • zum Teil repetetive Teilarbeit	• automatisierter Fertigungsablauf • ohne manuelle Eingriffe werden Werkstücke in wählbarer Folge gefertigt • geringere Arbeitsteilung
Steuerung	• Fertigungssteuerung durch eine verantwortliche Person	• Fertigungssteuerung durch Prozessrechner (DNC-Rechner)
Material-versorgung	• manueller Transport • manueller Wechsel von Werkstücken und Werkzeugen	• flexibler, automatisierter Materialfluss (logistischer Prozess) • integrierte Systeme für Transport, Handhabung und Lagerung
Fertigungs-überwachung	• Überwachung durch eine Person: Maschine/Anlage, Werkzeuge, Prüfmittel und Werkstückqualität	• sensorgesteuerte Fertigungs- und Anlagenüberwachung • automatische Prozessoptimierung • rechnergestützte Qualitätsüberwachung

02. Welche Vor- und Nachteile sind für den Betrieb mit der Automation der Fertigung verbunden?

Automation der Fertigung	
Vorteile für den Betrieb, z. B.:	**Nachteile für den Betrieb, z. B.:**
• Erhöhung der Ausbringung	• Tendenz zur Unflexibilität der Anlagen
• Verbesserung der Produktivität	• Krisenanfälligkeit bei Programmwechsel
• konstante gleichbleibende Qualität der Produkte	• Notwendigkeit der Vollbeschäftigung der Anlagen zur Senkung der fixen Stückkosten
• sinkender Anteil der Lohnkosten	

03. Wann ist der Einsatz automatisierter Fertigung wirtschaftlich sinnvoll?

- Massenfertigung gleicher Teile
- Großserienfertigung formähnlicher Teile
- Mittelserienfertigung von Teilefamilien bei Komplettbearbeitung
- Kleinserien bei großer Formvielfalt und Komplettbearbeitung.

04. Welcher Automatisierungsgrad ist wirtschaftlich?

Der *Grad der Automatisierung* einer Anlage lässt sich rechnerisch darstellen, indem die Zahl der automatisierten Funktionen der Anzahl aller Funktionen gegenübergestellt wird:

$$\text{Automatisierungsgrad} = \frac{\text{automatisierte Funktionen}}{\text{manuelle Funktionen} + \text{automatisierte Funktionen}} \cdot 100\ [\%]$$

Mit zunehmender Automatisierung steigen die Maschinen-/Anlagenkosten überproportional, die Personalkosten nehmen degressiv ab.

Der *optimale Grad der Automatisierung* ist im Minimum der Gesamtkosten pro Stück realisiert:

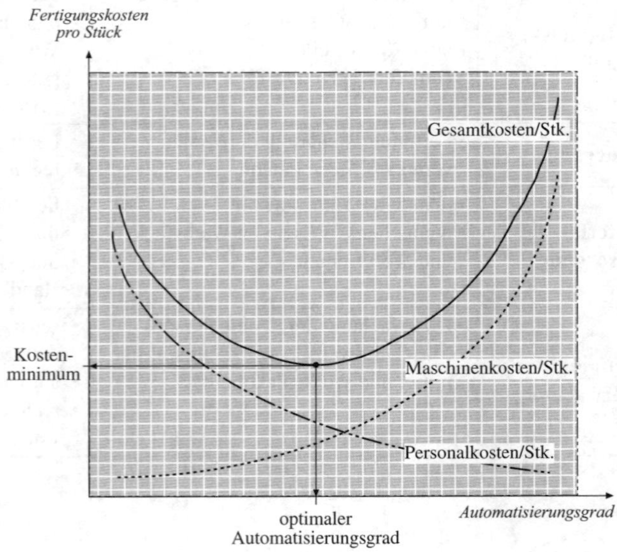

05. Welcher Zusammenhang besteht zwischen Mechanisierung/Automatisierung und Steuerungstechnik?

- Bei der Mechanisierung wird die Muskelarbeit des Menschen durch Vorrichtungen sowie durch pneumatische, hydraulische und elektrische Antriebe (Aktoren) substituiert.
- Die Steuerungstechnik entlastet den Menschen von immer wiederkehrender Gedächtnisleistung. Es werden Weg- und Schaltinformationen gespeichert, verarbeitet und übertragen.

Die folgenden Komponenten sind Voraussetzung für die Einführung der Mechanisierung bzw. Automatisierung:

Komponenten der Mechanisierung/Automatisierung	
Steuerungen	die Weg- und Schaltinformationen für den Fertigungsprozess speichern, verarbeiten und übermitteln
Antriebe (Aktoren)	zur Bewegung von Werkstücken und Werkzeugen im Fertigungsablauf
Sensoren	zur permanenten Überwachung des Fertigungsprozesses
Hard- und Software	zur Steuerung, Regelung und Simulation des Fertigungsprozesses

06. Welche Einrichtungen an Maschinen und Fertigungssystemen sind automatisierbar?

Verdeutlicht man sich die Ausbaustufen der Automatisierung am Beispiel einer Werkzeugmaschine, so lassen sich folgende Einrichtungen und Prozesse automatisieren:

Vorgang:	Automatisierung:
1. Bedienen der Maschine	Rüsten, Einspannen, Ausspannen usw. Vor- und Rückwärtsbewegung des Werkzeugträgers
2. Zuführen der Rohteile	automatische Zuführung der Werkstücke und Weitertransport
3. Zuführen der Werkzeuge	automatische Zuführung der Werkzeuge; automatischer Werkzeugwechsel
4. Messen	automatische, integrierte Messsysteme
5. Steuern	Vernetzung der anfallenden Informationen über DNC- und Leitrechner; Automatisierung der Abläufe; dazu werden mechanische, pneumatische und hydraulische Steuerungselemente sowie elektrische Aktoren eingesetzt.

07. Was sind flexible, automatisierte Fertigungssysteme (FFS)?

Die Nachteile der Automatisierung versucht man zu vermeiden durch den Bau flexibler, automatisierter Fertigungssysteme:

- Flexibel bedeutet so viel wie „biegsam, geschmeidig, anpassungsfähig“.
- Flexible Fertigungssysteme sind Anlagen, die relativ schnell an veränderte Markt- und Produktionsbedingungen angepasst werden können. Sie zeichnen sich aus durch:
  - Verkettung der räumlich angeordneten Maschinen (automatisierter Werkstücktransport)
  - geringen Umrüstaufwand für unterschiedliche Werkstücke und Bearbeitungsverfahren

- Automatisierung der Fertigungsversorgung
- Variation der Losgröße
- Steuerung der Prozesse über Leitrechner.

08. Welche Maschinenkonzepte bilden die Bausteine der automatisierten Fertigung?

In Abhängigkeit von der Komplexität der Prozesse und dem Grad der Automatisierung werden grundsätzlich folgende Maschinenkonzepte unterschieden:

1. *Einstufige Maschinenkonzepte*:
   Das Werkstück wird an einer Station bearbeitet.
   Beispiele:
   • NC-/CNC-Einzelmaschinen
   • Bearbeitungszentren
   • flexible Fertigungszellen.

2. *Mehrstufige Maschinenkonzepte*:
   Das Werkstück wird an mehreren Stationen bearbeitet.
   Beispiele:
   • flexible Fertigungssysteme
   • flexible Transferstraßen.

In Bezug auf Losgröße und Produktivität sowie Flexibilität und Varianz der Teile lassen sich die genannten *Maschinenkonzepte* in einem *Stufenmodell* darstellen:

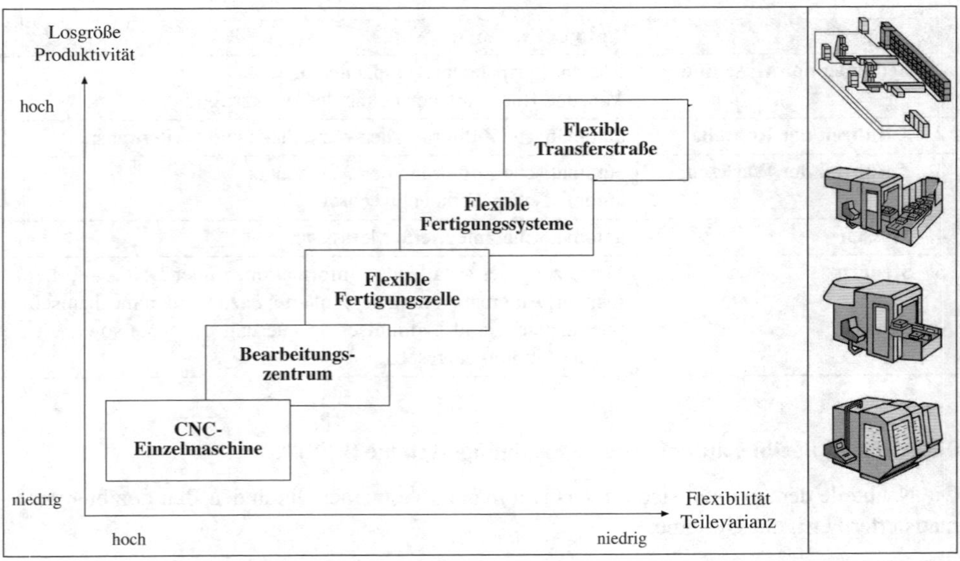

09. Welche Merkmale kennzeichnen eine NC-Werkzeugmaschine?

Die NC-Werkzeugmaschine ist der Grundbaustein einer flexiblen Fertigungsanlage. Mit ihr kann hauptsächlich ein Fertigungsverfahren ausgeführt werden. Sie hat den geringsten Automatisierungsgrad.

Die *NC-Werkzeugmaschine* kennzeichnen folgende *Merkmale*:

- Einmaschinenkonzept
- Bearbeitung eines Werkstückes hauptsächlich durch ein Fertigungsverfahren
- automatische Werkzeugmagazinierung
- automatische Steuerung der Vorschub- und Schnittbewegung
- automatischer Werkzeugwechsel
- maschineninterner Steuerungsrechner.

10. Welche Merkmale kennzeichnen ein Bearbeitungszentrum (BZ)?

Nicht nur die Bearbeitungsmaschine arbeitet computergesteuert, sondern *auch der Wechsel der Arbeitsstücke sowie der Werkzeuge erfolgt automatisch.* Es lassen sich damit *komplexe Teile* in Kleinserien bei relativ hoher Fertigungselastizität herstellen. Die Rundumbearbeitung der Werkstücke erfolgt über einen Drehtisch. Ein Palettenwechseltisch ermöglicht, dass gleichzeitig während der Bearbeitung ein anderes Werkstück aufgespannt werden kann. Die Überwachung mehrerer Bearbeitungszentren kann von einem Mitarbeiter oder einer Gruppe durchgeführt werden.

Bearbeitungszentrum (BZ)

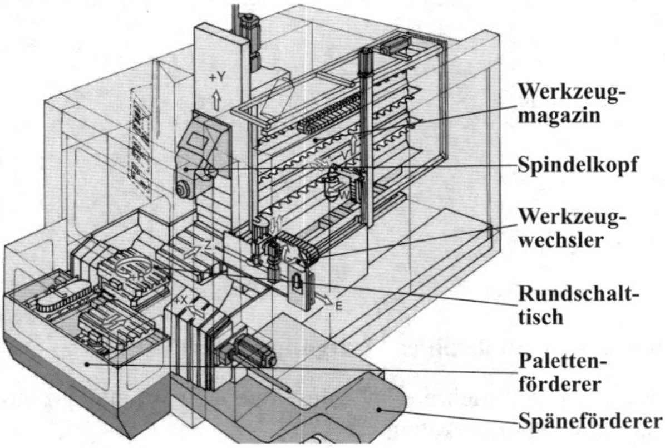

Das *Bearbeitungszentrum* kennzeichnen folgende *Merkmale*:

- Einmaschinenkonzept
- Bearbeitung eines Werkstückes durch mehrere Fertigungsoperationen in nur einer Aufspannung
- automatische Steuerung des Drehtisches zur kompletten Rundumbearbeitung des Werkstücks
- automatische Steuerung der Vorschub- und Schnittbewegung
- automatische Werkzeugmagazinierung

- automatischer Werkzeugwechsel
- maschineninterner Steuerungsrechner.

Bearbeitungszentren bieten u. a. folgende *Vorteile*:

- Verkürzung der Durchlaufzeit je Werkstück
- Verkürzung der Rüstzeiten
- kein Transport des Werkstücks erforderlich
- nur einmalige Aufspannung für alle Bearbeitungsvorgänge erforderlich.

11. Welche Merkmale kennzeichnen eine flexible Fertigungszelle (FFZ)?

Flexible Fertigungszellen (FFZ) sind die unterste Stufe eines flexiblen Fertigungssystems (FFS). Sie haben zusätzlich zum Automatisierungsgrad der Bearbeitungszentren eine automatische Zu- und Abführung der Werkstücke in Verbindung mit einem Pufferlager. Diese Systeme können auch in Pausenzeiten der Belegschaft weiterlaufen.

Die flexible Fertigungszelle kennzeichnen folgende Merkmale:

- Einmaschinenkonzept
- Komplettbearbeitung eines Werkstücks
- automatische Steuerung der Vorschub- und Schnittbewegung
- automatische Werkzeugmagazinierung
- automatischer Werkzeugwechsel
- maschineninterner Steuerungsrechner
- automatische Speicherung der Werkstücke
- Verkettung der Maschine mit Werkzeugmagazin und Werkstückspeicher (automatisierte Versorgung).

Nachteile einer flexiblen Fertigungszelle:

- aufwändige Steuerung
- erfahrenes Bedienpersonal
- hohe Investitionskosten
- für hohe Stückzahlen weniger geeignet.

12. Welche Merkmale kennzeichnen ein flexibles Fertigungssystem (FFS)?

Beim flexiblen Fertigungssystem werden mehrere NC-Maschinen, Bearbeitungszentren und/ oder flexible Fertigungszellen miteinander verkettet.

Die Steuerung erfolgt über einen Leitrechner.

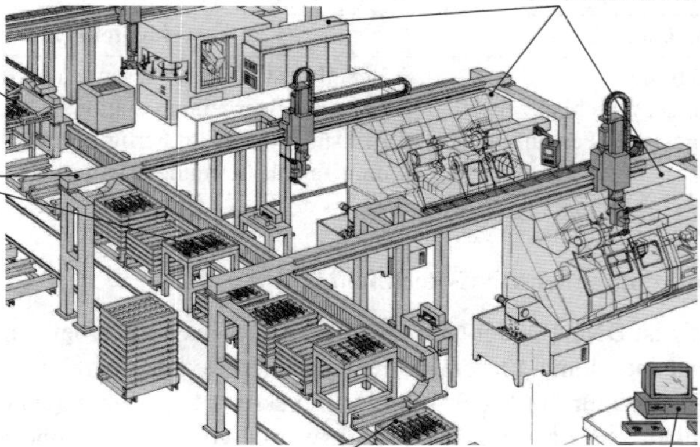

Das flexible Fertigungssystem kennzeichnen folgende Merkmale:

- Mehrmaschinenkonzept
- komplette, mehrstufige Bearbeitung eines Werkstücks/einer Baugruppe
- automatisierter Werkstücktransport zwischen den Bearbeitungsstationen
- automatische Werkstück- und Werkzeugversorgung über einen verketteten Speicher
- variable Steuerung des Fertigungsprozesses (z. B. unterschiedliches Ansteuern der Bearbeitungsstationen)
- Steuerung über einen Leitrechner.

Flexibles Fertigungssystem	
Vorteile, z. B.:	**Nachteile,** z. B.:
• hohe Flexibilität (Stückzahl, Bearbeitungsfolge) • stufenweiser Ausbau möglich.	• aufwändige Technik der Bearbeitung und der Verkettung • hohe Investitionskosten.

13. Welche Merkmale kennzeichnen eine flexible Transferstraße?

Um die Fertigung ähnlicher Werkstücke mit hohen Stückzahlen bei minimaler Durchlaufzeit zu realisieren, werden Bearbeitungsstationen in einer vorgegebenen Reihenfolge miteinander verkettet. Die Werkstücke durchlaufen alle Bearbeitungsstationen der Fertigungslinie. *Der automatisierte Fertigungsablauf ist taktgebunden.*

Die flexible Transferstraße kennzeichnen folgende Merkmale:

- Mehrere Bearbeitungsstationen sind zu einer Fertigungslinie verkettet.
- Das Werkstück durchläuft alle Bearbeitungsstationen.
- Der Werkstückfluss ist automatisiert und taktgebunden.
- Zur Abstimmung der Bearbeitungszeiten je Station werden Ausgleichspuffer eingerichtet.

Flexible Transferstraße	
Vorteile, z. B.:	**Nachteile,** z. B.:
• Hohe Produktivität • Minimierung der Durchlaufzeit • meist nur angelerntes Personal erforderlich.	• Beeinträchtigung der gesamten Fertigungslinie beim Ausfall einer Bearbeitungsstation • bei Änderungen des Fertigungsproramms ist eine aufwändige Taktabstimmung erforderlich.

14. Welche Funktion haben DNC-Rechner?

Nach DIN 66257 ist DNC (Direct Numerical Control) ein System, bei dem mehrere numerisch gesteuerte Arbeitsmaschinen mit einem gemeinsamen Rechner verbunden sind, der die Daten der Steuerprogramme für die Arbeitsmaschinen verwaltet und zeitgerecht verteilt. Zusätzliche Funktionen können z. B. das Erfassen und Auswerten von Betriebs- und Messdaten sowie das Ändern von Daten eines Steuerprogramms sein. Entscheidend ist also, dass mehrere NC- oder CNC-Maschinen und andere Fertigungseinrichtungen per Kabelverbindung direkt mit einem Rechner verbunden sind. In der neueren Bezeichnung „Distributed Numerical Control" kommt zum Ausdruck, dass der DNC-Funktionsumfang auf mehrere Rechner verteilt ist, die über ein LAN (Local Area Network) miteinander kommunizieren.

In Betrieben, die über kein LAN verfügen, sind die Bearbeitungsstationen meist sternförmig über direkte Kabelverbindung und einen Multiplexer an den DNC-Rechner angeschlossen:

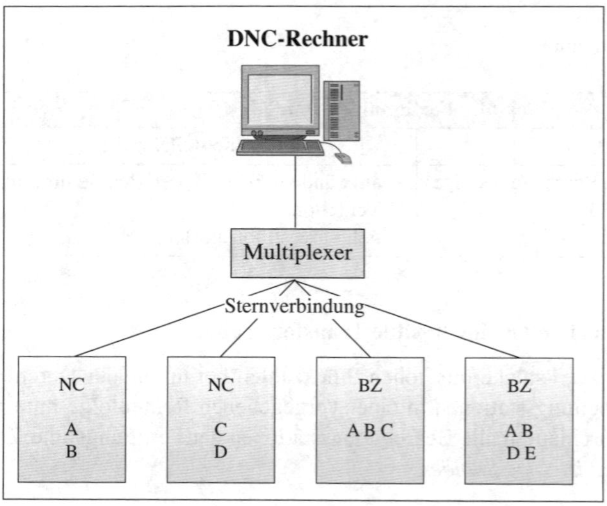

Heute werden zunehmend LANs installiert. Die Verbindung zu den angeschlossenen Maschinen erfolgt über einen LAN-Adapter:

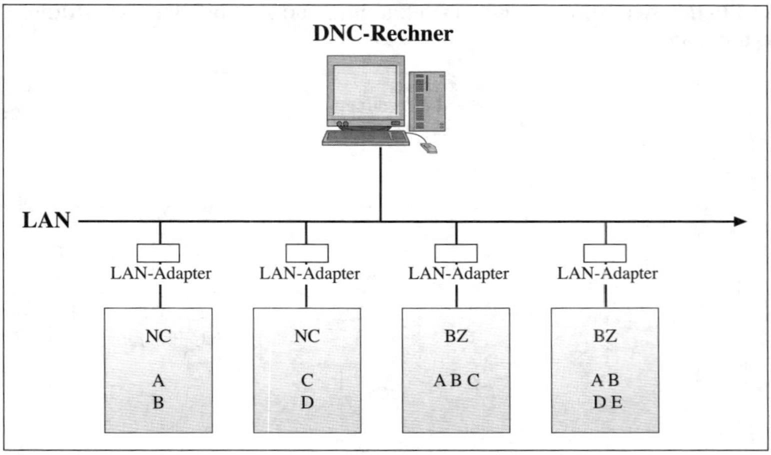

Erweiterte DNC-Systeme können zusätzlich auch organisatorische Aufgaben übernehmen:

- Auftragsübernahme- und -fortschrittsverfolgung
- Maschinen- und Rüstplatzbelegungsplanung
- Materialflusssteuerung
- Steuerdatenverwaltung
- Maschinen- und Betriebsdatenerfassung
- Werkzeugfluss-Steuerung und -datenverwaltung.

15. Welche Aufgabe hat ein Fertigungsleitrechner?

Ein Fertigungsleitrechner (auch: Prozessleitrechner) ist ein übergeordneter Rechner, der je nach Auslegung und Automatisierungsgrad eines flexiblen Fertigungssystems (FFS) folgende Aufgaben übernimmt:

- Übernahme der Fertigungsaufträge vom PPS und Überwachung der Termine und Stückzahlen anhand der Rückmeldungen
- Steuerung der Maschinenbelegung
- Bereitstellung der Rohteile
- Anforderung und Bereitstellung der erforderlichen Werkzeuge an den Maschinen
- Information an den DNC-Rechner zur Bereitstellung der notwendigen NC-Programme
- Information an die Transportsteuerung über die Zuordnung der Werkstücke zu den einzelnen Bearbeitungsstationen
- Bereitstellung der erforderlichen Messprogramme für maschineninterne Kontrollen bzw. für in das FFS integrierte Messeinrichtungen
- Informationen an das Bedienpersonal, z. B.:
  - Änderungen in der Fertigung
  - Statusmeldungen
  - Alternativen bei Maschinenausfällen
  - Termine
  - Stückzahlen.

16. Welche Ebenen der Informationsvernetzung lassen sich bei der Gestaltung eines FFS unterscheiden?

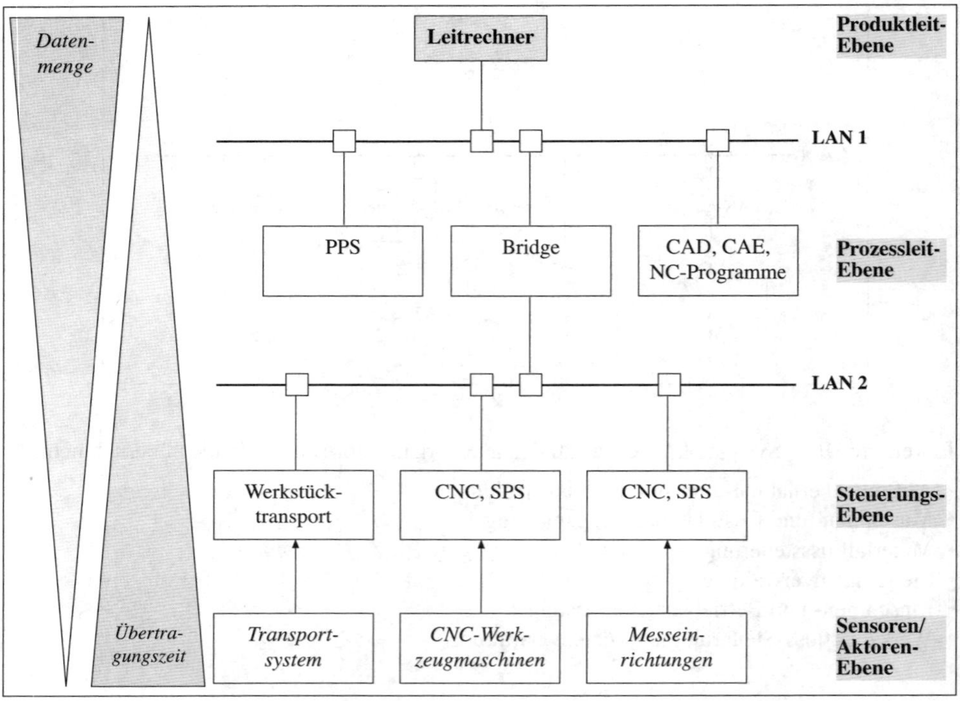

Quelle: in Anlehnung an: Kief, H. B., a. a. O., S. 478

17. Was ist ein Roboter?

„Ein Roboter ist ein universell einsetzbarer Bewegungsautomat mit mehreren Achsen, dessen Bewegungen hinsichtlich Folge und Wegen bzw. Winkeln frei programmierbar und gegebenenfalls sensorgeführt sind“ (*VDI-Richtlinie 2860).*

Roboter sind also universell einsetzbare Automaten zum Ausführen unterschiedlicher Arbeitsaufgaben. Sie dienen zum Bewegen, Positionieren und Orientieren von Werkstücken und Werkzeugen in mehreren Achsen. Die Bewegungsabläufe sind programmgesteuert und variabel. Sie werden mittels *Sensoren* überwacht und ggf. korrigiert. An der letzten „Handachse“ befindet sich der *Effektor,* der die eigentliche Roboteroperation ausführt. Effektoren sind zum Beispiel Greifer, Schweißzangen, Messtaster und andere Fertigungsmittel. Entsprechend dem Einsatzgebiet unterscheidet man Industrieroboter, Serviceroboter und Geländeroboter.

18. Welche Grundtypen von Industrierobotern gibt es?

Industrieroboter werden nach ihrer *Bauform* definiert. Diese wird durch die Anordnung und Kombination der Bewegungsachsen bestimmt. Es wird zwischen *Linearachsen* und *Drehachsen* unterschieden.

Grundtypen von Industrierobotern	
Bauform	**Bewegungsachsen**
Vertikal-Knickarm-Roboter	3 Drehachsen
Schwenkarm-Roboter (SCARA-Roboter)	3 Drehachsen 1 Linearachse Selective Comliance Assembly Robot Arm
Horizontal-Knickarm-Roboter	2 Linearachsen 1 Drehachse
Linear-Roboter	2 oder 3 Linearachsen
Portalroboter	3 Linearachsen

19. Wie ist der Aufbau von Industrierobotern?

Industrieroboter bestehen aus bis zu sechs Hauptbaugruppen:

1. *Achsen*
(rotatorisch oder linear) zur Ausführung der Bewegungen im Arbeitsraum.
2. *Effektor*
(Greifer oder Hand) um Werkstücke oder Werkzeuge zu greifen, festzuhalten, zu transportieren und zu positionieren.
3. *Steuerung*
zur Eingabe und Speicherung der Programmabläufe. Die Bewegungsabläufe werden extern oder vor Ort im Teach-in-Verfahren programmiert.
4. *Antriebe*
zum geregelten Bewegungsablauf jeder Achse bzw. zum Halten der Position.
5. *Messsystem*
zum Messen der Position bzw. der Winkel jeder Achse, der Verstellgeschwindigkeit und der Beschleunigung der einzelnen Achsen.
6. *Sensoren*
zum Erfassen von Störeinflüssen (z. B. Lageveränderungen, Musterabweichungen des Werkstücks).

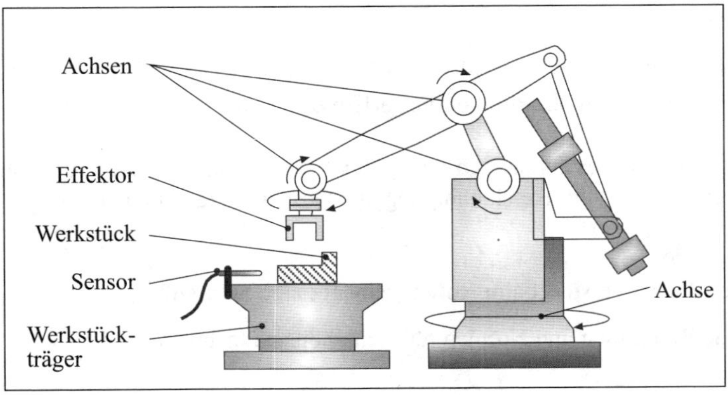

20. Welche Bedeutung hat das Kartesische Koordinatensystem für Roboter?

Das *Kartesische Koordinatensystem* (benannt nach Cartesius) bezieht sich im mathematischen Sinne auf das Rechtwinklige.

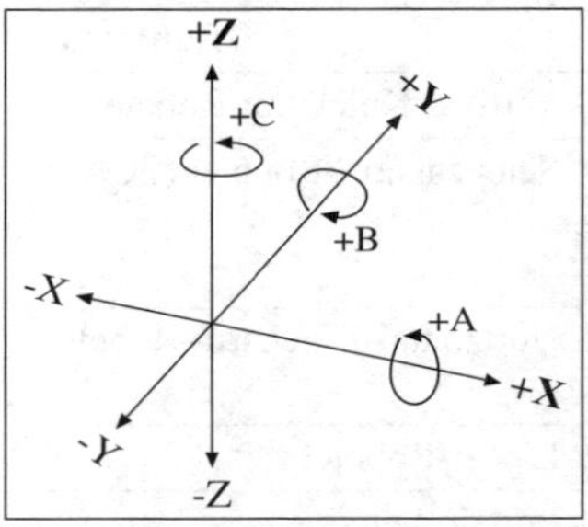

In der Robotertechnik bezieht sich dieses Koordinatensystem auf die Linearachsen. So arbeiten Portal- und Linearroboter nach dem Kartesischen Koordinatensystem.

21. Mit welchen Steuerungsarten können Industrieroboter arbeiten?

Aufgabe der Robotersteuerung ist es, die Bewegung der Effektoren zu realisieren. Es werden grundsätzlich *zwei Steuerungsarten* und damit zwei Bewegungsarten unterschieden.

- Die *PTP-Steuerung* (Point-To-Point)
  wird eingesetzt für Arbeitsaufgaben, bei denen der Roboter nur an bestimmten Positionen Aufgaben ausführen muss.

  Beispiel: Verschrauben, Punktschweißen.

- Die *Bahnsteuerung*
  wird eingesetzt für bahnbezogene Arbeitsaufgaben, bei denen der Roboter den Effektor eine Bahnkurve entlang führt.

  Beispiel: Nahtschweißen, Entgraten, Beschichten.

22. Wie ist die Vorgehensweise beim Teach-in-Programmieren einer Roboterzelle mit Handterminal?

1. Der Roboterarm wird bei abgeschalteten Antrieben in die gewünschte Position gebracht.
2. Der Koordinatenwert wird gespeichert.
3. Analog wird für die weiteren Positionen verfahren.
4. Im Automatikbetrieb steuert der Roboter die „erlernten" Positionen an.

Eine Variante des Teach-in-Verfahrens ist das *Play-Back-Verfahren.* Zusätzlich zur Position wird der Verfahrensweg inklusive der Beschleunigung und Geschwindigkeit eingelernt.

23. Welche Besonderheiten sind beim Robotereinsatz zu beachten?

Es gelten folgende Richtlinien und Normen für Sicherheitsmaßnahmen:

- *VDI 2853:*
  Sicherheitstechnische Anforderungen an Bau, Ausrüstung und Betrieb von Industrierobotern,

- *VDI 3228 – 3231*
  Technische Ausführungsrichtlinien für Werkzeugmaschinen und andere Fertigungsmittel.

Besondere Bedeutung hat die Beachtung der *Kollisionsfreiheit* des Roboters zur Peripherie und zu anderen Robotern. Der *Bewegungsraum* des Roboters ist gegenüber dem Menschen technisch so abzugrenzen, dass es ebenfalls nicht zur Kollision kommen kann.

24. Welche Unfallursachen durch den Einsatz von Industrierobotern lassen sich nennen?

- unvorhergesehene Roboterbewegungen
- Lösen von Werkstücken oder Werkzeugen aufgrund der Fliehkraft oder Schwerkraft bei ungenügender Haftung im Greifer
- angetriebene Werkzeuge (z. B. Schleifscheiben)
- heiße Werkstücke
- Strahlung beim Schweißen.

25. Welche Sicherheitsanforderungen müssen beim Betrieb eines Roboters erfüllt sein?

Sicherheitsanforderungen, z. B.:
- Begrenzung des Bewegungsraums
- Schutzeinrichtung muss aktiv sein
- Not-Aus-Schalter muss vorhanden sein
- Zustimmungsschalter (für Bewegungen) vorhanden.

26. Mit welchen Fragestellungen befasst sich die Fördertechnik?

Die Fördertechnik befasst sich mit den *Fragen des innerbetrieblichen Transports* von Materialien und Personen sowie der *Gestaltung des betrieblichen Materialflusses* unter der Verwendung von Fördermitteln und Fördereinrichtungen wie z. B. Stapler, Krananlagen, Gurtförderer, Aufzüge oder Elektrohängebahnen zwischen zwei in begrenzter Entfernung liegenden Orten.

27. Nach welchen Merkmalen werden Fördermittel systematisiert (Fördermittelarten)?

Die *Einteilung der Fördermittel* ist in der Literatur nicht einheitlich. Meist wird nach folgenden *Merkmalen* unterschieden:

Flurbindung	Grad der Automatisierung	Beweglichkeit	Antriebsart
• flurfrei • flurgebunden • aufgeständert	• manuell • maschinell	• ortsfest • frei fahrbar • geführt fahrbar	• Einzelantrieb • Muskelkraft • Schwerkraft • mit/ohne Zugmittel

→Vgl. Abbildung nächste Seite.

Eine häufige Gliederung der *Fördermittelarten* ist die Unterteilung in *Stetig- und Unstetigförderer*.

Ein weiteres Gliederungsmerkmal ist, ob sie auf der Flur (*Flurförderer*) oder über der Flur (*flurfreie Förderer*) arbeiten.

Die *Hebetechnik* (Hebezeuge, Krananlagen) ist ein wichtiges Teilgebiet der Fördertechnik.

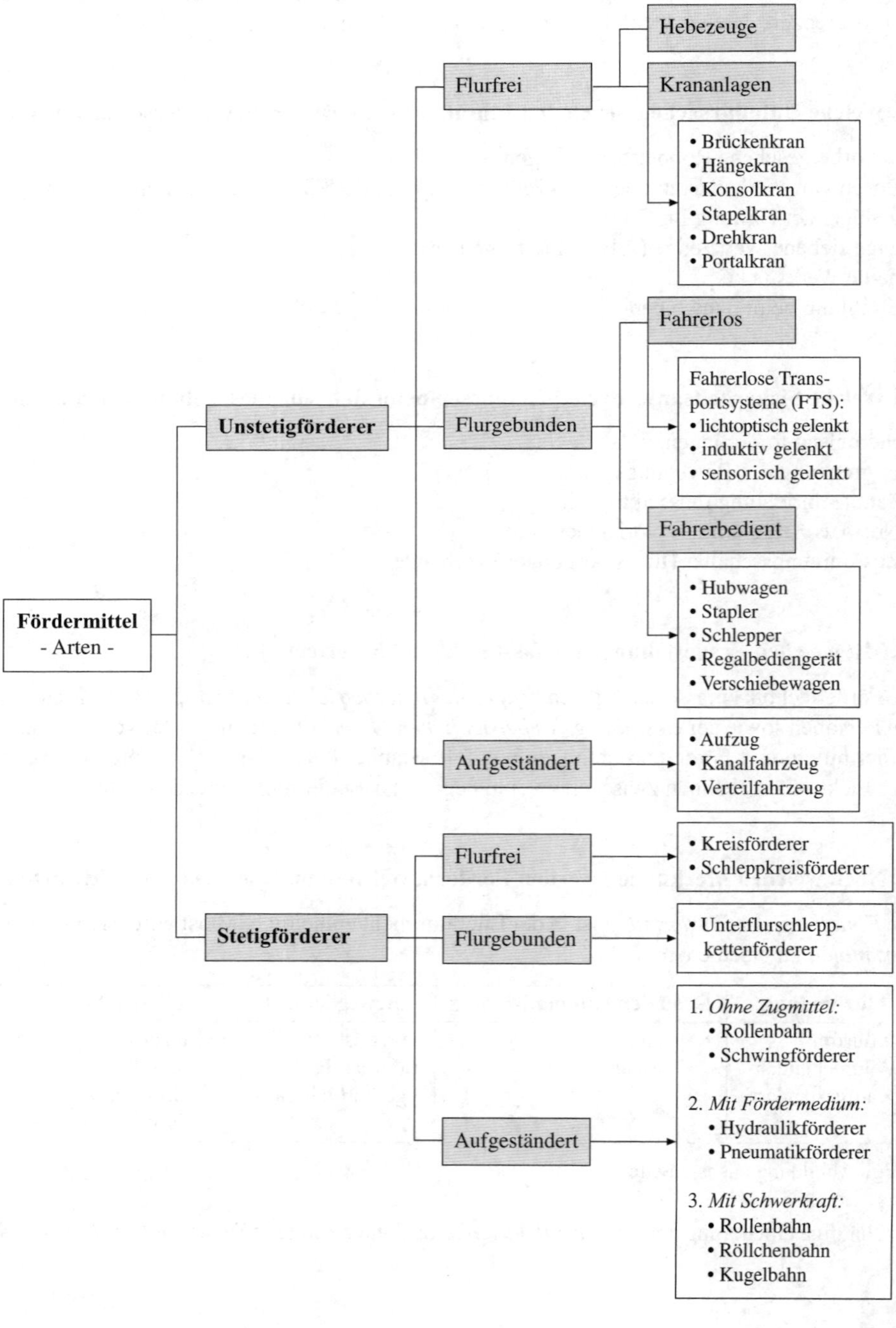

28. Welche Bedeutung hat die Handhabungstechnik im Rahmen der Automatisierung?

Handhaben ist das Schaffen, das definierte Verändern oder das vorübergehende Aufrechterhalten einer vorgegebenen räumlichen Anordnung von geometrisch bestimmten Körpern (VDI-Richtlinie 2860).

Grundsätzlich kann ein starrer Körper nach sechs Freiheitsgraden im Raum angeordnet werden:

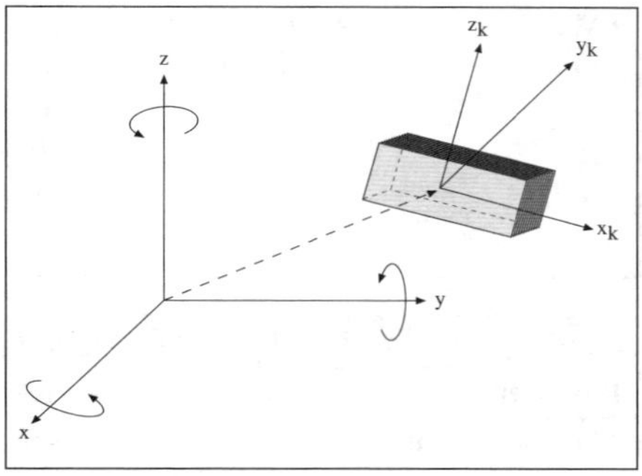

- *3 translatorische Freiheitsgrade*
  xyz-Koordination des Schwerpunkts
  → *Position* des Körpers

- *3 rotatorische Freiheitsgrade*
  Rotationswinkel um die xyz-Achse
  → *Orientierung* des Körpers

29. In welche Teilfunktionen wird das Handhaben gegliedert?

Nach DIN 2860 unterscheidet man fünf Teilfunktionen:

Teilfunktionen des Handhabens nach DIN 2860				
Sichern	**Bewegen**	**Verändern der Menge**	**Speichern**	**Kontrollieren**
• Halten • Lösen • Spannen • Entspannen	• Drehen • Verschieben • Schwenken • Orientieren • Positionieren • Ordnen • Führen • Weitergeben	• Teilen • Vereinigen • Abteilen • Zuteilen • Verzweigen • Zusammenführen • Sortieren	• geordnetes ... • ungeordnetes ... • teilgeordnetes ...	• Prüfen • Messen

30. Welche Handhabungsgeräte/-einrichtungen werden unterschieden?

Als Handhabungsgeräte werden alle Geräte bezeichnet, die einen Körper zu einer bestimmten Position hinbewegen und ihn so weit drehen, bis sich der Körper in der richtigen Lage befindet. Sie übernehmen damit Funktionen der menschlichen Sinnesorgane und der Hände. Handhabungseinrichtungen dienen der exakten Werkstück- und Werkzeugpositionierung und sollen den Menschen von montonen und körperlich schweren Arbeiten entlasten (Ergonomie).

Die Systematik der Handhabungseinrichtungen ist schwierig, da viele Geräte mehrere Funktionen übernehmen. Stellt man die Hauptfunktionen in den Vordergrund lässt sich folgende, grobe Einteilung vornehmen:

Handhabungseinrichtungen zum ... (Beispiele)				
Speichern	**Verändern der Menge**	**Bewegen**	**Sichern**	**Kontrollieren**
• Gurt • Palette • Magazin • Bunker	• Zuteiler • Weiche • Vereinzelungseinrichtung	• Dreheinrichtung • Industrieroboter • Ordnungseinrichtung • Schieber • Rinnen • Ladeportale • Umlenkeinrichtung	• Aufnahme • Greifer • Spanner • Backenfutter • Spannplatten	• Prüfeinrichtung • Messeinrichtung • Sensor

Kurzbeschreibung spezieller Handhabungseinrichtungen	
Balancer	ermöglichen das Heben schwerer Lasten.
Manipulatoren	sind Handhabungseinrichtungen, deren Bewegungsablauf manuell gesteuert wird, z. B. bei der Handhabung schwerer und/oder heißer Werkstücke.
Teleoperatoren	sind ferngesteuerte Manipulatoren, die genutzt werden, wenn der Kontakt zum Objekt für den Menschen gefährlich oder unmöglich ist (z. B. Kerntechnik, Bombenentschärfen, Kanalisation).
Modulare Systeme	bestehen aus verschiedenen Modulen, die je nach Anforderungsart verschiedene Funktionen des Greifens, Rotierens und Bewegens ausführen. Die Steuerung erfolgt über Endschalter oder Programme.

31. Was ist „Speichern"?

Speichern ist das Aufbewahren von Stoffen im weitesten Sinne (Begriff aus der Logistik).

32. Wie werden Speichersysteme unterschieden?

Speichersysteme lassen sich einteilen in mechanische und elektronische Speicher:

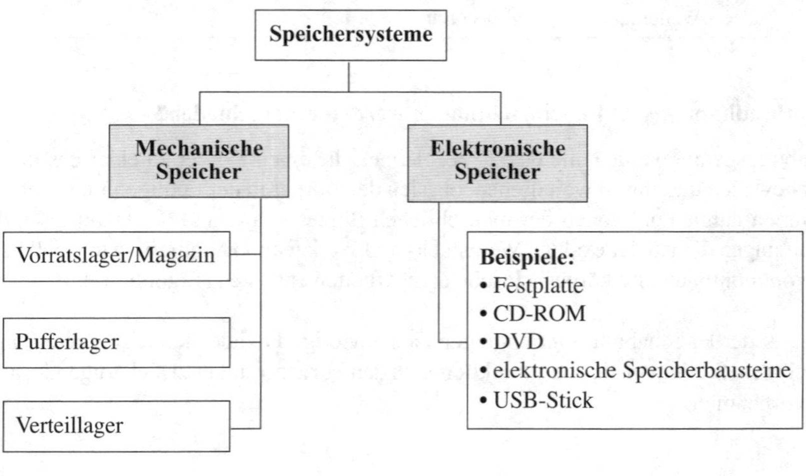

2.7 Beurteilen von Auswirkungen des Einsatzes neuer Bauelemente, Baugruppen, Verfahren und Betriebsmittel auf den Fertigungsprozess und Einleiten von Optimierungsprozessen

2.7.1 Informationsbeschaffung über neue Bauelemente, Baugruppen, Verfahren und Betriebsmittel

01. Was ist Aufgabe der Beschaffungsmarktforschung?

Die Aufgabe der Beschaffungsmarktforschung ist die systematische und methodische Ermittlung von Beschaffungsmöglichkeiten. Ihr Ziel ist es, die relevanten Märkte für die Einkaufsstelle, den Planer, Instandhalter bzw. Anlagenbetreiber transparent zu gestalten.

02. Welche Methoden werden innerhalb der Beschaffungsmarktforschung eingesetzt?

Methoden der Beschaffungsmarktforschung	
Marktanalyse	Zeitpunktuntersuchung (Momentaufnahme)
Marktbeobachtung	Zeitraumbetrachtung (Trends und Veränderungen sollen erkannt werden)
Marktprognose	Vorschau (Ableitung aus Analyse und Beobachtung)

03. Was versteht man unter primärer und was unter sekundärer Beschaffungsmarktforschung?

- Bei der *Primärforschung* (auch: direkte Forschung) müssen alle notwendigen Informationen erst gewonnen werden durch z. B.:
  - Anfragen
  - Vertreterbesuche
  - Firmenbesuche, Betriebsbesichtigungen
  - Messebesuche (Fach- und Hausmessen).

- Bei der *Sekundärforschung* (auch: indirekte Forschung) wird auf vorhandene Daten und Unterlagen zurückgegriffen z. B.:
  - Preislisten, Kataloge, Prospekte
  - Bezugsquellenverzeichnisse
  - IHK-Verzeichnisse
  - Markt- und Börsenberichte
  - Information der Wirtschaftsverbände, der Außenhandelsbanken
  - öffentlich zugängliche Datenbanken.

04. Welches sind die geläufigsten Informationsquellen der Beschaffungsmarktforschung?

- Bezugsquellenverzeichnisse
- Industrie- und Handelskammern
- Messekataloge
- Erfahrungen aus Projekten
- Internet, Internetdienste
- Produktdatenbanken
- Dokumentationen
- Forschungsergebnisse
- Kataloge
- Bibliotheken
- Fachzeitschriften
- Innungen
- Auskunfteien
- Banken
- Mailboxen
- Betriebsbesichtigungen
- Hausmessen
- Werbung, Produktpräsentationen
- Marktforschungsinstitute
- Börsennotierungen
- Probelieferungen
- alte Einkaufsvorgänge
- Branchenfernsprechbuch
- Handwerkskammern
- Erfahrung des Einkäufers
- Einsatz neuer Bauteile in Anlagen
- Testinstallationen
- Datenbanken der Lieferanten
- Gesprächsprotokolle (Lieferantenkontakt)
- Öffentliche Medien (Radio, TV)
- Tageszeitungen
- Buchhandel
- Behörden, Verbände
- Vertreterbesuche
- Geschäftsberichte
- Datenbanken
- Messebesuche
- Quality Audits
- Preislisten
- Stellenanzeigen
- Marktberichte
- Wirtschaftsministerien
- Referenzen, Anfragen
- Konsulate, Botschaften.

Bei der Auswahl und Nutzung dieser Medien zur Informationsbeschaffung sind der zeitliche Aufwand sowie Kosten, Aktualität und Informationsgehalt zu beachten.

05. Wie ist der generelle Ablauf bei der Beschaffungsmarktforschung?

Informationssammlung

↓

Verarbeitung der gesammelten Informationen

↓

Weiterleitung der Ergebnisse

↓

Anwendung

↓

Archivierung der gewonnenen Ergebnisse

06. Welche Objekte werden bei der Beschaffungsmarktforschung untersucht?

Markt-veränderungen	Konjunktur, politische/wirtschaftliche Veränderungen, Wechselkurse, Marktstrukturen (Käufer-/Verkäufermarkt), Rohstoffentwicklung, Ersatzgüter (Substitution)
Produkte	Qualität, Eigenschaften, Entsorgung, Umweltverträglichkeit, Fertigungsverfahren/Implementierungsaufwand, Trends in der Technik, neue Produktentwicklungen (geringere Kosten, längere Lebensdauer, geringerer Wartungsaufwand u. Ä.)
Preise	Preispolitik/-strategie, Konditionenpolitik, Marktform
Lieferanten	Unternehmensgröße, Dauer am Markt, Finanzlage, Kapazität, Termintreue, Vorlieferanten, Kulanz, Unternehmens-/Kundenpolitik
Transport/Logistik	direkte/indirekte Wege, Mengenrabatte, Transport- und Währungsrisiken, Versicherungen

07. Welche Geschäftsfelder umfasst der Begriff „E-Business“?

E-Business			
E-Commerce	**E-Banking**	**E-Procurement**	**E-Logistik**
Elektronischer Handel	Elektronischer Zahlungsverkehr	Elektronische Beschaffung	Elektronische Prozesse

- *E-Commerce* (Electronic Commerce; dt.: Elektronischer Handel) umfasst den Kauf und Verkauf von Waren inkl. der Bezahlung auf elektronischem Wege über das Internet. Als „Online-Verkaufsschlager“ haben sich Bücher, DVDs, *elektronische Geräte, Computer-Hard-/Software* sowie Bekleidung und Reservierungen entwickelt.

- *E-Banking* ist der elektronische Zahlungsverkehr über Internet oder Extranet (Homebanking, Telebanking).

- *E-Procurement* ist die elektronische Abwicklung von Beschaffungsprozessen. Hierbei werden Güter und Dienstleitungen über elektronische Medien eingekauft.

- Unter dem Begriff *E-Logistik* (auch: E-Logistic) werden alle informationstechnisch gestützten Verfahren zur Planung und Steuerung der logistischen Prozesse zusammengefasst (z. B. Nutzung der Internet- und Intranet-Technologie).

08. Welche Instrumente/Komponenten lassen sich im Rahmen des E-Procurement nutzen?

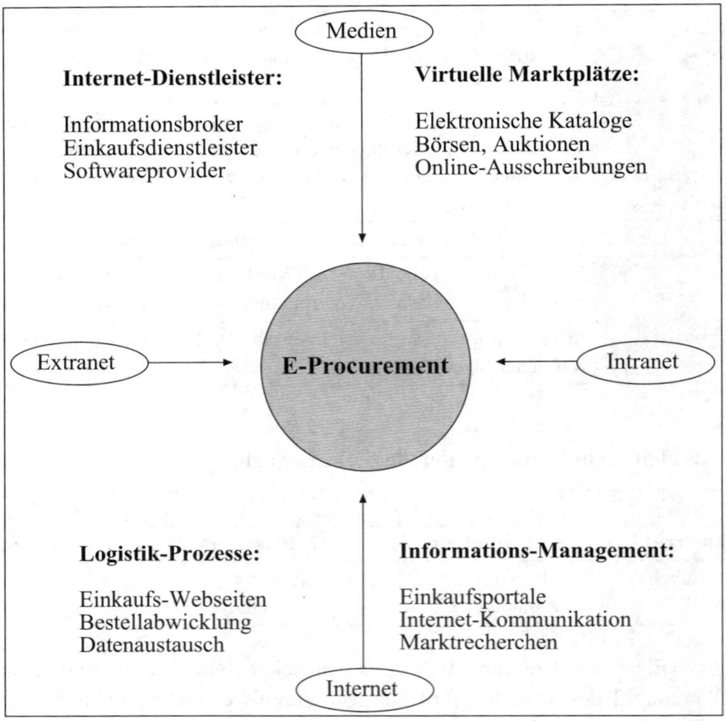

Hinweis: Nachfolgend werden ausgewählte Fragen zum E-Procurement behandelt.

09. Was sind elektronische Kataloge?

Elektronische Kataloge sind im Rahmen des C-Teile Management wichtige Hilfsmittel. Sie stehen sowohl online als auch auf Datenträger zur Verfügung. Durch Vergabe von Berechtigungskonzepten kann die Beschaffung von C-Teilen auch durch die einzelnen Fachabteilungen selbst erfolgen.

Beispiel:
Die Suche unter www.google.de nach dem Stichwort *Kataloge* ergibt 859.000 Seiten auf Deutsch – darunter z. B.

> **Kataloge** suchen, finden, durchsuchen und herunterladen
> www.katalog-aktuell.de
>
> **Kataloge** kostenlos von A bis Z gibt es hier:
> www.katalog.com

10. Was ist eine Auktion?

Eine *Auktion* (auch: Versteigerung) ist eine besondere Form der Preisermittlung. Dabei werden von potenziellen Käufern und/oder Verkäufern Gebote abgegeben. Der Auktionsmechanismus bestimmt, welche der abgegebenen Gebote den Zuschlag erhalten und definiert die Zahlungsströme zwischen den beteiligten Parteien. Hintergrund dieser Preisfindung sind Informationssymmetrien im Markt. Ein Anbieter kennt häufig nicht die Zahlungsbereitschaft seiner Kunden. Setzt er einen zu hohen Preis fest, so kann er seine Ware nicht verkaufen. Setzt er seinen Preis zu niedrig fest, so schöpft er nicht den möglichen Umsatz aus. Die Bieter hingegen kennen ihre jeweilige Zahlungsbereitschaft. In dieser Situation bietet die Auktion dem Anbieter einen flexiblen Preisfindungsmechanismus, der im Idealfall zum Verkauf zum aktuellen Marktpreis führt und die Zahlungsbereitschaft der Kunden optimal ausschöpft.

11. Was sind Internet(Online)-Auktionen?

Die Internet- bzw. Online-Auktion ist eine über das Internet veranstaltete Versteigerung. Der bekannteste Veranstalter von Internetauktionen ist eBay. Nach erfolgter Auktion findet die Übergabe der Ware in der Regel auf dem Versandweg statt.

12. Welche Bedeutung haben Online-Auktionen für die Beschaffung?

Online Auktionen erhalten in der Beschaffung eine immer größere Bedeutung. Sie dienen dem Einkäufer zum einen als Informationsplattform hinsichtlich Angebot und Preisfindung. Zum anderen können hier insbesondere C-Teile sehr flexibel beschafft werden.

13. Was sind Online-Marktplätze?

Online-Marktplätze sind virtuelle Plätze, auf denen eine beliebige Anzahl Käufer und Verkäufer Waren und Dienstleistungen (offen) handeln und Informationen tauschen können.

14. Wie gliedern sich Online-Marktplätze?

Online-Marktplätze sind folgendermaßen gegliedert:

- *Horizontale Marktplätze*
  sind nicht spezifisch für einen Wirtschaftszweig ausgelegt, sondern für Firmen aus verschiedenen Branchen offen. Sie handeln mit Waren, die branchenübergreifend benötigt werden und meist nicht unmittelbar für die Produktion verwendet werden.

- *Vertikale Marktplätze*
  konzentrieren sich auf eine bestimmte Branche und bieten Waren und Dienstleistungen an, die für Unternehmen dieser Branche besonders interessant sind.

Beispiel:
Unter www.siemens.de findet man:

→ Produkte und Lösungen
→ Unternehmensinformationen

Klickt man
→ **Produkte und Lösungen** → **Produktgruppen** → **Antriebstechnik** an, erhält man:

15. Welche Ergebnisse können Recherchen im Internet liefern?

Die Suche nach Produktneuheiten, Produktbeschreibungen, Test- oder Forschungsergebnissen im Internet führt bei einiger Erfahrung meist zu befriedigenden Ergebnissen. Wichtig ist die Wahl des geeigneten *Suchbegriffs* und ggf. die Verwendung verschiedener Suchmaschinen.

Beispiel:
Unter **www.google.de** findet man unter dem Stichwort **PD-Regler** z. B. folgendende Ergebnisse (vgl. rechts).
Klickt man **www.wachendorff.de** an, erhält man z. B. folgende Beschreibung:

PID-Regler
mhf-e.desy.de

Software PD- und PI-Regler
www.fdos.de

Wachendorff Prozesstechnik: PID-Regler T16, P16, T48 und P48
www.wachendorff.de

PID-Regler T48 • PID Temperaturregler im 48 x 48 mm Format • Temperaturerfassung über Thermoelemente oder PT100 • 3 Ausgänge wahlweise Relais oder Solid State Relais – Treiber für 1 - 2 Regelausgänge und 1 - 2 Alarmausgänge, Triac • Option: Analogausgang, 2. Analogeingang • einfach von vorne tauschbare Ausgangsplatine • einfachste Programmierung und Bedienung • Schutzart IP 65 für den rauhen Industriebetrieb • Programmierung am Gerät oder optional mit Windows- Software	Dieser kleine Temperaturregler ist ein Alleskönner. Mit einem neu entwickelten Thermo-ASIC ausgerüstet, werden moderne Programmier-, Bedien- und Kontrolltechnologien in einem für den rauhen industriellen Einsatz konzipierten Gehäuse realisiert. Alles wurde dafür getan, damit der T48 schnell in Betrieb genommen, einfach und sicher bedient werden kann und seine Aufgabe jahrelang effizient ausführt. Schließlich sorgt eine überlegene Funktionalität für die einfache Anpassung an alle erdenklichen Regelaufgaben. Schnelle Inbetriebnahme: Die Prozessparameter können über die Selbstoptimierung ermittelt und dann leicht abgeändert werden. Der Programmierer wird durch die Eingaben mit Kurzbegriffen in der Anzeige geführt. Alle Einstellungen werden über die Fronttasten schnell erledigt.

Quelle: www.wachendorff.de; WACHENDORFF PROZESSTECHNIK GMBH & CO KG, Industriestraße 7, D-65366 Geisenheim

16. Welche Einsparungseffekte können durch Nutzung des E-Procurement erzielt werden?

Beispiele:

- Eine Reduzierung der Einkaufspreise für A- und B-Teile: Eine Einkaufspreisreduzierung wird erreicht durch:
  - höhere Markttransparenz
  - zusätzliche Wettbewerbsdynamik.
- Die Prozessvereinfachung ergibt zusätzlichen Verhandlungsspielraum.
- Stärkere Konzentration auf strategische Kunden-Lieferanten-Beziehungen.
- Reduzierung der Prozesskosten für C-Teile.
- Schlankere Beschaffungsorganisation:
  - kürzere Durchlaufzeiten
  - geringere Fehleranfälligkeit
  - reduzierte Lieferantenvielfalt
  - reduzierte Bestände.

17. In Verbindung mit E-Business und E-Commerce haben sich Abkürzungen wie zum Beispiel B2B etabliert. Was bedeuten diese und andere Kurzbezeichnungen?

	Consumer	**Business**	**Administration**
Consumer	**C2C; CtoC** Geschäfte unter Privatleuten, z. B. Privatverkauf einer Sache über eBay	**C2B; CtoB** Privatleute und Unternehmen, z. B. Privatperson kauft eine Sache bei einem Unternehmen	**C2A; CtoA** Privatleute und Behörden, z. B. Abgabe der Steuererklärung
Business	**B2C; BtoC** Unternehmen und Privatleute, z. B. Versandhandel verkauft eine Sache an Privatpersonen	**B2B; BtoB** Unternehmen und Unternehmen, z. B. Firma X kauft RHB-Stoffe bei Firma Y	**B2A; BtoA** Unternehmen und Behörden, z. B. Abgabe der Umsatzsteuererklärung
Administration	**A2C; AtoC** Behörden und Privatleute, z. B. Grundsteuerbescheid an eine Privatperson	**A2B; AtoB** Behörden und Unternehmen, z. B. Gewerbesteuerbescheid	**A2A; AtoA** Behörden und Behörden, z. B. Transaktionen zwischen Bund und Ländern

2.7.2 Analyse des zu betrachtenden Fertigungsprozesses

01. Was ist ein Prozess?

1. *Definition:*
   Ein Prozess ist eine strukturierte Abfolge von Ereignissen zwischen einer Ausgangssituation und einer Ergebnissituation.

2. *Definition:*
   Ein Prozess ist gekennzeichnet durch
   - Anfang und Ende
   - sachlich und zeitlich zusammenhängende Aufgaben
   - gemeinsame Informationsbasis.

02. Welche Prozessarten werden unterschieden?

Prozessarten		
Nach dem **Inhalt:**	Nach der **Bedeutung:**	Nach der **Hierarchie:**
Geschäftsprozesse Projektprozesse Logistikprozesse **Fertigungsprozesse**	Kernprozesse Supportprozesse	Hauptprozesse Teilprozesse

Die Darstellung der Struktur derartiger Prozesse ist unterschiedlich, je nachdem, welcher Gesichtspunkt besonders hervorgehoben werden soll und welches Instrument/welche Technik der Darstellung gewählt wird (z. B. Flussdiagramm, Arbeitsablaufdiagramm, Struktogramm).

Hinweis: Es kann daher keine „einzig richtige visuelle Darstellungsform“ einer bestimmten Prozessstruktur geben.

Die nebenstehende Darstellung zeigt vereinfacht den Prozess der industriellen Fertigung eines Produkts im Übergang zum Logistikprozess (Auslieferung) sowie die angrenzenden Bereichsprozesse.

Dabei wird der Fall einer Einzelfertigung unterstellt:

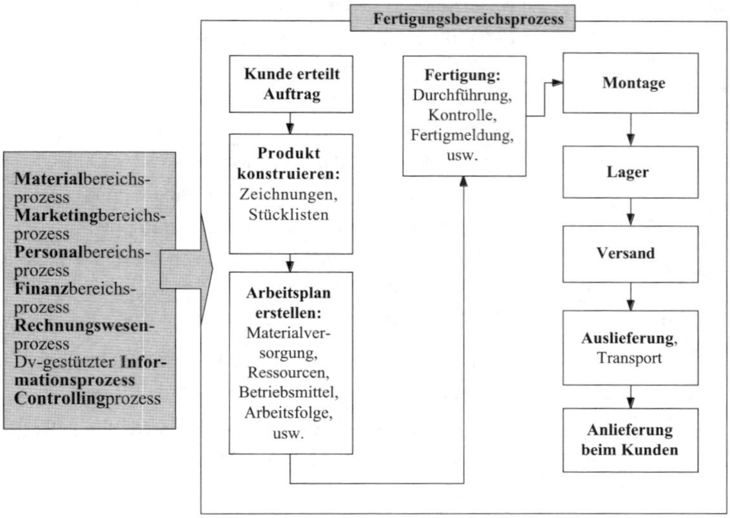

03. Was versteht man unter einer Analyse?

Eine Analyse ist das Erkennen von Strukturen, Gesetzmäßigkeiten, Quasi-Gesetzmäßigkeiten und Zusammenhängen in real existierenden Daten/Vorgängen durch subjektive Wahrnehmung und Bewertung.

04. Wie ist ein real existierender Fertigungsprozess zu analysieren?

Aus der Beantwortung der oben gestellten Frage 01. bis 03. lässt sich folgende Aussage ableiten:

Die Analyse eines real existierenden Fertigungsprozesses ist das Erkennen von Strukturen und Gesetzmäßigkeiten, die anhand geeigneter Zielwerte und Standards bzw. Leistungsdaten zu bewerten sind.

Gegenstand bei der Analyse eines zu betrachtenden Fertigungsprozesse können z. B. folgende Bereiche sein:

Technik	Auslastungsgrad der Anlage, Fehlerquote
	Flexibilität der Anlage (auch: Elastizität): Fähigkeit der Anpassung der Anlage an wechselnde Aufgaben; eine hohe Flexibilität bedeutet kurze Umrüstzeiten
	Maschinenproduktivität = Ausbringungsmenge : Maschinenstunden
	Materialverbrauch pro 100 Einheiten Ausbringung
	Durchlaufzeit (DLZ), Termineinhaltung
	Auswertung der Ergebnisse der Instandhaltung
	Lebenszyklus der Maschinen und Baugruppen
	Leistungskenndaten (Kennlinien) von Maschinen und Baugruppen, z. B. Pumpen-/Getriebeleistung
Qualität	Fähigkeitskennwerte: Maschinenfähigkeit (C_m, C_{mk}): Kurzzeituntersuchung der Komponenten einer Maschine Prozessfähigkeit (C_p, C_{pk}): Langzeituntersuchung der Prozesselemente wie Maschinen, Menschen, Material, Methoden (vgl. 8.3.4)
	Zuverlässigkeit der Prüfungen: Eingangs-, Zwischen-, Endprüfung
Organisation	Informationsversorgung, Informationsfluss
	Schnittstellenmanagement: Gestaltung der Übergänge von einem Arbeitsvorgang zum nächsten
Wirtschaftlichkeit	Wirtschaftlichkeit = Ausbringungswert : Einsatzkosten Wirtschaftlichkeit = Leistungen : Kosten
	Kapital-Rentabilität = Return : Kapitaleinsatz · 100
	Umsatzrentabilität = Gewinn : Umsatz· 100
	ROI = [Gewinn : Umsatz] · [Umsatz : Kapitaleinsatz] · 100 ROI = Umsatzrendite · Kapitalumschlag · 100
	Herstellungskosten pro Stück, Deckungsbeitrag pro Stück (db), Höhe der Kapitalbindung, Amortisationszeit (Kapitalrücklaufzeit der Investition)
Personal	Arbeitsproduktivität = Ausbringungsmenge : Mitarbeiterstunden
	Lohnkosten pro Stück
	Ausbildung, Erfahrung der Mitarbeiter
	Ergonomie der Verfahren und Arbeitsmittel
Umweltschutz	Ressourcenverbrauch, Recyclingfähigkeit, Abfallreduzierung
	Entsorgungskosten, Entsorgungskette
Arbeitsschutz, Arbeitssicherheit	Anzahl der Arbeitsunfälle pro Zeiteinheit
	Summe der Fehlzeiten p.a. aufgrund von Arbeitsunfällen

Praxisbeispiel:
Die X-GmbH ist ein führender, mittelständischer Hersteller von Messgeräten im süddeutschen Raum. Sie erhält täglich rd. 40 Warensendungen von externen Lieferanten. Die Wareneingänge lassen sich in drei Kategorien einteilen: Handelsware, Systembaugruppen und Einzelkomponenten.

Einer der Hauptumsatzträger ist das Produkt *Analysator*® (der Name wurde redaktionell verändert). In den zurückliegenden zwei Monaten konnte dieses Produkt aufgrund von Mängeln nur mit einer Verzögerung von acht Tagen an die Kunden ausgeliefert werden. Festgestellt wurden die Mängel erst bei der Endprüfung des Fertigteils *Analysator®*. Die Folgen für das Unternehmen waren gravierend:

1. *Direkte, wirtschaftliche Folgen (Hard-facts):*
   Das Rechnungswesen beziffert die Kosten für unbrauchbares Material (Verschrottung von Fertigteilen) auf rd. 8.000 € und den nicht realisierten Gewinn für den Betrachtungszeitraum auf ca. 60.000 €. Darin nicht enthalten sind die Kosten für Nachbestellungen, Information der Kunden über Lieferverzögerungen sowie geringere Auslastung der Ressourcen auf Grund fehlender, qualitativ einwandfreier Teile.
2. *Indirekte Folgen (Soft-facts):*
   - Verärgerung und Demotivation der Mitarbeiter in der Fertigung
   - Imageverlust bei den betroffenen Kunden
   - Verlust von Kunden, die auf Konkurrenzprodukte ausgewichen sind und möglicherweise auch zukünftig Wettbewerbprodukte beziehen werden
   - Überstrahlungseffekt: Es kann nicht ausgeschlossen werden, dass Kunden die Lieferprobleme beim *Analysator®* auf andere Produkte der X-GmbH übertragen.

Alle Zulieferteile, die derzeit im *Analysator®* eingesetzt werden, sind bereits im Serienstand. Die nachfolgende Abbildung (vgl. nächste Seite) zeigt die Kernprozesse für das Produkt *Analysator®*; die Darstellung beschränkt sich auf die wesentlichen Prozessschritte.

Analysiert man den vorliegenden Fertigungsprozess, so sind (theoretisch) folgende Fehlerquellen denkbar:

Teilprozess	*Mögliche Fehlerquellen (Beispiele)*
Platinenfertigung	fehlerhafte Zulieferteile; Schwachstellen in der Wareneingangsprüfung: ungenaue Prüfanweisung, unzureichende Qualifikation des Personals, mangelndes Qualitätsbewusstsein; fehlende Qualitätssicherungsvereinbarung mit den Lieferanten
Baugruppenfertigung	fehlerhafte Zulieferteile; Montagefehler
Gerätemontage	Montagefehler; unzureichende Arbeitsanweisungen
Endprüfung	Fehler im Prüfverfahren
Verpackung, Versand	fehlende Teile, fehlende Begleitpapiere

Im vorliegenden Fall führte die Prozessanalyse im Wesentlichen zu folgenden Ergebnissen:

Nr.	**Fehlerart**		**Absolute Häufigkeit in Einheiten**	
1	Einfallstellen an zwei komplementären Kunststoffteilen		1 Charge von 500 E	500
2	Sensoren nicht langzeitstabil; Lieferant: Monolux[1]	Kritischer Fehler	70 % einer Charge von 1.000 E	700
3	Sensoren nicht langzeitstabil; Lieferant: IT GmbH[1]		15 % von 5 Chargen je 500 E	375

[1] Name redaktionell verändert.

Kernprozesse für die Fertigung eines Produkts:

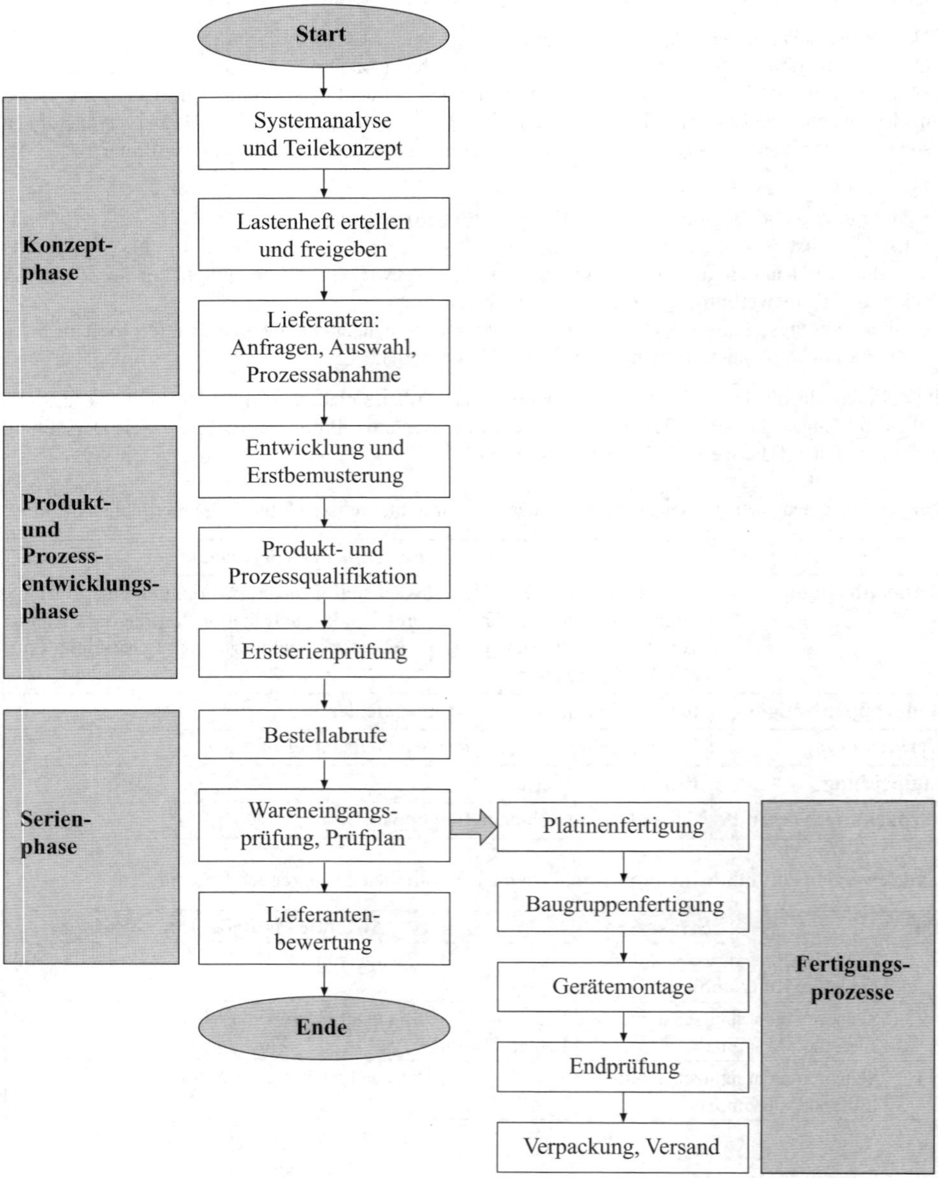

Als Maßnahmenkatalog zur Fehlerbehebung wurden folgende Aktionen ausgeführt (verkürzte Darstellung):

Nr.	Fehlerart	Ursache	Maßnahmen
1	Einfallstellen an zwei komplementären Kunststoffteilen	Fehlerhafte Einstellung der Spritzgießparameter beim Lieferanten	Lieferant: Prozessauditierung; X-GmbH: Überarbeitung der Prüfanweisung im Wareneingang
2	Sensoren nicht langzeitstabil; Lieferant: Monolux[1]	Streuung im Fertigungsprozess; Gehäuse für Ultraschweißung nicht qualifiziert	Lieferantenwechsel: Erstbemusterung, Erprobung (Testläufe) und Qualitätssicherungsvereinbarung mit dem Lieferanten
3	Sensoren nicht langzeitstabil; Lieferant: IT GmbH[1]	Fertigungsfehler; Fertigungsprozess nicht qualifiziert	Lieferant: Prozessverbesserung; Qualitätssicherungsvereinbarung mit dem Lieferanten

05. Was ist ein Prozessaudit?

Ein Prozessaudit ist eine qualitätsorientierte Bewertungsmethode zur Prüfung von Prozessen und/oder Verfahren. Prozessaudits werden systemorientiert oder projektorientiert durchgeführt:

- *Systemorientiert:*
  Es werden bestimmte Teilprozesse oder technologische Systeme betrachtet (nicht der gesamte Fertigungsprozess). Anlass hierzu sind z. B. geplante Audits, Qualitätsprobleme oder Nachweispflichten gegenüber Kunden.

- *Projektorientiert:*
  Anhand eines Projekts wird zu einem bestimmten Zeitpunkt der Planung und Entwicklung der Gesamtprozess betrachtet, um Defizite frühzeitig zu erkennen.

Der *Auditablauf* erfolgt nach folgendem Schema:

Vorbereitung
↓
Durchführung
↓
Abschlussgespräch, Auditbericht und Dokumentation
↓
Korrekturmaßnahmen und Prüfung der Wirksamkeit

Vgl. dazu ausführlich unter 8.4.1.

06. Wodurch ist die Prozessorganisation gekennzeichnet?

Die Prozessorganisation umfasst die Strukturierung von Arbeitsprozessen und ist dadurch gekennzeichnet, dass sie die aus der Arbeitsteilung entstehenden Prozesse und Teilprozesse koordiniert und optimiert.

---

[1] Name redaktionell verändert.

07. Was sind die Aufgaben der Prozessorganisation?

Die Aufgaben der Prozessorganisation bestehen darin,

- kundenorientiert zusammenhängende Aufgaben und Verrichtungen, z. B. getrenntes Entscheiden und Ausführen, zusammenzuführen, Schnittstellenprobleme von vornherein zu vermeiden und jedem Prozess einen Prozessverantwortlichen (Process Owner) zuzuordnen sowie
- Prozesse und Teilprozesse effektiv und dauerhaft zu gestalten und permanent zu optimieren.

08. Worin bestehen die Ziele der Prozessorganisation?

- Senkung der Prozesskosten
- Reduzierung der Durchlaufzeiten
- Erhöhung der Flexibilität
- Reduzierung der Fehlerkosten
- Verbesserung der Termin- und Liefertreue
- Erhöhung der Kundenzufriedenheit.

09. Wie erfolgt die Gestaltung der Prozessorganisation?

1.	**Strategische Planung**	• Rahmenkonzept erstellen und vereinbaren • Vorgehensweise festlegen • Methode wählen • Verantwortliche festlegen.
2.	**Prozesse identifizieren**	• Prozesse erfassen und darstellen • Prozessverantwortliche/-inhaber definieren • Kunde für Prozess ermitteln (interner/externer Kunde) • Messgrößen definieren • Schnittstellen ermitteln.
3.	**IST-Analyse**	• Schwachstellen ermitteln • Performance ermitteln • Aktivitäten ermitteln und analysieren • Wertschöpfungspotenzial der Aktivitäten ermitteln.
4.	**SOLL-Konzept erstellen**	• SOLL-Prozess definieren und beschreiben • Wertschöpfungspotenziale der Aktivitäten stärken.
5.	**Realisierungskonzept erstellen**	• Einführungsszenario inhaltlich und terminlich für den SOLL-Prozess festlegen • Arbeitsinhalte der Mitarbeiter ggf. an die Prozessänderung anpassen • Schulungskonzept erstellen • mögliche Organisationsanpassung vorsehen • Systeme und Tools anpassen • Schnittstellen vereinbaren.
6.	**SOLL-Prozess implementieren**	• Gruppenaufgaben durch Teamaufgaben ersetzen • Teamorganisation implementieren • Schulungserfolg nachprüfen.
7.	**Anwendung SOLL-Prozesse**	• Prozessmanagement und Ressourcenmanagement einführen.
8.	**Regelmäßige Erfolgskontrolle**	• Messgrößen nachprüfen • Prozessqualität überprüfen • Kundenzufriedenheit ermitteln.

2.7.3 Auswählen geeigneter Testmöglichkeiten für den Einsatz neuer Komponenten und Verfahren

01. Welche Möglichkeiten gibt es, neue Komponenten und Verfahren vor dem Echtbetrieb zu testen?

Die Analyse des Fertigungsprozesses oder seiner Teilprozesse kann zu dem Ergebnis führen, dass die Möglichkeit von Optimierungspotenzialen (z. B. Erhöhung des Durchlaufsatzes, zunehmender Verschleiß, hoher Energiebedarf) besteht oder dass eine Erweiterung/Erneuerung der Fertigungsausrüstung notwendig ist. Hieraus ergibt sich das Erfordernis, für den Fertigungsprozess relevante Bauteile und/oder Teilabläufe vor dem Kauf oder der Inbetriebnahme zu testen. Dazu gibt es folgende Möglichkeiten:

Labor	Unter Laborbedingungen (Nachbildung des Echtbetriebes, meist mit reduzierter Anzahl von Variablen) wird die Funktionsfähigkeit der Komponente geprüft.
Pilotanlage	In einer Pilotanlage, die im Wesentlichen dem Echtbetrieb entspricht werden Komponenten unter betriebsüblichen Bedingungen getestet; sehr aufwändiges Verfahren und nur bei kritischen und zentralen Bauteilen möglich.
Referenzanlage	Der Lieferant zeigt die Funktionsfähigkeit einzelner Baugruppen oder kompletter Verfahren bei Anlagen von Kunden, die er bereits beliefert hat.
Versuchsanlage	Größere Unternehmen, z. B. in der Automobilindustrie, verfügen über eigene Versuchsanlagen, in der unterschiedliche Komponenten generell getestet werden.
Mathematisches Modell	Der Fertigungsprozess wird in einem mathematischen Modell abgebildet und die Eignung neuer Bauteile wird durch Simulation erprobt.
Test im Echtbetrieb („Feldtest“)	Mitunter bietet sich auch die Möglichkeit, neue Bauteile/Komponenten kurzzeitig im Echtbetrieb zu erproben. Hier muss eine Abwägung der damit verbundenen Risiken erfolgen (Schäden, Anlagenausfall).
Virtuelles 3D-Modell („Digitale Fabrik“)	Das Projekt wird mittels 3D-Software realistisch dargestellt. Prozesse können mit ihrer Einsatzumgebung echtzeitnah visuell dargestellt und simuliert werden. Objekte (Teile, Baugruppe usw.) können in ihren Funktionen simuliert werden.

02. Was sind die Prämissen für einen Testaufbau?

- Die Testbedingungen und Testdaten sind eindeutig zu definieren und vorzugeben.
- Die für den Einsatzzweck relevanten Funktionen sind weitestgehend realitätsnah zu gestalten.
- Die relevanten Umgebungsbedingungen sind weitestgehend realitätsnah zu simulieren.
- Das für die Tests zur Verfügung stehende Material sollte den für den späteren Einsatzzweck erforderlichen Zustand haben, um eine reale Ergebnisbewertung und Vergleichbarkeit zu ermöglichen.
- Gegebenenfalls werden auch die anzuwendenden Testmethoden vorgegeben.

03. Was sind Testmethoden?

Testmethoden sind unterschiedliche Verfahren zur frühzeitigen Feststellung von Objekteigenschaften und deren Eignung für den vorgesehenen Anwendungsbereich. Die Test- bzw. Versuchsmethoden unterscheiden sich je nach Branche, Einsatzgebiet und Beschaffenheit des zu testenden Objektes.

Beispiele	
Software-Testmethoden	**Technische Testmethoden**
• Anweisungsüberdeckungstest (C0-Test) • Back to Back-Test • Datenflussorientierter Test	• Lebensdauertest • Grenzwertanalyse • Belastungstest

2.7.4 Durchführen von Testreihen und Simulationen

01. Was sind Testreihen und worin liegt ihre Bedeutung?

Eine Testreihe ist die Ausführung einer bestimmten Anzahl von Tests unter gleichen Bedingungen an unterschiedlichen Objekten oder unter unterschiedlichen Bedingungen am gleichen Objekt. Am Ende einer Testreihe erhält man eine Messreihe von Testergebnissen.

Die Bedeutung dieser Messreihen liegt in der notwendigen statistischen Sicherheit der Ergebnisse, die für eine weitestgehend objektive Bewertung eines Tests erforderlich ist.

Beispiel:
Testreihe Dichtprüfung von Geräten zur Ermittlung von Prüfvorgaben für die Serienfertigung

Fülldruck:	**0,52 bar (52.000 Pa)**
Füllzeit:	**5 sec.**
Abgleichdruck:	**0,50 bar (50.000 Pa)**
Messzeit:	**5 sec.**
Grenzwert:	**0 Pa ± 70 Pa**

Prüfung bei 20 Geräten mit serienmäßiger Verschlauchung

Messmittel:
Schreiner-Differenzdruckmessgerät
Nächste Kalibrierung: 10/2010

Lfd. Nr.	Messwert [Pa]	i.O./n.i.O
1	25	i.O.
2	20	i.O.
3	14	i.O.
4	9	i.O.
5	37	i.O.
6	-8	i.O.
7	12	i.O.
8	4	i.O.
9	55	i.O.
10	15	i.O.
11	-1	i.O.
12	22	i.O.
13	9	i.O.
14	0	i.O.
15	13	i.O.
16	24	i.O.
17	34	i.O.
18	10	i.O.

19	2	i.O.
20	-4	i.O.
Mittelwert:	**14,6**	

02. Was ist Simulation?

Die VDI-Richtlinien (VDI 3633,1993) definieren:

> Simulation ist die Nachbildung eines Systems mit seinen dynamischen Prozessen in einem Modell, um zu Erkenntnissen zu gelangen, die auf die Wirklichkeit übertragbar sind.

Damit ist die Simulation eine realitätsgetreue Abbildung von Prozessen, Ressourcen und Abläufen.

03. Welches Ziel hat die Simulation?

Die Simulation soll frühzeitig Schwachstellen aufdecken und vorgesehene Änderungen bewerten, ohne dabei in den realen Prozess einzugreifen.

04. Wodurch unterscheiden sich Test und Simulation?

Im Gegensatz zum Test, der sich überwiegend auf ein statisches Systemverhalten bezieht (Eigenschaften, Beschaffenheit), *werden bei der Simulation* auf der Grundlage einer Modellierung *dynamische Systeme analysiert.*

Beispiele:

- Für den Bau einer Fotovoltaik-Pilotanlage, die sich automatisch nach dem Sonnenstand richtet, werden die technischen Steuerungselemente entsprechenden Funktionstests unterzogen. Die Prozesse der sonnenstandsbezogenen Energiegewinnung und Anlagensteuerung können in einer Modell-Simulation vor Errichtung der Anlage untersucht und optimiert werden.
- Laut Hersteller soll „die Prenzlauer Pilotanlage neben der Stromerzeugung auch zu Testzwecken und zur Qualitätskontrolle zugelieferter Solarzellen dienen."

In der Elektronik/Elektrotechnik weit verbreitet ist die *Schaltungssimulation.* Hier werden im Rahmen der Entwicklung analoge sowie digitale Schaltungen, z. B. für Elektrogeräte oder Steuerungen, simuliert.

05. Was unterscheidet die Simulationsverfahren grundsätzlich?

Grundsätzlich wird zwischen Simulationen mit und ohne Computer unterschieden. Die Anwendung von Computersimulationen ist nicht zwingend und nur mittels geeigneter (teurer) Software möglich. Simulationen ohne Computer sind ein „Durchspielen" von Prozessen mit herkömmlichen Methoden, z. B. mittels physikalischer Experimente (z. B. Strömungssimulation im Windkanal).

06. Wo liegen die Grenzen der Simulation?

Eine „natürliche“ Grenze für Simulationen sind die dafür zur Verfügung stehenden finanziellen Mittel. Eine weitere Grenze, vor allem bei computergestützen Simulationen, ist die vorhandene Rechenkapazität. Die daraus resultierenden Modellvereinfachungen können allerdings wiederum die Simulationsergebnisse beieinträchtigen, wenn sie sich dadurch nicht auf die Realität übertragen lassen.

07. Was ist eine Erstmusterprüfung?

Es werden zwei Arten von Erstmusterprüfungen unterschieden:

1. Die *Feststellung der Eigenschaften, Formen und Maße* eines ersten, hergestellten Musterteils (Handmuster, Prototyp o. Ä. genannt) wird branchenbezogen auch als Erstmusterprüfung bezeichnet. Diese Prüfung kann messend, attributiv oder auch zerstörend sein.

2. *Erstmusterprüfung mit dem Ziel der Erstmusterfreigabe:* Der Lieferant muss mit der Vorstellung von Erstmustern beim Kunden nachweisen, dass er in der Lage ist, die festgelegten Spezifikationen und Qualitätsforderungen des betreffenden Produktes unter serienmäßigen Fertigungsbedingungen zu erfüllen. Die dem Kunden vorzulegende Anzahl an gleichartigen Erstmustern ist Vereinbarungssache.

   Die Freigabe der Erstmuster erfolgt durch den Qualitätsbereich des Kunden schriftlich in Form eines Erstmusterprüfberichtes. Erst nach erfolgter Freigabe darf der Lieferant die erste Serienlieferung vornehmen.

2.7.5 Auswahl und Implementierung geeigneter Bauteile und -gruppen

01. Nach welchen Merkmalen erfolgt die Auswahl geeigneter Bauteile und Baugruppen?
→ 2.1.2, 2.2.3

Generell werden folgende Merkmale herangezogen:

Merkmale zur Auswahl von Bauteilen und Baugruppen (Beispiele)	
Produktauswahl	Eignungsnachweis/Prüfzeugnis[1] (erforderlich und vorhanden?), Leistungskriterien lt. Pflichtenheft erfüllt?
	Preis, Qualität, Konditionen, Zusatzleistungen (Einbau, Service, Einarbeitung, Realisierung von Sonderwünschen), Verfügbarkeit?
Lieferantenauswahl	Rechtsform, Marktanteil, Liefertreue, Qualitätsmanagement (Zertifizierung), technische Leistungsfähigkeit, Kundendienst, Wartungsprogramm, regionale Präsenz (falls erforderlich), Image am Markt, Bereitschaft zur Kooperation?

[1] **Beispiel:**
Elektrische Verriegelungen bedürfen des Eignungsnachweises einer anerkannten Prüfstelle (Prüfungszeugnis). Vor der ersten Inbetriebnahme der Türen mit elektrischen Verriegelungen ist die Übereinstimmung mit dem Eignungsnachweis durch eine Bescheinigung des Herstellers zu bestätigen und durch einen Sachkundigen festzustellen, ob die elektrische Verriegelung ordnungsgemäß eingebaut wurde und funktionsfähig ist (BGI 606).

- Bei der konkreten Auswahl eines Bauelements sind zunächst die *Hard Facts* (messbare Größen) bestimmend. Sie können in einem quantitativen Vergleich gegenübergestellt werden, z. B.:

  - produktspezifische Leistungskriterien lt. Pflichtenheft,

Beispiel: Bei der Auswahl eines Getriebemotors können z. B. folgende, produktspezifische Daten relevant sein:	• anzutreibende Arbeitsmaschine • Aufstellungsort/-art • Verbindung: Motor/Arbeitsmaschine • Stromart, Netzspannung/-frequenz • Bemessungsleistung • Drehrichtung • Anlass-/Brems-/Betriebsart

  - Preis, Konditionen u. Ä.

- Daneben können, je nach Bedeutung der Komponente für den Fertigungsprozess, die so genannten *Soft Facts* herangezogen werden, die häufig im Wege einer *Nutzwertanalyse* (vgl. A 2.2.2) gegenübergestellt werden, z. B. Zuverlässigkeit des Lieferanten, Erfahrung, Marktpräsenz, Qualitätsmanagement u. Ä.

  Bei besonders kritischen Bauteilen kann die Bewertung der Soft Facts sogar den Ausschlag für ein bestimmtes Produkt/einen bestimmten Lieferanten geben. Das heißt der „Preis“ ist nicht generell das entscheidende Merkmal.

Beispiel (Angebotsvergleich; vereinfachtes Zahlenbeispiel):
Für die Erweiterung der Prozessleittechnik werden u. a. acht Netzwerkkarten 64-Bit PCI 10/100/1000 MB TP Ethernet benötigt. Es liegen drei Angebote vor.

	Lieferant 1	**Lieferant 2**	**Lieferant 3**
Stückpreis	55,00 €	60,00 €	65,00 €
Mindestmenge	5	5	10
Rabatt	–	5 %	3 %
Skonto	3 %	3 %	3 %
Bezugskosten je Lieferung	60,00 €	45,00 €	50,00 €

Der *Angebotsvergleich* ergibt für acht Netzwerkkarten folgenden Vergleich:

		Lieferant 1	**Lieferant 2**	**Lieferant 3**
	Listenpreis gesamt	440,00	480,00	Scheidet aus wegen Mindestmenge 10 Stück.
-	Rabatt	–	24,00	
=	Zieleinkaufspreis	440,00	456,00	
-	Skonto	13,20	13,68	
=	Bareinkaufspreis	426,80	442,32	
+	Bezugskosten	60,00	45,00	
=	Einstandspreis gesamt	486,80	487,32	
=	**Einstandspreis je Stück**	**60,85**	**60,92**	

Die Nachverhandlung mit allen drei Lieferanten führt zu keinem anderen Ergebnis. Die Entscheidung fällt zu Gunsten von Lieferant 2, obwohl sein Angebot geringfügig höher liegt. Ausschlaggebend ist das Votum der Fachabteilung, die mit den Produkten von Lieferant 2 bisher gute Erfahrungen gemacht hat.

02. Welche Aspekte sind bei der Implementierung neuer Bauteile und -gruppen zu beachten? → **2.4**

Als *Implementierung* bezeichnet man die Zusammensetzung von Modulen zu einem funktionsfähigen Prozess oder System unter Beachtung der Rahmenbedingungen (ursprünglich: Begriff aus der Informationstechnologie, IT). Das Ergebnis einer Implementierung bezeichnet man als Implementation.

Nach der Entscheidung für ein neues Bauteil oder eine neue Baugruppe wird das Modul in die reale Umgebung des Fertigungsprozesses eingebaut. Dabei sind folgende Vorgaben und Rahmenbedingungen zu beachten (vgl. auch 2.4):

- Insbesondere bei größeren Bauteilen ist die vorliegende Fertigungsstruktur zu beachten (Prinzip der zeitlichen und räumlichen Anordnung der Bearbeitungsschritte); z. B. darf die Optimierung des Prozesses nach dem Fließprinzip nicht gestört werden; weiterhin: Leitungsführung und Beschaltung.
- Gestaltung der Schnittstellen, z. B. Sicherung der Energieversorgung für das neue Bauteil, Einbindung in die bestehende Informationstechnologie (Leitrechner, Prozessdatenerfassung,), Instandhaltungsstrategie.
- Beachtung der Gesetze, Normen und Vorschriften, z. B.

Betriebsanleitung	Information des Herstellers zur Inbetriebnahme und Abnahme des neuen Bauteils; Hinweise zur Montage und Wartung
Kennzeichnung	CE-Kennzeichnung, Hersteller, Baujahr, Leistungsdaten des Bauteils
MRL	EG-Maschinenrichtlinie 2006/42/EG (neu) in Verbindung mit Einzelrichtlinien, z. B. der Arbeitsmittelbenutzungsrichtlinie (AMBR)
ATEX-Leitlinie	Leitlinie zur Anwendung der Richtlinie 94/9/EG des Rates vom 23. März 1994 zur Angleichung der Rechtsvorschriften der Mitgliedsstaaten für Geräte und Schutzsysteme zur bestimmungsmäßigen Verwendung in explosionsgefährdeten Bereichen in der Neufassung vom Mai 2007
ArbSchG	Arbeitsschutzgesetz in Verbindung mit der Arbeitsmittelbenutzungsverordnung (AMBV)
DGUV V, BGR	Vorschriften/Regeln der Berufsgenossenschaften z. B. über „Lärm", „Geräuschminderung", PSA (vgl. Kapitel 5, Arbeits-, Umwelt- und Gesundheitsschutz)
Umweltschutz	Rechtsquellen zum Umweltschutz vgl. 5.4.6
ProdSG	Produktsicherheitsgesetz
EMVG	Gesetz über die elektromagnetische Verträglichkeit von Geräten
ArbStättV	z. B. Arbeitsbedingungen (Beleuchtung, Klima, Lüftung)
BetrSichV	Betriebssicherheitsverordnung, z. B. • Gefährdungsbeurteilung • Anforderungen an die Bereitstellung und Benutzung von Arbeitsmitteln • Explosionsschutz inkl. Explosionsschutzdokument • Anforderungen an die Beschaffenheit von Arbeitsmitteln • Schutzmaßnahmen • Unterrichtung/Unterweisung • Prüfung der Arbeitsmittel

03. Welche Bedingungen sind bereits im Vorfeld der Implementierung von Bauteilen, Baugruppen und Betriebsmitteln zu prüfen und zu gestalten?

Die Arbeitsweise der bestehenden Anlage und der neuen Komponente soll auch nach der Umgestaltung/Optimierung/Instandsetzung wirtschaftlich, ökologisch und sicher sein. Dazu wird der Betreiber bereits im Vorfeld der Implementierung neuer Komponenten sicherstellen, dass die erforderlichen *Schnittstellen* sachgerecht gestaltet werden. Dazu gehören im Wesentlichen folgende Aspekte, die auch bei der Aufstellung und Inbetriebnahme kompletter Maschinen und Anlagen gelten:

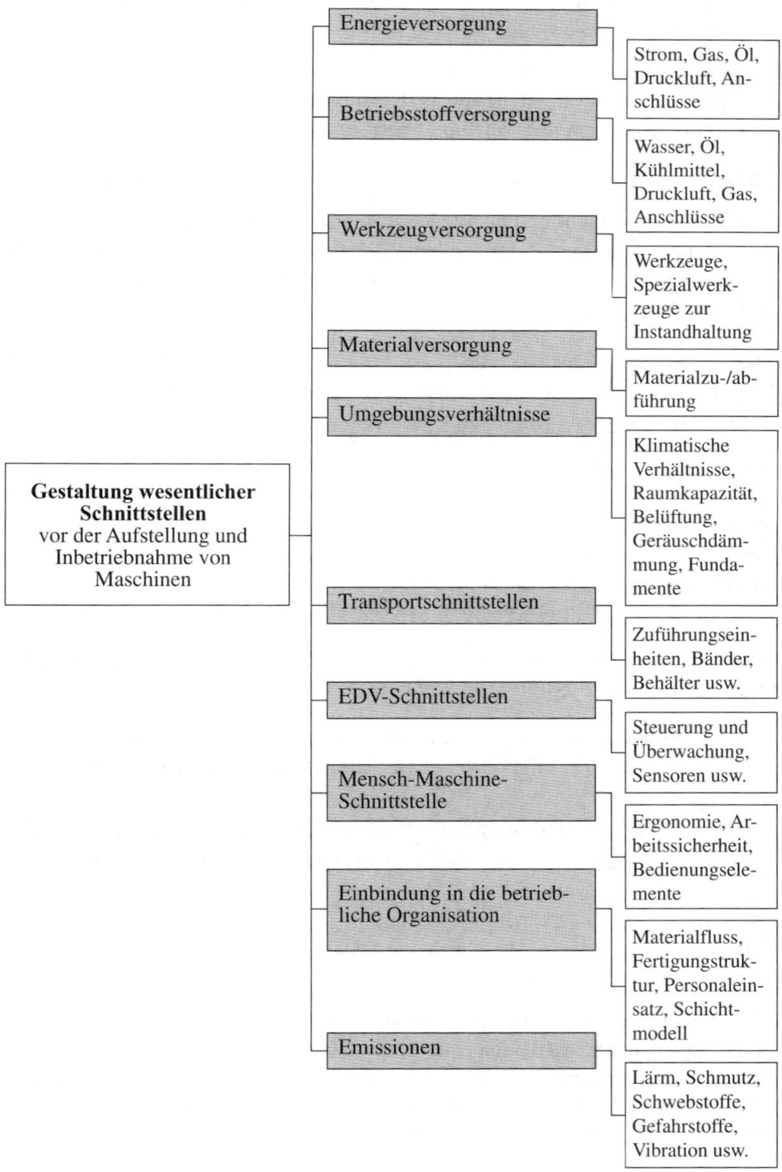

Die Einhaltung dieser Schnittstellengestaltung (lt. Pflichtenheft) ist bei der Aufstellung und *Inbetriebnahme erneut zu prüfen* und sicher zu stellen.

04. Wie erfolgt die Montage der neuen Baugruppe?

Sind alle *Umgebungsvoraussetzungen erfüllt,* kann die Montage der neuen Baugruppe erfolgen – durch Personal des Herstellers oder durch eigenes Personal.

- Empfehlenswert ist es, hochwertige Komponenten *vom Hersteller montieren zu lassen.* Dabei kann mit ihm vertraglich vereinbart werden, dass er
  - spezifische Anpassungen vor Ort vornimmt
  - die Einweisung und Schulung der Mitarbeiter durchführt
  - die regelmäßige Inspektion und Wartung übernimmt.

- Im anderen Fall kann die Montage *von eigenem Personal* vorgenommen werden:
  - Nur zuverlässiges und fachkundiges Personal kommt dafür infrage.
  - Der Unternehmer hat zu gewährleisten, dass Arbeiten an Gasleitungen und stromführenden Bauteilen nur von Fachpersonal ausgeführt werden (VDE, DIN-Normen, Unfallverhütungs-vor-schriften, DVGW-Regelwerk).

- Es sind die *Montagevorschriften des Herstellers* zu beachten; ggf. sind bei der Montage „fliegende Leitungen" sachgerecht zu befestigen. Dies gilt analog für Ver- und Entsorgungsleitungen. Die fachgerechte *Montage* umfasst folgende *Einzelarbeiten:*
  - Aufbauen
  - Einbauen
  - Ausrichten/Justieren
  - Einstellen
  - Kontrollieren (Messen und Prüfen)
  - Sonderoperationen (z. B. Lackieren von Muttern).

  Dabei sind für Fügearbeiten die Vorgaben des Herstellers sowie die einschlägigen DIN-Normen zu beachten (DIN 8580: 2003-09; DIN 8593:2003-09).

  Für Schweiß-, Löt- und Elektroarbeiten ist Fachpersonal einzusetzen; diese Arbeiten sind bei der Abnahme gesondert zu prüfen durch Personen mit gültiger Prüfbefähigung.

Beispiel einer Aufgabenstellung an einen Anlagenbauer zur Implementierung einer neuen Bandsteuerung:

1. **Allgemeines:**

   An den Montagelinien ist das System zur Beschreibung und Auslesung der Werkstückträger dahingehend zu verändern, dass

   - die Werkstückträger (WT) nur noch mit ihren Nummern beschrieben werden,
   - zur Datenzuordnung die Installation eines Linien-PC's erfolgt,
   - die in den Arbeitsstationen (Montage, Kamera, Verpackung) anfallenden Daten in dem jeweiligen Linien-PC den ausgelesenen WT-Nummern zugeordnet werden und
   - die Kommunikation mit dem Verpackungs-PC entsprechend den derzeitigen Anforderungen erfolgt.

2. **Neu zu realisierender Datenfluss:**
   a) Vom Scanner über den Arbeitsplatz-PC ermittelte alfanumerische Daten, die an das Identsystem weiteregeben werden:

Id.Nr. BG1 I Punkt I Fabr.Nr.
8-stellig . 6 -stellig

   Beispiel:

12345B.546C20

   b) Datenfluss:
   Jeder WT hat eine feste, fortlaufende, zweistellige WT-Nr. (01....20). Die WTs werden nur einmal mit ihrer Nummer beschrieben, ansonsten nur ausgelesen. Es ist je Band nur ein Schreib-Lesekopf erforderlich (eine erneute Beschreibung erfolgt nur im Reparaturfall bei Chip-Wechsel am WT). Die vom Scanner ausgelesenen Daten werden vom Arbeitsplatz-PC ergänzt und an den Linien-PC gesendet. Hier erfolgt die Zuordnung der Daten zum WT.

2.7.6 Überprüfung der Änderungen → 3.3.1

01. Welche wirtschaftlichen und technischen Merkmale sind nach einem Eingriff in den Fertigungsprozess zu überprüfen?

Die am Fertigungsprozess durchgeführten Änderungen sind nach Abschluss aller Implementierungsarbeiten zu überprüfen im Hinblick auf ihre Auswirkungen. Dabei gelten generell die unter 2.7.2/04. dargestellten Merkmale der Prozessanalyse. Zu betrachten sind die Vor- und Nachteile der neu eingebauten Komponenten und wie sie sich im laufenden Fertigungsbetrieb „bewähren".

Insgesamt wird es darum gehen zu prüfen, ob sich durch den Eingriff die *Gesamtanlageneffektivität* (GAE; engl.: Overall Equipment Effectiveness, OEE) möglichst verbessert hat. Die Größe GAE ist ein Maß für die Wertschöpfung einer Anlage. Die Kennzahl ist in keiner Norm beschrieben, sondern dahinter steht ein individueller, unternehmensspezifischer Prozess, indem alle Beteiligten lernen müssen, in den Kategorien „Wertschöpfung" und „Verschwendung" zu denken. In der Praxis ist die Erfassung der erforderlichen Basisdaten zur Beurteilung der GAE schwierig. Die GAE-Kennzahl erfasst die drei Größen *Verfügbarkeit, Leistung und Qualität* einer Anlagen.

Beschreibung der GAE-Faktoren (Gesamtanlageneffektivität)	
Verfügbarkeit	Geplante *Stillstandszeiten* müssen definiert werden und können beispielsweise sein: Anlage außer Einsatz, geplante Wartung.
	Der Verfügbarkeitsfaktor ist ein Maß für Verluste durch ungeplante Anlagenstillstände. Er ist wie folgt definiert:
	Verfügbarkeitsfaktor = Laufzeit der Anlage : (Laufzeit + Stillstandszeit)
	Eine Verschlechterung des Verfügbarkeitsfaktors liegt z. B. bei folgenden Ereignissen vor: Kurzfristig fehlendes Personal/Material; fehlender Fertigungsauftrag; Warten auf Instandhaltungsmaßnahmen, auf Qualitätsfreigaben; Unterbrechung der Energieversorgung.

Leistung	Der Leistungsfaktor ist ein Maß für Verluste durch Abweichungen von der geplanten Stückzahl, kleineren Ausfällen (Stillstände, die nicht in die Verfügbarkeitskennzahl eingehen) und Leerläufen. Er wird bezogen auf die Laufzeit der Anlage (nicht auf die Betriebszeit).
	Leistungsfaktor = Istleistung : Sollleistung [z. B. in Stk. je Std.]
Qualität	Der Qualitätsfaktor ist ein Maß für den Verlust aufgrund defekter oder zu überarbeitender Teile.
	Qualitätsfaktor **= (∑ prod. Teile - ∑ Nacharbeitsteile - ∑ Ausschussteile): Anzahl prod. Teile**
	oder vereinfacht: = i.O.-Menge : produzierte Menge
Gesamtanlagen-effektivität	**GAE = Verfügbarkeitsfaktor · Leistungsfaktor · Qualitätsfaktor**
	Es ergibt sich ein Prozentwert, der darstellt, in wie viel Prozent der geplanten Maschinenlaufzeit tatsächlich effektiv produziert wurde. Der Wert wird im Regelfall unter 100 % liegen.

Der GAE-Ansatz ist eines der Ergebnisse der laufenden Fortentwicklung des *TPM-Konzepts*:

In der Vergangenheit wurde die Anlageneffektivität kapitalintensiver und hochautomatisierter Produktionsanlagen zu einem immer wichtigeren Engpass für die Produktivität. Dies führte zu dem Gedankengut von Total Productive Maintenance (TPM):

TPM beinhaltet das Bestimmen und Analysieren der Ursachen der verringerten Anlageneffektivität, um daraus Maßnahmen zur Steigerung der Verfügbarkeit und Zuverlässigkeit der Produktionsanlagen abzuleiten. Neben der Maximierung der Effektivität bestehender Anlagen hat TPM das Ziel, zukünftige Anlagengenerationen *unter Beachtung der Lebenszykluskosten* präventiv zu verbessern. Dafür ist ein Konzept notwendig, das Erfahrungswissen aus dem Betreiben der bestehenden Anlagen quantifiziert und daraus Ansatzpunkte für die Neuplanung von Anlagensystemen ableitet.

02. Welche Auswirkungen können sich in Bezug auf die Wirtschaftlichkeit der Anlage beim Einbau neuer Komponenten ergeben?

Die Wirtschaftlichkeit ist eine Wertgröße; sie sollte grundsätzlich (auf Dauer) größer 1 sein und ist z. B. definiert als

Wirtschaftlichkeit	= Ertrag : Aufwand

oder

Wirtschaftlichkeit	= Leistungen : Kosten

Beispiel:
Situation „Alt“:
Die Kosten einer Fertigungsanlage belaufen sich derzeit p.a. auf 2.200.000 €. Die Leistungen liegen bei 3.080.000 € (Menge · Verkaufspreis). Daraus ergibt sich:

Wirtschaftlichkeit$_{Alt}$	= 3.080.000 € : 2.200.000 € = 1,4

Situation „Neu":
Aufgrund der positiven Marktsituation, entscheidet man sich für den Einbau einer neuen, leistungsfähigeren Fördertechnik (Materialzuführung, höherer Grad der Automation). Die neue Fördertechnik liegt im Anschaffungspreis über dem der früheren Baugruppe (⇒ höhere AfA). Sie bietet allerdings in der Mengenleistung pro Zeit sowie im Energiebedarf deutliche Vorteile. Das Rechnungswesen liefert für die geänderte Anlagenkonfiguration folgenden Planwert bezüglich der Wirtschaftlichkeit (dabei wird aus Gründen der Vereinfachung unterstellt, dass der Marktpreis pro Einheit unverändert ist):

Wirtschaftlichkeit$_{Neu}$	= 3.900.000 € : 2.600.000 € = 1,5

Das vorliegende Beispiel zeigt eine Verbesserung der Wirtschaftlichkeit, da der Kostenanstieg der neukonfigurierten Anlage (rd. 18 %) geringer ist als der Anstieg des Ausbringungswertes (rd. 27 %). Die Größe „Wirtschaftlichkeit" ist daher eine der Kennzahlen, die bei Investitionsentscheidungen herangezogen wird. Selbstverständlich muss später, im laufenden Betrieb der veränderten Anlage, überprüft werden, ob sich der Planwert für die Kennzahl bestätigt.

03. Welche Auswirkungen können sich durch den Einbau neuer Komponenten in Bezug auf den Arbeits-, Umwelt und Gesundheitsschutz ergeben? → 2.4, 5.5.1, BGR 223

Das Thema wird umfassend unter 2.4 sowie 5.5.1 behandelt. Zentrale Fragestellungen im Hinblick auf mögliche Auswirkungen auf den Arbeits-, Umwelt- und Gesundheitsschutz nach der Implementierung neuer Komponenten in den Fertigungsprozess können z. B. sein:

- Enthält die Betriebsanleitung Hinweise auf *Restrisiken*? Können/müssen diese durch TOP-Maßnahmen abgewendet werden? Wurden Piktogramme für Restrisiken sichtbar angebracht?
- Hat sich die *PSA* verändert?
- Sind bei der Neu-Komponente *besondere Sicherheitseinrichtungen* vorhanden? Muss diesbezüglich eine Unterweisung erfolgen?
- Wurden die *Herstellerangaben* bezüglich der Neu-Komponenten in die Instandhaltungsplanung übernommen?
- Gehen von der Neukomponente *veränderte Emissionswerte* aus (Lärm, Dämpfe/Gase, Temperaturen)?
- Wurde nach dem Abschluss der Implementierungsarbeiten eine neue *Gefährdungsanalyse* durchgeführt und dokumentiert?
- Ist die Funktion von Schutzeinrichtungen gewährleistet?
- Ist das *Sicherheitskonzept* so gestaltet, dass keine Anreize zum Umgehen von Schutzeinrichtungen existieren?
- Bei schweren Komponenten: Ist der Einbau so durchgeführt worden, dass bei Energieausfall oder sonstigen Störungen keine Gefahr des Herabsinkens besteht?
- Ist die *elektrische Sicherheit* (Schutzleiterwiderstand, Isolationsmessung; DIN EN 60 204-1) der Neu-Komponente gewährleistet?

3. Betriebliches Kostenwesen

Qualifikationsschwerpunkt Betriebliches Kostenwesen
- Überblick -

- 3.1 Planen, Erfassen, Analysieren und Bewerten der Kosten nach vorgegebenen Plandaten
- 3.2 Überwachen und Einhalten des zugeteilten Budgets
- 3.3 Beeinflussen der Kosten
- 3.4 Beeinflussen des Kostenbewusstseins der Mitarbeiter und Mitarbeiterinnen
- 3.5 Erstellen und Auswerten der Betriebsabrechnung (Kostenarten-, Kostenstellen-, Kostenträgerzeitrechnung)
- 3.6 Kalkulationsverfahren in der Kostenträgerstückrechnung inkl. der Deckungsbeitragsrechnung
- 3.7 Anwenden von Methoden der Zeitwirtschaft

Hinweis: Der Rahmenplan behandelt die Inhalte der Abschnitte *3.1 bis 3.4* innerhalb des *Plankostensystems*; die Ziffern *3.5 und 3.6* bearbeiten die Kostenarten-, Kostenstellen- und Kostenträgerrechnung im Rahmen der *Istkostenrechnung*. Diese Systematik ist in der Fachliteratur unüblich. Dem Leser wird daher empfohlen, sich zunächst mit der Istkostenrechnung (3.5 und 3.6) und erst dann mit der Plankostenrechnung zu beschäftigen. Die wesentlichen Darstellungen zur Kostenartengliederung, zur Kostenstellenrechnung bzw. zur Kostenauflösung werden hier innerhalb der Istkostenrechnung bearbeitet (3.5 f.).

Abschnitt 3.7 geht auf ein Sonderthema ein und zeigt im Überblick die Arbeitszeitstudien nach REFA.

3.1 Planen, Erfassen, Analysieren und Bewerten der funktionsfeldbezogenen Kosten nach vorgegebenen Plandaten

3.1.1 Plankostenrechnung als Teil der kostenbezogenen Unternehmensplanung

Hinweis: Bevor mit der Darstellung der Plankostenrechnung begonnen wird, erfolgt ein Überblick zentraler Zusammenhänge im Rechnungswesen, die uns zum Verständnis notwendig erscheinen.

01. In welche Teilgebiete wird das Rechnungswesen gegliedert?

Teilgebiete des Rechnungswesens			
↓	↓	↓	↓
Buchführung	**Kosten- und Leistungsrechnung**	**Statistik**	**Planungsrechnung**
↓	↓	↓	↓
Zeitrechnung	Stück-/Zeitrechnung	Vergleichsrechnung	Vorschaurechnung

1. Buchführung:

- *Zeitrechnung:*
  Alle Aufwendungen und Erträge sowie alle Bestände der Vermögens- und Kapitalteile werden für eine bestimmte Periode erfasst (Monat, Quartal, Geschäftsjahr).
- *Dokumentation:*
  Aufzeichnung aller Geschäftsvorfälle nach Belegen; die Buchführung liefert damit das Datenmaterial für die anderen Teilgebiete des Rechnungswesens.
- *Rechenschaftslegung:*
  Nach Abschluss einer Periode erfolgt innerhalb der Buchführung ein Jahresabschluss (Bilanz und Gewinn- und Verlustrechnung), der die Veränderung des Vermögens und des Kapitals sowie des Unternehmenserfolges darlegt.

2. Kostenrechnung (auch: Kosten- und Leistungsrechnung, KLR):

- *Stück- und Zeitrechnung:*
  Erfasst pro Kostenträger (Stückrechnung) und pro Zeitraum (Zeitrechnung) den Werteverzehr (Kosten) und den Wertezuwachs (Leistungen), der mit der Durchführung der betrieblichen Produktion entstanden ist.
- *Überwachung der Wirtschaftlichkeit:* Die Gegenüberstellung von Kosten und Leistungen ermöglichkeit die Ermittlung des Betriebsergebnisses und die Beurteilung der Wirtschaftlichkeit.

Merke:

$$\textit{Betriebsergebnis} = \textit{Leistungen} - \textit{Kosten}$$

$$\textit{Wirtschaftlichkeit} = \frac{\textit{Leistungen}}{\textit{Kosten}}$$

3. Statistik:

- *Auswertung:*
  Verdichtet Daten der Buchhaltung und der KLR und bereitet diese auf (Diagramme, Kennzahlen).

- *Vergleichsrechnung:*
  Über Vergleiche mit zurückliegenden Perioden (innerbetrieblicher Zeitvergleich) oder im Vergleich mit anderen Betrieben der Branche (Betriebsvergleich) wird die betriebliche Tätigkeit überwacht (Daten für das Controlling) bzw. es werden Grundlagen für zukünftige Entscheidungen geschaffen.

4. Planungsrechnung:
Aus den Istdaten der Vergangenheit werden Plandaten (Sollwerte) für die Zukunft entwickelt. Diese Plandaten haben Zielcharakter. Aus dem Vergleich der Sollwerte mit den Istwerten der aktuellen Periode können im Wege des Soll-Ist-Vergleichs Rückschlüsse über die Realisierung der Ziele gewonnen werden bzw. es können angemessene Korrekturentscheidungen getroffen werden.

02. Welche Aufgaben hat die Kosten- und Leistungsrechnung (KLR)?

Aus dem Hauptziel der KLR, der periodenbezogenen Ermittlung des Betriebsergebnisses, ergeben sich folgende Aufgaben:

Aufgaben der Kosten- und Leistungsrechnung		
↓	↓	↓
Kalkulationsaufgaben	**Planungsaufgaben**	**Kontrollaufgaben**
↓	↓	↓
• Selbstkosten und Leistungen je Abrechnungsperiode • Selbstkosten je Einheit (Stückkosten) • Ermittlung der Verkaufspreise • Bewertung der unfertigen/ fertigen Erzeugnisse (Lagerbestände)	• Grundlagen der Unternehmensplanung (Sollvorgaben) • Grundlagen der Unternehmensentscheidungen (z. B. Investitionen)	• Kontrolle der Wirtschaftlichkeit (Controlling)

03. Wie wird das Betriebsergebnis ermittelt? → A 2.5.2

• Innerhalb der Buchführung wird das *Gesamtergebnis* ermittelt und in der GuV-Rechnung ausgewiesen (sog. Rechnungskreis I).

• Innerhalb der KLR wird das *Betriebsergebnis* ermittelt (sog. Rechnungskreis II).

• Das Betriebsergebnis unterscheidet sich vom Gesamtergebnis durch:
  - die kalkulatorischen Kosten
  - die neutralen Ergebnisse der Abgrenzungsrechnungen.

Hinweis: Bitte wiederholen Sie ggf. die Grundbegriffe der Kostenrechnung unter A 2.5.2 (Aufwendungen, Kosten, kalkulatorische Kosten usw.).

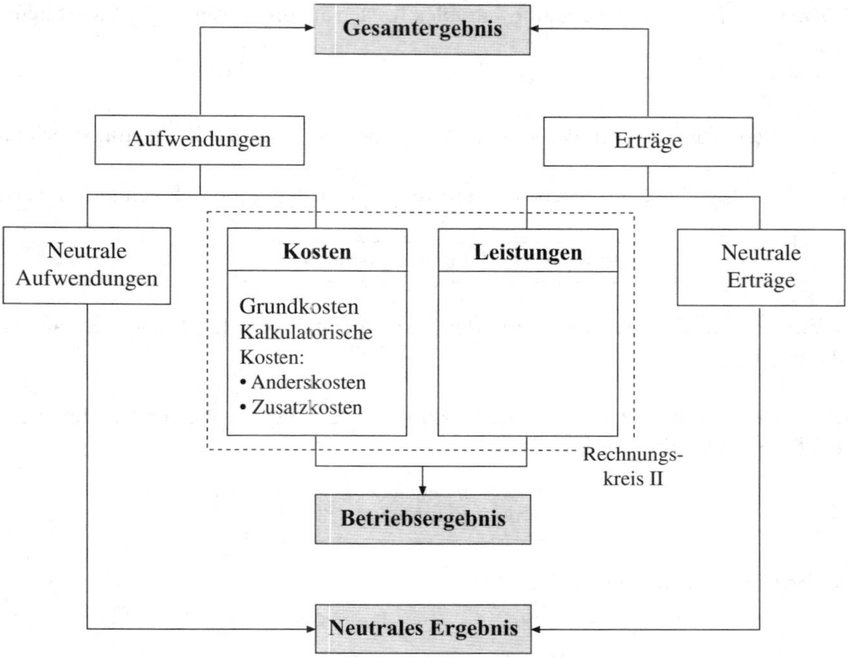

04. Wie ist die Kosten- und Leistungsrechnung strukturiert?

Die Stufen der KLR sind:

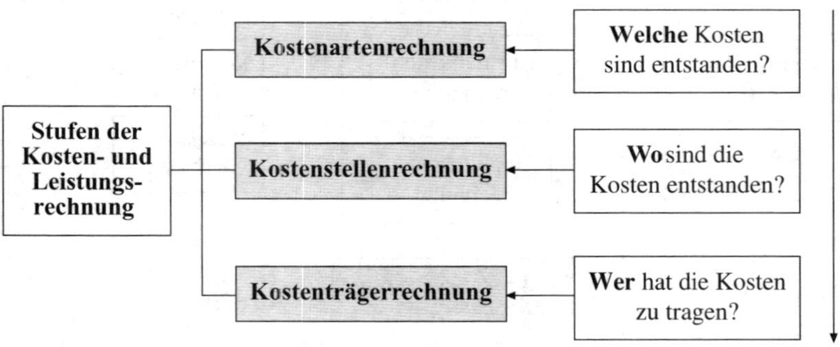

05. Welche Systeme der Kostenrechnung gibt es?

- Die *Vollkostenrechnung* verrechnet alle Kosten auf die Kostenträger. Sie kann durchgeführt werden als
  - *Istkosten*rechnung
  - *Normalkosten*rechnung
  - *Plankosten*rechnung.

- Die *Teilkostenrechnung* bezieht nur die variablen Kosten auf die Kostenträger. Sie bedient sich
  - der *Istkosten*
  - der *Plankosten*.

  → Beide Systeme arbeiten mit der Kostenarten-, Kostenstellen- und Kostenträgerrechnung.

- *Istkosten* sind tatsächlich entstandene Kosten (vergangenheitsbezogen). Im einfachen Fall gilt:

$$\text{Istkosten} = \text{Istmenge} \cdot \text{Istpreis}$$

- *Normalkosten* sind Durchschnittswerte der Vergangenheit (der Istkosten); sie dienen der Vorkalkulation.

- *Plankosten* werden ermittelt aufgrund der Erfahrungen der Vergangenheit und der Erwartungen an zukünftige Entwicklungen. Es gilt:

$$\text{Plankosten} = \text{Planmenge} \cdot \text{Planpreis}$$

- *Systeme der Kostenrechnung* im Überblick:

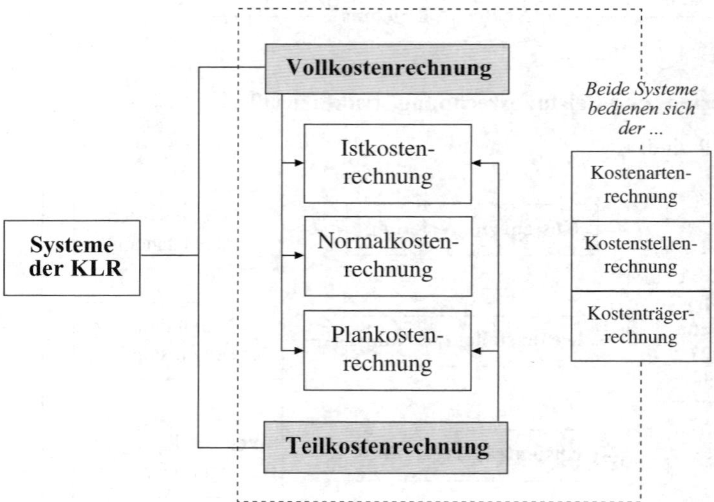

06. Wie ist das System der Vollkostenrechnung weitergehend gegliedert?

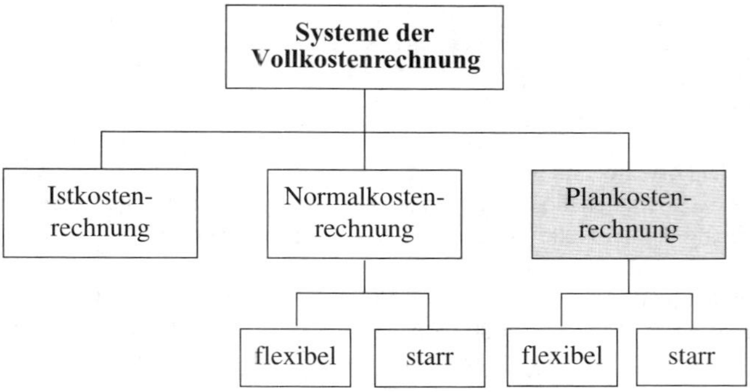

07. Wie ist das Verfahren bei der starren Plankostenrechnung?

- *Merkmale:*
  - Sie führt keine Auflösung der Kosten in fixe und proportionale Bestandteile durch.
  - Die Vorgabe der Kosten (Planwerte) erfolgt primär auf der Basis zukünftiger Entwicklungen (Erwartungen).

- *Vorteile:*
  - Das Verfahren ist relativ einfach.

- *Nachteile:*
  - Der Beschäftigungsgrad wird nicht berücksichtigt.
  - Bei Beschäftigsschwankungen ist keine exakte Kostenkontrolle möglich.
  - Abweichungen (Soll - Ist) können nur als Ganzes dargestellt werden.

Es gelten bei der starren Plankostenrechnung folgende Beziehungen (Formeln):

Starre Plankostenrechnung (Formeln)			
1	**Plankosten**	=	Planmenge · Planpreis
2	**Istkosten**	=	Istmenge · Planpreis
3	**Plankostenverrechnungssatz**	=	$\frac{\text{Plankosten}}{\text{Planbeschäftigung}}$
4	**Verrechnete Plankosten**	=	Istbeschäftigung · Plankostenverrechnungssatz
		=	Beschäftigungsgrad · Plankosten $\text{Beschäftigungsgrad} = \frac{\text{Istbeschäftigung} \cdot 100}{\text{Planbeschäftigung}}$
5	**Abweichung**	=	Istkosten – verrechnete Plankosten

Hinweis: Die Istkosten der Plankostenrechnung unterscheiden sich von den Istkosten der Istkostenrechnung:

• Istkostenrechnung:	→	Istkosten	= Istmenge · Istpreis
• Plankostenrechnung:	→	Istkosten	= Istmenge · Planpreis

Beispiel zur starren Plankostenrechnung:
Für die Kostenstelle 23031 betragen die Plankosten 50.000 € bei einer Planbeschäftigung von 5.000 Stunden. Die Istbeschäftigung lag bei 4.000 Stunden, die Istkosten bei 30.000 €.

3) Plankostenverrechnungssatz	= 50.000 € : 5.000 Std.	=	10 €/Std.
4) verrechnete Plankosten	= 4.000 Std. · 10 €/Std.	=	40.000 €
5) Abweichung	= 30.000 € - 40.000 €	=	- 10.000 €

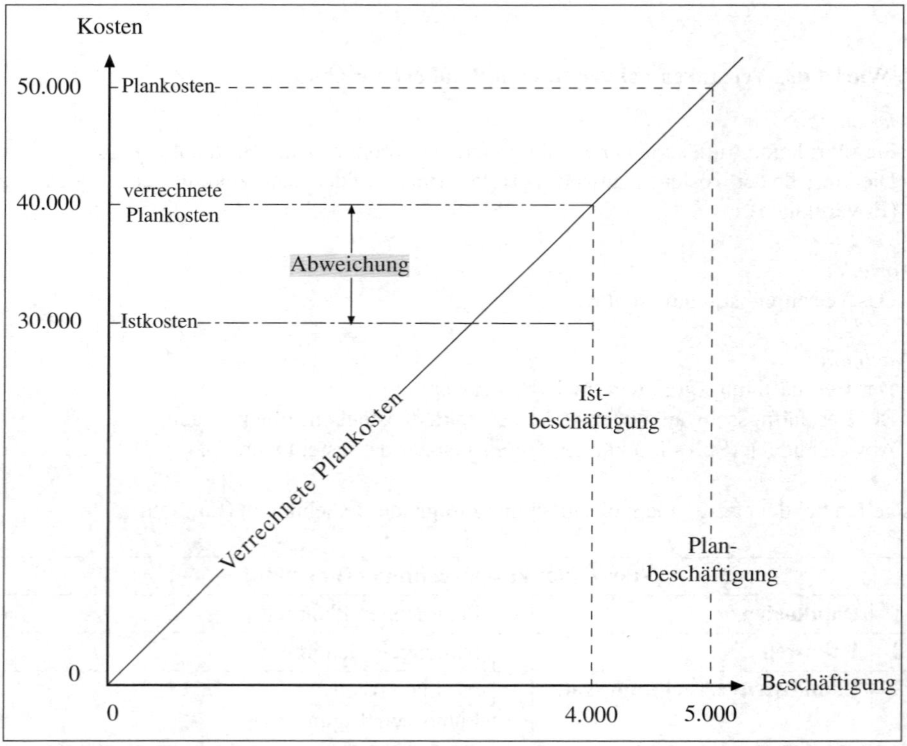

Bei der *flexiblen Plankostenrechnung* erfolgt eine Aufspaltung der Kosten in fixe und variable Bestandteile. Dadurch lässt sich während der laufenden Rechnungsperiode eine Anpassung an die jeweils vorliegende Istbeschäftigung vornehmen; vgl. dazu ausführlich unter Ziffer 3.1.4.

3.1.2 Plankostenrechnung in unterschiedlichen Betriebstypen

01. Unter welchen Bedingungen ist der Einsatz der Plankostenrechnung sinnvoll?

- Die *starre Plankostenrechnung* liefert dann gute Ergebnisse, wenn keine oder nur geringe Beschäftigungsschwankungen vorliegen.
  Beispiele: Massenfertigung oder Großserienfertigung

- Die *flexible Plankostenrechnung* liefert dort gute Ergebnisse, wo innerhalb der laufenden Periode Beschäftigungsschwankungen berücksichtigt werden müssen. Voraussetzung ist eine Kostenrechnung, die eine Auslösung der Kosten in fixe und variable Bestandteile durchführt.

Beide Systeme sind nur dann zweckmäßig, wenn aufgrund der Auftragslage stabile Fertigungsstrukturen für mindestens eine Periode die Einrichtung von Plandaten zweckmäßig erscheinen lässt.

Für Betriebe mit Einzel- und Kleinserienfertigung ist die Plankostenrechnung ungeeignet.

3.1.3 Struktur der funktionsfeldbezogenen Plankostenrechnung

01. Welche betrieblichen Funktionen (Funktionsbereiche) werden unterschieden?

→ A 2.1.2

Der in der Betriebswirtschaftslehre verwendete Begriff „Funktion“ bezeichnet *die Betätigungsweise und die Leistung von Organen/Bereichen/Teilbereichen* eines Unternehmens. Man unterscheidet im Wesentlichen folgende Hauptfunktionen:

- Leitung (= Management, Unternehmensführung)
- Beschaffung (Logistik)
- Materialwirtschaft
- Produktions- bzw. Fertigungswirtschaft
- Forschung und Entwicklung
- Absatzwirtschaft
- Transport (Logistik)
- Personalwirtschaft
- Finanzwirtschaft
- Informationswirtschaft.

02. Wie erfolgt die Gliederung der Kostenbereiche nach Funktionen?

→ 3.1.1, 3.5.2

Die einfachste Form der Aufteilung der Kostenbereiche ist die Gliederung des Gesamtbetriebes in *vier Kostenbereiche,* die sich aus den Funktionen des Betriebes ableitet:

Kostenbereiche nach Funktionen:	
I.	Materialbereich
II.	Fertigungsbereich
III.	Verwaltungsbereich
IV.	Vertriebsbereich

Für kleine Betriebe genügt i. d. R. eine Kostenstelle je Kostenbereich. In größeren Betrieben erfolgt eine weitere Aufteilung in mehrere Kostenstellen – hierarchisch gegliedert – z. B. nach

- Abteilungen
- Gruppen
- einheitlichen Tätigkeitsfeldern (Funktionsfelder) → Vgl. ausführlich: 3.5.2.

Neben der Funktionsorientierung kann eine Berücksichtigung interner, räumlicher Gegebenheiten oder objektbezogener Gliederungsmerkmale erforderlich sein, z. B. Werk 1, Werk 2 bzw. Fertigung Produkt 1/2 bzw. Fertigung Ersatzteile usw.

03. Was sind funktionsfeldbezogene Kosten?

Es sind die Einzel- und Gemeinkosten, die von einem Funktionsfeld direkt und indirekt verursacht und verantwortet werden müssen.

Die Bildung von Funktionsfeldern/Kostenstellen hängt von der Größe des Betriebes, seinem Fertigungsprogramm und der notwendigen Genauigkeit der Kostenrechnung ab. In der Regel ist *ein Funktionsfeld ein einheitliches Tätigkeitsfeld*, z. B. Montage (bzw. Montage 1, Montage 2), Vorrichtungsbau, Gießerei, Schweißerei, Lackiererei, Blechfertigung u. Ä.

04. Welche Stufen sind beim Aufbau der Plankostenrechnung erforderlich?

Der *Aufbau einer Plankostenrechnung* umfasst:

- Die Kostenartenrechnung:
  Planung der Kostenarten: Erfassung aller zu erwartenden Kosten in der Planperiode (z. B. für das kommende Geschäftsjahr).

- Die Kostenstellenrechnung:
  Zuordnung der zukünftig anfallenden Kosten auf die Kostenstellen (Festlegung der Plankosten je Kostenart und Kostenstelle).

- Soll-Ist-Vergleich:
  Gegenüberstellung geplanter und tatsächlich entstandener Kosten als Hauptziel der Plankostenrechnung.

- Kostenträgerrechnung:
  Durchführung der Kostenträgerzeitraumrechnung bzw. der Kostenträgerstückrechnung auf der Basis von Plankosten; Ermittlung der Abweichungen bei einem Kostenträger je Periode bzw. Vergleich der Plankalkulation (auf Basis von Plankosten) mit der Nachkalkulation (auf Basis tatsächlich entstandener Istkosten).

05. Welche Kosten sind für die zukünftige Periode zu planen?

Die Struktur der funktionsfeldbezogenen Plankosten ist unterschiedlich – je nach Betriebsgröße und -art; die nachfolgende Abbildung (siehe nächste Seite) enthält ein Beispiel zur Gliederung der wichtigsten Plankosten einer Kostenstelle. Dabei werden die einzelnen Kostenarten kurz erläutert.

3.1.4 Flexible Plankostenrechnung

01. Wie ist das Verfahren bei der flexiblen Plankostenrechnung?

- *Merkmale:*
  - Sie führt eine Auflösung der Kosten in fixe und proportionale Bestandteile durch.
  - Durch die Einführung der *Sollkosten* lässt sich die Gesamtabweichung differenziert in die Verbrauchsabweichung und die Beschäftigungsabweichung darstellen.

- *Vorteile:*
  - Die Kostenkontrolle ist wirksam – in der Kostenarten- und auch in der Kostenstellenrechnung.
  - Durch die Berücksichtigung von Beschäftigungsschwankungen während der laufenden Periode wird erreicht:
    - Die Genauigkeit der Kalkulation wird verbessert.
    - Die Abweichung kann differenziert als Verbrauchs- und als Beschäftigungsabweichung ermittelt werden.

- *Nachteil:*
  Die fixen Kosten haben die gleichen Bezugsgrößen wie die variablen Kosten („erzwungene Proportionalisierung“).

- *Vorgehensweise:*
  1. Errechnung der *Plankosten je Kostenstelle.*
  2. *Aufspaltung der Plankosten* in fixe und variable Bestandteile.

Kostenarten			Erläuterung und Zuordnung
1	**Personalkosten**		
	1.1	Fertigungslöhne	Zeit-/Leistungslöhne; direkte Zuordnung durch Beleg
	1.2	Hilfslöhne	Fertigungshilfslöhne/sonst. Hilfslöhne; Gemeinkosten
	1.3	Gehälter	Angestelltenvergütung; Einzel- oder Gemeinkosten
	1.4	Sozialkosten	AG-Anteile zu RV, AV, PV, KV; UV; freiwillige Leistungen; Einzelkosten → Fertigungslöhne; Gemeinkosten → UV
	1.5	Ausbildungsvergütung	Einzelkosten
2	**Materialkosten**		
	2.1	Fertigungsstoffe	Hauptbestandteil des Produkts; Materialeinzelkosten
	2.2	Hilfs-/Betriebsstoffe	Nebenbestandteil des Produkts; Gemeinkostenmaterial
	2.3	Sonstige Kosten	Beschaffung, Lagerung: Als Zuschlag auf Materialeinzelkosten
3	**Betriebsmittelkosten**		
	3.1	Kalkulatorische AfA	Fixe oder proportionale Kosten: Zeitliche bzw. verbrauchsbed. AfA
	3.2	Instandhaltung	Großreparaturen: Verteilung über die Planperiode
	3.3	Mieten, Leasing	Fixe Kosten
	3.4	Kakulatorische Zinsen	Fixe Kosten
4	**Gebäudekosten**		
	4.1	Kalkulatorische AfA	Werden unter der Bezeichnung „Raumkosten" direkt zugerechnet oder als Gemeinkosten umgelegt – je nach betrieblicher Situation; Raumkosten sind fixe Kosten.
	4.2	Instandhaltung	
	4.3	Steuern, Versicherungen	
5	**Energiekosten**		
	5.1	Strom	Bestehen aus fixen und variablen Bestandteilen (z. B. Grundgebühr + Verbrauch); Verbrauch: meist direkte Zuordnung; fixe Bestandteile werden umgelegt aufgrund von Erfahrung.
	5.2	Treibstoffe	
6	**Kapitalkosten**		
	6.1	Kalkulatorische Zinsen	Umlage als Gemeinkosten nach geeignetem Schlüssel; Berechnungsbasis ist das betriebsnotwendige Kapital.
	6.2	Sonstige Kapitalkosten	
7	**Kosten für Fremdleistungen**		
	7.1	Fremdfertigung	Einzel- oder Gemeinkosten – je nach Sachverhalt; überwiegend variable Kosten.
	7.2	Transporte	
	7.3	Bewirtungs-/Reisekosten	
8	**Umlagekosten**		Gemeinkosten, die zusätzlich umgelegt werden müssen, z. B. Kosten der Geschäftsleitung, der Stabstellen, des Vertriebs, der Verwaltung usw.

Es gelten bei der flexiblen Plankostenrechnung folgende Beziehungen (Formeln):

Flexible Plankostenrechnung (Formeln)			
1.1	**Proportionaler Plankosten-verrechnungssatz**	=	Proportionale Plankosten : Planbeschäftigung
1.2	**Fixer Plankosten-verrechnungssatz**	=	Fixe Plankosten : Planbeschäftigung
1.3	**Plankostenverrechnungssatz** (gesamt) bei Planbeschäftigung	=	Proportionaler Plankostenverrechnungssatz + Fixer Plankostenverrechnungssatz
		=	Plankosten : Planbeschäftigung
2	**Verrechnete Plankosten**	=	Istbeschäftigung · Plankostenverrechnungssatz
		=	Plankosten · Beschäftigungsgrad
3	**Sollkosten**	=	Fixe Plankosten + Prop. Plankostenverrechnungssatz · Istbeschäftigung
		=	Fixe Plankosten + Prop. Plankosten · Beschäftigungsgrad
4	**Beschäftigungs-abweichung (BA)** Abweichung, die auf einer Beschäftigungsänderung basiert	=	Sollkosten - Verrechnete Plankosten[1]
5	**Verbrauchs-abweichung (VA)** Abweichung, die <u>nicht</u> auf einer Beschäftigungsänderung basiert	=	Istkosten - Sollkosten[1] = (Istverbrauch · Planpreis) - (Sollverbrauch · Planpreis)
6	**Gesamtabweichung (GA)**	=	Istkosten - Verrechnete Plankosten
		=	Verbrauchsabweichung + Beschäftigungsabweichung

Beispiel zur flexiblen Plankostenrechnung:
Für die Kostenstelle 23031 existieren nach Ablauf einer Periode folgende Werte:

Kostenstelle: 23031		*Monat: ...*		
		Gesamt	Fixe Kosten	Proportionale Kosten
Plan	Plankosten (in €)	300.000	100.000	200.000
	Planbeschäftigung (in Std.)	10.000	–	–
Ist	Istkosten	250.000	–	–
	Istbeschäftigung	9.000	–	–

[1] Die Definition der BA und der VA sind in der Literatur nicht einheitlich; ebenso: vgl. Olfert, Kostenrechnung, a. a. O., S. 245 sowie Däumler/Grabe, Kostenrechnungs- und Controllinglexikon, a. a. O., S. 31, 321; anders: Schmolke/Deitermann, IKR, a. a. O., S. 485 (hier wird allerdings das Vorzeichen in Klammern gesetzt). Merke: Es kommt bei der Abweichung nicht auf das Vorzeichen an, sondern auf die Interpretation.

Flexible Plankostenrechnung (Beispiel)			
1.1	Proportionaler Plankostenverrechnungssatz	=	Proportionale Plankosten : Planbeschäftigung *200.000 € : 10.000 Std. = 20 €/Std.*
1.2	Fixer Plankostenverrechnungssatz	=	Fixe Plankosten : Planbeschäftigung *100.000 € : 10.000 = 10 €/Std.*
1.3	Plankostenverrechnungssatz	=	Proportionaler Plankostenverrechnungssatz + Fixer Plankostenverrechnungssatz *20 €/Std. + 10 €/Std. = 30 €/Std.*
		=	Plankosten : Planbeschäftigung *300.000 € : 10.000 = 30 €/Std.*
2	Verrechnete Plankosten	=	Istbeschäftigung · Plankostenverrechnungssatz *9.000 Std. · 30 €/Std. = 270.000 €*
		=	Plankosten · Beschäftigungsgrad *300.000 € · 90 : 100 = 270.000 €*
3	Sollkosten	=	Fixe Plankosten + Prop. Plankostenverrechnungssatz · Istbeschäftigung *100.000 € + 20 €/Std. · 9.000 Std. = 280.000 €*
		=	Fixe Plankosten + Prop. Plankosten · Beschäftigungsgrad *100.000 € + 200.000 € · 90 : 100 = 280.000 €*
4	Beschäftigungsabweichung (BA)	=	Sollkosten - Verrechnete Plankosten *280.000 € - 270.000 € = 10.000 €*
5	Verbrauchsabweichung (VA)	=	Istkosten - Sollkosten *250.000 € - 280.000 € = - 30.000 €*
6	Gesamtabweichung (GA)	=	Istkosten - Verrechnete Plankosten *250.000 € - 270.000 € = - 20.000 €*
		=	Verbrauchsabweichung + Beschäftigungsabweichung *- 30.000 € + 10.000 € = - 20.000 €*

Analyse:

1. *Beschäftigungsabweichung:*
   Bei einem Beschäftigungsgrad von 90 % betragen die variablen Plankosten 180.000 € und es hätten 100.000 € fixe Kosten berücksichtigt werden müssen. Tatsächlich wurden verrechnet: 180.000 € variable Kosten (200.000 · 90 %) und (nur) 90.000 fixe Kosten (90.000 · 90 %), sodass 10.000 € fixe Kosten zu wenig verrechnet wurden.

2. *Verbrauchsabweichung* = - 30.000 €, d. h. es wurden 30.000 € weniger Kosten verbraucht.

Die Abbildung zeigt die grafische Lösung des Beispiels:

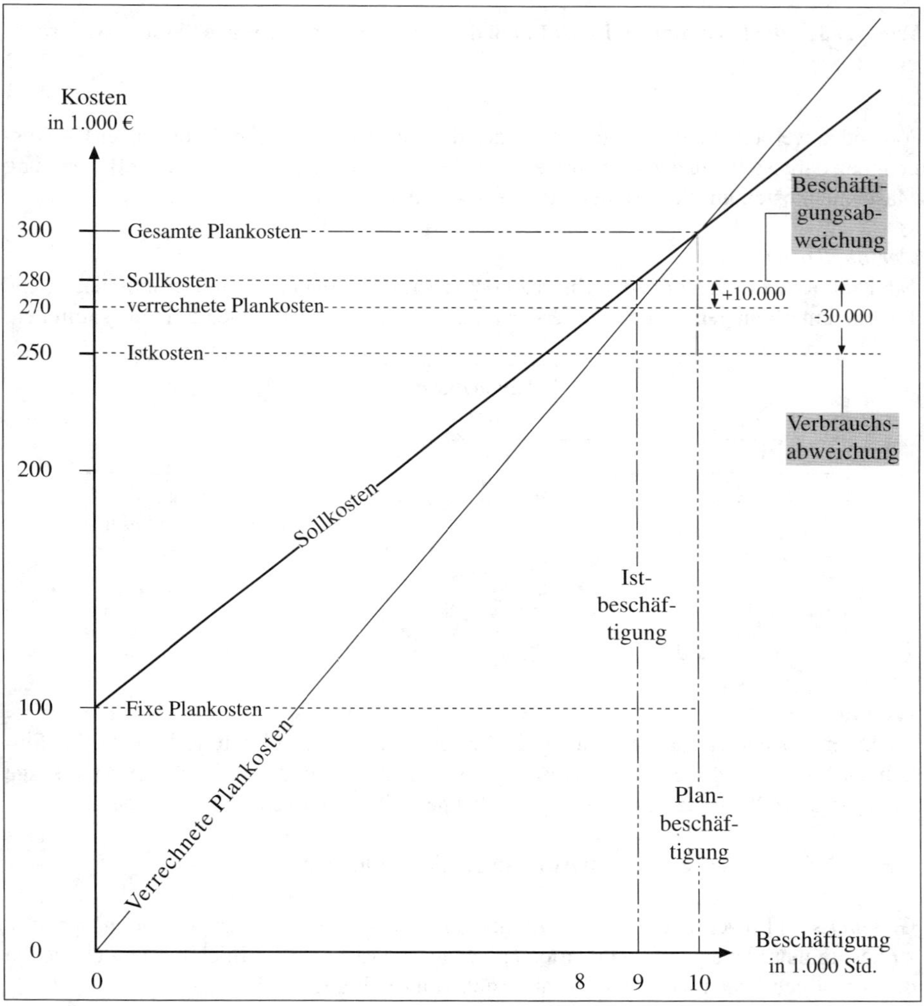

Generell gilt:

1. *Istbeschäftigung = Planbeschäftigung:* Verrechnete Plankosten = Sollkosten; → Schnittpunkt der Sollkostenfunktion mit der Funktion der verrechneten Plankosten.

2. *Istbeschäftigung < Planbeschäftigung*: Plankosten < Sollkosten; ein Teil der fixen Kosten wird nicht verrechnet.

3. *Istbeschäftigung > Planbeschäftigung*: Plankosten > Sollkosten; es werden mehr fixe Kosten verrechnet als nach Plan anfallen sollen.

3.1.5 Methoden der funktionsfeldbezogenen Kostenerfassung

01. Wie werden die Kostenarten im Rahmen der Plankostenrechnung erfasst bzw. berechnet?

→ A 2.5.5
→ 3.6.1

Im Folgenden werden die wichtigsten Methoden der Kostenerfassung im Rahmen der Plankostenrechnung dargestellt; zu den Kostenarten: vgl. die Struktur in Ziffer 3.1.4/05; zur Berechnung der Maschinenkosten im Rahmen der Istkostenrechnung: vgl. A 2.5.5 sowie 3.6.1:

1. *Personalkosten:*
   Sind alle Kosten, die durch den Einsatz von Arbeitnehmern entstehen. Der kalkulatorische Unternehmerlohn gehört nicht dazu. Personalkosten lassen sich folgendermaßen aufteilen:

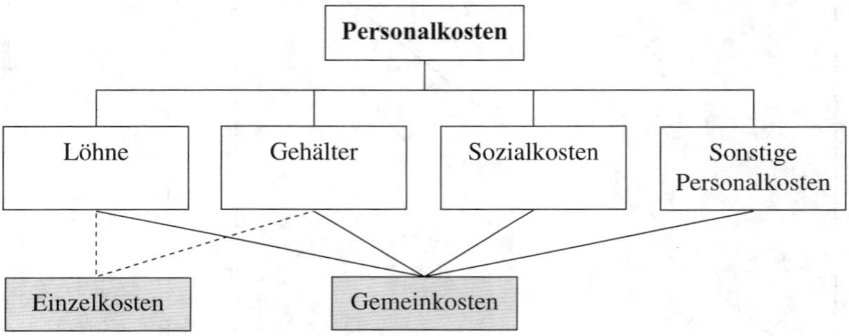

Ermittlung der *Arbeitszeit:*
Zentraler Bestandteil ist die Planung der Arbeitszeit für die zukünftige Periode. Im Ein-Schicht-Modell wird z. B. die *Standard-Arbeitszeit* ermittelt, indem die jährlichen Arbeitstage (mithilfe eines Planungskalenders für die Planperiode) durch 12 dividiert werden:

z. B.: 240 Arbeitstage : 12 = 20 Arbeitstage/Standardmonat

1.1 *Gehälter* sind Einzel- oder Gemeinkosten; es sind die Plangehälter für die Planungsperiode zu bestimmen; dabei sind zu erwartende Gehaltsanpassungen (tariflich/betrieblich) sowie die voraussichtlichen Sätze der Sozialversicherungsbeiträge zu planen:

z. B.: Istgehalt_n + betriebliche Anpassung + tarifliche Anpassung = Plangehalt_{n+1}
3.000 + 3 % aufgrund Umgruppierung + 2 % Tariferhöhung = Plangehalt_{n+1}

3.000 + 90[1)] + 61,80 = 3.151,80

Bei Gehältern als Einzelkosten werden die gesetzlichen SV-Beiträge (Arbeitgeberanteile) direkt addiert – unter Beachtung der in der Planungsperiode geltenden, gesetzlichen Beiträge (vgl. dazu ausführlich: A 3.3.5):

[1)] Z. B. Umgruppierung von K4 nach K 5/Tarifvertrag Eisen-Metall.

z. B.:

	Istjahr	Planungsjahr (AG-Anteil)
KV	14 %	Anstieg auf 8 %
RV	19,6 %	Anstieg auf 9,95 %
AV	4,2 %	Senkung auf 1,65 %
PV	1,7 %	Anstieg auf 0,975 %
Summe in % bezogen auf die Personalgrundkosten (= 100) = 20,575 %		

→

Plangehalt · Faktor (direkte Personalzusatzkosten)	= Bruttogehaltskosten
3.151,80 · 1,20575	= 3.800,28

Gehälter als Einzelkosten werden i. d. R. von der verantwortlichen Stelle geplant; Gehälter als Gemeinkosten werden zentral vom Personalwesen geplant.

1.2 Die übrigen *Sozialkosten* (Weiterbildung, Mutterschaft, Freistellungen, Feiertage, freiwillige Sozialleistungen usw.) werden aufgrund von Erfahrungssätzen als Gemeinkosten geplant, d. h. insgesamt beträgt der Zuschlag der Personalzusatzkosten rd. 70 %.

1.3 *Fertigungslöhne* sind Einzelkosten und werden direkt zugerechnet:

- *Zeitlohn* = Plan-Lohnsatz je Zeiteinheit · Anzahl der Plan-Zeiteinheiten
  z. B.:
  = 18 € · 7,5 · 22,20 Arbeitstage · 13,5 Monate · 1,20575
  = 48.784,04 € Jahres-Bruttoarbeitslohnkosten

- *Leistungslöhne* werden von der verantwortlichen Kostenstelle geplant unter Berücksichtigung der Planungsvorgaben (Absatzplan, Fertigungsplan, Personalbedarfsplan, Lohnart: Akkord-/Prämienlohn, Zuschläge usw.).

2. *Materialkosten:*

2.1 *Materialeinzelkosten* werden auf der Basis des Mengengerüstes aus den Stücklisten und den Planpreisen (oder innerbetrieblichen Verrechnungspreisen) berechnet:

$$\text{Plan-Materialeinzelkosten} = \text{Materialmenge}_{\text{Plan}} \text{ in Einheiten} \cdot \text{Preis}_{\text{Plan}} \text{ je Einheit}$$

2.2 *Gemeinkostenmaterial* wie Hilfs- und Betriebsstoffe sowie *Materialgemeinkosten* (Beschaffungskosten, Lagerkosten) werden als Zuschlag auf die geplanten Materialeinzelkosten berechnet (vgl. 3.5.3, Zuschlagssätze).

3. *Betriebsmittelkosten:*

3.1 *Kalkulatorische Abschreibungen* sind fixer Natur bei einem Werteverzehr nach Zeiteinheiten (Zeitverschleiß); sie sind proportional bei einem Werteverzehr nach Gebrauchseinheiten (Gebrauchsverschleiß).

Die Abschreibungsmethode ist so zu wählen, dass am Nutzungsende ausreichend Abschreibungsgegenwerte vorhanden sind, um die Ersatzinvestition zu tätigen; es gilt:

$$\text{AfA-Betrag} = \frac{\text{Bezugswert}^{1)}}{\text{Nutzungsdauer in Jahren}^{2)}}$$ „Zeitverschleiß"

$$\text{AfA-Betrag} = \frac{\text{Bezugswert}^{1)} \cdot \text{Jahresleistung in E}}{\text{Geschätzte Gesamtleistung in E}}$$ „Gebrauchsverschleiß"

3.2 *Instandhaltungskosten:*

- *Kleinreparaturen* werden von der Maschinenbedienung meist selbst vorgenommen und gehen als Hilfslöhne in die Planung ein.
- *Großreparaturen* werden gesondert geplant und auf die Nutzungsdauer des Betriebsmittels verteilt.
- Das Mengengerüst für *Wartungs- und Inspektionsarbeiten* wird den Hinweisen des Herstellers entnommen bzw. den betriebsinternen Plänen; bei Durchführung mit eigenem Personal erfolgt eine Bewertung mit Planstundensätzen. Bei Ausführung durch Fremdpersonal wird mit den vertraglichen Konditionen der Fremdfirma geplant.

3.3 *Kalkulatorische Zinsen* (für Betriebsmittel; abnutzbares Anlagevermögen):
Für die Kapitalbindung der Betriebsmittel wird eine Durschnittsverzinsung angesetzt, d. h. der Anschaffungswert (AW) wird mit dem halben Wert und dem aktuellen Marktzins (i) für Kapitalanlagen pro Jahr verzinst; ggf. muss ein vorhandener Restwert (RW) addiert werden:

$$\text{kalkulatorische Zinsen} = \frac{AW + RW}{2} \cdot \frac{i}{100}$$

z. B.: $$= \frac{100.000}{2} \cdot \frac{6}{100} = 3.000 \text{ € pro Jahr}$$

4. *Gebäudekosten:*
Gebäudekosten umfassen u. a. Instandhaltungskosten, kalkulatorische Abschreibung, Gebäudereinigung und sind fixe Kosten. Sie werden als „Raumkosten" entsprechend der genutzten Fläche über einen Plankostenverrechnungssatz (PKV; auch: Raumkosten-Deckungssatz) geplant:

z. B.: Gebäudefläche aller Kostenstellen = 80.200 m^2
Summe aller Gebäudekosten p.a. = 196.000 €

→ PKV = 196.000 € : 80.200 = 2,444 €/m^2/Jahr

---

1) Als *Bezugswert* werden verwendet:
1. Nettoanschaffungs- bzw. Nettoherstellungskosten (inkl. Beschaffungs- und sonstigen Nebenkosten)
2. Wiederbeschaffungskosten, netto = Nettoanschaffungskosten · Preismultiplikator

2) Es sind die *Abschreibungstabellen* des Bundesfinanzministeriums zu berücksichtigen (AV-Tabellen).

Analog gilt dies für die Verwendung einer kalkulatorischen Miete pro m^2:

Raumkosten der Kostenstelle p.a. = Flächennutzung in m^2 · kalkulatorische Miete/m^2 · 12
z. B.: = 200 m^2 · 6 € · 12
= 14.400 € p.a.

5. *Energiekosten:*
Die Energiekosten sind ihrer Natur nach Mischkosten (Grundgebühr = fixe Kosten; Verbrauchskosten = variable Kosten). Die kostenstellenweise Erfassung der Energiekosten ist in der Praxis oft schwer bzw. teuer (Vielzahl an Messeinrichtungen). Daher werden die Energiekosten oft geplant aufgrund von Erfahrungswerten der Vergangenheit und über geeignete Verteilungsschlüssel den Kostenstellen zugerechnet. Ist eine Einzelberechnung pro Kostenstelle möglich, erfolgt die Berechnung in der Form:

Energiekosten = Planverbrauch (kWh) · Arbeitspreis (€/kWh) + ant. Grundkosten

Die Gliederungstiefe der Organisationsstruktur bzw. der Kostenstellenstruktur hängt von der Größe des Unternehmens und dem notwendigen Genauigkeitsgrad der Kostenstellenrechnung ab. Denkbar ist z. B. eine Struktur der Kostenstellengliederung in folgender Tiefe bei großen Unternehmen:

<table>
<tr><th colspan="4">Funktionsfeld (Fertigung)</th></tr>
<tr><td colspan="3">Teilfunktion 1
(Fertigung 1)</td><td>Teilfunktion 2
(Fertigung 2)</td></tr>
<tr><td colspan="2">Gruppe 1
Blechbearbeitung</td><td>Gruppe 2
Lackieranlage</td><td></td></tr>
<tr><td>Arbeitsplatz 1
Zuschneiden</td><td>Arbeitsplatz 2
Formen</td><td></td><td></td></tr>
</table>

02. Welche Prinzipien gelten bei der Bildung von Kostenstellen?

Die Kostenstellenrechnung muss ihrer besonderen Kontrollfunktion gerecht werden: Die Kostenabweichungen müssen dort ermittelt werden, wo sie tatsächlich entstehen. Aus diesem Grunde müssen *drei Prinzipien bei der Bildung von Kostenstellen* eingehalten werden:

1. Es müssen genaue Maßstäbe als *Bezugsgröße* zur Kostenverursachung festgelegt werden. Als Bezugsgrößen kommen z. B. infrage: Der Fertigungslohn, die Fertigungszeit, die Erzeugniseinheit. Die Bezugsgröße sollte zur Leistung der Kostenstelle proportional sein.

2. Jede Kostenstelle ist ein *eigenständiger Verantwortungsbereich.*

3. Kostenbelege müssen je Kostenstelle *problemlos gebucht* werden können.

03. Welche Kostenbereiche werden im Betriebsabrechnungsbogen gebildet? **→ 3.5.2**

Meist werden folgende Kostenbereiche im Betriebsabrechnungsbogen eines Industrieunternehmens gebildet:

Kostenbereiche im BAB					
Allgemeiner Bereich	Materialbereich	Fertigungsbereich		Verwaltungsbereich	Vertriebsbereich
Allgemeine Kostenstellen	Materialstellen	Fertigungshilfsstellen	Fertigungshauptstellen	Verwaltungsstellen	Vertriebsstellen
• Grundstücke, Gebäude • Sozialeinrichtungen • Energiestationen	• Einkauf • Lager	• Instandhaltung • Arbeitsvorbereitung	• Mechanische Bearbeitung • Montage • Lackiererei	• Kfm. Leitung • Buchhaltung • Poststelle • Botendienst • EDV	• Werbung • Verkauf • Fertiglager • Versand • Logistik

- *Allgemeiner Bereich:*
  Er enthält die Kostenstellen, die keiner der vier Funktionen (Material, Fertigung, Verwaltung, Vertrieb) zugeordnet werden können.

- *Hauptkostenstellen:*
  Hier wird direkt an der Produktherstellung gearbeitet.

- *Unterkostenstellen:*
  Sie werden in großen Betrieben gebildet und sind eine weitere Unterteilung von Hauptkostenstellen.

- *Hilfskostenstellen:*
  Sie leisten nur einen mittelbaren Beitrag zur Produktion und dienen z. B. der Vorbereitung und Aufrechterhaltung der Fertigung.

- Gelegentlich werden *Nebenkostenstellen* geführt:
  Sie erfassen z. B. Kosten von Neben-/Ergänzungsprodukten, z. B.: Abfallverwertung; Wäscherei in einem Waschmittelwerk; Verkauf von Sägespänen bei der Holzverarbeitung.

3.1.6 Verrechnung der Kostenarten auf Kostenstellen im Betriebsabrechnungsbogen

01. Wie erfolgt die Verrechnung der Kostenarten auf die Kostenstellen im Betriebsabrechnungsbogen (BAB)? **→ 3.5.2 f.**

A. *Einzelkosten* aus der Kostenartenrechnung *werden direkt dem Kostenträger zugerechnet*; sie müssen nicht im BAB aufgeführt sein. Achtung: Häufig werden die Einzelkosten trotzdem zu Informationszwecken in den BAB übernommen, da sie Basis für die Berechnung der Gemeinkostenzuschläge sind (zum BAB vgl. ausführlich unter 3.5.3).

B. Bereich 1 des BAB:
Kostenstellen-Einzelkosten werden aufgrund von Belegen *den Kostenstellen direkt zugerechnet,* z. B. Hilfs-, Betriebsstoffe, Hilfslöhne, Gehälter, kalkulatorische Abschreibung, Ersatzteile.

C. Bereich 2 des BAB:
Kostenstellen-Gemeinkosten werden nach verursachungsgerechten *Verteilungsschlüsseln* auf die Kostenstellen *umgelegt,* z. B. Raumkosten, Steuer, Versicherungsprämien.

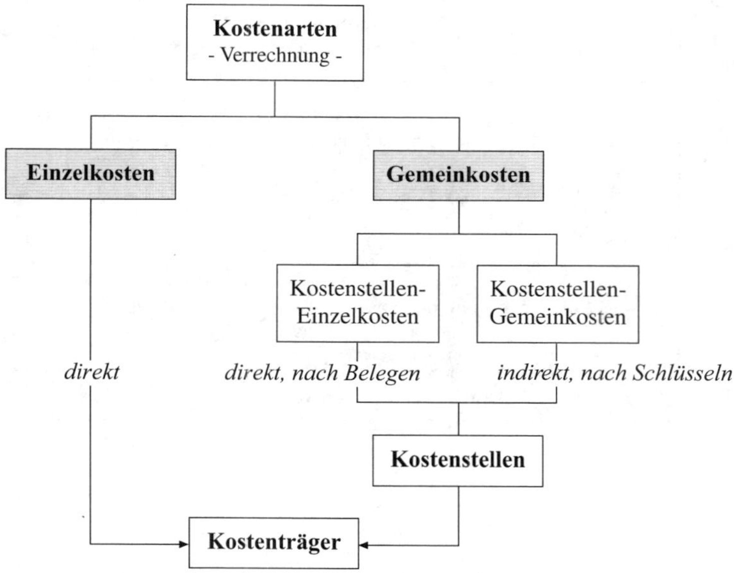

Die Reihenfolge der Verrechnung nach dem Stufenleitersystem (auch Treppenverfahren) ist dabei zu beachten:

1. Umlage der Allgemeinen Kostenstelle auf die Hilfs- und Hauptkostenstellen
2. Umlage der Hilfskostenstellen (= Vorkostenstellen) auf die Hauptkostenstellen
3. Es werden die Summen der Hauptkostenstellen (= Stellenendkosten) ermittelt.

D. Bereich 3 des BAB:
Durch Gegenüberstellung der Einzelkosten und der Summe der Gemeinkosten je Kostenstelle werden die *Zuschlagssätze* für die Kostenträgerrechnung ermittelt (vgl. ausführlich unter 4.5.3).

z. B. $$\text{Materialgemeinkostenzuschlag} = \frac{\text{Materialgemeinkosten} \cdot 100}{\text{Materialeinzelkosten}}$$

	Kostenstellen					
	Allgmeiner Bereich	Materialbereich	Fertigungsbereich		Verwaltungsbereich	Vertriebsbereich
Kostenarten	Allgemeine Kostenstellen	Materialstellen	Fertigungshilfsstellen	Fertigungshauptstellen	Verwaltungsstellen	Vertriebstellen
Verrechnung der **Kostenstellen-Einzelkosten**	**Bereich 1 des BAB:** Verrechnung nach Belegen					
Verrechnung der **Kostenstellen-Gemeinkosten**	**Bereich 2 des BAB:** Verrechnung nach Verteilungsschlüsseln					
Summe der Hauptkostenstellen		...	...		...	...
	Bereich 3 des BAB: Ermittlung der Zuschlagssätze für die Erzeugniskosten (→ Kostenträgerrechnung)					
		$\frac{MGK \cdot 100}{MEK}$	$\frac{FGK \cdot 100}{FEK}$		$\frac{VwGK \cdot 100}{HKU}$	$\frac{VtrGK \cdot 100}{HKU}$

02. Welche Erfassungsgrundlagen bzw. Verteilungsschlüssel sind für die Verrechnung der Gemeinkosten auf die Kostenstellen geeignet?

Ausgewählte **Beispiele**:

Gemeinkosten	**Verrechnung**		**Verrechnungsgrundlage** Beispiele
	direkt	indirekt	
Hilfslöhne	•		Lohnbelege, -listen
Gehälter	•		Gehaltslisten
Hilfsstoffe	•		Entnahmescheine
Betriebsstoffe	•		Entnahmescheine
Fremdleistungen	•		Eingangsrechnungen
Kalkulatorische Abschreibungen	•		Anlagenkartei/-datei
Kalkulatorische Zinsen (Betriebsmittel)	•		Anschaffungswerte, Kapitalbindung
Raumkosten, Mieten		•	Flächennutzung in m^2
Gesetzliche Sozialleistungen	•		Lohn-/Gehaltslisten
Freiwillige Sozialleistungen		•	Anzahl der Mitarbeiter je Kostenstelle
Heizung		•	Raumgröße in m^3
Elektrische Energie		•	Anzahl der Verbraucher/ Verbrauch je kWh
Sachversicherungen		•	Anlagendatei/Anlagenwerte
Steuern		•	Kapitalbindung

3.1.7 Überwachung der funktionsfeldbezogenen Kosten → 1.2.4

01. Was ist der Soll-Ist-Vergleich?

Der Soll-Ist-Vergleich ist der Hauptzweck der Plankostenrechnung: Den geplanten Kosten werden die tatsächlich entstandenen Kosten gegenüber gestellt. In der Praxis wird der Kostenstellenverantwortliche einen monatlichen Report erhalten, der die Istkosten und die Sollkosten – einzeln je Monat und meist auch aktuell aufgelaufen – enthält. In der Praxis wird der Soll-Ist-Vergleich nicht nur in absoluten Werten, sondern auch in Prozentwerten ausgewiesen. In größeren Betrieben besteht für den Kostenstellenverantwortlichen eine interne Vorgabe, Abweichungen, die einen bestimmten Prozent-Wert überschreiten, schriftlich zu kommentieren, z. B. Abweichung in % > 5 %.

Der Vorgesetzte hat Kostenabweichungen seiner Kostenstelle zu verantworten!

Eine Ausnahme bilden die Abweichungen, die durch Fehlplanungen oder durch nicht planbare Ereignisse aufgetreten sind.

Merke:

Abweichung absolut = Ist - Soll

$\rightarrow$ Ist - Soll > 0 Kostenüberschreitung!
$\rightarrow$ Ist - Soll ≤ 0 Kostenunterschreitung bzw. Einhaltung der Kostenvorgabe!

$$\text{Abweichung in \%} = \frac{\text{Ist - Soll}}{\text{Soll}} \cdot 100$$

02. Welche Abweichungen werden unterschieden? →3.1.4

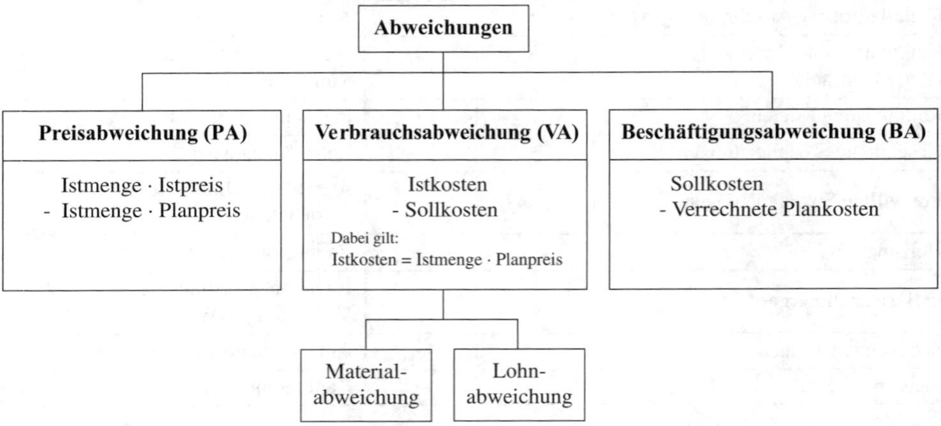

- Die *Preisabweichung* (PA) ergibt sich als Differenz zwischen Sollkosten und Istkosten; die Differenz ergibt sich aus der Unterschiedlichkeit von Planpreis und Istpreis. Es gilt:

PA > 0 → Es sind Mehrkosten entstanden!
PA < 0 → Es wurden zu hohe Kosten verrechnet!

Beispiel: PA = (Istmenge · Istpreis) - (Istmenge · Planpreis)
= (1.000 · 10) - (1.000 · 12)
= 2.000

Es sind Mehrkosten von 2.000 € entstanden aufgrund des Unterschiedes von Plan- und Istpreis.

- Die *Verbrauchsabweichung* (VA) ergibt sich als Differenz von Istkosten und Sollkosten innerhalb der flexiblen Plankostenrechnung (vgl. ausführlich: 3.1.4/01.).

VA > 0 $\rightarrow$ Istkosten > Sollkosten:
Verbrauch ist höher als geplant!
VA < 0 $\rightarrow$ Istkosten < Sollkosten:
Verbrauch ist niedriger als geplant!

Verbrauchsabweichung (VA) positiv:
Istkosten > Sollkosten
Verbrauch höher als geplant

Verbrauchsabweichung (VA) negativ:
Istkosten < Sollkosten
Verbrauch niedriger als geplant

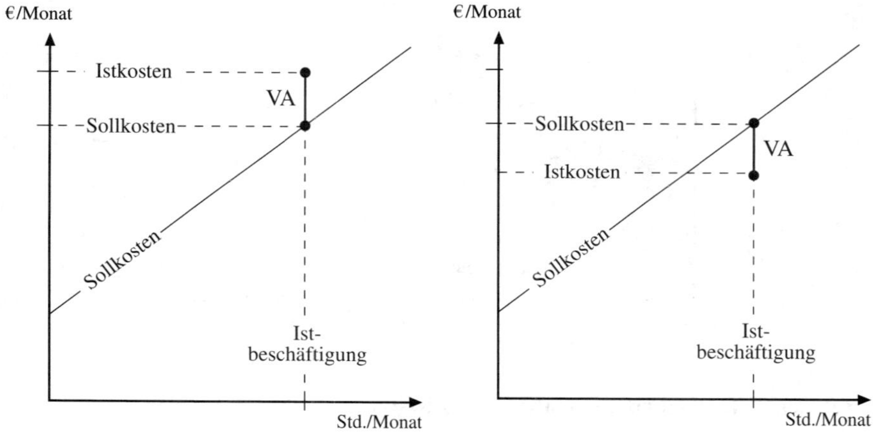

Das Problem besteht darin, dass vor der Ermittlung der VA die anderen Abweichungen bekannt sein müssen. Die VA ist somit eine Restgröße, die sich aus der Gesamtabweichung minus Preis-, Beschäftigungs- und ggf. Verfahrensabweichung[1] ergibt. Die VA kann weiter gegliedert werden in Material- und Lohnabweichungen.

- Die *Beschäftigungsabweichung* (BA) ist die Differenz zwischen Sollkosten und verrechneten Plankosten innerhalb der flexiblen Plankostenrechnung (vgl. ausführlich 3.1.4/01.).

  Die BA ist im Grunde genommen keine echte Kostenabweichung, sondern sie wird als *Verrechnungsdifferenz* ermittelt: Bei Unterbeschäftigung werden zu wenig, bei Überbeschäftigung zu viele fixe Kosten verrechnet.

[1] Auf die Verfahrensabweichung im Rahmen der mehrfach flexiblen Plankostenrechnung wird hier nicht eingegangen.

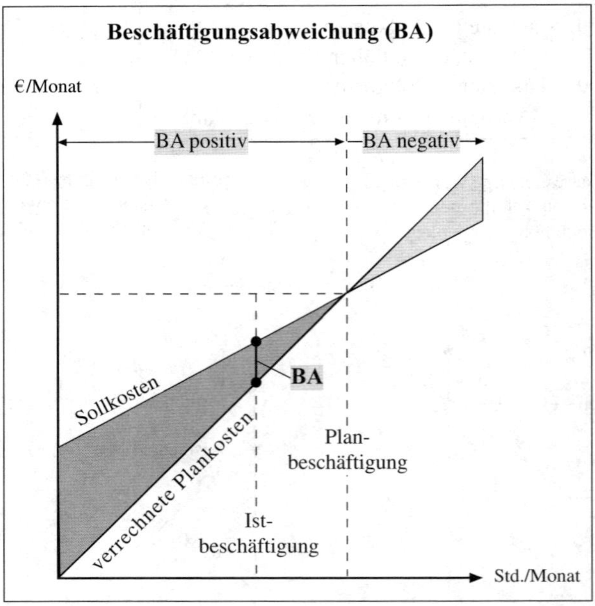

03. In welchen Arbeitsschritten erfolgt der Soll-Istvergleich?

Die Systematik beim Soll-Ist-Vergleich ist identisch mit dem „Regelkreis des Controllings":

1. *Sollwerte* festlegen.
2. *Istwerte* ermitteln:
   - Sachlich zutreffend
   - zeitnah
   - zeitraumbezogen (Woche, Monat, Quartal, Jahr)
3. *Soll-Ist-Vergleich* ermitteln.
4. *Abweichung analysieren* und bewerten.
5. Ggf. *Korrekturmaßnahmen* festlegen/vereinbaren und durchführen.
7. Beabsichtigte *Wirkung der Korrekturmaßnahmen überprüfen.*

→ Ein Praxisbeispiel zum Soll-Ist-Vergleich wird in Ziffer 3.2, Budgetkontrolle, S. 633 behandelt.

Die zentralen Fragen des Meisters beim Soll-Ist-Vergleich lauten:

→ *Wann* trat die Abweichung auf?
→ *Wo* trat die Abweichung auf?
→ *In welchem Ausmaß* trat die Abweichung auf?

Schwerpunkt der Betrachtung für den Meister ist dabei die Verbrauchsabweichung.

3.1.8 Methoden der Wirtschaftlichkeitsberechnung

An dieser Stelle sollen vor allem die Statischen Investitionsrechenverfahren bearbeitet werden:

- Kostenvergleichsrechnung
- Gewinnvergleichsrechnung
- Rentabilitätsvergleichsrechnung
- Amortisationsvergleichsrechnung.

Diese Verfahren werden ausführlich im Grundlagenband behandelt: Industriemeister, Basisqualifikationen, Krause/Krause (vgl. unter A.2.5.12); bitte evtl. erneut lesen. Die Statischen Verfahren der Investitionsrechnung haben folgende Vor- und Nachteile:

Statische Verfahren der Investitionsrechnung	
Vorteile, z. B.	Nachteile, z. B.
• geringer Aufwand • übersichtlich • leicht zu erfassen.	• nur Berücksichtigung einer Periode • ungenau, da der zeitliche Einfluss auf die betrachteten Größen nicht erfasst wird.

3.2 Überwachen und Einhalten des zugeteilten Budgets

3.2.1 Kostenkontrolle

→ A 2.5.9

01. Welche Zielsetzung ist mit der Budgetierung verbunden?

- *Begriff:*
  Der Begriff „Budget" kommt aus dem Französischen und bedeutet übersetzt „Haushaltsplan, Voranschlag". Im Controlling kann *Budgetierung* gleichgesetzt werden mit *Planung*. Für den Meister bedeutet das, in seinem Bereich ein Gerüst von Zahlen zu erstellen (Planung), die für ihn Gradmesser des Erfolges sind.

- *Arten:*
  In der betrieblichen Praxis sind zwei Arten von Budgets geläufig:

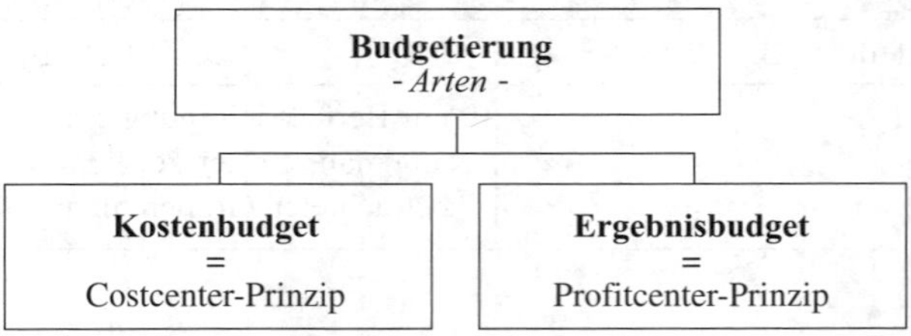

Allgemein enthält ein Budget Planzahlen für Kosten, Leistungen und Erfolge. Aber: Für die Struktur von Budgets gibt es keine allgemein gültigen Regeln; das Budget kann differieren

- in *zeitlicher* Hinsicht, z. B.:
  Monats-, Quartals-, Jahresbudget

- in *sachlicher* Hinsicht, z. B.:
  Kostenbudget/Ergebnisbudget (vgl. oben), auf einen Bereich bezogen oder eine einzelne Kostenstelle usw.

- in *funktioneller* Hinsicht, z. B.:
  Produktionsbudget, Absatzbudget, Finanzbudget, Investitionsbudget.

Welche Daten letztendlich in einem bestimmten Budget zusammengestellt werden, hängt von der betrieblichen Funktion (z. B. Lager, Fertigung, Montage, Logistik usw.) und dem Verantwortungsbereich des Vorgesetzten ab.

Beispiel: Kostenbudget
Das nachfolgende Beispiel zeigt die Budgetierung der Kostenstelle 23031 für das kommende Planjahr (Kostenbudget; vereinfachte Darstellung auf der Basis der starren Plankostenrechnung, d. h. die Abweichungen werden en bloc ermittelt; Angaben in T€). Die rechte Spalte zeigt die Möglichkeiten der Kostenbeinflussung durch den Industriemeister:

Kostenstelle 23031			Möglichkeiten der Beeinflussung der Kostenart durch den Industriemeister:	
Kostenart	**Plan 20.. (in T€)**			
Materialkosten	300	→	**hoch**	z. B. Lagerhaltung, Bestellkosten
Personalkosten	288	→	**mittel**	z. B. Produktivität, Ausfallzeiten
Sondereinzelkosten	84	→	**hoch**	z. B. Anfall, Art und Ausführung
Sachkosten	36	→	**gering**	z. B. Art und Menge
Betriebsumlage	60	→	**gering**	Festlegung durch das Unternehmen
Gesamtkosten	768			

Bei einer gleichmäßigen Verteilung über das Gesamtjahr kann das *Jahresbudget* in ein *Monatsbudget* aufgesplittet werden (vereinfacht: Division durch 12), sodass im Verlauf des kommenden Jahres die Monatsergebnisse im Ist mit den Plandaten verglichen werden können; aufwändige Budgetkontrollen nehmen folgende Vergleiche vor:

- Soll-Ist, monatlich
- Soll-Ist, aufgelaufen (z. B. kumulierte Werte von Januar bis Mai)
- Ist-Ist, monatlich
- Ist-Ist, kumuliert.

02. Welche Kostenarten sollte der Meister im Rahmen der Kostenkontrolle besonders überwachen?

Für den Meister ist insbesondere die Kontrolle folgender Kostenarten bzw. folgender Daten/ Kennzahlen relevant:

1. *Materialkosten*, z. B.:

- *Materialeinstandspreise:*
  → Senkung der Materialkosten z. B. durch Angebotsvergleiche/Lieferantenauswahl
- *Änderungen in der Konstruktion:*
  → Senkung der Materialkosten durch Substitution (Verwendung anderer kostengünstigerer Materialien)
  → Veränderung/Überprüfung der notwendigen Materialeigenschaften
  → Überprüfung der notwendigen Abmessungen, Toleranzen, Dimensionierungen
- *Änderungen im Produktionsablauf:*
  → Kostenvergleich von Eigen- und Fremdfertigung
  → Verringerung der Bestellkosten durch Änderung des Bestellverfahrens, der Lagerhaltung (z. B. JiT, Kanban).

2. *Kosten der Anlagen*, z. B.:
- Beschäftigungsgrad/Kapazitätsauslastung
- Maschinenproduktivität
- Energiekosten
- Instandhaltungskosten
- Sondereinzelkosten der Fertigung

- Werkzeugkosten
- Kosten des Umweltschutzes.

3. Qualitätskosten, z. B.:
- Prüfkosten
- Fehlerverhütungskosten
- Fehlerkosten.

4. Lohnkosten, z. B.:
- Arbeitsproduktivität
- Ausfallzeiten (Absentismus).

Die *Umlagekosten* enthalten Gemeinkosten, mit denen die Kostenstellen des Betriebes nach einem ermittelten Schlüssel belastet werden, z. B. Kosten für Kommunikation, Verwaltung, Zinsen, Energiekosten u. Ä. Auf diese Umlagekosten hat der Meister in der Regel keinen Einfluss, da sie von der Geschäftsleitung/dem Rechnungswesen ermittelt und vorgegeben werden.

3.2.2 Kontrolle der Produktivität

01. Durch welche Steuerungsmaßnahmen kann der Meister die Einhaltung der budgetierten Produktivitätsvorgaben beeinflussen?

→ **4.1.1**

Die Produktivität ist eine Mengenkennziffer:

$$\text{Produktivität} = \frac{\text{Mengenergebnis der Faktorkombination}}{\text{Faktoreinsatzmengen}}$$

1. Grundsätzlich ist eine Verbesserung der Produktivität möglich durch
   - Reduzierung der Faktoreinsatzmenge bei gleichem Mengenergebnis
   - Verbesserung des Mengenergebnisses bei gleicher Faktoreinsatzmenge.

1.1 Die Arbeitsproduktivität

$$\text{Arbeitsproduktivität} = \frac{\text{Erzeugte Menge}}{\text{Arbeitsstunden}}$$

lässt sich verbessern durch:

- Anstieg der Menge bei gleichem Einsatz an Arbeitsstunden
- Reduzierung der Arbeitsstunden bei konstantem Mengenergebnis
- Kombination beider Maßnahmen.

Geeignete *Steuerungsmaßnahmen* des Meisters sind z. B.:

- Reduzierung der Fehlzeiten der Mitarbeiter
- optimaler Mitarbeitereinsatz
- Qualifizierung der Mitarbeiter
- optimale betriebliche Rahmenbedingungen (Klima, Beleuchtung, Arbeitsmittel usw.)
- Verbesserung/Optimierung der Fertigungstechnik/-verfahren
- optimale Kombination von Mensch – Maschine (Maßnahmen der Rationalisierung).

1.2 Die Materialproduktivität

$$\text{Materialproduktivität} = \frac{\text{Erzeugte Menge}}{\text{Materialeinsatz}}$$

lässt sich verbessern durch

- Anstieg der Menge bei gleichem Materialeinsatz (mengenmäßig),
- Reduzierung des Materialeinsatzes (mengenmäßig) bei konstantem Mengenergebnis,
- Kombination beider Maßnahmen.

1.3 Für die Maschinenproduktivität

$$\text{Maschinenproduktivität} = \frac{\text{Erzeugte Menge}}{\text{Maschinenstunden}}$$

gelten die Aussagen zur Arbeitsproduktivität analog.

02. Durch welche Steuerungsmaßnahmen kann der Meister die Einhaltung der budgetierten Kapazitätsauslastung beeinflussen? **→ 4.3.1**

- *Definition:*
  Mit *Kapazität* (auch: Beschäftigung) bezeichnet man das technische Leistungsvermögen in Einheiten pro Zeitabschnitt. Sie wird bestimmt durch die Art und Menge der derzeit vorhandenen Produktionsfaktoren (Stoffe, Betriebsmittel, Arbeitskräfte). Die Kapazität kann sich auf eine Fertigungsstelle, eine Fertigungsstufe oder auf das gesamte Unternehmen beziehen.

- Der *Auslastungsgrad* (auch: Beschäftigungsgrad) ist das Verhältnis von Kapazitätsbedarf und Kapazitätsbestand in Prozent des Bestandes:

$$\text{Auslastungsgrad} = \frac{\text{Kapazitätsbedarf}}{\text{Kapazitätsbestand}} \cdot 100$$

auch:

$$\text{Beschäftigungsgrad} = \frac{\text{Eingesetzte Kapazität}}{\text{Vorhandene Kapazität}} \cdot 100$$

oder:

$$\text{Beschäftigungsgrad} = \frac{\text{Ist-Leistung}}{\text{Normalkapazität}} \cdot 100$$

Mit *Kapazitätsabstimmung* bezeichnet man die kurzfristige Planungsarbeit, in der die vorhandene Kapazität mit den vorliegenden und durchzuführenden Werkaufträgen in Einklang gebracht werden muss. Die Kapazitätsabstimmung erfolgt kurzfristig durch eine *Kapazitätsabgleichung* bzw. kurz- oder mittelfristig durch eine *Kapazitätsanpassung*.

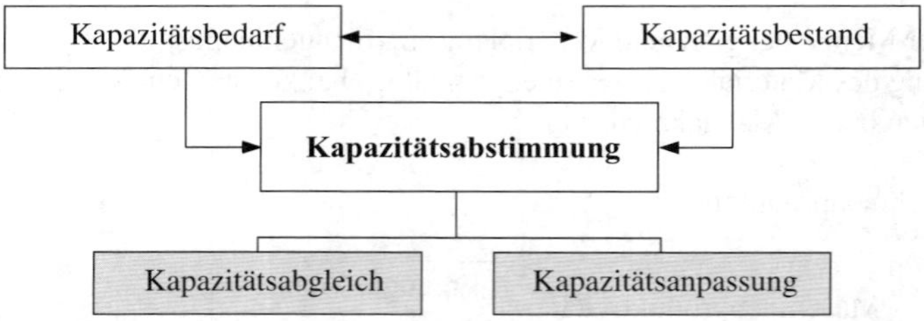

- *Kapazitätsabgleich:*
  Bei unverändertem Kapazitätsbestand wird versucht, die (kurzfristigen) Belegungsprobleme zu optimieren (z. B. Ausweichen, Verschieben, Parallelfertigung).

- *Kapazitätsanpassung:*
  Anpassung der Anlagen und ihrer Leistungsfähigkeit (kurz-/mittelfristiges Angebot) an die Nachfrage (Kundenaufträge). Kapazitätsanpassung durch Erhöhung der Kapazität:

  - Kurzfristig:
    · Überstunden/Mehrarbeit
    · zusätzliche Schichten,
    · Veränderung der Wochenarbeitszeit/Samstagsarbeit (Betriebsvereinbarung)
    · verlängerte Werkbank.

  - Mittelfristig:
    · Kauf/Bau neuer Anlagen, Gebäude
    · Fertigungstiefe verändern
    · Personalneueinstellungen.

Ein Anreiz (Motivation) für Überstunden (z. B. in Notsituationen) kann z. B. gegeben werden durch:

- Prämie
- Ausgleich in Form von Freizeit
- Einbindung der Mitarbeiter in die Notsituation
- Vorgesetzter erfüllt Vorbildfunktion.

Einen vollständigen Überblick über die Maßnahmen zur Anpassung der Normalkapazität an den Kapazitätsbedarf zeigt die nachfolgende Abbildung (vgl. ausführlich: 4.3.1):

Anpassung der Normalkapazität an den Kapazitätsbedarf • Verfahren und Beispiele

Kapazitätsanpassung, mittel-/langfristig	**Auftragsanpassung**	**Terminanpassung**	**Verfahrensanpassung**
• Kapazitätserweiterung • Kapazitätsverminderung • Kapazitätsumstrukturierung	• Vergabe von Aufträgen • Einholen von Lohnaufträgen • Losteilung	• Vorziehen • Zurückverlegen	• Anpassung - des Arbeitsplatzes - des Arbeitsgangs - der Arbeitsreihenfolge • Verbesserung der Vorrichtungen • Wertanalyse • Ergonomie • verbesserte Fertigungstechnologie

03. Wie wird der Soll-Ist-Vergleich im Rahmen der Budgetkontrolle konkret durchgeführt?

Nachfolgend ein vereinfachtes *Beispiel des Soll-Ist-Vergleiches* zu dem dargestellten Budget 2011:

Anfang April des lfd. Jahres erhält der Meister den folgenden Report seiner Kostenstelle über die zurückliegenden drei Monate Januar bis März (Abweichung absolut: [Ist - Soll]; Abweichung in % = [Ist - Soll] : Soll · 100):

Kostenstelle	**23031**		**Budget 2016**				**2016**	
Kostenart	**Plan (Soll)**		**Ist**				**Abweichung (Ist - Soll)**	
	p.a.	*aufgel.*	*Jan.*	*Feb.*	*März*	*aufgel.*	absolut	in %
Materialkosten	300	75	25	32	28	85	10	13,33
Personalkosten	288	72	24	25	26	75	3	4,17
Sondereinzelkosten	84	21	4	4	2	10	-11	-52,38
Sachkosten	36	9	3	2	2	7	-2	-22,22
Umlage	60	15	5	5	5	15	0	0,00
Gesamtkosten	**768**	**192**				**192**	**0**	**0,00**

Abweichungsanalyse und Beispiele für *Korrekturmaßnahmen zur Budgeteinhaltung*; dabei werden die Schlüsselfragen des Controllings eingesetzt (Wo? Wann? In welchem Ausmaß?):

Abweichung	Mögliche Ursache, z. B.:	Korrekturmaßnahme, z. B.:
1. Materialkosten um 10 T€ bzw. rd. 13 % überschritten	• Preisanstieg:	> Lieferantenwechsel > Änderung des Bestellverfahrens (Menge, Zeitpunkt) > Verhandlung mit dem Lieferanten > ggf. Wechsel des Materials
	• Mengenanstieg:	> erhöhter Materialverbrauch (Störungen beim Fertigungsprozess: menschbedingt, maschinenbedingt) > Mängel in der Materialausnutzung
	• Anstieg der Gemeinkosten:	> z. B. Materialgemeinkosten, kalkulatorische Kosten
	• zu geringer Planansatz:	> ggf. Korrektur des Planansatzes
2. Personalkosten um 3 T€ bzw. rd. 4 % überschritten	• Anstieg der Fertigungslöhne: - außerplanmäßige Lohnerhöhung (Tarif oder Einzelmaßnahme)	> Analyse der Lohnkosten/Lohnstruktur; ggf. Rationalisierung, Verbesserung der Produktivität, Verbesserung des Ausbildungsniveaus usw.
	• Anstieg der Sozialkosten (KV, RV, AV, PV, freiwillige Sozialkosten):	> ggf. längerfristige Korrektur im Bereich der betrieblichen Sozialleistungen oder Rationalisierung
	• Verschiebungen im Personaleinsatz:	> ggf. „zu teure Mitarbeiter“ eingesetzt, Korrekturen im Mitarbeitereinsatz
	• zu geringer Planansatz:	> ggf. Korrektur des Planansatzes
3. Unterschreitung der Sondereinzelkosten und der Sachkosten:	• ggf. zeitliche Verschiebung der Ausgaben	> weiterhin beobachten und ggf. Feinanalyse der betreffenden Kostenart
	• zu geringer Planansatz:	> ggf. Korrektur des Planansatzes

Insgesamt zeigt die Analyse einen *klaren Handlungsbedarf im Bereich der Materialkosten*; die Abweichung im Bereich der Personalkosten ist weder absolut noch relativ besonders kritisch; die Entwicklung sollte aufmerksam beobachtet werden.

Neben den oben dargestellten Möglichkeiten der Kostenabweichung sind weitere *Ursachen* generell denkbar, z. B.:

- Abweichungen im Beschäftigungsgrad (Änderung der fixen Stückkosten)
- erhöhte Kosten durch fehlende/falsche Planung und Durchführung der Instandhaltung
- erhöhte Personalkosten pro Stück durch hohen Krankenstand
- Veränderung der Rüstzeiten, Vorgabezeiten usw.

3.3 Beeinflussen der Kosten, insbesondere unter Berücksichtigung alternativer Fertigungskonzepte und bedarfsgerechter Lagerwirtschaft

3.3.1 Methoden der Kostenbeeinflussung

→ A 2.4, 2.2.3

Hinweis: Im Folgenden werden einige ausgewählte Ansätze zur Beeinflussung der für den Meister besonders relevanten Kostenarten behandelt. Die Übersicht ist nicht vollständig, sondern orientiert sich eng am Rahmenplan und berücksichtigt besonders alternative Fertigungskonzepte und Aspekte der Lagerwirtschaft.

01. Welche Kostenarten müssen vom Meister beachtet und gesteuert werden? Welche Methoden der Kostenbeeinflussung sind für den Meister besonders relevant?

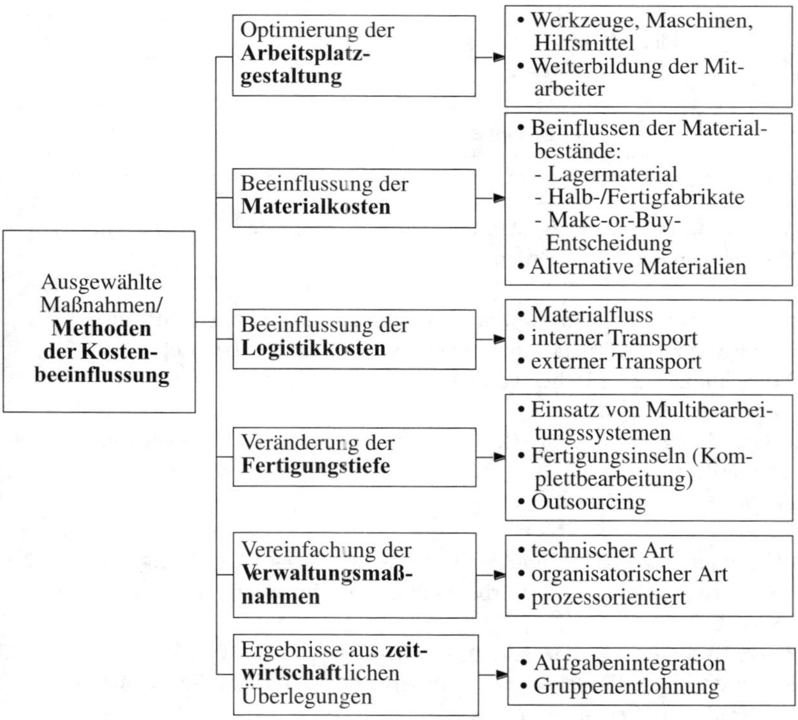

02. Durch welche Maßnahmen zur Optimierung der Arbeitsplatzgestaltung können die Kosten beeinflusst werden?

Zur Wiederholung:
Das Arbeitssystem umfasst folgende Elemente: → **A 2.1.3**

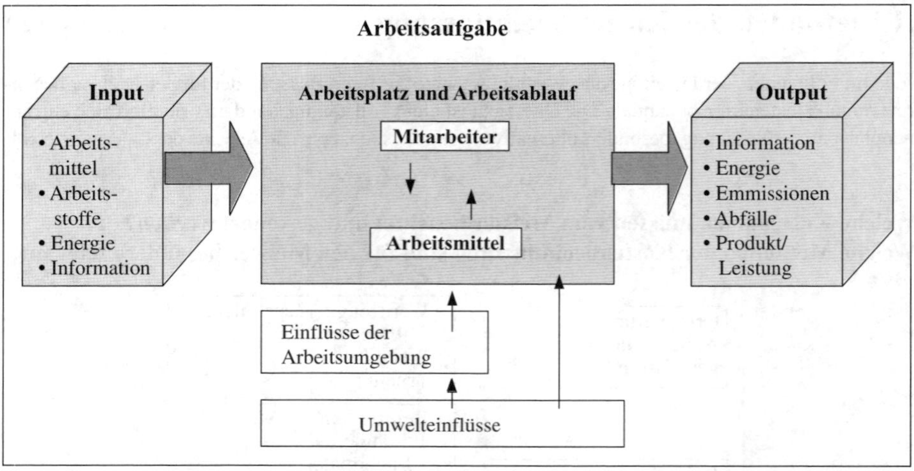

Das Arbeitssystem bzw. die Arbeitsplatzgestaltung kann – im Sinne der Kostenbeeinflussung – durch folgende Maßnahmen optimiert werden:

1. *Einsatz verbesserter Arbeits- und Betriebsmittel* (Werkzeuge, Maschinen, Hilfsmittel), z. B.:
   - Entlastung der eingesetzten Körperkräfte durch Maschinen und Hilfsmittel
   - Einsatz von Vorrichtungen zum Heben von Lasten
   - Einsatz von Fördereinrichtungen
   - ergonomische Gestaltung der Arbeitsmittel (Griffmulden, Gewicht, Farbgestaltung, Sicherheitsbestimmungen).

   Vgl. ausführlich unter 5.2.2, Betriebsmittelplanung.

2. *Ergonomische Gestaltung der Arbeitsplätze,* z. B.: → **A 2.2.7, A 2.4, A 4.2.2, 2.2.3**
   - Einhalten der Arbeitssicherheit und der Arbeitsschutzbestimmungen (vgl. Kapitel 6, AUG)
   - Einsatz der REFA-Systematik zur Gestaltung von Arbeitssystemen (vgl. 4.3.2)
   - Gestaltung der Arbeitsplätze (Beachtung der Körpermaße, Raum- und Sitzbedarf Arbeitsflächen, Greifraum, Sehbereich)
   - Gestaltung der Arbeitsumgebung (Raumklima, Lüftung, Farbgebung, Beleuchtung, Lärmschutz, Brandschutz).

Vgl. zum Thema „Ergonomische Arbeitsplatzgestaltung" auch die Übersicht auf der nächsten Seite sowie ausführlich unter 3.2.2 ff. (mehrfache Überschneidung im Rahmenplan).

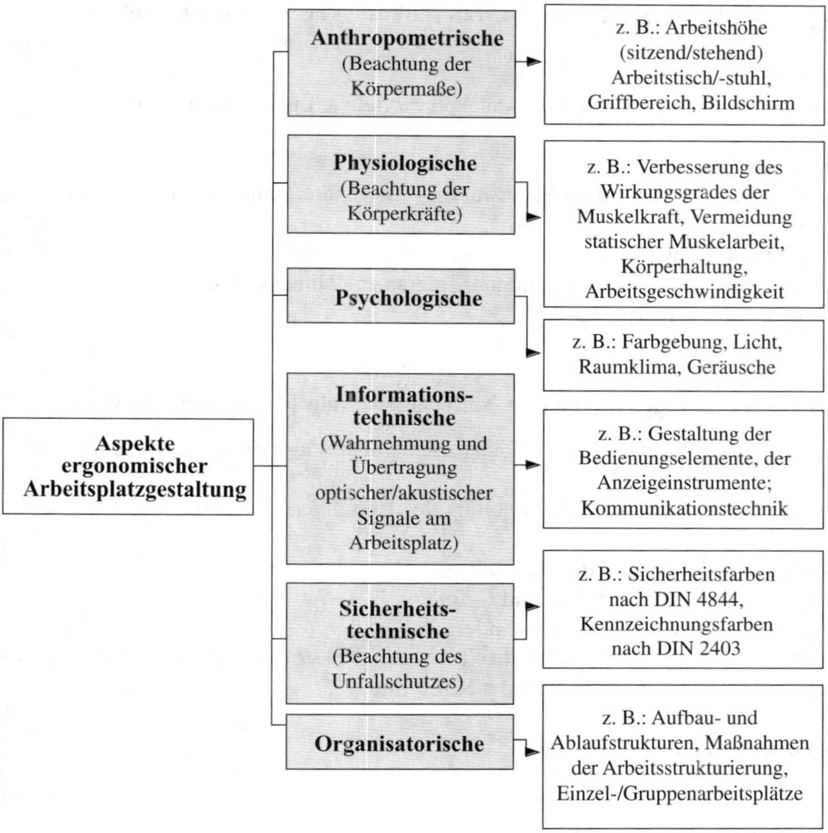

3. *Weiterbildung der Mitarbeiter*, z. B.: → **7.4**
   - Verbesserung der Qualifikationen
   - KVP
   - BVW.

Zusammenfassung: Die *Basisfaktoren der menschlichen Arbeitsleistung* sind (vgl. A 4.2.2):

- die Arbeitsfähigkeit (das „Können")
- die Arbeitsbereitschaft (das „Wollen")
- die Arbeitsbedingungen (das „Ermöglichen").

Die optimale Gestaltung der Arbeitsplätze und der Arbeitsumgebung soll die menschliche Arbeitsleistung fördern und zur Zufriedenheit der Mitarbeiter beitragen (vgl. Maslow/Herzberg). Fehlentwicklungen auf diesem Sektor beeinflussen die Kostenentwicklung negativ, z. B.: Fluktuation, Fehlzeiten, Arbeitsunfälle, Minderleistung, sinkende Qualität/Reklamationskosten, verminderte Leistungsbereitschaft und ähnliche, unerwünschte Folgen.

03. Durch welche Maßnahmen können die Materialkosten beeinflusst werden?

→ 3.2.1, 4.2.2

- *Materialeinstandspreise:*
  - Senkung der Materialkosten z. B. durch Angebotsvergleiche/Lieferantenauswahl

- *Änderungen in der Konstruktion:*
  - Senkung der Materialkosten durch Substitution (Verwendung anderer kostengünstigerer Materialien)
  - Veränderung/Überprüfung der notwendigen Materialeigenschaften
  - Überprüfung der notwendigen Abmessungen, Toleranzen, Dimensionierungen
  - Verbesserung der Montageeigenschaften.

04. Durch welche Maßnahmen können die Materialbestände/-kosten beeinflusst werden?

- Überprüfung der Bedarfsermittlung (verbrauchsgesteuerte/auftragsorientierte Materialbedarfsermittlung)
- Verringerung der Bestellkosten durch Änderung des Bestellverfahrens (Bestellmengenoptimierung)
- Veränderung der Lagerhaltung (z. B. JiT, Kanban)
- Verringerung der Lagerbestände bei B- und C-Teilen
- Überprüfung der Höhe der Sicherheitsbestände
- Anwenden des Fifo-Prinzips bei verfallskritischen Verbrauchsstoffen, z. B. Kühlschmiermittel
- Vermeidung von Ausschuss, Reduzierung der Schrottmenge.

Vgl. ausführlich unter 4.2.2, Mengenplanung.

05. Mit welchen Maßnahmen der Veränderung der Fertigungstiefe können die Kosten beeinflusst werden?

- Kostenvergleich von Eigen- und Fremdfertigung (Make-or-Buy-Analyse)
- Outsourcing („verlängerte Werkbank")
- Einsatz von Multibearbeitungssystemen (flexible Bearbeitungszentren, Mehrmaschinensysteme)
- Optimierung der Fertigungs- und Montagestrukturen (vgl. ausführlich: 4.1.3), z. B. Einrichtung von Formen der Gruppenfertigung (Fertigungsinseln, teilautonome Gruppen).

06. Welche Maßnahmen der Zeitwirtschaft sind geeignet, die Kosten zu beeinflussen?

- Optimierung der Belegungszeit der Betriebsmittel
- Verbesserung des Leistungsgrades (Qualifizierung, Arbeitsplatzgestaltung)
- „Neue Formen der Zusammenarbeit" (NFZ), z. B. Autonomie/Teilautonomie der Fertigungsgruppen
- Überprüfen der Vorgabezeiten bei Veränderung der Fertigungsbedingungen
- Einführung geeigneter Entlohnungsformen (Einzel-/Gruppenakkordlohn, Einzel-/Gruppenprämienlohn, Pensumlohn)

- Gestaltung von Prämien (Mengen-, Ersparnis-, Anwesenheitsprämie u. Ä.; vgl. ausführlich: A 2.4.2)
- Einführung motivierender Führungsmodelle (MbO, KVP; vgl. ausführlich: A 4.5).

07. Durch welche Maßnahmen können die Logistikkosten beeinflusst werden? → 4.5
Hinweis:
Die nachfolgende Abbildung zeigt den Fertigungsprozess in Verbindung mit den vor- und nachgelagerten Bereichsprozessen (Beschaffungs- und Absatzprozess sowie der integrative Logistikprozess) und ordnet die Möglichkeiten der Kostenbeeinflussung den einzelnen Bereichsprozessen zu. Anschließend werden die unterschiedlichen Methoden der Kostenbeeinflussung im Einzelnen betrachtet:

Möglichkeiten der Kostenbeeinflussung durch Steuerung der ...

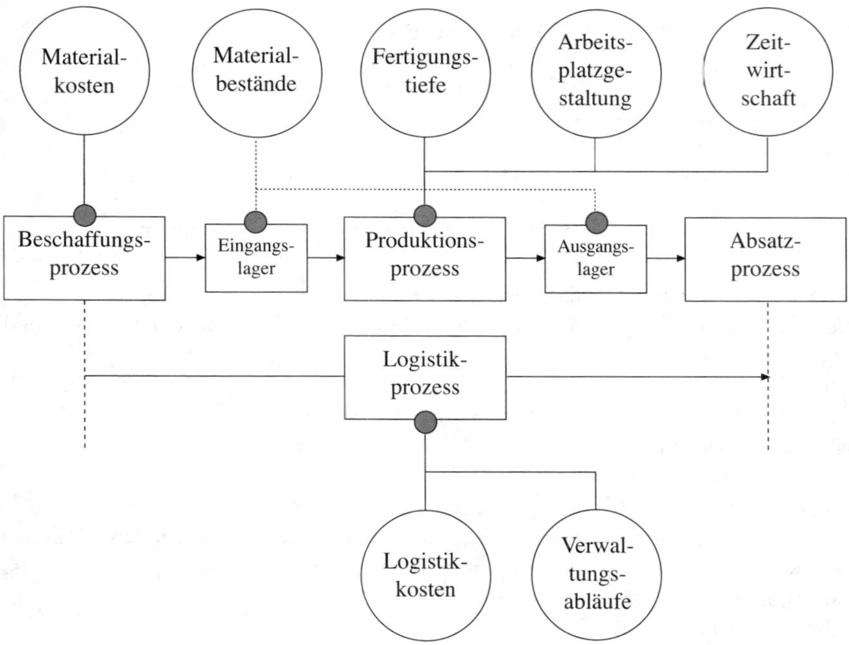

- *Optimierung der Produktionslogistik*, z. B. durch
  - Gestaltung der Fertigungsstrukturen
  - Gestaltung der Produktionsabläufe
  - Einsatz von CAX-Verfahren
  - Vermeidung von Ausfällen und a.o. Abschreibungen der Anlagen durch vorbeugende Instandhaltung.

- *Optimierung der Beschaffungslogistik*, z. B. durch
  - Lieferantenauswahl/-bewertung
  - Steuerung der Fertigungstiefe

- Produktionssynchrone Anlieferung (JiT)
- Global Sourcing, Modular Sourcing
- Reduzierung von Leistungsstörungen im Beschaffungsprozess, z. B. durch geeignete Vertragsgestaltung mit dem Lieferanten.

• *Optimierung der Absatzlogistik,* z. B. durch
- Verbesserung der Auftragsabwicklung
- Vergleich: Transport durch Eigen- oder Fremdleistung
- Optimierung der internen und externen Transportwege und -mittel
- Einsatz von Telekommunikation zur Steuerung des externen Transports (DSL, GPS)
- Zusammenfassung von Transportmaßnahmen.

08. Wie können Verwaltungsabläufe vereinfacht werden?

• *Optimierung der Verwaltungsabläufe technischer Art*, z. B.:
NC-Programmierung, SPS, Qualitäts-/Werkstoffprüfung, Erstellen von Zeichnungen und Stücklisten.
→ Geeignete Maßnahmen, z. B.:
- DV-gestützte Informationsverarbeitung (vgl. 4.4.1, 8)
- Einsatz integrierter Systeme der Konstruktion, Fertigung usw.

• *Optimierung der Verwaltungsabläufe organisatorischer Art*, z. B.:
Bearbeiten von Kundenanfragen, Angebotserstellung, Berichtswesen, Schichtpläne, Maschinenbelegung, Kapazitätsplanung, Personaleinsatz, Urlaubsplanung, Vorbereitung von Meetings, Reklamationsbearbeitung, Rechnungsschreibung.
→ Geeignete Maßnahmen, z. B.:
- Dv-gestützte Auftragsabwicklung
- Dv-gestütztes Berichtswesen (Intranet, Internet)
- Personalinformationssystem (PIS)
- Checklisten, Musterschreiben, Textverarbeitungs-/Grafiksoftware (vgl. ausführlich: 4.1.5, 4.4.2).

• *Optimierung der Verwaltungsabläufe prozessorientierter Art*, z. B.: Bereichsprozesse, Gruppenprozesse, Einzelarbeitsprozesse.
→ Geeignete Maßnahme:
- Analyse der Prozesse und Optimierung unter den Aspekten Zeit, Kosten, Effizienz, Wirtschaftlichkeit und Zielbeitrag (vgl. ausführlich: 4.1.4)
- Einsatz geeigneter Analyse- und Entscheidungstechniken (vgl. A 3.2).

09. Wie können die Gemeinkosten am Arbeitsplatz beeinflusst werden?

Kostenbewusster Umgang

- *mit Verbrauchs- und Hilfsstoffen* (Schmiermittel, Putzwolle, Arbeits- und Sicherheitsbekleidung)

- *mit Energie* (Heizung, Klima, Druckluft, Energierückgewinnung, Brauchwasseraufbereitung, Energiesparlampen, Vermeidung von Leckagen)

- *mit Kommunikationseinrichtungen* (Porto, Telefon, Telefax, Internet usw.)

- *mit Büromaterial.*

10. Welche Maßnahmen sind geeignet, um die Personalkosten zu beeinflussen?

Abgesehen von direkten Maßnahmen des Personalabbaus sollte der Meister z. B. beachten:

- keine Anordnung vermeidbarer Überstunden
- Vermeidung von Unfällen durch sicherheitsbewusstes Arbeiten
- Beachten und ggf. reduzieren des Krankenstandes (z. B. Rückkehrgespräche, Betreuung)
- Vermeidung von Fehlern und Nacharbeiten
- ggf. den Einsatz flexibler Arbeitszeitmodelle vorschlagen/einführen
- effektive Nutzung der Regelarbeitszeit.

11. Welche kalkulatorischen Wagniskosten kann der Meister beeinflussen?

- *Anlagewagnis:* Vermeidung fehlerhafter Maschinenbedienung, nachlässiger/fehlender Wartung
- *Beständewagnis:* Vermeidung von Diebstahl, Überalterung, Verderb, Schwund
- *Fertigungswagnis:* Vermeidung von Nacharbeit, Mehrarbeit, Mehrverbrauch.

3.3.2 Kostenbeeinflussung aufgrund von Ergebnissen der Kostenrechnung

→ 3.5, 3.6

Hinweis: Die nachfolgenden Ausführungen setzen die Kenntnis der Kostenarten-, Kostenstellen- und Kostenträgerrechnung voraus (vgl. 3.5 und 6.6). Wir empfehlen daher, diese beiden Abschnitte erst zu bearbeiten und danach den Text unter Ziffer 3.3.2 zu lesen. Für das Verständnis des Lesers wäre es günstiger gewesen, wenn der Rahmenplan die Erkenntnisse, die der Praktiker aus der Kostenrechnung ableiten kann, dem Gebiet 3.5 f. zugeordnet hätte.

01. Welche Erkenntnisse und Maßnahmen zur Kostenreduzierung kann der Meister aus der Kostenstellenrechnung ableiten?

Beispiele für geeignete Fragestellungen/Analysen:

1. Entspricht die *Gliederung der Kostenstellen* den betrieblichen Funktionen und der Fertigungsstruktur?

2. Ist eine verursachergerechte *Zuordnung der Gemeinkosten* gewährleistet? Entsprechen die gewählten *Verteilungsschlüssel* noch der Inanspruchnahme der Ressourcen (Auswertung des BAB)?

3. Überprüfen der Kostenentwicklung der Kostenstelle: Wird das *Kostenbudget eingehalten*? Wo, in welchem Ausmaß und zu welchem Zeitpunkt treten Kostenüberschreitungen ein? Mit welchen *Maßnahmen* muss gegengesteuert werden?

4. Werden den verrechneten *Normalkosten* die *Istkosten* gegenüber gestellt? Ergeben sich im *Soll-Ist-Vergleich* Kostenüber-/Kostenunterdeckungen? Ist eine Korrektur der Normalzuschläge erforderlich?

02. Welche Erkenntnisse und Maßnahmen zur Kostenreduzierung kann der Meister aus der Kostenträgerrechnung ableiten?

Beispiele für geeignete Fragestellungen/Analysen:

1. Kostenträgerzeitraumrechnung:
Auswertung des Kostenträgerblattes je Periode (BAB II): Welchen Ergebnisbeitrag liefern die einzelnen Leistungen/Produkte? Sind Korrekturmaßnahmen erforderlich?

2. Welche Erkenntnisse liefert die *Nachkalkulation* (auf *Istkosten*basis) im Verhältnis zur Vorkalkulation (auf *Normalkosten*basis)? Wie kann die Nachkalkulation genutzt werden, um zukünftige Gewinnschmälerungen zu vermeiden?

3. Bei welchen Aufträgen ist eine *mitlaufende Kalkulation* erforderlich?

4. Entspricht das gewählte *Kalkulationsverfahren* (z. B. Zuschlags-/Divisionskalkulation) noch dem Fertigungsverfahren?

5. Muss von der *summarischen Zuschlagskalkulation* auf die *differenzierte* gewechselt werden?

6. Ist aufgrund der zunehmenden Automatisierung die *Kalkulation mit Maschinenstundensätzen* erforderlich?

7. Müssen bei der Divisionskalkulation mit *Äquivalenzziffern* die Verhältniswerte zur Einheitssorte geändert werden, weil sich die Fertigungsbedingungen geändert haben?

03. Welche Erkenntnisse und Maßnahmen zur Kostenreduzierung kann der Meister aus der Deckungsbeitragsrechnung ableiten?

Beispiele für geeignete Fragestellungen/Analysen:

1. Welchen *Deckungsbeitrag* (DB) leistet das einzelne *Produkt*? Ist der DB noch ausreichend oder müssen Änderungen des Fertigungssortiments vorgenommen werden?

2. In welchen Fällen kann ein *Auftrag* angenommen werden, obwohl er nicht alle Fixkosten deckt (z. B. bei Unterbeschäftigung)?

3. Wie kann eine Senkung der Fixkosten realisiert werden, um den Deckungsbeitrag eines Auftrages zu verbessern?

4. Welche variablen Kosten können beeinflusst werden, um den Deckungsbeitrag eines Auftrages zu verbessern?

3.4 Beeinflussung des Kostenbewusstseins der Mitarbeiter und Mitarbeiterinnen bei unterschiedlichen Formen der Arbeitsorganisation

3.4.1 Darstellung der Fertigungskosten als Teil der betrieblichen Leistungserstellung

01. Welche Zusammenhänge zwischen Kosten und Leistungen bezogen auf eine Kostenstelle muss der Mitarbeiter kennen?

Hinweis: Auch hier wird empfohlen, vor der Lektüre dieses Abschnitts erst die Ziffern 3.5 und 3.6 zu bearbeiten.

Die Kostenstellen im Fertigungsbereich unterliegen dem Prinzip der Wirtschaftlichkeit; vereinfacht man die Zusammenhänge so gilt:

Kostenstelle 33061			
Kosten, Klasse 6, 7		**Erträge (Leistungen), Klasse 5**	
Fertigungskosten: Fertigungseinzelkosten Fertigungsgemeinkosten Sondereinzelkosten		**Umsatzerlöse** **Mehrbestände**	**300.000**
Materialkosten: Materialeinzelkosten Materialgemeinkosten			
Gemeinkostenumlage: Verwaltungskosten Vertriebskosten Kapitalkosten Arbeitsplatz, Anlagen	**260.000**		
Betriebsergebnis	**40.000**		
	300.000		**300.000**

1. *Kosten:*
Im Rahmen des Fertigungsprozesses werden Ressourcen in Anspruch genommen und führen betriebswirtschaftlich zu *Kosten* (Fertigungskosten, Materialkosten sowie Gemeinkosten, mit denen die Kostenstelle in Form der Umlage belastet wird, z. B. Verwaltungs-, Vertriebs-, Kommunikationskosten u. Ä.).

2. *Leistungen:*
Die von der Kostenstelle erbrachten *Leistungen* werden verkauft bzw. auf Lager genommen – führen also betriebswirtschaftlich zu Umsatzerlösen bzw. (Lager)Mehrbeständen.

3. *Betriebsergebnis = Leistungen - Kosten*
Per Saldo ergibt sich aus der Gegenüberstellung von Kosten und Leistungen das Betriebsergebnis (+/–) einer Kostenstelle.

Geht man davon aus, dass die Gemeinkostenumlage für den Meister eine kurzfristig nicht zu beeinflussende Größe ist, so bedeutet dies:

→ Jede Maßnahme, die zu einer Verschlechterung der Leistung pro Zeiteinheit führt, hat bei sonst konstanten Bedingungen eine Verschlechterung des Betriebsergebnisses der Kostenstelle zur Folge.

→ Analog gilt dies für jede Entwicklung/Maßnahme, die zu einem Kostenanstieg pro Auftrag, pro Vorgang usw. führt.

Diese Zusammenhänge muss der Meister den Mitarbeitern und Mitarbeiterinnen seines Verantwortungsbereichs verdeutlichen!

Weiterhin sollte der Vorgesetzte die Mitarbeiter über den grundsätzlichen Aufbau des Betriebsabrechnungsbogens informieren sowie den Zweck des BAB erläutern (vgl. 3.5.3). Außerdem sollte er sie einbeziehen in die Bewertung von Soll-Ist-Abweichungen, das Erkennen von Ursachen und die Entwicklung von Maßnahmen zur Gegensteuerung bei Kostenüberschreitungen.

3.4.2 Einbeziehung der Mitarbeiter und Mitarbeiterinnen in die Kostenbewertung

01. Wie kann der Meister die Mitarbeiter in die Bewertung von Kostenabweichungen einbeziehen?

Die Beantwortung der Frage erfolgt anhand eines Fallbeispiels:

Beispiel:
Die nachfolgende Tabelle zeigt den (vereinfachten) Kostenreport (das Kostenbudget) der Kostenstelle 33061 (Meisterbereich Schweißen) für den Monat Juni (alle Angaben in Euro). Die Kostenstelle war zu 100 % ausgelastet. Der Kostenstellenverantwortliche, Herr Hubert Kantig, hat die Aufgabe, die dargestellten Abweichungen mit seinen Mitarbeitern zu besprechen, d. h. die Abweichungen zu bewerten, die Ursachen zu erkennen und geeignete Korrekturmaßnahmen zu vereinbaren. Dabei werden Verantwortlichkeiten und Termine im Ergebnisprotokoll notiert.

Bevor Herr Kantig mit der eigentlichen Analyse des Kostenreports beginnt, erläutert er seinen Mitarbeitern die „4 klassischen Fragen des Controllers“:

1. Wo war die Abweichung?
2. Wann war die Abweichung?
3. In welchem Ausmaß war die Abweichung?
4. Welche Korrekturmaßnahmen sind erforderlich?

Außerdem verdeutlicht er „seinen Leuten“, dass es im Controlling nicht darum geht, „Erbsen zu zählen“ und „Schuldige zu finden“, sondern gravierende Fehlentwicklungen zu erkennen und abzustellen.

Meisterbereich:	*Schweißen*		Monat:	*Juni*
Leiter:	*Kantig, Hubert*			
Kostenstelle:	*33061*			
Kostenart	**Sollkosten**	**Istkosten**	**Abweichung**	
			absolut Ist - Soll	**in %** (Ist - Soll) : Soll · 100
Fertigungslöhne	120.000	126.000	6.000	5,00
Hilfslöhne	10.000	12.000	2.000	20,00
Gehälter	12.000	12.000	0	0,00
Werkstoffe	8.000	7.000	-1.000	-12,50
Energiekosten	8.000	9.200	1.200	15,00
Instandhaltung	3.000	2.500	-500	-16,67
Werkzeugkosten	2.000	3.000	1.000	50,00
Raumkosten	5.000	5.000	0	0,00
Kalk. Abschreibungen	14.000	14.000	0	0,00
Kalk. Zinsen	4.000	4.000	0	0,00
Summe	186.000	194.700	8.700	4,68

Die Besprechung führt zu folgenden Ergebnissen (ausgewählte Beispiele; verkürzt):

Ergebnisprotokoll	*Besprechung vom 10.07.20..*	**Teinehmer:** ...
Thema:	*Analyse des Kostenreports Meisterbereich Schweißen*	
Kostenart:	**Bewertung der Abweichung:**	**Korrekturmaßnahme:** V: Verantwortlich; T: Termin
Fertigungslöhne	Obwohl die Kostenüberschreitung nur 5 % beträgt, besteht Handlungsbedarf, da die Kostenüberschreitung absolut bei bei 6 T€ liegt.	Herr Kantig vermutet, dass die Abweichung auf drei „vorgezogene" Umgruppierungen zurückzuführen ist. Er wird dies im Gespräch mit der Abt. Kostenrechnung klären. V: Herr Kantig T: bis 15.07.
Hilfslöhne	Die Abweichung ist absolut zwar nicht gravierend, muss jedoch bei einer Höhe von 20 % beachtet werden.	Ist erledigt; war nicht vermeidbar. Wegen Erkrankungen mussten kurzfristig zwei Aushilfskräfte von einem Zeitarbeitsunternehmen eingestellt werden.
Werkstoffe	Es muss in Erfahrung gebracht werden, ob der geringere Werkstoffverbrauch „zufällig" war oder sich maßnahmenbedingt ergeben hat.	Der Werkstoffverbrauch im Monat Juni soll analysiert werden: Liegt eine Mengen- oder eine Wertänderung vor? Welche Rückschlüsse können abgeleitet werden? V: Herr Kurz T: bis zur nächsten Besprechung
Energiekosten	Die Betriebsleitung hat Herrn Kantig bereits mitgeteilt, dass sich der Fixkostenanteil in den Energiekosten erhöht hat (Anhebung der Umlage); für die zukünftigen Monate wird das Rechnungswesen den Sollwert korrigieren.	Ist erledigt; war nicht vermeidbar. Planwert wird korrigiert. V: – T: –
Instandhaltung	Vgl. Kostenart „Werkstoffe"	V: – T: –
Werkzeugkosten	Vgl. Kostenart „Hilfslöhne"	Abweichung ist bekannt: Mit Genehmigung der Betriebsleitung wurde das dringend erforderliche Spezialwerkzeug RADO KX beschafft.
Summe	Die Kostenüberschreitung ist mit rd. 5 % noch relativ vertretbar; trotzdem sind geeignete Maßnahmen zur Gegensteuerung zu gestalten. Würde sich diese Entwicklung – bei sonst unveränderten Bedingungen – fortsetzen, hätte die Kostenstelle eine Ergebnisreduzierung von insgesamt rd. 61.000 € zu vertreten (= 7 · 8.700 €).	In der nächsten Sitzung mit der Betriebsleitung wird Herr Kantig die Abweichungen kommentieren und über die eingeleiteten Maßnahmen berichten. V: Herr Kantig T: 26.07.

3.5 Erstellen und Auswerten der Betriebsabrechnung durch die Kostenarten-, Kostenstellen- und Kostenträgerzeitrechnung

Hinweis: Bitte beachten Sie, dass sich die Darstellungen in Ziffer 3.5 und 3.6 auf die Istkostenrechnung beziehen.

3.5.1 Kostenartenrechnung als Grundlage der Kostenrechnung

01. Welche Stufen/Teilgebiete umfasst die Kosten- und Leistungsrechnung (KLR)?

→ 3.1.1

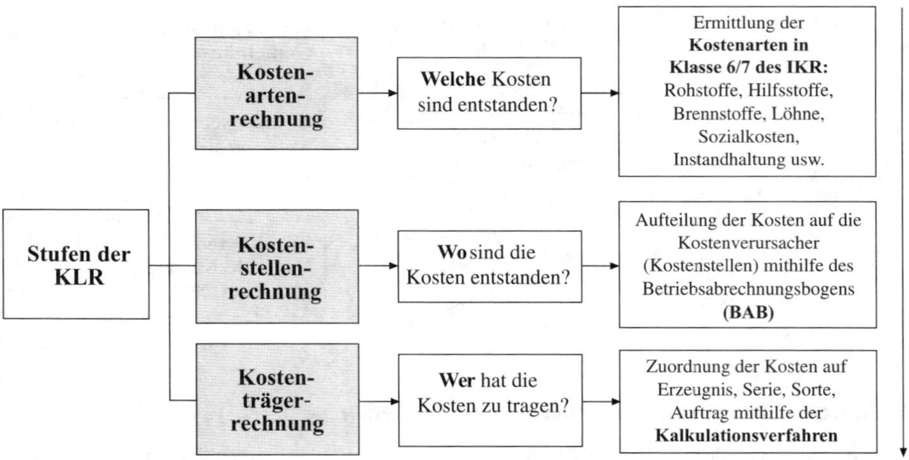

02. Welche Aufgabe hat die Kostenartenrechnung?

Die Kostenartenrechnung hat die Aufgabe, alle Kosten zu erfassen und in Gruppen systematisch zu ordnen. Die Fragestellung lautet:

→ ***Welche*** *Kosten sind entstanden?*

03. Nach welchen Merkmalen können Kostenarten gegliedert werden?

04. Wie werden Einzel- und Gemeinkosten unterschieden?

- *Einzelkosten können* dem Kostenträger (Produkt, Auftrag) *direkt zugerechnet* werden, z. B.:

Einzelkosten, z. B.	Zurechnung, z. B. über
- Fertigungsmaterial - Fertigungslöhne - Sondereinzelkosten	→ Materialentnahmescheine, Stücklisten → Lohnzettel/-listen, Auftragszettel → Auftragszettel, Eingangsrechnung

- *Gemeinkosten* fallen für das Unternehmen insgesamt an und *können* daher *nicht direkt* einem bestimmten Kostenträger *zugerechnet werden*. Man erfasst die Gemeinkosten zunächst als Kostenart auf bestimmten Konten der Finanzbuchhaltung. Anschließend werden die Gemeinkosten über geeignete *Verteilungsschlüssel* auf die Hauptkostenstellen umgelegt (vgl. unten: Betriebsabrechnungsbogen; BAB) und später den Kostenträgern prozentual zugeordnet.

Beispiele: Materialgemeinkosten = Abschreibungen, Zinsen, Steuern, Versicherungen, Gehälter usw.

05. Wie werden fixe und variable Kosten unterschieden?

Die nachfolgende Abbildung zeigt *schematisch den Verlauf der fixen und variablen Kosten* sowie *der jeweiligen Stückkosten* bei Veränderungen der Beschäftigung. Dabei ist:

x = Ausbringungsmenge in Stück (Beschäftigung)
K = Gesamtkosten
k = Durchschnittskosten
K´ = Grenzkosten

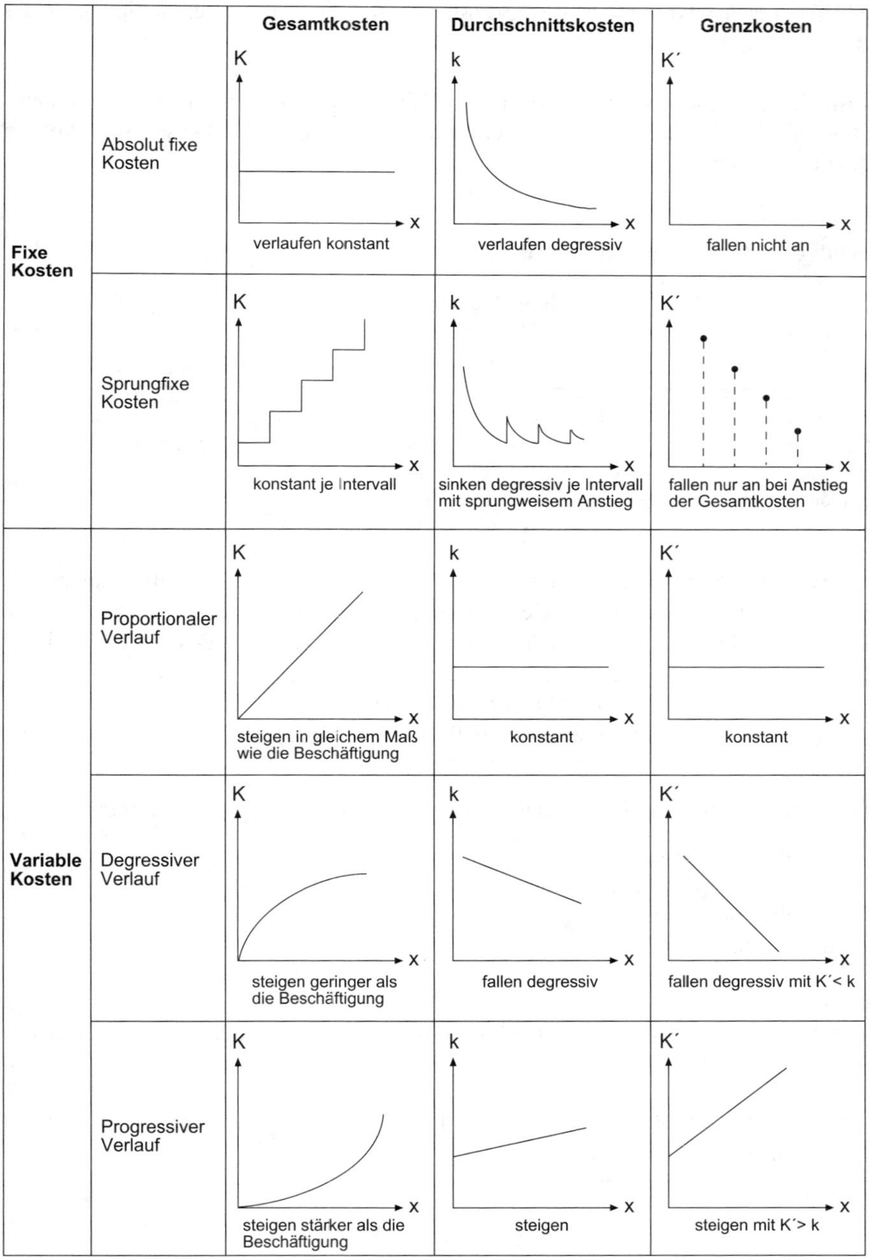

- *Fixe Kosten sind beschäftigungsunabhängig* und für eine bestimmte Abrechnungsperiode konstant (z. B. Kosten für die Miete einer Lagerhalle). Bei steigender Beschäftigung führt dies zu einem Sinken der fixen Kosten pro Stück (sog. *Degression der fixen Stückkosten*).

- *Variable Kosten verändern sich mit dem Beschäftigungsgrad*; steigt die Beschäftigung, so führt dies z. B. zu einem Anstieg der Materialkosten und umgekehrt. Bei einem proportionalen Verlauf der variablen Kosten sind die variablen Stückkosten bei Änderungen des Beschäftigungsgrades konstant.

- *Mischkosten* sind solche Kosten, die fixe und variable Bestandteile haben (z. B. Kommunikationskosten: Grundgebühr + Gesprächseinheiten nach Verbrauch; ebenso: Stromkosten, Instandhaltungskosten).

06. Wie erfolgt die Auflösung von Mischkosten?

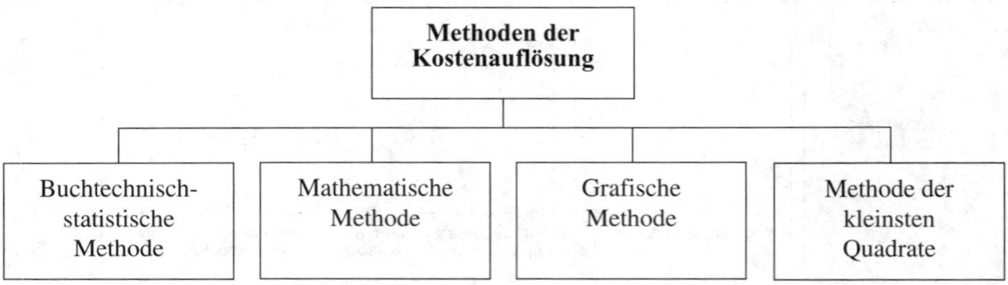

- Bei der *buchtechnisch-statistischen Methode* werden die Gesamtkosten daraufhin untersucht, wie sie sich bei einer Änderung der Beschäftigung verhalten. Die Gesamtkosten werden näherungsweise mithilfe des *Reagibilitätsgrades* R in fixe und variable Bestandteile zerlegt.

$$R = \frac{\text{Prozentuale Kostenänderung}}{\text{Prozentuale Beschäftigungsänderung}}$$

Je nach der Größe des Reagibilitätsgrades lässt sich folgende *Einteilung* vornehmen:

$R > 1$ variable, progressive Kosten
$R = 1$ variable, proportionale Kosten
$0 < R < 1$ variable, degressive Kosten
$R = 0$ fixe Kosten

Beispiel:
Die Beschäftigung wird von 1.000 auf 1.400 Stück erhöht (40 %); die Gesamtkosten steigen daraufhin von 40.000 auf 44.000 € (10 %):

$$R = \frac{\text{Prozentuale Kostenänderung}}{\text{Prozentuale Beschäftigungsänderung}} = \frac{10\,\% \cdot 100}{40\,\%} = 25\,\%$$

Es ergibt sich folgende Kostenaufteilung:

Beschäftigung in Stück	**Variable Kosten** 25 %	**Fixe Kosten** 75 %	**Gesamtkosten** 100 %
1.000	10.000	30.000	40.000
1.400	11.000	33.000	44.000

- Bei der *mathematischen Methode* wird ein linearer Kostenverlauf unterstellt. Es wird der Differenzenquotient K' aus der Kostenspanne $K_2 - K_1$ und der Beschäftigungsspanne $x_2 - x_1$ gebildet; das Ergebis des Quotienten wird als variabler Kostenbestandteil pro Stück k_v angesetzt:

$$K' = k_v = \frac{\text{Kostenspanne}}{\text{Beschäftigungsspanne}} = \frac{K_2 - K_1}{x_2 - x_1} = \text{€/Stück}$$

Beispiel:
Die Erhöhung der Beschäftigung von 1.000 (x_1) auf 1.400 Stück (x_2) führt zu einem Anstieg der Kosten von 40.000 (K_1) auf 48.000 € (K_2).

$$K' = k_v = \frac{K_2 - K_1}{x_2 - x_1} = \frac{48.000\text{ €} - 40.000\text{ €}}{1.400\text{ Stück} - 1.000\text{ Stück}} = 20\text{ €/Stück}$$

Der Fixkostenbestandteil K_f an den Gesamtkosten K ergibt sich als:

$$K_f = K_1 - (k_v \cdot x_1)$$
$$= 40.000\text{ €} - (20\text{ €/Stück} \cdot 1.000\text{ Stück})$$
$$= 20.000\text{ €}$$

oder:

$$K_f = K_2 - (k_v \cdot x_2)$$
$$= 48.000\text{ €} - (20\text{ €/Stück} \cdot 1.400\text{ Stück})$$
$$= 20.000\text{ €}$$

Achtung: Die Anwendung des Differenzenquotienten ist häufig Gegenstand der Prüfung.

$$K_f = K - k_v \cdot x$$

07. Wie ist der Industriekontenrahmen (IKR) gegliedert?

Der IKR wird seit 1970 vom Bundesverband der Deutschen Industrie e.V. (BDI) empfohlen; im Jahr 1986 wurde er überarbeitet und umfasst insgesamt zehn Kontenklassen:

Industriekontenrahmen (IKR)			
Aktiva	Anlage-vermögen	Klasse 0	Immaterielle Vermögensgegenstände und Sachanlagen
		Klasse 1	Finanzanlagen
	Umlauf-vermögen	Klasse 2	Umlaufvermögen und aktive Rechnungsabgrenzung
Passiva		Klasse 3	Eigenkapital und Rückstellungen
		Klasse 4	Verbindlichkeiten und passive Rechnungsabgrenzung
Erträge		Klasse 5	Erträge
Aufwendungen		Klasse 6	Betriebliche Aufwendungen
		Klasse 7	Weitere Aufwendungen
Ergebnisrechnungen		Klasse 8	Ergebnisrechnungen
Kosten- und Leistungsrechnung		Klasse 9	Kosten- und Leistungsrechnung

- Der IKR ist nach dem *Zweikreissystem* gegliedert: Er enthält im

Rechnungskreis I	=	Kontenklasse 0 bis 8 die Konten der Geschäfts- und Finanzbuchführung,
Rechnungskreis II	=	Kontenklasse 9 die Betriebsbuchführung.

08. Welche Vorteile hat die Anwendung des IKR?

Der IKR bietet den Industrieunternehmen eine einheitliche Grundstruktur für die Gliederung und Bezeichnung der Konten. Damit wird die buchhalterische Erfassung der Geschäftsvorgänge vereinfacht und vereinheitlich. Zeitvergleiche und Betriebsvergleiche sowie die Prüfung der Kontierung sind leichter möglich.

Der Kontenrahmen ist unterteilt in zehn Konten*klassen* (1-stellige Ziffer), in zehn Konten*gruppen* (2-stellige Ziffer) und in zehn Konten*arten* (3-stellige Ziffer). Die Konten*unterarten* können vom Unternehmen individuell benannt werden – je nach den betrieblichen Erfordernissen (Kontenplan).

09. Was ist ein Kontenplan?

Der *Kontenplan* wird aus dem Kontenrahmen abgeleitet und ist auf die Belange des betreffenden Unternehmens speziell ausgerichtet: Er enthält die Grundstruktur des Kontenrahmens, führt jedoch nur die Konten, die das betreffende Unternehmen benötigt und spezifiziert die Bezeichnung in der Konten*unterart.*

Beispiel:

Kontenrahmen und Kontenplan			
Kontenklasse	6	Betriebliche Aufwendungen	**Kontenrahmen**
Kontengruppe	62	Löhne	**Kontenrahmen**
Kontenart	623	Freiwillige Zuwendungen	**Kontenplan**
Kontenunterart	6230	Fahrtkosten	**Kontenplan**
	6231	Betriebssport	**Kontenplan**
	6232	Härtefond	**Kontenplan**

Das Beispiel zeigt:
Innerhalb der Kontenklasse 6 (Betriebliche Aufwendungen), der Kontengruppe 62 (Löhne) und der Kontenart 623 (Freiwillige Zuwendungen) enthält der Kontenplan des Betriebes drei spezielle Kontenunterarten (6230, 6231, 6232).

Analog wird der Betrieb bei der Bildung seiner Finanzkonten verfahren: Je nachdem, welche Bankverbindungen existieren, werden in der Kostenart 280 Banken z. B. aufgeführt:

2801 Stadtsparkasse ...
2802 Volksbank ...
2803 Deutsche Bank ...

3.5.2 Kostenstellenrechnung als Instrument der Verteilung der Kostenarten auf die Kostenstellen nach den Verursachungsbereichen

01. Welche Aufgabe erfüllt die Kostenstellenrechnung?

Die *Kostenstellenrechnung* ist nach der Kostenartenrechnung *die zweite Stufe* innerhalb der Kostenrechnung. Sie hat die Aufgabe, die Gemeinkosten *verursachergerecht auf die Kostenstellen zu verteilen*, die jeweiligen Zuschlagssätze zu ermitteln und den Kostenverbrauch zu überwachen. Die zentrale Fragestellung lautet:

→ ***Wo** sind die Kosten entstanden?*

02. Was ist eine Kostenstelle?

Kostenstellen sind nach bestimmten Grundsätzen abgegrenzte Bereiche des Gesamtunternehmens, in denen die dort entstandenen Kostenarten verursachungsgerecht gesammelt werden.

03. Welchen Kostenstellen werden verrechnungstechnisch unterschieden?

- Hauptkostenstellen ... an denen unmittelbar am Erzeugnis gearbeitet wird, z. B.: Lackiererei, Montage.
- Hilfskostenstellen ... sind nicht direkt an der Produktion beteiligt, z. B.: Arbeitsvorbereitung, Konstruktion.
- Allgemeine Kostenstellen ... können den Funktionsbereichen nicht unmittelbar zugeordnet werden, z. B. Werkschutz, Fuhrpark.

04. Nach welchen Merkmalen können Kostenstellen gebildet werden?

Im Allgemeinen wird ein Industriebetrieb in folgende Kostenstellengruppen aufgeteilt:

- Kostenstellen:
  - Materialstellen
  - Fertigungsstellen
  - Verwaltungsstellen
  - Vertriebsstellen
- Fertigungshilfsstellen
- Allgemeine Kostenstellen.

05. Welche Verteilungsschlüssel sind sinnvoll?

- qm, cbm, kWh, Liter
- Kapitaleinsatz, Mitarbeiter, Arbeitszeit, Verhältniszahlen

06. Wie erfolgt die Verteilung der Kostenarten auf die Kostenstellen?

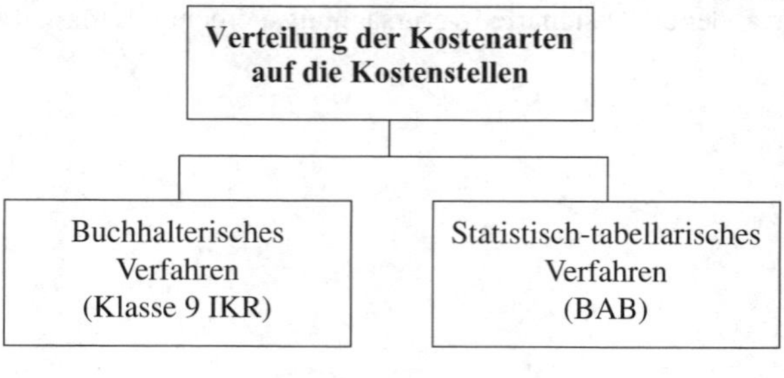

- *Buchhalterische (kontenmäßige) Aufteilung*:
  Die Kosten der Kostenartenkonten werden verteilt auf die Kostenstellen-Konten und weiterhin auf die Kostenträgerkonten. Unter Berücksichtigung der Lagerzu- und -abgänge und der Umsatzerlöse erfolgt eine Saldierung auf dem Konto Betriebsergebnis.

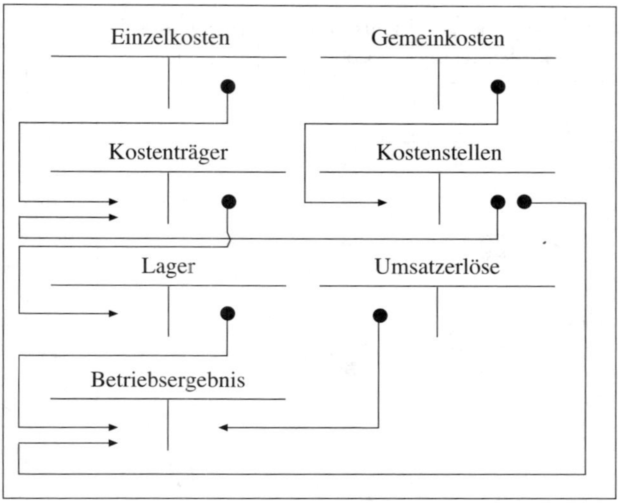

Unterstellt man vereinfacht, dass es keine Lagerbestände an fertigen und unfertigen Erzeugnissen gibt, d. h. alle in der Periode hergestellten Erzeugnisse auch verkauft wurden, weist daher lt. IKR das *Konto 9900 Betriebsergebnis* auf der Sollseite alle Kosten der Herstellung, des Vertriebs und der Verwaltung (Klasse 6/7) und auf der Habenseite die Umsatzerlöse/Leistungen (Klasse 5) aus.

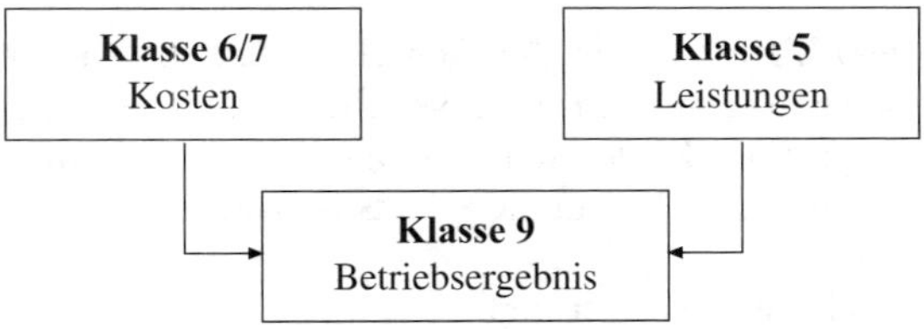

- *Statistisch-tabellarisches Verfahren* unter Verwendung des BAB:
  Im BAB werden die Gemeinkosten der Kostenartenrechnung auf die im Unternehmen eingerichteten Kostenstellen verteilt:

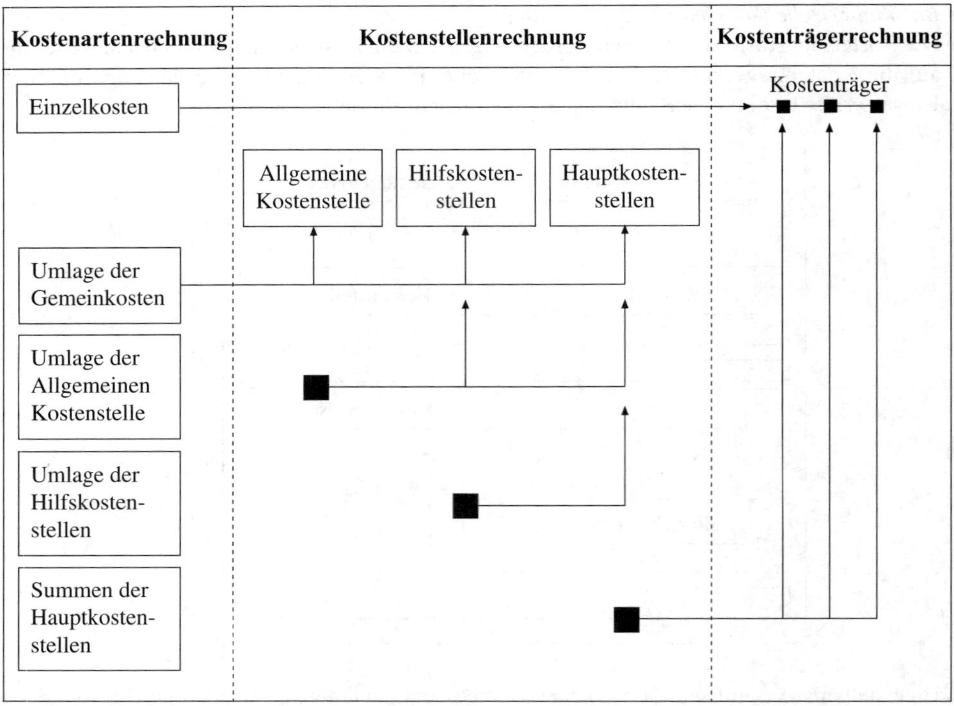

- Die *Einzelkosten* werden direkt den Kostenträgern zugeordnet.

- Beim *einstufigen* (einfachen) *BAB* werden die Gemeinkosten nur auf Hauptkostenstellen (Material, Fertigung, Verwaltung, Vertrieb) umgelegt.

- Beim *mehrstufigen BAB* werden die Gemeinkosten auf Allgemeine Kostenstellen, Hilfskostenstellen und Hauptkostenstellen verteilt – in der Reihenfolge:
  1. Umlage der Allgemeinen Kostenstellen auf die Hilfs- und Hauptkostenstellen
  2. Umlage der Hilfskostenstellen auf die Hauptkostenstellen

- Die Verteilung der Gemeinkosten erfolgt
  · *direkt als Stellen-Einzelkosten* nach *Belegen* (*primäre Gemeinkosten*; z. B. Lohnscheine, Materialentnahmescheine)
  oder
  · *indirekt als Stellen-Gemeinkosten* mithilfe von verursachergerechten *Schlüsseln (sekundäre Gemeinkosten).*

- Die Summen der Hauptkostenstellen werden in die Kostenträgerrechnung übertragen.

Beispiel 1 (einfacher BAB):
In einer Rechnungsperiode liefert die KLR nachfolgende Gemeinkosten, die entsprechend den angegebenen Schlüsseln zu verteilen sind; es existieren vier Hauptkostenstellen: Material, Fertigung, Verwaltung und Vertrieb:

Gemeinkosten	€	Verteilungsschlüssel
Gemeinkostenmaterial	9.600	3 : 6 : 2 : 1
Hilfslöhne	36.000	2 : 14 : 5 : 3
Sozialkosten	6.600	1 : 3 : 1,5 : 0,5
Steuern	23.100	1 : 3 : 5 : 2
Sonstige Kosten	7.000	2 : 4 : 5 : 3
Abschreibung (AfA)	8.400	2 : 12 : 6 : 1

Die Verteilung der Gemeinkosten auf die Kostenstellen erfolgt beim einfachen BAB in folgenden Schritten:

1. Erstellen des BAB- Schemas
2. Verteilung der Gemeinkosten nach den vorgegebenen Schlüsseln
3. Addition der Kosten der Hauptkostenstellen
4. Probe: Die Summe aller Gemeinkosten aus der Buchhaltung ist gleich der Summe aller Kosten der Hauptkostenstellen.

Einfacher BAB (Beispiel 1)						
			Hauptkostenstellen			
Gemeinkosten	Zahlen der KLR	Verteilungsschlüssel	Material	Fertigung	Verwaltung	Vertrieb
Gemeinkostenmaterial	9.600	3 : 6 : 2 : 1	2.400	4.800	1.600	800
Hilfslöhne	36.000	2 : 14 : 5 : 3	3.000	21.000	7.500	4.500
Sozialkosten	6.600	1 : 3 : 1,5 : 0,5	1.100	3.300	1.650	550
Steuern	23.100	1 : 3 : 5 : 2	2.100	6.300	10.500	4.200
Sonstige Kosten	7.000	2 : 4 : 5 : 3	1.000	2.000	2.500	1.500
AfA	8.400	2 : 12 : 6 : 1	800	4.800	2.400	400
Summen	**90.700**		**10.400**	**42.200**	**26.150**	**11.950**

Beispiel 2 (mehrstufiger BAB):
In einer Rechnungsperiode liefert die KLR nachfolgende Gemeinkosten, die entsprechend den angegebenen Schlüsseln zu verteilen sind; es existieren die Kostenstellen: Allgemeine Kostenstelle, Materialstelle, Fertigungshilfsstelle, Fertigungsstelle A und B, Verwaltungsstelle und Vertriebsstelle. Die Umlage der Allgemeinen Kostenstelle ist nach dem Schlüssel 6 : 15 : 10 : 8 : 6 : 5 durchzuführen; die Fertigungshilfsstelle ist auf die Fertigungsstellen A und B im Verhältnis 6 : 4 zu verteilen.

Gemeinkosten	€	Verteilungsschlüssel
Gemeinkostenmaterial (GKM)	50.000	1 : 3 : 8 : 4 : 0 : 0 : 0
Gehälter	200.000	2 : 4 : 3 : 3 : 2 : 8 : 3
Sozialkosten	45.000	2 : 4 : 3 : 3 : 2 : 8 : 3
Steuern	60.000	1 : 2 : 3 : 2 : 1 : 2 : 1
Abschreibung (AfA)	160.000	2 : 4 : 6 : 7 : 2 : 3 : 1

Die Verteilung der Gemeinkosten auf die Kostenstellen erfolgt beim mehrstufigen BAB in folgenden Schritten:

1. Erstellen des BAB-Schemas
2. Verteilung der Gemeinkosten nach den vorgegebenen Schlüsseln
3. Umlage der Allgemeinen Kostenstelle
4. Umlage der Hilfskostenstelle
5. Addition der Kosten der Hauptkostenstellen
6. Probe: Die Summe aller Gemeinkosten aus der KLR ist gleich der Summe aller Kosten der Hauptkostenstellen.

Mehrstufiger BAB (Beispiel 2)								
Gemeinkosten	Zahlen der KLR	Allgemeine Kostenstelle	Hilfskostenstelle	Material	Fertigungsstellen		Verwaltung	Vertrieb
					A	B		
GMK	50.000	3.125	9.375	25.000	12.500	–	–	–
Gehälter	200.000	16.000	32.000	24.000	24.000	16.000	64.000	24.000
Sozialkosten	45.000	3.600	7.200	5.400	5.400	3.600	14.400	5.400
Steuer	60.000	5.000	10.000	15.000	10.000	5.000	10.000	5.000
AfA	160.000	12.800	25.600	38.400	44.800	12.800	19.200	6.400
Summe	515.000	40.525	84.175					
Umlage der Allgemeinen Kostenstelle			4.863	12.157,50	8.105,00	6.484,00	4.863,00	4.052,50
Summe			89.038					
Umlage der Fertigungshilfsstelle					53.422,80	35.615,20		
Summe				119.957,50	158.227,80	79.499,20	112.463,00	44.852,50

3.5.3 Betriebsabrechnungsbogen (BAB)

01. Welche Aufgaben erfüllt der BAB?

- Verteilung der Gemeinkosten auf die Kostenstellen
- innerbetriebliche Leistungsverrechnung
- Ermittlung der Ist-Gemeinkostenzuschlagssätze für die Kalkulation
- Berechnung der Abweichungen der Ist-Gemeinkostenzuschlagssätze von den Normal-Gemeinkostenzuschlagssätzen (Kostenüber- bzw. Kostenunterdeckung)
- kostenstellenbezogene Kostenkontrolle
- Basis für Wirtschaftlichkeits- und Verfahrensvergleiche.

02. Wie werden die Zuschlagssätze für die Kalkulation ermittelt?

Bei der differenzierten Zuschlagskalkulation (= selektive Zuschlagskalkulation) werden die Gemeinkosten nach Bereichen getrennt erfasst (vgl. Beispiel 1 und 2) und die Zuschlagssätze differenziert ermittelt:

Bereich	Gemeinkosten	Zuschlagsbasis
Materialbereich	Materialgemeinkosten	Materialeinzelkosten
Fertigungsbereich	Fertigungsgemeinkosten	Fertigungseinzelkosten
Verwaltungsbereich	Verwaltungsgemeinkosten	Herstellkosten des Umsatzes
Vertriebsbereich	Vertriebsgemeinkosten	Herstellkosten des Umsatzes

Demzufolge werden die differenzierten Zuschlagssätze folgendermaßen ermittelt:

$$\text{Materialgemeinkostenzuschlag} = \frac{\text{Materialgemeinkosten} \cdot 100}{\text{Materialeinzelkosten}}$$

$$\text{Fertigungsgemeinkostenzuschlag} = \frac{\text{Fertigungsgemeinkosten} \cdot 100}{\text{Fertigungseinzelkosten}}$$

$$\text{Verwaltungsgemeinkostenzuschlag} = \frac{\text{Verwaltungsgemeinkosten} \cdot 100}{\text{Herstellkosten des Umsatzes}}$$

$$\text{Vertriebsgemeinkostenzuschlag} = \frac{\text{Vertriebsgemeinkosten} \cdot 100}{\text{Herstellkosten des Umsatzes}}$$

Dabei sind die *Herstellkosten des Umsatzes:*

Materialeinzelkosten + Materialgemeinkosten + Fertigungseinzelkosten + Fertigungsgemeinkosten
= Herstellkosten der Erzeugung - Bestandsveränderungen (+ Minderbestand/- Mehrbestand)
= Herstellkosten des Umsatzes

Sind *keine Bestandsveränderungen* zu berücksichtigen – sind also alle in der Periode hergestellten Erzeugnisse verkauft worden – so gilt:

Herstellkosten der Erzeugung = Herstellkosten des Umsatzes

Beispiel:

Ermittlung der Zuschlagssätze					
Zahlen der KLR	Material	Fertigung	Verwaltung	Vertrieb	
Gemeinkosten	23.903	142.700	60.610	18.183	
Einzelkosten	217.300	170.000			
Bestands-veränderungen					-190.243
Herstellkosten des Umsatzes					363.660
Zuschlagsbasis	217.300	170.000	363.660	363.660	
Zuschlagssätze	23.903 : 217.300 · 100 = 11,00 %	142.700 : 170.000 · 100 = 83,94 %	60.610 : 363.660 · 100 = 16,67 %	18.183 : 363.660 · 100 = 5,00 %	

03. Was ist der Unterschied zwischen Istgemeinkosten und Normalgemeinkosten?

- *Istgemeinkosten* sind die in einer Periode *tatsächlich* anfallenden Kosten; sie dienen zur Ermittlung der *Ist-Zuschlagssätze* (vgl. Beispiel: 11,00 %, 83,94 % usw.).
- *Normalgemeinkosten* sind statistische Mittelwerte der Kosten zurückliegender Perioden; sie dienen zur Ermittlung der Normal-Zuschlagssätze. Dies bewirkt eine Vereinfachung im Rechnungswesen. Kurzfristige Kostenschwankungen werden damit ausgeschaltet.

04. Wie wird die Kostenüber- bzw. Kostenunterdeckung ermittelt?

Am Ende einer Abrechnungsperiode werden die Normalgemeinkosten (auf der Basis von Normal-Zuschlagssätzen) mit den Istgemeinkosten (auf der Basis der Ist-Gemeinkostenzuschläge) verglichen. Es gilt:

Normalgemeinkosten > Istgemeinkosten → Kostenüberdeckung

Normalgemeinkosten < Istgemeinkosten → Kostenunterdeckung

Berechnung der Normalgemeinkosten:

1. Normalmaterialgemeinkosten = Istkosten/Material · Normalzuschlag
2. Normalfertigungsgemeinkosten = Istkosten/Fertigung · Normalzuschlag
3. Normalverwaltungsgemeinkosten = Normalkosten/Herstellung · Normalzuschlag
4. Normalvertriebsgemeinkosten = Normalkosten/Herstellung · Normalzuschlag

Berechnung der Istgemeinkosten:

1. Istmaterialgemeinkosten = Istkosten/Material · Istzuschlag
2. Istfertigungsgemeinkosten = Istkosten/Fertigung · Istzuschlag
3. Istverwaltungsgemeinkosten = Istkosten/Herstellung · Istzuschlag
4. Istvertriebsgemeinkosten = Istkosten/Herstellung · Istzuschlag

Beispiel:
Das Unternehmen kalkuliert mit bestimmten Normalzuschlagssätzen auf der Basis der Einzelkosten; in der Abrechnungsperiode wurden folgende Istgemeinkosten sowie ein Minderbestand von 10.000 € ermittelt:

	Material	Fertigung	Verwaltung	Vertrieb
Normal-Zuschlagssätze	50 %	120 %	20 %	10 %
Einzelkosten	50.000	140.000		
Istgemeinkosten	30.000	154.000	84.480	46.080

Es ist die Kostenüber-/Kostenunterdeckung der Kostenstellen zu ermitteln und zu kommentieren.

Bearbeitungsschritte:

1. Berechnung der Ist-Zuschlagssätze; dabei sind die Herstellkosten des Umsatzes auf Istkostenbasis zu ermitteln.
2. Berechnung der Normalgemeinkosten mithilfe der Normal-Zuschlagssätze; dabei sind die Herstellkosten des Umsatzes auf Normalkostenbasis zu ermitteln.
3. Berechnung der Über-/Unterdeckung je Kostenstelle und Analyse der Ergebnisse.

		Material	Fertigung	Verwaltung	Vertrieb	Summe
Kalkulation auf **Istkostenbasis**	Istgemeinkosten	30.000	154.000	84.480	46.080	314.560
	Zuschlagsgrundlage	50.000	140.000	384.000[1]	384.000[1]	
	Ist-Zuschlagssätze	60 %	110 %	22 %	12 %	
Kalkulation auf **Normalkostenbasis**	Normalgemeinkosten	25.000	168.000	78.600	39.300	310.900
	Zuschlagsgrundlage	50.000	140.000	393.000[2]	393.000[2]	
	Normal-Zuschlagssätze	50 %	120 %	20 %	10 %	
Überdeckung (+)			14.000			
Unterdeckung (-)		5.000		5.880	6.780	3.660

[1] *Istkosten/Herstellung:*

	MEK	50.000
+	MGK, 60 %	30.000
+	FEK	140.000
+	FGK, 110 %	154.000
+	Minderbestand	10.000
=	HKU	384.000

[2] *Normalkosten/Herstellung:*

	MEK	50.000
+	MGK, 50 %	25.000
+	FEK	140.000
+	FGK, 120 %	168.000
+	Minderbestand	10.000
=	HKU	393.000

- *Analyse* der Wirtschaftlichkeit (Kostenüber-/Kostenunterdeckung) der einzelnen Kostenstellen:
  1. Die *Kostenunterdeckung* (Normalgemeinkosten < Istgemeinkosten) *im Materialbereich* könnte beruhen auf, z. B: höhere Lagerkosten.
  2. Die *Kostenüberdeckung* (Normalgemeinkosten > Istgemeinkosten) *im Fertigungsbereich* könnte beruhen auf, z. B.: wirtschaftliche Losgrößenfertigung, optimale Instandhaltung, geringer Verschleiß der Werkzeuge.
  3. Die *Kostenunterdeckung im Verwaltungsbereich* könnte beruhen auf, z. B.: höhere Gemeinkosten, höhere Abschreibung aufgrund von Rationalisierungsinvestitionen.
  4. Die *Kostenunterdeckung im Vertriebsbereich* könnte beruhen auf, z. B.: höhere Gemeinkostenlöhne, höhere Energiekosten.

3.5.4 Kostenträgerrechnung

01. Welche Aufgabe erfüllt die Kostenträgerrechnung?

Die Kostenträgerrechnung hat die Aufgabe zu ermitteln, *wofür die Kosten angefallen sind,* d. h. *für welche Kostenträger* (= Produkte oder Aufträge). Sie wird in zwei Bereiche unterteilt:

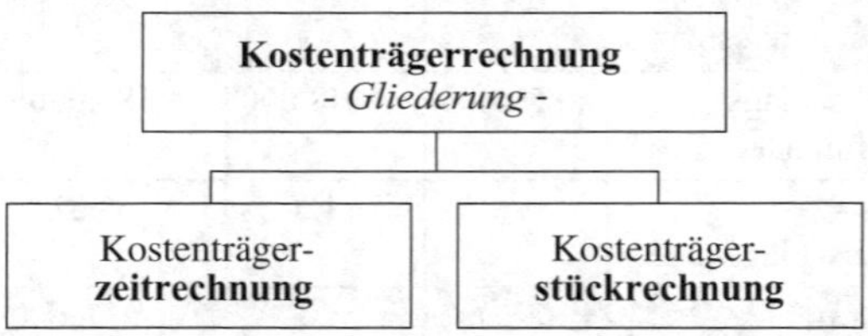

Die Kostenträgerrechnung übernimmt die Einzelkosten aus der Kosten*arten*rechnung und die Gemeinkosten aus der Kosten*stellen*rechnung. Außerdem werden die Leistungen erfasst, um dadurch den Erfolg der Unternehmensaktivität zu ermitteln:

Im nachfolgenden Text werden aus Vereinfachungsgründen folgende, gebräuchliche Abkürzungen verwendet (Darstellung im Schema der differenzierten Zuschlagskalkulation, Gesamtkostenverfahren):

Zeile		Kostenart	Abkürzung	Berechnung (Z = Zeile)
1		Materialeinzelkosten	MEK	direkt
2	+	Materialgemeinkosten	MGK	Z 1 · MGK-Zuschlag
3	=	Materialkosten	MK	Z 1 + Z 2
4		Fertigungseinzelkosten	FEK	direkt
5	+	Fertigungsgemeinkosten	FGK	Z 4 · FGK-Zuschlag
6	+	Sondereinzelkosten der Fertigung	SEKF	direkt
7	=	Fertigungskosten	FK	∑ Z 4 bis 6
8	=	Herstellkosten der Fertigung/Erzeugung	HKF	Z 3 + Z 7
9	-	Bestandsmehrung, fertige/unfertige Erzeugnisse	BV+	direkt
10	+	Bestandsminderung, fertige/unfertige Erzeugnisse	BV-	direkt
11	=	Herstellkosten des Umsatzes	HKU	∑ Z 8 bis 10
12	+	Verwaltungsgemeinkosten	VwGK	Z 11 · VwGK-Zuschlag
13	+	Vertriebsgemeinkosten	VtGK	Z 11 · VtGK-Zuschlag
14	+	Sondereinzelkosten des Vertriebs	SEKV	direkt
15	=	Selbstkosten des Umsatzes	SKU	∑ Z 11 bis 14

02. Welche Aufgabe erfüllt die Kostenträgerzeitrechnung?

Die *Kostenträgerzeitrechnung* (= kurzfristige Ergebnisrechnung) überwacht laufend die Wirtschaftlichkeit des Unternehmens:

Sie stellt die Kosten und Leistungen (Erlöse) *einer Abrechnungsperiode* (i. d. R. ein Monat) im *Kostenträgerblatt (BAB II)* gegenüber – insgesamt und getrennt nach Kostenträgern. Sie ist damit die Grundlage zur Berechnung der Herstellkosten, der Selbstkosten und des Umsatzergebnisses einer Abrechnungsperiode. Außerdem kann der Anteil der verschiedenen Erzeugnisgruppen an den Gesamtkosten und am Gesamtergebnis ermittelt werden. Die Kostenträgerzeitrechnung wird üblicherweise auf Basis der verrechneten Normalkosten erstellt und später mit den Istkosten verglichen.

Bei der Gegenüberstellung von Kosten und Erlösen tritt ein Problem auf: Die Erlöse beziehen sich auf die *verkaufte Menge*, während sich die Kosten auf die *hergestellte Menge* beziehen. Das heißt also, *das Mengengerüst von hergestellter und verkaufter Menge ist nicht gleich* (Stichwort: *Bestandsveränderungen*). Um dieses Problem zu lösen, *gibt es zwei Verfahren zur Ermittlung des Betriebsergebnisses:*

1. Die Erlöse werden an das Mengengerüst der Kosten angepasst (*Gesamtkostenverfahren*).

2. Die Kosten werden an das Mengengerüst der Erlöse angepasst (*Umsatzkostenverfahren*).

Kostenträgerzeitrechnung - Verfahren -			
Gesamtkostenverfahren HGB § 275 Abs. 2		Umsatzkostenverfahren HGB § 275 Abs. 3	
	Umsatzerlöse		Umsatzerlöse
+/-	Bestandsveränderungen zu Herstellkosten: +: Herstellkosten -: Mehrbestand	-	Herstellkosten der zur Erzielung der Umsatzerlöse erbrachten Leistungen
-	Kosten (gesamte primäre Kosten)	-	Vertriebskosten und Verwaltungsgemeinkosten
=	Betriebsergebnis	=	Betriebsergebnis

Beispiel 1:
Ermittlung des Betriebsergebnisses nach dem Gesamtkostenverfahren bei zwei Produkten. Zu berücksichtigen sind Bestandminderungen von 10.000 €. Die Abrechnungsperiode hat bei Produkt 1 Nettoerlöse in Höhe von 310.000 € und bei Produkt 2 in Höhe von 140.000 € ergeben.

Bearbeitungsschritte:

1. Schema nach dem Gesamtkostenverfahren erstellen
2. Verteilung der Kostensummen je Kostenart auf die Produkte (Kostenträger)
3. Ermittlung des Umsatzergebnisses gesamt und je Produkt:
   Umatzergebnis = Nettoerlöse - Selbstkosten des Umsatzes
4. Analyse des Ergebnisses

Verrechnete Normalkosten				
Berechnungsschema		Kostenart	Produkt 1	Produkt 2
		in €		
	MEK	50.000	30.000	20.000
+	MGK, 50 %	25.000	15.000	10.000
=	MK	75.000	45.000	30.000
	FEK	120.000	80.000	40.000
+	FGK, 120 %	144.000	96.000	48.000
=	FK	264.000	176.000	88.000
=	HKF	339.000	221.000	118.000
+	**BV/Minderbestand (+)**	10.000	5.000	5.000
=	HKU	349.000	226.000	123.000
+	VwGK, 15 %	52.350	33.900	18.450
+	VtGK, 5 %	17.450	11.300	6.150
=	**Selbstkosten des Umsatzes**	**418.800**	**271.200**	**147.600**
	Umsatzerlöse, netto	**450.000**	**310.000**	**140.000**
	Umsatzergebnis	**31.200**	**38.800**	**-7.600**

Analyse:

1. Das Umsatzergebnis ist insgesamt positiv und beträgt 31.200 €.
2. Das Produkt 1 erwirtschaftet ein positives und das Produkt 2 ein negatives Umsatzergebnis.
3. Mögliche Maßnahmen, z. B.:
   - Senkung der Fertigungskosten für Produkt 2, z. B. Lohnkosten, Materialkosten, Überprüfung der Umlage Verwaltung/Vertrieb, Rationalisierung der Abläufe, Veränderung des Fertigungsverfahrens.
   - Reduzierung der Fertigungsmenge von Produkt 2 zu Gunsten von Produkt 1.

Beispiel 2:
Ermittlung des Betriebsergebnisses nach dem Gesamtkostenverfahren bei zwei Produkten. Neben der Ausgangslage von Beispiel 1 ist eine Kostenüberdeckung lt. BAB von 15.000 € zu berücksichtigen.

Bearbeitungsschritte:
1. Schema nach dem Gesamtkostenverfahren erstellen und Kostensummen verteilen (vgl. oben)
2. Umsatzergebnis = Nettoerlöse - Selbstkosten des Umsatzes
3. Betriebsergebnis = Umsatzergebnis + Kostenüberdeckung

Begründung: Kalkuliert wurde mit Normal-Zuschlagssätzen. Der BAB weist eine Kostenüberdeckung aus; das heißt, dass die Istkosten geringer sind als die Kalkulation auf Normalkostenbasis ausweist. Demzufolge müssen die Istkosten um den Betrag der Kostenüberdeckung reduziert bzw. das Umsatzergebnis um den Betrag erhöht werden. Analog ist eine Kostenunterdeckung zu subtrahieren.

4. Analyse des Ergebnisses

Verrechnete Normalkosten				
Berechnungs-schema		Kostenart	Produkt 1	Produkt 2
		in €		
	...	...	...	...
=	**Selbstkosten des Umsatzes**	**418.800**	**271.200**	**147.600**
	Umsatzerlöse, netto	**450.000**	**310.000**	**140.00**
	Umsatzergebnis	**31.200**	**38.800**	**-7.600**
+	**Überdeckung lt. BAB**	**15.000**		
	Betriebsergebnis	**46.200**		

03. Welche Aufgabe erfüllt die Kostenträgerstückrechnung?

Die *Kostenträgerstückrechnung* ermittelt die *Selbstkosten je Kostenträgereinheit.* Sie kann als Vor-, Zwischen- oder Nachkalkulation aufgestellt werden:

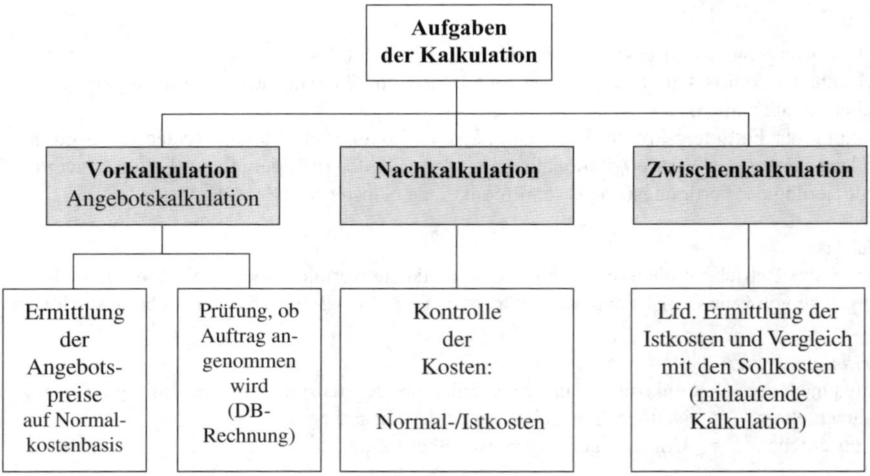

Beispiel 1: Vorkalkulation (Kalkulation des Angebotspreises)
Eine Sonderfertigung für einen Gewerbekunden ist zu kalkulieren mit 20 % Gewinnzuschlag, 2 % Skonto und 10 % Rabatt.

Berechnungsschritte:

1. Auf der Basis der Selbstkosten des Umsatzes sind 20 % Gewinn zu kalkulieren („vom 100“) (zur Berechnung der Selbstkosten des Umsatzes vgl. 02.).

2. Kundenskonto-Berechnung: Berechnungsbasis ist der Zielverkaufspreis; Achtung: „vom verminderter Wert“/Barverkaufspreis („auf 100“); Beispiel:

Gegeben:	98 %	=	Barverkaufspreis	=	9.600
	2 %	=	Skonto	=	x
Gesucht	x	=	9.600 · 2 : 98	=	195,92
Probe:	2 %		von 9.795,92	=	195,92

3. Kundenrabatt-Berechnung: „vom verminderten Wert“/Zielverkaufspreis; analog zu Kundenskonto:
   x = 9.795,92 · 10 : 90 = 1.088,44

4. Mehrwertsteuer:
   - Bei gewerblichen Kunden können Nettopreise (ohne MwSt) angeboten werden.
   - Bei Endverbrauchern müssen Bruttopreise (inkl. MwSt) angeboten werden.

Vorkalkulation: Kalkulation des Angebotspreises		
	Selbstkosten des Umsatzes	8.000,00
+	Gewinn, 20 %	1.600,00
=	Barverkaufspreis	9.600,00
+	Kundenskonto, 2 %	195,92
=	Zielverkaufspreis	9.795,92
+	Kundenrabatt, 10 %	1.088,44
=	Nettoverkaufspreis	10.884,36

Beispiel 2: Nachkalkulation

Nach Durchführung des Auftrags (vgl. Beispiel 1) liegen aus der Kostenstellenrechnung die tatsächlichen Kosten des Auftrags vor. Es soll ein Vergleich der Normalkosten aus der Vorkalkulation mit den Istkosten durchgeführt werden:

Berechnungsschritte:

1. Für die Nachkalkulation werden die tatsächlichen Werte des Auftrags der Kostenrechnung (mit Istzuschlägen aus dem BAB) entnommen und den Normalkosten der Vorkalkulation gegenübergestellt.
2. Ist der Angebotspreis verbindlich, führt eine Kostenunterdeckung (Istkosten > Normalkosten) zu einer Gewinnschmälerung und umgekehrt.

Kalkulationsschema		**Vorkalkulation** Normalkosten		**Nachkalkulation** Istkosten		Abweichung (+) Kostenüberdeckung (-) Kostenunterdeckung
	MEK		1.000,00		1.200,00	-200,00
+	MGK	50 %	500,00	~ 41,67 %	500,00	0,00
=	MK		1.500,00		1.700,00	-200,00
	FEK		2.000,00		2.200,00	-200,00
+	FGK	120 %	2.400,00	~ 113,64 %	2.500,00	-100,00
=	FK		4.400,00		4.700,00	-300,00
=	Herstellkosten des Umsatzes		5.900,00		6.400,00	-500,00
+	VwGK	15 %	885,00	13,75 %	880,00	+5,00
+	VtGK	10 %	590,00	~ 9,38 %	600,00	-10,00
+	Sondereinzelkosten des Vertriebs		625,00		700,00	-75,00
=	Selbstkosten des Umsatzes		8.000,00		8.580,00	-580,00
+	Gewinn	20 %	1.600,00	**~11,89 %**	1.020,00	**-580,00**
=	Barverkaufspreis		9.600,00		9.600,00	
+	Kundenskonto, 2 %		195,92			
=	Zielverkaufspreis		9.795,92			
+	Kundenrabatt, 10 %		1.088,44			
=	Nettoverkaufspreis		10.884,36			

Analyse:

Gegenüber der Vorkalkulation führt die Kostenunterdeckung bei fast allen Kostenarten zu einer Gewinnschmälerung: Die Gewinnspanne sinkt von 20 % (kalkuliert) auf tatsächlich 11,89 %. Die Gewinneinbuße beträgt 580 €. Die Ursache(n) für die Kostenüberschreitungen ist gründlich zu untersuchen. Lassen sich die Istkosten im vorliegenden Fall nicht verändern, müssen die Normal-Zuschlagssätze korrigiert werden. Erfolgt keine Korrektur, besteht die Gefahr, dass auch andere Angebotspreise „falsch“ kalkuliert sind und ggf. zu einer Gewinneinbuße führen – in der Praxis eine gefährliche Entwicklung.

3.6 Anwenden der Kalkulationsverfahren in der Kostenträgerstückrechnung einschließlich der Deckungsbeitragsrechnung

3.6.1 Kalkulationsverfahren

01. Welche Kalkulationsverfahren muss der Industriemeister anwenden können?

Je nach Produktionsverfahren werden verschiedene Kalkulationsverfahren angewendet. Die Grundregel lautet:

Das Produktionsverfahren bestimmt das Kalkulationsverfahren.

Der Rahmenstoffplan nennt folgende, ausgewählte Verfahren der Kalkulation:

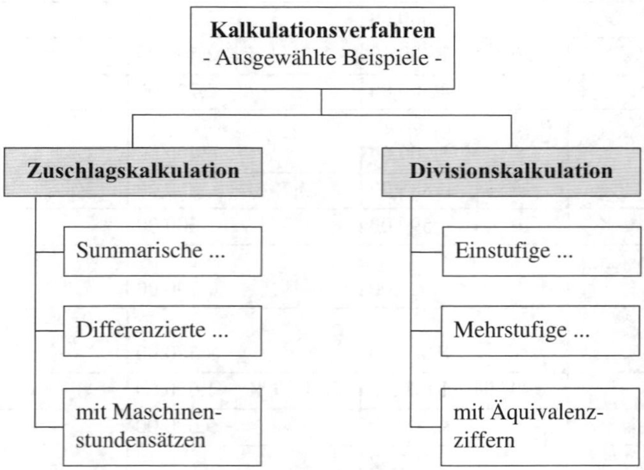

02. Wie ist das Verfahren bei der einstufigen Divisionskalkulation?

Voraussetzungen:
- Massenfertigung; Einproduktunternehmen (z. B. Energieerzeuger: Stadtwerke, Wasserwerke)
- einstufige Fertigung
- keine Kostenstellen
- keine Aufteilung in Einzel- und Gemeinkosten
- produzierte Menge = abgesetzte Menge; $x_P = x_A$.

Berechnung:
Die Stückkosten (k) ergeben sich aus der Division der Gesamtkosten (K) durch die in der Abrechnungsperiode produzierte und abgesetzte Menge (x).

$$\text{Stückkosten} = \frac{\text{Gesamtkosten}}{\text{Ausbringungsmenge}}$$

$$k = \frac{K}{x} \text{ €/Stk.}$$

Beispiel:
Ein Einproduktunternehmen produziert und verkauft im Monat Januar 1.200 Stück bei 360.000 € Gesamtkosten. Die Stückkosten betragen:

$$k = \frac{K}{x} \text{ €/Stk.} = \frac{360.000 \text{ €}}{1.200 \text{ Stück}} = 300 \text{ €/Stk.}$$

03. Wie ist das Verfahren bei der mehrstufigen Divisionskalkulation?

Voraussetzungen:

- Massenfertigung; Einproduktunternehmen
- zwei oder mehrstufige Fertigung
- produzierte Menge ≠ abgesetzte Menge; $x_P \neq x_A$
- Aufteilung der Gesamtkosten (K) in Herstellkosten (K_H) sowie Vertriebskosten ($K_{Vertr.}$) und Verwaltungskosten ($K_{Verw.}$)
- die Herstellkosten werden auf die produzierte Menge (x_P) bezogen, die Vertriebs- und Verwaltungskosten auf die abgesetzte Menge (x_A).

Berechnung: Bei einer zweistufigen Fertigung ergibt sich folgende Berechnung:

$$\text{Stückkosten} = \frac{\text{Herstellkosten}}{\text{produzierte Menge}} + \frac{\text{Vertriebs- und Verwaltungskosten}}{\text{abgesetzte Menge}}$$

$$\text{Stückkosten} = \frac{K_H}{x_P} + \frac{K_{Vertr.} + K_{Verw.}}{x_A}$$

Beispiel 1:
Ein Betrieb produziert im Monat Januar 1.200 Stück, von denen 1.000 verkauft werden. Die Herstellkosten betragen 240.000 €, die Vertriebs- und Verwaltungskosten 120.000 €. Die Stückkosten sind:

$$\text{Stückkosten} = \frac{240.000 \text{ €}}{1.200 \text{ Stück}} + \frac{120.000 \text{ €}}{1.000 \text{ Stück}} = 200 \text{ €/Stk.} + 120 \text{ €/Stk.}$$

$$= 320 \text{ €/Stk.}$$

Beispiel 2:
Die Herstellkosten betrugen im Juni d. J. 400.000 €, die Vertriebs- und Verwaltungskosten 100.000 €. Die produzierte und abgesetzte Menge war 50.000 €. Im Oktober d. J. trat eine Absatzschwäche auf, sodass – unter sonst gleichen Bedingungen – 30 % der Fertigung auf Lager genommen werden musste. Zu ermitteln ist, um wie viel sich die Selbstkosten pro Einheit verändert haben.

Im Juni d. J. gilt:

$$k = \frac{K}{x} \text{ €/E} = 500.000 \text{ €} : 50.000 \text{ E} = 10 \text{ €/E}$$

Im Oktober d. J. gilt:

$$\text{Stückkosten} = \frac{K_H}{x_P} + \frac{K_{Vertr.} + K_{Verw.}}{x_A} = \frac{400.000}{50.000} + \frac{100.000}{35.000} = 10{,}86 \text{ €/E}$$

Die Produktion, die im Oktober d. J. zum Teil auf Lager genommen werden musste, erhöhte die Stückkosten um 8,6 % und verschlechterte die Liquidität.

Analog geht man bei einer *n-stufigen Fertigung* vor: Die Kosten je Fertigungsstufe werden auf die entsprechenden Stückzahlen bezogen:

$$\text{Stückkosten} = \frac{K_{H1}}{x_{P1}} + \frac{K_{H2}}{x_{P2}} + \ldots + \frac{K_{Hn}}{x_{Pn}} + \frac{K_{Vertr.} + K_{Verw.}}{x_A}$$

04. Wie ist das Verfahren bei der Divisionskalkulation mit Äquivalenzziffern?

Voraussetzungen:

- Sortenfertigung (gleichartige, aber nicht gleichwertige Produkte), z. B. Bier, Zigaretten, Ziegelei, Walzen von Blechen.
- Die Stückkosten der einzelnen Sorten stehen langfristig in einem konstanten Verhältnis; man geht aus von einer Einheitssorte (Bezugsbasis), die die Äquivalenzziffer 1 erhält; alle anderen Sorten erhalten Äquivalenzziffern im Verhältnis zur Einheitssorte; sind z. B. die Stückkosten einer Sorte um 40 % höher als die der Einheitssorte, so erhält sie die Äquivalenzziffer 1,4 usw. Äquivalenzziffern werden durch Messungen, Beobachtungen, Beanspruchung der Kosten entsprechend den betrieblichen Bedingungen ermittelt.
- produzierte Menge = abgesetzte Menge; $x_P = x_A$

Beispiel:
In einer Ziegelei werden drei Sorten hergestellt. Die Gesamtkosten betragen in der Abrechnungsperiode 104.400 €. Die produzierten Mengen sind: 30.000, 15.000, 20.000 Stück. Das Verhältnis der Kosten beträgt 1 : 1,4 : 1,8.

Sorte	Produzierte Menge	Äquivalenz-ziffer	Rechen-einheiten	Stückkosten	Gesamtkosten
	in Stk.			in €/Stk.	in €
	[1]	[2]	[3]	[4]	[5]
I	30.000	1,0	30.000	1,20	36.000
II	15.000	1,4	21.000	1,68	25.200
III	20.000	1,8	36.000	2,16	43.200
Σ			87.000		104.400

Rechenweg:

1. Ermittlung der Äquivalenzziffern bezogen auf die Einheitssorte.
2. Die Multiplikation der Menge je Sorte mit der Äquivalenzziffer ergibt die Recheneinheit je Sorte (= Umrechnung der Mengen auf die Einheitssorte).
3. Die Division der Gesamtkosten durch die Summe der Recheneinheiten (RE) ergibt die *Stückkosten der Einheitssorte*: 104.000 € : 87.000 RE = 1,20 €/Stk.
4. Die Multiplikation der Stückkosten der Einheitssorte mit der Äquivalenzziffer je Sorte ergibt die Stückkosten je Sorte: 1,20 · 1,4 = 1,68
5. Spalte [5] zeigt die anteiligen Gesamtkosten je Sorte (z. B.: 1,68 · 15.000 = 25.200). Die Summe muss den gesamten Produktionskosten entsprechen (rechnerische Probe der Verteilung).

05. Wie ist das Verfahren bei der summarischen Zuschlagskalkulation?

Voraussetzungen:

- Die summarische Zuschlagskalkulation ist ein sehr einfaches Verfahren, das bei Serien- oder Einzelfertigung angewendet wird.
- Die Gesamtkosten werden in Einzel- und Gemeinkosten getrennt. Dabei werden die Einzelkosten der Kostenartenrechnung entnommen und dem Kostenträger direkt zugeordnet.
- Die Gemeinkosten werden als eine Summe („summarisch"; en bloc) erfasst und den Einzelkosten in einem Zuschlagssatz zugerechnet.
- *Es gibt nur eine Basis zur Berechnung des Zuschlagssatzes: entweder das Fertigungsmaterial oder die Fertigungslöhne oder die Summe [Fertigungsmaterial + Fertigungslöhne].*

Beispiel:
In dem nachfolgenden Fallbeispiel wird angenommen, dass Möbel in Einzelfertigung hergestellt werden. Die verwendeten Einzel- und Gemeinkosten wurden in der zurückliegenden Abrechnungsperiode ermittelt und sollen als Grundlage zur Feststellung des Gemeinkostenzuschlages dienen:

Fall A:

$$\text{Gemeinkostenzuschlag} = \frac{\text{Gemeinkosten} \cdot 100}{\text{Fertigungsmaterial}}$$

z. B.:

$$\text{Gemeinkostenzuschlag} = \frac{120.000\ € \cdot 100}{340.000\ €} = 35{,}29\ \%$$

Fall B:

$$\text{Gemeinkostenzuschlag} = \frac{\text{Gemeinkosten} \cdot 100}{\text{Fertigungslöhne}}$$

z. B.:

$$\text{Gemeinkostenzuschlag} = \frac{120.000\ € \cdot 100}{260.000\ €} = 46{,}15\ \%$$

Fall C:

$$\text{Gemeinkostenzuschlag} = \frac{\text{Gemeinkosten} \cdot 100}{\text{Fertigungsmaterial} + \text{Fertigungslöhne}}$$

z. B.:

$$\text{Gemeinkostenzuschlag} = \frac{120.000\ € \cdot 100}{340.000\ € + 260.000\ €} = 20{,}0\ \%$$

Es ergeben sich also unterschiedliche Zuschlagssätze - je nach Wahl der Bezugsbasis:

Fall	Zuschlagsbasis	Gemeinkostenzuschlagssatz
A	Fertigungsmaterial	35,29 %
B	Fertigungslöhne	46,15 %
C	Fertigungsmaterial + Fertigungslöhne	20,00 %

In der Praxis wird man die summarische Zuschlagskalkulation nur dann einsetzen, wenn relativ wenig Gemeinkosten anfallen; im vorliegenden Fall darf das unterstellt werden.

Als Basis für die Berechnung des Zuschlagssatzes wird man *die Einzelkosten* nehmen, *bei denen der stärkste Zusammenhang zwischen Einzel- und Gemeinkosten gegeben ist* (z. B. proportionaler Zusammenhang zwischen Fertigungsmaterial und Gemeinkosten).

Beispiel:
Das Unternehmen hat einen Auftrag zur Anfertigung einer Schrankwand erhalten. An Fertigungsmaterial werden 3.400 € und an Fertigungslöhnen 2.200 € anfallen. Es sollen die Selbstkosten dieses Auftrages alternativ unter Verwendung der unterschiedlichen Zuschlagssätze (siehe oben) ermittelt werden (Kostenangaben in Euro).

Fall A:

	Fertigungsmaterial		3.400,00
+	Fertigungslöhne		2.200,00
=	Einzelkosten		5.600,00
+	Gemeinkosten	35,29 %	1.199,86
=	Selbstkosten des Auftrages		6.799,86

Fall B:

	Fertigungsmaterial		3.400,00
+	Fertigungslöhne		2.200,00
=	Einzelkosten		5.600,00
+	Gemeinkosten	46,15 %	1.015,30
=	Selbstkosten des Auftrages		6.615,30

Fall C:

	Fertigungsmaterial		3.400,00
+	Fertigungslöhne		2.200,00
=	Einzelkosten		5.600,00
+	Gemeinkosten	20,00 %	1.120,00
=	Selbstkosten des Auftrages		6.720,00

Ergebnisbewertung:
Man erkennt an diesem Beispiel, dass die Selbstkosten bei Verwendung alternativer Zuschlagssätze ungefähr im Intervall [6.600 ; 6.800] streuen – ein Ergebnis, das durchaus befriedigend ist. Die Ursache für die verhältnismäßig geringe Streuung ist in den relativ geringen Gemeinkosten zu sehen.

Bei höheren Gemeinkosten (im Verhältnis zu den Einzelkosten) wäre die beschriebene Streuung größer und könnte zu der Überlegung führen, dass eine summarische Zuschlagskalkulation betriebswirtschaftlich nicht mehr zu empfehlen wäre, sondern *ein Wechsel auf die differenzierte Zuschlagskalkulation vorgenommen werden muss.*

06. Wie ist das Verfahren bei der differenzierten Zuschlagskalkulation? → 3.5.4

Die differenzierte Zuschlagskalkulation (auch: selektive Zuschlagskalkulation) liefert i. d. R. genauere Ergebnisse als die summarische Zuschlagskalkulation (vgl. oben). Voraussetzung dafür ist eine Kostenstellenrechnung. Die Gemeinkosten werden nach Bereichen getrennt erfasst und die Zuschlagssätze differenziert ermittelt:

Bereich	Gemeinkosten	Zuschlagsbasis
Materialbereich	Materialgemeinkosten	Materialeinzelkosten
Fertigungsbereich	Fertigungsgemeinkosten	Fertigungseinzelkosten
Verwaltungsbereich	Verwaltungsgemeinkosten	Herstellkosten des Umsatzes
Vertriebsbereich	Vertriebsgemeinkosten	Herstellkosten des Umsatzes

Demzufolge werden die differenzierten Zuschlagssätze folgendermaßen ermittelt (vgl. ausführlich: 3.5.3, BAB):

$$\text{Materialgemeinkostenzuschlag} = \frac{\text{Materialgemeinkosten} \cdot 100}{\text{Materialeinzelkosten}}$$

$$\text{Fertigungsgemeinkostenzuschlag} = \frac{\text{Fertigungsgemeinkosten} \cdot 100}{\text{Fertigungseinzelkosten}}$$

$$\text{Verwaltungsgemeinkostenzuschlag} = \frac{\text{Verwaltungsgemeinkosten} \cdot 100}{\text{Herstellkosten des Umsatzes}}$$

$$\text{Vertriebsgemeinkostenzuschlag} = \frac{\text{Vertriebsgemeinkosten} \cdot 100}{\text{Herstellkosten des Umsatzes}}$$

Für die differenzierte Zuschlagskalkulation wird bei dem Gesamtkostenverfahren (vgl. 3.5.4/01.) folgendes *Schema verwendet:*

Zeile		Kostenart	Abkürzung	Berechnung (Z = Zeile)
1		Materialeinzelkosten	MEK	direkt
2	+	Materialgemeinkosten	MGK	Z 1 · MGK-Zuschlag
3	=	Materialkosten	MK	Z 1 + Z 2
4		Fertigungseinzelkosten	FEK	direkt
5	+	Fertigungsgemeinkosten	FGK	Z 4 · FGK-Zuschlag
6	+	Sondereinzelkosten der Fertigung	SEKF	direkt
7	=	Fertigungskosten	FK	∑ Z 4 bis 6
8	=	Herstellkosten der Fertigung/Erzeugung	HKF	Z 3 + Z 7
9	-	Bestandsmehrung, fertige/unfertige Erzeugnisse	BV+	direkt
10	+	Bestandsminderung, fertige/unfertige Erzeugnisse	BV–	direkt
11	=	Herstellkosten des Umsatzes	HKU	∑ Z 8 bis 10
12	+	Verwaltungsgemeinkosten	VwGK	Z 11 · VwGK-Zuschlag
13	+	Vertriebsgemeinkosten	VtGK	Z 11 · VtGK-Zuschlag
14	+	Sondereinzelkosten des Vertriebs	SEKV	direkt
15	=	Selbstkosten des Umsatzes	SKU	∑ Z 11 bis 14

Hinweise zur Berechnung:

Zeile 6: *Sondereinzelkosten der Fertigung* fallen nicht bei jedem Auftrag an, z. B. Einzelkosten für eine spezielle Konstruktionszeichnung.

Zeile 9 - 10: *Bestandsmehrungen* an fertigen/unfertigen Erzeugnissen haben zum Umsatz nicht beigetragen, sie sind zu subtrahieren (werden auf Lager genommen).
Bestandsminderungen an fertigen/unfertigen Erzeugnissen haben zum Umsatz beigetragen, sie sind zu addieren (werden vom Lager genommen und verkauft).

Zeile 14: *Sondereinzelkosten des Vertriebs* (analog zu Zeile 6) fallen nicht generell an und werden dem Auftrag als Einzelkosten zugerechnet, z. B. Kosten für Spezialverpackung.

Beispiel:
Wir kehren noch einmal zurück zu der Möbelfirma (vgl. Beispiel „summarische Zuschlagskalkulation, 05.): Das Unternehmen will den vorliegenden Auftrag über die Schrankwand nun mithilfe der differenzierten Zuschlagskalkulation berechnen.

Folgende Daten liegen aus der zurückliegenden Abrechnungsperiode vor:

Fertigungsmaterial	340.000 €
Fertigungslöhne	260.000 €

Aus dem BAB ergaben sich folgende Gemeinkosten:

Materialgemeinkosten	60.000 €
Fertigungsgemeinkosten	30.000 €
Verwaltungsgemeinkosten	10.000 €
Vertriebsgemeinkosten	20.000 €

Für den Auftrag werden 3.400 € Fertigungsmaterial und 2.200 € Fertigungslöhne anfallen. Bestandsveränderungen sowie Sondereinzelkosten liegen nicht vor. Zu kalkulieren sind die Selbstkosten des Auftrags.

1. Schritt: Ermittlung der Zuschlagssätze für Material und Lohn

$$\text{MGK-Zuschlag} = \frac{\text{MGK} \cdot 100}{\text{MEK}} = \frac{60.000 \cdot 100}{340.000} = 17{,}65\ \%$$

$$\text{FGK-Zuschlag} = \frac{\text{FGK} \cdot 100}{\text{FEK}} = \frac{30.000 \cdot 100}{260.000} = 11{,}54\ \%$$

2. Schritt: Ermittlung der Herstellkosten des Umsatzes als Grundlage für die Berechnung des Verwaltungs- und des Vertriebsgemeinkostensatzes

	Materialeinzelkosten	340.000,00
+	Materialgemeinkosten	60.000,00
+	Fertigungseinzelkosten	260.000,00
+	Fertigungsgemeinkosten	30.000,00
=	**Herstellkosten des Umsatzes**	**690.000,00**

$$\text{VwGK-Zuschlag} = \frac{\text{VwGK} \cdot 100}{\text{HKU}} = \frac{10.000 \cdot 100}{690.000} = 1{,}45\ \%$$

$$\text{VtGK-Zuschlag} = \frac{\text{VtGK} \cdot 100}{\text{HKU}} = \frac{20.000 \cdot 100}{690.000} = 2{,}90\ \%$$

3. Schritt: Kalkulation der Selbstkosten des Auftrages mithilfe des Schemas:

	Materialeinzelkosten		3.400,00
+	Materialgemeinkosten	17,65 %	600,10
=	**Materialkosten**		4.000,10
	Fertigungseinzelkosten		2.200,00
+	Fertigungsgemeinkosten	11,54 %	253,88
=	**Fertigungskosten**		2.453,88
	Herstellkosten der Fertigung		6.453,98
=	**Herstellkosten des Umsatzes**		6.453,98
+	Verwaltungsgemeinkosten	1,45 %	93,58
+	Vertriebsgemeinkosten	2,90 %	187,17
=	**Selbstkosten (des Auftrags)**		**6.734,73**

Bewertung des Ergebnisses:
Man kann an diesem Beispiel erkennen, dass die Selbstkosten auf Basis der differenzierten Zuschlagskalkulation nur wenig von denen auf Basis der summarischen Zuschlagskalkulation abweichen. Die Ursache ist darin zu sehen, dass wir im vorliegenden Fall einen Kleinbetrieb mit nur sehr geringen Gemeinkosten haben. Es lässt sich zeigen, dass bei hohen Gemeinkosten die differenzierte Zuschlagskalkulation eindeutig zu besseren Ergebnissen als die summarische Zuschlagskalkulation führt.

07. Wie werden Maschinenstundensätze (im Rahmen der differenzierten Zuschlagskalkulation) berechnet?

Die Kalkulation mit Maschinenstundensätzen ist eine *Verfeinerung der differenzierten Zuschlagskalkulation:*

In dem oben dargestellten Schema der differenzierten Zuschlagskalkulation (vgl. 05.) wurden in Zeile 2 die Fertigungsgemeinkosten als Zuschlag auf Basis der Fertigungseinzelkosten berechnet:

Bisher:		Fertigungseinzelkosten (z. B. Fertigungslöhne)
	+	Fertigungsgemeinkosten
	=	Fertigungskosten

Bei dieser Berechnungsweise *wird übersehen, dass die Fertigungsgemeinkosten bei einem hohen Automatisierungsgrad nur noch wenig von den Fertigungslöhnen beeinflusst sind,* sondern vielmehr vom Maschineneinsatz verursacht werden. Von daher sind die Fertigungslöhne bei zunehmender Automatisierung nicht mehr als Zuschlagsgrundlage geeignet.

Man löst dieses Problem dadurch, indem die *Fertigungsgemeinkosten aufgeteilt werden* in maschinenabhängige und maschinenunabhängige Fertigungsgemeinkosten.

- Die *maschinenunabhängigen Fertigungsgemeinkosten* bezeichnet man als „Restgemeinkosten"; als Zuschlagsgrundlage werden die *Fertigungslöhne* genommen.

- Bei den *maschinenabhängigen Fertigungsgemeinkosten* werden als Zuschlagsgrundlage die Maschinenlaufstunden genommen. Es gilt:

$$\text{Maschinenstundensatz} = \frac{\text{maschinenabhängige Fertigungsgemeinkosten}}{\text{Maschinenlaufstunden}}$$

Das bisher verwendete Kalkulationsschema (vgl. Zeile 2) modifiziert sich. Es gilt:

Neu:		Fertigungslöhne	
	+	Restgemeinkosten	(in % der Fertigungslöhne)
	+	Maschinenkosten	(Laufzeit des Auftrages · Maschinenstundensatz)
	=	Fertigungskosten	

Merke:

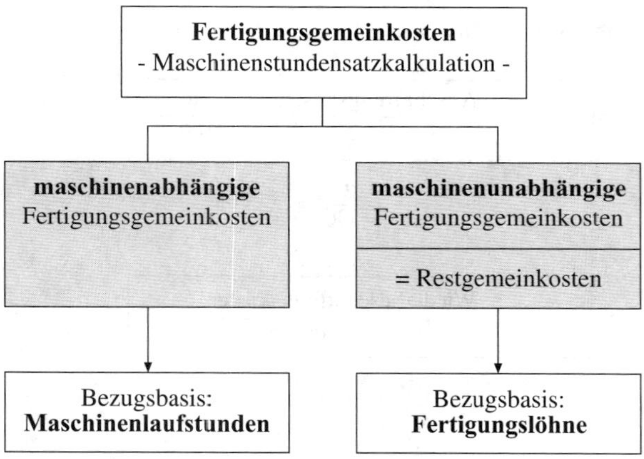

Beispiele für maschinenabhängige Fertigungsgemeinkosten:

- Kalkulatorische Abschreibung (AfA; Absetzung für Abnutzung)
- kalkulatorische Zinsen
- Energiekosten
- Raumkosten
- Instandhaltung, Werkzeuge.

Beispiel: Zuschlagskalkulation mit Maschinenstundensatz
Auf einer NC-Maschine wird ein Werkstück bearbeitet. Die Bearbeitungsdauer beträgt 86 Minuten; der Materialverbrauch liegt bei 160 €. Der anteilige Fertigungslohn für die Bearbeitung beträgt 40 € (Einrichten, Nacharbeit). Es sind Materialgemeinkosten von 80 % und Restgemeinkosten von 60 % zu berücksichtigen. Zu kalkulieren sind die Herstellkosten der Fertigung.

1. Schritt: Berechnung des Maschinenstundensatzes

Zur Berechnung des Maschinenstundensatzes wird auf folgende Daten der vergangenen Abrechnungsperiode zurückgegriffen:

• Anschaffungskosten der NC-Maschine:	100.000 €
• Wiederbeschaffungskosten der NC-Maschine:	120.000 €
• Nutzungsdauer der NC-Maschine:	10 Jahre
• kalkulatorische Abschreibung:	linear
• kalkulatorische Zinsen:	6 % vom halben Anschaffungswert
• Instandhaltungskosten:	2.000 € p. a.
• Raumkosten:	
- Raumbedarf:	20 qm
- Verrechnungssatz je qm:	10 €/qm/Monat
• Energiekosten:	
- Energieentnahme der NC-Maschine:	11 kWh
- Verbrauchskosten:	0,12 €/kWh
- Jahresgrundgebühr:	220 €
• Werkzeugkosten:	6.000 € p. a., Festbetrag
• Laufzeit der NC-Maschine:	1.800 Std. p. a.

Berechnung (vgl. dazu ausführlich: 3.1.5/01. Ermittlung der Kostenarten):

1) Kalkulatorische Zinsen $= \frac{\text{Anschaffungskosten}}{2} \cdot \frac{\text{Zinssatz}}{100}$

$$= \frac{100.000}{2} \cdot \frac{6}{100} = 3.000\ €$$

2) Kalkulatorische Abschreibung $= \frac{\text{Wiederbeschaffungskosten}}{\text{Nutzungsdauer}}$

$$= \frac{120.000}{10} = 12.000\ €$$

3) Raumkosten = Raumbedarf · Verrechnungssatz/qm/Monat · 12 Monate

= 20 qm · 10 €/qm/Mon. · 12 Mon.
= 2.400 €

4) Energiekosten = Energieverbrauch/Std. · €/kWh · Laufleistung p. a. + Grundgebühr

= 11 kWh · 0,12 €/kWh · 1.800 Std. p. a. + 220 €
= 2.596 €

5) Instandhaltungskosten = Festbetrag p. a. = 2.000 €

6) Werkzeugkosten = Festbetrag p. a. = 6.000 €

Daraus ergibt sich folgender Maschinenstundensatz:

$$\text{Maschinenstundensatz} = \frac{\text{maschinenabhängige Fertigungsgemeinkosten}}{\text{Maschinenlaufstunden}}$$

= 27.996 € : 1.800 Std.
= 15,55 €/Std.

lfd. Nr.	maschinenabhängige Fertigungsgemeinkosten	€ p. a.
1	kalk. Zinsen	3.000
2	kalk. Abschreibung	12.000
3	Raumkosten	2.400
4	Energiekosten	2.596
5	Instandhaltungskosten	2.000
6	Werkzeugkosten	6.000
	∑	27.996
	Maschinenstundensatz	
	= 27.996 € : 1.800 Std. =	**15,55 €/Std.**

2. Schritt: Kalkulation der Herstellkosten der Fertigung

	Materialeinzelkosten		160,00
+	Materialgemeinkosten	80 %	128,00
=	**Materialkosten**		**288,00**
	Fertigungslöhne		40,00
+	Restgemeinkosten	60 %	24,00
=	Maschinenkosten	86 min. · 15,55 €/Std. : 60 min.	22,29
=	**Fertigungskosten**		**86,29**
	Herstellkosten der Fertigung		**374,29**

Im vorliegenden Fall gilt: Herstellkosten der Fertigung/Erzeugung = Herstellkosten des Umsatzes

08. Wie wird der Minutensatz bei der Kalkulation mit Maschinenstundensätzen ermittelt?

Der Maschinenstundensatz bezieht sich auf 60 Minuten. Der Minutensatz der Maschinenkosten ist:

	Beispiel
$\text{Minutensatz} = \frac{\text{Maschinenstundensatz €/h}}{\text{60 min/h}}$	= 15,55 : 60 = 0,2592 €/min

Für die auftragsbezogenen Maschinenkosten gilt:

	Beispiel
$Maschinenkosten_{Auftrag}$ = Minutensatz · Belegungszeit	= 0,2592 €/min · 86 min = 22,29 €

09. Wie verändert sich der Maschinenstundensatz bei steigender Ausbringung?

Beispiel:
Der Betrieb arbeitet einschichtig bei 1.800 Stunden p. a. Der Maschinenstundensatz beträgt 300 €/Stunde; die variablen Kosten liegen bei 30 % der Gesamtkosten. Zu ermitteln ist die Degression des Maschinenstundensatzes in Prozent, wenn eine 2. Schicht eingerichtet wird (3.600 Std./p. a.).

Ein-Schicht-Betrieb			Zwei-Schicht-Betrieb	
Gesamtkosten, K	= 1.800 h · 300	540.000 €		702.000 €
Fixe Kosten, K_f	= 70 % von 540.000	378.000 €		378.000 €
variable Kosten, K_v	= 30 % von 540.000	162.000 €	= 90 · 3.600	324.000 €
fixe Stückkosten, k_f	= 378.000 : 1.800	210 €	= 378.000 : 3.600	105 €
variable Stückkosten, k_v	= 162.000 : 1.800	90 €		90 €
Maschinenstundensatz	= 210 + 90	300 €	= 105 + 90	195 €
Δ Maschinenstundensatz	= (195 - 300) : 300	**- 35 %**		

3.6.2 Deckungsbeitragsrechnung in Beziehung zur Vollkostenrechnung

01. Was bezeichnet man als Deckungsbeitrag?

- Der Deckungsbeitrag (DB) gibt an, welchen Beitrag ein Kostenträger bzw. eine Mengeneinheit zur Deckung der fixen Kosten leistet.

- Mathematisch erhält man den Deckungsbeitrag (DB), wenn man von den Erlösen eines Kostenträgers dessen variablen Kosten subtrahiert:

Deckungsbeitrag = Erlöse - variable Kosten

Es gilt:

- *Periodenbezogen*: $DB = U - K_v$

$$DB = x \cdot p - x \cdot k_v$$

mit

U = Umsatz, Erlöse
p = Preis
x = Menge
K_v = variable Kosten
k_v = variable Stückkosten

- *Stückbezogen*: $db = U_{Stk.} - kv$

$$db = \frac{x \cdot p}{x} - \frac{x \cdot k_v}{x}$$

$$\boxed{db = p - k_v}$$

- *Grafisch* lässt sich der Deckungsbeitrag folgendermaßen veranschaulichen:

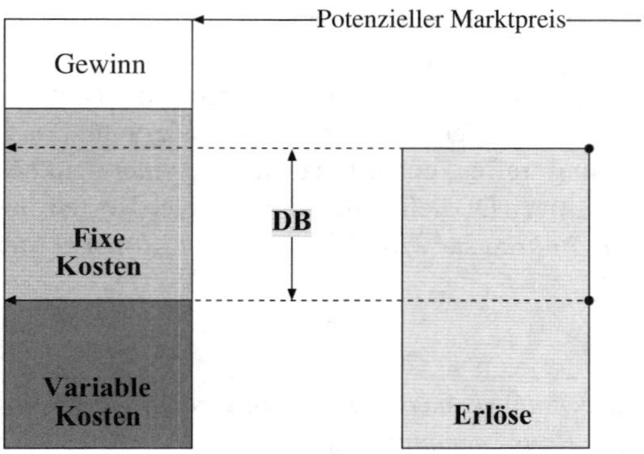

- Es gelten folgende Beziehungen:

0 < DB < Fixkosten	Der DB ist positiv und reicht zur Deckung der variablen Kosten aus. Der DB deckt jedoch nicht die Fixkosten. Dies führt zu einem negativen Betriebsergebnis.
DB > Fixkosten	Der DB deckt die variablen und die fixen Kosten. Das Betriebsergebnis ist positiv.
DB < 0	Der DB ist negativ und deckt also nicht die variablen Kosten. Das Betriebsergebnis ist negativ.

02. Welche Merkmale sind für die Deckungsbeitragsrechnung (DBR) charakteristisch?

1. Auflösung der Kosten jeder Kostenart in
   - fixe (beschäftigungsunabhängige) Kostenbestandteile und
   - variable (beschäftigungsabhängige) Kostenbestandteile.

2. Verzicht auf die Umlage der Fixkosten auf einzelne Mengeneinheiten.

3. Verrechnung der Kostenarten mit ihren fixen und variablen Bestandteilen nur auf die Kostenstellen, Abteilungen oder Unternehmensbereiche bzw. auf die Kostenträger oder Kostenträgergruppen, denen sie als Einzelkosten zugeordnet werden können (Verzicht auf die Aufteilung von Gemeinkosten).

03. Welche Aufgabe erfüllt die Deckungsbeitragsrechnung als Instrument der Teilkostenrechnung?

Die unter Ziffer 3.6.1 dargestellten Kalkulationsverfahren gehen von dem *Vollkostenprinzip* aus, d. h. fixe und variable Kosten werden bei der Kalkulation (z. B. Ermittlung des Angebotspreises im Rahmen der Vorkalkulation) insgesamt berücksichtigt.

Die Deckungsbeitragsrechnung (DBR) ist eine *Teilkostenrechnung* und geht von der Überlegung aus, dass es *kurzfristig* und vorübergehend von Vorteil sein kann, *nicht alle Kosten* bei der Preisberechnung zu berücksichtigen (vgl. Systeme der KLR: 3.1.1/05.).

Die Kosten werden unterteilt in fixe und variable Kosten (Voraussetzung der DBR). Die fixen Kosten entstehen, gleichgültig, ob der Betrieb produziert oder ruht. Das Unternehmen kann also kurzfristig die Entscheidung treffen, einen Einzelauftrag unter dem Marktpreis anzunehmen, wenn der Auftrag einen positiven DB liefert, d. h. die variablen Kosten dieses Auftrags abgedeckt werden und *zusätzlich ein Beitrag zur „Deckung der fixen Kosten entsteht"*.

Langfristig gilt jedoch:

> *Nur die Vollkostenrechnung kann als dauerhafte Grundlage der Kostenkontrolle und der Kalkulation der Preise genommen werden.*

04. Wie erfolgt die Deckungsbeitragsrechnung als Stückrechnung und als Periodenrechnung?

- Die Deckungsbeitragsrechnung kann als *Stückrechnung* (Kostenträgerstückrechnung) erfolgen:

Beispiel:

Kalkulation einer Mengeneinheit (€/Stk.)			
	Verkaufspreis je Stück	p	54,00
-	variable Stückkosten	k_v	28,00
=	DB pro Stück	db	26,00
-	fixe Kosten pro Stück	k_f	16,00
=	Ergebnis	$BE_{Stk.}$	10,00

- Die Deckungsbeitragsrechnung kann als *Periodenrechnung* (Kostenträgerzeitrechnung) durchgeführt werden (Beispiel: 2-Produkt-Unternehmen):

DBR als Periodenrechnung (Beispiel: 2-Produkt-Unternehmen)					
Produkt 1			Produkt 2		
Erlöse	$x_1 \cdot p_1$	100.000	Erlöse	$x_2 \cdot p_2$	200.000
- variable Kosten	K_{v1}	-40.000	- variable Kosten	K_{v2}	-120.000
= Deckungsbeitrag	DB_1	60.000	= Deckungsbeitrag	DB_2	80.000
Gesamtdeckungsbeitrag, GDB		→ 140.000	←		
- fixe Gesamtkosten, $\sum K_f$					
= Gesamt-Betriebsergebnis, BE		**70.000**			

05. Wie ist das Produktionsprogramm unter dem Aspekt der Vollkosten- und der Teilkostenrechnung zu bewerten?

Beispiel: Mehrproduktunternehmen bei einstufiger Deckungsbeitragsrechnung
Ein Unternehmen stellt drei Produkte her. In der zurückliegenden Periode wurden die dargestellten Werte ermittelt.

(1) *Produktionsentscheidung auf Basis der Vollkostenrechnung:*

Betriebsergebnis auf Basis der Vollkostenrechnung					
		Produkt 1	Produkt 2	Produkt 3	∑
	Erlöse	200.000	320.000	300.000	820.000
-	Selbstkosten	- 190.000	- 350.000	- 260.000	- 800.000
=	**Betriebsergebnis**	10.000	- 30.000	40.000	**20.000**

Nach der Vollkostenrechnung würde die Entscheidung über das Produktionsprogramm entsprechend dem jeweiligen Beitrag zum Betriebsergebnis zu treffen sein und demzufolge lauten:

Produkt 3 – Produkt 1 – Produkt 2

Der Schluss liegt nahe, das Produkt 2 aus dem Programm zu nehmen; dies würde das Betriebsergebnis auf den Wert 50.000 anheben (10.000 + 40.000). Diese Entscheidung wäre jedoch nur dann richtig, wenn alle Kosten variabel wären, d. h. die Einstellung des Produkts 2 würde nicht nur zu einer Umsatzreduzierung von 320.000, sondern auch zu einer Kostenreduzierung von 350.000 führen.

Betriebsergebnis auf Basis der Vollkostenrechnung - ohne Produkt 2 [?]					
		Produkt 1	[Produkt 2]	Produkt 3	∑
	Erlöse	200.000		300.000	500.000
-	Selbstkosten	- 190.000		- 260.000	- 450.000
=	**Betriebsergebnis**	10.000		40.000	**50.000**

Da die Vollkostenrechnung jedoch keine Aussage über das Verhalten der Kosten bei Beschäftigungsänderungen macht, lässt sie die beschriebene Entscheidung gar nicht zu.

(2) *Produktionsentscheidung auf Basis der Teilkostenrechnung (einstufige Deckungsbeitragsrechnung):*

Selbstverständlich stimmen die ermittelten Betriebsergebnisse in beiden Verfahren überein.

Betriebsergebnis auf Basis der Teilkostenrechnung					
		Produkt 1	Produkt 2	Produkt 3	Σ
	Erlöse	200.000	320.000	300.000	820.000
-	variable Kosten	- 130.000	- 220.000	- 160.000	- 510.000
=	Deckungsbeitrag	70.000	100.000	140.000	310.000
-	fixe Kosten				- 290.000
=	**Betriebsergebnis**				**20.000**

Nach der Teilkostenrechnung würde die Entscheidung über das Produktionsprogramm entsprechend der jeweiligen Höhe des Deckungsbeitrages zu treffen sein und demzufolge lauten:

Produkt 3 – Produkt 2 – Produkt 1

Würde man nun die Entscheidung treffen, Produkt 1 aus dem Programm zu nehmen, hätte dies ein Betriebsergebnis von -50.000 zur Konsequenz:

Betriebsergebnis auf Basis der Teilkostenrechnung - ohne Produkt 1 [?]					
		Produkt 1	Produkt 2	Produkt 3	Σ
	Erlöse		320.000	300.000	620.000
-	variable Kosten		- 220.000	- 160.000	- 380.000
=	Deckungsbeitrag		100.000	140.000	240.000
-	fixe Kosten				- 290.000
=	**Betriebsergebnis**				**- 50.000**

Die Ergebnisrechnung würde um die variablen Kosten von Produkt 1 entlastet werden. Die übrigen Kostenträger müssten jedoch allein zur Deckung der fixen Kosten beitragen, was im vorliegenden Fall zu einem negativen Betriebsergebnis führt.

Aus dem dargestellten Sachverhalt lässt sich ableiten:

Solange ein Kostenträger einen positiven Deckungsbeitrag leistet, ist es im Allgemeinen unwirtschaftlich, ihn aus dem Produktionsprogramm zu nehmen.

> *Für Entscheidungen über das Produktionsprogramm ist das Betriebsergebnis und der Deckungsbeitrag je Kostenträger relevant.*

(3) *Produktionsentscheidung auf Basis der Teilkostenrechnung mit stufenweiser Fixkostendeckung:*

Im Fall (2) wurden die fixen Kosten keiner näheren Betrachtung unterzogen, sondern en bloc von der Summe der Einzeldeckungsbeiträge subtrahiert. In der Praxis wird man jedoch die fixen Kosten weiter untergliedern, um die Entscheidung über das Produktionsprogramm zu verbessern. Man unterscheidet[1]:

- *Erzeugnisfixe Kosten:*
  Der Teil der fixen Kosten, der sich dem Kostenträger direkt zuordnen lässt, z. B. Kosten einer spezifischen Fertigungsanlage, Spezialwerkzeuge.

- *Erzeugnisgruppenfixe Kosten:*
  Der Teil der fixen Kosten, der sich zwar nicht einem Kostenträger, jedoch einer Kostenträgergruppe (Erzeugnisgruppe) zuordnen lässt.

- *Unternehmensfixe Kosten:*
  Ist der restliche Fixkostenblock, der sich weder einem Erzeugnis noch einer Erzeugnisgruppe direkt zuordnen lässt, z. B. Kosten der Geschäftsleitung/der Verwaltung.

Demzufolge arbeitet man in der mehrstufigen Deckungsbeitragsrechnung mit einer modifizierten Struktur von Deckungsbeiträgen (vgl. nachfolgendes Beispiel).

Beispiel:
Das Beispiel aus Fall (2) wird entsprechend variiert; die fixen Kosten in Höhe von 290.000 € sollen folgendermaßen aufteilbar sein:

Betriebsergebnis auf Basis der Teilkostenrechnung
- mehrstufige Deckungsbeitragsrechnung -

		Produkt 1	Produkt 2	Produkt 3	Σ
	Erlöse	200.000	320.000	300.000	820.000
-	variable Kosten	- 130.000	- 220.000	- 160.000	- 510.000
=	Deckungsbeitrag I	70.000	100.000	140.000	310.000
-	erzeugnisfixe Kosten	-20.000	- 90.000	- 60.000	- 170.000
=	Deckungsbeitrag II	50.000	10.000	80.000	140.000
-	erzeugnisgruppenfixe Kosten	- 40.000		–	- 40.000
=	Deckungsbeitrag III	20.000		80.000	100.000
-	unternehmensfixe Kosten				- 80.000
=	**Betriebsergebnis**				**20.000**

[1] Eine weitere Untergliederung ist möglich.

Analyse des Ergebnisses:

- Produkt 2 liefert den geringsten DB II, da seine erzeugnisfixen Kosten relativ hoch sind. Sein Beitrag zur Deckung der übrigen Fixkosten beträgt nur noch 10.000 €.
- Die Reihenfolge für das Produktionsprogramm würde daher lauten: P3 – P1 – P2
- Würde man sich entschließen, Produkt 2 einzustellen, ergäbe sich folgendes Betriebsergebnis:

Betriebsergebnis auf Basis der Teilkostenrechnung - mehrstufige Deckungsbeitragsrechnung - ohne Produkt 2 - [?]					
		Produkt 1	[Produkt 2]	Produkt 3	Σ
	Erlöse	200.000		300.000	500.000
-	variable Kosten	- 130.000		- 160.000	- 290.000
=	Deckungsbeitrag I	70.000		140.000	210.000
-	erzeugnisfixe Kosten	- 20.000		- 60.000	- 80.000
=	Deckungsbeitrag II	50.000		80.000	130.000
-	erzeugnisgruppenfixe Kosten	- 40.000		-	- 40.000
=	Deckungsbeitrag III	10.000		80.000	90.000
-	unternehmensfixe Kosten				- 80.000
=	**Betriebsergebnis**				**10.000**

Ergebnis:

- Eine Einstellung des Produkts 2 hätte eine Vermeidung der abhängigen Kosten in Höhe von 310.000 € zur Folge. Es würde jedoch der DB II zur Deckung der übrigen Fixkosten in Höhe von 10.000 € fehlen; dies hätte dann eine Verminderung des Betriebsergebnisses um genau diesen Betrag zur Folge.
- Der DB II sagt jedoch noch nichts darüber aus, welchen Deckungsbeitrag ein Stück des Produkts 2 erbringt.

Beispiel:
Der DB II pro Stück (= db II) ergibt folgendes Ergebnis (es werden 1.000 - 100 - 1.000 Stück angenommen):

	Betriebsergebnis auf Basis der Teilkostenrechnung - mehrstufige Deckungsbeitragsrechnung - Ermittlung des Stückdeckungsbeitrags				
		Produkt 1	Produkt 2	Produkt 3	Summe
	Erlöse	200.000	320.000	300.000	820.000
-	variable Kosten	- 130.000	- 220.000	- 160.000	- 510.000
=	Deckungsbeitrag I	70.000	100.000	140.000	310.000
-	erzeugnisfixe Kosten	- 20.000	- 90.000	- 60.000	- 170.000
=	Deckungsbeitrag II	50.000	10.000	80.000	140.000
→	DB II pro Stk. = db II	50.000 : 1.000 = **50**	10.000 : 100 = **100**	80.000 : 1.000 = **80**	

Ergebnis: Obwohl der DB II gering ist, ergibt sich aufgrund des Stückdeckungsbeitrags db II ein Produktionsprogramm in der Rangfolge P2 – P3 – P1.

06. Wie kann kurzfristig das optimale Produktionsprogramm bei einem Engpass ermittelt werden?

- Liegt ein Engpass vor, kann nicht mit dem (absoluten) Deckungsbeitrag gearbeitet werden, da die Fertigungszeiten zu berücksichtigen sind. Man ermittelt daher den relativen Deckungsbeitrag. Er ist der Deckungsbeitrag, der pro Engpasszeiteinheit erwirtschaftet wird (im vorliegenden Fall die Fertigungszeit in min/Stück).

Relativer Stückdeckungsbeitrag	$= \frac{\text{(absoluter) Deckungsbeitrag pro Stück}}{\text{Engpass-Fertigungszeit pro Stück}}$

Beispiel:
Ein Unternehmen stellt drei Produkte her. Es existiert ein Engpass: Die verfügbare Kapazität beträgt nur 3.000 Stunden.

Produkt	**Fertigungszeit** [min/Stück]	**Erwarteter Absatz** [Stück pro Monat]	**Verkaufspreis** [€/Stück]	**Variable Kosten** [€/Stück]	**Deckungsbeitrag pro Stück** [€/Stück]
A	40	8.000	150	160	-10
B	20	10.000	270	180	90
C	10	4.000	300	250	50

Im vorliegenden Fall ergibt sich für Produkt B und C:

Relativer $db_{\text{Produkt B}}$	= (absoluter) db : min/Stück	= 90 : 20 = 4,5 €/min = 270 €/h
Relativer $db_{\text{Produkt C}}$		= 50 : 10 = 5,0 €/min = 300 €/h

Anhand der relativen Deckungsbeiträge wird das Produktionsprogramm in eine Rangfolge (Priorität) gebracht. Die begrenzte Kapazität ist entsprechend der Rangfolge zu verteilen: Von Produkt C wird die erwartete Absatzmenge hergestellt; von B können nur noch 7.000 Stück produziert werden.

	Produkt A	Produkt B	Produkt C
(absoluter) db	-10	90	50
benötigte Fertigungszeit (min/Stück)	40	20	10
relativer db (€/min)	-0,25	4,50	5,00
Priorität/Reihenfolge	**3**	**2**	**1**
Erwarteter Absatz	8.000	10.000	4.000
zugewiesene Fertigungsminuten	0	140.000	40.000
Produktionsmenge	0	7.000	4.000
Deckungsbeitrag je Produkt	0	630.000	200.000
Deckungsbeitrag insgesamt			830.000

07. Wie lässt sich der Zusammenhang von Erlösen, Kosten und alternativen Beschäftigungsgraden darstellen (Break-even-Analyse)?

- Der *Break-even-Punkt* (= Gewinnschwelle, Nutzschwelle) ist die Beschäftigung, bei der das Betriebsergebnis gleich Null ist. Die Erlöse sind gleich den Kosten (Hinweis: Die Break-even-Analyse erstreckt sich i. d. R nur auf eine Produktart).

- *Voraussetzungen:*
  - konstante Fixkosten
  - konstanter Preis
  - konstantes Leistungsprogramm
  - keine Lagerhaltung
  - linearer Gesamtkostenverlauf.

Die Break-even-Analyse kann zur Ermittlung der Gewinnschwelle sowie zur Gewinnplanung eingesetzt werden.

(1) *Ermittlung der Gewinnschwelle:*

Rechnerisch gilt im Break-even-Punkt:

Betriebsergebnis = BE = 0 bzw. Erlöse = Kosten

$U = K =$ Menge · Preis $= x \cdot p$

$K =$ fixe Kosten + variable Kosten $= K_f + K_v$

$K_v =$ Stückzahl · variable Kosten/Stk. $= x \cdot k_v$

Daraus ergibt sich für die kritische Menge (= die Beschäftigung, bei der das Betriebsergebnis BE gleich Null ist):

$$BE = U - K$$
$$= x\,(p - k_v) - K_f$$

Da im Break-even-Punkt BE = 0 ist gilt:

$$K_f = x\,(p - k_v)$$

$\rightarrow x = \frac{K_f}{p - k_v}$

Da die Differenz aus Preis und variablen Stückkosten der Deckungsbeitrag pro Stück ist ($DB_{Stk.} = db$) gilt:

$x = \frac{K_f}{db}$

In Worten:

Im Break-even-Punkt ist die Beschäftigung (kritische Menge) gleich dem Quotienten aus den fixen Gesamtkosten K_f und dem Deckungsbeitrag pro Stück db.

(2) *Planung des Gewinns* (BE) mithilfe der Break-even-Analyse:

$$BE = U - K_f - x \cdot k_v$$
$$= x \cdot p - K_f - x \cdot k_v$$
$$\rightarrow x^* = \frac{K_f + BE^*}{db}$$

In Worten:

Für das geplante Betriebsergebnis BE muss notwendigerweise eine Menge von x* realisiert werden; sie ergibt sich als Quotient aus [Fixkosten + Betriebsergebnis] dividiert durch den Deckungsbeitrag pro Stück db*

Beispiel 1:
Ein Unternehmen verkauft in einer Abrechnungsperiode eine Menge x zu einem Preis von 50 € pro Stück bei fixen Gesamtkosten von 1 Mio. € und variablen Stückkosten von 25 €.

(1) Ermittlung der Gewinnschwelle:

$$x = \frac{K_f}{p - k_v} = 1 \text{ Mio. €} : (50 - 25) = 40.000 \text{ Stück}$$

Die kritische Stückzahl liegt bei 40.000; die Erlöse sind im Break-even-Punkt gleich den Gesamtkosten und betragen im vorliegenden Fall 2 Mio. €.

(2) *Gewinnplanung* mithilfe der Break-even-Analyse:
Angenommen, das Unternehmen plant einen Gewinn von 500.000 €, so müssen 60.000 Stück produziert und abgesetzt werden.

$$x^* = \frac{K_f + BE^*}{db} = (1 \text{ Mio. €} + 0{,}5 \text{ Mio. €}) : 25 = 60.000 \text{ Stück}$$

Grafisch gilt im Break-even-Punkt (bei linearen Kurvenverläufen):

- Das Lot vom Schnittpunkt der Erlösgeraden mit der Gesamtkostengeraden auf die x-Achse zeigt die kritische Menge (= Beschäftigung im Breakeven-Punkt), bei der das Betriebsergebnis gleich Null ist (BE = 0 bzw. U = K), in diesem Fall bei x = 40.000 Stück.

- Oberhalb dieses Beschäftigungsgrades wird die Gewinnzone erreicht; unterhalb liegt die Verlustzone. Der Maximalgewinn wird bei Erreichen der Kapazitätsgrenze von 100.000 Stück realisiert.

- Die fixen Gesamtkosten verlaufen für alle Beschäftigungsgrade parallel zur x-Achse (= konstanten Verlauf); hier bei $K_f = 1.000.000$ €.

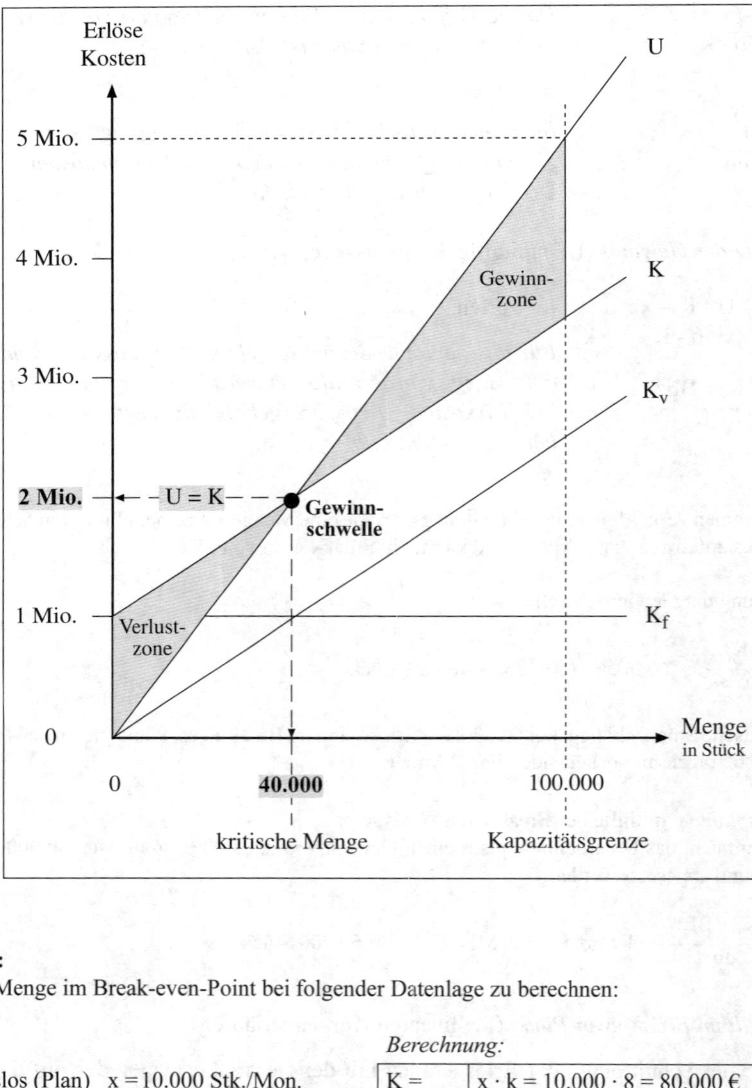

Beispiel 2:
Es ist die Menge im Break-even-Point bei folgender Datenlage zu berechnen:

Daten:

Fertigungslos (Plan)	x =	10.000 Stk./Mon.
Verkaufspreis, netto	p =	10 €/Stk.
Stückkosten	k =	8 €/Stk.
variable Stückkosten	k_v =	30 % von k

Berechnung:

K =	$x \cdot k = 10.000 \cdot 8 = 80.000$ €
k_v =	30 % von 8 = 2,40 €/Stk
db =	$p - k_v = 10 - 2{,}40 = 7{,}60$ €/Stk.
K_f =	70 % von K = 56.000 €

$$\rightarrow \quad x^* = \frac{K_f}{db} = 56.000 : 7{,}6 = 7.369 \text{ Stück}$$

08. Welche Aussagekraft hat die Ermittlung der „kritischen Menge" im Rahmen der Kostenvergleichsrechnung?

- Die *kritische Menge*[1] (auch: Grenzstückzahl) ist die Menge, bei der zwei verschiedene Fertigungsverfahren mit gleichen Kosten arbeiten.

- Allgemein gilt für die kritische Stückzahl x:

$$K_1 = K_2 \qquad \text{1, 2: Verfahren 1, 2}$$

$$K_{f1} + x \cdot k_1 = K_{f2} + x \cdot k_2$$

$$\rightarrow \quad \boxed{x = \frac{K_{f1} - K_{f2}}{k_2 - k_1} = \frac{K_{f2} - K_{f1}}{k_1 - k_2}}$$

In Worten:

$$\boxed{\text{Grenzstückzahl} = \frac{\text{Fixkosten}_1 - \text{Fixkosten}_2}{\text{var. Stückkosten}_2 - \text{var. Stückkosten}_1}}$$

Betrachtet man die Formel, so lässt sich leicht erkennen, dass die Errechnung der kritischen Menge auf der Differenz der Fixkosten und der Differenz der variablen Stückkosten beruht.

Beispiel 1: Wahl des Fertigungsverfahrens
Für einen Auftrag stehen zwei Maschinen mit folgenden Daten zur Verfügung:

Wahl des Fertigungsverfahrens			
Kostenart		Verfahren 1	Verfahren 2
		CNC-Maschine	Bearbeitungsautomat
K_f	Rüstkosten	50 €	300 €
k_v	Materialkosten	3 €/Stk.	3 €/Stk.
	Fertigungslohn	10 €/Stk.	5 €/Stk.

$$x = \frac{K_{f1} - K_{f2}}{k_2 - k_1} = \frac{300\text{ €} - 50\text{ €}}{10\text{ €/Stk.} - 5\text{ €/Stk.}} = 50\text{ Stück}$$

Die kritische Menge liegt bei 50 Stück; oberhalb von 50 Stück ist Verfahren 2 kostengünstiger.

[1] Im Rahmen der Break-even-Analyse ist die kritische Menge erreicht, wenn U = K (vgl. 06.).
Im Gebiet der statischen Investitionsrechnung bezeichnet man als kritische Menge die Menge, bei der eine Investition gerade vorteilhaft wird (vgl. ausführlich: A 2.5.8).

Grafische Lösung:

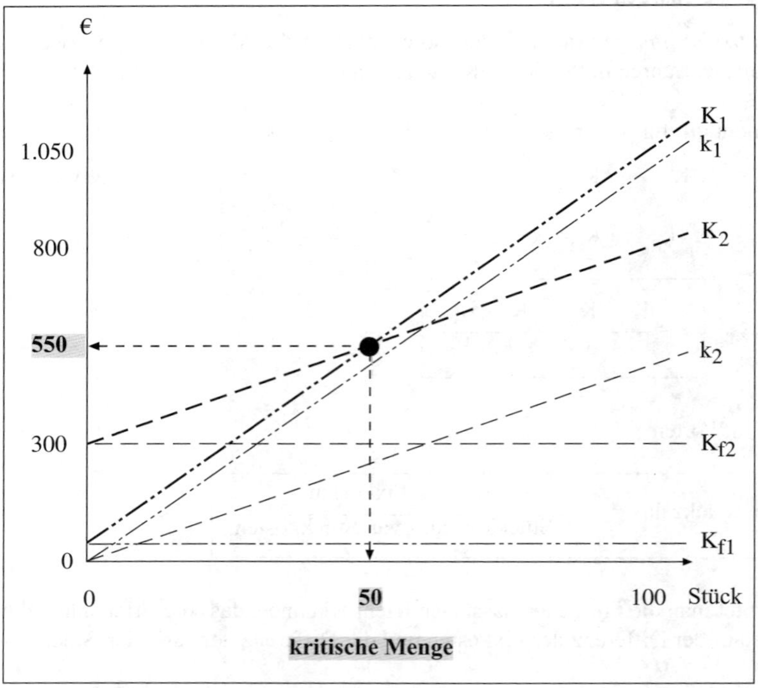

Ergebnis:

> *Bei Überschreiten der kritischen Menge ist das kostengünstigere Verfahren zu wählen; es ist das Verfahren, das zwar höhere Fixkosten aber geringere variable Kosten hat.*

Beispiel 2: Eigen- oder Fremdfertigung
Für die Fertigung werden Blechgehäuse Typ T2706 seit längerer Zeit fremd zugekauft. Der Lieferant hat zu Jahresbeginn seine Konditionen angehoben und bietet Ihnen jetzt folgende Bedingungen an: Listeneinkaufspreis 100 € je Stück, 10 % Rabatt und 3 % Skonto innerhalb von 10 Tagen oder 30 Tage ohne Abzug. Die Bezugskosten betragen 2,70 € pro Stück.

Aufgrund der Preisanhebung soll geprüft werden, ob die Eigenfertigung des Blechgehäuses unter Kostengesichtspunkten vertretbar ist. Der Jahresbedarf wird bei rd. 1.800 Stück liegen. Für die Eigenfertigung wurden folgende Plandaten ermittelt: Anschaffung einer Fertigungslinie (Stanzen, Pressen, Lackieren) zum Preis von 400.000 €; die Anlage soll auf zehn Jahre linear abgeschrieben werden mit einem Restwert von 50.000 €. Der Zinssatz für die kalkulatorische Abschreibung wird mit 8 % angenommen (Eigenfinanzierung). Sonstige Fixkosten p. a. in Höhe von 9.000 € sind zu berücksichtigen. Der Fertigungslohn beträgt 25 € je Stück, die Materialkosten 15 € je Stück.

Zu ermitteln ist rechnerisch und grafisch, bei welcher Stückzahl die kritische Menge liegt und welche Kostendifferenz sich bei dem geplanten Jahresbedarf ergibt.

Rechnerische Lösung:

Stückkalkulation - Fremdbezug -			**Stückkalkulation - Eigenfertigung -**		
	Listeneinkaufspreis	100,00		kakulatorische Abschreibung: (400.000 - 50.000) : 10 =	35.000
-	10 % Rabatt	-10,00	+	kalkulatorische Zinsen: (400.000 + 50.000) : 2 · 8 : 100 =	18.000
=	Zieleinkaufspreis	90,00	+	sonstige Fixkosten	9.000
-	3 % Skonto	-2,70	=	**Fixkosten, gesamt**	**62.000**
=	Bareinkaufspreis	87,30		Fertigungslohn/Stk.	25,00
+	Bezugskosten	2,70	+	Materialkosten/Stk.	15,00
=	**Einstandspreis**	**90,00**	=	**variable Stückkosten, gesamt**	**40,00**

$$x = \frac{K_{f2} - K_{f1}}{k_1 - k_2}$$

2: Eigenfertigung
1: Fremdfertigung

modifiziert sich zu

$$x = \frac{K_f\,(\text{Eigenfertigung})}{\text{Bezugspreis} - k_v\,(\text{Eigenfertigung})}$$

mit K_f (Fremdfertigung) = 0
k_1 = Bezugspreis

$$= \frac{62.000\ €}{90/\text{Stk.} - 40\ €/\text{Stk.}}$$

$$= 1.400\ \text{Stück}$$

Die kritische Menge liegt bei 1.400 Stück. Oberhalb dieser Menge ist die Eigenfertigung kostengünstiger, da die variablen Stückkosten niedriger sind.

Für die Planmenge p. a. ergibt sich

- bei *Eigenfertigung:* 1.800 Stk. · 40 €/Stk. + 60.000 € = 132.000 €
- bei *Fremdbezug:* 1.800 Stk. · 90 €/Stk. = 162.000 €

→ Kosteneinsparung p. a. durch den Wechsel von Fremdbezug zur Eigenfertigung = 30.000 €

Grafische Lösung:

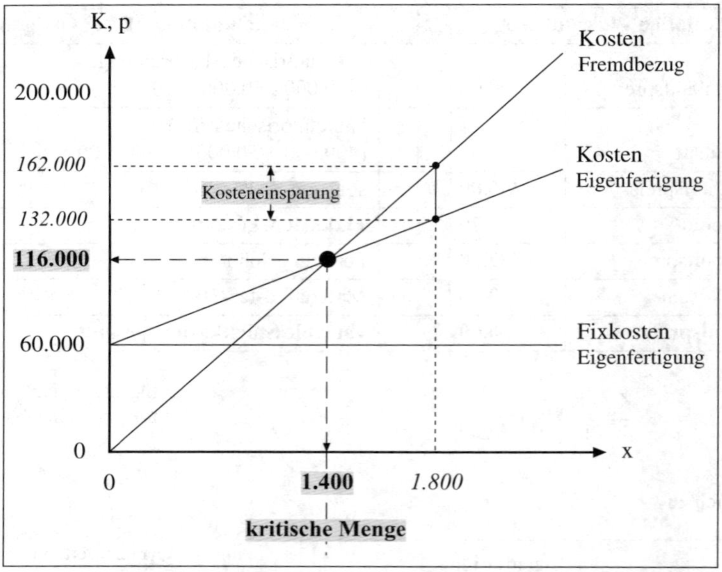

Beispiel 3: Eigen- oder Fremdfertigung

Fremdbezug:	Einkaufspreis	=	18,00 € bei 900 Stück
Eigenfertigung:	Fertigungsmaterial/Stück	=	4,00 €/Stück
	Fertigungszeit/Stück	=	7 min
	Lohnkosten/Stunde	=	18,00 €/Std.
	Maschinenkosten/Std.	=	36 €/Std.
	Fixkosten der Fertigung	=	4.000 €

Zunächst sind die variablen Kosten pro Stück zu berechnen:

$$\text{Lohnkosten} = \frac{7\text{ min/Stk.} \cdot 18\text{ €/Std.}}{60\text{ min}} = 2{,}10\text{ €/Stk.}$$

$$\text{Maschinenkosten} = \frac{7\text{ min/Stk.} \cdot 36\text{ €/Std.}}{60\text{ min}} = 4{,}20\text{ €/Stk.}$$

Daraus ergeben sich variable Stückkosten von: 4,00 + 2,10 + 4,20 = 10,30 €/Stk.

Im Break-even-Punkt gilt:

$$x = \frac{Kf}{p - k_v} = \frac{4.000}{18 - 10{,}30} = 520\text{ Stück.}$$

Ergebnis: Die Eigenfertigung ist günstiger.

3.7 Anwenden von Methoden der Zeitwirtschaft

3.7.1 Gliederung der Zeitarten

→ A 2.2, 4.1.4

01. Welche Aufgaben hat die Zeitplanung?

Aufgabe der Zeitplanung ist es, den *Zeitbedarf* für die Ausführung von Arbeitsaufgaben zu *ermitteln*. Man benötigt diese Planzeiten u. a. für die

- Arbeitsplanung und -steuerung
- Personalbedarfsermittlung
- Entlohnung
- Ermittlung von Lieferfristen.

Die Zeitplanung umfasst vor allem folgende Schwerpunkte („Studien"):

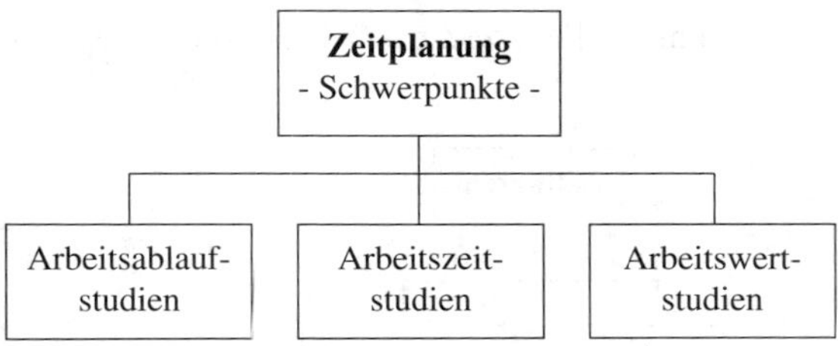

02. Was sind Arbeitsablaufstudien?

Arbeitsablaufstudien untersuchen das räumliche und zeitliche Zusammenwirken von Mensch, Betriebsmittel und Arbeitsgegenstand. Die Ergebnisse der Arbeitsablaufstudien werden dargestellt durch

• Beschreibung	z. B. Zeitaufnahmen
• Bilder	z. B. Materialfluss in Fertigungsräumen
• Bilder, Strukturen und Symbole	z. B. Flussdiagramm, Netzplan, Blockdiagramm usw.

03. Was sind Arbeitszeitstudien?

Arbeitszeitstudien dienen der Ermittlung von Arbeitszeiten zur Einteilung der Arbeit in zeitlicher Sicht. Wenn die Ablaufarten (vgl. 05.) feststehen, erfolgt die Ermittlung der Zeiten, d. h. die Ablaufarten sind mit Zeitwerten zu versehen.

04. Was sind Arbeitswertstudien?

Arbeitswertstudien ermitteln den Schwierigkeitsgrad von Tätigkeiten als Basis für die Entlohnung.

05. Welche Ablauf- und Zeitarten werden nach REFA unterschieden?

Bei der *Analyse und Optimierung der Zeiten* für Arbeitsvorgänge bedient man sich der *Ablauf-* und *Zeitarten* nach REFA:

- *Ablaufarten* sind *Ereignisse*, die beim Zusammenwirken von Mensch, Betriebsmittel und Arbeitsgegenstand auftreten können. Man unterscheidet Ablaufarten bezogen auf den Menschen, das Betriebsmittel und den Arbeitsgegenstand:

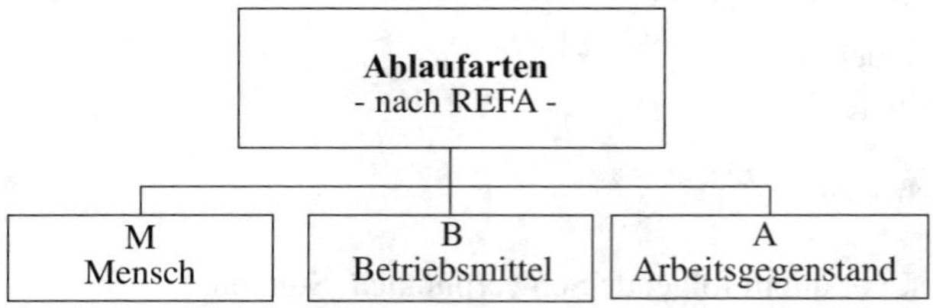

- *Zeitarten* sind Zeiten für bestimmte, gekennzeichnete Ablaufabschnitte; *grundsätzlich* unterscheidet man:

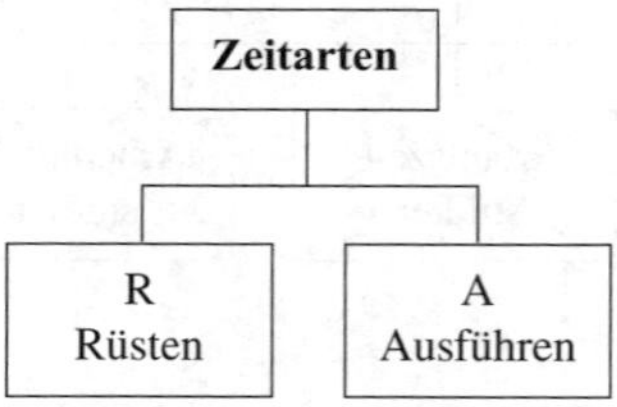

- *Rüsten* R ist das Vorbereiten eines Arbeitssystems und das Rückführen in den ursprünglichen Zustand.

- *Ausführen* A ist das Verändern des Arbeitsgegenstandes entsprechend der Arbeitsaufgabe.

06. Wie ist die Ablaufgliederung für den Menschen (M)?

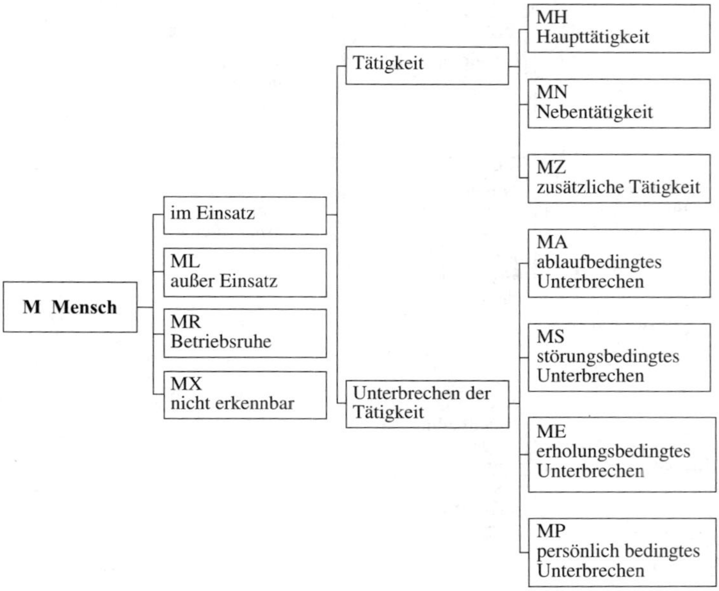

07. Wie ist die Ablaufgliederung für das Betriebsmittel (B)?

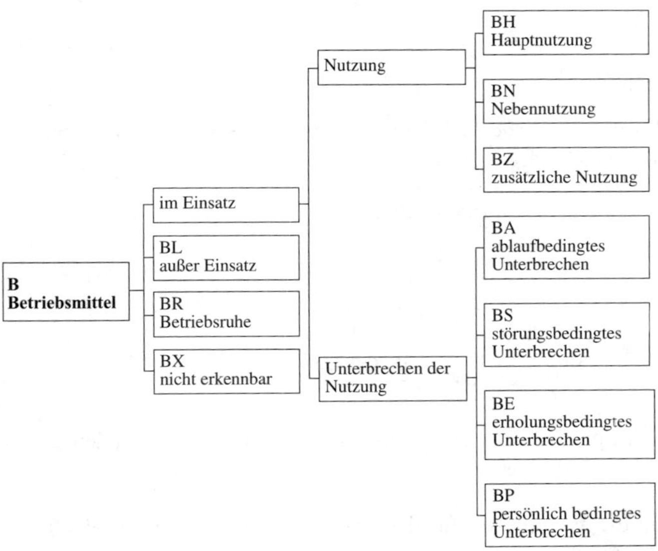

08. Wie ist die Ablaufgliederung für den Arbeitsgegenstand (A)?

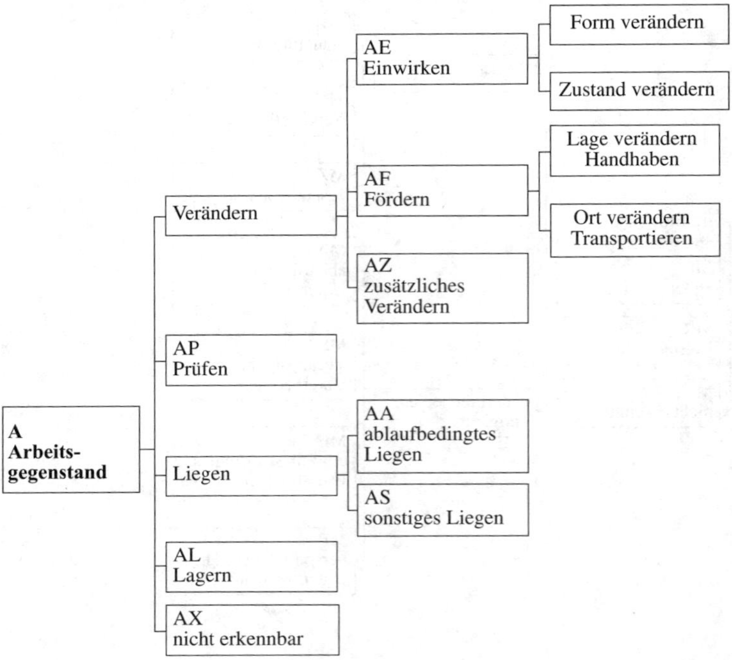

09. Was sind Vorgabezeiten?

- Vorgabezeiten sind *Sollzeiten für Arbeitsabläufe*, die von Menschen und Betriebsmitteln ausgeführt werden. Man unterscheidet:

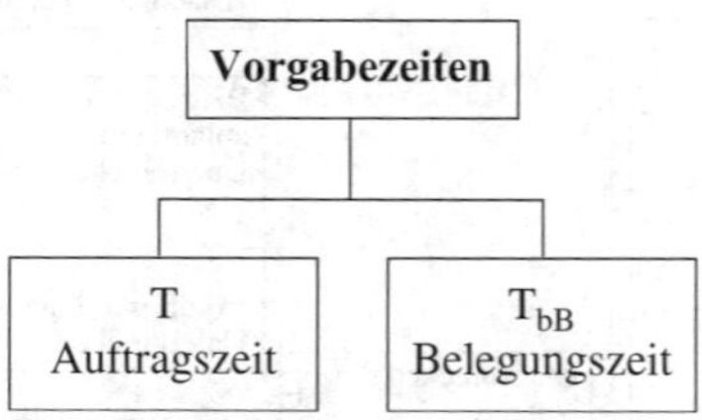

- Die *Auftragszeit* T ist die Vorgabezeit für das Ausführen eines Auftrags durch den Menschen (Grundzeiten + Verteilzeiten + Erholzeiten).

- Die *Belegungszeit* T_{bB} ist die Vorgabezeit für die Belegung des Betriebsmittels durch den Auftrag (Grundzeiten + Verteilzeiten).

- Die *Vorgabezeit* setzt sich also zusammen aus:

*Grund*zeiten + *Verteil*zeiten + *Erhol*zeiten$_{\text{(beim Menschen)}}$

10. Wie ist die Auftragszeit (für den Menschen) nach REFA gegliedert?

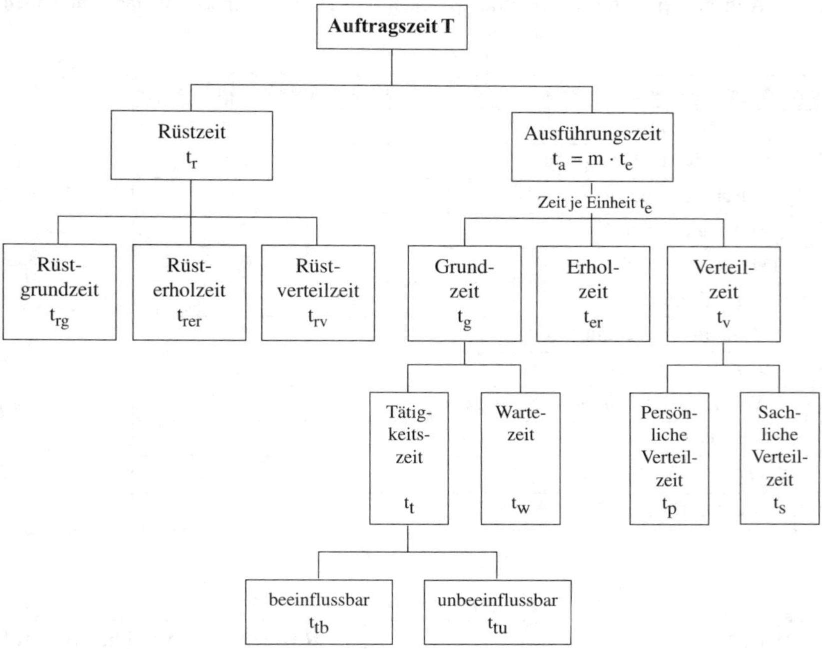

Dabei gelten folgende *Definitionen und Begriffe nach REFA* (REFA: Verband für Arbeitsstudien und Betriebsorganisation e.V.):

- *Menge* m
  Anzahl der zu fertigenden Einheiten (Losgröße des Auftrags)

- *Zeit je Einheit* t_e
  Stückzeit (wird meist gebildet aus der Grundzeit t_g und prozentualen Zuschlägen für t_{er} und t_v bezogen auf t_g)

- *Rüstzeit* t_r
  Ist die Zeit, während das Betriebsmittel gerüstet (vorbereitet) wird, z. B. Arbeitsplatz einrichten, Maschine einstellen, Werkzeuge bereit stellen und Herstellen des ursprünglichen Zustandes nach Auftragsausführung; i. d. R. einmalig je Auftrag.

- *Grundzeit* t_g
  Ist die Zeit, die zum Ausführen einer Mengeneinheit durch den Menschen erforderlich ist, z. B. Rohling einlegen, Maschine einschalten, Rohling bearbeiten usw.

- *Erholzeit* t_{er}
  Ist die Zeit, die für das Erholen des Menschen erforderlich ist, z. B. planmäßige Pausen.

- *Verteilzeit* t_v
  Ist die Zeit, die zusätzlich zur planmäßigen Ausführung erforderlich ist:
  - *sachliche Verteilzeit*: Zusätzliche Tätigkeit, störungsbedingtes Unterbrechen; z. B. unvorhergesehene Störung an der Maschine.
  - *persönliche Verteilzeit*: Persönlich bedingtes Unterbrechen; z. B. Übelkeit, Erschöpfung.

Beispiel 1:
Zu ermitteln ist die Auftragszeit T für den Auftrag „Drehen von 20 Anlasserritzeln" nach folgenden Angaben:

Lfd. Nr.	Vorgangsstufen	Sollzeit in min
1	Zeichnung lesen	4,0
2	Werkzeugstahl einspannen	1,5
3	Maschine einrichten	2,0
4	Rohling einspannen	0,5
5	Maschine einschalten	0,2
6	Ritzel drehen	4,5
7	Maschine ausschalten	0,2
8	Ritzel ausspannen und ablegen	0,4
9	Werkzeugstahl ausspannen und ablegen	0,5
10	Maschine endreinigen	3,0
Verteilzeitzuschlag für Rüsten: 20 %		
Verteilzeitzuschlag für Ausführungszeit: 10 %		

Lösung:

Vorgangsstufen		Sollzeit in min	Rüstzeit			Ausführungszeit		
			t_{rg}	t_{rv}	t_{rer}	t_g	t_v	t_{er}
1	Zeichnung lesen	4,0	4,0					
2	Werkzeugstahl einspannen	1,5	1,5					
3	Maschine einrichten	2,0	2,0					
4	Rohling einspannen	0,5				0,5		
5	Maschine einschalten	0,2				0,2		
6	Ritzel drehen	4,5				4,5		
7	Maschine ausschalten	0,2				0,2		
8	Ritzel ausspannen und ablegen	0,4				0,4		
9	Werkzeugstahl ausspannen und ...	0,5	0,5					
10	Maschine endreinigen	3,0	3,0					
Summe t_{rg} bzw. t_g			11,0			5,8		
Verteilzeitzuschlag: 20 % bzw. 10 %				2,2			0,58	
Summe t_r bzw t_e				13,2			6,38	
$T = t_r + t_a = t_r + 20 \cdot t_e = 13{,}2 \text{ min} + 20 \cdot 6{,}38 \text{ min} = 140{,}8 \text{ min}$								

Beispiel 2:
Zu berechnen ist die Auftragszeit T nach folgenden Angaben:

Anzahl der zu fertigenden Einheiten	100 E
Einspannen des Rohlings	0,20 min/E
Maschinenlaufzeit	1,50 min/E

Erholzeit 5 %
Verteilzeit 15 %
Rüstzeit 20 min

Lösung:

$$
\begin{aligned}
T &= t_r + m \cdot t_e \\
&= t_r + m\,(t_g + t_{er} + t_v) \\
&= t_r + m\,(t_{g1} + t_{g2} + t_{er} + t_v) \\
&= 20\text{ min} + 100\,(1{,}7 + 0{,}05 \cdot 1{,}7 + 0{,}15 \cdot 1{,}7) \\
&= 224\text{ min}/100\text{ E}
\end{aligned}
$$

mit: t_{g1} Rohling einspannen
t_{g2} Maschinenlaufzeit

11. Wie ist die Belegungszeit (für das Betriebsmittel) nach REFA gegliedert?

Die Belegungszeit T_{bB} für das Betriebsmittel ist analog zur Auftragszeit T (für den Menschen) gegliedert – ohne die Erholzeit:

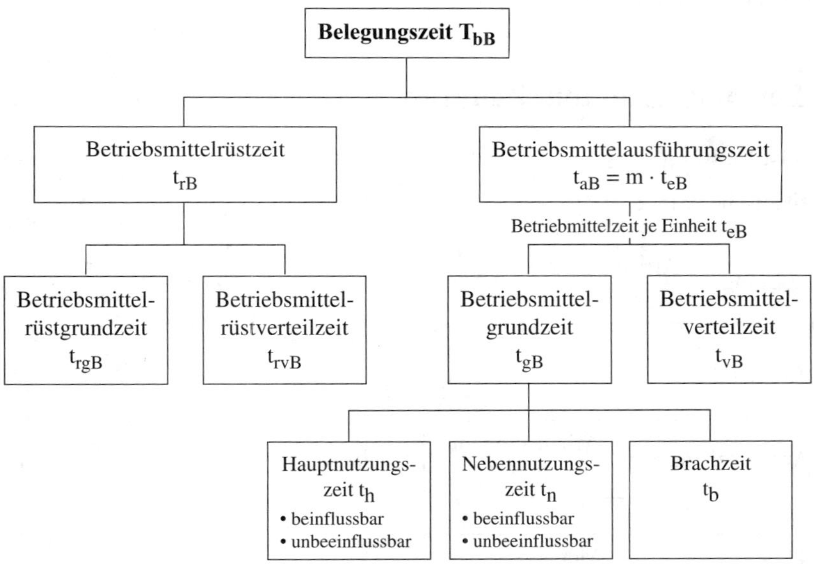

Dabei gelten folgende *Definitionen und Begriffe nach REFA:*

- *Menge* m
  Anzahl der zu fertigenden Einheiten (Losgröße des Auftrags).

- *Betriebsmittelzeit je Einheit* t_{eB}
  Die Vorgabezeit für das Belegen eines Betriebsmittels bei der Mengeneinheit 1, 100 oder 1.000.

- *Betriebsmittelgrundzeit* t_{gB}
  Summe der Soll-Zeiten aller Ablaufschritte, die für das planmäßige Ausführen des Ablaufs durch das Betriebsmittel erforderlich sind; sie besteht aus den Zeitarten:

- Hauptnutzungszeit t_h (auch: Prozesszeit; zur Berechnung vgl. 3.7.3/06.)
- Nebennutzungszeit t_n
- Brachzeit t_b (Unterbrechungszeit).

• *Betriebsmittelverteilzeit* t_{vB}
Summe der Sollzeiten aller Ablaufabschnitte, die zusätzlich zur planmäßigen Ausführung eines Ablauf durch das Betriebsmittel erforderlich sind; sie besteht aus den Zeitarten:

- Zusätzliche Nutzung BZ
- störungsbedingtes Unterbrechen BS
- persönlich bedingtes Unterbrechen BP.

• *Betriebsmittelrüstzeit* t_{rB}
analog zur Auftragszeit – ohne Erholzeit.

Im Allgemeinen wird bei der Berechnung der Belegungszeit der gleiche Verteilprozentsatz gewählt wie bei der Auftragszeit.

3.7.2 Leistungsgrad und Zeitgrad

01. Was ist Leistung? → A 5.1.4

Im physikalischen Sinne ist

$$\text{Leistung} = \frac{\text{Arbeit}}{\text{Zeit}}$$

Nach REFA ist die

$$\text{Arbeitsleistung} = \frac{\text{Arbeitsergebnis}}{\text{Zeit}}$$ bzw.

$$\text{Mengenleistung} = \frac{\text{Menge}}{\text{Zeit}}$$

02. Was ist der Wirkungsgrad?

Der Wirkungsgrad eines Arbeitssystems ist das Verhältnis von Ausgabe (Arbeitsergebnis) zu Eingabe (Arbeitsgegenstand):

$$\text{Wirkungsgrad} = \frac{\text{Ausgabe}}{\text{Eingabe}}$$

03. Nach welchen Merkmalen wird der menschliche Leistungsgrad ermittelt?

Der Leistungsgrad L eines Arbeitenden ist die Beurteilung des Verhältnisses der Istleistung zur Bezugsleistung (i. d. R. = Normalleistung):

$$\text{Leistungsgrad}_{\text{in \%}} = \frac{\text{beobachtete (Ist-)Leistung}}{\text{Bezugs- (Normal-)Leistung}} \cdot 100$$

bzw. in Verbindung mit der Taktzeit:

$$\text{Leistungsgrad} = \frac{\text{Taktzeit} \cdot \text{Zahl der prod. Seite}}{\text{Maschinenlaufzeit}} \cdot 100$$

Die Beurteilung des Leistungsgrades erfolgt i. d. R. nur bei Vorgängen, die vom Menschen beeinflussbar sind. Der Leistungsgrad ist abhängig von *subjektiver* Bewertung und setzt voraus, dass der Mitarbeiter *eingearbeitet*, hinreichend *geübt*, *motiviert* ist und geeignete *Arbeitsbedingungen* vorliegen. Der Leistungsgrad sollte während einer Zeitaufnahme laufend geschätzt werden.

Die Höhe des Leistungsgrades hängt von zwei Faktoren ab:

- der Intensität
- der Wirksamkeit.

- *Intensität* äußert sich in der Bewegungsgeschwindigkeit und der Kraftanspannung der Bewegungsausführung.

- *Wirksamkeit* ist der Ausdruck für die Ausführungsgüte. Sie ist daran zu erkennen, wie geläufig, zügig, beherrscht usw. gearbeitet wird.

Die Bezugs-Mengenleistung (Normalleistung) hat den Leistungsgrad 100 %. Sie kann

- als *Durchschnittsleistung* über viele Ist-Leistungserfassungen,
- als *Standard-Leistung* (System vorbestimmter Leistungen auf Basis von Ist-Leistungen) oder
- als *REFA-Normalleistung*

gebildet werden.

04. Wie ist die REFA-Normalleistung definiert?

Unter der REFA-Normalleistung wird eine Bewegungsausführung verstanden, die dem Beobachter hinsichtlich der Einzelbewegungen, der Bewegungsfolge und ihrer Koordination besonders harmonisch, natürlich und ausgeglichen erscheint. Sie kann erfahrungsgemäß von jedem in erforderlichem Maße geeigneten, geübten und voll eingearbeiteten Arbeiter auf die Dauer und im Mittel der Schichtzeit erbracht werden, sofern er die für persönliche Bedürfnisse und ggf. auch für Erholung vorgegebenen Zeiten einhält und die freie Entfaltung seiner Fähigkeit nicht behindert wird.

05. Wie wird die Normalzeit ermittelt?

Bei allen gemessenen Ablaufabschnitten müssen die gemessenen Istzeiten mithilfe des Leistungsgrades in *Normalzeiten* umgerechnet werden:

$$\text{Normalzeit} = \frac{\text{Leistungsgrad} \cdot \text{gemessene Istzeit}}{100}$$

06. Wie wird der Zeitgrad errechnet?

Der Zeitgrad ist das Verhältnis von Vorgabezeit (Sollzeit) zur tatsächlich erzielten Zeit (Istzeit).

$$\text{Zeitgrad}_{\text{ in \%}} = \frac{\sum \text{Vorgabezeiten (Normalzeiten)}}{\sum \text{Istzeiten}} \cdot 100$$

Der Zeitgrad ist also Ausdruck der Soll-Zeit in Prozenten der Istzeit. Er wird i. d. R. für einen zurückliegenden Zeitraum berechnet und kann sich auf einen Auftrag, einen Mitarbeiter, eine Abteilung oder einen Betrieb beziehen.

Merke:

Der Leistungsgrad wird beurteilt/geschätzt!
Der Zeitgrad wird berechnet!

Beispiel 1: Berechnung des Zeitgrades (vereinfachte Darstellung)
In dem zurückliegenden Monat wurden am Arbeitsplatz X für Herrn Y folgende Werte gemessen und der Zeitgrad ermittelt (Ausschnitt der Messwerte).

Mitarbeiter: Y		Arbeitsplatz: X		Monat: Juni	
Auftrag Nr.	**Istzeit** (Zeitaufnahme) in h	**Leistungsgrad** (geschätzt) in %	**Normalzeit** (Vorgabezeit) in h	**Erzielte Istzeit** in h	**Zeitgrad** (berechnet) in %
1	2	2	4	5	6
01800	5,60	110	6,16	5,50	112,0
01804	3,20	115	3,68	3,20	115,0
01823	4,80	105	5,04	4,60	109,6
03722	8,35	100	8,35	8,50	98,2
03724	3,60	105	3,78	3,50	108,0
03728	2,50	110	2,75	2,60	105,8
...	...	...	...	...	...

Erläuterung:
- Spalte 2: Summe der während der Zeitaufnahme gemessenen Istzeiten.
- Spalte 3: Durch Beurteilen wurde während der Zeitaufnahme festgelegt, um wie viel Prozent die beobachtete Leistung von der Bezugsleistung (= 100 %) abweicht – in Schritten gestaffelt von je 5 %.

- Spalte 4: Die Normalzeit ist das Produkt von [gemessene Istzeit · Leistungsgrad : 100]; [Spalte 2 · Spalte 3 : 100].
- Spalte 5: Die vom Mitarbeiter Y im Abrechnungszeitraum tatsächlich erzielte Zeit pro Auftrag.
- Spalte 6: Der Zeitgrad ergibt sich rechnerisch als Quotient aus Vorgabezeit und (erzielter) Istzeit: [Spalte 4 : Spalte 5 · 100], z. B. 6,16 : 5,50 · 100 = 112,0 %.

Beispiel 2: Berechnung des Zeitgrades für einen Auftrag.
Nach Durchführung eines Auftrags wurden folgende Zeiten gegenübergestellt:

1. Vorgabezeit:
   - Die Maschinenlaufzeit (unbeeinflussbare Tätigkeit) steht bei 100 Einheiten (E) zum Personaleinsatz (beeinflussbare Tätigkeit) im Verhältnis von 100 min : 20 min.
   - Die Wartezeit ist mit 30 % der unbeeinflussbaren Tätigkeitszeit zu berücksichtigen.
   - Die Zuschläge für die Erholzeit und die Verteilzeit betragen 2 % bzw. 10 %.
2. Istzeit: Der Arbeitskarte sind zu entnehmen:
   - Anzahl der gefertigten Einheiten: 300 E
   - Fertigungszeit: 7,5 h.

Lösung:

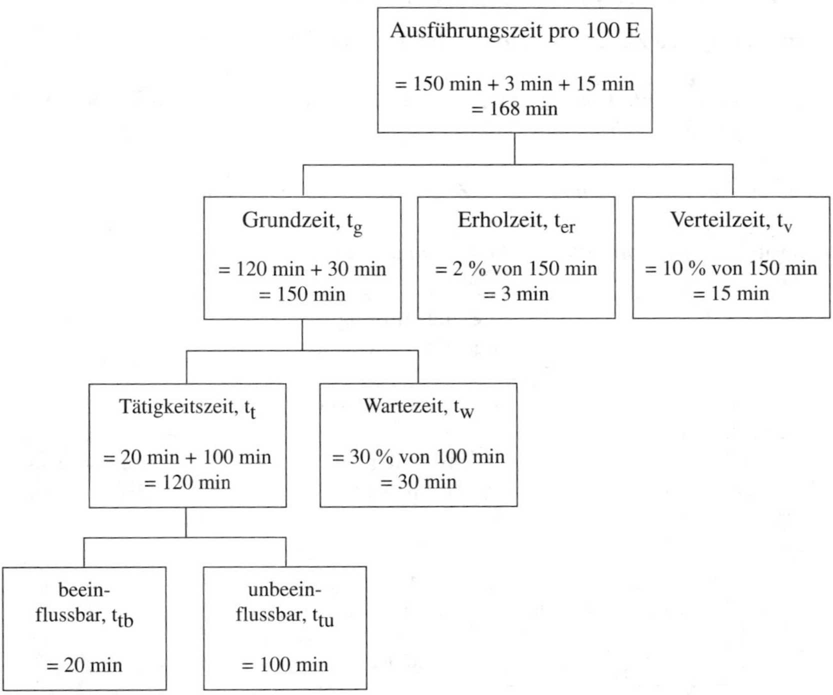

Zeit je Einheit t_e = 168 min : 100 = 1,68 min/E

Vorgabezeit
für den Auftrag $t_a = m \cdot t_e$ = 300 E · 1,68 min/E
= 504 min/300 E
= 8,4 h/300 E

$$\rightarrow \quad \text{Zeitgrad in \%} = \frac{\sum \text{Vorgabezeiten (Normalzeiten)}}{\sum \text{Istzeiten}} \cdot 100$$

$$= \frac{8{,}4\ \text{h} \cdot 100}{7{,}5\ \text{h}} = 112\ \%$$

Beispiel 3: Zeitgradberechnung
In einer Stunde wurden 12 E gefertigt; die Vorgabezeit beträgt 10 E/h. Zu ermitteln ist der Zeitgrad der Fertigungsstunde:

Vorgabezeit:	10 E/60 min	→	6 min/E
Istzeit:	12 E/60 min	→	5 min/E

Zeitgrad = 6 min/E : 5 min/E · 100 = 120 %

3.7.3 Methoden der Vorgabezeitermittlung

01. Wie werden Zeiten ermittelt? Welche Methoden gibt es?

Bei der Ermittelung von Zeiten ist zu unterscheiden zwischen folgenden Zeitarten:

- *Istzeiten* sind *tatsächlich* vom Menschen/Betriebsmittel für das Ausführen von Ablaufabschnitten *gebrauchte Zeiten.*

- *Sollzeiten* sind aus Istzeiten *abgeleitete Zeiten* für geplante Abläufe.

Es werden folgende *Zeitermittlungsmethoden* eingesetzt:

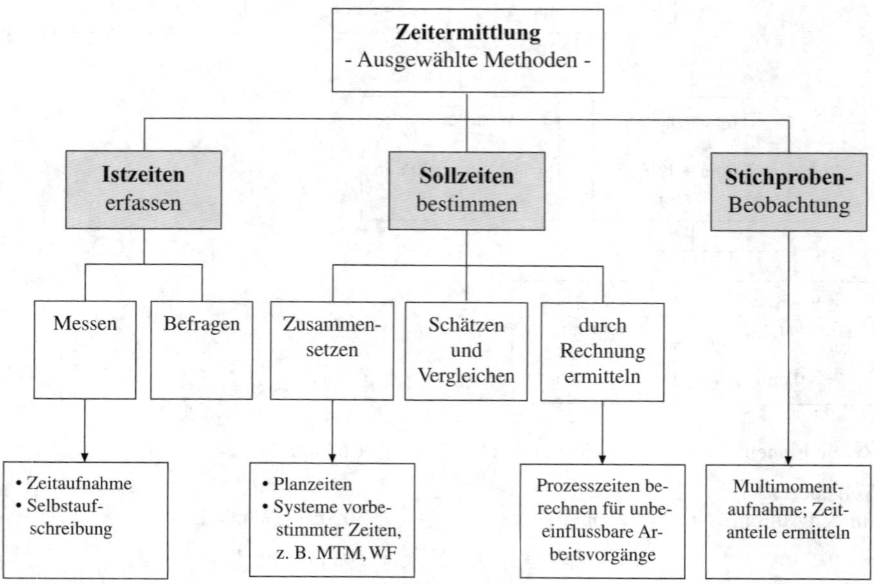

02. Welchen Zweck haben Zeitaufnahmen?

- *Zeitaufnahmen* sind das Ermitteln von Sollzeiten durch Messen und Auswerten von Istzeiten (Definition nach REFA).

- Der *Vorgang der Zeitaufnahme* umfasst:
  - Beschreibung des Arbeitssystems (Arbeitsaufgabe, -verfahren, -methode, -bedingungen)
  - Gliederung des Arbeitsablaufs in messbare Ablaufabschnitte und Bestimmung der Messpunkte
  - Erfassung der Bezugsmengen und Einflussgrößen
  - Messen der Ist-Zeiten und Schätzen des Leistungsgrades (vgl. 3.7.2/03.)
  - Auswerten der Messergebnisse nach statistischen Methoden (z. B. Mittelwertberechnung)
  - Ermittlung der Sollzeiten unter Berücksichtigung der Erhol- und Verteilzeiten.

- *Voraussetzungen* der Zeitaufnahme:
  - Die Zeitaufnahme muss reproduzierbar sein (Protokoll).
  - Die Zeitaufnahme erfolgt am „bereinigten" Arbeitssystem: Der Zeitaufnahme geht eine Optimierung der Arbeitsplatzgestaltung voraus.
  - Zeitaufnahmen dürfen nicht ohne Wissen des Mitarbeiters erfolgen und sind mitbestimmungspflichtig (§ 87 Abs. 1 Nr. 10, 11 BetrVG).
  - Der Zeitaufnahmebogen ist eine Urkunde; es darf nicht radiert und geändert werden.

- Man unterscheidet zwei *Zeitmessmethoden:*

  - *Einzelzeitmessung:*
    Für jeden Ablaufabschnitt wird gesondert gemessen.

  - *Fortschrittsmessung:*
    Die Zeit wird von einer permanent laufenden Stoppuhr abgelesen (Zeitdauer = Differenz zweier Fortschrittszeiten).

03. Was versteht man unter Systemen vorbestimmter Zeiten (SvZ)?

Neben der Ermittlung der *Vorgabezeit* nach REFA gibt es noch das Verfahren auf der Grundlage von Systemen vorbestimmter Zeiten: Der *Grundgedanke* ist, *dass manuelle Tätigkeiten des Menschen systematisch bestimmbar sind.*

- Unter *Systemen vorbestimmter Zeiten* (SvZ) versteht man Verfahren zur Ermittlung von Sollzeiten für manuelle Tätigkeiten, die vom Menschen beeinflussbar sind (Definition nach REFA).

Die Bestimmung der Sollzeiten erfolgt bei allen SvZ in vier Arbeitsschritten:

1. *Analyse des Bewegungsablaufs*, z. B. Hinlangen, Greifen usw.
2. *Zeitanalyse* (Bestimmen der Einflussgrößen), z. B. Bewegungslänge
3. *Ablesen* der Elementarzeiten aus Tabellen
4. *Addieren* der Elementarzeiten zur Gesamtbewegungszeit für einen Ablauf.

Für die Anwendung derartiger Systeme müssen *sechs Voraussetzungen* gegeben sein:

1. Die Standardzeiten der Verfahren müssen mithilfe eines *Umrechnungsfaktors* an die REFA-Normalleistungszeit angepasst werden.

2. Die Arbeitsabläufe müssen *konstant und reibungslos* sein. Die SvZ benötigen für ihre starre Methodik „genormte" Arbeiten. Etwaige Unregelmäßigkeiten müssen in der Häufigkeit ihres Auftretens bestimmbar sein.

3. Die Konstanz des Arbeitsablaufs bedingt wiederum *stationäre Arbeitsplätze*, an denen Werkzeuge, Vorrichtungen und Teilebehälter stets im gleichen, „normalen" Griffbereich des Arbeiters liegen.

4. Ebenso muss der zu bearbeitende *Werkstoff* in seinen Abmessungen und Qualitätskriterien stets *einheitlich* sein.

5. Die SvZ beziehen sich *nur auf geistige oder manuelle Bearbeitungszeiten*. Alle anderen Zeiten (Erhol-, Verteil-, Wartezeiten usw.) werden mithilfe von Stoppuhr oder Multimomentaufnahme errechnet und den Tabellenwerten (meist prozentual) zugeschlagen.

6. Die SvZ analysieren *nur die menschliche Bewegungsleistung*.

In Deutschland sind vor allem folgende SvZ gebräuchlich:

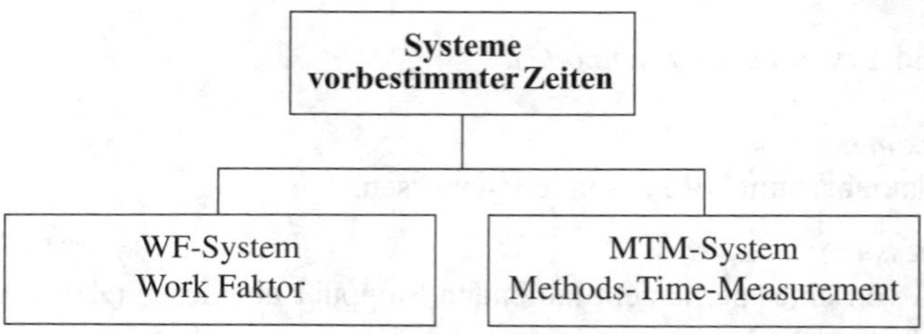

04. Welche Systematik hat das Work-Faktor-System?

Das Work-Faktor-System (englisch: work factor = Summe der Merkmale des Schwierigkeitsgrades der Arbeit) wurde 1945 in den USA entwickelt. Es unterscheidet:

- *Acht Grundbewegungen* als Standardelemente; die Zeitwerte sind in Tabellen zusammengefasst.

- *Sechs Körperbewegungen* als *weitere Bewegungselemente*; sie sind in Abhängigkeit von den jeweiligen *Einflussgrößen* als Festwert der Tabelle zu entnehmen.

- *Vier Merkmale der Bewegungsbeherrschung* (Schwierigkeitsgrad = work factor).

Work-Faktor-System			
Bewegungs-elemente	**Grundwegungen** (Standardelemente)	1	Bewegen
		2	Greifen
		3	Loslassen
		4	Vorrichten
		5	Fügen
		6	Demontieren
		7	Ausführen
		8	Geistige Vorgänge
	Körperbewegungen (weitere Bewegungs-elemente)	1	Kopfdrehungen
		2	Körperdrehungen
		3	Gehen, unbehindert
		4	Gehen, behindert
		5	Gehen auf Treppen
		6	Aufstehen, Hinsetzen
	Einflussgrößen	1	Bewegter Körperteil
		2	Zurückgelegter Weg, in cm
		3	Schwierigkeitsgrad: - Bestimmtes Ziel - Steuern - Sorgfalt/Präzision - Richtungsänderung/Umweg

Für die analysierte *Bewegung* werden die *Einflussgrößen* und die Anzahl der *Merkmale* (der Bewegungsbeherrschung) ermittelt und der entsprechende Zeitwert der Tabelle entnommen. Die Zeitwerte sind in Zeiteinheiten (ZE) angegeben (1 ZE = 0,0001 min).

Das WF-System wird überwiegend in der Massenfertigung angewendet. Aus dem Grundverfahren (s. o.) wurden vereinfachte Verfahren abgeleitet, die bei Kleinserien wirtschaftlich vertretbar sind:

- Work-Faktor-Schnellverfahren (WFS)
- Work-Faktor-Kurzverfahren (WFK).

05. Welche Systematik hat das MTM-System?

Das MTM-System wurde 1948 in den USA veröffentlicht und bedeutet übersetzt: Methoden-Zeit-Messung (Methods-Time-Measurement). Hier ist *die Methode das Maß für die Zeit.* Es werden sowohl quantitative als auch qualitative Einflussgrößen erfasst (z. B. Bewegungslänge bzw. Lage des Gegenstandes).

Das MTM-System unterscheidet:

- neun *Grundbewegungen* (z. B. R = Reach = Hinlangen)
- acht *Körper-, Bein- und Fußbewegungen*
- zwei *Blickfunktionen*
- *Bewegungsfälle* A, B, C, ... (sie werden bestimmt durch: Ort, Größe und Beschaffenheit des Gegenstandes).

Zur Beschreibung der MTM-Grundbewegungen dienen Buchstaben-Zahlen-Kombinationen, z. B.:

R 20 D

- D — Bewegungsfall: D
- 20 — Bewegungslänge: 20 cm
- R — Reach = Hinlangen

Die *Maßeinheit* für MTM-Zeiteinheiten (TMU = Time-Measurement-Unit) ist:

1 TMU = $^{1}/_{100.000}$ Stunde = 0,0006 min
16,7 TMU = 1 cmin

Vereinfachte Verfahren wurden aus dem MTM-Grundsystem abgeleitet, z. B.:

- *MTM-Standarddaten* (MTM-SD):
  - Zeitbausteine werden zusammengefasst
  - Zeitwerte werden gerundet
  - Bewegungslängen werden geschätzt

- *MTM 2*:
  - Reduzierung auf zehn Verrichtungselemente

- *MTM 3*:
  - Reduzierung auf vier Bewegungskategorien.

06. Wie werden Prozesszeiten (Hauptzeiten) berechnet?

Prozesszeiten (auch: Hauptzeiten) sind Sollzeiten für automatisch ablaufende Abschnitte, die vom Menschen nicht beeinflussbar sind. *Hauptnutzungszeiten* t_h werden vorrangig bei der spanenden Bearbeitung als Grundlage zur Ermittlung der Vorgabezeit (für Betriebsmittel) verwendet (vgl. 3.7.1/12.).

Ausschnitt aus der Systematik „Belegungszeit T_{bB}“:

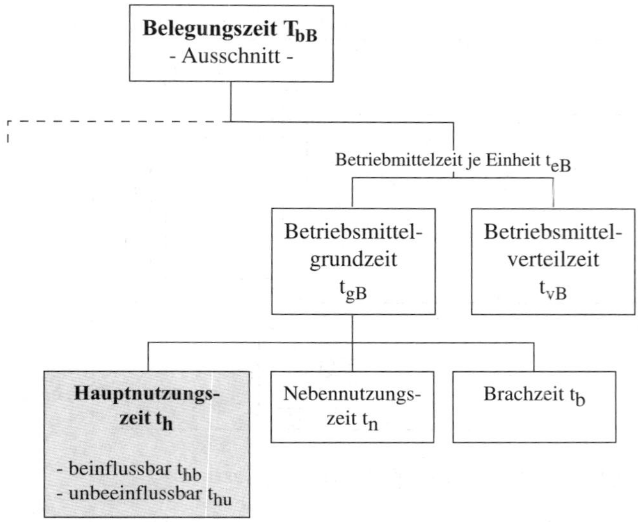

Die Grundformel der Hauptnutzungszeit t_{hu} ist:

$$t_{hu} = \frac{\text{Arbeitsweg (Maße des Arbeitsgegenstandes)}}{\text{Arbeitsgeschwindigkeit des Werkzeugs}}$$

Die *Berechnung* erfolgt mithilfe spezieller *Formeln* (Hauptnutzungszeit beim Drehen, beim Bohren, beim Fräsen usw.), die den einschlägigen Tabellenwerken entnommen werden können, vgl. z. B.: Lipsmeier, A. (Hrsg.), Friedrich Tabellenbuch, a. a. O., S. 7 - 4 ff. oder Fischer u. a., Tabellenbuch Metall, a. a. O., S. 264 ff.

Beispiel: Berechnung der Hauptnutzungszeit (vereinfacht: t_h) beim Drehen:

Berechnungsgrößen:

t_h	Hauptnutzungszeit	f	Vorschub je Umdrehung
L	Vorschubweg in mm	l	Werkstücklänge in mm
i	Anzahl der Schnitte	l_a	Anlauf in mm
n	Drehfrequenz in min^{-1}	l_u	Überlauf in mm
d	Werkstückdurchmesser in mm		

Berechnung von L				
Längs-Runddrehen		**Quer-Plandrehen**		
ohne Ansatz	*mit Ansatz*	*ohne Ansatz*	*mit Ansatz*	*Hohlzylinder*
$L = l + l_a + l_u$	$L = l + l_a$	$L = d : 2 + l_a$	$L = (d - d_1) : 2 + la$	$L = (d - d_1) : 2 + l_a + l_u$

Skizze: Längs-Runddrehen ohne Ansatz

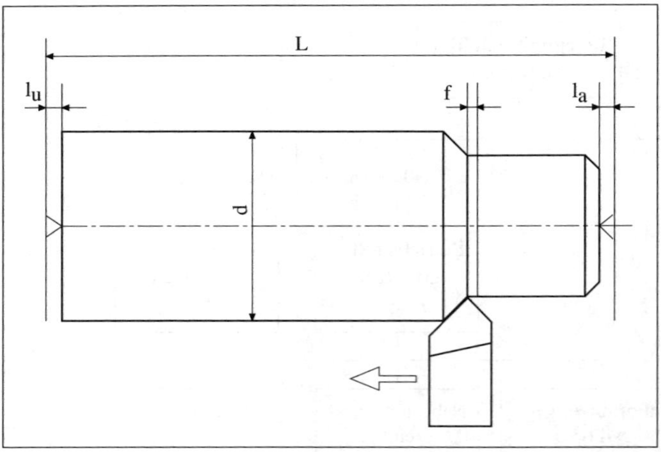

Beispiel: Berechnung von t_h beim Längs-Runddrehen ohne Ansatz

Ein Bolzen mit der Länge 160 mm wird bei einem Vorschub von 0,3 mm und einer Drehfrequenz von 1.000/min überdreht ($l_a = l_u = 2$ mm).

Gesucht: $t_h = ?$

Gegeben: $L = l + l_a + l_u = 160\text{ mm} + 2\text{ mm} + 2\text{ mm} = 164\text{ mm}$

$i = 1$
$f = 0{,}3\text{ mm}$
$n = 1.000\text{ min}^{-1}$

Berechnung: $t_h = \dfrac{L \cdot i}{f \cdot n} = \dfrac{164 \cdot 1}{0{,}3 \cdot 1.000} \cdot \dfrac{\text{mm} \cdot \text{min}}{\text{mm} \cdot 1} = 0{,}55\text{ min}$

07. Wie werden der Hauptnutzungsgrad und der Gesamtnutzungsgrad ermittelt?

$$\text{Hauptnutzungsgrad} = \frac{\text{Hauptnutzungszeit} \cdot 100}{\text{Belegungszeit}} = \frac{t_h \cdot 100}{T_{bB}}$$ (vgl. Frage 06.)

$$= 210\text{ Std.} : 319\text{ Std.} \cdot 100 = 65{,}8\ \%$$

$$\text{Gesamtnutzungsgrad} = \frac{(\text{Haupt- + Nebennutzungszeit + Brachzeit}) \cdot 100}{\text{Belegungszeit}}$$

$$= \frac{(t_h + t_n + t_b) \cdot 100}{T_{bB}}$$

$$= 314{,}4 : 319 \cdot 100$$
$$= 98{,}56\ \%$$

Beispiel:

Anzahl der gefertigten Produkte = 180 Stück
Laufzeit der Anlage = t_h = 210 Stunden

Schicht:

- Dauer: 8 Stunden
- 2 Schichten
- Pause pro Schicht: 45 min
- 22 Arbeitstage

Daraus folgt:

Belegungszeit = 22 (8,0 – 0,75) · 2 = 319 Stunden
Rüstzeit = t_n = 30 min pro Stück
Brachzeit = t_b = 5 min pro Stück

Daraus folgt:

$$\text{Hauptzeit + Nebennutzungszeit + Brachzeit} = t_h + t_n + t_b$$
$$= 210 + 180\left(\frac{30}{60} + \frac{5}{60}\right)$$
$$= 314{,}4 \text{ Std.}$$

08. Wie erfolgt das Schätzen und Vergleichen?

- *Schätzen* ist das ungefähre Bestimmen von Sollzeiten auf der Basis von Erinnerung oder Erfahrung.

- *Vergleichen* ist das Nebeneinanderstellen von Abläufen, um Unterschiede/Übereinstimmungen fest zu stellen.

Durch methodisches Vorgehen können Schätzfehler gering gehalten werden: Der gesamte Ablauf wird in kleine, überschaubare Abschnitte zerlegt, deren Sollzeit einzeln geschätzt wird.

Arbeitsschritte:

1. Arbeitsaufgabe beschreiben.
2. Ähnlichen Arbeitsablauf bereitlegen (Vergleichsunterlagen[1]).
3. Arbeitsbedingungen vergleichen.
4. Abweichungen hinsichtlich Arbeitsablauf und -gegenstand betrachten.
5. Zu- und Abschläge für unterschiedliche Ablaufabschnitte festlegen.
6. Einzelzeiten zur Sollzeit addieren.

Schätzen und Vergleichen ist eine wirtschaftlich vertretbare Methode der Sollzeitermittlung und wird bei Einzel- und Kleinserien, in der Instandhaltung sowie im Handwerk eingesetzt.

[1] Systematische Vergleichsunterlagen (*Zeitklassenverfahren*) verbessern und erleichtern das Verfahren.

09. Was sind Planzeiten?

Die Ermittlung von Sollzeiten ist wirtschaftlich aufwändig. Daher ist man bestrebt, dass ermittelte Sollzeiten möglichst häufig wieder verwendet werden. Diesem Ziel dienen Planzeiten.

- *Planzeiten* sind Sollzeiten für bestimmte Abschnitte, deren Ablauf mithilfe von Einflussgrößen beschrieben ist. Die ermittelte Planzeit ist nur so gut, wie ihre Beschreibung zutreffend ist.

Wirtschaftlich sinnvoll ist die Verwendung von Planzeiten dort, wo ähnliche aber nicht genau identische Ablaufabschnitte häufig vorkommen, z. B. in der Einzel- und Kleinserienfertigung.

Arbeitsschritte:

1. Planzeitbereich (Arbeitssystem) abgrenzen.
2. Verwendungszweck der Planzeiten festlegen.
3. Planzeitbereich ordnen (ggf. vorher das Arbeitssystem optimieren → Arbeitsplatzgestaltung).
4. Arbeitsabläufe gliedern und beschreiben; Bezugsmengen und Einflussgrößen erfassen.
5. Zeiten ermitteln für:
   - Mikroabschnitte (durch SvZ oder Zeitstudien)
   - Makroabschnitte (durch Schätzen und Vergleichen oder Selbstaufschreibung).
6. Planzeiten darstellen, z. B. in Planzeitkatalogen.

3.7.4 Multimomentaufnahme als Methode zur Ermittlung von Zeitanteilen (insbesondere der Verteilzeit)

01. Was sind Verteilzeitstudien?

Die unter 3.7.3 behandelten Zeitermittlungsverfahren beziehen sich auf die Erfassung der Sollzeiten *planmäßiger Ablaufabschnitte.*

Die *Verteilzeit* t_v (vgl. 3.7.1/11. /Auftragszeit T) ist definiert als die Summe der Sollzeiten, die *zusätzlich zum planmäßigen Ausführen* eines Ablaufs erforderlich sind.

Dafür sind besondere *Verteilzeitstudien* notwendig, die die Zusammensetzung der Aufnahmezeit AZ aus den verschiedenen Zeitarten notiert. Ziel der Verteilzeitaufnahmen ist es, den relativen Anteil z_V der Verteilzeit V zur Grundzeit G zu ermitteln; der Verteilzeitprozentsatz z_V ist:

$$z_V \text{ in \%} = \frac{\sum \text{Verteilzeiten}}{\sum \text{Grundzeiten}} \cdot 100$$

Es gelten folgende Definitionen:

V = Verteilzeit

V_p = persönliche Verteilzeiten, z. B. zur Toilette gehen, Fenster öffnen/schließen wegen Lüftung, Beleuchtung einschalten/ausschalten.

V_{sk} = sachlich konstante Verteilzeiten: zusätzliche Zeiten, die regelmäßig und auftragsunabhängig anfallen, z. B. Vorbereitungsarbeiten zum Schichtbeginn, Reinigungsarbeiten zum Schichtende, Wartungsarbeiten.

V_{sv} = sachlich variable Verteilzeiten: zusätzliche Zeiten, die auftragsabhängig und gelegentlich anfallen, z. B. kleinere Störungen im Ablauf, Wechsel des Werk zeugs.

→ $V = V_p + V_{sk} + V_{sv}$

Für die Zusammensetzung der Aufnahmezeit AZ bei Verteilzeitaufnahmen gilt:

$AZ = G + V + Er + N + F$

Dabei ist:

G = Grundzeiten

V = Verteilzeiten

Er = Erholzeiten

N = nicht zu verwendende Zeiten, z. B. persönlich verursachte, zusätzliche Zeiten, z. B. Nacharbeit wegen Unaufmerksamkeit, Zuspätkommen, private Gespräche.

F = fallweise zu berücksichtigende Zeiten, die in den Verteilzeiten nicht erfasst werden, z. B. längerer Energieausfall, größere Instandhaltungsarbeiten, Bereitstellung fehlender Hilfs- und Fördervorrichtungen.

Nach der Ermittlung der Verteilzeiten V und der Grundzeiten G kann der Verteilzeitprozentsatz z_v berechnet werden (vgl. oben):

$$z_V \text{ in } \% = \frac{\sum \text{Verteilzeiten}}{\sum \text{Grundzeiten}} \cdot 100$$

Ist z_v bekannt (aus der Verteilzeitaufnahme), so lässt sich die Zeit je Einheit für einen Auftrag t_e berechnen (vgl. 3.7.1/11.); dabei wird die Verteilzeit als Zeitanteil der Grundzeit berücksichtigt:

$$t_e = t_g + t_v + t_{er}$$

$$= t_g + {}^{zv}/_{100} \cdot tg + t_{er}$$

02. Was sind Multimomentstudien?

- *Multimoment-Studien* (MM-Studien) sind Stichprobenverfahren zur Untersuchung (überwiegend) unregelmäßiger Arbeitsablaufe. Die nachfolgenden Ausführungen beziehen sich auf das *MM-Häufigkeits-Zählverfahren* (MMH). Das *MM-Zeitmessverfahren*, bei dem die Zeitdauer der untersuchten Ablaufarten notiert wird, ist weniger verbreitet.

Das Verfahren ist relativ einfach und *gut geeignet für die Ermittlung von Verteilzeiten* (vgl. oben/01.). Weiterhin wird es eingesetzt bei

- der Ermittlung von Maschinenstillstandszeiten und betrieblichen Kennzahlen sowie bei
- der Untersuchung von Material- und Organisationsabläufen und Angestelltentätigkeiten.

Verfahrensmerkmale:

- Die Häufigkeiten festgelegter Ablaufarten werden durch stichprobenweises, kurzzeitiges Beobachten ermittelt, in Strichlisten eingetragen und durch Zählen ausgewertet.
- Die Kurzbeobachtungen werden auf Rundgängen vorgenommen. Die Rundgänge werden nach dem Zufallsprinzip fest gelegt.
- Bei jedem Rundgang muss eine größere Zahl von Beobachtungsobjekten nacheinander betrachtet werden können.

Nach der Wahrscheinlichkeitstheorie ist bei hinreichend großer Zahl an Beobachtungen (N) der prozentuale Anteil einer bestimmten Ablaufart (p) folgender Quotient:

$$p = \frac{n}{N} \cdot 100$$

p prozentualer Anteil einer bestimmten Ablaufart
n Häufigkeit der betreffenden Ablaufart
N Häufigkeit aller Beobachtungen

Der Prozentsatz p auf der Basis von MM-Studien ist nicht identisch mit dem Verteilzeitzuschlag z_V.

Merke:

p → bezieht sich auf die Summe aller Beobachtungen N.
z_V → bezieht sich (nur) auf die Summe aller Grundzeiten G.

Um eine statistische Sicherheit von 95 % zu erzielen, muss der Stichprobenumfang N hinreichend groß sein. Es lässt sich mathematisch zeigen, dass dies bei der *Standard-MM-Aufnahme* mit N = 1.600 Beobachtungen ausreichend ist. Multimomentstudien bieten folgende *Vorteile*, haben jedoch aufgrund ihrer statistischen Voraussetzungen auch *Grenzen*:

MM-Studien (Häufigkeitszählverfahren)	
Vorteile:	**Grenzen:**
Erstrecken sich über einen langen Zeitraum; daher können viele Arbeitssysteme erfasst werden. Das Ergebnis der Untersuchung repräsentiert daher gut den Fertigungs-Ist-Zustand.	Es wird nur der jeweilige Ist-Zustand erfasst; Ursachen oder Einflussgrößen werden nicht berücksichtigt.
Die Untersuchungsdauer kann variiert werden; Unterbrechungen sind möglich.	Jede Notierung ist „zufällig", einmalig und später kaum überprüfbar.
Arbeitsabläufe und Mitarbeiter werden kaum gestört.	Angaben über Leistungsgrad und Erholungsbedarf des Menschen werden nicht erfasst.
Die Genauigkeit der Ergebnisse kann durch den Stichprobenumfang N gesteuert werden.	
Der Aufwand ist um 40 bis 70 % geringer als bei vergleichbaren Zeitstudien.	

4. Planungs-, Steuerungs- und Kommunikationssysteme

Prüfungsanforderungen

Im Qualifikationsschwerpunkt Planungs-, Steuerungs- und Kommunikationssysteme soll der Prüfungsteilnehmer nachweisen, dass er in der Lage ist,

- die Bedeutung von Planungs-, Steuerungs- und Kommunikationssystemen zu erkennen und sie anforderungsgerecht auszuwählen sowie
- Systeme zur Überwachung von Planungszielen und Prozessen anzuwenden.

Qualifikationsschwerpunkt
Planungs-, Steuerungs- und
Kommunikationssysteme
- Überblick -

- 4.1 Optimieren von Aufbau- und Ablaufstrukturen
- 4.2 Produktions-, Mengen-, Termin- und Kapazitätsplanung
- 4.3 Systeme der Arbeitsablaufplanung, Materialflussgestaltung, Produktionsprogrammplanung und Auftragsdisposition
- 4.4 Informations- und Kommunikationssysteme
- 4.5 Logistiksysteme

4.1 Optimieren von Aufbau- und Ablaufstrukturen sowie Aktualisieren der Stammdaten für diese Systeme

4.1.1 Arbeitsteilung als Ausdruck der Unternehmensorganisation

01. Was versteht man betriebswirtschaftlich unter „Wirtschaftlichkeit"? → A 2.5.8

Das ökonomische Prinzip erfordert, dass ein bestimmtes Produktionsergebnis mit einem möglichst geringen Einsatz von Material, Arbeitskräften und Maschinen erzielt wird oder umgekehrt der Einsatz einer bestimmten Menge ein möglichst hohes Ergebnis bringt. Die *Wirtschaftlichkeit W ist daher eine Wertkennziffer* und zeigt das Verhältnis von Ertrag zu Aufwand oder von Leistungen zu Kosten. Ist W < 1, so ist der Prozess unwirtschaftlich, die Kosten übersteigen die Leistungen.

$$\text{Wirtschaftlichkeit} = \frac{\text{Ertrag}}{\text{Aufwand}}$$

oder

$$\text{Wirtschaftlichkeit} = \frac{\text{Leistungen}}{\text{Kosten}}$$

02. Was besagt das Rentabilitätsprinzip?

Dem Rentabilitätsprinzip wird dann entsprochen, wenn das im Unternehmen investierte Kapital während einer Rechnungsperiode einen möglichst hohen Gewinn erbringt. Die Angabe einer absoluten Gewinngröße sagt aber noch nichts über den Unternehmenserfolg aus. Dieser wird erst dann erkennbar, wenn der Gewinn in Relation zum eingesetzten Kapital gestellt wird. *Rentabilität ist daher eine Wertkennziffer* und zeigt das Verhältnis von erzieltem Erfolg (Gewinn) zum eingesetzten Kapital.

Die Rentabilität lässt sich anhand unterschiedlicher Relationen definieren:

$$\text{Umsatzrentabilität} = \frac{\text{Erfolg} \cdot 100}{\text{Umsatz}}$$

$$\text{Eigenkapitalrentabilität} = \frac{\text{Erfolg} \cdot 100}{\text{Eigenkapital}}$$

$$\text{Gesamtkapitalrentabilität} = \frac{(\text{Erfolg} + \text{Fremdkapitalzinsen}) \cdot 100}{\text{Gesamtkapital}}$$

03. Welche Aussagekraft hat die Kennziffer „Produktivität"?

Die *Produktivität ist eine Mengenkennziffer* und gibt das Maß der Ergiebigkeit einer bestimmten Faktorkombination an:

$$\text{Produktivität} = \frac{\text{Mengenergebnis der Faktorkombination}}{\text{Faktoreinsatzmengen}}$$

In der Praxis sind folgende *Teilproduktivitäten* von Bedeutung:

$$\text{Arbeitsproduktivität} = \frac{\text{Erzeugte Menge}}{\text{Arbeitsstunden}}$$

$$\text{Materialproduktivität} = \frac{\text{Erzeugte Menge}}{\text{Materialeinsatz}}$$

$$\text{Maschinenproduktivität} = \frac{\text{Erzeugte Menge}}{\text{Maschinenstunden}}$$

Die einzeln errechnete Kennzahl Produktivität lässt keine Aussage zu: Ergibt z. B. die Arbeitsproduktivität pro Schicht in dem Funktionsfeld Montage im Juli den Wert 1,25 (= 200 Baugruppen : 160 Std.), so ist dieser Wert für sich genommen weder „gut" noch „schlecht".

Die Größe Produktivität ist erst im innerbetrieblichen und im zwischenbetrieblichen Vergleich von Interesse:

- *Innerbetrieblicher Vergleich*, z. B.:
  Wie hat sich die Produktivität im Zeitablauf Januar bis Juli im Funktionsfeld Montage entwickelt?

- *Zwischenbetrieblicher Vergleich*, z. B.:
  Wie hat sich die Arbeitsproduktivität des eigenen Unternehmens im Vergleich zum Branchenführer entwickelt?

04. Welchen Einfluss hat die Arbeitsteilung auf die Verbesserung der Produktivität?

Eine der unternehmerischen Zielsetzungen ist die *Gewinnmaximierung:*

Gewinn = Umsatz - Kosten → max!

Die Verbesserung der Produktivität ist eine der möglichen Ansätze zur Gewinnmaximierung

A. *Maximierungsansatz:* → Verbesserung der Produktivität durch *Steigerung der Erzeugungsmenge* bei konstantem Faktoreinsatz:

Beispiel:
Situation „alt":

$$\text{Arbeitsproduktivität}_{\text{alt}} = \frac{200\ \text{E}}{160\ \text{Std.}} = 1{,}25\ \text{E/Std.}$$

Situation „neu“:

$$\text{Arbeitsproduktivität}_{neu} = \frac{240\ \text{E}}{160\ \text{Std.}} = 1{,}5\ \text{E/Std.}$$

Gelingt es, bei gleichem Faktoreinsatz die erzeugte Menge zu vergrößern (bei sonst gleichen Bedingungen), so steht einen bestimmten Aufwand eine höhere Leistung gegenüber. Dies führt zu einer Kostensenkung bzw. zu einer Gewinnverbesserung:

Gewinn ↑ = $\overline{\text{Umsatz}}$ – Kosten ↓

(bei konstantem Umsatz)

B. Minimierungsansatz → Verbesserung der Produktivität durch *Senkung der Faktoreinsatzmenge* bei gleicher Erzeugnismenge:

Situation „neu“:

$$\text{Arbeitsproduktivität}_{neu} = \frac{200\ \text{E}}{125\ \text{Std.}} = 1{,}6\ \text{E/Std.}$$

Die Arbeitsteilung ist eine der Ansätze zur Verbesserung der Produktivität!

Die Arbeitsteilung ist die *Zerlegung einer Gesamtaufgabe in Teilaufgaben*. Sie kann als *Mengenteilung* oder *Artteilung* erfolgen.

Unter günstigen Bedingungen hat die Arbeitsteilung u. a. folgende Vorteile:

- Steigerung der erzeugten Menge durch Spezialisierung
- Verbesserung der Geschicklichkeit bei gleichen Handgriffen
- Verbesserung der Auslastung der Maschinen.

Schlussfolgerungen:

→ *Der Gewinn kann durch eine Verbesserung der Produktivität gesteigert werden!* (unter sonst gleichen Bedingungen)
→ *Die Produktivität kann durch Arbeitsteilung verbessert werden!*
→ Vereinfacht: Arbeitsteilung → Produktivität↑ → Gewinn↑

05. Welchen Einfluss hat die Organisation auf die Verbesserung der Produktivität?

1. Organisieren heißt, *Regelungen* treffen.

2. Organisation ist die 3. *Phase* im Management-Regelkreis:
   Ziele setzen → Planen → *Organisieren* → Durchführen → Kontrollieren

3. Die Organisation gehört zu den dispositiven Faktoren:
   Die Organisation eines Unternehmens regelt, wie die Faktoren Arbeitskräfte, Arbeitsmittel (Maschinen, Geräte) und Arbeitsstoffe (Zement, Bleche, Steine) so miteinander kombiniert werden, dass das Unternehmensziel (z. B. Gewinnmaximierung) erreicht wird.

   Zur Wiederholung:

$$\text{Produktivität} = \frac{\text{Mengenergebnis der Faktorkombination}}{\text{Faktoreinsatzmengen}}$$

Die Organisation entscheidet nicht nur über den Grad der Arbeitsteilung und über die Aufbau- und Ablauforganisation eines Unternehmens, sondern es gilt auch:

Die Organisation ist zentraler Bestandteil eines effizienten Managements und entscheidet mit über Produktivität und Wirtschaftlichkeit in einem Unternehmen.

Die Organisation muss

- *Arbeitsvorgänge* so koordinieren, dass Leerlauf vermieden wird,
- muss die *Faktorkombination* wählen, die die Produktivität optimiert,
- wirtschaftlich sein (Aufwand und Nutzen müssen sich entsprechen) und
- eine Gratwanderung realisieren zwischen
  - Über- und Unterorganisation
  - Kontinuität und Flexibilität
  - Freiräumen für die Mitarbeiter und Kontrolle.

Beispiel:
Anhand der nachfolgenden Daten aus der Kostenrechnung ist für die Kostenstelle 4391, Anlasserritzel, ein Vergleich der Produktivität, der Wirtschaftlichkeit und des Gewinns durchzuführen; die Ergebnisse sind für den Betriebsleiter aufzubereiten und begründet zu interpretieren:

Kostenstelle 4391	**Jahr 01**	**Jahr 02**
Gefertigte und verkaufte Stück	165.000	180.000
Verkaufspreis je Stück	50	55
ø Anzahl der Mitarbeiter pro Jahr	12	10
ø Std.zahl je Mitarbeiter pro Jahr	1.725	1.610
Lohngesamtkosten je Stunde	22	23
Materialkosten je Stück	20	21
Fixe Gesamtkosten pro Jahr	3.494.600	4.249.700

Es wird folgende *Arbeitstabelle* angelegt:

Kostenstelle 4391	**Jahr 01**	**Jahr 02**
Gefertigte und verkaufte Stück	165.000	180.000
Verkaufspreis je Stück	50	55
Umsatz = Leistungen	50 · 165.000 = 8.250.000	55 · 180.000 = 9.900.000
ø Anzahl der Mitarbeiter pro Jahr	12	10
ø Std.zahl je Mitarbeiter pro Jahr	1.725	1.610
Stunden gesamt pro Jahr	12 · 1.725 = 20.700	10 · 1.610 = 16.100
Lohngesamtkosten je Stunde	22	23
Materialkosten je Stück	20	21
Fixe Gesamtkosten pro Jahr	3.494.600	4.249.700
Lohnkosten gesamt	22 · 1.725 · 12 = 455.400	23 · 1.610 · 10 = 370.300
Materialkosten gesamt	20 · 165.000 = 3.300.000	21 · 180.000 = 3.780.000
	455.400	370.300
	3.300.000	3.780.000
	3.494.600	4.249.700
Kosten insgesamt	7.250.000	8.400.000

Berechnungen:

$\text{Produktivität}_{01}$	= 165.000 : 12 : 1.725	= 7,97
$\text{Produktivität}_{02}$	= 180.000 : 10 : 1.610	= 11,18
Veränderung der $\text{Produktivität}_{02/01}$	= (11,18 - 7,97) : 7,97 · 100	= 40,28 %
$\text{Wirtschaftlichkeit}_{01}$	= 8.250.000 : 7.250.000	= 1,138
$\text{Wirtschaftlichkeit}_{02}$	= 9.900.000 : 8.400.000	= 1,179
Veränderung der $\text{Wirtschaftlichkeit}_{02/01}$	= (1,179 - 1,138) : 1,138 · 100	= 3,6 %
Gewinn_{01}	= 8.250.000 - 7.250.000	= 1.000.000
Gewinn_{02}	= 9.900.000 - 8.400.000	= 1.500.000
Veränderung des $\text{Gewinns}_{02/01}$	= (1.500.000 - 1.000.000) : 1.000.000 · 100	= 50 %

Für den Betriebsleiter werden die Ergebnisse aufbereitet:

Als Tabelle:

Kostenstelle 4391	**Jahr 01**	**Jahr 02**	**Veränderung 02/01**
Produktivität	7,97	11,18	40,28 %
Wirtschaftlichkeit	1,138	1,179	3,6 %
Gewinn	1.000.000	1.500.000	50 %

Als Grafik:

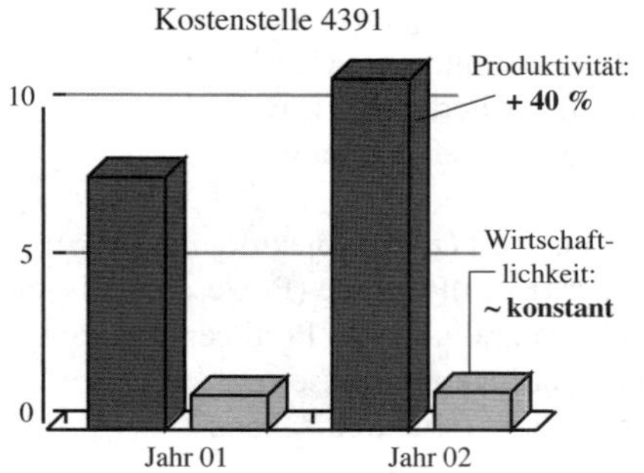

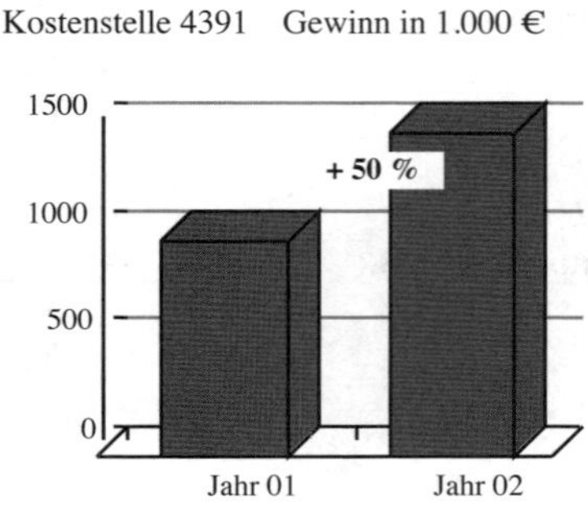

Interpretation der Ergebnisse:

- Die Produktivität ist deutlich gestiegen: Trotz einer Reduzierung der Mitarbeiterzahl und sinkender Jahresstunden konnte die Stückzahl erhöht werden; dies deutet auf Rationalisierungseffekte hin.
- Die Wirtschaftlichkeit ist annähernd konstant geblieben: Den gestiegenen Lohn-, Material- und Fixkosten stand ein ca. proportionaler Anstieg des Umsatzes (Mengen- und Preisanstieg) gegenüber. Der Mengeneffekt ergibt sich aus der Verbesserung der Produktivität; die Anhebung des Verkaufspreises lässt auf eine gute Akzeptanz beim Kunden schließen.
- Gewinn: Bei annähernd konstanter Wirtschaftlichkeit und einer deutlich verbesserten Produktivität muss der Gewinn steigen.

06. Was bezeichnet man als die „4 M der Unternehmensorganisation"?

Mit dem *„4 M der Unternehmensorganisation"* bezeichnet man die vier Themenbereiche, die jede Organisation eines Unternehmens wirtschaftlich gestalten muss (Ziele – Inhalte – Formen – Trends):

1. *Ziele*
   der Organisation, z. B.:
   → *Ziele des Unternehmens* (vgl. oben), z. B.:
   - Produktivität
   - Wirtschaftlichkeit
   - Transparenz
   - Ergonomie/Humanität

   → *Ziele der Kunden*, z. B.:
   - hohe Qualität
   - angemessene Preise
   - flexible Anpassung auf Kundenwünsche

→ *Ziele der Mitarbeiter*, z. B.:
- Übernahme von Verantwortung
- klare Kompetenzen
- Entwicklungsmöglichkeiten

2. *Inhalte* der Organisation, z. B.:
   → Formelle, informelle Organisation
   → Aufbau-, Ablauf- (Prozess-), Projektorganisation
   → Neu-, Reorganisation

3. *Formen* der Organisation z. B.:
   → Zentrale -, dezentrale Organisation
   → Leitungssysteme: Einlinien-, Mehrliniensysteme
   → Organisation in der Fertigung, z. B.: Gruppenfertigung, Fließfertigung

4. *Trends der* Organisation, z. B.:
   → Organisation auf Zeit (z. B. Projektorganisation)
   → Vernetzung der (Kern)Prozesse (Prozessorganisation)
   → Tendenz zu Dezentralität, z. B. Profitcenterbildung
   → Verschlankung auf Kernprozesse:
   - Lean-Management (Hierarchieabbau)
   - Verkürzen der Entscheidungswege
   - Outsourcing
   - Make-or-Buy

   → Schlanke Lösungen statt perfekter Konzepte
   → Mitarbeiter im Zentrum:
   - Teambildung
   - autonome/teilautonome Gruppen

07. Warum muss bei der Gestaltung von Produktionssystemen sowohl die Aufbau- als auch die Ablauforganisation betrachtet werden?

Umgangssprachlich wird nicht immer zwischen *Produktion* und *Fertigung* bzw. Produktionsorganisation und Fertigungsorganisation unterschieden. *In der Theorie wird differenziert:*

- *Produktion*[1] umfasst alle Arten der betrieblichen Leistungserstellung. Produktion erstreckt sich somit auf die betriebliche Erstellung von materiellen (Sachgüter/Energie) und immateriellen Gütern (Dienstleistungen/Rechte).

- *Fertigung*[1] meint nur die Seite der industriellen Leistungserstellung, d. h. der materiellen, absatzreifen Güter und Eigenerzeugnisse.

- Die *Aufbauorganisation* ist der statische Teil der Organisation eines Unternehmens; sie legt die *Struktur* des Fertigungssystems sowie die *räumlichen Anordnungen* fest. Die *Fertigungsorganisation ist u. a. abhängig*

[1] Der Rahmenplan verwendet überwiegend den Begriff „Fertigung“.

- von Größe des Unternehmens
- von der Art des Produktes
- von den vorherrschenden Fertigungsverfahren.

Demzufolge gibt es z. B. *Unterschiede* in

- der Zahl der Hierarchiestufen
- dem Grad der Arbeitsteilung
- dem Grad der Zentralisierung/Dezentralisierung.

Eine *Sonderform* der Aufbauorganisation ist die *Matrixorganisation* (= Zweiliniensystem). Die (übliche) Linienorganisation wird überlagert von einer weiteren Managementfunktion, z. B. der Wahrnehmung von Produktaufgaben (Produktmanagement) oder Projektaufgaben (*Projektmanagement*).

→ **A 3.5**

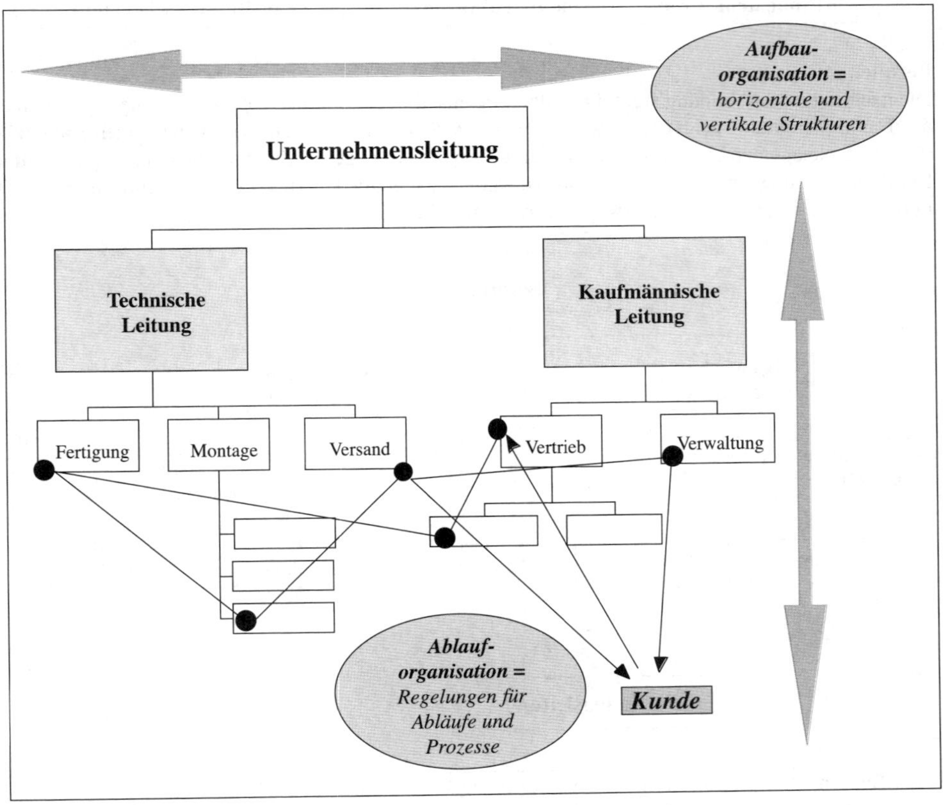

- Die *Ablauforganisation* (nach neuerem Verständnis auch: *Prozessorganisation*) ist der *dynamische* Teil der Organisation und regelt die Abläufe zwischen den Organisationseinheiten nach den Kriterien Ort, Zeit, Kosten und Funktion. Ablauforganisatorische Fragestellungen werden z. B. bearbeitet in der

- Fertigungsprogrammplanung
- Planung der Fertigungsprozesse
- Fertigungssteuerung.

Aufgrund der Zielsetzung, den Besonderheiten der Leistungserstellung (z.B. Einzel- oder Massenfertigung) und anderen Faktoren (siehe Vorseite) erfolgt eine Entscheidung über die spezifische Aufbau- und Ablauforganisation des Unternehmens. Dabei sind heute *Make-or-buy-Entscheidungen* zu berücksichtigen (→ *Zwei- bzw. Dreiteilung der Fertigungsorganisation*)

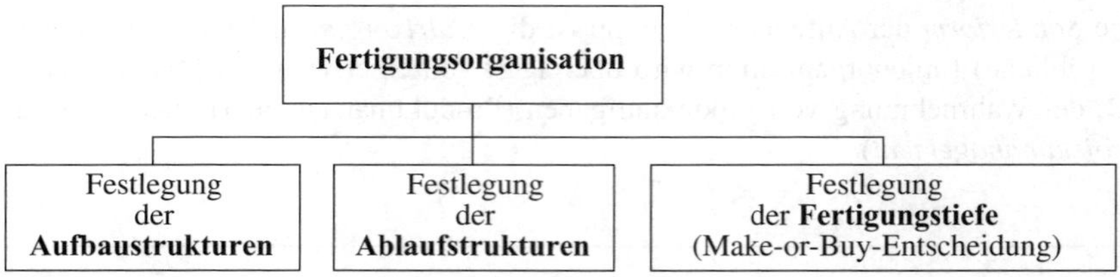

Beispiel:
Die nachfolgende Abbildung stellt die Aufbauorganisation eines *mittelgroßen* Fertigungsunternehmens dar. Das Organigramm zeigt eine *funktionsorientierte Stablinienorganisation*. Die wichtigen Stabsstellen (Qualitätsmanagement, Controlling) sind der technischen bzw. der kaufmännischen Leitung zugeordnet. Die Arbeitsteilung im Ressort Fertigung ist mittelstark gegliedert (nach dem Funktionsprinzip). Die Funktion „Fertigung" ist weiter untergliedert dargestellt:

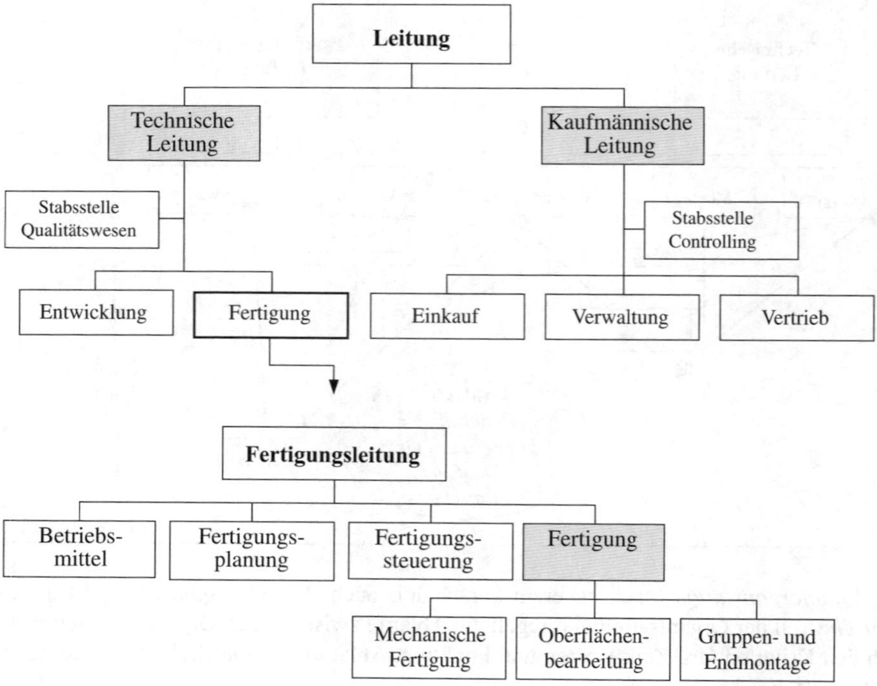

4.1.2 Aufbaustrukturen als Gefüge von Aufgaben und Informationen eines Unternehmens

→ A 3.5

01. Wie erfolgt die Bildung und Gliederung funktionaler Einheiten?

• *Aufgabenanalyse:*
Die Gesamtaufgabe des Unternehmens (z. B. Herstellung und Vertrieb von Elektrogeräten) wird in

- *Hauptaufgaben*, z. B. - Montage, Vertrieb, Verwaltung, Einkauf, Lager,
- *Teilaufgaben 1. Ordnung* - Marketing, Verkauf, Versand usw.,
- *Teilaufgaben 2. Ordnung und*
- *Teilaufgaben 3. Ordnung usw.*

zerlegt.

Gliederungsbreite und Gliederungstiefe sind folglich abhängig von der Gesamtaufgabe, der Größe des Betriebes, dem Wirtschaftszweig usw. und haben sich am Prinzip der Wirtschaftlichkeit zu orientieren. In einem Industriebetrieb wird z. B. die Aufgabe „Produktion“, in einem Handelsbetrieb die Aufgabe „Einkauf/Verkauf“ im Vordergrund stehen.

• *Aufgabensynthese:*
Im Rahmen der Aufgabenanalyse wird die Gesamtaufgabe nach unterschiedlichen Gliederungskriterien in Teilaufgaben zerlegt (vgl. oben). Diese Teilaufgaben werden nun in geeigneter Form in sog. organisatorische Einheiten zusammengefasst (z. B. Hauptabteilung, Abteilung, Gruppe, Stelle). Diesen Vorgang der Zusammenfassung von Teilaufgaben zu Orga-Einheiten bezeichnet man als *Aufgabensynthese*. Den Orga-Einheiten werden dann *Aufgabenträger* (Einzelperson, Personengruppe, Kombination Mensch/Maschine) zugeordnet.

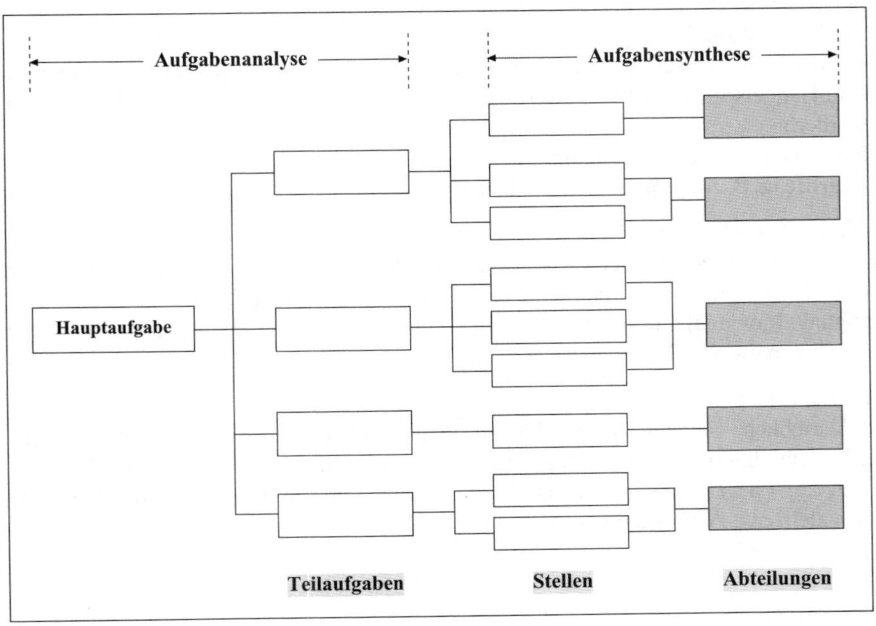

02. Welche Gliederungskriterien gibt es bei der Bildung funktionaler Einheiten?

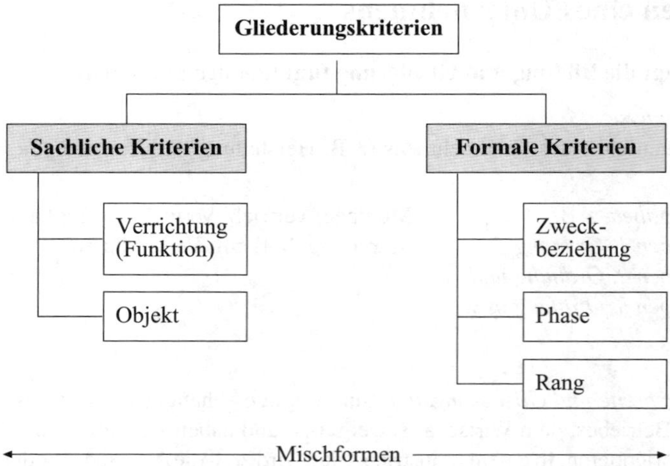

Die Aufgabenanalyse (und die spätere Einrichtung von Stellen) kann nach folgenden *Gliederungskriterien* vorgenommen werden:

- Nach der *Verrichtung* (*Funktion*):
  Die Aufgabe wird in „Teilfunktionen zerlegt", die zur Erfüllung dieser Aufgabe notwendig sind.

- Nach dem *Objekt:*
  Objekte der Gliederung können z. B. sein:
  - Produkte (Maschine Typ A, Maschine Typ B)
  - Regionen (Nord, Süd; Nielsen-Gebiet 1, 2, 3 usw.; Hinweis: Nielsen Regionalstrukturen sind Handelspanels, die von der A. C. Nielsen Company erstmals in den USA entwickelt wurden)
  - Personen (Arbeiter, Angestellte)
  - Begriffe (z. B. Steuerarten beim Finanzamt).

- Nach der *Zweckbeziehung:*
  Man geht bei diesem Gliederungskriterium davon aus, dass es zur Erfüllung der Gesamtaufgabe (z. B. „Produktion") Teilaufgaben gibt, die *unmittelbar* dem Betriebszweck dienen (z. B. Fertigung, Montage) und solche, die nur *mittelbar* mit dem Betriebszweck zusammenhängen (z. B. Personalwesen, Rechnungswesen, DV).

- Nach der *Phase*:
  Jede betriebliche Tätigkeit kann den Phasen „Planung, Durchführung und Kontrolle" zugeordnet werden. Bei dieser Gliederungsform zerlegt man also die Aufgabe in Teilaufgaben, die sich an den o. g. Phasen orientieren (z. B. Personalwesen: Personalplanung, Personalbeschaffung, Personaleinsatz, Personalentwicklung, Personalfreisetzung).

- Nach dem *Rang:*
  Teilaufgaben einer Hauptaufgabe können einen unterschiedlichen Rang haben. Eine Teilaufgabe kann einen *ausführenden, entscheidenden oder leitenden* Charakter haben. Als Beispiel sei hier die Hauptaufgabe „Investitionen“ angeführt. Sie kann z. B. in Investitionsplanung sowie Investitionsentscheidung gegliedert werden.

- *Mischformen*:
  In der Praxis ist eine bestehende Aufbauorganisation meist das Ergebnis einer Aufgabenanalyse, bei der verschiedene Gliederungskriterien verwendet werden.

Beispiel zur Anwendung der Gliederungsmerkmale im Fall „Behälterbau“:
Ein Unternehmen stellt in einer Fertigungssparte Behälter für Flüssigkeiten her. Bezogen auf die oben dargestellten Merkmale wäre eine Gliederung nach folgenden Kriterien denkbar:

- Nach der *Tätigkeit* (*Funktion*), z. B.:
  - Konstruktion
  - Fertigungsplanung
  - Fertigungsversorgung
  - Blechbearbeitung
  - Schweißen
  - Lackieren
  - Verpacken

  usw.

- Nach dem *Objekt* (= Produkt „Behälter“), z. B.:
  - Fertigung einwandiger Behälter
  - Fertigung doppelwandiger Behälter
  - Fertigung von Sonderbehältern
  - Reparatur von Behältern

  u. Ä.

- Nach der *Zweckbeziehung* (= Trennung in unmittelbare/mittelbare Aufgaben), z. B.:
  - Fertigung der Behälter
  - Instandhaltung der Betriebsmittel und Anlagen
  - Fertigungscontrolling.

- Nach der *Phase*, z. B.:
  - Fertigungsplanung
  - Fertigungsversorgung
  - Fertigungsdurchführung
  - Fertigungskontrolle.

- Nach dem *Rang* (= Trennung in ausführende/entscheidende Tätigkeiten), z. B.
  - Entscheidungsstellen, z. B.:
    - Programmpolitik (z. B Entscheidung über das Produktprogramm)
    - Vertriebspolitik (z. B. Entscheidung über die Absatzmärkte)
  - Ausführungsstellen, z. B.
    - Konstruktion
    - Fertigung 1
    - Fertigung 2
    - Versand.

03. Welche Merkmale kennzeichnen eine organisatorische Einheit?

Organisatorische Einheiten sind z. B. Ressorts, Hauptabteilungen, Abteilungen, Gruppen u. Ä. Die kleinste organisatorische Einheit ist die *Stelle*. Sie ist durch folgende Merkmale gekennzeichnet:

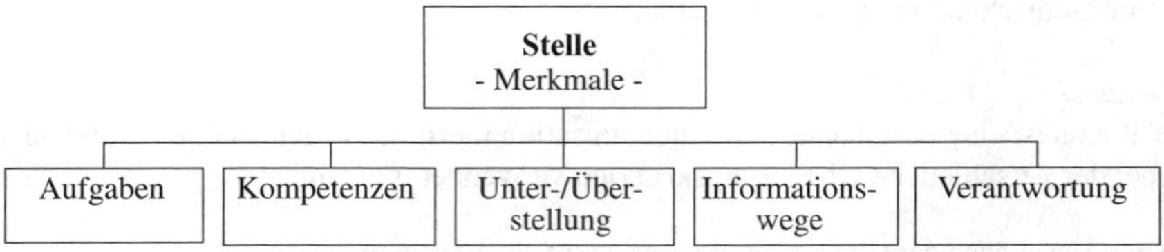

- Die *Aufgaben* sind die Tätigkeiten/Verrichtungen, die der Stelleninhaber dauerhaft auszuführen hat. Man kann dabei Haupt- und Nebentätigkeiten sowie Vollzeit- und Teilzeittätigkeiten unterscheiden.

- Die *Kompetenzen* sind die *Befugnisse* des Stelleninhabers, bestimmte Entscheidungen oder Handlungen vornehmen zu dürfen. Man unterscheidet daher: Handlungs-, Entscheidungs-, Anordnungs-, Vertretungskompetenz.

- Die *Überstellung* gibt an, welche Personalverantwortung der Stelleninhaber hat (welche Mitarbeiter ihm unterstellt sind).

- Die *Unterstellung* gibt an, an wen der Stelleninhaber berichtet.

- Die *Verantwortung* ergibt sich aus der Übertragung von Aufgaben und Kompetenzen und ist das *Einstehen* des Stelleninhabers *für die Folgen seiner Handlung* (Tun oder Unterlassen). Man unterscheidet z. B. Ergebnis-, Sach-, Personalverantwortung.

- *Informationswege* (auch: Verbindungs-, Kommunikationswege) sind festgelegte (formelle) oder informelle Beziehungen zwischen zwei oder mehreren Organisationseinheiten. Man unterscheidet (vgl. u. a. Rahn, H.-J., a. a. O., S. 228 ff.):

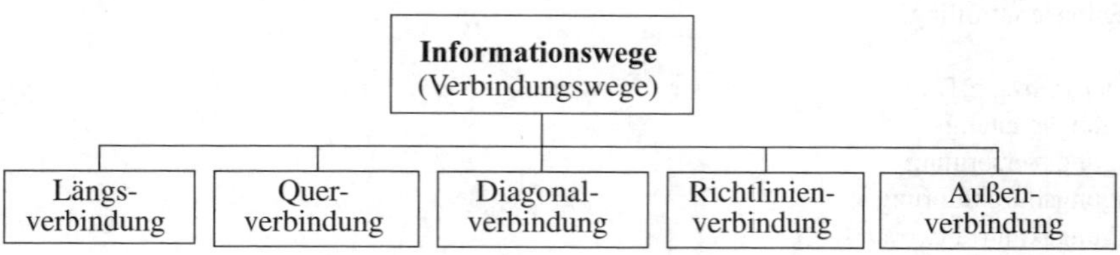

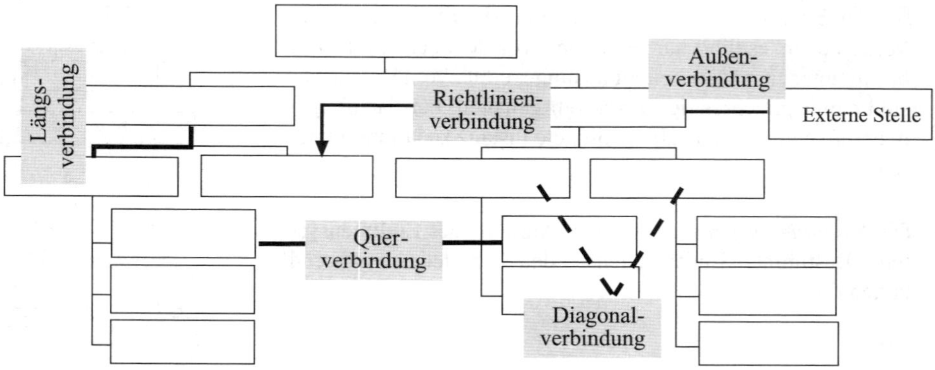

04. Was sind Leitungssysteme und welche Organisationsformen gibt es?

- *Leitungssysteme*
  = Weisungssysteme = Organisationsformen; sind dadurch gekennzeichnet, in welcher Form Weisungen von „oben nach unten" erfolgen (auch: Klassische Strukturtypen).

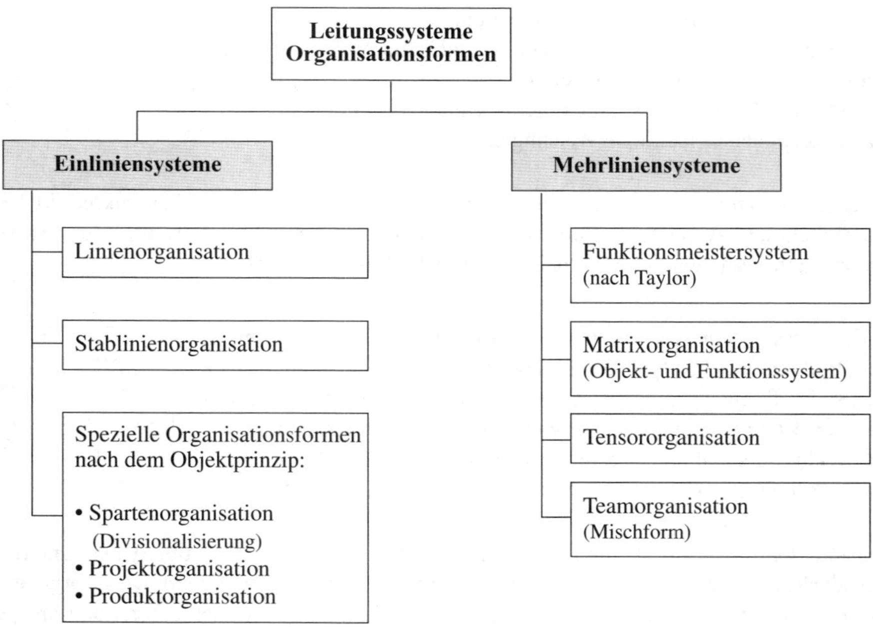

- Bei der *Einlinienorganisation* hat jeder Mitarbeiter nur einen Vorgesetzten; es führt nur „eine Linie von der obersten Instanz bis hinunter zum Mitarbeiter und umgekehrt". Vom Prinzip her sind damit gleichrangige Instanzen gehalten, bei Sachfragen über ihre gemeinsame, übergeordnete Instanz zu kommunizieren.

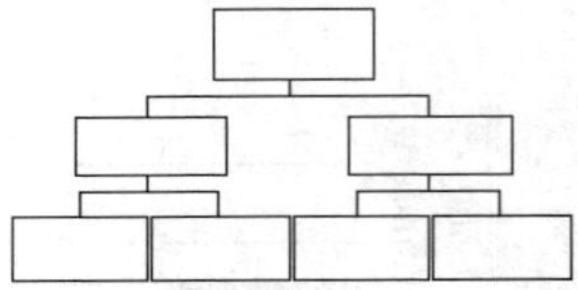

- Die *Stablinienorganisation* ist eine Variante des Einliniensystems. Bestimmten Linienstellen werden Stabsstellen ergänzend zugeordnet.

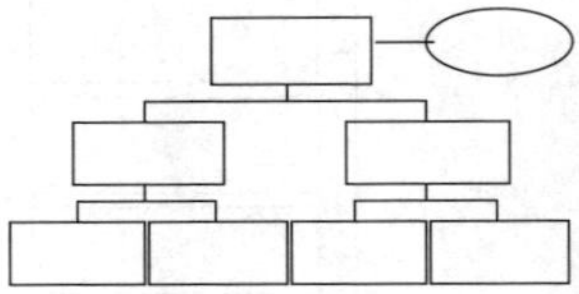

Stabsstellen sind Stellen ohne eigene fachliche und disziplinarische Weisungsbefugnis. Sie haben die Aufgabe, als „Spezialisten" die Linienstellen zu unterstützen. Meist sind Stabsstellen den oberen Instanzen zugeordnet. Stabsstellen sind in der Praxis im Bereich Recht, Patentwesen, Unternehmensbeteiligungen, Unternehmensplanung und Personalgrundsatzfragen zu finden.

- Das *Mehrliniensystem* basiert auf dem Funktionsmeistersystem des Amerikaners Taylor (1911) und ist heute höchstens noch in betrieblichen Teilbereichen anzutreffen. Der Mitarbeiter hat zwei oder mehrere Fachvorgesetzte, von denen er fachliche Weisungen erhält.

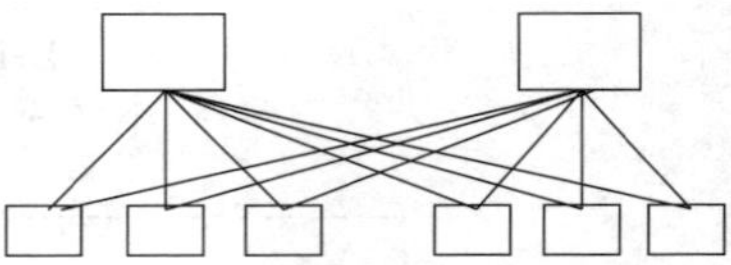

Die *Disziplinarfunktion ist nur einem Vorgesetzten vorbehalten*. Der Rollenkonflikt beim Mitarbeiter, der „zwei oder mehreren Herren dient", ist vorprogrammiert, da jeder Fachvorgesetzte „ein Verhalten des Mitarbeiters in seinem Sinne" erwartet.

- Bei der *Spartenorganisation (Divisionalisierung)* wird das Unternehmen nach Produktbereichen (sog. Sparten oder Divisionen) gegliedert. Jede Sparte wird als eigenständige Unternehmenseinheit geführt. Die für das Spartengeschäft „nur" indirekt zuständigen Dienstleistungsbereiche wie z. B. Recht, Personal oder Rechnungswesen sind bei der Spartenorganisation oft als verrichtungsorientierte Zentralbereiche vertreten.

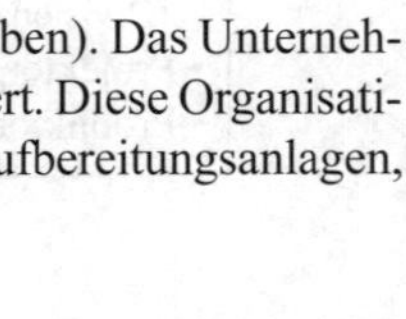

- Die *Projektorganisation* ist eine *Variante der Spartenorganisation* (vgl. oben). Das Unternehmen oder Teilbereiche des Unternehmens ist/sind nach Projekten gegliedert. Diese Organisationsform ist häufig im Großanlagenbau (Kraftwerke, Staudämme, Wasseraufbereitungsanlagen, Straßenbau, Industriegroßbauten) anzutreffen.

Die Projektorganisation ist abzugrenzen von der *„Organisation von Projektmanagement"*.

- Die *Produktorganisation* ist eine *Variante der Spartenorganisation* bzw. der Projektorganisation; sie kann als Einliniensystem oder – bei Vollkompetenz der Produktmanager – als Matrixorganisation ausgestaltet sein.

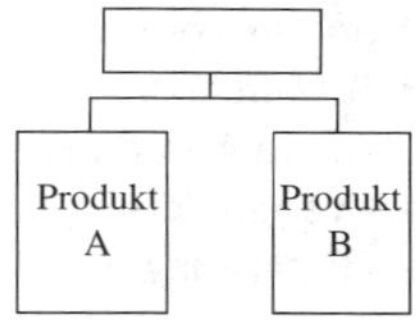

- Die *Matrixorganisation* ist eine Weiterentwicklung der Spartenorganisation und gehört zur Kategorie „Mehrliniensystem". Das Unternehmen wird in „Objekte" und „Funktionen" gegliedert. Kennzeichnend ist: Für die Spartenleiter und die Leiter der Funktionsbereiche besteht bei Entscheidungen Einigungszwang. Beide sind gleichberechtigt. Damit soll einem Objekt- oder Funktionsegoismus vorgebeugt werden. Für die nachgeordneten Stellen kann dies u. U. bedeuten, dass sie zwei unterschiedliche Anweisungen erhalten (Problem des Mehrliniensystems).

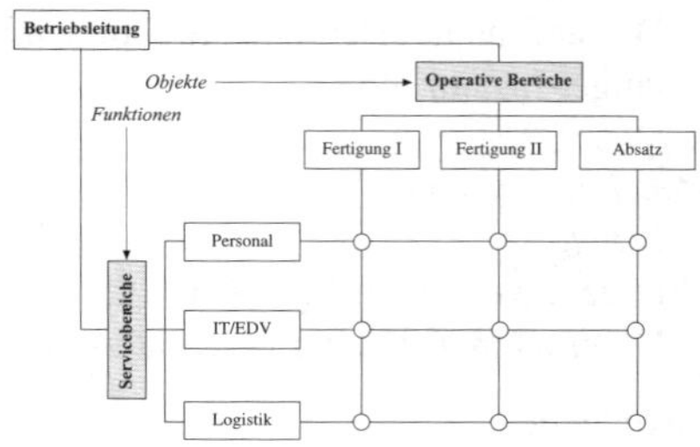

- *Teamorganisation:* Hier liegt die disziplinarische Verantwortung für Mitarbeiter bei dem jeweiligen Linienvorgesetzten (vgl. Linienorganisation). Um eine verbesserte Objektorientierung (oder Verrichtungsorientierung) zu erreichen, werden überschneidende Teams gebildet. Die fachliche Weisungsbefugnis für das Team liegt bei dem betreffenden Teamleiter. Beispiel (verkürzt): Ein Unternehmen der Informationstechnologie hat die drei Funktionsbereiche Hardware, Software und Dokumentation.

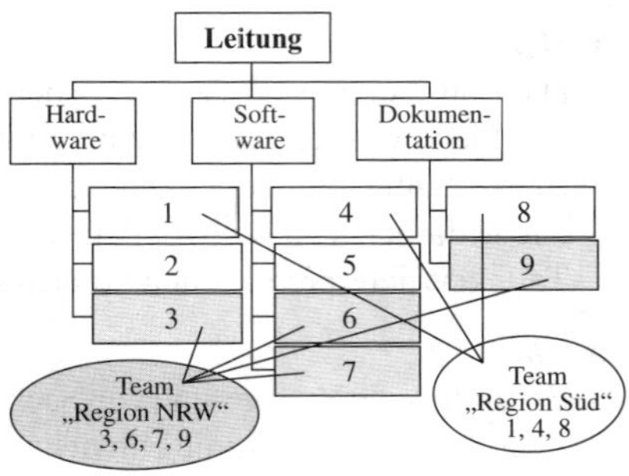

Um eine bessere Marktorientierung und Ausrichtung auf bestimmte Großkunden (oder Regionen) zu realisieren, werden z. B. zwei Teams gebildet: Team „Region NRW" und Team „Region Süd". Die Zusammensetzung und zeitliche Dauer der Teams kann flexibel sein.

05. Welche Vor- und Nachteile sind mit diesen Organisationsstrukturen verbunden?

Liniensystem:

- *Vorteile:*
  - klare Anordnungs- und Entscheidungsbefugnisse
  - keine Kompetenzschwierigkeiten
  - gute Kontrollmöglichkeiten.
- *Nachteile:*
  - Dienstweg zu lang und zu schwerfällig
  - Arbeitskonzentration an der Unternehmensspitze
  - fachliche Überforderung an der Unternehmensspitze.

Stabliniensystem:

- *Vorteile:*
  - klare Anordnungs- und Entscheidungsbefugnisse
  - Verminderung von Fehlerquellen infolge der Beratung durch Fachkräfte
  - Entlastung der Unternehmensleitung.

- *Nachteile:*
  - Da der Stab nur Beratungsfunktionen hat, werden Vorschläge unter Umständen nicht befolgt.
  - langer Instanzenweg.

Mehrliniensystem:

- *Vorteile:*
  - Spezialwissen wird genutzt
  - Unternehmensleitung wird entlastet.

- *Nachteile:*
  - keine alleinverantwortliche Stelle
  - mangelnde Information an die Unternehmensleitung
  - Gefahr der Kompetenzüberschreitung.

Stäbe:

- *Vorteile:*
  - Die Entscheidungsvorbereitung der Instanzen wird schneller und sicherer.
  - Die Pläne werden nicht allein von ihrer Durchsetzbarkeit her, sondern zunächst von ihrer Zweckmäßigkeit her betrachtet.
  - Die Mitarbeiter in Stabsstellen werden nicht durch Tagesarbeiten in ihrer konzeptionellen Tätigkeit unterbrochen und können sich gezielt speziellen Problemen widmen.

- *Nachteile:*
  - Es erfolgt eine Verlagerung von Sachwissen der Mitarbeiter aus den Abteilungen in die Stäbe.
  - Zwischen Stab und Linie entwickelt sich ein Konkurrenzdenken, weil beide der Unternehmensleitung direkt unterstehen und teils identische Aufgaben wahrzunehmen haben, die sich kaum in Grundsatz- und in Detailaufgaben trennen lassen.
  - Die Mitarbeiter der Stabsstellen können wegen mangelnder Kenntnis der einzelnen praktischen Aufgaben in den Betriebsabteilungen Planungen aufstellen, die die Konsequenzen für den Arbeitsablauf im Fall ihrer Realisierung außer Betracht lassen.

06. Welche Einflussfaktoren bestimmen die Aufbaustruktur eines Fertigungsbetriebes?

- *Interne Einflussfaktoren,* z. B.:
  - die Größe: Klein-, Mittel-, Großbetrieb
  - der Grad der Arbeitsteilung/Funktionsdifferenzierung/Spezialisierung: hoch, mittel, gering
  - das Gliederungsprinzip: Funktions-, Objekt-, Phasen-, Rang-, Zweckgliederung
  - Grad der Zentralisierung/Dezentralisierung
  - Entwicklungstand des Unternehmens: Neugründung, Umorganisation
  - Produktionstechnik, Produktionstypen, Produktionsorganisation
  - Art der Fertigung und Kapitalintensität
  - Führungskultur: Traditionell/Lean-Konzept.

- *Externe Faktoren,* z. B.:
  - Absatzmarkt, z. B.: Groß-, Kleinkunden, direkter/indirekter Absatz; im Inland/Ausland
  - Rechtsform und gesetzliche Bestimmung, z. B.: Arbeitnehmervertretung im Aufsichtsrat großer Kapitalgesellschaften (Arbeitsdirektor), Betriebsrat, Ausschüsse, Steuerrecht
  - Nationaler/internationaler Wettbewerb, z. B.: Holding und Niederlassungen im In-/Ausland
  - Neue Konzepte der Unternehmensführung, z. B.: KVP, Lean Management, TQM, Kundenorientierung, Outsourcing.

4.1.3 Ablaufstrukturen als Gefüge und Gliederung der Prozesselemente sowie ihre Beziehungen zueinander

01. Welche Stellen sind am Fertigungsprozess beteiligt?

Der Prozess der Leistungserstellung ist ein *Kernprozess*. Je nach Größe und Art der Aufbaustruktur sind daran folgende Stellen beteiligt – *Prozesskette innerhalb der Produktion*:

- Forschung/Entwicklung und Konstruktion
- Arbeitsvorbereitung
- Materialwirtschaft und Werkzeuglager
- Fertigung, Montage und Qualitätswesen
- Montage
- Lager und Versand.

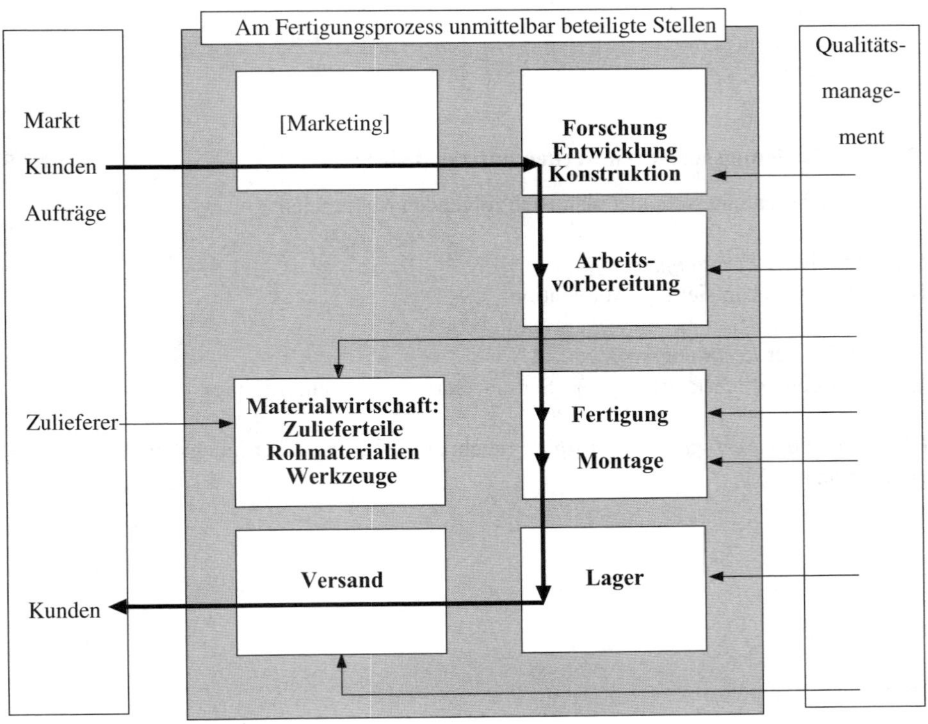

02. Welche Montagestrukturen gibt es?

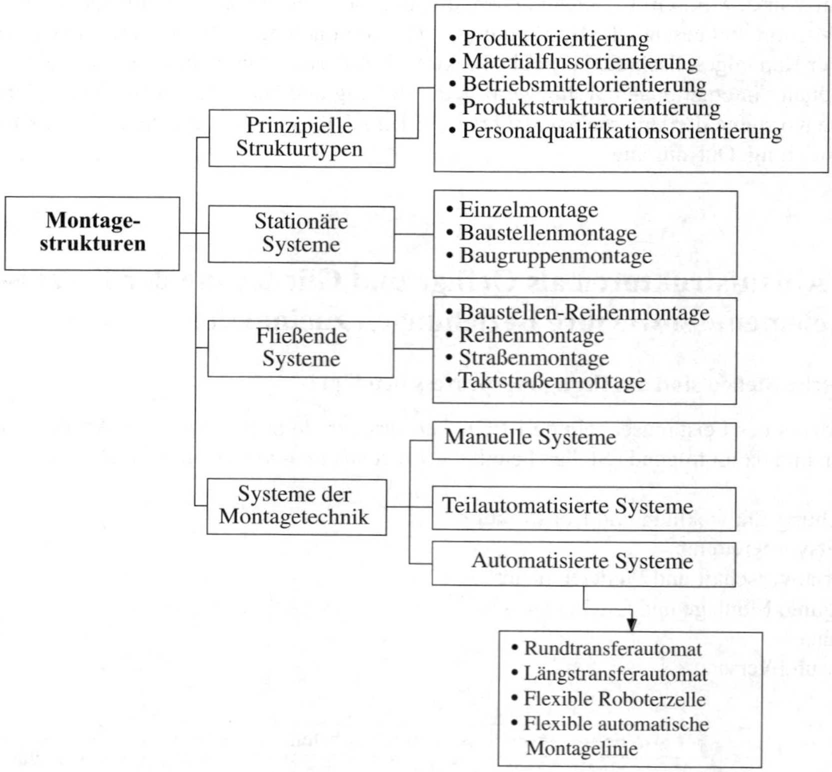

03. Welche Fertigungsverfahren werden unterschieden? → **A 2.2.5**

Fertigungsverfahren unterscheidet man nach folgenden Merkmalen:

1. Hinsichtlich der *Fertigungstechnik:*
   Handarbeit, Mechanisierung, Automation.

2. Hinsichtlich der *Fertigungstypen:*
   Einzelfertigung, Mehrfachfertigung (Serien-, Sorten-, Massenfertigung).

3. Hinsichtlich der *Fertigungsorganisation* (auch: ablaufbedingte Fertigungsstrukturen; Fertigungsprinzipien):

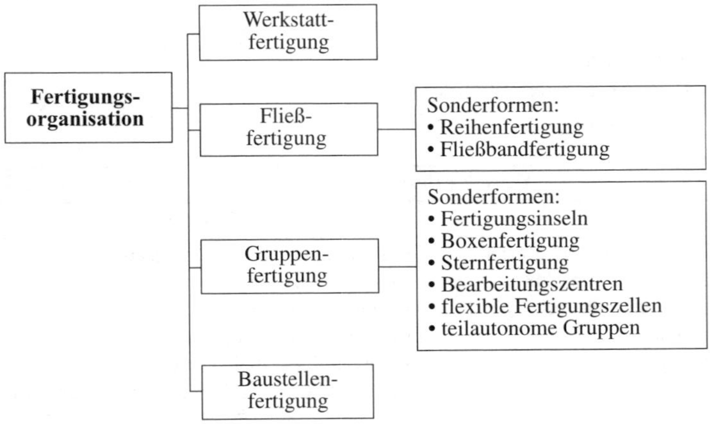

04. Welche charakteristischen Merkmale haben die einzelnen Formen der Fertigungsorganisation (Detaildarstellung)?

Hinweis: Entsprechend dem Rahmenplan werden hier unter dem Aspekt „Ablaufstrukturen in der Fertigung" die unterschiedlichen Formen der Fertigungsorganisation näher behandelt:

1. Bei der *Werkstattfertigung* (auch: *Werkstättenfertigung*)
   wird der Weg der Werkstücke vom Standort der Arbeitsplätze und der Maschinen bestimmt. Als Werkstattfertigung werden daher die Verfahren bezeichnet, bei denen die zur Herstellung oder zur Be- bzw. Verarbeitung erforderlichen Maschinen an einem Ort, der Werkstatt, zusammengefasst sind. Die Werkstücke werden von Maschine zu Maschine transportiert. Dabei kann die gesamte Fertigung in einer *einzigen Werkstatt* erfolgen oder *auf verschiedene Spezialwerkstätten* verteilt werden.

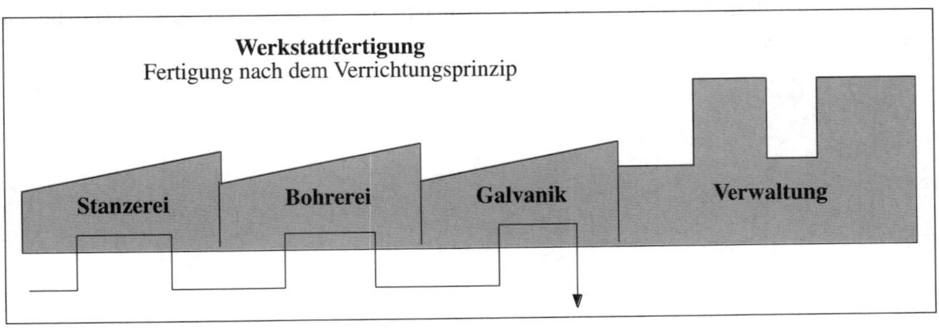

Die Werkstattfertigung ist dort zweckmäßig, wo eine Anordnung der Maschinen nicht nach dem Arbeitsablauf erfolgen kann und eine genaue zeitliche Abstimmung der einzelnen Arbeitsgänge nicht möglich ist, weil die Zahl der Erzeugnisse mit unterschiedlichen Fertigungsgängen sehr groß ist. Bei der Werkstattfertigung sind *längere Transportwege* meist unvermeidlich. Gelegentlich müssen einzelne Werkstücke auch mehrmals zwischen den gleichen Werkstätten hin- und her transportiert werden. Werkstattfertigungen haben oftmals auch eine längere Produktionsdauer, sodass meist *Zwischenlagerungen für Halberzeugnisse* notwendig werden.

Voraussetzungen:

- Einsatz von Universalmaschinen
- hohe Qualifikation der Mitarbeiter, flexibler Einsatz
- optimale Maschinenbelegung.

Werkstattfertigung	
Vorteile	**Nachteile**
• geeignet für Einzelfertigung und Kleinserien • flexible Anpassung an Kundenwünsche • Anpassung an Marktveränderungen • geringere Investitionskosten • hohe Qualifikation der Mitarbeiter	• relativ hohe Fertigungskosten • lange Transportwege • Zwischenläger erforderlich • hoher Facharbeiterlohn • aufwändige Arbeitsvorbereitung • aufwändige Kalkulation (Preisgestaltung)

2. Die *Fließfertigung* ist eine örtlich fortschreitende, *zeitlich bestimmte, lückenlose Folge von Arbeitsgängen*. Bei der Fließfertigung ist der Standort der Maschinen vom Gang der Werkstücke abhängig und die *Anordnung der Maschinen und Arbeitsplätze wird nach dem Fertigungsablauf* vorgenommen, wobei sich der Durchfluss des Materials vom Rohstoff bis zum Fertigprodukt von Fertigungsstufe zu Fertigungsstufe ohne Unterbrechung vollzieht. Die Arbeitsgänge erfolgen pausenlos und sind zeitlich genau aufeinander abgestimmt, sodass eine *Verkürzung der Durchlaufzeiten* erfolgen kann.

Sonderformen der Fließfertigung:

2.1 Bei der *Reihenfertigung* (auch: *Straßenfertigung* = Sonderform der Fließfertigung – ohne zeitlichen Zwangsablauf) werden die Maschinen und Arbeitsplätze dem gemeinsamen Arbeitsablauf aller Produkte entsprechend angeordnet. Eine zeitliche Abstimmung der einzelnen Arbeitsvorgänge ist wegen der unterschiedlichen Bearbeitungsdauer nur begrenzt erreichbar. Deshalb sind Pufferlager zwischen den Arbeitsplätzen notwendig, um Zeitschwankungen während der Bearbeitung auszugleichen.

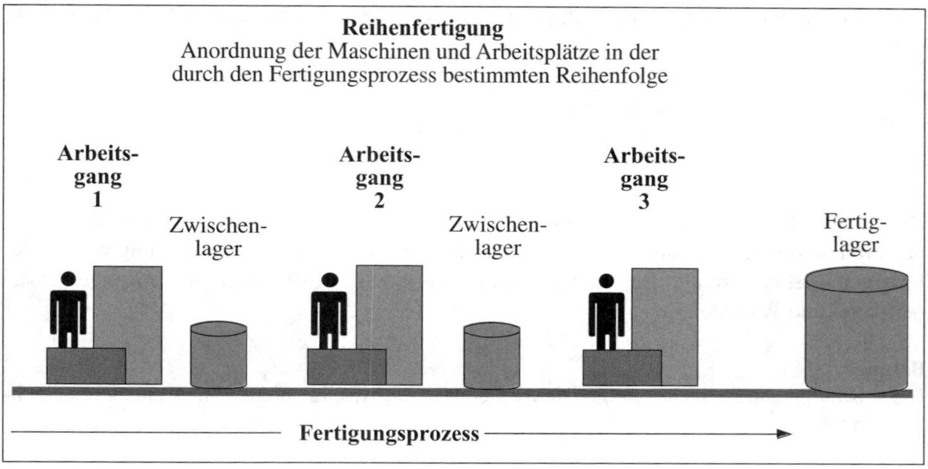

Reihenfertigung	
Vorteile	**Nachteile**
• geeignet für größere Serien • Verkürzung der Durchlaufzeit • Spezialisierung der Tätigkeiten • verbesserte Maschinenauslastung • verbesserter Materialfluss	• Flexibilität der Fertigung nimmt ab • höhere Investitionskosten für Maschinen • Anfälligkeit bei Störungen • höhere Lagerkosten (Zwischenläger) • repetetive Teilarbeit

2.2 Die *Fließbandfertigung* ist eine Sonderform der Fließfertigung – *mit vorgegebener Taktzeit.* Die Voraussetzungen sind:

- große Stückzahlen
- weitgehende Zerlegung der Arbeitsgänge
- Fertigungsschritte müssen abstimmbar sein.

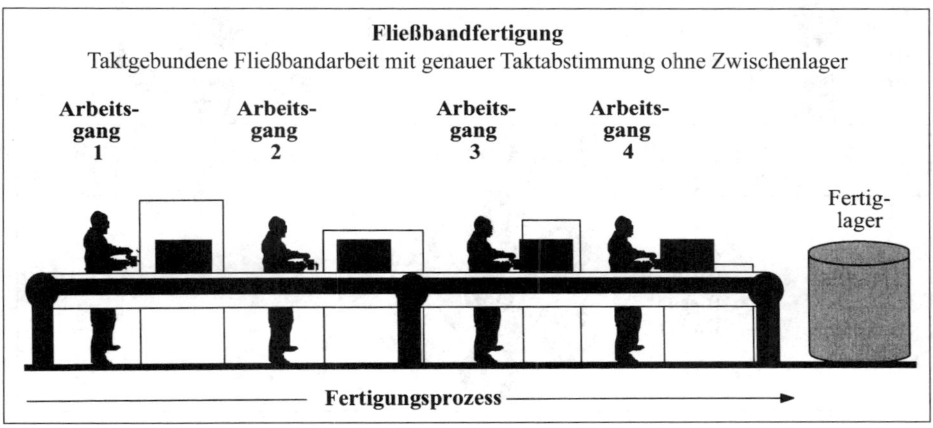

Nach REFA ist die *Taktzeit* die Zeitspanne, in der jeweils eine Mengeneinheit fertiggestellt wird:

$$\text{Solltaktzeit} = \frac{\text{Arbeitszeit je Schicht}}{\text{Sollmenge je Schicht}} \cdot \text{Bandwirkungsfaktor}$$

Der Bandwirkungsfaktor berücksichtigt Störungen der Anlage, die das gesamte Fließsystem beeinträchtigen. Er ist deshalb immer kleiner als 1,0. Die ideale Taktabstimmung wird in der Praxis nur selten erreicht. Entscheidend ist eine optimale Abstimmung der einzelnen Bearbeitungs- und Wartezeiten.

Beispiel:
Die Arbeitszeit einer Schicht beträgt 480 Minuten, die Soll-Ausbringung 80 Stück und der Bandwirkungsfaktor 0,9.

$$\text{Solltaktzeit} = \frac{\text{Arbeitszeit je Schicht}}{\text{Sollmenge je Schicht}} \cdot \text{Bandwirkungsfaktor}$$

$$= \frac{480 \text{ min}}{80 \text{ Stk.}} \cdot 0{,}9 = 5{,}4 \text{ min}$$

3. Die *Gruppenfertigung* ist eine *Zwischenform zwischen Fließfertigung und Werkstattfertigung*, die die Nachteile der Werkstattfertigung zu vermeiden sucht. Bei diesem Verfahren werden verschiedene Arbeitsgänge zu Gruppen zusammengefasst und innerhalb jeder Gruppe nach dem Fließprinzip angeordnet.

Schematische Darstellung einer **Gruppenfertigung als Inselfertigung**

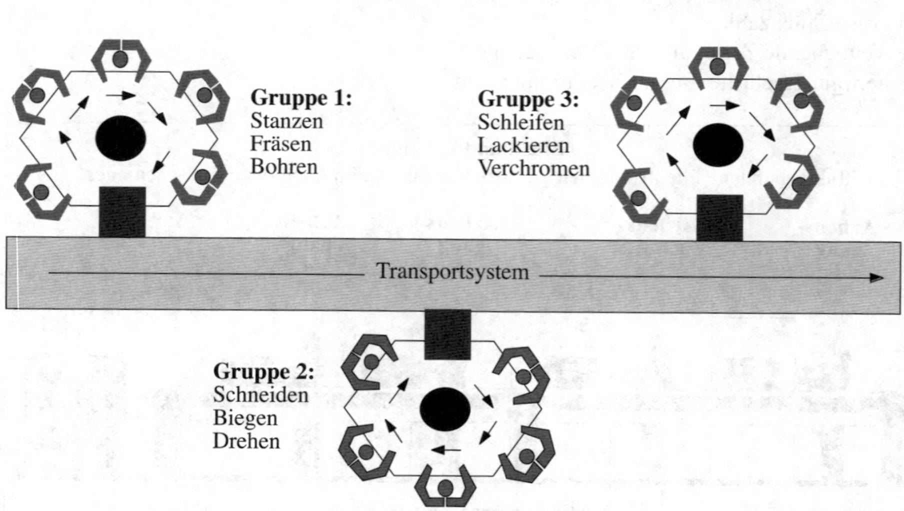

Gruppenfertigung	
Vorteile	**Nachteile**
• Eigenverantwortung der Gruppe • Motivation der Mitarbeiter • Abwechslung durch Rotation • Einsatz des Gruppenakkords	• Verantwortungsdiffusion: Zuordnung der Leistung zu einer Einzelperson ist nicht mehr möglich • setzt intensive Vorbereitung voraus: Ausbildung, Teamentwicklung, Gruppendynamik

Sonderformen der Gruppenfertigung: → **6.8.1**

3.1 *Fertigungsinseln:* Bestimmte Arbeitspakete (z. B. Motorblock) werden – ähnlich der ursprünglichen Werkstattfertigung – gebündelt. Dazu werden die notwendigen Maschinen und Werkzeuge zu so genannten Inseln zusammengefügt. Erst nach Abschluss mehrerer Arbeitsgänge verlässt das (Zwischen-)Erzeugnis die Fertigungsinsel.

3.2 Bei der *Boxen-Fertigung* werden bestimmte Fertigungs- oder Montageschritte von einer oder mehreren Personen – ähnlich der Fertigungsinsel – räumlich zusammengefasst. Typischerweise wird die Boxen-Fertigung bzw. -Montage bei der Erzeugung von Modulen/ Baugruppen eingesetzt (z. B. in der Automobilproduktion).

3.3 Die *Stern-Fertigung* ist eine räumliche Besonderheit der Fertigungsinsel bzw. der Boxen-Fertigung, bei der die verschiedenen Werkzeuge und Anlagen nicht insel- oder box-förmig, sondern im Layout eines Sterns angeordnet werden.

3.4 *Bearbeitungszentren:* Nicht nur die Bearbeitungsmaschine arbeitet computergesteuert, sondern auch der Wechsel der Arbeitsstücke sowie der Werkzeuge erfolgt automatisch. Es lassen sich damit komplexe Teile in Kleinserien bei relativ hoher Fertigungselastizität herstellen. Die Überwachung mehrerer Bearbeitungszentren kann von einem Mitarbeiter oder einer Gruppe durchgeführt werden.

3.5 *Flexible Fertigungszellen* haben zusätzlich zum Automatisierungsgrad der Bearbeitungszentren eine automatische Zu- und Abführung der Werkstücke in Verbindung mit einem Pufferlager. Diese Systeme können auch in Pausenzeiten der Belegschaft weiterlaufen.

3.6 *Teilautonome Arbeitsgruppen* sind ein mehrstufiges Modell, das den Mitgliedern Entscheidungsfreiräume ganz oder teilweise zugesteht; u. a.:

- selbstständige Verrichtung, Einteilung und Verteilung von Aufgaben (inklusive Anwesenheitsplanung: Qualifizierung, Urlaub, Zeitausgleich usw.)
- selbstständige Einrichtung, Wartung, teilweise Reparatur der Maschinen und Werkzeuge
- selbstständige (Qualitäts-)Kontrolle der Arbeitsergebnisse.

4. Bei der *Baustellenfertigung* ist der *Arbeitsgegenstand* entweder völlig *ortsgebunden* oder kann zumindest während der Bauzeit nicht bewegt werden. Die Materialien, Maschinen und Arbeitskräfte werden an der jeweiligen Baustelle eingesetzt. Die Baustellenfertigung ist in der Regel bei Großprojekten im Hoch- und Tiefbau, bei Brücken, Schiffen, Flugzeugen sowie dem Bau von Fabrikanlagen anzutreffen.

Baustellenfertigung	
Vorteile	**Nachteile**
• Einsatz von Normteilen • Einsatz vorgefertigter Teile • rationelle Fertigung durch Standards • internationale Arbeitsteilung (z. B. Airbus)	• Kosten: Errichtung/Abbau der Baustelle • Transportkosten für Stoffe, Mitarbeiter und Betriebsmittel (Logistikaufwand)

05. Was bezeichnet man als Fertigungssegmentierung?

Segmentierung ist die Zerlegung eines Ganzen in Teilen. Die Fertigungssegmentierung ist die Zerlegung (Gliederung) des Fertigungsprozesses in Teilprozesse nach dem Verrichtungs- oder dem Objektprinzip. Zur Optimierung des gesamten Prozesses ist es von Bedeutung, die Teilprozesse zu optimieren und sie nach dem Fließprinzip zu verknüpfen. Die Fertigungssegmentierung kann auch dazu führen, dass ganze Teile der Herstellung ausgelagert werden: Verlagerung eigener Betriebsteile in das Ausland, Vergabe an Zulieferer (Prinzip der verlängerten Werkbank; Entscheidungen über Make-or-buy).

Beispiel (Automobilbau; verkürzt):
Zerlegung des Gesamtprozesses in Teilprozesse: Rahmen, Motorblock, Zusatzaggregate. Vollautomatisierte Fertigung der Motorteile auf Fertigungsstraßen; Montage des Motorblocks in Fertigungsinseln usw.

06. Welche zusätzlichen Gesichtspunkte müssen bei der Gestaltung von Ablaufstrukturen der Fertigung berücksichtigt werden?

Bei der Ablaufstrukturierung des Fertigungsprozesses sind laufend *Überlegungen der Optimierung* zu beachten:

- *Zentralisierungen/Dezentralisierungen in der Aufbaustruktur* führen zu Vor-/Nachteilen in der Ablauforganisation, z. B.: Die Verlagerung eines Profitcenters in das Ausland stellt erhöhte Anforderungen an die Logistik der Komponenten an den Ort der zentralen Montage.

- *Entscheidungen über die Segmentierung der Fertigung* verlangen einen erhöhten Aufwand bei der Synchronisation externer und interner Stellen, z. B.: Materialbereitstellung just in time, einheitliche Qualitätsstandards der beteiligten Stellen, erhöhter Informations- und Datenfluss.

07. Welche Instandhaltungsstrukturen gibt es? Welche Vor- und Nachteile sind mit der Wahl der jeweiligen Struktur verbunden? → A 5.2.6

- *Instandhaltung* ist der Oberbegriff; er umfasst alle Maßnahmen der Störungsvorbeugung und der Störungsbeseitigung.

- *Inspektion* ist die Überwachung der Anlagen durch periodisch regelmäßige Begehung und Überprüfung auf den äußeren Zustand, ihre Funktionsfähigkeit und Arbeitsweise sowie auf allgemeine Verschleißerscheinungen. Das Ergebnis wird in einem *Prüfbericht* niedergelegt. Aus dem Prüfbericht werden Prognosen über die weitere Verwendungsfähigkeit der jeweiligen Anlage abgeleitet.

- *Wartung und Pflege* sind routinemäßige Instandhaltungsarbeiten, die meistens vom Bedienungspersonal selbst durchgeführt werden und häufig in *Betriebsanweisungen* festgelegt sind und auf den Wartungsplänen des Herstellers basieren (Schmierplan, Pflegearbeiten, Neujustierung usw.)

- Unter *Instandsetzung* (= Reparatur) versteht man die Wiederherstellung der Nutzungsfähigkeit einer Anlage durch Austausch bzw. Nacharbeit von Bauteilen oder Aggregaten.

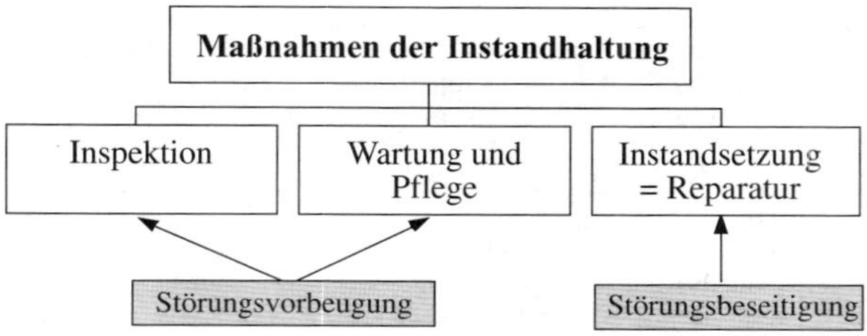

Die *Aufbaustruktur der Instandhaltung* eines Betriebes ist abhängig von der

- Größe des Unternehmens,
- räumlichen Ausdehnung/Anordnung der Produktionsstätten,
  z. B. Inland/Ausland, zentrale/dezentrale Fertigung, Fertigungstiefe,
- eingesetzten Technik,
  z. B. Grad der Mechanisierung, Fertigungs-/Montagestrukturen, Förderungstechnik

und *orientiert sich grundsätzlich an den Prinzipien der Aufbauorganisation* (vgl. oben, Ziffer 4.1.2, Gliederungskriterien):

- zentrale/dezentrale Strukturen
- Verrichtungs-/Objektorientierung
- in Eigenleistung/Fremdleistung (Make-or-Buy-Entscheidung).

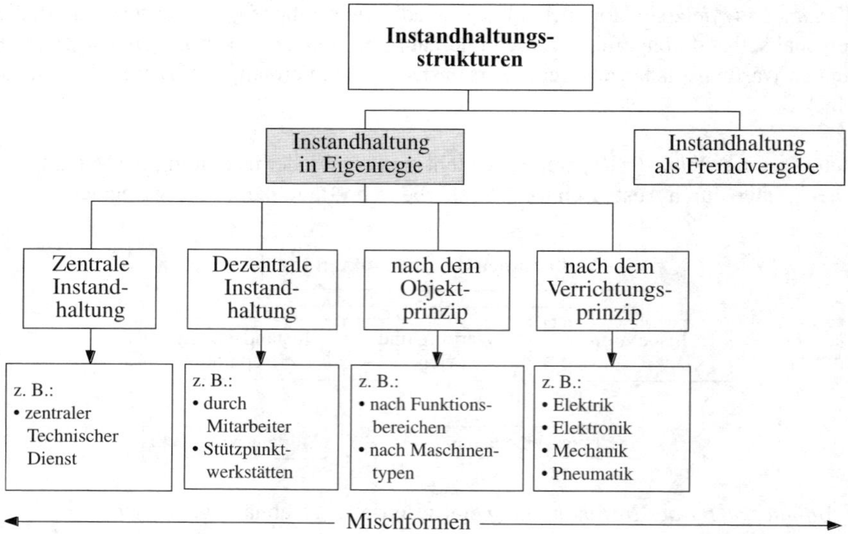

1. *Zentrale Strukturen*, z. B.:
   Die Anlagenüberwachung kann vom *„Technischen Dienst"* verantwortlich übernommen werden (zentrale Organisation der Anlagenüberwachung). Er kann dabei Fremdleistungen heranziehen oder die gesamte Instandhaltung selbst durchführen (Mischform; Make-or-Buy-Überlegung).

Zentrale Instandhaltung	
Vorteile	**Nachteile**
• optimale Auslastung der Ressourcen • zentrale Planung der Instandhaltung nach Prioritäten • ggf. lange Wegezeiten (Personal und Material) • zentrale Schwachstellenanalyse	• hohe Kosten der zentralen Instandhaltung • relative Unflexibilität • hohe Qualität der ausgeführten Arbeiten

2. *Dezentrale Strukturen*, z. B.:

2.1 *Instandhaltung durch die Mitarbeiter:*
Bei dezentraler Organisation der Anlagenüberwachung übernehmen *die Mitarbeiter in der Fertigung* die erforderlichen Arbeiten. Der Vorteil liegt in der Einbindung/Motivation der unmittelbar Betroffenen und der Chance zur laufenden Weiterqualifizierung. In der Praxis existiert häufig eine *Mischform:*

Instandsetzung und Inspektion übernimmt der technische Dienst; *Wartung und Pflege werden vom Mitarbeiter der Fertigung durchgeführt.* Eine Ausnahme bildet dabei selbstverständlich die Kontrolle, Wartung und ggf. Instandsetzung elektrischer Anlagen wegen des Gefährdungspotenzials und der existierenden Sicherheitsvorschriften; hier ist ausschließlich Fachpersonal einzusetzen.

2.2 *Instandhaltung durch Stützpunktwerkstätten:*

Beispiel: Ein Unternehmen fertigt an 12 verschiedenen Standorten in Deutschland, Belgien und den Niederlanden. Es wurden vier Stützpunktwerkstätten eingerichtet; ihr Standort wurde unter dem Aspekt der Minimierung der Wegezeiten und der Häufigkeit/Intensität der Anlagenüberwachung festgelegt.

Stützpunktwerkstätten	
Vorteile	**Nachteile**
• relativ kurze Wegezeiten; daher geringe Stillstandszeiten • klare Zuständigkeit: Werk/Stützpunkt • schnelle Verfügbarkeit von Ersatzteilen	• bei Großreparaturen sind meist Fremdfirmen erforderlich • hohe Investitionskosten für mehrere Werkstätten • Aufwand für zentrale Materialplanung • Kommunikationsaufwand

2.3 *Instandhaltung nach Betriebs-/Funktionsbereichen:*

Beispiel:

Ein Großunternehmen unterhält an einem Standort drei Instandhaltungswerkstätten jeweils für den Fertigungsbereich 1, 2 und 3.

Dezentrale Werkstätten nach Fertigungsbereichen	
Vorteile	**Nachteile**
• geringe Wegezeiten • genaue Kenntnis des Maschinenparks • gute Zusammenarbeit: Fertigungspersonal/ Instandhaltungspersonal	• hohe Investitionskosten für mehrere Werkstätten • Aufwand für zentrale Materialplanung • Kommunikationsaufwand zwischen den Werkstätten • zum Teil Mehrfachlagerung gleicher Ersatzteile

2.4 *Instandhaltung nach Maschinentypen/eingesetzter Fertigungstechnik:*

Beispiel:

Ein Großunternehmen unterhält mehrere Instandhaltungswerkstätten jeweils für hydraulische, pneumatische und elektrische/elektronische Anlagen.

Dezentrale Werkstätten nach Maschinentypen/Fertigungstechnik	
Vorteile	**Nachteile**
• geringe Wegezeiten • genaue Kenntnis der Funktionsweise • gute Zusammenarbeit: Fertigungspersonal/ Instandhaltungspersonal • hoher Grad der Spezialisierung	• hohe Investitionskosten für mehrere Werkstätten • Aufwand für zentrale Materialplanung • Kommunikationsaufwand zwischen den Werkstätten • Abstimmungsaufwand bei sich überschneidenden Verantwortlichkeiten

3. *Mischformen*:
   Die Mischformen versuchen die Vorteile bestimmter Strukturen zu nutzen und die Nachteile zu vermindern; z. B. durch die Kombination von

- zentraler und dezentraler Instandhaltung, z. B.:
- Teile der Instandhaltung → zentral, z. B. Inspektion, Reparatur sowie
  → dezentral, z. B. Wartung und Pflege
- verrichtungs- und objektorientierter Instandhaltung
- Instandhaltung durch eigenes Personal und Fremdvergabe.

4.1.4 Analyse und Optimierung von Aufbau- und Ablaufstrukturen

→ A 3.6, A 3.1.1, A 2.2

01. Welche Ansätze zur Optimierung von Aufbaustrukturen sind grundsätzlich geeignet?

Die Aufbau- und Ablaufstrukturen eines Unternehmens sind *nicht Selbstzweck*. Sie müssen so gestaltet werden, *dass die Unternehmensziele* (Umsatz, Gewinn, Marktanteile usw.) realisierbar sind. *Es gibt in diesem Sinne keine ideale Organisation*. Die zu einem bestimmten Zeitpunkt gewählte Struktur eines Unternehmens (z. B. bei der Gründung) soll einerseits hinreichend stabil sein, muss jedoch so viel Flexibilität beweisen, dass sie sich den internen und externen Veränderungen schrittweise anpasst.

Frühere Ansätze zur Effizienzverbesserung unterschieden grundsätzlich zwischen den Maßnahmen zur Verbesserung der Aufbauorganisation und denen der Ablauforganisation. Mittlerweile ist bekannt, dass diese isolierte Betrachtung zu Fehlern in der Analyse führt: Legt ein Unternehmen sich auf eine bestimmte Aufbauorganisation fest (z. B. Stab-Liniensystem), so bestimmt diese Entscheidung auch die Art und Weise der Abläufe im Unternehmen; es existieren – streng genommen – nur vertikale Informations- und Entscheidungsprozesse.

> Aus diesem Grunde muss eine *Effizienzuntersuchung* der Organisation immer *ganzheitlich* erfolgen, d. h. die Aufbau- und Ablaufstrukturen gleichermaßen berücksichtigen.

Dieser grundsätzliche Hinweis erscheint uns notwendig, da der Rahmenplan (und so auch die folgende Darstellung) noch weitgehend eine getrennte Betrachtung der Aufbau- und Ablauforganisation vornimmt.

1. *Ansätze zur Verbesserung der Aufbaustrukturen eines Unternehmens:*

Im Rahmen der *Aufgabenanalyse* wird die Gesamtaufgabe eines Unternehmens in Teilaufgaben zerlegt. Die Teilaufgaben werden in geeigneter Weise zu organisatorischen Einheiten zusammen gefasst (*Aufgabensynthese*; vgl. 4.1.2).

Die so entstandene Aufbaustruktur des Unternehmens ist immer ein „Kompromiss“ aus verschiedenen Prinzipien der Organisation: Verrichtungs-/Objektorientierung, Instanzenbreite/-tiefe,

Anzahl der Hierarchien, Grad der Arbeitsteilung/Spezialisierung, Zentralisierung/Dezentralisierung usw.

Die alten und neueren Ansätze zur Effizienzverbesserung der Aufbaustruktur haben teilweise beachtlich klingende Namen; sie sind letztlich nichts anderes, als eine Überprüfung und ein In-Frage-Stellen der einmal gewählten Strukturierungsprinzipien.

Beispiel (verkürzt):
Die Fertigungsstruktur eines Betriebes ist als Liniensystem organisiert. An den Betriebsleiter Merger (Hauptabteilungsleiter) berichten vier Abteilungsleiter. Jedem Abteilungsleiter sind fünf Meisterbereiche unterstellt. Jeder Meisterbereich umfasst eine Personalverantwortung von 15 bis 25 Mitarbeitern mit jeweils zwei Vorarbeitern. Im Rahmen einer Veränderung nach dem Lean-Management-Konzept wird die Anzahl der Führungskräfte verringert, die Zahl der Hierarchien reduziert und durch ein neues Arbeitsgruppenkonzept mehr Verantwortung an die Gruppe delegiert.

Durch die Einrichtung von Qualitätszirkeln soll eine nachhaltige Verbesserung des Qualitätsgedankens erreicht werden. Außerdem wurden zwei Projektgruppen gebildet zur Bearbeitung dringend erforderlicher Veränderungsprozesse.

Aus der Sicht der Organisationslehre wurden hier u. a. folgende Entscheidungen getroffen:

1. *Abkehr von der reinen Linienorganisation* (mit ihren Nachteilen) hin zur Linienorganisation mit Parallelorganisation in Form der Projektorganisation.
2. *Verringerung der Instanzentiefe* durch Aufgabe einer Leitungsebene (Vorarbeiter).
3. *Erweiterung der Kompetenzen* an nachgelagerte Ebenen durch Einführung eines Gruppenkonzepts. Damit auch: Verbesserung des Informationsflusses auf der Ebene der Mitarbeiter und Reduzierung von Personalkosten.

Nach dieser Einführung stellen wir auf den nachfolgenden Seiten prinzipielle Ansätze zur Verbesserung der Aufbaustruktur sowie ausgewählte Beispiele dar:

Beispiele zur Effizienzverbesserung der Aufbaustruktur:

1. *Verringerung der Hierarchien*, z. B.:
   In einem Betrieb wird Gruppenarbeit eingeführt; die Gruppen sind teilweise autonom in der Gestaltung der Arbeitszuweisung, Materialversorgung usw. Es werden Teamsprecher eingerichtet. Die bisherige Funktion „Vorarbeiter" entfällt. Die neu zusammengestellten Meisterbereiche berichten direkt an den Betriebsleiter. Die bisher zwischengeschaltete Funktion „Abteilungsleiter" entfällt ebenfalls.

2. *Gestaltung von Weisungsbeziehungen*, z. B.:
   Die neu geschaffenen Meisterbereiche erhalten einen erweiterten Kompetenzumfang: Materialflusssteuerung und Bestellungen, Zusammenarbeit mit der Arbeitsvorbereitung; die Funktion „Betriebsleiter" konzentriert sich stärker auf Steuerungsaufgaben der Fertigung.

3. *Einrichtung einer Projektorganisation*, z. B.:
   Bisher konnten im Rahmen der Linienorganisation notwendige Optimierungsprozesse in der Fertigung nicht bearbeitet werden; es wird daher ein Projektteam – befristet auf 14 Monate – gebildet, dass die Strukturen und Prozesse der „Fabrik 2020" erarbeiten soll. Die Zusammensetzung des Teams ist interdisziplinär und hierarchiefrei (Facharbeiter, Meister, Assistent des Betriebsleiters, Betriebsrat, Einkauf usw.).

4. *Wechsel von der Verrichtungsorientierung zur Objektorientierung, Verbesserung der Informationswege*, z. B.:
   Bei einem bekannten deutschen Luftfahrtunternehmen wurde die Inspektion und Wartung eines Flugzeuges bisher von Wartungsgruppen durchgeführt, die jeweils auf bestimmte Verrichtungen spezialisiert waren: Überprüfen der Bordelektrik, der Bordmechanik und der Kabinen. Diese organisatorischen Regelung war mit Nachteilen verbunden: Abstimmungsprobleme, Schwierigkeiten in der Kompetenzabgrenzung, Verantwortungsdiffusion usw. Nach längeren Überlegungen entschied die Geschäftsleitung, die Wartungsgruppen interdisziplinär zusammenzustellen: Jede Wartungsgruppe wird von einem Meister geleitet; sie erhält einen Fachspezialisten (interne Bezeichnung: Vormann) und setzt sich zusammen aus: 8 Fluggerätemechanikern, 5 Fluggerätelektrikern, 5 Kabinenmechanikern.

   Eine Wartungsgruppe ist innerhalb der Schicht komplett für die Wartung und Inspektion eines Flugzeugs (Objekt; Gruppenverantwortung) zuständig. Damit wurde ein Wechsel von der Verrichtungs- zur Objektorientierung vollzogen. Die Umorganisation hat sich bewährt: Klare Verantwortung der Gruppe für das gesamte Objekt, keine Reibungsverluste, verbesserte Abstimmung und Kommunikation bezogen auf die notwendigen Arbeiten an einem Objekt.

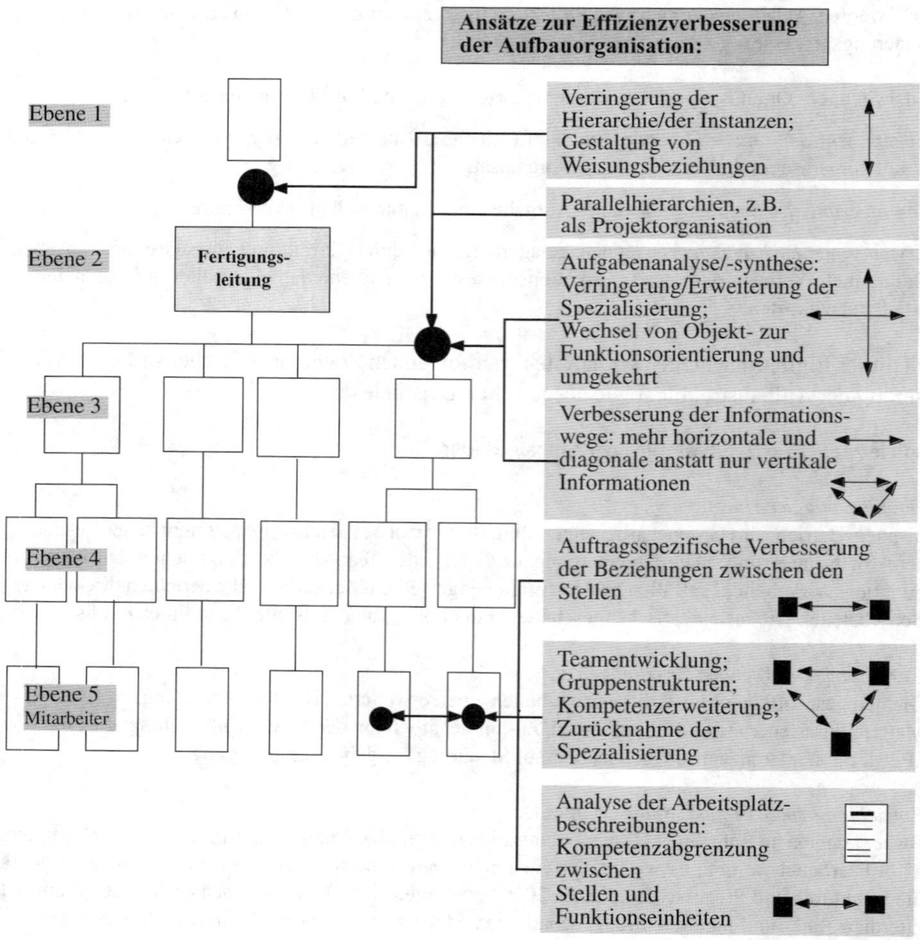

5. *Neugestaltung von Weisungsbeziehungen*, z. B.:
In einem Metallbauunternehmen musste jede Materialentnahme vom Meister auf dem Materialentnahmeschein gegengezeichnet werden. Dies führte mitunter zu Störungen und verzögerte den Arbeitsablauf. Im Rahmen der Einführung eines Gruppenarbeitskonzepts erhielten die Teamsprecher aller Gruppen die Befugnis, die Materialbeschaffung und -entnahme eigenverantwortlich durchzuführen.

6. *Überprüfung und Abgrenzung von Aufgaben und Befugnissen laut Arbeitsplatzbeschreibung*, z. B.:
In einem Metallbauunternehmen wurde die Instandhaltung bisher von einer „Zentralen Instandhaltungswerkstatt“ durchgeführt. Im Rahmen einer Neuorganisation wurden einfache Wartungsarbeiten den Facharbeitern in der Fertigung übertragen; für Inspektions- und Reparaturarbeiten war weiterhin die Zentrale Instandhaltungswerkstatt zuständig. In der Folgezeit kam es zwischen den Facharbeitern der Fertigung und den Instandhaltungsmitarbeitern zu einem Kompetenzkonflikt und bei einigen Maschinenstillständen zu gegenseitigen Schuldzuweisungen. In einem gemeinsamen Workshop wurden die Vorgänge analysiert, klare Kompetenzabgrenzungen vorgenommen und in den jeweiligen Arbeitsplatzbeschreibungen dokumentiert.

7. *Auftragsspezifische Verbesserung der Zusammenarbeit zwischen Stellen, Neugestaltung von Weisungs- und Kommunikationsbeziehungen*, z. B. (verkürzte Darstellung):
In einem Unternehmen des Textilmaschinenbaus erfolgt die Akquisition von Aufträgen über international operierende Vertriebsingenieure (VI). Nach Abschluss eines Auftrages werden kundenspezifische Erfordernisse und besondere, technische Feinjustierungen der Maschine von der Gruppe der Textilingenieure (TI) bearbeitet und an die Arbeitsvorbereitung (AV) weitergegeben. Nach Auslieferung der Maschine erfolgt die Montage der Baugruppen und die Inbetriebnahme beim Kunden durch die Montagetechniker (MT; speziell ausgebildete Facharbeiter Mechanik/Elektronik/Elektrik; Hinweis: Eine Standardtextilmaschine hat Längenabmessungen zwischen 25 bis 40 m.

Zwischen den Stellen, die an der Ausführung eines Kundenauftrags beteiligt waren (insbesondere: VI, AV, TI, MT) war die Zusammenarbeit nicht effizient: Die VIs waren hochdotiert und hatten „Standesdünkel“; die TIs „fühlten sich geringwertiger“ und waren der Auffassung, dass ihr textiltechnisches Knowhow nicht genügend beachtet und gewürdigt wurde; die MTs meinten: „Wir müssen beim Kunden laufend improvisieren, nur weil die Herren da oben nicht sorgfältig geplant haben und nicht genügend Detailwissen haben.“

Aufbaustruktur „Alt“:

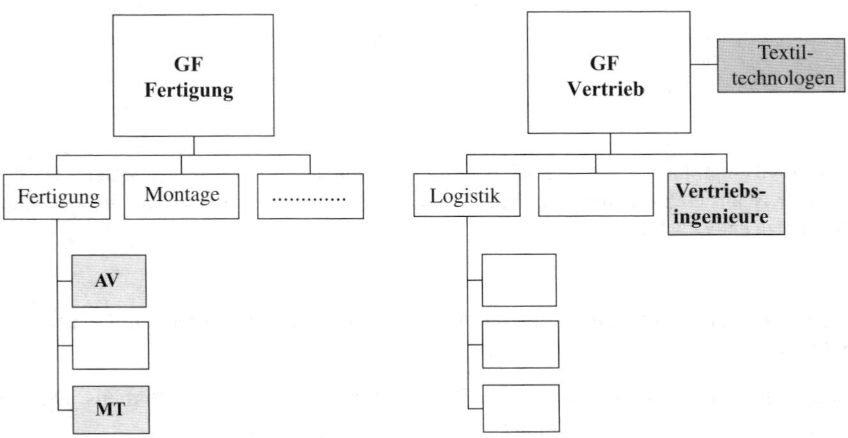

Nach mehreren Arbeitstagungen, in denen Vertreter aller Funktionsfelder beteiligt waren, wurde folgende Entscheidung getroffen:
Die Montagetechniker (MT) werden zukünftig aus der Fertigung „herausgelöst" und einer neu gebildeten Stelle „Auftragsprojektmanagement VFT" unterstellt (V = Vertrieb, F = Fertigung, T = Textiltechnologie); die Stelle VFT berichtet an den GF Vertrieb.

Die Textiltechnologen (TI) – bisher Stabsstelle beim Geschäftsführer Vertrieb werden ebenfalls VFT neu unterstellt. Die disziplinarische Unterstellung der Vertriebsingenieure (VI) verbleibt beim Geschäftsführer Vertrieb; die Stelle VFT ist jedoch den VIs in bestimmten Fragen fachlich weisungsberechtigt.

Je Kundenauftrag werden zeitlich befristete Teams aus VI, AV, TI und MT gebildet. Die fachliche Weisungsberechtigung liegt bei VFT. Nach einer gewissen Anlaufzeit hat sich dieses Konzept bewährt: Im Vordergrund stehen nicht mehr „Abteilungsegoismen", sondern die Erfüllung des Kundenauftrags – termingerecht und mit der vereinbarten Qualität. Durch die Teambildung gelingt eine Vernetzung der auftragsrelevanten Funktionsfelder Gruppe für das gesamte Objekt, keine Reibungsverluste, verbesserte Abstimmung und Kommunikation bezogen auf die notwendigen Arbeiten an einem Objekt.

Aufbaustruktur „Neu":

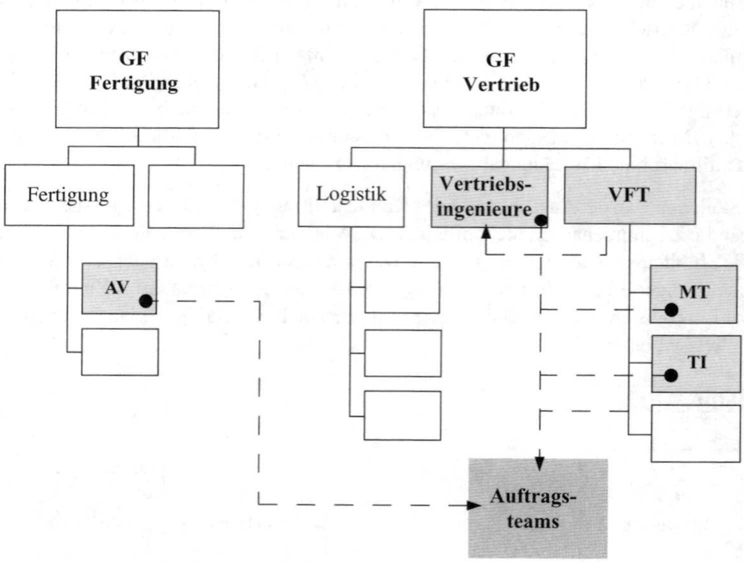

Übung: Es wird empfohlen, in Einzelarbeit oder im Lehrgang die konkrete Aufbaustruktur des eigenen Betriebes zu visualisieren und die Effizienz der Aufbauorganisation zu diskutieren bzw. Ansätze zur Verbesserung zu entwickeln.

02. Welche Ansätze zur Optimierung von Ablaufstrukturen (Prozessen) sind grundsätzlich geeignet?

Die *Ablauforganisation* ist der dynamische Teil der Struktur eines Unternehmens. Der Begriff wird zunehmend durch die Bezeichnung *Prozessorganisation* ersetzt.

Ein *Prozess* ist

(1) *eine strukturierte Abfolge von Ereignissen* zwischen einer Ausgangssituation und einer Ergebnissituation (allgemeine Definition),

(2) *ein bestimmter Ablauf/ein bestimmtes Verfahren* mit gesetzmäßigem Geschehen (sehr allgemeine Definition),

(3) *das effiziente Zusammenwirken der Produktionsfaktoren* zur Herstellung einer bestimmten Leistung/eines bestimmten Produktes (Definition im Sinne der Fertigungstheorie).

Im Sinne der *Prozessorganisation* (auch: Ablauforganisation) werden unterschiedliche *Prozessarten* unterschieden; die Begriffe sind in der Literatur nicht immer einheitlich. Die nachfolgende Übersicht enthält einen *Überblick über die Prozessarten*, die bei der Behandlung dieses Stoffgebietes relevant sind:

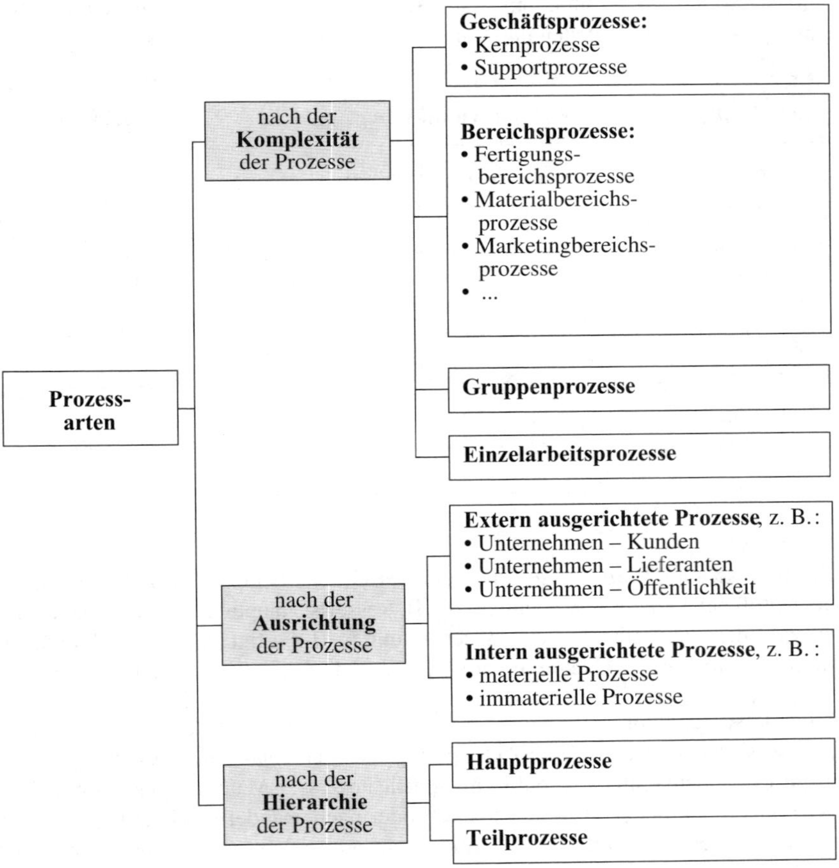

Ablaufstrukturen können dadurch optimiert werden, indem man die zu untersuchenden Prozesse definiert und dann analysiert unter den Aspekten: Zeitaufwand, Kosten, Effizienz, Wirtschaftlichkeit und Zielbeitrag.

Hinweis: Die Forderung des Rahmenplanes „Der Teilnehmer soll die Ablaufstrukturen von informationellen und materiellen Prozessen kennen" erscheint uns zu komplex und ist vom Teilnehmer nicht zu leisten; dazu ist die Zahl der an der Fertigung beteiligten Kern- und Supportprozesse zu umfangreich.

Im Folgenden werden wir beispielhaft einige Haupt- und Teilprozesse der industriellen Leistungserstellung betrachten und kommentieren:

1. *Geschäftsprozess:*
   Beim *Geschäftsprozess* (auch: Unternehmensprozess) wird das gesamte Unternehmen betrachtet: Der Prozess der industriellen Leistungserstellung lässt sich beispielsweise in die Phasen „Beschaffung" → „Produktion" → „Absatz" bzw. „Input" → „Transformation" (auch: Throughput) → „Output" einteilen und schematisch folgendermaßen darstellen:

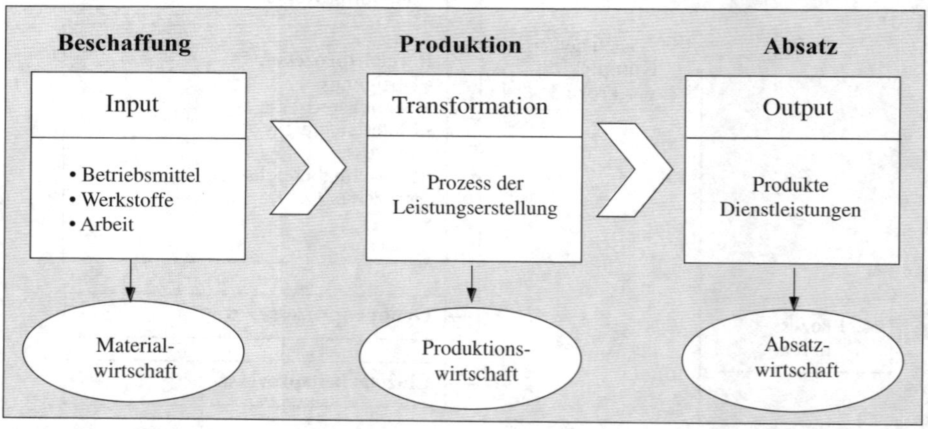

2. *Bereichsprozesse:*
   Bereichsprozesse sind Teilprozesse innerhalb des Geschäftsprozesses und betrachten die Abläufe in größeren Organisationseinheiten (z. B. Ressorts, Hauptabteilungen). Dabei dienen *Kernprozesse* der unmittelbaren Leistungserstellung (z. B. Fertigungsprozess, Montageprozess), während *Supportprozesse* mittelbar wirken und die Kernprozesse unterstützen.

   Neben der Darstellung von *materiellen Prozessen* (Ablauf und Veränderung der Stoffe/Produkte) interessiert bei stärkerer Mikrobetrachtung auch der Ablauf/die Vernetzung der *Informationsprozesse* (auch: immaterielle/informationelle Prozesse). Materielle und informationelle Prozesse können parallel (z. B. Beipackzettel) oder nacheinander sowie auf gemeinsamen oder getrennten Wegen verlaufen (z. B. Bearbeitungsprozess einer Baugruppe → materieller Prozess; dv-gestützte Betriebsdatenerfassung → informationeller Prozess).

Die Darstellung der Struktur derartiger Prozesse ist unterschiedlich, je nachdem, welcher Gesichtspunkt besonders hervorgehoben werden soll und welches Instrument/welche Technik der Darstellung gewählt wird (z. B. Flussdiagramm, Arbeitsablaufdiagramm, Struktogramm).

Hinweis: Es kann daher keine „einzig richtige visuelle Darstellungsform" einer bestimmten Prozessstruktur geben.

Die folgende Darstellung zeigt vereinfacht den Prozess der industriellen Fertigung eines Produkts im Übergang zum Logistikprozess (Auslieferung) sowie die angrenzenden Bereichsprozesse; dabei wird der Fall einer Einzelfertigung unterstellt:

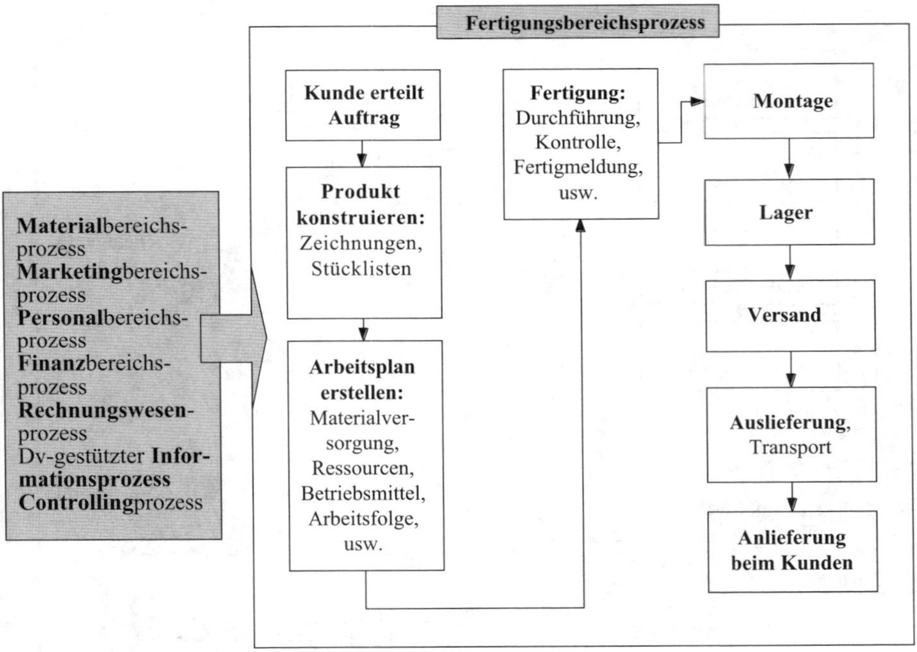

3. *Informationsprozesse:*

   3.1 Das nachfolgende Schaubild zeigt einen komplexen Informationsprozess am *Beispiel der statistischen Prozesskontrolle:*

   Bei der statistischen Prozesskontrolle (SPC = Statistical Process Controll) wird nicht das Ergebnis des Fertigungsprozesses geprüft, sondern präventiv werden während der Fertigung laufend Qualitätsdaten gesammelt (z. B. mithilfe von: Sensoren, Messeinrichtungen, Betriebsdatenerfassung). Damit sollen Störungen frühzeitig und automatisch erkannt und abgestellt werden.

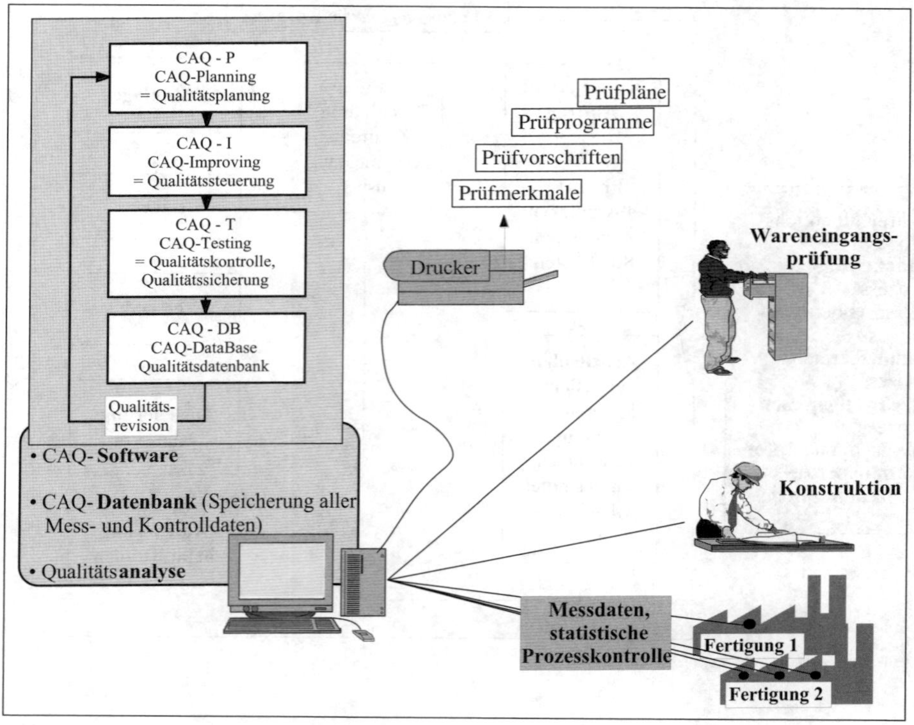

3.2 *Überschneidung von Bereichsprozessen*, hier dargestellt am Beispiel des Informationssystems der Betriebsdatenerfassung und eines Personalinformationssystems (PIS):

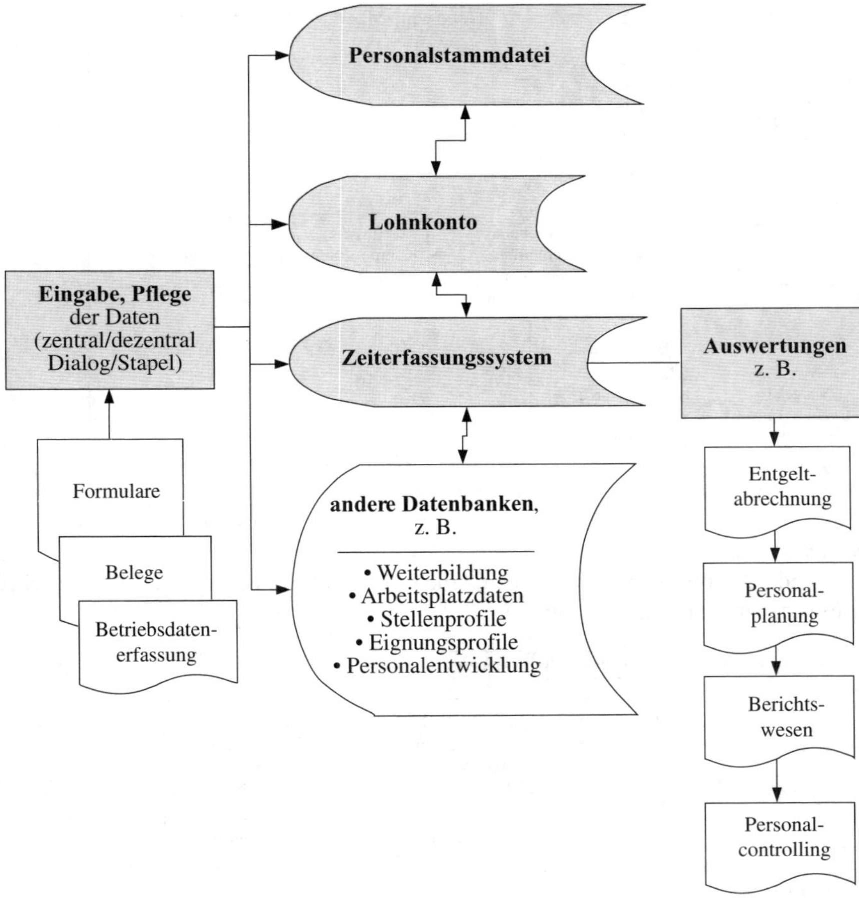

4. *Gruppenprozesse:*
Beispiel einer Ablaufstruktur bei der Fertigung eines Werkstücks in Form von Gruppenarbeit:

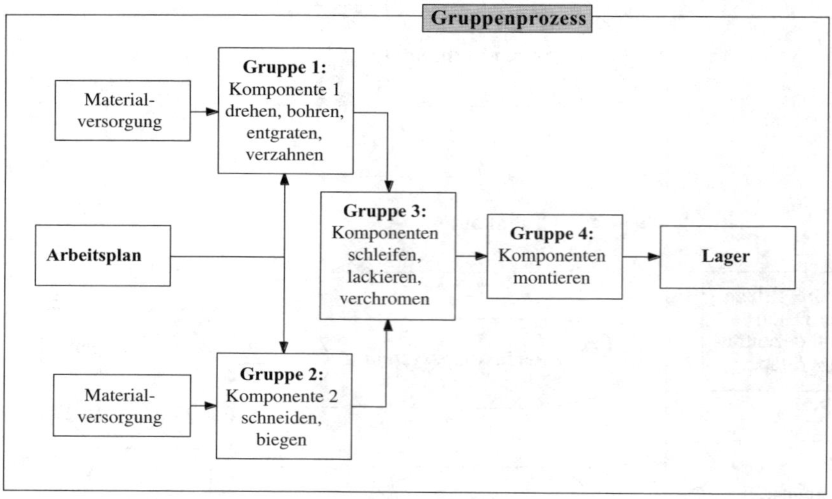

5. *Einzelarbeitsprozesse:*
Das folgende Beispiel zeigt verkürzt den Arbeitsprozess beim Fräsen eines Anlasserritzels unter Einsatz eines Halbautomaten:

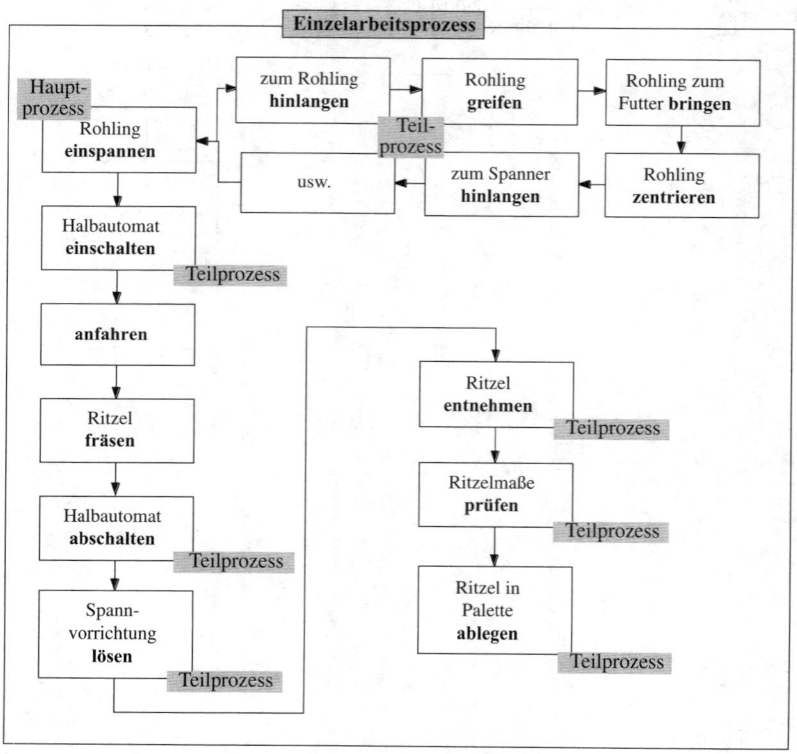

Analog lassen sich weitere Kern- und Supportprozesse bzw. Haupt- und Teilprozesse des Fertigungsbereichsprozesses unter materiellen oder informationellen Gesichtspunkten betrachten.

Übung: Es wird empfohlen, in Einzelarbeit oder im Lehrgang konkrete Ablaufstrukturen des eigenen Betriebes zu visualisieren und die Effizienz der Prozesse zu diskutieren bzw. Ansätze zur Verbesserung zu entwickeln.

03. Nach welchen Gesichtspunkten sind Handlungsvorgänge zu analysieren bzw. Arbeitsprozesse zu gestalten?

Handlungsvorgänge bzw. Arbeitsprozesse müssen wirtschaftlich gestaltet sein; Ziel ist es, Dauer und Kosten eines Vorgangs zu minmieren – bei hoher Qualität und ergonomischer Anordnung. Bei der Analyse von Handlungsvorgängen bzw. Arbeitsprozessen werden die Ablaufstrukturen zerlegt und u. a. nach folgenden Gesichtspunkten bewertet:

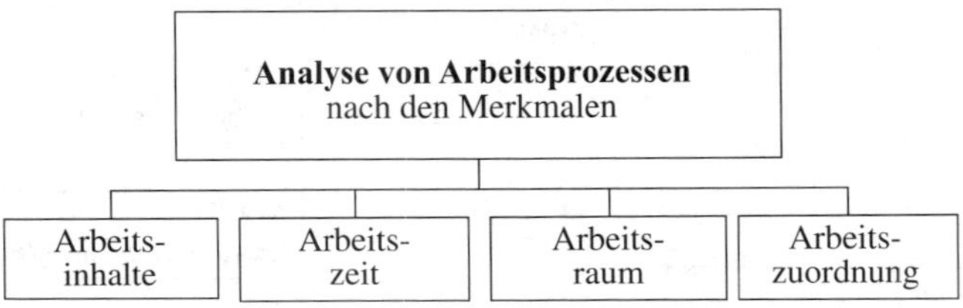

04. Welche Aspekte werden bei der Analyse von Arbeitsinhalten betrachtet?

Bei der *Analyse und Optimierung von Arbeitsinhalten* werden folgende Aspekte betrachtet:

- Artteilung, Mengenteilung
- Grad der Spezialisierung
- Delegationsumfang: Eigen-/Fremdbestimmung, Eigen-/Fremdverantwortung
- Motivation der Mitarbeiter.

05. Welche Aspekte werden bei der Analyse von Zeiten für Arbeitsvorgänge betrachtet?

Bei der *Analyse und Optimierung der Zeiten* für Arbeitsvorgänge bedient man sich der *Ablaufarten* nach REFA.

> *Ablaufarten* sind Ereignisse, die beim Zusammenwirken von Mensch, Betriebsmittel und Arbeitsgegenstand auftreten können.
> *Zeitarten* sind Zeiten für bestimmte, gekennzeichnete Ablaufabschnitte (Rüst-, Ausführungszeit).

Man unterscheidet Ablaufarten bezogen auf den Menschen, das Betriebsmittel und den Arbeitsgegenstand:

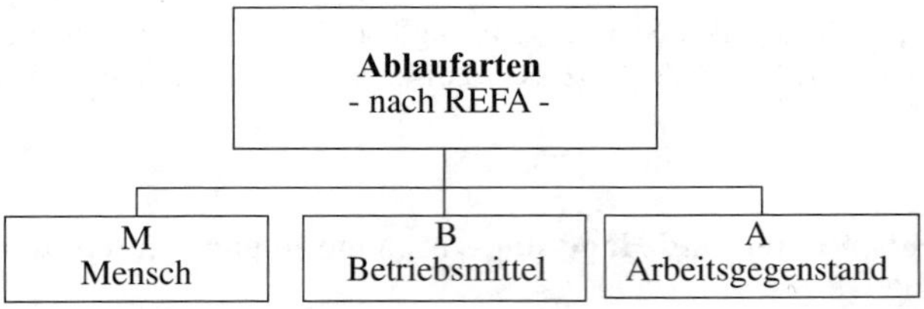

06. Wie ist die Ablaufgliederung für den Menschen (M)?

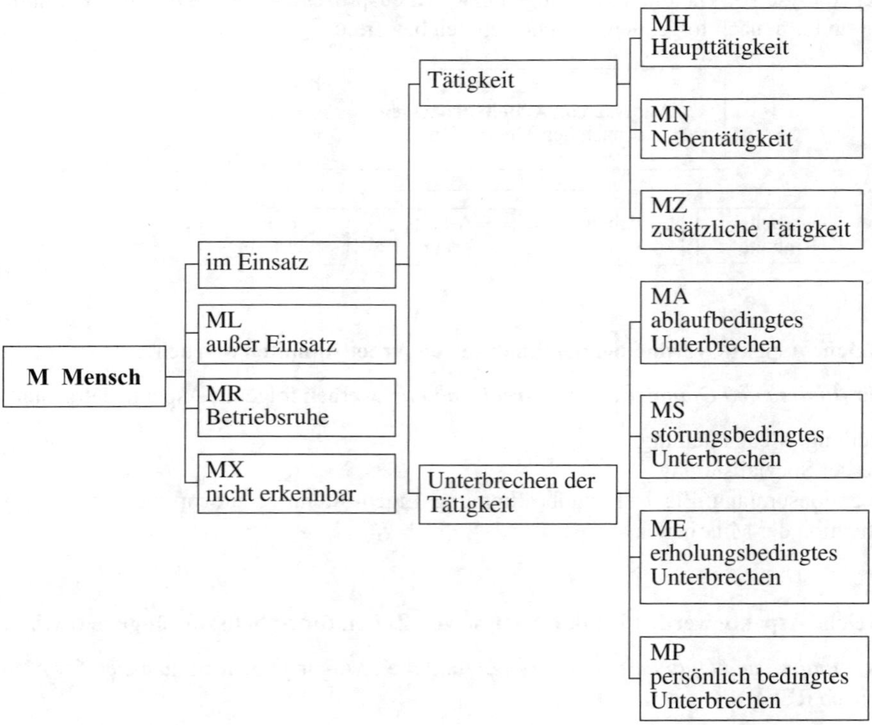

07. Wie ist die Ablaufgliederung für das Betriebsmittel (B)?

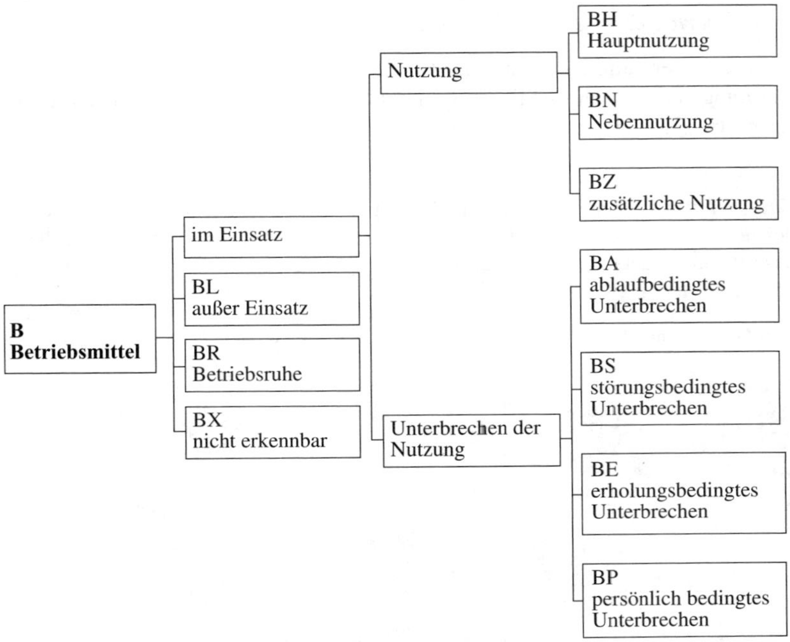

08. Wie ist die Ablaufgliederung für den Arbeitsgegenstand (A)?

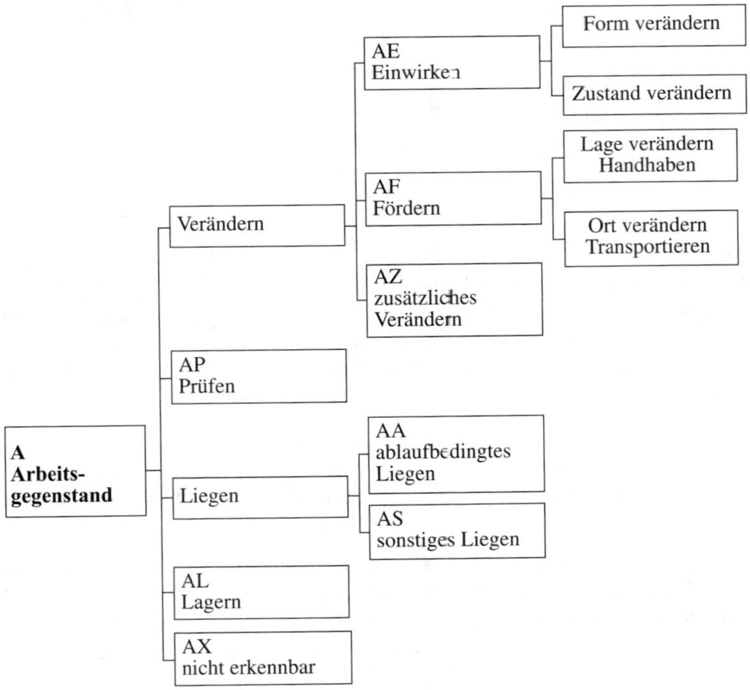

09. Welches Ziel hat die raumorientierte Ablaufplanung?

Die *raumorientierte Ablaufplanung hat das Ziel,*

- einen möglichst geradlinigen Ablauf der Arbeiten zu gewährleisten,
- die Entfernungen zwischen sachlich zusammenhängenden Arbeitsplätzen zu minimieren und
- die Transportzeiten und -kosten gering zu halten.

Beispiel 1:
Bild 1 zeigt den Arbeitsfolgenprozess in einer Werkstatt (System „alt"). Stellt man bei der Analyse der Raumordnung fest, dass sich Flusslinien überkreuzen, hin und her bewegen oder rückläufig sind, so sollten diese Vorgänge detaillierter untersucht werden. Bild 2 (System „neu") zeigt eine Optimierung der Maschinenanordnung.

Bild 1: System „alt"

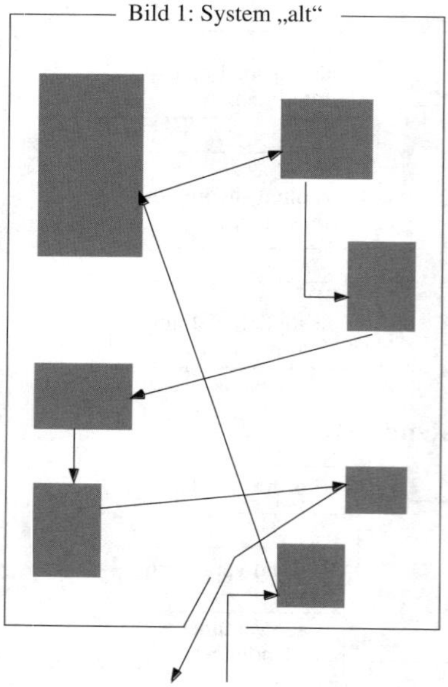

Bild 2: System „neu"

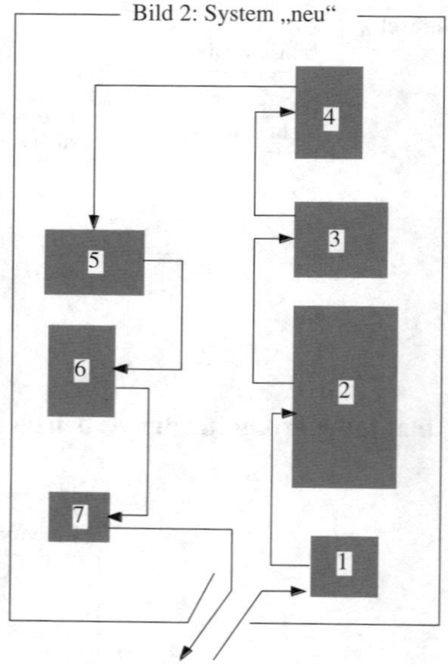

Beispiel 2:
Die Geschäftsleitung hat entschieden, einen Teil der Fertigung in das benachbarte Ausland zu verlagern. Betroffen davon ist auch die Mechanische Fertigung 1. Hier wird eine Baugruppe hergestellt, die folgende Fertigungsstufen umfasst: Blechbearbeitung → Schleiferei → Lackiererei → Montage; außerdem sind in der neuen Fertigungshalle das Lager, die Packerei, der Versand und der Wareneingang (mit Wareneingangsprüfung) einzurichten. Der Flächenbedarf der einzelnen Abteilungen kann aus der Vergangenheit übernommen werden.

- Blechbearbeitung: 12 m · 12 m
- Lackiererei: 6 m · 12 m
- Lager: 12 m · 12 m
- Versand: 10 m · 12 m
- Schleiferei: 6 m · 12 m
- Montage: 8 m · 12 m
- Packerei: 6 m · 12 m
- Wareneingang: 12 m · 12 m

Für die neue Fertigungshalle sind der Flächenbedarf sowie die Flächeninnenmaße zu ermitteln. „Die konstruktiven Erfordernisse der Halle stelle ich sicher, darauf müssen Sie keine Rücksicht nehmen; Türen und eine Rampe bekommen Sie natürlich auch, die müssen Sie nicht planen", äußert humorvoll der Bauingenieur des Betriebes. Weiterhin ist eine Anordnung der einzelnen Abteilungen grafisch vorzuschlagen, der eine Minimierung der Durchlaufzeit gewährleistet.

Lösungsvorschlag:
Da alle Abteilungen beim Flächenbedarf eine gleichlautende Länge von 12 m haben, empfiehlt sich für die neue Halle eine Abmessung von [2 · 12] · [x] zur Minimierung der Transportwege. Der gesamte Flächenbedarf beträgt:

12 m · 12 m	=	144 m²	6 m · 12 m = 72 m²
6 m · 12 m	=	72 m²	8 m · 12 m = 96 m²
12 m · 12 m	=	144 m²	6 m · 12 m = 72 m²
10 m · 12 m	=	120 m²	12 m · 12 m = 144 m²
$\sum = 864\ m^2$	=	gesamter Flächenbedarf	
$864\ m^2 : 24\ m$	=	36 m	

Das heißt, dass die neue Fertigungshalle Innenmaße von 24 m x 36 m hat. Die Anordnung der Abteilung richtet sich nach dem Fließprinzip und berücksichtigt die erforderlichen Flächenvorgaben:

Wareneingang → Lager → Blechbearbeitung → Schleiferei → Lackiererei → Montage → Packerei → Versand.

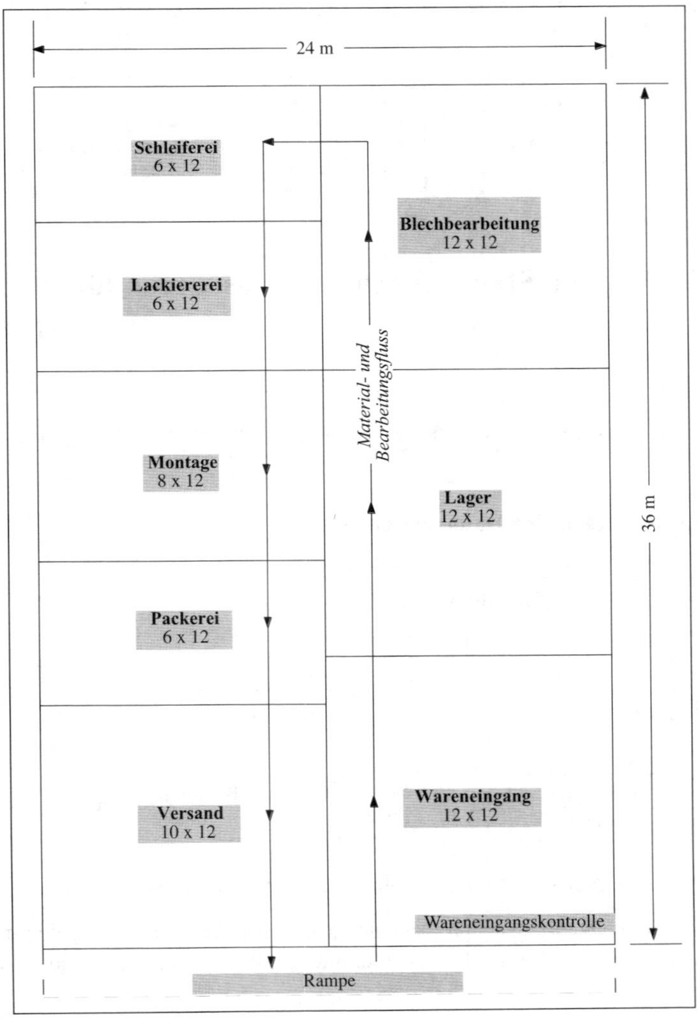

10. Welche Prinzipien werden bei der Analyse und Optimierung der Arbeitszuordnung „Mensch - Betriebsmittel - Arbeitsgegenstand" angewendet?

Zur *Analyse und Optimierung der Arbeitszuordnung* (auch: Koordination) greift man zurück auf die *Gliederung der Arbeitssysteme* (Kombination von Mensch, Betriebsmittel und Arbeitsgegenstand bzw. Einzel- und Gruppenarbeit):

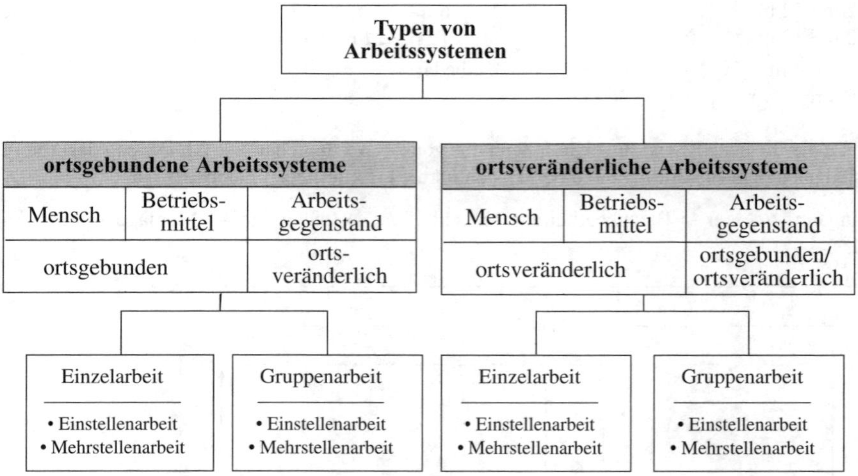

4.1.5 Aktualisierung von Stammdaten der Ressourcen für Aufträge

→ 1.1.2, 2.1.2

01. Was sind Daten?

Daten sind Informationen aus Ziffern, Buchstaben und Sonderzeichen, z. B. 2706gwf+.

02. In welche Kategorien lassen sich Daten einteilen?

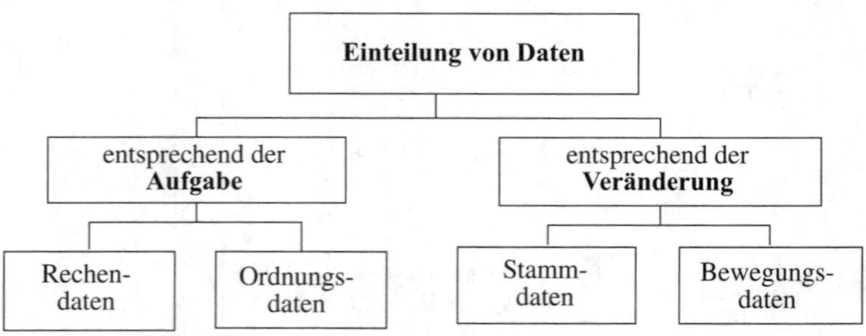

- Mit *Rechendaten* werden Operationen durchgeführt, z. B. Mengen, Preise.
- Mithilfe von *Ordnungsdaten* werden Sachen, Personen und Sachverhalte eindeutig identifiziert, z. B. Artikelnummer, Artikelbezeichnung, Personalnummer, Auftragsnummer, Kundennummer.

- *Stammdaten* sind über einen längeren Zeitraum unveränderlich, z. B.
  - Artikelnummer
  - Personalnummer
  - Kundennummer, -name, -anschrift
  - Lieferantennummer, -name, -anschrift
  - Arbeitsplatznummer
  - Maschinennummer
  - Betriebsmittelnummer
  - Werkstattnummer
  - Nummerung der Niederlassungen.

- *Bewegungsdaten* (auch: Vorgangsdaten) ändern sich schnell bzw. fallen bei jedem Vorgang neu an, z. B. muss für jeden neuen Auftrag eine neue Auftragsnummer vergeben werden.

03. Warum müssen Stammdaten laufend aktualisiert werden?

Die Hauptaufgaben der Fertigung (Fertigungsplanung, -steuerung, -versorgung und -kontrolle) lassen sich heute nur noch durch Dv-gestützte Verfahren effizient ausführen.

Nur bei laufender Pflege der Stammdaten sind die Ergebnisse der Planung und Durchführung von Aufträgen u. Ä. eindeutig und aktuell.

04. Welche Merkmale müssen bei der Aktualisierung von Stammdaten beachtet werden?

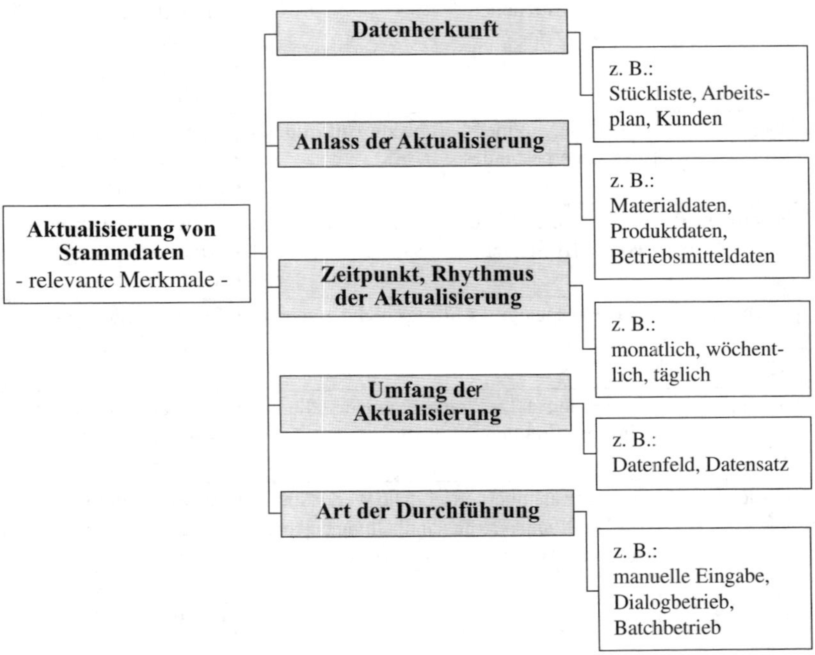

05. Welche Auftragsdaten (Stamm- und Bewegungsdaten) müssen bei der Planung und Durchführung von Aufträgen neu angelegt werden?

In erster Linie sind folgende Auftragsdaten relevant (in Anlehnung an: Ebel, B., a. a. O., S. 285):

- Auftragsnummer
- Sachnummer
- Mengenangaben
- Fertigstellungstermin
- Prioritätskennzeichnung
- Abhängigkeitsdaten.

Stammdaten müssen auch dann gepflegt werden bzw. dokumentiert bleiben, wenn z. B. mit Lieferanten oder Kunden keine neuen Aufträge mehr abgewickelt werden (Gewährleistungsfristen z. B. nach BGB, VOB; Aufbewahrungsfristen, z. B. Gesetzgeber, Finanzamt).

06. Welche Auftragsarten unterscheidet man und welche Daten müssen jeweils aktualisiert werden?

Die nachfolgende Übersicht zeigt die unterschiedlichen *Auftragsarten* und gibt Beispiele, welche Daten jeweils anfallen, d. h. neu anzulegen, zu aktualisieren sind bzw. aus bestehenden Stammsätzen übernommen werden können:

Auftragsart	Beschreibung	Anfallende Daten, z. B.
Kundenauftrag	Zuordnung eines Auftrags zu der Bestellung eines Kunden	• Kundenstammdaten • Bestellnummer • Termin • Menge • Sachnummer
Lagerauftrag	Kundenanonymer Auftrag zur Auffüllung des Lagerbestandes	• Lagerstammdaten • Ersatzteilnummer • Artikelnummer
Beschaffungsauftrag	Bestellung an Lieferanten zur Beschaffung von RHB-Stoffen	• Lieferantenstammdaten • Artikelnummer • Termine
Fertigungsauftrag	Ausführung eines Auftrags in der eigenen Fertigung	• Erzeugnisnummer • Arbeitsplan-Nr. ... • Auftragsnummer
Fremdfertigungs-auftrag	Bestellung an Lieferanten zur Herstellung eines bestimmten Produkts	• Lieferantenstammdaten • Artikelnummer • Termine
Innerbetriebliche Aufträge	Aufträge an innerbetriebliche Werkstätten zur Erstellung oder Instandhaltung eigener Anlagen, Werkzeuge oder Vorrichtungen	• Auftragsnummer • Kostenstelle • Termine • Artikelnummer • Erzeugnisnummer

07. Was bezeichnet man als Identifikationsdaten?

Identifikationsdaten sind Ordnungsdaten (vgl. 02.). Zur eindeutigen Kennzeichnung einer Sache, einer Person, eines Arbeitsplatzes usw. wird eine bestimmte Nummer zugewiesen: z. B. Zeichnungs-, Stücklisten-, Fertigungsplan-, Betriebsmittel-, Inventar-, Baugruppennummer.

Die Identifikationsnummer

- ist unsystematisch,
- ist einfach in der Erstellung, Zuordnung und Fortführung und
  (z. B. wird kein „sprechender Schlüssel" verwendet: GT786.5 = Gewindeteil 786 aus Werk 5),
- hat keine Lücken.

Beispiel: Mit einer 4-stelligen Identifikationsnummer lassen sich 9.999 Artikel kennzeichnen.

4.1.6 Daten der Kapazitätsplanung, Fertigungstechnologie und Instandhaltung

01. Welche weiteren Daten müssen vor Auftragsfreigabe neu erfasst bzw. aktualisiert werden?

Bevor ein Auftrag frei gegeben wird, muss geprüft werden, ob alle für die Fertigung erforderlichen Daten vorhanden bzw. aktuell sind (Prüfen der Datenverfügbarkeit). Neben der oben beschriebenen Aktualisierung der Stammdaten für Aufträge (→ 4.1.5) *sind weitere Datenbestände zu erfassen bzw. zu aktualisieren* (Hinweis: Es werden nur die im Rahmenplan aufgeführten – nicht vollständigen – Datenbereiche behandelt):

Datenbereich	**Beschreibung; Gründe für die Datenerfassung**	**Beispiele für anfallende Daten**
Daten zur Kapazitätsplanung	Ermittlung des Kapazitätsbedarfs und der verfügbaren Kapazität	Leistungsdaten der Betriebsmittel Leistungsdaten der Mitarbeiter: • Anzahl, Qualifikation Zeitarten/Sollzeiten, z. B.: • Rüst-, Verteil-, Stückzeiten • Bearbeitungs-, Transportzeiten
Daten zur Fertigungstechnologie (Fertigungsstruktur)	Bereitstellen der Daten zur Fertigungsplanung und -steuerung	Organisationsstrukturdaten Materialstammdaten Arbeitsplanstammdaten Arbeitsplatzstammdaten Artikelstammdaten Erzeugnisstrukturdaten
Qualitätsparameter	Erfassung, Aktualisierung und Pflege der qualitätsrelevanten Daten	Allgemein: CAQ-Daten Im Einzelnen: Materialstammdatei, z. B.: • Prüftechniken, Chargenpflicht • Prüfmerkmale, Fehlerarten • Stammprüfmerkmale, Prüfpläne
Daten zur Instandhaltung	Vorbereitung und Terminierung der Instandhaltungsmaßnahmen; Abstimmung mit der Fertigungsplanung	Termine, z. B.: • Wartungsaufträge Wartungskapazitäten, z. B.: • Personal, Betriebsmittel, Equipment Kosten, z. B.: • Wartungs-, Material-, Lohnkosten • Reparatur-, Ausfallkosten
Grundlagen für die Kalkulation	Kalkulation der Aufträge: Vorkalkulation, mitlaufende Kalkulation, Nachkalkulation	Mengendaten, z. B.: • Mitarbeiter-, Maschinenstunden • Materialverbräuche Wertdaten, z. B.: • Maschinenstundensätze • Akkordsätze, Ecklöhne • Lieferantenpreise • Rüstkosten, Transportkosten • Gemeinkostenzuschläge

4.2 Erstellen, Anpassen und Umsetzen von Produktions-, Mengen-, Termin- und Kapazitätsplanungen

4.2.1 Produktions-/Fertigungsplanung und -steuerung als Teilsystem der Unternehmensfunktion

→ A 2.2, 2.1.2

01. Welcher Unterschied besteht zwischen Produktion und Fertigung?

- *Produktion* umfasst *alle Arten* der betrieblichen Leistungserstellung. Produktion erstreckt sich somit auf die betriebliche Erstellung von *materiellen* (Sachgüter/Energie) und *immateriellen* Gütern (Dienstleistungen/Rechte).

- *Fertigung* meint nur die Seite der *industriellen* Leistungserstellung, d. h. der materiellen, absatzreifen Güter und Eigenerzeugnisse.

Hinweis: Der Unterschied zwischen diesen Begriffen muss hier vernachlässigt werden, da er im Rahmenplan ebenfalls keine Berücksichtigung findet (zum Teil synonyme Verwendung).

02. Welche Hauptaufgaben bearbeitet die Produktionswirtschaft? Welche „Nebenaufgaben" muss sie dabei berücksichtigen?

Die Hauptaufgaben der Produktionswirtschaft sind – entsprechend dem Management-Regelkreis:

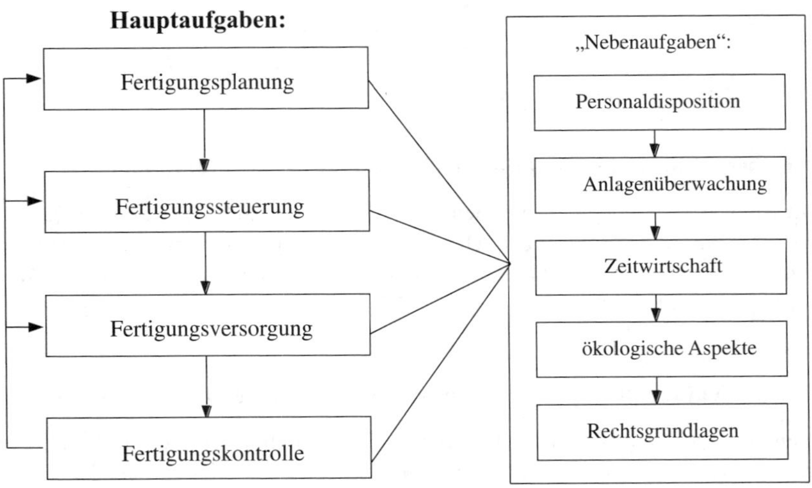

03. Wie wird der Produktionsplan (das Produktvolumen) im Rahmen der Unternehmens-Gesamtplanung abgeleitet?

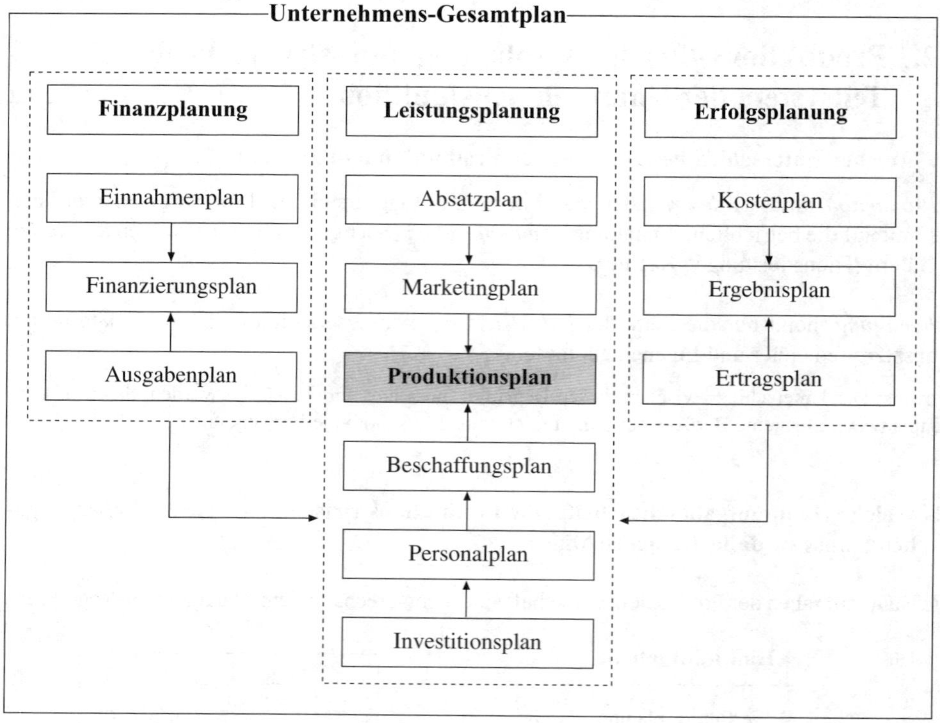

04. Welche betriebliche Kernfunktion erfüllt die industrielle Produktion?

Die Produktion ist das *Bindeglied* zwischen den betrieblichen Funktionen „*Beschaffung*" (Input) und „*Absatz*" (Output). Im Prozess der betrieblichen Leistungserstellung erfüllt sie die Funktion der „*Transformation*" (Throughput): Der zu beschaffende Input wird transformiert in den am Markt anzubietenden Output.

05. Welche Bedeutung hat die Produktion/Fertigung für einen Industriebetrieb?

Die Produktion/Fertigung ist in Industriebetrieben die Funktion, mit der der Hauptbeitrag zur Wertschöpfung realisiert wird. Als *betriebliche Wertschöpfung* bezeichnet man den wertmäßigen Unterschied zwischen den *Vorleistungen* anderer Wirtschaftseinheiten (z. B. Materialaufwand), die der Betrieb zur Erzeugung/Veredlung seiner Leistungen braucht und den vom Betrieb erzeugten und abgesetzten *Leistungen*:

Beispiel:

	Erlöse	4.000 Geldeinheiten	←	Güterwerte nach außen
-	Vorleistungen	2.500 Geldeinheiten	←	Güterwerte von außen
=	Wertschöpfung	1.500 Geldeinheiten		

06. Welche Aufgabenstellung hat die Produktionsplanung und -steuerung?

Die Produktionsplanung und -steuerung umfasst die *mengen- und terminbezogene*

- *Planung,*
- *Veranlassung* und
- *Überwachung*

der Produktionsdurchführung (in Anlehnung an: Ebel, B., a. a. O., S. 241). In der Literatur werden ähnliche Begriffe meist synonym verwendet, z. B.: Arbeitsvorbereitung, Produktionsvorbereitung, Produktionssteuerung.

Weiterhin wird der Begriff „Produktionsplanung und -steuerung" (PPS) *integrierter PPS-Systeme* verwendet. Man bezeichnet damit rechnergestützte integrierte Systeme, die möglichst alle relevanten Daten der Produktionsplanung und -steuerung zusammenfassen und vernetzen (z. B. CIM-Konzepte).

07. Welche Aufgaben umfasst die Produktionsplanung im engeren Sinn?

Die Produktionsplanung wird im Allgemeinen als ein geschlossenes System betrachtet; betrachtet man die Produktionsplanung isoliert, so ergeben sich folgende Aufgaben:

1. Aufgaben der Produktionsplanung – *nach Fristigkeiten:*

   Die Aufgaben der Produktionsplanung können nach Planungshorizonten unterschieden werden:

   - *kurzfristige* Produktionsplanung:
     ca. 1 - 12 Monate z. B. unmittelbare Vorbereitung der Produktion: Materialbereitstellung, Personaleinsatzplanung
   - *mittelfristige* Produktionsplanung:
     ca. 1 - 4 Jahre z. B. mittelfristige Investitions- und Personalplanung
   - *langfristige* Produktionsplanung:
     > 4 Jahre z. B. langfristige Planung der Fertigungstechnologie, der Produktprogramme.

   Bei der Verwendung des Begriffes „Produktions-/Fertigungsplanung und -steuerung" wird in der Regel der kurzfristige Planungszeitraum betrachtet.

2. *Generelle Aufgaben der Produktionsplanung:*

   Vernachlässigt man den Aspekt „Fristigkeiten", so rechnet man insgesamt zu den Aufgaben der Produktionsplanung:

Aufgaben der Produktionsplanung	
Produktions-programmplanung	*Strategische Programmplanung*, z. B.: • Planung der Produktfelder auf der Basis von Maktprognosen • Investitionsplanung • Planung der Fertigungstechnologie/-tiefe
	Taktische Programmplanung, z. B.: • Konkretisierung der Produktfelder • Grobplanung der Produktionskapazitäten
	Operative Programmplanung, z. B.: • Feinplanung der Kapazitäten • Produktart • Menge • Termin usw. • Werkstattsteuerung
Produktions-bedarfsplanung (auch: Ressourcenplanung)	• Personal-, Material-, Betriebsmittelbedarf • Planung der Eigen-/Fremdfertigung
Produktions-ablaufplanung	• Arbeits- und Zeitplanung • Planung der Fertigungsfolgen • Termin-, Mengen-, Transportplanung
Kostenplanung	• Vorkalkulation • mitlaufende Kalkulation • Nachkalkulation
Fertigungsvorbereitung (auch: Arbeitsvorbereitung)	• Auftragsumwandlung/-koordination • Losgrößenplanung • Erstellen der Stücklisten • Datenverwaltung • Arbeitspläne

08. Welche Aufgaben hat die Produktions-/Fertigungssteuerung?

Die Produktions-/Fertigungssteuerung hat operativen Charakter. Sie ist der Übergang von der Produktionsplanung zur Produktionsdurchführung. Im Gegensatz zur Produktions-/Fertigungsplanung befasst sich die Fertigungssteuerung unmittelbar mit der *Lenkung und Überwachung der Fertigungsdurchführung*.

Die Aufgaben der Fertigungssteuerung sind:

- Strukturierung der Arbeitsvorgänge
- Veranlassen der Fertigung
- unmittelbares Bereitstellen der Produktionsfaktoren
- Lenken der Fertigungsabläufe (Arbeits-, Transport- und Informationsplanung)
- Überwachen/Sichern der Fertigung.

Die Fertigungssteuerung ist vom Charakter her ein geschlossener Regelkreis, der die Elemente Fertigungsplanung (das Soll) mit der Fertigungsdurchführung (das Ist) im Wege der Fertigungskontrolle (der Soll-Ist-Vergleich) miteinander verbindet.

Immer dann, wenn die Fertigungsdurchführung vom Plan abweicht (Termine, Qualitäten, Mengen usw.) – wenn also Störungen im Prozess erkennbar sind – müssen über Korrekturmaßnahmen/ Maßnahmenbündel die Störungen beseitigt und (möglichst) zukünftig vermieden werden; mitunter kommt es aufgrund von Soll-Ist-Abweichungen auch zu Änderungen in der (ursprünglichen) Planung:

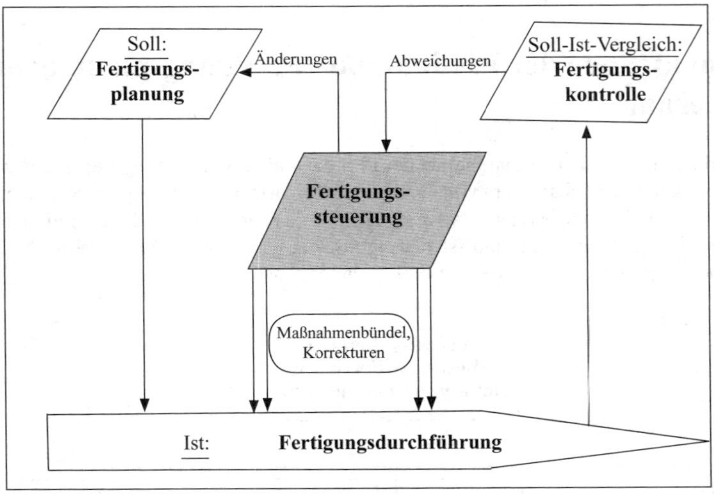

09. Welche Ziele hat die Produktionsplanung und -steuerung?

Hinweis: Wegen der Überschneidung der Prozesse innerhalb der Produktionsplanung und -steuerung (PPS) werden die Ziele der Produktionsplanung und die der Produktionssteuerung nicht isoliert betrachtet.

Die *Ziele der Produktionsplanung und -steuerung* leiten sich aus den Unternehmenszielen ab und sind auf ihre Vereinbarkeit mit diesen zu gestalten:

- Minimierung der Fertigungskosten
- kontinuierliche Auslastung der Kapazitäten
- kurze Durchlaufzeiten
- hoher Nutzungsgrad der Betriebsmittel
- hohe Lieferbereitschaft
- Einhaltung der Termine
- optimale Lagerbestandsführung
- Gewährleistung der Sicherheit am Arbeitsplatz
- Ergonomie der Fertigung.

Die optimale Realisierung dieser Ziele verschafft Wettbewerbsvorteile am Absatzmarkt und gehört daher zu den *Erfolgsfaktoren der industriellen Fertigung.*

10. Welche Zielkonflikte können innerhalb des Zielbündels der Produktionsplanung und -steuerung (PPS) bestehen?

Die Ziele der PPS sind nicht immer indifferent oder komplementär; zum Teil gibt es konkurrierende Beziehungen (*Zielkonflikte*), z. B.:

- kurze Durchlaufzeiten ↔ kontinuierliche Auslastung der Kapazitäten
- kontinuierliche Kapazitätsauslastung ↔ Einhaltung der Termine
- optimale Lagerbestandsführung ↔ hohe Lieferbereitschaft
- Minimierung der Fertigungskosten ↔ Ergonomie der Fertigung.

4.2.2 Kernaufgaben der Produktions-/Fertigungsplanung und -steuerung

Hinweis: Im Folgenden werden Kernaufgaben der PPS behandelt. Die Darstellung ist aus der Sicht der Theorie der Produktionswirtschaft nicht vollständig, sondern orientiert sich eng am Rahmenplan. Damit der Zusammenhang nicht verloren geht., wird jeweils auf das nachfolgende Schaubild „Kernaufgaben der Produktions-/Fertigungsplanung und -steuerung" Bezug genommen. Die Begriffe Produktion und Fertigung werden dabei synonym verwendet (vgl. Rahmenplan).

01. Mit welchen Fragestellungen und Entscheidungen beschäftigt sich die Produktionsprogrammplanung?

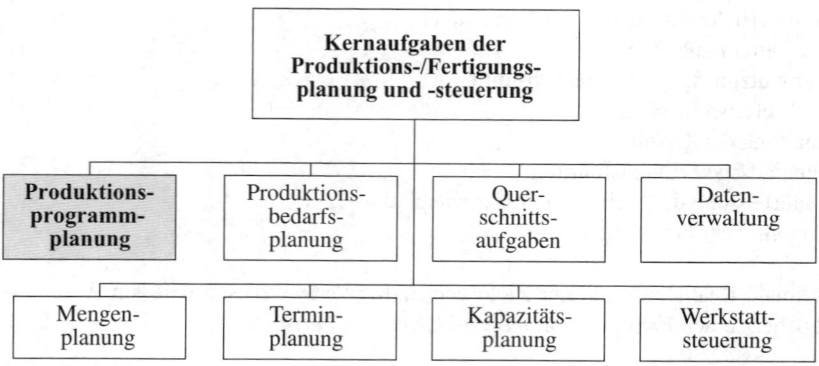

Die Produktionsprogrammplanung beschäftigt sich vor allem mit den Fragen:

- Welche Erzeugnisse
- in welchen Mengen
- zu welchen Terminen
- mit welchen Verfahren
- bei welchen Kapazitäten
- mit welchem Personal

sollen gefertigt werden?

Jeder Industriebetrieb will selbstverständlich alle Güter, die er produziert, auch verkaufen. Es sollen deshalb nur solche Güter hergestellt werden, die auch absetzbar sind.

Das Fertigungsprogramm ist damit entscheidend für den Erfolg und das wirtschaftliche Überleben eines Unternehmens.

> *Die Planung des Fertigungsprogramms hat damit eine Schlüsselstellung innerhalb aller Planungsfelder.*

Wichtige Merkmale der Produktions-/Fertigungsprogrammplanung sind:

Fertigungsprogrammplanung

- **Programmarten**
  - Langfristig
  - Mittelfristig
  - Kurzfristig
- **Anpassungsformen**
  - Korrekturprogramme
  - Alternativprogramme
  - Gleitende Programme
- **Programminhalte**
  - Erzeugnisse
  - Termine
  - Mengen
- **Programmdimensionen**
  - Programmumfang
  - Programmbreite
  - Programmtiefe
- **Stufen der Programmplanung**
  - Vorbereitung
  - Ausarbeitung
  - Optimierung

02. Die Produktions-/Fertigungsprogrammplanung wird in langfristige, mittelfristige und kurzfristige Programmpläne aufgeteilt. Welchen Inhalt haben diese unterschiedlichen Teilpläne?

- Themen der *langfristigen* (strategischen) *Programmplanung* sind z. B.:

  - Festlegen der Produktfelder, der Produktlinien, der Produktideen
  - Strategie der Produktentwicklung, z. B.:
  - Innovation
  - Verbesserung
  - Diversifikation
  - Variation.

- Themen der *mittelfristigen* (taktischen) *Programmplanung* sind z. B.:
  - Entwurf/Konstruktion des Produktes
  - Eigen-/Fremdfertigung (Make-or-buy-Analyse)
  - Altersstruktur, Lebenszyklus.

- Themen der *kurzfristigen* (operativen) Programmplanung sind z. B.:
  - Welche Menge werden
  - in welchen Fertigungszeiträumen gefertigt?

Zwischen der kurzfristigen Produktions-/Fertigungsprogrammplanung und -steuerung und der Fertigungsvorbereitung besteht ein fließender Übergang.

03. Welche Aufgaben hat die Produktionsbedarfsplanung?

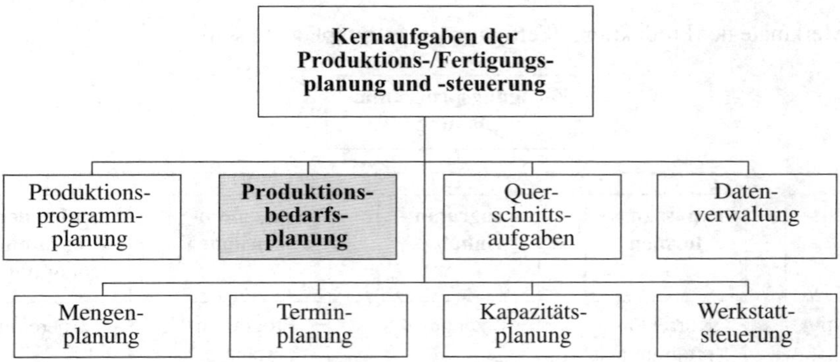

Die Produktionsbedarfsplanung (auch: Ressourcenplanung, Fertigungsversorgung) hat die *Aufgabe* den Bedarf an

- Personal → vgl. Personalbedarfsplanung, 6.1, 7.1
- Betriebsmittel
- Material und
- Informationen/Daten → vgl. Ziffer 4.1.5 f.

zu ermitteln. Dabei ist zwischen

- *auftragsneutraler* und → allgemeiner Bedarf ohne Bezug auf konkrete Aufträge
- *auftragsbezogener* → spezieller Bedarf aufgrund der vorliegenden Aufträge.

Produktionsbedarfsplanung zu unterscheiden.

04. Welche Aufgaben hat die Betriebsmittelplanung?

Aufgabe der Betriebsmittelplanung ist die Planung:

- des Betriebsmittel*bedarfs*
- der Betriebsmittel*beschaffung*
  (Auswahl der Lieferanten; Finanzierung durch Kauf, Miete oder Leasing; Beschaffungszeitpunkte usw.)
- des Betriebsmittel*einsatzes*
- der *Einsatzbereitschaft* der Betriebsmittel.
  (Instandhaltung, Instandsetzung; vgl. dazu 4.1.3/07.)

Bei der Planung der *Betriebsmittel* sind folgende *Objekte* zu berücksichtigen:

- Grundstücke und Gebäude
- Ver- und Entsorgungsanlagen
- Maschinen und maschinelle Anlagen
- Werkzeuge, Vorrichtungen
- Transport- und Fördermittel
- Lagereinrichtungen
- Mess-, Prüfmittel, Prüfeinrichtungen
- Büro- und Geschäftsausstattung.

Neben der Anzahl der Betriebsmittel (*quantitative Betriebsmittelplanung*) ist zu entscheiden, welche Eigenschaften und welche Leistungsmerkmale die Betriebsmittel haben müssen (*qualitative Betriebsmittelplanung).*

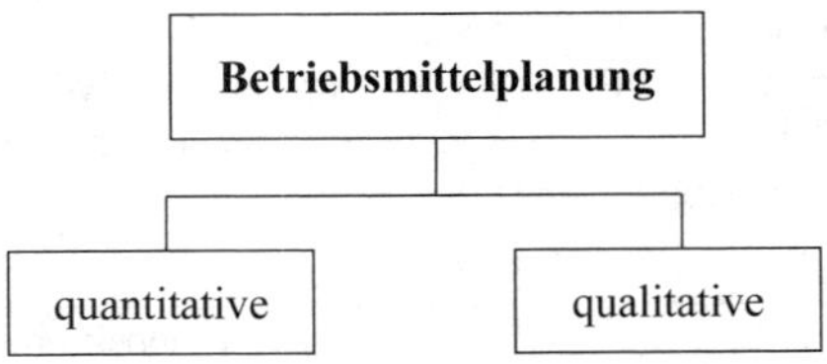

Bei der *qualitativen Betriebsmittelplanung* geht es z. B. um folgende Fragestellungen:

- handgesteuerte oder teil- bzw. vollautomatische Maschinen
- Bearbeitungszentren und/oder flexible Fertigungszellen/-systeme/-Transferstraßen
- Größendegression der Anlagen (Senkung der Kosten bei Vollauslastung)
- Spezialisierungsgrad der Anlagen (Spezialmaschine/Universalanlage)
- Grad der Umrüstbarkeit der Anlagen
- Aufteilung des Raum- und Flächenbedarfs in Fertigungsflächen, Lagerflächen, Verkehrsflächen, Sozialflächen und Büroflächen.

05. Welche Aufgaben hat die Materialplanung?

Aufgabe der Materialplanung ist insbesondere die Planung

- des Material*bedarfs* (z. B. Methoden der Bedarfsermittlung)
- der Material*beschaffung*, vor allem:
  - Lieferantenauswahl
  - Beschaffungszeitpunkte
  - Bereitstellungsprinzipien (Bedarfsfall, Vorratshaltung, JiT usw.)
  - Bereitstellungssysteme/Logistik (Bring-/Holsysteme).

Bei den Werkstoffen wird unterschieden in:

- *Rohstoffe* = *Hauptbestandteil* der Fertigungserzeugnisse, z. B. Holz bei der Möbelherstellung
- *Hilfsstoffe* = *Nebenbestandteile* der Fertigerzeugnisse, z. B. Leim bei der Möbelherstellung
- *Betriebsstoffe* = gehen nicht in das Produkt ein, sondern *werden* bei der Fertigung *verbraucht*, z. B. Energie (Strom, Dampf, Luftdruck).

Bei der *Planung des Materialbedarfs* stehen sich zwei grundsätzliche Prinzipien gegenüber:

Materialbedarfsermittlung	
Stochastische Bedarfsermittlung	**Deterministische Bedarfsermittlung**
→ verbrauchsorientiert, auftragsunabhängig	→ auftragsorientiert, auftragsabhängig
• für lagermäßig geführte Materialien • anhand von Vergangenheitswerten • auf der Basis von Lagerstatistiken • bestellt wird bei Erreichen des Meldebestandes	Wird aufgrund des Bedarfs für bestimmte Aufträge jeweils neu ermittelt.
Methoden:	
• Mittelwertbildung • exponentielle Glättung • Regressionsanalyse	• analytische Disposition: → Stücklisten • synthetische Disposition: → Teileverwendungsnachweis

06. Welche Gesichtspunkte sind bei einer Make-or-Buy-Analyse zu berücksichtigen?

- Die *Eigenfertigung* hat z. B. dann Vorrang, wenn
  - freie Kapazitäten vorliegen oder
  - Fertigungs-Know-how erforderlich ist, das nur im eigenen Unternehmen zur Verfügung steht.
- Die *Fremdfertigung* wird z. B. bevorzugt, wenn
  - die eigenen Kapazitäten ausgeschöpft sind,
  - der Fremdbezug preiswerter ist oder
  - das erforderliche Fertigungs-Know-how nur beim Lieferanten vorhanden ist.

Generell können folgende Kriterien zur Entscheidung „Make-or-Buy" herangezogen werden:

Vorteile der Eigenfertigung	Vorteile der Fremdfertigung
• Transportkosten entfallen	• Einstandspreis < Selbstkosten
• direkte Steuerung der Produktqualität	• Spezialisten arbeiten rationeller
• Nutzung der eigenen Kapazitäten	• Senkung der Lagerkosten (just in time)
• kein Know-how-Verlust	• keine Finanzierung von Kapazitätserweiterungen
• Senkung der Fixkosten	• Imageverbesserung bei Zukauf von Markennamen
• Qualitätsimage	• variable Bedarfsdeckung
• höhere Informationsdichte	• gezielte Sortimentspflege
• Betriebsgeheimnisse gehen nicht verloren	

Bei der Kosten-Gewinn-Analyse werden im Regelfall gegenübergestellt:

Eigenfertigung	Fremdfertigung
• Fixe Kosten - Entwicklungskosten - Einführungskosten • Variable Kosten pro Stück	• Fixe Kosten: = Einführungskosten • Variable Kosten pro Stück

07. Was ist Aufgabe der Mengenplanung?

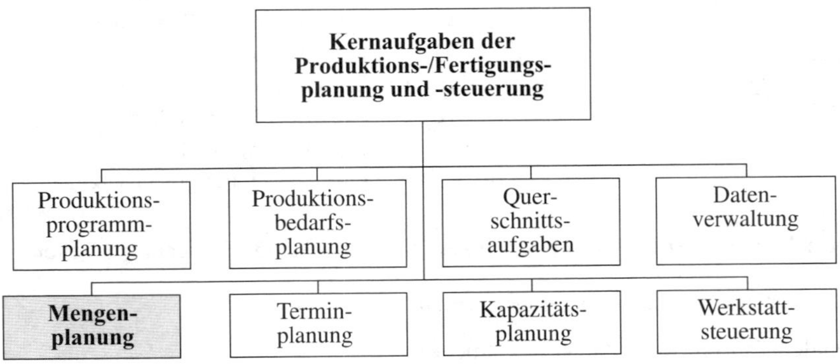

Die *Mengenplanung* (auch: Materialbedarfsrechnung) stellt sicher, dass alle für ein Erzeugnisprogramm notwendigen Einzelteile und Baugruppen in der richtigen Anzahl termingerecht zur Verfügung stehen. Dazu erfolgt eine Auflösung der Stücklisten, sodass Dispositionsentscheidungen des Einkaufs möglich werden und ggf. gleichartige Bedarfe zusammengefasst werden können; die *Dispositionsstückliste* weist alle zu beschaffenden Teile separat aus.

Bei der *bedarfsgesteuerten Beschaffung* (bei höherwertigen Teilen) wird der Bedarf auf der Basis der Stücklistenauflösung korrigiert um die vorhandenen Lagerbestände und die bereits getätigten Bestellbestände:

	Bedarf auf Basis der Stücklistenauflösung
-	Lagerbestände
-	Bestellbestände
=	Beschaffungsmenge

Die Einhaltung der Lieferungen muss zeitlich, mengen- und qualitätsmäßig überprüft werden, da Abweichungen die Realisierung der eigenen Produktionsprogramme gefährden. Die zeitliche Kontrolle der Liefertermine kann z. B. über entsprechende Zeitraster erfolgen.

08. Mit welchen Verfahren lässt sich die Beschaffungsmenge optimieren? **→ A 2.2.9**

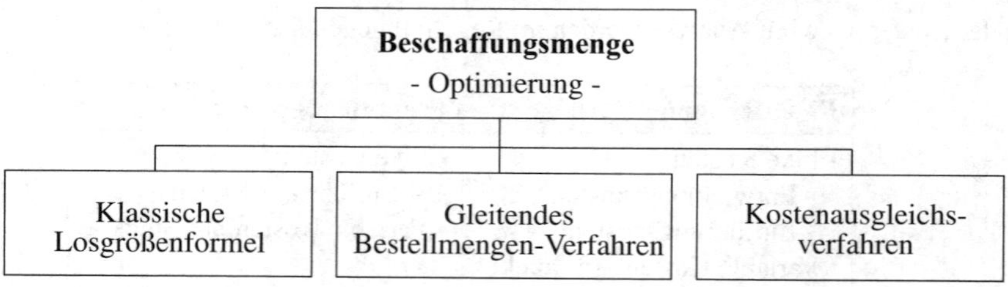

09. Wie lautet die Formel zur Berechnung der optimalen Bestellmenge nach Andler?

$$x_{opt} = \sqrt{\frac{200 \cdot M \cdot K_B}{E \cdot L_{HS}}}$$

x_{opt} = optimale Beschaffungsmenge
M = Jahresbedarfsmenge
E = Einstandspreis pro ME
K_B = Bestellkosten/Bestellung
L_{HS} = Lagerhaltungskostensatz
= Zinssatz + Lagerkostensatz

Aus der Formel von Andler lässt sich direkt erkennen, dass folgende Beziehungen gelten:

Die optimale *Bestellmenge* nach Andler *erhöht sich*

- bei steigendem Jahresbedarf (Zähler des Bruches)
- bei fallendem Zinssatz (Nenner des Bruches).

Die optimale *Bestellmenge* nach Andler *verringert sich*

- bei fallenden Bestellkosten/Bestellung (Zähler des Bruches)
- bei steigendem Einstandspreis pro ME ((Nenner des Bruches)
- bei steigendem Lagerkostensatz (Nenner des Bruches).

Bei größeren Bestellmengen x sinken die Bestellkosten je Stück, erhöhen aber die Lagerkosten und umgekehrt. Bestellkosten und Lagerkosten entwickeln sich also gegenläufig. Die optimale Bestellmenge x_{opt} ist grafisch dort, wo die Gesamtkostenkurve aus Bestellkosten und Lagerkosten ihr Minimum hat:

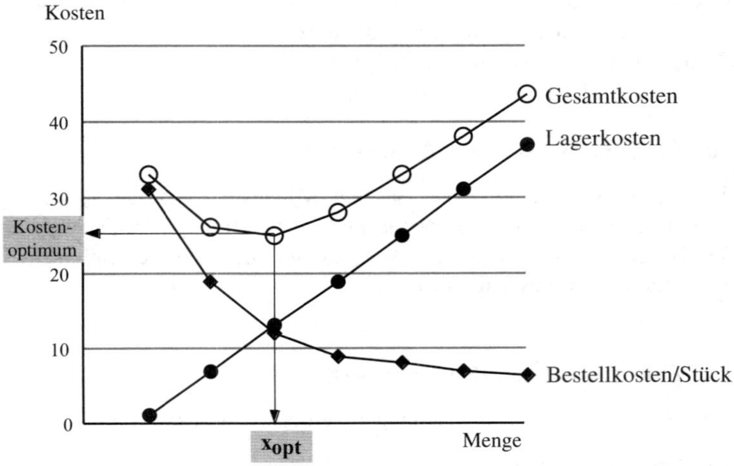

10. Wie lässt sich die optimale Bestellhäufigkeit errechnen?

Die optimale Bestellhäufigkeit lässt sich in Abwandlung der Andler-Formel wie folgt errechnen:

$$N_{opt} = \sqrt{\frac{M \cdot E \cdot L_{HS}}{200 \cdot K_B}}$$

Dabei ist:
N_{opt} = optimale Beschaffungshäufigkeit
M = Jahresbedarfsmenge
E = Einstandspreis pro ME
K_B = Bestellkosten/Bestellung
L_{HS} = Lagerhaltungskostensatz

Ferner gilt auch:

$$N_{opt} = \frac{M}{X_{opt}}$$

mit:
M = Jahresbedarfsmenge
X_{opt} = Optimale Bestellmenge

Vgl. die Übung S. 1263

11. Wie ist die Vorgehensweise bei der Bestellmengenoptimierung unter Anwendung des gleitenden Beschaffungsmengenverfahrens?

Die Ermittlung der optimalen Bestellmenge erfolgt in einem schrittweisen Rechenprozess, indem die Summe der anfallenden Bestell- und Lagerhaltungskosten pro Mengeneinheit für jede einzelne Periode ermittelt wird. Die Kosten werden für jede Periode miteinander verglichen. In der Periode mit den geringsten Kosten wird die Rechnung abgeschlossen. Der bis dahin aufgelaufene Bedarf ist die optimale Beschaffungsmenge.

12. Wie ist der Sicherheitsbestand definiert?

Der Sicherheitsbestand, auch eiserner Bestand, Mindestbestand oder Reserve genannt, ist der Bestand an Materialien, der normalerweise nicht zur Fertigung herangezogen wird. Er stellt einen Puffer dar, der die Leistungsbereitschaft des Unternehmens bei Lieferschwierigkeiten oder sonstigen Ausfällen gewährleisten soll.

13. Welche Funktion hat der Sicherheitsbestand?

Er dient zur Absicherung von Abweichungen verursacht durch:

- Verbrauchsschwankungen
- Überschreitung der Beschaffungszeit
- quantitative Minderlieferung
- qualitative Mengeneinschränkung
- Fehler innerhalb der Bestandsführung.

14. Welche Folgen können aus einem zu ungenau bestimmten Sicherheitsbestand entstehen?

- Der Sicherheitsbestand ist im Verhältnis zum Verbrauch *zu hoch*:
  → es erfolgt eine unnötige Kapitalbindung.
- Der Sicherheitsbestand ist im Verhältnis zum Verbrauch *zu niedrig*:
  → es entsteht ein hohes Fehlmengenrisiko.

15. Wie kann der Sicherheitsbestand bestimmt werden?

- Bestimmung aufgrund subjektiver Erfahrungswerte
- Bestimmung mittels grober Näherungsrechnungen:
  - durchschnittlicher Verbrauch je Periode · Beschaffungsdauer
  - errechneter Verbrauch in der Zeit der Beschaffung + Zuschlag für Verbrauchs- und Beschaffungsschwankungen
  - längste Wiederbeschaffungszeit:
    herrschende Wiederbeschaffungszeit · durchschnittlicher Verbrauch je Periode
  - arithmetisches Mittel der Lieferzeitüberschreitung je Periode · durchschnittlicher Verbrauch je Periode
- mathematisch nach dem Fehlerfortpflanzungsgesetz

- Bestimmung durch eine pauschale Sicherheitszeit
- Festlegung eines konstanten Sicherheitsbestandes
- Festlegung eines konstanten Sicherheitsbestandes nach dem Fehlerfortpflanzungsgesetz
- statistische Bestimmung des Sicherheitsbestandes.

16. Welche Aufgaben hat die Terminplanung? Welche Techniken werden eingesetzt?

→ A 3.2.4, 2.2.2, 3.1.2

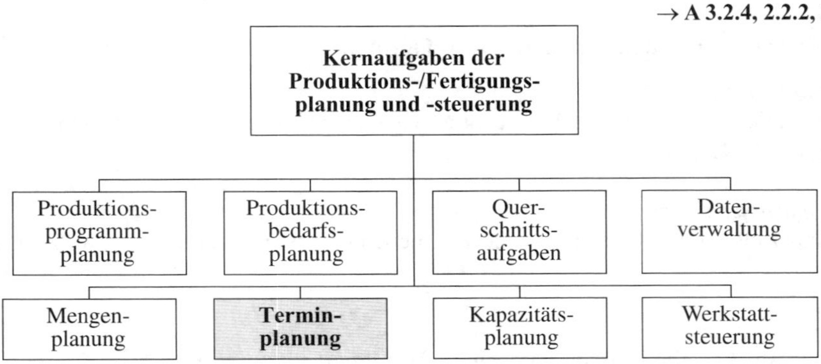

Die Terminplanung (auch: Terminierung, Terminermittlung, Timing) ermittelt die Anfangs- und Endtermine der einzelnen Aufträge, die in der betreffenden Planungsperiode fertig gestellt werden müssen. Man unterscheidet

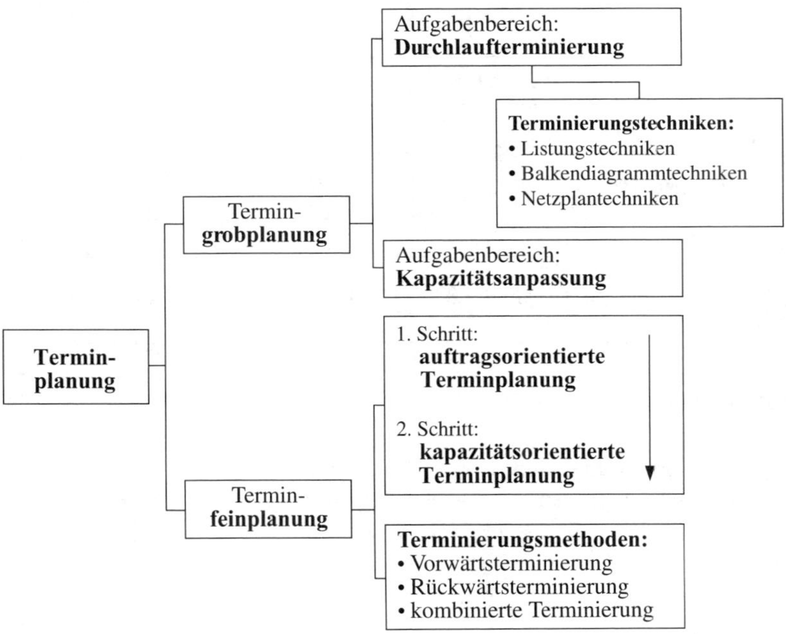

17. Welches Ziel hat die Termingrobplanung?

Die Termingrobplanung wird im Allgemeinen bei größeren Aufträgen bzw. Großprojekten durchgeführt.

Sie hat das *Ziel*, Ecktermine der Produktion grob zu bestimmen und die kontinuierliche Auslastung der Kapazitäten sicher zu stellen. Zur Terminermittlung werden bestimmte Techniken eingesetzt (vgl. oben/Abb. zu 16.).

18. Welche Einzelaufgaben hat die Termingrobplanung?

1. *Durchlaufterminierung:*
   Terminierung der Projekte/Teilprojekte zu den vorhandenen Ressourcen – ohne Berücksichtigung der Kapazitätsgrenzen.

2. *Kapazitätsanpassung:*
   Einbeziehung der Kapazitätsgrenzen in die Durchlaufterminierung; ggf. Kapazitätsabstimmung.

19. Aus welchen Elementen setzt sich die Durchlaufzeit zusammen?

Die Durchlaufzeit ist die Zeitdauer, die sich bei der Produktion eines Gutes zwischen Beginn und Auslieferung eines Auftrages ergibt.

Für einen betrieblichen Fertigungsauftrag setzt sich die Durchlaufzeit aus folgenden Elementen zusammen:

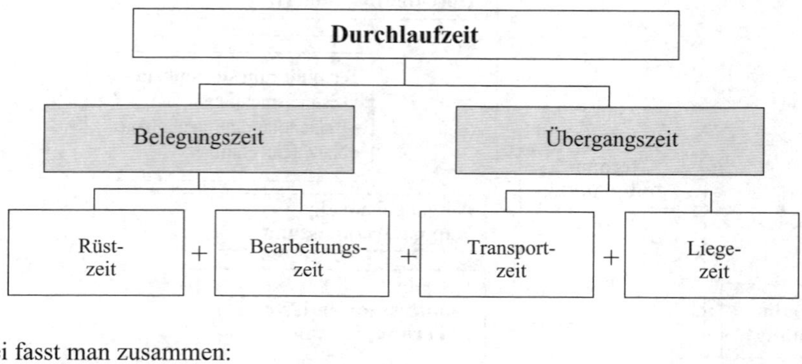

Dabei fasst man zusammen:

Rüstzeit + Bearbeitungszeit	=	Belegungszeit
Transportzeit + Liegezeit	=	Übergangszeit

- Die *Rüstzeit* ist das Vor- und Nachbereiten einer Maschine oder eines Arbeitsplatzes; z. B. Einspannen des Bohrers in das Bohrfutter, Demontage des Bohrfutters, Ablage des Bohrers.

- Die *Bearbeitungszeit* ergibt sich aus der Multiplikation von Auftragsmenge mal Stückzeit mal Leistungsgrad.

Bearbeitungszeit = Auftragsmenge · Stückzeit · Leistungsgrad

- Die *Transportzeit* ist der Zeitbedarf für die Ortsveränderung des Werkstücks. Es gilt:

Transportzeit = Förderzeit + Transportwartezeit

- Die *Liegezeit* ergibt sich aus den Puffern, die sich daraus ergeben, das ein Auftrag nicht sofort begonnen wird bzw. transportiert wird. Ursachen dafür sind:

  - nicht alle Einzelvorgänge können exakt geplant werden
  - es gibt kurzzeitige Störungen
  - es gibt notwendige (geplante) Puffer zwischen einzelnen Arbeitsvorgängen (so genannte Arbeitspuffer).

Beispiel:
Die Firma erhält einen Auftrag über 20 Stück eines Getriebeteiles. Nachfolgend ist die Erzeugnisgliederung des Getriebeteiles dargestellt:

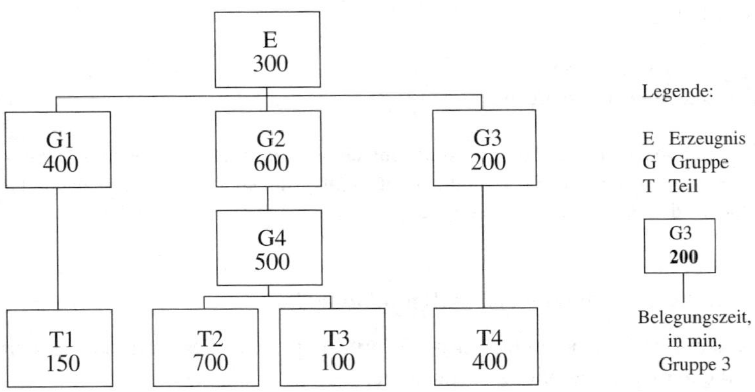

Hinweis zum Fertigungsablauf: Jede Fertigung erfolgt an unterschiedlichen Arbeitsplätzen. Nach jedem Fertigungsabschnitt (E, G, T) ist eine Übergangszeit (= Transport- + Liegezeit) in Höhe von 20 % zur Belegungszeit zu berücksichtigen. Es ist grafisch dazustellen, welche Fertigungsabschnitte auf dem kritischen Weg liegen; die Durchlaufzeit des Auftrages ist zu berechnen. Mit welchen Maßnahmen könnte eine Verkürzung der Durchlaufzeit realisiert werden?

Lösung:

Durchlaufzeit_E	=	1,2 · 300	=	360
$\text{Durchlaufzeit}_{G2}$	=	1,2 · 600	=	720

usw.

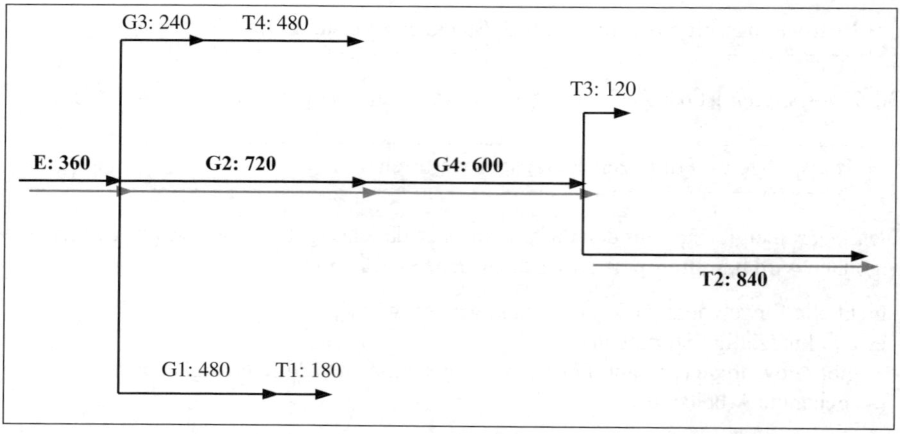

Kritischer Weg: E, G2, G4, T2
Durchlaufzeit des Auftrages = 20 (360 + 720 + 600 + 840) = 50.400 min
Maßnahmen zur Verkürzung der Durchlaufzeit, z. B.:

- Parallelfertigung
- Zusatzschichten
- Verringerung der Transportzeiten
- Überlappung von Arbeitsvorgängen.

Hinweis: Bitte beachten Sie, dass die Netzplantechnik bereits häufiger Gegenstand der IHK-Klausuren im handlungsspezifischen Teil war, hier aber aus Platzgründen nicht erneut behandelt wird. Das Thema ist Bestandteil der Basisqualifikationen; vgl. daher ausführlich unter A. 3.2.4.

20. Welche Aufgabe hat die Termin<u>fein</u>planung?

Aufgabe der Terminfeinplanung ist die Ermittlung der frühesten und spätesten Anfangs- und Endtermine der Aufträge bzw. Arbeitsgänge.

Im Allgemeinen erfolgt die Terminfeinplanung in zwei Schritten:

1. *Auftragsorientierte* Terminplanung:
   Ermittlung der Ecktermine der Aufträge *ohne Berücksichtigung der Kapazitätsgrenzen* auf der Basis der Durchlaufzeiten.

2. *Kapazitätsorientierte* Terminplanung:
   Im zweiten Schritt werden die vorhandenen Kapazitäten des Betriebes beachtet; es kann dabei im Wege der Kapazitätsabstimmung (vgl. 22. ff.) zu Terminverschiebungen kommen.

In jedem Fall orientiert sich die Terminplanung an den Kundenterminen und der optimalen Kapazitätsauslastung (Zielkonflikt).

21. Welche Methoden der Terminermittlung werden eingesetzt? → A 3.2.4

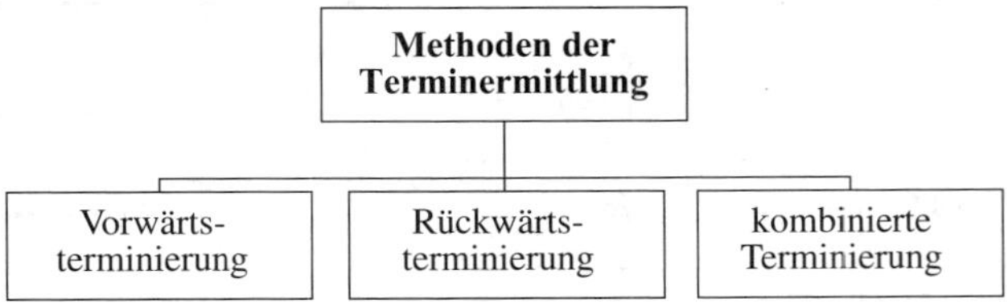

- *Vorwärtsterminierung* (auch: progressive Terminierung):
  Ausgangsbasis der Zeitplanung ist der *Starttermin* des Auftrags: Die Arbeitsvorgänge (110, 120, 130, ...) werden entsprechend dem festgelegten Ablauf fortschreitend abgearbeitet.

  Vorteile: - Terminsicherheit
  - einfache Methode.

  Nachteile: - keine Möglichkeit der Verkürzung der Durchlaufzeit
  - ggf. Kapazitätsengpässe → Verschiebung des Endtermins
  - ggf. höhere Lagerkosten.

Vorgang	geplanter Start	Dauer in Tagen	geplantes Ende	**März**	**April**	**Mai**	**Juni**
100	23.03.	63	25.05.				
110	23.03.	28	20.04.				
120	23.03.	21	13.04.				
130	26.05.	28	23.06.				

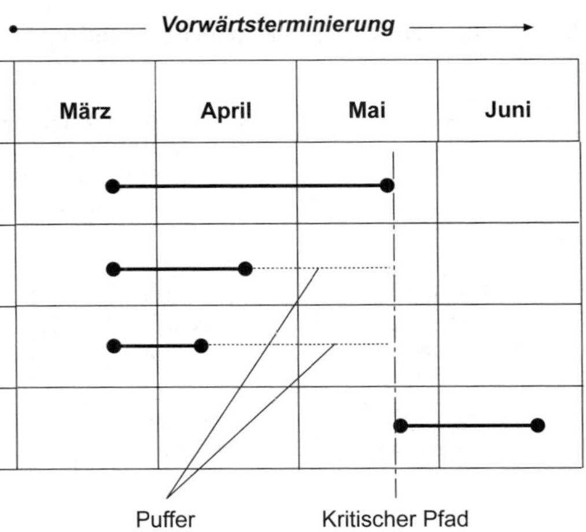

- *Rückwärtsterminierung* (auch: retrograde Terminierung):
  Ausgangspunkt für die Zeitplanung ist der späteste Endtermin des Auftrags: Ausgehend vom spätesten Endtermin des letzten Vorgangs werden die Einzelvorgänge rückschreitend den Betriebsmitteln zugewiesen. Sollte der so ermittelte Starttermin in der Vergangenheit liegen, muss über Methoden der Durchlaufzeitverkürzung eine Korrektur erfolgen.

Vorgang	geplanter Start	Dauer in Tagen	geplantes Ende
100	23.03.	63	25.05.
110	23.03.	28	25.05.
120	23.03.	21	25.05.
130	26.05.	28	23.06.

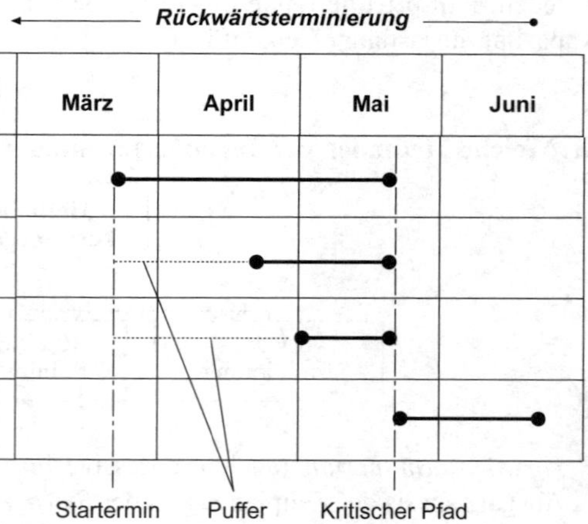

- *Kombinierte Terminierung:*
  Ausgehend von einem Starttermin wird in der Vorwärtsrechnung der früheste Anfangs- und Endtermin je Vorgang ermittelt. In der Rückwärtsrechnung wird der späteste Anfangs- und Endtermin je Vorgang berechnet. Aus dem Vergleich von frühesten und spätesten Anfangs- und Endterminen können die Pufferzeiten sowie der kritische Pfad ermittelt werden. Das Verfahren der kombinierten Terminierung ist aus der Netzplantechnik bekannt.

22. Welche Bedeutung und welche Aufgaben hat die Kapazitätsplanung?

- *Definition:*
  Als *Kapazität* (auch: Beschäftigung) wird das technische Leistungsvermögen in Einheiten pro Zeitabschnitt bezeichnet. Sie wird bestimmt durch die Art und Menge der derzeit vorhandenen Produktionsfaktoren (Stoffe, Betriebsmittel, Arbeitskräfte). Die Kapazität kann sich auf eine Fertigungsstelle, eine Fertigungsstufe oder auf das gesamte Unternehmen beziehen.

- *Aufgabe* der Kapazitätsplanung:
  Ist die Gegenüberstellung der erforderlichen und der verfügbaren Kapazität (Kapazitätsbedarf ↔ Kapazitätsbestand).

- *Bedeutung* der Kapazitätsplanung:
  Ist die verfügbare Kapazität auf Dauer höher als die erforderliche Kapazität, so führt dies zu einer Minderauslastung. Es werden mehr Ressourcen zur Verfügung gestellt als notwendig. Die Folge ist u. a. eine hohe Kapitalbindung mit entsprechenden Kapitalkosten (Wettbewerbsnachteil).

  Im umgekehrten Fall besteht die Gefahr, dass die Kapazität nicht ausreichend ist, um die Aufträge termingerecht fertigen zu können (Gefährdung der Aufträge und der Kundenbeziehung).

23. Welcher Unterschied besteht zwischen quantitativen und qualitativen Kapazitätsmerkmalen?

- *Quantitative Kapazitätsmerkmale* sind messbare Größen:
  Zeiten, Mengen oder Werte je Mensch oder Betriebsmittel/Betriebsstätte. Meist wird in Zeitmaßstäben gerechnet.

- Zu den *qualitativen Kapazitätsmerkmalen* gehören die nicht direkt messbaren Faktoren wie z. B.:
  - Leistungspotenzial der Mitarbeiter: Ausbildung, Motivation, Erfahrung usw.
  - Leistungsvermögen der Betriebsmittel: Ausstattung, Zustand der Technik, Präzision usw.
  - Leistungsmerkmale der Betriebsstätte: Standort, Beschaffenheit der Gebäude, innerbetriebliche Logistik usw.

24. Wie ist der Zusammenhang zwischen Kapazitätsbedarf, Kapazitätsbestand und Auslastungsgrad?

- Der *Kapazitätsbestand* ist die verfügbare Kapazität
  (= maximale quantitative und qualitative Leistungsvermögen).

- Der *Kapazitätsbedarf* ist die erforderliche Kapazität, die sich aus den vorliegenden Fertigungsaufträgen und der Terminierung ergibt.

- Der *Auslastungsgrad* (auch: Beschäftigungsgrad) ist das Verhältnis von Kapazitätsbedarf und Kapazitätsbestand in Prozent des Bestandes:

$$\text{Auslastungsgrad} = \frac{\text{Kapazitätsbedarf}}{\text{Kapazitätsbestand}} \cdot 100$$

auch:

$$\text{Beschäftigungsgrad} = \frac{\text{Eingesetzte Kapazität}}{\text{Vorhandene Kapazität}} \cdot 100$$

oder:

$$\text{Beschäftigungsgrad} = \frac{\text{Ist-Leistung}}{\text{Kapazität}} \cdot 100$$

Beispiel:
Eine Fertigungsstelle hat pro Periode einen Kapazitätsbestand von 3.000 Stunden; der Kapazitätsbedarf beträgt laut Planung 2.400 Stunden. Der Auslastungsgrad ist in diesem Fall also 80 %:

$$\text{Auslastungsgrad} = \frac{2.400\ \text{Std.}}{3.000\ \text{Std.}} \cdot 100 = 80\ \%$$

25. Wie wird der Planungsfaktor P ermittelt?

Bei der Planung des Kapazitätsbestandes werden weitere Kapazitätsgrößen unterschieden:

Technische Kapazität:	z. B. 1.000 E	→ die Anlagen laufen mit der höchsten Geschwindigkeit - ohne Pausen
Maximalkapazität auch: *Theoretische Kapazität*	z. B. 800 E	→ die Anlagen laufen mit der höchsten Geschwindigkeit – inkl. Pausen
Realkapazität: auch: Wirtschaftliche Kapazität	z. B. 650 E	→ tatsächlich mögliche Mengenproduktion bei „normaler" Geschwindigkeit und durchschnittlichem Krankenstand der Mitarbeiter inkl. Wartung und Instandhaltung.

Da die Planung des Kapazitätsbestandes realistisch und wirtschaftlich sein sollte, korrigiert der Planungsfaktor die maximale Kapazität; er ist die Rechengröße aus dem Verhältnis von realer/wirtschaftlicher zu theoretischer Kapazität:
z. B.:

$$\textbf{Planungsfaktor} = \frac{\text{reale/wirtschaftliche Kapazität}}{\text{theoretische Kapazität}} = \frac{650\ \text{E}}{800\ \text{E}} = 0{,}8215$$

26. Was bezeichnet man als Kapazitätsabstimmung?

Mit *Kapazitätsabstimmung* bezeichnet man die kurzfristige Planungsarbeit, in der die vorhandene Kapazität mit den vorliegenden und durchzuführenden Werkaufträgen in Einklang gebracht werden muss. Die Kapazitätsabstimmung erfolgt kurzfristig durch eine *Kapazitätsabgleichung* bzw. kurz- oder mittelfristig durch eine *Kapazitätsanpassung*.

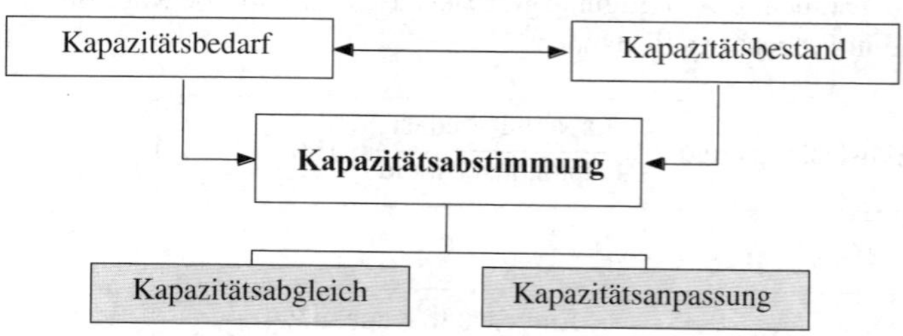

- *Kapazitätsabgleich:*
  Bei unverändertem Kapazitätsbestand wird versucht, die (kurzfristigen) Belegungsprobleme zu optimieren (z. B. Ausweichen, Verschieben, Parallelfertigung)

- *Kapazitätsanpassung:*
  Anpassung der Anlagen und ihrer Leistungsfähigkeit (kurz-/mittelfristiges Angebot) an die Nachfrage (Kundenaufträge).

  Beispiel: Kapazitätsanpassung durch Erhöhung der Kapazität:

  Kurzfristig: - Überstunden/Mehrarbeit
  - zusätzliche Schichten
  - Veränderung der Wochenarbeitszeit/Samstagsarbeit (Betriebsvereinbarung)
  - verlängerte Werkbank.

  Mittelfristig: - Kauf/Bau neuer Anlagen, Gebäude
  - Fertigungstiefe verändern
  - Personalneueinstellungen.

Die Abbildung auf der nächsten Seite zeigt die grundsätzlichen Möglichkeiten der Kapazitätsabstimmung.

27. Welche Einflussgrößen bestimmen die Kapazitätsplanung?

Aufgabe der Kapazitätsplanung ist die Gegenüberstellung der erforderlichen und der verfügbaren Kapazität. Diese Aufgabe wird von einer Reihe interner und externer Einflussgrößen bestimmt; dazu ausgewählte Beispiele:

- Der *technologische Fortschritt* der Produktions-/Fertigungstechnik kann zu einer Erhöhung des Kapazitätsbestandes führen: Der Einsatz verbesserter Fertigungstechnologie führt zu einem höheren Leistungsangebot pro Zeiteinheit (z. B. Ersetzung halbautomatischer durch voll automatische Anlagen).

- *Veränderungen auf dem Absatzmarkt* können zu einem Nachfrageanstieg bzw. -rückgang führen mit der Folge, dass das Kapazitätsangebot erhöht bzw. gesenkt werden muss.

- Die Kapazitätsplanung steht in *Abhängigkeit zur gesamtwirtschaftlichen Entwicklung*: Bei einem Konjunkturaufschwung wird tendenziell die Notwendigkeit einer Kapazitätserhöhung bestehen; umgekehrt wird man bei einem Abschwung die angebotene Kapazität mittelfristig nach unten korrigieren.

- Analog gilt dies für *Veränderungen der Konkurrenzsituation*: Die Zunahme von Wettbewerb kann zu einem Rückgang der Kundennachfrage beim eigenen Unternehmen führen und mittelfristig eine Reduzierung des Kapazitätsbestandes zur Folge haben.

Anpassung der Normalkapazität an den Kapazitätsbedarf
- Arten und Beispiele -

Kapazitätsanpassung
- Kapazitätserweiterung
- Kapazitätsverminderung
- Kapazitätsumstrukturierung

Terminanpassung
- Vorziehen
- Zurückverlegen

Auftragsanpassung (Angleichung)
- Vergabe von Aufträgen
- Einholen von Lohnaufträgen
- Losteilung

Verfahrensanpassung
- Anpassung
  - des Arbeitsplatzes
  - des Arbeitsgangs
  - der Reihenfolge
- Verbesserung
  - der Vorrichtungen
  - der Fertigungstechnologie
- ergonomische Maßnahmen
- Wertanalyse

Beispiel: Veränderung des Beschäftigungsgrades in Abhängigkeit von der Jahreskapazität
Das Unternehmen fertigt an 230 Tagen, im 1-Schicht-System bei einer täglichen Arbeitszeit von 8,0 Stunden lt. Tarif. Die Grundzeit je Einheit beträgt 150 Sekunden, die Verteilzeit 10 %. Pro Schicht ist eine Rüstzeit von 0,5 Stunden erforderlich. Das Jahreslos lag bisher im 1-Schicht-System bei 30.000 Einheiten (E). Zu ermitteln ist der Beschäftigungsgrad beim 1-, 2- und 3-Schicht-System, da mit ansteigendem Auftragseingang zu rechnen ist. Man rechnet beim 2- Schicht-Betrieb mit einer Planbeschäftigung von 70.000 E p.a. und beim 3-Schicht-Betrieb mit 100.000 E p.a.

Anzahl Schichten	Arbeitstage p.a.	Ausführungszeit/Schicht 1)		Ausführungszeit p. a.	vorhandene Kapazität 2)	Beschäftigungsgrad 3)
		in Std.	in sek	in sek	in E	in %
1-Schicht	230	7,5	$7{,}5 \cdot 60 \cdot 60 = 27.000$	$27.000 \cdot 230 = 6.210.000$	$6.210.000 : 165 = 37.637$	79,7
2-Schicht	230	7,5	$7{,}5 \cdot 60 \cdot 60 \cdot 2 = 54.000$	$27.000 \cdot 230 \cdot 2$ 12.420.000	75.273	93,0
3-Schicht	230	7,5	81.000	18.630.000	112.909	88,6

1) Auftragszeit/Schicht = Rüstzeit + Ausführungszeit (vgl. S. 632 ff.)
= 0,5 Std. + Grundzeit + Verteilzeit
= 0,5 Std. + 8,0 Std.
→ Ausführungszeit/Schicht = 8,0 Std. – 0,5 Std. = 7,5 Std.

2) Ausführungszeit/E = Grundzeit + Verteilzeit
= 150 sek + 15 sek = 165 sek

3) $\text{Beschäftigungsgrad}_{\text{1-Schicht}}$ = eingesetzte Kapazität : vorhandene Kapazität · 100
= 30.000 E : 37.637 E · 100 = 79,7 %

$\text{Beschäftigungsgrad}_{\text{2-Schicht}}$ = 70.000 E : 75.273 E · 100 = 93,0 %

$\text{Beschäftigungsgrad}_{\text{3-Schicht}}$ = 100.000 E : 112.909 · 100 = 88,6 %

Im Fall des 1- und 3-Schicht-Betriebes sollten zusätzliche Aufträge eingeholt werden, um den Beschäftigungsgrad nicht unter 90 % sinken zu lassen (Fixkostenbelastung).

28. Was sind Nutzkosten und Leerkosten?

- *Nutzkosten* sind die Kosten der genutzten Kapazität, d. h. die Kosten für den Teil der Kapazität, der bei einem Beschäftigungsgrad unter 100 % genutzt wird.
- *Leerkosten* sind die Kosten der nicht genutzten Kapazität, d. h. die Kosten für den Teil der Kapazität, der bei einem Beschäftigungsgrad unter 100 % nicht genutzt wird. Leerkosten verschlechtern das Betriebsergebnis. Mit zunehmender Auslastung sinken die Leerkosten.

29. Welche Arbeiten sind im Rahmen der Werkstattsteuerung zu planen und umzusetzen?

Als *Werkstattsteuerung* bezeichnet man die operative (kurzfristige) unmittelbare Vorbereitung, Lenkung und Überwachung der für einen Auftrag notwendigen Arbeitsvorgänge.

Der Ablauf der Werkstattsteuerung lässt sich schematisch folgendermaßen darstellen:

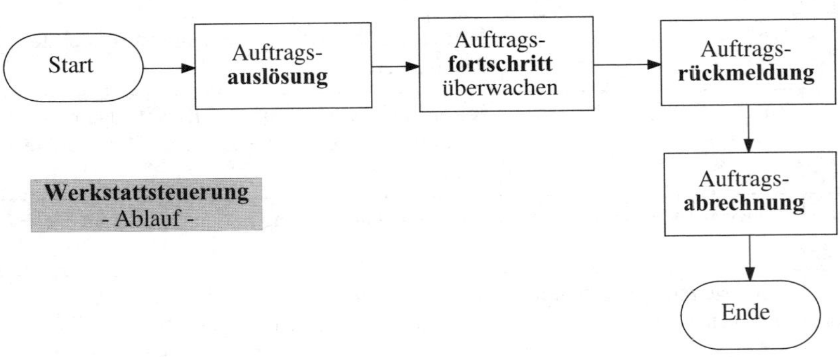

- Die *Auftragsauslösung* wird durch die Auftragsfreigabe erreicht. Diese setzt voraus: Die Verfügbarkeit über die nötige Kapazität, das Vorhandensein aller benötigten Daten und die Verfügbarkeit über das erforderliche Material.
- Die *Überwachung des Auftragsfortschritts* bezieht sich auf folgende Steuerungsgrößen:

- Mengen	- Termine
- Qualität	- Kosten
- Betriebsmittel	- Arbeitsbedingungen.

- Die *Auftragsrückmeldung* sagt aus, in welcher Weise die Aufträge erledigt worden sind. Sie muss jeweils kurzfristig, fehlerfrei und vollständig erfolgen, um bei Erledigung des Auftrages aus der Auftragsnummer die weiteren kaufmännischen Schritte abzuleiten und aus der aufgewendeten Zeit die Löhne zu errechnen (*Auftragsabrechnung*). Die Rückmeldung signalisiert zugleich, dass über die Maschinen neu verfügt werden kann und andere Aufträge bearbeitet werden können.

30. Wie erfolgt die Festlegung der Auftragsreihenfolge?

Das Problem der Maschinenbelegung bei einer Mehrzahl anstehender Aufträge versucht man in der Praxis meist durch so genannte *Prioritätsregeln* zu lösen; die nachfolgende Übersicht zeigt eine Auswahl der gebräuchlichsten Regeln:

Prioritätsregeln		
Kurz-bezeichnung	*Regel*	*Beschreibung*
KOZ	Kürzeste Operationszeit	Der Auftrag mit der kürzesten Bearbeitungszeit wird zuerst bedient.
LOZ	Längste Operationszeit	Der Auftrag mit der längsten Bearbeitungszeit wird zuerst bedient.
GRB	Größte Restbearbeitungszeit	Priorität hat der Auftrag mit der größten Restbearbeitungszeit für alle noch auszuführenden Arbeitsvorgänge.
KRB	Kürzeste Restbearbeitungszeit	Priorität hat der Auftrag mit der kürzesten Restbearbeitungszeit für alle noch auszuführenden Arbeitsvorgänge.
WT	Wert	Vorrang hat der Auftrag mit dem bisher höchsten Produktwert.
ZUF	Zufall	Jedem Auftrag wird eine Zufallszahl zugeordnet; die Zufallszahl entscheidet über die Reihenfolge der Bearbeitung.
FLT	Frühester Liefertermin	Vorrang hat der Auftrag mit dem frühesten Liefertermin.
WAA	Wenigste noch auszuführende Arbeitsgänge	Vorrang hat der Auftrag mit den wenigsten noch auszuführenden Arbeitsgängen.
MAA	Meiste noch auszuführende Arbeitsgänge	Vorrang hat der Auftrag mit den meisten noch auszuführenden Arbeitsgängen.
FCFS	First come first served	Vorrang hat der Auftrag, der zuerst an der Bearbeitungsstufe ankommt.
GR	Geringste Rüstzeit	Vorrang hat der Auftrag mit der geringsten Rüstzeit.
EP	Externe Priorität	Es gelten externe Prioritätsvorgaben, z. B. Höhe der Konventionalstrafe, Fixtermine, Bedeutung aus der Sicht des Kunden.

Beispiel zur Anwendung der Prioritätsregeln KOZ, LOZ, FLT:
An drei Maschinen (M1, M2, M3) liegen drei Aufträge (A1, A2, A3) vor. Die Bearbeitungsfolge ist für alle Aufträge: M1 → M2 → M3. Die Arbeitszeit pro Tag beträgt acht Stunden. Für die Aufträge sind folgende Daten vorgegeben:

Fertigungszeiten je Auftrag in Stunden				
Maschinen	A1	A2	A3	Σ
M1	**6**	**4**	**3**	**13**
M2	**2**	**3**	**5**	**10**
M3	**3**	**6**	**2**	**11**
Σ	**11**	**13**	**10**	**34**
Liefertermin in Tagen	**3**	**2**	**1,5**	
Kosten für Verzug je Tag in €	**100**	**150**	**200**	

1. Prioritätsregel KOZ, Kürzeste Operationszeit: A3 → A1 → A2

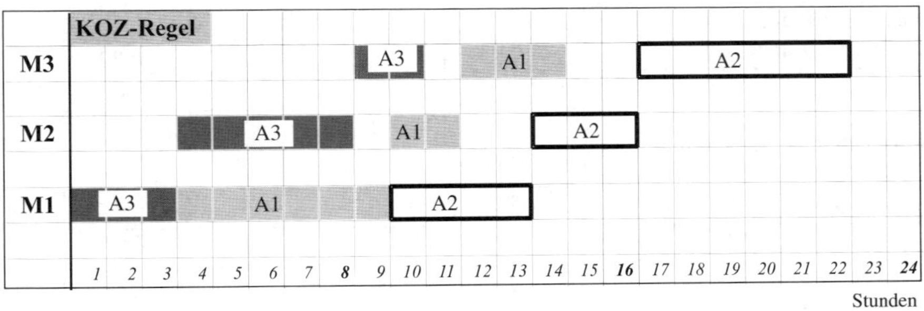

2. Prioritätsregel LOZ, Längste Operationszeit: A2 → A1 → A3

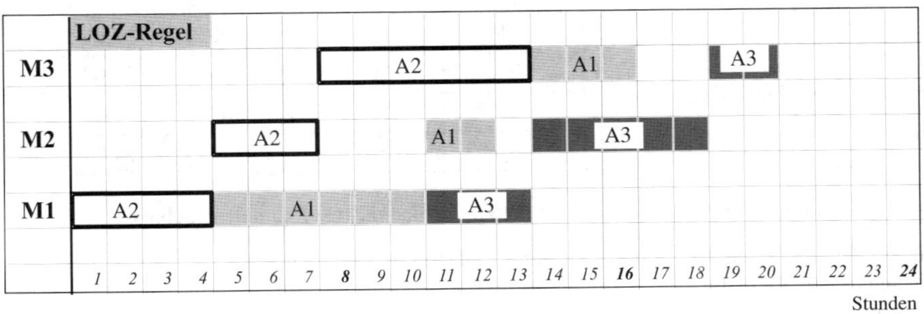

3. Prioritätsregel FLT, Frühester Liefertermin: A3 → A2 → A1

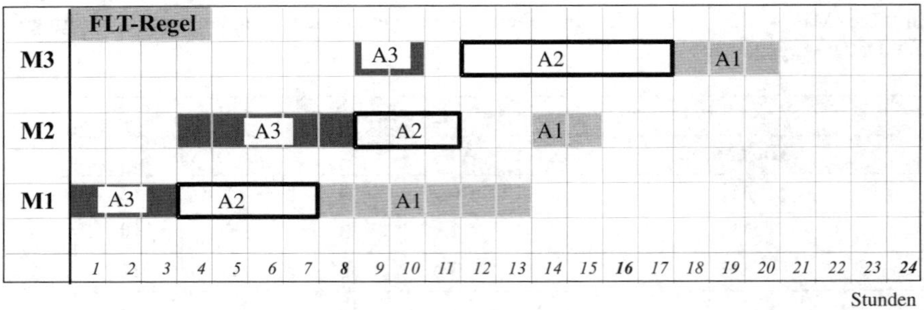

Die nachfolgende Tabelle stellt die Ergebnisse der drei Prioritätsregeln gegenüber:

Prioritätsregeln - Vergleich -				
Betrachtungsmerkmal	Maschine/ Auftrag	*Regel*		
		KOZ	**LOZ**	**FLT**
Durchlaufzeit gesamt in Std. (für alle 3 Aufträge):		**22**	**20**	**20**
Stillstandszeiten je Maschine:	M1	0	0	0
	M2	3	4	2
	M3	3	2	1
	Σ	6	6	**3**
Liegezeiten je Auftrag:	A1	0	1	2
	A2	0	0	1
	A3	0	0	0
	Σ	**0**	1	3
Kosten für Verzug je Auftrag:	A1	0,00	0,00	0,00
	A2	150,00	0,00	150,00
	A3	0,00	200,00	0,00
	Σ	**150,00**	200,00	**150,00**

Im vorliegenden Fall zeigen sich hinsichtlich der angestrebten Ziele folgende Ergebnisse:

- Minimale Durchlaufzeit: LOZ und FLT führen zu den besten Ergebnissen.
- Stillstandszeiten: → FLT
- Liegezeiten: → KOZ
- Verzugskosten: → KOZ und FLT.

In der Praxis wird die KOZ-Regel bzw. die Kombination von KOZ- und WT-Regel bevorzugt, da sie sich als besonders wirtschaftlich erwiesen haben.

4.3 Anwenden von Systemen für die Arbeitsablaufplanung, Materialflussgestaltung, Produktionsprogrammplanung und Auftragsdisposition

4.3.1 Maßnahmen zur Arbeitsplanung und Arbeitssteuerung

→ A 2.2.4 ff.

01. Wie ist der Zusammenhang zwischen der Fertigungsablaufplanung und der Arbeitsplanung?

Man unterteilt die Fertigungsablaufplanung in die strategische und die operative Fertigungsablaufplanung.

- *Gegenstand der strategischen Fertigungsablaufplanung*
  - ist die Wahl geeigneter Fertigungsverfahren
  - die Planung zur Bereitstellung der benötigten Produktionsmittel.

- Gegenstand der operativen Fertigungsablaufplanung ist die konkrete, kurzfristige und auf einen Werkauftrag bezogene Planung und Steuerung
  - der Arbeitsabläufe
  - der Arbeitsinhalte
  - der Transporte
  - des Belegwesens.

Für die kurzfristige Fertigungsablaufplanung verwendet man in der Praxis auch den Begriff *„Arbeitsplanung"*.

- *Planung* ist zukunftsorientiert; sie ist die gedankliche Vorwegnahme von Entscheidungen.
- *Steuerung* ist das Planen, Veranlassen und Überwachen von Vorgängen.
- *Inhalt der Arbeitsplanung und -steuerung* ist die mengen- und termingemäße Planung, Veranlassung und Überwachung der Durchführung der Fertigung.

02. Was sind die Ziele der Arbeitsplanung und -steuerung?

Oberziel ist die *Minimierung der Fertigungskosten* durch die Realisierung folgender Unterziele:

- kurze Durchlaufzeiten
- exakte Termineinhaltung
- wirtschaftliche Nutzung der Fertigungskapazitäten
- optimale Lagerbestände
- bestmögliches Zusammenwirken von Mensch, Betriebsmittel und Werkstoff
- Einsatz der wirtschaftlichsten Betriebsmittel
- geringe Fehleranfälligkeit.

03. Was sind die Aufgaben der Arbeitsplanung und -steuerung?

- Bearbeitung der einzelnen Aufträge
- Festlegung der Durchlaufzeiten einschließlich der Ermittlung der Start- und Endtermine
- Planung und Auslastung der Kapazitäten
- Steuerung der Fertigungsaufträge durch die einzelnen Werkstätten.

04. Welche Elemente enthält der Arbeitsplan? → A 2.2.4 ff., 2.6.3

Das Ergebnis der Arbeitsplanung mündet in den *Arbeitsplan*, der gemeinsam mit den Zeichnungen und Stücklisten die Grundlage der Fertigung bildet. Die Abbildung auf der nächsten Seite zeigt schematisch den *Ablauf der Arbeitsplanung* bzw. die *Erstellung des Arbeitsplanes*.

Beispiel Arbeitsplan:

Arbeitsplan 1736						
	Erstellt am: 27.06....	von: G. Huber			Losgröße:	200
	Teilenummer:	9317			Einheit:	Stück
	Bezeichnung:	Kupplungsgehäuse				
Arbeits-gang Nr.	Arbeitsgang	Kosten-stelle	Maschinen-gruppe	Lohn-gruppe	tr (min)	te (min)
10	Bohren	3411	12	6	5,00	0,50
20	Entgraten	3411	12	6	–	2,00
30	Gewinde schneiden	3411	13	7	10,00	2,50
40	Entgraten	3411	13	7	–	2,00
50	Fräsen	3411	14	7	15,00	3,00
60	Entgraten	3411	14	7	–	2,00
...						

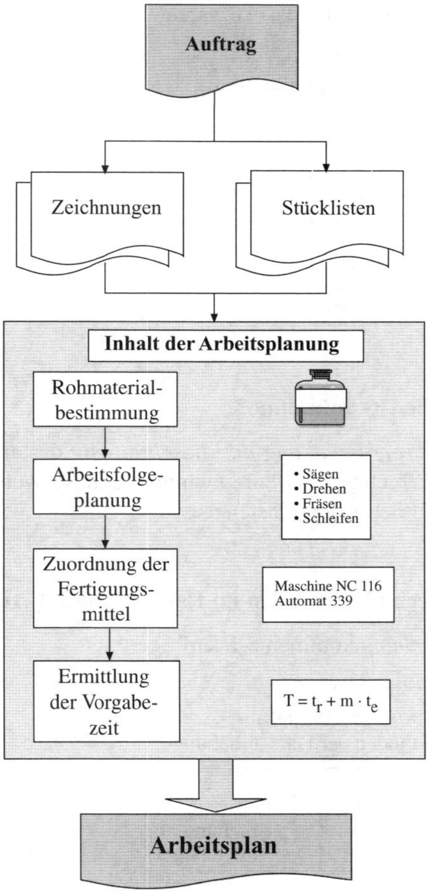

4.3.2 Arbeitsablauforganisatorische Systeme und ihre Anwendung

01. Was ist ein System und was versteht man unter der Systemanalyse? → A 3.2.4

- Als *System* bezeichnet man eine Menge von Elementen, die durch bestimmte Relationen verknüpft sind (z. B. Arbeitssystem: Input + Kombination von Mensch und Arbeitsmittel + Output). Die Menge und die Art und Weise der Relationen zwischen den Elementen ergibt die Struktur des Systems.

- Die *Systemanalyse* ist ein Verfahren zur Ermittlung und Beurteilung des Ist-Zustandes von Systemen; im Rahmen der Prozessanalyse steht die *Beurteilung und Optimierung von Arbeitsabläufen* im Mittelpunkt.

Bestandteile der Systemanalyse sind die Ist-Aufnahme und die Ist-Analyse.

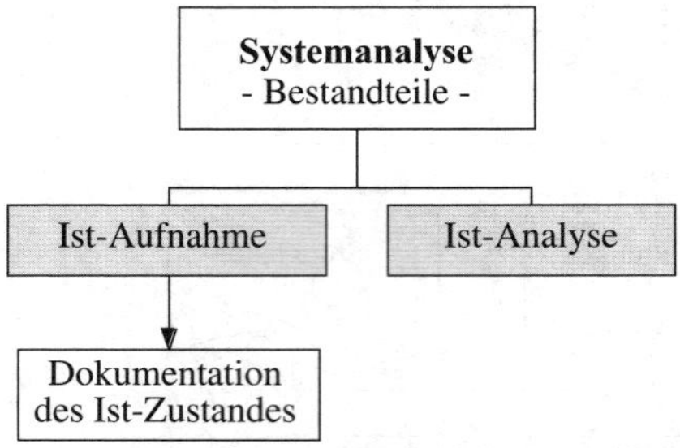

02. Welche Aufgabe erfüllt die Ist-Aufnahme?

Die Ist-Aufnahme ist die *wertfreie Erfassung und Beschreibung* des arbeitsorganisatorischen Zustandes mithilfe geeigneter Techniken. Man gewinnt auf diese Weise Informationen über Abläufe, Mengen, Zeiten, Anforderungen, Kosten usw.

03. Welche Methoden und Techniken werden im Rahmen der Ist-Aufnahme eingesetzt?

- Als *Methoden der Datenerhebung* kommen z. B. infrage:

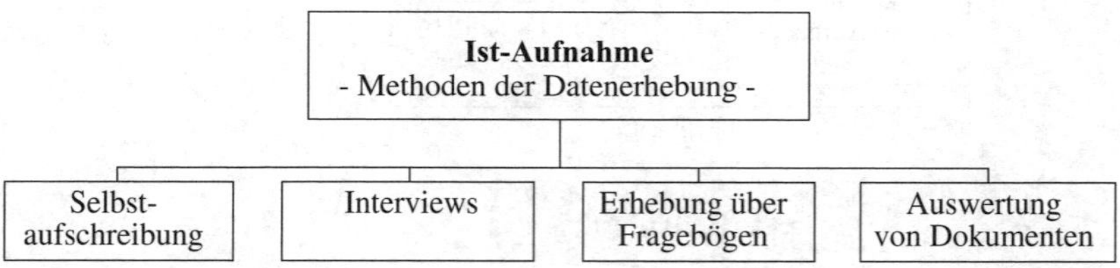

- Für die *Darstellung von Ist-Zuständen* in der Ablauforganisation bedient man sich bestimmter Techniken der Dokumentation, die eine Kombination aus Sprache, Symbolen, Tabellen, Grafiken und Formeln sind; unterscheidet man nach dem Aspekt, der dargestellt wird, gibt es folgende Varianten:

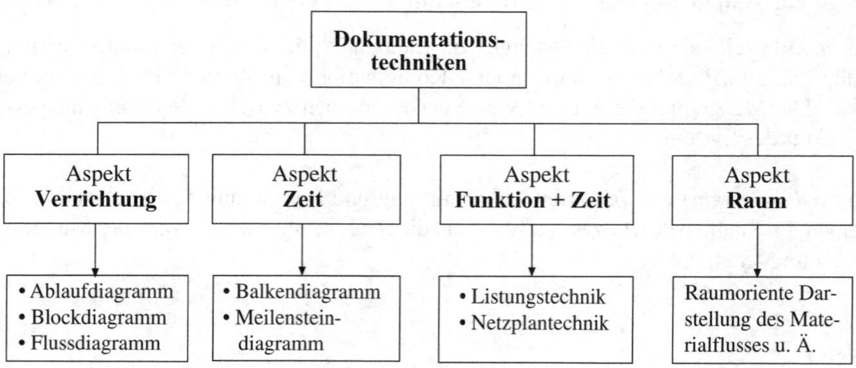

Die nachfolgende Abbildung zeigt eine Übersicht der Dokumentationstechniken nach der Art der Darstellungsform:

Techniken/Darstellungsformen	Darstellungsbeispiele
Baumstruktur	• Organigramm • Baumdiagramm • Fischgrätediagramm • Struktogramm
Netzstruktur	• Flussdiagramm • Datenflussdiagramm • Ablaufdiagramm • Netzplantechnik
Tabellenstruktur (Matrix)	• Blockdiagramm • Entscheidungstabelle • Zuordnungsmatrix • Kommunikationsmatrix
Grafik + Tabelle + Text	• Balkendiagramm • Meilensteindiagramm
Sprache	• Stellenbeschreibung • Funktionsbeschreibung • Programmiersprachen • Anforderungsanalyse • Gefährdungsanalyse
Formel	• Kennzahlen • Mathematik • Informationsalgebra

04. Welche Aufgabe hat die Ist-Analyse?

Aufgabe der *Ist-Analyse* ist das Erkennen von Strukturen, Gesetzmäßigkeiten, Quasi-Gesetzmäßigkeiten und Zusammenhängen in real existierenden Daten durch subjektive Wahrnehmung und Bewertung. Die Ist-Analyse ist die Grundlage der *Kritik des Ist-Zustandes*: Die im Wege der Ist-Aufnahme gewonnenen Erkenntnisse werden mit einem Soll-Zustand verglichen.

Beispiel:
In einer Werkstatt wird der Fluss der Arbeitsvorgänge untersucht und mithilfe einer raumorientierten Darstellung dokumentiert (Ist-Aufnahme). Als Sollzustand gilt: Die Transportzeiten und -wege zwischen den einzelnen Arbeitsvorgängen sollen minimiert werden. Die Ist-Analyse (Schwachstellen-Analyse) ergibt z. B., dass zwischen Arbeitsvorgang x und Arbeitsvorgang y das Flussprinzip optimiert werden kann durch eine verbesserte räumliche Anordnung der Arbeitsstationen.

05. In welchen Schritten erfolgt die Systemgestaltung?

Führt die Ist-Analyse (auf der Basis der Ist-Aufnahme) zu Schwachstellen in der Ablauforganisation, so ist eine Überarbeitung des Systems erforderlich.

Als *Systemgestaltung* bezeichnet man den Entwurf eines (völlig) neuen Systems bzw. die Überarbeitung eines bestehenden Systems. Die Systemgestaltung baut auf der Systemanalyse auf; ihr folgt die *Systemeinführung* (auch: *Systemanwendung*) und die Systemkontrolle.

Dieser *Kreislauf zur Optimierung der* (Ablauf-)*Organisation* lässt sich folgendermaßen darstellen:

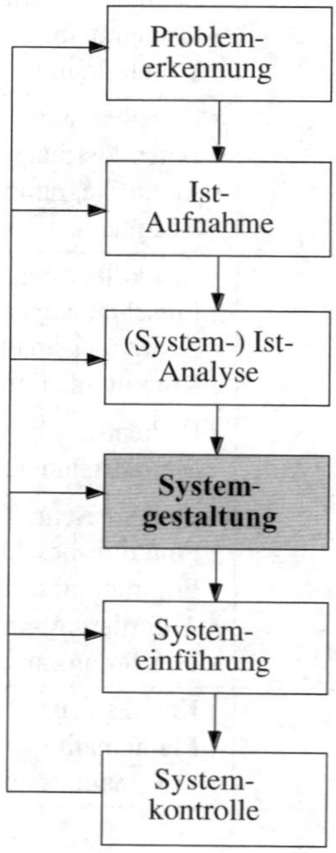

Das oben dargestellte Kreislauf-Modell wurde von REFA erweitert und ist als *„6-Stufen-Methode der Systemgestaltung"* (REFA-Standardprogramm Arbeitsgestaltung) für alle Untersuchungen zur Gestaltung bzw. Reorganisation von Aufbau- und Ablaufstrukturen einsetzbar:

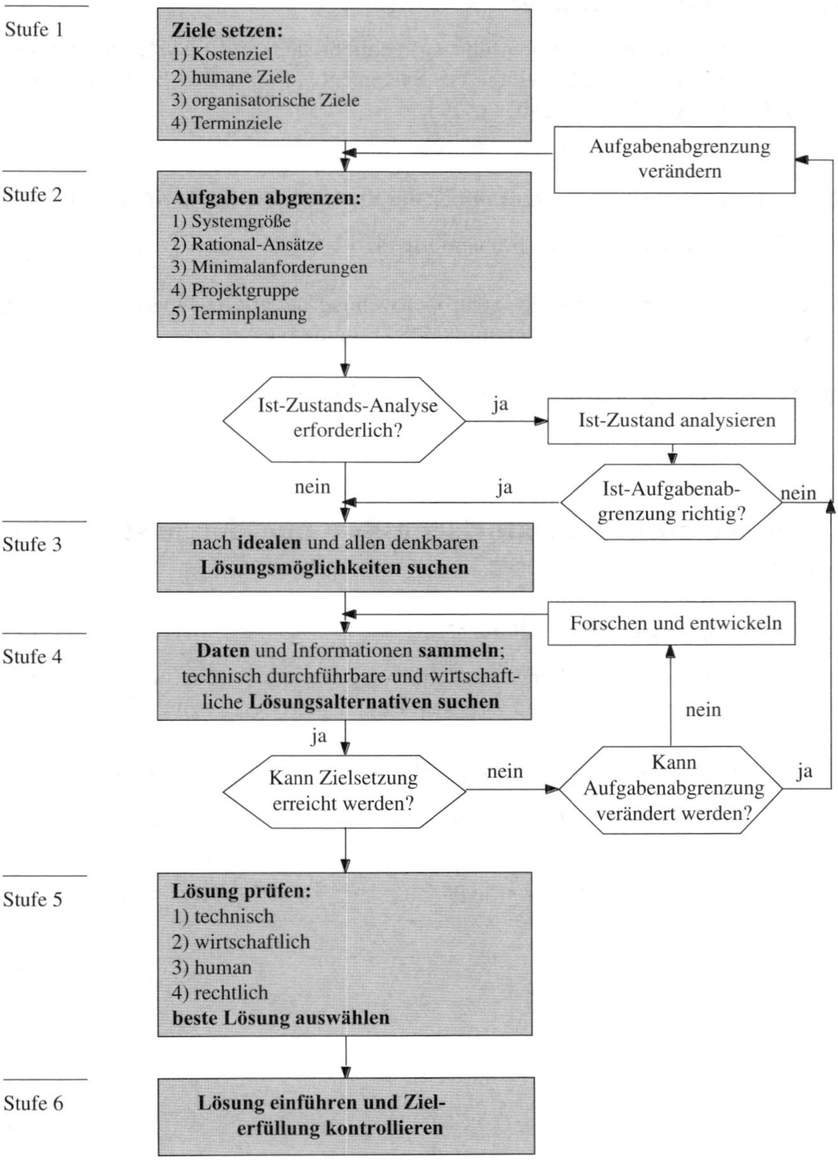
Stufe 1
Ziele setzen:
1) Kostenziel
2) humane Ziele
3) organisatorische Ziele
4) Terminziele
Aufgabenabgrenzung verändern
Stufe 2
Aufgaben abgrenzen:
1) Systemgröße
2) Rational-Ansätze
3) Minimalanforderungen
4) Projektgruppe
5) Terminplanung
Ist-Zustands-Analyse erforderlich?
ja
Ist-Zustand analysieren
nein
ja
Ist-Aufgabenabgrenzung richtig?
nein
Stufe 3
nach idealen und allen denkbaren Lösungsmöglichkeiten suchen
Forschen und entwickeln
Stufe 4
Daten und Informationen sammeln; technisch durchführbare und wirtschaftliche Lösungsalternativen suchen
nein
ja
Kann Zielsetzung erreicht werden?
nein
Kann Aufgabenabgrenzung verändert werden?
ja
Stufe 5
Lösung prüfen:
1) technisch
2) wirtschaftlich
3) human
4) rechtlich
beste Lösung auswählen
Stufe 6
Lösung einführen und Zielerfüllung kontrollieren

06. Wie erfolgt die Systemanwendung?

Die Systemanwendung (auch: Systemeinführung) schließt sich an die Systemgestaltung an. Sie umfasst alle Arbeiten von der Erstellung des Systementwurfs bis zum Systemablauf (z. B. Informationsaufgaben, Schulungsaufgaben u. Ä.).

07. Welche DV-Programme können im Rahmen der Systemrealisierung eingesetzt werden?

Die Auswahl der DV-Programme muss problemorientiert erfolgen:

- CIM-Systeme sind der Oberbegriff für mehr oder weniger integrierte Module der Ablaufgestaltung der Fertigung, z. B. CAD-Programme, PPS-Programme.

- Weiterhin gibt es DV-Programme zur Steuerung von Werkzeugmaschinen und Robotern.

4.3.3 Arbeitsablauforganisatorische Systeme der Materialflussgestaltung

→ A 2.2.8 f.

01. Was bezeichnet man als „Materialfluss"?

Der *Materialfluss* ist die geordnete Verkettung aller Vorgänge der Beschaffung, Lagerung und der Verteilung von Stoffen innerhalb und zwischen festgelegten Bereichen.

Im einfachsten Fall besteht also ein *Materialflusssystem* aus den drei *Funktionen*:

02. Welche Materialflusssituationen müssen bei der Layoutplanung der Fertigungslogistik im Einzelnen betrachtet werden? → 4.5

Materialfluss:

1. innerhalb des Betriebes
2. zwischen den Werkhallen
3. innerhalb der Werkhallen
4. zwischen/innerhalb der Funktionsbereiche
5. zwischen den Arbeitsplätzen.

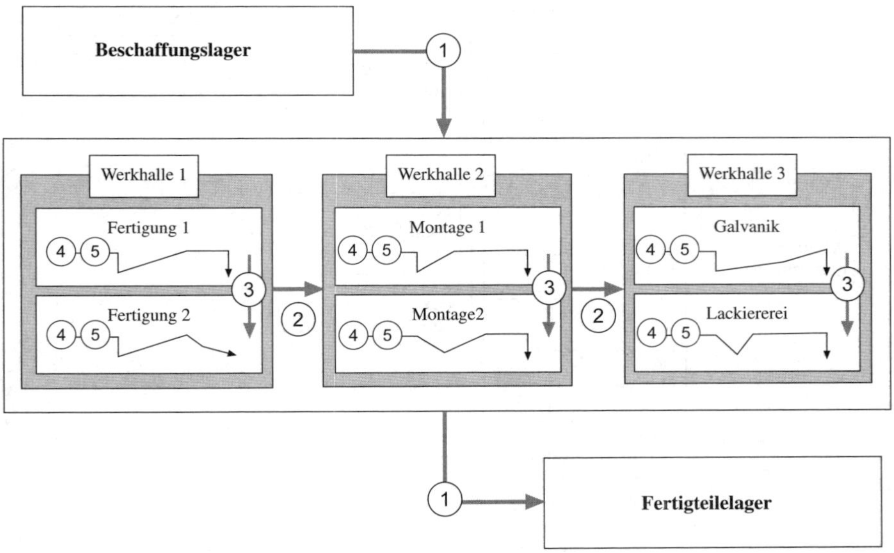

03. Welche Grundfunktionen des Materialflusses werden unterschieden?

Im einfachsten Fall besteht ein Materialflusssystem aus den drei Funktionen *Beschaffen, Lagern und Verteilen.* Eine gebräuchliche Abkürzung für die Gesamtheit der Materialprozesse ist auch die Bezeichnung

TUL-Prozesse – Transfer, Umschlag, Lagerung

Eine weitere Differenzierung liefert die *Ablaufgliederung für den Arbeitsgegenstand nach REFA*:

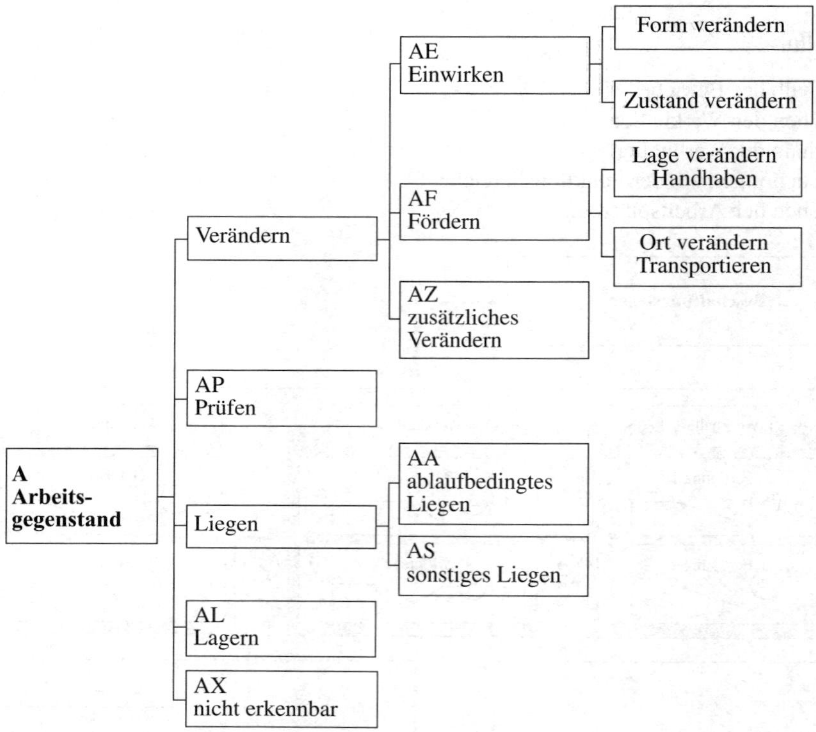

04. Wie kann die automatische Verkettung von Lager-, Transport- und Bearbeitungssystemen erfolgen?

Bei sehr hohen Fertigungsstückzahlen kann die Verkettung der Lagereinrichtungen mit den Bearbeitungssystemen über geeignete Transport- (Förder-)systeme erfolgen, die eine nahezu vollautomatische Materialversorgung der Arbeitsplätze ermöglichen (Beispiele: Automobilproduktion, Mineralölindustrie). Die Kapitalbindung für derartige Fördersysteme ist sehr hoch.

05. Nach welchen Prinzipien kann die Materialversorgung der Produktion durchgeführt werden?

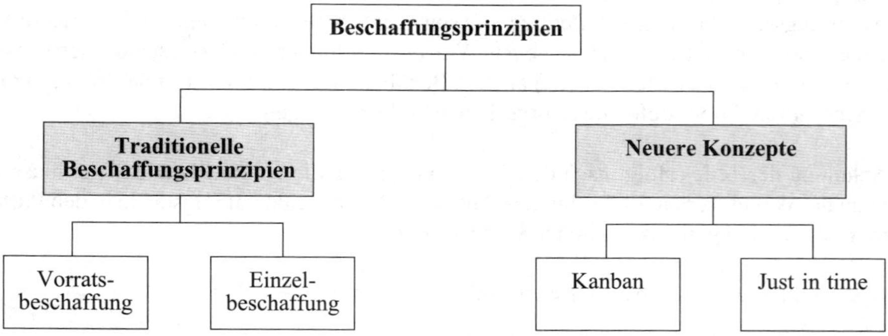

06. Welche Ziele werden mit dem Just-in-time-Konzept verfolgt? Welche Probleme können damit verbunden sein?

- *Ziele:* Just in time (JiT) verfolgt als Hauptziel, alle nicht-wertschöpfenden Tätigkeiten zu reduzieren. Jede Verschwendung und Verzögerung auf dem Weg „vom Rohmaterial bis zum Fertigprodukt an den Kunden" ist auf ein Minimum zu senken. Teile und Produkte werden erst dann gefertigt, wenn sie – intern oder extern – nachgefragt werden. Das erforderliche *Material wird fertigungssynchron beschafft.*

  Im Einzelnen kann dies bedeuten:

  - eine Minimierung der Wartezeiten, der Arbeitszeiten, der Rüstzeiten, der Losgrößen, der Qualitätsfehler, der Fertigungsschwankungen sowie
  - schnellste Fehlerbearbeitung und präventive Instandhaltung.

- Probleme können dann auftreten, wenn die *Voraussetzungen von JiT* nicht ausreichend beachtet werden, z. B.:

  - vertrauensvolle Zusammenarbeit zwischen Lieferant und Abnehmer
  - hohe Qualitätssicherheit und hoher Grad der Lieferbereitschaft des Lieferanten
  - Abstimmung zwischen Lieferant und Abnehmer (z. B. Strategie, Planung, Informationstechnologie, Bestandsführung)
  - möglichst: Zugriff des Abnehmers auf das PPS-System des Lieferanten
  - kontinuierlicher Transport muss sicher gestellt werden
  - Wirtschaftlichkeit der Transportkosten.

- *Risiken/Nachteile von JiT*, z. B.:

  - Abhängigkeit vom Lieferanten; jeder Lieferverzug hat Störungen der Produktion zur Folge
  - erhöhte Transportkosten müssen durch eine Reduzierung der Lagerhaltungskosten kompensiert werden
  - ökologische Kosten der Logistik.

07. Welche Merkmale weist das Kanban-System auf?

Das Kanban-System ist eine von mehreren Möglichkeiten zur Realisierung des JiT-Konzepts: Jede Fertigungsstelle hat kleine Pufferlager mit sog. Kanban-Behältern (jap. Kanban = Karte), in denen die benötigten Teile/Materialien liegen. Wird ein bestimmter Mindestbestand unterschritten wird eine Identifikationskarte (Kanban) an dem Behälter angebracht. Dies ist das Signal für die vorgelagerte Produktionsstufe, die erforderlichen Teile zu fertigen.

Die Abholung der Teile erfolgt nach dem Hol-Prinzip, d. h. die verbrauchende Stelle muss die Teile von der vorgelagerten Stelle abholen. Auf diese Weise werden die Bestände in den Pufferlagern minimiert bei gleichzeitig hoher Servicebereitschaft.

Zentrale Merkmale des Kanban-Systems sind:

- Hol-Prinzip (Pull) statt Bring-Prinzip (Push)
- Identifikationskarte (Kanban) als Informationsträger
- geschlossener Regelkreis aus verbrauchender Stelle (Senke) und produzierender Stelle (Quelle)
- Fließfertigung und weitgehend regelmäßiger Materialfluss
- Null-Fehler-Produktion.

4.3.4 Produktionsprogrammplanung in ihrer Wechselwirkung zur Produktionsplanung und -steuerung

→ A 2.2.4, A 2.2.9, 4.2.2

01. Welchen Inhalt hat die Produktionsprogrammplanung (Fertigungsprogrammplanung)?

Im Rahmen der *Absatzplanung* ermittelt das Unternehmen, welche Produkte in welchen Mengen zu welchen Terminen am Markt abgesetzt werden sollen. *Aus dem Absatzprogramm wird das Produktionsprogramm abgeleitet*. Dabei sind externe und interne Rahmenbedingungen zu berücksichtigen:

- *Externe Rahmenbedingungen*, z. B.:
  - Entwicklung der *Absatzmärkte*: Kundennachfrage, Wettbewerb, Konjunktur usw.
  - Entwicklung der *Beschaffungsmärkte*: Beschaffungspreise, Verfügbarkeit usw.
  - Entwicklung der *Finanzmärkte*: Zinsniveau, Möglichkeiten der Kreditbeschaffung usw.
  - Entwicklung des *Arbeitsmarktes*: Verfügbarkeit der Arbeitskräfte (quantitativ, qualitativ).

- *Interne Rahmenbedingungen*, z. B.:
  - *Produktion*, z. B.: Fertigungstechnik/-verfahren, Kapazitätsauslastung, Betriebsmittel
  - *Absatz*, z. B.: Kunden, Märkte, Produktvielfalt
  - *Finanzen*, z. B.: Kapitalausstattung, Liquidität
  - *Arbeitskräfte*, z. B.: Qualifikation der Mitarbeiter.

Das Produktionsprogramm ist also im Spannungsfeld zwischen Absatz (= Nachfrage der Produktionsfaktoren; Produktionserfordernisse) und Produktion (Kapazitäten; Angebot an Produktionsfaktoren) zu entwickeln. Dabei sind die oben beschriebenen Rahmenbedingungen zu berücksichtigen. Dieser Abgleich von „Absetzbarkeit der Produkte" und „verfügbare Produktionsmöglichkeiten" erfordert eine laufende Aktualisierung der Programmplanung.

02. Welche Teilpläne müssen im Rahmen der Produktionsprogrammplanung bearbeitet werden?

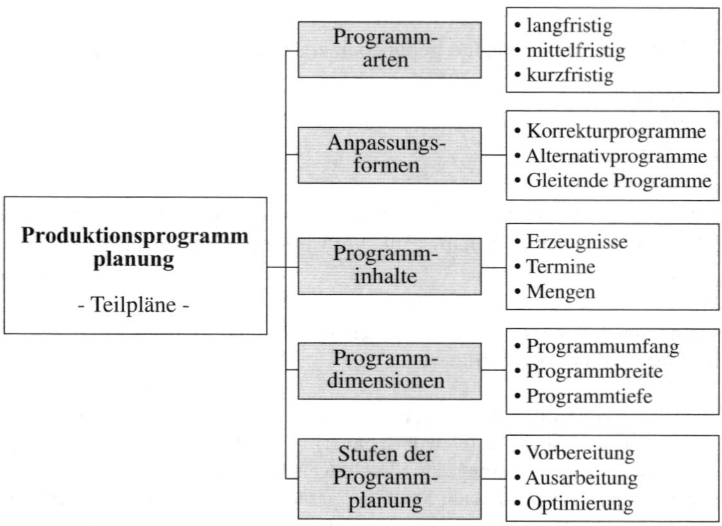

03. Wie lässt sich die Entwicklung eines Erzeugnisses darstellen?

Beispiel:
Ein deutscher Automobilhersteller plant sein Pkw-Programm um ein Pkw-Modell zu erweitern, das er bisher nicht in seiner Programmpalette hatte. Der Auslöser für diese Überlegung ist vielfältig: Programmpalette des Wettbewerbs, eigene Umsatz-/Ergebnisplanung, Marktanteils-/Wachstumsziele, Lebenszyklus der übrigen Pkw-Typen.

(1) Am Anfang steht also die *Analyse der Ist-Situation:*
Umsatz, Ergebnis usw.

(2) *Zielsetzung* (strategisch/operativ):
Im nächsten Schritt muss überlegt werden, welche Zielsetzung mit der Einführung des Pkw-Modells verbunden werden soll:

- strategisch, z. B.: Neuentwicklung, Image, neue Käuferschichten
- operativ, z. B.: Gewinnsteigerung, Nutzung vorhandener Kapazitäten, Umsatzbeitrag

(3) *Erzeugnisideen:*
Im weiteren Schritt sind Erzeugnisideen zu sammeln, zu selektieren und zu bewerten:

- Welches Preissegment?
- Welche Käuferschicht?
- Wer sind die relevanten Wettbewerber?
- Welche Leistungsmerkmale (z. B. cw-Wert, Verbrauch, PS/kw, Abmessungen usw.)

Die relevanten Ergebnisse dazu ergeben sich aus der Marktforschung

- beim Verbraucher
- beim Wettbewerb
- bei den Absatzmittlern.

Die Erzeugnisideen werden außerdem begrenzt durch die internen Rahmenbedingungen: Kapazitäten, Betriebsmittel, Finanzkraft, Vertriebsorganisation usw.

Beispiel:
Es wird angenommen, dass die Überlegungen zur Produktidee des neuen Pkw-Modells u. a. zu folgenden Entscheidungen geführt haben:

Angesprochen werden soll die Zielgruppe der „gutverdienenden Ein- und Zweipersonenhaushalte" im hochpreisigen Marktsegment (Gewinnspanne!). Ausstattung und Motorisierung sind exklusiv, modern und unter Unterschreitung der EU-Umweltschutznormen: Leder (naturbehandelt); Turbodieselantrieb (geringer Verbrauch, Rußfilter, geräuscharme Laufkultur); geringes Gewicht der Karosserie, recycelfähige/wiederverwertbare Materialien, hohe Lebensdauer, lange Garantiezeiten u. Ä.

Anschließend kann mit der Produktentwicklung begonnen werden: Ein Prototyp wird konstruiert.

(4) *Entwicklungsphase*
Entwurf, Kalkulation, Kosten, Pflichtenheft, Preisgestaltung usw.

(5) *Herstellung eines Prototyps*
Herstellung und Erprobung (Verbrauch, Testfahrten, Fahreigenschaften usw.)

(6) *Planungsphase:*
- Fertigungsplanung (Verfahren, Betriebsmittel, Investitionen usw.)
- Beschaffungsplanung (Lieferanten, Bauteile, Ersatzteile usw.)

(7) *Fertigung einer Nullserie*
(z. B. 50 Stück; Test, Erfahrungsberichte, ABE-Genehmigung usw.)

(8) *Serienfertigung*
Herstellung in großen Stückzahlen; Optimierung der Fertigungssteuerung; laufende Fertigungsversorgung

(9) *Markteinführungsphase und Produktpflege*

Beispiel:
Es bleibt zu hoffen, dass es dem Automobilhersteller gelingt, ein Pkw-Modell herzustellen, das die Gratwanderung zwischen Ökologie und Ökonomie meistert, vom Kunden angenommen wird und dem Hersteller einen Beitrag zur nachhaltigen Existenzsicherung bietet.

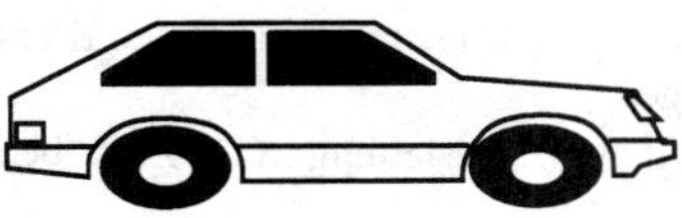

Unser neuer Pkw xli aus dem Hause ...:
gering im Verbrauch dank neuester Turbodieseltechnik, extrem geräuscharme Laufkultur, Sicherheits- und Sportpakete, Einhaltung der neuesten Abgas- und Umweltschutzbestimmungen und ... und ... Alles können wir nicht nennen, ... Also: Vereinbaren Sie die erste Probefahrt!

Einen Überblick über alle Phasen der Erzeugnisentwicklung zeigt die folgende Abbildung:

↓	Produktforschung	Entwicklung der Produktidee.
	Produktentwicklung	Befragung zukünftiger Nutzer.
	Produktgestaltung	Konstruktion, Name, Design, Verpackung gestalten.
	Produkterprobung	Erprobung des Produkts im Feld.
	Produktionserprobung	Ermittlung der Fähigkeitsindizes (Prozess-FMEA).
	Produktkontrolle	Produkt-FMEA.

04. Welche Entscheidungen sind bei der Festlegung der Programmbreite und Programmtiefe zu treffen?

1. *Produktkonzept:*
   Die Aufgabe der *mittelfristigen Produktionsprogrammplanung* ist es, ein *Produktkonzept,* d.h. eine Gesamtplanung des Erzeugnisses und seiner Varianten festzusetzen. Dazu müssen die herzustellenden Produkte im Einzelnen entworfen (→ Konstruktion), die Zahl der unterschiedlichen Erzeugnisse oder Erzeugnisgruppen fixiert (→ *Programmbreite*) und die verschiedenen Abwandlungen eines Erzeugnisses festgelegt (→ *Programmtiefe*) werden.

2. *Fertigungstiefe:*
   Außerdem wird entschieden, welche Bauteile selbst gefertigt und welche fremd bezogen werden (→ Entscheidung über die Fertigungstiefe = Anzahl der Fertigungsstufen):

   Beispiel: Automobilhersteller

Programmbreite:	→	Kleinwagen, Mittelklassewagen, Wagen der gehobenen Klasse, Sportwagen, Geländewagen
Programmtiefe:	→	Kleinwagen: Typ 310, 312, 315; Ausstattung: X, Y, Z; Farben: ... usw.

3. *Lebenszyklus:*
   Zur mittelfristigen Fertigungsprogrammplanung gehört ebenfalls die Einschätzung über den voraussichtlichen *Lebenszyklus des Produktes*: Zuerst muss das Produkt entwickelt und eingeführt werden. Anschließend folgt die Wachstums- und die Reifephase usw. (vgl. BCG-Matrix).

05. Welche Beschaffungsprogramme müssen als Voraussetzung für einen optimalen Leistungsprozess geplant werden?

Voraussetzung für einen optimalen Leistungsprozess ist die rechtzeitige sowie quantitativ und qualitativ richtige Bereitstellung aller benötigten Sachmittel (Betriebsmittel, Materialien), Arbeitskräfte, Finanzen und Informationen.

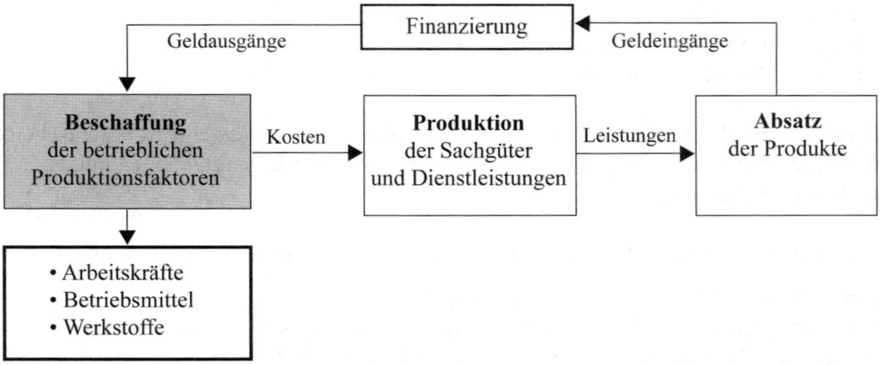

Im Einzelnen müssen also folgende Beschaffungsprogramme (auch: Fertigungsversorgung) geplant werden:

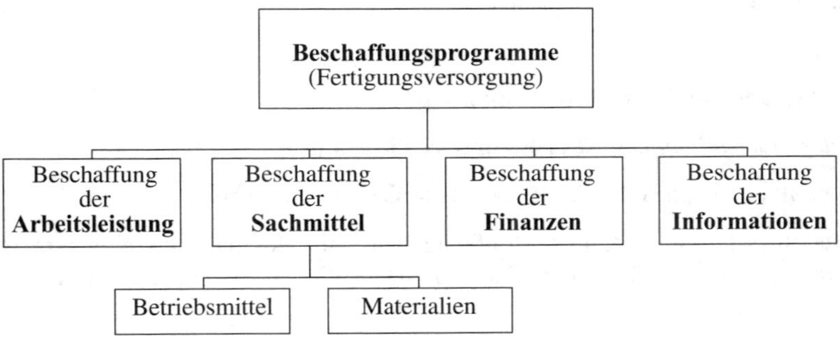

06. Welche Aufgaben umfasst die Betriebsmittelplanung? → 4.2.2

- Aufgabe der *Betriebsmittelplanung* ist die Planung
  - des Betriebsmittelbedarfs
  - *der Betriebsmittelbeschaffung* (Auswahl der Lieferanten; Finanzierung durch Kauf, Miete oder Leasing; Beschaffungszeitpunkte usw.)
  - des Betriebsmitteleinsatzes
  - der Einsatzbereitschaft der Betriebsmittel (Instandhaltung, Instandsetzung usw.).

- Die *Betriebsmittel* sind vielfältiger Natur; insbesondere sind folgende *Arten* bei der Planung zu berücksichtigen:
  - Grundstücke und Gebäude
  - Ver- und Entsorgungsanlagen
  - Maschinen und maschinelle Anlagen
  - Werkzeuge, Vorrichtungen
  - Transport- und Fördermittel

- Lagereinrichtungen
- Mess-, Prüfmittel, Prüfeinrichtungen
- Büro- und Geschäftsausstattung.

Neben der Anzahl der Betriebsmittel (*quantitative Betriebsmittelplanung*) ist zu entscheiden, welche Eigenschaften und welche Leistungsmerkmale die Betriebsmittel haben müssen (*qualitative Betriebsmittelplanung*):

- Bei der *qualitativen Betriebsmittelplanung* geht es z. B. um folgende Fragestellungen:
  - handgesteuerte oder teil- bzw. vollautomatische Maschinen
  - Bearbeitungszentren und/oder flexible Fertigungszellen/-systeme/-Transferstraßen
  - Größendegression der Anlagen (Senkung der Kosten bei Vollauslastung)
  - Spezialisierungsgrad der Anlagen (Spezialmaschine/Universalanlage)
  - Grad der Umrüstbarkeit der Anlagen
  - Aufteilung des Raum- und Flächenbedarfs in Fertigungsflächen, Lagerflächen, Verkehrsflächen, Sozialflächen und Büroflächen.

07. Was ist Gegenstand der Materialplanung? **→ 4.2.2**

Aufgabe der Materialplanung **ist insbesondere die Planung**

- des Materialbedarfs (z. B. Methoden der Bedarfsermittlung) und
- der Materialbeschaffung, vor allem: Lieferantenauswahl, Beschaffungszeitpunkte, Bereitstellungsprinzipien (Bedarfsfall, Vorratshaltung, JiT usw.) und Bereitstellungssysteme/Logistik (Bring-/Holsysteme).

Einfluss auf die Materialbeschaffung bzw. Ersatzteilversorgung haben vor allem die Variablen „Kosten", „Zeit", „Menge" und „Verfügbarkeit". Es sollten in der Anlage möglichst viele gleichartige Komponenten eingesetzt werden (Reduzierung der Kosten).

- Welche *Werkstoffe* müssen geplant werden?

- Rohstoffe	=	Hauptbestandteil der Fertigungserzeugnisse, z. B. Holz bei der Möbelherstellung
- Hilfsstoffe	=	Nebenbestandteile der Fertigerzeugnisse, z. B. Leim bei der Möbelherstellung
- Betriebsstoffe	=	gehen nicht in das Produkt ein, sondern werden bei der Fertigung verbraucht, z. B. Energie (Strom, Dampf, Luftdruck)

Bei der Planung des Materialbedarfs stehen sich zwei grundsätzliche *Prinzipien* gegenüber:

Materialbedarfsermittlung	
Stochastische Bedarfsermittlung	**Deterministische Bedarfsermittlung**
→ verbrauchsorientiert, auftragsunabhängig	→ auftragsorientiert, auftragsabhängig
• für lagermäßig geführte Materialien • anhand von Vergangenheitswerten • auf der Basis von Lagerstatistiken • bestellt wird bei Erreichen des Meldebestandes	Wird aufgrund des Bedarfs für bestimmte Aufträge jeweils neu ermittelt.
Methoden:	
• Mittelwertbildung • exponentielle Glättung • Regressionsanalyse	• analytische Disposition: → Stücklisten • synthetische Disposition: → Teileverwendungsnachweis

- *ABC-Analyse:*
  Mithilfe der *ABC-Analyse* können die zu beschaffenden Sachmittel entsprechend ihrer Wertigkeit in A-, B- und C-Güter klassifiziert werden; auf der Basis dieser Information kann dann z. B. eine Analyse des Verbrauchs nach Materialien oder nach Lieferanten erfolgen. Außerdem zeigt die Analyse, welche Materialien bei der Bedarfsplanung im Mittelpunkt stehen müssen bzw. welche Methode der Beschaffung wirtschaftlich ist.

A. Erstellen der ABC-Analyse und beschreiben der Arbeitsschritte:

1. Schritt: Ermittlung des wertmäßigen Monatsverbrauchs und Vergabe einer Rangzahl: Die Artikelgruppe mit dem höchsten wertmäßigen Verbrauch erhält die Rangzahl 1 usw.

Rangzahl	Artikel-Gruppe	Verbrauch je Monat in Einheiten (E)	Preis je Einheit in €	[Preis · Verbrauch] in €
10	900	1.000	0,70	700
8	979	4.000	0,20	800
1	105	3.000	3,80	11.400
4	113	6.000	1,00	6.000
3	121	1.000	7,00	7.000
2	129	16.000	0,50	8.000
7	137	9.000	0,10	900
5	189	400	3,00	1.200
6	194	600	2,00	1.200
9	215	4.000	0,20	800
	Σ			38.000

2. Schritt: Sortierung des Zahlenmaterials entsprechend der Rangzahl in fallender Reihenfolge.

Rangzahl	Artikel-Gruppe	Verbrauch je Monat in Einheiten (E)	Preis je Einheit in €	[Preis · Verbrauch] in €
1	105	3.000	3,80	11.400
2	129	16.000	0,50	8.000
3	121	1.000	7,00	7.000
4	113	6.000	1,00	6.000
5	189	400	3,00	1.200
6	194	600	2,00	1.200
7	137	9.000	0,10	900
8	979	4.000	3,00	800
9	215	4.000	0,20	800
10	900	1.000	0,70	700
	Σ			38.000

3. Schritt: - Ermittlung des wertmäßigen Monatsbedarfs in Prozent zum gesamten wertmäßigen Monatsbedarfs sowie kumuliert

- Anteil der Artikelgruppe in Prozent zur Gesamtzahl der Artikelgruppen sowie kumuliert

Rangzahl	Artikel-Gruppe	[Preis · Verbrauch] in €	%-Anteil Verbrauch	%-Anteil, Verbrauch kumuliert
1	105	11.400	30,00	30,00
2	129	8.000	21,05	51,05
3	121	7.000	18,42	69,47
4	113	6.000	15,78	85,25
5	189	1.200	3,16	88,41
6	194	1.200	3,16	91,57
7	137	900	2,37	93,94
8	979	800	2,11	96,05
9	215	800	2,11	98,16
10	900	700	1,84	100,00
	Σ	38.000	100,00	

Rang-zahl	Artikel-Gruppe	%-Anteil, Anzahl	%-Anteil, Anzahl kumuliert
1	105	10	10
2	129	10	20
3	121	10	30
4	113	10	40
5	189	10	50
6	194	10	60
7	137	10	70
8	979	10	80
9	215	10	90
10	900	10	100
	Σ	100	

B. Grafische Darstellung der Verteilung:

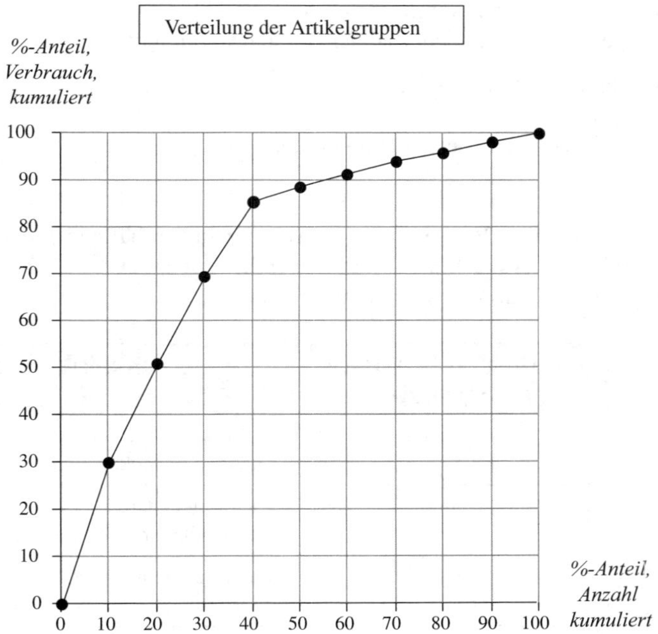

C. Klassifizierung:

Rang-zahl	Artikel-Gruppe	%-Anteil, Verbrauch kumuliert	%-Anteil, Anzahl kumuliert	Klassi-fikation
1	105	30,00	10	A
2	129	51,05	20	A
3	121	69,47	30	A
4	113	85,25	40	B
5	189	88,41	50	B
6	194	91,57	60	C
7	137	93,94	70	C
8	979	96,05	80	C
9	215	98,16	90	C
10	900	100,00	100	C

- Rationalisierungsmaßnahmen für A- und B-Gruppen, z. B.:
  - Wettbewerbsangebote einholen, Preisvergleiche anstellen
  - Überwachung der Lagerbestände mit dem Ziel der Bestandsminimierung.
- Rationalisierungsmaßnahmen für C-Gruppen, z. B.:
  - Rahmenabkommen
  - Zusammenfassung der Bedarfe und Bestelloptimierung.

• *XYZ-Analyse:*
Die *XYZ-Analyse* stellt nicht wie die ABC-Analyse den Wert der zu beschaffenden Güter in den Mittelpunkt, sondern klassifiziert nach dem Grad der Vorhersagbarkeit des Verbrauchs. Eine mögliche Einteilung kann z. B. in folgender Form erfolgen:

Materialart	Grad der Vorhersage-genauigkeit	Beispiel
X-Güter	hoch	konstanter Verbrauch; kaum Schwankungen
Y-Güter	mittel	schwankender, dennoch planbarer Verbrauch
Z-Güter	niedrig	sehr unregelmäßiger Verbrauch

08. Wie wird die Beschaffung der Arbeitsleistung geplant? → 6.1, 7.1

Die Personalbedarfsplanung ist das „Herzstück" der Personalplanung. Sie ermittelt den quantitativen und qualitativen Bedarf für die Planungsperiode und stellt die Verbindung zwischen der Umsatz, Ergebnis- und Produktionsplanung einerseits und der Anpassungs- und Kostenplanung andererseits her. Der geplante Personalbedarf hat Zielcharakter für die anderen Felder der Personalplanung. Dabei

- ermittelt die *quantitative Personalplanung* das zahlenmäßige Mengengerüst (Anzahl der Mitarbeiter je Bereich, Vollzeit-/Teilzeit-„Köpfe“ usw.). → *Wie viele?*

- geht es bei der *qualitativen Personalplanung* um die Qualifikationserfordernisse des festgestellten Mitarbeiterbedarfs (z. B. Angestellte/Arbeiter, angelernt/ungelernt, mit/ohne Ausbildungsabschluss, Fachrichtung Metall/Elektrotechnik/Mechatronik usw.) → *Mit welchen Qualifikationen?*

Das Grundgerüst zur Ermittlung des Personalbedarfs wird ausführlich unter 6.1 behandelt:

Bruttopersonalbedarf = Stellenbestand zum Planungszeitpunkt		+	**Personalbestand** = Mitarbeiter zum Planungszeitpunkt	
+ **Ersatzbedarf** + **Reservebedarf** - **Stellenabbau**			+ **Mitarbeiterzugänge** - **Mitarbeiterabgänge**	
abhängig von z. B.:			abhängig von z. B.:	
• Absatz • Produktion • Tarifvertrag • Gesetze	• Urlaub • Fehlheiten • Einarbeitung • Freistellungen		• Fluktuation • Kündigungen • Tod • Mutterschutz	• Neueinstellungen • Rückkehrer • Übernahmen
Methoden, z. B.:			**Methoden**, z. B.:	
Globale Bedarfsprognose:	**Differenzierte** Bedarfsprognose:		• Abgangs-/Zugangstabelle • Altersstrukturstatistik • Personalentwicklung • Befragung	
• Schätzverfahren • globale Kennzahlen	• Stellenplanmethode • Personalbemessung • differenzierte Kennzahlen			
		=		
Nettopersonalbedarf				
> 0: → Beschaffungsbedarf			< 0: → Freisetzungsbedarf	

09. Welchen Inhalt hat die Planung der Finanzbeschaffung?

Die Bereitstellung der für das Produktionsprogramm erforderlichen Betriebsmittel kann zu *Ersatz- oder Erweiterungsinvestitionen* führen. Insbesondere wenn der Kapitalbedarf hoch ist, muss mittel- und langfristig sichergestellt werden, dass die benötigten Finanzmittel rechtzeitig und in der geplanten Höhe zur Verfügung stehen (Stichworte: Eigen-/Fremdfinanzierung, Innen-/Außenfinanzierung).

10. Welche Informationen müssen als Voraussetzung für einen optimalen Leistungsprozess vorliegen? → 4.1.5

Voraussetzung für einen optimalen Ablauf des Leistungsprozesses ist die Aktualität und Richtigkeit der *Stammdaten* sowie der *Bewegungsdaten* der Produktion. Weiterhin müssen alle *Auftragsdaten* und *Identifikationsdaten* angelegt werden (vgl. ausführlich unter Ziffer 4.1.5). Weitere Datenarten sind: Daten zur Kapazitätsplanung, zur Fertigungstechnologie, zur Instandhaltung, zum Qualitätsmanagement (vgl. ausführlich unter 4.1.6). Zur Bewältigung dieser Datenmengen werden heute fast ausschließlich Dv-gestützte Programme der Produktionsplanung und -steuerung eingesetzt (z. B. SAP-R/3®, MAPICS, Navision, Oracle/MANUFACTORING).

11. Welchen Inhalt haben (kurzfristige) Fertigungsprogramme?

Die kurzfristige Fertigungsprogrammplanung wird aus der Produktionsplanung abgeleitet und bestimmt,

- welche Produkte
- in welchen Mengen
- innerhalb der nächsten Zeit (z. B. innerhalb der nächsten sechs Monate)

im Unternehmen gefertigt werden. Die Planung richtet sich in erster Linie nach dem Absatz, muss aber auch vorhersehbare Engpasssituationen in der Fertigung berücksichtigen.

4.3.5 Auftragsabwicklung als Prozess der Leistungserstellung von marktbezogenen und innerbetrieblichen Aufträgen

01. Was ist ein Auftrag und welche Auftragsarten werden unterschieden?

Ein Auftrag ist ein Aufforderung an eine bestimmte Stelle im Unternehmen, eine beschriebene Handlung vorzunehmen. Man unterscheidet folgende Auftragsarten (auch: Arten der Auftragsvergabe):

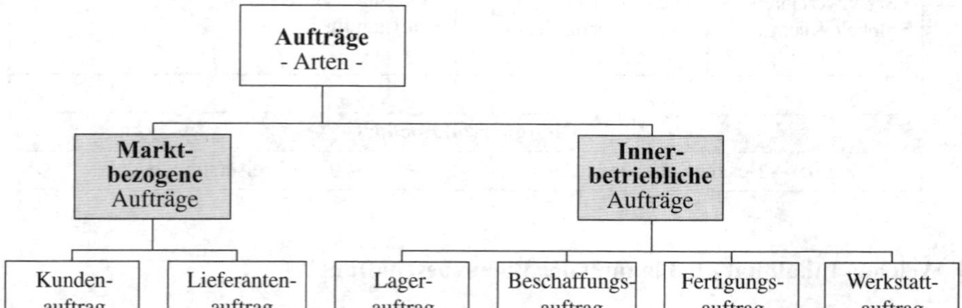

02. Welche Zielgrößen müssen bei der Auftragsabwicklung beachtet werden?

- *Termineinhaltung* (Beachtung der Durchlaufzeit)
- Einhaltung des vereinbarten *Verkaufspreises* (Beachtung der Kosten)
- Einhaltung der vereinbarten *Qualitätsstandards* (Beachten der Qualitätssicherung).

03. Welche Arten der Auftragsauslösung sind möglich?

Der Impuls zur Fertigung eines Auftrags kann von mehreren Stellen innerhalb oder außerhalb des Betriebes ausgehen, z. B.:

- vom Kunden → aufgrund einer Bestellung
- vom Vertrieb → Weiterleitung einer Kundenbestellung
- von einer Lagereinrichtung innerhalb des Betriebes → Erreichen des Sicherheitsbestandes (vgl. Kanban-System)
- von einer bestimmten Kostenstelle des Betriebes → Werkstattauftrag.

Dabei erfolgt die Auftragsauslösung entweder

- aufgrund eines(r) internen/externen Auftrags/Bestellung oder
- aufgrund eines Programms/Systems (z. B. Kanban, JiT).

04. Welche Bearbeitungsschritte sind im Rahmen der Auftragsabwicklung erforderlich?

Der (idealtypische) Ablauf der Auftragsabwicklung umfasst folgende Bearbeitungsschritte:

Kundenanfrage	Der Kunde beurteilt einen Lieferanten auch danach, wie schnell und zuverlässig eine Anfrage bearbeitet wird.
Angebot Angebotsüberwachung	Angebotsentwürfe, Angebot, Angebotspflege, -aktualisierung
Auftragseingang, Auftragsprüfung, Auftragsbestätigung	Prüfen der Bestellung (z. B. Kreditwürdigkeit, Lieferfähigkeit), Annahme/Ablehnung des Auftrags
Auftragserfassung	Erfassung der Daten: Auftragsnummer, Sachnummer, Mengenangaben, Fertigstellungstermin, Prioritäts-/abhängigkeitsdaten (vgl. 4.1.5)
Auftragsplanung	Gedankliche Vorwegnahme der Realisierung: Materialbedarf, Betriebsmittel, Arbeitskräfte, Kapazitäten usw.
Auftragsfreigabe	Übergang von der Planung zur Ausführung kurz vor Beginn der Fertigung: Starttermin? Verfügbarkeit: Kapazität? Daten? Material? usw.
Auftragsauslösung	Beginn der Fertigungssteuerung: Werkstattpapiere erstellen, Ressourcen bereitstellen
Auftragsausführung, Auftragsverwaltung, Auftragskontrolle	Fortschreibung der Auftragsdaten nach Auftragsfreigabe (vgl. 4.1.5)
Auftragsrückmeldung	Meldung, in welcher Weise der Auftrag erledigt wurde.
Lieferfreigabe	Gesamtlieferung oder Lieferung in Teilen
Versandauslösung	Versandverpackung, Frachtpapiere; ggf. Montage und Inbetriebnahme beim Kunden
Fakturierung Rechnungsversand	Lieferschein, Rechnung; Überwachen des Zahlungseingangs

Je nach Größe, Wert und Komplexität des Auftrags bzw. nach der Lieferanten-Kundenbeziehung existieren für bestimmte *Branchen* unterschiedliche *Arten der Auftragsauslösung*:

Branche:	Art der Auftragsauslösung:	
• *Anlagenbauer:*	→	*durch Kundenauftrag*; komplexe Aufträge mit spezifischen Kundenanforderungen
• *Werkzeugmaschinenhersteller:*	→	*durch Kundenauftrag;* bei hochwertigen, komplexen Aufträgen
	→	aufgrund der Lagerbestandsfortschreibung (z. B. Erreichen des Sicherheitsbestandes)
• *Systemlieferer – Zulieferer:*	→	aufgrund definierter *Lose*
	→	in definierten *Zeitabständen*
	→	aufgrund von *Abrufen des Kunden* innerhalb eines Rahmenvertrages
	→	*synchron zur Fertigung* des Kunden (*JiT*)
• *Serienfertiger:*	→	*aufgrund der Lagerbestandsfortschreibung* (z. B. Erreichen des Sicherheitsbestandes)
	→	*aufgrund von Kundenabrufen*
• *Automobilhersteller:*	→	aufgrund spezieller Kundenwünsche (Endverbraucher) erfolgt die Fertigung (Identifikationsdaten ermöglichen die genaue Zuordnung von Pkw und Kunde) aufgrund der Markteinschätzung der Vertriebsorganisation werden bestimmte Typen und Ausstattungsvarianten in Masse für den Markt gefertigt.

4.4 Anwenden von Informations- und Kommunikationssystemen

→ A 3.6.1

4.4.1 Informations- und Kommunikationssysteme als Grundlage betrieblicher Entscheidung und Abwicklung von Prozessen

01. Was versteht man unter Informationen?

Informationen sind Nachrichten, die aus einem Inhalt und einer Darstellung bestehen. Eine Information ist zweckorientiertes Wissen über Personen, Sachen oder Sachverhalte.

02. Welche Bedeutung haben Informationen für Geschäftsprozesse?

Der Zweck von Informationen besteht in der Regel darin, Handlungen vorzubereiten, durchzuführen und zu kontrollieren. Informationen reduzieren den Unsicherheitsgrad von Entscheidungssituationen.

03. In welcher Form werden Informationen in Unternehmen verwertet?

Informationen sind sowohl *Instrument* als auch Gegenstand des Handelns. Informationen als Führungsinstrument besitzen Lenkungscharakter und sind geeignet, Unternehmensprozesse zu steuern.

Informationen als Gegenstand des Handels sind Wirtschaftsgüter, die einen Marktpreis besitzen und einer Kosten-Nutzen-Analyse unterworfen werden. Beispiele für die Zuordnung von Informationen in den Bereich eines Wirtschaftsgutes sind alle Statistiken und Informationsblätter, die der Informationsgewinnung dienen.

04. Welcher Unterschied besteht zwischen Information und Kommunikation?

Information, z. B.	Kommunikation, z. B.
• ist einseitig, monologisch, Reaktion nicht erforderlich • erwartet wird keine Akzeptanz • Es besteht das Risiko des Nichtverstehens.	• ist wechselseitig, dialogisch, Reaktion gewollt • ist auf Akzeptanz ausgerichtet • versucht das Risiko des Nichtverstehens auszuschließen.

05. Welche Einsatzgebiete lassen sich heute für die Edv-gestützte Informationsverarbeitung nennen?

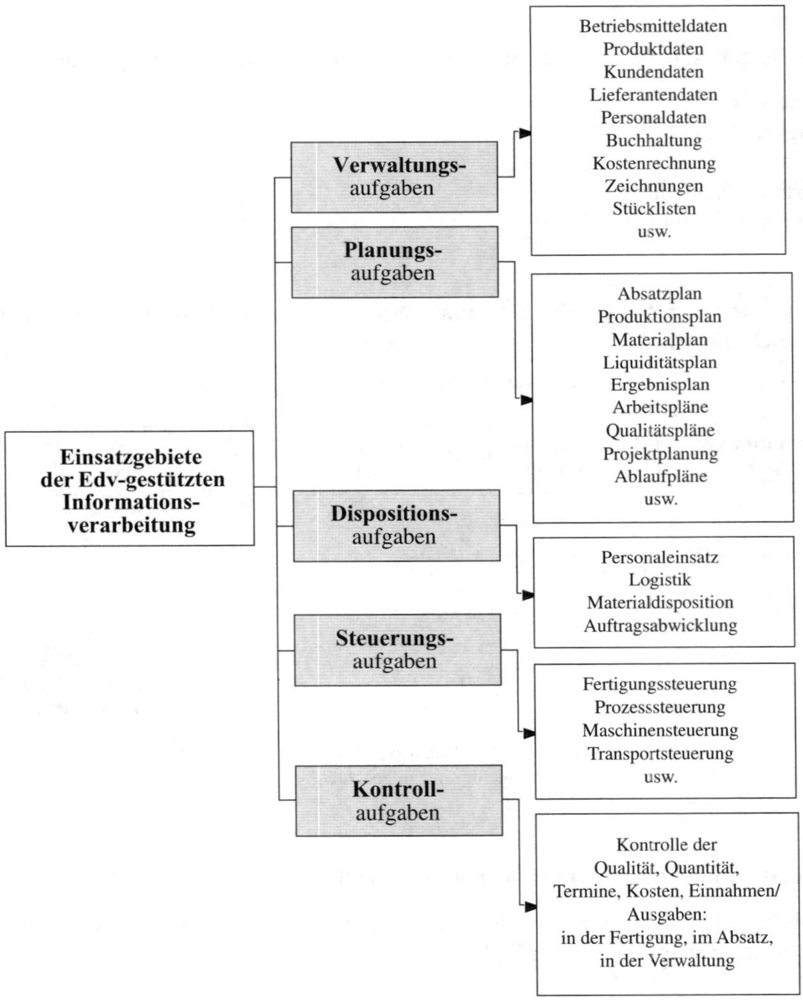

06. Welchen Nutzen kann die Edv-gestützte Informationsverarbeitung aus betrieblicher Sicht bieten?

Beispiele:

- Automatisierung sich wiederholender Prozesse
- Vereinfachung von Tätigkeiten und Abläufen (Rationalisierung)
- Beschleunigung der Informationsverarbeitung
- Verbesserung der Arbeitsproduktivität
- Reduzierung der Kosten

- Möglichkeit der Personalreduktion
- exakte Dokumentation und Reproduktion von Daten (z. B. Zeichnungen, Stücklisten).

07. Welche Anforderungen werden an Informationen und Informationssysteme gestellt?

- Vollständigkeit
- Eindeutigkeit
- Aktualität
- Benutzerfreundlichkeit
- Aktivität (Erleichterung des Zugriffs).

08. Wie lässt sich der Prozess der Informationsgewinnung, -speicherung und -weiterleitung beschreiben?

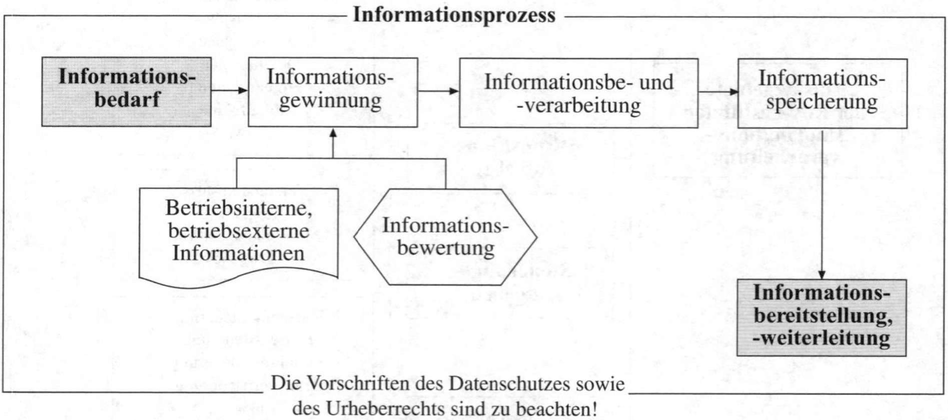

09. Was versteht man unter dem Informationsbedarf?

Informationsbedarf ist die Menge von Informationen, die von einem oder mehreren Entscheidungsträgern zur Lösung anstehender Probleme benötigt wird.

10. Was sind Informationsquellen?

Informationsquellen sind sämtliche Personen, Gegenstände und Prozesse, die Informationen liefern. Es kommt daher darauf an, dass ein Unternehmen über die richtigen, d. h. für seine Zwecke notwendigen und geeigneten Informationsquellen verfügt und damit alle benötigten Informationen in der richtigen *Zeit* und *Menge* beschaffen kann.

Beispiel:
Führungskräfte in der Produktion müssen ihr Wissen über den laufenden Stand der Technik ständig aktualisieren; geeignete Möglichkeiten sind z. B.: Fachzeitschriften, Informationsmaterialien/Messen der Hersteller, Fachtagungen, Erfahrungsaustausch mit Kollegen.

11. Was ist das Problem der Informationsbeschaffung?

Die Güte einer Entscheidung hängt wesentlich von der Eignung und Qualität der verfügbaren Informationen ab. Der Verarbeiter von Informationen muss daher über genügend Fachwissen und Gespür für die Bewertung seiner Informationen und deren Aussagekraft besitzen, wenn er nicht Gefahr laufen will, seine Entscheidungen auf falschen oder unvollständigen Informationen aufzubauen.

12. Welche Bereiche sind für eine Informationsbeschaffung besonders wichtig und aussagefähig?

- die Absatzregion und ihre Eigenheit
- Bedarf und Nachfrage am Markt
- die Konkurrenzverhältnisse
- Produkt- und Programmpolitik für den Markt
- Distribution zum und auf dem Markt
- Kontrahierungspolitik für die anzubietenden Produkte.

13. Auf welche Weise wird die Informationsbeschaffung vorgenommen?

Zunächst müssen die erforderlichen Informationsquellen (externe, interne) ausgewählt werden und sodann müssen Umfang, Genauigkeit und Häufigkeit der zu beschaffenden Informationen festgelegt werden. Diese orientieren sich am Informationsbedarf.

14. Welche Arten der Informationsbearbeitung werden unterschieden?

a) Man unterscheidet die *verwender- und die nichtverwenderorientierte Informationsbeschaffung*, wobei die verwenderorientierte Informationsbeschaffung als Informationsnachfrage und die nicht verwenderorientierte Beschaffung als Informationsangebot bezeichnet werden.

b) Nach dem Ort der Entstehung unterscheidet man zwischen
   - *betriebsinterner* und
   - *betriebsexterner* Informationsbeschaffung.

15. Wie lassen sich betriebsinterne Informationen beschaffen und auswerten?

Bei betriebsinternen Informationen werden Daten weiterverwendet, die aus anderen Anlässen anfallen. Beispiele sind die Kosten, die der betrieblichen Kostenrechnung entnommen werden, und Personaldaten, die von der Personalabteilung zur Verfügung gestellt werden. Allerdings ist in jedem Fall darauf zu achten, dass die Datengrundlagen übereinstimmen, um nicht methodisch zu falschen Ergebnissen zu gelangen.

16. Was sind externe Quellen der Informationsbeschaffung?

Betriebsexterne Daten lassen sich über selbstständige Institute und statistische Ämter und anderen Institutionen (Kammern, Verbände) oder freien Anbietern oder einfach aus statistischen Quellen beschaffen.

17. Was versteht man unter einer Informationsbewertung?

Oftmals können Informationen nur unter erheblichen Kosten beschafft werden. In jedem Fall ist eine *Kosten-Nutzen-Analyse* anzustellen, um sicherzustellen, dass die Kosten nicht höher sind als der durch die Informationsbeschaffung erreichte Nutzen.

18. Welchen Arbeiten sind im Rahmen der Informationsbe- und -verarbeitung auszuführen?

Die im Wege der Informationsbeschaffung gewonnenen Informationen/Daten liegen in der Regel nicht in der für den Betrieb erforderlichen Form und Darstellungsart vor. Daher ist eine Be- und Verarbeitung der Informationen notwendig:

- *Aufbereitung* der Informationen, z. B.:
  - selektieren
  - ordnen
  - zusammenfassen, verdichten.

- *Speichern* der ausgewählten Informationen

- *Pflege* und Aktualisierung der Informationen/Datenbestände.

19. Wie werden Informationen weitergeleitet?

Informationen erfordern einen Informationsträger in Form von Nachrichten oder Daten, die ihrerseits durch Datenträger wie Signale oder Schriftstücke dargestellt werden.

20. Welche Informationsträger lassen sich unterscheiden?

Informationen können auf verschiedenen Trägern (auch: Datenträger, Speichermedien) erfasst, bearbeitet, gespeichert und weitergeleitet werden – manuell oder maschinell:

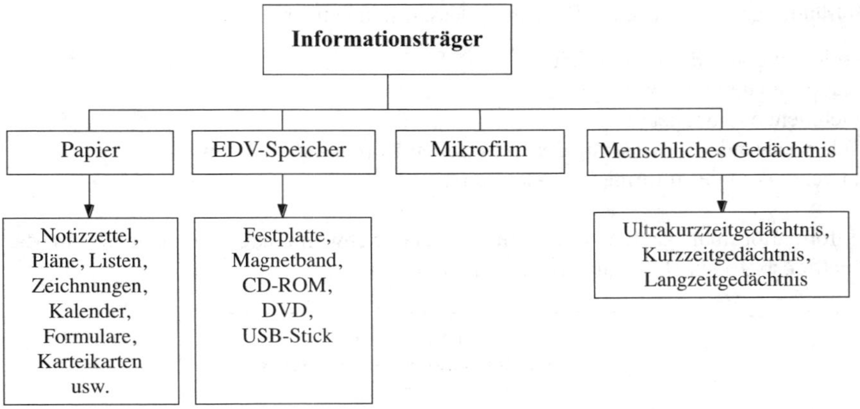

Man kann daher *EDV-verwaltete Informationen* und *Nicht-EDV-verwaltete Informationen* unterscheiden. Die steigenden Anforderungen an das Informationsmanagement bezüglich Geschwindigkeit, Qualität, Menge, Sektion, Vernetzung und Wirtschaftlichkeit der Datenbearbeitung und -bereitstellung führen zu einer weiteren Zunahme der DV-gestützten Informationsbe- und -verarbeitung.

21. Wer benötigt Informationen aus dem Unternehmensbereich?

- die Gesellschafter
- der Aufsichtsrat
- der Betriebsrat
- die Gläubiger (Lieferanten, Kreditgeber, Banken)
- die Finanzbehörden zur Feststellung der Steuerlast
- die Öffentlichkeit über die Bedeutung, die Produkte, die Beschäftigungslage, die konjunkturelle Lage und die Umweltpolitik
- die statistischen Ämter
- die Institute, die sich mit Betriebsvergleichen befassen.

22. Welche Aufgabe und Bedeutung hat das Informationsmanagement aus betrieblicher Sicht?

Informationen sind heute eine wichtige Ressource eines Unternehmens. Die Aufgabe des Informationsmanagements ist die planmäßige Gewinnung, Verarbeitung und Weiterleitung aller relevanter Informationen in dem betreffenden Unternehmen. In größeren Betrieben wird dafür zunehmend eine eigenständige Organisationseinheit gebildet. Die Aufgaben werden überwiegend mithilfe der EDV/IT gelöst.

Als Gründe für die wachsende Bedeutung lassen sich nennen:

- Verdichtung von Raum und Zeit
- rasante Zunahme des Wissens
- zunehmende Globalisierung
- rasch wachsende Entwicklung der technischen Kommunikationsmittel
- Notwendigkeit der Informationsselektion.

Ein Informationsmanagementsystem muss folgende Schwerpunkte in vernetzter Form bearbeiten und betriebsbezogene Lösungen bereitstellen:

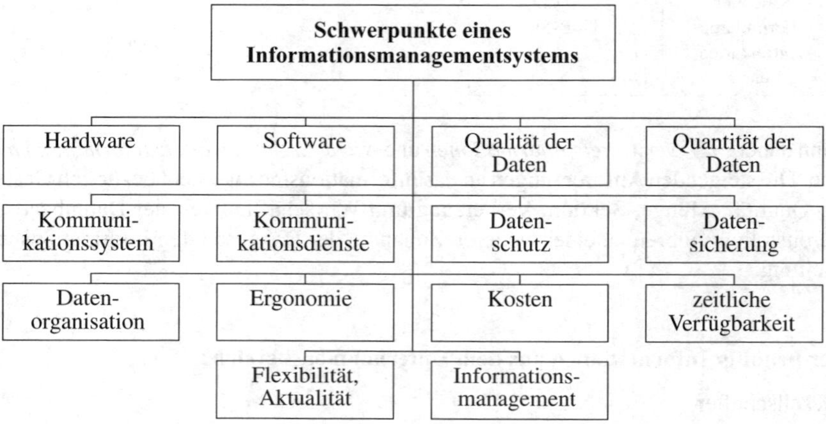

Das Informationsmanagement muss sich auf alle *Planungsebenen* beziehen:

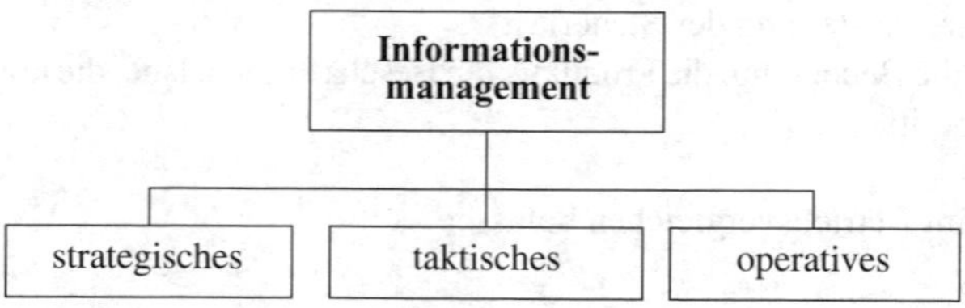

- *Strategisches Informationsmanagement:*
  Grundsätzliche, langfristige Planungen und Entscheidungen der Informationsbeschaffung, -verarbeitung und -weiterleitung (z. B. grundsätzliche Entscheidungen zur EDV-Technologie und -struktur).

- *Taktisches Informationsmanagement:*
  Mittelfristige Planungen und Entscheidungen, die aus dem strategischen Informationsmanagement abgeleitet werden (z. B. Wahl einer bestimmten Rechnertechnologie und Entscheidungen zur innerbetrieblichen Vernetzung).

- *Operatives Informationsmanagement:*
  Kurzfristige Planungsarbeiten und Entscheidungen unter Nutzung der vorliegenden Informationsstrukturen (z. B. Dv-gestützte Generierung der Auftragsdaten, Erzeugen von Reports zur Kostenkontrolle).

4.4.2 Betriebliche Informations- und Übertragungssysteme

01. Was ist ein System?

Als *System* bezeichnet man eine Menge von Elementen, die durch bestimmte Relationen verknüpft sind (z. B. Arbeitssystem: Input + Kombination von Mensch und Arbeitsmittel + Output). Die Menge und die Art und Weise der Relationen zwischen den Elementen ergibt die Struktur des Systems.

02. Was ist ein betriebliches Informationssystem?

Ein betriebliches Informationssystem hat die Aufgabe, jedem Mitarbeiter die notwendigen Informationen in geeigneter Weise zum richtigen Zeitpunkt zur Verfügung zu stellen. Folgende Fragen sind beim Aufbau eines Informationssystem zu klären:

1. Festlegen der Verantwortlichkeiten:
   - Erfassung der Daten
   - Pflege der Daten
   - Weitergabe der Daten
   - Beschreibung der Informationsquellen
   - Zugriff auf Daten (ganz oder selektiv)
   - Zugriffssicherung.

2. Quantität und Qualität der Daten:
   - Vollständigkeit
   - Eindeutigkeit
   - Aktualität
   - Verständlichkeit
   - Art der Speicherung
   - Art der Aufbereitung
   - Art der Weitergabe/Veröffentlichung (Datenträger, Intranet, Infomappe, Mitarbeiterzeitschrift).

03. In welcher Form können Informationen/Daten vorliegen? **→ 4.1.5**

Unter Ziffer 4.1.5 wurden Datenarten unterschieden nach der Häufigkeit der Veränderung (Stammdaten, Bewegungsdaten). Eine weitere Unterscheidungsmöglichkeit ist die Form, in der Daten/Informationen vorliegen können:

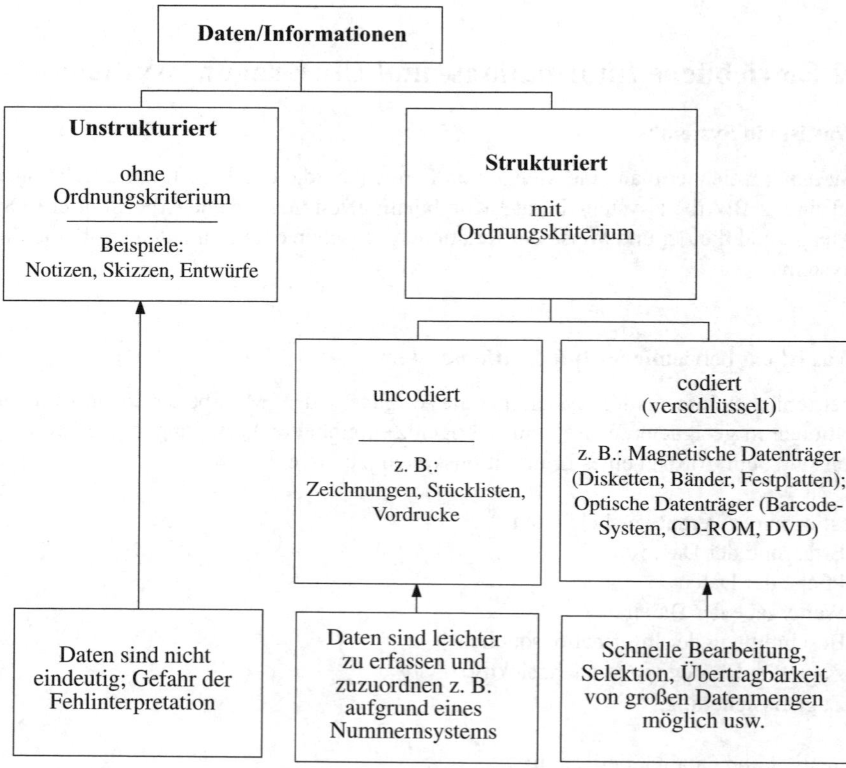

04. Welche Möglichkeiten der Datenübertragung gibt es?

Unter Ausnutzung der Netzstrukturen der Telekommunikationsanbieter können Informationen/*Daten* auf folgende Arten *übertragen* werden (*Kopplungstechnik*):

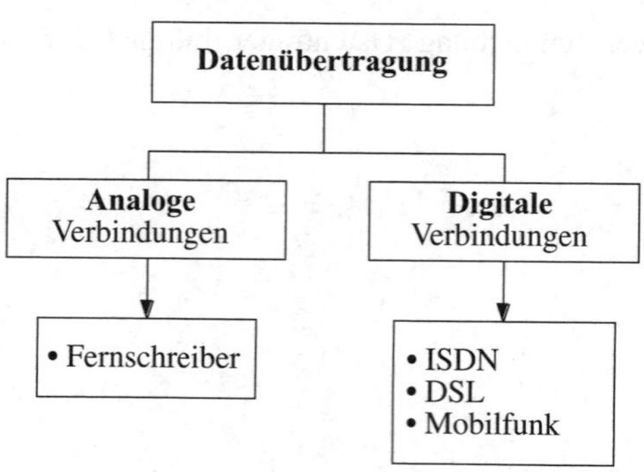

- *Fernschreiber* (Telex/Teletex) ist ein Dienst, mit dem Texte zeichenweise übertragen werden. Die Codierung der Zeichen erfolgt nach einem internationalen Standard. Teletex ist der Nachfolger zu Telex.

- *ISDN* ist die Abkürzung für Integrated *S*ervices *D*igital *N*etwork; zu deutsch: Dienstintegrierendes, digitales Telekommunikationsnetz. Die einzelnen Begriffe dieser Abkürzung bedeuten:

  - *Integrated:* Alle über ISDN zur Verfügung stehenden Kommunikationsdienste werden über eine Leitung angeboten.
  - *Services:* Es werden verschiedene Kommunikationsdienste angeboten: Sprach-, Bild-, Text- und Datendienste.
  - *Digital:* Die Übertragung der unterschiedlichen Daten erfolgt digital.
  - *Network:* Es handelt sich um ein weltweites Telekommunikationsnetz, das physikalisch auf dem herkömmlichen, analogen Telefonnetz basiert.

  ISDN ist ein digitales Telekommunikationsnetz, das verschiedene Kommunikationsdienste anbietet und aufgrund der Digitalisierung eine höhere Leistungsfähigkeit als das *analoge Telefonnetz* besitzt. ISDN steht als internationaler Standard europaweit als Euro-ISDN zur Verfügung. Das Netz stellt neben den verschiedenen Kommunikationsdiensten auch eine Vielzahl an Leistungen zur Verfügung, sodass sich die Nutzung des ISDN für den Benutzer komfortabel gestaltet. Von der Struktur her besteht eine ISDN-Leitung aus *zwei Nutzkanälen (B-Kanälen)* und einem *Steuerungskanal (D-Kanal)*. Da es sich um ein digitales Netz handelt, werden alle Informationen, so z. B. auch Sprachdaten, digitalisiert übertragen.

- Funktionsweise von *DSL*: „Digital Subscriber Line" benötigt zwei Modems, eines in der Vermittlungsstelle des Anbieters und eines beim Kunden. Die DSL-Technik nutzt die Tatsache, dass der herkömmliche analoge Telefonverkehr im Kupferkabel nur Frequenzen bis 4 kHz belegt. Theoretisch jedoch sind auf Kupferleitungen Frequenzen bis 1,1 MHz möglich. Durch Aufsplitten der Bandbreite in unterschiedliche Kanäle, z. B. für Sprach- und Dateninformationen, und die Nutzung der bislang ungenutzten höheren Frequenzbereiche, puschen heutige DSL-Technologien das Kupferkabel auf Übertragungsraten von bis zu 52 Mbits pro Sekunde – abhängig von der eingesetzten DSL-Variante. In der Praxis werden aber meist nur reduzierte Transferraten benutzt, da dann die gegenseitigen Störungen in den Kabelsträngen geringer ausfallen.

- Die Datenübertragung per *Mobilfunk* arbeitet über das *GSM* (Global System for Mobile Communications) mit einer Kompression der Daten. Die Übertragung kann mit Verlusten behaftet sein; die Datenübertragungsrate ist in der Regel noch unbefriedigend und wird sich erst durch den Einsatz von *UMTS* (Universal Mobile Telecommunications System) verbessern.

05. Was ist ein Netzwerk?

Ein *Netzwerk* (auch: *Netz*, Computernetz) ist die Kopplung mehrerer Computer, die auf bestimmte Ressourcen gemeinsam zugreifen (z. B. Programme, Datenbanken, Peripheriegeräte). Man unterscheidet:

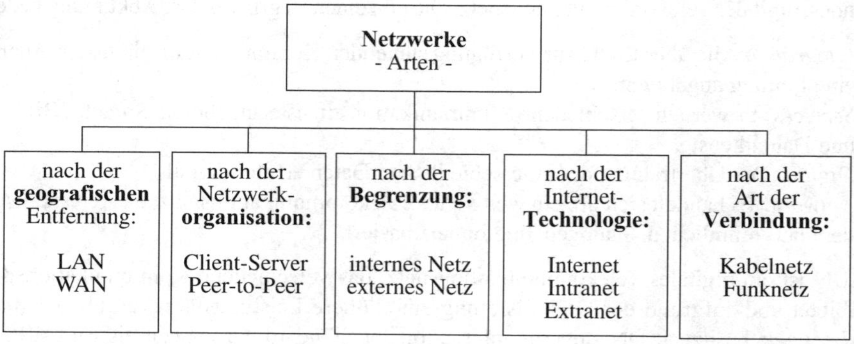

06. Wie lässt sich ein LAN erklären?

Ein *LAN* (Local Area Network) ist ein lokales Netzwerk, das über eine Entfernung von bis zu mehreren hundert Metern Rechner und Peripheriegeräte miteinander verbindet. Die Ausdehnung des Netzes ist in der Regel auf ein Gebäude oder Gelände beschränkt, sodass auch die rechtliche Kontrolle des Netzwerkes beim Benutzer liegt. In solch einem privaten Netz können ein oder mehrere Server, Arbeitsplatzrechner (meist PCs oder Workstations), Drucker etc. über ein Ring- oder Bussystem verbunden werden um Informationen auszutauschen und Ressourcen gemeinsam zu nutzen. Für Verkabelung, Netzwerk-Protokolle und Netzwerk-Betriebssystem stehen in einem LAN viele Alternativen zur Auswahl.

07. Was ist ein WAN?

Ein *WAN* (Wide Area Network) ist ein Weitverkehrs- bzw. Fernnetz, das Rechner über sehr große Entfernungen miteinander verbindet und sich dabei über mehrere Länder oder auch Kontinente erstrecken kann. Häufig werden lokale Unternehmensnetzwerke (z. B. in Niederlassungen) über Telefonleitungen miteinander zu einem WAN-Verbund gekoppelt. Bei den Telefonleitungen kann es sich um herkömmliche, analoge Leitungen oder ISDN handeln, die sowohl als normale Wählleitungen wie auch als Standleitungen zur Verbindung genutzt werden können. Unterschiede ergeben sich, je nach Alternative, in der Übertragungsgeschwindigkeit und in den Verbindungskosten. Neben Telefonleitungen kommen auch Glasfaserkabel, Breitband-ISDN, ATM und Satelliten zum Einsatz.

08. Wie ist eine Client-Server-Architektur aufgebaut?

Ein *Client* stellt einen Kunden dar, ein *Server* einen Dienstleister. In einer Client-Server-Architektur bieten ein oder mehrere Dienstleister (Server) Dienste über ein Netzwerk für ein oder mehrere Kunden (Clients) an. Bei den Servern handelt es sich um Rechner, die z. B. als Datei-Server (bietet Dateidienste an), Drucker-Server (bietet Druckdienste an) oder Fax-Server (bietet Faxdienste an) eingesetzt werden. Diese Dienstleistungen stehen allen am Netzwerk angeschlossenen Rechnern, also den Clients, zur Verfügung.

- Beispiel einer *Client-Server-Architektur:*

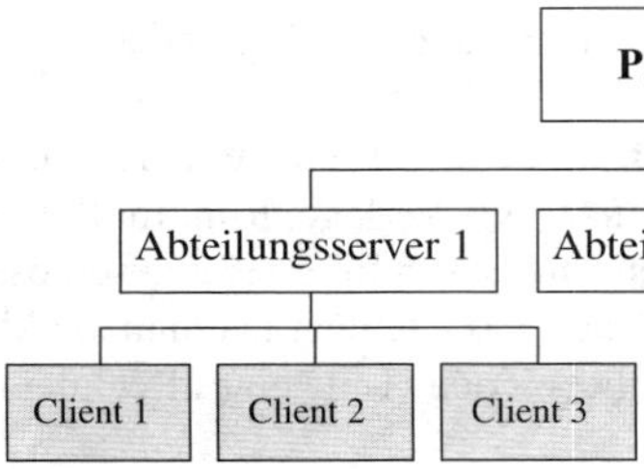

- Beispiele für *Serverfunktionen:*

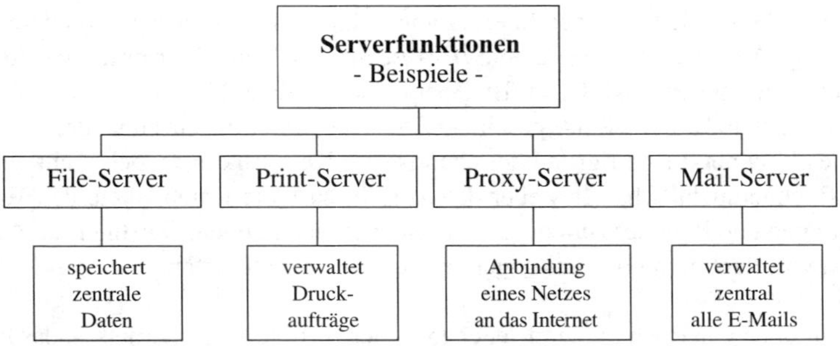

09. Welche Merkmale hat ein Peer-to-Peer-Netzwerk?

Allen Nutzern stehen die festgelegten Ressourcen zur Verfügung – ohne Zugangskontrolle und ohne Server.

10. Welcher Unterschied besteht zwischen einem internen und einem externen Netz?

Ein internes Netz ist ein innerbetriebliches Netz; das externe Netz ist zwischenbetrieblich.

11. Wie lässt sich das Internet erklären?

Das Internet ist das weltweit größte Computer-Netzwerk. Es besteht aus Millionen von Rechnern und tausenden von kleineren Computer-Netzen in mehr als 150 Ländern der Welt. Das Netzwerk hat eine chaotische Struktur. Das bedeutet, dass es nicht zentral organisiert ist und die Vernetzung sehr unterschiedlich (über Stand- und Wählleitungen sowie über Satellitenverbindungen) ausfällt. Anders als bei Online-Diensten unterliegen die Rechner im Internet keiner zentralen Kontrollinstanz. Daher gibt es auch keinen, der für das weltweite Netzwerk oder die weltweit angebotenen Inhalte verantwortlich zu machen wäre. Jeder Rechner, der dem Internet angeschlossen ist, unterliegt der Verantwortung des jeweiligen Betreibers. Da diese Betreiber in unterschiedlichen Ländern mit unterschiedlichen Gesetzen sitzen, ist es bisher noch nicht gelungen, eine für das Internet weltweit gültige Rechtsprechung zu verabschieden.

Heutzutage ist nahezu jedes Rechner-Netzwerk mit dem Internet verbunden. Hochschulen und Universitäten, Unternehmen aller Art, Informationsanbieter wie Verlage, Rundfunk- und Fernsehanstalten, Vereine und Parteien sowie Privatpersonen sind an das Internet angeschlossen. Sie treten häufig sowohl als Anbieter wie auch als Benutzer auf. Als Anbieter hat man die Möglichkeit, eigene Rechner als Server an das Internet anzuschließen oder Teile eines Rechners für die Bereitstellung der Informationen anzumieten.

Angeboten bzw. genutzt werden können Internet-Dienste wie World Wide Web, Datenübertragung (FTP), E-Mail, Diskussionsforen (Newsgroups) und vieles mehr. Diese Dienste werden über Internet-Server angeboten. Jeder an das Internet angeschlossene Server bzw. Rechner verfügt über eine eindeutige Adresse, die so genannte *IP-Adresse*. Die Datenübermittlung erfolgt über das standardisierte Internet-Protokoll TCP/IP. Über dieses Protokoll werden Daten in einzelne Datenpakete aufgeteilt und auf die Reise geschickt. Der Weg dieser Pakete zum adressierten Ziel (IP-Adresse eines Rechners) ist aufgrund der chaotischen Netzstruktur jedoch nicht eindeutig. Im Falle eines Rechnerausfalls hat dies aber den Vorteil, dass die Datenpakete den Weg über andere Verbindungen und Rechner zum geplanten Ziel nehmen können. Das Internet bleibt also bei Teilausfällen von Rechnern oder Leitungen immer noch funktionsfähig.

Aufgrund der Millionen von Rechnern und der chaotischen Struktur des Internets ist das Internet-Angebot entsprechend vielfältig und unstrukturiert. Ist man auf der Suche nach Informationen zu einem speziellen Thema, so ist es kaum möglich, die entsprechenden Informationsanbieter alle direkt selbst ausfindig zu machen. Aus diesem Grunde gibt es verschiedene *Suchmaschinen*, die die angebotenen Informationen des Internets nach Suchbegriffen durchsuchen und die Suchergebnisse dem Suchenden zur Verfügung stellen.

Der Zugang zum Internet erfolgt über *Internet-Zugangs-Provider* bzw. auch über Online-Dienste. Meist werden die Internet-Zugänge dieser Provider per ISDN angewählt. Die Kosten für die Nutzung des Internets sind von Provider zu Provider recht unterschiedlich. In der Regel fallen neben den Telefonverbindungskosten monatliche Grundgebühren und zeit- oder volumenabhängige Nutzungsgebühren an. Der Provider sorgt für ein gutes Datenvolumen, die notwendige Datengeschwindigkeit und einen guten Service.

Zur Nutzung der unterschiedlichen Internet-Dienste ist jeweils eine Client-Software (E-Mail-Client, FTP-Client, Telnet-Client etc.) oder ein Internet-Browser, der meist mehrere Client-Funktionen unterstützt, erforderlich.

12. Was bezeichnet man als Intranet?

Ein Intranet ist ein *internes Netz*, das von externer Seite nicht ohne Weiteres zugänglich ist. Anzutreffen sind Intranets z. B. in Unternehmen, um Mitarbeitern den Zugriff auf Unternehmensinformationen zu ermöglichen. Die Informationen werden mit entsprechenden Programmen selbst erstellt und von einem Administrator in das Intranet eingestellt. Mithilfe eines Web-Browsers können die Mitarbeiter über ein LAN auf den Intranet-Server zugreifen und die entsprechenden Informationen abrufen. Ein Zugang von außen auf das Intranet kann gewährt werden, wenn es sich um zugangsberechtigte Personen handelt. Dies können z. B. Außendienst- oder Telemitarbeiter sein. Da es sich bei diesen um unternehmensinterne Benutzer handelt, wird der Begriff Intranet auch hier sinngemäß verwendet.

13. Was ist der Unterschied zwischen einem Intranet und dem Internet?

Technisch gesehen unterscheidet sich ein Intranet nicht vom Internet: Es kommen dieselben Technologien, Protokolle, Standards und Software zum Einsatz. *Der Unterschied besteht in der Ausdehnung und in der Ausrichtung.*

Während das Internet weltweit für jeden zugänglich ist und die bereitgestellten Informationen meist öffentlich sind, ist ein Intranet grundsätzlich von der Ausdehnung meist nicht größer als ein LAN und intern ausgerichtet. In einem Intranet werden in der Regel nur interne Informationen abgelegt und der Zugriff ist auf die Mitarbeiter, meist über ein LAN, beschränkt. Häufig ist ein Intranet-Server physikalisch auch nicht mit weiteren Netzwerken oder Gateways verbunden.

14. Was ist ein Extranet?

Das Extranet ist eine *Sonderform des Intranets*: Es verwendet die Internet-Technologie für den Zugriff eingeschränkter Nutzer (Stammlieferanten, Stammkunden) auf ein bestimmtes Intranet eines Unternehmens. Die Zugriffsberechtigung wird gesondert vergeben und ist eingeschränkt.

15. Was sind Netzwerk-Topologien und welche Formen stehen zur Verfügung?

Unter Netzwerk-Topologien versteht man die physische oder logische Auslegung von Netzwerkknoten und Netzwerkverbindungen. Die Topologie stellt die Struktur eines Netzwerks dar. Server, Arbeitsstationen, Drucker, Router, Hubs und Gateways werden darin häufig als Netzknoten aufgeführt. Topologien unterscheiden sich im WAN- und LAN-Bereich. Im WAN spielen ökonomische und geografische Gegebenheiten eine andere Rolle als in einem LAN; deshalb ist eine klare Netzstruktur im WAN-Bereich kaum zu realisieren.

Typische Netzwerkstrukturen sind Stern-, Ring-, Baum- und Bus-Topologien; daneben gibt es vermischte Strukturen.

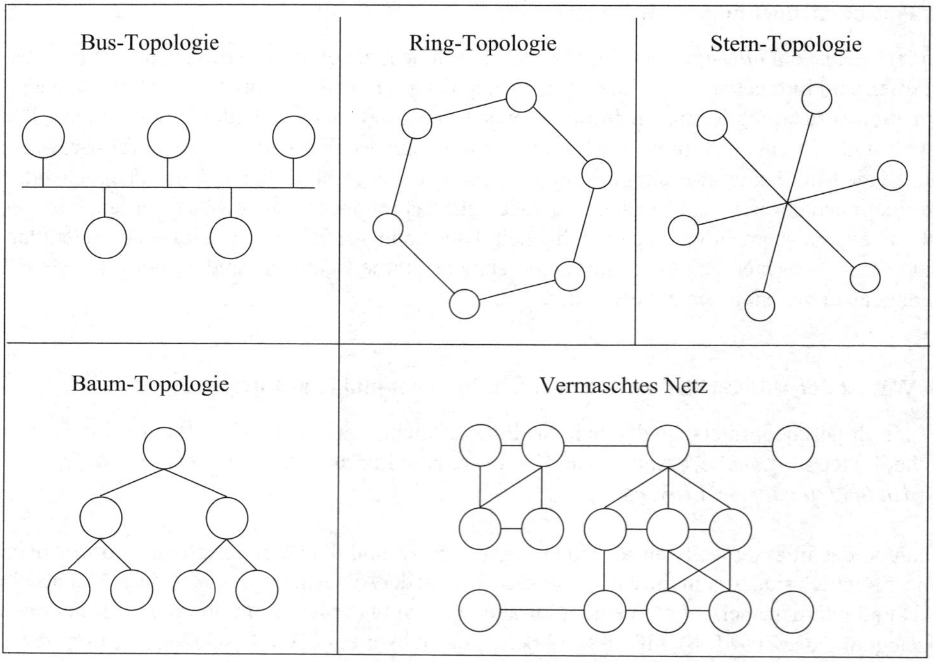

Netzwerkstrukturen		
	Vorteile, z. B.:	**Nachteile, z. B.:**
Ring-Topologie	Netzwerkmanagement	ggf. Ausfall aller Rechner bei Störung eines Rechners
	Fehlersuche	teure Netzwerkkomponenten
Stern-Topologie	relativ störunanfällig	große Kabelmengen
	leicht erweiterbar	Ausfall aller Rechner bei Störungen im zentralen Verteiler
	höherer Datendurchsatz	
Bus-Topologie	Ausfall eines Rechners beeinträchtigt nicht die anderen Rechner	aufwändige Fehlersuche
		Beanspruchung des zentralen Kabel
	niedrige Kosten, z. B.: • Kabelkosten • Netzwerkkomponenten	Auswirkungen auf alle Rechner bei Störungen im Netz

16. Was versteht man unter dem Begriff „Anwendungs-Software"?

Als Anwendungs-Software (auch: Anwendungssysteme) bezeichnet man Programme, die von einem *Anwender* (Benutzer) zur Lösung seiner speziellen Aufgaben mittels eines Computers *eingesetzt werden*. Will ein Benutzer einen Brief schreiben, so steht ihm dafür als Anwendungs-Software ein Textverarbeitungsprogramm zur Verfügung. Sollen Adressdaten verwaltet werden, so kann ein Datenbankprogramm als Anwendungs-Software gewählt werden.

Je nach Art und Umfang der Spezialisierung lassen sich unterscheiden:

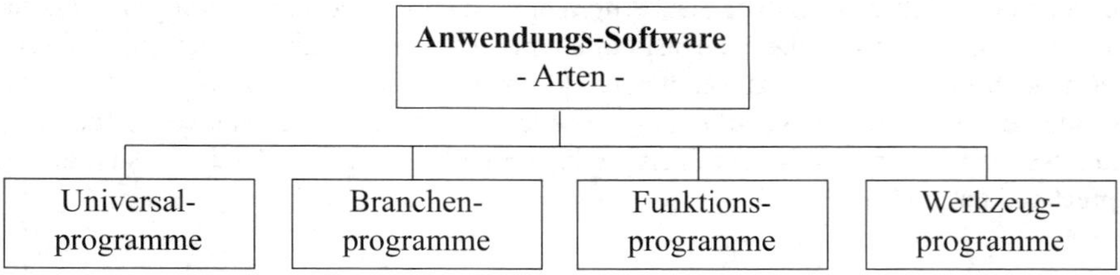

- *Universalprogramme* können vielfältig eingesetzt werden - für unterschiedliche Anwendungen, auf unterschiedlichen Rechnersystemen. Es handelt sich um integrierte Standardsoftware, die auf die betrieblichen Zwecke angepasst werden kann.
  Beispiele:
  Programme für das Rechnungswesen, das Personalwesen, die Logistik usw.

- *Werkzeugprogramme* (auch: Office Programme) dienen der Erledigung bestimmter Aufgaben.
  Beispiele:
  - Tabellenkalkulation, z. B. Excel, Visicalc, Lotus 1 2 3
  - Planungsprogramme, z. B. Multiplan, MS Project
  - Textverarbeitung, z. B. MS WORD, Word, Word Perfect
  - Geschäftsgrafik, z. B. MS Chart, Powerpoint
  - Terminverwaltung, z. B. Now up to Date
  - Bildbearbeitung, z. B. Photoshop
  - DTP-Programme (Desktop Publishing), z. B. Quark Express, InDesign
  - E-Mail Systeme, Fax-Software (z. B. Fritz Card)
  - Archivierung
  - Taschenrechner
  - Notizbuch
  - Datenbank-Anwendungen.

- *Branchenprogramme* werden zur Lösung branchenspezifischer Aufgabenstellungen eingesetzt.
  Beispiele:
  Programme der Bauwirtschaft, des Handels (Warenwirtschaftssysteme), des Handwerks, der steuerberatenden Berufe (Datev).

- *Funktionsprogramme* sind nicht auf Branchen spezifiziert, sondern unterstützen die Arbeitsausführung in bestimmten Funktionen; z. B. Programme für die Materialwirtschaft, die Fertigung (z. B. PPS-Software, CIM-Programme, CAD-Programme), das Rechnungswesen usw.

Weiterhin lässt sich Anwendungssoftware unterscheiden in:

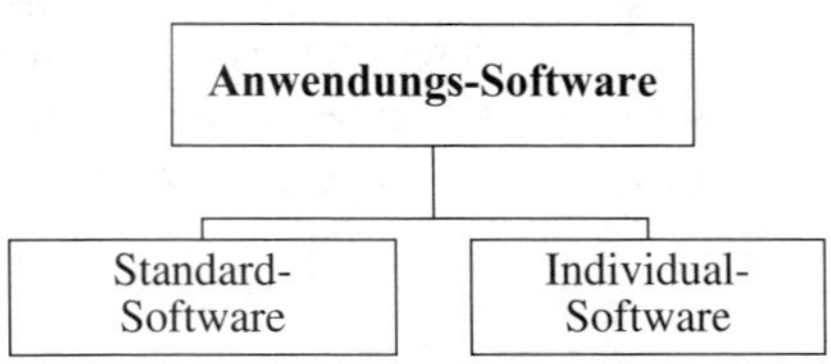

17. Wozu dient Standard-Software?

Unter Standard-Software versteht man Programme, die einen *festen Leistungsumfang* haben und die aufgrund ihrer allgemeinen Ausrichtung möglichst viele Anwender ansprechen sollen. Daher handelt es sich bei den Anwendungen der Standard-Software sehr häufig um Standard-Anwendungen wie z. B. Textverarbeitung, Tabellenkalkulation, Datenbankverwaltung etc. Da Standard-Software in hohen Stückzahlen produziert und verkauft werden kann, sind die Preise entsprechend gering.

18. Wo findet Individual-Software Anwendung?

Wie der Name sagt, handelt es sich hierbei um *speziell auf den einzelnen Anwender* zugeschnittene Software. Die Software wird meist nach den Wünschen des Anwenders entwickelt, sodass dieser auch den genauen Leistungsumfang vorgibt. In der Regel kommt eine solche Individual-Software auch nur bei einem Anwender zum Einsatz. Beispiel für den Einsatz von Individual-Software ist der Bereich der Betriebsdatenerfassung. Da eine Individual-Software für einen Anwender entwickelt wird, sind die Kosten entsprechend hoch.

19. Was versteht man unter „Freeware", „Shareware" und „Open-Source-Software"?

- *Freeware* = kann ohne Lizenzkosten genutzt werden.
- *Shareware* = kann unter gewissen Einschränkungen unentgeltlich genutzt und getestet werden; zur uneingeschränkten Nutzung ist die Lizenz zu erwerben.
- *Open-Source-Software* = unentgeltliche Nutzung; außerdem ist der Quellcode frei verfügbar.

20. Was versteht man unter CIM?

CIM steht für *Computer Integrated Manufacturing*; zu deutsch: rechnergestützte integrierte Fertigung. Es ist ein Modell zur Verknüpfung aller unternehmensrelevanten Anwendungen in Verbindung mit dem integrierten Einsatz von Computern. CIM ist keine integrierte Software.

21. Was sind CA-Techniken?

Bei CA-Techniken handelt es sich um:

CAD	= Computer Aided Design	= rechnergestützte Konstruktion
CAE	= Computer Aided Engineering	= rechnergestütztes Ingenieurwesen
CAP	= Computer Aided Planning	= rechnergestützte Fertigungsplanung
CAQ	= Computer Aided Quality Assurance	= rechnergestützte Qualitätssicherung
CAM	= Computer Aided Manufacturing	= rechnergestützte Fertigung

22. Welches Ziel wird mit CIM verfolgt?

Zielsetzung ist die Integration aller Unternehmensbereiche und -funktionen zu einem Gesamtsystem. Konkret sollen alle anfallenden Planungs- und Steuerungsdaten in die betriebswirtschaftlichen Aufgaben, die technische Fertigung und den Vertrieb integriert werden. Kernstück des CIM-Konzeptes ist ein gemeinsamer Datenbestand, der für die unterschiedlichsten Aufgaben eines Betriebes aufbereitet wird und dessen bereichsübergreifende Nutzung zu einem Informationsfluss zwischen allen Unternehmensbereichen führt und so zu einer Automatisierung beiträgt. Alle an der Fertigung beteiligten CA-Techniken und für die Fertigung notwendigen Aufgaben werden zu einem System verknüpft:

- Planung/Konstruktion (CAP/CAD/CAE)
- Qualitätssicherung/-management (CAQ)
- Kalkulation
- Materialwirtschaft
- Termin- und Ressourcenplanung
- Auftragssteuerung
- Produktionsplanung und -steuerung (PPS)
- Produktionsdurchführung (CAM)
- Versand
- Rechnungswesen.

23. Welchen Nutzen hat CIM für ein Unternehmen?

Eine effiziente Produktherstellung durch den Einsatz von EDV in allen zusammenhängenden Betriebsbereichen nach dem CIM-Konzept ermöglicht:

- Bessere Nutzung der Fertigungseinrichtungen
- kürzere Durchlaufzeiten
- geringere Lagerbestände
- hohe Materialverfügbarkeit
- erhöhte Flexibilität
- hohe Termintreue
- erhöhte Transparenz
- gleichmäßigen Produktionsablauf und somit gesicherte Qualität
- höhere Produktivität
- Kostensenkung
- Steigerung der Wirtschaftlichkeit.

24. In welcher chronologischen Abfolge stehen die zu einem CIM-System verbundenen Organisationseinheiten mit ihren jeweiligen rechnergestützten Teilsystemen?

1. Konstruktion – CAD
2. Fertigungsplanung – CAP
3. Produktionssteuerung – PPS
4. Fertigung – CAM
5. Qualitätssicherung – CAQ

25. Wozu dient CAD-Software?

CAD-Software kommt häufig im Entwicklungs- und Konstruktionsbereich unterschiedlicher Branchen zum Einsatz. Hierzu gehören Architektur, Bauwesen, Maschinen- und Anlagenbau, Konstruktion, Elektrotechnik und Kartographie. CAD-Software dient dem rechnergestützten, zwei- und dreidimensionalen Konstruieren, inklusive Durchführung technischer Berechnungen und grafischer Ausgabe. Die Rechnerunterstützung bietet über die Software eine ganze Reihe Vorteile gegenüber dem konventionellen Konstruieren bzw. Zeichnen.

26. Welche Aufgaben erfüllt ein PPS-System?

Ein PPS(Produktionsplanung und -steuerung)-System führt alle Aufgaben zur Planung, Steuerung und Überwachung von Produktions- und Arbeitsabläufen, angefangen bei der Angebotserstellung bis hin zum Versand, durch.

Im Einzelnen erfüllt es folgende Tätigkeiten:

1. Produktionsplanung:
   - Produktionsprogrammplanung
   - Mengenplanung
   - Termin- und Kapazitätsplanung.

2. Produktionssteuerung
   - Auftragsveranlassung
   - Reihenfolgeplanung
   - Auftragsüberwachung.

- *Produktionsprogrammplanung*
  = Festlegung, welche Produkte in welcher Menge und zu welchem Termin fertig gestellt sein sollen.

- *Mengenplanung*
  = Ermittlung des Bedarfs an Einzelteilen, Baugruppen und Zukaufteilen

- *Termin- und Kapazitätsplanung*
  = Berechnung von Anfangs- und Endterminen für die Produktionsaufträge

- *Auftragsveranlassung*
  = Bestimmung des Übergangs von Produktionsplanung zur Produktionssteuerung und Freigabe der Aufträge nach Verfügbarkeit aller notwendigen Ressourcen.

- *Reihenfolgeplanung*
  = Planung der Auftragsreihenfolge

- *Auftragsüberwachung:*
  = Durchführung von Soll-Ist-Vergleichen der Mengen und Termine aufgrund von aktuellen Betriebsdaten zum Auftragsstatus.

27. Welche Möglichkeiten der Betriebsdatenerfassung gibt es?

Betriebsdaten können über

- Barcodekarten
- Magnetkarten
- Stempelkarten
- Lochkarten
- Sensoren
- manuelle Eingabe von Belegen

erfasst werden.

28. Welche Datenarten können über die Betriebsdatenerfassung erfasst werden?

- Mengen
- Zeiten (z. B. Takt-, Rüst- und Stillstandszeiten)
- Maße, Formen
- Ausschuss
- Störungen
- Anwesenheit.

29. Wie kann man Systemsoftware erklären?

Unter der Systemsoftware versteht man nach DIN 44300 die Gesamtheit aller anwendungsneutralen Programme zur Steuerung und Überwachung des Betriebs der Computerhardware. Die Systemsoftware lässt sich einteilen in Steuerprogramme, auch Organisationsprogramme genannt, Übersetzungsprogramme und Dienstprogramme (Hilfsprogramme). Für die Übersetzungsprogramme und einen Teil der Dienstprogramme wird auch die Bezeichnung „Systemnahe Software" gebraucht.

30. Was sind Hilfsprogramme?

Hilfsprogramme sind Dienstprogramme zur Abwicklung häufig vorkommender anwendungsneutraler Aufgaben bei der Benutzung des EDV-Systems, dazu zählen Editoren, Sortier-, Misch- und Kopierprogramme, Diagnose-, Test- und Dokumentationsprogramme.

31. Wo wird eine Datenbank eingesetzt?

Eine Datenbank ist eine Ansammlung von Daten, die mithilfe einer Datenbank-Software innerhalb einer Datenbasis verwaltet werden. Die Datenbank ermöglicht

- die Eingabe von Daten (meist in vorgegebenen Formaten bzw. Masken),
- die Speicherung von Daten,
- den Zugriff auf bestimmte Daten,
- das Suchen nach Daten aufgrund spezieller Suchbegriffe und
- die Speicherverwaltung der Daten.

So lassen sich z. B. aus einer Kunden-Datenbank sehr schnell Kundendaten nach Kriterien wie Postleitzahl, Umsatzzahl oder zuständiger Sachbearbeiter selektieren. Die Selektion erfolgt über verknüpfte Suchabfragen, die in einer entsprechenden Syntax formuliert werden. So werden z. B. alle Kunden des Postleitzahlgebietes 4 über eine Abfrage „suche alle PLZ größer 39999 und kleiner 50000" ausgefiltert.

32. Was versteht man unter Groupware?

Groupware ist eine Software, die *basierend auf einer integrierten Datenbank arbeitsgruppenspezifische Abläufe automatisiert*. Dazu gehören

- Kommunikation im Unternehmen
- Planungen
- Datenaustausch bzw. Zugriff auf gemeinsame Datenbanken
- Steuerung von Unternehmensprozessen
- Informationsfluss im Unternehmen.

Die Arbeitsgruppen, die eine solche Software einsetzen, können verschiedene Größen annehmen – von einzelnen Personen über Projektgruppen und Abteilungen bis hin zu Niederlassungen oder sogar ganzen Firmen.

Die Groupware besteht aufgrund der vielfältigen Einsatz- und Anwendungsmöglichkeiten aus mehreren Software-Modulen:

- E-Mail zur internen und auch externen Kommunikation
- Ressourcenplanung, z. B. Terminplanung, Urlaubsplanung, Personaleinsatzplanung etc.
- Datenbankverwaltung, insbesondere für Dokumentenverwaltung und Formularwesen
- Programmierung von Arbeitsabläufen (so genannte Workflows).

Die Groupware wird üblicherweise als Client-Server-Software in einem Netzwerk eingesetzt. Häufig wird Groupware auch in heterogenen Netzen mit unterschiedlichen Rechnern und Betriebssystemen eingesetzt. Ein Zugriff per Remote-Access und der Zugriff über eine LAN-Kopplung sind ebenfalls möglich.

33. Was unterscheidet horizontale und vertikale Software?

Unter *horizontaler* Software versteht man branchenneutrale Anwendungen, z. B. Finanzbuchhaltung, Lohn- und Gehaltsabrechnung, Textverarbeitung, Auftragsverwaltung und Fakturierung, Lohn- und Gehaltsbuchführung (Standardsoftware).

Unter *vertikaler* Software versteht man branchenspezifische Software. Zur branchenspezifischen Software gehören in erster Linie Programme des bereits beschriebenen CIM-Konzeptes der Industrie. Im kaufmännischen Bereich und im Dienstleistungsbereich sind dies vor allem Verwaltungsprogramme, welche die Problematiken einer Branche besonders berücksichtigen. Die Schulverwaltung einer großen Schule oder das Reservierungsprogramm eines Hotelunternehmens sind typische Vertreter.

34. Nach welchen ergonomischen Gesichtspunkten kann eine Software beurteilt werden?

Für die Ergonomie der Software kann folgender Anforderungskatalog als Beurteilungsgrundlage dienen:

- Erfolgen Eingaben per Maus und Tastatur betriebssystemkonform?
- Entspricht die Benutzer-Oberfläche der Software den üblichen Oberflächenmerkmalen des Betriebssystems in Bezug auf Farben, Schriftarten, Schriftgrößen, Symbolen (Icons), Menüs, Meldungen etc.?
- Beinhaltet die Software eine Hilfefunktion, nach Möglichkeit sogar eine kontextsensitive Hilfe?
- Beinhalten die Bildschirmmasken bzw. -anzeigen immer nur die erforderlichen und relevanten Daten und nicht eine zu hohe Informationsflut?
- Beinhaltet eine erforderliche Dateneingabe keine Eingabe-Redundanzen, also Daten, die aus bereits vorhandenen Daten ermittelt werden können?
- Ist es in der Dialogführung möglich, jede bereits gemachte Eingabe nachträglich nochmal zu korrigieren?
- Beinhaltet die Dialogführung sinnvolle oder häufig verwendete Standardeingaben als Vorbelegung der Eingabefelder?
- Werden Dateneingaben auf Plausibilität hin überprüft?
- Sind die Fehlermeldungen der Software verständlich?
- Erhält man aufgrund einer Fehlermeldung Lösungsvorschläge?

35. Welche Kriterien sind bei der Auswahl von Software grundsätzlich zu berücksichtigen?

Je nach betrieblicher Situation können folgende Aspekte bei der Auswahl von Software eine Rolle spielen:

Kriterien bei der Auswahl von Software			
Merkmale der Software		**Merkmale des Herstellers**	
Preis	✓	Referenzen	✓
Entwicklungsversion	✓	Erfahrung	✓
Ergonomie	✓	Service, z. B. Hotline	✓
Kompatibilität	✓	Schulungsangebot	✓
Leistungsumfang	✓	Pflege, z. B. Updates	✓
Netzwerkfähigkeit	✓		
Datenschutz	✓		
Datensicherheit	✓		
Arbeitsgeschwindigkeit	✓		
Verfügbarkeit	✓		
Dokumentation	✓		
Hardware-Voraussetzungen	✓		

36. Welche Phasen sind bei der Auswahl und Einführung von Software in der Regel einzuhalten?

Grundsätzlich ist es für die spätere Akzeptanz einer neuen Software wichtig, die Benutzer dieser Software, also die Mitarbeiter, mit in die Auswahl und die einzelnen Phasen der Einführung einzubeziehen. Dabei sind folgende Phasen einzuhalten:

- *Ist-Analyse:* Es wird der aktuelle Zustand des Bereiches, für den eine neue Software ausgewählt werden soll, analysiert und dokumentiert. Für die Software-Auswahl ist auch eine Aufnahme der vorhandenen Hardware erforderlich.

- *Schwachstellen-Analyse:* Es werden aktuelle Probleme bei der Anwendung und im Prozessablauf ermittelt und dokumentiert.

- *Soll-Analyse:* Basierend auf der Ist- und Schwachstellenanalyse werden Anforderungen erstellt. Die Anforderungen sollten nach Prioritäten geordnet werden, um mögliche spätere Kompromisse oder Abstriche (Kosten/Nutzen) schnell vornehmen zu können.

- *Ausschreibung:* Es werden mögliche Anbieter ausgesucht und angeschrieben. Aufgrund des notwendigen Aufwandes zur Auswertung von Angeboten, sollte die Anzahl der Anbieter nicht zu groß gewählt werden.

- *Angebotsgespräche:* Können Fragen, die sich bei der Auswertung der Angebote ergeben haben, ggf. auch vor Ort geklärt werden?

- *Vertragsverhandlungen:* Hierzu gehört die Festlegung des endgültigen Pflichtenheftes für den Anbieter, die Preisverhandlung und der Vertragsabschluss.

- *Installation:* Je nach Vertrag wird die Installation vom Anbieter oder durch die eigene IT-Abteilung des Unternehmens durchgeführt. Im letzteren Fall ist sicherlich die Unterstützung des Anbieters oder des Software-Herstellers (Support-Leistung) hilfreich.

- *Betrieb:* Es sollte ein Benutzer-Service eingerichtet werden, der Anwenderschulungen durchführt und für Fragen zur Software im betrieblichen Alltagsgeschäft zur Verfügung steht. Darüber hinaus müssen vermutlich von Zeit zu Zeit Software-Updates installiert werden.

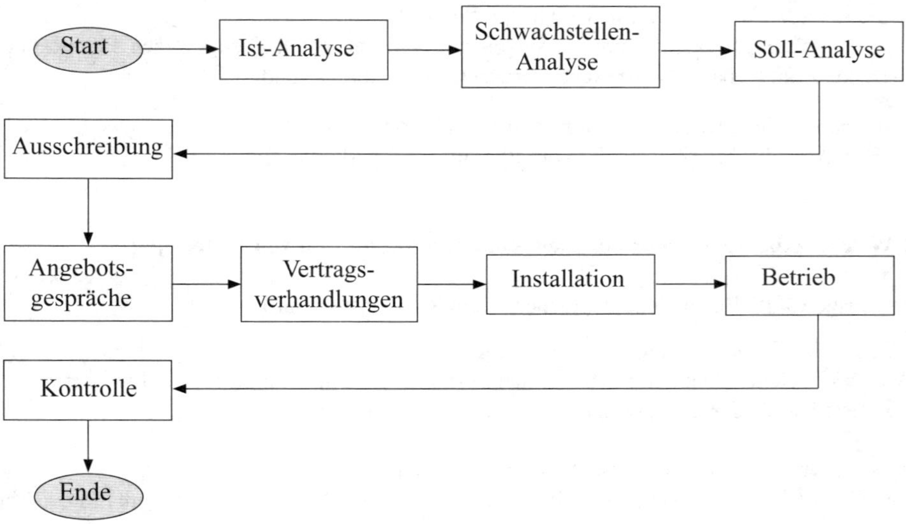

37. Was versteht man unter integrierter Software?

Integrierte Software zeichnet sich dadurch aus, dass

- die verschiedenen Funktionen eines Programms auf eine gemeinsame Datenbasis zugreifen,
- Daten aus operativen Bereichen auch für Planungs- und Steuerungsaufgaben zur Verfügung stehen und
- ein Vorgang, z. B. Erfassen und Schreiben einer Rechnung oder eines Arbeitsplans, automatisch andere Aktivitäten in anderen Funktionsbereichen, z. B. im Rechnungswesen, im Lager, auslöst.

38. Was fällt unter den Begriff Insellösung?

Als Insellösung bezeichnet man einen *selbstständigen, nicht-integrierten Systemverbund* aus Hardware, Software und Daten. Anfallende Aufgaben können selbstständig bearbeitet werden und bedürfen keiner Unterstützung von anderer Seite. Die Prozessabläufe erfolgen innerhalb der Insel, Schnittstellen zu anderen Systemen bestehen nicht.

39. Was versteht man unter Kommunikation?

- *Definition im Sinne der Datenverarbeitung (technische Kommunikation):*
  Mit dem Begriff Kommunikation bezeichnet man den Austausch von Daten (Nachrichten oder Informationen) zwischen einem Sender und einem Empfänger. Der Austausch kann wechselseitig erfolgen, das heißt, dass der Empfänger nach Erhalt einer Nachricht selbst auch Sender einer Nachricht werden kann.

- *Definition im Sinne der Kommunikationstheorie (soziale Kommunikation):*
  Kommunikation ist die Übermittlung von Reizen/Signalen vom Sender zum Empfänger. Man unterscheidet:

- die *verbale Kommunikation* (verbal = in Worten) (Unterhaltung, Bitte, Information, Anweisung, Dienstgespräch, Fachgespräch, Lehrgespräch, Diskussion, Debatte, Aussprache, vertrauliches Gespräch) und
- die *non-verbale* Kommunikation (non-verbal = ohne Worte) (Blickkontakt, Mimik, Gestik, Körperhaltung, Körperkontakt).

40. Welche Aspekte der betrieblichen Kommunikation sind von Bedeutung?

→ **A 3.6.2, 6.5.1**

Dazu ausgewählte Beispiele (entsprechend dem Rahmenstoffplan):

- *Ebenen* der Kommunikation (hierarchischer Aspekt)?
  Wer, auf welcher Ebene muss über einen bestimmten Sachverhalt informiert werden?
  → Verteiler, Vorgesetzter, Geschäftsleitung, Mitarbeiter

- In welcher *Form* soll die Kommunikation erfolgen?
  → persönlich, schriftlich (Telefax, Brief, Bericht, Protokoll, Aktennotiz, Präsentation, E-Mail, Diskussion usw.)

- *Häufigkeit* der Kommunikation?
  → anlassbezogen, regelmäßig, unregelmäßig, wöchentlich/täglich/monatlich/jährlich usw.

- *Qualität* der Kommunikation?
  → vollständig/auszugsweise, kurz/ausführlich, endgültig/Entwurf, sachlich/mit eigenem Kommentar usw.

41. Welche Technikkomponenten der Informationssysteme können eingesetzt werden?

- *Text-, Daten-, Bildkommunikation:*
  Kommunikation über Schriftwechsel, über Mensch-Maschine-Kombinationen (PC u. Ä.) sowie über elektronische Medien.

- *Telekommunikation*
  ist die Übermittlung von Informationen mithilfe spezieller Geräte (auch: Nachrichtentechnik); man unterscheidet z. B.:

  - *Sprachkommunikation*, z. B. über das T-Net (Telefonnetz der Deutschen Telekom AG, Festnetzsparte T-Com), analog oder digital (ISDN, DSL) oder über andere Telefonanbieter im Festnetz (Arcor, Tele 2); Formen: Telefax, Teletex
  - *Datenkommunikation* ist der Austausch von Daten zwischen Computern; erforderlich sind Übertragungsnetze und Datendienste (Internet, Intranet, Extranet)
  - *Multimediakommunikation*, z. B. Bildtelefon, Videokonferenz, Beamer
  - *Mobilkommunikation*, z. B. Mobilfunknetze (D 1, D 2, E-plus, E 2)

- *Daten(verarbeitungs)technik*; relevant sind u. a. folgende Komponenten und Unterscheidungen:
  - *Größe* der Rechner:
  - Handhelds (Mini-Notebooks, Organizer, Palmtops)
    · Personalcomputer (IBM, Microsoft, Apple; stationäre Geräte/Laptops)
    · Minicomputer (auch: Workstations; z. B. HP-PA von Hewlett Packard)
    · Großrechner (auch: Mainframes, Host; z. B. IBM: System/390, Siemens, Hitachi)
    · Superrechner (Einsatz in Forschungszentren)
  - *Hardwarekomponenten:*
    Systemeinheit, Bildschirm, Tastatur, Festplatte, Prozessor, Speicherchips, Peripheriegeräte (Drucker, Scanner, externe Speicher usw.)
  - *Software:*
    · Anwendungs-Software
    · System-Software (Betriebssystem, Compiler, Tools, Editoren, Shell usw.)
    · Standard-/Individual-Software
  - *Vernetzung* der Datentechnik:
    · ohne Vernetzung (Insellösungen)
    · mit Vernetzung (teilweise oder gesamt); vgl. oben, „integrierte Software".

- *Integrationstechnik* (auch: Schnittstellentechnik, Netzwerkschnittstellen)
  Wenn Daten während der Übertragung das Medium wechseln (Hardwareschnittstellen) oder von einer Software in eine andere wechseln (Softwareschnittstelle) müssen entsprechende Übergangsstellen den Datenaustausch gewährleisten.

  Bei den *Hardwareschnittstellen* unterscheidet man: serielle, parallele, USB (Universal Serial Bus). Weiterhin werden Weichen, Wandler und Netzwerkkarten eingesetzt.

  Als *Softwareschnittstellen* werden eingesetzt: EDI, TCP/IP, ALE, OLE; außerdem Netzwerkprotokolle (z. B. ISO/OSI Modell).

  Netzwerkintegration:
  Zur Verbindung zweier oder mehrerer Netzwerke werden Kopplungselemente eingesetzt, z. B. Repeater, Hub, Switch, Bridge, Router, Gateway.

Hinweis: Die folgenden Fragen/Antworten behandeln ausführlicher eine Reihe der in Nr. 41. genannten Stichworte; sie sind im Rahmenplan nicht ausdrücklich genannt, jedoch zum Verständnis der Technikkomponenten von Nutzen.

42. Was ist das ISO/OSI-Schichtenmodell?

Das ISO/OSI-Schichten- oder auch ISO/OSI-Referenzmodell ist ein Modell für die *Kommunikation zwischen Datenstationen bzw. Kommunikationspartnern.* Um eine koordinierte und fehlerfreie Kommunikation zu gewährleisten, bedarf es der Berücksichtigung einiger Regeln. Da die Durchführung von Kommunikation sehr komplex ist, wird sie in mehrere Teilaufgaben unterteilt. Jede Teilaufgabe wird in einer speziellen von insgesamt sieben Funktionsschichten erledigt.

Die sieben Schichten für den Datentransport sind:

- Anwendungsschicht oder Application Layer
- Darstellungsschicht oder Presentation Layer
- Steuerungsschicht oder Session Layer
- Transportschicht oder Transport Layer
- Netzwerkschicht oder Network Layer
- Datensicherungsschicht oder Data Link Layer
- Bitübertragungsschicht oder Physical Layer.

Die Abkürzungen bedeuten:

ISO International Organization for Standardization
OSI Open System Interconnection.

43. Was ist der Unterschied zwischen einem ISDN-Basisanschluss und einem ISDN-Primärmultiplexanschluss?

Ein ISDN-Basisanschluss verfügt über *zwei Nutzkanäle* und wird überwiegend in privaten Haushalten und kleinen Firmen eingesetzt. Ein Primärmultiplexanschluss verfügt über *30 Nutzkanäle* und wird aufgrund dieser Menge von ISDN-Leitungen nur in größeren Unternehmen installiert. Beide Anschluss-Varianten können mehrfach nebeneinander eingesetzt werden, sodass z. B. acht Nutzkanäle durch vier parallel betriebene Basisanschlüsse zu realisieren sind.

Während die Geschwindigkeit der Nutz-Kanäle (B-Kanäle) in beiden Varianten 64 kbit/s beträgt, werden die beiden Steuerkanäle (D-Kanäle) mit unterschiedlicher Geschwindigkeit betrieben: beim Basisanschluss mit 16 kbit/s und beim Primärmultiplexanschluss mit 64 kbit/s. Dieser Unterschied spielt für die praktischen Anwendungen jedoch keine Rolle.

44. Was bezeichnet man als Remote Access?

Remote Access bezeichnet den Zugriff „aus der Ferne". Damit ist in der Regel der Zugriff von zu Hause oder von unterwegs auf das lokale Netzwerk eines Unternehmens gemeint. Anwendung findet Remote Access bei Telearbeitern, Heimarbeitern und Außendienstmitarbeitern. Diesen wird von ihrem PC zu Hause oder von ihrem Notebook unterwegs der Zugang zum Firmen-LAN und somit zu Firmendaten und -datenbanken ermöglicht. Neben dem Datenabruf kann auch per E-Mail über das LAN kommuniziert werden. Der Fernzugriff erfolgt über das analoge Telefonnetz, ISDN, DSL oder mobil über das GSM-Netz. Der Zugang zum Firmennetzwerk geschieht unter Berücksichtigung entsprechender Sicherheitsregeln und wird auch nur an einer definierten Stelle im LAN zugelassen.

45. Was ist ein Gateway?

Ein Gateway ist eine Schnittstelle oder ein Übergang zwischen zwei unterschiedlichen Kommunikationssystemen bzw. -netzen, das den Datentransfer zwischen diesen ermöglicht. Ein Gateway ermöglicht z. B. den Versand von E-Mails von einem Online-Dienst in einen anderen.

46. Welche Aufgabe hat ein Router?

Ein Router *verbindet zwei oder mehrere Netzwerke* mit dem Ziel, dass zwischen den Netzen bzw. den einzelnen Benutzern Daten ausgetauscht werden können. Bei ISDN-Routern werden z. B. zwei physikalisch getrennte LANs über eine ISDN-Strecke miteinander verbunden. Grundsätzlich stehen dann die Daten des lokalen Netzes auch dem entfernten Netz zur Verfügung.

47. Was ermöglicht ein Hub?

Ein Hub ermöglicht eine *sternförmige Verzweigung von Netzwerkkabeln*. Durch den Einsatz eines Hubs an einem Netzwerkkabel lassen sich mehrere Rechner an diesen Hub und somit an das Netzwerk anschließen. Darüber hinaus kann ein Hub auch zur Umsetzung eines Anschluss-Typs auf einen anderen eingesetzt werden.

48. Was versteht man unter einer LAN-Kopplung?

Unter einer LAN-Kopplung versteht man die Verbindung zweier oder mehrerer lokaler Netzwerke (LANs). Die Verbindung wird über Fernnetze bzw. Weitverkehrsnetze wie z. B. ISDN realisiert. Werden zwei oder mehrere LANs miteinander gekoppelt, nennt man einen solchen Verbund auch ein WAN.

49. Wofür steht die Abkürzung TCP/IP?

Die Abkürzung steht für *Transmission Control Protocol/Internet Protocol* und bezeichnet ein spezielles Netzwerk-Protokoll, welches die technische Grundlage für den Datentransfer im Internet und in Unix-Netzwerken bildet, ähnlich dem IPX-Protokoll in Novell-Netzwerken.

Darüber hinaus wird mit TCP/IP-Suite auch eine Menge von Kommunikationsprotokollen und -anwendungen bezeichnet. Diese lassen sich in Prozessprotokolle (z. B. Telnet und FTP), Host-zu-Host-Protokolle und Verbundnetzprotokolle unterscheiden.

50. Welche Funktion übernimmt ein Internet-Provider?

Bei einem Internet-Provider handelt es sich um den *Anbieter eines Internet-Zugangs*. Der Anbieter stellt mehrere Modems und ISDN-Adapter zur Einwahl in das Internet zur Verfügung. Hierfür verlangt der Provider von seinen Benutzern (Kunden) Gebühren. Diese werden je nach Provider unterschiedlich abgerechnet. Aufgrund verschiedener Gebührenmodelle (pauschal, zeit- oder datenvolumenabhängig, teilweise mit unterschiedlichen Grundgebühren etc.) fällt ein Kostenvergleich zwischen unterschiedlichen Providern nicht leicht. Auch die Online-Dienste, Mailbox-Betreiber und Telefon-Anbieter treten heute als Internet-Provider auf.

51. Welches Ziel verfolgt man mit Multimedia?

Mit Multimedia bezeichnet man die *Integration verschiedener Medien*. Ziel von Multimedia ist die Optimierung der Darstellung von Informationen. Die Darstellung spricht durch den Einsatz verschiedener Medien und Präsentationstechniken wie Audio, Video, Text, Bilder und Grafiken verschiedene Sinne des Wahrnehmers an. Durch das gleichzeitige Ansprechen mehrerer Sinne werden komplexere Informationen einfacher und besser verarbeitet. Multimedia wird heute in den verschiedensten Bereichen, wie z. B. Werbe- und Medienindustrie, bei Lernsoftware, Lexika und zur Web-Seitendarstellung im Internet eingesetzt.

52. Was sind Internet-Dienste?

Das Internet bietet verschiedene Dienste an:

- *WWW (World Wide Web)*:
  = multimediales Informationssystem mit integrierten Querverweisen (= Links)
- *E-Mail:*
  = elektronische Post zum Austausch von Nachrichten und Briefen
- *FTP (File Transfer Protocol):*
  = Dateitransfer zwischen verschiedenen Rechnern, wird meist zum Download von Software verwendet
- *News:*
  = Sammlung von Diskussionsforen (Newsgroups) zu verschiedensten Themen
- *Chat:*
  = Austausch zwischen Kommunikationspartnern in Echtzeit
- *Blog:*
  = Tagebuch im Web für eine begrenzte Leserschaft
- *Twitter:*
  = Dienst für Kurznachrichten in Echtzeit
- *Online-Banking:*
  = Bankgeschäfte per Internet
- *Internet-Telefonie:*
  = Sprachübertragung per öffentliche IP-Netze
- *Skype:*
  = Telefon- und Videokonferenzen
- *Internet-Fernsehen/Radio:*
  = Übertragung von Fernsehprogrammen/Radioprogrammen
- *Soziale Netzwerke:*
  = Plattformen zur Kommunikation
- *Web-Speicherplatz:*
  = Speichern von Informationen im Internet
- *Webshops:*
  = Kauf von Produkten

53. Was versteht man unter dem Begriff World Wide Web?

Das WWW (Abkürzung für World Wide Web) ist ein Verbund von Servern im Internet, die ihre Daten und Informationen im HTML-Format zum Abruf bereitstellen und damit den Internet-Dienst WWW anbieten. Im Gegensatz zu einfachen Textdarstellungen ist es über das WWW möglich, Daten multimedial anzubieten. Dies bedeutet, dass Dokumente neben herkömmlichen Textinformationen auch Grafiken, Tabellen, Bilder, Ton und Videos beinhalten können. Ein weiteres Merkmal des WWW ist die Verwendung von so genannten *Links*. Diese bieten die Möglichkeit, einen Querverweis auf eine andere WWW-Seite einfach per Mausklick anzuwählen.

Um die Möglichkeiten des WWW vollständig nutzen zu können, ist als Software ein so genannter Web-Browser erforderlich. Dieser ist in der Lage, multimediale Daten auf einem Computer darzustellen.

54. Was ist eine Homepage?

Eine Homepage ist die *Leitseite, Startseite* oder einfach die erste (Web-)Seite eines Anbieters im Internet. Die Homepage gibt einen Überblick über die folgenden Angebotsseiten, stellt also *ein Inhaltsverzeichnis* dar. Wie alle Web-Seiten können auch in der Homepage Links, also Verweise, eingebunden sein, sodass man direkt aus dem Inhaltsverzeichnis per Mausklick auf weitere Seiten des Anbieters verzweigen kann. Die Homepage erreicht man üblicherweise über die Internet-Adresse des Anbieters, z. B. http://www.firma.de (nicht zu verwechseln mit der E-Mail-Adresse).

Handelt es sich bei den Anbietern z. B. um Privatpersonen, so besteht das Angebot häufig nur aus einer einzigen Seite. Auch diese eine Seite bezeichnet man als Homepage.

4.5 Anwenden von Logistiksystemen, insbesondere im Rahmen der Produkt- und Materialdisposition

4.5.1 Logistik als methodischer Ansatz des Managements zur Planung, Realisierung und Kontrolle des Materialflusses sowie zur Lagerung von Produkten

01. Was versteht man unter Logistik?

Eine der wichtigen Aufgaben in einem Unternehmen ist die reibungslose Gestaltung des Material-, Wert- und Informationsflusses, um den betrieblichen Leistungsprozess optimal realisieren zu können. Die Umschreibung des Begriffs „Logistik" ist in der Literatur uneinheitlich:

Ältere Auffassungen sehen den Schwerpunkt dieser Funktion im Transportwesen – insbesondere in der Beförderung von Produkten und Leistungen zum Kunden (= reine Distributionslogistik).

Die Tendenz geht heute verstärkt zu einem *umfassenden Logistikbegriff*, der alle Aufgaben miteinander verbindet – und zwar nicht als Aneinanderreihung von Maßnahmen, sondern als ein in sich geschlossenes *logistisches Konzept:*

> *Logistik ist daher die Vernetzung von planerischen und ausführenden Maßnahmen und Instrumenten, um den Material-, Wert- und Informationsfluss im Rahmen der betrieblichen Leistungserstellung zu gewährleisten. Dieser Prozess stellt eine eigene betriebliche Funktion dar.*

02. Welche Aufgabe hat die Logistik?

Aufgabe der Logistik ist es,

1 die **r**ichtigen Objekte (Produkte/Leistungen, Personen, Energie, Informationen), 2 in der **r**ichtigen Menge, 3 an den **r**ichtigen Orten, 4 zu den **r**ichtigen Zeitpunkten, 5 zu den **r**ichtigen Kosten, 6 in der **r**ichtigen Qualität	↓ Die 6 „r" der Logistik!

zur Verfügung zu stellen im Rahmen einer integrierten Gesamtkonzeption.

Die Globalisierung führt heute zu einer weltweiten Vernetzung der Beschaffungs- und Absatzmärkte. Unternehmen gewinnen damit Möglichkeiten, dort die Beschaffung vorzunehmen, wo die Kosten gering sind und sich auf den Absatzmärkten zu positionieren, wo hohe Erlöse erzielt werden können.

Die Logistik erfährt *aus betriebswirtschaftlicher Sicht eine Zunahme der Bedeutung*, weil

- die Produktvielfalt und der Produktwechsel ansteigen,
- die Kapitalbindung aufgrund der Lagerhaltung gesenkt werden muss,
- der weltweite Handel zu einer Zunahme der Datenmengen führt, die miteinander vernetzt werden müssen und
- die Vergleichbarkeit und Austauschbarkeit der Produkte die Unternehmen zwingt, sich über Service und logistische Lösungen Wettbewerbsvorteile zu erarbeiten.

Diese Markterfordernisse führen dazu, dass *eine Optimierung der logischen Prozesse heute als strategischer Faktor der Unternehmensführung angesehen werden muss*. Größere Unternehmen *(Global Player)* werden sich am Markt nur dann behaupten können, wenn es ihnen gelingt,

- durch dezentrale Beschaffung Kontakte zu geeigneten Lieferanten auf der ganzen Welt aufzubauen,
- die Produktion zu dezentralisieren (Inland/Ausland), zu segmentieren und die Fertigungsstufen zu verringern,
- die Lagerhaltungskosten zu senken und trotzdem eine kundennahe Distribution sicher zu stellen sowie
- ein zentral gesteuertes logistisches System aller Beschaffungs- Fertigungs- und Absatzprozesse einzurichten.

03. Welche Bedeutung hat die Logistik aus volkswirtschaftlicher Sicht?

Die Volkswirtschaft eines Landes kann heute nicht mehr isoliert betrachtet werden; sie ist eingebunden in das Wirtschaftsgeschehen der gesamten Welt. Die Volkswirtschaften einzelner Länder konkurrieren um Beschaffungsressourcen (Energie, Rohstoffe usw.), Standortbedingungen für die Fertigung von Erzeugnissen sowie um Absatzchancen für die inländischen Produkte. Sie tun das, um die Existenz ihrer Wirtschaft für die Zukunft zu gewährleisten.

Eine Volkswirtschaft, der es z. B. nicht gelingt, die Energieversorgung des eigenen Landes nachhaltig zu sichern, ist möglicherweise gezwungen, die Ressourcen am Weltmarkt zu Höchstpreisen einzukaufen. Die Folge ist ein nachhaltiger Wettbewerbsnachteil: Hohe Energiekosten führen zu hohen Produktionskosten und beeinträchtigen damit die Wettbewerbsfähigkeit der inländischen Produkte auf dem Weltmarkt. Stagnierender oder sinkender Export führt in der Folge zu einer geringeren Beschäftigung, sinkendem Steueraufkommen und damit zu geringeren Staatseinnahmen. Auftretende Haushaltsdefizite des Staates erschweren die Lösung von Zukunftsaufgaben (Bildung, soziale Sicherung, Beschäftigung usw.).

Aus diesen Gründen muss die Volkswirtschaft eines Landes logistische Voraussetzungen schaffen, um an den weltweiten Prozessen der Beschaffung, Produktion und Distribution teilhaben zu können. Geeignete Maßnahmen dazu sind:

- *Einbindung in internationale Vertragswerke und Organisationen* zur Förderung der Wirtschaftsbeziehungen der Länder (z. B. EU-Binnenmarkt, OECD - Organisation für wirtschaftliche Zusammenarbeit und Entwicklung, WTO - Welthandelsorganisation u. Ä.)

- *Aufbau und Pflege der Verkehrsnetze* für den internationalen Warenverkehr, z. B. Straßennetze, Schifffahrtswege, Containerhäfen, Flughäfen usw.

- *Aufbau und Sicherung nationaler Standortvorteile* als Anreiz für ausländische Investoren z. B. Genehmigungsverfahren, Infrastruktur, Steuergesetze, Potenzial der inländischen Arbeitnehmer usw.

- Aufbau von Kompetenzen und den *technischen Voraussetzungen zur Nachrichtentechnik* und zum Datentransfer

- *Einbindung des nationalen Bankensystems in das internationale Finanzgeschehen* (Kapitalbeschaffung und -anlage sowie Finanzierung wirtschaftlicher Vorhaben der Unternehmen und des Staates).

04. Was bezeichnet man als „Logistische Kette"? **→ 4.1.4/02.**

Als logistische Kette bezeichnet man die Verknüpfung aller logistischen Prozesse vom Lieferanten bis hin zum Kunden.

Man kann dabei differenzieren in die Betrachtung

- der *physischen Prozesse* (Beschaffung, Transport, Umschlag, Lagerung, Ver-/Bearbeitung und Verteilung der Produkte/Güter),

- *der Informationsprozesse* (Nachrichtengewinnung, -verarbeitung und -verteilung; → 5.4/09.) sowie
- der *monetären Prozesse* (Geldflüsse).

Die Optimierung der gesamten Prozesse der Güter, der Informationen sowie der Geldflüsse entlang der Wertschöpfungskette vom Lieferanten bis zum Kunden bezeichnet man auch als *Supply Chain Management* (SCM; englisch: supply = liefern, versorgen; chain = Kette).

05. Welche Teilbereiche der Logistik werden unterschieden?

Entsprechend den Phasen des Güterflusses unterscheidet man die Unternehmenslogistik in folgende Teilbereiche:

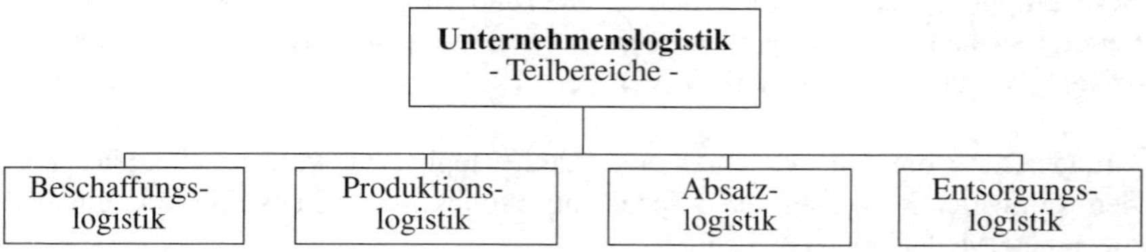

Diese Teilbereiche sind nicht isoliert zu betrachten, sondern müssen als *Logistiksystem* gestaltet werden (vgl. oben, *Logistische Kette*/04.):

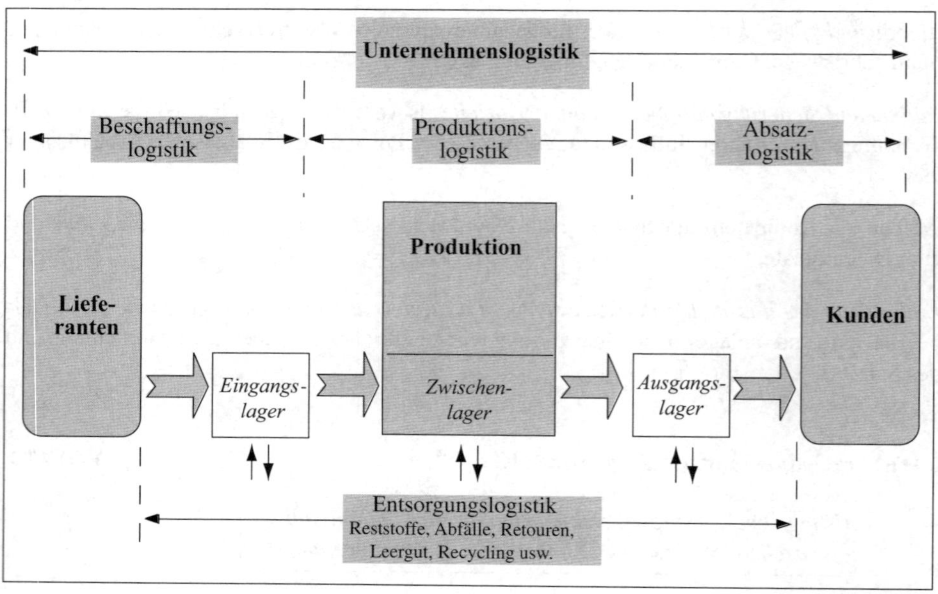

06. Welche Einzelarbeiten können jeweils in den Teilbereichen der Logistik anfallen?

Einzelarbeiten der Logistik			
Einzelarbeiten der Beschaffungslogistik	**Einzelarbeiten der Produktionslogistik**	**Einzelarbeiten der Absatzlogistik**	**Einzelarbeiten der Entsorgungslogistik**
• Beschaffung von RHB-Stoffen • Beschaffung von Investitionsgütern • Bedarfsermittlung • Angebotsvergleich • Lieferantenvergleich • Eigen- oder Fremdfertigung • Lieferantenauswahl • Bestellungen auslösen und überwachen	• Produktionsplanung • Gestaltung der Material- und Informationsflüsse • Kapazitätsermittlung und -anpassung • Überwachung des Fertigungsprozesses	• Entscheidung für ein Vertriebssystem • Festlegen der Absatzwege • Festlegung des Marketing-Mix • Erfassung und Überwachung der Aufträge • Lieferung und Fakturierung • Bearbeitung der Reklamationen	• Abfallvermeidung • Abfallverminderung • Abfallsammlung- und trennung • Transport, Lagerung, Umschlag • Recycling (Wieder- und Weiterverwendung) • Deponierung • Verbrennung • Kompostierung

4.5.2 Beschaffungslogistik

→ 4.3.1

01. Welche Aufgabe hat die Beschaffungslogistik?

Die Beschaffungslogistik steht am Anfang der logistischen Kette und umfasst die *Bereitstellung der physischen Güter sowie der Informationen*, die zur Leistungserstellung erforderlich sind. Sie beginnt also nicht erst mit der Prüfung eingehender Waren, sondern bereits bei der Beschaffungsplanung (Welche Lieferanten? Welche Bedarfe? usw.). Die Beschaffungslogistik endet mit der Übergabe der Güter und Informationen an die Produktionslogistik.

02. Welche Entwicklungen und Fragestellungen stehen im Mittelpunkt der Beschaffungslogistik?

Hinweis: Der Rahmenplan behandelt innerhalb der Teilbereiche der Logistik ausgewählte Fragestellungen, z. B. das Thema Fertigungstiefe/Make-or-Buy-Entscheidungen im Rahmen der Beschaffungslogistik. Diese Einzelthemen werden bereits an anderer Stelle ausführlich behandelt (Überschneidungen im Rahmenplan). Wir beschränken uns daher im Weiteren auf die Darstellung von Kernaussagen und Stichworte; außerdem verweisen wir auf die betreffenden Textstellen im Buch/Ziffern des Rahmenplans.

Zentrale Fragestellungen und Entwicklungen der Beschaffungslogistik sind u. a.:

1. *Lieferantenauswahl- und bewertung*

2. *Verringerung der Fertigungstiefe*, z. B.: → 3.3.1
   - Make-or-Buy-Überlegungen (MOB-Entscheidung) → 4.2.2/06.
   - Outsourcing
   - Durchführung der logistischen Aufgaben in Eigenregie oder durch Fremdvergabe

3. *Produktionssynchrone Anlieferung* der Bedarfsmengen, z. B.: → **4.3.3/05. ff.**
   - Just-in-time-Beschaffung (JiT) → **4.3.4/07. ff.**
   - Optimierung des Materialeingangs, der Material- und Qualitätsprüfung

4. *Globalisierung der Beschaffungsvorgänge* (*Global sourcing*)

5. *Einkauf ganzer Funktionsgruppen* statt einzelner Teile (*Modular sourcing*)

6. *Behebung von Leistungsstörungen im Beschaffungsprozess*, z. B.:

Bereich		Maßnahmen, z. B.:	
• im Materialbereich:	→	Qualitätsmanagement, Materialflusssysteme Vertragsgestaltung	→ **4.2.2/05. ff.** → **8.**
• im Personalbereich:	→	Personalauswahl, -führung und -entwicklung, Vertragsgestaltung	→ **6.** → **7.** → **A 1.1.2**
• im Betriebsmittelbereich:	→	Lieferantenauswahl, Instandhaltungsmanagement	→ **4.2.2/03. ff.**
• im Informationsbereich:	→	Informationsmanagement	→ **4.1.5**

4.5.3 Produktionslogistik → **2.6.1**

01. Welche Aufgabe hat die Produktionslogistik?

Die Produktionslogistik gibt es nur in Industriebetrieben. Sie ist die Verbindung zwischen der Beschaffungslogistik und der Absatzlogistik innerhalb der logistischen Kette. Ihre Aufgabe ist die Planung, Steuerung und Kontrolle aller Güter- und Informationsflüsse im Unternehmen. Einzelentscheidungen betreffen z. B. den innerbetrieblichen Transport, die Ausgestaltung von Zwischenlagern, die Versorgung der Produktionsanlagen, die Übergabe von einer Produktionsstufe zur nächsten sowie die Verknüpfung mit der Absatzlogistik.

02. Welche Entwicklungen und Fragestellungen stehen im Mittelpunkt der Produktionslogistik?

Zentrale Fragestellungen und Entwicklungen der Produktionslogistik sind u. a.:

1. *Gestaltung der Produktionsbereiche und Fertigungsstrukturen* nach logistischen, ganzheitlichen, prozessorientierten und bereichsübergreifenden Gesichtspunkten, z. B.: → **4.1.1** → **4.1.3/01.** → **4.1.4/01. f.**

- in der Produktentwicklung: → **4.3.4/05.**
  - Erhöhung der Planungsgeschwindigkeit und -qualität durch den Einsatz von CAD, CAE, CAP, NC-Programmierung usw. → **4.4/09.**
- in der Produktion/Produktionsstruktur: → **A 3.1.2**
  - Vernetzung der Entwicklungs- und Produktionsprozesse durch den Einsatz von CAM, CAI, CIM, PPS-Systemen usw.
  - Lean-Production-Prinzip
  - Fertigungssegmentierung → **4.1.3/05.**
  - Verrichtungs-, Objekt-, Gruppenprinzip → **4.1.2/02.; 4.1.3/01. ff.**
  - Layoutplanung der Produktionsstätte und -abläufe → **4.1.4/09.**
  - Kanban-System, JiT-Produktion → **4.3.3/06. ff.**
  - Optimierung des internen Materialflusses → **4.3.3**
  - Flexibilisierung der Produktion und damit Verringerung der Reaktionszeiten auf Marktveränderungen

2. *Planen und Optimieren der Produktionsabläufe*, z. B: → **4.2.2/19. ff.**
   - Verkürzung der Durchlaufzeiten
   - Optimierung der Liege- und Wartezeiten

3. *Gestaltung der Ersatzteillogistik* → **4.1.3/07.**

03. Welche CA*X*-Verfahren werden im Rahmen der computerintegrierten Fertigung eingesetzt?

CA*X* (oder CA...) ist die zusammenfassende Bezeichnung des Computereinsatzes in der Fertigung; im Einzelnen:

CAD	Computer Aided Design	Computergestütze Konstruktion und Zeichnungserstellung
CAE	Computer Aided Engineering	Computergestütztes Ingenieurwesen in der Entwicklung/Fertigung
CAM	Computer Aided Manufacturing	Computergestützte Fertigungsdurchführung
CAP	Computer Aided Planning	Computergestütze Arbeits- und Montageplanung
CAQ	Computer Aided Quality Assurance	Computergestützte Qualitätssicherung
CIM	Computer Integrated Manufacturing	Computerintegrierte Fertigungsplanung, -steuerung und -durchführung
PPS	Produktionsplanung und -steuerung	Computergeführte und -kontrollierte Auftragsplanung und Werkstattsteuerung

4.5.4 Absatzlogistik

01. Welche Aufgabe hat die Absatzlogistik?

Die Absatzlogistik (auch: Distributionslogistik, Marketinglogistik) ist der für den Kunden sichtbare Teil der Logistik am Ende der logistischen Kette und umfasst die Planung, Steuerung und Kontrolle aller Güter und Informationen aus dem Unternehmen. Sie muss sicherstellen, dass der Kunde die bestellte Waren (mit den dazugehörigen Informationen) zur richtigen Zeit, in der richtigen Menge und in der vereinbarten Qualität zu wirtschaftlich vertretbaren Transportkosten erhält.

02. Welche Entwicklungen und Fragestellungen stehen im Mittelpunkt der Absatzlogistik?

Zentrale Fragestellungen und Entwicklungen der Absatzlogistik sind u. a.:

1. *Lagerlogistik,* z. B.: **→ 03. ff.**
   - *Tendenz zur zentralen Lagerhaltung* (vgl. den Aufbau von Logistikzentren großer Firmen wie z. B. Lidl, Aldi, DHL)
   - *Optimierung der Lagertechnik*, z. B.:
     - Automatisierung, chaotische Lagerhaltung
     - Identifikationssysteme, Lagerbeschilderung
     - Kommissionierungssysteme und -techniken
   - Make-or-Buy-Überlegungen, z. B.:
     - Eigenlager/Fremdlager,
     - Eigentransport/Fremdtransport

2. *Optimierung der Auftragsabwicklung* **→ 4.3.5/03; 4.2.2/29.**

3. *Entscheidungen über geeignete Distributionskanäle,* z. B.:
   - direkter/indirekter Absatz
   - Sonderformen (z. B. E-Commerce, FOC–Factory-Outlet-Center)

4. *Optimierung der Absatzwege*, z. B.: **→ 18. ff.**
   - unternehmenseigene Absatzorgane, z. B.:
     Geschäftsleitung, Mitarbeiter der Marketingabteilung, Reisende
   - unternehmensfremde Absatzorgane, z. B.:
     Handelsvertreter, Kommissionäre, Makler

5. *Einsatz der Telekommunikation* beim Transport, z. B.: **→ 4.1.5; 4.4**
   - Funktelefonsysteme
   - mobile Datenkommunikation (Laptop, ISDN, DSL)
   - satellitengestützte Systeme (z. B. GPS – Global Positioning System)

6. *Optimierung der Tourenplanung*, z. B.: **→ 4.4**
   - Minimierung von: Transportstrecke/-zeit, der variablen Kosten, der Anzahl der Fahrzeuge
   - Einsatz von Softwaresystemen zur Tourenplanung

7. *Tendenzen:*
   - Die Individualisierung der Kundenbedarfe wird mit einer *Anonymisierung der Versorgung* beantwortet, z. B. Kostensenkung durch Zusammenfassung von Transportaufträgen (zeitlich und mengenmäßig).
   - Unterstützung der Güter- und Informationsverteilung durch EDV-Einsatz und Telekommunikation.

- Abkehr vom Bestandsmanagement hin zum Bewegungsmanagement: Neue Informationstechnologien erlauben das frühzeitige Erkennen von Planabweichungen in den Prozessen; Störungen werden nicht mehr durch eine Steuerung der Bestände, sondern durch eine Beschleunigung/Verzögerung der Prozesse korrigiert.

Hinweis: Nachfolgend werden einige ausgewählte Fragestellungen zur Absatzlogistik behandelt:

03. Nach welchen Kriterien können Läger gegliedert bzw. aufgebaut sein?

- *nach Funktionen:*
  - Beschaffungslager
  - Fertigungslager
  - Absatzlager
- *nach Lagergütern:*
  - Materiallager
  - Erzeugnislager
  - Handelswarenlager
  - Werkzeuglager
  - Materialabfalllager
  - Büromateriallager
- *nach der Bedeutung:*
  - Hauptlager
  - Nebenlager
- *nach dem Standort:*
  - Innenlager
  - Außenlager
- *nach dem Eigentümer:*
  - Eigenlager
  - Fremdlager
    - Konsignationslager
    - Kommissionslager
    - Lagereien
- *nach der Bauart:*
  - offene Bauart
  - halboffene Bauart
  - geschlossene Lager (Baulager)
- *nach der Lagertechnik:*
  - Flachlager
  - Bodenlager
  - Stapellager
  - Blocklager
  - Regallager
- *nach dem Automatisierungsgrad:*
  - manuelle Lager
  - mechanisierte Lager
  - automatische Lager
- *nach dem Grad der Zentralisierung:*
  - Zentrallager
  - dezentrale Lager

04. Welche wesentlichen Packmittel gibt es?

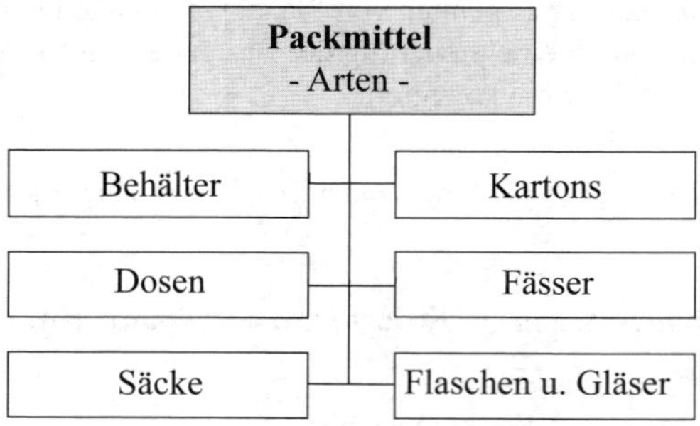

05. Welche Lagermittel werden eingesetzt?

Arten der Lagermittel

Lagerbehälter	Regale	Vitrinen	Paletten	Schränke
	• Umlaufregal • Verschieberegal • Durchlaufregal • Fachregal • Ständerregal		• Rungenpaletten • Flachpaletten • Boxpaletten	

06. Welche Einlagerungssysteme gibt es?

- *Magazinierprinzip:*
  Jedes Material hat seinen festen Lagerplatz.
- *Lokalisierprinzip* (chaotische Lagerung):
  Die Festlegung des Lagerplatzes erfolgt bei jedem Eingang neu.

07. Welche Kommissioniersysteme sind geläufig?

- *Statische Kommissionierung:*
  Mann-zur-Ware
- *Dynamische Kommissionierung:*
  Ware-zum-Mann.

08. Was versteht man unter Lagerhaltungskosten?

Die Lagerhaltungskosten sind die Kosten, die durch die Lagerung von Material verursacht werden. Sie beinhalten folgende Einzelkosten:

- Zinskosten
- Lagerraumkosten
- Abschreibungen
- Kosten für Heizung
- Kosten für Wartung
- Kosten für Verderb
- Versicherungskosten
- Mietkosten
- Kosten für Beleuchtung
- Kosten für Instandhaltung
- Kosten für Schwund
- Kosten für Veralterung.

09. Welche unterschiedlichen Verkehrsträger gibt es?

- Eisenbahngüterverkehr
- Güterkraftverkehr
- Paketdienste
- Binnenschifffahrt
- Luftfrachtverkehr
- Seeschifffahrt
- Rohrleitungssysteme.

10. Welche Leistungsmerkmale sind für die Auswahl von Verkehrsträgern von Bedeutung?

- *Schnelligkeit*:
  tatsächliche Beförderungszeit des Verkehrsmittels
- *Sicherheit*:
  steht im Zusammenhang mit der Transportdauer, den eingesetzten Verkehrsmitteln, den Verkehrswegen und der Umschlagshäufigkeit der Güter
- *Zuverlässigkeit*:
  Pünktlichkeit und Regelmäßigkeit des Verkehrsträgers
- *Frequenz*:
  Planmäßigkeit und Häufigkeit von Verbindungen
- *Netzdichte*:
  Anzahl der Stationen für die Anlieferung und Abholung von Gütern
- *Kapazität*:
  Fassungsvermögen des Verkehrsträgers bezogen auf Gewicht und Volumen der Güter
- *Kosten*:
  Gesamtkosten für den Verlader.

11. Welche Merkmale der zu befördernden Güter sind für die Transportwahl von Bedeutung?

- das Gewicht der Güter
- der Wert der Güter
- die Verderblichkeit der Güter
- der Zustand der Güter
- die zu bewältigende Strecke
- der Umfang des Transports
- die Dringlichkeit des Transports
- die Häufigkeit des Transports
- die Empfindlichkeit der Güter.

12. Welchen generellen Transportbedarf hat ein Unternehmen?

- *Innerhalb der Materialwirtschaft*:
  - Transport vom Lieferanten
  - Transport beim Wareneingang
  - Transport der Lagerung

- *innerhalb der Produktion*:
  - der innerbetriebliche Transport

- *innerhalb der Absatzwirtschaft*:
  - der Transport zum Lieferanten

13. In welche Verkehrsarten unterteilt sich die Verkehrswirtschaft?

- Personenverkehr
- Nachrichtenverkehr
- Zahlungsverkehr
- Güterverkehr

14. Bei welchen materialwirtschaftlichen Funktionen (= Verrichtungen) entsteht innerbetrieblich ein Transporterfordernis?

Innerbetrieblicher Transport fällt bei folgenden Verrichtungen an:

- der Warenannahme
- der Einlagerung
- der Bereitstellung
- der Umlagerung
- der Kommissionierung
- der Auslagerung u. Beladung der externen Verkehrsträger.

15. Welche Transportmittel des innerbetrieblichen Transportes sind zu unterscheiden?

- *Hubwagen*:
  - Handhubwagen
  - Elektrohubwagen
  - Elektrogabelhubwagen
  - Hochhubwagen (bis ca. 3 m)

- *Flurförderfahrzeuge*:
  - Hochregalstapler (ca. 7,5 bis 12 m)
  - Hubstapler
  - Schlepper
  - fahrerlose Kommissioniersysteme

- *Stetigförderer/Förderanlagen:*
  - Förderband
  - Rollenförderer
  - Rollenbahn

- *Kisten- und Sackkarre*

- *Hebezeuge:*
  - Kräne
  - Aufzüge
  - Hebebühnen

16. Was ist die Gefahrgutverordnung Straße, Eisenbahn und Binnenschiffahrt (GGVSEB)?

Die Gefahrgutverordnung Straße, Eisenbahn und Binnenschifffahrt reglementiert den Transport von gefährlichen Gütern auf der Straße, der Schiene und der Binnenschifffahrt. Sie verpflichtet alle Beteiligten Vorkehrungen zu treffen, um Schadensfälle zu verhindern und bei Eintritt eines Schadens dessen Auswirkungen so gering wie möglich zu halten.

17. Wie müssen Verpackungen zum Transport von Gütern beschaffen sein?

Die Verpackungen müssen generell so hergestellt sein, dass unter normalen Beförderungsbedingungen das Austreten des Inhaltes ausgeschlossen ist. Beim Transport von gefährlichen Gütern müssen sie baumustergeprüft und der Gefahr angemessen sein.

18. Welche Absatzwege sind möglich?

Zwischen Hersteller und Verbraucher können folgende Stufen eingeschaltet sein:

a) Hersteller – Spezialgroßhandel – Sortimentsgroßhandel – Einzelhandel – Verbraucher

b) Hersteller – Großhandel – Einzelhandel – Verbraucher

c) Hersteller – Einkaufsgenossenschaft – Einzelhandel – Verbraucher

d) Hersteller – Einzelhandel – Verbraucher

e) Hersteller – Verbraucher

f) im Außenhandel tritt zwischen Hersteller und Groß- bzw. Einzelhändler zusätzlich noch der Importeur bzw. Exporteur.

19. Welche Vertriebsformen werden unterschieden?

Man unterscheidet den *Direktabsatz* und den *indirekten Absatz* – durch *betriebseigene* Verkaufsorgane oder durch *betriebsfremde* Verkaufsorgane.

20. Wann ist der direkte Absatz zweckmäßig?

Der direkte Absatz ist nur dann zu empfehlen, wenn Fertigung und Verbrauch räumlich nicht zu weit entfernt liegen, der Hersteller die Waren bereits in konsumfähiger Größe und Verpackung liefert, die Qualität gleichbleibend ist, Fertigung und Absatz gleichmäßigen Marktschwankungen unterworfen sind oder bei Objekten, die nur auf Bestellung geliefert werden.

21. Wie erfolgt der Vertrieb im Rahmen des direkten Absatzes?

Zum direkten Absatz zählen alle Vertriebsformen, die nicht den Handel einschalten. Der Vertrieb erfolgt

- bei Großprojekten durch die *Geschäftsleitung* selbst;
- durch dezentrale *Verkaufsbüros*, die bestimmte Absatzgebiete betreuen und den Geschäftsverkehr mit den Kunden abwickeln;
- durch *Reisende* oder durch Fabrikfilialen, die sich insbesondere für Massenartikel eignen (z. B. Salamanderschuhe);

- durch *Franchising*;
- über *Sonderformen* (Automaten, Postversand, Messen, Börsen usw.) und
- über *Handelsvertreter, Kommissionäre oder Makler*.

22. Welche Formen des indirekten Absatzes werden unterschieden?

Beim indirekten Absatz wird der Handel zwischengeschaltet. Grundsätzlich wird zwischen dem *Großhandel* und dem *Einzelhandel* unterschieden.

23. Wann ist der indirekte Absatz vorherrschend?

Der indirekte Absatz ist notwendig, wenn der Vertrieb nicht von den Herstellern selbst vorgenommen werden soll oder kann. Das trifft in der Regel zu bei Massenprodukten, die in kleinen Mengen verbraucht werden; wie z. B.

- beim so genannten Aufkaufhandel
- bei einer Weiterverarbeitung durch den Handel
- bei technisch aufwändiger Lagerhaltung und schwierigem Transport
- bei der Notwendigkeit besonderer Sachkenntnis von Waren und Marktverhältnissen;
- beim Absatz komplementärer Güter
- bei großen Qualitätsunterschieden in der Produktion, denen beim Verbraucher ein Bedarf nach gleichwertigen Erzeugnissen gegenübersteht und bei weitgehender Spezialisierung der Produktion, die als Folge des Fehlens eines Vollsortiments die Zwischenschaltung des Handels erfordert.

24. Wann werden zur Intensivierung des Absatzes Handelsvertreter und wann Reisende eingesetzt?

Handelsvertreter sind rechtlich selbstständige Kaufleute und üben ihre Tätigkeit auf eigenes Risiko aus. *Reisende* hingegen sind angestellte Mitarbeiter des Unternehmens.

Es ist daher zu prüfen, ob die Kosten der Reisenden oder die der Handelsvertreter höher sind. Die Handelsvertreter erhalten eine umsatzabhängige Provision, die Reisenden ein umsatzunabhängiges Gehalt und eine umsatzabhängige Prämie.

Jedoch dürfen Kostengesichtspunkte nicht allein ausschlaggebend sein, da die Handelsvertreter in der Regel nur die Erfolg versprechenden Kunden aufsuchen.

Durch Reisende, deren Aufgabe auch eine intensivere Betreuung der Kunden und potenzieller Abnehmer ist, lässt sich der vorhandene Markt für die eigenen Produkte besser erschließen.

25. Welche Vor- und Nachteile des indirekten Absatzes lassen sich nennen?

Indirekter Absatz	
Vorteile	Nachteile
• großer Kundenkreis wird erreicht	• Identität kann verloren gehen
• hohe Absatzmengen können realisiert werden	• Störungen/Auflagen in der Zusammenarbeit
• Degression der Vertriebs- und Logistikkosten möglich	• kein direkter Zugang zu Marktinformationen
• Sortimentsverbund des Handels wird genutzt	• fehlende Beeinflussung der Marketingaktionen
	• Umgehung der Preisempfehlungen

26. Was bezweckt das Produkthaftungsgesetz?

Das Produkthaftungsgesetz vom 01. Januar 1990, in der letzten Änderung vom 02.11.2000, ist eine Umsetzung der EG Richtlinie „Angleichung der Rechts- und Verwaltungsvorschriften der Mitgliedstaaten über die Haftung für fehlerhafte Produkte" (Produkthaftungsrichtlinie) in nationales Recht. Somit wurde der Verbraucherschutz EG-weit vereinheitlicht.

27. Was sind die Schwerpunkte des Produkthaftungsgesetzes?

Das Produkthaftungsgesetz ist als verschuldenunabhängige Haftung (*Gefährdungshaftung*) ausgelegt. D. h. Produzenten haften allein aufgrund des Umstandes, dass sie Produkte in den Verkehr bringen und hierdurch Personen- oder Sachschäden hervorgerufen werden.

28. Welches sind die Rechtsgrundlagen der Produkthaftung?

Die Haftung von Herstellern für die Fehlerfreiheit und damit auch für die Sicherheit von Produkten wird durch unterschiedliche Regelungen begründet:

Zum einen können Ansprüche aus speziellen gesetzlichen Sondervorschriften, wie z. B. das *Produkthaftungsgesetz,* abgeleitet werden.

Zum anderen kann die Haftung für ein fehlerhaftes Produkt im *BGB* begründet sein. Hierbei ist noch zwischen Ansprüchen aus den gesetzlichen Gewährleistungsansprüchen und Ansprüchen aus dem vertragsunabhängigem BGB-Deliktsrecht § 823 zu unterscheiden.

29. Was folgt aus der Generalklausel der deliktischen Haftung nach BGB für die Produkthaftung?

§ 823 Abs. 1 BGB legt fest:

> *Wer vorsätzlich oder fahrlässig das Leben, den Körper die Gesundheit, die Freiheit, das Eigentum oder ein sonstiges Recht eines anderen widerrechtlich verletzt, ist dem anderen zum Ersatz des daraus entstehenden Schadens verpflichtet.*

Daraus kann für die Hersteller von Produkten folgendes abgeleitet werden:

Er muss sich so verhalten und dafür Sorge tragen, dass nicht innerhalb seines Einflussbereiches widerrechtlich Ursachen für Personen- und Sachschäden gesetzt werden.

4.5.5 Entsorgungslogistik

01. Welche Aufgabe hat die Entsorgungslogistik?

Die Entsorgungslogistik (auch: Retrologistik) befasst sich mit der Planung, Steuerung und Kontrolle der Reststoffströme sowie der Retouren einschließlich der dazugehörigen Informationsflüsse.

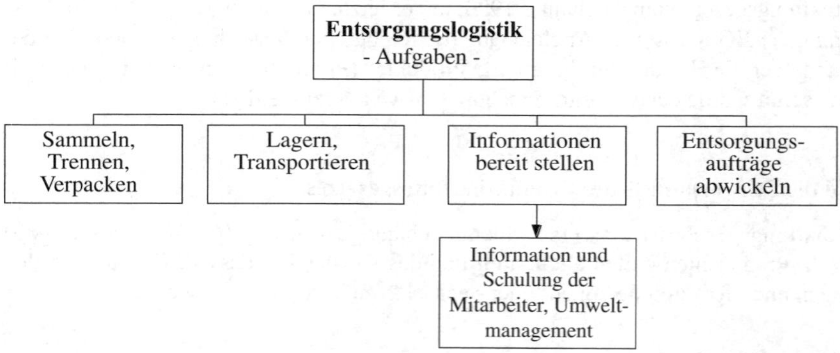

02. Mit welchen Objekten befasst sich die Entsorgungslogistik?

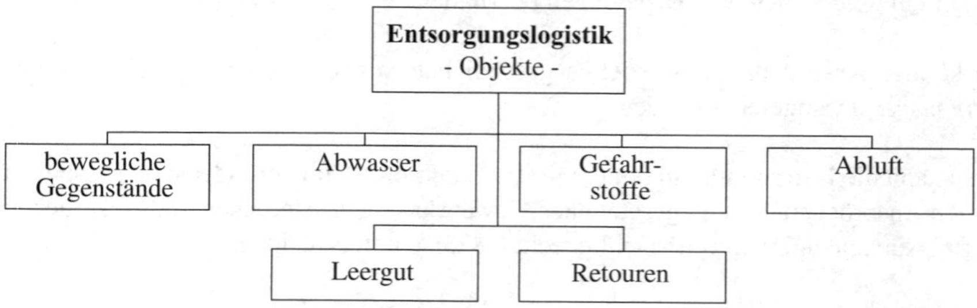

z. B. folgende Abfallarten:

- Kunststoffe, Pappe, Verpackung
- Elektroabfall (z. B. Kabel)
- Elektronikabfall (z. B. Platinen, SPS)
- Metallabfall (z. B. Schaltschränke)
- Öle.

03. Warum hat die Entsorgungslogistik an Bedeutung zugenommen?

04. Welche Formen der Entsorgung von Reststoffen werden unterschieden?

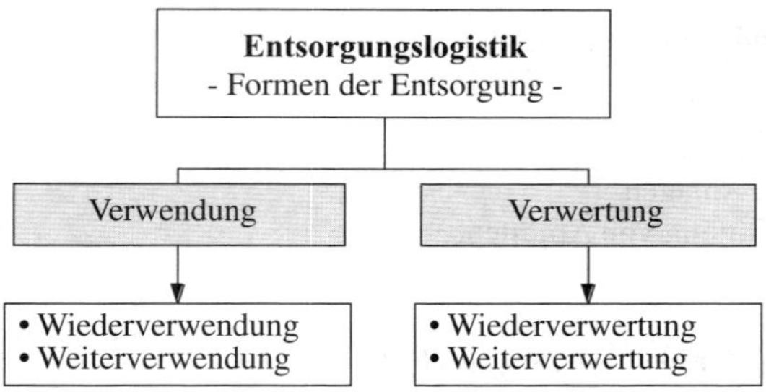

05. Welche Prinzipien gelten in der Umweltpolitik?

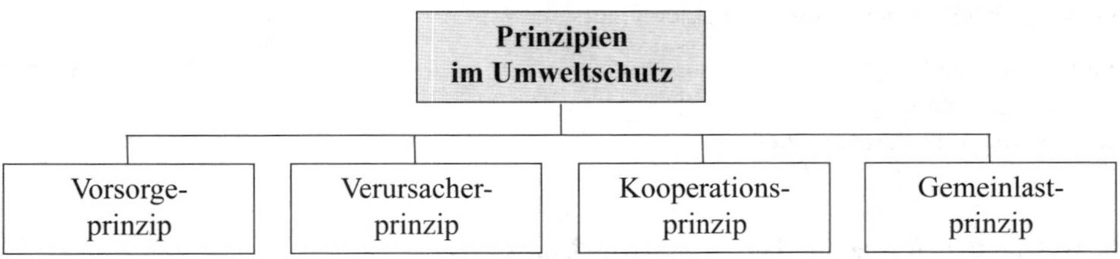

- *Vorsorgeprinzip*
  = vorbeugende Maßnahmen, damit Umweltschäden erst gar nicht entstehen.

- *Verursacherprinzip*
  = der Verursacher hat für die Beseitigung der von ihm verursachten Umweltschäden zu sorgen und die dafür anfallenden Kosten zu tragen.

• *Kooperationsprinzip*
  = Zusammenarbeit; z. B. zwischen den Betreibern umweltgefährdender Anlagen und den zuständigen Behörden sowie zwischen Nachbarländern bei grenzüberschreitenden Problemen.

• *Gemeinlastprinzip*
  = die Kosten der Beseitigung von Umweltschädigungen werden von der Allgemeinheit (Bund, Länder, Gemeinden) getragen; dies gilt:
  - bei Altlasten
  - wenn der Verursacher nicht zu ermitteln ist oder
  - wenn die Kosten dem Betreiber/Verursacher wirtschaftlich nicht zugemutet werden können.

06. Welchen Inhalt hat das Umweltstrafrecht?

Das Umweltstrafrecht wurde 1980 in das Strafgesetzbuch eingearbeitet. Bestraft werden können nur natürliche Personen. Straftatbestand kann ein bestimmtes Handeln, aber auch ein bestimmtes Unterlassen sein. Die Geschäftsleitung haftet stets in umfassender Gesamtverantwortung.

Bestraft werden z. B. folgende Tatbestände:

• Verunreinigung von Gewässern
• Boden- und Luftverunreinigung
• unerlaubtes Betreiben von Anlagen
• umweltgefährdende Beseitigung von Abfällen.

07. Welchen Inhalt hat das Umwelthaftungsrecht?

Es regelt die *zivilrechtliche Haftung bei Umweltschädigungen*. Hier können auch juristische Personen verklagt und in Anspruch genommen werden.

Die Ansprüche gliedern sich in drei Bereiche:

• Gefährdungshaftung
• Verschuldenshaftung
• nachbarrechtliche Ansprüche.

08. Welche Bedeutung hat das europäische Umweltrecht?

Die Umweltpolitik hat innerhalb der EU an Bedeutung gewonnen. Mit dem Vertrag von Maastricht wurden der EU umfangreichere Regelungskompetenzen übertragen. Zurzeit existieren etwa 200 europäische Rechtsakte mit umweltpolitischem Bezug. Diese Rechtsakte regeln nicht nur das Verhältnis zwischen den Staaten, sondern sie sind auch verbindlich für den einzelnen Bürger und die Unternehmen. Die europäischen Rechtsakte haben unterschiedlichen Verbindlichkeitscharakter.

09. Warum muss bei der Betrachtung der Kosten des Umweltschutzes zwischen betriebswirtschaftlicher und volkswirtschaftlicher sowie kurz- und langfristiger Sichtweise differenziert werden?

Dazu einige Thesen: Maßnahmen des Umweltschutzes

- sind *betriebswirtschaftlich* zunächst Kosten bzw. führen zu einem Kostenanstieg; dies kann kurzfristig zu einer Wettbewerbsverzerrung führen;
- können *langfristig* vom Betrieb als Wettbewerbsvorteil genutzt werden - bei verändertem Verhalten der Endverbraucher (z. B. Gütesiegel, Blauer Engel, chlorarm, ohne Treibgas, biologisch abbaubar);
- *werden z. T. nicht verursachergerecht umgelegt* – je nach den politischen Rahmenbedingungen; z. B.:
  - Die Nichtbesteuerung von Flugbenzin wird beklagt.
  - Es wird argumentiert, dass die durch Lkw verursachten Straßenschäden nicht verursachergerecht belastet werden und es deshalb zu einer Wettbewerbsverzerrung zwischen „Straße und Schiene“ kommt.
- *werden nicht in erforderlichem Umfang durchgeführt*; das führt kurzfristig zu einzelwirtschaftlichen Gewinnen und langfristig zu volkswirtschaftlichen Kosten (z. B.: Atomenergie und die bis heute ungeklärten Kosten der Entsorgung von Brennstäben; Altlastensanierung der industriellen Produktion in den Gebieten der ehemaligen DDR).

10. Warum ist ein betriebliches Umweltmanagement erforderlich und was versteht man darunter?

Im Laufe der Jahre hat sich gezeigt, dass das Vorhandensein gesetzlicher Bestimmungen zum Umweltschutz allein nicht ausreichend ist. Umweltschutz muss in das Managementsystem integriert werden. Als Vorbild können hier z. B. Managementsysteme der Qualitätssicherung genommen werden.

11. Wie ist der Begriff „Abfall“ definiert?

Der Abfallbegriff ist in § 3 KrWG definiert: „Abfälle im Sinne dieses Gesetzes sind alle Stoffe oder Gegenstände, derer sich ihr Besitzer entledigt, entledigen will oder entledigen muss. Abfälle zur Verwertung sind Abfälle, die verwertet werden; Abfälle, die nicht verwertet werden, sind Abfälle zur Beseitigung.

12. In welche Teilbereiche lässt sich die Abfallwirtschaft gliedern?

<table>
<tr><th colspan="7">Konzepte der Abfallwirtschaft (Überblick)</th></tr>
<tr><td colspan="7">1. Abfallbegrenzung</td></tr>
<tr><td colspan="7">2. Abfallbehandlung (Entsorgung)</td></tr>
<tr><td rowspan="6"></td><td rowspan="2">2.1</td><td colspan="5">Recycling</td></tr>
<tr><td>Wieder-
verwendung</td><td>Weiter-
verwendung</td><td>Wieder-
verwertung</td><td colspan="2">Weiter-
verwertung</td></tr>
<tr><td rowspan="2">2.2</td><td colspan="5">Abfallvernichtung</td></tr>
<tr><td>physika-
lische</td><td>chemische</td><td>elektrotech-
nische</td><td>biologische</td><td>thermische</td></tr>
<tr><td rowspan="2">2.3</td><td colspan="5">Abfallbeseitigung</td></tr>
<tr><td colspan="3">Abfalldiffusion und -lagerung</td><td colspan="2">Abfallablagerung</td></tr>
</table>

Grundsätze des KrwG:

(1) Abfälle sind

1. in erster Linie zu vermeiden, insbesondere durch die Verminderung ihrer Menge und Schädlichkeit,
2. in zweiter Linie

a) stofflich zu verwerten oder
b) zur Gewinnung von Energie zu nutzen (energetische Verwertung).

(2) Maßnahmen zur Vermeidung von Abfällen sind insbesondere die anlageninterne Kreislaufführung von Stoffen, die abfallarme Produktgestaltung sowie ein auf den Erwerb abfall- und schadstoffarmer Produkte gerichtetes Konsumverhalten.

(3) Die stoffliche Verwertung beinhaltet die Substitution von Rohstoffen durch das Gewinnen von Stoffen aus Abfällen (sekundäre Rohstoffe) oder die Nutzung der stofflichen Eigenschaften der Abfälle für den ursprünglichen Zweck oder für andere Zwecke mit Ausnahme der unmittelbaren Energierückgewinnung. Eine stoffliche Verwertung liegt vor, wenn nach einer wirtschaftlichen Betrachtungsweise, unter Berücksichtigung der im einzelnen Abfall bestehenden Verunreinigungen, der Hauptzweck der Maßnahme in der Nutzung des Abfalls und nicht in der Beseitigung des Schadstoffpotentials liegt.

(4) Die energetische Verwertung beinhaltet den Einsatz von Abfällen als Ersatzbrennstoff; vom Vorrang der energetischen Verwertung unberührt bleibt die thermische Behandlung von Abfällen zur Beseitigung, insbesondere von Hausmüll. Für die Abgrenzung ist auf den Hauptzweck der Maßnahme abzustellen. Ausgehend vom einzelnen Abfall, ohne Vermischung mit anderen Stoffen, bestimmen Art und Ausmaß seiner Verunreinigungen sowie die durch seine Behandlung anfallenden weiteren Abfälle und entstehenden Emissionen, ob der Hauptzweck auf die Verwertung oder die Behandlung gerichtet ist.

(5) Die Kreislaufwirtschaft umfasst auch das Bereitstellen, Überlassen, Sammeln, Einsammeln durch Hol- und Bringsysteme, Befördern, Lagern und Behandeln von Abfällen zur Verwertung.

13. Welche Gesetze, Normen und Regelwerke bestimmen den Umweltschutz (Überblick)?

Gesetze, Normen und Regelwerke zum Umweltschutz	
Abkürzung	Kurzbeschreibung
BGB	§§ 906, 907 BGB Beeinträchtigungen in Form von Gasen, Dämpfen, Gerüchen, Rauch, Ruß, Geräusch, Erschütterungen usw.
StGB	Strafgesetzbuch, 28. Abschnitt: Straftaten gegen die Umwelt
BImSchG	Das Bundesimmissionsschutzgesetz ist das bedeutendste Recht auf dem Gebiet des Umweltschutzes. Es bestimmt den Schutz vor Immissionen und regelt den Betrieb genehmigungsbedürftiger Anlagen sowie die Pflichten der Betreiber von nicht genehmigungsbedürftigen Anlagen. Zweck ist es, Menschen, Tiere und Pflanzen, den Boden, das Wasser, die Atmosphäre sowie Kultur und Sachgüter vor schädlichen Umwelteinwirkungen zu schützen sowie vor den Gefahren und Belästigungen von Anlagen.
TA Luft, TA Lärm, TA Abfall, Störfallverordnung	Durchführungsverordnungen zum BImSchG
BbodSchG	Zielsetzung: Die Beschaffenheit des Bodens nachhaltig zu sichern bzw. wiederherzustellen.
KrWG	Förderung der Kreislaufwirtschaft, Vermeidung von Abfällen bzw. Sicherung der umweltverträglichen Verwertung
WHG	Vermeidung von Schadstoffeinleitungen in Gewässer
WRMG	Gesetz über die Umweltverträglichkeit von Wasch- und Reinigungsmitteln
ChemG	Gesetz zum Schutz vor gefährlichen Stoffen; regelt die Vermarktung umweltgefährdender Stoffe.
Verpackungsverordnung	Reduzierung der Verpackungsmengen und Rückführung in den Stoffkreislauf (Wieder-/Weiter-/-verwendung/-verwertung).
Öko-Audit-Verordnung EMAS	Die Verordnung geht über die DIN ISO 14001 hinaus. Die Zertifizierung nach EMAS (Eco-Management and Audit Scheme) ist im Gegensatz zur DIN ISO 14001 öffentlichrechtlich geregelt.
DIN EN ISO 14001	International gültiger Forderungskatalog für ein systematisches Umweltmanagement (UM). Wird im Rahmen des TQM voll in das Qualitätsmanagement integriert.

5. Arbeits-, Umwelt- und Gesundheitsschutz

Prüfungsanforderungen

Im Qualifikationsschwerpunkt Arbeits-, Umwelt- und Gesundheitsschutz soll der Prüfungsteilnehmer nachweisen, dass er in der Lage ist,

- einschlägige Gesetze, Vorschriften und Bestimmungen in ihrer Bedeutung zu erkennen und ihre Einhaltung sicherzustellen,
- Gefahren vorzubeugen, Störungen zu erkennen und zu analysieren sowie Maßnahmen zu ihrer Vermeidung oder Beseitigung einzuleiten und
- sicherzustellen, dass sich die Mitarbeiter arbeits-, umwelt- und gesundheitsschutzbewusst verhalten und entsprechend handeln.

Qualifikationsschwerpunkt
Arbeits-, Umwelt- und Gesundheitsschutz
- Überblick -

- 5.1 Überprüfen und Gewährleisten der Arbeitssicherheit sowie des Arbeits-, Umwelt- und Gesundheitsschutzes
- 5.2 Fördern des Mitarbeiterbewusstseins
- 5.3 Planen und Durchführen von Unterweisungen
- 5.4 Lagerung und Umgang von/mit umweltbelastenden/gesundheitsgefährdenden Betriebsmitteln, Einrichtungen, Werk-/Hilfsstoffen
- 5.5 Planen, Vorschlagen, Einleiten und Überprüfen von Maßnahmen

5.1 Überprüfen und Gewährleisten der Arbeitssicherheit sowie des Arbeits-, Umwelt- und Gesundheitsschutzes im Betrieb

5.1.1 Arbeitssicherheit und Arbeitsschutz

→ A 1.3.4

01. Welche Bedeutung hat der Arbeitsschutz in Deutschland?

Das *Grundgesetz* der Bundesrepublik Deutschland sieht das Recht der Bürger auf *Schutz der Gesundheit und körperliche Unversehrtheit* als ein *wesentliches Grundrecht* an. Die Bedeutung dieses Grundrechtes kommt auch dadurch zum Ausdruck, dass es in der Abfolge der Artikel des Grundgesetzes schon an die zweite Stelle gesetzt wurde.

> *„Jeder hat das Recht auf Leben und körperliche Unversehrtheit."*
> Art. 2 Abs. 2 GG

02. Warum ist der Arbeitgeber der Hauptgarant für die Arbeitssicherheit und den Arbeitsschutz der Mitarbeiter?

Alle wesentlichen Normen des Arbeitsschutzrechtes wenden sich an den *Arbeitgeber* als Adressaten. Dies ist die logische Folge dessen, dass das Rechtssystem der Bundesrepublik Deutschland streng dem sog. *„Verursacherprinzip"* folgt.

Im Arbeitsschutzrecht bedeutet dies konkret, dass *dem Arbeitgeber* vom Gesetzgeber *öffentlich-rechtliche Pflichten* zum Schutz der Arbeitnehmer *auferlegt werden*, weil er

- mit dem Geschäft, das auf seine Rechnung läuft, *die Ursachen* für die Gefährdungen setzt und
- seiner Stellung gemäß das *Direktionsrecht* ausübt.

Dem Arbeitgeber/Unternehmer wird damit vom Gesetz her eine sogenannte *„Garantenstellung" gegenüber* seinen Mitarbeitern zugewiesen. Insofern kann man das *„Arbeitsschutzrecht"* auch als *„Arbeitnehmerschutzrecht"* bezeichnen. Die Schutzrechte für die Arbeitnehmer gelten als Bestandteile der Arbeitsverhältnisse und sind somit arbeitsrechtlich verpflichtend.

03. Wie ist das deutsche Arbeitsschutzrecht gegliedert?

Es gibt kein einheitliches, in sich geschlossenes Arbeitsschutzrecht in Deutschland. Es umfasst eine Vielzahl von Vorschriften. Grob unterteilen lassen sich die Arbeitsschutzvorschriften in:

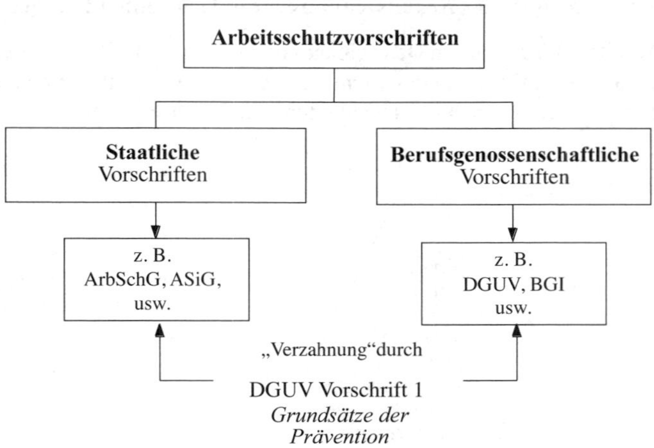

- *Staatliche Vorschriften*, z. B.:

- Arbeitsschutzgesetz	ArbSchG
- Arbeitssicherheitsgesetz (Gesetz über Betriebsärzte, Sicherheitsingenieure und andere Fachkräfte für Arbeitssicherheit)	ASiG
- Betriebssicherheitsverordnung	BetrSichV
- Verordnung zur Arbeitsmedizinischen Vorsorge	ArbMedV
- Arbeitsstättenverordnung	ArbStättV
- Gefahrstoffverordnung	GefStoffV
- Produktsicherheitsgesetz	ProdSG
- Chemikaliengesetz	ChemG
- Bildschirmarbeitsverordnung (integriert in ArbStättV)	BildscharbV
- Bundesimmissionsschutzgesetz	BImSchG
- Jugendarbeitsschutzgesetz	JArbSchG
- Mutterschutzgesetz	MuSchG
- Betriebsverfassungsgesetz	BetrVG
- Sozialgesetzbuch Siebtes Buch (Gesetzliche Unfallversicherung)	SGB VII
- Sozialgesetzbuch Neuntes Buch (Rehabilitation und Teilhabe behinderter Menschen)	SGB IX
- EU-Richtlinien	

- *Berufsgenossenschaftliche Vorschriften*, z. B.:

- Berufsgenossenschaftliche Vorschriften (früher: Unfallverhütungsvorschriften)	DGUV-Vorschriften (Deutsche Gesetzliche Unfallversicherung)
- Berufsgenossenschaftliche Regeln	BGR
- Berufsgenossenschaftliche Informationen	BGI
- Berufsgenossenschaftliche Grundsätze	BGG

Die *DGUV-Vorschrift 1* ist somit die wichtigste und grundlegende Vorschrift der Berufsgenossenschaften und kann daher als *„Grundgesetz der Prävention"* bezeichnet werden.

04. Nach welchem Prinzip ist das Arbeitsschutzrecht in Deutschland aufgebaut?

Der Aufbau des Arbeitsschutzrechtes in Deutschland folgt streng dem *„Prinzip vom Allgemeinen zum Speziellen"*. Diese Rangfolge ist ein wesentlicher Grundgedanke in der deutschen Rechtssystematik und wird vom Gesetzgeber deswegen durchgängig verwendet:

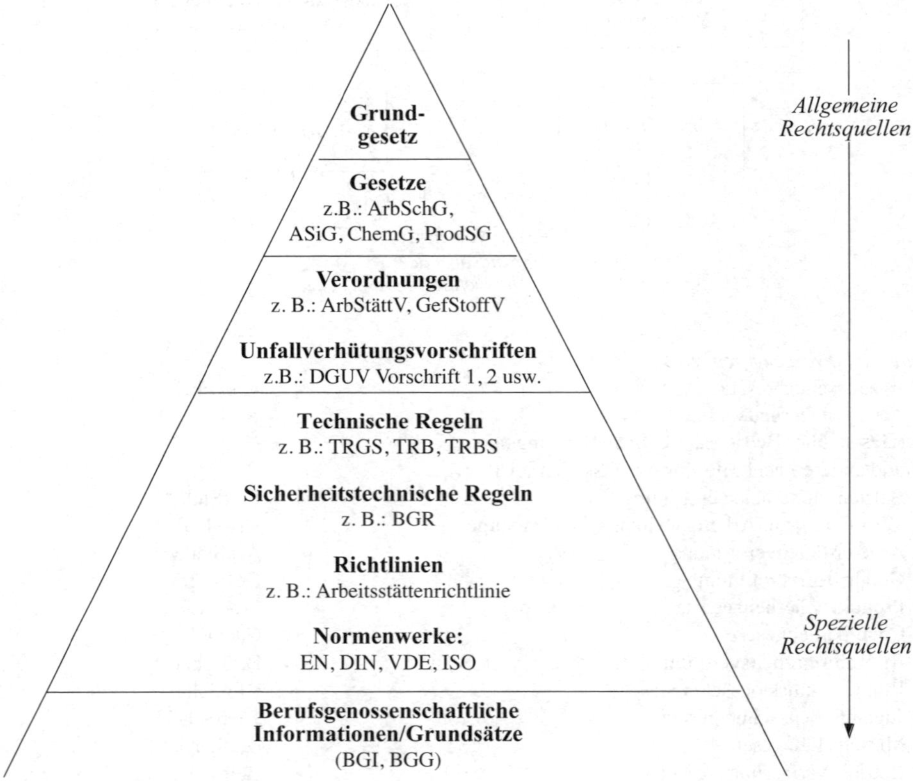

Den allgemeinen Rechtsrahmen stellt das Grundgesetz dar. Alle gesetzgeberischen Akte, auch die gesetzlichen Regelungen für den Arbeitsschutz, müssen sich am Grundgesetz messen lassen. Ebenso muss jede nachfolgende Rechtsquelle mit der übergeordneten vereinbar sein (*Rangprinzip*).

Die Gesetze und Vorschriften unterteilen sich in Regeln des *öffentlichen Rechts* (regelt die Beziehungen des Einzelnen zum Staat) und allgemein anerkannte Regeln des *Privatrechts* (Rechtsbeziehungen der Bürger untereinander). Der Arbeitnehmerschutz und die Arbeitssicherheit gehören zum öffentlichen Recht.

05. Welche Schwerpunkte hat der Arbeitsschutz?

Die Schwerpunkte des Arbeitsschutzes sind:

- *Unfallverhütung* (klassischer Schutz vor Verletzungen)
- Schutz vor *Berufskrankheiten*

- Verhütung von *arbeitsbedingten Gesundheitsgefahren*
- Organisation der *Ersten Hilfe.*

06. Wie lässt sich der Arbeitsschutz in Deutschland unterteilen?

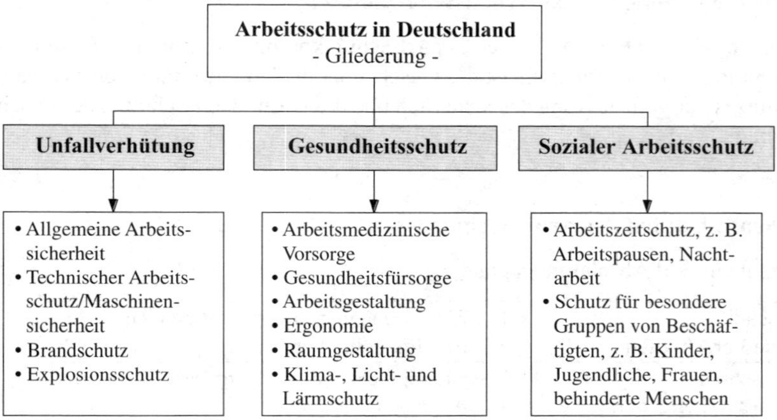

07. Wer überwacht die Einhaltung der Vorschriften und Regeln des Arbeitsschutzes?

Das Arbeitsschutzsystem in Deutschland ist dual aufgebaut. Man spricht vom *„Dualismus des deutschen Arbeitsschutzsystems“*. Diese Struktur ist in Europa einmalig:

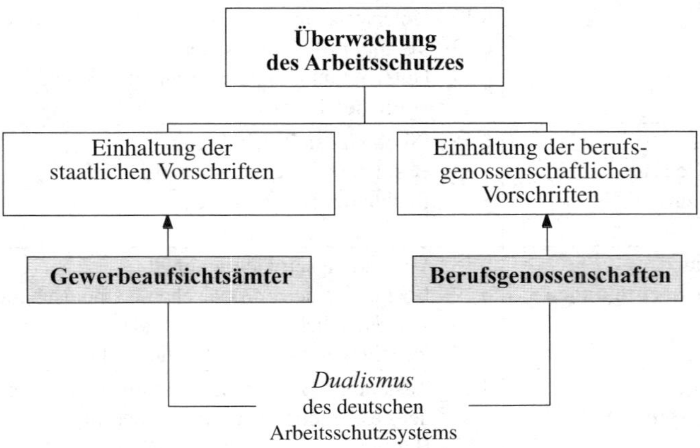

- Dem dualen Aufbau folgend wird die *Einhaltung der staatlichen Vorschriften von den staatlichen Gewerbeaufsichtsämtern* überwacht. Die Gewerbeaufsicht unterliegt der Hoheit der Länder.

- *Die Einhaltung der berufsgenossenschaftlichen Vorschriften wird von den Berufsgenossenschaften* überwacht. Die Berufsgenossenschaften sind Körperschaften des öffentlichen Rechts und agieren hoheitlich wie staatlich beauftragte Stellen.

- Die Berufsgenossenschaften sind nach Branchen gegliedert. Sie liefern Prävention und Entschädigungsleistungen aus „einer Hand“. Sie arbeiten als bundesunmittelbare Verwaltungen, d. h. sie sind entweder bundesweit oder aber zumindest in mehreren Bundesländern tätig.

08. Welche Zielsetzung hat das Arbeitsschutzgesetz?

Die Zielsetzung des Arbeitsschutzgesetzes (ArbSchG) kommt bereits in der „Langfassung“ des Namens deutlich zum Ausdruck: Es ist das Gesetz über die Durchführung von Maßnahmen des Arbeitsschutzes zur Verbesserung der Sicherheit und des Gesundheitsschutzes der Beschäftigten bei der Arbeit.

09. Welchen Inhalt hat das Arbeitsschutzgesetz?

Das Gesetz ist in fünf Abschnitte gegliedert:

Erster Abschnitt **Allgemeine Vorschriften**	§ 1 Zielsetzung und Anwendungsbereich § 2 Begriffsbestimmungen
Zweiter Abschnitt **Pflichten des Arbeitgebers**	§ 3 Grundpflichten des Arbeitgebers § 4 Allgemeine Grundsätze § 5 Beurteilung der Arbeitsbedingungen § 6 Dokumentation § 7 Übertragung von Aufgaben § 8 Zusammenarbeit mehrerer Arbeitgeber § 9 Besondere Gefahren § 10 Erste Hilfe und sonstige Notfallmaßnahmen § 11 Arbeitsmedizinische Vorsorge § 12 Unterweisung § 13 Verantwortliche Personen § 14 Unterrichtung und Anhörung der Beschäftigten des öffentlichen Dienstes
Dritter Abschnitt **Pflichten und Rechte der Beschäftigten**	§ 15 Pflichten der Beschäftigten § 16 Besondere Unterstützungspflichten § 17 Rechte der Beschäftigten
Vierter Abschnitt **Verordnungsermächtigungen**	§ 18 Verordnungsermächtigungen § 19 Rechtsakte der Europäischen Gemeinschaften und zwischenstaatliche Vereinbarungen § 20 Regelungen für den öffentlichen Dienst
Fünfter Abschnitt **Schlussvorschriften**	§ 21 Zuständige Behörden; Zusammenwirken mit den Trägern der gesetzlichen Unfallversicherung § 22 Befugnisse der zuständigen Behörden § 23 Betriebliche Daten; Zusammenarbeit mit anderen Behörden; Jahresbericht § 24 Ermächtigung zum Erlass von allgemeinen Verwaltungsvorschriften § 25 Bußgeldvorschriften § 26 Strafvorschriften

10. Welcher Unterschied besteht zwischen Rechtsvorschriften und Regelwerken im Arbeitsschutz?

- *Rechtsvorschriften* (Gesetze, Verordnungen) schreiben allgemeine *Schutzziele* vor.
  - Dabei sind Gesetze ihrer Natur gemäß mit einem weitaus höheren Allgemeinheitsgrad versehen als Verordnungen.
  - Verordnungen sind vom Gesetzgeber schon etwas spezieller formuliert. Aus Anwendersicht sind sie jedoch immer noch sehr allgemein gehalten und eng am Schutzziel orientiert.
  - Die DGUV-Vorschriften der Berufsgenossenschaften sind lediglich eine besondere Form von Rechtsvorschriften und im Range von Verordnungen zu sehen.

  Die *Befolgung der Forderungen* von Gesetzen und Verordnungen ist *zwingend.*

- *Regelwerke:*

  Um dem Anwender Hilfestellung zu geben auf welche Weise er die Vorschriften einhalten kann, werden von staatlich oder berufsgenossenschaftlich autorisierten Ausschüssen *Regelwerke* erarbeitet. Sie geben dem Unternehmer *Orientierungshilfen*, die ihm die *Erfüllung* seiner Pflichten im Arbeitsschutz *erleichtern.*

  Beachtet der Unternehmer die im Regelwerk angebotenen Lösungen, löst dies die sog. *Vermutungswirkung aus. Es wird in diesem Fall vermutet*, dass er die ihm obliegenden *Pflichten* im Arbeitsschutz *erfüllt* hat, weil er die Regel befolgt hat.

  Anders als es die Gesetzesvorschrift oder die Verordnung notwendig macht, muss der Unternehmer dem Regelwerk jedoch *nicht zwingend* folgen. Er kann *in eigener Verantwortung* genau die *Maßnahmen auswählen*, die er in seinem Betrieb für geeignet erachtet. Dass der Unternehmer von der Regel abweichen kann, ist vom Gesetzgeber gewollt, weil dazu die Notwendigkeit besteht. Diese Möglichkeit, *von der Regel abweichen* zu können, ist sehr wichtig, um den *wissenschaftlichen und technischen Fortschritt nicht* zu *behindern.*

- *Normenwerke:*

  Die Aussagen über die Regelwerke gelten gleichermaßen für die in den bekannten Normenwerken festgehaltenen technischen und sicherheitstechnischen Regeln.

  Die Fachausschüsse für Prävention der *Berufsgenossenschaften* haben eine Fülle von *Regeln für Sicherheit und Gesundheit* bei der Arbeit erarbeitet, die den Unternehmern im konkreten Fall Orientierungshilfen bei der Erfüllung der Unfallverhütungsvorschriften geben können.

  - TRBS:
    Die vom Bund autorisierten *Ausschüsse für Betriebssicherheit* ermitteln regelmäßig *Technische Regeln für Betriebssicherheit* (TRBS), um Orientierungshilfen zur Erfüllung der *Betriebssicherheitsverordnung* zu geben.
  - TRGS:
    Die Ausschüsse für Gefahrstoffe ermitteln regelmäßig *Technische Regeln* für den sicheren *Umgang mit Gefahrstoffen* (TRGS), die dem Unternehmer helfen, die *Gefahrstoffverordnung* richtig anzuwenden.
  - BGR:
    Die berufsgenossenschaftlichen Ausschüsse für Prävention bereiten die Rechtsetzung der Unfallverhütungsvorschriften vor und ermitteln berufsgenossenschaftliche Regeln (BGR).

Sowohl in den berufsgenossenschaftlichen als auch in den staatlich autorisierten Ausschüssen ist dafür gesorgt, dass alle relevanten gesellschaftlichen Gruppen an der Regelfindung beteiligt sind. So sind in den Gremien Arbeitgeber, Gewerkschaften, die Wissenschaft und die Behörden angemessen vertreten.

11. Welche Berufsgenossenschaft ist für die Metallindustrie tätig?

Die Berufsgenossenschaft Holz und Metall ist der Unfallversicherer der Metallindustrie und der Holzindustrie sowie den entsprechenden Sparten des Metall- und Holzhandwerks im gesamten Bundesgebiet. Sie erledigt als moderner Dienstleister nicht nur die *Unfallversicherung*, sondern arbeitet, wie der Gesetzgeber es vorschreibt, mit allen geeigneten Mitteln an der *Prävention* von *Arbeitsunfällen*, *Berufskrankheiten* und *arbeitsbedingten Gesundheitsgefahren*.

12. In welchem Verhältnis stehen die Regelungen der deutschen Arbeitsschutzgesetzgebung zum Gemeinschaftsrecht der Europäischen Union?

Die nationalen gesetzlichen Regelungen der Mitgliedstaaten setzen im Arbeitsschutz das gültige Gemeinschaftsrecht der Europäischen Union um. Das Gemeinschaftsrecht für den Arbeitsschutz wird in der Hauptsache durch *EG-Richtlinien* bestimmt.

- *Technischer Arbeitsschutz* nach Artikel 95 EG-Vertrag:
  Die wesentlichsten Regeln, die die Sicherheit von Maschinen und Anlagen betreffen, wie z. B. die EG-Maschinenrichtlinie, sind Regeln nach Artikel 95 EG-Vertrag und ihrem Charakter nach sog. *„Binnenmarktrichtlinien"*. Sie haben ihren gesetzgeberischen Ursprung in der *Generaldirektion III* (GD III). Diese hat die Aufgabe, den freien Warenverkehr in den Mitgliedsländern sicherzustellen.

  Beispielsweise wurde durch die EG-Maschinenrichtlinie dafür gesorgt, dass nur *„sichere Maschinen und Anlagen"* frei verkehren dürfen. *Details* sind der *Normung* vorbehalten. So wird das *technische Arbeitsschutzrecht* ganz wesentlich von *Binnenmarktregeln* bestimmt.

- *Sozialer Arbeitsschutz* nach Artikel 137 EG-Vertrag:
  Nationale *Arbeitsschutzvorschriften*, die das *soziale Arbeitsschutzrecht* betreffen, setzen das soziale Gemeinschaftsrecht nach Artikel 137 EG-Vertrag um. Die Richtlinien, die den sozialen Arbeitsschutz im weiteren Sinne betreffen, stammen aus der *Generaldirektion V* (GD V) der Europäischen Kommission. Sie sollen helfen, die *sozialen Standards* der Union zu *vereinheitlichen*.

13. Was ist ein Arbeitsunfall?

Ein *Arbeitsunfall* liegt vor, wenn

- eine *versicherte Person* bei einer
- *versicherten Tätigkeit* durch ein

- *zeitlich begrenztes, von außen* her einwirkendes Ereignis
- einen *Körperschaden* erleidet.

Beispiel:

• Ein Schlosser arbeitet in einer Metallwarenfabrik.	→	*versicherte Person (Schlosser)* *versicherte Tätigkeit*
		+
• Er klemmt sich an einer Maschine die Hand.	→	*Unfallereignis*
		+
• Die Hand wird leicht gequetscht und blutet.	→	*Körperschaden*

→ *Der Unfall des Schlossers war ein Arbeitsunfall.*

14. Was ist ein Wegeunfall?

Unfälle auf dem Weg zur Arbeitsstelle und auf dem Weg zurück zur Wohnung sind dem Arbeitsunfall gleichgestellt. Sie werden von den Berufsgenossenschaften *wie Arbeitsunfälle* entschädigt und tragen die Bezeichnung *Wegeunfälle.*

15. Wann liegt eine Berufskrankheit vor?

Eine *Berufskrankheit* liegt vor, wenn

- eine *versicherte Person* durch ihre *berufliche Tätigkeit*
- *gesundheitlich geschädigt* wird und
- die *Erkrankung* in der *Berufskrankheiten-Verordnung* (BeKV) der Bundesregierung ausdrücklich als Berufskrankheit bezeichnet ist.

Beispiel:

• Ein Schlosser arbeitet viele Jahre in einem Stahlwerk und führt Reparaturarbeiten an Elektrolichtbogenöfen aus, die extreme Lärmpegel von bis zu 120 dB(A) erzeugen.	→	*versicherte Person* (Schlosser) + *langjährige Lärmeinwirkung am Arbeitsplatz* + *versicherte Tätigkeit*
• Lärm gilt ab einem Pegel von 80 dB(A) als gesundheitsschädigend. Der Schlosser wird infolge des gesundheitsschädigenden Lärms an seinem Arbeitsplatz schwerhörig.	→	*Körperschaden*
• Die *Lärmschwerhörigkeit* ist eine der wichtigsten und *häufigsten Berufskrankheiten* in der *Metallindustrie* und im Metallhandwerk. Sie gilt schon sehr lange als Berufskrankheit und ist in der BeKV ausdrücklich verzeichnet.	→	*in der BeKV erfasst*

→ *Bei dem Schlosser liegt eine Berufskrankheit vor.*

Der wesentliche *Unterschied* zwischen Arbeitsunfällen und Berufskrankheiten ist im *Zeitfaktor* zu sehen. Während der *Körperschaden* beim Arbeitsunfall *plötzlich* verursacht wird, geschieht dies bei der *Berufskrankheit* über *längere Zeiträume* hinweg.

16. Welche Pflichten hat der Arbeitgeber im Rahmen des Arbeits- und Gesundheitsschutzes? **→ ArbSchG**

Der Arbeitgeber trägt – vereinfacht formuliert – die Verantwortung dafür, dass „seine Mitarbeiter am Ende des Arbeitstages möglichst genauso gesund sind, wie zu dessen Beginn". Er hat dazu alle erforderlichen Maßnahmen zur Verhütung von

- Arbeitsunfällen,
- Berufskrankheiten und
- arbeitsbedingten Gesundheitsgefahren sowie für
- wirksame Erste Hilfe

zu ergreifen.

Das *Arbeitsschutzgesetz* (ArbSchG) legt die *Pflichten des Arbeitgebers im Arbeits- und Gesundheitsschutz* als Umsetzung der Europäischen Arbeitsschutz-Rahmenrichtlinie fest. *Die Grundpflichten des Unternehmers sind also Europa weit harmonisiert.* Nach dem Arbeitsschutzgesetz kann man die Verantwortung des Arbeitgebers für den Arbeitsschutz in Grundpflichten, besondere Pflichten und allgemeine Grundsätze gliedern:

- *Grundpflichten des Arbeitgebers* nach § 3 ArbSchG:

  Die Grundpflichten des Unternehmers sind im § 3 des Arbeitsschutzgesetzes genau beschrieben. Danach muss der Unternehmer

  - alle notwendigen Maßnahmen des Arbeitsschutzes treffen,
  - diese Maßnahmen auf ihre Wirksamkeit überprüfen und ggf. anpassen,
  - dafür sorgen, dass die Maßnahmen den Mitarbeitern bekannt sind und beachtet werden,
  - für eine geeignete Organisation im Betrieb sorgen und
  - die Kosten für den Arbeitsschutz tragen.

- *Besondere Pflichten des Arbeitgebers* nach §§ 4 - 14 ArbSchG, z. B.:

  Um sicherzustellen, dass wirklich geeignete und auf die Arbeitsplatzsituation genau zugeschnittene wirksame Maßnahmen ergriffen werden, schreibt § 5 des Arbeitsschutzgesetzes vor, dass der Arbeitgeber

  - die Gefährdungen im Betrieb ermittelt und
  - die Gefährdungen beurteilen muss.

  Der Arbeitgeber ist verpflichtet, *Unfälle* zu *erfassen*. Dies betrifft insbesondere *tödliche Arbeitsunfälle*, Unfälle mit *schweren Körperschäden* und Unfälle, die dazu geführt haben, dass der Unfallverletzte *mehr als drei Tage arbeitsunfähig* war. Für Unfälle, die diese Bedingungen erfüllen, besteht gegenüber der Berufsgenossenschaft eine *Anzeigepflicht*. Der Arbeitgeber muss für eine *funktionierende Erste Hilfe* und die erforderlichen *Notfallmaßnahmen* in seinem Betrieb sorgen (§ 10 ArbSchG).

- *Allgemeine Grundsätze* nach § 4 ArbSchG:

  Der Arbeitgeber hat bei der Gestaltung von Maßnahmen des Arbeitsschutzes folgende allgemeine Grundsätze zu beachten:

  1. Eine Gefährdung ist möglichst zu vermeiden; eine verbleibende Gefährdung ist möglichst gering zu halten.
  2. Gefahren sind an ihrer Quelle zu bekämpfen.
  3. Zu berücksichtigen sind: Stand der Technik, Arbeitsmedizin, Hygiene sowie gesicherte arbeitswissenschaftliche Erkenntnisse.
  4. Technik, Arbeitsorganisation, Arbeits- und Umweltbedingungen sowie soziale Beziehungen sind sachgerecht zu verknüpfen.
  5. Individuelle Schutzmaßnahmen sind nachrangig.
  6. Spezielle Gefahren sind zu berücksichtigen.
  7. Den Beschäftigten sind geeignete Anweisungen zu erteilen.
  8. Geschlechtsspezifische Regelungen sind nur zulässig, wenn dies biologisch zwingend ist.

Pflichten des Arbeitgebers nach dem ArbSchG (Überblick)			
Grundpflichten § 3 ArbSchG	**Besondere Pflichten** §§ 5-14 ArbSchG		**Allgemeine Grundsätze** § 4 ArbSchG
Maßnahmen treffen	Gefährdungsbeurteilung, Analyse und Dokumentation	§§ 5-6	Gefährdungsvermeidung
Wirksamkeit kontrollieren	Sorgfältige Aufgabenübertragung	§ 7	Gefahrenbekämpfung
Verbesserungspflicht	Zusammenarbeit mit anderen Arbeitgebern	§ 7	Überprüfen des Technikstandes
Vorkehrungs-/Bereitschaftspflicht	Vorkehrungen bei besonders gefährlichen Arbeitsbereichen	§ 9	Schutz besonderer Personengruppen
Kostenübernahme	Erste Hilfe	§ 10	Planungspflichten
	Arbeitsmedizinische Vorsorge	§ 11	Anweisungspflicht
	Unterweisung der Mitarbeiter	§ 12	Diskriminierungsverbot

17. Welche Bedeutung hat die Übertragung von Unternehmerpflichten nach § 7 ArbSchG?

Dem Unternehmer/Arbeitgeber sind vom Gesetzgeber Pflichten im Arbeitsschutz auferlegt worden. Diese Pflichten obliegen ihm *persönlich.* Im Einzelnen sind dies (vgl. oben, Grundpflichten)

- die *Organisationsverantwortung,*
- die *Auswahlverantwortung* (Auswahl der „richtigen“ Personen) und
- die Aufsichtsverantwortung (Kontrollmaßnahmen).

Je größer das Unternehmen ist, desto umfangreicher wird natürlich für den Unternehmer das Problem, die sich aus der generellen Verantwortung ergebenden Pflichten im betrieblichen Alltag persönlich wirklich wahrzunehmen.

In diesem Falle überträgt er seine persönlichen Pflichten auf *betriebliche Vorgesetzte* und/oder *Aufsichtspersonen*. Er beauftragt sie mit seinen Pflichten und bindet sie so in seine Verantwortung mit ein.

- § 13 der Unfallverhütungsvorschrift DGUV-Vorschrift 1 „Grundsätze der Prävention" legt fest, dass der *Verantwortungsbereich* und die *Befugnisse*, die der Beauftragte erhält, um die beauftragten Pflichten erledigen zu können, vorher *genau festgelegt* werden müssen. Die *Pflichtenübertragung* bedarf der *Schriftform*. Das Schriftstück ist vom Beauftragten zu unterzeichnen. Dem Beauftragten ist ein Exemplar auszuhändigen.
- Die Pflichten von Beauftragten, also Vorgesetzten und Aufsichtspersonen, bestehen jedoch rein rechtlich auch ohne eine solche schriftliche Beauftragung, also unabhängig von § 13 DGUV-Vorschrift 1. Dies ist deswegen der Fall, weil sich die *Pflichten des Vorgesetzten* bzw. der Aufsichtsperson aus deren *Arbeitsvertrag* ergeben. Alle Vorgesetzten, und dazu gehören insbesondere die *Industriemeister*, sollten ganz genau wissen, dass sie ab *Übernahme der Tätigkeit* in ihrem Verantwortungsbereich nicht nur für einen geordneten Arbeits- und Produktionsablauf *verantwortlich* sind, sondern auch für die *Sicherheit der unterstellten Mitarbeiter*.
- Um dieser Verantwortung gerecht zu werden, räumt der Unternehmer dem Vorgesetzten *Kompetenzen* ein. Diese *Kompetenzen* muss der Vorgesetzte *konsequent einsetzen*. Aus der *persönlichen Verantwortung* erwächst immer auch die *persönliche Haftung*. Eine wichtige Regel für den betrieblichen Vorgesetzten lautet:

> *„3-K-Regel" nach Nordmann:*
> „Wer *Kompetenzen* besitzt und diese *Kompetenzen* nicht nutzt, muss im Ernstfall mit *Konsequenzen* rechnen, die er gegebenenfalls ganz allein zu tragen hat."

18. Welche Pflichten sind den Mitarbeitern im Arbeitsschutz auferlegt?

→ §§ 15 f. ArbSchG, DGUV-Vorschrift 1

- *Rechtsquellen:*
  - Die Pflichten der Mitarbeiter sind in § 15 ArbSchG allgemein beschrieben.
  - § 16 ArbSchG legt besondere Unterstützungspflichten der Mitarbeiter dem Unternehmer gegenüber fest. Natürlich sind alle Mitarbeiter verpflichtet, im innerbetrieblichen Arbeitsschutz aktiv mitzuwirken.
  - Die §§ 15 und 18 der berufsgenossenschaftlichen Vorschrift „Grundsätze der Prävention" (DGUV-Vorschrift 1) regeln die diesbezüglichen Verpflichtungen der Mitarbeiter im betrieblichen Arbeitsschutz. Das 3. Kapitel der berufsgenossenschaftlichen Unfallverhütungsvorschrift DGUV-Vorschrift 1 „Grundsätze der Prävention" regelt die Pflichten der Mitarbeiter ausführlich.

- *Pflichten der Mitarbeiter im Arbeitsschutz:*

  - Die Mitarbeiter müssen die Weisungen des Unternehmers für ihre Sicherheit und Gesundheit befolgen. Die Maßnahmen, die der Unternehmer getroffen hat, um für einen wirksamen Schutz der Mitarbeiter zu sorgen, sind von den Mitarbeitern zu unterstützen. Sie dürfen sich bei der Arbeit nicht in einen Zustand versetzen, durch den sie sich selbst oder andere gefährden können (Pflicht zur Eigensorge und Fremdsorge). Dies gilt insbesondere für den Konsum von Drogen, Alkohol, anderen berauschenden Mitteln sowie die Einnahme von Medikamenten (§ 15 Abs. 1 ArbSchG).

    § 15 der DGUV-Vorschrift 1 sieht in der neuesten Fassung vom 01.01.2004 derartige Handlungen als Ordnungswidrigkeiten an. Deswegen ist es möglich, dass Mitarbeiter, die bei der Arbeit unter Alkohol- bzw. Drogeneinfluss stehen, durch die Berufsgenossenschaft mit einem *Bußgeld* belegt werden können.

  - Die Mitarbeiter müssen Einrichtungen, Arbeitsmittel und Arbeitsstoffe sowie Schutzvorrichtungen bestimmungsgemäß benutzen und dürfen sich an gefährlichen Stellen im Betrieb nur im Rahmen der ihnen übertragenen Aufgaben aufhalten; die persönliche Schutzausrüstung ist bestimmungsgemäß zu verwenden (§ 15 Abs. 2 ArbSchG).

  - Gefahren und Defekte sind vom Mitarbeiter unverzüglich zu melden (§ 16 ArbSchG).

  - Die Mitarbeiter haben gemeinsam mit dem Betriebsarzt (BA) und der Fachkraft für Arbeitssicherheit (Sifa) den Arbeitgeber in seiner Verantwortung zu unterstützen; festgestellte Gefahren und Defekte sind dem BA und der Sifa mitzuteilen (§ 16 Abs. 2 ArbSchG).

19. Wann sind Sicherheitsbeauftragte (Sibea) zu bestellen und welche Aufgaben haben sie? **→ § 20 DGUV-Vorschrift 1**

- *Pflicht zur Bestellung von Sicherheitsbeauftragten:*

  Wann Sicherheitsbeauftragte (Sibea) zu bestellen sind, ist durch § 20 der DGUV-Vorschrift 1 „Grundsätze der Prävention" sowie § 22 SGB VII genau geregelt:

  Sicherheitsbeauftragte sind vom Arbeitgeber zu bestellen, wenn im *Betrieb mehr als 20 Mitarbeiter* beschäftigt werden, d. h. die Verpflichtung, Sicherheitsbeauftragte zu bestellen, erwächst dem Unternehmer genau dann, wenn er den *21. Mitarbeiter* einstellt.

  Es hat sich in größeren Betrieben als sehr praktisch erwiesen, Sicherheitsbeauftragte speziell für die einzelnen Abteilungen, Werkstätten bzw. den kaufmännischen Bereich zu bestellen. Die Anzahl der zu bestellenden Sicherheitsbeauftragten richtet sich danach, in welche Gefahrklasse der Gewerbezweig eingestuft ist.

  Es gilt grob die Regel:

Je *gefährlicher* der *Gewerbezweig*, desto *mehr Sicherheitsbeauftragte* müssen bestellt werden.

- *Aufgaben der Sicherheitsbeauftragten:*

  Sie haben die *Aufgabe,* den *Arbeitgeber* bei der Durchführung des Arbeitsschutzes über das normale Maß der Pflichten der Mitarbeiter im Arbeitsschutz hinaus zu unterstützen.

- Die Sicherheitsbeauftragten arbeiten ehrenamtlich und wirken auf kollegialer Basis auf die Mitarbeiter des Betriebsbereiches ein, für den sie bestellt worden sind.
- Der Sicherheitsbeauftragte ist in der betrieblichen Praxis ein wichtiger Partner für den Industriemeister und hinsichtlich der Erfüllung der Pflichten des Meisters im Arbeitsschutz ein wichtiges Bindeglied zu den Mitarbeitern.
- Das erforderliche Grundwissen für die Tätigkeit im Unternehmen erwirbt sich der Sicherheitsbeauftragte in einem kostenfreien Ausbildungskurs der Berufsgenossenschaft.

  Weiterhin bieten die Berufsgenossenschaften *Fortbildungskurse* für Sicherheitsbeauftragte an und stellen zahlreiche *Arbeitshilfen* zur Verfügung.

20. Wann sind Sicherheitsfachkräfte (Sifa) zu bestellen und welche Aufgaben haben sie?
→ § 5 ASiG, DGUV-Vorschrift 2

- *Pflicht zur Bestellung von Sicherheitsfachkräften:*

  Fachkräfte für Arbeitssicherheit (Sicherheitsfachkräfte; Sifa) muss grundsätzlich *jedes Unternehmen*, das *Mitarbeiter beschäftigt*, bestellen. Der Grundsatz der Bestellung sowie die Forderungen an die Fachkunde der Sicherheitsfachkräfte werden in einem *Bundesgesetz*, dem *Arbeitssicherheitsgesetz* (ASiG), geregelt.

  Regeln für die betriebliche Ausgestaltung der Bestellung liefert die *DGUV-Vorschrift 2 „Betriebsärzte und Fachkräfte für Arbeitssicherheit"*.

  Die Berufsgenossenschaften legen hier fest, wie viele Sicherheitsfachkräfte für welche Einsatzzeit im Unternehmen tätig sein müssen. Wichtigste Anhaltspunkte für diese Einsatzgrößen sind die *Betriebsgröße* und der *Gewerbezweig* (Gefährlichkeit der Arbeit).

  Weitere Anhaltspunkte ergeben sich aus den notwendigen Arbeiten in den Tätigkeitsfeldern der Fachkräfte, die sich aus den speziellen Gefährdungen ergeben.

  Die Berufsgenossenschaften eröffnen kleinen Unternehmen in dieser Unfallverhütungsvorschrift die Wahlmöglichkeit zwischen der sogenannten *Regelbetreuung* durch eine Sicherheitsfachkraft oder *alternativen Betreuungsmodellen*, bei denen der Unternehmer des Kleinbetriebes selbst zum Akteur werden kann.

- *Aufgaben der Sicherheitsfachkraft:*
  - Die Sicherheitsfachkraft ist für den Unternehmer beratend tätig in allen Fragen des Arbeits- und Gesundheitsschutzes und schlägt Maßnahmen zur Umsetzung vor.
  - Die Sicherheitsfachkraft ist darüber hinaus in der Lage, die Gefährdungsbeurteilung des Unternehmens systematisch zu betreiben, zu dokumentieren, konkrete Vorschläge zur Umsetzung der notwendigen Maßnahmen zu unterbreiten und deren Wirksamkeit im Nachgang zielorientiert zu überprüfen.
  - Der Industriemeister ist gut beraten, das Potenzial der Sicherheitsfachkraft für seine Arbeit zu nutzen und eng mit ihr zusammen zu arbeiten.

- Die Sicherheitsfachkraft ist weisungsfrei tätig. Sie trägt demzufolge keine Verantwortung im Arbeitsschutz; diese hat der Arbeitgeber. Die Sicherheitsfachkraft muss jedoch die Verantwortung dafür übernehmen, dass sie ihrer Beratungsfunktion richtig und korrekt nachkommt.
- Sicherheitsfachkräfte müssen entweder einen Abschluss als Ingenieur, Techniker oder Meister erworben haben (§ 5 Abs. 1 ASiG). Erst damit besitzen sie die Zugangsberechtigung zur Teilnahme an einem berufsgenossenschaftlichen oder staatlichen Ausbildungslehrgang zur Fachkraft für Arbeitssicherheit. Mit dem Abschluss eines solchen Ausbildungslehrganges erwirbt die Sicherheitsfachkraft ihre Fachkunde; sie ist die gesetzlich geforderte Mindestvoraussetzung, um als Sicherheitsfachkraft tätig sein zu dürfen.
- Die Ausbildungslehrgänge zum Erwerb der Fachkunde umfassen drei Ausbildungsstufen:
  - die Grundausbildung,
  - die vertiefende Ausbildung und
  - die Bereichsausbildung.

  Ein begleitendes Praktikum und eine schriftliche sowie mündliche Abschlussprüfung runden die Ausbildung ab. Wichtigster Ausbildungsträger für diese Ausbildung sind die gewerblichen Berufsgenossenschaften.
- Die Sicherheitsfachkraft muss dem Unternehmer regelmäßig über die Erfüllung ihrer übertragenen Aufgaben schriftlich berichten.
- Die Sicherheitsfachkraft kann im Unternehmen angestellt sein (Regelfall in Großbetrieben, häufigster Fall für den Industriemeister) oder sie kann extern vom Unternehmen vertraglich verpflichtet werden. Externe Sicherheitsfachkräfte sind entweder freiberuflich tätig oder Angestellte sicherheitstechnischer Dienste. Diese bieten ihre Dienstleistungen sowohl regional als auch überregional an.

21. Wann muss ein Arbeitsschutzausschuss gebildet werden, wie setzt er sich zusammen und wie oft muss er tagen? **→ § 11 ASiG**

Der *Arbeitsschutzausschuss* (ASA) nach § 11 ASiG vereint alle Akteure des betrieblichen Arbeitsschutzes und dient der Beratung, Harmonisierung und Koordinierung der Aktivitäten im Unternehmen.

Sind in einem Unternehmen *mehr als 20 Mitarbeiter* beschäftigt, ist ein Arbeitsschutzausschuss zu bilden. Er setzt sich wie folgt zusammen:

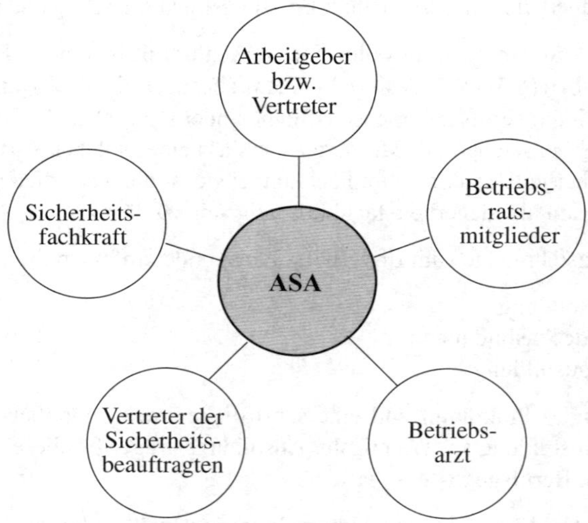

Das Arbeitssicherheitsgesetz schreibt vor, dass der Arbeitsschutzausschuss einmal *vierteljährlich* tagt.

22. Ist der Betriebsrat zur Mitarbeit im Arbeits- und Gesundheitsschutz verpflichtet und welche Rechte hat er? **→ BetrVG**

Nach dem Betriebsverfassungsgesetz hat der Betriebsrat folgende Rechte und Pflichten:

- § 80 Abs. 1 Nr. → *Einhaltung der Gesetze*
  verpflichtet den Betriebsrat darüber zu wachen, dass die einschlägigen Gesetze, also auch die Regelwerke des Arbeitsschutzes, eingehalten werden.
- § 87 Abs. 1 Nr. 7 BetrVG → *Mitbestimmungsrecht*
  räumt dem Betriebsrat ein Mitbestimmungsrecht hinsichtlich aller betrieblichen Regelungen zur Verhütung von Arbeitsunfällen, Berufskrankheiten und zum Gesundheitsschutz ein.
- § 89 Abs. 1 BetrVG → *Pflicht zur Unterstützung*
  verpflichtet den Betriebsrat darüber hinaus ausdrücklich, sich dafür einzusetzen, dass die vor-geschriebenen Arbeits- und Gesundheitsschutzmaßnahmen im Betrieb umgesetzt werden.
- §§ 90, 91 BetrVG → *Unterrichtungs-, Beratungs- und Mitbestimmungsrecht*
  Diese Bestimmungen des BetrVG räumen dem Betriebsrat weitgehende Unterrichtungs-, Beratungs- und Mitbestimmungsrechte ein, wenn Arbeitsplätze, Arbeitsabläufe und die Arbeitsumgebung gestaltet werden.

Die Bestimmungen des Arbeitsschutzes enthalten *weitere Rechte des Betriebsrats* (vgl. ASiG, ArbSchG):

- Mitwirkung bei der Benennung von Sifa, Sibea und BA
- Beteiligung am ASA
- laufende Unterrichtung durch Sifa und BA
- Beteiligung bei Betriebsbegehungen durch die Arbeitsschutzbehörden
- Kopie der Unfallanzeigen.

23. Welche Personen und Organe tragen die Verantwortung für den Arbeits-, Umwelt- und Gesundheitsschutz im Betrieb (Überblick)?

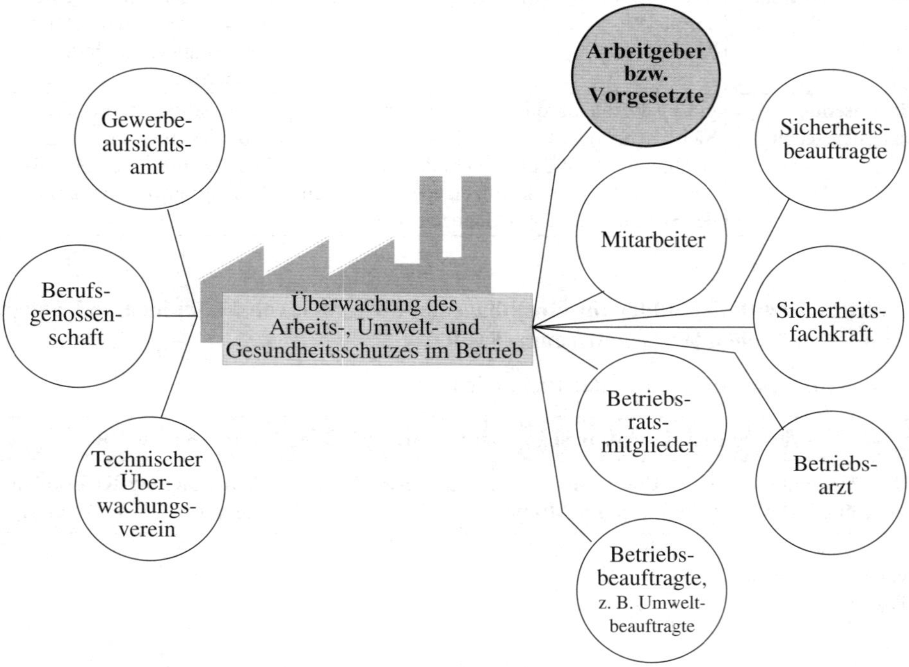

5.1.2 Sicherheitstechnik

01. Wie unterscheiden sich die Maßnahmen der unmittelbaren, mittelbaren und hinweisenden Sicherheitstechnik?

Sicherheitstechnik		
		Beispiele
Unmittelbare Sicherheitstechnik	ist konstruktiv integrierte Sicherheitstechnik, die Gefährdungen ausschließt.	konstruktiv vermiedene Scher- und Klemmstellen; Einsatz möglichst geringer Kräfte und Energien.
Mittelbare Sicherheitstechnik	Es besteht eine Gefährdung, aber durch technische Einrichtungen wird das Unfallereignis vermieden.	mechanische Schutzabdeckung, Auffangen wegfliegender Teile durch Schutzvorrichtungen; räumliche Absperrung.
Hinweisende Sicherheitstechnik	gilt für Restgefährdungen und beinhaltet die Sicherheits- oder Gesundheitsschutzkennzeichnung mithilfe eines Schildes, einer Farbe eines Leucht- oder Schallzeichens, aber auch der Sprache oder eines Handzeichens.	Gefahrstoffsymbole, Verbotszeichen, Warnzeichen, Piktogramme, Betriebs-/Bedienungsanweisung usw.

02. Welche Richtlinien bilden die Grundlage der Sicherheit von Maschinen und Anlagen im Europäischen Wirtschaftsraum (EWR)?

Dies sind im Wesentlichen folgende Richtlinien:

Zentrale Richtlinien zur Sicherheit von Maschinen und Anlagen im EWR			
EG-Maschinenrichtlinie (MRL)	**EG-Niederspannungsrichtlinie**	**EMV-Richtlinie**	**Arbeitsschutz-Richtlinien** gem. Art. 137 EG-Vertrag

↓

- CE-Kennzeichnung
- ProdSG

03. Welche zentralen Bestimmungen enthält die EG-Maschinenrichtlinie (MRL)?

Die wichtigste Richtlinie für den Industriesektor des Maschinenbaus ist die Richtlinie 98/37/EG des Europäischen Parlamentes und Rates vom 22.06.1998 zur Angleichung der Rechtsvorschriften der Mitgliedstaaten für Maschinen. Diese Richtlinie wird im normalen Sprachgebrauch „EG-Maschinenrichtlinie", kurz MRL, genannt. Sie zählt zu den wichtigsten sog. „Binnenmarktrichtlinien" im EWR und soll dafür sorgen, dass Maschinen und Anlagen im EWR frei gehandelt werden können. Die MRL hat sich im Laufe der Jahre durchaus bewährt. Teilweise zeigte sich jedoch, dass Änderungen und Ergänzungen notwendig waren. Diese Diskussionen haben dazu geführt, dass zum 17.05.2006 die *neue Maschinenrichtlinie 2006/42/EG* mit umfangreichen Änderungen unterzeichnet und am 09.06.2006 im Amtsblatt der Europäischen Union veröffentlicht wurde. Sie *musste* ohne Übergangsfrist *bis zum 29. 06.2008 in nationales Recht umgesetzt werden.*

Seit 29.12.2009 müssen alle Produkte die Anforderungen der neuen MRL 2006/42/EG erfüllen.

- Die neue Maschinenrichtlinie 2006/42/EG hat den *Begriff der „Gefahrenanalyse" durch den Begriff „Risikobeurteilung" ersetzt.*
- *Für alle Phasen der Lebensdauer* einer Maschine oder Anlage müssen
  - die möglichen Gefahrstellen und die dort vorhandenen Gefährdungen bei bestimmungsgemäßer Verwendung ermittelt werden
  - für jede identifizierte Gefährdung eine Risikobeurteilung durchgeführt werden
  - Schutzziele formuliert, Schutzmaßnahmen ausgewählt und Restrisiken ermittelt werden.
- Die voraussichtliche *Lebensdauer eine Maschine* umfasst:

1. Bau und Herstellung		
2. Transport und Inbetriebnahme	• Aufbau • Installation • Tests • Messungen	• Einstellungen • Versuche • Probeläufe.
3. Einsatz/Gebrauch (Verwendung)	• Einrichten • Umrüsten • Einstellen • Programmieren • Testen	• Betrieb • Fehlersuche • Störungsbeseitigung • Reinigung • Instandhaltung.
4. Außerbetriebnahme, Demontage, ggf. Entsorgung		

- Der Gesetzgeber führt dabei im Anhang I der Maschinenrichtlinie (in Deutschland Maschinenverordnung) genau aus, was er vom Hersteller (Vertreiber, Importeur) hinsichtlich der Berücksichtigung der Risikobeurteilung bei Konstruktion und Bau der Maschine verlangt:

Der Hersteller (Vertreiber, Importeur) muss	
• die Grenzen der Maschine bestimmen	Dies schließt die Definition der bestimmungsgemäßen Verwendung und auch die vernünftigerweise vorhersehbare Fehlanwendung ein.
• die Gefährdungen ermitteln	Dies beinhaltet mögliche Gefährdungssituationen, die von der Maschine ausgehen können.
• die Risiken abschätzen	Dies geschieht unter Berücksichtigung der möglichen Schwere der Verletzungen, Gesundheitsschäden und Wahrscheinlichkeit des Eintritts.
• die Risiken bewerten	Stimmen sie mit den Zielen der Maschinenrichtlinie überein oder ist eine Minderung der Risiken erforderlich?
• die Gefährdungen ausschalten	Dies erfolgt durch Anwendung probater Schutzmaßnahmen; dabei gilt ein Vorrangprinzip für die technischen, vom Konstrukteur mit der sicheren Konstruktion zu schaffenden Maßnahmen.

04. Welche Aussage ist mit der CE-Kennzeichnung von Maschinen/Anlagen verbunden?

Äußeres Zeichen dafür, dass eine Maschine den grundlegenden Forderungen der Maschinenrichtlinie entspricht, ist das gut sichtbare dauerhaft angebrachte und leserliche CE-Zeichen. Der Anhang III der Richtlinie beschreibt genau, wie die vorschriftsmäßige Kennzeichnung aussehen muss.

Ist die CE-Kennzeichnung vorhanden, muss der Richtlinie folgend eine ausführliche Dokumentation zur Maschine vorhanden sein, die auch die Angaben zur Risikobeurteilung enthält.

Zur Maschine gehört stets die Technische Dokumentation und eine Betriebsanleitung.

> BGI 5003:
>
> „Wer eine Maschine ohne CE-Kennzeichnung in Verkehr bringt oder ein CE-Kennzeichen anbringt, ohne die Durchführung einer Risikobezeichnung nachweisen zu können, handelt grundsätzlich rechtswidrig. Wer die Konformitätsverantwortung trägt, muss in diesen Fällen mit Rechtsfolgen rechnen. Dies gilt immer besonders dann, wenn ein Sicherheitsmangel die Ursache für einen schweren Unfall ist."

Es sollte immer daran gedacht werden, dass die Inbetriebnahme einer Eigenbaumaschine überall im EWR ein Inverkehrbringen im Sinne der Maschinenrichtlinie ist.

Weitere Ausführungen finden sich dazu z. B. in der BGI 5003. Ausgenommen von der CE-Kennzeichnungspflicht sind z. B. Lebensmittel, Gefahrstoffe und Fahrzeuge (die verkehrsrechtlichen Vorschriften unterliegen).

05. In welchen Fällen ist beim Führen von Transport- und Verkehrseinrichtungen eine arbeitsmedizinische Vorsorgeuntersuchung vorgeschrieben?

Abb.: Typenschild einer Maschine mit CE-Kennzeichnung

- Beim Führen/Steuern von Kraft- oder Schienenfahrzeugen jeglicher Art, Flurförderfahrzeugen mit Fahrsitz/-stand, mitgängergesteuerten Flurförderfahrzeugen mit Hubeinrichtung, Regalbedienungsgeräte, Hebezeugen und Kranen, Hubarbeitsbühnen, Montagewinden und selbstfahrenden Baumaschinen ist eine arbeitsmedizinische Vorsorgeuntersuchung (geistige und körperliche Eignung) vorgeschrieben.
- Keine Notwendigkeit für eine arbeitsmedizinische Vorsorgeuntersuchung besteht u. a. bei mitgängergesteuerten Flurförderfahrzeugen ohne Hubeinrichtung, Schleppern und fahrbaren Arbeitsmaschinen geringer Leistung, ortsgebundenen Kranen für die Maschinenbestückung, einfachen Winden, Hebebühnen mit geringer Hubhöhe und kleinen Abmessungen.

06. Was sind Krane?

Die Unfallverhütungsvorschrift „Krane", DGUV D 6, definiert:

„§ 2 (1) Krane im Sinne dieser Unfallverhütungsvorschrift sind Hebezeuge, die Lasten mit einem Tragmittel heben und zusätzlich in eine oder in mehrere Richtungen bewegen können."

07. Welche Anforderungen werden an Kranführer gestellt?

An den Kranführer werden hohe Anforderungen gestellt. Die Unfallverhütungsvorschrift „Krane“, DGUV D 6, trägt dem Rechnung und fordert deshalb vom Unternehmer § 29 Abs. 1 der DGUV:

Der Unternehmer darf mit dem selbstständigen Führen (Kranführer) oder der Instandhaltung eines Kranes nur Versicherte beschäftigen,

- die das 18. Lebensjahr vollendet haben
- die körperlich und geistig geeignet sind
- die im Führen oder Instandhalten des Kranes unterwiesen sind und ihre Befähigung hierzu ihm nachgewiesen haben
- von denen zu erwarten ist, dass sie die ihnen übertragenen Aufgaben zuverlässig erfüllen.

Der Unternehmer muss Kranführer und Instandhaltungspersonal mit ihren Aufgaben beauftragen. Bei ortsveränderlichen kraftbetriebenen Kranen muss der Unternehmer den Kranführer *schriftlich beauftragen.* Die genannten Bestimmungen gelten nicht für handbetriebene Krane.

Der BG-Grundsatz „Auswahl, Unterweisung und Befähigungsnachweis von Kranführern“ (BGG 921) enthält Maßstäbe für die Auswahl geeigneter Personen und Hinweise zu deren Ausbildung (Unterweisung), um sie zum sicheren Führen von Kranen zu befähigen. Als Nachweis für die Befähigung und Beauftragung haben viele Betriebe einen Kranführerschein eingeführt.

08. Was sind Flurförderfahrzeuge?

Flurförderfahrzeuge im Sinne der Unfallverhütungsvorschriften sind Fördermittel, die

- mit Rädern auf Flur laufen
- frei lenkbar sind
- sich auf Wegen zwischen den gelagerten Gütern bewegen
- sich zum Befördern, Ziehen und Schieben von Lasten eignen
- überwiegend innerbetrieblich eingesetzt werden.

Stapler sind die am häufigsten eingesetzten Flurförderfahrzeuge. Bei ihnen erfolgt der Lastangriff außerhalb der Radbasis.

09. Welche Anforderungen werden an Gabelstaplerfahrer gestellt?

Gabelstaplerfahrer müssen

- mindestens 18 Jahre alt sein
- geistig und körperlich geeignet sein
- theoretisch und praktisch ausgebildet sein
- eine Fahrprüfung erfolgreich abgelegt haben
- vom Unternehmer mit der Führung des Staplers schriftlich beauftragt sein (innerbetrieblicher Fahrausweis).

Die Eignung zum Fahren eines Gabelstaplers soll vom Arzt nach dem Berufsgenossenschaftlichen Grundsatz für arbeitsmedizinische Vorsorgeuntersuchungen (G25 „Fahr-, Steuer- und Überwachungstätigkeiten“; vgl. 01.) festgestellt werden.

Vgl. zu weiteren Einzelheiten die Unfallverhütungsvorschrift „Flurförderfahrzeuge“ DGUV D27.

10. Was sind Hubarbeitsbühnen?

Die DIN EN 280 definiert eine fahrbare Hubarbeitsbühne als fahrbare Maschine, die dafür vorgesehen ist, Personen zu Arbeitsplätzen zu befördern, an denen sie von der Arbeitsbühne aus Arbeiten verrichten. Die Arbeitsbühne darf nur an einer festgelegten Zugangsstelle betreten und verlassen werden.

Hubarbeitsbühnen sind je nach der konstruktiven Ausbildung des Fahrgestells im Gelände, auf Straßen und/oder auf Schienen einsetzbar und dienen der Durchführung von Arbeiten an hoch gelegenen Arbeitsplätzen.

Hubarbeitsbühnen bestehen in der Regel aus

- einer Abstützvorrichtung
- einem Untergestell
- einer Hubeinrichtung
- einem Arbeitskorb mit Steuereinrichtung.

11. Welche Anforderungen werden an die Bedienperson einer fahrbaren Hubarbeitsbühne gestellt?

An die Bedienperson einer fahrbaren Hubarbeitsbühne werden folgende Voraussetzungen gestellt: Sie muss

- das 18. Lebensjahr vollendet haben
- sowohl in der Bedienung der entsprechenden Hubarbeitsbühne als auch über die mit ihrer Arbeit verbundenen Gefährdungen und Schutzmaßnahmen unterwiesen sein
- ihre Befähigung zum Bedienen der Hubarbeitsbühne nachgewiesen haben
- eine schriftliche Beauftragung zum Bedienen der speziellen Hubarbeitsbühne besitzen
- im Besitz der notwendigen Fahrerlaubnis bei Teilnahme am Straßenverkehr sein
- für Arbeiten im Baumdienst entsprechende Fachkunde nachweisen, welche z. B. in einem einwöchigen Lehrgang bei der Gartenbau-Berufsgenossenschaft erlangt werden kann.

Weitere grundsätzliche Anforderungen für eine schriftliche Beauftragung sind, dass die Bedienperson

- körperlich und geistig geeignet ist
- gut räumlich sehen kann, um die Arbeitsbühne im freien Raum sicher an die vorgesehenen Arbeitsplätze heranzuführen

- gut hören kann, um akustische Warnsignale rechtzeitig wahrnehmen zu können
- schnell und sicher reagieren kann.

Um diese Voraussetzungen abzuklären empfiehlt sich eine arbeitsmedizinische Vorsorgeuntersuchung (BG-Grundsätze G 25 „Fahr-, Steuer- und Überwachungstätigkeiten" sowie G 41 „Arbeiten mit Absturzgefahr").

Vgl. zu weiteren Einzelheiten die BGI 720 „Sicherer Umgang mit fahrbaren Hubarbeitsbühnen".

12. Welche Vorschriften müssen für Verkehrswege eingehalten werden?

- Verkehrswege müssen *freigehalten* werden, damit sie jederzeit benutzt werden können.
- In Räumen mit mehr als 1000 m² Grundfläche besteht die gesetzliche Verpflichtung zur *Kennzeichnung der Verkehrswege.* Es empfiehlt sich, Fahr- und Gehwege zu trennen.

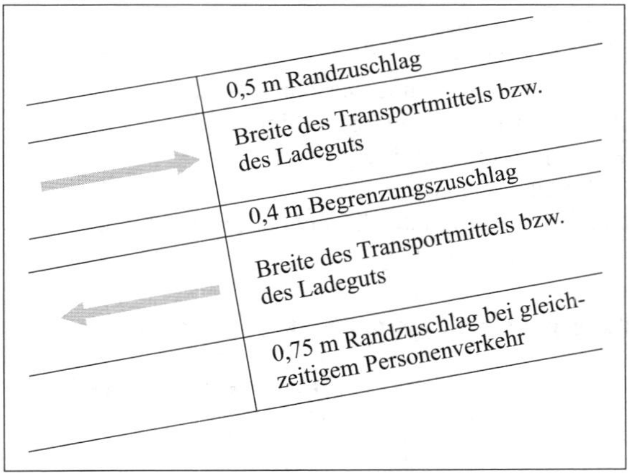

- Verkehrswege sind *kein Ersatz für Lagerflächen!* Verkehrswege müssen ausreichend breit angelegt sein. Bei Benutzung durch kraftbetriebene oder schienengebundene Beförderungsmittel müssen zwischen der äußeren Begrenzung der Beförderungsmittel und der Grenze des Verkehrsweges Sicherheitsabstände von mindestens 0,5 m auf beiden Seiten vorhanden sein. Bei gleichzeitigem Personenverkehr sind die Sicherheitsabstände zu vergrößern.
- An Ausgängen und Treppenaustritten zu Verkehrswegen mit Fahrzeugverkehr ist ein Abstand von 1 m erforderlich; andernfalls muss eine Absicherung durch Umgehungsschranken erfolgen.

5.1.3 Gefährdungsbeurteilung im Sinne des Arbeitsschutzgesetzes

01. Wie hat der Arbeitgeber die Gefährdungsbeurteilung nach § 5 ArbSchG durchzuführen?

Um sicherzustellen, dass wirklich geeignete und auf die Arbeitsplatzsituation genau zugeschnittene wirksame Maßnahmen ergriffen werden, schreibt § 5 ArbSchG vor, dass der Arbeitgeber (vgl. oben/14.).

- die *Gefährdungen* im Betrieb *ermitteln* und
- die *Risiken bewerten* muss.

Dazu ist vorgeschrieben, dass die *Beurteilung* der Gefährdungen *nach Art* der einzelnen *Tätigkeiten*, die im Unternehmen ausgeübt werden, vorgenommen werden muss. Das *Ergebnis* der Gefährdungsbeurteilung *muss dokumentiert* werden. Die Unterlagen, in denen die Gefährdungsbeurteilung dokumentiert ist, muss der Unternehmer so vorhalten, dass sie von den überwachenden Stellen, z. B. der Berufsgenossenschaft, auf Wunsch eingesehen werden können. Die Gefährdungsbeurteilung muss immer dann überarbeitet werden, wenn sich die betrieblichen Gegebenheiten so geändert haben, dass sich die *Gefährdungslage* ganz oder teilweise verschoben hat. Dies bezieht sich nicht nur auf eine *Erhöhung des Niveaus der Gefahren*, sondern gilt auch besonders dann, wenn *neue* oder *andere Gefährdungen* in den Arbeitsablauf Eingang gefunden haben. Zusammengefasst ist eine Gefährdungsbeurteilung also in folgenden Fällen durchzuführen bzw. zu überarbeiten:

- als Erstbeurteilung
- bei Veränderungen der Vorschriften
- bei Veränderungen in der Technik
- bei Erweiterung/Umbau der Einrichtung/Maschine
- bei veränderter Nutzung der Einrichtung/Maschine
- bei Anschaffung neuer Einrichtungen/Maschinen
- bei Änderungen der Arbeitsorganisation
- nach Arbeitsunfällen, Beinaheunfällen, Verdacht auf Berufskrankheit.

02. Welche Gefährdungspotenziale nennt § 5 Abs. 3 ArbSchG (Gefährdungsbeurteilung)?

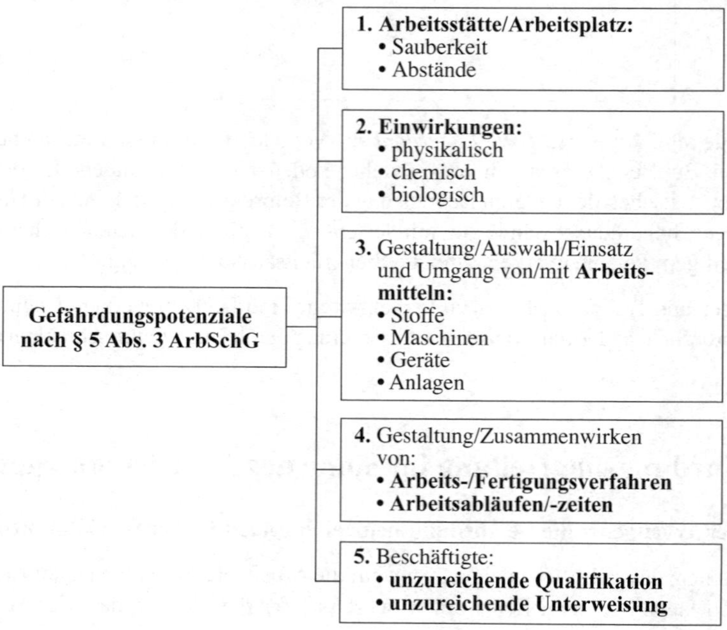

Beispiel: Gefährdungspotenziale bei der Bedienung einer Drehmaschine

Gefährdungspotenziale: **– Schwerpunkte –**	Einzelaspekte:
Gefährdung durch ...	
1. Arbeitsstätte/Arbeitsplatz:	• *Arbeitsumfeld*, z. B.: - Sauberkeit? - ausreichender Platz zur Maschinenbedienung? - ordnungsgemäße Materiallagerung? - ausreichende Beleuchtung? - ausreichender Abstand zum Fahrverkehr?
2. Einwirkungen:	• *Physikalisch/chemisch/biologisch*, z. B.: - Lärm? - Luft/Klima? - Gefahrstoffe, z. B. Schmierstoffe, Werkstückbeschichtung usw.?
3. Arbeitsmittel:	• *Maschine/Anlage*, z. B.: - sicherer Zustand der Drehmaschine? - sichere Spannvorrichtung? - Späneschutzvorrichtung? • *Stoffe/Werkstücke*, z. B.: - sichere Entnahme aus dem Zwischenlager? - sichere Ablage nach der Bearbeitung? - Materialfehler, Grate usw.?
4. Arbeitsverfahren/-abläufe:	• *Arbeitsablauf*, z. B.: - ergonomisch? - Ablenkung des Mitarbeiters, z. B. durch benachbarte Arbeitsplätze? • *Arbeitszeit*, z. B.: - ausreichend? - Stressbelastung?
5. Beschäftigte:	• *Qualifikation*, z. B.: - vorgeschriebene Ausbildung? - ausreichende Erfahrung in der Bedienung der Drehmaschine? • *Unterweisung*, z. B.: - ordnungsgemäß durchgeführt? - Kenntnis der Gefährdungspotenziale? • *Einhaltung der Sicherheitsvorschriften*, z. B.: - Verwendung der Schutzvorrichtung? - Tragen geeigneter Kleidung? - Tragen der PSA?

03. Welcher Unterschied besteht zwischen der direkten und der indirekten Gefährdungsbeurteilung?

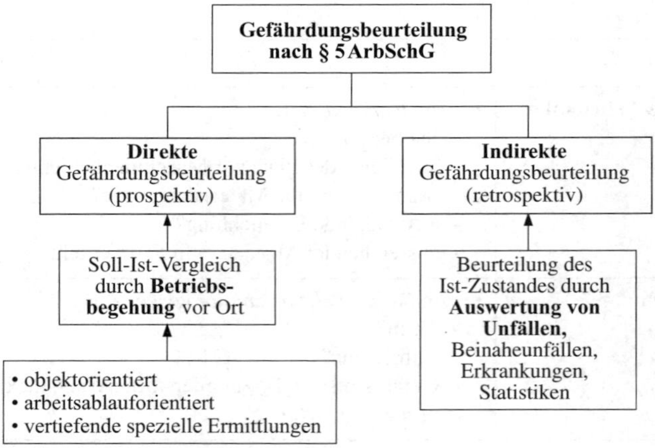

04. In welchen methodischen Einzelschritten ist die Gefährdungsbeurteilung durchzuführen?

Methodische Einzelschritte der Gefährdungsbeurteilung		
1	Abgrenzung des **Betrachtungsobjektes**	• Arbeitsbereich • Arbeitstätigkeit • Person
2	Ermittlung der **Gefährdungen**	... anhand der Gefährdungspotenziale: • direkte Gefährdungsbeurteilung • indirekte Gefährdungsbeurteilung
3	**Schutzziele** ermitteln und festlegen, ggf. **Risikobewertung**	... entsprechend den • Gesetzen • Regelwerken/Normen
4	Erforderliche **Schutzmaßnahmen** ableiten, planen und durchführen	... in der Reihenfolge (*TOP*): • technisch • organisatorisch • personenbezogen
5	Maßnahmen auf Wirksamkeit **überprüfen**; Erreichen der Schutzziele sicher stellen	Kontrolle der Maßnahmen: • Durchführung • Wirksamkeit Kontrolle der Schutzziele: • Erreichung • Erhaltung

05. Welche Inhalte hat die Gefährdungsbeurteilung?

Inhalte der Gefährdungsbeurteilung:

- Arbeitsplatzbeschreibung
- Art der Belastungen/Anforderungen
- Beurteilung der Anlagen und der persönlichen Schutzausrüstung (PSA)
- Auswirkungen auf den/die Mitarbeiter
- Ergebnis der Gefährdungsbeurteilung
- festgelegte Maßnahmen (Art/Termin)
- Nennung des Verantwortlichen
- Dokumentation.

5.1.4 Brandschutz

01. Welche Brandschutzmaßnahmen hat der Arbeitgeber zu treffen? **→ 6.5.3**
→ DGUV-Vorschrift 1, §§ 13, 55 ArbStättV, GefStoffV, BGR 133

Entsprechend der DGUV-Vorschrift 1 „Grundsätze der Prävention" hat der Arbeitgeber alle erforderlichen Maßnahmen zu treffen, um die Beschäftigten vor Brandgefährdungen zu schützen. Einzelheiten dazu enthält u. a. die BGR 133 (bisher: ZH 1/201) „Ausrüstung von Arbeitsstätten mit Feuerlöschern" in Verbindung mit § 13 ArbStättV.

Zu den Brandschutzmaßnahmen gehören vor allem:

1. *Bereitstellung von Feuerlöschern bzw. Feuerlöscheinrichtungen:*

   - Die Anzahl der Feuerlöscher richtet sich nach der Brandgefahr und der Größe des Betriebes; die Berufsgenossenschaft berät den Arbeitgeber. Dies gilt ebenso für Art/Inhalt der Feuerlöscher (z. B. Pulverlöscher in Büroräumen, Kohlesäurelöscher bei EDV-Anlagen).
   - Die Feuerlöscher müssen an gut sichtbarer Stelle im Betrieb angebracht und regelmäßig gewartet werden.

   - Es empfiehlt sich, den Umgang mit Feuerlöschern in geeigneten Zeitabständen zu üben; meist wird die Wirkungsdauer der Feuerlöscher von ungeübten Personen überschätzt (kurze Löschzeiten).

2. *Aufstellung eines Alarmplans:*

   - Der Inhalt des Alarmplans ist vorgeschrieben, z. B. Verhalten im Brandfall, Meldung an entsprechende interne/externe Stellen mit Telefonangaben.
   - Muster dazu hält die Berufsgenossenschaft bereit (vgl. BGI 560).

Verhalten bei Unfällen Ruhe bewahren	
1. Unfall melden	Wo geschah es? Was geschah? Wie viele Verletzte? Welche Arten von Verletzungen? Warten auf Rückfragen!
2. Erste Hilfe	Absicherung des Unfall- ortes Versorgen der Verletzten Anweisungen beachten
3. Weitere Maßnahmen	Krankenwagen oder Feuerwehr einweisen Schaulustige entfernen

Verhalten im Brandfall Ruhe bewahren	
1. Brand melden	Feuerwehr Telefon Nr. Wer meldet? Was ist passiert? Wie viele sind betroffen/verletzt? Wo ist es passiert? Warten auf Rückfragen!
2. In Sicherheit bringen	Gefährdete Personen mitnehmen Türen schließen Gekennzeichnetem Fluchtweg folgen Keinen Aufzug benutzen Auf Anweisungen achten
3. Löschversuch unternehmen	Feuerlöscher benutzen

3. *Kennzeichnung der Flucht- und Rettungswege* (§ 55 ArbStättV)

4. *Kennzeichnung der feuergefährlichen Stoffe* (vgl. GefStoffV) *und Beschilderung der Rauchverbote*

02. Welche Regelungen enthält die novellierte Fassung der Arbeitsstättenverordnung (ArbStättV)?

Wie eine Arbeitsstätte eingerichtet und betrieben werden muss, regelt die *Arbeitsstättenverordnung.* Sie *wurde im Jahr 2004 völlig neu erstellt* und setzt ebenfalls europäisches Recht um. Die EG-Arbeitsstättenrichtlinie 89/654/EWG gibt dabei das Modell für die deutsche Arbeitsstättenverordnung ab. Sie ist modern und kurz gehalten und enthält nur ganze acht Paragrafen.

- Geregelt werden:
  - Einrichten und Betreiben von Arbeitsstätten
  - besondere Anforderungen (spezielle Arbeitsstätten)
  - Nichtraucherschutz (völlig neue Regelung)
  - Arbeits- und Sozialräume.

- Ein *Anhang* in fünf Abschnitten konkretisiert die Verordnung zu:
  - allgemeinen Anforderungen (Abmessungen von Räumen, Luftraum, Türen, Tore, Verkehrswege)
  - Schutz vor besonderen Gefahren (Absturz, Brandschutz, Fluchtwege, Notausgänge)
  - Arbeitsbedingungen (Beleuchtung, Klima, Lüftung)
  - Sanitär-, Pausen-, Bereitschaftsräume, Erste-Hilfe-Räume, Unterkünfte, Toiletten
  - Arbeitsstätten im Freien (z. B. Baustellen).

Die Regelungen der neuen Arbeitsstättenverordnung sind mit mehr Flexibilität und mehr Gestaltungsspielraum versehen worden.

- Für den Praktiker waren bislang die *Arbeitsstättenrichtlinien* (ASR) wichtig, die die Verordnung konkretisieren. Diese Richtlinien sind noch nicht erneuert worden und deshalb momentan noch gültig.
- In der *Neugestaltung* befindet sich ein *„Regelwerk Arbeitsstätten"*. Der Ausschuss „Arbeitsstätten" erarbeitet dieses Regelwerk und ist beauftragt, es aktuell zu halten. Die derzeitig gültigen Arbeitsstättenrichtlinien werden nach und nach durch das neue Regelwerk ersetzt.
- Die *Novellierung der ArbStättV* mit Wirkung zum 01.01.2015 brachte folgende Änderungen:
  - Anpassung an andere Arbeitsschutz-Verordnungen (z. B. Gefahrstoffverordnung, Biostoffverordnung) um Doppelregelungen zu vermeiden.
  - Die BildscharbV fließt komplett in die ArbStättV ein und tritt mit Inkrafttreten der neuen ArbStättV außer Kraft.
  - Die Regelungen für Telearbeitsplätze werden mit in die neue ArbStättV aufgenommen.

03. Welche Befugnisse haben Behördenvertreter im Rahmen des Arbeitsschutzes?

Die Befugnisse der Behördenvertreter (z. B. Mitarbeiter des Gewerbeaufsichtsamtes, TÜV, Dekra) sind weitreichender als die der zuständigen Berufsgenossenschaft. Der 5. Abschnitt des ArbSchG enthält u. a. folgende Bestimmungen:

Auszug aus dem ArbSchG • Fünfter Abschnitt
Die Überwachung des Arbeitsschutzes nach diesem Gesetz ist staatliche Aufgabe. Die zuständigen Behörden haben die Einhaltung dieses Gesetzes und der auf Grund dieses Gesetzes erlassenen Rechtsverordnungen zu überwachen und die Arbeitgeber bei der Erfüllung ihrer Pflichten zu beraten.
Die zuständige Behörde kann vom Arbeitgeber oder von den verantwortlichen Personen die zur Durchführung ihrer Überwachungsaufgabe erforderlichen Auskünfte und die Überlassung von entsprechenden Unterlagen verlangen.
Die mit der Überwachung beauftragten Personen sind befugt, zu den Betriebs- und Arbeitszeiten Betriebsstätten, Geschäfts- und Betriebsräume zu betreten, zu besichtigen und zu prüfen sowie in die geschäftlichen Unterlagen der auskunftspflichtigen Person Einsicht zu nehmen, soweit dies zur Erfüllung ihrer Aufgaben erforderlich ist. Außerdem sind sie befugt, Betriebsanlagen, Arbeitsmittel und persönliche Schutzausrüstungen zu prüfen, Arbeitsverfahren und Arbeitsabläufe zu untersuchen, Messungen vorzunehmen und insbesondere arbeitsbedingte Gesundheitsgefahren festzustellen und zu untersuchen, auf welche Ursachen ein Arbeitsunfall, eine arbeitsbedingte Erkrankung oder ein Schadensfall zurückzuführen ist. Sie sind berechtigt, die Begleitung durch den Arbeitgeber oder eine von ihm beauftragte Person zu verlangen. Das Grundrecht der Unverletzlichkeit der Wohnung (Artikel 13 des Grundgesetzes) wird insoweit eingeschränkt.
Die zuständige Behörde hat, wenn nicht Gefahr im Verzug ist, zur Ausführung der Anordnung eine angemessene Frist zu setzen.

5.1.5 Gesundheitsschutz

01. Welche generelle Bedeutung hat der Gesundheitsschutz?

Gesundheitsschutz wird in allen Ländern Europas als *gesamtstaatliche Gemeinschaftsaufgabe* angesehen und ist somit als gesamtgesellschaftliche Zielstellung systematisch im gesellschaftlichen Gefüge fest verankert.

Gesundheit ist weit *mehr, als* das *Fehlen von Krankheiten*. Gesundheit umfasst

- *körperliches*
- *geistiges*
- *seelisches*
- *soziales Wohlbefinden* des Menschen.

Der Schutz der Gesundheit wird demzufolge von *vielen Einflussfaktoren* tangiert und ist komplexer Natur. Der Schutz der menschlichen Gesundheit wird

- *bevölkerungsbezogen*
- *umweltbezogen*
- *architekturbezogen*
- *arbeitsplatzbezogen*

betrieben.

Der arbeitsplatzbezogene Gesundheitsschutz findet seinen Ansatzpunkt in den Arbeitsbedingungen. Sie haben eine überragende Bedeutung für die Gesundheit des arbeitenden Menschen. Insofern ist es für den künftigen Industriemeister wichtig, die wesentlichen Einflussfaktoren der Arbeit auf den arbeitenden Menschen und die Grundbegriffe einer menschengerechten Arbeitsgestaltung zu kennen, um sie in seiner zukünftigen Tätigkeit als Orientierungshilfe in der Betriebsorganisation erfolgreich nutzen zu können.

02. Welche Bedeutung hat der Gesundheitsschutz für das Unternehmen?

Grundvoraussetzung für den *Erfolg eines Unternehmens* sind *Gesundheit und Einsatzbereitschaft* seiner Mitarbeiter.

- Nur gesunde Mitarbeiter schaffen ein *„gesundes Unternehmen"*.
- Nur gesunde Mitarbeiter können einen wirksamen Beitrag zur *Wettbewerbsfähigkeit* leisten.
- Nur mit gesunden und leistungsfähigen Mitarbeitern kann der *Arbeitsprozess* ständig *optimiert* werden.
- Die innerbetrieblichen Arbeitsprozesse sind in modernen Metallunternehmen so eng miteinander verzahnt, dass der *Ausfall von Mitarbeitern* sehr schnell zum *Erliegen der Prozesse* führen kann.

Der Industriemeister ist in der Führung des Metallbetriebes das wichtigste Bindeglied zwischen der Betriebsleitung und den Mitarbeitern. Er organisiert täglich die Arbeitsprozesse vor Ort und hat es zu einem großen Teil selbst in der Hand, den Produktionsprozess gesundheitsförderlich zu lenken.

> Der Schutz der Gesundheit der Mitarbeiter wird zunehmend zu einem wichtigen Faktor der *Zukunfts- und Standortsicherung der Unternehmen.*

03. Welche Elemente des Arbeitssystems berühren den Gesundheitsschutz? → A 2.1.3

Der künftige Industriemeister muss wissen, dass der betriebliche *Gesundheitsschutz* ein *wesentlicher Teil* des *Arbeitsschutzes* ist und ständig an Bedeutung gewinnt.

Moderne *Arbeitssysteme* besitzen sehr komplexe *Wechselwirkungen* der *Maschinen* und *Anlagen* untereinander; *Wechselwirkungen* zwischen *Menschen* und *Maschinen* aber auch Wechselwirkungen von *Menschen* untereinander (vgl. im Detail: „Elemente des Arbeitssystems", → A 2.1.3).

Aus allen Wechselwirkungen entstehen *Belastungen* für den Mitarbeiter. Diese *Belastungen* nimmt der Mitarbeiter als *Beanspruchung* wahr. Können die Belastungen des Mitarbeiters nicht so in das Arbeitssystem eingeordnet werden, dass die *Beanspruchungen* im Normalfall die *Erträglichkeitsgrenzen* des Mitarbeiters nicht *dauerhaft* überschreiten, besteht die Möglichkeit, dass Arbeit krank machen kann.

Merke:

> → Wechselwirkungen im Arbeitssystem
> → Belastungen für den Mitarbeiter
> → bei dauerhaftem Überschreiten der Erträglichkeitsgrenzen Möglichkeit der Gesundheitsschädigung („Die Arbeit macht krank!")

Die *Beanspruchung* des Mitarbeiters äußert sich natürlich sehr unterschiedlich, da die *Erträglichkeitsgrenzen* der Menschen individuell angelegt sind.

Fehlbeanspruchungen, die krank machen, treten in der betrieblichen Praxis nicht nur als *Überforderung* auf. Auch ständige *Unterforderung kann krank machen.*

04. Welches Ziel verfolgt der betriebliche Gesundheitsschutz?

Der betriebliche Gesundheitsschutz sieht sein Ziel darin, die Gesundheit der Mitarbeiter zu *schützen* und zu *fördern.*

Dabei wird das gesamte Belastungsspektrum der Arbeitswelt konkret auf die betrieblichen Belange bezogen, analysiert und die Gefährdung ermittelt.

- *Gefährdungen* für die Gesundheit sollen *vermieden* oder *minimiert* werden.
- Die *Arbeitsbedingungen* sollen vorausschauend *gesundheitsgerecht* gestaltet werden.
- *Gesunde und sichere Arbeitsplätze* sind das *Ziel* des Gesundheitsschutzes.

Der Gesundheitsschutz erfordert eine effektive Organisation und eine systematische Arbeitsweise aller betrieblichen Akteure. Sie müssen mit den Einrichtungen des *außerbetrieblichen* Arbeits- und Gesundheitsschutzes eng *zusammen arbeiten*, um erfolgreich zu sein.

05. Was versteht man unter arbeitsbedingten Gesundheitsgefahren?

Arbeitsbedingte Gesundheitsgefahren sind *Einwirkungen* bei der Arbeit oder aus der Arbeitsumwelt, die *Gesundheitsstörungen nachvollziehbar* verursachen, begünstigen oder in sonstiger Weise beeinflussen können.

Der *Grad der Gesundheitsstörung* ist im Ergebnis dieser Gefahren meist *geringer*, als es bei den in Kap. 6.1.1. behandelten *Berufskrankheiten* der Fall ist.

Im Sozialgesetzbuch VII ist den Berufsgenossenschaften per Gesetz auferlegt, aktiv die Prävention von arbeitsbedingten Gesundheitsgefahren in den Betrieben voranzutreiben. Sie sind dabei beauftragt, eng mit den Krankenkassen zusammenzuarbeiten.

Zu den *Belastungen*, die mit arbeitsbedingten Gesundheitsgefahren verbunden sind, gehören z. B.:

- Belastungen des *Stütz- und Bewegungsapparates* durch *Heben* und *Tragen* von *Lasten*
- *Belastungen der Atemorgane* durch Arbeitsstoffe in der Luft am Arbeitsplatz
- *Belastungen* durch *Haut schädigende Stoffe* am Arbeitsplatz oder *Lärmbelastungen*
- Zunehmende Tendenzen zeigen *psychische Belastungen* der Mitarbeiter und auch *soziale Belastungen*. Belastende Arbeitszeiten, Zeitdruck, hektische Arbeitsabläufe, häufige Änderungen der *Organisation*, *Konflikte* mit Vorgesetzten, aber auch unter den Mitarbeitern sowie Arbeitsverdichtung können, wenn sie dauerhaft sind, *Stressreaktionen* hervorrufen, deren *Folge arbeitsbedingte Erkrankungen* sein können.
- Ein breites Spektrum an arbeitsbedingten Erkrankungen kann durch *unergonomische Bildschirmarbeit* hervorgerufen werden.

Als *arbeitsbedingte Erkrankungen* treten am *häufigsten Muskel- und Skeletterkrankungen* (Rückenkrankheiten) auf. Immer häufiger werden psychische Beschwerden registriert. Die jährlichen *Verluste* durch *Fehlzeiten* in *Folge arbeitsbedingter Erkrankungen* in der gewerblichen Wirtschaft der Bundesrepublik Deutschland werden von der Bundesanstalt für Arbeitsschutz und Arbeitsmedizin mit *28 Milliarden Euro* beziffert.

06. Welche gesetzlichen Bestimmungen enthalten Regelungen zum Gesundheitsschutz am Arbeitsplatz?

Den groben Rahmen, die Verpflichtung des Arbeitgebers, für die Gesundheit der Mitarbeiter Sorge zu tragen, setzt das *Arbeitsschutzgesetz*.

Die wesentlichen, unmittelbaren Gesundheitsgefahren im modernen Metallbetrieb sind bei

- der manuellen *Handhabung von Lasten*
- den *Bedingungen der Arbeitsstätten* mit ihren Wechselwirkungen auf den Menschen,
- der *Arbeit am Bildschirm*
- letztlich auch bei der *Benutzung persönlicher Schutzausrüstungen* bei der Arbeit

zu finden.

Abgeleitet aus diesen Gefahren gelten als Umsetzung europäischer Einzelrichtlinien des Arbeitsschutzes (siehe Kap. 6.1.1/06.) die

- Lastenhandhabungsverordnung LasthandhabV
- Arbeitsstättenverordnung ArbStättV
- Bildschirmarbeitsverordnung[1)] BildscharbV
  und die
- PSA-Benutzungsverordnung PSA-BV.

Das Arbeitsschutzgesetz sowie die vorstehend genannten Verordnungen sind sehr moderne, kurze und prägnante Regelungen.

Hinweis: Bitte lesen Sie den Text des Arbeitsschutzgesetzes und der gen. Verordnungen. Sie sind wenige Seiten kurz und über das Bundesministerium für Wirtschaft und Arbeit günstig als Broschüre erhältlich.

Die *Unfallverhütungsvorschrift DGUV-Vorschrift 1* und die dazugehörige *BG-Regel „BGR A1, Grundsätze der Prävention"* enthalten ebenfalls allgemeine Regelungen zum Gesundheitsschutz.

Der Gesundheitsschutz wird aber auch wesentlich durch das *Arbeitssicherheitsgesetz* (ASiG) tangiert. Hier ist, wie schon in Kap. 6.1.1/16 angesprochen, ein wichtiges Anliegen des Gesetzgebers auf dem Gebiet des Gesundheitsschutzes, die arbeitsmedizinische Betreuung der Mitarbeiter geregelt. Bestimmungen zum Gesundheitsschutz sind auch wesentlicher Bestandteil der kürzlich novellierten Arbeitsstättenverordnung (ArbStättV) als Rahmenvorschrift. Technische Regeln für Arbeitsstätten (ASR) geben den Stand der Technik, Arbeitshygiene und Arbeitsmedizin sowie sonstige arbeitswissenschaftliche Erkenntnisse für das Einrichten und Betreiben von Arbeitsstätten wieder und konkretisieren die Arbeitsstättenverordnung.

Technische Regeln werden vom *Ausschuss für Arbeitsstätten* ermittelt und vom Bundesministerium für Arbeit und Soziales bekannt gemacht. Seit der Novellierung der Arbeitsstättenverordnung sind die Arbeitsstättenregel A 1.3 Sicherheits- und Gesundheitsschutzkennzeichnung sowie die Arbeitsstättenregel A 2.3 Fluchtwege, Notausgänge, Flucht- und Rettungsplan bekannt gemacht worden.

Die DGUV-Vorschrift 2 „Betriebsärzte und Fachkräfte für Arbeitssicherheit" der BG Holz und Metall konkretisiert die Forderungen des Arbeitssicherheitsgesetzes für die Anwendung in den Holz- und Metallbetrieben.

Rechtsvorschriften zum Gesundheitsschutz (Überblick):

Gesetze	**Verordnungen**	**Vorschriften/Richtlinien/Regeln**
• ArbSchG • ASiG	• LasthandhabV • ArbStättV • BildscharbV • DGUV-Vorschrift 1 • DGUV-Vorschrift 2 • PSA-BV	• ASR • BGR A1

[1)] Die BildscharbV wurde in die ArbStättV integriert.

07. Wann muss ein Betriebsarzt bestellt werden? **→ § 2 ASiG, DGUV V1**

Grundsätzlich *muss jedes Unternehmen*, das *Mitarbeiter beschäftigt*, einen Betriebsarzt bestellen. Diese *Verpflichtung* erwächst dem Unternehmer, genau wie die Verpflichtung zur Bestellung von Sicherheitsfachkräften, aus dem *Arbeitssicherheitsgesetz* (vgl. §§ 2 ff. ASiG).

Die Berufsgenossenschaften regeln mit der DGUV-Vorschrift *2* „Betriebsärzte und Fachkräfte für Arbeitssicherheit", wie viele Betriebsärzte für welche Einsatzzeit bestellt werden müssen und konkretisieren damit die Rahmenbedingungen für die betriebsärztliche Tätigkeit.

Sehr *kleinen Unternehmen* räumt die DGUV V2 die *Möglichkeit* ein, anstelle der Bestellung eines Betriebsarztes (Regelmodell) ein *alternatives Betreuungsmodell* zu wählen.

08. Wer darf als Betriebsarzt bestellt werden? **→ § 4 ASiG**

Als Betriebsarzt darf nur ein Mediziner bestellt werden, der über die *arbeitsmedizinische Fachkunde* verfügt; in der Regel ist der Betriebsarzt *Facharzt für Arbeitsmedizin.*

Betriebsärzte sind, sofern sie nicht Angestellte des Unternehmens sind, für das sie arbeiten, entweder freiberuflich tätig oder in Arbeitsmedizinischen Diensten angestellt. Diese arbeiten sowohl regional als auch überregional – große Dienste sogar bundesweit.

Große Unternehmen verfügen über *angestellte Betriebsärzte*, in sehr großen Unternehmen arbeiten sogar mehrere Betriebsärzte in firmeninternen arbeitsmedizinischen Einrichtungen. *Kleine und mittlere Unternehmen haben* in der Regel Betriebsärzte *vertraglich verpflichtet.*

09. Welche Aufgaben haben die Betriebsärzte?

Die Betriebsärzte (BA) haben die Aufgabe, den Unternehmer/Arbeitgeber und die Fachkräfte in allen Fragen des betrieblichen Gesundheitsschutzes zu unterstützen. Sie sind bei dieser Tätigkeit genauso *beratend tätig* wie die Fachkräfte für Arbeitssicherheit.

- Betriebsärzte sind gehalten, im Rahmen ihrer Tätigkeit Arbeitnehmer *zu untersuchen, arbeitsmedizinisch zu beurteilen und zu beraten* sowie die Untersuchungsergebnisse auszuwerten und zu dokumentieren.
- Sie sollen die Durchführung des Arbeitsschutzes im Betrieb beobachten und sind eine wichtige Hilfe für den Unternehmer bei der *Beurteilung der Arbeitsbedingungen.*
- Sie eröffnen dem Unternehmer die Thematik *aus arbeitsmedizinischer Sicht* und unterstützen ihn natürlich bei der *Organisation der Ersten Hilfe* im Betrieb.
- Sie arbeiten in der Regel eng mit den Sicherheitsfachkräften zusammen und sind für den *Industriemeister* ein *wichtiger Partner.*

Zu den Aufgaben des Arbeitsmediziners gehört es *ausdrücklich nicht*, *Krankmeldungen* der Arbeitnehmer auf ihre Berechtigung *zu überprüfen.*

10. Was muss der Unternehmer/Arbeitgeber für die Erste Hilfe tun? **→ § 10 ArbSchG, DGUV-Vorschrift 1, BGR V A1**

Die Pflicht, für eine wirksame Erste Hilfe zu sorgen, erwächst dem Unternehmer allgemein aus § 10 ArbSchG, der die allgemeine Fürsorgepflicht des Unternehmers vertieft.

Die Unfallverhütungsvorschrift „Grundsätze der Prävention" DGUV-Vorschrift 1 beschreibt die *Unternehmerpflichten für die Erste Hilfe* genauer:

- Der 3. Abschnitt dieser Vorschrift gibt dem Unternehmer auf, dass er in seinem Unternehmen Maßnahmen
  - zur Rettung aus Gefahr und
  - zur Ersten Hilfe

  treffen muss.
- Er hat dazu
  - die erforderlichen Einrichtungen und Sachmittel sowie
  - das erforderliche Personal

  zur *Verfügung* zu stellen und organisatorisch deren *funktionelle Verzahnung* zu gewährleisten.
- Er muss weiterhin dafür sorgen, dass
  - nach einem Unfall unverzüglich Erste Hilfe geleistet wird,
  - Verletzte sachkundig transportiert werden,
  - die erforderliche ärztliche Versorgung veranlasst und
  - die Erste Hilfe dokumentiert wird.

Die *BG-Regel* „Grundsätze der Prävention" BGR A1 beschreibt als Orientierungshilfe genau, was zu tun ist, was zu den notwendigen Einrichtungen und Sachmitteln zählt und was zu veranlassen sowie zu dokumentieren ist.

11. Wie viele Ersthelfer müssen bestellt werden und wie werden sie aus- und fortgebildet?

- Arbeiten in einem Unternehmen *2 bis 20 Mitarbeiter*, muss *ein Ersthelfer* zur Verfügung stehen.
- Bei mehr *als 20 Mitarbeitern* müssen *5 % der Belegschaft* als Ersthelfer zur Verfügung stehen, wenn der Betrieb ein *Verwaltungs- oder Handelsbetrieb* ist.
- In *Handwerks- und Produktionsbetrieben,* hierzu zählen die Betriebe der Metallindustrie, müssen *10 % der Belegschaft* Ersthelfer sein.

Ersthelfer sind Personen, die bei einer von der Berufsgenossenschaft zur Ausbildung von Ersthelfern ermächtigten Stelle ausgebildet worden sind. Führt ein Ersthelfer seine Erste-Hilfe-Maßnahmen sorgfältig durch, macht er sich grundsätzlich nicht strafbar (Ausnahme: er handelt vorsätzlich oder grob fahrlässig fehlerhaft).

Ausbildende Stellen sind z. B. das Deutsche Rote Kreuz, der Arbeiter-Samariter-Bund, die Johanniter-Unfallhilfe sowie der Malteser Hilfsdienst. Die Ausbildung in einem Erste-Hilfe-

Lehrgang dauert acht Doppelstunden. Hinweis: Die kurze Schulung, die Führerscheinbewerber nach § 19 Abs. 1 der Fahrerlaubnis-Verordnung (FeV) erhalten, reicht als Ausbildung *nicht* aus!

Der Unternehmer muss dafür sorgen, dass die Ersthelfer *in Zeitabständen von zwei Jahren fortgebildet* werden. Die Fortbildung besteht aus der Teilnahme an einem vier Doppelstunden dauernden Erste-Hilfe-Training. Wird die 2-Jahres-Frist überschritten, ist ein neuer Lehrgang erforderlich. Die gewerblichen *Berufsgenossenschaften übernehmen die Kosten* für Ersthelfer-Lehrgänge und -trainings.

12. Welche Einrichtungen und Sachmittel zur Ersten Hilfe müssen im Betrieb vorhanden sein (Erste-Hilfe-Ausrüstung)? **→ DGUV-Vorschrift 1, BGR A1, DIN 13169, 13175**

§ 25 der Unfallverhütungsvorschrift „Grundsätze der Prävention" DGUV-Vorschrift 1 schreibt allgemein die erforderlichen Einrichtungen und Sachmittel vor; in der Regel BGR A1 sind sie näher bezeichnet:

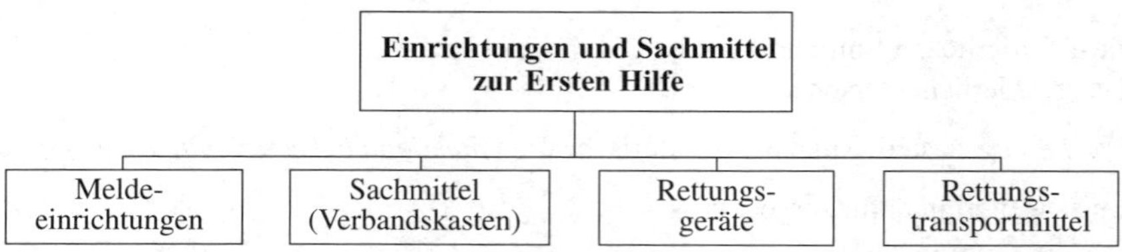

- Wesentliche Einrichtungen sind die *Meldeeinrichtungen*. Über sie wird sichergestellt, dass
  - Hilfe herbeigerufen und
  - an den Einsatzort geleitet werden kann.

  Zu den *Meldeeinrichtungen* zählen vor allem die allgemein gebräuchlichen, mittlerweile in ihrer Ausführung breit gefächerten modernen *Kommunikationsmittel* bis hin zu Personen-Notsignal-Anlagen.

- Zu den wichtigsten *Sachmitteln* gehören die allgemein bekannten *Verbandskästen*. Sie enthalten Erste-Hilfe-Material in leicht zugänglicher Form und in ausreichend gegen schädigende Einflüsse schützender Verpackung. Die Baugrößen, die der Vertrieb bereit hält, sind in Deutschland genormt.
  - Es gibt den „kleinen" Verbandskasten nach DIN 13157 und
  - den „großen" Verbandskasten nach DIN 13169.

  Richtwerte, wann der „kleine" und wann der „große" Verbandskasten zur Anwendung kommen muss, liefert die berufsgenossenschaftliche *Regel* BGR A1. Wichtigste Hilfsgrößen zur Ermittlung sind dabei die Anzahl der Mitarbeiter und die Art des Betriebes (Verwaltung, Handwerk/Produktion, Baustelle).

- *Rettungsgeräte* kommen zum Einsatz, wenn bei besonderen Gefährdungen besondere Maßnahmen erforderlich werden. Beispiele dafür sind:
  - Gefahrstoffunfälle
  - Höhenrettung
  - Rettung aus tiefen Schächten
  - Gefahren durch extrem heiße oder kalte Medien.

Zu den *Rettungsgeräten* gehören z. B.:

- Notduschen
- Rettungsgurte
- Löschdecken
- Sprungtücher
- Atemschutzgeräte.

• Wichtige Sachmittel sind auch *Rettungstransportmittel.* Sie dienen dazu, den Verletzten dort hin zu transportieren, wo ihn der Rettungsdienst übernehmen kann. Die *einfachsten* Rettungstransportmittel sind *Krankentragen.*

13. Wann muss ein Sanitätsraum vorhanden sein?

• Ein *Sanitätsraum* muss vorhanden sein, wenn in einer Betriebsstätte *mehr als 1.000 Beschäftigte* arbeiten.

• Gleichfalls muss ein Sanitätsraum vorhanden sein, wenn in der Betriebsstätte nur zwischen *100 und 1.000 Mitarbeiter* tätig sind, aber die *Art und Schwere der zu erwartenden Unfälle* einen solchen gesonderten Raum erfordern.

• Arbeiten auf einer *Baustelle mehr als 50 Mitarbeiter*, schreibt die Unfallverhütungsvorschrift DGUV-Vorschrift 1 ebenfalls einen Sanitätsraum vor.

Der *Sanitätsraum* muss mit Rettungstransportmitteln *leicht erreichbar* sein.

14. Wann muss ein Betriebssanitäter zur Verfügung stehen und wie werden Betriebssanitäter ausgebildet? **→ BGG 949**

• Arbeiten in einer Betriebsstätte *mehr als 1.500 Mitarbeiter*, muss ein *Betriebssanitäter* zur Verfügung stehen.

• Gleiches gilt für Betriebsstätten zwischen *250 und 1.500 Mitarbeitern*, wenn die *Art und Schwere der zu erwartenden Unfälle* den Einsatz von Sanitätspersonal erfordern.

• Arbeiten mehr als *100 Mitarbeiter* auf *einer Baustelle*, muss ein *Sanitäter* zur Verfügung stehen.

Betriebssanitäter nehmen an einer Grundausbildung von 63 Unterrichtseinheiten und einem Aufbaulehrgang von 52 Unterrichtseinheiten teil. Die Anforderungskriterien sind im berufsgenossenschaftlichen Grundsatz BGG 949 „Aus- und Fortbildung für den betrieblichen Sanitätsdienst" zusammengefasst.

15. Wie ist die Erste Hilfe zu dokumentieren? **→ § 24 Abs. 6, DGUV-Vorschrift 1, BGI 511-1, 2**

Die Erste-Hilfe-Leistungen sind *lückenlos* zu dokumentieren. Die Dokumentation ist gemäß § 24 Abs. 6 der DGUV-Vorschrift 1 „Grundsätze der Prävention" *fünf Jahre lang* aufzubewahren. Für die Dokumentation eignet sich das sogenannte *Verbandsbuch. Verbandsbücher* sind im Fachhandel kartoniert unter der Bezeichnung BGI 511-1 oder gebunden als BGI 511-2 erhältlich.

Achtung! Die Daten sind vertraulich zu behandeln und müssen gegen den Zugriff Unbefugter gesichert werden.

16. Auf welche Art und Weise trägt die arbeitsmedizinische Vorsorge zum Gesundheitsschutz bei?

Arbeitsmedizinische Vorsorgeuntersuchungen zielen darauf ab,

- bei *gesundheitsgefährdenden Arbeiten* oder
- beim *Umgang mit gefährlichen Stoffen*

vorbeugenden Gesundheitsschutz zu betreiben und rechtzeitig gesundheitliche Beeinträchtigungen zu erkennen.

17. Welche Arten von arbeitsmedizinischer Vorsorge gibt es? **→ ArbMedV. ArbSchG, ASiG**

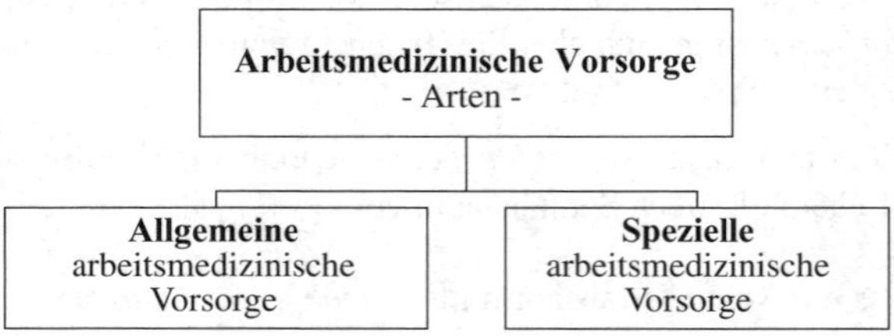

Die Forderungen für die *allgemeine arbeitsmedizinische Vorsorge* sind im Arbeitssicherheitsgesetz sowie in § 11 des Arbeitsschutzgesetzes geregelt. Die wichtigsten speziellen Forderungen enthält die Verordnung zur arbeitsmedizinischen Vorsorge (ArbMedV) aber auch einige andere Gesetzesvorschriften, z. B. die GefStoffV, die BioStoffV oder die LärmVibrations-ArbschV, nehmen auf die arbeitsmedizinische Vorsorge Bezug.

18. Wer führt die allgemeine arbeitsmedizinische Vorsorge und die speziellen arbeitsmedizinischen Vorsorgeuntersuchungen durch?

Die *allgemeine arbeitsmedizinische Vorsorge* erfolgt in der Regel durch den *Betriebsarzt.* Wie bereits oben dargestellt (vgl. 6.1.2/07. ff.) ist der Betriebsarzt ein Facharzt für Arbeitsmedizin, also entsprechend ausgebildet und befähigt. Zur allgemeinen arbeitsmedizinischen Vorsorge gehört die Beurteilung der Arbeitsplätze aus arbeitsmedizinischer und ergonomischer Sicht.

Der Betriebsarzt berät aufgrund der von ihm durchgeführten Beurteilung der Arbeitsplätze den Arbeitgeber, die Vorgesetzten, die Sicherheitsfachkraft, den Betriebsrat aber auch den Mitarbeiter.

19. Welchen Umfang hat die spezielle arbeitsmedizinische Vorsorge? **→ ArbMedV**

Den Umfang der *speziellen arbeitsmedizinische Vorsorge* regelt die Verordnung zur arbeitsmedizinischen Vorsorge. Sie kommt für alle Beschäftigten in Betracht, die bestimmten gesundheitsgefährdenden Einwirkungen ausgesetzt sind oder waren.

Die ArbMedVV bezeichnet genau drei Kategorien von Vorsorgeuntersuchungen:

- Pflichtuntersuchungen (sind Pflicht)
- Angebotsuntersuchungen (müssen angeboten werden)
- Wunschuntersuchungen (müssen auf Wunsch des AN angeboten werden).

Nach der Art der Gefährdung unterscheidet die Verordnung:

- *Pflichtuntersuchungen*
- *Angebotsuntersuchungen*
- *Wunschuntersuchungen.*

Dabei gilt:

- Pflichtuntersuchungen muss der Arbeitgeber veranlassen.
- Angebotsuntersuchungen sind anzubieten.
- Wunschuntersuchungen sind gem. § 11 ArbSchG zu ermöglichen.

Die arbeitsmedizinischen Vorsorgeuntersuchungen sind jedoch auch in weiteren Regelungen des staatlichen Rechts verankert, wie z. B. die arbeitsmedizinische Vorsorge bei Tätigkeiten im Lärm. Hier gelten z. B. die Maßgaben der Lärm- und Vibrations-Arbeitsschutzverordnung.

Nach dem Zeitpunkt der Durchführung gibt drei Arten der Untersuchung:

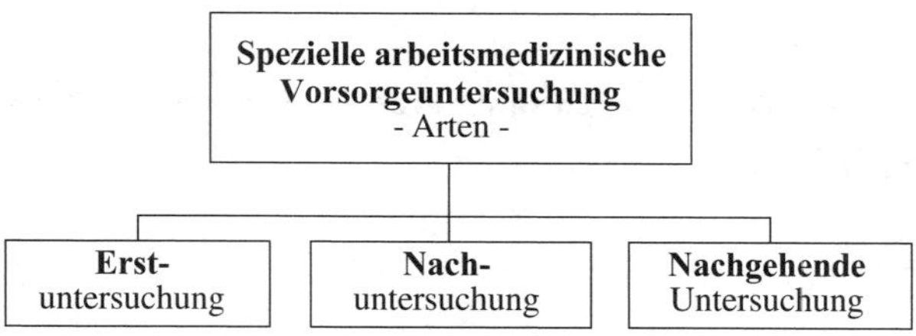

- *Erstuntersuchung:*

  Sie erfolgt nicht später als 12 Wochen vor Aufnahme der Tätigkeit, um zu prüfen, ob gesundheitliche Bedenken bestehen.

  Beispiel:
  Es ist wissenschaftlich belegt, dass sich 25 % der Berufsanfänger in der Freizeit schon vor Beginn ihrer Ausbildung einen manifesten Gehörschaden zugezogen haben (Disco, Walkman).

  In der Metallindustrie und im Metallhandwerk gibt es nach wie vor die Gefährdung durch gesundheitsgefährliche Lärmpegel. Es ist deshalb nicht ratsam, dass ein junger Mensch, der bereits einen Gehörschaden „mitbringt", eine Tätigkeit in der Metallbranche antritt.

- *Nachuntersuchung:*

  Es wird geprüft, ob die gesundheitliche Unbedenklichkeit fortbesteht. Die Nachuntersuchungsfristen sind je nach Gefährdung unterschiedlich lang.

  Beispiel:
  Bei der Gehörvorsorgeuntersuchung, die normalerweise alle drei Jahre erfolgt, stellt der Arzt eine geringfügige Verschlechterung des Gehörs fest. Der Arzt verkürzt zur Sicherheit die Frist auf 12 Monate.

- *Nachgehende Untersuchung:*

  Sie erfolgen nach Aufgabe der Tätigkeit, z. B. durch Arbeitsplatzwechsel, Berentung u. Ä. und finden z. B. Anwendung, wenn der Beschäftigte mit Krebs erzeugenden Stoffen oder Asbest gearbeitet hat. Die Berufsgenossenschaften kommen für diese nachgehenden Untersuchungen auf und haben dafür spezielle Einrichtungen geschaffen. Beschäftigte, die mit Krebs erzeugenden Stoffen gearbeitet haben, werden im Rahmen des Organisationsdienstes für nachgehende Untersuchungen (ODIN) betreut. ODIN ist bei der Berufsgenossenschaft Rohstoffe und chemische Industrie (RCI) in Heidelberg angesiedelt.

  Beschäftigte, die Umgang mit Asbest hatten, werden nachgehend durch die GVS (Zentrale Dienstleistungsorganisation der gewerblichen Berufsgenossenschaften für die gesundheitliche Vorsorge; vormals ZAS) betreut. Die GVS befindet sich bei der Berufsgenossenschaft Energie, Textil, Elektro und Medienerzeugnisse (ETEM) in Augsburg.

20. Welche Ärzte führen spezielle arbeitsmedizinische Vorsorgeuntersuchungen durch?

Den Auftrag, arbeitsmedizinische Vorsorgeuntersuchungen, die nach der ArbMedV, der Gefahrstoffverordnung (GefStoffV), der Biostoffverordnung (BioStoffV) bzw. der Lärm- und Vibrations-ArbeitsschutzVerordnung (LärmVibrationsArbSchV) durchgeführt werden müssen, darf der Arbeitgeber nur Ärzten erteilen, die Fachärzte für Arbeitsmedizin sind oder die Zusatzbezeichnung „Betriebsmedizin“ führen.

21. Welche Gruppen von Beschäftigten sind durch den Gesetzgeber besonders geschützt?

- Schwangere und Frauen
- Jugendliche
- behinderte Menschen.

→ Einzelheiten dazu werden in Ziffer 6.5.4 behandelt.

5.1.6 Umweltschutz

→ **A 1.5.2**

Hinweis: Der Rahmenplan enthält hier den Hinweis zur Vermittlung „Anwendung von A 1.5.2“. Dies bedeutet, dass die Inhalte der Ziffer 1.5.2 „Wichtige Gesetze und Verordnungen zum Umweltschutz“ der Basisqualifikationen vorausgesetzt werden. Um dem Leser die Orientierung in diesem Abschnitt zu erleichtern, werden in diesem Buch zentrale Bestimmungen des Umweltschutzes wiederholt, bevor auf die Qualifikationselemente der Ziffer 5.1.6 eingegangen wird.

01. Was versteht man unter dem Begriff „Umweltschutz“?

Der Umweltschutz umfasst alle Maßnahmen zur Erhaltung der natürlichen Lebensgrundlagen von Menschen, Pflanzen und Tieren.

Der Umweltschutz ist in Deutschland ein Staatsziel. Er ist deshalb in Art. 20a des Grundgesetzes festgeschrieben. Im Gegensatz zum Arbeitsschutzrecht zielt der Begriff nicht nur auf den Schutz von Menschen als Lebewesen, sondern schließt den Schutz von Tieren und Pflanzen sowie den Schutz des Lebensraumes der Bürger ein.

02. Welche Aufgabe verfolgt die Umweltpolitik?

Aufgabe der Umweltpolitik im engeren Sinne ist der *Schutz vor den schädlichen Auswirkungen der ökonomischen Aktivitäten des Menschen auf die Umwelt.*

Hierbei haben sich

- die Maßnahmen zur Bewahrung von *Boden und Wasser* vor Verunreinigung durch chemische Fremdstoffe und Abwasser
- die Reinhaltung der *Luft*
- die Reinhaltung der *Nahrungskette*
- die *Lärmbekämpfung*
- die *Müllbeseitigung*, die Wiedergewinnung von Abfallstoffen (*Recycling*)
- mit besonderer Aktualität der *Strahlenschutz*

herausgebildet.

Ferner gehören hierzu Vorschriften und Auflagen zur Erreichung größerer Umweltverträglichkeit von *Wasch- und Reinigungsmitteln*. In der Textilindustrie und dem Handel kommt deshalb dem Umweltschutz eine große und vielfältige Bedeutung zu.

03. Nach welchen Gesichtspunkten lässt sich der Umweltschutz unterteilen?

Unterteilen kann man den Umweltschutz in die *Bereiche*:

- *Medialer* Umweltschutz:
  → Schwerpunkt ist der Schutz der Lebenselemente Boden, Wasser und Luft.

- *Kausaler* Umweltschutz:
  → Schwerpunkt ist die Prävention von Gefahren.

- *Vitaler* Umweltschutz:
  → Naturschutz, Landschaftsschutz und Waldschutz zählen zum vitalen Umweltschutz.

04. Welche Sachgebiete des Umweltschutzes gibt es?

Als Sachgebiete des Umweltschutzes gelten:

- Immissionsschutz
- Landschaftspflege
- Gewässerschutz
- Abfallwirtschaft und Abfallentsorgung
- Naturschutz
- Strahlenschutz
- Wasserwirtschaft.

05. Welche Prinzipien gelten im Umweltschutz und daraus folgend im Umweltrecht?

Prinzipien im Umweltschutz

- **Verursacherprinzip**
  Der Verursacher hat für die Beseitigung der von ihm verursachten Umweltschäden zu sorgen und die Kosten dafür zu tragen.
- **Vorsorgeprinzip**
  Vorbeugende Maßnahmen müssen ergriffen werden, damit Umweltschäden erst gar nicht entstehen.
- **Kooperationsprinzip**
  Zwischen Betreibern Umwelt gefährdender Anlagen und den zuständigen Behörden ist die Zusammenarbeit vorgeschrieben. Gleichzeitig müssen Nachbarländer bei grenzüberschreitenden Problemen zusammen arbeiten.
- **Gemeinlastprinzip**
  Die Kosten der Beseitigung von Umweltschäden werden von der Allgemeinheit getragen (Bund, Länder, Gemeinden); Dies gilt bei Altlasten, wenn der Verursacher nicht zu ermitteln ist oder wenn die Kosten die wirtschaftliche Leistungsfähigkeit des Verursachers/Betreibers übersteigen.

Beispiele für technische Maßnahmen der ...	
Vorsorge	Reduzierung des Energie- und Stoffverbrauch (Abwärmerückgewinnung, Änderung der Energieart, Kaskadenspülung), Stoffsubstitution (z. B. Einsatz wasserlöslicher Lacke), Abfallvermeidung/-verminderung, Mehrwegverpackung/Verpackungsrücknahme, geänderte Produktpolitik (z. B. Einsatz unproblematischer Rohstoffe)
Nachsorge	Einsatz von Filteranlagen (Rauchgas, Staub) und chemischer Reaktionen (Fällung, Neutralisation), Kläranlagen

06. Welche Rechtsvorschriften prägen das Umweltrecht?

Umweltrecht

- Richtlinien, Verordnungen der EU
- Gesetze von Bund und Ländern
- Verordnungen
- Verwaltungsvorschriften, z. B.: TA-Luft, TA-Abfall
- Nichthoheitliche Regelwerke, z. B. DIN, VDE, VDI

07. Was unterscheidet Emissionen von Immissionen?

Nach dem Bundes-Immissionsschutzgesetz (BImSchG) sind:

- *Emissionen* alle von einer Anlage *ausgehenden* Luftverunreinigungen, Geräusche, Erschütterungen, Licht, Wärme, Strahlen und ähnliche Erscheinungen
- *Immissionen* sind auf Menschen, Tiere und Pflanzen, den Boden, das Wasser sowie die Atmosphäre *einwirkende* Luftverunreinigungen, Geräusche und ähnliche Belastungen.

08. Welcher Zusammenhang lässt sich zwischen Produktion, Konsum und Umweltbelastungen herstellen?

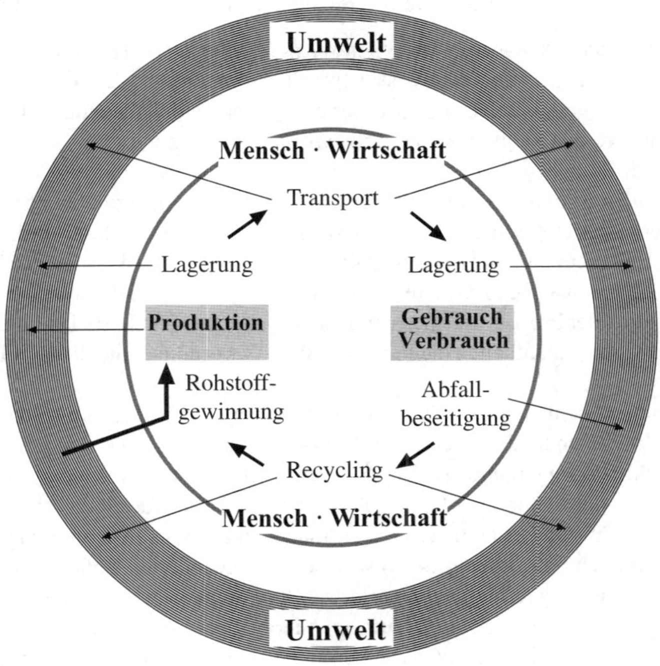

09. Welches ist der wesentliche Berührungspunkt zwischen Umweltschutz und Arbeitsschutz?

Die Immissionen, also die *Einwirkungen* von Belastungen *aus der Umwelt* (hier Arbeitsumwelt) *auf die Menschen*, ist der wesentliche Berührungspunkt zwischen Arbeitsschutz und Umweltschutz.

Berührungspunkte in der Praxis der Metallbranche sind:

- *Luftverunreinigungen*, die von Arbeitsprozessen verursacht werden.

  Beispiel: Schweißrauche in der Metallindustrie wirken als Schadstoffe auf die Atmungsorgane der Schweißer.

- *Lärm*, der durch den Arbeitsprozess verursacht wird.

  Beispiel: Lärm, der durch Pressen und Stanzen in der Metallfertigung entsteht, wirkt langfristig schädigend auf das Hörvermögen der Mitarbeiter – die Berufskrankheit Lärmschwerhörigkeit kann entstehen.

  Immissionsschutz und Arbeitsschutz haben besonders in der Metallindustrie einen engen Zusammenhang.

10. Warum ist ein betriebliches Umweltmanagement erforderlich und was versteht man darunter? **→ EU-Öko-Audit-Verordnung, DIN EN ISO 14001, EMAS-Verordnung**

Es hat sich gezeigt, dass das Vorhandensein *gesetzlicher Bestimmungen* der Unternehmen zum Umweltschutz *allein nicht ausreichend* ist. Umweltschutz muss in das Management integriert werden. Weiterhin zeigt die Erfahrung, dass der betriebliche Umweltschutz nur sicher und wirtschaftlich gelenkt werden kann, wenn er *systematisch* betrieben wird.

Umweltmanagement ist eine besondere Form der Betriebsorganisation, bei der alle Mitarbeiter dem Ziel der Verbesserung des betrieblichen Umweltschutzes verpflichtet werden (Öko-Audit). Damit sich das Engagement der Mitarbeiter nicht in kurzfristigen Aktionen erschöpft und über einen längeren Zeitraum aufrecht erhalten werden kann, soll das Umweltmanagementsystem als automatisch ablaufender Prozess im Unternehmen integriert werden. Kriterien für ein fortschrittliches Umweltmanagement enthalten die EU-Öko-Audit-Verordnung und die DIN EN ISO 14001.

Das Umweltmanagement *berücksichtigt* bei der Planung, Durchsetzung und Kontrolle der Unternehmensaktivitäten in allen Bereichen *Umweltschutzziele* zur Verminderung und Vermeidung der Umweltbelastungen und *zur langfristigen Sicherung der Unternehmensziele*. Mit der EMAS-Verordnung der EU und der ISO 14000-Normenreihe wurde eine umfassende, systematische Konzeption für das betriebliche Umweltmanagement vorgelegt und zugleich normiert. Der Grundgedanke der Verordnung ist Ausdruck einer geänderten politischen Haltung: Weg von Verboten und Grenzwerten, *hin zu marktwirtschaftlichen Anreizen*. Betriebliche *Eigenverantwortung* und *Selbststeuerung* sollen (aufgrund der besseren Ausbildung aller Mitarbeiter) in Zukunft für globale Veränderungen (Verbesserungen) mehr bewirken als unflexible staatliche Top-down-Steuerungen.

Modern geführte Industrieunternehmen haben schon lange Umweltschutzmanagementsysteme implementiert, die der Norm DIN EN ISO 14001 entsprechen.

Zwischen der EG-Öko-Audit-Verordnung (EMAS) und der DIN ISO 14001 ff. gibt es viele Gemeinsamkeiten, aber auch Unterschiede:

Merkmale	**EMAS**	**DIN ISO 14001 ff.**
Gültigkeit	europaweit, bestimmte Wirtschaftszweige	weltweit, alle Wirtschaftszweige
staatliche Anerkennung	ja	nein
Geltung	EU	weltweit
Struktur	im Inhalt ausformuliert	ablauforientiert gegliedert
Branchen	produzierendes Gewerbe (Dienstleistung in Vorbereitung)	alle Branchen
Information	Umwelterklärung ist verpflichtend	Umwelterklärung ist formal nicht verpflichtend
Werbung	mit EG-Öko-Audit-Zeichen nicht zulässig	ist zulässig

Generell können die Vorteile eines Umweltmanagementsystems sein, z. B.:

- Umweltrisiken werden vermindert
- die Kreditwürdigkeit wird erhöht
- das Image in der Gesellschaft wird verbessert
- das Vertrauen bei Behörden steigt
- es ergeben sich Wettbewerbsvorteile gegenüber nicht zertifizierten Konkurrenten.

11. Was sind integrierte Managementsysteme?

Integrierte Managementsysteme fassen zwei oder *mehrere einzelne Managementsysteme* zusammen, um *Synergieeffekte* zu erzielen. Sehr häufig werden Arbeitsschutz- und Umweltmanagementsysteme zusammengefasst. Durch die natürlichen Berührungspunkte zwischen beiden Gebieten ist diese Variante sehr praktikabel.

Voll integrierte Managementsysteme fassen das Qualitätsmanagement, das Umwelt- und das Arbeitsschutzmanagement für das gesamte Unternehmen in einem System zusammen und erzielen damit *sehr hohe Synergieeffekte.*

Praktisch ist dabei, dass sich die Methoden der einzelnen Managementsysteme sehr gleichen. Qualitäts- und Umweltmanagementsysteme sind weltweit genormt. Für Arbeitsschutzmanagementsysteme gibt es bislang nur Ansätze von einzelnen wenigen nationalen Normungsgremien. Harmonisierte EN-Normen gibt es für Arbeitsschutzmanagementsysteme bisher nicht.

12. Warum muss bei der Betrachtung der Kosten des Umweltschutzes zwischen betriebswirtschaftlicher und volkswirtschaftlicher sowie kurz- und langfristiger Sichtweise differenziert werden?

Dazu einige Thesen:

Maßnahmen des Umweltschutzes ...

- sind *betriebswirtschaftlich* zunächst Kosten bzw. führen zu einem Kostenanstieg; dies kann kurzfristig zu einer Wettbewerbsverzerrung führen
- können *langfristig* vom Betrieb als Wettbewerbsvorteil genutzt werden – bei verändertem Verhalten der Endverbraucher (z. B. Gütesiegel, Blauer Engel, chlorarm, ohne Treibgas, biologisch abbaubar)
- *werden z. T. nicht verursachergerecht umgelegt* – je nach den politischen Rahmenbedingungen, z. B.:
  - Die Nichtbesteuerung von Flugbenzin wird beklagt.
  - Es wird argumentiert, dass die durch die Lkws verursachten Straßenschäden nicht verursachergerecht belastet werden und es deshalb zu einer Wettbewerbsverzerrung zwischen „Straße und Schiene“ kommt.
- *werden nicht in erforderlichem Umfang durchgeführt*; das führt kurzfristig zu einzelwirtschaftlichen Gewinnen und langfristig zu volkswirtschaftlichen Kosten (z. B.: Atomenergie und die bis heute ungeklärten Kosten der Entsorgung von Brennstäben; Altlastensanierung der industriellen Produktion in den Gebieten der ehemaligen DDR).

13. Welche Bedeutung hat das europäische Umweltrecht?

Die Umweltpolitik besitzt innerhalb der EU eine hohe Bedeutung. Mit dem Vertrag von Maastricht wurden der EU umfangreichere Regelungskompetenzen übertragen. Zurzeit existieren etwa 200 *europäische Rechtsakte* mit umweltpolitischem Bezug. Diese Rechtsakte regeln nicht nur das Verhältnis zwischen den Staaten, sondern sie sind auch verbindlich für den einzelnen Bürger und die Unternehmen. Die europäischen Rechtsakte haben allerdings einen sehr unterschiedlichen Verbindlichkeitscharakter:

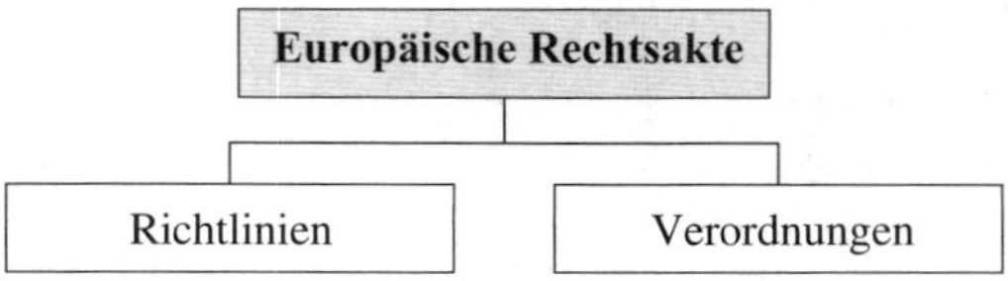

- *EU-Richtlinien* werden von den Mitgliedstaaten der EU innerhalb einer bestimmten Frist in nationales Recht umgesetzt (z. B. UVP-Richtlinie → UVP-Gesetz).
- *EU-Verordnungen* gelten unmittelbar in allen Mitgliedstaaten; gegebenenfalls werden sie durch nationales Recht ergänzt (z. B. Öko-Audit-Verordnung).

14. Welche deutschen Rechtsvorschriften sind beim Umweltschutz vom Unternehmer zu beachten?

15. Welchen Inhalt hat das Umwelthaftungsrecht?

Es regelt die *zivilrechtliche Haftung bei Umweltschädigungen*. Hier können auch *juristische Personen* verklagt und in Anspruch genommen werden. Die Ansprüche gliedern sich in drei *Bereiche:*

- Gefährdungshaftung
- Verschuldenshaftung
- nachbarrechtliche Ansprüche.

16. Welchen Inhalt hat das Umweltstrafrecht?

Das Umweltstrafrecht wurde 1980 in das Strafgesetzbuch eingearbeitet. *Bestraft werden können nur natürliche Personen*. Straftatbestand kann ein bestimmtes Handeln, aber auch ein bestimmtes Unterlassen sein. Die Geschäftsleitung haftet stets in umfassender Gesamtverantwortung.

Bestraft werden z. B. folgende Tatbestände:

- Verunreinigung von Gewässern
- Boden- und Luftverunreinigung
- unerlaubtes Betreiben von Anlagen
- Umwelt gefährdende Beseitigung von Abfällen.

17. Welche Rechtsnormen existieren im Bereich der Luftreinhaltung?

Rechtsnormen zur Luftreinhaltung	Stichworte zum Inhalt
Bundesimmissionsschutzgesetz	Leitgesetz zur Luftreinhaltung
Verordnung über genehmigungsbedürftige Anlagen	Spezielle Regelungen
Emissionserklärungsverordnung	Spezielle Regelungen
Verordnung über das Genehmigungsverfahren	Konkretisierung des Genehmigungsverfahrens
Verordnung über Immissionsschutz und Störfallbeauftragte	Spezielle Regelungen
TA Luft	Verwaltungsvorschrift (Emissions-/Immissionswerte)

18. Welche Rechtsnormen existieren im Bereich des Gewässerschutzes?

Rechtsnormen zum Gewässerschutz	Stichworte zum Inhalt
Wasserhaushaltsgesetz	Nutzung von Gewässern
Klärschlammverordnung	Aufbringen von Klärschlamm, Grenzwerte
Abwasserabgabengesetz	Abgabe für Direkteinleiter
Allgemeine Rahmenverwaltungsvorschrift über Mindestanforderungen an das Einleiten von Abwasser in Gewässer	Konkretisierung von Anforderungen

19. Welche Rechtsnormen existieren im Bereich der Abfallwirtschaft?

Rechtsnormen der Abfallwirtschaft	Stichworte zum Inhalt
Kreislaufwirtschaftsgesetz	Leitgesetz für den Abfallbereich
Verordnung über Betriebsbeauftragte für Abfall	Pflicht zur Bestellung eines Beauftragten
Verpackungsverordnung	Verpflichtung zur Rücknahme von Verpackungen
Abfallbestimmungsverordnung	Zusammenstellung spezieller Abfallarten
Reststoffbestimmungsverordnung	Zusammenstellung spezieller Reststoffe
TA Abfall, Teil 1	Vorschriften zur Lagerung, Behandlung, Verbrennung usw.

20. Wie ist der Begriff „Abfall" definiert?

Der Abfallbegriff ist in § 3 KrWG definiert: „Abfälle im Sinne dieses Gesetzes sind alle Stoffe oder Gegenstände, derer sich ihr Besitzer entledigt, entledigen will oder entledigen muss. Abfälle zur Verwertung sind Abfälle, die verwertet werden; Abfälle, die nicht verwertet werden, sind Abfälle zur Beseitigung.

21. In welche Teilbereiche lässt sich die Abfallwirtschaft gliedern?

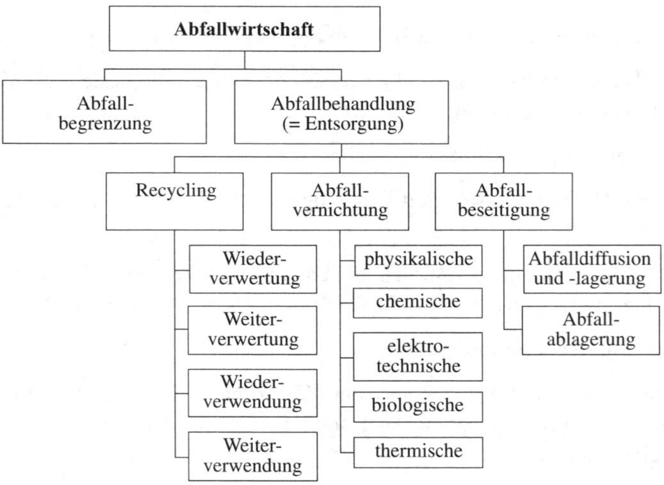

22. Welche Aufgaben und Kompetenzen hat der Abfallbeauftragte?

Der Abfallbeauftragte ist nach § 54 KrWG bei genehmigungsbedürftigen Anlagen nach dem BImSchG gefordert (vgl. S. 934). Er hat folgende Aufgaben und Kompetenzen:

- Beratung des Unternehmers und der Mitarbeiter beim Umgang mit Abfällen (Abfallvermeidung und -verminderung, Mitwirkung bei der Einführung neuer Verfahren)
- Überwachung von Anlagen, Erkennen und Mitteilung von Mängeln
- jährliche Berichterstattung an den Unternehmer
- der Abfallbeauftragte hat einen besonderen Kündigungsschutz und darf wegen seiner Aufgaben nicht benachteiligt werden.

23. Welche Gefahren können durch Abfälle für den Menschen und die Umwelt entstehen?

Gefahren durch Abfälle, z. B.	
für den Menschen	**für die Umwelt**
• Erkrankung der Atemwege • Erkrankung der Haut • Allergien, Krebs • Schädigungen des Erbgutes	• Gefährdungen durch Altlasten • Explosion • Brand • Kontaminierung des Trinkwassers

24. Welchen wesentlichen Zweck und Inhalt haben die Vorschriften zur Vermeidung von Arbeits- und Verkehrslärm?

→ BImSchG, IV Teil, TA-Lärm, ArbStättV, DGUV B3 „Lärm"

- *Lärm* vermindert die Konzentration, macht krank und kann zur Schwerhörigkeit führen.

  Weitere Einzelaspekte:

  - die akustische Verständigung wird durch Lärm behindert
  - Schreckreaktionen können zu Unfällen führen
  - die kritische Grenze liegt bei 80 dB(A), ab 85 dB(A) wirkt Lärm gesundheitsschädigend
  - ab 85 dB(A) sind Gehörschutzmittel zu verwenden; außerdem besteht die Verpflichtung zu Gehörvorsorgeuntersuchungen.

- *Vorschriften* über den Lärmschutz finden sich:

  - im BImSchG, IV. Teil (Betrieb von Fahrzeugen, Verkehrsbeschränkungen, Verkehrslärmschutz)
  - in der technischen Anleitung zum Schutz gegen Lärm (TA-Lärm; sie dient dem Schutz der Allgemeinheit und legt Richtwerte für das Betreiben von Anlagen fest)
  - in der Arbeitsstättenverordnung
  - in der Lärm- und Vibrations-Arbeitsschutz-Verordnung (LärmVibraArbSchV); sie kennt hinsichtlich des Lärms sogenannte Auslösewerke; unterer Auslösewert = 80 dB(A), oberer Auslösewert = 85 dB(A)
  - ab 85 dB(A) sind Gehörschutzmittel zu verwenden; außerdem besteht die Verpflichtung zu Gehörvorsorgeuntersuchungen.

- Der Vorgesetzte sollte es sich daher zur Aufgabe machen, den Lärmpegel in der Produktion so gering wie möglich zu halten; z. B.:

  - durch technische Maßnahmen
    (z. B. beim Neukauf von Anlagen; nur lärmarme Maschine)
  - durch Schallschutzmaßnahmen
    (z. B. Einsatz von Schallschutzhauben)
  - durch organisatorische Maßnahmen
    (zeitliche Verlagerung lärmintensiver Arbeiten; Vermeidung von Lärm während der Nachtarbeit)
  - durch persönliche Schutzausrüstungen (Gehörschutz).

25. Welchen wesentlichen Zweck und Inhalt hat das Chemikaliengesetz?

Das Chemikaliengesetz (ChemG; Gesetz zum Schutz vor gefährlichen Stoffen) gilt sowohl für den privaten als auch für den gewerblichen Bereich und soll Menschen und Umwelt vor gefährlichen Stoffen und gefährlichen Zubereitungen schützen. Stoffe bzw. Zubereitungen sind dann gefährlich, wenn sie folgende Eigenschaften haben (§ 4 GefStoffV): explosionsgefährlich, brandfördernd, giftig, sehr giftig, reizend, entzündlich, hoch entzündlich usw.

Hersteller und Handel

- haben die Eigenschaften der in Verkehr gebrachten Stoffe zu ermitteln und
- entsprechend zu verpacken und zu kennzeichnen.

Mit der Einführung der (neuen) *Arbeitsplatzgrenzwerte* und der (neuen) *biologischen Grenzwerte* hat sich der Gesetzgeber von den Jahrzehnte lang geltenden MAK-Werten (Maximale Arbeitsplatzkonzentration), BAT-Werten (Biologische Arbeitsstoff-Toleranz-Werte) und TRK-Werten (Technische Richtkonzentration) abgewendet.

- *Arbeitsplatzgrenzwert:*
  Der mit Abstand häufigste Weg in den menschlichen Körper führt über die Atmungsorgane in die Lunge des Menschen. Daher sind die meisten Grenzwerte Luftgrenzwerte, also Werte, bei denen der Beschäftigte im Allgemeinen gesund bleibt.
- *Biologischer Grenzwert:*
  Gemessen wird bei diesem Grenzwert die Konzentration von Gefahrstoffen oder ihrer Metaboliten in Körperflüssigkeiten. Wird dieser biologische Grenzwert eingehalten, bleibt der Beschäftigte nach arbeitsmedizinischen Erkenntnissen im Allgemeinen gesund.

Auch zum ChemG gibt es ein umfangreiches Regelwerk, z. B.:

ChemVerbotsV	Die Chemikalienverbotsverordnung untersagt das Inverkehrbringen bestimmter Stoffe, z. B. Asbest, DDT, Formaldehyd, Dioxin.
ChemOzon-SchichtV	Die Chemikalien-Ozonschichtverordnung verfolgt die Zielsetzung, den Einsatz ozonschädigender Stoffe zu reduzieren, z. B. die Verwendung von Kohlenwasserstoffverbindungen als Kältemittel in Kühl- und Klimaanlagen.
GefStoffV	Die Gefahrstoffverordnung ist die bedeutendste Regel für den sicheren Umgang mit gefährlichen Arbeitsstoffen für Industrie und Handwerk in Deutschland. Die Gefahrstoffverordnung ist dem deutschen Chemikaliengesetz als Leitvorschrift nachgeordnet.
EU-Verordnung Nr. 1907/2006 „Reach"	Am 01.07.2007 ist eine der bedeutensten Vorschriften im Bereich des Chemikaliengesetzes unter dem Namen REACH in Kraft getreten (Registration, Evaluation and Authorisation of Chemicals; dt.: Registrierung, Bewertung, Zulassung und Beschränkung chemischer Stoffe). Diese Verordnung, die unmittelbar auf die Mitgliedstaaten wirkt, hat die Zielsetzung, alle vor 1981*) in der EU hergestellten und in Verkehr gebrachten, chemischen Stoffen zu registrieren und deren Zulassung zu prüfen. Nach dem Motto „No Data, No Market" dürfen künftig nur noch Stoffe in Verkehr gebracht und verwendet werden, zu denen ein umfangreicher Datensatz vorliegt. Das heißt konkret: Etwa 30.000 im Handel erhältliche Stoffe müssen in der europäischen Chemikalienagentur in Stockholm erfasst werden und bis zu 1.500 besonders kritische Chemikalien werden zulassungspflichtig. Dazu sind umfangreiche Test und Prüfungen durch die Hersteller erforderlich. Der Aufwand ist beträchtlich. Die damit geschaffene Transparenz wird jedoch eine weitere Verbesserung zur Verminderung umwelt- und gesundheitsgefährdender Stoffe ermöglichen. *) Stoffe, die nach 1981 produziert und in Verkehr gebracht wurden, unterlagen bereits einem Zulassungsrecht.

5.1.7 Überprüfen und Gewährleisten des Umweltschutzes

01. Wann ist ein Umweltschutzbeauftragter zu bestellen?

→ 6.4.5, BImSchG, WHG, KrWG, StörfallV

In verschiedenen Gesetzen und Verordnungen ist die schriftliche Bestellung von *Betriebsbeauftragten* unter bestimmten Bedingungen vorgeschrieben:

- *Betriebsbeauftragter für Immissionsschutz* nach § 53 BImSchG sowie 5. BImSchV:
  → muss bestellt werden, wenn eine in der Verordnung bezeichnete genehmigungsbedürftige Anlage betrieben wird (vgl. Anhang zur 5. BImSchV). Der Immissionsschutzbeauftragte hat einen Sonderkündigungsschutz. Er kann nicht ordentlich, sondern nur außerordentlich gekündigt werden (aus wichtigem Grund).

- *Betriebsbeauftragter für den Störfall* nach § 58 a BImSchG sowie 5. BImSchV:
  → muss bestellt werden, wenn in der genehmigungsbedürftigen Anlage bestimmte Stoffe vorhanden sein können oder ein Störfall entstehen kann (Störfallverordnung).

- *Betriebsbeauftragter für Gewässerschutz* nach § 64 WHG:
  → ist zu bestellen, wenn mehr als 750 m^3 Abwässer täglich in öffentliche Gewässer eingeleitet werden.

- *Betriebsbeauftragter für Abfall* nach § 59 KrwG:
  → muss bestellt werden, wenn im Betrieb regelmäßig überwachungsbedürftige Abfälle anfallen (z. B. Abfälle, die luft- oder wassergefährdend, brennbar usw. sind).

Der *Umweltschutzbeauftragte* ist als Begriff in den einschlägigen Gesetzen und Verordnungen nicht genannt, sondern hat sich als Terminus der Praxis herausgebildet. Er ist der „Betriebsbeauftragte für alle Fragen des Umweltschutzes“ im Betrieb (Abfall-, Gewässer-, Immissionsschutz usw.).

02. Welche Rechte und Pflichten hat der Umweltschutzbeauftragte?

Der Umweltschutzbeauftragte hat nach dem Gesetz *keine Anordnungsbefugnis*, sondern er *berät* die Leitung/den Betreiber sowie die Mitarbeiter in allen Fragen des Umweltschutzes und *koordiniert* die erforderlichen Maßnahmen (Stabsfunktion; vgl. dazu analog: Sicherheitsbeauftragte, → 6.1.1/17.). Seine Aufgaben werden von einem *fachkundigen Mitarbeiter* des Unternehmens oder einem *Externen* wahrgenommen.

Die Bestellung des Beauftragten ist der Behörde anzuzeigen. Sie prüft, ob der Beauftragte *zuverlässig und fachkundig* ist. Bei der Fachkunde wird z. B. in der 5. BImSchV die Qualifikation näher bestimmt (Abschluss als Ingenieur der Fachrichtung Chemie oder Physik, Teilnahme an vorgeschriebenen Lehrgängen und 2-jährige Praxis an der Anlage).

Neben der umfassenden Beratung des Betreibers und der Mitarbeiter hat der Umweltschutzbeauftragte folgende *Rechte und Pflichten*:

- Der Beauftragte muss frühzeitig und umfassend in alle Entscheidungen, die den Umweltschutz tangieren, einbezogen werden.
- Der Beauftragte ist zu Investitionsentscheidungen zu hören.
- Er hat jährlich einen Bericht über seine Tätigkeit vorzulegen.
- Lehnt die Geschäftsleitung Vorschläge des Betriebsbeauftragten ab, muss sie ihm diese Ablehnung begründen.
- Geschützt wird der Betriebsbeauftragte durch ein Benachteiligungsverbot und eine besondere Kündigungsschutzregelung.

5.2 Fördern des Mitarbeiterbewusstseins bezüglich der Arbeitssicherheit und des betrieblichen Arbeits-, Umwelt- und Gesundheitsschutzes

5.2.1 Arbeits-, Umwelt- und Gesundheitsschutz

→ A 1.3.4

01. Welche Gefahrenpotenziale für das Entstehen von Unfällen werden unterschieden?

Beispiele für Schutzmaßnahmen nach der TOP-Regel:	
T echnik	absaugen, abkapseln, beschichten, Einrichten von Auffangwannen, Gestaltung der Maschine als geschlossene Anlage (z. B. Roboterbetrieb)
O rganisation	Beschränkung des Zugangs, Festlegen der Verantwortlichkeit, Erstellen von Betriebsanweisungen, ordnungsgemäße Kennzeichnung von Gefahrstoffen, Anlegen von Gefahrstoffkatastern
P ersonenverhalten	regelmäßige Sicherheitsunterweisungen, Einsatz der PSA (Atem-, Körper-, Handschutz, Sicherheitsschuhe usw.)

02. Welche Bedeutung haben die einzelnen Gefahrenpotenziale für das Unfallgeschehen in der Metallindustrie?

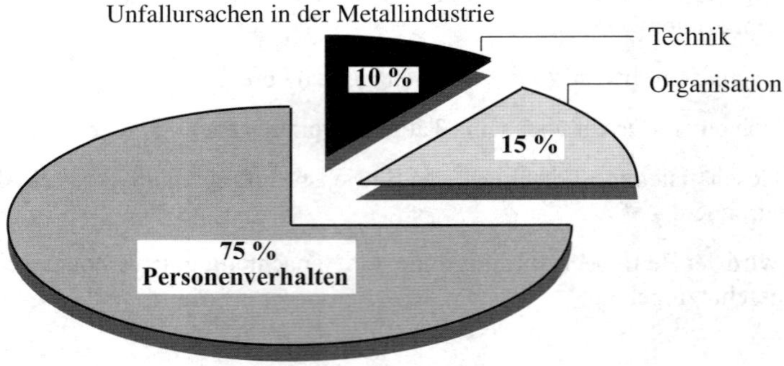

Der Anteil der Unfälle, deren Ursache in fehlerhafter Technik zu suchen ist, ist im letzten Jahrzehnt auf einen sehr geringen Anteil von 10 % an der Gesamtzahl aller Unfälle gesunken.

Mit 15 % ebenfalls relativ gering sind die Ursachen, die sich aus der (fehlerhaften) Organisation des Unternehmens ergeben.

Mehr als 75 %, in Teilen der Metallindustrie sogar *über 80 %,* aller Arbeitsunfälle sind also auf *sicherheitswidriges Personenverhalten* zurückzuführen.

03. Warum ist der Anteil der Unfälle aufgrund sicherheitswidriger Technik so stark zurück gegangen bzw. warum ist der Anteil der Unfälle, bei denen sicherheitswidriges Personenverhalten die maßgebliche Ursache liefert, so hoch?

Die *Technik* ist in den letzten Jahrzehnten *immer sicherer* gestaltet worden. Die sichere Konstruktion und Ausführung von Maschinen, Geräten und Anlagen ist für die Kunden der modernen Maschinenbauunternehmen zu einem *wesentlichen Marktargument* geworden. Die *technische Sicherheit* ist für moderne Maschinenbauer eine *Selbstverständlichkeit. Unsichere Technik* ist in Europa *kaum* noch *marktgängig.*

Aus diesem Grunde hat sich der *Schwerpunkt* der Unfallursachen zwangsläufig zum *sicherheitswidrigen Personenverhalten* hin verschoben.

04. Welche Ansatzpunkte gibt es für das Management in der Metallindustrie, um die Arbeitssicherheit sowie den Arbeits-, Umwelt- und Gesundheitsschutz wirksam zu verbessern?

Das Management muss in der Gestaltung seiner Schutzmaßnahmen und Verbesserungen natürlich immer *dort* ansetzen, wo die *größten Verbesserungspotenziale* liegen.

Dies ist eindeutig im Bereich *„Personenverhalten" zu sehen.* Aber nicht nur das übergroße Verbesserungspotenzial bestimmt die notwendige Konzentration der Kräfte auf dieses Segment. Ganz wesentlich ist auch die Tatsache, dass die weitere Steigerung der Maschinen- und Anlagensicherheit über das heute übliche Maß nur noch mit verstärktem finanziellen Einsatz erzielt werden kann. Die zu erwartenden Ergebnisse, die dadurch erzielt werden könnten, stehen mit den hohen Aufwendungen kaum noch in einem vernünftigen wirtschaftlichen Verhältnis (Prinzip des abnehmenden Grenznutzens).

Insofern führt kein Weg daran vorbei, *alle Mittel und Methoden zum Einsatz* zu *bringen*, die dazu dienen, sicherheitswidriges Verhalten der Mitarbeiter in *sicheres Personenverhalten* zu überführen.

In diesem Führungssegment ist der Industriemeister heute und zukünftig maßgeblich gefordert. Im stetigen Prozess, unsichere Gewohnheiten der Mitarbeiter in sichere zu verändern, hat der *Industriemeister* eine *Schlüsselstellung* inne.

Das „richtige" Bewusstsein der Mitarbeiter hat entscheidenden Einfluss auf die Sicherheit und den Umweltschutz im Betrieb.

05. Welche Körperteile werden in der Metallindustrie am häufigsten verletzt?

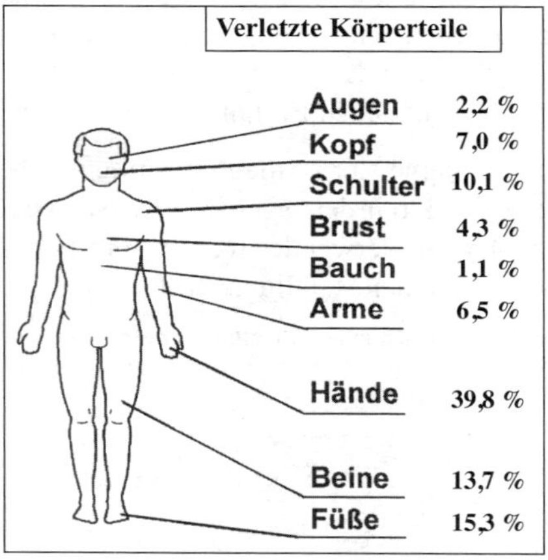

Dies lässt erkennen:

Rund 70 % der Verletzungen in der Metallindustrie entstehen an Händen, Beinen und Füßen.

06. Welche Ursachen führen dazu, dass der Anteil der Verletzungen an Händen, Beinen und Füßen so hoch ist?

Die Arbeitsprozesse in der Metallindustrie haben einen sehr hohen Automatisierungsgrad erreicht. Dennoch erfordern *Beschickungs- oder Bedienungsarbeiten* unabhängig davon immer noch den *Körpereinsatz der Mitarbeiter.*

Ein besonders intensiver Körpereinsatz ist bei *Wartungs- und Instandhaltungstätigkeiten* notwendig. Sie *zählen* deshalb in der Metallindustrie *zu den Tätigkeiten mit den höchsten Unfall-*

risiken. Verletzungen der Beine und Füße werden naturgemäß häufig auf betrieblichen Wegen im Arbeitsprozess verursacht. Die Zahl der notwendigen Handhabungstätigkeiten ist und bleibt trotz aller Automation in der Fertigung, ganz besonders aber bei Wartungs- und Instandhaltungsarbeiten, sehr hoch, sodass die Verletzungen von Händen und Armen fast die Hälfte aller Fälle repräsentieren.

07. Welche Berufskrankheiten treten in der Metallindustrie und im Metallhandwerk am häufigsten auf?

Bezogen auf 1.000 Mitarbeiter gehen jährlich etwa fünf Verdachtsanzeigen auf eine Berufskrankheit bei den Metall-Berufsgenossenschaften ein.

- 27 % der Anzeigen betreffen die *Schwerhörigkeit durch Lärm* in der Metallbranche.
- 32 % beziehen sich auf teilweise sehr schwere *Erkrankungen der Atemwege* durch die Einwirkung von Asbest. Die *Asbesterkrankungen* sind eine *Folge lang zurückliegender Arbeitsbedingungen* in der Metallindustrie, die es schon lange nicht mehr gibt. Zwischen dem Ausbruch der Krankheiten Asbestose, asbestinduziertem Lungenkrebs sowie der Mesotheliome durch Asbestkontakt und der beruflichen Einwirkung von Asbest liegen häufig Zeiträume von bis zu 30 Jahren. Das Verbot der Verwendung von Asbest in Deutschland liegt zur Zeit 15 Jahre zurück, sodass noch lange Zeit mit neuen Erkrankungen gerechnet werden muss.
- Aktuell wichtig für den Industriemeister ist die Prävention von beruflich verursachten *Hautkrankheiten.* Sie entstehen oft durch den *Hautkontakt mit Kühlschmierstoffen,* die in der Metallbranche in großen Mengen verwendet werden und betragen derzeit etwa 14 % der angezeigten Berufskrankheiten in der Metallindustrie.

Berufskrankheiten in der Metallindustrie/im Metallhandwerk

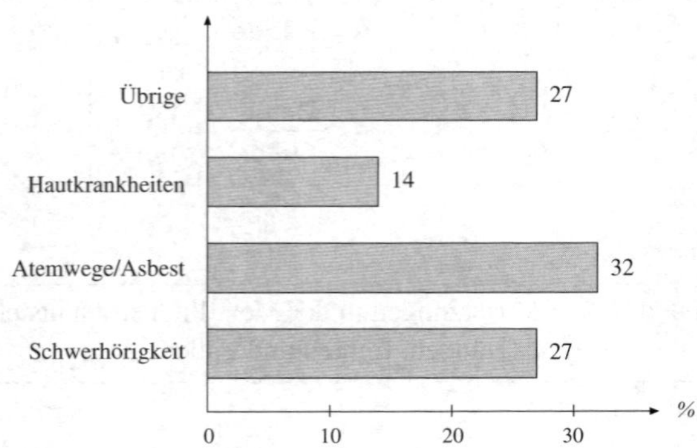

5.2.2 Maßnahmen und Hilfsmittel zur Förderung des Mitarbeiterbewusstseins

01. Warum muss das Mitarbeiterbewusstsein gefördert werden?

Dauerhaft sichere Verhaltensweisen der Mitarbeiter sind *vom Mitarbeiterbewusstsein direkt abhängig*. Die Sicherstellung von Arbeitssicherheit und Gesundheitsschutz aber auch des Umweltschutzes gehören zu den wesentlichen Aufgaben der Führungskräfte.

Die Führungsaufgabe „Arbeitssicherheit/Gesundheitsschutz/Umweltschutz" hat das Ziel

- sicherheitswidrige Verhaltensweisen der Mitarbeiter *zu korrigieren*
  → *kurzfristiges Ziel* und

- in *sichere Verhaltensweisen* bei der Arbeit zu überführen
  → *mittel- und langfristiges Ziel.*

Der Industriemeister sollte daher vertraut sein mit (Einzelheiten dazu unter 03. ff.):

- den Modellvorstellungen zum Mitarbeiterverhalten
- den Grundsätzen des menschlichen Handelns
- den Motivationsprozessen
- den Möglichkeiten, das Mitarbeiterverhalten nachhaltig zu ändern.

02. Welche Maßnahmen sind geeignet, das Mitarbeiterbewusstsein bezüglich der Arbeitssicherheit und des betrieblichen Arbeits-, Umwelt- und Gesundheitsschutzes zu fördern (Überblick)?

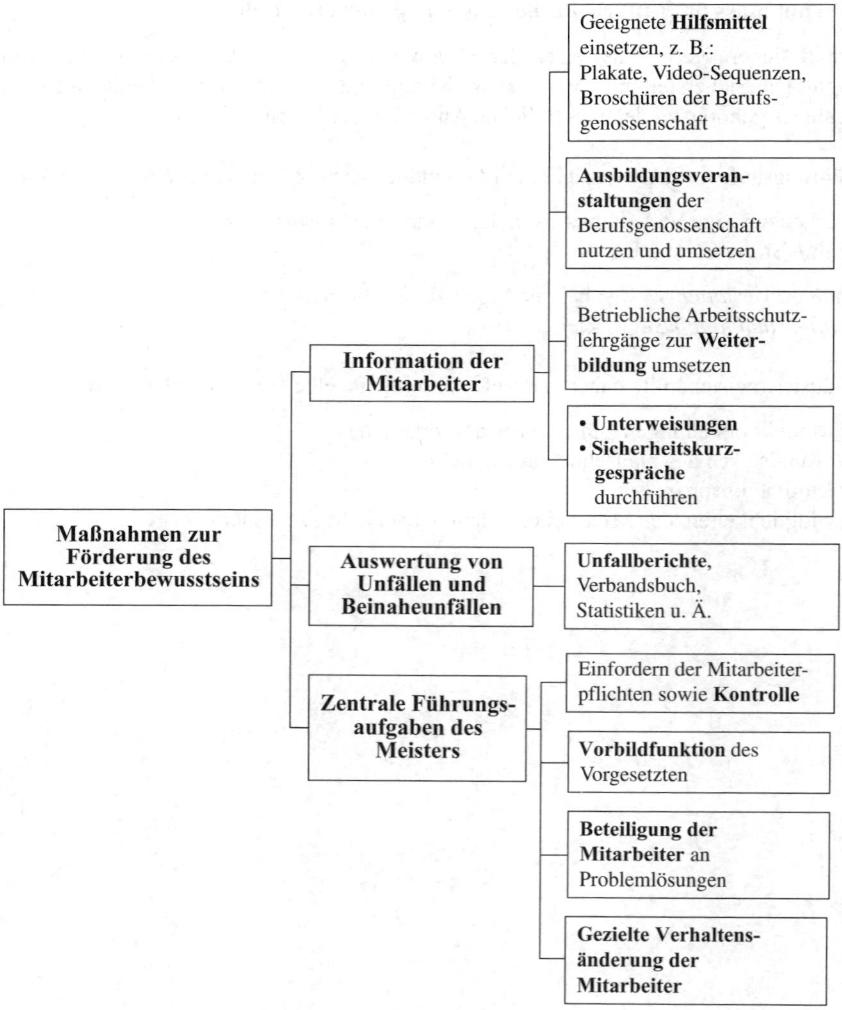

- *Information* der Mitarbeiter zum Arbeits-, Umwelt- und Gesundheitsschutz:
  - Neben den Unfallverhütungsvorschriften, die die Berufsgenossenschaften den Betrieben kostenlos zur Verfügung stellen, geben der Informationsdienst der BG sowie der zuständigen Behörden geeignete Materialien und Hilfsmittel heraus: Plakate, Filme, Videos, Zeitschriften, Broschüren usw.
  - Zur eigenen Aus- und Weiterbildung sowie die der Mitarbeiter sollte der Meister die kostenlosen speziellen Schulungen der BG nutzen. Diese Kurse vermitteln das notwendige Wissen zur Sicherheit und zum Gesundheitsschutz am Arbeitsplatz.

- Der Meister hat als Vertreter des Arbeitgebers die erforderlichen Unterweisungen in der Arbeitssicherheit sowie im Arbeits-, Umwelt- und Gesundheitsschutz durchzuführen; Einzelheiten dazu werden unter Ziffer 6.3 behandelt.

• *Auswertung von Unfällen und Beinaheunfällen:*

Entsprechend der DGUV-Vorschrift 1 „Prävention“ sollte das Auffinden von Gefährdungspotenzialen natürlich nicht vorrangig in der Auswertung eingetretener Unfälle sein; trotzdem ist die Unfallanalyse notwendig. Sie kann sich beziehen auf die Auswertung der betrieblichen Unfallstatistik bzw. externer Statistiken und/oder auf die Auswertung des Verbandsbuchs. Selbstverständlich müssen aktuelle Unfälle bzw. Beinaheunfälle sofort analysiert werden. Generell unterscheidet man folgende Unfallarten:

		Beispiele
Beinaheunfälle	Unfälle, ohne dass eine gesundheitliche Beeinträchtigung stattfindet	stolpern, straucheln
Bagatellunfälle	AU $\leq$ 3 Tage, Eintragung im Verbandbuch	verbrennen, quetschen
meldepflichtige Unfälle	AU > 3 Tage oder Tod; Meldung an die BG und die Gewerbeaufsicht	Sturz, schwere Verbrennung

Dazu einige Merkpunkte:

- Im Vordergrund steht bei der Unfallanalyse nicht die Ermittlung „eines Schuldigen“, sondern das Erkennen der Ursachen und die Einleitung geeigneter Maßnahmen zur Vermeidung.

- Wichtige Betrachtungspunkte bei der Unfall-Analyse sind:

  · Was hat sich ereignet?
  → Keine Vermutungen, sondern Tatsachen und Zeugen sind relevant.

  · Warum hat sich der Unfall ereignet?
  → Ursachen erkennen und den Gefährdungspotenzialen zuordnen (Technik, Organisation, Personenverhalten; vgl. oben)

  · Wäre der Unfall vermeidbar gewesen?
  → Welche Maßnahmen sind zur Vermeidung einzuleiten?

  Dabei werden untersucht:

  → Situation/Organisation/Umgebungseinflüsse am Arbeitsplatz?
  → Vorhandensein der erforderlichen Betriebsanweisung/Betriebsanleitung?
  → Sicherheit der Technik?
  → Verhalten des Mitarbeiters/der Kollegen/des Vorgesetzten?

• *Zentrale Führungsaufgaben des Meisters:*

Arbeits-, Umwelt- und Gesundheitsschutz ist Chefsache. Dazu muss der Meister

- die diesbezüglichen Pflichten der Mitarbeiter konsequent einfordern und kontrollieren; die Duldung eines sicherheitswidrigen Zustandes oder eines sicherheitswidrigen Verhaltens der Mitarbeiter ist eine Pflichtverletzung des Vorgesetzten; sie wird vom Mitarbeiter als „Zustimmung“ wahrgenommen und führt fatalerweise zur Stabilisierung unerwünschter Verhaltensmuster (vgl. 03. ff.). Erkennt der Meister bestehende Sicherheitsmängel, muss er sofort eingreifen und die Arbeit des Mitarbeiters unterbrechen. Für den Mitarbeiter gilt beim Erkennen von Sicherheitsmängeln die „3-M-Regel“:

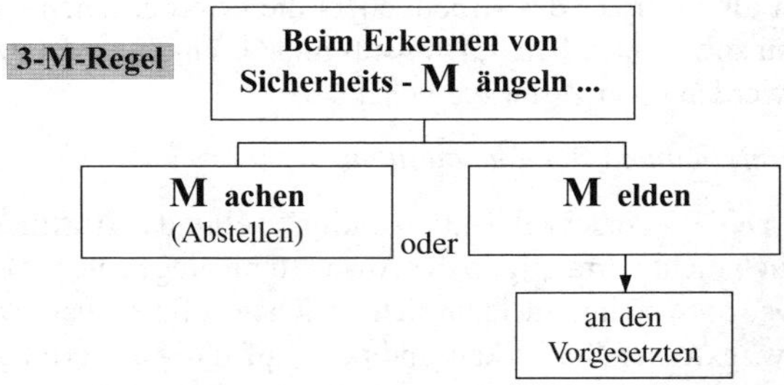

- die Mitarbeiter in geeigneter Weise beteiligen, z. B.:
  besonders langjährige Mitarbeiter kennen ihren Arbeitsbereich und die Gefährdungspotenziale. Daher: Einbindung der Mitarbeiter bei der Entwicklung und Verbesserung von Sicherheitsmaßnahmen; Mitarbeiter zu Wort kommen lassen, ihre Vorschläge einfordern, ernst nehmen und mit ihrer Beteiligung umsetzen. Dies erhöht die nachhaltige Wirksamkeit getroffener Maßnahmen. Es gilt die bekannte Regel: „Mache die Betroffenen zu Beteiligten!"
- stets Vorbild in Sachen Arbeits-, Umwelt- und Gesundheitsschutz sein (vgl. dazu 06.)
- die psychologischen Grundlagen der Verhaltensänderung kennen und gezielt anwenden:
  Dieses Thema wird nachfolgend ausführlich behandelt, da die Stabilisierung erwünschter (sicherer) Verhaltensweisen und die Vermeidung unerwünschter (sicherheitswidriger) Verhaltensmuster eine zentrale Rolle in der Führungsaufgabe „Arbeitssicherheit/Gesundheitsschutz/Umweltschutz" ist.

03. Was muss der Industriemeister über das Verhalten der Mitarbeiter wissen?

Grundsätzlich ist jede betriebliche Situation mit *Risiken* bzw. *Herausforderungen* für den Mitarbeiter verbunden. Der Mitarbeiter ist – bewusst oder unbewusst – in jeder betrieblichen Situation gezwungen, das *Maß der Herausforderung* für ihn persönlich bzw. das *Risiko* der Situation *einzuschätzen* und seine Handlungen entsprechend darauf einzustellen.

Dabei nimmt er die Situation über *seine Sinne* wahr und muss sie im Anschluss *bewerten*. Zur Bewertung der Situation dienen ihm:

- sein Wissen
- seine Motivation
- seine Erwartungen an die Situation
- seine gegenwärtige emotionale Verfassung
- seine Erfahrungen
- seine persönlichen Einstellungen (z. B. Risikobereitschaft).

Der Mitarbeiter muss jedes Mal unter Beachtung der Handlungsmöglichkeiten darüber entscheiden, wie er sich verhält und wie er handelt. Das *Handeln* hat immer *Folgen*. Diese *Handlungsfolgen* gehen dann wiederum in sein Wissen, seine Erfahrungen und auch in seine Einstellung ein. Auf diese Weise *entwickeln* sich Wissen, Motivation, Erfahrungen und Erwartungen, aber auch die persönlichen Einstellungen des Mitarbeiters stetig fort.

Die Folgen des Mitarbeiterhandelns können für ihn persönlich *positiv* aber auch *negativ* sein. Wesentlich in diesem Zusammenhang sind zwei *Erkenntnisse der Psychologie*:

> Verhaltensweisen, die *positive Folgen* haben, werden *wiederholt*.
> Menschen *verändern Verhaltensweisen*, wenn sie *negative Folgen* haben.

Weiterhin gilt:

> Der Mensch und sein Verhalten wird vorwiegend von der *Hoffnung auf Erfolg* gesteuert. Sie ist *das stärkste Motiv* zum Handeln.

> *Angst vor Strafe* tritt im Bewusstsein des Menschen hinter das steuernde Element Hoffnung auf Erfolg weit zurück.

Beispiel:
Schon immer werden Bankräuber schwer bestraft. Die Strafandrohung verhindert nicht, dass immer wieder eine neue Bankräubergeneration heranwächst, die die Hoffnung auf den „großen Coup“ in sich trägt.

Darüber hinaus haben sich folgende „Regeln“ menschlichen Verhaltens (Erkenntnisse der Psychologie) bestätigt:

> Regel 1:
> Menschen benötigen i. d. R. Herausforderungen („Kick“).

Beispiel:
Wenn der persönliche oder berufliche Alltag mutmaßlich wenige Herausforderungen bietet, suchen sich Menschen in der Freizeit derartige Herausforderungen, z. B. üben sie sehr gefährliche Sportarten aus.

> Regel 2:
> Menschen tragen im Allgemeinen die „Illusion der Unverletzlichkeit“ der eigenen Person in sich.

Beispiel:
Man muss sich nur einmal selbst überprüfen, um festzustellen, dass man persönlich immer der Meinung ist, dieses oder jenes Böse könnte nur „den anderen“ zustoßen, nicht aber der eigenen Person.

> Regel 3:
> In der Regel bewerten Menschen Ereignisse in der Gegenwart sehr viel höher als mögliche Ereignisse in ferner Zukunft.

Beispiel:
Den gegenwärtigen Genuss des Tabaks bewerten die Raucher sehr viel höher, als die Gefahr z. B. 30 Jahre später schwer zu erkranken.

Es ist wichtig, dass der Industriemeister diese wichtigen verhaltensbestimmenden Eigenschaften des Menschen kennt. Dieses Wissen ist notwendig, wenn er sich der *Aufgabe* stellen muss, *Änderungen des Verhaltens* seiner Mitarbeiter zunächst zu *initiieren* und sie danach zu *verstetigen*.

Hinweis: Vgl. dazu auch ausführlich unter A 4.1.2, Entwicklung des Sozialverhaltens.

04. Wie kann der Industriemeister sicherheitswidriges Verhalten der Mitarbeiter nachhaltig in sichere Verhaltensweisen überführen?

Der Industriemeister muss sich Wissen über das menschliche Verhalten zu Eigen machen und die grundsätzlichen „Regeln/Erkenntnisse" konsequent nutzen. Wenn diese Grundregeln im betrieblichen Alltag beim Umgang mit den Mitarbeitern beachtet werden, bleibt der Erfolg nicht aus. Folgende Empfehlungen zur Führungsarbeit des Meisters haben sich bewährt:

- „Verhaltensweisen, die positive Folgen haben, werden wiederholt":
  → Der Meister muss *loben/anerkennen*, wenn sich der Mitarbeiter *sicher verhält.*
  - Es muss vorteilhaft sein, sich sicher zu verhalten.
  - Es darf *keine Nachteile sicheren Verhaltens* geben.

- „Menschen verändern ihre Verhaltensweise, wenn sie zu negativen Folgen führt."
  → Gegen sicherheitswidrige Handlungen der Mitarbeiter muss der Vorgesetzte *sofort einschreiten*, d. h. *negative Folgen* müssen für den Mitarbeiter *sofort erlebbar* sein. *Vorteile* des sicherheitswidrigen Verhaltens *müssen „zerstört" werden.*

- „Der Mensch ist erfolgsgesteuert."
  → Der Meister muss dafür Sorge tragen, dass der Mitarbeiter *Erfolg erlebt,* wenn er *sicher arbeitet* (z. B. materieller/immaterieller Erfolg).

- „Der Mensch ist nicht gesteuert von Angst vor Strafe."
  → Es nutzt nicht viel, Strafen anzudrohen, insbesondere dann nicht, wenn der Meister die angedrohten Sanktionen nicht ausführt.

- „Der Mensch benötigt Herausforderungen."
  → *Sicher arbeiten* kann als *Herausforderung* dargestellt werden.

- „Die Illusion der eigenen Unverletzlichkeit ist fester Bestandteil des menschlichen Denkens und Handelns."
  → Diese Illusion muss vom Meister ständig gestört werden.

05. Wie erreicht der Industriemeister, dass sich die Mitarbeiter trotz der Illusion der eigenen Unverletzbarkeit sicher verhalten?

Der rigorose Abbau dieser Illusion ist schlecht möglich, weil sie für jeden normalen Menschen lebensnotwendig ist. Möglich und erforderlich ist es jedoch, dass ständig und immer wieder

- *Gefahrenpotenziale angesprochen* und bewusst gemacht werden,
- die *Folgen* und Konsequenzen sowie die Tragweite sicherheitswidrigen Verhaltens aufgezeigt werden und
- *Unfälle* von Personen, zu denen die Mitarbeiter einen persönlichen Bezug haben, als *Beispiele* für die „sehr wohl vorhandene Verletzbarkeit" dargestellt werden.

Noch wichtiger ist es, eindeutige und begründete *Regeln/Normen* für den Betrieb aufzustellen:

- Regeln basieren auf der Erfahrung, dass Menschen dazu tendieren, sich und ihre Fähigkeiten zu überschätzen.

- Den Regeln müssen ermittelte Gefährdungen zu Grunde liegen.
- Regeln sind wichtige Handlungs- und Orientierungshilfen. Sie legen einfach und verständlich fest, welches Risiko akzeptiert wird und welches Risiko als inakzeptabel gilt.

Hinweis:

Der Vorgesetzte setzt in seinem Verantwortungsbereich die Normen!

Beispiel:
Für die Durchführung der Inventurarbeiten im Januar des Jahres beschäftigt Ihr Unternehmen Leiharbeiter. Bei Ihrem Rundgang durch das Lager sehen Sie, wie einer der Leiharbeitnehmer auf einer Palette steht und sich von einem Gabelstapler zum oberen Lagerfach anheben lässt, um dort die Mengenzählung zu erfassen. Ihre einzig richtige und notwendige Reaktion ist: Sie untersagen sofort das sicherheitswidrige Verhalten und verwarnen beide Leiharbeiter. Sie führen eine Kurzunterweisung über die Gefahren durch, erstellen ein Protokoll und lassen sich dieses von beiden Arbeitern bestätigen. Außerdem informieren Sie den verantwortlichen Leiter des Leiharbeitsunternehmens (vgl. u. a.: § 11 Abs. 6 AÜG; bitte lesen).

06. Wann prägen Verhältnisse im Betrieb das sichere Verhalten der Mitarbeiter?

Die Verhältnisse im Betrieb prägen das sichere Verhalten der Mitarbeiter dann, wenn

- Mitarbeiter *laufend* im Erkennen und Einschätzen von Gefahren *geschult und unterwiesen werden,*
- betriebliche Situationen *so gestaltet* werden, dass sicher *gearbeitet werden kann*,
- *sicheres Verhalten gefördert* wird und
- *sicherheitswidriges Verhalten geahndet* und entsprechend unterbunden wird.

Werden diese Regeln stetig konsequent angewendet, wird sich *langsam* eine sicherheitsgerechte Einstellung der Mehrzahl der Mitarbeiter entwickeln.

07. Was ist am Verhalten des Vorgesetzten wesentlich für den Mitarbeiter?

Der Vorgesetzte muss konsequent sein. Viel wichtiger noch ist, dass der Vorgesetzte sich selbst sicher verhält, dass er ein Vorbild ist.

Erfahrung aus der Praxis:

Die Mitarbeiter beobachten die Führungskraft ganz genau. Dabei bewerten sie sehr hoch, was der Vorgesetzte tut. Das Handeln des Vorgesetzten wirkt sehr viel schwerer, als sein Wort. *Der Mitarbeiter orientiert sich sehr stark am Tun des Vorgesetzten, weniger an seinen Worten.*

5.3 Planen und Durchführen von Unterweisungen in der Arbeitssicherheit sowie im Arbeits-, Umwelt- und Gesundheitsschutz

→ AEVO, DGUV-Vorschrift 1, GefStoffV

5.3.1 Konzepte für Unterweisungen

01. Wer muss die Mitarbeiter unterweisen?

Die Unfallverhütungsvorschrift DGUV-Vorschrift 1 „Grundsätze der Prävention" regelt, dass *der Unternehmer/Arbeitgeber* die Mitarbeiter über die bei ihrer Arbeit auftretenden Gefahren und über die Maßnahmen zu ihrer Abwendung *unterweisen* muss.

Bei der *Unterweisungspflicht* handelt es sich also um eine *Unternehmerpflicht*. Der Unternehmer kann diese Pflicht im Allgemeinen nicht selbst ausüben. Deswegen fällt die Unterweisung der Mitarbeiter im modernen Industriebetrieb normalerweise an den Meister. Ihm wird die Unternehmerpflicht „Unterweisung" übertragen (siehe auch 6.1.1/10).

Besondere Unterweisungspflichten für die Mitarbeiter regelt darüber hinaus die Gefahrstoffverordnung. Hier werden besondere Gefahren bei der Verwendung von gefährlichen Stoffen vom Gesetzgeber besonders hervorgehoben.

Hinweis:

Die *Unterweisung der Mitarbeiter* gehört im Allgemeinen zum *Tagesgeschäft des Industriemeisters*.

02. In welchen Einzelphasen wird ein Unterweisungskonzept erstellt und durchgeführt?

→ 8. Personalentwicklung

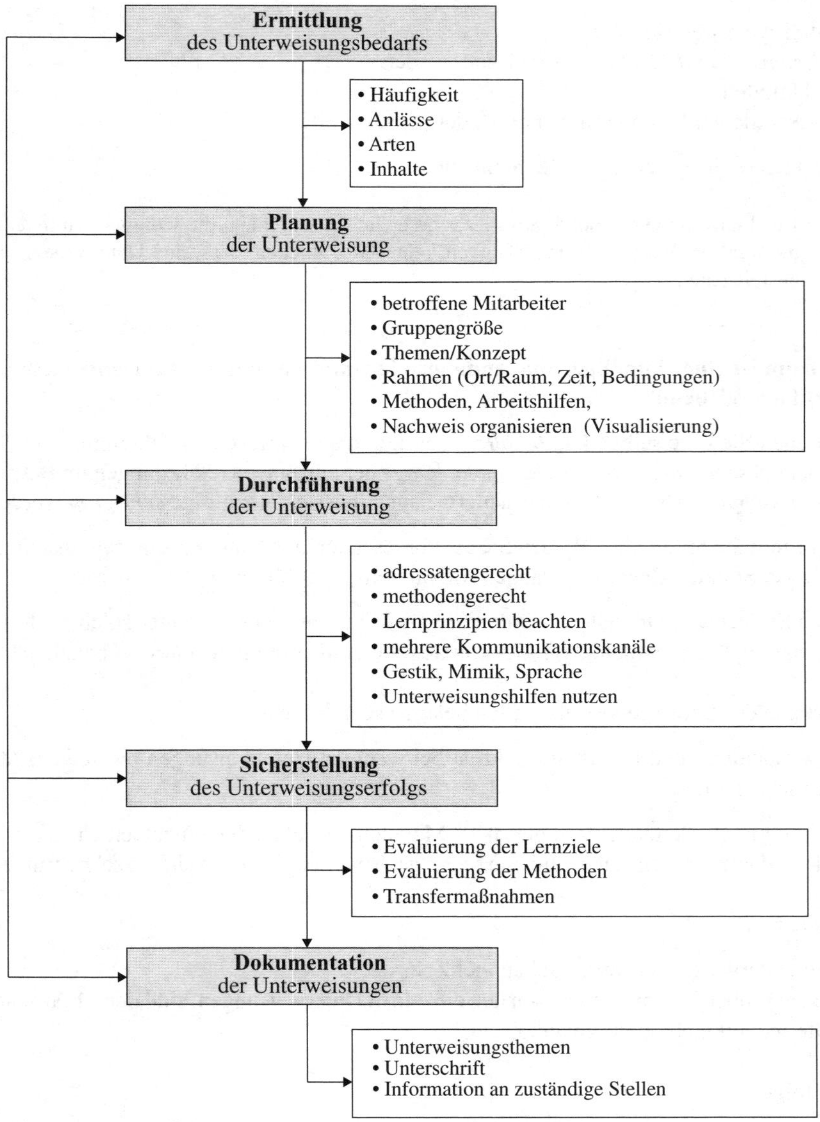

Hinweis: Häufig Gegenstand der Prüfung.

03. Wann müssen die Mitarbeiter unterwiesen werden?

Grundsätzlich müssen die Mitarbeiter

- *vor Aufnahme der Tätigkeit*
- *mindestens einmal jährlich* unterwiesen werden
- nach Unfällen
- bei wesentlichen Veränderungen (z. B. der Einsatzstoffe)

so verlangen es die gesetzlichen Regelungen.

Hinweis: Der Industriemeister sollte aus dieser gesetzlichen Regelung, die lediglich ein *unteres Mindestmaß* markiert, für seine Tätigkeit keinesfalls ableiten, dass eine Unterweisung im Jahr ausreichend ist.

04. Warum ist eine einmalige, lang andauernde Unterweisung im Jahr unvorteilhaft und nicht ausreichend?

- Überlegen Sie bitte selbst: Die *Inhalte* – nämlich die wichtigsten Gefahrenmomente bei der Arbeit sind *sehr zahlreich*. Die *Zusammenhänge* der einzelnen Gefährdungen im Betrieb sind oft *sehr komplex*. Der *Umfang* der Unterweisung müsste demzufolge *sehr groß* werden.
- Nun prüfen Sie bitte selbst: Wollen Sie als Vorgesetzter eine Unterweisungsveranstaltung von etwa zwei Stunden Dauer oder länger vorbereiten, durchführen und nachbereiten?
- Prüfen Sie gedanklich weiter: Würden Sie als Mitarbeiter gern an einer solchen „Mammutveranstaltung" teilnehmen? Wie viel könnten Sie vom vorgetragenen Stoff behalten?

Erfahrungen der Berufsgenossenschaften belegen sehr eindeutig:

- Der Verständnis- und Behaltenseffekt ist bei wenigen Unterweisungen mit jeweils längerer Dauer sehr gering.
- Durch die lange Zeitdauer von bis zu 12 Monaten zwischen den einzelnen Unterweisungen verblasst die Erinnerung an die Inhalte schon nach wenigen Wochen auf ein sehr geringes Maß.

Dies bedeutet:

- Lange Unterweisungen verbrauchen viel Zeit.
- Liegt ein großer Zeitraum zwischen den einzelnen Unterweisungen, sind den Mitarbeitern die Inhalte schnell nicht mehr geläufig.

Daraus folgt:

Wenige lang andauernde *Unterweisungen* kosten *viel Zeit* und erzielen *keinen* nachhaltigen *Nutzen*. Sie sind *teuer, aufwändig und nicht effektiv*.

Die Erfahrungen der Berufsgenossenschaften zeigen:

- Zwischen den Unterweisungen sollten *nicht mehr als vier Wochen* liegen.
- Die *Zeitdauer einer Unterweisung* sollte die Zeit von *15 Minuten* nicht wesentlich übersteigen.

05. Welche Anforderungen stellt die Unterweisung an die Fähigkeiten und Fertigkeiten des Meisters?

Die Unterweisung zielt auf *Verhaltensbeeinflussung* ab. Die Mitarbeiter sollen *Wissen* (Informationen, Daten, Regeln) aber auch *Können* und *Fertigkeiten* erlangen, um sich am Arbeitsplatz sicher verhalten zu können. Sie sollen aber auch *zum sicheren Verhalten motiviert* werden. Die *Wirkung* der Unterweisung zielt also auf das *Wollen, Können und Wissen* der Mitarbeiter ab. Das verlangt natürlich vom Meister, dass er zentrale *Elemente des Lehrens und Lernens anwenden muss*. Er sollte sich dazu die wichtigsten Fähigkeiten und Fertigkeiten aneignen, um erfolgreich unterweisen zu können. Einzelheiten dazu enthält insbesondere die AEVO.

06. Wie plant der Industriemeister eine Unterweisung?

Der *Planungs- und Organisationsaufwand* ist *anfangs erheblich*. Gut geplante Unterweisungen sind grundsätzlich wirksamer als nicht geplante. Sie bringen Erfolg für den Unterweiser und „Gewinn" für die Mitarbeiter und das Unternehmen.

Wesentliche Arbeitsschritte bei der Planung einer Unterweisung sind:

- Festlegung der *Themen:*
  Ausgangspunkt sind Gefährdungen an Arbeitsplätzen/Arbeitsmitteln, durch Arbeitsstoffe und bestimmte Tätigkeiten (z. B. Gebrauch der PSA, Heben von Lasten, Einhalten von Sicherheitsabständen, elektrotechnische Sicherheitsunterweisung).
- betroffene Mitarbeiter
- Erarbeitung des *Konzeptes*
- Festlegung des *Rahmens* (Zeit, Ort/Raum, Bedingungen)
- Überlegungen zu *Methoden, Arbeitshilfen* und zur *Visualisierung*
- *Nachweis* organisieren.

5.3.2 Durchführung von Unterweisungen → AEVO

01. Welche Anlässe und Inhalte für Unterweisungen gibt es?

- Die wesentlichsten *Anlässe* sind:
  - Einstellungen, Umsetzungen im Betrieb
  - im Betriebsablauf sind völlig neue Tätigkeitsbilder entstanden
  - Aufnahme von Arbeiten mit besonders hohen Risiken
  - Umgang mit Gefahrstoffen
  - neue Maschinen/Verfahren im Betrieb
  - nach aktuellen Unfallereignissen im Betrieb.
- Möglichen Inhalte von Unterweisungen können z. B. sein:

  Sicherheitsregeln bei Arbeiten im Elektrobereich, Betriebsanweisungen (Funktion einer Anlage), Gefährdungsbeurteilung einer Anlage und Maßnahmen der Ersten Hilfe.

- Bei *grundlegenden Unterweisungen* (Einführung neuer Mitarbeiter) informieren Sie über:
  - allgemeine Regelungen im Betrieb
  - Vorstellen von Kollegen, Vorgesetzte und dem zuständigen Sicherheitsbeauftragten
  - Rettungswege, Fluchtwege, Warnsignale, Brandschutz, Erste Hilfe
  - Verhalten bei Unfällen.
- Bei *arbeitsbezogenen Unterweisungen* informieren Sie über:
  - Arbeitsverfahren und spezielle Gefahren der zugewiesenen Maschinen
  - Benutzung von Sicherheitseinrichtungen, Werkzeugen und PSA
  - Verbot gefährlicher Arbeiten.

02. Welche Arten von Unterweisungen gibt es?

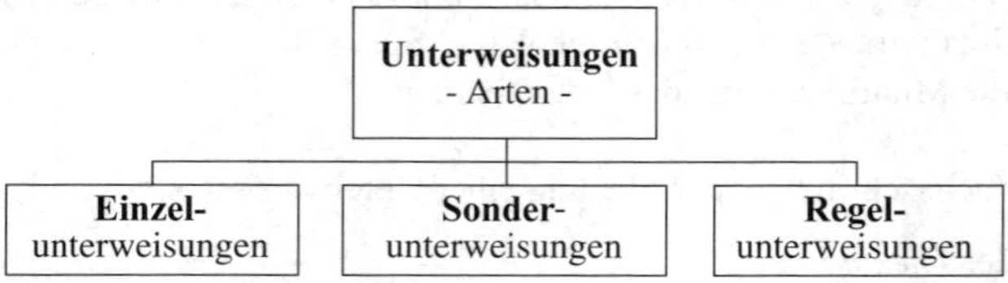

- *Einzelunterweisungen:*
  → *Einzelne Personen* werden unterwiesen.
- *Sonderunterweisungen:*
  → Dies sind Unterweisungen, die nicht regelmäßig durchgeführt werden und sich in der Regel an besonders schweren *Unfällen,* aber auch an *Schadensfällen* im Betrieb orientieren.
- *Regelunterweisungen:*
  → Bei Regelunterweisungen handelt es sich um die bekannten regelmäßig *nach Plan* durchgeführten Unterweisungen.

03. Welche Zeitpunkte sind für die Unterweisung günstig?

Unterweisungen finden grundsätzlich *während der Arbeitszeit* statt. *Ungünstig* ist immer das *Schichtende.* Die Leistungsfähigkeit der Mitarbeiter ist nach Schichtende nicht mehr gegeben. Es wurde häufig beobachtet, dass die Mitarbeiter während der Unterweisung sogar zeitweilig eingeschlafen sind.

Vor Beginn der Schicht liegt der *günstigste Zeitpunkt* für die Unterweisung. Der Beginn einer bestimmten, besonderen Arbeit bietet sich ebenfalls als günstiger Zeitpunkt an. Muss eine Unterweisung in Zeiträume von Arbeitsunterbrechungen gelegt werden, sollte die Unterweisung immer *nach einer Pause* erfolgen – *nie davor.*

04. Wie sollte eine Unterweisung gestaltet werden?

Eine Unterweisung sollte immer sehr lebendig gestaltet werden und die bekannten Methoden der AEVO berücksichtigen.

- Bei der *Vorbereitung* bedenken Sie bitte genau:
  - Ziel/Thema
  - persönliche Eigenarten der Mitarbeiter
  - Argumente, mögliche Gegenargumente
  - Beweggründe der Mitarbeiter
  - Art der Durchführung und Abschluss.
- Bei der *Durchführung* beachten Sie bitte:
  - Immer bei Tatsachen bleiben!
  - Stellen Sie offene Fragen!
  - Stellen Sie die Vorteile des sicheren Verhaltens in den Vordergrund!
  - Halten Sie die Ergebnisse fest (Visualisierung, Sichtprotokoll)!
- *Gestaltungsprinzipien* sind u. a.:
  - Benutzen Sie so viele Kanäle der Kommunikation wie möglich, nicht nur die Sprache.
  - Der Einsatz von Mimik, Körpersprache, Gestik sowie
  - die Visualisierung der Inhalte und
  - die aktive Mitgestaltung der Mitarbeiter
  - sichern den Erfolg.

05. Welcher Ort ist für die Unterweisung am günstigsten?

Sehr gute Lernerfolge bieten Unterweisungen direkt am Arbeitsplatz. *Am Arbeitsplatz* ist es möglich, sichere Verhaltensweisen *vor Ort* zu *üben*. Solche praktischen Unterweisungen sind deswegen meist sehr erfolgreich. Störender Lärm und Unruhe durch die Fertigungs- oder Logistikprozesse sorgen aber leider häufig dafür, dass eine Unterweisung direkt am Arbeitsplatz nicht möglich ist. Störender Lärm sollte auf alle Fälle vermieden werden.

Der Raum sollte ausreichend groß sein; frische, sauerstoffreiche Luft ist wichtig. Der Raum sollte zweckmäßig eingerichtet sein. Oft bieten Pausenräume, manchmal aber auch das Meisterbüro einen guten Rahmen.

Große Unternehmen verfügen häufig über Schulungsräume. Sind solche vorhanden, reservieren Sie den Raum rechtzeitig und nutzen Sie die guten Bedingungen, auch wenn der Weg dorthin vielleicht etwas länger ist.

06. Wie groß sollte die Gruppe sein?

Ideal sind Gruppen zwischen *6 bis 10 Personen*. Es ist bei dieser Gruppengröße noch gut möglich, auf den Einzelnen einzugehen und im Dialog zu arbeiten. Wenn der Meisterbereich sehr groß ist, teilen Sie die Belegschaft zur Unterweisung in kleinere Gruppen auf.

07. Wie geht man zweckmäßig bei der Durchführung der Unterweisung vor? → A 3.3

- Die *Mitarbeiter müssen* für das Thema *interessiert* werden. Der Unterweiser darf nicht nur informieren, sondern muss auch motivieren.

- Die Aussagen sollte man immer begründen.
- Der Unterweiser sollte *den Mitarbeitern stets Fachkompetenz zugestehen.*
- Es ist zweckmäßig, die Auswirkungen sicherheitswidriger Arbeit auf die Lebensqualität in den Mittelpunkt zu stellen.
- Es muss *Aufmerksamkeit erzeugt* werden; dies erreicht man durch eine gute Präsentation.
- Die Mitarbeiter müssen *aktiviert* werden. Dazu sollte man sie *immer wieder einbeziehen*, zur Stellungnahme anhalten, Vorschläge einholen, zur Diskussion auffordern sowie Ergänzungen und Fragen von den Mitarbeitern *abfordern.*
- Wichtig ist es auch, immer wieder die Sichtweise zu wechseln, die Hintergründe der Maßnahmen zu besprechen.
- Schutzmaßnahmen sollten *geübt* werden.
- Der *Abschluss* einer Unterweisung sollte stets eine *Vereinbarung* sein. Der Mitarbeiter muss *symbolisch verpflichtet werden, künftig sicher zu arbeiten.*

08. Was sind Sicherheitskurzgespräche (Methode der moderierten Kurzunterweisung)?

Modern geführte Unternehmen der Metallindustrie wenden das *Sicherheitskurzgespräch als Unterweisungsmethode* an und sind damit sehr erfolgreich. Die *Grundideen* sind:

- Es wird *öfter* (mindestens einmal monatlich) und *kurz* unterwiesen.
- Die *Mitarbeiter* werden sehr eng in die Unterweisung *einbezogen*; Betroffene werden zu Beteiligten.
- Der Unterweisende moderiert ein etwa *15-minütiges* Sicherheitsgespräch mit den Mitarbeitern.
- Das Sicherheitskurzgespräch wird von den Mitarbeitern selbst *mitgestaltet.*
- Das Sicherheitskurzgespräch hat ein festes Gesprächsraster, das sich an folgenden *Fragen* orientiert:

  - Was kann passieren? → Gefährdung
  - Wie kann es verhindert werden? → Lösungsvorschläge
  - Welche Maßnahmen werden abgeleitet? → · technische Maßnahmen
    · organisatorische Maßnahmen
    · Verhaltensregeln

Die *Vorteile* dieser Methode sind:

- Das Sicherheitskurzgespräch ist schnell und effektiv.
- Die Mitarbeiter beschäftigen sich selbst mit der Optimierung betrieblicher Regeln.
- Die Auseinandersetzung im Gespräch führt zu einer intensiven Beschäftigung mit den Gefährdungen der eigenen Tätigkeiten.
- Die Mitarbeiter ermitteln selbst vielfach sehr gut realisierbare Verbesserungsideen und entwickeln selbst Sicherheitsstandards.

- Die Akzeptanz von verhaltensbezogenen Sicherheitsregeln steigt deutlich, weil sie selbst erarbeitet wurden.
- Durch die systematische Auseinandersetzung mit Gefährdungen und der Erarbeitung von Verhaltensregeln durch die Mitarbeiter selbst wird das vorausschauende Denken gefördert.
- Die Eigenverantwortung der Mitarbeiter wird gefördert.
- Weil die Mitarbeiter selbst mitgestalten können, sind die erlernten Inhalte langanhaltend präsent und der Wissenserwerb ist nachhaltig.
- Das Potenzial der Mitarbeiter wird durch ständiges Fordern gefördert („Fördern heißt fordern!).

09. Wie kann der Industriemeister Kenntnisse und Fertigkeiten für erfolgreiches Unterweisen erwerben?

Die Berufsgenossenschaft Holz und Metall bietet *Seminare* zum Thema Unterweisung für Führungskräfte, insbesondere für die Meisterebene der Metallbetriebe an. In diesen Seminaren wird nicht nur Wissen erworben, sondern die *Unterweisung* wird in Übungsunterweisungen mit Videounterstützung *trainiert*. Die Unterweisungspraxis steht in diesen Seminaren im Vordergrund. Die theoretischen Grundlagen sind auf das notwendige Minimum beschränkt. Die Methode des Sicherheitskurzgespräches als modernste Form der Unterweisung steht dabei im Mittelpunkt.

Die Berufsgenossenschaft Holz und Metall stellt den Mitgliedsunternehmen gerne *Unterweisungshilfen* zur Verfügung. Über die *örtlichen Präventionsdienste* kann der Industriemeister interessante Druckschriften zu den unterschiedlichsten Themenbereichen erhalten, um seine Unterweisung gut vorzubereiten. Gerne leihen die Präventionsdienste aber auch *VHS-Kassetten* oder *DVD-Medien* aus, mit denen die Unterweisung medial angereichert werden kann. Eine ganze Reihe von Fakten zum Thema Unterweisung findet man natürlich auf der *Präventions-CD* der Metall-Berufsgenossenschaften, die die Mitgliedsunternehmen jährlich aktuell erhalten.

5.3.3 Dokumentation von Unterweisungen

01. Warum ist es wichtig, die Unterweisungen zu dokumentieren?

Die Dokumentation der Unterweisung hat den Vorteil, dass die Führungskraft den Nachweis darüber führen kann, welche Inhalte wann unterwiesen wurden. Die Dokumentation kann im rechtlichen Sinne für den Vorgesetzten sehr wichtig werden, wenn die Arbeitsschutzbehörden, die Berufsgenossenschaften oder sogar die Staatsanwaltschaft im Rahmen einer Unfalluntersuchung prüft, inwieweit der Vorgesetzte seiner gesetzlichen Unterweisungspflicht nachgekommen ist.

Sehr vorteilhaft ist es in solchen Fällen, wenn die Dokumentation von den Mitarbeitern, die unterwiesen worden sind, mit einer Unterschrift versehen worden ist. *Eine generelle gesetzlich verankerte Dokumentationspflicht mit Unterschriftsleistung gibt es jedoch nicht.*

Es bleibt der Führungskraft vorbehalten, die Vorteile einer solchen Verfahrensweise zu nutzen, der erfahrene Meister tut es mit Sicherheit. In modernen Betrieben der Metallindustrie existieren natürlich betriebliche Regelungen, die die Unterweisungszyklen regeln.

Nur bezüglich der Unterweisungen zum sicheren Umgang mit Gefahrstoffen gibt es eine gesetzliche Pflicht zur Dokumentation der Unterweisung. Diese Pflicht ergibt sich aus § 14 Abs. 2 der GefStoffV. Das Gesetz legt genau fest, dass Inhalt und Zeitpunkt der Unterweisung festzuhalten sind und die Unterweisung vom Unterwiesenen durch Unterschrift zu bestätigen ist.

02. Welche Anforderungen sollte ein geeignetes System zur Dokumentation der Unterweisungen erfüllen?

- übersichtlich
- griffbereit
- gültig
- aktuell
- vollständig
- Darstellung der Verantwortlichkeiten.

5.4 Überwachen der Lagerung und des Umgangs von/ mit umweltbelastenden und gesundheitsgefährdenden Betriebsmitteln, Einrichtungen, Werk- und Hilfsstoffen

5.4.1 Eigenschaften von Gefahrstoffen

→ B 2.1.3, § 4 GefStoffV, § 3a ChemG, GefahrstoffR 67/548/EWG, VO (EG) 1272/2008/EG-CLP-Verordnung, VO (EG) 1907/2006 (EG-REACH-Verordnung)

01. Welche Stoffe gelten als Gefahrstoffe?

Welche Stoffe als Gefahrstoffe gelten, regelt die Gefahrstoffverordnung (GefStoffV). Nicht nur *reine Stoffe* sind Gefahrstoffe, auch *Zubereitungen* aus mehreren Stoffen können Gefahrstoffe sein. Gefahrstoffe können aber auch erst *im Prozess während der Herstellung* aus zunächst ungefährlichen Stoffen entstehen.

Gefahrstoffe können explosionsfähig sein, aber auch krebserregend, erbgutverändernd oder fruchtbarkeitsgefährdend. Gefahrstoffe sind Stoffe, die ein oder mehrere Gefährlichkeitsmerkmale aufweisen. Die Gefährlichkeitsmerkmale sind in § 3 der Gefahrstoffverordnung und in § 3a des Chemikaliengesetzes genau beschrieben.

Einstufung, Kennzeichnung und Verpackung von Stoffen und Gemischen richten sich nach der EG-Verordnung 1272/2008 (EG-CLP-Verordnung).

02. Welche Gefährlichkeitsmerkmale gibt es?

Bislang weisen Chemikaliengesetz und Gefahrstoffverordnung den Gefahrstoffen 15 verschiedene Gefährlichkeitsmerkmale zu. Dies sind im Einzelnen die Merkmale:

Gefährlichkeitsmerkmal		**Kennbuchstabe**	**Gefährlichkeitsmerkmal**		**Kennbuchstabe**
1.	explosionsgefährlich	O	10.	reizend	Xi
2.	brandfördernd	E	11.	sensibilisierend	
3.	hochentzündlich	F+		• beim Einatmen	Xn
4.	leichtentzündlich			• über die Haut	Xi
5.	entzündlich	F	12.	krebserzeugend	T
6.	sehr giftig	T+	13.	fortpflanzungsgefährdend	T
7.	giftig	T	14.	erbgutverändernd	
8.	gesundheitsschädlich	X	15.	umweltgefährlich	T
9.	ätzend	C			N

Hinweis: Für krebserzeugende, erbgutverändernde, fortpflanzungsgefährdende und sensibilisierende Eigenschaften gibt es keine eigenen Symbole und Gefahrenbezeichnungen.

03. Welche Gefahrenpiktogramme gibt es?

Es gibt neun (neue) international festgelegte Gefahrenpiktogramme als Warnzeichen. Sie weisen auf die Hauptgefahren hin, die von einem Stoff oder Gemisch ausgehen. Sie sind *weiß* und *rot umrandet*; der Druck des eigentlichen Piktogramms ist *schwarz.*

GHS01
Explodierende Bombe
z. B. Explosive Stoffe

GHS02
Flamme
z. B.
- Entzündbare Feststoffe, Flüssigkeiten, Aerosole, Gase
- Pyrophore Stoffe
- Organische Peroxide

GHS03
Flamme über einem Kreis
- Oxidierende Feststoffe
- Oxidierende Flüssigkeiten
- Oxidierende Gase

GHS04
Gasflasche
Gase unter Druck

GHS05
Ätzwirkung
- Hautätzend, Kat. 1
- Schwere Augenschädigung, Kat. 1
- Korrosiv gegenüber Metallen, Kat. 1

GHS06
Totenkopf mit gekreuzten Knochen
- Akute Toxizität, Kat. 1 - 3

GHS07
Ausrufezeichen
z. B.
- Akute Toxizität, Kat. 4
- Hautreizend, Kat 2

GHS08
Gesundheitsgefahr
z. B.
- Karzinogenität, Kat. 1A/B, 2
- Aspirationsgefahr
- Atemwegssensibilisierend
- Spezifische Zielorgantoxizität

GHS09
Umwelt
- Gewässergefährdend

04. Wie werden Gefahrstoffe eingestuft und gekennzeichnet?

Die bislang gültigen europäischen Regeln zur Einstufung, Kennzeichnung und Verpackung von Chemikalien werden bis zum Jahr 2015 unter Federführung der Vereinten Nationen durch ein weltweit harmonisiertes System abgelöst.

Das System trägt den Namen:

„Globalisiertes System zur Einstufung und Kennzeichnung von Chemikalien; die Kurzbezeichnung lautet GHS."

Das GHS wird in Europa durch die EG-Verordnung Nr. 1272/2008 über die Einstufung, Kennzeichnung und Verpackung von Stoffen und Gemischen – kurz CLP-Verordnung – umgesetzt. Sie gilt seit 20.01.2009 und ist seither rechtsverbindlich.

Die Einstufung erfolgt in Gefahrenklassen und Gefahrenkategorien:

Gefahrenklasse	
Art der • physikalischen Gefahr • Gefahr für die menschliche Gesundheit • Gefahr für die Umwelt	z. B. Gefahrenklasse • Akute Toxizität (3.1) • Sensibilisierung der Atemwege oder Haut (3.4) • Entzündbare Flüssigkeiten (2.6) • Korrosiv gegenüber Metallen (2.16)
Gefahrenkategorie	
• untergliedert die Gefahrenklassen hinsichtlich der Schwere der Gefahr	z. B. in die Gefahrenklasse Akute Toxizität (3.1) • Kategorie 1 • Kategorie 2 • Kategorie 3 • Kategorie 4

Signalworte	weisen auf das Ausmaß der Gefahr hin. • Das Signalwort „Gefahr“ weist auf schwerwiegende Gefahren hin. • Das Signalwort „Achtung“ kennzeichnet weniger schwerwiegende Gefahrenkategorien.
Gefahren-hinweise	sind Textaussagen; sie erklären Art und Schweregrad der vom Stoff ausgehenden Gefahr.
Sicherheits-hinweise	sind Textaussagen, die geeignete Maßnahmen empfehlen, die helfen, schädliche Wirkungen zu vermeiden.
Gefahren-piktogramme	vermitteln die Information über die betreffende Gefahr optisch auffallend auf dem Etikett der Gebinde. Die Piktogramme werden mit einem Signalwort oder mit zwei Signalwörtern ergänzt „Achtung“ oder „Gefahr“.
Gefährlichkeits-merkmale	werden durch Gefahrenklassen und Gefahrenkategorien beschrieben.
H-Sätze	beschreiben die gefährlichen Eigenschaften der Chemikalien näher.
P-Sätze	geben Hinweise zum sicheren Umgang mit den Chemikalien.

Findet der Industriemeister Kennzeichnungen von Gebinden nach altem Recht, so gibt es im Internetauftritt der Berufsgenossenschaft „Rohstoffe und Chemische Industrie“ einen praktischen „GHS-Konverter“. Mit diesem erhält er sichere Kenntnisse und Informationen nach neuem Recht (GHS/CLP).

- Die *Kennzeichnung* der Gebinde muss enthalten:
  1. Name des Stoffes, Produktidentifikatoren
  2. deutlich sichtbares Gefahrenpiktogramm
  3. H-Sätze
  4. P-Sätze
  5. Name, Anschrift, Telefon des Herstellers/Einführers oder Vertreibers in der EU
  6. Signalwort.

- *Verpackung:* Chemikalien müssen *sicher verpackt* sein. Jede Einzelverpackung ist zu kennzeichnen.

- *Sicherheitsdatenblatt nach § 5 GefStoffV:*
  Jeder Liefereinheit müssen geeignete *Sicherheitsinformationen*, insbesondere das sog. *Sicherheitsdatenblatt* beigefügt sein. Das Sicherheitsdatenblatt enthält z. B. folgende Informationen: Stoffbezeichnung, Zusammensetzung, Gefahren, Handhabung/Transport/Lagerung, notwendige PSA, Hinweis auf H- und P-Sätze.

  Stoffe, die für jedermann erhältlich sind (Einzelhandel) und die nach T+, T oder C eingestuft sind, müssen auf der Verpackung zusätzlich eine genaue und verständliche *Gebrauchsanweisung* tragen.

05. Wie können die Gefährdungen, die von Gefahrstoffen ausgehen, beurteilt werden und woher nimmt der Praktiker die Informationen, um die Gefährdungen zu ermitteln?

Leider lässt sich die Gefährlichkeit von Stoffen mit den menschlichen Sinnen (Geschmack, Geruch, Aussehen) nur in ganz seltenen Fällen exakt erkennen. Aus diesem Grund gibt es in

Europa schon sehr lange die *Richtlinie 91/155/EWG*, die besagt, dass der Lieferant, Hersteller bzw. Importeur für den Gefahrstoff, mit dem er handelt, ein Sicherheitsdatenblatt zu erstellen hat.

Dieses Sicherheitsdatenblatt muss jeder Liefereinheit kostenlos beigegeben werden. Es enthält folgende *Informationen*:

- Stoff-/Zubereitungs- und Firmenbezeichnung
- Zusammensetzung/Angaben zu Bestandteilen
- mögliche Gefahren
- Erste-Hilfe-Maßnahmen
- Maßnahmen zur Brandbekämpfung
- Maßnahmen bei unbeabsichtigter Freisetzung
- Handhabung und Lagerung
- Expositionsbegrenzung und persönliche Schutzausrüstungen
- physikalische und chemische Eigenschaften
- Stabilität und Reaktivität
- Angaben zur Toxikologie
- Angaben zur Ökologie
- Hinweise zur Entsorgung
- Angaben zum Transport
- Vorschriften
- sonstige Angaben.

Der berufsmäßige Verwender bekommt mit dem Sicherheitsdatenblatt alle notwendigen Daten vermittelt, um die für den Gesundheitsschutz, die Sicherheit am Arbeitsplatz und natürlich den Umweltschutz notwendigen Maßnahmen treffen zu können. Alle sicherheitsrelevanten Angaben für den Umgang mit dem Stoff oder der Inhalte sind im Sicherheitsdatenblatt enthalten.

5.4.2 Gefahrstoffkataster

01. Was ist ein Gefahrstoffkataster? → § 6 Abs. 10 GefStoffV

Jeder Arbeitgeber hat ein vollständiges *Verzeichnis der im Betrieb verwendeten Gefahrstoffe* zu führen. Dies bestimmt § 6 Abs. 10 GefStoffV. Dieses Verzeichnis enthält alle Informationen über den Stoff, wie und wo er im Betrieb verwendet wird und welche Mengen verbraucht werden. Die Informationen über den Stoff aus dem Sicherheitsdatenblatt sind Bestandteil des betrieblichen *Gefahrstoffkatasters.* Das Verzeichnis muss allen Beschäftigten und deren Vertretern zugänglich sein. Unternehmen, die eine große Anzahl von Gefahrstoffen verarbeiten, führen die Gefahrstoffkataster rechnergestützt.

Informationen über die im jeweiligen Meisterbereich verwendeten Gefahrstoffe sind für den Industriemeister meist über die *Sicherheitsfachkraft* des Betriebes erhältlich. Sehr große Unternehmen verfügen über betriebliche Spezialisten, die sich ausschließlich mit Gefahrstoffen befassen.

02. Was ist eine Betriebsanweisung? **→ § 14 GefStoffV, TRGS 555**

- *Betriebsanweisungen sind Anweisungen des Betreibers* von Einrichtungen, technischen Anlagen, Arbeitsverfahren und damit des Anwenders von Stoffen und Zubereitungen *an seine Mitarbeiter mit dem Ziel, Unfälle und Gesundheitsrisiken zu vermeiden.* Sie sind grundsätzlich *schriftlich* abzufassen. Ganz klar einbezogen ist der Umweltschutz. Betriebsanweisungen werden oft mit Betriebsanleitungen verwechselt, obwohl es zwischen beiden Begriffen einen großen Unterschied gibt. Das Wort Betriebsanleitung klingt nur ähnlich, es hat mit der Betriebsanweisung wenig zu tun.

- *Betriebsanleitungen sind Anleitungen des Herstellers an den Betreiber.* Sie sind dem Sinne nach eigentlich Benutzerinformationen (nach DIN 8418).

Der § 14 der Gefahrstoffverordnung legt fest, dass für die Beschäftigten, die mit Gefahrstoffen umgehen, *schriftliche Betriebsanweisungen* erstellt werden müssen. Die Betriebsanweisungen müssen für die Beschäftigten *in Form und Sprache verständlich* abgefasst werden. Die Betriebsanweisungen für den Umgang mit Gefahrstoffen müssen mindestens folgenden *Inhalt* haben:

- Informationen über den Stoff, wie Bezeichnung, Kennzeichnung und Gefährdungen
- Informationen über Vorsichtsmaßregeln und Schutzmaßnahmen, Tragen und Benutzen persönlicher Schutzausrüstungen
- Informationen über Maßnahmen bei Betriebsstörungen, Unfällen und Notfällen für die Beschäftigten selbst und für Rettungsmannschaften
- Hygienevorschriften
- Informationen zur Verhütung von Expositionen
- Informationen zum Tragen und Verwenden von PSA.

Die Betriebsanweisung muss *an den Arbeitsplätzen*, an denen Gefahrstoffe verwendet werden oder entstehen, *zur Verfügung* stehen. Die Betriebsanweisung ist die *Grundlage der Unterweisung* für die Mitarbeiter. Die Betriebsanweisungen sind meist kurz und knapp abgefasst. Die Größe einer DIN A4-Seite hat sich als zweckmäßig erwiesen und ist heute Standard.

In der Metallindustrie, aber auch in anderen Branchen hat sich ein Formblatt mit einheitlicher Gliederung durchgesetzt. *Das Formblatt für Betriebsanweisungen für den Umgang mit Gefahrstoffen ist leuchtend orange gerändert* und so gut als solches erkennbar.

Das Formblatt für Betriebsanweisungen für das Betreiben von Maschinen und Anlagen ist dagegen blau gerändert.

Beispiel einer *Betriebsanweisung für Säuren und Laugen:*

- Sauberkeit am Arbeitsplatz
- Spritzschutz anbringen
- sofortige Möglichkeit der Augenspülung
- Beachtung der Gebots- und Verbotszeichen
- Möglichst Abzüge benutzen
- schwere Teile nur mit Hebezeug bewegen

- ausreichende Distanz einhalten (Exposition vermindern)
- Gefahrenbereich absperren
- PSA anlegen (z. B. Brille)
- Reste entsorgen
- Nur geeignete Gefäße verwenden.

Die Berufsgenossenschaften bieten in ihren Internet-Auftritten eine Vielzahl gängiger Betriebsanweisungen zum kostenfreien Download an. Zusätzlich enthält die jährlich zu erscheinende Präventions-DVD der Metall-Berufsgenossenschaften eine große Menge an gängigen Beispielen.

03. Wie erfolgt die Unterrichtung und Unterweisung der Beschäftigten, die mit Gefahrstoffen umgehen?

- Die Beschäftigten, die mit Gefahrstoffen umgehen, müssen anhand des Inhalts der Betriebsanweisung vor Beginn der Tätigkeit und regelmäßig, *mindestens* jedoch *einmal jährlich*, arbeitsplatzbezogen unterwiesen werden.
- Die Unterweisung muss *schriftlich dokumentiert* werden.
- Die unterwiesenen *Mitarbeiter müssen* die Unterweisung *schriftlich quittieren.*
- Die Beschäftigten und ihre Vertreter müssen über die Verwendung von Gefahrstoffen durch den Unternehmer unterrichtet werden.

5.4.3 Vorschriften zur Lagerung

01. Was gilt als „Lagern"?

Lagern ist das Aufbewahren zur späteren Verwendung bzw. Abgabe an andere. Die Gefahrstoffverordnung legt die Grundsätze zur Lagerung von Gefahrstoffen in § 8 fest.

02. Wie muss die Lagerung von Gefahrstoffen organisiert sein? **→ § 8 GefStoffV**

- Die Lagerung von Gefahrstoffen muss stets so erfolgen, dass die menschliche Gesundheit und die Umwelt *nicht gefährdet* werden können. Missbrauch und Fehlgebrauch sind zu verhindern.
- Die mit der Verwendung verbundenen Gefahren müssen auch während der Lagerung durch *Kennzeichnung* erkennbar sein.
- Gefahrstoffe dürfen nicht in *Behältern* aufbewahrt werden, durch deren Form der Inhalt mit Lebensmitteln verwechselt werden kann.
- Sie müssen *übersichtlich gelagert* werden (z. B. separater Lagerraum, Gefahrstoffschrank).
- Gefahrstoffe dürfen *nicht in unmittelbarer Nähe* von Arzneimitteln, Lebens- oder Futtermitteln gelagert werden.
- Gefahrstoffe, die nicht mehr benötigt werden und Behälter die geleert worden sind, müssen vom Arbeitsplatz entfernt werden (*Einlagerung oder Entsorgung*).

- Als *Maximalmenge* von Gefahrstoffen *am Arbeitsplatz* gilt die Menge, die in der Arbeitsschicht verarbeitet werden kann.
- Diese Bestimmungen legen fest, dass für die Lagerung von Gefahrstoffen im Betrieb *spezielle Lagerräume* eingerichtet werden müssen, die den allgemeinen und speziellen Anforderungen der Stoffe genügen müssen.

5.4.4 Umgang mit Gefahrstoffen durch besondere Personen

01. Welche wichtigen Einzelbestimmungen enthält das Jugendarbeitsschutzgesetz (JArbSchG)?

Wichtige Einzeltatbestände sind:

Kinderarbeit	Die Beschäftigung von Kindern (< 15 Jahre) ist verboten; es gelten Ausnahmen.
Gefahrstoffe, gefährliche Arbeiten	Das Jugendarbeitsschutzgesetz bestimmt, dass Jugendliche schädlichen Einwirkungen von Gefahrstoffen nicht ausgesetzt werden dürfen; Einzelheiten regelt § 22 Abs. 1 Nr. 5-6 JArbSchG (bitte lesen).
	Verbot der Beschäftigung mit gefährlichen Arbeiten (z. B. Arbeiten mit Unfallgefahren, bei außergewöhnlicher Hitze/Kälte, bei Lärm/Erschütterungen oder bei denen die Leistungsfähigkeit überschritten wird).
	Vor Beginn der Beschäftigung und in regelmäßigen Abständen hat eine Unterweisung über Gefahren zu erfolgen.
Arbeitszeit	8 Stunden täglich, die tägliche Arbeitszeit kann auf 8 ½ Stunden erhöht werden, wenn an einzelnen Tagen weniger als 8 Stunden gearbeitet wird,
	40 Stunden wöchentlich,
Ruhepausen	Bei mehr als 4 ½ bis 6 Stunden eine Pause von 30 Minuten, bei mehr als 6 Stunden eine Pause von 60 Minuten; Pausen betragen mindestens 15 Minuten und müssen im Voraus festgelegt werden,
Samstagsarbeit	Jugendliche dürfen an Samstagen nicht beschäftigt werden; Ausnahmen sind z. B. offene Verkaufsstellen, Gaststätten, Verkehrswesen; mindestens 2 Samstage sollen beschäftigungsfrei sein, dafür aber Freistellung an einem anderen berufsschulfreien Arbeitstag,
Sonntagsarbeit	Jugendliche dürfen an Sonntagen nicht beschäftigt werden; Ausnahmen sind z. B. im Gaststättengewerbe. Mindestens zwei Sonntage im Monat müssen beschäftigungsfrei sein. Bei Beschäftigung an Sonntagen ist Freistellung an einem anderen berufsschulfreien Arbeitstag derselben Woche sicherzustellen,
Urlaub	Mindestens 30 Werktage, wer zu Beginn des Kalenderjahres noch nicht 16 Jahre alt ist; mindestens 27 Werktage, wer noch nicht 17 Jahre alt ist; mindestens 25 Werktage, wer noch nicht 18 Jahre alt ist. Bis zum 1. Juli voller Jahresurlaub, ab 2. Juli 1/12 pro Monat.

Berufsschul-besuch	Jugendliche sind für die Teilnahme am Berufsschulunterricht freizustellen und nicht zu beschäftigen: • an einem vor 9:00 Uhr beginnenden Unterricht, • an einem Berufsschultag mit mehr als 5 Unterrichtsstunden von mindestens je 45 Minuten Dauer einmal in der Woche, • in Berufsschulwochen mit Blockunterricht von 25 Stunden an 5 Tagen; Berufsschultage werden mit 8 Stunden auf die Arbeitszeit angerechnet.
Freistellungen	Freistellung muss erfolgen für die Teilnahme an Prüfungen und an dem Arbeitstag, der der schriftlichen Abschlussprüfung unmittelbar vorangeht.
Nachtruhe	Jugendliche dürfen nur in der Zeit von 6:00 - 20:00 Uhr beschäftigt werden, im Gaststättengewerbe bis 22:00 Uhr. In mehrschichtigen Betrieben dürfen nach vorheriger Anzeige an die Aufsichtsbehörde Jugendliche über 16 Jahren ab 5:30 Uhr oder bis 23:30 Uhr beschäftigt werden, soweit sie hierdurch unnötige Wartezeiten vermeiden können.
Feiertags-beschäftigung	Am 24.12. und 31.12. nach 14:00 Uhr und an gesetzlichen Feiertagen keine Beschäftigung. Ausnahmen bestehen für Gaststättengewerbe, jedoch nicht am 25.12., 01.01., am ersten Ostertag und am 01.05..
Ärztliche Untersuchungen	Beschäftigungsaufnahme nur, wenn innerhalb der letzten 14 Monate eine erste Untersuchung erfolgt ist und hierüber eine Bescheinigung vorliegt. Ein Jahr nach Aufnahme der ersten Beschäftigung Nachuntersuchung; sie darf nicht länger als 3 Monate zurückliegen (nur bis zum 18. Lebensjahr).
Aushänge	Auszuhändigen sind: Jugendarbeitsschutzgesetz, Mutterschutzgesetz, Anschrift der Berufsgenossenschaft, tägliche Arbeitszeit; es ist ein Verzeichnis der beschäftigten Jugendlichen mit Angabe deren täglicher Arbeitszeit zu führen.

02. Welchen besonderen Schutz genießen Frauen?

Gleichbehandlungs-grundsatz	• Art 3,6 GG • Allgemeines Gleichbehandlungsgesetz (AGG)
Förderung	• Frauenförderungsgesetz (FFG)
Mutterschutz	• Mutterschutzgesetz (MuSchG) • Mutterschutzverordnung (MuSchV) • Bundeselterngeld- und Elternzeitgesetz (BEEG)

Der Schutz im Zusammenhang mit der Geburt und Erziehung eines Kindes ist im Mutterschutzgesetz und im Bundeselterngeld- und Elternzeitgesetz geregelt. Insbesondere finden sich folgende Bestimmungen:

- Das MuSchG gilt für alle Frauen, die in einem Arbeitsverhältnis stehen.
- Der Arbeitsplatz ist besonders zu gestalten (Leben und Gesundheit der werdenden/stillenden Mutter ist zu schützen).
- Es existiert ein *relatives* und ein *absolutes Beschäftigungsverbot* für werdende Mütter.
- Anspruch auf Arbeitsfreistellung für die Stillzeit
- Entgeltschutz: Verbot finanzieller Nachteile
- absolutes Kündigungsverbot (während der Schwangerschaft und vier Monate danach)
- Es besteht Anspruch auf Elterngeld und Elternzeit (vgl. BEEG).

5.4.5 Gefährdungsbeurteilung und Schutzmaßnahmen

01. Welches Konzept verfolgt die überarbeitete Gefahrstoffverordnung?

Achtung! Die Gefahrstoffverordnung ist völlig überarbeitet und neu gestaltet worden. Sie ist im November 2010 in Kraft getreten.

Die (neue) GefStoffV setzt die Gefahrstoffrichtlinie der EU für Deutschland um. Sie ergänzt das Arbeitsschutzgesetz und baut auf dessen Schutzzielen auf. Die Verordnung enthält *Maßnahmen in gefährdungsorientierter Abstufung und schließt in das Schutzkonzept auch Stoffe ohne Grenzwert ein.*

Im Gegensatz zur alten Verordnung beruht das Grenzwertkonzept nur noch auf gesundheitsbasierenden Luftgrenzwerten. Vorsorgeuntersuchungen auf Wunsch der Beschäftigten werden möglich. Ausgangspunkt aller Schutzkonzepte und Schutzmaßnahmen ist die Gefährdungsbeurteilung gem. § 6 GefStoffV und § 5 ArbSchG.

Die Beurteilung der Gefährdungen wird im Betrieb nach folgenden Gesichtspunkten durchgeführt:

1. gefährliche Eigenschaften der Stoffe (auch Zubereitungen physikalisch-chemische Wirkungen)
2. Informationen des Herstellers (auch Inverkehrbringers) zum Gesundheitsschutz (Sicherheitsdatenblatt)
3. Art und Ausmaß der Exposition, Expositionswege, Messwerte, andere Ermittlungen
4. Möglichkeit des Ersatzes von Gefahrstoffen durch weniger gefährliche oder ungefährliche Stoffe
5. Arbeitsbedingungen, Arbeitsmittel, Menge der Gefahrstoffe
6. Grenzwerte
7. Wirksamkeit der Schutzmaßnahmen
8. medizinische Erkenntnisse, Ergebnisse der medizinischen Vorsorge.

02. Welche Schutzmaßnahmen schreibt die neue GefStoffV vor?

Grundlage aller Handlungen, die der Unternehmer in Gang setzen muss, ist, wie im Arbeitsschutzgesetz gefordert, die *Gefährdungsbeurteilung*. Sie muss *dokumentiert werden.*

Die anzuwendenden Schutzmaßnahmen ergeben sich aus dem Gefährdungsgrad, der im Rahmen der Gefährdungsbeurteilung ermittelt wurde.

Die Schutzstufen umfassen

- *allgemeine* Schutzmaßnahmen (§ 8 GefStoffV),
- *zusätzliche* Schutzmaßnahmen (§ 9 GefStoffV) und
- *besondere* Schutzmaßnahmen (§ 10 GefStoffV).

- Allgemeine Schutzmaßnahmen:

  § 8 GefStoffV beschreibt die Grundmaßnahmen, die in jedem Fall ergriffen werden müssen. Die Reihenfolge der Maßnahmen gliedert sich in:

  - Beseitigung der Gefährdung
  - Verringerung der Gefährdung auf ein Mindestmaß
  - Substitution des Stoffes durch weniger gefährliche Stoffe.

  Greifen diese Maßnahmen nicht oder nicht ausreichend, müssen

  - technische oder verfahrenstechnische Maßnahmen nach dem Stand der Technik ergriffen werden
  - kollektive Schutzmaßnahmen in Gang gesetzt werden und organisatorische Maßnahmen als Ergänzung umgesetzt werden
  - individuelle Schutzmaßnahmen (persönliche Schutzausrüstungen, PSA) ergänzen die vorstehend aufgeführten.

  Die Schutzmaßnahmen umfassen:

  - Arbeitsplatzgestaltung, Organisation
  - Bereitstellung geeigneter Arbeitsmittel
  - Begrenzung der Anzahl der Mitarbeiter
  - Begrenzung der Dauer und Höhe der Exposition
  - Hygienemaßnahmen, Reinigung der Arbeitsplätze
  - Begrenzung der Menge des Gefahrstoffs am Arbeitsplatz
  - Anwendung geeigneter Arbeitsmethoden und -verfahren (Gefährdung so gering wie möglich)
  - Vorkehrungen zur sicheren Handhabung, Lagerung und sicherem Transport (inkl. der Abfälle).

  Es besteht die Pflicht zu ermitteln, ob die Arbeitsplatzgrenzwerte eingehalten werden. In Arbeitsbereichen, in denen eine Kontamination besteht, darf nicht gegessen, getrunken oder geraucht werden. Es müssen besondere Maßnahmen ergriffen werden, wenn Arbeiten mit Gefahrstoffen von Mitarbeitern allein ausgeführt werden müssen.

- *Zusätzliche Schutzmaßnahmen:*

  Sie geht von *Tätigkeiten mit hoher Gefährdung* aus. Hier sind zusätzliche Schutzmaßnahmen notwendig wie

  - Verwendung in geschlossenen Anlagen und Systemen
  - technische Maßnahmen der Luftreinhaltung
  - besondere Entsorgungstechniken
  - Messen von Gefahrstoffkonzentrationen
  - Bereitstellung von besonders geeigneter PSA
  - Evt. müssen getrennte Aufbewahrungsmöglichkeiten für Arbeits- bzw. Schutzkleidung und Straßenkleidung bereitgestellt werden.
  - Reinigung der kontaminierten Kleidung muss durch den Arbeitgeber zu seinen Lasten veranlasst werden.

- wirksame Zutrittsbeschränkungen zu gefährdeten Arbeitsbereichen
- Aufsicht (auch Aufsicht unter Zuhilfenahme technischer Mittel).

Insbesondere Tätigkeiten, bei denen mit Überschreitungen von Grenzwerten zu rechnen ist, erfordern *zusätzliche* Schutzmaßnahmen.

- *Besondere Schutzmaßnahmen* bei Tätigkeiten mit krebserzeugenden, erbgutverändernden und fruchtbarkeitsgefährdenden Gefahrstoffen:

  Hier werden zusätzlich sehr wirksame technische Lösungen, besondere Schutzkleidungen usw. notwendig und die Dauer der Exposition für die Beschäftigten darf nur ein absolutes Minimum darstellen. Abgesaugte Luft darf unabhängig von ihrem Reinigungsgrad nicht wieder an den Arbeitsplatz zurückgeführt werden.

  Besondere Schutzmaßnahmen sind im Einzelnen:

  - exakte Ermittlung der Exposition (schnelle Erkennbarkeit von erhöhten Expositionen muss möglich sein, z. B. bei unvorhersehbaren Ereignissen, Unfällen)
  - Gefahrbereiche sicher begrenzen (z. B. Verbotszeichen für Zutritt, Rauchverbot)
  - Beschränkung der Expositionsdauer
  - PSA mit besonders hoher Schutzwirkung (Tragepflicht für die Mitarbeiter während der gesamten Expositionsdauer)
  - keine Rückführung abgesaugter Luft an den Arbeitsplatz
  - Aufbewahrung der genannten Stoffe unter Verschluss.

- *Besondere Schutzmaßnahmen* gegen physikalische und chemische Einwirkungen – insbesondere Brand- und Explosionsgefährdungen:

  Ergibt sich aus der Gefährdungsbeurteilung, dass besondere Schutzmaßnahmen gegen physikalische und chemische Einwirkungen – insbesondere Brand- und Explosionsgefährdungen – notwendig sind, eignen sich folgende Schutzmaßnahmen:

  - Tätigkeiten vermeiden und verringern
  - gefährliche Mengen und Konzentrationen vermeiden
  - Zündquellen vermeiden
  - Schädliche Auswirkungen von Bränden und Explosionen auf die Sicherheit der Mitarbeiter und anderer Personen verringern. Dies geschieht i. d. R. durch besondere technische Einrichtungen, die durch organisatorische Maßnahmen unterstützt werden.

Im Überblick: *Die Schutzmaßnahmen der neuen GefStoffV 2010:*

§ 7	**Grundpflichten** bei der Durchführung von Schutzmaßnahmen
§ 8	+ **Allgemeine Schutzmaßnahmen,** die bei geringer und „normaler" Gefährdung ausreichen
§ 9	+ **Zusätzliche Schutzmaßnahmen** bei „erhöhter" Gefährdung
§ 10	+ **Besondere Schutzmaßnahmen** bei Tätigkeiten mit krebserzeugenden, erbgutverändernden und fruchtbarkeitsgefährdenden Gefahrstoffen der Kategorie 1 oder 2 + **Besondere Schutzmaßnahmen** gegen physikalische und chemische Einwirkungen – insbesondere Brand- und Explosionsgefährdungen

03. Wie ist die arbeitsmedizinische Vorsorge beim Umgang mit Gefahrstoffen geregelt?

Spezielle arbeitsmedizinische Vorsorgeuntersuchungen sind vom Arbeitgeber auf dessen Rechnung zu veranlassen. Sie gliedern sich gemäß der Verordnung zur arbeitsmedizinischen Vorsorge (ArbMedVV) in *Plicht- und Angebotsuntersuchungen.*

- Der Arbeitgeber muss *Pflichtuntersuchungen* in regelmäßigen Abständen als Erst- und Nachuntersuchung veranlassen. Ein Anhang der ArbMedVV bestimmt genau, wann Pflichtuntersuchungen angeboten werden müssen.

  Im Anhang „Arbeitsmedizinische Pflicht- und Angebotsuntersuchungen und Maßnahmen der arbeitsmedizinischen Vorsorge" sind im Teil I die Pflichtuntersuchungen bei Tätigkeiten mit bestimmten Gefahrstoffen alphabethisch geordnet (von Acrynitril bis Xylol).

  Pflichtuntersuchungen sind z. B. zwingend vorgeschrieben, wenn:
  - der Arbeitsplatzgrenzwert nicht eingehalten wird
  - die Gefahrstoffe durch die Haut in den Körper eindringen können (hautresorptiv)
  - bei Feuchtarbeit über vier Stunden am Tag
  - Schweißen und Trennen von Metallen mit drei oder mehr mg/m³ Schweißrauch in der Atemluft
  - Tätigkeiten mit Exposition gegenüber Isocyanaten, bei denen ein regelmäßiger Hautkontakt nicht vermieden werden kann oder eine Luftkonzentration von 0,05 Milligramm pro Kubikmeter überschritten wird (PUR-Schäume, PUR-Lache)
  - Exposition gegenüber unausgehärteten Epoxidharzen.

- Auch Angebotsuntersuchungen sind derzeit genau aufgelistet. Sie sollten auch dann angeboten werden, wenn die Grenzwerte nicht überschritten werden.

  Beispiele:
  - Schweißrauchkonzentration unter 3 mg/m³ Luft
  - Tätigkeiten im Zusammenhang mit Begasungen.

Darüber hinaus müssen alle arbeitsmedizinische Vorsorgeuntersuchungen aber auch für die Beschäftigten auf deren Wunsch angeboten werden. Der Arbeitgeber muss eine *Vorsorgekartei* führen und die *Untersuchungsergebnisse* bis zur Beendigung der Tätigkeit wie Personalunterlagen aufbewahren.

5.4.6 Grenzwerte beim Umgang mit umweltbelastenden und gesundheitsgefährdenden Betriebsmitteln, Einrichtungen, Werk- und Hilfsstoffen

01. In welchen Zuständen liegen Gefahrstoffe vor?

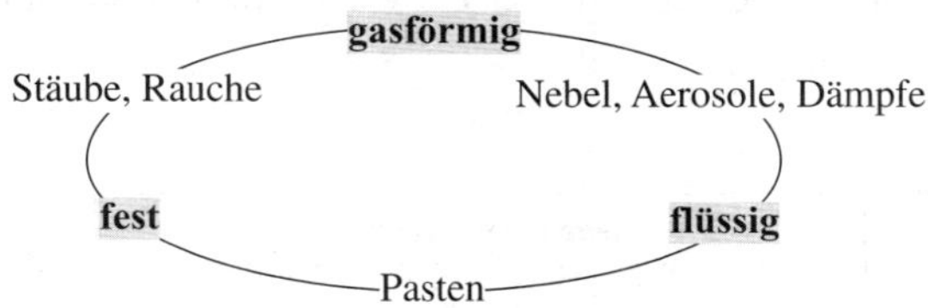

02. Wie gelangen Gefahrstoffe in den menschlichen Körper?

Feste, flüssige und *pastöse* Gefahrstoffe gelangen über die *Mundöffnung* in den *Verdauungstrakt. Stäube, Rauche, Nebel, Aerosole, Dämpfe* und *Gase* werden über die *Atmungsorgane* aufgenommen. *Flüssige* Gefahrstoffe gelangen *über die Haut* in den Körper, wenn sie hautresorptiv sind (z. B. Benzol im Ottokraftstoff). Unfälle, bei denen Gefahrstoffe in fester Form in den menschlichen Körper gelangen, sind selten. Die *Aufnahme von gefährlichen Flüssigkeiten* ist *häufiger* anzutreffen. Beide Arten von Unfällen geschehen leider immer dann, wenn Gefahrstoffe in Behältnissen, die eigentlich für die Aufbewahrung von Lebensmittel vorgesehen sind, aufbewahrt werden. Deswegen verbietet die Gefahrstoffverordnung dies streng.

- *Arbeitsplatzgrenzwert:*

  Der mit Abstand *häufigste Weg in den menschlichen Körper* führt über die *Atmungsorgane* in die *Lunge* des Menschen. Daher sind die meisten *Grenzwerte Luftgrenzwerte*, also Werte, bei denen arbeitsmedizinische Erkenntnisse darüber vorliegen, dass der Beschäftigte im Allgemeinen gesund bleibt, wenn diese Werte dauerhaft eingehalten werden. Gemessen wird die Konzentration eines Gefahrstoffes in der Luft am Arbeitsplatz. Sie wird meist in den Einheiten mg/m^3 Luft oder ppm angegeben. Dieser Wert heißt *„Arbeitsplatzgrenzwert"*.

- *Biologischer Grenzwert:*

  Daneben gibt es den *„biologischen Grenzwert"*. Gemessen wird bei diesem Grenzwert die *Konzentration* von Gefahrstoffen oder ihrer Metaboliten *in Körperflüssigkeiten*. Wird dieser biologische Grenzwert eingehalten, bleibt der Beschäftigte nach arbeitsmedizinischen Erkenntnissen im Allgemeinen gesund.

Die Grenzwerte sind in Grenzwertlisten zusammengefasst und werden vom sog. Ausschuss für Gefahrstoffe (AGS) verbindlich festgelegt und ständig angepasst.

Mit der Einführung der o. g. „Arbeitsplatzgrenzwerte" und der „biologischen Grenzwerte" *hat sich der Gesetzgeber von den Jahrzehnte lang geltenden*

- MAK-Werten (Maximale Arbeitsplatzkonzentration),
- BAT-Werten (Biologische Arbeitsstoff-Toleranz-Werte) und
- TRK-Werten (Technische Richtkonzentration)

abgewendet.

Diese Werte hatten z. T. keine arbeitsmedizinische, sondern eine technische Begründung für ihre Grenzwertbedeutung. Eine derartige technische Sichtweise gilt im modernen Europa als überholt und hat sich nunmehr mit der Umsetzung der EU-Gefahrstoffrichtlinien auch in Deutschland durchgesetzt.

Merke:

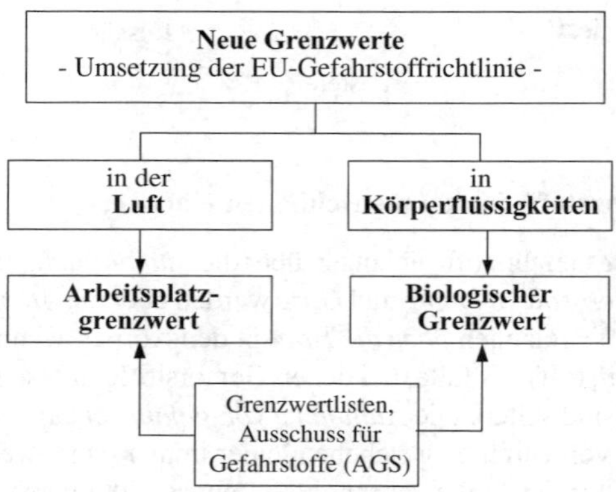

5.4.7 Allgemeine und arbeitsspezifische Umweltbelastungen →A 1.5

01. Welcher Unterschied besteht zwischen allgemeinen und arbeitsspezifischen Umweltbelastungen?

Man unterscheidet zwischen allgemeinen und arbeitsspezifischen Umweltbelastungen:

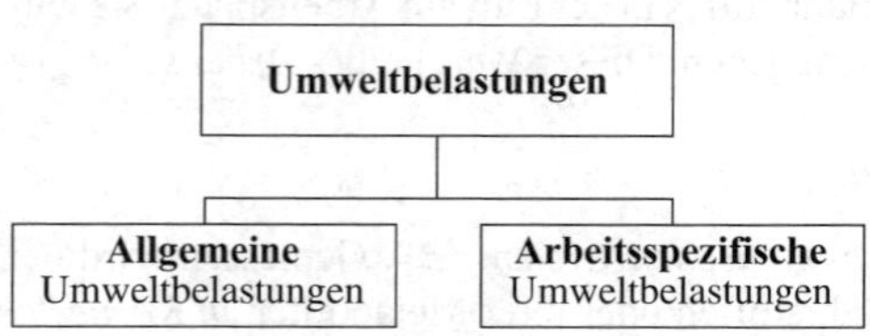

- *Allgemeine Umweltbelastungen*

  sind diejenigen, die in den einschlägigen Gesetzen beschrieben sind – meist in Form von Oberbegriffen und Generalklauseln, z. B. Luft: → allgemeine Umweltbelastungen durch Immissionen; Boden: → allgemeine Umweltbelastungen durch Altöle.

- *Arbeitsspezifische Umweltbelastungen*

  sind konkrete, arbeitsplatz-/betriebsspezifische Belastungen, deren Vermeidung der Meister in seinem Verantwortungsbereich zu beachten hat, z. B. Wasser/Boden: → Vermeidung der Kontaminierung des Bodens und des Wassers durch unsachgemäß entsorgte Putzlappen, Nichtbeachten der Abwasservorschriften.

02. Welche allgemeinen Umweltbelastungen gibt es? Welche wichtigen, einschlägigen Gesetze und Verordnungen sind zu beachten?

Gegenstand/ Medium	Allgemeine Umweltbelastungen	Gesetze, Verordnungen, z. B.:
Luft	Emissionen, Immissionen (Gase, Dämpfe, Stäube)	BImSchG ChemG StörfallV TA Luft TA Lärm
Wasser	Entnahme von Rohwasser Einleiten von Abwasser	WHG AbwAG WRMG ChemG Landeswasserrecht
Boden	Stoffliche/physikalische Einwirkungen Beeinträchtigung der ökologischen Leistungsfähigkeit Gewässerverunreinigung durch kontaminierte Böden Kontaminierung durch Immissionen Altdeponien und ehemalige Industrieanlagen	BbodSchG ChemG Strafgesetzbuch AltölV Bundesnaturschutzgesetz Ländergesetze
Abfall	Fehlende/fehlerhafte Abfallvermeidung Abfallverwertung, Abfallentsorgung	KrWG AltölV BestbüAbfV NachwV ElektroG
Natur	Beeinträchtigung des Naturhaushalts und des Landschaftsbildes durch Bauten, deren wesentliche Änderung und durch den Bau von Straßen	Bundesnaturschutzgesetz Bauleitplanung Bebauungspläne Flächennutzungspläne

03. Welche zentralen Bestimmungen enthalten die wichtigen Umweltschutzgesetze?
→ 6.1.3/13.ff., A 1.5

- *Bundesimmissionsschutzgesetz* (BImSchG):
  - Schutz von Menschen, Tieren, Pflanzen, Boden, Wasser und Luft vor Immissionen
  - regelt den Betrieb genehmigungsbedürftiger Anlagen
  - regelt die Pflichten der Betreiber.

- Liegt eine Anlage unter der Genehmigungsgrenze (10 Megawatt), so ist sie nicht genehmigungspflichtig. Der Betreiber hat (lediglich):
  1. schädliche Umwelteinwirkungen zu verhindern, die nach dem Stand der Technik vermeidbar sind (z. B. Einbau von Filteranlagen)
  2. nach dem Stand der Technik unvermeidbare schädliche Umwelteinwirkungen auf ein Mindestmaß zu beschränken (z. B. Verbrennung schädlicher Gase)
  3. die beim Betrieb der Anlagen entstehenden Abfälle ordnungsgemäß zu beseitigen (z. B. energetische Verwertung).

• *Bundes-Bodenschutzgesetz* (BbodSchG):

- Sicherung der Beschaffenheit des Boden bzw. Wiederherstellung
- Bodenverunreinigungen sind unter Strafe gestellt.

• *Kreislaufwirtschaftsgesetz* (KrWG):

- Förderung der Kreislaufwirtschaft
- Vermeidung von Abfällen bzw. Sicherung der umweltverträglichen Verwertung.

• *Wasserhaushaltsgesetz* (WHG):

- Vermeidung von Schadstoffeinleitungen in Gewässer.

04. Welche Bestimmungen im Wasserhaushaltsgesetz (WHG) sind für die Metallindustrie wichtig (Sorgfaltspflichten)?

• Die Schadstofffracht des Kühlwassers muss so gering gehalten werden, wie dies bei Einhaltung der jeweils in Betracht kommenden Verfahren nach dem Stand der Technik möglich ist (§ 7a WHG).

• Eine Vergrößerung und Beschleunigung des Wasserabflusses zu vermeiden.

• Die Erlaubnis gewährt nur die widerrufliche Befugnis, ein Gewässer zu benutzen. Sie kann daher widerrufen werden (§ 7 WHG).

05. Welche wesentlichen Bestimmungen enthält das Kreislaufwirtschaftsgesetz?

Mit dem neuen Kreislaufwirtschaftsgesetz (KrWG) von 2012 wird das bestehende deutsche Abfallrecht umfassend modernisiert. Ziel des neuen Gesetzes ist eine nachhaltige Verbesserung des Umwelt- und Klimaschutzes sowie der Ressourceneffizienz in der Abfallwirtschaft durch Stärkung der Abfallvermeidung und des Recyclings von Abfällen.

Kern des KrWG ist die fünfstufige Abfallhierarchie (§ 6 KrWG):

• Abfallvermeidung
• Wiederverwendung
• Recycling
• sonstige Verwertung von Abfällen
• Abfallbeseitigung.

Vorrang hat die jeweils beste Option aus Sicht des Umweltschutzes. Die Kreislaufwirtschaft wird somit konsequent auf die Abfallvermeidung und das Recycling ausgerichtet, ohne etablierte ökologisch hochwertige Entsorgungsverfahren zu gefährden.

06. Welche wesentlichen Bestimmungen enthält das Bundesimmissionsschutzgesetz (BImSchG)?

Das *Bundesimmissionsschutzgesetz* (BImSchG; Gesetz zum Schutz vor schädlichen Umwelteinwirkungen durch Luftverunreinigungen, Geräusche, Erschütterungen und ähnliche Vorgänge) ist die *bedeutendste Rechtsvorschrift auf dem Gebiet des Umweltschutzes*. Es bestimmt den Schutz vor *Immissionen* und regelt den *Betrieb genehmigungsbedürftiger Anlagen* (früher in der Gewerbeordnung enthalten) sowie die Pflichten der Betreiber von nicht genehmigungsbedürftigen Anlagen.

- *Zweck* des Gesetzes ist es,

  Menschen, Tiere und Pflanzen, den Boden, das Wasser, die Atmosphäre sowie Kultur- und Sachgüter vor schädlichen Umwelteinwirkungen zu schützen sowie vor den Gefahren und Belästigungen von Anlagen.

- *Geltungsbereich*:

  Die Vorschriften des Gesetzes gelten für

  - die Errichtung und den Betrieb von Anlagen
  - das Herstellen, Inverkehrbringen und Einführen von Anlagen, Brennstoffen und Treibstoffen
  - die Beschaffenheit, die Ausrüstung, den Betrieb und die Prüfung von Kraftfahrzeugen und ihren Anhängern und von Schienen-, Luft- und Wasserfahrzeugen sowie von Schwimmkörpern und schwimmenden Anlagen
  - den Bau öffentlicher Straßen sowie von Eisenbahnen und Straßenbahnen.

07. Welche Bestimmungen zum Bodenschutz gibt es?

- Das Bundes-Bodenschutzgesetz (*BbodSchG*) soll die Zielsetzung erfüllen, die Beschaffenheit des Bodens nachhaltig zu sichern bzw. wiederherzustellen.
- *Strafgesetzbuch:* Bodenverunreinigungen sind unter Strafe gestellt nach § 324 StGB.
- Weitere Gesetze: Der Schutz des Bodens ist mittelbar geregelt durch das Bundesnaturschutzgesetz, durch die Naturschutz- und Landschaftsschutzgesetze der Länder.

08. Welchen wesentlichen Inhalt hat das Gesetz über die Umweltverträglichkeit von Wasch- und Reinigungsmitteln (WRMG)?

Die zentralen Vorschriften der WRMG sind:

- Vermeidbare Beeinträchtigungen der Gewässer oder Kläranlagen durch Wasch- und Reinigungsmittel.
- Der Einsatz von Wasch-/Reinigungsmitteln, Wasser und Energie ist vom Verbraucher zu minimieren.
- Waschmittelverpackungen müssen Hinweise zur Dosierung enthalten.
- Wasserversorgungsunternehmen haben den Verbraucher über den Härtegrad des Wassers zu unterrichten.
- Wasch- und Reinigungsmittel müssen Mindestnormen über die biologische Abbaubarkeit und den Phosphatgehalt erfüllen.

09. Welche Rechtsgrundlagen regeln den Strahlenschutz?

- *Atomgesetz:*

  Zweck des Gesetzes ist die friedliche Verwendung der Kernenergie und der Schutz gegen ihre Gefahren.

- *Strahlenschutzvorsorgegesetz:*

  Zweck des Gesetzes ist es, die Radioaktivität in der Umwelt zu überwachen. Die Überwachung dient dazu, die Strahlenexposition der Bevölkerung und der Umwelt möglichst gering zu halten.

- *Strahlenschutzverordnung:*

  Die Strahlenschutzverordnung regelt den Umgang und den Verkehr mit radioaktiven Stoffen (Genehmigungstatbestände für Ein-/Ausfuhr, Beförderung, Beseitigung, Errichtung von Anlagen). Kern der Strahlenschutzverordnung ist das Strahlenvermeidungsgebot sowie das Strahlenminimierungsgebot. Weiterhin sind Dosisgrenzwerte zum Schutz der Bevölkerung festgelegt.

10. Welche arbeitsspezifischen Umweltbelastungen sollte der Meister kennen und vermeiden?

Dazu ausgewählte Beispiele: Vermeidung arbeitsspezifischer Umweltbelastungen durch:

- Lösemittel
- Kunststoffe
- Asbest
- Lärm
- PVC
- Aluminium
- Farben/Lacke
- saure Belastungsstoffe
- basische Belastungsstoffe

- FCKW
- Auslaufen schädigender Flüssigkeiten (z. B. Öle, Treibstoffe)
- Elektroschrott
- Spraydosen
- Kühl-/Schmierstoffe.

Empfehlung: Bilden Sie im Lehrgang Arbeitsgruppen. Ermitteln Sie potenzielle, spezifische Umweltbelastungen in Ihrem Verantwortungsbereich und beschreiben Sie Maßnahmen zur Vermeidung.

5.5 Planen, Vorschlagen, Einleiten und Überprüfen von Maßnahmen zur Verbesserung der Arbeitssicherheit sowie zur Reduzierung und Vermeidung von Unfällen und von Umwelt- und Gesundheitsbelastungen

5.5.1 Allgemeine arbeitsspezifische Maßnahmen

01. Welche Rangfolge gibt es bei den Schutzmaßnahmen?

Die *Rangfolge* der Schutzmaßnahmen folgt der *Wirksamkeit* der Maßnahmen. Aus diesem Grunde sind *technische Schutzmaßnahmen stets vorrangig* vor organisatorischen oder personenabhängigen Schutzmaßnahmen zu ergreifen.

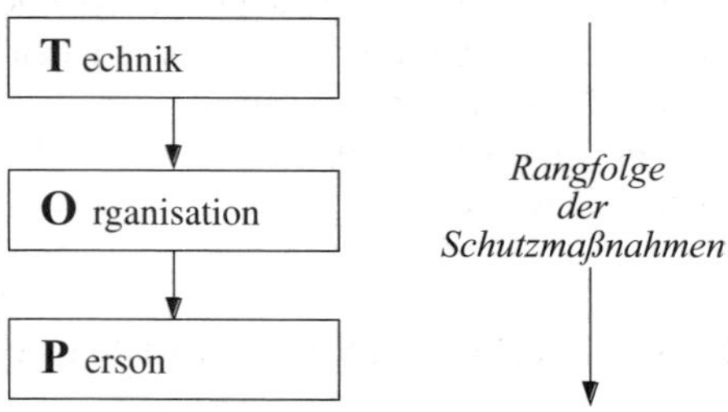

Die Rangfolge *„T-O-P“* ist seit Jahrzehnten *Grundlage des deutschen Arbeitsschutzes. Technische Maßnahmen wirken direkt*, organisatorische und personenabhängige Maßnahmen sind sehr stark vom Menschen abhängig. Aufgrund der i. d. R. guten technischen und organisatorischen Standards ist heute der *Mensch* im Industriebetrieb *der größte Risikofaktor* bei der Wirksamkeit von Schutzmaßnahmen.

5.5.2 Persönliche Schutzausrüstung

01. Welchen Zweck haben persönliche Schutzausrüstungen?

Persönliche Schutzausrüstungen gehören zu den *personengebundenen Schutzmaßnahmen*. Sie sind *in der Wirkung* technischen und organisatorischen Maßnahmen *nachrangig*. Sie sind vom Wissen, Wollen und Können des Benutzers sehr stark abhängig. Sie sind *jedoch unverzichtbar* zur *Abdeckung der Restrisiken* und schließen oft Lücken, die die technischen und organisatorischen Schutzmaßnahmen lassen. Auch in der Freizeit werden zum Körperschutz persönliche Schutzausrüstungen selbstverständlich verwendet.

02. Welche gesetzlichen Regeln gibt es für persönliche Schutzausrüstungen (PSA)?

Die gesetzlichen Anforderungen an die persönlichen Schutzausrüstungen sind durch eine EU-Richtlinie, die sog. PSA-Richtlinie, europaweit einheitlich geregelt. In den Mitgliedstaaten dürfen nur PSA gehandelt werden, die dieser Richtlinie entsprechen. Einheitlich sind

- sicherheitstechnische Merkmale
- Prüf- und Zertifizierungsverfahren.

03. Welchen Kategorien werden persönlichen Schutzeinrichtungen zugeordnet?

Es gibt die Kategorien I, II und III. Je höher das Risiko, bei dem die PSA zum Einsatz kommt, je höher ist die Kategorie. Sie reicht von Kategorie I (einfach) bis zur Kategorie III (tödliche Gefahren). Die PSA der Kategorien II und III erkennt man daran, dass hinter dem CE-Zeichen der PSA eine vierstellige Zahlenfolge angebracht ist. Diese dient zur Identifizierung der Prüfstelle, die die jeweilige PSA geprüft hat.

04. Wer bezahlt die persönliche Schutzausrüstung?

Persönliche Schutzausrüstungen müssen zur Verfügung gestellt werden, wenn die Gefährdung im Betrieb besteht und das Restrisiko der Verletzung von Körperteilen besteht. Existiert die Gefahr von Kopfverletzungen, muss Kopfschutz zur Verfügung gestellt werden, besteht die Gefahr von Augenverletzungen, müssen Schutzbrillen zur Verfügung gestellt werden usw. Die Kosten müssen vom Unternehmer getragen werden.

05. Welches sind die wichtigsten persönlichen Schutzausrüstungen in der Metallindustrie?

Schutzhandschuhe, Schutzbrillen, Schutzhelme, Schutzschuhe und Gehörschutzmittel gehören in der Metallindustrie zu den wichtigsten persönlichen Schutzausrüstungen.

Die nachfolgende Aufstellung zeigt beispielhaft einige Zuordnungen von „Arbeitsplatz und vorgeschriebener PSA“:

Arbeitsplatz	Sicherheits-schuhe	Sicher-heitshelm	Schutz-brille	Hand-schuhe	Atem-schutz	Gehör-schutz	Gesichts-schutz	Schürze
Spritzlackierer	x	x	x	x	x			
Universaldreher	x		x			x		
Universalschleifer	x		x	x		x	x	
Betriebsschlosser	x	x	x	x		x		
Werkzeugmacher	x		x	x		x		x
Universalschweißer	x	x	x	x		x	x	x
Blechschlosser	x	x	x	x		x		x

06. Was ist entscheidend für die Wirksamkeit der persönlichen Schutzausrüstung?

Die persönlichen Schutzausrüstungen (PSA) wirken nur unter der Voraussetzung, dass die Person, die geschützt werden soll, sie auch wirklich verwendet. Es ist eine wesentliche Aufgabe des Vorgesetzten, dafür zu sorgen, dass die PSA am Arbeitsplatz auch getragen wird. Der Meister muss ständig dafür sorgen, dass die oftmals kostenintensiven PSA, die vom Unternehmer kostenfrei zur Verfügung zu stellen sind, auch getragen werden und so ihren vorgesehenen Zweck erfüllen.

PSA, die nicht verwendet werden, erzeugen Kosten, ohne Nutzen zu stiften.

07. Welche Ursachen können dazu führen, dass persönliche Schutzausrüstungen nicht verwendet werden?

Das entscheidende Merkmal für die *Akzeptanz*, die die Mitarbeiter einer bestimmten PSA entgegenbringen, ist die *Tragequote*. An dieser Quote kann der Meister in seinem Verantwortungsbereich schnell erkennen, welche PSA von den Mitarbeitern akzeptiert wird und welche nicht.

Persönliche Schutzausrüstungen bieten generell den *Vorteil*, dass sie den Körper der Mitarbeiter vor Verletzungen schützen. Dazu sind sie konstruiert und gefertigt.

Neben diesem ganz wesentlichen Merkmal besitzen jedoch alle persönliche Schutzausrüstungen auch *Nachteile*; sie äußern sich immer in den *Trage- und Verwendungseigenschaften*. Grundsätzlich ist jeder zusätzliche Ausrüstungsgegenstand, den der Mitarbeiter für seine Arbeit benutzen muss, hinderlich. Außerdem kann der Mitarbeiter den *Nutzen der PSA* nicht immer unmittelbar erkennen.

Beispiel: Gehörschutz ist für den Mitarbeiter sehr wichtig. Aber: Selbst wenn man den „besten" Gehörschutz verwendet – mit Gehörschutz ist es immer ein wenig unbequemer als ohne. Es dauert etwa zwei bis drei Wochen bis man sich an den Gehörschutz gewöhnt hat. Der Vorteil beim Tragen ist für den Mitarbeiter nicht unmittelbar erkennbar, denn er wird ja nicht sofort lärmschwerhörig, sondern erst nach sehr langer Zeit. Insgesamt motiviert dies den Mitarbeiter nicht, Gehörschutz zu tragen. Die Akzeptanz ist also primär gering.

Daneben muss gesagt werden, das sich die persönlichen Schutzausrüstungen, die am Markt angeboten werden, hinsichtlich ihrer Trage- und Verwendungseigenschaften mitunter deutlich unterscheiden. Nicht selten lassen sich gute und weniger gute Eigenschaften am Preis festmachen. Die Auswahl von persönlichen Schutzausrüstungen nur nach preislichen Gesichtspunkten stellt sich oft als Fehlentscheidung heraus.

08. Was muss der Vorgesetzte tun, damit die persönlichen Schutzausrüstungen von den Mitarbeitern verwendet werden?

- Der Vorgesetzte muss *konsequent* sein. Er muss das Tragen der PSA ständig einfordern.

Wenn der Meister in seinem Verantwortungsbereich duldet, dass die PSA nicht verwendet wird, dann wird sie auch nicht verwendet!

- Die Verwendung der PSA muss *ständig kontrolliert* werden. Der Meister darf *keine Ausnahmen* zulassen und muss jedem Mitarbeiter konsequent klar machen, dass er es nicht duldet, wenn gegen die Tragepflicht verstoßen wird.
- Der Meister muss in diesen Angelegenheiten aber auch immer *gut argumentieren* können. Wichtig ist, dass er dabei *den persönlichen Vorteil*, den der Mitarbeiter hat, wenn er die Schutzausrüstung verwendet, *argumentativ überzeugend herausstellen* kann.
- Der Meister sollte *Rückmeldungen seiner Mitarbeiter,* die sich auf die Trage- und Verwendungseigenschaften der persönlichen Schutzausrüstungen beziehen, sehr *ernst nehmen* und dies den Mitarbeitern gegenüber auch zeigen.
- In modern geführten Metall-Unternehmen werden die *Mitarbeiter an der Auswahl* der persönlichen Schutzausrüstungen *beteiligt* und die Ausrüstungen werden vor Einführung am Arbeitsplatz *ausreichend erprobt.* Stellt es sich heraus, dass eine bestimmte Schutzausrüstung extrem schlechte Eigenschaften hat, muss der Vorgesetzte bei seiner übergeordneten Führungsebene darauf drängen, dass besser geeignete beschafft werden.
- Der Einkauf besserer, möglicherweise sogar preiswerterer persönlicher Schutzausrüstungen ist eine sehr anspruchsvolle Arbeit. Der Markt für persönliche Schutzausrüstungen ist groß, die Zahl der Anbieter und der Produkte ebenso. Das Sortiment ist schwer zu überschauen. Hilfe erhält der Meister bei der Auswahl der geeigneten Ausrüstungen von der Sicherheitsfachkraft des Unternehmens. Sie verfügt über genügend spezielles Fachwissen und Kenntnisse hinsichtlich der aktuellen Angebote und Anbieter. Die Anbieter von persönlichen Schutzausrüstungen sind gerne bereit, für die Unternehmen auch sehr spezielle, individuelle Lösungen anzubieten.

5.5.3 Brand- und Explosionsschutzmaßnahmen

→ 6.1.1/27, GefStoffV, BetrSichV

01. Was versteht man unter Brandschutz?

Unter Brandschutz versteht man die Einheit aller Maßnahmen von Brandverhütung und Brandbekämpfung. Oft bezeichnet man die Brandverhütung auch als vorbeugenden Brandschutz, die Brandbekämpfung als abwehrenden Brandschutz.

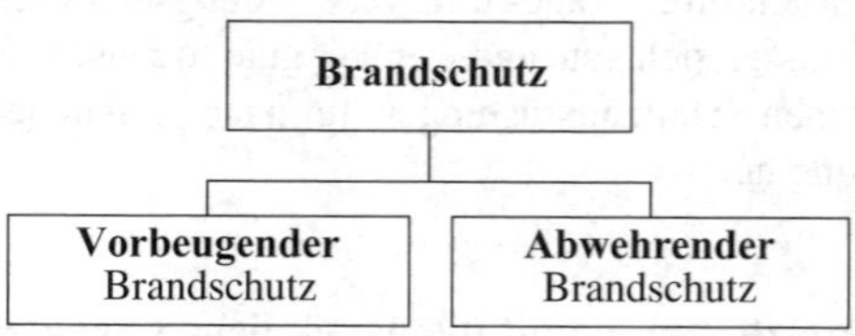

02. Was ist vorbeugender Brandschutz (Brandverhütung)? DIN EN ISO 13943

Zum vorbeugenden Brandschutz gehören alle Vorkehrungen, die der Brandverhütung sowie der Verhinderung der Ausbreitung von Bränden dienen. Auch alle Vorbereitungen zum Löschen von Bränden und zum Retten von Menschen und Tieren gehören dazu. Im Einzelnen sind dies:

Die Terminologie der Brandsicherheit ist international genormt (DIN EN ISO 13943).

03. Welche baulichen Brandschutzmaßnahmen sind wesentlich?

- Bauliche Brandschutzmaßnahmen erfassen alle dem Brandschutz dienenden *Anforderungen* an
  - Baustoffe,
  - Bauteile und
  - Bauarten.
- Ebenfalls zum baulichen Brandschutz zählen die Bildung von *Brandabschnitten* und die Schaffung von Rettungswegen.

Der bauliche Brandschutz ist in den Bauordnungen der Länder genau geregelt und mit einer Fülle nationaler Normen und EU-Normen unterlegt.

04. Welche Anforderungen werden an Baustoffe und Bauteile gestellt?

→ DIN 4104, DIN 4102, Teil 2, DIN EN 1363 - 1366, DIN EN 13501

- *Brandverhalten der Baustoffe:*

  Die *Baustoffe* werden nach ihrem *Brandverhalten* in Klassen eingeteilt. Die bauaufsichtliche Benennung der Baustoffklassen sind entweder

  - nicht brennbare Baustoffe (A, A1, A2) oder
  - brennbare Baustoffe (B, B1, B2, B3).

  Die *brennbaren Baustoffe* unterteilen sich in schwer entflammbare (B1), normal entflammbare (B2) und leicht entflammbare Baustoffe (B3). Die Zuordnung der einzelnen Baustoffe zu den Baustoffklassen ist in der Normenreihe DIN 4102 genormt, eine Zusammenstellung findet man im Teil 4 der Norm.

- Feuerwiderstandsdauer der Bauteile:

  Bauteile sind hinsichtlich ihrer Feuerwiderstandsdauer klassifiziert. Die bauaufsichtliche Benennung der Bauteile ist entweder

- feuerhemmend (F30, F60) oder
- feuerbeständig (F90, F120, F180).

Die Zahlangabe hinter dem *„F" ist die Feuerwiderstandsdauer in Minuten*. In der Norm DIN 4102, Teil 2, findet man die Klassifizierung vieler gebräuchlicher Baustoffe. Die *Prüfung* der *Bauteile* erfolgt nach EU-Normen für die Feuerwiderstandsprüfung (DIN EN 1363 - 1366, DIN EN 13501).

Im Überblick:

Anforderungen an Baustoffe/Bauteile				
1. Brandverhalten der Baustoffe → Einteilung in Brandklassen:				
	nicht brennbar	**brennbar**		
	A, A1, A2	schwer entflammbar B1	normal entflammbar B2	leicht entflammbar B3
2. Brandverhalten der Bauteile → Klassifizierung der Feuerwiderstandsdauer:				
	feuerhemmend	**feuerbeständig**		
	F30, F60	F90, F120, F180		

05. Welche technischen Anlagen dienen der Abwehr von Brandgefahren?

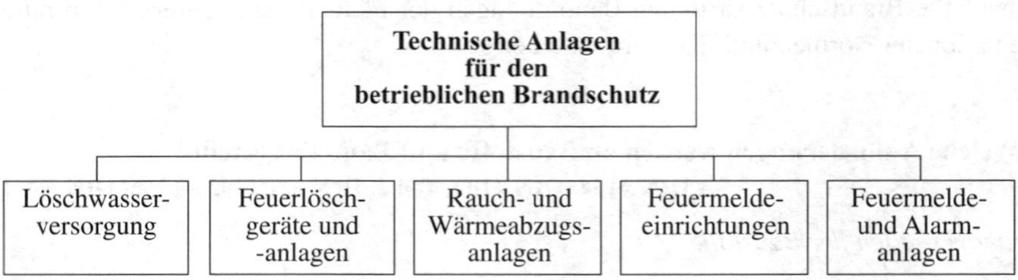

Zu den technischen Brandschutzmaßnahmen zählt die *Löschwasserversorgung*. Sie umfasst die Gewinnung, Bereitstellung und Förderung von Löschwasser. Sehr wichtig ist die Bereitstellung von geeigneten *Feuerlöschern* in der erforderlichen Anzahl. Spezielle technische Anlagen für den Brandschutz sind *ortsfeste Feuerlöschanlagen*. Sie sollen ermöglichen, Brände in *besonders gefährdeten Räumen* sofort nach dem Ausbruch sicher zu löschen. Die *Auslösung* kann von *Hand* oder *automatisch* erfolgen.

06. Welchen Anwendungsbereich haben tragbare Feuerlöscher? → ArbStättV, ArbSchG

Tragbare Feuerlöscher dienen der Bekämpfung von *Entstehungsbränden*. Sie sind als technische Einrichtung zur Selbsthilfe von den im Betrieb anwesenden Personen zu sehen. Nur Brände in der Entstehungsphase sollen mit tragbaren Feuerlöschern bekämpft werden. Ausgedehnte Brandereignisse überschreiten die Einsatzgrenzen von Selbsthilfekräften bei Weitem und gefährden die Sicherheit dieser Menschen, die ja nicht zur Brandbekämpfung ausgebildet sind und auch im Moment des Brandes nicht entsprechend ausgerüstet sind. Ausgedehnte Brände zu bekämpfen ist der Feuerwehr vorbehalten.

- § 4 Abs. 3 ArbStättV fordert in allen Betrieben tragbare Feuerlöscheinrichtungen.
- Aus den §§ 9 f. ArbSchG leitet sich ab, dass die Mitarbeiter über die Benutzung der tragbaren Feuerlöscher unterwiesen sein müssen. Hierfür bietet sich unbedingt an, die Handhabung der Löscher im Rahmen einer Unterweisung zu trainieren (siehe auch 6.3.2).

07. Welche Feuerlöscherarten müssen im Betrieb vorhanden sein? Welche Brandklassen gibt es? → DIN EN 2

Feuerlöscher sind tragbare Kleinlöschgeräte, deren Gewicht 20 kg im Allgemeinen nicht überschreitet. Sie sind aufgrund ihrer *Löschwirkung*, die im Wesentlichen vom *Löschmittel* abhängig ist, nur zum Löschen ganz *bestimmter Arten von Bränden* geeignet.

Um dem Anwender im Ernstfall die richtige Wahl zu erleichtern, hat man die *Arten* der möglichen Brände in Brandklassen eingeteilt. Die *Brandklassen*, für die ein *Feuerlöscher* geeignet ist, sind *auf jedem Feuerlöscher abgebildet*. Zusätzlich ist ein *Piktogramm* angebracht, aus dem die Verwendbarkeit einfach abzuleiten ist. Normiert sind europaweit die Brandklassen A, B, C, D und F. Den Brandklassen nach DIN EN 2 sind folgende Löschmittel zugeordnet:

	Brandklasse	zum Beispiel:	**Löschmittel**
A	**Feste Stoffe/Glutbildung**	Holz, Kohle, Papier, Textilien	Wasser, ABC-Pulver, Schwerschaum
B	**Flüssige Stoffe** (auch flüssig werdende Stoffe)	Benzin, Alkohol, Teer, z. T. Kunststoffe, Wachs	Schaum, ABC-Pulver, BC-Pulver, CO_2
C	**Gase**	Ethin, Wasserstoff, Erdgas	ABC-Pulver, BC-Pulver
D	**Metalle**	Aluminium, Magnesium, Natrium	Metallbrand-Pulver (D-Pulver), Sand, Gussspäne
F[1)]	**Speisefette und -öle in Frittier- und Fettbackgeräten**	Speiseöl, Speisefett	Topfdeckel, Speziallöschmittel (F-Handfeuerlöscher)

[1)] Die Brandklasse F wurde mit Erscheinen der neuesten Norm DIN EN 2 im Januar 2005 neu gebildet und aufgrund des hohen Gefahrenpotenzials wurden von der Feuerlöschindustrie Löscher mit einem speziellen Löschmittel für diese Brandklasse entwickelt. Ein offizielles Piktogramm für die Brandklasse F gab es zu Redaktionsschluss für Europa noch nicht. Wahrscheinlich wird das weltweit genormte Piktogramm für die Brandklasse F (ISO 7195) verwendet werden.

Die Brandklasse E gibt es mit dem Erscheinen der DIN EN 2 nicht mehr. Sie war früher für Brände an elektrischen Anlagen bis 1000 V vorgesehen. Mit den heute verwendeten Feuerlöschern und modernen Löschmitteln sind Brandbekämpfungen an elektrischen Anlagen möglich, wenn die Mindestabstände eingehalten werden. Insofern wurde die Brandklasse E entbehrlich.

08. Wie wird die erforderliche Anzahl der Feuerlöscher für eine Betriebsstätte ermittelt?
→ BGR 133

Jeder Feuerlöscher hat ein ganz bestimmtes *Löschvermögen*; es ist nicht immer abhängig von der Löschmittelmenge im Löscher. Deswegen und aus anderen Gründen wurde für die Ermittlung des Bedarfs eine *Rechenhilfsgröße*, die *Löschmitteleinheit* LF, eingeführt. In die Berechnung der erforderlichen Anzahl geht die *Brandgefährdung* des Betriebsbereiches, der bestückt werden soll, ein. Sie wird in zwei *Brandgefährdungsklassen* eingeteilt:

- geringe Brandgefährdung (z. B. mechanische Werkstatt) und
- große (hohe) Brandgefährdung (z. B. Materiallager mit hoher Brandlast).

Als weitere Rechengröße dient die *Grundfläche* des Betriebsbereiches. Wenn diese drei Rechengrößen bestimmt sind, kann man mithilfe der Berufsgenossenschaftlichen Regel BGR 133 sehr einfach den Bedarf errechnen.

Ergeben sich spezielle Fragen, hilft die örtliche Feuerwehr gerne weiter; auch bei den Landesfeuerwehrverbänden ist fast jede gewünschte Information zum Thema erhältlich.

09. Welches sind die richtigen Aufstellungsorte für Feuerlöscher?

- Feuerlöscher sollen:
  - gut sichtbar an Stellen, die auch im Brandfall gut erreichbar sind sowie
  - an zentralen Punkten der Rettungswege positioniert werden.
- Als zentrale Punkte der Rettungswege gelten:
  - Ausgänge ins Freie
  - Zugänge zu Treppenräumen/-häusern
  - Kreuzungspunkte von Fluren.

  Wichtige Aufstellungsorte sind besonders brandgefährdete Arbeitsplätze.
- Die Aufstellungsorte müssen durch das Schild mit dem genormten Feuerlöscher-Piktogramm gekennzeichnet werden.
- Innerhalb der Betriebsstätten sollte der nächstgelegene Feuerlöscher möglichst in 25 m Entfernung erreicht werden können. Dies entspricht der in den Bauordnungen der meisten Länder vorgesehenen sog. „halben Rettungsweglänge“ in Industriebauten.
- Die Feuerlöscher sollten in einer Höhe angebracht sein, die ein bequemes und schnelles Benutzen erleichtert. Die Hersteller bieten gut geeignete Wandhalterungen an.

10. Wie oft müssen Feuerlöscher geprüft werden?

- Feuerlöscher müssen alle zwei Jahre geprüft werden. Dies regelt die berufsgenossenschaftliche Sicherheitsregel BGR 133 „Ausrüstung von Arbeitsstätten mit Feuerlöschern“.
- Die Prüfung sichert die Funktionsfähigkeit im Notfall und muss durch einen Fachmann (befähigte Person) erfolgen. In der Regel übernehmen dies örtliche Service-Unternehmen der Löschgerätehersteller und/oder deren Vertriebsorganisationen bzw. Partner.

- Erkennbar ist die letzte Prüfung an einer Prüfplakette, die der Prüfer am Löscher anbringt.
- Die Prüfung eines Löschers selbst dauert etwa 15 Minuten. Kontrolliert werden die Qualität des Löschmittels, der innen oder außen liegende Treibmittelbehälter, die Dichtungen und der Stahlmantel.

11. Welche Arten von ortsfesten Löschanlagen sind gebräuchlich?

Am häufigsten werden *Sprinkleranlagen* verwendet. Daneben gibt es ortsfeste Schaumlöschanlagen, Pulverlöschanlagen und CO_2-Löschanlagen (werden manchmal auch als Kohlensäure-Löschanlagen bezeichnet).

Wenn die ortsfesten Löschanlagen im Gefahrfall selbsttätig (automatisch) wirken und Arbeitnehmer dadurch gefährdet werden können, müssen die Anlagen mit ebenfalls selbsttätig wirkenden *Warneinrichtungen* versehen sein. Die Vorwarnzeit muss so bemessen sein, dass die Arbeitnehmer den gefährdeten Bereich ohne Hast verlassen können, bevor der Raum geflutet wird. Sehr wichtig ist diese technische Schutzmaßnahme bei CO_2-Löschanlagen und besonders dann, wenn tiefer gelegene Räume, z. B. Ölkeller die zu schützenden Objekte sind.

12. Was versteht man unter Explosionsschutz?

Alle Maßnahmen zum Schutz vor Gefahren durch Explosionen werden als Explosionsschutz bezeichnet. Die wichtigsten Maßnahmen sind:

- Verhinderung oder Einschränkung der Bildung von explosionsfähigen Atmosphären,
- Verhinderung der Entzündung von gefährlichen explosionsfähigen Atmosphären und
- Beschränkung der Auswirkungen von möglichen Explosionen auf ein ungefährliches Maß.

Zur Anwendung gelangen diese Maßnahmen in der betrieblichen Praxis sowohl einzeln als auch in Kombination miteinander.

13. Was ist eine Explosion?

Als Explosionen werden sehr schnell verlaufende Oxidations- oder Zerfallsreaktionen bezeichnet. Diese Reaktionen sind stets mit einem ebenfalls extrem schnellen Temperatur- und Druckanstieg verbunden. Die Volumenausdehnung der Explosionsgase setzt sehr kurzfristig hohe Energiemengen frei und verursacht eine Druck- oder Detonationswelle. Der Ausgangspunkt sind explosionsfähige Atmosphären, die von einer Zündquelle gezündet werden.

Technische Zündquellen sind in der Metallindustrie in sehr mannigfaltiger Form vorhanden, z. B. heiße Oberflächen, durch elektrische Entladungen ausgelöste Funken, Funken reißende Werkzeuge und offene Flammen.

14. Was sind explosionsfähige Atmosphären?

Explosionsfähige Atmosphären umfassen *Gemische* von Gasen, Nebeln, Dämpfen oder Stäuben *mit Luft* (einschließlich der üblichen Beimengungen, wie z. B. Luftfeuchte), die unter atmosphärischen Bedingungen explosionsfähig sind.

15. Welche sicherheitstechnischen Kennzahlen beschreiben die Explosionsfähigkeit der Arbeitsstoffe?

- Die *untere* und *die obere Explosionsgrenze*
  (auch Zündgrenzen genannt) geben den Bereich an, in dem ein Gemisch explosionsfähig ist. Diesen Bereich nennt man *Explosionsbereich.* Unterhalb der unteren und oberhalb der oberen Explosionsgrenze ist eine Explosion nicht möglich (Gemisch zu mager/zu fett). Einen sehr großen Zünd- oder Explosionsbereich, das sollte der Industriemeister wissen, hat Acetylen, das wichtigste Schweiß- und Brennschneidgas.
- Der *Flammpunkt*
  von brennbaren Flüssigkeiten ist die *niedrigste Temperatur,* bei der eine brennbare Flüssigkeit ein *entflammbares* Gemisch bildet.
- Die *Zündtemperatur* eines brennbaren *Gases oder* einer *Flüssigkeit* gibt die *niedrigste Temperatur* einer *heißen Fläche* an, die gerade noch in der Lage ist, eine Flammerscheinung anzuregen.
- Die *Zündtemperatur* eines *Staub-/Luftgemisches* gibt die *niedrigste Temperatur,* an der das Gemisch entzündet und zur Verbrennung oder Explosion gebracht werden kann.

Mit diesen Größen besitzt der betriebliche Praktiker genügend Informationen, um gemeinsam mit den Fachleuten die richtigen Maßnahmen zur Gefahrenabwehr konzipieren zu können.

16. Was sind explosionsgefährdete Bereiche?

Explosionsgefährdete Bereiche sind Betriebsbereiche, in denen eine explosionsfähige Atmosphäre auftreten kann. Dies ist z. B. der Fall im Inneren von Apparaturen, in engen Räumen, Gruben oder Kanälen.

In der Metallindustrie sind explosionsgefährdete Bereiche besonders dort anzutreffen, wo Beschichtungsstoffe zerstäubt werden (Lackiererei, Farbgebung), wo mit Kraftstoffen oder technischen Gasen umgegangen wird, aber auch dort, wo explosive Metallstäube erzeugt werden (z. B. Schleifen von Aluminium, Bearbeitung von Magnesium und entsprechenden Legierungen).

17. Wie werden explosionsgefährdete Bereiche in Zonen eingeteilt? → § 5 BetrSichV

Gemäß § 5 der Betriebssicherheitsverordnung (BetrSichV) muss der Unternehmer die in seinem Betrieb vorhandenen explosionsgefährdeten Bereiche in sogenannte *Zonen* einteilen. Im Anhang 3 der Betriebssicherheitsverordnung sind diese Zonen genau definiert:

Handelt es sich bei den Atmosphären um Gemische aus Luft und brennbaren Gasen, Nebeln oder Dämpfen, wird in die Zonen 0, 1 und 2 eingeteilt.

Handelt es sich bei den Atmosphären um Luftgemische von *brennbaren Stäuben* heißen die Zonen 20, 21, 22.

Atmosphäre	**Zone**	**Bereich**	**Zone**	**Atmosphäre**
Gemische aus Luft und brennbaren Gasen, Nebeln oder Dämpfen	0	Eine explosionsgefährdete Atmosphäre ist ständig (über Langzeiträume) oder häufig vorhanden.	20	Luftgemische aus brennbaren Stäuben
	1	Im Normalbetrieb bildet sich gelegentlich eine explosionsgefährdete Atmosphäre.	21	
	2	Im Normalbetrieb tritt eine explosionsgefährdete Atmosphäre normalerweise nicht oder nur kurzfristig auf.	22	

Entsprechend der Zoneneinteilung sind Explosionsschutzmaßnahmen zu treffen und gemäß § 6 der Betriebssicherheitsverordnung im *Explosionsschutzdokument* zu dokumentieren.

18. Welche Vorschriften regeln den Schutz vor Explosionen?

- Die Vorschriften zum Schutz der Arbeitnehmer vor den Gefährdungen chemischer Arbeitsstoffe sind europaweit einheitlich in der *Richtlinie 98/24/EG* geregelt.
- Der betriebliche Explosionsschutz wird durch die *Richtlinie 1999/92/EG* geregelt.
- In das deutsche Arbeitsschutzrecht wurde diese Richtlinie so umgesetzt, dass die *Gefahrstoffverordnung* (GefStoffV) im Anhang V Nr. 8 konkrete Vorschriften zum Schutz vor Brand- und Explosionsgefahren enthält.

  Die Gefahrstoffverordnung bestimmt im *Anhang V Nr. 8*, wie die *Bildung* explosionsfähiger Atmosphären *verhindert* werden soll. Darüber hinaus sind im Anhang V auch Regeln enthalten, die zur Anwendung gelangen können, wenn explosionsfähige Atmosphären *beseitigt* werden müssen.
- Alle Maßnahmen hingegen, die ergriffen werden müssen, wenn die *Bildung* gefährlicher explosionsfähiger Atmosphären *nicht sicher verhindert* werden kann, sind Bestandteil der *Betriebssicherheitsverordnung* (BetrSichV). Für den Industriemeister ist die Kenntnis der §§ 5 f. BetrSichV besonders relevant.

19. Welche Bestimmungen enthält die Betriebssicherheitsverordnung (BetrSichV)?

- Die *Betriebssicherheitsverordnung* regelt Sicherheit und Gesundheitsschutz
  - bei der Bereitstellung von Arbeitsmitteln
  - bei der Benutzung von Arbeitsmitteln bei der Arbeit
  - die Sicherheit beim Betrieb überwachungsbedürftiger Anlagen.
- *Die Betriebssicherheitsverordnung regelt vor allem folgende Einzeltatbestände:*
  - Gefährdungsbeurteilung
  - Anforderungen an die Bereitstellung und Benutzung von Arbeitsmitteln
  - Explosionsschutz inkl. Explosionsschutzdokument

- Anforderungen an die Beschaffenheit von Arbeitsmitteln
- Schutzmaßnahmen
- Unterrichtung/Unterweisung
- Prüfung der Arbeitsmittel
- Betrieb überwachungsbedürftiger Anlagen (Druckbehälter, Aufzüge, Dampfkessel).

• In der Neufassung der Betriebssicherheitsverordnung (BetrSichV) vom 01.06. 2015 wird die Gefährdungsbeurteilung in den Vordergrund gerückt:

  - Die für den Arbeitsschutz maßgeblichen materiellen Anforderungen sind jetzt als Schutzziele formuliert worden (§§ 4, 5, 6, 8 und 9 der BetrSichV 2015). Die Anforderungen gelten für alte, neue und selbst hergestellte Arbeitsmittel gleichermaßen, sodass eine besondere Bestandsschutzregelung nicht mehr nötig ist.

  - Die Arbeitgeberpflichten bei der Bereitstellung und Prüfung binnenmarktkonformer Arbeitsmittel werden in der neuen Betriebssicherheitsverordnung 2015 eindeutiger und klarer formuliert. Daher ist die bisher schwierige Unterscheidung zwischen „Änderung" und „wesentlicher Veränderung" bei Arbeitsmitteln künftig nicht mehr notwendig.

  - Die Prüfpflichten für die aufgrund ihrer Gefährlichkeit besonders prüfpflichtigen Arbeitsmittel bzw. Anlagen wie z. B. Aufzugsanlagen, Druckanlagen und Krananlagen werden anlagenbezogen zusammengefasst und transparent in den Anhängen der Betriebssicherheitsverordnung 2015 geregelt.

  - Für Personen-Aufzugsanlagen ist jetzt grundsätzlich eine Prüffrist von höchstens zwei Jahren maßgeblich. Dies gilt auch für Aufzugsanlagen, die nach der Maschinenrichtlinie in Verkehr gebracht werden und für die in der bisherigen Fassung der Betriebssicherheitsverordnung eine Prüffrist von vier Jahren galt.

5.5.4 Maßnahmen im Bereich des Arbeits-, Umwelt- und Gesundheitsschutzes

Entsprechend dem Rahmenplan ist in diesem Abschnitt kein neues Stoffgebiet zu bearbeiten, sondern aus dem gesamten Qualifikationsschwerpunkt „Arbeits-, Umwelt- und Gesundheitsschutz" sind „typische", relevante und konkrete Schutzmaßnahmen aus der Praxis des Industriemeisters zu bearbeiten (Wiederholung anhand ausgewählter Fälle). Infrage kommen z. B.:

• Vorkehrungen zur Ersten Hilfe
• Durchführung einer Gefährdungsbeurteilung
• Rangfolge der Schutzmaßnahmen („TOP")
• Umgang mit Gefahrstoffen
• Zuordnung und Einsatz der PSA
• Vorsorgeuntersuchungen und Berufskrankheiten
• Maßnahmen des Umweltschutzes am Arbeitsplatz
• Einhaltung und Verbesserung der Schutzmaßnahmen als Führungsaufgabe.

Es wird empfohlen, diese Thematik im Lehrgang in Arbeitsgruppen und Kleinprojekten zu bearbeiten. Als Anregung dazu werden nachfolgend einige, geeignete Aufgabenstellungen behandelt.

01. Welche Maßnahmen zur Beachtung des Umwelt- und Gesundheitsschutzes sind bei der Demontage einer Maschine erforderlich?

Eine Stanzmaschine für Anlasserritzel (Halbautomat mit automatischer Zuführung der Kühlflüssigkeit) hat nur noch Schrottwert und soll demontiert werden.

Beispiele für Schutzmaßnahmen:

1. Gesundheitsschutz:

- präzise Einweisung der Mitarbeiter in die Aufgabe
- Unterweisung der Mitarbeiter (Sicherheitsmerkblatt)
- PSA tragen (Kontrolle)
- Sicherheitsvorschriften für Leckagen beachten
- Vorschriften beim Umgang mit Gefahrstoffen (Kühlflüssigkeit)
- → GefStoffV, BG-Vorschriften und -Regeln
- Demontage der Elektrik: nur Fachpersonal einsetzen
- Betriebsanweisung beachten
- geeignete Behälter und Transportmittel für die Entsorgung der Stoffe einsetzen.

2. Umweltschutz:

- Sortenreine Trennung und Entsorgung der Stoffe (z. B. Metalle, Öle, ölverschmierte Lappen und Handschuhe, Kühlflüssigkeit); vorgeschriebene Behälter verwenden; → KrWG, BbodSchG, WHG.

- Prüfen, welche Stoffe ggf. betriebsintern recycelt werden können (z. B. verbrauchtes Öl, Alttextilien/Putzlappen); ansonsten Vorbereitung für externes Recycling (sortenrein trennen und in gesonderte Behälter füllen: z. B. Metallabfälle, Metallspäne, Elektroschrott).

02. Welche Rechtsfolgen ergeben sich bei Verstößen und Ordnungswidrigkeiten im Rahmen des Arbeitsschutzes?

- *Ordnungswidrig handelt,* wer vorsätzlich oder fahrlässig gegen Verordnungen des Arbeitsschutzes verstößt (betrifft Arbeitgeber und Beschäftigte; § 25 ArbSchG).

- *Ordnungswidrigkeiten* werden mit Geldstrafe bis zu *5.000 €,* in besonderen Fällen bis zu *25.000 €* geahndet (§ 25 ArbSchG).

- Wer dem Arbeitsschutz zu wider laufende Handlungen *beharrlich wiederholt* oder durch vorsätzliche Handlung *Leben oder Gesundheit* von Beschäftigten gefährdet, wird mit *Freiheitsstrafe bis zu einem Jahr oder mit Geldstrafe* bestraft.

- Auch seitens der Berufsgenossenschaften sind Rechtsfolgen zu erwarten, weil auch die Unfallverhütungsvorschriften z. T. *bußgeldbewehrt* sind. Neben der Ahndung von Verstößen gegen Unfallverhütungsvorschriften (OWiG) kann die Berufsgenossenschaft *Personen in Regress nehmen*, die einen schweren Arbeitsunfall vorsätzlich oder grob fahrlässig herbeigeführt haben. Gemäß § 110 SGB VII kann die Berufsgenossenschaft in einem solchen Fall alle ihre Aufwendungen für den einzelnen Versicherungsfall von der Person, der das Verschulden nachgewiesen wird, fordern. Das Verschulden bezieht sich sowohl auf Handeln als auch auf Unterlassen.

Der angehende Industriemeister, der in seinem Meisterbereich die Verantwortung für Arbeitssicherheit und Gesundheitsschutz trägt, sollte wissen und beachten, dass auch die Herbeiführung eines schweren oder tödlichen Arbeitsunfalls mit einer Freiheitsstrafe geahndet werden kann.

03. Welche Aufgaben ergeben sich für den Industriemeister aus der Betriebssicherheitsverordnung?

- *Gefährdungsbeurteilung* organisieren.
- Feststellen, welche Arbeitsmittel wie oft und wann wie geprüft werden müssen (*Prüfkataster* für „normale" und überwachungsbedürftige Arbeitsmittel). Anhaltspunkte sind die Umstände, die die Beschaffenheit der Arbeitsmittel bei der Benutzung negativ beeinflussen.
- *Befähigte Personen*, die die Prüfung durchführen können, ermitteln und beauftragen.
- *Unterweisungen* für den Umgang mit Arbeitsmitteln organisieren (siehe 6.3).
- *Nachrüstbedarf* ermitteln, Instandhaltung organisieren.
- *Explosionssicherheit* prüfen, Organisation des Ex-Schutzes prüfen.
- *Koordination* der Maßnahmen überprüfen.
- *Ex-Schutz-Dokument* erstellen.
- *Aufzeichnungen* über die Prüfungen erstellen und bereithalten.

Für die Industriemeister haben die §§ 10 und 11 der Betriebssicherheitsverordnung eine besondere Bedeutung. § 10 beschreibt die notwendigen Prüfungen von Arbeitsmitteln und die Aufzeichnungen, die über die Prüfung erstellt werden müssen.

Die Prüfung von Arbeitsmitteln wird durch *befähigte Personen* vorgenommen. Welche Eigenschaften und welche Ausbildung, Fähigkeiten und Fertigkeiten eine solche befähigte Person auszeichnen, ist Bestandteil einer Regel zur Betriebssicherheitsverordnung.

Die Regeln für Betriebssicherheit werden vom Ausschuss für Betriebssicherheit ermittelt und erstellt. Die Prüfung überwachungsbedürftiger Anlagen erfolgt durch sogenannte „Zugelassene Überwachungsstellen". Bekannte, derzeit zugelassene Überwachungsstellen sind z. B. der TÜV und andere bislang unter dem Begriff „Sachverständigenorganisationen" bekannte Unternehmen. Die Prüffristen ermittelt grundsätzlich der Betreiber der Anlage. Er zeigt diese der Aufsichtsbehörde an. Die Aufsichtsbehörde überprüft die Frist und korrigiert sie gegebenenfalls.

04. Wann ist die Prüfung von Arbeitsmitteln, die nicht überwachungsbedürftig sind, fällig?

1. Wenn die sichere Funktion des Arbeitsmittels von der ordnungsgemäßen Montage abhängt:
   - nach der Montage
   - vor der ersten Inbetriebnahme
   - nach jeder neuen Montage, z. B. auf einer neuen Baustelle
   - an einem neuen Standort.

2. Wenn Schäden verursachende Einflüsse vorhanden sind:
   - nach außergewöhnlichen Ereignissen mit schädigenden Auswirkungen
3. Sind Instandsetzungsarbeiten durchgeführt worden, die Rückwirkungen auf die Sicherheit haben könnten, muss das Arbeitsmittel geprüft werden.

05. Welchen Inhalt muss ein Explosionsschutzdokument haben?

- Betriebsbereich, Erstellungsdatum
- Verantwortliche für diesen Bereich
- bauliche und geographische Gegebenheiten (Lageplan)
- Verfahrensparameter (wo wird versprüht, wo entstehen Funken, wo greifen Mitarbeiter ein)
- Stoffdaten (Sida-Blätter)
- Gefährdungsbeurteilung, Entscheidung Ex-Schutz ja/nein
- Schutzkonzept (Technik, Zoneneinteilung, organisatorische Maßnahmen, Koordinierung der Schutzmaßnahmen).

6. Personalführung

Prüfungsanforderungen

Im Qualifikationsschwerpunkt Personalführung soll der Prüfungsteilnehmer nachweisen, dass er in der Lage ist,

- den Personalbedarf zu ermitteln
- den Personaleinsatz entsprechend den betrieblichen Anforderungen sicher zu stellen
- die Mitarbeiter zielgerichtet zu verantwortlichem Handeln hinzuführen.

Qualifikationsschwerpunkt Personalführung
- Überblick -

- 6.1 Personalbedarf ermitteln
- 6.2 Auswahl und Einsatz der Mitarbeiter
- 6.3 Anforderungsprofile, Stellenplanungen und Stellen-/Funktionsbeschreibungen
- 6.4 Delegation
- 6.5 Kommunikations-/Kooperationsbereitschaft
- 6.6 Führungsmethoden und -mittel
- 6.7 Kontinuierlicher Verbesserungsprozess
- 6.8 Moderation von Arbeits-/Projektgruppen

6.1 Ermitteln und Bestimmen des qualitativen und quantitativen Personalbedarfs

6.1.1 Personalbedarfsermittlung

→ A 2.2.8, 7.1.2

01. Welche Ziele verfolgt die Personalplanung?

Dem Unternehmen ist vorausschauend das Personal

- in der erforderlichen *Anzahl* (→ *quantitative* Personalplanung),
- mit den erforderlichen *Qualifikationen* (→ *qualitative Personalplanung* → PE),
- zum richtigen *Zeitpunkt* (unter Berücksichtigung der Einsatzdauer) und
- am richtigen *Einsatzort*

zur Verfügung zu stellen.

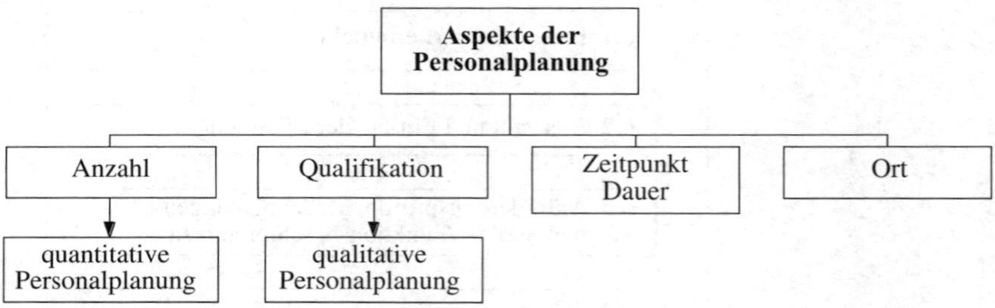

02. Welche Aufgaben hat die Personalplanung?

- Planung des Personal*bedarfs:*
  → quantitativ
  → qualitativ
- Planung der Personal*beschaffung* (intern und extern)
- Planung des Personal*einsatzes*
- Planung der Personal*entwicklung* und Förderung
- Planung des Personal*abbaus*
- Planung der Personal*kosten.*

03. Welche Aufgabe hat die quantitative Personalbedarfsermittlung?

Die quantitative Personalbedarfsermittlung bestimmt das zahlenmäßige Mengengerüst der Planung (Anzahl der Mitarbeiter je Bereich, Vollzeit-/Teilzeit-„Köpfe“ usw.).

04. Welche Aufgabe hat die qualitative Personalbedarfsermittlung?

Bei der qualitativen Personalbedarfsermittlung geht es um die Qualifikationserfordernisse des festgestellten Mitarbeiterbedarfs: Dazu werden die Anforderungen einer bestimmten Stelle untersucht und es wird ein *Anforderungsprofil* erstellt.

05. Was versteht man unter der Qualifikation eines Mitarbeiters?

Qualifikation ist das *individuelle Arbeitsvermögen* eines Mitarbeiters zu einem bestimmten Zeitpunkt; es wird i. d. R. erfasst durch folgende Merkmale:

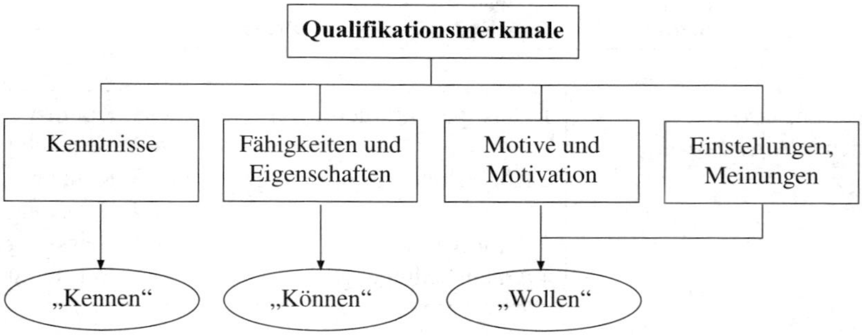

06. Was sind Fähigkeiten?

Fähigkeiten sind ein Teil der Qualifikation von Mitarbeitern. Man unterscheidet in geistige und körperliche Fähigkeiten:

07. Was versteht man unter Eignung? → 6.3.3

Eignung ist die Summe *derjenigen* Qualifikationsmerkmale, die einen Mitarbeiter dazu befähigen, eine bestimmte Tätigkeit erfolgreich ausüben zu können. Der Begriff Eignung ist also immer in Relation zu den Anforderungen eines Arbeitsplatzes (→ Arbeitsplatzbewertung) zu sehen. *Der Begriff der Eignung ist also mit dem der Qualifikation nicht gleich zu setzen.*

Ein Mitarbeiter ist in dem Maße geeignet, wie seine für den Arbeitsplatz relevanten Qualifikationsmerkmale mit den Anforderungsmerkmalen (→ Arbeits(platz)bewertung) übereinstimmen. Die Eignung eines Mitarbeiters ist nicht statisch, sondern verändert sich: Verbesserung: durch Übung, Erfahrung, Weiterbildung; Verschlechterung: aufgrund mangelnder Praxis; nachlassende Eignung: aufgrund gesundheitlicher Veränderungen.

Weder in der Literatur noch in der Praxis gibt es einen Konsens darüber, mithilfe welcher Merkmale Eignungs- bzw. Anforderungsprofile zu erfassen sind:

Einen Ansatzpunkt bieten die *Anforderungsarten der Arbeitsbewertung* (→ 6.3.1); daneben gibt es einfache Merkmalsstrukturen, die in der betrieblichen Praxis eingesetzt werden:

- **Anforderungsarten**
  - **Genfer Schema**
  - nach **REFA**
  - in der **Praxis**

1. Anforderungsarten nach dem *Genfer Schema*:

1 Geistige Anforderungen	→ 1. Können
	→ 2. Belastung
2 Körperliche Anforderungen	→ 3. Können
	→ 4. Belastung
3 Verantwortung	→ 5. Belastung
4 Arbeitsbedingungen	→ 6. Belastung

2. Anforderungsarten nach *REFA:*

   1 Kenntnisse
   2 Geschicklichkeit
   3 Verantwortung
   4 geistige Belastung
   5 muskelmäßige Belastung
   6 Umgebungseinflüsse

3. In der *Praxis* werden zum Teil (vereinfachte) Eignungs- bzw. Anforderungsmerkmale eingesetzt, z. B.:

Eignungsmerkmale:	
• Fachlich:	--------------

• Persönlich:	--------------
	--------------

oder

Eignungsmerkmale:	
• Geistige:	--------------

• Körperliche:	--------------

• Persönliche:	--------------

Mitunter wird bei den Anforderungsmerkmalen noch zwischen *Muss- und Kann-Merkmalen* (notwendig/wünschenswert) unterschieden; dies zeigt z. B. der folgende Ausschnitt aus einem Anforderungsprofil:

Fachliche Merkmale	notwendig	wünschenswert
• Branchenkenntnisse		x
• Englischkenntnisse	x	
• AEVO-Prüfung	x	
• Schweißerpass		
• usw.	x	

08. Wie kann die Eignung eines Mitarbeiters ermittelt werden?

1. Auswahl geeigneter *Merkmale* (siehe oben)
2. Festlegung einer geeigneten *Skalierung* für die Ausprägung des Merkmals (im einfachen Fall: geeignet – bedingt geeignet – ungeeignet)
3. Auswahl eines geeigneten *Verfahrens* zur „Messung" der Merkmale
4. Durchführung des Verfahrens und *Ermittlung der Messwerte*
5. *Vergleich* des Eignungsprofils mit dem Anforderungsprofil.

zu 3. Folgende Verfahren können z. B. eingesetzt werden:
- Tests
- Beurteilung (Leistungs-/Potenzialbeurteilung)
- Interview, Gespräche mit dem Mitarbeiter
- Assessmentcenter

Grundsätzlich ist die Aufstellung von Eignungs- und Anforderungsprofilen subjektiv; es existieren immer Quantifizierungs-, Mess- und Bewertungsprobleme.

Beispiel einer qualitativen Personalbedarfsermittlung:
In der Montageabteilung eines Unternehmens hat die quantitative Bedarfsermittlung zu einer Unterdeckung von 14 Mitarbeitern geführt (auf Vollzeitbasis). Im zweiten Schritt wurden die Anforderungen der betreffenden Stellen analysiert. Aus der Anforderungsanalyse ergab sich folgender *qualitativer Personalbedarf:*

Ermittlung des qualitativen Personalbedarfs					
	Lehrberuf aus dem Bereich ...				
Montagegruppe	angelernt	Elektrotechnik	Mechanik	Hydraulik	Summe
Montage 1	2	2	–	1	**5**
Montage 2	1	–	2	–	**3**
Montage 3	–	3	–	3	**6**
Summe	**3**	**5**	**2**	**4**	**14**

Das Beispiel zeigt eine einfache, pragmatische Ermittlung des qualitativen Personalbedarfs: Es wird (lediglich) differenziert in gelernte und angelernte Tätigkeiten; die gelernten Tätigkeiten werden grob nach Ausbildungsberufen differenziert, indem man auf den Kern eines Berufsbildes abgestellt. Selbstverständlich hätte man auch nach „anerkannten Ausbildungsberufen" differenzieren können (z. B. Mechatroniker usw.).

09. Welche Arten des Personalbedarfs sind zu unterscheiden?

Hinsichtlich der Entstehungsursache unterscheidet man folgende Bedarfsarten:

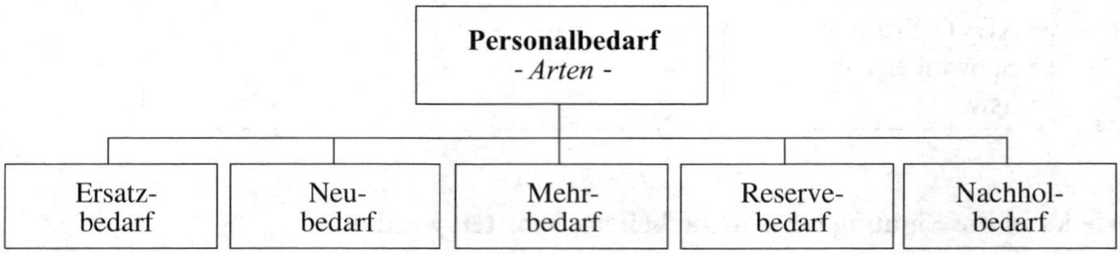

- *Ersatzbedarf* = Bedarf aufgrund ausscheidender Mitarbeiter
- *Neubedarf* = Bedarf aufgrund neu geplanter/genehmigter Stellen (→ Kapazitätserweiterung)
- *Mehrbedarf* = Bedarf aufgrund gesetzlicher Veränderungen bei gleicher Kapazität (→ Verkürzung der Arbeitszeit; Fachkraft für Umweltschutz)
- *Reservebedarf* = Bedarf aufgrund von Ausfällen und Abwesenheiten (Urlaub, Erkrankung usw.)
- *Nachholbedarf* = Bedarf aufgrund noch offener Planstellen der zurückliegenden Planungsperiode.

10. Welche Instrumente können bei der Personalbedarfsbestimmung eingesetzt werden?

Personalbedarfsbestimmung:	*Instrumente*[1], *z. B.:*
• *Qualitative* Personalbedarfsbestimmung:	→ Anforderungsprofile → Eignungsprofile → Arbeitsbewertung → Leistungsbeurteilungen → Potenzialbeurteilungen → Personalakten, Personalstammdaten → Eignungs-/Leistungstests → Assessmentcenter → PE-Datei → Personalinformationssystem (PIS)
• *Quantitative* Personalbedarfsbestimmung:	→ Absatzpläne → Produktionspläne → Fertigungsstufen/Fertigungstiefe → Aufbau-/Ablauforganisation → Schichtpläne → Bedarfsprognosen → Stellenbesetzungspläne → REFA-Verfahren → Abgangs-/Zugangstabellen

[1] Zwischen dem Einsatz dieser Instrumente hinsichtlich qualitativer, quantitativer, räumlicher und temporärer Bedarfsbestimmung gibt es Überschneidungen.

	→ Personalstatistiken, z. B.: - Belegschaftsstruktur/Altersstruktur - Fluktuationsquote - Fehlzeiten/Absentismus
• *Räumliche* Personalbedarfsbestimmung:	→ Zentrale/dezentrale Struktur des Betriebes → Produktionsverfahren, z. B. Werkstättenfertigung, Baustellenfertigung usw. → Gebäudepläne/-grundrisse → Personaleinsatzpläne
• *Temporäre* Personalbedarfsbestimmung:	→ Produktionsverfahren, z. B. Einschichtbetrieb, Konti-Schicht → Absatzpläne, z. B. saisonale Absatzschwankungen → Auftragsbücher/Auftragsvorlauf → tarifliche/individuelle Arbeitszeiten, ggf. betriebliches Arbeitssystem (Wochen-, Monats-, Jahresarbeitszeit)

11. Von welchen Bestimmungsfaktoren ist die Personalplanung abhängig?

Fundierte Personalplanung steht und fällt in ihrem Aussagewert mit der Qualität der erhobenen internen und externen Daten. Man spricht auch von *internen und externen Bestimmungsgrößen (Determinanten)*. Beispielhaft lassen sich folgende Bestimmungsfaktoren nennen:

Determinanten der Personalplanung	
Externe Faktoren - Beispiele -	**Interne Faktoren** - Beispiele -
• Marktentwicklung • Technologiewandel • Arbeitsmarkt • Arbeitszeiten • Sozialgesetze • Tarifentwicklung • Alterspyramide	• Unternehmensziele • Investitionen • Fluktuation • Altersstruktur • Fehlzeiten • Arbeitszeitsysteme • Qualifikationsniveau

6.1.2 Methoden der Bedarfsermittlung

01. Welche Methoden der (quantitativen) Bedarfsermittlung werden unterschieden?

Bei den Methoden (auch: Verfahren) der Bedarfsermittlung geht es grundsätzlich um die quantitative Betrachtung: Welche Mitarbeiteranzahl wird in der nächsten Planungsperiode benötigt?

Zur Ermittlung des quantitativen Personalbedarfs sind *zwei Betrachtungsrichtungen* anzustellen:

1. Wie entwickelt sich die Anzahl der *Stellen*?
   Man nennt diese Betrachtung die *„Ermittlung des Bruttopersonalbedarfs"*.
   Es gibt dazu verschiedene globale oder differenzierte Verfahren (vgl. unten).

2. Wie entwickelt sich die Anzahl der *Mitarbeiter*?
   Man nennt diese Betrachtung die *„Ermittlung des fortgeschriebenen Personalbestandes"*.
   Auch hier gibt es verschiedene Verfahren (vgl. unten). In der Praxis wird vor allem die Abgangs-/Zugangstabelle eingesetzt.

Der Vergleich von Bruttopersonalbedarf (Anzahl der Stellen) und fortgeschriebenem Personalbestand (Anzahl der Mitarbeiter) ergibt den *Nettopersonalbedarf*, d. h. den Personalbedarf im eigentlichen Sinne.

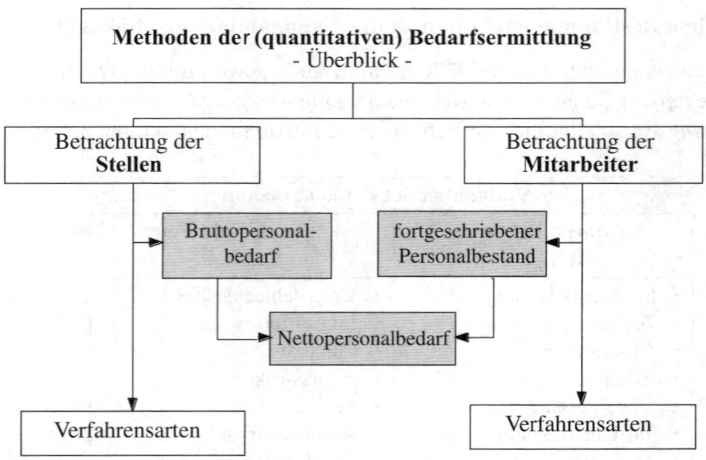

02. Aus welchen Berechnungsgrößen setzt sich der quantitative Personalbedarf zusammen?

A.	**Bruttopersonalbedarf**	=	Stellenbestand +/- Veränderungen
B. -	**fortgeschriebener Personalbestand**	=	Personalbestand +/- Veränderungen
C. =	**Nettopersonalbedarf**		

Die Ermittlung erfolgt in drei Arbeitsschritten:

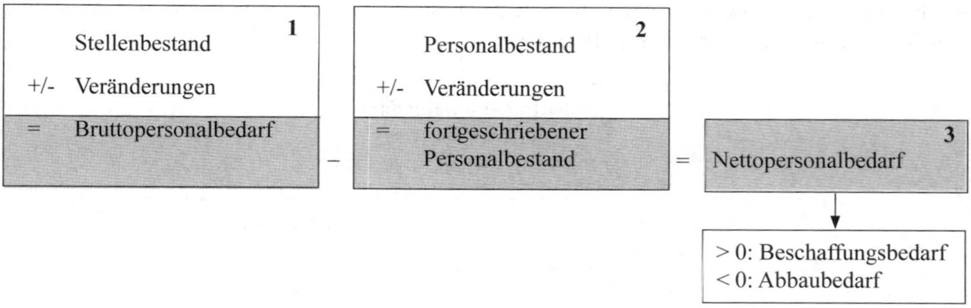

1. Schritt: Ermittlung des Bruttopersonalbedarfs (*Aspekt „Stellen"*):
Der gegenwärtige Stellenbestand wird aufgrund der zu erwartenden Stellenzu- und -abgänge „hochgerechnet" auf den Beginn der Planungsperiode. Anschließend wird der Stellenbedarf der Planungsperiode ermittelt.

2. Schritt: Ermittlung des *fortgeschriebenen Personalbestandes* (Aspekt *„Mitarbeiter"*):
Analog zu Schritt 1 wird der Mitarbeiterbestand „hochgerechnet" aufgrund der zu erwartenden Personalzu- und -abgänge.

3. Schritt: Ermittlung des *Nettopersonalbedarfs* (= *„Saldo")*:
Vom Bruttopersonalbedarf wird der fortgeschriebene Personalbestand subtrahiert. Man erhält so den Nettopersonalbedarf (= Personalbedarf i. e. S.).

Man verwendet folgendes *Berechnungsschema*:

Berechnungsschema zur Ermittlung des Nettopersonalbedarfs			
Lfd. Nr.		Berechnungsgröße	Zahlenbeispiel
1		Stellenbestand	28
2	+	Stellenzugänge (geplant)	2
3	-	Stellenabgänge (geplant)	- 5
4		Bruttopersonalbedarf	25
5		**Personalbestand**	27
6	+	Personalzugänge (sicher)	4
7	-	Personalabgänge (sicher)	- 2
8	-	Personalabgänge (geschätzt)	- 1
9		**Fortgeschriebener Personalbestand**	28
10		**Nettopersonalbedarf (Zeile 4 - 9)**	**- 3**

03. Welche Verfahren werden zur Ermittlung des Bruttopersonalbedarfs eingesetzt?

Zur Prognose des Bruttopersonalbedarfs bedient man sich verschiedener Verfahren. Grundsätzlich unterscheidet man dabei zwei *Verfahrensarten*:

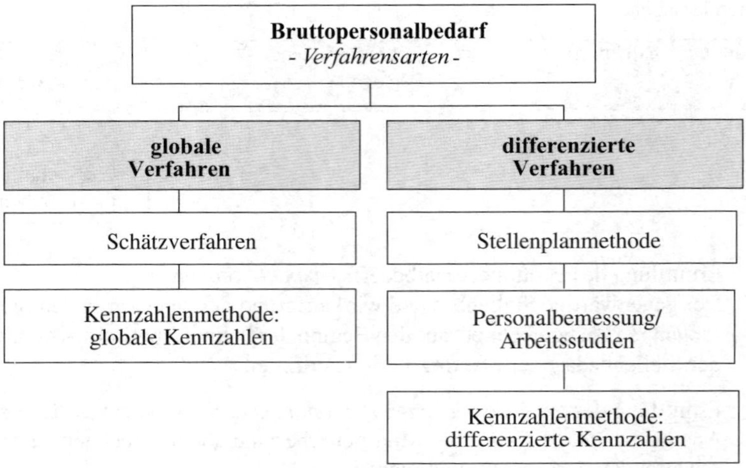

- Bei den *Verfahren zur globalen Bedarfsprognose* geht es um die Ermittlung von Unternehmens-Gesamtdaten, die „globalen" Charakter haben (z. B. Gesamtheit aller Planstellen eines Unternehmens oder eines Ressorts).
- Die Verfahren zur *differenzierten Bedarfsprognose* sind meist kurz- oder mittelfristig angelegt und beziehen sich auf detaillierte sowie begrenzte Personalbereiche/Einzelaufträge, in denen einigermaßen zuverlässige Datenrelationen hergestellt werden können.

Die Unterscheidung der Verfahren zur Ermittlung des Bruttopersonalbedarfs in globale und differenzierte Verfahren ist eine Form der Differenzierung; eine weitere Möglichkeit der Gliederung dieser Verfahren ist die Unterteilung in vergangenheitsorientierte Methoden, Schätzmethoden und arbeitswissenschaftliche Methoden:

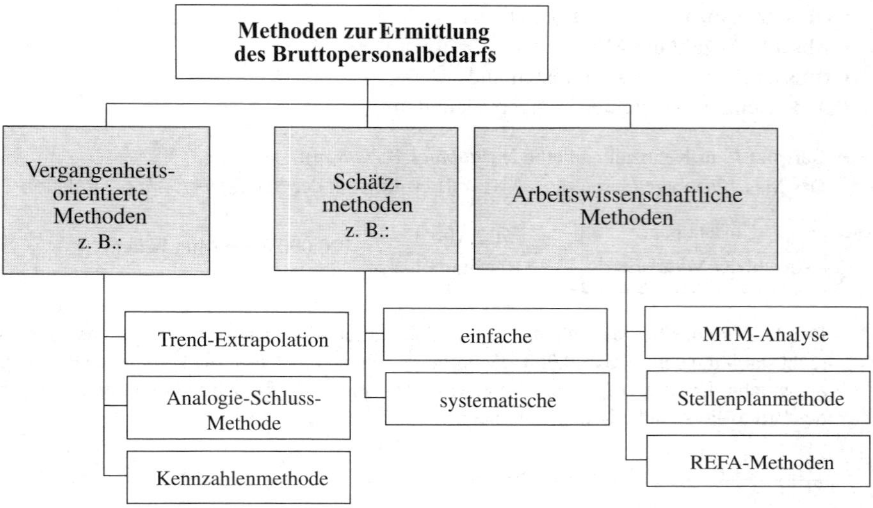

1. *Schätzverfahren* sind relativ ungenau, trotzdem – gerade in Klein- und Mittelbetrieben – sehr verbreitet.

   - Bei der *einfachen Schätzmethode* erfolgt die Ermittlung des Personalbedarfs aufgrund *subjektiver Einschätzung* einzelner Personen. In der Praxis werden meist *Experten* und/oder die kostenstellenverantwortlichen Führungskräfte gefragt, wie viele Mitarbeiter mit welchen Qualifikationen für eine bestimmte Planungsperiode gebraucht werden; die Geschäftsleitung gibt dazu in der Regel Eckdaten vor (Geschäftsentwicklung; Absatz-/Umsatzrelationen). Die Antworten werden zusammengefasst, einer Plausibilitätsprüfung unterworfen und dann in das Datengerüst der Unternehmensplanung eingestellt.

   - Bei der *systematischen Schätzmethode* werden interne und ggf. zusätzlich externe Experten mithilfe eines *Fragebogens* befragt (Delphi-Methode); die Ergebnisse der schriftlichen Befragung werden ausgewertet, zusammengefasst und zusammen mit den Analysen an die befragten Experten *zurückgemeldet*, die dann eine *erneute verfeinerte Schätzung* auf der Basis ihres neuen Informationsstandes abgeben. Der typische Ablauf der systematischen Schätzung erfolgt in folgenden Schritten:

     → 1. Schätzung mithilfe eines systematischen Fragebogens
     → Auswertung und Analyse der 1. Schätzung
     → Rückmeldung der zusammengefassten Ergebnisse an die Experten
     → 2. (verfeinerte) Schätzung auf der Basis der gewonnenen Ergebnisse (s. 1. Schätzung)
     → Analyse der 2. Schätzung und Ableitung des Personalbedarfs.

2. *Die Kennzahlenmethode* kann sowohl als globales Verfahren aufgrund globaler Kennzahlen sowie als differenziertes Verfahren aufgrund differenzierter Kennzahlen durchgeführt werden. Bei der Kennzahlenmethode versucht man, Datenrelationen, die sich in der Vergangenheit als relativ stabil erwiesen haben, zur Prognose zu nutzen; infrage kommen z. B. Kennzahlen wie

- Umsatz : Anzahl der Mitarbeiter
- Absatz : Anzahl der Mitarbeiter
- Umsatz : Personalgesamtkosten und
- Arbeitseinheiten : geleistete Arbeitsstunden.

- **Beispiel 1** zur Kennzahlenmethode (*globales Verfahren*):
  Das Maschinenbauunternehmen X-GmbH ermittelt in der *Berichtsperiode* die Relation

$$\frac{\text{Umsatz p. a.}}{\text{Anzahl der Mitarbeiter}^{1)}} = \frac{61{,}2 \text{ Mio. €}}{510 \text{ Mitarbeiter}} = 120.000 \text{ € pro Mitarbeiter}$$

  Die Analyse der Vergangenheitswerte in den zurückliegenden Jahren zeigt, dass diese Relation recht stabil um den Wert 120.000 €/Mitarbeiter schwankt. Der für die kommende Planungsperiode angestrebte Umsatz von 67,32 Mio € (Umsatzanstieg = 10 %) wird als Zielgröße zur Ermittlung des Brutto-Personalbedarfs genommen:

$$\frac{67{,}32 \text{ Mio. €}}{x} = 120.000 \text{ €/Mitarbeiter}$$

$$\rightarrow x = 561 \text{ Mitarbeiter}$$

  d. h., es ergibt sich ein Bruttopersonalbedarf von 561 Stellen bzw. ein Mehrbedarf von 51 Stellen. Mit anderen Worten: Unterstellt man derart stabile Zahlenrelationen entwickeln sich rein rechnerisch Bezugsgröße (hier: Umsatz) und Personalbedarf *proportional zueinander*, d. h. wenn der Umsatz um 10 % ansteigt, so ist beim Personalbedarf ebenfalls eine Zunahme von 10 % anzunehmen.

- **Beispiel 2** zur Kennzahlenmethode (*differenziertes Verfahren*):
  Aus der Vergangenheit weiß man in einem Unternehmen, dass ein Lohn- und Gehaltssachbearbeiter rund 350 Mitarbeiter abrechnen und betreuen kann. Aufgrund der geplanten Umsatzausweitung wird die Zahl der zu betreuenden Mitarbeiter im Produktionsbereich/Abrechnungskreis um rund 280 ansteigen.

  Daraus folgt: $\frac{1}{350} = \frac{x}{280}$

$$\rightarrow x = 0{,}8$$

  Ergebnis: Es besteht ein Mehrbedarf von 0,8 Mitarbeiter. Man entschließt sich, eine zusätzliche Stelle einzurichten – als Teilzeitstelle bei 80 % der Regelarbeitszeit.

3. *Verfahren der Personalbemessung (Arbeitsstudien)*:
   Hier wird auf Erfahrungswerte oder arbeitswissenschaftliche Ergebnisse zurückgegriffen (REFA, MTM, Work-Factor). Zu ermitteln ist die Arbeitsmenge, die dann mit dem Zeitbedarf pro Mengeneinheit multipliziert wird („Zähler“). Im Nenner der Relation wird die übliche Arbeitszeit pro Mitarbeiter eingesetzt; der Bruttopersonalbedarf wird folgendermaßen berechnet:

$$\text{Personalbedarf (in Vollzeitkräften)} = \frac{\text{Arbeitsmenge} \cdot \text{Zeitbedarf pro Einheit}}{\text{übliche Arbeitszeit pro Mitarbeiter}}$$

1) auf Vollzeitbasis

Bei der REFA-Methode führt dies zu folgender Formel:

$$\text{Personalbedarf (in Vollzeitkräften)} = \frac{\text{Rüstzeit} + (\text{Einheiten/Auftrag} \cdot \text{Zeit/Einheit})}{\text{mtl. Regelarbeitszeit/Mitarbeiter} \cdot \text{Leistungsfaktor}}$$

Beispiel 1:
In einem Unternehmen existieren folgende Werte:

- Rüstzeit pro Auftrag X = t_r 42 Stunden
- Anzahl der Fertigungseinheiten = m 2.900 Stück
- Ausführungszeit pro Einheit = t_e 1,31 Stunden
- tatsächlicher durchschnittlicher Leistungsgrad = L_t 115 %
  → Leistungsgradfaktor = $L_t : 100$ 1,15
- monatliche Regelarbeitszeit = Z 167 Stunden

Nach der REFA-Methode ergibt sich also für den Personalbedarf:

$$\text{Personalbedarf} = \frac{t_r + (m \cdot t_e)}{Z} \cdot \frac{1}{L_t}$$

$$= \frac{42 + (2.900 \cdot 1{,}31)}{167 \cdot 1{,}15}$$

$$= 20 \text{ (Vollzeit)Mitarbeiter}$$

Berücksichtigt man weiterhin eine *Fehlzeitenquote* der betreffenden Fertigungsabteilung z. B. in Höhe von 10 %, so ergibt sich folgender *Reservebedarf*:

(1) 20 Mitarbeiter · 167 Std. = 3.340 Std. (Regelarbeitszeit gesamt)

(2) 10 % von 3.340 = 334 Stunden

(3) 334 Std. : 167 = 2 Vollzeitmitarbeiter

Mit anderen Worten:
Der Bruttopersonalbedarf (= Einsatzbedarf + Reservebedarf) liegt unter Berücksichtigung der Fehlzeitenquote bei diesem Auftrag bei 22 Vollzeitmitarbeitern.

Beispiel 2: Für den Folgemonat August sind in der Werkstatt 1 folgende Aufträge gelistet:

Auftragsnummer	Rüstzeit t_r (in min)	Ausführungszeit t_e (in min)	Losgröße x (in Stück)
4711	20	12	200
4712	15	10	300
4713	25	5	150
4714	10	8	250
4715	30	20	100
Σ	100		1.000

Die Werkstatt arbeitet im 1-Schicht-Betrieb bei täglich 8 Stunden; der Monat wird mit 20 Arbeitstagen gerechnet. Bei der Berechnung der erforderlichen Personalressource ist ein Planungsfaktor von 0,85 vorgegeben (Urlaub: 5 %, Krankheit: 2 %, sonstige Ausfallzeiten: 8 %).

Zu ermitteln ist der Personalbedarf (in Vollzeitmitarbeitern) für den Monat August der Werkstatt 1:

Die Auftragszeit$_{gesamt}$ T ergibt sich als Summe der Rüstzeiten t_r plus den Ausführungszeiten je Stück t_e multipliziert mit der entsprechenden Losgröße x: →**A 2.2.5**

$$T = \sum t_r + \sum t_e \cdot x$$

$$= 100 \text{ min} + 10.150 \text{ min} = 10.250 \text{ min}$$

Arbeitstabelle:

Auftragsnummer	Rüstzeit t_r (in min)	Ausführungszeit t_e (in min)	Losgröße x (in Stück)	$t_e \cdot x$ (in min)
4711	20	12	200	2.400
4712	15	10	300	3.000
4713	25	5	150	750
4714	10	8	250	2.000
4715	30	20	100	2.000
Σ	**100**			**10.150**

Für die Personalkapazität K_P in Minuten ergibt sich:

K_P = Arbeitszeit in Std./Tag · Anzahl der Arbeitstage/Monat · Planungsfaktor · 60 Minuten

= 8 Std./Tag · 20 Tg./Monat · 0,85 · 60
= 8.160 min/Mon.

Die ermittelten Werte werden in die Formel (Personalbemessung) eingesetzt:

$$\text{Personalbedarf (in Vollzeitkräften)} = \frac{\text{Arbeitsmenge} \cdot \text{Zeitbedarf pro Einheit}}{\text{übliche Arbeitszeit pro Mitarbeiter}}$$

= T (in min) : K_P (in min)

= 10.250 min : 8.160 min/Mon.

= 1,2561 Mitarbeiter (Vollzeitbasis)

Das heißt, es wird ein Mitarbeiter für den gesamten Monat für die in der Werkstatt vorliegenden Aufträge benötigt; der Überhang von 0,2561 Mitarbeiter (= 34,8 Std./Mon.) wird durch Mehrarbeit aufgefangen.

Die Ermittlung der Daten bei den Verfahren der Personalbemessung kann erfolgen auf der Basis

- von Erfahrungswerten
- von Selbstaufschreibungen
- der REFA-Methode (siehe oben) oder
- des MTM-Verfahrens.

Beim *MTM-Verfahren* (Methods of Time Measurement) wird körperliche Arbeit in Grundbewegungen zerlegt; den Grundbewegungen werden *Normalzeitwerte* zugeordnet, die aufgrund systematischer Zeitstudien von Fachleuten ermittelt wurden. Die Abbildung zeigt die *Grundbewegungen* des MTM-Bewegungszyklusses:

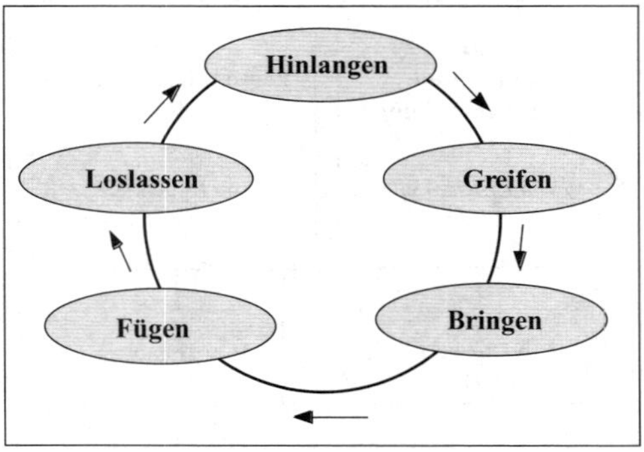

4. *Stellenplanmethode:*
   Bei diesem Verfahren werden Stellenbesetzungspläne herangezogen, die sämtliche Stellen einer bestimmten Abteilung enthalten bis hin zur untersten Ebene – inkl. personenbezogener Daten über die derzeitigen Stelleninhaber (z. B. Eintrittsdatum, Vollmachten, Alter). Der Kostenstellenverantwortliche überprüft den Stellenbesetzungsplan i. V. m. den Vorgaben der Geschäftsleitung zur Unternehmensplanung für die kommende Periode (Absatz, Umsatz, Produktion, Investitionen) und ermittelt durch Schätzung/Erfahrung die erforderlichen personellen und ggf. organisatorischen Änderungen. Der weitere Verfahrensablauf vollzieht sich wie im oben dargestellten Schätzverfahren.

Beispiel:
Das nachfolgende Beispiel zeigt den Stellenbesetzungsplan der Hauptabteilung „Personal- und Sozialwesen" eines Unternehmens; die Zahlenangaben bedeuten: Lebensalter/Betriebszugehörigkeit; lt. Betriebsvereinbarung existiert eine Vorruhestandsregelung ab Alter 63. Das Unternehmen expandiert. Es ist der quantitative Personalbedarf für das kommende Jahr zu ermitteln. Er wird mit Ansätzen zur qualitativen Personalplanung verbunden.

Die Analyse des Stellenbesetzungsplanes sowie der anstehenden Personalveränderungen zeigt folgendes Bild:

- Für die Gruppe „Sozialwesen“ wurde eine neue Stelle bewilligt.
- Zwei Stellen sind noch nicht besetzt (Nachholbedarf).
- Hr. Endres und Hr. Knurr: → Vorruhestand.
- Frau Gohr wird Nachfolgerin von Herrn Knurr.
- Frau Mahnke wird das Unternehmen zum März n. J. verlassen (Aufhebungsvertrag).
- Rückkehr Mutterschutz und Bundeswehr: 2 Sachbearbeiter (nach: → LG).
- Übernahme nach der Ausbildung: 2 Sachbearbeiter (nach: → SW).

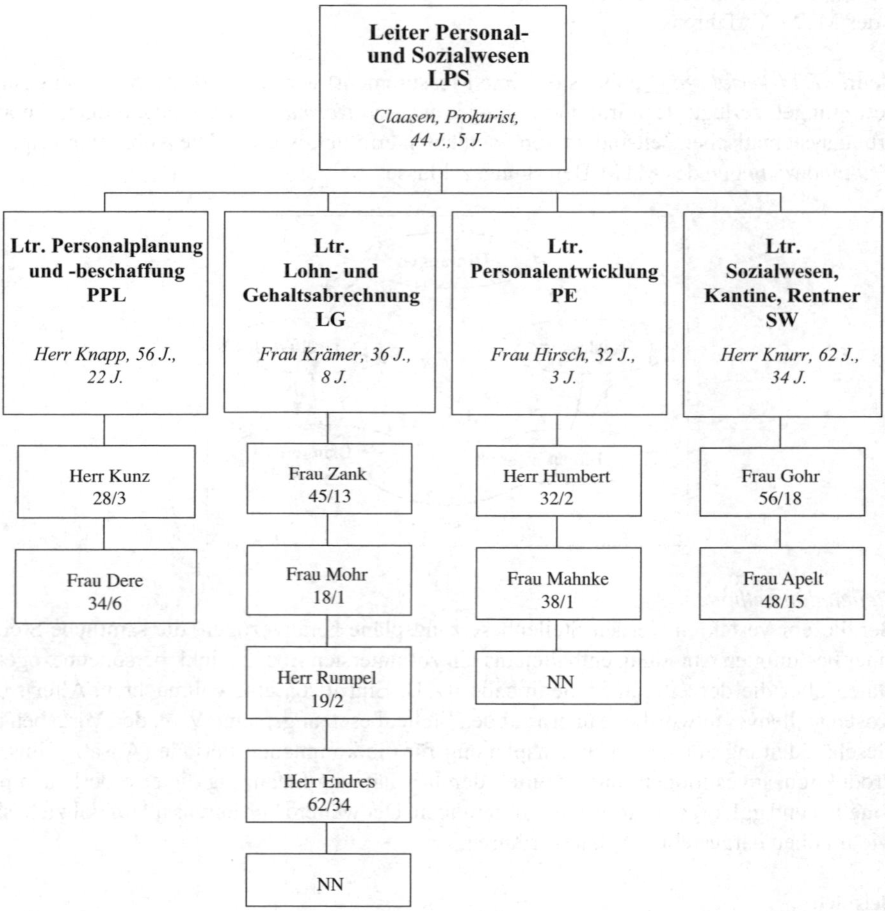

Die nachfolgende Tabelle zeigt den aktualisierten Nettopersonalbedarf:

	LPS	PPL	LG	PE	SW	Σ
Stellenbestand	1	3	6	4	3	17
+ Zugänge	0	0	0	0	1	1
- Abgänge	0	0	0	0	0	0
= Bruttopersonal-bedarf	1	3	6	4	4	**18**
Mitarbeiterbestand	1	3	5	3	3	
+ Zugänge	0	0	2	0	2	4
- Abgänge	0	0	- 1	- 1	- 1	- 3
= fortgeschriebener Personalbestand	1	3	6	2	4	**16**
Netteopersonalbedarf	(18 - 16)					**2**

Ergebnis:
Es ergibt sich ein *Nettopersonalbedarf von 2 Mitarbeitern*; diese sind für PE zu beschaffen, da bereits qualitative Entscheidungen vorgenommen wurden (Besetzungen in LG und SW). Im Anschluss daran ist die Planung der Personalbeschaffung der 2 Mitarbeiter/PE durchzuführen (Wann? Woher? Wie? Qualifikation?).

04. Welche Verfahren setzt man zur Ermittlung des (fortgeschriebenen) Personalbestandes ein?

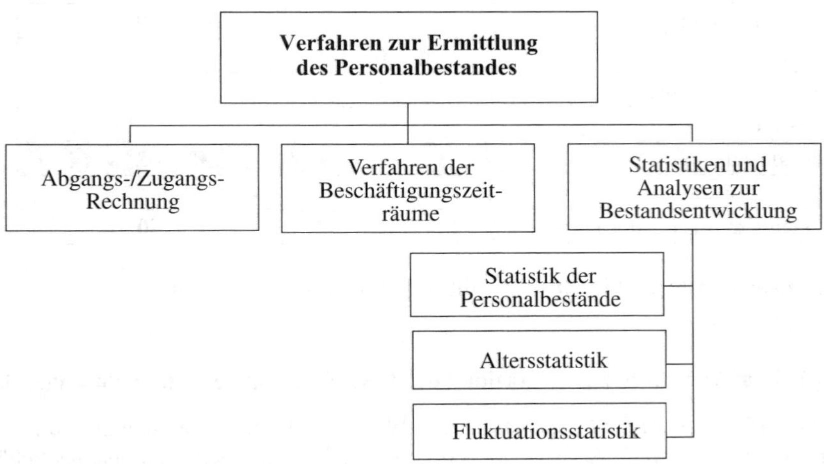

05. Wie wird die Abgangs-/Zugangsrechnung durchgeführt?

Bei der Methode der Abgangs-/Zugangsrechnung werden die Arten der Ab- und Zugänge möglichst stark differenziert. Die Aufstellung kann sich auf Mitarbeitergruppen oder Organisationseinheiten beziehen. Dabei sind die einzelnen Positionen mit einer unterschiedlichen Eintrittswahrscheinlichkeit behaftet. Man kann daher die einzelnen Werte der Tabelle noch differenzieren in feststehende Ereignisse und wahrscheinliche Ereignisse.

Abgangs-/Zugangsrechnung zur Prognose des Personalbestandes			
		Berichtsperiode	Planungsperiode
	Bestand zu Beginn der Periode	40	38
-	**Abgänge:**		
	Pensionierungen	- 1	- 2
	Bundesfreiwilligendienst	- 2	- 1
	Aus-/Fortbildung	- 1	0
	AG-Kündigung	0	- 1
	AN-Kündigung	- 1	0
	Tod	- 1	0
	Mutterschutz	0	- 2
	Sonstige	0	0
=	Summe Abgänge	- 6	- 6
+	**Zugänge:**		
	Bundesfreiwilligendienst	1	2
	Versetzungen	1	1
	Aus-/Fortbildung	0	0
	Mutterschutz	0	1
	Übernahme (Lehre)	2	3
	Sonstige	0	1
=	Summe Zugänge	4	8
	Bestand zum Ende der Periode	**38**	**40**

Es müssen zwei Mitarbeiter (40 - 38 = 2; Vollbeschäftigte) beschafft werden.

06. Wie wird das Verfahren zur Ermittlung der Beschäftigungszeiträume durchgeführt?

Bei diesem Verfahren wird die Frage betrachtet: „Wie lange dauert es, bis sich die Belegschaft aufgrund der Abgänge auf 75 % (bzw. 50 % o. Ä.) reduziert hat?“ Man kann daraus Schlüsse ziehen, in welchem Rhythmus/in welcher Größenordnung sich in etwa der Belegschaftsbestand verringert.

Nachteil: Man erfasst lediglich die Abgänge; die Zugänge bleiben unberücksichtigt.

	Jahre									
	01	02	03	04	05	06	07	08	09	Durchschnitt
Bestand*	3.200	3.165	3.109	3.061	2.966	2.944	2.876	2.800	2.735	
Abgänge	- 35	- 56	- 48	- 65	- 52	- 68	- 76	- 65	- 97	- 562
Signalbestand										
= 75 % = 2.400										
* ohne Zugänge										

07. Welche Statistiken können zur Prognose des fortgeschriebenen Personalbestandes herangezogen werden?

Infrage kommen zum Beispiel:

- Altersstatistiken/Statistiken der Altersstruktur
- Fluktuationsstatistiken
- Statistiken der durchschnittlichen Verbleibenszeiträume.

Beispiel zur Altersstruktur nach Führungsebenen:
Ein Unternehmen hat vier Führungsebenen: Hauptabteilungsleiter, Abteilungsleiter, Gruppenleiter, Meister. Die selektive Suchabfrage (→ PIS (= Personalinformationssystem) „Welche Führungskräfte werden in fünf Jahren aus Altersgründen ausscheiden?") liefert folgendes Ergebnis:

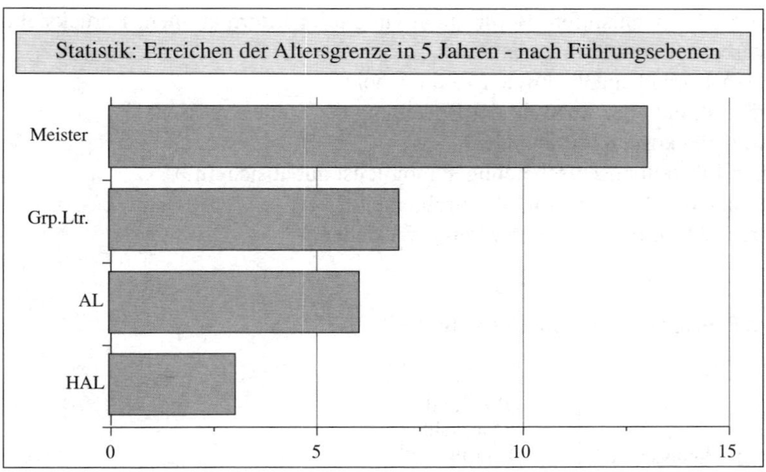

Legende: Grp. Ltr. = Gruppenleiter; AL = Abteilungsleiter; HAL = Hauptabteilungsleiter

Unterstellt man, dass die Beschaffung und Einarbeitung einer Meisterstelle z. B. ca. vier Jahre dauert, so ist im vorliegenden Beispiel erkennbar, dass für das Unternehmen Handlungsbedarf besteht: → Beschaffung (extern/intern), Einarbeitungspläne, Nachfolgepläne usw.

6.2 Auswahl und Einsatz der Mitarbeiter

6.2.1 Auswahl der Mitarbeiter

01. Welches Ziel muss eine effektive Personalauswahl realisieren?

Ziel der Personalauswahl ist es,

- auf rationellem Wege,
- zum richtigen Zeitpunkt, den Kandidaten zu finden,
- der möglichst schnell die geforderte Leistung erbringt und
- der in das Unternehmen „passt“ (in die Gruppe, zum Chef).

02. Welche Grundsätze sind bei der Personalauswahl zu beachten?

Es ist jeder Führungskraft zu empfehlen, bei der Auswahl von Bewerbern einige Grundsätze zu beachten, die sich in der Praxis bewährt haben:

- Es gibt nie den idealen Kandidaten;
  (Wo können oder müssen (bewusst, vertretbar) Kompromisse gemacht werden?)
- Personalauswahl ist immer ein subjektiver Bewertungsvorgang;
  (Wie kann man trotzdem eine gewisse Objektivität erreichen?)
- keine Auswahl von Bewerbern ohne genaue Kenntnis des Anforderungsprofils;
- Analyse des „Umfeldes“ der zu besetzenden Stelle vornehmen;
  (Mitarbeiter, Kollegen, Vorgesetzter, Unternehmenskultur usw.)
- Systematik einhalten;
  (Reihenfolge der Auswahlstufen, Berücksichtigung aller Informationen, Berücksichtigung interner Bewerber im Verhältnis zu externen);
- Versuch, ein Höchstmaß an Objektivität zu erreichen;
- Aufwand und Zeitpunkt der Auswahl der Bedeutung der Stelle anpassen;
- Fehlentscheidungen kosten Zeit und Geld;
  (Wie kann man Einstellungsentscheidungen möglichst gut absichern?)
  Wie gestaltet man die Probezeit zur „Ausprobierzeit“?)
- den Betriebsrat rechtzeitig und angemessen einbeziehen.

03. Wie ist der Prozess der Personalauswahl?

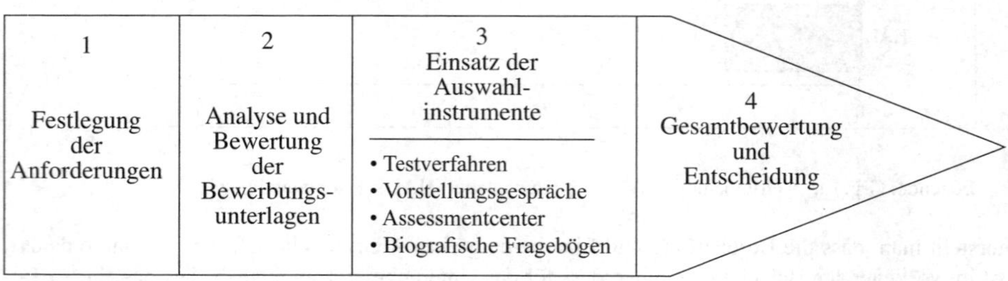

04. Welche Bedeutung hat die Festlegung von Anforderungsprofilen im Rahmen der Personalauswahl?

Das Anforderungsprofil ist die Summe der Anforderungen (Soll-Vorstellungen), die von einer konkreten Aufgabenstellung ausgehen und vom Stelleninhaber erfüllt sein müssen. *Das Anforderungsprofil ist der Maßstab* für Entscheidungen im Verlauf des Prozesses der Personalauswahl.

Man unterscheidet im Allgemeinen folgende Anforderungen (→ 6.1.1):

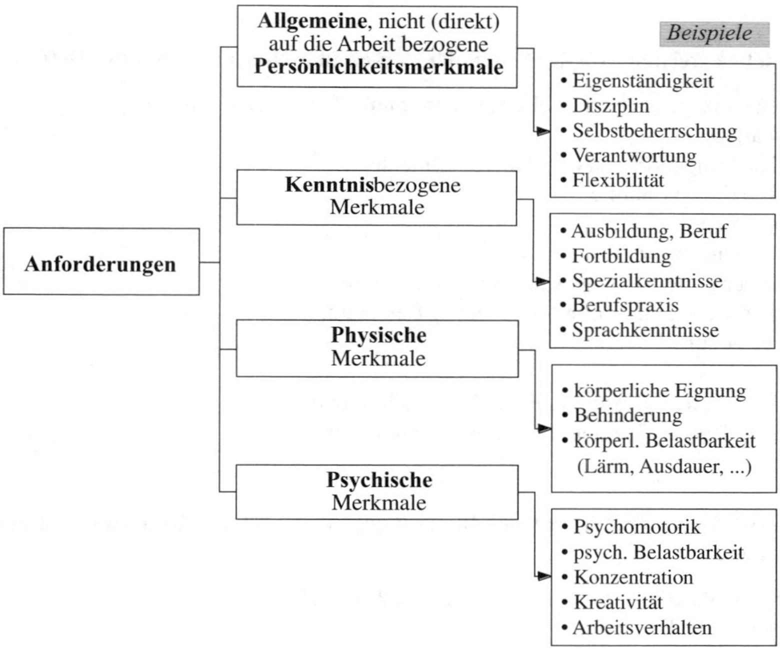

Bei der Festlegung der Anforderungen ist es entscheidend, *diejenigen Merkmale zu ermitteln, die wirklich für eine bestimmte Stelle relevant sind* und im Auswahlprozess auch beobachtet und beurteilt werden können (keine „Wunschliste", z. B.: „... ist kreativ, belastbar, jung, leistungsfähig, mit 12 Jahren Praxis ...").

05. Welche internen Möglichkeiten der Personalbeschaffung lassen sich unterscheiden?

Intern kann die Beschaffung erfolgen durch Versetzung aufgrund

- innerbetrieblicher Stellenausschreibung
- von Vorschlägen des Fachvorgesetzten
- von Nachfolge- oder Laufbahnplanungen
- systematisch betriebener Personalentwicklung.

06. Welche indirekten Maßnahmen der internen Personalbeschaffung sind ebenfalls von Bedeutung?

Als weitere Maßnahmen der internen Personalbeschaffung müssen indirekt folgende Möglichkeiten berücksichtigt werden:

- Mehrarbeit
- Urlaubsverschiebung
- Verbesserung der Mitarbeiterqualifikation (Leistungssteigerung).

07. Welche externen Möglichkeiten der Personalbeschaffung kann der Betrieb nutzen?

- Personalanzeige (externe Stellenausschreibung; Tageszeitung/Internet)
- Personalleasing
- IHK-Nachfolgebörse (www.change-online.de)
- private Arbeitsvermittler
- Personalberater
- Anschlag am Werkstor
- Auswertung von Stellengesuchen in Tageszeitungen
- Auswertung unaufgeforderter („freier“) Bewerbungen
- Arbeitsagentur
- Messen
- über Mitarbeiter (Bekannte, Freunde, Angehörige usw.)
- Kontaktpflege zu Schulen, Bildungseinrichtungen usw.

08. Welche Argumente lassen sich für und gegen eine interne Besetzung vakanter Stellen nennen?

- *Argumente für eine interne Personalbeschaffung,* z. B.:
  - zügige Stellenbesetzung
  - geringere Einarbeitungszeit
  - geringeres Auswahlrisiko
  - kaum Kosten der Personalauswahl
  - Motivation und Förderung der Mitarbeiter (günstiges Personalentwicklungsklima)
  - arbeitsrechtliches Risiko, das mit externen Bewerbern verbunden ist, wird vermieden
  - Gehalt ist passend zum Entgeltniveau.

- *Argumente gegen eine interne Personalbeschaffung*, z. B.:
  - „Aufreißen von Lücken“ (Personalbedarf wird verlagert)
  - „Betriebsblindheit“
  - Frustration bei abgewiesenen Bewerbern
  - Verschlechterung der Altersstruktur
  - Abschottung nach außen (kein „frisches Blut“)
  - Negativimage am externen Arbeitsmarkt
  - geringere Auswahlmöglichkeiten
  - ggf. relativ hohe Fortbildungskosten
  - Kollege wird zum Chef (Gefahr der „Verkumpelung“).

09. Nach welchen Kriterien werden die Bewerbungsunterlagen geprüft?

Es werden die Unterlagen *formal* und *inhaltlich* geprüft und analysiert.

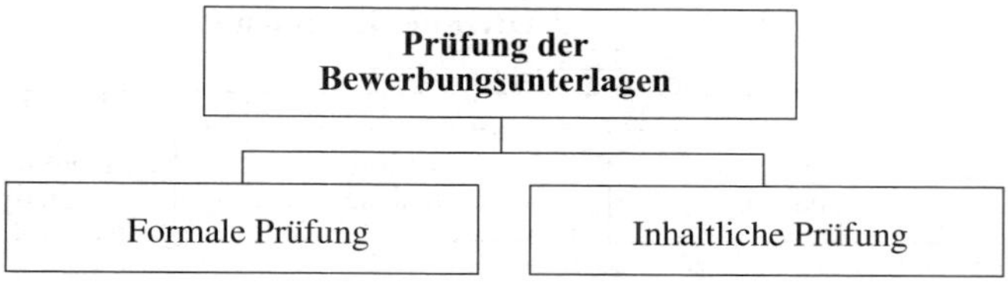

10. Was bedeutet die formale Prüfung eingereichter Unterlagen?

Unter der formalen Prüfung eingereichter Unterlagen versteht man eine Sichtung im Hinblick auf die formale Gestaltung, d. h. auf die äußere Form und die positionsbezogene Gliederung, die Prüfung auf Vollständigkeit der Unterlagen, wobei es darauf ankommt, festzustellen, ob alle angeforderten Unterlagen eingereicht worden sind, ob alle Zeiten lückenlos und mit Zeugnissen versehen sind.

11. Was bedeutet die inhaltliche Prüfung eingereichter Unterlagen?

Die Unterlagen können nach dem Informationsgehalt, d. h., den Hinweisen zur Qualifikation, über ausgeübte Tätigkeiten, des Gehaltswunsches, des gekündigten oder ungekündigten Beschäftigungsverhältnisses, des bezogenen Einkommens, des Eintrittsdatums, vom Arbeitgeber überprüft werden, um festzustellen, ob der Bewerber die geforderten Voraussetzungen erfüllen könnte und zu einer Vorstellung eingeladen werden soll. Bei einer Vielzahl von Bewerbungen ist eine solche Vorauswahl unerlässlich.

12. Wie erfolgt die Analyse des Lebenslaufs?

- Die *Zeitfolgeanalyse* fragt nach Lücken im Lebenslauf und den Arbeitsplatzwechseln (Häufigkeit, Branchen, aufsteigender oder absteigender Wechsel).

- Die *Aufgaben- oder Positionsanalyse* fragt nach dem Wechsel des Arbeitsgebiets, dem Berufswechsel und bisher durchlaufenen Unternehmen (Klein-/Großbetriebe, Konkurrenzbetrieb).

  Ein mehrmaliger Arbeitsplatzwechsel des Bewerbers während der Probezeit oder eine auffällig kurze Dauer der Betriebszugehörigkeit können ungünstig wirken. Hohe Mobilität in jüngeren Jahren wirkt eher positiv. Mit zunehmendem Lebensalter sollte die Stetigkeit zunehmen. Überzeugende Anlässe eines Bewerbers für einen Arbeitsplatzwechsel können sein: mangelnde Aufstiegschancen, ungünstige Einkommenserwartungen, Spannungen mit Vorgesetzten, erhebliche technische oder organisatorische Mängel im Betrieb, Unterforderung, mangelnde Entfaltungsmöglichkeiten. Ein aufsteigender Wechsel in einem Betrieb mit einem größeren Verantwortungsbereich und umfassenderen Aufgaben ist stets günstiger zu bewerten als ein absteigender Wechsel. Ein Berufswechsel wirkt in Zeiten schnellen Wandels nicht unbedingt negativ. Auffällig ist jedoch ein mehrfacher Wechsel zwischen mehreren grundverschiedenen Berufen oder Tätigkeiten.

- Schließlich kann im Rahmen einer *Kontinuitätsanalyse* der sinnvolle Aufbau der bisherigen beruflichen Entwicklung des Bewerbers analysiert werden.

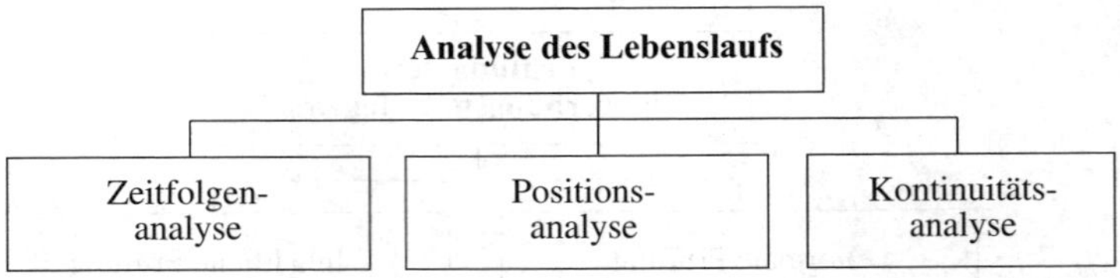

13. Nach welchen Merkmalen werden Arbeitszeugnisse analysiert?

Die Analyse der Arbeitszeugnisse erstreckt sich auf

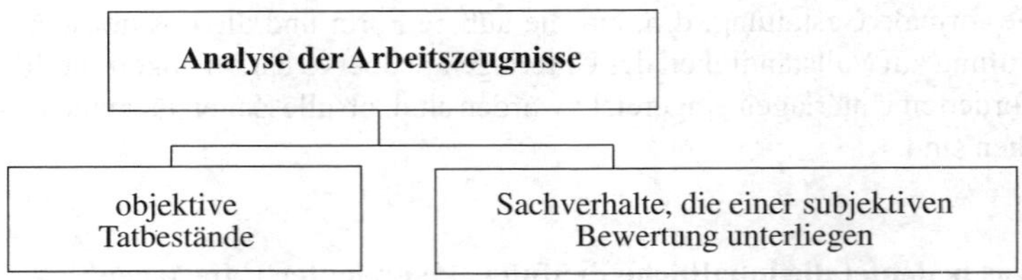

- *Objektive Tatbestände* sind z. B.:
  - persönliche Daten
  - Dauer der Tätigkeit
  - Tätigkeitsinhalte
  - Komplexität, Umfang der Aufgaben
  - Anteil von Sach- und Führungsaufgaben
  - Vollmachten wie Prokura, Handlungsvollmacht
  - Termin der Beendigung.

- *Tatbestände, die einer subjektiven Bewertung unterliegen,* wie z. B.:
  - Die *Schlussformulierung* (z. B. „... wünschen wir Herrn ... Erfolg bei seinem weiteren beruflichen Werdegang und ...")
  - der Grund der Beendigung; er ist nur auf Verlangen des Mitarbeiters in das Zeugnis aufzunehmen (z. B. „auf eigenen Wunsch", „in beiderseitigem Einvernehmen")

- Formulierungen aus dem sog. *Zeugniscode* (Formulierungsskala):

  · sehr gut = „stets zur vollsten Zufriedenheit"
  · gut = „stets zur vollen Zufriedenheit"
  · befriedigend = „zur vollen Zufriedenheit"
  · ausreichend = „zur Zufriedenheit"
  · mangelhaft = „im Großen und Ganzen zur Zufriedenheit"
  · ungenügend = „hat sich bemüht"

- der Gebrauch von *Spezialformulierungen* (ist in der Rechtsprechung umstritten)

- das Hervorheben unwichtiger Eigenschaften und Merkmale

- das Fehlen relevanter Aspekte
  (Eigenschaften und Verhaltensweisen, die bei einer bestimmten Tätigkeit von besonderem Interesse sind; z. B. Führungsfähigkeit bei einem Meister).

14. Welche Bedeutung hat die Analyse von Schulzeugnissen?

Die Bedeutung von Schulzeugnissen nimmt mit zunehmendem beruflichen Alter ab. Vorsichtige Anhaltspunkte können u. U. – speziell beim Quervergleich mehrerer Bildungsabschlüsse – über Neigung, Fleiß und Interessenschwerpunkte gewonnen werden. Bei Lehrstellenbewerbern sind sie zunächst die einzigen Leistungsnachweise, die herangezogen werden können.

15. Welche Grundsätze sind bei der Durchführung des Vorstellungsgesprächs (Einstellungsgespräch, Auswahlinterview) einzuhalten?

- Der Hauptanteil des Gesprächs liegt beim Bewerber.
- Überwiegend öffnende Fragen verwenden, geschlossene Fragen nur in bestimmten Fällen, Suggestivfragen vermeiden.
- Zuhören, Nachfragen und Beobachten, sich Notizen machen, zur Gesprächsfortführung ermuntern usw.
- In der Regel: Keine ausführliche Fachdiskussion mit dem Bewerber führen.
- Die Dauer des Gesprächs der Position anpassen.
- Äußerer Rahmen: keine Störungen, kein Zeitdruck, entspannte Atmosphäre.

16. Welche Informationsquellen können bei der Auswahl interner Bewerber herangezogen werden?

- Personalakte
- Weiterbildungskartei/-datei
- Leistungs-/Potenzialbeurteilung
- Leistungsverhalten bei Sonderaufgaben (Stellvertretung, Projektarbeit u. Ä.)
- Auswertung betrieblicher Gespräche (z. B. PE-Gespräch).

17. Nach welchen Phasen wird das Vorstellungsgespräch üblicherweise strukturiert?

Phasenverlauf beim Personalauswahlgespräch		
Phase	Inhalt	z. B.
I	Begrüßung	• gegenseitige Vorstellung • Anreisemodalitäten • Dank für Termin
II	Persönliche Situation des Bewerbers	• Herkunft • Familie • Wohnort
III	Bildungsgang des Bewerbers	• Schule • Weiterbildung
IV	Berufliche Entwicklung des Bewerbers	• erlernter Beruf • bisherige Tätigkeiten • berufliche Pläne
V	Informationen über das Unternehmen	• Größe, Produkte • Organigramm der Arbeitsgruppe
VI	Informationen über die Stelle	• Arbeitsinhalte • Anforderungen • Besonderheiten
VII	Vertragsverhandlungen	• Vergütungsrahmen • Zusatzleistungen
VIII	Zusammenfassung, Verabschiedung	• Gesprächsfazit • ggf. neuer Termin

18. Welche charakterischen Merkmale hat das Assessmentcenter?

- Charakteristisch für ein Assessmentcenter (AC) sind folgende *Merkmale*:
  - Mehrere Beobachter (z. B. sechs Führungskräfte des Unternehmens) beurteilen mehrere Kandidaten (i. d. R. 8 bis 12) anhand einer Reihe von Übungen über ein bis drei Tage.
  - Aus dem Anforderungsprofil werden die markanten Persönlichkeitseigenschaften abgeleitet; dazu werden dann betriebsspezifische Übungen entwickelt.
    Die „Regeln" lauten:
    · jeder Beobachter sieht jeden Kandidaten mehrfach
    · jedes Merkmal wird mehrfach erfasst und mehrfach beurteilt
    · Beobachtung und Bewertung sind zu trennen
    · die Beobachter müssen geschult sein (werden)
    · in der „Beobachterkonferenz" erfolgt eine Abstimmung der Einzelbewertungen
    · das AC ist zeitlich exakt zu koordinieren
    · jeder Kandidat erhält am Schluss im Rahmen eines Auswertungsgesprächs sein Feedback.

- *Typische Übungsphasen* beim AC sind:
  - Gruppendiskussion mit Einigungszwang
  - Einzelpräsentation

- Gruppendiskussion mit Rollenverteilung
- Einzelinterviews
- Postkorb-Übung
- Fact-finding-Übung.

19. Welche Testverfahren können im Rahmen der Personalauswahl eingesetzt werden?

a) Testverfahren im strengen Sinne des Wortes sind wissenschaftliche Verfahren zur Eignungsdiagnostik. Testverfahren müssen folgenden Anforderungen genügen:

- Die Testperson muss ein typisches Verhalten zeigen können.
- Das Verfahren muss gleich, erprobt und zuverlässig messend sein.
- Ergebnisse müssen für das künftige Verhalten typisch (gültig) sein.
- Die Anwendung bedarf grundsätzlich der Zustimmung des Bewerbers.
- I.d.R. ist die Mitbestimmung des Betriebsrates zu berücksichtigen.

b) Man unterscheidet u. a. folgende Testverfahren:

- *Persönlichkeitstests* erfassen Interessen, Neigungen, charakterliche Eigenschaften, soziale Verhaltensmuster, innere Einstellungen usw. (z. B. Interessentests, Formdeutungstests, Thematische Tests, Farbtests).

- *Leistungstests* messen die Leistungs- und Konzentrationsfähigkeit einer Person in einer bestimmten Situation (z. B. Pauli-Test, Figuren-/Buchstabentest).

- *Intelligenztests* erfassen die Intelligenzstruktur in Bereichen wie Sprachbeherrschung, Rechenfähigkeit, räumliche Vorstellung usw. (z. B.: IST 70, WILDE-Intelligenz-Test).

- *Spezielle Fähigkeitstests* messen z. B. die technische Begabung, Fingerfertigkeit und/oder Geschicklichkeit des Kandidaten (z. B. Drahtbiegeprobe).

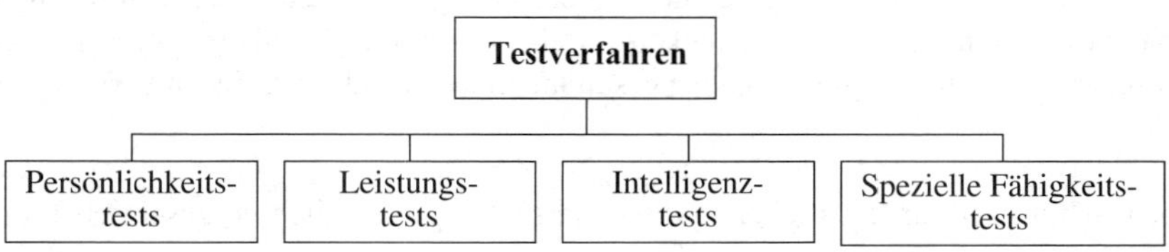

Testverfahren können – bei richtiger Anwendung – das Bewerberbild abrunden oder auch Hinweise auf Unstimmigkeiten geben, die dann im persönlichen Gespräch hinterfragt werden sollten. Der Aufwand ist i. d. R. nicht unbeträchtlich und rechtfertigt sich nur bei einer großen Anzahl von Kandidaten und homogenem Anforderungsprofil. Anspruchsvolle Testverfahren sollten nicht von Laien eingesetzt werden.

Daneben gibt es im betrieblichen Alltag eine Reihe von Auswahlmethoden, die sich mehr oder weniger stark an Prüfungsverfahren anlehnen; z. B. Rechenaufgaben, Rechtschreibübungen, Fragen zum Allgemeinwissen u. Ä., die vor allem bei der Auswahl von Lehrstellenbewerbern eingesetzt werden; fälschlicherweise hat sich auch hier die Bezeichnung „Test“ eingebürgert.

20. Wie ist die Vorgehensweise beim „Biografischen Fragebogen"?

Das Verfahren stammt aus den USA und wird z. T. in Deutschland seit den 80er-Jahren eingesetzt. Man nimmt dabei an, dass sich aus den Persönlichkeitsmerkmalen und Verhaltensmustern der Vergangenheit eine Prognose für den Berufserfolg ableiten lässt. Hinterfragt werden z. B.:

- Eltern/Kind-Beziehung
- Rollenverhalten in der Freizeit (Sportgruppe; Mitglied oder Trainer?)
- Einstellungen und Erfahrungen im Studium (Erfolge/Misserfolge, Lieblingsfächer)
- Motive der Berufswahl.

Die Erfolge dieses Verfahrens erscheinen relativ hoch; wissenschaftlich bewiesen sind sie nicht. Der Einsatz Biografischer Fragebögen setzt eine intensive Schulung voraus.

21. Welche Bedeutung hat die „Ärztliche Eignungsuntersuchung"?

Die ärztliche Eignungsuntersuchung überprüft, ob der Bewerber den Anforderungen der Tätigkeit physisch und psychisch gewachsen ist. In Groß- und Mittelbetrieben wird der Werksarzt die Untersuchung vornehmen, ansonsten führt sie der Hausarzt des Bewerbers durch auf Kosten des Arbeitgebers.

Das Ergebnis der Untersuchung wird dem Bewerber und dem Arbeitgeber anhand eines Formulars oder Kurzgutachtens mitgeteilt und enthält wegen der ärztlichen Schweigepflicht nur die Aussage:

- geeignet
- nicht geeignet
- bedingt geeignet.

Der untersuchende Arzt muss sich präzise über die Anforderungen des Arbeitsplatzes informieren – u. U. vor Ort. Der Wert der ärztlichen Untersuchung ist vor allem darin zu sehen, dass ein Fachmann die gesundheitliche Tauglichkeit für eine bestimmte Tätigkeit überprüft; so können Fehleinschätzungen und mögliche spätere gesundheitliche Schäden bereits im Vorfeld vermieden werden.

Daneben ist für bestimmte Tätigkeiten die Untersuchung gesetzlich vorgeschrieben (z. B. Arbeiten im Lebensmittelbereich).

Hinzu kommt, dass Jugendliche nur beschäftigt werden dürfen, wenn sie innerhalb der letzten 14 Monate von einem Arzt untersucht worden sind (Erstuntersuchung) und dem Arbeitgeber eine von diesem Arzt ausgestellte Bescheinigung vorliegt (§§ 32 ff. JArbSchG).

22. Wie kann die Gesamtbewertung aller Informationen des Auswahlprozesses erfolgen?

1. Abschließende Sichtung aller Kandidaten der „engsten Wahl": Sind die Auswahlgespräche abgeschlossen, werden alle Informationen über die infrage kommenden Kandidaten verdichtet. Fachbereich und Personalbereich werden sich darüber verständigen, welchen Kandidaten sie für den geeignetsten halten. Dies wird in einem Abschlussgespräch erfolgen und kann z. B. anhand eines Entscheidungsbogens geführt werden.

2. Vorbereitung eines Entscheidungsbogens: Sollte ein derartiger Auswertungs- und Entscheidungsbogen eingesetzt werden, so lassen sich hier die maßgeblichen Kriterien (fachliche, persönliche Eignungsmerkmale; z. B.: Alter, Ausbildung, berufliche Erfahrung, Termin der Verfügbarkeit, Gehaltsniveau u. Ä.; Muss- und Wunschkriterien) sowie die dazugehörige Eignung der Kandidaten in einer Matrix festhalten. Beispielsweise könnten in einem derartigen Auswertungs- und Entscheidungsbogen Unterschiede im Eignungsprofil festgehalten werden durch ein Ranking der Bewerber in Form von

   - = nicht erfüllt,
   + = erfüllt oder
   ++ = sehr gut erfüllt.

3. Durchführung des Abschlussgesprächs mit dem Fachbereich: Auf der Basis aller relevanten Kriterien treffen Fachbereich und Personalabteilung eine abschließende Entscheidung. Bei unterschiedlicher Auffassung über die endgültige Entscheidung für einen Kandidaten sollte der Fachbereich „das letzte Wort sprechen", denn er muss – bei aller Sachkompetenz des Personalwesens – mit dem Kandidaten zusammenarbeiten.

Hinweis: Vielfach werden an dieser Stelle in der Literatur Empfehlungen gegeben, die „Muss- und Kann-Kriterien" zu quantifizieren, d. h. mit Wertziffern zu versehen. Die Autoren empfehlen diese Vorgehensweise nicht, da sie zu einer Quasiobjektivität führt. Persönliche Eigenschaften und oft auch fachliche Eignungen entziehen sich der Möglichkeit sie kardinal zu messen. Besser ist es, wenn sich Fachbereich und Personalwesen über eine ordinale Skalierung – im Sinne von „besser oder schlechter" – verständigen (vgl. oben).

6.2.2 Einsatz der Mitarbeiter

01. Welche Kriterien muss der Vorgesetzte bei einem effektiven Mitarbeitereinsatz berücksichtigen?

Der Vorgesetzte kann den Personaleinsatz seiner Mitarbeiter nicht dem Zufall überlassen; er muss ihn *planen* – kurzfristig und auch mittelfristig. Seine Hauptverantwortung besteht darin, *eine Gesamtaufgabe zu erfüllen – mit der ihm zur Verfügung stehenden Gruppe.* Außerdem wird er seine *Mitarbeiter entsprechend ihrer Eignung und Neigung einsetzen.* Dies vermeidet Über- und Unterforderung, verbessert die Motivation und beugt Fehlzeiten und Fluktuation vor.

Der effektive *Mitarbeitereinsatz* muss sich an folgenden *Kriterien* orientieren:

1. *Quantitative Zuordnung:*
   • die täglich und wöchentlich anfallenden Arbeiten; *das Arbeitsvolumen im Verhältnis zur Anzahl der Mitarbeiter*

2. *Qualitative Zuordnung:*
   2.1 die *Anforderungen* der einzelnen Arbeitsplätze (Stellenbeschreibung und Anforderungsprofil)

2.2 *Eignung und Neigung* der Mitarbeiter - „das Können und das Wollen“ (Eignungsprofil, Mitarbeiterbeurteilung, Neigung/Interesse).

Beim Eignungsprofil sind in der Regel folgende Anforderungen zu prüfen:

→ **6.2.1/04.**

- *Allgemeine und persönliche Merkmale:*
  Alter, Geschlecht, Familienstand, körperliche Merkmale (Größe, Kraft, Motorik, Hören, Sehen, physische und psychische Belastbarkeit, Arbeitstempo, Selbstständigkeit, Teamfähigkeit, Sozialverhalten, Verhalten gegenüber Vorgesetzten)
- *Fachliche Merkmale:*
  Schulausbildung, Berufsausbildung, Fortbildung, Berufserfahrung, Wissen, Können
- *Physiologische Merkmale*:
  Seh- und Hörvermögen, körperliche Beanspruchung usw.
- *Psychologische Merkmale:*
  Denkvermögen, sprachlicher Ausdruck, Einsatzbereitschaft, Stressstabilität usw.

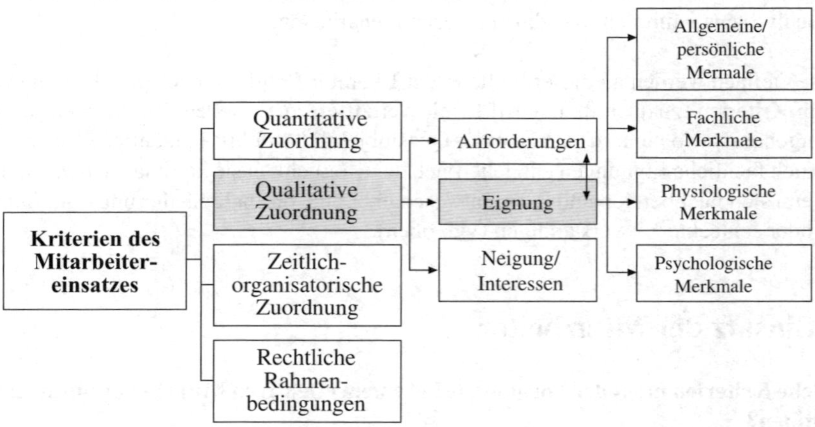

3. *Zeitlich-organisatorische Zuordnung:*
   - Zu welchen Terminen in welchen Arbeitsgruppen werden Mitarbeiter benötigt?
   - Müssen für den Einsatz Vorbereitungen geplant werden?

4. *Rechtliche Rahmenbedingungen:*
   - Einschränkungen des Weisungsrechts durch Betriebsvereinbarungen, Tarif oder Gesetz (z. B. Beachtung des JArbSchG, des Berufsausbildungsvertrages sowie der Berufsschulzeiten beim Personaleinsatz jugendlicher Auszubildender).
   - Bei Versetzungen/Umsetzungen bleibt die Vergütungsseite unberührt.
   - Enthält der Arbeitsvertrag eine Versetzungsklausel?
   - Grundsätzlich gilt: Je genauer die Tätigkeit des Mitarbeiters im Arbeitsvertrag vereinbart wurde, umso geringer ist der Spielraum für die Zuweisung anderer Tätigkeiten.
   - Die Mitbestimmung des Betriebsrates bei Versetzungen ist zu beachten (Ausnahme: betriebliche Notfallsituation).

Diese Merkmale sind nicht für jeden Arbeitsplatz gleich wichtig. Es empfiehlt sich daher, die *Kriterien je Arbeitsplatz zu gewichten* (z. B. Ausprägung: gering, mittel, hoch). Die ausgewogene und planmäßige Berücksichtigung dieser Merkmale bildet die Basis für einen optimalen Personaleinsatz nach dem Motto:

„Der richtige Mann am richtigen Platz!“

Dem Vorgesetzten stehen beim flexiblen Einsatz seiner Mitarbeiter Instrumente zur Verfügung, die er unterschiedlich kombinieren kann, z. B.:

- flexible Handhabung der *Arbeitszeiten* wie z. B. Überstunden, kurzfristige Schichtänderungen u. Ä.
- *Leiharbeitnehmer*
- *Umsetzungen*
- *Versetzungen.*

Der Vorgesetzte kann die Maßnahmen des Personaleinsatzes gegenüber den Mitarbeitern anordnen; er hat das *Weisungsrecht.* Seine Grenzen findet das Weisungsrecht

- in den *individual-rechtlichen Bestimmungen* des jeweiligen Arbeitsvertrages
- in den *kollektiv-rechtlichen Bestimmungen* (z. B. Mitbestimmung des Betriebsrates in den Fällen des § 87 BetrVG, Mitbestimmung bei Versetzungen, § 95 Abs. 3 BetrVG)
- in der Frage, wie die geplante Maßnahme unter dem *Aspekt der Führung* zu bewerten ist (Aspekt der Motivation).

Beispiel 1 für die Einsatzplanung/Mitarbeiterauswahl:
Zu Beginn des Jahres sollen Sie die Fortbildungsplanung für Ihre Mitarbeiter an die Personalabteilung weitergeben. Die Auswahl der Mitarbeiter erfolgt nach *betrieblichen Erfordernissen* und den (berechtigten) Erwartungen der Mitarbeiter, z. B.:

- Betriebliche Erfordernisse, z. B.:
  - Bedarf für zukünftige Qualifizierungen
  - zeitlich/organisatorische Erfordernisse
  - Förderung eines Mitarbeiters aus betrieblicher Sicht.

- Erwartungen der Mitarbeiter, z. B.:
  - eigene Fortbildungsplanung
  - Neigungen/Wünsche
  - Befragung der Mitarbeiter.

Beispiel 2 für die Einsatzplanung/Mitarbeiterauswahl:
Ein wichtiger Kundenauftrag kann nur durch die Einrichtung von drei Sonderschichten realisiert werden. Bei Ihrer Planung müssen Sie folgende Aspekte berücksichtigen:

- Auswahl der erforderlichen Mitarbeiter nach Anzahl, Qualifikation/Eignung und Neigung/Motivation,
- Dauer und Lage der Sonderschichten in Abstimmung mit den betrieblichen Erfordernissen und den davon ebenfalls betroffenen Fachabteilungen sowie der Interessenslage der beteiligten Mitarbeiter,
- Zustimmung des Betriebsrates nach § 87 Abs. 1 Nr. 2 BetrVG,
- Beachtung der gesetzlichen Regelungen bzw. Schutzbestimmungen (Tarifvertrag, Arbeitsverträge, MuSchG, JArbSchG, ArbZG)

- Planung der Material- und Werkzeugdisposition.
- Planung des exakten Mitarbeitereinsatz/Einteilung der Schichten:
  - Als Vorgesetzter sind Sie in der Tagschicht vertreten; für die anderen Sonderschichten empfiehlt sich die Benennung eines Meister-Stellvertreters bzw. eines Teamsprechers.
  - Ggf. ist zu prüfen, ob Auszubildende ab dem 3. Ausbildungsjahr bereits produktiv eingesetzt werden können/sollen unter Beachtung der Ausbildungsordnung und ggf. des JArbSchG.
- Information der betreffenden Mitarbeiter über die Besonderheiten des Auftrags.
- Motivation der Mitarbeiter und Information über die Form der Vergütung (z. B. Mehrarbeitszuschlag, Schichtzulage, Freizeitausgleich).

02. Welche Maßnahmen der kurzfristigen Personalanpassung sind möglich? **→ A 4.5.9**

1. *Personalmehrbedarf,* z. B. wegen erhöhter Nachfrage, Sonderaufträgen, unvorhergesehener Instandhaltungsmaßnahmen u. Ä.; es bestehen folgende Möglichkeit, die zur Verfügung stehende Personalressource „aufzustocken“:
   - *quantitative Anpassung,* z. B. Leiharbeitnehmer, Mehrarbeit, Mehrschichtbetrieb, Rufbereitschaft, Verschiebung des Urlaubs, Verlängerung befristeter Arbeitsverträge, befristete Neueinstellung, interne Versetzung, Beschäftigung „Ehemaliger“ auf Honorarbasis, kurzfristige Mitarbeit des Vorgesetzten (Mitbestimmung des Betriebsrats beachten)
   - *qualitative Anpassung,* z. B. Verbesserung der Mitarbeiterqualifikation anhand der Personalmatrix und damit eine Verbesserung des flexiblen Mitarbeitereinsatzes.

2. *Personalabbau* wegen eines kurzfristiger Auftragsrückgangs:
   - *indirekte Maßnahmen* (ohne Reduzierung der „Kopfzahlen“), z. B. Versetzung, Abbau von Leiharbeit, Einstellungsstopp, Auslaufen befristeter Verträge, Nichtersetzen der natürlichen Fluktuation, Kurzarbeit, Abbau von Schichten/von Mehrarbeit, Veränderung der Regelarbeitszeit, Vorziehen des Jahresurlaubs, Annahme von Lohnaufträgen (Insourcing)/ Rücknahme der Fremdvergabe, Produktion von Lageraufträgen, Vorziehen von Instandhaltungsarbeiten
   - *direkter Maßnahmen* (mit Reduzierung der „Kopfzahlen), z. B. Kündigungen, Aufhebungsverträge, Frühpensionierung, Anreize zur Eigenkündigung.

Vgl. zu Thema Personaleinsatz auch die Aspekte „Fluktuation und Fehlzeiten“ unter A 4.5.9.

6.3 Erstellen von Anforderungsprofilen, Stellenplanungen und -beschreibungen sowie von Funktionsbeschreibungen

6.3.1 Anforderungsprofile

01. Wie werden Anforderungsprofile erstellt?

- *Begriff:*
  Das Anforderungsprofil ist unabhängig von derzeitigen oder zukünftigen Stelleninhabern und enthält *Aussagen über Art und Höhe der Anforderungen einer Stelle.*

- *Probleme:*
  Die Erstellung von Anforderungsprofilen ist mit folgenden Fragen/Problemen verbunden:

  1. Welche *Anforderungsmerkmale* sind relevant?
     z. B.: Wissen, Verantwortung usw.

  2. Welche *Skalierung*/Ausprägungsgrade sollen gewählt werden?
     z. B.: hoch/mittel/gering o. Ä.

  3. Kann die *Ausprägung je Anforderungsmerkmal* beobachtet und „gemessen“ werden?

  4. Wie kann der *Konflikt zwischen Stabilität* und *Aktualität* gelöst werden?

- *Vorgehensweise/Verfahren:*

  1. Ausgangspunkt für die Erstellung eines Anforderungsprofils ist die *Arbeitsplatzanalyse*. Sie gliedert sich in drei *Teilanalysen*:

     1.1 *Aufgabenanalyse*:
     Die Gesamtaufgabe wird in Teilaufgaben zerlegt (Struktur), die spezifische Anforderungen verlangen.

     1.2 *Bedingungsanalyse:*
     Hier werden die sachlichen Arbeitsbedingungen einschließlich der Umwelt-/Umfeldeinflüsse untersucht (z. B. Arbeitsverfahren und -hilfsmittel, ergonomische Gestaltung).

     1.3 *Rollenanalyse:*
     Sie beschreibt die erforderlichen Interaktionsbeziehungen zwischen dem Stelleninhaber und Dritten (Kontakte, Abhängigkeiten, organisatorische Eingliederung, Gespräche usw.).

  2. Aus diesen Teilanalysen wird die *Anforderungsanalyse* abgeleitet, d. h. welche Anforderungen werden an die Qualifikation des Stelleninhabers gestellt. Dabei wird in der Regel auf spezifische Anforderungsarten zurückgegriffen; üblich sind das *Genfer Schema* oder die *Anforderungsarten nach REFA* (vgl. unten):

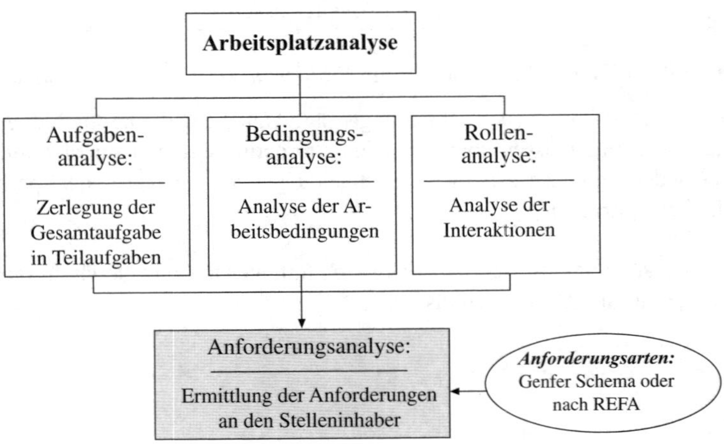

Beispiel:
Das nachfolgende Beispiel ist bewusst einfach gestaltet, um den Vorgang der Erstellung eines Anforderungsprofils zu verdeutlichen: Im Lagerbereich von Meister Kantig gibt es die Stelle des „Lagerhelfers“.

1.1 Die *Aufgabenanalyse* ergibt folgende Tätigkeitsstruktur:
→ Packen
→ Transportieren
→ Botengänge

1.2 Die *Bedingungsanalyse* führt zu folgendem Ergebnis:
→ Der Umgang mit einem Hubwagen muss beherrscht werden.
→ Die Sicherheitsbestimmungen müssen eingehalten werden.
→ Der Stelleninhaber muss das Lagersystem kennen und einhalten.

1.3 Die *Rollenanalyse* zeigt folgende Einzelheiten:
Der Stelleninhaber
→ muss die Anweisungen des Lagerleiters einhalten
→ muss mit den Lkw-Fahrern des Unternehmens und externen Speditionen Kontakt halten.

2. Aus den drei Teilanalysen wird die Anforderungsanalyse abgeleitet; dabei wird auf vier Anforderungsarten (in Anlehnung an das *Genfer Schema*) zurückgegriffen:

Anforderungsarten	Anforderungsanalyse: Der Stelleninhaber muss ...
• Fachkönnen:	• das sachgerechte Verpacken in Holz und Pappe beherrschen • die Bedienung des Hubwagens beherrschen • Transport und Lagerung der Materialien unter Einhaltung der Sicherheitsbestimmungen durchführen
• Körperliche Belastung:	• Materialien bis zu 50 kg auch über längere Zeit heben und tragen können
• Geistige Belastung:	• die Sicherheitsbestimmungen kennen • das Lagersystem kennen • Anweisungen einhalten • mit den Lkw-Fahrern einfache Abläufe besprechen können • auch unter Stress termin- und sachgerecht arbeiten
• Umwelteinflüsse:	• gesundheitlich robust sein, da das Lager nicht beheizt ist und oft Zugluft existiert

Dieses einfache Beispiel zeigt bereits die *Problematik der Anforderungsanalyse:*

- Die Analyse ist immer auch subjektiv geprägt: Unterschiedliche Analytiker werden zu unterschiedlichen Ergebnissen kommen. Die Anforderungsarten lassen sich teilweise nur schwer voneinander abgrenzen, z. B. die Überschneidungen bei geistigen und körperlichen Belastungen (vgl. oben, „Stress“).

- Die Ausprägung eines Merkmals lässt sich mitunter nur unzuverlässig messen, z. B. bei der Anforderungsart „Umwelteinflüsse“.

02. Auf welche Anforderungsarten wird üblicherweise bei der Anforderungsanalyse zurückgegriffen?

Am gebräuchlichsten ist das *Genfer Schema* mit vier Anforderungsarten; es wurde nach *REFA* auf sechs Anforderungsarten erweitert. Die Abbildung zeigt den Zusammenhang zwischen den Anforderungsarten nach dem Genfer Schema und nach REFA:

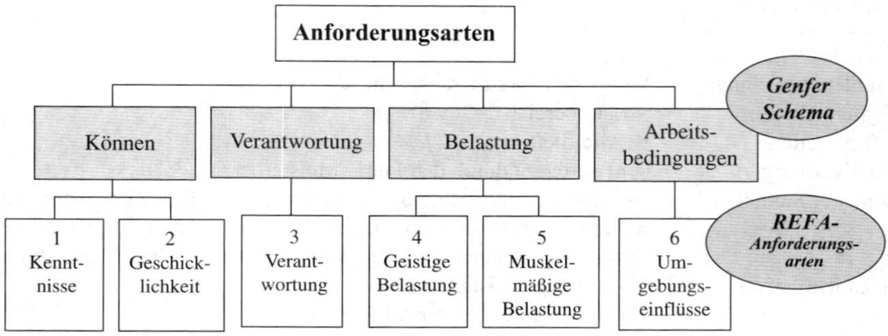

03. Worin besteht der Unterschied zwischen Soll-Anforderungsprofilen und Ist-Anforderungsprofilen?

- Das *Soll-Anforderungsprofil* (auch kurz: Anforderungsprofil) ist das Ergebnis der Arbeitsplatzanalyse (s. oben).

- Das *Ist-Anforderungsprofil* (auch kurz: *Eignungsprofil*) ergibt sich aus der Analyse und Bewertung des Kandidaten für eine bestimmte Stelle anhand der festgelegten Anforderungsarten (s. oben).

Beispiel 1:
Die nachfolgende Abbildung zeigt als Grafik die Gegenüberstellung eines Soll- und eines Ist-Anforderungsprofils (modellhafte Darstellung). Den Abgleich zwischen beiden Profilen nennt man *Profilvergleichanalyse*; sie zeigt die Defizite des Kandidaten:

Profilvergleich				
Anforderungsarten	**Ausprägung**			
	hoch	mittel	gering	nicht vorhanden
1. Können				
2. Verantwortung				
3. Belastung				
4. Arbeitsbedingungen				

——— Soll-Anforderungsprofil

—·—·— Ist-Anforderungsprofil (Eignungsprofil)

Beispiel 2: → **6.3.2**

Sie sind u. a. für ein Bearbeitungszentrum (12 Mitarbeiter) zuständig. Da Sie dringend Entlastung brauchen, planen Sie, einen Ihrer Mitarbeiter zum Vorarbeiter zu ernennen. Um einen zuverlässigen Maßstab für die Auswahl eines geeigneten Mitarbeiters zu haben, erarbeiten Sie sich die Stellenbeschreibung sowie das Anforderungsprofil der Stelle „Vorarbeiter Bearbeitungszentrum“:

Stellenbeschreibung:

1 Stellenbezeichnung:	Vorarbeiter Bearbeitungszentrum
2 Unterstellung:	Meisterbereich 2
3 Überstellung:	12 Mitarbeiter
4 Stellvertretung:	wird vertreten durch den Leiter/Meisterbereich 3
5 Ziel der Stelle:	Sicherstellen der Erfüllung der geforderten Aufträge im Bearbeitungszentrum unter Beachtung terminlicher, kostenmäßiger, qualitativer, quantitativer und personeller Vorgaben sowie der Arbeitsschutzbestimmungen
6 Hauptaufgaben:	• Vertretung Meisterbereich 3 • Bedienung der Universalfräsmaschine • Justierung der Maschinen im Bearbeitungszentrum usw.
7 Kompetenzen:	• Materialbestellung laut Vorgaben • personelle Maßnahmen durchführen usw.

Anforderungsprofil:

A.	*Fachliche* Anforderungen:	• abgeschlossene Berufsausbildung, möglichst als ... • mindestens 5 Jahre Erfahrung im Betrieb (Abläufe, Regelungen) • fundierte Kenntnisse/Fähigkeiten an Dreh-, Fräs- und Schleifmaschinen • Zusatzkenntnisse (Programmierung, SPS usw.)
B.	*Persönliche* Anforderungen:	• persönliche Eignung als Führungskraft • Fähigkeit, Konflikte wirksam zu bewältigen • Bereitschaft zur Übernahme der Verantwortung

04. Welche Bedeutung (Relevanz) haben außerfachliche Qualifikationen für das Anforderungsprofil? **→ A 4.4.3**

- *Qualifikation ist das individuelle Arbeitsvermögen* eines Mitarbeiters zu einem bestimmten Zeitpunkt (→ 6.1.1/05. ff.).

- Der Begriff *„Kompetenz“* wird in doppelter Bedeutung verwendet:

  → Fähigkeit als Teil der Qualifikation (neben Wissen und Verhalten)
  → Befugnis zur Vornahme von Entscheidungen

- Man unterscheidet vier *Kompetenzbereiche:*

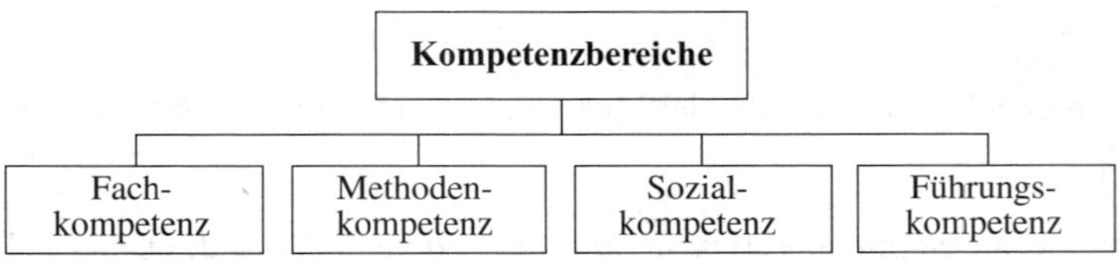

Mit außerfachlichen Qualifikationen sind also die Methoden-, Sozial- und die Führungskompetenz gemeint. In der Praxis ist folgendes Phänomen zu beobachten:

Bei der Auswahl interner oder externer Kandidaten anhand eines Anforderungsprofils *wird häufig die Fachkompetenz in ihrer Bedeutung für den zukünftigen Erfolg in einer Tätigkeit überschätzt bzw. die Bedeutung der außerfachlichen Qualifikation unterschätzt.*

Beispiel:
Ein Unternehmen mittlerer Größe sucht einen Lagerleiter; im Anforderungsprofil ist zu lesen (Kurzfassung): Abschluss als Meister für Lagerwirtschaft o. Ä., mindestens drei Jahre Erfahrung in der Leitung eines Lagers, REFA-Grundausbildung, hohes Organisationsvermögen, Erfahrung in der Führung gewerblicher Mitarbeiter, psychisch und physisch belastbar – auch bei Termindruck usw.

Wer im vorliegenden Fall bei der Kandidatenauswahl die fachlichen Anforderungen überbetont, läuft Gefahr, den falschen Kandidaten zu wählen. Die REFA-Grundausbildung ist ggf. verzichtbar oder kann nachgeholt werden. Außerfachliche Qualifikationen wie z. B. „hohe psychische Belastbarkeit in Stresssituationen“ ist relativ unveränderbar und kaum zu trainieren. Fehlt also beispielweise diese Eigenschaft bei einem Kandidaten, so sollte er für die Position nicht ausgewählt werden. Selbstverständlich existiert immer das Problem, dass fachliches Können „leichter überprüfbar“ ist als Elemente der außerfachlichen Qualifikation.

Vgl. zu diesem Thema auch unter A 4.4.3, Formen der Autorität (Amts-, Fachautorität, personale Autorität).

05. Welche Qualitätsansprüche sollten bei der Erstellung von Anforderungsprofilen beachtet werden?

Anforderungsprofile erfüllen nur dann ihren Zweck, wenn sie bestimmten *Qualitätsansprüchen* genügen. Diese sind:

1. *Relevanz:*
   → Es werden *nur* die *wesentlichen Merkmale* einer Stelle berücksichtigt; nur die wichtigsten Zuständigkeiten, die sog. „WIZUs", werden erfasst.

2. *Vollständigkeit:*
   → *Alle* wichtigen Merkmale werden erfasst.

3. *Überschneidungsfreiheit:*
   → Gleiche Tatbestände (z. B. Führung der Mitarbeiter) werden *nicht mehrfach erhoben.*

4. *Objektivität:*
   → Die Ergebnisse dürfen (möglichst) *nicht durch subjektive Einflüsse* des Untersuchenden beeinflusst sein.

5. *Reliabilität* (Zuverlässigkeit)*:*
   → Der Vorgang der Merkmalserhebung soll zuverlässig sein, d. h., *im Wiederholungsfall zu gleichen Ergebnissen* führen.

6. *Validität:*
   → Das Messergebnis soll die tatsächliche Ausprägung der Anforderungshöhe wiedergeben („es muss das tatsächlich messen, was es messen soll").

06. Welchen Inhalt könnte das Anforderungsprofil eines Anlern-Arbeitsplatzes in der Montage mechanischer Bauteile haben, wenn man das Anforderungsschema nach REFA zu Grunde legt?

Beispiel:

Kenntnisse	Grundkenntnisse der Metallverarbeitung, der Montage und der EDV; Kenntnisse der Produkte und deren Bedeutung
Geschicklichkeit	Fügetechnik, gute Motorik
Verantwortung	Einhaltung der Qualitätsvorgaben, Erkennen von Fehlern, Identifikation mit dem Produkt
Geistige Belastung	Auswertung von Montageanleitungen, Einhalten der Vorgabezeiten
Muskelmäßige Belastung	körperliche Belastbarkeit
Umgebungseinflüsse	Einsatz an wechselnden Montagestellen, Fähigkeit zur Teamarbeit

6.3.2 Bedeutung von Stellenbeschreibungen und Stellenplanungen

01. Welche Bedeutung haben Stellenbeschreibungen?

Anforderungsprofile werden auf der Basis von *Stellenbeschreibungen* erstellt (→ 6.3.1). Stellenbeschreibungen zeigen dem Mitarbeiter, welche Aufgaben und Entscheidungsbefugnisse er hat. Sie werden als *Instrument der Organisation* sowie als *personalpolitisches Instrument* für vielfältige Zwecke eingesetzt, z. B.:

- Kompetenzabgrenzung
- Personalauswahl
- Personalentwicklung
- Organisationsentwicklung
- Stellenbewertung
- Lohnpolitik/Gehaltsfindung
- Mitarbeiterbeurteilung
- Feststellung des Leitenden-Status
- interne und externe Stellenausschreibung.

02. Welchen Inhalt haben Stellenbeschreibungen?

Stellenbeschreibungen sind *formalisierte Darstellungen der wesentlichen Merkmale einer Stelle;* sie werden auch als Arbeitsplatz-, Tätigkeits-, Aufgaben- oder Positionsbeschreibungen sowie als Job description bezeichnet. Es gibt in der Literatur und in der Praxis keine einheitliche Darstellung über Inhalt und Struktur einer Stellenbeschreibung. Üblicherweise sind enthalten: Bezeichnung der Stelle, Über-/Unterstellung, Zielsetzung, Aufgaben und Befugnisse. *In der Praxis wird vielfach das entsprechende Anforderungsprofil der Stelle mit aufgenommen.*

Stellenbeschreibung	
I.	**Beschreibung der Aufgaben:**
	1. Stellenbezeichnung 2. Unterstellung An wen berichtet der Stelleninhaber? 3. Überstellung Welche Personalverantwortung hat der Stelleninhaber? 4. Stellvertretung • Wer vertritt den Stelleninhaber? (passive Stellvertretung) • Wen muss der Stelleninhaber vertreten? (aktive Stellvertretung) 5. Ziel der Stelle 6. Hauptaufgaben und Kompetenzen 7. Einzelaufträge 8. Besondere Befugnisse
II.	**Anforderungsprofil:**
	Fachliche Anforderungen: • Ausbildung • Berufspraxis • Weiterbildung • besondere Kenntnisse ... **Persönliche Anforderungen:** • Kommunikationsfähigkeit • Führungsfähigkeit • Analysefähigkeit ...

03. Wie können Stellenpläne als Instrument der Personalplanung eingesetzt werden?

→ **6.1.2/03./Nr. 6**

- Der *Stellenplan* zeigt alle Stellen eines Betriebes oder eines organisatorischen Bereichs – unabhängig davon, ob sie besetzt sind oder nicht. Insofern hat der Stellenplan Soll-Charakter. Der Stellenplan baut auf vorhandene Stellenbeschreibungen auf und enthält Angaben über die Anzahl und Bezeichnung der vorhandenen Planstellen. Er kann in Form eines Organigramms oder als Tabelle dargestellt werden.

- Der *Stellenbesetzungsplan* wird aus dem Stellenplan entwickelt und enthält weitere Angaben: Ob und von wem die Stelle besetzt ist und ggf. weitere Informationen über den Mitarbeiter (Alter, Eintrittdatum, Vollmacht).

- Von einem *Stellenbewertungsplan* spricht man, wenn die Funktionswerte je Stelle eingetragen werden, d. h. die tarifliche oder außertarifliche Eingruppierung (z. B. T 6, AT 2; T = Tarifgruppe; AT = außertarifliche Gruppe).

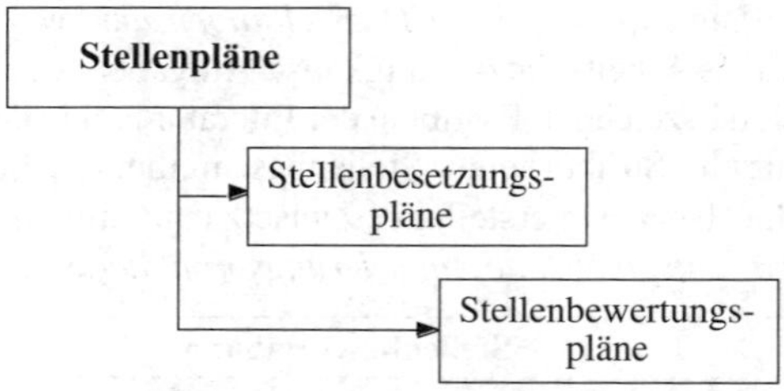

Stellenpläne und Stellenbesetzungspläne gehören zu den wichtigsten Instrumenten der Personalplanung (→ 6.1.2/03./Nr. 6). Ein Nachteil der Stellenpläne ist die relativ große Starrheit dieses Instruments bzw. der Korrekturaufwand bei der Anpassung an Veränderungen in der Organisation des Betriebes.

Diesen Nachteil versucht man auszugleichen, indem man Stellenpläne nach der Methode *„Planung offener Systeme"* unter Berücksichtigung sich verändernder Arbeitsprozesse gestaltet:

- Als *System* bezeichnet man die Gesamtheit von Elementen, die zueinander in Beziehung stehen, von der Umwelt abgegrenzt sind und verschiedene Bestandteile haben (z. B. Aufgaben, Aufgabenträger, Mittel, Informationen).

  Beispiel für Systeme, speziell Subsysteme: Fertigung, Personalwesen, Absatz.

- In einem *offenen System* stehen nicht nur die Elemente untereinander in Beziehung, sondern es bestehen auch Verbindungen zu den Elementen anderer Systeme.

  Beispiel:
  Das Subsystem „Personalplanung" wird so gestaltet, dass Verbindungen zu den Systemen „Fertigungsplanung" und „Absatzplanung" existieren.

Konkret dargestellt lässt sich die Personalplanungsaktivität dadurch verbessern, indem man Stellenpläne vereinfacht und als offenes System plant: Gleichartige/gleichwertige Stellen werden nach Kategorien zusammengefasst, sodass sich eine direkter Zusammenhang bei der Veränderung im Fertigungsprozess oder in den Arbeitsprozessen zur Personalplanung herstellen lässt.

Beispiel (vereinfacht):
Der unten dargestellte Stellenplan weist Anzahl und Kategorien der Stellen in der Montage aus. Bei einer Änderung des Fertigungs- und/oder der Arbeitsprozesse kann direkt auf die Veränderung in der Stellenstruktur und -anzahl geschlossen werden; die Einführung teilautonomer Gruppenarbeit kann z. B. zu einer Reduzierung der Vorarbeiter führen. Die Einführung neuer Robotertechnik und variabler Transportsysteme kann Anlernkräfte entbehrlich machen bzw. zu einer Reduzierung der Fachkräfte „Mechanik“ führen.

Stellenplan		
Stellenbezeichnung:	*Abteilung:*	*Bereich:*
	Montage	**Fertigung 1**
	Nr.	*Anzahl*
Abteilungsleiter	1	1
Meister	11	5
Vorarbeiter	12	10
Facharbeiter:	13	
Elektrik	131	20
Mechanik	132	36
Elektronik	133	8
Pneumatik	134	4
...	...	...
Angelernte:	14	
Mechanik	141	8
Versorgung	142	4
...	...	...

6.3.3 Funktionsbeschreibungen

01. Was sind Funktionsbereiche?

Als *Funktion* bezeichnet man die Betätigungsweise und die Leistung eines Elements in einem System.

Beispiel:
Die Hauptfunktionen eines Industriebetriebes sind: Leitung, Beschaffung, Absatz usw.

Betriebliche Funktionen beanspruchen Ressourcen und Zeit. Sie können hierarchisch aufgebaut sein (Hauptfunktion, Unterfunktion) und weiter untergliedert werden.

Hinsichtlich des Beitrags zur Wertschöpfung unterscheidet man *operative Funktionsbereiche* und *Servicebereiche*. Zum Beispiel rechnet man in einem Industriebetrieb den Fertigungs- und den Absatzbereich zu den operativen Funktionsbereichen, während das Personalwesen, der IT-Bereich und die Logistik den Servicebereichen zugeordnet werden (sie leisten keinen unmittelbaren Beitrag zur Wertschöpfung).

02. Was leisten Funktionsbeschreibungen und welchen Inhalt haben sie?

Funktionsbeschreibungen stellen den Leistungsbeitrag einer betrieblichen Funktion dar. Häufig wird aus Gründen der Effektivität nicht eine einzelne Funktion beschrieben, sondern gleichartige Aufgaben werden zu Funktionstypen gebündelt.

Beispiele für Funktionstypen:
- Facharbeiter Fertigung
- Facharbeiter Montage
- Außendienstmonteur.

Dadurch können bestimmte, gleichartige Aufgabenbündel standardisiert werden; Erstellungsaufwand und Pflege reduzieren sich. Funktionsbeschreibungen zeigen die Schwerpunktaufgaben und die zu verantwortenden Ergebnisse.

Beispiel (Auszug):

Funktionsbeschreibung:	***Leiter Technik***	erstellt am: ... wird geführt von: GF Technik Eingruppierung: AT
Schwerpunktaufgaben: • strategische Weiterentwicklung des technischen Bereichs • Kostenplanung und wirtschaftliche Steuerung • Führung der Mitarbeiter usw.		

03. Welche Ziele und Aufgaben hat die Arbeits(platz)bewertung?

Nach REFA dient die Arbeits(platz)bewertung (Stellenbewertung) – unter Berücksichtigung der Zeitermittlungsdaten und der Nennung von Leistungskriterien –

- der betrieblichen Lohnfindung,
- der Personalorganisation und
- der Arbeitsgestaltung
- der Personalauswahl
- der Personalentwicklung
- der Ermittlung von Anforderungsprofilen.

Die Arbeitsbewertung beantwortet zwei Fragen:

(1) Mit welchen Anforderungen wird der Mitarbeiter konfrontiert?

(2) Wie hoch ist der Schwierigkeitsgrad einer Arbeit im Verhältnis zu einer anderen?

Dabei bleiben der Mitarbeiter, seine persönliche Leistungsfähigkeit, sein Schwierigkeitsempfinden und die Leistungsbeurteilung durch Vorgesetzte außer Acht. Konkret werden z. B. die Arbeiten eines Entwicklungsingenieurs und eines Einkäufers verglichen und entweder als gleich eingestuft oder als relativer Stufenabstand festgestellt. Bei der Untersuchung der Arbeitsanforderungen wird von der Gesamtaufgabe des Arbeitsplatzes ausgegangen; sie wird in Teilaufgaben zerlegt, um festzustellen, welche Tätigkeiten vorgenommen werden müssen, damit die gestellte Aufgabe erfüllt werden kann und welche Anforderungen an den Mitarbeiter damit im Einzelnen verbunden sind.

Der Umfang der Untersuchung hängt vor allem von vier Faktoren ab:

- der Vielseitigkeit der Aufgaben
- dem Grad der Arbeitsteilung
- dem Sachmitteleinsatz
- der Häufigkeit, mit der diese Aufgabe anfällt.

Die Untersuchung von Aufgaben und den daraus folgenden Arbeiten ist erforderlich, weil sich daraus Konsequenzen ergeben hinsichtlich

- der Arbeitsgestaltung
- des Mitarbeitereinsatzes
- der Unterweisung
- der Mitarbeiterbeurteilung.

04. In welchen Schritten wird eine analytische Arbeitsbewertung durchgeführt?

Nach REFA erfolgt die analytische Arbeitsbewertung in drei Schritten:

1. *Arbeitsbeschreibung:*
   Beschreiben des Arbeitssystems und ggf. dessen Arbeitssituation

2. *Anforderungsanalyse:*
   Ermitteln von Daten für einzelne Anforderungsarten

3. *Quantifizierung der Anforderungen:*
   Bewerten der Anforderungen und Errechnen der Anforderungswerte.

05. Worin unterscheiden sich die summarische und die analytische Arbeitsbewertung?

- Die *summarische Arbeitsbewertung* beurteilt den Arbeitsinhalt als Ganzes. Alle Arbeitsplätze werden miteinander in Bezug gesetzt (en bloc). Vorteilhaft ist die einfache Durchführbarkeit dieses Verfahrens. Von Nachteil ist, dass sich einzelne Ausprägungen nur ungewichtet auf den Gesamtwert auswirken. Insofern ist die summarische Arbeitsbewertung ein grobes Verfahren.

- Die *analytische Arbeitsbewertung* betrachtet die einzelnen *Anforderungsarten* im Detail. Der Erstellungsaufwand ist größer. Das Verfahren liefert i. d. R. genauere Anforderungswerte.

	Stellenbewertung	
	Vorteile, z. B.	**Nachteile, z. B.**
summarische Bewertung	• einfach • wenig Kosten • leicht zu verstehen	• nicht sehr genau • führt leicht zu Fehlern • es müssen mehrere Faktoren bewertet werden
analytische Bewertung	• entspricht den Anforderungen • überprüfbar • Akzeptanz	• schwierig • zeitaufwändig • Erfahrung der Bewerter

06. Welche Methoden (Prinzipien) der Quantifizierung gibt es bei der Arbeitsbewertung?

- *Prinzip der Stufung:*
  Es wird eine (gesonderte) Skalierung erstellt (z. B. tariflicher Lohngruppenkatalog oder Stufenwertzahlen von z. B. 0 bis 10). Die einzelnen Anforderungsarten werden mit dieser Skalierung verglichen und erhalten eine dementsprechende Wertzahl.

- *Prinzip der Reihung:*
  Hier wird eine skalenunabhängige Rangfolge der Anforderungsarten erstellt durch paarweisen Vergleich untereinander – im Sinne von „höher oder geringer" (summarisch: ordinale Abstände; analytisch: kardinale Abstände).

07. Welche Einzelverfahren der Arbeitsbewertung gibt es, wenn man die Prinzipien der Quantifizierung mit den Methoden der qualitativen Analyse kombiniert?

	Verfahren	
	Summarisch	**Analytisch**
Reihung Vergleich der Anforderungen *untereinander*	**Rangfolgeverfahren:** A < B = F < D < E = C	**Rangreihenverfahren:** 1. Anforderungsart: *Geistige Anforderungen* A < B = F < D < E = C 20 40 40 80 80 100 2. Anforderungsart: *Körperliche Anforderungen* ... 3. Anforderungsart: ...
Stufung Vergleich der Anforderungen mit einem *Maßstab*	**Lohngruppenverfahren:** **Maßstab** A, B, C, D, E, F Lohngruppe 1 Lohngruppe 2 Lohngruppe 3 Lohngruppe 4 Lohngruppe 5 ...	**Stufenwertzahlverfahren:** Arbeitsplatz A: *Anforderungsart 1* Arbeitsplatz A: *Anforderungsart 2* Arbeitsplatz A: *Anforderungsart 3* ... ... **Maßstab** äußerst gering 0 gering 2 mittel 4 groß 6 sehr groß 8 extrem groß 10

Beispiel einer (einfachen) Arbeitsbewertung:
Im Fertigungsbereich III gibt es folgende Stellen: Meister, Vorarbeiter, Sachbearbeiter, Monteur, Hilfskraft. Mithilfe des Prinzips der Reihung soll eine summarische Arbeitsbewertung der genannten Stellen durchgeführt werden; auf die in der Praxis erforderliche Darstellung der betreffenden Stellenbeschreibungen wird hier verzichtet. Für den paarweisen Vergleich werden folgende Kennzeichnungen verwendet:

0 = die Anforderungen der Stellen sind gleich
\+ = die Anforderungen der Stelle sind höher
\- = die Anforderungen der Stelle sind geringer

Die Bewertung wird in nachfolgender Matrix durchgeführt:

	Vergleichsstellen					
Stellen	Meister	Vorarbeiter	Sach-bearbeiter	Monteur	Hilfskraft	***Ranking***
Meister	0	+	+	+	+	***4***
Vorarbeiter	-	0	+	+	+	***3***
Sach-bearbeiter	-	-	0	-	+	***1***
Monteur	-	-	+	0	+	***2***
Hilfskraft	-	-	-	-	0	***0***

Der paarweise Vergleich der Stellen führt zu dem *Ranking:*

Meister > Vorarbeiter > Monteur > Sachbearbeiter > Hilfskraft

Selbstverständlich wäre man im vorliegenden Fall auf dieses Ergebnis auch ohne die tabellarische Erfassung gekommen; das Beispiel hat Modellcharakter.

6.4 Delegieren von Aufgaben und der damit verbundenen Verantwortung

6.4.1 Delegation, ein wesentlicher Faktor positiver Führung

Fallbeispiel „Delegation“:
Herr Dieter Huber ist ein erfahrener Mechaniker in der Montage eines Maschinenbauunternehmens und gehört zu den besten Mitarbeitern von Meister Bernd Clever. In letzter Zeit macht sich Meister Clever allerdings Sorgen: Herr Huber ist nicht mehr so engagiert wie früher und zeigt sich mürrisch in der Zusammenarbeit mit seinen Kollegen, was man sonst von ihm überhaupt nicht kannte.

Als Meister Clever Zeit findet, mit Herrn Huber über diese Veränderung zu sprechen, beklagt sich der Mitarbeiter: „Stimmt ja schon, was Sie da sagen und tut mir auch Leid, aber wissen Sie Chef, irgendwie fehlt mir der Anreiz. Seit Jahren mache ich hier die gleiche Arbeit. Nichts ändert sich, immer der gleiche Trott. Vielleicht wäre ja eine innerbetriebliche Versetzung möglich, damit ich endlich mal etwas Neues sehe?"

Meister Clever macht sich Gedanken: Zurzeit kann er auf seinen erfahrenen Mitarbeiter Huber nicht verzichten. Er untersucht seinen gesamten Verantwortungsbereich und hat eine Überlegung: Seit langem bereitet die Ausgabe und Wartung der Spezialwerkzeuge für die Montage erhebliche Probleme; da eine klare Zuständigkeit für dieses Kleinlager fehlt, kommt es des öfteren zu Fehlbeständen und Beschädigungen, die nicht rechtzeitig ausgeführt werden.

Meister Clever trifft eine Entscheidung und teilt sie Herrn Huber mit:

Der Mechaniker übernimmt zukünftig die Ausgabe und Pflege des Lagers für Spezialwerkzeuge; dafür wird sein bisheriges Aufgabenvolumen reduziert und zum Teil von einem Mitarbeiter übernommen, der sich bisher noch in der Einarbeitung befand. Herr Huber ist einverstanden und freut sich über das Vertrauen, das man ihm entgegenbringt.

Die Entscheidung erweist sich als richtig: Huber zeigt wieder Elan an seinem bisherigen Arbeitsplatz; er organisiert die Werkzeugausgabe neu, Fehlbestände gehören der Vergangenheit an und die Kollegen loben die Einsatzfähigkeit und Wartung des Werkzeugs.

01. Was bezeichnet man als Delegation?

Delegieren bedeutet Übertragen. Die Übertragung von Aufgaben kann auf Dauer oder für einen einmaligen Vorgang erfolgen.

Delegation ist die Übertragung von Aufgaben und Verantwortlichkeiten mit klar umrissenen Befugnissen (Kompetenzen) an geeignete Mitarbeiter zur selbstständigen Erledigung.

02. Welche Elemente muss eine effektive Delegation umfassen?

Richtig delegieren heißt für den Vorgesetzten, folgende Fragestellungen sachgerecht zu beantworten und zu regeln:

1. *Aufgabe:*
   Was soll delegiert werden?

2. *Ziel:*
   Wie soll die Aufgabe erledigt werden (z. B. Qualitäts-, Quantitäts- und Zeitvorgaben)?

3. *Mitarbeiter:*
   Wem soll die Aufgabe übertragen werden?

4. *Kompetenz:*
   Welche Befugnisse erhält der Mitarbeiter?

03. Welche Aufgaben können delegiert werden und welche nicht?

Der Vorgesetzte kann aus seinem gesamten Verantwortungsbereich Aufgaben herauslösen, die er an geeignete Mitarbeiter überträgt. Die Analyse aller Einzelaufgaben kann nach dem Eisenhower-Prinzip unter den Aspekten „Dringlichkeit" und „Wichtigkeit" erfolgen; der Grad der Delegation wird sich am *Schwierigkeitsgrad* der Aufgabe sowie an der *Erfahrung des Mitarbeiters* orientieren.

Nicht delegieren kann der Vorgesetzte i. d. R. seine eigenen *Führungsaufgaben*; dazu gehören z. B.:

- die Planung und Kontrolle für seinen gesamten Verantwortungsbereich
- die Auswahl, Förderung, Führung und Betreuung der ihm unterstellten Mitarbeiter, insbesondere Versetzungen, Beurteilungen, Gehaltseingruppierungen und Kündigungen
- die Zusammenarbeit mit dem nächsthöheren Vorgesetzten.

04. Warum muss jede delegierte Aufgabe mit einer Zielsetzung verbunden sein?

Voraussetzung für eine wirksame Delegation ist die Vorgabe oder Vereinbarung einer klaren Zielsetzung: „Warum und mit welchem Zweck ist etwas zu tun?"

Wird diese Zielsetzung nicht geklärt, *fehlt dem Mitarbeiter die Vorgabe eines Maßstabs für sein Handeln.*

05. Welche Gesichtspunkte sind beim Mitarbeiter im Rahmen der Delegation zu prüfen?

Bei der Auswahl eines Mitarbeiters für einen bestimmten Delegationsbereich muss der Vorgesetzte eine Reihe von Fragen prüfen, die sich auf das „Wollen und Können" der Mitarbeiter zur Übernahme von Aufgaben beziehen:

- *Motivation:*
  Ist der Mitarbeiter *bereit* zur Übernahme der Aufgabe?
  alternativ:
  Was muss der Vorgesetzte tun, um die Bereitschaft des Mitarbeiters zu fördern?

- *Fähigkeiten:*
  Ist der Mitarbeiter *fähig* zur Übernahme der Aufgabe?
  Zum Beispiel: Führungsfähigkeit, notwendige Fachkompetenz.
  alternativ:
  Welche Kenntnisse und Fähigkeiten müssen vom Mitarbeiter zur Übernahme der Aufgabe erworben werden? Wie soll die Vermittlung erfolgen?

- *Persönliche Eigenschaften:*
  z. B. Zuverlässigkeit, Loyalität, Durchsetzungsvermögen, Vorbildfunktion, Akzeptanz bei den zu unterstellenden Mitarbeitern.

Beispiel 1 (Delegation für einen einmaligen Vorgang):
Soeben ist eine neue Maschine per Lkw angeliefert worden. Da Sie in einer halben Stunde an einer wichtigen Projektsitzung teilnehmen müssen, beauftragen Sie einen Ihrer Mitarbeiter, den Ablade- und Transportvorgang der Maschine in die Werkhalle zu veranlassen.

Der Mitarbeiter, dem Sie diese Aufgabe übertragen, sollte folgende *Voraussetzungen* erfüllen:

Fachlich, z. B.:	*Persönlich*, z. B.:
• notwendige Fachkompetenz • Erfahrung mit dieser Tätigkeit • Kenntnis der UVV, BGV • Kenntnis der Gefahrenquellen	• Bereitschaft und Fähigkeit, Verantwortung zu übernehmen • Führungsfähigkeit • selbstständiges Handeln • physische und psychische Voraussetzungen

Beispiel 2 (Delegation auf Dauer):
Zu Ihrer Entlastung soll einer Ihrer Mitarbeiter zu Ihrem Stellvertreter ernannt werden. Neben den fachlichen und persönlichen Voraussetzungen, die der infrage kommende Mitarbeiter erfüllen sollte (vgl. analog: Beispiel 1, oben) müssen Sie die *organisatorischen Voraussetzungen* der Delegation (auf Dauer) klären – insbesondere:

- Abgrenzung der Aufgaben (Delegationsumfang)
- Festlegen der Befugnisse/Kompetenzen
- Regelung der Mittel und Ressourcen
- Bekanntgabe der Delegation in geeigneter Weise
- Änderung der Stellenbeschreibung
- Zugang des Mitarbeiters zu allen für die übertragene Aufgabe erforderlichen Informationen.

06. Warum müssen sich Ziel, Aufgabe und Kompetenz bei der Delegation entsprechen?

- Die *Zielsetzung* ist der Maßstab für ein bestimmtes Handeln. Fehlt das Ziel, fehlt die Orientierung für das Handeln der Mitarbeiter.

- Die Übertragung der *Aufgabe* umfasst die Beschreibung der notwendigen Einzeltätigkeiten. Ist die Aufgabe nicht klar umrissen und von anderen Tätigkeiten abgegrenzt, kann dies zur Folge haben, dass einzelne Tätigkeiten nicht erfüllt werden oder „Übergriffe" in Aufgabenbereiche anderer Mitarbeiter geschehen.

- Der Begriff *„Kompetenz"* hat einen doppelten Wortsinn:
  - Kompetenz im Sinne von Befähigung/eine Sache beherrschen (z. B. Führungskompetenz)
  - *Kompetenz im Sinne von Befugnis*/eine Sache entscheiden dürfen (z. B. die Kompetenz/Vollmacht zur Unterschrift)

  Der Mitarbeiter kann die übertragenen Aufgaben nur dann sachgerecht ausführen, wenn er die dazu erforderlichen Befugnisse hat und diese im vorgegebenen Umfang nutzt. Außerdem muss er mit den notwendigen Ressourcen (zeitlich, finanziell, personell) ausgestattet sein. Es fehlen ihm sonst die Mittel für die sachgerechte Aufgabenerfüllung.

> *Äquivalenzprinzip der Delegation:*
> *Ziel, Aufgabe und Kompetenz (Befugnis)*
> *müssen sich im Rahmen der Delegation entsprechen!*

Beispiel:
Die Herrn Huber übertragene Aufgabe (vgl. Fallbeispiel, oben) hat das Ziel, dass jederzeit die erforderlichen Werkzeuge in ausreichender Menge und gebrauchsfähigem Zustand zur Verfügung stehen. Dazu muss Herr Huber z. B. die rechtzeitige Rückgabe überwachen, die Instandsetzung bzw. Wartung veranlassen u. Ä. (Einzeltätigkeiten). Verbunden damit ist u. a. die Kompetenz, Aufträge an eine Fremdfirma zur Instandsetzung einzelner Werkzeuge auszulösen, die Ausgabe von Werkzeugen an die Mitarbeiter zu verweigern, wenn notwendige Unterschriften fehlen und Unbefugten den Zutritt zum Lager zu verweigern u. Ä. Weiterhin muss die zeitliche Belastung für diese Aufgabe mit seinen sonstigen Tätigkeiten abgeglichen werden. Notwendig erscheint auch, dass er ein bestimmtes finanzielles Budget für die Instandsetzung von Werkzeugen erhält, über das er disponieren kann.

07. Welche Verantwortung muss der Vorgesetzte und welche der Mitarbeiter im Rahmen der Delegation wahrnehmen?

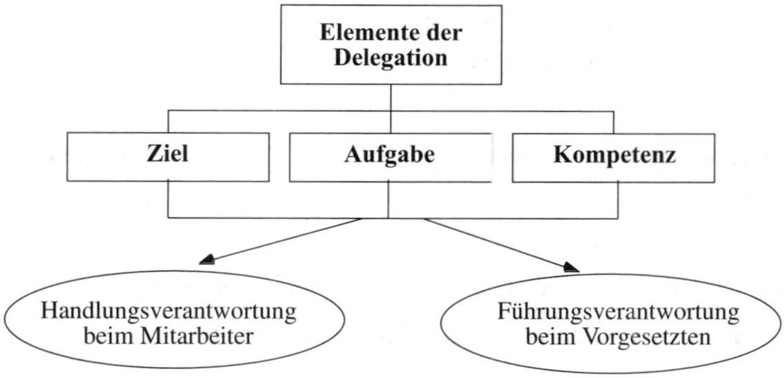

Im Rahmen der Delegation werden dem Mitarbeiter Ziel, Aufgabe und Kompetenz übertragen.

- Aus der Verbindung dieser *drei Elemente der Delegation* erwächst für den Mitarbeiter die *Handlungsverantwortung* – nämlich seine Verantwortung für die Aufgabenerledigung im Sinne der Zielsetzung sowie die Nutzung der Kompetenzen innerhalb des abgesteckten Rahmens. *Verantwortung übernehmen heißt, für die Folgen einer Handlung einstehen.*

- *Die Führungsverantwortung bleibt immer beim Vorgesetzten*: Er trägt als Führungskraft immer die Verantwortung für Auswahl, Einarbeitung, Aus- und Fortbildung, Einsatz, Unterweisung, Kontrolle usw. des Mitarbeiters (*Voraussetzungen der Delegation*).

Diese Unterscheidung von Führungs- und Handlungsverantwortung ist insbesondere immer dann wichtig, wenn Aufgaben schlecht erfüllt wurden und die Frage zu beantworten ist: „Wer trägt für die Schlechterfüllung die Verantwortung? Der Vorgesetzte oder der Mitarbeiter?“

Beispiel:
Hat Meister Clever den Mitarbeiter Huber richtig ausgewählt, in die neue Aufgabe eingewiesen und kontrolliert er die Ausführung der Aufgabe in angemessenem Umfang, so hat er seine Führungsverantwortung wahrgenommen.

Unterläuft Herrn Huber ein Fehler, hat er z. B. die Vorbestellung einer Werkzeuggruppe aus der Montage vergessen zu notieren, so trägt er dafür die Handlungsverantwortung. Er muss für diesen Fehler einstehen und sich ggf. eine Ermahnung „gefallen lassen".

08. Welche Ziele werden mit der Delegation verfolgt?

Effektive Delegation ist ein wesentlicher Faktor positiver Führung und hat folgende Auswirkungen beim Vorgesetzten und beim Mitarbeiter:

- *Beim Vorgesetzten:*
  - Entlastung, Prioritäten setzen
  - Know-how der Mitarbeiter nutzen
  - Vertrauen an die Mitarbeiter übertragen.
- *Beim Mitarbeiter:*
  - Förderung der Fähigkeiten („Fördern heißt fordern!")
  - Motivation
  - Arbeitszufriedenheit
  - Vertrauensbeweis durch den Vorgesetzten.

09. Warum wird das Delegationsprinzip in der Praxis nicht immer mit dem gewünschten Erfolg umgesetzt?

Die Hinderungsgründe können z. B. sein:

- Mangelndes Vertrauen der Vorgesetzten in die Fähigkeiten der Mitarbeiter.
- Der Vorgesetzte ist ungeübt und unsicher in der Praxis der Delegation.
- Perfektionismus, Angst des Vorgesetzten vor Fehlern und Ungeduld.
- Der Vorgesetzte lässt unangemessene Rückdelegation zu.
  Beispiel:
  Mitarbeiter zum Meister: „Bei mir klappt das nicht so gut wie bei Ihnen. Können Sie die Sache nicht doch selbst in die Hand nehmen?" Der Meister fühlt sich „geschmeichelt" und führt die Aufgabe selbst aus.
- Die Organisation (das Unternehmenssystem) verhindert die Umsetzung der Delegation (z. B. in jeder Besprechung/bei jeder Aufgabe ist nur der Vorgesetzte gefragt bzw. zugelassen; delegierte Mitarbeiter werden nicht akzeptiert).

6.4.2 Delegation als vertikale Dezentralisierung der Entscheidungskompetenz

01. Welche Handlungsspielräume kann der Vorgesetzte seinen Mitarbeitern bei der Delegation einräumen?

Den Umfang der Delegation kann der Vorgesetzte unterschiedlich gestalten: Betrachtet man die „Elemente der Delegation“ (vgl. oben), so ergeben sich für den Meister folgende Möglichkeiten, den Umfang der Delegation enger oder weit zu fassen; dementsprechend geringer oder umfangreicher sind die sich daraus ergebenden Handlungsspielräume für die Mitarbeiter:

1. Der Meister kann das Ziel
   - vorgeben: → einseitige Festlegung: *Zielvorgabe, Arbeitsanweisung*
   - mit dem Mitarbeiter vereinbaren: → Zielfestlegung im Dialog: *Zielvereinbarung*
2. Er kann den Umfang und die Art der delegierten Aufgabe unterschiedlich gestalten: → *Art + Umfang* der Aufgabe: leicht/schwer bzw. klein/groß; geringe/hohe Bedeutung der Aufgabe
3. Er kann den Umfang der Kompetenzen weit fassen oder begrenzen → *Kompetenzumfang:* gering/umfassend

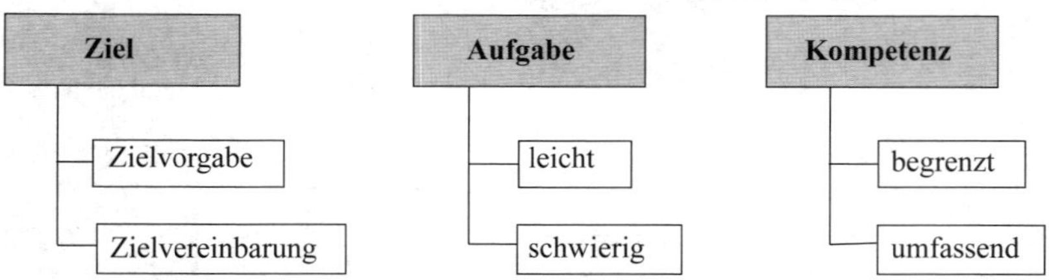

Welchen Handlungsspielraum der Vorgesetzte dem Mitarbeiter einräumt, muss im Einzelfall entschieden werden und hängt ab

- von der Erfahrung, der Fähigkeit und der Bereitschaft des Mitarbeiters sowie
- von der betrieblichen Situation und der Bedeutung der Aufgabe (wichtig/weniger wichtig; dringlich/weniger dringlich; Folgen bei fehlerhafter Ausführung).

02. Wie kann der Vorgesetzte die Delegation in Stufen durchführen und dabei den Entwicklungsstand des Mitarbeiters berücksichtigen?

Die Übertragung von Aufgaben und Kompetenzen muss sich nicht nach dem Prinzip „entweder ganz oder gar nicht" vollziehen. Der Vorgesetzte kann die Delegation stufenweise, in einzelnen Schritten durchführen:

1. Der Mitarbeiter schaut dem Vorgesetzten bei der Erledigung einer Aufgabe „über die Schulter".

2. Der Mitarbeiter erläutert den Vorgang, führt ihn aber noch nicht selbst aus.

3. Der Mitarbeiter erledigt Teilvorgänge selbst; der Vorgesetzte schaut zu und korrigiert.

4. Der Mitarbeiter führt die Aufgabe selbstständig aus; Entscheidungen von größerer Tragweite werden vom Vorgesetzten noch bestätigt.

5. Der Mitarbeiter arbeitet und entscheidet zunehmend selbstständig; der Vorgesetzte beschränkt sich auf Stichprobenkontrollen.

Die schrittweise Erweiterung des Delegationsumfangs bezeichnet man auch als *Stufenmodell der Delegation:*

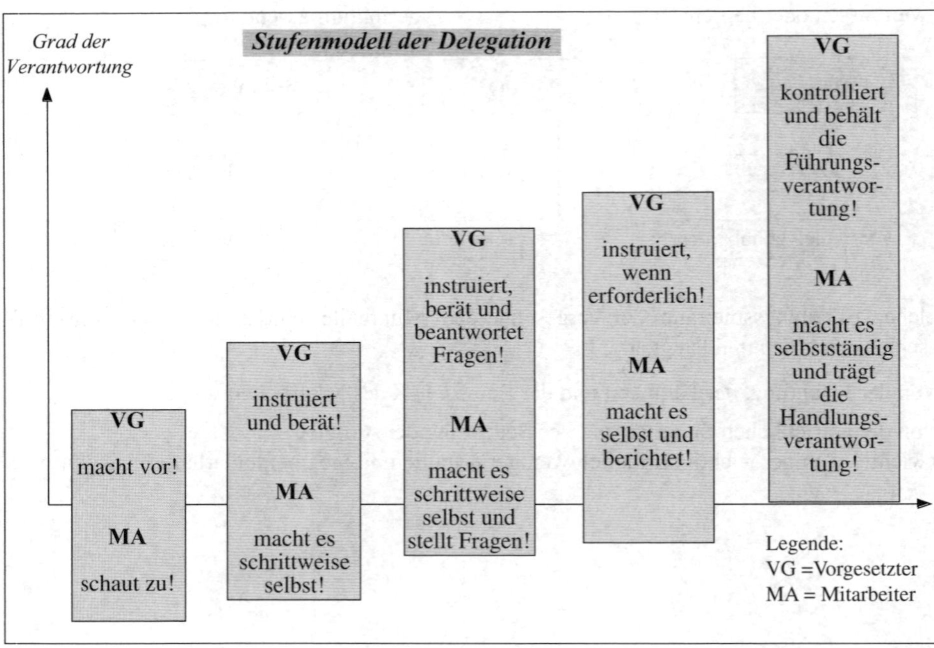

03. Welche Grundsätze müssen bei der Delegation eingehalten werden (Zusammenfassung)?

1. Ziel, Aufgabe und Kompetenz müssen sich entsprechen!
   (*vgl. oben; → Äquivalenzprinzip* der Delegation)

2. Der Vorgesetzte muss die *Voraussetzungen* schaffen:

   - bei *sich selbst:*
     Bereitschaft zur Delegation, Vertrauen in die Leistung des Mitarbeiters

   - beim *Mitarbeiter:*
     das Wollen (Motivation) und das Können (Beherrschen der Arbeit)

   - beim *Betrieb:*
     Organisatorische Voraussetzungen:
     - Werkzeuge, Hilfsmittel, Ressourcen, Informationen
     - abgegrenztes Aufgabengebiet
     - ggf. Stellenbeschreibung ändern
     - Information im Betrieb, dass der Mitarbeiter für diese Aufgabe zuständig ist

3. *Keine Rückdelegation* zulassen!

4. Analyse, *welche Aufgaben delegiert werden können* und welche nicht!
   Führungsaufgaben können i. d. R. nicht delegiert werden.

5. *Hintergrund* der Aufgabenstellung erklären!
   z. B. Bedeutung, Abläufe u. Ä.

6. Formen der *Kontrolle* festlegen/vereinbaren (z. B. Zwischenkontrollen)!
   Jede Aufgabe, die delegiert wurde, muss auch kontrolliert werden!

7. *Genaue Arbeitsanweisungen* geben!

8. Die richtige *Fehlerkultur praktizieren:*
   - *Fehler können vorkommen!*
   - *Aus Fehlern lernt man!*
   - *Einmal gemachte Fehler sind zu vermeiden!*

6.5 Fördern der Kommunikations- und Kooperationsbereitschaft

6.5.1 Förderung der Kommunikationsbeitschaft

→ A 3.6.2 ff.

01. Welche Bedeutung hat Kommunikation im beruflichen Alltag?

Menschen sind soziale Wesen und brauchen den Austausch mit anderen. Die zwischenmenschliche Kommunikation befriedigt das *Kontaktbedürfnis*; sie gibt dem Einzelnen *Orientierung* in der Gruppe und schafft das Gefühl der *Zusammengehörigkeit.*

Kommunikation im beruflichen Alltag nimmt bei vielen Mitarbeitern den überwiegenden Teil ihrer Arbeitszeit in Anspruch. Fast immer geht es um *zweckgerichtete Kommunikation*:

Wir telefonieren mit dem Kunden, weil wir seine Zustimmung zu einem Angebot wollen.
Wir reden mit dem Kollegen, weil wir von ihm eine Information benötigen.
Der Vorgesetzte bespricht mit dem Mitarbeiter eine Arbeitsaufgabe, weil er möchte, dass diese sach- und termingerecht erledigt wird.

Regel 1:

Das Gespräch ist also das zentrale Instrument, andere zu erreichen und selbst erreicht zu werden.
Führung ohne wirksames Gesprächsverhalten ist nicht denkbar.

Im betrieblichen Alltag erlebt man häufig genug die Aussagen:

- „Ich rede und rede und keiner hört mir zu!"
- „Der hat überhaupt nicht verstanden, was ich meine!"
- „Warum erkläre ich meinen Mitarbeitern eigentlich lang und breit, wie das geht, wenn sie es doch nicht kapieren!"
- „Diese Abteilungsbesprechung lief ab wie immer:
  Der Chef schwang die große Rede und alle schwiegen!"
- „Warum redet der nicht mit mir? Hat der etwas gegen mich?"

Dies sind Beispiele für eine nicht-erfolgreiche Gespräche. Obwohl die Kommunikation eine zentrale Bedeutung in der betrieblichen Zusammenarbeit hat, sind nicht viele Menschen fähig, mit anderen wirksam zu kommunizieren.

02. Was ist Kommunikation?

Kommunikation ist die Übermittlung von sprachlichen und nicht-sprachlichen Reizen vom Sender zum Empfänger.

Praxisfälle „Kommunikation":

1. Mitarbeiter zum Chef „Sie werden es nicht noch einmal erleben, dass ich bei einer Gruppenbesprechung den Mund aufmache!"
2. Kollegin zum Kollegen: „Ihr Schlips, Herr Müller, ist mal wieder unmöglich!"
3. Kollegin zum Kollegen: „Möchten Sie eine Tasse Kaffee?"

Jeder Kommunikation liegt das Sender-Empfänger-Modell zu Grunde (nach Schulz von Thun):

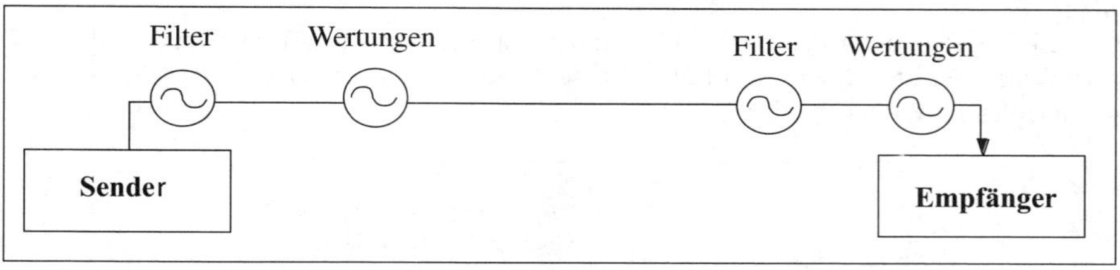

- Der *Sender* gibt eine Information. Dabei sagt er nicht unbedingt alles, was er wirklich sagen will, er *filtert* (1). Außerdem verknüpft er seine Aussage mit *Wertungen* (2).

(1) **Beispiele** *für „Filtern" beim Sender:*

Fall 1:	„... denn ich fand, dass sich Kollege Heinrich unmöglich verhalten hat ..."
Fall 2:	„... der ist genau so bunt wie der, den Sie neulich getragen haben ..."
Fall 3:	„... Sie sehen so müde aus..."

(2) **Beispiele** *für „Wertungen" beim Sender:*

Fall 1:	- Besprechungen, die der Chef leitet, sind unerträglich. - Ich komme hier nie zu Wort.
Fall 2:	- Sie haben keinen Geschmack. - So einen Schlips kann man doch nicht tragen.
Fall 3:	- Ich finde Sie sympathisch. - Ich möchte mit Ihnen reden.

- Analog verhält sich der *Empfänger:*
  Auch er nimmt nicht (unbedingt) den gesamten Inhalt der Nachricht auf; *er filtert*. Auch er versieht die angekommene Nachricht mit seiner *Wertung*.

(1) **Beispiele** *für „Filtern" beim Empfänger:*

Fall 1:	Warum meckert er schon wieder?
Fall 2:	Zu meinen neuen Schuhen sagt sie gar nichts.
Fall 3:	Kaffee, nein danke, das verträgt mein Blutdruck nicht.

(2) **Beispiele** *für „Wertungen" beim Empfänger:*

Fall 1:	Was habe ich falsch gemacht?
Fall 2:	Sie mag mich nicht.
Fall 3:	Sie ist freundlich zu mir (angenehmes Gefühl).

Daraus lässt sich ableiten:

Regel 2:	*Es gibt keine objektive Information, keine objektive Nachricht, keinen objektiven Reiz.*

03. Welche vier Aspekte einer Nachricht werden im Kommunikationsmodell unterschieden?

Beispiel:
Ein Arbeitskollege kommt in den Büroraum. Er möchte sich eine Tasse Kaffee holen; er stellt fest, dass die Kaffeekanne leer ist und sagt: „Der Kaffee ist alle!" Die Kollegin antwortet: „Wie wäre es, wenn Sie selbst einmal Kaffee kochen würden?"

Zum Grundwissen über zwischenmenschliche Kommunikation gehört *das Modell nach Schulz von Thun* (Prof. Dr. Friedemann Schulz von Thun, geb. 1944, Hochschullehrer am Fachbereich für Psychologie der Universität Hamburg):

Regel 3: *Ein und dieselbe Nachricht enthält vier verschiedene Aussagen:*
1. *Sachaspekt*
2. *Beziehungsaspekt*
3. *Aspekt der Selbstoffenbarung*
4. *Appellaspekt*

1. Der *Sachaspekt* zeigt die Sachinformation.	→	*Worüber ich informiere!* Im Beispiel von oben erfahren wir, dass kein Kaffee mehr in der Kanne ist.
2. Der *Beziehungsaspekt* zeigt, wie der Sender zum Empfänger steht, was er von ihm hält. Zum Ausdruck kommt dies z. B. im Tonfall, in der Wortwahl oder in begleitenden Signalen der Körpersprache.	→	*Was ich von Dir halte/ wie wir zueinander stehen!* Da wir nicht den Tonfall und evtl. begleitende Körpersignale aus dem Beispiel kennen, lässt sich die Beziehung nur vermuten, z. B. der Mitarbeiter missbilligt, dass die Kollegin nicht für neuen Kaffee gesorgt hat.
3. Die *Selbstoffenbarung* zeigt Informationen über die Person des Senders; dieser Anteil an Selbstdarstellung kann gewollt oder unfreiwillig sein.	→	*Was ich von mir selbst kundgebe!* Im Beispiel ist zu erkennen: Der Mitarbeiter kennt sich im Büro aus; er weiß, wo die Kaffeemaschine steht und möchte vermutlich Kaffee trinken.
4. Der *Appell* ist der Teil der Nachricht, mit dem man auf den Empfänger Einfluss nehmen will. Kaum etwas wird „nur so", ohne Grund gesagt. Fast immer möchte der Sender den Empfänger veranlassen, Dinge zu tun, zu unterlassen oder etwas zu denken oder zu fühlen. Der Appell kann offen oder verdeckt erfolgen.	→	*Wozu ich Dich veranlassen möchte!* Im Beispiel ist anzunehmen, dass der Mitarbeiter möchte, dass die Kollegin neuen Kaffee kocht; evtl. möchte er weiterhin, dass sie zukünftig regelmäßig darauf achtet, dass immer ausreichend Kaffee vorhanden ist.

In der Praxis der betrieblichen Gesprächsführung kann nicht von jedem Vorgesetzten und jedem Mitarbeiter erwartet werden, dass er dieses Kommunikationsmodell beherrscht. Aus der Theorie in die Praxis hat sich jedoch die (reduzierte) Erkenntnis übertragen:

Regel 4: *Es ist hilfreich, bei jeder Nachricht nicht nur die Sachinhalte, sondern auch die Beziehungsinhalte zu beachten.*

04. Welche Bedeutung haben der Sachaspekt und der Beziehungsaspekt einer Nachricht?

Viele Einzel- und Gruppengespräche im Betrieb verlaufen erfolgreich: Der Sender transportiert seine Nachricht zum Empfänger; trotz möglicher Filter und Bewertungen auf beiden Seiten führt das Gespräch zu dem angestrebten Ziel: Eine Information wird ausgetauscht, eine Handlung oder eine bestimmte Haltung wird veranlasst.

Wenn die Kommunikation allerdings versagt, ist es hilfreich, sich genauer mit der Sachebene und der Beziehungsebene einer Nachricht zu befassen. Diese Analyse bietet Ansätze, um die vorliegende Kommunikationsstörung zu beheben. In vielen Fällen liegt die Ursache einer missglückten Gesprächsführung nicht in sachlich begründeten Auffassungsunterschieden, sondern in einer Störung der Beziehungsebene. Trotz aller Beteuerungen, „Lassen Sie uns doch bitte sachlich bleiben!", führt die Diskussion nicht zum Ziel und eskaliert oft genug in Wortgefechten, Scheinargumenten und unnötigen Selbstdarstellungen der Teilnehmer.

Ist man in seiner Gesprächsführung an einem derartigen Punkt angekommen, so hilft es nur weiter, wenn die Beteiligten bewusst überprüfen, ob ihre Beziehungsebene gestört ist. Man muss die Sachebene verlassen, die Beziehungsebene überprüfen und „reparieren", indem man Störungen aufarbeitet. Dies lässt sich erreichen, indem Gefühle und Befindlichkeiten beim Sender und Empfänger offen ausgesprochen und geklärt werden. Die Aussagen dazu erfolgen in der Ich-Form; in der Psychologie nennt man dies Ich-Botschaften („Von sich selbst darf man sprechen; seine eigenen Gefühle darf man zeigen."):

„Ich glaube, dass Kollege Müller etwas gegen mich hat, weil ..."
„Warum werde ich ständig von Ihnen unterbrochen. Das machen Sie doch bei den anderen nicht ..."

Regel 5: *Ist eine Kommunikation missglückt aufgrund einer gestörten Beziehung zwischen Sender und Empfänger, muss erst die Beziehungsebene wieder hergestellt werden, bevor auf der Sachebene weiter argumentiert wird.*

Beispiel:
Der nachfolgende Sachverhalt zeigt einen Streit zwischen zwei Kollegen. Sie müssen den Streit aufarbeiten.

Ahrendt: „Das lasse ich mir nicht mehr bieten; ich lasse mich in Gegenwart von Kunden nicht so zur Sau machen, vor allem nicht von Ihnen!"

Burger: „Ich musste doch einfach eingreifen, wenn Sie wie immer keine Ahnung haben. Wer weiß, was da noch alles passiert wäre? Und überhaupt finde ich, dass Sie ..."

Es ist hier nicht möglich, den gesamten Vorgang der Konfliktbearbeitung ausführlich darzustellen. Trotzdem wird ein kurzer Lösungsansatz dargestellt: Analysiert man die Aussagen beider Mitarbeiter, so lässt sich erkennen, dass die Beziehung bereits seit längerem gestört ist:

„ ... vor allem nicht von Ihnen!"
„ ... Sie wie immer keine Ahnung haben. ... Und überhaupt finde ich, dass Sie ..."

Der Vorgesetzte sollte an dieser Stelle die Störung der Beziehungsebene thematisieren, bevor er mit beiden Mitarbeitern den Sachgehalt der Kommunikation klärt. Ergebnis dieser Gesprächsmoderation sollte nicht nur die Konfliktbearbeitung sein. Der Vorgesetzte sollte den Mitarbeitern auch bewusst machen, warum die Kommunikation scheiterte. Diese Erkenntnis sollten die Mitarbeiter bei zukünftigen Störungen berücksichtigen.

Vorgesetzter: „Mir scheint, dass Sie beide sich häufiger streiten. Ich denke, dass dies wohl tiefere Ursachen hat. Wie sehen Sie das?“

05. Welche Formen der Kommunikation gibt es?

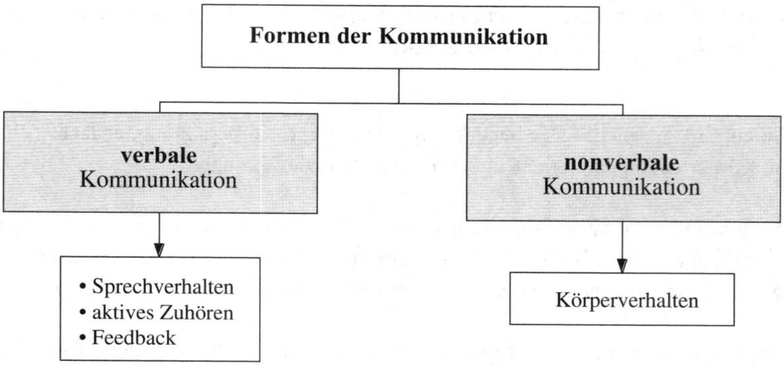

- Unter *verbaler Kommunikation*
  versteht man den sprachlichen Inhalt von Nachrichten. Von Bedeutung sind hier Wortschatz und Wortwahl, Satzbauregeln, Regeln für das Zusammenfügen von Wörtern (Grammatik) sowie Regeln für den Einsatz von Sprache, z. B. aktive oder passive Verben.

Regel 6: *Der Sender hat immer die höhere Verantwortung für das Gelingen der Kommunikation; er muss sich hinsichtlich Wortwahl und Satzbau der Gesprächssituation/dem Empfängerkreis anpassen.*

- Unter *nonverbaler Kommunikation*
  versteht man alle Verhaltensäußerungen außer dem sprachlichen Informationsgehalt einer Nachricht: Körperhaltung, Mimik, Gestik aber auch Stimmmodulation.

  Eigentlich ist der oft verwendete Begriff „Körpersprache“ irreführend: Obwohl es in der Interpretation bestimmter Körperhaltungen z. T. ein erhebliches Maß an Übereinstimmung gibt (z. B. hochgezogene Augenbrauen, verschränkte Arme) unterliegen doch die Signale des Körpers einem weniger eindeutigen Regelwerk als das gesprochene Wort.

Für den Vorgesetzten ist es nicht wichtig, sich die Formen der Körpersprache und deren Fachbegriffe einzuprägen. Ihm muss bewusst sein, dass nicht nur das gesprochene Wort, sondern auch flankierende Signale des Körpers beim Empfänger Reize auslösen.

Regel 7:	*Jede Nachricht wirkt auf den Empfänger über die Sprache und die sie begleitende Körpersprache.*

06. Warum müssen verbale und non-verbale Kommunikation übereinstimmen?

Nachrichten werden nicht nur über das gesprochene Wort, sondern auch über Gestik, Mimik und die Art des Blickkontaktes gesendet und rückgesendet. Im Allgemeinen unterstützt und akzentuiert die Körpersprache die verbale Kommunikation.

Beispiel:
„Ich freue mich, Sie zu sehen!" Der Sender zeigt eine offene Körperhaltung, er lächelt, hat die Arme geöffnet; die Körperhaltung ist vorgebeugt und signalisiert Zuwendung.

Die Körpersprache ist Ausdruck der seelischen Befindlichkeit eines Menschen. Sie ist „grundsätzlich wahrheitsgemäßer als die wörtliche Sprache" (Horst Rückle). Die Körpersprache ist die Primärsprache. Sie ist überwiegend vom Unbewussten des Einzelnen bestimmt.

Menschen haben gelernt, in schwierigen Situationen kontrolliert zu sprechen. Sie wollen keine Fehler machen. Ergebnis: Es wird nicht das gesagt, was man wirklich denkt oder fühlt, sondern was man für scheinbar richtig hält.

Die Körpersprache ist ehrlicher; sie folgt dieser Verfälschung der sprachlichen Nachricht nicht im gleichen Maße und sendet ehrliche Signale. Die Folge, Sprache und Körpersprache harmonieren nicht miteinander; sie senden unterschiedliche Signale. Beim Empfänger führt dies zur Irritation, zu Misstrauen und Zweifel. Er weiß nicht, welcher Botschaft er glauben soll.

Beispiel:
„Ich heiße Sie als neues Mitglied in unserem Team herzlich willkommen und freue mich auf die Zusammenarbeit mit Ihnen."

Die Stimme des Senders zeigt wenig Engagement; die Mimik wirkt kontrolliert, distanziert und drückt „keine Freude" aus; die Arme sind verschlossen. Folge: Für den Empfänger ist die verbale Nachricht nicht überzeugend. Sie steht im Widerspruch zu der registrierten Körpersprache des Senders.

Regel 8: *Je echter und harmonischer die sprachlichen und nicht-sprachlichen Wirkungsmittel eines Menschen sind, desto glaubwürdiger und authentischer wird er von der Umwelt wahrgenommen.*

Welche Schlussfolgerungen lassen sich aus diesen Erkenntnissen für die tägliche Führungspraxis des Meisters ableiten?

1. Formal logisch könnte man antworten, dass es notwendig wäre, die Körpersprache dem gesprochenen Wort anzupassen. Dieses Ansinnen wäre falsch: Es würde dazu führen, dass wir die Körpersprache permanent bewusst steuern würden, um sie gezielt in unterschiedlichen Situationen einzusetzen. Das Ergebnis: Der Mensch verliert seine Spontaneität, er wirkt „kopfgesteuert" und vermittelt keine Glaubwürdigkeit.

2. In einem Unternehmen sollte eine Kommunikationskultur aufgebaut werden, die von Ehrlichkeit und Vertrauen geprägt ist. Eine intakte Beziehungsebene zwischen den Mitarbeitern ist die Basis jeder wirksamen Kommunikation. Liegen hier Störungen vor, die z. B. über die Art der Körpersprache signalisiert wurden, so sind sie zu beachten und aufzuarbeiten.

   Es muss erlaubt sein, sich in der betrieblichen Kommunikation ehrlich zu verhalten. Wenn der Einzelne sich z. B. in einer Besprechung missverstanden oder nicht beachtet fühlt, muss es zulässig sein, dies ohne Sanktionen äußern zu dürfen.

Regel 9: *Störungen in der Kommunikation haben Vorrang! Gefühle und Empfindungen dürfen geäußert werden!*

In einer derartigen Kommunikationskultur ist es nicht erforderlich zu taktieren und ständig zu überlegen, was man sagen darf und was nicht. *Man kann das sagen, was man wirklich meint, denkt und fühlt, sodass der Empfänger ehrliche Botschaften erhält.* Es besteht eine wesentlich geringere Tendenz, das Sprache und Körpersprache unharmonisch wirken und beim Empfänger widersprüchliche Signale aufgenommen werden.

07. Warum müssen Reden und Handeln des Senders übereinstimmen?

Beispiele:
Vorgesetzter (zu seinen Mitarbeitern): „Sie können sich darauf verlassen, dass ich Sie bei dieser schwierigen Aufgabe, die bis heute Abend erledigt sein muss, nach besten Kräften unterstützen werde." Ist-Situation: Der Vorgesetzte ist den restlichen Tag über nicht erreichbar, da er Termine in Besprechungen wahrnimmt.

Mitarbeiter (zum Kollegen): „Also abgemacht, bis Montag nachmittag erhalten Sie von mir den EDV-Ausdruck aller offenen Posten, ich denke daran." Ist-Situation: Der Kollege erhält die Liste bis Montagnachmittag nicht. Am Dienstagmorgen bittet er erneut um die Liste: „Ich brauche sie dringend, weil ich sonst die Sitzung um 14:00 Uhr nicht vorbereiteten kann." Ist-Situation: Die Liste wird auch zum 2., vereinbarten Termin nicht geliefert. Der Kollege beschwert sich bei seinem Vorgesetzten. Dieser wendet sich an den Chef des Mitarbeiters.

Werden wörtliche Aussagen des Senders nicht eingehalten, so führt dies beim Empfänger zur Frustration, Verärgerung bis hin zur Aggression. Driften Reden und Handeln häufig auseinander, wird das Vertrauen in den anderen belastet. Geschieht dies häufiger, so ist jedes neue Zusammentreffen überschattet von der Frage: „Kann ich mich diesmal auf ihn verlassen? Wird er seine Zusage einhalten?" Der Empfänger empfindet Unsicherheit und Stress. Das wiederholte Einfordern der Übereinstimmung von Reden und Handeln kostet Zeit, verbraucht psychische und physische Ressourcen und mindert das gesamte Leistungspotenzial eines Unternehmens.

Regel 10: *Reden und Handeln aller Mitarbeiter eines Unternehmens müssen übereinstimmen. Dies schafft eine Atmosphäre des Vertrauens und der Verlässlichkeit.*

Konsequenzen für die Führungs- und Kommunikationspraxis:

Der Vorgesetzte muss den Mitarbeitern die Abhängigkeit der eigenen Leistung von der anderer verdeutlichen. In dem gesamten Leistungsprozess *ist jeder wechselweise Kunde und Lieferant* einer Teilleistung. Jeder Mitarbeiter muss sich auf seine internen Kunden verlassen können und dieses Vertrauen auch bei seinen Kollegen vermitteln, für die er Lieferant ist.

Diese Kultur der Kommunikation und Zusammenarbeit stellt einen Wert dar. Sie muss vom Meister vorgelebt und von allen Mitarbeitern eingefordert werden.

08. Welche Regeln der betrieblichen Kommunikation sollte der Meister beachten und seinen Mitarbeitern vermitteln?

Hier die *Zusammenfassung der* behandelten *Kommunikationsregeln*:

Regel 1:	*Das Gespräch ist also das zentrale Instrument, andere zu erreichen und selbst erreicht zu werden.* *Führung ohne wirksames Gesprächsverhalten ist nicht denkbar.*
Regel 2:	*Es gibt keine objektive Information, keine objektive Nachricht, keinen objektiven Reiz.*
Regel 3:	*Ein und dieselbe Nachricht enthält vier verschiedene Aussagen:* *1. Sachaspekt* *2. Beziehungsaspekt* *3. Aspekt der Selbstoffenbarung* *4. Apellaspekt*
Regel 4:	*Es ist hilfreich, bei jeder Nachricht nicht nur die Sachinhalte, sondern auch die Beziehungsinhalte zu beachten.*
Regel 5:	*Ist eine Kommunikation missglückt aufgrund einer gestörten Beziehung zwischen Sender und Empfänger, muss erst die Beziehungsebene wieder hergestellt werden, bevor auf der Sachebene weiter argumentiert wird.*
Regel 6:	*Der Sender hat immer die höhere Verantwortung für das Gelingen der Kommunikation; er muss sich hinsichtlich Wortwahl und Satzbau der Gesprächssituation/dem Empfängerkreis anpassen.*
Regel 7:	*Jede Nachricht wirkt auf den Empfänger über die Sprache und die sie begleitende Körpersprache.*
Regel 8:	*Je echter und harmonischer die sprachlichen und nicht-sprachlichen Wirkungsmittel eines Menschen sind, desto glaubwürdiger und authentischer wird er von der Umwelt wahrgenommen.*
Regel 9:	*Störungen in der Kommunikation haben Vorrang!* *Gefühle und Empfindungen dürfen geäußert werden!*
Regel 10:	*Reden und Handeln aller Mitarbeiter eines Unternehmens müssen übereinstimmen. Dies schafft eine Atmosphäre des Vertrauens und der Verlässlichkeit.*

6.5.2 Förderung der Kooperationsbereitschaft

01. Wie lässt sich der Prozess der Identifikation beschreiben?

- *Identifikation beschreibt den Vorgang*, dass Individuen die Einstellungen und Verhaltensmuster einer Organisation übernehmen.

- *Identifikation* mit den gestellten Aufgaben, der Arbeit, den Personen und Gruppen sowie den Zielen des Unternehmens *ist ein wesentlicher Faktor der Leistungsbereitschaft* der Mitarbeiter.

Eine Umfrage der Unternehmensberatung Gallup Deutschland ergab, dass nur 12 Prozent der Mitarbeiter eine hohe emotionale Bindung an ihr Unternehmen haben; 70 Prozent der Arbeitnehmer machen Dienst nach Vorschrift und 18 Prozent haben bereits innerlich gekündigt.

Woran liegt es, dass die Anpassung der Werte des Individuums und der der Organisation so schlecht gelingt?

Wenn ein Mitarbeiter in einem Unternehmen seine Tätigkeit aufnimmt, so hat er mit dem Arbeitgeber einen *Arbeitsvertrag* geschlossen, der die gegenseitigen Rechte und Pflichten festlegt. Dieser Teil fixiert die rechtliche Seite zwischen beiden Parteien.

Daneben schließen Mitarbeiter und Arbeitgeber einen weiteren Kontrakt:

Im *psychologischen Vertrag* (= Wertevertrag) werden die gegenseitigen Ansprüche der Organisation und der Mitarbeiter geregelt: Die Organisation erwartet von ihren Mitarbeitern, dass diese als Gegenleistung für den Lohn, die Sicherung der Existenz und die allgemeine Betreuung (Gesundheit, Betriebsklima u. Ä.) ihre Arbeitskraft uneingeschränkt zur Verfügung stellt. Dazu gehören Gehorsam und die Einhaltung betrieblicher Regeln und Normen. Dieser psychologische Vertrag setzt eine hinreichend notwendige Übereinstimmung der Werte des Individuums und der der Organisation voraus.

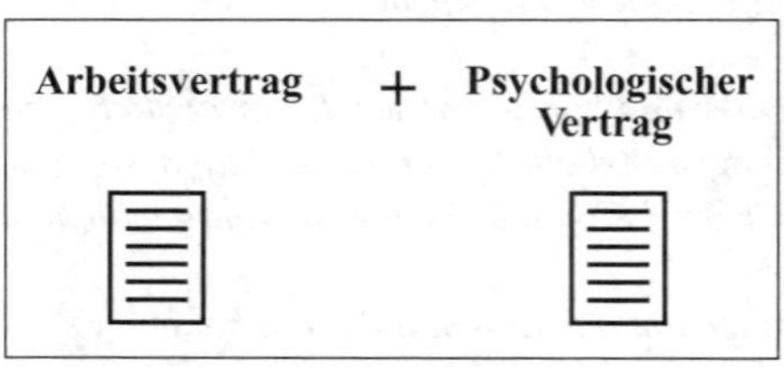

Der psychologische Vertrag ist nicht statisch: Menschen verändern im Laufe des Lebens ihre Einstellungen und Werthaltungen; Unternehmen passen ihre Ziele den sich wandelnden Marktbedingungen an. Übersteigen nun die „Leistungsbeiträge" des Mitarbeiters nach seinem Empfinden die „Vergütungsbeiträge" der Organisation, ist der psychologische Vertrag in seinem Gleichgewicht gestört. Der Mitarbeiter beginnt damit, seinen Leistungsbeitrag zu überdenken, infrage zu stellen oder zu mindern. Die innere Verbindung zur betrieblichen Aufgabe geht schrittweise verloren. Es kommt zu einem *Identifikationsverlust.*

Beispiel:
Die nachfolgende Darstellung beschreibt hypothetisch die Arbeitssituation des Außendienstmonteurs Herrn Kantig. Er ist seit sechs Jahren in einem Maschinenbauunternehmen erfolgreich tätig.

Aufgrund des zunehmenden Konkurrenzdrucks hat das Unternehmen schrittweise die Arbeitsbedingungen für die Mitarbeiter verschärft. Erwartete Leistungsanforderungen der Organisation und akzeptable Leistungsanforderungen aus der Sicht der Mitarbeiter driften auseinander.

Die Abbildung zeigt beispielhaft eine Reihe von Faktoren, bei denen die „Vertragsgrenzen" bzw. das Leistungs-Anreiz-System verschoben wurden und Herr Kantig die neuen „offiziellen Grenzen" nicht mehr akzeptiert. Seine Identifikation mit dem Unternehmen sinkt:

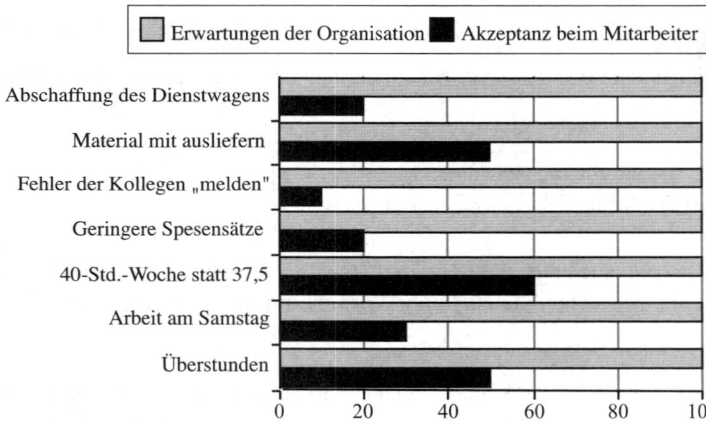

Vom Mitarbeiter akzeptiert:	
Ja!	Nein!
	X
X	
	X
	X
X	
	X
X	

02. Welche Faktoren bestimmen den Grad der Mitarbeiteridentifikation und müssen vom Unternehmen und den Führungskräften positiv gestaltet werden?

Die Antwort auf diese Frage kann nicht erschöpfend sein. Trotzdem kennt man aus vielen Befragungen eine Reihe von Faktoren, die aus der Sicht der Arbeitnehmer eine Spitzenreiterstellung einnehmen:

→ *Geld – Arbeit:*
Lohn und geleistete Arbeit müssen als gerecht empfunden werden.

→ *Sinn – Arbeit:*
Zweck und Sinn der Arbeit müssen für den Mitarbeiter erkennbar sein.

→ *Zeit – Arbeit:*
Dauer und Lage der Arbeitszeit sollen den individuellen Bedürfnissen und unterschiedlichen Lebensphasen der Mitarbeiter entsprechen, dazu gehört auch die ausgewogene Balance zwischen Arbeits- und Freizeit. Stichworte: Teilzeit, Altersteilzeit, Elternzeit, Schichtsysteme.

→ *Freude – Arbeit:*
Neben den o. g. Faktoren macht Arbeit dann Freude, wenn dem Mitarbeiter *Freiräume* zur Entfaltung seiner Talente gestattet werden, die Zusammenarbeit im Team von *Vertrauen* geprägt ist und er die notwendigen *Arbeitsbedingungen* vorfindet, z. B. Werkzeuge, Abläufe, Regelungen, Gesundheit, körperliches und psychisches Wohlbefinden.

→ *Führung – Arbeit:*
Die Qualität der *Führung* durch den unmittelbaren Vorgesetzten *ist eine zentrale Quelle der Motivation und Identifikation* mit dem Unternehmen; dazu gehören u. a.: Delegation, Anerkennung für geleistete Arbeit, respektieren der Persönlichkeit des Mitarbeiters und Formen der Wertschätzung.

03. Wie kann der Vorgesetzte die Selbstorganisation der Mitarbeiter fördern? **→ A 3.2.1**

Erfolg im privaten Bereich und im Berufsleben wird nur derjenige haben, der sich selbst effektiv organisieren kann.

Effektivität beschreibt, <u>was</u> wir tun! *Effizienz* ist die Art und Weise, <u>wie</u> wir etwas tun!

Effektive Selbstorganisation ist eine Frage der richtigen „Hebelwirkung“: Es gilt, seine *Zeit* und seine *Kräfte* für die Dinge einzusetzen, die eine hohe Wirkung im Sinne der gesteckten Ziele entfalten.

1. Voraussetzung dafür ist, sich selbst zu erkennen und die Stärken und Risiken der eigenen Persönlichkeit real einzuschätzen (Selbsterkenntnis). Im Weiteren muss sich jedes Individuum über die eigenen Ziele und Wertvorstellungen im Klaren werden:

   - Was will ich im Leben erreichen?
   - Was will ich beruflich erreichen?
   - Was möchte ich nicht?
   - Welchen „Preis“ bin ich bereit, dafür zu zahlen? usw.

   Der Vorgesetzte muss bereit sein zu akzeptieren, dass die beruflichen und privaten Zielvorstellungen seiner Mitarbeiter auf unterschiedlichen Wertesystemen beruhen. Er muss die Ziele des Unternehmens vertreten und dabei die Werthaltung seiner Mitarbeiter angemessen respektieren. Er sollte die Mitarbeiter beraten, sich die eigenen Stärken- und Risikopotenziale bewusst zu machen und daraus persönliche Zielsetzungen abzuleiten.

   Beispiel:
   Nicht jeder Mitarbeiter will ein „Aufsteiger“ sein oder sich anpassen ohne Einschränkung. Nicht jeder Mitarbeiter möchte eine Veränderung seiner Arbeitsaufgaben oder benötigt weitergehende Verantwortlichkeiten als Anreiz.

2. Zur effektiven Selbstorganisation gehört der richtige *Umgang mit der Zeit*. Subjektiv empfundene Zeitverschwendung macht krank, unzufrieden, unproduktiv und verhindert die Realisie-

rung der gesetzten Ziele. Mangelnde Selbstorganisation und ineffektive Zeitverwendung stören die betriebliche Kooperation: Termine und Zusagen werden nicht oder verspätet eingehalten, Arbeiten unter Zeitdruck und Stress bei meist geringerer Qualität erledigt usw.

> *Vergeudete Zeit ist vergeudetes Leben!*
> *Genutzte Zeit ist erfülltes Leben!*
>
> Quelle: Alain Lakein

Der Vorgesetzte kann hier seine Mitarbeiter fördern, indem er ihnen bei der Analyse der Zeitverwendung, dem Erkennen persönlicher Störfaktoren, dem Setzen von Prioritäten, der schriftlichen Zielplanung u. Ä. hilft und geeignete Techniken vermittelt.

Zur Überprüfung der eigenen Selbstorganisation lassen sich beispielhaft folgende Fragen bearbeiten:

- Nutze ich meine Zeit effektiv?
- Setze ich die richtigen Prioritäten?
- Analysiere ich die Verwendung meiner Zeit in regelmäßigen Abständen?
- Verfüge ich über eine Zeitdisziplin?
- Nutze ich geeignete Techniken und Hilfsmittel?
- Schließe ich angefangene Arbeiten und Projekte termin- und qualitätsgerecht ab?

3. Zur effektiven Selbstorganisation gehört eine *optimale Nutzung der betrieblichen Informationen:* Zeitschriften, Gespräche mit Experten, Internet und Intranet, Datenbanken, Besprechungen, Protokolle, Projekte usw. → **A 3.6.1 ff.**

4. Ebenfalls eine Basis der effektiven Selbstorganisation ist die angemessene *Gratwanderung zwischen Eigen- und Fremdbestimmung*: Wer nur ein „Spielball" der Erwartungshaltung anderer ist, kann über seine eigenen Ressourcen nicht frei verfügen. Obwohl wirtschaftliche Zwänge und betriebliche Rahmenbedingungen für jeden Mitarbeiter ein deutliches Maß an Fremdbestimmung schaffen, gibt es dennoch die Möglichkeit, die eigene Zeit- und Ressourcenverwendung zu beeinflussen. Dazu gehört das Bewusstsein über die eigenen Werte und Ziele (vgl. oben) sowie eine gehörige Portion Mut und Selbstvertrauen.

   Der Meister hat hier die Möglichkeit, seine Mitarbeiter auf dieser Gratwanderung zwischen Eigen- und Fremdbestimmung zu beraten; transparente Vereinbarungen über Prioritäten sowie über die Verwendung von Ressourcen geben dem Mitarbeiter Klarheit und Sicherheit.

> *Die effektive Selbstorganisation der Mitarbeiter ist eine der Voraussetzungen für eine wirksame Kooperation im Unternehmen.*
>
> *Sie schafft Zufriedenheit im Arbeitsprozess, verhindert psychische und physische Überlastungen und sichert die Produktivität der eigenen Arbeitsleistung.*

04. Welche Arten von Gruppengesprächen werden unterschieden? → 6.6.3

Es gibt im betrieblichen Alltag eine Vielzahl von Situationen, in denen Gruppengespräche erforderlich werden: die anlassbedingte Arbeitsbesprechung, das Schichtwechselgespräch, die periodische wiederkehrende Abteilungsbesprechung, die Zirkel-Besprechung, die Themenkonferenz, die Projektsitzung, die Erörterung der Zusammenarbeit zwischen benachbarten Abteilungen, die Arbeitssitzung (Workshop) u. Ä.

Je nach Inhalt kann man folgende Gesprächsarten unterscheiden:

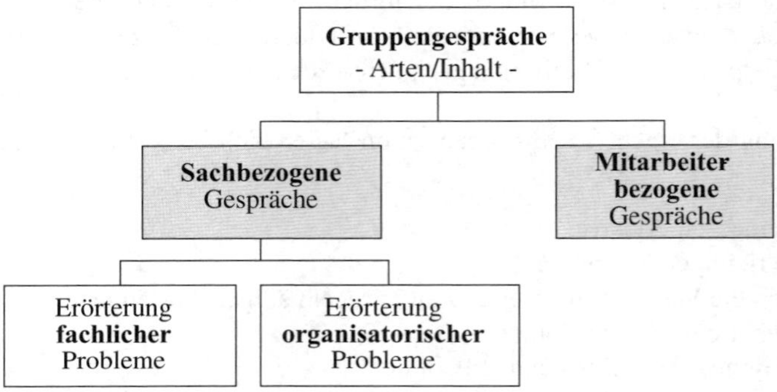

Gruppenbesprechungen sind keine „Plauderstunden bei einer guten Tasse Kaffee"; sie sind ein Instrument der Kooperation zur Bearbeitung fachlicher und mitarbeiterbezogener Themen.

Beispiel:
Der Meister hat seine vier Gruppenleiter zu einer Besprechung über die Einführung des neuen Verpackungssystems in der Waschmittelherstellung gebeten. Der Termin ist für 16:00 Uhr angesetzt. Wir unterstellen, dass die Besprechung um 18:00 Uhr beendet ist. Betrachtet man die unmittelbar „verbrauchten Lohnkosten", ergibt sich folgender Wert:

Stundensatz Meister:		20,00 €
Stundensatz Gruppenleiter:		15,00 €
„verbrauchte Lohnkosten" für zwei Stunden Besprechung:		
$20 \cdot 2 + 15 \cdot 2 \cdot 4$	=	160,00 €
+ 70 % Personalzusatzkosten	=	112,00 €
Summe	=	272,00 €

Unterstellt man weiterhin, dass diese Gruppe zwei Besprechungen pro Woche durchführt, so ergibt sich bei rd. 45 Arbeitswochen ein Kostenfaktor für Besprechungen in der Größenordnung von ca. 25.000 €. Dieses Beispiel ließe sich leicht „hochrechnen" auf die Gesamtzahl der in einem Betrieb durchgeführten Gruppengespräche.

Das **Beispiel** zeigt:
Der Vorgesetzte ist gehalten, Gruppengespräche erfolgreich vorzubereiten, durchzuführen und nachzubereiten. Die Verbesserung der Effizienz von Besprechungen ist eine permanente Aufgabe des Meisters.

05. Wann ist eine Besprechung erfolgreich?

Der Erfolg von Besprechungen wird an drei *Bewertungskriterien* gemessen:

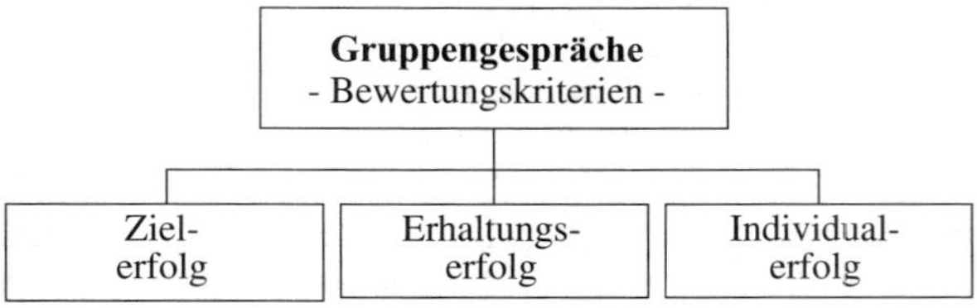

1. Der *Zielerfolg* ist dann realisiert, wenn das Thema inhaltlich angemessen bearbeitet wurde; dabei ist das Prinzip der Wirtschaftlichkeit zu beachten: Der Zeit- und Kostenaufwand hat in einem vertretbaren Verhältnis zur Bedeutung des Problems zu stehen.

   Beispiel oben:
   Nach dieser bzw. ggf. weiteren Besprechungen sind die technischen, personellen und ablaufbedingten Voraussetzungen für die Verpackung nach dem neuen System geschaffen worden. Das System kann eingeführt werden; die neue Kombination „Mensch–Maschine“ erbringt die geplante Leistung.

2. Mit dem *Erhaltungserfolg* ist gemeint, dass eine Besprechung die Zusammenarbeit der Gruppenmitglieder verbessert und stabilisiert. Das Wir-Gefühl wird gestärkt, das Bewusstsein wächst, dass Besprechungen im Team bei bestimmten Themen bessere Ergebnisse erbringen als Einzelarbeit.

   Beispiel oben:
   Die Besprechung verlief erfolgreich. Die vor einiger Zeit im Team verabschiedeten Besprechungsregeln wurden weitgehend eingehalten; die Gruppe war mit dem Besprechungsergebnis zufrieden, der Zeitaufwand wurde als sinnvoll erachtet. Die Mitarbeit war ausgewogen.

3. Der *Individualerfolg* setzt voraus, dass jedes Gruppenmitglied als Einzelperson respektiert wird und seine (berechtigten) persönlichen Bedürfnisse erfüllt worden sind: Fragen einzelner Mitarbeiter werden beantwortet, Bedenken werden berücksichtigt, auf spezielle Arbeitssituationen wird eingegangen u. Ä.

   Beispiel oben:
   Der noch relativ neue Gruppenleiter M. konnte sich gut in die Gruppe integrieren, seine Fragen zum Verständnis der Besonderheiten des Verpackungssystems wurden von den erfahrenen Kollegen beantwortet, unliebsame Sticheleien an den Neuen unterblieben.

06. Welche Variablen bestimmen den Erfolg eines Gruppengespräches?

Eine erfolgreiche Besprechung setzt voraus, dass eine Reihe von Variablen wirksam gestaltet werden:

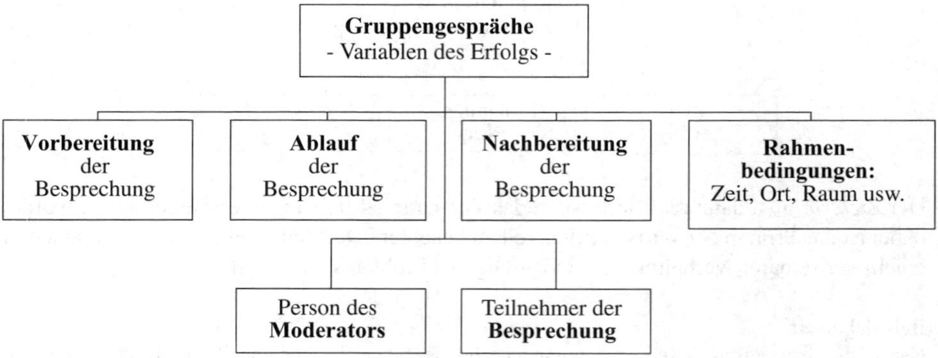

Hinweis: Bitte prägen Sie sich diese Variablen der Gesprächsführung besonders gut ein; sie sind für die Praxis und die Prüfung von Bedeutung.

07. Welcher Ablauf einer Besprechung ist wirksam?

Jede betriebliche Besprechung hat ihre Besonderheiten. Trotzdem lässt sich für den *Besprechungsprozess* eine brauchbare Ablaufsystematik empfehlen, die wesentlich zum Erfolg von Gruppengesprächen beiträgt:

Ablauf von Gruppengesprächen:

1) Begrüßung, Atmosphäre, Kontakt
2) Thema, Gesprächsziel
3) Analyse der Probleme
4) Sammeln und Bewerten der Lösungen
5) Entscheidung, Dokumentation der Ergebnisse
6) Umsetzung:
   - Aktionen
   - Vereinbarungen
7) Reflexionen über die Besprechung

08. Warum muss zu jedem Gruppengespräch ein Protokoll angefertigt werden?

Die mitlaufende Visualisierung der Schwerpunkte einer Besprechung zeigt der Gruppe und dem Moderator den Stand der Ergebnisse: Jeder Teilnehmer *hört und sieht* den wesentlichen Verlauf des Gesprächs; dies trägt zur Behaltenswirksamkeit bei; jeder Teilnehmer kann bei Unstimmigkeiten sofort intervenieren; die Visualisierung trägt zur Konsensbildung bei und stellt sicher, dass nichts vergessen wird. Die Ergebnisse werden von der Tafel, dem Flipchart oder von den Karten abgeschrieben oder ggf. auch fotografiert. Das Besprechungsprotokoll erfüllt folgende Aufgaben:

- *Zweck:*
  - Niederschrift der Besprechung; Beweismittel
  - Gedächtnisstütze für Teilnehmer: Ablauf, Inhalte, Vereinbarungen
  - Informationsmittel für Abwesende
  - Dokumentation und Kontrolle der notwendigen Aktionen.

- *Formen:*
  - *Ergebnisprotokoll:*
    Es enthält lediglich die Ergebnisse des Gesprächs; in der Besprechungspraxis des Meisters wird das Ergebnisprotokoll Vorrang haben.
  - *Verlaufsprotokoll:*
    Es enthält eine lückenlose Wiedergabe des Verlaufs einer Sitzung; dazu gehören die einzelnen Diskussionsbeiträge und die Ergebnisse.

- *Schema:*
  - *Überschrift:* Protokoll der ....
    Art/Gegenstand der Sitzung
  - *Ort, Tag, Uhrzeit:* am ... von . . . bis . . . Uhr .....
  - *Anwesende,* Entschuldigte, ggf. Gäste: ....
  - *Aktionen,* Verantwortlichkeiten, Termin: ....

  Zu jedem Tagesordnungspunkt wird festgehalten:

Wer?	V: Verantwortlich
Macht was?	
Bis wann?	T: Termin

  Diese Form der Zielvereinbarung (V; T) stellt sicher, dass Besprechungsergebnisse und notwendige Aktionen auch tatsächlich in die Praxis umgesetzt werden.

Beispiel eines Besprechungsprotokolls:

Protokoll
der Besprechung über die Einführung des neuen Verpackungssystems in der Waschmittelherstellung

Ort, Zeit: 25.02... 16:00 - 18:00 Uhr
Raum 3, Produktionsgebäude

Teilnehmer: Herren Muhrjahn, Kurz, Mende, Engel, Kerner

Verteiler: Betriebsleitung, Personalabteilung, Betriebsrat

Protokoll: Herr Mende

Tagesordnungspunkte, Ergebnisse:

1. Allgemeine Information der Teilnehmer
2. Information der Facharbeiter über die geplante Umstellung
   V: Kurz
   T: bis 23.03...
3. Demontage des alten Verpackungssystems
   V: Kerner
   V: Fa. Rheiniger
   T: bis Ende März
4. Probelauf der neuen Verpackungsanlage
   V: Engel
   T: 10.04...
5. ...
6. Nächste Besprechung: 24.03..., 17:00 - 18:30 Uhr, gleicher Ort

   Anlage:
   Funktionsbeschreibung der neuen Verpackungsanlage der Fa. Rheiniger

09. Nach welchen Gesichtspunkten muss der Meister Gruppengespräche analysieren, bewerten und umsetzen?

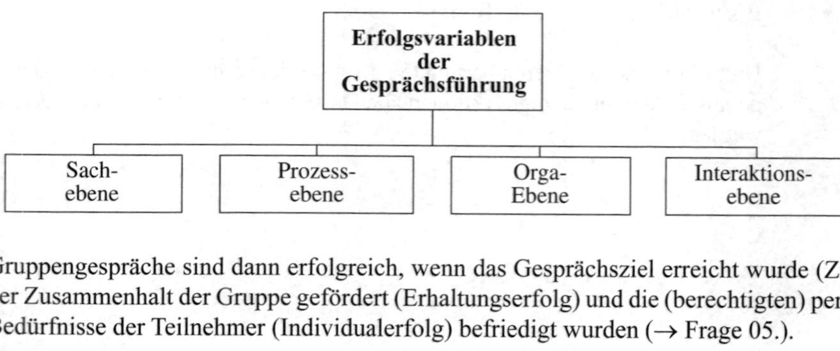

Gruppengespräche sind dann erfolgreich, wenn das Gesprächsziel erreicht wurde (Zielerfolg), der Zusammenhalt der Gruppe gefördert (Erhaltungserfolg) und die (berechtigten) persönlichen Bedürfnisse der Teilnehmer (Individualerfolg) befriedigt wurden (→ Frage 05.).

Der Vorgesetzte bzw. der Moderator von Gruppengesprächen muss daher im Anschluss an die Besprechung in einer Rückschau überprüfen, ob das Gruppengespräch erfolgreich war. Diese *Gesprächsreflexion* wird er *anhand der Erfolgsvariablen* durchführen (→ Frage 06.).

Der Vorgesetzte wird im Einzelnen überprüfen:

- die *Sachebene:* → - Gesprächsziel erreicht?
  - Alle Aspekte ausreichend behandelt?
- die *Prozessebene:* → - Vorbereitung ausreichend?
  - Ablauf systematisch?
  - Wurde eine Nachbereitung durchgeführt? Mit welchen Ergebnissen/Aktionen?
- die *Orga-Ebene:* → - Ort, Zeit, Raum und sonstige Rahmenbedingungen passend?
- die *Interaktionsebene:* → - Kommunikation und Verhalten des Moderators wirksam?
  - Kommunikation und Interaktion der Teilnehmer untereinander und in Beziehung zum Moderator wirksam?
  - Waren Thema/Ziel, Gruppe und Individuum in der Balance?

Zeigen sich in der Rückschau durchgeführter Besprechungen *Schwachstellen*, so *müssen* sie *thematisiert werden*, um den Erfolg zukünftiger Gruppengespräche zu verbessern.

Beispiele für Schwachstellen betrieblicher Gespräche:

1. *Sachebene:*
   Das Gesprächsziel wurde im Rahmen der Vorbereitung nicht hinreichend präzisiert; Folge: die Realisierung kann nicht messbar überprüft werden.
   → *Aktion/Abhilfe:*
   Präzise, möglichst messbare Zielformulierung bei jeder Vorbereitung auf eine Gruppenbesprechung.

2. *Prozessebene:*
   Der Ablauf der Besprechung war unsystematisch.
   → *Aktion/Abhilfe:*
   Vereinbarung und Visualisierung eines Gesprächsleitfadens. Die Teilnehmer legen fest, dass jeder den anderen unterstützt, diesen Leitfaden zu beachten.

3. *Orga-Ebene:*
   Der Besprechungsbeginn 16:00 Uhr ist für die Herren Kurz und Mende nicht gut geeignet, da sie in dieser Zeit ihre Schicht übergeben und es zu Verzögerungen kommen kann.
   → *Aktion/Abhilfe:*
   Der Besprechungsbeginn wird auf 16:30 Uhr verlegt.

4. *Interaktionsebene:*
   Herrn Kerner fällt es schwer, themenzentriert zu argumentieren; er schweift häufig ab und assoziiert Randthemen, die nicht direkt zum Gesprächsziel führen.
   → *Aktion/Abhilfe:*
   Der Meister führt mit Herrn Kerner ein Einzelgespräch und verdeutlicht anhand konkreter Beispiele dieses Gesprächsverhalten. Er versucht bei Herrn Kerner Einsicht zu erzeugen und gibt ihm Hilfestellung für eine themenzentrierte Kommunikation.

6.6 Anwenden von Führungsmethoden und -mitteln zur Bewältigung betrieblicher Aufgaben und zum Lösen von Problemen und Konflikten

6.6.1 Führungsmethoden und -mittel

01. Was heißt „Mitarbeiter führen"?

- *Führen* heißt, das Verhalten der Mitarbeiter *zielorientiert* zu *beeinflussen*, sodass die betrieblichen Ziele erreicht werden – unter Beachtung der Erwartungen der Mitarbeiter.
- *Ziel* der Führungsarbeit:

- Der *Zielerfolg* (betrieblicher Aspekt) bedeutet
  - Leistung zu erzeugen,
  - Leistung zu erhalten und
  - Leistung zu steigern.
- Der *Individualerfolg* (Mitarbeiteraspekt) bedeutet
  - Erwartungen und Wünsche der Mitarbeiter in Abhängigkeit von den betrieblichen Möglichkeiten zu berücksichtigen und
  - Mitarbeiter zu motivieren.

02. Welche Bedeutung hat zielorientierte Führungsarbeit?

a) Die Leistung der Mitarbeiter muss sich stets zielorientiert entfalten, d. h., Führung hat die Aufgabe, *alle Kräfte des Unternehmens zu bündeln und auf den Markt zu konzentrieren*: Führung → Ziele → zielorientierte Aufgabenerfüllung → Leistung → Wertschöpfung → Zielerreichung.

b) Die *Ziele* des Unternehmens *werden aus der Wechselwirkung von Betrieb und Markt gewonnen.* Sie werden „heruntergebrochen" in Zwischen- und Unterziele für nachgelagerte Führungsebenen, z. B. für den Meisterbereich.

c) Im Prozess der Zielerreichung hat die Mitarbeiterführung die Funktion der *Klammer, der Koordination und der Orientierung*.

d) Führung muss dabei den „Spagat" zwischen der Beachtung ökonomischer und sozialer Ziele herbeiführen:

03. Wie sind Zielvereinbarungsprozesse zu gestalten?

Führen durch Zielvereinbarung (*Management by Objektives*; MbO) bedeutet: Die Entscheidungsebenen arbeiten gemeinsam an der Zielfindung. Dabei legen Vorgesetzter und Mitarbeiter zusammen das Ziel fest, überprüfen es regelmäßig und passen das Ziel an. Da das Gesamtziel der Unternehmung und die daraus abgeleiteten Unterziele ständig am Markt orientiert sein müssen, ist „Führen durch Zielvereinbarung" aufgrund kontinuierlicher Zielpräzisierung ein Prozess.

- Als *Voraussetzungen* von MbO müssen u. a. geschaffen werden:
  - ein System hierarchisch abgestimmter, klar formulierter und erreichbarer Ziele (möglichst messbar)
  - Bewertungskriterien festlegen
  - klare Abgrenzung der Kompetenzen
  - Bereitschaft der Vorgesetzten zur Delegation
  - Fähigkeit und Bereitschaft der Mitarbeiter, Verantwortung zu übernehmen.
- *Vorteile* von MbO:
  - Entlastung der Vorgesetzten
  - Das Streben der Mitarbeiter nach Eigenverantwortlichkeit und selbstständigem Handeln wird unterstützt.
  - Das Konzept ist auf allen hierarchischen Ebenen anwendbar.
  - Die Beurteilung kann am Grad der Zielerreichung fixiert werden und wird damit unabhängig von den Schwächen merkmalsorientierter Bewertungsverfahren.
  - Die Mitarbeiter werden gefördert und erhalten das Gefühl, ernst genommen zu werden.
- *Zielvereinbarungsgespräch*

  Das Zielvereinbarungsgespräch (auch: *zielführendes Mitarbeitergespräch*) ist Bestandteil des Führungsprinzips MbO. Vorgesetzter und Mitarbeiter haben eine Reihe von Aspekten zu berücksichtigen – und zwar vor, während und nach dem Gespräch:

→ *Vor dem Gespräch*:
Der *Vorgesetzte* soll
- Mitarbeiter auffordern, einen Zielkatalog für die zu planenden Perioden zu erstellen (evtl. vor dem Gespräch als schriftliche Kopie vorlegen lassen)
- eine eigene Position über die zu vereinbarenden Ziele erarbeiten
- Gesprächstermin vereinbaren

- Rahmenbedingungen klären und organisieren (Raum, Getränke)
- möglichst jegliche Störungen des Gespräches schon im Vorfeld ausschließen.

Der *Mitarbeiter* soll
- eigene Zielvorstellungen erarbeiten und eventuell als Kopie dem Vorgesetzten übergeben
- Argumente erarbeiten und festhalten
- Fragen und Probleme, die besprochen werden sollen, aufschreiben.

→ *Während des Gesprächs*:

Der *Vorgesetzte* soll
- zu Beginn den Kontakt zum Mitarbeiter herstellen, eine entspannte Gesprächsatmosphäre schaffen, nicht mit der Tür ins Haus fallen
- kurze Einführung in das Thema geben und dabei die Ziele des Unternehmens und seine eigenen Ziele (als Vorgesetzter) darstellen
- den Mitarbeiter seine Zielvorstellungen detailliert erklären lassen; hierbei nicht unterbrechen oder frühzeitig bewerten
- nicht die eigene Meinung an den Anfang stellen
- sich auf die Zukunft konzentrieren und dem Mitarbeiter Vertrauen in sich selbst und in die Unterstützung durch den Vorgesetzten vermitteln
- zu einer gemeinsamen Entscheidung „moderieren" und festhalten (vom Vorgesetzten dominierte Ziele motivieren eher wenig)
- mit Vereinbarung der schriftlich fixierten Ziele abschließen.

Der *Mitarbeiter* soll
- die eigene Zielkonzeption ausführlich darlegen
- seine Wünsche an den Vorgesetzten offen äußern
- die Meinung des Vorgesetzten erfassen und überdenken (respektieren)
- selbst auf eine konkrete tragfähige Vereinbarung achten.

→ *Nach dem Gespräch*:

Der *Vorgesetzte* soll
- mit Interesse das Vorankommen des Mitarbeiters verfolgen und
- Hilfsmittel erarbeiten, um den Grad der Zielerreichung zu erfassen und um den Mitarbeiter unterstützen zu können.

Der *Mitarbeiter* soll
- für sich selbst ein Kontrollsystem installieren
- bei Änderungen der Rahmenbedingungen das Gespräch über Zielmodifikationen suchen
- bei Problemen den Vorgesetzten informieren
- bei schlechtem Vorankommen den Vorgesetzten um Unterstützung bitten.

04. Wie lassen sich die Begriffe „Führungsstil" und „Führungsmittel" voneinander abgrenzen?

- Mit *Führungsstil* (synonym: *Führungsmethode*) will man das *Führungsverhalten eines Vorgesetzten* beschreiben, dass durch eine einheitliche Grundhaltung gekennzeichnet ist.

Der Führungsstil *ist also ein Verhaltensmuster*, dass sich aus mehreren Orientierungsgrößen zusammensetzt (Werte, Normen, Grundsätze), zeitlich *relativ überdauernd* und in unterschiedlichen Situationen *relativ konstant* ist, z. B. der kooperative Führungsstil.

- *Führungsmittel* (synonym: Führungsinstrumente) sind Mittel und Verfahren, die zur Gestaltung des Führungsprozesses eingesetzt werden, z. B. Delegation, Beurteilung, Anreizsysteme usw.

05. Wie lassen sich die Begriffe „Führungsprinzip, Führungskonzeption" und „Führungsmodell" voneinander abgrenzen?

- *Führungsprinzip* ist der am wenigsten umfassende Begriff. Er beschreibt den Sachverhalt, dass sich eine Führungskraft in ihrem konkreten Verhalten an einem oder mehreren Grundsätzen orientiert – z. B. dem Prinzip der Delegation.

- *Führungskonzeptionen* basieren auf den Erkenntnissen über Führungsstile, bringen diese in Beziehung zueinander und ergänzen sie durch weitere Dimensionen. In der Regel haben Führungskonzepte eine Leitidee (z. B. Delegation) und integrieren diese in (unterschiedlich ausgestaltete) Regelkreise der Planung, Durchführung und Kontrolle.

- *Führungsmodelle* erheben den Anspruch, praxisorientierte Konzeptionen mit normativem oder idealtypischem Charakter zu sein.

06. Welche Führungsstile werden unterschieden?

Der Versuch zu beschreiben, unter welchen Bedingungen Führungsarbeit erfolgreich ist, hat zu einer Fülle von Erklärungsansätzen geführt. Der älteste Erklärungsansatz ist die Eigenschaftstheorie; die neueren Ansätze basieren auf der Verhaltenstheorie.

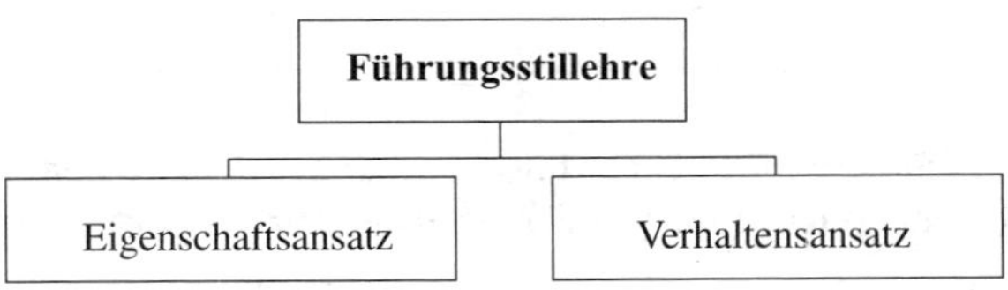

- Der *Eigenschaftsansatz* geht aus von den Eigenschaften des Führers, z. B. Antrieb, Energie, Durchsetzungsfähigkeit usw. Es wurde daraus eine *Typologie der Führungskraft* entwickelt:

  - autokratischer Führer
  - demokratischer Führer
  - laissez faire Führer.

  Andere Erklärungsansätze, die ebenfalls von der Eigenschaftstheorie ausgehen, nennen unter der Überschrift „Tradierte Führungsstile" (= überlieferte Führungsstile):

  - patriarchalisch → väterlich
  - charismatisch → Persönlichkeit mit besonderer Ausstrahlung
  - autokratisch → selbstbestimmend
  - bürokratisch → Führen nach Regeln.

Der Eigenschaftsansatz unterstellt, dass Führungserfolg von den Eigenschaften des Vorgesetzten abhängt. Der Eigenschaftsansatz konnte empirisch nicht bestätigt werden.

- Der *Verhaltensansatz* basiert in seiner Erklärungsrichtung auf den *Verhaltensmustern der Führungskraft* innerhalb des Führungsprozesses. Im Mittelpunkt stehen z. B. Fragen: „Wie kann Führungsverhalten beschrieben werden?“ „Welche unterschiedlichen Ausprägungen von Führungsverhalten zeigten sich in der Praxis“. Ergebnisse dieser Forschungen sind die Führungsstile und Führungsmodelle mit ihren unterschiedlichen Orientierungsprinzipien, wie sie in der nachfolgenden Darstellung abgebildet sind:

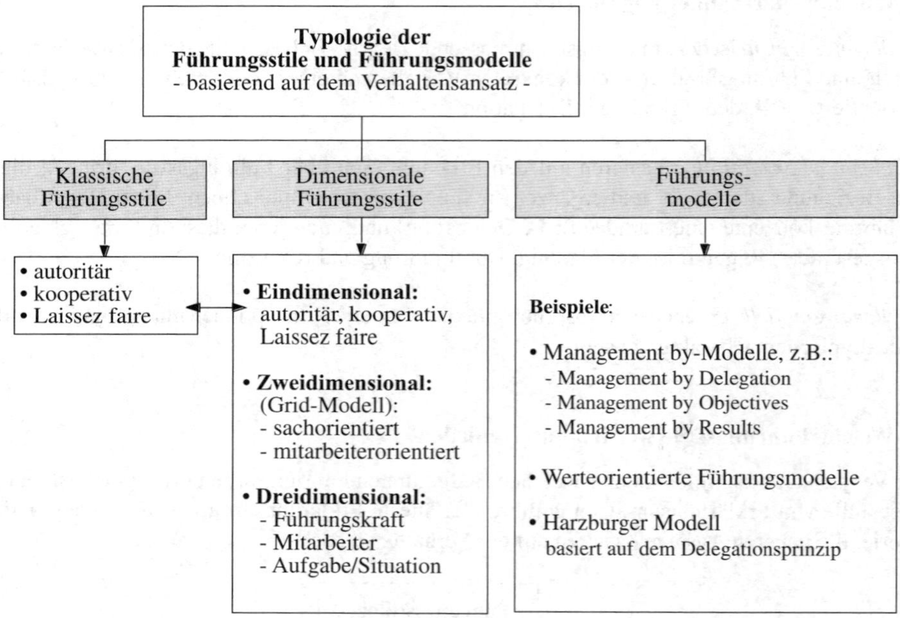

- Die *klassischen Führungsstile* können mit den eindimensionalen Führungsstilen gleichgesetzt werden. Das Orientierungsprinzip ist der *Grad der Mitarbeiterbeteiligung*:

  Ein Führungsstil ist eindimensional, wenn zur Beschreibung und Beurteilung von Führungsverhalten nur ein Kriterium herangezogen wird. Daher gehören „Klassische Führungsstile“ typologisch zu den eindimensionalen. Bei den zwei- und mehrdimensionalen Führungsstilen ist der Erklärungsansatz von zwei oder mehr Orientierungsprinzipien geprägt.

- Das *zweidimensionale Verhaltensmodell* (= Grid-Modell) wählt „Sache“ und „Mitarbeiter“ als Orientierungsprinzipien.

- Das *dreidimensionale Verhaltensmodell* wählt „Führungskraft“, „Mitarbeiter“ und „betriebliche Aufgabe/Situation“ als Orientierungsprinzipien.

- Die *Führungsmodelle* wählen ein spezielles Führungsinstrument bzw. ein Element des Management-Regelkreises zur Grundlage eines mehr oder weniger geschlossenen Verhaltensmodells, z. B. das Prinzip der Delegation (vgl. Management by Delegation, Harzburger Modell). Das Harzburger Modell wurde lange Jahre in der Führungsstillehre und in der Praxis favorisiert, wird jedoch inzwischen aufgrund seines starren Regelwerkes als nicht mehr zeitgemäß angesehen. Die Flut der Management bys hat sich im Führungsalltag deutscher Unternehmen nicht durchgesetzt - mit Ausnahme der Prinzipien „Management by Objectives“ = Führen durch Zielvereinbarung und „Management by Delegation“ = Führen durch Delegation von Aufgaben und Verantwortung.

07. Wie lässt sich das Grid-Modell erklären?

Aus der Reihe der mehrdimensionalen Führungsstile hat der Ansatz von Blake/Mouton in der Praxis starke Bedeutung gefunden: Die Studien von Ohio zeigten, dass sich Führung grundsätzlich an den beiden Werten „Mensch/Person“ bzw. „Aufgabe/Sache“ orientieren kann. Daraus wurde ein zweidimensionaler Erklärungsansatz entwickelt:

- Ordinate des Koordinatensystems: Mitarbeiter
- Abszisse des Koordinatensystems: Sache.

Teilt man beide Achsen des Koordinatensystems in jeweils neun „Intensitätsgrade“ ein, so ergeben sich insgesamt 81 Ausprägungen des Führungsstils bzw. 81 Variationen von Sachorientierung und Menschorientierung. Die Koordinaten 1.1 („Überlebenstyp“) bis 9.9 („Team“) zeigen die fünf dominanten Führungsstile, die sich aus dem Verhaltensgitter ableiten lassen. Das zweidimensionale Verhaltensgitter (Managerial Grid) nach Blake/Mouton hat folgende Struktur:

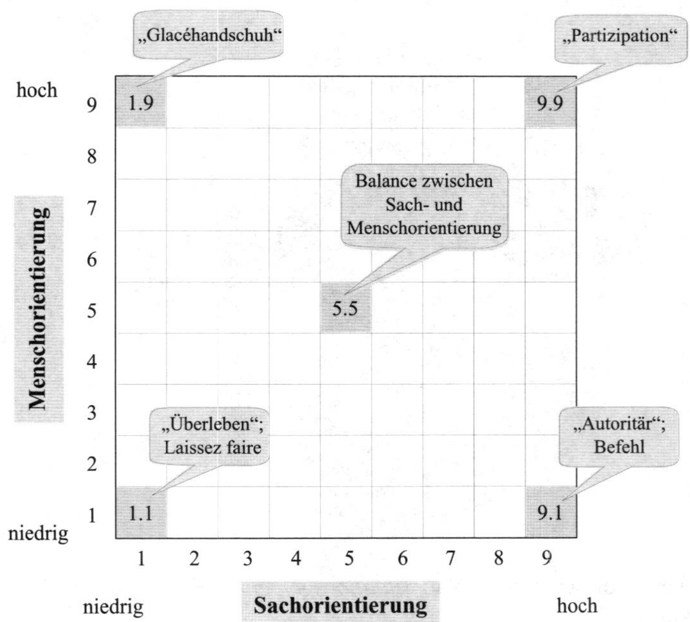

Kurz gesagt:

Das Grid-Modell spiegelt die Überzeugung wider, dass der 9.9-Stil, hohe Sach- und Mensch-Orientierung, der effektivste ist.

08. Was versteht man unter dem situativen Führungsstil?

Die Erklärungsansätze „eindimensionaler und zweidimensionaler Führungsstil" haben Lücken und führen zu Problemen:

- Zwischen Führungsstil und Führungsergebnis besteht nicht unbedingt ein lineares Ursache-Wirkungs-Verhältnis.
- Führungsstil und Mitarbeiter„typus" stehen miteinander in Wechselbeziehung. Andere Mitarbeiter können (müssen) zu einem veränderten Führungsverhalten bei ein und demselben Vorgesetzten führen.
- Die äußeren Bedingungen (die Führungssituation), unter denen sich Führung vollzieht, verändern sich und beeinflussen den Führungserfolg.

Diese Einschränkungen haben dazu geführt, dass heute

effektive Führung als das Zusammenwirken mehrerer Faktoren begriffen wird, die insgesamt ein Spannungsfeld der Führung ergeben:

→ die Führungskraft
→ die Mitarbeiter
→ die Aufgabe/Situation.

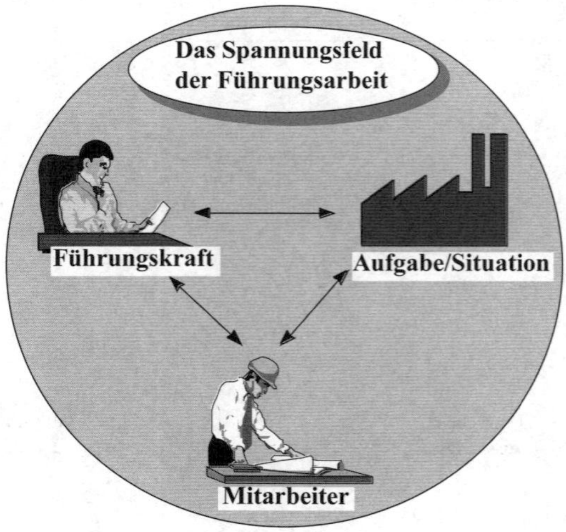

- Man bezeichnet diesen Ansatz als *„Situationsgerechten Führungsstil"*. Es ist Aufgabe der Führungskraft,
  - die jeweils *spezifische Führungssituation zu erfassen*, (Führungskultur, Zeitaspekte, Besonderheit der delegierten Aufgabe usw.),
  - die Wahl und *Ausgestaltung der Führungsmittel* auf die jeweilige Persönlichkeit des Mitarbeiters abzustellen (Erfahrung, Persönlichkeit, Motivstruktur, Erwartungen, Ziele, Reifegrad usw.) und dabei

- die Vorzüge und *Stärken der eigenen Person einzubringen* (Entschlusskraft, Sensibilität, Systematik, Überzeugungskraft u. Ä.).

Beispiel:
Sie sind zuständig für die Sonderfertigung und seit 12 Jahren in diesem Unternehmen tätig. Ihr Führungsstil wird von Ihren Mitarbeitern als kooperativ eingeschätzt. Von Ihrem Betriebsleiter haben Sie einen eiligen Auftrag erhalten, der morgen bis 18:00 Uhr ausgeführt sein muss. Ihre Firma macht 25 % des Umsatzes mit diesem Kunden. Um 14:00 Uhr treffen Sie sich mit Ihren Vorarbeitern (alles langjährig erfahrene Mitarbeiter) und erklären: „Also, die Sache ist so, wir haben da noch einen eiligen Auftrag vom Kunden Meiering herein bekommen. Sie wissen, er gehört zu unseren Hauptkunden. Treffen Sie mit Ihren Leuten alle Vorbereitungen, dass wir den Auftrag termingerecht ausliefern können. Ich weiß, dass Überstunden gemacht werden müssen, aber – die Sache duldet keinen Aufschub. Machen Sie Ihren Mitarbeitern die Bedeutung des Auftrags klar und holen Sie sich die Zustimmung des Betriebsrats. Herr Merger, Sie nehmen die Sache bitte in die Hand und geben mir bis 16:00 Uhr Bescheid, ob alles nach Plan verläuft."

- Aufgabe/Situation: Der Auftrag hat eine hohe Bedeutung und ist dringlich.
- Mitarbeiter: sind erfahren, kennen die Situation
- Führungskraft: Ein kooperativer Führungsstil ist vorherrschend.

→ Obwohl der Vorgesetzte überwiegend kooperativ führt, müssen in der vorliegenden *Ausnahme-Situation* klare Anweisungen gegeben werden. Es bleibt wenig Raum für eine Beteiligung der Mitarbeiter. Lediglich die Einzelheiten der Durchführung des Auftrags wird von den Mitarbeitern eigenverantwortlich durchgeführt, da sie über langjährige Erfahrung verfügen. Der Vorgesetzte beschränkt sich daher auf eine „Endkontrolle" mit vorgegebenem Termin. Im vorliegenden Fall muss der *Führungsstil also tendenziell autoritär und aufgabenorientiert* sein, obwohl der Vorgesetzte im Allgemeinen eine kooperative Grundhaltung praktiziert, die sich gleichermaßen an der Aufgabe und der Person des Mitarbeiters orientiert.

Analog ließe sich ein Beispiel formulieren, in dem die Aufgabe nicht unter Zeitdruck erledigt werden muss und von den Mitarbeitern *kreative Lösungen* erwartet werden. Hier ist tendenziell *mehr kooperativ und mitarbeiterorientiert* zu führen.

Weiterhin gibt es Mitarbeiter, die aufgrund ihres *Reifegrades* und/oder ihrer *Ausbildung* nicht kooperativ und mitarbeiterorientiert geführt werden können. Sie erwarten einen überwiegend *autoritären Führungsstil.*

09. Warum ist der situative Führungsstil in der heutigen Zeit Erfolg versprechender als tradiertes Vorgesetztenverhalten?

Heute sind betriebliche Situationen und Entscheidungsprozesse geprägt von Zeitdruck, Komplexität der Zusammenhänge und einer fortschreitenden Abhängigkeit der Einzelmärkte von der weltwirtschaftlichen Entwicklung (Stichworte: Entwicklung des Rohölpreises, politische Krisengebiete, Umweltpolitik, Informationsflut usw.). Der Anspruch an die Führungsqualität der Vorgesetzten ist deutlich gestiegen: Sie müssen sich permanent auf wechselnde Situationen einstellen, diese richtig analysieren und kompetent handeln. Ein absolut starrer Führungsstil wird bei diesen Entwicklungen wenig Erfolg haben: Führungskräfte müssen z. B. in Ausnahmesituationen schnell und eindeutig handeln; die Anweisungen werden stark direktiv sein und lassen wenig Spielraum für Beteiligung. In anderen Fällen sind die betrieblichen Probleme derart komplex und können nur mit Unterstützung und Akzeptanz aller Mitarbeiter durchgeführt werden. Hier ist kooperativ zu führen; den Mitarbeitern müssen Freiräume und Eigenständigkeit eingeräumt werden. Der situative Führungsstil verlangt von den Führungskräften ein hohes Maß an Flexibilität. Trotzdem müssen sie gegenüber ihren Mitarbeitern ihre Identität bewahren und glaubwürdig bleiben. Weicht ein Vorgesetzter von seinen vorherrschend erlebten Verhaltensmustern ab, so müssen die Gründe für die Mitarbeiter nachvollziehbar sein.

10. Wie kann der Mitarbeiter an Entscheidungsprozessen partizipieren? → 6.4

Partizipation bedeutet, dass der Mitarbeiter an Entscheidungsprozessen seines Aufgabenfeldes bzw. seines Betriebes teilhat. Die Beteiligung der Mitarbeiter kann unterschiedlich ausgeprägt sein (Intensitätsgrade) und auf verschiedenen Ebenen stattfinden:

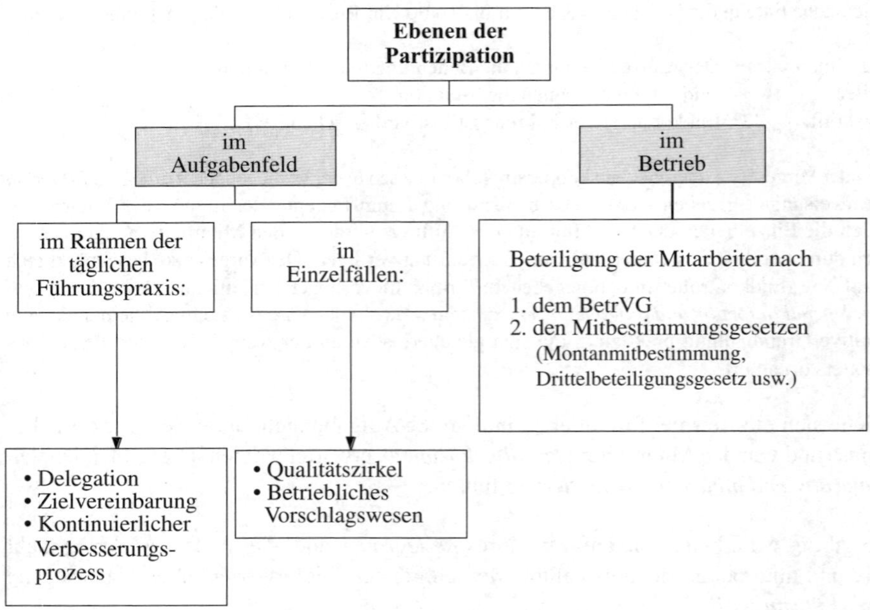

Partizipation verlangt vom Vorgesetzten, die (ehrliche) Bereitschaft, den Mitarbeiter zu beteiligen und setzt Vertrauen in die Leistungsfähigkeit voraus. Der Mitarbeiter muss bereit und in der Lage sein, sich am Entscheidungsprozess zu beteiligen. Er darf nicht über- oder unterfordert sein. Die Teilhabe der Mitarbeiter darf weder ein Alibivorgang sein, noch dürfen Beteiligungsprozesse in fruchtlose Diskussionen münden, die das Leistungsziel infrage stellen.

Partizipation

→ ist ein Führungsinstrument, dass die Erfahrung der Mitarbeiter nutzt und i. d. R. die *Qualität* von Entscheidungen verbessert,

→ zu mehr *Akzeptanz* auf der Mitarbeiterebene führt und

→ die *Motivation* und *Zufriedenheit* der Mitarbeiter fördert.

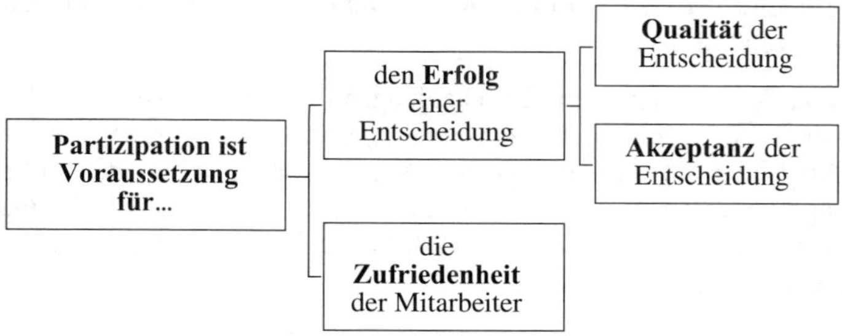

11. In welchen Phasen des Entscheidungsprozesses kann der Mitarbeiter beteiligt werden?

Jeder Entscheidungsprozess kann in folgende Phasen zerlegt werden:

Phasen des Entscheidungsprozesses →

1	2	3	4	5	6
Problem	Suche nach Lösungen	Alternativen	Bewertung der Alternativen	Entscheidung	Ausführung, Kontrolle

Hier ist die Frage zu betrachten, in welchen Phasen des Entscheidungsprozesses der Mitarbeiter beteiligt werden kann oder nicht und in welchem Ausmaß? Die nachfolgende Aufstellung soll dies in vereinfachter Weise schematisch zeigen:

Phase	*Kommentar*		*Partizipation*
1	Die Problemwahrnehmung kann auf der Ebene des Managements oder der Mitarbeiter erfolgen.	→	ja; in hohem Umfang; vgl. KVP u. Ä.
2 3	Insbesondere für „Probleme an der Basis“ kennt der Mitarbeiter häufig bereits die Lösung aufgrund seiner täglichen Praxis	→	ja; speziell bei Problemen an der Basis; vgl. z. B. Qualitätszirkel; bei strategischen Problemen nicht oder weniger.
4 5	Die Bewertung von Alternativen und die Entscheidung erfolgt unter Beteiligung der Mitarbeiter.	→	ja; der Grad der Beteiligung orientiert sich an der Bedeutung des Problems und der Kompetenz der Mitarbeiter.
6	Die Ausführung der Entscheidung bietet i. d. R. einen breiten Raum für die Beteiligung der Mitarbeiter.	→	ja; in hohem Maße; der Grad der Beteiligung orientiert sich an der Bedeutung der Aufgabe und an der Erfahrung des Mitarbeiters.

12. Warum sind Problemlösungen der Mitarbeiter im Rahmen der Prozessverbesserung umzusetzen?

Partizipation der Mitarbeiter an Entscheidungsprozessen *darf keine Alibifunktion einnehmen.* Von den Mitarbeitern erarbeitete und verabschiedete Lösungen zur Verbesserung geschäftlicher Teilprozesse sind in die Praxis umzusetzen. Nur so kann die engagierte und eigenverantwortliche Beteiligung der Mitarbeiter gewonnen und erhalten werden. Neue Lösungen, die umgesetzt werden und zur Verbesserung der Wertschöpfung beitragen, vermitteln Sinn, Zufriedenheit und fördern die Identifikation.

13. Welcher Zusammenhang besteht zwischen dem Betriebsklima und dem in einem Unternehmen vorherrschenden Führungsstil? → A 4.5.9

Das Betriebsklima ist *Ausdruck für die soziale Atmosphäre*, die von den Mitarbeitern empfunden wird. Das Betriebsklima umfasst Faktoren, die mit der sozialen Struktur eines Betriebes zu tun haben, also zum Teil auch „außerhalb" des arbeitenden Menschens liegen, jedoch auf ihn einwirken, aber auch von ihm z. T. wiederum beeinflusst werden.

Faktoren des Betriebsklimas sind u. a.:

Eine gute Betriebsorganisation, die Arbeitssysteme und Arbeitsbedingungen, die Kommunikation der Mitarbeiter mit ihren Vorgesetzten und der Mitarbeiter untereinander; ferner Möglichkeiten der Mitbestimmung und der Partizipation, direkte und indirekte Anerkennung, Gruppenbeziehungen, die Art der erlebten Führung durch den Vorgesetzten, letztendlich auch der Ton – wie man miteinander umgeht.

Der Führungsstil des einzelnen Vorgesetzten allein vermag nicht das Betriebsklima positiv zu prägen; das Führungsverhalten der Vorgesetzten muss in die Führungskultur des Unternehmens eingebettet sein und von ihr getragen werden. Ist dies der Fall, so bewirkt ein überwiegend kooperativer Führungsstil, der auf Vertrauen, Delegation und Beteiligung beruht, Motivationsanreize, die auch nicht ausreichend vorhandene Hygienefaktoren ausgleichen können.

Ein auf Dauer schlechtes Betriebsklima hat nachhaltig negative Folgen für das Unternehmen: Anstieg der Fluktuation und ggf. des Krankenstandes, innere Kündigung und nachlassende Leistungsbereitschaft der Mitarbeiter, Rückgang der Qualität, vermehrter Führungsaufwand der Vorgesetzten (Motivation und Einsatz der Mitarbeiter).

Beispiel 1 (verkürzt):
Eine Niederlassung der X-GmbH befindet sich in einer wirtschaftlich schwierigen Situation: Die wöchentliche Arbeitszeit wurde von 38 auf 40 Stunden angehoben, das Urlaubs- und Weihnachtsgeld gekürzt. Die Geschäftsleitung hat sich mit allen Managementebenen frühzeitig zusammen gesetzt und die Situation erläutert. Die Vorgesetzten haben die Informationen an ihre Mitarbeiter weiter vermittelt, Bedenken diskutiert, Ängste um den Arbeitsplatz thematisiert und Zuversicht vermittelt, mit der schwierigen Situation fertig zu werden. Gemeinsam wurden in den einzelnen Funktionsfeldern Schritte zur Kostensenkung, zur Umsatz- und Qualitätsverbesserung eingeleitet. Aufgrund der finanziellen Zugeständnisse der Mitarbeiter konnten Entlassungen vermieden werden.

Fazit: Trotz negativer Rahmenbedingungen in der Niederlassung der X-GmbH war die Arbeitsatmosphäre und der Kontakt zwischen dem Management und den Mitarbeitern nach wie vor positiv. Der vorherrschende Führungsstil hatte sich erneut als tragende Säule der Leistungsfähigkeit und der Erneuerung bewiesen.

Beispiel 2:
In einem dezentral organisierten Fertigungsunternehmen mit 12 Niederlassungen und ca. 600 Mitarbeitern fühlen sich die Mitarbeiter schlecht informiert, beklagen den unzureichenden Kontakt untereinander und beschweren sich über die unterschiedlichen Eingruppierungen, obwohl die Niederlassungen im selben Tarifgebiet liegen; ein Betriebsrat existiert nicht. Die Geschäftsleitung beauftragt ein Projektteam, in dem auch mehrere Meister aus den Niederlassungen vertreten sind, um die vorgebrachten Beschwerden zu prüfen und geeignete Abhilfemaßnahmen vorzuschlagen.

Im Rahmen der Projektdurchführung bestätigen sich die vorgebrachten Beschwerden der Mitarbeiter (Befragung der Mitarbeiter- und der Vorgesetztenebene). In mehreren Teamsitzungen werden folgende Vorschläge erarbeitet:

- *Problem „mangelnde Information/unzureichender Kontakt“:*
  → Maßnahmen, z. B.:
    - Durchführung gemeinsamer Veranstaltungen, z. B. zentral durchgeführte Informationsveranstaltung in einem festen Rhythmus
    - Sonderaufgaben/Projekte niederlassungsübergreifend
    - Mitarbeiterzeitschrift
    - Standardisierung der Strukturen, Abläufe und Regeln
    - innerbetrieblicher Stellenmarkt/interne Versetzungen
    - Job-Rotation
    - niederlassungsübergreifende Fortbildungs- und Freizeitangebote.

- *Problem „unterschiedliche Eingruppierungen“:*
  → Maßnahmen, z. B.:
    - Einrichten einer Projektgruppe
    - Erhebung der typischen Stellen/Arbeitsplätze in den Niederlassungen
    - Arbeitsplatzanalyse
    - Erstellen der entsprechenden Funktionsbeschreibungen
    - Durchführung der Stellenbewertungen (Kommission)
    - Eingruppierung der Stellen (z. B. anhand des gültigen Tarifvertrages)
    - Information aller Mitarbeiter über die Stellensysteme und Lohnstrukturen (Ziel: Transparenz, Vergleichbarkeit, „Lohngerechtigkeit“, Anwendbarkeit).

6.6.2 Konfliktmanagement

01. Was sind Konflikte?

Konflikte sind *der Widerstreit gegensätzlicher Auffassungen*, Gefühle oder Normen von Personen oder Personengruppen.

Konflikte gehören zum Alltag eines Betriebes. Sie sind normal, allgegenwärtig, Bestandteil der menschlichen Natur und nicht grundsätzlich negativ. Die Wirkung von Konflikten kann *destruktiv* oder *konstruktiv* sein.

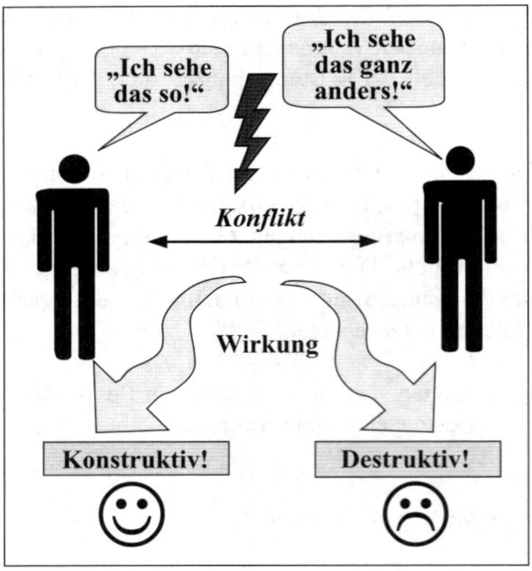

02. Welche Konfliktarten werden unterschieden?

- Konflikte können *latenter Natur* (unterschwellig) oder auch *offensichtlich* sein. Konflikte sind als Prozess zu sehen, der immer dann auftaucht, wenn zwei oder mehr Parteien in einer Sache/ einer Auffassung nicht übereinstimmen.

- Konflikte können auftreten:
  - innerhalb einer Person (innere Widersprüche; intrapersoneller Konflikt)
  - zwischen zwei Personen (interpersoneller Konflikt)
  - zwischen einer Person (Moderator) und einer Gruppe
  - innerhalb einer Gruppe
  - zwischen mehreren Gruppen.

- Beim *Konfliktinhalt* werden drei Arten/Dimensionen unterschieden:
  - *Sachkonflikte:*
    Der Unterschied liegt in der Sache, z. B. unterschiedliche Ansichten darüber, welche Methode der Bearbeitung eines Werkstückes richtig ist.
  - *Emotionelle Konflikte (Beziehungskonflikte):*
    Es herrschen unterschiedliche Gefühle bei den Beteiligten: Antipathie, Hass, Misstrauen.

    Hinweis: Sachkonflikte und emotionelle Konflikte überlagern sich häufig. Konflikte auf der Sachebene sind mitunter nur vorgeschoben; tatsächlich liegt ein Konflikt auf der Beziehungsebene vor. Beziehungskonflikte erschweren die Bearbeitung von Sachkonflikten.

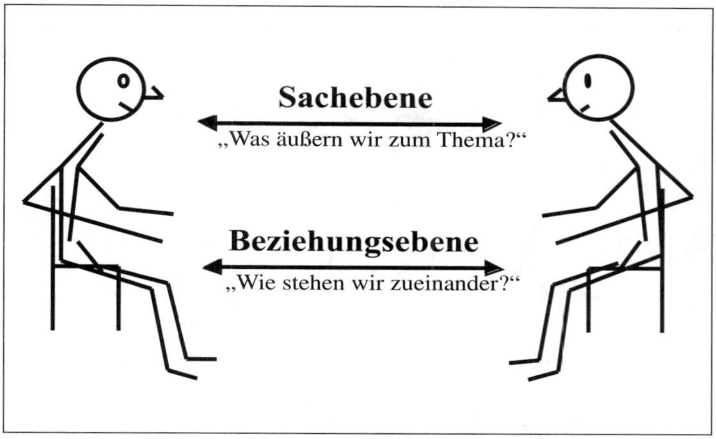

- *Wertekonflikte:*
  Der Unterschied liegt im Gegensatz von Normen; das Wertesystem der Beteiligten stimmt nicht überein.

  Beispiel 1 (verkürzt):
  Der ältere Mitarbeiter ist der Auffassung: „Die Alten haben grundsätzlich Vorrang – bei der Arbeitseinteilung, der Urlaubsverteilung, der Werkzeugvergabe – und überhaupt.“

  Beispiel 2:
  Zwischen dem Arbeitgeber bzw. dem Kapitaleigner und der Arbeitnehmerschaft besteht ein grundsätzlicher Konflikt über die Verteilung der erbrachten Wertschöpfung („Industrieller Konflikt; vgl. „Mehrwert“ in: Marx, Das Kapital).

Die Mehrzahl der Konflikte tragen Elemente aller drei Dimensionen (siehe oben) in sich und es bestehen *Wechselwirkungen*.

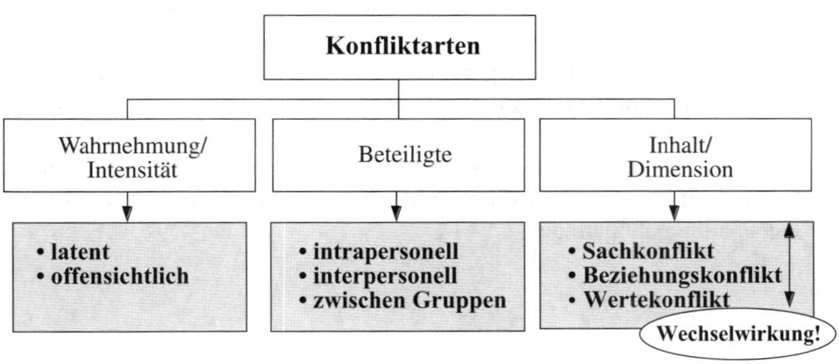

03. Wie ist der „typische“ Ablauf bei Konflikten?

Kein Konflikt gleicht dem anderen. Trotzdem kann man im Allgemeinen sagen, dass folgendes Ablaufschema „typisch“ ist:

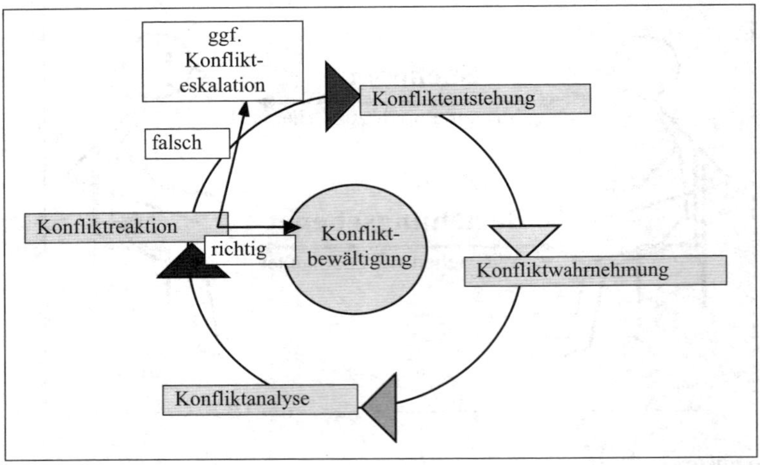

04. Welche Maßnahmen zur Vermeidung und zum bewussten Umgang mit Konflikten sind wirksam?

- *Ziel der Konfliktbewältigung* ist es, durch offenes Ansprechen eine sachliche Problemlösung zu finden, aus der Situation gestärkt hervorzugehen und den vereinbarten Konsens gemeinsam zu tragen.

- *Konfliktstrategien:*

  Dazu bietet sich nach Blake/Mouton (1980) an, eine *gleichmäßig hohe Gewichtung* zwischen den *Interessen des Gegenübers* (Harmoniestreben) und *Eigeninteressen* (Macht) vorzunehmen: *Konsens zu stiften.*

  Fließen die Interessen beider Parteien nur halb ein, dann ist das Ergebnis (nur) ein *Kompromiss.*

  Wird der Konflikt nur schwach oder gar nicht thematisiert (Flucht/Vermeidung/„unter den Teppich kehren"), ist nichts gewonnen.

  Dominiert der andere, ist ebenfalls wenig gewonnen, man gibt nach, verzichtet auf den konstruktiven Streit. Setzt man sich allein durch, ist das Resultat erzwungen und wird mit Sicherheit von der Gegenpartei nicht getragen.

Rein theoretisch sind folgende *Reaktionen der Konfliktparteien* denkbar:

	Konfliktreaktionen der Beteiligten		
Konflikt	*unvermeidbar; Ausgleich nicht möglich*	*vermeidbar; Ausgleich nicht möglich*	*vermeidbar; Ausgleich möglich*
Reaktion: aktiv	Kämpfe	Rückzug: „Eine Partei gibt auf"	**Problemlösung**
	Vermittlung, Schlichtung	Isolation	**tragfähiger Kompromiss**
Reaktion: passiv	zufälliges Ergebnis	Ignorieren des anderen	friedliche Koexistenz

Strategie der Konfliktvermeidung

Der Vorgesetzte sollte die Reaktionen fördern, die für eine Konfliktbearbeitung konstruktiv sind (siehe gerasterte Felder)

→ Vermittlung, Schlichtung
→ Problemlösung
→ ausgewogener tragfähiger Kompromiss

bzw.

→ Bedingungen im Vorfeld von Konflikten vermeiden, die eine konstruktive Bearbeitung unmöglich werden lassen, z. B. länger andauernde irreparable „Verletzungen" durch Mobbing, Vermeidung unklarer Aufgabenstellungen, Kompetenzabgrenzungen o. Ä.

05. Wie ist ein Konfliktgespräch zu führen?

Bei der Behandlung von Konflikten gilt für den Meister grundsätzlich:

> *Nicht Partei ergreifen,*
> *sondern die Konfliktbewältigung moderieren!*

Dazu sollte er bei der Moderation von Konfliktgesprächen in folgenden Schritten vorgehen:

1. *Kontaktphase:*
   entspannen, emotionale Beziehung herstellen

2. *Orientierungsphase:*
   Konflikt erkennen und definieren: Worum geht es den Parteien – auf der Sachebene, auf der Beziehungsebene?

3. *Argumentations-/Diskussions-/Bearbeitungsphase:*
   logisch argumentieren, zuhören; die Meinung des anderen respektieren/nicht interpretieren; Lösungsalternativen suchen; dabei alle Beteiligten einbeziehen.

4. *Entscheidungs- und Kontraktphase:*
   Lösungsalternativen bewerten: Was spricht für Alternative 1, was spricht dagegen? Vereinbarungen (Kontrakte) treffen; den anderen dabei nicht überreden; Wege der Umsetzung ermitteln.

5. *Abschlussphase:*
   Rückschau: Wird die vereinbarte „Lösung" allen Beteiligten gerecht? Wird das Problem gelöst? Formen der Umsetzungskontrolle verabschieden; Emotionen glätten, „nach vorn schauen"; sich höflich und verbindlich verabschieden (Wertschätzung).

Beispiel für die Bearbeitung eines Sachkonflikts:
Für die nächste Woche haben Sie den Vorarbeiter Hurtig zwei Tage für wichtige Sonderaufgaben abgestellt, die schon lange geplant waren. Sie erfahren heute (Mittwoch), dass Ihr Chef Herrn Hurtig in der nächsten Woche für die Betriebsbegehung mit einem wichtigen Kunden unbedingt braucht. Er hatte noch keine Zeit, Ihnen seine Absicht mitzuteilen. Der Kontakt zu Ihrem Chef ist unbelastet. Am Nachmittag haben Sie ein Gespräch mit ihm, um die Sache zu klären. Wie werden Sie das Gespräch strukturieren? Welche Argumente wollen Sie vortragen?

Lösungsansätze/Gesprächsablauf:

- Verständnis für die Betriebsbegehung zeigen.
- Dem Chef die Bedeutung der Sonderaufgabe an Herrn Hurtig beschreiben.
- Dem Chef einen anderen, ebenfalls geeigneten Mitarbeiter vorschlagen.
- Mit dem Chef gemeinsam einen geeigneten *Maßstab* (aus der Sicht des Betriebes) für die Lösung des Problems erarbeiten, z. B.:
  Was passiert, wenn Herr Hurtig nicht für die Betriebsbegehung zur Verfügung steht?
  Welche Folgen für den Betrieb treten ein, wenn er die Sonderaufgabe nicht ausführen kann?
  Dabei keine „Gewinner-Verlierer-Strategie" einschlagen.
- Bei Zustimmung durch den Chef (Hurtig → Sonderaufgabe):
  - Für das Verständnis danken.
  - Dem Chef Unterstützung anbieten bei der Lösung „seines Problems".
- Bei Ablehnung durch den Chef (Hurtig → Betriebsbegehung):
  - Lösungen für das „eigene Problem" erarbeiten und dabei den Chef um Unterstützung bitten.

Die Bearbeitung von (tatsächlichen) *Sachkonflikten* ist auch über *Anweisungen* oder einseitige Regelungen (mit Begründung) durch den Vorgesetzten möglich; z. B. Festlegung von Arbeitsplänen.

Bei *Beziehungs- und Wertekonflikten* führt dies nicht zum Ziel. Hier ist es als Vorstufe zur Konfliktregelung wirksam, dass die Konfliktparteien jeweils dem anderen sagen, wie er die Dinge sieht oder empfindet. Man zeigt damit dem anderen seine eigene Haltung, ohne ihn zu bevormunden.

In der Psychologie bezeichnet man dies *als „Ich-Botschaften“:*

Beispiele:
- „Ich sehe es so“.
- „Ich empfinde es so“.
- „Auf mich wirkt das ...“.
- „Mich ärgert, wenn Sie ...“.

Destruktiv sind Formulierungen wie:
- „Sie haben immer ...“.
- „Können Sie nicht endlich mal ...“.
- „Kapieren Sie eigentlich gar nichts?“

Abgesehen vom Tonfall wird hier der andere auf *„Verteidigungsposition“* gehen, seinerseits seine „verbalen Waffen aufrüsten und zurückschießen“, da er diese Aussagen als Bevormundung empfindet; sein Selbstwertgefühl ist gefährdet.

- *Wechselwirkung zwischen Sachebene und Beziehungsebene:*

  In vielen Fällen des Alltags beruht der Konflikt nicht in dem vermeintlichen Unterschied in der Sache, sondern in einer Störung der Beziehung:

  „Der andere sieht mich falsch, hat mich verletzt, hat mich geärgert ...“

  Der Meister muss hier zunächst die Beziehungsebene wieder tragfähig herstellen, bevor das eigentliche Sachthema erörtert wird. Sachkonflikte sind häufig Beziehungskonflikte (vgl. oben).

06. Wie lassen sich Konfliktsignale frühzeitig wahrnehmen?

Die Mehrzahl der betrieblichen Konflikte hat eine „Entstehungsgeschichte“. Oft kann man bereits in einem frühen Stadium so genannte Konfliktsignale wahrnehmen; dies können sein:

- *Offene Signale*:
  mündliche oder schriftliche Beschwerden

- *Verdeckte Signale*:
  Desinteresse, förmliches Verhalten, unnötiges Beharren auf dem eigenen Standpunkt.

Geht der Vorgesetzte mit Konfliktsignalen bewusst um, so bietet sich ihm die Chance, bestehende Differenzen frühzeitig zu klären, bevor die Gegensätze kaum noch überbrückbar sind.

07. Welche praktischen Empfehlungen im Umgang mit Konflikten haben sich bewährt?

- Der Vorgesetzte sollte sich im Erkennen von Konfliktsignalen trainieren!
- Der Vorgesetzte sollte eine klare Meinung von den Dingen haben, sich aber davor hüten, alles nur von seinem Standpunkt heraus zu betrachten!
- Der Vorgesetzte sollte bei der Konfliktbewältigung keine „Verlierer“ zurück lassen. Verlierer sind keine Leistungsträger!
- Konflikte in Gesprächen bearbeiten!
- Spielregeln der Zusammenarbeit vereinbaren!
- Je früher ein Konflikt erkannt und bearbeitet wird, umso besser sind die Möglichkeiten der Bewältigung.
- Konflikte bewältigen heißt „Lernen“. Dafür ist Zeit erforderlich!

Beispiel zur Konfliktbearbeitung:
Ausgangslage: Wir befinden uns in der Kargen GmbH, einem mittelständischen Hersteller eingelegter Konservenprodukte (süß-saure Gurken, Kürbis, Artischocken usw.) im Raum Mönchengladbach. Das Unternehmen ist in den zurückliegenden Jahren stark gewachsen und konnte sich erfreulich gegenüber dem Hauptkonkurrenten, der Firma Kühne, behaupten. In den letzten Monaten häuften sich jedoch die Probleme:

Es kommt zu Stockungen in der Materialversorgung; dies führt zu Stillstandszeiten der Verpackungsanlage. Die Mitarbeiter in der Fertigung beschweren sich zunehmend über ungerechte Vorgabezeiten. Terminüberschreitungen bei Kundenaufträgen häufen sich. Außerdem geht in der Belegschaft das Gerücht um, die Firmenleitung wolle den Standort nach Thüringen verlegen, weil dort bessere Produktionsbedingungen angeboten würden. Insgesamt hat sich die Ertragslage der Kargen GmbH verschlechtert.

Der Meisterbereich 1 wird seit sechs Jahren von *Herrn Knabe* geleitet; er berichtet an *Herrn Kurz*, Leiter der Fertigung. Herr Knabe ist ein erfahrener Meister. Aufgrund seiner betriebswirtschaftlichen Weiterbildung machte er sich bis vor kurzem Hoffnung, Nachfolger von Herrn Kurz zu werden, der im nächsten Jahr altersbedingt seine Tätigkeit beenden wird. Vor zwei Wochen hat die Geschäftsleitung entschieden, die Stelle extern zu besetzen. Herr Knabe erfuhr davon auf Umwegen.

Herrn Knabe sind unmittelbar vier Mitarbeiter unterstellt:
Frau Balsam ist Werkstattschreiberin und „Mädchen für Alles“. Sie ist gutmütig und arbeitet pflichtbewusst. Leider gibt es häufiger „Zusammenstöße“ mit dem Vorarbeiter, *Herrn Merger,* der wenig Kontakt mit den Kollegen pflegt; außerdem findet er, „dass Frauen in der Fertigung nichts zu suchen haben“.

Herr Knabe wird vertreten durch *Herrn Kern*, der vor kurzem von außen eingestellt wurde; er befindet sich noch in der Probezeit und ist der zukünftige Schwiegersohn des Inhabers. Die Mitarbeiter in der Fertigung beschweren sich zunehmend über seinen rüden Umgangston; es zeichnen sich Führungsprobleme ab. Herr Kern scheint recht isoliert im Meisterbereich zu sein. Keiner „wird mit ihm richtig warm“.
Herr Hurtig ist ebenfalls Vorarbeiter. Von seiner bisher zügigen Art, auftretende Probleme anzupacken, ist kaum noch etwas zu merken; er vernachlässigt seine Arbeit und wälzt Aufgaben an Frau Balsam ab. Zwischen den Herren Hurtig und Merger klappt die Vertretung bei kurztägigen Abwesenheiten nicht.

Analyse der Konfliktarten und Lösungsansätze zur Konfliktbearbeitung		
Konfliktfelder	*Konfliktart*	*Lösungsansätze*
Materialversorgung, Stillstandszeiten, Vorgabezeiten, Terminüber- schreitungen	Sachkonflikt; muss kurzfristig gelöst werden	• Meeting der Verantwortlichen • Suche nach Ursachen • Lösung • Umsetzung • Kontrolle der Umsetzung und der Wirksamkeit
Gerüchte über Standortverlegung	Sach- und Beziehungskonflikt; kurz- und mittelfristiges Problem	kurzfristig: klare Mitteilung der Geschäftsleitung, ob eine Verlegung geplant ist langfristig: laufende Information der Belegschaft über zentrale Vorgänge im Betrieb; Information ist Sachinformation und Wertschätzung zugleich.
Herr Knabe: Nachfolge?	Sachkonflikt Beziehungskonflikt? kurzfristiges Problem	kurzfristiges Gespräch der Herren Knabe und Kurz: Darlegung der Entscheidung der Geschäftsleitung, Aufarbeitung der „Verletzungen", Erneuerung einer stabilen Arbeitsbasis.
Herr Hurtig:	Sachkonflikt Beziehungskonflikt? mittelfristig	Kritikgespräch: Knabe/Hurtig über „Abwälzen", „Urlaubsvertretung" und „Vernachlässigung"; ggf. zusätzliche Einzelgespräche mit Fr. Balsam („Abwälzen") und Hr. Merger („Urlaubsvertretung"). Möglich auch: Hurtig und Merger erhalten den Auftrag, bis zum ... eine tragfähige Lösung in Sachen Vertretung zu präsentieren.
Herr Kern: Führungsprobleme?	Beziehungskonflikt mittelfristig	Gespräch: Knabe/Kern; Kern schildert die Dinge aus seiner Sicht; Ergebnis offen: ggf. Coaching, Unterstützung oder auch Beendigung des Arbeitsverhältnisses, falls gravierender Fehler bei der Personalauswahl; Problemlösung ist erschwert (angehender Schwiegersohn).
Herr Merger: Haltung zu Frauen?	Beziehungskonflikt mittelfristig	Gespräch: Knabe/Merger; Einsicht erzeugen bei Merger, dass hier Vorurteile bestehen und wie diese wirken; ggf. Dreiergespräch: Knabe/Merger/Balsam; führt dies nicht zum Ergebnis: Ermahnung, Anordnung, ggf. Abmahnung bei frauenfeindlichen Äußerungen (vgl. BGB, AGG, Grundgesetz, EG-Gesetz).

08. Welche betrieblichen Folgen können sich aus schwelenden Konflikten ergeben, die nicht thematisiert werden?

Mögliche Folgen, z. B.:

- Gefahr der Eskalation
- Störung des Betriebsklimas
- Gerüchtebildung
- Vertrauensverluste
- Frustration, ggf. mit der Folge von Aggression
- Minderung der Leistungsergebnisse
- innere Kündigung.

6.6.3 Mitarbeitergespräche

01. Welche Phasen sind bei einem Beurteilungsvorgang einzuhalten? → A 4.5.5

Ein wirksamer Beurteilungsvorgang setzt die Trennung folgender Phasen voraus:

- *Phase 1: Beobachtung*
  = gleichmäßige Wahrnehmung der regelmäßigen Arbeitsleistung und des regelmäßigen Arbeitsverhaltens

- *Phase 2: Beschreibung*
  = möglichst wertfreie Wiedergabe und Systematisierung der Einzelbeobachtungen im Hinblick auf das vorliegende Beurteilungsschema

- *Phase 3: Bewertung*
  = Anlegen eines geeigneten Maßstabs an die systematisch beschriebenen Beobachtungen

- *Phase 4: Beurteilungsgespräch*
  = Zweier-Gespräch zwischen dem Vorgesetzten und dem Mitarbeiter über die durchgeführte Beurteilung

- *Phase 5: Gesprächsauswertung*
  = Initiierung erforderlicher Maßnahmen (Verhaltensänderung, Schulung, Aufstieg usw.)

Phasen der Beurteilung

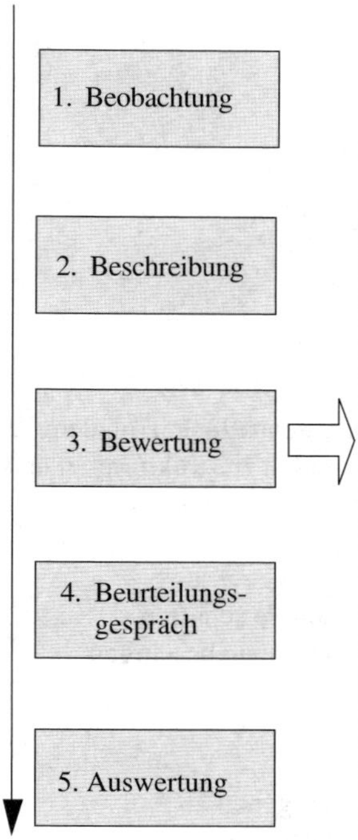

Strukturierter Beurteilungsbogen (Beispiel)

Merkmale	Gewichtung	entspricht selten den Erwartungen	entspricht im Allgemeinen den Erwartungen	entspricht voll den Erwartungen	liegt über den Erwartungen	liegt weit über den Erwartungen
		1	2	3	4	5
Arbeitsquantität						
Arbeitsqualität						
Fachkenntnisse						
Arbeitskenntnisse						
Zusammenarbeit						
...						

02. Welche Elemente enthält ein strukturiertes Beurteilungssystem?

Jedes Beurteilungssystem/-verfahren enthält *mindestens drei Elemente* – unabhängig davon, in welchem Betrieb oder für welchen Mitarbeiterkreis es eingesetzt wird:

- Beurteilungsmerkmale
- Gewichtung der Merkmale
- Ausprägung der Merkmale (Skalierung).

03. Wie ist ein Beurteilungsgespräch vorzubereiten?

Beurteilungsgespräche müssen, wenn sie erfolgreich verlaufen sollen, *sorgfältig vorbereitet werden.* Dazu empfiehlt sich für den Vorgesetzten, folgende Überlegungen anzustellen bzw. Maßnahmen zu treffen:

- Dem Mitarbeiter rechtzeitig den *Gesprächstermin* mitteilen und ihn bitten, sich ebenfalls vorzubereiten.

- Den *äußeren Rahmen* gewährleisten: Keine Störungen, ausreichend Zeit, keine Hektik, geeignete Räumlichkeit, unter „4-Augen" usw.

- *Sammeln und Strukturieren der Informationen:*
  - Wann war die letzte Leistungsbeurteilung?
  - Mit welchem Ergebnis?

- Was ist seitdem geschehen?
- Welche positiven Aspekte?
- Welche negativen Aspekte?
- Sind dazu Unterlagen erforderlich?

- *Was ist das Gesprächsziel?*
  Mit welchen Argumenten?
  Was wird der Mitarbeiter vorbringen?

04. Wie ist das Beurteilungsgespräch durchzuführen?

Für ein erfolgreich verlaufendes Beurteilungsgespräch gibt es kein Patentrezept. Trotzdem ist es sinnvoll, dieses Gespräch in Phasen einzuteilen, das heißt, das Gespräch zu strukturieren und dabei eine Reihe von Hinweisen zu beachten, die sich in der Praxis bewährt haben:

1. *Eröffnung:*
   - sich auf den Gesprächspartner einstellen, eine zwanglose Atmosphäre schaffen
   - die Gesprächsbereitschaft des Mitarbeiters gewinnen, evtl. Hemmungen beseitigen
   - ggf. Verständnis für die Beurteilungssituation wecken.

2. *Konkrete Erörterung der positiven Gesichtspunkte*:
   - nicht nach der Reihenfolge der Kriterien im Beurteilungsraster vorgehen
   - ggf. positive Veränderungen gegenüber der letzten Beurteilung hervorheben
   - Bewertungen konkret belegen
   - nur wesentliche Punkte ansprechen (weder „Peanuts“ noch „olle Kamellen“)
   - den Sachverhalt beurteilen, nicht die Person.

3. *Konkrete Erörterung der negativen Gesichtspunkte:*
   - analog wie Ziffer 2
   - negative Punkte zukunftsorientiert darstellen (Förderungscharakter).

4. *Bewertung der Fakten durch den Mitarbeiter:*
   - den Mitarbeiter zu Wort kommen lassen, interessierter und aufmerksamer Zuhörer sein
   - aktives Zuhören, durch offene Fragen ggf. zu weiteren Äußerungen anregen
   - asymmetrische Gesprächsführung, d. h. in der Regel dem Mitarbeiter den größeren Anteil an Zeit/Worten überlassen
   - evtl. noch einmal einzelne Beurteilungspunkte genauer begründen
   - zeigen, dass die Argumente ernst genommen werden
   - eigene „Fehler“ und betriebliche Pannen offen besprechen
   - in der Regel keine Gehaltsfragen diskutieren (keine Vermengung); falls notwendig, „abtrennen“ und zu einem späteren Zeitpunkt fortführen.

5. *Vorgesetzter und Mitarbeiter diskutieren* alternative Strategien und *Maßnahmen* zur Vermeidung zukünftiger Fehler:
   - Hilfestellung nach dem Prinzip „Hilfe zur Selbsthilfe" („ihn selbst darauf kommen lassen")
   - ggf. konkrete Hinweise und Unterstützung (betriebliche Fortbildung, Fachleute usw.)
   - kein unangemessenes Eindringen in den Privatbereich
   - sich Notizen machen; den Mitarbeiter anregen, sich ebenfalls Notizen zu machen.

6. *Positiver Gesprächsabschluss mit Aktionsplan:*
   - wesentliche Gesichtspunkte zusammenfassen
   - Gemeinsamkeiten und Unterschiede klarstellen
   - ggf. zeigen, dass die Beurteilung überdacht wird
   - gemeinsam festlegen:
     - Was unternimmt der Mitarbeiter?
     - Was unternimmt der Vorgesetzte?
   - ggf. Folgegespräch vereinbaren: Wann? Welche Hauptaufgaben/Ziele?
   - Zuversicht über den Erfolg von Leistungskorrekturen vermitteln
   - Dank für das Gespräch.

05. Wie werden standardisierte Beurteilungsformulare in der betrieblichen Praxis eingesetzt?

Trotz mancher Schwächen werden in vielen Mittel- und Großbetrieben standardisierte Beurteilungsbögen eingesetzt. Zum Teil ist die Verwendung im Rahmen der Leistungsbeurteilung tariflich vorgeschrieben bzw. in einer Betriebsvereinbarung festgelegt. Man will auf diese Weise den Beurteilungsvorgang erleichtern und systematisieren.

In der Praxis werden am häufigsten *merkmalsorientierte Beurteilungen nach dem Einstufungsverfahren* eingesetzt: Für jedes Merkmal werden Ausprägungsabstufungen festgelegt, die ausführlich beschrieben werden. Das Verhalten des Mitarbeiters ist je Merkmal einem bestimmten Skalenwert zuzuordnen.

In einigen tariflich vorgeschriebenen Leistungsbeurteilungen führt die Bewertung zu einer bestimmten Punktsumme, aus denen die Leistungszulage berechnet wird.

Das nachfolgende **Beispiel** zeigt einen standardisierten Beurteilungsbogen für gewerbliche Arbeitnehmer im Zeitlohn:

Beurteilungsbogen für gewerbliche Arbeitnehmer im Zeitlohn[1]						
Name:		*Abteilung:*			*Datum:*	
Beurteilungsmerkmale	*Beurteilungsstufen/Skalierung*					
	nicht ausreichend	im Allgemeinen ausreichend	entspricht der Normalleistung	liegt über den Erwartungen	liegt weit über den Erwartungen	Punktsumme
	0 - 2	3 - 4	5 - 6	7 - 8	9 - 10	
Arbeitsquantität		x				**4**
Arbeitsqualität			x			**5**
Arbeitseinsatz				x		**7**
Kostenbewusstsein			x			**6**
Zusammenarbeit				x		**8**
Punktsumme						**30**
Unterschrift des Beurteilenden (direkter Vorgesetzter):						
Unterschrift des Beurteilten: Damit wird die Kenntnisnahme der Beurteilung und die Durchführung des Beurteilungsgesprächs bestätigt.						
[1] Zutreffendes ist anzukreuzen.						

06. Was ist Anerkennung und welche Bedeutung hat sie als Führungsmittel?

Anerkennung ist die *Bestätigung positiver (erwünschter) Verhaltensweisen.* Da jeder Mensch nach Erfolg und Anerkennung durch seine Mitmenschen strebt, verschafft die Anerkennung dem Mitarbeiter ein Erfolgsgefühl und bewirkt eine Stabilisierung positiver Verhaltensmuster. Wichtig ist: Anerkennung und Kritik müssen sich die Waage halten; besser noch: häufiger richtiges Verhalten bestätigen, als (nur) falsches kritisieren.

Befragungen in Betrieben „Was dem Arbeitnehmer wichtig ist?" führen fast alle zu dem selben Ergebnis: Neben der Sicherheit des Arbeitsplatzes, der Freude an der Arbeit und einer kollegialen Zusammenarbeit *rangiert die Anerkennung durch den Vorgesetzten noch vor dem Faktor Lohn.*

Zur Unterscheidung:

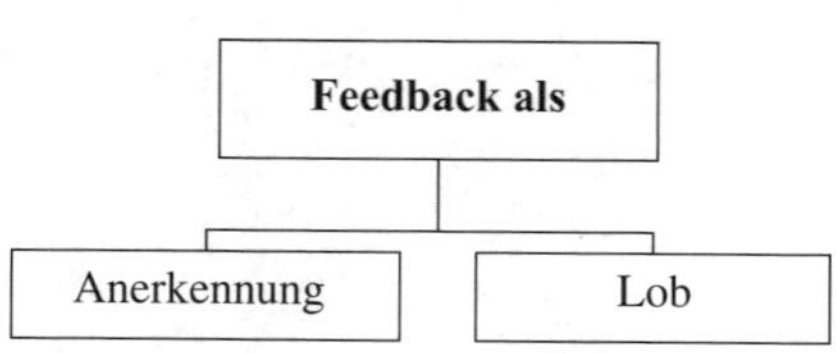

- *Anerkennung* bezieht sich auf die *Leistung*:

  „Dieses Werkstück ist passgenau angefertigt. Danke!“

- Nur in seltenen Fällen ist *Lob* angebracht. Lob ist die sprachlich stärkere Form und eine Bestätigung der (ganzen) *Person*:

  „Sie sind ein sehr guter Fachmann!“

- Merke:

→ *Mehrmaliger Erfolg führt zur Stabilisierung* des Verhaltens. → *Mehrmaliger Misserfolg führt zu einer Änderung* des Verhaltens.

07. Welche Grundsätze sind bei der Anerkennung einzuhalten?

- *Auch* (scheinbare) *Selbstverständlichkeiten* bedürfen der Anerkennung. Der Grundsatz „Wenn ich nichts sage, war das schon o. k.“ ist falsch.
- Die beste Anerkennung kommt *aus der Arbeit selbst*. Arbeit und Leistung müssen *wichtig* sein und *Sinn* geben.

- Anerkennung kommt im Regelfall vom unmittelbaren Vorgesetzten; Ausnahme: Der nächsthöhere Vorgesetzte will die Leistung besonders würdigen.
- Anerkennung muss *verdient* sein.
- Anerkennung soll sein:

- anlassbezogen/sofort	- zeitnah
- sachlich	- eindeutig
- konstruktiv	- konkret
- ohne Übertreibung	- ohne Untertreibung.

- Anerkennung muss sich an einem klaren *Maßstab* orientieren:
  Was ist erwünscht/unerwünscht?
- Das *Maß der Anerkennung* muss sich am Zielerfolg und dessen Bedeutung orientieren (wichtige/weniger wichtige Aufgabe).
- Anerkennung *unter vier Augen* ist i. d. R. besser, als Anerkennung vor der Gruppe.
- Anerkennung und Kritik sollten sich auf lange Sicht die *Waage* halten.

08. Welche Formen der Anerkennung sind denkbar?

- *Nonverbal,* z. B.: Kopfnicken, Zustimmung signalisieren, Daumen nach oben, „Hm, hm, ...“ u. Ä.
- *Verbal,* z. B.:
  - in *einzelnen Worten:*
    „Ja!“, „Prima“!, „Klasse!“, „Freut mich!“
  - *in (ganzen) Sätzen:*
    „Klasse, dass wir den Termin noch halten können!“
    „Scheint gut geklappt zu haben?“

- Unter *vier Augen*; vor der *Gruppe* (Vorsicht!):
  - Anerkennung der *Einzel*leistung/der *Gruppen*leistung
  - Anerkennung *verbunden mit einer materiellen/immateriellen Zuwendung:* Prämie, Geschenk, Sonderzahlung, Beförderung, Erweiterung des Aufgabengebietes u. Ä.

09. Welche Phasen des Anerkennungsgesprächs[1] ist zu beachten?

Die Fragestellung ist etwas „theorielastig": In vielen Fällen der Praxis erfolgt die Anerkennung durch nonverbale oder kurze verbale Hinweise (vgl. oben). Außerdem ist die Anerkennung meist kein Gespräch, sondern überwiegend eine Einwegkommunikation: Der Vorgesetzte anerkennt die positive Leistung, der Mitarbeiter hört zu.

Trotzdem lässt sich für das richtige *Verhaltensmuster des Vorgesetzten bei der „1-Minuten-Anerkennung"* eine Empfehlung geben:

1. Kommen Sie *sofort* und *ohne Umwege* zum Thema!
   „Guten Tag, Herr Merger, ich sehe, dass Sie die Vorrichtung schon fast fertig haben."

2. Sagen Sie *konkret*, was der Mitarbeiter gut gemacht hat! Gehen Sie ins *Detail.*

3. *Zeigen* Sie dem Mitarbeiter, dass Sie sich über seine Leistung *freuen* – angemessen, ohne Übertreibung!
   „Ich freue mich, dass Sie das trotz Termindruck noch erledigen konnten und (der Vorgesetzte betrachtet die Vorrichtungskonstruktion). Sie haben ja sogar an die Neujustierung gedacht."

4. *Vermitteln* Sie dem anderen das *Gefühl*: „Weiter so!"
   „Prima, dann kommen wir ja mit dem Projekt voran."

5. Geben Sie dem Mitarbeiter die Hand oder *tun Sie etwas* Ähnliches!
   Er soll wissen, dass Sie an seiner Leistung interessiert sind und ihn unterstützen.
   „Also – vielen Dank (Vorgesetzter berührt mit seiner Hand leicht die Schulter des Mitarbeiters und geht)."

10. Was ist Kritik und welches Ziel wird damit verfolgt?

Kritik ist der Hinweis/das Besprechen *eines bestimmten fehlerhaften/unerwünschten Verhaltens.* Hauptziel der Kritik ist die *Überwindung des fehlerhaften Verhaltens des Mitarbeiters für die Zukunft.*

---

[1] Der Rahmenstoffplan gibt den Hinweis auf „Phasen des Anerkennungsgesprächs"; wir halten dies für irreführend; der Begriff suggeriert einen längeren Gesprächsverlauf.

Um dieses Hauptziel zu erreichen, werden zwei *Unterziele* verfolgt:

1. *Die Ursachen*
   des fehlerhaften Verhaltens werden im gemeinsamen 4-Augen-Gespräch sachlich und nüchtern besprochen. Dabei ist mit – oft heftigen – emotionalen Reaktionen auf beiden Seiten zu rechnen. Der Mitarbeiter wird zur Akzeptanz der Kritik nur dann bereit sein, wenn seine Gefühle vom Vorgesetzten ausreichend berücksichtigt werden und das Gespräch in einem allgemein ruhigen Rahmen verläuft.

2. *Bewusstwerden* und *Einsicht*
   in das fehlerhafte Verhalten aufseiten des Mitarbeiters zu erreichen, ist das nächste Unterziel. Die besonders schwierige Führungsaufgabe im Kritikgespräch besteht in der Bewältigung der Affekte und der Erzielung von Einsicht in die notwendige Verhaltensänderung.

11. Welche Grundsätze müssen bei der Kritik eingehalten werden?

1. *Der Maßstab* für das kritisierte Verhalten *muss o. k. sein*, d. h.

   - Er muss *existieren:* z. B.: Gleitzeitregelung aufgrund einer Betriebsvereinbarung.
   - Er muss *bekannt* sein: z. B.: Dem Mitarbeiter wurde die Gleitzeitregelung ausgehändigt.
   - Er muss *akzeptiert* sein: z. B.: Der Mitarbeiter erkennt die Notwendigkeit dieser Regelungen.
   - Die *Abweichung* ist eindeutig: z. B.: Der Mitarbeiter verstößt nachweisbar gegen die Gleitzeitregelung (Zeugen, Zeiterfassungsgerät).

2. Kritik muss *mit Augenmaß* erfolgen (sachlich, angemessen, konstruktiv, zukunftsorientiert).
3. Das Kritikgespräch muss *vorbereitet* und *strukturiert geführt* werden.
4. Nicht belehren, sondern *Einsicht erzeugen* (fragen statt behaupten!).
5. Kritik
   - an der Sache/nicht an der Person
   - sprachlich einwandfrei (keine Beschimpfung)
   - nicht vor anderen
   - nicht über Dritte
   - nicht bei Abwesenheit des Kritisierten
   - nicht per Telefon.
6. Die *Wirkung* des negativen Verhaltens *aufzeigen.*
7. Bei der Sache bleiben, nicht abschweifen!
   Keine ausufernde Kritik!
   Keine „Nebenkriegsschauplätze“.

12. Wie sollte das Kritikgespräch geführt werden?

1. Phase: Der Vorgesetzte: *Kontakt/Begrüßung, Sachverhalt*

Sachlich-nüchterne, präzise Beschreibung des Gesprächs- und Kritikanlasses durch den Vorgesetzten. Dabei soll er auf eine klare, prägnante und ruhige Sprache achten.

2. Phase: Der Mitarbeiter: *Seine Sicht der Dinge.*

Der Mitarbeiter kommt zu Wort. Auch wenn die Sachlage scheinbar klar ist, der Mitarbeiter muss zu Wort kommen. Nur so lassen sich Vorverurteilungen und damit Beziehungsstörungen vermeiden. Diese Phase darf nicht vorschnell zu Ende kommen. Erst wenn die Argumente und Gefühle vom Mitarbeiter bekannt gemacht wurden, ist fortzufahren.

3. Phase: *Vorgesetzter/Mitarbeiter:* *Ursachen erforschen*

Gemeinsam die Ursachen des Fehlverhaltens feststellen - liegen sie in der Person des Mitarbeiters oder der des Vorgesetzten, oder in der betrieblichen Situation usw.

4. Phase: *Vorgesetzter/Mitarbeiter:* *Lösungen/Vereinbarungen für die Zukunft*

Wege zur zukünftigen Vermeidung des Fehlverhaltens vereinbaren. Erst jetzt erreicht das Gespräch seine produktive, zukunftsgerichtete Stufe. Auch hier gilt es, die Vorschläge des Mitarbeiters miteinzubeziehen.

Beispiel 1 (Kritikgespräch, negativer Verlauf):
Frau Luise Müller arbeitet in einem Unternehmen, dass gleitende Arbeitszeit hat. Die Kernarbeitszeit ist von 09:00 bis 16:00 Uhr. Die Mittagspause von 30 Minuten kann in der Zeit von 12:00 bis 14:00 Uhr genommen werden. Weiterhin heißt es in der Betriebsvereinbarung: „Der Mitarbeiter kann Gleitzeitguthaben ausgleichen, indem er seine Arbeit bereits um 15:00 Uhr und am Freitag bereits um 12:00 Uhr beendet. Das „Gleitzeitnehmen" ist mit dem zuständigen Fachvorgesetzten abzustimmen".

Frau Müller hatte bei Aufnahme ihrer Arbeit in diesem Unternehmen eine kurze, mündliche Erklärung über die Gleitzeit erhalten. Die sonst übliche „Gleitzeitfibel" wurde ihr nicht ausgehändigt.

Frau Müller nutzt die Vorteile der Gleitzeit – insbesondere am Freitag – um dann schon Einkäufe für die Familie zu erledigen. Sie sagt dabei ihren Kolleginnen in der Versandabteilung Bescheid:
„Also bis Montag, ich gehe jetzt ... und ein schönes Wochenende."

Meister Bernd Kummer, Leiter im Versandbereich ärgert sich bereits seit einiger Zeit über das – wie er meint eigenmächtige „Freinehmen" von Frau Müller und stellt sie gleich am Montag morgen zur Rede:

Meister: „Also, so geht das nicht. Sie können nicht ohne weiteres abhauen, schon gar nicht am Freitag. Wenn das jeder machen würde."

Müller: „Wieso ...., ich denke wir haben Gleitzeit. Ich hatte doch 3,5 Stunden gut."

Meister: „Ja, ja, ... aber das ist ja gar nicht das Thema. Es geht darum, dass Sie mich zu fragen haben, bevor sie gehen. Das wissen Sie genau: Im Übrigen ... ich empfehle Ihnen mal in der Gleitzeitfibel nachzulesen, – da steht das nämlich drin."

Müller: „Verstehe ich nicht. .. wieso ....was heißt hier Gleitzeitfibel? Ich habe doch den Kolleginnen Bescheid gesagt, dass ich gehe und die waren einverstanden, das reicht doch wohl?“

Gesprächsanalyse:

- Der Maßstab hat existiert (Betriebsvereinbarung, Nehmen von Gleitzeitguthaben);
- er war jedoch nicht ausreichend bekannt (Gleitzeitfibel nicht ausgehändigt).

Damit fehlte ein Element (vgl. oben). Der Meister und Frau Müller haben kaum eine Chance, den Weg zur Verhaltensänderung erfolgreich zu gehen. Fazit: Man kann Meister Kummer nur empfehlen, auf Rechthaberei zu verzichten, Frau Müller präzise über die Gleitzeit zu informieren, ihr die Gleitzeitfibel auszuhändigen und damit den Maßstab bekannt zu machen.

Beispiel 2 (Kritikgespräch, negativer Verlauf):
Frau Luise Müller kennt inzwischen den exakten Wortlaut der Gleitzeitordnung. Es sind ein paar Wochen vergangen, Frau Müller hat sich gut eingearbeitet, der Meister ist mit ihr zufrieden. Am Freitag morgen ruft Klaus Müller, ihr Mann, in der Firma an:

Klaus: „Du, ich kann mir heute nachmittag frei nehmen. Wir wollten uns doch immer schon das neue Küchencenter in R. anschauen... Geht das bei Dir? Ich hole dich um zwei ab.“

Luise: „Hm, ... ja, ... eigentlich ...ich weiß nicht .... ach nein, ich bitte meine Kollegin noch hierzubleiben. Die schaffen den Auftrag von Müller & Co. auch allein. Also, ... Du, ich freue mich ... dann bis um zwei.“

Frau Müller spricht mit ihrer Kollegin und sucht nach Meister Kummer, um sich sein Einverständnis geben zu lassen. Der ist zur Zeit beim Betriebsleiter und bis auf Weiteres nicht erreichbar. Frau Müller, noch etwas unschlüssig, sagt sich schließlich „na ja, es wird schon so gehen – schließlich weiß ja Kollegin S. Bescheid.“ Am nächsten Morgen kommt ihr Meister Kummer entgegen. Frau Müller ist etwas unbehaglich zumute. Der Meister nimmt sie beiseite:

Meister: „Also, das enttäuscht mich. Ich hatte gedacht, das wäre aus der Welt geschafft ... und nun dies. Ist das eigentlich so schwer zu verstehen?“

Frau Müller: „Ja, ... ich weiß schon. Es tut mir ja auch Leid. Ich wollte Ihnen ja Bescheid sagen .... Aber, ... Sie sind ja auch nie da, wenn man Sie braucht.“

Meister: „Was heißt hier nie da. Ich war beim Betriebsleiter. Ich habe ja schließlich auch noch was anderes zu tun, ... als immer nur für die Damen des Versands da zu sein.“

Frau Müller: (über die Bezeichnung „Damen“ verärgert): „Ach ... so sehen Sie das! Was mich aber wundert, ... Für Frau Kern, ... da haben Sie immer Zeit. Ich muss schon sagen ...“

Meister: (nun seinerseits verärgert): „Also, ... ich verbitte mir solche Unterstellungen. Frau Kern geht Sie nun gar nichts an ... und überhaupt ...!“

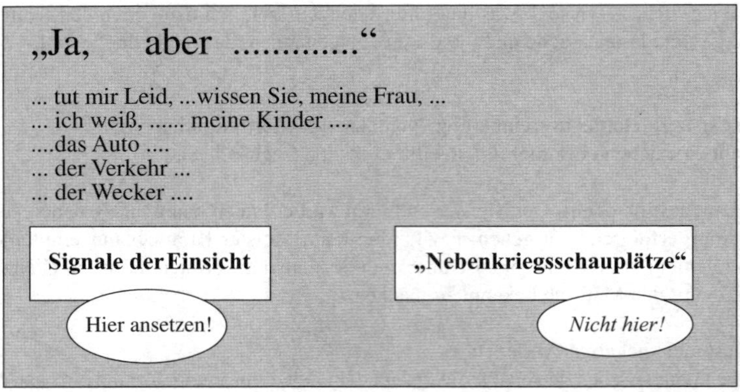

Gesprächsanalyse:
Der Maßstab war o. k.: existierte, war bekannt und akzeptiert; die Soll-Ist-Abweichung war eindeutig. Frau Müller zeigte Signale der Einsicht: „Ja, ... ich weiß schon. Es tut mir ja auch Leid. Ich wollte ...“

Problem: Meister Kummer begibt sich auf „Nebenkriegsschauplätze“, indem er das (Schein-)Argument „Sind nie da“ aufgreift und erörtert.

Beispiel 3 (Kritikgespräch, positiver Verlauf):
Das Gespräch oben hätte auch anders verlaufen können, wenn Meister Kummer die zweite Hürde des Kritikgesprächs (keine „Nebenkriegsschauplätze“) geschickter angegangen wäre; zum Beispiel so:

Meister: „Schon o. k., ... die Besprechung hat diesmal wirklich lange gedauert. ... Frau Müller, Sie sagen selbst , es tut Ihnen leid . Schauen Sie, ich will Ihnen nicht einen freien Nachmittag vermiesen ... Es ist nur so, ... wenn ich nicht weiß, wer insgesamt Gleitzeit nimmt, kann ich die Mitarbeiter nicht entsprechend einteilen. Und die Folgen sind dann ...“

Frau Müller: „Ja, ... ist schon klar, Herr Kummer ... Ich verstehe das ja und ich will Sie ja auch nicht ärgern. Also ... in Zukunft ... Sie können sich darauf verlassen ... sage ich Ihnen Bescheid.“

Meister: „O. k., prima, ... und ... mir fällt noch ein ... Ich werde mit dem Kollegen Happel reden, er kennt die Abläufe und kann die Koordination übernehmen, wenn ich wirklich mal unauffindbar bin. Erinnern Sie mich doch daran, dass wir das in unserer nächsten Monatsbesprechung an alle weitergeben. Also, ... bis dann ... und einen guten Tag.“

13. Welche Arten des Feedbacks sind in welchen Situationen angemessen?

Arten des Feedbacks	Wann? Anlass?	Wirkung?
Anerkennung, verbal - 4-Augen-Gespräch -	• gute Einzelleistung	• Motivation • Stolz
Anerkennung, verbal - vor der Gruppe -	• eher in Ausnahmefällen • gute Leistung des einzelnen ist allen bekannt und nachvollziehbar	• Mitarbeiter fühlt sich geehrt • Vorsicht: andere Mitarbeiter beachten (deren Wertung usw.)
Anerkennung, verbal - in Verbindung mit materiellen Zuwendungen -	• Herausragende Leistung • eines Einzelnen oder einer Gruppe • nachvollziehbarer Maßstab/ Regelwerk vorhanden	• Leistungsmotivation • Freude über Sachzuwendung • Vorsicht: die Wirkung von Geld nicht überbewerten
Anerkennung, verbal - der Arbeitsgruppe -	• Verbesserung der Abläufe • Einsparung von Kosten	• Motivation der gesamten Gruppe • Stärkung des Wir-Gefühls
(Einzel-) Kritik - 4-Augen-Gespräch -	• Korrektur ist notwendig • muss sofort erfolgen, z. B. Nichteinhalten von Sicherheitsbestimmungen	• Chance zur Veränderung • Verbesserung der Leistung • Mitarbeiter erfährt Hilfe
(Einzel-) Kritik - vor der Gruppe -	• im „Vorbeigehen" • Korrektur ist gering und muss sofort erfolgen	• maßvoll, sachlich • Vorsicht: „Gesichtsverlust des Mitarbeiters" vermeiden
Kritikgespräch - 4-Augen-Gespräch -	• grundsätzliche Korrektur des Leistungsverhaltens	• Verbesserung der Leistung, bei positivem Verlauf • Gefahr des Konflikts

14. Wie kann man eigene Führungsdefizite erkennen?

Jede Führungskraft, die ernsthaft gewillt ist, Führung als Lernprozess zu begreifen, sollte die Bereitschaft und Fähigkeit entwickeln, den eigenen Führungsstil zu erkennen und zu verbessern. Verbesserung bedeutet hier, dass das eigene Führungsverhalten *effektiver* wird in Bezug auf den *Führungserfolg* sowie den *Individualerfolg* (→ 6.6.1/01. - 03.).

Die Schlüsselfragen lauten:

- Wie bin ich? → Persönlichkeit
- Wie verhalte ich mich? → Äußerlich sichtbares Verhalten
- Wie wirke ich? → Reaktion der anderen auf das eigene Verhalten.

Führungsdefizite können sich aus folgenden Variablen ergeben:

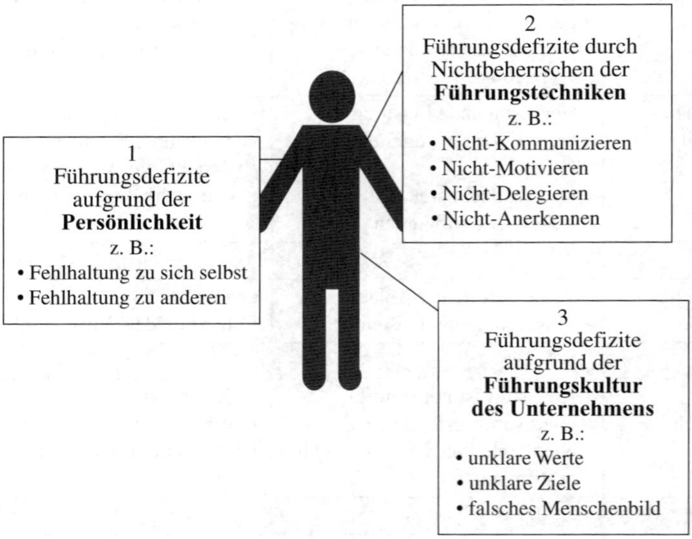

15. Welche Maßnahmen sind geeignet, um Führungsdefizite zu verringern?

Bei der Verbesserung und dem Training des eigenen Führungsverhaltens geht es nicht darum, die eigene Persönlichkeit „zu verbiegen", sondern um die Beantwortung der Fragen:

- Welche *Chancen* bietet die eigene Person?
  Welche Verhaltensmuster sind positiv und müssen daher stabilisiert werden?

- Welche *Risiken* sind mit der eigenen Persönlichkeit verbunden?
  Welche Verhaltensweisen wirken sich im Führungsprozess negativ aus?

Die Antworten darauf können gewonnen werden durch

- *Fremdbeobachtung* – Fremdanalyse, z. B. Feedback von Vorgesetzten, Kollegen, Mitarbeitern, Mentoren, Trainern

- *Eigenbeobachtung* – Eigenanalyse, z. B. Reflexion über Erfolg oder Misserfolg in der Bewältigung bestimmter Führungsaufgaben, durch Selbstaufschreibung geeigneter Beobachtungen.

Führungskräfte sollten also

- den eigenen Führungsstil erkennen,
- sich bewusst machen, an welchen Prinzipien und Normen sie sich in ihrem Führungsverhalten orientieren,
- reflektieren, welche positiven und negativen Wirkungen ihr Führungsstil entfaltet und
- bereit sein, den eigenen Führungsstil kritisch aus der Sicht „Eigenbild“ und „Fremdbild“ zu betrachten sowie Stärken herauszubilden und Risiken zu mildern.

Übung:
Im Anhang zu diesem Kapitel finden Sie einen Fragebogen zur Analyse Ihres Führungsverhaltens. Bitte bearbeiten!

Neben diesen Maßnahmen, die sich auf die eigene Person beziehen und in Eigeninitiative umgesetzt werden können, lassen sich *Aktivitäten innerhalb der Unternehmensorganisation* entwickeln, die die Wirkung des eigenen Führungsstils positiv unterstützen:

- Diskussion der Vorgesetzten und der Mitarbeiter über Fragen der Zusammenarbeit zulassen!
- Training der Führungskräfte „off-the-job“ sowie Umsetzung und Kontrolle „on-the-job“!
- Befragung der Mitarbeiter zum Führungsverhalten der Vorgesetzten durchführen!
- Diskussion und Verabschiedung von Führungsleitlinien (in größeren Unternehmen)!

16. Welche Möglichkeiten (Strategien) zur Überwindung von Widerständen der Mitarbeiter gegenüber Veränderungen sind geeignet?

Unternehmen sind auf Dauer nur dann erfolgreich, wenn sie sich den Erfordernissen der Umwelt in richtiger Weise anpassen. Dieser Wandel kann geplant oder ungeplant verlaufen; er kann aktiv durch entsprechende Konzepte des Managements oder gezwungenermaßen durch Krisen ausgelöst werden.

Veränderungen im Unternehmen lösen beim Mitarbeiter unterschiedliche Reaktionen hervor – je nach Erfahrung, Ausbildungsstand und Persönlichkeit, z. B.:

- *Unsicherheit:*
  Gewohnheit schafft Sicherheit und gibt eine klare Orientierung für das eigene Verhalten.

- *Ängste:*
  Die Auswirkungen von Veränderungen können nicht eingeschätzt werden. Ungewissheit über die Folgen und Bedenken, den Veränderungen nicht gewachsen zu sein, führen zu Ängsten.

- *Neugier, positive Spannung:*
  Was kommt an Neuem? Was kann ich hinzulernen?

Dem Management stehen grundsätzlich zwei Extremansätze zur Überwindung von Widerständen in der Organisation zur Verfügung (in Anlehnung an: Staehle, W. H., a. a. O., S. 860 ff.):

Partizipationsgrade • Kontinuum der Machtausübung		
↓	↓	↓
einseitige Machtausübung	**gemeinsame Machtausübung**	**delegierte Machtausübung**
↓	↓	↓
Methoden, z. B.: • Befehl • Anordnung • Manipulation • Bombenwurfstrategie	Methoden, z. B.: • MbO • Delegation • KVP • TQM • Lernstatt	

1. ***Extrem:***

→ *Strategien der einseitigen Machtausübung; Top-down-Prinzip; ohne Beteiligung (Partizipation) der Mitarbeiter.* Denkbar sind folgende Methoden:

1.1 Befehl:
Knappe und im Tonfall verbindliche Anweisung an den Mitarbeiter, die keinen Widerspruch duldet; Sonderfall der Arbeitsanweisung (vgl. arbeitsrechtlich: Direktionsrecht).
„Sie erledigen das bis 14:00 Uhr!“

1.2 Anordnung:
Synonym für „Befehl“; wird im Gegensatz zum Befehl auch schriftlich erteilt.

1.3 Manipulation:
Bewusste Beeinflussung der Mitarbeiter mit unehrlichen/egoistischen Zielen.

„Ich kann Ihnen versprechen, ... wenn Sie diese Aufgabe lösen, wird sich das auf jeden Fall für Sie lohnen!“ Die „Belohnung“ ist nichtssagend formuliert; der Vorgesetzte weiß, dass eine „Belohnung“ betrieblich nicht möglich ist; sein Ziel ist lediglich die Erledigung der Arbeit; er motiviert mit unlauteren Mitteln.

1.4 Bombenwurfstrategie:
Das Management entwickelt ein geheimes Veränderungskonzept und wirft es ohne Vorbereitung wie eine Bombe in das gesamte Unternehmen. Zweck dieser Strategie ist es, massiven Widerstand durch unveränderbare Ganzheitlichkeit und aufgrund des Überraschungseffekts zu vermeiden.

Vorstand auf der Betriebsversammlung: „Ich darf Ihnen mitteilen, dass unser Wettbewerber, die norwegische ZZ-Gruppe, uns übernehmen wird. Alle Verträge sind bereits unter Dach und Fach. Ich kann Ihnen versprechen, dass soziale Härtefälle im Rahmen der Übernahme selbstverständlich abgefedert werden. Es wurde an alles gedacht. Einzelheiten erfahren Sie aus dem Rundschreiben der Personalabteilung.“

2. *Extrem:*

→ *Strategie der delegierten Macht; Bottom-up-Prinzip; Wandel durch Beteiligung der Betroffenen.*

Zwischen den beiden Extremen lassen sich abgestufte Ausprägungen der Machtverteilung zwischen Management und Mitarbeiter ansiedeln, z. B. die *Strategie der gemeinsamen Machtausübung.*

Für die Strategie der delegierten Machtausübung und die der gemeinsamen Machtausübung bieten sich u. a. folgende Verfahren/Methoden an:

- Führen durch Zielvereinbarung (MbO)
- Delegation
- Information und Feedback (Holen und Geben)
- Mitarbeiterzeitschrift
- Lernstatt, Qualitätszirkel, KVP, TQM
- Projektmanagement
- Arbeitstrukturierung, z. B. Teilautonomie in der Gruppenarbeit.

Aus der Sozialpsychologie weiß man, dass Veränderungen im Unternehmen dann von den Mitarbeitern tendenziell eher mitgetragen werden, wenn

- der Nutzen des Wandels rational nachvollziehbar ist und

- die Mitarbeiter in die Veränderungs- und Lernprozesse (möglichst frühzeitig) einbezogen werden: „Mache die Betroffenen zu Beteiligten!"

> *In der Mehrzahl der geplanten Veränderungen im Unternehmen wird also die Strategie der Beteiligung (Partizipation) erfolgreicher sein als die einseitige Machtausübung durch das Management.*

In Ausnahmesituationen, z. B. unvorhersehbaren Krisen, kann der Einsatz einseitiger Top-down-Strategien notwendig werden. Das Aufgeben von Widerständen wird erzwungen.

17. Wie kann durch Motivation das Leistungsverhalten des Mitarbeiters gefördert werden?

Von Motivation spricht man dann, wenn in konkreten Situationen aus dem Zusammenwirken verschieden aktivierter Motive ein bestimmtes Verhalten bewirkt wird. Das menschliche Verhalten wird jedoch nicht nur allein durch eine Summe von Motiven bestimmt. Wesentlich hinzu kommen als Antrieb die persönlichen Fähigkeiten und Fertigkeiten. Eine entscheidende Rolle für das menschliche Verhalten spielt auch die gegebene Situation. Bei konstanter Situation (beispielsweise am Arbeitsplatz) kann man sagen, dass sich *das Verhalten aus dem Zusammenwirken von Motivation mal Fähigkeiten plus Fertigkeiten ergibt.* Das Leistungsverhalten des Einzelnen kann durch Verbesserung der Fähigkeiten und Fertigkeiten bei hoher Motivation verbessert werden.

18. Welche Aussagen liefert die Motivationstheorie von Maslow?

Maslow hat die menschlichen Bedürfnisse strukturiert und in eine hierarchische Ordnung gefasst; seine „Bedürfnispyramide" – unterteilt in *Wachstumsbedürfnisse* und *Defizitbedürfnisse* – war die Grundlage für eine Reihe von Theorien über Bedürfnisse und Motivation (z. B. ERG-Theorie; Zwei-Faktoren-Theorie nach Herzberg mit der Unterscheidung in Motivatoren und Hygienefaktoren) sowie den Motivationsbestrebungen in der Praxis:

Stufe 1 als Basis: • physiologische Grundbedürfnisse, wie Selbsterhaltung, Hunger, Durst, …

Stufe 2 aufbauend: • Sicherheitsbedürfnisse, längerfristige Sicherung der Befriedigung der Grundbedürfnisse; hier: Mindesteinkommen, Pension, Versicherung usw.

Stufe 3: • soziale Bedürfnisse, wie Gruppeneinordnung, Kommunikation, Harmonie, …

Stufe 4: • Statusbedürfnisse, wie Aufstieg, Titel, Anerkennung, Kompetenzen, Gruppenstellung,

Stufe 5: • Bedürfnis nach Bestätigung, Liebe, Kreativität, Persönlichkeitsentfaltung.

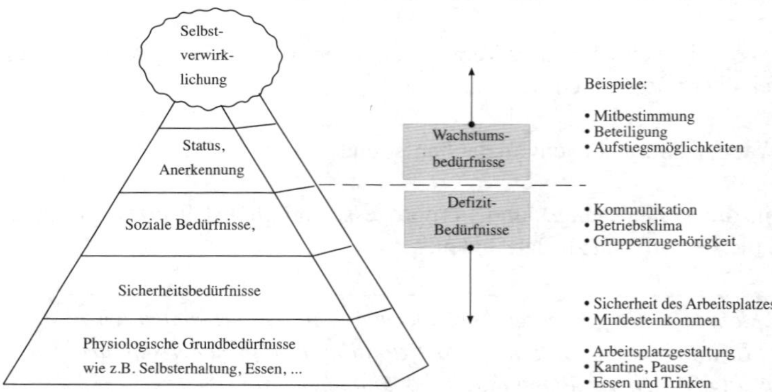

Hieraus können Hauptmotive der Arbeitnehmer abgeleitet werden:

- Geldmotiv
- Kontaktmotiv
- Statusmotiv
- Sicherheitsmotiv
- Kompetenzmotiv
- Leistungsmotiv.

19. Was kennzeichnet die 2-Faktoren-Theorie nach Herzberg?

Die Ergebnisse von Untersuchungen des amerikanischen Psychologen Frederick Herzberg wurden auch für den deutschen Sprachraum bestätigt. Nach Herzberg hat der Mensch ein zweidimensionales Bedürfnissystem:

Er hat

- *Entlastungsbedürfnisse* und
- *Entfaltungsbedürfnisse*.

Das heißt, er möchte alles vermeiden, was die Mühsal des Lebens ausmacht. Die zivilisatorischen Errungenschaften nimmt er als selbstverständlich hin. Sie sind für ihn *kein Grund zu besonderer Zufriedenheit.*

Dazu gehören auch die äußeren Arbeitsbedingungen wie z. B.:

- die Organisationsstruktur
- das Führungsklima
- das Entgelt
- die zwischenmenschlichen Beziehungen
- die Arbeitsbedingungen.

Diese Faktoren werden nach Herzberg *Hygienefaktoren* genannt. Mit Hygienefaktoren kann man Mitarbeiter nicht zu einer besonderen Leistung motivieren. Sie sind aber für die positive Grundstimmung bei der Arbeit unerlässlich und bewirken, dass sich der Mitarbeiter gut in den Betrieb eingebettet fühlt. *Die Hygienefaktoren bilden somit die Grundlage für ein gesundes Betriebsklima.*

Für die Entfaltungsbedürfnisse bedeutet das, dass der einzelne Mitarbeiter sich als Person entfalten möchte. Werden diese Bedürfnisse befriedigt, entsteht echte und andauernde Zufriedenheit. Dazu gehört u. a. die Arbeit (an sich) wie z. B.:

- das Gefühl, etwas zu schaffen
- Verantwortung
- sachliche Anerkennung
- Vorwärtskommen.

Diese Faktoren werden nach Herzberg *Motivatoren* genannt.

Motivatoren	**Hygienefaktoren**
Arbeits-Zufriedenheit ↔ Nicht-Zufriedenheit	Nicht-Unzufriedenheit ↔ Unzufriedenheit
Selbstbestätigung	Unternehmenspolitik
Leistung	Lohn
Anerkennung	Arbeitsbedingungen
Verantwortung	Beziehungen
Beförderung	Status

Motivatoren sind mit Erwartungsspannung und Erfolgserlebnissen verknüpft. Sie regen zur Eigenaktivität an und führen zu echter Leistungsmotivation.

Für den Vorgesetzten bedeutet das, einerseits dazu beizutragen, dass die Entlastungsbedürfnisse befriedigt werden, andererseits seine Führungsfähigkeiten so einzusetzen, dass die Entfaltungsbedürfnisse Anreize erfahren.

6.7 Beteiligen der Mitarbeiter am kontinuierlichen Verbesserungsprozess (KVP)

6.7.1 Kontinuierlicher Verbesserungsprozess

01. Welcher Ansatz verbirgt sich hinter dem Begriff „KVP"?

Der *kontinuierliche Verbesserungsprozess* (KVP), der insbesondere im Automobilbau im Einsatz ist, erfordert einen neuen Typ von Mitarbeitern und Vorgesetzten:

Abgeleitet aus der japanischen Firmenkultur der *starken Einbindung der Mitarbeiter,* das heißt, ihrer Ideen und Kenntnisse vor Ort, die dem Wissen jeder Führungskraft regelmäßig überlegen sind, hat der *Kaizen-Gedanke* auch in europäischen Industriebetrieben Einzug gehalten (KAIZEN = „Vom Guten zum Besseren"; japanisch: Kai = der Wandel, zen = das Gute).

Die Idealvorstellung ist der qualifizierte, aktive, eigenverantwortliche und kreative Mitarbeiter, der für seinen Einsatz eine differenzierte und individuelle Anerkennung und Entlohnung findet. *Fehler sind nichts Schlechtes, sondern notwendig um das Unternehmen weiter zu entwickeln.*

KVP bedeutet, die eigene Arbeit ständig neu zu überdenken und Verbesserungen entweder sofort selbst, mit dem Team oder unter Einbindung der Vorgesetzten umzusetzen. Gerade kleine Verbesserungen, die wenig Geld und zeitlichen Aufwand kosten, stehen im Vordergrund. In der Summe werden aus allen kleinen Verbesserungen dann doch deutliche Wettbewerbsvorteile.

KVP wird entweder in *homogenen Teams* (aus demselben Arbeitsgebiet/derselben Abteilung) *oder in heterogenen* (unterschiedliche betriebliche Funktionen und/oder Hierarchien) gestaltet.

In den Zeiten der Fahrzeugbau-Krise, Anfang der 90er-Jahre, gelangte der *KVP-Workshop* zum Einsatz, bei dem ein Moderator (Facharbeiter, Angestellter oder eine Führungsnachwuchskraft) im direkten (Produktion) oder indirekten Bereich (z. B. Vertrieb, Personalwesen, Logistik usw.) Linienabschnitte oder Prozesse auf Verbesserungspotenziale hin untersuchte. *Noch während des Workshops setzen die Mitglieder eigene Ideen um.* Dienstleister (Planer, Logistiker, Instandhalter, Qualitätssicherer usw.) und Führungskräfte müssen sich im Hintergrund zur Verfügung halten, um bei Bedarf in die Workshop-Diskussion hereingerufen zu werden. Dort *schreiben sie sich erkannte Problemfelder auf und verpflichten sich zusammen mit einem Workshop-Teilnehmer als Paten zur Umsetzung.* Klare Verantwortlichkeiten werden namentlich auf Maßnahmenblättern festgehalten. Der Workshop-Moderator fasst am Ende die – in Geld bewerteten – Ergebnisse zusammen. Workshop-Teilnehmer präsentieren am Ende der Woche vor dem Gesamtbereich und dritten Gästen das Workshop-Resultat.

Das besondere Kennzeichen der KVP-Workshops ist die zeitweilige Umkehr der Hierarchie für die Woche: *Die Gruppe trifft Entscheidungen, die Führung setzt um.* Die Verbesserungsvorschläge dürfen sich beim KVP auf die Produktbestandteile, Prozesse und – indirekt – auf Organisationsstrukturen beziehen. Kultur- und Strategie-Änderungen dürfen nicht angeregt werden.

Kostenreduktion, Erhöhung der Produktqualität und Minimierung der Durchlaufzeiten sowie die Verbesserung der Mitarbeitermotivation sind die wichtigsten Faktoren von KVP. Vor allem letzteres soll durch eine stärkere Integration der Basis in Entscheidungsprozesse erreicht werden – eine weitgehend *optimierte Form des betrieblichen Vorschlagswesens sozusagen.*

Als Initiator dieses Denkens in den westlichen Chefetagen gilt der Japaner Masaahii Imai, der in seinem Buch „Kaizen" beschrieb, was die „Japan AG" so stark machte – nämlich die *uneingeschränkte Kundenorientierung* und die *Mitarbeiter im Mittelpunkt der Innovation.*

KVP im Überblick – charakteristische Merkmale:

- Alle *Mitarbeiter stehen im Zentrum* der Optimierungsprozesse.
  Sie sind die *Experten* für laufende Veränderungsprozesse und erhalten in ihrer neuen Rolle einen *höheren Freiheitsgrad.* Probleme werden als Chance begriffen und prozessorientiert bearbeitet.

- Im Vordergrund stehen *kleine und permanente Verbesserungen*, die in der Summe Wettbewerbsvorteile erbringen. Standards werden also in kleinen Schritten verbessert; die Zahl der Standards wird laufend erhöht. Kleine Nutzenfortschritte haben Vorrang vor großen, spektakulären Lösungen.

- Der Vorrang der vertikalen Informationswege wird aufgehoben; seitwärts gerichtete (*laterale*) *Kommunikation* ist erwünscht.

- *Das Management muss umdenken:* Es übernimmt die Rolle des Wegbereiters und schafft die Rahmenbedingungen für erarbeitete Verbesserungen.

02. Wie ist der Ablauf in einem KVP-Workshop?

Workshop bedeutet „Arbeitstagung". Ein Moderator (Facharbeiter, Angestellter oder Führungsnachwuchskraft) untersucht mit der Gruppe Prozesse im direkten oder indirekten Bereich (Produktion bzw. Vertrieb, Personalwesen, Logistik usw.) auf Verbesserungspotenziale.

Noch während des Workshops setzen die Mitglieder eigene Ideen um. *Dienstleister* (Planer, Logistiker, Instandhalter, Qualitätssicherer usw.) und *Führungskräfte* müssen sich im Hintergrund zur Verfügung halten, um bei Bedarf in die Workshop-Diskussion hereingerufen zu werden. Dort schreiben sie sich erkannte Problemfelder auf und verpflichten sich zusammen mit einem Workshop-Teilnehmer als Paten zur Umsetzung. Klare Verantwortlichkeiten werden namentlich auf Maßnahmenblättern festgehalten: „Wer macht was, bis wann – mit wem gemeinsam?" Der Workshop Moderator fasst am Schluss die – in Geld bewerteten – Ergebnisse zusammen. Workshop-Teilnehmer präsentieren am Ende der Woche vor dem Gesamtbereich und Gästen das Workshop-Resultat.

Die Arbeitsweise des Teams orientiert sich am *Deming-Zyklus*:

Plan → Do → Check → Akt

03. In welchen Einzelschritten wird der PDCA-Zyklus nach Deming durchgeführt?

Plan - Zielsetzung/Inhalte festlegen, z. B. Reduzierung der Liegezeiten - Daten sammeln - Daten analysieren - Lösungsideen sammeln - Lösungsansätze bewerten - Lösungen und Methoden auswählen - Realisierungsschritte planen: Wer? Was? Wie? Wann? Wo?
Do - Realisierungsschritte/Aktionspläne umsetzen - Zwischenergebnisse dokumentieren
Check - Ergebnisse dokumentieren - Erreichung der Ziele überprüfen
Act - Aktionen zusammenfassen und als Standards verabschieden - Ergebnisse visualisieren - nächste Zielsetzung wählen

04. In welcher Reihenfolge wird ein Verbesserungsvorschlag bearbeitet?

1. Abgabe des Verbesserungsvorschlags
2. Anonyme Weitergabe zum Gutachter
3. Ablehnung oder Bewertung des Nutzens
4. Rückmeldung an den Mitarbeiter und Anerkennung
5. abschließende Kosten-Nutzen-Analyse

6.7.2 Bewertung von Verbesserungsvorschlägen

01. Wie ist der Ablauf bei der Bearbeitung von Verbesserungsvorschlägen im Rahmen des Betrieblichen Vorschlagswesens?

Die Regelungen des Betrieblichen Vorschlagswesens (BVW) sind im Allgemeinen in einer *Betriebsvereinbarung* festgeschrieben. Das nachfolgende Diagramm zeigt den typischen Verlauf der Bearbeitung von Verbesserungsvorschlägen (VV) und die daran beteiligten Personen/Ausschüsse:

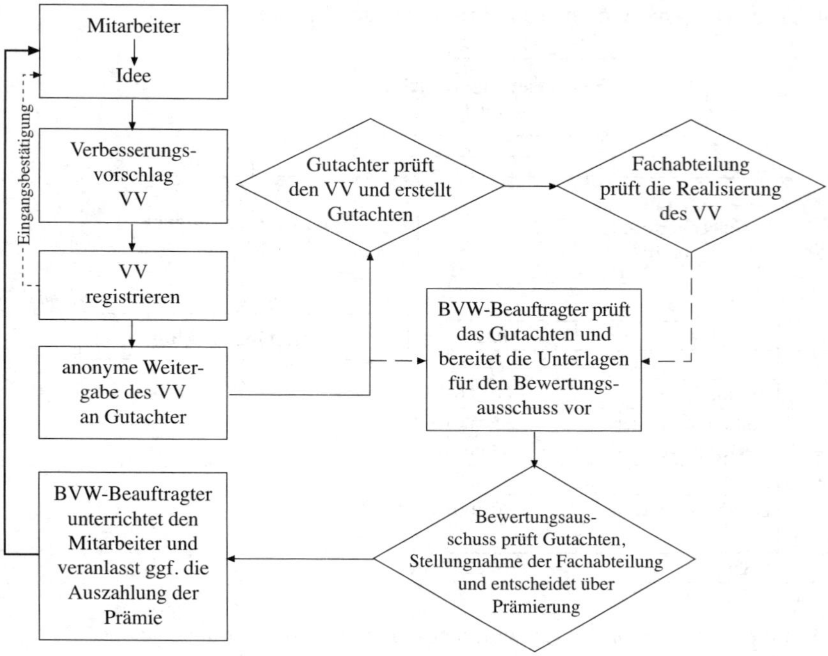

02. Wie werden Prämien im Rahmen des Betrieblichen Vorschlagswesens honoriert?

Jedes Unternehmen, das ein Betriebliches Vorschlagswesen einführt, wird dies nach seinen speziellen Erfordernissen und *unter Beachtung der Mitbestimmung* entwickeln. Nachfolgend wird eine mögliche Form der Gestaltung beschrieben (sinngemäßer Auszug aus der Betriebsvereinbarung eines großen Unternehmens):

- *Prämienberechtigt* sind
  - alle Belegschaftsmitglieder.

- *Nicht prämienberechtigt* sind
  - Vorschläge, die in den eigenen Aufgabenbereich fallen
  - Vorschläge, deren Lösungen bereits nachweislich gefunden wurden
  - Vorschläge des BVW-Beauftragten
  - Vorschläge von leitenden Mitarbeitern.

- *Prämienarten:*
  a) Geldprämien
  b) Zusatzprämien in Geld (bei Reduzierung der eigenen Leistungsvorgabe)
  c) Vorabprämien (wenn der Nutzen des VV nicht in angemessener Zeit ermittelt werden kann)
  d) Anerkennungsprämien
  e) Anerkennung (z. B. Teilnahme an einer jährlich stattfindenden Verlosung).

- *Arten von Verbesserungsvorschlägen* und Ermittlung der Prämie:

Verbesserungsvorschläge
- Arten -

VV mit **errechenbarer** Ersparnis

VV mit **nicht errechenbarer** Ersparnis → ***Beispiel*** **Kriterienkatalog**

		Beispiel
		[in €]
	Bruttoersparnis	80.000
-	Einführungskosten	-35.000
=	**Nettoersparnis**	**45.000**
•	Faktor	0,9
=	korr. Nettoersparnis	40.500
davon:	25 %	
=	**Prämie**	**10.125**

a) Bei VV mit *errechenbarem Nutzen* wird die *Nettoersparnis* zu Grunde gelegt:

Nettoersparnis = Bruttoersparnis$_{\text{(z. B. im 1. Jahr)}}$ *- Einführungskosten*

Ggf. wird die Nettoersparnis noch mit einem *Faktor* multipliziert, der die Stellung des Mitarbeiters berücksichtigt, z. B.:

Faktor 1,0 → für Auszubildende
Faktor 0,9 → für Tarifangestellte
Faktor 0,8 → für AT-Angestellte

Von dem so ermittelten Wert (= *korrigierte Nettoersparnis*) wird eine Prämie von 25 % ausgezahlt.

b) Bei VV mit *nicht errechenbarem Nutzen* wird die Prämie über einen *Kriterienkatalog* ermittelt (vgl. dazu Beispiel unten):

- *Kriterienkatalog bei der Ermittlung nicht berechenbarer VV* (Beispiel):

1. Schritt: Jeder VV ist nach folgender *Tabelle* zu bewerten („*Vorschlagswert*"):

Vorschlagswert	einfache Verbesserung	gute Verbesserung	sehr gute Verbesserung	wertvolle Verbesserung	ausgezeichnete Verbesserung
Anwendung einmalig	1	4	10	25	53
Anwendung in kleinem Umfang	1,5	5	13	32	63
Anwendung in mittlerem Umfang	2,5	7	18	41	75
Anwendung in großem Umfang	4	10	25	53	90
Anwendung in sehr großem Umfang	6	14	35	70	110

2. Schritt: Für jeden VV ist die Summe der Punkte folgender Merkmale zu ermitteln („*Merkmalswert*"):

Merkmalsliste		
1. Neuartigkeit:	*Punkte*	*Beispiel*
Gedankengut ...		
• übernommen	2	
• neuartig	4	
• völlig neuartig	7	7
2. Durchführbarkeit:		
Durchführbar ...		
• sofort	4	4
• mit Änderungen	2	
• mit erheblichen Änderungen	1	
3. Einführungskosten:		
• keine	4	
• geringe	3	3
• beträchtliche	2	
• sehr hohe	1	
Summe		**14**

3. Schritt: Bei jedem VV ist die *Stellung des Mitarbeiters* zu berücksichtigen (vgl. oben):

Faktor 1,0 → *für Auszubildende*
Faktor 0,9 → *für Tarifangestellte* (Beispiel)
Faktor 0,8 → *für AT-Angestellte*

4. Schritt: Maßgeblich für die Ermittlung des Geldwertes ist der *Ecklohn* des Mitarbeiters lt. Tarif.

Im Beispiel wird ein Ecklohn von 12,00 € pro Stunde angenommen.

5. Schritt: *Berechnung der Prämie:*

$$\text{Prämie} = \text{Vorschlagswert} \cdot \text{Merkmalswert} \cdot \text{Faktor}_{(\text{Stellung})} \cdot \text{Ecklohn}$$

$$= 53 \cdot 14 \cdot 0{,}9 \cdot 12{,}00\ €$$
$$= 8.013{,}60\ €$$

6.8 Einrichten, Moderieren und Steuern von Arbeits- und Projektgruppen

6.8.1 Wirksamkeit von Arbeitsgruppen, Projektgruppen und Teams

01. Welche Merkmale hat eine soziale Gruppe? → A 4.3

In der Soziologie, der Wissenschaft zur Erklärung gesellschaftlicher Zusammenhänge, bezeichnet man als soziale Gruppe mehrere Individuen mit einer bestimmten Ausprägung sozialer Integration (Eingliederung, Zusammenschluss).

In diesem Sinne hat eine *Gruppe* folgende *Merkmale*:

1. direkter Kontakt zwischen den Gruppenmitgliedern (Interaktion)
2. physische Nähe
3. Wir-Gefühl (Gruppenbewusstsein)
4. gemeinsame Ziele, Werte, Normen
5. Rollendifferenzierung, Statusverteilung
6. gegenseitige Beeinflussung
7. relativ langfristiges Überdauern des Zusammenseins.

Eine zufällig zusammentreffende Mehrzahl von Menschen (z. B. Fahrgäste in einem Zugabteil, Zuschauer im Theater) ist daher keine Gruppe im Sinne dieser Definition; ihr fehlen z. B. die Merkmale 3, 5 und 7.

02. Welche Gruppenarten unterscheidet man in der Soziologie?

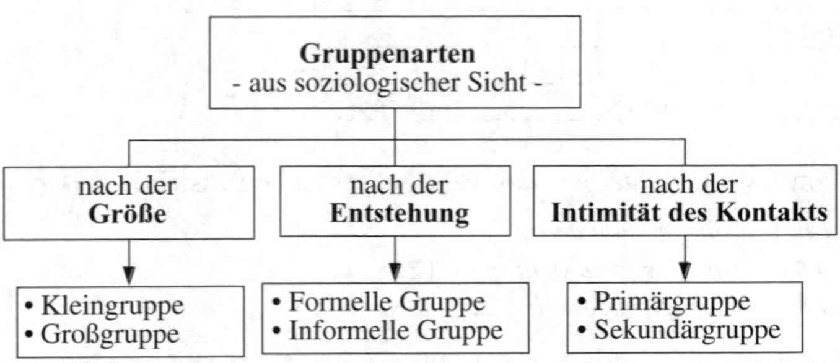

- *Kleingruppe/Großgruppe:*
  Es gibt keine gesicherte Erkenntnis über die ideale Gruppengröße bzw. eine exakte zahlenmäßige Abgrenzung zwischen Klein- und Großgruppe. Häufig wird als Kleingruppe eine Mitgliederzahl von drei bis sechs genannt; der kritische Übergang zur Großgruppe wird vielfach bei 20 bis 25 Mitgliedern gesehen.

In der Praxis wird die Arbeitsfähigkeit einer Kleingruppe von den Variablen Zeit, Aufgabe, Bedingungen und soziale Qualifikation der Mitglieder abhängen.

- *Formelle Gruppen*
  entstehen durch bewusste Planung und Organisation; im Betrieb entsprechen diese Gruppen den festgelegten Organisationseinheiten: die Arbeitsgruppe in der Montage von Produkt X, die Abteilung Z, die Hauptabteilung Y. Die Verhaltensweisen der Mitglieder sind von außen vorgegeben und normiert, z. B. Arbeitszeit, Arbeitsort, Arbeitsmenge und -qualität.

  Formelle Gruppen können auf Dauer (Abteilung) oder befristet (Projektgruppe) gebildet werden.

- *Informelle Gruppen*
  können innerhalb oder neben formellen Gruppen entstehen. *Gründe* für die Bildung informeller Gruppen sind die Bedürfnisse der Menschen nach Kontakt, Nähe, Freundschaft, Sicherheit, Anerkennung, Orientierung und Geborgenheit. *Anlässe* zur Bildung informeller Gruppen können sein:

  - *Im Betrieb:*
    Organisatorische Gelegenheiten und Vorgaben fördern die Entstehung informeller Gruppen; z. B.:
    · Fünf der zwanzig Montagemitarbeiter nehmen regelmäßig ihre Mahlzeit gemeinsam in der Kantine ein.
    · Innerhalb einer Projektgruppe (formelle Gruppe) bildet sich im Verlauf mehrerer Sitzungstermine eine informelle Gruppe: Die Gruppenmitglieder stehen regelmäßig in den Sitzungspausen beieinander und unterhalten sich; sie begrüßen sich zu jedem Sitzungsbeginn betont herzlich und suchen bei ihrer Sitzordnung physische Nähe.

  - *Außerhalb des Betriebes:*
    Gemeinsame Interessen, Ziele oder Nutzenüberlegungen führen zur Bildung informeller Gruppen; Beispiele: Fahrgemeinschaft, Sportgruppe, private Treffen und Feiern.

  Der Einfluss informeller Gruppen auf das Betriebsgeschehen kann positiver oder negativer Natur sein.

- *Primärgruppen*
  sind Kleingruppen mit besonders stabilen, meist lang andauernden und intimen Kontakten. Es besteht eine hohe emotionale Bindung und eine starke Prägung der Verhaltensmuster der Mitglieder durch die Gruppe. Als Beispiel für eine Primärgruppe wird als Erstes die Familie angeführt; denkbar sind jedoch auch: Freundschaften aus der Militärzeit, Cliquen aus der Jugendzeit, Freundschaften aus langjähriger Zusammenarbeit im Arbeitsleben.

- Die *Sekundärgruppe*
  ist nicht organisch gewachsen, sondern bewusst extern vorgegeben und organisiert. Es besteht keine oder nur eine geringe emotionale Bindung der Mitglieder untereinander.

03. Welche Bedeutung hat die betriebliche Arbeitsgruppe für den Prozess der Leistungserstellung gewonnen?

Die betriebliche Arbeitsgruppe ist eine formell gebildete Sekundärgruppe zur Bewältigung einer gemeinsamen Aufgabe; sie kann eine Klein- oder Großgruppe sein.

→ Zum Begriff „Team als Sonderform der Arbeitsgruppe" vgl. Frage 04.

Bis etwa 1930 interessierte man sich in der Betriebswirtschaftslehre und der Führungsstillehre überwiegend für den arbeitenden Menschen als Einzelperson: Es wurde untersucht, unter welchen Bedingungen der Mitarbeiter zur Leistung bereit und fähig ist und wie diese Arbeitsleistung gesteigert werden kann.

Erst schrittweise wurden Erkenntnisse der Soziologie in die Betriebswirtschaftslehre übertragen: Man begann den arbeitenden Menschen weniger als Individuum, sondern mehr als Gruppenmitglied zu begreifen. *Die Bildung und Führung von Gruppen als Instrument zur Verbesserung der Produktivität und der Zufriedenheit der Mitglieder wurde zum zentralen Gegenstand.*

In der Folgezeit entwickelte die Betriebswirtschaftslehre sowie die Führungsstillehre eine Vielzahl fast unüberschaubarer Formen betrieblicher Arbeitsgruppen (vgl. Frage 05. ff.). Der Glaube an die Überlegenheit der Gruppenarbeit gegenüber der Einzelarbeit geht teilweise auch heute noch soweit, *dass Arbeit in Gruppen als Allheilmittel aller betrieblichen Effizienz- und Produktivitätsprobleme betrachtet wird* (vgl. Staehle, W. H., a. a. O., S. 241 ff.).

Hier ist Skepsis angebracht:

Gruppenarbeit ist nicht nur mit Vorteilen verbunden, sondern birgt auch Risiken in sich! *Gruppenarbeit führt nur dann zu einer Verbesserung der Produktivität des Arbeitssystems und der Zufriedenheit der Mitarbeiter, wenn die notwendigen Voraussetzungen vorliegen!*

Beispiele für notwendige Voraussetzungen: Klare Zielsetzung und Zuweisung der Verantwortlichkeiten, passende Aufgabenstellung, Umgebungsbedingungen, Führung der Gruppe u. Ä. Zu den Einzelheiten vgl. Frage 07.

04. Was ist ein Team?

Der Oberbegriff ist Gruppenarbeit. *Das Team ist eine Sonderform der Gruppenarbeit.*

Das Team ist eine Kleingruppe		
• mit intensiven Arbeitsbeziehungen und einem ausgeprägten Gemeinschaftssinn, der nach außen hin auch gezeigt wird,	→	*Wir sind ein Team!*
• mit spezifischer Arbeitsform und	→	*Teamwork!*
• einem relativ starken Gruppenzusammenhalt	→	*Teamgeist!*

Beispiel für eine informelle Teambildung:
Im Versand für Kleinartikel arbeiten vier Frauen (Arbeitsgruppe Versand). Im Laufe der Zusammenarbeit entwickelt die Arbeitsgruppe ohne äußere Einflüsse, aber mit Zustimmung des Vorgesetzten, eine spezielle Form der Zusammenarbeit:

Die Einzelarbeiten werden entsprechend dem Ablauf auch nach Neigung und Fähigkeit der Gruppenmitglieder zugeordnet. Die Vertretung bei kurzer Abwesenheit wird selbstständig geregelt. Telefonanrufe anderer Abteilungen werden von der Mitarbeiterin entgegengenommen, die gerade Zeit hat; die Gruppenmitglieder verstehen sich gut untereinander und treten nach außen hin geschlossen auf; sie sind stolz auf ihre reibungslose Zusammenarbeit und das Arbeitsergebnis ihrer Gruppe. Bei auftretenden Problemen helfen sie sich untereinander.

Umgangssprachlich werden diese Unterschiede von Gruppenarbeit und Teamarbeit nicht immer eingehalten.

Im Rahmen der Organisationsentwicklung wird versucht, die Gruppenarbeit zur Teamarbeit zu gestalten (extern initiierte Teamentwicklung) in der Überzeugung, dass Teamarbeit die allgemeinen Vorzüge der Gruppenarbeit weiter steigern kann (weniger Reibung, mehr Effizienz, mehr Zufriedenheit u. Ä.).

05. Welche Chancen und Risiken können mit der Gruppenarbeit verbunden sein?

Gruppenarbeit führt *nicht automatisch* zu bestimmten Vorteilen (vgl. Frage 03.). Ebenso wenig ist jede Gruppenarbeit immer mit Nachteilen verbunden. Deshalb werden hier die Begriffe Chancen und Risiken verwendet. Die in der nachfolgenden Tabelle dargestellten Aussagen sind im Sinne von „möglich, tendenziell“ zu bewerten. Die Aufstellung ist nicht erschöpfend:

Gruppenarbeit	
Chancen	**Risiken**
• Breites Erfahrungsspektrum • Unterschiedliche Qualifikationen • Korrektur von Einzelmeinungen; weniger Fehlentscheidungen • Formen der Beteiligung führen zu mehr Akzeptanz der Lösungen und Identifikation mit den Ergebnissen. • Die Erfahrung der Mitglieder wird erweitert. • Training der Sozial- und der Methodenkompetenz; Gruppe als lernende Organisation • Stimulanz im Denken; mehr Assoziationen • „Wir-Gefühl" entsteht; Leistungsausgleich/-unterstützung; Kontakt; Geborgenheit in der Gruppe	• Gefahr von Konflikten • Hoher Koordinationsaufwand • Gefahr bei risikoreichen Entscheidungen und unklarer Verantwortlichkeit: „Keiner muss die Folgen der Entscheidung verantworten." • Intelligente Lösungen werden unterdrückt; „die unfähige Mehrheit dominiert." • Spielregeln werden nicht eingehalten; Folgen: hoher Zeitaufwand, geringe Qualität der Lösung u. Ä. • Informelle Gruppennormen stören betriebliche Normen. • Unvereinbarkeit der Erwartungen der Gruppenmitglieder

06. Welche Formen von Arbeitsgruppen werden in der Betriebswirtschaftslehre unterschieden?

Die Formen der *Gruppenarbeit* unterscheiden sich im Wesentlichen hinsichtlich folgender *Merkmale:*

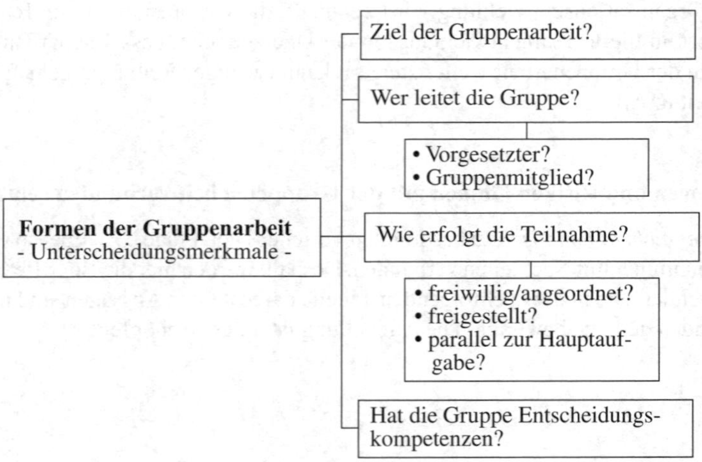

Aus betriebswirtschaftlicher Sicht werden Formen der Gruppenarbeit (auch: Konzepte/Modelle der Gruppenarbeit) meist nach drei Merkmalen differenziert. Es gibt dabei Überschneidungen:

1. Unterscheidung *nach der betrieblichen Funktion:*

Betriebliche Arbeitsgruppen kann es in der Fertigung, der Montage, der Instandhaltung, im Versand usw. geben. In der Fertigung wurden spezielle Formen der Gruppenarbeit entwickelt (Gruppenfertigung); sie sind der Versuch, die Vorteile der Werkstatt- und der Fließfertigung zu verbinden und die Nachteile zu mildern: Gegenüber der Werkstattfertigung werden geringere Transportzeiten und eine höhere Übersichtlichkeit realisiert; gegenüber der Fließfertigung steigt die Flexibilität.

Bekannte Formen der Gruppenfertigung sind:

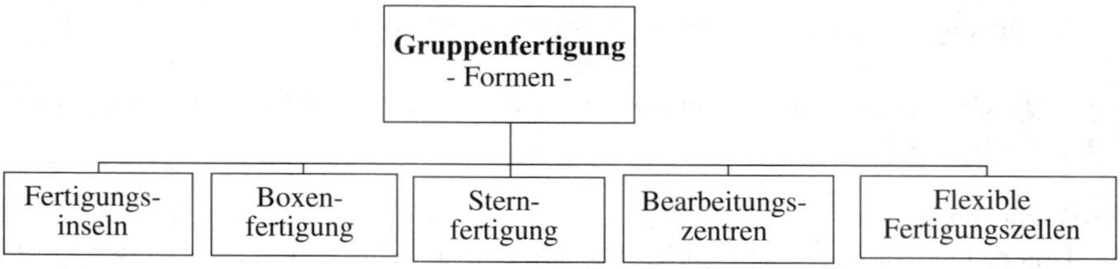

- *Fertigungsinseln:*
  Bestimmte Arbeitspakete (z. B. Motorblock) werden - ähnlich der ursprünglichen Werkstattfertigung – gebündelt. Dazu werden die notwendigen Maschinen und Werkzeuge zu so genannten Inseln zusammengefügt. Erst nach Abschluss mehrerer Arbeitsgänge verlässt das (Zwischen-)Erzeugnis die Fertigungsinsel.

- Bei der *Boxen-Fertigung*
  werden bestimmte Fertigungs- oder Montageschritte von einer oder mehreren Personen – ähnlich der Fertigungsinsel – räumlich zusammengefasst. Typischerweise wird die Boxen-Fertigung bzw. -Montage bei der Erzeugung von Modulen/Baugruppen eingesetzt (z. B. in der Automobilproduktion).

- Die *Stern-Fertigung*
  ist eine räumliche Besonderheit der Fertigungsinsel bzw. der Boxen-Fertigung, bei der die verschiedenen Werkzeuge und Anlagen nicht insel- oder box-förmig, sondern im Layout eines Sterns angeordnet werden.

- *Bearbeitungszentren:*
  Nicht nur die Bearbeitungsmaschine arbeitet computergesteuert, sondern auch der Wechsel der Arbeitsstücke sowie der Werkzeuge erfolgt automatisch. Es lassen sich damit komplexe Teile in Kleinserien bei relativ hoher Fertigungselastizität herstellen. Die Überwachung mehrerer Bearbeitungszentren kann von einem Mitarbeiter oder einer Gruppe durchgeführt werden.

- *Flexible Fertigungszellen*
  haben zusätzlich zum Automatisierungsgrad der Bearbeitszentren eine automatische Zu- und Abführung der Werkstücke in Verbindung mit einem Pufferlager. Diese System können auch in Pausenzeiten der Belegschaft weiterlaufen.

2. Unterscheidung nach der *Eingliederung in die Arbeitsorganisation bzw. den -ablauf:*

2.1 *Arbeitsgruppen* sind in den Prozess der betrieblichen Leistungserstellung integriert.

- *(Teil)Autonome Arbeitsgruppen* sind ein mehrstufiges Modell, das den Mitgliedern Entscheidungsfreiräume ganz oder teilweise zugesteht; u. a.:
  - selbstständige Verrichtung, Einteilung und Verteilung von Aufgaben (inklusive Anwesenheitsplanung: Qualifizierung, Urlaub Zeitausgleich usw.)
  - selbstständige Einrichtung, Wartung, teilweise Reparatur der Maschinen und Werkzeuge
  - selbstständige (Qualitäts-)Kontrolle der Arbeitsergebnisse.

2.2 Es gibt daneben Formen der Gruppenarbeit, die *aus dem eigentlichen Leistungsprozess ausgegliedert sind,* z. B.:

- *Projektgruppen:*
  Im Unterschied zu Kollegien stellen Projektgruppen fachliche Kriterien in den Vordergrund und werden für einen befristeten Zeitabschnitt gebildet. Projektgruppen werden bei komplexeren, besonders wichtigen und interdisziplinären Aufgabenstellungen gebildet.

Formen der Gruppenarbeit aus betriebswirtschaftlicher Sicht

Unterscheidung ...

1. Nach der betrieblichen Funktion:

   Gruppenarbeit
   - in der **Fertigung**
   - in der **Montage**
   - in der **Instandhaltung**

   usw.

2. Nach der Eingliederung in die Arbeitsorganisation:

   2.1 Integriert, z. B.:
   - Arbeitsgruppen
   - Teilautonome Gruppen

   2.2 Nicht integriert, z. B.:
   - Projektgruppen
   - Zirkel

3. Nach der vorherrschenden Zielsetzung:

   3.1 Qualifizierung, z. B.:
   - Lernstatt-Gruppen
   - Lerngruppen

   3.2 Problemlösung, z. B.:
   - Kollegien, Gremien
   - Task Force
   - Wertanalysegruppen

   3.3 Auftragserfüllung, z. B.:
   - Arbeitsgruppen
   - Werkstattgruppen

   3.4 Prozessverbesserung, z. B.:
   - TQM-Gruppen
   - KVP-Gruppen

- *Zirkel:*
  Mitarbeiter eines Arbeitsbereiches beschäftigen sich hier – im direkten Kontakt mit einer Führungskraft – mit Verbesserungen betrieblicher Zustände und Abläufe. Zeitweise kommt es zum Rollentausch (z. B. Arbeiter im Zirkel sind höher angesiedelt als ihre Kollegen und Meister im Arbeitsbereich), mit der Folge, dass Zirkel-Mitglieder z. T. weit über ihren Bereich hinaus Maßnahmen zur Verbesserung anregen können. Traditionell bekannt sind die Qualitäts-Zirkel aus der Zeit, als insbesondere in der industriellen (Massen-)Fertigung die Produkt-Qualität zum höchsten Kunden-Anspruch erhoben wurde. Der Werkstattzirkel unter Leitung des Meisters oder Vorarbeiters befasst sich mit Problemstellungen vor Ort (z. B. Ausschussverringerung, Transportabläufe). Mittlerweile wird dieses Gruppenmodell

auch zu weiteren Anlässen herangezogen, z. B. bei der Suche nach Kostensenkungspotenzialen.

3. Unterscheidung *nach der vorherrschenden Zielsetzung:*

3.1 *Lernstatt-Gruppen/Lerngruppen:*
Das Ziel der Qualifizierung steht z. B. bei Lernstatt-Gruppen und Lerngruppen in innerbetrieblichen Seminaren im Vordergrund.

Lernstattgruppen stellen noch stärker als die Problemlösegruppen (Aufgaben-Orientierung) und Werkstattgruppen (technische Ablauf-Orientierung) die Person und das Potenzial des Mitarbeiters in den Vordergrund. Sie sind ein Instrument der Personalentwicklung und lösen den Mitarbeiter für die Teilnahmezeiten ganz aus dem betrieblichen Pflichtenkreis heraus. Ziel der Lernstattgruppen ist die planvolle Höherqualifizierung von Mitarbeitern aller Hierarchiestufen zur Vorbereitung auf anspruchsvollere Aufgaben. Im Gegensatz zu Zirkel-Tätigkeiten stehen hier das Erlernen allgemeiner Analyse-, Problemlösungs- und Kommunikationsfähigkeiten sowie die sozio-kulturelle Persönlichkeitsentwicklung im Vordergrund.

3.2 *Problemlösegruppen:*
Sie dienen der Problembewältigung (Aufgaben-Orientierung). Ihr Ziel ist das Aufzeigen von Lösungen und Verbesserungen:

- *Kollegien* werden aus mehreren Personen der gleichen oder unterschiedlichen Hierarchiestufen zeitlich befristet gebildet. Bestehen sie aus
  - Vertretern höherer Hierarchiestufen, dann heißen sie *Gremien*,
  - Vertretern der unteren Ebenen, dann nennt man sie dagegen schlicht *Arbeitsgruppen*.

  Nur zu den Tagungszeitpunkten werden die Mitglieder vollständig von anderen Tätigkeiten befreit. Kollegien sollen die direkte Kooperation zwischen verschiedenen Abteilungen und Bereichen erhöhen. Außerdem werden sie immer dann eingesetzt, wenn bestimmte fachübergreifende Probleme regelmäßig auftreten. Am bekanntesten sind das Entscheidungs-Gremium (z. B. für Investitionen) und die Qualitäts-Zirkel (Sonderfall der Arbeitsgruppen).

- *Gremien*:
  Sie sind dauerhaft oder ad hoc eingerichtete Gruppen, die in regelmäßigen Abständen tagen. In Abhängigkeit vom Rang der Teilnehmer werden sie auch als Komitees, Kommissionen und Ausschüsse bezeichnet. Gremien dienen verschiedenen Zwecken, abhängig von der Phase des Lösungsprozesses. Es gibt
  - Informationsaustausch-Gremien
  - Beratungs-Gremien
  - Entscheidungs-Gremien
  - Ausführungs-Gremien.

- *Task Force:*
  Als Sonderfall der Projektgruppen gehen Task-Forces – als „Aufgaben(bewältigungs)-Kräfte" – einen Schritt weiter: Sie beinhalten generell die Aufhebung der Herrschaftsdif-

ferenzen während der Projektzeit und sind damit ein erster Schritt in Richtung Teamarbeit – alle Mitglieder haben eine gleichwertige Stimme. Typischerweise werden Task-Forces in Krisenfällen gebildet, bei denen unter höchstem Zeitdruck Lösungen herbeizuführen sind.

- *Wertanalysegruppen* (auch: Wertanalyseteams):
  Im Vordergrund stehen Rationalisierungs- und Kostensenkungsmaßnahmen. Die Vorgehensweise ist stark normiert und orientiert sich an quantifizierten Zielen.

3.3 Weiterhin gibt es Formen der Gruppenarbeit, bei denen die *Ausführung des Auftrages im Vordergrund steht* verbunden mit einer Optimierung des Arbeitssystems:
- Arbeitsgruppen
- Werkstattgruppen.

3.4 Ansätze zur *Verbesserung aller Prozesse* eines Unternehmens werden mit den Konzepten „TQM-Gruppen" und „KVP-Gruppen" verfolgt.

07. Welche Maßstäbe sind geeignet, um den Erfolg von Gruppenarbeit zu messen?

→ 6.5.2/05.

1. *Zielerfolg:*
   Gruppenarbeit ist dann erfolgreich, wenn die übertragene Aufgabe umfassend bewältigt und das vereinbarte Ziel erreicht wurde. In Verbindung damit wird meist zusätzlich die Verbesserung des Arbeitssystems gefordert. z. B. Mengen-, Qualitäts-, Ablaufverbesserung, Senkung der Kosten usw.

2. Mit *Individualerfolg*
   ist gemeint, dass die (berechtigten) Erwartungen der Gruppenmitglieder erfüllt werden, z. B. Kontakt, Respektieren der Meinung, gerechte Entlohnung beim Gruppenakkord u. Ä.

3. *Erhaltungserfolg:*
   Neben dem Ziel- und Individualerfolg ist der Zusammenhalt der Gruppe durch geeignete Maßnahmen zu sichern.

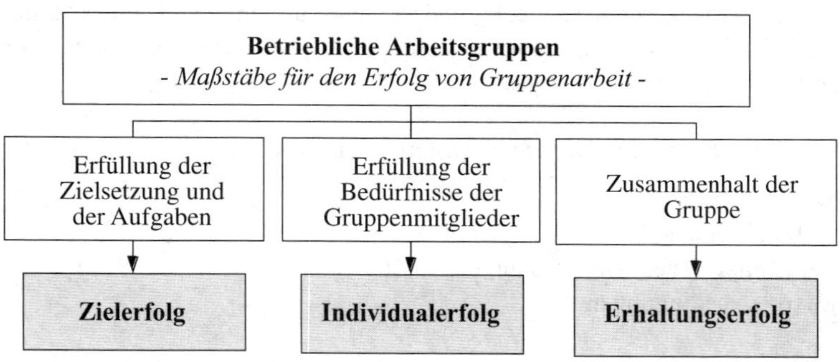

08. Welche Bedingungen muss der Meister gestalten, um Gruppenarbeit zum Erfolg zu führen?

Damit betriebliche Arbeitsgruppen erfolgreich sein können, müssen

1. die *Ziele* messbar formuliert sowie die *Aufgabenstellung* klar umrissen sein, z. B.
   - Art und Schwierigkeitsgrad der Aufgabe?
   - Befugnisse der Gruppe bzw. Restriktionen?
   - Befugnisse einzelner Gruppenmitglieder?
   - ausgewogene fachliche Qualifikation der Gruppenmitglieder im Hinblick auf die Gesamtaufgabe (Alter, Geschlecht, Erfahrungshintergrund)?
   - laufende Information über Veränderungen im Betriebsgeschehen?

2. die *Bedürfnisse der Gruppenmitglieder* berücksichtigt werden, z. B.
   - Sympathie/Antipathie?
   - bestehende informelle Strukturen berücksichtigen und nutzen?
   - gegenseitiger Respekt und Anerkennung?

3. Maßnahmen zum inneren *Zusammenhalt der Gruppe* gesteuert werden, z. B.
   - Größe der Gruppe?
   - Solidarität untereinander?
   - Bekanntheit und Akzeptanz der Gruppe im Betrieb (Gruppensprecher)?
   - Stellung der Gruppe innerhalb der Organisation?
   - Arbeitsstrukturierung (Mehrfachqualifikation, Rotation, Springer)?
   - Förderung der Lernbereitschaft und der Teamfähigkeit durch den Führungsstil des Vorgesetzten

09. Welches Sozialverhalten der Gruppenmitglieder ist für eine effiziente Zusammenarbeit erforderlich?

Effektiv heißt, die richtigen Dinge tun!	→	Hebelwirkung
Effizient heißt, die Dinge richtig tun!	→	Qualität

Eine formell gebildete Arbeitsgruppe ist nicht grundsätzlich „aus dem Stand heraus" effizient in ihrer Zusammenarbeit. *Gruppen- bzw. Teamarbeit entwickelt sich in der Regel nicht von allein, sondern muss gefördert und erarbeitet werden.*

Neben den notwendigen *Rahmenbedingungen* der Gruppenarbeit

- Zielfestlegung
- klare Aufgabenbeschreibung
- Zuweisung von Kompetenzen und Ressourcen
- ergonomische Arbeitsbedingungen

müssen die Mitglieder der Arbeitsgruppe *Verhaltensweisen* beherrschen/erlernen, um zu einer echten Teamarbeit zu gelangen:

Grundsätze und Spielregeln der Zusammenarbeit:

1. Jedes Teammitglied muss nach dem *Prinzip* handeln:
   Nicht jeder für sich allein, sondern alle gemeinsam und gleichberechtigt!

2. Jedes Teammitglied muss die *Ausgewogenheit/Balance* zwischen dem Ziel der Aufgabe, der Einzelperson und der Gesamtgruppe anstreben!

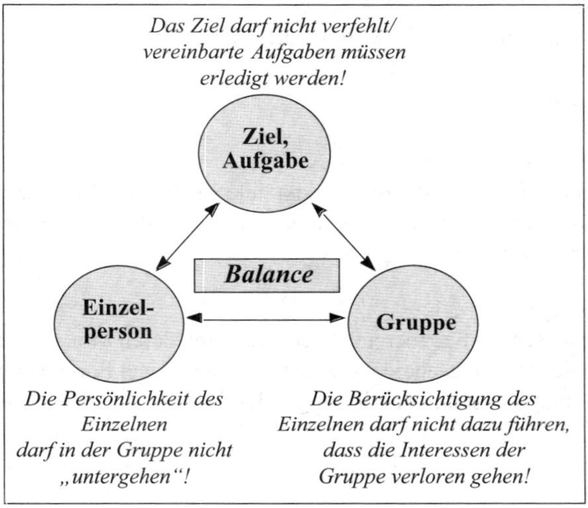

3. Jedes Teammitglied respektiert das andere Gruppenmitglied im Sinne von *„Ich bin o. k., du bist o. k.!“*

4. Fehler können gemacht werden! Jeder Fehler nur einmal! Aus Fehlern lernt man! Ziel ist das Null-Fehler-Prinzip!

5. Jedes Teammitglied erarbeitet mit den anderen schrittweise *Regeln* der Zusammenarbeit und der Kommunikation, die eingehalten werden, solange sie gelten, z. B.:

Regeln für Gruppenmitglieder bei der Moderation:
- Jeder ist für den Erfolg (mit-)verantwortlich!
- Vereinbarte Termine und Zusagen werden eingehalten!
- Jeder hat das Recht, auszureden!
- Jede Meinung ist gleichberechtigt! Jeder kommt zu Wort!
- Jeder spricht zu den Anwesenden, nicht über sie!
- Keine langen Monologe!
- Es gibt keine dummen Fragen!
- Störungen haben Vorrang!
- Kritik wird konstruktiv und in der Ich-Form vorgebracht!

6. Jedes Teammitglied verfügt über die Bereitschaft, gemeinsam verabschiedete *Veränderungen mitzutragen.*

10. Wie wird eine Projektgruppe richtig besetzt? → A 3.5

Die Ziele von Projektmanagement sind immer:

- *Erfüllung des Sachziels*:
  Der Projektauftrag muss *quantitativ* und *qualitativ* erfüllt werden.

- *Einhaltung der Budgetgrößen:*
  Termine und *Kosten*

Eine der Voraussetzungen zur Realisierung der Projektziele ist *die richtige Besetzung der Projektgruppe* (synonym: Projektteam). Dies bedeutet, dass *folgende Aspekte* bei der Bildung der Projektgruppe *geprüft werden müssen:*

1. Hinsichtlich der *Zielvorgabe:*
   In der Projektgruppe müssen die Fachbereiche vertreten sein, deren *Kompetenz* gefordert ist. Die Bedeutung des Projektziels entscheidet u. a. darüber, in welcher Form das Projektteam in die Organisation eingebunden ist und ob die Mitglieder für die Arbeit im Projekt freigestellt sind oder nicht.

2. *In personeller Hinsicht:*
   - Anzahl der Mitglieder?
     Bei großen, komplexen Projekten sind ggf. ein *Kernteam* (vier bis sieben Mitglieder), *spezielle Fachteams* und/oder *Ad-hoc-Teams* (fallweise Inanspruchnahme) zu bilden.
   - Freistellung der Mitglieder oder nicht?
   - Erforderliche Fach-, Methoden- und Sozialkompetenz vorhanden?

3. In *sachlicher Hinsicht:*
   - Sind die entsprechenden betrieblichen Funktionen vertreten, deren
     - Kompetenz benötigt wird (Experten)?
     - Entscheidung benötigt wird (Leiter)?
     - Bereich von Veränderungen betroffen ist?
   - Sind Mentoren und Machtpromotor erforderlich?
   - Verfügt das Projektteam über ausreichende Befugnisse?

4. *In finanzieller Hinsicht:*
   - Ist die Gruppe mit finanziellen Mitteln angemessen ausgestattet?
     Mittel zur Fremdvergabe? Reisekosten? Beschaffung von Sachmitteln? usw.

5. *In zeitlicher Hinsicht:*
   Stehen Projektaufwand und -komplexität in ausgewogenem Verhältnis zur Kapazität des Projektteams?

Beispiel zur Bildung eines Projektteams (verkürzt):
Die Tronk GmbH (160 Mitarbeiter) stellt Baustoffe her und beliefert den Großhandel mit eigenem Fuhrpark. Die Geschäftsleitung erteilt den Projektauftrag „Tronk-Logistik 2020". Ziel ist die Prozessoptimierung der Annahme, Ausführung und Auslieferung der Kundenaufträge. Das Projekt ist von existenzieller Bedeutung für das Unternehmen. Die Kapazitätsbedarf des Projekts wird mit 36 Mitarbeitermonaten (MM) veranschlagt; die Projektdauer darf neun Monate nicht überschreiten. In mehreren Entscheidungsrunden wird folgendes Projektteam gebildet:

Struktur der personellen Ressourcen:		*Kommentar:*
Projektleiter:	Herr Gerd Herder, Leiter der EDV	Er verfügt über die erforderliche Fach-, Methoden- und Sozialkompetenz und kennt das Unternehmen seit neun Jahren; wird durch einen Stellvertreter für die Dauer des Projekts entlastet. Vor zwei Jahren hat H. bereits das interne Projekt „Umstellung auf SAP" erfolgreich geleitet.
Projektmitglieder: hauptamtlich:	1 Mitarbeiter - Einkauf 1 Mitarbeiter - Rechnungswesen 1 Mitarbeiter - Fertigung 1 Mitarbeiter - Fertigung 1 Mitarbeiter - Fuhrpark 1 Mitarbeiter - Verkauf	zu 50 % zu 50 % Assistent des Betriebsleiters; kennt aufgrund eines Job-Rotation-Programms alle Funktionsfelder der Fertigung Meister; Mitglied des Betriebsrats zu 50 % zu 50 %
nebenamtlich:	Fallweise stehen interne Experten aus den Fachbereichen zur Verfügung. Für komplexe Fragen wurde eine externe Consultingfirma (Logistikexperten) verpflichtet. Der kaufmännische Geschäftsführer hat sich zur Teilnahme an Projektsitzungen verpflichtet, in denen wichtige Arbeitspakete abgeschlossen werden.	 Verpflichtung eines Machtpromotors

Der überschlägige Vergleich von Kapazitätsbedarf und personeller Ausstattung ergibt, dass das Projektteam in personeller Hinsicht hinreichend ausgestattet ist (die Kapazität des Projektleiters sowie des externen Beraters bleibt bei der Berechnung unberücksichtigt):

Kapazitätsbedarf : Mitarbeiteranzahl	=	Projektdauer (geplant)
36 MM : (2 · 100 % + 4 · 50 %)	=	9 Monate

6.8.2 Moderieren von Arbeits- und Projektgruppen

→ A 4.6.6

01. Was versteht man unter „Moderation"?

Moderation kommt aus dem Lateinischen (= *moderatio*) und bedeutet, das *„rechte Maß finden, Harmonie herstellen*". Im betrieblichen Alltag bezeichnet man damit eine *Technik,* die hilft,

- Einzelgespräche,
- Besprechungen und
- Gruppenarbeiten (Lern- und Arbeitsgruppen)

so zu steuern, dass das Ziel erreicht wird.

02. Welche Aufgaben hat der Moderator?

Das Problem bei der Moderation liegt darin, dass die traditionellen Strukturen der Gruppenführung noch nachhaltig wirksam sind. Die Mitarbeiter sind es gewohnt, Anweisungen zu erhalten; die Vorgesetzten verstehen sich in der Regel als Leiter einer Gruppe mit hierarchischer Kompetenz und Anweisungsbefugnissen.

Bei der Moderation von Gruppengesprächen müssen diese traditionellen Rollen abgelegt werden:

> *Der Vorgesetzte als Moderator einer Besprechung steuert mit Methodenkompetenz den Prozess der Problemlösung in der Gruppe und nicht den Inhalt! Der Moderator ist der erste Diener der Gruppe!*

Der Meister als Moderator ist *kein „Oberlehrer"*, der alles besser weiß, sondern er ist *primus inter pares* (Erster unter Gleichen). Er beherrscht das „Wie" der Kommunikation und kann Methoden der Problemlösung und der Visualisierung von Gesprächsergebnissen anwenden. In fachlicher Hinsicht muss er nicht alle Details beherrschen, sondern einen Überblick über Gesamtzusammenhänge haben.

Eine der schwierigsten Aufgaben für den Moderator ist die Fähigkeit zu erlangen, *seine eigenen Vorstellungen* zur Problemlösung denen der Gruppe *unterzuordnen*, sich selbst zurückzunehmen und ein erforderliches Maß an *Neutralität* aufzubringen. Dies verlangt ein Umdenken im Rollenverständnis des Meisters.

Der Moderator hat somit folgende *Aufgaben:*

1. *Er steuert den Prozess und sorgt für eine Balance* zwischen Individuum, Gruppe und Thema!

   Ablauf der Besprechung, Kommunikation innerhalb der Gruppe, roter Faden der Problembearbeitung, Anregungen, Zusammenfassen, kein Abschweifen vom Thema, verschafft allen Gruppenmitgliedern Gehör.

2. *Er bestimmt das Ziel* und den Einsatz der *Methodik* und der *Techniken*!
   Die Gruppe bestimmt vorrangig die Inhalte und Lösungsansätze.

3. Er sorgt dafür, dass *Spannungen und Konflikte thematisiert* werden!
   Sachliche Behandlung.

4. Er *spielt sich nicht (inhaltlich) in den Vordergrund*!
   Zuhören, ausreden lassen, kein Besserwisser, Geduld haben.

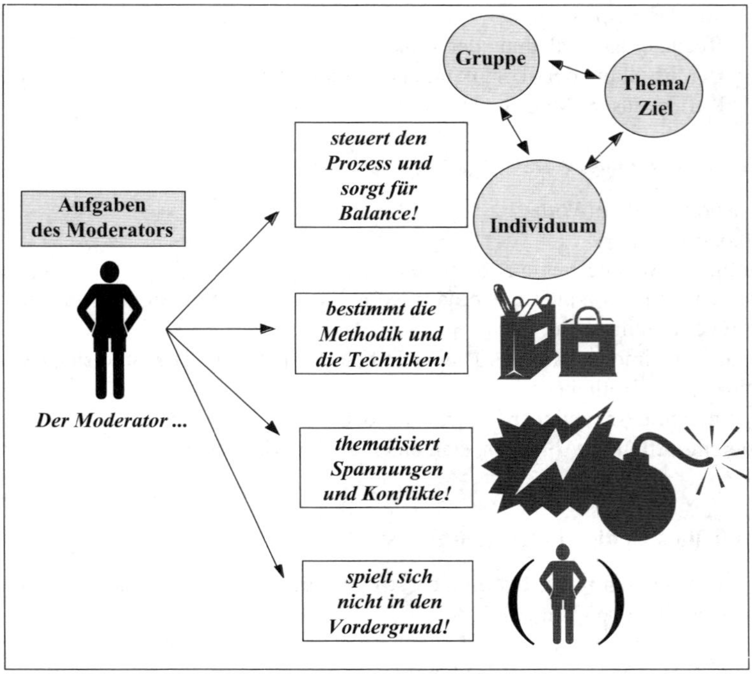

03. Wie ist die Moderation vorzubereiten?

1. *Inhaltliche Vorbereitung*, z. B.:

   - Hat der Moderator sich einen Überblick über das Thema verschafft?
   - Sind Schlüsselfragen/Strategiefragen vorbereitet?
   - Wer muss eingeladen werden, damit alle erforderlichen Kompetenzen abgedeckt sind?
   - Sind die Teilnehmer ausreichend über das Thema informiert – z. B. anhand von Unterlagen? Präzise Formulierung des Besprechungsziels?
   - Sollen die Teilnehmer Materialien zur Sitzung mitbringen?

2. *Methodische Vorbereitung*, z. B.:

   - Welche Methoden können/müssen eingesetzt werden?
   - Beherrscht der Moderator die Methoden?
   - Welche Instruktionen muss er der Gruppe geben, damit die Methoden verstanden werden?

3. *Organisatorische Vorbereitung*, z. B.:

- Raum: ausreichende Größe, ohne Störungen, Lichtverhältnisse, geeignete Sitzordnung usw.
  ggf. Unterbringung von Teilnehmern/Gästen im Hotel o. Ä.
- Zeit: Planung der Rüstzeiten und der Durchführungszeiten; Zeiten je Besprechungs- und Arbeitsphase usw.
  Rechtzeitige Einladung der Teilnehmer?
- Technik: Bereitstellung der Technik und Hilfsmittel; vollständig und funktionsfähig?
- Pausen: Kaffeepausen; Mahlzeiten; Getränke im Raum?

4. *Persönliche Vorbereitung*, z. B.:

- Ausreichend Schlaf am Vortag!
- Kein Alkohol!
- Rechtzeitig vor Sitzungsbeginn erscheinen!
  (Pufferzeit, falls noch Änderungen oder Komplikationen auftreten; sich mit den Räumlichkeiten vertraut machen)
- Sich positiv einstimmen: Auf das Thema und die Teilnehmer freuen und sich den persönlichen Nutzen verdeutlichen!
- Lernen, mit dem Lampenfieber fertig zu werden!
  (Entspannung, Atmung, Ablenken, sich einen Fehler erlauben u. Ä.)

04. Wann empfiehlt sich die Moderation zu zweit?

Die Steuerung von Kleingruppen bei einfach strukturierten Problemen lässt sich von einem geübten Moderator allein bewältigen.

Insbesondere bei Großgruppen und/oder komplexen Themen bietet die *Moderation zu zweit* (auch: geteilte Moderation, Teammoderation) *Vorteile*, da die Vielzahl der Wahrnehmungs- und Steuerungsprozesse eine Person überfordern kann.

Vorteile der Teammoderation:

- *Arbeitsteilung*, z. B.:
  - Ein Moderator steuert den Gruppenprozess, der andere visualisiert.
  - Ein Moderator leitet die Diskussion in der Gruppe, der andere bereitet die nächste Moderationsphase vor (z. B. Kartenabfrage, Kleingruppenarbeit, Auswertung).

- *Stimulanz*, z. B.:
  Die Gruppe erlebt zwei Personen mit ihren unterschiedlichen Erfahrungen und Verhaltensweisen: Fach- und Methodenkenntnisse, Persönlichkeit, Sprache, Einsatz von Techniken u. Ä. Dies schafft zusätzliche Aufmerksamkeit und regt zur Mitarbeit an. Man kennt diese Erfahrung aus dem „Lehren zu zweit" (Team-Teaching).

- *Unterstützung, Hilfe*, *Coaching*, z. B.:
  Die Steuerung der Gruppenprozesse verlangt vom Leiter permanent eine präzise Wahrnehmung der Vorgänge bei hoher Konzentration. Dies führt zu einer psychischen Ermüdung mit

der Gefahr, den roten Faden zu verlieren. Beide Moderatoren können sich hier wechselseitig unterstützen bzw. dem anderen Hilfestellung leisten.

Gruppensteuerung im Team bietet einem weniger erfahrenen Moderator die Möglichkeit, von dem anderen zu lernen. Im Anschluss an die Veranstaltung können beide gemeinsam über den Prozessablauf reflektieren und Verbesserungsansätze besprechen (Coaching-Ansatz).

Voraussetzung für die Moderation zu zweit ist, dass sich beide Personen gut kennen und den Ablauf gemeinsam vorbereitet haben. Die unterschiedlichen Arbeitsbeiträge müssen im Grundsatz abgesprochen sein. Die Chemie zwischen beiden muss stimmen; sie müssen den anderen in seiner persönlichen Eigenart respektieren. Falsches Konkurrenzdenken kann schnell zum Misserfolg der Moderation zu zweit führen.

05. Was bezeichnet man als „Entscheidungsfähigkeit"?

- *Als Entscheidung bezeichnet man die Wahl einer Handlung aus einer Menge von Alternativen.*

  Beispiel: Für die Besetzung einer freiwerdenden Stelle in der Fertigung I stehen zur Wahl:

  1. Versetzung eines Mitarbeiters aus der Fertigung II
  2. Besetzung der Stellung von außen
  3. Übernahme eines Auszubildenden im Anschluss an die Ausbildung

  Aufgrund bestimmter Merkmale (Maßstab!) entscheidet man sich für die Alternative 3.

- *Der Entscheidungsprozess erfolgt in fünf Phasen:*

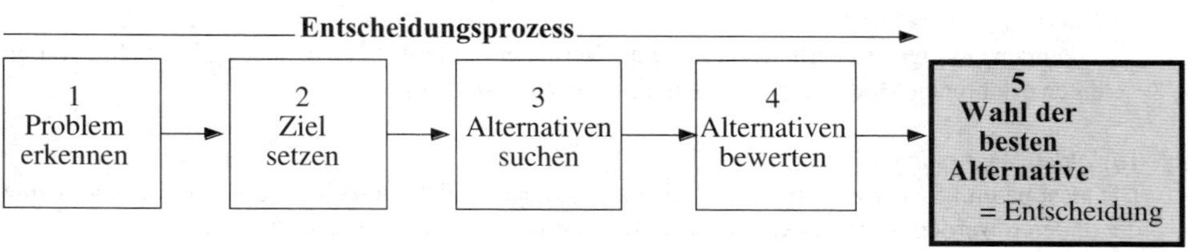

- *Mit Entscheidungsfähigkeit der Gruppe ist also die Befähigung (das Können) gemeint*, den Entscheidungsprozess methodisch zu beherrschen und zu sachlich zutreffenden Entscheidungen zu gelangen.

06. Wie kann der Moderator die Entscheidungsfähigkeit von Gruppen analysieren und beurteilen?

Entscheidungsprozesse in der Gruppe können mit Defiziten behaftet sein, z. B.:

- Der Zeitaufwand ist unangemessen hoch.
- Es beteiligen sich nur wenige Mitglieder.
- Die Suche nach Alternativen fällt schwer.
- Das Problem wird nicht hinreichend erkannt.
- Es werden nicht alle für die Entscheidung relevanten Faktoren berücksichtigt.

Im Ergebnis ist die Quantität und/oder Qualität der Entscheidung mit Mängeln behaftet. Der Moderator muss derartige Schwächen in der Entscheidungsfähigkeit der Gruppe erkennen und Maßnahmen zur Verbesserung einleiten.

Die Entscheidungsfähigkeit der Gruppe hängt von einer Vielzahl von Variablen (auch: Einflussfaktoren) ab; sie stehen zum Teil in wechselseitigen Abhängigkeit. Die nachfolgende Aufstellung beschreibt einige dieser Variablen und gibt dem Meister entsprechende Handlungsempfehlungen:

Beispiel: *Variablen für die Entscheidungsfähigkeit der Gruppe*

1. Variablen der Persönlichkeit

1.1 Bei den Gruppenmitgliedern:

Der Gruppe oder einzelnen Mitgliedern fehlt aufgrund der Persönlichkeit und/oder mangelnder Erfahrung der Reifegrad, im Team zu arbeiten, z. B. unangemessenes Dominanzstreben, Respektieren der Meinung anderer usw.

→ *Handlungsempfehlung*, z. B.:

Bewusstmachen der negativen Verhaltensmuster; Vorzüge wirksamen Verhaltens zeigen und trainieren; Vereinbarung von Regeln der Zusammenarbeit.

Die Gruppe entscheidet sich häufig nicht für die „beste“, sondern für die „einfachste“ Lösung.

→ *Handlungsempfehlung*, z. B.:

Risikobereitschaft der Gruppe trainieren; Konsequenzen „einfacher“ Lösungen aufzeigen; Rückhalt für „unbequeme“ Entscheidungen in der Organisation suchen (beim Vorgesetzten, in der Geschäftsleitung).

1.2 Beim Moderator:

Unwirksame Verhaltensmuster des Moderators dominieren die Meinung der Mitglieder; die Beteiligung an der Entscheidungsfindung wird eingeschränkt.

→ *Handlungsempfehlung*, z. B.:

Erkennen des eigenen Verhaltens; Ziele der Verhaltensänderung erarbeiten; ggf. Coaching durch einen erfahrenen Moderator (z. B. den eigenen Vorgesetzten).

2. *Variablen der Kommunikation*, z. B.:

Die Gruppenmitglieder zeigen keine Rededisziplin, haben nicht gelernt zuzuhören, die Argumente der anderen werden nicht einbezogen, die Beteiligung ist nicht ausgewogen u. Ä.

→ *Handlungsempfehlung*, z. B.:

Schwachstellen in der Kommunikation bewusst machen; wirksame Kommunikation in der Gruppe trainieren; Spielregeln der Kommunikation erarbeiten und beachten.

3. *Variablen der Techniken*, z. B.:

Die Gruppe beherrscht Techniken der Ideenfindung nicht ausreichend; die Suche nach Alternativen fällt schwer, dauert unangemessen lang, die Lösungsalternativen sind dem Problem nicht angemessen.

Die Gruppe kann sich über geeignete Maßstäbe bei der Bewertung von Alternativen nicht verständigen und beherrscht Techniken der Entscheidungsfindung nicht ausreichend.

→ *Handlungsempfehlung*, z. B.:

Erläutern und Trainieren der notwendigen Techniken.

4. *Variablen der Organisation*, z. B.:
   Entscheidungen kommen unter (echtem oder vermeintlichem) Zeitdruck zu Stande. Die Mitglieder der Gruppe oder die Organisation erkennen nicht den Zeitbedarf bei komplexen Problemen.

   Das Unternehmen verlangt „schnelle Lösungen". Die Arbeits- und Rahmenbedingungen beeinträchtigen die Suche nach angemessenen Alternativen (Krisenstimmung, Unruhe/Unsicherheit im Unternehmen aufgrund genereller Veränderungen u. Ä.).
   → *Handlungsempfehlung*, z. B.:
   Der Vorgesetzte/der Moderator muss die notwendigen Umfeldbedingungen für die Gruppenarbeit absichern: Gespräche mit dem Management, Ergebnisse und Nutzen dokumentieren und informieren; Bedeutung aufzeigen u. Ä.

5. *Variablen der Wertekultur*, z. B.:
   Das Management schenkt den Ergebnissen der Gruppenarbeit wenig Beachtung und setzt Ergebnisse nicht oder nur zögerlich um.

   Einige Mitglieder erscheinen nicht oder mit Verspätung zu den Teamsitzungen; übernommene Aufgaben aus den Gruppengesprächen werden nicht erledigt.
   → *Handlungsempfehlung*, z. B.:
   Bedeutung der Ergebnisse aufzeigen (vgl. oben, 4. Variablen der Organisation).
   Den Mitgliedern die Notwendigkeit einer konstruktiven Teilnahmeethik verdeutlichen; Konsequenzen erläutern für andere: Warten, Verärgerung, ungenutzte Zeit u. Ä.
   Regeln vereinbaren und auf deren Einhaltung drängen.

Die Abbildung zeigt die Variablen (Einflussgrößen) der Entscheidungsfähigkeit von Gruppen im Überblick:

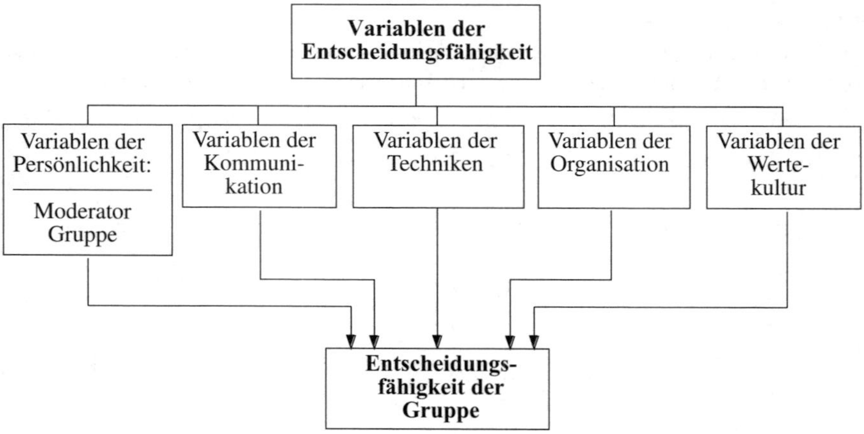

07. Was ist Kreativität?

Als Kreativität bezeichnet man die Fähigkeit eines Menschen, *neue Problemlösungen hervor zu bringen.* Voraussetzung dafür ist die Fähigkeit/Bereitschaft, *von alten Denkweisen abzurücken* und zwischen bestehenden Erkenntnissen neue Verbindungen herzustellen. Man unterscheidet u. a. zwei Arten der Kreativität:

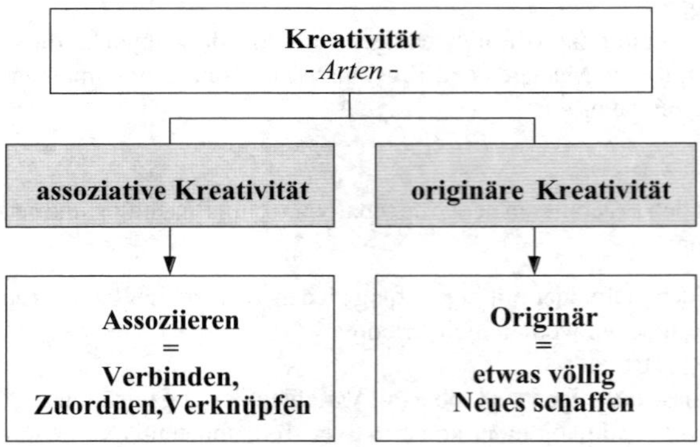

Beispiel für *assoziative Kreativität:*
Der Mitarbeiter verbessert den Ablauf bei der Motormontage und stützt sich dabei auf seine bisherige Erfahrung und betriebliche Erkenntnisse.

Beispiel für *originäre Kreativität:*
Der Mitarbeiter einer Druckerei entwickelt ein völlig neues Verfahren, um bei der Bearbeitung und dem Transport von Papierbögen die elektromagnetische Aufladung des Papiers zu verringern.

08. Welche Kreativitätstechniken und Methoden der Ideenfindung lassen sich in der Praxis einsetzen?

→ A 3.2.2/4.5.8

Dazu ausgewählte **Beispiele** (die Aufzählung kann nicht erschöpfend sein):

Bezeichnung	*Kurzbeschreibung*	*Anwendung*
Brainstorming	„Gedankensturm“: Ideen werden gesammelt und visualisiert; die Phase der Bewertung erfolgt später.	Kleingruppe: 5 - 12
Brainwriting auch: *Pinnwandtechnik*	analog zum Brainstorming; die Ideen werden auf Karten notiert, gesammelt, dann bewertet usw.	Kleingruppe: 5 - 12
Synektik	Durch geeignete Fragestellungen werden Analogien gebildet. Durch Verfremdung des Problems will man zu neuen Lösungsansätzen kommen. Beispiel: „Wie würde ich mich als Kolben in einem Dieselmotor fühlen?“	Kleingruppe: 5 - 12; auch Einzelarbeit
Bionik	Ist die Übertragung von Gesetzen aus der Natur auf Problemlösungen. Beispiel: „Echo-Schall-System der Fledermaus → Entwicklung des Radarsystems“.	
Morphologischer Kasten	Die Hauptfelder eines Problems werden in einer Matrix mit x Spalten und y Zeilen dargestellt. Zum Beispiel erhält man bei einer „4 x 4-Matrix“ 16 grundsätzliche Lösungsfelder.	Kleingruppe; auch Einzelarbeit
Assoziieren	Einem Vorgang/einem Begriff werden einzeln oder in Gruppenarbeit weitere Vorgänge/Begriffe zugeordnet; z. B.: „Lampe“: Licht, Schirm, Strom, Birne, Schalter, Fuß, Hitze.	Kleingruppe; auch Einzelarbeit
Methode 635	6 Personen entwickeln 3 Lösungsvorschläge; jeder hat pro Lösungsvorschlag 5 Minuten Zeit.	Kleingruppe; einfache Handhabung
CNB-Methode	Es wird ein gemeinsames Notizbuch angelegt (Collective Notebook): In einer Expertengruppe erhält jeder ein CNB und trägt einzeln, über einen Monat lang seine Ideen ein. Der Moderator fasst alle Ideen aller CNBs zusammen. Danach erfolgt eine gemeinsame Arbeitssitzung.	Einzelarbeit + Gruppenarbeit; lange Phase der Ideensammlung
Pareto-Analyse, IO-Analyse	Vgl. Fragen 09. und 10.	

09. Wie wird die IO-Methode eingesetzt?

Die IO-Methode (= Input-Output-Methode) ist ein analytischer Weg, der hauptsächlich auf komplizierte dynamische Systeme angewendet wird (z. B. Bewegung, Energie, Konstruktion). Die Bearbeitung des Problems erfolgt in vier Stufen:

Stufen	*Vorgang*	*Beispiel*
Stufe 1	Das erwünschte Ergebnis wird festgesetzt.	
	= Output	Warnsignal bei Feuer!
Stufe 2	Die gewünschte Ausgangsbasis wird festgelegt.	
	= Input	Zu hohe Wärme!
Stufe 3	Man fügt die Nebenbedingungen hinzu ohne den Fluss der Kreativität einzuschränken.	z. B.: Das Warnsignal muss wartungsfrei sein; die Kosten dürfen nicht ...
Stufe 4	Es werden Lösungen entwickelt.	?

10. Welche Erkenntnisse liefert die Pareto-Analyse?

Das *Pareto-Prinzip* (Ursache-Wirkungs-Diagramm; auch: Pareto-Analyse; benannt nach dem italienischen Volkswirt und Soziologen Vilfredo Pareto, 1848-1923) besagt, dass wichtige Dinge normalerweise einen kleinen Anteil innerhalb einer Gesamtmenge ausmachen. Diese Regel hat sich in den verschiedensten Bereichen betrieblicher Fragestellungen als sog. *80:20-Regel* bestätigt:

80:20 Regel:
20 % der Kunden „bringen“ 80 % des Umsatzes
20 % der Fehler „bringen“ 80 % des Ausschusses

Beispiel:
Bei der Untersuchung eines Fertigungsprozesses werden fünf Fehlerarten mit folgenden Häufigkeiten erkannt:

Bild 1: Darstellung als Säulendiagramm, Häufigkeiten in Prozent

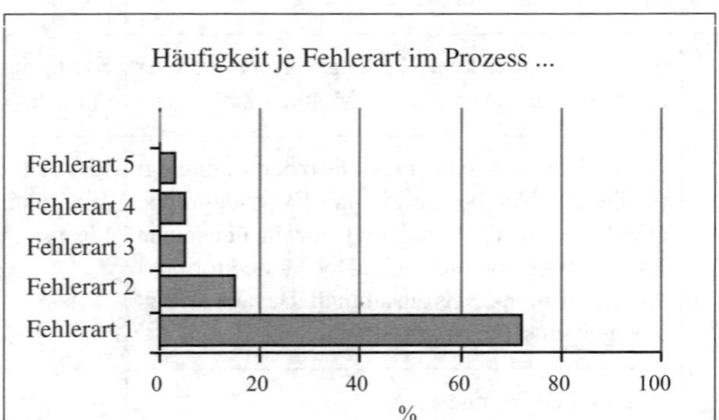

Bild 2: Darstellung als Säulendiagramm, Häufigkeiten kumuliert in Prozent: (so genannte *Summenkurve*)

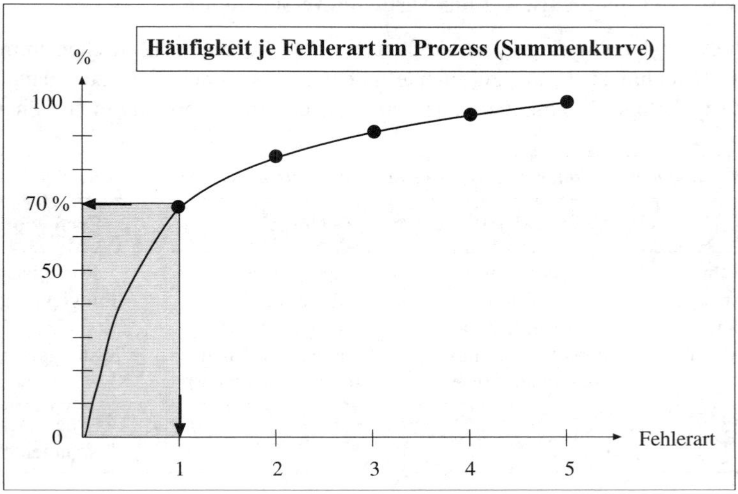

Das Diagramm zeigt, dass 20 % der Fehler mit einer Häufigkeit von rd. 70 % vertreten sind (1 : 5 · 100 = 20 %); mit anderen Worten: Behebt man durch geeignete Maßnahmen die Ursachen für Fehlerart 1, so erreicht man bereits eine Reduzierung der Fehlerhäufigkeit um rd. 70 %.

11. Wie erfolgt die Nachbereitung der Moderation?

Die Moderation ist persönlich und organisatorisch nachzubereiten:

- *Persönliche Nachbereitung:*

  Der Moderator wird über seine Rolle, die eigene Wirkung im Moderationsprozess und das Ergebnis der Gruppensitzung reflektieren (→ Frage 03.):

  - War die Vorbereitung ausreichend?
  - Wie war die Wirkung des Moderators?
    Sprache, Verhalten, Beherrschen der Techniken
  - Wurde das gesetzte Ziel erreicht?

  Das Ergebnis dieser Analyse wird einzeln oder mit dem Co-Moderator durchgeführt und mündet in Verbesserungsaktionen für die nächste Sitzung.

- *Organisatorische Nachbereitung:*

  - Erstellen des Protokolls (→ 6.5.2)
  - Steuern, Überwachen und Unterstützen der Erledigung von Aufgabenpaketen bis zur nächsten Sitzung
  - Dokumentieren von Merkpunkten für die nächste Sitzung
  - Rückgabe von Medien und Hilfsmitteln
  - Sitzungszimmer aufräumen.

6.8.3 Steuern von Arbeits- und Projektgruppen

01. Welche Phasen der Teamentwicklung werden unterschieden?

Wenn eine Arbeits- oder Projektgruppe gebildet wird, so benötigen Menschen immer eine hinreichende Entwicklungszeit, um zu einer effizienten Zusammenarbeit zu gelangen. Der amerikanische Psychologe Tuckmann teilt den Prozess der Gruppenbildung in vier Phasen ein:

Der Gruppenentwicklungsprozess – Phasen der Teamentwicklung nach Tuckmann			
Forming	**Storming**	**Norming**	**Performing**
Kontaktaufnahme, Kennenlernen, Höflichkeit, Unsicherheiten	Machtkämpfe, Egoismus, Frustrationen, Konflikte, Statusdemonstrationen	Lernprozesse, Spielregeln, Vertrauen und Offenheit, sachliche Auseinandersetzung	Reifephase: Entwicklung zu einem leistungsfähigen Team
Formende Phase	Stürmische Phase	Regelungsphase	Phase der Zusammenarbeit

Der Vorgesetzte und Moderator muss diese Entwicklungsphasen kennen; die Prozesse sind bei jeder Gruppenbildung mehr oder weniger ausgeprägt und gehören zur „Normalität". Der Zeitaufwand, „bis die Gruppe sich gefunden hat" ist notwendig und muss eingeplant werden.

Es kann in der Praxis auch vorkommen, dass Gruppen die Phasen 1 bis 2 nicht überwinden und sehr ineffizient arbeiten; ggf. muss dann die Gruppe neu gebildet werden, wenn die Voraussetzungen einer Teamarbeit nicht gegeben sind (→ 6.8.1).

02. Wie kann der Vorgesetzte den Gruppenbildungsprozess fördern?

Der Vorgesetzte/der Moderator kann z. B. in der

Phase 1 → den Kontakt, das Kennenlernen fördern (Übungen, Vorstellungsrunde),

Phase 2 → die Ursachen und Hintergründe von Machtkämpfen bewusst machen und die Konsensbildung fördern (→ Konfliktmanagement 6.6.2),

Phase 3 → motivieren, Fortschritte in der Kooperation verdeutlichen, bei der Erarbeitung von Spielregeln der Zusammenarbeit helfen und

Phase 4 → der Gruppe mehr Freiräume zugestehen; Selbststeuerung zulassen; die Gruppe fordern; Sachziele realisieren und Erfolge erleben lassen.

03. Nach welchen (soziologischen) Regeln bilden sich Gruppen?

1. *Interaktionsregel:*
   Im Allgemeinen gilt: Je häufiger Interaktionen zwischen den Gruppenmitgliedern stattfindet, umso mehr werden Kontakt, „Wir-Gefühl" und oft sogar Zuneigung/Freundschaft gefördert. Die räumliche Nähe beginnt an Bedeutung zu gewinnen.

2. *Angleichungsregel:*
   Mit längerem Bestehen einer Gruppe gleichen sich Ansichten und Verhaltensweisen der Einzelnen an. Die Gruppen-Normen stehen im Vordergrund.

3. *Distanzierungsregel:*
   Sie besagt, dass eine Gruppe sich nach außen hin abgrenzt - bis hin zur Feindseligkeit gegenüber anderen Gruppen (vgl. dazu die Verhaltensweisen von sog. Fußballfan-Gruppen). Zwischen dem „Wir-Gefühl" (Solidarität) und der Distanzierung besteht oft eine Wechselwirkung. „Wir-Gefühl" entsteht über die Abgrenzung zu anderen (z. B. „Wir nach dem Kriege, wir wussten noch ..., aber heute - die junge Generation ...").

04. Welche (soziologischen) Erkenntnisse gibt es über Gruppenbeziehungen?

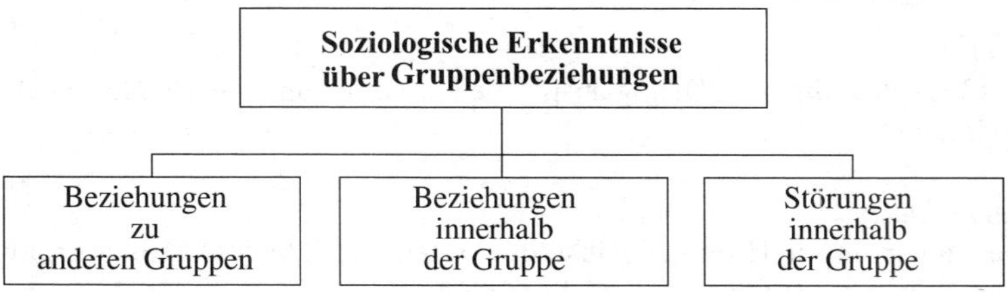

- *Beziehungen zu anderen Gruppen*
  können sich positiv oder negativ gestalten. Die Unterschiede hinsichtlich der Normen und Verhaltensmuster können gravierend oder gering sein - bis hin zu Gemeinsamkeiten. Von Bedeutung ist auch die Stellung einer Gruppe innerhalb des Gesamtbetriebes (z. B. Gruppe der Leitenden). Im Allgemeinen beurteilen Menschen *das Verhalten der eigenen Gruppenmitglieder positiver als das fremder Gruppenmitglieder* (vgl. auch oben, „Distanzierung"). Auch die Leistung der Fremdgruppe wird im Allgemeinen geringer bewertet (z. B. Mitarbeiter der Personalabteilung Angestellte versus Personalabteilung Arbeiter). Bedrohung der eigenen Sicherheit kann zu feindseligem Verhalten gegenüber der anderen Gruppe oder einzelnen Mitgliedern dieser Gruppe führen.

- *Beziehungen innerhalb der Gruppe:*
  Innerhalb einer Gruppe, die über längere Zeit existiert, entwickelt sich *neben der formellen Rangordnung* (z. B. Vorgesetzter-Mitarbeiter) *eine informelle Rangordnung* (z. B. informeller Führer). Die informelle Rangordnung ist geeignet, die formelle Rangordnung zu stören.

- *Störungen innerhalb der Gruppe:*
  Massive Störungen in der Gruppe (z. B. erkennbar an: häufige Beschwerden über andere Gruppenmitglieder, verbale Aggressionen, Cliquenbildung, Absonderung, Streit, Fehlzeiten) sollten vom Vorgesetzten bewusst wahrgenommen werden. Er muss die Störungsursache „diag-

nostizieren“ und entgegenwirken. Zunehmende Störungen und nachlassender Zusammenhalt können zum *Zerfall einer Gruppe* führen.

05. Welche besonderen Rollen werden zum Teil von einzelnen Gruppenmitgliedern wahrgenommen? Welcher Führungsstil ist jeweils angebracht?

→ A 4.3.1

Dazu ausgewählte Beispiele:

- Der *„Star“* ist meist der informelle Führer der Gruppe und hat einen hohen Anteil an der Gruppenleistung.
  → fördernder Führungsstil, Anerkennung, tragende Rolle des Gruppen-„Stars“ nutzen und einbinden in die eigene Führungsarbeit, Vorbildfunktion des Vorgesetzten ist wichtig.
- Der *„Freche“*: Es handelt sich hier meist um extrovertierte Menschen mit Verhaltenstendenzen wie Provozieren, Aufwiegeln, „Quertreiben“, unangemessenen Herrschaftsansprüchen (Besserwisser, Angeber, Wichtigtuer usw.).
  → Sorgfältig beobachten, Grenzen setzen, mitunter auch Strenge und vor allem Konsequenz zeigen; Humor und Geduld nicht verlieren.
- Der *„Intrigant“*:
  → Negatives Verhalten offen im Dialog ansprechen, bremsen und unterbinden, auch Sanktionen „androhen“.
- Der *„Problembeladene“*:
  → Ermutigen, unterstützen, Hilfe zur Selbsthilfe leisten, (auch kleine) Erfolge ermöglichen, Verständnis zeigen („Mitfühlen aber nicht mitleiden“).
- Der *„Drückeberger“*:
  → Fordern, Anspornen und Erfolg „erleben“ lassen, zu viel Milde wird meist ausgenutzt.
- Der *„Neuling“*:
  → Maßnahmen zur Integration, schrittweise einarbeiten, Orientierung geben durch klares Führungsverhalten, in der Anfangsphase mehr Aufmerksamkeit widmen und betreuen.
- Der *„Außenseiter“*:
  → Versuchen, den Außenseiter mit Augenmaß und viel Geduld zu integrieren, es gibt keine Patentrezepte, mitunter ist das vorsichtige Aufspüren der Ursachen hilfreich.

Nachfolgend ein Überblick über Empfehlungen zum Führungsverhalten bei Gruppenmitgliedern, die eine spezielle Rolle wahrnehmen (Quelle: in Anlehnung an: Rahn, H.-J., Führung von Gruppen, a. a. O., S. 70 f.); die Hinweise können nur eine grobe Orientierung sein:

Spezielle Rolle des Gruppenmitglieds	*Führungsempfehlung*
• Überehrgeizige • Intriganten • Freche • Clowns	→ bremsen, Grenzen aufzeigen
• Stars • Leistungsstarke	→ fördern; Vorsicht: Gleichbehandlung der anderen beachten
• Drückeberger • Faule	→ fordern, anspornen, Erfolge erleben lassen
• Außenseiter • Neulinge	→ integrieren, Kontakte vermitteln
• Schüchterne • Problembeladene	→ ermutigen, unterstützen, Hilfe zur Selbsthilfe
• Frohnaturen • Ausgleichende	→ anerkennen, wertschätzen

06. Welche „Signale" können Hinweise auf Störungen im Gruppenprozess sein?

→ 6.6.2/6.8.2/06.

Störungen im Gruppenprozess sind u. a. erkennbar an folgenden „Signalen":

- unverhältnismäßig hoher Zeitaufwand bei der Bearbeitung gestellter Aufgaben
- geringe Produktivität der Leistung
- nicht ausreichende Qualität der Leistung
- Beschwerden der Gruppenmitglieder und Unzufriedenheit
- verbale Aggression, Streit
- Cliquenbildung
- Absonderung
- fehlende Mitarbeit
- Absentismus.

07. Welche Arten von Störungen im Gruppenprozess können auftreten?

Störungen im Gruppenprozess lassen sich folgenden Ebenen zuordnen (Variablen = Störungsursachen):

Störungen im Gruppenprozess · Ebenen und Variablen			
Ebene			*Variablen, z. B.*
1		**Persönlichkeit des Einzelnen**	Persönlichkeit einzelner Gruppenmitglieder; Persönlichkeit des Moderators: Interrollenkonflikte
2		**Beziehung zwischen zwei Gruppenmitgliedern**	Sympathie; Antipathie; Rivalität; Konkurrenz; Sachkonflikte; Beziehungskonflikte; Kommunikation; Vorurteile
3	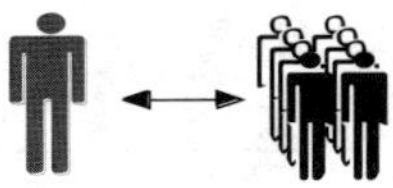	**Beziehung zwischen dem Einzelnen und der Gruppe**	Rollen; Intrarollenkonflikte; Erwartungen; Normen; Kommunikation; Einzelziele versus Gruppenziele
4	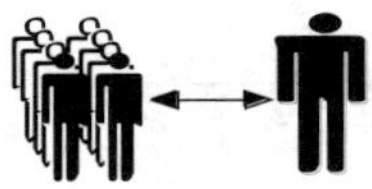	**Beziehung zwischen der Gruppe und dem Moderator**	Personale und fachliche Autorität; gegenseitige Erwartungen; Kommunikation; Befugnisse; informeller Führer
5		**Beziehung von Gruppen untereinander**	Konflikte zu anderen Gruppen; Konflikte innerhalb der Gruppe; Cliquenbildung; Gruppengröße;
6		**Beziehung der Gruppe zur Organisation (Unternehmen)**	Werte; Normen; Erwartungen; Ziele; Stellung der Gruppe in der Organisation; Restriktionen, Auflagen; Führungskultur

08. Wie lassen sich Störungen in der Gruppenarbeit bearbeiten/lösen?

Der Vorgesetzte/Moderator hat verschiedene *Instrumente* und *Verhaltensweisen*, um Störungen im Gruppenprozess zu bearbeiten; es folgen ausgewählte Beispiele:

Ebene 1: z. B.: *Einzelgespräch*; Einsicht in fehlerhaftes Verhalten erzeugen; vgl. auch Frage 05. (Rollen von Gruppenmitgliedern)

Ebene 2: z. B.: vgl. *Strategien der Konfliktbearbeitung*; Ziffer 6.6.2

Ebene 3: z. B.: *Einzelgespräch*; Klären und Vermitteln; vgl. Strategien der Konfliktbearbeitung; Ziffer 6.6.2

Ebene 4: z. B.: *Reflexion über das eigene Verhalten*; Sichern der fachlichen Autorität; Beherrschen der Techniken; Aussprache mit der Gruppe: Konflikt thematisieren (*Methode „Blitzlicht"*)

Ebene 5: z. B.: *Gemeinsame Sitzung* der rivalisierenden Teams: Konflikt thematisieren, Erwartungen klären, Regeln der Zusammenarbeit vereinbaren

Ebene 6: z. B.: *Erwartungen der Gruppe* an das Management *formulieren* und vortragen; unterschiedliche Werthaltungen thematisieren und Konsens anstreben; Stellung der Gruppe in der Organisation klären; Unterstützung im Management suchen

09. Warum muss der Vorgesetzte über das Ergebnis von Gruppenprozessen reflektieren?

Über den Ablauf der Arbeit in Gruppen zu reflektieren, heißt sich Gruppenprozesse bewusst zu machen. Stärken bzw. Schwachstellen im Gruppenprozess zu erkennen und zu analysieren bietet die Möglichkeit, bewusst positive Entwicklungen zu stärken und bei negativen gegen zu steuern. Dazu wird der Vorgesetzte/der Moderator sein *Instrumentarium* einsetzen, z. B.:

- seine Persönlichkeit und Erfahrung
- das Beherrschen der Moderations- und Kommunikationstechniken
- Kenntnisse über Gruppenprozesse und die „Gütekriterien“ erfolgreicher Gruppenarbeit
- Strategien zur Konfliktbearbeitung.

7. Personalentwicklung

Prüfungsanforderungen

Im Qualifikationsschwerpunkt Personalentwicklung soll der Prüfungsteilnehmer nachweisen, dass er in der Lage ist,

- eine systematische Personalentwicklung auf der Basis einer qualitativen und quantitativen Personalplanung durchzuführen,
- Personalentwicklungspotenziale einzuschätzen,
- Personalentwicklungs- und Qualifizierungsziele festzulegen sowie
- entsprechende Maßnahmen zu planen, zu realisieren und zu überprüfen.

Qualifikationsschwerpunkt Personalentwicklung
- Überblick -

- 7.1 Personalentwicklungsbedarf
- 7.2 Ziele der Personalentwicklung
- 7.3 Potenzialeinschätzungen
- 7.4 Maßnahmen der Personalentwicklung
- 7.5 Evaluierung der Qualifizierungsergebnisse
- 7.6 Förderung der Mitarbeiter

7.1 Ermitteln des quantitativen und qualitativen Personalentwicklungsbedarfs

7.1.1 Strategischer Personalentwicklungsbedarf

01. Wie wird Personalentwicklung heute verstanden?

Personalentwicklung (PE) ist die systematisch vorbereitete, durchgeführte und kontrollierte Förderung der Anlagen und Fähigkeiten der Mitarbeiter in Abstimmung mit ihren Erwartungen und den zukünftigen Veränderungen der Tätigkeiten im Unternehmen.

Nach dieser Definition ist Personalentwicklung

- ein systematischer Regelkreis,
- Bestandteil der Organisations- und Unternehmensentwicklung,
- eingebunden in die kurz- und langfristige Zielplanung des Unternehmens und
- hat sich an wirtschaftlichen Zielen und den Erwartungen der Mitarbeiter zu orientieren.

02. Welche Zielsetzungen hat die Personalentwicklung?

- *Hauptziel:*

  Personalentwicklung zielt ab auf die Veränderung menschlichen Verhaltens. Zur langfristigen Bestandssicherung muss ein Unternehmen über die Verhaltenspotenziale verfügen, die erforderlich sind, um die *gegenwärtigen* und *zukünftigen Anforderungen* zu erfüllen, die vom Betrieb und der Umwelt gestellt werden.

- Als *Unterziele* können daraus abgeleitet werden:

  - firmenspezifisch qualifiziertes Personal entwickeln
  - Mitarbeiter dazu motivieren, ihr Qualifikationsniveau anzuheben
  - Mitarbeiterpotenziale erkennen
  - Flexibilität der Mitarbeiter erhöhen
  - Kompetenzen der Fach- und Führungskräfte verbessern
  - Zusammenarbeit fördern
  - Innovationen auslösen und systematisch fördern
  - Organisations- und Arbeitsstrukturen motivierend gestalten
  - Berücksichtigung des individuellen und sozialen Wertewandels
  - Beitrag zur Sicherung der Personalbedarfsdeckung.

03. Wie ist die Personalentwicklung in die Unternehmensentwicklung integriert?

PE vollzieht sich innerhalb der *Organisationsentwicklung* und diese wiederum ist in die *Unternehmensentwicklung* eingebunden. Die Aus-/Fort- und Weiterbildung *ist ein Instrument der Personalentwicklung.*

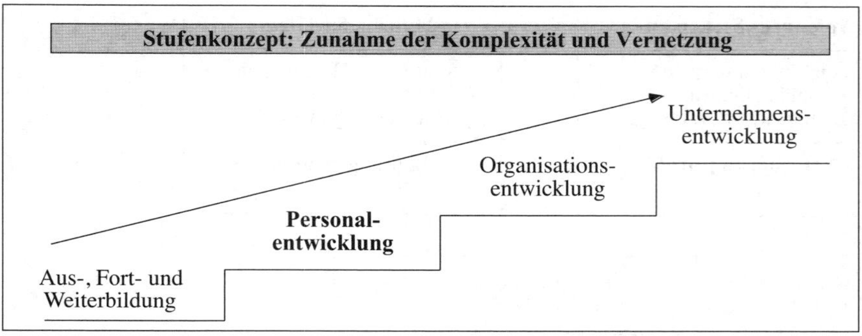

Jedes Element ist Teil einer ganzheitlichen Konzeption. Mit jeder Stufe nehmen Komplexität und Vernetzung zu.

Personalentwicklung muss als Netzwerk begriffen werden, das unterschiedliche Marktentwicklungen mit unterschiedlichen Produkt- und Unternehmenszyklen sowie mit den persönlichen Lebensphasen und Entwicklungsmöglichkeiten der Mitarbeiter verbindet.

In der Praxis muss daher beachtet werden: Jede Personalentwicklung, die nicht in eine ihr entsprechende Organisations- und Unternehmensentwicklung eingebettet ist, führt in eine *Sackgasse*, da sich die Aktivitäten der betrieblichen Bildungsarbeit dann meistens in der Durchführung von Seminaren erschöpfen und lediglich Aktionen „per Gießkanne" praktiziert werden.

04. Welche Elemente und Phasen enthält ein Personalentwicklungs-Konzept?

Jedes Personalentwicklungs-Konzept geht immer von zwei Grundelementen aus – nämlich den *Stellendaten* und den *Mitarbeiterdate*n – und mündet über mehrere Phasen in die Kontrolle der Personalentwicklung (= Evaluierung):

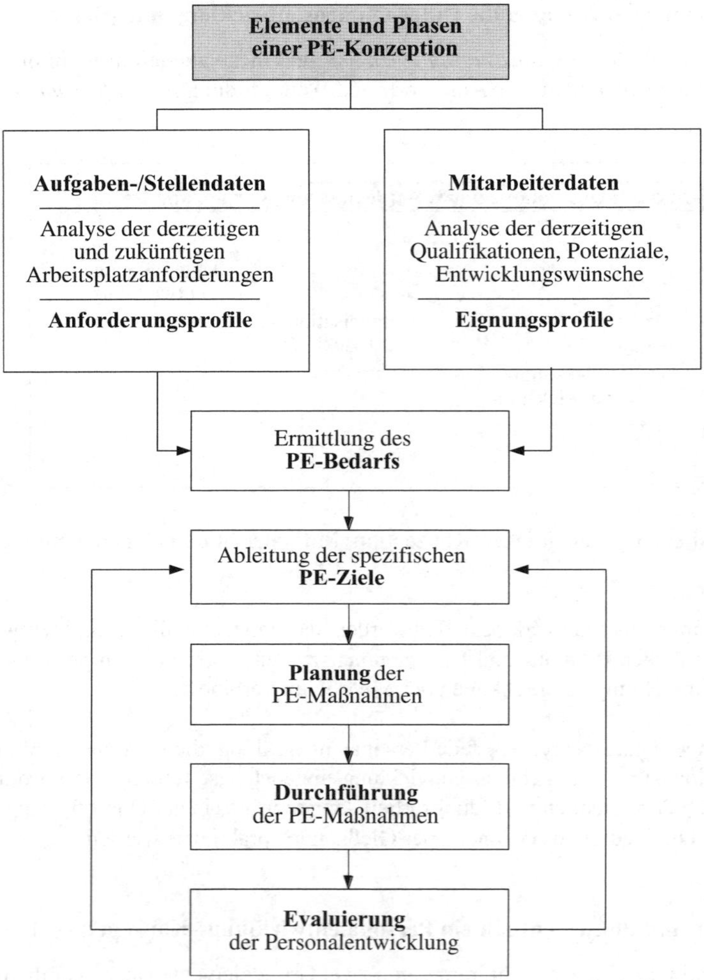

Hinweis: Im Anhang zu diesem Kapitel finden Sie zur Vertiefung drei Personalentwicklungs-Konzepte, die von Lehrgangsteilnehmern für die Praxis ihres Betriebes erarbeitet wurden; sie zeigen am konkreten Fall die Systematik der Planung, Durchführung und Evaluierung von PE-Maßnahmen.

05. Was versteht man unter operativer Personalentwicklung?

Als operative Personalentwicklung bezeichnet man alle *kurzfristigen* Maßnahmen, die dazu dienen, *zeitnah* auf betriebliche Probleme zu reagieren.

Beispiele:

1. Die Stelle eines Facharbeiters in der Fertigung wird vakant, ohne dass dies vorhersehbar war; es muss kurzfristig ein geeigneter Nachfolger gesucht und eingearbeitet werden.

2. Ein Mitarbeiter des Instandhaltungsteams kündigt. Der Meister hat die Aufgabe, einen neuen Mitarbeiter für diese Aufgabe zu qualifizieren.

3. In drei Monaten wird der Betrieb eine neue Laserschweißanlage anschaffen. Der Meister hat die Aufgabe, zwei Mitarbeiter aus der Schweißerei auszuwählen und schulen zu lassen.

06. Was versteht man unter strategischer Personalentwicklung?

Der Begriff „Strategie“ kommt von dem griechischen Wort „strategos“ und bedeutet Heerführerschaft. In der Betriebswirtschaftslehre spricht man dann von Strategien, wenn es darum geht, grundsätzliche Entscheidungen von längerfristiger Bedeutung zu treffen.

Strategische Personalentwicklung ist *also vorbeugend*, *grundsätzlich* und *langfristig* angelegt. Sie ist ein Ergebnis der strategischen Unternehmensplanung.

In der strategischen Unternehmensplanung geht es um die Ermittlung zukünftiger Geschäftsfelder und die Planung von Erfolgsfaktoren der Zukunft:

„In welchen Märkten mit welchen Produkten wollen wir morgen tätig sein?“

Die strategische Personalentwicklung ist Sache der Unternehmensleitung. Aber auch für mittlere Führungskräfte wie den Meister besteht die Notwendigkeit, einen Teilbeitrag zur strategischen Personalentwicklung zu leisten:

Jede Führungskraft muss in ihrem Funktionsfeld analysieren, welche Positionen langfristig für den Erhalt der Wertschöpfung von zentraler Bedeutung sind. Man bezeichnet derartige Stellen als *Erfolgspositionen*. Dafür muss der Meister die derzeitigen und zukünftigen Aufgaben und Anforderungen kennen und sicherstellen, dass geeignet qualifizierte Mitarbeiter rechtzeitig zur Verfügung stehen.

Beispiele:

1. Ein Unternehmen stellt Spezialbehälter für flüssige Stoffe her. Besonderes Qualitätsmerkmal der Produkte ist das Fertigen der Schweißnähte und deren zerstörungsfreie Kontrolle. Da die Absatzentwicklung steigende Tendenz verzeichnet, wird es erforderlich, innerhalb von sechs Monaten eine weitere Stelle „PT 1-Prüfer“ (zerstörungsfreie Schweißnahtprüfung) einzurichten und einen Mitarbeiter für diese Befähigung zu schulen.

2. Eine der Erfolgspositionen in einer Zuckerfabrik ist die Stelle des Lademeisters. Er steuert und kontrolliert u. a. die ausgehenden Lkw-Ladungen hinsichtlich der Zuckerkörnung. Geringe Abweichungen in der Körnung führen beim Kunden – z. B. einem Konfitürenhersteller – zu Stillständen in der Produktion. Die Fehllieferung muss dann kurzfristig und auf eigene Kosten durch eine einwandfreie Charge ersetzt werden. Da der derzeitige Lademeister 59 Jahre alt ist, muss für diese Erfolgsposition rechtzeitig ein geeigneter Nachfolger ausgewählt und qualifiziert werden.

3. In einem Unternehmen des Textilmaschinenbaus gibt es derzeit 25 Außendienstmonteure. Diese Mitarbeiter verfügen über eine Berufsausbildung in der Metallbearbeitung und/oder der Elektrotechnik/Elektronik. Nach Abschluss ihrer Ausbildung als Facharbeiter werden sie unternehmensintern einige Jahre in der Montage eingesetzt. Nach weiteren Qualifizierungsmaßnahmen (Sprachen, Schulungen der Inbetriebnahme und Behebung von Störfällen) werden sie weltweit als Außendienstmonteure in Indien, den USA usw. eingesetzt. Die Einarbeitung und Qualifizierung dieser Monteure kostet in drei Jahren ca. 130.000 € pro Mitarbeiter.

Der selbstständig arbeitende Außendienstmonteur gehört zu den Erfolgspositionen auf der Ebene der Facharbeiter. Die zuständigen Meister müssen frühzeitig Vorsorge treffen, dass diese Positionen zahlenmäßig und qualitativ ausreichend besetzt werden können.

07. Welche Beispiele lassen sich für Erfolgspositionen auf der Facharbeiterebene anführen?

Weitere Beispiele für strategische Erfolgspositionen auf der Facharbeiterebene, die für die Personalentwicklungsarbeit des Meisters relevant sein können:

Funktionsfeld	→	*strategische Erfolgsposition*	→ *Anforderungen* u. a.
Montage	→	Außendienstmontage	• Spezialkenntnisse und Befähigungen für Anlage X • langjährige Erfahrung in der Montage • Technisches Englisch
Fertigung	→	Laserschweißanlage	• Schweißerpass XY • PT 1-Prüfung • Kenntnis der Arbeitssicherheitsvorschriften bei der Arbeit an Hochleistungslasern
	→	Schichtführer Vorarbeiter	• Kenntnis der Fertigungsverfahren • Mitarbeiterführung • Erfahrungen in neuen Formen der Gruppenarbeit
Forschung/ Entwicklung	→	Gerätefeinmechaniker	• Anfertigen feinwerktechnischer Apparaturen nach Vorgaben des wissenschaftlichen Personals im Labor

Als **Übung** im Lehrgang eignet sich hier die Bearbeitung der Fragestellung:
Beschreiben Sie zwei strategische Erfolgspositionen auf der Facharbeiterebene Ihres Unternehmens und begründen Sie, warum ein strategischer Personalentwicklungsbedarf vorliegt.

7.1.2 Personalbedarfsermittlung

→ 6.1.2

Hinweis: Die Methoden der Personalbedarfsermittlung werden ausführlich im Qualifikationsschwerpunkt Personalführung, Ziffer 6.1 behandelt (Überschneidung im Rahmenplan) und daher an dieser Stelle nur knapp wiederholt.

01. Wie wird die Ermittlung des Personalbedarfs durchgeführt?

- Jede *quantitative Personalbedarfsermittlung* vollzieht sich in drei Schritten:

  1. Schritt: Ermittlung des *Bruttopersonalbedarfs* (Aspekt „Stellen“):
  Der gegenwärtige Stellenbestand wird aufgrund der zu erwartenden Stellen zu- und -abgänge „hochgerechnet“ auf den Beginn der Planungsperiode. Anschließend wird der Stellenbedarf der Planungsperiode ermittelt.

2. Schritt: Ermittlung des fortgeschriebenen Personalbestandes (Aspekt „Mitarbeiter“): Analog zu Schritt 1 wird der Mitarbeiterbestand „hochgerechnet“ aufgrund der zu erwartenden Personalzu- und -abgänge.

3. Schritt: Ermittlung des Nettopersonalbedarfs (= „Saldo“): Vom Bruttopersonalbedarf wird der fortgeschriebene Personalbestand subtrahiert.

Man verwendet folgendes *Berechnungsschema:*

Lfd. Nr.		Berechnungsgröße	Zahlen-beispiel
1		Stellenbestand	250
2	+	Stellen-Zugänge (geplant)	3
3	-	Stellenabgänge (geplant)	- 6
4	=	**Bruttopersonalbedarf**	247
5		Personalbestand	248
6	+	Personal-Zugänge (sicher)	12
7	-	Personal-Abgänge (sicher)	- 5
8	-	Personal-Abgänge (geschätzt)	- 3
9	=	Fortgeschriebener Personalbestand	252
10		**Nettopersonalbedarf (Zeile 4 - Zeile 9)**	- 5

Im vorliegenden Beispiel besteht ein Freisetzungsbedarf von fünf Mitarbeitern (auf Vollzeitbasis).

- Zur *Prognose des Bruttopersonalbedarfs* (Aspekt „Stellen“) bedient man sich verschiedener Verfahren. Grundsätzlich unterscheidet man dabei Verfahren der globalen Bedarfsprognose sowie der differenzierten Bedarfsprognose (vgl. dazu im Einzelnen Ziffer 6.1.2).

- Als *Methoden/Techniken zur Berechnung des fortgeschriebenen Personalbestandes* (Aspekt „Mitarbeiter“) werden eingesetzt: Abgangs-/Zugangsrechnung, Verfahren der Beschäftigungszeiträume, Statistiken und Analysen der Belegschaftsentwicklung (Einzelheiten vgl. Ziffer 6.1.2).

Die *quantitative Ermittlung des Personalbedarfs,* d. h. die Berechnung des *Nettopersonalbedarfs*, verwendet also folgendes Berechnungsschema bzw. folgende Verfahren:

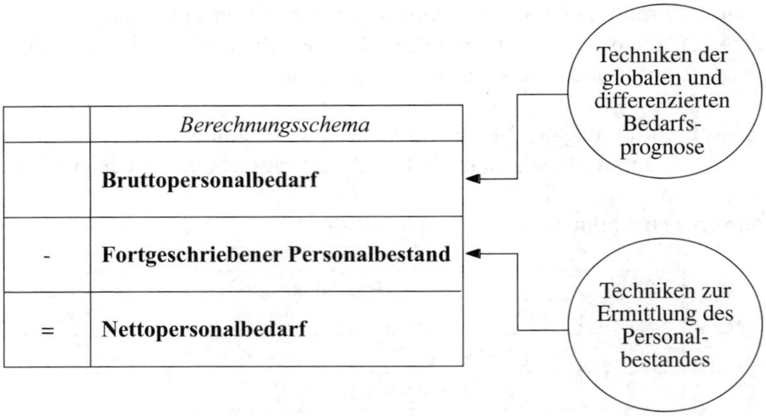

02. Welche internen und externen Einflussfaktoren bestimmen das Ergebnis der quantitativen Personalbedarfsermittlung?

Eine fundierte Personalplanung steht und fällt in ihrem Aussagewert mit der Qualität der erhobenen internen und externen Daten. Man spricht auch von internen und externen Bestimmungsgrößen (Determinanten). Beispielhaft lassen sich folgende interne und externe Faktoren nennen, von denen das Ergebnis der Planung abhängt:

Determinanten der Personalplanung	
Externe Faktoren - Beispiele -	**Interne Faktoren** - Beispiele -
• Marktentwicklung • Technologiewandel • Arbeitsmarkt • Arbeitszeiten • Sozialgesetze • Tarifentwicklung • Alterspyramide	• Unternehmensziele • Investitionen • Fluktuation • Altersstruktur • Fehlzeiten • Arbeitszeitsysteme • Qualifikationsniveau

03. Wie wird der qualitative Personalbedarf ermittelt? **→ 6.1.1**

Nach der Berechnung des *quantitativen* Personalbedarfs ist im nächsten Schritt der *qualitative Personalbedarf* zu ermitteln:

Der erforderliche Nettopersonalbedarf, d. h. die „Planung nach Köpfen“, ist mit den erforderlichen Qualifikationen zu verknüpfen. Dabei kann der Ansatz relativ grob sein, indem z. B. nur eine Unterscheidung in „ungelernte Mitarbeiter, angelernte Mitarbeiter und Facharbeiter“ vorgenommen wird.

Präziser und aussagefähiger wäre z. B. eine *Differenzierung nach Berufsabschlüssen*, z. B. Mechatroniker, Industriemechaniker, Zerspanungsmechaniker, Anlagenmechaniker sowie eine Ergänzung spezieller Erfahrungen und persönlicher Eigenschaften.

04. Wie wird der Personalentwicklungsbedarf ermittelt? **→ 6.3.1**

Der Personalentwicklungsbedarf ergibt sich als Differenz zwischen dem Sollprofil der Stelle (= *Anforderungsprofil*) und dem Istprofil (= *Eignungsprofil*) des infrage kommenden Mitarbeiters.

Dabei sind vorhandene *Entwicklungspotenziale* und berechtigte *Entwicklungswünsche* des Mitarbeiters zu berücksichtigen.

7.2 Festlegen der Ziele für eine kontinuierliche und innovationsorientierte Personalentwicklung sowie der Kategorien für den Qualifizierungserfolg

7.2.1 Personalentwicklung als Mittel der Steuerung und Förderung der personellen Ressourcen entsprechend den Unternehmenszielen und der Unternehmensphilosophie

01. Welche Bedeutung hat eine systematische Personalentwicklung für den Unternehmenserfolg?

- *Aus betrieblicher Sicht:*
  Die Unternehmen verbinden heute mit den Maßnahmen der Personalentwicklung folgende „Nutzenerwartungen“:

  - Erhaltung und Verbesserung der Wettbewerbsfähigkeit durch Erhöhung der Fach-, Methoden- und Sozialkompetenz der Mitarbeiter
  - Verbesserung der Mitarbeitermotivation und Erhöhung der Arbeitszufriedenheit
  - Verminderung der internen Stör- und Konfliktsituationen
  - größere Flexibilität und Mobilität von Strukturen und Mitarbeitern
  - Verbesserung der Wertschöpfung.

- *Für den Mitarbeiter* bedeutet Personalentwicklung, dass er

  - ein angestrebtes Qualifikationsniveau besser erreichen kann,
  - bei Qualifikationsmaßnahmen i. d. R. seine Arbeit nicht aufgeben muss sowie
  - seinen „Marktwert“ und damit seine Lebens- und Arbeitssituation systematisch verbessern kann.

Die generelle Bedeutung einer systematisch betriebenen Personalentwicklung ergibt sich heute auch aus der Globalisierung der Märkte:

- Kapital- und Marktkonzentrationen auf dem Weltmarkt lassen regionale Teilmärkte wegbrechen. Veränderungen der Wettbewerbs- und Absatzsituation sind die Folge.
- Die Möglichkeiten der Differenzierung über Produktinnovationen nimmt ab; gleichzeitig nimmt die Imitationsgeschwindigkeit durch den Wettbewerb zu.

Umso wichtiger ist es für die Unternehmen, sich auf die Bildung und Förderung interner Ressourcen zu konzentrieren, die nur schwer und mit erheblicher Verzögerung imitiert werden können. Die Qualifikation und Verfügbarkeit von Fach- und Führungskräften spielt eine zentrale Rolle im Kampf um Marktanteile, Produktivitätszuwächse und Kostenvorteile.

Personalentwicklung ist ein kontinuierlicher Prozess, der bei systematischer Ausrichtung zu langfristigen Wettbewerbsvorteilen führt.

02. Wie kann der Meister die Ziele von PE-Maßnahmen arbeitsnah gestalten?

Die Zielplanung ist die zweite Phase innerhalb eines Personalentwicklungs-Konzepts; sie wird eingeteilt in die Planung der Leistungsziele, der Prozessziele und der Ressourcenziele:

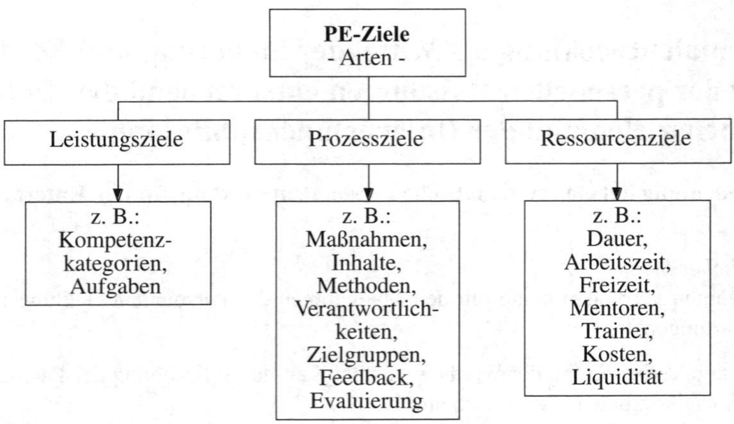

- *Leistungsziele* beschreiben, was im Rahmen einer Qualifizierung zu lernen ist. Man unterscheidet hier:

  - *Kompetenzfelder* (Fach-, Methoden-, Sozialkompetenz) und
  - *Lernzielkategorien* (kognitive, affektive, psychomotorische Lernziele).

- *Prozessziele* enthalten Aussagen über die Art und Weise, wie bei der Qualifizierung vorgegangen werden soll:

  - Welche Maßnahmen?
  - Welche Methoden sollen eingesetzt werden?
  - Intern/extern?

- Wer ist für welche Aktivität verantwortlich?
- Wie wird die Erfolgskontrolle (Evaluierung) durchgeführt?

usw.

- *Ressourcenziele* zeigen, welche personellen, finanziellen und zeitlichen Rahmenbedingungen gelten, z. B.:
  - Welche Kosten entstehen für die Qualifizierung?
  - Welche Kostenstelle wird belastet?
  - Wer unterstützt intern die Lern- und Umsetzungsprozesse?
  - Wann findet die Qualifizierung statt? Freizeit und/oder Arbeitszeit?

Beispiel:
Die Z-GmbH ist ein Kleinunternehmen der Metallbearbeitung mit 35 Mitarbeitern. Der Auftragseingang ist ansteigend, sodass ein Mitarbeiter der Fertigung ausgewählt und an der Bedienung der CNC-Maschine eingearbeitet werden soll. Bisher beherrschen nur der Inhaber und der Mitarbeiter Huber diese Maschine:

1. *Leistungsziele:*
   Der Mitarbeiter aus der Fertigung muss die erforderliche *Fachkompetenz* erwerben; dazu sind ihm Kenntnisse der CNC-Technik zu vermitteln (→ *kognitives Lernziel*) und er muss lernen, die CNC-Maschine zu beherrschen (→ *psychomotorisches Lernziel*).

   Daneben muss der Mitarbeiter sich in das für ihn neue Arbeitsteam integrieren (→ Sozialkompetenz → *affektives Lernziel*).

2. *Ressourcenziele:*
   Mit der Planung der „Ressourcenzielen" ist gemeint, welcher finanzielle und personelle Aufwand mit der PE-Maßnahme verbunden ist: Die Maßnahmen der Schulung und Einarbeitung für den Mitarbeiter sollen mit möglichst geringen Kosten verbunden sein. Der Lieferant der CNC-Maschine berechnet für die 14-tägige Schulung pauschal 3.000 €. Die auswärtige Unterbringung ist bei geringen Kosten im Schulungszentrum des Lieferanten möglich. Die Ausbildung erfolgt während der Arbeitszeit und wird vergütet. Bei Überschreitung von täglich acht Stunden erfolgt keine weitere Vergütung lt. Arbeitsvertrag. Der Inhaber sowie Herr Huber haben die zeitlich-organisatorischen Voraussetzungen geschaffen und steuern den Einarbeitungsprozess.

3. *Prozessziele:*
   Ein Prozess ist die strukturierte Abfolge von Ereignissen zwischen einer Ausgangs- und einer Ergebnissituation. Bei der Formulierung der Prozessziele für den Mitarbeiter geht es um folgende Festlegungen:

   - Welche *Maßnahmen* mit welchen Lerninhalten sind zu planen?
     → u. a.: externe Schulung beim Lieferanten und intern vor Ort.
   - Welche *Methoden* werden bei den Lernprozessen eingesetzt?
     → u. a.: Lehrvortrag und Unterweisung beim Lieferanten; Unterweisung vor Ort.
   - Wie erfolgt die *Lernerfolgskontrolle* (Evaluierung)?
     → Kognitive Lerninhalte können z. B. mithilfe eines Abschlusstests beim Lieferanten überprüft werden; die zu erlernenden Fertigkeiten werden vor Ort vom Inhaber bzw. Herrn Huber an der Maschine bei simulierter Auftragsausführung überprüft.

03. Welche Kompetenzfelder gibt es? → **6.3.1**

Kompetenz hat hier die Bedeutung von „Befähigung"; bezogen auf die Befähigungsinhalte unterscheidet man folgende *Kompetenzfelder:*

- *Fachkompetenz*:
  = *fachliche Qualifikationen/Sachkenntnisse,* z. B.: Schweißverfahren; Grundlagenkenntnisse der Hydraulik und Pneumatik; Beherrschen von Drehautomatensystemen; Grundlagen der Instandhaltung.

- *Methodenkompetenz:*
  = *überfachliche Qualifikationen* = Beherrschen von Methoden und Techniken der Präsentation, Moderation, Entscheidungsfindung, Analyse, Problemlösung usw., z. B.: Wertanalyse, Mindmapping, Techniken der Visualisierung, Moderation von Gruppengesprächen, Präsentationstechnik.

- *Sozialkompetenz:*
  = *soziale Qualifikationen* = nicht fachliche Qualifikationen = Fähigkeit, mit anderen konstruktiv in Kontakt zu treten, z. B.: Fähigkeit zur Kommunikation, Kooperation, Integration; soziale Verantwortung für das eigene Handeln übernehmen; Führungskompetenz ist Teil der Sozialkompetenz.

  Als Teil der Sozialkompetenz wird häufig auch die *Führungskompetenz* gerechnet = Fähigkeit, Führungsaufgaben wahrzunehmen, z. B. Ziele setzen, delegieren, kontrollieren und Konflikte zu bearbeiten.

- *Handlungskompetenz:*
  Umschließt als Obergriff die Fach-, Methoden- und Sozialkompetenz und bezeichnet die Fähigkeit, sich beruflich und privat sachlich angemessen sowie individuell und gesellschaftlich verantwortungsvoll zu verhalten.

04. Was sind Schlüsselqualifikationen?

Damit sind Qualifikationen gemeint, die relativ *positionsunabhängig* und *langfristig* von Bedeutung sind, z. B. die Moderation, d. h. die Fähigkeit, Gruppenaktivitäten ausgewogen steuern zu können; ähnlich: Präsentationsfähigkeit, Führungsfähigkeit, analytisches Denken. Schlüsselqualifikationen sind die Basis („der Schlüssel") zum Erwerb spezieller Fachqualifikationen.

05. Welche Lernzielkategorien gibt es?

- *Kognitive* Lernziele:
  betreffen die geistige Wahrnehmung: Kenntnisse, Wissen; z. B.: Kenntnis der Sicherheitsvorschriften, Beherrschen der Zuschlagskalkulation.

- *Affektive* Lernziele:
  beziehen sich auf die Veränderung des Verhaltens und der Gefühle, z. B.: Einsicht in die Notwendigkeit der Teamarbeit, Respektieren der Meinung anderer sowie seine eigene Meinung überzeugend vertreten.

- *Psychomotorische* Lernziele:
  Umfassen den Bereich der körperlichen Bewegungsabläufe; z. B.: Bedienen eines Gewindeschneiders, Anfertigen einer Schweißnaht, Zweihandbedienung einer Presse.

06. Wie unterscheidet man Qualifizierungsvorgänge im Lernfeld und im Funktionsfeld?

- Als *Lernfeld* bezeichnet man den Ort, an dem sich Lernen außerhalb des Arbeitsplatzes vollzieht.
  Beispiele: Lernen im Seminar, im Lehrgang, in der Schulung beim Lieferanten.

- Als *Funktion* bezeichnet man in der Betriebswirtschaftslehre die Betätigungsweise und die Leistung von Bereichen eines Unternehmens. So unterscheidet man im Wesentlichen die betrieblichen Funktionen: Leitung, Beschaffung, Fertigung, Materialwirtschaft usw.

- Das *Funktionsfeld* ist ein Teilbereich einer betrieblichen Funktion; beispielweise lässt sich die Fertigung gliedern in die Funktionsfelder Materialdisposition, Arbeitsplanung, Dreherei, Schweißerei, Lackieren, Montage 1, Montage 2, Lager usw.

  Lernen im Funktionsfeld bedeutet also Lernen vor Ort, am zugewiesenen Arbeitsplatz.

07. Welcher Zusammenhang besteht zwischen Lernzielkategorien, Kompetenzfeldern und dem Leistungserfolg eines Mitarbeiters?

Die *Lernzielkategorie* legt den Inhalt der Qualifizierung fest: „Der Mitarbeiter soll nach der Unterweisung die Bedeutung der Sicherheitsvorschrift XYZ erkennen und sie bei der Maschinenbedienung einhalten.“ → kognitives und affektives Lernziel.

Das *Kompetenzfeld* beschreibt, welche Befähigung erweitert werden soll. Im vorliegenden Beispiel wird durch die Unterweisung die Fachkompetenz verbessert.

Kompetenz (das „Können“) ist die Grundlage der *Leistungsfähigkeit*. Sie ist notwendig, aber nicht hinreichend. Hinzukommen muss die *Leistungsbereitschaft* (das „Wollen“) des Mitarbeiters und die Motivation durch den Vorgesetzten. Die nachfolgende Abbildung zeigt den Zusammenhang:

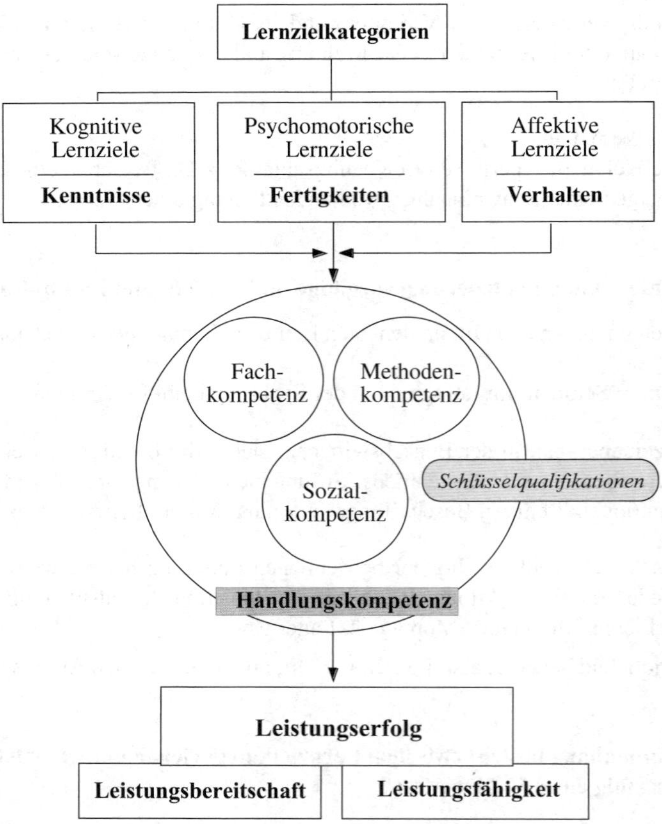

08. Wie wirkt das betriebliche Umfeld auf das Verhalten der Mitarbeiter im Verlauf von PE-Prozessen? → **6.6.1**

Der Erfolg von Personalentwicklungs-Maßnahmen ist eng mit dem betrieblichen Umfeld verknüpft; es kann sich positiv oder hemmend auf das Verhalten der Mitarbeiter im PE-Prozess auswirken; dazu einige ausgewählte **Beispiele:**

1. *Auswirkungen des Führungsstils:*
   Verhaltensänderung ist nur dann möglich, wenn der Mitarbeiter aktiv in den PE-Prozess einbezogen wird. Der Mitarbeiter muss zum unmittelbar Beteiligten werden, um sich ändern zu können. Dabei kann es nicht darum gehen, seine Gesamtpersönlichkeit zu verändern; „erlaubter" Ansatz der PE ist immer, Teilkorrekturen im Verhalten des Mitarbeiters vorzunehmen (z. B. sein Verhalten zu anderen, sein Verhalten bei der Erfüllung seiner Aufgaben). Dies erreicht der Vorgesetzte durch einen sachorientierten und zugleich mitarbeiterorientierten Führungsstil (vgl. das Modell von Blake/Mouton, Ziffer 6.6.1).

2. *Auswirkungen der Gruppennormen:*
   Neu erlernte Verhaltensmuster im Rahmen einer PE-Maßnahme müssen sich festigen und bewähren. In der betrieblichen Praxis ist das nur möglich, wenn sie zugelassen werden (von der Gruppe, vom Vorgesetzten). Beispielsweise muss das (veränderte) Verhalten eines Mitarbeiters, zukünftig bei der Lösung von Konflikten konstruktiv vorzugehen, von seinen Kollegen mitgetragen werden. Neue Verhaltenswerte des Einzelnen müssen mit den Normen der Gruppe in Einklang gebracht werden und korrespondieren. Geschieht dies nicht, wird der einzelne zu den (alten) Verhaltensmustern der Gruppe zurückkehren.

Die Umsetzung von Erlerntem (Transfer) kann am Gruppendruck scheitern.

→ **6.6.2**

3. *Auswirkungen der Organisationsstruktur:*
   PE ist ein ganzheitlicher Ansatz und umfasst auch die Veränderung der Arbeitsstrukturen.

Die im Lernfeld neu erworbenen Qualifikationen lassen sich nur dann erfolgreich in das Funktionsfeld übertragen, wenn auch in der Organisationsstruktur notwendige Veränderungen durchgeführt werden.

09. Wie können neu erworbene Fähigkeiten und Fertigkeiten bei weiteren Qualifizierungen berücksichtigt werden?

Mitarbeiter erreichen aufgrund ihrer unterschiedlichen Ausgangsbasis (vorhandenes Wissen und Können sowie erbliche Veranlagung) bei gleichen Lerninhalten und Maßnahmen unterschiedliche Ergebnisse. Diese Erfahrungen mit dem Mitarbeiter sollte der Vorgesetzte auswerten und bei der Planung zukünftiger Trainings berücksichtigen. Dazu eignen sich z. B. folgende Fragestellungen:

- Welche Flexibilität zeigte der Mitarbeiter im Lernprozess?
- War die Einarbeitungszeit bei neuen Aufgaben angemessen?
- Liegen die Stärken des Mitarbeiters mehr im kognitiven, psychomotorischen oder im affektiven Bereich?
- Welche Lernzuwächse des Mitarbeiters lassen sich für zukünftige Qualifizierungen nutzbringend einsetzen?

Beispiel:
Die Lohn- und Gehaltsabrechnung soll zu einem Servicecenter umgestaltet werden: Alle Mitarbeiter der Lohn- und Gehaltsabrechnung erhalten einen festen Kreis von Mitarbeitern des Unternehmens, die sie direkt betreuen. Aufgrund dessen müssen die Sachbearbeiter zukünftig kundenorientierte Gespräche führen können und Tagesfragen zur Abrechnung und zu allgemeinen Fragen des betrieblichen Geschehens beantworten können. Es besteht die Notwendigkeit, die Sachbearbeiter in ihrer Fachkompetenz und in ihrem Kommunikationsverhalten zu trainieren. Verbunden damit ist eine organisatorische Umgestaltung der Abläufe und der Raumaufteilung.

Im Verlauf der Trainingsmaßnahme zeigt Herr J. Kerner folgendes Verhalten: Seine Lern- und Leistungszuwächse im kognitiven Bereich sind beachtlich. Insbesondere bei der Einweisung in das neue SAP-Abrechnungsprogramm übernimmt er schrittweise spezielle Aufgaben: Einrichtung der Daten, Überprüfung der Dialogprozesse u. Ä. Am Kommunikationstraining zeigt er wenig Interesse; die Notwendigkeit wird von ihm angezweifelt. Es fällt ihm schwer, die Kommunikationsübungen wirksam durchzuführen.

Wir machen aus Platzgründen einen zeitlichen Sprung in der Entwicklung: Der Vorgesetzte entschied sich nach längeren Überlegungen und Gesprächen, Herrn J. Kerner das neue Aufgabengebiet „Statistik, Dokumentation und Datenpflege sowie Vorbereitung der Dv-gestützten Personalplanung“ zu übertragen. Kerner war in dieser Tätigkeit erfolgreich; sein Interesse an der Arbeit wuchs und er entwickelte Eigeninitiative bei der Aufgabenerfüllung.

7.2.2 Festlegung der PE-Ziele

01. Wie müssen Personalentwicklungs-Ziele festgelegt bzw. vereinbart werden?

Nachdem die Ziele eines PE-Prozesses zugeordnet und fixiert wurden, müssen sie dem Mitarbeiter bekannt gemacht werden. Nur wenn er die Ziele kennt und akzeptiert, kann er auf die Realisierung Einfluss nehmen.

Der Vorgesetzte hat zwei Möglichkeiten: Er kann die Ziele ermitteln und dem Mitarbeiter verbindlich vorgeben (*„Zieldiktat“*). Wirksamer ist es jedoch i. d. R., die Ziele mit dem Mitarbeiter gemeinsam zu erarbeiten und mit ihm (in einem machbaren Rahmen) zu vereinbaren (*„Zielvereinbarung“*).

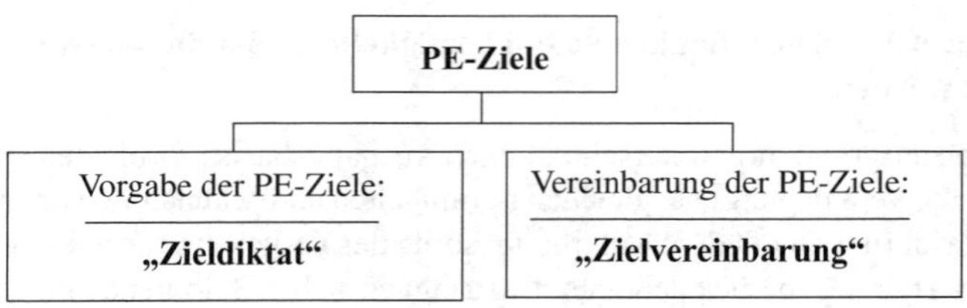

Dieser Teilprozess ist die erste Phase des PE-Gesprächs. Es müssen vorrangig folgende Fragen geklärt werden:

- Welche *Entwicklungsziele* werden angestrebt?
- Welche *Kompetenzfelder* sollen gefördert werden?
- Welche *Lernzuwächse* sind besonders wichtig und müssen in jedem Fall erreicht werden?
- Welche *Maßnahmen* sind geplant?
  - Wann?
  - In welcher Zeit?
  - Mit welchen Mitteln?
  - Von wem?
- Welche *Führungsverantwortung* hat dabei der Vorgesetzte (Aufgaben: Vorbereitung, Unterstützung, Transferhilfen u. a.) und welche *Handlungsverantwortung* muss der Mitarbeiter übernehmen (Aufgaben: Termine einhalten, Lernziele beachten und erfüllen, den Vorgesetzten über Fortschritte oder Hemmnisse unterrichten usw.)?
- Welche *Teilschritte der Transferkontrolle* werden vereinbart?
  - Welche Maßstäbe werden angelegt?
  - Welche Lernzielkategorien werden wie und wann überprüft?

7.3 Durchführen von Potenzialeinschätzungen

7.3.1 Potenzialeinschätzungen als Baustein eines Personalentwicklungskonzepts zur gezielten Förderung von Mitarbeitern

01. Welchen Stellenwert hat die Potenzialeinschätzung innerhalb der Personalentwicklung?

Jedes Personalentwicklungs-Konzept setzt sich aus mindestens fünf *Elementen* zusammen:

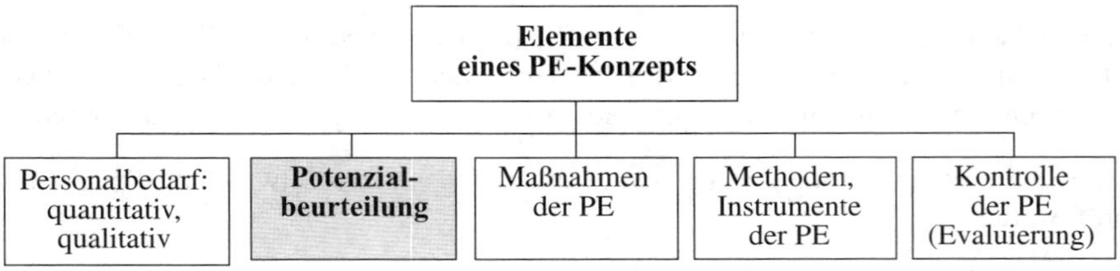

Die *Potenzialbeurteilung* (auch: Potenzialeinschätzung) ist zukunftsorientiert und versucht eine Prognose über die zukünftigen Entwicklungsmöglichkeiten des Mitarbeiters zu treffen. Betriebliche Personalentwicklungsarbeit kann auf die Erfassung der Mitarbeiterpotenziale nicht verzichten.

Im Gegensatz dazu ist die *Leistungsbeurteilung* vergangenheitsbezogen; sie bewertet die Leistung eines Mitarbeiters über einen längeren, zurückliegenden Zeitraum; sie bezieht sich auf die arbeitsplatzrelevanten Merkmale, z. B. Quantität/Qualität der Leistung, Einsatzbereitschaft, Teamfähigkeit, und misst den Grad der Erfüllung von Leistungsanforderungen mithilfe eines geeigneten Maßstabs (Skalierung, z. B.: nicht ausreichend – ausreichend – gut – sehr gut).

02. Welche Bedeutung hat die Potenzialbeurteilung für den Entwicklungsweg des Mitarbeiters?

Die Antwort darauf ist problematisch: Die Prognose über das zukünftige Leistungsverhalten ist mit Unsicherheit und subjektiven Einflüssen verbunden. Dazu einige Hinweise:

- Die Entwicklung eines Menschen im lebenslangen Lernprozess hängt von der Umwelt und seiner genetischen Prägung ab. Es gibt kein eindeutiges Verfahren, Anlagen exakt zu bestimmen. Der Zusammenhang zwischen Anlagen und beruflichem Erfolg ist nicht exakt nachweisbar.

- Mithilfe der Potenzialbeurteilung soll die Eignung für zukünftige Aufgaben ermittelt werden. Der Schluss vom derzeitigen Verhalten auf zukünftiges ist schwierig.

- Bis zur Übernahme einer neuen Aufgabe können im Verlaufe eines PE-Prozesses
  - Wandlungen in der Aufgabenstruktur bzw. den -inhalten sowie
  - Veränderungen im Können und Wollen des Mitarbeiters erfolgen.

Potenzialbeurteilungen sind also mit Schwächen behaftet und unterliegen subjektiven Einflüssen der Beurteiler.

Trotzdem kann man auf diese Form der Beurteilung nicht verzichten. Für die berufliche Entwicklung des Mitarbeiters gibt eine verantwortungsvoll durchgeführte Potenzialbeurteilung wichtige Erkenntnisse:

- Sie ist eine Feedback-Maßnahme und zeigt dem Mitarbeiter, welche Aufgaben und Entwicklungsmöglichkeiten man ihm im Unternehmen „zutraut".
- Sie ermöglicht dem Mitarbeiter seine Selbsteinschätzung über vermutliche Potenziale mit der Fremdeinschätzung durch das Unternehmen zu vergleichen. Das birgt Konflikte, eröffnet aber auch Chancen, Stärken zu entdecken, die bisher wenig ausgeprägt in Erscheinung traten.
- Erkannte Stärken eines Mitarbeiters können gefördert und auf ihre Entwicklungsfähigkeit hin überprüft werden.
- Die Nutzung bisher „brachliegender" Potenziale motiviert, verstärkt das Selbstvertrauen und schafft Erfolge im Arbeitsleben, die bisher nicht realisiert werden konnten.

Im Umkehrschluss führt Potenzialunterdrückung zur Demotivation beim Mitarbeiter und auf der Unternehmensseite zu einer unzureichenden Nutzung der personellen Ressourcen.

03. Welchen Inhalt haben Potenzialbeurteilungen?

Es gibt keinen Konsens darüber, welche Form und welchen Inhalt Potenzialbeurteilungen haben sollen (Hinweis: Im Rahmenplan wird statt „Form und Inhalt" der Ausdruck „Erscheinungsformen" verwendet).

In der Regel haben Potenzialbeurteilungen folgende Bestandteile:

1. Geeignete *Fragestellungen* zur Potenzialerfassung, z. B.:
   - *Wohin* kann sich ein Mitarbeiter entwickeln? → *Entwicklungsrichtung*
   - *Wie weit* kann er dabei kommen? → *Entwicklungshorizont*
   - *Welche Potenzialmerkmale* sollen beurteilt werden? → *Merkmale*
   - Welche *Veränderungsprognose* wird abgegeben? → *Prognose/Bewertung*
   - Welche *Einsatzalternativen* sind denkbar? → *Einsatz*
   - Welche *Fördermaßnahmen* sind geeignet? → *PE-Maßnahmen*

2. Festlegung geeigneter *Beurteilungsmerkmale*, z. B.:

   - *Fachkompetenz*
   - *Sozialkompetenz*
   - *Methodenkompetenz*
   - *spezielle persönliche Eigenschaften*: Stärken und Schwächen, die als besonders leistungsfördernd oder leistungshemmend angesehen werden, z. B.:
     - Lernbereitschaft
     - Leistungsbereitschaft (Antrieb)
     - intellektuelle Beweglichkeit
     - Organisationsgeschick (sich selbst und andere organisieren).

3. Festlegen einer aussagefähigen *Skalierung*:

   Als Ausprägung der Merkmale kann z. B. eine Unterteilung in

stark – mittel – gering – zzt. keine Aussage möglich

   gewählt werden.

Das Ergebnis einer Potenzialbeurteilung wird in einem strukturierten Beurteilungsbogen vertraulich festgehalten (handschriftlich!) und mit dem Mitarbeiter ausführlich besprochen.

In der Praxis muss jedes Merkmal beschrieben werden, damit eine Bewertung durchführbar ist:

Beispiele:

- *Fachpotenzial:*
  Fähigkeit des Mitarbeiters, in seinem Fachgebiet höherwertige Aufgaben zu übernehmen.
  Hinweis: Stützen Sie sich u. a. auf die in der jetzigen Stelle gezeigte Einarbeitungsgeschwindigkeit!

- *Führungspotenzial:*
  Ausprägung der Fähigkeiten und Eigenschaften (nicht Fachkenntnisse/Fachfähigkeiten), die die Übernahme von Führungsaufgaben bzw. höherwertigen Führungsaufgaben rechtfertigen: Ziele setzen, delegieren, beim Mitarbeiter Leistung erzeugen, kontrollieren, fördern; Durchsetzungsvermögen, Entschlusskraft, Kontaktfähigkeit, personale Autorität, Selbstvertrauen.

Die nachfolgende Abbildung zeigt den Entwurf einer Stärken-Schwächen-Analyse auf der Basis einer Potenzialbeurteilung:

Potenzialbeurteilung		**Stärken-Schwächen-Analyse**	
Führungskraft [ ]		*Führungsnachwuchskraft [ ]*	
Name, Vorname:	....	*Stelle/Funktion:*	....
Geburtsdatum	....	*seit:*	....
Familienstand:	....	*Bisherige betriebliche Aufgaben:*	
Stärken/Neigungen		**Schwächen/Abneigungen**	
....		....	
Potenziale			
Fachpotenzial:	Methodenpotenzial:	Führungspotenzial:	Sozialpotenzial:
....	....	....	....
Fördermaßnahmen			
....			
Veränderungsprognose/Einsatzalternativen			
Folgende Aufgaben/Positionen/Entwicklungsschritte sind denkbar:			
Aufgabe/Position:		Zeitpunkt:	
1.		....	
2.		....	
3.		....	
Kommentar, Bemerkungen			
....			
Erstellt am:	....	*Besprochen am:*	....
Unterschriften:	ppa. Krause	i. V. Hartig	i. A. Kantig

7.3.2 Umsetzung der Potenzialeinschätzung[1)]

01. Welche Instrumente und Verfahren können eingesetzt werden, um Informationen über das Potenzial der Mitarbeiter zu gewinnen?

Die Potenzialermittlung ist stets mit Unsicherheiten behaftet. Daher sollte jede „verlässliche" und relevante Informationsquelle im Unternehmen genutzt werden. Infrage kommen u. a. folgende Instrumente und Verfahren:

1. *Informationsgewinnung durch den unmittelbaren Vorgesetzten* im Rahmen
   - der Leistungsbeurteilung,
   - allgemeiner Betreuungsgespräche (vgl. dazu ausführlich unter Ziffer 6.6.3),
   - eines Gesprächs/Interviews zur Potenzialbeurteilung und
   - eines Förder-/PE-Gesprächs.

   Allein diese Aufzählung zeigt, dass das Gespräch „Vorgesetzter – Mitarbeiter" im Mittelpunkt steht; es liefert unmittelbar, gezielt oder mehr „als Nebenergebnis" Informationen, die für die Potenzialeinschätzung verwertet werden können. Das „Bild" des Mitarbeiters wird im Laufe der Zeit mit jedem weiteren Informationsbaustein umfassender und zuverlässiger.

2. *Informationsgewinnung durch Aussagen des nächsthöheren Vorgesetzten*:

   Der nächsthöhere Vorgesetzte ist zwar nicht unmittelbar vor Ort, kann aber stark subjektive Beurteilungen des direkten Vorgesetzten korrigieren; er hat mehr Abstand zum Geschehen und einen größeren Einblick in betriebliche Zusammenhänge, in Förderungs- und Einsatzmöglichkeiten.

3. *Informationsgewinnung im Rahmen spezieller Aufgabenzuweisung,* z. B.:
   - Bewährung als Stellvertreter
   - Leistungen bei der Übernahme von Sonderaufgaben
   - Tätigkeiten in Projektgruppen.

4. *Informationsgewinnung im Rahmen eines Assessmentcenters* (vgl. unten).

02. Welche charakteristischen Merkmale hat das Assessmentcenter?

Das Assessmentcenter (AC) ist ein systematisches Verfahren zur Beurteilung, Auswahl und Entwicklung von Führungskräften. Das AC ist ein zwei- bis dreitägiges Seminar mit dem Ziel, festzustellen, welcher Teilnehmer für eine Führungsposition am besten geeignet ist bzw. welche Qualifizierungsnotwendigkeiten bestehen. Charakteristisch sind folgende Merkmale:

1. *mehrere Beobachter*, z. B. sechs Führungskräfte des Unternehmens beurteilen

2. *mehrere Kandidaten* (i. d. R. zwischen 6 bis 12) anhand

[1)] Fehler im Rahmenplan: Es muss „Potenzialeinschätzung" statt „Personaleinschätzung" heißen.

3. eine *Reihe von Übungen* über ein bis drei Tage.
   Aus dem Anforderungsprofil der Stelle werden die relevanten Persönlichkeitseigenschaften abgeleitet; dazu werden dann betriebsspezifische Übungen entwickelt.

4. Die *Regeln* lauten:
   - Jeder Beobachter sieht jeden Kandidaten mehrfach.
   - Jedes Merkmal wird mehrfach erfasst und mehrfach beurteilt.
   - Beobachtung und Bewertung sind zu trennen.
   - Die Beobachter müssen geschult sein.
   - In der Beobachterkonferenz erfolgt eine Abstimmung der Einzelbewertungen.
   - Das AC ist zeitlich exakt zu koordinieren.
   - Jeder Kandidat erhält am Schluss im Rahmen eines Auswertungsgesprächs sein Feedback.

5. *Typische Übungsphasen* beim AC können sein:
   - Gruppendiskussion mit Einigungszwang
   - Gruppendiskussion mit Rollenverteilung
   - Einzelpräsentation, Einzelinterviews
   - Postkorb-Übung, Fact-finding-Übung.

Zeitplan zur Durchführung des Assessmentcenters am ...			
Uhrzeit		*Teilnehmer*	*Beobachter*
09:00 - 09:30	Begrüßung und Einweisung	Zuhören, verstehen	Vortrag
09:30 - 10:30	Gruppendiskussion „RIRA AG"	Diskussion	Beobachtung
			Auswertung 1
10:30 - 11:00	Pause	Pause	Auswertung 1
11:00 - 11:30	Postkorb: Vorbereitung	Lesen, vorbereiten	Vorbereitung
11:30 - 12:30	Postkorb: Durchführung	Bearbeiten	Beobachten
12:30 - 13:30	Mittagspause	Pause	Auswertung 2
13:30 - 16:30	Einzelinterviews, Runde 1	Interview	Auswertung 3
	Einzelinterviews, Runde 2	Interview	Auswertung 3
	Einzelinterviews, Runde 3	Interview	Auswertung 3
	(zeitlich versetzte Pausen)		
16:30 - 18:00	Übung „Kreativität"	Übung	Beobachtung
			Auswertung 4

Ein internes AC im Rahmen der Personalentwicklung sollte nicht nur zur Selektion im Hinblick auf die Besetzung bestimmter Positionen eingesetzt werden, sondern als generelles Instrument zur Potenzialerkennung und Förderung genutzt werden. Es darf keine Gewinner oder Verlierer geben. Das Auswertungsgespräch (Abschluss-Feedback) muss mit Augenmaß und hoher Verantwortung geführt werden. Der Einsatz professioneller Unterstützung ist unbedingt erforderlich. Kosten und Zeitaufwand sind beträchtlich.

7.4 Planen, Durchführen und Veranlassen von Maßnahmen der Personalentwicklung

7.4.1 Maßnahmen der Personalentwicklung aufgrund des Bedarfs und der Interessen der Mitarbeiter

01. Welche Aspekte muss der Industriemeister bei der Umsetzung von PE-Maßnahmen berücksichtigen?

Bei der *Durchführung* vereinbarter Qualifizierungsziele sind die spezifisch erforderlichen Maßnahmen zu planen, zu veranlassen und zu kontrollieren. Der Vorgesetzte muss dabei folgende Aspekte berücksichtigen:

- Welche *Maßnahmen* sind im vorliegenden Fall besonders geeignet?
- Welche *Methoden* und *Instrumente* „passen" speziell zu den angestrebten Entwicklungszielen?

Beispiel:
Kognitive Lernziele lassen sich i. d. R. gut in Form von internen oder externen Lehrgängen vermitteln. Bei psychomotorischen Lernzielen wird man meist auf die Unterweisung vor Ort, bei affektiven Lernzielen auf Coaching, Mentoring und/oder gruppendynamische Seminare zurückgreifen. Die Vorbereitung auf höherwertige Führungsaufgaben kann über Methoden wie Stellvertretung, Assistenzaufgaben, Job-Rotation, Job-Enlargement bzw. Mitarbeit in Projektgruppen erfolgen. Veränderungen in der Arbeitsstrukturierung können durch interne Maßnahmen der Teamentwicklung unterstützt werden.

Praxisfall:
In einem größeren Unternehmen der Chemieindustrie wurde eine neue biaxiale Reckanlage zur Folienherstellung installiert. Insgesamt mussten 60 Mitarbeiter in der Bedienung und Störfallbeseitigung an der neuen Anlage ausgebildet werden. Externe Dozenten gab es für diesen Spezialfall nicht. Ebenso wenig gab es Trainingsunterlagen auf dem Markt. Man entschied sich, mithilfe eines Medienfachmanns der Muttergesellschaft, einen Trainingsfilm mit Trickzeichnungen (Querschnitte der Anlage usw.) zu erstellen und ein kurzes Trainingsprogramm „selbst zu schreiben". Da die zu schulenden Mitarbeiter im Schichtdienst arbeiteten, wurden zwölf Kleingruppen gebildet und an der neuen Reckanlage vor Ort und im Schulungsraum jeweils 3 · 4 Stunden eingewiesen. Die Maßnahme war erfolgreich: Mit geringen Kosten waren alle Mitarbeiter nach vier Wochen in der Lage, die Maschine fehlerfrei zu bedienen und evtl. auftretende Störungen zu beheben.

Die Entscheidung des Meisters bei der Wahl geeigneter Maßnahmen, Methoden und Instrumente ist vor allem eine Frage

- der angestrebten Entwicklungsziele,
- des jeweiligen Teilnehmerkreises (z. B. einzelne Mitarbeiter oder Gruppen) sowie
- der Ressourcen (z. B. Zeiten, Kosten, Personen, innerbetriebliche Schulungsmöglichkeiten).

Dabei sind die Maßnahmen am betrieblichen Bedarf sowie den berechtigten Interessen der Mitarbeiter auszurichten:

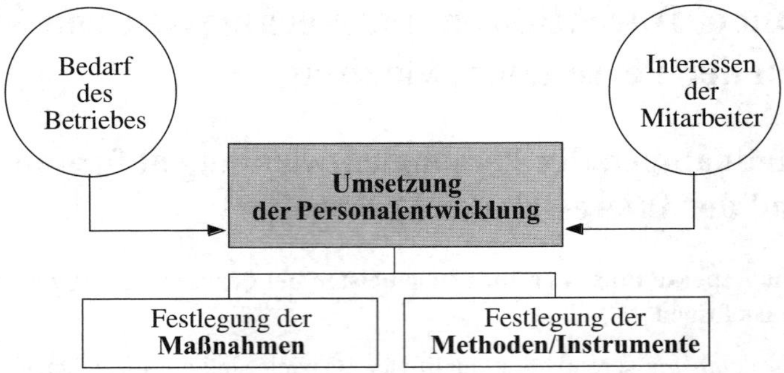

02. Welche Maßnahmen der Personalentwicklung kommen grundsätzlich infrage?

Die Maßnahmen der Personalentwicklung sowie der Aus-, Fort- und Weiterbildung sind vielfältig und lassen sich nach unterschiedlichen Gesichtspunkten klassifizieren; dabei gibt es zwischen den einzelnen Formen Überschneidungen:

(1) Unterscheidung der PE-Maßnahmen *nach der Phase der beruflichen Entwicklung*:

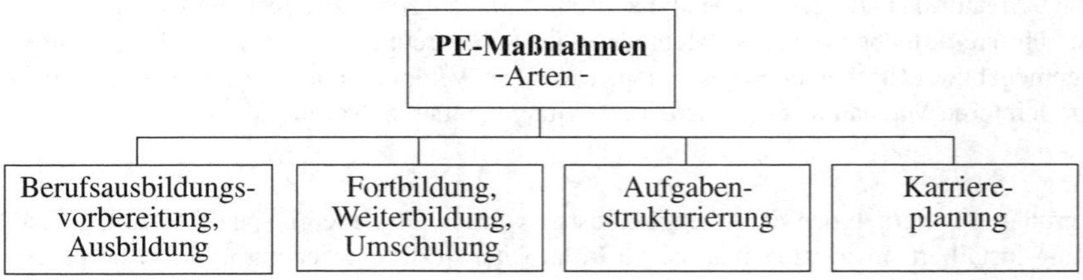

- Als *Maßnahmen der Berufsausbildungsvorbereitung/Ausbildung* kommen z. B. in Betracht:
  - die Berufsausbildung
  - die Traineeausbildung
  - die Übungsfirma
  - die Anlernausbildung
  - die Einarbeitung
  - das Praktikum.
- Die *Maßnahmen der Fort- und Weiterbildung* sowie der *Umschulung* können z. B. sein:
  - interne/externe Seminare
  - Coaching
  - generelle Beratung und Förderung der Mitarbeiter
  - Lernstattmodelle
  - Junior Board.
- Einige *Maßnahmen der Aufgabenstrukturierung* haben gerade in den letzten Jahren an Bedeutung zugenommen (Stichworte: Lean Management, KVP), z. B.
  - Job-Enlargement, Job-Enrichment, Job-Rotation
  - Bildung von Arbeitsgruppen, Teambildung
  - teilautonome Arbeitsgruppen

- Projekteinsatz
- Sonderaufgaben
- Assistentenmodell
- Auslandsentsendung
- Qualitätszirkel
- Stellvertretung.

• Als *Maßnahmen der Karriereplanung* (individuell oder kollektiv) kommen z. B. infrage:

- horizontale/vertikale Versetzung
- innerbetriebliche Stellenausschreibung (innerbetrieblicher Stellenmarkt)
- Bildung von Parallelhierarchien
- Nachfolge- und Laufbahnplanung.

Speziell die Möglichkeiten der Fort- und Weiterbildung lassen sich noch nach weiteren Gesichtspunkten untergliedern:

(2) PE-Maßnahmen können in „Aktivitäten des Betriebes“ und „selbstständige Maßnahmen des Mitarbeiters“ unterteilt werden:

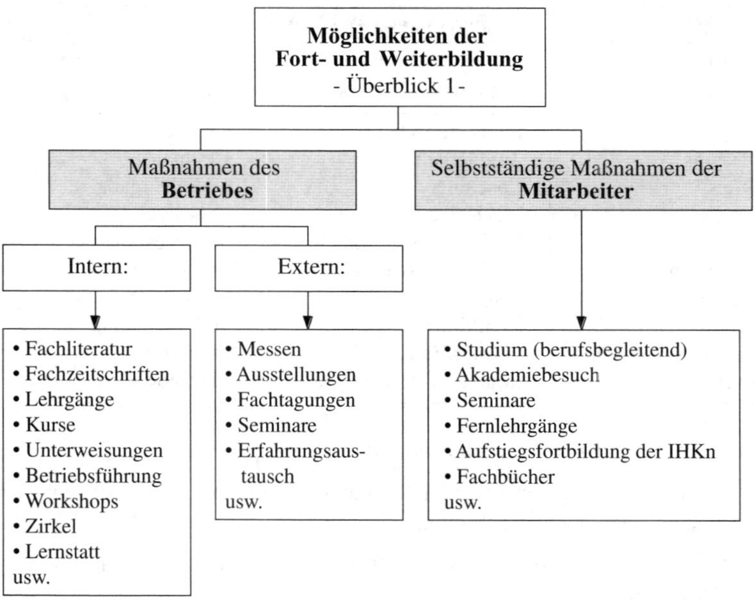

Die Eigeninitiative der Mitarbeiter kann der Betrieb unterstützen; z. B. durch

• finanzielle Zuschüsse zu den Fortbildungskosten
• Empfehlungen an bestimmte Bildungsträger zur Durchführung spezieller Maßnahmen
• unterschiedliche Formen der Freizeitgewährung
• andere Formen der Unterstützung (Bereitstellung von Räumen, Lernmitteln u. Ä.).

(3) Weiterhin lassen sich die Maßnahmen der Fort- und Weiterbildung nach *„Zielsetzung, Inhalt und Dauer"* gliedern:

Maßnahmen der Fort- und Weiterbildung
- Überblick 2 -

• Aufstiegs-fortbildung • Anpassungs-fortbildung • Erhaltungs-fortbildung • Erweiterungs-fortbildung	• Fach-kompetenz • Methoden-kompetenz • Sozial-kompetenz	• Seminare • Lehrgänge • mit/ohne Prüfung	• Vollzeit • Teilzeit	• schulische/ • berufliche Abschlüsse

(4) Sehr häufig wird auch eine Unterscheidung der PE-Maßnahmen *„nach der Nähe zum Arbeitsplatz"* vorgenommen:

Personalentwicklung		
on the job *am Arbeitsplatz*	**near the job** *in der Nähe zum Arbeitsplatz*	**off the job** *außerhalb des Arbeitsplatzes*
• Assistenz • Stellvertretung • Arbeitskreis • Projektarbeit • Unterweisung • Job-Enlargement • Job-Enrichment • Job-Rotation • teilautonome Arbeitsgruppe • Auslandseinsatz	• Lernstattmodelle • Zirkelarbeit • Coaching • Mentoring • Entwicklungsgespräche • Ausbildungswerkstatt • Gruppendynamik • Konflikttraining • Übungsfirma • Routinebesprechungen	• Vortrag • Tagung • Fernlehrgang • Förderkreise • Lehrgespräch • Programmierte Unterweisung • Online-Training • CBT-Training • Planspiel • Fallstudie

Gelegentlich werden in der Literatur auch genannt:

- *along the job:* (über einen längeren Zeitraum, laufbahnbegleitend), z. B. lebenslanges Lernen, berufsbegleitendes Lernen, Netzwerkbildung.

- *into the job:* (Lernen für den Berufseinstieg), z. B. Berufsausbildung, Anlernausbildung, Trainee, Praktika, Hospitation.

03. Welche Lehr- und Lernmethoden können bei der Umsetzung von PE-Maßnahmen gewählt werden?

Zwischen den Maßnahmen und den Methoden der Personalentwicklung gibt es zum Teil Überschneidungen; grundsätzlich kann zwischen folgenden Methoden gewählt werden:

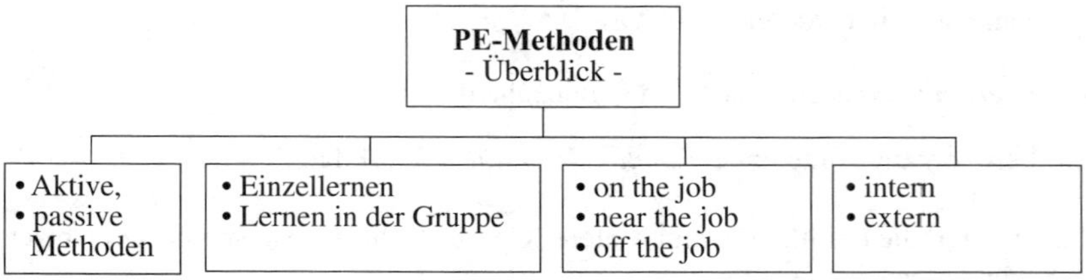

Außerdem ist vielfach eine bestimmte PE-Maßnahme mit einer speziellen Methode verbunden:

Beispiele	Methoden-Mix
1. In der Berufsausbildung werden vorrangig • die Methoden „Unterweisung" (4-Stufen-Methode, 7-Stufen-Methode) und • die „Leittextmethode" eingesetzt.	→ aktive Methode, on the job, interaktives Einzellernen oder Lernen in der Gruppe → aktive Methode, off the job, intern oder extern, Lernen in der Gruppe
2. Trainingsmaßnahmen mit dem Ziel der Verhaltensänderung können in der Regel auf „Rollenspiele" und „gruppendynamische Übungen" nicht verzichten.	→ aktive Methode, Lernen in der Gruppe, off the job, extern
3. Für die Vermittlung von Fachwissen eignen sich z. B. besonders gut die Methoden • „Fallbeispiel" oder • „Lehrvortrag".	→ aktive Methode, Lernen in der Gruppe, off the job, intern oder extern → passive Methode, Einzellernen, intern oder extern, off the job

04. Welche Medien und Hilfsmittel können im PE-Prozess eingesetzt werden?

Aus der Lerntheorie ist bekannt:

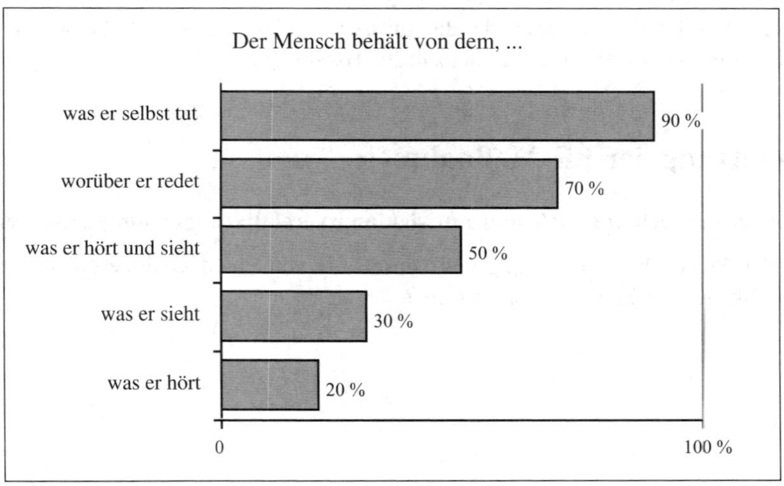

Daraus kann abgeleitet werden:

1. *Aktive Lernmethoden* sind passiven vorzuziehen!

2. Kein Lernvorgang sollte ohne *visuelle Unterstützung* erfolgen!

Außerdem liefert die Lerntheorie drei weitere „Gesetze", die der Meister bei der Umsetzung von PE-Maßnahmen beachten sollte:

3. *Frequenzgesetz:*
   Häufiges Üben eines Lerninhaltes verstärkt den Lernfortschritt!

4. *Effektgesetz* (Erfolgsgesetz):
   Lernen muss mit Erfolgserlebnissen verbunden sein! Man lernt am Erfolg!

5. *Motivationsgesetz:*
   Kein Lernvorgang sollte ohne eine stabile Motivationslage erfolgen!
   Sich bewusst machen, warum lerne ich? Was habe ich davon?

Erfolge im Lernfeld sowie Erfolge im Funktionsfeld bewirken einen Motivationsschub – auch für zukünftiges Lernen.

Der Industriemeister ist bei internen PE-Maßnahmen für die Wahl der Methoden verantwortlich oder zumindest mitverantwortlich. Im konkreten PE-Prozess sind die Lernziele oft unterschiedlich und die Teilnehmer sind meist heterogen zusammengesetzt (Alter, Berufserfahrung, Lerngewohnheit, Bildungsniveau usw.). Der Vorgesetzte muss also darauf hinwirken, dass ein lernförderndes Klima geschaffen wird, z. B.:

- Der Teilnehmer „ist dort abzuholen, wo er steht" (seine Erfahrung, sein Wissen, seine Motivation).
- Methoden und Maßnahme müssen sich entsprechen.
- Der Praxisbezug ist herzustellen (Nutzen aufzeigen).
- Möglichkeiten zur Umsetzung des Gelernten müssen angeboten werden (Übungen, Fallbeispiele, aktive Lernmethoden, Hilfe zur Selbsthilfe, Handlungsorientierung).

7.4.2 Umsetzung der PE-Maßnahmen

01. Wie müssen Entwicklungsziele und Entwicklungsvereinbarungen umgesetzt werden?

Damit wichtige Punkte bei der Planung und Umsetzung von PE-Maßnahmen nicht verloren gehen, empfiehlt sich der Einsatz einer *Checkliste*:

Checkliste zur Planung und Umsetzung von PE-Maßnahmen		
Schlüsselfrage	*Planung/Entscheidung/Umsetzung*	*erledigt*
Warum?	Lernziele	√
Wer?	Zielgruppe, Mitarbeiter, Teilnehmer	√
Was?	Inhalte	√
Wie?	Methoden, Hilfsmittel	
Wann?	Zeitpunkt, Dauer	
Wo?	Ort (intern/extern)	
Wozu?	erwartetes Ergebnis (Evaluierung)	

7.5 Überprüfen der Ergebnisse aus Maßnahmen der Personalentwicklung

7.5.1 Evaluierung der Qualifizierungsergebnisse hinsichtlich der vereinbarten Entwicklungsziele

01. Was versteht man unter Evaluierung?

Evaluierung (auch: Evaluation, Erfolgskontrolle) ist die *Überprüfung und Bewertung von Entwicklungsmaßnahmen* hinsichtlich

- ihres Inputs
- ihres Prozesses
- ihres Outputs.

Von zentraler Bedeutung bei der Erfolgskontrolle von PE-Maßnahmen ist der Transfer des Gelernten in die Praxis (Umsetzung vom Lernfeld in das Funktionsfeld). Inhalte und Erfahrungen von Qualifizierungsmaßnahmen, die keinen Eingang in die Praxis finden sind das Geld nicht wert, das sie kosten.

Es müssen daher im Rahmen der Evaluierung folgende *Schlüsselfragen* bearbeitet werden:

- Was sollte gelernt werden? → Evaluierung der Lernziele
- Was wurde tatsächlich gelernt? → Evaluierung der Lernprozesse und -methoden
- Was wurde davon behalten? → Evaluierung des Lernerfolges
- Was wurde davon in die Praxis umgesetzt? → Evaluierung des Anwendungserfolges
- In welchem Verhältnis stehen Aufwand und Nutzen zueinander? → Evaluierung des ökonomischen Erfolges.

Die Evaluierung eines PE-Prozesses ist mehr als die „bloße Kontrolle einer Bildungsmaßnahme". Ebenso wie in anderen betrieblichen Funktionen ist sie ein geschlossenes System von Zielsetzung, Planung, Organisation, Durchführung und Kontrolle – mit den generellen Phasen:

(1) Analyse der Ist-Situation
(2) Zielsetzung (Sollwert)
(3) Vergleich von Soll und Ist (Abweichungsanalyse)
(4) Ursachenanalyse
(5) Entwicklung von Maßnahmen und Methoden
(6) Kontrolle der Wirkung der durchgeführten Maßnahmen

↓ *Evaluierungssystem*

→ **Anhang zu diesem Kapitel, S. 1101 f.**

02. Welche Methoden zur Evaluierung können eingesetzt werden?

Zur Erfolgskontrolle von Maßnahmen der Personalentwicklung sind vor allem vier Methoden geeignet:

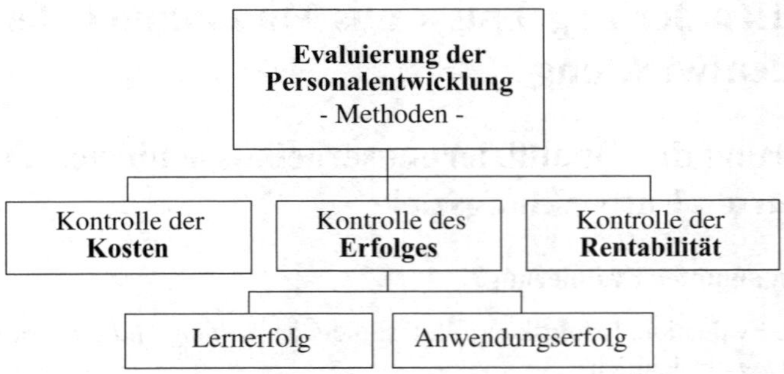

03. Wie wird die Kontrolle des Lernerfolgs durchgeführt?

Die *Kontrolle des Lernerfolgs* (auch: pädagogische Erfolgskontrolle im Lernfeld) wird über die Beantwortung folgender Fragen durchgeführt:

- Was *sollte gelernt* werden?
- Was *wurde gelernt*?
- Was *wurde* davon im Lernfeld *behalten*?

Zu überprüfen sind also beispielweise die ausreichende und messbare Formulierung der Lernziele, ihre Übermittlung an den Mitarbeiter, der Vergleich der angestrebten Lernziele mit den tatsächlich vermittelten Lernzielen sowie die Wirksamkeit der im Lernfeld eingesetzten Methoden.

Die Absicherung des Lernerfolges wird durchgeführt:

1. *Vor* der Maßnahme: → *Gespräch* Vorgesetzter – Mitarbeiter: Ziele und Inhalte der Maßnahme

2. *Während* der Maßnahme: → *Tests* oder *Prüfungen*

3. *Nach* der Maßnahme:

→ Befragung der Teilnehmer am Schluss der Maßnahme: strukturierte oder freie *Seminar- bzw. Lehrgangsbewertung*

→ *Feedback-Gespräche:*

3.1 *Vorgesetzter – Mitarbeiter:*
- direkt nach Beendigung der Maßnahme
- im Rahmen von Beurteilungs- und PE-Gesprächen

3.2 *Vorgesetzter – Trainer:*
Selbsteinschätzung, Fremdeinschätzung der Teilnehmer, Einleitung von begleitenden Maßnahmen zur Umsetzung

Der Lernerfolg sagt noch nichts aus über den Anwendungserfolg, d. h. die Umsetzung der Lernzuwächse in der Praxis. Es gilt die Erfahrung aus der Kommunikationslehre:

> *„Gesagt heißt (nicht unbedingt) gehört."*
> *„Gehört heißt (nicht unbedingt) verstanden."*
> *„Verstanden heißt (nicht unbedingt) angewendet."*

Die Umsetzung des Gelernten in die Praxis kann mit folgenden Schwierigkeiten verbunden sein:

- Lerninhalte, vereinbarte Lernziele und Methoden entsprechen sich nicht.
- Lernerfolge führen beim Mitarbeiter erst zu einem späteren Zeitpunkt zu Anwendungserfolgen (z. B. Transferblockaden, Transferhemmnisse).
- Die Praxis bietet kurzfristig keine Transfermöglichkeiten: neue Fertigkeiten können im Funktionsfeld nicht sofort erprobt werden.

Daher ist neben der Kontrolle des Lernerfolgs auch die Kontrolle des Anwendungserfolgs durchzuführen.

04. Wie erfolgt die Kontrolle des Anwendungserfolgs?

Die *Kontrolle des Anwendungserfolgs* beantwortet die Frage: „Welche der zu lernenden Inhalte konnten kurz- und mittelfristig in die Praxis umgesetzt werden?"

Die Anwendungskontrolle sollte unmittelbar nach der Qualifizierung im Lernfeld aber auch zu späteren Zeitpunkten erfolgen, da die Mitarbeiter sich in der Transferleistung unterscheiden; sie kann erfolgen über

- Befragung der Mitarbeiter (Selbsteinschätzung)
- Befragung des Vorgesetzten (Fremdeinschätzung)
- Beobachtung und Bewertung im Rahmen der Leistungsbeurteilung
- Erörterung im Rahmen von PE-Gesprächen:
  - Lernzuwächse im Bereich der Problembewältigung
  - verbesserte Sensibilisierung für neue Probleme und Lösungsansätze
  - Identifikationszuwächse (für die gestellte Aufgabe; für neu erlernte Methoden)

- Follow-up-Maßnahmen: Arbeits-/Lerngruppen und Anschlussmaßnahmen bieten den Teilnehmern die Möglichkeit, Erfahrungen über den Transfer auszutauschen und zusätzlich erforderliche Maßnahmen einzuleiten.

05. Welche Möglichkeiten der Kostenkontrolle gibt es?

Die *Kostenkontrolle* setzt eine Erfassung aller Kosten voraus, die im Zusammenhang mit der Qualifizierung entstanden sind: Art und Höhe der Kosten sowie Zeitpunkt der Entstehung und verursachende Kostenstelle.

Hinsichtlich der Kostenart lassen sich folgende Beispiele nennen:

- Kosten externer Maßnahmen (off the job), z. B.:
  Kursgebühren, Reisekosten, ausgefallene und bezahlte Arbeitszeit, Opportunitätskosten, anteilige Personal- und Verwaltungskosten usw.
- Kosten interner Maßnahmen am Arbeitsplatz (on the job), z. B.:
  Unterweisung, Kosten innerbetrieblicher Referenten usw.
- Kosten interner Maßnahmen außerhalb des Arbeitsplatzes (near the job), z. B.:
  Raumkosten, Honorare, Lehr- und Lernmittel usw.
- Weitere Kosten können mit PE-Maßnahmen „into the job", „out of the job" und speziellen PE-Maßnahmen verbunden sein, z. B.: Einarbeitungsprogramme, Förderprogramme für Nachwuchskräfte, Auslandsentsendung, Laufbahn-PE. Die Kosten für ausgefallene Arbeitszeiten werden in der Praxis meist in Ansatz gebracht.

Im Rahmen der Kostenkontrolle können Kostenvergleichsrechnungen, Bildungsbudgets sowie Kennziffern (Kosten je Mitarbeiter) erhoben werden.

06. Kann man die Rentabilität einer Personalentwicklungsmaßnahme erfassen?

Die *Kontrolle der Rentabilität* von Qualifizierungsmaßnahmen (auch: *ökonomische Erfolgskontrolle*) wird in der Theorie meist anhand der folgenden Kennziffer dargestellt:

$$\text{Rendite der Qualifizierung} = \frac{[\text{Wert der Qualifizierung} - \text{Kosten (in €)}] \cdot 100}{\text{Kosten der Qualifizierung}}$$

Beispiel (verkürzte Darstellung):
Die Anzahl der Kundenreklamationen bei der Montage von Rasenmähern lag in der Berichtsperiode bei 12 pro 1.000 Stück Absatz. In einer Periode werden rd. 35.000 Stück gefertigt. Die Nachbearbeitungskosten pro Reklamation wurden vom Rechnungswesen mit 180 € beziffert (inkl. entgangener Gewinne aufgrund eines Negativimages).

Mit einem externen Trainer wurde eine Schulungsmaßnahme zur Qualitätsverbesserung in der Montage durchgeführt. Nach Abschluss der Maßnahme konnte im Laufe von zwei Monaten die Anzahl der Reklamationen auf 3 pro 1.000 Stück Absatz gesenkt werden.

Es entstanden folgende Qualifizierungskosten für die Schulung der 30 Montagemitarbeiter:

• *Feldarbeit* des Trainers im Unternehmen: Diagnose der Probleme und Abläufe	3 Tage à 1.100 €	=	3.300 €
• *Reisekosten* des Trainers:		=	1.080 €
• *Honorar* des Trainers:	2 · 2 Tage à 1.200 €	=	4.800 €
• Ausgefallene *Arbeitszeit*: 30 Mitarbeiter · 16 Std. · 24 €/Std. (Std.satz: inkl. Sozialkosten)		=	11.520 €
• Anteilige *Verwaltungskosten*:		=	5.000 €
Kosten, gesamt:			25.700 €

Der ökonomische Wert der Qualifizierung ist die Differenz zwischen den Reklamationskosten vor und nach der Maßnahme:

Reklamationskosten vor der Maßnahme:	12 · 35.000 : 1.000 · 180	=	75.600 €
Reklamationskosten nach der Maßnahme:	3 · 35.000 : 1.000 · 180	=	18.900 €
Ökonomischer Wert der Qualifizierungsmaßnahme		=	56.700 €

Daraus ergibt sich:

$$\text{Rendite der Qualifizierung} = \frac{[\text{Wert der Qualifizierung} - \text{Kosten (in €)}] \cdot 100}{\text{Kosten der Qualifizierung}}$$

$$= \frac{(56.700 - 25.700) \cdot 100}{25.700} = 120{,}6\ \%$$

Die Investition in die Qualifizierung hat sich „gelohnt", die Rendite liegt bei 120,6 %. Die Kosten der Qualifizierung betragen ca. die Hälfte des Wertes der Qualifizierung bezogen auf ein Jahr. Daraus lässt sich ableiten: Die Kosten der Qualifizierung fließen bereits nach rd. einem halben Jahr über die eingesparten Reklamationskosten wieder zurück.

Obwohl das oben dargestellte Beispiel plausibel ist, lassen sich in der Praxis die ökonomischen Effekte einer Qualifizierungsmaßnahme oft schwer in Zahlen darstellen.

Der Meister ist also bei der Evaluierung von Personalentwicklungsmaßnahmen überwiegend darauf angewiesen, sich auf die Kontrolle der PE-Kosten sowie die Erfolgskontrolle im Lernfeld und im Funktionsfeld zu stützen.

07. Welchen Stellenwert haben Personalentwicklungs-Gespräche im Rahmen der Evaluierung? Welcher Gesprächsleitfaden ist zu empfehlen?

Das Personalentwicklungs-Gespräch dient u. a. der Vorbereitung und der Nacharbeit von Qualifizierungsmaßnahmen. Der Meister sollte die einzelnen Phasen der Evaluierung beherrschen und sich an dem folgenden Phasenverlauf orientieren (Leitfaden zur Evaluierung von PE-Maßnahmen):

1. *Formulierung der PE-Ziele*

2. *Vorbereitungsgespräch:*
   Festlegung/Vereinbarung der Lernziele mit dem Mitarbeiter

3. *Durchführung der PE-Maßnahme*

4. *Feedback-Gespräch:*
   PE-Gespräch nach Beendigung der Maßnahme; Auswertung; Umsetzungsmaßnahmen

5. *Umsetzung der Qualifizierungsergebnisse in die Praxis*

6. *PE-Gespräch zur Transfersicherung*
   Sind Follow-up-Maßnahmen erforderlich? Gibt es Hemmnisse bei der praktischen Umsetzung?

Beispiel (verkürzt; Ablauf der Evaluierung):
Das Unternehmen X-AG produziert und vertreibt Zellulosederivate weltweit. In sechs Monaten werden in der Fertigung zwei neue biaxiale Reckanlagen zur Folienherstellung angeliefert, die eine Reihe technischer Neuerungen aufweisen sowie eine geänderte Bedienerführung erforderlich machen. Der Einkauf hat in Abstimmung mit der Unternehmensleitung, der Fertigungsleitung und der PE-Abteilung eine zweitägige Qualifizierung durch den Lieferanten ausgehandelt. Der Betriebsrat ist informiert und begrüßt die Maßnahmen. Betroffen sind 160 Arbeiter. Die Steuerung und Kontrolle der Qualifizierungsmaßnahmen im Detail erfolgt durch die zwölf Schichtmeister.

1. *Formulierung der PE-Ziele:*
   Formulierung überprüfbarer Lernziele: „Nach Abschluss der Qualifizierungsmaßnahme soll der Mitarbeiter wissen ... können ... beherrschen ...".
   Beteiligte: Einkauf, Fertigungsleitung, Schichtmeister, PE-Abteilung, Betriebsrat.

2. *Vorbereitungsgespräch:*
   Jeder Schichtmeister bespricht mit seinem Team Anlass und Hintergrund der Qualifizierung und vermittelt die Lernziele an seine Mitarbeiter. Er nimmt dabei Erwartungen und ggf. Bedenken der Mitarbeiter entgegen.

3. *Durchführung der PE-Maßnahme:*
   Dreitägige Schulung je Arbeitsgruppe beim Lieferanten; Einsatz geeigneter Methoden; Tests und Kontrollfragen; Verabschiedung eines Leitfadens zur Störungssuche und -behebung.

4. *Feedback-Gespräch:*
   Erörterung des Lernerfolgs; Erfahrungen mit der Schulung durch den Lieferanten; Rückkopplung zu den festgelegten Lernzielen; Verabschiedung von Transfermaßnahmen zur Umsetzung der Lernerfolge am Arbeitsplatz.

5. *Umsetzung der Qualifizierungsergebnisse in die Praxis:*
   Anwendung der Lernzuwächse; Kontrolle und Unterstützung durch den Schichtmeister; Erfahrungsaustausch; Behandlung des Themas in den Schichtwechselgesprächen.

6. *PE-Gespräch zur Transfersicherung:*
   Welche Nachbereitung ist noch erforderlich? Welche Erfahrungen aus dieser Qualifizierungsmaßnahme lassen sich auf zukünftige PE-Projekte übertragen?

7.5.2 Umsetzung der Qualifizierungsergebnisse

01. Wie sind Entwicklungserfolge der Mitarbeiter umzusetzen?

Entwicklungserfolge der Mitarbeiter müssen vom Meister beobachtet, analysiert und bewertet werden. Sie müssen langfristig zu folgerichtigen Entscheidungen im Sinne der Unternehmensziele und der (berechtigten) Erwartungen der Mitarbeiter führen.

Die Umsetzung der Entwicklungserfolge geschieht auf verschiedenen Ebenen; dabei sind folgende Fragen zu bearbeiten:

1. *Entwicklungserfolge und Personaleinsatz:*

   - Wie können Qualifizierungsergebnisse beim einzelnen Mitarbeiter langfristig durch eine entsprechende Einsatzplanung abgesichert und als Potenzial genutzt werden?
   - Werden positive Resultate angemessen im Rahmen von Überlegungen wie Stellvertretung, Job-Enrichment, Nachfolgeplanung und Einrichtung neuer Stellen etabliert?
   - Ist die derzeitige Aufgabenstellung des Mitarbeiters langfristig geeignet, die neu erworbene Qualifizierung on the job zu trainieren? (Problem z. B. bei Qualifikationen, die nur selten, dann aber intensiv angewandt werden müssen, z. B.: Sprachkenntnisse, spezielle Elektronikkenntnisse).

2. *Entwicklungserfolge und Karriere:*

   - Welcher Art sind die Qualifizierungserfolge?
   - Zeigen sich persönliche Stärken im Lernzuwachs, z. B. hinsichtlich der Lernfelder Methodenkompetenz, Sozialkompetenz, Fachkompetenz?
   - Lassen sich daraus längerfristige Karriereüberlegungen ableiten, z. B. als Generalist oder Spezialist, innerhalb der Führungs- oder der Fachlaufbahn?
   - Welche Risiken und Grenzen der Entwicklung des Einzelnen wurden aufgrund der durchgeführten Qualifizierungsmaßnahmen sichtbar (z. B. Geschwindigkeit und Umsetzung des Gelernten, Systematik des Lernens; Veränderungsbereitschaft)?
   - Wie wird das derzeitige Entwicklungspotenzial langfristig eingeschätzt?
(eher gering, eher groß? In welchem Zeitraum? In welche Richtung? Bis zu welcher Führungsebene?)
   - Welche Personalentscheidungen sind für den Mitarbeiter längerfristig vorzubereiten?

3. *Entwicklungserfolge und Follow-up:*

   - Wann veraltet das erworbene Wissen?
   - Wann verändern sich die Umstände/Bedingungen, sodass eine Anpassung erforderlich wird?
   - Welche längerfristigen Maßnahmen zur Stabilisierung des Lerntransfers und der praktischen Erfahrungszuwächse müssen ergriffen werden?
(z. B. Sonderaufgaben, Projektleitung, Auffrischung/Follow-up nach zwei Jahren, Auslandsaufenthalt, Einsatz in einer Tochtergesellschaft; Assessmentcenter nach einem Jahr als Feedback und Transferanalyse).

4. *Entwicklungserfolge und PE-Methoden:*

- Welche Methoden der Qualifizierung und der Transfersicherung haben sich rückschauend im konkreten Fall bewährt und welche nicht unter Zeit- und Kostengesichtspunkten?

Insgesamt darf nicht vergessen werden:

Das Lernvermögen und die Lernbereitschaft der Mitarbeiter ist aufgrund ihrer Anlagen sowie ihrer beruflichen und privaten Entwicklung unterschiedlich ausgeprägt: Es können Lernhemmnisse vorliegen; die Angst vor Veränderungen kann nicht immer ausreichend abgebaut werden.

Der Meister muss daher bei der Planung und Durchführung von Qualifizierungsmaßnahmen die Grenzen der Mitarbeiter im „Können und Wollen", intellektuell, im Verhalten oder aufgrund gesundheitlicher Einschränkungen hinreichend berücksichtigen.

7.6 Beraten, Fördern und Unterstützen von Mitarbeitern hinsichtlich ihrer beruflichen Entwicklung → AEVO

7.6.1 Berufliche Entwicklung als Persönlichkeitsentwicklung im Arbeitsprozess

01. Warum sollte sich der Meister bei der Mitarbeiterförderung an der Berufsausbildung und der schulischen Entwicklung seiner Mitarbeiter orientieren?

In Deutschland fordern das Bildungssystem und die Arbeitswelt in der Regel bestimmte *Schulabschlüsse als Voraussetzung* für den Einstieg in weiterführende Schulen bzw. bei der Wahl bestimmter Berufsbilder. Bei der Zulassung zu Fortbildungsprüfungen der IHK ist im Regelfall eine abgeschlossene Berufsausbildung in einem anerkannten Ausbildungsberuf sowie eine mehrjährige Praxis in diesem Berufsfeld erforderlich.

Beispiele:

Angestrebtes Bildungsziel, z. B.:	Voraussetzung, u. a.:
• Ausbildung im Malerhandwerk	→ Hauptschulabschluss
• Ausbildung als Gas- und Wasserinstallateur	→ Realschulabschluss
• Zulassung zur IHK-Aufstiegsfortbildung Fachwirte/Fachkaufleute und Meister	→ abgeschlossene Berufsausbildung und mehrjährige, einschlägige Praxis

Die *Schulen* vermitteln je nach Schulform und Bildungsbereich Wissen, Fähigkeiten, Fertigkeiten und zum Teil auch Ansätze zur Verbesserung der Sozial- und Methodenkompetenz.

Umfragen des Deutschen Industrie- und Handelskammertages zeigen, dass eine berufliche Ausbildung nach dem dualen System und eine weiterführende Fortbildung, z. B. als Fachwirt, Fachkaufmann, Meister oder Technischer Betriebswirt, *auch den Mitarbeitern Aufstiegschancen für mittlere Führungsebenen öffnen, die nicht über einen Hochschulabschluss verfügen.*

Daraus lässt sich ableiten:

Der Einstieg in die berufliche Qualifizierung ist mit der Überwindung von „Hürden“ verbunden; der Aufstieg über weiterführende Fortbildungsmaßnahmen verlangt den Nachweis bestimmter Qualifikationen. Wer also einen anerkannten Ausbildungsberuf erlernt und in der Praxis erfolgreich ausgeübt hat, beweist damit ein Qualifikationsniveau, das eine bestimmte Lernfähigkeit und Lernbereitschaft voraussetzt. Diese Aussage gilt trotz mancher Zweifel, die am Wert schulischer und beruflicher Prüfungsverfahren gemacht werden können. Aus diesem Grunde sind die in der Schule und in der beruflichen Ausbildung erworbenen Qualifikationen von Bedeutung: Sie haben den Mitarbeiter geprägt; er hat bestimmte Erfahrungen erworben, auf die bei weiterführenden Qualifizierungsmaßnahmen aufzubauen ist.

Im Beruf erfahrene Lernprozesse, die vom Einzelnen konstruktiv umgesetzt werden, beeinflussen seine Haltung im Arbeitsprozess nachhaltig und sind die Grundlage für Erfolge.

Der Industriemeister sollte daher bei der individuellen Beratung und Förderung des einzelnen Mitarbeiters die vorhandene schulische Ausbildung und den bisherigen theoretischen und praktischen beruflichen Werdegang erkennen und analysieren. Die *vorhandene schulische und berufliche Ausbildung und Erfahrung ist als Sockel* der weiterführenden Mitarbeiterförderung zu betrachten.

Bei der Planung von Fördermaßnahmen für einzelne Mitarbeiter sollte sich daher der Meister an folgende Fragestellungen orientieren:

- Hat sich die Wahl des bisherigen Berufsbildes als richtig erwiesen?
- Entspricht das Berufbild den Neigungen, den Begabungsschwerpunkten sowie der Persönlichkeitsstruktur des Mitarbeiters?
- Welche schulischen Wissensinhalte sind für die Arbeitswelt besonders relevant und verwertbar? Sind hier bereits Neigungs- und Begabungsschwerpunkte erkennbar geworden?
- Welche Erfahrungen hat der Mitarbeiter mit sich selbst in bestimmten berufstypischen Situationen gemacht?
- Welche Funktionsfelder, z. B. operative Arbeit oder administrative, „liegen ihm“ mehr?
- Was hat der Mitarbeiter bisher erreicht? Was nicht? Mit welchen Ergebnissen? In welchen Funktionsfeldern?

Schule und Berufsbildung müssen vor dem Hintergrund der individuellen Persönlichkeit für den Industriemeister bei der beruflichen Beratung seiner Mitarbeiter handlungsleitend sein. Lernprozesse der Schule und der Berufspraxis sind zu erfassen, zu analysieren und auf zukünftige Anforderungen und persönliche berufliche Ziele des Mitarbeiter auszurichten.

02. Wie kann der Industriemeister seine Mitarbeiter in schwierigen Situationen des beruflichen Alltags beraten und unterstützen?

Leistungsfähigkeit und Leistungsbereitschaft des Mitarbeiters hängen nicht nur vom Betriebsklima und anderen Rahmenbedingungen des Unternehmens ab, sondern sie sind auch dadurch bestimmt, wie der Einzelne es vermag, für sich und andere die tägliche Zusammenarbeit positiv zu gestalten.

Nur wenn es dem Mitarbeiter gelingt, sich kooperativ in den Arbeitsprozess zu integrieren, kann sich ein Klima zur Umsetzung innovativer Ideen entwickeln. Zum anderen wird der Mitarbeiter in dem Maße an beruflicher Zufriedenheit gewinnen, wie er seine Vorstellungen und seine Individualität bei Problemlösungen einbringen kann.

Dies verlangt vom Betrieb die Schaffung eines positiven Umfeldes und vom Einzelnen eine Lernbereitschaft und -fähigkeit im Umgang mit schwierigen Situationen. Der Vorgesetzte kann hier helfend eingreifen, um so die Sozialkompetenz des Einzelnen zu stärken.

Beispiel:
Wenn unterschiedliche Auffassungen, Meinungen und Verhaltensmuster sich unversöhnlich gegenüberstehen, kommt es im betrieblichen Alltag zu Konflikten. Die Hauptquelle aller Konflikte sind Störungen auf der Beziehungsebene. Der Industriemeister muss hier regelnd eingreifen: Er kann z. B. bei einem sich abzeichnenden Konflikt zwischen zwei Mitarbeitern zunächst in Einzelgesprächen herausarbeiten, wo die Ursachen liegen.

Mit geeigneten Fragestellungen wird er versuchen, dass der Mitarbeiter sich öffnet und seine Sicht der Dinge beschreibt:

- Wie fühlen Sie sich in dieser Situation?
- Was stört Sie?
- Was ärgert Sie?
- Welche Verhaltensweisen würden Sie von Ihrem Kollegen gerne sehen?
- Was müsste passieren, damit Sie sich wieder wohl fühlen?

→ **6.6.2**

Auf diese Weise kann der Vorgesetzte die Motiv- und Wertestruktur der einzelnen Mitarbeiter in getrennten Sitzungen herausarbeiten. Im darauf folgenden, gemeinsamen Gespräch wird er zwischen beiden Parteien den Prozess der Konfliktbewältigung moderieren. Er wird Unterschiede bewusst machen, helfen Verletzungen aufzuarbeiten und themenzentriert auf die Gestaltung tragfähiger Vereinbarungen für die Zukunft hinarbeiten. Der Meister wird dabei in keinem Fall Partei ergreifen.

Nur wenn die Interessen und (berechtigten) Wünsche beider Parteien bei der Konfliktlösung vollständig einfließen, vermeidet man eine Sieg-Niederlage-Strategie und es kann gelingen, für die Zukunft wieder eine tragfähige Arbeitsbasis zu schaffen.

Der besondere Förderungscharakter dieser Gespräche sollte für den Industriemeister auch darin liegen, den Mitarbeitern nicht nur bei der Lösung schwieriger Arbeitsituationen zu helfen. Es sollte ihm auch gelingen, Strategie und Prozess derartiger Lösungsansätze bewusst auf die Mitarbeiter zu übertragen, um so ihre Sozialkompetenz gezielt zu stärken.

Beispiel „Mobbing“:
Bei Mobbing (englisch; bedeutet soviel wie Schikanieren des anderen; bewusst oder aufgrund von Fahrlässigkeit) muss der Vorgesetzte gezielt und sofort eingreifen. Mobbing ist kein Kavaliersdelikt, sondern eine massive Verletzung der Persönlichkeit mit zum Teil schwerwiegenden Folgen: Abkehr vom Unternehmen, Krankheit, psychosomatische Störungen, Depressionen, Verlust des Arbeitsplatzes, Verlust der Entscheidungssicherheit.

03. Wie lassen sich Auswahl- und Lernprozesse miteinander verbinden?

Für den Industriemeister ist die Gestaltung von Auswahlprozessen tägliche Praxis: Dies beginnt bei der Auswahl interner Mitarbeiter oder externer Bewerber bei der Stellenbesetzung, setzt sich fort bei der Zuweisung von Arbeitsaufgaben oder Sonderprojekten, ist Gegenstand bei Beförderungsbeurteilungen und Nachfolgeüberlegungen und kann münden in die Frage arbeitsrechtlicher Sanktionierungen bei Fehlverhalten (Ermahnung, Abmahnung, Kündigung).

- Jeder Auswahlprozess bedarf der Ermittlung relevanter *Auswahlkriterien.*
- Diese müssen fassbar umschrieben sein und die Bandbreite der *Merkmalsausprägungen* muss festgelegt werden.
- Jeder Auswahlprozess ist ein *Beurteilungsvorgang* und lässt sich deshalb trennen in die Phasen: Beobachten → Beschreiben → Bewerten → Auswerten und Entscheiden → Übermitteln und Umsetzen der Entscheidung).
- Der Vorgang der Auswahl ist für den Vorgesetzten mit einer Reihe von *Hürden* verbunden (Stichworte: Beurteilungsfehler, Fehler in der Gesprächsführung).

Der Vorgesetzte kann hier seine Führungsfähigkeit verbessern, indem er zum Nutzen für sich, für den Betrieb und für den Mitarbeiter Auswahl- und Lernprozesse miteinander verknüpft:

Beispiel (Feedback-Schleife 1):
Angenommen, ein Mitarbeiter wird vom Meister für eine bestimmte Aufgabe vorgeschlagen (Auswahlvorgang), so erfolgt dies aufgrund relevanter Entscheidungsmerkmale und deren Einschätzung (z. B. Fachkönnen, Führungsfähigkeit, Istbewertung). Interessant ist im Weiteren, wie sich die Fremdeinschätzung des Mitarbeiters in der Praxis der neuen Aufgabe bewährt. Zeigt er eine hohe Einarbeitungsgeschwindigkeit? Beherrscht er seine Funktion fachlich? Kann er sich und andere organisieren? Diese Betrachtungen sollten kurzfristig angestellt werden, sind aber auch für einen längeren Beobachtungszeitraum erforderlich.

Bewältigt der Mitarbeiter seine Aufgabe positiv, so kann im Allgemeinen daraus gefolgert werden, dass die Einschätzung zum Zeitpunkt des Auswahlvorgangs treffsicher war – mit allen damit verbundenen Aspekten (Entscheidungsfähigkeit des Meisters, Auswahlinstrumente, -methoden, -merkmale, -gespräche; Umsetzung der Entscheidung).

> *Der Vorgesetzte erfährt also eine positive Rückmeldung über sein Verhalten und seine Methodenkompetenz im Auswahlvorgang.*

Im umgekehrten Fall ist er verpflichtet, den Prozess zu analysieren, Schwachstellen aufzudecken und in der täglichen Praxis bewusst zu trainieren. Die permanente Verknüpfung von Auswahlvorgängen und den hier bewusst wahrgenommenen Erfolgen oder Schwachstellen, führt zu laufenden Lernprozessen, die die Führungsfähigkeit des Vorgesetzten stützen und verbessern. Die Fähigkeit in der Bewertung anderer wird zunehmend wirklichkeitsnäher und treffsicherer.

Beispiel (Feedback-Schleife 2):
Betrachtet man den gleichen Sachverhalt aus der Sicht des Mitarbeiters so können ebenfalls Lernprozesse gemacht bzw. vom Meister bewusst initiiert werden: Der Mitarbeiter hat über sich und seine Fähigkeiten eine Meinung. Auch er wird in der Bewältigung der neuen Aufgabe weitere Erfahrungen mit sich selbst machen. Wird sein Eigenbild in der neuen Funktion zunehmend bestätigt, so wird auch er in der Selbsteinschätzung seiner eigenen Person bestärkt.

Beispiel (Verknüpfung der Feedback-Schleifen):
Der Vorgesetzte kann diese Lernprozesse (Feedback-Schleife 1 und 2) bewusst miteinander verbinden, indem er z. B.

- dem Mitarbeiter offen die Auswahlkategorien darlegt (Transparenz des Maßstabs)
- offen seine Einschätzung erläutert (Transparenz des Fremdbildes)
- Stärken und Risiken der Persönlichkeit des Mitarbeiters aus seiner Sicht beschreibt
- den Mitarbeiter anregt, seine Einschätzung der Eignung für die neue Aufgabe offen darzulegen, Bedenken zu äußern und über Stärken und Risikopotenziale zu sprechen (Transparenz des Eigenbildes)
- offen mit dem Mitarbeiter den Fall des Misserfolgs bespricht: Ursachen, Differenz von Fremd- und Eigenbild, fehlerhafte Rahmenbedingungen u. Ä.

In der bewussten Verknüpfung von Auswahl- und Lernprozesse liegt der besondere Förderungscharakter für den Mitarbeiter und für den Vorgesetzten.

04. In welcher Form sollte der Meister kulturelle Werte des Mitarbeiters bei der Förderung berücksichtigen? **→ A 4.2.2 Maslow, Herzberg, McGregor**

Beratung und Förderung kann u. a. nur dann erfolgreich sein, wenn der Vorgesetzte die Motive und die Wertestruktur des Mitarbeiters hinreichend in Erfahrung bringt, im Förderungsprozess berücksichtigt und generell dem anderen mit einer positiven Grundhaltung begegnet.

Im Einzelnen sollte sich der Meister an folgenden *Leitgedanken* orientieren:

- Den Mitarbeiter in seiner Persönlichkeit respektieren und seine Eigenarten verstehen lernen.
- Förderung heißt nicht Veränderung der Persönlichkeit.
- Dem Mitarbeiter Vertrauen entgegenbringen.
- Ihn dort abholen, wo er steht („Bahnhofsprinzip").
- Dem Mitarbeiter keine vorgefertigten Werthaltungen „überstülpen".

05. Welche generellen Möglichkeiten der Mitarbeiterförderung kann der Meister einsetzen und welche unternehmensbezogen Wirkungen lassen sich dadurch anstreben?

Möglichkeiten der Mitarbeiterförderung (genereller Überblick)	Angestrebte, potenzielle und unternehmensbezogene Wirkung
Beispiele	*Beispiele*
Ansprechen der Mitarbeitermotive und Eingehen auf die Bedürfnisse des Mitarbeiters (vgl.: Maslow, Herzberg).	Motivation der Mitarbeiter und Verbesserung eines flexiblen Einsatzes.
Verbesserung von Selbstorganisation, Lernfähigkeit, Stressstabilität u. Ä.	Reduzierung von Fluktuation und Fehlzeiten.
Vermittlung der Fähigkeit, mit Konflikte angemessen umzugehen.	Vermittlung der Fähigkeit, mit Konflikte angemessen umzugehen.
Dem Mitarbeiter die eigene Stärken bewusst machen und helfen, diese erfolgreich einzusetzen (persönliche Schwächen mildern).	Langfristig und nachhaltig: Verbesserung der Wettbewerbsfähigkeit des Unternehmens und Identifikation der Mitarbeiter mit den Unternehmenszielen.
Delegation höherwertiger Aufgaben und Übertragung von erweiterter Kompetenzen.	

7.6.2 Förderung der beruflichen Entwicklung

→ A 2.3.1

01. Wie kann der Meister die berufliche Entwicklung der Mitarbeiter fördern?

Zum überwiegenden Teil wurde diese Frage bereits in den oben dargestellten Passagen beantwortet (Überschneidung im Rahmenplan). Zusammenfassend lassen sich folgende Anforderungen an den Meister formulieren: Er sollte im Rahmen der Mitarbeiterförderungs-Prozesse

- Ein persönliches Interesse an der Entwicklung seiner Mitarbeiter haben: „Förderung ist Chefsache!"
- Die Sozialkompetenz des Mitarbeiters entwickeln helfen – insbesondere im Hinblick auf die Bewältigung schwieriger Arbeitssituationen (Hilfe zur Selbsthilfe).
- Auswahl- und Lernprozesse bei sich selbst und beim Mitarbeiter verknüpfen, Eigen- und Fremdbild bei der Mitarbeiterbeurteilung transparent gegenüberstellen und daraus Erkenntnisse für die Zukunft ableiten.
- Den Mitarbeiter als individuelle Persönlichkeit begreifen und dessen berechtigte Motiv- und Wertestruktur respektieren.
- Beim Mitarbeiter Entwicklungsenergien freilegen.
- Arbeitsbegleitende, individuelle Förderprogramme für und mit dem Mitarbeiter erstellen.
- Turnusmäßig bzw. bei auftretender Notwendigkeit Personalentwicklungs-Gespräche führen.

Anhang zum Kapitel 7. Personalentwicklung

Nachfolgend finden Sie zur Vertiefung zwei Personalentwicklungs-Konzepte, die von Lehrgangsteilnehmern in unseren Seminaren für die Praxis ihres Betriebes erarbeitet wurden; sie zeigen am konkreten Fall die Systematik der Planung, Durchführung und Evaluierung von PE-Maßnahmen:

(1) PE-Konzept – CNC-Maschine

Die Z-GmbH ist auf dem Gebiet der Metallbearbeitung tätig. Eine CNC-Maschine (Zerspanung) ist der Engpass in der Fertigung und kann derzeit nur von einem Mitarbeiter, Herrn Huber und dem Inhaber selbst bedient werden. Der Inhaber ist häufig mit neuen Akquisitionsvorhaben beschäftigt. In der Vergangenheit konnte die CNC-Maschine an fünf Tagen nicht gefahren werden, weil der Inhaber auf Geschäftsreise und Herr Huber erkrankt war. Zwei Aufträge konnten erst verspätet ausgeliefert werden. Einer der Kunden drohte damit, zukünftige Aufträge zu stornieren. Die Analyse des Sachverhalts zeigt folgenden *Ist-Zustand:*

- Eine wichtige Maschine ist der Engpass in der Fertigung.
- Die Maschine kann nur von einem Mitarbeiter bedient werden, da der Inhaber neue Projekte bearbeitet.
- Fällt der Mitarbeiter Huber aus, sind die vertraglich zugesicherten Liefertermine und damit die Existenz des Unternehmens gefährdet.

- In der betrieblichen Funktion „Fertigung“ gibt es die Erfolgsposition Zerspanung. Sie ist von strategischer Bedeutung. Aufgabe des Meisters bzw. des Inhabers ist es, diese kritische Situation zu beheben. Nachfolgend wird eine mögliche Lösungsvariante dargestellt:

1. ***Ermittlung des PE-Bedarfs*:**
   - Es wird für die Bedienung der CNC-Maschine eine *Aufgabenbeschreibung* erstellt.
   - Aus der Aufgabenbeschreibung wird das *Anforderungsprofil* abgeleitet; dabei wird zwischen fachlichen und persönlichen Anforderungen unterschieden.
   - Da das Unternehmen keine Ausbildung im gewerblichen Bereich durchführt, soll ein Mitarbeiter extern beschafft und eingearbeitet werden; aufgrund des hohen Einarbeitungsaufwandes und wegen der Bedeutung der Erfolgsposition ist eine Kündigungsfrist von drei Monaten vorzusehen.

2. ***Zielsetzung:***

   In der nächsten Periode ist ein geeigneter Mitarbeiter innerhalb von drei Monaten extern zu beschaffen und einzuarbeiten.

3. ***Planung der PE-Maßnahmen:***

   Die Einarbeitung wird von Herrn Huber und dem Inhaber vorgenommen. Der Inhaber hat sich verpflichtet, dafür entsprechende Zeiträume zu planen. Die Einarbeitung soll innerhalb von drei Monaten abgeschlossen sein.

   Die PE-Maßnahmen orientieren sich an der Defizitanalyse, d. h. der Differenz zwischen dem Anforderungsprofil der Stelle „CNC-Maschine“ und dem Eignungsprofil des externen Kandidaten. Ein Einarbeitsplan ist zu erstellen: Einzelmaßnahmen, Zeiten, Inhalte, Orte, Verantwortlichkeiten, detaillierte Lernziele.

4. ***Durchführung der PE-Maßnahmen:***

   Auswahl und Einarbeitung des neuen Mitarbeiters werden vom Inhaber und Herrn Huber durchgeführt. Herr Huber wird sich bei Abweichungen vom PE-Plan mit dem Inhaber über geeignete Korrekturmaßnahmen verständigen.

   Die Einarbeitung wird zum Teil beim Hersteller der CNC-Fräsmaschine und zum Teil vor Ort im Betrieb durchgeführt.

5. ***Evaluierung (Kontrolle) der PE-Maßnahmen:***
   - Kontrolle des Lernerfolges beim Lieferanten (Theorie und Praxis; Prüfung mit Zertifikat)
   - Kontrolle des Anwendungserfolges vor Ort durch den Inhaber und Herrn Huber (Erreichung der vorher definierten Lernziele)

(2) PE-Konzept – Schaltberechtigung für 110 KV-Anlagen

1. ***PE-Bedarf:***
   In einem Unternehmen der Energieversorgung ist ein Mitarbeiter für die genannte Berechtigung zu qualifizieren.

2. ***PE-Ziel:***
   Der Mitarbeiter soll nach Durchführung in der Lage sein, die genannten Schaltungen fehlerfrei und selbstständig durchführen zu können.

3. ***PE-Maßnahmen/Methoden:***
   Die Schulung soll 14-tägig in der Kraftwerksschule in Essen mit anschließender Zertifikatsprüfung durchgeführt werden.

4. ***PE-Durchführung:*** wie geplant

5. ***Evaluierung:***
   Lernerfolg: → Bestehen der Zertifikatsprüfung
   Anwendungserfolg: → Der Mitarbeiter muss in der Praxis mehrfach unter Aufsicht des vorgesetzten Meisters die Schaltungen fehlerfrei und sicher durchführen.

8. Qualitätsmanagement

Prüfungsanforderungen

Im Qualifikationsschwerpunkt Qualitätsmanagement soll der Prüfungsteilnehmer nachweisen, dass er in der Lage ist,

- die Qualitätsziele durch Anwendung entsprechender Methoden und die Beeinflussung des Qualitätsbewusstseins der Mitarbeiter und Mitarbeiterinnen zu sichern sowie
- bei der Realisierung eines Qualitätsmanagementsystems und bei dessen Verbesserung und Weiterentwicklung mitzuwirken.

Qualifikationsschwerpunkt Qualitätsmanagement
- Überblick -

- 8.1 Einfluss des Qualitätsmanagements auf das Unternehmen und die Funktionsfelder
- 8.2 Förderung des Qualitätsbewusstseins der Mitarbeiter
- 8.3 Methoden zur Sicherung und Verbesserung der Qualität
- 8.4 Kontinuierliche Umsetzung der Qualitätsmanagementziele

8.1 Einfluss des Qualitätsmanagements auf das Unternehmen und auf die Handlungen in den Funktionsfeldern

8.1.1 Bedeutung, Funktion und Aufgaben von Qualitätsmanagementsystemen

01. Was ist ein Qualitätsmanagementsystem?

Die Einführung eines Qualitätsmanagementsystems ist eine strategische Entscheidung für eine Organisation. Ein Qualitätsmanagement ist die festgelegte Methode der Unternehmensführung, an der sich das Qualitätsmanagement orientiert. Ein QM-System stellt sicher, dass die Qualität der Prozesse und Verfahren geprüft und kontinuierlich verbessert wird. Ziel eines QM-Systems ist die dauerhafte Verbesserung der Prozesse innerhalb des Unternehmens.

02. Was ist das Ziel eines Qualitätsmanagementsystems?

- Steigerung der Unternehmens-Effizienz und der Qualitätsfähigkeit in allen Bereichen und Prozessen des Unternehmens
- Schaffung von umfassenden Voraussetzungen zur Realisierung einer anforderungsgerechten Produktbeschaffenheit
- Festigung des Qualitätsgedankens bei allen Mitarbeitern
- Verbesserung der Kundenzufriedenheit.

03. Was ist die Aufgabe eines Qualitätsmanagementsystems?

Durchsetzung des Qualitätsmanagements zur Verbesserung der Produktqualität durch

- gezielte Fehlervermeidung
- frühzeitige Ermittlung möglicher Fehlerursachen und ganzheitliche Fehlererfassung und Auswertung
- umfassende Fehlererkennung und effektive Fehlerbeseitigung.

04. Welche Bedeutung hat ein Qualitätsmanagementsystem für das Unternehmen?

- *Interne Bedeutung:*
  - eindeutige Organisationsstruktur
  - klare Verantwortlichkeiten und Zuständigkeiten
  - geregelte Abläufe und Verfahren.

- *Externe Bedeutung:*
  - Erhöhung der Akzeptanz des Unternehmens auf dem Markt und bei den Kunden
  - Imagesteigerung.

Die führenden Branchen in der Anwendung von Qualitätsmanagementsystemen sind weltweit die Unternehmen der Luftfahrt- und Fahrzeugindustrie sowie ihre Zulieferer, wie z. B. Webasto (Fahrzeugheizungen, Schiebedächer), Bosch (Steuergeräte), Hella (Elektrik, Leuchten) u. a.

05. Wie wirkt das Qualitätsmanagement auf den kontinuierlichen Verbesserungsprozess?

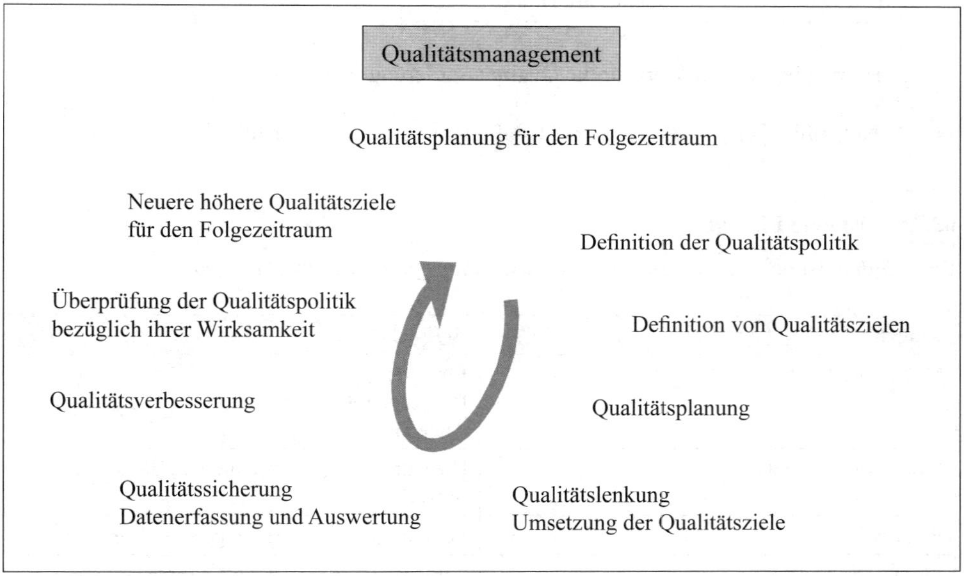

06. Welchen Einfluss hat das Qualitätsmanagementsystem auf die Kunden-Lieferanten-Kette?

Die Globalität eines Qualitätsmanagementsystems schließt sämtliche Kunden-Lieferanten-Beziehungen mit ein und wirkt als permanente, intensive Wechselbeziehung zwischen ihnen.

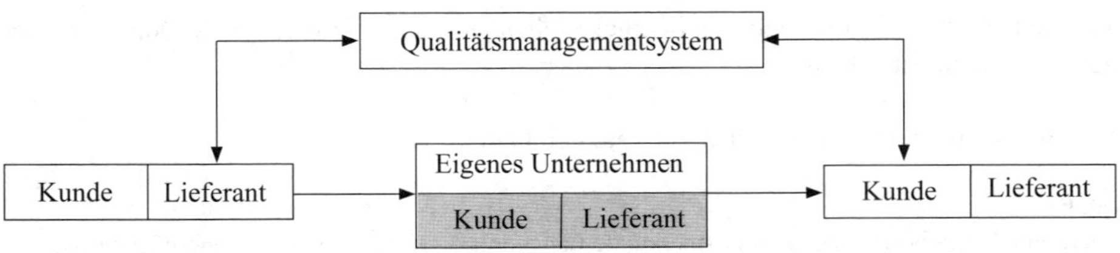

07. Was ist Qualität?

Die DIN EN ISO 8402 definiert die Qualität als *„realisierte Beschaffenheit einer Einheit bezüglich der Einzelanforderungen an diese“.*

Der Qualitätsbegriff vereint also die Begriffe *Beschaffenheit, Einheit* und *Qualitätsanforderung.*

Qualität ist demnach *nicht* das Maximum an Realisierbarkeit, sondern *die korrekte Realisierung der für eine Einheit definierten Qualitätsforderungen.*

$$\text{Qualität}_{\text{Einheit}} = \frac{\text{Realisierte Beschaffenheit}}{\text{Qualitätsforderung}} \cdot 100$$

→ Hierbei beträgt der Wert für die Qualitätsforderung *immer* 100.

→ Ist $\text{Qualität}_{\text{Einheit}} < 100\ \%$, ist die Qualitätsforderung *nicht* erfüllt.

08. Was ist eine Einheit?

Eine *Einheit* ist der *Gegenstand* und die *Basis aller Qualitätsbetrachtungen.*

Einheit	Beispiel
Materielles Produkt	Einzelteil (Zahnrad) Baugruppe (Getriebe) Angebotsprodukt (Auto)
Immaterielles Produkt	Dienstleistung (Raumreinigung, Beratung, Software)
Prozess	Fertigungsprozess (Montage einer Kamera)
Verfahren	Arbeitsverfahren (Blechumformung)
Organisation	Servicebereich (Informationsfluss)
Person	Monteur, Dreher, Abteilungsleiter

09. Was ist ein Qualitätsmerkmal?

Ein Qualitätsmerkmal ist die Eigenschaft einer Einheit, auf deren Grundlage die Qualität dieser Einheit beurteilt werden kann.

Eine Einheit kann mehrere Qualitätsmerkmale beinhalten.

Beispiel:
Eine gedrehte Welle besitzt die Qualitätsmerkmale Längenmaß, Durchmesser und Oberflächenrauheit.

10. Wodurch sind die Anforderungsmerkmale gekennzeichnet?

Anforderungsmerkmal = Beschaffenheitsmerkmal

Merkmalsklassen
(in Anlehnung an
DIN EN ISO 9000: 2015)

- *Funktionale Merkmale*
  Geschwindigkeit, erreichbare Temperatur
- *Ergonomische Merkmale*
  Anwendungsfreundlichkeit, Handhabungssicherheit
- *Physische Merkmale*
  stoffliche Beschaffenheit, Eigenschaften
- *Sensorische Merkmale*
  audio und visuell, Geruch, Berührung, Geschmack
- *Verhaltensbezogene Merkmale*
  personenbezogen: Offenheit, Ehrlichkeit
  objektbezogen: Veränderungsverhalten bei geänderten Bedingungen
- *Ökonomische Merkmale*
  Beschaffungskosten, Betriebskosten, Entsorgungskosten
- *Umweltbezogene Merkmale*
  Gefahrstoff, Schadstoffemission, Umweltverträglichkeit
- *Statusbezogene Merkmale*
  Markenbewusstsein, Image
- *Zeitraumbezogene Merkmale*
  Zuverlässigkeit, Lebensdauer, Wartungsfreundlichkeit
- *Zeitpunktbezogene Merkmale*
  Verfügbarkeit, Pünktlichkeit

11. Welche Faktoren beeinflussen den Prozess im Arbeitssystem?

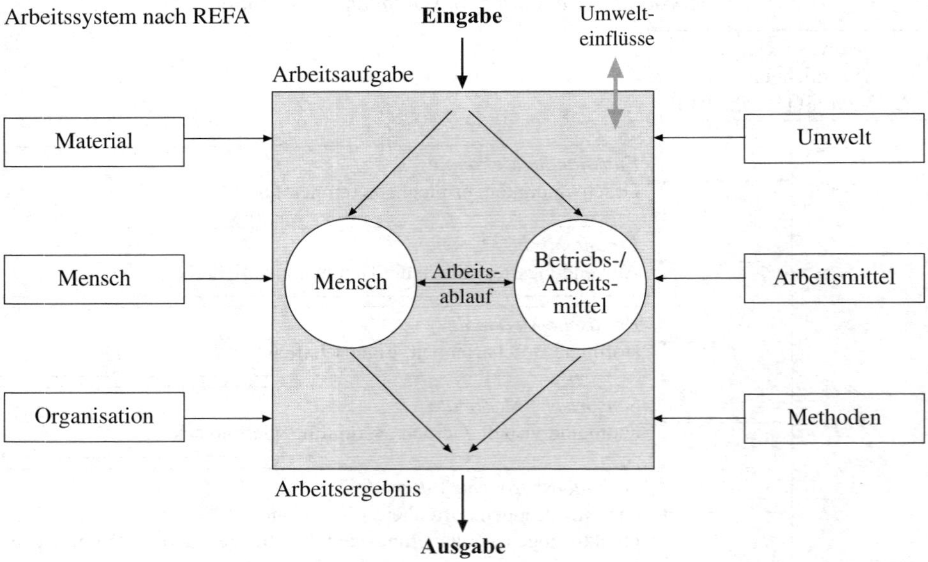

12. Wer definiert die Qualitätsforderungen an eine Einheit?

Forderer	Ursachen
Kunde (z. B. Handel, Endkunde, Verbraucher)	• Entwicklungs- und Modetrends • Geändertes Anspruchsdenken • Preisbewusstsein • Zeitgeist • Mangelhafter Service
Markt	• Moralischer Verschleiß des Produktes • Konkurrenzvergleich • Anpassung an Regionalmärkte • Neue Technologien und Materialien
Produktlebenszyklus	• Erforderliche Produktverbesserung • Materialsubstitution • Rationalisierung der Prozesse
Gesetzliche Regelungen	• Umweltgesetze • Zulassungs- und Betriebsbestimmungen • Arbeitsschutzvorschriften

13. Was ist ein Qualitätsregelkreis?

Der *Qualitätsregelkreis* ist ein Prozessablauf zur Feststellung von Anforderungsabweichungen und Einleitung von Regulierungsmaßnahmen für eine Einheit.

14. Wie ist die Wirkungsweise eines Qualitätsregelkreises?

Ähnlich der Wirkungsweise des Qualitätsmanagements im kontinuierlichen Verbesserungsprozess wirkt der Qualitätsregelkreis konkret auf die betreffende Einheit:

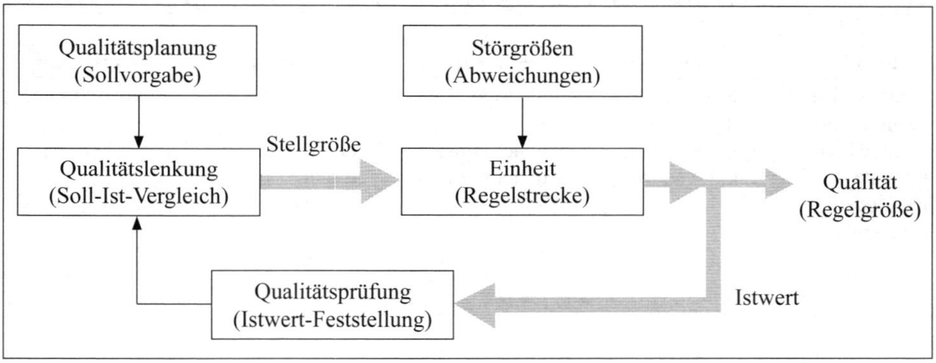

15. Welcher Zusammenhang besteht zwischen Wirtschaftlichkeit und Qualitätsmanagement?

Alle Prozesse eines Unternehmens unterliegen den Anforderungen des Prinzips „Wirtschaftlichkeit".

Diese Anforderungen kennzeichnen die Qualität der Prozesse.

Die durch Störungen entstehenden Abweichungen und deren Beseitigung führen zu (ungeplanten) Mehrkosten und beeinträchtigen damit die Wirtschaftlichkeit der Prozesse.

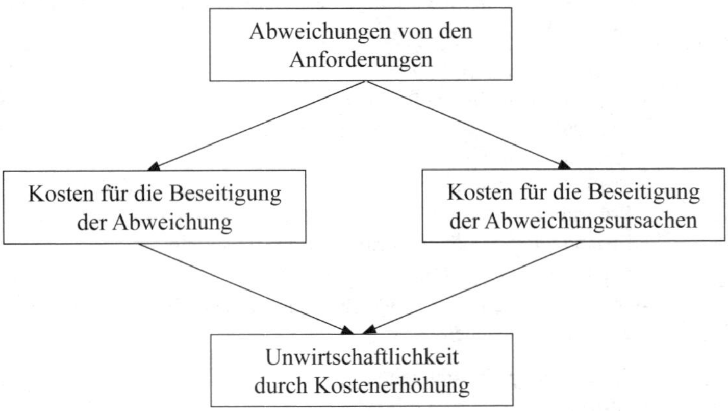

Die Wirtschaftlichkeit eines Unternehmens wird durch die konsequente Anwendung des Qualitätsmanagements nachhaltig verbessert.

16. Wann beginnt die Beeinflussung des Unternehmens durch das Qualitätsmanagement?

Durch seine umfassende, auf die gesamte Organisation bezogene Wirkungsweise nimmt das Qualitätsmanagement bereits auf die Zielsetzungen eines Unternehmens direkten Einfluss:

Einfluss des Qualitätsmanagement auf die Unternehmensziele

Kunde	**Innovation**	**Finanzen**	**Prozess**	**Mitarbeiter**
• günstiger Preis • Termintreue • geringe Fehlerquote • Kundenzufriedenheit	• Produktinnovation • Prozessinnovation	• niedrige Kosten • hoher Umsatz • hoher Gewinn	• Kapazitätsauslastung • hohe Produktivität • geringe Fehlerquote • Vorgabenerfüllung	• Qualifizierung

17. Was sind Qualitätskosten?

Qualitätskosten **sind – in Anlehnung an DGQ (Deutsche Gesellschaft für Qualität) und DIN 55350 – die** *Summe aller Kosten zur Fehlerverhütung, Kosten der planmäßigen Qualitätsprüfungen, Fehlerkosten, Fehlerfolgekosten* **und** *Darlegungskosten:*

Fehlerverhütungskosten	sind Kosten für die vorbeugende Qualitätssicherung, z. B.: • Qualitätsmanagement • Fähigkeitsuntersuchungen • Durchführbarkeitsuntersuchungen • Lieferantenbeurteilungen • Qualitätsförderungsmaßnahmen • Prüfplanung.
Prüfkosten	sind Kosten für alle planmäßigen Qualitätsprüfungen in den laufenden Prozessen, z. B.: • Wareneingangsprüfung • fertigungsbegleitende Prüfung • Endprüfung • Abnahmeprüfung • Prüfdokumentationen • Prüfmittel • Instandhaltung und Überprüfung von Prüfmitteln • Qualitätsuntersuchungen und -gutachten.
Fehlerkosten	sind Kosten, die durch Abweichungen von den Qualitätsanforderungen an eine Einheit entstehen, z. B.: • fehlerbedingte Ausfallzeiten • Ausschuss • Wertminderung.

Fehlerfolgekosten	sind Kosten, die aus der Fehlerbehebung und Fehlerauswertung entstehen, z. B.: • Nacharbeit, innerhalb und außerhalb des Unternehmens • Aussortieren • Garantieleistungen • Rückrufaktionen • Fehlerursachenanalyse.
Darlegungskosten	sind Kosten für externe Qualitätsaudits und Zertifizierungen.

18. Welche Kostenbestimmung lässt sich nach Leistungsarten von Prozessen vornehmen?

Kostenbestimmung nach Leistungsarten

Nutzleistung	**Stützleistung**	**Blindleistung**	**Fehlleistung**
• Bearbeitung • Montage • Abwicklung • Einkauf • Verkauf	• Transport • Wareneingang • Zwischenprüfung • Rüsten • Werkzeugwechsel	• Zwischenlagerung • Transport von Puffer zu Puffern • Konstruktionsänderung	• Nacharbeit • Ausschuss • Fehlerfolgen • Sortierprüfung • Störungen (intern und extern)

Der Wirkungsgrand der Prozesse μ lässt sich demzufolge berechnen als:

$$\mu = \frac{\text{Nutzleistung}}{\text{(Nutz- + Stütz- + Blind- + Fehl-)leistung}}$$

Quelle: www.wzl.rwth-aachen.de

19. Wie lassen sich Qualitätskosten durch das Qualitätsmanagement reduzieren?

Die *Erfassung und Auswertung der Qualitäts(kosten)kennzahlen* gibt Auskunft über die Wirksamkeit des Qualitätsmanagements. Aus den Ergebnissen werden Trends und Ansatzpunkte erkennbar, die auf technische, organisatorische oder personelle Schwachstellen hinweisen. Durch *Kostenanalysen* werden diese Schwachstellen identifiziert und durch Maßnahmen der Qualitätslenkung bereinigt.

20. Wie lassen sich Qualitätskosten strukturiert darstellen?

• *Zeitliche Zusammenfassung:*
  Darstellung der Qualitätskosten eines definierten Zeitraumes (Woche, Monat, Jahr)

• *Zeitliche Entwicklung:*
  Darstellung der Zusammenfassungen über eine Zeitschiene (Monatsvergleich, Quartalsvergleich)

• *Zusammenfassung nach Struktureinheiten:*
  Darstellung der Qualitätskosten von Struktureinheiten (Geschäftsbereiche, Abteilungen, Kostenstellen)

- *Schwerpunkt-Betrachtung:*
  Darstellung der Qualitätskosten bestimmter Schwerpunkte (Anlieferqualität, Nacharbeit, Ausschuss)

Für den Vergleich von Qualitätskosten, z. B. von Kostenstellen, ist es unbedingt erforderlich, eine einheitliche Bezugsbasis zu verwenden, z. B. gleicher Erfassungszeitraum.

21. Was ist ein Fehler?

Nach DIN EN ISO 9000:2015 ist ein Fehler die „*Nichterfüllung einer Anforderung*".

Dabei kann der Begriff „Nichterfüllung" eine oder auch mehrere Qualitätsmerkmale umfassen, einschließlich Zuverlässigkeitsmerkmale sowie auch deren Nichtvorhandensein.

22. Welche Fehlerarten gibt es?

Die DIN ISO 2859 definiert folgende Fehlerarten:

- *Kritischer Fehler:*
  Ist – *personenbezogen* – ein Fehler, von dem anzunehmen oder bekannt ist, dass er für Personen, die mit der fehlerhaften Einheit umgehen (z. B. Benutzung oder Instandhaltung), *gefährliche oder unsichere Situationen* schafft.

  Ist – *sachbezogen* – ein Fehler, von dem anzunehmen oder bekannt ist, dass er die *Erfüllung der Funktion* einer größeren Einheit (z. B. Lokomotive oder Schiff) *verhindert.*

- *Hauptfehler:*
  Ist ein *nicht kritischer* Fehler, der voraussichtlich die *Brauchbarkeit* der betreffenden Einheit für den eigentlichen Verwendungszweck *wesentlich herabsetzt* oder zu einem *Ausfall* der Einheit führt.

- *Nebenfehler:*
  Ist ein Fehler, der voraussichtlich den *Gebrauch* oder den *Betrieb* der Einheit nur *geringfügig beeinflusst* oder den Verwendungszweck nur *unwesentlich herabsetzt.*

23. Was sind mögliche Fehlerursachen?

Ursachen-Beispiele, die zu einem Fehler führen können:

Bedienungsfehler, Beschädigung, Einstellfehler, Korrosion, falsche Arbeitsunterlagen, falscher Arbeitsablauf, fehlende Schmierung, Materialermüdung, Unachtsamkeit, Verschleiß.

24. Was sind mögliche Fehlerfolgen?

Beispiele *für Fehlerauswirkungen*:

Ausschuss, Brandgefahr, erhöhter Verbrauch, Funktionsaussetzer, Kurzschluss, Leistungsabfall, Maßabweichung, Nacharbeit, Risse, Stillstand, Undichtheit, Verunreinigung.

25. Was bezeichnet man als „Null-Fehler-Strategie"?

Es ist praktisch unmöglich, dauerhaft eine 100%ige Fehlerfreiheit zu erreichen. Dazu sind viele der Einflussfaktoren wenig oder gar nicht kalkulierbar.

Die Null-Fehler-Strategie versucht, im Rahmen des Qualitätsmanagementsystems, alle Maßnahmen zu ergreifen, um sich in einem permanenten Prozess diesem Ziel (100 % Fehlerfreiheit) *weitestgehend zu nähern.*

26. Was bedeutet 99,9 % Fehlerfreiheit?

99,9 % Qualität bedeutet[1],

- eine Stunde je Monat unsauberes Wasser trinken müssen,
- 500 falsch vorgenommene chirurgische Eingriffe pro Woche,
- 16.000 verlorene Postsendungen pro Tag,
- 19.000 bei ihrer Geburt vom Arzt fallen gelassene Neugeborene,
- 20.000 falsche Medikamentenverordnungen pro Jahr,
- 22.000 von falschen Konten gebuchte Schecks pro Stunde

oder, ganz allgemein gültig, dass der Herzschlag eines Menschen 32000 Mal im Jahr aussetzen würde.

27. Wodurch unterscheiden sich Fehlerverhütung und Fehlerentdeckung?

- Die *Fehlerverhütung* beinhaltet alle Maßnahmen, die Fehlerursachen von vorn herein ausschließen und eine Fehlerentstehung verhindern. Sie wird vorrangig bei der Produktplanung und Entwicklung sowie im Rahmen der Vorbereitung und Umsetzung des Produkt-Realisierungsprozesses betrieben.

- Die *Fehlerentdeckung* ist das Erkennen oder Bemerken eines bereits vorhandenen Fehlers. Damit ist die Fehlerentdeckung die letzte Möglichkeit, die sich für eine Fehlerbeseitigung bietet. Der schlimmste Fall ist hierbei die Fehlerentdeckung durch den Kunden.

---

[1] Die Beispiele nach J. Dewar, QCI International basieren auf Erhebungsdaten der USA.

28. Wie stellen sich die Fehlerkosten im Produktentstehungs- und Realisierungsprozess dar?

Je früher in einem Produktentwicklungsprozess die Fehlermöglichkeiten beeinflusst und reduziert oder vermieden werden, desto geringer werden die Fehlerkosten sein. Die „teuersten" Fehler sind die, die durch den Kunden entdeckt werden.

Hier gilt beispielhaft die *Zehnerregel* der Fehlerkosten (nach Pfeifer):

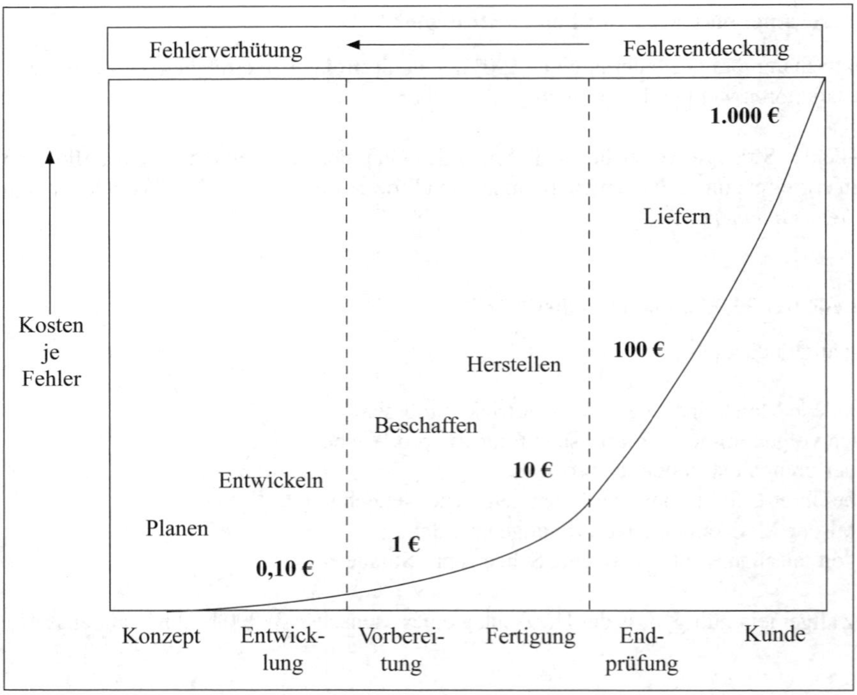

29. Worauf basieren Qualitätsmanagementsysteme (QM-Systeme)?

Qualitätsmanagementsysteme basieren auf nationalen oder internationalen Normen und Standards. Diese sind branchenbezogen oder allgemein anwendbar. Eine Verknüpfung unterschiedlicher Normen zu einer gemeinsamen Basis für ein Qualitätsmanagementsystem eines definierten Unternehmens ist möglich und in bestimmten Branchen, z. B. der Fahrzeugindustrie, gefordert. Daraus wird erkennbar, dass die angestrebte *Qualitätsphilosophie* in der Regel das *Totale Qualitätsmanagement (TQM)* ist.

Nach der Definition der Deutschen Gesellschaft für Qualität (DGQ) ist das TQM eine „auf der Mitwirkung aller Mitglieder beruhende Führungsmethode einer Organisation, die Qualität in den Mittelpunkt stellt …".

30. Welchen Inhalt haben die Normen der ISO 9000:2005 bis 9004:2008?

- *DIN EN ISO 9000:2015*
  beschreibt die Grundlagen für QM-Systeme und legt die Terminologie fest.

- *DIN EN ISO 9001:2015*
  legt Anforderungen an QM-Systeme fest, die für interne Anwendungen oder für Zertifizierungs- bzw. Vertragszwecke verwendet werden können.

- *DIN EN ISO 9004:2009*
  ist der „Leitfaden zur Leistungsverbesserung von QM-Systemen“ (Erläuterungen und Ergänzungen zur ISO 9001:2008).

- *DIN EN ISO 19011*
  stellt eine Anleitung für das Auditieren von Qualitäts- und Umweltmanagementsystemen bereit.

31. Welche allgemein gültigen Normen sind für ein QM-System maßgebend?

Norm	Erläuterung
DIN EN ISO 9000:2015 bis 9004:2009; umgangssprachlich wird nur der Begriff „ISO 9000“ verwendet.	Abgestuftes, universelles internationales Normenwerk als Grundlage und Leitfaden zur Realisierung eines wirksamen QM-Systems. Gilt als weltweite qualitätsbezogene Bewertungsbasis von Unternehmen.
DIN EN ISO 14001	International gültiger Forderungskatalog für ein systematisches Umweltmanagement (UM). Wird im Rahmen des TQM voll in das Qualitätsmanagement integriert.

32. Was sind Branchenstandards?

Branchenstandards sind Normen mit branchenbezogener Anwendung, die nationale oder internationale Gültigkeit besitzen können. Sie wirken häufig in Verbindung/auf der Grundlage der allgemeingültigen Qualitätsnormen.

Beispiel Fahrzeugbranche:

Norm	Erläuterung
QS 9000	Qualitätsstandard der amerikanischen und europäischen Automobilindustrie
VDA 6.1	Deutsches Regelwerk der Automobil-industrie. Es basiert auf der Norm QS 9000 und bezieht sich auf die Zulieferer der Branche. Es beinhaltet u. a. umfassende Auditierungen (Überprüfungen) von Pro-zessen *und* Produkten.
ISO/TS 16949:2002	Weltweit einheitlicher technischer Standard (TS) zur Realisierung einheitlicher QM-Systeme in der Automobilindustrie. Er basiert auf der DIN EN ISO 9001:2015.

33. Warum ist die ISO 9001:2015 von zentraler Bedeutung für QM-Systeme?

Die ISO 9001:2015 stellt mit ihren Anforderungen den direkten Bezug zur Umsetzung eines QM-Systems im Unternehmen dar.

In dieser Norm werden definiert:

- das *Qualitätsmanagementsystem* als solches,
- dessen grundlegende Dokumentation, das *„Qualitätsmanagementhandbuch“,*
- die *Verantwortung der Leitung,*
- das *Management von Ressourcen,*
- die *Produktrealisierung* und
- die *Messung, Analyse und Verbesserung.*

34. Wie werden die unterschiedlichen Qualitätsmanagement-Anforderungen der Unternehmen in der ISO 9001:2015 berücksichtigt?

Die Unternehmen haben unterschiedliche Voraussetzungen, die eine vergleichbare Anwendung eines QM-Systems mit einheitlichen Anforderungen erschweren. Diese Voraussetzungen können z. B. bedingt sein durch die Betriebsstruktur, die Produktpalette oder die Einbindung des Unternehmens in übergeordnete Organisationsstrukturen.

In der ISO 9001:2015 werden diese unterschiedlichen Voraussetzungen durch drei entsprechende Anwendungsmodule berücksichtigt. Unternehmen, die ein QM-System anwenden wollen, müssen sich gemäß der Definition dieser Module einordnen.

35. Wodurch sind die drei Module der ISO 9001:2015 gekennzeichnet?

Die ISO 9001:2015 unterscheidet die Module *E, D* und *H* mit folgenden Anwendungsbereichen eines Unternehmens oder einer Organisation:

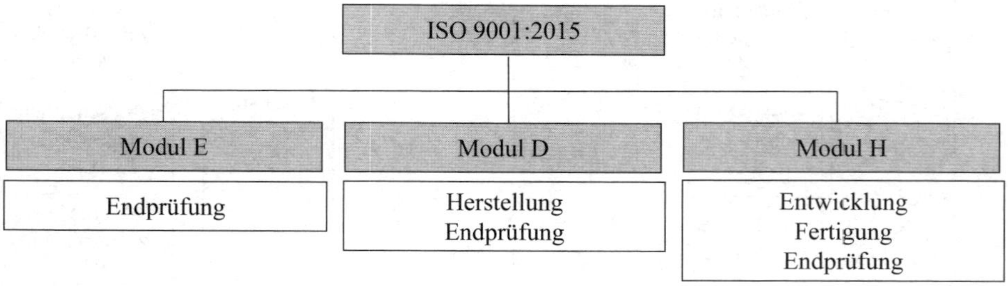

Beispiele:

1. Ein Unternehmen, dessen Organisationsstruktur alle Bereiche (Entwicklung, Fertigung, Endprüfung) umfasst, hat das *QM-System entsprechend Modul H* anzuwenden und die betreffenden Anforderungen zu erfüllen.
2. Ein Unternehmen, das z. B. ein reiner Montagebetrieb ist und keinen eigenen Entwicklungsbereich hat, kann sein *QM-System* „nur“ *entsprechend Modul D* anwenden.
3. Bietet ein Unternehmen Dienstleistungen an, bei denen nur die Endergebnisse kontrolliert werden, so ist das *QM-System nach Modul E* anzuwenden.

36. Wie ist die Prozessvalidierung nach ISO 9001:2015 definiert?

Die Prozessvalidierung ist die *Feststellung der Zuverlässigkeit* eines Prozesses. Sie ist also ein *Fähigkeitsnachweis* darüber, dass der Prozess in der Lage ist, die geplanten Ergebnisse dauerhaft und reproduzierbar zu erreichen.

37. Was ist das EFQM-Modell und wodurch ist es gekennzeichnet?

Das EFQM-Modell ist das TQM-Modell der European Foundation For Quality Management (Europäische Gesellschaft für Qualitätsmanagement).

Das Modell definiert sich über die Unterscheidung zwischen *„Befähiger“* und *„Ergebnisse“*. Es weist damit der Unternehmensführung die Schlüsselrolle als „Befähiger“ zu. Weiterhin enthält es eine festgelegte prozentuale Bewertungsmatrix, deren maximale Erreichbarkeit 100 % beträgt. Dieses Ziel ist praktisch kaum erreichbar.

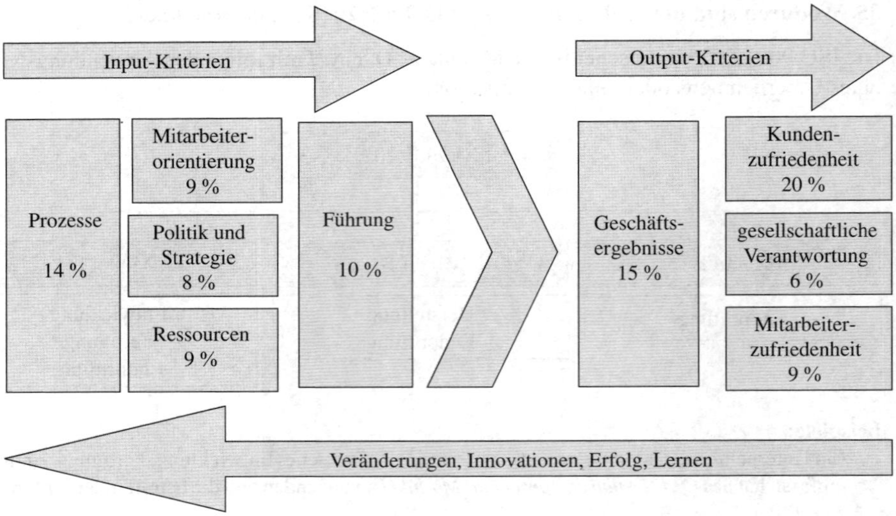

38. Worin unterscheiden sich die DIN EN ISO 9000:2015 ff. und das EFQM-Modell?

DIN EN ISO 9000:2015 ff.	EFQM - Modell
• Konkret formulierte, allgemein gültige Anforderungen • Stellt festgeschriebene Mindestanfor- derungen dar • Weltweite Verbreitung und Anwendung	• Weniger konkretisiert, aber umfassender im Ansatz • Wirkt als dynamisches Bewertungssystem • Geringere Verbreitung, vorwiegend im EU-Raum

Die Bewertungsergebnisse beider QM-Systeme sind *nicht vergleichbar*. Da das EFQM-Modell schon in der Systemstruktur von der ISO 9000:2015 ff. grundlegend abweicht, würde im direkten Vergleich der Erfüllungsgrad nach ISO 9000:2015 ff. dem Erfüllungsgrad des EFQM-Modells nur zu etwa 30 % entsprechen.

39. Welche Gesetze, Normen und Regelwerte gibt es im Bereich der Qualitätssicherung?

Gesetze, Normen und Regelwerke zur Qualitätssicherung		
Abkürzung	Kurzbeschreibung	Fundstelle
ProdHaftG	Regelung der verschuldensunabhängigen Haftung der Produzenten für Personen und Sachschäden (Gefährdungshaftung) für das Inverkehrbringen von Produkten.	4.4.2
ProdSG	Das Produktsicherheitsgesetz (ProdSG) setzt die Produktsicherheitsrichtlinie 2001/95/EG in deutsches Recht um. Technische Arbeitsmittel und Verbraucherprodukte müssen so beschaffen sein, dass sie bei bestimmungsgemäßer Verwendung den Benutzer nicht gefährden. In die Pflicht genommen werden Hersteller, Inverkehrbringer und Aussteller der Produkte.	14.2.3
BGB	Deliktische Haftung nach § 823 Abs. 1 BGB	4.4.2
DIN EN ISO 9000:2015 ff.	• *DIN EN ISO 9000:2015* Grundlagen und Begriffe von QM-Systemen, Leitfaden für die Anwendung von Computer-Software • *DIN EN ISO 9001:2015* Anforderungen an die QM-Systeme • *DIN EN ISO 9004:2009* Leitfaden zur Verbesserung von QM-Systemen und für Dienstleistungen	
DIN 55350	Beschreibung der Qualitätskosten; in Anlehnung an DGQ.	
DIN ISO 2859	Beschreibung der Fehlerarten	
DIN 24524 Teil 1	Fehlerbaumanalyse	
DIN 13191	Definition: Kalibrieren eines Systems	
DIN EN ISO 14001	International gültiger Forderungskatalog für ein systematisches Umweltmanagement (UM). Wird im Rahmen des TQM voll in das Qualitätsmanagement integriert.	8.3
ISO 4802, DGQ	Definition der Qualitätssicherung	
DGQ-Schriften	Definition von TQM	
ISO/TR 10017	Auswahl und Anwendung statistischer Methoden	
ISO/IEC 17000 **EN 45012**	Anforderungen an Stellen, die QM-Systeme begutachten und zertifizieren.	
ISO/TS 16949:2002	Weltweit einheitlicher technischer Standard (TS) zur Realisierung einheitlicher QM-Systeme in der Automobilindustrie. Er basiert auf der DIN EN ISO 9001:2015.	
QS 9000	Qualitätsstandard der amerikanischen und europäischen Automobilindustrie.	
TE 9000	Leitfaden zur Anwendung der QS 9000 für Organisationen, die Maschinen, Anlagen und Werkzeuge bauen.	
TL 9000	QM-System für die globale Telekommunikationsindustrie	
VDA 6.1, 6.2	Deutsches Regelwerk der Automobilindustrie. Es basiert auf der Norm QS 9000 und bezieht sich auf die Zulieferer der Branche (Verband der Automobilindustrie). Richtlinie 6.1: materielle Produkte; Richtlinie 6.2: Dienstleistungen.	
HACCP	Methode der Risikoanalyse in der Lebensmittelindustrie (Hazard Analysis and Critical Controll Point)	–

8.1.2 Elemente des Qualitätsmanagements und der einsetzbaren statistischen Methoden

01. Durch welche Elemente ist das Qualitätsmanagement gekennzeichnet?

Die einzelnen *Elemente des Qualitätsmanagements* lassen sich im Wesentlichen *in drei Gruppen* einteilen. Hierbei gelten die Führungselemente nach DIN 55350 als das Regelwerk für die Umsetzung der Qualitätspolitik in einem Unternehmen. Die prozessbezogenen Gruppen orientieren sich auf die Prozesse der Produktentstehung und des Produktlebenslaufes.

Qualitätsmanagement

Führungselement
- Verantwortung der Leitung
- Schulung
- Produktsicherheit

Prozessübergreifende Elemente
- QM-System
- Lenkung von Dokumenten
- Kennzeichnung und Rückverfolgbarkeit der Einheiten
- Lenkung fehlerhafter Einheiten
- Korrektur- und Vorbeugungsmaßnahmen
- Qualitätsplanung
- Qualitäsprüfung
- Qualitätslenkung
- Prüfmittelüberwachung
- Lenkung von Qualitätsaufzeichnungen
- interne Qualitätsaudits
- statistische Methoden

Prozessbegleitende Elemente
- Vertragsprüfung
- Designlenkung
- Beschaffung
- Lenkung vom Kunden beigestellter Einheiten
- Prozesslenkung
- Qualitätsprüfung
- Wartung/Instandhaltung

02. Warum stellen die Führungselemente die bedeutsamste Gruppe dar?

Die Führungselemente kennzeichnen deutlich die *Verantwortung der obersten Leitung* für eine nachvollziehbare, reproduzierbare Qualitätspolitik.

Die *Verantwortlichkeit der Leitung* für das Personal hinsichtlich *Schulung* ist ebenfalls ein wesentliches Führungselement. Hierbei wird der Schulungsbedarf der Mitarbeiter *aller* Ebenen eines Unternehmens, von der Unternehmensleitung bis zum Produktionsbereich, ermittelt, dokumentiert und geplant.

03. Worin liegt die Bedeutung der Produktsicherheit?

Die *Produktsicherheit* als Führungselement erhält ihre Bedeutung durch die technische Dokumentation, in der der Bezug zu Sicherheitsbestimmungen, Gesetzen, Vorschriften und

Normen herzustellen ist. Die Bedeutung wird erkennbar, wenn z. B. durch Unklarheiten in Bedienungs- oder Instandhaltungsanweisungen gefährliche Situationen für die betreffende Person entstehen können bzw. Fehlinterpretationen zum Funktionsausfall des Produktes führen.

04. Welche Dokumentationsebenen gibt es in einem QM-System?

Ebene	Art der Dokumentation
• Oberste Leitungsebene • Führungsebene • Ausführungsebene • Alle Ebenen	• Qualitätsmanagementhandbuch • Verfahrensanweisungen • Arbeitsanweisungen • Qualitätsaufzeichnungen

05. Durch welches Instrumentarium wird die Wirksamkeit des Qualitätsmanagements auf das gesamte Unternehmen erreicht?

Durch das *Qualitätsmanagementhandbuch.*

06. Wozu dient das Qualitätsmanagementhandbuch?

Das QM-Handbuch bildet als *Führungs- und Dokumentationsinstrument* die dokumentarische Grundlage des QM-Systems. In ihm sind enthalten

- die *Qualitätspolitik* des Unternehmens
- die *Qualitätsziele*
- der *Anwendungsbereich* des QM-Systems (Einzelheiten und Begründung für Ausschlüsse einzelner Orga-Einheiten)
- die *Organisation* zur Sicherstellung einer wirkungsvollen Planung, Lenkung und Durchführung der Prozesse, sowie der erforderlichen *Dokumente*
- die für diese Prozesse definierten *Zuständigkeiten und Verantwortlichkeiten*
- *dokumentierte Verfahren* für das QM-System
- die *Beschreibung der Wechselwirkungen der Prozesse* des QM-Systems.

07. Was ist unter „dokumentierten Verfahren" zu verstehen?

Dokumentierte Verfahren sind Verfahren des Qualitätsmanagements, die hinsichtlich der Erreichung der Qualitätsziele und der Bewertung der Ergebnisse in ihrer Gesamtheit zu dokumentieren sind.

08. Wozu dienen dokumentierte Verfahren?

Diese Verfahren dienen der Festlegung von Anforderungen, um

- potenzielle Fehler festzustellen
- Fehlerursachen zu ermitteln

- das Auftreten von Fehlern zu verhindern
- dazu geeignete Maßnahmen festzulegen
- die erzielten Ergebnisse aufzuzeigen
- die Maßnahmen auf ihre Wirksamkeit zu beurteilen.

09. Ist die Erstellung eines Qualitätsmanagementhandbuches erforderlich?

Ja! Jedes Unternehmen, das mit einem QM-System arbeitet, ist verpflichtet, ein Qualitätsmanagementhandbuch zu erstellen und es permanent, entsprechend den Verbesserungs- bzw. Veränderungsprozessen, zu aktualisieren.

10. In welcher Form ist das Qualitätsmanagementhandbuch aufgebaut?

Das Managementhandbuch für Quallität ist heute meist prozessorientiert aufgebaut. Der Umfang wird vom Unternehmen festgelegt. Der Detaillierungsgrad ist in der Regel kurz und prägnant. Das Handbuch muss in schriftlicher Form erstellt werden. Es ist dem Unternehmen freigestellt, es z. B. als Datei im Intranet zu veröffentlichen.

Beispiel:

1. Inhalt, Inkraftsetzung, Ausschließung
2. Vorstellung Unternehmen
3. Begriffe Übersichten (Liste aller Dokumente)
4. Dokumente (Lenkung Dokumente und Aufzeichnungen)
5. Verantwortung der Leitung
   - Zielvorgaben
   - QM-Bewertung
   - QM-Review
6. Mittelplanung und Personal (Schulungen, Material, Arbeitsumgebung)
7. Produktion, Entwicklung
   - Produktfreigabe, Auftragsannahme
   - Arbeitsvorbereitung
   - Beschaffung, Lieferantenauswahl und -bewertung, MFU
   - Prüfmittelverwaltung, Planung
   - Fertigung, Montage, Maschinen und Instandhaltung/Wartung
   - Kennzeichnung der Produkte, Prozessüberwachung
   - Wareneingang
   - Verpackung, Lagerung, Versand
8. Analyse und Verbesserung
   - Prozessfähigkeit (PFU), Reklamationen, Korrekturmaßnahmen
   - Vorbeugemaßnahmen, Internes Audit, Lenkung fehlerhafter Produkte
   - Umgang mit Kundeneigentum

11. Worin unterscheiden sich Verfahrensanweisungen von Arbeitsanweisungen?

Eine *Verfahrensanweisung* regelt die Anwendung eines definierten Verfahrens nach einer bestimmten Methodik und die Verantwortlichkeit.

Die *Arbeitsanweisung* ist eine Untersetzung der Verfahrensanweisung bezüglich der Anwendung der Methodik mit der dazu gehörigen Verantwortlichkeit.

12. Was sind Qualitätsaufzeichnungen?

Qualitätsaufzeichnungen sind ein wesentlicher Bestandteil der Qualitätsdokumentation. Sie bilden den Nachweis über die Erfüllung der Qualitätsanforderungen und die Effektivität des QM-Systems.

Beispiele:
Fehlererfassungslisten, Prüfberichte, Auditberichte, Reviews, Qualitätsauswertungen, Gutachten, Datenbänke EDV-mäßig erfasster Qualitätsdaten.

13. Was ist unter Designlenkung zu verstehen?

Die *Lenkung des Produktentstehungsprozesses* ist ein komplexer Ablauf und beinhaltet in großem Umfang eine zum Teil sehr intensive Zusammenarbeit mit dem Kunden. Dieser Prozess kennzeichnet die Phase eines Produktes zur Erlangung der Serienreife. Hier wird der Lebenslauf des Produktes entscheidend beeinflusst.

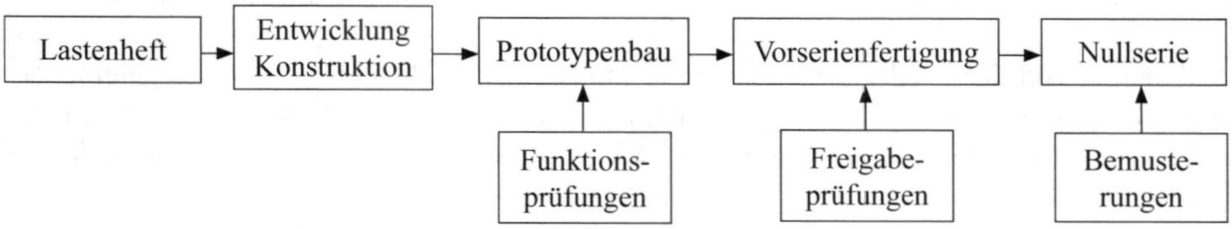

14. Wodurch beeinflusst die Designlenkung den Produktlebenslauf?

Die Beeinflussung ist durch die Qualität des Lenkungsprozesses gekennzeichnet. Wird z. B. der Produktentstehungsprozess so gelenkt, dass das Produkt die Kundenanforderungen nicht oder nur teilweise erfüllt, aber trotzdem zur Serienreife gelangt, kann das dazu führen, dass der Kunde das Produkt ablehnt.

Im schlechtesten Fall (*Worst Case*) muss das Produkt durch Rückrufaktionen nachgebessert oder ganz vom Markt genommen werden. Der geplante Produktlebenszyklus wird dadurch vorzeitig beendet; das Produkt erwirtschaftet Verluste.

15. Welcher Zusammenhang besteht zwischen der Ausfallrate eines Produkts und dem Produktlebenslauf?

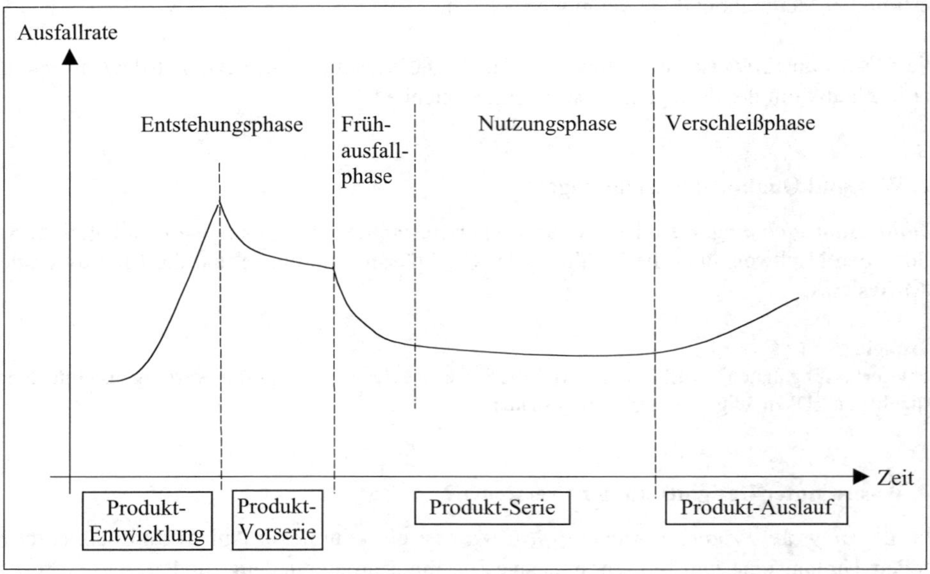

Die für den Kunden relevanten „Lebensabschnitte" eines Produktes sind die *Produkt-Serie* und der *Produkt-Auslauf*. Hier ist die Ausfallrate das Maß der Zuverlässigkeit des Produktes.

Unabhängig von der wieder ansteigenden Ausfallwahrscheinlichkeit in der Verschleißphase kann, bezogen auf die *Produktgruppe*, ein „moralischer Verschleiß" entstehen, bei dem das Anforderungsmerkmal „Attraktivität des Produktes" für den Kunden nicht mehr vorhanden ist.

16. Welche Elemente des Qualitätsmanagements sind für den Herstellungsprozess von vorrangiger Bedeutung?

- *Qualitätsplanung* ist die grundlegende Festlegung der qualitativen Produkteigenschaften durch Spezifizierung der Qualitätsmerkmale und deren Realisierungsprozesse.

  Sie bezieht sich auf drei Komplexe: 1. das QM-System
  2. die Produkte
  3. die Abläufe und technischen Prozesse.

- *Qualitätsprüfung* ist die Feststellung der Übereinstimmung der Anforderungen mit dem realisierten Zustand einer Einheit.

- *Qualitätslenkung* wird nach DIN ISO 8402 realisiert durch „die Arbeitstechniken und Tätigkeiten, die zur Erfüllung der Qualitätsforderungen angewendet werden".

- *Qualitätssicherung* beinhaltet im umgangssprachlichen Sinne alle Maßnahmen, um eine dauerhafte Erfüllung der Qualitätsforderungen einer Einheit zu erzielen.

  Gemäß DIN ISO EN 8402 und DGQ ist unter Qualitätssicherung die *„Qualitätsmanagementdarlegung"* zu verstehen. Es sind „alle geplanten und systematischen Tätigkeiten" *darzulegen,* die ein „angemessenes Vertrauen schaffen, dass eine Einheit die Qualitätsforderungen erfüllen wird".

17. Was ist unter Qualitätsprüfung zu verstehen?

Nach DGQ ist die Qualitätsprüfung die Feststellung, „inwieweit eine Einheit die Qualitätsforderung erfüllt". Durch den Prüfprozess erfolgt *keine Fehlervermeidung sondern eine Fehlerfeststellung*. Dazu haben *Qualitätsaufzeichnungen* zu erfolgen. Diese dienen der Auswertung der Ergebnisse der Qualitätsprüfung und bilden u. a. die Grundlage für Maßnahmen zur Fehlervermeidung im Rahmen der Qualitätsplanung.

Ausgehend von den Qualitätsanforderungen ist zur Durchführung der Qualitätsprüfung gegebenenfalls die Anwendung entsprechender *Prüftechnik* erforderlich.

18. Wie lautet der oberste Grundsatz der Qualitätsprüfung?

Für die Qualitätsprüfung gilt der oberste Grundsatz:

Qualität wird nicht erprüft sondern hergestellt.

19. Bezieht sich die Qualitätsprüfung nur auf materielle Produkte?

Nein! Entsprechend der Definition des Begriffes „Einheit" (siehe auch 8.1.1/08.) bezieht sich die Qualitätsprüfung auf *materielle und immaterielle Produkte, Verfahren und Prozesse, Organisation und Personen.*

20. Wo ist die klassische Form der Qualitätsprüfung am ausgeprägtesten?

Die klassische Form der Qualitätsprüfung findet man in ihrer ausgeprägtesten Form in der Fertigung. So erstreckt sich der Wirkungsbereich der produktbezogenen Qualitätsprüfung von der Wareneingangskontrolle über prozessorientierte oder prozessbegleitende Prüfungen bis zur Endkontrolle und Versandprüfung.

21. Welche Funktion hat die Qualitätsprüfung im QM-System?

Erst die Einführung eines QM-Systems erweitert die Qualitätsprüfung auf die Gesamtheit der vor- und nachgelagerten Bereiche.

22. Welche grundlegenden Arten der Qualitätsprüfung gibt es?

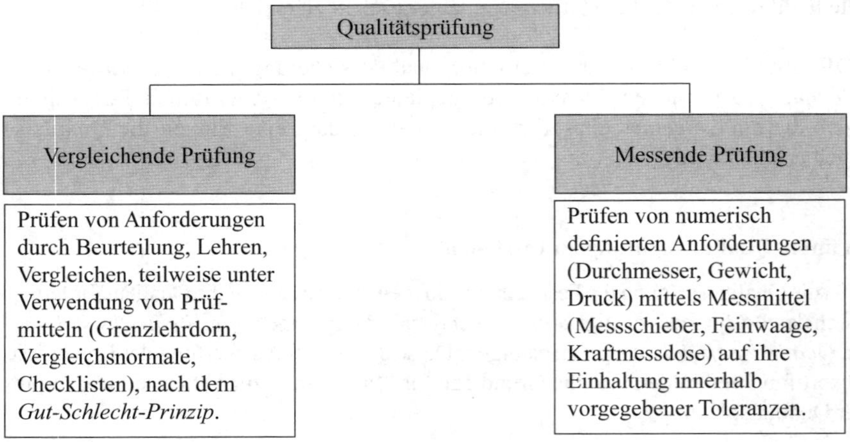

23. Welche Ausrüstung rechnet man zur Prüftechnik?

Unter Prüftechnik versteht man die Gesamtheit der zur Qualitätsprüfung erforderlichen technischen Ausrüstung, einschließlich zugehöriger Software.

Die ISO 9001:2015 definiert diese Ausrüstung als „Überwachungs- und Messmittel“ zur „Verwirklichung von Überwachungen und Messungen“.

Ausgehend von den grundlegenden Arten der Qualitätsprüfung lässt sich die Prüftechnik folgendermaßen unterteilen:

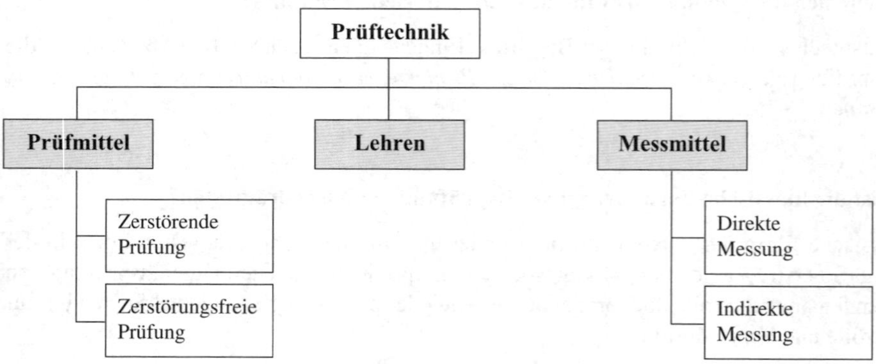

24. Worin besteht der Unterschied zwischen Prüf- und Messmitteln?

- *Prüfmittel* dienen zur Beurteilung oder zum Vergleich von Qualitätsergebnissen innerhalb vorgegebener Toleranzbereiche, ohne deren genauen Wert zu ermitteln. Je nach Art der Qualitätsanforderungen kann das erreichte Ergebnis *zerstörungsfrei* oder nur durch *Zerstörung der Einheit* festgestellt werden.

Beispiele für eine *zerstörungsfreie Prüfung*:
- Ultraschallprüfung von Schweißnähten
- Digitale Bildverarbeitung zur Prüfung auf Vorhandensein von Merkmalen
- Sensorabfrage zur Unterscheidung von falschen und richtigen Teilen.

Beispiele für eine *zerstörende Prüfung*:
- Ausknöpfprobe von Punktschweißungen durch Auseinanderreißen der geschweißten Teile
- Schleifprobe zur Materialanalyse
- Auflösen von Materialien bei chemischen Analysen.

• *Lehren* werden zur Abweichungsfeststellung nach dem Gut-Schlecht-Prinzip verwendet. Es wird geprüft, ob sich ein Prüfmerkmal Einheit innerhalb vorgegebener Grenzen (Toleranzen) befindet, ohne dessen genauen Wert zu ermitteln. Die Einhaltung der Qualitätsforderung wird nur in „Gut" oder „Schlecht" unterschieden, Vorteile: einfache, kurze Prüfzeiten, geringe Kosten.

• *Messmittel* werden zur Feststellung des genauen Ist-Ergebnisses eingesetzt. Durch Messung kann der Ist-Wert und dessen Abweichung vom Soll-Wert exakt festgestellt werden. Die Lage des Ist-Wertes im Bezug zum Soll-Wert und seinem vorgegebenen Toleranzbereich lässt sich somit grafisch darstellen und mittels statistischer Methoden auswerten. Die Messung kann auf *direktem* oder *indirektem* Weg erfolgen.

Beispiele für eine *direkte Messung*:
- Messung eines Längenmaßes in mm mittels Messschieber
- Messung von 3D-Positionen mittels Messmaschine
- Messung einer Pumpenleistung in Liter/Stunde mittels Durchflussmengenmessgerätes.

Beispiele für *indirekte Messung*:
- Digitale Bildverarbeitung zur Messung von Abständen
- Dickenmessung der Bodendicke von Clinchpunkten mittels Ultraschallsensoren
- Geschwindigkeitsmessung mittels Lasertechnik

25. Wodurch wird die Auswahl der Prüftechnik bestimmt?

Die Auswahl und Anwendung der Prüftechnik ergibt sich aus der Art der erforderlichen Prüfung und aus der konkreten Prüfungsaufgabe.

Bei der Prüfung mit Messmitteln ist weiterhin die Größenordnung des Soll-Wertes und die geforderte Genauigkeit (Toleranz) für die Auswahl bestimmend.

Beispiele:

Soll-Wert	Messmittel
Durchmesser 12,3 ± 0,007 mm	Bügelmessschraube
Länge 65 ± 2 mm	Stahllineal
Gewicht 98,5 ± 0,3 g	Feinwaage

26. Wer prüft die Prüftechnik?

Die Prüftechnik unterliegt ebenfalls einem Verschleiß und ist in festgelegten Abständen auf ihre Genauigkeit und Funktionsfähigkeit zu überprüfen (z. B. nachkalibrieren, neu eichen). Dies erfolgt ggf. durch den Hersteller der Prüftechnik, durch zertifizierte Prüflabore oder den TÜV; der Vorgang wird dokumentiert. Es wird dabei die Messunsicherheit bestimmt und die Rückführbarkeit auf nationale Normen sichergestellt.

27. Welche Maßnahmen müssen weiterhin getroffen werden, um die Funktionsfähigkeit der Prüftechnik zu gewährleisten?

Zum Beispiel:

- Die Prüftechnik wird an zentraler Stelle im Betrieb gelagert und überwacht.
- Es werden nur funktionsfähige Prüfmittel ausgegeben.
- Für jedes Werkzeug der Prüftechnik wird eine Prüfkarte geführt.
- Benutzte Prüfmittel und Messwerkzeuge werden bei Rückgabe überprüft (ggf. ausgesondert).

28. Welche statistischen Methoden zur Qualitätsüberwachung gibt es?

Die ISO 9000:2015 verweist bezüglich der Auswahl und Anwendung von statistischen Methoden auf die *ISO/TR 10017*. Damit wirkt diese Norm als Ergänzung zur ISO 9000:2015 und als Leitfaden zur Auswahl und Anwendung statistischer Methoden.

Übersicht über wesentliche statistische Methoden:

- *Fehlerbaumanalyse:*
  Ist nach DIN 25424, Teil 1 die systematische Fehleruntersuchung zur Erkennung möglicher Fehlerursachen und die Ermittlung deren Eintrittshäufigkeiten.

- *Maschinenfähigkeitsuntersuchung* (MFU):
  Untersuchung eines Arbeitsmittels auf seine Prozessfähigkeit. Wird auch häufig als „Kurzzeitfähigkeit" betrachtet.

- *Messsystemanalyse:*
  Bewertung der Messfähigkeit und Messunsicherheit von Messsystemen unter Anwendungsbedingungen.

- *Prozessfähigkeitsuntersuchung:*
  Untersuchung der Fähigkeit eines Prozesses hinsichtlich seiner Stabilität bei der Erfüllung der Anforderungen.

- *Six Sigma:*
  Dient als statistische Methode der Feststellung des Null-Fehler-Status. Dabei bedeutet *6 Sigma* 3,4 Ausfälle bei einer Million Möglichkeiten (3,4 ppm) oder einen Qualitätsgrad von 99,9997 %. Wird auch als allgemeine „Qualitätsphilosophie" und Bewertungsmethodik angewandt.

- *Statistische Prozesskontrolle* (SPC):
  Statistical Process Control, Bewertung der Prozessstabilität über die Zeit mittels Qualitätsregelkarten.

- *Statistische Toleranzrechnung:*
  Verfahren zur Bestimmung von Toleranzbereichen.

- *Stichprobenprüfung:*
  Ermittlung der Fehleranteile einer Grundgesamtheit durch Untersuchung einer repräsentativen Stichprobe.

- *Versuchsplanung* (DoE):
  Design of Experiments, ist die Planung und Auswertung von Versuchen mittels statistischer Methoden, vorrangig nach *Shainin* oder *Taguchi*. Das Ziel liegt darin, mit möglichst wenigen Versuchen Daten mit hohem Aussagegehalt zu erreichen.

8.2 Förderung des Qualitätsbewusstseins der Mitarbeiter

8.2.1 Mitarbeitereinbeziehung und Förderung des Qualitätsbewusstseins (Motivation)

01. Was kennzeichnet das qualitätsbewusste Handeln der Mitarbeiter?

- Die Mitarbeiter *wirken aktiv* in der Qualitätsarbeit mit.

- Begangene Fehler werden nicht verschwiegen oder vertuscht, sondern dem Vorgesetzten oder Qualitätsmitarbeiter gemeldet und so für deren Bereinigung gesorgt.

- Die Mitarbeiter beteiligen sich im Vorschlagswesen und tragen so mit ihren Verbesserungsvorschlägen zur Qualitätssteigerung bei. Die Vergütung hat motivierenden Charakter.

- Die Mitarbeiter halten die Verfahrens- und Arbeitsanweisungen exakt ein (aus innerer Einsicht).

02. Wodurch werden die Mitarbeiter zu einem qualitätsbewussten Handeln motiviert?

- Die Nicht-Bestrafung des Mitarbeiters für einen begangenen Fehler (ausgenommen rechtliche Konsequenzen) führt zur weiteren Motivation und Ehrlichkeit hinsichtlich der Meldung eigener Fehler.

- Der Mitarbeiter sollte im Rahmen der Möglichkeiten an der Fehlerbeseitigung beteiligt werden bzw. sie vollständig selbst durchführen.

- Steigt bei einem Mitarbeiter die Fehlerhäufigkeit, sollten die persönlichen Ursachen in einem Gespräch ermittelt werden.

- Bei der Einarbeitung in neue Arbeitsaufgaben sollte der Mitarbeiter den Sinn seiner Tätigkeit erkennen und ihm die Auswirkung von Fehlern erläutert werden.

- Ihm sollte die Möglichkeit gegeben werden, seine Fähigkeiten und Fertigkeiten zu verbessern bzw. durch Übertragung anderer Arbeitsaufgaben besser zu nutzen.

- Die Visualisierung von Qualitätsergebnissen wirkt auf die Mitarbeiter informierend und trägt zur Motivationssteigerung bei.

8.2.2 Maßnamen zur Qualitätsverbesserung unter Einbeziehung der Mitarbeiter

01. In welcher Form können Mitarbeiter in die Qualitätsverbesserung einbezogen werden?

- Qualitätsschulungen
- Integration in *KVP*-Teams (KVP = Kontinuierlicher Verbesserungsprozess)
- Durchführung von Qualitätszirkeln
- Selbstprüfersystem
- Realisierung von Gruppenarbeit und Übertragung von Entscheidungskompetenzen
- Mitwirkung bei Entscheidungen und Problemlösungen sowie in QM-Projekten
- feste Besprechungstermine zur Umsetzung und Kontrolle nachhaltiger Qualitätsverbesserungen
- Visualisierung von Qualitätsergebnissen, z. B. Darstellung von Qualitätskennzahlen auf Plakaten/Infowänden, Einsatz der Metaplantechnik, Vergleichsdiagramme, Audiosysteme (Foto, Film, Video u. Ä.).

02. Was ist das Ziel von Qualitätsschulungen?

Ein Mitarbeiter kann nur dann Qualität produzieren, wenn er weiß, *warum* er die Tätigkeit ausführt, wie sie in den Gesamtablauf *eingeordnet* ist und welche *Folgen* sie hat.

Ziele der Qualitätsschulung:

- kennen lernen der Gesamtzusammenhänge
- Verständnis bekommen für vorgegebene Abläufe
- Darstellung und Diskussion der aktuellen Qualitätssituation
- Hilfestellung zur Bewältigung von Qualitätsproblemen
- Motivation zur Qualitätsverbesserung.

03. Wodurch ist der Kontinuierliche Verbesserungsprozess (KVP) gekennzeichnet?

Durch die Integration der Mitarbeiter in das KVP-Team erhalten sie die Möglichkeit, ihre Erfahrungen und Ideen zur Verbesserung des Prozesses direkt beizutragen und umzusetzen. Dabei wirkt der KVP in *drei Zielrichtungen*, die jede für sich, aber auch zusammengefasst, Gegenstand einer KVP-Aufgabenstellung sein können.

KVP

Qualitätsbezogen	Prozessbezogen	Mitarbeiterbezogen
• permanente Qualitätsverbesserung • vorbeugende Fehlervermeidung • Erhöhung der Kundenzufriedenheit	• Produktivitätssteigerung • größere Prozessorientierung • Minimierung der Durchlaufzeiten • Kostensenkung	• Qualifizierung • Erhöhung der Leistungsbereitschaft • Verbesserung der Arbeitsbedingungen und der Arbeitszufriedenheit

04. Worin ist die Notwendigkeit von Qualitätszirkeln begründet?

Qualitätszirkel, auch unter den Begriffen Qualitätsarbeitskreis oder Qualitätskreis bekannt, finden in regelmäßigen Abständen statt und dienen entsprechend ISO 9001:2015 der Erhöhung der Wirksamkeit des QM-Systems. Sie haben im Wesentlichen die aktuelle Qualitätsproblematik zum Inhalt.

• *Ziele*:

- Förderung des Qualitätsbewusstseins der Mitarbeiter
- Einbeziehen der Mitarbeiterkenntnisse und -erfahrungen sowie Verbesserung der Mitarbeitermotivation (Erfolge erleben lassen, Mitverantwortung)
- gemeinsame Lösung aktueller Qualitätsprobleme
- Festlegung von operativen, kurz- und langfristigen Maßnahmen zur Fehlervermeidung mit Termin und Verantwortlichkeit (Protokoll)
- Kontrolle der festgelegten Maßnahmen und erreichten Ergebnissen.

• *Teilnehmer*:

- Fertigungsleiter
- Fertigungstechnologe/Arbeitsvorbereiter
- Qualitätsmitarbeiter
- Konstrukteur/Serienbetreuer
- Meister
- Mitarbeiter der betreffenden Fertigungsbereiche.

• *Vorgehensweise:*

- Festlegung des Funktionsmerkmals
- Ermittlung des Fehlers
- Bewertung des Fehlers
- Analyse der Fehlerursache
- Festlegung erforderlicher Abstellmaßnahmen
- Kontrolle und Neubewertung nach Durchführung der Abstellmaßnahmen.

• *Methoden, Techniken, z. B.:*

- Kreativitäts- und Problemlösungsmethoden
- Rhetorik und Argumentationstechniken des Moderators
- Q7 und Methoden der statistischen Prozessregelung
- Prozess- und Kundenorientierung.

05. Wodurch ist die Selbstprüfung charakterisiert?

Die Selbstprüfung ist mitarbeiterbezogen. Der Mitarbeiter führt an *seinem* Arbeitsplatz die Qualitätsprüfung *seines* Arbeitsergebnisses *selbst* durch.

06. Welche Zielsetzung hat die Selbstprüfung?

- Stärkung des Qualitätsbewusstseins des Mitarbeiters
- Durchführung der Prüfung direkt im Fertigungsprozess
- Verkürzung der Durchlaufzeiten durch Entfall von separaten Prüfprozessen
- Reduzierung der Qualitätskosten
- Steigerung der Motivation des Mitarbeiters.

07. Welche Voraussetzungen müssen beim Mitarbeiter für die Durchführung der Selbstprüfung vorliegen bzw. geschaffen werden?

- Zuverlässigkeit und Ehrlichkeit
- Qualifikation hinsichtlich Qualitätsprüfung
- Kenntnisse über die Anwendung geeigneter Prüftechnik
- Kenntnisse über die Auswirkungen von Fehlern
- Kenntnisse im Umgang mit Prüfanweisungen.

08. Was ist Gruppenarbeit?

Gruppenarbeit ist die gemeinsame Bewältigung einer Arbeitsaufgabe. Es wird zwischen zeitweiliger und dauerhafter Gruppenarbeit unterschieden.

- *Zeitweilige Gruppenarbeit* wird üblicherweise als *Teamarbeit* bezeichnet. Kennzeichnend dafür ist die *zeitweise* Zusammenarbeit von Mitarbeitern, zum Teil unterschiedlicher Bereiche und Qualifikation, zur Lösung bestimmter Arbeitsaufgaben, z. B. im Qualitätszirkel oder KVP-Team.

- *Dauerhafte Gruppenarbeit* wird durch eine (*teil)autonome Gruppe* ausgeführt. Die Mitarbeiter dieser Gruppe arbeiten in einem Team mit *ständig gleicher* Besetzung. Die Aufgabenverteilung sowie die Durchführung und Kontrolle der jeweiligen Arbeitsaufgabe erfolgt im Wesentlichen *autonom* innerhalb der Gruppe. Vorgegeben werden häufig nur der Arbeitsauftrag und der Fertigstellungstermin.

09. Worin besteht die Zielsetzung der Gruppenarbeit?

- Erhöhung des Qualitätsbewusstseins
- Verbesserung der Qualität
- Produktivitätssteigerung
- Kostensenkung für Prozesse und Produkt
- Vereinfachung der Abläufe
- teilweise Reduzierung von Leitungsebenen
- weitestgehende Nutzung der Flexibilität der Mitarbeiter
- Verbesserung der Arbeitsbedingungen
- Steigerung der Leistungsbereitschaft und Motivation der Mitarbeiter
- besserer Ausgleich bei Kapazitätsschwankungen.

10. Welche Besonderheiten sind für die Gruppenarbeit von Bedeutung?

- Der *Gruppensprecher* sollte nicht vom Vorgesetzten bestimmt werden, sondern *von den Gruppenmitgliedern* gewählt werden.

  Hierbei gibt es zwei Varianten:
  - Der Gruppensprecher wird *auf Zeit* gewählt, z. B. vierteljährlich, dann wird ein anderes Gruppenmitglied gewählt. So wird jeder einmal der „Bestimmer".
  - Der Gruppensprecher wird *auf unbestimmte Dauer* gewählt.

- Die *Kompetenzen* des Gruppensprechers sind genau zu definieren.

- Die *Gruppengröße* sollte „überschaubar" sein. Sozial-psychologische Untersuchungen nennen als optimale Gruppengröße 5 bis 6 Mitarbeiter. In der Praxis orientiert sich die Gruppengröße an den betrieblichen Fertigungsbedingungen und liegt oftmals höher.

- Das *Entlohnungssystem* sollte für die Gruppenarbeit spezifiziert sein.

11. Wie kann die Mitwirkung der Mitarbeiter bei Entscheidungen zur Qualitätsverbesserung gestaltet sein?

Die Mitarbeiter entwickeln nicht nur Vorschläge und Lösungen zur Qualitätssteigerung, sondern erarbeiten auf dieser Grundlage im Rahmen der Maßnahmen zur Qualitätsverbesserung entscheidungsreife Vorlagen.

Die Qualität dieser Vorlagen wird bestimmt durch die Erarbeitung und Gegenüberstellung von Lösungs*varianten.*

12. Ist die Einbeziehung von Mitarbeitern aus der Fertigung in die Projektarbeit sinnvoll?

Ja! Die Nutzung der praktischen Erfahrungen aus der Fertigung kann einen wesentlichen Beitrag zur Verbesserung des Produktes und der Fertigungsprozesse darstellen. Die Mitarbeit in einem Projekt führt zur Motivationssteigerung und trägt zur Erhöhung des Qualitätsbewusstseins bei.

13. Über welche Fähigkeiten/Kompetenzen sollten Mitarbeiter verfügen, die in Qualitätszirkeln/Projekten mitarbeiten?

• einschlägige *Fachkenntnisse* über die zu bearbeitenden Themen

• *Sozialkompetenz*, z. B.:
- Konfliktfähigkeit
- Zuhören können.

• *Methodenkompetenz*, z. B.:
- Moderationsfähigkeit
- Dialogfähigkeit
- Techniken der Kreativität
- Fähigkeiten der Problemlösung.

• *Persönliche Eigenschaften*, z. B.:
- Kreativität
- Motivation zur Zusammenarbeit.

8.3 Anwenden von Methoden zur Sicherung und Verbesserung der Qualität

8.3.1 Vorteile, Notwendigkeit und Grenzen der Statistik als spezifische Methode für Anwendungsbereiche im Qualitätsmanagement

01. Was ist Statistik und worin besteht ihre Zielsetzung?

Statistik ist „die Lehre von der Zustandsbeschreibung" mittels geeigneter Methoden.

Zielsetzung (im Rahmen des Qualitätsmanagements):

Überprüfung und Bewertung von Qualitätsergebnissen durch Anwendung statistischer Methoden bei der Datenermittlung, Datenaufbereitung und Datenanalyse.

Es werden zwei Gebiete der Statistik unterschieden:

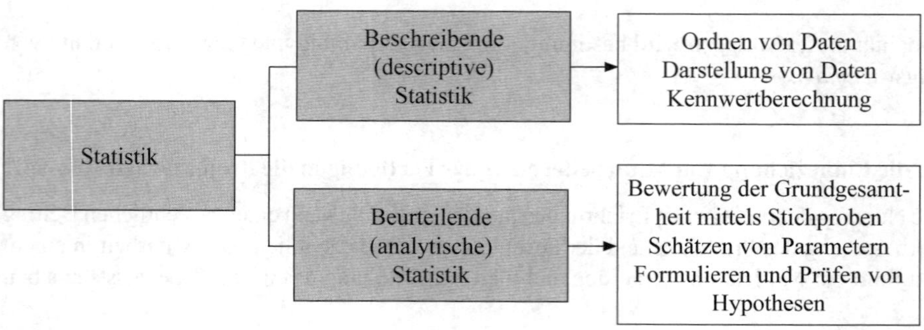

02. Wodurch ist die statistische Qualitätsprüfung gekennzeichnet?

Die statistische Qualitätsprüfung ermöglicht auf der Grundlage der – durch die Prüfverfahren ermittelten – Daten die gewichtete Aussage über Abweichungen von Qualitätsmerkmalen, deren Häufigkeiten und Auftretenswahrscheinlichkeiten.

Mit der statistischen Qualitätsprüfung lässt sich anhand einer Stichprobe die Fehlerwahrscheinlichkeit in einer Gesamtmenge (Grundgesamtheit) bestimmen.

03. Welches sind die sieben klassischen Qualitäts-Werkzeuge (Q7)?

Werkzeug	Anwendung
1. *PDCA* (Plan Do Check Act) nach Deming	Permanenter Kreislauf zur Reduzierung der Abweichungen vom Soll-Wert: Überlegen→Probieren→Prüfen→Anwenden
2. *Datenermittlung* qualitätsbestimmender Produkt- und Prozessdaten	Methode der 7-W-Fragen: Warum – Was – Wie – Wie viel - Womit – Wann - Wer
3. *Fehlersammelkarte*	Geordnete Fehlererfassung mittels Strichliste
4. *Darstellung* der Auswertungsergebnisse	Übersichtliche Ergebnisdarstellung, z. B. durch Histogramme, Kurven, Ablaufpläne.
5. *Pareto-Analyse*	Visuelle Darstellung der Fehlerhäufigkeiten von Merkmalsfehlern nach ihrer Bedeutung.
6. *Ursache-Wirkungs-Diagramm* (nach Ishikawa)	Erfassung möglicher Fehlerursachen und ihre Wirkung auf die Qualitätsanforderung.
7. *Regelkarten*	Erfassung der Abweichungen vom Soll-Wert und ihre grafische Darstellung.

04. Wie werden Abweichungen in der Qualitätsprüfung definiert?

Abweichungen vom Soll-Wert liegen praktisch immer vor, da es nahezu unmöglich ist, den absoluten Soll-Wert mit einer Abweichung ± 0 zu erreichen. Deshalb ist es zwingend erforderlich, zusammen mit den Soll-Werten zulässige Abweichungen zu definieren und sie, zugeordnet, zu dokumentieren. *Die Gesamtheit der zulässigen Abweichungen ist die Toleranz.*

05. Was gekennzeichnet die Toleranz?

Die Toleranz kennzeichnet die *Differenz zwischen der kleinsten zulässigen Abweichung und der größten zulässigen Abweichung* in Bezug zum Soll-Wert.

Wird durch die Qualitätsprüfung festgestellt, dass der *Ist-Wert* die Unter- oder die Obergrenze überschreitet, liegt ein *Fehler* vor.

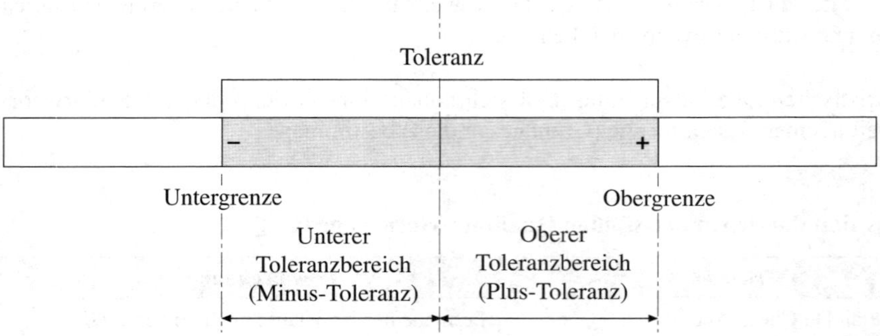

Die Toleranzbereiche können, entsprechend den Anforderungen, unterschiedliche Größe haben. Es wird nur ein Toleranzbereich angegeben, wenn die Abweichungen nur in eine Richtung zulässig sind.

Beispiele:

Soll-Wert	Gemessener Ist-Wert	Ergebnis
125 ± 0,7	125 + 0,3 125 - 0,6	Gut Gut
98 - 0,5	98 - 0,5	Gut
247 + 0,3	247 + 0,4	Fehler

06. Inwieweit stellt die Statistik ein wesentliches Hilfsmittel zur Qualitätsverbesserung dar?

Durch die Auswertung der ermittelten Daten mithilfe geeigneter statistischer Methoden wird die Qualitätssituation exakt dargestellt. Daraus lassen sich Fehlerschwerpunkte eindeutig erkennen und gewichten. Auf dieser Grundlage erfolgt die Festlegung gezielter Maßnahmen zur Qualitätsverbesserung.

07. Worin liegen die Grenzen der statistischen Qualitätsprüfung?

- in der Wirtschaftlichkeit der Anwendung von statistischen Methoden
- in den Auftrags- bzw. Losgrößen bezüglich der statistisch erforderlichen Datenmenge
- im personellen bzw. zeitlichen Aufwand für die Ermittlung der erforderlichen Daten und der statistisch erforderlichen Datenmenge
- in der Kompliziertheit der Prüfmerkmale
- in den Kosten für Prüftechnik hinsichtlich der Datenermittlung.

8.3.2 Einsatz von statistischen Methoden

01. Was sind die Voraussetzungen für den Einsatz statistischer Methoden in der Qualitätsprüfung?

- *Datenerfassung:*
  Sie ist die Grundvoraussetzung. Die bei der Merkmalsprüfung entstehenden Ist-Daten sind in geeigneter Form zu erfassen.

- *Datenzuordnung:*
  Die erfassten Daten sind den Erfassungsorten bzw. den Merkmalen zuzuordnen.

- *Datendefinition:*
  Die ermittelten Abweichungen sind in Form einer *Fehlerbeschreibung* eindeutig zu definieren.

- *Datenmenge:*
  Für eine gesicherte statistische Aussage ist eine ausreichende Datenmenge eines Merkmals erforderlich. Ist diese nicht vorhanden, ist der Aussagegehalt der statistischen Ergebnisse fraglich.

- *Qualifikation:*
  Das Qualitätspersonal ist für die Arbeit mit der Prüftechnik und der Anwendung der statistischen Methoden ausreichend zu qualifizieren.

02. Mit welchen Methoden (Techniken/Instrumenten) lassen sich Qualitätsdaten erfassen?

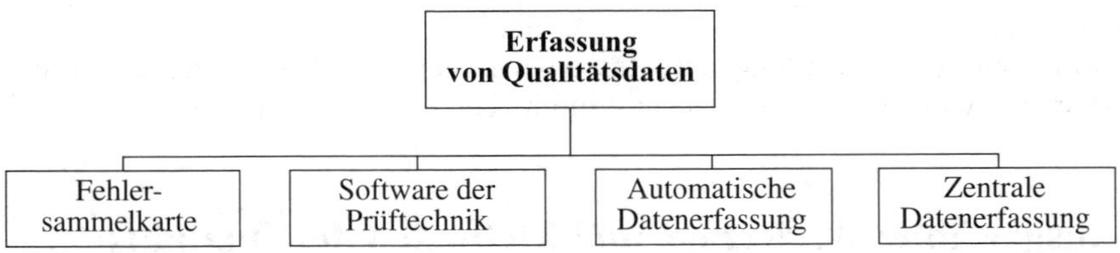

- Die *Fehlersammelkarte* ist ein Formular zur handschriftlichen Eintragung von Fehlern mit ihrer Häufigkeit in Form einer Strichliste. Die Eintragungen erfolgen für einen definierten Zeitraum und werden anschließend nach den Fehlerarten geordnet aufsummiert.

- Die mitunter in der Prüftechnik enthaltene *Software* beinhaltet auch Module zur Datenerfassung und Auswertung.

- *Automatische Datenerfassung* durch den Einsatz von Sensoren, Kameras oder Tastern, die die ermittelten Ergebnisse an einen Computer weiterleiten, wo sie in einer Datenbank zugeordnet abgelegt werden. Von hier aus können sie zur Auswertung abgerufen werden.

- *Zentrale Datenerfassung* über ein Netzwerk. Die an unterschiedlichen Orten ermittelten Qualitätsdaten werden in einer zentralen Datenbank abgelegt. Diese ermöglicht einen Zugriff auf die Daten vom Arbeitsplatz der Qualitätsmitarbeiter aus. Bei entsprechender Datenorganisation lassen sich die Daten in vorhandene Statistiksoftware übernehmen und zur Auswertung weiterbearbeiten.

03. Welche statistischen Methoden sind speziell für die Prozesslenkung relevant?

Die wesentlichsten statistischen Methoden für die Prozesslenkung sind:

- *Stichprobenprüfung:*
  Eine 100 %-Prüfung ist bei einer größeren Menge gleicher Einheiten wirtschaftlich nicht sinnvoll. Über eine definierte Anzahl von Einheiten aus dieser Gesamtmenge (*Grundgesamtheit*) wird die Stichprobengröße (*Stichprobenumfang*) festgelegt. Hierbei wird von der Annahme ausgegangen, die in der Stichprobe ermittelten Abweichungen lassen den Rückschluss auf die Fehlerhaftigkeit der Gesamtmenge zu.

- *SPC:*
  Die *Statistische Prozessregelung* dient zur Überwachung der Wirksamkeit der Fertigungsanlagen durch prozessbegleitende Fehlererkennung. Sie basiert auf der Anwendung von *Qualitätsregelkarten*. Ihr Einsatz erfolgt vorrangig in der Großserienfertigung. Durch rechtzeitige Eingriffe in den Prozess bei Überschreitung der Prozesseingriffsgrenzen erfolgt eine systematische Prozessverbesserung.

- *Prozessfähigkeit:*
  Bei der Prozessfähigkeit wird in *Kurzzeitfähigkeit* und *Langzeitfähigkeit* unterschieden. Sie liefert Aussagen über die Beherrschung des Prozesses und seine Stabilität.

- *Messsystemanalyse:*
  Die *MSA* dient zur Ermittlung der Messunsicherheit, der Abgrenzungsfaktoren bei Qualitätsregelkarten, der Genauigkeit der Prüfmittel und zur Varianzanalyse.

8.3.3 Ausgewählte Werkzeuge und Methoden des Qualitätsmanagements

01. Was ist eine FMEA, welche Zielsetzung hat sie und welche Vor- und Nachteile sind damit verbunden?

Die *FMEA* (<u>F</u>ehler-<u>M</u>öglichkeits- und <u>E</u>influss-<u>A</u>nalyse) ist ein Werkzeug zur systematischen Fehlervermeidung bereits im Entwicklungsprozess eines Produktes.

Ziele:

- frühzeitige Erkennung von Fehlerursachen, deren Auswirkungen und Risiken
- Festlegung von Maßnahmen zur Fehlervermeidung und Fehlererkennung
- Risikoanalyse durch Bewertung und Gewichtung der möglichen Fehlersituation mithilfe eines einheitlichen Punktesystems
- hohe Kundenzufriedenheit
- stabile Prozessabläufe mit höchster Prozesssicherheit.

FMEA	
Vorteile, z. B.	**Nachteile, z. B.**
• anerkanntes Verfahren des Risikomanagements • zielgerichtete Analyse • Restrisiko.	• subjektive Schätzungen • hoher Aufwand (Pflege) • hoher Personal- und Schulungsaufwand.

02. Welche Arten der FMEA werden unterschieden?

FMEA

System-FMEA	Konstruktions-FMEA	Prozess-FMEA
Gegenstand der Analyse: • komplexe Systeme • Teilsysteme • Systemeinbindung von einzelnen Produkten • Produkte Was wird analysiert? • die Funktionstüchtigkeit des Gesamtsystems • das Zusammenwirken der Komponenten und Teilsysteme • die Schnittstellen des Systems	Gegenstand der Analyse: • Produkte • Baugruppen • Einzelteile • Konstruktionslösungen Was wird analysiert? • die konstruktive Gestaltung und Funktionalität der Einzelteile, Baugruppen und Produkte • die Auswirkung der Toleranzfestlegungen	Gegenstand der Analyse: • Produktionsprozesse • Prüfprozesse • Logistikprozesse • Organisationsprozesse • Dienstleistungsprozesse • sonstige Abläufe Was wird analysiert? • die Durchführung der Prozesse • einzelne Prozessschritte • Teilprozesse • das Auftreten möglicher Störfaktoren

03. Wie stellen sich die Zusammenhänge der unterschiedlichen FMEA dar?

Die einzelnen Arten der FMEA bauen aufeinander auf und bilden ein äußerst komplexes System. Die jeweils vorhergehende FMEA bildet die Grundlage für die nachfolgende:

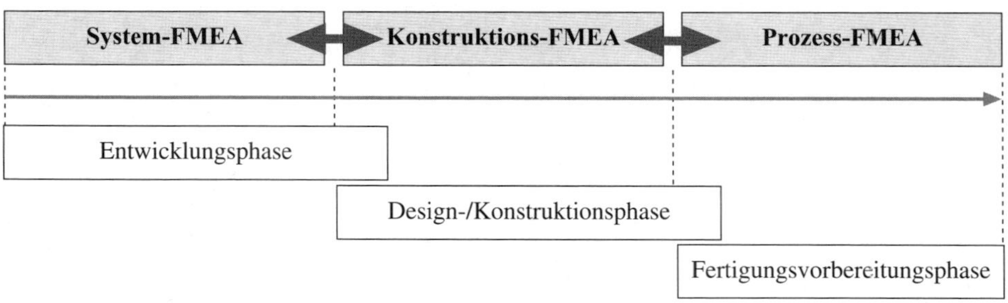

Ebenso können die Ergebnisse der nachfolgenden FMEA Auswirkungen auf die vorhergehende haben und zu einer Neubetrachtung (z. B. durch Konstruktionsänderung) führen.

In der Praxis wird häufig nicht zwischen System- und Konstruktions-FMEA unterschieden. Unter dem Begriff *Produkt-FMEA* werden beide Arten zusammengefasst.

04. Wann gilt eine FMEA als abgeschlossen?

Eine FMEA gilt dann als abgeschlossen, wenn keine Veränderungen am System, Produkt oder Prozess mehr auftreten. Sobald Veränderungen erfolgen, ist die betreffende FMEA zu überprüfen und ggf. entsprechend zu aktualisieren.

05. Wie wird eine FMEA durchgeführt?

Die acht Schritte der FMEA:

1. *Teambildung* aus Mitarbeitern der Konstruktion, der Arbeitsvorbereitung, dem Qualitätsbereich, der Fertigung und ggf. dem Kunden
2. *Organisatorische Vorbereitung*
3. *Systemstruktur* erstellen mit Abgrenzung des Analyseumfanges
4. *Funktionsanalyse* und Beschreibung der Funktionsstruktur
5. *Fehleranalyse* mit Darstellung der Ursache-Wirkungs-Zusammenhänge
6. *Risikobewertung*
7. *Dokumentation im FMEA-Formblatt*
8. *Optimierung* durchführen mit Neubewertung des Risikos

06. Wodurch ist die Struktur einer FMEA gekennzeichnet?

Die *Struktur einer FMEA* ist ein Datenmodell zur Darstellung aller für die FMEA relevanten Informationen. Sie stellt die Objekte des Modells und ihre Beziehungen und Verknüpfungen untereinander dar.

Eine FMEA-Struktur sollte nach QS 9000 *nicht mehr als drei Ebenen* beinhalten. Die 3. Ebene ist durch die *5 M* (Mensch, Maschine, Material, Methode und Mitwelt), soweit zutreffend, gekennzeichnet.

Beispiel: Systemstruktur einer Prozess-FMEA

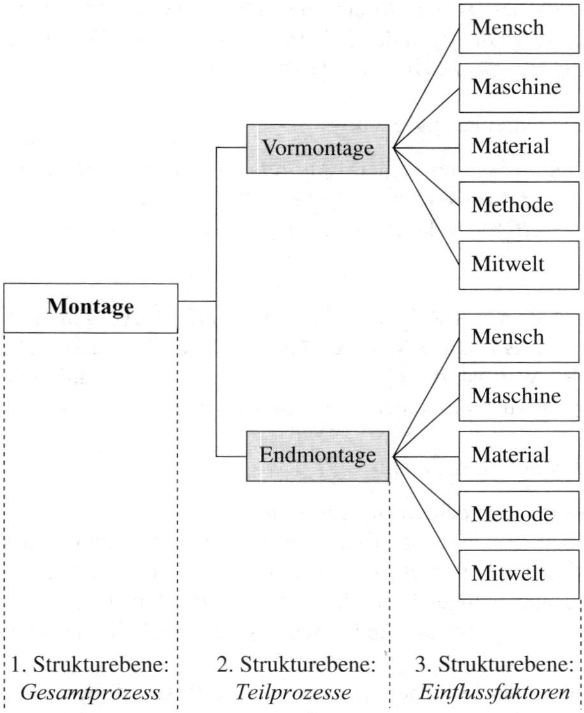

Besteht in der 3. Ebene ein weiterer Teilprozess (z. B. für eine weitere Unterbaugruppe), ist dafür eine neue Teilstruktur zu erstellen und mit der übergeordneten zu verbinden.

07. Wie ist der Zusammenhang zwischen Fehlerursache und Fehlerfolge?

Ausgehend vom obigen Beispiel entstehen die Fehler in den Teilprozessen der 2. Ebene. Die Fehlerursachen liegen in den Prozessmerkmalen. Die Folgen der Fehler wirken auf das Produkt.

Nur das Erreichen der Prozessmerkmale stellt das Erreichen der Produktmerkmale sicher.

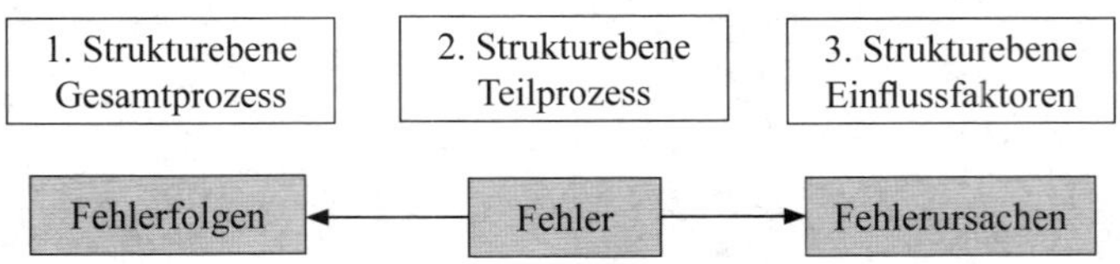

08. Wie erfolgt die Risikobewertung?

Jedes Produkt und jeder Prozess besitzt ein Grundrisiko. Die Risikoanalyse einer FMEA quantifiziert das Fehlerrisiko in Verbindung mit den Fehlerursachen und den Fehlerfolgen. Die Höhe des Risikos wird durch die *Risiko-Prioritäts-Zahl* (RPZ) dargestellt.

Die Bewertung erfolgt anhand von drei Kenngrößen:

- die *Wahrscheinlichkeit des Auftretens* eines Fehlers (Auftreten *A*) mit seiner Ursache,
- die *Bedeutung der Fehlerfolge* für den Kunden (Bedeutung *B*),
- die *Entdeckungswahrscheinlichkeit* (Entdeckung *E*) der analysierten Fehler und deren Ursachen durch Prüfmaßnahmen.

Bewertet werden diese Kenngrößen mit Zahlen zwischen 1 und 10. Ausgehend von der Bewertungssystematik liegt das *niedrigste Risiko* bei RPZ = 1 und das *höchste Risiko* bei RPZ = 1.000. Je größer der RPZ-Wert ist, desto höher ist das mit der Konstruktion oder dem Herstellungsprozess verbundene Risiko, ein fehlerhaftes Produkt zu erhalten.

Formell lassen sich *drei RPZ-Bereiche* definieren:

$[RPZ < 40]$	$\rightarrow$	es liegt ein beherrschbares Risiko vor.
$[41 \leq RPZ \leq 125]$	$\rightarrow$	Risiken sind weitgehend beherrschbar, Optimierungsmaßnahmen sind einem vertretbaren Aufwand gegenüberzustellen.
$[RPZ > 125]$	$\rightarrow$	es sind zwingend geeignete Abstellmaßnahmen festzulegen, deren Abarbeitung und Ergebnisse zu protokollieren sind.

Praktisch gibt es unternehmens- oder branchenbezogen weitere Restriktionen, die je nach Bewertung *einer* Kenngröße bereits Abstellmaßnahmen als zwingend erforderlich vorschreiben.

09. Wie entsteht die Risiko-Prioritäts-Zahl?

Die RPZ ergibt sich aus der Multiplikation der Bewertungsfaktoren der drei Kenngrößen:

$$RPZ = \text{Bedeutung} \cdot \text{Auftretenswahrscheinlichkeit} \cdot \text{Entdeckungswahrscheinlichkeit}$$
$$RPZ = B \cdot A \cdot E$$

Somit kann der Wert der Risiko-Prioritäts-Zahl zwischen 1 ($=1 \cdot 1 \cdot 1$) und 1.000 ($=10 \cdot 10 \cdot 10$) liegen.

Beispiel: Bewertungstabelle einer Prozess-FMEA

Bewertungszahl für die *Bedeutung* B	Bewertungszahl für die *Auftretenswahrscheinlichkeit* A	Bewertungszahl für die *Entdeckungswahrscheinlichkeit* E
Sehr hoch **10** **9** Sicherheitsrisiko, Nichterfüllung gesetzlicher Vorschriften.	***Sehr Hoch*** **10** **9** Sehr häufiges Auftreten der Fehlerursache, unbrauchbarer, ungeeigneter Prozess.	***Sehr gering*** **10** **9** Entdecken der aufgetretenen Fehlerursache ist unwahrscheinlich, die Fehlerursache wird oder kann nicht geprüft werden.
Hoch **8** **7** Funktionsfähigkeit des Produktes stark eingeschränkt, Funktionseinschränkung wichtiger Teilsysteme.	***Hoch*** **8** **7** Fehlerursache tritt wiederholt auf, ungenauer Prozess.	***Gering*** **8** **7** Entdecken der aufgetretenen wahrscheinlich nicht zu entdeckenden Fehlerursache, unsichere Prüfung.
Mäßig **6** **5** **4** Funktionsfähigkeit des Produktes eingeschränkt, Funktionseinschränkung von wichtigen Bedien- und Komfortsystemen.	***Mäßig*** **6** **5** **4** Gelegentlich auftretende Fehlerursache, weniger genauer Prozess.	***Mäßig*** **6** **5** **4** Entdecken der aufgetretenen Fehlerursache ist wahrscheinlich, Prüfungen sind relativ sicher.
Gering **3** **2** Geringe Funktionsbeeinträchtigung des Produktes, Funktionseinschränkung von Bedien- und Komfortsystemen.	***Gering*** **3** **2** Auftreten der Fehlerursache ist gering, genauer Prozess.	***Hoch*** **3** **2** Entdecken der aufgetretenen Fehlerursache ist sehr wahrscheinlich, Prüfungen sind sicher, z. B. mehrere voneinander unabhängige Prüfungen.
Sehr gering **1** Sehr geringe Funktionsbeeinträchtigung, nur vom Fachpersonal erkennbar.	***Sehr gering*** **1** Auftreten der Fehlerursache ist unwahrscheinlich.	***Sehr hoch*** **1** Aufgetretene Fehlerursache wird sicher entdeckt.

Die Entscheidung, welche Bewertungszahl innerhalb einer Risiko-Kategorie zutreffend ist, erfolgt innerhalb des FMEA-Teams nach Abwägung aller Risiken.

Beispiel:
Nach Durchführung einer FMEA ergibt sich eine Bewertungszahl für die Entdeckungswahrscheinlichkeit von 8. Daraus folgt: Die Wahrscheinlichkeit, den Fehler im Produktionsprozess zu entdecken, ist gering. Es kann der schlechteste Fall eintreten, dass der Fehler erst beim Kunden entdeckt wird.

Die RPZ (vgl. oben) ergibt sich als Multiplikation der Bewertungsfaktoren B, A, E:

$$\text{RPZ} = \text{Bedeutung} \cdot \text{Auftretenswahrscheinlichkeit} \cdot \text{Entdeckungswahrscheinlichkeit}$$

Sollte sich aufgrund der Gewichtung mit den Faktoren B und A (bei $E = 8$) eine $\text{RPZ} \geq 125$ ergeben, sind geeignete Abstellmaßnahmen (vgl. unten, 10.) festzulegen und zu dokumentieren.

10. Welches sind geeignete Abstellmaßnahmen zur Systemoptimierung?

Beispiele *für typische Abstellmaßnahmen*:

- Materialänderungen
- konstruktive Veränderungen
- Lebensdaueruntersuchungen vor der Material- oder Konstruktionsfreigabe
- Lieferantenvereinbarungen
- redundante technische Lösungen
- prozessbegleitende Qualitätsprüfungen
- Statistische Prozessüberwachung
- Wareneingangs- und Endprüfungen
- Produkt- und Prozessaudits.

11. Worin besteht das Ziel der statistischen Versuchsplanung DoE?

Das Ziel der DoE (Design of Experiments) besteht darin, mit einer *geringen Anzahl von Versuchen Daten mit hohem Aussagegehalt* über das zu untersuchende System zu erhalten. Das ist nur durch die Anwendung *systematischer und rationeller Methoden* erreichbar.

12. Welche Versuchsmethoden gibt es?

Versuchsmethode	Definition
Taguchi	Die *Taguchi-Methode* ist eine Methode zur statistischen Versuchsplanung, deren hauptsächlicher Einsatzbereich vor allem die Entwicklung ist. Die Strategie dieser Versuchsmethodik zielt darauf ab, Erkenntnisse zu gewinnen, welche Einflussfaktoren mit welcher Stärke auf den Prozess einwirken. Er ist (kostenneutral) auf die kleinstmögliche Streuung der Merkmalswerte auszurichten und die dazu erforderlichen Versuche sind auf eine effektive Anzahl zu reduzieren. Das *Ziel* liegt in robusten Prozessen mit geringer Anfälligkeit gegenüber Störgrößen.
Pareto	Die *Pareto-Analyse* ist eine einfache Methode, um mit minimalem Aufwand wesentliche Einflussgrößen oder Fehler von unwesentlichen zu unterscheiden. Fehlerschwerpunkte werden übersichtlich dargestellt und Abarbeitungsprioritäten festgelegt. Der Einsatz qualitätssichernder Maßnahmen erfolgt in der Praxis oft nicht zuerst dort, wo die meisten Fehler auftreten, sondern die höchsten Kosten entstehen.
Kaizen	*Kaizen* geht von der Erkenntnis aus, dass in einem Unternehmen jedes System einem allgemeinen Verschleiß unterliegt. Die Philosophie besteht darin, diese Probleme in einem *ständigen* Verbesserungsprozess zu lösen. Die Verbesserungen der Qualität der Produkte und Prozesse sowie die Senkung der Kosten münden letztendlich in einer höheren Kundenzufriedenheit.

8.3.4 Verteilung qualitativer und quantitativer Merkmale und deren Interpretation

→ A 3.1.6, A 3.4.3 f., A 5.4, 8.1.2/8.3.1

01. Welche Begriffe werden in der Fachsprache der Statistik verwendet?

- Als *Grundgesamtheit*
  (= statistische Masse) bezeichnet man die Gesamtheit der statistisch erfassten gleichartigen Elemente (z. B. alle gefertigten Teile für Auftrag X).

- *Bestandsmassen*
  sind diejenigen Massen, die sich auf einen *Zeitpunkt* beziehen (z. B. 1.7. des Jahres).

- *Bewegungsmassen*
  sind auf einen bestimmten *Zeitraum* bezogen (z. B. 1.1. bis 30.6. d. J.).

- *Abgrenzung der Grundgesamtheit*: Je nach Fragestellung ist die Grundgesamtheit abzugrenzen. Vorherrschend sind folgende *Abgrenzungsmerkmale*:
  - *sachliche* Abgrenzung (z. B. Baugruppe Y)
  - *örtliche* Abgrenzung (z. B. Montage I)
  - *zeitliche* Abgrenzung (im Monat Januar).

- Als *Merkmal*
  bezeichnet man die Eigenschaft, nach der in einer statistischen Erfassung gefragt wird (z. B. Alter, gute Teile/schlechte Teile).

- *Merkmalsausprägungen*
  nennt man die Werte, die ein bestimmtes Merkmal annehmen können (z. B. gut/schlecht; männlich/weiblich; 48, 50, 55 usw.).

- *Diskrete Merkmale*
  können *nur abzählbar viele Werte annehmen* (z. B. Anzahl der Kinder, der fehlerhaften Stücke).

- *Stetige Merkmale*
  können jeden Wert (= überabzählbar) annehmen (z. B. Körpergröße, Durchmesser einer Welle).

- *Qualitative Merkmale*
  erfassen Eigenschaften/Qualitäten eines Merkmalsträgers (z. B. Geschlecht eines Mitarbeiters: weiblich - männlich oder Ergebnis der Leistungsbeurteilung: 2 - 4 - 6 - 8 usw.).

- *Quantitative Merkmale*
  sind Merkmale, deren *Ausprägungen in Zahlen* angegeben werden – mit Benennung der Maßeinheit, z. B. Stück, kg, Euro.

- *Ordinalskala:*
  Erfolgt eine Festlegung der *Rangfolge* der Merkmalsausprägungen, so spricht man von Ordinalskalen (z. B. gut/schlecht/unbrauchbar) – ansonsten von

- *Nominalskalen* (z. B. männlich/weiblich; gelb/rot/grün).

- *Häufigkeit:*
  Anzahl der Messwerte einer Messreihe zu einem bestimmten Messwert x_i.

02. In welchen Schritten erfolgt die Lösung statistischer Fragestellungen?

1. *Analyse der Ausgangssituation*
2. *Erfassen* des Zahlenmaterials
3. *Aufbereitung*, d. h. Gruppierung und Auszählung der Daten und Fakten
4. *Auswertung*, d. h. Analyse des Zahlenmaterials nach methodischen Gesichtspunkten.

03. Wie wird das statistische Zahlenmaterial aufbereitet?

Das Zahlenmaterial kann erst dann ausgewertet und analysiert werden, wenn es in aufbereiteter Form vorliegt. Dazu werden die Merkmalsausprägungen *geordnet* – z. B. nach Geschlecht, Alter, Beruf, Region, gut/schlecht, Länge, Materialart usw.).

Grundsätzliche *Ordnungsprinzipien* im Rahmen der Aufbereitung sind:

- *Ordnen* des Zahlenmaterials *in einer Nominalskala.*

- *Ordnen* des Zahlenmaterials *in einer Kardinalskala* ($x_1 = 1, x_2 = 5, x_3 = 7$ ...) oder einer *Ordinalskala* (x_i = nicht ausreichend, x_i = ausreichend, x_i = befriedigend, x_i = gut, ...).
- Unterscheidung in *diskrete* und *stetige Merkmale.*
- Ggf. Aufbereitung in Form einer *Klassenbildung*
- Aufbereitung ungeordneter Reihen *in geordnete Reihen.*
- Bildung absoluter und relativer Häufigkeiten (*Verteilungen*).

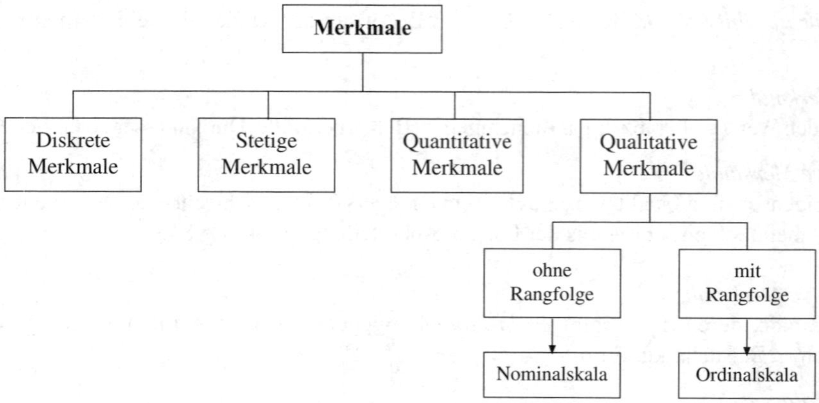

Beispiele für quantitative und qualitative Prüfmerkmale:

Prüfmerkmale			
qualitative		**quantitative**	
ordinal	**nominal**	**stetig**	**diskret**
gut/schlecht	grün/gelb	Durchmesser einer Welle	unbrauchbare Teile
Note 1, Note 2, ...	i.O/n.i.O	Umfang eines Körpers	Fehltage pro Monat
Güteklassen 1...5	männlich/weiblich	Länge des Werkstücks	Ausfallzeiten

04. In welchen Arbeitsschritten geht die technische Statistik vor?

1. Schritt: Formulierung des Problems

Beispiel:
In einem stahlerzeugenden Unternehmen soll der angelieferte Koks auf seine Dichte hin überprüft werden. Der beauftragte Mitarbeiter erhält die Aufgabe, *die durchschnittliche Dichte* des gelieferten Kokses *zu bestimmen.*

2. Schritt: Planung des Experiments

Beispiel:
Da die Dichte der einzelnen Koksbrocken unterschiedlich ist, müsste der Mitarbeiter – genau genommen – alle Koksbrocken untersuchen und ihre Dichte bestimmen. Diese Vorgehensweise ist jedoch aus Kosten- und Zeitgründen nicht akzeptabel. Man wählt daher in der Praxis folgenden Weg: Der Mitarbeiter soll *eine hinreichend große Anzahl von Koksbrocken zufällig auswählen und deren Dichte bestimmen (= Stichprobe).*

3. Schritt: Durchführung des Experiments

Beispiel:
Der Mitarbeiter verfährt wie geplant. Diesen Vorgang des *Auswählens und Messens* der Koksbrocken nennt man in der Statistik ein *Zufallsexperiment* (kurz: Experiment). Die erhaltenen Messwerte werden als *Stichprobe aus der Grundgesamtheit* bezeichnet. Die Anzahl der ausgewählten und gemessenen Werte ist der *Umfang der Stichprobe.*

4. Schritt: Aufbereitung des experimentellen Ergebnisses und Berechnung von Maßzahlen

Beispiel:
Bei umfangreichen Untersuchungen mit vielen Zahlenwerten ist es erforderlich, *die Ergebnisse tabellarisch und ggf. auch grafisch aufzubereiten* Außerdem werden *Maßzahlen* berechnet; diese sog. *Lageparameter* charakterisieren das Ergebnis einer statistischen Reihe. Vorwiegend berechnet man zwei Maßzahlen: das *arithmetische Mittel* $\bar{x}$ und die *Standardabweichung s.* Wir nehmen an, dass der Mitarbeiter im vorliegenden Fall eine durchschnittliche Dichte der Koksbrocken von 1,41 g/cm^3 und eine Standardabweichung von 0,02 g/cm^3 (gerundet) ermittelt.

5. Schritt: Schluss von der Stichprobe auf die Grundgesamtheit

Beispiel:
Der Mitarbeiter kann den Schluss ziehen, dass die durchschnittliche Dichte der Koksbrocken in der Grundgesamtheit etwa den Wert 1,41 g/cm^3 hat; er kann weiterhin schließen, dass die tatsächliche (unbekannte) Dichte der Grundgesamtheit *mit rund 99%iger Wahrscheinlichkeit im Intervall*

$$[-3s + ; + 3s]$$
$$= [-3 \cdot 0{,}02 + 1{,}41;\ 1{,}41 + 3 \cdot 0{,}02]$$
$$= [1{,}35;\ 1{,}47]$$

liegt. Dieser Schluss ist möglich aufgrund der Aussagen, die aus der Normalverteilung abgeleitet werden können (zur Normalverteilung von Messfehlern vgl. unten).

Es stellt sich weiterhin die Frage, ob das Ergebnis noch weiter verbessert werden könnte, ob also der Mitarbeiter durch eine weitere Stichprobe zu einem Intervall gelangen könnte, in dem die Werte näher beieinander liegen. Die Antwort lautet ja! Der Mitarbeiter könnte den Stichprobenumfang vergrößern (statt z. B. 10 Messwerte werden 30 ermittelt und die durchschnittliche Dichte x und die Standardabweichung s ermittelt). Es lässt sich mathematisch zeigen, dass mit größerem Stichprobenumfang die Genauigkeit der Schlüsse ansteigt. Gleichzeitig steigen damit aber auch der Zeitaufwand und die Kosten der Untersuchung. Genau diese Frage (Stichprobenumfang, Zeitaufwand, Kosten, statistische Genauigkeit) ist im 2. Schritt (vgl. oben) zu klären. Man wird versuchen, bei gegebenem Aufwand an Zeit und Kosten den Informationsgehalt der Untersuchung zu maximieren. Festzuhalten bleibt aber: Einen vollkommen sicheren Schluss von einer Stichprobe auf die Grundgesamtheit gibt es nicht.

Abschließend hat der Mitarbeiter zu entscheiden, ob das Ergebnis seiner Stichprobe die Entscheidung zulässt, den angelieferten Koks anzunehmen oder abzulehnen. Im vorliegenden Fall hängt dies davon ab, ob der Sollwert der Dichte (festgelegt oder mit dem Lieferanten vereinbart) innerhalb des Intervalls liegt oder nicht.

05. Wie erfolgt die Erfassung und Verarbeitung technischer Messwerte?

Die Erfassung und Verarbeitung technischer Messwerte kann unterschiedlich komplex sein; folgende Arbeitsweisen können unterschieden werden:

1. Die Erfassung der Daten erfolgt über eine *einfache Messeinrichtung* (z. B. Thermometer, Druckmesser); die *Prozesssteuerung* bzw. ggf. notwendige Eingriffe in den Prozess erfolgen *manuell.*

   Beispiel:
   An einer Anlage wird die Temperatur mithilfe eines Thermometers gemessen; wird ein bestimmter Temperaturgrenzwert überschritten, erfolgt eine manuell eingeleitete Kühlung der Anlage durch den Mitarbeiter.

2. Die Messwerte werden durch die Messeinrichtung erfasst, *innerhalb der Messeinrichtung verarbeitet* und der *Prozess wird „automatisch" gesteuert* (z. B. über Prozessrechner).

   Beispiel:
   An der Anlage (vgl. oben) wird die Temperatur laufend von einem Prozessrechner erfasst. Bei Erreichen des Grenzwertes erfolgt ein Warnsignal und die Kühlung der Anlage wird ausgelöst.

3. *Elementare Messwertverarbeitung:*
   Die Verarbeitung der Messwerte erfolgt auf der Basis einfacher mathematischer Operationen (z. B. Summen-/Differenzenbildung in Verbindung mit elektrischer oder pneumatischer Analogtechnik).

4. *Höhere Messwertverarbeitung:*
   Die Verarbeitung der Messwerte erfolgt auf der Basis komplexer mathematischer Operationen (z. B. Integral-/Differenzialrechnung in Verbindung mit Digitalrechnern).

Hinsichtlich der *Form* der Datenverdichtung wird weiterhin unterschieden:

- *Signalanalyse:*
  Es wird der Verlauf von Messsignalen untersucht (z. B. Verlauf von Schwingungen).
- *Messdatenverarbeitung:*
  Aufbereitung, Verknüpfung, Prüfung und Verdichtung von Messdaten.

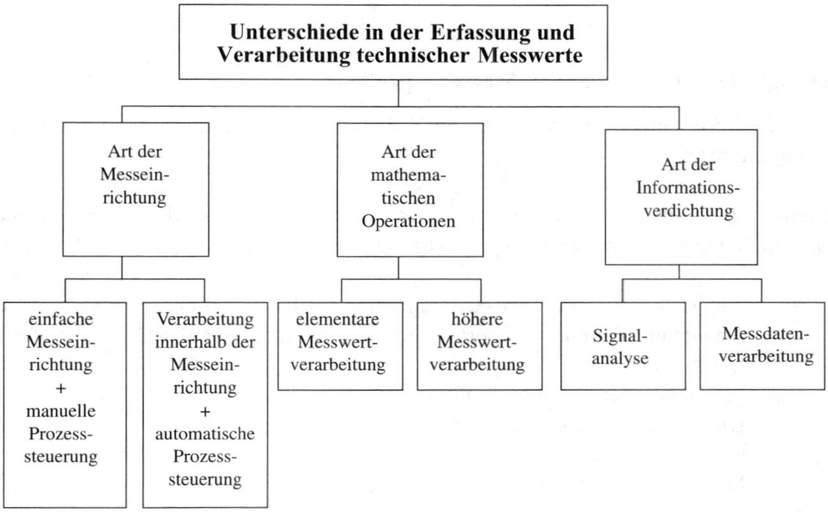

06. Lassen sich Fehler bei der Erfassung von Messwerten vermeiden?

In der Praxis ist jede Messung von Daten (vgl. das Beispiel „Dichte der Koksbrocken") *mit Fehlern behaftet.* Man unterscheidet zwischen *systematischen* und *zufälligen* Fehlern:

- *Systematische Fehler* sind *Fehler in der Messeinrichtung*, die sich gleichmäßig auf alle Messungen auswirken. Sie lassen sich durch eine verbesserte Messtechnik beheben.

  Beispiele:
  Fehlerhafter Messstab, nicht ausreichende Justierung einer Waage usw.

- *Zufällige Fehler* entstehen durch unkontrollierbare Einflüsse während der Messung; sie sind bei jeder Messung verschieden und unvermeidbar.

  Beispiele:
  Bei der Prüfung von Wellen in der Eingangskontrolle stellt man fest, dass von 50 Stück drei fehlerhaft sind; die Wiederholung der Stichprobe kommt zu einem anderen Ergebnis, obwohl die Messverfahren gesichert sind und die Versuchsdurchführung nicht geändert wurde.

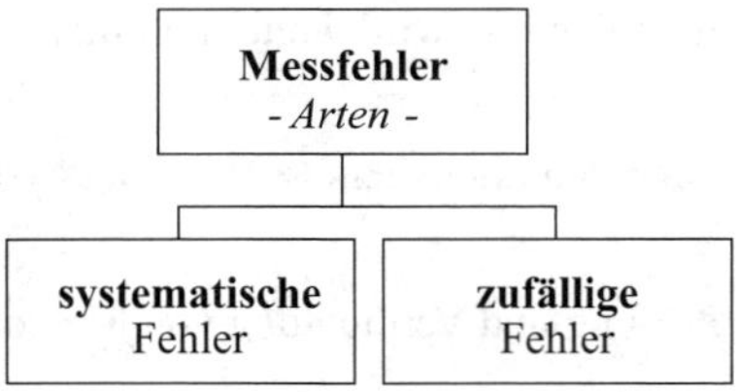

07. Wie erfolgt die Aufbereitung von Messstichproben?

Mithilfe der Stichprobentheorie lässt sich von Teilgesamtheiten (z. B. einer Stichprobe) auf Grundgesamtheiten schließen.

Im Allgemeinen benutzt man bei der Kennzeichnung von Maßzahlen der *Grundgesamtheit griechische* und bei der Kennzeichnung von Maßzahlen der *Stichprobe lateinische Buchstaben*:

x_i	=	alle Messwerte/Merkmalsausprägungen der Urliste/Stichprobe (i = 1, ..., n)
x_j	=	die verschiedenen Messwerte/Merkmalsausprägungen der Urliste/Stichprobe (j = 1, ..., r)
μ	=	Mittelwert der Grundgesamtheit
N	=	Umfang der Grundgesamtheit
M_z	=	Median (= Zentralwert)
M_o	=	Modalwert (= Modus = häufigster Wert)
R	=	Spannweite
σ^2	=	Varianz der Grundgesamtheit
σ	=	Standardabweichung der Grundgesamtheit
$\bar{x}$	=	Mittelwert der Stichprobe
n	=	Umfang der Stichprobe
s^2	=	Varianz der Stichprobe
s	=	Standardabweichung der Stichprobe
$\sum$	=	Summenzeichen

- Bei *kleinen Stichproben* (z. B. n = 10) ist es ausreichend, die Werte der Größe nach zu ordnen:

Beispiel: Urliste: 5, 3, 9, 1, 3, 2, 8, 4, 6, 12

Geordnete Urliste: 1, 2, 3, 3, 4, 5, 6, 8, 9, 12

- Bei *großen Stichproben* werden gleiche Werte zusammengefasst und deren Häufigkeit in einer *Strichliste* notiert:

Beispiel: Es liegt folgende ungeordnete Messwertreihe vor:

4,35	4,80	3,75	4,95	4,20	5,10	4,65	6,00	4,05	5,25
5,10	4,50	3,15	5,25	4,65	3,45	5,85	4,50	5,55	4,80
6,45	4,05	3,00	4,20	5,10	3,15	5,40	4,65	5,10	4,50

Man ordnet die verschiedenen Werte in aufsteigender Reihenfolge und notiert die Häufigkeit ihres Auftretens; auf diese Weise erhält man die Strichliste; zur Weiterbearbeitung der Werte wird die Häufigkeit in der nächsten Spalte der Tabelle in Zahlen angegeben:

Messwerte	**Strichliste**	**Häufigkeit**
x_j		n_j
3,00	|	1
3,15	||	2
3,45	|	1
3,75	|	1
4,05	||	2
4,20	||	2
4,35	|	1
4,50	|||	3
4,65	|||	3
4,80	||	2
4,95	|	1
5,10	||||	4
5,25	||	2
5,40	|	1
5,55	|	1
5,85	|	1
6,00	|	1
6,45	|	1
$\sum$		30

- Man bezeichnet diese Tabelle als *Häufigkeitstabelle.*

Der Wert n_j gibt die *absolute Häufigkeit* der verschiedenen Merkmalsausprägungen der Stichprobe wieder; z. B. hat der Wert n_{22} die absolute Häufigkeit 4. Die Summe der absoluten Häufigkeiten in einer Stichprobe ist immer gleich dem Stichprobenumfang. Es gilt:

$$\sum n_j = n \qquad j = 1, 2, ..., r$$

- Dividiert man die absolute Häufigkeit n_j durch den Stichprobenumfang n (im Beispiel: n = 30), so erhält man die *relative Häufigkeit* (in Prozent oder absolut). Die relative Häufigkeit ist eine nicht negative Zahl, die höchstens gleich 1 sein kann:

$$\frac{n_j}{n} = \text{relative Häufigkeit} \qquad j = 1, 2, ..., r$$

Im Beispiel: $\frac{n_{22}}{30} = \frac{4}{30} = 0{,}1333$

Die Summe der relativen Häufigkeit ist immer gleich 1:

$$\sum \frac{n_j}{n} = 1 \qquad j = 1, 2, ..., r$$

- Eine weitere Verbesserung der Aussagekraft der Tabelle erhält man, indem die relativen Häufigkeiten schrittweise aufaddiert werden; es ergeben sich die *kumulierten relativen Häufigkeiten* (auch: relative Summenhäufigkeiten).

Beispiel: Die nachfolgende Tabelle zeigt die Messwerte absolut, relativ und kumuliert relativ:

Messwerte	Häufigkeit (absolut)		Häufigkeit (relativ)	
x_j			einfach	kumuliert
3,00	|	1	0,0333	0,0333
3,15	||	2	0,0666	0,0999
3,45	|	1	0,0333	0,1332
3,75	|	1	0,0333	0,1665
4,05	||	2	0,0666	0,2331
4,20	||	2	0,0666	0,2997
4,35	|	1	0,0333	0,3330
4,50	|||	3	0,1000	0,4330
4,65	|||	3	0,1000	0,5330
4,80	||	2	0,0666	0,5996
4,95	|	1	0,0333	0,6329
5,10	||||	4	0,1333	0,7662
5,25	||	2	0,0666	0,8328
5,40	|	1	0,0333	0,8661
5,55	|	1	0,0333	0,8994
5,85	|	1	0,0333	0,9327
6,00	|	1	0,0333	0,9660
6,45	|	1	0,0333	1,0000
Σ		30	1,0000	

08. Wie wird das Histogramm bei klassierten Daten erstellt?

Enthält eine Stichprobe sehr viele, zahlenmäßig verschiedene Werte, so ist die oben dargestellte Häufigkeitstabelle noch sehr unübersichtlich. Man führt daher eine Vereinfachung durch, indem man eine so genannte *Gruppierung* oder *Klassenbildung* vornimmt:

1. Schritt: *Ermittlung der Klassen* k

k	=	$\sqrt{n}$

Im Beispiel: $k = \sqrt{30} \approx 5$

2. Schritt: *Ermittlung der Klassenbreite* w

w	=	$\frac{R}{k}$

mit R = Spannweite (= Range) = $x_{max} - x_{min}$
= (Maximalwert – Minimalwert)

Im Beispiel: w = (6,45 - 3,00) : 5 ≈ 0,7

3. Schritt: *Bildung der Klassen*; nach Möglichkeit sollten alle Klassen gleich breit sein. Bei k = 5 und w = 0,7 ergibt sich folgende Klasseneinteilung:

Klassen
3,0 bis unter 3,7
3,7 bis unter 4,4
4,4 bis unter 5,1
5,1 bis unter 5,8
5,8 bis unter 6,5

4. Schritt: *Zuordnung der Stichprobenwerte zu den einzelnen Klassen*; es ist üblich, dass die Klassenobergrenze nicht mit zur betreffenden Klasse hinzugerechnet wird; es werden also Klassenintervalle i. d. R. in folgender Form gebildet:

10 bis unter 11 bzw. $[10 \leq x_j < 11]$
11 bis unter 12 $[11 \leq x_j < 12]$ usw.

Klassen	Strichliste	absolute Häufigkeit
3,0 bis unter 3,7	||||	4
3,7 bis unter 4,4	||||| |	6
4,4 bis unter 5,1	||||| ||||	9
5,1 bis unter 5,8	||||| |||	8
5,8 bis unter 6,5	|||	3
Σ		30

5. Schritt: *Zeichnen des Histogramms*

→ *Das Histogramm ist die grafische Darstellung der Häufigkeiten eines klassierten, quantitativen Merkmals durch rechteckige Flächen über den Klassen; dabei entspricht die Größe der Flächen der Häufigkeit der jeweiligen Klasse.*

→ *Sind alle Klassen gleich breit, können die Häufigkeiten durch die Höhe der Fläche dargestellt werden* (häufig gewählter Fall in der Praxis).

Klassen	Strichliste	absolute Häufigkeit	absolute Häufigkeit, kumuliert	relative Häufigkeit	relative Häufigkeit, kumuliert
3,0 bis unter 3,7	||||	4	4	0,1333	0,1333
3,7 bis unter 4,4	||||| |	6	10	0,2000	0,3333
4,4 bis unter 5,1	||||| ||||	9	19	0,3000	0,6333
5,1 bis unter 5,8	||||| |||	8	27	0,2666	0,89999
5,8 bis unter 6,5	|||	3	30	0,1000	1,0000
Σ		30		1,0000	

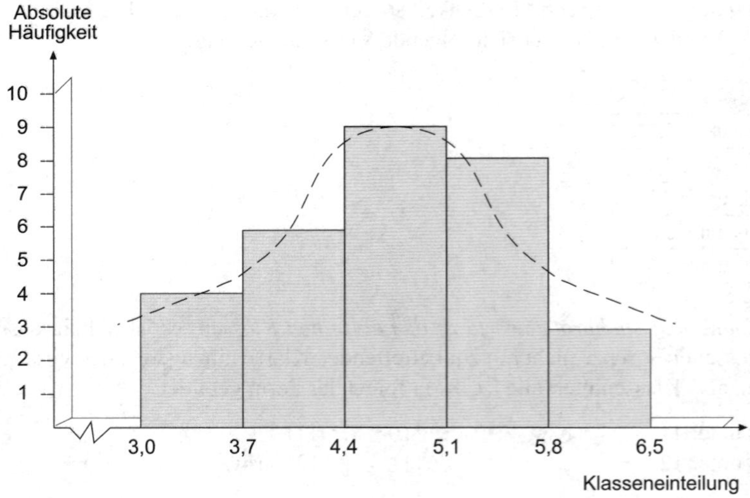

Im vorliegenden Fall hat das Histogramm annähernd die Form einer Normalverteilung (vgl. dazu im Einzelnen weiter unten).

09. Was versteht man unter einer Häufigkeitsverteilung bzw. einer Verteilungsfunktion?

Teilt man den geordneten Merkmalsausprägungen die entsprechenden Häufigkeiten zu (absolute oder relative), so erhält man die *Häufigkeitsverteilung* (kurz: Verteilung) des betreffenden Merkmals.

Die Darstellung der Verteilung eines Merkmals kann

- *tabellarisch* (vgl. oben) oder

- *grafisch* erfolgen, z. B. als

  - Stabdiagramm
  - Histogramm (vgl. oben)
  - Kreisdiagramm
  - Säulendiagramm
  - Liniendiagramm
  - Piktogramm.

Man unterscheidet in der Statistik spezielle Verteilungen, u. a.:

1. *Diskrete Verteilungen*, z. B.: - Binomialverteilung
   - Poisson-Verteilung
   - Hypergeometrische Verteilung
2. *Stetige Verteilungen*, z. B.: - Normalverteilung (= Gauss-Verteilung)

Insbesondere die Normalverteilung spielt in der Prüfstatistik eine besondere Rolle (vgl. unten, 14. ff.).

Die *Häufigkeitsfunktion* (auch: Verteilungsfunktion) ist die mathematische Beschreibung der Verteilung eines Merkmals.

Es sei: $x_1, x_2, ..., x_r$ Die verschiedenen Werte (r) einer Stichprobe vom Umfang n aus einer Grundgesamtheit mit der Größe N.

$h_1, h_2, ..., h_r$ Die dazugehörigen relativen Häufigkeiten der Werte x_1 bis x_r.

Dabei gilt:

$$h_j = \frac{n_j}{n} \qquad \text{mit } j = 1, 2, ..., r$$

Die *Verteilungsfunktion* f(x) hat für x_1 den Wert h_1, für x_2 den Wert h_2 usw. und für jede Zahl x, die nicht in der Stichprobe vorkommt, ist sie gleich null; in Formeln:

$$f(x) = \begin{cases} h_j & \text{für} \quad x = x_j \\ 0 & \text{für} \quad \text{alle übrigen } x \end{cases} \qquad \text{mit } j = 1, 2, ..., r$$

10. Welche Maßzahlen sind relevant zur Charakterisierung einer Verteilungsfunktion?

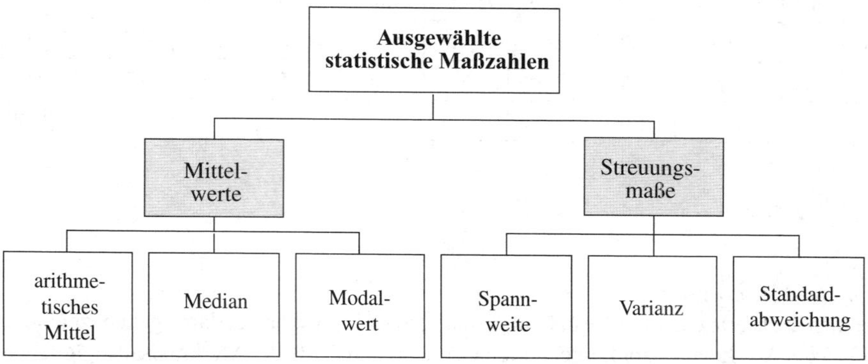

11. Wie werden Maßzahlen der Grundgesamtheit berechnet?

Die Beispielrechnungen gehen von folgender Messwertreihe (vgl. oben) aus:

4,35	4,80	3,75	4,95	4,20	5,10	4,65	6,00	4,05	5,25
5,10	4,50	3,15	5,25	4,65	3,45	5,85	4,50	5,55	4,80
6,45	4,05	3,00	4,20	5,10	3,15	5,40	4,65	5,10	4,50

Zu berechnen sind folgende Parameter der Messreihe:

a) das arithmetische Mittel
b) der Median
c) der Modalwert
d) die Spannweite
e) die Varianz
f) die Standardabweichung

a) *Das arithmetische Mittel* μ
einer Häufigkeitsverteilung ist die Summe aller Merkmalsausprägungen dividiert durch die Anzahl der Beobachtungen:

- μ, *ungewogen:*

$$\mu = \frac{\sum x_i}{N} \qquad i = 1, 2, ..., N$$

- μ, *gewogen:*

$$\mu = \frac{\sum N_j x_j}{N} \qquad j = 1, 2, ..., r$$

Beispiel:

										Σ
4,35	4,80	3,75	4,95	4,20	5,10	4,65	6,00	4,05	5,25	47,10
5,10	4,50	3,15	5,25	4,65	3,45	5,85	4,50	5,55	4,80	46,80
6,45	4,05	3,00	4,20	5,10	3,15	5,40	4,65	5,10	4,50	45,60
Σ										139,50

$$\mu = \frac{139{,}50}{30} = 4{,}65$$

b) *Median* M_z *(= Zentralwert):*
Ordnet man die Werte einer Urliste der Größe nach, so ist der Median dadurch gekennzeichnet, dass 50 % der Merkmalsausprägungen kleiner/gleich und 50 % der Merkmalsausprägungen größer/gleich dem Zentralwert M_z sind. Der Median teilt also die der Größe nach geordneten Werte in zwei „gleiche Hälften“:

- *bei N = gerade*
  ist der Median das arithmetische Mittel der in der Mitte stehenden Werte:

$$M_z = \frac{1}{2} \quad (x_{N/2} + x_{N/2+1})$$

Beispiel:
Da N = 30 ist, wird das arithmetische Mittel aus dem 15. und 16. Wert der (geordneten) Häufigkeitstabelle gebildet:

x_j	3,00	3,15	3,45	3,75	4,05	4,20	4,35	4,50	**4,65**	$\sum N_j$
N_j	1	2	1	1	2	2	1	3	3	*16*
x_j	4,80	4,95	5,10	5,25	5,40	5,55	5,85	6,00	6,45	
N_j	2	1	4	2	1	1	1	1	1	*14*
$\sum N_j$										*30*
j = 1, ... , 18										

- *bei N = ungerade* ist der Median der in der Mitte stehende Wert der geordneten Urliste:

$$M_z = x_{(n+1)/2}$$

Beispiel:
Angenommen, man würde die vorliegende Messreihe von 30 Werten um den Wert $x_{31} = 6{,}55$ ergänzen, so erhält man als Median den Wert x_{16}:

$$M_z = x_{(31+1)/2} = x_{16} = 4{,}65$$

Da es sich beim Median um einen *relativ „groben" Lageparameter* zur Charakterisierung einer Verteilung handelt, sollte er *nur bei einer kleinen Messreihe* ermittelt werden. Im vorliegenden Fall von 30 Urlistenwerten ist er eher nicht zu empfehlen.

c) Als *Modalwert* M_o (= dichtester Wert = Modus)
bezeichnet man innerhalb einer Häufigkeitsverteilung die Merkmalsausprägung mit *der größten Häufigkeit* (soweit vorhanden):

x_j	3,00	3,15	3,45	3,75	4,05	4,20	4,35	4,50	4,65	$\sum N_j$
N_j	1	2	1	1	2	2	1	3	3	*16*
x_j	4,80	4,95	**5,10**	5,25	5,40	5,55	5,85	6,00	6,45	
N_j	2	1	4	2	1	1	1	1	1	*14*
$\sum N_j$										*30*
j = 1, ..., 18										

Beispiel:
Aus der vorliegenden Häufigkeitstabelle lässt sich der Modalwert direkt ablesen: Es ist die Merkmalsausprägung mit der maximalen Häufigkeit

$N_j = \quad 4$
$M_o = \quad 5{,}10$

Mittelwerte, die die Lage einer Verteilung beschreiben, reichen allein nicht aus, um eine Häufigkeitsverteilung zu charakterisieren. Es wird nicht die Frage beantwortet, wie weit oder wie eng sich die Merkmalsausprägungen um den Mittelwert gruppieren.

Man berechnet daher so genannte *Streuungsmaße,* die kleine Werte annehmen, wenn die Merkmalsbeträge stark um den Mittelwert konzentriert sind bzw. große Werte bei weiter Streuung um den Mittelwert.

d) Die *Spannweite* R (= Range) ist das *einfachste Streuungsmaß*. Sie wird als die *Differenz zwischen dem größten und dem kleinsten Wert* definiert. Die Aussagekraft der Spannweite ist sehr gering und sollte daher nur für eine kleine Anzahl von Messwerten berechnet werden (im vorliegenden Beispiel also eher nicht geeignet).

$$R = x_{max} - x_{min}$$

oder bei geordneter Urliste:

$$R = x_N - x_1$$

Beispiel: $R = x_{30} - x_1 = 6{,}45 - 3{,}00 = 3{,}45$

e) *Mittlere quadratische Abweichung* σ^2 (= Varianz):
Bei der Varianz σ^2 wird das jeweilige Quadrat der Abweichungen zwischen der Merkmalsausprägung x_i und dem Mittelwert berechnet. Durch den Vorgang des Quadrierens erreicht man, dass große Abweichungen stärker und kleine Abweichungen weniger berücksichtigt werden. Die Summe der Quadrate wird durch N dividiert.

- σ^2, *ungewogen:*

$$\sigma^2 = \frac{\sum (x_i - \mu)^2}{N} \qquad i = 1, 2, ..., N$$

- σ^2, *gewogen:*

$$\sigma^2 = \frac{\sum (x_j - \mu)^2 \cdot N_j}{N} \qquad j = 1, 2, ..., r$$

Durch Umrechnung gelangt man zu folgender Formel; damit lässt sich die Varianz leichter berechnen:

$$\sigma^2 = \frac{1}{N} \sum N_j x_j^2 - \mu^2$$

Bei einer hohen Zahl von Messwerten empfiehlt sich eine Arbeitstabelle zur Berechnung der Varianz:

x_j	N_j	x_j^2	$N_j\, x_j^2$	$x_j - \mu$	$(x_j - \mu)^2$	$(x_j - \mu)^2\, N_j$
3,00	1	9,00	9,00	– 1,65	2,72	2,72
3,15	2	9,92	19,84	– 1,50	2,25	4,50
3,45	1	11,90	11,90	– 1,20	1,44	1,44
3,75	1	14,06	14,06	– 0,90	0,81	0,81
4,05	2	16,40	32,80	– 0,60	0,36	0,72
4,20	2	17,64	35,28	– 0,45	0,20	0,40
4,35	1	18,92	18,92	– 0,30	0,09	0,09
4,50	3	20,25	60,75	– 0,15	0,02	0,06
4,65	3	21,62	64,87	0,00	0,00	0,00
4,80	2	23,04	46,08	0,15	0,02	0,04
4,95	1	24,50	24,50	0,30	0,09	0,09
5,10	4	26,01	104,04	0,45	0,20	0,80
5,25	2	27,56	55,12	0,60	0,36	0,72
5,40	1	29,16	29,16	0,75	0,56	0,56
5,55	1	30,80	30,80	0,90	0,81	0,81
5,85	1	34,22	34,22	1,20	1,44	1,44
6,00	1	36,00	36,00	1,35	1,82	1,82
6,45	1	41,60	41,60	1,80	3,24	3,24
$\sum$	30		668,97			20,26

Beispiel:

$$\sigma^2 = \frac{\sum (x_j - \mu)^2 \cdot N_j}{N} = \frac{20{,}26}{30} \approx 0{,}68$$

bzw.

$$\sigma^2 = \frac{1}{N} \sum N_j x_j^2 - \mu^2 = \frac{668{,}97}{30} - 21{,}6225 \approx 0{,}68$$

f) Die *Standardabweichung* σ (kurz: „Streuung") ist die positive Wurzel aus der Varianz; sie ist das wichtigste Streuungsmaß:

$$\sigma = \sqrt{\sigma^2}$$

Beispiel:

$$\sigma = \sqrt{0{,}68} \approx 0{,}82$$

12. Wie werden Maßzahlen der Stichprobe berechnet?

Die oben dargestellten Formeln zur Berechnung der Maßzahlen *sind – bis auf die Berechnung der Varianz – analog*. Zur Kennzeichnung von Stichprobenparametern wird

$\bar{x}$ statt μ,

n statt N,

s^2 statt σ^2 und

s statt σ verwendet.

- Somit modifizieren sich die Formeln für den *Mittelwert der Stichprobe* zu:

$$\bar{x} = \frac{\sum x_i}{n} \quad \text{bzw.} \quad \bar{x} = \frac{\sum x_j n_j}{n}$$

- Bei der Berechnung der *Varianz einer Stichprobe* wird – genau genommen – keine mittlere quadratische Abweichung berechnet, sondern man verwendet die Formel

$$s^2 = \frac{\sum (x_i - \bar{x})^2}{n - 1}$$

Man dividiert also die Summe der Quadrate durch den um Eins verminderten Stichprobenumfang (= so genannte *empirische Varianz*). Für die Standardabweichung s gilt Entsprechendes. Es lässt sich mathematisch zeigen, dass diese Berechnungsweise notwendig ist, wenn von der Varianz der Stichprobe auf die Varianz der Grundgesamtheit geschlossen werden soll.

Hinweis für die Praxis: Funktionsrechner und Statistik-Software verwenden häufig den Faktor $^1/_{n-1}$ anstatt $^1/_n$. Bitte beachten Sie dies bei der Berechnung von Varianzen, die nicht aus einer Stichprobe stammen.

13. Welche Prüfmethoden werden im Rahmen der Qualitätskontrolle eingesetzt?

Bei der Qualitätskontrolle bedient man sich vor allem der drei folgenden Methoden, die wiederum verschiedene Unterarten verzeichnen:

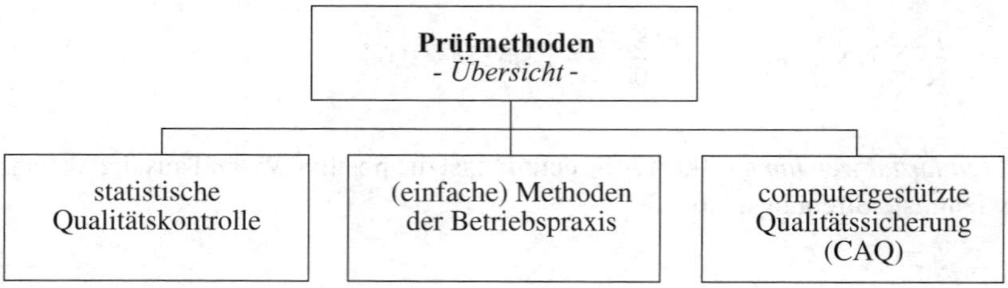

14. Wie erfolgt die statistische Qualitätskontrolle unter der Annahme der Normalverteilung?

Untersucht man eine große Anzahl von Einheiten eines gefertigten Produktes hinsichtlich der geforderten Qualitätseigenschaften (Stichprobe aus einem Los), so lässt sich mathematisch zeigen, dass die „schlechten Werte" in einer bestimmten Verteilungsform vom Mittelwert (dem Sollwert) abweichen: Es entsteht bei hinreichend großer Anzahl von Prüfungen das Bild einer Gauss'schen Normalverteilung (so genannte symmetrische Glockenkurve):

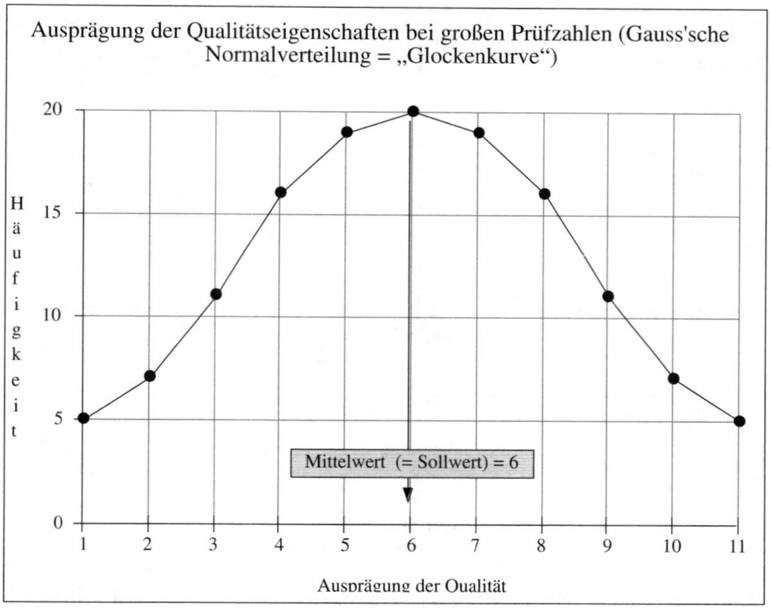

Es lässt sich mathematisch zeigen, dass – bei Vorliegen einer Normalverteilung der Qualitätseigenschaften –

- ungefähr **68,0 %** (68,26 %)
  aller Ausprägungen streuen im Bereich [Mittelwert +/- 1 · Standardabweichung],
- ungefähr **95,0 %** (95,44 %)
  aller Ausprägungen streuen im Bereich [Mittelwert +/- 2 · Standardabweichung],
- ungefähr **99,8 %** (99,73 %)
  aller Ausprägungen streuen im Bereich [Mittelwert +/- 3 · Standardabweichung].

Die nachfolgende Abbildung zeigt den dargestellten Zusammenhang:

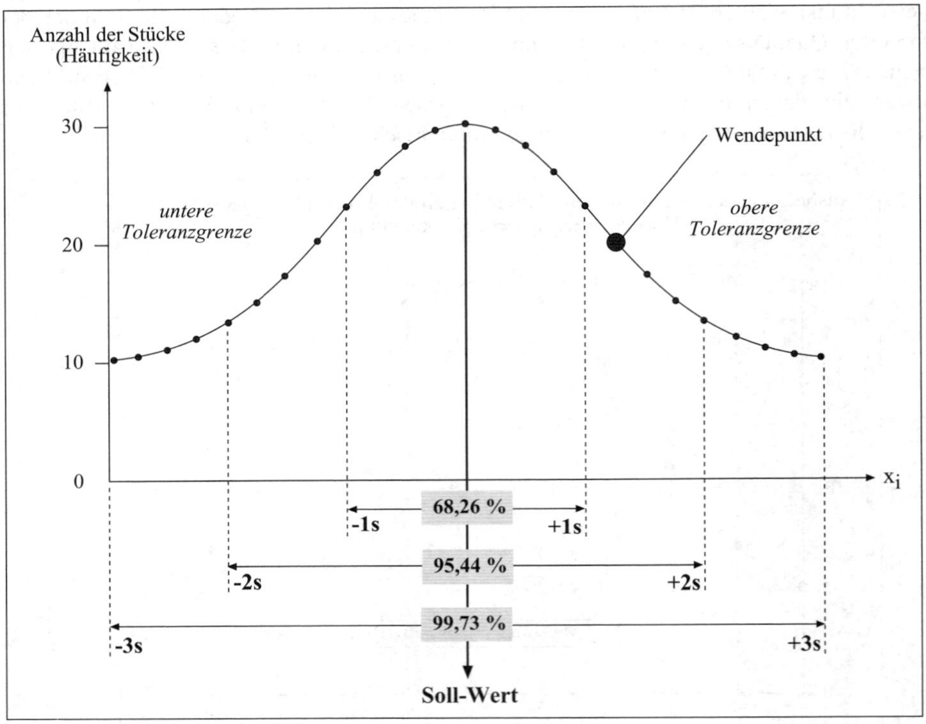

Diese Erkenntnis der Gauss'schen Normalverteilung (bei einer großen Anzahl von Untersuchungseinheiten) macht man sich bei der statistischen Qualitätskontrolle zu Nutze:

Man „zieht" eine zufällig entnommene Stichprobe aus der produzierten Losgröße und schließt (vereinfacht gesagt) von der Zahl der „schlechten Stücke in der Stichprobe auf die Zahl der schlechten Stücke in der Grundgesamtheit" (gesamte Losgröße).

→ DIN 53804-1 , DGQ 1631

15. Wie wird der Fehleranteil im Prüflos und in der Grundgesamtheit berechnet?

Aus einem Losumfang (= Grundgesamtheit) von N wird eine hinreichend große Stichprobe mit dem Umfang n zufällig entnommen. Man erhält in der Stichprobe n_f fehlerhafte Stücke (= Überschreitung des zulässigen Toleranzbereichs):

- Der *Anteil der fehlerhaften Stücke* Δx_f *der Stichprobe* ist

$$\Delta x_f = \frac{n_f}{n}$$ oder in Prozent: $$\Delta x_f = \frac{n_f}{n} \cdot 100$$

Beispiel:
Es werden aus einem Losumfang von 4.000 Wellen 10 % überprüft. Die Messung ergibt 20 unbrauchbare Teile.

Es ergibt sich bei n = 400 und n_f = 20

$$\Delta x_f = \frac{n_f}{n} = \frac{20}{400} = 0{,}05 \quad \text{bzw. } 5\,\%$$

Bei hinreichend großem Stichprobenumfang und zufällig entnommenen Messwerten kann angenommen werden, dass der Anteil der fehlerhaften Stücke in der Grundgesamtheit N_f wahrscheinlich dem Anteil in der Stichprobe n_f entspricht (Schluss von der Stichprobe auf die Grundgesamtheit). Es wird also gleichgesetzt:

$$\frac{n_f}{n} \cdot 100 = \frac{N_f}{N} \cdot 100$$

Das heißt, es kann angenommen werden, dass die Zahl der fehlerhaften Wellen in der Grundgesamtheit 200 Stück beträgt (5 % von 4.000).

Bezeichnet man die Anzahl der fehlerhaften Stücke als „NIO-Teile" (= „Nicht-in-Ordnung-Teile") so lässt sich der Schluss von der Stichprobe auf die Grundgesamtheit formulieren:

$$\frac{\text{NIO-Teile der Stichprobe}}{\text{Stichprobenumfang}} \longrightarrow \frac{\text{NIO-Teile der Grundgesamtheit}}{\text{Losumfang}}$$

16. Wie hoch ist die Wahrscheinlichkeit bei der zufälligen Entnahme von Werkstücken, ein fehlerhaftes Teil zu erhalten (Fehlerwahrscheinlichkeit)?

Beispiel:
In einem Behälter befinden sich 500 Werkstücke; davon weisen 20 Werkstücke einen Maßfehler auf. Wie hoch ist die Wahrscheinlichkeit, bei der zufälligen Entnahme eines Werkstückes ein fehlerhaftes Teil zu erhalten (= Ereignis A)?

Definition der Wahrscheinlichkeit nach Laplace:

Die Wahrscheinlichkeit eines Ereignisses P(A) ist der Quotient aus der Anzahl der für das Eintreten von A günstigen Fälle (g) zur der Anzahl der möglichen Fälle (m).

$$P(A) = \frac{g}{m}$$

mit: g = Anzahl der günstigen Fälle
m = Anzahl der möglichen Fälle

Beispiel:

$$P(A) = \frac{20}{500} = 0{,}04 \quad \text{bzw. } 4\,\%$$

Die Wahrscheinlichkeit für das Ereignis A (bei der zufälligen Entnahme eines Werkstückes ein fehlerhaftes Teil zu erhalten mit g = 20 und m = 500) beträgt also 4 %.

17. Wie kann mithilfe des Wahrscheinlichkeitsnetzes auf das Vorliegen einer Normalverteilung des Prüfmerkmals geschlossen werden?

Die Normalverteilung wurde bereits oben/13. behandelt. Das *Wahrscheinlichkeitsnetz* (auch: Wahrscheinlichkeitspapier) ist ein funktionales Papier, bei dem die Ordinatenskala (= y-Achse) so verzerrt ist, dass sich *die s-förmige Kurve der Verteilungsfunktion einer Normalverteilung auf diesem Papier zu einer Geraden streckt.*

Die nachfolgende Abbildung zeigt die prinzipielle *Entstehung des Wahrscheinlichkeitsnetzes:*

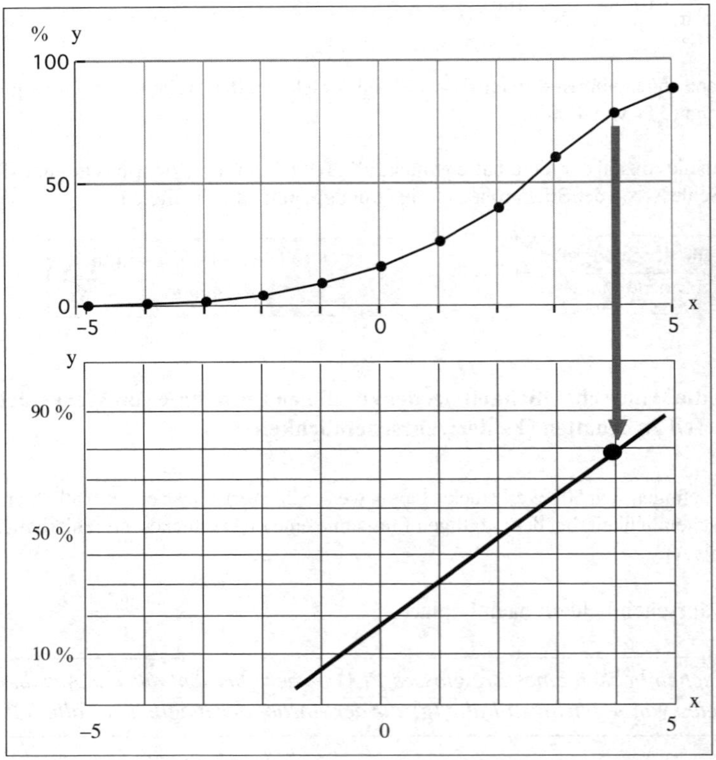

Wie man erkennen kann, nehmen die Ordinatenabstände von der 50 %-Linie nach oben und nach unten hin zu.

Die Summenlinie im Wahrscheinlichkeitsnetz ist eine einfache, grafische Methode, *um zu prüfen, ob das betrachtete Merkmal einer Normalverteilung unterliegt.* Man geht in folgenden Schritten vor:

1. Schritt: Aufbereitung der Messwerte in gruppierter Form (Klassenbildung; vgl. oben/08.).

2. Schritt: Berechnung der relativen Summenhäufigkeit (= kumulierte relative Häufigkeit) je Klasse in Prozent.

3. Schritt: Eintragung der relativen Summenhäufigkeiten in das Wahrscheinlichkeitsnetz als Punkt vertikal *über der rechten Klassengrenze* (nicht über der Klassenmitte!).

> → *Ergeben die relativen Summenhäufigkeiten im Wahrscheinlichkeitsnetz annähernd eine Gerade, so kann auf eine Normalverteilung der Einzelwerte geschlossen werden.*

Dies bedeutet, dass von der Anzahl der fehlerhaften Stücke der Stichprobe auf die Zahl der fehlerhaften Teile in der Grundgesamtheit geschlossen werden kann; Mittelwert und Standardabweichung der Stichprobe sind annähernd gleich den Werten der Grundgesamtheit; es gilt: $\bar{x} \approx \mu$; $s \approx \sigma$

Beispiel: Gegeben sei folgende Stichprobe in gruppierter Form:

Klassen von ... bis unter	**Klassenmitte**	**Absolute Häufigkeit**	**Relative Summenhäufigkeit in %**
1,795 – 1,825	1,81	2	2
1,825 – 1,855	1,84	3	5
1,855 – 1,885	1,87	6	11
1,885 – 1,915	1,90	18	29
1,915 – 1,945	1,93	25	54
1,945 – 1,975	1,96	18	72
1,975 – 2,005	1,99	14	86
2,005 – 2,035	2,02	11	97
2,035 – 2,065	2,05	3	100
$\sum$		100	

Überträgt man die relativen Summenhäufigkeiten in das Wahrscheinlichkeitsnetz – wie oben beschrieben – ergibt sich folgendes Bild:

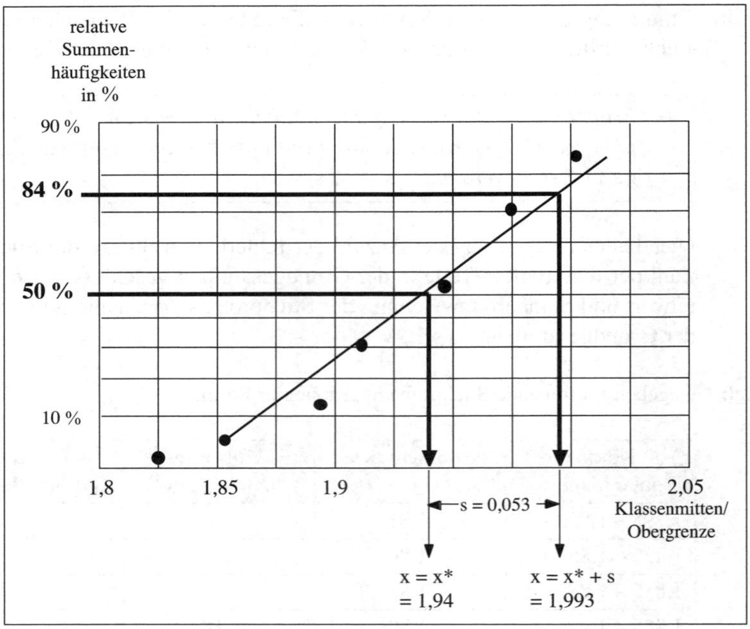

Die relativen Summenhäufigkeiten ergeben annähernd eine Gerade; es kann auf eine Normalverteilung des Merkmals geschlossen werden.

Außerdem können bei einer Stichprobe aus einer normalverteilten Grundgesamtheit aus dem Wahrscheinlichkeitsnetz Mittelwert und Standardabweichung abgelesen werden (vgl. Abb. oben).

→ *Die Ausgleichsgerade schneidet die 50 %-Linie im Punkt* $x = \bar{x}$.

Beispiel: In diesem Fall: x = 1,94; $\bar{x}$ der Stichprobe ist gleich μ der Grundgesamtheit.

→ Betrachtet man die Schnittpunkte der Ausgleichsgeraden mit der 50 %-Linie und *der 84 %-Linie* und nimmt von den entsprechenden x-Werten die Differenz, *so erhält man s, die Standardabweichung der Stichprobe*; von s kann näherungsweise auf σ (= Standardabweichung der Grundgesamtheit) geschlossen werden.

Beispiel:

x-Wert der 50 %-Linie	= 1,94
- x-Wert der 84 %-Linie	= 1,993
Differenz = s	= 0,053

Beispiel: Tatsächlich führt die rechnerische Überprüfung von $\bar{x}$ und s zu den oben abgelesenen Werten (mit a_j = Klassenmitte bei gruppierten Daten):

$$\bar{x} = \sum \frac{a_j \cdot n_j}{n} = \frac{1{,}81 \cdot 2 + 1{,}84 \cdot 3 + ... + 2{,}05 \cdot 3}{100}$$

$$= 1{,}94$$

$$s^2 = \frac{\sum (a_j - \bar{x})^2 \cdot nj}{n - 1} = \frac{(1{,}81 - 1{,}94)^2 \cdot 2 + ... + (2{,}05 - 1{,}94)^2 \cdot 3}{99}$$

$$= 0{,}0028$$

$$\sqrt{s^2} = s \approx 0{,}053$$

18. Welche (einfachen) Prüfmethoden werden außerdem in der Qualitätskontrolle eingesetzt?

Neben dem Verfahren der „Statistischen Qualitätskontrolle“ (vgl. oben) gibt es in der Betriebspraxis noch einfache und doch sehr wirkungsvolle Prüfverfahren; drei dieser Methoden werden hier beispielhaft genauer behandelt:

19. Wie wird eine Strichliste erstellt?

Bei der *Strichliste* werden die Ergebnisse einer Prüfstichprobe auf einem Auswertungsblatt festgehalten: Dazu bildet man *Messwertklassen* und trägt pro Klasse ein, wie häufig ein bestimmter Messwert beobachtet wurde. Die Anzahl der Klassen sollte i. d. R. zwischen 5 und 20 liegen; die *Klassenbreite ist gleich groß* zu wählen.

→ vgl. Fragen 07. und 08.

Es gilt: Anzahl der Klassen:	$k \approx \sqrt{n}$		
Klassenbreite:	$w \approx R : k$	mit	$R = x_{max.} - x_{min.}$
Relative Häufigkeit:	$h_j = n_j : n$	und	$j = 1, 2, ... r$
		sowie	$\sum n_j = n$

Beispiel:
Angenommen, wir befinden uns in der Fertigung von Ritzeln für Kfz-Anlasser. Der Sollwert des Ritzeldurchmessers soll bei 250 mm liegen. Aus einer Losgröße von 1.000 Einheiten wird eine Stichprobe von 40 Einheiten gezogen, die folgendes Ergebnis zeigt:

Strichliste		Aufnahme am:	25.10.
Auftrag:	47 333	Losgröße:	1.000
Werkstück	Ritzel	Prüfmenge:	40
Messwertklassen [in mm]	Häufigkeit (absolut)		Häufigkeit in%
≤ 248,0	//	2	5,0
≤ 248,5	//	2	5,0
≤ 249,0	/////	5	12,5
≤ 249,5	///// //	7	17,5
≤ 250,0	///// ///// //	12	30,0
≤ 250,5	///// /	6	15,0
≤ 251,0	///	3	7,5
≤ 251,5	//	2	5,0
≤ 252,0	/	1	2,5
Σ		40	100,0

Die Auswertung der Strichliste erfolgt dann wiederum mithilfe der „Statistischen Qualitätskontrolle“ (vgl. oben/13. - 16.).

20. Wie werden Qualitätsregelkarten zur Überwachung von Prozessen eingesetzt?

Kontrollkarten (auch: *Qualitätsregelkarten QRK bzw. kurz: Regelkarten; auch: „Statistische Prozessregelung“*) werden in der industriellen Fertigung dafür benutzt, die Ergebnisse aufeinander folgender Prüfstichproben festzuhalten. Durch die Verwendung von Kontrollkarten *lassen sich Veränderungen des Qualitätsstandards im Zeitablauf beobachten*; z. B. kann frühzeitig erkannt werden, ob Toleranzen bestimmte Grenzwerte über- oder unterschreiten. Es gibt eine Vielzahl unterschiedlicher Qualitätsregelkarten (je nach Prüfmerkmal, Qualitätsanforderung und Messtechnik).

Häufige Verwendung finden sog. zweispurige QRK, die gleichzeitig einen Lageparameter (Mittelwert oder Median) und einen Streuungsparameter (z. B. Standardabweichung/$\bar{x}$-s-Karte oder Range = Spannweite/$\bar{x}$-R-Karte) anzeigen.

Beispiel 1:
Die nachfolgende Abbildung zeigt den Ausschnitt einer Kontrollkarte:

1. Der *Fertigungsprozess ist sicher,* wenn die Prüfwerte innerhalb der oberen und unteren Warngrenze liegen.
2. Werden die *Warngrenzen* überschritten, ist der Prozess „nicht mehr sicher“, *aber „fähig“*.
3. Werden die *Eingriffsgrenzen* erreicht, muss der Prozess wieder sicher gemacht werden (z. B. neues Werkzeug, Neujustierung, Fehlerquelle beheben).
4. Erfolgt beim Erreichen der Eingriffsgrenzen *keine Korrekturmaßnahme*, so ist damit zu rechnen, dass es zur Produktion von „Nicht-in-Ordnung-Teilen“ (*NIO-Teile*) kommt.

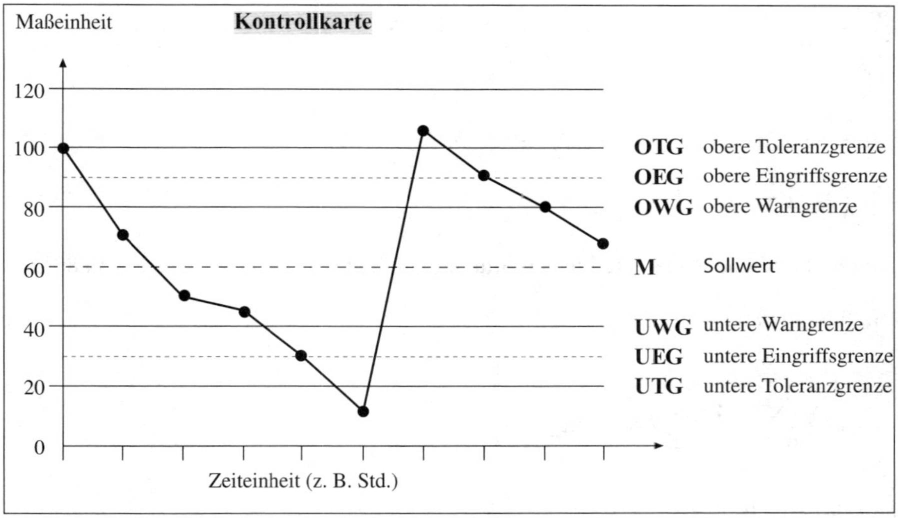

Beispiel 2:
Die Stichprobe einer Fertigung zeigt folgende Fehleranzahl auf der Regelkarte:

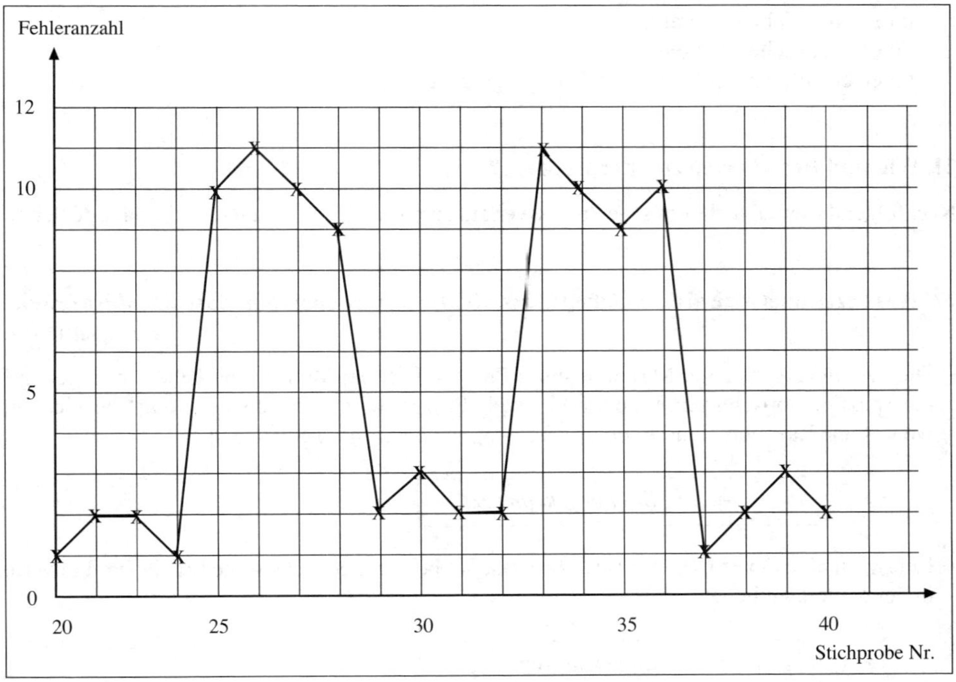

- Ermitteln Sie den Mittelwert der Fehleranzahl der 20. bis 40. Stichprobe.
- Ermitteln Sie den Mittelwert der Fehleranzahl der Grundgesamtheit mit N = 800 und n = 120.
- Ermitteln Sie die Spannweite der 20. bis 40. Stichprobe.
- Nennen Sie zwei Ursachen für die auffälligen Abweichungen der 20. bis 40. Stichprobe:

Lösung:

- $\overline{x} = \frac{\sum x_j}{n}$

$= (1 + 2 + 2\,1 + ... + 1 + 2 + 3 + 2) : 20 = 5{,}15$

- $\frac{\overline{x}}{n} = \frac{5{,}15}{120} = 4{,}29\ \%$

Der durchschnittliche Fehleranteil in der Grundgesamtheit beträgt daher 4,29 % von 800:

$= 4{,}29\ \%$ von $800 = 34{,}33$

oder:

$$= \frac{x}{\frac{n}{N}} = \frac{x \cdot N}{n} = \frac{5{,}15 \cdot 800}{120} = 34{,}33$$

- Spannweite $= \quad R \quad = x_{max} - x_{min}$

$= 11 - 1 = 10$

- Gründe für die Abweichungen, z. B.:
  - unterschiedliche Lieferanten
  - unterschiedliche Chargen
  - unterschiedliche Bedienung der Fertigungsanlage.

21. Wie sind Regelkarten zu interpretieren?

Nachfolgend werden sechs typische Prozessverläufe dargestellt und erläutert (siehe nächste Seite).

22. Was bezeichnet man als „Fähigkeit" bzw. als „Beherrschung" von Maschinen/Prozessen?

→ Fragen 13./19.

- Die *„Fähigkeit"* C einer Maschine/eines Prozesses ist ein Maß für die Güte – bezogen auf die Spezifikationsgrenzen. Eine Maschine/ein Prozess wird demnach als *„fähig"* bezeichnet, wenn seine Einzelergebnisse *innerhalb der Spezifikationsgrenzen* liegen.

→ | C | = | *Streuungskennwert* |
|---|---|---|

- Eine Maschine/ein Prozess wird als *„beherrscht"* bezeichnet, wenn seine Ergebnismittelwerte in der Mittellage liegen.

→ | C_k | = | *Lagekennwert* |
|---|---|---|

In der Praxis wird sprachlich nicht immer zwischen Kennwerten der Streuung und der Beherrschung unterschieden; man verwendet meist generell den Ausdruck „Fähigkeitskennwert" und unterscheidet durch den Index m bzw. p Maschinen- bzw. Prozessfähigkeiten sowie durch den Zusatz k die Kennzeichnung der Lage.

Prozessverlauf	**Bezeichnung**	**Bewertung**
- Grafische Darstellung -	- Erläuterung -	~› Maßnahmen
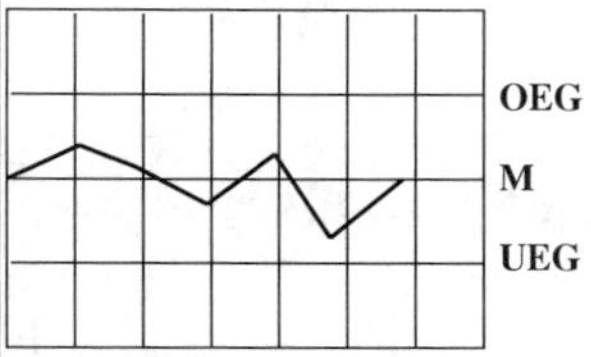	**Natürlicher Verlauf** 2/3 der Werte liegen innerhalb des Bereichs ± s; OEG bzw. UEG werden nicht überschritten.	• ***Prozess: in Ordnung*** ~› Kein Eingriff erforderlich
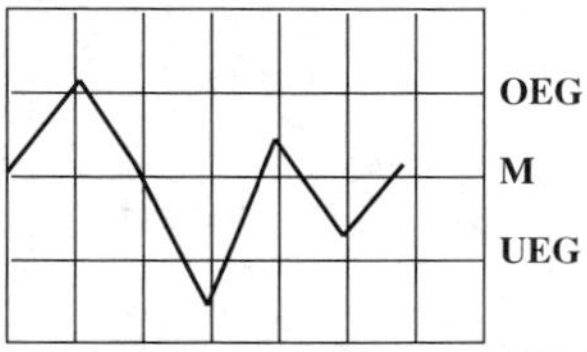	**Überschreiten der Grenzen** Die obere und/oder untere Eingriffsgrenze ist überschritten.	• ***Prozess: nicht in Ordnung*** ~› Eingriff erforderlich; Ursachen ermitteln.
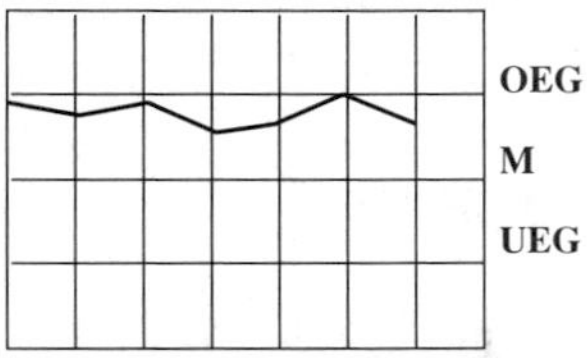	**Run** Mehr als 6 Werte liegen in Folge über/unter M.	• ***Prozess: noch in Ordnung*** ~› Verschärfte Kontrolle; deutet auf systematischen Fehler hin, z. B. Werkzeugverschleiß.
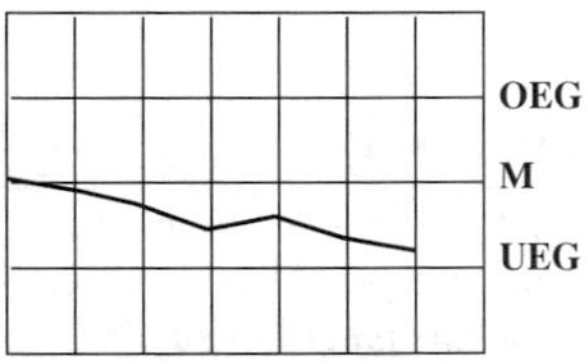	**Trend** Mehr als sechs Werte in Folge zeigen eine fallende/steigende Tendenz.	• ***Prozess: nicht in Ordnung*** ~› Eingriff erforderlich; Ursachen ermitteln, z. B. Verschleiß: Werkzeuge/ Vorrichtungen/Messgeräte.
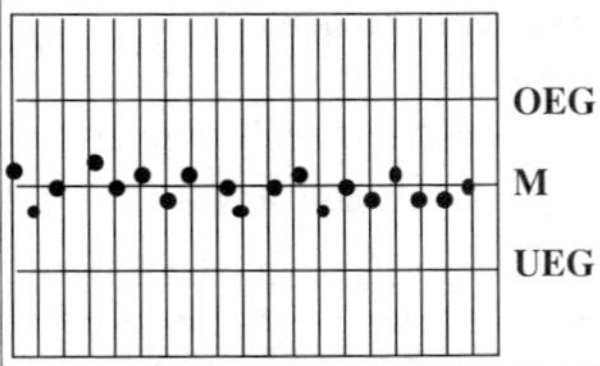	**Middle Third** 15 oder mehr Werte liegen in Folge innerhalb ± s (= im mittleren Drittel).	• ***Prozess: in Ordnung*** ~› Kein Eingriff erforderlich; aber: Ursachen für Prozessverbesserung ergründen bzw. Prüfergebnisse kontrollieren.
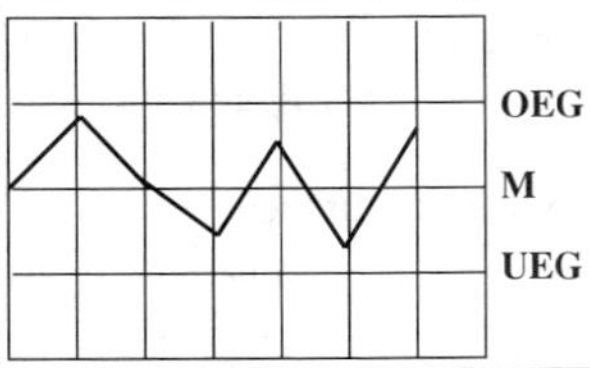	**Perioden** Die Werte wechseln periodisch um den Wert M; es liegen mehr als 2/3 der Werte außerhalb des mittleren Drittels zwischen OEG/UEG.	• ***Prozess: nicht in Ordnung*** ~› Eingriff erforderlich; es ist ein systematischer Fehler zu vermuten.

- Die Untersuchung der *Maschinenfähigkeit* C_m, C_{mk} ist eine *Kurzzeituntersuchung*.
- Die Untersuchung der *Prozessfähigkeit* C_p, C_{pk} ist eine *Langzeituntersuchung*.
- Beide Untersuchungen verwenden die gleichen Berechnungsformeln; es werden jedoch andere Formelzeichen verwendet. Es gilt:

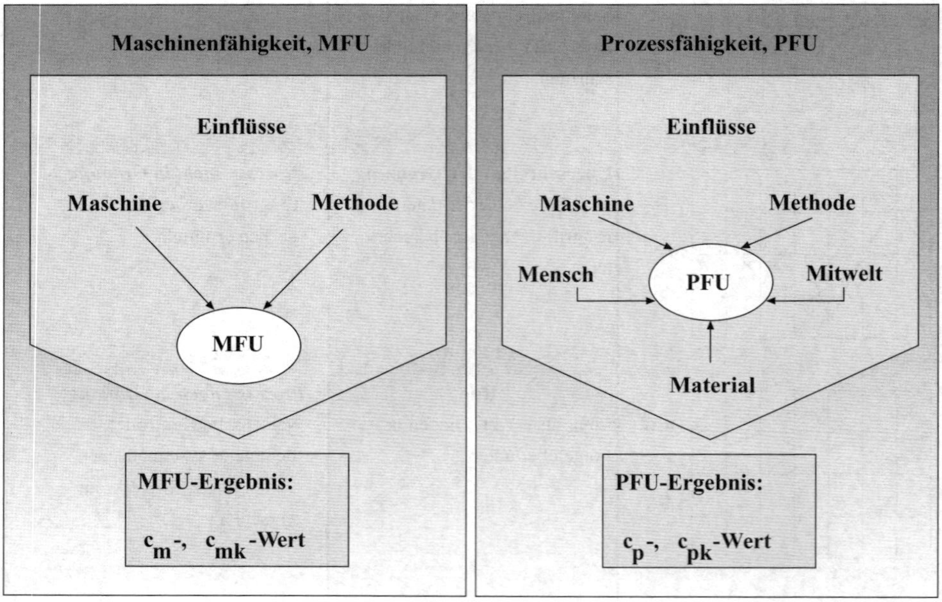

	Maschinenfähigkeit, MFU		**Prozessfähigkeit, PFU**	
Ziel	Erfassung des *kurzzeitigen* Streuverhaltens/des Bearbeitungsergebnisses einer Fertigungsmaschine *unter gleichen Randbedingungen*		Erfassung des *langfristigen* Streuverhaltens-/des Bearbeitungsergebnisses einer Fertigungsmaschine *unter realen Prozessbedingungen*	
Rahmenbedingungen	• betriebswarme Maschine • eine Rohteilcharge • keine oder minimierte Einflüsse • Abnahme i.d.R beim Maschinenhersteller		• reale Prozessbedingungen • reales Umfeld • Abnahme beim Maschinenhersteller gefordert und vor Ort verifiziert	
Vorgehensweise	• 50 Teile hintereinander gefertigt • Teile beschriften und sichern • Merkmale messen und auswerten • Fähigkeitindizes bestimmen		• über einen definierten Zeitraum ca. 25 Stichproben zu je 5 Teilen entnehmen • Teile beschriften und sichern • Merkmale messen • evt. Störeinflüsse in der Regelkarte eintragen • Fähigkeitindizes bestimmen	
Grenzwerte	**Streuung, C_m**	**Lage, C_{mk}**	**Streuung, C_p**	**Lage, C_{pk}**
	$C_m \geq 2{,}00$	**$C_{mk} \geq 1{,}66$**	**$C_p \geq 1{,}33$**	**$C_{pk} \geq 1{,}33$**
Hinweis: Einige Tabellenwerke enthalten zum Teil veraltete Grenzwerte!				

Anschauungsbeispiel zur Unterscheidung des Streuungskennwertes C_m, C_p und des Lagekennwertes C_{mk}, C_{pk}:

Die Breite eines Garagentores sei stellvertretend für geforderte Toleranz: T = OTG - UTG.
Die Breite des Pkws soll die Standardabweichung s darstellen; die gefahrene Spur des Pkws entspricht dem Mittelwert $\overline{x}$.

- *Beurteilung der Streuung/Fähigkeit des Prozesses:*
  Je kleiner s im Verhältnis zu T ist, desto größer wird der Fähigkeitskennwert C;
  Beispiel:
  „Bei C = 1 muss der Pkw sehr genau in die Garage gefahren werden, wenn keine Schrammen entstehen sollen."

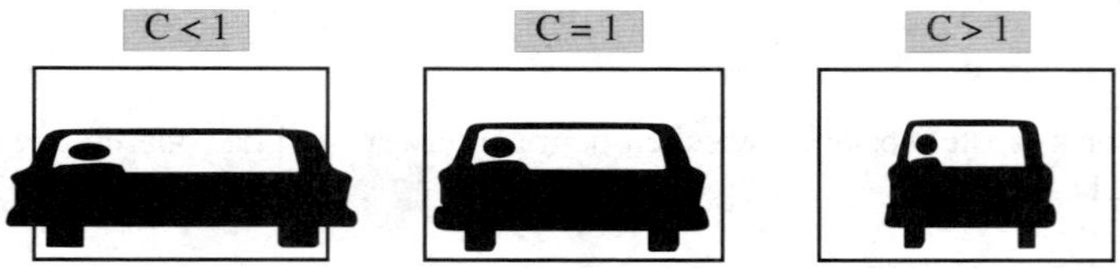

- *Beurteilung der Qualitätslage/Beherrschung des Prozesses:*
  Ist der Mittelwert $\overline{x}$ optimal („Spur des Pkws"), so ist $C = C_k$; bei einer Verschiebung des Mittelwertes (in Richtung OTG bzw. UTG) wird C_k kleiner, „man läuft also Gefahr, die linke oder rechte Seite des Garagentores zu berühren."

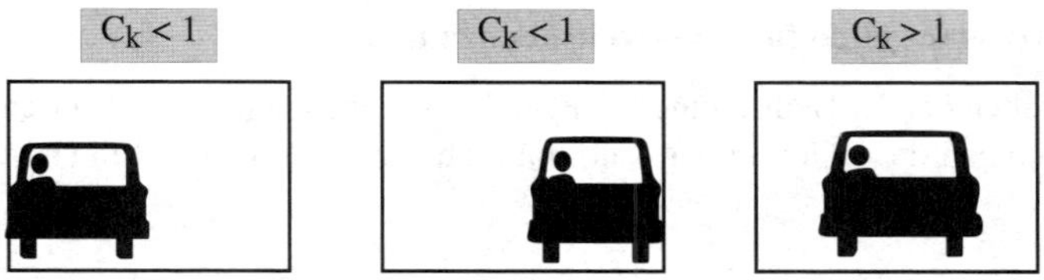

23. Welchen Voraussetzungen müssen für die Ermittlung von Fähigkeitskennwerten vorliegen?

Die Merkmalswerte müssen *normalverteilt* sein. Der Prozess muss demnach *frei von systematischen Fehlern* sein; Schwankungen in den Messergebnissen sind also *nur noch zufallsbedingt* (→ 06.).

Hinweis: Meist hat man heute durch die stetig anwachsende Komplexität der Prozesse und Maschinen nicht unbedingt normal verteilte Merkmale. Um trotzdem die Fähigkeitskennwerte zu berechnen wird überwiegend eine Statistik-Software verwendet.

24. Wie werden Fähigkeitswerte ermittelt?

1. *Mittelwert* x und *Standardabweichung* s der Stichprobe werden berechnet.

2. Der *Toleranzbereich* T (= OTG - UTG) wird ermittelt; er ist der Bauteilzeichnung zu entnehmen.

3. Der *Streuungskennwert* C_m bzw. C_p wird berechnet, indem der Toleranzwert T durch die 6-fache Standardabweichung (+/- 3s, also 6s) dividiert wird. Dies ergibt sich aus der Forderung, dass mit 99,73%iger Wahrscheinlichkeit die Stichprobenteile innerhalb der geforderten Toleranzgrenzen liegen sollen.

$$C_m = \frac{T}{6s} = \frac{OTG - UTG}{6s} \quad \text{bzw.} \quad C_p = \frac{T}{6s}$$

4. Der *Lagekennwert* C_{mk} bzw. C_{pk} wird berechnet, indem Z_{krit} durch die 3-fache Standardabweichung s dividiert wird:

$$C_{mk} = \frac{Z_{krit}}{3s} \qquad C_p = \frac{Z_{krit}}{3s}$$

Dabei ist Z_{krit} der kleinste Abstand zwischen dem Mittelwert und der oberen bzw. unteren Toleranzgrenze. D. h. es gilt:

$$Z_{krit} = \min(OTG - \bar{x}\ ;\ \bar{x} - UTG)!$$

also: $Z_{krit} = OTG - x$ bzw. $Z_{krit} = \bar{x} - UTG$

25. Welche Grenzwerte gelten für Fähigkeitskennzahlen?

In der Industrie gelten bei der Beurteilung der Fähigkeitskennzahlen folgende Grenzwerte (vgl. z. B. die Empfehlungen der DGQ. In der Automobilindustrie liegen zum Teil strengere Grenzwerte vor.):

Maschinenfähigkeit, MFU		**Prozessfähigkeit, PFU**	
Erfassung des kurzzeitigen Streuverhaltens/des Bearbeitungsergebnisses einer Fertigungsmaschine unter gleichen Randbedingungen		Erfassung des langfristigen Streuverhaltens/des Bearbeitungsergebnisses einer Fertigungsmaschine unter realen Prozessbedingungen	
Streuung, C_m	**Lage, C_{mk}**	**Streuung, Cp**	**Lage, C_{pk}**
$C_m \geq 2{,}00$	**$C_{mk} \geq 1{,}66$**	**$Cp \geq 1{,}33$**	**$C_{pk} \geq 1{,}33$**
Hinweis: Einige Tabellenwerke enthalten veraltete Werte!			

Beispiel 1:
Die Stichprobe aus einem Los von Stahlteilen ergibt eine mittlere Zugfestigkeit von $\bar{x} = 400\ N/mm^2$ und eine Standardabweichung von $s = 14\ N/mm^2$. Es ist eine Toleranz von $160\ N/mm^2$ vorgegeben. Zu ermitteln ist, ob die eingesetzte Maschine „fähig" ist. Dazu ist der Maschinenfähigkeitskennwert C_m zu berechnen:

$$C_m = \frac{T}{6s} = \frac{160\ N/mm^2}{6 \cdot 14\ N/mm^2} = 1{,}9048$$

Die Maschine ist nicht fähig, da $C_m < 2{,}0$.

Beispiel 2:

Für ein Fertigungsmaß gilt: $100 \pm 0{,}1 \rightarrow T = 0{,}2$

Aus der Stichprobe ist bekannt: $s = 0{,}015$

$\bar{x} = 99{,}92$

Zu ermitteln sind C_m, C_{mk}:

$$C_m = \frac{T}{6s} = \frac{0{,}2}{0{,}09} = 2{,}22$$

Da $C_m \geq 2{,}0$ gilt: Die Maschine ist fähig; die Streuung liegt innerhalb der Toleranzgrenzen.

$$C_{mk} = \frac{Z_{krit}}{3s}$$

$OTG - \bar{x} = 100{,}1 - 99{,}92 = 0{,}18$

$\bar{x} - UTG = 99{,}92 - 99{,}9 = 0{,}02$

$Z_{krit} = \min(= OTG - \bar{x}\ ;\ \bar{x} - UTG)$

$$= \frac{0{,}02}{0{,}045} \qquad \rightarrow \qquad Z_{krit} = 0{,}02$$

$$= 0{,}44$$

Da $C_{mk} < 1{,}66$ gilt: Die Maschine ist nicht beherrscht; die Qualitätslage ist zu weit vom Mittelwert versetzt; die Einstellung der Maschine muss korrigiert werden.

26. Wie wird eine Annahme-Stichprobenprüfung durchgeführt?

Stichprobenpläne werden sehr häufig eingesetzt, wenn fremd beschaffte Teile geprüft werden. Der Stichprobenplan wird üblicherweise zwischen Käufer und Verkäufer *fest vereinbart. Dazu werden drei Größen eindeutig festgelegt:*

Festlegung von drei Kenngrößen im Stichprobenplan

Losgröße (N)	**Stichprobengröße (n)**	**Annahmezahl (c)**
bis 150	13	0
151 bis 1.200	50	1
1.201 bis 3.200	80	2
3.201 bis 10.000	125	3
usw.	usw.	usw.

Solange die Annahmezahl $c \leq$ dem angegebenen Grenzwert ist, wird die Lieferung angenommen. Man spricht davon, dass die Lieferung die *„Annehmbare Qualitätslage"* (AQL = Acceptable Quality Level) erfüllt. Zum Beispiel dürfen bei einer Lieferung von 2.000 Einheiten maximal zwei fehlerhafte Einheiten in der Stichprobe mit n = 80 sein (vgl. Tabelle oben).

In der Praxis werden so genannte *Leittabellen* verwendet, die entsprechende Stichprobenanweisungen enthalten; die relevanten Parameter sind: Losgröße N, Prüfschärfe (normal/verschärft), Annahmezahl c, Rückweisezahl d, AQL-Wert (z. B. 0,40).

Beispiel 1:
Das Unternehmen erhält regelmäßig Bauteile in Losgrößen von N = 250. Mit dem Lieferanten wurde eine Annahme-Stichprobenprüfung als Einfach-Stichprobe bei Prüfniveau II und einem AQL-Wert von 0,40 vereinbart (› DIN ISO 2859-1).

1. *Ermittlung des Kennbuchstabens für den Stichprobenumfang*; nachfolgend ist ein Ausschnitt aus Tabelle I dargestellt:

Losumfang N			Besondere Prüfniveaus				Allgemeine Prüfniveaus		
			S-1	S-2	S-3	S-4	I	II	III
...	...	...							
51	bis	90	B	B	C	C	C	E	F
91	bis	150	B	B	C	D	D	F	G
151	bis	280	B	C	D	E	E	**G**	H
281	bis	500	B	C	D	E	F	H	J
501	bis	1.200	C	C	E	F	G	J	K
...	...	...							

DIN ISO 2859-1

Für einen Losumfang von N = 250 und einem allgemeinen Prüfniveau II wird der Kennbuchstabe G ermittelt.

2. *Ermittlung des Stichprobenumfangs n und der Annahmezahl c* bei AQL 0,40 aus Tabelle II-A (Einfach-Stichproben für normale Prüfung; vgl. unten, Ausschnitt aus der Leittabelle):

Tabelle II-A Einfachstichprobenanweisung für normale Prüfung

Kenn-buch-stabe	n	Annehmbare Qualitätsgrenzlage (normale Prüfung) AQL									
...	...	...	0,10	0,15	0,25	0,40	0,65	1,00	1,50	2,50	...
...	...	...	*c d*	*c d*	*c d*	*c d*	*c d*	*c d*	*c d*	*c d*	...
...	...	...	...	...	...	...	...	...	...	...	...
D	8	...						↓	0 1	↑	...
E	13	...					↓	0 1	↑	↓	...
F	20	...				↓	0 1	↑	↓	1 2	...
G	32	...			↓	**0 1**	↑	↓	1 2	2 3	...
H	50	...		↓	0 1	↑	↓	1 2	2 3	3 4	...
J	80	...	↓	0 1	↑	↓	1 2	2 3	3 4	5 6	...
...	...	...	...	...	...	...	...	...	...	...	...

DIN ISO 2859-1

Ergebnis: Bei G/Tabelle II-A ist n = 32, c = 0 und d = 1.

Das ergibt die Prüfanweisung:
Bei regelmäßigen Losgrößen von N = 250, Prüfniveau II und normaler Prüfung darf die Stichprobe vom Umfang n = 32 keine fehlerhaften Teile enthalten; ist c ≥ 1, wird die Lieferung zurückgewiesen.

Beispiel 2:
Es wird für den o. g. Sachverhalt unterstellt, dass die achte und neunte Lieferung zurückgewiesen werden muss, da c ≥ 1. Die zehnte Lieferung ist verschärft zu prüfen. Wie verändert sich unter diesen Bedingungen die Prüfanweisung?

Es wird Tabelle II-B herangezogen (verschärfte Prüfung):

Tabelle II-B **Einfachstichprobenanweisung für verschärfte Prüfung**

DIN ISO 2859-1

Kenn-buch-stabe	n	Annehmbare Qualitätsgrenzlage (normale Prüfung) AQL									
...	...	...	0,10	0,15	0,25	0,40	0,65	1,00	1,50	2,50	...
...	...	...	*c d*	*c d*	*c d*	*c d*	*c d*	*c d*	*c d*	*c d*	...
...	...	...	...	...	...	...	...	...	...	...	...
D	8	...	│	│	│	│	│	│	↓	0 1	...
E	13	...	│	│	│	│	│	↓	0 1	│	...
F	20	...	│	│	│	│	↓	0 1	│	↓	...
G	32	...	│	│	│	↓	0 1	│	↓	1 2	...
H	50	...	│	│	↓	**0 1**	│	↓	1 2	2 3	...
J	80	...	│	↓	0 1	│	↓	1 2	2 3	3 4	...
...	...	...	↓ ...	...	...	↓ ...	...	...	...	...	...

Ergebnis:
Der Stichprobenumfang muss von n = 32 auf n = 50 erhöht werden; die Tabelle II-B zeigt: c = 0 und d ≥ 1, d. h. die Stichprobe bei verschärfter Prüfung vom Umfang n = 50 darf keine fehlerhaften Teile enthalten.

8.4 Kontinuierliches Umsetzen der Qualitätsmanagementziele

8.4.1 Qualitätsmanagementziele

01. Warum gelten die QM-Ziele als Vorgaben zur Qualitätsverbesserung?

Die globalen Ziele eines Qualitätsmanagementsystems (siehe 8.1.1/02.) müssen zur vollen Wirksamkeit des Systems weiter untersetzt werden. Mit der Detaillierung der Ziele und für die daraus folgenden Maßnahmen zur Qualitätsverbesserung sind Verantwortlichkeiten und Befugnisse zu definieren und zuzuordnen. Die Akzeptanz der Ziele durch alle Mitarbeiter ist dazu unerlässlich. Die Mitarbeiter müssen sich mit den Zielen identifizieren können. Die Zielsetzungen wiederum müssen so gestellt sein, dass diese Identifikation ermöglicht wird. Eine dauerhafte Qualitätsverbesserung, verbunden mit einer hohen Prozesssicherheit, kann nur durch konkrete Zielstellungen, nicht durch sporadische Qualitätsarbeit, erreicht werden.

02. Wie wird die Realisierung und Einhaltung der QM-Ziele kontrolliert?

Die Kontrolle der QM-Ziele erfolgt durch ein *Audit*. Audits haben einen sehr hohen Stellenwert, da sie von den Normen des Qualitäts- und Umweltmanagements zwingend gefordert werden. Die Zertifizierung eines Unternehmens nach DIN EN ISO 9000:2015 ff. ist nur nach einer erfolgreichen, externen Auditierung möglich.

03. Was ist ein Audit?

Ein *Audit* ist eine *qualitätsorientierte Bewertungsmethode*, durch Befragung (Audit-Fragenkatalog), Anhörung und Untersuchung von definierten Einheiten die Erreichung der jeweiligen Forderungen festzustellen.

Die ISO 9000:2015 definiert das Audit folgendermaßen:

„Audit ist ein systematischer, unabhängiger und dokumentierter Prozess zur Erlangung von Auditnachweisen (Aufzeichnungen, Feststellungen und andere Informationen, Anm. d. Verf.) und zu deren objektiven Auswertung, um zu ermitteln, inwieweit Auditkriterien (QM-Ziele, Anm. d. Verf.) erfüllt sind."

04. Wer darf Auditierungen durchführen?

Audits dürfen nur durch speziell ausgebildete, offiziell geprüfte Qualitätsexperten, den *Auditoren*, durchgeführt werden. Die DIN EN ISO 19011 stellt eine Anleitung für das Auditieren von Qualitäts- und Umweltmanagementsystemen bereit.

05. Welche Auditarten gibt es?

Grundsätzlich unterscheidet man Audits nach ihrer Objektbezogenheit und ihrer organisatorischen Art. Prinzipiell ist zu jeder Einheit ein Audit möglich. Die Wesentlichsten sind in den nachfolgenden Tabellen enthalten:

• *Objektbezogene Audits:*

Audit	Aufgabe
System-Audit	Prüfung der Organisation eines Unternehmens
Produkt-Audit	Prüfung eines Produktes oder einer Produktgruppe
Prozess-Audit	Prüfung der Prozesse und/oder technologischen Verfahren
Umwelt-Audit (Öko-Audit)	Prüfung des Umweltmanagements eines Unternehmens
Arbeitsplatz-Audit	Prüfung der Arbeitsbedingungen und Ergonomie an einem Arbeitsplatz oder bei Arbeitsplatzgruppen
Logistik-Audit	Prüfung der Logistik eines Unternehmens

• *Audits nach ihrer organisatorischen Art:*

Audit	**Inhalt**
Externes Audit	wird durch externe Auditoren („neutrale Dritte") durchgeführt
Lieferanten-Audit	der Kunde prüft die Qualitätsfähigkeit des Lieferanten
Kunden-Audit	der Lieferant wird durch den Kunden geprüft
Zertifizierungs-Audit	Audit, in dessen Ergebnis über die Erstzertifizierung bzw. Wiederzertifizierung des Unternehmens entschieden wird
Überwachungs-Audit	Audit im Zeitraum zwischen den Zertifizierungsaudits
Internes Audit	wird durch Auditoren des eigenen Unternehmens durchgeführt

8.4.2 Planung von qualitätsbezogener Datenerhebung und -verarbeitung

01. Wodurch werden die ersten Qualitätsmerkmale eines Produktes bestimmt?

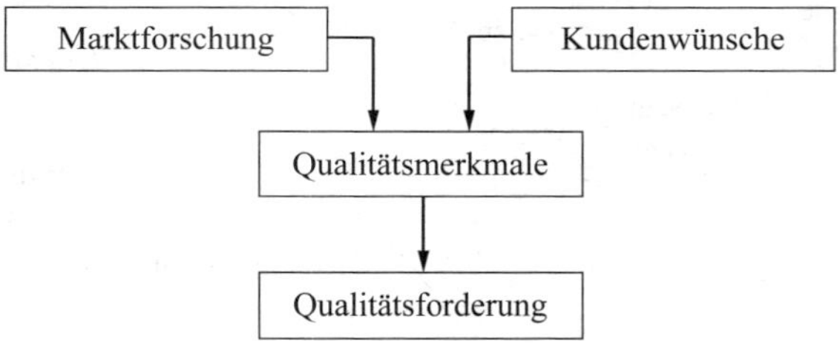

Die aus der Marktforschung ermittelten und durch den Kunden direkt geäußerten Wünsche stellen die *ersten Qualitätsmerkmale* dar, die in der Regel im weiteren Verlauf bis zur Auftragsauslösung und darüber hinaus noch präzisiert bzw. ergänzt werden. Aus diesen Qualitätsmerkmalen definieren sich die Qualitätsforderungen.

02. Wie lassen sich Kundenforderungen an ein Produkt strukturieren?

Nach *Kano* lassen sich Kundenforderungen *an ein Produkt* in drei Kategorien einteilen. Diese Kategorien können unterschiedliche Einflüsse auf die Qualitätsplanung haben:

- *Grundforderungen:*
  Diese Forderungen *müssen* erfüllt werden. Sie stellen die grundlegenden Eigenschaften des Produktes oder der Dienstleistung dar.

- *Normalforderungen:*
  Sie beinhalten die Forderungen, die die überwiegende Mehrheit der Kunden als üblichen Standard ansehen oder die dem allgemeinen Zeitgeschmack entsprechen. Diese Forderungen *sollten* erfüllt werden.

- *Begeisterungsforderungen:*
  Die Funktion dieser Forderungskategorie liegt darin, die Kaufentscheidung des Kunden zielführend zu beeinflussen. Häufig sind die Begeisterungsmerkmale die einzigen Unterschiede in einer gleichartigen Produktpalette mehrerer Wettbewerber. Die Begeisterungsforderungen *können* erfüllt werden.

Diese Anforderungen lassen sich im *Kano-Modell* im Verhältnis zu Zufriedenheit und Erfüllungsgrad abbilden.

Beispiel: Kaffeemaschine

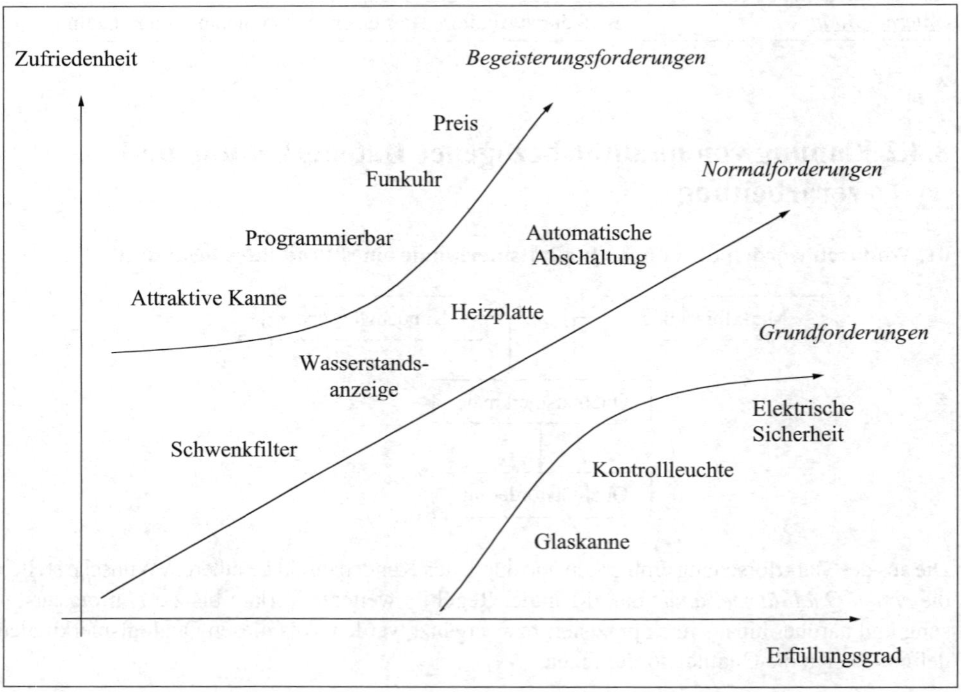

03. Worin ist die unterschiedliche Beeinflussung der Qualitätsplanung durch die Forderungskategorien begründet?

In der Praxis wird kaum zwischen Normal- und Grundforderungen unterschieden. Die Grundforderungen werden eher als fundamentaler Bestandteil der Normalforderungen betrachtet.

Die für die Realisierung der Normalforderungen (einschließlich Grundforderungen) notwendigen Prozesse orientieren sich am Auftrags- bzw. Marktvolumen und definieren sich über Planungseinheiten (z. B. Stückzahl, Hektoliter, Kubikmeter usw.) in einer bestimmten Planungsperiode. Dementsprechend variieren Umfang und Inhalt der Qualitätsplanung für das betreffende Produkt.

Das Auftrags- bzw. Marktvolumen der Begeisterungsforderungen liegt üblicherweise unter dem Volumen der Normalforderungen. Es werden z. B. mehr PKW eines Typs in Normalausstattung verkauft, als der gleiche Typ mit Sonderausstattung. Die Qualitätsforderungen der Begeisterungskategorie liegen aber meist höher, als die der Normalkategorie, bei niedrigerem Auftragsvolumen. Die Folge davon kann ein Einsatz anderer Materialien sein oder andere Realisierungsprozesse und Technologien. Damit ändert sich der Umfang und Inhalt des betreffenden Teils der Qualitätsplanung.

04. Wie werden Lieferanten in die Qualitätsplanung mit einbezogen?

Die Einbeziehung der Lieferanten in die Qualitätsplanung erfolgt mittels APQP (Advanced Product And Control Plan) – die Produkt-Qualitätsvorausplanung und Kontrollplanung.

Diese Qualitäts- und Prüfplanung erfolgt auf der Grundlage der ISO 9000:2015 ff. in der Phase der Produktentwicklung. Das Ergebnis des APQP ist ein vom Lieferanten unterzeichnetes, verbindliches Qualitätsdokument. Der Begriff „Lieferant" steht hier für externe und interne Lieferanten (z. B. aus einem anderen Fertigungsbereich).

05. Welche Bedeutung haben Qualitätsdaten für die Qualitätsplanung?

Die nach 8.3.2 ermittelten Qualitätsdaten geben ein reales Bild über Fehlerschwerpunkte und Schwachstellen des Produktes ebenso wie der Prozesse. Die Auswertung dieser Daten und die Ergebnisse der daraus resultierenden Maßnahmen zur Qualitätsverbesserung bilden eine wesentliche Grundlage für die Qualitätsplanung.

Die Planung einer qualitätsbezogenen Datenerhebung entspricht oft einer Kundenforderung. Sicherheitsregeln und gesetzliche Vorschriften (z. B. Fahrzeugbranche) beinhalten ebenfalls solche Forderungen. Im Rahmen der Qualitätsplanung ist genau zu definieren und ggf. mit dem Kunden abzustimmen, welche Daten in welcher Form erfasst und abgelegt/archiviert werden sollen. Nicht selten ergeben sich daraus Auswirkungen auf die Investitionsplanung.

Beispiel:
Ein Behälter ist nach einem Fügeprozess auf Dichtheit zu prüfen. Der Kunde fordert die dem konkreten Teil zugeordnete Erfassung der Istwerte des Prüfdruckes und das Prüfergebnis (i.O/n.i.O.) mit den Abweichungen vom Solldruck. Diese Qualitätsdaten sind in einem Prüfprotokoll dem Teil bei der Lieferung beizulegen.

Im Rahmen der Qualitätsplanung ist in diesem Beispiel nicht nur der Prüfplan zu erstellen, sondern auch die Art und Weise der Prüfdatenerfassung, -zuordnung und -verarbeitung zu planen.

8.4.3 Grundbegriffe und Abläufe der Qualitätslenkung

01. Was ist unter Qualitätslenkung zu verstehen?

Nach DIN EN ISO 8402 versteht man unter *Qualitätslenkung* „Arbeitstechniken und Tätigkeiten, die zur Erfüllung von Qualitätsforderungen angewendet werden".

Diese Definition wurde durch die ISO 9000:2015 entsprechend dem Anliegen eines Qualitätsmanagementsystems neu formuliert:

> *Qualitätslenkung ist der „Teil des Qualitätsmanagements, der auf die Erfüllung von Qualitätsanforderungen gerichtet ist."*

02. Wie stellt sich die Qualitätslenkung als Teil des Qualitätsmanagements dar?

Der Zusammenhang wird durch den Regelkreis der Qualitätslenkung erkennbar:

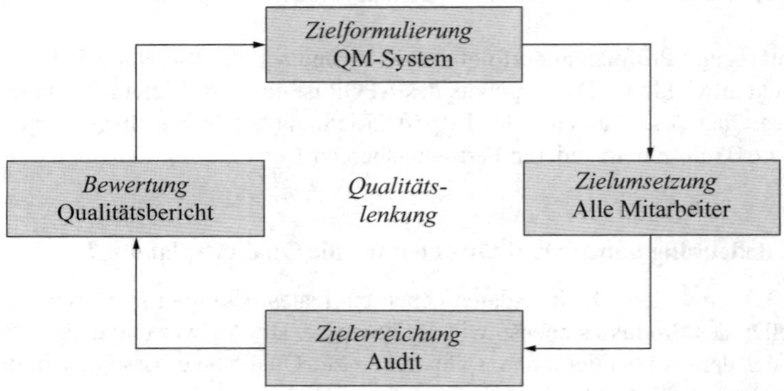

Die Qualitätslenkung ist somit das „Handwerkszeug" des Qualitätsmanagements, um die gestellten Ziele dauerhaft zu erreichen. Sie dient der Umsetzung der Qualitätsplanung.

03. Welche Funktion hat die Qualitätslenkung in der Fertigung?

- *Aufgabe:*
  Die positive Beeinflussung eines Prozesses bei Einwirkung von Störgrößen.

- *Ziel:*
  Die Regulierung des Prozesses, um die weitere Realisierung der Qualitätsforderungen zu gewährleisten oder zu verbessern; siehe hierzu den *Qualitätsregelkreis* in 8.1.1/14.

Die Systematik der Qualitätslenkung wird in der ISO 9001:2015 u. a. auch im Punkt 7.6 „Lenkung von Überwachungs- und Messmitteln" und Punkt 8.3 „Lenkung fehlerhafter Produkte" dargestellt.

04. Welches sind die wesentlichen Grundbegriffe der Qualitätslenkung?

Begriff	Erläuterung
Dokumentenlenkung	Regelung des Umganges und der Verwaltung von Qualitätsdokumenten.
Qualitätsbezogene Kosten	Kosten der Gesamtheit des Qualitätsmanagements.
Qualitätssicherung	„Teil des Qualitätsmanagements, der auf das Erzeugen von Vertrauen darauf gerichtet ist, dass Qualitätsanforderungen erfüllt werden." (ISO 9000:2015).
Qualitätsüberwachung	Ständige Überwachung und Verifizierung (Bestätigung durch Nachweisführung) sowie die Analyse von Qualitätsaufzeichnungen zur Sicherstellung der Erfüllung der festgelegten Qualitätsanforderungen.
Qualitätsverbesserung	Vorbeugende, überwachende und korrigierende Maßnahmen zur Erhöhung der Qualität von Produkten und Prozessen.
Reklamationsmanagement	Der geordnete Umgang mit Reklamationen (interne, Lieferanten- und Kundenreklamationen) mit Optimierung bereichsübergreifender Prozesse und Erhöhung der Kundenzufriedenheit.
SPC	Statistische Fähigkeitsbewertung von Prozessen.
Statistische Qualitätslenkung	Ist der Teil der Qualitätslenkung, bei dem statistische Verfahren zur Anwendung kommen.

05. Was sind Risikoanalysen?

Risikoanalysen sind Methoden zur frühzeitigen Fehlererkennung und -vermeidung. Sie gehören zu den vorbeugenden Maßnahmen.

06. Welche vorbeugenden Methoden der Qualitätsverbesserung gibt es?

Bekannte und häufig angewandte Methoden sind die FMEA, das Ursache-Wirkungs-Diagramm, die Fehlerbaumanalyse und Poka Yoke.

07. Wie ist der methodische Ansatz beim Ursache-Wirkungs-Diagramm?

Das Ursache-Wirkungs-Diagramm (auch Fischgräten- oder Ishikawa-Diagramm genannt) *ist eine Methode zur Problemanalyse.* Die Ursachen (7-M-Einflussfaktoren) werden in Bezug zu ihrer Wirkung (Problem) gebracht.

Die *7-M-Einflussfaktoren* sind:
Management, Maschine, Material, Mensch, Messbarkeit, Methode und Milieu (Mitwelt/Umwelt).

Allgemeines **Beispiel** eines *Ishikawa-Diagrammes*:

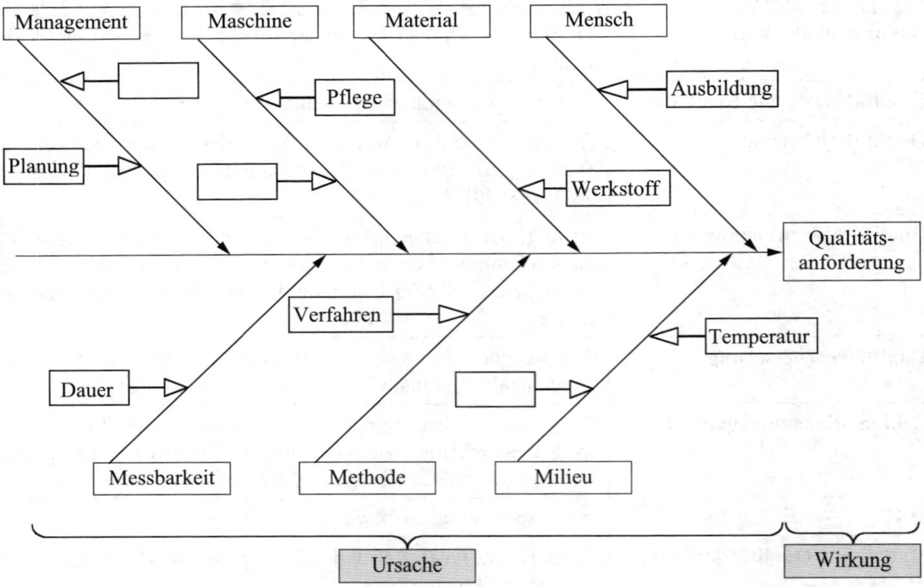

Die Haupteinflussfaktoren werden durch die weitere systematische Analyse mit ihren möglichen Nebenursachen ergänzt. Potenzielle Probleme und Fehler werden auf diese Weise erkennbar und können durch entsprechende Maßnahmen rechtzeitig vermieden werden.

08. Wodurch unterscheidet sich die Fehlerbaumanalyse vom Ishikawa-Diagramm?

Die *Fehlerbaumanalyse* ist nach DIN 24524 Teil 1 ebenfalls eine Methode zur systematischen Fehleruntersuchung.

- *Ziel:* Ermittlung der Fehlerursachen mit ihren Häufigkeiten

Die Methodik entspricht der des Ishikawa-Diagrammes, allerdings werden zur Darstellung des Fehlerbaumes *Symbole* verwendet. Im Prinzip entsteht bei einer 90°-Drehung des Ishikawa-Diagrammes ebenfalls ein Fehlerbaum.

09. Welche Vor- und Nachteile haben folgende Maßnahmen der Qualitätssicherung: FMEA, Regelkarte, Poka-Yoke und KVP?

	Vorteile, z. B.	Nachteile, z. B.
FMEA	• Fehler können frühzeitig entdeckt werden • Einsparung von Kosten	• zeitaufwändig • subjektives Verfahren
Regelkarte	• Fehlerteile können erkannt werden • Dokumentierung der Ergebnisse	• Mitarbeiter müssen die Regelkarte exakt dokumentieren • lfd. Überwachung
Poka-Yoke	• Fehlerfreiheit	• kostenaufwändig
KVP	• kleine Fehler werden lfd. behoben	• Integration in die Fertigung • Identifikation der Mitarbeiter

10. Was ist Poka Yoke?

Poka (unbeabsichtigter Fehler) *Yoke* (Verminderung) ist eine japanische Methode zur Vermeidung von (menschlichen) Fehlhandlungen durch eine irrtumssichere und fehlhandlungssichere Gestaltung von Fertigungseinrichtungen und Prozessen. Sie basiert auf der These „Irren ist menschlich", also müssen menschliche Fehler methodisch kompensiert werden.

Beispiele *für typische unbeabsichtigte menschliche Fehler:*

- Fehlbedienung von Fertigungseinrichtungen (z. B. Linksgewinde bei Gasanschlüssen)
- Einrichtungs- und Einstellfehler
- Auslassen von Arbeitsgängen
- Verbauen von falschen Teilen
- Teile vergessen zu montieren
- Verwendung von falschem Material.

11. Welcher Zusammenhang besteht zwischen Instandhaltung und Qualitätslenkung?

Die *planmäßige, vorbeugende Instandhaltung* (PVI; vgl. auch: TPM = Total-Productive-Maintenance) zählt zu den vorbeugenden Maßnahmen mit einem wesentlichen Einfluss auf die Qualitätssicherung und -verbesserung. Sie ist Bestandteil des Qualitätsmanagements und in den Regelkreis der Qualitätslenkung integriert.

Nach DIN 31051 wird Instandhaltung als „Maßnahme zur Bewahrung und Wiederherstellung des Sollzustandes sowie zur Feststellung und Beurteilung des Istzustandes von technischen Mitteln eines Systems" definiert.

- *Ziele:*
  - Sicherung der technischen Realisierungsgrundlagen zur Erfüllung der Qualitätsforderungen
  - Erhaltung und Verbesserung der Funktionserfüllung der Fertigungssysteme
  - Erhöhung der Sicherheit der Fertigungssysteme und Prozesse.

• Die PVI beinhaltet *drei Aufgabengebiete*:

Planmäßige, vorbeugende Instandhaltung		
Wartung	**Inspektion**	**Vorbeugende Instandsetzung**
In festgelegten Zeiträumen (Wartungsplan) durchzuführende Maßnahmen zur *Beibehaltung des Sollzustandes* eines Objekts.	*Erfassung des gesamten Istzustandes* eines Objekts einschließlich der Mängel- und Schadensaufnahme.	*Wiederherstellen des technischen Sollzustands* eines Objekts.
Beispiele		
Reinigen, Hilfsstoffe auffüllen, Ölen/Schmieren, technische Kontrolle	Feststellen von Verschleiß, Abweichungen von Soll-Einstellungen, Erkennen nicht mehr voll funktionsfähiger Teile	Austausch von definierten Verschleißteilen, Austausch fehlerhafter Teile und Baugruppen

12. Wie ist die Prüfmittelverwaltung in die die Qualitätslenkung integriert?

Die Prüfmittelverwaltung beinhaltet die Verwaltung der gesamten Prüftechnik und ist in sechs Kategorien unterteilt:

1. *Beschaffung*
   Auswahl erfolgt entsprechend der damit zu realisierenden Prüfaufgabe.

2. *Erfassung*
   Eindeutige Kennzeichnung (z. B. Nummerncode) und Registrierung.

3. *Freigabe*
   Erstellung von Prüfmittelüberwachungsplänen und Freigabe zum Einsatz in Unternehmen.

4. *Lagerung*
   Lagerbedingungen entsprechend den Herstellerangaben. Meist bei Raumtemperatur (20-21 °C) und konstanter Luftfeuchtigkeit oder in klimatisierten Räumen (z. B. Messmaschinen).

5. *Überwachung*
   Ähnlich der Instandhaltung dient sie der Sicherstellung der geforderten Genauigkeiten und Feststellung von Verschleiß. Sie erfolgt auf der Basis der Prüfmittelüberwachungspläne.

6. *Aussonderung*
   Ist die Prüftechnik irreparabel verschlissen, erfolgt die Sperrung zur Verwendung und die Aussonderung (häufig mit anschließender Verschrottung).

Im Rahmen der Qualitätslenkung ist besonders Punkt *„5. Überwachung"* relevant.

13. In welcher Form erfolgt die Qualitätsüberwachung innerhalb der Qualitätslenkung?

Die Grundlage für die Qualitätsüberwachung bilden die *Qualitätsaufzeichnungen* (siehe 8.1.2/12.). In einem ständigen Prozess werden die Ist-Daten mit den Soll-Daten verglichen. Werden Überschreitungen der zulässigen Toleranzgrenzen festgestellt, ist es die Aufgabe der Qualitätslenkung, Maßnahmen zur Wiedererlangung bzw. Einhaltung der Qualitätsforderungen einzuleiten und deren Wirksamkeit zu kontrollieren.

14. Wann müssen Abweichungen von den Qualitätsforderungen durch die Qualitätslenkung korrigiert werden?

Die Korrektur von Abweichungen ist dann erforderlich, wenn Toleranzgrenzen überschritten werden oder wenn durch eine zunehmend breiter werdende Streuung innerhalb des Toleranzbereiches eine bevorstehende Überschreitung erkennbar wird.

15. Mit welchen Maßnahmen der Qualitätslenkung können Abweichungen korrigiert werden?

Die Art der Maßnahmen zur Korrektur der Qualitätsabweichungen ist abhängig von der Art des Fehlers und seiner Ursache. Es können sowohl *organisatorische* wie auch *technische* Maßnahmen erforderlich werden.

Beispiele:

• Organisatorische Maßnahmen:	- Umstellung der Arbeitsgangreihenfolge bzw. des Arbeitsablaufes - 8D-Methode - Förderung des Vorschlagswesens.
• Technische Maßnahme:	- Reparatur oder Austausch eines Messsensors in einer prozessintegrierten Prüfeinrichtung - Einsatz einer speziellen Prüfvorrichtung.

16. Was ist die 8D-Methode?

Die *8D-Methode* (8 Disziplinen) ist eine teamorientierte Methode zur systematischen, schrittweisen Problemlösung. Ihre Anwendung erfolgt dort, wo die Fehler- bzw. Problemursachen vorerst *unbekannt* sind. Sie vereint in sich drei einander ergänzende Aufgabenstellungen:

- als Standardmethode
- als Problemlösungsprozess
- als eine Berichtsform.

- Als *Standardmethode* (nach VDA) basiert sie auf zwei Schwerpunkten. Sie ist ein faktenorientiertes System auf der Grundlage realer Daten und sie zielt auf die Abstellung der Grundursachen.

  1. *Gehe das Problem im Team an!*
     Teambildung mit kompetenten Mitarbeitern mit entsprechenden Produkt- und Prozesskenntnissen.

2. *Beschreibe das Problem!*
   Beschreibung des Problems und dessen Quantifizierung auf der Basis ermittelter (statistischer) Daten, sowie die Ermittlung des Ausmaßes des Problems.

3. *Veranlasse temporäre Maßnahmen zur Schadensbegrenzung!*
   Sofortmaßnahmen zur Schadensbegrenzung, um die Auswirkungen des Problems möglichst vom Kunden fern zu halten. Ihre Wirksamkeit gilt bis zur Findung einer Dauerlösung. Sie ist ständig zu überprüfen.

4. *Ermittle die Grundursache und beweise, dass es wirklich die Grundursache ist!*
   Suche nach den möglichen Ursachen. Ermittlung, ob die gefundene(n) Ursache(n) wirklich die Grundursache(n) ist/sind. Das Ergebnis ist durch Tests zu beweisen.

5. *Lege Abstellmaßnahmen fest und beweise ihre Wirksamkeit!*
   Festlegung von dauerhaften Abstellmaßnahmen mit Nachweisführung durch Versuche, dass das Problem endgültig und ohne unerwünschte Nebenwirkung gelöst ist.

6. *Führe die Abstellmaßnahmen ein und kontrolliere ihre Wirksamkeit!*
   Einführung der Maßnahmen und Festlegung des Aktionsplanes zur Kontrolle ihrer Wirksamkeit. Evtl. sind flankierende Maßnahmen durchzuführen.

7. *Bestimme Maßnahmen, die ein Wiederauftreten des Problems verhindern!*
   Anpassung der Management- und Steuerungssysteme zur dauerhaften Vermeidung des Wiederauftretens gleicher oder ähnlich gelagerter Probleme.

8. *Würdige die Leistung des Teams!*
   Abschluss der Problemlösung, Beendigung der Teamarbeit mit Sicherung der Erfahrungen und Anerkennung des Erfolges.

   Entsprechend den Ergebnissen der Wirksamkeitsprüfung müssen die Disziplinen 4. und 5. ggf. wiederholt werden.

- Als *Problemlösungsprozess* ist die 8D-Methode eine definierte Aktivitätenfolge, die durchlaufen werden sollte, sobald ein Problem auftritt.

- Als *Berichtsform* dient sie der Fortschrittskontrolle. Noch offene Aktionen werden daraus ersichtlich. Die einzelnen Disziplinen können nur dann abgeschlossen werden, wenn die entsprechenden Ergebnisse vorliegen. Erst dann kann mit der folgenden Disziplin begonnen werden.

8.4.4 Sichern der Qualitätsmanagementziele durch Qualifizierung der Mitarbeiter

01. Worin besteht das Erfordernis, die Mitarbeiter qualitätsseitig zu qualifizieren?

Die ISO 9000:2015 definiert „Qualifikation als nachgewiesene Fähigkeit, Wissen und Fertigkeiten anzuwenden."

Das gesamtheitliche Anliegen eines Qualitätsmanagementsystems erfordert die Einbeziehung *aller* Mitarbeiter eines Unternehmens. Die qualitätsbezogene Qualifizierung der Mitarbeiter festigt den Qualitätsgedanken. Jeder Mitarbeiter muss wissen was er tut, warum er es tut und welche Auswirkung sein Tun hat.

02. Welche Formen der Qualifizierungsmaßnahmen gibt es?

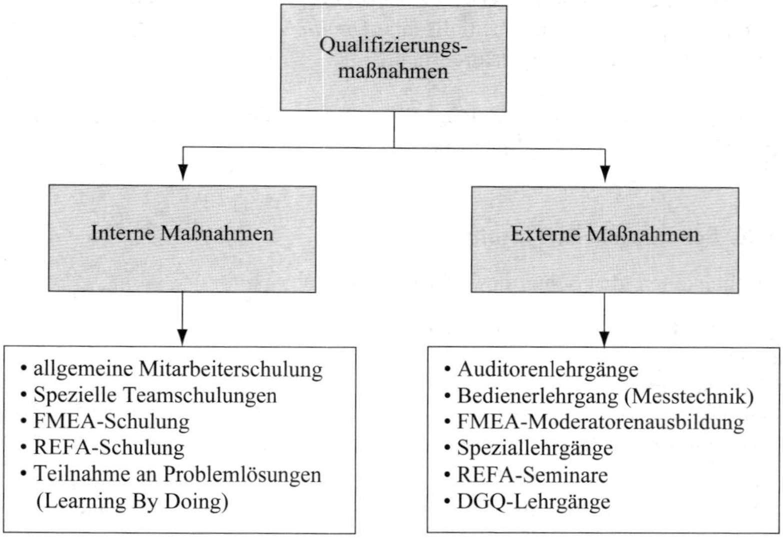

03. Wann ist eine Qualifizierung der Mitarbeiter erforderlich?

Allgemeine interne Qualitätsschulungen sind in regelmäßigen Abständen sinnvoll. In ihnen sollte die jeweilige aktuelle Qualitätslage im Mittelpunkt stehen.

Wird im Rahmen der Qualitätsüberwachung ein konzentrierter Anstieg der Fehlerhäufigkeit erkennbar, kann sich aus der Ursachenermittlung (z. B. nach der 8D-Methode) als Folgemaßnahme eine *qualitätsbezogene Mitarbeiterschulung* (bereichs- oder teambezogen) ergeben.

FMEA-Schulungen sind für den betreffenden Mitarbeiterkreis nach der Erstqualifizierung dann erforderlich, wenn sich beispielsweise aus Kundenforderungen ergibt, dass die FMEA nach der Systematik des Kunden zu erfolgen hat.

Erfolgt die *Anschaffung von Messtechnik*, z. B. einer 3D-Messmaschine, ist das für die Bedienung ausgewählte Personal selbstverständlich zu qualifizieren. Meist bieten die Hersteller entsprechende Lehrgänge im Paket mit dem Produkt an.

Werden geeignete Mitarbeiter in einem anderen Arbeitsbereich eingesetzt, ist eine umfassende und gründliche *Einarbeitung* die Mindestvoraussetzung zur Einhaltung der Qualitätsvorgaben.

Learning by doing ist nur eine Methode der Einarbeitung. Häufig ist eine weitere zielgerichtete interne oder externe Qualifizierung erforderlich.

Bei Fertigungssystemen mit großer Variantenvielfalt und schwankenden Los- bzw. Auftragsgrößen kommt der flexiblen Einsetzbarkeit der Mitarbeiter eine besondere Bedeutung zu. Je mehr Mitarbeiter an möglichst vielen unterschiedlichen Arbeitsplätzen eingesetzt werden können, desto flexibler lässt sich die Auftragsplanung mit der Schicht- oder Arbeitsplatzbesetzungsplanung in Einklang bringen. Es erhöht sich dadurch auch der Auslastungsgrad der Fertigungsmittel. Zur Erlangung dieser *Mitarbeiterflexibilität* ist ebenfalls eine *Qualifizierung* durch eine gründliche Einarbeitung mit entsprechendem Training erforderlich.

Auch weiterbildende *Fachlehrgänge und Seminare* dienen letztendlich der Erhöhung der Prozesssicherheit und der Erreichung der Qualitätsziele.

04. Wie lässt sich der Schulungsbedarf ermitteln?

Es gibt mehrere Möglichkeiten, den Schulungsbedarf zu ermitteln:

- durch Ermittlung des aktuellen Qualifikationsstandes
- durch Mitarbeiterbefragung
- durch Vorgesetzteneinschätzung
- bei steigender Fehlerhäufigkeit
- bei Investitionen von Fertigungseinrichtungen.

Der Schulungsbedarf bzw. der Qualifikationsstand lässt sich in einer *Qualifikationsmatrix* darstellen.

Beispiel einer *Qualifikationsmatrix*:

	Arbeitsplatz A	Arbeitsplatz B	Maschine 1	Maschine 2
Frau C	X	X		X
Herr A	X	X	X	X
Herr G			X	X

Aus der Matrix wird ersichtlich, welche Mitarbeiter für welche Arbeitsplätze qualifiziert (einsetzbar) sind und welche ggf. noch Qualifikationsdefizite haben.

05. Wie muss die Qualifizierung der Mitarbeiter dokumentiert werden?

Der in der ISO 9000:2015 geforderte Nachweis über die Qualifikation (siehe 8.4.4/01.) ist in entsprechenden *Dokumenten* darzulegen. Er wird im Rahmen von externen Auditierungen und Kundenaudits abgefragt. Die durch die Qualifizierungsmaßnahmen erbrachten *Nachweisdokumente* (Teilnahmebescheinigungen, Zeugnisse u. Ä.) liegen normalerweise in der Personalabteilung vor. Interne Qualifikationen sind mindestens in Form einer Teilnehmerliste mit Angabe der Thematik zu dokumentieren. Auch die o. g. *Qualifikationsmatrix* ist ein entsprechendes Nachweisdokument.

II. Prüfungsanforderungen

1. Prüfungsanforderungen

Industriemeister Elektrotechnik · Handlungsspezifische Qualifikationen

Für die Prüfung der Industriemeister Elektrotechnik liegen bundeseinheitliche Rechtsvorschriften zu Grunde um sicherzustellen, dass an allen Industrie- und Handelskammern in gleicher Weise geprüft wird. Die von den Berufsbildungsausschüssen der einzelnen Industrie- und Handelskammern beschlossenen Prüfungen basieren auf dem derzeit gültigen Rahmenplan vom März 2005 sowie der Verordnung über die Prüfung vom 30. November 2004.

1.1 Zulassungsvoraussetzungen (§ 3)

(1) Zur Prüfung im *Prüfungsteil „Handlungsspezifische Qualifikationen“* ist zuzulassen, wer nachweist:

1. Erfolgreich abgeschlossene Prüfung im Teil „Fachrichtungsübergreifende Basisqualifikationen“, die nicht länger als fünf Jahre zurückliegt und
2. eine mit Erfolg abgelegte Abschlussprüfung in einem anerkannten Ausbildungsberuf, der den Elektrotechnikberufen zugeordnet werden kann und danach eine mindestens zweijährige Berufspraxis[1)] oder
3. eine mit Erfolg abgelegte Abschlussprüfung in einem sonstigen anerkannten Ausbildungsberuf und danach eine mindestens 2,5-jährige Berufspraxis[1)] oder
4. eine mindestens sechsjährige Berufspraxis[1)].

(2) Abweichend davon kann auch zugelassen werden, wer durch Vorlage von Zeugnissen oder auf andere Weise glaubhaft macht, dass er berufspraktische Qualifikationen erworben hat, die die Zulassung zur Prüfung rechtfertigen.

1.2 Prüfungsteile und Gliederung der Prüfung (§ 5)

Die Qualifikation zum Industriemeister Elektrotechnik umfasst *drei Prüfungsteile*:

1. Berufs- und arbeitspädagogische Qualifikationen (gemäß der Ausbilder-Eignungsverordnung; AEVO),
2. fachrichtungsübergreifende Basisqualifikationen,
3. handlungsspezifische Qualifikationen.

In diesem Buch werden ausschließlich die *Inhalte des 3. Prüfungsteils* behandelt. Zur Vorbereitung auf den 2. Prüfungsteil wird verwiesen auf das ebenfalls im Kiehl Verlag erschienene Buch: *Krause/Krause, Die Prüfung der Industriemeister - Basisqualifikationen*, 11. Auflage, Herne 2016. Ebenfalls ausgeklammert wurde der berufs- und arbeitspädagogische Prüfungsteil, da hierzu ein eigenes Prüfungsbuch im Kiehl Verlag erschienen ist: *Ruschel, A., Die Ausbildereignungsprüfung*, 6. Aufl., Herne 2014.

[1)] Die Berufspraxis soll wesentliche Bezüge zu den Aufgaben eines Geprüften Industriemeisters/einer Geprüften Industriemeisterin – Fachrichtung Elektrotechnik haben.

Der *Prüfungsteil „Handlungsspezifische Qualifikationen“* umfasst die Handlungsbereiche TECHNIK (T 1, T 2; alternativ), ORGANISATION sowie FÜHRUNG UND PERSONAL mit insgesamt acht Qualifikationsschwerpunkten. Zur Vereinfachung werden die folgenden Abkürzungen verwendet:

Handlungsspezifische Qualifikationen							
Handlungsbereiche · HB							
TECHNIK · T		**ORGANISATION · O**			**FÜHRUNG/PERSONAL · F**		
Qualifikationsschwerpunkte							
1. T 1 Infrastruktursysteme und Betriebstechnik	**2. T 2** Automatisierungs- und Informationstechnik	**3. BKW** Betriebliches Kostenwesen	**4. PSK** Planungs-, Steuerungs- und Kommunikationssysteme	**5. AUG** Arbeits-, Umwelt- und Gesundheitsschutz	**6. PF** Personalführung	**7. PE** Personalentwicklung	**8. QM** Qualitätsmanagement

Es werden *drei Situationsaufgaben* gestellt. Die Aufgaben sind funktionsfeldbezogen und integrieren die Handlungsbereiche unter Berücksichtigung der fachrichtungsübergreifenden Basisqualifikationen (§ 5 der Rechtsverordnung). Bitte beachten Sie bitte, dass die Inhalte der Basisqualifikationen ausdrücklich Gegenstand des 3. Prüfungsteils sind und berücksichtigen Sie dies bei Ihrer Vorbereitung.

1	**Situationsaufgabe 1: T 1**	Die Situationsaufgabe TECHNIK 1 (Schwerpunkt: Infrastruktursysteme und Betriebstechnik) ist **schriftlich** innerhalb von 240 Minuten zu bearbeiten.
	(alternativ)	
	Situationsaufgabe 1: T 2	Die Situationsaufgabe TECHNIK 2 (Automatisierungs- und Informationstechnik) ist **schriftlich** innerhalb von 240 Minuten zu bearbeiten.

2	**Situationsaufgabe 2: O**	Die Situationsaufgabe ORGANISATION ist **schriftlich** innerhalb von 240 Minuten zu bearbeiten.

3	**Situationsaufgabe 3: F**	Die Situationsaufgabe 3, FÜHRUNG UND PERSONAL – im Folgenden als **Fachgespräch** bezeichnet – ist **mündlich** innerhalb von mindestens 45 bis maximal 60 Minuten zu bearbeiten.

4	**Mündliche Ergänzungsprüfung:**	Hat der Teilnehmer in nicht mehr als einer schriftlichen Situationsaufgabe die Note 5 erbracht, so ist ihm eine **mündliche** Ergänzungsprüfung von maximal 20 Minuten anzubieten.

Prüfungsteile der Handlungsspezifischen Qualifikationen im Überblick:

Handlungsspezifische Qualifikationen (inkl. Basisqualifikationen)		
↓	↓	↓
Situationsaufgabe 1 **TECHNIK** **(T 1 oder T 2)**	**Situationsaufgabe 2** **ORGANISATION**	**Situationsaufgabe 3** **(Fachgespräch)** **FÜHRUNG UND PERSONAL**
schriftlich 240 min	schriftlich 240 min	mündlich 45 - 60 min
↑	↑	

Möglichkeit zur **mündlichen Ergänzungsprüfung,** wenn Note 5 in nicht mehr als einer Aufgabe erbracht wurde.

Hinweise:

- Die schriftlichen Situationsaufgaben (T 1, T 2 und O) werden bundeseinheitlich erarbeitet und an bundeseinheitlichen Terminen geprüft (derzeit: Mai und November des Jahres).
- Für die Situationsaufgabe 3 (Fachgespräch) wird eine bundeseinheitliche Empfehlung durch die DIHK-Bildungs-GmbH erstellt; die konkrete Form der Durchführung liegt im Ermessen der prüfenden Kammer (nach den Vorgaben der Rechtsverordnung).
- Allen drei Situationsaufgaben liegt eine gemeinsame Ausgangssituation zu Grunde.
- Für alle Prüfungsteile gilt der 100-Punkte-Schlüssel:

100 – 92 Punkte = Note 1	66 – 50 Punkte = Note 4
91 – 81 Punkte = Note 2	49 – 30 Punkte = Note 5
80 – 67 Punkte = Note 3	29 – 00 Punkte = Note 6

Ab Frühjahr 2013 wird Ihnen mit den Prüfungsaufgaben von der IHK eine bundeseinheitliche Formelsammlung zur Verfügung gestellt. In der Regel sind auch unkommentierte Gesetzestexte, Taschenrechner und eine technische Formelsammlung zugelassen. Es empfiehlt sich, eigene Gesetzestexte zur Prüfung mitzubringen, deren Verwendung man gewohnt ist (Textmarkierungen sind zulässig). Informieren Sie sich bitte rechtzeitig vor der Prüfung bei Ihrer zuständigen Industrie- und Handelskammer.

1.3 Schriftliche Prüfung

1.3.1 Struktur der schriftlichen Situationsaufgaben

- In der *Situationsaufgabe 1*
  ist einer der Schwerpunkte des Handlungsbereichs TECHNIK (T 1 oder T 2) zu ca. 50 % vertreten. Die Handlungsbereiche ORGANISATION sowie FÜHRUNG UND PERSONAL sind ca. zu je 25 % zu berücksichtigen – mit mindestens drei Schwerpunkten.

Im Überblick:

Situations-aufgabe 1	Handlungsbereich		
	TECHNIK	ORGANISATION	FÜHRUNG/PERSONAL
	50 %	25 %	25 %
	ein Schwerpunkt Der Prüfungsteilnehmer bestimmt den Schwerpunkt.	mindestens drei Schwerpunkte	

Beispiel 1:

Situations-aufgabe 1	Handlungsbereich								
	HB T			HB O			HB F		
	T 1	oder	**T 2**	BKW	PSK	AUG	PF	PE	QM
	50 %			25 %			25 %		

Beispiel 2:

Situations-aufgabe 1	Handlungsbereich								
	HB T			HB O			HB F		
	T 1	oder	**T 2**	BKW	PSK	AUG	PF	PE	QM
	50 %			25 %			25 %		

- In der *Situationsaufgabe 2*
sind mindestens zwei Schwerpunkte des Handlungsbereichs ORGANISATION zu ca. 50 % vertreten. Die Handlungsbereiche TECHNIK sowie FÜHRUNG UND PERSONAL sind ca. zu je 25 % zu berücksichtigen – mit mindestens drei Schwerpunkten.

Im Überblick:

Situations-aufgabe 2	Handlungsbereich		
	ORGANISATION	TECHNIK[1]	FÜHRUNG/PERSONAL
	50 %	25 %	25 %
	mindestens zwei Schwerpunkte	mindestens drei Schwerpunkte	

Beispiel 1:

Situations-aufgabe 2	Handlungsbereich							
	HB O			HB T		HB F		
	BKW	PSK	AUG	1.4/2.3	1.5/2.4	PF	PE	QM
	50 %			25 %		25 %		

[1] Zu integrieren sind (nur) die Qualifikationsinhalte 1.4 „Planen, Durchführen und Dokumentieren von Funktions- und Sicherheitsprüfungen", 1.5 „Inbetriebnehmen und Abnehmen von Anlagen" oder 2.3 „Planen, Durchführen und Dokumentieren von Funktions- und Sicherheitsprüfungen", 2.4 „Inbetriebnehmen und Abnehmen von automatisierten Anlagen und Systemen".

Beispiel 2:

Situations-aufgabe 2	Handlungsbereich							
	HB O			HB T		HB F		
	BKW	PSK	AUG	1.4/2.3	1.5/2.4	PF	PE	QM
	50 %			25 %		25 %		

1.3.2 Handlungsbereiche und Qualifikationsschwerpunkte (Überblick, Integration und Zusammenhänge)

Für den erfolgreichen Abschluss der Prüfung ist erforderlich:

1. Aneignung der Lerninhalte: → kognitives Lernziel
2. Bearbeiten situativer Aufgaben und Verknüpfung der Lerninhalte: → handlungsorientiertes Lernziel
3. Prüfungstraining: Bearbeiten typischer Klausuraufgaben → Evaluierung des Anwendungserfolgs

Eine wesentliche Voraussetzung dafür ist die Kenntnis aller zentralen Qualifikationselemente der Handlungsbereiche und ihre Vernetzung. Die Matrix auf der nächsten Seite zeigt das *„Prüfungsraster"*. Um den Überblick zu erleichtern wurden die inhaltlichen Beschreibungen des Rahmenplans auf ein pragmatisches Maß verkürzt. Bitte prägen Sie sich dieses Prüfungsraster ein; es erleichtert das Erkennen von Zusammenhängen und Überschneidungen der einzelnen Lerninhalte.

Der Rahmenplan enthält im Prüfungsteil „Handlungsspezifische Qualifikationen" zahlreiche Überschneidungen und zum Teil Wiederholungen einzelner Qualifikationselemente. Vielfach wird dies durch Verweise zu anderen Stoffgebieten/Handlungsbereichen gekennzeichnet.

Die Empfehlung an den Teilnehmer lautet:

> Lernen Sie identische Stoffinhalte nur einmal und verwenden Sie Ihre Aktivität auf das Erkennen von Zusammenhängen und Handlungsabläufen.

Handlungsspezifische Qualifikationen - Handlungsbereiche -							
Technik (alternativ)		**Organisation**			**Führung und Personal**		
1. (T 1) **Infrastruktursysteme und Betriebstechnik**	**2. (T 2)** **Automatisierungs- und Informationssysteme**	**3.** **Betriebliches Kostenwesen**	**4.** **Planungs-, Steuerungs- und Kommunikationssysteme**	**5.** **Arbeits-, Umwelt- und Gesundheitsschutz**	**6.** **Personalführung**	**7.** **Personalentwicklung**	**8.** **Qualitätsmanagement**
1.1 Projektieren von elektrotechnischen Systemen	2.1 Projektieren ... Instandhalten von automatisierten Anlagen ...	3.1 Plankostenrechnung und BAB; Kostenüberwachung	4.1 Aufbau-/Ablaufstrukturen ... optimieren und Stammdaten aktualisieren	5.1 Gewährleisten des Arbeits-, Umwelt- und Gesundheitsschutzes	6.1 Personalbedarfsermittlung	7.1 Personalbedarfsermittlung	8.1 Bedeutung, Funktion, Aufgaben und Elemente
1.2 Errichten von elektrotechnischen Systemen	2.2 Konfigurieren von Systemen der MSR-Technik ...	3.2 Überwachung des Budgets	4.2 Produktions-, Mengen-, Termin- und Kapazitätsplanung	5.2 Fördern des Mitarbeiterbewusstseins	6.2 Auswahl und Einsatz der Mitarbeiter	7.2 Festlegen der PE-Ziele	8.2 Fördern des Qualitätsbewusstseins
1.3 Konfigurieren von Komponenten	2.3 Planen ... von Funktions- und Sicherheitseinrichtungen	3.3 Beeinflussen der Kosten	4.3 Arbeitsablauf- und Produktionsprogrammplanung	5.3 Planen und Durchführen von Unterweisungen	6.3 Anforderungsprofile und Stellenbeschreibungen	7.3 Potenzialeinschätzungen	8.3 Methoden und Werkzeuge
1.4 Planen ... von Funktions- und Sicherheitseinrichtungen	2.4 Inbetriebnehmen und Abnehmen von automatisierten Anlagen	3.4 Kostenbewusstsein der Mitarbeiter beeinflussen	4.4 Informations- und Kommunikationssysteme	5.4 Lagerung und Umgang mit belastenden und gefährdenden Stoffen	6.4 Delegation	7.4 PE-Maßnahmen veranlassen	8.4 Qualitätssichernde Maßnahmen
1.5 Inbetriebnehmen und Abnehmen von Anlagen	2.5 Erstellen ... von Konstruktions- und Schaltungsunterlagen	3.5 Kostenarten-, Kostenstellen-, Kostenträgerrechnung	4.5 Logistiksysteme in der Produkt- und Materialdisposition	5.5 Maßnahmen zur Verbesserung der Arbeitssicherheit	6.5 Kommunikation und Kooperation	7.5 Evaluierung und Umsetzung der Ergebnisse von PE-Maßnahmen	
1.6 Inbetriebnehmen und Einrichten von Maschinen ...	2.6 Einleiten, Steuern ... von Fertigungsprozessen	3.6 Kalkulationsverfahren und DB-Rechnung			6.6 Führungsmethoden und -mittel	7.6 Mitarbeiterförderung	
1.7 Instandhaltungsmaßnahmen	2.7 Einsatz neuer Bauelemente, -gruppen, Verfahren und Betriebsmittel	3.7 Methoden der Zeitwirtschaft			6.7 Kontinuierlicher Verbesserungsprozess		
1.8 Energieversorgung					6.8 Moderation		

1.4 Mündliche Prüfung

1.4.1 Situationsbezogenes Fachgespräch (§ 5 Abs. 5f.)

1.4.1.1 Struktur

Im situationsbezogenen Fachgespräch (*Situationsaufgabe 3)* sind mindestens zwei Schwerpunkte des Handlungsbereichs FÜHRUNG UND PERSONAL zu ca. 50 % vertreten. Die Handlungsbereiche TECHNIK und ORGANISATION sind ca. zu je 25 % zu berücksichtigen – mit mindestens drei Schwerpunkten.

Im Überblick:

Situations-aufgabe 1 ↓ **Fachgespräch**	Handlungsbereich		
	FÜHRUNG/PERSONAL	TECHNIK	ORGANISATION
	50 %	25 %	25 %
	mindestens zwei Schwerpunkte	1.4/2.3; 1.5/2.4	mindestens zwei Schwerpunkte

Das Fachgespräch hat die gleiche Struktur wie eine schriftliche Situationsaufgabe. Kern des Fachgesprächs ist der Handlungsbereich, der nicht im Mittelpunkt der schriftlichen Situationsaufgaben steht. *Insbesondere sind die Qualifikationselemente zu integrieren, die nicht schriftlich geprüft werden.*

Beispiel:

Situations-aufgabe 1 (schriftlich)	**HB T**			HB O			HB F		
	T 1	oder	**T 2**	BKW	PSK	AUG	PF	PE	QM
	50 %			25 %			25 %		

Situations-aufgabe 2 (schriftlich)	**HB O**			HB T		HB F		
	BKW	PSK	AUG	1.4/2.3	1.5/2.4	PF	PE	QM
	50 %			25 %		25 %		

↓

Situations-aufgabe 3 (Fachgespräch)	**HB F**			HB T		HB O		
	PF	PE	QM	1.4/2.3	1.5/2.4	BKW	PSK	AUG
	50 %			25 %		25 %		

1.4.1.2 Vorbereitung der Handlungsaufträge und Durchführung des Fachgesprächs (§ 5 Abs. 6)

> Im Fachgespräch soll der Teilnehmer nachweisen, dass er in der Lage ist, betriebliche Aufgabenstellungen zu analysieren und einer begründeten Lösung zuzuführen. Er soll seinen Lösungsvorschlag unter Einbeziehung von Präsentationstechniken erläutern und erörtern. Das Fachgespräch soll pro Teilnehmer mindestens 45 und maximal 60 Minuten dauern (§ 5 Abs. 6 der Rechtsverordnung).

Die Prüfungsordnung enthält für die Durchführung des Fachgesprächs keine detaillierten Vorgaben. Für den zuständigen Prüfungsausschuss ergeben sich damit Handlungsspielräume, die er gestalten kann. Jeder Ausschuss wird in der Regel für die Durchführung ein *Merkblatt* zur Information der Teilnehmer herausgeben. Bitte machen Sie sich mit den Einzelheiten, die die zuständige Kammer festlegt, rechtzeitig vertraut. Im Folgenden werden Formen der Durchführung des Fachgesprächs dargestellt, die sich in der Prüfungspraxis bewährt haben und bei der Mehrzahl der Kammern vorherrschend sind:

1. Handlungsauftrag:
Der zuständige Prüfungsausschuss erstellt für das Fachgespräch Handlungsaufträge. Die Anzahl richtet sich nach der Zahl der Teilnehmer. Der Ausschuss kann dabei die von der DIHK-Bildungs-GmbH zum Teil erstellten Vorschläge nutzen und durch vertiefende Fragestellungen ergänzen. Jeder Teilnehmer erhält für das Fachgespräch (s)einen Handlungsauftrag.

Beispiel eines Handlungsauftrags (Auszug; Quelle: Original-Prüfung vom 21. November 2000)

Handlungsauftrag 1
Ausgangslage für das Fachgespräch ist die Ihnen aus den schriftlichen Aufgaben bekannte Situation.
Mögliche Fragestellungen:

a) Spielt die maschinelle Ausstattung der Sonderfertigung mit konventionellen Maschinen bei Ihren Überlegungen eine Rolle?

b) Wie beachten Sie bei der Auswahl der Mitarbeiter die Altersstruktur, die Erfahrung und die Qualifikation?

c) Beurteilen Sie die derzeitigen Entlohnungsformen.

d) Könnte eine Veränderung der Entlohnungsform in der Sonderfertigung als Motivationsfaktor wirken?

e) Bedingt die Sonderfertigung eine andere Informations- und Kommunikationsstruktur?

f) Sind für die Mitarbeiter in der Sonderfertigung besondere Qualifizierungsmaßnahmen notwendig?

g) Kann der Einsatz von NC-Maschinen in der Sonderfertigung zur Optimierung des Fertigungsprozesses beitragen?

h) Sind bei der Auswahl der Mitarbeiter Aspekte der Arbeitssicherheit beachtet worden?

i) In welcher Weise wurde bei der Auswahl der Mitarbeiter dem Faktor Gesundheitsschutz Rechnung getragen?

2. *Vorbereitungszeit:*
   Die Prüfungszeit je Fachgespräch und Teilnehmer beträgt 45 - 60 Minuten. *Davon entfallen 30 Minuten auf die reine Prüfungszeit.*

   Für die Vorbereitung auf das Fachgespräch werden zwei Varianten von den Kammern praktiziert:

   - *Interne Vorbereitung* im Rahmen der Prüfungsdurchführung (30 Minuten):
     Der Teilnehmer erhält vor Beginn der Prüfung 30 Minuten Zeit, den Handlungsauftrag zu bearbeiten (Vorbereitungsraum in der Kammer). Der Ausschuss stellt die erforderlichen Materialien zur Verfügung.

   - *Externe Vorbereitung:*
     Der Teilnehmer erhält ca. eine Woche vor dem Prüfungstermin den Handlungsauftrag zugesandt und kann ihn unter Verwendung aller Hilfsmittel bearbeiten. Mittlerweile überwiegt diese Form der Vorbereitung.

3. *Durchführung:*
   Die mündliche Prüfung besteht aus zwei Teilen:

   a) Der Teilnehmer *präsentiert* ungestört seine auf den Handlungsauftrag bezogene Lösung. 10 Minuten

   b) Im Anschluss daran erfolgt das *eigentliche Fachgespräch.* 20 Minuten

   - *Hinweise zur Präsentation:*
     Präsentieren heißt, eine Idee verkaufen. Im vorliegenden Fall besteht Ihre Aufgabe darin, den Prüfungsausschuss von Ihrer Lösung des Handlungsauftrages zu überzeugen. Sie werden dazu die Techniken der Präsentation vorbereiten und einsetzen.

Wir empfehlen, sich zur Vorbereitung auf das Fachgespräch nochmals die Grundregeln einer erfolgreichen Präsentation bewusst zu machen (ausführlich dargestellt im Buch „Die Prüfung der Industriemeister - Basisqualifikationen“ unter Ziffer 3.3.2). Kurzgefasst werden Sie folgendermaßen vorgehen:

Vorbereitung der Präsentation
Ausgangslage und Handlungsauftrag analysieren (Aufgabenstellung erfassen) ↓ Stoffsammlung für Lösungsansätze (Komplexität beachten) ↓ Stoffsammlung bewerten und strukturieren ↓ Feinkonzept erstellen ↓ Visualisierungsmedien erarbeiten (Overhead-Folien, Flipchart o. Ä.) ↓ Bei externer Vorbereitung: „Generalprobe“ (Präsentation üben)

Durchführung der Präsentation
(Noch vor dem Beginn) Spannungspause + Blickkontakt ↓ Sich vorstellen und Ausschuss begrüßen ↓ Thema + Ziel der Aufgabe + Gliederung nennen ↓ Einleitung ↓ Hauptteil ↓ Schluss (Zusammenfassung + prägnanter Schlusssatz)

Der Prüfungsausschuss wird Ihre *Präsentation* anhand folgender Merkmale bewerten:

1. Inhalt
2. Gliederung
3. Persönliche Wirkung:
   • Sprache
   • Gestik, Mimik
4. Visualisierung
5. Zeit (einhalten!)

• *Hinweise zum (eigentlichen) Fachgespräch:*
Die Präsentation ist der Ausgangspunkt für das anschließende (eigentliche) Fachgespräch. Der Prüfungsausschuss wird zum Beispiel

- ergänzende Fragen zum Inhalt der Präsentation stellen (nachfassen, präzisieren lassen, benachbarte Themen ansprechen) und
- zusätzliche Situationen/Probleme (im Rahmen des Handlungsauftrags) schildern und nach Lösungen fragen.

Im Gegensatz zur Präsentation gibt es hier kein allgemeingültiges Bewertungsschema. Trotzdem besteht Konsens, dass der Ausschuss vom Teilnehmer erwartet, dass er

- auf gestellte Fragen angemessen eingeht und sie prägnant beantwortet,
- Situationsbeschreibungen der Prüfer zutreffend erfasst und (Zusatz-)Informationen in seiner Antwort berücksichtigt,
- seine Argumente sachlich zutreffend und persönlich wirksam (Sprache, Gesamteindruck) vorträgt,
- zu eigenen Lösungen fähig ist und dabei erworbenes Wissen und seine Praxiserfahrung überzeugend einbringt,
- Fachkenntnisse und -begriffe professionell anwendet sowie
- auch bei kontroverser Diskussion ausgewogen bleibt und flexibel auf den Gesprächsverlauf reagiert.

- *Bewertung der Teilnehmerleistung:*
  Die Rechtsverordnung enthält dazu keine Vorgaben. Die Modalitäten liegen im Ermessen des Prüfungsausschusses. In vielen Kammern wurde für die mündliche Prüfung ein Bewertungsbogen erarbeitet, der insgesamt 100 Punkte „vergibt"; davon entfallen 40 % auf die Präsentation und 60 % auf das (eigentliche) Fachgespräch.

1.4.2 Mündliche Ergänzungsprüfung (§ 5 Abs. 7)

Hat der Teilnehmer in nicht mehr als einer schriftlichen Situationsaufgabe die Note 5 erbracht, so ist ihm eine mündliche Ergänzungsprüfung von maximal 20 Minuten anzubieten. Bei ungenügender schriftlicher Leistung (Note 6) besteht diese Möglichkeit nicht (§ 5 Abs. 7 der Rechtsverordnung).

- Das Ergebnis der schriftlichen Leistung und der mündlichen Ergänzungsprüfung wird zu einer Note zusammengefasst (Mittelwertberechnung); dabei wird die schriftliche Leistung doppelt gewichtet.

  Beispiel:

Schriftliche Leistung:	40 Punkte	40 Punkte · 2	=	80 Punkte
Mündliche Ergänzungsprüfung:	70 Punkte	70 Punkte · 1	=	70 Punkte
		Summe	=	150 Punkte
		150 Punkte : 3	=	50 Punkte
		→ Note 4		

- Die mündliche Ergänzungsprüfung ist handlungsspezifisch und integriert durchzuführen.

  Dazu ansatzweise das **Beispiel** einer handlungsbezogenen, integrierten Fragestellung mit dem Schwerpunkt ORGANISATION, wie sie in der Ergänzungsprüfung gestellt werden könnte: Ihr Betrieb stellt Spezialmaschinen her und befindet sich wirtschaftlich in folgender Situation: Der Umsatz ist erfreulich positiv, die Marktchancen gut. Der Kunde akzeptiert die Preise weitgehend. Trotzdem verzeichnet der Betrieb eine zunehmend schwache bis negative Tendenz in der Ertragslage. Welche Ursachen sind denkbar? Mit welchen Maßnahmen kann gegengesteuert werden?

  Im vorliegenden Fall bezieht sich die Fragestellung im Kern auf den Qualifikationsschwerpunkt „Betriebliches Kostenwesen" in Verbindung mit der Basisqualifikation „Betriebswirtschaftliches Handeln". Der Prüfungsteilnehmer sollte erkennen, dass die Ursachen im Sachverhalt „hausgemacht" sind (z. B.: interne Kostenstruktur, ungünstige Entwicklung der variablen Stückkosten, Verschlechterung der Durchlaufzeiten o. Ä.).

  Im Anschluss an diese Fragestellung könnte der Prüfungsausschuss anhand geeigneter Falldarstellung überleiten zu Qualifikationsschwerpunkten der Handlungsbereiche TECHNIK und/oder FÜHRUNG UND PERSONAL. Geeignete, situationsgebundene Fragestellungen könnten z. B. sein:

- Möglichkeiten der Kosteneinsparung bei der Energieversorgung?	→	1.8
- Reduzierung der Instandhaltungskosten?	→	1.7/2.1.5
- Optimierung der Aufbau- und Ablaufstrukturen?	→	4.1
- Möglichkeiten zur Verbesserung der internen Logistik?	→	4.5
- Qualifizierung der Mitarbeiter?	→	6.5/6.7/8.2

1.5 Anrechnung anderer Prüfungsleistungen (§ 6)

Der Teilnehmer kann auf Antrag von der Prüfung in den beiden schriftlichen Situationsaufgaben freigestellt werden, wenn er in den letzten fünf Jahren vor Antragstellung eine Prüfung abgelegt hat, die diesen Anforderungen entspricht. Eine Freistellung von der Prüfung im situationsbezogenen Fachgespräch ist nicht zulässig (§ 6 der Rechtsverordnung).

1.6 Bestehen der Prüfung (§ 7)

(1) Die Prüfungsteile „Fachrichtungsübergreifende Basisqualifikationen" und „Handlungsspezifische Qualifikationen" sind gesondert zu bewerten.

(2) Für jede schriftliche Situationsaufgabe und für das Fachgespräch ist jeweils eine Note zu bilden.

(3) Die Prüfung ist bestanden, wenn der Teilnehmer in allen Prüfungsleistungen ausreichende Ergebnisse erbracht hat. Die bestandene Prüfung im Teil „Fachrichtungsübergreifende Basisqualifikationen" darf nicht länger als fünf Jahre zurückliegen.

(4) Der Teilnehmer erhält ein *Zeugnis* mit folgendem Inhalt (vgl. Anlage zu § 7):

I.	*Fachrichtungsübergreifende Basisqualifikationen*	Note ...
	Prüfungsbereiche: ... Punkte ...	
II.	Handlungsspezifische Qualifikationen	
	Situationsaufgabe Technik	Note ...
	Situationsaufgabe Organisation	Note ...
	Situationsgebundenes Fachgespräch	Note ...
III.	Nachweis über den Erwerb der Kennnisse entsprechend der AEVO	am ... in ... vor ...

1.7 Wiederholung der Prüfung (§ 8)

(1) Jeder nicht bestandene Prüfungsteil *kann zweimal wiederholt werden.*

(2) Eine Befreiung von einzelnen Prüfungsbereichen, Situationsaufgaben und dem Fachgespräch in der Wiederholungsprüfung ist auf Antrag möglich, wenn in der vorhergehenden Prüfung eine ausreichende Leistung erzielt wurde. Die Anmeldung muss innerhalb von zwei Jahren erfolgen.

2. Tipps und Techniken zur Prüfungsvorbereitung

Über die Frage der optimalen Prüfungsvorbereitung lassen sich ganze Bücher schreiben. An dieser Stelle sollen nur einige Empfehlungen wieder ins Gedächtnis gerufen werden:

Vor der Prüfung:

1. Richtige Lerntechnik!
   Beginnen Sie frühzeitig mit der Vorbereitung. Portionieren Sie den Lernstoff und wiederholen Sie wichtige Lernabschnitte. Setzen Sie inhaltliche Schwerpunkte: Insbesondere sollten Sie die Gebiete des Rahmenplans mit hoher Lernzieltaxonomie beherrschen. Es heißt dort u. a. „Wissen" (→ Kenntnisse), „Verstehen" (→ Zusammenhänge) und „Anwenden" (→ Handlungen). Lernen Sie nicht „bis zur letzten Minute vor der Prüfung". Dies führt meist nur zur „Konfusion im Kopf". Lenken Sie sich stattdessen vor der Prüfung ab und unternehmen Sie etwas, das Ihnen Freude bereitet.

2. Körperlich und seelisch fit sein!
   Sorgen Sie vor der Prüfung für ausreichend Schlaf. Stehen Sie rechtzeitig auf, sodass Sie „aufgeräumt" und ohne Stress beginnen können.

3. Keine übertriebene Nervosität!
   Akzeptieren Sie eine gewisse Nervosität und beschäftigen Sie sich nicht permanent mit Ihren Stresssymptomen. Eine maßvolle Anspannung ist sogar förderlich und aktiviert die Leistung des Kopfes.

Während der Prüfung:

4. Zutreffende Bearbeitung der Klausuraufgaben!
   Lesen Sie jede Fragestellung konzentriert und in Ruhe durch – am besten zweimal. Beachten Sie die Fragestellung, die Punktgewichtung und die Anzahl der geforderten Argumente.

   Beispiel:
   - „*Nennen* Sie fünf Verfahren der Personalauswahl ...". Das bedeutet, dass Sie fünf (!) Argumente auflisten – am besten mit Spiegelstrichen – und ohne Erläuterung.
   - „*Erläutern* Sie zwei Verfahren der Produktionstechnik und geben Sie jeweils ein Beispiel" heißt, dass Sie zwei Verfahren nennen – jedes der Verfahren mit eigenen Worten beschreiben – (als Hinweis über den Umfang der erwarteten Antwort kann die Punktzahl nützlich sein) und zu jedem Argument ein eigenes Beispiel (keine Theorie) bilden.

5. Richtige Technik der Beantwortung!
   Wenn Sie eine Fragestellung nicht verstehen, bitten Sie die Prüfungsaufsicht um Erläuterung. Hilft Ihnen das nicht weiter, „definieren" Sie selbst, wie Sie die Frage verstehen; z. B.: „Personalplanung wird hier verstanden als abgeleitete Planung innerhalb der Unternehmensgesamtplanung ...". Es kann auch vorkommen, dass eine Fragestellung recht allgemein gehalten ist und Sie zu der Aufgabe keinen Zugang finden. „Klammern" Sie sich nicht an diese Aufgabe

– Sie verlieren dadurch wertvolle Prüfungszeit – sondern bearbeiten Sie die anderen Fragen, die Ihnen leichter fallen.

6. Antworten strukturieren!
   Hilfreich kann mitunter auch folgendes *Lösungsraster* sein – insbesondere bei Fragen mit „offenen Antwortmöglichkeiten“: Sie strukturieren die Antwort nach einem allgemeinen Raster, das für viele Antworten passend ist:

   - interne/externe Betrachtung (Faktoren)
   - kurzfristig/langfristig
   - hohe/geringe Bedeutung
   - Arbeitgeber-/Arbeitnehmersicht
   - Vorteile/Nachteile
   - sachlogische Reihenfolge nach dem „Management-Regelkreis“: Ziele setzen, planen, organisieren, durchführen, kontrollieren
   - Unterschiede/Gemeinsamkeiten.

7. Effektive Zeitverwendung!
   Beachten Sie die *Bearbeitungszeit*: Wenn z. B. für einen Prüfungsabschnitt 240 Minuten zur Verfügung stehen, ergibt sich ein Verhältnis von 2,4 Minuten je Punkt; beispielsweise haben Sie für eine Fragestellung mit fünf Punkten 12 Minuten Zeit.

8. Laut Üben!
   Speziell für die mündliche Prüfung gilt: Üben Sie zu Hause „laut“ die Beantwortung von Fragen bzw. die Durchführung der Präsentation. Bitten Sie Ihre Dozenten, die Prüfungssituation zu simulieren. Gehen Sie ausgeglichen in die mündliche Prüfung. Sorgen Sie für emotionale Stabilität, denn die Psyche ist die Plattform für eine überzeugende Rhetorik. Kurz vor der Prüfung: „Sprechen Sie sich frei“ z. B. durch lautes „Frage- und Antwort-Spiel“ im Auto auf dem Weg zur Prüfung. Damit werden die Stimmbänder aktiv und der Kopf übt sich in der Bildung von Argumentationsketten.

9. Richtige Vorbereitung führt zum Erfolg!
   Zum Schluss: Wenn Sie sich gezielt und rechtzeitig vorbereiten und einige dieser Tipps ausprobieren, ist ein zufriedenstellendes Prüfungsergebnis fast unvermeidbar.

Die nachfolgenden „Musterklausuren“ liefern dazu reichlich Stoff zum Üben.

Die Autoren wünschen Ihnen viel Erfolg bei der Vorbereitung sowie in der bevorstehenden Prüfung.

III. Musterklausuren

Aufgaben

Ausgangssituation zu allen Aufgaben

Das Unternehmen

Die Firma RIRA-Druckbehälterbau GmbH hat ihren Sitz im Großraum Berlin. Hergestellt werden überwiegend Druckausdehnungsgefäße in den Größen von 50 bis 400 Litern. Diese dienen zum Ausgleich des in geschlossenen Heizungs- oder Kühlanlagen veränderlichen Wasservolumens bei Temperaturänderungen und halten den für die Anlage erforderlichen Druck. Die RIRA-Druckbehälter sind in zwei Kammern unterteilt, die durch eine Membrane (Halb- oder Blasenmembrane) getrennt werden (Gasraum/Wasserraum). Gefertigt werden die Typenreihen „N0" und „TK", die sich in ihrer Wandstärke unterscheiden. Die Fertigungsstraße hat folgende Struktur:

Am Anfang der Fertigungsstraße werden Coils bereit gestellt und dann zu Ronden geschnitten. Diese werden in der 1. Presse vorgezogen, danach in Ober- und Unterteil getrennt und anschließend durch zwei weitere Pressen in ihre endgültige Form gebracht.

Vor dem Zusammenfügen von Ober- und Unterteil werden Anbauteile angeschweißt und die Membrane eingelegt. Abschließend werden die Ausdehnungsgefäße lackiert, kartoniert und palettiert.

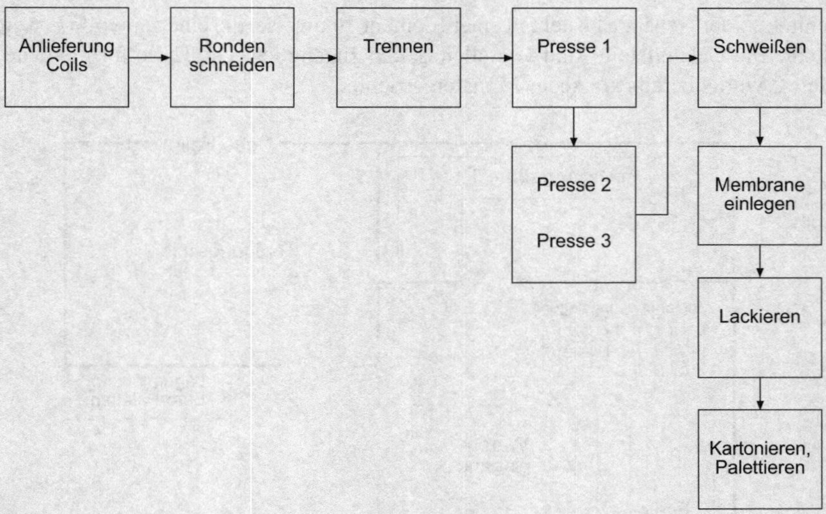

Organisation und Personal

Beschäftigt werden zurzeit ca. 140 Mitarbeiter, die zum größten Teil in der Fertigung tätig sind. Ein Teil der Belegschaft arbeitet nach dem Job-Rotation-Prinzip. Dadurch kann der Monotonie am Arbeitsplatz vorgebeugt werden. Gefertigt wird in der Regel einschichtig (1 Schicht = 450 min + 30 min Pause).

Das Unternehmen hat eine sehr flache Hierarchie. Es wird von zwei Geschäftsführern geleitet, die für technische bzw. kaufmännische Aufgaben zuständig sind. Der Geschäftsleitung sind drei Meisterbereiche direkt unterstellt. Zwischen den Meisterbereichen besteht eine gegenseitige Vertretungspflicht.

Meisterbereich 2: Instandhaltung

Ihre Aufgabe ist die Leitung des Meisterbereichs Instandhaltung. Ihnen sind vier Facharbeiter (zwei Mechaniker, zwei Elektrofachkräfte) und zwei Auszubildende unterstellt. Sie sind für die elektrische Sicherheit im gesamten Betrieb sowie für die Funktionsfähigkeit der Fertigungsanlage und deren Optimierung zuständig.

Spezielle Aufgabenstellung im Meisterbereich 2: Instandhaltung

Das Unternehmen hat sich bei den Industriekunden (darunter zwei Großkunden) durch Qualität, Flexibilität und Termintreue einen sehr guten Ruf erworben. Die positive Finanzsituation und die Ergebnisse der kürzlich in Auftrag gegebenen Marktstudie erleichtern der Geschäftsleitung die Entscheidung, das Projekt „Neue Fertigungslinie 2, RIRA-Flexo" freizugeben. Auf dieser Neuanlage sollen Großgefäße von 500 bis 5.000 Liter gebaut werden. Der Typ „RIRA-Flexo" soll zusätzlich mit einer Pumpe sowie einer Steuereinheit ausgestattet sein. Auf Wunsch der Kunden sollen auch Druckhalteanlagen angeboten werden. Die Aufgabe des Projektteams, deren Mitglied Sie sind, besteht in der Planung, Errichtung und Inbetriebnahme der neuen Fertigungsanlage 2 – mit Unterstützung regionaler Fachfirmen. Dabei sollen Möglichkeiten der Prozessautomatisierung eingesetzt werden, soweit sie wirtschaftlich vertretbar sind.

Die Architektur der Gebäude besteht in einer Element-Bauweise, die eine sinnvolle Erweiterung ermöglicht. Die Gebäudeteile sind von allen Seiten zugänglich. Die Halle für die neue Fertigungslinie 2 wurde bereits vor sechs Monaten errichtet.

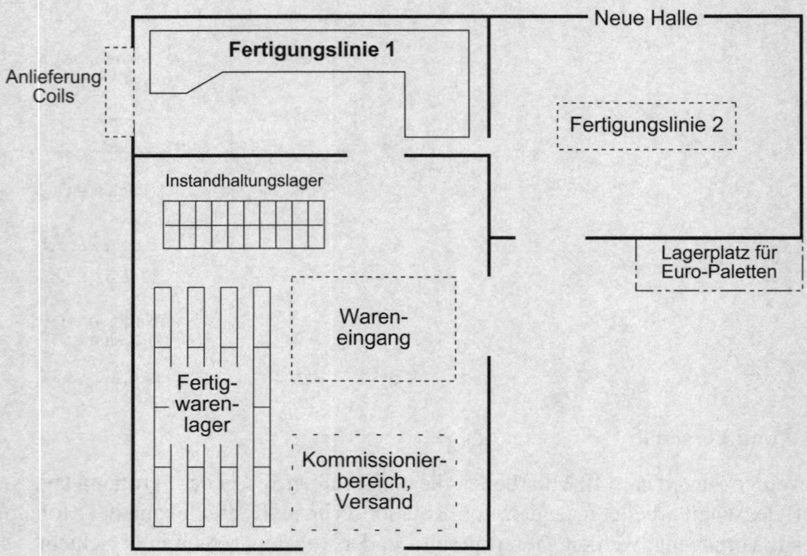

Situationsaufgabe 1 • Handlungsbereich TECHNIK Infrastruktursysteme und Betriebstechnik (T1)[1)]

Bearbeitungszeit: 240 Minuten 100 Punkte

Aufgabe 1

Während der Inbetriebnahme der neuen Fertigungslinie 2 rutscht der Mitarbeiter Herr Klein aus und schlägt mit dem Kopf auf eine Spannvorrichtung. Er zieht sich eine Kopfplatzwunde zu, die heftig blutet und ärztlich behandelt werden muss. Herr Klein ist fünf Tage arbeitsunfähig.

a) Prüfen Sie, ob ein Arbeitsunfall vorliegt. **3 Punkte**

b) Als Bevollmächtigter des Arbeitgebers erstatten Sie Unfallanzeige an den zuständigen Unfallversicherungsträger. **3 Punkte**
Erläutern Sie allgemein vier Punkte, die bei einer Unfallanzeige zu beachten sind (z. B. Wann? Wer? Wie? An wen?).

c) Die durchgeführte Analyse des Unfallhergangs zeigt Gefährdungspotenziale auf, die durch mangelhafte Ordnung am Arbeitsplatz begründet sind. **2 Punkte**
Formulieren Sie vier Anweisungen zur „Ordnung am Arbeitsplatz", die zukünftig von Ihren Mitarbeitern einzuhalten sind.

Aufgabe 2

Im Arbeitsbereich „Spritzlackierung der Druckausgleichsbehälter" (Fertigungslinie 1) ist ein Mitarbeiter erkrankt und der zuständige Meister, Herr Kantig, in Kurzurlaub. Da Sie Herrn Kantig kurzzeitig vertreten, übernehmen Sie die Aufgabe, einen Leiharbeitnehmer einzuweisen.

a) Nennen Sie vier persönliche Schutzausrüstungen (PSA), die für diesen Arbeitsplatz vorgeschrieben sind. **2 Punkte**

b) Erläutern Sie die Schutzfunktion von zwei (der genannten) PSA. **2 Punkte**

c) Die PSA wird nicht immer von allen Mitarbeitern vorschriftsmäßig getragen. **3 Punkte**
Beschreiben Sie konkret drei Führungsmaßnahmen, um dieser Nachlässigkeit wirksam zu begegnen.

[1)] Achtung: Im Handlungsbereich Technik werden ebenfalls Themen aus dem Grundlagenteil (IM Basis), NTG geprüft (z. B. Volumenstrom, Elektrik, Druck usw.). Es ist daher sehr empfehlenswert, diesen Teil noch einmal zu wiederholen. Außerdem ist es dringend ratsam, mit einer eigenen Gesetzessammlung Arbeitsschutz, Arbeitssicherheit und Umweltschutz, die Ihnen vertraut ist, zur Prüfung zu kommen *(Textmarkierungen sind erlaubt)*.

Aufgabe 3

Die Geschäftsleitung möchte die Lagerkosten minimieren und zieht deshalb in Erwägung die Coils zukünftig just in time anliefern zu lassen.

a) Beschreiben Sie das Konzept JiT. **2 Punkte**

b) Nennen Sie zwei weitere Zielsetzungen, die mit diesem Konzept realisiert werden können. **1 Punkt**

c) Nennen Sie vier Voraussetzungen, die erfüllt sein müssen, um das Konzept einzuführen. **2 Punkte**

d) Erläutern Sie, warum Störungen im JiT-System von weitreichender Bedeutung sind und nennen Sie vier Maßnahmen zur Störungskompensation. **4 Punkte**

Aufgabe 4

Die Geschäftsleitung möchte die Marktstellung der Produkte sichern und die Qualität verbessern. Sie werden beauftragt, für die Idee der kontinuierlichen Verbesserung (KVP) ein Konzept zu entwickeln. Die Geschäftsleitung erwartet u. a. Antworten auf folgende Fragen:

a) Nennen Sie vier Grundideen des kontinuierlichen Verbesserungsprozesses. **2 Punkte**

b) Erläutern Sie den Unterschied zwischen Verbesserungsvorschlägen, die im Rahmen von KVP bzw. von BVW (Betriebliches Vorschlagswesen) organisiert sind. **4 Punkte**

c) Beschreiben Sie die Anwendung des PDCA-Zyklusses (Plan-Do-Check-Action nach Deming) im Rahmen der ständigen, schrittweisen Verbesserung. **4 Punkte**

d) Nennen Sie beispielhaft vier Voraussetzungen, die Sie im Rahmen der Einführung von KVP sicherstellen müssen. **2 Punkte**

Aufgabe 5

Einer Ihrer Großkunden hat der Geschäftsleitung mitgeteilt, dass er eine Zertifizierung Ihres Unternehmens nach DIN EN ISO 9000:2015 erwartet.

a) Beschreiben Sie vier zentrale Arbeitsschritte im Rahmen der Zertifizierung. **4 Punkte**

b) Zur Vorbereitung der Zertifizierung haben Sie den Auftrag, die Qualifizierung Ihrer Mitarbeiter zu planen. Erläutern Sie die Vorgehensweise. **4 Punkte**

Aufgabe 6

Nach Abnahme der neuen Anlage werden Sie für die Instandhaltung beider Fertigungslinien zuständig sein. Sie sind daher aufgefordert, Ihre Personalbedarfs- und -einsatzplanung einzureichen.

a) Nennen Sie drei Verfahren (Methoden) zur Ermittlung des Bruttopersonalbedarfs. **1,5 Punkte**

b) Nennen Sie fünf Bestandteile (Daten) für die Festlegung der Schichteinsatzplanung. **2,5 Punkte**

c) Die zwei Auszubildenden im 3. Ausbildungsjahr können zum Teil als „produktive Kräfte" in Ihrem Einsatzplan berücksichtigt werden. Nennen Sie vier gesetzliche Aspekte, die Sie dabei beachten müssen. **2 Punkte**

Aufgabe 7

In drei Wochen werden die Hauptkomponenten der neuen Fertigungslinie 2 geliefert. Das Aufstellen der Anlage erfolgt durch die Hersteller mit Unterstützung eigenen Fachpersonals.

a) Nennen Sie acht notwendige Maßnahmen, die betriebsintern vor der Anlieferung abgeschlossen sein müssen. **4 Punkte**

b) Nennen Sie sechs Rechtsgrundlagen/Regelwerke, die Sie beim Aufstellen und der Inbetriebnahme der Anlage beachten müssen. **3 Punkte**

c) Geben Sie sechs Beispiele für Schwerpunkte, die bei der Gestaltung des Arbeitsplatzes zu beachten sind. **3 Punkte**

Aufgabe 8

Während der Inbetriebnahme der neuen Fertigungslinie müssen Sie die Überprüfung der ortsveränderlichen elektrischen Betriebsmittel durchführen.

a) Wie ist der Begriff „ortsveränderlichen elektrischen Betriebsmittel" nach DIN VDE 0100-200 festgelegt? Geben Sie eine Beschreibung. **1 Punkt**

b) Die DGUV Vorschrift 3 „Elektrische Anlagen und Betriebsmittel" verlangt u. a., dass elektrische Anlagen und Betriebsmittel auf ihren ordnungsgemäßen Zustand hin vor der ersten Inbetriebnahme geprüft werden. Beschreiben Sie zwei weitere Anlässe, zu denen die Prüfung vorgeschrieben ist. **2 Punkte**

c) Nennen Sie vier geltende Prüffristen. **2 Punkte**

d) Beschreiben Sie Prüfumfang und Reihenfolge nach DIN VDE 0702 und nennen Sie dabei die Grenzwerte je Schutzklasse. **4 Punkte**

e) Nennen Sie vier Merkmale, die Sie im Rahmen der Sichtprüfung am Stecker, an der Anschlussleitung bzw. an der Kupplungsdose kontrollieren. **2 Punkte**

Aufgabe 9

In der Halle der neuen Fertigungslinie 2 soll in einem separaten Arbeitsraum die Beleuchtungstechnik installiert werden. Der Raum hat folgende Abmessungen: Deckenhöhe: 3,60 m; Arbeitshöhe: 0,90 m; Länge: 20,0 m; Breite: 13,50 m. Es sind direkt wirkende Leuchten mit EVG vorgesehen. Bei einem Raumindex von k = 3,0 beträgt der Raumwirkungsgrad $\eta_R = 0{,}98$, der Leuchten-Betriebswirkungsgrad $\eta_{LB} = 0{,}77$ und der Lichtstrom $\phi_{LE} = 5.000$ lm. Es ist ein Wartungswert der Beleuchtungsstärke von E = 300 lx (ww, nw) vorgesehen; Verschmutzung und Alterung der Anlage werden mit dem Wert „normal" angesetzt, d. h. es ist ein Wartungsfaktor von $W_F = 0{,}8$ zu berücksichtigen.

a) Nennen Sie vier Anforderungen, die ein Beleuchtungskonzept generell erfüllen muss. **2 Punkte**

b) Bei der Verwendung von Leuchtstofflampen ist zum Betrieb ein Vorschaltgerät erforderlich. Nennen Sie vier Vorteile elektronischer Vorschaltgeräte (EVG) im Vergleich zu verlustarmen Vorschaltgeräten (VVG). **2 Punkte**

c) Berechnen Sie die Anzahl der Leuchten nach der Wirkungsgrad-Methode. **4 Punkte**

d) Ermitteln Sie die Energiekosten p.a. bei folgenden Angaben: **2 Punkte**

• Arbeitstage p.a.:	240 Tage
• durchschnittliche, tägliche Betriebszeit:	8 h
• Leistung pro Leuchtstofflampe (inkl. Vorschaltgerät):	55 W
• Arbeitspreis:	0,16 €/kWh

Aufgabe 10

Für die Versorgung aller elektrischen Verbraucher der Fertigungslinie 2 mit Elektroenergie wurde von Ihnen eine eigene Schaltanlage (Niederspannungsunterverteilung, NSUV) geplant. Diese ist von der ca. 120 m entfernten, vorhandenen Schaltanlage (Niederspannungshauptverteilung, NSHV) mit Standort im Instandhaltungslager, mit Spannung zu versorgen. Die Errichtung der neuen Schaltanlage soll als Fremdleistung an eine Firma, die sich auf den Bau von Schaltanlagen spezialisiert hat, vergeben werden.

a) Nennen Sie vier Bestimmungen, die bei der Errichtung von Energieversorgungsanlagen bis 1 kV zu beachten sind. **2 Punkte**

b) Welche Rahmenbedingungen sind von Ihnen bei der Anlagenkonzeption und Auswahl des Standortes der NSUV in der neuen Halle zu beachten? Nennen Sie vier Merkmale. **2 Punkte**

c) Wählen Sie ein geeignetes Schaltanlagengehäuse aus (Material, Maße, Schutzart) und begründen Sie Ihre Entscheidung. **2 Punkte**

d) Welche Inhalte muss das Lastenheft in Bezug auf die ausgewählten Komponenten (Schaltgeräte) für den Bau des Schaltschranks enthalten, um vergleichbare Angebote von den Schaltanlagenerrichtern zu bekommen? Nennen Sie vier Inhalte und geben Sie jeweils ein Beispiel. **2 Punkte**

Aufgabe 11

In den älteren Gebäudeteilen sind die vorhandene elektrotechnische Anlage und die Niederspannungshauptverteilung (NSHV) als TN-C-System aufgebaut und sollen in nächster Zeit auf das TN-S-System umgerüstet werden. In der neuen Fertigungshalle sind die elektrotechnische Anlage und die neue Niederspannungsunterverteilung (NSUV) bereits als TN-S-System zu errichten.

Für die neue NSUV ist das Einspeisekabel zu dimensionieren. Die Energiebilanz für die Verbraucher der neuen Fertigungshalle hat eine installierte Leistung von 140 kW bei einer Gesamtgleichzeitigkeit von 0,8 ergeben. Auf Forderung des Versorgungsnetzbetreibers soll der cos φ der gesamten Anlage bei 0,95 gehalten werden.

a) Nennen Sie die Abschaltbedingungen und die Abschaltzeiten für beide Systeme bei den Nennspannungen von 400 V und 230 V. **2 Punkte**

b) Wie viele Adern/Leiter muss das Einspeisekabel zum Anschluss der NSUV besitzen? Nennen Sie außerdem die Farbkennzeichnung der Adern. **2 Punkte**

c) Berechnen Sie den erforderlichen Querschnitt des Einspeisekabel für die NSUV und den Spannungsabfall. Die Verlegung des Einspeisekabels erfolgt auf gelochten Kabelbahnen. Im alten Gebäudeteil der Fertigung erfolgt die Verlegung parallel zu bereits fünf vorhandenen spannungsführenden Drehstromkabeln. Als Leitermaterial ist Kupfer zu verwenden. Der zulässige Spannungsabfall darf 3 % an der NSUV nicht überschreiten. **4 Punkte**

d) Nennen Sie zwei Möglichkeiten zur Verbesserung des cos φ. Entscheiden Sie sich für eine Variante und begründen Sie Ihre Auswahl. **3 Punkte**

Situationsaufgabe 1 • Handlungsbereich TECHNIK Automatisierungs- und Informationstechnik (T2)

Bearbeitungszeit: 240 Minuten 100 Punkte

Aufgabe 1

Während der Inbetriebnahme der neuen Fertigungslinie 2 rutscht der Mitarbeiter Herr Klein aus und schlägt mit dem Kopf auf eine Spannvorrichtung. Er zieht sich eine Kopfplatzwunde zu, die heftig blutet und ärztlich behandelt werden muss. Herr Klein ist fünf Tage arbeitsunfähig.

a) Prüfen Sie, ob ein Arbeitsunfall vorliegt. **4 Punkte**

b) Als Bevollmächtigter des Arbeitgebers erstatten Sie Unfallanzeige an den zuständigen Unfallversicherungsträger. **4 Punkte**
Erläutern Sie allgemein vier Punkte, die bei einer Unfallanzeige zu beachten sind (z. B. Wann? Wer? Wie? An wen?).

c) Die durchgeführte Analyse des Unfallhergangs zeigt Gefährdungspotenziale auf, die durch mangelhafte Ordnung am Arbeitsplatz begründet sind. **2 Punkte**
Formulieren Sie vier Anweisungen zur „Ordnung am Arbeitsplatz“, die zukünftig von Ihren Mitarbeitern einzuhalten sind.

Aufgabe 2

Im Arbeitsbereich „Spritzlackierung der Druckausgleichsbehälter“ (Fertigungslinie 1) ist ein Mitarbeiter erkrankt und der zuständige Meister, Herr Kantig, in Kurzurlaub. Da Sie Herrn Kantig kurzzeitig vertreten, übernehmen Sie die Aufgabe, einen Leiharbeitnehmer einzuweisen.

a) Nennen Sie vier persönliche Schutzausrüstungen (PSA), die für diesen Arbeitsplatz vorgeschrieben sind. **2 Punkte**

b) Erläutern Sie die Schutzfunktion von zwei (der genannten) PSA. **2 Punkte**

c) Die PSA wird nicht immer von allen Mitarbeiter vorschriftsmäßig getragen. **3 Punkte**
Beschreiben Sie konkret drei Führungsmaßnahmen, um dieser Nachlässigkeit wirksam zu begegnen.

Aufgabe 3

Die Geschäftsleitung möchte die Lagerkosten minimieren und zieht deshalb in Erwägung, die Coils zukünftig just in time anliefern zu lassen.

a) Beschreiben Sie das Konzept JiT. **2 Punkte**

b) Nennen Sie zwei weitere Zielsetzungen, die mit diesem Konzept realisiert werden können. **1 Punkt**

c) Nennen Sie vier Voraussetzungen, die erfüllt sein müssen, um das Konzept einzuführen. **2 Punkte**

d) Erläutern Sie, warum Störungen im JiT-System von weitreichender Bedeutung sind und nennen Sie vier Maßnahmen zur Störungskompensation. **4 Punkte**

Aufgabe 4

Die Geschäftsleitung möchte die Marktstellung der Produkte sichern und die Qualität verbessern. Sie werden beauftragt, für die Idee der kontinuierlichen Verbesserung (KVP) ein Konzept zu entwickeln. Die Geschäftsleitung erwartet u. a. Antworten auf folgende Fragen:

a) Nennen Sie vier Grundideen des kontinuierlichen Verbesserungsprozesses. **2 Punkte**

b) Erläutern Sie den Unterschied zwischen Verbesserungsvorschlägen, die im Rahmen von KVP bzw. von BVW (Betriebliches Vorschlagswesen) organisiert sind. **4 Punkte**

c) Beschreiben Sie die Anwendung des PDCA-Zyklusses (Plan-Do-Check-Action nach Deming) im Rahmen der ständigen, schrittweisen Verbesserung. **4 Punkte**

d) Nennen Sie beispielhaft vier Voraussetzungen, die Sie im Rahmen der Einführung von KVP sicherstellen müssen. **2 Punkte**

Aufgabe 5

Einer Ihrer Großkunden hat der Geschäftsleitung mitgeteilt, dass er eine Zertifizierung Ihres Unternehmens nach DIN EN ISO 9000:2015 erwartet.

a) Beschreiben Sie vier zentrale Arbeitsschritte im Rahmen der Zertifizierung. **4 Punkte**

b) Zur Vorbereitung der Zertifizierung haben Sie den Auftrag, die Qualifizierung Ihrer Mitarbeiter zu planen. Erläutern Sie die Vorgehensweise. **4 Punkte**

Aufgabe 6

Nach Abnahme der neuen Anlage werden Sie für die Instandhaltung beider Fertigungslinien zuständig sein. Sie sind daher aufgefordert, Ihre Personalbedarfs- und -einsatzplanung einzureichen.

a) Nennen Sie drei Verfahren (Methoden) zur Ermittlung des Bruttopersonalbedarfs. **1,5 Punkte**

b) Nennen Sie fünf Bestandteile (Daten) für die Festlegung der Schichteinsatzplanung. **2,5 Punkte**

c) Die zwei Auszubildenden im 3. Ausbildungsjahr können zum Teil als „produktive Kräfte“ in Ihrem Einsatzplan berücksichtigt werden. Nennen Sie vier gesetzliche Aspekte, die Sie dabei beachten müssen. **2 Punkte**

Aufgabe 7

In drei Wochen werden die Hauptkomponenten der neuen Fertigungslinie 2 geliefert. Das Aufstellen der Anlage erfolgt durch die Hersteller mit Unterstützung eigenen Fachpersonals.

a) Nennen Sie acht notwendige Maßnahmen, die betriebsintern vor der Anlieferung abgeschlossen sein müssen. **4 Punkte**

b) Nennen Sie sechs Rechtsgrundlagen/Regelwerke, die Sie beim Aufstellen und der Inbetriebnahme der Anlage beachten müssen. **3 Punkte**

c) Geben Sie sechs Beispiele für Schwerpunkte, die bei der Gestaltung des Arbeitsplatzes zu beachten sind. **3 Punkte**

Aufgabe 8 **3 Punkte**

Die Planungsarbeiten ergeben bei der Fertigungslinie 2, dass die Umstellung der gesamten Fertigungslinie von Typ „N“ auf Typ „E“ eine Auftragszeit ergibt, die nicht akzeptabel ist.

Beschreiben Sie das SMED-Verfahren zur Verkürzung der Rüstzeit der Fertigungslinie.

Aufgabe 9

Während der Inbetriebnahme der neuen Fertigungslinie müssen Sie die Überprüfung der ortsveränderlichen elektrischen Betriebsmittel durchführen.

a) Wie ist der Begriff „ortsveränderlichen elektrischen Betriebsmittel" nach DIN VDE 0100-200 festgelegt? Geben Sie eine Beschreibung. **1 Punkt**

b) Die DGUV Vorschrift 3 „Elektrische Anlagen und Betriebsmittel" verlangt u. a., dass elektrische Anlagen und Betriebsmittel auf ihren ordnungsgemäßen Zustand hin vor der ersten Inbetriebnahme geprüft werden. Beschreiben Sie zwei weitere Anlässe, zu denen die Prüfung vorgeschrieben ist. **2 Punkte**

c) Nennen Sie vier geltende Prüffristen. **2 Punkte**

d) Beschreiben Sie Prüfumfang und Reihenfolge nach DIN VDE 0702 und nennen Sie dabei die Grenzwerte je Schutzklasse. **4 Punkte**

e) Nennen Sie vier Merkmale, die Sie im Rahmen der Sichtprüfung am Stecker, an der Anschlussleitung bzw. an der Kupplungsdose kontrollieren. **2 Punkte**

Aufgabe 10

Die Betriebserfahrung mit der Fertigungsstraße 1 zeigt, dass ein signifikanter Teil der Störungen auf Fehlfunktionen von mechanischen Endlageschaltern zurückzuführen ist. Besonders betroffen sind dabei die Schalter im Bereich des Schweißautomaten (durch Verschmutzung) und im gesamten Bereich des Materialtransports durch mechanische Beschädigung.

a) Welche Sensortypen können an der neuen Linie anstelle der mechanischen Endlageschalter eingesetzt werden, um derartige Störungen zu vermeiden? Nennen Sie zwei verschiedene Sensortypen. **1 Punkt**

b) Nennen Sie jeweils zwei Vor- und Nachteile der Sensorentypen aus Frage a). **4 Punkte**

Aufgabe 11

Zur Erhöhung der Flexibilität soll es auf der neuen Fertigungsstraße 2 möglich sein, neben einer Chargenfertigung auch Einzelfertigung (Kleinstückzahlen) vorzunehmen. Dabei werden die Coils, aus denen die Ronden geschnitten werden, häufig gewechselt (unterschiedliche Blechbreite). Die Fertigungssteuerung benötigt als Eingangsgröße den Startdurchmesser des Coils. Bei der Fertigungsstraße 1 wird dieser vom Bediener beim Coil-Wechsel eingegeben. Aufgrund der zu erwartenden häufigen Wechsel, soll dies bei der neuen Linie automatisch erfasst werden.

a) Die Messung soll berührungslos erfolgen. Erläutern Sie, welches Messverfahren Sie vorschlagen. **4 Punkte**

b) Die Durchmessermessung soll in den Gesamtablauf des Coil-Wechsels integriert werden. Die betreffende Steuerung ist in einer SPS realisiert. Welche Programmiersprache wurde Ihrer Meinung nach sinnvollerweise für die Realisierung verwendet? Bitte begründen Sie Ihre Antwort. **2 Punkte**

c) Das ausgewählte Messgerät bietet verschiedene analoge Ausgangssignale für den normierten Abstandsmessbereich an: **2 Punkte**

1. 0 – 10 V
2. 0 – 20 mA
3. 4 – 20 mA

Wählen Sie einen geeigneten Abstandsmessbereich und begründen Sie Ihre Entscheidung.

Aufgabe 12

Nach dem Lackauftrag werden die Gefäße in einer Kabine bei 70 °C getrocknet. Die Kabine wird über einen Wasser/Luft-Wärmetauscher mit Gebläse beheizt. Das Stellglied ist ein Schieber im Warmwasservorlauf, dessen Öffnung sich abhängig von einer angelegten Steuerspannung (0 - 10 V) linear von 0 - 100 % verändert. Die Regelgröße Kabinentemperatur wird über mehrere PT100 Messstellen (im Vergleich zur dominierenden Zeitkonstante des Prozesses verzögerungsfrei) erfasst und als Mittelwert ausgegeben. Aus Messungen des Temperaturverlaufs bei sprungförmigen Änderungen des Stellsignals ergibt sich näherungsweise ein PT2-Verhalten der Strecke. Sie erhalten die Aufgabe, die Temperaturregelung zu entwerfen und in Betrieb zu nehmen.

a) Als Regler steht Ihnen ein Universalbaustein zur Verfügung, bei dem P-, I- und D-Anteil getrennt parametriert werden können. Welchen Reglertyp verwenden Sie? Bitte begründen Sie Ihre Entscheidung. **2 Punkte**

b) Ihr Mitarbeiter schlägt vor, die Einstellung der Parameter nach Ziegler-Nichols vorzunehmen. Beschreiben Sie dieses Verfahren. **4 Punkte**

c) Beschreiben Sie, welches Übergangsverhalten Sie bei Sollwertänderungen bei dem so eingestellten Regler erwarten. **2 Punkte**

d) Im Betrieb kommt es häufiger vor, dass die Tore der Kabine längere Zeit offen stehen und dabei die Temperatur stark zurückgeht. Beschreiben Sie eine mögliche Maßnahme, um dies zu reduzieren. **3 Punkte**

Situationsaufgabe 2 • Handlungsbereich ORGANISATION

Bearbeitungszeit: 240 Minuten 100 Punkte

Aufgabe 1

Für die neue Fertigungsanlage müssen 16 Werkstückträger für das Bandsystem beschafft werden. Sie erstellen ein Lastenheft und holen Angebote bei drei Lieferanten ein. Das Angebot soll innerhalb von fünf Werktagen bei Ihnen eingehen. Geforderter Liefertermin ist vier Wochen nach Auftragserteilung.

a) Erläutern Sie den Unterschied zwischen einem Lasten- und einem Pflichtenheft und nennen Sie vier Beispiele für wesentliche Inhalte. **3 Punkte**

b) Vor Ihnen liegen die Angebote der Lieferanten A bis C. Lieferant A bietet den Werkstückträger für 240 €/Stück, B für 225 €/Stück und C für 260 €/Stück an. A liefert frei Haus/Lieferfrist 14 Tage, B berechnet Frachtkosten von 150 €/Lieferfrist sechs Wochen und C liefert frei Haus/Lieferfrist vier Wochen. Lieferant A gewährt 2 % Skonto, Lieferant C 3 % Skonto.

b1) Erstellen Sie einen Angebotsvergleich und kommentieren Sie das Ergebnis. **4 Punkte**

b2) Welche weiteren, hier nicht genannten Kriterien sind bei der Lieferantenauswahl von Bedeutung. Nennen Sie vier Merkmale. **2 Punkte**

Aufgabe 2

a) Für die Vorkalkulation möchte die Geschäftsleitung wissen, mit welchem Maschinenstundensatz für die neue Fertigungslinie gerechnet werden muss. Dazu liegen Ihnen folgende Angaben vor: **8 Punkte**

Anschaffungskosten der Anlage	2.400.000 €
Wiederbeschaffungskosten der Anlage	2.640.000 €
Nutzungsdauer	8 Jahre
kalkulatorische Abschreibung	linear entsprechend dem Werteverzehr
kalkulatorische Zinsen	8 %
kalkulatorische Instandhaltungskosten	6.000 pro Jahr bei Einschichtbetrieb
Raumbedarf	100 m²
kalkulatorische Miete	12 € pro m²

Energieentnahme der Montageanlage	11 kWh
Verbrauchskosten	0,16 €/kWh
Jahresgrundgebühr des Energieversorgers	800 €

Es ist von einem Einschichtbetrieb auszugehen (geplante Laufzeit pro Jahr: 1.920 Std.).

b) Warum muss im vorliegenden Fall eine Differenzierung in maschinenabhängige und maschinenunabhängige Fertigungsgemeinkosten vorgenommen werden? Geben Sie eine Begründung. **2 Punkte**

Aufgabe 3

§ 5 Arbeitsschutzgesetz verpflichtet den Arbeitgeber zur regelmäßigen Beurteilung der Arbeitsbedingungen, zur Gefährdungsanalyse und deren Dokumentation (§ 6).

a) Beschreiben Sie zwei Formen der Risikobeurteilung (auch: Betrachtungsobjekte). **2 Punkte**

b) Nennen Sie die vier Handlungsschritte der Gefährdungsbeurteilung in sachlogischer Reihenfolge. **2 Punkte**

c) Wie ist die Größe „Risiko" bei der Gefährdungsbeurteilung definiert? **1 Punkt**

Nennen Sie die Risikoelemente.

d) Die Risikoeinschätzung an einer Maschine führt zu dem Ergebnis: **1 Punkt**
- Schwere der Verletzung: S 2
- Häufigkeit der Aufenthaltsdauer: F 2
- Möglichkeit der Vermeidung: P 1

Ermitteln Sie mithilfe des Risikographen die entsprechende Kategorie für sicherheitsbezogene Teile von Steuerungen gemäß DIN EN 954-1.

Aufgabe 4

Da Ihre Mitarbeiter sehr stark in die Errichtung der neuen Fertigungsanlage 2 eingebunden sind, beschaffen Sie drei Leiharbeitnehmer zur Durchführung einfacher Wartungs- und Inspektionsarbeiten bei der Fertigungslinie 1. Vor Aufnahme der Tätigkeit, sind sie u. a. verpflichtet bei den Leiharbeitnehmern eine Sicherheitsunterweisung nach DGUV Vorschrift 1 zu planen und durchzuführen.

a) Nennen Sie vier weitere Anlässe für Sicherheitsunterweisungen. **2 Punkte**

b) Für die Durchführung der Unterweisung gibt es günstige und weniger günstige Zeitpunkte. Geben Sie vier begründete Empfehlungen. **2 Punkte**

c) Aufgrund Ihrer Erfahrung wissen Sie, dass Mitarbeiter beim Thema Sicherheitsunterweisung häufig „auf Durchzug schalten" und ohne wirkliches Interessse „die Sache über sich ergehen lassen". **2 Punkte**

Beschreiben Sie vier geeignete Maßnahmen und Methoden, um die Sicherheitsunterweisung teilnehmeraktivierend durchzuführen.

Aufgabe 5

Im Meeting der Führungskräfte wird die Personalbedarfsplanung für die neue Fertigungslinie erörtert. Es sind externe Personalbeschaffungsmaßnahmen vorzubereiten. Da der zuständige Kollege für die Fertigungslinie 2 nicht erreichbar ist, werden Sie kurzfristig gebeten, ein Anforderungsprofil für den Arbeitsplatz 8 (Prüfarbeitsplatz: Druckbehälter Typ TK von 50 bis 400 Ltr.) zu erstellen.

a) Nennen Sie im Rahmen der Arbeitsplatzanalyse vier typische Tätigkeiten eines Prüfarbeitsplatzes. **2 Punkte**

b) Erstellen Sie für den Prüfarbeitsplatz auf der Basis der o. g. Arbeitsplatzanalyse ein Anforderungsprofil mit sechs Anforderungsmerkmalen und einer einfachen Skalierung für die Ausprägung der Merkmale. **2 Punkte**

Aufgabe 6

Das Qualitätsbewusstsein der Mitarbeiter in der neu errichteten Fertigungslinie 2 soll verbessert werden.

a) Erläutern Sie umfassend zwei Maßnahmen zur Einbindung der Mitarbeiter in die Verbesserung der Qualität. **4 Punkte**

b) Beschreiben Sie zwei geeignete Maßnahmen zur Visualisierung von Qualitätsergebnissen. **2 Punkte**

c) Nennen Sie vier Vorteile, die sich für den Betrieb ergeben, wenn Ihre sachkompetenten Mitarbeiter in Entscheidungsprozesse direkt einbezogen werden. **2 Punkte**

Aufgabe 7

In der letzten Zeit kam es wiederholt vor, dass Prüf- und Messmittel bei Gebrauch in keinem funktionsfähigen Zustand waren. Im nächsten Jour-fixe mit Ihren Mitarbeitern wollen Sie das Thema aufgreifen.

a) Erläutern Sie den Unterschied zwischen Prüf- und Messmitteln. **4 Punkte**

b) Nennen Sie vier geeignete Maßnahmen zum Erhalt der Funktionsfähigkeit der Prüftechnik. **2 Punkte**

Aufgabe 8 **6 Punkte**

Die Führungskräfte der RIRA-Druckbehälterbau GmbH sind aufgefordert, für die nächste Sitzung der Geschäftsleitung ein Maßnahmenpaket zur Kostensenkung in ihrem Verantwortungsbereich vorzulegen.

Nennen Sie fünf Kostenarten, die Sie als Meister der Instandhaltung (IH) beeinflussen können und beschreiben Sie jeweils zwei geeignete Maßnahmen der Kostensenkung.

Aufgabe 9

In Kürze wird Ihr Mitarbeiter Huber das Unternehmen verlassen und Herr Kernig soll zukünftig die Verwaltung des Instandhaltungslagers übernehmen. Es ist noch nicht bekannt, ob Herr Kernig an dieser „Aufgabenbereicherung“ (Job-Enrichment) interessiert ist.

a) Beschreiben Sie drei Vorraussetzungen, die beim Mitarbeiter Kernig geprüft bzw. geschaffen werden müssen, damit diese Delegation erfolgreich verlaufen kann. **3 Punkte**

b) Wie werden Sie die Verantwortung für das Instandhaltungslager an Herrn Kernig übertragen? Nennen Sie vier Handlungsschritte in sachlogischer Reihenfolge. **2 Punkte**

c) Beschreiben Sie anhand von zwei Beispielen die Folgen von Rückdelegation. **2 Punkte**

Aufgabe 10

Im Rahmen des Kostensenkungsprogramms analysieren Sie Bestände und Bestellhäufigkeiten Ihres Instandhaltungslagers. Das C-Teil NK 1318 weist derzeit folgende Kennwerte auf:

Jahresbedarfsmenge	M	500 Stück
Einstandspreis	E	4 €/Stk.
Bestellkosten	K_B	4 €/Bestellung
Lagerhaltungskostensatz	L_{HS}	10 %

a) Berechnen Sie die Gesamtkosten der Beschaffung bei einer Bestellhäufigkeit im Intervall [1 ... 10] und leiten Sie daraus die optimale Bestellhäufigkeit ab. **4 Punkte**

b) Überprüfen Sie Ihr Ergebnis aus a) mithilfe der optimalen Bestellhäufigkeit nach Andler. **2 Punkte**

c) Nennen Sie zwei Voraussetzungen, an die die Anwendung der klassischen Losgrößenformel gebunden ist. **1 Punkt**

d) Zur weiteren Optimierung des Lagers wollen Sie generell die ABC-Analyse einsetzen. Erläutern Sie den Aussagewert dieses Analyseinstruments. **2 Punkte**

Aufgabe 11

Die Planung für die neue Fertigungslinie 2 ergibt für die erforderlichen Teilprojekte folgende Vorgangsliste:

Teilprojekt	Vorgänger	Zeit in Monaten
A	–	6
B	D/E	4
C	G/I/B/J	1
D	A	1
E	A	3
F	H	3
G	F	1
H	A	2
I	H	3
J	D/E	2

a) Zeichnen Sie den Netzplan (Vorgangsknotentechnik), tragen Sie die Pufferzeiten ein (Gesamtpuffer, freier Puffer) und ermitteln Sie die Gesamtdauer des Projekts. **10 Punkte**

b) Nennen Sie die Teilprojekte, die auf dem kritischen Weg liegen. **2 Punkte**

Aufgabe 12

Sie sind beauftragt worden, für die neue Fertigungslinie 2 ein Instandhaltungskonzept vorzulegen.

a) Beschreiben Sie drei Instandhaltungsstrategien (auch: Instandhaltungsmethoden). **3 Punkte**

b) Nennen Sie vier technische Dokumentationen, die Sie für die Konzepterstellung benötigen. **2 Punkte**

c) Nennen Sie vier inhaltliche Bestandteile eines Prüf- und Wartungsplans. **2 Punkte**

d) Nennen Sie vier Einzelmaßnahmen der Wartung. **2 Punkte**

Aufgabe 13

Die Fertigungslinie 2 soll über ein modernes Prozessleitsystem gesteuert werden.

a) Vervollständigen Sie die nachfolgende Skizze und schlagen Sie für die Verbindung Prozessleit-/Steuerungsebene sowie Steuerungs-/Sensor-Aktor-Ebene jeweils einen Netzwerktyp vor. **4 Punkte**

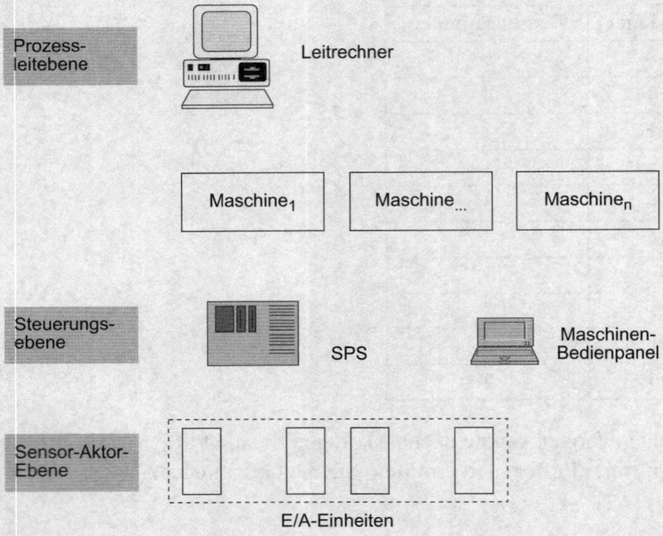

b) Nennen Sie zwei Vorteile der Bustopologie gegenüber der Einzelverdrahtung. **2 Punkte**

c) Nennen Sie aus dem Segment der Anwendungssoftware zwei Software-Werkzeuge, mit denen die anfallenden Prozessdaten für Analysen und Präsentationen aufbereitet werden können. **2 Punkte**

Situationsbezogenes Fachgespräch Handlungsbereich Führung/Personal

Bearbeitungszeit: 45 - 60 Minuten (einschließlich Vorbereitungszeit)

Handlungsauftrag 1

Aufgrund der guten Auftragslage der RIRA-Druckbehälterbau GmbH ist der Betrieb trotz Mehrarbeit nicht in der Lage, das Arbeitsvolumen mit eigenen Mitarbeitern zu bewältigen.

Die Geschäftsleitung beauftragt Sie, acht geeignete Mitarbeiter über das Jobcenter der regionalen Arbeitsagentur zu beschaffen und auf drei Monate befristete Verträge abzuschließen. Beschreiben Sie umfassend die dazu erforderlichen Maßnahmen.

Handlungsauftrag 2

Die Vergütung der Mitarbeiter in der Montage erfolgt bisher auf Zeitlohnbasis. Zur Verbesserung der Produktivität erwartet die Geschäftsleitung von Ihnen ein Konzept zur Entlohnung auf der Grundlage einer Leistungsvergütung.

Erstellen Sie einen Entwurf für ein leistungslohnbezogenes Vergütungssystem und beschreiben Sie, welche Auswirkungen auf das betriebliche Geschehen mit der Einführung dieses Konzepts verbunden sein können.

Handlungsauftrag 3

Die Auftragslage der RIRA-Druckbehälterbau GmbH ist positiv. Auch mittelfristig wird mit ansteigenden Absatzzahlen gerechnet. Sorgen bereitet der Geschäftsleitung jedoch die Qualifikation der Arbeiter: Insbesondere die angelernten Mitarbeiter können den steigenden Anforderungen kaum noch gerecht werden. Bisher gab es keine systematischen Bildungsaktivitäten. Außerdem hat die Analyse ergeben, dass es auf der Meisterebene Vakanzen geben wird.

Da Sie den Betrieb gut kennen, beauftragt Sie die Geschäftsleitung ein Personalentwicklungskonzept für die Ebene der Arbeiter und der Meister vorzulegen.

Lösungen

Hinweis:

Die Lösungen enthalten zum Teil mehr Argumente bzw. Nennungen als in der Aufgabenstellung gefordert sind. Dies soll den Lerncharakter der Musterklausuren verstärken.

Nachfolgend ist für Situationsaufgabe 1 (Schwerpunkt T1/alternativ T2) und 2 (Schwerpunkt Organisation) die Kombination der Qualifikationsschwerpunkte entsprechend dem Prüfungskonzept vorangestellt (vgl. II. Prüfungsanforderungen). In den Aufgabenlösungen sind diese Qualifikationsschwerpunkte zur besseren Orientierung nochmals detailliert genannt (in Fettdruck). Nachrangig angesprochene Punkte des Rahmenplans sind in Normalschrift angegeben.

Situationsaufgabe 1 • Handlungsbereich TECHNIK Infrastruktursysteme und Betriebstechnik (T1)

Kombination der Qualifikationsschwerpunkte:

Aufgabe	Technik		Organisation			Führung/Personal			Punkte
	T1	T2	BKW	PSK	AUG	PF	PE	QM	
1					5.1.1, 5.3				8
2					5.5				7
3				4.1					9
4						6.7			12
5							7.2/4	8.4	8
6						6.1/2			6
7	1.5								10
8	1.4								11
9	1.1								10
10	1.1								8
11	1.1								11
	50		24			26			100

Aufgabe 1 **5.1.1,** A 1.3.4, A 1.4.1

a) Nach § 8 SGB VII liegt ein Arbeitsunfall vor, wenn **3 Punkte**

1. eine versicherte Person bei einer
2. versicherten Tätigkeit durch ein
3. zeitlich begrenztes, von außen her einwirkendes Ereignis
4. einen Körperschaden erleidet.

zu 1. Herr Klein ist Mitarbeiter der RIRA GmbH.
→ versicherte Person.

zu 2. Der Unfall erfolgte während der Inbetriebnahme.
→ versicherte Tätigkeit.

zu 3. Herr Klein zieht sich während der Inbetriebnahme eine Kopfplatzwunde zu.
→ Der Unfall wurde rechtlich wesentlich durch die versicherte Tätigkeit verursacht.

zu 4. Die Kopfplatzwunde blutet heftig und muss ärztlich behandelt werden. Herr Klein ist fünf Tage arbeitsunfähig.
→ Körperschaden.

Der Unfall von Herrn Klein war ein Arbeitsunfall.

b) Bei einer Unfallanzeige sind folgende Punkte zu beachten: **3 Punkte**

Wer? Der Unternehmer bzw. der Beauftragte

Wann? Bei Arbeits- oder Wegeunfall und einer Arbeitsunfähigkeit von mehr als drei Kalendertagen bzw. Tod des Arbeitnehmers

An wen?
- 2 Exemplare an die BG
- 1 Exemplar an die zuständige Landesbehörde (z .B. Gewerbeaufsichtsamt)
- 1 Exemplar als Dokumentation im Unternehmen
- 1 Exemplar an den Betriebsrat
- Kopie an:
  Fachkraft für Arbeitssicherheit
  Betriebsarzt
  Versicherte Person (Herr Klein) – auf Verlangen

Wie? Per Post oder E-Mail.

Frist? Innerhalb von drei Tagen nach Kenntnis

c) Anweisungen zur „Ordnung am Arbeitsplatz“, z. B.: **2 Punkte**

1. Jeder Mitarbeiter hat an seinem Arbeitsplatz Sauberkeit und Ordnung zu halten.
2. Pausen sind nicht am Arbeitsplatz, sondern in den Sozialräumen zu verbringen.
3. Für Abfälle sind nur die vorhandenen Behälter zu verwenden.
4. Verkehrswege dürfen nicht zugestellt werden, nicht glatt/schlüpfrig sein und keine Stolperstellen aufweisen.
5. Lager und Stapel sind so aufzubauen, dass von ihnen keine Gefährdung ausgeht.
6. Beleuchtungskörper, Signaleinrichtungen, Fenster und Durchsichtöffnungen sind sauber und funktionsfähig zu halten.

Aufgabe 2 **5.5**

a) Persönliche Schutzausrüstung (PSA): **2 Punkte**

Arbeitsplatz	Sicherheits-schuhe	Sicherheits-helm	Schutz-brille	Hand-schuhe	Atem-schutz
Spritzlackierer	x	x	x	x	x

b) Funktion der PSA, z. B.: **2 Punkte**

- Sicherheitsschuhe: Quetschen, Einklemmen, Herabfallen von Gegenständen, Stoßen, Ätzungen, Hitze
- Sicherheitshelm: Anstoßen an scharfkantige Gegenstände, herunterfallende/umherfliegende Gegenstände
- Schutzbrille: Flüssigkeiten, umherfliegende Späne, Funken, hervorstehende Teile (Berührungsschutz)
- Handschuhe: Verkühlung, Verbrühung, Hautverletzung, scharfkantige Gegenstände, Gefahrstoffe, Schnittverletzung
- Atemschutz: Gase, Dämpfe, Nebel, Stäube.

c) Führungsmaßnahmen: **3 Punkte**

- Der Vorgesetzte muss konsequent sein und das Tragen der PSA ständig einfordern (wenn der Meister in seinem Verantwortungsbereich duldet, dass die PSA nicht verwendet wird, dann wird sie auch nicht verwendet).
- Die Verwendung der PSA muss ständig kontrolliert werden. Es darf keine Ausnahmen geben.
- Der Vorgesetzte muss den persönlichen Vorteil, den der Mitarbeiter hat, wenn er die Schutzausrüstung verwendet, argumentativ überzeugend herausstellen können – anhand konkreter Beispiele.
- Der Meister sollte Beschwerden seiner Mitarbeiter, die sich auf die Trage- und Verwendungseigenschaften der PSA beziehen, ernst nehmen und um Abhilfe bemüht sein.
- Der Vorgesetzte sollte die Mitarbeiter bei der Auswahl der persönlichen Schutzausrüstungen beteiligen und die PSA vor der Einführung am Arbeitsplatz ausreichend erproben.

Aufgabe 3 **4.1 ff.**

a) Das von Toyota entwickelte System just in time (JiT) ist nach DQG-Schrift 11-04 die „Zulieferung eines materiellen Produktes unmittelbar vor dessen Einsatz". Es ist ein komplexes Logistikkonzept der „Teilebereitstellung zur richtigen Zeit". **2 Punkte**

b) Weitere Ziele von JiT: **1 Punkt**

- Minimierung der Lagerkosten
- Minimierung der Materialbestände
- Reduzierung der Umlaufmittel
- Vermeidung von nicht wertschöpfenden Abläufen
- Reduzierung der Fertigungstiefe.

c) Voraussetzungen von JiT: **2 Punkte**

- Störungsfreie und qualitätssichere Fertigungsprozesse
- stabiles Umfeld und stabile Rahmenbedingungen
- keine Änderung der eingesteuerten Auftragsreihenfolge im Fertigungsdurchlauf
- hohe Vorhersagegenauigkeit hinsichtlich Bedarfsmengen und -sequenzen
- enge Informationsverknüpfungen zwischen Kunde, Lieferant und Unterlieferanten
- höchste Liefersicherheit.

d) Störungen im JiT-Prozess beeinflussen das gesamte System (ggf. bis hin zum Kunden). Sie führen zu Fertigungsstillständen mit den Folgen von Überstunden und Mehrarbeit am Wochenende, um den Rückstand aufzuholen. Es entstehen Gewinneinbußen durch Mehrkosten. Kann der Kundentermin nicht gehalten werden und dies führt zum Lieferverzug, können vom Kunden weiterhin die Kosten für seinen Produktions- und Umsatzausfall, geltend gemacht werden. **4 Punkte**

Es gilt also, bei Einführung eines JiT-Systems von vorn herein Maßnahmen festzulegen, die eine Störungskompensation zum Ziel haben, z. B.:

Maßnahmen zur Kompensation von Störungen im JiT-System (Beispiele)	
Im Fertigungsprozess	**Im Logistikprozess**
Reservessysteme	Reservefahrzeuge
Notfallstrategien	definierte Alternativrouten
geregelte Verfahren zur sofortigen Nacharbeit	permanente Transparenz des Transportverlaufs
Störungspuffer einrichten	bevorzugte Bearbeitung verspäteter Lieferungen im Wareneingang

Aufgabe 4 **6.7,** 8.2.2

a) Grundideen des KVP: **2 Punkte**

- KVP muss Bestandteil der Unternehmenszielsetzung werden.
- Die Geschäftsleitung und die Führungskräfte müssen ihre Unterstützung ohne Einschränkung beweisen.
- Der Prozess bezieht alle Mitarbeiter ein (in der Fertigung und in der Verwaltung).
- Kerngedanke ist die Realisierung kleiner Schritte. Erfolge können auch mit geringem, finanziellen Aufwand umgesetzt werden.
- Der Prozess soll Abläufe, Methoden, Arbeitsplätze und Arbeitsumgebung sowie Qualität der Produkte und Leistungen ständig verbessern und Verschwendungen jeglicher Art minimieren.

b) Vorschläge über BVW **4 Punkte**

- werden freiwillig erbracht
- sind eine eigenständige Leistung des Mitarbeiters außerhalb seiner Arbeitsaufgabe
- werden in der Regel außerhalb der Arbeitszeit erbracht
- werden im Rahmen eines Regelungswerkes prämiert (Einrichtung von Instanzen, Festlegung von Vorschriften und Verfahrensregeln)
- benötigen eine längere Zeit für die Begutachtung.

Vorschläge über KVP

- sind Bestandteil der Arbeitsaufgabe des Mitarbeiters (Pflicht)
- werden während der regulären Arbeitszeit gestaltet (Zeitbudget im Schichtplan)
- entstehen meist als Ergebnis der Arbeit in Gruppen (Gruppenleistung)
- werden umittelbar nach der Erarbeitung begutachtet und ihre Umsetzung (falls realisierbar) wird sofort in Auftrag gegeben.

c) PDCA-Zyklus (nach Deming): **4 Punkte**

Plan:
- Zielsetzung/Inhalte festlegen, z. B. Reduzierung der Liegezeiten
- Daten sammeln
- Daten analysieren
- Lösungsideen sammeln
- Lösungsansätze bewerten
- Lösungen und Methoden auswählen
- Realisierungsschritte planen:
  Wer? Was? Wie? Wann? Wo?

Do:
- Realisierungsschritte/Aktionspläne umsetzen
- Zwischenergebnisse dokumentieren

Check:
- Ergebnisse dokumentieren
- Erreichung der Ziele überprüfen

Action:
- Aktionen zusammenfassen und als Standards verabschieden
- Ergebnisse visualisieren
- nächste Zielsetzung wählen

d) Voraussetzungen im Rahmen der Einführung von KVP: **2 Punkte**

1. Kompetenzschulung der Mitarbeiter, z. B.
   - Sinn und Zweck von KVP
   - Arbeitsmethoden
   - Techniken der Gruppenarbeit
   - Techniken der Ideenfindung, Entscheidungstechniken
   - Techniken der Visualisierung
   - Moderationstechnik.
2. Zeitbudget für KVP-Arbeit festlegen.
3. Gruppensprecher festlegen/wählen lassen, der die Gruppe nach außen hin vertritt.
4. Übertragung von Kompetenzen an die Gruppe, z. B. Einbindung eines internen oder externen Spezialisten in die KVP-Arbeit.
5. Festlegung der Methode zur Umsetzung neuer Standards in die Praxis.
6. Raum und Hilfsmittel zuweisen.

Aufgabe 5 **8.4, 7.2, 7.4,** A 5.4.4

a) Arbeitsschritte im Rahmen der Zertifizierung, u. a.: **4 Punkte**

1. Festlegen der Qualitätsstandards
2. Erstellen von Qualitätsaufzeichnungen
3. Dokumentation des QM-Systems in Form eines QM-Handbuches (Verfahrens-, Arbeitsanweisungen, Prüfanweisungen und -pläne)
4. Überprüfung der Zertifizierungsfähigkeit und evt. Durchführung von Maßnahmen zur Nachbesserung
5. Durchführung des Zertifizierungsaudits durch einen externen Auditor.

b) Qualifizierung der Mitarbeiter – Vorgehensweise: **4 Punkte**

1. Schulungsbedarf ermitteln, z. B. durch
   - Ermittlung des aktuellen Qualifikationsstandes
   - Mitarbeiterbefragung
   - Vorgesetzteneinschätzung
   - Erarbeitung einer Qualifikationsmatrix.
2. Qualifikationsziele festlegen, z. B. Förderung der
   - Fachkompetenz
   - Methodenkompetenz
   - Sozialkompetenz.
3. Inhalte, Methoden und Organisation der Schulung planen
4. Schulung durchführen
5. Schulungsergebnisse überprüfen (Evaluierung) und dokumentieren.

Aufgabe 6 **6.1/2**

a) Verfahren zur Ermittlung des Bruttopersonalbedarfs, z. B.: **1,5 Punkte**

- Verfahren der Personalbemessung (REFA)
- Schätzverfahren (grobes/differenziertes Verfahren)
- Kennzahlenverfahren
- Stellenplanmethode.

b) Bestandteile (Daten) der Schichteinsatzplanung: **2,5 Punkte**

- Anzahl der Schichten/Arbeitsplätze/Mitarbeiter (Voll-/Teilzeit)
- Arbeitszeit je Mitarbeiter
- Besetzungsstärke je Arbeitsplatz/Aufgabenbereich
- Abwesenheitsquote
- Urlaub und sonstige Ausfallzeiten.

c) Gesetzliche Aspekte bei der Einsatzplanung der Auszubildenden: **2 Punkte**

- Bestimmungen des JArbSchG (insbesondere §§ 8 ff., § 22 Abs. 2)
- Aufsicht durch einen Fachkundigen
- Zeiten des Berufsschulunterrichts
- Bestimmungen des ArbZG (insbesondere §§ 3 ff.)
- Bestimmungen des ArbSchG
- Mitbestimmung des Betriebsrats (§ 99 BetrVG)
- Bestimmungen des geltenden Tarifvertrages.

Aufgabe 7 **1.5/2.4**

a) Maßnahmen vor der Anlieferung, z. B.: **4 Punkte**

1. Fertigstellung der Layoutskizze und der Raumplanung
2. Aufstellungsort der Anlage, Prüfen der Fundamentbedingungen, Umräumarbeiten
3. Prüfen der klimatischen Bedingungen (Belüftung, Heizung)
4. Sicherstellung der Energieversorgung, z. B. Strom, Druckluft

5. Gestaltung der Schnittstellen und des Raumbedarfs für die Materialversorgung (Behältersysteme, Puffer usw.)
6. Gestaltung der Schnittstellen zur zentralen Datenerfassung
7. Bereitstellen der personellen Ressource für das Aufstellen und die Inbetriebnahme der Anlage (Personalbedarf, Personaleinsatz, Arbeits-/Schichtzeit usw.)
8. Bereitstellen geeigneter Transportmittel für das Abladen und den Transport der Bauteile in die Halle.

b) Rechtsgrundlagen/Regelwerke beim Aufstellen und der Inbetriebnahme der Anlage, z. B.: **3 Punkte**
- EG-Maschinenrichtlinie
- ArbSchG in Verbindung mit AMBV
- Vorschriften/Regeln der Berufsgenossenschaften
- ProdSG
- Gesetz über die elektromagnetische Verträglichkeit von Geräten (EMVG)
- ArbStättV
- Aufstell-, Inbetriebnahme- und Abnahmevorschriften des Herstellers
- BetrSichV
- CE- und GS-Kennzeichnung.

c) Schwerpunkte bei der Gestaltung des Arbeitsplatzes: **3 Punkte**
- Körpermaße, Körperhaltung
- Raumbedarf – im Sitzen/im Stehen
- Sehbereich/Sehgeometrie
- Bewegungsräume und -häufigkeiten (Greifräume)
- Anpassen von Handwerkszeugen, Griffen und Bedienelementen an die Anatomie der Hand
- Arbeitsflächen, -sitze und -stühle.

Aufgabe 8 **2.3**

a) Ortsveränderliche elektrische Betriebsmittel nach DIN VDE 0100-200 sind solche, die während des Betriebes bewegt werden oder die leicht von einem Platz zum anderen gebracht werden können, während sie an den Versorgungsstromkreis angeschlossen sind. **1 Punkt**

b) Wiederinbetriebnahme: Prüfung nach Änderung oder Instandsetzung vor der Wiederinbetriebnahme **2 Punkte**

Wiederholungsprüfungen:
Prüfungen in bestimmten Zeitabständen, die so zu bemessen sind, dass entstehende Mängel, mit denen gerechnet werden muss, rechtzeitig festgestellt werden (Gefährdungsbeurteilung).

c) Prüffristen für ortsveränderliche elektrische Betriebsmittel: **2 Punkte**

- Richtwert: sechs Monate
- auf Baustellen: drei Monate; wird bei den Prüfungen eine Fehlerquote < 2 % erreicht, kann die Prüffrist entsprechend verlängert werden.
- Maximalwerte:
  - auf Baustellen, in Fertigungsstätten und Werkstätten oder unter ähnlichen Bedingungen: ein Jahr
  - in Büros oder unter ähnlichen Bedingungen: zwei Jahre.

d) **4 Punkte**

	SK I	SK II	SK III
Sichtprüfung	äußerlich erkennbare Mängel und Eignung für den Einsatzbereich		
Messen des **Schutzleiterwiderstandes**	bis 5 m: $\leq 0{,}3\ \Omega$, je weitere 7,5 m: $\leq 0{,}1\ \Omega$; max. $1\ \Omega$	–	–
Messen des **Isolationswiderstandes**	$\geq 1\ M\Omega$; $\geq 2\ M\Omega$ für den Nachweis der sicheren Trennung (Trafo); $\geq 0{,}3\ M\Omega$ bei Geräten mit Heizelementen	$\geq 2\ M\Omega$;	$\geq 0{,}25\ M\Omega$;
Messen des **Schutzleiterstromes**	$\leq 3{,}5$ mA, an leitfähigen Bauteilen mit PE-Verbindung; 1 mA/kW bei Geräten mit Heizelementen	–	–
Messen des **Berührungsstromes**	$\leq 0{,}5$ mA an leitfähigen Bauteilen ohne PE-Verbindung	$\leq 0{,}5$ mA, an leitfähigen Bauteilen	–
Messen der **Ausgangsspannung**	berührbare aktive Teile, Leerlaufspannung an Ladegeräten, Netzteilen (ggf. PELV), Stromerzeugern, Kleinspannungserzeugern (SELV) usw.		
Erproben	Funktionen von Sicherheitseinrichtungen und Funktionsprobe		
Dokumentation			

e) Am Stecker, an der Kupplungsdose, z. B.: **2 Punkte**

- Stecker-, Kupplungsgehäuse ohne Deformierung oder Beschädigung
- Keine Abnutzungen, Lockerungen, Brüche oder thermische Schäden an Steckerstiften
- Schutzkontakte frei von Korrosion, Verbiegungen oder Brüchen.

An der Anschlussleitung:

- Wirksamkeit der Zugentlastungen
- Biege- und Knickschutzteile vorhanden und unbeschädigt
- Übereinstimmung von Schutzklasse und Anschlussleitung, Stecker, ggf. Kupplung
- Querschnittsbemessung ausreichend.

Aufgabe 9 **1.1**

a) • Wirtschaftlichkeit **2 Punkte**
- Zweckmäßigkeit unter Beachtung der raumgestalterischen Erfordernisse
- hoher Leuchtenbetriebswirkungsgrad
- Montage- und Wartungsfreundlichkeit.

b) Vorteile der EVGs (gegenüber VVG): **2 Punkte**
- höhere Wirtschaftlichkeit
- geringe Wärmeentwicklung
- flackerfreier Start
- flimmerfreier Betrieb
- längere Lampenlebensdauer.

c) Wartungswert der Beleuchtungsstärke E **4 Punkte**

E	= 300 lx

Raumfläche A:

A	$= a \cdot b = 20{,}0\ m^2 \cdot 13{,}5\ m^2 = 270{,}0\ m^2$

Wartungsfaktor W_F:

Referenz-Wartungs-faktor	Referenz-Neuwert-faktor	Verschmutzung und Alterung, Anwendungsbeispiele
0,80	1,25	sehr sauberer Raum; Anlage mit geringer Nutzungsdauer
0,67	1,50	sauberer Raum; dreijähriger Wartungszyklus
0,57	1,75	Innen- und Außenbeleuchtung; normale Verschmutzung; dreijähriger Wartungszyklus
0,50	2,00	Innen- und Außenbeleuchtung; starke Verschmutzung

→

W_F	= 0,8 (DIN EN 12464)

Raumindex k:

k	$= A : (a + b) \cdot h$ (mit $h = 3{,}60\ m - 0{,}90\ m$) $= 270{,}0\ m^2 : (20{,}0\ m + 13{,}5\ m) \cdot 2{,}70\ m = 2{,}98$

Raumwirkungsgrad η_R:

η_R	= 0,98 (bei einem Raumindex von k = 3,00)

Leuchten-Betriebswirkungsgrad η_{LB}:

η_{LB}	= 0,77 (Herstellerangaben/lt. Aufgabenstellung)

Beleuchtungswirkungsgrad η_B:

η_B	$= \eta_R \cdot \eta_{LB} = 0{,}98 \cdot 0{,}77 = 0{,}7546$

Gesamtlichtstrom ϕ_G:

ϕ_G	$= \frac{E \cdot A}{\eta_B \cdot W_F} = \frac{300\ \text{lx} \cdot 270\ \text{m}^2}{0{,}7546 \cdot 0{,}8} = 134.177{,}04\ \text{lm}$

Leuchten-Anzahl n:

n	$= \phi_G : \phi_{LE}$ (ϕ_{LE} nach Herstellerangaben/lt. Aufgabe) = 134.177,04 lm : 5.000 lm = 26,84
n	**≈ 27**

d) Energiekosten p.a. **2 Punkte**

$$= \frac{240\ \text{Tg.} \cdot 8\ \text{h} \cdot 27\ \text{Stk.} \cdot 55\ \text{W} \cdot 0{,}16\ €/\text{kW}}{1.000\ \text{W/kW}}$$

$$= 456{,}19\ €$$

Aufgabe 10 **1.1**

a) Bestimmungen, die bei der Errichtung von Energieversorgungsanlagen bis 1 kV zu beachten sind, z. B.: **2 Punkte**

- VDE 0100-100
- VDE 0105
- DGUV Vorschrift 3
- technischen Anschlussbedingungen (TAB) des Versorgungsnetzbetreibers (VNB)
- Anerkannte Regeln der Technik.

b) **2 Punkte**
- Netzform, Netzdaten
- Leistungsbilanz
- Sicherheitstechnische Anforderungen, Schutzmaßnahmen
- Verfügbarkeit und Redundanz der Energieversorgung
- Umgebungsbedingungen, Klima, Aufstellungsort
- Bedienungskomfort.

c) **2 Punkte**
- Kompaktschaltschrank aus Stahlblech
- Breite: 800 mm; Höhe: 2000 mm; Tiefe 400 mm
- Schutzart IP 56, mindestens jedoch IP 54
- Begründung: Ein Stahlblechgehäuse erfüllt die Anforderungen an den rauen Betrieb in der Industrie.

d) **2 Punkte**

Inhalte des Lastenhefts	**Beispiel**
Spezifikation des zu erstellenden Produkts	Bau eines Schaltschranks
Rahmenbedingungen	Vorschriften
Funktionale Anforderungen	Ausstattung
nicht funktionale Anforderungen	Änderbarkeit
Vertragliche Konditionen	Gewährleistungsanforderungen
Anforderungen an den Auftragnehmer	Zertifizierung
Anforderungen an das Produktmanagement des Auftragnehmers	Dokumentationen

Aufgabe 11

a) $Z_s \cdot I_a \leq U_0$ **2 Punkte**

- bei einer Nennspannung von 400 V beträgt die maximale Abschaltzeit 0,2 Sekunden
- bei einer Nennspannung von 230 V beträgt die maximale Abschaltzeit 0,4 Sekunden.

b)
- Für den Aufbau eines TN-S-Systems werden fünf Adern/Leiter benötigt. **2 Punkte**
- Farben:

L1 schwarz;
L2 braun;
L3 grau;
N blau;
PE grün/gelb

c) Gegeben: **4 Punkte**

$U = 400\ V$
$P = 140\ kW$
$A = 0{,}8$
$\cos \varphi = 0{,}95$
$L = 120\ m$
$\Delta u = 3\ \%$

Gesucht: A Leiterquerschnitt
U Spannungsabfall

Lösung:

$$P_{eff} = P_{inst} \cdot A = 140\ kW \cdot 0{,}8 = 112\ kW$$

$$\Delta U = \Delta u : 100\ \% \cdot U_N = 3\ \% : 100\ \% \cdot 400\ V = 12\ V$$

Leiterquerschnitt:

$$I = \frac{P}{\sqrt{3} \cdot U \cdot \cos \varphi} = \frac{112.000\ W}{\sqrt{3} \cdot 400\ V \cdot 0{,}95} = 170\ A$$

$$A = \frac{\sqrt{3} \cdot L \cos\varphi \cdot I}{\gamma \cdot \Delta U} = \frac{\sqrt{3} \cdot 120\ m \cdot 0{,}95 \cdot 170\ A}{56\ m/\Omega\ mm^2 \cdot 12\ V}$$

$$= 49{,}95\ mm^2$$

Gewählt: $A = 50\ mm^2$

→ Lt. Tabelle (DIN VDE 0276-603) ist $A = 50\ mm^2$ mit 160 A belastbar.
→ Es ist der nächsthöhere Querschnitt von $70\ mm^2$ zu wählen.
→ $A = 70\ mm^2$ ist lt. Tabelle mit 202 A belastbar.
→ Unter Berücksichtigung der Verlegeart auf gelochten Kabelbahnen mit fünf weiteren Kabeln ergibt sich aus der Tabelle (DIN VDE 0276-1000) der Umrechnungsfaktor von 0,76. Daraus folgt:

$$202\ A \cdot 0{,}76 = 153{,}52\ A < 170\ A$$

Daraus folgt: Es ist der nächsthöhere Querschnitt von $95\ mm^2$ zu wählen. $A = 95\ mm^2$ ist lt. Tabelle mit 249 A belastbar.

$$249\ A \cdot 0{,}76 = 189{,}24\ A > 170\ A$$

Ergebnis: Es ist z. B. ein Einspeisekabel NYCWY 4 x 95/50 mm^2 für die NSUV in der neuen Fertigungshalle einzusetzen

Spannungsabfall:

$$\Delta U = \sqrt{3} \cdot I \ \frac{L \cdot \cos\varphi}{\gamma \cdot A} = \sqrt{3} \cdot 170\ A \ \frac{120\ m \cdot 0{,}95}{56\ m/\Omega\ mm^2 \cdot 95\ mm^2}$$

$$= 6{,}31\ V$$

$$\Delta u = \Delta U : U_N \cdot 100\ \% = 6{,}31\ V : 400\ V \cdot 100\ \%$$

$$= 1{,}57\ \%$$

Der zulässige Spannungsabfall von 3 % ist eingehalten.

d) • Einzel-, Gruppen- oder Zentralkompensation **3 Punkte**

• Auswahl/Begründung:

Auswahl	Begründung, z. B.
Einzel-kompensation:	• in Beleuchtungsstromkreisen mit VVG • parallel zu großen Einzelantrieben
Gruppen-kompensation:	• bei mehreren großen Einzelantrieben mit großen Einspeiselängen (zu einer Gruppe zusammengefasst) • sonst keine Vorteile
Zentral-kompensation:	• keine zusätzliche Leitungsinstallation • Anlage kann zentral in der Nähe der Hauptverteilung aufgestellt werden • optimale Anpassung an den Belastungsfall • besondere Schaltgeräte (z. B. Schütze) wegen Einschaltstromspitzen

Situationsaufgabe 1 • Handlungsbereich TECHNIK Automatisierungs- und Informationstechnik (T2)

Kombination der Qualifikationsschwerpunkte:

Aufgabe	Technik		Organisation			Führung/Personal			Punkte
	T1	T2	BKW	PSK	AUG	PF	PE	QM	
1					**5.1.1, 5.3**				**10**
2					**5.5**				**7**
3				**4.1**					**9**
4						**6.7**			**12**
5							**7.2/4**	**8.4**	**8**
6						**6.1/2**			**6**
7		**2.4**							**10**
8		**2.6**							**3**
9		**2.3**							**11**
10		**2.2.4**							**5**
11		**2.2.4**							**8**
12		**2.4**							**11**
	48		**26**			**26**			**100**

Aufgabe 1 **5.1.1, 5.3,** A 1.3.4, A 1.4.1

a) Nach § 8 SGB VII liegt ein Arbeitsunfall liegt vor, wenn **4 Punkte**

1. eine versicherte Person bei einer
2. versicherten Tätigkeit durch ein
3. zeitlich begrenztes, von außen her einwirkendes Ereignis
4. einen Körperschaden erleidet.

zu 1. Herr Klein ist Mitarbeiter der RIRA GmbH.
→ versicherte Person.

zu 2. Der Unfall erfolgte während der Inbetriebnahme.
→ versicherte Tätigkeit.

zu 3. Herr Klein zieht sich während der Inbetriebnahme eine Kopfplatzwunde zu.
→ Der Unfall wurde rechtlich wesentlich durch die versicherte Tätigkeit verursacht.

zu 4. Die Kopfplatzwunde blutet heftig und muss ärztlich behandelt werden. Herr Klein ist fünf Tage arbeitsunfähig.
→ Körperschaden.

Der Unfall von Herrn Klein war ein Arbeitsunfall.

b) Bei einer Unfallanzeige sind folgende Punkte zu beachten: **4 Punkte**

Wer? Der Unternehmer bzw. der Beauftragte.

Wann? Bei Arbeits- oder Wegeunfall und einer Arbeitsunfähigkeit von mehr als drei Kalendertagen bzw. Tod des Arbeitnehmers.

An wen?
- 2 Exemplare an die BG
- 1 Exemplar an die zuständige Landesbehörde (z. B. Gewerbeaufsichtsamt)
- 1 Exemplar als Dokumentation im Unternehmen
- 1 Exemplar an den Betriebsrat
- Kopie an:
  Fachkraft für Arbeitssicherheit
  Betriebsarzt
  Versicherte Person (Herr Klein) – auf Verlangen

Wie? Per Post oder E-Mail.

Frist? Innerhalb von drei Tagen nach Kenntnis.

c) Anweisungen zur „Ordnung am Arbeitsplatz“, z. B.: **2 Punkte**

1. Jeder Mitarbeiter hat an seinem Arbeitsplatz Sauberkeit und Ordnung zu halten.
2. Pausen sind nicht am Arbeitsplatz sondern in den Sozialräumen zu verbringen.
3. Für Abfälle sind nur die vorhandenen Behälter zu verwenden.
4. Verkehrswege dürfen nicht zugestellt werden, nicht glatt/schlüpfrig sein und keine Stolperstellen aufweisen.
5. Lager und Stapel sind so aufzubauen, dass von ihnen keine Gefährdung ausgeht.
6. Beleuchtungskörper, Signaleinrichtungen, Fenster und Durchsichtöffnungen sind sauber und funktionsfähig zu halten.

Aufgabe 2 **5.5**

a) Persönliche Schutzausrüstung (PSA): **2 Punkte**

Arbeitsplatz	Sicherheits-schuhe	Sicherheits-helm	Schutz-brille	Hand-schuhe	Atem-schutz
Spritzlackierer	x	x	x	x	x

b) Funktion der PSA, z. B.: **2 Punkte**

- Sicherheitsschuhe: Quetschen, Einklemmen, Herabfallen von Gegenständen, Stoßen, Ätzungen, Hitze
- Sicherheitshelm: Anstoßen an scharfkantige Gegenstände, herunterfallende/umherfliegende Gegenstände
- Schutzbrille: Flüssigkeiten, umherfliegende Späne, Funken, hervorstehende Teile (Berührungsschutz)
- Handschuhe: Verkühlung, Verbrühung, Hautverletzung, scharfkantige Gegenstände, Gefahrstoffe, Schnittverletzung
- Atemschutz: Gase, Dämpfe, Nebel, Stäube.

c) Führungsmaßnahmen: **3 Punkte**

- Der Vorgesetzte muss konsequent sein und das Tragen der PSA ständig einfordern (wenn der Meister in seinem Verantwortungsbereich duldet, dass die PSA nicht verwendet wird, dann wird sie auch nicht verwendet).
- Die Verwendung der PSA muss ständig kontrolliert werden. Es darf keine Ausnahmen geben.
- Der Vorgesetzte muss den persönlichen Vorteil, den der Mitarbeiter hat, wenn er die Schutzausrüstung verwendet, argumentativ überzeugend herausstellen können – anhand konkreter Beispiele.
- Der Meister sollte Beschwerden seiner Mitarbeiter, die sich auf die Trage- und Verwendungseigenschaften der PSA beziehen, ernst nehmen und um Abhilfe bemüht sein.
- Der Vorgesetzte sollte die Mitarbeiter bei der Auswahl der persönlichen Schutzausrüstungen beteiligen und die PSA vor der Einführung am Arbeitsplatz ausreichend erproben.

Aufgabe 3 **4.1 ff.**

a) Das von Toyota entwickelte System just in time (JiT) ist nach DQG-Schrift 11-04 die „Zulieferung eines materiellen Produktes unmittelbar vor dessen Einsatz". Es ist ein komplexes Logistikkonzept der „Teilebereitstellung zur richtigen Zeit". **2 Punkte**

b) Weitere Ziele von JiT: **1 Punkt**

- Minimierung der Lagerkosten
- Minimierung der Materialbestände
- Reduzierung der Umlaufmittel
- Vermeidung von nicht wertschöpfenden Abläufen
- Reduzierung der Fertigungstiefe.

c) Voraussetzungen von JiT: **2 Punkte**

- störungsfreie und qualitätssichere Fertigungsprozesse
- stabiles Umfeld und stabile Randbedingungen
- keine Änderung der eingesteuerten Auftragsreihenfolge im Fertigungsdurchlauf
- hohe Vorhersagegenauigkeit hinsichtlich Bedarfsmengen und -sequenzen
- enge Informationsverknüpfungen zwischen Kunde, Lieferant und Unterlieferanten
- höchste Liefersicherheit.

d) Störungen im JiT-Prozess beeinflussen das gesamte System (ggf. bis hin zum Kunden). Sie führen zu Fertigungsstillständen mit den Folgen von Überstunden und Mehrarbeit am Wochenende, um den Rückstand aufzuholen. Es entstehen Gewinneinbußen durch Mehrkosten. Kann der Kundentermin nicht gehalten werden und dies führt zum Lieferverzug, können vom Kunden weiterhin die Kosten für seinen Produktions- und Umsatzausfall geltend gemacht werden. **4 Punkte**

Es gilt also, bei Einführung eines JiT-Systems von vorn herein Maßnahmen festzulegen, die eine Störungskompensation zum Ziel haben, z. B.:

Maßnahmen zur Kompensation von Störungen im JiT-System (Beispiele)	
Im Fertigungsprozess	**Im Logistikprozess**
• Reservessysteme • Notfallstrategien • geregelte Verfahren zur sofortigen Nacharbeit • Störungspuffer einrichten	• Reservefahrzeuge • definierte Alternativrouten • permanente Transparenz des Transportverlaufs • bevorzugte Bearbeitung verspäteter Lieferungen im Wareneingang

Aufgabe 4 **6.7,** 8.2.2

a) Grundideen des KVP: **2 Punkte**

- KVP muss Bestandteil der Unternehmenszielsetzung werden.
- Die Geschäftsleitung und die Führungskräfte müssen ihre Unterstützung ohne Einschränkung beweisen.
- Der Prozess bezieht alle Mitarbeiter ein (in der Fertigung und in der Verwaltung).
- Kerngedanke ist die Realisierung kleiner Schritte. Erfolge können auch mit geringem, finanziellen Aufwand umgesetzt werden.
- Der Prozess soll Abläufe, Methoden, Arbeitsplätze und Arbeitsumgebung sowie Qualität der Produkte und Leistungen ständig verbessern und Verschwendungen jeglicher Art minimieren.

b) Vorschläge über BVW **4 Punkte**

- werden freiwillig erbracht
- sind eine eigenständige Leistung des Mitarbeiters außerhalb seiner Arbeitsaufgabe
- werden in der Regel außerhalb der Arbeitszeit erbracht
- werden im Rahmen eines Regelungswerkes prämiert (Einrichtung von Instanzen, Festlegung von Vorschriften und Verfahrensregeln)
- benötigen eine längere Zeit für die Begutachtung.

Vorschläge über KVP

- sind Bestandteil der Arbeitsaufgabe des Mitarbeiters (Pflicht)
- werden während der regulären Arbeitszeit gestaltet (Zeitbudget im Schichtplan)
- entstehen meist als Ergebnis der Arbeit in Gruppen (Gruppenleistung)
- werden umittelbar nach der Erarbeitung begutachtet und ihre Umsetzung (falls realisierbar) wird sofort in Auftrag gegeben.

c) PDCA-Zyklus: **4 Punkte**

Plan:
- Zielsetzung/Inhalte festlegen, z. B. Reduzierung der Liegezeiten
- Daten sammeln
- Daten analysieren
- Lösungsideen sammeln
- Lösungsansätze bewerten
- Lösungen und Methoden auswählen
- Realisierungsschritte planen:
  Wer? Was? Wie? Wann? Wo?

Do:
- Realisierungsschritte/Aktionspläne umsetzen
- Zwischenergebnisse dokumentieren

Check:
- Ergebnisse dokumentieren
- Erreichung der Ziele überprüfen

Action:
- Aktionen zusammenfassen und als Standards verabschieden
- Ergebnisse visualisieren
- nächste Zielsetzung wählen

d) Voraussetzungen im Rahmen der Einführung von KVP: **2 Punkte**

1. Kompetenzschulung der Mitarbeiter, z. B.
   - Sinn und Zweck von KVP
   - Arbeitsmethoden
   - Techniken der Gruppenarbeit
   - Techniken der Ideenfindung, Entscheidungstechniken
   - Techniken der Visualisierung
   - Moderationstechnik.
2. Zeitbudget für KVP-Arbeit festlegen.
3. Gruppensprecher festlegen/wählen lassen, der die Gruppe nach außen hin vertritt.
4. Übertragung von Kompetenzen an die Gruppe, z. B. Einbindung eines internen oder externen Spezialisten in die KVP-Arbeit.
5. Festlegung der Methode zur Umsetzung neuer Standards in die Praxis.
6. Raum und Hilfsmittel zuweisen.

Aufgabe 5 **8.4, 7.2, 7.4,** A 5.4.4

a) Arbeitsschritte im Rahmen der Zertifizierung, u. a.: **4 Punkte**

1. Festlegen der Qualitätsstandards
2. Erstellen von Qualitätsaufzeichnungen
3. Dokumentation des QM-Systems in Form eines QM-Handbuches (Verfahrens-, Arbeitsanweisungen, Prüfanweisungen und -pläne)
4. Überprüfung der Zertifizierungsfähigkeit und evt. Durchführung von Maßnahmen zur Nachbesserung
5. Durchführung des Zertifizierungsaudits durch einen externen Auditor

b) Qualifizierung der Mitarbeiter – Vorgehensweise: **4 Punkte**

1. Schulungsbedarf ermitteln, z. B. durch
   - Ermittlung des aktuellen Qualifikationsstandes
   - Mitarbeiterbefragung,
   - Vorgesetzteneinschätzung,
   - Erarbeitung einer Qualifikationsmatrix
2. Qualifikationsziele festlegen, z. B. Förderung der
   - Fachkompetenz
   - Methodenkompetenz
   - Sozialkompetenz
3. Inhalte, Methoden und Organisation der Schulung planen
4. Schulung durchführen
5. Schulungsergebnisse überprüfen (Evaluierung) und dokumentieren.

Aufgabe 6 **6.1/2**

a) Verfahren zur Ermittlung des Bruttopersonalbedarfs, z. B.: **1,5 Punkte**

- Verfahren der Personalbemessung (REFA)
- Schätzverfahren (grobes/differenziertes Verfahren)
- Kennzahlenverfahren
- Stellenplanmethode.

b) Bestandteile (Daten) der Schichteinsatzplanung: **2,5 Punkte**

- Anzahl der Schichten/Arbeitsplätze/Mitarbeiter (Voll-/Teilzeit)
- Arbeitszeit je Mitarbeiter
- Besetzungsstärke je Arbeitsplatz/Aufgabenbereich
- Abwesenheitsquote
- Urlaub und sonstige Ausfallzeiten.

c) Gesetzliche Aspekte bei der Einsatzplanung der Auszubildenden: **2 Punkte**

- Bestimmungen des JArbSchG (insbesondere §§ 8 ff.)
- Zeiten des Berufsschulunterrichts
- Bestimmungen des ArbZG (insbesondere §§ 3 ff.)
- Bestimmungen des ArbSchG
- Mitbestimmung des Betriebsrats (§ 99 BetrVG)
- Bestimmungen des geltenden Tarifvertrages.

Aufgabe 7 **1.1/2.1, 1.5/2.4**

a) Maßnahmen vor der Anlieferung, z. B.: **4 Punkte**

1. Fertigstellung der Layoutskizze und der Raumplanung
2. Aufstellungsort der Anlage, Prüfen der Fundamentbedingungen, Umräumarbeiten
3. Prüfen der klimatischen Bedingungen (Belüftung, Heizung)
4. Sicherstellung der Energieversorgung, z. B. Strom, Druckluft
5. Gestaltung der Schnittstellen und des Raumbedarfs für die Materialversorgung (Behältersysteme, Puffer usw.)

6. Gestaltung der Schnittstellen zur zentralen Datenerfassung
7. Bereitstellen der personellen Ressource für das Aufstellen und die Inbetriebnahme der Anlage (Personalbedarf, Personaleinsatz, Arbeits-/Schichtzeit usw.)
8. Bereitstellen geeigneter Transportmittel für das Abladen und den Transport der Bauteile in die Halle.

b) Rechtsgrundlagen/Regelwerke beim Aufstellen und der Inbetriebnahme der Montageanlage, z. B.: **3 Punkte**
- EG-Maschinenrichtlinie
- ArbSchG in Verbindung mit AMBV
- Vorschriften/Regeln der Berufsgenossenschaften
- ProdSG
- Gesetz über die elektromagnetische Verträglichkeit von Geräten (EMVG)
- ArbStättV
- Aufstell-, Inbetriebnahme- und Abnahmevorschriften des Herstellers
- BetrSichV
- CE- und GS-Kennzeichnung.

c) Schwerpunkte bei der Gestaltung des Arbeitsplatzes: **3 Punkte**
- Körpermaße, Körperhaltung
- Raumbedarf – im Sitzen/im Stehen
- Sehbereich/Sehgeometrie
- Bewegungsräume und -häufigkeiten (Greifräume)
- Anpassen von Handwerkszeugen, Griffen und Bedienelementen an die Anatomie der Hand
- Arbeitsflächen, -sitze und -stühle.

Aufgabe 8 **2.6** **3 Punkte**

SMED bedeutet *Single Minute Exchange of Die* (dt.: Werkzeugwechsel im einstelligen Minutenbereich) und ist ein Verfahren, das die Rüstzeit einer Fertigungslinie reduzieren soll. Der Begriff „Werkzeugwechsel“ steht stellvertretend für „Produktionswechsel“: Gemeint ist die Verkürzung der gesamten Zeit, die zur Umstellung der Anlage für die Fertigung eines neuen Auftrags erforderlich ist. Dies umschließt also nicht nur die Zeit für den Werkzeugwechsel sondern auch Zeiten der Parametrierung der Anlage, der Materialversorgung usw.

Die Umsetzung des Verfahrens erfolgt in fünf Schritten:

1. Organisation: Trennung von internen und externen Rüstvorgängen
2. Überführen der internen Rüstvorgänge in externe
3. Optimierung und Standardisierung der internen und externen Rüstvorgänge
4. Beseitigen der Justierungsvorgänge
5. Parallelisierung der Rüstvorgänge.

Aufgabe 9 **2.3**

a) Ortsveränderliche elektrische Betriebsmittel nach DIN VDE 0100-200 sind solche, die während des Betriebes bewegt werden oder die leicht von einem Platz zum anderen gebracht werden können, während sie an den Versorgungsstromkreis angeschlossen sind. **1 Punkt**

b) **2 Punkte**
- Wiederinbetriebnahme:
  Prüfung nach Änderung oder Instandsetzung vor der Wiederinbetriebnahme
- Wiederholungsprüfungen:
  Prüfungen in bestimmten Zeitabständen, die so zu bemessen sind, dass entstehende Mängel, mit denen gerechnet werden muss, rechtzeitig festgestellt werden (Gefährdungsbeurteilung).

c) Prüffristen für ortsveränderliche elektrische Betriebsmittel: **2 Punkte**
- Richtwert: sechs Monate
- auf Baustellen: drei Monate; wird bei den Prüfungen eine Fehlerquote < 2 % erreicht, kann die Prüffrist entsprechend verlängert werden.
- Maximalwerte:
  - auf Baustellen, in Fertigungsstätten und Werkstätten oder unter ähnlichen Bedingungen: ein Jahr,
  - in Büros oder unter ähnlichen Bedingungen: zwei Jahre.

d) **4 Punkte**

	SK I	SK II	SK III
Sichtprüfung	äußerlich erkennbare Mängel und Eignung für den Einsatzbereich		
Messen des **Schutzleiterwiderstandes**	bis 5 m: ≤ 0,3 Ω, je weitere 7,5 m: ≤ 0,1 Ω; max. 1 Ω	–	–
Messen des **Isolationswiderstandes**	≥ 1 MΩ; ≥ 2 MΩ für den Nachweis der sicheren Trennung (Trafo); ≥ 0,3 MΩ bei Geräten mit Heizelementen	≥ 2 MΩ;	≥ 0,25 MΩ;
Messen des **Schutzleiterstromes**	≤ 3,5 mA, an leitfähigen Bauteilen mit PE-Verbindung; 1 mA/kW bei Geräten mit Heizelementen	–	–
Messen des **Berührungsstromes**	≤ 0,5 mA an leitfähigen Bauteilen ohne PE-Verbindung	≤ 0,5 mA, an leitfähigen Bauteilen	–
Messen der **Ausgangsspannung**	berührbare aktive Teile, Leerlaufspannung an Ladegeräten, Netzteilen (ggf. PELV), Stromerzeugern, Kleinspannungserzeugern (SELV) usw.		
Erproben	Funktionen von Sicherheitseinrichtungen und Funktionsprobe		
Dokumentation			

e) Am Stecker, an der Kupplungsdose, z. B.: **2 Punkte**

- Stecker-, Kupplungsgehäuse ohne Deformierung oder Beschädigung
- Keine Abnutzungen, Lockerungen, Brüche oder thermische Schäden an Steckerstiften
- Schutzkontakte frei von Korrosion, Verbiegungen oder Brüchen.

An der Anschlussleitung:

- Wirksamkeit der Zugentlastungen
- Biege- und Knickschutzteile vorhanden und unbeschädigt
- Übereinstimmung von Schutzklasse und Anschlussleitung, Stecker, ggf. Kupplung
- Querschnittsbemessung ausreichend.

Aufgabe 10 **2.2.4**

a) Induktive Näherungsschalter, Lichtschranken **1 Punkt**

b) **4 Punkte**

	Vorteile	**Nachteile**
Induktive Näherungs-schalter	kein mechanischer Verschleiß	geringer Betätigungsabstand
	schnelles, prellfreies Schalten	benötigen magnetisches Gegenstück zur Auslösung
	schaltet ohne Rückwirkungskraft	
	unempfindlich gegen aggressive Umgebungsbedingungen (je nach Ausführung)	
Licht-schranken	weiter Betätigungsabstand (Gefahr der mechanischen Beschädigung lässt sich gering halten)	teilweise empfindlich gegenüber Streulicht
	kein mechanischer Verschleiß	nicht selektiv (jedes Objekt im Strahlengang löst aus)
	schnelles, prellfreies Schalten	
	schaltet ohne Rückwirkungskraft	

Aufgabe 11 **2.2.4**

a) Verwendung eines Laser-Abstandsmessers oder einer Reflektionslichtschranke zur Abstandsmessung radial zum Haspel. Messung bei aufgebrachtem Coil. Coildurchmesser ergibt sich als Differenz zwischen dem Abstand des Messgeräts zur Haspelachse und dem gemessenen Abstand zwischen Messgerät und Coil. **4 Punkte**

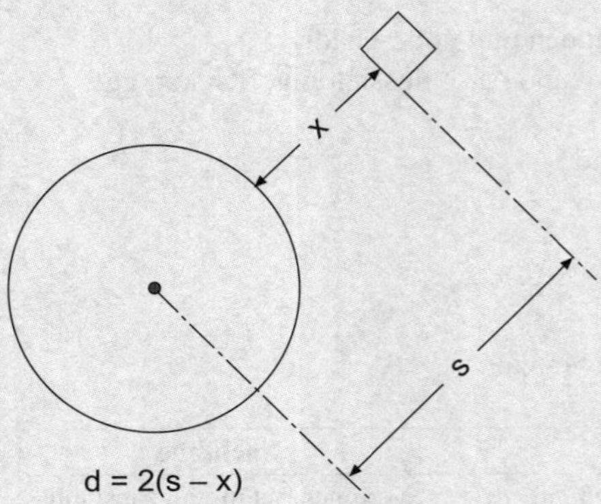

d = 2(s – x)

b) Der Ablauf bei Coil-Wechseln erfolgt nach einer so genannten Schrittkette, bei der die Wechsel zwischen den einzelnen Schritten mit entsprechenden Aktionen durch Transitionen mit entsprechenden Transitionsbedingungen erfolgen. Eine solche Schrittkette wird sinnvollerweise in der Ablaufsprache AS (engl.: Sequential Function Chart, SFC) programmiert. **2 Punkte**

c) 4 – 20 mA. Im industriellen Einsatz wird meist den Stromsignalen der Vorzug gegeben, da sie unempfindlicher gegen elektromagnetische Störungen sind und der Spannungsabfall auf der Leitung keinen Messfehler bewirkt. Dem live zero-Signal ist der Vorzug zu geben, weil ein Drahtbruch erkannt wird. **2 Punkte**

Aufgabe 12 **2.4**

a) PI- oder PID-Regler. Da die Strecke kein integrierendes Verhalten hat, würde ein reiner P-Regler (oder auch PD-Regler) zu einer bleibenden Regelabweichung führen. **2 Punkte**

b) Ziegler und Nichols formulierten Einstellregeln für die Regelung von häufig vorkommenden Strecken in der Verfahrenstechnik (PT_n- und PT_1-T_T-Strecken), für die man keine theoretische Kenntnis der Strecke besitzen muss. Man geht wie folgt vor: **4 Punkte**

Der Regler wird zunächst als reiner P-Regler betrieben und die Verstärkung soweit erhöht, dass der geschlossene Regelkreis stabile Dauerschwingungen ausführt (Stabilitätsgrenze). Der eingestellte Verstärkungsfaktor k_{Rk} und die Schwingungsdauer T_k werden ermittelt. Der Regler wird gemäß Tabelle eingestellt:

Regler	k_R	T_n	T_v
PI	0,45 k_{Rk}	0,85 T_k	
PID	0,60 k_{Rk}	0,50 T_k	0,12 T_k

c) Nach Ziegler Nichols eingestellte Regler liefern ein mäßig gedämpftes Regelkreisverhalten mit nicht allzu langsam abklingendem Einschwingvorgang. **2 Punkte**

d) Störgrößenaufschaltung:
Man ermittelt die Heizleistung, die bei geöffnetem Tor zur Kompensation des Energieverlustes benötigt wird. Aus dieser errechnet man einen Zusatzsollwert, den man mit dem Signal „Tor auf“ (Endlageschalter) aufschaltet. **3 Punkte**

Alternativ oder zusätzlich ist auch ein Alarm „nach x Sekunden geöffnetem Tor“ denkbar, um das Verhalten der Bediener zu beeinflussen.

Situationsaufgabe 2 • Handlungsbereich ORGANISATION

Kombination der Qualifikationsschwerpunkte:

Aufgabe	**Technik**		**Organisation**			**Führung/Personal**			**Punkte**
	T1	T2	BKW	PSK	AUG	PF	PE	QM	
1	**1.1.4**	**2.1.4**		4.2.2					**9**
2			**3.6**						**10**
3	**1.4**	**2.3**			5.1.1				**6**
4					**5.3**				**6**
5						**6.3**			**4**
6								**8.2**	**8**
7								**8.1.2**	**6**
8			**3.3**						**6**
9						**6.4**			**7**
10				**4.2**					**9**
11	1.6	2.4		**4.1**					**12**
12	**1.7**	**2.1.5**							**9**
13				**4.4**					**8**
	24		**51**			**25**			**100**

Aufgabe 1 **2.1.4, 1.1.4, 4.2.2**

a) Unterschied: Lasten-/Pflichtenheft **3 Punkte**

Der Kunde erstellt ein Lastenheft für die Entwicklung eines von ihm gewünschten Erzeugnisses. Der ausgewählte Auftragnehmer erstellt auf dieser Basis das Pflichtenheft zur Realisierung des Erzeugnisses.

Wesentliche Inhalte, z. B.:

- detaillierte Beschreibung der Produktanforderungen
- Beschreibung der Bedingungen und der Schnittstellen
- Produktstruktur
- Abnahme- und Inbetriebnahmebedingungen.

b1) **4 Punkte**

	Angebotsvergleich	Lieferant A	Lieferant B	Lieferant C
	Angebotspreis	3.840,00	3.600,00	4.160,00
–	Skonto (2 %/–/3 %)	76,80	–	124,80
=	Bareinkaufspreis	3.763,20	3.600,00	4.035,20
+	Bezugskosten	–	150,00	–
=	Einstandspreis	3.763,20	3.750,00	4.035,20
	Lieferfrist	14 Tage	6 Wochen	4 Wochen

Berücksichtigt man nur die vorliegenden (quantifizierbaren) Daten wird man Lieferant A beauftragen (B überschreitet die Lieferfrist). In der Praxis ist jedoch eine alleinige, unkritische Ausrichtung „nur am Preis" lediglich bei geringwertigen und unkritischen Beschaffungen gerechtfertigt.

b2) Weitere Merkmale bei der Lieferantenauswahl (quantifizierbare bzw. subjektiv zu bewertende Kriterien), z. B.: **2 Punkte**

- Qualität (ggf. Zertifizierung)
- Einhalten der technischen Vorgaben
- Zuverlässigkeit
- Garantie- und Kulanzbedingungen
- Vertragsbedingungen, z. B. AGB, Erfüllungsort
- Rabatte, Boni.

Aufgabe 2 **3.6,** A 2.5.5

a) Maschinenstundensatz, Einschichtbetrieb: **8 Punkte**

1. Kalkulatorische Abschreibung $= \dfrac{\text{Wiederbeschaffungskosten}}{\text{Nutzungsdauer}}$

   = 2.640.000 € : 8 Jahre

   = 330.000 €

2. Kalkulatorische Zinsen $= \dfrac{\text{Anschaffungskosten}}{2} \cdot \dfrac{\text{Zinssatz}}{100}$

   = 2.400.000 € : 2 · 8 : 100

   = 96.000 €

3. Raumkosten = Raumbedarf in m^2 · Verrechnungssatz/m^2 · 12 Monate

   = 100 m^2 · 12 €/m^2 · 12

   = 14.400 €

4. Energiekosten = Energieverbrauch/h · Verbrauchskosten/h · Laufleistung in Std./Jahr + Grundgebühr

   = 11 kWh · 0,16 €/kWh · 1.920 Std. + 800 €

   = 4.179,20 €

5. Instandhaltungskosten = 6.000 €

   Gesamtkosten = 450.579,20 €

   Maschinenstundensatz = Gesamtkosten : Laufzeit in Std.

   = 450.579,20 € : 1.920 Std.

   = 234,68 €/Std.

b) Die Fertigungsgemeinkosten werden bei einem hohen Automatisierungsgrad nur noch wenig von den Fertigungslöhnen beeinflusst, sondern sind vielmehr vom Maschineneinsatz abhängig. Von daher sind die Fertigungslöhne bei zunehmender Automatisierung nicht mehr als Zuschlagsgrundlage geeignet (der Gemeinkostenzuschlag wäre dann zu gering). **2 Punkte**

Man löst dieses Problem, indem die Fertigungsgemeinkosten in maschinenabhängige und maschinenunabhängige Fertigungsgemeinkosten aufgeteilt werden

- Die maschinenunabhängigen Fertigungsgemeinkosten bezeichnet man als „Restgemeinkosten"; als Zuschlagsgrundlage werden die Fertigungslöhne genommen.
- Bei den maschinenabhängigen Fertigungsgemeinkosten werden als Zuschlagsgrundlage die Kosten für die Maschinenlaufstunden genommen.

Aufgabe 3 **1.4, 2.3, 5.1.1**

a) Formen der Risikobeurteilung, z. B.: **2 Punkte**

arbeitsplatz-bezogen	Die arbeitsplatzbezogene Variante ist sehr vorteilhaft anzuwenden, wenn ein Arbeitsplatz von mehreren Arbeitnehmern benutzt wird und alle gleichen Gefährdungen ausgesetzt sind. **Beispiel:** Arbeitsplätze, die in Schichtarbeit genutzt werden.
personen-bezogen	Personenbezogene Gefährdungsbeurteilungen sind gut anzuwenden, wenn einzelne Mitarbeiter ständig ihren Arbeitsplatz wechseln und besondere Arbeitsaufträge abwickeln. **Beispiel:** Betriebselektriker eines Industriebetriebes.

Weitere Lösungen: arbeitsbereichs- und tätigkeitsbezogene Risikobeurteilung.

b) Handlungsschritte der Gefährdungsbeurteilung: **2 Punkte**

1. Betrachtungsobjekt festlegen
2. Gefährdungen ermitteln
3. Risiken bewerten
4. Schutzmaßnahmen festlegen
5. Wirksamkeit überprüfen
6. Veränderungen ermitteln
7. Dokumentieren.

c) Das Risiko ist eine Funktion der Größen „Schadensausmaß" und „Wahrscheinlichkeit" des Eintritts des Schadens: **1 Punkt**

Risiko	= Schadensausmaß · Wahrscheinlichkeit des Schadenseintritts

d) Risikoeinschätzung: **1 Punkt**
- Schwere der Verletzung: S 2
- Häufigkeit der Aufenthaltsdauer: F 2
- Möglichkeit der Vermeidung: P 1

Aus dem Risikographen ergibt sich die Steuerungskategorie 3 (hohe Sicherheitsanforderungen).

Aufgabe 4 **5.3,** 8., AEVO

a) Anlässe für Sicherheitsunterweisung: **2 Punkte**

[1. vor Aufnahme der Tätigkeit]
2. mindestens einmal jährlich
3. nach aktuellen Unfallereignissen
4. beim Einsatz neuer/veränderter Maschinen/Anlagen/Verfahren
5. bei erkennbarem Bedarf aufgrund der Einschätzung des Vorgesetzten.

b) Zeitpunkt der Unterweisung: **2 Punkte**
- während der Arbeitszeit (Unterweisung ist Arbeitgeberpflicht)
- nicht am Schichtende (Ermüdung, fehlende Konzentration)
- möglichst zu Schichtbeginn (Mitarbeiter sind ausgeruht, Konzentration auf das Thema)
- nicht vor Pausen sondern nach Pausen (Frustration der Mitarbeiter).

c) Teilnehmeraktivierende Maßnahmen und Methoden: **2 Punkte**
- Persönliche Erfahrung der Mitarbeiter und deren Eigenarten bei der Planung berücksichtigen (Adressatenanalyse, Argumente/Antworten).
- Tatsachen konkret ansprechen und belegen, keine Behauptungen.
- Fragen stellen und von der Gruppe beantworten lassen. Die Erfahrung der Gruppenmitglieder einbeziehen und nutzen.
- Geeignete Gruppengröße (in der Regel: 6 - 10), Ort und Zeitpunkt wählen.
- Die Vorteile sicheren Verhaltens herausstellen.
- Gesprächsergebnisse als Sichtprotokoll dokumentieren. Vereinbarungen treffen.
- Persönliche Wirkungsmittel trainieren: Sprache, Gestik/Mimik, Techniken der Visualisierung u. Ä.

Aufgabe 5 **6.3**

a) Typische Tätigkeiten eines Prüfarbeitsplatzes, z. B.: **2 Punkte**
- Messen
- Dokumentieren
- Statistisches Auswerten
- Attributives Prüfen.

b) Anforderungsprofil „Prüfarbeitsplatz“ (die genannten Merkmale sind als Beispiele zu verstehen): **2 Punkte**

Anforderungsprofil		**Prüfarbeitsplatz:** Druckbehälter Typ TK von 50 bis 400 Ltr.		
Anforderungsmerkmale:		Ausprägung:		
		hoch	mittel	gering
Fachliche Anforderungen	Abschluss in einem anerkannten Ausbildungsberuf der Metallverarbeitung			**X**
	Kenntnisse der Prüf- und Messtechnik	**X**		
	Grundlagen des Qualitätsmanagements		**X**	
	Fähigkeit, Prüfergebnisse mittels PC zu visualisieren	**X**		
	Produktkenntnisse (Druckbehälter)	**X**		
	Kenntnisse der Schweißtechnik	**X**		
	...			
Persönliche Anforderungen	Zuverlässige, exakte Arbeitsweise – auch in Detailfragen	**X**		
	Teamfähigkeit		**X**	
	...			

Aufgabe 6 **8.2**

a) Maßnahmen zur Einbindung der Mitarbeiter in die Verbesserung der Qualität; **4 Punkte**
Beispiele:

1. Aktive Einbindung der Mitarbeiter in die Qualitätsarbeit, z. B. durch
   - Förderung des Bewusstseins für Qualitätsarbeit, z. B.:
     Was ist Qualität? Welche Bedeutung hat Qualität für das Unternehmen? u. Ä.
   - Veränderung der Fehlerkultur: Fehler können passieren, dürfen sich aber nicht wiederholen. Fehler werden aufgedeckt und Lösungsmöglichkeiten für fehlerfreies Arbeiten werden im Team entwickelt. Nicht die Bestrafung steht im Vordergrund sondern die Fehlervermeidung.
   - Einrichten von Qualitätszirkeln
   - Einrichten eines betrieblichen Vorschlagwesens
   - Einführung des Prozesses der kontinuierlichen Verbesserung.
2. Der Qualitätsgedanke im Sinne von TQM ist permanentes Thema bei allen Gesprächen und Handlungen.
3. Schulung der Mitarbeiter in der Anwendung geeigneter Visualisierungsinstrumente von Ergebnissen, z. B. ABC-Analyse, Pareto-Analyse, Ishikawa-Diagramm (Ursache-Wirkungs-Diagramm).

4. Schulung der Mitarbeiter in der Verbesserung ihrer Fähigkeiten und Fertigkeiten durch geeignete Maßnahmen, z. B. klare Einweisung in die Arbeitsaufgabe, PE on the job, Unterweisung im Bedarfsfall, Mentor für neu eingestellte Mitarbeiter benennen.

b) Visualisierung von Qualitätsergebnissen, z. B.: **2 Punkte**
- Errichten einer Informationstafel im Fertigungsbereich
- Vergleichsdiagramme (Qualitätskennzahlen: Monat/Vormonat; Anzahl der Fehler, Aufwand für Nacharbeit usw.)
- Dokumentationen (Foto, Presseartikel, Kundenmeinung)

c) Vorteile für den Betrieb, z. B.: **2 Punkte**
- Motivation der Mitarbeiter
- Leistungsanreize
- Verbesserung der Produktivität
- weniger Konfliktpotenzial
- verbesserte Akzeptanz der getroffenen Entscheidungen
- Identifikation mit den Zielen des Unternehmens.

Aufgabe 7 8.1.2

a) *Prüfmittel* dienen zur Beurteilung oder zum Vergleich von Qualitätsergebnissen innerhalb vorgegebener Toleranzbereiche, ohne deren genauen Wert zu ermitteln. Je nach Art der Qualitätsanforderungen kann das erreichte Ergebnis zerstörungsfrei oder nur durch Zerstörung der Einheit festgestellt werden. **4 Punkte**

Messmittel werden zur Feststellung des genauen Ist-Ergebnisses eingesetzt. Durch Messung kann der Ist-Wert und dessen Abweichung vom Soll-Wert exakt festgestellt werden. Die Lage des Ist-Wertes im Bezug zum Soll-Wert und seinem vorgegebenen Toleranzbereich lässt sich grafisch darstellen und mittels statistischer Methoden auswerten. Die Messung kann auf direktem oder indirektem Weg erfolgen.

b) Maßnahmen zum Erhalt der Funktionsfähigkeit der Prüftechnik, z. B.: **2 Punkte**
- Lagern und Überwachen der Prüftechnik an zentraler Stelle.
- Nur funktionsfähige Prüfmittel werden ausgegeben.
- Für jedes Werkzeug wird eine Prüfkarte geführt.
- Benutzte Prüfmittel und Messwerkzeuge werden bei Rückgabe überprüft, Instand gesetzt oder ggf. ausgesondert.

Aufgabe 8 **3.3** **6 Punkte**

Kostenart (beeinflussbar)	**Maßnahmen der Kostensenkung, z. B.**	
Ergonomie	Gestaltung der Arbeitsplätze und Arbeitsumgebung → Vermeidung von Fehlzeiten	Weiterbildung und Qualifizierung der Mitarbeiter; KVP; BVW; kooperative Führung
Materialkosten	Angebotsvergleiche, Materialsubstitution, Reduzierung der Lagerbestände (ABC-Analyse), Optimierung der Bestellmengen	
Fertigungskosten	Integration der Instandhaltungsplanung in die Fertigungsplanung → Vermeidung von Maschinenstillstandszeiten; Überprüfung der Entlohnungsform (ggf. Einführung eines Prämienlohns in der IH)	
Instandhaltungskosten	Optimierung des IH-Konzepts: Vorbeugende Wartung versus Reparatur entsprechend dem Abnutzungsvorrat und dem Alterungszyklus der Anlagen	

Aufgabe 9 **6.4**

a) Voraussetzungen der Delegation beim Mitarbeiter Kernig, z. B.: **3 Punkte**

- *Motivation:*
  Ist der Mitarbeiter *bereit* zur Übernahme der Aufgabe?
  alternativ:
  Was muss der Vorgesetzte tun, um die Bereitschaft des Mitarbeiters zu fördern?

- *Fähigkeiten:*
  Ist der Mitarbeiter *fähig* zur Übernahme der Aufgabe?
  Zum Beispiel: notwendige Fachkompetenz, selbstständiges Arbeiten.
  alternativ:
  Welche Kenntnisse und Fähigkeiten müssen vom Mitarbeiter zur Übernahme der Aufgabe erworben werden? Wie soll die Vermittlung erfolgen?

- *Persönliche Eigenschaften:*
  z. B. Zuverlässigkeit, Loyalität/Identifikation mit der Aufgabe, Durchsetzungsvermögen, Vorbildfunktion, Akzeptanz bei den Kollegen.

b) Handlungsschritte der Delegation: **2 Punkte**

1. Information über das Ziel der Lagerverwaltung sowie den Aufgabenumfang; Einarbeitung
2. Abgrenzung des Aufgabenumfangs und Übertragung der erforderlichen Kompetenzen (Befugnisse); begleitend: Information der übrigen Mitarbeiter
3. Aufgabenausführung des Mitarbeiters kontrollieren; Leistung steuern durch Anerkennung und Kritik
4. Keine Rückdelegation.

c) *Rückdelegation durch den Vorgesetzten:* **2 Punkte**
Der Vorgesetzte greift in den Delegationsbereich des Mitarbeiters ein (trifft z. B. Entscheidungen in dessen Aufgabenbereich).

Rückdelegation durch den Mitarbeiter:
Der Mitarbeiter trifft schwierige Entscheidungen nicht selbst sondern überträgt dies an den Vorgesetzten; der Vorgesetzte geht darauf ein.

In beiden Fällen wird der Vorgang der Delegation konterkariert. Wenn der Vorgesetzte die Rückdelegation mehrfach zulässt, wird dadurch die Übertragung von Aufgaben und Verantwortung an den Mitarbeiter faktisch zurück genommen.

Aufgabe 10 **4.2**

a) Es gilt: **4 Punkte**

Gesamtkosten	= Kosten der Bestellung + Lagerhaltungskosten
Bewertete Bestellmenge	= Bestellmenge · Einstandspreis/Stk. = B · E
Lagerhaltungskosten	= ø Lagerbestand · Lagerhaltungskostensatz = ø Lagerbestand · L_{HS}
ø Lagerbestand, ø LB	= B · E : 2
M	= 500 Stück
E	= 4 €/Stk.
K_B	= 4 €/Bestellung
L_{HS}	= 10 %

Berechnung:

Bestellhäufigkeit x	Bestellmenge B	bewertete Bestellmenge B · E	ø LB = B · E : 2	Kosten der Bestellung x · K_B	Kosten der Lagerhaltung = ø LB · L_{HS}	Gesamtkosten
1	500,00	2.000,00	1.000,00	4,00	100,00	104,00
2	250,00	1.000,00	500,00	8,00	50,00	58,00
...	...	...	...	...	...	...
5	100,00	400,00	200,00	20,00	20,00	**40,00**
6	83,33	333,32	166,66	24,00	16,67	40,67
...	...	...	...	...	...	...
10	50,00	200,00	100,00	40,00	10,00	50,00

Die optimale Bestellhäufigkeit beträgt 5; die optimale Bestellmenge ist 100 (Minimum der Gesamtkosten = 40 €).

b) Die optimale Bestellhäufigkeit N_{opt} lässt sich in Abwandlung der Andler-Formel (klassische Losgrößenformel) wie folgt berechnen: **2 Punkte**

$$N_{opt} = \sqrt{\frac{M \cdot E \cdot L_{HS}}{200 \cdot K_B}} = \sqrt{\frac{500 \cdot 4 \cdot 10}{200 \cdot 4}} = 5$$

c) Voraussetzungen der klassischen Losgrößenformel: **1 Punkt**
- konstante Stückpreise und Bedarfe
- stetiger Lagerabgang
- keine Lieferzeiten
- keine Fehlmengen.

d) Mithilfe der ABC-Analyse können die zu beschaffenden Sachmittel entsprechend ihrer Wertigkeit in A-, B- und C-Güter klassifiziert werden; auf der Basis dieser Information kann dann z. B. eine Analyse des Verbrauchs nach Materialien oder nach Lieferanten erfolgen. Außerdem zeigt die Analyse, welche Materialien bei der Bedarfsplanung im Mittelpunkt stehen müssen bzw. welche Methode der Beschaffung wirtschaftlich ist. **2 Punkte**

Aufgabe 11 **4.1,** 2.4, 1.6, A 3.5

a) Netzplan, Pufferzeiten: siehe Zeichnung **10 Punkte**
Gesamtdauer des Projekts: 14 Monate

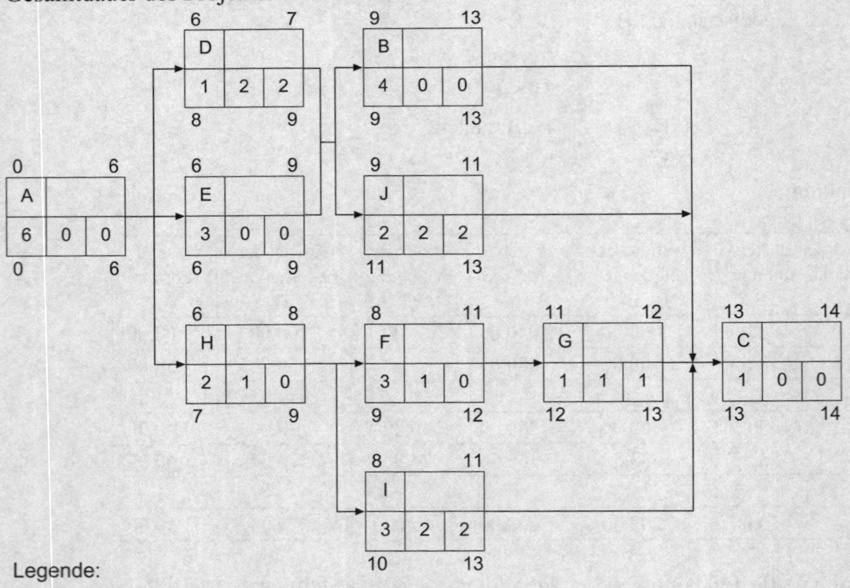

Legende:

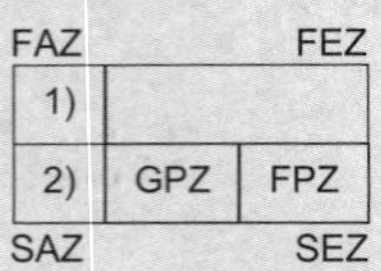

FAZ Früheste Anfangszeit
FEZ früheste Endzeit
SAZ späteste Anfangszeit
SEZ späteste Endzeit
GPZ Gesamtpufferzeit
FPZ freie Pufferzeit
1) Teilprojektbezeichnung
2) Zeit in Monaten

b) Folgende Teilprojekte liegen auf dem kritischen Weg: **2 Punkte**
A, E, B, C

Aufgabe 12 **1.7, 2.1.5**

a) **3 Punkte**
- *störungsbedingte* Instandhaltung (Instandsetzung nach Ausfall; Feuerwehrstrategie)
- *zustandsabhängige* Instandhaltung (vorbeugende Instandhaltungsstrategie, die sich exakt am konkreten Abnutzungsgrad des Instandhaltungsobjekts ausrichtet)
- *zeitabhängige,* periodische Instandhaltung (präventiver Austausch einzelner Bauteile basierend auf Erfahrungen).

b) **2 Punkte**
- Technische Daten der Anlage
- Schaltpläne,
- Stromlaufpläne
- Bedienungsanleitungen
- Wartungsangaben des Herstellers
- Beschreibung und Funktionsweise der Sicherheitseinrichtungen.

c) **2 Punkte**
- Bezeichnung der Prüfstelle (Maschinenteil)
- Art der Prüfung/Wartung
- Prüferqualifikation
- Unterschrift des Prüfers
- Festlegen des nächsten Prüftermins (Dv-gestützt)
- Grenzwert für Abnutzungsvorrat
- Dokumentation (Aufbewahrungsort).

d) Einzelmaßnahmen der Wartung: **2 Punkte**
- Reinigen = Entfernen von Fremd- und Hilfsstoffen
- Konservieren = Schutzmaßnahmen gegen Fremdeinflüsse
- Schmieren = Schmierstoffe zuführen zur Erhaltung der Gleitfähigkeit und Verminderung der Reibung
- Ergänzen = Nachfüllen von Schmierstoffen
- Justieren = Beseitigung einer Abweichung mithilfe einer dafür vorgesehenen Vorrichtung (Feststellen der Abweichung nach Art, Größe und Richtung und Einstellen auf den Sollwert)
- Auswechseln = Austausch von Kleinteilen und Hilfsstoffen.

Aufgabe 13 **4.4**

a) **4 Punkte**

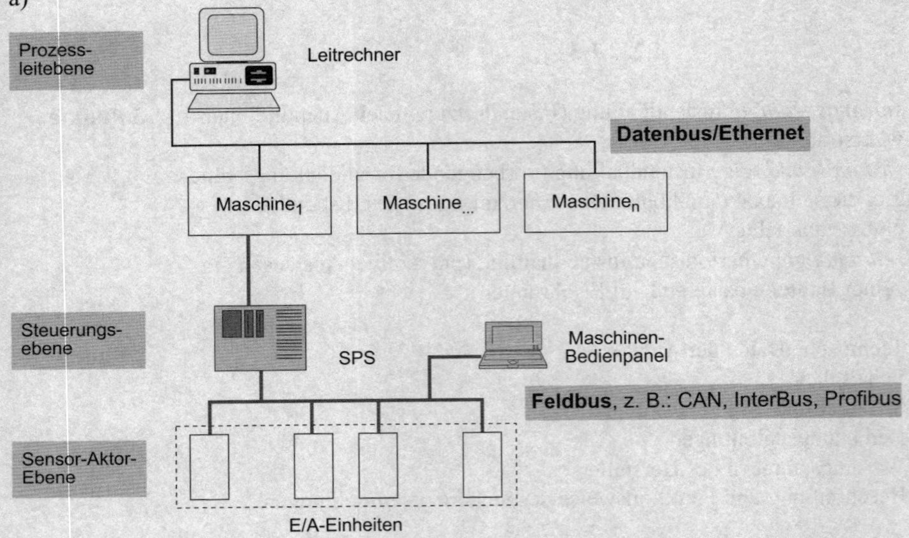

b) Vorteile der Bustopologie, z. B.: **2 Punkte**
- Der Ausfall eines Rechners beeinträchtigt nicht die Funktionsfähigkeit anderer Rechner.
- Die Kosten (Kabelkosten, Netzwerkkomponenten) sind niedrig.

c) **2 Punkt**
- Excel, Visicalc (Tabellenkalkulation)
- MS Project, Multiplan (Planungsprogramm)
- MS Chart, Power Point (Geschäftsgrafik).

Situationsbezogenes Fachgespräch
Handlungsbereich Führung/Personal

Hinweis:

Für die Handlungsaufträge kann es keine „Musterlösung“ geben. Deshalb beschränken wir uns auf die Darstellung von Lösungshinweisen, die Struktur und Komplexität der Fragestellung zeigen und auf mögliche Ergänzungsfragen im Prüfungsgespräch hinweisen. Außerdem wird der jeweilige Themenschwerpunkt genannt. Die Lösungshinweise sind aus lerntheoretischen Gesichtspunkten meist umfangreicher als in der konkreten Prüfungspraxis.

Handlungsauftrag 1 • Schwerpunkt: Externe Personalbeschaffung, befristet

Lösungshinweise:

1.	• Ermittlung des qualitativen Personalbedarfs • Stellenbeschreibung und Anforderungsprofil erstellen bzw. analysieren • Briefing an das Jobcenter.	6.1 - 6.3
2.	• Auswahl der acht Mitarbeiter und Abschluss der befristeten Arbeitsverträge	6.2
	• Beachtung des Arbeitsvertragsrechts – insbesondere: NachwG, TzBefG	A 1.1, 1.2
	• Zustimmung des BR zur geplanten Einstellung beachten: § 99 BetrVG.	
3.	Planen, realisieren und evaluieren der Einarbeitung der neuen Mitarbeiter	7.2, 7.4 - 7.5
4.	• Fördern des Qualitätsbewusstseins der Mitarbeiter • Unterweisung der neuen Mitarbeiter in Fragen der Arbeitssicherheit usw.	8.2, 5.3
5.	• Integration der neuen Mitarbeiter in bestehende Arbeitsgruppen • Anwendung geeigneter Führungsmethoden und ggf. Bearbeiten von Konfliktsituationen	6.5 - 6.6
6.	Beachten der Kosten der Einstellungsmaßnahme und Budgetierung der erhöhten Personalkosten je Kostenstelle	3.2, 3.3
7.	Beeinflussen und Fördern des Kosten- und Sicherheitsbewusstseins der neuen Mitarbeiter	3.4, 5.2
8.	Optimierung der Aufbau- und Ablaufstrukturen	4.1
9.	Optimierung des Fertigungsprozesses	2.6

Handlungsauftrag 2 • Schwerpunkt: Neues Entlohnungsmodell

Lösungshinweise:

1. Formen des Leistungslohns, z. B.: A 2.4
   - Akkordlohn
   - Prämienlohn als
     - Einzelakkord/Gruppenakkord
     - Einzelprämie/Gruppenprämie
   - Formen erläutern, Vor-/Nachteile aufzeigen
   - Für die RIRA-Druckbehälterbau GmbH eine Entscheidung treffen.

2. • Auswirkungen des Leistungslohns auf 3.1, 3.4
     - die Kostenermittlung: → aufwändiger
     - die Kalkulation: → für Arbeitgeber weniger Risiko, da Äquivalenz von Lohn und Leistung bei Nichtunterschreitung der Normalleistung
   - Anreiz zur Mehrleistung
   - Prämienlohn: mittelbarer Leistungsanreiz
   - Vergütung der Mehrleistung: mehr Leistungsgerechtigkeit: Direkte Beziehung: mehr Leistung → mehr Lohn

3. Entwicklung der Lohnstückkosten: 3.5., A 2.4
   - Prämienlohn: fallend/steigend/proportional je nach Prämiengestaltung
   - Begrenzung der Prämie, z. B. bei 130 %

4. Auswirkung auf den Führungsstil? Delegation? 6.4 - 6.6

5. Frühzeitige Information der Mitarbeiter über neues Entlohnungsmodell: 6.5 - 6.6
   - Schilderung der Vorteile (aus Mitarbeiter-/Unternehmenssicht)
   - Überwindung von Widerständen
   - Förderung der Kooperation/Kommunikation der Mitarbeiter

6. Auswahl der Mitarbeiter: für Leistungslohn: geeignet/nicht geeignet 6.2

7. Ggf. Aktualisierung der Stellenbeschreibung der Facharbeiter und des Anforderungsprofils 6.3

8. Bei Formen der Gruppenentlohnung: Moderation von auftretenden Konflikten (z. B. unterschiedliche Leistungsgrade beim Gruppenakkord) 6.6

9. Optimierung des Fertigungsprozesses 6.2

10. Entwicklung/Förderung der Gruppenarbeit (im Fall der Leistungsentlohnung auf Gruppenbasis – Gruppenakkord/Gruppenprämie) 6.5

11. PE-Maßnahmen zur Verbesserung individueller Kompetenzen (Fach-/Methoden-/Sozialkompetenz) und Kompetenzen der Gruppe/Entwicklung von Teamfähigkeit durchführen und evaluieren	7.4 - 7.6
12. Auswirkungen der Leistungsentlohnung auf den QM-Gedanken schildern, z. B. Leistungslohn contra Qualität; Maßnahmen zur Überwindung von Qualitätsverschlechterungen	8.2
13. Auswirkungen der Leistungsentlohnung auf die Arbeitssicherheit und den Gesundheitsschutz? Gefahren? Gegensteuernde Maßnahmen veranlassen	5.2
14. Mitbestimmung des Betriebsrates beachten, § 87 I Nr. 10 BetrVG	A 1.2
15. Zeitwirtschaft; Vorgabezeiten/Normalleistung ermitteln	3.7

Handlungsauftrag 3 • Schwerpunkt: Personalentwicklungskonzept

Lösungshinweise:

Der Teilnehmer soll zeigen, dass er in der Lage ist, ein PE-Konzept als geschlossenen Regelkreis zu entwickeln:

1. Ermittlung des quantitativen Personalbedarfs – Meister- und Mitarbeiterebene (mittelfristiger Bedarf/Anzahl: Arbeiter, Meister) — 7.1

2. Ermittlung des qualitativen Personalbedarfs: — 6.1
   - Ermittlung der Arbeitsanforderungen auf der Basis von Stellenbeschreibungen – Mitarbeiter
   - Ermittlung der Arbeitsanforderungen auf der Basis von Stellenbeschreibungen – Meister

3. Festlegen der Ziele der Personalentwicklung RIRA-Druckbehälterbau GmbH: — 7.2
   - Leistungsziele: Nachwuchssicherung auf der Meisterebene; Nachwuchs auf der Facharbeiterebene
   - Ressourcenziele: Kosten, Personalaufwand, Ausbildungsmöglichkeiten

4. Festlegen der Maßnahmen und Methoden und Veranlassen: — 7.4
   - Ebene Facharbeiter: Einrichtung einer innerbetrieblichen, gewerblichen Ausbildung; Ermittlung geeigneter Berufsbilder, z. B. Industriemechaniker; Ausbildung im Verbund mit anderen Betrieben (Reduzierung der Kosten)

• Ebene Meister:	Auswahl geeigneter Facharbeiter zum Aufstieg in die Meisterebene; Potenzialeinschätzung;	7.3

5. Förderung der Meisterausbildung (Meister-Bafög und betriebliche Zuschüsse) in Zusammenarbeit mit regionaler IHK; Prüfen der Motivation geeigneter Mitarbeiter — A 1.3

6. Evaluierung der Maßnahmen: — 7.5, AEVO
   - Ausbildung: Berufsschule (Noten); Berichtshefte; Ausbildungsbeauftragte usw.
   - Meisterebene: IHK-Meisterprüfung; Bewährung on the job und Transfer in die Praxis

7. Mitwirkung und Mitbestimmung des Betriebsrates in Fragen der Berufsbildung beachten (§§ 96 ff. BetrVG) — A 1.2

8. Optimierung des Fertigungsprozesses — 2.6

9. Integration der Auszubildenden in die Fertigung; Förderung des Sicherheits- und des Qualitätsbewusstseins; Beachten der Bestimmungen des JArbSchG — 5.2, 8.2, A 1.4

10. Entwicklung von Auswahlverfahren für Lehrstellenbewerber in Zusammenarbeit mit Betriebsrat — 6.2 - 6.3

11. Stellenbeschreibungen und Anforderungsprofile: Facharbeiter- und Meisterebene — 6.3

12. Benennung von Facharbeitern/Meistern zu Ausbildungsbeauftragten und Übertragen von Ausbildungsverantwortlichkeiten — 7.4 - 7.4

13. Erfassen der Soll- und Istkosten der Aus- und Fortbildung Fortbildungskosten in die Plankostenrechnung integrieren — 3.1

14. Evaluierung der Maßnahmen — 7.5

Literaturhinweise

Basisliteratur (Qualifikationsschwerpunkte T1 und T2)

Bartenschlager u. a.: Fachkunde Mechatronik, 2. Auflage, Haan-Gruiten 2005

Böttle/Friedrichs/Janßen/Soboll: Aufgaben und Lösungen Elektrotechnik, Die Meisterprüfung, 15. Auflage, Würzburg 2013

Boy/Bruckert/Wessels: Elektrische Steuerungs- und Antriebstechnik, Die Meisterprüfung, 13. Auflage, Würzburg 2014

Bumiller u. a.: Fachkunde Elektrotechnik, 29. Auflage, Haan-Gruiten 2014

Büttle/Boy/Clausing: Elektrische Mess- und Regeltechnik, Die Meisterprüfung, 10. Auflage, Würzburg 2002

Dobler/Doll/Fischer: Fachkunde Metall mit CD-ROM, 57. Auflage, Haan-Gruiten 2013

Fischer u. a.: Tabellenbuch Metall, 46. Auflage, Haan-Gruiten 2014

Franz/Preißler/Sandrock/Spanneberg: Elektrotechnik, Tabellen – Formeln – Übersichten, 2. Auflage, Hamburg 2006

Grote/Feldhusen: Dubbel - Taschenbuch für den Maschinenbau, 24. Auflage, Berlin/Heidelberg 2014

Hagmann, G.: Grundlagen der Elektrotechnik, 16. Auflage, Wiebelsheim 2013

Heinzler u. a.: Prüfungsbuch Metall, 28. Auflage, Haan-Gruiten 2011

Kief u. a.: CNC-Handbuch 2015/2016, Leipzig 2015

Krause/Krause: Die Prüfung der Industriemeister – Basisqualifikationen, 11. Auflage, Herne 2016

Krause/Krause: Die Prüfung der Industriemeister Metall – Handlungsspezifische Qualifikationen, 7. Auflage, Herne 2016

Krause/Krause/Stache: Die Prüfung der Technischen Betriebswirte, 8. Auflage, Herne 2015

Häberle u. a. [Hrsg.]: Tabellenbuch, Metall- und Maschinentechnik, 167. Auflage, Troisdorf 2006

Häberle u. a. [Hrsg.]: Tabellenbuch, Elektrotechnik/Elektronik, 6. Auflage, Troisdorf 2009

Olfert/Rahn: Lexikon der Betriebswirtschaftslehre, 8. Auflage, Herne 2013

Rahn, H.-J.: Unternehmensführung, 9. Auflage, Herne 2015

Schultheiß, P.: Prüfungsbuch Metall- und Maschinentechnik, 4. Auflage, Stuttgart 2013

Schultke, H.: ABC der Elektroinstallation, 14. Auflage, Frankfurt/Main 2009

Schulze, B. (Bundesbeauftragter für das Normenwesen im ZVEH): VDE-Bestimmungen – Kennen Sie das Neueste?, Vortrag vom 22. - 24. Januar 2008 in Rostock

Weck, M.: Werkzeugmaschinen. Mechatronische Systeme, Vorschubantriebe, Prozessdiagnose, 6. Auflage, Berlin 2013

Wieneke, F.: Produktionsmanagement (mit CD-ROM), 4. Auflage, Haan-Gruiten 2012

Wöhe, G.: Einführung in die allgemeine Betriebswirtschaftslehre, 25. Auflage, München 2013

Internet

www.dihk-bildungs-gmbh@wb.dihk.de (Abrufdatum: 20.02.2016)
www.ihk.de (Abrufdatum: 20.02.2016)
www.interbus.com (Abrufdatum: 20.02.2016)
www.eib-userclub.de (Abrufdatum: 20.02.2016)
www.meistersite.de (Abrufdatum: 20.02.2016)
www.profibus.com (Abrufdatum: 20.02.2016)
www.echelon.com (Abrufdatum: 20.02.2016)
www.lonmark.org (Abrufdatum: 20.02.2016)
www.itwissen.info (Abrufdatum: 20.02.2016)
www.vbg.de (Abrufdatum: 20.02.2016)
www.bghm.de (Abrufdatum: 20.02.2016)
www.katalog-aktuell.de (Abrufdatum: 20.02.2016)
www.katalog.com (Abrufdatum: 20.02.2016)
www.mhf-e.desy.de (Abrufdatum: 20.02.2016)
www.fdos.de (Abrufdatum: 20.02.2016)
www.wachendorff.de (Abrufdatum: 20.02.2016)
www.siemens.de (Abrufdatum: 20.02.2016)
www.wzl.rwth-aachen.de (Abrufdatum: 20.02.2016)
www.frankfurt-main.ihk.de/unternehmensfoerderung (Abrufdatum: 20.02.2016)

1. Infrastruktursysteme und Betriebstechnik (T1)

BGHM/VMBG [Hrsg.]: CD Prävention 2014/15, DVD Prävention 2014/15, Arbeitssicherheit und Gesundheitsschutz, Vereinigung der Metall-Berufsgenossenschaften, Düsseldorf 2007

Block/Erwig/Schulze Everding: Elektroberufe, Lernfeld 5 - 8, Elektroenergieversorgung und Sicherheit von Betriebsmitteln gewährleisten, Geräte und Baugruppen in Anlagen analysieren und prüfen, Steuerungen für Anlagen programmieren und realisieren, Antriebssysteme auswählen und integrieren, Troisdorf 2005

Busch, P.: Elektroberufe, Lernfeld 9, Kommunikationssysteme in Wohn- und Zweckbauten planen und realisieren, Energie- und Gebäudetechnik, Troisdorf 2009

Dzieia u. a.: Montieren/Demontieren technischer Systeme, 2. Auflage, Braunschweig 2005

Dzieia u. a.: Instandhalten technischer Systeme, 2. Auflage, Braunschweig 2005

Erwig, L.: Elektroberufe, Lernfeld 10, Elektrische Anlagen der Haustechnik in Betrieb nehmen und in Stand halten, Energie- und Gebäudetechnik, Troisdorf 2005

Gieseke/Graf/Plattner/Preuß: Elektroberufe, Lernfelder 1 - 4, Elektrotechnische Systeme analysieren und Funktionen prüfen, Elektrotechnische Installationen planen und ausführen, Steuerungen analysieren und anpassen, Informationstechnische Systeme bereitstellen, 2. Auflage, Troisdorf 2006

Hartmann, E. H.: TPM (Total Pruductive Maintenance), 4. Auflage, Heidelberg 2013

Matyas, K.: Taschenbuch Instandhaltungslogistik, 6. Auflage, München/Wien 2016

Schlabbach/Metz: Netzsystemtechnik, Planung und Projektierung von Netzen und Anlagen der Elektroenergieversorgung mit CD-ROM, Berlin und Offenbach 2005

Seip, G. G.: Gebäude- und Systemtechnik mit EIB, Sicherheit, Wirtschaftlichkeit, Flexibilität und Komfort mit zukunftsgerechter Elektroinstallationstechnik, 4. Auflage, Berlin/München 2014

Weber, K. H.: Inbetriebnahme verfahrenstechnischer Anlagen, Praxishandbuch mit Checklisten und Beispielen, 4. Auflage, Berlin/Heidelberg 2015

2. Automatisierungs- und Informationstechnik (T2)

BGHM/VMBG [Hrsg.]: CD Prävention 2014/15, DVD Prävention 2014/15, Arbeitssicherheit und Gesundheitsschutz, Vereinigung der Metall-Berufsgenossenschaften, Düsseldorf 2015
Dzieia u. a.: Montieren/Demontieren technischer Systeme, 2. Auflage, Braunschweig 2005
Dzieia u. a.: Instandhalten technischer Systeme, 2. Auflage, Braunschweig 2005
Gieseke/Graf/Plattner/Preuß: Elektroberufe, Lernfelder 1 - 4, Elektrotechnische Systeme analysieren und Funktionen prüfen, Elektrotechnische Installationen planen und ausführen, Steuerungen analysieren und anpassen, Informationstechnische Systeme bereitstellen, 2. Auflage, Troisdorf 2006
Hartmann, E. H.: TPM (Total Pruductive Maintenance), 4. Auflage, Heidelberg 2013
Informatik, Tabellen, Geräte- und Systemtechnik, 2. Auflage, Braunschweig 2005
Juhl, D.: Technische Dokumentation, 3. Auflage, Berlin 2015
Matyas, K.: Taschenbuch Instandhaltungslogistik, 6. Auflage, München/Wien 2016

3. Betriebliches Kostenwesen

Däumler/Grabe:
Kostenrechnung 1 – Grundlagen, 11. Auflage, Herne/Berlin 2013
Kostenrechnung 2 – Deckungsbeitragsrechnung, 10. Auflage, Herne/Berlin 2013
Kostenrechnung 3 – Plankostenrechnung und Kostenmanagement, 8. Auflage, Herne/Berlin 2009
Deitermann/Schmolke: Industrielles Rechnungswesen IKR, 43. Auflage, Darmstadt 2014
Klett/Pivernetz: Controlling in kleinen und mittleren Unternehmen, Bd. 1 und 2, 5. Auflage, Herne/Berlin 2013
Krause/Krause: Kosten- und Leistungsrechnung, Klausurentraining, 3. Auflage, Herne 2016
Olfert, K.: Kostenrechnung, 17. Auflage, Herne 2013
Ziegenbein, K.: Controlling, 10. Auflage, Herne 2012

4. Planungs-, Steuerungs- und Kommunikationssysteme

Boy/Dudek/Kuschel: Projektmanagement (mit CD-ROM), 11. Auflage, Offenbach 2007
Dyckhoff, H.: Produktionswirtschaft. Eine Einführung, 3. Auflage, Berlin/Heidelberg 2010
Ebel, B.: Kompakt-Training Produktionswirtschaft, 3. Auflage, Herne 2013
Ehrmann, H.: Unternehmensplanung, 6. Auflage, Herne 2013
Ehrmann, H.: Logistik, 8. Auflage, Herne 2014
Krause/Krause: Materialwirtschaft, Klausurentraining, Herne 2012
Oeldorf, G.: Material-Logistik, 3. Auflage, Herne 2013
Olfert, K.: Organisation, 16. Auflage, Herne 2012
Olfert, K.: Kompakt-Training Projektmanagement, 9. Auflage, Herne 2014
Olfert/Pischulti: Kompakt-Training Unternehmensführung, 6. Auflage, Herne 2013
REFA: Methodenlehre des Arbeitsstudiums München 1992
Schwarze, J.: Grundlagen der Statistik I – Beschreibende Verfahren, 12. Auflage, Herne/Berlin 2014
Tussing/Röh/Heege/Arnolds: Materialwirtschaft und Einkauf, Praxisorientiertes Lehrbuch, 12. Auflage, Offenbach 2012

5. Arbeits-, Umwelt- und Gesundheitsschutz

Arbeitsgesetze, Beck-Texte, 86. Auflage, München 2015
Schaub, G.: Arbeitsrechts-Handbuch, 15. Auflage, München 2014
Vereinigung der Metall-Berufsgenossenschaften [Hrsg.]: Prävention 2014, Arbeitssicherheit und Gesundheitsschutz, DVD, Düsseldorf 2014

6. Personalführung

Becker, F. G.: Lexikon des Personalmanagements, 2. Auflage, München 2002
Crisand/Crisand: Psychologie der Gesprächsführung, 9. Auflage, Heidelberg 2010
Crisand, E.: Psychologie der Persönlichkeit – Eine Einführung, 9. Auflage, Heidelberg 2010
Krause/Krause: Die Prüfung der Personalfachkaufleute, 10. Auflage, Herne 2014
Krause/Krause: Führung und Zusammenarbeit - Kommunikation und Kooperation, Klausurentraining, Herne 2012
Krause/Krause: Unternehmensführung, 2. Auflage, Klausurentraining, Herne 2016
Krause/Krause: Personalwirtschaft, Klausurentraining, Herne 2012
Olfert, K.: Personalwirtschaft, 15. Auflage, Herne 2012
Rahn, H. J.: Unternehmensführung, 8. Auflage, Herne 2012
Rahn, H. J.: Erfolgreiche Teamführung, 6. Auflage, Frankfurt a. M. 2010
Schulz von Thun, F.: Miteinander reden, 1 - 4, Hamburg 2014
Staehle, W. H.: Management – Eine verhaltenswissenschaftliche Perspektive, 9. Auflage, München 2014
Stroebe/Stroebe: Gezielte Verhaltensänderung – Anerkennung und Kritik, 4. Auflage, Heidelberg 2000
Stroebe/Stroebe: Motivation, 9. Auflage, Heidelberg 2010
Stroebe, R. W.: Kommunikation I – Grundlagen, Gerüchte, schriftliche Kommunikation, 6. Auflage, Heidelberg 2001
Stroebe, R. W.: Kommunikation II – Verhalten und Techniken in Besprechungen, 8. Auflage, Heidelberg 2002
Weisbach, Ch. R.: Professionelle Gesprächsführung, 8. Auflage, München 2013

7. Personalentwicklung

Becker, M.: Personalentwicklung, 6. Auflage, Stuttgart 2013
Becker, F. G.: Lexikon des Personalmanagements, 2. Auflage, München 2002
Mentzel, W.: Personalentwicklung. Erfolgreich motivieren, fördern und weiterbilden, 4. Auflage, München 2012
RKW-Handbuch: Personalplanung, 3. Auflage, Neuwied 1996

8. Qualitätsmanagement

Dietrich, E./Conrad, S.: Anwendung statistischer Qualitätsmethoden, 3. Auflage, München 2009
Greßler, U.: Qualitätsmanagement, Eine Einführung, 8. Auflage, Troisdorf 2012
Kaminske u. a.: Qualitätsmanagement von A - Z, 7. Auflage, München 2007
Krause/Krause: Qualitätsmanagement, Klausurentraining, Herne 2013
Theden/Colsman: Qualitätstechniken, 5. Auflage, München 2013
Wagner/Käfer: PQM-Prozessorientiertes Qualitätsmanagement, Leitfaden zur Umsetzung der ISO 9001, 6. Auflage, München 2013

9. Prüfungsanforderungen, Fachgespräch

DIHK [Hrsg.]: Geprüfter Industriemeister/Geprüfte Industriemeisterin, Handlungsspezifische Qualifikationen, Rahmenplan mit Lernzielen, Bonn 2006
DIHK-Gesellschaft für berufliche Bildung [Hrsg.]: Prüfungsmethoden in der beruflichen Aus- und Weiterbildung, Bonn 2005
DIHK-Gesellschaft für berufliche Bildung [Hrsg.]: Fit für die Prüfung, Methodische Hinweise für die Vorbereitung auf die IHK-Prüfung am Beispiel Geprüfte Industriemeister, Bonn 2003
DIHK-Gesellschaft für berufliche Bildung [Hrsg.]: Geprüfter Industriemeister Metall/Geprüfte Industriemeisterin Metall, Handlungsspezifische Qualifikationen und Situationsbezogenes Fachgespräch - Praktische Hinweise für die Prüfung
DIHK-Gesellschaft für berufliche Bildung [Hrsg.]: Film ab: Situative Gesprächsphasen in der Prüfung, Industrielle Elektro- und Metallberufe (CD-ROM), Bonn 2005

Stichwortverzeichnis